Duale Reihe

Anatomie

Gerhard Aumüller, Gabriela Aust, Jürgen Engele, Joachim Kirsch, Giovanni Maio,
Artur Mayerhofer, Siegfried Mense, Dieter Reißig, Jürgen Salvetter, Wolfgang Schmidt,
Frank Schmitz, Erik Schulte, Katharina Spanel-Borowski, Gunther Wennemuth,
Werner Wolff, Laurenz J. Wurzinger, Hans-Gerhard Zilch

3., aktualisierte Auflage

1500 Abbildungen

Bibliografische Information der Deutschen Nationalbibliothek

Die Deutsche Nationalbibliothek verzeichnet diese Publikation in der Deutschen Nationalbibliografie;
detaillierte bibliografische Daten sind im Internet über http://dnb.d-nb.de abrufbar.

Ihre Meinung ist uns wichtig! Bitte schreiben Sie uns unter

www.thieme.de/service/feedback.html

Begründer der Dualen Reihe und Gründungsherausgeber:

Dr. med. Alexander Bob und
Dr. med. Konstantin Bob

Anatomische Aquarelle aus: Schünke M, Schulte E, Schumacher U. Prometheus. LernAtlas der Anatomie.
   Illustrationen von Markus Voll, München und Karl Wesker, Berlin.
Weitere Zeichnungen: Karin Baum, Paphos, Zypern; Christine Lackner, Ittlingen; Holger Vanselow, Stuttgart
Layout: Arne Holzwarth, Stuttgart
Umschlaggestaltung: Thieme Verlagsgruppe
Umschlaggrafik: aus Prometheus, LernAtlas der Anatomie, Innere Organe; Markus Voll, München

Wichtiger Hinweis:

Wie jede Wissenschaft ist die Medizin ständigen Entwicklungen unterworfen. Forschung und klinische Erfahrung erweitern unsere Erkenntnisse, insbesondere was Behandlung und medikamentöse Therapie anbelangt. Soweit in diesem Werk eine Dosierung oder eine Applikation erwähnt wird, darf der Leser zwar darauf vertrauen, dass Autoren, Herausgeber und Verlag große Sorgfalt darauf verwandt haben, dass diese Angabe **dem Wissensstand bei Fertigstellung des Werkes** entspricht.
Für Angaben über Dosierungsanweisungen und Applikationsformen kann vom Verlag jedoch keine Gewähr übernommen werden. **Jeder Benutzer ist angehalten**, durch sorgfältige Prüfung der Beipackzettel der verwendeten Präparate und gegebenenfalls nach Konsultation eines Spezialisten festzustellen, ob die dort gegebene Empfehlung für Dosierungen oder die Beachtung von Kontraindikationen gegenüber der Angabe in diesem Buch abweicht. Eine solche Prüfung ist besonders wichtig bei selten verwendeten Präparaten oder solchen, die neu auf den Markt gebracht worden sind. **Jede Dosierung oder Applikation erfolgt auf eigene Gefahr des Benutzers.** Autoren und Verlag appellieren an jeden Benutzer, ihm etwa auffallende Ungenauigkeiten dem Verlag mitzuteilen.
Geschützte Warennamen (Warenzeichen ®) werden nicht immer besonders kenntlich gemacht. Aus dem Fehlen eines solchen Hinweises kann also nicht geschlossen werden, dass es sich um einen freien Warennamen handelt

Das Werk, einschließlich aller seiner Teile, ist urheberrechtlich geschützt. Jede Verwendung außerhalb der engen Grenzen des Urheberrechtsgesetzes ist ohne Zustimmung des Verlages unzulässig und strafbar. Das gilt insbesondere für Vervielfältigungen, Übersetzungen, Mikroverfilmungen oder die Einspeicherung und Verarbeitung in elektronischen Systemen.

© 2014 Georg Thieme Verlag KG
Rüdigerstraße 14, D-70469 Stuttgart
Unsere Homepage: www.thieme.de

Printed in Germany

Satz: L42 Media Solutions, Berlin, gesetzt mit Arbortext APP
Druck: Aprinta Druck GmbH, Wemding

ISBN 978-3-13-136043-4   1 2 3 4 5 6

Auch erhältlich als E-Book:
eISBN (PDF) 978-3-13-152863-6

Vorwort

Die Duale Reihe Anatomie hat sich seit der 1. Auflage im Jahre 2006 als das erfolgreichste Anatomie-Lehrbuch in Deutschland etabliert. Was macht den Erfolg dieses Lehrbuchs aus?

Den Autoren geht es zum einen um ein funktionelles Verständnis anatomischer Zusammenhänge und zum anderen darum, dass vorklinische Lehrinhalte mit relevanten Aspekten des klinischen Alltags verknüpft werden. Eine strenge Gliederung nach topografischen Gesichtspunkten wurde deshalb zugunsten der Darstellung von Funktionszusammenhängen aufgegeben. Dort wo es für das funktionelle Verständnis notwendig und sinnvoll erschien, wurden auch die traditionellen Fachgrenzen überschritten. Die beliebten und häufig auch bebilderten Klinik-Kästen schlagen die Brücke zur klinisch-ärztlichen Tätigkeit und verdeutlichen, weshalb eine solide anatomische Ausbildung so wertvoll ist.

Die klinische Orientierung des Buches wird in der 3. Auflage durch einige neue Elemente noch verstärkt: Fallbeispiele in Form von „Streckenplänen", unterhaltsame Fallgeschichten und großformatige Abbildungen aus der modernen radiologischen Bildgebung.

Die makroskopische Anatomie bedeutet für viele Studierende auch eine Auseinandersetzung mit dem Tod und ethischen Fragen, die sich im Rahmen des Präparierkurses zwangsläufig stellen. Diese sehr wichtige Dimension ärztlichen Handelns wird in einem Essay des Medizinethikers Giovanni Maio zu Beginn des Buches aufgegriffen.

Für die 3. Auflage wurden selbstverständlich alle Texte und Grafiken dem aktuellen Stand der Wissenschaft angepasst und Fehler korrigiert.

Beibehalten wurde der bewährte, einheitliche Kapitelaufbau mit einer kurzen Übersicht über die Funktionen anatomischer Strukturen am Anfang des Kapitels sowie zahlreiche Klinik-Kästen, die anatomische Sachverhalte im klinischen Kontext illustrieren. Durch das neue Layout wird der Stoff noch übersichtlicher strukturiert. Die übrigen Lernhilfen wie Merke-Kästen sowie das Charakteristikum der Duale Reihe Lehrbücher, das integrierte Kurzlehrbuch am Seitenrand, haben sich auch in der Anatomie für die rasche Orientierung und vor allem bei der effektiven Wiederholung zur Prüfungsvorbereitung bewährt.

Auch die 3. Auflage enthält einen virtuellen Präparierkurs. Das Lernprogramm steht nun online zur Verfügung und beinhaltet zahlreiche Fotos von Original-Präparaten. Sie ermöglichen ein interaktives Lernen nach topografischen Gesichtspunkten und dienen zudem der Vor- und Nachbereitung der praktischen Arbeit im Präparierkurs.

Jedes Anatomie-Lehrbuch lebt von Illustrationen. Die reichhaltige Bebilderung des Buches setzt diese Überzeugung mit plastischen Grafiken anatomischer Strukturen um. Zusätzlich werden anatomische Sachverhalte an sinnvollen Stellen durch eindrucksvolle Darstellungen moderner bildgebender Verfahren ergänzt. Des Weiteren wird der Leser durch Abbildungen aus dem klinischen Alltag mit dem vertraut gemacht, was ihn im Laufe seines Studiums und der späteren ärztlichen Tätigkeit erwartet.

Die innerhalb des Buches verwendete Nomenklatur orientiert sich vorwiegend an der aktuellen Terminologia anatomica von 1998, wobei je nach Kontext die dort zu entnehmende lateinische oder die in der Klinik häufig verwendete eingedeutschte Schreibweise gewählt ist. In die Terminologia anatomica nicht (mehr) aufgenommene, jedoch weiterhin gebräuchliche Begriffe sind ebenfalls genannt.

Gedankt sei zuerst Herrn Karl Wesker und Herrn Markus Voll, deren qualitativ hochwertige Grafiken aus dem PROMETHEUS LernAtlas (Schünke, Schulte, Schumacher) einen Großteil dazu beitragen, dass die in der Dualen Reihe Anatomie beschriebenen Inhalte so plastisch veranschaulicht werden können. Zusammen mit ihren Kollegen haben sie Anpassungen und Erweiterungen, die durch die Einbindung der Grafiken in ein Lehrbuch notwendig wurden, perfekt umgesetzt. Gedankt sei auch den Studierenden und den Fachkollegen für Anregungen zur Verbesserung des Lehrtextes und Korrekturen. Allen beteiligten Mitarbeitern des Georg Thieme Verlags danken wir für ihren Beitrag zur Verwirklichung des Buches, insbesondere Frau Dorothea Thilo (1. Auflage), Frau Dr. Bettina Horn-Zölch (2. Auflage) und Frau Amelie Knauß (3. Auflage) für ihre engagierte und kompetente redaktionelle Arbeit.

Dem Buch wünschen wir weiterhin eine positive Aufnahme durch Studierende und Kollegen, deren kritische Rückmeldungen und Verbesserungsvorschläge uns herzlich willkommen sind.

Im September 2014   Die Autoren

Anschriften

Prof. Dr. med. Gerhard **Aumüller**
Emil-von-Behring-Bibliothek
für Geschichte und Ethik der Medizin
Bahnhofstr. 7
35037 Marburg

Prof. Dr. rer. nat. Gabriela **Aust**
Department für Operative Medizin
Forschungslaboratorien der Chirurgischen Kliniken I und II
Universität Leipzig
Liebigstr. 20
04103 Leipzig

Dr. med. Dipl.-Psych. Arne **Conrad**
Universitätsklinikum des Saarlandes
Klinik für Anästhesiologie, Intensivmedizin
und Schmerztherapie
Kirrberger Straße
66421 Homburg

Prof. Dr. rer. biol. hum. Jürgen **Engele**
Institut für Anatomie
Universität Leipzig
Liebigstr. 13
04103 Leipzig

Prof. Dr. med. Joachim **Kirsch**
Institut für Anatomie und Zellbiologie
Ruprecht-Karls-Universität Heidelberg
Im Neuenheimer Feld 307
69120 Heidelberg

Prof. Dr. med. Giovanni **Maio**
Institut für Ethik und Geschichte der Medizin
Albert-Ludwigs-Universität
Stefan-Meier-Str. 26
79104 Freiburg

Prof. Dr. med. Artur **Mayerhofer**
Ludwig-Maximilians-Universität München
Anatomische Anstalt, Anatomie III - Zellbiologie
Schillerstraße 42
80336 München

Prof. Dr. med. Siegfried **Mense**
Institut für Neurophysiologie
Universität Heidelberg, Medizinische Fakultät Mannheim
Ludolf-Krehl-Str. 13-17 (CBTM)
68167 Mannheim

Prof. Dr. med. Dieter **Reißig**
Institut für Anatomie
Universität Leipzig
Albersdorfer Str. 31
04249 Leipzig

Dr. rer. nat. Jürgen **Salvetter**
Institut für Anatomie
Universität Leipzig
Shakespearestr. 31
04107 Leipzig

Prof. Dr. med. Wolfgang **Schmidt**
Institut für Anatomie
Universität Leipzig
Kochstr. 94
04277 Leipzig

Prof. Dr. med. Frank **Schmitz**
Institut für Anatomie und Zellbiologie
Universität des Saarlandes
Kirrberger Straße
66421 Homburg

Prof. Dr. med. Erik **Schulte**
Institut für Funktionelle und Klinische Anatomie
Universitätsmedizin der Johannes-Gutenberg-Universität
Joh.-Joachim-Becher-Weg 13
55128 Mainz

Prof. Dr. Katharina **Spanel-Borowski**
Institut für Anatomie
Universität Leipzig
Prinz-Eugen-Str. 35
04277 Leipzig

Prof. Dr. med. Gunther **Wennemuth**
Institut für Anatomie
Universitätsklinikum Essen
Hufelandstr. 55
45147 Essen

Dr. Werner **Wolff**
Institut für Anatomie
Universität Leipzig
Schreberstr. 14
04109 Leipzig

Prof. Dr. med. Laurenz J. **Wurzinger**
Anatomische Anstalt
Ludwig-Maximilians-Universität München
Pettenkoferstr. 11
80336 München

Prof. Dr. med. Hans-Gerhard **Zilch**
Lehrbeauftragter für Radiologie
Klinikum rechts der Isar der Technischen Universität
München (TUM)
Institut für Radiologie und Nuklearmedizin Schwandorf
Abteilung für CT und MRT im Krankenhaus St. Barbara
Marktplatz 28
92421 Schwandorf

Inhaltsverzeichnis

Der Mensch ist mehr als die Summe seiner Teile

Eine medizinethische Annäherung an die Anatomie...... 19
Giovanni Maio

Allgemeine Anatomie

Teil A Grundlagen anatomischer Strukturen und ihrer Darstellung

1 Allgemeine Grundlagen 31
W. Schmidt

1.1	**Einleitung**	31
1.2	**Teilgebiete der Anatomie**....................	31
1.2.1	Makroskopische Anatomie....................	31
1.2.2	Mikroskopische und molekulare Anatomie......	32
1.2.3	Embryologie..................................	33
1.3	**Anatomische Fachsprache**	33
1.4	**Gliederung des Körpers**	33
1.5	**Oberflächenanatomie**	35
1.6	**Achsen, Ebenen, Richtungs- und**	
	Lagebezeichnungen	38
1.7	**Äußere Gestalt des Körpers**	43
1.7.1	Körpermaße.................................	43
1.7.2	Proportionen	45
1.7.3	Akzeleration................................	45
1.7.4	Konstitutionstypen	45
1.7.5	Norm und Variabilität.......................	47
1.7.6	Einfluss von Alter und Geschlecht	47
1.8	**Körperspende und Präparierkurs**	48
1.8.1	Körperspende	48
1.8.2	Leichenkonservierung	48
1.8.3	Präparierkurs...............................	48

2 Zytologie und Histologie – Grundlagen 49
K. Spanel-Borowski, A. Mayerhofer

2.1	**Die Zelle**	49
2.1.1	Zellkern (Nucleus)..........................	50
2.1.2	Zytoplasma.................................	50
	Zellorganellen	51
	Zytoskelett	51
	Zellmembran	53
2.1.3	Oberflächendifferenzierungen	54
2.1.4	Zellkontakte	56
	Kommunikationskontakt	56
	Barrierekontakt	56
	Adhäsionskontakte	57
2.2	**Das Gewebe**	58
2.2.1	Epithelgewebe	59
	Oberflächenepithel	60
	Drüsenepithel	62
	Sekrettransport in exokrinen Drüsen	65

2.2.2	Binde- und Fettgewebe.......................	66
	Bindegewebe	66
	Fettgewebe	71
2.2.3	Knorpelgewebe	72
	Hyaliner Knorpel	73
	Elastischer Knorpel	74
	Faserknorpel...............................	74
2.2.4	Knochengewebe.............................	75
	Bestandteile des Knochengewebes	75
	Arten von Knochengewebe...................	76
	Lamellenknochen	77
	Vaskularisierung	78
	Knochenumbau	78
	Entwicklung	78
	Längen- und Breitenwachstum	81
2.2.5	Muskelgewebe	81
	Skelettmuskulatur	82
	Herzmuskulatur............................	87
	Glatte Muskulatur	89
2.2.6	Nervengewebe	91
	Neurone	91
	Myelinisierte Nervenfasern	94
	Periphere Nerven...........................	95
	Synapsen..................................	97
	Ganglien	98
2.3	**Histologische Techniken**	99
2.3.1	Routinetechniken...........................	99
2.3.2	Färbetechniken.............................	100

3 Embryologie – Grundlagen 102
J. Kirsch

3.1	**Einleitung**	102
3.2	**Konzeption bis Implantation**	103
3.2.1	Konzeption (Befruchtung)	103
3.2.2	Entwicklung zur Morula......................	104
3.2.3	Blastozysten-Stadium	105
3.2.4	Implantation...............................	105
3.3	**Bildung der Keimscheiben und extraembryonaler**	
	Hohlräume	106
3.3.1	Zweite Entwicklungswoche	106
3.3.2	Dritte Entwicklungswoche...................	109
3.4	**Differenzierung der Keimblätter**	111
3.4.1	Neurulation und Somitenbildung (18. Tag)	111

| 3.5 | **Entstehung der Körperhöhlen** . . . . | 114 |

3.5.1 Trennung von Thorax- und Abdominalraum durch Entwicklung des Zwerchfells 115
3.5.2 Entstehung von Perikard- und Pleurahöhle 116
3.5.3 Entstehung der Abdominalhöhle 117
3.6 Plazenta, Nabelschnur und Eihäute 119
3.6.1 Dezidua und Chorion. 119
3.6.2 Plazenta. 119
Funktion der Plazenta 119
Entwicklung der Plazenta 120
Aufbau der reifen Plazenta 121
Plazentaschranke 121
3.6.3 Nabelschnur (Funiculus umbilicalis) 122
3.6.4 Eihäute. 124
Fallgeschichte: Geben und nehmen 128

4 Bildgebung – Grundlagen 129

H.-G. Zilch, L.J. Wurzinger

4.1 Einleitung. 129
4.2 Standardverfahren 129
4.2.1 Röntgendiagnostik 129
4.2.2 Schnittbildverfahren 134
Computertomografie (CT) 134
Magnetresonanztomografie (MRT) 136
4.2.3 Ultraschalldiagnostik (Sonografie). 138
4.3 Kontrastmittel 139
4.4 Darstellung der Blutgefäße 139
4.4.1 Angiografie 139
4.4.2 CT- und MRT-Angiografie 140
4.4.3 Doppler- und Duplexsonografie. 141

Teil B Einführung in funktionelle Systeme

---

1 Herz-Kreislauf-System – Grundlagen . . .145

J. Engele

1.1 Einführung. 145
1.2 Funktion und Bauprinzip 145
1.2.1 Funktion des Herz-Kreislauf-Systems 145
1.2.2 Bauprinzip des Herz-Kreislauf-Systems 145
1.3 Funktionelle Gliederung des Blutkreislaufs 148
1.3.1 Kleiner und großer Kreislauf 148
1.3.2 Hoch- und Niederdrucksystem 149
1.3.3 Vasa privata und Vasa publica 149
1.3.4 Endstrombahn 150
1.4 Unterschiede zwischen prä- und postnatalem Kreislauf. 150
1.4.1 Vorgeburtlicher Kreislauf 150
1.4.2 Kreislaufumstellung bei der Geburt. 151
1.5 Feinbau und Funktion der Blutgefäße 152
1.5.1 Allgemeiner Wandbau. 152
1.5.2 Bau unterschiedlicher Abschnitte des Gefäßsystems 153
Arterien 153
Arteriolen und Metarteriolen. 154
Kapillaren 155
Venolen 158
Venen. 158
1.5.3 Vasomotorik 160
1.6 Lymphgefäßsystem 161
1.6.1 Funktion 161
1.6.2 Organisation 161
Lymphgefäße 162
Lymphknoten 163
Klinischer Fall: Akute Atemnot 164

2 Blut und lymphatische Organe – Grundlagen 165

G. Aust

2.1 Einleitung 165
2.2 Blut 165
2.2.1 Bestandteile des Blutes 165
2.2.2 Blutbildung (Hämatopoese) 166
2.2.3 Erythrozyten 168
2.2.4 Thrombozyten 169
2.2.5 Leukozyten 170
Granulozyten. 171
Mononukleäres Phagozytensystem (MPS) 174
Dendritische Zellen 175
Lymphozyten. 176
Fallgeschichte: Ein „echter" Fall 178
2.3 Lymphatische Organe. 179
2.3.1 Primäre lymphatische Organe 179
Knochenmark 179
Thymus (Bries) 180
2.3.2 Sekundäre lymphatische Organe 182
Lymphknoten 183
Milz (Splen, Lien) 184
Mukosa-assoziiertes lymphatisches Gewebe 188
Fallgeschichte: Blackout mit Folgen 193

3 Nervensystem – Grundlagen 194

S. Mense

3.1 Einführung 194
3.2 Funktion und Gliederung 194
3.3 Funktionelle und physiologische Grundlagen 195
3.3.1 Umformung des Reizes in neuronale Signale 195
Aufnahme des Reizes 195
Aktionspotenzial und Erregungsweiterleitung. . . . 195
Afferenzen/Efferenzen 197
Reflexe 198
3.3.2 Axonaler Transport. 200

3.4	**Morphologische Einteilung des Nervensystems** ...	201
3.4.1	Zentrales Nervensystem (ZNS)	201
	Gehirn..	202
	Rückenmark..................................	204
3.4.2	Peripheres Nervensystem (PNS)	206
	Spinalnerven (Nervi spinales)	206
	Hirnnerven (Nervi craniales).................	211
3.5	**Funktionelle Einteilung des Nervensystems**	212
3.5.1	Somatisches Nervensystem.....................	212
3.5.2	Autonomes Nervensystem......................	214
	Sympathikus und Parasympathikus	214
	Enterisches Nervensystem.....................	219
	Neurotransmitter im autonomen Nervensystem ..	219
	Reflexe im autonomen Nervensystem	220

| 4 | **Bewegungssystem – Grundlagen** ...... **221** |
| | *W. Schmidt* |

4.1	**Einführung**	221
4.2	**Knochen**	221
4.2.1	Funktion....................................	221
4.2.2	Aufbau	221
	Unterschiede nach Art der Knochen............	222
	Unterschiede nach Typ der Knochen	223
	Knochenmark (Medulla ossium)................	224

4.2.3	Blutversorgung des Knochens	225
4.2.4	Funktionelle Prinzipien des Knochenbaus.......	225
4.3	**Knochenverbindungen (Juncturae)**	226
4.3.1	Synarthrosen	227
4.3.2	Diarthrosen..................................	228
	Allgemeiner Aufbau von Gelenken	228
	Hilfsstrukturen an Gelenken	229
	Einteilung der Gelenke	231
	Bewegungsmöglichkeiten in Gelenken...........	232
4.4	**Skelettmuskulatur**..........................	234
4.4.1	Aufbau von Muskeln und Sehnen	234
4.4.2	Muskeltypen.................................	234
4.4.3	Zusatzeinrichtungen von Muskeln und Sehnen....	236
	Faszie (Muskelbinde).........................	236
	Vagina tendinis (Sehnenscheide)...............	237
	Bursa synovialis	238
	Retinaculum	238
	Ossa sesamoidea (Sesambeine)	238
4.4.4	Mechanische Eigenschaften eines Muskels	238
	Mechanische Selbststeuerung	238
	Hubhöhe....................................	238
	Richtung des Muskelzuges	239
	Kraftentfaltung eines Muskels	239
	Muskelquerschnitt...........................	240
	Natürliche Bewegungsabläufe	240

Bewegungssystem

Teil C Rumpfwand

| 1 | **Rücken** .... **247** |
| | *L.J. Wurzinger* |

1.1	**Wirbelsäule (WS)**	247
1.1.1	Funktionelle Aspekte und Bauprinzip	248
1.1.2	Wirbel (Vertebrae)	250
	Grundform der Wirbel	250
	Feinbau und Spongiosaarchitektur	252
	Hals-, Brust- und Lendenwirbel	253
	Kreuzbein (Os sacrum).......................	257
	Steißbein (Os coccygis).......................	258
1.1.3	Zwischenwirbelscheiben (Disci intervertebrales)..	258
1.1.4	Bänder der Wirbelsäule	260
1.1.5	Kopfgelenke	264
	Knochen – Os occipitale, Atlas und Axis........	264
	Bau der Kopfgelenke	265
	Bänder der Kopfgelenke	266
1.1.6	Mechanik der Wirbelsäule.....................	268
	Bewegungssegmente und Bewegungsachsen	268
	Beweglichkeit der einzelnen Wirbelsäulenabschnitte	268
1.2	**Rückenmuskulatur**	270
1.2.1	Funktionelle Bedeutung.......................	270
1.2.2	Einteilung und Aufbau der Rückenmuskulatur....	271
	Autochthone Rückenmuskeln	271
	Nicht autochthone Rückenmuskeln	276
1.3	**Gefäßversorgung und Innervation des Rückens** ...	277

1.4	**Topografische Anatomie des Rückens**...........	280
1.5	**Entwicklung von Wirbelsäule und Rückenmuskeln**	281
1.5.1	Normale Entwicklung........................	281
1.5.2	Varianten und Fehlbildungen..................	283

| 2 | **Brustwand und Brustkorb (Thorax)** .... **286** |
| | *L.J. Wurzinger* |

2.1	**Funktionelle Aspekte und Bauprinzip**	286
2.2	**Knöcherner Thorax**	288
2.2.1	Costae (Rippen)	288
2.2.2	Sternum (Brustbein)	289
2.3	**Gelenke und Bandapparat des Thorax**...........	290
2.3.1	Kostovertebralgelenke (Articulationes costovertebrales).................	290
2.3.2	Sternokostalgelenke (Articulationes sternocostales)	291
2.3.3	Mechanik der Thoraxgelenke (Atemmechanik)....	292
2.4	**Muskulatur des Thorax**	294
2.4.1	Brustwandmuskulatur	294
2.4.2	Diaphragma (Zwerchfell)	295
2.5	**Gefäßversorgung und Innervation der Thoraxwand**	299
2.6	**Topografische Anatomie der Thoraxwand**	303
2.7	**Entwicklung der Thoraxwand**	304
2.7.1	Normale Entwicklung........................	304
2.7.2	Varianten und Fehlbildungen..................	305

3 Bauchwand 306

L.J. Wurzinger

3.1	**Funktionelle Aspekte und Bauprinzip**	306
3.2	**Muskeln und Bindegewebsstrukturen der Bauch-**	
	wand	308
3.2.1	Bauchmuskulatur	308
3.2.2	Bindegewebsstrukturen	313
	Aponeurosen und Rektusscheide	313
	Faszien und Ligamentum inguinale	314
3.3	**Leistenkanal (Canalis inguinalis)**	315
3.3.1	Verlauf und Begrenzungen des Leistenkanals	316
3.3.2	Öffnungen des Leistenkanals und Innenrelief der	
	Bauchwand	317
3.4	**Gefäßversorgung und Innervation der Bauchwand.**	320
3.5	**Topografische Anatomie der Bauchwand**	323
3.6	**Entwicklung von Bauchwand und Leistenkanal**	324

4 Beckenwände, Beckenboden und Dammregion 326

L.J. Wurzinger

4.1	**Becken (Pelvis)**	326
4.1.1	Funktionelle Aspekte und Bauprinzip	326
4.1.2	Beckenknochen.	327
4.1.3	Form des Beckens	328
4.1.4	Gelenke und Bandapparat des Beckens	331
4.1.5	Mechanik des Beckens	332
4.2	**Beckenboden**	334
4.2.1	Funktionelle Aspekte und Bauprinzip	334
4.2.2	Diaphragma pelvis	335
4.2.3	„Diaphragma urogenitale".	336
4.2.4	Sphinkter- und Schwellkörpermuskulatur	337
4.3	**Dammregion (Regio perinealis)**	338
4.3.1	Gliederung der Dammregion	338
	Regio urogenitalis.	338
	Regio analis mit Fossa ischioanalis.	340
4.3.2	Damm (Perineum)	340
4.4	**Gefäßversorgung und Innervation**	341

Teil D Untere Extremität

1 Hüfte, Oberschenkel und Knie 345

L.J. Wurzinger

1.1	**Funktionelle Aspekte und Bauprinzip**	345
1.2	**Hüftgelenk (Articulatio coxae)**	345
1.2.1	Gelenktyp und Gelenkkörper	345
	Oberschenkelknochen (Os femoris)	346
1.2.2	Gelenkkapsel und Bandapparat	348
1.2.3	Mechanik des Hüftgelenks	350
1.2.4	Hüftmuskulatur	351
1.2.5	Entwicklung von Hüfte und Oberschenkel	360
1.3	**Kniegelenk (Articulatio genus)**	363
1.3.1	Gelenktyp und Gelenkkörper	363
1.3.2	Bandapparat und Gelenkkapsel des Kniegelenks. . .	366
	Menisci	366
	Ventrale Bänder	370
	Kollateralbänder	371
	Dorsale Bänder	373
	Zentrale Bänder (Kreuzbänder; Ligamenta cruciata)	373
1.3.3	Gelenkkapsel und Gelenkhöhle	375
1.3.4	Mechanik des Kniegelenks	376
1.3.5	Muskulatur des Kniegelenks.	377
1.4	**Gefäßversorgung und Innervation von Hüfte, Ober-**	
	schenkel und Knie	380
1.4.1	Gefäßversorgung	380
1.4.2	Innervation	385
	Plexus lumbosacralis	385
	Verlauf und Innervationsgebiete der peripheren	
	Nerven	386
1.5	**Topografische Anatomie von Hüfte, Oberschenkel**	
	und Knie	389
1.5.1	Regionen	389
1.5.2	Orientierungspunkte und -linien	390
1.5.3	Kniekehle (Fossa poplitea).	393
1.5.4	Achsen der unteren Extremität	394
	Klinischer Fall: Junge mit Muskelschwäche	395

2 Unterschenkel und Fuß 396

L.J. Wurzinger

2.1	**Überblick**	396
2.2	**Funktionelle Aspekte und Bauprinzip**	396
2.3	**Knochen von Unterschenkel und Fuß**	397
2.3.1	Unterschenkelknochen (Ossa cruris) und ihre Ver-	
	bindungen	397
	Tibia (Schienbein)	397
	Fibula (Wadenbein)	398
	Verbindungen von Tibia und Fibula	399
2.3.2	Fußknochen (Ossa pedis).	399
	Tarsus (Fußwurzel).	399
	Metatarsus (Mittelfuß).	402
	Antetarsus (Vorfuß)	403
2.4	**Gelenke von Unterschenkel und Fuß**	403
2.4.1	Sprunggelenke	403
	Oberes Sprunggelenk (OSG, Articulatio talocruralis)	404
	Unteres Sprunggelenk (USG, Articulatio talotarsalis)	407
2.4.2	Weitere Gelenke des Fußes	409

2.5	**Muskulatur von Unterschenkel und Fuß**	411	2.6.2	Aufbau und Sicherung der Fußgewölbe 423

2.5 **Muskulatur von Unterschenkel und Fuß** 411
2.5.1 Muskulatur des Unterschenkels 411
Flexoren 412
Extensoren 414
Fibularisgruppe 416
Sprunggelenkmuskeln 416
2.5.2 Kurze Fußmuskeln 417
2.6 **Funktionelle Anatomie des Fußes** 421
2.6.1 Lastübertragung 421

2.6.2 Aufbau und Sicherung der Fußgewölbe 423
2.7 **Gefäßversorgung und Innervation von Unterschenkel und Fuß** 426
2.7.1 Gefäßversorgung von Unterschenkel und Fuß 427
2.7.2 Innervation von Unterschenkel und Fuß 431
2.8 **Topografische Anatomie von Unterschenkel und Fuß** 433

Teil E Obere Extremität

1 Schulter, Oberarm und Ellenbogen 437
L.J. Wurzinger

1.1 **Einführung** 437
1.2 **Schulter** 437
1.2.1 Funktionelle Aspekte und Bauprinzip der Schulter 437
1.2.2 Schultergürtel 439
Knochen (Gelenkkörper) des Schultergürtels 439
Gelenke und Bänder des Schultergürtels 440
Mechanik des Schultergürtels 441
Muskeln des Schultergürtels 443
1.2.3 Schultergelenk (Articulatio glenohumeralis/humeri) 445
Gelenktyp und Gelenkkörper 445
Gelenkkapsel und Bandapparat............. 447
Mechanik des Schultergelenks 450
Muskulatur des Schultergelenks 451
1.3 **Ellenbogengelenk (Articulatio cubiti)** 455
1.3.1 Gelenktyp und Gelenkkörper 455
1.3.2 Gelenkkapsel und Bandapparat............. 458
1.3.3 Gelenkmechanik 459
1.3.4 Muskulatur des Ellenbogengelenks 460
1.4 **Gefäßversorgung und Innervation von Schulter, Oberarm und Ellenbogen** 463
1.4.1 Gefäßversorgung von Schulter, Oberarm und Ellenbogen 463
1.4.2 Innervation von Schulter, Oberarm und Ellenbogen 468
Plexus brachialis 468
1.5 **Topografische Anatomie von Schulter, Oberarm und Ellenbogen** 473
1.5.1 Regionen............................... 473
Achselhöhle (Fossa axillaris) 474
Ellenbeuge (Fossa cubitalis)................ 475
1.5.2 Orientierungspunkte und -linien 475
1.5.3 Achsen der oberen Extremität................ 476

2 Unterarm und Hand 477
L.J. Wurzinger

2.1 **Einführung** 477
2.2 **Funktionelle Aspekte und Bauprinzip** 477
2.3 **Knochen von Unterarm und Hand** 478
2.3.1 Knochen des Unterarms und ihre Verbindungen .. 478
Ulna (Elle)............................... 479
Radius (Speiche) 479
Verbindungen von Radius und Ulna 479
2.3.2 Handskelett.............................. 480
Carpus (Handwurzel) 480
Metacarpus (Mittelhand) 482
Digiti manus (Finger) 482
Fallgeschichte: „Gibt's das zu kaufen?" 483
2.4 **Gelenke der Hand** 484
2.4.1 Proximales und distales Handgelenk 485
Gelenktyp und Gelenkkörper................. 485
Gelenkkapsel und Bandapparat 485
Mechanik 487
2.4.2 Weitere Gelenke der Hand 489
Interkarpalgelenke......................... 489
Karpometakarpal- und Intermetakarpalgelenke... 489
Fingergrundgelenke (Articulationes metacarpophalangeales, MCP) 491
Interphalangealgelenke (Articulationes interphalangeales) 492
2.5 **Muskulatur von Unterarm und Hand** 492
2.5.1 Muskulatur des Unterarms.................. 492
2.5.2 Kurze Handmuskeln 498
2.5.3 Bindegewebige Hilfsstrukturen der Muskulatur... 500
Sehnen und Sehnenscheiden der Flexoren 500
Sehnen und Sehnenscheiden der Extensoren 502
Palmaraponeurose (Aponeurosis palmaris)....... 503
2.6 **Gefäßversorgung und Innervation von Unterarm und Hand** 505
2.6.1 Gefäßversorgung.......................... 505
2.6.2 Innervation.............................. 508
2.7 **Topografische Anatomie von Unterarm und Hand** . 513
2.7.1 Regionen und Konturen 513
2.7.2 Orientierungspunkte und -linien 514
2.8 **Entwicklung von Unterarm und Hand**........... 515

Brust-, Bauch-, Beckensitus

Teil F Grundlagen zur Anatomie der Körperhöhlen und ihrer Organe

1 Grundlagen zur Anatomie der Körperhöhlen.........................521
F. Schmitz

1.1	**Definition Körperhöhle**	521
1.2	**Einteilung**	521
1.3	**Seröse Höhlen**	523
1.3.1	Funktion seröser Höhlen	523
1.3.2	Aufbau seröser Höhlen	523
1.3.3	Gefäßversorgung und Innervation seröser Häute	527
1.3.4	Entwicklung seröser Höhlen	527

2 Grundlagen zur Anatomie innerer Organe 528
F. Schmitz

2.1	**Einführung**	528
2.2	**Allgemeiner Aufbau innerer Organe**	528
2.3	**Charakteristika von Hohlorganen**	529
2.3.1	Schleimhaut (Tunica mucosa)	530
2.3.2	Muskulatur der Hohlorgane	530

Teil G Brusthöhle

1 Gliederung der Brusthöhle 533
F. Schmitz

1.1	**Einführung**	533
1.2	**Funktionelle Aspekte**	533
1.3	**Einteilung**	534
1.3.1	Mediastinum	534
	Funktionelle Bedeutung des Mediastinums	534
	Lage und Einteilung des Mediastinums	534
	Durchtrittsstellen für mediastinale Strukturen im Zwerchfell	537
1.3.2	Pleurahöhlen	540

2 Atmungsorgane und Pleura.............541
F. Schmitz

2.1	**Einführung**	541
2.2	**Luftröhre und Hauptbronchien**	541
2.2.1	Funktion	541
2.2.2	Aufbau, Gefäßversorgung und Innervation	541
	Luftröhre (Trachea)	543
	Hauptbronchus (Bronchus principalis)	544
	Fallgeschichte: Von Spatzen und Kanonen	546
2.3	**Lunge (Pulmo)**	547
2.3.1	Funktion der Lunge	547
2.3.2	Form, Abschnitte und Lage der Lunge	547
2.3.3	Aufbau der Lunge	550
	Lungengewebe	550
	Bronchialbaum (Arbor bronchialis)	554
2.3.4	Gefäße und Innervation der Lunge	558
2.4	**Pleura**	561
2.4.1	Funktion von Pleura und Pleurahöhle	561
2.4.2	Abschnitte und Lage der Pleura	562
	Umschlagfalten der Pleura parietalis	563
2.4.3	Aufbau der Pleura	564
2.4.4	Gefäßversorgung und Innervation	565
2.5	**Atmung**	565
2.5.1	Bedeutung von äußerer und innerer Atmung	565
2.5.2	Respiration	566
	Ventilation	566
	Perfusion	568
	Diffusion	569
2.6	**Topografische Anatomie von Atmungsorganen und Pleura**	570
2.6.1	Ausdehnung von Pleura und Lunge	570
	Pleuragrenzen	570
	Lungengrenzen und ihre Atemverschieblichkeit	570
	Lungenlappengrenzen	572
2.7	**Darstellung von Lunge und Pleura mit bildgebenden Verfahren**	574
2.8	**Entwicklung der Atmungsorgane**	575
	Klinischer Fall: Luftnot bei bekannter Lungenerkrankung	577

3 Herz und Herzbeutel 578
F. Schmitz

3.1	**Einführung**	578
3.2	**Herz (Cor)**	578
3.2.1	Funktion des Herzens	578
3.2.2	Form, Abschnitte und Lage des Herzens	578
3.2.3	Organisation des Herzens	581
	Herzvorhöfe (Atria cordis)	582
	Herzkammern (Ventriculi cordis)	584
	Herzsepten (Septa cordis)	586
	Herzskelett – Ventilebene des Herzens	587
	Herzklappen (Valvae cordis)	587
	Blutstrom durch die Binnenräume des Herzens	593

3.2.4	Wandbau des Herzens	594
	Endokard (Endocardium)	594
	Myokard (Myocardium)	594
	Epikard (Epicardium)	595
3.2.5	Erregungsbildungs- und -leitungssystem des Herzens	596
	Sinusknoten (Nodus sinuatrialis)	597
	AV-Knoten (Nodus atrioventricularis)	597
	His-Bündel (Fasciculus atrioventricularis)	598
	Kammerschenkel (Crus dextrum und Crus sinistrum)	599
	Purkinje-Fasern (Rami subendocardiales)	599
3.2.6	Gefäßversorgung und Innervation des Herzens	599
	Gefäßversorgung durch die Herzkranzgefäße (Vasa coronaria)	599
	Innervation	607
3.2.7	Mechanische Herzaktion	609
3.2.8	Elektrische Herzaktion: EKG	611
3.3	**Herzbeutel (Pericardium)**	613
3.3.1	Funktion von Perikard und Perikardhöhle	613
3.3.2	Lage und Aufbau des Perikards	614
3.3.3	Gefäßversorgung und Innervation	615
3.4	**Topografie von Herz und Herzbeutel**	615
3.4.1	Projektion auf die Thoraxwand	615
3.5	**Darstellung des Herzens mit bildgebenden Verfahren**	617
3.5.1	Herzdarstellung im Röntgenthorax	618
3.5.2	Weitere bildgebende Verfahren zur Darstellung des Herzens	620
3.6	**Entwicklung des Herzens**	622
3.6.1	Bildung der Herzschleife	622
3.6.2	Entstehung der Herzbinnenräume	623
	Trennung des einheitlichen Atrioventrikularkanals	623
	Trennung und Bildung der Ventrikel mit ihren Ausstrombahnen	624
	Trennung und Bildung der Vorhöfe	625
	Klinischer Fall: Plötzliche Schmerzen „auf der Brust"	626

4 Leitungsbahnen und topografische Beziehungen im Mediastinum 627

F. Schmitz

4.1	**Einführung**	627
4.2	**Gefäße im Mediastinum**	627
4.2.1	Arterien im Mediastinum	627
	Aorta und ihre Abgänge	627
	Lungenarterien (Arteriae pulmonales)	631
4.2.2	Venen im Mediastinum	631
	Hohlvenen (Venae cavae)	632
	Azygos-System	633
	Lungenvenen (Venae pulmonales)	634
4.2.3	Lymphgefäße im Mediastinum	634
	Ductus thoracicus	634
	Ductus lymphaticus dexter	635
	Trunci bronchomediastinales	635
4.3	**Nerven und Nervengeflechte im Mediastinum**	636
4.3.1	Anteile des vegetativen Nervensystems	636
	Grenzstrang (Truncus sympathicus)	636
	Nervus vagus	638
4.3.2	Anteile des somatischen Nervensystems	638
	Nervus phrenicus	638
4.4	**Beziehungen von Leitungsbahnen zu Organen im Mediastinum**	640
4.4.1	Topografische Beziehungen zu Trachea und Hauptbronchien	640
4.4.2	Topografische Beziehungen zum Ösophagus	640
4.5	**Topografische Orientierungspunkte zur Projektion**	641
4.6	**Entwicklung der großen Gefäße**	641
4.6.1	Arterielle Gefäße – Differenzierung der Aortenbögen	642
4.6.2	Venöse Gefäße – Differenzierung des Kardinalvenensystems	643

Teil H Gliederung des Becken- und Bauchraums

1 Peritoneal- und Lageverhältnisse der Organe im Bauch- und Beckenraum ... 647

J. Kirsch

1.1	**Einführung**	647
1.2	**Gliederung des Bauch-Becken-Raums**	648
1.3	**Peritoneum und seine Beziehung zu Organen**	651
1.3.1	Peritoneum (Bauchfell)	651
1.3.2	Lagebeziehung der Organe zum Peritoneum	652
1.4	**Peritonealverhältnisse in der Cavitas peritonealis**	652
1.4.1	Mesos intraperitonealer Organe	652
1.4.2	Recessus der Peritonealhöhle	653
1.4.3	Peritonealverhältnisse in der Cavitas peritonealis abdominis	655
	Bursa omentalis	655
	Omentum minus (kleines Netz)	657
	Omentum majus (großes Netz)	657

1.4.4	Peritonealverhältnisse in der Cavitas peritonealis pelvis	658
	Fallgeschichte: Blut im Bauch	660
1.5	**Kleines Becken**	661
1.5.1	Etagengliederung des kleinen Beckens	661
1.5.2	Spatium extraperitoneale pelvis	661

2 Entwicklung der Peritonealverhältnisse 664

J. Kirsch

2.1	**Einführung**	664
2.2	**Entwicklung der Peritonealhöhle, des Darmrohrs und zugehöriger „Mesos"**	664
2.3	**Entwicklung des Oberbauchsitus**	666
2.3.1	Magendrehung	666
2.3.2	Entwicklungen im Mesogastrium ventrale	667
	Entwicklung der Peritonealverhältnisse der Leber	667
	Entwicklung des Omentum minus	668

12   Inhaltsverzeichnis

2.3.3 Entwicklungen im Mesogastrium dorsale 668
Entwicklung der Peritonealverhältnisse von Pankreas, Milz und Duodenum. 668
Entwicklung des Omentum majus. 668
2.3.4 Entwicklung der Bursa omentalis 669

2.4 **Entwicklung des Unterbauchsitus** 670
2.4.1 Bildung, Wachstum und Drehung der Nabelschleife 670
2.4.2 Retroperitonealisierung einzelner Kolonabschnitte 671

Teil I Verdauungssystem

---

1   Rumpfdarm – Ösophagus und Gastrointestinaltrakt **675**

J. Kirsch, F. Schmitz, E. Schulte

1.1 Funktion und Einteilung des Verdauungssystems . . 675
J. Kirsch
1.2 Allgemeiner Aufbau des Rumpfdarms 676
J. Kirsch
1.2.1 Wandschichten. 676
Tunica mucosa 677
Tela submucosa 678
Tunica muscularis. 678
Tunica adventitia, Tela subserosa und Tunica serosa 678
1.2.2 Enterisches Nervensystem (Plexus entericus) 679
1.3 Speiseröhre (Ösophagus) 679
F. Schmitz
1.3.1 Funktion des Ösophagus 679
1.3.2 Abschnitte, Lage und Form des Ösophagus 680
1.3.3 Wandbau des Ösophagus 683
1.3.4 Gefäßversorgung und Innervation. 686
1.3.5 Bedeutung der Ösophagusperistaltik für den Schluckakt. 690
1.3.6 Entwicklung des Ösophagus. 691
Fallgeschichte: Wolkig mit Aussicht auf 692
1.4 Magen (Gaster) 693
J. Kirsch
1.4.1 Funktion des Magens. 693
1.4.2 Abschnitte, Form und Lage des Magens 693
1.4.3 Wandbau des Magens 695
Magenschleimhaut 695
Magenmuskulatur 699
1.4.4 Gefäßversorgung und Innervation. 699
1.4.5 Chymusbildung 702
1.5 Dünndarm (Intestinum tenue) 703
J. Kirsch
1.5.1 Charakteristika des gesamten Dünndarms. 703
Funktion des Dünndarms 703
Wandbau des Dünndarms 703
1.5.2 Duodenum (Zwölffingerdarm) 705
Funktion des Duodenums. 705
Form, Abschnitte und Lage des Duodenums 705
Besonderheiten der Duodenalwand 707
Gefäßversorgung und Innervation. 707
1.5.3 Jejunum und Ileum 708
Funktion von Jejunum und Ileum 708
Abschnitte, Form und Lage von Jejunum und Ileum 708
Besonderheiten des Wandbaus von Jejunum und Ileum 709
Gefäßversorgung und Innervation von Jejunum und Ileum 710

1.6 Dickdarm (Intestinum crassum) 711
1.6.1 Zäkum und Kolon. 712
J. Kirsch
Funktion von Zäkum und Kolon 712
Abschnitte, Form und Lage von Zäkum und Kolon 713
Besonderheiten des Wandbaus von Zäkum und Kolon 715
Gefäßversorgung und Innervation. 716
1.6.2 Rektum und Analkanal 719
E. Schulte
Funktion von Rektum und Analkanal 719
Abschnitte und Form von Rektum und Analkanal . 719
Lage von Rektum und Analkanal 722
Wandbau und Sphinktersystem von Rektum und Analkanal. 722
Gefäßversorgung und Innervation. 724
Kontinenz und Defäkation 727
Entwicklung von Rektum und Analkanal 728
1.7 Darstellung des Verdauungskanals mit bildgebenden Verfahren 729
J. Kirsch
1.7.1 Konventionell radiologische Verfahren ohne und mit Kontrastmittel 729
Abdomenübersichtsaufnahme 729
Kontrastmitteluntersuchungen 730
1.7.2 Schnittbildverfahren und Sonografie. 731
1.7.3 Endoskopie 732
Klinischer Fall: Bluthochdruck und „flush" 733

2   Hepatobiliäres System und Pankreas . . 734

J. Kirsch

2.1 Einführung 734
2.2 Hepatobiliäres System 734
2.2.1 Leber (Hepar) 734
Funktion der Leber 734
Form, Abschnitte und Lage der Leber. 735
Aufbau und funktionelle Gliederung der Leber . . . 737
Gefäße und Innervation der Leber 741
2.2.2 Gallenwege 742
Intrahepatische Gallenwege 742
Extrahepatische Gallenwege. 743
Abfluss der Galle. 743
Gefäßversorgung und Innervation der Gallenwege 744
2.2.3 Gallenblase (Vesica biliaris). 744
Funktion der Gallenblase. 744
Form, Abschnitte und Lage 745
Wandbau der Gallenblase 746
Gefäßversorgung und Innervation der Gallenblase 746
2.2.4 Entwicklung des hepatobiliären Systems 747

2.3	**Bauchspeicheldrüse (Pankreas)**	748
2.3.1	Funktion des Pankreas	748
2.3.2	Abschnitte, Form und Lage des Pankreas	749
2.3.3	Aufbau des Pankreas	750
	Feinbau des exokrinen Teils	750
	Feinbau des endokrinen Teils	751
2.3.4	Gefäßversorgung und Innervation des Pankreas	753
2.3.5	Entwicklung des Pankreas	755

2.4	**Darstellung von hepatobiliärem System und Pankreas mit bildgebenden Verfahren**	756
2.4.1	Sonografie	756
2.4.2	Schnittbildverfahren	758
2.4.3	Spezifische Verfahren zur Darstellung von Gallen- und Pankreasgängen	759
	Klinischer Fall: Leistungsabfall und Polyurie	760

Teil J Urogenitalsystem und Nebenniere

1 Niere und ableitende Harnwege 763
E. Schulte

1.1	**Einführung**	763
1.2	**Niere (Ren)**	763
1.2.1	Funktion der Niere	763
1.2.2	Form, Abschnitte und Lage der Niere	763
1.2.3	Aufbau und morphologische Gliederung der Niere	767
	Nierenmark und -rinde	768
	Nierenlappen und -läppchen	768
1.2.4	Feinbau und funktionelle Gliederung der Niere	768
	Nephron	768
	Juxtaglomerulärer Apparat	772
	Interstitium	773
1.2.5	Gefäße und Innervation der Niere	773
1.3	**Ableitende Harnwege**	776
1.3.1	Nierenbecken (Pelvis renalis)	776
1.3.2	Harnleiter (Ureter)	777
	Funktion, Abschnitte, Lage und Verlauf des Ureters	777
	Wandbau des Ureters	778
	Gefäßversorgung und Innervation des Ureters	779
1.3.3	Harnblase (Vesica urinaria)	779
	Funktion der Harnblase	779
	Abschnitte, Form und Lage der Harnblase	780
	Wandbau der Harnblase	782
	Gefäßversorgung und Innervation der Harnblase	783
	Harnblasenaktivität	784
1.4	**Darstellung der Harnwege mit bildgebenden Verfahren**	786
1.4.1	Konventionelle radiologische Verfahren ohne und mit Kontrastmittel	786
1.4.2	Schnittbildverfahren und Sonografie	787
	Klinischer Fall: Akute Verwirrtheit	789

2 Nebenniere (Glandula suprarenalis) 790
E. Schulte

2.1	**Funktion der Nebenniere**	790
2.2	**Größe, Form und Lage der Nebenniere**	790
2.3	**Aufbau der Nebenniere**	791
2.3.1	Nebennierenrinde	791
2.3.2	Nebennierenmark	792
2.4	**Gefäßversorgung und Innervation der Nebenniere**	793
2.5	**Entwicklung der Nebenniere**	793

3 Weibliches Genitale 794
E. Schulte

3.1	**Übersicht**	794
3.2	**Innere weibliche Genitalorgane**	794
3.2.1	Eierstock (Ovarium)	795
3.2.2	Eileiter (Tuba uterina), Salpix	797
3.2.3	Gebärmutter (Uterus)	799
3.2.4	Scheide (Vagina), Kolpos	805
3.3	**Äußere weibliche Genitalorgane**	807
3.3.1	Aufbau des äußeren weiblichen Genitales	807
3.3.2	Gefäßversorgung und Innervation des äußeren weiblichen Genitales	808
3.4	**Urethra feminina (weibliche Harnröhre)**	809
3.5	**Zyklusbedingte Veränderungen – hormonelle Steuerung**	809
3.5.1	Zyklische Reifung der Follikel	809
3.5.2	Zyklische Veränderungen an den Organen	813
3.6	**Konzeption, Schwangerschaft und Geburt**	816
3.6.1	Sexuelle Reaktion der Frau	816
3.6.2	Spermienwanderung im weiblichen Genitaltrakt	816
3.6.3	Schwangerschaft (Graviditas)	817
3.6.4	Geburt	818
3.6.5	Wochenbett (Puerperium)	820
	Fallgeschichte: Alles fließt? Schön wär's!	822
3.7	**Das weibliche Genitale in verschiedenen Lebensphasen**	823
3.7.1	Postnatale Entwicklung und Kindheit	823
3.7.2	Pubertät	823
3.7.3	Phase der körperlichen Reife	824
3.7.4	Klimakterium	824
3.7.5	Senium	825

4 Männliches Genitale 826
E. Schulte

4.1	**Übersicht**	826
4.2	**Innere männliche Genitalorgane**	826
4.2.1	Hoden (Testis/Orchis/Didymis)	827
4.2.2	Nebenhoden (Epididymis)	829
4.2.3	Samenleiter (Ductus deferens)	831
4.2.4	Akzessorische Geschlechtsdrüsen	832
	Glandula vesiculosa (Bläschendrüse)	832
	Ductus ejaculatorius	833
	Prostata (Vorsteherdrüse)	833
	Glandulae bulbourethrales (Cowper-Drüsen)	835

4.3	**Äußere männliche Genitalorgane**	835
4.3.1	Penis (Glied)	835
4.3.2	Urethra masculina (männliche Harnröhre)	838
4.3.3	Skrotum (Hodensack)	841
	Fallgeschichte: Nichts geht mehr	842
4.4	**Fertilität und sexuelle Reaktion des Mannes**	843
4.4.1	Spermatogenese (Samenzellbildung)	843
4.4.2	Sexuelle Reaktion.	847
4.4.3	Befruchtung	848
	Zusammensetzung des Ejakulats	848
	Akrosomenreaktion	848

5 Entwicklung des Urogenitalsystems . . . 849
E. Schulte

5.1	**Übersicht**	849
5.2	**Entwicklung des Harnapparats**	849
5.2.1	Entwicklung der harnbereitenden Anteile – Nierenentwicklung.	849
5.2.2	Entwicklung der harnableitenden Wege.	851
5.3	**Entwicklung des Genitales.**	852
5.3.1	Entwicklung des inneren Genitales	852
	Entwicklung der Keimdrüsen	852
	Entwicklung der Genitalwege.	854
	Entwicklung der akzessorischen Geschlechtsdrüsen	857
5.3.2	Entwicklung des äußeren Genitales.	858

Teil K Leitungsbahnen im Bauch- und Beckenraum

1 Leitungsbahnen im Bauchraum 863
E. Schulte

1.1	**Einführung.**	863
1.2	**Gefäße im Bauchraum**	863
1.2.1	Arterien des Bauchraums – Aorta abdominalis und ihre Äste	863
	Paarige Aortenäste	865
	Unpaare Aortenäste	865
1.2.2	Venen des Bauchraums	867
	Vena cava inferior und ihre Zuflüsse	867
	Portalkreislauf – Vena portae hepatis und ihre Zuflüsse	869
	Venöse Anastomosen.	870
1.2.3	Lymphgefäße und -knoten des Bauchraums	872
1.3	**Nerven und Nervengeflechte im Bauchraum**	873
1.3.1	Anteile des vegetativen Nervensystems	873
	Sympathikus im Bauchraum.	874
	Parasympathikus im Bauchraum	875
1.3.2	Anteile des somatischen Nervensystems	876

| **1.4** | **Entwicklung der großen Blutgefäße im Bauch- und Beckenraum** . . . . | 877 |
| | **Klinischer Fall: Kaffeesatzerbrechen** . . . . | 878 |

2 Leitungsbahnen im Beckenraum 879
E. Schulte

2.1	**Einführung**	879
2.2	**Gefäße im Beckenraum**	879
2.2.1	Beckenarterien	879
	Arteria iliaca externa	879
	Arteria iliaca interna.	879
2.2.2	Beckenvenen	881
2.2.3	Lymphgefäße und -knoten im Beckenraum	881
2.3	**Nerven und Nervengeflechte im Beckenraum** . . .	883
2.3.1	Anteile des vegetativen Nervensystems	883
2.3.2	Anteile des somatischen Nervensystems	884
2.4	**Durchtrittsstellen der Leitungsbahnen aus dem Beckenraum**	885

Hals, Kopf, ZNS und Sinnesorgane

Teil L Hals

1 Hals – Gliederung, Muskulatur und Leitungsbahnen 891
G. Aumüller, G. Wennemuth

1.1	**Funktionelle Bedeutung und Bauprinzip**	891
1.1.1	Funktionelle Bedeutung des Halses	891
1.1.2	Begrenzung und Gliederung des Halses	891
1.2	**Muskulatur des Halses mit Zungenbein**	893
1.2.1	Zungenbein (Os hyoideum) und Zungenbeinmus- kulatur	893
1.2.2	Oberflächliche und tiefe Halsmuskulatur	895

1.3	**Leitungsbahnen im Halsbereich**	896
1.3.1	Gefäße	896
	Arterien im Halsbereich.	896
	Venen im Halsbereich	898
	Lymphabflusswege im Halsbereich	899
1.3.2	Nerven	901
	Zervikale Spinalnerven	901
	Halsäste von Hirnnerven	903
	Truncus sympathicus im Halsbereich	904
1.4	**Topografische Anatomie des Halses**	906
1.4.1	Konturen und tastbare Knochenpunkte	906

1.4.2	Regionen des Halses mit Halsdreiecken und Skalenuslücken	906
1.4.3	Faszienräume im Halsbereich	911

2 Halsorgane 914

G. Aumüller, G. Wennemuth

2.1	**Übersicht**	914
2.2	**Pharynx (Rachen, Schlund)**	914
2.2.1	Funktion des Pharynx	914
2.2.2	Abschnitte, Lage und Aufbau des Pharynx	914
2.2.3	Gefäßversorgung und Innervation des Pharynx	919
2.2.4	Schluckakt	920

2.3	**Larynx (Kehlkopf)**	920
2.3.1	Funktion und Lage des Larynx	920
2.3.2	Aufbau des Larynx	921
	Kehlkopfskelett, Gelenke und Bänder	921
	Etagengliederung und Innenrelief	923
	Kehlkopfmuskulatur	926
2.3.3	Gefäßversorgung und Innervation des Larynx	927
2.3.4	Entwicklung des Larynx	929
2.4	**Trachea (Luftröhre)**	930
2.4.1	Funktion der Trachea	930
2.4.2	Abschnitte, Form und Lage der Trachea	930
2.4.3	Aufbau der Trachealwand	930
2.5	**Schilddrüse und Nebenschilddrüsen**	931
2.5.1	Schilddrüse (Glandula thyroidea)	931
2.5.2	Nebenschilddrüsen (Glandulae parathyroideae)	933
2.5.3	Gefäßversorgung und Innervation von Schilddrüse und Nebenschilddrüsen	934
2.5.4	Entwicklung von Schilddrüse und Nebenschilddrüsen	935
	Klinischer Fall: Gewichtsabnahme und Nervosität	937

Teil M Kopf

1 Kopf – Schädel und mimische Muskulatur 941

G. Aumüller, G. Wennemuth

1.1	**Schädel (Cranium)**	941
1.1.1	Funktion und Gliederung des Schädels	941
1.1.2	Hirnschädel (Neurocranium)	946
	Schädeldach (Calvaria)	946
	Schädelbasis (Basis cranii)	947
1.1.3	Gesichtsschädel (Viscerocranium)	954
1.1.4	Funktionelle Anatomie des Schädels	957
	Verstärkungspfeiler und Schwachstellen der Schädelbasis	957
	Verstärkungspfeiler des Gesichtsschädels	958
1.1.5	Topografische Anatomie des Schädels	959
1.2	**Mimische Muskulatur**	959
1.2.1	Funktion, Lage und Anordnung	959
1.2.2	Gefäßversorgung und Innervation	962
1.3	**Topografische Anatomie des oberflächlichen Kopfbereichs**	964
1.3.1	Regionen und Proportionen	964
1.3.2	Tastbare Knochenpunkte im Kopfbereich	965
1.4	**Entwicklung des Kopfbereichs**	965
1.4.1	Entwicklung des Schädels	965
	Anlagematerial für die Schädelentwicklung	965
	Chondro- und Desmokranium	966
1.4.2	Entwicklung und Differenzierung der Schlundbögen	968
1.4.3	Entwicklung des kraniofazialen Systems	970

2 Leitungsbahnen im Kopfbereich 973

G. Aumüller, G. Wennemuth

2.1	**Einführung**	973
2.2	**Gefäße im Kopfbereich**	973
2.2.1	Arterien des Kopfes	973
	Arteria carotis externa und ihre Äste	973
	Arteria carotis interna – Abschnitte und extrazerebrale Äste	975
	Arterielle Anastomosen	975
2.2.2	Venen des Kopfes	976
	Abfluss über die Jugularvenen	976
	Venöse Verbindungen im Kopfbereich	976
2.2.3	Lymphabfluss aus dem Kopfbereich	978
2.3	**Nerven im Kopfbereich – Hirnnerven (Nervi craniales)**	979
2.3.1	Nervus olfactorius (I) und Nervus opticus (II)	982
2.3.2	Hirnnerven zu Augenmuskeln (III, IV und VI)	982
2.3.3	Nervus trigeminus (V)	985
2.3.4	Nervus facialis (VII)	990
2.3.5	Nervus vestibulocochlearis (VIII)	995
2.3.6	Nervus glossopharyngeus (IX)	995
2.3.7	Nervus vagus (X)	998
2.3.8	Nervus accessorius (XI) und Nervus hypoglossus (XII)	1000

3 Mundhöhle und Kauapparat 1003

G. Aumüller, G. Wennemuth (A. Doll* 3.1.7)

3.1 Mundhöhle (Cavitas oris) 1003
3.1.1 Funktionelle Bedeutung der Mundhöhle 1003
3.1.2 Gliederung der Mundhöhle 1003
3.1.3 Gaumen (Palatum). 1005
Abschnitte, Lage und Aufbau 1005
Gefäßversorgung und Innervation des Gaumens . . 1007
Entwicklung des Gaumens 1008
3.1.4 Zunge (Lingua) 1009
Funktion der Zunge 1009
Abschnitte und Form 1009
Aufbau der Zunge 1010
Gefäßversorgung und Innervation der Zunge 1013
Entwicklung der Zunge 1014
3.1.5 Mundboden mit Unterzungenregion. 1015
Muskulatur des Mundbodens. 1015
Gefäßversorgung und Innervation
des Mundbodens 1016
Topografische Beziehungen in der
Unterzungenregion 1016
3.1.6 Speicheldrüsen (Glandulae salivariae) 1017
Funktion Bauprinzip und Einteilung
der Speicheldrüsen 1017
Große Kopfspeicheldrüsen 1018
3.1.7 Zähne (Dentes) 1021
Einteilung, Abschnitte, Form und Lage der Zähne . . 1021
Aufbau der Zähne und des Zahnhalteapparats. 1024
Gefäßversorgung und Innervation von Zähnen
und Zahnfleisch 1026
Zahnentwicklung 1028
3.2 Kiefergelenk und Kaumuskulatur 1030
3.2.1 Kiefergelenk (Articulatio temporomandibularis). . . 1030
Gelenktyp und Gelenkkörper 1030
Gelenkkapsel und Bänder im Bereich des
Kiefergelenks 1030
Mechanik des Kiefergelenks 1031
3.2.2 Kaumuskulatur (Musculi masticatorii) 1032
3.2.3 Gefäßversorgung und Innervation
von Kiefergelenk und Kaumuskulatur. 1033
3.2.4 Topografische Anatomie des Bereichs
um Kiefergelenk und Kaumuskulatur 1034
Schläfen- und Unterschläfengrube
(Fossae temporalis und infratemporalis) 1034
Flügelgaumengrube (Fossa pterygopalatina) 1035
Faszienverhältnisse in der seitlichen
Gesichtsregion 1038

4 Nase und Nasennebenhöhlen 1039

G. Aumüller, G.Wennemuth

4.1 Funktion der Nase und der Nasennebenhöhlen 1039
4.2 Aufbau von Nase und Nasennebenhöhlen 1039
4.2.1 Äußere Nase (Nasus externus) 1039
4.2.2 Nasen- und Nasennebenhöhlen. 1040
Nasenhöhle (Cavitas nasi) 1040
Nasennebenhöhlen (Sinus paranasales) 1042
Feinbau der Nasen- und Nasennebenhöhlen 1043

**4.3 Gefäßversorgung und Innervation von Nase und
Nasennebenhöhlen. 1046**
4.4 Entwicklung von Nase und Nasennebenhöhlen . . . 1048

5 Auge – Sehorgan 1049

J. Kirsch

5.1 Funktion und Einteilung des Auges 1049
5.2 Orbita (Augenhöhle) 1049
5.2.1 Form und Aufbau der Orbita 1049
5.2.2 Inhalt der Orbita mit Leitungsbahnen 1051
5.3 Hilfsapparat des Auges 1052
5.3.1 Bewegungen des Augapfels durch äußere Augen-
muskeln 1052
5.3.2 Augenlider und Bindehaut 1054
5.3.3 Tränenapparat. 1056
**5.4 Augapfel (Bulbus oculi) – Orientierungslinien
und Schichtenfolge** 1058
5.4.1 Tunica fibrosa bulbi (äußere Augenhaut) 1061
5.4.2 Tunica vasculosa bulbi (Uvea, Gefäßhaut). 1062
5.4.3 Tunica interna bulbi (Retina, Netzhaut). 1064
Stratum pigmentosum retinae 1065
Stratum nervosum retinae 1065
5.4.4 Fundus oculi (Augenhintergrund) 1067
**5.5 Augapfel (Bulbus oculi) – Linse und
Augenkammern** 1068
5.5.1 Linse (Lens) 1068
5.5.2 Augenkammern – Begrenzungen und Inhalt 1070
Kammerwasser mit Abfluss über den
Kammerwinkel 1070
Glaskörper (Corpus vitreum) 1071
5.6 Entwicklung des Auges 1072

6 Ohr – Hör- und Gleichgewichtsorgan 1074

J. Kirsch

6.1 Funktion und Einteilung des Ohres 1074
6.2 Äußeres Ohr (Auris externa) 1075
6.2.1 Ohrmuschel (Auricula). 1075
6.2.2 Äußerer Gehörgang und Trommelfell 1076
6.3 Mittelohr (Auris media) 1078
6.3.1 Paukenhöhle (Cavitas tympani) 1078
Gehörknöchelchen (Ossicula auditoria). 1080
Mittelohrmuskeln 1080
Nerven mit Bezug zur Paukenhöhle 1081
6.3.2 Antrum mastoideum, Cellulae mastoideae
und Tuba auditiva. 1082
6.4 Innenohr (Labyrinth) 1083
6.4.1 Labyrinthus cochlearis mit Hörorgan 1086
6.4.2 Labyrinthus vestibularis mit Gleichgewichtsorgan 1087
6.5 Hörvorgang und Gleichgewicht 1089
6.5.1 Umwandlung akustischer Reize in elektrische
Signale 1089
6.5.2 Umwandlung von Beschleunigungen
in elektrische Signale 1091
6.6 Entwicklung des Ohres 1092

* Mitarbeiter früherer Auflagen

Teil N ZNS

1 ZNS – Aufbau und Organisation 1097
S. Mense

1.1	**Einführung**	1097
1.2	**Rückenmark (Medulla spinalis)**	1097
1.2.1	Lage, Form und Abschnitte des Rückenmarks	1097
1.2.2	Aufbau des Rückenmarks – graue und weiße Substanz	1099
1.3	**Gehirn (Encephalon)**	1103
1.3.1	Hirnstamm (Truncus encephali)	1104
	Hirnnervenkerne des Hirnstamms	1105
	Formatio reticularis und Fasciculus longitudinalis medialis	1109
	Verlängertes Mark (Medulla oblongata).	1111
	Brücke (Pons).	1112
	Mittelhirn (Mesencephalon)	1114
1.3.2	Kleinhirn (Cerebellum).	1116
	Funktionelle Bedeutung des Kleinhirns	1116
	Lage, Abschnitte und Oberflächenstrukturen des Kleinhirns	1116
	Innerer Aufbau des Kleinhirns.	1117
	Verbindungen des Kleinhirns	1119
1.3.3	Zwischenhirn (Diencephalon).	1124
	Thalamus	1125
	Meta- und Epithalamus	1127
	Hypothalamus	1128
	Subthalamus	1132
1.3.4	Großhirn (Cerebrum)	1132
	Funktionelle Bedeutung des Großhirns	1132
	Abschnitte und Form des Großhirns.	1132
	Aufbau des Großhirns.	1134
	Großhirnrinde (Cortex cerebri)	1135
	Basalganglien – basale Kerne des Großhirns (Nuclei basales)	1142
	Großhirnmark mit Fasersystemen	1144
	Fallgeschichte: Verrückte Welt	1148
1.4	**Hüllen des ZNS (Meningen) und Liquorsystem**	1149
1.4.1	Meningen	1149
	Allgemeiner Aufbau und Innervation der Meningen	1149
	Häute des Rückenmarks.	1150
	Häute des Gehirns	1151
1.4.2	Liquorsystem	1152
	Liquor cerebrospinalis	1152
	Liquorräume	1152
	Liquorzirkulation.	1156
1.5	**Gefäßversorgung von Gehirn, Rückenmark und Meningen**	1157
1.5.1	Arterielle Versorgung	1157
	Arterielle Versorgung des Gehirns	1157
	Arterielle Versorgung des Rückenmarks	1163
	Arterielle Versorgung der Meningen	1164
1.5.2	Venöser Abfluss.	1165
	Hirnvenen	1165
	Venöse Blutleiter – Sinus durae matris.	1167
	Venen des Rückenmarks.	1168
	Venen der Meningen.	1169
1.5.3	Blut-Hirn-Schranke (BHS)	1169

1.6	**Entwicklung des ZNS**.	1170
1.6.1	Entwicklung des Rückenmarks	1171
1.6.2	Entwicklung des Gehirns und der Ventrikel	1172
1.7	**Darstellung des ZNS mit bildgebenden Verfahren** .	1175
1.7.1	Konventionelle Röntgendiagnostik	1175
1.7.2	Schnittbildverfahren	1176
	Computertomografie (CT)	1176
	Magnetresonanztomografie (MRT)	1177
1.7.3	Angiografie.	1177
1.7.4	Neurosonografie	1177
1.7.5	Nuklearmedizinische Verfahren	1178
	Klinischer Fall: Akut aufgetretene Lähmung und Sprachstörung	1180

2 ZNS – funktionelle Systeme 1181
S. Mense

2.1	**Einführung**	1181
2.2	**Motorisches System**	1182
2.2.1	Motorische Kortexareale	1182
2.2.2	Motorische Bahnen und Kerngebiete	1183
	Pyramidenbahn (Tractus pyramidalis)	1183
	Tractus corticopontini.	1185
	Einbindung der Basalganglien in das motorische System.	1186
	Deszendierende Bahnen mit Ursprung in motorischen Kernen des Hirnstamms	1189
2.2.3	Motorische Endstrecke	1190
2.2.4	Entstehung von Willkürbewegungen	1192
	Klinischer Fall: Älterer Mann mit Bewegungsstörung	1193
2.3	**Sensorische Systeme**	1194
2.3.1	Somatosensorik und Viszerosensorik	1194
	Einteilung und Aufbau somatosensorischer Bahnen .	1194
	Mechanorezeption und Propriozeption	1196
	Viszerosensorik	1205
	Nozizeption und Schmerz.	1205
	Temperatursinn	1215
2.3.2	Visuelles System.	1215
	Gesichtsfeld	1215
	Photorezeptorzellen	1216
	Signaltransfer in der Retina	1218
	Weitere Stationen der Sehbahn	1220
	Willkürliche und reflektorische Augenbewegungen (Okulomotorik)	1224
	Retino-hypothalamo-pineales System und zirkadiane Rhythmik	1228
2.3.3	Auditorisches System	1228
	Reizaufnahme	1229
	Stationen der Hörbahn	1230
2.3.4	Vestibuläres System.	1232
	Funktion des vestibulären Systems	1232
	Reizaufnahme	1233
	Stationen der Gleichgewichtsbahn	1235
2.3.5	Olfaktorisches System	1238
	Riechschleimhaut mit olfaktorischen Sinneszellen.	1238
	Stationen der Riechbahn.	1239

2.3.6	Gustatorisches System	1241
	Geschmacksrezeptoren	1241
	Entstehung des Rezeptorpotenzials	1242
	Stationen der Geschmacksbahn	1242
2.4	**Limbisches System**	1243
2.4.1	Funktion des limbischen Systems	1243
2.4.2	Strukturen des limbischen Systems	1244
	Papez-Kreis	1244
	Hippocampus	1246
2.5	**Neuroendokrines System**	1249
2.5.1	Hypophyse	1249
	Neurohypophyse	1250
	Adenohypophyse	1251
	Klinischer Fall: Gewichtszunahme und Erschöpfung	1253
2.6	**Funktionskreise der Formatio reticularis**	1254

2.6.1	Beeinflussung der Bewusstseinslage	1254
2.6.2	Beeinflussung motorischer Funktionen	1254
2.6.3	Beeinflussung von Kreislauf und Atmung	1255
2.7	**Cholinerges und monaminerges System**	1255
2.7.1	Cholinerge Gruppen	1255
2.7.2	Monaminerge Gruppen	1257
	Noradrenerge Gruppen	1257
	Dopaminerge Gruppen	1257
	Serotonerge Gruppen	1257
	Adrenerge Gruppe	1258
2.8	**Höhere integrative Funktionen**	1258
2.8.1	Lernen und Gedächtnis	1258
	Formen des Gedächtnisses	1258
	Lernmechanismen	1260
2.8.2	Sprache	1261

Teil O Haut und Hautanhangsgebilde

1 Haut (Integumentum commune) 1265

D. Reißig, J. Salvetter

1.1	**Definition**	1265
1.2	**Funktion, Größe und Gewicht der Haut**	1265
1.3	**Aufbau der Haut**	1266
1.3.1	Felder- und Leistenhaut	1266
1.3.2	Hautschichten	1266
	Epidermis (Oberhaut)	1267
	Dermis (Lederhaut)	1271
	Tela subcutanea (Unterhaut)	1272
1.3.3	Hautrezeptoren	1272
1.4	**Gefäßversorgung und Innervation der Haut**	1273

2 Hautanhangsgebilde 1274

D. Reißig, J. Salvetter

2.1	**Definition**	1274
2.2	**Haare und Nägel**	1274
2.2.1	Haare (Pili)	1274
2.2.2	Finger- und Zehennägel (Ungues)	1275
2.3	**Drüsen der Haut (Glandulae cutis)**	1276
2.3.1	Talgdrüsen (Glandulae sebaceae holocrinae)	1276
2.3.2	Kleine und große Schweißdrüsen (Glandulae sudoriferae eccrinae und apocrinae)	1277
2.3.3	Brustdrüse (Glandulae mammariae)	1277

Anhang

Teil P Antwortkommentare klinische Fälle

1 Antwortkommentare 1281

1.1	**Lungenembolie**	1281
1.2	**Muskeldystrophie Typ Duchenne**	1282
1.3	**Infektexazerbierte COPD**	1283
1.4	**Myokardinfarkt**	1284
1.5	**Metastasiertes Karzinoid**	1285
1.6	**Diabetes mellitus**	1286

1.7	**Akutes prärenales Nierenversagen**	1286
1.8	**Ösophagusvarizenblutung bei Leberzirrhose**	1287
1.9	**Hyperthyreose bei Struma**	1288
1.10	**Schlaganfall**	1289
1.11	**Morbus Parkinson**	1289
1.12	**Morbus Cushing**	1291

Sachverzeichnis 1293

Der Mensch ist mehr als die Summe seiner Teile

Eine medizinethische Annährung an die Anatomie

Giovanni Maio

> **„Um ein guter Arzt zu sein, braucht man nicht nur Faktenwissen, sondern man braucht eine innere Richtschnur, ein Sensorium dafür, worauf es ankommt im Umgang mit Menschen."**
>
> Giovanni Maio

Die Anatomie – ein Fach, auf das man sich freut, weil man weiß, wie wichtig anatomische Kenntnisse für das gesamte Berufsleben sind. Aber es ist auch ein Fach, das viele mit einem mulmigen Gefühl erwarten. Zum einen wegen der Fülle an Fakten, die auf einen zukommt. Und zum anderen, weil der „Präp-Kurs" für die meisten der erste Kontakt mit einem toten Körper ist. Das führt zu ambivalenten Gefühlen und mitunter auch zu Angst und Abwehr. Diese Reaktionen sind aber ganz natürlich, denn der tote Körper ist zwar einerseits der Körper eines anderen Menschen wie ich und Du – aber dass ein Mensch wie ein Objekt vor einem liegt und nicht auf uns reagiert, ist uns komplett fremd und wir würden uns am liebsten davon fernhalten.

Die gesunde Scheu vor dem Einschnitt in einen menschlichen Körper

Die Leiche ist zunächst schwer einzuordnen. Ein Mensch ist sie zwar nicht mehr, und doch ist sie auch nicht nur eine Sache. Im Präparierkurs dürfen wir sie „behandeln", sie steht uns in gewisser Weise zur Verfügung, wir dürfen entscheiden, auf welche Weise wir sie für Studienzwecke verwenden, und doch dürfen wir nicht beliebig mit ihr umgehen. Schon beim ersten Schnitt in die Haut des toten Körpers spüren wir dieses Ambivalente. Es kommt uns zunächst geradezu wie eine Grenzverletzung vor, fast schon wie ein Tabubruch, denn wir machen damit etwas, was wir uns davor nie getraut hätten. Es braucht Zeit, bis man sich an die Überschreitung der sonst natürlichen Grenze gewöhnt hat – fast ist es so, als wäre der Präparierkurs eine Art Mutprobe. Unser Verstand sagt uns, dass diese Überschreitung der Hautgrenze sein muss, damit wir später unseren Patienten besser helfen können. Aber zunächst muss man durch die vielen Gefühle, die in den ersten Stunden im „Präp-Saal" aufkommen. Diese

> Fast ist es so, als wäre der Präparierkurs eine Art Mutprobe.

Gefühle sind wichtig, und sie ordnen neu. Sie sozialisieren, bereiten vielleicht auch vor, für manche bedeuten sie aber auch das Ende des Studiums. Das zeigt, wie tief diese Gefühle gehen können.

Der tote Körper zwischen verstorbenem Menschen und Präparat

Zunächst ist es wichtig, sich vor Augen zu führen, dass wir mit dem Schnitt in die Haut etwas tun, wozu uns der Verstorbene selbst ermächtigt hat. Er hat darüber verfügt, dass sein Körper für einen guten Zweck verwendet werden soll, und wir spüren auf der einen Seite Dankbarkeit dafür, aber erst mal bleibt der Skrupel. Wir spüren, dass dieser tote Körper eben doch mehr ist als ein Anschauungsobjekt. Der tote Körper ist zwar Objekt, weil mit dem Tod die Subjekthaftigkeit verloren gegangen ist, aber er ist doch nicht *nur* Objekt, sondern irgendwie steht er zwischen dem unverfügbaren Subjekt und der Sache, die er zu sein scheint. Er gehört niemandem, dieser tote Körper, weder uns noch den Angehörigen. Und doch ist er in gewisser Weise zu schützen. Er ist zu schützen vor willkürlicher Behandlung, zu schützen vor despektierlicher Behandlung, zu schützen vor jeder Behandlung, durch die ein Mangel an Achtung, an Respekt, an Pietät zum Ausdruck gebracht werden würde. Warum aber sollten wir Achtung empfinden vor einer „Sache", die gar nicht mehr lebt? Wie können wir einer Leiche Bedeutung beimessen, wenn die Person, aus der die Leiche geworden ist, jetzt als Person gar nicht mehr existiert?

Der tote Körper als Identität eines Menschen

Achtung, Respekt oder auch Pietät stellen keine Normen dar, sondern eine Haltung – aus der Pflicht zur Pietät gegenüber der Leiche resultiert nicht eine bestimmte Norm, konkret dies oder jenes zu tun. Sondern es geht vielmehr darum, wie man sich gegenüber der Leiche verhält, mit welcher Einstellung man ihr gegenübertritt und welche Grundhaltung damit zum Ausdruck gebracht wird. Dann ist es auch kein Widerspruch, einen Körper zu präparieren und ihm dennoch Pietät entgegenzubringen. Es geht darum, in welcher inneren und auch äußeren Atmosphäre präpariert wird. Es geht zentral um den Modus des Machens, nicht allein um das Machen an sich.

> Es geht vielmehr darum, wie man sich gegenüber der Leiche verhält, mit welcher Einstellung man ihr gegenübertritt und welche Grundhaltung damit zum Ausdruck gebracht wird.

Warum aber Achtung oder gar Ehrfurcht vor der Leiche? Zunächst einmal ist die Leiche zwar nicht mehr die Person, die der lebende Mensch einmal war, aber in ihr ist am Anfang zumindest immer noch etwas vorhanden, was sozusagen als Kennzeichen der Identität des Verstorbenen weiterexistiert. Deshalb fällt es den Studierenden auch besonders schwer, so identitätsstiftende Körperbereiche wie das Gesicht oder die Hände zu präparieren. Denn diese Bereiche haben in gewisser Weise einen symbolischen Wert – sie repräsentieren das, was der Tote einmal war, ein individuelles Wesen, das sich über Mimik und Hände ausgedrückt hat und selbst nach dem Tod verweist der Körper auf den Menschen, der gelebt hat: Die Identität eines Menschen ragt also in gewisser Weise über den Tod hinaus und in das Bewusstsein der die Leiche umgebenden Menschen hinein.

> Die Identität eines Menschen ragt also in gewisser Weise über den Tod hinaus.

Wenn wir pietätvoll mit der toten Materie umgehen, dann deswegen, weil uns diese tote Materie an den Menschen erinnert, der gelebt hat. Diese tote Materie – so könnte man auch sagen – spricht noch mit uns, ohne selbst lebendig sein zu müssen. Wir interagieren mit diesem Körper, auch wenn der Körper selbst nicht mehr agieren kann.

Vom Präparat zurück zum ganzen Menschen

Im Präparationssaal lernen wir, die Leiche nicht als toten Menschen zu sehen, sondern als Präparat. Diese Verobjektivierung und Distanzierung ist sehr wichtig und auch notwendig, um überhaupt etwas lernen zu können für das eigene zukünftige Leben als Arzt. Aber man darf hier nicht stehen bleiben. Man muss irgendwann und irgendwie wieder zurückfinden von der Leiche als verobjektiviertes Präparat hin zum Menschen, der gestorben ist. Hin zu den lebenden Menschen, die etwas ganz anderes sind als dieser präparierte Körper in der Anatomie. Dieses Zurückfinden kann nicht im Präparationssaal geschehen. Schon allein deshalb nicht, weil die Leichen aufgrund der Konservierung eher unwirklich aussehen, eher wie „Schaufensterpuppen" oder Wachsfiguren. Aber für das Arztleben ist dieser Weg zurück vom versachlichten toten Präparat zum Menschen, der gestorben ist, sehr wichtig – vielleicht genauso wichtig wie das Erlernen der anatomischen Strukturen. Möglicherweise kann das Erlernen der anatomischen Strukturen sogar ein

> Für das Arztleben ist dieser Weg zurück vom versachlichten toten Präparat zum Menschen sehr wichtig.

Wegbereiter sein, um zum Menschen zurückzufinden, zur Achtung vor dem Menschen, zum Staunen ob der Perfektion des Menschen, die sich auch in der Perfektion seines Körpers manifestiert. Vielleicht kann über die Vergegenwärtigung der wunderbaren anatomischen Wohlgeordnetheit des menschlichen Körpers realisiert werden, wie faszinierend vielfältig der lebende Mensch ist. Der lebende Mensch, der seine anatomische Beschaffenheit als seine Identität mit sich führt und durch sie hindurch seine ganz eigene Lebendigkeit durchfließen lässt. Eine Lebendigkeit, die nur er in dieser Form hat: Jeder Mensch bewegt sich anders, jeder Mensch hat eine andere Stimme, jeder Mensch eine andere Mimik, jeder Mensch einen anderen Blick, andere Gefühle. Wie faszinierend diese Vielfalt menschlichen Lebens und wie faszinierend jeder Mensch für sich doch ist! Gerade im Kurssaal der Anatomie besteht die Chance, das Staunen neu zu lernen.

Vom Gesetzmäßigen zur Einzigartigkeit eines jeden Menschen

Bei aller Vielfalt des Lebens, ohne die Verinnerlichung des Allgemeinen, ohne das Erlernen einer Abstraktion vom Konkreten hin zu allgemeinen Gesetzen, wäre man als Arzt nicht handlungsfähig. Denn wenn wir den Menschen nur als Individuum betrachteten und in ihm nur das Einzigartige sähen ohne ein Wissen von der Allgemeinheit, von der Gesetzmäßigkeit seiner Anatomie und Physiologie, dann wären wir im Angesicht eines leidenden Menschen ratlos. Ohne das Bewusstsein von Gesetzmäßigkeiten würden wir bei jedem Patienten immer wieder aufs Neue im Dunkeln tappen, würden wir jedes Mal ganz von vorne anfangen. Wir brauchen also das Wissen um allgemeine Naturgesetze. Aber wenn wir bei diesem allgemeinen Wissen stehen bleiben, dann verlieren wir die Lebendigkeit des Menschen aus dem Blick. Je mehr wir den Menschen in seine einzelnen physischen Bestandteile zergliedern, desto mehr könnte sich ein Denken einschleichen, wonach der Mensch die Gesamtheit der darstellbaren Strukturen sei. Es soll tatsächlich Chirurgen gegeben haben, die meinten, sie hätten die Seele des Menschen, so sehr sie auch in die entlegensten Körperhöhlen eindrangen,

> Wenn wir bei diesem allgemeinen Wissen stehen bleiben, dann verlieren wir die Lebendigkeit des Menschen aus dem Blick.

nirgendwo gefunden. Der Mensch als eine Körpermaschine, die durch physikalische Gesetze am Leben erhalten wird und irgendwo im Nebulösen dann noch so etwas wie das Geistige

– das könnte eine Vorstellung sein, die man verinnerlichen könnte, wenn man sich nicht von Anfang an klarmacht, was der anatomische Blick leisten kann und was nicht.

Der Mensch ist mehr als wir von ihm verobjektivieren können

Der anatomische Blick kann sehr Vieles und Wesentliches *über* den Menschen sagen, aber was der Mensch wirklich ist, das können wir nach dem sezierenden Blick der Anatomie nicht sagen. Der Mensch als Mensch ist eben nicht dadurch adäquat beschrieben, dass wir all seine körperlichen Bestandteile zusammennehmen und versuchen, das Ganze in diesen Teilen zu finden. Vielmehr ist das Eigentliche des Menschen, der uns später als kranker Mensch gegenübertritt, gerade

> Der anatomische Blick kann sehr Vieles und Wesentliches über den Menschen sagen, aber was der Mensch wirklich ist, das können wir nach dem sezierenden Blick der Anatomie nicht sagen.

seine Lebendigkeit. Und diese Lebendigkeit ist nicht einfach festzuhalten unter dem Mikroskop oder beispielsweise in Laborwerten, sondern sie übersteigt das Strukturelle und Messbare. Denn naturwissenschaftliche Erhebung ist immer ein Ausschnitt, eine Anordnung von Leben, eine Abstraktion von Leben, nie aber das Leben an sich. Lebendig kann der Mensch nur als Ganzes sein. Und genau das wurde früher als Seele beschrieben. Die Seele, so können wir schon bei Aristoteles nachlesen, ist das, was dem Menschen seine Lebendigkeit verleiht. Der Mensch ist durchwaltet durch eine Kraft, die ihn am Leben erhält. Diese Kraft mag sich niederschlagen in biochemischen Prozessen, aber sie ist nicht abbildbar und sezierbar, sondern nur zu erfassen, wenn wir den Menschen als Ganzen in den Blick nehmen.

> Naturwissenschaftliche Erhebung ist immer ein Ausschnitt, eine Anordnung von Leben, eine Abstraktion von Leben, nie aber das Leben an sich.

In der Vergegenwärtigung dessen, wie ein lebendiger Mensch auf uns wirkt, können wir im Anblick der leblosen Körper im Präpariersaal erahnen, dass der Mensch mehr ist als die Summe seiner Teile. Er ist eben mehr als eine funktionierende Maschine. Nicht nur weil er auch Gefühle hat, die noch dazukommen. Sondern weil der Mensch als lebendiges Wesen nicht einfach nur mehr ist als die Präparate im Anatomiesaal, sondern weil er vor allen Dingen etwas *anderes* ist als die Präparate. Das Lebendige kommt zum Körper nicht nur hinzu, sondern es verleiht dem Körper ein anderes Sein. Der Mensch ist nicht nur eine Ansammlung von Organen, sondern er ist die lebendige Einheit, die alles, was wir im Anatomiekurs sehen, auf eine wundersame Weise zusammenhält und miteinander in Kommunikation bringt. Der Mensch ist ein staunenswerter Kosmos, in dem so ziemlich alles mit allem kommuniziert, ohne dass der Mensch irgendetwas dazu tun müsste. Er ist eben keine Maschine mit einer noch hinzukommenden Seele von außen, wie Descartes es noch gesehen hat, sondern er ist ein lebendiger Integrator seiner physischen Vielfalt. Wie kaum ein anderer hat dies

---

> Der Mensch ist nicht nur eine Ansammlung von Organen, sondern er ist die lebendige Einheit, die alles, was wir im Anatomiekurs sehen, auf eine wundersame Weise zusammenhält und miteinander in Kommunikation bringt.

Karl Jaspers auf den Punkt gebracht: „Was der Mensch im Ganzen sei, kann nicht festgestellt werden in Experimenten und Laboratorien, nicht in Unterhaltungen und Ausfragen, nicht in einem objektiv vorweisbaren Material an Ausdruck, Leistungen, Hervorbringungen des Menschen, denn immer ist der Mensch mehr und anders, als von ihm gewusst und erkennbar wird." (Jaspers, Karl: Philosophie. Band II: Existenzerhellung).

Ärztliche Kunst als Verbindung von Sachlichkeit und Zwischenmenschlichkeit

All dies macht deutlich, dass der notwendige Weg zurück zum lebenden Menschen einen Sprung erfordert. Der Weg vom Präpariersaal zum lebenden Menschen kann nicht einfach als eine Fortsetzung des bisher beschrittenen, präparierenden Weges gesehen werden, sondern man muss einen Sprung wagen, einen Sprung über die Kluft, die sich ergibt zwischen toter Materie und lebendem Menschen. Diese Kluft lässt sich nicht durch Theorien füllen, sondern sie wird immer als Kluft übrig bleiben, weil keine Theorie, keine mathematische Formel, kein Instrument dieser Welt berechnen kann, was der Mensch tun wird, was er hoffen wird, was er fühlen wird. Und genau damit hat es der Arzt zentral zu tun, mit den Handlungen seiner Patienten eben genauso wie mit seinen Hoffnungen und all seinen Gefühlen.

Jeder junge Arzt wird diese Erfahrung immer wieder machen: Dass er ausgerüstet mit allen auswendig gelernten Fakten und nach bestandenem Examen in der Konfrontation mit seinen ersten Patienten so frustrierend hilflos sein wird. So frustrierend orientierungslos, weil dieser Mensch, der da vor ihm ist, so in seinen Lehrbüchern nie aufgetaucht war. Die Lehrbücher beleuchten zwar das Regelhafte und die Gesetzmäßigkeiten, aber in der Konfrontation mit einem konkreten Patienten wird einem klar, dass es hier keine Gesetzmäßigkeiten gibt: Jeder Mensch ist anders und die Situation, in der sich der Patient befindet, ist immer eine einmalige, individuelle und eben keine gesetzmäßige „Standard-Lehrbuchsituation". Die ärztliche Kunst besteht gerade darin, das Gesetzmäßige im Kopf zu haben und den Einzelfall als Einzelfall zu behandeln. Um helfen zu können, muss man die Abstraktion des Wissens verlassen und in die Konkretheit der Lebenswelt des Patienten eintauchen.

> Die ärztliche Kunst besteht gerade darin, das Gesetzmäßige im Kopf zu haben und den Einzelfall als Einzelfall zu behandeln.

Diese Situation hat kein Geringerer als Viktor von Weizsäcker, der Begründer der Psychosomatik wunderbar auf den Punkt gebracht, also er schrieb: „Wir, die Ärzte, erlernten die Zusammensetzung des menschlichen Körpers aus Geweben... Wir lernten nur von Dingen, die ‚etwas' sind, wir lernten nichts von Dingen, die ‚jemand' sind. Aber die Sprechstunde beginnt damit, dass jemand sagt: ‚Ich' bin krank, und wir wundern uns, dass wir nicht sogleich ratlos werden, da wir davon nichts gelernt haben." – Sicher, das Studium hat sich seitdem zum Guten verändert, aber immer noch tut sich da eine Kluft auf zwischen den Dingen, die *etwas* sind und den Dingen, die *jemand* sind. Und die Notwendigkeit, diese Kluft zu schließen, muss schon ganz am Anfang im Bewusstsein bleiben, damit man nicht zu ratlos bleibt. Wer aber leistet diese Synthese? Wer leistet dieses Zusammenführen der einzelnen Teile zu einem Ganzen? Eigentlich muss der Studierende dies schon im ersten Semester, spätestens im zweiten, wenn der Anatomiekurs meist startet, gelernt haben: Ich erkenne hier nur Materie, und ich kann noch so viel auswendig lernen – wenn mir ein Mensch begegnet, reicht die Kenntnis dieser Materie nicht aus. Ich muss einen Sprung wagen von der Allgemeinheit des Wissens zur Konkretheit der Lebenswelt des Menschen. Und für diesen Sprung brauche ich viel Wissen, aber ich brauche zu gleichen Teilen auch Gespür, Intuition, Einfühlungsvermögen, Situationswissen,

> Ich muss einen Sprung wagen von der Allgemeinheit des Wissens zur Konkretheit der Lebenswelt des Menschen.

Erfahrungswissen, Beziehungswissen – all das ist kostbares Wissen, das sich aber nicht formalisieren lässt, sondern eben nur einüben, vor allem aber durch Vorbilder einprägen lässt. So muss ich erst verstanden haben, was im Menschen vorgeht, bevor ich etwas an seinem Körper verändere, und wenn ich den Körper verändere, dann muss ich ihn kennen, aber ob ich ihn verändern soll oder nicht, sagt mir eben nicht die Naturwissenschaft, sondern das kann mir nur der Patient und seine Lebensgeschichte sagen. Das ist die grundlegende Kunst der ärztlichen Therapie.

Abschließend

Die toten Menschen im Präpariersaal haben alle eine eigene Geschichte, die durch das Formalin und die Vorbereitung der Leiche im Prozess der Konservierung nicht mehr so erkennbar ist. Das mag von Vorteil sein. Aber wir müssen auch anerkennen, dass es auf dem Weg zum Arztsein notwendig ist, all das, was die Konservierungstechnik an Menschlichem weggenommen hat, Zug um Zug dem naturwissenschaftlichen Denken wieder neu hinzuzufügen. Der Präparierkurs kann, wie wir gesehen haben, helfen, ein Staunen ob der Per-

fektion des menschlichen Körpers zu erlernen. Er kann aber auch eine Distanz schaffen zur Lebenswelt des Menschen, eine emotionale Distanz zum Menschen an sich. So kann im anatomischen Präpariersaal eine Metamorphose erfolgen, und zwar nicht nur die Metamorphose der Leiche, die am Anfang noch einen ganzen Körper darstellte und am Ende geradezu zu einer amorphen Masse geworden ist. Vor allem aber kann eine Metamorphose in den Köpfen der Studierenden stattfinden. Angefangen hat es mit Gefühlen wie Scheu, mit Zurückhaltung, mit Skrupel im Angesicht der Aufgabe, in einen wenngleich toten so doch menschlichen Körper einzudringen. Diese Scheu verflüchtet sich, aus Skrupel wird Routine. Und das zeigt ein wichtiges Element der Medizin. Die Medizin, sie ist sozusagen die Disziplin, der es bei gegebener Einwilligung des Kranken gestattet ist, in Räume vorzudringen, in die sonst niemand dringen kann und darf, sie ist die Disziplin, die jeden Tag Grenzen überschreiten muss und Dinge tun muss, die sonst keiner tun darf. Die Medizin ist als Medizin grundsätzlich in der Zone des sonst Tabuisierten. Sie muss mit Phänomenen des Lebens umgehen, die zu den privatesten und persönlichsten gehören. Sie hat oft mit Scham zu tun und mit Kontexten, über die wir sonst nicht sprechen. Daher ist es für einen jungen Arzt wichtig, dass er lernt, wie er die sonst tabuisierten Bereiche professionell betreten kann. Er muss sich eine Versiertheit aneignen, die es ihm erlaubt, nicht nur mehr zu sehen, sondern auch weiter zu sehen als der Kranke in seiner Not sehen kann. Weiter sehen zu können, das erfordert innere Ruhe und auch innere Distanz. Mit Tränen in den Augen lässt sich nicht gut operieren, hat einmal ein berühmter Chirurg gesagt. Und so ist es in jedem Alltag der Medizin. Es ist wichtig, sich nicht übermannen zu lassen von der Not des Kranken, denn nur so kann man wirklich helfen. Selbst erfahrene Ärzte kennen das, dass sie dann, wenn Familienangehörige krank sind, nicht mehr richtig gut entscheiden, weil sie zu sehr von ihren eigenen Emotionen, Sorgen und Ängsten bestimmt sind in dieser Situation. Helfen, ohne selbst überwältigt zu sein von der Not des Kranken, das ist für eine professionelle Herangehensweise sehr wichtig.

> Helfen, ohne selbst überwältigt zu sein von der Not des Kranken, das ist für eine professionelle Herangehensweise sehr wichtig.

Diese distanzierende Haltung lernt man in gewisser Weise schon im Präpariersaal. Man lernt mit seinen Gefühlen umzugehen, die einen unweigerlich ereilen. Und doch liegt in dieser Sozialisation zur Distanzierung von den eigenen Gefühlen auch eine Gefahr. Nämlich die Gefahr, dass man im Bestreben, professionell zu sein, am Ende gar nicht mehr merkt, dass man den Menschen nur noch als Objekt betrachtet, das wir von uns und unseren Gefühlen fernzuhalten haben. Die eigentliche Kunst der Medizin liegt aber gerade in der Kunst, souverän mit den eigenen Gefühlen umzugehen, ohne diese Gefühle gänzlich von einem selbst abzuschneiden. Der Präparierkurs könnte ein erster Wegbereiter sein, einen guten Umgang mit den gesunden Gefühlen von Scheu, Scham und auch Ehrfurcht zu erlernen. Einen gesunden Mittelweg zu finden zwischen notwendiger Souveränität und abzulehnender Abgebrühtheit, darauf kommt es an. Daher sollte der

Um ein guter Arzt zu sein, braucht man nicht nur Faktenwissen, sondern man braucht eine innere Richtschnur, ein Sensorium dafür, worauf es ankommt im Umgang mit Menschen. Diese Richtschnur ist in naturwissenschaftlichen Büchern nicht zu finden. Sie ist nicht in Zahlen abbildbar, kennt keine Naturgesetze, sondern sie kennt nur das Gesetz der Zwischenmenschlichkeit und damit die Kunst der Hermeneutik, die Kunst des Verstehens, die Kunst des Zuhörens, die ohne die Fähigkeit zur Empathie nicht erlernt werden kann. Daher ist der Kurs der Anatomie keine Mutprobe, mit der man mit dem Präparat zugleich seine Gefühle wegpräpariert, sondern er ist eine Chance, früh genug zu lernen, dass man nur in der geglückten Verbindung von Verstandestätigkeit und Herzenserkenntnis ein guter Arzt werden kann.

> Die eigentliche Kunst der Medizin liegt aber gerade in der Kunst, souverän mit den eigenen Gefühlen umzugehen, ohne diese Gefühle gänzlich von einem selbst abzuschneiden.

Präparierkurs keine Mutprobe sein, mit dem Ziel, sich von den eigenen Gefühlen zu distanzieren, sondern eine Chance, einen konstruktiven Umgang mit den natürlichsten Gefühlen der Welt zu erlernen. Mit Gefühlen, die nicht wegpräpariert werden dürfen, sondern die umgemünzt werden müssen in kreative Empfindungen der Zwischenmenschlichkeit, in Gefühle des Eintretenwollens, des Sich-Engagieren-Wollens gegen das Leid der einem anvertrauten kranken Menschen.

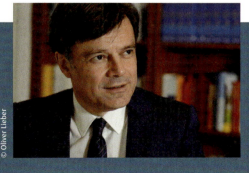

Prof. Dr. Giovanni Maio ist Arzt und Philosoph und hat den Lehrstuhl für Medizinethik an der Albert-Ludwigs-Universität in Freiburg inne, wo er das Institut für Ethik und Geschichte der Medizin leitet. In seinen zahlreichen Veröffentlichungen versucht er, medizinisches und philosophisches Denken wieder zu einer neuen Einheit zu verbinden. Sein Lehrbuch „Mittelpunkt Mensch – Ethik in der Medizin" ist mittlerweile zu einem Standardwerk geworden.

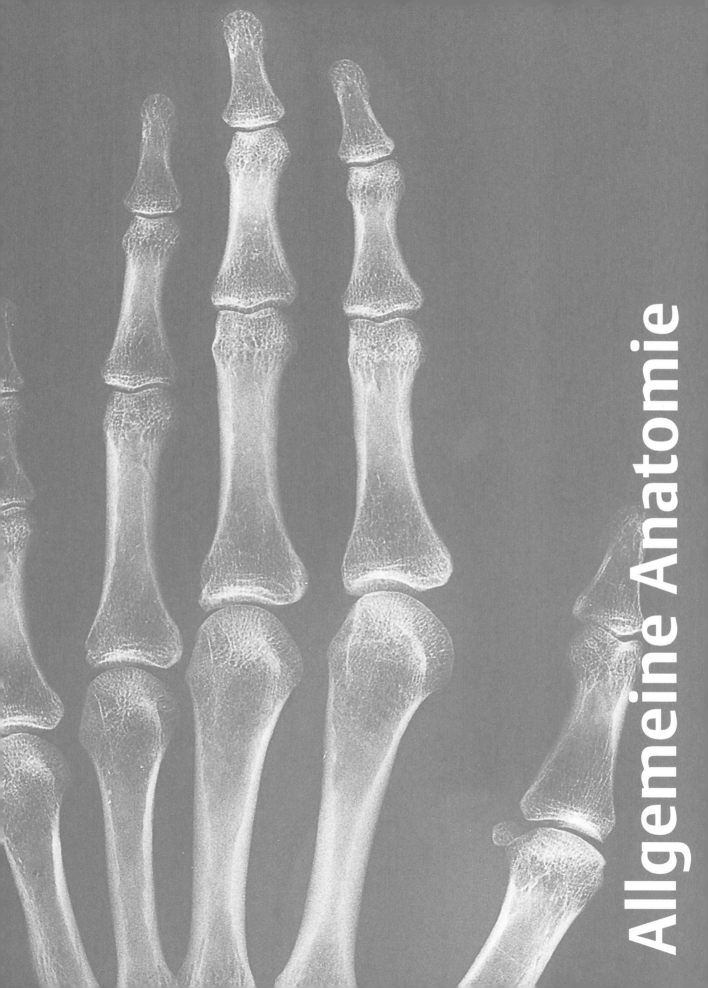

Allgemeine Anatomie

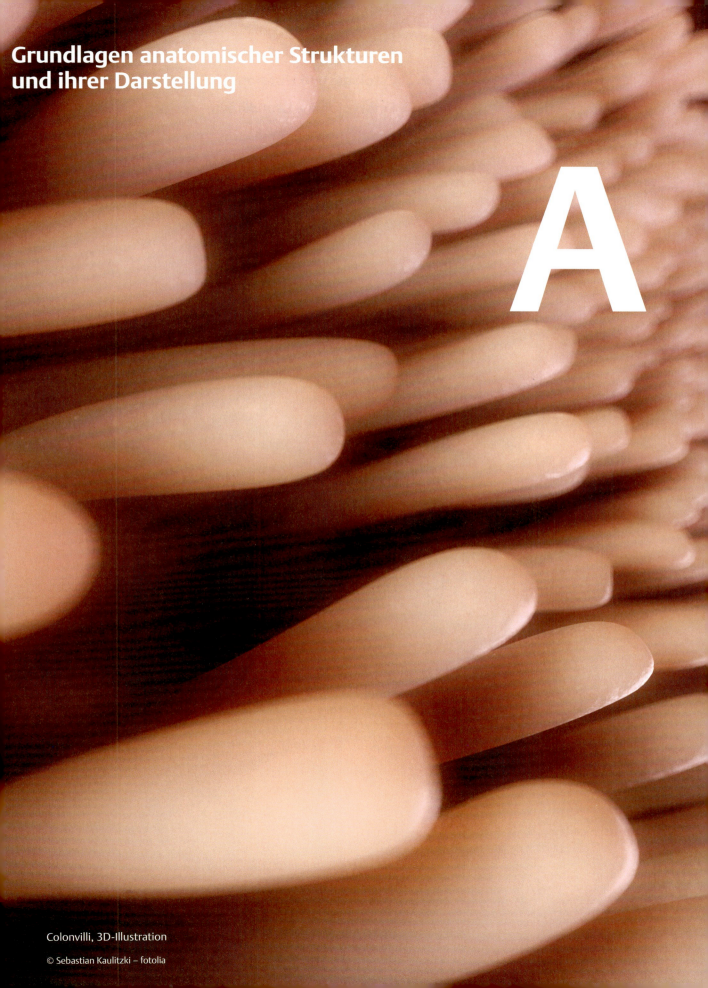

Grundlagen anatomischer Strukturen und ihrer Darstellung

A

Colonvilli, 3D-Illustration
© Sebastian Kaulitzki – fotolia

1	**Allgemeine Grundlagen**	31
2	**Zytologie und Histologie – Grundlagen**	49
3	**Embryologie – Grundlagen**	102
4	**Bildgebung – Grundlagen**	129

1 Allgemeine Grundlagen

1.1	Einleitung	31
1.2	Teilgebiete der Anatomie	31
1.3	Anatomische Fachsprache	33
1.4	Gliederung des Körpers	33
1.5	Oberflächenanatomie	35
1.6	Achsen, Ebenen, Richtungs- und Lagebezeichnungen	38
1.7	Äußere Gestalt des Körpers	43
1.8	Körperspende und Präparierkurs	48

W. Schmidt

1.1 Einleitung

Der Name **Anatomie** leitet sich von dem griechischen Wort „anatemnein" ab, was „zerschneiden, zergliedern" bedeutet. Humananatomie ist die Anatomie des Menschen. Sie vermittelt Grundlagen über die **Gestalt und Struktur des gesunden menschlichen Körpers und seiner Organe** und bildet die Basis jedes ärztlichen Handelns. Daher kann sie nicht einfach als „trockene" theoretische Wissenschaft angesehen werden, sondern ist der Wissensgrundstock, auf den jeder Arzt – unabhängig von seiner gewählten Fachrichtung – ständig zurückgreifen muss.

▶ **Merke.** Ohne genaue Kenntnis des normalen Körpers ist es nicht möglich, pathologische (krankhafte) Veränderungen festzustellen.

Die **Gestalt** beschreibt die **äußere Form** eines Individuums, seiner Glieder und Organe. Die **Struktur** entspricht dem **inneren Aufbau** von Organen und ihrer Bestandteile im makroskopischen, mikroskopischen, submikroskopischen und molekularen Bereich; der Strukturbegriff bezieht die **Funktion** mit ein.

▶ **Merke.** Zusammen mit der Physiologie und der Biochemie bildet die Anatomie die Grundlage für Prophylaxe, Diagnostik, Therapie und Rehabilitation von Erkrankungen.

1.2 Teilgebiete der Anatomie

Das Fach Anatomie gliedert sich in die Teilgebiete **makroskopische Anatomie**, **mikroskopische Anatomie** und **Embryologie**.
Die **deskriptive Anatomie** widmet sich der Beschreibung von Befunden in diesen Teilgebieten der Anatomie.
Die **funktionelle Anatomie** fügt die aus dem makroskopischen, mikroskopischen und molekularen Bereich ableitbaren strukturellen Informationen über den Aufbau des menschlichen Körpers zu einem funktionellen Gesamtbild zusammen.

1.2.1 Makroskopische Anatomie

▶ **Definition.** Die **makroskopische Anatomie** beschreibt **Strukturen > 1 mm**, d. h. die mit dem bloßen Auge oder mit einer Lupe beurteilt werden können.

Sie gliedert sich in die vergleichende Anatomie, systematische Anatomie und topografische Anatomie.

Vergleichende Anatomie: Sie setzt die Baupläne verschiedener Typen der Tierwelt in Beziehung und sucht nach Gesetzmäßigkeiten der Form.
Aufgabe der vergleichenden Anatomie ist es auch, Tiere und Menschen miteinander zu vergleichen, um homologe (artgleiche) bzw. heterologe (artfremde) Formen aufzuzeigen. Der Mensch gehört aufgrund der Ausbildung seines Skelettes zu den Wirbeltieren (Vertebraten).

1.1 Einleitung

Die Anatomie ist die Lehre von der **Gestalt und Struktur des gesunden menschlichen Körpers**.

▶ **Merke.**

Die **Gestalt** beschreibt die **äußere Form**, die **Struktur** entspricht dem **inneren Aufbau** von anatomische Strukturen und bezieht die **Funktion** mit ein.

▶ **Merke.**

1.2 Teilgebiete der Anatomie

Die Anatomie umfasst die **makroskopische** und **mikroskopische Anatomie** sowie die **Embryologie**.
Während sich die **deskriptive Anatomie** der Beschreibung widmet, fügt die **funktionelle Anatomie** strukturelle Befunde zum funktionellen Gesamtbild zusammen.

1.2.1 Makroskopische Anatomie

▶ **Definition.**

Sie gliedert sich in folgende Bereiche:

Vergleichende Anatomie: Der Vergleich von Tieren und Menschen ermöglicht die Beschreibung homologer bzw. heterologer Formen.

A 1 Allgemeine Grundlagen

Systematische Anatomie: Gliederung des Stoffes nach Organen oder Funktionssystemen:

- Bewegungssystem (S. 221).
- Herz-Kreislauf-System (S. 145), Blut (S. 165) und lymphatisches System: lymphatische Organe (S. 179), Lymphgefäßsystem (S. 161).
- Nervensystem (S. 194).
- Atmungssystem: Pharynx (S. 914), Nase und Nasennebenhöhlen (S. 1039), Lunge (S. 547).
- Verdauungssystem (S. 675).
- Urogenitalsystem (S. 763).
- System der endokrinen Drüsen (S. 63).
- Haut und Sinnesorgane.

Systematische Anatomie: Sie vermittelt die Gliederung des Stoffes nach Organen oder Funktionssystemen und liefert gewissermaßen ein vollständiges Verzeichnis über die einzelnen Bestandteile des Organismus. Unterschieden werden einzelne Systeme anhand ihrer Funktion, die jedoch unter verschiedenen Gesichtspunkten (entwicklungsgeschichtlich, topografisch) auch zusammengefasst werden können. Da manche Organe oder Organstrukturen mehrere Funktionen erfüllen, sind auch verschiedene Einteilungen und Zuordnungen zu Systemen möglich – daher ist die folgende Einteilung nur eine unter vielen:

- Bewegungssystem (S. 221): Knochen, Gelenke, Bänder, Muskeln.
- Herz-Kreislauf-System (S. 145) mit Herz und Blutgefäßen, Blut (S. 165) und lymphatisches System: Zum lymphatischen System werden im Allgemeinen neben den lymphatischen Organen (S. 179), deren Hauptaufgabe die Abwehr von Krankheitserregern ist, auch die Lymphgefäße gezählt. Sie sind als eine Art Nebenstrecke an das venöse System angeschlossen und dienen hauptsächlich der Drainage von Flüssigkeit aus dem Gewebe. Aufgrund dieser den Venen vergleichbaren Transportfunktion und der Darstellung seines Aufbaus im Vergleich mit den arteriellen und venösen Gefäßen, mit denen es im Bereich des Kapillarbetts in Beziehung steht, wird das Lymphgefäßsystem (S. 161) in diesem Buch zusammen mit den Grundzügen des Herz-Kreislauf-Systems besprochen.
- Nervensystem (S. 194).
- Atmungssystem: Nase (S. 1039), Luftwege (S. 914), Lungen (S. 547).
- Verdauungssystem: Mundhöhle (S. 1003), Rachen (S. 914), Speiseröhre, Magen-Darm-Kanal (S. 675) mit entsprechenden Drüsen.
- **Urogenitalsystem** (S. 763): Nieren, Harnleiter, Harnblase, Harnröhre sowie männliche und weibliche Genitalorgane.
- System der Drüsen mit innerer Sekretion, d. h. endokrine Drüsen (S. 63): Hypophyse (S. 1249), Epiphyse (S. 1127), Schilddrüse (S. 931), Nebenschilddrüsen (S. 933), Nebennieren (S. 790), Inselorgan des Pankreas (S. 751), Keimdrüsen.
- Haut und (klassische) Sinnesorgane: Rezeptoren der Haut, s. Mechanorezeption und Propriozeption (S. 1196) und Tab. **O-1.2**, Auge (S. 1049), Hör- und Gleichgewichtsorgan (S. 1074), Geruchsorgan (S. 1045), Geschmacksorgan (S. 1012).

Topografische Anatomie: Berücksichtigung der Lage und Stellung der anatomischen Strukturen zueinander.

Topografische Anatomie: Die topografische Anatomie setzt die Systematik voraus und befasst sich mit der Lage und Stellung aller anatomischen Strukturen zueinander.

Mit der systematischen Anatomie allein, ohne Topografie, kommt man in der Praxis nicht aus.

▶ Klinik.

▶ **Klinik.** Systematische Anatomie und topografische Anatomie sind die Grundlage für die klinische Anatomie. Die Beurteilung von Röntgenbildern oder Befunden, die mit modernen bildgebenden Verfahren (S. 129) wie Ultraschall (Sonografie), Computertomografie (CT), Magnetresonanztomografie (MRT) oder Positronen-Emissionstomografie (PET) gewonnen werden, wäre ohne Anatomiekenntnisse nicht möglich. In der computerunterstützten Chirurgie werden Anatomen in die präoperative Planung mit einbezogen.

In der Absicht, sowohl den funktionellen als auch den topografischen Aspekten gerecht zu werden, wurde im vorliegenden Buch versucht, beide zu vereinen. Dabei sind insbesondere klinisch relevante Gesichtspunkte und Bauprinzipien von Organsystemen berücksichtigt worden.

1.2.2 Mikroskopische und molekulare Anatomie

Mikroskopische Anatomie: Sie betrachtet **Strukturen < 1 mm** und gliedert sich in
- **Zytologie** (Zellenlehre),
- **Histologie** (Gewebelehre) und
- **mikroskopische Anatomie der Organe**.

1.2.2 Mikroskopische und molekulare Anatomie

Mikroskopische Anatomie: Sie geht über die mit dem bloßen Auge sichtbaren Strukturen hinaus und ermöglicht eine feinere Aufgliederung des Körpers. Sie betrachtet **Strukturen < 1 mm**. Die mikroskopische Anatomie gliedert sich in
- **Zytologie** (Lehre von Aufbau und Funktion der Zelle),
- **Histologie** (Gewebelehre) und
- **mikroskopische Anatomie der Organe**.

Mit Hilfe des hohen Auflösungsvermögens des Elektronenmikroskops kann der Feinbau von zellulären und subzellulären Strukturen, die Ultrastruktur, erfasst werden.

Molekulare Anatomie: Sie beschreibt den molekularen Aufbau von Zellen und Organen. Dabei ist die Zusammenarbeit mit Zellbiologen und Biochemikern Voraussetzung.

1.2.3 Embryologie

Die **Embryologie** ist die Lehre von der ungeborenen Leibesfrucht. Sie schildert die Form- und Funktionsveränderungen von der Befruchtung bis zur Geburt.

1.3 Anatomische Fachsprache

Die **Terminologia anatomica** ist die **anatomische Fachsprache**, die nicht nur in der menschlichen Anatomie Anwendung findet, sondern auch in der praktischen Medizin und in der vergleichenden Anatomie Umgangssprache ist. Die heute gültige Terminologia anatomica stammt aus dem Jahr 1998. Die Nomina histologica und die Nomina embryologica sind älter (1985). In unregelmäßigen Abständen werden die Fachtermini von einer eigens dafür eingerichteten Kommission aktualisiert.
Dadurch ist auch zu erklären, dass früher gebräuchliche Bezeichnungen, die sich im klinischen Alltag etabliert haben, trotz inzwischen geänderter anatomischer Nomenklatur weiterhin gebräuchlich sind.

1.4 Gliederung des Körpers

Der Körper gliedert sich in Kopf, Hals, Rumpf, obere und untere Extremität (Abb. **A-1.1**) und zeigt einen größtenteils bilateral symmetrischen Aufbau.

▶ **Exkurs: Bilaterale Symmetrie.** Bilaterale Symmetrie sagt aus, dass die rechte und die linke Körperhälfte spiegelbildlich gebaut sind. Die Symmetrie lässt sich im Kopf, in den Extremitäten und in der Leibeswand nachweisen. Bei den inneren Organen ist nur bei der Lunge und bei den Nieren noch eine bilaterale Symmetrie erkennbar, jedoch nicht mehr bei Herz, Magen-Darm-Kanal, Leber, Milz und Pankreas.

Molekulare Anatomie: Sie setzt die Zusammenarbeit mit Zellbiologen und Biochemikern voraus.

1.2.3 Embryologie

Sie beschreibt Form- und Funktionsveränderungen von der Befruchtung bis zur Geburt.

1.3 Anatomische Fachsprache

Die **Terminologia anatomica** (aktuell von 1998) ist die **anatomische Fachsprache**.

1.4 Gliederung des Körpers

S. Abb. **A-1.1**.

▶ Exkurs: Bilaterale Symmetrie.

A-1.1 Regionale Gliederung in Körperabschnitte

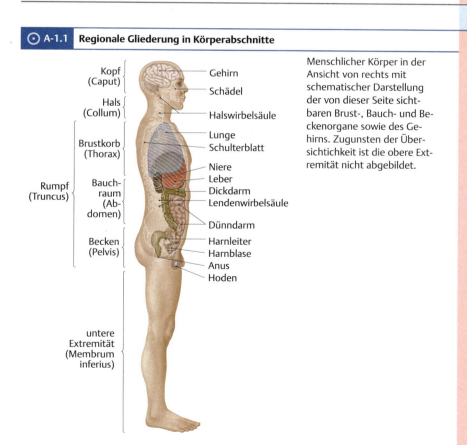

Menschlicher Körper in der Ansicht von rechts mit schematischer Darstellung der von dieser Seite sichtbaren Brust-, Bauch- und Beckenorgane sowie des Gehirns. Zugunsten der Übersichtlichkeit ist die obere Extremität nicht abgebildet.

A-1.1

A 1 Allgemeine Grundlagen

Kopf (Caput): Hirnschädel (Neurocranium) und Eingeweideschädel (Viscerocranium).

Hals (Collum): Muskeln, HWS, Gefäße, Nerven, Rachen (Pharynx), Kehlkopf (Larynx), Speiseröhre (Ösophagus), Luftröhre (Trachea), Schilddrüse (Gl. thyroidea), Nebenschilddrüsen (Gll. parathyroideae).

Rumpf (Truncus): Brust- und Lendenwirbelsäule, Kreuzbein, Steißbein, Brustkorb (Thorax) und Becken (Pelvis) bilden den **knöchernen Rahmen**.
Brusthöhle (Cavitas thoracis), **Bauchhöhle** (Cavitas abdominalis) und **Beckenhöhle** (Cavitas pelvis) sind wichtige Hohlräume für Organe (S. 114).

▶ Exkurs: Metamerie.

Obere Extremität:
Schulterblatt (Scapula), **Schlüsselbein** (Clavicula), **Oberarm** (Brachium), **Ellenbeuge** (Cubitus), **Unterarm** (Antebrachium) und **Hand** (Manus).

Untere Extremität:
Hüftbein (Os coxae), **Oberschenkel** (Femur), **Knie** (Genu), **Unterschenkel** (Crus) und **Fuß** (Pes).

Kopf (Caput): Der Schädel, das Skelett des Kopfes, besteht aus dem **Hirnschädel** (Neurocranium), in dem, wie der Name schon sagt, das Gehirn liegt und dem **Eingeweideschädel** (Viscerocranium) mit Mund- und Nasenraum.

Hals (Collum): Der Hals enthält die **Halsmuskulatur** und die **Halswirbelsäule**. Er wird von **Leitungsbahnen** (Gefäß-Nervenstrang) durchzogen. Zu den Halseingeweiden zählen der **Rachen** (Pharynx), **Kehlkopf** (Larynx), die Anfangsteile der **Speiseröhre** (Ösophagus) und der **Luftröhre** (Trachea) sowie **Schilddrüse** (Glandula thyroidea) und die **Nebenschilddrüsen** (Glandulae parathyroideae).

Rumpf (Truncus): Abschnitte der Wirbelsäule (Brust- und Lendenwirbelsäule sowie Kreuz- und Steißbein), Brustkorb (Thorax) und Becken (Pelvis) bilden den **knöchernen Rahmen** des Rumpfes. Der Bauchraum (Abdomen) wird durch die Bauchmuskulatur nach ventral geschlossen.
Die aus Knochen und Muskeln gebildete Rumpfwand umgibt die Körperhöhlen, in denen sich folgende Organe befinden, vgl. zum Begriff der Körperhöhlen (S. 114):

- **Cavitas thoracis (Brusthöhle):** Herz (Cor), Lungen (Pulmones), Luftröhre (Trachea), Speiseröhre (Ösophagus) und Bries (Thymus).
- **Cavitas abdominalis (Bauchhöhle):** Komplett oder teilweise umhüllt vom Bauchfell, sog. Peritoneum (S. 651), Leber (Hepar), Gallenblase (Vesica biliaris), Milz (Splen), Magen (Gaster), Dünndarm (Intestinum tenue mit Duodenum, Jejunum und Ileum) und Dickdarm (Intestinum crassum mit Caecum, Appendix vermiformis, Colon ascendens, Colon transversum, Colon descendens und Colon sigmoideum). Dorsal des Bauchfells (retroperitoneal) Bauchspeicheldrüse (Pankreas), Nieren (Ren dexter et sinister) und Nebennieren (Glandulae suprarenales).
- **Cavitas pelvis (Beckenhöhle):** Mastdarm (Rectum), Analkanal (Canalis analis), Harnblase (Vesica urinaria) und innere Geschlechtsorgane.

Nach kranial reicht die Bauchhöhle in den Thorax hinein. Brusthöhle und Bauchhöhle werden durch eine muskulös-bindegewebige Platte, das **Zwerchfell**, sog. Diaphragma (S. 295), getrennt, vgl. auch Durchtrittsstellen im Zwerchfell (S. 537). Dagegen geht die Bauchhöhle direkt in die Beckenhöhle über.

▶ Exkurs: Metamerie. Der Rumpf besteht aus gleichartigen Abschnitten (Segmenten). Diese Segmente bezeichnet man als Metamere. Die Metamerie, deren Grundlage die Somiten, sog. Ursegmente (S. 113), bilden, ist nur in der Embryonalperiode deutlich ausgebildet. Im Bereich des Brustkorbes lässt sich der segmentale Bau noch ablesen. Jedes Segment besteht aus einem Wirbel mit der Zwischenwirbel-Scheibe, rechts und links befindet sich eine Rippe und den Zwischenrippenraum füllen Muskeln, Venen, Arterien und Nerven aus. Keine Metamerie weisen Kopf, Hals und die Leibeshöhlen mit den Eingeweiden auf.

Obere Extremität (Membrum superius): Die obere Extremität ist über den **Schultergürtel** (Cingulum membri superioris), der aus **Schlüsselbein** (Clavicula) und **Schulterblatt** (Scapula) besteht, am Rumpf befestigt. Die freie obere Extremität (Pars libera membris superioris) gliedert sich in **Oberarm** (Brachium), **Ellenbeuge** (Cubitus), **Unterarm** (Antebrachium) und **Hand** (Manus).

Untere Extremität (Membrum inferius): Die untere Extremität wird über das **Hüftbein** (Os coxae) mit dem Rumpf verbunden. Beide Hüftbeine bilden die Wand des Beckens und sind Bestandteile des Rumpfes. Die freie untere Extremität (Pars libera membris inferioris) unterteilt sich in **Oberschenkel** (Femur), **Knie** (Genu), **Unterschenkel** (Crus) und **Fuß** (Pes).

1.5 Oberflächenanatomie

Oberflächenanatomie ist Anatomie am Lebenden. Sie befasst sich mit der Körperoberfläche. Die bei der Präparation gewonnenen Erkenntnisse werden bei den klassischen klinischen Untersuchungsmethoden (Inspektion, Palpation, Perkussion, Auskultation und Funktionsprüfungen, s. u.) angewendet. Die Oberflächenanatomie hat bei klinischen Untersuchungskursen eine große Bedeutung.

▶ **Klinik.** Klassische klinische Untersuchungsmethoden sind
Inspektion = Besichtigung/Betrachtung (lat. inspicium): Ihre Bedeutung liegt in der Erfassung von äußerlich sichtbaren krankhaften Veränderungen, die auf die Erkrankung des Patienten hinweisen oder sogar eine sog. „Blickdiagnose" erlauben.
Palpation = Ab-/Betasten (lat. palpatio): Durch Sie können Größen- oder Strukturveränderungen v. a. innerer Organe erfasst und die (Schmerz-)Empfindlichkeit einer Region als Hinweis auf pathologische (= krankhafte) Prozesse geprüft werden.
Perkussion = Beklopfen (lat. percussio): Durch Beklopfen der Köperoberfläche des Patienten mit der Hand werden die Gewebe in Schwingung versetzt. Der dadurch hervorgerufene Klopfschall unterscheidet sich in Abhängigkeit von der Beschaffenheit (Luft-, Wassergehalt) der unter der Haut gelegenen Gewebe und gibt dadurch Anhaltspunkte zur Abschätzung der Organlage und -ausdehnung.
Auskultation = (Ab-)Horchen (lat. auscultatio): Sie erfolgt i. d. R. mit Hilfe eines Stethoskops und erfasst Geräusche, die durch die Atmung, Herz- und Darmtätigkeit erzeugt werden.
Insbesondere bei der Untersuchung des Bewegungs- und Nervensystems führt man zusätzlich **Funktionsprüfungen** durch.

Die gesamte Körperoberfläche wird weiterhin in **Regionen** unterteilt. Regionen sind abgegrenzte Bezirke der Körperoberfläche, die auch für die Klinik von Wichtigkeit sind, indem sie z.B. die topografische Zuordnung von pathologischen Veränderungen erleichtern. So wird beispielsweise der Oberschenkel (S. 389) in eine vordere (Regio femoris anterior) und eine hintere Region (Regio femoris posterior) gegliedert. Da teilweise die Kenntnis der darunter gelegenen Strukturen die Benennung der jeweiligen Regionen erklärt oder für ihre Abgrenzung gegeneinander wichtig ist, werden sie im Rahmen der entsprechenden Kapitel (Bewegungssystem, Hals, Kopf) behandelt.

Für die **Orientierung am Skelett** sind **tastbare Knochenpunkte** (Abb. **A-1.4**) von wichtiger Bedeutung. Nicht an jedem Gelenk ist die Palpation der artikulierenden Skelettteile möglich (z. B. Hüftgelenk). Bei einer klinischen Untersuchung kann die Lage indirekt über tastbare Knochenpunkte der Umgebung bestimmt werden.

1.5 Oberflächenanatomie

Oberflächenanatomie ist Anatomie am Lebenden. Sie ist Voraussetzung für klinische Untersuchungsmethoden.

▶ **Klinik.**

Regionen sind abgegrenzte Bezirke der Körperoberfläche (s. jeweiliges Kapitel des Bewegungssystems, Hals und Kopf).

Der **Orientierung am Skelett** dienen an der Körperoberfläche **tastbare Knochenpunkte** (Abb. **A-1.4**).

36 A 1 Allgemeine Grundlagen

A-1.2 Oberflächenanatomie der Frau

(Prometheus LernAtlas. Thieme, 3. Aufl.)
a Ansicht von ventral
b und dorsal

A-1.3 Oberflächenanatomie des Mannes

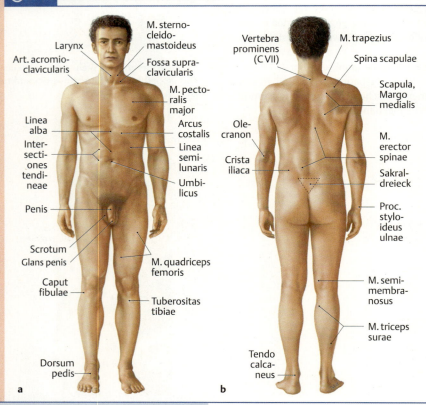

(Prometheus LernAtlas. Thieme, 3. Aufl.)
a Ansicht von ventral
b und dorsal

A 1.5 Oberflächenanatomie

A-1.4 Oberflächenrelief und tastbare Knochenpunkte

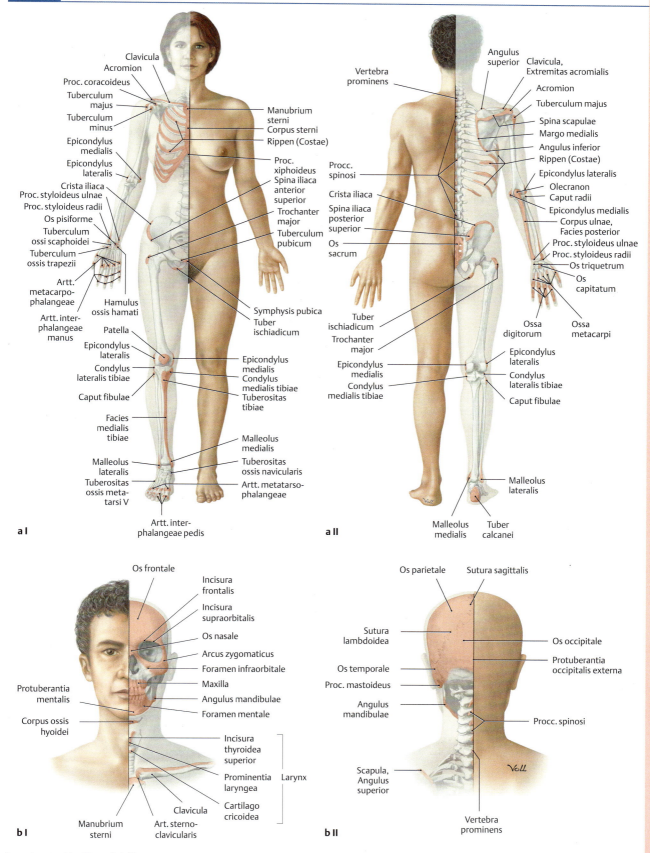

(Prometheus LernAtlas. Thieme, 3. Aufl.)
a Rumpf und Extremitäten in der Ansicht von ventral (I, weiblicher Körper) und von dorsal (II, männlicher Körper).
b Kopf und Hals in der Ansicht von ventral (I) und von dorsal (II).

1.6 Achsen, Ebenen, Richtungs- und Lagebezeichnungen

Um sich an der Körperoberfläche orientieren zu können, benötigt man die Körperachsen und die Körperebenen. Achsen und Ebenen stehen senkrecht aufeinander. Entsprechend den drei Raumrichtungen unterscheidet man drei Achsen und die korrespondierenden Ebenen.

1.6.1 Achsen

Die Achsen sind besonders bei der Beschreibung von Hauptbewegungsrichtungen in Gelenken von Bedeutung. Man unterscheidet drei Hauptachsen (Tab. **A-1.1** und Abb. **A-1.5**).

A-1.1 Hauptachsen am menschlichen Körper

Achse	Ausrichtung	Verbindung
Sagittalachse (Pfeilachse)	ventral ↔ dorsal	zwischen vorderer und hinterer Körperwand
Transversalachse (Querachse)	lateral ↔ medial (horizontal)	zwischen einander entsprechenden Punkten der rechten und linken Körperseite
Longitudinalachse (Längsachse)	kranial ↔ kaudal (vertikal)	zwischen Scheitel und Sohle mit senkrechtem Auftreffen auf der Standfläche

1.6.2 Ebenen

Ebenso werden die Körperebenen definiert (Tab. **A-1.2** und Abb. **A-1.5**).

A-1.2 Hauptebenen am menschlichen Körper

Anatomische Ebene	Schnittebene bei bildgebenden Verfahren*	Verlauf	Gliederung des Körpers
Sagittalebene	sagittal	vertikal, ventro-dorsal (parallel zur Pfeilnaht des Schädels)	beliebig viele Scheiben von medial nach lateral bzw. umgekehrt
Median(sagittal)ebene (besondere Sagittalebene)		genau in der Körpermitte	zwei seitengleiche Körperhälften
Transversalebene	axial	horizontale Querschnittsebene	beliebig viele quere Scheiben
Frontalebene	koronar	vertikal medio-lateral (parallel zur Stirn bzw. Kranznaht des Schädels)	beliebig viele Scheiben von vorn nach hinten

*CT = Computertomografie, MRT = Magnetresonanztomografie = Kernspintomografie (S. 136)

A-1.5 Hauptachsen und Hauptebenen

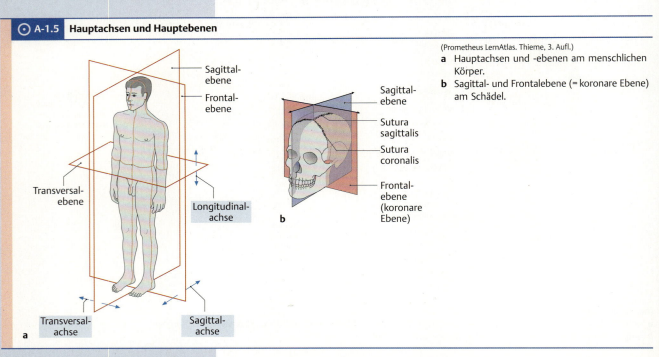

(Prometheus LernAtlas. Thieme, 3. Aufl.)
a Hauptachsen und -ebenen am menschlichen Körper.
b Sagittal- und Frontalebene (= koronare Ebene) am Schädel.

A 1.6 Achsen, Ebenen, Richtungs- und Lagebezeichnungen

A-1.6 Unterschiedliche Schnittebenen durch den menschlichen Körper

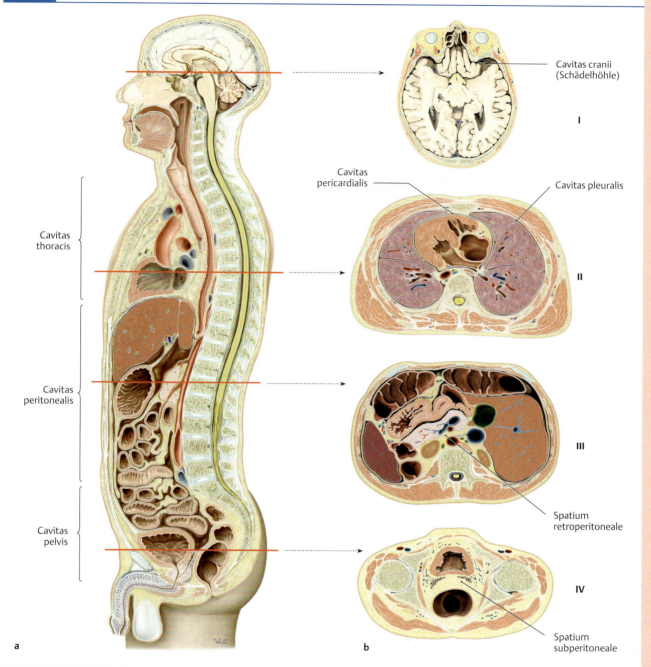

(Prometheus LernAtlas. Thieme, 3. Aufl.)
a Mediansagittalschnitt.
b Transversalschnitte: auf Höhe des Kopfes (**I**), durch den Thorax (**II**), durch das Abdomen (**III**), durch das kleine Becken (**IV**).

A-1.7 Axiale und koronare Bildgebung des Thorax

1. Lunge (Pulmo dexter)
2. M. pectoralis major
3. A. pulmonalis dextra
4. V. cava superior
5. A. und V. thoracica interna
6. Aorta ascendens
7. Sternum (Corpus)
8. Truncus pulmonalis
9. Rippe (Costa): knorpeliger sternaler Anteil
10. V. pulmonalis sinistra
11. linker Vorhof (atrium sinistrum)
12. Mm. intercostales
13. Rippe (Costa)
14. Skapula
15. rechter Unterlappenbronchus
16. Brustwirbelkörper
17. thorakales Rückenmark (Myelon)
18. V. azygos
19. Ductus thoracicus
20. Speiseröhre (Oesophagus)
21. Aorta descendens
22. linker Unterlappenbronchus
23. Lunge (Pulmo sinister)

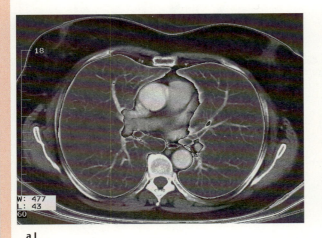

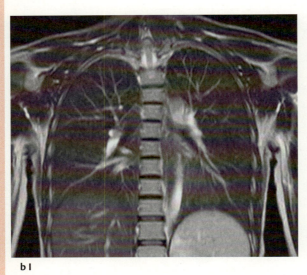

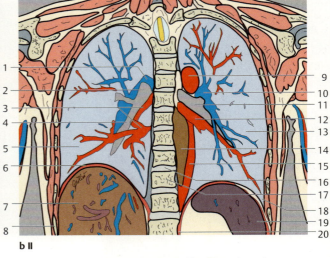

1. A. pulmonalis dextra
2. rechter Hauptbronchus (Bronchus pulmonalis principalis dexter)
3. Vv. pulmonales dextrae
4. Unterlappenbronchus (Bronchus lobaris inferior dexter)
5. rechte Lunge (Pulmo dexter)
6. Zwerchfell (Diaphragma)
7. Leber (Hepar)
8. 10. Rippe
9. Aortenbogen (Arcus aortae)
10. A. pulmonalis sinistra
11. linker Hauptbronchus (Bronchus principalis sinister)
12. V. pulmonalis sinistra
13. linke Lunge (Pulmo sinister)
14. Speiseröhre (Oesophagus)
15. Aorta descendens
16. Bandscheibe im Zwischenwirbelraum ThIX/ThX
17. Brustwirbelkörper (ThX)
18. Recessus costodiaphragmaticus
19. Milz
20. Zwerchfell (Diaphragma)

(Möller T.B., Reif E.: Taschenatlas der Schnittbildanatomie. Thieme, 2010)

a Thorax-CT, axial (**I**) mit entsprechender schematischer Darstellung (**II**).
b Thorax-MRT, koronar (**I**) mit entsprechender schematischer Darstellung (**II**).

A   1.6 Achsen, Ebenen, Richtungs- und Lagebezeichnungen

1.6.3 Richtungs- und Lagebezeichnungen

Zur Kennzeichnung der Richtung oder der Lage von Körperteilen werden im anatomischen Sprachgebrauch bestimmte Termini verwendet (Tab. **A-1.3**).

Die meisten dieser Angaben sind von einem Bezugspunkt aus zu betrachten. Beispiel: Das Herz liegt dorsal des Brustbeins, ventral der Wirbelsäule und medial der Lungen.

▶ **Merke.** Bei den Seitenangaben (dexter und sinister) geht man immer vom Patienten aus und nicht von der Sicht des Gegenübers.

1.6.3 Richtungs- und Lagebezeichnungen

Siehe Tab. **A-1.3**.

Viele Angaben gehen von einem Bezugspunkt aus.

▶ **Merke.**

☰ A-1.3 Richtungs- und Lagebezeichnungen

anatomische Bezeichnung	Herkunft (lateinisch)	Bedeutung
allgemein		
lateral	ad latus (lat). = zur Seite stehen	seitlich, von der Medianebene weg
medial	medium (lat.) = Mitte, Zentrum	zur Medianebene hin
median		in der Medianebene
dorsal; posterior, -us	dorsum (lat.) = Rücken	rückenwärts, hinten
ventral; anterior, -us	venter (lat.) = Bauch	bauchwärts, vorn
kranial; superior, -us	cranium (lat.) = Schädel	auf das Kopfende zu, oberhalb
kaudal; inferior, -us	cauda (lat.) = Schwanz	auf das Steißende zu, unterhalb
internus		innen gelegen
externus		außen gelegen
sinister		links
dexter		rechts
superficialis, -e		oberflächlich
profundus, -a, -um		tief, tiefliegend
Kopf		
rostral (Anwendung beim Gehirn)	rostrum (lat.) = der Schnabel	vorn
frontal	frons (lat.) = die Stirn	zur Stirn hin
nasal	nasus (lat.) = die Nase	zur Nase hin
okzipital	occipitum (lat.) = das Hinterhaupt	in Richtung Hinterhaupt
basal		in Richtung Schädelbasis
median		in der Medianebene
Extremitäten		
proximal	proximus (lat.) = der Nächste	zum Rumpf hin
distal	distare (lat.) = entfernt sein	vom Rumpf weg
obere Extremität		
radial	radius (lat.) = die Speiche	zur Speichenseite (Daumenseite) hin
ulnar	ulna (lat.) = die Elle	zur Ellenseite (Kleinfingerseite) hin
palmar	palma (lat.) = die Handfläche	zur Handinnenfläche (Hohlhand) hin
dorsal	s. o.	zum Handrücken hin
untere Extremität		
tibial	tibia (lat.) = Schienbein	zur Schienbeinseite (Großzehenseite) hin
fibular	fibula (lat.) = Wadenbein	zur Wadenseite (Kleinzehenseite) hin
plantar	planta (lat.) = Fußsohle	zur Fußsohle hin
dorsal	s. o.	zum Fußrücken hin

⊙ A-1.8 Lage- und Richtungsbezeichnungen am menschlichen Körper in anatomischer Normalposition

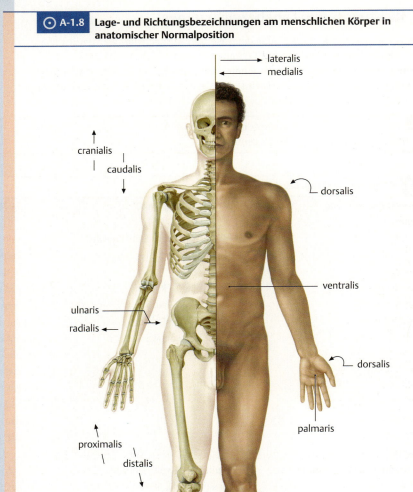

(Prometheus LernAtlas. Thieme, 3. Aufl.)

1.6.4 Bewegungsrichtungen

Auch für die Bezeichnung der Bewegungsrichtungen werden verschiedene Termini verwendet (Tab. **A-1.4**).

1.6.4 Bewegungsrichtungen

Siehe Tab. **A-1.4**.

≡ A-1.4	Bewegungsrichtungen
Flexion	Beugung des Rumpfes oder der Extremitäten
Extension	Streckung des Rumpfes oder der Extremitäten
Anteversion	Wegführen der Extremitäten vom Körper nach ventral
Retroversion	Wegführen der Extremitäten vom Körper nach dorsal
Adduktion	Heranführen der Extremitäten an den Körper in der Frontalebene
Abduktion	Wegführen der Extremitäten vom Körper in der Frontalebene
Elevation	Anheben (i. d. R. des Armes) über die Horizontale
Innenrotation	Einwärtsdrehung der Extremitäten um ihre Längsachse
Außenrotation	Auswärtsdrehung der Extremitäten um ihre Längsachse
Zirkumduktion	Umführbewegungen der Extremitäten

1.7 Äußere Gestalt des Körpers

1.7.1 Körpermaße

Die Bestimmung der Körpermaße spielt insbesondere im Bereich der Kinderheilkunde eine große Rolle. Anhand der erhaltenen Werte und ihres Eintrags in eine **Perzentilenkurve** (Abb. **A-1.9**) kann der Arzt sowohl den Stand der Entwicklung eines Kindes im Normvergleich als auch den Entwicklungsverlauf beurteilen.

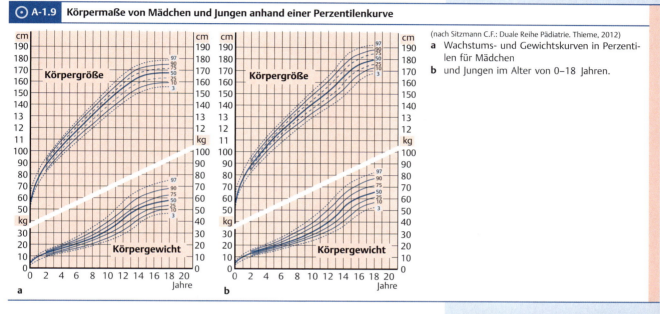

A-1.9 Körpermaße von Mädchen und Jungen anhand einer Perzentilenkurve

(nach Sitzmann C.F.: Duale Reihe Pädiatrie. Thieme, 2012)
a Wachstums- und Gewichtskurven in Perzentilen für Mädchen
b und Jungen im Alter von 0–18 Jahren.

Körpergröße: Die mittlere Körpergröße wird für neugeborene Mädchen mit 50,0 cm ± 3,6 cm, für neugeborene Jungen mit 51,5 cm ± 3,5 cm angegeben. Die Körpergröße hat sich normalerweise bis zum 5. Lebensjahr verdoppelt und beträgt mit dem 15. Lebensjahr das Dreifache, s. auch Akzeleration (S. 45).

▶ **Klinik.** Eine angeborene Unterfunktion der Schilddrüse oder eine fehlende Schilddrüse führt zu einer Beeinträchtigung der körperlichen und geistigen Entwicklung. Das Wachstum ist stark verzögert (Zwergwuchs = **Kretinismus**). Eine rechtzeitige Zufuhr von Schilddrüsenhormon verhindert den Kretinismus.

▶ **Klinik.** Ein Ausfall der Keimdrüsenhormone bedingt ein verlängertes Längenwachstum (**Riesenwuchs**). Die Zufuhr von Geschlechtshormonen hemmt das Längenwachstum.

Körpergewicht: Das Körpergewicht ist abhängig von Körpergröße, Ernährungszustand und der Funktion der endokrinen Drüsen.
Zur **Bestimmung des Körpergewichts** wendet man den **Body-Mass-Index** (**BMI**, Abb. **A-1.10**), auch als Quetelet-Index bezeichnet, an: BMI = Körpergewicht (in kg) ÷ Körpergröße (in m)^2;
Beispiel: bei Körpergewicht 90 kg und Körpergröße 1,80 m: BMI = 90 ÷ (1,80)^2 = 27,8.
Eine einfache Beurteilungsmöglichkeit des Körpergewichts stellt die Formel nach Broca dar: **Normalgewicht** (kg) = Körperlänge (cm) minus 100

▶ **Klinik.** Eine übermäßig vermehrte Bildung von Fettgewebe bezeichnet man als **Adipositas**. Sie wird vorwiegend durch Umwelteinflüsse wie Bewegungsmangel und/oder übermäßige Nahrungszufuhr hervorgerufen. Die Fettsucht ist ein Risikofaktor für eine Reihe von Erkrankungen wie Diabetes mellitus (Zuckerkrankheit), Hypertonie (Blutdruckerhöhung), Hyperlipidämie (Erhöhung des Gesamtlipidgehalts im Blutserum), Gicht sowie Gefäßerkrankungen des Gehirns, des Herzens und der Niere.

A-1.10 Body-Mass-Index (BMI)

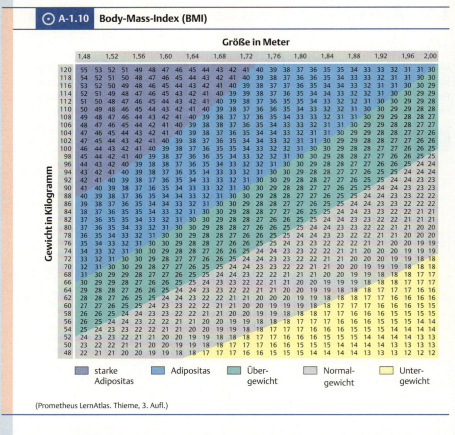

(Prometheus LernAtlas. Thieme, 3. Aufl.)

Körperoberfläche: Sie ist bedeutend für die Wärmeabgabe.

Körperoberfläche: Die Körperoberfläche stellt als wichtigste Abgabefläche für Wärme eine bedeutende Größe für den Energiehaushalt dar.

▶ **Klinik.** Von praktisch-medizinischer Bedeutung sind Kenntnisse über die Körperoberfläche bei der Beurteilung des Schweregrades von Verbrennungen.
Hier gelangt die „**Neunerregel**" (Abb. **A-1.11**) zur Anwendung. Auf die verschiedenen Regionen des Körpers verteilt sich die Körperoberfläche: Kopf 9%, vorderer Rumpfbereich 18%, hinterer Rumpfbereich 18%, Arm 9%, Bein 18%. Bei Kindern und Kleinkindern ist die Neunerregel altersabhängig zu korrigieren, z.B. mit der „**Handflächenregel**" (Abb. **A-1.12**). Hierbei beträgt die Handfläche des Patienten ca. 1% seiner eigenen Körperoberfläche.

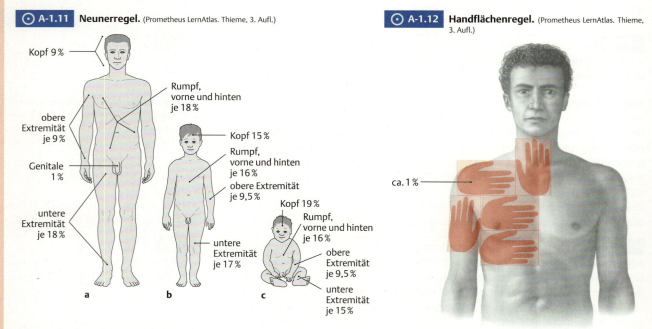

A-1.11 **Neunerregel.** (Prometheus LernAtlas. Thieme, 3. Aufl.)

A-1.12 **Handflächenregel.** (Prometheus LernAtlas. Thieme, 3. Aufl.)

1.7.2 Proportionen

Anders als interindividuell bedingte Proportionsunterschiede zwischen ausgewachsenen Menschen verändern sich die Proportionen vom Kindes- zum Erwachsenenalter immer nach dem gleichen Schema: Während der vor- und nachgeburtlichen Individualentwicklung (prä- und postnatale Ontogenese) entwickeln sich Organe, Organsysteme und Körperabschnitte in einem unterschiedlichen Tempo. So entstehen Proportionsveränderungen und Proportionsverschiebungen. Der Kopf ist im Wachstum den anderen Körperabschnitten voraus. Daran ist die Entwicklung des Gehirns beteiligt. Der Kopf dringt in der Regel als Erster durch den Geburtskanal. Schultergürtel und nachfolgender Körperstamm sind so schmal wie der Kopf breit ist. Daraus wird ersichtlich, dass das Wachstum der Extremitäten nach zögerlichem Beginn auch nach der Geburt lange anhält.

Die Kopfhöhe beträgt beim Neugeborenen ein Viertel, beim 6-jährigen Kind ein Sechstel und beim Erwachsenen ein Achtel der Körperlänge. Während sich beim Neugeborenen die Körpermitte in Höhe des Nabels befindet, ist sie beim 6-jährigen Kind auf halber Strecke zwischen Nabel und Schambeinfuge und beim Erwachsenen am Oberrand (♀) bzw. Unterrand (♂) der Symphyse zu finden (Abb. **A-1.13**).

Die Höhe des Kopfes eines Neugeborenen beträgt ¼, die des Erwachsenen ⅛ der Körperlänge (Abb. **A-1.13**).

A-1.13 Proportionen und Proportionsveränderungen während der Entwicklung

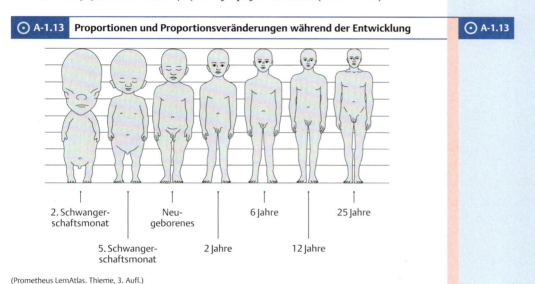

2. Schwangerschaftsmonat — 5. Schwangerschaftsmonat — Neugeborenes — 2 Jahre — 6 Jahre — 12 Jahre — 25 Jahre

(Prometheus LernAtlas. Thieme, 3. Aufl.)

1.7.3 Akzeleration

▶ **Definition.** Akzeleration ist die allgemeine Bezeichnung für eine Entwicklungsbeschleunigung im Vergleich zu früheren Generationen (Beispiel: Wachstum und der körperliche Reifungsprozess).

Seit Mitte des 19. Jahrhunderts lässt sich eine Entwicklungsbeschleunigung in den Industrienationen nachweisen: Zuwachs von Körpergröße mit gesteigerter Endgröße, Zunahme des Körpergewichts und Vorverlegung der Geschlechtsreife. Allgemein wird angenommen, dass die Verbesserung der Lebens- und Ernährungsbedingungen sowie des sozialen Umfeldes eine entscheidende Rolle spielen. In einzelnen Fällen kann es zu extremen Frühleistungen auf geistigem Gebiet kommen.

In den Industrienationen lässt sich eine Entwicklungsbeschleunigung nachweisen.

1.7.4 Konstitutionstypen

▶ **Definition.** Unter Konstitution versteht man das Erscheinungsbild des Menschen.

Prägende Faktoren: Das Erscheinungsbild wird durch verschiedene Faktoren geprägt.
- **Anatomische Faktoren:** Beschaffenheit sämtlicher Organsysteme, Zustand des Stütz- und Bewegungsapparats und des Fettgewebes, Mengenverhältnis von Muskulatur und Fettgewebe, Größenverhältnis von Rumpf und Gliedmaßen.
- **Psychische Faktoren:** Funktion des Nervensystems und sein Zusammenspiel mit endokrinen Drüsen.

Prägende Faktoren sind zum einen anatomische, zum anderen psychische Faktoren.

Die Konstitution wird in ihrem Bauplan vererbt. Jedoch können **äußere Faktoren** (Nahrungsaufnahme, harte körperliche Arbeit, Sport) bedeutende Veränderungen hervorrufen.

Konstitutionstypen: Die bekannteste Einteilung ist die von Kretschmer.

Konstitutionstypen: Jeder Mensch besitzt seine eigene Konstitution. Man hat sich bemüht, Merkmale der Konstitution herauszuarbeiten und diese mit dem Einzelmenschen zu vergleichen. Das Ergebnis dieser Untersuchungen sind die **Körperbau-** oder **Konstitutionstypen**. Man unterscheidet nach Kretschmer (1888–1964, Psychiater in Marburg und Tübingen) Konstitutionstypen, die bei beiden Geschlechtern vorhanden, jedoch beim Mann deutlicher ausgeprägt sind. Die Beschreibung der Konstitutionstypen richtet ihr Augenmerk vor allem auf den Zustand der Muskulatur, auf die Körperlänge, die Körperbreite, die Form des Kopfs, des Brustkorbs, des Bauchs und der Gliedmaßen. Außer Kretschmer haben Sheldon, Conrad und Strömgren versucht, die Körperbautypen mit anderen Parametern zu charakterisieren.

▶ **Merke.**

▶ **Merke.** Die Behauptung des Psychiaters Kretschmer, es bestünde eine Beziehung zwischen „Körperbau und Charakter" (1921) ist heute wissenschaftlich überholt. Die rein deskriptive Einteilung der Konstitutionstypen wird aber noch verwendet.

Nach **Kretschmer** unterscheidet man folgende Typen (Abb. **A-1.14**):
- Leptosomer Typ,
- Pyknischer Typ,
- Athletischer Typ.

Einteilung nach Kretschmer: Er beschrieb drei Konstitutionstypen (Abb. **A-1.14**):
- **Leptosomer Typ:** Bei normalem Längenwachstum fällt ein geringes Dickenwachstum auf. Die Muskulatur ist spärlicher ausgeprägt und zeichnet sich daher an der Oberfläche kaum ab. Das Fettgewebe ist reduziert, der Kopf erscheint schmal mit etwas eingefallenen Wangen und tiefer liegenden Augen. Der Hals wirkt lang. Der Thorax zeigt eine Schmalbrust, wodurch die Schultern hängen. Die Extremitäten sind grazil mit hervortretenden Knochenpunkten und flachen Muskelbäuchen. Es sind hagere, aufgeschossene Menschen. Die Extremform des Leptosomen ist der **Astheniker:** Das Fettgewebe ist geschwunden und die Muskulatur weitgehend reduziert.
- **Pyknischer Typ:** Ihn kennzeichnet eine bedeutende Breitenentwicklung des Stammes. Der hohe Anteil an Unterhautfettgewebe verhindert die Abzeichnung der darunter gelegenen Muskulatur an der Körperoberfläche. Der Kopf ist breit und kurz, das Gesicht weich, der Hals gedrungen und kurz. Die Schultern sind verglichen mit dem Brustkorb schmal. Der Thorax entspricht einer Weitbrust. Das Fettgewebe ist vermehrt und wölbt den Bauch vor. Die Extremitäten sind kurz.
- **Athletischer Typ:** Skelett und Muskulatur sind kräftig entwickelt. Die Muskulatur zeichnet sich deutlich an der Oberfläche ab. Der Schädel ist hoch und derb. Der Brustkorb wölbt sich kräftig nach seitlich und nach vorn (= Normalbrust). Eine gut entwickelte Schultermuskulatur erzeugt das Bild der breiten Schulter. Die Extremitäten sind mittellang mit wohlgebildeter Muskulatur.

Häufig zeigen sich auch Mischtypen.

Die beschriebenen Konstitutionstypen treten nicht immer in reiner Form auf, häufig gibt es auch Übergangs- oder Mischtypen.

⊙ **A-1.14** Konstitutionstypen

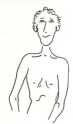     

a leptosomer (asthenischer) Typ   **b** pyknischer Typ   **c** athletischer Typ

(Füeßl F.S., Middeke M.: Duale Reihe Anamnese und Klinische Untersuchung. Thieme, 2014)

1.7.5 Norm und Variabilität

Der in einem Anatomielehrbuch beschriebene und abgebildete Bau des gesunden Körpers stellt die häufigste Ausbildung der Strukturen dar. Diese **Norm** ist die jeweils typische Gestalt, also die am häufigsten beobachtete Baueigentümlichkeit (statistische Norm). **Variation oder Variabilität** ist die Abweichung von der Norm, die keine auffällige funktionelle Störung mit sich bringt. Der menschliche Organismus weist eine erhebliche Variabilität auf. Diese kann sich auf einem begrenzten Bereich zeigen wie z. B. als Halsrippe (S. 285), Änderung der Astfolge einer Arterie oder aber größere Körperabschnitte betreffen, z. B. Situs inversus (S. 110) = spiegelbildliche Lage der inneren Organe.

1.7.6 Einfluss von Alter und Geschlecht

Alter

Die Darstellung anatomischer Strukturen in Lehrbüchern erfolgt immer anhand der verbreiteten Norm eines erwachsenen Menschen mittleren Lebensalters. Im Vergleich dazu weist jedoch die Anatomie des Kindes und des alten Menschen erhebliche Unterschiede zur Anatomie des Erwachsenenalters auf.

Für Behandlung von Krankheiten des Kindes- oder Erwachsenenalters gibt es eigene Facharztweiterbildungen (Kinder- und Jugendmedizin bzw. Geriatrie), die den Eigenarten der spezifischen Probleme in den jeweiligen Altersabschnitten gerecht werden. Anatomische Unterschiede zeigt Tab. **A-1.5**.

> ### 1.7.5 Norm und Variabilität
>
> Die **Norm** ist die jeweils typische Gestalt, Abweichungen davon, die jedoch ohne auffällige funktionelle Störung auftritt, bezeichnet man als **Variation** oder **Variabilität**.
>
> In Lehrbüchern werden anatomische Strukturen immer der verbreiteten Norm entsprechend dargestellt.
>
> ### 1.7.6 Einfluss von Alter und Geschlecht
>
> **Alter**
>
> Im Vergleich zur Norm des Erwachsenen im mittleren Lebensalter zeigt die Anatomie des Kindes und Greises z. T. erhebliche Differenzen (Tab. **A-1.5**).

≡ A-1.5 Beispiele anatomischer Unterschiede zwischen Kind und altem Menschen

anatomische Struktur	Kind	Greis
Skelettsystem	z. T. noch nicht verknöchert, sondern knorpelig	Abbau von Spongiosatrabekeln der Knochen mit erhöhter Bruchgefahr
	Wirbelsäule relativ steil	Wirbelsäulenkrümmungen stark ausgeprägt; Abflachung der Bandscheiben; Abnutzungserscheinungen, z. B. an Gelenkflächen mit schmerzhafter Arthrose
Zähne	zahnlos oder Milchgebiss (20 Zähne)	bleibendes Gebiss (32 Zähne) oder Abbau der zahnwurzeltragenden Kieferanteile nach Zahnausfall mit typischer Veränderung der Mund- und Wangenform
Kehlkopf, Syn. Larynx (S. 920)	Lage in Höhe des 2.–4. Halswirbels mit Möglichkeit zum gleichzeitigen Trinken und Atmen	Lage in Höhe des 6.–7. Halswirbels

Geschlecht

Die Unterschiede im Bau des weiblichen und männlichen Körpers nennt man **Geschlechtsdimorphismus**.

Er zeigt sich nicht nur in Bezug auf die Geschlechtsorgane (**primäre Geschlechtsmerkmale**), sondern auch in nicht unmittelbar mit den Geschlechtsorganen in Zusammenhang stehenden Ausprägungen (**sekundäre Geschlechtsmerkmale**, Tab. **A-1.6**).

> **Geschlecht**
>
> Unterschiede zwischen männlichem und weiblichem Körperbau nennt man Geschlechtsdimorphismus. Er zeigt sich in primären und sekundären Geschlechtsmerkmalen (Tab. **A-1.6**).

≡ A-1.6 Beispiele für Geschlechtsdimorphismus

♀	♂
Primäre Geschlechtsmerkmale: direkt der Fortpflanzung dienende und bei Geburt vorhandene Merkmale	
Eierstock, Uterus	Hoden
Vagina, weibliche Harnröhre	Penis, männliche Harnröhre
Sekundäre Geschlechtsmerkmale: sich in der Pubertät entwickelnde Merkmale	
Brustdrüse (Mamma)	Bartwuchs
ausgeprägtes subkutanes Fettgewebe	ausgeprägte Muskulatur
Körperbehaarung spärlicher	ausgeprägtere Körperbehaarung
Haaransatz gleichmäßig oval	Haaransatz „Geheimratsecken"
Körpergröße geringer	Körpergröße höher
Schulter- und Beckenbreite entsprechen sich	Schultern breiter als Becken
Beckenform queroval (S. 329)	Beckenform kartenherzförmig (S. 329)

> ### ≡ A-1.6

1.8 Körperspende und Präparierkurs

1.8.1 Körperspende

▶ **Definition.** Körperspender sind Menschen, die verfügen, dass ihr Körper nach dem Tod der Ausbildung von Medizin- und Zahnmedizinstudenten, der Weiterbildung von klinisch tätigen Ärzten oder der Wissenschaft dient.

Der Körperspender nimmt zu Lebzeiten Kontakt mit einem Institut für Anatomie auf, um durch eine schriftliche Vereinbarung mit diesem Institut seinen Körper zur Verfügung zu stellen. Er erhält dafür keine Bezahlung. Die Körperspender haben in der Regel ein höheres Lebensalter und versterben eines natürlichen Todes, d. h. an einer Krankheit, die zum Tode führt. Vom Eintritt des Todes wird das Institut durch die Angehörigen, den behandelnden Arzt oder vom Krankenhaus informiert, um die Überführung des Leichnams zu veranlassen. Vor der Konservierung erfolgt die amtliche Leichenschau. Ungeklärte Todesursache und bestimmte ansteckende Krankheiten (AIDS, Tuberkulose) sind Gründe, einen Körperspender nicht anzunehmen. Körperspender, die während oder nach einer Operation versterben, können ebenfalls keinen Eingang in ein Institut für Anatomie finden, da die vollständige Konservierung nicht möglich ist.

1.8.2 Leichenkonservierung

Die Konservierung des Leichnams läuft in zwei Schritten ab:
1. **Fixierung:** Die postmortal einsetzende Autolyse (enzymgesteuerter chemischer Abbau von Körpereiweißen) soll durch Eiweißdenaturierung und -vernetzung vermieden werden. Die Fixierung ist eine Methode zur Konservierung und Strukturerhaltung von Geweben und Organen in einem möglichst natürlichen Zustand. Bei der Fixierung ist eine **innere** und **äußere** Fixierung zu unterscheiden:
   – Innere Fixierung: Die Flüssigkeit wird über die A. femoralis (S. 381), die A. axillaris (S. 463) oder die A. carotis communis (S. 896) mittels Injektionsgerät (pressluftbetrieben) in den Körper eingebracht.
   – **Äußere Fixierung:** Anschließende Lagerung des Leichnams in Bottichen oder in einem geschlossenen Fixierungssystem.
2. **Aufbewahrung:** Zur Aufbewahrung von Leichen, Leichenteilen oder Organen dienen spezielle Vorrichtungen (Bottiche, Präparateküvetten oder Thalheimer Wand). Sammlungsmaterial wird in speziellen Behältern verwahrt.

Als Fixierungs- bzw. Konservierungsflüssigkeit werden Alkohol, Formaldehyd (Formalin) oder Mischungen zwischen beiden Fixierungsflüssigkeiten verwendet. Ein Zusatz von einer geringen Menge Glycerol ist bei jeder Fixierungsform angezeigt.

1.8.3 Präparierkurs

Der Präparierkurs ist fester Bestandteil des Medizinstudiums und dient dem Zweck, eine Übersicht über den menschlichen Körper zu vermitteln, die jeder Arzt für seine spätere Arbeit und sein ärztliches Handeln benötigt.

Arbeitsschritte: Präparieranleitungen regeln den Ablauf der Präparierübungen. Am Anfang steht die Inspektion des Präparates. Anschließend erfolgt die Präparation der Haut. Im subkutanen Fettgewebe werden die Hautgefäße und -nerven dargestellt. Schichtweise wird in die Tiefe vorgedrungen, um darunter befindliche Strukturen freizulegen. Danach erfolgt die Eröffnung der Körperhöhlen sowie die Präparation von Hals, Kopf und den Extremitäten.

Umgang mit dem Körperspender: Der Körperspender im Präpariersaal ist nichts Unheimliches. Es handelt sich um einen toten Menschen, dem Achtung und Dankbarkeit für seine Körperspende entgegenzubringen sind. Nach Abschluss des Präparierkurses besteht meist die Möglichkeit, an einer den Körperspendern gewidmeten Gedenkfeier teilzunehmen und diese ggf. mitzugestalten. Die Mehrzahl der Universitätsstädte mit Medizinischen Fakultäten hat auf ihren Friedhöfen ein eigenes Gräberfeld für das Anatomische Institut. Dort finden die Körperspender ihre letzte Ruhe, sofern die Angehörigen nicht eine andere Grabstelle wünschen.

2 Zytologie und Histologie – Grundlagen

2.1 Die Zelle 49
2.2 Das Gewebe 58
2.3 Histologische Techniken............................ 99

K. Spanel-Borowski, A. Mayerhofer

2.1 Die Zelle

▶ **Definition.** **Zytologie** und **Zellbiologie** sind die Lehre und die Wissenschaft von der Zelle als dem kleinsten, selbstständigen Bau- und Funktionselement des Körpers. **Histologie** ist die Lehre von den Geweben als Verband ähnlich differenzierter Zellen.

Jede Zelle des menschlichen Körpers besteht aus einem
- **Zellkern** = **Nucleus** (s.u; ausgenommen sind die kernlosen Erythrozyten) und dem
- **Zytoplasma** (S. 50) mit **Zellmembran** (S. 53), **Zytoskelett** (S. 51) und **Zellorganellen** (S. 51).

2.1 Die Zelle

▶ **Definition.**

Zellkern (**Nucleus**, s. u.), **Zytoplasma** (S. 50), **Zellmembran** (S. 53) und **Zytoskelett** (S. 51) sind Bauelemente der Zelle.

⊙ A-2.1 Aufbau einer Zelle des menschlichen Körpers

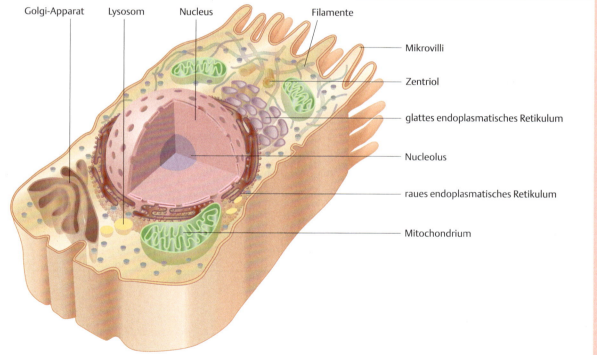

2.1.1 Zellkern (Nucleus)

Im Zellkern liegt das Genom mit der gesamten Erbinformation in Form der **DNA**.

Größe und Struktur des **Zellkerns** sind variabel und Ausdruck unterschiedlicher Aktivität, sei es der Mitose oder der vorbereitenden Schritte für die Proteinsynthese. Das **Karyoplasma** (Nukleoplasma) wird durch eine porenhaltige **Kernmembran** vom Zytoplasma getrennt. Die Kernporen sind Öffnungen für den molekularen Austausch zwischen Kern und Zytoplasma. Im Kern liegt das Genom, also die gesamte Erbinformation in Form der **Desoxyribonukleinsäuren** (**DNS**; engl. desoxyribonucleic acid = **DNA**). Sie sind zusammen mit Kernproteinen, den Histonen, wesentlicher Bestandteil der Chromosomen. Heterochromatin ist verdichtete, spiralisierte DNA, die den Zellkern gut färbbar macht. Euchromatin steht für entspiralisierte DNA mit einer blassen Kernfärbung. Sie ist ein Hinweis für erhöhte Transkriptionsaktivität der DNA.

Im Kern werden zwei wichtige Prozesse geregelt (Abb. **A-2.2**):
- **Transkription** als Voraussetzung für die zytosolische Proteinsynthese (Translation).
- **Replikation** als Voraussetzung der Zellteilung (Mitose).

Im Kern werden zwei wichtige Prozesse geregelt (Abb. **A-2.2**):
- **Transkription:** Die Synthese eines Proteins wird von einem Gen angewiesen, das einer bestimmten Basensequenz im DNA-Molekül gleichkommt und durch Transkriptionsfaktoren aktiviert wird. Zur Anweisung bedarf es der Transkription, d. h. der **Synthese von Ribonukleinsäuren** (**RNS**, engl. ribonucleic acid = **RNA**), die als Boten-RNA (**mRNA**, engl. messengerRNA) durch die Kernporen in das Zytosol gelangt und als Matrize für die Proteinsynthese (Translation) benutzt wird.
- **Replikation:** Die **DNA verdoppelt** sich zu Beginn der Mitose (Zellteilung).

Im **Nucleolus** entsteht ribosomale RNA (rRNA).

Im basophilen **Nucleolus** (Kernkörperchen) entsteht die ribosomale RNA (rRNA). Sie verbindet sich mit ribosomalen Proteinen des Zytoplasmas zu Vorstufen der Ribosomen.

A-2.2 Genetische Information im Zellkern und ihre Umsetzung im Zytoplasma

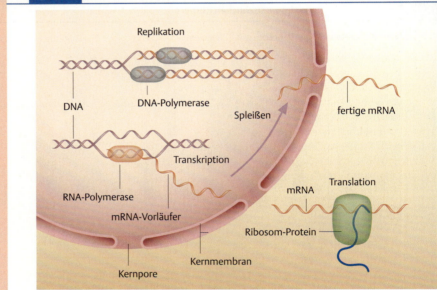

2.1.2 Zytoplasma

Die Zellmembran (S. 53) begrenzt das Zytoplasma, in dem die Organellen (S. 51) als membrangebundene Strukturen liegen. **Polyribosomen**, **Glykogen** und **Lipidtropfen** sind nicht membrangebundene Strukturen. Die Zelle wird durch das Zytoskelett (S. 51) stabilisiert.

Die Grundmasse der Zelle ist das Zytoplasma, das in der Biochemie als Zytosol bezeichnet wird. Das Zytoplasma wird begrenzt von der Zell- oder Plasmamembran (S. 53), deren Aufbau der Membran gleicht, die auch den Zellkern und die im Zytoplasma befindlichen Zellorganellen (S. 51) umgibt. Neben den Zellorganellen liegen im Zytoplasma **nicht membrangebundene** Strukturen wie **Polyribosomen** für den Aufbau zelleigener Proteine. Daneben gibt es andere nicht kodierende RNA-Arten wie zum Beispiel die microRNA. Auch finden sich Depotstoffe wie **Glykogenaggregate** und **Lipidtropfen**. Für die Stabilisierung der Zelle sorgt ein dreidimensionales Netzwerk, das Zytoskelett (S. 51).

Zellorganellen

Aufbau: Jede Organelle wird von einer biologischen Einheitsmembran (S. 53) umschlossen, das Mitochondrium von zwei Membranen. Weitere Einzelheiten sind Tab. **A-2.1** und einem Lehrbuch für Zellbiologie zu entnehmen.

Zellorganellen

Aufbau: Siehe Tab. **A-2.1**.

≡ A-2.1	Zellorganellen	
Organellen	**Charakteristika**	**Hauptfunktion**
Mitochondrien	Doppelmembran mit Enzymen der Atmungskette	ATP-Synthese → Bereitstellung von Energie durch oxidative Phosphorylierung
Lysosomen	Enzyme bei pH 4,5	Auto- und Heterophagie (Abbau zelleigener und fremder Stoffe)
Peroxysomen	Peroxidase und Katalase	Abbau von H_2O_2
Endoplasmatisches Retikulum (ER) ▪ **glattes ER** = gER oder sER	röhrenförmiges Membransystem	Synthese von Lipiden und Steroidhormonen, Entgiftung körpereigener und körperfremder Stoffe, Ca^{++}-Speicherung bei quergestreifter Muskulatur.
▪ **raues ER** = rER	mit Ribosomen besetzt	Proteinsynthese für Endosomen als Vorläufer von Lysosomen oder sekretorischen Granula
Golgi-Apparat	Membranstapel als Diktyosome Cis- und Trans-Region als konvexe und konkave Seite des Stapels	Lipid- und Proteinmodifikation Abschnürung von Vesikeln mit Exportproteinen

Zytoskelett

Zytoskelett

▶ **Definition.** Das dreidimensionale Netzwerk des Zytoplasmas nennt man Zytoskelett.

▶ **Definition.**

Funktion: Das Zytoskelett stabilisiert die Zelle, ermöglicht deren amöboide Migration und den Transport von Organellen und Proteinen innerhalb der Zelle.

Aufbau: Man unterscheidet verschiedene Systeme des Zytoskeletts, die aus jeweils spezifischen Proteinen, den Bauelementen, bestehen. Sie werden im Wechsel zu Filamenten auf- und wieder abgebaut. Diese sog. Polymerisierung und Depolymerisierung verläuft dynamisch und wird von **Begleitproteinen** reguliert. Folgende Systeme werden unterschieden:

- **Aktin- oder Mikrofilamente** (Durchmesser 7 nm),
- **Intermediärfilamente** (Durchmesser 10 nm) und
- **Mikrotubuli** (Durchmesser 25 nm).

Funktion: Es ermöglicht die Stabilisierung und Migration der Zelle sowie den intrazellulären Transport.
Aufbau: Das Zytoskelett durchläuft einen ständigen Auf- und Abbau. Man unterscheidet:

- **Aktin- oder Mikrofilamente** (7 nm),
- **Intermediärfilamente** (10 nm) und
- **Mikrotubuli** (25 nm).

Aktinfilamente

Aktinfilamente

▶ **Synonym.** Mikrofilamente

▶ **Synonym.**

Globuläre Aktin-Monomere (**G-Aktin**) polymerisieren zum Aktinfilament (**F-Aktin**, Abb. **A-2.3a**). Für die Bündelung und Vernetzung von F-Aktin sind Proteine notwendig: Fimbrin und Villin sorgen für das Binnengerüst von Mikrovilli (S. 54) und **Stereozilien**.
Filamin vernetzt das **kortikale Aktinnetz**, das auch apikales Netz heißt und damit besagt, dass es im oberen Anteil des Zytoplasmas gelegen ist. Dieses ist durch **Spektrine** und **Dystrophine** an der Plasmamembran verankert. An dem kortikalen Aktinnetz sind Transmembranproteine verankert, wodurch deren Diffusion nach lateral verhindert ist. Das stabilisierende Begleitprotein **Tropomyosin** verhindert die rasche Depolymerisation der Aktinfilamente in Muskelzellen (S. 81).
Myosin (Abb. **A-2.3b** ist das Motorprotein des Aktinsystems und kommt in über 15 verschiedenen Klassen vor. Myosine finden sich in den meisten Zellen und bestehen aus einem Kopf- und Schwanzteil. Myosine der Klasse II und V bilden Dimere. Der Kopfteil bindet an Aktin und hat ATPase-Aktivität. Bei ATPase-Spaltung bindet das Köpfchen an F-Aktin und gleitet entlang des Aktinfilaments (S. 51), vgl. auch Muskelgewebe (S. 81).

Globuläre Aktin-Monomere (**G-Aktin**) polymerisieren zum Aktinfilament (**F-Aktin**, Abb. **A-2.3a**). Die Aktinnetze bilden das Gerüst der **Mikrovilli**. Das **kortikale Aktinnetz** ist an der Plasmamembran verankert.

Myosin (Abb. **A-2.3b**) ist das Motorprotein des Aktinsystems. Der Myosinkopf bindet an Aktin und hat ATPase-Aktivität.

A-2.3 Elemente des Zytoskeletts

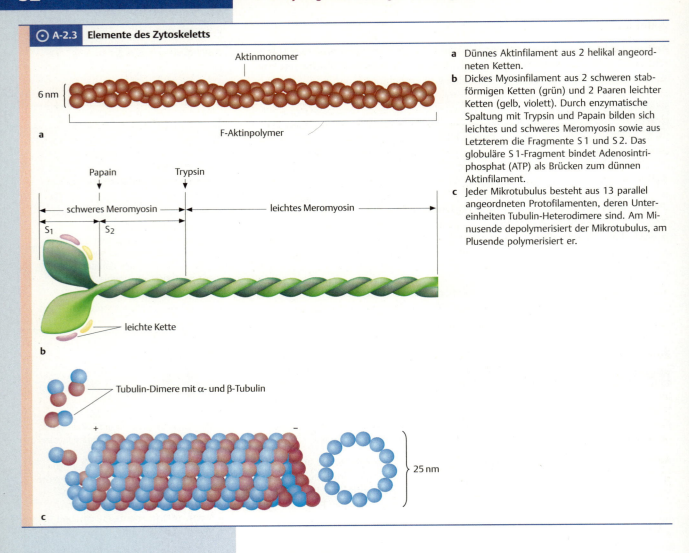

a Dünnes Aktinfilament aus 2 helikal angeordneten Ketten.
b Dickes Myosinfilament aus 2 schweren stabförmigen Ketten (grün) und 2 Paaren leichter Ketten (gelb, violett). Durch enzymatische Spaltung mit Trypsin und Papain bilden sich leichtes und schweres Meromyosin sowie aus Letzterem die Fragmente S 1 und S 2. Das globuläre S 1-Fragment bindet Adenosintriphosphat (ATP) als Brücken zum dünnen Aktinfilament.
c Jeder Mikrotubulus besteht aus 13 parallel angeordneten Protofilamenten, deren Untereinheiten Tubulin-Heterodimere sind. Am Minusende depolymerisiert der Mikrotubulus, am Plusende polymerisiert er.

Intermediärfilamente

Sie bilden das passive Stützgerüst der Zelle und zeigen ein großes biochemisches Spektrum (Tab. **A-2.2**).

Intermediärfilamente

Intermediärfilamente bilden das passive Stützgerüst der Zelle, das beständiger gegenüber Depolymerisation ist als Aktinfilamente oder Mikrotubuli. Intermediärfilamente bilden ein **Dimer**, zwei antiparallel gelagerte Dimere lagern sich zum Tetramer, das wiederum zu Filamenten polymerisiert. Sie zeigen ein beachtliches biochemisches Spektrum: Je nach Art des Gewebes exprimiert jede Zelle charakteristische Intermediärfilamente (Tab. **A-2.2**).

A-2.2 Intermediärfilamente verschiedener Gewebearten

Intermediärfilament	Gewebeart
Zytokeratinfilament mit > 30 verschiedenen Proteinen	**Epithel**: je nach Epithelart unterschiedliche Dimer-Bildung aus einem sauren und einem basischen Zytokeratin
Vimentinfilament	**Gewebe mesenchymaler Herkunft**: z. B. Knorpel-/Knochengewebe, Bindegewebe, Fettgewebe, Gefäßendothel
Neurofilament	**Neurone**
Gliafilament (aufgebaut aus GFAP = engl.: **G**lial **f**ibrillary **a**cidic **p**rotein)	**Astrozyten** (S. 93) des ZNS
Desminfilament	**Muskelgewebe**

▶ Klinik.

▶ Klinik. Die Herkunft eines malignen Tumors kann anhand der Art der **Intermediärfilamente** abgeleitet werden, z. B. exprimieren Karzinome, die von entdifferenzierten Epithelzellen ausgehen, Zytokeratinfilamente. Die Identifizierung der Filamentgruppe wird in der immunhistologischen **Tumordiagnostik** vom Pathologen eingesetzt. Sie dient der Tumorklassifikation und erlaubt Aussagen zur Prognostik.

A 2.1 Die Zelle

Mikrotubuli

Mikrotubuli bestehen aus globulärem **α- und β-Tubulin**, polymerisiert zum **Dimer** (Abb. **A-2.3c**). Dieses Dimer ist in der Wand eines Hohlzylinders ausgerichtet. **Mikrotubuli-assoziierte Proteine** (**MAPs**) verhindern den Zerfall. Das Mikrotubulus-System ist wie ein Straßensystem für den **gerichteten Transport** von Sekretvesikeln (z.B. beim axonalen Transport) verantwortlich sowie für die typische **Lage von Organellen**. Mikrotubuli bilden außerdem die **Mitosespindel** und das Binnengerüst der **Kinozilien**. Ein Mikrotubulus beginnt sich vom Zentrosom zu entwickeln, das deswegen als **Mikrotubulus-Organisations-Zentrum** (**MTOC**) gilt. Ein Zentrosom besteht aus zwei kurzen, rechtwinklig orientierten Hohlzylindern, dem **Zentriolenpaar**. Die Wand eines Zentriols trägt **9 Tripletts**, jedes aus einem kompletten Mikrotubulus und zwei inkompletten Mikrotubuli aufgebaut (**9 × 3 Mikrotubuli**). Bei der Mitose verdoppeln sich die Zentrosomen und beschicken je einen Zellpol.

> ▶ **Klinik.** Bösartige Tumoren werden mit **Mitose-Hemmstoffen** wie Vincristin (aus Immergrün) und Taxol (aus der Eibe) und Colchizin (aus der Herbstzeitlosen) behandelt. Vincristin und Colchizin hemmen die Polymerisation der **Mitosespindel**, Taxol hemmt die Depolymerisation.

Ein **Kinozilium** (S. 54) und ein Flagellum besitzen eine Wurzel, deren Binnengerüst einem Zentriol entspricht und **Basalkörperchen** oder **Kinetosom** genannt wird. Aus ihm geht der Schaft mit einem modifizierten Tubulusgerüst hervor. Seine Wand wird von **9 Dubletten** gebildet, einem kompletten A-Tubulus und einem inkompletten B-Tubulus. Im Zentrum liegen zwei komplette Mikrotubuli (**9 × 2-plus-2-Mikrotubuli**). Das Gerüst von Wurzel und Schaft entspricht dem **Axonema**, welches durch Dynein zusammengehalten wird. „Dyneinarme" des A-Tubulus gleiten unter ATP-Spaltung entlang des benachbarten B-Tubulus. Wegen der Verankerung am Kinetosom verbiegt sich der Schaft des Kinoziliums zum gerichteten Schlag, gefolgt von seiner Rückstellung.

> ▶ **Klinik.** Beim seltenen **Kartagener-Syndrom** (S. 110) liegt ein genetischer Fehler im axonemalen Dynein vor. Chronische Infektionen der Atemwege treten bei beiden Geschlechtern auf. Beim Mann ist Infertilität eine weitere Folge. Das Kartagener-Syndrom gehört zu den Syndromen der immobilen Zilien.

Zellmembran

> ▶ **Synonym.** Plasmamembran, Plasmalemm

Funktion: Die Plasmamembran begrenzt das Zytoplasma (S. 50). Dort finden sich Kanäle für den Ionen- und Molekültransport. Rezeptoren nehmen Signale auf und setzen sie um. Die Plasmamembran bildet spezifische Kontakte zwischen den benachbarten Zellen und mit der extrazellulären Matrix, wodurch Zellverbände und Gewebe entstehen.

Aufbau: Das molekulare Grundgerüst sind polare Lipide, die sich mit **je einer äußeren hydrophilen** Seite zum Extra- bzw. Intrazellulärraum ordnen und die **innere hydrophobe** Zone umschließen. Die polaren Lipide sind in einer Doppelschicht angeordnet. Im ultrastrukurellen Bild bilden beide hydrophilen Seiten je eine elektronendichte Linie, die die elektronenhelle Linie beider hydrophoben Seiten umfasst. Man spricht von einer trilamellären biologischen Einheitsmembran, weil sie auch Organellen (S. 51) umschließt.

Dieser **trilamellären** biologischen **Einheitsmembran** sind an der Außenseite weitere Moleküle an- und eingelagert (z.B. Glykolipide, Glykoproteine). Sie bilden nach außen weisende Zuckerketten und Zuckerderivate (Oligosaccharide, Sialinsäuren, Glykosaminoglykane), deren Gesamtheit die **Glykokalyx** darstellt. Oligosaccharide vermitteln über Zucker-bindende Proteine (**Lektine**) die **Zell-Zell-Interaktion** wie z.B. bei der Adhäsion von Leukozyten am Endothel. Die Glykokalyx ist reich an anionischen Resten und somit negativ geladen, was u.a. die Ladungsselektivität des Harnfilters (S. 770) bestimmt. **Transmembranproteine** sind als Moleküle der Kanäle, Transporter, Pumpen und Rezeptoren ein wesentliches Funktionselement der Zellmembran (Abb. **A-2.4**).

Mikrotubuli

Mikrotubuli-assoziierte Proteine (**MAPs**) verhindern den Zerfall der Mikrotubuli. Sie regeln den gerichteten Transport von Vesikeln, bilden die Mitosespindel und das Gerüst der Kinozilien.

Die Entwicklung eines Mikrotubulus beginnt vom Zentrosom aus. Ein Zentrosom besteht aus zwei kurzen, rechtwinklig orientierten Hohlzylindern, dem **Zentriolenpaar**. 9 × 3 Mikrotubuli bilden die Wand eines Zentriols.

> ▶ **Klinik.**

9 × 2-plus-2-Mikrotubuli bilden den Schaft eines **Kinoziliums**.

> ▶ **Klinik.**

Zellmembran

> ▶ **Synonym.**

Funktion: Die Begrenzung des Zytoplasmas (S. 50) enthält Transportkanäle und Rezeptoren zur Signalaufnahme. Spezifische Kontakte mit der Umgebung ermöglichen die Bildung von Zellverbänden und Gewebe.

Aufbau: Molekulares Grundgerüst sind **polare Lipide**, die als Doppelschicht angeordnet sind und im ultrastrukturellen Bild als trilamelläre Membran erscheinen. Von biologischer Einheitsmembran spricht man wegen des gleichen Aufbaus der Membranen von Organellen (S. 51).

Die Plasmamembran entspricht einer **trilamellären Einheitsmembran** mit einer äußeren und inneren hydrophilen Seite. Die **Glykokalyx** ist die Gesamtheit der Zuckeranteile der äußeren Seite.

Transmembranproteine sind wichtige Funktionselemente der Zellmembran (Abb. **A-2.4**).

A-2.4

A-2.4 Zellmembran

Zuckerkette eines Glykolipids
transmembranöses Glykoprotein
e-face
p-face
transmembranöses Glykoprotein
transmembranöses Protein
Fettsäuremolekül

Dreidimensionale Darstellung: e-face = exoplasmatische Seite, p-face = protoplasmatische (zytoplasmatische) Seite.

2.1.3 Oberflächendifferenzierungen

In der Regel sind Epithelzellen **polar** organisiert: Man unterscheidet **apikale**, **basale** und **laterale** Membranen. An der apikalen Zellmembran finden sich folgende Oberflächendifferenzierungen:
Mikrovilli: zottenartige, bis 2 μm lange Fortsätze (Aufbau s. Abb. **A-2.5**). Stehen sie dicht gedrängt, spricht man vom Bürstensaum.

Stereozilien: bis zu 10 μm lange Fortsätze.

▶ Merke.

Kinozilien (Abb. **A-2.6**) besitzen ein charakteristisches Gerüst aus Mikrotubuli (S. 53) und zugehörigen Motorproteinen. Beide Bausteine ermöglichen eine schlagende Bewegung.

2.1.3 Oberflächendifferenzierungen

In der Regel sind Epithelzellen **polar** organisiert: Der **apikalen** Zellmembran liegt die **basale** gegenüber, getrennt durch die **lateralen** Membranen. Die **basolaterale Zellmembran** ist zur Oberflächenvergrößerung eingefaltet (basolaterale Einfaltung). An der apikalen Zellmembran finden sich folgende Oberflächendifferenzierungen:
- **Mikrovilli** (Aufbau s. Abb. **A-2.5**) enthalten Aktinfilamente. Mikrovilli sind zottenartige, bis 2 μm lange Fortsätze und ein Charakteristikum resorbierender Epithelzellen. Wenn Mikrovilli gedrängt wie die Haare einer Bürste stehen, spricht man – z. B. beim Darmepithel – vom **Bürstensaum**.
- **Stereozilien** sind bis zu 10 μm lange Fortsätze. Sie können sehr langen Mikrovilli entsprechen. Im Falle der Samenweg-Stereozilien (S. 831) sind die Fortsätze büschelartig gebündelt und für Resorption sowie Sekretion von Flüssigkeit zuständig. Die Innenohr-Stereozilien dienen dagegen als Rezeptoren für die Bewegung.

▶ Merke. **Mikrovilli und Stereozilien** sind mit **Aktinfilamenten** (S. 51) ausgestattet und **ohne** schlagende Bewegung.

- **Kinozilien** (Abb. **A-2.6**) besitzen ein charakteristisches Gerüst aus **Mikrotubuli** (S. 53) und zugehörigen Motorproteinen. Beide Bausteine ermöglichen eine **schlagende Bewegung**. Viele Zellen besitzen ein singuläres Kinozilium noch unklarer biologischer Funktion. Das Oberflächenepithel der Atemwege und des Eileiters entwickelt einen Rasen von Kinozilien für den Transport von Sekret. Das Spermium bewegt sich mit seiner Geißel oder seinem Flagellum, einem 55 μm langen Kinozilium.

A 2.1 Die Zelle

A-2.5 Struktur eines Mikrovillus

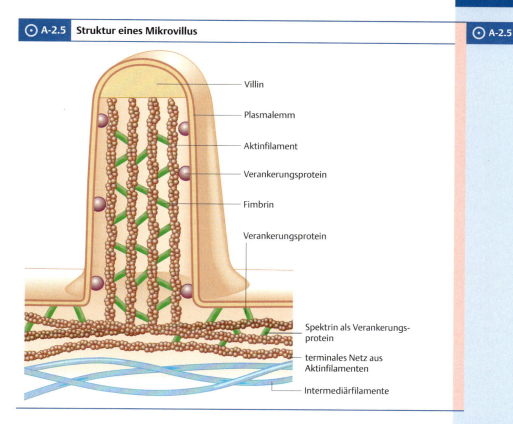

A-2.6 Binnenstruktur eines Kinoziliums

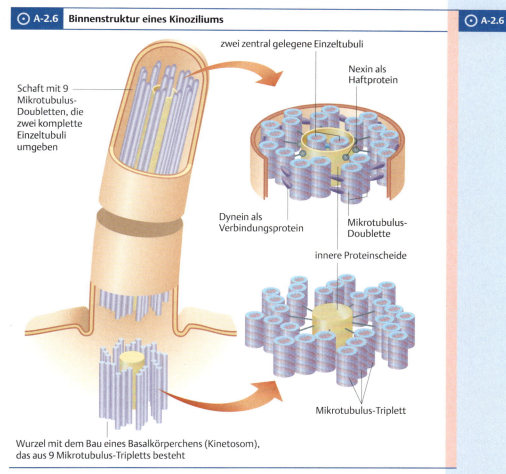

2.1.4 Zellkontakte

Hinsichtlich ihrer Funktion in einem Zellverband unterscheidet man zwischen drei Arten von Zellkontakten:
- **Kommunikationskontakt** (Nexus, Gap Junction),
- **Barriere-/Verschlusskontakt** (Zonula occludens, Tight Junction) und
- **Adhäsions-/Haftkontakte** (Adhärenskontakt und Desmosom als Zell-Zell-Kontakte sowie Fokalkontakt und Hemidesmosom als Zell-Matrix-Kontakt).

Kommunikationskontakt

▶ Synonym. Nexus, Gap Junction

Funktion: Kommunikationskontakte verbinden Zellen und ermöglichen den Stoffaustausch zwischen ihnen: Sowohl eine **elektrische Interaktion** (über Ionenströme) als auch ein **metabolischer Austausch** ist gewährleistet. Über Kommunikationskontakte kann eine Funktionseinheit als funktionelles Synzytium geschaffen werden, wie beim Herzmuskelgewebe (S. 87) und der glatten Muskulatur (S. 89).

Aufbau: Nexus (**Gap Junctions**) sind in fast allen Geweben zu finden. Im ultrastrukurellen Bild wird an diesen Verbindungsstellen der Interzellularspalt sehr eng (engl. gap). In der den Spalt begrenzenden Membran liegen Verbindungsröhren, deren molekulare Bausteine die **Connexine** sind. Connexine sind Transmembranproteine, von denen sechs Moleküle die eine Hälfte des Verbindungskanals bilden (**Connexon**). Liegen sich zwei Connexone gegenüber, entsteht nach End-zu-End-Fusion ein Verbindungskanal (Abb. **A-2.7**). Heute unterscheidet man bis zu 20 Connexin-Isoformen, die nach dem Molekulargewicht benannt werden. Connexin 43 hat das Molekulargewicht 43 kDa und findet sich in den Glanzstreifen (S. 87) der Herzmuskulatur.

A-2.7 Nexus (Gap Junction)

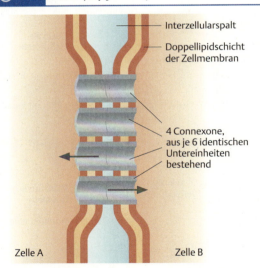

Interzellularspalt
Doppellipidschicht der Zellmembran
4 Connexone, aus je 6 identischen Untereinheiten bestehend
Zelle A   Zelle B

Dargestellt sind 4 Nexus. Die Pfeile verdeutlichen den Ionenfluss.

Barrierekontakt

▶ Synonym. Verschlusskontakt, Zonula occludens, Tight Junction

Funktion: Barrierekontakte verschließen die Interzellularspalten in Epithelgeweben. Sie beeinträchtigen und verhindern einen parazellulären Austausch zwischen zwei extrazellulären Kompartimenten.

Aufbau: Im Bereich des Verschlusskontakts liegt die laterale Plasmamembran benachbarter Zellen so eng aneinander, dass der parazelluläre Weg gürtelförmig abgedichtet wird (Abb. **A-2.8**). Wenn diese Barriere den Interzellularraum vollständig verschließt, erfolgt der Stoffaustausch auf transzellulärem Weg.

A-2.8 Zonula occludens (Tight Junction)

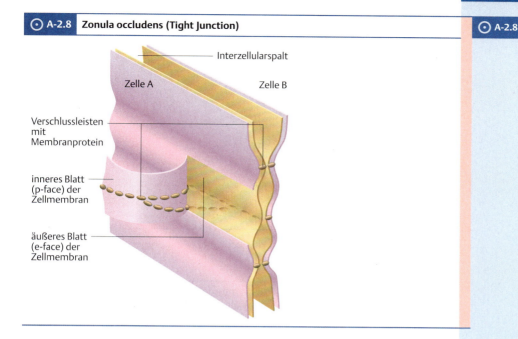

Wichtige Bausteine des Verschlusskontaktes sind die Transmembranproteine **Occludin** und **Claudin**, deren externe Domäne mit demselben Protein der Nachbarzelle verbunden ist. An der Innenseite des Verschlusskontaktes liegen Plaque-Proteine, genannt **Zonula-occludens-Proteine** (ZO-1, ZO-2), an die Aktinfilamente anknüpfen. Tight Junctions sind mechanisch gesichert durch einen in enger Nachbarschaft befindlichen Adhärenskontakt, meist die Zonula adhaerens.

Occludin und Claudin sind **Transmembranproteine** der Zonula occludens, ZO-1- und ZO-2-Proteine liegen an der Innenseite.

Adhäsionskontakte

▶ Synonym. Haftkontakte

Funktion: Adhäsionskontakte dienen der mechanischen **Haftung** zischen benachbarten Zellen (**Zell-Zell-Kontakt**) oder zwischen Zellen und der extrazellulären Matrix (**Zell-Matrix-Kontakt**). Adhäsionskontakte bilden und erhalten Zellverbände, verbinden das Zytoskelett mit dem Extrazellulärraum und können intrazelluläre Signalketten auslösen.

Aufbau: Unterschiede bei Haftkontakten beziehen sich auf die Geometrie und die Art der drei Bausteine:
- **Transmembranproteine**, deren externe Domäne die Bindung an ihre Umgebung herstellt. Bei Zell-Zell-Kontakten handelt es sich häufig um ein Protein aus der Großfamilie der **Cadherine**, bei Zell-Matrix-Kontakten oft um **Integrine**.
- **Plaque-Proteine** an der Innenseite der Plasmamembran zur Verankerung des Zytoskeletts.
- **Aktin- oder Intermediärfilamente** bestimmen den Typ des Adhäsionskontakts (Tab. **A-2.3**).

Funktion: Adhäsionskontakte sind mechanische Kontakte entweder als **Zell-Zell-** oder als **Zell-Matrix-Kontakt** anzutreffen.

Aufbau: Drei Bausteine bilden den Kontakt:
- **Transmembranproteine**,
- **Plaque-Proteine** und
- **Filamente**, die den Typ des Adhäsionskontakts bestimmen (Tab. **A-2.3**).

A-2.3 Typen von Adhäsionskontakten nach Art des Filaments

	Zell-Zell-Kontakt	Zell-Matrix-Kontakt
Aktinfilamente	Adhärenskontakt*	Fokalkontakt
Intermediärfilamente	Desmosom (Abb. **A-2.9**)	Hemidesmosom

* Adhärenskontakte kennt man als Zonula adhaerens in *Epithelzellen* (S. 59) und Fascia adhaerens in *Glanzstreifen* (S. 87).

A-2.9

A-2.9 Desmosom als Adhäsionskontakt

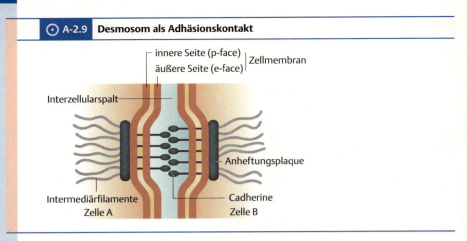

2.2 Das Gewebe

▶ Definition. Gewebe sind Zellverbände mit meist gleichartig differenzierten Zellen, die gleiche Funktion ausüben. Der zwischen den Zellen liegende **Interzellularraum** ist durch unterschiedliche Ausformung der extrazellulären Matrix variabel gestaltet.

Entspechend einer traditionellen Übereinkunft unterscheidet man **vier** unterschiedliche **Hauptgewebe** (Tab. **A-2.4**).

A-2.4 Charakteristika der vier Hauptgewebe

Gewebeart	Aufbau	Vorkommen
Epithelgewebe	■ Hauptanteil: dicht stehende Zellen ■ Extrazellulärraum: kleiner Anteil ■ viele Zellkontakte	■ **Oberflächenepithel:** Haut/Schleimhaut – **Endothel***: Auskleidung von Gefäßen – **Mesothel***: Auskleidung von Brust- (Pleura) und Bauchhöhle (Peritoneum) sowie des Herzbeutels (Perikard) ■ **Drüsenepithel:** exokrine und endokrine Drüsen
Binde- und Stützgewebe (Supportgewebe)	■ Hauptanteil: extrazelluläre Matrix → Zusammensetzung bestimmt Gewebeart ■ Zellen auf Distanz	**Bindegewebe:** ■ **kollagenes** Bindegewebe – locker (interstitiell, i. e. im Zwischenraum) – straff (z. B. Sehnen, Bänder, Organkapsel) ■ **elastisches** Bindegewebe (Ligg. flava) ■ **retikuläres** Bindegewebe (Knochenmark und sekundär lymphatische Organe) ■ **Fettgewebe** ■ **Sonderformen** (gallertiges Bg. der Nabelschnur, spinozelluläres Bg. im Ovar, embryonales Bg. = Mesenchym) **Stützgewebe:** ■ **Knorpel** – **hyaliner** Knorpel (Bsp.: Trachea, Gelenkflächen) – **elastischer** Knorpel (Bsp.: Ohrmuschel) – **Faser**knorpel (Bsp.: Bandscheiben) ■ **Knochen** – **Geflecht**knochen – **Lamellen**knochen
Muskelgewebe	■ Merkmal: kontraktile Myofilamente im Sarkoplasma	■ **quergestreifte** Muskulatur – Skelettmuskulatur – Herzmuskulatur ■ **glatte** Muskulatur
Nervengewebe	■ **Neuron** mit Nervenfaser – myelinisiert – nicht myelinisiert ■ **Gliazelle**	■ peripheres Nervensystem (PNS) ■ zentrales Nervensystem (ZNS)

* Endo- und Mesothel sind Sonderformen des Oberflächenepithels

2.2.1 Epithelgewebe

▶ **Definition.** Epithelgewebe bedeckt die äußere Oberfläche des Körpers als **Oberhaut** und die natürlichen Hohlräume als **Schleimhaut**.

Funktion: Die polar orientierten Epithelzellen ermöglichen die polar gerichtete **Sekretion** z. B. von Hormonen, Enzymen und Elektrolyten nach apikal oder basal sowie die Ausscheidung von Endprodukten des Stoffwechsels und von Fremdstoffen (**Exkretion**) wie z. B. Harn und Arzneimittel. Epithelzellen übernehmen außerdem die **Resorption** von Ionen und Biomolekülen aus dem Nahrungsbrei z. B. im Dünndarm. Sie dienen weiterhin als **Diffusionsbarriere** und schützen vor physikalischen, chemischen und bakteriellen Einflüssen (**Protektion**). Modifizierte Epithelzellen sind Rezeptorzellen für äußere Reize (**Rezeption**).

Aufbau: Epithelgewebe besteht aus geschlossenen Zellverbänden ohne lichtmikroskopisch gut erkennbaren Interzellularraum. Während die apikale Seite zur freien Oberfläche hin ausgerichtet ist, sind die Epithelzellen mit ihrer basalen Seite über Fokalkontakte und Hemidesmosomen (S. 57) an der Basalmembran (S. 69), einer mattenartigen Faserschicht, verankert.
An der lateralen Plasmamembran sind Interzellularkontakte von apikal nach basal gestaffelt angeordnet, sodass der Epithelkontakt nachhaltig gesichert ist:
- **Tight Junction** (S. 56),
- **Zonula adhaerens** (S. 57) mit Aktinfilamenten und
- **Desmosom** (S. 57) mit Intermediärfilamenten.

Diese Trias bildet den **Schlussleistenkomplex** (junktionaler Komplex, Haftkomplex, Abb. **A-2.10**. Er ist im Flachschnitt deutlich zu sehen, weil die gebündelten Aktinfilamente der Zonula adhaerens als hexagonales Muster anfärbbar sind. Das Schlussleistennetz ist bei einschichtigen und mehrreihigen Epithelien entwickelt.

▶ **Merke.** Epithelgewebe besitzt **keine Blutgefäße**. Der Stofftransport verläuft inter- oder transzellulär.

⊙ **A-2.10** Intraepithelialer Haftkomplex (Schlussleistenkomplex)

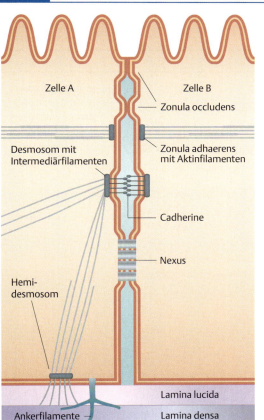

Entwicklung: Es kann von allen drei Keimblättern (S. 109) abstammen.

Gliederung:
- Oberflächenepithel
- Drüsenepithel

Oberflächenepithel

Zur Beschreibung und Unterscheidung nutzt man folgende Kriterien (Tab. **A-2.5** und Abb. **A-2.11**):
- **Reihen** und **Schichten**.
- **Zellform:** platt, kubisch, zylindrisch bzw. prismatisch.
- **Oberflächendifferenzierung**.

▶ Merke.

▶ Klinik.

A 2 Zytologie und Histologie – Grundlagen

Entwicklung: Epithelgewebe kann von allen drei Keimblättern (S. 109) abstammen. Vom Mesoderm entwickelt sich das Mesothel, das Pleura-, Perikard- und Peritonealhöhle auskleidet, und das Endothel als „Tapete" der Herzhöhle sowie der Blut- und Lymphgefäße.

Gliederung: Man unterscheidet zwischen **Oberflächen**- und **Drüsenepithel** mit dem kontraktilen Myoepithel als Sonderform des Ektoderms, das in ektodermalen Drüsen (Schweißdrüsen, Milchdrüse, Kopfspeicheldrüsen, Tränendrüse) zu finden ist. Das **Neuroepithel** als Sinnesepithel gehört zu den Sinnesorganen.

Oberflächenepithel

Zur Beschreibung von Oberflächenepithelien nutzt man folgende Kriterien:
- **Anordnung** der Zellen in Schichten oder Reihen: ein- oder mehrschichtig, ein- oder mehrreihig.
- **Form** der Zellen in der oberen Lage: platt, kubisch oder zylindrisch bzw. prismatisch.
- **Oberflächendifferenzierung** durch Strukturen der apikalen Zellmembran: Mikrovilli, Stereozilien und Kinozilien bei kubischem oder zylindrischem Epithel (S. 61); Crusta oder Plasmahaube der Deckzellen beim Übergangsepithel (S. 62).

▶ **Merke.** Bezüglich der Anordnung der Zellen unterscheidet man
Schichtigkeit: Die Zellen bilden eine oder mehrere Schichten, von denen nur die unterste Kontakt zur Basalmembran hat. Einschichtige Epithelien sind zugleich ein- oder mehrreihig.
Reihigkeit: Alle Zellen sitzen der Basalmembran auf. Weil nicht alle Zellen die Epitheloberfläche erreichen, liegen die Kerne in verschiedenen Reihen.

Anhand der o. g. Kriterien unterscheidet man einschichtige (einfach oder mehrreihig) und mehrschichtige Oberflächenepithelien (Tab. **A-2.5** und Abb. **A-2.11**).

▶ **Klinik.** Bei der **Metaplasie** wandelt sich ein Gewebetyp in einen anderen um. Die Metaplasie betrifft bevorzugt Epithelgewebe, also die Transformation eines einreihigen Zylinderepithels in ein mehrschichtiges Plattenepithel (z. B. bei einer chronisch entzündeten Darmschleimhaut). Beim metaplastischen Epithel ist die Gefahr einer Karzinombildung erhöht (Karzinome entstehen aus Epithel).

A-2.11 Schema verschiedener Oberflächenepithelien

a einschichtiges Plattenepithel

b einschichtiges isoprismatisches Epithel

c einschichtiges hochprismatisches Epithel mit Mikrovilli — Becherzelle

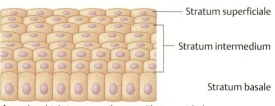
d mehrschichtiges unverhorntes Plattenepithel — Stratum superficiale, Stratum intermedium, Stratum basale

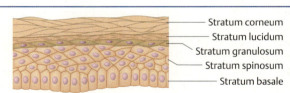
e mehrschichtiges verhorntes Plattenepithel — Stratum corneum, Stratum lucidum, Stratum granulosum, Stratum spinosum, Stratum basale

f mehrreihiges Flimmerepithel — Becherzelle

(nach Ulfig, N.: Kurzlehrbuch Histologie. Thieme 2009)

A 2.2 Das Gewebe

61

A-2.5	Oberflächenepithelien		
Schichten	**Epithelzellen**	**Epithelart**	**Vorkommen**
einschichtig	▪ flach	einfaches Plattenepithel	Mesothel, Endokard, Gefäßendothel, Pleura, Alveolenepithel, Bowman-Kapsel
	▪ kubisch	einfaches kubisches Epithel	Schilddrüsenfollikel, Nierentubuli
	▪ hochprismatisch ohne und mit Bürstensaum	einfaches Zylinderepithel	Magen, Darm, Gallenblase
zwei- und mehrreihig	▪ hochprismatisch mit und ohne Stereozilien	zwei- und mehrreihiges Zylinderepithel	Nebenhodengang, Samenleiter, interlobulärer Ausführungsgang von Speicheldrüsen
mehrreihig	▪ hochprismatisch mit Kinozilien	mehrreihiges Flimmerepithel	Trachea, Tuba uterina
mehrschichtig	▪ unverhornt	mehrschichtig unverhorntes Plattenepithel	Mundhöhle, Ösophagus, Analkanal, Plica vocalis, Portio vaginalis cervicis, Horn- und Bindehaut
	▪ verhornt	mehrschichtig verhorntes Plattenepithel	Epidermis
	▪ kubisch	mehrschichtig kubisches Epithel	Granulosazellepithel
	▪ prismatisch, zylindrisch	mehrschichtig prismatisches Epithel	großer Ausführungsgang von Schweiß- und Speicheldrüsen, männliche Urethra (Pars navicularis)
	▪ Deckzellen mit Crusta	Urothel, Übergangsepithel	Ureter, Vesica urinaria

Einfaches und mehrreihiges Oberflächenepithel

Einfaches Oberflächenepithel: Je nach Form der Zellen differenziert man (Tab. **A-2.5**):
▪ einfaches Plattenepithel mit einer platten Zellschicht,
▪ einfaches kubisches Epithel und
▪ einfaches Zylinderepithel.
Mehrreihiges Epithel: Dies ist stets prismatisch bzw. zylindrisch.

Mehrschichtige Epithelien

Gemeinsam ist ihnen, dass die **Regeneration** der Zellen im Stratum basale nahe der Basalmembran stattfindet. Die **Zelldifferenzierung** erfolgt im Stratum intermedium und an der Epitheloberfläche (Stratum superficiale).
Nach der **Zellform der oberen Superfizialschicht** wird die weitere Differenzierung vorgenommen in
▪ mehrschichtiges **prismatisches Epithel** und
▪ mehrschichtiges **Plattenepithel**.
Weil Intermediär- und Superfizialschicht Stellen großer mechanischer Belastung sind, wird die Zellhaftung durch gut entwickelte **Desmosomen** (S. 57) verstärkt, an denen Zytokeratinfilamente verankert sind.
Wird das **mehrschichtige Plattenepithel** (Abb. **A-2.12**) durch Sekret befeuchtet, bleiben die oberen Zellen der Superfizialschicht vital. Dieses **unverhornte mehrschichtige Plattenepithel** findet sich am Anfang und Ende des Verdauungstraktes, bei der Plica vocalis, der Portio vaginalis der Cervix uteri, der Vagina, am Ausgang der Harnröhre sowie an der Horn- und Bindehaut des Augapfels. Bleibt die Befeuchtung des Stratum superficiale aus, sterben die oberen Zelllagen unter Bildung von Hornzellen ab.
Verhorntes mehrschichtiges Plattenepithel (Abb. **A-2.12**): Es findet sich vor allem in der Epidermis der Haut. Es zählt bis zu 20 Schichten, deren Epithelzellen **Keratinozyten** genannt werden.

Unverhorntes mehrschichtiges Plattenepithel: In der Intermediär- und Superfizialschicht lagert sich als Zeichen der Zelldifferenzierung Glykogen ein, das sich mit der PAS-Färbung (S. 101) im histologischen Schnitt violett darstellt und durch Betupfen mit Jodlösung makroskopisch braun wird.

Einfaches und mehrreihiges Oberflächenepithel
Einfaches Oberflächenepithel: Je nach Form der Zellen unterscheidet man die in Tab. **A-2.5** genannten einfachen Epithelien.

Mehrreihiges Epithel ist immer prismatisch.

Mehrschichtige Epithelien

Die **Zellregeneration** ist im Stratum basale, die **Differenzierung** entwickelt sich vom Stratum intermedium zum Stratum superficiale. Nach der **Zellform der Superfizialschicht** definiert man **prismatisches** versus **Plattenepithel**.

Aufgrund starker mechanischer Belastung wird die Zellhaftung durch Desmosomen (S. 57) verstärkt.

Beim **mehrschichtigen Plattenepithel** (Abb. **A-2.12**) unterscheidet man abhängig von der Sekretbefeuchtung eine **unverhornte** Form mit vitalen Zellen der Superfizialschicht von einer **verhornten**, bei der die oberen Zelllagen absterben.

Verhorntes mehrschichtiges Plattenepithel (Abb. **A-2.12**) findet sich v. a. in der Haut (Epithelzellen = Keratinozyten).

Unverhorntes mehrschichtiges Plattenepithel: Die glykogenhaltigen oberen Schichten werden mit der PAS-Färbung (S. 101) sichtbar.

A-2.12 Mehrschichtiges Plattenepithel

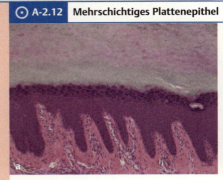
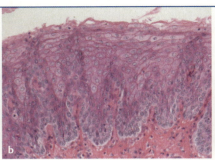
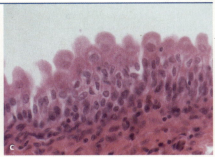

a Verhornt,
b unverhornt,
c Übergangsepithel.

A-2.6 Aufbau von mehrschichtigem verhorntem Plattenepithel

Schicht (basal beginnend)	Charakteristika
Stratum basale	Mitosen
Stratum spinosum	Nachbarzellen sind über Desmosomen verbunden → durch Fixierung entstehen Zellen mit stachelähnlichen Fortsätzen
Stratum granulosum	bis zu fünf Schichten basophile Keratohyalingranula, membranlos, Zeichen beginnender Verhornung Sekretion von polaren Lipiden, Lamellengranula, membranumschlossen, zur Versiegelung des Interzellularraums (Barrierefunktion)
Stratum lucidum	eosinophil aufgrund dicht gepackter Keratinfilamente homogener Aspekt, im Bereich Leistenhaut ausgeprägt (z. B. Fingerbeere)
Stratum corneum	Keratinozyten ohne Zellkerne Zytokeratinfilamente sind durch Begleitprotein zum eosinophilen Keratin verbacken Bei Verlust der Desmosomen bilden sich Hornschuppen.

Mehrschichtiges Übergangsepithel (Abb. A-2.12): Das **Urothel** ist eine Übergangsform des **mehrschichtigen Epithels**. Es ist extrem dehnungsflexibel, bedingt durch die **Deckzellen** mit der **Crusta** als typischer Oberflächendifferenzierung.

Crustazellen schützen das Gewebe vor dem hypertonen Harn.

Mehrschichtiges Übergangsepithel (Abb. A-2.12): Es ist als Übergangsform zum verhornten mehrschichtigen Plattenepithel zu verstehen und wird wegen seines Vorkommens in den ableitenden Harnwegen **Urothel** genannt. Seine Höhe zwischen drei bis sieben Schichten wechselt mit dem Füllungszustand der Harnblase. In der obersten Lage des Stratum superficiale siedeln **Deckzellen** mit oft zwei Zellkernen, die wegen doppelter bis dreifacher Größe mehrere Zellen der nächst tieferen Schicht bedecken. Deckzellen passen sich unterschiedlichen Dehnungsverhältnissen bestens an. In der apikalen Zellmembran wechseln flexible mit steifen Platten. Letztere besitzen eine dicke, negativ geladenen Glykokalix. Die steifen Platten werden an den scharnierartigen, flexiblen Platten bei erhöhtem Füllungsdruck invaginiert und bei Entspannung in die Zellmembran zurückverlagert.
Die steifen Platten sind an einem verdichteten Netz von Aktin- (S.51) und Intermediärfilamenten (S.52) verankert. Zusammen werden sie als **Crusta** bezeichnet, die das Gewebe vor dem hypertonen Harn schützt. Deckzellen sind Crustazellen und haben gut entwickelte Zonulae occludentes (S.56) zur Abdichtung des parazellulären Weges.

Drüsenepithel

▶ **Definition.**

Einen Verband solcher Epithelzellen nennt man **Drüse** (in verstreuter Lage: **disseminierte Drüse**).

Lage: Drüsenepithelzellen können **intraepithelial** sowohl als Einzelzellen als auch in größeren Zellverbänden vorkommen. Bei **extraepithelialer** Lage sind sie durch Ausführungsgänge mit dem Oberflächenepithel verbunden.

Drüsenepithel

▶ **Definition.** Drüsenepithel entspricht Epithelzellen, die biologisch wirksame Stoffe bilden und als Sekret ausscheiden.

Sie bilden, eingebettet in Bindegewebe und versorgt durch Blutgefäße, organisierte Zellkomplexe, die **Drüse**. Einzeln liegende Drüsenzellen, die aber funktionell zusammenarbeiten, werden als **disseminierte Drüse** bezeichnet.

Lage: Drüsenepithelzellen liegen im Oberflächenepithel (**intraepithelial**) sowohl als Einzelzellen zwischen anderen Epithelzellen vorkommend (z. B. Becherzellen im Darm oder Respirationstrakt) als auch in Form größerer Zellverbände.
Liegen die Zellverbände in der Tiefe und sind durch Ausführungsgänge mit dem Oberflächenepithel verbunden, bezeichnet man sie als **extraepitheliale** Drüse (z. B. Speicheldrüsen).

A-2.13 Sekretionsmechanismus exokriner und endokriner Drüsen

a Exokrin/äußere Sekretion: Abgabe des Sekrets über die apikale Zellmembran in die Lichtung des Drüsenendstücks.
b Endokrin/innere Sekretion: Abgabe des Sekrets über die basale Zellmembran in eine Kapillare.

holokrine Sekretion — apokrine Sekretion — merokrine Sekretion

Einteilung: Aus funktionellen Gesichtspunkten werden endokrine von exokrinen Drüsen unterschieden (Abb. **A-2.13**):
- **Endokrine Drüsen**, bei denen meist in der Fetalzeit die Verbindung zum Oberflächenepithel verloren geht, sezernieren Hormone (Botenstoffe) nach „innen" über den Extrazellularraum in das Blutgefäßsystem. Darüber gelangen sie an den meist fern ihrer Produktion gelegenen Wirkort bzw. ihr Zielorgan. Bei der **Autokrinie** handelt es sich um eine Sonderform. Das Hormon wird von endokrinen Drüsenzellen basal sezerniert und beeinflusst die gleiche Drüsenzelle, bei der **Parakrinie** die Nachbarzelle. Endokrine Drüsen bilden ein Organ, z. B. Schilddrüse (S. 931), den Anteil eines Organs, z. B. Hypophyse (S. 1249) oder Pankreas (S. 751), oder sind in der Darmschleimhaut (S. 704) als diffuses endokrines System verstreut (enteroendokrine Zellen mit lokaler Wirkung).
- **Exokrine Drüsen** geben ihr Sekret direkt oder über Ausführungsgänge nach „außen" (Haut) bzw. in Körperhöhlen (Schleimhaut) ab.

Charakteristika exokriner Drüsen

Neben der o. g. extra- oder intraepithelialen Lage können exokrine Drüsen nach weiteren Kriterien unterschieden werden:
- nach ihrem **anatomischen Bauprinzip**, für das die Gestalt der sezernierenden **Endstücke** sowie das **Ausführungsgangsystem** maßgebend sind (Abb. **A-2.14**),
- nach dem **Sekretionsmechanismus** (S. 64), s. Abb. **A-2.13** und
- nach **Beschaffenheit des Sekrets**.

Einteilung: Funktionell unterscheidet man folgende Drüsen (Abb. **A-2.13**):
- **Endokrine Drüsen** sezernieren Botenstoffe in die Blutbahn. Sie bilden ein Organ, z. B. die Schilddrüse (S. 931), den Anteil eines Organs, z. B. Hypophyse (S. 1249) oder Pankreas (S. 751), oder sind als diffuses endokrines System verstreut, z. B. Darmschleimhaut (S. 704).
- **Exokrine Drüsen** geben das Sekret direkt oder über Ausführungsgänge ab.

Charakteristika exokriner Drüsen

Kriterien zur Unterscheidung exokriner Drüsen sind:
- **Bauprinzip** (Endstücke und Ausführungsgangsystem, Abb. **A-2.14**)
- **Sekretionsmechanismus** (S. 64) s. Abb. **A-2.13** und
- **Beschaffenheit des Sekrets**.

A-2.14 Aufbau exokriner Drüsen

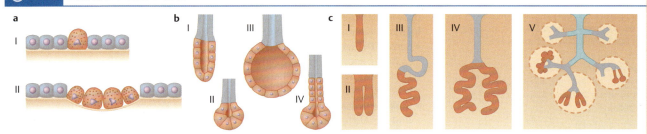

Intraepithelial (**a**) liegen exokrine Drüsen entweder als Einzelzellen (**I**) oder in Zellverbänden (**II**). **Extraepithelial** gelegene Drüsen werden nach verschiedenen Kriterien eingeteilt: – nach Gestalt des Endstücks (**b**): tubulös (**I**), azinös (**II**), alveolär (**III**) und tubuloazinös (**IV**). – nach Organisation des Endstück- und Ausführungsgangsystems (**c**): einfach tubulös (**I**), verzweigt tubulös (**II**), einfach (d. h. mit nur einem Ausführungsgang) mit unverzweigtem, teilweise aufgeknäueltem Endstück (**III**), einfach mit verzweigten tubulösen Endstücken (**IV**) und zusammengesetzt (d. h. verästeltes Ausführungsgangsystem mit azinösen, tubulösen und tubuloazinösen Endstücken, **V**). Das Ausführungsgangsystem wird unterteilt in **intra**- (blass grau-blau) und **inter**lobuläre (hellblau) Segmente. Die **Lobuli** sind in Abb. c V gestrichelt dargestellt.
(nach Lüllmann-Rauch R.: Histologie. Thieme, 2012)

Bauprinzip:
- **Gestalt der Endstücke:** tubulär, azinös, alveolär, tubuloazinös, tubuloalveolär
- **Einfache** exokrine Drüsen haben einen Ausführungsgang, **zusammengesetzte** Drüsen ein Gangsystem.

Bauprinzip: Die **Endstücke** sind Orte der **Sekretion**. Ihre Struktur entspricht einer einzelnen Lage von Epithelzellen um ein Lumen und ist bei **einfachen Drüsen**
- tubulös (schlauchförmig, Lumen erkennbar) mit gestrecktem, geknäueltem oder verzweigtem Verlauf,
- azinös (beerenförmig, enges Lumen) oder
- alveolär (bläschenförmig, weites Lumen),

bei **gemischten** Drüsen, die stets zusammengesetzt sind (s. u.)
- tubuloazinös oder
- tubuloalveolär

Je nach Aufbau des **Ausführungsgangs** wird weiterhin unterschieden zwischen einfacher und zusammengesetzter Drüse:
- **Einfache Drüsen** haben höchstens einen Ausführungsgang. Münden in diesen mehrere Endstücke, bezeichnet man die Drüse als **verzweigt**.
- **Zusammengestetzte Drüsen** haben ein baumartiges Ausführungsgangsystem.

Sekretionsmechanismus: Eine Drüsenzelle ermöglicht den gerichteten Stofftransport. Die Sekretion kann **konstitutiv** (kontinuierlich) oder **reguliert**, d. h. durch spezifische Rezeptoren gesteuert sein.

Sekretionsmechanismus: Die Bildung und Sekretion biologisch wirksamer Substanzen beruht auf einem **gerichteten Stofftransport** der Drüsenepithelzelle: Am basalen Pol werden Biomoleküle aufgenommen. Die Proteinbiosynthese findet im rauen ER oder an freien Ribosomen statt. Es entsteht das Prosekret (**Zymogen**) oder Sekret, das am apikalen oder basalen Pol sezerniert wird. Bei der **konstitutiven Sekretion** werden Substanzen kontinuierlich in die Umgebung abgegeben wie etwa Anteile der Extrazellulärmatrix durch Bindegewebszellen. Bei der **regulierten Sekretion** wird das Sekret als Folge eines spezifischen rezeptorvermittelten Reizes ausgeschieden wie beispielweise das Insulin von β-Zellen des Pankreas. Das Produkt ist zuvor in Vesikeln abgepackt (**Sekretgranula**).

Am häufigsten ist die Exozytose (ekkrine Drüsen, Abb. **A-2.13** und Tab. **A-2.7**).
- **Ekkrine/merokrine Sekretion:** Die Zelle bleibt intakt.
- **Apokrine Sekretion:** Zellmembran und Zytoplasma werden anteilig abgeschnürt.
- **Holokrine Sekretion:** Das Sekret wird durch Zelltod frei.

Der Sekretionsmodus exokriner Drüsen kann unterschiedlich sein, wobei die **Exozytose** am häufigsten ist und merokrine Drüsen kennzeichnet (Abb. **A-2.13** und Tab. **A-2.7**).
- **Ekkrine/merokrine Sekretion:** Die sezernierende Zelle schleust das wasserlösliche Sekret durch **Exozytose** aus, d. h. durch Fusion der Membran des Sekretgranulums mit der apikalen Plasmamembran. Beispiele sind die Abgabe von Insulin oder von Neurotransmittern. Bei dem **avesikulären Sekretionsmodus** wird das Produkt ohne membranöse Umhüllung ausgeschleust, so bei Gallensäuren, Protonen oder Steroiden. Hierfür wird oft der Begriff der **ekkrinen Sekretion** verwendet. Bei beiden Sekretionsmodi bleibt die Zellmembran im Wesentlichen intakt. Exozytose und avesikulärer Sekretionsmodus sind im Lichtmikroskop weder sichtbar, noch zu unterscheiden.
- **Apokrine Sekretion:** Die sezernierende Zelle stößt das Sekret mit einem Teil der Zellmembran und des Zytoplasmas ab. Der **Apozytose** genannte Prozess lässt sich histologisch bei Brust-und Duftdrüse beobachten.
- **Holokrine Sekretion:** Das Sekret wird durch Zelltod frei, indem die gesamte Zelle nach Umwandlung in das Sekret abgestoßen wird (nur bei Talgdrüsen).

Sekretbeschaffenheit: Je nach Viskosität des Sekrets unterscheidet man folgende Drüsen:
- **seröse Drüsen** (meist azinös) mit Produktion von dünnflüssigem, proteinreichem Sekret,
- **muköse Drüsen** (i. d. R. tubulös) mit Sekretion einer zähflüssigen Substanz und
- **seromuköse Drüsen** mit gemischten Epithelzellen.

Sekretbeschaffenheit: Je nach Viskosität des Sekrets unterscheidet man seröse von mukösen Drüsen, wenn die Sekretion an die Oberflächen innerer Hohlorgane erfolgt und nicht an die Hautoberfläche.
- **Seröse Drüsen:** Das Sekret ist von dünnflüssiger, proteinreicher Konsistenz, die Lichtung der Acini und die Ausführungsgänge sind eng gestaltet. Seröse Endstücke sind meist azinös; die Zellen sind wegen gut entwickeltem rauen endoplasmatischen Retikulums basophil; der Zellkern ist mittelständig und rund.
- **Muköse Drüsen:** Das Sekret ist von zähflüssiger Kosistenz, die Lichtung der Acini und die Ausführungsgänge sind weit angelegt. Muköse Endstücke sind in der Regel tubulös; die Zellen wirken lichtmikroskopisch blass und „schaumig"; der abgeplattete Zellkern liegt im basalen Zytoplasma.
- **Seromuköse Drüsen:** Dies sind **gemischte Drüsen**, bei denen seröse und muköse Epithelzellen getrennt oder miteinander die jeweiligen Endstücke aufbauen.

Das zähflüssige Sekret wird durch einen dünnflüssigen Anteil aus Acini und Ausführungsgängen ausgespült.

A 2.2 Das Gewebe

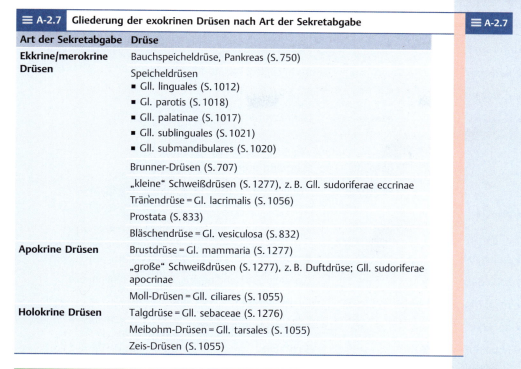

A-2.7 Gliederung der exokrinen Drüsen nach Art der Sekretabgabe

Art der Sekretabgabe	Drüse
Ekkrine/merokrine Drüsen	Bauchspeicheldrüse, Pankreas (S. 750)
	Speicheldrüsen • Gll. linguales (S. 1012) • Gl. parotis (S. 1018) • Gll. palatinae (S. 1017) • Gll. sublinguales (S. 1021) • Gll. submandibulares (S. 1020)
	Brunner-Drüsen (S. 707)
	„kleine" Schweißdrüsen (S. 1277), z. B. Gll. sudoriferae eccrinae
	Tränendrüse = Gl. lacrimalis (S. 1056)
	Prostata (S. 833)
	Bläschendrüse = Gl. vesiculosa (S. 832)
Apokrine Drüsen	Brustdrüse = Gl. mammaria (S. 1277)
	„große" Schweißdrüsen (S. 1277), z. B. Duftdrüse; Gll. sudoriferae apocrinae
	Moll-Drüsen = Gll. ciliares (S. 1055)
Holokrine Drüsen	Talgdrüse = Gll. sebaceae (S. 1276)
	Meibohm-Drüsen = Gll. tarsales (S. 1055)
	Zeis-Drüsen (S. 1055)

▶ **Klinik.** Die **zystische Fibrose** (**Mukoviszidose**) gehört mit ca. 1 : 3 000 Fällen aller Neugeborenen zu den häufigsten Erbkankheiten der weißen Bevölkerung. Grund ist eine Genmutation mit einem Defekt des Transmembranproteins CFTR (**c**ystic **f**ibrosis **t**ransmembrane **c**onductance **r**egulator). Es ist in der apikalen Zellmembran für den Transport von Chlorid-Ionen zuständig. Bei den Betroffenen kommt es dadurch zu einer Störung der Elektrolyt- und Flüssigkeitsströme über die Zellwand, die sich insbesondere in der **Bauchspeicheldrüse** und der **Lunge** bemerkbar macht: Das Sekret ist durch fehlende Verdünnung dickflüssig (mukös). Folge des dadurch entstehenden Sekretstaus sind chronische Entzündungen mit fortschreitender zystisch-fibrotischer Umwandlung und damit einhergehendem Funktionsverlust von Lunge und Pankreas. Die Symptome sind Ausdruck der mangelnden Organfunktion: u. a. kommt es zu eingeschränkter Verdauung durch fehlende Enzyme des exokrinen Pankreas (S. 750) mit nachfolgender Gedeihstörung, zu Atemwegsinfekten durch bakterielle Besiedelung der verschleimten Bronchien (chronische Bronchitis) und hoher Salzausscheidung über die Schweißdrüsen. Dies wird diagnostisch genutzt (**Schweißtest**).

Sekrettransport in exokrinen Drüsen

Für den Sekrettransport besitzen exokrine Drüsen z. T. sog. Myoepithelzellen und unterschiedlich ausdifferenzierte Gangsysteme.

Myoepithelzellen: Dies sind modifizierte Epithelzellen mit kontraktiler Eigenschaft, die für die Beförderung des Sekretes aus dem Endstück verantwortlich sind. Sie sind gut entwickelt in den Schweiß- und Duftdrüsen, der Brustdrüse und der Tränendrüse. Myoepithelien liegen zwischen basaler Seite der Epithelzelle und der Basalmembran.

Gangsystem: Bei **einfachen Drüsen** bilden die einfachen oder verzweigten Endstücke auch den Ausführungsgang.
Bei **zusammengesetzten Drüsen** handelt es sich um ein baumartiges Gangsystem, dessen Abschnitte sich im Durchmesser und Wandaufbau unterscheiden.
Nahe den Endstücken, die das Läppchen einer exokrinen Drüse aufbauen, sind die Gänge eng und die Wand zeigt keine glatten Muskelzellen. Diese **intralobulären Ausführungsgänge** können mit einem Schaltstück beginnen, das sich in ein Streifenstück fortsetzt, z. B. Glandula parotis (S. 1018).
In den intralobulären Gängen wird das Primärsekret z. B. durch Na^+-Rückresorption im Streifenstück zum Sekundärsekret.

⊙ A-2.15 Klassifizierung exokriner Drüsen

Kriterium	Unterteilung		Beispiel
Lage der Epithelien	▪ intraepithelial		Becherzellen, Paneth-Körnerzellen
	▪ extraepithelial		Speicheldrüsen
Gestalt der Endstücke und des Ausführungsgangsystems	▪ tubulös	→ gerade	Darmkrypten
		→ geknäult	Schweißdrüsen
		→ verzweigt	Magendrüsen, Drüsen von Corpus und Cervix uteri
	▪ alveolär*		
	▪ azinös*	→ zusammen-gesetzt	Ohrspeicheldrüse, exokrines Pankreas
	▪ tubuloalveolär		Brustdrüse, Duftdrüse, Vorsteherdrüse
	▪ tubuloazinös		Glandula submandibularis, Glandula sublingualis
Art der Sekretion	▪ merokrin bzw. ekkrin		Speicheldrüsen
	▪ apokrin		laktierende Brustdrüse
	▪ holokrin		Talgdrüse
Qualität des Sekrets	▪ serös		Ohrspeicheldrüse, exokriner Pankreas
	▪ mukös		Becherzellen (Darmschleimhaut, respiratorisches Epithel)
	▪ gemischt		Glandula sublingualis, Glandula submandibularis

* einfache alveoläre und einfache azinöse Drüsen sind im menschlichen Körper nicht bekannt.

Unterscheidungskriterien exokriner Drüsen sind in Abb. **A-2.15** zu sehen.

Sekrettransport: Er ist durch verschiedene Mechanismen gesichert.

2.2.2 Binde- und Fettgewebe

Bindegewebe

Funktion: Es dient als Füll- und Verschiebegewebe, bildet das Stroma von Organen und ermöglicht passiven Stofftransport.

Allgemeiner Aufbau: Jede Bindegewebsart besteht aus fixen und freien Zellen sowie geformter und ungeformter extrazellulärer Matrix.

Zwischen den Drüsenläppchen befinden sich die **interlobulären Ausführungsgänge**, die ausschließlich dem Transport des Sekrets dienen. Unterscheidungskriterien exokriner Drüsen sind in Abb. **A-2.15** zu sehen.

Sekrettransport: Dieser ist mehrfach gesichert. Die Eigenkompression der Acinuszellen wird durch die Kontraktion der Myoepithelzellen unterstützt. Neugebildetes Sekret erzeugt einen Druck auf vorhandenes Sekret. Flüssiges Sekret transportiert zähflüssige Anteile, wobei die Peristaltik der großen Gangwände mitarbeitet.

2.2.2 Binde- und Fettgewebe

Bindegewebe

Funktion: Bindegewebe ist Füll- und Verschiebegewebe zwischen Organen. Es bildet Stroma als Baugerüst innerhalb eines Organs sowie Anteile der Basalmembran. Bindegewebe dient dem passiven Stofftransport und somit der Ernährung von Organen. Es ist regenerationsfreudig.

Allgemeiner Aufbau: Jede Bindegewebsart zeigt einen vergleichbaren Aufbau in fixe und freie, d. h. mobile **Zellen**. Beide stammen entwicklungsgeschichtlich vom Mesenchym ab. Zwischen den Zellen ist die **Interzellularsubstanz** als ungeformte extrazelluläre Matrix (Grundsubstanz) und als geformte Matrix (kollagene und elastische Fasern) entwickelt. Während beim Epithelgewebe (s. o.) die Zellen dicht an dicht liegen, sind beim Bindegewebe die Zellen durch die extrazelluläre Matrix deutlich getrennt.

Bindegewebszellen

Ortsständige Bindegewebszellen: Dies ist zum einen der **Fibroblast** als aktive Zelle mit hoher Syntheseleistung für den Auf- und Abbau der extrazellulären Matrix (s. u.). Zum anderen ist der **Fibrozyt** zu nennen, der einer ruhenden Bindegewebszelle entspricht. Fibroblasten und Fibrozyten stellen sich lichtmikroskopisch als spindelige, fortsatzreiche Zellen dar.

Freie Bindegewebszellen: Sie beteiligen sich an der unspezifischen und spezifischen Körperabwehr:

- **Histiozyten** sind **ortsständige Makrophagen**, die als Monozyten (S. 174) aus dem Knochenmark über den Blutweg einwandern und sesshaft werden.
- **Freie Makrophagen** bleiben mobil und sind stärker phagozytotisch tätig als Histiozyten.
- **Mastzellen** enthalten basophile bzw. metachromatische Granula mit u. a. Heparin, Histamin, Serotonin sowie proteolytischen Enzymen wie Lysozym und Tryptase. An der Oberfläche exprimieren sie Rezeptoren, die IgE-Antikörper binden. Bei allergischen Reaktionen bindet das IgE-Antigen an den Antikörper. Dies löst die Degranulation von Mastzellen aus. Die Lebensdauer von Mastzellen beträgt Wochen bis Monate.
- **Leukozyten** (S. 170), z. B. neutrophile, eosinophile und basophile Granulozyten sowie Lymphozyten und Plasmazellen, sind häufig als freie Bindegewebszellen anzutreffen.

Extrazelluläre Matrix

Geformte extrazelluläre Matrix: Die geformte extrazelluläre Matrix bildet ein dichtes Geflecht, in dem sich freie und fixe Bindegewebszellen befinden. Man unterscheidet nach alter Tradition drei Hauptfaserarten:

- Kollagenfasern (s. u.),
- retikuläre Fasern (s. u.) und
- elastischen Fasern (S. 69).

Kollagenfasern gehören zur häufigsten Faserart der geformten Matrix. Sie sind im Polarisationsmikroskop doppelbrechend (anisotrop), unverzweigt und haarlockenartig gewellt. Kollagenfasern sind **zugfest**, d. h. sie strecken sich unter Zugbelastung nur geringfügig. Die geringfügige Dehnungsreserve ergibt sich aus der Streckung und Parallelausrichtung gewellter und gekreuzter Fasern. Sind Kollagenfasern über längere Zeit entspannt, verkürzen sie sich. Kollagenfasern bestehen aus Kollagenfibrillen (Abb. **A-2.16**), die sich ihrerseits aus Mikrofibrillen zusammensetzen.

> ► **Exkurs: Fibrillogenese.** Das Bauelement ist das Kollagenmolekül, das als Superhelix auftritt und von drei helikalen α-Peptidketten gebildet wird. Die Fibrillenbildung beginnt mit der intrazellulären Synthese **löslicher Prokollagenmoleküle** in Sekretvesikeln und Exozytose des Prokollagens. Extrazelluläre Enzyme überführen Prokollagen durch kovalente Quervernetzungen in das **unlösliche Tropokollagen** (Superhelix mit hohem Gehalt der Aminosäuren Glycin, Prolin und Lysin). Dies zeigt auf ultrastruktureller Ebene eine charakteristische **Querstreifung** von hellen und dunklen Banden, jeweils 50–70 nm breit. Die Querstreifung ist durch parallel und gegenüber der Nachbarreihe versetzte α1- und α2-Tropokollagene gegeben. Die Anzahl der Tropokollagene bedingt die Dicke einer **Mikrofibrille**.

Bindegewebszellen

Ortsständige Bindegewebszellen: sind **Fibroblasten** (aktive Form) und **Fibrozyten** (ruhende Zelle). Beide sind spindelförmig und fortsatzreich.

Freie Bindegewebszellen: Dazu gehören
- Histiozyten,
- Makrophagen,
- Mastzellen und
- Leukozyten (S. 170).

Extrazelluläre Matrix

Geformte extrazelluläre Matrix: Sie bildet ein dichtes Geflecht aus
- Kollagenfasern (s. u.),
- retikulären Fasern (s. u.) und
- elastischen Fasern (S. 69).

Kollagenfasern (Abb. **A-2.16**) als häufigste Faserart der geformten Matrix sind **zugfest**.

► **Exkurs: Fibrillogenese.**

A-2.16 Extrazelluläre Matrix

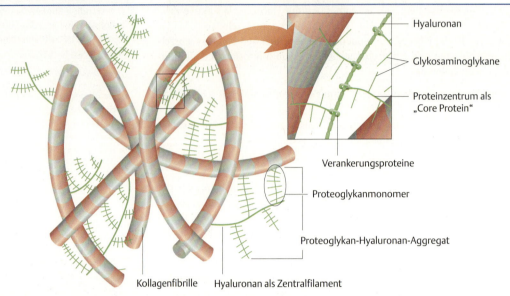

Geformte (Kollagenfibrillen) und ungeformte (Proteoglykankomplexe) extrazelluläre Matrix.

A-2.8 Häufige Kollagentypen

Kollagen-Typ	mikroskopischer Aspekt	Vorkommen
I (häufigste Form)	Lichtmikroskop: dicke, gewellte Fasern	Dermis, Faszien, Sehnen, Sklera, Knochen, Dentin
II	Polarisationsmikroskop: feines Netzwerk aus Fibrillen (keine Fasern)	hyaliner Knorpel, elastischer Knorpel
III	Lichtmikroskop: feines Gitterfasernetz, argyrophil* durch Anlagerung von Silbersalzen an assoziierte Glykoproteine	Lamina fibroreticularis der Basalmembran, in Lunge, Leber, Lymphknoten, Milz, s. retikuläres Gewebe (S. 70)
IV	Mikrofibrillen (keine sichtbaren Fibrillen oder Fasern)	Basallamina

* gr.: argyros = Silber

Die 4 bekanntesten der 28 Kollagentypen sind in Tab. **A-2.8** dargestellt.

Retikuläre Fasern (≙ Kollagentyp III) sind nach Versilberung sichtbar.

▶ Klinik.

Abhängig von der Zusammensetzung der Polypeptidkette der Tropokollagene werden 28 Kollagentypen unterschieden, von denen die Typen I bis IV die bekanntesten sind (Tab. **A-2.8**).

Retikuläre Fasern entsprechen weitgehend dem Kollagentyp III. Retikuläre Fasern werden durch **Versilberung** als **Gitterfasernetz** sichtbar.

▶ Klinik. Die Synthese des Kollagens kann an verschiedenen Stellen gestört sein, wobei je nach Defekt auch einzelne Kollagentypen betroffen sein können. Häufig liegt eine Erbkrankheit vor.

Bei der **Osteogenesis imperfecta** (Glasknochenkrankheit) handelt es sich um verschiedene Mutationen der Aminosäure Glyzin mit fehlerhafter Synthese des **Kollagentyps I**. Bei diesem erblich bedingten genetischen Defekt drohen schon bei geringer Belastung Knochenbrüche.

Beim **Ehlers-Danlos-Syndrom** sind verschiedene Schritte der Kollagensynthese gestört. Diese Erbkrankheit führt u. a. zu einer verminderten Bildung des **Kollagentyps III**. Auffällig ist die abnorme Beweglichkeit von Gelenken mit häufigen Luxationen sowie Rupturen von Arterien und überdehnbarer Haut.

Eine nicht erblich, sondern durch Vitaminmangel bedingte Störung der Kollagensynthese ist **Skorbut**. Da die intrazelluläre Synthese des Prokollagens die Hydroxylierung von Teilen des Prolins und Lysins unter Gegenwart von Ascorbinsäure (Vitamin C) verlangt, führt chronischer Mangel an Vitamin C u. a. zu Zahnausfall, da der Zahnhalteapparat eine hohe Umsatzrate der Kollagenfasern hat und funktionell minderwertiges Kollagen gebildet wird.

Elastische Fasern als geformte Komponente der extrazellulären Matrix sind **verzweigt**, bilden Netze sowie gefensterte oder ungefensterte Membranen. Elastische Fasern sind **zugelastisch** und bis über 200 % reversibel dehnbar. Sie kommen überall zusammen mit Kollagenfasern vor. Herrschen elastische Fasern vor, ist das Gewebe **gelblich**, z. B. in der Aorta (S. 153). Elektronenmikroskopisch bestehen elastische Fasern aus **Mikrofibrillen**, u. a. aus **Fibrillin**, und aus **Elastin**, einer amorphen Matrix.

▶ **Merke.** Im Gegensatz zu kollagenen und retikulären Fasern zeigen elastische Fasern **keine Querstreifung.**

▶ **Merke.**

▶ **Klinik.** Auch das **Marfan-Syndrom** ist eine Erbkrankheit und durch die abnorme Beweglichkeit der Gelenke ausgewiesen. Eine Wandschwäche der Aorta ascendens führt zur Bildung eines Aneurysmas (umschriebene Wandausbuchtung), und eine starke Kyphose (S. 248) der Wirbelsäule ist auffällig. Ursache ist eine Mutation des Proteins Fibrillin und damit die fehlerhafte Bildung elastischer Fasern.

▶ **Klinik.**

Ungeformte extrazelluläre Matrix: Diese entspricht lichtmikroskopisch einer amorphen Grundsubstanz mit drei biochemischen Bausteinen:

- **Glykosaminoglykane** (GAGs) bestehen aus langen Disaccharidketten. Sie sind negativ geladen und binden viele Natriumionen, die ihrerseits Wassermoleküle anziehen. Somit sind die GAGs **für den Wassergehalt des Bindegewebes verantwortlich**. Die meisten GAGs sind sulfatiert und beziehen den Namen vom Gewebe der Erstentdeckung: Chondroitin-, Dermatan-, Heparan-, Keratansulfat von Knorpel, Dermis, Leber und Cornea. Hyaluronan, früher Hyaluronsäure, ist das einzige, nicht sulfatierte GAG und besteht aus bis zu 50 000 Disaccharid-Bausteinen. Hyaluronan (Hyaluronsäure) funktioniert wegen seiner hohen Wasserbindungskapazität wie ein nicht komprimierbares Gel.
- **Proteoglykane** sind die quantitativ bedeutendste, strukturell und funktionell vielseitigste Gruppe der Grundsubstanz. Proteoglykane bestehen aus vielen **Proteoglykan-Monomeren**. Jedes Monomer besitzt ein Kernprotein, an dem GAGs verankert sind. Das nicht sulfatierte Hyaluran verknüpft im Binde- und Knorpelgewebe Proteoglykanmoleküle zu Proteoglykan-Aggregaten (Abb. **A-2.16**). Der lokale Wasserspeicher füllt sich und die Widerstandsfähigkeit gegen Druckbelastung steigt. Weitere typische Vertreter der Proteoglykane mit sulfatierten GAGs sind **Aggrecan** mit Vorkommen im Knorpelgewebe, **Dekorin** („dekoriert" Typ I und II Kollagenfibrillen), **Perlecan** in der Basalmembran und **Versecan** in der Gefäßwand.
- **Adhäsive Glykoproteine** (Strukturproteine) vernetzen die geformten und ungeformten Komponenten der extrazellulären Matrix und verankern diese über **Adhäsionsrezeptoren** (**Integrine**) an der Zellmembran (Zell-Matrix-Beziehung). Wichtige adhäsive Glykoproteine der amorphen extrazellulären Matrix sind **Fibronektin** und **Laminin**.

Ungeformte extrazelluläre Matrix: Die 3 biochemischen Bausteine sind
- **Glykosaminoglykane** (GAGs) aus langen Disaccharidketten sind sulfatiert (Dermatan-, Heparan-, Keratansulfat) oder nicht sulfatiert (Hyaluronan) und haben **hohe Wasserbindungskapazität**.
- **Proteoglykane** aus Monomeren lagern sich mit GAGs zu Aggregaten zusammen (Abb. **A-2.16**). Vertreter der Proteoglykane mit sulfatierten GAGs sind **Aggrecan** (im Knorpelgewebe), Dekorin, Perlecan und Versecan.
- **Adhäsive Glykoproteine** (Strukturproteine) der Matrix und deren Adhäsionsrezeptoren der Zelle ermöglichen die Zell-Matrix-Beziehung. Wichtige Vertreter sind **Fibronektin** und **Laminin**.

Basalmembran

Die Basalmembran (Abb. **A-2.17**) ist eine teppichartige Schicht der extrazellulären Matrix, die Epithelien, Endothelien, Fettzellen, Muskelzellen und Gliazellen am Übergang zum Bindegewebe verankert. Man unterscheidet:
- eine ultrastrukturell sichtbare **Basallamina** mit
  - **Lamina rara** (auch **Lamina lucida**, homogen und hell, direkt an der basalen Zellseite) und
  - **Lamina densa** (mäßig dunkel, Kollagen Typ IV, Laminin und Proteoglykan) sowie
- die lichtmikroskopisch färbbare **Lamina fibroreticularis** mit retikulären Fasern (S. 68) und Fibronektin.

Basalmembran

Basalmembran (Abb. **A-2.17**):
- Basallamina und
- Lamina fibroreticularis

Basallamina:
- Lamina rara und
- Lamina densa

▶ **Klinik.** Die extrazelluläre Matrix wird durch **Matrix-Metalloproteinasen**, die ihren Namen aufgrund ihrer Aktivierung durch Metallionen tragen, ständig abgebaut (z. B. Kollagenase). **Invasive Tumoren** produzieren diese Matrix-abbauenden **Proteasen** und infiltrieren die Extrazellulärmatrix. In der ersten Phase des invasiven Wachstums zerstört das **Karzinom** (maligner epithelialer Tumor) die Basalmembran, während diese Phase beim Sarkom als nicht epithelialem Tumor entfällt.

▶ **Klinik.**

A 2 Zytologie und Histologie – Grundlagen

⊙ A-2.17

⊙ A-2.17   **Basalmembran**

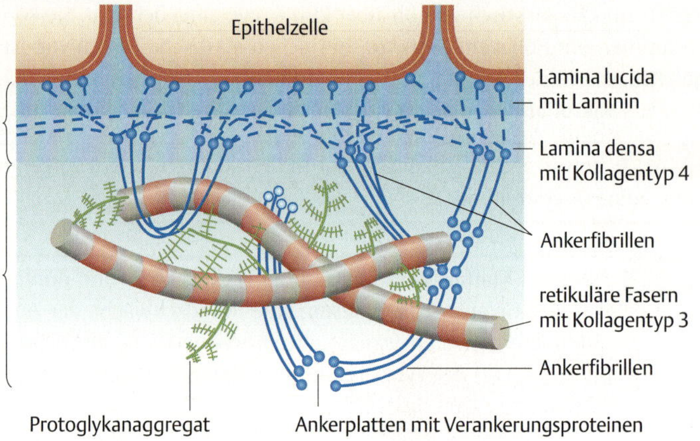

Labels in figure:
- Epithelzelle
- Basallamina
- Lamina fibro-reticularis
- Lamina lucida mit Laminin
- Lamina densa mit Kollagentyp 4
- Ankerfibrillen
- retikuläre Fasern mit Kollagentyp 3
- Ankerfibrillen
- Protoglykanaggregat
- Ankerplatten mit Verankerungsproteinen

Arten des Bindegewebes

S. Abb. **A-2.18**.

- **Embryonales Bindegewebe** besteht aus Mesenchymzellen (pluripotente Stammzellen) und einem hohen Anteil ungeformter extrazellulärer Matrix.
- **Gallertiges Bindegewebe**, dessen Grundsubstanz (**Wharton-Sulze**) die hohe Wasserbindung von Hyaluronan widerspiegelt, kommt in der Nabelschnur (S. 122) vor.
- **Retikuläres Bindegewebe** besteht aus Retikulumzellen, die retikuläre Fasern bilden.
- **Kollagenes Bindegewebe** ist locker und straff. Das straffe kollagene Bindegewebe ist je nach Richtung des einwirkenden Zugs parallelfaserig oder verzweigt.
- **Elastisches Bindegewebe** findet sich in der Wand der Aorta und dem Lig. flavum der Wirbelsäule.

Arten des Bindegewebes

Siehe Abb. **A-2.18**.

- **Embryonales Bindegewebe** wird auch mesenchymales Bindegewebe oder Mesenchym genannt. **Mesenchymzellen** bilden über dünne Fortsätze ein dreidimensionales Netz, dessen Maschen reich an ungeformter extrazellulärer Matrix (s. o.) sind. Mesenchymzellen entsprechen pluripotenten Stammzellen, aus denen die Hauptzellen des Binde- und Stützgewebes sowie Muskel-, Endothel- und Mesothelzellen hervorgehen.
- **Gallertiges Bindegewebe** ähnelt dem embryonalen Bindegewebe, ist jedoch unfähig, sich in Chondro- oder Osteoblasten zu differenzieren. Die gallertartige Grundsubstanz (**Wharton-Sulze**) mit hoher Wasserbindungskapazität ist angefüllt mit Hyaluronan, kollagene Fasern werden sichtbar. Das gallertige Bindegewebe kommt in der **Nabelschnur** (S. 122) vor.
- **Retikuläres Bindegewebe** besteht aus Retikulumzellen in netzförmiger Anordnung, die retikuläre Fasern (Kollagentyp III) bilden und von ihnen umhüllt werden. In dem Fasergerüst von Knochenmark und sekundären lymphatischen Organen liegen Blutzellen. Retikuläre Fasernetze trifft man in Lunge und Leber. Bei lymphatischen Organen wie Milz, Thymus und Lymphknoten spricht man von retikulärem Gewebe.
- **Kollagenes Bindegewebe** gliedert sich in ein
  - **lockeres** Bindegewebe, das dem interstitiellen Stroma aller epithelialen Organe entspricht, und in ein
  - **straffes** Bindegewebe. Letzteres ist **parallelfasrig** bei Zug in einer Richtung (Sehnen, Aponeurosen, Bändern) und **geflechtartig** bei Zug in verschiedenen Richtungen wie im Corium und der Sklera.
- **Elastisches Bindegewebe** besteht aus dicken, sich verzweigenden elastischen Fasern, die parallel angeordnet und von einem zarten Netz kollagener Fasern mit Fibroblasten umsponnen sind. Elastisches Bindegewebe findet sich in der Aorta und dem Lig. flavum der Wirbelsäule.

▶ Klinik.

▶ Klinik. **Entzündungen** sind Abwehrvorgänge des Körpers auf Mikroorganismen, Toxine und Noxen. Der Prozess spielt sich im **Bindegewebe** des betroffenen Organs (**Stroma**) ab. **Entzündungsmediatoren** wie Prostaglandine bewirken die Tonusminderung glatter Muskelzellen und damit eine Erweiterung der Blutgefäße (**Vasodilatation**) mit vermehrter Durchblutung. Infolge geöffneter Interzellularkontakte mit Durchtritt von Blutplasma zwischen Endothelzellen entwickelt sich ein **Ödem** (Wasseransammlung) im Gewebe. Neutrophile Granulozyten (S. 171) emigrieren aus der Blutbahn zum Ort der Entzündung (**Chemotaxis**) und phagozytieren Bakterien in der **neutrophilen Phase**. Monozyten folgen in der **mononukleären Phase**, um tote Zellen abzuräumen. Der Gewebedefekt wird durch Bildung eines kapillar- und fibroblastenreichen Bindegewebes gedeckt. Dieses **Granulationsgewebe** ist makroskopisch rötlich. Die **Narbe** steht am Ende der Reparatur. Sie ist arm an Kapillaren und weißlich.

A-2.18 Verschiedene Bindegewebsarten

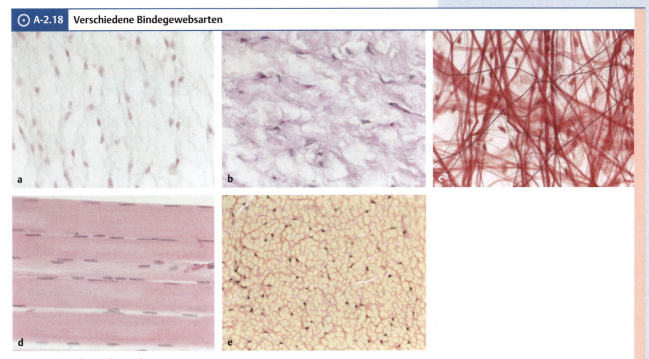

a Mesenchymales Bindegewebe.
b Gallertiges Bindegewebe.
c Lockeres kollagenes und elastisches Bindegewebe.
d Straffes parallelfaseriges kollagenes Bindegewebe (Längsschnitt).
e Elastisches Bindegewebe (Querschnitt).

Fettgewebe

Fettgewebe entwickelt sich aus dem Mesenchym. **Präadipozyten** differenzieren sich zu **Adipozyten**, die Lipide (Fette) in Form verschieden großer Lipidtropfen speichern. Jeder Adipozyt ist von einer Basallamina (S. 69) und einem retikulären Fasernetz umgeben. Fettgewebe ist gut kapillarisiert und wird durch lockeres kollagenes Bindegewebe septiert.

▶ Klinik. Bei der **Adipositas** sind der Lipidgehalt und die Anzahl der Adipozyten erhöht. Diese soll bereits im Säuglingsalter durch hochkalorische Ernährung festgelegt und eine Ursache für übergewichtige Kinder sein.

Man unterscheidet zwei Formen des Fettgewebes:

Weißes Fettgewebe: besteht aus Adipozyten mit je einem, bis zu 100 μm großen Fetttropfen. Jeder Lipidtropfen wird anstelle der Einheitsmembran von einer Phospholipidschicht umgeben. Da er mit fettlöslichen Medien herausgelöst wird, sieht der **univakuoläre** Adipozyt im Paraffinschnitt optisch leer aus und erinnert an eine Siegelringzelle (Siegelringstruktur). Weißes Fettgewebe funktioniert als Gewebepolster (**Baufett**), ist Energiespeicher (**Speicherfett**), Wärmeisolator (**Isolierfett**), bildet und speichert Leptin (Leptin, welches das Hungergefühl steuert, sowie weitere kürzlich entdeckte Fettgewebshormone (Adiponectin, Resistin, Visfatin und Hepcidin). Weißes Fettgewebe kann aus Vorläufermolekülen, den Androgenen, Östrogene synthetisieren.

▶ Klinik. Zum Verbrauch von Baufett kommt es bei extremer Abmagerung (**Kachexie**), wie sie z. B. bei fortgeschrittenem Tumorleiden infolge des malignombedingten erhöhten Energieverbrauchs auftritt. Dies wird u. a. sichtbar im Gesicht durch einen fehlenden Bichat-Fettpfropf (S. 1038). Zusammen mit dem gleichzeitigen Abbau von Muskelgewebe an den Extremitäten ergibt sich ein klinisch sehr charakteristisches Bild.

Lipogenese und **Lipolyse** (Auf- und Abbau von Fettgewebe) sind bevorzugt **hormonell** gesteuert (durch Wirkung von Insulin, Adrenalin, Glukagon).

Fettgewebe

Fettgewebe ist mesenchymalen Ursprungs und gut kapillarisiert. Jeden **Adipozyten** umgibt eine Basallamina (S. 69) und retikuläre Fasern.

▶ Klinik.

Formen des Fettgewebes sind:

Weißes Fettgewebe: mit je einem großen Fetttropfen in Adipozyten (**univakuolär** im Paraffinschnitt mit Siegelringstruktur) dient als **Bau-**, **Speicher- und Isolierfett** und bildet Hormone (u. a. Leptin).

▶ Klinik.

Sein Auf- und Abbau wird hormonell gesteuert (Insulin, Adrenalin, Glukagon).

▶ Klinik. ▶ Klinik. **Lipome** sind gutartige Tumoren univakuolärer Adipozyten. Sie treten häufig auf. **Liposarkome** als maligne Tumoren der Präadipozyten werden seltener diagnostiziert.

Braunes Fettgewebe: mit mehreren kleinen Lipidtropfen (**plurivakuolär**) und vielen Mitochondrien produziert Körperwärme.

Braunes Fettgewebe: hat seine makroskopisch erkennbare Farbe aufgrund seines hohen Gehalts an Mitochondrien. Die Adipozyten enthalten zahlreiche kleine Lipidtropfen (**plurivakuolär**). Mobilisiertes Fett wird nicht an den Organismus abgegeben, sondern bei unzureichender Aktivität der Skelettmuskulatur in Wärme verwandelt (wie bei Winterschläfern oder bei Säuglingen). Der Verbrennungsprozess ist **sympathisch** gesteuert.

2.2.3 Knorpelgewebe

Funktion: Es ist ein Stützgewebe und bildet die Anlage des Skeletts.

Funktion: Knorpel und Knochen bilden Stützgewebe des Körpers. Das knöcherne Skelett ist knorpelig angelegt. Knorpelgewebe ist frei von Nervenfasern.
Knorpelgewebe ist druckelastisch und kann dadurch zum einen zwar Druck oder Zug nachgeben, nach Ende der Krafteinwirkung aber auch wieder in die vorherige Form zurückkehren und dient so dem Formerhalt.

Allgemeiner Aufbau: Knorpelgewebe besteht aus Knorpelzellen (**Chondroblasten und -zyten**) sowie geformter und ungeformter Matrix.

Die Knorpelhaut (**Perichondrium**) begrenzt, bildet und unterhält das Knorpelgewebe. Im **Stratum cellulare** liegen die chondrogenen Vorläuferzellen, das **Stratum fibrosum** enthält Blutgefäße, die über Diffusion der Ernährung des avaskulären Knorpels dienen.

Allgemeiner Aufbau: Knorpelgewebe besteht aus Knorpelzellen (**Chondroblasten**, **Chondrozyten** als verschiedene Entwicklungsstadien) und **Interzellularsubstanz** mit geformter und ungeformter Matrix, deren unterschiedliche Zusammensetzung namengebend für die Arten von Knorpelgewebe ist.
Begrenzt wird Knorpelgewebe mit Ausnahme des Gelenk- und Faserknorpels von **Perichondrium** (Knorpelhaut), das Knorpelgewebe bildet und unterhält. Perichondrium besteht aus einer inneren zellulären Schicht (**Stratum cellulare**) mit Vorläuferzellen (chondrogenen Zellen) und der äußeren bindegewebigen Schicht (**Stratum fibrosum**) mit Blut- und Lymphgefäßen sowie Nerven. Die Blutgefäße sind indirekt für die Ernährung des Knorpels zuständig, da er selbst avaskulär (gefäßlos) ist und über Diffusion mit Ionen, Bio- und Wassermolekülen versorgt wird. Gelenkknorpel ohne Perichondrium wird über die Gelenkflüssigkeit und ein subchondrales Gefäßnetz ernährt.

Knorpelregeneration: Knorpelgewebe ist avaskulär und regeneriert sich schlecht. Formen des Knorpelwachstums sind
- **appositionell** durch Mitosen im Stratum cellulare und
- **interstitiell** durch Bildung von Interzellularsubstanz.

Knorpelregeneration: Aufgrund der fehlenden Blutgefäße regeneriert sich Knorpelgewebe schlecht und unvollständig vom Perichondrium aus. Der Stoffwechsel ist herabgesetzt.
Bezüglich des Knorpelwachstums unterscheidet man zwei Arten:
- Um **appositionelles Wachstum** handelt es sich, wenn sich chondrogene Zellen des Stratum cellulare teilen und zu Chondroblasten differenzieren.
- Von **interstitiellem Wachstum** spricht man, wenn Chondroblasten Interzellularsubstanz bilden und sich dadurch der interzelluläre Abstand vergrößert.

Klassifikation: 3 Arten (Abb. **A-2.19**):
- hyaliner Knorpel,
- elastischer Knorpel und
- Faserknorpel.

Klassifikation: Man unterscheidet drei Arten von Knorpelgewebe (Abb. **A-2.19**):
- hyaliner Knorpel,
- elastischer Knorpel und
- Faserknorpel.

A-2.19 Knorpelgewebe

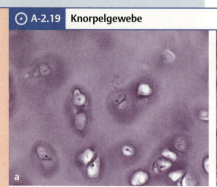
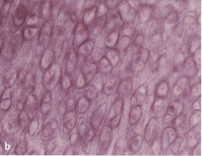
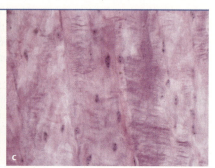

a Hyaliner Knorpel,
b Elastischer Knorpel,
c Faserknorpel.

Hyaliner Knorpel

Typisch sind kleine Gruppen **basophiler Knorpelzellen**, eingebettet in eine homogene Interzellularsubstanz.

Knorpelzellen

Chondroblasten besitzen bläschenförmige Zellkerne mit Nukleoli, das Zytoplasma ist reich an gut entwickeltem, rauem endoplasmatischen Retikulum, großen Golgi-Feldern, zahlreichen Mitochondrien und sekretorischen Vesikeln.
Chondrozyten sind kleiner als Chondroblasten, haben weniger Zytoplasma und chromatindichte, dunkle Kerne. Zwei bis zehn Knorpelzellen treten als Zellkomplex auf.
Da dieser durch Zellteilung aus einer Knorpelzelle entstanden ist, bezeichnet man den Zellkomplex als **isogene Gruppe**. Sie liegt in der **Knorpelhöhle**, umgeben von der Wand, der **Knorpelkapsel**. An sie schließt sich der **Knorpelhof** an, der wegen des hohen Gehaltes an Chondroitinsulfat, einem sulfatierten Glykosaminoglykan, und der Armut an kollagenen Fibrillen stark basophil ist. Die Knorpelhöhle mit den Chondrozyten, die Knorpelkapsel und den Knorpelhof fasst man unter dem Begriff **Chondron** (**Territorium**) zusammen. Territorien werden durch **Interterritorien** getrennt.

Interzellularsubstanz

Die **geformte extrazelluläre Matrix** der Interterritorien entspricht **kollagenen Fibrillen** vorwiegend des **Typs II**. Sie legen sich nicht zu Fasern zusammen. Seltene Kollagentypen bilden das feine Netz der Knorpelkapsel, das die Chondrozyten vor mechanischem Stress schützt. Die geformte Matrix ist weniger entwickelt als die ungeformte.
Die **ungeformte extrazelluläre Matrix** des hyalinen Knorpels besteht aus hochmolekularen **GAGs** (Chondroitin-4-Sulfat, Chondroitin-6-Sulfat, Keratansulfat), die **Proteoglykan-Monomere** wie das Aggrecan bilden. Viele Aggrecanmoleküle sind über das Bindungsprotein Hyaluronektin an das lange **Hyaluronanmolekül** gebunden.
Es entsteht ein **Proteoglykan-Hyaluronan-Aggregat** als Riesenmolekül von 2–3 µm Länge. Dieses hat wegen seiner negativen Ladung und hoher Natriumbindung ein **sehr hohes Wasserbindungsvermögen**. Dadurch ist die Druck- und Biegeelastizität des hyalinen Knorpels gesichert. Da Proteoglykane mit kollagenen Fibrillen vernetzt sind und beide den gleichen Brechungsindex aufweisen, werden kollagene Fasern „**maskiert**", das heißt, sie stellen sich mit einfachen histologischen Färbemethoden nicht dar. Man kann die Fibrillen durch polarisiertes Licht sichtbar machen, da sie sich optisch anisotrop verhalten und bei geeigneter Stellung der Fibrillen zwischen gekreuztem Polarisator und Analysator auf dunklem Grund hell aufleuchten.
Eine weitere Komponente der ungeformten Matrix sind **adhäsive Glykoproteine**, zu denen Chondronektin gehört. Sie binden das o. g. Aggregat z. B. an Kollagenfibrillen.

Anordnung der Fibrillen

Sowohl hyaliner Knorpel mit Perichondrium als auch hyaliner Knorpel ohne Perichondrium zeigen einen **arkadenförmigen Aufbau** ihrer Fibrillen, unterscheiden sich jedoch in ihrem Vorkommen.

Hyaliner Knorpel mit Perichondrium: bildet das Knorpelskelett von Nase, Kehlkopf, Trachea und Bronchien und kommt im Rippenknorpel vor.

Hyaliner Knorpel ohne Perichondrium: überzieht als **Gelenkknorpel** artikulierende Flächen. Dieses Prinzip sichert die Gleitfähigkeit.
Die kollagenen Fibrillen des Gelenkknorpels zeigen eine charakteristische **arkadenförmige** Anordnung: Sie verlaufen oberflächenparallel, biegen nach innen ab, durchziehen einander überkreuzend den Knorpel und gliedern sich wieder in die Kalkzone (s. u.) ein.
Chondrone werden von den Fibrillen umschlossen und sind im Zentrum des Knorpelorgans mit der Längsachse senkrecht zur Oberfläche angeordnet. Die charakteristische Architektur der kollagenen Fibrillen mit den Chondrozyten ist als System für die Umwandlung von Druck in Zug verantwortlich, da die kollagenen Fibrillen in erster Linie **zugfest** sind und somit bei Druckbelastung die Formerhaltung des hyali-

---

Hyaliner Knorpel

Knorpelzellen

Chondroblasten und **Chondrozyten** sind wegen hoher Proteinsynthese **basophil**.

Territorien sind **Chondrone** mit isogenen Gruppen in Knorpelhöhlen, umgeben von Kapsel und Hof.

Interzellularsubstanz

Geformte Matrix des hyalinen Knorpels besteht aus Fibrillen des Kollagentyps II.

Ungeformte Matrix ist reich an sulfatierten GAGs. Sie bildet **Proteoglykan-Hyaluronan-Aggregate** mit **hoher Wasserbindungskapazität**.
Aufgrund des gleichen Brechungsindex der Proteoglykane und kollagenen Fibrillen sind letztere lichtmikroskopisch unauffällig (**Maskierung**).

Anordnung der Fibrillen

Hyaliner Knorpel mit Perichondrium: kommt in Nase, Kehlkopf, Trachea und Bronchien vor.

Hyaliner Knorpel ohne Perichondrium: bildet den Gelenkknorpel.
Zwischen arkadenförmig angeordneten Kollagenfibrillen liegen parallel ausgerichtete Knorpelzellen.
Das System ist **druckelastisch**.

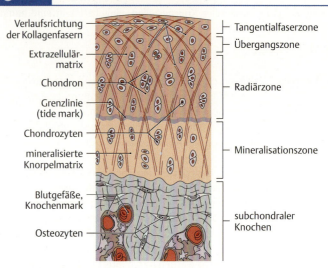

A-2.20 Aufbau des hyalinen Gelenkknorpels

(nach Kristic)

nen Knorpels begrenzt zulassen. Nach Entlastung nimmt der Knorpel seine ursprüngliche Form an (**Druckelastizität**).

Der Gelenkknorpel hat vier Zonen (Abb. **A-2.20**):
- Tangentialzone,
- Übergangszone,
- Radiärzone,
- Kalkzone.

Der Gelenkknorpel mit arkadenförmig verlaufenden kollagenen Fibrillen besteht aus vier Zonen (Abb. **A-2.20**):
- **Tangentialzone** (vom Scheitel der Arkardenfasern gebildet),
- **Übergangszone**,
- **Radiärzone** (senkrecht verlaufende Arkardenfibrillen),
- **Kalkzone** (der dem Knochen nahe verkalkte Knorpelbezirk).

▶ Klinik.

▶ Klinik. Im Gelenkknorpel liegt an der Grenze zwischen Radiär- und Kalkzone die **Grenzlinie** (engl. tide mark). Wird sie von der Kalkzone aus durchbrochen, entstehen degenerative Veränderungen des Gelenkknorpels (**Arthrose**). Die Grundsubstanz wird vermindert gebildet, die Wasserbindung nimmt ab und die kollagenen Fibrillen werden „**demaskiert**", da der Brechungsindex zwischen geformter und ungeformter Matrix unterschiedlich wird. Sichtbare Fibrillen werden als „**Asbestfasern**" bezeichnet, abgeleitet von dem stabilen Fasermineral aus Asbest, dem sie im Mikroskop ähneln.

Elastischer Knorpel

Aufbau: Elastischer Knorpel ist **zellreich** und enthält elastische Fasernetze.

Elastischer Knorpel

Aufbau: Der elastische Knorpel ist das **zellreichste Knorpelgewebe** mit den meisten Chondronen und einem **wenig sichtbaren Knorpelhof**. In der Interzellularsubstanz treten als geformte Elemente dichte Netze elastischer Fasern auf, die für die **makroskopisch gelbe Farbe** und auch für die hohe Druck- und Biegeelastizität verantwortlich sind.

Vorkommen: Ohrmuschel und -trompete, äußerer Gehörgang, Epiglottis.

Vorkommen: Elastischer Knorpel kommt in der Ohrmuschel, im äußeren Gehörgang, in der Ohrtrompete und in der Epiglottis vor.

Faserknorpel

Faserknorpel

▶ Synonym.

▶ Synonym. Bindegewebsknorpel

Aufbau: Den Hauptanteil bilden **unmaskierte kollagene Fasern**. Daneben gibt es wenig Chondrone mit schmalem azidophilen Knorpelhof und **kein Perichondrium**.

Aufbau: Faserknorpel erinnert entfernt an straffes kollagenes Bindegewebe. Er besitzt **wenig Chondrone** mit einem **schmalen azidophilen Knorpelhof**. Der Hauptanteil der Interzellularsubstanz besteht aus **kollagenen, unmaskierten Faserbündeln**, weil die amorphe Grundsubstanz spärlich entwickelt ist. Die kollagenen Fasern werden von Fibrozyten gebildet, die sich zu Chondrozyten umwandeln können. Ein **Perichondrium fehlt**.

Vorkommen: Faserknorpel findet man in den Menisci, den Gelenklippen, der Symphyse und im Anulus fibrosus der Zwischenwirbelscheiben mit bis zu 15 konzentrisch geschichteten Lamellen.

2.2.4 Knochengewebe

Funktion: Knochengewebe und Dentin sind nach dem Zahnschmelz die härtesten Gewebe des menschlichen Organismus. Durch seinen spezifischen Aufbau hat Knochengewebe eine große **Druck-, Zug-, Biege- und Verdrehungsfestigkeit**. Gleichzeitig mit seinen mechanischen Aufgaben dient das Knochengewebe als **Hauptkalziumspeicher**: 99 % des Kalziums, das eine wichtige Schlüsselrolle bei zahlreichen biologischen Prozessen spielt, sind im Knochengewebe gebunden.

Allgemeiner Aufbau: Das **Periost** mit einem inneren **Stratum osteogenicum** (Kambiumschicht) und einem äußeren **Stratum fibrosum** liegt dem Knochen außen auf. Das Periost ist reich vaskularisiert und innerviert und damit schmerzempfindlich. Das **Endost** begrenzt Knochenkanäle und Spongiosabälkchen der Markhöhle.
Makroskopisch ist an jedem Knochen die dicht strukturierte periphere **Kortikalis** bzw. **Kompakta** (im Bereich der Diaphyse) und die **Spongiosa** als Netzwerk aus Platten und Trabekeln (Bälkchen) zu unterscheiden. Die Spongiosa liegt im Inneren und enthält das Knochenmark in den Maschen des Trabekelnetzes.
Zum Aufbau des Knochens (S. 221).
Knochengewebe besteht als Stützgewebe aus **Zellen** und **Knochengrundsubstanz** (extrazellulärer Matrix bzw. Interzellularsubstanz).

Bestandteile des Knochengewebes

Knochenzellen

Man unterscheidet verschiedene Zelltypen:
- **Vorläufer-, Stamm- oder Progenitorzellen** sind wenig differenzierte Mesenchymzellen mit hoher Proliferationsaktivität. Sie sind zeitlebens im Periost und Endost anzutreffen.
- **Osteoblasten** (Abb. **A-2.25b**) sind meist epithelartig als kubische Zellen auf Knochenoberflächen angeordnet und apiko-basal für die getrennte Aufnahme und Sekretion von Substanzen der organischen Knochengrundsubstanz organisiert. Die **Basophilie** (S. 100) der Osteoblasten ist durch die hohe Proteinsynthese bedingt, wie im ultrastrukturellen Bild an großen Golgi-Feldern sowie viel rauem endoplasmatischen Retikulum zu beobachten ist. In der Ruhephase werden Osteoblasten zu langgestreckten, flachen so genannten **„bone-lining-cells"**. Osteoblasten sind **Zellen des Auf- und Umbaus von Knochengewebe**. Wenn sie sich durch das Ausscheiden unreifer, nicht mineralisierter Knochengrundsubstanz (**Osteoid**) einmauern, werden Osteoblasten zu Osteozyten.
- **Osteozyten** sind vollständig von Knochensubstanz umschlossen und liegen in Knochenhöhlen (**Lacunae osseae**). Von den Osteozyten gehen zahlreiche Fortsätze aus, die in Knochenkanälchen (**Canaliculi osseae**) liegen und über „gap junctions" bzw. Nexus (S. 56) verbunden sind. Osteozyten haben weniger Zellorganellen als Osteoblasten, sind jedoch prinzipiell zu der gleichen Syntheseleistung für den Erhalt der Knochengrundsubstanz fähig. Deswegen bilden Osteozyten die **trophischen Zentren der Knochengrundsubstanz**.
- Bei **Osteoklasten** (Abb. **A-2.25a**) handelt es sich um **vielkernige Riesenzellen** (Durchmesser bis zu 100 μm und bis zu 100 Kerne), die durch Fusion eingewanderter Monozyten entstehen. Osteoklasten sind wegen ihres hohen Gehaltes an Mitochondrien und Lysosomen **azidophil**. Wie Osteoblasten liegen Osteoklasten der Knochengrundsubstanz an. Man findet sie als isolierte Zellen in randständigen Lakunen (**Howship-Lakunen**). Osteoklasten sind **Zellen des Knochenab- und -umbaus**. Das Zytoplasma aktiver Osteoklasten gliedert sich in eine apikale Zone mit starken Einfaltungen der Zellmembran und liegt der Knochensubstanz dicht an. Dieses Mikromilieu ist sauer durch die Exozytose lysosomaler Enzyme wie Cathepsin. Sie bewirken den Abbau der Matrix. Matrixfragmente werden über eine rezeptorgesteuerte Endozytose internalisiert und gelangen zur basalen Zone des Osteoklasten mit Nuclei, Vesikeln, Golgi-Feldern und Polyribosomen. Dieses sog. **Kern- und Organellenfeld** baut die Komponenten weiter ab und sezerniert sie in die Kapillaren.

> **Merke.** Ein Osteoklast baut 10fach mehr Knochensubstanz ab als von einem Osteoblasten gebildet wird. Bei einer ausgeglichenen Bilanz zwischen Auf- und Abbau muss daher die Anzahl der Osteoblasten überwiegen.

Knochengrundsubstanz

Bezogen auf ihr Trockengewicht besteht sie aus:

anorganischer Matrix: (65 %) mit Hydroxylapathit und

organischer Matrix: (35 %) mit
- ungeformter – und
- geformter Komponente (Kollagentyp I)

Nach Entkalken der anorganischen Matrix ist Knochen schneidbar. Nach Mazeration der organischen Matrix werden **Dünnschliffpräparate** angefertigt.

Knochengrundsubstanz

Reife Knochengrundsubstanz besteht – bezogen auf ihr Trockengewicht – zu folgenden Anteilen aus:

anorganischer Matrix: (65 %), die neben anderen Mineralien hauptsächlich **Hydroxylapatit** enthält. Dies ist ein Komplexsalz, bestehend aus 50 % Phosphaten, 35 % Kalzium, 7 % Karbonaten und weiteren Mineralien. Weiterer Bestandteil ist die
organische Matrix (35 %): Sie hat wie beim Knorpelgewebe eine
- **ungeformte Komponente** mit Proteoglykanen und adhäsiven Glykoproteinen (hier Osteokalzin, Osteonektin, Osteopontin) sowie eine
- **geformte Komponente**, zu der Fasern des Kollagentyps I gehören.

Bezogen auf das Feuchtgewicht, wird bis zu 25 % Hydratationswasser von Proteoglykanen gebunden. Durch „**Entkalken**" mit schwachen Säuren oder Komplexbildnern wird die **anorganische Matrix** entfernt und das Gewebe nach üblicher Einbettung **schneidbar**. Wird Knochengewebe durch höhere Temperaturen in Lösung **mazeriert**, d. h. die **organische Matrix** entfernt, verbleibt das anorganische Gerüst, welches in lichtdurchlässige dünne Scheiben geschliffen wird (**Dünnschliffpräparate**).

Arten von Knochengewebe

Man unterscheidet (Abb. **A-2.21**):
- **Geflechtknochen** und
- **Lamellenknochen**

Arten von Knochengewebe

Man unterscheidet zwei Arten von Knochengewebe (Abb. **A-2.21**):
- **Geflechtknochen** (primärer Knochen) und
- **Lamellenknochen** (sekundärer Knochen).

A-2.21 **Knochengewebe**

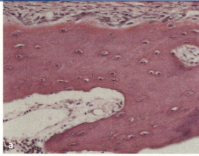
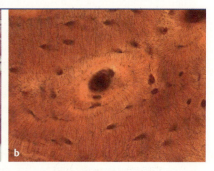

a Geflechtknochen,
b Lamellenknochen. mit Osteozyten und deren filigranen Fortsätzen.

Geflechtknochen

> **Synonym.**

Er bildet ein geflechtartiges, unregelmäßiges Grundgerüst mit relativ **vielen Knochenzellen** und „ungeordneten" Kollagenfasern.

Geflechtknochen entsteht direkt aus Mesenchym (**primärer Knochen**) und ist im ausgereiften menschlichen Skelett nur vereinzelt zu finden.

Geflechtknochen

> **Synonym.** Primärer Knochen

Er bildet ein geflechtartig angeordnetes Knochengrundgerüst unregelmäßigen Baus mit relativ **vielen Knochenzellen**. Die Grundsubstanz ist weniger mineralisiert und weist einen höheren Wassergehalt als der Lamellenknochen (s. u.) auf. Deswegen ist Geflechtknochen **biege- und zugfest**. Die kollagenen Fasern der geformten Matrix haben keine bevorzugte Verlaufsrichtung wie beim Lamellenknochen.

Geflechtknochen wird auch als **primärer Knochen** bezeichnet, weil er in der Fetalperiode aus mesenchymalem Bindegewebe und während des Knochenwachstums aus dem Periost durch desmale Ossifikation (S. 79) entsteht. Im ausgereiften menschlichen Skelett findet sich Geflechtknochen in den Schädelnähten, im Labyrinth der Pars petrosa des Os temporale sowie in der Alveolarwand von Ober- und Unterkiefer.

A 2.2 Das Gewebe

▶ Klinik. Beim Knochenbruch (**Fraktur**) wird der Defekt zunächst durch ein fibrokartilaginäres Gewebe gedeckt. Innerhalb von Wochen entsteht eine „wulstige Narbe" aus Geflechtknochen. Dieser **Kallus** wird im Verlauf von Monaten zur ursprünglichen Form mit Lamellenknochen zurückgebaut.
Bei Defektheilung entsteht eine **Pseudoarthrose**, d. h. Bildung eines „falschen" Gelenks. Symptome sind abnorme Beweglichkeit und Schmerzen unter Belastung.

▶ Klinik.

Lamellenknochen

▶ Synonym. Sekundärer Knochen

Dieser **sekundäre Knochen** entsteht nach Abbau von Geflechtknochen und ist den jeweiligen Funktionsanforderungen optimal angepasst. Er besteht aus sich regelmäßig wiederholenden Bauelementen (Abb. **A-2.22**). Grundbaustein des Lamellenknochens ist das zylindrisch gebaute **Osteon** (**Havers-System**), in dessen Zentrum ein **Havers-Kanal** mit dem **Havers-Blutgefäß** und begleitenden Nervenfasern liegt.
Den Havers-Kanal umgeben 4 bis 20 konzentrisch angeordnete Lamellen (**Speziallamellen**), in denen Spiralen parallel gelagerter **kollagener Fasern des Typs I** mit einem schrägen Steigungswinkel verlaufen. In benachbarten Lamellen verläuft der Steigungswinkel kollagener Fasern meist im rechten Winkel und gegenläufig zueinander. Wenige Fasern treten in benachbarte Lamellen über. Zwischen den Lamellen und auch in den Lamellen liegen **Osteozyten** (s. o.) in Knochenhöhlen und kontaktieren sich über lange Fortsätze in Knochenkanälchen unter Ausbildung von Gap Junctions. Zwischen der Wand eines Knochenkanälchens und dem Fortsatz der Osteozyten befindet sich ein **perizellulärer Spalt** für die Diffusion gelöster Substanzen und somit die Ernährung der Knochengrundsubstanz. Jedes Osteon wird durch die faserarme **Kittlinie** (**Linea cementalis**) nach außen abgeschlossen.
In der Diaphyse von Röhrenknochen werden die Osteone der Kompakta von stets mehr **äußeren** als **inneren Generallamellen** umfasst. Innere Grundlamellen bilden häufig keine vollständigen Lamellen, sondern gehen in Spongiosabälkchen über. Spongiosa und Kompakta des voll entwickelten Knochens sind lamellär organisiert.

Lamellenknochen

▶ Synonym.

Dieser **sekundäre Knochen** besteht aus sich regelmäßig wiederholenden Elementen (Abb. **A-2.22**). Grundbaustein ist das **Osteon** (**Havers-System**) mit Havers-Kanal und Havers-Blutgefäß.

Das System wird gebildet durch **Speziallamellen** aus kollagenen Fasern des Typs I und Osteozyten mit langen Fortsätzen in Knochenkanälchen. Sie sind umgeben von einem perizellulären Spalt. Nach außen abgeschlossen wird jedes Osteon durch eine **Kittlinie**.

Äußere und innere **Generallamellen** begrenzen die Kompakta der Röhrenknochen.

⊙ A-2.22 Organisation des Lamellenknochens

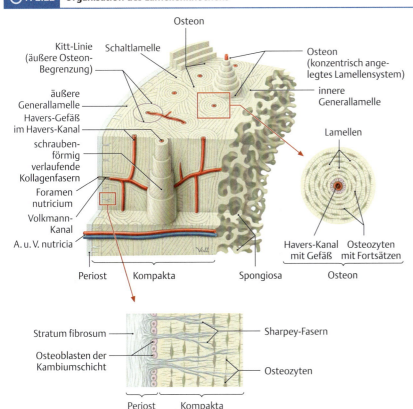

Schematische Darstellung am Beispiel der Kompakta eines Röhrenknochens.
(Prometheus LernAtlas. Thieme, 3. Aufl.)

Vaskularisierung

Lamellenknochen: ist stark vaskularisiert und wird von einem geordneten System von Blutgefäßen durchzogen: **Havers-Gefäße** verlaufen vertikal im Zentrum der Osteone, während die **Volkmann-Gefäße** im rechten Winkel auf die Havers-Gefäße zulaufen und vom Periost ausgehen. Volkmann-Gefäße liegen in den **Volkmann-Kanälen** (Canales perforantes). Osteozytenfortsätze erreichen die Blutgefäße eines Osteons. Bei der Spongiosa sind avaskuläre Lamellen flächig und parallel zur Oberfläche der Trabekel angeordnet. In der Kompakta sind typische Osteone mit Havers-Kanal zu finden.

Geflechtknochen: fehlt die regelmäßige Anordnung der versorgenden Blutgefäße.

Knochenumbau

Periost und Endost ermöglichen jederzeit Umbau- und Reparaturprozesse, weil sie Vorläuferzellen enthalten, die Osteoblasten bilden. Der Umbau der Osteone erfolgt ständig wegen wechselnder Belastung des Knochenskeletts (**biologische Plastizität**) und insbesondere bei der Reparatur von Frakturen.

Reste von Speziallamellen abgebauter Osteone nennt man **Schaltlamellen**. Beim „Neubau" entstehen zunächst von Osteoklasten gebohrte Knochenkanäle, in die Blutgefäße einwachsen. Die Wand der jungen Kanäle wird schichtweise durch abgelagerte Lamellen aufgebaut.

Der Wechsel von Osteonen mit Speziallamellen und Kittlinien sowie Schaltlamellen ergibt einen charakteristischen Bau (**Breccienbau**; Brecciengestein besteht aus kantigen Trümmern).

 Klinik. Jährlich wird 10 % des Knochengewebes umgebaut, deutlich mehr von der Spongiosa im Vergleich zur Kompakta. Mechanische Belastung aktiviert Osteoblasten und bilanziert dadurch das Gleichgewicht zwischen Auf- und Abbau, weswegen lange Bettlägerigkeit zum Knochenabbau führt.

Die Bewegungsarmut bei älteren Menschen hat einen verstärkten Knochenabbau zur Folge (**Osteoporose**). Da dies mehr die Spongiosa als die Kompakta betrifft, treten bevorzugt Frakturen in spongiösem Knochen wie Wirbelkörper und Femurhals auf. Hormone der Nebenschilddrüse, Schilddrüse, der Nebennierenrinde und der Gonaden beeinflussen gleichfalls den Knochenumbau. Da Östrogene die Bildung von Osteoklasten hemmen sollen, kann Östrogenmangel bei Frauen nach der Menopause eine Ursache der Osteoporose sein.

Entwicklung

 Merke. Nach neuer Terminologie entspricht die Bildung von Knochengewebe der **Ossifikation**, die Bildung eines Knochens der **Osteogenese**.

Jede Ossifikation zeigt denselben Verlauf: Osteoblasten bilden Osteoid, das mineralisiert. Bei Neubildung von Knochengewebe bildet sich über Geflechtknochen zunächst Lamellenknochen, bei Umbau wird Lamellenknochen direkt entwickelt.
Ein Knochen entsteht auf zweierlei Weise, entweder „desmal" oder „chondral":
- Bei der **desmalen Osteogenese** wandelt sich Mesenchym in Geflechtknochen ohne Umwege um.
- Bei der **chondralen Osteogenese** bilden Knorpelmodelle das knorpelige Primordialskelett, das sekundär verknöchert.

 Klinik. Vitamin D fördert die Kalzium-Resorption im Darm und die ausreichende Mineralisation der Knorpelmatrix. Vitamin-D-Mangel bedingt die Erweichung der Knochengrundsubstanz und Deformierungen des Knochenskeletts (**Rachitis**). Rachitis ist eine Form der Knochenerweichung mit generalisierter Skelettdeformierung (**Osteomalazie**).

A 2.2 Das Gewebe

Desmale Osteogenese

Vorkommen: Die entwicklungsgeschichtlich jungen Knochen wie einige Knochen der **Schädelkalotte**, Teile der **Mandibula** und der **Klavikula** entstehen durch desmale Osteogenese und werden – abgesehen von den o. g. Stellen – bis zum 10. Lebensjahr vollständig durch Lamellenknochen ersetzt.

Mechanismus: Während der Embryonalzeit verdichten sich in Knochenanlagen **Mesenchymzellen** inselartig zu Vorläuferzellen. Sie entwickeln sich zu Osteoblasten und beginnen mit der Synthese von Osteoid, der organischen Extrazellulärmatrix (S. 67). Dabei mauern sich Osteoblasten ein und werden zu Osteozyten. Die entstehenden **Osteoidspangen verkalken zu Knochenspangen** und bilden schließlich ein aus Bälkchen bestehendes Knochengerüst. Diesem sitzen außen Osteoblasten und auch Osteoklasten in Howship-Lakunen auf.
In die **Bindegewebsräume des Knochengebälks** wachsen Blutgefäße mit Stammzellen unterschiedlicher Differenzierungspotenz. Osteoblasten bilden neues Knochengewebe angelagert an bereits bestehende Knochensubstanz (**appositionelles Wachstum**). Schließlich verlaufen die Blutgefäße des Geflechtknochens in Knochenkanälen.

Desmale Osteogenese

Vorkommen: Schädelkalotte, Mandibula und Klavikula entstehen durch desmale Osteogenese und werden durch Lamellenknochen ersetzt.

Mechanismus: Bei der desmalen Osteogenese ist die Knochenanlage **mesenchymal**. Osteoidspangen verknöchern zum Knochengerüst.

Neues Knochengewebe lagert sich an alte Substanz an.

Chondrale Osteogenese

(Abb. **A-2.23**)

Vorkommen: Die meisten Knochen entstehen chondral. **Platte** Knorpelmodelle nehmen nur den Weg der enchondralen Verknöcherung (s. u.). In **zukünftigen Röhrenknochen** findet chondrale Ossifikation an **zwei Orten** statt:
- in der **Diaphyse** zweiphasig,
- in der **Epiphyse** einphasig.

Chondrale Osteogenese

Vorkommen: Die meisten Knochen entstehen chondral. Bei zukünftigen **Röhrenknochen** läuft die Ossifikation an der **Diaphyse** zweiphasig, an der **Epiphyse** einphasig ab.

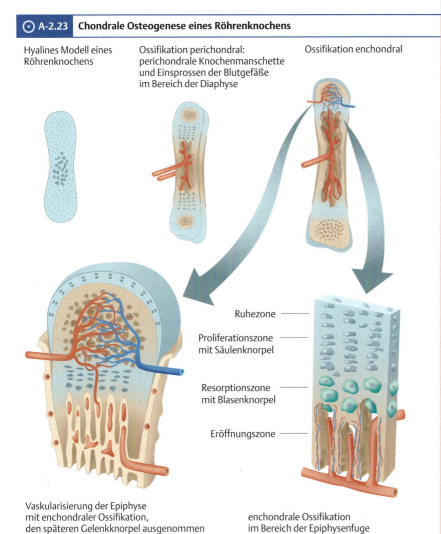

A-2.23 Chondrale Osteogenese eines Röhrenknochens

Hyalines Modell eines Röhrenknochens

Ossifikation perichondral: perichondrale Knochenmanschette und Einsprossen der Blutgefäße im Bereich der Diaphyse

Ossifikation enchondral

Ruhezone
Proliferationszone mit Säulenknorpel
Resorptionszone mit Blasenknorpel
Eröffnungszone

Vaskularisierung der Epiphyse mit enchondraler Ossifikation, den späteren Gelenkknorpel ausgenommen

enchondrale Ossifikation im Bereich der Epiphysenfuge

A-2.23

A-2.24 Ossifikation

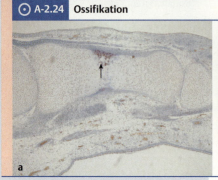

a Perichondral (Pfeil).
b Enchondral (Pfeil).

A-2.25 Enchondrale Ossifikation an der Epiphysenfuge

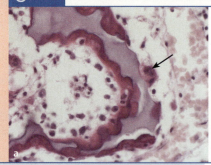
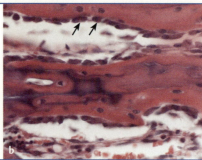

a Osteoklast (→) in der Eröffnungszone.
b Osteoblasten (→) in der Verknöcherungszone.

Diaphyse: Der Ablauf ist hier zweiphasig (Abb. **A-2.24**):
1. Die **perichondrale Ossifikation** führt zur Bildung einer Knochenmanschette (**primärer Knochenkern**). Dadurch verschlechtert sich die Stoffwechsellage, es kommt zum Blasenknorpel.
2. Die **enchondrale Ossifikation** setzt mit der durch Hypoxie beginnenden Vaskularisierung des Knorpels ein und schreitet distal- und proximalwärts fort. Hierbei handelt es sich um ein **interstitielles Wachstum**.

Epiphysenanlage: Die enchondrale Ossifikation der fetal vaskularisierten Epiphysenanlage (einphasig) verläuft zentrifugal vom sog. **sekundären Ossifikationszentrum** (**sekundären Knochenkern**) aus.

▶ Klinik.

Diaphyse: Hier verläuft die Ossifikation in zwei Phasen (Abb. **A-2.24**):
- Die **perichondrale Ossifikation** verläuft wie die desmale Osteogenese. Sie geht von der Wand der Knochenanlage (Knorpelmodell) aus: Das Perichondrium wird zum Periost, indem sich über die **desmale** bzw. **perichondrale Ossifikation** eine **perichondrale Knochenmanschette** als **primäres Ossifikationszentrum** bildet (**primärer Knochenkern**). Die Knochenmanschette verschlechtert die Stoffwechselverhältnisse im Knorpelinneren, sodass Knorpelzellen hypertrophieren und blasig degenerieren (**Blasenknorpel**) und in der Extrazellulärmatrix Kalksalze eingelagert werden. Die Hypoxie leitet die zweite Phase ein.
- Bei der **enchondralen Ossifikation** wird Knorpelgewebe über das spätere Foramen nutricium **vaskularisiert**, wobei Vorläuferzellen in das Innere des Knorpels einwandern und sich in Chondroblasten und andere spezifische Zellen transformieren. Chondroklasten beginnen mit der Eröffnung der Knorpelhöhlen und dem Abbau der Extrazellulärmatrix, die den Osteoblasten als Matrize für den proximal- und distalwärts fortschreitenden Knochenanbau dienen. Als Ergebnis des Wechselspiels von Auf- und Abbau der Knochenbälkchen bildet sich die **primäre Markhöhle** mit Mesenchymzellen und Blutgefäßen. Wenn ab dem 5. Fetalmonat die Blutbildung einsetzt, spricht man von der **sekundären Markhöhle**.

Im Gegensatz zur desmalen Ossifikation mit appositionellem Wachstum handelt es sich bei der enchondralen Ossifikation um **interstitielles Wachstum**, bei dem die Osteoblasten sich mit Knochengrundsubstanz umgeben.

Epiphysenanlage: Zeitlich versetzt zu den beschriebenen Vorgängen in der Diaphyse ist im Bereich der Epiphysen eine ausschließlich **enchondrale Ossifikation** zu beobachten, die damit einphasig ist. In der fetal vaskularisierten Epiphysenanlage entstehen **sekundäre Ossifikationszentren** (**sekundäre Knochenkerne**), von denen aus die Ossifikation zentrifugal fortschreitet. Der spätere Gelenkknorpel und die Epiphysenfuge (Wachstumplatte), die zwischen Epi- und Diaphyse gelegen ist, bleiben ausgenommen.

▶ Klinik. Bei der **Chondrodystrophie** handelt es sich um eine Erbkrankheit mit gestörter enchondraler Ossifikation. Während das Dickenwachstum der Röhrenknochen geordnet abläuft, ist das Längenwachstum gestört. Die Betroffenen leiden unter einem disproportionierten Zwergwuchs.

A 2.2 Das Gewebe

Längen- und Breitenwachstum

Das **pränatale Längenwachstum** der Diaphyse korreliert mit dem Fortschreiten der enchondralen Ossifikation von der Mitte der Diaphyse jeweils proximal- und distalwärts. Das **postnatale Längenwachstum** ist möglich, solange die **Epiphysenfuge „offen"** ist. Proliferierende Knorpelzellen vermehren sich mit gleicher Geschwindigkeit in Richtung Epiphyse, wie Knochengewebe von der Diaphyse aus nachschiebt.

Daraus ergeben sich typische Zonen der Epiphysenfuge (Tab. **A-2.9**). Das Längenwachstum ist beendet, wenn Knorpelzellen der Epiphysenfuge ihre Proliferation einstellen (**geschlossene Epiphysenfuge**). Dies ist normalerweise durch steigenden Spiegel der Sexualhormone mit Einsetzen der Pubertät bedingt.

▶ **Klinik.** Gelenknahe Frakturen im Kindesalter können die Epiphysenfuge verletzen und dadurch das Wachstum des betreffenden Knochens vorzeitig zum Stillstand bringen.

Das Dickenwachstum ist über das Periost lebenslang möglich.

Längen- und Breitenwachstum

Pränatal erfolgt das **Längenwachstum** von der Diaphyse Richtung Ephiphyse, **postnatal** und bis zur Pubertät über eine offene Epiphysenfuge.

▶ **Klinik.**

Dickenwachstum erfolgt über das Periost.

≡ A-2.9 Zonen der enchondralen Ossifikation in der Epiphysenfuge

Zone	Merkmale
Proliferationszone als Zone des **Säulen- und Reihenknorpels**	▪ längs gerichtete Säulen aus Chondrozyten und Chondroblasten mit extrazellulärer Matrix ▪ zahlreiche Mitosen
Resorptionszone als hypertrophe Zone des **Blasenknorpels**	▪ blasig veränderte Chondrozyten von unregelmäßiger Anordnung
Eröffnungszone als Einbruchzone	▪ Eröffnung der Knorpelhöhlen und Abbau der Matrix
Ossifikationszone als Umbau- und Verknöcherungszone unmittelbar an Diaphyse	▪ Abbau von Knorpelgewebe ▪ Neu- und Umbau von Knochenbälkchen ▪ primäre Markhöhle mit Stammzellen ▪ sekundäre Markhöhle mit Blutbildung

≡ A-2.9

2.2.5 Muskelgewebe

Die spezielle Eigenschaft des Muskelgewebes ist seine **Kontraktilität**, d. h. die Fähigkeit zur Verkürzung, die besondere Voraussetzungen im Aufbau der einzelnen **Muskelzelle** (= **Muskelfaser**) erfordert.

Allgemeiner Aufbau: Charakteristisch für Muskelzellen ist die Bildung von **Myofibrillen** aus elektronenmikroskopisch sichtbaren, parallel angeordneten **Myofilamenten**. Letztere bestehen hauptsächlich aus kontraktilen Proteinen, dem Aktin und Myosin. Man bezeichnet aufgrund ihres Umfangs die
- **Aktinfilamente** (S. 51) als **dünne Filamente** (6 nm), die
- **Myosinfilamente** (S. 51) als **dicke Filamente** (15 nm).

Ihre Interaktion ermöglicht in Anwesenheit von ausreichend intrazellulärem Kalzium die Kontraktion der Muskelzelle.

Außen wird jede Muskelzelle von einer Basallamina mit anliegender Gitterfaserhülle umgeben. Beide zusammen bilden das **Endomysium**.

Da sich die in Bezug auf Muskelzellen verwendeten Begriffe von den allgemeinen Bezeichnungen zytologischer Strukturen unterscheidet, gibt Tab. **A-2.10** einen Überblick über die gängige Nomenklatur.

2.2.5 Muskelgewebe

Die spezielle Eigenschaft des Muskelgewebes ist seine **Kontraktilität** durch besonderen Aufbau der Muskelzelle.

Allgemeiner Aufbau: Myofibrillen bestehen aus **Myofilamenten**: Man unterscheidet
- dünne **Aktinfilamente** und
- dicke **Myosinfilamente**.

Muskelzellen sind umgeben vom **Endomysium** aus Basallamina und Gitterfaserhülle. Zur speziellen zytologischen Nomenklatur s. Tab. **A-2.10**.

≡ A-2.10 Nomenklatur für Strukturen der Muskelzelle

zytologische Sruktur	Bedeutung
Sarkoplasma	Zytoplasma ohne Myofilamente
Sarkolemm	Plasmalemm der Muskelzelle (ohne Basallamina und ihr anliegende retikuläre Fasern)
Sarkosomen	Mitochondrien
sarkoplasmatisches Retikulum	glattes endoplasmatisches Retikulum

≡ A-2.10

Entwicklung: Außer den inneren Augenmuskeln stammt Muskulatur aus dem Mesoderm (S. 109).
Einteilung (s. a. Tab. **A-2.12**):
- quergestreifte Skelettmuskulatur (s. u.),
- quergestreifte Herzmuskulatur (S. 87) und
- glatte Muskulatur (S. 89).

Nur unter **morphologischen Gesichtspunkten** (Querstreifung im LM und EM) fasst man Skelett- und Herzmuskulatur zusammen.

Funktionell unterscheiden sie sich in vielen Eigenschaften: Skelettmuskulatur ist meist willkürlich steuerbar, Herzmuskulatur wie auch glatte Muskulatur dagegen nicht.

▶ Klinik.

Skelettmuskulatur

Die quergestreifte Muskulatur des Bewegungssystems heißt Skelettmuskulatur.

Aufbau der Skelettmuskelfaser

Skelettmuskulatur ist aus **vielkernigen Muskelfasern** (bis zu 20 cm lang) aufgebaut. Jede dieser Muskelfasern ist ein **Synzytium** mit unter dem Sarkolemm liegenden Kernen (Abb. **A-2.26**).

Neue Muskelfasern werden von **Satellitenzellen** gebildet.

⊙ A-2.26

A 2 Zytologie und Histologie – Grundlagen

Entwicklung: Muskelgewebe bzw. Muskulatur entwickelt sich aus dem Mesoderm (S. 109), mit Ausnahme der inneren Augenmuskeln, die ektodermaler Herkunft sind.
Einteilung: Drei Arten von Muskelgewebe werden unterschieden (s. a. Tab. **A-2.12**):
- quergestreifte Skelettmuskulatur (s. u.),
- quergestreifte Herzmuskulatur (S. 87) und
- glatte Muskulatur (S. 89).

Die Zusammenfassung der Skelett- und Herzmuskulatur als **quergestreifte Muskulatur** beruht auf ihrer licht- und elektronenmikroskopisch als typische **Querstreifung** erkennbaren strengen Anordnung der Aktin- und Myosinfilamente. Diese ist bei Zellen der **glatten Muskulatur** nicht gegeben. Daraus wird ersichtlich, dass der Unterscheidung in glatte und quergestreifte Muskulatur lediglich morphologische Eigenschaften zugrunde liegen.

Unter **funktionellen Gesichtspunkten** unterscheidet sich die meist willkürlich steuerbare Skelettmuskulatur in vielen Eigenschaften von der nicht willentlich beeinflussbaren Herzmuskulatur. Die Kontraktion glatter Muskulatur, die außer im Herzen die Wand von Hohlorganen bildet, wird ebenfalls unwillkürlich gesteuert.

▶ Klinik. Bei Tumoren, die vom Muskelgewebe ausgehen, unterscheidet man gutartige Myome und bösartige Myosarkome danach, ob sie in quergestreifter oder glatter Muskulatur entstehen: Die Vorsilbe **Rhabdo-** (gr.: Stab) steht vor Weichteiltumoren der quergestreiften Muskulatur wie z. B. dem seltenen **Rhabdomyosarkom**. **Leio-** (gr.: glatt, sanft) bezeichnet Geschwulste, die sich in der glatten Muskulatur bilden wie z. B. das relativ häufige **Uterus(leio)myom**.

Skelettmuskulatur

Die quergestreifte Muskulatur des Bewegungssystems heißt Skelettmuskulatur, weil die meisten Muskeln am Skelett entspringen und ansetzen. Ausnahmen sind Skelettmuskeln der Zunge, des Kehlkopfes, des Rachens und der oberen Speiseröhre.

Aufbau der Skelettmuskelfaser

Skelettmuskulatur besteht aus lang gestreckten, **vielkernigen Riesenzellen**, den **Skelettmuskelfasern**. Sie haben einen Durchmesser von 10–100 µm und können bis zu 20 cm lang werden. Die Vielkernigkeit kommt in der Embryonalentwicklung durch die Verschmelzung einkerniger Myoblasten zustande. Es entsteht ein **Synzytium** mit bis ca. 60 Zellkernen pro mm Sarkolemm, welche durch die Myofilamente an den Rand gedrängt sind und dicht unter dem Sarkolemm liegen (Abb. **A-2.26**).

An der ausgereiften Skelettmuskelfaser persistieren zwischen Sarkolemm und Basallamina Zellen mit Myoblastenpotenz (**Satellitenzellen**). Satellitenzellen sind Vorläuferzellen in der Ontogenese, bleiben lebenslang teilungsfähig und sind für die Regeneration atrophischer und verletzter Fasern verantwortlich. Wenn proliferierende Satellitenzellen (Myoblasten) unvollständig fusionieren, entstehen verzweigte Fasern als scheinbar hyperplastische Fasern. Die Proliferationskapazität nimmt mit dem Alter ab. „Vergreiste" Satellitenzellen treten bei Muskelerkrankungen wie dem Duchenne-Aran-Syndrom im jungen Lebensalter auf.
Eine Muskelfaser enthält mehr als 1000 Sarkomere (s. u.).

⊙ A-2.26 **Skelettmuskulatur**

a
b

a Skelettmuskelfasern im Querschnitt mit Querstreifung
b und im Querschnitt.

Anordnung der Filamente: Die oben erwähnte typische Querstreifung erscheint im Polarisationsmikroskop durch Periodizität unterschiedlich aufleuchtender Banden, deren Bezeichnung als **i**sotroper **I-Streifen** und **a**nisotroper **A-Streifen** auf die im Lichtmikroskop sichtbaren Streifen des gefärbten Längsschnitt-Präparats übertragbar ist (Abb. **A-2.27a**).

Bei guter Schnittqualität kann man im ultrastrukurellen Bild niedriger Auflösung auf lichtmikroskopischer Ebene einen regelmäßigen Wechsel sehen zwischen
- **dunklem A-Streifen** mit mittig gelegenem **H-Streifen** und
- **hellem I-Streifen**, der symmetrisch durch den **Z-Streifen** geteilt wird.

▶ **Merke.** Der Abschnitt zwischen zwei Z-Streifen entspricht einem 2,5–3 μm langen **Sarkomer**.

Im ultrastrukturellen Bild hoher Auflösung kann man den Streifen eine charakteristische Anordnung der Filamente zuordnen (Abb. **A-2.27b**, Abb. **A-2.27c**):
- **A-Streifen:** Hier finden sich parallel ausgerichtete Myosinfilamente, die an beiden äußeren Dritteln eines A-Streifens „**Myosin-Köpfchen**" besitzen. Dort ragen je nach Kontraktionszustand Aktinfilamente unterschiedlich weit zwischen die Myosinfilamente hinein, sodass sich an beiden Seiten des A-Streifens dicke Myosin- und dünne Aktinfilamente überlappen. Der dazwischenliegende Bereich ohne Überlappung bildet den helleren **H-Streifen**, der somit nur aus Myosinfilamenten

Anordnung der Filamente: Die Querstreifung erscheint im Polarisationsmikroskop durch Periodizität von **I**- und **A-Streifen** (Abb. **A-2.27a**).

Im Lichtmikroskop sieht man
- **dunkle A-Streifen** mit **H-Streifen** und
- **helle I-Streifen**, unterteilt durch den **Z-Streifen**.

▶ **Merke.**

Im ultrastrukturellen Bild lassen sich den Streifen Filamente zuordnen (Abb. **A-2.27b**, Abb. **A-2.27c**):
- **A-Streifen:** Myosinfilamente, an den beiden Seiten überlappend mit Aktinfilamenten. Der **H-Streifen** ist der mittlere Bereich des A-Streifens, wo sich nur Myosinfilamente finden. Durch deren Querverbindung entsteht der **M-Streifen**.

⊙ A-2.27 Sarkomer auf verschiedenen Ebenen

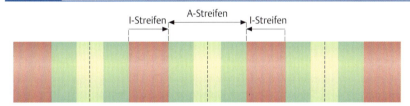

a

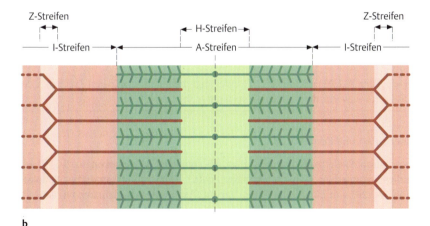

b

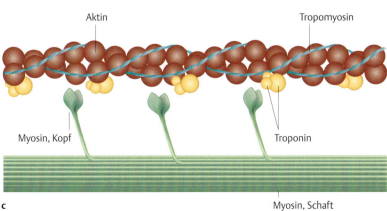

c

a Lichtmikroskopische Struktur,
b Ultrastruktur,
c Molekülstruktur.

A 2 Zytologie und Histologie – Grundlagen

ohne Köpfchen und ohne Aktinfilamente besteht. Ihn wiederum teilt ein dünner dunklerer **M-Streifen**, der durch Querverbindung dem Erhalt der parallelen Ausrichtung der Myosinfilamente dient.

- **I-Streifen:** Hier liegen nur Aktinfilamente mit Verknüpfung am Z-Streifen.

- **I-Streifen:** Ebenfalls in paralleler Anordnung liegen in diesem Bereich die Aktinfilamente. Sie sind über Verknüpfungsproteine (α-Aktinin, Z-Protein, Vinculin) am **Z-Streifen** verhaftet.

Im Querschnitt besteht eine **hexagonale Anordnung** der Filamente.

Sechs Aktinfilamente ordnen sich hexagonal um ein Myosinfilament. Das Myosinfilament ist seinerseits das Zentrum von sechs hexagonal angeordneten weiteren Myosinfilamenten, wie im Querschnitt sichtbar.

Das **Zytoskelett** schützt die quergestreifte Muskelfaser vor Schädigungen.

Intermediärfilamente aus **Desmin** verbinden Myofibrillen mit der Zellmembran und stabilisieren so deren Lage. Dadurch schützt das **Zytoskelett** die quergestreifte Muskelfaser vor Schädigungen, die durch Scherkräfte bei Kontraktion und Dehnung auftreten.

▶ Klinik.

▶ **Klinik.** Üben Intermediärfilamente aus Desmin ihre Funktion nicht aus, die Architektur der Myofibrillen zu erhalten, liegt eine genetisch bedingte **Myopathie** mit langsam fortschreitender Schwäche der Skelettmuskulatur vor.
Der **Dystrophin-Komplex**, der das Membranskelett stabilisiert, verläuft als ringförmige Verdichtung (Costamer) in der Höhe des Z-Streifens. Für jedes der Proteine des Dystrophin-Komplexes sind genetisch bedingte Defekte bekannt. Zu diesen Muskeldystrophien gehört die **Duchenne-Erkrankung** mit einem Funktionsverlust des Moleküls Dystrophin, geprägt durch die chronisch progredient verlaufende Zerstörung der quergestreiften Muskulatur.

L- und T-System: Die Skelettmuskelfaser enthält zwei tubulär organisierte Systeme.

L- und T-System: Das **sarkoplasmatische Retikulum** der Skelettmuskelfaser dient als Kalziumspeicher und wird aufgrund der Längsorientierung seiner Tubuli auch **L**(longitudinal)-**System** genannt.
Am Übergang vom A- zum I-Streifen (s. o.) bilden diese Tubuli so genannte **terminale Zisternen**. Jeweils zwei von ihnen liegen dicht an einem zum sog. **T-System** gehörenden transversalen Tubulus, der einer **Einfaltung des Sarkolemms** entspricht. Das T-System dient der Fortleitung einer Erregung in das Innere der Muskelfaser.

▶ Merke.

▶ Merke. **L-System** = longitudinal angeordnete Tubuli des sarkoplasmatischen Retikulums → Kalziumspeicher
T-System = Gesamtheit der transversalen Tubuli, die einer Einfaltung des Sarkolemms entsprechen und immer quer zum L-System orientiert sind → Erregungsleitung
Triade (Abb. **A-2.28**) = T-Tubulus mit zwei angrenzenden terminalen Zisternen des L-Systems → elektromechanische Kopplung (s. u.)

Innervation und Kontraktion

Innervation und Kontraktion

Innervation: Die Skelettmuskulatur ist über das somatische Nervensystem (S. 212) **willkürlich aktivierbar**. Jede Skelettmuskelfaser wird über eine **motorische Endplatte** innerviert (Abb. **A-2.29**). Eine **motorische Einheit** entspricht einem motorischen Neuron und allen davon innervierten Muskelfasern.

Innervation: Skelettmuskulatur ist über das somatische Nervensystem (S. 212) **willkürlich aktivierbar**. Jede Muskelfaser wird über eine **motorische Endplatte** (Abb. **A-2.29**) von einem efferenten Nerven (Axon einer motorischen Nervenzelle) durch den Neurotransmitter Acetylcholin stimuliert. Das Axon verzweigt sich terminal baumartig und endet an mehreren motorischen Endplatten. Bei Grobmotorik versorgt eine Nervenfaser bis zu tausend Muskelfasern (z. B. Muskeln der Bauchwand), bei Feinmotorik erreicht eine Nervenfaser etwa fünf Muskelfasern (z. B. Augenmuskeln). Die motorische Nervenzelle mit dem Axon und alle davon innervierten Muskelfasern bilden eine **motorische Einheit**.

▶ Klinik.

▶ Klinik. An der **motorischen Endplatte** kann die synaptische Übertragung durch zahlreiche, exogene Wirkstoffe **gestört** werden, wie z. B. durch Muskel-relaxierende Narkotika, Bakteriengifte (Botulinustoxin), Schlangengifte (Bungaratoxine), Insektizide oder Kampfgifte.
Aber auch vom Körper selber gebildete Antikörper (Autoantikörper) gegen Acetylcholin-Rezeptoren der postsynaptischen Membran (S. 97) können die Erregung der Muskulatur an der motorischen Endplatte einschränken. Bei dieser Erkrankung (**Myasthenia gravis**) gehört die rasche Ermüdbarkeit der äußeren Augenmuskeln zu einem der ersten Symptome, das zum hängenden oberen Augenlid (**Ptosis**) führt. Weitere Symptomatik und Therapie s. Myasthenia gravis (S. 180).

A 2.2 Das Gewebe

A-2.28 Triade und kontraktile Filamente einer Skelettmuskelfaser

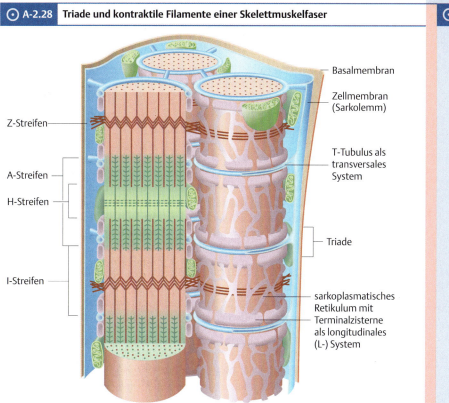

A-2.28

A-2.29 Motorische Endplatte

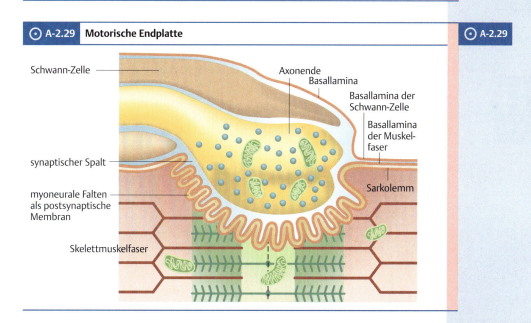

A-2.29

Die Tiefensensibilität und die Spannung jedes Muskels werden durch zu- und abführende Nervenfasern vermittelt, die an **Muskelspindeln** (durchschnittlich 5 mm lang und 0,2 mm breit) enden. Sie liegen zwischen den Muskelfaserbündeln und bestehen aus zwei bis zehn **intrafusalen Muskelfasern**. Bei **Kernkettenfasern** sind die Kerne hintereinander aufgereiht, in **Kernsackfasern** liegen sie als Anhäufung beieinander. Muskelspindeln sind von einer bindegewebigen Kapsel umgeben.

Kontraktion: Kommt eine Erregung über die motorische Endplatte an der Muskelfaser an, müssen für die Kontraktion der Myofilamente Kalziumionen aus dem sarkoplasmatischen Retikulum freigesetzt werden. Diese Möglichkeit ist über Interaktion des Sarkolemms mit dem sarkoplasmatischen Retikulum im Bereich der Triaden (S. 84) gegeben, indem die ankommende Erregung durch Membrandepolarisation übertragen wird. Die Freisetzung des Kalziums führt zur Aktivierung einer ATPase.

Muskelspindeln registrieren die Spannung eines Skelettmuskels. Man unterscheidet **Kernsack-** von **Kernkettenfasern**.

Kontraktion: Die ankommende Erregung führt über das System der Triaden (S. 84) zur Freisetzung von Kalziumionen, die über ATP-Spaltung zum Ineinandergleiten der Filamente und damit Kontraktion der Muskelfasern führen.

A 2 Zytologie und Histologie – Grundlagen

Die folgende enzymatische ATP-Spaltung erlaubt die Bildung von Aktin-Myosinbrücken und damit das Gleiten von Aktinfilamenten zwischen Myosinfilamenten, was durch Verkürzung der Skelettmuskelfaser zur Kontraktion führt (**Filament-Gleit-Theorie**).

Durch das T- und L-System ist gewährleistet, dass eine Skelettmuskelfaser in ganzer Länge zur gleichzeitigen Stimulation aller Myofilamente gebracht wird (elektromechanische Kopplung).

Hüllsysteme und Fasertypen der Skelettmuskulatur

Hüllsysteme und Fasertypen der Skelettmuskulatur

Bindegewebshüllen: Ein Skelettmuskel (Abb. A-2.30) besteht aus **Primär-**, **Sekundär-** und **Tertiärbündel**, jeweils umhüllt vom **Endo-**, **Peri-**, und **Epimysium**.

Bindegewebshüllen: Mehrere Muskelfasern (Abb. A-2.30), jeweils als Einzelfaser umgeben vom **Endomysium**, bilden ein **Primärbündel**, das von **Perimysium internum** umfasst wird. Mehrere Gruppen von Primärbündeln werden durch das **Perimysium externum** zum **Sekundärbündel**. Mehrere Sekundärbündel sind vom **Epimysium** eingehüllt, das das **Tertiärbündel** bildet und Teil der äußeren Hülle (Faszie) des Muskels darstellt. Die genannten Bindegewebshüllen sind Verteilungswege für Blutgefäße und Nerven, die bis zum Endomysium ziehen.

Fasertypen (Abb. A-2.12): Ein Skelettmuskel besteht i. d. R. aus verschiedenen Fasertypen:
- Slow-Fasern mit hohem oxidativen Stoffwechsel u. a. in Ausdauermuskeln,
- Fast-Fasern mit hohem glykolytischen Stoffwechsel u. a. in Schnellkraftmuskeln.

Fasertypen (Abb. A-2.12): Ein Skelettmuskel besteht i. d. R. aus verschiedenen Fasertypen:
- **Slow-Fasern** mit hohem oxidativen Stoffwechsel u. a. in **Ausdauermuskeln**,
- **Fast-Fasern** mit hohem glykolytischen Stoffwechsel u. a. in **Schnellkraftmuskeln**.

Fasertypen (Abb. A-2.12): Ein Skelettmuskel besteht in der Regel aus verschiedenen Fasertypen:
- **Typ I** als langsame Fasern (**Slow-Fasern**) mit den Eigenschaften langsam zuckend, langsam ermüdbar, mit vielen Mitochondrien, viel Myoglobin, dunkler Farbe.
- **Typ II** als schnelle (**Fast-Fasern**) mit den Eigenschaften schnell zuckend, schnell ermüdbar und unterschiedlich vielen Mitochondrien.

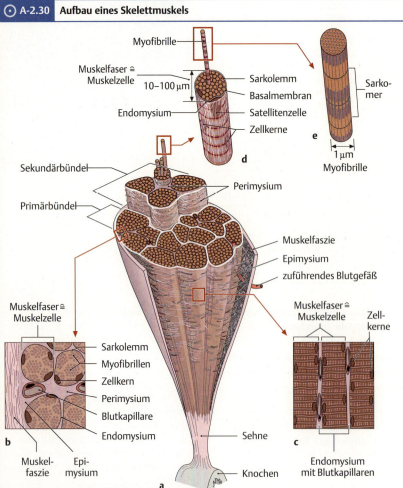

A-2.30 Aufbau eines Skelettmuskels

(Prometheus LernAtlas. Thieme, 3. Aufl.)
a Skelettmuskel, quer angeschnitten
b mit Ausschnittsvergrößerungen im Querschnitt
c und Längsschnitt
d sowie zur Darstellung einer einzelnen Muskelfaser (= Muskelzelle,
e und einer Myofibrille.

A 2.2 Das Gewebe

≡ A-2.11 Einteilung der Skelettmuskulatur nach funktionellen und physiologischen Gesichtspunkten

Eigenschaften	rote Haltemuskulatur	weiße Bewegungsmuskulatur
Hauptfunktion	Dauerleistung	schnelle, kurze und kraftvolle Kontraktion
Phylogenetisches Alter	älter	jünger
Muskelfasern:	überwiegend Typ I (Slow-Fasern)	überwiegend Typ II (Fast-Fasern)
▪ Mitochondrien	↑	↓
▪ Myoglobin	↑	↓
▪ Glykogen	↓	↑
▪ Stoffwechsel	aerob	anaerob
Gefäßversorgung	↑	↓
motorische Einheiten	groß	klein
bei Nichtgebrauch	Neigung zur Verkürzung durch erhöhten Grundtonus → regelmäßige Dehnung	Neigung zur Atrophie → regelmäßige Kräftigung
Beispiele	▪ autochthone Rückenmuskulatur (S. 271), v. a. HWS- u. LWS-Anteil ▪ Mm intercostales (S. 294) ▪ ischiokrurale Muskulatur (S. 377) ▪ M. iliopsoas (S. 351) ▪ Mm. adductores (S. 358) ▪ M. rectus femoris (S. 377)	▪ M. serratus anterior (S. 443) ▪ M. biceps brachii (S. 460) ▪ M. gluteus maximus (S. 354) ▪ Mm. vastus medialis und lateralis (Abb. **D-1.41**) ▪ M. gastrocnemius (S. 412) ▪ M. tibialis anterior (S. 414)

Die Leistung eines Muskels wird durch die Faserzusammensetzung determiniert. So bestehen **Ausdauermuskeln** wie das Zwerchfell und die langen Rückenmuskeln hauptsächlich aus Slow-Fasern mit hohem oxidativen Stoffwechsel und **Schnellkraftmuskeln** wie der lange Zehenstrecker (Musculus extensor digitorum longus) hauptsächlich aus Fast-Fasern mit hohem glykolytischen Stoffwechsel.

> Die Leistung eines Muskels wird durch die Faserzusammensetzung determiniert.

Herzmuskulatur

Die Herzmuskulatur bildet mit dem Blutgefäß- und Nerven-führenden Bindegewebe das Myokard (S. 594) und gehört zur quergestreiften Muskulatur. Auch wenn der Aufbau der Sarkomere der in Skelettmuskelfasern entspricht, zeigt das Herzmuskelgewebe gegenüber der Skelettmuskulatur deutliche Unterschiede.

> ### Herzmuskulatur
> Die quergestreifte Herzmuskulatur ist der Hauptteil des Myokards (S. 594).

Aufbau der Kardiomyozyten

Die quergestreiften Herzmuskelzellen (**Kardiomyozyten**) von 50–100 µm Länge und bis zu 15 µm Dicke sind gabelartig verzweigt und besitzen meist einen **zentral gelegenen Kern**.

An beiden Kernpolen trifft man auf **myofibrillenfreie Höfe**, in denen sich braunes Pigment (Lipofuscin), Mitochondrien und Glykogen anreichern. Herzmuskelzellen sind von einer Basallamina umhüllt, zwischen ihnen liegt wegen des hohen oxidativen Stoffwechsels ein dichtes Netzwerk von Kapillaren. Im Vergleich zu den Skelettmuskelfasern ist das sarkoplasmatische Retikulum weniger gut entwickelt. Schwach ausgebildete terminale Zisternen bilden zusammen mit einem breiten T-Tubulus eine **Dyade**. Sie befindet sich in Höhe des Z-Streifens.

> #### Aufbau der Kardiomyozyten
> Herzmuskulatur besteht aus gabelartig verzweigten **Kardiomyozyten**. Typisch sind **zentral gelegene Kerne**, myofibrillenfreie Höfe an den Kernpolen, Lipofuszin, sarkoplasmatisches Retikulum als Komponente der **Dyade**.

▶ **Klinik.** Bei chronischer Mehrbelastung nehmen Kardiomyozyten und damit der Herzmuskel an Masse zu (**Hypertrophie**). Die Zellzahl vermehrt sich im Rahmen einer **Hyperplasie** nur in der Fetalzeit. Postnatal regeneriert die Herzmuskulatur nicht, da Satellitenzellen fehlen. Gehen bei einem **Herzinfarkt** Kardiomyozyten zugrunde, wird das Gewebe durch eine **Bindegewebsnarbe** substituiert.

> ▶ **Klinik.**

Glanzstreifen: Durch End-zu-End-Verknüpfungen der einzelnen Herzmuskelzellen über Glanzstreifen (**Disci intercalares**) entsteht ein **funktionelles Synzytium** als dreidimensionales Netzwerk. Lichtmikroskopisch fallen Glanzstreifen als stark gefärbte Linie auf, die quer in einer Kette von Zellen verläuft.

Es handelt sich um einen komplex gebauten **Haft- und Kommunikationskontakt**: Transversal zur Längsachse der Zelle liegen Adhärenskontakte, sog. **Fasciae adhaerentes** (S. 57), und verankern Aktinfilamente, zum kleineren Teil finden sich Desmosomen, an denen Intermediärfilamente aus Desmin ansetzen. In Längsrichtung sind **Gap Junctions** (S. 56) ausgerichtet (Abb. **A-2.31**).

> **Glanzstreifen:** Herzmuskelzellen bilden ein **funktionelles Synzytium** durch **Disci intercalares** (Abb. **A-2.31**), die Haft- und Kommunikationskontakten (S. 56) entsprechen.

A 2 Zytologie und Histologie – Grundlagen

⊙ A-2.31 Glanzstreifen

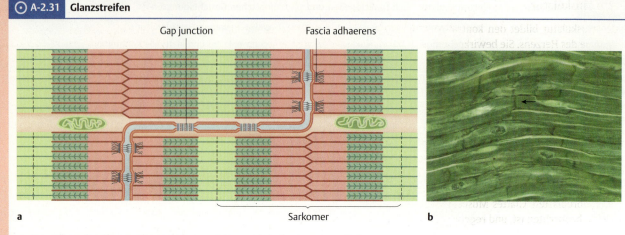

a Darstellung des Glanzstreifens zwischen zwei Herzmuskelzellen im schematischen
b und histologischen Längsschnitt (Pfeil).

Modifizierte Herzmuskelzellen und Innervation

Die Kontraktion ist Hauptaufgabe von Herzmuskelzellen, wobei sie durch modifizierte Zellen **autonom** gesteuert wird.

Schrittmacherzellen: Modifizierte Herzmuskelzellen bilden und leiten die Erregung (S. 596) im Sinn von Schrittmacherzellen (Abb. **A-2.32**).

Myoendokrine Zellen: Sie sezernieren **ANP** und liegen in der rechten Vorhofwand.

Modifizierte Herzmuskelzellen und Innervation

Der Hauptanteil der Herzmuskulatur steht als Arbeitsmuskulatur im Dienst der Kontraktion. Sie ist im Gegensatz zur Skelettmuskulatur **unwillkürlich** und **autonom** geregelt, wobei neben der Beeinflussung durch das vegetative Nervensystem (S. 214) Schrittmacherzellen des Erregungsleitungssystems eine führende Rolle zukommt. Diese zählen zusammen mit den myoendokrinen Zellen zu sog. modifizierten Herzmuskelzellen.

Schrittmacherzellen: Die führenden Zellen des Erregungsbildungs- und -leitungssystems (S. 596) sind größer als die übliche Herzmuskelzellen, haben mehrere Kerne, weniger Myofibrillen und einen hohen Gehalt an Glykogen (Abb. **A-2.32**). Das System verläuft vom rechten Vorhof im Kammerseptum zur Herzspitze.

Myoendokrine Zellen: Sie liegen in der Wand des rechten Vorhofs und sezernieren bei Bluthochdruck und starker Wanddehnung ein Peptidhormon, das atriale natriuretische Peptid (**ANP**). Es erhöht die Ausscheidung von Natrium- und Wassermolekülen in der Niere und vermindert somit die Rückresorption von Primärharn.

⊙ A-2.32 Reizleitungssystem des Herzens

Das diagonale Zellband aus glykogenreichen Zellen entspricht dem Reizleitungssystem.

Glatte Muskulatur

Glatte Muskulatur bildet den kontraktilen Anteil der Wand von Hohlorganen mit Ausnahme des Herzens. Sie bewirkt damit durch ihre Kontraktion stets eine Lumeneinengung des betreffenden Organs.

Aufbau der glatten Muskelzelle

Glatte Muskelzellen sind vom Endomysium umhüllt. Sie sind spindelförmig, mit **zentral** liegendem, chromatin-lockerem **Kern** (Abb. **A-2.33**). Der Durchmesser der Muskelzelle beträgt 5–6 µm, die Länge variiert von 20 µm bei kleinen Blutgefäßen bis 500 µm beim Uterus während einer Schwangerschaft. Die Zellen produzieren Elastin, Kollagen sowie Proteoglykane und verankern sich an der Matrix. Wenn die kontraktile Aktivität gleich stark ist wie die synthetische Aktivität, handelt es sich um Myofibroblasten. Glattes Muskelgewebe ist **mitotisch aktiv**, wie beim graviden Uterus zu beobachten ist, und **regeneriert** nach Schädigung **gut**.

Glatte Muskulatur

Sie bildet den Hauptanteil der Wand von Hohlorganen mit Ausnahme des Herzens.

Aufbau der glatten Muskelzelle

Glatte Muskelzellen haben **zentral gelegene Kerne** und **regenerieren** gut (Abb. **A-2.33**).

A-2.33 Glatte Muskulatur

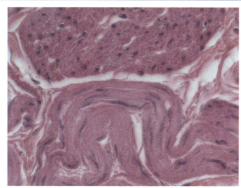
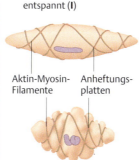

a
b kontrahiert (II)
entspannt (I)
Aktin-Myosin-Filamente Anheftungsplatten

a Im histologischen Präparat ist glatte Muskulatur sowohl längs als auch quer angeschnitten.
b Schematische Darstellung einer glatten Muskelzelle im entspannten (I) und kontrahierten (II) Zustand: Aktin-Myosin-Filamente sind als schräg verlaufende Bündel über Anheftungsplatten organisiert.

Kontraktiler Apparat: Die glatten Muskelzellen zeigen **keine Querstreifung**, sondern sind lichtmikroskopisch homogen. Myofibrillen sind nicht zu Sarkomeren angeordnet.
Ultrastrukturell besteht das Zytoskelett aus einem Netz aus Intermediärfilamenten wie Desmin und Vimentin sowie aus Myofilamenten für den kontraktilen Apparat. Ihre Organisation ist im Detail unklar. Myofilamente setzen sich aus glattmuskulären Aktin- und Myosin-Isotypen zusammen. Myosinfilamente verlaufen vermutlich schräg ebenso wie dazu parallel orientierte Aktinfilamente. Sie inserieren an **zytoplasmatischen** Verdichtungen und **sarkolemmalen Anheftungs-** bzw. **Verdichtungsplatten** (dense bodies) als Äquivalente zum Z-Streifen.
Anders als in der quergestreiften Muskelfaser mit bipolar angeordneten Mysosinköpfchen in einem Bündel von Myofibrillen, bei der maximale Kontraktion durch gegensinniges Arbeiten beider Pole limitiert wird, sind in der glatten Muskulatur die **Myosinköpfchen gereiht** orientiert. Die gegenüberliegenden Reihen arbeiten gegensinnig.
Damit wird eine **stärkere Verkürzung** durch Gleiten der Myofilamente erreicht als bei der quergestreiften Muskulatur.

Caveolae: Als Äquivalent zum T-System der Skelettmuskulatur (S. 84) werden bei der glatten Muskelzelle **Invaginationen des Sarkolemms** (**Caveolae**) gewertet. Sie liegen in enger Nachbarschaft zu Tubuli mit der Funktion des sarkoplasmatischen Retikulums.

Kontraktiler Apparat: Mikroskopisch ist **keine Querstreifung** sichtbar, sondern homogene Zellen. Ultrastrukturell zeigen sich schräg verlaufende Aktin- und Myosinfilamente, die an **Anheftungsplatten** verankert sind.

Durch die andersartige Anordnung der Myosinköpfchen gegenüber der quergestreiften Muskulatur wird eine **stärkere Verkürzung** erreicht.

Caveolae: Caveolae werden als Kalziumspeicher gewertet.

A-2.12 Charakteristika unterschiedlicher Muskelgewebe

	Skelettmuskulatur	Herzmuskulatur	glatte Muskulatur	
Licht-mikroskopie	quergestreift		homogen	
(Abb. schematisch dargestellt: a: Längs-schnitt b: Quer-schnitt)*				
Muskelzelle(n)	Skelettmuskelfaser, morphologisches Synzytium	verzweigte Zellen, funktionelles Synzytium durch Gap Junctions in **Glanzstreifen**	spindelförmige Zellen, funktionelles Synzytium durch Gap Junctions	
Zellkern(e):	viele Kerne in **randständig**er Lage		meist ein Kern, **zentral** gelegen	
Filamente		Sarkomerstruktur	schräg verlaufende Aktin- und Myosinfi-lamente mit sarkolemmalen Anheftungsplatten	
sarkolemmale Invagination	schmaler T-Tubulus → bildet mit je 2 Zisternen des L-Systems (SR**) eine **Triade**	breiter T-Tubulus bildet mit schwach ausgebildeter Zisterne des SR** eine **Dyade**	**Caveolae**	
Innervation	willkürlich (somatisches Nervensystem)	unwillkürlich (vegetatives Nervensystem), z. T. autonome Steuerung durch Schrittmacherzellen		

* (in Abbildung) Cohnheim-Felderung: Gruppierung der Fibrillen durch Fixierung (Artefakt)

** SR = sarkoplasmatisches Retikulum

*** Quelle: nach Ulfig, N.: Kurzlehrbuch Histologie. 2. Aufl., Thieme, 2011

Regulation der Kontraktion

Neurogene und hormonelle Regulation: Bei der glatten Muskulatur ist die unwillkürliche Kontraktion über eine neuro-muskuläre Verbindung geregelt, die einer **„Synapse en passant à distance"** entspricht.

Myogene Regulation: Durch sog. Schrittmacherzellen induzierte Erregung wird zwischen glatten Muskelzellen durch Gap Junctions im Sinne eines **funktionellen Synzytiums** übertragen.

▶ Klinik.

Regulation der Kontraktion

Neurogene und hormonelle Regulation: Glatte Muskulatur kontrahiert sich **unwillkürlich** und wird durch das **autonome Nervensystem** innerviert, wobei – wie z.B. bei der Wehentätigkeit – Hormone regulierend eingreifen können. Die neuro-muskuläre Verbindung entspricht einer **„Synapse en passant à distance"**: Axone als zuführende Nervenfasern des autonomen Nervensystems zeigen variköse Erweiterungen mit Botenstoffen (Azetylcholin oder Noradrenalin). Die Varikositäten liegen 10–100 μm von der glatten Muskelzelle entfernt, deren Rezeptoren für die Botenstoffe über die gesamte Zelloberfläche verteilt sind. Die Kontraktionsstärke hängt ab von der Anzahl der aktivierten Rezeptoren. Es kann sich, anders als bei der quergestreiften Muskulatur, die ganze Zelle oder ein Teil von ihr kontrahieren.

Myogene Regulation: Glatte Muskelzellen sind nicht generell zur autonomen Kontraktion befähigt.

Sie können sich unter dem Einfluss von „Schrittmacherzellen" (glatte Muskelzellen hoher spontaner Erregbarkeit) spontan kontrahieren. Die Erregung wird durch gap Junctions im Sinne eines **funktionellen Synzytiums** übertragen.

Glatte Muskelzellen verkürzen sich langsamer und stärker als quergestreifte Muskulatur. Sie verbleiben ohne großen Energieverbrauch lange in Kontraktion. Glatte Muskelzellen sind nie ganz entspannt, sondern halten stets einen gewissen Kontraktionszustand (**Tonus**) aufrecht. Ein wechselnder Tonus bedingt die langsame peristaltische Kontraktion im Magen-Darmtrakt und im Urogenitalsystem.

▶ Klinik. Bei einer **Atonie** fällt die Peristaltik aus. Dies führt im Darm zum **paralytischen Ileus** (Darmverschluss) oder im Fall eines gesteigerten Tonus zur Spastik und **spastischem Ileus**.

Beim **Asthma bronchiale** ist der Tonus der glatten Muskulatur der Atemwege so gesteigert, dass die Luftwege stark eingeengt sind (S. 556).

2.2.6 Nervengewebe

Das Nervengewebe bildet sich aus dem Neuroektoderm (S. 111) und besteht aus
- **Neuronen** (**Nervenzellen**) und
- **Gliazellen** (**Supportzellen**), kurz **Glia** genannt.

Neurone proliferieren in der Regel nicht, während Gliazellen dazu befähigt sind. Das zentrale Nervensystem (ZNS) mit Gehirn und Rückenmark sowie das periphere Nervensystem (PNS) mit Nerven und Nervenzellgruppen (Ganglien) zeigen histologische und funktionelle Unterschiede der Bauelemente.

Neurone und **Gliazellen** sind Bauelemente von PNS und ZNS. Neurone proliferieren in der Regel nicht.

Neurone

▶ Definition. Ein Neuron ist das Funktionselement des peripheren Nervensystems (PNS) sowie des Zentralnervensystems, ZNS (S. 201) und dient der Aufnahme, Weiterleitung und Verarbeitung von Reizen.

▶ Definition.

Nur im ZNS (S. 201) unterscheidet man die **graue Substanz** (Sustantia grisea) mit Neuronen von der **weißen Substanz** (Substantia alba) mit Nervenfasern.

Aufbau des Neurons

(Abb. **A-2.34**)
Ein Neuron besteht aus
- **Zell-Leib** (**Perikaryon**, Soma) und seinen
- **Fortsätzen**: In der Regel besitzt ein Neuron **mehrere Dendriten**, doch stets nur **ein Axon**.

Die zytologische und funktionelle Organisation eines Neurons ist polar: In der Regel wird der exzitatorische Reiz (Stimulus) vom Dendriten aufgenommen und auf dem Weg vom Dendriten zum Zellkörper und im Zellkörper verarbeitet. Ein neuer Reiz wird am Abgang des Axons (**Axonhügel**) ausgelöst.
Die Reizübertragung von einem Neuron zum nächsten erfolgt über Synapsen (S. 97).

Mehrere **Dendriten** münden in das **Perikaryon**, von dem über den Axonhügel das **Axon** abgeht.

Perikaryon: Das Perikaryon ist das **trophische Zentrum** des Neurons und wegen seiner hohen Stoffwechselaktivität reich an Organellen wie Golgi-Apparat, rauem endoplasmatischem Retikulum, Lysosomen und Mitochondrien. Bedingt durch die hohe Proteinsynthese ist das raue endoplasmatische Retikulum kräftig entwickelt und tritt histologisch als fein- bis grobkörnige Substanz (**Nissl-Schollen**) bei Färbung (S. 101) mit basischen Stoffen wie Kresylviolett, Toluidinblau oder Methylenblau in Erscheinung. Nur der **Axonhügel** (**Ursprungskegel**) am Abgang des Axons ist frei von Nissl-Schollen. Auch der **Kern** gibt Hinweise auf die hohe Syntheseleistung der Neuronen (blasse Färbung als Hinweis auf **Entspiralisierung der DNA** (Euchromatin), Nucleolus stark anfärbbar durch Anwesenheit von rRNA und RNA-Polymerase I).

Perikaryon: Das Perikaryon ist das trophische Zentrum eines Neurons.
Histologische Merkmale sind ein blass gefärbter Kern und ein kräftig entwickeltes raues ER, das durch Färbung mit basischen Stoffen als **Nissl-Schollen** sichtbar wird. Nur der Axonhügel ist frei von Nissl-Schollen.

Das Zytoskelett des Perikaryons besteht aus **Neurofilamenten** (in der Dicke von Intermediärfilamenten), die sich zu **Neurofibrillen** zusammenlagern. **Neurotubuli** entsprechen den Mikrotubuli. Sie werden durch Mikrotubuli-assoziierte Proteine (**MAPs**) versteift und bilden mit den Neurofilamenten sowie mit Aktinfilamenten ein dichtes Netz.

Neurofibrillen und **Neurotubuli** gehören zum Zytoskelett des Neurons.

Dendriten: Sie sind zur Oberflächenvergrößerung baumartig verzweigt und tragen „**Spines**" (Dornen) als Kontaktstellen für Synapsen.

Dendriten: Sie tragen „Spines" als Orte synaptischer Kontakte.

A-2.34 Aufbau eines Neurons

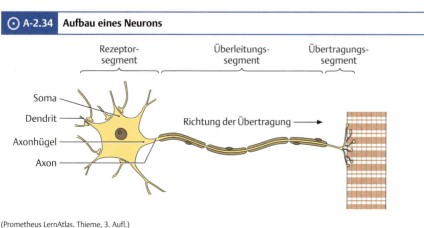

(Prometheus LernAtlas. Thieme, 3. Aufl.)

Axon: Die Abschnitte des Axons sind: **Initialsegment**, Hauptstrecke mit **Axonsegmenten** und **Axonterminalen** mit „Boutons". Axone haben eine Gliascheide.

Axonaler Transport: Beim **anterograden** Transport werden Vesikel mit Hilfe des Motorproteins Kinesin zentrifugal befördert, beim **retrograden** Transport kommen leere Vesikel unter Mitarbeit des Motorproteins Dyneins auf zentripetalem Weg zurück zum Perikaryon.

Klassifikation der Neurone

Eine Klassifikation ist möglich anhand der Form (Abb. **A-2.35**) und der Funktion.

Nach Anzahl der Neuriten klassifiziert man Neurone als:
- **multipolar**,
- **bipolar**,
- **pseudounipolar** (Spinalganglien sensible Ganglien der Hirnnerven V, VII, IX und X),
- **unipolar**.

Neurone werden nach ihrer Funktion unterteilt in:
- sensorische Neurone,
- Motoneurone,
- Projektionsneurone,
- Interneurone,
- Neuroendokrine Neurone.

A-2.35

A 2 Zytologie und Histologie – Grundlagen

Axon: Nach dem Axonhügel unterscheidet man das **Anfangssegment** (**Initialsegment**), die Hauptstrecke mit den **Axonsegmenten** und die **Axonterminalen**, deren Verdickungen **„Boutons"** genannt werden. Die Axonterminalen dienen synaptischen Kontakten. Beim Axon unterscheidet man das **Axolemm** (Zellmembran) und das **Axoplasma** (Zytoplasma) mit Neurofilamenten und Neurotubuli. Jedes Axon wird von der Gliascheide umhüllt.

Axonaler Transport: Über den **anterograden axonalen Transport** werden Mitochondrien und Vesikel schnell (40 cm/Tag), nicht Membran-verpackte Proteine langsam (0,4 cm/Tag) vom Perikaryon zum Axonende entlang der Mikrotubuli mit Hilfe der Motorproteine Kinesin transportiert.

Abgenutzte Organellen gelangen über den **retrograden axonalen Transport** (20 cm/Tag) und dem Motorprotein Dynein zurück zum Perikaryon.

Klassifikation der Neurone

Neurone kann man zum einen nach ihrer Form (Abb. **A-2.35**), zum anderen nach ihrer Funktion klassifizieren.

Nach der Anzahl der Neuriten unterscheidet man:
- **Multipolare Neurone:** Viele Dendriten gehen vom gesamten Perikaryon ab. Multipolare Neurone finden sich u. a. im Vorderhorn des Rückenmarks, als Purkinje-Zelle in der Rinde des Kleinhirns und als Pyramidenzelle in der Rinde des Großhirns.
- **Bipolare Neurone:** Sie besitzen einen Dendriten und ein Axon und kommen in der Retina, im Riechepithel sowie bei Hirnnervenganglien im Innenohr vor.
- **Pseudounipolare Neurone** mit einem dendritischen Axon entwickeln sich in der Embryonalzeit aus einem bipolaren Neuron. Pseudounipolare Neurone finden sich im Spinalganglion und in sensiblen Ganglien der Hirnnerven V, VII, IX und X.
- **Unipolare Neurone** sind bei Vertebraten selten und vor allem während der Embryogenese zu finden.

Funktionell werden Neurone gegliedert in:
- **sensorische Neurone**, die afferente Impulse zum und innerhalb des ZNS führen und
- **Motoneurone**, die efferente Impulse vom ZNS zum peripheren Zielorgan führen.
- **Projektionsneurone** übermitteln Reize über lange und mittlere Strecken. Es handelt sich um multipolare Neurone, die als Golgi-I-Zellen bezeichnet werden und ein langes Axon besitzen. Ein Motoneuron ist ein Projektionsneuron.
- **Interneurone** dienen der lokalen Verschaltung. Diese multipolaren Golgi-II-Neurone bilden kurze Axone.
- **Neuroendokrine** Nervenzellen sind gleichzeitig zur Synthese und Abgabe von Hormonen befähigt.

A-2.35 **Verschiedene Typen von Neuronen**

(Prometheus LernAtlas. Thieme, 3. Aufl.)

a Multipolare Neurone: mit langem Axon (**I**, Vorkommen z. B. als α-Motoneurone im Vorderhorn des Rückenmarks), mit kurzem Axon (**II**, Vorkommen z. B. in der grauen Substanz von Rückenmark und Gehirn als Interneurone) sowie die Pyramidenzelle (**III**) der Großhirnrinde.
b Bipolares Neuron (Vorkommen z. B. in der Retina).
c Pseudounipolares Neuron (Vorkommen z. B. in Spinalganglien).

a I   a II   a III   b   c

Gliazellen (Supportzellen) im ZNS und PNS

Gliazellen sind 10-mal häufiger vertreten als Nervenzellen.
Im **PNS** findet man:
- **Schwann-Zellen**, die Axone begrenzen, und
- **Mantelzellen** um Neurone in Ganglien (S. 98).

▶ Klinik. Schwann-Zellen im PNS bilden gutartige **Neurinome** (= **Schwannome**). Eine häufige Lokalisation ist der achte Hirnnerv (Akustikusneurinom) oder auch aus dem Rückenmark austretende Nervenwurzeln. Multiple Neurinome treten bei der erblichen Neurofibromatose (**Morbus Recklinghausen**) auf.

Im **ZNS** unterscheidet man nach Form und Funktion vier Gliazelltypen (Tab. **A-2.13**).

▶ Klinik. Die meisten sog. „Hirntumoren" gehen von Gliazellen des ZNS aus (**Astrozytom**, **Oligodendrogliom**), deren Malignitätsgrad abhängig von der Differenzierung der Tumorzellen ist. Das hochmaligne **Glioblastom** hat eine sehr schlechte Prognose: Die Zellen sind vollkommen entdifferenziert, wachsen schnell und bilden selbst nach operativer Entfernung und Strahlentherapie fast immer ein Rezidiv.

≡ A-2.13 Gliazellen des ZNS (s. auch Abb. A-2.36)

Gliazelle	Morphologie	Funktion
Astrozyten - protoplasmatischer Astrozyt (v. a. in grauer Substanz) - fibrillär (v. a. in weißer Substanz)	- größte Gliazelle (~40 µm) mit sich verzweigenden, sternförmigen Fortsätzen und viel oder wenig Zytoplasma - immunhistologischer Nachweis von GFAP*	- Stützfunktion - Beteiligung an der **Blut-Hirn-Schranke** (Induktion der Zonulae occludentes in Kapillaren vom kontinuierlichen Typ, Bildung der perivaskulären Gliamembran) - Konstanthaltung des **Mikromilieus** durch Aufnahme neuronaler Metaboliten - Aufnahme von Neurotransmittern - **Narbenbildung** (Gliose, Astrozytennarbe)
Oligodendrozyten	~30 µm	Bildner der **Gliascheide** im ZNS
Mikrogliazellen = Hortega-Zellen	~15–20 µm (wie ein Monozyt)	- Antigen-Präsentation - Phagozytose - amöboid beweglich
Ependymzellen	prismatische Epithelzellen, einschichtig	Auskleidung der Hirnventrikel und des Rückenmarkskanals

*__g__lial __f__ibrillary __a__cidic __p__rotein

⊙ A-2.36 Zelltypen der zentralen Glia

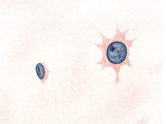

fibrillärer Astrozyt — protoplasmatischer Astrozyt — Oligodendrozyten — Mikroglia

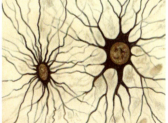
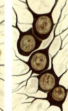
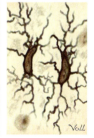

(Prometheus LernAtlas. Thieme, 3. Aufl.)

Myelinisierte Nervenfasern

Myelinisierte Axone werden von einer **Gliascheide** umhüllt. Diese wird im **ZNS** von den **Oligodendrozyten** gebildet, wobei die Fortsätze eines Oligodendrozyten mehrere Axone erreichen (Abb. **A-2.37**).

▶ **Klinik.** Die Myelinisierung des ZNS beginnt in der Fetalzeit und ihr Höhepunkt ist am Ende des 2. Lebensjahres überschritten. Bei der **Multiplen Sklerose** (**MS**) handelt es sich um eine demyelinisierende Erkrankung des ZNS. Entmarkungsherde sind unsystematisch verteilt und erklären das wechselnde und breite Spektrum neurologischer Symptome. Autoimmunprozesse gegen Myelin-spezifische Proteine werden als Krankheitsursache vermutet.

Im **PNS** werden Axone von **Schwann-Zellen** umhüllt. Da ein Axonsegment von einer Schwann-Zelle umhüllt wird, bilden mehrere Schwann-Zellen die Gliascheide der Segmente eines Axons.
Glia-Zellen entwickeln über Membranlamellen die **Myelinscheide**. Sie zeigt im ultrastrukturellen Bild eine Periodik von dicken **Haupt**- und dünnen **Intermediärlinien**. Bildet sich um ein Axon eine Myelinscheide, spricht man von einer **myelinisierten** (**markhaltigen**) **Nervenfaser**. Fehlt die Myelinscheide, handelt es sich um eine **nicht myelinisierte** (**marklose**) **Nervenfaser** (Axone). Mehrere marklose Axone des PNS liegen in Invaginationen einer Schwann-Zelle.

▶ **Merke.** Im **ZNS** umhüllt ein Oligodendrozyt mit seinen Fortsätzen mehrere Axone. Im **PNS** umgibt das Zytoplasma einer Schwann-Zelle mehrere Axone nur im Fall **markloser** Fasern. Bei **markhaltigen** Nervenfasern umhüllen mehrere Schwann-Zellen ein Axon.

Dort, wo eine Schwann-Zelle mit ihren Membranlamellen endet, wird die Myelinscheide unterbrochen. Diese Stelle, an der ein Axonsegment in das nächste übergeht, wird **Ranvier-Schnürring** (Abb. **A-2.38**) genannt und entspricht dem aufgrund der knotenartigen Anschwellung des Axons so bezeichneten **Ranvier-Knoten**. Der Abschnitt zwischen zwei Ranvier-Schnürringen gilt als **Internodium**.
In einer markhaltigen Nervenfaser wird die elektrische Erregungsleitung in Sprüngen von Schnürring zu Schnürring weitergeleitet. Diese **saltatorische Erregungsleitung** ist wesentlich schneller als die **kontinuierliche Leitung** bei einer marklosen Nervenfaser. Die Leitungsgeschwindigkeit ist ebenso von der Dicke der Myelinscheide bestimmt, über die stark-, schwach- und nicht myelinisierte Fasern in A-, B- und C-Fasern klassifiziert werden. Einzelheiten in Tab. **A-2.14** und im Kap. Nervensystem (S. 194).

⊙ **A-2.37** Unterschiede der Myelinisierung von PNS und ZNS

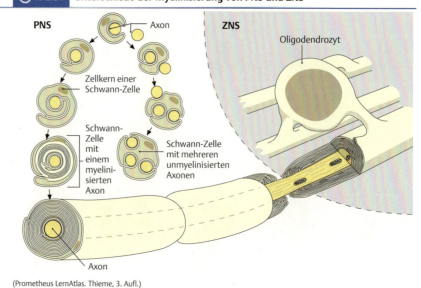

(Prometheus LernAtlas. Thieme, 3. Aufl.)

A-2.38 Aufbau eines Ranvier-Schnürrings im PNS

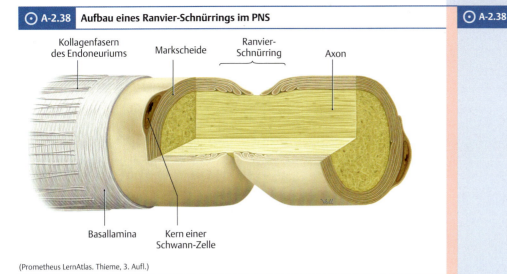

(Prometheus LernAtlas. Thieme, 3. Aufl.)

A-2.14 Klassifikation von Nervenfasern nach Myelinisierung und Dicke

Typ	Vorkommen	mittlerer Durchmesser (µm)	mittlere Leitungsgeschwindigkeit (m/s)
markhaltig			
Aα	Afferenzen zu Muskelspindeln Efferenzen aus α-Motoneuron	15	100
Aβ	Afferenzen aus Mechanorezeptoren der Haut	8	50
Aγ	Efferenzen der Muskelspindeln	5	20
Aδ	Afferenzen von Thermo- und Nozizeptoren der Haut	3	15
B	Efferenzen: sympathisch präganglionär	< 3	7
marklos			
C	Afferenzen*: Thermo- und Nozizeptoren Efferenzen: sympathisch postganglionär	1	1

* Afferenzen: Nervenfasern, die aus der Körperperipherie in Richtung ZNS ziehen. Efferenzen: Nervenfasern, die vom ZNS in die Peripherie ziehen.

Periphere Nerven

▶ **Definition.** Ein peripherer Nerv ist die Summe aller efferenten und afferenten Nervenfasern (S. 197) von Perikarya, die in der grauen Substanz des Rückenmarks (efferente Faser) oder im Spinalganglion (afferente Faser) liegen. Periphere Nerven bestehen aus Faserbündeln.

Bindegewebshüllen um Fasern und Bündel

Die kleinste Einheit eines Nervs ist die **Nervenfaser**, die aus **Axon** (bzw. Dendrit) und **Gliascheide** besteht. Sie wird von der Basallamina umschlossen, an die eine feine Schicht retikulären Bindegewebes grenzt, in das Kapillaren mit lockerem kollagenen Bindegewebe einmünden (bindegewebige Scheide). Basallamina und retikuläre Schicht gelten als **Endoneurium**. Mehrere Nervenfasern lagern sich zu **Nervenfaserbündeln** zusammen, eingefasst durch das **Perineurium** mit epithelähnlichen **Perineuralzellen**. Viele Nervenfaserbündel bilden einen Nerv, der durch die äußere Bindegewebsscheide, das **Epineurium**, begrenzt wird (Abb. **A-2.39**).

A-2.39 Aufbau eines peripheren Nervs

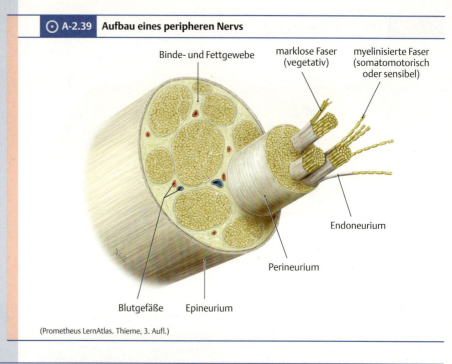

(Prometheus LernAtlas. Thieme, 3. Aufl.)

A-2.40 Myelinisierte Nervenfasern eines peripheren Nervs

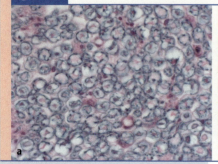
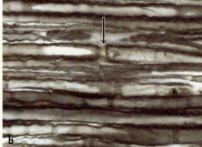

Histologisches Präparat im Quer- (**a**) und Längsschnitt (**b**). Das Endoneurium ist blau, das Axon ist rot gefärbt (Azan in **a**). Die schwarze Myelinscheide ist am Ranvier-Schnürring unterbrochen (Osmiumsäure-Fixierung, Pfeil).

Regeneration

Eine verletzte Nervenfaser des PNS regeneriert, wenn das Perikaryon mit proximalem Axon und die Basallamina im distalen Anteil des geschädigten Axons intakt sind.
Die nach Verletzung typischen Veränderungen (Abb. **A-2.41**) an Perikaryon sowie proximalem und distalem Axon-Stumpf sind als **Waller-Degeneration** bekannt.

▶ Klinik.

Regeneration

Nach Verletzung einer peripheren Nervenfaser treten typische Veränderungen (Abb. **A-2.41**) am Perikaryon sowie am proximalen und distalen Axonstumpf auf, die als **Waller-Degeneration** bekannt sind.
Die Regeneration der verletzten Nervenfaser ist nur möglich, wenn im distalen Anteil des geschädigten Axons Schwann-Zellen und die Basallamina als **Leitschiene** für das einsprossende proximale Axonstück erhalten geblieben sind. Das Perikaryon und der proximale Anteil des Axons muss unverletzt sein. Im ZNS ist eine Regeneration wegen fehlender bindegewebiger Scheide problematisch.

▶ Klinik. Ein **Neurom** ist eine knäuelartige Verdickung des proximalen Axonsegmentes, das nach Nervenfaserläsion den Anschluss an das distale Segment verpasst hat. Es kann sich im Amputationsstumpf (z. B. nach Amputation eines Beins) entwickeln (**Amputationsneurom**).

⊙ A-2.41 Regeneration einer peripheren Nervenfaser im Verlauf

⊙ A-2.41

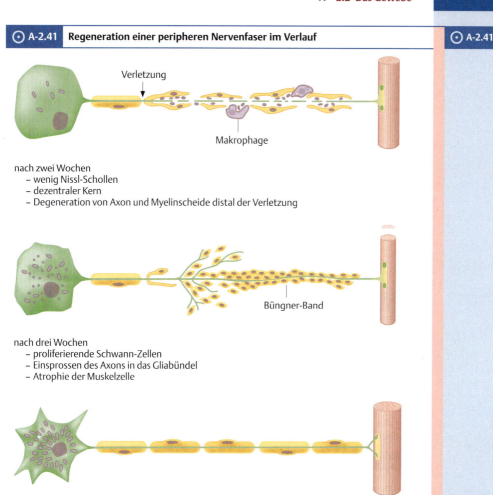

nach zwei Wochen
- wenig Nissl-Schollen
- dezentraler Kern
- Degeneration von Axon und Myelinscheide distal der Verletzung

nach drei Wochen
- proliferierende Schwann-Zellen
- Einsprossen des Axons in das Gliabündel
- Atrophie der Muskelzelle

komplette Regeneration nach drei Monaten

Synapsen

▶ **Definition.** Synapsen sind Umschaltungsstellen für die diskontinuierliche Erregungsübertragung von einem Neuron auf ein anderes oder auf das Erfolgsorgan.

Elektrische Synapsen (S. 196) entsprechen **Gap Junctions** (S. 56) und die Reizübertragung ist an den direkten Ionenfluss gebunden.
Die häufigen Interzellularkontakte im Nervensystem sind **chemische** Synapsen.

Chemische Synapsen: werden nach unterschiedlichen Kriterien eingeteilt:
- Nach **exzitatorischer** (depolarisierender) und **inhibitorischer** (hyperpolarisierender) Wirkung unterscheidet man folgende:
  - **Exzitatorische Synapsen** sind häufig **GRAY-I Synapsen** (Synapsentyp I, asymmetrische Synapse) wegen ungleichmäßiger Membranverdichtung an der postsynaptischen Seite.
  - **Inhibitorische Synapsen** (**GRAY-II Synapsen**, symmetrische Synapsen) besitzen gleichmäßige Verdichtungen.
- Nach dem **Typ des Transmitters** unterscheidet man cholinerge (Acetylcholin), adrenerge (Adrenalin, Nordrenalin), peptiderge (Neuropeptide), GABA(**g**amma–**A**mino–**B**uttersäure; engl. **b**utyric **a**cid)-erge, glycinerge Synapsen (S. 202) und glutamaterge Synapsen. Cholinerge und adrenerge Synapsen gelten als „klassische" Synapsen, doch repräsentieren sie nur 15 % aller Synapsen. Glutamaterge Synapsen sind die wichtigsten exzitatorischen Elemente im ZNS.
- Nach der **morphologischen Art** der Kontaktstellen spricht man bei **neuro-neuronalen Synapsen** von axo-dendritischen, axo-somatischen oder axo-axonalen Synapsen. Man unterscheidet ferner **neuromuskuläre Synapsen** und **neuroglanduläre Synapsen** (Abb. **A-2.42**).

Synapsen

▶ **Definition.**

Im Nervensystem sind chemische Synapsen vorherrschend, elektrische Synapsen entsprechen Gap Junctions (S. 56).

Chemische Synapsen: werden nach folgenden Kriterien eingeteilt:
- Nach Art der **Membrandepolarisation** unterscheidet man exzitatorische und inhibitorische Synapsen (S. 196).

- Nach dem **Transmitter** unterscheidet man z. B. adrenerge und cholinerge Synapsen, die jedoch insgesamt nur 15 % ausmachen. Transmitter im ZNS (S. 202).

- Nach der morphologischen **Kontaktstelle** der kontaktierenden Zellen (Abb. **A-2.42**).

⊙ A-2.42 **Verschaltungen in einem kleinen Neuronenverband**

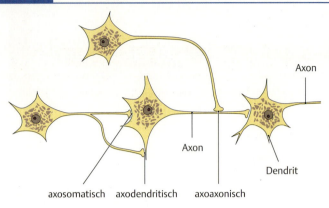

(Prometheus LernAtlas. Thieme, 3. Aufl.)

▶ **Exkurs: Neuromodulation, Exzitation und Inhibition.** Neuromodulation bedeutet eine **Veränderung der Reizempfindlichkeit der synaptischen Effektorzelle**, wobei der Transmitter als Neuromodulator (Neurohormon) bezeichnet wird. Er aktiviert über metabotrope Rezeptoren zunächst cAMP als intrazelluläres „second messenger System", welches sekundär zur Membrandepolarisierung führt. Viele Neuropeptide wie gastrointestinale Peptide (Substanz P, vasoaktives intestinales Peptid), Adiuretin (ADH) vom Hypophysenhinterlappen oder Endorphine sind Neuromodulatoren. Die Exzitation und Inhibition der Effektorzelle wird von ionotropen Rezeptoren gesteuert, die ligandengesteuerte Ionenkanäle sind.

Ganglien

▶ **Definition.** Ganglien sind Anhäufungen von Neuronen im PNS.

Im PNS, das aus Ganglien und Nerven besteht, umhüllen **Mantelzellen** die Neurone von **Ganglien**.

Spinalganglien (Abb. A-2.43): liegen in der Hinterwurzel des Spinalnervs und gehören zum somatischen Nervensystem. Hier kommen große **pseudounipolare** Neurone als Ganglienzellen und kleine **Mantelzellen** als spezifische Gliazellen vor. Neurone und Gliazellen sind in der Rindenzone des Spinalganglions zu treffen.
Über Spinalganglien führen sensible, also afferente Nervenfasern (S. 206) Reize der Körperperipherie dem ZNS zu.

Vegetative Ganglien: gehören zum autonomen, vegetativen Nervensystem. Sie liegen parallel zur Wirbelsäule als prä- und paravertebrale Ganglien oder um große Bauchgefäße.
Grenzstrangganglien sind paravertebrale Ganglien. Im Organ selbst finden sich vegetative als sog. **intramurale Ganglien**. Sie sind die letzte Umschaltstation von viszeromotorischen Axonen, deren Perikarya sich im Seitenhorn des Rückenmarks befinden. Im vegetativen Ganglion sind **multipolare Neurone** in der Rinden- und Markzone gleichwertig verteilt.

⊙ A-2.43 **Spinalganglion**

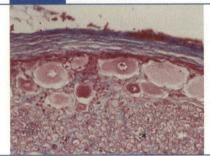

Querschnitt durch ein Spinalganglion mit pseudounipolaren Nervenzellen in der Peripherie und myelinisierten Axonen im Zentrum (*).

2.3 Histologische Techniken

2.3.1 Routinetechniken

Es gibt verschiedene Arten mikroskopischer Präparate: Häutchenpräparate, Zupfpräparate, Abstriche von Epitheloberflächen, Ausstriche von Blut, Gefrierschnitte, Schliffpräparate, histologische Schnittpräparate und Ultradünnschnitte. Bei der Mehrzahl handelt es sich um **Schnittpräparate**. Ihre Herstellung gliedert sich in

- Gewebeentnahme und Fixierung,
- Einbettung in Paraffinwachs oder in Kunstharz und
- Schneiden, Färben und Eindecken.

Gewebeentnahme und Fixierung

Kurz nach der Organentnahme kommt das zugeschnittene Gewebsstück in Fixierlösung, damit die Autolyse (Zerfall) verhindert wird. Das Gewebe härtet, wobei die vitale Struktur in eine statische Struktur umgewandelt wird.

Man unterscheidet zwischen der **physikalischen Fixierung** in flüssigem Stickstoff und der **chemischen Fixierung** mit chemischen Substanzen. Als chemische Fixierungsmittel eignen sich viele Aldehyde, da sie Proteine fällen und vernetzen sowie Lipide der Zellmembran stabilisieren. **Formol**, eine wässrige Lösung vom Formaldehyd, oder Mischungen von Formol mit Alkohol, Pikrin- und Essigsäure (**Bouin-Fixans**) werden häufig für die histologische Technik verwandt.

Für den Erhalt der Ultrastruktur nimmt man gepuffertes **Glutaraldehyd**. Bei der **Immersionsfixierung** werden Gewebeproben in das Fixans eingelegt, bei der **Perfusionsfixierung** ist das Fixierungsmittel über das Gefäßsystem eines Organs zu applizieren. Es entstehen weniger **Artefakte** wie Quellung, Schrumpfung, Substanzverlust, Spaltbildung.

Einbettung und Schneiden

Lichtmikroskopische Präparate: Für die lichtmikroskopische Betrachtung wird zunächst das Fixans ausgewaschen und das Gewebe über steigende Konzentrationen von Alkohol und Xylol entwässert, da die meisten Einbettungsmedien nicht mit Wasser mischbar sind. Das entwässerte Gewebe wird mit flüssigem **Paraffinwachs** ausgegossen. Härtere Einbettungsmedien sind Zelloidin und Kunststoffe wie Methacrylat, womit sich „hartes" Gewebe (Sehne, Knochen) schneiden lässt.

Nach Aushärtung des Einbettungsmediums werden von dem Gewebeblöckchen mit einem **Mikrotom** 5–10 µm dicke Schnittpräparate hergestellt und auf Glasobjektträger aufgezogen.

Die Paraffineinbettung entfällt, wenn Fette oder Enzyme mit einer **histochemischen Reaktion** nachgewiesen werden. In diesem Fall wird fixiertes oder unfixiertes Gewebe durch flüssigen Stickstoff schockgefroren und mit einem Gefriermikrotom (**Kryostat**) geschnitten.

Elektronenmikroskopische Präparate: Für die Elektronenmikroskopie werden etwa 1 mm³ große Gewebeblöckchen mit Azeton entwässert und in ein **Kunstharzgemisch** (Epon, Araldit) ausgegossen. Da das Gemisch wesentlich härter als Paraffin ist, können mit einem **Ultramikrotom** unter Verwendung eines Glas- oder Diamantmessers zunächst 0,5–1 µm dicke **Semidünnschnitte** und dann **Ultradünnschnitte** (50 nm) hergestellt werden. Ultradünnschnitte werden auf Kupfer- oder Nickelnetzchen aufgefangen.

Entparaffinieren, Färben und Eindecken

Entparaffinierung: Zunächst werden die histologischen Schnittpräparate über eine **Xylolreihe entparaffiniert** und über eine absteigende Alkohol-Reihe in Wasser gebracht, weil Farblösungen wässrig sind.

Färbung: Abhängig von den darzustellenden Strukturen werden unterschiedliche Farbstoffe verwendet.

- **Saure, anionische Farbstoffe** binden mit ihren Molekülen negativer Ladung an **azidophile** (**eosinophile**) Strukturen, d. h. an solche mit einer **positiven** Ladung (basische Komponente). Dazu gehören neben Eosin, u. a. Azocarmin, Anilinblau, Säure-

---

2.3 Histologische Techniken

2.3.1 Routinetechniken

Die Herstellung eines histologischen Schnittes erfolgt durch
- Fixierung des Gewebes,
- Einbettung,
- Schneiden und Färben.

Gewebeentnahme und Fixierung

Gewebe wird in flüssigem Stickstoff **physikalisch fixiert** oder **chemisch** mit Formaldehyd, Alkohol, Pikrin- und Essigsäure.

Glutaraldehyd ist das Fixans zum Erhalt der Ultrastruktur.
Bei der **Perfusionsfixierung** entstehen weniger Artefakte als bei der **Immersionsfixierung**.

Einbettung und Schneiden

Lichtmikroskopische Präparate: Chemisch fixiertes Gewebe wird für die Einbettung in Paraffinwachs oder in Harz durch Alkohol entwässert. Eingebettetes Gewebe ist schneidbar.

Von schockgefrorenem Gewebe werden Kryostatschnitte angefertigt. Die alkoholische Entwässerung entfällt.

Elektronenmikroskopische Präparate: Von in Harz eingebettetem Gewebe schneidet man Semidünn- und Ultradünnschnitte.

Entparaffinieren, Färben und Eindecken

Entparaffinierung: Vor der Färbung histologischer Schnitte wird entparaffiniert und rehydriert.

Färbung: Man verwendet unterschiedliche Farbstoffe:
- **Saure Farbstoffe** sind negativ geladen und binden an positiv geladene, azidophile Strukturen.

100   A   2   Zytologie und Histologie – Grundlagen

fuchsin, Pikrinsäure, die z. B. von positiv geladenen Zytoplasmaproteinen angezogen werden.

- **Basische Farbstoffe** sind positiv geladen und binden an negativ geladene, basophile Strukturen.

- **Basische, kationische Farbstoffe** haben Moleküle mit positiven Ladungsstellen, die an **basophile** Strukturen binden, also an **negativ** geladene Gewebebestandteile (saure Komponente). Basische Farbstoffe sind u. a. Methylenblau, Toluidinblau, Hämatein (wirksamer Farbstoff im Hämatoxylin), Kernechtrot und Kresylviolett.

▶ Merke.

▶ **Merke.** Die Beschreibung histologischer Strukturen richtet sich nach ihrer **Affinität zu Farbstoffen**:
Eosinophilie → Anfärbbarkeit mit **sauren Farbstoffen** (z. B. bei Mitochondrienreichtum)
Basophilie → Anfärbbarkeit mit **basischen Farbstoffen** (z. B. bei hohem Gehalt an RNA oder DNA)

Eindecken: Das Eindeckmedium schützt das gefärbte Schnittpräparat vor dem Austrocknen.

Eindecken: Das gefärbte Schnittpräparat wird durch das Eindeckmedium geschützt. Es ist wässrig, wenn die Farbreaktion keine Dehydrierung des Schnitts erlaubt und als Kaiser-Gelatine bekannt. Dagegen ist Canada-Balsam ein nicht wässriges Eindeckmedium für dehydrierte Schnitte.

2.3.2 Färbetechniken

Übersichtsfärbungen

Die **Übersichtsfärbung** färbt einzelne Zellstrukturen (Tab. **A-2.15**).

2.3.2 Färbetechniken

Übersichtsfärbungen

Bei histologischen Übersichtsfärbungen werden **Zellstrukturen** (Kerne, Zytoplasma, Kollagenfasern und elastische Fasern) hervorgehoben. Es werden ein Farbstoff bzw. zwei oder mehr bei der Bi-, Tri- und Tetrafärbung verwendet (Tab. **A-2.15**).

≡ A-2.15   Übersichtsfärbungen

Name der Färbung	Farbstoffe	Kern	Zytoplasma	Kollagenfasern	elastische Fasern	Anmerkungen
Eisenhämatoxylin	Eisenhämatoxylin	schwarz	grau-schwarz A-Bande von Muskelzellen, Mitochondrien	–	–	Kernfärbung
Kernechtrot	Kernechtrot	rot	–	–	–	Kernfärbung
H. E.*	Hämatoxylin, Eosin	blau	rötlich	rot in verschiedenen Abstufungen	–	bekannteste Übersichtsfärbung
Azan	Azokarmin, Anilinblau, Organge-G	rot	rötlich	leuchtend blau	–	Färbung des kollagenen Bindegewebes, Basalamembran
Goldner	Eisenhämatoxylin, Säurefuchsin, Ponceau, Organge-G, Lichtgrün	braun-schwarz	rot	kräftiges grün	–	Färbung des kollagenen Bindegewebes
van Gieson	Eisenhämatoxylin, Pikrinsäure, Säurefuchsin	braun-schwarz	gelb	rot	–	Färbung des kollagenen Bindegewebes, Muskulatur
Ladewig	Anilinblau, Säurefuchsin, Goldorange	braun-schwarz	rot	blau	–	embryonales Gewebe
Elastika-Färbung	Orcein oder Resorcin-Fuchsin	–	–	–	braun-rot und violett-schwarz	selektiv für elastische Fasern

* **Hämatoxylin** ist ein Naturfarbstoff, dessen farbwirksames Oxidationsprodukt das schwach negativ geladene Hämatein ist. Durch Bindung an Metalle bzw. Alaune in der Farblösung mit niederem pH-Wert wird **Hämatein positiv** geladen und somit zu einem **basischen** Farbstoff. Er **lagert sich an negativ** geladene Strukturen wie die Phosphatgruppen der Nukleinsäuren im Zellkern, an Proteoglykane in der Knorpelgrundsubstanz und im Schleim an. Diese Strukturen sind **basophil** und werden somit **blau** gefärbt. **Eosin** als **saurer** Farbstoff färbt das **Zytoplasma** mit positiv geladenen Proteinen **rötlich** an (eosinophile Strukturen).

Histochemische Färbungen

Mithilfe der **Substrathistochemie** wird eine Stoffgruppe sichtbar gemacht.

Bei der **Enzymhistochemie** wird ein Substrat von einem Gewebsenzym zu einem unlöslichen Produkt katalysiert.

Histochemische Färbungen

Stoffgruppen wie Kohlenhydrate, Fette, Eisen werden mit der **Substrathistochemie** gefärbt.

Die **Enzymhistochemie** lokalisiert ein spezifisches **Enzym** wie die saure Phosphatase oder Acetylcholin-Esterase, indem der Schnitt mit einem Substrat unter spezifischen Konditionen inkubiert wird. Das Enzym katalysiert die Bildung eines unlöslichen Reaktionsproduktes.

Substratfärbungen für Stoffgruppen: Die **Silberimprägnation** nach Gomori beruht auf der Fähigkeit von Strukturen, Silbersalze zu reduzieren und als metallisches Silber anzulagern. Solche Strukturen sind „**argyrophil**" und stellen sich **tiefschwarz** dar. Dazu gehören retikuläre Bindegewebsfasern und Nervenzellen (Perikaryon und Fortsätze).

Mit **Alcianblau** werden saure Kohlenhydratverbindungen, wie sie im schleimigen Sekret von Becherzellen vorkommen, dargestellt.

Retikuläre Fasern und Neurone werden mit der **Silberimprägnation nach Gomori** sichtbar.

Substrathistochemie: als Enzymhistochemie: Die **PAS**(Periodic Acid Schiff)-**Reaktion** detektiert neutrale Kohlenhydratverbindungen. Durch die oxidierende Wirkung von Perjodsäure entstehen aus Zucker Aldehyde, welche das farblose Schiffreagenz (Leukofuchsin) in einen violetten Farbstoff umwandelt.

PAS-positive Strukturen sind z. B. Basalmembranen aufgrund der sulfatierten Glukosaminoglykane und Becherzellen wegen der Glykoproteine im Schleim.

Die **PAS-Reaktion** detektiert Kohlenhydratverbindungen. **PAS-positive Strukturen** sind z. B. Basalmembranen (sulfatierte GAGs) und Becherzellen (Glykoproteine im Schleim).

Spezialfärbungen für bestimmte Gewebearten

Färbungen des Nervengewebes

Die komplette Darstellung eines Neurons mit Perikaryon, Dendritenbaum und Axon ist wegen starker Hintergrundfärbung schwierig.

- Mit **Luxolfastblue** lassen sich die **Myelinscheiden** und mit **Kresylviolett** der **Kern** des Neurons gleichzeitig darstellen.
- Fixiert man Nervengewebe mit **Osmiumsäure,** werden die **Myelinscheiden schwarz.** Eine weitere Färbung entfällt.
- Zur Darstellung der **Nervenfasern** eines Neurons werden zeitlich aufwendige **Versilberungen** nach **Golgi** oder **Bodian** angefertigt.
- Bei der **Nisslfärbung** wird über basische Farbstoffe wie Methylen- oder Toluidinblau gut entwickeltes raues endoplasmatisches Retikulum als blau gefärbte „**Nissl-Schollen**" oder als „**Tigroid-Schollen**" sichtbar gemacht.

Spezialfärbungen für bestimmte Gewebearten
Färbungen des Nervengewebes

Das Nervengewebe verlangt Spezialbehandlung. **Myelinscheiden** werden nach Fixierung mit **Osmiumsäure** schwarz. Die **Nisslfärbung** stellt das **raue ER** des Neurons dar.

Knochenfärbung

Nach Fixation und Entkalkung des Knochens z. B. mit Essigsäure oder Kalzium- bindender Lösung wie der EGTA-Lösung wird der Knochen mit **Thionin-Pikrinsäure** gefärbt. Dies ist eine **metachromatische** Färbung, d. h. die Endfarbe entspricht nicht der Ausgangsfarbe. Die **Osteozyten** und ihre Zellfortsätze sind nicht blau wie der Farbstoff Thionin, sondern **braunschwarz**. Die geformte und ungeformte **Matrix** des Knochengewebes stellt sich trotz der gelben Pikrinsäure rötlich dar. Entkalkter Knochen wird in der H. E. Standardfärbung dargestellt, die wohl die Osteozyten, nicht jedoch deren Fortsätze zeigt.

Knochenfärbung

Knochen wird vor der Einbettung entkalkt und anschließend mit Thionin-Pikrinsäure gefärbt.

▶ **Merke.** Anders als bei der eigentlichen Färbung werden Ultradünnschnitte mit Schwermetallsalzen, die eine unterschiedliche Elektronenstreuung und damit eine unterschiedliche Schwärzung des fotografischen Negativs erzeugen, „**kontrastiert**".

▶ **Merke.**

Immunhistochemie (Immunhistologie)

Die Immunhistochemie dient dem Nachweis einer Substanz wie z. B. eines Peptidhormons (Glukagon, Gastrin) durch spezifische Antikörper, die ein spezifisches **Antiserum** enthält.

- Bei der **direkten** Immunhistologie ist der **Primär-Antikörper** mit einem Enzym markiert, bei der direkten Immunfluoreszenz mit einem Fluorochrom (fluoreszierender Farbstoff).
- Bei der **indirekten**, einfachen **Technik** wird der **primäre Antikörper** selektiv an die Substanz (**Antigen**) gebunden und mittels eines markierten **Sekundär-Antikörpers** lokalisiert.
- Bei der **indirekten**, **amplifizierenden** Technik wird der Sekundär-Antikörper zum **Brückenantikörper**, an den der **dritte Antikörper als Enzym-Immunkomplex** anheftet. Nach einer histochemischen Farbreaktion zur Detektion des Enzyms wird die Bindungsstelle im Lichtmikroskop oder bei Verwendung eines Fluorochroms im Fluoreszenzmikroskop sichtbar.

Immunhistochemie (Immunhistologie)

Bei der **Immunhistochemie** und der **Immunfluoreszenz** wird ein Antigen durch einen spezifischen primären Antikörper nachgewiesen. Dieser oder der sekundäre Antikörper trägt ein Enzym oder ein Fluorochrom.

3 Embryologie – Grundlagen

3.1 Einleitung 102
3.2 Konzeption bis Implantation 103
3.3 Bildung der Keimscheiben und extraembryonaler Hohlräume 106
3.4 Differenzierung der Keimblätter 111
3.5 Entstehung der Körperhöhlen 114
3.6 Plazenta, Nabelschnur und Eihäute 119

J. Kirsch

3.1 Einleitung

3.1 Einleitung

Die vorgeburtliche Entwicklung eines Menschen dauert **266 Tage = 38 Wochen**. Die Angabe des Entwicklungsalters bezieht sich auf den Zeitpunkt der Befruchtung (**post conceptionem = p. c.**).

Die vorgeburtliche Entwicklung eines Menschen dauert 266 Tage (38 Wochen).

▶ Klinik. In der Klinik wird die Dauer einer Schwangerschaft vom ersten Tag der letzten Menstruation an berechnet (**post menstruationem = p. m.**): 266 Tage + 14 Tage = 280 Tage = 40 (Schwangerschafts-)Wochen. Da jedoch der Abstand zwischen Menstruation und darauf folgender Ovulation/Konzeption nicht immer 14 Tage beträgt, sondern variabel ist (S. 809), kommen bei unbekanntem Konzeptionstermin verschiedene Berechnungsmethoden des voraussichtlichen Geburtstermins zum Einsatz.

▶ Klinik.

Die vorgeburtliche Entwicklung kann in 3 Stadien unterteilt werden (Tab. **A-3.1**):
- **Frühentwicklung** (1.–3. Entwicklungswoche),
- **Embryonalperiode** (4.–8. Entwicklungswoche) und
- **Fetalperiode** (9.–38. Entwicklungswoche).

Frühentwicklung und Embryonalperiode werden **in 23 Carnegie-Stadien** eingeteilt, die durch morphologische Kriterien (z. B. drei Keimblätter, Herzanlage etc.) definiert werden.

Sie wird unterteilt in (Tab. **A-3.1**):
- **Frühentwicklung** (1.–3. Entwicklungswoche),
- **Embryonalperiode** (4.–8. Entwicklungswoche) und
- **Fetalperiode** (9.–38. Entwicklungswoche).

⊙ A-3.1 Veränderung der Gestalt zwischen 5. und 8. Entwicklungswoche

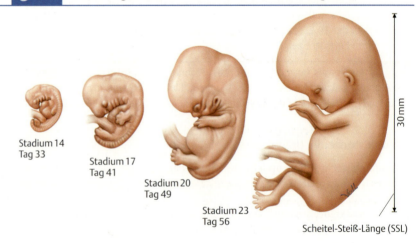

(Prometheus LernAtlas. Thieme, 3. Aufl.)

Nach Abschluss der Embryonalperiode sind die Organsysteme angelegt, sodass die Fetalperiode v. a. durch starke Zunahme von Größe und Gewicht des Ungeborenen zusammen mit der damit einhergehenden Änderung der Proportionen und der funktionellen Differenzierung der Organanlagen gekennzeichnet ist.

Nach Abschluss der Embryonalperiode sind die Organsysteme angelegt.

▶ Klinik.

▶ Klinik. Je nach Stadium der Entwicklung sind bestimmte Substanzen (**Teratogene**) in unterschiedlichem Ausmaß in der Lage, Fehlbildungen zu verursachen (Tab. **A-3.1**).

A 3.2 Konzeption bis Implantation

≡ A-3.1	„Meilensteine" der pränatalen Entwicklung und stadienabhängige Empfindlichkeit gegenüber teratogenen Einflüssen				
Entwick-lungsalter	„Meilenstein"	Carnegie-Stadium	Empfindlichkeit gegen-über Teratogenen	Veränderung der Gestalt*	
Frühentwicklung (1.–3. Entwicklungswoche)					
1. Woche	Blastozystenbildung	1–3	geringe Fehlbildungsrate hohe Abortrate		
2. Woche	Zweiblättrige Keimscheibe (dorsoventrale Achse) Vorderer Randbogen (kranio-kaudale Achse)	5–6			
3. Woche	Gastrulation Dreiblättrige Keimscheibe Beginn der Neurulation (S. 109) Somitenbildung Orientierung des Situs	7–9			
Embryonalperiode (4.–8. Entwicklungswoche)					
4. Woche	Neurulation Abfaltung des Keims	10–13	hohe Empfindlichkeit; jedes Organsystem hat eigene sensible Phase mit unterschiedlichen Fehlbildungen		
5. Woche	Beginn der Organogenese	14–15			
6. Woche	Entstehung der Körperhöhlen (S. 114)	16–17			
7. Woche		18–19			
8. Woche		20–23			
Fetalperiode (9.–38. Entwicklungswoche)					
3.–5. Monat	v. a. Längenwachstum	–	abnehmende Empfind-lichkeit		
ab 6./7. Monat	zusätzlich deutliche Gewichtszunahme				

Abbildungen oben:

a Befruchtung → Keimscheibe

b früher Embryo → Embryo (Primitiv-streifen)

c Fetus im Uterus (Plazenta, Amnion-höhle)

* Abbildungen: Prometheus LernAtlas. Thieme, 3. Aufl., nach Sadler

3.2 Konzeption bis Implantation

3.2.1 Konzeption (Befruchtung)

Die Befruchtung der Eizelle (Oozyte) findet durch die Verschmelzung eines Spermiums mit einer Eizelle statt. Zu diesem Zeitpunkt befindet sich die Oozyte in der Pars ampullaris des Eileiters. Es können **drei Stadien** unterschieden werden (Abb. **A-3.2**):
- Durchdringung der Corona-radiata-Zellen.
- Akrosomenreaktion: Freisetzung des Akrosomeninhalts (S. 848) und Permeabilisierung der aus Glykoproteinen bestehenden Zona pellucida der Eizelle.
- Fusion der Zellmembranen von Eizelle und Spermium mit Aufnahme des Spermieninhalts (Kern, Flagellum, Mitochondrien) in die Oozyte.

Danach kommt es innerhalb von etwa 24 Stunden zur Verschmelzung von mütterlichem und väterlichem Vorkern und zur Wiederherstellung eines diploiden Chromosomensatzes.

Das **genetische Geschlecht** des Keims wird durch den väterlichen Vorkern bestimmt, der entweder mit einem X- oder Y-Chromosom ausgestattet ist, während der mütterliche Vorkern immer ein X-Chromosom führt.

3.2 Konzeption bis Implantation

3.2.1 Konzeption (Befruchtung)

Ein in die Pars ampullaris des Eileiters vorgedrungenes Spermium dringt durch die Zellen der Corona radiata und permeabilisiert durch die Akrosomenreaktion (S. 848) die Zona pellucida. Nach Verschmelzung der Zellmembranen von Spermium und Eizelle (Oozyte) vereinigen sich der mütterliche und väterliche Vorkern (beide haploid), wodurch erneut ein diploider Chromosomensatz entsteht (Abb. **A-3.2**).

Das **Geschlecht** wird durch das Geschlechtschromosom des väterlichen Vorkerns bestimmt.

A-3.2 Schematische Darstellung des Befruchtungsvorgangs

Durchdringung der Corona-radiata-Zellen (**I**).
Akrosomenreaktion und enzymatische Andauung der Zona pellucida (**II**).
Verschmelzung der Zellmembranen von Ei- und Samenzelle und Aufnahme von Kern, Flagellum und Mitochondrien in die Eizelle (**III**).
(nach Prometheus LernAtlas. Thieme, 3. Aufl., nach Sadler)

Die **Zona-Reaktion** macht die Oozyte impermeabel für weitere Spermien.

Nach der Fusion der Membranen kommt es innerhalb weniger Minuten zu oszillierenden Anstiegen der intrazellulären Ca^{2+}-Konzentration (Aktivierung der Eizelle). Diese lösen die **Zona-Reaktion** (Rinden-Reaktion) aus, bei der der Inhalt kortikaler Granula in den perivitellinen Spalt freigesetzt wird. Hierdurch wird die Zona pellucida so verändert, dass sich keine weiteren Spermien anheften können (Polyspermieblock).

Während Flagellum und Mitochondrien des Spermiums in der Oozyte rasch abgebaut werden, schwillt der Kern zum männlichen Vorkern an. Nach der Aktivierung der Oozyte vollendet sie die zweite Reifeteilung und bildet ein zweites Polkörperchen. Die verbleibenden Chromosomen bilden einen mütterlichen Vorkern. Eine Oozyte mit zwei haploiden Vorkernen wird **Ootide** genannt. Direkt nach der Bildung der Vorkerne beginnt die Replikation und teilweise Demethylierung (Imprinting) der DNA. Die hierauf folgende Fusion der Vorkerne wird **Syngamie**, die hieraus resultierende Zelle **Zygote** genannt. Ohne Ausbildung einer gemeinsamen Kernmembran ordnen sich die Chromosomen in einer Teilungsspindel an, worauf unmittelbar die erste Furchungsteilung der Zygote folgt.

▶ Merke.

▶ **Merke.** Die befruchtete Eizelle wird **Zygote** genannt.

3.2.2 Entwicklung zur Morula

▶ Definition.

▶ **Definition.** Die von der Zona pellucida umgebene kugelige Ansammlung von ca. 30 Blastomeren (s. u.) ist das Ergebnis von Furchungsteilungen am 3.–4. Tag nach der Befruchtung und wird aufgrund ihres maulbeerartigen Aussehens als **Morula** bezeichnet.

Etwa 30 h nach der Befruchtung ist die erste Zellteilung vollzogen. Nach 3 Tagen ist ein **16-Zellstadium** erreicht. Die Zellen werden als **Blastomere** bezeichnet. Da sich die Zellteilungen innerhalb der Zona pellucida vollziehen, entsteht ca. am 3./4. Tag ein maulbeerartiges Gebilde, die **Morula**, die das **Cavum uteri** erreicht. Die Blastomere der äußeren Schicht bilden Zellkontakte aus und grenzen die innen liegenden Zellen vollständig vom extrazellulären Milieu ab. Durch diese **Kompaktierung** entsteht die Blastozyste.

Etwa 30 Stunden nach der Befruchtung ist das **2-Zellstadium**, nach 40 Stunden das **4-Zellstadium** und nach etwa 3 Tagen das **16-Zellstadium** erreicht. Die entstehenden Zellen werden als **Blastomere** bezeichnet und sind wahrscheinlich bis zum 8-Zellstadium funktionell identisch. Die mit Blastomeren gefüllte Zona pellucida wird als Morula bezeichnet.
Da sich die Zellteilungen innerhalb der extrazellulär gelegenen Zona pellucida vollziehen, entspricht der Durchmesser der Morula dem der Oozyte. Im **Morula-Stadium** (16–32 Zellen) wird am 3.–4. Tag die Gebärmutterhöhle, sog. Cavum uteri (S. 799), erreicht. Durch Expression von Adhäsionsmolekülen (Uvomorulin = E-Cadherin) können die Blastomere Zellkontakte bilden (**Kompaktierung**). Die Blastomere der äußeren Schicht sind zusätzlich durch Zonulae occludentes (S. 56) miteinander verbunden und grenzen so die innen liegenden Blastomere vollständig vom extrazellulären Milieu ab. Mit der Kompaktierung erfolgt der Übergang zur Blastozyste.

3.2.3 Blastozysten-Stadium

▶ Definition. Die am 4.–5. Tag nach der Befruchtung durch Einstrom von Flüssigkeit entstehende Keimblase nennt man **Blastozyste**. Man unterscheidet den außen liegenden **Trophoblasten** von der inneren Zellmasse, dem **Embryoblasten**.

Die oben beschriebene äußere Zellschicht kann als polarisiertes Epithel verstanden werden, das einen osmotischen Gradienten in Richtung auf die extrazellulären Räume der inneren Zellmasse aufgebaut hat. Der folgende Flüssigkeitseinstrom erweitert die Extrazellularräume, die schließlich zu einem Hohlraum, der **Blastozystenhöhle** konfluieren.
Durch Aggregation der inneren Zellen an einer Seite der Blastozyste unterscheidet man bereits im frühen Blastozystenstadium zwei Zellpopulationen:
- **Embryoblast** als innen liegende Zellmasse und
- **Trophoblast** als Zellen der umhüllenden äußeren Schicht.

Damit ist die weitere Entwicklung der Blastomeren bereits irreversibel determiniert.

3.2.4 Implantation

▶ Synonym. Nidation

▶ Definition. Unter Implantation oder Nidation versteht man die Einnistung der Blastozyste in die Uterusschleimhaut am 6.–8. Tag nach der Befruchtung (Abb. **A-3.3**).

Nach **Auflösung der Zona pellucida** (ca. 5½–6 Tage nach der Befruchtung) ist die Blastozyste bereit für die Einnistung in der Uterusschleimhaut.
Die Implantation erfolgt in mehreren Schritten:
- **1. Apposition**: Die Seite der Blastozyste, an der sich der Embryoblast befindet (Embryonalpol), nimmt Kontakt zur Uterusschleimhaut auf.
- **2. Adhäsion**: Dieser anschließend folgende Vorgang wird durch Adhäsionsmoleküle vermittelt. Nur wenn sowohl das Endometriumepithel als auch die Zellen des Trophoblasten die entsprechenden Adhäsionsmoleküle besitzen, kann es zu einer solchen Adhäsion und zum nachfolgenden Schritt kommen, der
- **3. Invasion** des Trophoblasten am Embryonalpol in das Endometruim.

Dabei proliferieren die Trophoblastzellen, drängen die Endometriumepithelzellen auseinander und bilden zwei Zellschichten:
- Als **Zytotrophoblast** wird die dem Embryoblast anliegende Schicht aus großen, gut abgrenzbaren Zellen genannt.
- Der **Synzytiotrophoblast** entsteht durch Fusion der Zellen in der Schicht, die der Uterusschleimhaut zugewandt ist (vielkerniges Synzytium ohne erkennbare Zellgrenzen).

Durch den Aufbau eines osmotischen Gradienten und nachfolgendem Wassereinstrom entsteht eine **flüssigkeitsgefüllte Blastozystenhöhle**. Die inneren Blastozysten aggregieren zum **Embryoblast**, die äußeren Zellen bilden den **Trophoblast**. Die **Zona pellucida löst sich auf** (Tag 5½–6) und die Blastozyste ist bereit für die Einnistung in der Uterusschleimhaut.

Der Trophoblast differenziert sich in die dem Embryoblast anliegende Schicht des **Zytotrophoblasten** und den der Uterusschleimhaut benachbarten **Synzytiotrophoblast** (vielkerniges Synzytium ohne erkennbare Zellgrenzen). Der Synzytiotrophoblast infiltriert das Uterusepithel, durchbricht die Basallamina und breitet sich im subepithelialen Bindegewebe des Uterus aus. Näheres s. Bildung der Plazenta (S. 120).

⊙ A-3.3 Implantation der Blastozyste in die Uterusschleimhaut

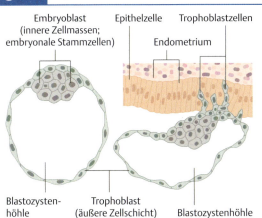

(Prometheus LernAtlas. Thieme, 3. Aufl., nach Sadler)

Der Synzytiotrophoblast infiltriert das Uterusepithel an der Implantationsstelle (hintere oder vordere Wand des Corpus uteri), indem die Zonulae occludentes des Uterusepithels aufgelöst werden. Er infiltriert das Interstitium, durchbricht die Basalmembran und breitet sich im subepithelialen Bindegewebe aus. Die mit Glykogen und Lipiden beladenen Uterusepithelzellen in der Umgebung des Syzytiotrophoblasten werden durch chemische Signale in den programmierten Zelltod (Apoptose) getrieben und dadurch zu **Deziduazellen**. Ihre Nährstoffe werden durch Endozytose vom Synzytiotrophoblasten aufgenommen; vgl. auch Bildung der Plazenta (S. 120).

Der Synzytiotrophoblast produziert das **humane Choriongonadotropin** (**hCG**), ein Peptidhormon, das nach Bindung an die LH-Rezeptoren des Corpus luteum menstruationis dessen Umbau zum Corpus luteum graviditatis einleitet; LH = luteinisierendes Hormon (S. 812). Da das Corpus luteum weiterhin Progesteron produziert, wird somit die Abstoßung der Uterusschleimhaut verhindert.

▶ Klinik. Bereits 6–9 Tage nach der Befruchtung (also bereits vor Ausbleiben der Menstruation!) kann **hCG im Blut** der Schwangeren nachgewiesen werden. Im **Urin** ist das Hormon erst etwa 14 Tage nach der Befruchtung nachweisbar.
Auch für das morgendliche Erbrechen (**Emesis gravidarum**) in der Frühschwangerschaft wird hCG verantwortlich gemacht.

3.3 Bildung der Keimscheiben und extraembryonaler Hohlräume

▶ Merke. Während sich der **Trophoblast** in Zyto- und Synzytiotrophoblast gliedert (s. o.), differenzieren sich die Zellen des **Embryoblasten** zunächst zur zweiblättrigen und dann zur dreiblättrigen Keimscheibe.

3.3.1 Zweite Entwicklungswoche

Bildung der zweiblättrigen Keimscheibe

▶ Definition. Ab dem 8. Tag nach der Befruchtung entsteht die zweiblättrige Keimscheibe, die aus **Hypo-** und **Epiblast** besteht.

Die zur Blastozystenhöhle (s. o.) orientierten Zellen des Embryoblasten bilden eine einschichtige Lage aus flachen Zellen, den **Hypoblast**, während sich die dem Trophoblasten anliegenden Zellen zu einem prismatischen Epithel differenzieren, dem **Epiblast** (Abb. **A-3.4**). Hypoblast und Epiblast zeigen die ventrale bzw. dorsale Seite des Keims an.

⊙ A-3.4 **Zweiblättrige Keimscheibe mit primärer Amnionhöhle**

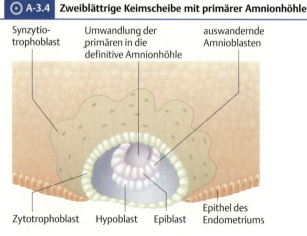

(nach Ulfig, N.: Kurzlehrbuch Embryologie. Thieme, 2009)

A 3.3 Bildung der Keimscheiben und extraembryonaler Hohlräume

Am darauf folgenden Tag (Tag 9) beobachtet man eine streifenförmige Verdichtung der Hypoblastzellen, allerdings nur an einer umschriebenen Stelle nahe dem Rand der Keimscheibe. Diese Verdichtung wird als **vorderer Randbogen** bezeichnet. Der vordere Randbogen markiert den zukünftigen kranialen Pol des Keims. Damit wird die kranio-kaudale Körperachse erstmals morphologisch sichtbar.
Die Zellen des vorderen Randbogens exprimieren zahlreiche Transkriptionsfaktoren (u. a. Gsc, ANF, Hex), Wachstumsfaktoren (u. a. Nodal, Lefty) und Inhibitoren von Wachstumsfaktoren (u. a. Cerberus 1, Dickkopf 1) und können die Expression von Genen der frühen Kopfentwicklung steuern.

Mit der Ausbildung des **vorderen Randbogens** als Verdichtung der Hypoblast-Zellen sind der kraniale Pol und damit die Körperachsen des Keimes morphologisch determiniert.

Bildung der extraembryonalen Hohlräume und des extraembryonalen Mesoderms

Amnionhöhle: Die Extrazellularräume zwischen Epiblast und Zytotrophoblast erweitern sich zur mit Flüssigkeit gefüllten **Amnionhöhle**. Aus dem Epiblast wandern Zellen aus (Amnioblasten), die sich als einschichtiges Amnionepithel dem Zytotrophoblasten anlegen und an den Rändern in den Epiblast übergehen.

Dottersack: Zellen des Trophoblasten bilden die Wand der Blastozyste. Analog zur Amnionhöhle wandern Hypoblastzellen nach lateral aus und bilden an der Innenwand der Blastozystenhöhle eine Schicht aus flachen Epithelzellen, die **Heuser-Membran**. Diese bildet die Innenwand des **primären Dottersacks**, der jedoch nur vorübergehend besteht.
Der **sekundäre Dottersack** entsteht durch Abschnürung des abembryonalen Anteils des primären Dottersacks. Das abgeschnürte Vesikel liegt in der Chorionhöhle (s. u.) und wird Exozölomzyste genannt.

Extraembryonales Mesoderm mit darin entstehendem Hohlraum: Die außen liegenden Wände von Amnionhöhle und Dottersack werden rasch von Zellen überzogen, die entweder vom Dottersackepithel oder dem Epiblast stammen. Sie bilden das extraembryonale Mesoderm, in dem durch das schnelle Wachstum des Zytotrophoblasten Spalträume entstehen.

Bildung der extraembryonalen Hohlräume und des extraembryonalen Mesoderms

Amnionhöhle: Durch Erweiterung der Interzellularräume zwischen Epi- und Zytotrophoblast entsteht die **Amnionhöhle**, die von auswandernden Epiblast-Zellen (Amnioblast) ausgekleidet wird.

Dottersack: Der primäre Dottersack entsteht durch Auskleidung der Blastozystenhöhle mit Zellen aus dem Hypoblast (Heuser-Membran), der sekundäre durch Abschnürung des abembryonalen Teils des primären Dottersacks.

Extraembryonales Mesoderm mit darin entstehendem Hohlraum: Das extraembryonale Mesoderm stammt vom Dottersackepithel oder dem Epiblast ab und umgibt den primären Dottersack sowie die Amnionhöhle von außen.

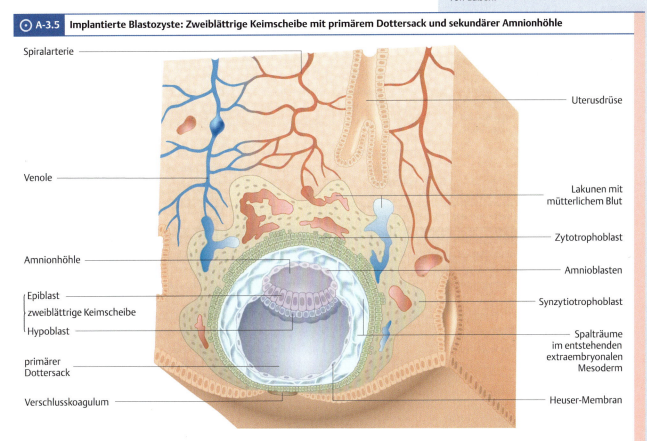

⊙ A-3.5 Implantierte Blastozyste: Zweiblättrige Keimscheibe mit primärem Dottersack und sekundärer Amnionhöhle

(nach Ulfig, N.: Kurzlehrbuch Embryologie. Thieme, 2009)

A-3.6 Extraembryonales Mesoderm und Chorionhöhle

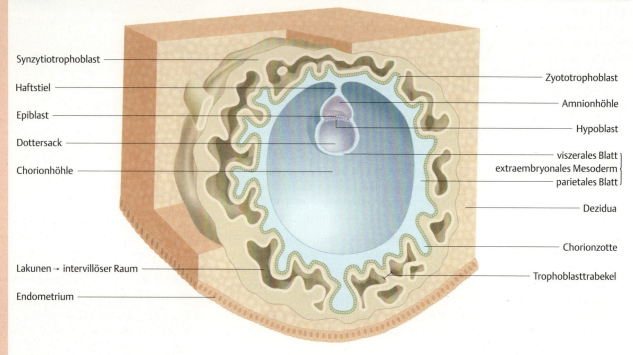

Tag 14: Anders als in Abb. A-3.5 ist hier der sekundäre Dottersack ausgebildet.
(nach Ulfig, N.: Kurzlehrbuch Embryologie. Thieme, 2009)

Durch darin auftretende Spaltenbildung entsteht das **extraembryonale Zölom**.

▶ Merke.

Das extraembryonale Mesoderm gliedert sich in **parietales** und **viszerales** extraembryonales Mesoderm. Ersteres bildet zusammen mit dem Trophoblast das **Chorion**, weshalb das extraembryonale Zölom auch **Chorionhöhle** genannt wird.

Die erweiterten Crefläume bilden im extraembryonalen Mesoderm einen großen zusammenhängenden Hohlraum, das **extraembryonale Zölom**.

▶ Merke. Von der Hohlraumbildung ausgenommen bleibt nur ein Bereich, wo das Amnion mit dem Trophoblast in Verbindung steht. Dieser Bereich wird **Haftstiel** genannt.

Der dem Zytotrophoblast von innen anliegende Teil des extraembryonalen Mesoderms (**parietales** extraembryonales Mesoderm) bildet zusammen mit Zyto- und Synzytiotrophoblast das **Chorion** (S. 119), aus dem sich der fetale Anteil der Plazenta (S. 119) entwickelt. Das extraembryonale Zölom wird daher auch **Chorionhöhle** genannt.
Das **viszerale** extraembryonale Mesoderm überzieht das Dottersack- und Amnionepithel (und wird später wohl vom auswachsenden intraembryonalen Mesoderm verdrängt).

A-3.2 Höhlenbildung während der Frühentwicklung

Höhle	Lage	Begrenzung	Entstehungszeit
Blastozystenhöhle	im Inneren des Trophoblasten	größtenteils Trophoblastzellen z. T. auch Embryoblastzellen	Tag 4
(Primäre) Amnionhöhle	zwischen Epiblast und Zytotrophoblast	Epiblastzellen und Zytotrophoblastzellen	Tag 7
Amnionhöhle		Epiblastzellen und Amnioblastzellen (Amnionepithel)	Tag 8
Primärer Dottersack	Blastozystenhöhle	Heuser-Membran (ausgewanderte Hypoblastzellen)	Tag 8
Sekundärer Dottersack	Chorionhöhle	innen: Hypoblast-Zellen (nach Abschnürung des abembryonalen Teiles des primären Dottersacks) außen: viszerales extraembryonales Mesoderm	Tag 9
Chorionhöhle (= extraembryonales Zölom)	zwischen Chorion (= parietales extraembryonales Mesoderm + Trophoblast) und viszeralem extraembryonalen Mesoderm	parietales und viszerales extraembryonales Mesoderm	etwa Tag 10

A 3.3 Bildung der Keimscheiben und extraembryonaler Hohlräume

3.3.2 Dritte Entwicklungswoche

▶ **Merke.** Am Beginn der 3. Woche ist der Embryo von Chorion (S. 119) umgeben und hängt am Haftstiel (S. 122) in die Chorionhöhle (s. o.).

Bildung der dreiblättrigen Keimscheibe/Gastrulation

▶ **Definition.** Als **Gastrulation** bezeichnet man die ab der 3. Woche nach der Befruchtung stattfindende Umformung der zweiblättrigen in eine dreiblättrige Keimscheibe.

Die dreiblättrige Keimscheibe besteht aus:
- **Mesoderm** (mittleres Keimblatt),
- **Entoderm** (innen bzw. ventral liegendes Keimblatt) und
- **Ektoderm** (äußeres bzw. dorsal liegendes Keimblatt).

Diese Phase beginnt etwa am 15. Tag mit der Ausbildung des **Primitivstreifens**, einer bandartigen Zellverdichtung in der Längsachse des Epiblasten, diametral gegenüber dem vorderen Randbogen.

Der Primitivstreifen verlängert sich vom kaudalen Pol ausgehend bis etwa zur Mitte der Keimscheibe und bildet dort eine knotenförmige Verdickung aus, den **Primitivknoten**. In der Mitte des Primitivstreifens entsteht eine Rinne (**Primitivrinne**), in die von lateral Epithelzellen des Epiblasten einwandern. Aus der Primitivrinne wandern diese als unpolarisierte Zellen aus und bilden zwischen Hypo- und Epiblast eine neue Schicht, das **intraembryonale Mesoderm** (Mesoblast, primäres Mesenchym). Dieses gewinnt nach lateral Anschluss an das extraembryonale Mesoderm (S. 107).

Die Zellen, die ausgehend vom Primitivknoten nach kranial wandern, verdrängen die Hypoblastzellen nach lateral. Sie bilden einen Zellstrang, der **Chordafortsatz** genannt wird.

Ausgewanderte Epiblastzellen unter dem kranialen Teil des Primitivstreifens werden in den Hypoblast aufgenommen und verdrängen diese Zellschicht nach kranial, lateral und kaudal. So entsteht ein neues, innen liegendes Keimblatt, das **Entoderm (Endoderm)**.

▶ **Merke.** Durch Zellverdichtungen des **Epiblast** entstehen Primitivrinne und -knoten, von denen Zellen auswandern und folgende Strukturen bilden:
Primitivrinne → intraembryonales Mesoderm
Primitivknoten → Chordafortsatz und Entoderm.

Die in der Mittellinie verbliebenen Zellen werden zur **Chordaplatte**. Diese bildet schon bald danach eine sich vertiefende Rinne, deren Ränder schließlich zu einem Rohr verschmelzen, das völlig vom Entoderm abgelöst ist, die **Chorda dorsalis**. Andere Zellen wandern vom Primitivknoten aus nach kranial und bilden dort das prächordale Mesoderm. Dieser Zellverband wird als **Prächordalplatte** in das Entoderm aufgenommen.

Die im Epiblast verbliebenen Zellen werden durch die Wirkung von Wachstumsfaktoren und anderen chemischen Signalen aus dem Mesoderm und der Chorda dorsalis zum äußeren Keimblatt, dem **Ektoderm**.

▶ **Merke.** Die drei Keimblätter Ekto-, Meso- und Entoderm gehen vollständig aus dem **Epiblast** hervor, während der **Hypoblast** das extraembryonale Mesoderm und das Dottersackepithel bildet (s. o.).

Die Abgrenzung des Ektoderms vom Entoderm durch das Mesoderm ist etwa am 17. Tag weitgehend abgeschlossen. Lediglich am kranialen und kaudalen Pol liegen Ektoderm und Entoderm unmittelbar aufeinander und bilden dort die Rachenmembran (**Buccopharyngealmembran**, manchmal fälschlich als Prächordalplatte bezeichnet) bzw. **Kloakenmembran**.

3.3.2 Dritte Entwicklungswoche

▶ **Merke.**

Bildung der dreiblättrigen Keimscheibe/ Gastrulation

▶ **Definition.**

Die dreiblättrige Keimscheibe besteht aus:
- **Mesoderm**,
- **Entoderm** und
- **Ektoderm**.

Am 15. Tag entsteht am kaudalen Pol des Epiblast in der Mittellinie der **Primitivstreifen**. Er weitet sich bis etwa zur Mitte der Keimscheibe aus, wo der **Primitivknoten** ausgebildet wird. Die Mitte des Primitivstreifens vertieft sich zur **Primitivrinne**, in die Zellen des Epiblasten einwandern. Diese bilden zwischen Hypo- und Epiblast eine neue Schicht, das **intraembryonale Mesoderm**, das nach lateral Anschluss an das extraembryonale Mesoderm (S. 107) gewinnt.

Die nach kranial wandernden Mesodermzellen verdrängen die Hypoblastzellen weitgehend. Aus den eingewanderten Zellen entsteht das **Entoderm (Endoderm)**.

▶ **Merke.**

In der Mittellinie bildet sich die **Chordaplatte**, die sich zu einer Rinne auffaltet und schließlich zu einem Rohr (**Chorda dorsalis**) verschmilzt.

Die im Epiblast verbliebenen Zellen werden durch chemische Signale aus dem Mesoderm und der Chorda dorsalis zum **Ektoderm**.

▶ **Merke.**

Nur am kranialen und kaudalen Pol liegen Ekto- und Entoderm unmittelbar aufeinander und bilden dort die Rachenmembran (**Buccopharyngealmembran**) bzw. **Kloakenmembran**.

A-3.7 Entwicklung der Keimblätter und der extraembryonalen Hohlräume

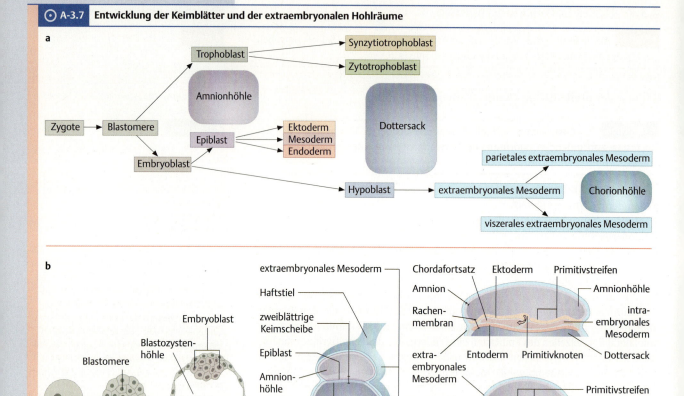

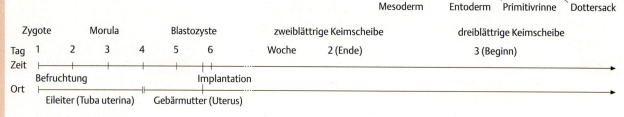

a Schematische Darstellung.
b Wichtige Entwicklungsstadien im zeitlichen Verlauf: Das Stadium der zweiblättrigen Keimscheibe ist im Sagittalschnitt dargestellt, das der dreiblättrigen Keimscheibe sowohl im Sagittal- (oben) als auch im Transversalschnitt (unten).

▶ Exkurs: Rechts-links-Asymmetrie.

▶ Exkurs: Rechts-links-Asymmetrie. Anhand asymmetrischer Genexpressionsmuster und der asymmetrischen Morphologie des Primitivknotens ist bereits während der Gastrulation eine Rechts-links-Asymmetrie ausgeprägt. Sie bildet die Grundlage für die Asymmetrie der Brust- und Baucheingeweide. Zellen in der Nähe des Primitivknotens tragen jeweils aktiv bewegliche Dynein-abhängige Monozilien auf ihrer Oberfläche. Diese bewirken eine asymmetrische Verteilung von Signalmolekülen (Retinsäure, Nodal, Lefty), indem sie normalerweise entgegen dem Uhrzeigersinn rotieren und dadurch lösliche Signalmoleküle zur linken Körperhälfte transportiert werden. Der biochemische Gradient ist wahrscheinlich die Ursache für die typische Rechts-links-Asymmetrie vieler innerer Organe.

▶ Klinik.

▶ Klinik. Unterbleibt diese Umverteilung, z. B. weil die Zilien unbeweglich sind, entwickelt sich die Rechts-links-Asymmetrie und damit die Anlage des Herzens und der anderen inneren Organe nach dem Zufallsprinzip. Bei Patienten mit primärer ziliärer Dyskinesie (Bewegungsstörungen der Zilien) mit **Situs inversus** (spiegelbildliche Lage der Eingeweide) spricht man von dem nach seinem Erstbeschreiber benannten **Kartagener-Syndrom**.

Es handelt sich um eine autosomal rezessiv vererbte Erkrankung, bei der die Beweglichkeit der Zilien in sämtlichen Zellen, die Kinozilien tragen, gestört ist. Diese Unbeweglichkeit der Kinozilien wirkt sich beim Erwachsenen v. a. im Bronchialbaum und ggf. auf die Beweglichkeit der Spermien aus. Patienten mit Kartagener-Syndrom leiden daher häufig an **chronischen Erkrankungen der Atemwege** und deren Folgeerscheinungen (Bronchiektasie = irreversible Erweiterungen der Bronchien), **Sinusitis** (Entzündung der Nasennebenhöhlen) und **reduzierter Fertilität**.

3.4 Differenzierung der Keimblätter

3.4.1 Neurulation und Somitenbildung (18. Tag)

Neurulation

▶ Definition. Als Neurulation bezeichnet man den Vorgang von der Bildung der Neuralwülste bis zu ihrem Zusammenschluss zum Neuralrohr.

Das aus den Epiblastzellen hervorgegangene Ektoderm gliedert sich durch chemische Signale, die von der Chorda dorsalis ausgehen (Bone Morphogenetic Protein), in die zentral und kranial gelegene **Neuralplatte**. Lateral davon überwiegt die Wirkung des Fibroblast Growth Factors, dort bildet sich das **Oberflächen-Ektoderm**. Im kranialen Grenzbereich bilden sich zwischen Neuralplatte und Oberflächen-Ektoderm vier umschriebene Epithelverdichtungen aus, die **Plakoden** (Riech-, Ohr-, Linsen- und Trigeminusplakode). Unter dem induzierenden Einfluss der Chorda dorsalis vertieft sich die Neuralplatte zu einer **Neuralrinne**. Ab dem 20. Tag schließen sich die aufgefalteten Ränder der Neuralrinne (**Neuralwülste**) zum **Neuralrohr** zusammen. Dabei nähern sich die Epithelzellen an der Kante der Rinne. Da sie das Zelladhäsionsprotein N-Cadherin auf ihrer Oberfläche tragen, können sie stabile Kontakte bilden und ermöglichen so die Bildung des Neuralrohrs. Dieser Prozess wird **Neurulation** genannt. Der **Verschluss** beginnt etwa in der Mitte der Neuralrinne und setzt sich in kraniale und kaudale Richtung fort. Die beiden Öffnungen werden **Neuroporus cranialis** bzw. **caudalis** genannt. Sie schließen sich am 24. (kranial) bzw. 26. (kaudal) Tag. Aus der Kontaktzone der Ränder der Neuralrinne mit dem Oberflächen-Ektoderm wachsen Ektodermzellen aus und bilden zunächst dorsal des Neuralrohrs die unpaare **Rumpfneuralleiste**. Die Neuralleistenzellen wandern dann aber weiter nach rechts und links aus und bilden neben dem Neuralrohr die paarigen **Neuralleisten**. Schließlich werden Neuralrohr und Neuralleisten von Oberflächenektoderm bedeckt.

Das Ektoderm gliedert sich in **Neuralplatte** (medial und kranial) sowie das **Oberflächen-Ektoderm**. Dazwischen bilden sich kranial 4 Epithelverdichtungen: Riech-, Ohr-, Linsen- und Trigeminus**plakode**. Die Neuralplatte vertieft sich zunächst zur Neuralrinne, deren aufgefaltete Ränder (**Neuralwülste**) sich zu dem Neuralrohr zusammenschließen. Der Schluss des Neuralrohrs beginnt in dessen Mitte und setzt sich nach kranial und kaudal fort. Das Neuralrohr ist kranial bis zum 24. Tag am **Neuroporus cranialis** und kaudal bis zum 26. Tag am **Neuroporus caudalis** geöffnet.

Die **Neuralleisten** entstehen durch Auswanderung von Neuralrinnenzellen an der Kontaktzone zum Oberflächen-Ektoderm.

▶ Merke. Aus den Zellen der Neuralleisten gehen neben dem peripheren Nervensystem zahlreiche, auch nicht-neuronale Zelltypen hervor (Tab. A-3.3), wie z. B. die chromaffinen Zellen des Nebennierenmarks (S. 792), Melanozyten (Pigmentzellen) und die parafollikulären Zellen der Schilddrüse (S. 932). Auch das enterische Nervensystem (S. 219) mit den intramuralen Plexus leitet sich von der Neuralleiste ab.

⊙ A-3.8 Neurulation

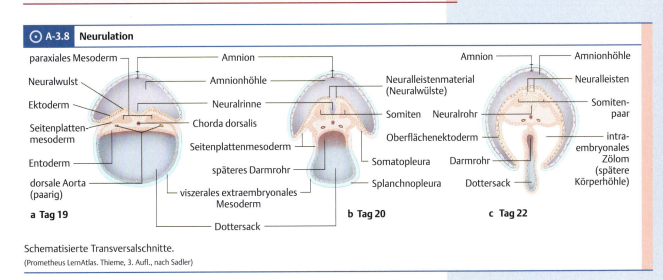

a Tag 19   b Tag 20   c Tag 22

Schematisierte Transversalschnitte.
(Prometheus LernAtlas. Thieme, 3. Aufl., nach Sadler)

A-3.3 Derivate der Keimblätter

embryonale Strukturen des jeweiligen Keimblatts	differenzierte Gewebe	differenzierte Organe bzw. differenzierte Zelltypen
Ektoderm		
Neuralleiste Kopf- und Rumpfneuralleiste	▪ **Nervengewebe** und Abkömmlinge unterschiedlichster Art ▪ **Binde-** und **Stützgewebe** im Kopfbereich ▪ **verschiedene andere Zelltypen** (s. rechte Spalte)	▪ Mesenchym des Kopfes (Pia mater, Arachnoidea, Knochen, Knorpel, Bindegewebe) ▪ Dermis und Unterhaut im Kopfbereich ▪ sympathische und parasympathische Ganglien ▪ Spinalganglien ▪ intramurales Nervensystem des Darms (Neuralleistenzellen wandern in den Darm ein) ▪ Nebennierenmark ▪ Schwann-Zellen ▪ Melanozyten (Haut) ▪ C- (parafollikuläre) Zellen (Schilddrüse) ▪ Odontoblasten ▪ Septum und Ausflussbahn des Herzens
Neuroektoderm **Oberflächenektoderm** ektodermale Plakoden ektodermale Epithelien	▪ **Nervengewebe** → Sinnesorgananteile, → ZNS → kraniales PNS ▪ **Epithelgewebe** → Sinnesorgane inkl. Haut (mit Hautanhangsgebilden) → Schleimhaut im Kopfbereich → Drüsen im Kopfbereich	▪ Zentralnervensystem (außer Adenohypophyse) inkl. Retina ▪ kraniale sensorische Ganglien (Anteile) ▪ Riechepithel ▪ Innenohr ▪ Linse ▪ Epithel von: Mundhöhle, Nasenhöhlen, Nasennebenhöhlen, Tränenwege, äußerer Gehörgang ▪ Adamantoblasten (Schmelzorgan) ▪ Adenohypophyse ▪ Gl. parotis ▪ Epidermis und Hautanhangsgebilde (Haare, Nägel, Drüsen inkl. Brustdrüse)
Mesoderm		
axial prächordal Chorda dorsalis **paraxial**	▪ **Binde-** und **Stützgewebe** ▪ **Muskelgewebe** (quergestreift und glatt) ▪ **Epithelgewebe** → Mesothel → Endothel ▪ **hämotopoetisches** und **lymphatisches Gewebe** ▪ Anteile **urogenitalen** Gewebes und **Nebennierenrinde**	▪ Knochen der Schädelbasis (z. T.) ▪ äußere Augenmuskeln ▪ Nucleus pulposus der Bandscheiben ▪ Knochen der Schädelbasis (z. T.) ▪ Wirbelsäule, Rippen (z. T.) ▪ Skelettmuskulatur ▪ Meningen des Rückenmarks ▪ Dermis und Subkutis des Rückens und eines Teils des Kopfs ▪ glatte Muskulatur
intermediär		▪ Nieren ▪ Keimdrüsen ▪ renale und genitale Ausführungsgänge
Seitenplattenmesoderm viszeral		▪ Herz ▪ Blutgefäße („Blutinseln") ▪ Stammzellen der Erythro-, Myelo-, und Lymphogenese („Blut") ▪ Lymphknoten und -gefäße ▪ Milz ▪ Bindegewebe und glatte Muskulatur der Darmwand ▪ Nebennierenrinde ▪ viszerales Blatt der serösen Höhlen
parietal		▪ Knochen, Dermis, Bindegewebe und Muskulatur der ventrolateralen Körperwand ▪ Knochen und Bindegewebe der Extremitäten ▪ glatte Muskulatur der Eingeweide ▪ parietales Blatt von Peritoneum und Pleura, Perikard
Entoderm		
	▪ **Epithelgewebe** → Drüsenepithel → Schleimhautepithel → Urothel	▪ Schilddrüse ohne C-Zellen, Nebenschilddrüse ▪ Schleimhaut und Drüsen (außer Gl. parotis) des Verdauungs- und Respirationstrakts ▪ Epithel von: Pharynx, Tuba auditiva, Paukenhöhle, ▪ Leber, Gallenblase und Pankreas ▪ Thymus ▪ Harnblase, Prostata, Urethra und distaler Teil der Vagina

Somitenbildung

▶ **Definition.** Somiten sind paarige, segmentale Verdichtungen von Zellen des paraxialen Mesoderms.

Durch die Einwirkung des von der Chorda dorsalis gebildeten Signalmoleküls Sonic Hedgehog (SHh) verdichtet sich das Mesoderm zu beiden Seiten der Chorda und bildet das **paraxiale Mesoderm**. Die nach lateral folgenden Anteile der Mesodermplatte werden **intermediäres** und **Seitenplattenmesoderm** genannt (Abb. **A-3.9**).

In dem ursprünglich strangförmigen paraxialen Mesoderm werden ab dem 20. Tag regelmäßige knotenförmige Verdichtungen, die **Somiten** (**Ursegmente**) sichtbar (4 okzipitale, 8 zervikale, 12 thorakale, 5 lumbale, 5 sakrale und ca. 8 kokzygeale Somitenpaare). Somiten entstehen durch die oszillierende Aktivierung von Segmentierungsgenen. Sie beginnt Ende der 3. Woche in der Mitte des Chordafortsatzes durch Umwandlung von Mesodermzellen in Epithelblasen mit zentralem Hohlraum (**Somitozöl**) und setzt sich nach kaudal fort. Die kranio-kaudale Abfolge der Somitenbildung wird durch einen Wnt3-Gradienten verursacht. Die Somitenbildung erfolgt sehr rasch: Bei Huhn und Maus werden etwa alle 90 min ein Somitenpaar gebildet. Während sich die kranialen Somiten zu Vorläufern des Achsenskeletts, der Skelettmuskulatur und Anteilen der Haut differenzieren, werden im kaudalen Bereich noch neue Somiten gebildet.

▶ **Merke.** Die Somitenbildung stellt den **Beginn der segmentalen (metameren) Gliederung** des Organismus dar.

Unter dem Einfluss des Neuroektoderms und der Chorda dorsalis, die das Signalmolekül Sonic hedgehog sezernieren, und des Oberflächenektoderms, das Signalmoleküle der Wnt-Familie und den Wachstumsfaktor Bone Morphogenetic Protein 4 (BMP4) sezerniert, wird die Somitenblase in ein ventromediales und ein dorsolaterales Segment gegliedert. Die Zellen des **ventromedialen Segments** exprimieren die Transkriptionsfaktoren Pax-1 sowie Pax-9 und verlieren ihren epithelialen Charakter. Sie werden zu **mesenchymalen Sklerotomzellen**, die nach medial wandern und dort auf die Sklerotomzellen des gegenüberliegenden Somiten treffen. So entstehen segmental angeordnete **Mesenchym-Spangen**, aus denen die Wirbel hervorgehen. Der **dorsolaterale Teil** wird **Dermomyotom** genannt. Hier werden die Vorläuferzellen für primordiale Muskelzellen (Myoblasten) und für viele Zellen der Dermis gebildet.

Somitenbildung

▶ **Definition.**

Die Chorda dorsalis induziert die Verdichtung des **paraxialen Mesoderms** zu beiden Seiten der Chorda. Nach lateral schließen sich **intermediäres** und **Seitenplattenmesoderm** an (Abb. **A-3.9**).

Ab dem 20. Tag werden die **Somiten**, knotenförmige Verdichtungen im paraxialen Mesoderm, sichtbar. Sie entstehen durch eine autonome, zyklische Aktivierung von Genen. Etwa alle 90 min wird ein Somitenpaar gebildet.

▶ **Merke.**

Die Somitenblase wird in ein ventromediales und ein dorsolaterales Segment gegliedert. Die Zellen des **ventromedialen Segments** werden zu **mesenchymalen Sklerotomzellen**. Gegenüberliegende Sklerotome bilden **Mesenchymspangen**, aus denen sich die Wirbel entwickeln. Aus dem **dorsolateralen Segment** entwickelt sich das **Dermomyotom**, aus dem die Vorläuferzellen für Skelettmuskelzellen und das Unterhautbindegewebe hervorgehen.

⊙ **A-3.9** Somitendifferenzierung, intermediäres Mesoderm und Seitenplattenmesoderm

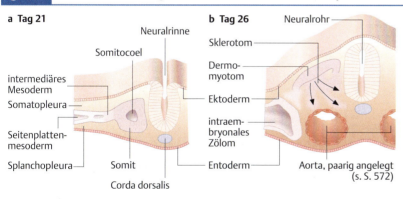
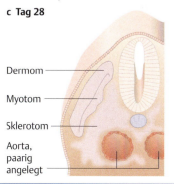
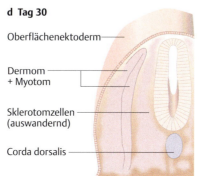

Schematisierte Transversalschnitte durch die Region der Mesodermdifferenzierung.
(nach Ulfig, N.: Kurzlehrbuch Embryologie. Thieme, 2009)

3.5 Entstehung der Körperhöhlen

Im Bereich des Haftstiels bildet sich eine blinde Aussackung des Dottersacks in das extraembryonale Mesoderm, die **Allantois**. Sie steht über den **Urachus**, der später zum Lig. umbilicale medianum obliteriert, mit der Harnblase in Verbindung. Aus dem die Allantois bedeckenden Mesoderm entwickelt sich die Nabelschnur (S. 122).

▶ Klinik.

Durch starkes Wachstum kommt es zu einer **kranio-kaudalen** (Abb. **A-3.10**) sowie zu einer **lateralen Abfaltung** (Abb. **A-3.11**) des Embryos.

Das Seitenplattenmesoderm wird unterteilt in die **Somatopleura** (dem Ektoderm anliegend) und die **Splanchnopleura** (dem Entoderm anliegend). Das **Septum transversum** entsteht an einer kranial gelegenen Kontaktstelle von Somato- und Splanchnopleura.

Durch die laterale Abfaltung gelangen die Anlagen von Brust- und Bauchwand in die Sagittalebene. Die Anlagen verschmelzen und es bildet sich das **intraembryonale Zölom**, aus dem die Körperhöhle wird.

A 3 Embryologie – Grundlagen

3.5 Entstehung der Körperhöhlen

Der Hypoblast bildet zunächst das Dach des primären Dottersacks. Dann wandern Hypoblastzellen nach lateral aus und bilden das Dottersackepithel.

Im Bereich des Haftstiels bildet sich eine „wurstähnliche", blind endende Aussackung des Dottersackes in das extraembryonale Mesoderm hinein, die **Allantois**. Dieses Divertikel steht im weiteren Verlauf der Entwicklung über den **Urachus** (Ductus allantoicus) mit der Spitze der Harnblase in Verbindung. Der **Urachus** obliteriert später zum **Ligamentum umbilicale medianum**. Die mesodermale Bedeckung des Allantoisdivertikels ist Grundlage für die Bildung der Nabelschnur (S. 122).

▶ Klinik. Unterbleibt die Obliteration des Urachus (**Urachusfistel**), kann Harn aus dem Nabel fließen.

Durch das starke Wachstum der Neuralplatte und die Bildung des Neuralrohres kommt es zu einer **kranio-kaudalen Krümmung** (Abb. **A-3.10**) des Embryos um den Dottersack. Während der Somitenbildung (S. 113) kommt es zusätzlich zu einer **lateralen Abfaltung des Embryos** (Abb. **A-3.11**).

Im intraembryonalen Mesoderm entstehen zu diesem Zeitpunkt Spalten, die schließlich zur Bildung der Körperhöhlen (Perikard- und Pleurahöhle sowie Peritonealhöhle) führen. Das Seitenplattenmesoderm (also das *intra*embryonale und nicht wie in 3.3.1 das *extra*embryonale Mesoderm) wird durch einen Spaltraum in die dem Ektoderm anliegende **Somatopleura** und die dem Entoderm anliegende **Splanchnopleura** getrennt. Dort, wo eine Trennung in Somato- und Splanchnopleura ausbleibt, entsteht das **Septum transversum**.

Mit der lateralen Abfaltung des Embryos vom Dottersack gelangen die aus Ektoderm (außen, d. h. an die Amnionhöhle angrenzend) und Somatopleura (innen, d. h. an die Zölomhöhle angrenzend) bestehenden Anlagen der Brust- und Bauchwand von der Frontal- in die Sagittalebene (Abb. **A-3.11**).

Durch das weitere Vorwachsen der Somatopleura nach ventral und Verschmelzung der rechten und linken Anlagen entsteht schließlich eine Höhle, das **intraembryonale Zölom**. Dieses bleibt jedoch über das Nabelzölom zunächst breit mit dem extraembryonalen Zölom (Chorionhöhle) verbunden. Aus dem intraembryonalen Zölom entwickelt sich eine zunächst **einheitliche Körperhöhle**.

⊙ **A-3.10** Kranio-kaudale Abfaltung des Embryos

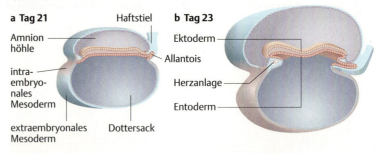
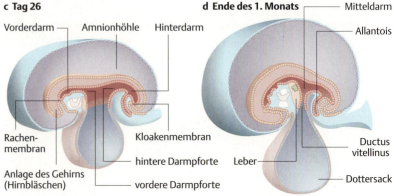

Schematisierte Mediansagittalschnitte.
(nach Ulfig, N.: Kurzlehrbuch Embryologie. Thieme, 2009)

A 3.5 Entstehung der Körperhöhlen

A-3.11 Laterale Abfaltung des Embryos

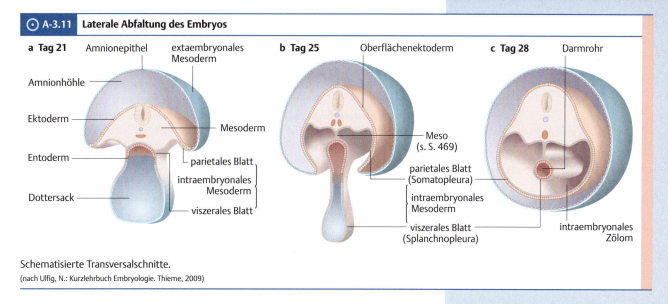

Schematisierte Transversalschnitte.
(nach Ulfig, N.: Kurzlehrbuch Embryologie. Thieme, 2009)

3.5.1 Trennung von Thorax- und Abdominalraum durch Entwicklung des Zwerchfells

Zwischen Herz- und Leberanlage ist das Seitenplattenmesenchym nicht in Somato- und Splanchnopleura getrennt. Von dort aus wächst von ventral eine Mesenchymplatte, das **Septum transversum**, in das Zölom ein (Abb. **A-3.12**). Dieses Septum stellt zunächst lediglich eine Engstelle der primitiven Körperhöhle dar. Die Anlagen von Perikard- bzw. Pleurahöhle und Peritonealhöhle bleiben durch die paarig angelegten **Canales (Ductus) pericardioperitoneales** (Zölomgänge) miteinander verbunden (Abb. **A-3.14**).

Durch das Wachstum von Leber und Urniere sowie durch Vorwachsen der **Plicae pleuroperitoneales** aus der dorsolateralen Rumpfwand werden die Canales pericardioperitoneales jedoch weiter verengt. Es bleiben nur schmale Durchgänge, die **Hiatus pleuroperitoneales**. Die sichelförmigen Falten der Plicae pleuroperitoneales wachsen weiter auf das Septum transversum (und kaudal auf das dorsale Mesenterium) zu und werden von myogenen Vorläuferzellen aus dem Zervikalsegment C 4 (C 3–C 5) besiedelt. Die Muskulatur im medialen Bereich des Zwerchfells (Crus dextrum und sinistrum) stammt vom dorsalen Mesenterium der Ösophagusanlage bzw. dem perivaskulären Mesenchym ab.

Die verschiedenen Anteile wachsen schließlich zum Zwerchfell zusammen. Dadurch werden die Hiatus pleuroperitoneales verschlossen, sodass gegen **Ende der 8. Woche** die Pleurahöhle komplett gegen die Peritonealhöhle abgeschlossen ist.

▶ **Merke.** Das Zwerchfell entsteht durch das Zusammenwachsen von Septum transversum, Plicae pleuroperitoneales, dorsalem Mesenterium des Ösophagus und Anteilen der Körperwand. Die Muskulatur entstammt den Zervikalsegmenten C 3–C 5, dem Ösophagus- und perivaskulären Mesenchym (alle mesodermalen Ursprungs).

3.5.1 Trennung von Thorax- und Abdominalraum durch Entwicklung des Zwerchfells

Zwischen Herz- und Leberanlage wächst von ventral das **Septum transversum** in das Zölom ein (Abb. **A-3.12**). Die paarigen **Canales pericardioperitoneales** verbinden die Anlagen von Pleura- und Peritonealhöhle. Durch das Vorwachsen der Plicae pleuroperitoneales von dorsolateral auf das Septum transversum zu werden gegen Ende der 8. Woche die **Hiatus pleuroperitoneales** verschlossen. Das neu gebildete Zwerchfell wird von myogenen Vorläuferzellen aus den Zervikalsegmenten C 3–C 4 besiedelt.

▶ **Merke.**

A-3.12 Entstehung des Zwerchfells aus Septum transversum und Plicae pleuroperitoneales

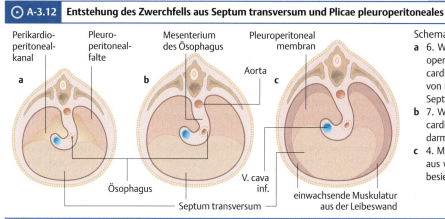

Schematisierte Transversalschnitte:
a 6. Woche: Die Plicae pleuroperitonales (Pleuroperitonealfalten) beginnen, die Canales pericardioperitoneales (Perikardioperitonealkanäle) von lateral einzuengen. Von ventral wächst das Septum transversum nach dorsal.
b 7. Woche: Verwachsung von Plicae pleuropericardiales, dorsalem Mesenterium des Vorderdarms (Ösophagus) und Septum transversum.
c 4. Monat: Von der ventro-lateralen Leibeswand aus wird das Zwerchfell mit Muskelanlagen besiedelt.

A 3 Embryologie – Grundlagen

▶ Klinik. Unterbleibt der vollständige Verschluss entsteht ein kongenitaler **Zwerchfelldefekt**, d. h. eine Lücke im Zwerchfell, durch die sich Bauchorgane in den Thorax vorwölben können (**Zwerchfellhernie**). Am häufigsten ist die sog. **Bochdalek-Hernie** im Bereich des Trigonum lumbocostale (S. 539) des Zwerchfells. Sie tritt meist linksseitig auf, da auf der rechten Seite die Leber eine Herniation von intraperitonealen Organen in den Thorax verhindert. Die in den Thorax verlagerten gasgefüllten Darmschlingen (**Enterothorax**) können radiologisch nachgewiesen werden (Abb. **A-3.13**). Durch Verdrängung von Herz und Lunge zur Gegenseite, wie auf dem Röntgenbild sichtbar, treten bei großen Hernien Störungen der Atmung und der Herzfunktion auf. Häufig ist bei einem fehlenden Verschluss des Zwerchfells auch die Reposition des physiologischen Nabelbruchs (S. 670) verzögert.

⊙ A-3.13 Enterothorax bei Neugeborenen mit Zwerchfelldefekt

(Sitzmann, C.F.: Duale Reihe Pädiatrie. Thieme, 2012)
a Übertritt von Darmschlingen in die linke Thoraxhälfte bei linksseitigem Zwerchfelldefekt.
b Durch Kontrastmitteldarstellung des Darms ist seine teilweise intrathorakale Lage bei rechtsseitigem Zwerchfelldefekt gut erkennbar.

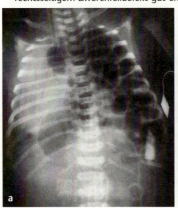
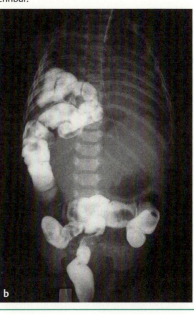

Mit fortschreitendem Wachstum wandert das Zwerchfell nach kaudal (**Deszensus**).

Mit fortschreitendem Wachstum des Embryos wandert das Zwerchfell nach kaudal (**Deszensus**) und nimmt dabei die ventralen Äste der Spinalnerven (C 3–C 5) mit. Diese schließen sich zum **Nervus phrenicus** zusammen.

▶ Merke.

▶ Merke. Der Deszensus des Zwerchfells aus dem Zervikalbereich während der Embryonalzeit erklärt seine Innervation durch den Nervus phrenicus (C 3–C 5).

3.5.2 Entstehung von Perikard- und Pleurahöhle

Über der Herzanlage entsteht durch Spaltenbildung die **primitive Perikardhöhle**. Diese steht über die **Canales pericardioperitoneales** mit der sich entwickelnden Peritonealhöhle in Verbindung. Die Lungen wachsen beidseitig in die Canales pericardioperitoneales ein, die sich nach lateral und ventral erweitern. Die **primitive Pleurahöhle** ist von Somatopleura (Pleura parietalis) ausgekleidet, während die Lungen von Splanchnopleura (Pleura visceralis) umgeben sind. Die **Unterteilung von Perikard- und Pleurahöhle** beginnt mit dem beidseitigen Vorwachsen der Plicae pleuropericardiales von dorsolateral, die in der Mittellinie verschmelzen und eine einheitliche Membrana pleuropericardialis bilden.

3.5.2 Entstehung von Perikard- und Pleurahöhle

Ähnlich wie bei der Peritonealhöhle entstehen während der 5. Entwicklungswoche über der Herzanlage Spalten im Mesenchym, aus denen sich die Perikardhöhle entwickelt.

Der Vorläufer der Perikardhöhle (**primitive Perikardhöhle**) steht dorsal des Septum transversum über die **Canales pericardioperitoneales** mit der sich entwickelnden Peritonealhöhle in Verbindung. Zugleich wachsen die Lungen von mediodorsal (Lungenwurzel) beidseitig in die Canales pericardioperitoneales ein. Mit dem Wachstum der Lungen erweitern sich die Canales pericadioperitoneales in alle Richtungen, vor allem jedoch nach lateral und ventral zwischen das primitive Perikard und die Leibeswand.

Es entsteht eine **primitive Pleurahöhle**, die, wie oben beschrieben, von Somatopleura ausgekleidet wird. Die sich entwickelnden Lungen wölben das umgebende Mesenchym, die Splanchnopleura, in die Canales pericardioperitoneales vor. Aus der Splanchnopleura entsteht die **Pleura visceralis**, während die Somatopleura zur **Pleu-**

A 3.5 Entstehung der Körperhöhlen

A-3.14 Entwicklung der Pleura- und Perikardhöhle

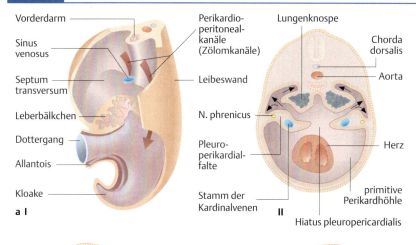
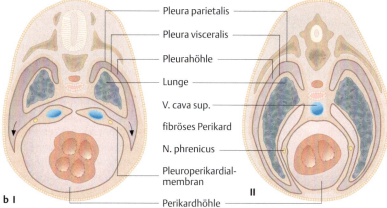

a **Trennung der Zölomhöhle in Pleura- und Peritonealhöhle:**

I 5. Woche, Sicht von ventro-lateral links auf einen Embryo, nach Entfernung des kranialen Anteils sowie der linken ventro-lateralen Leibeswand: Die Zölomhöhle wird durch Leber und Septum transversum fast vollständig unterteilt. Die Canales pericardioperitoneales sind durch Pfeile gekennzeichnet.

II 5. Woche, Transversalschnitt: Von medio-dorsal wachsen die Lungen in die Canales pericardioperitoneales ein (Pfeile). Mit dem Vorwachsen der Plicae pleuropericardiales von lateral beginnt die Unterteilung der kranialen Zölomhöhle in eine Pleura- und Perikardhöhle. Beide Höhlen bleiben zunächst über den Hiatus pleuropericardialis miteinander verbunden.

b **Trennung der kranialen Zölomhöhle in Pleura- und Perikardhöhle:**

I 6. Woche, Transversalschnitt: Die beiden Plicae pleuropericardiales (enthalten die beiden Vv. cardinales) wachsen aufeinander zu und verschmelzen. Es entsteht eine einheitliche Membrana pleuropericardialis, die Pleura- und Perikardhöhle vollständig voneinander trennt. Die beiden Vv. cardinales verschmelzen zur V. cava superior.

II 7.–8. Woche, Transversalschnitt: Mit dem Wachstum der Lungen dehnt sich auch die Pleurahöhle nach dorsal und ventral aus. Die Membrana pleuropericardialis verschmilzt mit der Lungenwurzel.

---

ra parietalis wird. Mit dem beidseitigen Vorwachsen der Plicae pleuropericardiales von dorsolateral beginnt die **Unterteilung von Perikard- und Pleurahöhle**. Zunächst bleibt eine Öffnung zwischen beiden Körperhöhlen, der **Hiatus pleuropericardialis** erhalten. Durch die Verschmelzung der rechten und linken **Plica pleuropericardialis** entsteht schließlich in der Mittellinie eine einheitliche **Membrana pleuropericardialis**, die Pleura- und Perikardhöhle vollständig trennt. Durch weiteres Wachstum der Lungen wird die Perikardhöhle schließlich von der ventralen Leibeswand abgedrängt.

3.5.3 Entstehung der Abdominalhöhle

Durch die starke Längenausdehnung des Embryos kommt es zu einer blindsackartigen Ausstülpung der intraembryonalen Anteile des Dottersacks. Es entstehen eine kranial gelegene **vordere** und eine kaudal gelegene **hintere Darmbucht**.
Im Mittelteil bleibt eine zunächst weitlumige Verbindung zwischen dem sich entwickelnden Darm und dem Dottersack bestehen, der **Dottergang** (**Ductus vitellinus**, **Ductus omphaloentericus**). Im weiteren Verlauf wird dieser Verbindungskanal durch die Abfaltungsvorgänge zunehmend von allen Seiten eingeengt, sodass nur eine stielförmige Verbindung bleibt. Dieser Abgrenzungsvorgang führt schließlich zur **Nabelbildung** (S. 122).

3.5.3 Entstehung der Abdominalhöhle

Die intraembryonalen Anteile des Dottersacks bilden die **vordere** und **hintere Darmbucht**. Dazwischen besteht zunächst eine weitlumige Verbindung zum Dottersack, der Dottergang (**Ductus vitellinus/omphaloentericus**). Dieser wird von allen Seiten auf eine stielförmige Verbindung eingeengt, was schließlich zur Nabelbildung führt.

▶ Klinik. Als Relikt des Dottergangs kann beim Erwachsenen ein **Meckel-Divertikel** (Ausstülpung der Darmwand) im Ileum vorkommen. Wenn sich dieses entzündet, kann der Patient ähnliche Symptome wie bei einer Appendizitis, sog. „Blinddarmentzündung" (S. 192), zeigen, vgl. auch Blinddarm mit Wurmfortsatz (S. 713). An diese Möglichkeit muss der Operator denken, wenn er mit dem Verdacht auf Appendizitis operiert, jedoch intraoperativ keinen Anhaltspunkt für eine Entzündung des Wurmfortsatzes findet. In so einem Fall kann er u. U. durch Inspektion des Ileums ein entzündetes Meckel-Divertikel als Ursache der Symptome finden und es vor Verschluss der Bauchdecke entfernen.

⊙ A-3.15 **Dünndarmschlingen mit entzündetem Meckel-Divertikel (→)**
(Schumpelick, V., Blesse, N., Mommsen, U.: Kurzlehrbuch Chirurgie. Thieme, 2010)

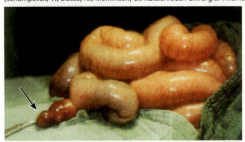

Im intraembryonalen Teil des Dottersacks beginnt die Ausbildung des Darmrohres.

Aus dem intraembryonalen Teil des Dottersacks entwickelt sich der **Mitteldarm**. Hier beginnt die Ausbildung des Darmrohres. Der kraniale Teil der Entodermtasche wird zum **Vorderdarm** und der kaudale Abschnitt zum **Hinterdarm**.

Der Abgrenzung gegenüber der Amnionhöhle dient im Bereich des Vorderdarms die **Buccopharyngealmembran** (Oropharyngealmembran), im Hinterdarm die **Kloakenmembran**. Durch das rasche Wachstum des Mitteldarmes kommen zahlreiche Darmschlingen zunächst im Nabelzölom (extraembryonal) zu liegen, vgl. **hysiologischer Nabelbruch** (S. 670).

Der Vorderdarm ist an der vorderen Darmbucht (Mundbucht) gegen die Amnionhöhle durch die **Buccopharyngealmembran** (Oropharyngealmembran) verschlossen, der Hinterdarm an der hinteren Darmbucht (Kloake) durch die **Kloakenmembran**.
Die regionale Festlegung, wo im Entoderm z. B. der Magen bzw. die Speiseröhre entsteht, ist zunächst unabhängig von Interaktionen mit der Splanchnopleura und bereits vor der Bildung des Darmrohres gegeben. Allerdings muss diese regionale Spezifizierung durch lokale Interaktionen von Entoderm und Mesoderm gefestigt werden. Hieran sind Sonic Hedgehog (Shh) und Hox-Gene, die die Identität von Körperabschnitten kodieren, beteiligt. Da der Mitteldarm rasch wächst, kommen zahlreiche Darmschlingen zunächst im Nabelzölom (extraembryonal) zu liegen, vgl. **physiologischer Nabelbruch** (S. 670). Sie werden jedoch später in die Peritonealhöhle zurückverlagert.

▶ Klinik.

▶ Klinik. Unterbleibt die Reposition des physiologischen Nabelbruchs, können Teile der Eingeweide (meist Dünndarm und/oder Leber) in einem Bruchsack in der Nabelschnur verbleiben (**Omphalozele**). Die Diagnose erfolgt bereits vor der Geburt (pränatal) durch Sonografie. In 40 % der Fälle kommen weitere Fehlbildungen vor (**Laparochisis** = fehlender Schluss der Bauchdecke). Die Therapie besteht in einer chirurgischen Reposition.

Kaudal des Septum transversum sind die **oberen Abschnitte** des Mitteldarmes breitbasig mit der Rück- und Vorderwand der Peritonealhöhle verbunden (**Mesenterium dorsale und ventrale**). In den **unteren Abschnitten** tritt nur ein **Mesenterium dorsale** auf. So wird der obere Abschnitt der Peritonealhöhle zweigeteilt, während im unteren Abschnitt eine einheitliche Höhle entsteht.

Für die **oberen Abschnitte des Mitteldarms** (unterer Ösophagus, Magen und oberes Duodenum) entstehen kaudal des Septum transversum ein primitives **Mesenterium dorsale und ventrale**, während in den **unteren Abschnitten** lediglich ein **Mesenterium dorsale** vorkommt. Die Mesenterien verbinden das obere Darmrohr also zunächst ventral und dorsal breitbasig mit der Vorder- und Rückwand der Peritonealhöhle. Im weiteren Verlauf der Entwicklung verschmälern sich die Mesenterien jedoch und bestehen schließlich nur noch aus sagittal gestellten Mesenchymplatten, die im oberen Abschnitt die Peritonealhöhle in eine rechte und linke Seite unterteilen, während kaudal eine einheitliche Körperhöhle entsteht, in die das am Mesenterium dorsale befestigte Darmrohr hineinragt.

3.6 Plazenta, Nabelschnur und Eihäute

3.6.1 Dezidua und Chorion

Für das Verständnis des Aufbaus von Plazenta und Eihäuten ist die Kenntnis der verschiedenen Anteile der Dezidua im schwangeren Uterus sowie der Aufbau des Choriums wichtig.

Dezidua

▶ **Definition.** Die durch die Einnistung, d.h. Implantation (S.105), des Keimes umstrukturierte Uterusschleimhaut wird Dezidua genannt.

Nach den initialen Schritten der Nidation (S.105) dringt der Keim unter Vergrößerung des Synzytiotrophoblasten (S.105) weiter in die Dezidua vor und ist schließlich allseits von ihr umgeben. Man unterscheidet nun je nach Lage verschiedene Anteile:
- **Decidua capsularis:** zwischen Uterushöhle und Keim, die bei Größenzunahme des Keimes nahezu vollständig degeneriert.
- **Decidua basalis:** zwischen Keim und Myometrium.
- **Decidua parietalis:** übriger Teil der Dezidua, der die Wand des Uterus außerhalb des Implantationsorts auskleidet.

Chorion

▶ **Definition.** Extraembryonales parietales Mesoderm (S.107) und Trophoblast werden unter dem Begriff **Chorion** zusammengefasst.

Am Ort der Plazentaentwicklung breitet sich das Chorion in Form von Zotten weiter in die Dezidua aus (**Chorion frondosum**) und wird hier Bestandteil der Chorionplatte (S.121), während die Zotten an der übrigen Oberfläche zurückgebildet werden (**Chorion laeve**). Das Chorion laeve zählt zu den Eihäuten (S.124).

3.6.2 Plazenta

▶ **Synonym.** Mutterkuchen, Nachgeburt

▶ **Definition.** Die Plazenta ist ein während der Schwangerschaft entstehendes scheibenförmiges Organ aus mütterlichem und kindlichem Anteil (Pars materna bzw. uterina und Pars fetalis).

Funktion der Plazenta

Die durch die Plazenta geschaffene enge Verbindung von fetalem Gewebe und der Uterusschleimhaut der Mutter dient dem Stoffaustausch zwischen fetalem und mütterlichem Blut.
Eine weitere wichtige Funktion der Plazenta besteht in der Produktion von Hormonen (Tab. **A-3.4**).

Sidebar

3.6 Plazenta, Nabelschnur und Eihäute

3.6.1 Dezidua und Chorion

Dezidua

▶ **Definition.**

Nach der Einnistung des Keims in die Dezidua unterscheidet man folgende Anteile:
- **Decidua capsularis**,
- **Decidua basalis**,
- **Decidua parietalis**.

Chorion

▶ **Definition.**

Das Chorion besteht aus **Chorion frondosum** und **Chorion laeve**.

3.6.2 Plazenta

▶ **Synonym.**

▶ **Definition.**

Funktion der Plazenta

Die Plazenta dient dem Stoffaustausch zwischen fetalem und mütterlichem Blut. Außerdem produziert die Plazenta Hormone (Tab. **A-3.4**).

≡ **A-3.4 Funktionen der Plazenta**

Funktion	Auswirkung
Diaplazentarer Stoffaustausch	**Effekt für das Ungeborene**
■ Diffusion (z. B. O_2, CO_2)	Versorgung mit O_2 und Abtransport von CO_2
■ erleichterte Diffusion (Glukose, Milchsäure)	Versorgung mit Nährstoffen und Abtransport von Stoffwechselendprodukten
■ aktiver Transport (Elektrolyte, Aminosäuren)	Balance des Elektrolythaushalts und Aufrechterhaltung des Eiweißstoffwechsels
■ Transzytose (IgG-Antikörper)	humoraler Schutz vor Infektionen bis zur Ausreifung des eigenen Immunsystems
Endokrine Funktion: Produktion von	**Wirkung auf den mütterlichen Organismus**
■ hCG (humanes Choriongonadotropin)	Aufrechterhaltung des Gelbkörpers (Corpus luteum graviditatis) bis zur 8.–12. Woche
■ Östrogen	Erhalt der speziellen Schleimhaut (Dezidua) des schwangeren Uterus (nach Atresie des Corpus luteum)
■ Progesteron	
■ HPL (humanes Plazentalaktogen)	Entwicklung laktierender Brustdrüsen

Entwicklung der Plazenta

Prälakunäre Periode (Tag 6–10 p. c.)

Die Bildung der Plazenta beginnt mit der Implantation der Blastozyste in die Uterusschleimhaut am 6.–8. Tag.

Die Chorionzotten (Chorion frondosum, s. o.) dringen in die Decidua basalis (s. o.) ein. Mit dem Auftreten mit mütterlichem Blut gefüllter Hohlräume (ca. am 9. Tag) ist diese Periode abgeschlossen.

Lakunäre Periode (Tag 8–13 p. c.)

Während des Implantationsprozesses bilden sich (ab Tag 8) bei weiterem Vordringen des Keims im Synzytiotrophoblast von Membranen umgebene Hohlräume. Diese vereinigen sich zu einem verzweigten Gangsystem (**Lakunen**). Sie werden von Synzytiotrophoblastbälkchen (**Trabekeln**) durchzogen. Die Implantation ist ca. am 12. Tag abgeschlossen.

Primärzottenstadium (Tag 12–15 p. c.)

Durch das Eindringen von Zellen des Zytotrophoblasten in die Trabekel entstehen säulenartige Auswüchse, die **Primärzotten** (Villi) genannt werden.

Der Zottenkern besteht aus Zytotrophoblast-Zellen, während der Überzug aus Synzytiotrophoblast gebildet wird. Bei Kontakt eröffnet der Synzytiotrophoblast Blutgefäße (Spiralarterien) in der Dezidua, sodass mütterliches Blut in den **intervillösen Raum** (Lakunen) gelangt. Die Zotten ragen in die blutgefüllten Lakunen hinein.

▶ **Merke.** Mit der Ausbildung der Primärzotten entsteht der **utero-plazentare Kreislauf**.

Sekundärzottenstadium (Tag 15–21 p. c.)

Ab dem 15. Tag dringt extraembryonales Mesoderm in die Primärzotten ein und breitet sich auf der inneren Oberfläche der Zytotrophoblast-Zellen aus. Dadurch werden sie zu **Sekundärzotten**.

Tertiärzottenstadium (Tag 18 p. c.–Geburt)

Ab dem 18. Tag entstehen in den mesodermalen Zottenkernen **hämangiogenetische Zellinseln** und schließlich **Kapillaren** sowie **Blutzellen**.

▶ **Merke.** Die kapillarisierten **Tertiärzotten** bilden die Grundlage für den **feto-plazentaren Kreislauf**.

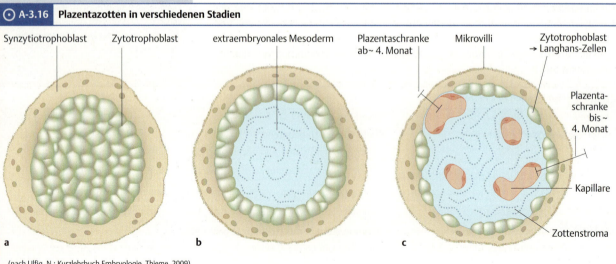

A-3.16 Plazentazotten in verschiedenen Stadien

(nach Ulfig, N.: Kurzlehrbuch Embryologie. Thieme, 2009)
a Querschnitte durch je eine Primärzotte,
b Sekundärzotte
c und Tertiärzotte.

Aufbau der reifen Plazenta

Bei der Geburt hat die Plazenta die Form einer Scheibe von etwa 20 cm Durchmesser und 3–4 cm Dicke und wiegt 350–700 g. Die Scheibe gliedert sich in:
- **Basalplatte** (der mütterlichen Seite zugewandt),
- **Chorionplatte** (zur Chorionhöhle gewandt) und die zwischen beiden Platten gelegenen
- **Zottenbäume** mit dem sie umgebenden **intervillösen Raum**.

Basalplatte

Die Basalplatte besteht aus
- **Decidua basalis**, durchsetzt von **extravillösen Trophoblastzellen**, und
- **Synzytiotrophoblasten**, die an den intervillösen Raum grenzen.

Der Teil der Decidua basalis, der nach der Ablösung unter der Geburt im Uterus verbleibt, wird **Plazentabett** genannt. Die von Trophoblast-Zellen durchsetzte Dezidua und das Plazentabett bilden die **materno-fetale Durchdringungszone**.

Auf der maternalen Seite untergliedern **Plazentasepten**, die in den intervillösen Raum ragen, die Basalplatte in 10–40 Vorwölbungen (**Kotyledonen**). Auf jede mütterlichen Kotyledone projizieren 1–4 Zottenbäume (s. u. und Abb. J-3.19).

Chorionplatte

Die Chorionplatte liegt zwischen Amnionhöhle und intervillösem Raum und gliedert sich in vier Schichten:
- **Amnionepithel**,
- **Bindegewebsschicht** (extraembryonales Mesoderm), in der sich die Nabelschnurgefäße verzweigen und zu den einzelnen Zottenbäumen ziehen.
- **Zytotrophoblast-Zellen** und
- **Synzytiotrophoblast**.

Von der Chorionplatte entspringen die Zottenbäume (s. u.).

Zottenbäume und intervillöser Raum

Den Raum zwischen Basal- und Chorionplatte nehmen die Zottenbäume und der intervillöse Raum ein.

> ▶ **Merke.** Das mütterliche Blut fließt im intervillösen Raum, während das fetale Blut in den Blutgefäßen der Zottenbäume strömt.

In der reifen Plazenta finden sich 30–50 stark verzweigte Zottenbäume, die sich nach dem Grad ihrer Aufzweigung untergliedern lassen in:
- **Stammzotten** mit fetalen Arterien und Venen,
- **Intermediärzotten**, die Arteriolen, Venolen sowie vereinzelte Kapillaren zur Erhaltung der Zottenbäume, d. h. dem Stoffaustausch innerhalb der Zotten, beinhalten, und
- **Terminalzotten** mit Kapillaren, im Bereich derer der Stoffaustausch zwischen mütterlichem und fetalem Blut stattfindet.

Eine Sonderform der Stammzotten stellen die **Haftzotten** dar, welche die Zottenbäume an der Dezidua befestigen.

Der Aufbau der Zottenbäume entspricht im Wesentlichen dem der Tertiärzotten (siehe oben). Im Verlauf der Schwangerschaft kommt es jedoch zu einigen Veränderungen, durch die letztendlich eine Anpassung an den wachsenden Fetus und seine ausreichende Versorgung gewährleistet ist: Die Plazentaschranke (s. u.) wird dünner und der Stoffaustausch dadurch effizienter.

Plazentaschranke

> ▶ **Definition.** Als Plazentaschranke bezeichnet man die Strukturen, die den mütterlichen vom fetalen Blutkreislauf trennen.

Funktion: Die Plazentaschranke dient dem kontrollierten Stoffaustausch zwischen mütterlichem und fetalem Blut.

Aufbau der reifen Plazenta

Die reife Plazenta ist scheibenförmig. Sie gliedert sich in:
- **Basalplatte** (mütterliche Seite),
- **Chorionplatte** und dazwischen
- **Zottenbäume** mit **intervillösem Raum**.

Basalplatte

Die Basalplatte besteht aus
- **Decidua basalis** mit **extravillösen Trophoblastzellen** und
- **Synzytiotrophoblasten**.

Die **materno-fetale Durchdringungszone** wird von den oberen Anteilen der Decidua basalis und dem Plazentabett gebildet.

Durch **Plazentasepten** entstehen 10–40 **Kotyledonen** (s. Abb. J-3.19).

Chorionplatte

Sie liegt zwischen Amnionhöhle und intervillösem Raum. Ihre 4 Schichten sind:
- **Amnionepithel**,
- **Bindegewebsschicht** (extraembryonales Mesoderm),
- **Zytotrophoblast-Zellen** und
- **Synzytiotrophoblast**.

Von der Chorionplatte entspringen die Zottenbäume (s. u.).

Zottenbäume und intervillöser Raum

Sie liegen im Raum zwischen Basal- und Chorionplatte.

> ▶ **Merke.**

Die Zottenbäume lassen sich untergliedern in
- **Stammzotten**,
- **Intermediärzotten** und
- **Terminalzotten**.

Haftzotten befestigen die Zottenbäume an der Dezidua.

Im Laufe der Schwangerschaft verändert sich die Plazenta.

Plazentaschranke

> ▶ **Definition.**

Funktion: Sie dient dem kontrollierten Stoffaustausch.

A 3 Embryologie – Grundlagen

☰ A-3.5 Schichten der Plazentaschranke

Zottenstruktur (Schicht)	bis ca. 4. Monat	ab 4. Monat
Synzytiotrophoblast	+	+
Zytotrophoblast	+	– (statt geschlossener Zellschicht nur einzelne Langhans-Zellen, die sich nicht am Aufbau der Plazentaschranke beteiligen)
Basallamina des Trophoblasten	+	+ (verschmolzene Basallaminae von Trophoblast und dem direkt darunter gelegenen Endothel)
Zottenbindegewebe mit Makrophagen (Hofbauer-Zellen)	+	
Basallamina des Endothels	+	
Endothel der fetalen Kapillaren	+	+ (liegt direkt unter Synzytiotrophoblast)

+ = eine vorhandene Schicht

Aufbau: Im Laufe der Schwangerschaft wird die Plazentaschranke dünner (Tab. **A-3.5**).

Im Synzytiotrophoblasten treten ab dem 4. Monat **Synzytialknoten** (degradierte Zellorganellen) auf. Vereinzelte Zytotrophoblast-Zellen im Zottenkern heißen **Langhans-Zellen**. Die Kapillaren befinden sich direkt unter dem Synzytiotrophoblasten.

Dadurch wird die Plazentaschranke durchlässiger.

Aufbau: Die Plazentaschranke ist in den ersten Monaten nach der Plazentaentwicklung dicker als zum Ende der Schwangerschaft hin, wo sich die einzelnen Schichten durch charakteristische Prozesse reduzieren (Tab. **A-3.5**).

Ab etwa dem 4. Monat wird der Synzytiotrophoblast durch Fusion weiterer Trophoblast-Zellen vergrößert. Im Synzytiotrophoblast finden keine Kernteilungen mehr statt. Gealterte Organellen werden mit zunehmender Dauer der Schwangerschaft als **Synzytialknoten** (früher Proliferationsknoten) sichtbar.

Es finden sich nur noch vereinzelte Zytotrophoblast-Zellen im Zottenkern, die als **Langhans-Zellen** bezeichnet werden.

Die fetalen Kapillaren werden weitlumiger und befinden sich oft direkt unter dem Synzytiotrophoblasten, wodurch die Plazentaschranke in der späten Schwangerschaft nur noch aus drei Schichten besteht und durchlässiger wird (Tab. **A-3.5**).

3.6.3 Nabelschnur (Funiculus umbilicalis)

▶ Synonym.

▶ Synonym. Nabelstrang

▶ Definition.

▶ Definition. Die Nabelschnur ist die bei Geburt ca. 50 cm lange Verbindung zwischen Fetus und Plazenta.

Funktion der Nabelschnur

Die Nabelschnurgefäße sind Voraussetzung für den Transport des fetalen Bluts zum Ort des Stoffaustauschs (Plazenta, s. o.).

Die erhaltene Verbindung von intra- (S. 114) zu extraembryonalem Zölom (S. 108) ermöglicht den physiologischen Nabelbruch (S. 670).

Funktion der Nabelschnur

Über die in der Nabelschnur liegenden Gefäße wird das kindliche Gefäßsystem mit dem fetalen Anteil der Plazenta verbunden. Die Nabelschnur dient damit dem **Bluttransport zum Ort des Stoffaustauschs**.

Die in der Nabelschnur vorübergehend erhaltene Verbindung zwischen intra- (S. 114) und extraembryonalem Zölom (S. 108) bietet die Möglichkeit einer „Auslagerung" von Darmschlingen während der Entwicklung, s. physiologischer Nabelbruch (S. 670).

Entwicklung der Nabelschnur

Die Nabelschnur entsteht durch die Abfaltung des Embryos auf seiner Ventralseite durch Zusammenlagerung von
- Haftstiel mit Nabelgefäßen und Allantois (S. 114),
- **Dottergang** und
- **Resten des extraembryonalen Zöloms**.

Die Umschlagfalte zwischen Amnion und Oberflächenektoderm gelangt auf die Ventralseite des Embryos und bildet dort eine ovale Durchtrittsstelle, den **Nabelring**.

Entwicklung der Nabelschnur

Die Nabelschnur entsteht durch Zusammenlagerung folgender Strukturen:
- **Haftstiel**: Dieser von der Hohlraumbildung im extraembryonalen Zölom ausgesparte Bereich enthält Anlagen für die **Nabelgefäße** sowie die **Allantois**, eine „wurstförmige" Aussackung des Dottersacks bzw. des Hinterdarms (S. 114).
- **Dottergang**: Verbindung zwischen Mitteldarm und Dottersack.
- **Rest des extraembryonalen Zöloms** (S. 108).

Sie werden gemeinsam von Amnion umhüllt.

Durch die kranio-kaudale Krümmung (S. 114) und zum Teil auch durch die laterale Abfaltung (S. 114) des Embryos gelangt der Haftstiel in die Nähe des Dottergangs auf der Ventralseite des Embryos. Durch das Wachstum der Amnionhöhle (S. 107) wird auch die Umschlagfalte zwischen Amnion und Oberflächenektoderm auf die Ventralseite des Embryos verlagert und bildet dort eine ovale Durchtrittsstelle, den **Nabelring**, aus.

A 3.6 Plazenta, Nabelschnur und Eihäute

A-3.17 Entwicklung der Nabelschnur

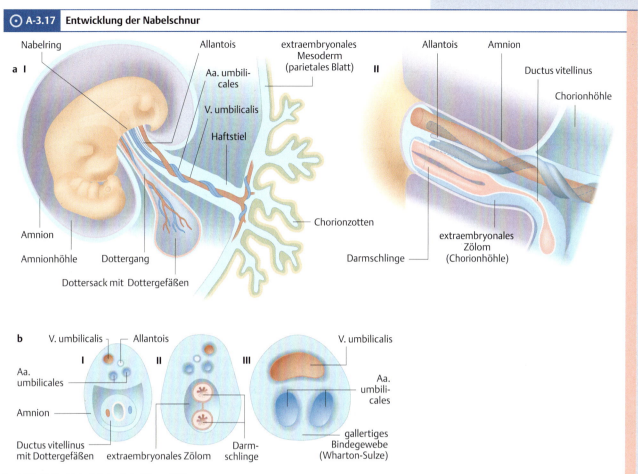

(nach Ulfig, N.: Kurzlehrbuch Embryologie. Thieme, 2009)
a 5. Woche (I): Beginnende Zusammenfassung von Haftstiel und Dottergang am Nabelring 10. Woche (II): Nabelschnur mit Überzug aus Amnion (durch Vergrößerung der Amnionhöhle)
b Querschnitt durch die Nabelschnur in der 6. Woche (I), 10. Woche (II) und im 4. Monat (III)

Das Amnion legt sich um Haftstiel und Dottergang, womit es die sich entwickelnde Nabelschnur umschließt. Während die Amnionhöhle sich weiter vergrößert, obliterieren die Chorionhöhle (= extraembryonales Zölom) und der Dottersack (der in der Chorionhöhle liegt).
Die Reste der Chorionhöhle nehmen zwischen dem 3. und 4. Monat noch die Darmschlingen auf, die im Verlauf des „physiologischen Nabelbruchs" (S. 670) aus dem intraembryonalen Zölom herauswachsen. Nach ihrer Rückverlagerung bilden sich die Reste der Chorionhöhle in der Nabelschnur vollständig zurück.

Aufbau der Nabelschnur

Die **reife Nabelschnur** ist von **Amnion** überzogen und enthält:
- zwei **Arteriae umbilicales**, die CO_2-reiches Blut und Stoffwechselschlacken zur Plazenta transportieren,
- eine **Vena umbilicalis**, die O_2- und nährstoffreiches Blut von der Plazenta zum Fetus transportiert, sowie
- Reste des **obliterierten Dottergangs/Dottersacks** und der **Allantois**.

Die oben genannten Strukturen sind in ein gallertiges Bindegewebe mit **Wharton-Sulze** (S. 70) als Grundsubstanz eingebettet.

Das Amnion legt sich um den Haftstiel und den Dottergang und umschließt damit die sich entwickelnde Nabelschnur.

Chorionhöhle und Dottersack veröden nach dem **physiologischen Nabelbruch** (S. 670), d. h. nach Auslagerung von Darmschlingen in Reste der Chorionhöhle.

Aufbau der Nabelschnur

Die **reife Nabelschnur** ist von **Amnion** überzogen und enthält, umgeben von der gallertigen Bindegewebe-Grundsubstanz Wharton-Sulze (S. 70)
- zwei **Aa. umbilicales**,
- eine **V. umbilicalis**,
- Reste von **Allantois** und **Dottergang**.

3.6.4 Eihäute

▶ **Definition.** Die etwa 250 µm dicke Hülle, die am Rand der Plazenta ansetzt, besteht aus **Amnion**, **Chorion laeve** und **Dezidua**-Anteilen.

Durch Wachstums- und Verschmelzungsvorgänge obliterieren erst die Chorionhöhle und dann das Uteruslumen.

Die Amnionhöhle weitet sich am Ende der Embryonalperiode stark aus. Dadurch wird die Chorionhöhle immer mehr eingeengt bis sie schließlich durch Verschmelzung von Amnion und Chorion obliteriert. Während das Amnion bei Bedeckung des Chorion frondosum Teil der plazentären Chorionplatte (S. 121) wird, ist es im übrigen Bereich, wo die Verschmelzung mit dem Chorion laeve stattfindet, Teil der Eihäute (ca. 3. Monat).

Mit zunehmendem Wachstum des Feten verdünnt sich die Decidua capsularis (S. 119) und verschmilzt mit der Decidua parietalis (S. 119) der Uterusgegenseite, wodurch auch das Uteruslumen verschwindet (ca. 4. Monat).

▶ **Merke.** Von ursprünglich 3 Hohlräumen (Uteruslumen, Chorion- und Amnionhöhle) besteht letztlich nur noch die Amnionhöhle.

Der Fetus schwimmt in Amnionflüssigkeit (Fruchtwasser) die vom Amnionepithel in die Höhle abgegeben wird.

Das Amnionepithel produziert die Amnionflüssigkeit (Fruchtwasser) und gibt sie in die Amnionhöhle ab, sodass der Fetus – lediglich durch die Nabelschnur mit den umliegenden Hüllen verbunden – allseits von einem Flüssigkeitspolster (am Ende der Schwangerschaft ca. 1 Liter) umgeben ist.

▶ **Klinik.** Während z. B. die **Sonografie** (Abb. A-3.20) als nicht invasives Screening-Verfahren in der Schwangerschaft zu mindestens 3 festen Zeitpunkten (in jedem Trimenon einmal) in den Mutterschaftsrichtlinien festgelegt ist, gibt es invasive Methoden der **Pränataldiagnostik**, die nur unter bestimmten Voraussetzungen unter Abwägung von Nutzen und Risiken mit Beratung der Schwangeren durchgeführt werden.

Die häufigste Indikation ist das Alter der Schwangeren (über dem 35. Lebensjahr sind insbesondere numerische Chromosomenaberrationen deutlich erhöht), weitere der sonografische Nachweis von Fehlbildungen oder die Diagnostik von vererbbaren (Stoffwechsel-)Erkrankungen.

Wichtige Methoden der invasiven Pränataldiagnostik sind die **Amniozentese** (Entnahme von Fruchtwasser mit darin befindlichen kindlichen Zellen durch Punktion der Amnionhöhle, Abb. **a**) und die **Chorionzottenbiopsie** (Entnahme von Chorionzotten, Abb. **b**) zur Bestimmung des Karyotyps (Chromosomenanalyse). Aus dem Nabelschnurblut (**Cordozentese**, Abb. **c**) kann außerdem Material für eine molekulargenetische und/oder laborchemische Diagnostik gewonnen werden.

⊙ **A-3.18** Pränataldiagnostik

a Amniozentese,
b Chorionzottenbiopsie,
c Cordozentese.

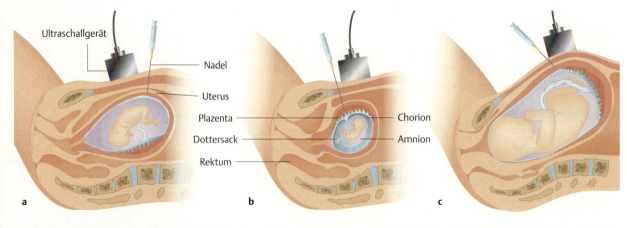

A 3.6 Plazenta, Nabelschnur und Eihäute

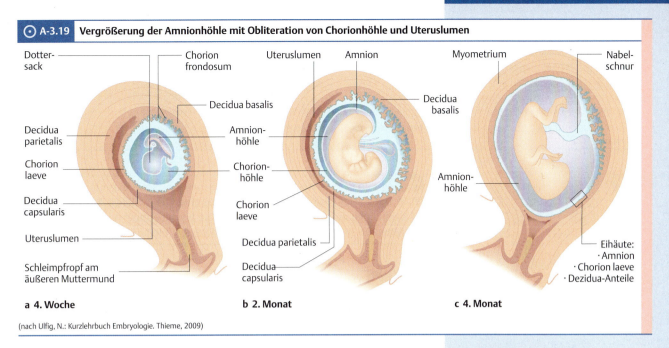

A-3.19 Vergrößerung der Amnionhöhle mit Obliteration von Chorionhöhle und Uteruslumen

a 4. Woche b 2. Monat c 4. Monat

(nach Ulfig, N.: Kurzlehrbuch Embryologie. Thieme, 2009)

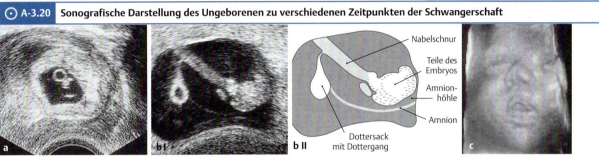

A-3.20 Sonografische Darstellung des Ungeborenen zu verschiedenen Zeitpunkten der Schwangerschaft

(Sohn, C., Krapfl-Gast, A. S., Schiesser, M.: Checkliste Sonografie in Gynäkologie und Geburtshilfe. Thieme, 2001)
a Embryo in der 6. Schwangerschaftswoche, d. h. ca. in der 4. Entwicklungswoche.
b Embryo in der 8./9. Schwangerschaftswoche (ca. 6./7. Entwicklungswoche) Sonografie-Bild (I), Schema (II).
c 3D-Sonografie eines Fetus (3. Trimenon). Mit neueren Geräten lassen sich mittels Computer aus zweidimensionalen Schnitten räumliche Darstellungen erzeugen.

Eihäute bei Zwillingen

Der Aufbau der Eihäute unterscheidet sich in Abhängigkeit von der Art der Zwillingsbildung und bei eineiigen Zwillingen zusätzlich vom Zeitpunkt der Trennung beider Embryonalanlagen.

Zweieiige Zwillinge

Jeder Embryo bildet seine eigene Amnion- und Chorionhöhle sowie eine eigene Plazenta aus. Die Plazenten beider Feten können jedoch auch an ihren Rändern miteinander verwachsen sein. Liegen die Implantationsorte nahe beieinander, können sich die beiden Chorionhüllen zusammenlagern und die Plazenten verschmelzen.

Eineiige Zwillinge

Der Aufbau der Eihäute bei eineiigen Zwillingen hängt vom Zeitpunkt der Trennung der beiden Anlagen ab (Tab. **A-3.6**).

▶ **Merke.** Bei einer frühen Trennung der Anlagen eineiiger Zwillinge ist eine Unterscheidung zu zweieiigen Zwillingen aufgrund der Anordnung der Eihäute nicht möglich.

Eihäute bei Zwillingen

Bei Zwillingen unterscheidet sich der Aufbau der Eihäute.

Zweieiige Zwillinge

Jeder Embryo bildet seine eigene Amnion- und Chorionhöhle sowie eine eigene Plazenta aus. Verwachsungen beider Strukturen sind möglich.

Eineiige Zwillinge

Ausschlaggebend ist der Zeitpunkt der Trennung (Tab. **A-3.6**).

▶ **Merke.**

A-3.6 Eihautverhältnisse eineiiger Zwillinge

Zeitpunkt der Trennung	Häufigkeit	gemeinsame Strukturen	getrennte Strukturen
1 Zygote → 2 Blastozysten	~ 35 %	–	Plazenta, Chorionhöhle, Amnionhöhle (Verwachsungen nach der Implantation wie bei zweieiigen Zwillingen möglich)
1 Blastozyste → 2 Embryoblasten	~ 65 %	Plazenta, Chorionhöhle	Amnionhöhle
1 Embryoblast → 2 zweiblättrige Keimscheiben	sehr selten	Plazenta, Chorionhöhle, Amnionhöhle	–

▶ Klinik.

▶ Klinik. Bilden sich zwischen den Plazenten arteriovenöse Anastomosen aus (fetofetale Transfusion), kann es vorkommen, dass einer der Zwillinge den größeren Teil an Nährstoffen aufnimmt. Der Donor-Zwilling wird hierdurch klein und anämisch, der Akzeptor-Zwilling groß mit vielen Erythrozyten (plethorisch).

⊙ A-3.21

⊙ A-3.21 Eihäute bei zweieiigen Zwillingen

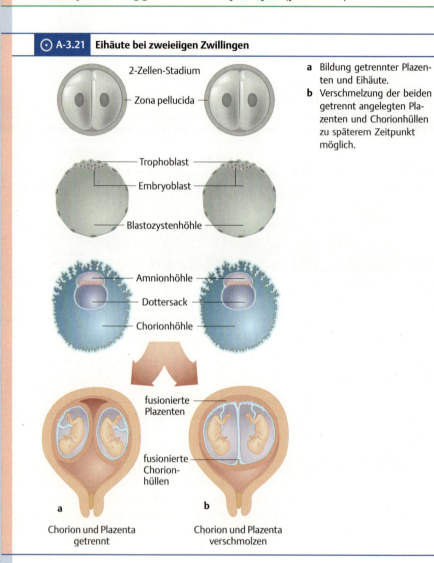

a Bildung getrennter Plazenten und Eihäute.
b Verschmelzung der beiden getrennt angelegten Plazenten und Chorionhüllen zu späterem Zeitpunkt möglich.

A 3.6 Plazenta, Nabelschnur und Eihäute

A-3.22 Eihäute bei eineiigen Zwillingen

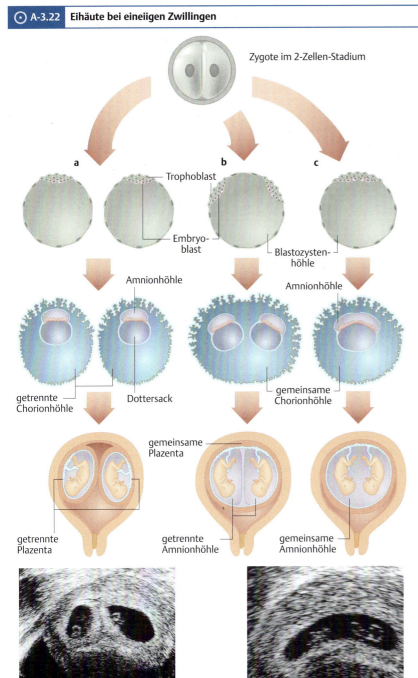

(Sonografiebilder aus Sohn, C., Krapfl-Gast, A. S., Schiesser, M.: Checkliste Sonografie in Gynäkologie und Geburtshilfe. Thieme, 2001)

a Trennung im 2-Zell-Stadium: Eihautverhältnisse wie bei zweieiigen Zwillingen.
b Trennung des Embryoblasten in zwei Zellhaufen: gemeinsame Plazenta, monochorial, diamnial.
c Trennung des Embryoblasten zu einem späteren Zeitpunkt (nach Ausbildung der Amnionhöhle: gemeinsame Plazenta und Eihäute (monochorial und monoamnial).

Geben und nehmen

> Mir war schon ziemlich früh klar, dass ich im PJ Gynäkologie und Geburtshilfe als Wahlfach machen wollte, und es hat auch gleich bei meinem Wunschkrankenhaus geklappt. Jetzt ist schon die Hälfte meines Tertials vorbei und seit einer Woche bin ich nun in der Geburtshilfe eingeteilt, wo ich mich als Mann zu Anfang nicht immer ganz wohl gefühlt habe.

Aber die Woche ist wie im Flug vergangen und nun kennen mich die meisten. Freitag kurz vor 16 Uhr meldet die Ambulanz einen Notfall: „Zwillingsschwangerschaft mit drohender Frühgeburtlichkeit". Meine Oberärztin fragt mich lächelnd, ob ich denn aus Interesse die eine oder andere „Überstunde" machen würde, und ich willige in Erwartung eines spannenden Falles ein.

„Was wissen Sie über Zwillingsschwangerschaften?", fragt die Oberärztin auf dem Weg zur Ambulanz. „Nun … es gibt eineiige und zweieiige …" – „Geht's auch etwas präziser oder gar medizinischer?", unterbricht sie mich, nun doch etwas ungehalten. Nach kurzem Nachdenken unter Hochdruck murmele ich: „Äh … monozygote und dizygote?" Sie nickt versöhnlich und hält mir die Tür zur Ambulanz auf.

Die Schwangere liegt mit entblößtem Bauch und ängstlichem Blick auf der Untersuchungsliege, und der Bauch erscheint mir tatsächlich noch größer als bei einer Einlingsschwangeren. Neben ihr sitzt der Kindsvater und hält ihre Hand – mehr kann er als Mann ja auch kaum tun.

Die Oberärztin führt routiniert die Ultraschalluntersuchung durch und blickt am Ende ein wenig sorgenvoll drein: „Da werden wir wohl was machen müssen." Sie erklärt dem Paar, dass es sich um ein fetofetales Transfusionssyndrom handelt. Dabei „transfundiert" ein Zwilling durch eine atypische Blutgefäßverbindung in der gemeinsamen Plazenta Blut auf den anderen Zwilling, was beiden auf Dauer nicht gut tut. Abhilfe schafft die Verödung dieser Verbindung mittels Laser. Nach kurzem Überlegen erklären sich die Schwangere und ihr Partner einverstanden, und die Assistenzärztin klärt über die Risiken des Eingriffs auf.

Derweil nimmt mich die Oberärztin wieder mit vor die Tür und fragt mich aus: „Haben Sie auf dem Ultraschall was gesehen?" – „Ja!" antworte ich stolz: „Der eine Zwilling ist etwas größer, wie Sie durch Vermessung der Wirbelsäulen festgestellt haben, und im Doppler hab ich die Blutgefäßverbindung in der Plazenta gesehen." – „Gut, und wenn Sie mir jetzt noch was zur ‚Eiigkeit' der Zwillinge sagen können, dann können Sie beim Eingriff assistieren!"

Ich muss kurz überlegen und dann fällt mir ein, worauf sie hinaus will: „Die Zwillinge teilen sich eine Plazenta. Es muss sich also um monozygote Zwillinge handeln. Es haben sich zwei Zellmassen in der Zygote gebildet." – „Sehr gut … Und was ist die häufigste Komplikation?" Das hab ich in Embryologie nicht mehr gelernt, aber da hilft mir der gesunde Menschenverstand weiter: „Die Auslösung einer Frühgeburt?"

Jetzt lächelt die Oberärztin zufrieden: „Na gut. Dann gehen Sie sich schon mal waschen. Und vorher austreten nicht vergessen! Lass uns zusammen dafür sorgen, dass es dazu nicht kommt."

Text: Arne Conrad Foto: Mona Ianßen/Fotolia.com

4 Bildgebung – Grundlagen

4.1 Einleitung 129
4.2 Standardverfahren 129
4.3 Kontrastmittel 139
4.4 Darstellung der Blutgefäße 139

H.-G. Zilch, L.J. Wurzinger

4.1 Einleitung

Durch die Entdeckung der **Röntgenstrahlen** 1895 wurde es erstmals möglich, Strukturen im Inneren des menschlichen Körpers ohne operativen Eingriff sichtbar zu machen. Die Entwicklung der Computertechnik im letzten Jahrhundert hat die bildgebende Diagnostik vielfach weiter verbessert und neue Verfahren ermöglicht.

Die ebenfalls auf der Basis von Röntgenstrahlen arbeitende **Computertomografie**, CT (S. 134), die **Magnetresonanztomografie**, MRT (S. 136) und die **Positronenemissionstomografie** (PET) sind ohne leistungsfähige Rechner nicht denkbar. Auch die **Ultraschalldiagnostik**, d. h. die Sonografie (S. 138), hat davon entscheidend profitiert. So wurde eine vorher ungeahnte Darstellbarkeit anatomischer Detailstrukturen bis in den makroskopisch-mikroskopischen Grenzbereich möglich. Die Interpretation dieser Bilder erfordert Detailkenntnisse des klinischen Radiologen, da er diskrete pathologische Veränderungen sicher von kleinen physiologischerweise vorhandenen anatomischen Strukturen differenzieren muss. Ferner stellt die Möglichkeit, mit MRT und Ultraschall beliebige Schnitte durch den Körper zu legen, hohe Anforderungen an das topografisch-anatomische Wissen bzw. das dreidimensionale Vorstellungsvermögen des Arztes.

Die **nuklearmedizinischen** Techniken wie Szintigrafie und PET sind in der Auflösung morphologischer Strukturen CT und MRT unterlegen; dagegen erlauben sie das Studium von Stoffwechselvorgängen in Organen und Geweben und ermöglichen somit die Darstellung funktioneller Prozesse. Durch die Kombination von PET und CT- bzw. MRT-Aufnahmen lassen sich Struktur und Funktion in einem Bild erfassen.

4.2 Standardverfahren

An dieser Stelle wird kurz auf gängige bildgebende Verfahren der Routinediagnostik eingegangen. Speziellere Untersuchungstechniken und insbesondere nuklearmedizinische Verfahren sind Lehrbüchern der Radiologie bzw. Nuklearmedizin zu entnehmen.

4.2.1 Röntgendiagnostik

Die **konventionelle Röntgentechnik** ist ein erprobtes diagnostisches Instrument. Es liegt in der Natur der Röntgenstrahlen (s. u.), dass mit ihnen zunächst die Diagnostik von Skelett und Thoraxorganen revolutioniert wurde.

Prinzip: Auf der Röntgenaufnahme wird ein an sich **dreidimensionaler Körper** auf einem **zweidimensionalen Film** abgebildet (Abb. **A-4.1**).

Die wichtigste Eigenschaft der Röntgenstrahlen besteht darin, dass sie Materie zu durchdringen vermögen, wobei sie geschwächt werden.

Der Grad der Schwächung wird durch **Absorptions- und Streuvorgänge** an den Atomen des durchstrahlten Körpers bestimmt. Das Ausmaß der Absorption hängt von folgenden Einflussgrößen ab:

- **Wellenlänge** (Härte) der einfallenden Strahlen,
- **Dicke und Dichte** des durchstrahlten Körpers sowie
- seine **chemische Zusammensetzung**, wobei insbesondere die **Ordnungszahl** der Elemente, aus der er besteht, eine Rolle spielt.

4.1 Einleitung

Mit **Röntgenstrahlen** können Strukturen im Inneren des Körpers sichtbar gemacht werden.

Neuere bildgebende Verfahren wie die **CT** und **MRT** haben zur Darstellung anatomischer Detailstrukturen geführt und damit die Feindiagnostik vielfach verbessert.

Nuklearmedizinische Techniken erlauben die Aufzeichnung von Funktionsbildern von Organen und Körperregionen.

4.2 Standardverfahren

4.2.1 Röntgendiagnostik

Prinzip: Ein Körper (3D) wird auf einem zweidimensionalen Film abgebildet (Abb. **A-4.1**).

Die Darstellung anatomischer Strukturen im Röntgenbild beruht auf **unterschiedlicher Schwächung von Röntgenstrahlen** in den Geweben.

Je höher die Ordnungszahl der Elemente des durchstrahlten Gewebes, umso höher ist die Absorption der Röntgenstrahlen. Kalziumhaltiger Knochen absorbiert Röntgenstrahlen weitaus mehr als Weichteilgewebe, die v. a. Wasserstoff, Kohlenstoff, Stickstoff und Sauerstoff enthalten.

A-4.1 Röntgenprinzip am Beispiel einer Thoraxaufnahme (p. a.)

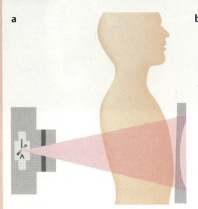
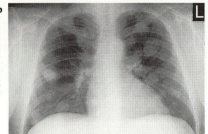
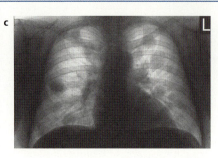

(b, c aus Reiser, M., Kuhn, F. P., Debus, J.: Duale Reihe Radiologie. Thieme, 2011)
a Schema der Aufnahmetechnik einer Röntgenuntersuchung.
b **Negativbild** (Röntgenthorax-Aufnahme): Trotz ihrer hellen Darstellung gegenüber dem umliegenden gesunden Lungengewebe werden die Rundherde als Rundschatten bezeichnet.
c **Positivbild** (Durchleuchtungsbild, heute Bildmonitor): Durch Invertierung der Kontraste kann dieser Bildeindruck auch bei einer digitalen Röntgenaufnahme erzeugt werden und entspricht dem früher üblichen Durchleuchtungsbild.

Daneben werden Röntgenstrahlen umso mehr absorbiert, je **dicker** und **dichter** die durchstrahlten Gewebe sind.

Absorptionsdifferenzen, die auf Dichteunterschieden beruhen, treten u. a. zwischen Knochen und Weichteilgewebe auf. Dabei sind die Differenzen in erster Linie eine Folge der höheren Ordnungszahl des zu hohen Anteilen im Knochengewebe enthaltenen Kalziums. Dagegen besteht Weichteilgewebe zu einem großen Teil aus Wasserstoff, Kohlenstoff, Stickstoff und Sauerstoff mit deutlich niedrigeren Ordnungszahlen.

Bildliche Darstellung: Die Röntgenaufnahme ist ein **Negativ**, auf dem strahlentransparente Organe, wie Lungen dunkel und strahlendichte wie Knochen hell erscheinen.

Bildliche Darstellung: Anders als im früher häufiger genutzten **Durchleuchtungsbild** (heute Bildmonitor), in dem die luftgefüllten Lungen aufgrund ihrer hohen Strahlentransparenz hell und solide Organe durch stärkere Schwächung der Röntgenstrahlen dunkel erscheinen, ist die **Röntgenaufnahme** ein **Negativbild**. Hier erscheint die Lunge als Ausdruck hoher Strahlentransparenz dunkel, da der hinter der aufzunehmenden Körperregion befindliche Röntgenfilm mit steigender Strahlenintensität zunehmend geschwärzt wird. Weichteilstrukturen erscheinen je nach Dichte und Beschaffenheit in unterschiedlichen Graubstufungen und der für Strahlen relativ undurchlässige Knochen hell (Abb. **A-4.1**).

▶ Merke.

▶ Merke. Regionen mit **geringer Strahlenabsorption** werden trotz dunkler Darstellung als **Aufhellung** bezeichnet,
Regionen mit **hoher Strahlenabsorption** (hell) entsprechend als **Verschattungen** oder **Verdichtungen**. Generell erscheinen im Röntgenbild in absteigender Reihenfolge von hell nach dunkel:
Knochen > Muskeln und solide Organe > Wasser > Fett > Luft.

Übereinandergelagerte Körperstrukturen schwächen den Röntgenstrahl additiv, sodass Überlagerungsphänomene eine genaue Zuordnung der Strukturen verhindern.

▶ Merke.

▶ Merke. Röntgenaufnahmen sind **Summationsaufnahmen**, auf denen sich die durchstrahlten hintereinander liegenden Körperschichten überlagern.

Grundsätzlich werden Röntgenaufnahmen in zwei Ebenen angefertigt:
- Bei dorso-ventralem Strahlengang spricht man von **posterior-anteriorem** Strahlengang (**p. a.**) oder umgekehrt (**a. p.**).
- Bei **Seitaufnahmen** durchdringen die Strahlen den Körper von lateral.

Daher werden zur besseren räumlichen Zuordnung von pathologischen Auffälligkeiten Röntgenaufnahmen grundsätzlich in zwei Ebenen angefertigt. Die beiden **Standardebenen** sind:
- **dorsoventrale Aufnahme:** Die Strahlen durchdringen den Körper von dorsal nach ventral, d. h. der Körper befindet sich zwischen Röntgenröhre und Röntgenfilm. Je nachdem ob die Röntgenröhre ventral oder dorsal liegt, spricht man von **anterior-posteriorem** (**a. p.**) **Strahlengang** oder umgekehrt (**p. a.**). Das Bild vermittelt den Eindruck, als würde man von vorne auf den Körper schauen.
- **Seitaufnahme:** Hier durchdringen die Strahlen den Körper seitlich (im rechten Winkel zur a. p. Aufnahme), sodass man bei Betrachtung des Bildes von der Seite auf die dargestellten Strukturen sieht.

A 4.2 Standardverfahren

⊙ **A-4.2** | **Prinzip der Darstellung einer Knochenlamelle im Röntgenbild je nach Position im Strahlengang**

a   b   c

a Steht eine dünne Kortikalislamelle (S. 75) senkrecht zu den einfallenden Röntgenstrahlen (blaue Pfeile), so müssen diese nur eine kurze Strecke von Knochengewebe (rote Markierung) durchdringen und werden kaum geschwächt; sie stellt sich daher im Röntgenbild als großflächiger grauer Schatten dar.
b Liegt die Knochenlamelle schräg zur Richtung der Strahlen, so legen die Röntgenstrahlen eine etwas größere Strecke im Knochen zurück und werden dementsprechend stärker geschwächt. Im Röntgenbild erscheint eine kleinere und hellere Fläche.
c Liegt die Knochenlamelle parallel zur Strahlung, so wird sie auf ihrer ganzen Ausdehnung von dieser durchdrungen; das Resultat ist ein ziemlich scharf gezeichneter weißer Strich. Im dargestellten Positiv erscheint der Knochen von a nach c zunehmend dunkler.

Daneben kommen je nach Fragestellung spezielle „Einstellungen" zur Anwendung.

Einsatz: Die konventionelle Röntgenuntersuchung wird hauptsächlich eingesetzt zur Diagnostik von Erkrankungen, die zu Veränderungen am **Skelettsystem** führen:
- **einfache Frakturen** (Knochenbrüche): Nachweis und Kontrolle des Therapieerfolgs.
- **degenerative** Erkrankungen (S. 247),
- **entzündlich-rheumatische** Erkrankungen (Basisbildgebung).

Weiterhin dient die konventionelle Röntgenaufnahme häufig der Basisdiagnostik von Erkrankungen innerer Organe.
Im klinischen Alltag von Bedeutung sind diesbezüglich v. a. die
- **Thoraxaufnahme** in zwei Ebenen, der man Hinweise auf Erkrankungen von Herz und Lunge (S. 574) entnehmen kann, sowie die
- **Abdomenübersichtsaufnahme** in Rücken- und Linksseitenlage beim Bild des akuten Abdomens (S. 647).

Zur Erhöhung der Aussagekraft werden diese Aufnahmen jedoch meist kombiniert mit exakteren bildgebenden Verfahren (zunehmender Einsatz von Thorax- und Abdomen-CT).

Einsatz: Die konventionelle Röntgendiagnostik kommt primär zum Einsatz in der:
- **Traumatologie**
- **Orthopädie**
- **Rheumatologie**

Weiterhin wird sie zur Basisdiagnostik genutzt, um Hinweise auf Erkrankungen innerer Organe zu erlangen:
- **Thoraxaufnahme**,
- **Abdomenübersichtsaufnahme bei „unklarem Abdomen"**.

▶ **Exkurs: Prinzip der Röntgendarstellung des Skeletts.** Wie für alle durch Röntgenstrahlen dargestellten Gewebe ist es auch bei der Abbildung von knöchernen Strukturen bedeutsam, ob sie parallel zum Strahlenverlauf liegen oder quer (bzw. schräg) dazu. Dies bestimmt die Dicke, welche der Röntgenstrahl durchdringen muss. Es leuchtet ein, dass eine dünne Knochenlamelle nur eine geringe Schwächung des Strahls verursacht, wenn sie senkrecht zu diesem liegt und damit nur als relativ schwacher Schatten auf dem Röntgenbild erscheint. Dagegen wird sie bei paralleler Orientierung zum Strahlengang entsprechend ihrer Ausdehnung zu einer erheblichen Schwächung des Strahls führen und sich somit als scharfer, heller Streifen darstellen (Abb. **A-4.3**).

Bei den Gelenken absorbieren die hyalinen Gelenkknorpel als nicht mineralisierte Gewebe kaum Strahlung, sodass zwischen den subchondralen Knochenlamellen ein deutlicher **röntgenologischer Gelenkspalt** sichtbar wird. Dieser entspricht **nicht dem anatomischen Gelenkspalt**, da er aus den röntgenologisch nicht sichtbaren unverkalkten Gelenkknorpelbelägen und dem dazwischenliegenden, mit Synovia ausgefüllten anatomischen Gelenkspalt besteht. Die Gelenkspaltbreite im Röntgenbild umfasst also den Raum zwischen den röntgenologisch erkennbaren Knorpel-Knochen-Grenzen.

▶ **Exkurs: Prinzip der Röntgendarstellung des Skeletts.**

▶ **Klinik.** Verschmälerung des radiologischen Gelenkspalts, subchondrale Sklerosierung und knöcherne Appositionen an den Knochenrändern (Osteophyten) sind Ausdruck einer degenerativen Abnutzung des Gelenks (**Arthrose**) aufgrund der Degeneration des Gelenkknorpels und reaktiven, knöchernen Randwulstbildungen.

▶ **Klinik.**

⊙ A-4.3　Röntgenanatomie des Skeletts am Beispiel der Lendenwirbelsäule

a I　　　　　　　　　　　　　　II

Strahlengang bei a.p.-Aufnahme　　　Strahlengang bei Seitaufnahme

b **I**　In der **a.p.-Aufnahme** hebt sich der von einer dünnen Kortikalis umhüllte **Wirbelkörper** nur schwach von den Weichteilen ab; lediglich die parallel zum Strahlengang orientierte kraniale und kaudale Deckplatte zeichnen als relativ scharf begrenzte helle Linien den „Wirbelkörperrahmen".

 IV　Die scharf gezeichnete schmale in der Medianen stehende Figur repräsentiert den **Dornfortsatz**, dessen Kortikalis weitgehend parallel zum Röntgenstrahl verläuft.

 II　Die nach hinten verlaufenden **Bogenwurzeln** projizieren sich beidseits lateral in den Wirbelkörper als ovale Figuren.

 **V**　Im Gegensatz dazu stehen die **Querfortsätze** quer zum Strahlengang und heben sich dementsprechend nur schwach ab.

 III　Der an sich schwache Schatten der **Bogenlamina** tritt durch die Überlagerung des Wirbelkörpers relativ deutlich hervor.

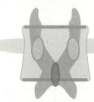 **VI**　Bei den **Gelenkfortsätzen** erkennt man, dass die **oberen** gleich hinter den Bogenwurzeln von der Lamina entspringen und somit die **unteren**, welche weit hinten neben dem Dornfortsatz entspringen, seitlich umfassen. Da die Gelenkflächen überwiegend sagittal orientiert sind, sieht man häufig einen „röntgenologischen Gelenkspalt".

c 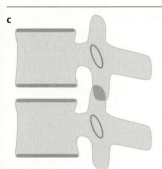 In der **Seitenaufnahme** stellen sich Körper, Bogenwurzeln und Dornfortsätze relativ diskret von der Seite dar. Diagnostisch bedeutsam ist der „Blick ins" **Foramen intervertebrale**. Die Querfortsätze, die spitzwinklig zum Strahlengang verlaufen, ergeben relativ deutliche Schatten. Die Gelenkfortsätze überlagern sich zum Teil. Der „**Zwischenwirbelraum**" enthält den Discus intervertebralis, der von den umgebenden Weichteilen nicht abgrenzbar ist.

a Vereinfacht dargestellter Lendenwirbel in der Ansicht von links (I) und oben (II). Die Pfeile symbolisieren den Strahlengang bei einer anterior-posterioren (a. p.) bzw. einer Seitaufnahme.
b Projektion eines vereinfacht dargestellten Lendenwirbels in einer a. p.-Aufnahme.
c Projektion zweier vereinfacht dargestellter Lendenwirbel in einer Seitaufnahme.

A-4.3 Röntgenanatomie des Skeletts am Beispiel der Lendenwirbelsäule (Fortsetzung)

d I
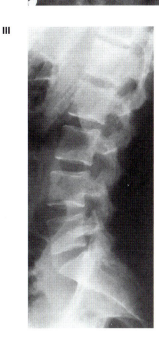

II
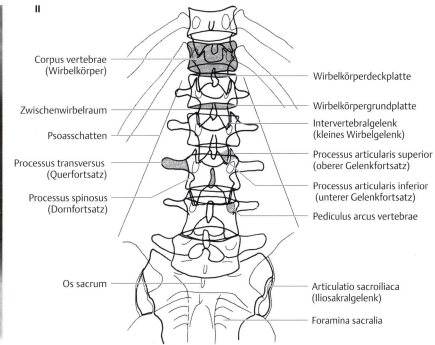

III

IV
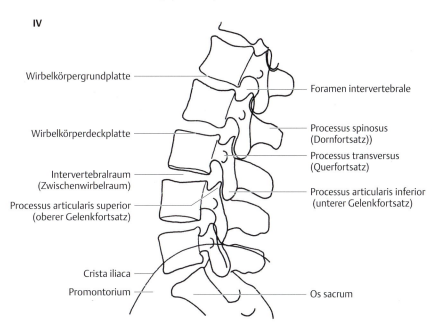

(d aus Möller, T.B., Reif, E.: Taschenatlas der Röntgenanatomie. Thieme, 2010)

d Darstellung der LWS in zwei Ebenen (Röntgenaufnahme mit jeweiligem Schema): Sie zeigt die Übereinstimmung mit der schematischen Darstellung einzelner Wirbel in b und c.

4.2.2 Schnittbildverfahren

Bei der **Computertomografie** (**CT**) und **Magnetresonanztomografie** (**MRT**) werden standardisierte Serien von **Schnittbildern** von Körperregionen angefertigt.

Computertomografie (CT)

Die CT erlaubte erstmals die überlagerungsfreie Querschnittsdarstellung von Körperabschnitten in hoher Dichteauflösung.

Bei den beiden nachfolgend beschriebenen bildgebenden Verfahren handelt es sich um solche, bei denen der Radiologe aus einer **Serie von Schnittbildern** (**Tomogrammen**) Rückschlüsse auf pathologische Veränderungen anatomischer Strukturen zieht und anhand dieser die Diagnose erstellt.

Computertomografie (CT)

Die Computertomografie (CT) ist ein bildgebendes Verfahren, das seit der Entwicklung leistungsfähiger Computer in den 70er Jahren verfügbar ist. Mit ihrer Einführung wurde erstmals die überlagerungsfreie Querschnittsdarstellung von Körperabschnitten mit hoher Dichteauflösung erreicht (Abb. **A-4.4**). Selbst die Abbildung bisher nicht zugängiger anatomischer Strukturen wurde ermöglicht und die diagnostische Treffsicherheit generell verbessert.

A-4.4   Schnittbildprinzip

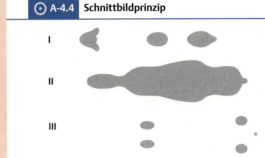

Transversalschnitte durch ein bekanntes Lebewesen (Auflösung, s. Abb. **A-4.9**): oberster Schnitt (**I**), mittlerer Schnitt (**II**), unterster Schnitt (**III**).

Prinzip: Bei der **CT** rotiert die Röntgenröhre auf transversalen Ebenen um den Patienten. Ein Detektor misst die Schwächung des Röntgenstrahls, woraus ein Computer **Transversalschnitte** errechnet (Abb. **A-4.5**).

▶ Merke.

Bildliche Darstellung: die Bildinformation der CT liegt in über 2000 Grauwerten vor.

Prinzip: Bei der **CT** sind Röntgenröhre und Strahlendetektor fest miteinander gekoppelt. Sie rotieren in transversalen Ebenen um den Patienten, wobei die Schwächung des Röntgenstrahls vom Detektor gemessen wird.
Ein Computer errechnet daraus **transversale Schnittbilder**, die aus verschiedenen Grauwerten zusammengesetzt sind (Abb. **A-4.5**).

▶ Merke.   Sowohl bei der CT als auch bei der MRT werden **Transversalschnitte** stets so beurteilt, dass der Untersucher **von kaudal** das Schnittbild betrachtet, d. h. Strukturen der **rechten** Patientenseite erscheinen im Bild **links**.

Bildliche Darstellung: Bei der CT werden Dichtewerte gemessen und als Graustufen dargestellt. Der Bezugswert, z. B. Wasser, wird als **isodens** bezeichnet. Gewebsstrukturen höherer Dichte sind **hyperdens** (im Bild hell), solche niedrigerer Dichte **hypodens** (dunkel). Die Dichtewerte werden in **Hounsfield-Einheiten** (HE) angegeben, wobei Luft zu -1000 HE und Wasser zu 0 HE gesetzt wird. Kompakter Knochen hat eine Dichte von mehr als +1000 HE. Die Bildinformation liegt somit in mehr als 2000 Grauwertstufen vor.

A-4.5   CT-Prinzip am Beispiel einer Oberbauch-CT

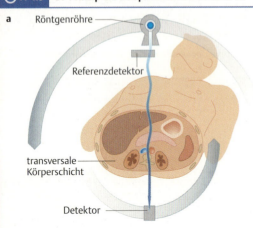
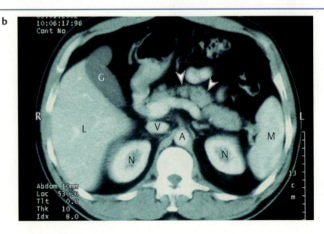

a   Rotation der Röntgenröhre mit gekoppeltem Detektor um die darzustellende Körperregion.
b   Transversalschnitt in üblicher Betrachtungsweise von kaudal: dadurch kommt die Leber (L) „links", die Milz (M) „rechts" zur Abbildung (entgegen der Patientenseite). Retroperitoneal sieht man Pankreas (➤), Nieren (N). Aorta abdominalis (A), Vena cava inferior (V), Gallenblase (G).

A 4.2 Standardverfahren

A-4.6 Fenstertechnik zur optimierten Darstellung relevanter Strukturen in der CT

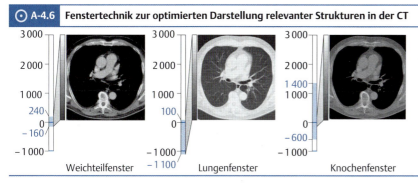

Zahlen auf der Ordinate = Hounsfield-Einheiten
(Galanksi, M., Prokop, M.: RRR Ganzkörper-Computertomografie. Thieme, 2006)

Da das menschliche Auge nur etwa 20 Graustufen unterscheiden kann, bedient man sich bei der CT-Diagnostik der **„Fenstertechnik"** (Abb. **A-4.6**). Je nach klinischer Fragestellung wird ein Gewebetyp mit der gesamten Skala der vom Auge auflösbaren Graustufen auf dem Monitor dargestellt. So sind z. B. bei Wahl des Weichteilfensters nur die Weichteile in hoher Auflösung zu beurteilen, die Lungen sind dagegen überbelichtet (schwarz) und Knochen unterbelichtet (weiß). Durch Verschiebung des dargestellten Grauwertbereichs lassen sich verschiedene gewebsangepasste Fenster (z. B. Knochen, Lunge) auswählen, ohne dass eine erneute Strahlenexposition in einem weiteren Untersuchungsgang nötig ist.

Grundsätzlich erbringt die CT überlagerungsfreie **Transversalschnittbilder** (S. 41), in der Bildgebung auch als axiale Schnittbilder bezeichnet, durch den menschlichen Körper. Mit moderner Mehrzeilen-CT-Spiraltechnik können sämtliche Ebenen rekonstruiert werden. Mittels geeigneter Software ist auch die Rekonstruktion dreidimensionaler Bilder möglich.

Einsatz: Mittlerweile zählt die CT zur Standarddiagnostik. Im Vergleich zur MRT ermöglicht das CT sehr kurze Untersuchungszeiten von wenigen Sekunden und ist deshalb besser für die **Akut-** und **Notfalldiagnostik** geeignet, wenn z. B. nach schweren Unfällen Verletzungen innerer Organe und multiple Frakturen des Skelettsystems (**Polytrauma**) in einem Untersuchungsgang zu diagnostizieren sind. Die kurze Untersuchungsdauer ist auch von Vorteil, wenn für therapeutische Maßnahmen begrenzte „Zeitfenster" zur Verfügung stehen (z. B. Schlaganfall) oder es sich um schwerkranke Patienten handelt. Weitere Indikation ist die Feststellung der Ausdehnung eines bösartigen Tumor-Leidens (präoperatives Staging maligner Tumoren wie z. B. bei Lymphomen). Auch bei Verdacht auf postoperative Komplikationen und für Therapiekontrollen (Tab. **A-4.1**) nutzt man die CT.

In der **„CT-Fenstertechnik"** (Abb. **A-4.6**) wird ein Gewebetyp mit der gesamten Skala der vom Auge auflösbaren Graustufen (etwa 20) auf dem Monitor dargestellt. Durch Verschiebung des dargestellten Grauwertbereichs lassen sich verschiedene gewebsangepasste Fenster (z. B. Knochen, Lunge, Weichteile) auswählen, ohne dass eine neue Untersuchung nötig ist.

Die CT ergibt primär **Transversalschnitte**, aus denen auch andere Schnittebenen rekonstruiert werden können.

Einsatz: die **kurzen Untersuchungszeiten** prädisponieren die CT für die **Akutdiagnostik**.

A-4.1 Konventionelle Röntgenaufnahme und Schnittbildverfahren im Vergleich

Verfahren	Darstellungs-möglichkeiten	Befund-terminologie	Vorteile	Nachteile	Einsatz
konventionelles Röntgen	Aufsicht auf Negativbild: • a. p./p. a. • seitlich • Spezialeinstellungen	• Aufhellung (dunkel) • Verschattung = Verdichtung (hell)	• Zeitaufwand ↓ • Kosten ↓	• Überlagerungseffekte ↑ → Fehlbeurteilung ↑ → Detektion kleiner Veränderungen ↓ • Strahlenbelastung	• Knochendarstellung (einfache Fraktur, degenerative und entzündliche Veränderungen) • Basisdiagnostik: – Thoraxaufnahme – Abdomenübersichtsaufnahme (akutes Abdomen)
Computertomografie (CT)	Transversalschnitte (axial) durch den gesamten Körper	• isodens (Dichte entspricht Bezugsgröße) • hyperdens (hell) • hypodens (dunkel)	• Zeitaufwand ↓ • Kontrast ↑ im Vergleich zu konv. Röntgenaufnahme	• Strahlenbelastung • Weichteildifferenzierung eingeschränkt	• Knochendarstellung • Polytrauma-Management • intrakranieller Blutungsausschluss (CCT) • Tumor-Staging • Thorax-Diagnostik
Magnetresonanztomografie (MRT)	multiplanar, meist jedoch • Transversalschnitte (axial) • Sagittalschnitte • Frontalschnitte (koronar)	• isointens • hyperintens (hell) • hypointens (dunkel)	• keine Strahlenbelastung • gute Weichteil- und Knochendarstellung	• Zeitaufwand ↑ • Kontraindikationen: ferromagnetische Implantate, Herzschrittmacher usw.	vorwiegend Weichteilveränderungen, wie z. B.: • Nachweis von Tumoren (auch im Frühstadium) und Entzündungen • Neurologische und orthopädische Fragestellungen • Gefäß- und Herzdiagnostik

Magnetresonanztomografie (MRT)

▶ Synonym.

Die MRT zeichnet sich aus durch:
- multiplanare Darstellungsmöglichkeit,
- hohe Weichteildifferenzierung,
- Früherkennung knöcherner Läsionen,
- Aktivitätsbeurteilung pathologischer Prozesse,
- fehlende Strahlenexposition.

Prinzip: Die MRT basiert auf dem Prinzip der Kernspinresonanz der Wasserstoffatome der Gewebe und ihrer Wechselwirkung mit Magnet- und Hochfrequenzfeldern. Die so erzeugten Schnittbilder des Körpers reflektieren v. a. den unterschiedlichen Wassergehalt der verschiedenen Gewebearten.

A 4 Bildgebung – Grundlagen

Magnetresonanztomografie (MRT)

▶ Synonym. Kernspintomografie, engl.: magnetic resonance imaging (MRI)

Die Magnetresonanztomografie (MRT) ist seit den 1980er-Jahren verfügbar und zeichnet sich durch die primäre multiplanare Darstellungsmöglichkeit und einen hohen Weichteilkontrast aus, der eine genauere Differenzierung von Strukturen erlaubt. Zudem ist sie sehr sensitiv in der Früherkennung knöcherner Läsionen. Die zusätzliche intravenöse Applikation von Kontrastmittel (s. u.) erlaubt eine Aktivitätsbeurteilung pathologischer Prozesse. Außerdem entfällt die Belastung des Patienten mit ionisierenden Strahlen.

Prinzip: Die MRT basiert auf dem Prinzip der Kernspinresonanz der Wasserstoffatome der Gewebe. Der wichtigste Teil des MRT-Geräts ist ein starker Magnet zur Erzeugung von Feldstärken des 10 000- bis 60 000-fachen der Erdmagnetfeldstärke (bei MRT-Routineuntersuchungen in der Humanmedizin).

Wird ein Patient in ein Magnetfeld eingebracht, so orientieren sich seine Wasserstoff-Atomkerne (**Protonen**) entlang den magnetischen Feldlinien. Durch die kurzfristige Einstrahlung eines Hochfrequenzimpulses werden die Protonen aus ihrer Orientierung (niederenergetischer Zustand) ausgelenkt und kehren erst nach Abschalten der Hochfrequenzstrahlung langsam wieder in den Ausgangszustand zurück. Dieser Rückkehrprozess der Protonen in den niederenergetischen Zustand (**Relaxation**) ist mit der Aussendung eines Signals verbunden, welches die Grundlage der MRT darstellt. Dieses Signal hängt von der Wechselwirkung der Protonen mit ihrer Umgebung ab: in kleinen Wassermolekülen ist sie anders als in großen Fettmolekülen. Das unterschiedliche Relaxationsverhalten der Protonen in Wasser und Fett ist, stark vereinfacht ausgedrückt, die Basis für die Bildgebung in der MRT.

Weitere Faktoren, welche die Signalintensitäten beeinflussen sind die verschiedenen Parameter der MR-Messsequenzen. T1 und T2 bezeichnen dabei Zeitkonstanten von Relaxationsvorgängen in Abhängigkeit der Richtung (Längs- oder Querrelaxation, s. Lehrbücher der Radiologie).

⊙ A-4.7 MRT-Prinzip

  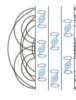 

Anregung von rotierenden Protonen in einem Magnetfeld durch einen Hochfrequenzimpuls und Rückkehr in den Ausgangszustand unter Aussendung eines Signals.
(Frommhold, W., Koischwitz, D.: Sonografie des Abdomens. Thieme, 1991)

⊙ A-4.8

⊙ A-4.8 **Magnetresonanztomogramme des Gehirns mit unterschiedlicher Gewichtung**

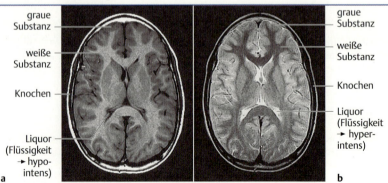

(Reiser, M., Kuhn, F.P., Debus J.: Duale Reihe Radiologie. Thieme, 2011)
a T1-Gewichtung.
b T2-Gewichtung.

⊙ A-4.9 | Auflösung

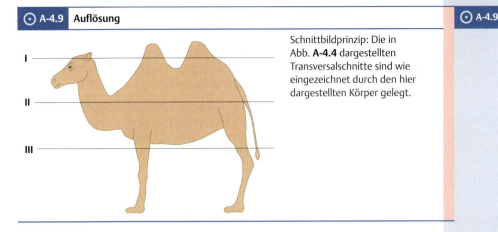

Schnittbildprinzip: Die in Abb. **A-4.4** dargestellten Transversalschnitte sind wie eingezeichnet durch den hier dargestellten Körper gelegt.

⊙ A-4.9

Bildliche Darstellung: Generell erlaubt die MRT eine besonders **gute Differenzierung der Weichteile**. Je nach gewählter Sequenz stellen sich die unterschiedlichen Weichteilgewebe ihrer Zusammensetzung entsprechend **hyperintens** (**hell**), **isointens** (**grau**) oder **hypointens** (**dunkel**) dar.
Die Relaxation erfolgt in 2 Phasen, deren Signale getrennt ausgewertet werden und ein sog. **T 1-betontes** bzw. **T 2-betontes** Bild liefern. Im T 2-betonten MR-Bild kommt Wasser hyperintens (hell) und Fettgewebe hyper- bis isointens (grau) zur Darstellung. Im T 1-betonten Bild ist Wasser dagegen dunkel und Fett hell. Straffes kollagenes Gewebe wie Sehnen, Gelenkkapseln und Menisci erscheint in beiden Modi hypointens (dunkel).

Bildliche Darstellung: Die MRT ermöglicht eine **exzellente Differenzierung der Weichteile**. Je nach gewählter Darstellung (z. B. T 1-, T 2-gewichtete Aufnahmen) kommen die verschiedenen Gewebe in charakteristischer Signalintensitätsverteilung zur Darstellung.

▶ Klinik. Pathologisches (erkranktes) Gewebe hat sehr oft einen höheren Wassergehalt als das umgebende gesunde Gewebe und damit auch längere Relaxationszeiten (T 1- u. T 2-Zeiten). Demzufolge resultiert eine unterschiedliche Signalgebung und damit die Abgrenzung des pathologisch veränderten Gewebes gegenüber dem normalen.

▶ Klinik.

Grundsätzlich zeichnet sich die MRT durch die **multiplanare Darstellungsmöglichkeit** aus. Dies bedeutet, dass neben transversalen Schnitte in beliebigen Ebenen durch den Körper gelegt werden können. Allerdings beschränkt man sich meistens auf die Beurteilung in den drei Hauptebenen: der transversalen (axialen), der sagittalen und der frontalen (koronaren) Ebene (S. 41).

Die MRT erlaubt die Darstellung einer Körperregion in **beliebigen Schnittebenen**.

Einsatz: Generell gilt, dass die MRT primär zur Diagnostik definierter Körperregionen herangezogen wird. Insbesondere bei neurologischen Fragestellungen (ZNS), in der Gelenk- und Weichteildiagnostik und – mit zunehmender Relevanz – zur Darstellung von Herz und Gefäßen (MR-Angiografie).
Vorteilhaft für den Patienten ist, dass sein Körper nicht, wie bei Röntgen und CT mit ionisierenden Strahlen belastet wird.

Einsatz: ZNS-Erkrankungen, Gelenk- und Weichteildiagnostik, Herz und Blutgefäße.

Vorteilhaft ist der Verzicht auf ionisierende Strahlen.

Kontraindikationen: Grundsätzlich dürfen keine ferromagnetischen Gegenstände in die Nähe des Magneten gebracht werden, da sie durch die magnetische Anziehung zu lebensgefährlichen Geschossen werden können. Patienten müssen vor einer MR-Untersuchung nach metallischen Fremdkörpern und Implantaten befragt und ggf. untersucht werden, da diese disloziert werden und zu inneren Verletzungen führen können.
Träger von Herzschrittmachern, Innenohrprothesen etc. sind von der MRT ausgeschlossen. Unterschiedlich gefährlich sind Metallsplitter, Projektile, Gefäßclips oder -stents oder -filter, intrauterine Spiralen und Piercings. Osteosynthesematerial und Prothesen können Anlass zu Artefakten sein und die Bildinformation einschränken.

Kontraindikationen: Herzschrittmacher, Innenohrimplantate sowie jegliches ferromagnetisches Material im Körper.

4.2.3 Ultraschalldiagnostik (Sonografie)

Die Sonografie ist die am häufigsten angewandte bildgebende Methode in Deutschland.

Das Untersuchungsverfahren verwendet hochfrequente Schallwellen mit einer Frequenz von > 20 000 Hertz (jenseits des menschlichen Hörvermögens).

Prinzip: Die Sonografie beruht auf dem **Prinzip des Impuls-Echo-Verfahrens**: kurze Impulse von Ultraschallwellen erfahren an der Grenzfläche von Geweben mit unterschiedlichen Schallleitungseigenschaften eine Schallabschwächung oder eine Rückstrahlung (**Echo, Reflexion**). Die zurückkehrenden Schallwellen (Echos) werden dann bildlich dargestellt und können diagnostisch analysiert werden.

Dabei ist der **Schallkopf** (Applikator) zugleich Sender und Empfänger der Ultraschallwellen.

Bildliche Darstellung: Im Allgemeinen können **parenchymatöse Organe**, wie z. B. Leber, Milz oder Niere sehr gut von Fett, Muskulatur und anderen Organen abgegrenzt werden.

Die **Echostruktur** eines parenchymatösen Organes oder eines pathologisch veränderten Bezirks hängen von Schallleitungsunterschieden (Impedanzdifferenzen) zur Umgebung ab. Man unterscheidet: **echoreich** oder **echodicht** (hell), **echogleich**, **echoarm**, **echofrei** (dunkel) und **echokomplex** (gemischt echogen).

Knochen, Weichteilverkalkungen und kalkhaltige Konkremente (z. B. Gallensteine) werden von Ultraschallwellen nicht durchdrungen und führen zu Schallauslöschungsphänomenen (**„Schallschatten"**).

Luft (Lungen, Darmgase) stellt eine Schallbarriere dar, sodass die Sonografie z. B. in der Diagnostik des Lungenparenchyms keine Rolle spielt.

Der Darm sollte daher vor der Ultraschalluntersuchung des Abdomens möglichst entbläht werden.

Einsatz: Im Gegensatz zur Computertomografie (Abb. **A-4.5**) gelingt mit der Sonografie (Abb. **A-4.10**) nur die sektorale Darstellung eines kleinen Körperausschnitts allerdings in variablen Schnittebenen. Dies erfordert vom Untersucher genaue anatomisch-topografische Kenntnisse und das sonografische Untersuchungsergebnis ist in hohem Maße abhängig von der Erfahrung des durchführenden Arztes. Die hauptsächliche Indikation der Sonografie liegt im breit angewandten **Screening** („Suchtest").

Sie ist das in Deutschland am häufigsten angewendete bildgebende Verfahren. Ihre Aussagekraft wird generell durch Fettleibigkeit (Adipositas) eingeschränkt. Ebenfalls ungünstig wirkt sich eine insuffiziente Atemmechanik bei der Sonografie der Oberbauchorgane aus (Tab. **A-4.2**).

A-4.10 Ultraschall-Prinzip

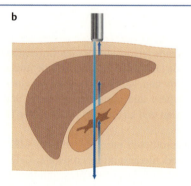
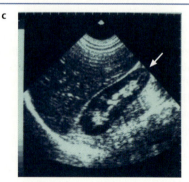

Aussendung von Ultraschallwellen und deren Reflexion
a als Echolot in der Schifffahrt. (Delorme, S., Debus, J.: Duale Reihe Sonografie. Thieme, 2012)
b in der Oberbauchsonografie.
c Sonografische Darstellung der rechten Niere (Pfeil): Sie hat eine ovaläre Form mit echoarmem Parenchymsaum und echoreichem, zentralem Nierensinus. Davon ventral und kranial der angeschnittene rechte Leberlappen (L).

☰ A-4.2	**Vor- und Nachteile der Sonografie**
Vorteile	**Nachteile**
keine Strahlenbelastung	Abhängigkeit vom Erfahrungsstand des Untersuchers (u. a. topografische Kenntnisse)
variable Schnittebenen	Beeinträchtigung durch konstitutionelle Faktoren (Adipositas)
häufige Verfügbarkeit	Schallbarrieren (Knochen, Luft, Darmgase, Koprostase)
geringe Kosten	kleiner Körperausschnitt (Sektor)

4.3 Kontrastmittel

Wie der Name besagt, dienen diese Mittel dazu, den Bildkontrast zu verstärken, um detailliertere Aufnahmen zu erstellen und damit die diagnostische Treffsicherheit zu erhöhen.
Sie werden v. a. oral und intravasal verabreicht:
- **Orale Kontrastmittel** dienen der Darstellung der Hohlräume des Gastrointestinaltrakts.

> ▶ Klinik. Bei Gefahr der Perforation („Magen-, bzw. Darmdurchbruch") dürfen die üblicherweise verwendeten bariumhaltigen Kontrastmittel nicht verwendet werden, da sie die Gefahr der „Bariumperitonitis" in sich bergen. In diesen Fällen verwendet man jodhaltige Kontrastmittel.

- **Intravasal verabreichte Kontrastmittel** finden in der Darstellung der Blutgefäße (s. u.) im konventionellen Röntgen, in CT und MRT Verwendung. Neben der expliziten Darstellung makroskopischer Gefäße liefert der Kontrast der (nicht abgrenzbaren) mikroskopischen Gefäße genauere Informationen über die Binnenstruktur von Organen.

> ▶ Klinik. Die üblicherweise zur Darstellung der Gefäße verabreichten jodhaltigen Kontrastmittel können bei Prädisponierten zu schweren allergischen Reaktionen, zu Schilddrüsenüberfunktionen und Einschränkungen der Nierenfunktion führen. Aus diesem Grunde sollte neben der sorgfältigen Anamnese auch die Bestimmung des TSH- und Kreatininspiegels erfolgen.

In der **MRT** werden **gadoliniumhaltige Kontrastmittel** intravasal appliziert. Sie verursachen nur äußerst selten allergische Reaktionen.

4.4 Darstellung der Blutgefäße

Da Blutgefäße eine ähnliche Röntgendichte wie Muskeln und parenchymatöse Organe aufweisen, kommen in der konventionellen Röntgendiagnostik lediglich Verkalkungen der Gefäßwände zur Darstellung, oder aber der Gesamtaspekt lässt auf grob-pathologische Gefäßveränderungen schließen (z. B. Verbreiterung des Mediastinums bei einer ausgeprägten Erweiterung der thorakalen Aorta = thorakales Aortenaneurysma). Daher bedient man sich zur Darstellung der Gefäße der Röntgen-, CT- oder MR-Angiografie.

4.4.1 Angiografie

Zur röntgenologischen Darstellung der **Blutgefäße** sind **Kontrastmittel** notwendig, die in die zu untersuchenden Gefäßbahnen injiziert werden. Dabei wird meist die A. femoralis punktiert und ein Katheter über die Aorta bis zur gewünschten Gefäßregion eingeführt. Diese Kontrastmittel enthalten Elemente mit hoher Ordnungszahl (meist Jod), welche die Röntgenstrahlen stark absorbieren (S. 129). Im Anschluss an die Kontrastmittelinjektion werden **Serienaufnahmen** des in den Gefäßen abfließenden Kontrastmittels aufgenommen. Bei der heute üblichen **digitalen Subtraktionsangiografie** (**DSA**), wird das „Leerbild" (Hintergrund) von dem kontrastmittelgefüllten Gefäßbild rechnerisch abgezogen. Man erhält eine detaillierte Darstellung eines Gefäßes mit seinen Verzweigungen, Wandveränderungen, Kollateralkreisläufen und der Dynamik der Blutströmung.

4.3 Kontrastmittel

Kontrastmittel verstärken den Bildkontrast und erhöhen die Bildqualität. Sie werden v. a. **oral** zur Darstellung des Gastrointestinaltrakts und **intravasal** zur Darstellung der Blutgefäße (s. u.) verabreicht.

> ▶ Klinik.

> ▶ Klinik.

Zur MRT nutzt man meist gadoliniumhaltige Kontrastmittel.

4.4 Darstellung der Blutgefäße

Auf Grund ihrer Dichte stellen sich Blutgefäße in der konventionellen Röntgenaufnahme nur ausnahmsweise dar.

4.4.1 Angiografie

Die röntgenologische Darstellung der **Blutgefäße** erfolgt durch Injektion von **Kontrastmitteln,** die Elemente mit hoher Ordnungszahl (meist Jod) enthalten.

4.4.2 CT- und MRT-Angiografie

CT- und MRT-Angiografie zeichnen sich aus durch
- intravenöse Verabreichung des Kontrastmittels (fehlende Invasivität)
- 3-dimensionale Gefäßdarstellung.

4.4.2 CT- und MRT-Angiografie

Die CT- und MRT-Angiografie (Abb. **A-4.11**, Abb. **A-4.12**, Abb. **A-4.13**) erlauben, im Gegensatz zur „klassischen" Röntgenangiografie, Arterien nach **intravenöser Injektion des Kontrastmittels** darzustellen. Dadurch entfällt die für den Patienten belastende und aufwändige Einbringung eines arteriellen Katheters (S. 139). Neben den anfallenden Informationen zu arteriellen Gefäßen (S. 139) ermöglichen diese Techniken unter anderem die Rekonstruktion detaillierter 3-dimensionaler Bilder der Körpergefäße in einem Untersuchungsgang (Abb. **A-4.11**).

⊙ A-4.11

⊙ A-4.11 **Darstellung eines Aortenaneurysmas als Rekonstruktion aus einer Serie transversaler CT-Schnittbilder nach Kontrastmittelinjektion**

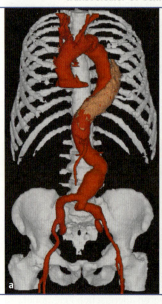
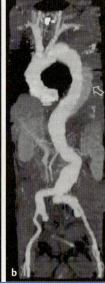

In beiden rechnerisch erstellten Rekonstruktionen erkennt man deutlich die Aussackung der (sklerotisch elongierten) thorakalen Aorta nach links (Pfeil in b).

(Reiser, M., Kuhn, F.P., Debus, J.: Duale Reihe Radiologie. Thieme, 2011)

a 3D-Rekonstruktion,
b frontale Rekonstruktion.

⊙ A-4.12 **Darstellung der Halsarterien mit Stenose in der A. carotis interna links**

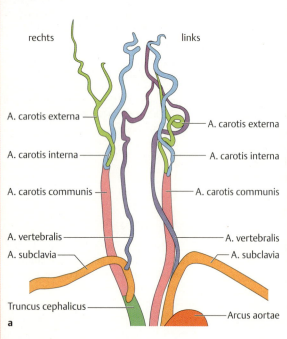
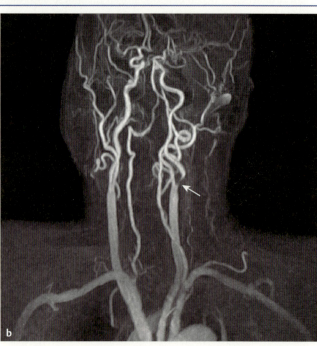

a Anatomie
b MR-Angiografie: In der linken Karotisgabel (Bifurcatio carotidis) zeigt sich eine Abgangsstenose der A. carotis interna (Pfeil).

A 4.4 Darstellung der Blutgefäße

A-4.13 Becken und Beinarterien mit Verschluss der A. femoralis superficialis rechts

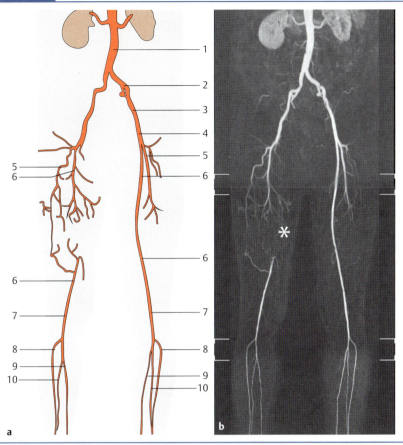

a Anatomie:
1 Aorta abdominalis
2 A. iliaca communis
3 A. iliaca externa
4 A. femoralis
5 A. profunda femoris
6 A. femoralis
7 A. poplitea
8 A. tibialis anterior
9 A. tibialis posterior
10 A. fibularis (peronea)

b MR-Angiografie: AVK vom Oberschenkeltyp mit langstreckigem Verschluss der A. femoralis superficialis rechts (*) mit Kollateralkreislaufbildung.

4.4.3 Doppler- und Duplexsonografie

Diese Techniken stellen eine Erweiterung der Sonografie dar und nutzen den „**Dopplereffekt**". Ultraschallwellen, die von bewegten Objekten, wie dem strömenden Blut, reflektiert werden, sind je nachdem, ob das Blut entgegen oder mit dem Schallstrahl strömt, von höherer bzw. niedrigerer Frequenz als der ausgesandte Strahl. Dadurch lassen sich Beschleunigungen oder Verlangsamungen der **Blutströmung** erfassen, bzw. Wirbel, wie sie nach Stenosen (Engstellen) von Arterien auftreten (Abb. **A-4.14**).

4.4.3 Doppler- und Duplexsonografie

Unter Nutzung des „Dopplereffekts" ermöglichen diese Techniken Aussagen über **Blutströmung**. Daraus können Rückschlüsse auf Gefäßveränderungen gezogen werden.

A-4.14 Farbkodierte Darstellung einer Duplexsonografie der Karotisbifurkation

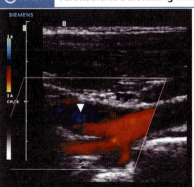

Man erkennt den rot dargestellten ungestörten Blutfluss in der A. carotis communis (rechts), die sich nach links in die A. carotis interna (oben) und die A. carotis externa (unten) aufzweigt. Die Wirbelströmung in der A. carotis interna distal der Verzweigung stellt sich blau dar (Pfeilspitze). Man beachte den Abgang der A. thyroidea sup. aus der A. carotis externa noch im Bereich der Bifurkation (nach unten).

(Reiser, M., Kuhn, F.P., Debus, J.: Duale Reihe Radiologie. Thieme, 2011)

Einführung in funktionelle Systeme

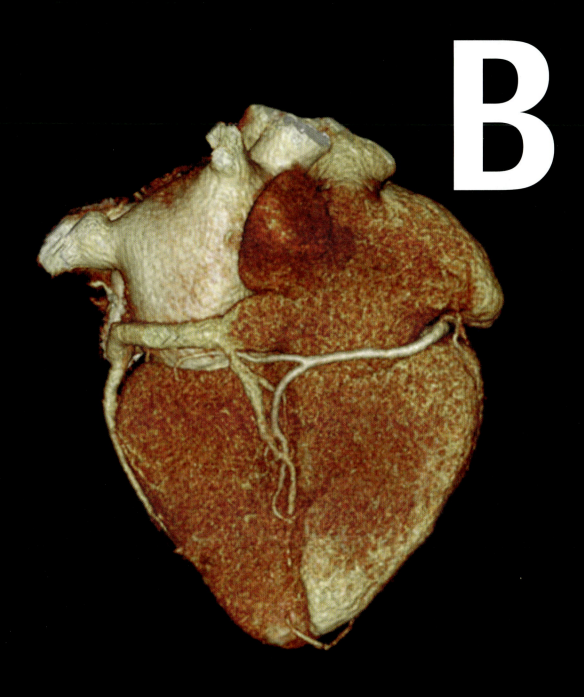

B

Oberflächenrekonstruktion einer computertomografischen Aufnahme des Herzens. Die hochauflösenden Schichtaufnahmen erfolgen EKG-getriggert, um Bewegungsunschärfen zu vermeiden. Ansicht von dorsal-kaudal.
© Philips

1	**Herz-Kreislauf-System – Grundlagen**	145
2	**Blut und lymphatische Organe – Grundlagen**	165
3	**Nervensystem – Grundlagen**	194
4	**Bewegungssystem – Grundlagen**	221

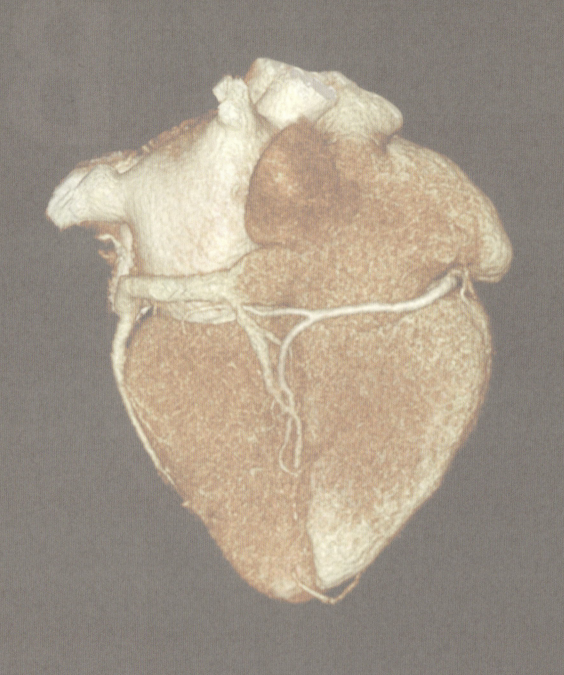

1 Herz-Kreislauf-System – Grundlagen

1.1 Einführung 145
1.2 Funktion und Bauprinzip 145
1.3 Funktionelle Gliederung des Blutkreislaufs 148
1.4 Unterschiede zwischen prä- und postnatalem Kreislauf 150
1.5 Feinbau und Funktion der Blutgefäße 152
1.6 Lymphgefäßsystem 161

J. Engele

1.1 Einführung

▶ Definition. Herz und Blutgefäße bilden ein geschlossenes Blut-Transportsystem, das **Herz-Kreislauf-System**.

1.1 Einführung

▶ Definition.

1.2 Funktion und Bauprinzip

1.2.1 Funktion des Herz-Kreislauf-Systems

In diesem **Transportsystem** kommt dem Herzen die Aufgabe einer **Pumpstation** zu, die eine stetige **Blutzirkulation durch das Gefäßsystem** gewährleistet. Dieser Blutumlauf ist notwendig, um die Zellen des Körpers konstant mit Sauerstoff und Nährstoffen zu versorgen und anfallende Stoffwechselprodukte sowie Kohlendioxid abzutransportieren. Aufgrund der vom Blut mitgeführten Hormone und Gerinnungsfaktoren erfüllt der Blutkreislauf auch Aufgaben bei der (hormonellen) Steuerung verschiedener Körperfunktionen sowie der Blutstillung. Darüber hinaus steht der Blutkreislauf im Dienste der Thermoregulation.

1.2 Funktion und Bauprinzip

1.2.1 Funktion des Herz-Kreislauf-Systems

Angetrieben vom Herzen als **Pumpstation** findet eine ständige Blutzirkulation statt. Als **Transportsystem** sichert der Kreislauf die Ernährung der Körperzellen und ist an der hormonellen Steuerung, der Blutstillung und der Thermoregulation beteiligt.

▶ Klinik. **Thrombose** bezeichnet eine im Blutgefäß selbst (intravasal) auftretende Blutgerinnung, die zu einem teilweisen oder vollständigen Gefäßverschluss führt. Gefördert wird die Thrombosebildung durch eine veränderte Blutströmung, Gefäßwandschäden oder ein verändertes Gerinnungsverhalten des Blutes (Virchow-Trias). Teile des der Gefäßwand ansitzenden **Thrombus** (Blutgerinnsel) können sich ablösen und als **Embolus** (S. 164) in der Blutbahn weiter verschleppt werden, vgl. auch Lungenembolie (S. 559).

▶ Klinik.

1.2.2 Bauprinzip des Herz-Kreislauf-Systems

Die anatomischen Strukturen des Herz-Kreislauf-Systems sind
- **Herz** (Pumpfunktion) und
- **Blutgefäße** (Transportfunktion), die man je nach der Fließrichtung des Bluts in Bezug auf das Herz in **arterielle** und **venöse** Gefäße unterteilt.

Neben dem Blutgefäßsystem existiert zur Drainage von Flüssigkeit aus dem Gewebe als Nebenstrecke ein zweites Transportsystem, das dem venösen System angeschlossen ist, das **Lymphgefäßsystem** (S. 161).

1.2.2 Bauprinzip des Herz-Kreislauf-Systems

Die anatomischen Strukturen des Herz-Kreislauf-Systems sind:
- **Herz** (Pumpfunktion) und
- **Blutgefäße** (Transportsystem).

Als Nebenstrecke zur Drainage von Flüssigkeit existiert daneben das **Lymphgefäßsystem** (S. 161).

Herz

Allgemeiner Aufbau: Das Herz als Pumpstation lässt sich in zwei Pumpwerke unterteilen: ein „rechtes Herz" und ein „linkes Herz", die durch eine Scheidewand getrennt sind (Abb. **B-1.3**). Jedes Pumpwerk besteht seinerseits aus zwei Hohlräumen: dem **Vorhof** (**Atrium**) und der **Kammer** (**Ventrikel**), zwischen denen eine **Segelklappe** (S. 589) ausgespannt ist. In den Vorhöfen enden die großen Gefäße, die dem Herzen Blut zuführen (rechts Vena cava superior und Vena cava inferior, links Venae pulmonales. Aus den Kammern gehen die großen Gefäße zum Lungen- (Truncus

Herz

Allgemeiner Aufbau: Das Herz wird in ein rechtes und linkes Herz unterteilt (Abb. **B-1.3**). Beide Herzhälften bestehen jeweils aus einem **Vorhof** (**Atrium**), dem das Blut zufließt und einer **Kammer** (**Ventrikel**), aus der das Blut herausgepumpt wird, s. Details (S. 578).

pulmonalis aus der rechten Kammer) und Körperkreislauf (Aorta aus der linken Kammer) hervor. An dieser Stelle befinden sich **Taschenklappen** (S. 591).
Zum detaillierten Aufbau des Herzens (S. 578).

Kontraktion: Systole bezeichnet die Kontraktion der Herzmuskulatur, **Diastole** die Muskelerschlaffung.

Die Systole der Vorhöfe eilt der Systole der Kammern voraus und trägt zur maximalen Kammerfüllung bei. Bei der (Kammer-)Systole werfen die rechte und linke Kammer jeweils das gleiche Blutvolumen aus.

▶ Merke.

Kontraktion: Die Pumpwirkung des Herzens beruht auf einer rhythmischen Kontraktion und Erschlaffung der Herzmuskulatur. Die Phase der Kontraktion wird als **Systole**, die Phase der Erschlaffung als **Diastole** bezeichnet.
In der Regel beziehen sich diese Ausdrücke auf die Kontraktion und Erschlaffung der Kammern, allerdings kontrahieren und erschlaffen auch die Vorhöfe. Die Kontraktion der Vorhöfe eilt dabei der Kontraktion der Kammern voraus und trägt zur maximalen Blutfüllung der Kammern (enddiastolisches Volumen) bei. Die Kontraktion von linkem und rechtem Vorhof sowie linker und rechter Kammer erfolgen jeweils zeitgleich.

▶ **Merke.** Rechtes und linkes Herz sind in unterschiedliche Teilstrecken, d. h. großer und kleiner Kreislauf (S. 593), desselben Kreislaufs eingeschaltet. Um Stauungen zu vermeiden, ist es daher notwendig, dass die rechte und linke Kammer bei der Systole jeweils das gleiche Blutvolumen auswerfen.

Blutgefäßsystem

Allgemeiner Aufbau: Die Blutgefäße bilden ein röhrenförmiges Netzwerk (Abb. **B-1.1** und Abb. **B-1.2**).

Blutgefäßsystem

Allgemeiner Aufbau: Die Blutgefäße bilden ein röhrenförmiges Netzwerk, das den ganzen Körper durchzieht (Abb. **B-1.1** und Abb. **B-1.2**).

⊙ **B-1.1** Arterielles und venöses System des menschlichen Körpers: schematische Übersicht

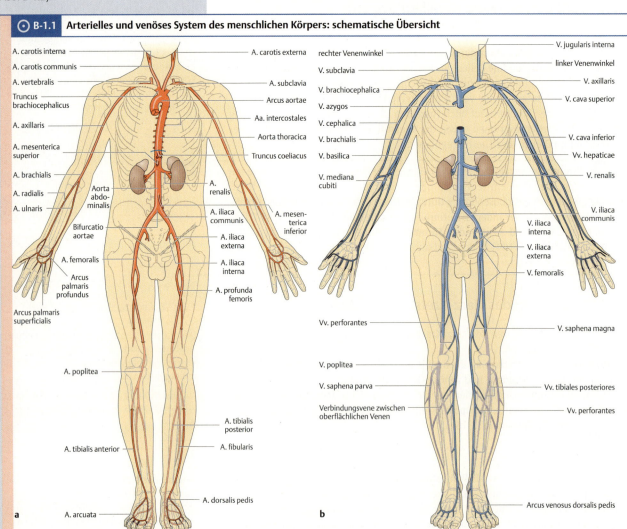

(Faller, A., Schünke, M.: Der Körper des Menschen. Thieme, 2012)
a Arterien: Aorta mit ihren Abgängen und deren Fortsetzung in große Arterien zu inneren Organen und Extremitäten.
b Venen: obere (V. cava superior) und untere Hohlvene (V. cava inferior) mit ihren Zuflüssen. Das venöse System teilt sich in ein tiefes und oberflächliches Venensystem, hier nur im Bereich der Extremitäten dargestellt.

B 1.2 Funktion und Bauprinzip

⊙ B-1.2 Aufbau des Blutgefäßsystems

⊙ B-1.2

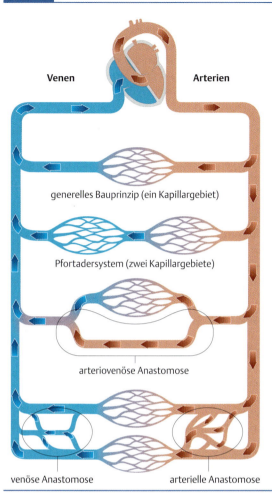

Schematische Übersicht: Die Farbgebung repräsentiert den Sauerstoffgehalt des Blutes.

▶ Merke. Die Unterteilung der Blutgefäße in arterielle und venöse Gefäße richtet sich nach der Flussrichtung des Bluts in Bezug auf das Herz:
Arterien transportieren das Blut vom Herzen in die Peripherie,
Venen transportieren Blut aus der Peripherie zum Herzen.

▶ Merke.

- **Arterielle Gefäße:** Gefäße, die das Blut vom Herzen wegtransportieren, werden definitionsgemäß als **Arterien** (Schlagadern) bezeichnet (Abb. **B-1.2**). Die der linken Kammer entspringende Hauptschlagader heißt Aorta (Abb. **B-1.1a**).
  Arterien verzweigen sich fortlaufend, wobei ihr Durchmesser kontinuierlich abnimmt. Der Abschnitt einer Arterie mit dem kleinsten Durchmesser heißt **Arteriole** (S. 154). Von den Arteriolen gelangt das Blut über kurze **Metarteriolen** in die
- **Kapillaren** (S. 155), den nur mikroskopisch sichtbaren Teil des Gefäßsystems, in dem der Austausch von Gasen und Stoffen zwischen Blut und dem umgebenden Gewebe stattfindet.
- **Venöse Gefäße: Venen** sind Gefäße, die das Blut nach seinem Durchtritt durch die Kapillaren wieder zum Herzen zurückführen (Abb. **B-1.2**). Anders als bei den Arterien, sammelt sich das Blut hier zunächst in den kleinsten, als **Venolen** benannten Gefäßabschnitten und wird dann in immer größer werdende Gefäße überführt. Das venöse Blut mündet letztlich entweder über die untere (V. cava inferior) oder obere Hohlvene (V. cava superior) in den rechten Vorhof (Abb. **B-1.1b** und Abb. **B-1.2**).

- **Arterielle Gefäße: Arterien** führen das Blut vom Herzen weg. Ihre kleinsten Abschnitte sind die **Arteriolen**. Sie leiten über kurze **Metarteriolen** das Blut in die
- **Kapillaren**, in denen der Stoff- und Gasaustausch mit dem umgebenden Gewebe stattfindet.
- **Venöse Gefäße: Venen** führen das Blut zum Herzen zurück. Ihr kleinster Abschnitt sind die **Venolen**.

▶ Merke. Eine Ausnahme von diesem generellen Bauprinzip bildet das **Pfortadersystem**.

▶ Merke.

Aufbau des Pfortadersystems: Das Blut gelangt nach Durchfluss eines Kapillargebietes zunächst in ein zweites, nachgeschaltetes Kapillargebiet, bevor es zum Herzen zurückfließt. Beispiele sind das Pfortadersystem zwischen Darm und Leber (S. 869) sowie das zwischen Hypothalamus und Hypophyse (S. 1251).

Aufbau des Pfortadersystems: Hier fließt das Blut nach Durchtritt durch ein Kapillargebiet nicht sofort in Richtung Herz zurück, sondern wird zunächst in ein zweites, nachgeschaltetes Kapillargebiet geleitet (Abb. **B-1.2**). Das größte Pfortadersystem des menschlichen Körpers verbindet das Kapillargebiet des Darms mit dem der Leber (S. 869). So können die im Darm aufgenommenen Nährstoffe auf direktem Wege der Leber zur weiteren Verarbeitung zugeführt werden. Ein weiteres Pfortadersystem (S. 1251) verbindet Hypothalamus und Hirnanhangsdrüse (Hypophyse) und spielt eine wichtige Rolle bei der Steuerung der hypophysären Hormonproduktion.

Gefäßzusammenschlüsse: bezeichnet man als **Anastomosen** (Abb. **B-1.2**).

Gefäßzusammenschlüsse: Den Zusammenschluss von zwei Gefäßen bezeichnet man als **Anastomose**. Sie treten zwischen Arterien, Venen oder Arterien und Venen (**arteriovenöse Anastomosen**) auf (Abb. **B-1.2**).

▶ **Klinik.**

▶ **Klinik.** Welche Auswirkungen der Verschluss eines Hauptversorgungsgefäßes für den betroffenen Körperabschnitt hat, hängt wesentlich von der genauen Ausgestaltung des arteriellen Zuflusses ab. Die Versorgung ist dann weitgehend sichergestellt, wenn das betroffene Gebiet neben dem Hauptgefäß zusätzlich durch meist kleinere, als **Kollateralen** bezeichnete Gefäße versorgt wird. Das Gewebe geht jedoch unter, wenn das versorgende Hauptgefäß eine **Endarterie** darstellt: Darunter werden Arterien verstanden, deren Versorgungsgebiet durch keinen weiteren arteriellen Zufluss (Kollaterale, Anastomose) abgesichert ist. Die meisten lebenswichtigen Organe, wie z. B. Herz, Gehirn und Lunge, werden durch Endarterien versorgt.

1.3 Funktionelle Gliederung des Blutkreislaufs

Funktionelle Einteilungen des Kreislaufs sind:
- Kleiner/großer Kreislauf
- Hoch-/Niederdrucksystem.

Funktionelle Einteilung von Teilen des Gefäßsystems sind ebenso möglich: Vasa publica/privata; Endstrombahn (s. u.).

1.3 Funktionelle Gliederung des Blutkreislaufs

Unter funktionellen Gesichtspunkten wird der Blutkreislauf unterteilt in:
- Kleinen und großen Kreislauf sowie
- Hoch- und Niederdrucksystem.

Zudem werden Gefäße funktionell in Vasa publica und privata unterteilt, sowie bestimmte funktionelle Abschnitte (Endstrombahn) definiert.

1.3.1 Kleiner und großer Kreislauf

Kleiner Kreislauf

1.3.1 Kleiner und großer Kreislauf

Kleiner Kreislauf

▶ **Synonym.**

▶ **Synonym.** Lungenkreislauf

Funktion: Er führt Blut zur Lunge und nach dem Gasaustausch zum Herzen zurück.

Funktion: Der kleine Kreislauf leitet zum Zweck des Gasaustausches Blut zu den Lungen(-bläschen) und führt es zum Herzen zurück.

Aufbau: Das rechte Herz pumpt sauerstoffarmes Blut über die Lungenarterien zu den Lungenbläschen, wo der Gasaustausch stattfindet. Das oxygenierte Blut fließt dann über die Lungenvenen zurück zum linken Vorhof und von dort aus in die linke Kammer (Abb. **B-1.3**).

Aufbau: In den kleinen Kreislauf ist das rechte Herz eingeschaltet. Der rechte Vorhof empfängt O_2-armes und CO_2-reiches Blut aus dem großen Kreislauf und leitet es in die rechte Kammer weiter. Diese pumpt das desoxygenierte Blut über die Lungenarterien (Truncus pulmonalis bzw. Aa. pulmonales) zu den Lungenbläschen (Alveolen), wo CO_2 abgegeben und O_2 aufgenommen wird. Das oxygenierte Blut wird dann über die Lungenvenen (Vv. pulmonales) zum Vorhof des linken Herzens zurückgeführt und gelangt von dort aus in die linke Kammer (Abb. **B-1.3**).

Großer Kreislauf

Großer Kreislauf

▶ **Synonym.**

▶ **Synonym.** Körperkreislauf

Funktion: Er dient der Zuführung von O_2 und dem Abtransport von CO_2.

Funktion: Der große Kreislauf übernimmt die Versorgung des Körpers mit O_2 und den Abtransport von gebildetem CO_2.

Aufbau: Das linke Herz ist Bestandteil des **großen Kreislaufs**, der alle Organe des Körpers versorgt. Vom linken Herzen gelangt das oxygenierte Blut über die Aorta und ihre Abgänge zu den Organen und über die Venen zurück zum rechten Herzen (Abb. **B-1.3**).

Aufbau: Das linke Herz ist funktioneller Bestandteil des **großen Kreislaufs** (**Körperkreislauf**). Die linke Kammer pumpt das sauerstoffreiche Blut in die Aorta (Hauptschlagader) und von dort über Organarterien zu den einzelnen Organen. Nach dem Durchfluss durch die Organe sammelt sich das Blut aus dem oberen Körperabschnitt in der oberen Hohlvene (V. cava superior), das Blut des unteren Körperabschnitts in der unteren Hohlvene (V. cava inferior) und gelangt von dort aus wieder in den rechten Vorhof (Abb. **B-1.3**).

B 1.3 Funktionelle Gliederung des Blutkreislaufs

B-1.3 Schematische Darstellung des großen und kleinen Kreislaufs

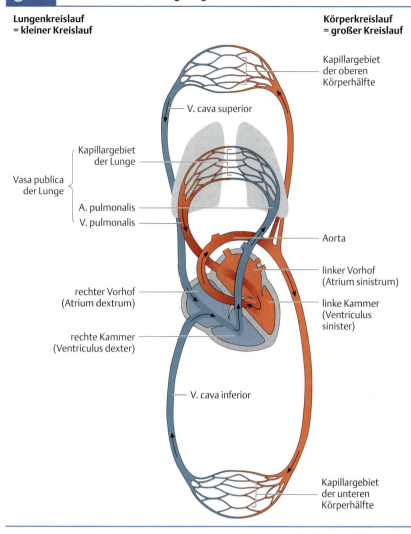

Der Blutfluss durch den menschlichen Körper durchläuft hintereinander den kleinen und großen Kreislauf: **Kleiner Kreislauf:** rechter Vorhof → rechte Kammer → A. pulmonalis → V. pulmonalis (→ linker Vorhof) **Großer Kreislauf:** linker Vorhof → linke Kammer → Aorta → Organarterien → Organvenen → V. cava superior/inferior (→ rechter Vorhof).

(Prometheus LernAtlas. Thieme, 3. Aufl., nach Klinke und Silbernagl)

▶ **Merke.** Nur die Arterien des großen Kreislaufs, also die Aorta und ihre Abgänge, führen O_2-reiches Blut, während in den Arterien des kleinen Kreislaufs (Aa. pulmonales) O_2-armes Blut fließt.

▶ **Merke.**

1.3.2 Hoch- und Niederdrucksystem

Der höchste Blutdruck mit einem mittleren Druck zwischen 60 und 100 mmHg herrscht in den Arterien des großen Kreislaufs, die damit das **Hochdrucksystem** des Körpers darstellen. Dem gegenüber steht das **Niederdrucksystem**, das den gesamten kleinen Kreislauf sowie den venösen Schenkel des großen Kreislaufs umfasst. Im Niederdrucksystem steigt der Blutdruck normalerweise nicht über 20 mmHg.

1.3.2 Hoch- und Niederdrucksystem

Das **Hochdrucksystem** umfasst den arteriellen Schenkel des großen Kreislaufs, das **Niederdrucksystem** den kleinen Kreislauf und den venösen Schenkel des großen Kreislaufs.

1.3.3 Vasa privata und Vasa publica

Bei manchen Organen lassen sich funktionell zwei Arten von Gefäßen unterscheiden:
- **Vasa privata** dienen ausschließlich der Versorgung des entsprechenden Organs, während den
- **Vasa publica** eine übergeordnete Funktion innerhalb des Kreislaufsystems zukommt (Abb. **B-1.4**).

Ein Beispiel für ein solches Organ ist die Lunge: Die Lungenarterien und -venen sind die Vasa publica und stehen praktisch ausschließlich im Dienste des Gasaustauschs. Die Vasa privata der Lunge sind kleine Arterien, die direkt der Aorta entspringen und allein der Versorgung von Lunge und Bronchien dienen.

1.3.3 Vasa privata und Vasa publica

Vasa privata sind Gefäße, die ausschließlich der Versorgung eines Organs dienen. **Vasa publica** sind Organgefäße mit übergeordneter funktioneller Bedeutung (z. B. Aa. und Vv. pulmonales).

150 B 1 Herz-Kreislauf-System – Grundlagen

⊙ B-1.4	Organe mit Vasa publica und Vasa privata				
Organ	**Vasa publica**	**Funktion**		**Vasa privata**	**Funktion**
Lunge	Aa. pulmonales Vv. pulmonales	Gasaustausch: → O_2-Aufnahme → CO_2-Abgabe		Rr. bronchiales	Versorgung des jeweiligen Organs mit Sauerstoff und/oder Nährstoffen
Leber	V. portae	Nährstofftransport		A. hepatica propria	

Weiterhin gibt es verschiedene Organe (wie z. B. die Niere), in denen Gefäße sowohl als Vasa publica als auch als Vasa privata fungieren.

Nierenarterien haben eine „Doppelfunktion" (S. 773) als Vasa privata und Vasa publica.

1.3.4 Endstrombahn

Die **Endstrombahn** umfasst Arteriolen, Kapillaren und Venolen. **Mikrozirkulation** bezeichnet die Durchblutung der Endstrombahn.

1.4 Unterschiede zwischen prä- und postnatalem Kreislauf

Bis zur Geburt erfolgt die **Versorgung des Fetus** mit Sauerstoff und Nährstoffen sowie die Entsorgung von Abfallstoffen und Kohlendioxid ausschließlich **über das mütterliche Blut**.

▶ Merke.

1.4.1 Vorgeburtlicher Kreislauf

Das in der Plazenta mit mütterlichen Nährstoffen und Sauerstoff angereicherte Blut erreicht über die Nabelvene (**V. umbilicalis**) die Pfortader. Ein Großteil des Blutes wird an der Leber vorbei über den **Ductus venosus** (**Arantii**) zu V. cava inferior und rechtem Vorhof geleitet (Abb. **B-1.5a**). Hier findet eine partielle Durchmischung des O_2-reichen Blutes mit O_2-armem Blut statt.

Unter Ausschaltung des Lungenkreislaufs fließt das Blut anschließend entweder vom rechten Vorhof über das **Foramen ovale** (S. 625) in den linken Vorhof und von dort aus in linke Kammer und Aorta, oder aber das Blut des rechten Vorhofs erreicht die Aorta über rechte Kammer, Lungenarterie und **Ductus arteriosus** (**Botalli**). Ein Teil des Blutes fließt über die Nabelarterien (**Aa. umbilicales**) zurück zur Plazenta.

1.3.4 Endstrombahn

Kapillaren werden zusammen mit den vorgeschalteten Arteriolen und den nachgeschalteten Venolen unter dem Begriff **Endstrombahn** oder **terminale Strombahn** zusammengefasst. **Mikrozirkulation** bezeichnet den Blutfluss durch die Endstrombahn und die dabei ablaufenden Austauschprozesse.

1.4 Unterschiede zwischen prä- und postnatalem Kreislauf

Die Unterschiede zwischen vorgeburtlichem (pränatalem) und nachgeburtlichem (postnatalem) Blutkreislauf ergeben sich vor allem aus der Tatsache, dass bis zur Geburt die **Versorgung des Fetus** mit Sauerstoff und Nährstoffen sowie die Entsorgung von Abfallstoffen und Kohlendioxid ausschließlich **über das mütterliche Blut** erfolgt.

▶ Merke. Durch Versorgung des Fetus über das mütterliche Blut ist im pränatalen Kreislauf sowohl der Lungenkreislauf als auch das Pfortadersystem des Verdauungstrakts praktisch funktionslos und wird kurzgeschlossen.

1.4.1 Vorgeburtlicher Kreislauf

Die Beladung des fetalen Blutes mit (mütterlichem) Sauerstoff und Nährstoffen findet in der Plazenta (S. 119) statt. Es erreicht den Fetus über die in der Nabelschnur laufende Nabelvene (**Vena umbilicalis**). Diese tritt durch den Nabel in die Bauchhöhle ein und zieht Richtung Pfortader (Vena portae), wo ein geringer Teil des Blutes über das Pfortadersystem zur Leber gelangt. Der größte Teil wird über einen als **Ductus venosus** (**Arantii**) bezeichneten Kurzschluss an der Leber vorbei zur unteren Hohlvene (Vena cava inferior) geleitet und gelangt von dort zum rechten Herzen (Abb. **B-1.5a**). Zu beachten ist, dass nach Mündung des sauerstoffreichen Blutes in die V. cava inferior bzw. den rechten Vorhof eine **Durchmischung** mit sauerstoffarmem Blut aus dem unteren bzw. oberen Körperabschnitt stattfindet.

Vom rechten Herzen gelangt das jetzt nur noch sauerstoffangereicherte Blut unter Umgehung des Lungenkreislaufs entweder durch das **Foramen ovale** (S. 625), d. h. durch eine Öffnung in der Scheidewand zwischen rechtem und linkem Vorhof, direkt in das linke Herz und damit in den Körperkreislauf. Alternativ dazu fließt das sauerstoffangereicherte Blut vom rechten Vorhof in die rechte Kammer, verlässt diese wieder über den Truncus pulmonalis und wird dann über einen weiteren Kurzschluss, den **Ductus arteriosus** (**Botalli**), ebenfalls am Lungenkreislauf vorbei in die Aorta und damit den großen Kreislauf geleitet. Die vergleichsweise schlechte Versorgungslage des Fetus mit Sauerstoff wird durch fetales Hämoglobin (HbF) kompensiert, das Sauerstoff mit einer höheren Affinität bindet als adultes Hämoglobin. Zum erneuten Stoff- und Gasaustausch wird ein Teil des fetalen Blutes über die paarigen Nabelarterien (**Arteriae umbilicales**) zur Plazenta zurückgeführt.

B 1.4 Unterschiede zwischen prä- und postnatalem Kreislauf

B-1.5 Fetaler und postnataler Kreislauf

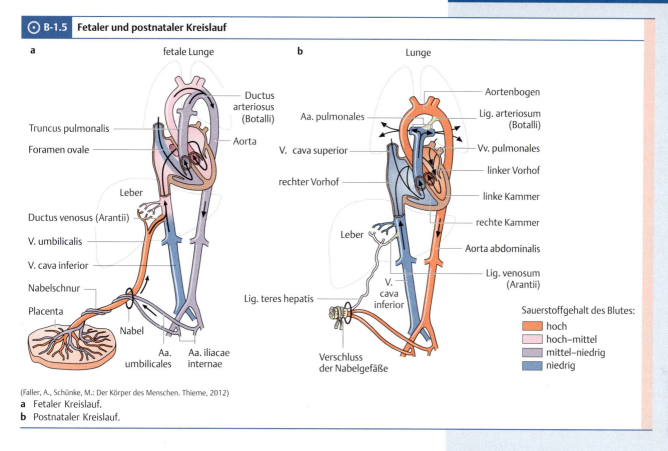

(Faller, A., Schünke, M.: Der Körper des Menschen. Thieme, 2012)
a Fetaler Kreislauf.
b Postnataler Kreislauf.

1.4.2 Kreislaufumstellung bei der Geburt

▶ Merke. Nach der Geburt kommt es zu einem raschen Verschluss der zuvor dargestellten Kurzschlüsse des fetalen Kreislaufs (Tab. B-1.1).

Das **Foramen ovale** verschließt sich zunächst aufgrund veränderter Druckverhältnisse im rechten und linken Herzen mechanisch und verwächst anschließend dauerhaft. Ausgelöst werden diese Druckveränderungen durch die mit dem ersten Atemzug einsetzende Durchblutung des Lungenkreislaufs. Bedingt durch die jetzt vermehrte Blutzufuhr aus der Lunge steigt der Druck im linken Herzen und sinkt gleichzeitig im rechten Herzen.
Auch **Ductus venosus** und **Ductus arteriosus** verschließen sich zunächst mechanisch durch Kontraktion der Gefäßwand. Der permanente Verschluss erfolgt durch Umwandlung beider Gefäße in bindegewebige Stränge, die beim Erwachsenen noch zu sehen sind (Abb. **B-1.5b**). Der permanent verschlossene (obliterierte) Ductus venosus bildet das **Ligamentum venosum** (S. 667), der obliterierte Ductus arteriosus das **Ligamentum arteriosum**. Auch der im Bauchraum verlaufende Abschnitt der nicht mehr durchbluteten Nabelvene obliteriert und bildet das **Ligamentum teres hepatis**. Der obliterierte Teil der A. umbilicalis bildet die auf der Innenseite der vorderen Bauchwand gelegene Plica umbilicalis medialis (S. 317).

▶ Merke.

Das **Foramen ovale** verschließt sich aufgrund nachgeburtlicher Druckveränderungen im Herzen zunächst mechanisch und verwächst anschließend dauerhaft.

Ductus venosus und **Ductus arteriosus** verschließen sich ebenfalls zunächst mechanisch (Gefäßwandkontraktion) und obliterieren anschließend zum **Lig. venosum** (S. 667) bzw. **Lig. arteriosum** (Abb. **B-1.5b**). Die Nabelvene obliteriert zum **Lig. teres hepatis**, die Nabelarterie nur anteilig mit Bildung der Plica umbilicalis medialis (S. 317).

▶ Klinik. Die häufigsten angeborenen Herzfehler sind Kurzschlussverbindungen, die einen Blutfluss vom arteriellen zum venösen Abschnitt des Kreislaufsystems erlauben (**Links-Rechts-Shunts**). Ursache dafür ist oft der unterbliebene oder unvollständige Verschluss des Foramen ovale oder des Ductus arteriosus.

▶ Klinik.

B-1.1 Kurzschlussverbindungen im vorgeburtlichen Kreislauf und ihre postnatalen Residuen

Kurzschluss	pränatale Struktur (offen)	postnatale Struktur (obliteriert)
rechter Vorhof → linker Vorhof	Foramen ovale	Fossa ovalis im Vorhofseptum, bei Einsicht des rechten Vorhofs (S. 582) erkennbar
Truncus pulmonalis → Aorta	Ductus arteriosus (Botalli)	Lig. arteriosum
V. portae → V. cava inferior	Ductus venosus (Arantii)	Lig. venosum

1.5 Feinbau und Funktion der Blutgefäße

1.5.1 Allgemeiner Wandbau

Die **Wand von Arterien und Venen** besteht aus **drei Schichten** (Abb. **B-1.6**), die von außen nach innen bezeichnet werden als
- **Tunica externa** (oder abgekürzt **Externa**),
- **Tunica media** (**Media**) und
- **Tunica intima** (**Intima**).

Externa: Die Externa ist eine lockere Bindegewebsschicht, die sowohl elastische Fasern (S. 69) als auch Kollagenfasern (S. 67) enthält. Sie verankert die Blutgefäße mit ihrer Umgebung. In der Externa verlaufen Nervenfasern zur Regulation der Gefäßdurchblutung. Im Falle großer Gefäße befinden sich in der Externa zusätzlich Blutgefäße (**Vasa vasorum**), welche die Versorgung der entsprechend dicken Gefäßwand sicherstellen. Für die Versorgung der vergleichsweise dünnen Wand kleiner Gefäße ist dagegen die Diffusion von Nährstoffen aus dem Gefäßlumen selbst ausreichend.

Media: Je nach Gefäßart und -abschnitt besteht diese mittlere Gefäßwandschicht aus wechselnden Anteilen von – oftmals ringförmig angeordneten – glatten Muskelzellen (S. 89), elastischen Fasern und Kollagenfasern. In großen Arterien ist die Externa von der Media durch eine kompakte Schicht elastischer Fasern, die **Membrana elastica externa**, abgegrenzt.

Intima: Sie besteht aus einem einschichtigen platten Epithel (S. 59), das als **Endothel** bezeichnet wird und die innere Oberfläche des Gefäßes auskleidet. Das Endothel sitzt einer Basalmembran auf. Zur Intima zählt weiterhin eine subendotheliale Schicht (**Stratum subendotheliale**) aus lockerem Bindegewebe, in die glatte Muskelzellen und Abwehrzellen eingelagert sein können. Bei Arterien und teilweise auch bei Venen ist die Intima von der Media ebenfalls durch eine kompakte Schicht elastischer Fasern abgegrenzt (**Membrana elastica interna**).

▶ **Merke.** Von diesem dreischichtigen Wandbau ausgenommen sind Kapillaren (S. 155) und (postkapilläre) Venolen (S. 158), in denen die Wand auf die Endothelzellen reduziert ist.

Unterschiede zwischen Arterien und Venen finden sich in der Ausprägung der einzelnen Wandschichten, die zudem abhängig ist von der Größe des Gefäßes und dem versorgten Körperabschnitt (Tab. **B-1.2** und Abb. **B-1.6**).

B-1.6 Wandbau einer mittelgroßen Arterie und Vene

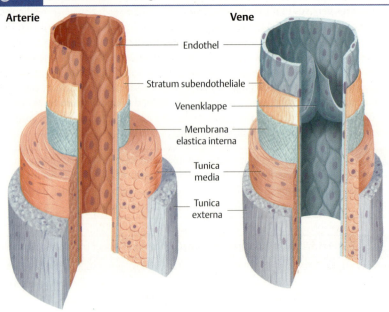

B 1.5 Feinbau und Funktion der Blutgefäße

B-1.2 Histologische Unterschiede zwischen Arterien und Venen

Wandschicht	Arterie	Vene
Tunica intima (Intima)		
• Endothel	vorhanden	vorhanden
• Stratum subendotheliale	gut entwickelt in großen und mittelgroßen Arterien	gut entwickelt
• Membrana elastica interna	deutlich entwickelt	fehlend oder lückenhaft. Intimaduplikaturen bilden in kleinen und mittelgroßen Venen die Venenklappen.
Tunica media (Media)	gut ausgebildet enthält: • glatte Muskelzellen, meist zahlreiche, ringförmig angordnete Lagen (überwiegen bei Arterien des muskulären Typs) • elastische Fasern (überwiegen bei Arterien des elastischen Typs)	insgesamt schwach ausgebildet enthält: • glatte Muskelzellen, oftmals längs ausgerichtet • Kollagenfasern
Tunica externa (Externa)	vergleichsweise spärlich ausgebildet besteht vorwiegend aus lockerem kollagenen Bindegewebe	gut ausgebildet enthält neben Kollagenfasern oftmals glatte Muskelzellen
• Membrana elastica externa	bei Arterien des elastischen Typs	fehlt

1.5.2 Bau unterschiedlicher Abschnitte des Gefäßsystems

Angepasst an ihre jeweilige Funktion zeigen die verschiedenen Abschnitte des Gefäßsystems Unterschiede in ihrem Aufbau.

Arterien

Je nach Aufbau der Media werden **zwei Typen von Arterien** unterschieden (Abb. **B-1.7**):
- **Arterien vom elastischen Typ**, deren Media überwiegend elastische Fasern enthält und
- **Arterien vom muskulären Typ**, deren Media überwiegend aus zirkulär angeordneten glatten Muskelzellen besteht.

Arterien vom elastischen Typ: Hierzu zählen die Aorta und deren große Abgänge sowie die Aa. pulmonales (**herznahe Arterien**).
Die funktionelle Bedeutung dieser elastischen Wandbauweise besteht darin, einen Teil der bei der Systole (S. 609) auftretenden Energie in Form einer passiven Dehnung der Gefäßwand kurzfristig zu speichern. In der nachfolgenden Diastole (S. 609) nimmt die Gefäßwand aufgrund der elastischen Rückstellkraft wieder ihren ursprünglichen Umfang an und setzt damit die gespeicherte Energie frei. Dieser als „Windkesselfunktion" bezeichnete Wirkmechanismus erlaubt es, die primär zwischen Systole und Diastole auftretende Druckdifferenz von maximalem Druck und keinem Druck wohl nicht vollständig, aber ausreichend zu nivellieren und dadurch einen primär diskontinuierlichen Blutfluss in einen kontinuierlichen Blutfluss umzuformen, der jedoch immer noch pulsiert.

1.5.2 Bau unterschiedlicher Abschnitte des Gefäßsystems

Arterien

Je nach Aufbau der Media unterscheidet man zwei Typen von Arterien (Abb. **B-1.7**):
- **muskulärer Typ** und
- **elastischer Typ**.

Arterien vom elastischen Typ: Dies sind herznahe Arterien, deren Media vorwiegend aus elastischen Fasern besteht.
Durch ihre **Windkesselfunktion** stellen sie einen annähernd kontinuierlichen Blutfluss her.

B-1.7 Typen von Arterien

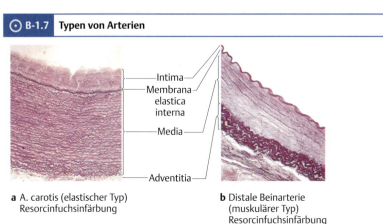

a A. carotis (elastischer Typ) Resorcinfuchsinfärbung
b Distale Beinarterie (muskulärer Typ) Resorcinfuchsinfärbung

Arterien vom muskulären Typ: sind **herzferne Arterien**. Hierzu gehören beispielsweise die Arterien, die für die Organversorgung zuständig sind.
Die ausgeprägte Mediamuskulatur erlaubt diesen Gefäßen ihr Lumen zu verändern und somit die Durchblutung einzelner Organe bzw. Körperabschnitte zu kontrollieren (S. 158).
Der Übergang von Arterien vom elastischen Typ zu Arterien vom muskulären Typ erfolgt kontinuierlich.

▶ Klinik. Als **Arteriosklerose** (Arterienverkalkung) wird eine herdförmige Verdickung und Versteifung der Arterienwand bezeichnet, die mit einer Minderversorgung des entsprechenden Organs einhergeht. Die als **Atherosklerose** bezeichneten histopathologischen Prozesse dieser Erkrankung sind äußerst komplex: Zu Beginn kommt es zur Einlagerung von Lipiden, vor allem von „Low-density Lipoprotein" (LDL), in die subendotheliale Schicht. Diese führt letztendlich zur Bildung von als **Plaques** bezeichneten, großen Lipideinschlüssen in der Intima, die sich durch Kalziumeinlagerung zusätzlich verhärten.

⊙ B-1.8 **Gefäßinnenwand**

(Riede, U.-N., Werner, M., Schäfer, H.-S.: Allgemeine und spezielle Pathologie. Thieme, 2004)
a Normale Aorta,
b artherosklerotische Aorta.

Arteriolen und Metarteriolen

▶ Definition. **Arteriolen** sind kleine Arterien, deren Media aus ein bis maximal zwei Lagen von glatten Muskelzellen besteht.
Metarteriolen sind kurze Gefäßabschnitte, die in die Kapillaren überleiten und sich durch eine lückenhafte Schicht glatter Muskelzellen auszeichnen.

Die Arterien des muskulären Typs verjüngen sich kontinuierlich zu Arteriolen, in denen die Dreischichtung der Wand erhalten bleibt. Sie haben aufgrund ihres kleinen Durchmessers einen wesentlichen **Einfluss** auf das Zustandekommen des **Blutdrucks**. Generell tragen **Arteriolen** in etwa zur Hälfte zum gesamten **peripheren Widerstand** des Blutgefäßsystems bei. Gefäßwiderstand und damit Blutdruck erhöhen sich deutlich, wenn die Mediamuskulatur der Arteriolen kontrahiert und sich dadurch das Gefäßlumen verengt.

▶ Exkurs: Blutdruck. Der Blutdruck wird durch die Schlagfrequenz des Herzens, das Blutvolumen und den peripheren Widerstand bestimmt. Unter peripherem Widerstand ist dabei der Reibungswiderstand zu verstehen, den das Blut beim Durchfluss durch die Gefäße erfährt. Dieser hängt neben der Viskosität des Blutes und der Länge des Blutgefäßes vor allem vom Gefäßdurchmesser ab (Hagen-Poiseuille-Gesetz).

Kapillaren

▶ **Definition.** Kapillaren sind die Abschnitte des Gefäßsystems mit dem geringsten Durchmesser über die im Wesentlichen der Austausch von Gasen und Stoffen mit dem umliegenden Gewebe stattfindet.

Anordnung: Da die Versorgung der Organe durch den kapillären Stoffaustausch (s. u.) sichergestellt werden muss, erreichen die Kapillaren im menschlichen Körper eine Gesamtlänge von schätzungsweise bis zu 100 000 km. Ihre gesamte Oberfläche beträgt über 6 000 m². Aufgrund der Dichte des Kapillarnetzes ist im Regelfall keine Zelle mehr als 60–80 µm von einer Kapillare entfernt. Kapillaren sind maximal 1 mm lang und verzweigen sich ohne ihren Durchmesser zu verändern (Abb. **B-1.9**). Der Durchmesser des Kapillarlumens beträgt 5–10 µm und entspricht in etwa dem eines Erythrozyten (S. 168) mit 7–8 µm.

Die **Dichte des Kapillarnetzes** variiert in unterschiedlichen Körper- und Organabschnitten. Besonders stark kapillarisiert sind Lunge und Organe bzw. Gewebe mit hoher Stoffwechselleistung, wie Leber, Niere und Muskulatur. Wenig kapillarisiert sind dagegen Sehne und Bänder.

▶ **Merke.** Knorpel, Kornea und Linse des Auges besitzen keine Kapillaren (bradytrophes Gewebe).

⊙ **B-1.9** Ausgusspräparat eines Kapillarsystems

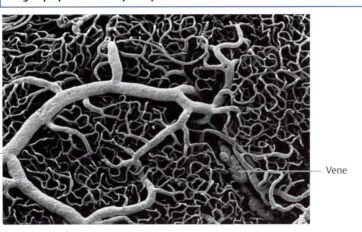

Vergrößerung: 85-fach
(Kühnel, W.: Taschenatlas Histologie. Thieme, 2014)

Allgemeiner Wandaufbau: Die Kapillarwand wird von einer Lage platter Endothelzellen (Epithelzellen) gebildet, die an ihren Rändern durch Haftverbindungen miteinander befestigt sind (Abb. **B-1.10**). Der Interzellularspalt wird zusätzlich durch Zonulae occludentes, d. h. Tight Junctions (S. 56), abgedichtet. Diese Abdichtung erfolgt oftmals unvollständig und führt zu kleinen **interzellulären Öffnungen**. Daneben kann das Zytoplasma der Endothelzellen zusätzlich von unterschiedlich großen Löchern (**Poren**) durchsetzt sein.

Den Endothelzellen liegt in der Regel außen ein weiterer Zelltyp auf, der **Perizyt**, der die Kapillarwand mit seinen sternförmigen Fortsätzen umfasst und eine zweite unvollständige Wandschicht bildet. Die bis heute nachgewiesenen intensiven Wechselwirkungen zwischen Endothelzellen und Perizyten scheinen nicht nur von großer Bedeutung für die normale Kapillarfunktion zu sein, sondern spielen darüber hinaus auch eine wichtige Rolle bei der Neubildung von Blutgefäßen (**Angiogenese**) während der Wundheilung.

Dritter Bestandteil der Kapillarwand ist eine **Basalmembran**, die sowohl die äußere Oberfläche der Endothelzellen als auch die Perizyten vollständig umkleidet.

▶ **Merke.** Die Kapillarwand setzt sich zusammen aus Endothelzellen, Perizyten und Basalmembran.

B-1.10 Schematischer Wandbau einer Kapillare*

* Perizyt nicht dargestellt

Kern der Endothelzelle — Poren (Fenestrationen) — Tight junctions — Interzellularspalten — Erythrozyt — Lumen — Basalmembran

Stoffaustausch

Während **lipophile Moleküle** frei über die Kapillarwand diffundieren, kann der Austausch **hydrophiler Substanzen** durch unterschiedliche Mechanismen erfolgen:
- mittels **Diffusion** durch unterschiedlich große Poren bzw. Öffnungen in der Kapillarwand,
- **Transzytose** oder
- membranständiger **Transporter**.

Der bestimmende Parameter für den Wasseraustausch ist die Differenz von hydrostatischem und kolloidosmotischem Druck in der Kapillare.

▶ Klinik.

Der genaue Mechanismus des Austauschs hängt entscheidend vom spezifischen Feinbau der Kapillarwand ab (verschiedene Typen s. u.).

Kapillartypen

Man unterscheidet:
- kontinuierliche Kapillaren,
- fenestrierte Kapillaren und
- Sinusoide.

Stoffaustausch

Je nach Beschaffenheit des Stoffes, der zwischen Gefäß und umgebendem Gewebe ausgetauscht wird, existieren verschiedene Mechanismen:
Lipophile Moleküle wie Sauerstoff und Kohlendioxid diffundieren frei über das Endothel.
Der Austausch **hydrophiler Substanzen** erfolgt hingegen auf mehreren Wegen:
- mittels **Diffusion** durch Poren oder interzelluläre Öffnungen (Abb. **B-1.11**), die dabei als molekulares Sieb funktionieren und jeweils nur den Durchtritt von Substanzen bis zu einem gewissen Molekulargewicht erlauben,
- durch Aufnahme der Substanzen in endozytotische Vesikel auf einer Seite der Zelle und anschließender Abgabe des Vesikelinhalts auf der anderen Zellseite (**Transzytose**),
- unter Zuhilfenahme von in der Zellmembran vorliegenden **Transportern** (Carrier), die einen selektiven und damit streng kontrollierten Transport nur ganz bestimmter Moleküle erlauben (z. B. Glukose).

Bestimmend für den **Wasseraustausch** ist die Differenz des hydrostatischen Drucks (Blutdrucks) und des kolloidosmotischen Drucks in der Kapillare:
Der **hydrostatische Druck** bewirkt einen Ausstrom von Wasser aus der Kapillare, der **kolloidosmotische Druck** einen Wassereinstrom.

▶ Klinik. Bei **Entzündungen** lösen sich unter dem Einfluss bestimmter Mediatoren (z. B. Histamin) die Zell-Zell-Verbindungen (Zellhaften, Tight Junctions) der Endothelzellen und erleichtern damit den Übertritt von Abwehrzellen aus dem Blut in den interstitiellen Raum. Durch die erhöhte Permeabilität der Kapillarwand treten allerdings auch verstärkt Proteine ins Interstitium über. Als Folge steigt der kolloidosmotische Druck im Interstitium und führt hier zu einer als **Ödem** bezeichneten verstärkten Wasseransammlung.

Art und Umfang des Stoffaustauschs zwischen Kapillarlumen und dem Extrazellulärraum wird wesentlich durch die im folgenden dargestellte bauliche Feingestaltung der Kapillarwand mitbestimmt, die gleichzeitig zur Unterscheidung mehrerer Kapillartypen (s. u.) führt.

Kapillartypen

Angepasst an die funktionellen Bedürfnisse des jeweils versorgten Organs variiert der oben geschilderte allgemeine Wandaufbau einzelner Kapillaren. Demzufolge unterscheidet man:
- kontinuierliche Kapillaren,
- fenestrierte Kapillaren und
- Sinusoide.

B 1.5 Feinbau und Funktion der Blutgefäße

B-1.11 Elektronenmikroskopische Aufnahmen von Kapillaren

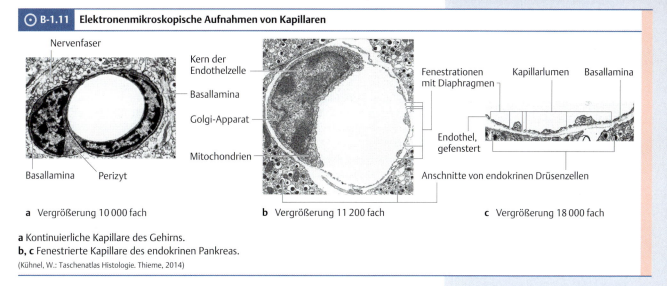

a Vergrößerung 10 000 fach
b Vergrößerung 11 200 fach
c Vergrößerung 18 000 fach

a Kontinuierliche Kapillare des Gehirns.
b, c Fenestrierte Kapillare des endokrinen Pankreas.
(Kühnel, W.: Taschenatlas Histologie. Thieme, 2014)

Kontinuierliche Kapillaren: Bei diesem Kapillartyp bilden die Endothelzellen je nach Organ entweder eine **vollständige** oder aber **annähernd vollständig geschlossene** Röhre (Abb. **B-1.11a**). Die meisten Organe haben kontinuierliche Kapillaren. Die kontinuierlichen Kapillaren der Skelettmuskulatur besitzen beispielsweise interzelluläre Öffnungen mit einer Weite von 4 nm, die den vergleichsweise einfachen Durchtritt sehr kleiner Moleküle bis zu einem Molekulargewicht von 3 000 Dalton (z. B. Glukose) erlauben.

Bei den kontinuierlichen Kapillaren des Gehirns ist dagegen der (interzelluläre) Raum zwischen den Endothelzellen durch mehrere Reihen von Tight Junctions (S. 56) vollständig abgedichtet. Gleichzeitig sind in Kapillarendothelzellen des Gehirns nur sehr wenige Transzytosevesikel nachweisbar, hier findet der Stoffaustausch vermutlich vor allem mit Hilfe von Transportern statt. Der Begriff **Blut-Hirn-Schranke** (S. 1169) beschreibt die insgesamt geringe Permeabilität der Hirnkapillaren.

Fenestrierte Kapillaren: unterscheiden sich vom kontinuierlichen Typ dadurch, dass das Zytoplasma der Endothelzellen von **Poren** (Fenestrationen) durchsetzt ist (Abb. **B-1.11b** und Abb. **B-1.11c**). **Die Poren besitzen einen Durchmesser von 20–100 nm und werden von einem als Diaphragma**) bezeichneten Netz radiär angeordneter Fibrillen aus Glykoproteinen bedeckt. Die Fenestrierung erlaubt den raschen Austausch niedermolekularer Substanzen, während das Übertreten großer Moleküle verhindert wird.

Fenestrierte Kapillaren sind essenziell für die Funktion von **Organen mit hoher Resorptions- bzw. Sekretionsleistung**, wie z. B. Dünndarm und endokrine Drüsen. Darüber hinaus sind sie eine wichtige Komponente des Harnfilters der Niere (S. 770). Fenestrierte Kapillaren sind wie kontinuierliche Kapillaren vollständig von einer **Basalmembran** umhüllt, die die Permeabilität des Endothels entscheidend mitbestimmt.

Sinusoide (Sinus, diskontinuierliche Kapillaren): sind Kapillaren mit einem deutlich vergrößerten und irregulären Lumen.
Sie kommen in Leber, Knochenmark und Milz vor, wobei es sich beim Milzsinus streng genommen um erweiterte postkapilläre Venolen handelt.
Häufig besitzen sie extrem große Poren, die beim Menschen einen Durchmesser von bis zu 300 nm erreichen können und **siebartig** in Gruppen angeordnet sind. Basalmembran und Diaphragma können vollständig fehlen (z. B. in der Leber), dann ist die Kapillarwand selbst für große Proteine vollständig permeabel und erlaubt so z. B. den Übertritt von den in der Leber produzierten großen Plasmaproteinen ins Blut.

Kontinuierliche Kapillaren: Hier bilden die Endothelzellen je nach Organ eine annähernd oder vollständig geschlossene Wand. Kapillaren der Skelettmuskulatur besitzen interzelluläre Öffnungen für den Austausch sehr kleiner Moleküle (Abb. **B-1.11a**).

Bei Gehirnkapillaren ist der interzelluläre Raum vollständig durch Tight Junctions abgedichtet. Ihre geringe Permeabilität wird als **Blut-Hirn-Schranke** (S. 1169) bezeichnet.

In **fenestrierten Kapillaren** besitzen die Endothelzellen große, von einem Diaphragma bedeckte Poren, die den Austausch niedermolekularer Substanzen erlauben (Abb. **B-1.11b**, Abb. **B-1.11c**).

Sie kommen v. a. in Organen mit hoher Resorptions- bzw. Sekretionsleistung sowie als Bestandteil des Harnfilters (S. 770) vor. Fenestrierte Kapillaren sind wie kontinuierliche Kapillaren von einer **Basalmembran** umhüllt.

Als **Sinusoide** werden die erweiterten Kapillaren von Leber und Knochenmark sowie die erweiterten postkapillären Venolen der Milz bezeichnet. Sie besitzen extrem große Poren, gleichzeitig können Basalmembran und Diaphragma komplett fehlen. Die Kapillarwand ist dann selbst für sehr große Moleküle vollständig permeabel.

Steuerung der kapillären Durchblutung

Zu jedem Zeitpunkt wird nur etwa ein Drittel des gesamten Kapillarsystems perfundiert, d. h. durchblutet. Neben den zuführenden Arteriolen selbst gibt es mehrere spezialisierte Einrichtungen, die die Durchblutung des Kapillarsystems steuern:

- Als **präkapillärer Sphinkter** werden die der Kapillarwand noch zirkulär aufliegenden glatten Muskelzellen bezeichnet, die sich am Abgang der Kapillare aus der Metarteriole befinden (Abb. **B-1.12**). Durch Öffnen und Schließen des Sphinkters wird der Blutdurchfluss in die Kapillare aktiviert oder deaktiviert bzw. feinreguliert.
- **Arteriovenöse Anastomosen** sind Gefäße, die direkt die arterielle und venöse Seite des Gefäßsystems unter Umgehung des Kapillarnetzes verbinden (Abb. **B-1.12**). Verengt sich das Lumen dieser Gefäße durch Kontraktion der stark entwickelten Mediamuskulatur, dann ist das Kapillargebiet in den Blutstrom eingeschaltet. Entsprechend wird bei einem ungehinderten Blutfluss durch die arteriovenöse Anastomose das Kapillargebiet nicht perfundiert. Von großer funktioneller Bedeutung sind arteriovenöse Anastomosen in der **Haut**, wo sie an der **Thermoregulation** beteiligt sind.
- **Sperrarterien** besitzen unregelmäßig angeordnete, subendotheliale Längsmuskelbündel, wodurch sich ihre Intima in das Gefäßlumen vorbuckelt. Sie kommen bevorzugt in **endokrinen Drüsen** und **Genitalien** vor. Die Kontraktion der Längsmuskelwülste drosselt die Durchblutung des nachgeschalteten Kapillargebiets.
- **Drosselvenen** besitzen ebenfalls unregelmäßig angeordnete Längsmuskelbündel. Auch sie treten besonders häufig in endokrinen Organen und den Genitalien, aber auch in der Nasenschleimhaut auf. Analog zur Funktion der Sperrarterien scheinen Drosselvenen durch Hemmung des Blutabflusses die Blutzufuhr in das vorgeschaltete Kapillargebiet zu drosseln.

⊙ **B-1.12** Regulation der kapillären Durchblutung durch präkapilläre Sphinkter und arteriovenöse Anastomosen

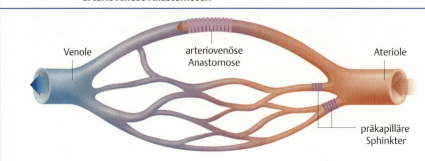

Venolen

Venolen haben einen Durchmesser von 15–500 µm und zeigen anfänglich noch den gleichen Wandbau wie Kapillaren. Dementsprechend ist der Stoffaustausch zwischen Blut und umliegendem Gewebe nicht auf Kapillaren beschränkt, sondern findet zusätzlich auch auf Ebene dieser **postkapillären Venolen** statt. Die Venolenwand verändert sich fortschreitend. Größere Venolen, die als **Sammelvenolen** bezeichnet werden, können bereits den dreischichtigen Wandbau von größeren Blutgefäßen aufweisen.

Venen

Anhand ihres Durchmessers werden kleine (Durchmesser bis 1 mm), mittelgroße (1–10 mm Durchmesser) und große Venen unterschieden.

▶ **Merke.** Generell haben Venen im direkten Vergleich mit den sie begleitenden Arterien in etwa den gleichen Umfang, ihre **Wand** ist jedoch deutlich **dünner** und das **Lumen** dementsprechend **größer**.

Die dünnere Wand der Venen spiegelt die im Vergleich zu Arterien funktionell geringere Druckbelastung wider. Bedingt durch das relativ große Lumen befinden sich ca. 80 % der gesamten Blutmenge im venösen Abschnitt des Blutgefäßsystems, weshalb Venen auch die **Kapazitätsgefäße** des Körpers darstellen.

Intima, Media und Externa der Venenwand sind nur undeutlich abgrenzbar. Venen können wie Arterien eine Membrana elastica interna besitzen, die dann allerdings vergleichsweise schlecht ausgebildet ist (Tab. **B-1.2**). Auch die Venenwand weist regional bauliche Unterschiede auf. Solche Unterschiede betreffen z. B. die Zahl der Muskelzellen in der Media. Die Muskelschicht ist stärker ausgeprägt in Venen des unteren Körperabschnitts, die einem vergleichsweise höheren Blutdruck ausgesetzt sind. Dagegen ist die Muskelschicht in herznahen Venen, also Gefäßen mit sehr niedrigem Binnendruck, äußerst dünn. Im Gegensatz zu den Arterien besteht die Funktion der **Mediamuskulatur** von Venen weniger in einer aktiven Veränderung des Gefäßlumens, sondern vielmehr in der **Steuerung der Dehnbarkeit der Gefäßwand**.

Venenklappen: In kleinen und mittelgroßen Venen wird die Flussrichtung des Blutes durch Venenklappen sichergestellt, die das Gefäß segmentartig unterteilen. Venenklappen bestehen aus zwei sich gegenüberliegenden **taschenartigen Ausziehungen** (**Duplikationen**) **der Intima**, die vergleichbar einem Ventil funktionieren. Die Klappen öffnen sich für Blut, das Richtung Herz fließt. Blut, das vom Herzen wegströmt, füllt die Taschen und verschließt die Klappen (Abb. **B-1.13**). Im Aufbau besteht Ähnlichkeit zu den Taschenklappen des Herzens (S. 591).

Besonders häufig kommen Venenklappen in Körperabschnitten vor, in denen das Blut entgegen der Schwerkraft Richtung Herz fließen muss (z. B. untere Extremität).

Venen stellen die **Kapazitätsgefäße** des Körpers dar.

Intima, Media und Externa der Venenwand sind schlecht abgrenzbar (Tab. **B-1.2**). Anders als in Arterien reguliert die **Mediamuskulatur** der Venen vor allem die **Dehnbarkeit der Gefäßwand**. Sie ist in Venen mit hohem Binnendruck daher besser ausgebildet als in Venen mit niedrigem Binnendruck.

Venenklappen: Kleine und mittelgroße Venen besitzen Venenklappen, die wie ein Ventil funktionieren und den Blutfluss Richtung Herz sicherstellen.

Venöser Rückstrom

Der im Bereich der postkapillären Venolen verbliebene Blutdruck von 15 mmHg reicht primär nicht aus, um das Blut vor allem der unteren Körperabschnitte zum Herzen zurückzuführen. Daher sind weitere Pumpmechanismen notwendig:
- Unter **Muskelpumpe** werden „massierende" Einflüsse verstanden, welche die Skelettmuskulatur bei ihrer Kontraktion auf Venen ausübt. Die damit verbundenen Gefäßverformungen erlauben es, ein gewisses Blutvolumen durch die Venenklappen in die nächsten, herznäheren Gefäßsegmente zu transportieren (Abb. **B-1.13**).
- Die **arteriovenöse Kopplung** arbeitet nach einem vergleichbaren Prinzip, wobei hier als Antriebskraft für den venösen Rückstrom die arterielle Pulswelle ausgenutzt wird. In den Extremitäten wird der Wirkungsgrad der arteriovenösen Kopplung dadurch optimiert, dass Venen die Arterien nicht als einzelnes Gefäß, sondern in Form von zwei oder mehr Gefäßsträngen begleiten.
- Die **Sogwirkung des Herzens** unterstützt den Blutfluss zusätzlich in herznahen Venen (V. cava superior et inferior).
- Schließlich üben die während des **Aus- und Einatmens** entstehenden **Druckunterschiede im Brustraum** einen pumpenden Einfluss auf die untere Hohlvene aus.

Venöser Rückstrom

Neben dem verbliebenen Blutdruck wird der venöse Rückstrom zum Herzen durch verschiedene Mechanismen sichergestellt:
- Die **Muskelpumpe** und
- die **arteriovenöse Kopplung** (Abb. **B-1.13**) spielen hierbei die Hauptrolle.
- Die **Sogwirkung des Herzens** und
- die beim **Atmen** auftretenden Druckunterschiede im Brustraum wirken weiterhin unterstützend.

⊙ B-1.13   Venöser Rückstrom

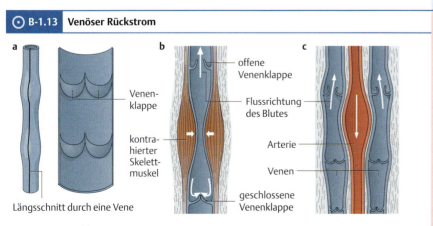

a Bau von Venenklappen
b und ihr Zusammenspiel mit Muskelpumpe
c und arteriovenöser Kopplung.

B 1 Herz-Kreislauf-System – Grundlagen

▶ **Klinik.** Varizen, d. h. Krampfadern (S. 430), sind unregelmäßig erweiterte und geschlängelt verlaufende Hautvenen. Sie entstehen meist aufgrund einer erblich bedingten Schwäche der Venenwand und treten besonders häufig im Bereich der Beine auf. Diese Veranlagung, verbunden mit einer vorwiegend stehenden Tätigkeit, führt zu einer allmählichen Erweiterung der Venen. Im Verlauf dieses Dehnungsprozesses verlieren die Venenklappen ihre Verschlussfähigkeit. Die jetzt nicht mehr durch Klappen unterbrochene Blutsäule übt zusätzlichen Druck auf die Gefäßwand aus und dehnt diese weiter aus.

Die im Bereich der Varizen deutlich herabgesetzte Strömungsgeschwindigkeit des Blutes kann zu einer sog. **oberflächlichen Venenthrombose** führen, die man aufgrund der häufig damit verbundenen entzündlichen Vorgängen in der Venenwand als **Thrombophlebitis** bezeichnet.

Im Bereich der tiefen Beinvenen auftretende Thrombosen (**TVT = Tiefe Venenthrombose**) können zwar als Komplikation o. g. Vorgänge, jedoch auch infolge einer Vielzahl anderer Ursachen auftreten, z. B. Virchow-Trias (S. 145), worunter sich klinisch relevante Risikofaktoren wie z. B. Ruhigstellung und Gerinnungsstörung subsumieren lassen. Sie bergen stets die Gefahr einer Lungenembolie (S. 559), vgl. auch Fallbeispiel (S. 164).

1.5.3 Vasomotorik

▶ **Definition.** Arterien und Arteriolen regulieren die Organdurchblutung durch aktive Bewegungsprozesse (**Vasomotorik**):
Vasokonstriktion beschreibt die durch Kontraktion der Mediamuskulatur bewirkte Engstellung des Gefäßlumens, die einen verminderten Blutfluss nach sich zieht.
Vasodilatation bezeichnet die nach Erschlaffung der Mediamuskulatur auftretende Weitstellung des Gefäßlumens, was den Blutfluss verstärkt.

Die Vasomotorik wird im Wesentlichen durch den **sympathischen Anteil des vegetativen Nervensystems** (S. 214) gesteuert. Bereits in Ruhe sorgt die Spontanaktivität des Sympathikus dafür, dass die Mediamuskultur teilweise kontrahiert und sich damit die Gefäßwand ständig in einer als **Ruhetonus** bezeichneten Grundspannung befindet.

▶ **Merke.** Eine Zunahme der Sympathikusaktivität führt zur **Vasokonstriktion**, eine Abnahme der Sympathikusaktivität zur **Vasodilatation**.

Auf molekularer Ebene erfolgt die Vasokonstriktion durch die verstärkte Freisetzung von Neurotransmitter, vor allem des Haupttransmitters **Noradrenalin**, aus den sympathischen Nervenfasern in der Externa und einer damit verbundenen Aktivierung von (Adreno-)Rezeptoren auf den glatten Muskelzellen der Media.

Der sympathische Einfluss auf die Vasomotorik wird im Sinne eines Regelkreises durch Messfühler in Form spezialisierter Sinnesrezeptoren weiter vervollständigt. **Presso- oder Barorezeptoren** messen die Dehnung der Gefäßwand und beeinflussen sowohl den Gefäßtonus als auch die Herzaktivität durch Hemmung sympathischer und Aktivierung parasympathischer Einflüsse. **Chemorezeptoren** (Glomus caroticum) messen den O_2- und CO_2-Partialdruck des Blutes und steuern wahrscheinlich neben der Atmung ebenfalls die Einflüsse des vegetativen Nervensystems auf die Vasomotorik.

Presso- und Chemorezeptoren treten gehäuft im Bereich der Aufteilung der Arteria carotis communis in die Arteria carotis externa und interna (S. 896) auf. Neben dem vegetativen Nervensystem wird die Vasomotorik zusätzlich durch lokale Einflüsse, aber auch hormonell gesteuert (z. B. Katecholamine, Angiotensin II, Stickstoffmonoxid NO, Endothelin).

▶ **Klinik.** Die Behandlung der **arteriellen Hypertonie** (Bluthochdruck) zielt darauf ab, den peripheren Gefäßwiderstand durch Verminderung des Gefäßtonus von Arteriolen und Arterien herabzusetzen. Therapeutische Anwendung finden dabei u. a. Adrenorezeptoren-Blocker, die die vasokonstriktorischen Einflüsse des Sympathikus blockieren. Durch Gabe von Kalziumkanalblockern wird die Kalzium-abhängige Kontraktion der glatten Gefäßmuskulatur unterbunden. Mit der Applikation von ACE-Hemmern (ACE = **A**ngiotensin **C**onverting **E**nzyme) wird die enzymatische Umwandlung von Angiotensin I zu Angiotensin II gehemmt; vgl. RAAS (S. 772).

1.6 Lymphgefäßsystem

▶ Definition. Das Lymphgefäßsystem ist ein blind beginnendes, Röhrensystem, das als Nebenstrecke in den venösen Anteil des Blutgefäßsystems mündet.

Dadurch ist dieses zweite Transportsystem des Körpers – anders als das Blutgefäßsystem – **kein geschlossenes Kreislaufsystem**. An den Verzweigungsstellen der großen Gefäßabschnitte sind Lymphknoten (S. 183) eingeschaltet, die als Filter für Fremdstoffe fungieren.

1.6.1 Funktion

Das Lymphgefäßsystem hat drei **Hauptfunktionen**:
- Es unterstützt die Transportfunktion des Blutkreislaufs, indem es einen Teil der aus den Blutkapillaren ins Interstitium übergetretenen Flüssigkeit einschließlich der darin gelösten Substanzen aufnimmt und wieder dem Blutkreislauf zuführt.
- Es transportiert die im Darm aufgenommenen Fette ins Blut.
- Es spielt eine wichtige Rolle bei der Abwehr von Krankheitserregern.

1.6.2 Organisation

Lymphkapillaren

Der kleinste Abschnitt des Lymphgefäßsystems sind die **Lymphkapillaren**. Dabei handelt es sich um **geschlossen beginnende** Röhren mit einem Durchmesser von 10–50 μm, die ähnlich wie Blutkapillaren im Bereich der meisten Organe ein ausgedehntes Netzwerk bilden (Abb. **B-1.14**). Die Wand der Lymphkapillaren besteht wie die der Blutkapillaren aus einer Schicht platter Endothelzellen. Im Unterschied zu den Blutkapillaren **fehlen** jedoch **Perizyten**. Zwischen den Endothelzellen der Lymphkapillaren befinden sich zahlreiche große (interzelluläre) Öffnungen. Gleichzeitig ist die **Basalmembran lückenhaft oder fehlt,** wodurch interstitielle Flüssigkeit und darin gelöste Proteine und Fette, aber auch Mikroorganismen und andere Fremdstoffe äußerst leicht in die Lymphkapillaren übertreten können.

▶ Merke. Lymphkapillaren fehlen im Zentralnervensystem, Knochenmark und im Knorpelgewebe.

Die interstitielle Flüssigkeit einschließlich der in ihr gelösten Substanzen wird nach ihrem Übertritt in die Lymphkapillaren als **Lymphe** bezeichnet. **Chylus** ist die fettreiche Lymphe des Dünndarms.

Ein Kollabieren der großlumigen Lymphkapillaren wird durch Filamente (Hauptbestandteil Fibrillin) verhindert (S. 69), die Endothelzellen mit dem umgebenden Bindegewebe verankern.

⊙ B-1.14 Beziehung zwischen Blut- und Lymphkapillaren

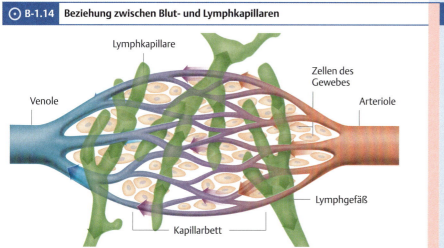

Lymphgefäße

Von den Lymphkapillaren fließt die Lymphe in **größere Lymphgefäße.** Sie sind mit Klappen ausgestattet und ähneln im Aufbau den Venen. Ihre extrem dünne Wand besteht aus Intima, Media und Externa.

▶ Klinik.

Lymphstämme

Von den Lymphgefäßen einzelner Körperabschnitte gelangt die Lymphe in paarig angelegte und einzeln benannte Lymphstämme, die wiederum die Lymphe zu den Hauptlymphstämmen (**Ductus thoracicus** und **Ductus lymphaticus dexter**) weiterleiten (Abb. **B-1.15**).

Lymphgefäße

Von den Lymphkapillaren gelangt die Lymphe in größere **Lymphgefäße** (**Vasa lymphatica**). Der Bau der Lymphgefäße ähnelt dem der Venen. Ihre Wand besteht ebenfalls aus Intima, Media und Externa, ist jedoch insgesamt deutlich dünner. Der Rückfluss der Lymphe wird ebenfalls – wie in den Venen – durch **Klappen** verhindert. Die Zahl der Klappen ist dabei in Lymphgefäßen deutlich höher als in Venen, wodurch Lymphgefäße bei der radiologischen Darstellung (Lymphografie) als perlschnurartige Strukturen auffallen.

▶ Klinik. Eine Entzündung oberflächlicher, unter der Haut verlaufender Lymphgefäße (**Lymphangitis**) äußert sich in einer streifenförmigen Rötung der Haut, die der Volksmund als „Blutvergiftung" bezeichnet.

Lymphstämme

Den nächsten Abschnitt des Lymphgefäßsystems bilden die in der Regel paarig angelegten und einzeln benannten **Lymphstämme** (**Trunci lymphatici**). Der **Truncus lumbalis** leitet die Lymphe aus Bein und Becken ab. Der Abfluss der Lymphe vom Darm und den unpaaren Bauchorganen erfolgt über den **Truncus intestinalis**. Der **Truncus bronchomediastinalis** sammelt Lymphe aus dem Brustraum. Im **Truncus subclavius** sammelt sich die Lymphe der oberen Extremität und im **Truncus jugularis** die Lymphe aus Kopf und Hals (Abb. **B-1.15**).

⊙ B-1.15 Schematische Darstellung der Lymphstämme

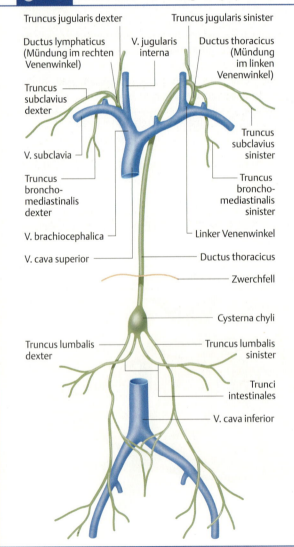

B 1.6 Lymphgefäßsystem

Die genannten Lymphstämme vereinigen sich in charakteristischer Weise zu zwei Hauptlymphstämmen: dem **Ductus thoracicus** und dem **Ductus lymphaticus dexter,** die dann in die rechte bzw. linke Vena subclavia münden. Diese Mündungsstellen liegen in unmittelbarer Nachbarschaft zu der als rechter und linker „Venenwinkel" bezeichneten Vereinigung von Vena subclavia und Vena jugularis interna. Der **Ductus thoracicus** ist der größte der beiden Hauptlymphstämme. Er beginnt unterhalb des Zwerchfells in Form einer als **Cisterna chyli** bezeichneten ampullenförmigen Erweiterung und zieht dann im Bereich der Wirbelsäule nach kranial zum linken Venenwinkel. In ihn münden auf unterschiedlicher Höhe sieben der zehn oben aufgeführten Lymphstämme (Truncus lumbalis dexter et sinister, Truncus intestinalis dexter et sinister, Truncus bronchomediastinalis sinister, Truncus subclavius sinister, Truncus jugularis sinister).

Die drei restlichen Lymphstämme (Truncus bronchomediastinalis dexter, Truncus subclavius dexter, Truncus jugularis dexter) münden in den wesentlich kürzeren **Ductus lymphaticus dexter**. Damit sammelt der Ductus lymphaticus dexter die Lymphe des rechten oberen Körperabschnitts (rechte Seite des Kopfes und Halses, rechter Arm und rechte Seite des Brustraums), während die Lymphe aus allen anderen Körperbereichen über den Ductus thoracicus abfließt.

Der **Ductus lymphaticus dexter** erhält die Lypmphe aus dem rechten oberen Körperabschnitt (rechte Seite des Kopfes und Halses, rechter Arm und rechte Seite des Brustraums) und mündet in die rechte V. subclavia.

Die Lymphe der übrigen Körperabschnitte fließt in den **Ductus thoracicus** und von dort aus in die linke V. subclavia.

▶ Merke. Außer der Lymphe des rechten oberen Köperabschnitts fließt die gesamte Lymphe des Körpers über den **Ductus thoracicus** in den linken Venenwinkel.

▶ Merke.

Lymphfluss

Im Gegensatz zum Blutgefäßsystem besitzt das Lymphgefäßsystem keine zentrale Pumpe. Hauptantrieb für den Lymphfluss ist die autonom gesteuerte **Kontraktion der Mediamuskulatur**. Vergleichbar zu den Venen wird der Lymphfluss zusätzlich durch die Muskelpumpe der Skelettmuskulatur, die arterielle Pulswelle und die Pumpwirkung des Thorax beim Atmen unterstützt.

Lymphfluss

Der Lymphfluss erfolgt primär durch **Kontraktion der Mediamuskulatur** und wird durch Muskelpumpe, arterielle Pulswelle und Thoraxpumpe unterstützt.

▶ Klinik. Obwohl die gesamte tägliche Transportleistung des Lymphgefäßsystems mit 2–4 l Lymphe nur einen Bruchteil (ca. 1/2800) der Transportleistung des Blutgefäßsystems darstellt, wird die physiologische Bedeutung dieses supplementären Transports am klinischen Bild des **Lymphödems** deutlich. Das Lymphödem entsteht als Folge eines gestörten Lymphabflusses, verursacht durch das Fehlen oder die Verengung von Lymphgefäßen. Als Folge einer chronischen Lymphstauung kann eine **Elephantiasis** auftreten mit einer extremen ödematösen Anschwellung (v. a. untere Extremität, Skrotum, weibliche Brust). In tropischen und subtropischen Regionen sind solche Abflussstörungen die Folge einer durch Mücken übertragenen Infektion mit bestimmten Rundwürmern (Filarien), die das Lymphgefäßsystem besiedeln.

▶ Klinik.

Lymphknoten

Die Lymphe durchfließt bis zu ihrer Einleitung ins Blutgefäßsystem mindestens einen, meistens jedoch mehrere hintereinander geschaltete Lymphknoten. Eine ausführliche Darstellung der Lymphknoten findet sich im Kapitel zur allgemeinen Anatomie des Immunsystems (S. 183).

Lymphknoten

Die Lymphe durchfließt mindestens einen, meist jedoch mehrere hintereinander geschaltete Lymphknoten (S. 183).

▶ Klinik. Auch Krebszellen können in das Lymphgefäßsystem eindringen und sich in ihm ausbreiten. Oft setzen sich diese Zellen in Lymphknoten fest und bilden hier Metastasen, d. h. Tochtergeschwülste (S. 184).

▶ Klinik.

Klinischer Fall: Akute Atemnot

07:00
Nicole Herrmann, 32 Jahre, bekommt plötzlich beim Treppensteigen Luftnot. Sie geht sofort zum Hausarzt, da sie solche Beschwerden nicht kennt.

07:45
Nach kurzer Anamnese und Untersuchung weist sie der Hausarzt mit der Verdachtsdiagnose „Lungenembolie" in Begleitung eines Notarztes direkt in die Klinik ein.

08:15
Anamnese in der Notaufnahme
N.H.: Heute Morgen habe ich beim Treppensteigen plötzlich ganz schlecht Luft bekommen und ich hatte Schmerzen tief in der linken Lunge. Das hat mir ganz schön Angst gemacht! Etwas Husten habe ich auch… Vor 4 Tagen hatte ich eine ambulante Knie-OP, Meniskus.

08:20
Medikamentenanamnese
N.H.: Seit 7 Jahren nehme ich die Pille. Jetzt nach der Knie-OP habe ich noch Ibuprofen-Tabletten genommen.

08:25
Körperliche Untersuchung
Ich untersuche die etwas übergewichtige Patientin. Ihre Herzfrequenz beträgt in Ruhe 112/min (50–100), die Atemfrequenz 26/min (12–16). Die Sauerstoffsättigung (Pulsoxymeter) ist mit 89% deutlich vermindert.
Auffällig ist eine Umfangsdifferenz der Unterschenkel (links 3 cm mehr). Bei Druck auf die linke Wade und Fußsohle gibt Frau H. leichte Schmerzen an. Der weitere körperliche Untersuchungsbefund, v.a. auch von Lunge und Herz, ist unauffällig.

08:35
Blutgasanalyse und Blutentnahme
Das Ergebnis der arteriellen Blutgasanalyse ist sofort da:
- pO_2 51mmHg (71–104)
- pCO_2 29mmHg (32–43).

Es besteht also bei Atemnot eine Hyperventilation (erniedrigter pCO_2). Trotzdem ist der Sauerstoffpartialdruck noch vermindert. Bei der Verdachtsdiagnose „Lungenembolie" lasse ich zusätzlich die D-Dimere bestimmen.

08:45
12-Kanal-EKG. Wir machen ein EKG. Dies zeigt außer einer Tachykardie keine Auffälligkeiten, insbesondere keine Zeichen der Differenzialdiagnose Myokardinfarkt.

09:00
Telefonat mit Oberarzt und Anmeldung Thorax-CT
Ich berichte dem Oberarzt meine Befunde. Er hält die Diagnose „Lungenembolie" für sehr wahrscheinlich. Nachdem die Patientin eine Schwangerschaft plausibel verneint, melde ich in der Radiologie ein notfallmäßiges Thorax-CT an.

09:15
Laborbefund trifft ein
(Normwert in Klammern)
- D-Dimere 2,28mg/l (<0,5)

Erhöhte D-Dimere kommen bei Lungenembolie, aber auch bei vielen anderen Erkrankungen, nach Operationen und in der Schwangerschaft vor (unspezifischer Parameter, der eine aktivierte Gerinnung anzeigt). Negative D-Dimere schließen eine Lungenembolie allerdings nahezu aus.

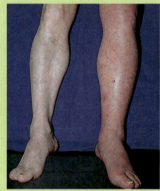

Umfangsvermehrung, und livide Verfärbung sind klinische Zeichen einer tiefen Beinvenenthrombose links (aus Kellnhauser et al.: Thiemes Pflege. 10. Aufl., Thieme, 1999)

09:30
Thorax-CT mit Kontrastmittel
Die Kollegen der Radiologie finden KM-Aussparungen am Abgang der rechten Unterlappenarterie und auch im Pulmonalishauptstamm links. Damit ist die Diagnose Lungenembolie bewiesen.

Am nächsten Morgen
Verlegung auf Normalstation
Nachdem der Zustand der Patientin die Nacht über stabil blieb, kann sie auf die Normalstation verlegt werden.

10:00
Verlegung auf Überwachungsstation
Die Vitalparameter werden mit einem Monitor überwacht. Die Kollegen starten eine „Vollheparinisierung". Die Patientin erhält Sauerstoff per Nasensonde.

10:00
Farbduplexsonografie der Beinvenen
Aufgrund der Umfangsdifferenz der Unterschenkel vermuten die Kollegen als Ursache für die Lungenembolie eine Beinvenenthrombose. Und tatsächlich gelingt der direkte Nachweis eines Thrombus in der Vena poplitea und Vena femoralis links.

Nach 5 Tagen
Frau H. erholt sich schnell und kann nach 5 Tagen nach Hause entlassen werden. Sie muss nun für 3 Monate Cumarine (Marcumar) einnehmen.

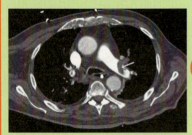

Große Kontrastmittelaussparung im Pulmonalishauptstamm links (Pfeil) und in der Unterlappenarterie rechts (Arastéh et al.: Duale Reihe Innere Medizin, 3. Auflage, Thieme, Stuttgart 2013)

Fragen mit anatomischem Schwerpunkt

1. Worin unterscheidet sich hinsichtlich der Gefahr für die Patientin eine Thrombenbildung im tiefen Venensystem des Beines von der in einer oberflächlichen Beinvene?
2. Welchen Weg nimmt der Thrombus, wenn er sich aus der V. femoralis ablöst, um in einen Lungenarterienast rechts zu gelangen?
3. Welche Gefahr birgt ein persistierendes Foramen ovale bei einer tiefen Venenthrombose?

⓵ Antwortkommentare im Anhang

2 Blut und lymphatische Organe – Grundlagen

- 2.1 Einleitung 165
- 2.2 Blut 165
- 2.3 Lymphatische Organe 179

© Michael Zimmermann

G. Aust

2.1 Einleitung

Blut besteht aus **Blutzellen und -plasma**. Es ist ein **Transportorgan** für Nahrungs- und Wirkstoffe samt deren Abbauprodukten, für Gase, Wasser, Elektrolyte sowie für Wärme. Da das Blut durch diese Eigenschaft mit allen Körperregionen im Austausch steht, kann seine Zusammensetzung physiologische und pathologische Veränderungen der Organe widerspiegeln. Erythrozyten (rote Blutzellen) transportieren Sauerstoff.
Neben der Eigenschaft als Transportmedium verfügt das Blut auch über eine eigenständige Funktion – die **Hämostase** (**Blutstillung**), die wesentlich durch Thrombozyten (Blutplättchen) vermittelt wird.
Verschiedene Leukozyten (weiße Blutzellen), die nicht nur im Blut, sondern in allen Geweben zirkulieren, übernehmen den Schutz des Organismus vor Krankheitserregern und Fremdstoffen und sind damit Teil des **Immunsystems**. Während die Immunabwehr notwendigerweise überall im Körper abläuft, finden Differenzierung, Programmierung und Erhaltung insbesondere der Lymphozyten in **lymphatischen Organen** statt. Neben der Immunabwehr durch Zellen (**zelluläre Immunantwort**) sind lösliche Moleküle (z. B. Antikörper, Komplementsystem, Defensine) an der Verteidigung des Organismus beteiligt (**humorale Immunantwort**; humor = lat. feucht,), die z. T. von den Immunzellen selbst, wie z. B. die Antikörper, produziert werden (siehe Lehrbücher der Biochemie).

2.1 Einleitung

Das Blut steht als **Transportorgan** mit allen Körperregionen im Austausch.
Die verschiedenen zellulären Bestandteile haben unterschiedliche Funktionen:
- Sauerstofftransport (Erythrozyten)
- Hämostase = Blutstillung (Thrombozyten)
- Immunabwehr (Leukozyten).

Durch die Leukozyten sowie durch in ihm enthaltene lösliche Moleküle ist das Blut am Aufbau des **Immunsystems** beteiligt. Voraussetzung für den Ablauf spezifischer Immunreaktionen ist die Funktionstüchtigkeit der **lymphatischen Organe**.

2.2 Blut

2.2.1 Bestandteile des Blutes

Das Blut besteht aus dem **Blutplasma**, das u. a. Proteine und Elektrolyte enthält, sowie den **Blutzellen** (Tab. **B-2.1**).

2.2 Blut

2.2.1 Bestandteile des Blutes

Blut besteht aus Blutplasma und Blutzellen (Tab. **B-2.1**).

≡ B-2.1	Bestandteile des Blutes (4–6 l)
44 % zelluläre Bestandteile (x 10^3/µl = 10^9/l)	56 % Blutplasma
■ Erythrozyten: 4 000–5 000 (♀), 4 500–6 000 (♂) ■ Thrombozyten: 150–350 ■ Leukozyten: 3,5–10	■ 90 % Wasser ■ 7–8 % Proteine ■ 2–3 % niedermolekulare Substanzen

≡ B-2.1

Blutplasma

Funktion: Das **Blutplasma** ist verantwortlich für den Transport von Blutzellen, Nährstoffen, Metaboliten (= Stoffwechselprodukten), Hormonen, Proteinen des Gerinnungssystems, Antikörpern und Abbauprodukten des Körpers. Außerdem dient es dem Wärmetransport. Es ist an der Blutgerinnung beteiligt und hält den physiologischen pH-Wert konstant.

Zusammensetzung: Es besteht neben Wasser vor allem aus Proteinen (Eiweißen). Hier unterscheidet man:
- **Albumin**, das 60 % der Proteinfraktion bildet und damit für die Aufrechterhaltung des kolloidosmotischen Druckes (s. Lehrbücher der Physiologie) des Blutes entscheidend ist. Es stellt ein wichtiges Transportprotein u. a. für niedermolekulare Substanzen dar.

Blutplasma

Funktion: Das Blutplasma hat Transportfunktion und ist an der Blutgerinnung beteiligt.

Zusammensetzung: Es besteht neben Wasser u. a. aus Proteinen:
- **Albumin** (60 % der Proteinfraktion) ist für die Aufrechterhaltung des kolloidosmotischen Druckes entscheidend,
- **Globuline** (40 %).

- **Globuline** (α_1, α_2, β, γ) bilden etwa 40 % der Proteine. Zu ihnen zählen u. a. Komplementfaktoren, Enzyme und Enzyminhibitoren sowie die Antikörper (γ-Globuline; Immunglobuline).

Frisch entnommenes Blut gerinnt nach 5–8 min, dabei entstehen aus Fibrinogen unlösliche Fibrinfäden, welche die Zellen des Blutes im Blutkuchen zusammenballen. Darüber setzt sich das **Blutserum** ab. Das Blutserum ist also Blutplasma minus der Faktoren, die bei der Gerinnung verbraucht wurden, d. h. vor allem Fibrinogen.

▶ **Merke.**

▶ **Merke.** Blutserum ist Blutplasma ohne Fibrinogen.

In der Labordiagnostik wird meist Serum zur Bestimmung von Hormonen, Enzymen u. a. eingesetzt.

Zelluläre Bestandteile

Zu den Blutzellen gehören:
- **Erythrozyten** für den Sauerstofftransport,
- **Thrombozyten**, die in der Blutstillung eine wichtige Rolle spielen,
- **Leukozyten** zur immunologischen Abwehr.

Zelluläre Bestandteile

Zu den Blutzellen gehören:
- **Erythrozyten** (**rote Blutzellen**), die für den Sauerstofftransport aus der Lunge in die peripheren Gewebe und Abtransport eines Teiles vom Kohlendioxid in umgekehrter Richtung verantwortlich sind;
- **Thrombozyten** (**Blutplättchen**), die Bestandteil der Blutstillung (Hämostase) sind, und
- **Leukozyten** (**weiße Blutzellen**), welche die immunologische Abwehr übernehmen.

▶ **Merke.**

▶ **Merke.** Im Verhältnis kommt nur ein Leukozyt auf 1000 Erythrozyten.

Der prozentuale Anteil der Blutzellen am Blutvolumen ist der **Hämatokrit** (Hkt).

Der prozentuale Anteil der Blutzellen am gesamten Blutvolumen ist der **Hämatokrit** (**Hkt**), der – abhängig von Geschlecht und Lebensalter – bei ca. 44 % liegt.

2.2.2 Blutbildung (Hämatopoese)

Hämatopoetische Stammzelle

Alle Zellen des Blutes stammen von einer gemeinsamen **multipotenten hämatopoetischen Stammzelle** ab, die die Fähigkeit besitzt, sich in jede Blutzelle zu entwickeln.

2.2.2 Blutbildung (Hämatopoese)

Hämatopoetische Stammzelle

Alle Zellen des Blutes stammen von einer gemeinsamen **multipotenten hämatopoetischen Stammzelle** ab, die die Fähigkeit besitzt, sich in jede Blutzelle zu entwickeln. Experimentell können aber u. a. auch Muskel-, Herz-, Leber-, Nieren- und Knochenzellen aus dieser Stammzelle erzeugt werden. Sie befinden sich nur in sehr kleiner Zahl im roten Knochenmark und kommen in noch geringerer Zahl im strömenden peripheren Blut vor. Sie ähneln morphologisch den Lymphozyten (S. 176), können aber aufgrund der Expression bzw. dem Fehlen charakteristischer Zelloberflächenmoleküle (CD34$^+$, CD90$^+$, CD38$^-$, CD45RA$^-$) von diesen unterschieden werden.

▶ **Exkurs: CD-Nomenklatur.**

▶ **Exkurs: CD-Nomenklatur.** CD (engl. Cluster of Differentiation) ist ein System, bei der Zelloberflächenmoleküle von (ursprünglich nur hämatopoetischen) Zellen nach biochemischen und funktionellen Kriterien fortlaufend nummeriert werden (z. Z. bis CD363).

Die multipotente Stammzelle besitzt die **Fähigkeit sich zu reduplizieren**, d. h. sich selbst zu erneuern. Durch Teilung entstehen sowohl neue multipotente als auch oligopotente Stammzellen.

Eine wichtige Eigenschaft der multipotenten Stammzelle zur Aufrechterhaltung der Hämatopoese ist ihre **Fähigkeit sich zu reduplizieren**, d. h. sich selbst zu erneuern. Durch Teilung entstehen sowohl neue multipotente als auch oligopotente Stammzellen, deren weitere Entwicklungsmöglichkeiten schon eingeschränkt sind, die sich aber noch in verschiedenen Richtungen differenzieren können. Jede weitere Differenzierung schränkt die Vielfalt der Entwicklungsmöglichkeiten weiter ein.

Die Blutbildung wird durch hämatopoetische Wachstumsfaktoren reguliert.

Die Blutbildung wird durch hämatopoetische Wachstumsfaktoren reguliert. Ein Beispiel hierfür ist **Interleukin-3** (Il-3), ein multipotenter Wachstumsfaktor, der die Proliferation und Differenzierung verschiedener Entwicklungslinien einschließlich der thrombozytären, erythrozytären, granulozytären und monozytären Reihe stimuliert. Andere Wachstumsfaktoren wirken nur auf einzelne Entwicklungslinien wie z. B. **Erythropoetin**, das die Entstehung der Erythrozyten fördert.

▶ **Exkurs: Zytokine.**

▶ **Exkurs: Zytokine.** Zytokine (griech. kytos: Höhlung, Zelle; griech. kines: bewegen) sind von Zellen sezernierte lösliche Faktoren, die wichtige Funktionen wie Proliferation, Differenzierung, Migration und Adhäsion von (benachbarten) Zellen regulieren. Zytokine binden an spezifische Rezeptoren. Die ersten Zytokine wurden in der „Kommunikation" zwischen Leukozyten beschrieben, daraus leitet sich der Begriff „**Interleukin**" ab. Chemokine sind Zytokine, die chemotaktisch, d. h. anlockend auf Zellen wirken. Zytokine, die Proliferation und Differenzierung regulieren, werden oft als Wachstumsfaktoren bezeichnet.

B-2.1 Proliferation und Differenzierung der hämatopoetischen Stammzelle

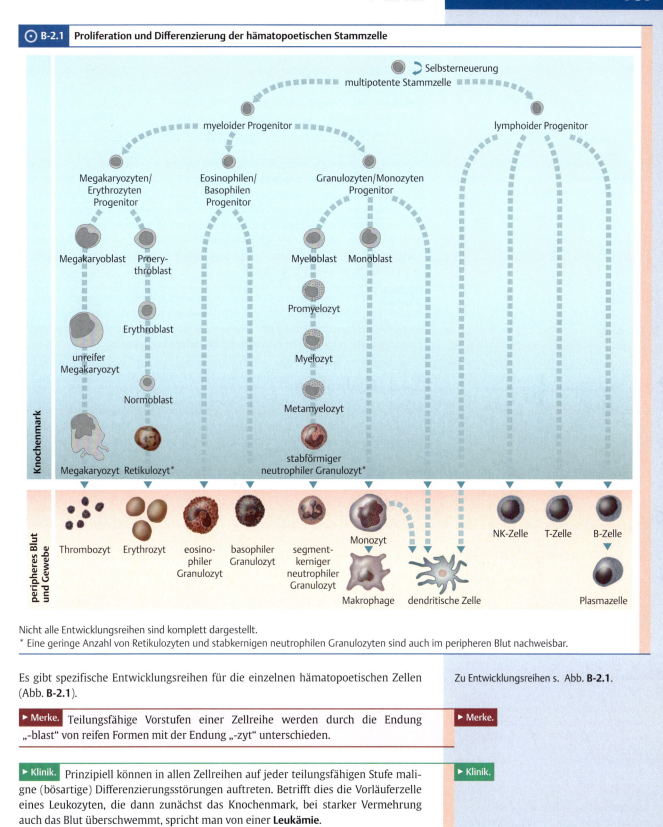

Nicht alle Entwicklungsreihen sind komplett dargestellt.
* Eine geringe Anzahl von Retikulozyten und stabkernigen neutrophilen Granulozyten sind auch im peripheren Blut nachweisbar.

Es gibt spezifische Entwicklungsreihen für die einzelnen hämatopoetischen Zellen (Abb. **B-2.1**).

Zu Entwicklungsreihen s. Abb. **B-2.1**.

▶ **Merke.** Teilungsfähige Vorstufen einer Zellreihe werden durch die Endung „-blast" von reifen Formen mit der Endung „-zyt" unterschieden.

▶ **Merke.**

▶ **Klinik.** Prinzipiell können in allen Zellreihen auf jeder teilungsfähigen Stufe maligne (bösartige) Differenzierungsstörungen auftreten. Betrifft dies die Vorläuferzelle eines Leukozyten, die dann zunächst das Knochenmark, bei starker Vermehrung auch das Blut überschwemmt, spricht man von einer **Leukämie**.

▶ **Klinik.**

Ort der Blutbildung

Der Ort der Blutbildung wechselt mehrere Male in der pränatalen Entwicklung und läuft z.T. parallel in verschiedenen Organen ab (Tab. **B-2.2**). Beim Erwachsenen ist der Hauptort der Blutbildung das Knochenmark.

Ort der Blutbildung

Der Ort der Blutbildung wechselt mehrmals vor der Geburt, d.h. pränatal (Tab. **B-2.2**).

▶ **Merke.** Neben der Blutbildung spielt das Knochenmark als Reifungs- und Proliferationsort von B-Lymphozyten (S.177) eine zentrale Rolle im Immunsystem.

▶ **Merke.**

B 2 Blut und lymphatische Organe – Grundlagen

☰ B-2.2	Orte der Blutbildung im Embryo und Fetus	
Ort der Blutbildung		**Zeitraum**
Dottersack (S. 107) (megaloblastische Phase)		bis zum 3. Monat: Hauptort der Blutbildung im Embryo
Leber und Milz (hepatolienale Phase)		2.–7. Monat
rotes Knochenmark = Medulla ossium rubra (medulläre Phase)		ab 4. Monat; Hauptort der Hämatopoese bei der Geburt

Makroskopisch unterscheidet man **rotes, blutbildendes** (hämoblastisches) und **gelbes, nicht-blutbildendes Knochenmark** (Fettmark).

Makroskopisch unterscheidet man **rotes, blutbildendes** (hämoblastisches) und **gelbes, nicht blutbildendes Knochenmark** (Fettmark), d. h. die Farbe des Knochenmarkes wird durch seine zelluläre Zusammensetzung bestimmt. Zum Zeitpunkt der Geburt handelt es sich fast ausschließlich um rotes Knochenmark, das langsam in gelbes umgewandelt wird. Beim Erwachsenen kommt rotes Knochenmark nur noch in den spongiösen Knochen des Rumpfes (u. a. Wirbel, Rippen, Sternum, Beckenknochen) und in den Epiphysen der Röhrenknochen vor. Das rote Knochenmark macht beim Erwachsenen etwa 1,5 kg aus.

▶ **Klinik.**

▶ **Klinik.** Die Bestimmung der Verteilung einzelner Differenzierungsstadien blutbildender Zellen im Knochenmarkspunktat (**Myelogramm**), das durch Punktion des hinteren oberen Darmbeinstachels (Spina iliaca posterior superior) gewonnen wird, ermöglicht die Diagnose von **Tumoren des blutbildenden Systems**.

2.2.3 Erythrozyten

Funktion: Die Erythrozyten übernehmen den **Transport von Sauerstoff** und eines Teiles vom Kohlendioxid zwischen der Lunge und den Geweben.

Funktion: Die Erythrozyten übernehmen den **Transport von Sauerstoff** zwischen der Lunge und den Geweben. In der Lunge bindet Sauerstoff an den roten Blutfarbstoff (**Hämoglobin**) der Erythrozyten. Nur 0,3 % des Sauerstoffes werden im Blutplasma gelöst transportiert. Das in den Geweben produzierte Kohlendioxid wird zu ca. 30 % in Form von Carboxyhämoglobin an die Erythrozyten gebunden. Der überwiegende Teil des Kohlendioxids wird im Blutplasma in Form von Bikarbonat zu den Lungen transportiert.

Morphologie: Die reifen Erythrozyten sind in ihrer Größe homogen (Durchmesser ca. **7,7 µm**), besitzen weder Zellkern noch Zellorganellen und sind **bikonkav** geformt. Die im Verhältnis zu ihrem Volumen große Oberfläche kommt dem Sauerstofftransport zugute. Der O_2-bindende Blutfarbstoff **Hämoglobin** verleiht ihnen die rote Farbe.

Morphologie: Die reifen Erythrozyten sind mit einem Durchmesser von durchschnittlich **7,7 µm** außerordentlich homogen. Sie besitzen weder Zellkern noch Zellorganellen und sind **bikonkav** geformt, d. h. sie sind am Rand ca. 2 µm und in der Mitte 1 µm dick. Dadurch erscheint der Erythrozyt im Zentrum heller als in der Peripherie. Aufgrund der bikonkaven Form haben die Erythrozyten im Verhältnis zu ihrem Volumen eine große Oberfläche, was dem Sauerstofftransport zugute kommt. Die rote Farbe der Erythrozyten beruht auf dem Gehalt an Sauerstoff-bindendem Blutfarbstoff, dem **Hämoglobin** (Hb), der 90 % der Trockensubstanz der Zelle ausmacht.

Die Erythrozyten beziehen Energie aus dem **anaeroben Stoffwechsel**.

Trotz des Mangels an Zellorganellen sind die Erythrozyten metabolisch aktiv (120 Tage Lebensdauer!). Sie beziehen ihre Energie aus dem **anaeroben Stoffwechsel** (s. Lehrbücher der Biochemie).

In der Zellmembran der Erythrozyten befinden sich **Glykoproteine** (**Blutgruppenantigene**, z. B. AB0-System). Erythrozyten besitzen eine enorme **Verformbarkeit**.

In der Zellmembran der Erythrozyten befinden sich **Glykoproteine**, von denen etwa 240 **Blutgruppenantigene** darstellen, die in 29 verschiedene Systeme eingeteilt wurden (z. B. AB0- und Rhesusfaktor-System). Um sich durch die nur 3–4 µm weiten Kapillaren zu quetschen, müssen sich die Erythrozyten stark verformen können. Für diese enorme **Verformbarkeit** und die Aufrechterhaltung der bikonkaven Form wird die Zellmembran durch ein spezielles Zytoskelett verstärkt.

Entwicklung: Die **Erythropoese** verläuft in **mehreren Stadien** und wird u. a. durch den Wachstumsfaktor **Erythropoetin** reguliert. Die **Differenzierung** zum Erythrozyten geht mit der Hämoglobinbildung, einer Abnahme der Zellgröße und der Verringerung aller Zellorganellen einher.

Entwicklung: Die **Erythropoese** verläuft in **mehreren Stadien** innerhalb von **5–7 Tagen** ab. Ausgangspunkt für die Entwicklung der Erythrozyten ist eine vom myeloiden Progenitor (Vorläufer) abzweigende Zelle (Abb. **B-2.1), die sich sowohl in die Richtung der Erythrozyten als auch Thrombozyten entwickeln kann. Der Wachstumsfaktor Erythropoetin**, der vorwiegend in der Niere gebildet wird, reguliert die Erythropoese, die über mehrere morphologisch unterscheidbare teilungsfähige Erythroblastenstadien läuft, und passt die Erythrozytenproduktion dem Sauerstoffbedarf an. Die **Differenzierung** vom Erythroblasten zum reifen, nicht mehr teilungsfähigen Erythrozyten geht mit der Hämoglobinbildung, einer Abnahme der Zellgröße und der schrittweisen Verringerung aller Zellorganellen einher.

B 2.2 Blut

Durch Kernausstoßung entsteht der **kernlose Retikulozyt**. Die Retikulozyten enthalten noch netzförmig angeordnete Granula (Substantia granulofilamentosa), die Reste von Polyribosomen repräsentieren, und die durch Färbung der RNA mit Brillantkresylblau dargestellt werden können.

▶ **Klinik.** Weniger als 1 % der Erythrozyten im peripheren Blut sind Retikulozyten. Ein **erhöhter Anteil von Retikoluzyten** zeigt den gesteigerten Ausstoß unreifer Zellen aus dem Knochenmark als Kompensation eines Blutverlusts oder vermehrten Zellverbrauchs an. In der Klinik dient die Retikulozytenzählung dem Überblick über die Produktionsrate von Erythrozyten.

Kinetik: Erythrozyten haben eine durchschnittliche Lebensdauer von etwa **120 Tagen**. Damit müssen pro Tag $2–2,5 \times 10^{11}$ Erythrozyten im roten Knochenmark neu gebildet werden. Gealterte Erythrozyten werden überwiegend **in den Milzsinus** (S. 185) von Makrophagen **abgebaut**. Das Hämoglobin wird dabei in den Protein- (Globin) und Porphyrinteil (Häm), das weiter zu Bilirubin umgebaut wird, zerlegt. Bilirubin wird, an Albumin gebunden, über den Pfortaderkreislauf (V. portae) zur Leber transportiert, dort zum wasserlöslichen Bilirubindiglukuronid umgebaut und in die Galle abgegeben.

▶ **Klinik.** Eine **Anämie** ist eine Erkrankung des roten Blutsystems, bei der zu wenig Sauerstoff transportiert wird, weil z. B. die Erythrozytenzahl (Erythropenie), die Hämoglobinkonzentration oder der Hämatokrit unter den Referenzwert gesunken ist. Typische Formanomalien der Erythrozyten gestatten die sichere Zuordnung zu bestimmten Anämien. Bei der erblichen **Kugelzellanämie** (**Sphärozytose**) wird beispielsweise die runde Form der Erythrozyten durch eine anormale Anordnung von Bestandteilen des Zytoskelettes bedingt. Die runden Zellen werden beim Eintritt in die venösen Milzsinus zerquetscht und von den Makrophagen abgebaut. Dieser Abbau kann trotz erhöhter Neubildung nicht kompensiert werden, sodass zu wenig Sauerstofftransportkapazität zur Verfügung steht. Die Milzentfernung (**Splenektomie**) stellt eine mögliche Therapie dar.

2.2.4 Thrombozyten

Funktion: Die Thrombozyten sind an der **Hämostase** (Blutgerinnung, -stillung) entscheidend beteiligt. Bei Gefäßverletzung adhärieren innerhalb von Sekunden zirkulierende Thrombozyten über spezifische Rezeptoren (z. B. für Kollagen: Glykoprotein VI; oder indirekt über den von Willebrand Faktor: Glykoprotein Ib) an der freigelegten subendothelialen extrazellulären Matrix und werden dabei aktiviert (primäre Hämostase). Das führt zur Freisetzung der Inhaltsstoffe ihrer Granula und von akut synthetisierten Wirkstoffen (z. B. Thromboxan A_2), wodurch weitere Thrombozyten aggregieren. Sie bilden einen hämostatisch wirksamen Pfropf.

Zusätzlich wird im Blutplasma die **Gerinnungskaskade** ausgelöst. Jeder einzelne Schritt dieser Kaskade schließt die Überführung eines inaktiven Vorläuferproteins (Gerinnungsfaktors) in eine aktive Protease ein, welche von Kofaktoren und Kalzium reguliert wird. Letztendlich entstehen aus löslichem **Fibrinogen** durch Aktivierung mit **Thrombin** unlösliche **Fibrin**fäden (sekundäre Hämostase). Thrombin selber wird aus Prothrombin gebildet. Diese Umwandlung übernimmt in Anwesenheit von Kalzium und Phospholipiden ein **Prothrombin-aktivierender Komplex** (Thrombokinase, Prothrombinase) aus aktivierten Gerinnungsfaktoren.

Das Fibrinfasernetz wird durch Quervernetzung sowie durch Kontraktion der Thrombozyten und der glatten Muskelzellen des verletzten Gefäßes, ausgelöst durch freigesetztes **Thromboxan A_2**, weiter verdichtet, womit sich der Pfropf stabilisiert.

Morphologie: Thrombozyten sind 1–3 µm große **Zellfragmente ohne Zellkern**, die von einer Plasmamembran umgeben sind. Von der Oberfläche stülpt sich ein offenes Kanalsystem (engl. open canalicular system, OCS) ein, in das der Inhalt der Granula abgegeben wird. Das verbleibende endoplasmatische Retikulum bildet ein geschlossenes Kanalnetz (engl. **d**ense **t**ubular **s**ystem, DTS), in dem Kalziumionen gespeichert werden. Thrombozyten enthalten verschiedene Zellorganellen wie Mitochondrien und Teile des Golgi-Apparates, in dem Thromboxan synthetisiert wird, das für ihre Aggregation wichtig ist. Das ausgeprägte Zytoskelett, das u. a. aus einem cha-

---

Durch Kernausstoßung entsteht der **kernlose Retikulozyt**. Er enthält noch netzförmig angeordnete Granula.

▶ **Klinik.**

Kinetik: Die Erythrozyten haben eine durchschnittliche Lebensdauer von etwa **120 Tagen**. Gealterte Erythrozyten werden überwiegend **in den Milzsinus** von Makrophagen **abgebaut**.

▶ **Klinik.**

2.2.4 Thrombozyten

Funktion: Die Thrombozyten sind an der **Hämostase** (Blutgerinnung) beteiligt. Nach Gefäßverletzung haften sie an der freigelegten Matrix, werden dabei aktiviert und schütten dann die Inhaltsstoffe ihrer Granula aus, wodurch weitere Thrombozyten aggregieren und einen hämostatisch wirksamen Pfropf bilden.

Zusätzlich wird im Blutplasma die **Gerinnungskaskade** ausgelöst, bei der aus löslichem **Fibrinogen** durch Aktivierung mit **Thrombin** unlösliche **Fibrin**fäden entstehen.

Morphologie: Thrombozyten sind 1–3 µm große **Zellfragmente ohne Zellkern**. Sie enthalten aber verschiedene Zellorganellen (z. B. Mitochondrien) und ein ausgeprägtes Zytoskelett, u. a. einen charakteristischen zirkulären Ring aus Mikrotubuli (S. 53).

rakteristischen Ring aus Mikrotubuli (S. 53) besteht, stabilisiert die Form der Thrombozyten. Durch ihre Ausstattung mit Glykogen und verschiedenen Enzymsystemen sind sie zum aeroben Stoffwechsel in der Lage.

Thrombozyten sind reichhaltig mit **Granula** ausgestattet (Tab. **B-2.3**).

Thrombozyten besitzen reichhaltig **Granula**, deren Inhaltsstoffe im engen Zusammenhang mit ihrer Funktion (s. o.) stehen. Tab. **B-2.3** stellt die wichtigsten Inhaltsstoffe dar.

B-2.3 Granula in Thrombozyten

Granula	Inhaltsstoffe
α-Granula (300–500 nm)	thrombozytenspezifische Proteine wie Adhäsionsproteine und Gerinnungsfaktoren (Thrombospondin, Fibrinogen, Fibronektin, von Willebrand Faktor), Zytokine und Inhibitoren des fibrinolytischen (fibrinauflösenden) Systems
β-Granula (250–300 nm), elektronenmikroskopisch dicht (engl. dense)	Serotonin (vasokonstriktorisch) – wird aus dem Blutplasma resorbiert, d. h. es wird von den Thrombozyten nicht selbst produziert

Entwicklung: Thrombozyten entstehen durch **Abschnüren** von langen Ausstülpungen des **Megakaryozyten**.

Entwicklung: Die Thrombopoese läuft von der Megakaryozyten-/Erythrozyten-Progenitorzelle (Abb. **B-2.1**) unter dem Einfluss des Wachstumsfaktors Thrombopoetin zum **Megakaryoblasten**, der seine Kern- und Zytoplasmabestandteile bis zu 6-mal redupliziert, ohne dass eine Zellteilung erfolgt. Diese Vorläuferzelle differenziert zum riesigen **Megakaryozyten** (30–100 μm!). Er bildet lange Ausstülpungen (Prothrombozyten), die durch das Endothel bis in das Lumen der sinusidalen Blutgefäße des Knochenmarks reichen. Von den Enden der Prothrombozyten werden die Thrombozyten direkt in das Blut abgeschnürt.

Kinetik: Lebensdauer ca. 8 Tage.

Kinetik: Die Lebensdauer des Thrombozyten im Blut beträgt etwa 8 Tage. 5×10^{11} Thrombozyten werden jeden Tag neu gebildet.

▶ Klinik.

▶ **Klinik.** Eine starke Abnahme der Thrombozyten wird als **Thrombozytopenie** bezeichnet. Sie führt zur spontanen Blutungsneigung, da Thrombozyten zum Abdichten von mikroskopisch kleinen Lücken in den Gefäßen fehlen und damit Erythrozyten in den Extravasalraum austreten. In der Haut manifestieren sich diese Blutungen als rotfleckiger Ausschlag (**Petechien**).

B-2.2 Petechien
(Füeßl, F.S., Middeke, M.: Duale Reihe Anamnese und Klinische Untersuchung. Thieme, 2014)

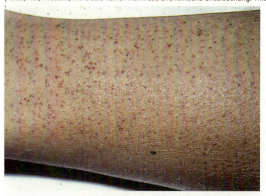

2.2.5 Leukozyten

Funktion: Die Leukozyten übernehmen die **Immunabwehr**, bei der man zwei Systeme unterscheidet:
- **unspezifisch** (angeboren): Neutrophile und eosinophile Granulozyten, die Zellen des MPS und NK-Zellen
- **spezifisch** (erworben, adaptiv): T- und B-Lymphozyten

Funktion: Die Leukozyten übernehmen die **Immunabwehr**. Diese Abwehr vollzieht sich auf zwei Ebenen, die miteinander agieren und wie folgt eingeteilt werden:
- **unspezifische Abwehr** (angeboren): Hierzu zählen
  - **neutrophile** und **eosinophile Granulozyten**,
  - die Zellen des mononukleären Phagozytensystems (**MPS**) und
  - die **NK-Zellen** (Natürliche Killerzellen), eine Teilpopulation der Lymphozyten.
- **spezifische Abwehr** (erworben): Träger der spezifischen Abwehr sind **T- und B-Lymphozyten**, da sie die Fähigkeit besitzen, durch spezifische Rezeptoren fremde und eigene Antigene zu unterscheiden.

Durch Spezialfärbungen (z. B. Pappenheim-Färbung) kann man die verschiedenen Leukozytenpopulationen im peripheren Blut morphologisch voneinander unterscheiden (Tab. **B-2.4** und Abb. **B-2.3**).

Man kann verschiedene Leukozytenpopulationen unterscheiden (Tab. **B-2.4** und Abb. **B-2.3**).

B-2.3 Leukozyten im peripheren Blut

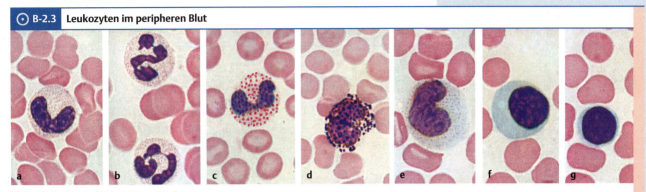

(Kühnel, W.: Taschenatlas Histologie. Thieme, 2014)
a Stabkerniger neutrophiler Granulozyt
b Segmentkerniger neutrophiler Granulozyt
c Eosinophiler Granulozyt
d Basophiler Granulozyt
e Monozyt
f Großer Lymphozyt
g Kleiner Lymphozyt

B-2.4 Verteilung der Leukozyten im peripheren Blut

	x 10^9/l	% der Leukozyten
Leukozyten gesamt	3,5–10	
neutrophile Granulozyten	1,7–7	40–75 ▪ stabkernige 0–5 ▪ segmentkernige 50–70
eosinophile Granulozyten	0,03–0,4	0,5–7
basophile Granulozyten	0–0,08	0–1,5
Lymphozyten	1–3	20–50
Monozyten	0,2–0,6	4–10

Granulozyten

Neutrophile Granulozyten

Funktion: Neutrophile Granulozyten sind an der **Phagozytose** von Mikroorganismen beteiligt.
Dazu werden die Granulozyten durch chemotaktisch aktive Stoffe entlang eines Konzentrationsgradienten an den Ort der Infektion gelockt (**Chemotaxis**). Die Granulozyten verlassen dazu die Blutbahn, d. h. sie migrieren (wandern) durch das Endothel. Die Mikroorganismen werden durch Rezeptoren erkannt. Haben an die Erreger bereits Antikörper oder Komplementfaktoren, d. h. Komponenten des humoralen (löslichen) Immunsystems, gebunden (**Opsonierung**), so können diese von Fc- oder Komplementrezeptoren der Granulozyten detektiert und gebunden werden. Außerdem tragen Granulozyten CD14, einen Rezeptor, der Lipopolysaccharid der Bakterien bindet.

Granulozyten

Neutrophile Granulozyten

Funktion: Neutrophile Granulozyten sind an der **Phagozytose** von Mikroorganismen beteiligt. Sie können, chemotaktisch angelockt, durch das Endothel der Blutgefäße zum Infektionsort migrieren. Sie binden an Erreger mittels Rezeptoren, welche u. a. Antikörper oder Komplementfaktoren, die bereits an die Mikroorganismen angedockt haben (**Opsonierung**), erkennen.

▶ **Exkurs: Komplement.** Das Komplement ist ein **System von Proteinen des Blutplasmas**, deren kaskadenartige Aktivierung durch Bildung von Membranporen zum Abtöten von Mikroorganismen und fremden Zellen führt (zu Details s. Lehrbücher der Biochemie).

▶ **Exkurs: Komplement.**

Nach der Bindung wird der Mikroorganismus von Pseudopodien des Granulozyten umflossen und unter Bildung eines **Phagosoms** in das Zellinnere internalisiert. Das Phagosom fusioniert mit den Granula, deren Inhaltsstoffe in der Regel zum Abtöten und Abbau des Mikroorganismus führen.
Die abtötende Wirkung der Inhaltsstoffe der Granula wird durch **Sauerstoffradikale** (**Peroxide**) gesteigert (engl. **respiratory burst**), die durch enzymatische Reduktion

Der Mikroorganismus wird vom Granulozyten unter der Bildung eines **Phagosoms** internalisiert, welches mit den Granula der Granulozyten fusioniert. Die Inhaltsstoffe der Granula führen zum Abtöten und Verdau des Mikroorganismus.

B 2 Blut und lymphatische Organe – Grundlagen

von Sauerstoff durch das Neutrophilen-Membranenzym RBO (engl. **r**espiratory **b**urst **o**xidase) entstehen.

Die Phagozytose führt zum Untergang des Granulozyten, da die Glykogenreserven aufgebraucht werden. Die Enzyme aus den Granula gelangen dadurch in den extrazellulären Raum und verdauen das umgebende Gewebe. Außerdem werden durch die toten Granulozyten chemotaktisch aktive Substanzen freigesetzt, die weitere Granulozyten an den Ort des Geschehens anlocken. Der Selbstmord dieser Zellen ist also durchaus sinnvoll.

Dabei geht der Granulozyt zugrunde.

▶ **Merke.**

▶ **Merke.** Die Ansammlung von toten Granulozyten und Gewebeflüssigkeit nennt man **Eiter** (**Pus**).

Neutrophile Granulozyten exprimieren im Unterschied zu Zellen des mononukleären Phagozytensystems = MPS (S. 174) keine MHC-Klasse-II-Proteine und sind damit nicht zur Antigenpräsentation in der Lage.

▶ **Exkurs: MHC-Moleküle.**

▶ **Exkurs: MHC-Moleküle.** Unter MHC-Molekülen (engl. **m**ajor **h**istocompatibility **c**omplex; Synonym **HLA** = **h**uman **l**eucocyte **a**ntigen system) versteht man ein **System von Oberflächenmolekülen**, die u. a. wichtig zur Regulation einer Immunantwort sind und biochemisch in mehrere Klassen eingeteilt werden. **Klasse-I-Moleküle** (HLA-A, -B und -C) werden von allen kernhaltigen Körperzellen exprimiert. **Klasse-II-Moleküle** (HLA-D) finden sich auf verschiedenen Leukozytenpopulationen (dendritische Zellen, Makrophagen und B-Zellen, s. u.), die als Antigen-präsentierende Zellen agieren können.

Morphologie: Der Zellkern des reifen neutrophilen Granulozyten ist **segmentiert**.

Im Zytoplasma finden sich verschiedene enzymhaltige **Granula**, die u. a. zum Abtöten und Beseitigen der Erreger erforderlich sind.

Morphologie: Die reife Zelle hat einen Durchmesser von 12–15 µm. Der Zellkern ist fadenförmig eingeschnürt und damit in bis zu fünf einzelne Abschnitte unterteilt, die durch Chromatinbrücken untereinander verbunden sind (→ **segmentkernig**).

Im Zytoplasma finden sich viele **neutrophile Granula**, die Enzyme zum Abtöten und Beseitigen von Erregern beinhalten. Nach dem Zeitpunkt der Synthese der Granula im Verlauf der Differenzierung der Zellen und der dadurch typischen Inhaltsstoffe werden sie in primäre, sekundäre und tertiäre Granula (willkürlich) unterteilt. Alle Granula enthalten Lysozym.

- **Primäre azurophile Granula** (Affinität zum basischen Farbstoff Azur A; 0,4 µm), die etwa 20 % der Granula ausmachen, enthalten Myeloperoxidase, Elastase, Cathepsin G, saure Hydrolasen, und α-Defensine.
- In den kleineren **sekundären (spezifischen) Granula** (0,3 µm) befinden sich Enzyme, die an der Mobilisierung von Entzündungsmediatoren und an der Komplementaktivierung beteiligt sind (z. B. Histaminase) sowie eine Reihe antimikrobieller Peptide (z. B. Lactoferrin).
- **Tertiäre Granula** enthalten u. a. Matrixmetalloproteinasen (Gelatinasen), Enzyme, welche die extrazelluläre Matrix abbauen und damit die Migration (Wanderung) der Leukozyten durch die Gewebe ermöglichen.

Weiterhin finden sich **sekretorische Vesikel**, die ein Reservoir für Membranrezeptoren, die z. B. für die Bindung der Mikroorganismen notwendig sind, darstellen. Diese Vesikel entstehen durch Endozytose, d. h. es sind Einstülpungen der Plamamembran, während die verschiedenen Granula mit neu synthetisierten Proteinen vom trans-Golgiapparat abgeschnürt werden.

Die neutrophilen Granulozyten enthalten nur **wenige Organellen**. Etwa jeweils die Hälfte der benötigten Energie wird im aeroben bzw. anaeroben Stoffwechsel (Glykogen) bereitgestellt. Bei weiblichen Individuen weisen die neutrophilen Granulozyten z. T. einen sog. **„drumstick"** auf.

Neben den Granula enthalten die neutrophilen Granulozyten nur **wenige Organellen**. Etwa 50 % der benötigten Energie werden von den Mitochondrien im **aeroben Stoffwechsel** bereitgestellt. Allerdings müssen neutrophile Granulozyten nach ihrer chemotaktischen Aktivierung in der Lage sein, im nicht mehr durchbluteten Gewebe zu operieren, wo Nachschub an Sauerstoff und Glukose unmöglich ist. Sie enthalten deshalb viel **Glykogen** für den **anaeroben Stoffwechsel** (Glykolyse).

Bei weiblichen Individuen weisen ca. 17 % der neutrophilen Granulozyten einen so genannten „drumstick" (trommelschlägelartiges Anhängsel) am Zellkern auf. Es handelt sich dabei um das inaktive X-Chromosom.

Entwicklung (Myelopoese): Neutrophile Granulozyten und Monozyten haben eine gemeinsame Progenitorzelle und üben die gleiche Funktion aus (Phagozytose).

Entwicklung (Myelopoese): Es gibt eine gemeinsame Progenitorzelle für neutrophile Granulozyten und Monozyten, da beide Leukozyten die gleiche Funktion, Phagozytose (phagein = gr. fressen), ausüben. Die Progenitorzelle zweigt sich unter dem Einfluss des Wachstumsfaktors GM-CSF (engl. **g**ranulocyte-**m**onocyte **c**olony **s**timulating **f**actor) von der myeloiden Progenitorzelle ab (Abb. **B-2.1**). **Die letzte Stufe vor dem segmentierten Granulozyten** ist der **stabkernige neutrophile Granulozyt**, der keine eindeutige Segmentierung des Zellkernes zeigt.

Kinetik: Die Reifung vom Myeloblasten zum stabkernigen neutrophilen Granulozyten dauert 7–8 Tage. Danach verbleibt die Zelle noch etwa 5 Tage im Knochenmark, d. h. sie wird auf Vorrat produziert.
Nach einer Zirkulation im peripheren Blut von nur 6 Stunden wandern die neutrophilen Granulozyten in (infizierte) Gewebe, wo sie **maximal 1–2 Tage** überleben.

▶ Merke. Aufgrund der kurzen Lebensdauer der Zellen ist die Syntheserate im Knochenmark sehr hoch.

▶ Klinik. Die notwendige Zunahme von neutrophilen Granulozyten z. B. bei **bakteriellen Infektionen** kann durch Ausschüttung des gewaltigen Vorrates an fertigen (stabkernigen) neutrophilen Granulozyten aus dem Knochenmark und durch die erhöhte Proliferation der Vorläuferzellen im Knochenmark realisiert werden. Dadurch finden sich als Zeichen einer ablaufenden Infektion **vermehrt stabkernige neutrophile Granulozyten** (> 5 % aller Leukozyten) und deren Vorläufer im Blut.

Eosinophile Granulozyten

Funktion: Eosinophile Granulozyten können phagozytieren sowie Antigene prozessieren und präsentieren. Sie sind an der Regulation der lokalen Immunantwort, vor allem von T-Zellen, beteiligt. Die veraltete wissenschaftliche Sicht, dass eosinophile Granulozyten nur primär destruktive Vermittler der angeborenen Immunität darstellen und unspezifisch an lokalen Entzündungen z.B. durch Freisetzung von Zytokinen beteiligt sind, konnte durch knock-out Mausmodelle nicht bestätigt werden.

▶ Klinik. Eine **parasitäre Infektion**, z. B. mit Wurmlarven (Helminthen), induziert sowohl im peripheren Blut als auch im betroffenen Gewebe einen Anstieg (**Eosinophilie**) und eine Aktivierung von eosinophilen Granulozyten, welche historisch als gesteigerte Immunabwehr interpretiert wurde. Heute ist klar, dass Parasit und eosinophile Granulozyten symbiotisch interagieren, was das Überleben der Parasiten sichert.
Eine lokalisierte oder systemische Eosinophilie findet sich bei **allergischen Erkrankungen** z. B. der Haut (atopische Dermatitis = Neurodermitis), der Schleimhäute und der Lungen (allergisches Asthma bronchiale) und des Darmes (eosinophile Gastroenteropathie). Eosinophile Granulozyten wirken hier nicht, wie ursprünglich gedacht, destruktiv, sondern sie regulieren die allergenspezifische T-Zellantwort.

Morphologie: Die 12–17 µm großen Zellen sind segmentkernig. In der Regel finden sich nur zwei runde Segmente, wodurch die typische **Brillenform des Zellkernes** entsteht. Die Zellen enthalten große **eosinophile Granula**. Mit einem Durchmesser bis 1 µm füllen sie fast das ganze Zytoplasma aus. Im Elektronenmikroskop weisen diese Granula ein zentrales elektronendichtes Kristalloid auf, das von einer helleren Matrix umgeben ist. Das Kristalloid besteht aus dem **Major Basic Protein** (**MBP**), welches direkt zytotoxisch wirkt und andere proinflammatorische Zellen aktiviert. Es ist für die starke Eosinophilie der Granula verantwortlich. In der helleren Matrix finden sich neben einer eosinophilic peroxidase (EP) zwei Ribonukleasen: das eosinophilic cationic peptide (ECP) und das eosinophil-derived neurotoxin (EDN). Diese Ribonukleasen sind nicht für die antibakterielle bzw. anti-Helminthenwirkung der Zellen verantwortlich, vielmehr wird eine antivirale Wirkung gegenüber RNA-Viren diskutiert.
Kleinere Granula mit einem Durchmesser von 0,1–0,5 µm enthalten saure Phosphatase, Arylsulfatase, Histaminasen, Kollagenasen, Proteasen, Katalasen sowie Elastase.

Entwicklung: Aus der myeloiden Progenitorzelle (Abb. **B-2.1**) geht ein gemeinsamer Progenitor für eosinophile und basophile Granulozyten hervor.

Basophile Granulozyten

Funktion: Basophile Granulozyten sind Haupteffektoren bei allergischen Reaktionen (vor allem Typ I) und bei der Immunantwort auf Infektionen mit Parasiten. Sie spielen eine basale Rolle in der Induktion und Aufrechterhaltung der von Zytokinen wie IL-4 abhängigen Immunität und Entzündung. Sie fördern als Antigen-präsentierende Zellen die Entwicklung von CD4$^+$-T-Helferzellen vom Typ 2 (Th 2).

Kinetik: Neutrophile Granulozyten werden im Knochenmark auf Vorrat produziert. Nach einer kurzen Zirkulation im peripheren Blut wandern sie in Gewebe, wo sie nur 1–2 Tage überleben.

▶ Merke.

▶ Klinik.

Eosinophile Granulozyten

Funktion: Eosinophile Granulozyten sind an der Regulation der lokalen Immunantwort beteiligt.

▶ Klinik.

Morphologie: Der Zellkern besteht aus zwei Segmenten, wodurch seine typische **Brillenform** entsteht, und enthält große eosinophile Granula. Die Granula enthalten u. a. das **Major Basic Protein** (MBP), das direkt zytotoxisch wirkt und andere Zellen aktiviert.

Entwicklung: s. Abb. **B-2.1**.

Basophile Granulozyten

Funktion: Basophile Granulozyten spielen eine wichtige Rolle bei allergischen Reaktionen und in der Abwehr von Parasiten. Als potente Quelle von IL-4 fördern sie die Proliferation und Differenzierung von CD4$^+$-T-Helferzellen vom Typ 2 (Th 2).

B 2 Blut und lymphatische Organe – Grundlagen

▶ **Klinik.** Die basophilen Granulozyten besitzen wie die Mastzellen auf ihrer Oberfläche hochaffine Rezeptoren für das Fc-Fragment von IgE-Antikörpern. Diese pathologischen IgE-Antikörper können nach der Exposition mit einem Antigen (z. B. Blütenpollen) im Körper gebildet werden und binden an die basophilen Granulozyten und Mastzellen. Eine Reexposition und Bindung des Antigens (Allergen) an diese Rezeptoren führt zu deren Vernetzung und löst die Degranulation der Zellen und damit die Freisetzung der gespeicherten vasoaktiven Mediatoren aus. Es kommt zur **allergischen Reaktion vom Soforttyp** (Typ-I-Reaktion). Zu den ausgelösten Erkrankungen gehören z. B. Urtikaria (Nesselsucht) und das Angioödem. Der **anaphylaktische Schock** ist die lebensbedrohliche Maximalvariante der Typ-I-Reaktion, in der bereits Sekunden bis Minuten nach erneutem Allergenkontakt der Kreislauf völlig zusammenbrechen kann.

Morphologie: Der Kern ist **hantelförmig segmentiert**. Das Zytoplasma enthält große **basophile Granula**.

Die Granula enthalten potente chemische Mediatoren (u. a. Histamin, Heparin) und sind für ein breites Spektrum von immunologischen und Entzündungsprozessen verantwortlich.

Entwicklung: s. Abb. **B-2.1**. Basophile Granulozyten des peripheren Blutes und Mastzellen in den Geweben weisen Ähnlichkeiten in Aufbau und Funktion auf. Beide entstammen dem hämatopoetischen System.

Morphologie: Der seltenste Leukozyt im peripheren Blut ist 14–16 µm groß und besitzt einen meist **hantelförmig segmentierten** Kern. Im Zytoplasma finden sich große **basophile Granula** in auffallend dichter Packung.

Die Granula enthalten potente chemische Mediatoren, die für ein breites Spektrum von immunologischen und Entzündungsprozessen verantwortlich sind: Histamin (gefäßerweiternd), Heparin (Hemmung der Blutgerinnung), Thromboxan, Arachnidonsäure, Prostaglandine und Leukotriene (Kontraktion der glatten Muskulatur → Spasmus; Permeabilitätssteigerung der Gefäße → Ödem).

Entwicklung: Aus der myeloiden Progenitorzelle (Abb. **B-2.1**) geht wahrscheinlich ein gemeinsamer Progenitor für eosinophile und basophile Granulozyten/Mastzellen im Knochenmark hervor. In der Reifung und Aktivierung von Basophilen spielt IL-3 eine wichtige Rolle. **Basophile Granulozyten des peripheren Blutes und Mastzellen** in den Geweben weisen Ähnlichkeiten in Aufbau und Funktion auf, so exprimieren beide den hochaffinen IgE-Rezeptor (FcεRI) und schütten vasoaktive Amine nach Stimulation aus. Während basophile Granulozyten ihre Reifung im Knochenmark abschließen und nur wenige Tage Lebenszeit in der Zirkulation haben, reifen Mastzellen erst nach ihrer Wanderung in die peripheren Gewebe und können dort Wochen bis Monate überleben. Mastzellen sind also ebenfalls hämatopoetischen Ursprungs, sie finden sich aber nicht im peripheren Blut. Ihre Entwicklung zu geweberesidenten Zellen ist unklar.

Mononukleäres Phagozytensystem (MPS)

▶ **Definition.** Gesamtheit aller phagozytoseaktiven, von Monozyten abstammenden Zellen.

Funktion: Die Zellen des MPS sind zur **Phagozytose**, d. h. zum Bekämpfen der verschiedensten mikrobiellen Infektionen und damit funktionell verbunden zur **Antigenpräsentation** in der Lage.

Funktion: Die Zellen des MPS sind zur **Phagozytose** und damit zur Bekämpfung der verschiedensten mikrobiellen Infektionen in der Lage. Die dabei aufgenommenen Antigene können nach ihrem proteolytischen Abbau nicht nur eliminiert, sondern als Bruchstücke den T- (S.177) und B-Zellen (S.177) präsentiert werden (**Antigenpräsentierende Zelle**).

Morphologie: Die Monozyten sind die größten Zellen des peripheren Blutes 10–20 µm). Der Zellkern ist groß und nierenförmig. Monozyten sind **amöboid beweglich** und **adhärieren an Oberflächen**.

Morphologie: Die **Monozyten** sind die **größten Zellen des peripheren Blutes** (10–20 µm). Der Zellkern ist groß, nierenförmig, manchmal gelappt und liegt oft etwas exzentrisch. Die Zellen sind **amöboid beweglich** und **adhärieren an Oberflächen**. Diese Eigenschaften stehen im engen Zusammenhang zu ihrer Funktion. Sie enthalten feinste rosettenförmig angeordnete **Granula**, deren enzymatische Ausstattung sehr reichhaltig ist (Lysozym, saure Phosphatase, Sulfatase, unspezifische Esterase). Die Monozyten wandern in die Gewebe und differenzieren sich dort zu **Makrophagen**. Die Makrophagen nehmen je nach Gewebe, in dem sie lokalisiert sind, charakteristische Formen und Funktionen an (Tab. **B-2.5**).

Makrophagen sind potente **Produzenten** von Zytokinen und Komplementkfaktoren. Sie besitzen **Rezeptoren**, die diese Moleküle erkennen. Die Expression von **MHC-Klasse-II-Molekülen** weist sie als typische **Antigen-präsentierende Zellen** aus.

Makrophagen sind potente **Produzenten** von Zytokinen, darunter vielen Chemokinen und Wachstumsfaktoren sowie von Komplementfaktoren. Weiterhin besitzen Makrophagen **Rezeptoren** für diese Faktoren. Sie binden den Fc-Teil von Antikörpern durch spezielle Rezeptoren. Teilweise sind diese Moleküle und Rezeptoren bereits in zirkulierenden Monozyten nachweisbar, die vollständige Funktionalität besitzen sie oft aber erst nach der Entwicklung des Monozyten zum Makrophagen. Die Expression von **MHC-Klasse-II-Molekülen** weist Makrophagen als typische **Antigen-präsentierende Zellen** aus.

B 2.2 Blut

175

☰ B-2.5	Zellen des mononukleären Phagozytensystems (MPS)	
Zelle des MPS	**Lokalisation**	**spezielle Funktion***
Pleura- und Peritonealmakrophage	seröse Höhlen	-
Kupffer-Sternzelle	Leber	-
Alveolarmakrophage	Lungenalveolen	-
Langerhans-Zelle	Haut	-
Makrophage	Sinus in Lymphknoten	-
Makrophage („Uferzelle")	Sinus in Milz und Knochenmark	Abbau überalterter Erythrozyten
Hofbauer-Zelle	Plazenta	-
Osteoklast	Knochen	Knochenabbau
Chondroklast	Knorpel	Knorpelabbau
Mesangiumzelle	Nierenkörperchen	-
Mikroglia	Gehirn	-
* Prinzipiell sind alle Vertreter zur Phagozytose und zur Antigenpräsentation in der Lage.		

Entwicklung: Die Monopoese (Abb. **B-2.1**) verläuft über den gemeinsamen Progenitor für neutrophile Granulozyten und Monozyten unter dem Einfluss des Wachstumsfaktors M-CSF (engl. **m**onocyte **c**olony **s**timulating **f**actor) zum Monoblasten, aus dem sich die Promonozyten zum Monozyten differenzieren.

Kinetik: Die Monozyten verlassen das Knochenmark bereits 1–3 Tage nach ihrer Produktion und zirkulieren für wenige Tage, bevor sie in die Gewebe einwandern und sich zu Makrophagen differenzieren. Sie zeigen nur eine geringe Proliferation im Gewebe, die Neubildung wird durch Einwanderung von weiteren Monozyten realisiert. Im Unterschied zu Granulozyten besteht so nur eine kleine Knochenmarkreserve. Allerdings besitzen die Monozyten eine wesentlich längere extravaskuläre Überlebensdauer von bis zu einigen Monaten.

▶ Merke. Die **Monozyten** im Knochenmark und Blut stellen damit die temporären Vorläufer der **Makrophagen** in Geweben dar und bilden mit ihnen die funktionelle Einheit des mononukleären Phagozytensystems (MPS).

Entwicklung: Aus der myeloiden oligopotenten Stammzelle differenzieren sich über verschiedene Stadien die Monozyten aus.

Kinetik: Die Monozyten wandern in die Gewebe und differenzieren sich dort zu **Makrophagen**. Makrophagen besitzen eine lange extravaskuläre Überlebensdauer von bis zu mehreren Monaten.

▶ Merke.

Dendritische Zellen

▶ Definition. Heterogene Population von Leukozyten, die sich morphologisch durch lange verzweigte Fortsätze auszeichnet (dendros, lat. Baum).

Funktion: Mit den charakteristischen Fortsätzen bieten dendritische Zellen (engl. **d**endritic **c**ells, DC) große Kontaktflächen für die Interaktion mit Lymphozyten. Diese Zellen zeichnen sich durch hohe immunstimulatorische Fähigkeiten aus: Sie nehmen Antigen auf, prozessieren es und präsentieren, in Verbindung mit MHC-Klasse-II-Molekülen, Antigenbruchstücke den naiven T-Zellen, die natives Antigen selbst nicht erkennen können.

▶ Merke. Zu den Antigen-präsentierenden Zellen zählen neben den dendritischen Zellen auch Makrophagen und B-Zellen.

Klassifikation: Dendritische Zellen werden häufig dem MPS zugeordnet, was nicht exakt ist, da sie aus der myeloiden oder, wenn auch seltener, aus der lymphoiden hämatopoetischen Progenitorzelle entstehen.
Die verschiedenen Typen von dendritischen Zellen können sich aus beiden Progenitorzellen oder direkt aus Monozyten ableiten. Sie werden in klassische/konventionelle (cDC), plasmazytoide (pDC), und in von Monozyten-abgeleitete (engl. monocyte-derived) dendritische Zellen unterteilt. Unter den mononukleären Zellen des peripheren Blutes sind ca. 1,8 % klassische und ca. 0,2 % plasmazytoide dendritische Zellen. Langerhans-Zellen wurden als dendritische Zellen der Haut (Epidermis) angesehen, heute ordnet man sie den klassischen Gewebsmakrophagen und damit dem MPS zu.
Es gibt keinen für dendritische Zellen spezifischen Oberflächenmarker.

Dendritische Zellen

▶ Definition.

Funktion: Dendritische Zellen (engl. **d**endritic **c**ells, DC) sind die **potentesten Antigen-präsentierenden Zellen**: Sie nehmen Antigen auf, prozessieren es und „zeigen" Antigenbruchstücke den naiven T-Zellen, die natives Ag selber nicht erkennen.

▶ Merke.

Klassifikation: Dendritische Zellen entstehen aus der myeloiden, oder seltener der lymphoiden, hämatopoetischen Progenitorzelle. Sie können sich auch aus Monozyten ableiten.

B 2 Blut und lymphatische Organe – Grundlagen

Lymphozyten

Lymphozyten sind **heterogen**:
- Die **größeren, granulierten Zellen** decken sich funktionell mit den natürlichen Killerzellen (**NK-Zellen**), die zum unspezifischen Immunsystem gehören.
- Die **kleineren, ungranulierten Lymphozyten** (T- und B-Zellen) sind die Träger der spezifischen Immunantwort.

Lymphozyten

Lymphozyten sind sowohl von der Größe (6–10 µm) als auch im Aussehen **heterogen**.
- **Große** (ca. 10 µm) **granulierte Lymphozyten** (engl. large granular lymphocytes, LGL) machen etwa 14 % (6–29 %) aus. Sie haben ein niedrigeres Verhältnis Kern : Zytoplasma als kleine Lymphozyten. Die Granula sind azurophil. Funktionell decken sich diese Zellen mit denjenigen, die als **natürliche Killerzellen** (engl. **n**atural **k**iller cells, **NK-Zellen**) beschrieben werden und die zu den Zellen des unspezifischen (angeborenen) Immunsystems gehören.
- Die **kleineren Lymphozyten** (6–8 µm) enthalten keine Granula Sie besitzen einen großen runden Kern, der fast die gesamte Zelle ausfüllt. Daraus resultiert ein hohes Verhältnis Kern : Zytoplasma. Sie umfassen die **T- und B-Zellen,** die jeweils etwa 73 % (60–85 %) bzw. 13 % (7–23 %) der Lymphozyten ausmachen und Träger der spezifischen Immunantwort sind.

Natürliche Killerzelle (NK-Zelle)

Funktion: NK-Zellen spielen eine Rolle in der frühen Kontrolle von viralen Infektionen.

Natürliche Killerzelle (NK-Zelle)

Funktion: NK-Zellen spielen eine Rolle in der frühen Kontrolle von viralen Infektionen. Sie töten infizierte Zellen. Im Unterschied zu den T- und B-Zellen besitzen sie dafür keine Rezeptoren, die ihnen das Erkennen von spezifischen Antigenen auf der Zielzelle ermöglichen. Die NK-Zelle erkennt die infizierte Zielzelle vielmehr mittels eines inhibierten **Rezeptors für MHC-Klasse-I-Antigene**. Auf der Oberfläche körpereigener infizierter Zellen sind MHC-Klasse-I-Antigene im Vergleich zu nicht infizierten Zellen reduziert oder sie fehlen. Damit kann der inhibierte NK-Zellrezeptor nicht mehr binden, er wird dadurch aktiviert und die Zielzelle wird getötet.

Morphologie: Natürliche Killerzellen enthalten Granula mit zytotoxischem Inhalt.

Morphologie: Natürliche Killerzellen enthalten Granula, die eine wichtige Rolle für die Ausübung ihrer zytotoxischen Funktion haben.

Entwicklung: Die Entwicklung läuft im Knochenmark ab.

Entwicklung: NK-Zellen zweigen sich aus dem lymphoiden Progenitor ab (Abb. **B-2.1**).

T- und B-Zellen

Funktion: T- und B-Zellen sind zu einer spezifischen Immunantwort fähig. Gedächtniszellen (engl. memory cells) sorgen nach erneutem Antigenkontakt für eine schnellere und effektivere Immunabwehr.

T- und B-Zellen

Funktion: T- und B-Lymphozyten sind die einzigen Zellen des Immunsystems, die zu einer **spezifischen Immunantwort** fähig sind. Zellen, die noch keinen Antigenkontakt hatten, nennt man treffend „naiv" (engl. naive, unprimed). Sowohl in den T- als auch B-Zellen gibt es **Gedächtniszellen** (engl. memory cells), die über Jahre nach dem 1. Antigenkontakt im Körper zirkulieren können und nach erneutem Kontakt mit dem gleichen Antigen für eine schnellere und effektivere Immunabwehr sorgen. Das bedeutet, dass kleine Lymphozyten eine Lebensdauer von wenigen Tagen bis zu 10 Jahren haben können.

Morphologie: Man unterscheidet **T**- und **B-Lymphozyten**, die morphologisch gleich aussehen, aber unterschiedliche Funktionen haben. Sie sind klein (6–8 µm) und haben einen großen runden Kern.

Morphologie: Man unterscheidet **T**- und **B-Lymphozyten**, die morphologisch gleich aussehen, aber unterschiedliche Funktion haben, s. u.). Sie sind mit 6–8 µm klein und besitzen einen großen runden, sehr chromatinreichen Kern. Der verbleibende schmale, häufig kaum sichtbare Zytoplasmasaum ist basophil und damit in der Pappenheimfärbung bläulich gefärbt. Optisch sind es Zellen ohne besondere Merkmale. Diese Gleichförmigkeit lässt nicht erkennen, zu welchen Leistungen sie fähig sind.

Entwicklung: Im Knochenmark findet sich eine eigene oligopotente lymphatische Stammzelle.

Entwicklung: Im Knochenmark gibt es eine eigene **oligopotente lymphatische Stammzelle** für die Entwicklung der T- und B-Lymphozyten, die sich zeitig von der multipotenten hämatopoetischen Stammzelle abzweigt.

▶ Merke.

▶ Merke. Die Bezeichnung T- und B-Zelle richtet sich nach dem Ort, an dem die eigentliche Reifung der Zellen abläuft.
Primäres lymphatisches Organ ist:
→ für **T**-Zellen der **T**hymus,
→ für **B**-Zellen das Knochenmark (engl. **b**one marrow).

In seiner Reifephase lernt der Lymphozyt, was fremd und was eigen ist.

In seiner **Reifephase** lernt der Lymphozyt, was fremd und was eigen ist. Der Pool der Lymphozyten muss in der Lage sein, alle natürlich vorkommenden und synthetischen Antigene spezifisch zu erkennen, aber gesunde körpereigene Zellen nicht anzugreifen.

B 2.2 Blut

T-Lymphozyten: Die T-Zellen sind Träger der **zellulären Immunität**, d. h. die Zellen selbst sind die Effektoren der Immunantwort. Sie können native Antigene nicht selbst erkennen, sondern nur prozessierte **Antigenbruchstücke in Verbindung mit MHC-Molekülen** (S. 172). Zum Erkennen der Antigenbruchstücke dient der **T-Zell-rezeptor** (engl. **T** **c**ell **r**eceptor = TCR), den alle T-Zellen tragen. Der TCR besteht aus zwei verschiedenen Ketten: Etwa 96 % der peripheren T-Zellen exprimieren den α/β TCR, die restlichen T-Zellen den γ/δ TCR. Mit dem T-Zellrezeptor ist der Molekül-komplex **CD3** eng assoziiert, der das Signal nach Bindung des Antigens an den TCR in die Zelle weiterleitet.

T-Zellen sind funktionell **heterogen** und lassen sich in weitere Subpopulationen ein-teilen.
- **CD4⁺-T-Zellen:** 42 % der T-Lymphozyten exprimieren (tragen) das **CD4**-Molekül. Sie erkennen Antigenbruchstücke nur in Verbindung mit MHC-Klasse-II-Molekü-len. Die Antigenbruchstücke werden ihnen von Antigen-präsentierenden Zellen (dendritische Zellen, Makrophagen, B-Zellen) präsentiert, die MHC-Klasse-II-posi-tiv sind. CD4⁺-T-Zellen unterstützen die Immunantwort, indem sie andere Zellen des Immunsystems u. a. durch die Sekretion von Zytokinen (z. B. Interleukin-4 und -10) aktivieren. Sie werden daher **T-Helferzellen (Th)** genannt.
- **CD8⁺-T-Zellen:** 35 % der Lymphozyten tragen auf ihrer Oberfläche das **CD8**-Mole-kül. Sie erkennen Antigenbruchstücke (z. B. Proteinfragmente von Viren) in Ver-bindung mit MHC-Klasse-I-Molekülen auf infizierten Körperzellen CD8⁺-T-Zellen wirken entweder zytotoxisch und töten die infizierten Zellen ab (**zytotoxische T-Zellen**) oder sie supprimieren die Immunantwort (**T-Suppressorzellen**).

▶ **Klinik.** Das CD4-Molekül dient als Andockstelle für das **HIV** (engl. **h**uman **i**mmun-deficiency **v**irus). Die CD4⁺-T-Zellen werden infiziert und sterben, sie stehen dann für die Regulation der Immunantwort nicht mehr zur Verfügung. Die mittlere Zeit von der HIV-Infektion bis zur Entwicklung des klinischen Vollbildes **AIDS** (engl. **a**quired **i**mmuno **d**eficiency **s**yndrome) beträgt 8–10 Jahre. Die Anzahl der periphe-ren CD4⁺-T-Zellen erlaubt die Einschätzung des Risikos für **opportunistische Infek-tionen** (d. h. Infektionen, die unter der Bedingung des geschwächten Immunsystems auftreten). HIV-bedingte Komplikationen sind bei Patienten mit mehr als 500 CD4⁺-T-Zellen/µl Blut selten. Das Risiko steigt progressiv, wenn die Anzahl unter 200/µl Blut fällt. Die klinische Manifestation nach dem völligen Versagen der Immun-abwehr zeigt dann ein typisches Muster: Pneumonie (Lungenentzündung), Dyspha-gie (Behinderung des Schluckakts), Diarrhö (Durchfall), neurologische Symptome, Fieber, Auszehrung und Anämien. Auch die häufigsten malignen Erkrankungen von AIDS-Patienten sind charakteristisch: das **Kaposi-Sarkom**, ein Tumor des Endothels der Blutgefäße, das **Non-Hodgin-Lymphom (NHL)**, eine maligne Erkrankung des lym-phatischen Systems sowie (bei Frauen) das **invasive Zervixkarzinom**.

B-Lymphozyten: B-Zellen sind die Träger der **humoralen** (löslichen) **Immunantwort**, d. h. sie produzieren als differenzierte Plasmazellen (s. u.) **Antikörper**, die immuno-logisch aktiv sind.
Der B-Zellrezeptor, der für jede B-Zelle spezifisch ist und an ihrer Oberfläche expri-miert wird, entspricht in seinem Aufbau sowie seiner Spezifität den von der glei-chen Zelle produzierten und ins Blut sezernierten Antikörpern.
Nach ihrer Aktivierung beginnen die B-Zellen zu proliferieren (Zentroblast, Zentro-zyt). Sie differenzieren zur **Plasmazelle**, die sich selber nicht mehr teilt, aber Anti-körper produziert. Jede Plasmazelle kann nur einen spezifischen Antikörper pro-duzieren, der idealerweise mit einem einzigen Antigen reagiert. Die produzierten Antikörper zählen im Blutplasma zu den γ-Globulinen (Immunglobuline). Im Elek-tronenmikroskop wird das ausgeprägte raue endoplasmatische Retikulum (Tab. **A-2.1**) der Plasmazellen gut sichtbar und ist ein Hinweis auf die hohe Protein-synthese, die in den Zellen abläuft.

▶ **Klinik.** Beim **Plasmozytom** (multiples Myelom) kommt es zu einer von einem B-Zellklon ausgehenden Plasmazellvermehrung mit Infiltration des Knochenmarks. Die von ihnen produzierten pathologischen Immunglobuline haben keine Antikör-perfunktion.

T-Lymphozyten: Die T-Zellen sind Träger der **zellulären Immunität**, d. h. die Zellen selbst sind die Effektoren. Sie können mit ihrem T-Zellrezeptor nur Antigenbruchstücke in Ver-bindung mit MHC-Molekülen (S. 172) erken-nen.

T-Zellen sind funktionell **heterogen**.
- **CD4⁺-T-Zellen** werden durch Antigenbruch-stücke in Verbindung mit MHC-Klasse-II-Molekülen aktiviert, die ihnen von Antigen-präsentierenden Zellen gezeigt werden. Sie unterstützen die Immunantwort (T-Helfer-zellen).
- **CD8⁺-T-Zellen** erkennen Fragmente von Mi-kroorganismen auf infizierten Körperzellen in Verbindung mit MHC-Klasse-I-Molekülen. Sie wirken entweder zytotoxisch und töten mit intrazellulären Erregern infizierte Zellen ab (**zytotoxische T-Zellen**) oder sie suppri-mieren die Immunantwort (**T-Suppressor-zellen**).

▶ **Klinik.**

B-Lymphozyten: B-Zellen sind die Träger der **humoralen** (löslichen) **Immunantwort**, d. h. sie produzieren als Plasmazellen immu-nologisch aktive **Antikörper**.

Jede Plasmazelle kann nur einen **spezifischen Antikörper** produzieren, der idealerweise mit einem einzigen Antigen reagiert. Elektronen-mikroskopisch fallen die Plasmazellen durch ein ausgeprägtes endoplasmatisches Retiku-lum (Ort der Proteinsynthese, Tab. **A-2.1**) auf.

▶ **Klinik.**

Ein „echter Fall" zum Nachdenken

> Als ich beim Innere-Praktikum für die Onkologie eingeteilt werde, habe ich darauf zuerst überhaupt keine Lust. Meine Vorstellung von Krebs ist recht eindimensional: Die Krankheit ist schwer zu heilen und die Patienten leiden unter der Therapie. Punkt.

Doch als ich am ersten von 14 Tagen die lichtdurchflutete Station betrete, will so gar nichts meinen üblen Erwartungen entsprechen. Ich werde von allen sehr freundlich aufgenommen. Auch die Patienten sind aufgeschlossen und die meisten wissen bestens über ihre Krankheit Bescheid. Ein weiterer Unterschied zu anderen Stationen ist, dass wesentlich weniger Entlassungen und Aufnahmen zu erledigen sind. So kann ich mich viel intensiver mit den Krankengeschichten beschäftigen.

Dann, am Ende der ersten Woche, ist es soweit: Ich soll meine erste Aufnahme machen. Laut meinem Oberarzt ein untypischer Fall. Die Schwester hat bei der Patientin schon Blut abgenommen, Puls und Blutdruck gemessen und ein EKG geschrieben, sodass ich gleich mit der Befragung loslegen kann. Die 17-jährige, auffallend blasse Patientin ist ziemlich gedrückter

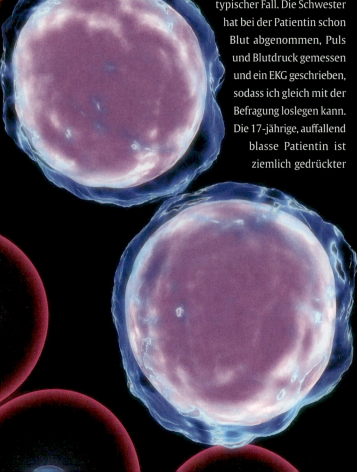

Stimmung. Und ich bin ziemlich verwirrt von dem, was sie mir erzählt (die alte Akte hat mir der Oberarzt noch nicht gegeben, denn ich soll „unvoreingenommen" an den Fall herangehen): Sie habe schon als kleines Kind ein „schlechtes Immunsystem" gehabt. Nun sei es so schlimm, dass sie praktisch nicht mehr in die Schule gehen könne. Dort bekomme sie nämlich spätestens nach einer Woche einen Infekt und müsse dann zwei Wochen mit Fieber zu Hause im Bett liegen. Am meisten störe sie dabei, dass sie langsam den Kontakt zu ihren Freunden verliere. Sie sei heute gekommen, weil sie sich sehr schwach fühle und auch Luftnot habe.

Ich höre ihr zu, schreibe mit und versuche das alles in eine für mich schlüssige Form zu bringen. Das Abhören bringt keinen Befund. Mir scheint sie immer noch blasser zu werden. Also setze ich ihr vorsichtshalber eine Sauerstoffmaske auf und rufe den Oberarzt. Der versorgt die Patientin dann schnell mit einer CPAP-Maske mit hoher O_2-Konzentration. Die Maske bewirkt bei spontan atmenden Patienten am Ende der Ausatmung einen Überdruck in den Alveolen und verbessert dadurch den Gasaustausch.

Hinter der Maske hervor lächelt mich die Patientin jetzt an: „Und, wissen Sie, was ich hab?", fragt sie mich. Peinlich berührt schüttele ich den Kopf und murmele etwas von „chronischer Immunschwäche" und „Lymphozytenmangel". Die Patientin erwidert: „Nein, … nicht zu wenig. Zu viele, die aber nicht richtig funktionieren." Danach lehnt sie sich zurück und ruht sich aus.

Auf dem Gang tröstet mich mein Oberarzt: „Keine Sorge. Wir kennen die Patientin schon länger und sie hat ‚mitgemacht', um Ihnen mal einen ‚echten Fall' zu präsentieren. Was denken Sie?" – „Eine Form von Leukämie? …", wage ich mich zögerlich vor – „Ganz recht … und genauer?" – „… B-Zellen, … oder?" – „Ja, genau! Eine akute B-Zell-Leukämie. Und was ist daran untypisch?" – „Na, eigentlich ist das doch eine Erkrankung, die meist bei Kindern auftritt. Und sie ist doch schon 17 …" Er nickt. „Also? …", spornt er mich zum Nachdenken an. „…. ist es ein Rezidiv?!?" Mein Oberarzt nickt und ich blicke wohl sehr betroffen drein. Doch jetzt geht es erst richtig los. Er fragt mich auch noch die ganzen anderen Formen der Leukämie durch – und ich wünsche mir, ich hätte mir in der Anatomie die Stammzellenlehre besser gemerkt. Jetzt begreife ich erst, welche klinische Relevanz das hatte, was wir damals am Mikroskop lernen mussten …

2.3 Lymphatische Organe

Während die Immunantwort überall im Körper ablaufen kann, finden Reifung, Programmierung, Differenzierung und Erhaltung von Immunzellen vorzugsweise in speziellen Organen des Immunsystems statt (Abb. **B-2.4**).

2.3 Lymphatische Organe

Reifung, Programmierung und Differenzierung von Immunzellen finden in speziellen Organen statt (Abb. **B-2.4**).

B-2.4 Lymphatisches System

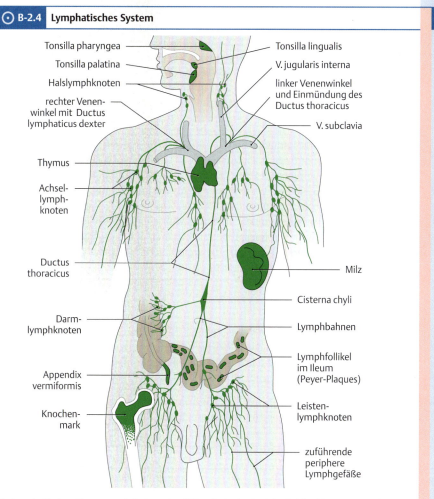

Die lymphatischen Organe und die Lymphgefäße, die in der Peripherie blind beginnen und sich zu großen Lymphgefäßen vereinigen, bilden das lymphatische System (S. 161).
(Prometheus LernAtlas. Thieme, 3. Aufl.)

2.3.1 Primäre lymphatische Organe

▶ **Definition.** Organe (Thymus und Knochenmark), die gegenüber anderen (sekundären) lymphatischen Organen eine übergeordnete Stellung einnehmen, da nur in ihnen die T- und B- Zellen funktionell reifen, d. h. die Lymphozyten lernen hier „fremd" und „eigen" zu unterscheiden.

▶ **Merke.** **Knochenmark** und **Thymus** sind Organe, die in die Bildung und Reifung der Immunzellen, nicht jedoch direkt in Abwehraufgaben integriert sind.

2.3.1 Primäre lymphatische Organe

▶ **Definition.**

▶ **Merke.**

Knochenmark

Im roten Knochenmark (S. 168) entstehen im Rahmen der Hämatopoese (S. 166) die Vorläufer der B- und T-Zellen. Nur die B-Zellen reifen hier zu immunkompetenten Zellen heran.

Knochenmark

Vorläufer der B- und T-Zellen entstehen im roten Knochenmark, wobei erstere auch hier reifen.

Thymus (Bries)

Funktion

Der Thymus ist als primäres lymphatisches Organ für die **Entwicklung und Differenzierung der T-Zellen** verantwortlich. Hier lernen die Lymphozyten, „fremd" von „eigen" zu unterscheiden.

Der Thymus ist als primäres lymphatisches Organ für die **Entwicklung und Differenzierung der T-Zellen** verantwortlich. Aus dem Knochenmark wandern Prä-T-Lymphozyten über die Blutgefäße in die Thymusrinde ein (**Thymozyten**). Dort teilen sie sich mitotisch und werden in Richtung Mark weitergeschoben. Dabei erwirbt der Thymozyt den **T-Zellrezeptor** (**TCR**) und lernt, indem er mit den Epithelzellen interagiert, zwischen körpereigenen und -fremden Antigenen zu unterscheiden. Die Zellen unterliegen dabei zuerst einer **positiven Selektion**, d. h. nur die überleben, deren TCR eigene MHC-Moleküle schwach erkennen. In der anschließenden **negativen Selektion** darf der TCR keine eigenen Nicht-MHC-Moleküle (Autoantigene) erfassen. Etwa 90 % der Thymozyten erfüllen diese Aufgabe nicht, sie sterben durch programmierten Zelltod (Apoptose).

▶ Klinik.

▶ Klinik. Bei der **Myasthenia gravis** werden Antikörper gegen die Acetylcholinrezeptoren der motorischen Endplatten (S. 84) in der Muskulatur gebildet, die dadurch blockiert werden. Dies führt zu einer Schwäche der quergestreiften Skelettmuskulatur (S. 86), die bei wiederholter Beanspruchung zunimmt. Kommt es dabei zu Atem- oder Schluckstörungen, kann diese Erkrankung lebensbedrohlich sein. Bei einem Teil der Patienten finden sich im Thymus Lymphfollikel (S. 182) und Keimzentren (S. 183), in denen hochaffine Antikörper gegen Acetylcholinrezeptoren gebildet werden. Das erklärt, warum eine Entfernung des Thymus (**Thymektomie**) die Symptomatik dieser Patienten bessert.

Form und Aufbau

Form: Der Thymus besteht aus zwei asymmetrischen Lappen, die durch bindegewebige Septen in kleine Läppchen unterteilt, aber durch das zentrale Mark zusammengehalten werden.
Feinbau: Das Thymusparenchym (Abb. **B-2.5**) untergliedert sich in Cortex und Medulla.

Form: Der Thymus besteht aus zwei asymmetrischen Lappen (Lobi), die miteinander zusammenhängen und kaudal in Hörner (Cornua) auslaufen. Die Lappen werden durch bindegewebige Septen in kleine Läppchen (Lobuli) unterteilt, die alle am zentralen Mark zusammenhängen.

Feinbau: Das Thymusparenchym (Abb. **B-2.5**) gliedert sich in die sehr **zellreiche Rinde** (Cortex) und in ein zentrales **zellärmeres Mark** (Medulla).

B-2.5 Histologie des Thymus

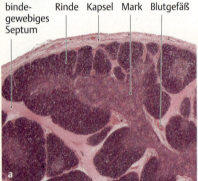
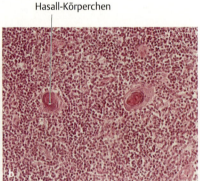
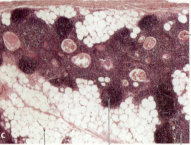

a Juveniler (jugendlicher) Thymus. Färbung: HE; Vergrößerung: 25-fach.
b Hassall-Körperchen im Mark. Färbung: HE.
c Thymus eines Erwachsenen. Färbung: HE; Vergrößerung: 25-fach.

B 2.3 Lymphatische Organe

▶ Merke. Der Thymus ist das einzige lymphatische Organ, dessen Grundgerüst aus **spezialisierten epithelialen Zellen** besteht. In dieses Grundgerüst sind die reifenden T-Zellen (Thymozyten) eingebettet.

▶ Merke.

Das auffälligste Merkmal des Kortex sind die dicht gepackten (unreifen) Thymozyten, dadurch erscheint diese Region in der Hämatoxilin-Eosin-Färbung kräftig blau. Die Epithelzellen sind im Kortex schwer zu identifizieren, jedoch gut im Mark. Bei den **Hassall-Körperchen** handelt es sich um zwiebelschalenförmige Anordnungen dieser Epithelzellen. Sie sind ein besonderes, differenzialdiagnostisch nutzbares Kennzeichen des Marks. Die Funktion der Hassall-Körperchen ist unklar. Da B-Zellen im normalen juvenilen Thymus fehlen, gibt es weder Primär- noch Sekundärfollikel (s. u.). Mit höherem Lebensalter können B-Lymphozyten in den Thymus migrieren, sich dort ansiedeln und Follikel bilden.

Ein besonderes Kennzeichen des Marks sind die **Hassall-Körperchen** (zwiebelschalenförmige Anordnung von Epithelzellen), deren Funktion unklar ist.

Lage und Größe

Lage: Der Thymus liegt im **oberen Mediastinum** (S. 534) zwischen dem Sternum, mit dessen Hinterseite er durch lockeres Bindegewebe verbunden ist, und den großen Gefäßen (Aorta, Truncus pulmonalis, V. cava superior, Vv. brachiocephalicae). Letztere liegen, genau wie der Herzbeutel, dorsal (Abb. **B-2.6**). Seitlich wird der Thymus beidseits von der Pleura mediastinalis bedeckt.

Größe: Sie **variiert in Abhängigkeit vom Lebensalter**. Der Thymus besitzt im Kleinkindalter seine größte Ausdehnung und wiegt etwa 30 g. Er kann in dieser Zeit kranial die obere Thoraxapertur überragen und manchmal bis an den Rand der Schilddrüse reichen. Kaudal bedeckt er teilweise den Herzbeutel.
Bereits zur Geburt und beschleunigt nach der Pubertät unterliegt das Organ der fortschreitenden **Involution** (Verkleinerung) mit einem teilweisen Ersatz des lymphatischen Gewebes durch Fettgewebe. Beim Erwachsenen wiegt der Thymus etwa 18 g. Seine Funktion hält aber bis ins hohe Lebensalter an, wenn auch mit verminderter Intensität.

Lage und Größe

Lage: Der Thymus liegt unter dem Sternum vor den großen Gefäßen im oberen Mediastinum (S. 534).

Die **Größe** des Thymus **variiert** in Abhängigkeit vom Lebensalter. Der Thymus, der im Kleinkindalter seine größte Ausdehnung besitzt, unterliegt einer langsamen **Involution** (Verkleinerung), die mit einer teilweisen Verdrängung des lymphatischen Gewebes durch Fettgewebe einhergeht.

⊙ B-2.6 | Lage des Thymus im oberen, vorderen Mediastinum

(Prometheus LernAtlas. Thieme, 3. Aufl.)
a Projektion des Thymus auf die Rumpfwand
b Thymus im oberen vorderen Mediastinum

Gefäßversorgung und Innervation

Arterielle Versorgung: Rami thymici, die aus der Arteria thoracica interna (S. 299) oder ihren Ästen entspringen, versorgen den Thymus arteriell.

Venöser Abfluss: Er erfolgt über die Venae thymicae, die in die Venae brachiocephalicae (S. 300) oder die Venae thyreoideae inferiores münden.

Gefäßversorgung und Innervation

Arterien: Die **arterielle** Versorgung erfolgt über die Rr. thymici aus der A. thoracica interna (S. 299).
Venen: Der **venöse** Abfluss über die Vv. thymicae (S. 300).

B 2 Blut und lymphatische Organe – Grundlagen

Lymphabfluss: Efferente Lymphbahnen münden in die mediastinalen Lymphknoten.

Lymphabfluss: Der Thymus besitzt, anders als die Lymphknoten (s. u.), kein afferentes Lymphgefäß, die efferenten Lymphbahnen münden in die mediastinalen Lymphknoten.

Innervation: Die efferenten Nervenzellen liegen in den sympathischen Halsganglien (S. 214).

Innervation: Der Thymus wird überwiegend sympathisch (noradrenerg) innerviert, die freigesetzten Transmitter können die Immunantwort modulieren (abwandeln). Die Zellkörper der efferenten Nervenzellen sind in den Halsganglien des Truncus sympathicus (S. 214) lokalisiert.

Entwicklung

Entstehung aus Anteilen des 3. (seltener 4.) Schlundtaschenpaares des Embryos (S. 935).

Entwicklung

Der Thymus entsteht aus ventralen Anteilen des 3., seltener des 4. Schlundtaschenpaares unter Beteiligung mesenchymaler und ektodermaler Zellen in der 5. Entwicklungswoche des Embryos (S. 935).

▶ **Klinik.**

▶ **Klinik.** Beim **DiGeorge-Syndrom** handelt es sich um eine Fehlbildung der 3. und 4. Schlundtasche des Embryos, die bei der Mehrzahl der Patienten mit einer hemizygoten Deletion im Chromosom 22q11.2 verbunden ist, d. h. es ist nur ein Allel von den dort lokalisierten Genen vorhanden. In seiner schwersten Ausprägung resultiert daraus u. a. ein totales Fehlen des Thymus (**Thymusaplasie**), was letztlich einen völligen Ausfall der zellulären Immunität bedeutet. Früher war dieser Defekt mit dem Leben nicht vereinbar. Heute ist ein „Überleben" unter sterilen Bedingungen möglich. Neue Heilungschancen kann die Thymustransplantation ermöglichen.

2.3.2 Sekundäre lymphatische Organe

2.3.2 Sekundäre lymphatische Organe

▶ **Definition.**

▶ **Definition.** Organe, die von reifen, aber naiven (engl. unprimed, virgin) T- und B-Zellen aus dem Thymus bzw. Knochenmark (primäre lymphatische Organe) auf der Suche nach ihrem spezifischen Antigen besiedelt und während der Rezirkulation aufgesucht werden. Sie stellen damit begrenzte Orte der Immunabwehr dar.

Zu den sekundären lymphatischen Organen zählen Lymphknoten, Milz, Tonsillen sowie Ansammlungen lymphatischen Gewebes, die sich besonders in den Schleimhäuten finden; vgl. MALT (S. 188).

Zu den sekundären lymphatischen Organen zählen die **Lymphknoten**, die **Milz** und die **Tonsillen** des lymphatischen Rachenringes. Weiterhin gehören dazu Ansammlungen lymphatischen Gewebes, die sich besonders in den Schleimhäuten (**MALT**, engl. **m**ucosa-**a**ssociated **l**ymphoid **t**issue) des respiratorischen, urogenitalen und gastrointestinalen Traktes, hier vor allem im Ileum in den Peyer-Plaques und der Appendix vermiformis, finden; vgl. MALT (S. 188).

Die reifen T- und B-Zellen wandern in die sekundären lymphatischen Organe oder in Ansammlungen lymphatischen Gewebes in die T- bzw. B-Zellregionen ein.

Nach Verlassen des Thymus wandern die reifen **T-Lymphozyten** in die sekundären lymphatischen Organe oder in Ansammlungen lymphatischen Gewebes ein und besiedeln dort die **T-Zellregionen** (T-Zone), in denen als Antigen-präsentierende Zellen die interdigitierenden dendritischen Zellen lokalisiert sind. Parallel besiedeln die **B-Lymphozyten** aus dem Knochenmark die B-Zellregionen (B-Zone) mit den follikulären dendritischen Zellen und bilden typische **primäre** bzw. **sekundäre Follikel**. Follikuläre dendritische Zellen dienen ebenfalls als Antigen-präsentierende Zellen. Sie sind wahrscheinlich mesenchymalen, nicht hämatopoetischen Ursprungs.

Die Lymphozyten rezirkulieren ständig zwischen den lymphatischen Organen bzw. Geweben und dem Blut. Sie verlassen die Blutgefäße in den **hoch-endothelialen Venolen** (**HEV**).

Die Lymphozyten sitzen nicht dauerhaft in den lymphatischen Organen bzw. Geweben, sondern rezirkulieren zwischen diesen und dem Blut, immer auf der Suche nach ihrem spezifischen Antigen. Sie verlassen die Blutgefäße in den lymphatischen Organen bzw. Geweben (außer der Milz) in einem morphologisch und funktionell besonderen Abschnitt, der sich an das Kapillarbett anschließt: den **hoch-endothelialen Venolen** (engl. **h**igh **e**ndothelial **v**enules, **HEV**). Das kubische Endothel der HEVs trägt Adhäsionsmoleküle, die in Wechselwirkung mit den entsprechenden Liganden auf den Lymphozyten deren transendotheliale Migration (Wanderung) ermöglichen. **Primäre Follikel** sind kugelige Ansammlungen ruhender B-Lymphozyten, die bisher **keinen Antigenkontakt** hatten („naive" B-Lymphozyten).

B-Zellen bilden Follikel. **Primäre Follikel** sind kugelige Ansammlungen ruhender „naiver" B-Lymphozyten. **Sekundäre Follikel** bestehen aus einem Keimzentrum mit proliferierenden B-Zentroblasten und B-Zentrozyten und einer **Mantelzone** mit ruhenden B-Zellen (Abb. **B-2.7**). Plasmazellen, die eigentlichen Antikörperproduzenten, verlassen den Follikel.

Nach Antigenkontakt beginnen die spezifischen B-Lymphozyten unter Mitwirkung von T-Helferzellen (S. 177) zu proliferieren. Sie wandeln sich dabei in **B-Lymphoblasten** (B-Zentroblast) um, die wesentlich größer sind, mehr Zytoplasma besitzen und damit im Schnitt heller erscheinen. Sie differenzieren zu **B-Zentrozyten** und weiter zu **Plasmazellen**, den eigentlichen Antikörperproduzenten, die allerdings die Follikel verlassen.

B 2.3 Lymphatische Organe

B-2.7 Histologie eines Lymphknotens

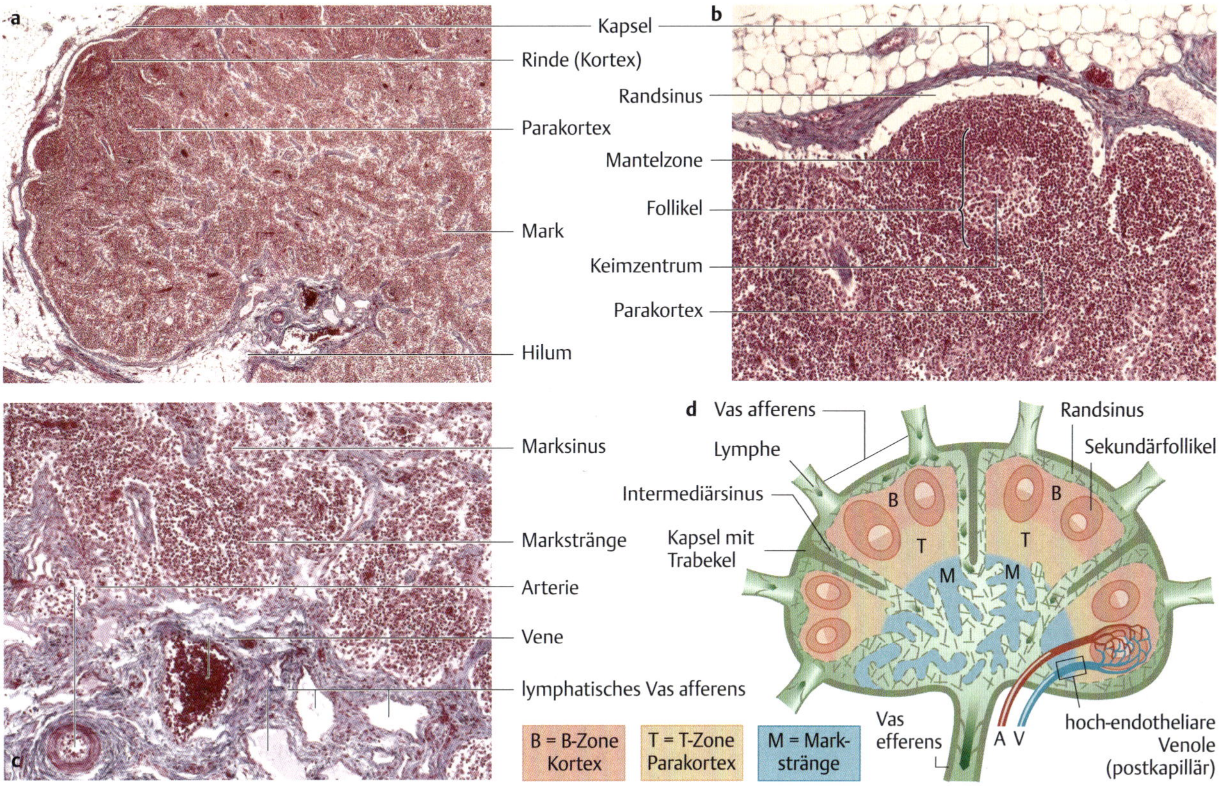

a Übersicht. Färbung: Azan, Vergrößerung: 25-fach.
b Sekundärer Lymphfollikel in der Rinde. Färbung: Azan, Vergrößerung 100-fach.
c Hilum, (Ausschnitt aus a). Färbung: Azan, Vergrößerung: 100-fach.
d Schematische Darstellung eines Lymphknotens. (nach Lüllmann-Rauch, R.: Histologie. Thieme, 2012)

B-Zentroblasten und B-Zentrozyten bilden das hellere **Keimzentrum**, die kleinen, ruhenden B-Zellen werden an den Rand gedrängt und bilden so die **Mantelzone** des **sekundären Follikels** (Abb. **B-2.7**).

Vor allem in der Randzone der Follikel sind T-Zellen lokalisiert. In den verschiedenen Zonen des Follikels befinden sich unterschiedliche Typen von Antigen-präsentierenden Zellen.

Follikel kommen sowohl örtlich begrenzt in den sekundären lymphatischen Organen als auch lose in Ansammlungen (**Noduli lymphoidei aggregati**, früher Folliculi lymphatici aggregati) oder einzeln liegend (**Noduli lymphoidei solitarii**, früher Folliculi lymphatici solitarii) vor.

> Follikel kommen in sekundären lymphatischen Organen, als lose Ansammlung oder einzeln vor.

Lymphknoten

Funktion

Die Lymphknoten sind in die Lymphgefäße (S. 161), ein Drainagesystem für Interzellularflüssigkeit, eingeschaltet und dienen als **Filterstation** für die mit der Lymphe transportierten Antigene. Lymphozyten, die ständig aus dem Blut in die Lymphknoten einwandern, begeben sich hier auf die Suche nach ihrem Antigen.

Die **Lymphe** unterscheidet sich in ihrer zellulären Zusammensetzung wesentlich vom Blut. In den peripheren Abschnitten des Lymphsystems finden sich in der Lymphe nur wenige Zellen. Nach dem Durchfließen der Lymphknoten sind viele Lymphozyten (bis 8 000/µl) enthalten, da diese meist auf dem Lymph-, nicht auf dem Blutweg den Lymphknoten verlassen. Die Lymphe ist deshalb in der Peripherie klar und farblos, nach Lymphknotenpassage und besonders nach Aufnahme der Lymphe der Verdauungsorgane, die zusätzlich emulgierte Lipide enthält (Chylus), milchig trüb.

> ## Lymphknoten
>
> ### Funktion
>
> Lymphknoten sind in Lymphgefäße (S. 161) eingeschaltet und **Filterstation** für die mit der Lymphe transportierten Antigene.
>
> Die **Lymphe** unterscheidet sich in ihrer zellulären Zusammensetzung wesentlich vom Blut.

Form und Aufbau

Lage und Form: Der Lymphknoten ist ein **bohnenförmiges Organ**. Am Hilum treten die Blutgefäße in den Lymphknoten ein und aus und das Vas efferens verlässt den Lymphknoten. Über größere Lymphgefäße wird die Lymphe zentripetal über die Lymphhauptstämme in die Venenwinkel (S. 163) und damit das Blutsystem geleitet.

Feinbau: Nach Durchbruch der Kapsel entleeren sich die **afferenten Lymphgefäße** in weite **Randsinus**. Von hier aus ziehen **intermediäre Sinus** zum **Marksinus**, woraus dann das **Vas efferens** entspringt. Im fenestrierten Endothel fangen Makrophagen Antigen ab, um sie den Lymphozyten zu präsentieren.

Von der kollagenfasrigen Kapsel ziehen dünne **retikuläre Trabekel** in den Lymphknoten.

Das **lymphatische Parenchym** wird in Kortex (Rinde), Parakortex und Medulla (Mark) unterteilt. Im **Kortex** finden sich viele sekundäre Follikel. Im **Parakortex** liegen vor allem T-Lymphozyten, in den Marksträngen Plasmazellen.

Die Lymphozyten verlassen die Zirkulation in den postkapillären hoch-endothelialen Venolen (HEVs).

Lage

▶ **Klinik.**

B 2 Blut und lymphatische Organe – Grundlagen

Form und Aufbau

Form: Der Lymphknoten ist ein kleines **bohnenförmiges Organ**, wenige mm bis ca. 1,5 cm lang, mit einer Einbuchtung (**Hilum**), in der die Blutgefäße ein- und austreten und in der das efferente Lymphgefäß den Knoten verlässt. An der gegenüberliegenden konvexen Seite des Lymphknotens münden mehrere zuführende Lymphgefäße (**Vasa afferentia**) ein.

Nach Austritt durch das **Vas efferens** wird die Lymphe durch Lymphgefäße im Körper zentripetal weitergeleitet: Größere Lymphgefäße pumpen die Lymphe in die beiden Lymphhauptstämme **Ductus thoracicus** und **Ductus lymphaticus dexter**, die jeweils am Zusammenfluss der Vena subclavia mit der V. jugularis interna (S. 163) in die Blutbahn münden.

Feinbau: Die **afferenten Lymphgefäße** durchbrechen die Kapsel und entleeren sich in weite **Randsinus** (Marginalsinus, subkapsuläre Sinus), die mit fenestriertem Endothel ausgekleidet sind. Vom Randsinus aus ziehen **intermediäre Sinus** durch die Rinde hinein ins Mark und vereinigen sich dort zum medullären Sinus (**Marksinus**). Daraus geht das **efferente**, d. h. abführende Lymphgefäß hervor. Zwischen den Endothelzellen der Sinus sitzen Makrophagen, die mit der Lymphe transportierte Antigene aufnehmen, prozessieren und den T- und B-Zellen präsentieren.

Von der kollagenfasrigen Kapsel des Lymphknotens erstrecken sich dünne **retikuläre Trabekel** in den Knoten hinein. Zwischen den Trabekeln bildet retikuläres Bindegewebe das Stützgerüst, in dem die Lymphozyten eingelagert sind.

Das **lymphatische Parenchym** wird in Kortex (Rinde), Parakortex und Medulla (Mark) unterteilt, die kontinuierlich ineinander übergehen. Im **Kortex** sind viele sekundäre Follikel (s. o.) zu beobachten, während im darunterliegenden **Parakortex** die T-Lymphozyten dicht gedrängt, aber ohne typische Follikelanordnung liegen. In der **Medulla** konvergieren die Sinus zum Marksinus. Dazwischen sind Lymphozyten, überwiegend Plasmazellen, strangförmig angeordnet.

Die Arterie des Lymphknotens zieht vom Hilum in den Kortex, wo sie sich in das Kapillarnetz aufspaltet. Erst in den postkapillären hoch-endothelialen Venolen (HEVs), die am Übergang vom Kortex zur parakortikalen Zone lokalisiert sind, können Lymphozyten die Zirkulation verlassen.

Lage

Die Lymphknoten sind nicht wahllos im Körper verteilt. Die meisten Organe bzw. Körperregionen haben einen bestimmten Lymphknoten, der die erste Filterstation der abströmenden Lymphe bildet (**regionärer Lymphknoten**).

▶ **Klinik.** Bei der **lymphogenen Metastasierung**, d. h. der Ausbreitung von malignen Tumorzellen eines Primärtumors über den Lymphweg, bleiben die Tumorzellen in der Filtereinrichtung der Lymphknoten hängen. Typischerweise finden sich erste Metastasen im ersten regionären Lymphknoten, dem so genannten **Wächter-** (engl. **sentinel) Lymphknoten**. Dieser kann z. B. beim Mammakarzinom intraoperativ detektiert werden. Bestätigt der Pathologe Tumorfreiheit des Wächterlymphknotens, so wird auf eine prophylaktische Resektion der Lymphknoten, die die Brust drainieren, verzichtet. Die Überlebensprognosen sind identisch mit denen nach totaler Lymphknotenresektion. Allerdings verbessert sich die Lebensqualität der Patientinnen, da Lymphödeme, die durch die operative Unterbrechung der Lymphgefäße entstehen, vermieden werden.

Milz (Splen, Lien)

Funktion

Die Milz ist für die **immunologische Überwachung** des Blutes zuständig. Sie übernimmt weiterhin den **Abbau überalterter Erythrozyten** und ist während der pränatalen Entwicklung an der Blutbildung (S. 167) beteiligt.

Milz (Splen, Lien)

Funktion

Die Milz ist für die **immunologische Überwachung des Blutes** zuständig. Sie übernimmt außerdem den **Abbau überalterter Erythrozyten**, wohingegen sie an der Blutbildung (Hämatopoese, überwiegend Erythropoese) nur während der pränatalen Entwicklung (Tab. **B-2.2**) beteiligt ist. Im Unterschied zum Menschen dient die Milz bei einigen Spezies wie Hund, Katze und Pferd als Blutspeicher, wobei das Blut bei Bedarf durch Kontraktion des Organs in den Kreislauf gegeben wird.

B 2.3 Lymphatische Organe

▶ Klinik. Die Milz ist kein lebenswichtiges Organ, ihre Funktionen können von den anderen lymphatischen Organen (Immunabwehr) und dem roten Knochenmark sowie der Leber (Erythrozytenabbau) kompensiert werden. Deshalb wurde früher die Milz bei Milzruptur (S. 188) großzügig entfernt (**Splenektomie**). Allerdings kam es dadurch bei etwa 1–3 % aller Patienten zum Auftreten von schwerer Sepsis, d. h. der massiven Ausbreitung von bakteriellen Erregern über das Blut, die mit einer hohen Mortalität (50 %) verbunden war, sodass heute das Organ – wenn möglich – erhalten wird. Bei Splenektomie muss **prophylaktisch** eine **Impfung** insbesondere gegen Streptococcus pneumoniae, aber auch gegen Haemophilus influenzae und Meningokokken erfolgen, d. h. gegen Pathogene, die besonders häufig für nachfolgende, über das Blut verbreitete Infektionen verantwortlich sind.

▶ Klinik.

Form und Aufbau

Form und Größe: Die Milz ist kaffeebohnenförmig und mit einem Anteil von etwa ⅓ des lymphatischen Gewebes das größte lymphatische Organ des Körpers. Sie ist etwa 12 cm lang, 8 cm breit, 3–4 cm hoch und hat – blutleer – ein Gewicht von etwa 160 g.

Feinbau: Von der dünnen Kapsel der Milz entspringen starke bindegewebige Trabekel. Dazwischen liegt ein **Grundgerüst** aus retikulären Fasern, das von Fibroblasten gebildet wird.
Das **Parenchym** untergliedert sich in weiße und rote Pulpa. Diese kann man bereits mit bloßem Auge auf der Schnittfläche einer frischen Milz unterscheiden:

- Nur die **weiße Pulpa** (15 % des Milzvolumens), in der die Lymphozyten lokalisiert sind, gehört im engeren Sinn zum lymphatischen Gewebe. Die Lymphozyten lagern manschettenartig um die Zentralarterien. Diese **p**eri**a**rterioläre **L**ymphozyten**s**cheide (PALS) besteht überwiegend aus T-Zellen. Die PALS wird von **Lymphfollikeln** (veraltet: Malpighische Körperchen), die histologisch an ihrem typischen Aufbau erkennbar sind (S. 182), durchbrochen. Um die Follikel und die PALS liegt die **Marginalzone**, die überwiegend aus B-, aber auch T-Zellen besteht. Sie bildet zusammen mit der perifollikulären Zone den Übergang zur roten Pulpa. In diesem Grenzbereich finden sich reichlich Zellen des mononukleären Phagozytensystems = **MPS** (S. 174), die Antigene aus dem Blut filtrieren, prozessieren und den Lymphozyten präsentieren.
- Die **rote Pulpa** erhält ihre Farbe durch die Erythrozyten in und zwischen den **venösen Milzsinus**. Diese Sinus sind weite Blutgefäße, die aus fenestriertem Endothel und einer unvollständigen Basalmembran bestehen, die reifenartig um das Endothel liegt und mit den retikulären Fasern verankert ist. Zwischen den venösen Sinus liegen Pulpastränge, Ansammlungen von Plasmazellen sowie anderen Leukozyten und Erythrozyten, die durch die Endothelschlitze in die venösen Sinus gelangen.

Blutkreislauf der Milz (Abb. B-2.8): Der Blutkreislauf und der Aufbau der weißen Pulpa im Menschen unterscheiden sich teilweise von denen in Nagetieren, die häufig beschrieben werden.
Äste der Arteria splenica ziehen in den größeren Trabekeln als **Trabekel- bzw. Balkenarterie** in die Milz hinein. Nach dem Verlassen der Trabekel wird die Arterie **Zentralarterie** genannt, da sie von einer Lymphozytenscheide (PALS) und von Lymphfollikeln umgeben ist und damit im lymphatischen Gewebe theoretisch zentral (Name), praktisch aber exzentrisch liegt.
Von der Zentralarterie zweigen kleinere Gefäße zur Versorgung des Lymphgewebes ab. Beim Übergang zur roten Pulpa ergießt sich dabei ein Teil des Blutes zwischen die venösen Sinus (**offener Blutkreislauf**). Die hier sitzenden **Antigen-präsentierenden Zellen** können die mit dem Blut transportierten Pathogene herausfiltern, prozessieren und den Lymphozyten präsentieren.

Form und Aufbau

Form und Größe: Die Milz hat die Form einer Kaffeebohne, ist das größte lymphatische Organ des Körpers und wiegt blutleer 160 g.

Feinbau: Zwischen bindegewebigen Trabekeln, die von der dünnen Milzkapsel ausgehen, liegen retikuläre Fasern. Das Parenchym gliedert sich in weiße und rote Pulpa:

- Die **weiße Pulpa** mit den Lymphozyten repräsentiert im eigentlichen Sinn das lymphatische Gewebe. Sie besteht aus der periarteriolären Lymphozytenscheide (**PALS**) und **Follikeln** (S. 182).

Die **rote Milzpulpa** erhält ihre Farbe durch die Erythrozyten in den weiten venösen Milzsinus, die durch Makrophagen abgebaut werden.

Äste der Arteria splenica ziehen in Trabekeln (**Trabekel-/Balkenarterie**) in die Milz. Die Arterie, jetzt **Zentralarterie** genannt, wird nach dem Verlassen der Trabekel von Lymphozyten umgeben (PALS, Follikel) (Abb. **B-2.8**). Sie teilt sich beim Eintritt in die rote Pulpa in **Pinselarteriolen** und weiter in **Hülsenkapillaren**.

⊙ B-2.8 Histologischer Aufbau der Milz

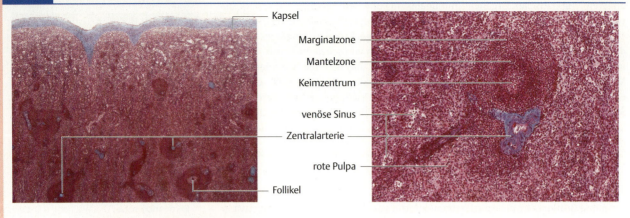

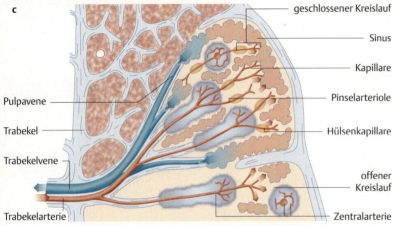

a Übersicht. Das Parenchym unterteilt sich in die weiße (hier dunkelrote) und rote Pulpa, die weite venöse Sinus, hier als hellere Stellen auffallend, enthält. Färbung: Azan, Vergrößerung: 25fach.
b Lymphfollikel mit Zentralarterie. Färbung: Azan, Vergrößerung 100fach.
c Gefäßverlauf in der Milz. (nach Ulfig, N.: Kurzlehrbuch Embryologie. Thieme, 2011)

▶ Merke.

▶ Merke. Die Milz besitzt keine hochendothelialen Venolen (HEV), sie sind nicht notwendig, da die Lymphozyten durch den offenen Blutkreislauf in die Milz gelangen.

Die weiterführende Zentralarterie teilt sich, wenn sie nicht mehr von lymphatischem Gewebe umgeben wird, pinselartig in **Pinselarteriolen** (Penincilli) und weiter in Kapillaren auf, die teilweise von Makrophagen umhüllt sind und dann **Hülsenkapillaren** genannt werden.

Von dort fließt das Blut entweder direkt in die weiten venösen Sinus (**geschlossener Kreislauf**) oder in das retikuläre Grundgerüst (**offener Kreislauf**). Von hier gelangen die Blutzellen in die venösen Sinus. Überalterte Erythrozyten werden dabei von Makrophagen abgebaut. Nach Sammlung in den Sinus fließt das Blut via **Trabekelvene** über Äste der V. splenica ab.

Von dort fließt das Blut entweder direkt in die weiten venösen Sinus (**geschlossener Kreislauf**) oder es ergießt sich auch hier in das retikuläre Grundgerüst (**offener Kreislauf**). Von hier aus gelangen die Blutzellen nur in die venösen Sinus, wenn sie sich durch deren fenestriertes Endothel quetschen. Überalterte Erythrozyten, die diese enge Passage nicht überstehen, werden von zwischen den Endothelzellen sitzenden Makrophagen abgebaut. Das Blut wird letztlich in venösen Sinus gesammelt und gelangt von dort in die **Trabekelvenen**. Diese Venen bestehen nur aus Endothel und können dadurch leicht von Trabekelarterien unterschieden werden, welche mehrere Lagen glatter Muskelzellen enthalten. Das Blut fließt über die Äste der Vena splenica ab.

B 2.3 Lymphatische Organe

Lage und Lagebeziehungen

Lage: Die Milz befindet sich intraperitoneal im linken hinteren Oberbauch. Ihre Längsachse liegt parallel zur 10. Rippe, wobei die Lage von Atmung und Körperlage, dem Füllungszustand benachbarter Organe und der Form des Brustkorbes abhängig ist.

▶ **Klinik.** Die gesunde Milz überragt den Rippenbogen nach unten nicht. Kann man die Milz tasten, lässt dies meist auf eine krankhafte Vergrößerung (**Splenomegalie**) oder – seltener – eine Lageveränderung schließen. Eine Vergrößerung der Milz kommt z. B. bei Infektions- oder Stoffwechselkrankheiten und Tumoren des lymphatischen Systems vor.

Etwa jeder fünfte Mensch hat eine oder sogar mehrere meist sehr kleine zusätzliche Milzen (akzessorische Milzen, **Nebenmilzen**), die oft in der Nähe der Hauptmilz liegen.

Lage- und Peritonealbeziehungen: Die konvexe Fläche der Milz ist zum Zwerchfell (**Facies diaphragmatica**), die konkave Fläche zu den Eingeweiden gerichtet (**Facies visceralis**). Auf der Facies visceralis liegt eine Leiste (**Hilum splenicum**), der Ein- und Austrittsort der Gefäße und Nerven. Beide Flächen sind durch den scharfen Oberrand (Margo superior) und den mehr stumpfen Unterrand (Margo inferior) voneinander getrennt. Der hintere Pol der Milz (Extremitas posterior) ist gegen die Wirbelsäule gerichtet (Abb. **B-2.9**).

Die Milz ist bis auf das Hilum vollständig vom Bauchfell überzogen und liegt damit **intraperitoneal** (S. 652). Vom Hilum ziehen eine vordere Bauchfellfalte (Lig. gastrosplenicum) zum Magen und eine hintere Bauchfellfalte (Lig. phrenicosplenicum; syn. Lig. splenorenale) zum Zwerchfell. Die Milz wird hauptsächlich durch das Lig. phrenicocolicum gehalten, was sich zwischen dem Zwerchfell und der linken Kolonflexur bzw. dem Colon descendens spannt und dabei die Milz am vorderen Pol (Extremitas anterior) stützt.

Lage und Lagebeziehungen

Lage: Die Milz liegt im linken hinteren Oberbauch, die Längsachse verläuft parallel zur 10. Rippe.

▶ **Klinik.**

Etwa jeder 5. Mensch hat eine oder mehrere **Nebenmilzen**.

Lage- und Peritonealbeziehungen: Die konvexe Fläche der Milz grenzt an das Zwerchfell, auf der konkaven, zu den Eingeweiden gerichteten Seite, liegt eine Leiste (Hilum splenicum), der Ein- und Austrittsort der Gefäße und Nerven (Abb. **B-2.9**).

Die Milz liegt **intraperitoneal**. Sie ist bis auf das Hilum vollständig vom Bauchfell überzogen, das eine vordere (Lig. gastrosplenicum) und hintere (Lig. phrenicosplenicum) Falte zum Hilum sowie ein die Milz stützendes Lig. phrenicocolicum bildet.

⊙ **B-2.9** Lage der Milz im Abdomen

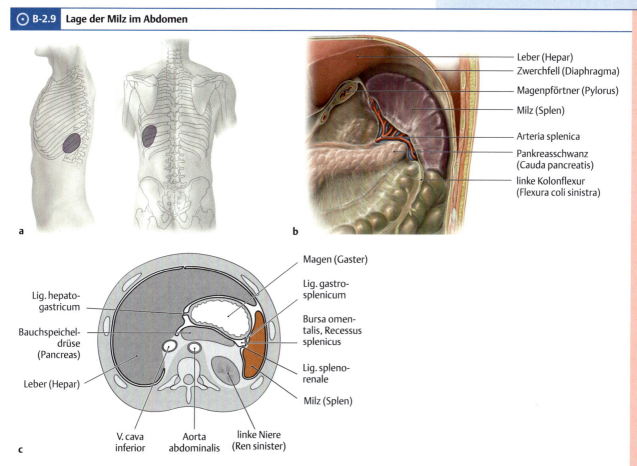

(Prometheus LernAtlas. Thieme, 3. Aufl.)
a Projektion der Milz auf das Skelett: von links und von dorsal.
b Milz in situ: Peritonealverhältnisse.
c Schematischer Transversalschnitt auf Höhe ThXI.

B 2 Blut und lymphatische Organe – Grundlagen

Gefäßversorgung und Innervation

Die Milz ist ein stark durchblutetes Organ: Bei nur ca. 0,3 % des Körpergewichts erhält sie 3–5 % der Gesamtdurchblutung des Körpers.

▶ **Klinik.** Nicht nur nach direkter Verletzung, sondern auch nach stumpfen Gewalteinwirkungen (**stumpfes Bauchtrauma**) wie Sturz und Schlag kann es zur Milzruptur mit Blutung in die Bauchhöhle kommen: Reißt die dünne Organkapsel zusammen mit dem Milzparenchym ein, spricht man von **einzeitiger Ruptur**. Besonders gefährlich, da leicht zu übersehen, ist die sog. **zweizeitige Milzruptur**: Dabei kommt es bei zunächst intakter Kapsel zur Parenchymverletzung und erst nach einem symptomfreien Intervall zum Kapselriss. In diesem Fall entwickelt der Patient erst Stunden bis Tage nach der Verletzung Symptome wie Schmerzen im linken Oberbauch bis hin zum Schock durch den Blutverlust in die freie Bauchhöhle. Daher ist die Beobachtung des Patienten und u. U. eine wiederholte Sonografie (Ultraschall) zur Diagnostik erforderlich! Wichtigstes therapeutisches Ziel ist die Blutstillung.

Arterielle Versorgung: Die arterielle Versorgung erfolgt über die **Arteria splenica** = A. lienalis (S. 865), die aus dem Truncus coeliacus (Abgang der Aorta abdominalis) entspringt. Sie gibt auf dem Weg zur Milz die Rami pancreatici, die Arteriae gastricae breves und die Arteria gastroomentalis sinistra ab.

Die A. splenica verläuft kranial vom Pankreas und der V. splenica zum Milzhilum, vor dem sie sich häufig schon in mehrere Terminalarterien aufteilt. Diese spalten sich im Inneren der Milz sehr variabel in bis zu 20 **Segmentarterien** auf. Die A. splenica ist geschlängelt, was eine Lage- und Volumenveränderung der Milz ermöglicht.

Venöser Abfluss: Venös versorgt wird die Milz über die **Vena splenica** (V. lienalis), die am Milzhilum aus Segment- und Terminalvenen entsteht. Sie zieht, nachdem sie größere Gefäße wie z. B. die Vena mesenterica inferior aufgenommen hat, auf die Rückseite des Pankreas und vereinigt sich mit der Vena mesenterica superior zur Vena portae.

Lymphabfluss: Er erfolgt über die am Hilum liegenden Nodi lymphoidei splenici, die Lymphe aus der Milz über kleine periarterielle und periarterioläre Lymphkapillaren erhalten.

Innervation: Vor allem aus dem linken Ganglion coeliacum erreichen sympathische (wenige parasympathische) efferente Fasern als Rami splenici mit der Arterie verlaufend die Milz. Neue Forschungen zeigen, dass klassische (Azetylcholin und Katecholamine) und Peptidtransmitter (z. B. Substanz P) neuralen und nicht neuralen Ursprungs die Immunantwort in den lymphatischen Organen modulieren.

Entwicklung

Die Anlage der Milz wird in der fünften Entwicklungswoche als Proliferation des Mesenchyms zwischen den beiden Blättern des dorsalen Mesogastriums (S. 668), d. h. dem Teil des Mesenteriums im Bereich des Magens, sichtbar.

Mukosa-assoziiertes lymphatisches Gewebe

▶ Synonym. **m**ucosa-**a**ssociated **l**ymphoid **t**issue (**MALT**)

▶ Definition. Grundsätzlich wird dabei die Gesamtheit aller mukosa-assoziierten Lymphozyten betrachtet, d. h. diese können in Organen begrenzt (z. B. in den Tonsillen), in solitären oder aggregierten Lymphfollikeln, aber auch einzeln verstreut liegen.

Über die Mukosa (Schleimhaut) des gastrointestinalen, respiratorischen und urogenitalen Traktes können leicht Erreger in den Organismus gelangen. Eine immunologische Überwachung ist an diesen Stellen sinnvoll und notwendig. Das Epithel der Mukosa besteht meist nur aus einer einzigen Zellschicht, die „Außen" und „Innen" trennt. Deshalb ist es nicht erstaunlich, dass sich unmittelbar unter dem dünnen

---

Gefäßversorgung und Innervation

▶ Klinik.

Arterien: Die **A. splenica** (A. lienalis) entspringt aus dem Truncus coeliacus.

Venen: Die **V. splenica** (V. lienalis) zieht dorsal des Pankreas zur V. portae.

Lymphabfluss: Er erfolgt über die hilären Nll. splenici.

Innervation: Rr. splenici aus dem Ggl. coeliacum.

Entwicklung

Die Milz entsteht zwischen den Blättern des dorsalen Mesogastriums.

Mukosa-assoziiertes lymphatisches Gewebe

▶ Synonym.

▶ Definition.

Das Mukosa-assoziierte lymphatische Gewebe ist für die immunologische Überwachung der Schleimhäute verantwortlich. Geschützt wird die Mukosa durch **Muzine** (Schleime), **Defensine** und sekretorische **Antikörper** der **IgA**-Klasse.

B 2.3 Lymphatische Organe

Epithel lymphatisches Gewebe zur immunologischen Abwehr befindet. Geschützt wird die Mukosa zusätzlich durch epitheliale Sekretionsprodukte wie **Muzine** (Schleime), **Defensine** und sekretorische **Antikörper**, speziell der **IgA-Klasse**.

Das **sekretorische IgA** wird direkt in der Mukosa als dimeres IgA produziert. Die kovalent zugefügte sekretorische Komponente schützt den Antikörper vor Verdau. Sekretorisches IgA findet sich auch im Serum, wo es die zweite Abwehr gegen Pathogene bildet, die die Mukosa durchbrochen haben, sowie im Kolostrum (Vormilch) und der Muttermilch.

Das **sekretorische IgA-Dimer** kommt auch im Serum, im Kolostrum und in der Muttermilch vor.

▶ **Merke.** Zum **MALT** (engl. mucosa-associated lymphoid tissue) zählen die Tonsillen (naso-pharyngeal assoziiertes lymphatisches Gewebe) sowie das lymphatische Gewebe des Darmes (gut associated lymphoid tissue, **GALT**), der Bronchien (bronchial associated lymphoid tissue, **BALT**) und des Urogenitaltraktes.

▶ **Merke.**

Tonsillen

Funktion: Die Tonsillen umschließen den oberen Teil des Pharynx als lymphatischen Rachenring (s. u.). Sie übernehmen an dieser exponierten Stelle die **immunologische Abwehr** der mit der Nahrung oder der Atemluft aufgenommenen Antigene.

Aufbau: Die Tonsillen zählen zu den lymphoepithelialen Organen, d. h. das lymphatische Gewebe liegt in Form von Folliculi aggregati unmittelbar unter dem Epithel, wodurch die Lymphozyten in Kontakt mit den Zellen des Epithels treten können. Die Oberfläche der Tonsillen ist durch Einstülpungen oder Krypten zerklüftet, um eine Vergrößerung der Oberfläche und damit erhöhten Antigenkontakt zu erreichen.

Feinbau: Prinzipiell orientiert sich das Epithel der Tonsille an dem Epithel der Region, in der sie lokalisiert ist: Zusätzlich kann auch die Tiefe der Einbuchtungen bzw. Krypten und die unter dem lymphatischen Gewebe gelagerten Drüsen sowie die Mündung der Ausführungsgänge zur Unterscheidung der Tonsillen herangezogen werden.

Die **Tonsilla pharyngealis** ist mit Respirationsepithel, d. h. mehrreihiges hochprismatisches Epithel (S. 61) mit Flimmer- und Becherzellen, überzogen. Die Tonsille zeigt keine Krypten, sondern nur Buchten, in die z. T. Ausführungsgänge gemischter Drüsen münden.

Die **Tonsilla palatina** und die **Tonsilla lingualis** sind mit mehrschichtigem, unverhorntem Plattenepithel bedeckt. Die Oberfläche der Tonsilla palatina ist zerklüftet, 10–20 Krypten senken sich bis nahe an den Grund der Mandel ein. In den Kryptengrund münden gelegentlich Ausführungsgänge muköser Drüsen, die außerhalb der Kapsel liegen. Die Tonsilla lingualis durchziehen flache Krypten, in den Drüsengrund münden muköse Glandulae linguales posteriores.

In den **Einbuchtungen** bzw. **Krypten**, in denen sich v. a. bei der Tonsilla palatina häufig **Detritus** aus abgestorbenen Zellen und abgelagertem Material befindet, lockert sich das Epithel netzartig auf (**Follikel-assoziiertes Epithel**). Zusätzlich erleichtert die diskontinuierliche Basalmembran den Übertritt von Antigenen.

Das darunter gelegene mächtige lymphatische Gewebe wird durch eine große Anzahl von sekundären (selten primären) Lymphfollikeln gebildet, deren kappenförmige Mantelzone (S. 183) zur Oberfläche gerichtet ist (Abb. **B-2.10**).

Die **Tonsilla palatina** und die **Tonsilla pharyngealis** sind auf der epithelabgewandten Seite von einer kräftigen (T. palatina) bzw. schwach (T. pharyngealis) ausgeprägten bindegewebigen Kapsel (**Capsula tonsillaris**) umgeben, die sie vom darunterliegenden Gewebe abgrenzt. Damit schafft sie eine Barriere gegen die Ausbreitung von Infektionen. Eine solche Abgrenzung findet sich bei der Tonsilla lingualis nicht. Sie ist direkt von Skelettmuskel unterlagert (M. lingualis), dessen dreidimensionale Ausrichtung der Muskelfasern einzigartig und damit differenzialdiagnostisch verwertbar ist.

Tonsillen

Funktion: Die Tonsillen übernehmen die **Abwehr** der über die Nahrung oder Atemluft aufgenommenen Antigene.

Aufbau: Die Tonsillen liegen unmittelbar unter dem Epithel. Ihre Oberfläche ist zerklüftet, um sie für einen erhöhten Antigen-Kontakt zu vergrößern.

Feinbau: Die Tonsilla pharyngealis ist mit Respirationsepithel, die anderen Tonsillen mit mehrschichtigem, unverhorntem Plattenepithel (S. 61) überzogen.

Das netzartig aufgelockerte Epithel und die diskontinuierliche Basalmembran im Bereich der Krypten erleichtern den Übertritt von Antigenen in die darunter gelegenen sekundären Lymphfollikel (Abb. **B-2.10**).

Die **Tonsilla palatina** und die **Tonsilla pharyngealis** sind auf der epithelabgewandten Seite durch eine **Kapsel** vom darunter liegendem Gewebe abgegrenzt (Barrierefunktion).

B-2.10 Histologie der Tonsillen

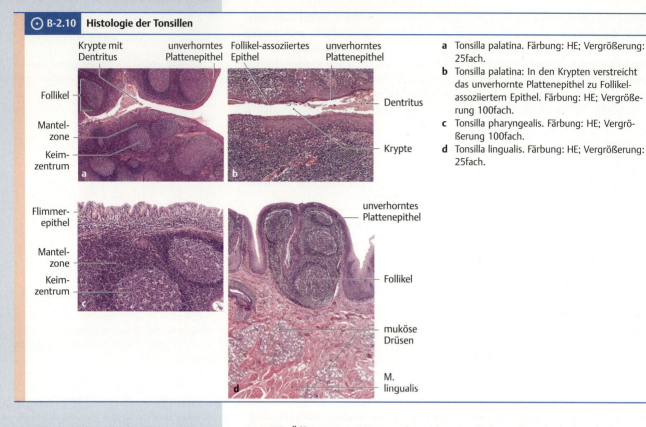

a Tonsilla palatina. Färbung: HE; Vergrößerung: 25fach.
b Tonsilla palatina: In den Krypten verstreicht das unverhornte Plattenepithel zu Follikel-assoziiertem Epithel. Färbung: HE; Vergrößerung 100fach.
c Tonsilla pharyngealis. Färbung: HE; Vergrößerung 100fach.
d Tonsilla lingualis. Färbung: HE; Vergrößerung: 25fach.

Lage: Zum **Waldeyer-Rachenring** gehören (Abb. **B-2.11**):
- die Rachenmandel: **Tonsilla pharyngealis**,
- die mandelgroßen und -förmigen Gaumenmandeln: **Tonsillae palatinae**,
- die Zungenmandel: **Tonsilla lingualis**.

Lage: Die Öffnungen zu Naso- und Oropharynx sind vom lymphatischen Rachenring (**Waldeyer-Rachenring**) umgeben. Hierzu gehören (Abb. **B-2.11**):
- **Tonsilla pharyngealis:** Die unpaare Rachenmandel liegt in der Schleimhaut der Hinterwand des Nasenrachenraumes (Pars nasalis pharyngis, früher: Epipharynx) am Übergang des Pharynxdaches.
- **Tonsillae palatinae:** Die paarigen, mandelgroßen und -förmigen Gaumentonsillen liegen im Bereich der Schlundenge (Isthmus faucium) in der Fossa tonsillaris.
- **Tonsilla lingualis:** Die Zungenmandel liegt in der Schleimhaut der Zungenwurzel (Radix linguae).
- **Tonsillae tubariae:** Anhäufung von Lymphfollikeln in der Schleimhaut des Tubenwulstes (Torus tubarius), also jeweils in der Nähe der Mündung der Ohrtuben in den Rachenraum (Ostium pharyngeum tubae auditivae).
- lymphatisches Gewebe in der Mukosa der „**Seitenstränge**" (Plica salpingopharyngea).

B-2.11 Lokalisation der Tonsillen

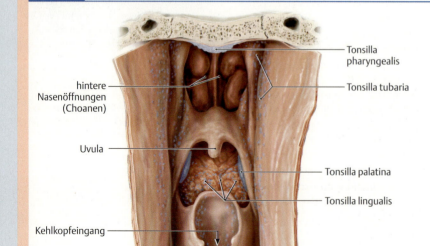

Rachen, von dorsal eröffnet. Zur Verdeutlichung ist das lymphatische Gewebe blau dargestellt.
(Prometheus LernAtlas. Thieme, 3. Aufl.)

Gefäßversorgung: Entsprechend ihrer geringen Größe findet man nur kleine afferente und efferente Blutgefäße. Hervorzuheben ist die **arterielle Versorgung** der Tonsilla palatina, die allerdings sehr variabel ist.

▶ **Klinik.** Die Kenntnis der arteriellen Gefäße der Tonsilla palatina ist wegen einer eventuell notwendigen Blutstillung nach **Tonsillektomie** (Entfernung der Tonsilla) wichtig.

- Arteria facialis → Ramus tonsillaris,
- Arteria facialis → Arteria palatina ascendens → Ramus tonsillaris,
- Arteria pharyngea ascendens → Rami pharyngeales und
- Arteria maxillaris → Arteria palatina descendens (S. 973).

Der **venöse Abfluss** erfolgt über den Plexus venosus pharyngeus in die V. jugularis interna.

Die Tonsillen liegen nicht im Verlauf von Lymphgefäßen. Sie haben keine zuführenden, aber kleine ableitende **Lymphgefäße**. Die Lymphe der Tonsilla palatina (S.978) fließt über die Nodi lymphoidei submandibulares weiter zu den Nodi lymphoidei cervicales laterales profundi superiores. Der oberste dieser Lymphknoten (Nl. jugulodigastricus) ist bei einer Entzündung der Tonsillen (Tonsillitis) meist tastbar und druckdolent.

▶ **Klinik.** In den Tonsillen, besonders in zerklüfteten hyperplastischen Gaumenmandeln, laufen häufig Entzündungen ab (**Tonsillitis**, umgangssprachlich: Angina). Diese werden meist durch hämolysierende A-Streptokokken (Streptococcus pyogenes) ausgelöst. Die höchste Erkrankungshäufigkeit liegt zwischen dem 5. und 15. Lebensjahr. Die Tonsillen, die man aus der Kapsel operativ einfach herausschälen kann (**Tonsillektomie**, s. o.), sollten auch bei häufiger Vereiterung nicht mehr leichtfertig entfernt werden. Sie sind ein „immunologischer Wächter" im Rachenraum.

Peyer-Plaques

▶ **Definition.** Peyer-Plaques (S. 709) sind Aggregate von Lymphfollikeln in der Wand des Ileums.

Funktion: Die Peyer-Plaques sind für die immunologische Abwehr von mit der Nahrung aufgenommenen Krankheitserregern wie Bakterien verantwortlich.

Aufbau: Jeder Plaque besteht aus mehreren hundert sekundären **Lymphfollikeln**, die miteinander verschmolzen sind. Sie sind vom Epithel durch eine subepitheliale Region („**Dom**") getrennt, die reich an T- und B-Lymphozyten sowie dendritischen antigen-präsentierenden Zellen ist (Abb. **B-2.12**). Das Epithel über den Follikeln unterscheidet sich dramatisch vom normalen Epithel des Dünndarmes (Bürstensaum), welches normalerweise den Verdau und die Absorption von Nährstoffen übernimmt. Das Follikel-assoziierte Epithel enthält kaum Becher- und enteroendokrine Zellen. Die hier lokalisierten spezialisierten **M-Zellen** transportieren fremde Makromoleküle und Mikroorganismen zu den Antigen-präsentierenden Zellen innerhalb

---

Gefäßversorgung: Die Tonsilla palatina wird von zahlreichen Ästen arteriell versorgt.

▶ Klinik.

- A. facialis → R. tonsillaris,
- A. facialis → A. palatina ascendens → R. tonsillaris,
- A. pharyngea ascendens → Rr. pharyngeales und
- A. maxillaris → A. palatina descendens (S. 973).

Die Lymphe der Tonsilla palatina (S. 978) fließt über die Nll. submandibulares weiter zu den Nll. cervicales laterales profundi superiores.

▶ Klinik.

Peyer-Plaques

▶ Definition.

Funktion: immunologische Abwehr von Krankheitserregern aus der Nahrung.

Aufbau: Jeder Plaque besteht aus mehreren hundert **sekundären Lymphfollikeln**, die miteinander verschmolzen und vom Epithel durch eine subepitheliale Region („**Dom**") getrennt sind. Diese ist reich an T- und B-Lymphozyten sowie dendritischen antigen-präsentierenden Zellen (Abb. **B-2.12**). Außerdem sind im Epithel der Plaques auf den Antigen-Transport spezialisierte **M-Zellen** lokalisiert. Auch hier gibt es HEV (S. 182).

⊙ **B-2.12** Histologischer Aufbau der Peyer-Plaques

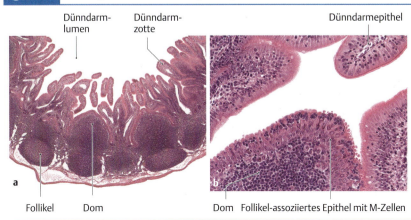

a Übersicht. Färbung: HE; Vergrößerung: 25fach.
b Das hochprismatische einschichtige Epithel des Dünndarmes ist zu Follikel-assoziiertem Epithel umgewandelt. Färbung: HE; Vergrößerung 200fach.

Lage: Die etwa 50–100 Peyer-Platten liegen im Ileum gegenüber dem Mesenterialansatz.

Lage: Die Gesamtzahl der Peyer-Plaques beträgt etwa 50–100. Die Plaques liegen im Ileum auf einer Länge von etwa 2–11 cm und einer Breite von 1 cm.
Mit ihren Längsachsen sind sie in Längsrichtung des Darmes angeordnet und befinden sich gegenüber dem Mesenterialansatz. Die Follikel durchbrechen z. T. die Lamina muscularis mucosae und liegen damit auch in der Submukosa.

und unter der epithelialen Barriere. Die Lymphozyten verlassen in den hoch-endothelialen Venolen, **HEV** (S. 182), die Blutzirkulation.

Appendix vermiformis (Wurmfortsatz)

Funktion: Die Appendix vermiformis (S. 713) ist ein rudimentärer Teil des Blinddarms (Caecum), der zum lymphatischen Organ umgewandelt wurde („**Darmtonsille**").

Histologie: In der Schleimhaut finden sich besonders viele, in die Submukosa reichende sekundäre Lymphfollikel (Abb. **B-2.13**).

Lage: siehe Lage der Appendix (S. 714).

Appendix vermiformis (Wurmfortsatz)

Funktion: Die Appendix vermiformis (S. 713) ist ein rudimentärer Teil des Blinddarms (Caecum), der zum lymphatischen Organ umgewandelt wurde. Sie hat Wächterfunktion am Übergang vom Dünndarm zum Dickdarm („**Darmtonsille**"). Allerdings sind keine nachteiligen Folgen einer Entfernung (Appendektomie) z. B. infolge einer Entzündung (**Appendizitis**) bekannt.

Histologie: Der Wandaufbau der Appendix vermiformis (S. 715) zeigt grundsätzlich den gleichen Aufbau wie der übrige Dickdarm. In der Schleimhaut finden sich besonders viele, in die Submukosa reichende sekundäre Lymphfollikel (Abb. **B-2.13**).

Lage: siehe Lage der Appendix (S. 714).

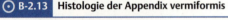

B-2.13 Histologie der Appendix vermiformis

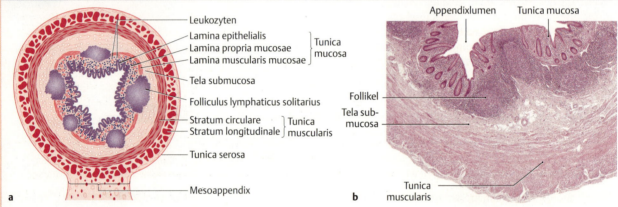

a Schema, (Färbung: HE; Vergrößerung 25-fach).
b Übersicht. (Färbung: HE; Vergrößerung 25-fach).

Blackout mit Folgen

Es ist schon spät am Abend und die Pizza, die wir – Krankenschwester Liesa und ich – uns in die Notaufnahme bestellt haben, ist restlos verputzt. Da kommt eine junge Frau zur Tür herein, die aussieht, als würde sie jeden Moment verglühen. „Hallo …", sagt sie schwach. „Mir geht es schon seit Wochen ziemlich schlecht, aber heute bin ich völlig fertig … kann mich kaum noch auf den Beinen halten …" Spricht's – und kollabiert vor unseren Augen.

In Windeseile haben wir die etwa 20-Jährige auf eine Trage gepackt und in die „Notfallbox" gebracht. Ich kontrolliere die Atmung und Schwester Liesa legt Blutdruckmanschette, Sauerstoffsonde und EKG-Elektroden an. Kaum ist der Überwachungsmonitor eingeschaltet, piept es hektisch, aber regelmäßig. Der schnelle Herzschlag passt zur schnellen Atmung und dem Fieber, das ich ohne Thermometer fühlen kann.

Liesa bereitet schnell die Infusion zur Kreislaufstabilisierung vor, während ich einen intravenösen Zugang lege. Der Piekser bringt die Lebensgeister zurück: „Autsch! Oh Mann, … bin ich schon wieder umgefallen?"

„Ach, ist das schon öfter passiert?" frage ich. „Ja ja, seit einer Woche wird mir öfter schwarz vor Augen, wenn mir so heiß ist." – „Und haben Sie mal Fieber gemessen?" – „Nee, … so was hat zu Hause immer meine Mutter gemacht." Die Augen der jungen Patientin füllen sich mit Tränen: „Ich hab Angst, dass ich Leukämie oder ein Lymphom hab! Oder vielleicht hab ich sogar AIDS!!!"

Ich zucke zusammen und frage: „Wie kommen Sie denn darauf?" Die nun hemmungslos Weinende lässt sich die Temperatur im Ohr messen (38,9°C) und erzählt zwischen tiefen Schluchzern, dass sie im 3. Semester Medizin studiere und vor drei Monaten bei der großen Uniparty einen „Blackout" mit einem Kommilitonen aus dem Erasmusprogramm gehabt habe. „Es war das erste Mal, dass ich so richtig ‚Gas gegeben' habe – es waren so viele nette Jungs da … Anfangs hatte ich nur Angst, dass ich schwanger sein könnte. War ich erleichtert, als meine Regel wieder eingesetzt hat … Aber seit einer Woche ist mir nun ständig heiß, besonders abends."

Liesa und ich hören uns die Geschichte ruhig an und nehmen währenddessen Blut ab. Ich gebe zusätzlich noch Paracetamol in die Infusion, um das Fieber ein wenig zu senken, und frage dann: „Und wie kommen Sie auf Leukämie, Lymphom oder AIDS?"

„Na, als in Anatomie Lymphknoten dran waren, hat unser Prof erzählt, dass sie bei diesen Krankheiten anschwellen, … und ich hab geschwollene Lymphknoten!", sagt die Patientin und weist auf ihren Hals. Ich frage, ob sie auch Halsschmerzen habe. Als sie bejaht, gucke ich ihr in den Hals und sehe weißliche Beläge auf den Mandeln. Ich bitte Liesa um einen Schnelltest auf infektiöse Mononukleose (Pfeiffer-Drüsenfieber). Und 10 Minuten später haben wir schon das Ergebnis: positiv!

„Na, Pfeiffer-Drüsenfieber ist wenigstens besser als AIDS", sagt die Patientin erleichtert. „Das stimmt", gebe ich ihr Recht. „Vermutlich wird Sie die Krankheit aber noch eine Zeit lang ausbremsen. Häufig sind die Betroffenen noch wochenlang müde und schwach." Ich bin mir sicher: Meine Patientin wird als Ärztin niemals vergessen, warum diese Krankheit auch Kissing Disease genannt wird.

3 Nervensystem – Grundlagen

3.1	Einführung	194
3.2	Funktion und Gliederung	194
3.3	Funktionelle und physiologische Grundlagen	195
3.4	Morphologische Einteilung des Nervensystems	201
3.5	Funktionelle Einteilung des Nervensystems	212

S. Mense

3.1 Einführung

3.1 Einführung

▶ Definition.

▶ **Definition.** Unter dem Begriff „Nervensystem" (Systema nervosum) wird ein Gefüge zellulärer Strukturen verstanden, die funktionell zusammenarbeiten. Diese Strukturen bestehen aus Nervenzellen (Neuronen), Gliazellen und anderen Bestandteilen des Nervengewebes (S. 91).

3.2 Funktion und Gliederung

3.2 Funktion und Gliederung

3.2.1 Funktion

3.2.1 Funktion

Das Nervensystem dient der Aufnahme von Reizen, der Leitung und Verarbeitung der neuronalen Information sowie deren Beantwortung. Darüber hinaus ist es die Grundlage von **Gedächtnis** und **Denkprozessen**.

Das Nervensystem dient der Aufnahme, Leitung und Verarbeitung von Informationen aus der Umwelt und von inneren Organen. Es hat weiterhin die Aufgabe, die jeweiligen Reize mit adäquaten Reaktionen zu beantworten und ist die strukturelle Grundlage von **Emotionen, Gedächtnis und Denkprozessen**.

3.2.2 Gliederung

3.2.2 Gliederung

Das Nervensystem kann **morphologisch** eingeteilt werden (S. 201) in (Abb. **B-3.1**)
- **zentrales Nervensystem** (**ZNS**) mit Gehirn und Rückenmark und
- **peripheres Nervensystem** (**PNS**) mit den übrigen neuronalen Strukturen.

Die **funktionelle** Einteilung erfolgt in
- **somatisches** (animalisches) Nervensystem zur Verarbeitung von Reizen und Steuerung der Motorik sowie
- **autonomes** (vegetatives, viszerales) Nervensystem zur unbewussten Steuerung von inneren Organen und der **Aufrechterhaltung des inneren Milieus**.

Das Nervensystem kann nach verschiedenen Gesichtspunkten eingeteilt werden.
Morphologisch gliedert sich das Nervensystem (S. 201) in zwei Abschnitte (Abb. **B-3.1**):
- das **zentrale Nervensystem** (**ZNS**), bestehend aus Gehirn und Rückenmark, und
- das **periphere Nervensystem** (**PNS**), das alle außerhalb des ZNS gelegenen Anteile des Nervensystems umfasst.

Funktionell betrachtet können zwei unterschiedliche Systeme unterschieden werden (S. 212), an welchen sowohl ZNS als auch PNS beteiligt sind:
- Das **somatische** (syn. animalische) Nervensystem dient der Verarbeitung von Reizen, die von innen oder außen auf den Körper einwirken. Die **Steuerung der Motorik** und die **Kommunikation mit der Umwelt** sind weitere wichtige Aufgaben dieses Systems.
- Das **autonome** (syn. vegetative bzw. viszerale) Nervensystem steuert die Funktionen der inneren Organe und ist verantwortlich für die Aufrechterhaltung des inneren Milieus (Homöostase), z. B. osmotischer Druck der Körperflüssigkeiten, Kerntemperatur.

B 3.3 Funktionelle und physiologische Grundlagen

⊙ B-3.1 Lage und Gliederung des Nervensystems

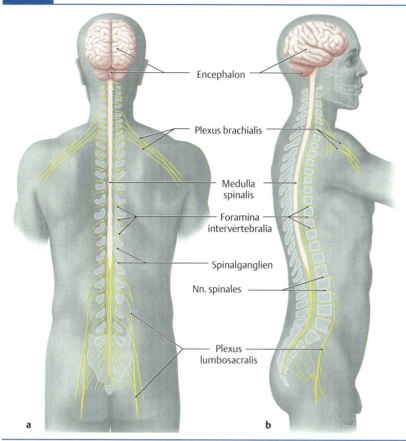

Das ZNS (Gehirn und Rückenmark) ist in Rosa, Teile des PNS sind in Gelb dargestellt (in **a** von dorsal, in **b** von rechts lateral). Im Bereich des Rückenmarks treten die Nerven durch die Zwischenwirbellöcher (Foramina intervertebralia) aus dem Spinalkanal aus. Die anterioren/ventralen Äste der Spinalnerven lagern sich im Bereich der Extremitäten zu Geflechten (Plexus) zusammen, aus denen sich die peripheren Nerven bilden. Von den peripheren Nerven ist jeweils nur der Anfangsteil dargestellt.
(Prometheus LernAtlas. Thieme, 3. Aufl.)

3.3 Funktionelle und physiologische Grundlagen

3.3.1 Umformung des Reizes in neuronale Signale

Aufnahme des Reizes

Informationen liegen im Nervensystem in Form von elektrischen Potenzialen (Membranpotenzialänderungen) vor. Deshalb müssen Reize aus der Umwelt (mechanische, thermische oder chemische Reize) oder von inneren Organen in elektrische Signale umgewandelt werden. Die Aufnahme des Reizes erfolgt über **primäre** oder sekundäre Sinneszellen (S. 1194) (**Rezeptorzellen**, s. u.). Diese Zellen sind so spezialisiert, dass sie äußere Reize in elektrische Signale umwandeln können. Diese Signale werden dann über Kontaktstellen (**Synapsen**) an nachgeschaltete Neurone im ZNS weitergegeben. Daneben gibt es noch chemische Signale, z. B. über den axonalen Plasmafluss.

Aktionspotenzial und Erregungsweiterleitung

Aktionspotenzial: Die Weiterleitung von Informationen über Nervenfasern (Erregungsleitung) erfolgt über eine Änderung des elektrischen Potenzials der Zellmembran. Hierbei handelt es sich initial um eine **Depolarisation**, d. h. eine Veränderung des innen negativen Membranpotenzials in positiver Richtung. Der Depolarisation folgt eine schnellen **Repolarisation**; beide Vorgänge zusammen bilden ein **Aktionspotenzial**, welches entlang der Nervenfaser fortgeleitet wird.
Immer wenn die Membran bis zur Erregungsschwelle depolarisiert wird, erfolgt die Umladung explosionsartig nach dem Alles-oder-Nichts-Prinzip. Grundsätzlich müssen zwei Formen der Ausbreitung von Aktionspotenzialen über eine Nervenfaser unterschieden werden (Tab. **B-3.1**).

3.3 Funktionelle und physiologische Grundlagen

3.3.1 Umformung des Reizes in neuronale Signale

Aufnahme des Reizes

Die Aufnahme eines Reizes erfolgt über **primäre** und sekundäre Sinneszellen (S. 1194), die als rezeptive Nervenendigungen oder Rezeptorzellen in der Lage sind, den Reiz in ein elektrisches Potenzial (Rezeptorpotenzial) umzuwandeln. Dieses Signal wird im afferenten Axon in Aktionspotenziale umgesetzt und über **Synapsen** an weitere Neurone im ZNS weitergegeben.

Aktionspotenzial und Erregungsweiterleitung

Aktionspotenzial: Die Leitung der Informationen erfolgt über eine schnelle Änderung des Membranpotenzials in positiver und danach in negativer Richtung. Das durch diese Vorgänge erzeugte **Aktionspotenzial** setzt sich – je nach Fasertyp – in unterschiedlicher Geschwindigkeit entlang des Axons fort (Tab. **B-3.1**).

☰ B-3.1	Formen der Erregungsleitung		
Form der Erregungsleitung	**Vorkommen**	**Mechanismus**	**Charakteristika**
saltatorisch	**markhaltige** Nervenfasern (S. 94)	das Axon wird zwischen den Ranvier-Schnürringen durch die Myelinscheide isoliert	• schnelle und genaue Übertragung der Information
	Bsp.: visuelle Funktionen, viele motorische Reflexe	→ sprunghafte Ausbreitung der Erregung von einem zum nächsten Ranvier-Schnürring (S. 94)	• hoher Platzbedarf (Faserdurchmesssergrößer als bei marklosen Fasern)
kontinuierlich	**marklose** Fasern (S. 94)	Ranvier-Schnürringe fehlen	• langsamere Übertragung als bei der saltatorischen Leitung
	Bsp.: periphere Fasern der Thermo- und Nozizeption vor der 1. Synapse	→ das Aktionspotenzial muss alle Membranteile in Ausbreitungsrichtung depolarisieren	• geringerer Platzbedarf

Synapsen: Die funktionelle Verbindung der einzelnen Neurone untereinander erfolgt im menschlichen Nervensystem hauptsächlich über **chemische Synapsen**, d. h. durch die Freisetzung von **Neurotransmittern (Botenstoffen)**. Die Freisetzung dieser Botenstoffe durch ein Aktionspotenzial erzeugt an der Membran des nachgeschalteten Neurons – je nach Transmitter und postsynaptischem Rezeptor – entweder ein **erregendes** oder **ein hemmendes postsynaptisches Potenzial** (**EPSP** bzw. **IPSP**).

Synapsen: Untereinander sind die einzelnen Neurone durch **Synapsen** (S. 97) verbunden. Die gegenüber den elektrischen Synapsen weit häufigeren chemischen Synapsen benutzen zur Weitergabe der neuronalen Information eine Substanz (**Neurotransmitter**), welche je nach Lokalisation bzw. Funktion (erregend/hemmend) der Synapse unterschiedlich ist (s. u.). Der Neurotransmitter ist im präsynaptischen Endkolben in Vesikeln (Bläschen) gespeichert (Abb. **B-3.2**) und wird – ausgelöst durch ein Aktionspotenzial – in den synaptischen Spalt freigesetzt. Dadurch werden die elektrischen Signale des präsynaptischen Neurons in chemische umgesetzt. Nach der Diffusion des Neurotransmitters zur postsynaptischen Seite werden hier wieder elektrische Signale erzeugt (**postsynaptisches Potenzial**). Je nachdem, ob sich daraufhin das Membranpotenzial der Entladungsschwelle nähert (Depolarisation) oder ob es sich von ihr entfernt (Hyperpolarisation), liegt ein **erregendes postsynaptisches Potenzial** (**EPSP**) oder ein **hemmendes** (inhibitorisches) **postsynaptisches Potenzial** (**IPSP**) vor. Ausschlaggebend für die Art des Potenzials ist weniger der Neurotransmitter als vielmehr das postsynaptisch vorhandene Rezeptormolekül, an das der Neurotransmitter bindet.

Durch die gleichzeitige Aktivierung erregender und hemmender Synapsen erfolgt eine **Modulation** (Abschwächung, Verstärkung) der neuronalen Information.

Modulation: Jede Synapse ist ein Ort der **Modulation** der neuronalen Information, da jedes Neuron eine Vielzahl von Synapsen auf seiner Oberfläche besitzt, die gleichzeitig aktiv sind und die teils erregend, teils hemmend auf die Impulsaktivität der Zelle wirken. Dadurch wird die Information verändert (abgeschwächt, verstärkt).

▶ Merke.

▶ Merke. Die Aktivierung **einer** erregenden Synapse erzeugt in der postsynaptischen Zelle keine Aktionspotenziale, sondern erhöht nur die **Wahrscheinlichkeit**, dass die Zelle aktiv (oder aktiver) wird. Es müssen sich viele EPSPs summieren, um postsynaptische Aktionspotenziale auszulösen.

Durch die unterschiedliche Aktivierung hemmender und erregender Synapsen kommt es zu einer **Abschwächung**, **Verstärkung** oder **Kontrastierung bis hin zur Erkennung** der neuronalen Information. Diese Vorgänge werden zusammen „**Verarbeitung der neuronalen Information**" genannt, zu der auch die Modulation gehört. Die anhaltende **Speicherung** (Gedächtnis) der Information verläuft u. a. über die Verbreiterung oder Vermehrung synaptischer Kontaktflächen (Neuroplastizität).

Eine **Abschwächung** der neuronalen Aktivität kann durch Aktivierung hemmender Synapsen erfolgen. Beispiel: Reiben der Haut über einer schmerzenden Verletzung nach einem Stoß vor das Schienbein. Die **Verstärkung** der Aktivität ist durch gleichzeitige Aktivierung vieler erregender Synapsen möglich oder durch eine Erregbarkeitssteigerung des Neurons als Folge neuroplastischer Veränderungen (S. 205). Eine **Kontrastierung** wird meist über die sog. laterale Hemmung bewirkt, d. h. neuronale Aktivität in einer bestimmten Neuronenpopulation hemmt die Aktivität in benachbarten Neuronen. Diese Vorgänge werden zusammen „**Verarbeitung der neuronalen Information**" genannt, zu der auch die Modulation gehört. Die langfristige **Speicherung** der Information in Form von Gedächtnisinhalten erfolgt u. a. durch strukturelle Umbauprozesse mit einer Verbreiterung oder Vermehrung von synaptischen Kontaktflächen (neuroplastische Umbauprozesse).

B 3.3 Funktionelle und physiologische Grundlagen

B-3.2 Elektrische Vorgänge in einem zentralnervösen Neuron

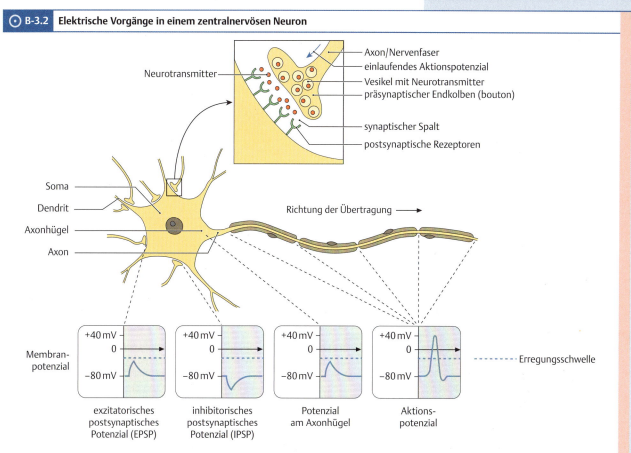

Großes Bild: Multipolares Neuron mit mehreren Dendriten und einem markhaltigen Axon. Die Synapsen auf der Zellmembran des Neurons erzeugen auf der postsynaptischen Seite entweder ein erregendes EPSP oder ein hemmendes IPSP. Das EPSP ist unterschwellig, d. h. es erreicht die Erregungsschwelle nicht und löst daher keine Aktionspotenziale aus. EPSPs und IPSPs überlagern sich am Axonhügel. Wenn die aus der Überlagerung der Potenziale resultierende Depolarisation die Erregungsschwelle des postsynaptischen Neurons überschreitet, feuert das Neuron Aktionspotenziale (APs), die sich entlang des Axons ausbreiten. **Detailbild:** Chemische Synapse. Der präsynaptische Endkolben enthält Neurotransmitter (meist Glutamat) in kleinen Vesikeln. Laufen APs in den Endkolben ein, wird der Neurotransmitter aus den Vesikeln in den synaptischen Spalt freigesetzt. Der Transmitter diffundiert zur postsynaptischen Seite und bindet an dort befindliche Rezeptormoleküle. Durch die Bindung wird im postsynaptischen Neuron entweder ein unterschwelliges Potenzial erzeugt oder die Erregbarkeit über Beeinflussung der sekundären Botenstoffe verändert.
(nach Prometheus LernAtlas. Thieme, 3. Aufl.)

Afferenzen/Efferenzen

▶ **Definition.** **Afferenzen** sind Nervenfasern, die aus der Körperperipherie in Richtung ZNS ziehen, **Efferenzen** solche, die vom ZNS in Richtung Peripherie verlaufen. Eine **Nervenfaser** besteht aus Axon und Hüllzellen, wobei die Hüllzellen im PNS aus Schwann-Zellen, im ZNS aus verschiedenen Gliazellen (S. 93) bestehen.

Nervenfasern können elektrische Informationen prinzipiell in beide Richtungen leiten. Praktisch geschieht dies nicht, da die Erregung entweder im Rezeptor oder in einem ZNS-Neuron entsteht und sich dann vom Rezeptor oder Soma fortbewegt. Daher lassen sich in Abhängigkeit der Richtung des Informationsflusses **afferente** und **efferente** Fasern unterscheiden.
Anmerkung: Die Begriffe „afferent" und „efferent" werden oft auch in Bezug auf Teile des ZNS benutzt, z. B. „Afferenzen zur Substantia nigra".

Afferenzen: Die Afferenzen des PNS leiten die über ihre rezeptiven Nervendigungen aus der Umwelt bzw. von inneren Organen aufgenommenen Informationen in Richtung ZNS. Aus diesem Grund werden sie auch als **sensorische** oder **sensible** Fasern bezeichnet. Während der Begriff „sensorisch" früher den Afferenzen von höheren Sinnesorganen (z. B. Auge, Ohr) vorbehalten war, wird er heute international für alle afferenten Fasern verwendet; die Bezeichnung sensible Faser ist aber – gerade im deutschen Sprachraum – noch ebenso gebräuchlich.

Afferenzen/Efferenzen

▶ **Definition.**

Nervenfasern leiten Informationen normalerweise nur in eine Richtung.

Afferenzen: Afferenzen des PNS leiten Informationen in Richtung ZNS. Sie werden auch als **sensorische** (sensible) Fasern bezeichnet.

B 3 Nervensystem – Grundlagen

Efferenzen: Die Efferenzen leiten die Informationen vom ZNS in die Peripherie.

Handelt es sich dabei um motorische Signale, werden die Fasern als motorische Efferenzen oder **Motoaxone** bezeichnet. Zusammen mit dem zugehörigen Zellkörper (Soma) bilden sie die **Motoneurone**. Man unterscheidet α-Motoneurone zur Innervation der extrafusalen Muskelfasern (S. 82) und γ-Motoneurone, die zu den intrafusalen Muskelfasern (S. 85) ziehen. Ihre Fasern werden als **Somatoefferenzen** (S. 206) zusammengefasst.
Zu Drüsen und glatter Muskulatur ziehen autonome Efferenzen, sog. **Viszeroefferenzen** (S. 206).

Efferenzen: Die Efferenzen leiten die Informationen vom ZNS zu den Zielorganen. Die efferenten Fasern, die an Muskelfasern enden, werden als **motorische Fasern** oder **Motoaxone** bezeichnet.
Eine motorische Faser und ihr zugehöriges Soma bilden das **Motoneuron**.
Zu unterscheiden sind α-Motoneurone, die Muskelfasern (S. 82) der Arbeitsmuskulatur (extrafusale Muskelfasern) versorgen, von γ-Motoneuronen, die spezialisierte Muskelfasern in den Muskelspindeln, sog. intrafusale Muskelfasern (S. 85), innervieren. Das Soma der α-Motoneurone gehört zu den größten neuronalen Zellkörpern des ZNS, es liegt im Vorderhorn des Rückenmarks (S. 1099). Sein Axon ist dick markhaltig (S. 94). Das Soma des γ-Motoneurons ist klein und liegt ebenfalls im Vorderhorn. Das γ-Motoaxon ist dünn markhaltig.
Neben α- und γ-Motoneuronen, deren Nervenfasern als **Somatoefferenzen** (S. 206) bezeichnet werden, gibt es autonome Efferenzen zu Gefäßen, zur glatten Muskulatur der Eingeweide und Drüsen, sog. **Viszeroefferenzen** (S. 206).

Klinische Anmerkung: Bei **Engpasssyndromen** (z. B. Nerveinklemmung oder Bandscheibenvorfall) können an der Kompressionsstelle Aktionspotenziale ausgelöst werden. Diese **ektopen Aktionspotenziale** breiten sich in beide Richtungen aus. Sie können daher in afferenten Fasern zur Peripherie laufen und in efferenten Fasern zum ZNS.

Reflexe

▶ **Definition.**

▶ **Definition.** Reflexe sind stereotype Antworten auf einen Reiz. Die Reflexantworten können allerdings je nach Umgebungssituation modifiziert werden.

Afferenzen und Efferenzen bilden oft **Reflexbögen.** Diese können **monosynaptisch** (über nur eine Synapse) aufgebaut sein (Bsp.: Patellarsehnenreflex) oder **polysynaptisch** (über mehrere Synapsen) verlaufen (Bsp.: Flexorreflex).

Die anatomische Grundlage sind **Reflexbögen**, die aus einem afferenten und einem efferenten Schenkel bestehen. Reflexbögen können sehr einfach gebaut sein wie z. B. der **Patellarsehnenreflex**, der nur aus zwei Neuronen besteht, die **monosynaptisch** (über nur eine Synapse) miteinander verbunden sind. Dagegen besteht der **Flexorreflex** aus vielen **polysynaptisch** miteinander verschalteten Neuronen und beinhaltet auch kontralaterale Verbindungen. Der Flexorreflex wird durch einen Schmerzreiz wie z. B. einen Tritt auf einen spitzen Gegenstand ausgelöst. Als Folge werden die Beugermuskeln des gereizten Beins aktiviert und gleichzeitig die Streckermuskeln des anderen Beins zur Aufrechterhaltung des Gleichgewichts erregt.

Monosynaptischer Dehnungsreflex: Mit dem **Patellarsehnenreflex** (PSR, Abb. **B-3.3**) kann die Intaktheit der neuronalen Verbindung zwischen den Muskelspindeln des M. quadriceps (S. 377) und seinen neuromuskulären Endplatten sowie die korrekte Umschaltung im Rückenmark geprüft werden. Hierbei werden besonders **Seitenunterschiede** in der Stärke des Reflexes klinisch verwertet.

Monosynaptischer Dehnungsreflex: Ein prominentes Beispiel für diesen Reflex ist der klinisch oft eingesetzte **Patellarsehnenreflex** (**PSR**, Abb. **B-3.3**). Er wird ausgelöst durch einen leichten Schlag mit dem Reflexhammer auf das Ligamentum patellae direkt kaudal der Patella. Dadurch wird der Musculus quadriceps femoris (S. 377) kurz gedehnt, und die in ihm liegenden Muskelspindeln (S. 85) werden erregt; vgl. auch Muskelrezeptoren (S. 1197). Dies führt über die monosynaptische Verbindung der primären Muskelspindel-Afferenzen (der sog. **Ia-Fasern**, Tab. **A-2.14**) mit den α-**Motoneuronen** desselben Muskels (den **homonymen** (gleichnamigen) Motoneuronen) zu einer Zuckung des Muskels, die sich in einer kurzen Streckbewegung im Kniegelenk äußert (Abb. **B-3.3b**). Da sich Rezeptor und Effektor (neuromuskuläre Endplatte) im gleichen Gewebe befinden, wird der Reflex als **Eigenreflex** bezeichnet. Gleichzeitig werden die Antagonisten des M. quadriceps (M. biceps femoris und die ischiokrurale Gruppe) über hemmende **Interneurone** (Schaltneurone) gehemmt, was den Reflex erleichtert (Abb. **B-3.3c**). Zur Verschaltung ist anzumerken, dass die afferente Information von den Muskelspindeln auch höhere Zentren erreicht – über die Hinterstränge (Abb. **B-3.3**) oder die propriospinalen Bahnen.

▶ **Klinik.**

▶ **Klinik.** Mit dem **PSR** kann die Intaktheit der reflektorischen Verbindung vom und zum M. quadriceps geprüft werden. Da die Stärke des Reflexes interindividuell stark variiert, wird klinisch vorwiegend die **Seitengleichheit** des Reflexes (rechtes und linkes Bein) verwertet. Ein einseitig abgeschwächter Reflex erfordert die Abklärung des gesamten Reflexweges vom Rezeptor im Muskel über das Rückenmark bis zu den Endplatten desselben Muskels. Umgekehrt kommt es bei einer zentralnervös bedingten **Spastik** (S. 1191) zu einer Steigerung der Reflexstärke.

B 3.3 Funktionelle und physiologische Grundlagen

B-3.3 Patellarsehnenreflex

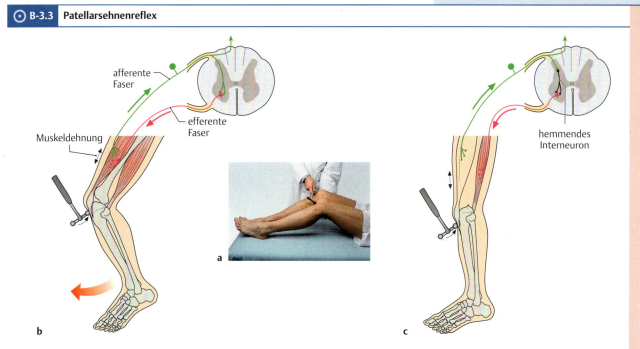

a Auslösung des PSR beim Patienten durch leichten Schlag mit dem Reflexhammer auf das Lig. patellae. (Füeßl, F.S., Middeke, M.: Duale Reihe Anamnese und Klinische Untersuchung. Thieme, 2014)
b Darstellung des Reflexbogens anhand des PSR als typisches Beispiel für einen monosynaptischen Dehnungsreflex.
c Hemmung des M. biceps femoris und der ischiokruralen Gruppe, die gleichzeitig mit der Kontraktion des M. quadriceps femoris erfolgt.

Als eine der **physiologischen Funktionen** des Dehnungsreflexes wird angenommen, dass er die Länge eines Muskels automatisch konstant hält, da jede Dehnung zu einer Kontraktion desselben Muskels führt. Dieser Mechanismus fördert auch die Durchführung alternierender Streck- und Beugebewegungen (z. B. beim Laufen). Wird beim schnellen Lauf durch die Glutäalmuskeln das Bein nach hinten geführt (Retroversion), wird der M. quadriceps am Ende der Bewegung gestreckt. Dies aktiviert den PSR und leitet die Bewegung des Beins nach vorn ein (Anteversion).

Polysynaptischer Flexorreflex: Der Flexorreflex ist ein durch Reizung von **Nozizeptoren** (schmerzvermittelnden freien Nervenendigungen) der Haut ausgelöster Reflex. Typische Beispiele für diesen Reflex sind das automatische Zurückziehen der Hand bei Kontakt mit einer heißen Oberfläche oder das Beugen des Beins beim Treten auf ein scharfkantiges Objekt. Die afferenten Fasern von den Nozizeptoren treten über die Hinterwurzel (S. 204) in das Rückenmark ein, im Hinter- und Vorderhorn erfolgt eine **mehrfache synaptische Umschaltung** über lokale zwischengeschaltete **Interneurone**, bis die Information die Flexormotoneurone erreicht und sie erregt (Abb. **B-3.4**). Da Rezeptor (Hautnozizeptor) und Effektor (Flexormuskel) in unterschiedlichen Geweben liegen, handelt es sich um einen **Fremdreflex**. Gleichzeitig werden durch hemmende Interneurone die Extensormotoneurone derselben Extremität gehemmt. Beim Beispiel eines Tritts auf einen scharfkantigen Gegenstand werden simultan die Extensormuskeln des anderen Beins erregt, um ein Einknicken der Extremität durch das Körpergewicht zu verhindern.
Der Flexorreflex hat einige Eigenschaften, die dem Dehnungsreflex fehlen:
- **Verkürzung der Latenz** bis zum Eintreten der Reflexantwort bei wiederholter gleichstarker Reizung,
- **Sensibilisierung** (wiederholtes Reizen führt zu immer stärkeren Reflexantworten) und
- **Ausbreitung** der Reflexantwort (bei starken Schmerzreizen kommt es zu Abwehrbewegungen des Gesamtorganismus, z. B. auf einem Bein tanzen, wenn der andere Fuß gequetscht wurde).

Als Hauptfunktion des PSR wird die Förderung von alternierenden Flexor- und Extensorenbewegungen des Beins beim Laufen angesehen. Wird das Bein nach hinten geführt, kommt es zur Dehnung des M. quadriceps, der über den PSR die Beinbewegung nach vorn einleitet.

Polysynaptischer Flexorreflex: Der **Flexorreflex** ist ein Schutzreflex, der durch Erregung der Flexormuskeln einen schmerzhaft gereizten Körperteil aus dem Einflussbereich des Reizes bringen soll. Die gereizten Rezeptoren sind meist **Nozizeptoren** der Haut, der Reizerfolg besteht in einer Kontraktion der **Flexormuskeln** der gleichen Extremität (sog. **Fremdreflex**, weil Reizort und Effektororgan nicht identisch sind). Die Umschaltung im Rückenmark verläuft über mehrere Synapsen (**polysynaptischer Reflex**, Abb. **B-3.4**).

B-3.4 Flexorreflex

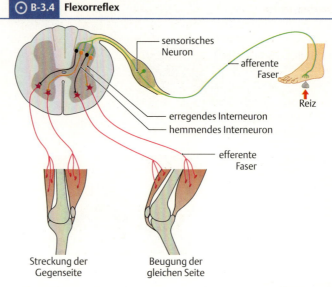

Der Flexorreflex ist ein typisches Beispiel für einen polysynaptischen Reflex mit vielen zwischengeschalteten Neuronen (Interneuronen), von denen jeweils nur eins dargestellt ist.

3.3.2 Axonaler Transport

Über den **axonalen Transport** können Stoffe innerhalb des Neurons bewegt werden (Tab. **B-3.2**). Der axonale Transport erfolgt je nach transportierter Substanz unterschiedlich schnell (1–400 mm/Tag). Die Synthese, der Transport und die Freisetzung von Hormonen durch Neurone werden als **Neurosekretion** bezeichnet.

3.3.2 Axonaler Transport

Axone leiten nicht nur elektrische Information in Form von Aktionspotenzialen, sondern auch chemische Signale über den axonalen Transport. Die zu transportierenden Moleküle koppeln sich mit Hilfe von Transportmolekülen (Dynein, Kinesin) an die Mikrotubuli (S. 53). In jedem Neuron gibt es unterschiedliche Systeme mit teils anterograder, teils retrograder Transportrichtung (Tab. **B-3.2**). Der axonale Transport kann langsam (1–2 mm/Tag) oder schnell (bis zu 400 mm/Tag) erfolgen und läuft in jedem Neuron ab. Er ist besonders für solche Neurone von Bedeutung, deren Hauptfunktion die Synthese, der Transport und die Freisetzung von Hormonen ist (**Neurosekretion**). Ein Beispiel für solche Neurone sind bestimmte Zellen des Hypothalamus (S. 1130). Sie transportieren Oxytozin und das antidiuretische Hormon (ADH) axonal zum Hypophysenhinterlappen, wo die Neurosekrete in den Blutstrom freigesetzt werden.

B-3.2 Axonaler Transport

Richtung		transportierte Substanzen
anterograd	vom Soma in die axonalen Endverzweigungen	• Membranbestandteile, Mitochondrien, Vesikel, Enzyme • Rezeptormoleküle, Neuropeptide
retrograd	aus der Peripherie zum Soma	• einige Neurotoxine (z. B. Tetanustoxin) • Wachstumsfaktoren: Während der Entwicklung nehmen Axone beim Kontakt mit dem zu innervierenden Gewebe Wachstumsfaktoren (z. B. nerve growth factor, NGF) auf und transportieren sie zum Soma. Geschieht dies nicht, gehen die Neurone zugrunde.

▶ **Klinik.** Eine durch einen Tumor oder ein Trauma bedingte Störung des axonalen Hormontransports vom Hypothalamus zum Hypophysenhinterlappen führt zu einem **ADH-Mangel** und infolgedessen zum Auftreten eines **zentralen** (**neurogenen**) **Diabetes insipidus**. Die Kardinalsymptome dieser Erkrankung sind eine vermehrte Harnausscheidung und Flüssigkeitsaufnahme (**Polyurie** und **Polydipsie**), da normalerweise ADH die Rückresorption von Wasser in den Sammelrohren der Niere steigert und so die Harnausscheidung verringert.

▶ Merke. **Neurotransmitter** benötigen in der Regel **keinen** axonalen Transport, da sie in den meisten Fällen direkt in der präsynaptischen Nervenendigung (re)synthetisiert werden. Innerhalb der Synapse unterliegen sie einem Kreislauf aus Synthese, Freisetzung, Wiederaufnahme in die präsynaptische Endigung und erneuter Freisetzung. Die für diese Vorgänge benötigten **Enzyme** werden vom **Soma** synthetisiert und über den axonalen Transport zur Synapse transportiert. Kotransmitter wie die Neuropeptide (z. B. Substanz P) müssen allerdings im Soma synthetisiert und zur präsynaptischen Endigung transportiert werden.

3.4 Morphologische Einteilung des Nervensystems

Wie bereits eingangs beschrieben, gliedert sich das Nervensystem morphologisch in das **zentrale** und das **periphere Nervensystem** (**ZNS** und **PNS**). Das periphere Nervensystem hat – mit Ausnahme der autonomen Ganglien (S. 214) – eine rein informations**leitende** Funktion, während das zentrale Nervensystem die neuronale Information **sowohl verarbeitet als auch leitet**. Die Leitungsfunktion steht beim Rückenmark im Vordergrund, die Informationsverarbeitung beim Gehirn.

▶ Merke. Das alte Dogma, dass sich Nervenzellen beim erwachsenen Menschen nicht mehr teilen können, gilt so nicht mehr. In geringem Umfang kommt es auch im adulten ZNS zu einer Neubildung von Neuronen (Neuroneogenese; z. B. im Riechepithel und Hippocampus).

3.4.1 Zentrales Nervensystem (ZNS)

Das ZNS besteht aus **Gehirn** (lat.: Cerebrum, griech.: **Encephalon**) und **Rückenmark** (**Medulla spinalis**). Beide grenzen im Bereich des **Hirnstamms** (S. 1104), sog. **Truncus cerebri** (ein Teil des Gehirns) aneinander.
Zu Einzelheiten des Aufbaus des ZNS (S. 1097) siehe Abb. **B-3.5** und Abb. **B-3.6**.

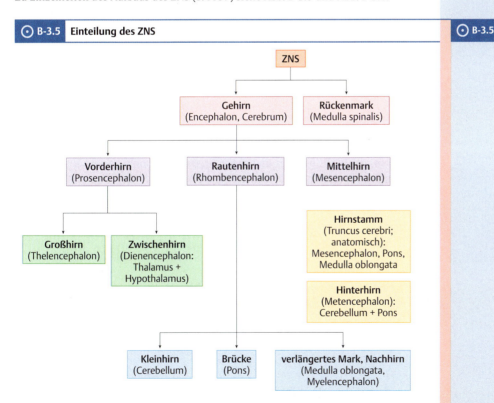

B-3.5 Einteilung des ZNS

Bitte beachten: 1. Das **Großhirn** (Telencephalon) ist ein Teil des **Gehirns** (Encephalon, Cerebrum). 2. Der **Hirnstamm** (Truncus cerebri) ist ein Teil des Gehirns. Der Begriff **Stammhirn** beinhaltet zusätzlich zu den Teilen des Hirnstamms noch das Zwischenhirn (Diencephalon).

▶ Merke.

3.4 Morphologische Einteilung des Nervensystems

Das periphere Nervensystem hat rein informations**leitende** Funktion (Ausnahme: autonome Ganglien, s. u.), das zentrale Nervensystem zusätzlich noch informations**verarbeitende** Funktion.

▶ Merke.

3.4.1 Zentrales Nervensystem (ZNS)

Das zentrale Nervensystem, ZNS (S. 1097), besteht aus Gehirn (Encephalon) und Rückenmark (Medulla spinalis).

B-3.5

> ▶ Merke.

Die beiden Hauptbestandteile des Gehirns sind:

- **weiße Substanz:** Der **informationsleitende** Anteil des ZNS besteht hauptsächlich aus **markhaltigen Nervenfasern**;
- **graue Substanz:** Der **informationsverarbeitende** Anteil des ZNS besteht aus **neuronalen Zellkörpern** mit ihren Synapsen (und Gliazellen).

Im ZNS kommen chemische Synapsen (S. 97) vom axo-somatischen, axo-dendritischen und axo-axonalen Typ vor. Die häufigsten Neurotransmitter im ZNS (S. 1181) sind Glutamat, Glyzin und Gamma-Amino-Buttersäure (GABA).

Gehirn

Im Gehirn (S. 1103) liegt die graue Substanz als **Hirnrinde** (**Kortex**) an der Gehirnoberfläche und als **Kerne** (**Nuclei**) im Inneren. Die weiße Substanz bildet das **Marklager**, das die Information zwischen Kortex und Kernen leitet und die Verbindungen des Gehirns mit Hirnstamm und Rückenmark herstellt. Im gesamten ZNS ist die Zahl der Neurone deutlich geringer als die der Gliazellen.

> ▶ Merke. Bei Richtungsangaben innerhalb des Gehirns ist der Begriff „kranial" (in Richtung auf den Schädel) unsinnig, da sich ja das gesamte Gehirn im Schädel befindet. Stattdessen wird der Ausdruck „rostral" („schnabelwärts", in Richtung Stirn) verwendet.

Schon makroskopisch lassen sich die beiden hauptsächlichen Gewebsbestandteile des ZNS unterscheiden:

- **weiße Substanz** (**Substantia alba**): Die weiße Substanz hat ihren Namen von ihrem makroskopisch weißlichen Aussehen, das durch einen hohen Anteil an **markhaltigen Nervenfasern** bedingt ist. Es kommen aber auch marklose Fasern sowie Gliazellen vor. In der weißen Substanz findet die **Leitung von Aktionspotenzialen** statt, eine synaptische Verarbeitung der neuronalen Information fehlt weitgehend;
- **graue Substanz** (**Susbtantia grisea**): Sie besteht aus den **Somata** der Nervenzellen und ihren Fortsätzen mit Synapsen. Hinzu kommen die Somata und Fortsätze der Gliazellen. In der grauen Substanz findet die **Verarbeitung neuronaler Information** statt.

Bei den **Synapsen des ZNS** (S. 97) handelt es sich meist um chemische neuro-neuronale Synapsen vom axo-somatischen, axo-dendritischen und axo-axonalen Typ. Als Neurotransmitter dienen im ZNS in erster Linie Glutamat, Glyzin und Gamma-Amino-Buttersäure (GABA), doch gibt es noch eine große Anzahl anderer Überträgerstoffe (S. 1181).

Gehirn

Das Gehirn (S. 1103) – wie auch die anderen Teile des ZNS – bestehen nur zu einem kleinen Teil aus Neuronen. Der größte Teil des Gehirns wird von Gliazellen (S. 93) gebildet, deren Anzahl schätzungsweise um den Faktor 3–10 größer ist als die der Neurone. Die Gesamtzahl der Neurone im ZNS wird üblicherweise mit ca. 10^{10} bis 10^{11} (1 bis 10 Billionen) angegeben. Ihre Zellkörper liegen als graue Substanz an der Oberfläche des Gehirns in Form der **Hirnrinde** (**Kortex**) und im Inneren in Form von **Kernen** (**Nuclei**). Näheres s. im Kap. Gehirn (S. 1103). Aus einigen der im Hirnstamm gelegenen Kerne (S. 1105) entspringen die Hirnnerven des PNS. Die weiße Substanz bildet das sog. Marklager, das Aktionspotenziale zum bzw. vom Kortex oder zwischen den Kernen leitet.

Das Großhirn (Telencephalon) besitzt zwei Hemisphären, die durch eine massive Faserplatte – den Balken (Corpus callosum) – miteinander verbunden sind. Jede Hemisphäre ist in mehrere **Lappen** (**Lobi**) eingeteilt: Lobus frontalis, parietalis, occipitalis und temporalis. Hinzu kommen noch auf der lateralen Fläche der Lobus insularis (die Insula) und auf der Medialfläche der Lobus limbicus (Abb. **B-3.6b**). Lobus frontalis und parietalis werden durch die Zentralfurche (**Sulcus centralis**, Rolandi) getrennt. Der **Sulcus lateralis** (Sylvii) bildet eine tiefe Furche an der lateralen Wand des Großhirns. Von kaudal grenzt an die laterale Furche der Lobus temporalis, von parietal (oben) der Lobus frontalis und parietalis. Der Hirnstamm besteht aus Mesencephalon, Pons und Medulla oblongata (Abb. **B-3.6c**).

Die Oberfläche des reifen Gehirns ist stark in Form von **Gyri (Windungen)** gefaltet, zwischen denen sich **Sulci (Furchen)** befinden. Die graue Substanz kleidet auch die Sulci aus; daher sieht man von außen nur einen kleinen Teil dieser Substanz.

B 3.4 Morphologische Einteilung des Nervensystems

⊙ B-3.6 Morphologischer Aufbau des ZNS

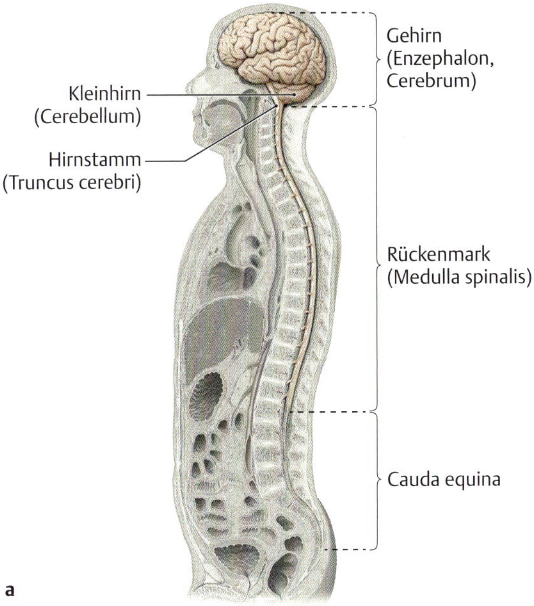

Gehirn (Enzephalon, Cerebrum)

Kleinhirn (Cerebellum)

Hirnstamm (Truncus cerebri)

Rückenmark (Medulla spinalis)

Cauda equina

a

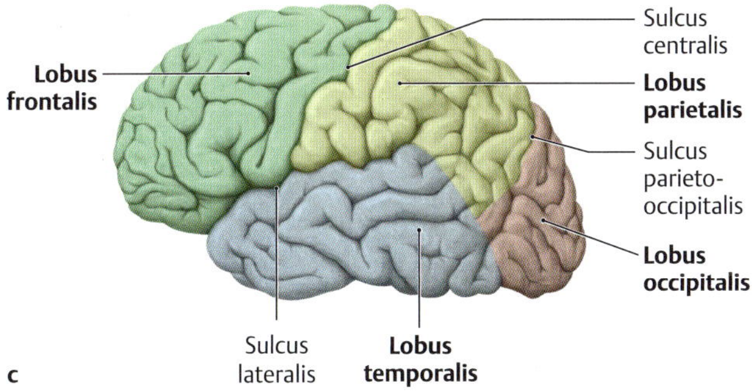

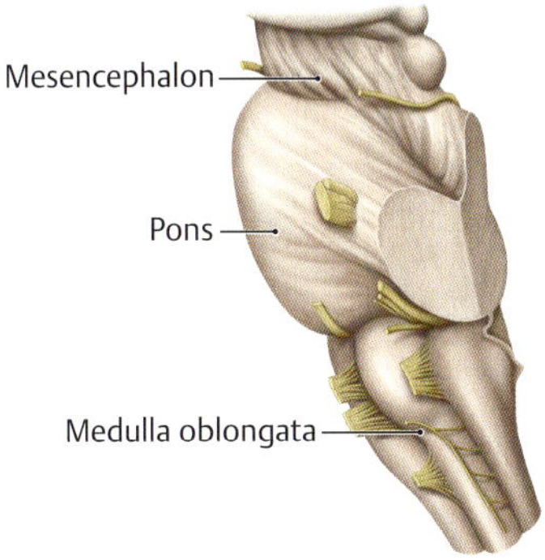

Mesencephalon

Pons

Medulla oblongata

b

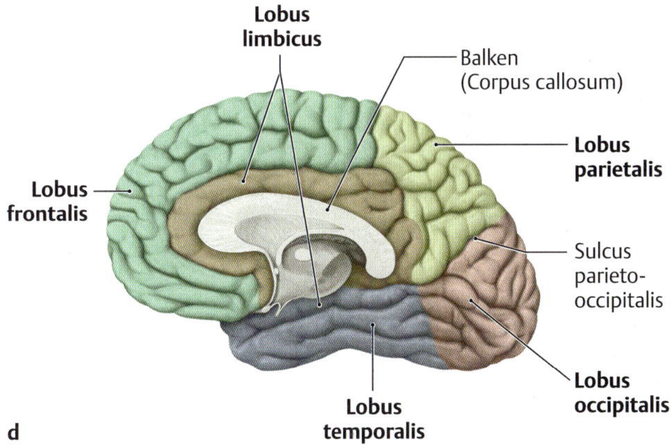

Sulcus centralis

Lobus frontalis

Lobus parietalis

Sulcus parieto-occipitalis

Lobus occipitalis

Sulcus lateralis

Lobus temporalis

c

Lobus limbicus

Balken (Corpus callosum)

Lobus parietalis

Lobus frontalis

Sulcus parieto-occipitalis

Lobus occipitalis

Lobus temporalis

d

(Prometheus LernAtlas. Thieme, 1.–3. Aufl.)

a Lage der Einzelteile im Schädel bzw. Spinalkanal. Bitte beachten, dass das gesamte Gehirn (inclusive Hirnstamm und Kleinhirn) innerhalb des Schädels liegt.

b Hirnstamm. Er besitzt drei Hauptteile, nämlich Mesencephalon, Pons und Medulla oblongata. Im Hirnstamm liegen die Kerne von vielen Hirnnerven.

c Lappeneinteilung der linken Hemisphäre des Telencephalon bei Blick von lateral. Neben dem Sulcus centralis und lateralis ist auch der Sulcus parieto-occipitalis als Grenze zwischen Lobus parietalis und occipitalis gekennzeichnet. Die Insula (Lobus insularis) wird vom kaudalen Lobus frontalis und parietalis bedeckt. Ihre ungefähre Lage ist durch das gestrichelte Oval angedeutet.

d Lappeneinteilung der rechten Hemisphäre des Telencephalon bei Blick von medial. Der Lobus limbicus enthält Teile des limbischen Systems und liegt zum Teil auch auf den am weitesten medial gelegenen Gebieten des kaudalen Lobus temporalis.

Rückenmark

Das Rückenmark reicht vom Foramen occipitale magnum bis nach kaudal zum LWK I–II. Auf einem Querschnitt durch das Rückenmark (S.1097) bildet die graue Substanz die **Schmetterlingsfigur**. Ihre dorsalen Abschnitte werden als **Hinterhorn** (**Cornu posterius**) bezeichnet. Es empfängt afferente Fasern über die **Hinterwurzel** (**Radix posterior**). Die ventralen Anteile (**Vorderhorn**, **Cornu anterius**) entlassen efferente Fasern über die **Vorderwurzel** (**Radix anterior**). Im thorakalen Rückenmark liegt dazwischen das **Seitenhorn**, sog. **Cornu laterale** (S.1099). Hinter- und Vorderwurzel vereinigen sich zu den Spinalnerven des PNS (Abb. **B-3.7** und Abb. **B-3.8**).

▶ Merke.

Funktionell zusammengehörige Nervenfasern der weißen Substanz des Rückenmarks (S.1101) werden – je nach Leitungsrichtung – als **aszendierende** oder **deszendierende Bahnen** (**Trakte**, **Tractus**) bezeichnet, die zu **Strängen** (**Funiculi**) zusammengelagert sein können.

Rückenmark

Das Rückenmark reicht vom Foramen occipitale magnum bis nach kaudal zum LWK I–II. Hier beginnt die Cauda equina, die aus Vorder- und Hinterwurzeln besteht. Auf einem Querschnitt durch das Rückenmark (S.1097) bildet die graue Substanz die zentrale **schmetterlingsähnliche Figur**, welche von der weißen Substanz umgeben ist. Die beiden dorsalen Abschnitte der Schmetterlingsfigur werden jeweils als **Hinterhorn** (**Cornu posterius**), die beiden ventralen Anteile jeweils als **Vorderhorn** (**Cornu anterius**) bezeichnet (Abb. **B-3.7**). Zwischen Hinter- und Vorderhorn liegt die Substantia oder Zona intermedia, die nur im thorakalen Rückenmark das **Seitenhorn**, sog. **Cornu laterale** (S.1099), ausbildet. In der Mitte der Substantia intermedia befindet sich der Zentralkanal (Canalis centralis, ein Rest des Neuralrohrs).

Während das Vorderhorn efferente Nervenfasern entlässt, empfängt das Hinterhorn afferente Fasern. In ihrer Gesamtheit werden diese Fasern als **Hinterwurzel** (**Radix posterior/sensoria**) bzw. **Vorderwurzel** (**Radix anterior/motoria**) bezeichnet. Die Vorder- und Hinterwurzel eines Rückenmarkabschnitts vereinigen sich bei Durchtritt durch das Zwischenwirbelloch und bilden die Spinalnerven des PNS (S.206). Daraus resultiert auch die funktionelle Einteilung in **Rückenmarksegmente** (Abb. **B-3.7** und Abb. **B-3.8**).

▶ Merke. Unter einem **Rückenmarksegment** versteht man denjenigen Abschnitt des Rückenmarks, der zu einem Spinalnerv gehört. Die Benennung erfolgt analog zu den jeweiligen Wirbeln (Ausnahme: C 1–C 8, s. u.).

Die weiße Substanz des Rückenmarks (S.1101) bildet Bahnen funktionell zusammengehöriger Nervenfasern, die als Trakte (Tractus) bezeichnet werden und die Verbindungen zwischen Rückenmark und Gehirn darstellen. Je nach Richtung der Informationsleitung werden aufsteigende (aszendierende) und absteigende (deszendierende) Bahnen unterschieden. Mehrere Trakte können zu Strängen (Funiculi) zusammengefasst sein.

Zu den spezifischen Bahnen des ZNS (motorische und sensorische Systeme, schmerzmodulierende Bahnen, Seh-, Hör-, Riech-, Geschmacks- und Gleichgewichtsbahn) s. Kap. ZNS – funktionelle Systeme (S.1181).

⊙ B-3.7 Rückenmarksegment und Spinalnerv

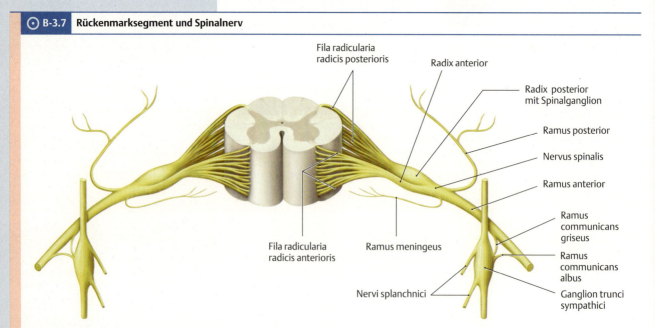

Darstellung der räumlichen Ausdehnung eines Rückenmarksegments in der Ansicht von ventral-kranial. Die aus dem Rückenmarksegment austretenden Wurzeln (Radix posterior und Radix anterior) vereinigen sich zum Spinalnerven N. spinalis.
(Prometheus LernAtlas. Thieme, 3. Aufl.)

B 3.4 Morphologische Einteilung des Nervensystems

B-3.8 Schematische Darstellung eines Rückenmarksegments mit dem daraus hervorgehenden Spinalnerv

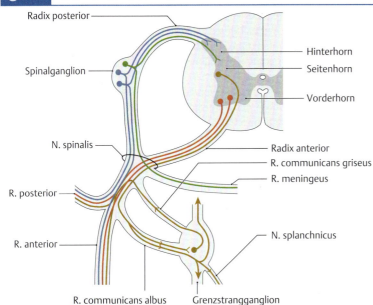

Afferenzen treten über die Hinterwurzel (Radix posterior) in das Hinterhorn des Rückenmarks ein:
- sensorische Fasern von Haut, Skelettmuskulatur und Gelenken (Somatoafferenzen, blau dargestellt),
- sensorische Fasern von Eingeweiden (Viszeroafferenzen, hier von den Meningen kommend, grün dargestellt).

Von einigen Autoren werden afferente Fasern von den Meningen als somatische Afferenzen angesehen.

Efferenzen treten über die Vorderwurzel (Radix anterior) des Rückenmarks aus:
- Die Somata motorischer Fasern zur Skelettmuskulatur (Somatoefferenzen, rot dargestellt) liegen im Vorderhorn.
- Die Somata von motorischen Fasern zur glatten Muskulatur und die Somata von Fasern zu Drüsen (Viszeroefferenzen, braun dargestellt) liegen im Seitenhorn des thorakalen Rückenmarks und der Substantia intermedia des Sakralmarks.

(Prometheus LernAtlas. Thieme, 3. Aufl.)

▶ **Exkurs: Neuroplastizität und Informationsverarbeitung im Rückenmark.** Hauptverbindungen im Rückenmark werden meist als fest „verdrahtete" Bahnen beschrieben und in Abbildungen gezeigt. Dies ist eine starke Vereinfachung und kann den Eindruck erwecken, das Rückenmark stelle eine Art Kabelbaum dar, der Information leitet, aber nicht verändert. Das Gegenteil ist der Fall:

Neuroplastizität: Die zentralnervösen Verbindungen sind ausgesprochen plastisch, d. h. die Effektivität der synaptischen Verbindungen hängt stark von ihrer Nutzung ab. Häufig genutzte Verbindungen werden als Ausdruck einer überall im Zentralnervensystem vorhandenen Neuroplastizität effektiver durchgeschaltet. Dies kann im Extremfall dazu führen, dass unter pathologischen Bedingungen neue Verbindungen auftauchen, die vorher nicht erkennbar waren. Ein Beispiel sind erneut auftretende Schmerzen nach einer Durchtrennung des Tractus spinothalamicus lateralis („schmerzvermittelnde Bahn") zur Beseitigung von sonst nicht therapierbaren chronischen Schmerzen; s. auch Tr. spinothalamicus lateralis (S. 1210). In diesen Fällen wird angenommen, dass von vornherein vorhandene, aber synaptisch ineffektive Nebenwege durch den Wegfall der Hauptbahn für die nozizeptive Information durchgeschaltet worden sind. Neuroplastizität äußert sich auch in **morphologischen Veränderungen** (z. B. Größenzunahme der synaptischen Kontaktstellen) und Änderung der **Genexpression** in den Kernen der Neurone.

Informationsverarbeitung: An jeder Synapse wird die einlaufende Information verändert (abgeschwächt, verstärkt, kontrastiert; s. o.). Diese Vorgänge machen einen großen Teil der Informationsverarbeitung im Rückenmark aus. Die Abschwächung oder Hemmung ist besonders wichtig, weil sonst wegen des allgemeinen Prinzips der divergenten Verschaltung (ein Axon bildet Synapsen mit zahlreichen nachgeschalteten Neuronen) die Gefahr besteht, dass sich Erregungen über das gesamte ZNS ausbreiten. Dies würde u. a. die Lokalisierung eines Reizes unmöglich machen.

Kreuzung von Bahnen: Die Frage nach dem Sinn der Kreuzung der aszendierenden und deszendierenden Bahnen kann immer noch nicht abschließend beantwortet werden. Nach einer Hypothese waren die Bahnen ursprünglich bilateral angelegt, während der Entwicklung der Händigkeit (Rechts- oder Linkshändigkeit) des Menschen ist aber nur eine Seite funktionstüchtig geblieben.

▶ Exkurs: Neuroplastizität und Informationsverarbeitung im Rückenmark.

Die **Grenze zwischen ZNS und PNS** liegt im Bereich des Rückenmarks am Übergang in die spinalen Wurzeln (sensorische Hinterwurzel und motorische Vorderwurzel), im Bereich der Hirnnerven am Übergang zwischen dem Hirnstamm und den Nerven. Die Grenze ist nicht scharf: So befinden sich die zentralen Endigungen des primären afferenten Neurons (S. 213), die zum PNS gehören, im Hinterhorn des Rückenmarks, und die Zellkörper der motorischen efferenten Neurone (ebenfalls Teile des PNS) liegen im Vorderhorn des Rückenmarks.

ZNS und PNS gehen im Bereich von Spinal- bzw. Hirnnerven ineinander über. Der Übergang ist örtlich nicht klar definiert, da Neurone des PNS ihre Somata bzw. Synapsen im ZNS haben können.

3.4.2 Peripheres Nervensystem (PNS)

Das periphere Nervensystem besteht hauptsächlich aus **Nervenfasern** (sensorisch, motorisch, autonom). Den weit geringeren Anteil machen die Zellkörper aus, deren Ansammlungen im PNS als **Ganglien**, sog. Spinalganglien (S. 98), autonome Ganglien (S. 214), bezeichnet werden. Die Grundlage des PNS bilden:

- **Spinalnerven** (s. u.) und
- **Hirnnerven** (S. 211).

Spinalnerven (Nervi spinales)

Spinalnerven entstehen aus der Vereinigung von Vorder- und Hinterwurzel. In der Hinterwurzel liegen die Zellkörper der afferenten Fasern in Form der **Spinalganglien**. Sie enthalten pseudounipolare Zellen (S. 92).

▶ Merke.

Die Zellkörper der motorischen Efferenzen liegen in den Vorderhörnern, die der autonomen Efferenzen in den Seitenhörnern oder der sakralen Substantia intermedia. Die Spinalnerven führen Fasern mit **4 Qualitäten** (Tab. **B-3.4**). Es gibt **31–32 paarige Spinalnerven**: 8 Zervikalnerven, 12 Thorakalnerven, 5 Lumbalnerven, 5 Sakralnerven und 1–2 Kokzygealnerven. Sie treten jeweils kaudal des zugehörigen Wirbelkörpers aus dem Wirbelkanal aus (Abb. **B-3.9**).

▶ Merke.

Direkt distal des Spinalganglions teilen sich die Spinalnerven in:
- **R. anterior** (ventralis),
- **R. posterior** (dorsalis),
- **R. meningeus** und
- 2 **Rr. communicantes**.

B 3 Nervensystem – Grundlagen

3.4.2 Peripheres Nervensystem (PNS)

Das periphere Nervensystem besteht zu seinem weitaus größten Anteil aus **Nervenfasern**, während die Somata der Nervenzellen nur zu einem geringen Anteil an der Bildung des PNS beteiligt sind. Eine solche Ansammlung neuronaler Zellkörper außerhalb des ZNS wird als **Ganglion** bezeichnet. Die Ganglienzellen werden von Mantelzellen (S. 98) umhüllt.

Grundsätzlich setzt sich das periphere Nervensystem aus sensorischen, motorischen und autonomen Fasern, sowie den Spinalganglien (S. 98) des somatischen Systems und den autonomen Ganglien (S. 214) zusammen. Die Grundlage des peripheren Nervensystems bilden

- die **Spinalnerven** (s. u.) mit ihrem engen Bezug zum Rückenmark und
- die Hirnnerven (S. 211) mit ihrem Ursprung/Zielgebiet in bestimmten Kernen des Gehirns, meist des Hirnstamms (S. 1105).

Eine geringe Anzahl peripherer Nerven besteht ausschließlich aus autonomen Fasern wie z. B. die Nervi splanchnici (S. 216) und der Nervus hypogastricus (S. 216).

Spinalnerven (Nervi spinales)

Die Spinalnerven entstehen durch die Vereinigung der Nervenfasern von Vorder- und Hinterwurzel (s. o.). Die Zellkörper der beteiligten afferenten Fasern liegen in Form der **Spinalganglien** im Verlauf der Hinterwurzel im Zwischenwirbelloch (Foramen intervertebrale). Die afferenten Neurone der Spinalnerven gehören histologisch zu den pseudounipolaren Zellen (S. 92), d. h. aus dem Soma entspringt nur ein Stammaxon, das sich T-förmig in einen peripheren und einen zentralen Fortsatz teilt.

▶ Merke. In den Spinalganglien und den sensorischen Ganglien der Hirnnerven (s. u.) befinden sich **keine** Synapsen.

Die Somata der motorischen Efferenzen liegen im Vorderhorn des Rückenmarks, die der efferenten autonomen Fasern in den Seitenhörnern der Thorakalsegmente und der lateralen Substantia intermedia (S. 1100) der Sakralsegmente S 2–S 4/5 (häufig auch als Zona intermedia bezeichnet). Durch ihre Bildung aus der sensorischen Hinterwurzel sowie der motorischen und autonomen Vorderwurzel enthalten Spinalnerven Fasern mit **4 Qualitäten** (allgemein somatoafferent, allgemein viszeroafferent, allgemein somatoefferent, allgemein viszeroefferent; s. Tab. **B-3.4**). Insgesamt sind **31–32 Spinalnervenpaare** vorhanden:

- 8 Zervikalnervenpaare (Halsnerven): C 1–C 8,
- 12 Thorakalnervenpaare (Brustnerven): Th 1–Th 12,
- 5 Lumbalnervenpaare (Lendennerven): L 1–L 5,
- 5 Sakralnervenpaare (Kreuzbeinnerven): S 1–S 5 und
- 1–2 Kokzygealnervenpaare (Steißbeinnerven).

Generell treten die Spinalnerven jeweils kaudal des zugehörigen Wirbelkörpers aus dem Wirbelkanal aus, so z. B. der 12. Thorakalnerv kaudal des Wirbelkörpers ThXII. Ausnahme: Der Austrittsort des 1. Zervikalnervs liegt zwischen dem Os occipitale (S. 946) und dem ersten Halswirbel (Abb. **B-3.9**), der des 8. Zervikalnervs zwischen den Wirbelkörpern CVII und ThI.

▶ Merke. Eine **Ausnahme** von der allgemeinen Austrittsregel der Spinalnerven sind die Halsnerven: Da nur 7 Halswirbel, aber 8 Zervikalsegmente (C 1–C 8) vorhanden sind, tritt der Spinalnerv C 1 kranial vom Wirbelkörper CI aus, der Nerv C 8 kaudal des Wirbelkörpers CVII.

Wegen des zurückbleibenden Wachstums des Rückenmarks relativ zum Wirbelkanal verlaufen die Hinter- und Vorderwurzeln in kaudaler Richtung immer steiler zu ihrem Austrittsort (Abb. **B-3.9**).

Die Spinalnerven teilen sich nahezu direkt nach ihrem Austritt aus dem Foramen intervertebrale auf in (Abb. **B-3.7**):

- einen größeren **Ramus anterior** (**ventralis**) für die Extremitäten und den ventrolateralen Rumpf,
- einen kleineren **Ramus posterior** (**dorsalis**), der im Bereich des Rumpfes die paraspinalen Muskeln und Haut des Rückens versorgt,

B 3.4 Morphologische Einteilung des Nervensystems

B-3.9 Austritt der Spinalnerven aus dem Spinalkanal

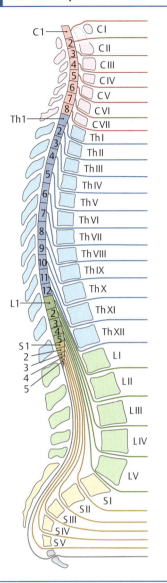

Im schematischen Sagittalschnitt (Ansicht von rechts) erkennt man die immer steiler verlaufenden Radices anteriores und posteriores vor ihrer Vereinigung zum Spinalnerv.
(Prometheus LernAtlas. Thieme, 3. Aufl.)

B-3.9

- einen **Ramus meningeus**, der zum Wirbelkanal zurückläuft und die Rückenmarkshäute sensorisch innerviert und
- zwei **Rami communicantes** als Verbindung zu den Grenzstrangganglien des autonomen Nervensystems. Rr. comm. albi (S. 214) nur von C 8 bis L 1–3.

Segmentale Innervationsgebiete: Diese für nahezu jeden Spinalnerv gültige Anordnung der Rami führt zur Bildung streifenförmiger Hautbezirke, die von einem Rückenmarksegment sensorisch versorgt werden (**Dermatome**). Im Thoraxbereich ist die Anordnung der Dermatome regelmäßig und kann für topografische Zwecke benutzt werden (Abb. **B-3.10**): So liegt die Mamille an der Grenze der Thorakalsegmente 4 und 5 (Th 4 und Th 5), der Bauchnabel meist im Dermatom Th 10. Auf den Extremitäten ist die Anordnung nicht so regelmäßig, weil es während der intrauterinen Entwicklung zur Umlagerung der Skelettmuskeln und anderer Gewebe mit ihrer Innervation kommt. Dies ist auch die Ursache für die **Plexusbildung** (s. u.).
Die Grenzen zwischen Dermatomen sind nicht scharf. Wie Abb. **B-3.11** zeigt, wird jedes Dermatom überlappend auch von den beiden Nachbarsegmenten versorgt, sodass im Endeffekt jedes Dermatom eine Innervation von drei Segmenten erhält.

Segmentale Innervationsgebiete: Die Rr. ant. und post. der einzelnen Rückenmarkssegmente versorgen sensorisch bestimmte Hautbezirke, die **Dermatome**. Ihre Anordnung ist nur im Thoraxbereich parallel und regelmäßig, an den Extremitäten dagegen durch Umlagerungen der Gewebe mit ihren Nerven unregelmäßig.

Jedes Dermatom wird überlappend auch von den Nachbarsegmenten versorgt (Abb. **B-3.11**).

B-3.10 Anordnung der Dermatome

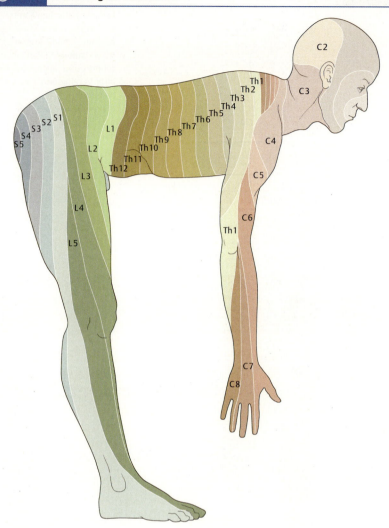

Die Positionierung der Extremitäten wie bei einem Vierfüßer erleichtert das Verständnis der Dermatom-Anordnung. Ihre Unregelmäßigkeit im Bereich der Extremitäten ist entwicklungsgeschichtlich bedingt.
(Prometheus LernAtlas. Thieme, 3. Aufl., nach Mumenthaler)

B-3.11 Überlappung der Dermatome

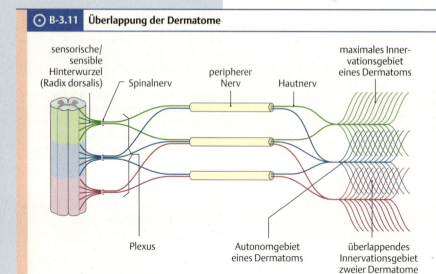

Schematische Darstellung des Verlaufs sensorischer Fasern zwischen Peripherie und Rückenmark: Auch wenn die Fasern für die Versorgung eines Dermatoms vorübergehend in verschiedenen peripheren Nerven laufen, bilden sie vor Eintritt in das Rückenmark eine gemeinsame Hinterwurzel. Anhand dieses Schemas wird der Unterschied zwischen segmentaler (radikulärer) Innervation und der Innervation durch periphere Nerven deutlich (s. auch Abb. **B-3.12**). Die Überlappung der Dermatome stellt einen Sicherheitsfaktor dar: Wird nur ein Spinalnerv verletzt, ist das von dem Nerven versorgte Gebiet nicht völlig anästhetisch (taub).
(Prometheus LernAtlas. Thieme, 3. Aufl.)

B 3.4 Morphologische Einteilung des Nervensystems

B-3.12 Segmentale und periphere Innervation

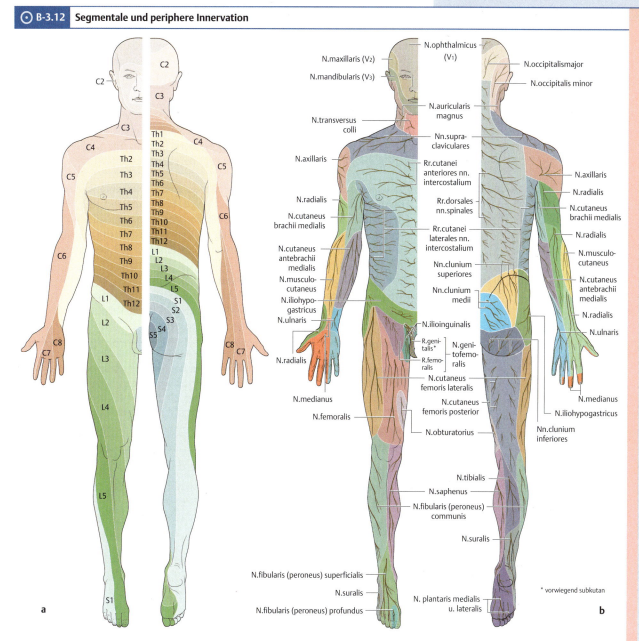

(nach Prometheus LernAtlas. Thieme, 3. Aufl., nach Mumenthaler)

a **Segmentale oder radikuläre Innervation:** Dargestellt sind die von jeweils einem Rückenmarksegment bzw. der rechten und linken Hinterwurzel innervierten Hautareale (Dermatome). Bei einer Hinterwurzelverletzung (z. B. bei einem Bandscheibenvorfall, Abb. **C-1.23**) können Sensibilitätsstörungen nach diesem Muster auftreten, wobei durch den Sicherheitsfaktor der überlappenden Dermatome (Abb. **B-3.11**) mehrere Wurzeln geschädigt sein müssen, damit es zu einem komplett anästhetischen Hautbezirk kommt (s. o.).

b **Innervation durch periphere Nerven:** Die Gebiete, die durch jeweils einen peripheren Nerv innerviert werden, ergeben ein anderes Muster, da sich die Fasern eines Spinalnervs aufteilen und – jeweils mit Fasern aus anderen Rückenmarksegmenten zusammen – in verschiedenen peripheren Nerven zu dem von ihnen innervierten Hautareal ziehen. Wird ein peripherer Nerv kurz vor dem Versorgungsgebiet geschädigt (z. B. bei Quetschung oder Schnitt im Rahmen eines Unfalls), treten Sensibilitätsausfälle (Anästhesie/Hypästhesie) in dem versorgten Hautgebiet auf.

▶ Klinik. Diese überlappende Versorgung bedeutet, dass bei Verletzung einer Hinterwurzel das entsprechende Dermatom nicht völlig anästhetisch (taub) ist, sondern nur eine verringerte Empfindlichkeit (**Hypästhesie**) aufweist. Diese Anordnung kann als Sicherheitsfaktor für die Aufrechterhaltung einer relativ intakten sensorischen Versorgung auch nach Verletzungen angesehen werden.

▶ Klinik. **Head-Zonen** sind überempfindliche Hautgebiete bei Erkrankungen der inneren Organe. Die Zonen treten in dem Dermatom auf, das von demselben Segment wie das erkrankte Organ sensorisch versorgt wird. Bekannt sind z. B. Head-Zonen in der Haut der Innenseite des linken Oberarms bei einem Herzinfarkt.

Anatomische Grundlage der **Head-Zonen** (Abb. **B-3.13**) ist die konvergente Verschaltung im Rückenmark, d. h. ein Neuron besitzt Verbindungen mit Afferenzen von einem inneren Organ und einem Hautareal in demselben Segment.

Neben **Dermatomen** gibt es auch **Myotome** und **Sklerotome**.

Die anatomische Grundlage der Head-Zonen ist eine **konvergente Verschaltung** (ein Neuron besitzt Synapsen mit mehreren Nerven) **im Rückenmark**, d. h. afferente Fasern von der Haut und von den Eingeweiden haben Synapsen auf demselben Rückenmarksneuron. Die afferente Aktivität aus dem erkrankten Organ macht die Zellen übererregbar, sodass Hautberührungen als unangenehm empfunden werden (Abb. **B-3.13**).

Neben **Dermatomen** gibt es auch **Myotome** (alle Muskeln, die von einem Rückenmarkssegment innerviert werden) und **Sklerotome** (alle Knochen mit ihrem Periost, die von einem Segment versorgt werden), allerdings ist die Verwendung dieser Begriffe klinisch nur in Spezialdisziplinen gebräuchlich.

▶ Klinik. Bei Kenntnis der **Versorgungsgebiete** der verschiedenen Rückenmarkssegmente (Dermatome für die Haut, Myotome für die Muskeln) kann von sensorischen oder motorischen Ausfällen auf den Ort der Läsion im Nervensystem geschlossen werden (sog. **neurologisch-topische Diagnostik**).

⊙ B-3.13 Head-Zonen

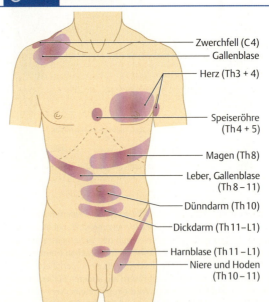

Die Abbildung zeigt einige der Head-Zonen in der Haut bei Erkrankung innerer Organe. Farblich hervorgehoben sind jeweils die zentralen Dermatome der Zonen; aus der Beschriftung geht hervor, dass die überempfindlichen Hautareale oft mehrere Dermatome beinhalten. Einer der Gründe dafür ist, dass viele Eingeweide sensorisch von mehreren Rückenmarkssegmenten innerviert werden. Eine Besonderheit stellt die Head-Zone der Gallenblase in der Haut der Schulter dar. Die Ursache liegt in der sensorischen Innervation des Peritoneums im Bereich des rechten Zwerchfells durch den N. phrenicus, der aus dem 4. zervikalen Segment entspringt. Bei pathologischen Veränderungen der Gallenblase können die Nozizeptoren in diesem Peritoneumbereich mitgereizt werden, die zu Hinterhornneuronen im Segment C 4 projizieren. Der afferente Weg für die Head-Zone des Herzens an der Innenseite des linken Oberarms könnte über die Nn. intercostobrachiales (Äste der Rr. cutanei laterales der Nn. intercostales T 2 und T 3) erfolgen (Abb. **B-3.12b**).

(Bommas-Ebner, U., Teubner, P., Voß, R.: Kurzlehrbuch Anatomie und Embryologie. Thieme, 2011)

B 3.4 Morphologische Einteilung des Nervensystems

Auf der Ebene der α-Motoneurone gibt es einen ähnlichen Sicherheitsfaktor wie bei der Innervation der Haut (s. o.). Die Motoneurone für einen Muskel liegen nicht nur in einem Rückenmarksegment, sondern sind meist in Form von **Motoneuron-Säulen** (S. 1191) über mehrere Segmente verteilt. Dieses Prinzip stellt ebenfalls eine motorische Restversorgung eines Muskels sicher, wenn eine Vorderwurzel geschädigt ist. Im Gegensatz zu den Rami anteriores der Thorakalsegmente, die direkt an ihren Innervationsort ziehen, bilden die **Rami anteriores** der Spinalnerven aus den Hals-, Lenden-, Sakral- und Kokzygealsegmenten in ihrem weiteren Verlauf Nervengeflechte, die sog. **Plexus** (Tab. **B-3.3**). Innerhalb dieser Plexus kommt es durch eine Umlagerung der Fasern aus mehreren Segmenten zur Bildung der peripheren Nerven. Nervenplexus entstehen während der Entwicklung der Extremitätenknospe durch Auswachsen und Umlagerung von Muskeln und anderen Geweben der vorderen Bauchwand. Die Muskeln nehmen bei den Umlagerungen ihre Innervation mit.

Durch die Anordnung der α-Motoneurone für einen Muskel über mehrere Segmente existiert hier ein ähnlicher Sicherheitsfaktor wie bei der Innervation der Haut.

Außer in Thorakalsegmenten bilden die Rr. anteriores der Spinalnerven in ihrem weiteren Verlauf Nervengeflechte (**Plexus**, Tab. B-3.3). Diese Plexusbildung führt zu einer Umgruppierung der Fasern der einzelnen Spinalnerven, d. h. ein peripherer Nerv enthält Fasern aus mehreren Segmenten.

▶ **Merke.** Nervenplexus werden nur von den Rami anteriores der Spinalnerven gebildet (nicht von den Rr. posteriores).

▶ Merke.

▶ **Klinik.** Die Tatsache, dass durch die Plexusbildung die meisten Extremitätenmuskeln ihre motorische Versorgung aus mehreren Rückenmarksegmenten erhalten, ist ein **Sicherheitsfaktor**: Wenn nur ein Segment oder eine Vorderwurzel zerstört wird, ist der Muskel geschwächt, aber nicht völlig gelähmt.

▶ Klinik.

≡ B-3.3 Plexusbildung durch Rami anteriores der Spinalnerven

Plexus	beteiligte Segmente	Lage	Versorgungsgebiet
Plexus cervicalis, sog. Halsnervengeflecht (S. 901)	C 1–C 4	vor den kranialen Ursprüngen des M. scalenus medius und des M. levator scapulae	Kopf, Hals, Zwerchfell, z. T. Schulter
Plexus brachialis, sog. Armnervengeflecht (S. 468)	C 5–Th 1	von der (hinteren) Skalenuslücke bis zur Achselhöhle	Schulter, Arme, Brust, Rücken
Plexus lumbalis, sog. Lendennervengeflecht (S. 385)	L 1–L 4	hinter dem Ursprung des M. psoas major (S. 351)	Hüfte, Genitalien, Oberschenkel, Unterschenkel (sensorisch)
Plexus sacralis, sog. Kreuzbeinnervengeflecht (S. 385)	L 4–S 3	innen auf dem M. piriformis (S. 357)	Gesäß, Oberschenkel, Unterschenkel, Fuß
Plexus coccygeus (S. 386)	S 4–S 5 meist plus einem Kokzygealsegment	im kleinen Becken vor dem Os coccygis	Haut von Steißbein und Anus (sensorisch)

Hirnnerven (Nervi craniales)

Genauso wie die Spinalnerven besitzen auch die meisten der aus dem Hirnstamm entspringenden Hirnnerven afferente und efferente Fasern. Die Zellkörper der afferenten Anteile bilden kurz vor Eintritt des Nervs in den Hirnstamm die sog. **Hirnnervenganglien**, die Ursprungszellen der motorischen Fasern liegen in den motorischen Hirnnervenkernen. Die Hirnnerven (S. 979) versorgen mit ihren somatischen Anteilen den Kopf-Hals-Bereich. Im Gegensatz zu den Spinalnerven enthalten sie Fasern mit **7 Qualitäten** (Tab. **B-3.4**). Neben den bei den Spinalnerven (s. o.) beschriebenen sind das zusätzlich speziell somatoafferent, speziell viszeroafferent und speziell viszeroefferent.

Nicht alle Hirnnerven (**12 Hirnnervenpaare**, Tab. **B-3.5**) enthalten Fasern aller Qualitäten, so gibt es z. B. rein motorische Hirnnerven wie den Nervus abducens, der einen der äußeren Augenmuskeln versorgt (Musculus rectus lateralis). Die meisten enthalten jedoch sowohl motorische als auch sensorische Anteile, viele zusätzlich noch autonome Fasern.

Der **Nervus vagus** („der Umherschweifende") hat seinen Namen daher, dass er alle Organe des Thorax und viele Organe des Bauchraums versorgt und seine Äste daher bei Leichenpräparationen häufig angetroffen werden. Der **Nervus olfactorius** und der **Nervus opticus** sind entwicklungsgeschichtlich Ausstülpungen des Gehirns und stellen daher streng genommen eigentlich ZNS-Bahnen und keine peripheren Nerven dar.

Details zu den Hirnnerven siehe Kap. Nerven im Kopfbereich – Hirnnerven (S. 979).

Hirnnerven (Nervi craniales)

Die meisten Hirnnerven (S. 979) haben ihren Ursprung in den Kernen des Hirnstammes. Die Somata ihrer afferenten Fasern liegen in den **Hirnnervenganglien**. Ihr somatischer Anteil versorgt den Kopf-Hals-Bereich. Hirnnerven enthalten Fasern mit **7 Qualitäten** (Tab. **B-3.4**).

Es gibt **12 Hirnnervenpaare** (Tab. **B-3.5**).

Details zu den Hirnnerven s. Kap. Nerven im Kopfbereich – Hirnnerven (S. 979).

B-3.4 Einteilung der Leitungsbahnen nach ihren Faserqualitäten

Faserqualität	beteiligte Nerven	Funktion
allgemein somatoafferent (ASA)	Spinal- und Hirnnerven	Oberflächen- und somatische Tiefensensibilität (von Haut und Bewegungsapparat)
allgemein viszeroafferent (AVA)	Spinal- und Hirnnerven	Eingeweidesensibilität
speziell somatoafferent (SSA)	Hirnnerven	z. B. Hören, Gleichgewichtssinn
speziell viszeroafferent (SVA)	Hirnnerven	Geschmack, Geruch
allgemein somatoefferent (ASE)	Spinal- und Hirnnerven	zu Skelettmuskeln
allgemein viszeroefferent (AVE)	Spinal- und Hirnnerven	autonome Fasern zu Gefäßen, Eingeweiden und Drüsen
speziell viszeroefferent (SVE)	Hirnnerven	motorische Fasern zu quergestreiften Muskeln im Kopf-Hals-Bereich, die von den Schlundbogenmuskeln abstammen (sog. Branchiomotorik)

B-3.5

B-3.5 Hirnnerven und ihre jeweiligen Faserqualitäten

Hirnnerv		Qualität
I	Nervus olfactorius	rein sensorisch, Geruch (SVA)
II	Nervus opticus	rein sensorisch, Sehen (SSA)
III	Nervus oculomotorius	gemischt (ASE, AVE)
IV	Nervus trochlearis	rein motorisch (ASE)
V	Nervus trigeminus	gemischt (ASA, SVE)
VI	Nervus abducens	rein motorisch (ASE)
VII	Nervus facialis, inkl. N. intermedius	gemischt (AVE, SVE), Geschmack (SVA)
VIII	Nervus vestibulocochlearis	sensorisch, Hören, Gleichgewicht (SSA)
IX	Nervus glossopharyngeus	gemischt (AVA, AVE, SVE), Geschmack (SVA)
X	Nervus vagus	gemischt (ASA, AVA, AVE, SVE), Geschmack (SVA)
XI	Nervus accessorius	rein motorisch (SVE)
XII	Nervus hypoglossus	rein motorisch (ASE)

3.5 Funktionelle Einteilung des Nervensystems

3.5.1 Somatisches Nervensystem

▶ Synonym. animalisches Nervensystem

Funktion

Das somatische Nervensystem dient mit seinem afferenten sensorischen Anteil der Aufnahme und Verarbeitung von Umwelt- und körpereigenen Reizen, während sein efferenter motorischer Anteil reflexartige und willkürliche Bewegungen steuert.

Aufbau

Zum somatischen peripheren Nervensystem gehören auf der afferenten Seite die Nervenfasern von den verschiedenen Rezeptoren (s. u.) der Körperperipherie, auf der efferenten Seite die Axone der Motoneurone. Der zentrale Anteil wird von Bahnen des ZNS gebildet, s. auch Kap. ZNS – funktionelle Systeme (S. 1181).

Leitung sensorischer Information

Die sensorische Information wird über Sinneszellen oder rezeptive Nervenendigungen (**Rezeptoren**) aufgenommen. Man unterscheidet allgemein zwei Typen von Sinneszellen:

- **Primäre Sinneszellen** gehen direkt in das afferente Axon ohne Zwischenschaltung einer Synapse über (Beispiel: Mechanorezeptoren und Nozizeptoren).
- **Sekundäre Sinneszellen** besitzen eine Synapse am Übergang zum afferenten Axon (Beispiel: Haarzellen des Innenohrs).

3.5 Funktionelle Einteilung des Nervensystems

3.5.1 Somatisches Nervensystem

▶ Synonym.

Funktion

Das somatische Nervensystem dient der Reizaufnahme und -verarbeitung sowie der reflexartigen und willkürlichen Bewegung.

Aufbau

Den afferenten Anteil bilden von Rezeptoren kommende Fasern, den efferenten die Axone der Motoneurone. Hinzu kommen für beide Teile die zentralen Bahnen des ZNS, s. Kap. ZNS – funktionelle Systeme (S. 1181).

Leitung sensorischer Information

Die Reizaufnahme erfolgt über Sinneszellen oder rezeptive Nervenendigungen (**Rezeptoren**):

- **Primäre Sinneszellen** gehen direkt in das afferente Axon über.
- **Sekundäre Sinneszellen** besitzen eine Synapse am Übergang zum afferenten Axon.

B 3.5 Funktionelle Einteilung des Nervensystems

Anmerkung: Hier werden unter Rezeptoren spezialisierte anatomische Strukturen verstanden, die Reize aufnehmen. Derselbe Begriff wird auch für Rezeptor**moleküle** verwendet, wie sie z.B in der Membran von Nervenzellen als Bindungsstellen für Neurotransmitter vorkommen.

Durch Einwirkung eines **Reizes** auf den Rezeptor wird ein **Rezeptorpotenzial** ausgelöst, dessen Größe von der Reizstärke abhängt. Der **adäquate** Reiz ist die Reizform, die den Rezeptor mit dem geringsten Energieaufwand erregt. Die Reizstärke wird über die **Frequenz** der Aktionspotenziale in der afferenten Faser kodiert, nicht über die **Amplitude** des Aktionspotenzials. Je nach dem adäquaten Reiz können Rezeptoren in verschiedene Typen eingeteilt werden (Tab. **B-3.6**).

Unter einem **adäquaten Reiz** versteht man die Reizform, die den Rezeptor mit dem geringsten Energieaufwand erregt. Es werden verschiedene Rezeptortypen unterschieden (Tab. **B-3.6**).

≡ B-3.6	Rezeptortypen	
Rezeptortyp	**adäquater Reiz**	**Beispiel**
Mechanorezeptor	Dehnung, Druck	Berührungsrezeptoren der Haut
Chemorezeptor	chemische Stoffe (u. a. Duftstoffe, CO_2-Konzentration im Blut)	Riechzellen der Nasenschleimhaut, Zellen des Glomus caroticum
Thermorezeptor	Temperaturänderungen	Kälterezeptoren der Haut
Nozizeptor	Gewebsschädigung	polymodale Nozizeptoren

≡ B-3.6

▶ **Merke.** Ein Rezeptor kann auch durch **inadäquate Reize** erregt werden, z. B. die Photorezeptoren der Netzhaut durch einen Faustschlag aufs Auge, der zum „Sternesehen" führt. Für die Erregung eines Rezeptors durch einen inadäquaten Reiz sind höhere Energien erforderlich als für die Erregung durch den adäquaten Reiz.

▶ Merke.

Die afferenten Fasern treten über die **Radix posterior** in das Rückenmark ein. Die synaptische Umschaltung auf das nächste Neuron erfolgt meist im Hinterhorn und ist **oligo-** oder **polysynaptisch**, d. h. die afferente Faser wird über wenige oder viele Synapsen auf das Neuron umgeschaltet, dessen Axon dann endgültig nach kranial projiziert. In der Regel wird die Information über mindestens **drei afferente Neurone** aus der Peripherie zur Großhirnrinde (Kortex) geleitet:

- **Primär afferentes Neuron:** Dieses Neuron erstreckt sich vom Rezeptor in der Körperperipherie bis zur ersten Synapse im Rückenmark oder Hirnstamm und kann eine Länge von über einem Meter erreichen. Es entspricht dem afferenten Anteil der Spinalnerven, dementsprechend liegt sein Soma in den Spinalganglien, bei Hirnnerven in den Hirnnervenganglien.
- **Zweites (sekundär afferentes) Neuron:** Nach synaptischer Umschaltung auf das zweite Neuron steigt die Information im Rückenmark bzw. Hirnstamm zu höheren Zentren (z. B. Thalamus) auf.
- **Drittes afferentes Neuron: Es reicht vom Thalamus bis zur Hirnrinde (Kortex). Im Großhirnkortex wird der Reiz erkannt und bewusst**. Die sensorischen Rückenmarkbahnen sind durch **mindestens zwei Synapsen** unterbrochen, typischerweise im Rückenmark bzw. Hirnstamm und dem Thalamus. An jedem Neuron mit Synapsen finden Verarbeitungsprozesse statt. Die Unterbrechung der aszendierenden Rückenmarktrakte durch Synapsen hat wahrscheinlich den Sinn, die neuronale Information vor Erreichen des Zielgebiets zu modulieren. Das letzte Neuron der Bahn zieht dann zur Hirnrinde. Im Kortex wird die Sinnesinformation bewusst, sie wird zu einer Sinneswahrnehmung. Mit Ausnahme des Schmerzsinns haben alle Sinnesmodalitäten auf dem Kortex spezielle (primäre) Zentren, in denen ausschließlich die Information von der entsprechenden Sinnesmodalität verarbeitet wird.

Die bekannteste **monosynaptische Verbindung** im Rückenmark und Hirnstamm ist die zwischen den primären Endigungen der Muskelspindeln (s. u.) und den α-Motoneuronen.

Sensorische Information von den Rezeptoren der Körperperipherie erreicht das Rückenmark über die Hinterwurzel. Die Informationsleitung und -verarbeitung im somatischen System erfolgt über mindestens **3 afferente Neurone:**

- das **primär afferente Neuron** beginnt am Rezeptor und endet mit seiner Synapse im Rückenmark oder Hirnstamm. Dort erfolgt die Umschaltung auf
- das **zweite (sekundär afferente) Neuron**, in welchem die Information im Rückenmark bzw. Hirnstamm zu höheren Zentren aufsteigt. Nach Umschaltung durch eine weitere Synapse folgt
- das **dritte afferente Neuron**, welches zur Hirnrinde führt. Dort wird die Sinnesinformation erkannt und bewusst (Sinneswahrnehmung).

Somatoefferenzen

Die **efferente Seite** des peripheren somatischen Systems wird durch die **Motoneurone** gebildet. Sie übertragen die Information an den **neuromuskulären Endplatten** über den **Transmitter Acetylcholin** auf die quergestreiften Muskelzellen. Die somatisch-efferente Seite des ZNS stellen die deszendierenden motorischen Bahnen dar.

3.5.2 Autonomes Nervensystem

▶ Synonym.

Funktion

Das autonome Nervensystem steuert die Funktion innerer Organe und ist nicht dem Willen unterworfen. Es ist efferent.

Aufbau

Es besteht aus 3 Komponenten:
- **Sympathisches Nervensystem** (Pars sympathica)
- **Parasympathisches Nervensystem** (Pars parasympathica)
- **Enterisches** (intramurales) **Nervensystem**

▶ Merke.

Sympathikus und Parasympathikus

Sympathikus

Sympathikus: Die Somata der Ursprungsneurone des Sympathikus liegen im **Seitenhorn** der Rückenmarkssegmente C 8 bis L 1–3.

Die dünn markhaltigen Axone ziehen über die Vorderwurzel und den **R. communicans albus** zum **autonomen Ganglion**. Dort erfolgt die Umschaltung auf das zweite Neuron. Die Fasern laufen über den **R. communicans griseus** zurück zum Spinalnerv und dann zusammen mit dem Nerv zu den Zielorganen (Effektoren, Abb. **B-3.14**).

B 3 Nervensystem – Grundlagen

Somatoefferenzen

Die **efferente Seite** bilden die **deszendierenden motorischen Bahnen** des ZNS und die **Motoneurone** des peripheren somatischen Nervensystems. Das Soma der peripheren efferenten Nervenzellen befindet sich im Vorderhorn des Rückenmarks bzw. in den motorischen Hirnnervenkernen des Hirnstamms (s. o.). Die motorischen Fasern verlassen das Rückenmark über die Vorderwurzel und ziehen dann zur Muskulatur, wo die Erregung der quergestreiften Muskelfasern über eine spezielle Form der Synapse erfolgt, der **neuromuskulären Endplatte**. Der Transmitter ist hier **Acetylcholin (ACh)**.

3.5.2 Autonomes Nervensystem

▶ Synonym. vegetatives Nervensystem (VNS), viszerales Nervensystem

Funktion

Das autonome (vegetative) Nervensystem steuert die Aktivität von inneren Organsystemen. Beispiele für eine solche Steuerung sind die Beeinflussung von Puls und Blutdruck sowie der Darmmotorik. Wie der Name andeutet, ist das autonome Nervensystem unabhängig vom somatischen Nervensystem und dem Willen nicht unterworfen. Seine Funktionen laufen weitgehend unbewusst ab. Das System ist rein efferent.

Aufbau

Das autonome Nervensystem besteht nach der klassischen Einteilung aus 3 Komponenten:
- **Sympathisches Nervensystem** (Pars sympathica)
- **Parasympathisches Nervensystem** (Pars parasympathica)
- **Enterisches** (intramurales) **Nervensystem** (Plexus entericus)

Der Begriff „sympathische/parasympathische Afferenzen" sollte vermieden werden, weil das Soma dieser sensorischen Fasern im Spinal- oder Hirnnervenganglion liegt. Die Fasern gehören daher zum viszeralen Nervensystem. Die Afferenzen benutzen nur für eine bestimmte Verlaufsstrecke autonome Nerven. Allerdings werden von einigen Autoren auch die viszeralen Afferenzen zum autonomen Nervensystem gezählt.

▶ Merke. Das sympathische und parasympathische Nervensystem ist ein **efferentes** Nervensystem (Abb. **B-3.16**). Es besteht aus einer Kette von **zwei Neuronen** mit einer dazwischengeschalteten Synapse in einem der autonomen Ganglien (s. u.).

Sympathikus und Parasympathikus

Sympathikus

Die Ursprungsneurone des Sympathikus liegen im **Seitenhorn** des Rückenmarks (Nucleus intermediolateralis) in allen Segmenten des Brustmarks und reichen noch ein bis zwei Segmente in das Hals- und Lendenmark hinein. Damit erstrecken sich die Ursprungsneurone von C 8 bis L 1–3.

Die Axone dieser Zellen sind dünn markhaltig (daher rührt der Name R. albus = weiß). Sie verlassen das Rückenmark über die Vorderwurzel und ziehen dann vom Spinalnerv über den **Ramus communicans albus** zu ihrem jeweiligen sog. **Grenzstrangganglion**. Auf beiden Seiten der Wirbelsäule (paravertebral) ist jeweils ein Grenzstrang vorhanden. Das autonome Grenzstrangganglion wird aus den Somata des zweiten efferenten Neurons gebildet, welches hier synaptisch mit dem ersten verschaltet ist. Die Zellen des autonomen Ganglions sind multipolar (S. 92) mit vielen Dendriten und einem Axon. Nach Umschaltung im Ganglion ziehen marklose Fasern über den **Ramus communicans griseus** (griseus = grau, wegen der marklosen Fasern) zum Spinalnerven zurück und verlaufen mit ihm zu den Zielorganen (Effektoren, Abb. **B-3.14**).

B 3.5 Funktionelle Einteilung des Nervensystems

B-3.14 Verlauf der sympathischen Fasern

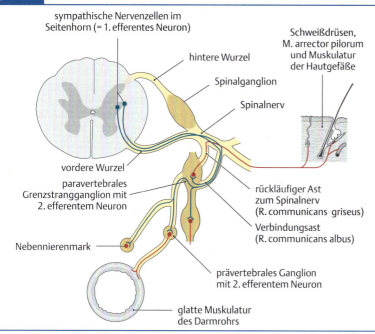

Sympathische Fasern laufen über die Rami communicantes zwischen Spinalnerv und Grenzstrang: Im R. communicans albus verlaufen präganglionäre sympathische Fasern, im R. communicans griseus postganglionäre Fasern (nach Umschaltung im paravertebralen Grenzstrangganglion). Weitere Umschaltstellen sind prävertebrale Ganglien, die vor der Wirbelsäule liegen. Eine Besonderheit des Nebennierenmarks (S. 792) ist die direkte Versorgung des Organs durch präganglionäre Fasern.

(Prometheus LernAtlas. Thieme, 3. Aufl.)

Das erste Neuron wird als **präganglionär**, das zweite als **postganglionär** bezeichnet. Im oberen Zervikalmark (kranial von C 8) sowie im kaudalen Lumbal- und gesamten Sakralmark gibt es keine sympathischen Ursprungsneurone und damit keine Rr. communicantes albi mehr. Die präganglionären Fasern kommen aus o. g. Ursprungssegmenten und werden in Ganglien des jeweiligen Bereiches (Ggl. cervicalia bzw. sacralia) auf Rr. communicantes grisei umgeschaltet. Diese bilden zusammen mit den sympathischen Ganglien der Thorakal- und Lumbalsegmente (Ggl. thoracica und lumbalia) und den die Ganglien verbindenden Fasern (**Rami interganglionares**) den sog. **Grenzstrang** (**Truncus sympathicus**, Tab. **B-3.7**). Dieser verläuft von der Schädelbasis bis zum Steißbein auf beiden Seiten der Wirbelsäule. Allgemein entfallen je 2 sympathische Grenzstrangganglien (links und rechts) auf jedes Rückenmarksegment. Eine Ausnahme von dieser Regel ist der Halsgrenzstrang, der statt aus je 8 nur aus je 3 Ganglien besteht (Ggl. cervicale superius, medium und inferius, s. Tab. **B-3.7**).

Das erste Neuron wird als **prä-**, das zweite als **postganglionär** bezeichnet. Im Bereich des oberen Zervikal- und des unteren Lumbalmarks gehen die sympathischen Fasern nicht direkt aus dem Rückenmark hervor, sondern stammen aus den o. g. Ursprungssegmenten (C 8 bis L 1–3). Die Ganglien der einzelnen Segmente bilden mit den sie verlängernden Fasern den sog. **Grenzstrang** (**Truncus sympathicus**, Tab. **B-3.7**).

B-3.7 Truncus sympathicus

Abschnitt	Ganglien	Lage	Funktion und Bemerkungen
Zervikalabschnitt (präganglionäre Fasern aus C 8 und den oberen Thorakalsegmenten)	3 Ganglia cervicalia:		Abgabe von Ästen zum Herzen (**Nn. cardiaci**), die steil nach kaudal verlaufen.
	▪ superius	direkt unter der Schädelbasis als Verschmelzung aus 4–6 Ganglien	Umschaltung aller sympathischen Fasern zum Gehirn und zu großen Teilen des Kopfes (Augen-, Nasen-, Mundhöhle, Speicheldrüsen). Die postganglionären Fasern bilden Geflechte um Äste der A. carotis interna und externa (S. 896) bis zu der von ihnen innervierten Struktur (**Effektor**), d. h. zunächst nicht über Anlagerung an andere Nerven.
	▪ medium	in Höhe des 6. Halswirbels	oft fehlend oder rudimentär
	▪ inferius	ventral des Kopfes der 1. Rippe, dorsal der A. subclavia	bildet durch Verschmelzung mit dem 1. thorakalen Ganglion das **Ganglion stellatum**
Thorakal- und oberer Lumbalabschnitt (aus C 8–L 2)	10–11 Ganglia thoracica	segmental neben Brust- bzw. Lendenwirbelsäule	Umschaltstelle für sympathisch innervierte Strukturen der Haut im Bereich der Rumpfwand. Fasern zu inneren Organen im Bauch- und Beckenraum laufen meist ohne Umschaltung durch die Grenzstrangganglien hindurch, bilden z. T. Nerven (wie z. B. **N. splanchnicus major** aus Th 5–Th 9, **N. splanchnicus minor** aus Th 9–Th 11) und erreichen nach Umschaltung in den prävertebralen Ganglien (s. u.) ihre Effektoren.
	4 Ganglia lumbalia		
unterer Lumbal- und Sakralabschnitt (aus Th 12–L 2)	4 Ganglia sacralia	auf dem Kreuzbein	
	Ganglion impar	unpaarig vor dem Steißbein	

▶ Merke. Die Ganglien des somatischen Systems werden aus afferenten, die des autonomen Systems aus **efferenten** Fasern gebildet. Im Gegensatz zu Spinalganglien sind in autonomen Ganglien **Synapsen** vorhanden.

N. splanchnicus major und **minor** entspringen im Brustmark und verlaufen unabhängig vom Spinalnerv. Ihre Umschaltung erfolgt erst in den **prävertebralen Ganglien** im Bauchraum:
- Der N. splanchnicus thoracicus major endet im paarigen **Ggl. coeliacum** (Ggl. aorticum, Solarplexus)
- Der N. splanchnicus thoracicus minor endet im **Ggl. mesentericum sup.** und **inf.**

Zur Versorgung der Organe der **Bauchhöhle** entspringen im Brustmark zusätzlich sympathische Nerven, die unabhängig vom Spinalnerv ihre Effektoren erreichen: **N. splanchnicus (thoracis) major** (Th 5–9) bzw. **minor** (Th 9–11). Diese Nerven bestehen aus präganglionären Fasern, sie durchlaufen ohne synaptische Umschaltung die Grenzstrangganglien und haben ihre Synapsen in den **prävertebralen Ganglien** (S. 874), die vor der Wirbelsäule im Bauchraum liegen:
- Der N. splanchnicus major endet hauptsächlich im paarigen **Ganglion coeliacum** – auch Ggl. aorticum genannt – direkt kaudal vom Zwerchfell. Wegen der strahlenförmig einmündenden Faserbündel aus dem Sympathikus und dem parasympathischen Anteil des N. vagus (S. 998) heißt das Ganglion auch **Solarplexus** (Plexus solaris, „Sonnengeflecht").
- Der N. splanchnicus minor endet im **Ganglion mesentericum superius** am Abgang der gleichnamigen Eingeweidearterie und im **Ganglion mesentericum inferius** am Abgang der A. mesenterica inferior.
- Der N. splanchnicus imus ist inkonstant. Wenn er vorhanden ist, endet er im Plexus renalis.

▶ Klinik.

▶ Klinik. **Horner-Syndrom**: Ursache kann ein Ausfall (Verletzung) des Ganglion stellatum oder anderer Teile des Halssympathikus sein (z. B. Aneurysma der A. carotis interna). Das Horner-Syndrom ist gekennzeichnet durch **Ptosis** (hängendes Oberlid und enge Lidspalte wegen Ausfalls des glatten M. tarsalis), **Miosis** (enge Pupille wegen Ausfalls des M. dilatator pupillae) und **Enophthalmus** (tiefliegender Augenbulbus, angeblich wegen Ausfalls des glatten M. orbitalis, der als Rudiment in der dorsalen Wand der Orbita liegt). Wahrscheinlich ist das letzte Symptom eine Täuschung, bedingt durch die enge Lidspalte. Evtl. spielt auch eine Abnahme der Blutfülle in den retrobulbären Venen eine Rolle.

⊙ B-3.15 **Horner-Syndrom rechts**
(Masuhr, K.F., Neumann, M.: Duale Reihe Neurologie. Thieme, 2013)

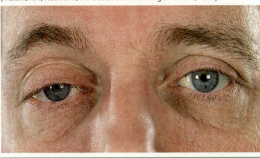

Die Organe des kleinen Beckens werden über den **Plexus hypogastricus superior** versorgt. Von diesem ausgehend verläuft der **N. hypogastricus** beidseits der Aorta zum paarigen **Pl. hypogastricus inferior**. Alle Strukturen enthalten auch parasympathische Fasern.

Die Organe des **kleinen Beckens** haben eine separate sympathische Versorgung über den **Plexus hypogastricus superior**, der von einem autonomen Geflecht um die Bauchaorta (aus unteren Thorakal- und oberen Lumbalsegmenten) ausgeht. Ab der Bifurkation der Aorta in die Aa. iliacae (S. 380) läuft der paarige **Nervus hypogastricus** als separates Faserbündel in das kleine Becken und endet im paarigen **Plexus hypogastricus inferior** beidseits von Harnblase und Rektum, der aus mehreren Teilplexus besteht. Nervus und Plexus hypogastricus enthalten auch parasympathische Fasern und Ganglien. Einer dieser Teilplexus bei der Frau ist der **Plexus uterovaginalis** (klinischer Name: **Frankenhäuser-Ganglion** = Ganglion pelvicum), der zu beiden Seiten des Uterus liegt.

Parasympathikus

Parasympathikus

▶ Merke.

▶ Merke. Im sympathischen Nervensystem ist das präganglionäre Neuron kurz und das postganglionäre lang, im parasympathischen Nervensystem ist dies umgekehrt: Die präganglionären parasympathischen Nervenfasern werden oft erst in der Wand des innervierten Organs synaptisch umgeschaltet.

B 3.5 Funktionelle Einteilung des Nervensystems

Die Ursprungsneurone des Parasympathikus liegen im sakralen Rückenmark und im Hirnstamm. Man unterscheidet daher einen **kranialen** von einem **sakralen Anteil**.

Kranialer Anteil: Die Ursprungsneurone des kranialen Abschnitts liegen in separaten Kernen im **Hirnstamm** und ziehen mit ihren Axonen in den Hirnnerven III (N. oculomotorius, Nucleus accessorius III), VII (N. facialis, Nucleus salivatorius superior) und IX (N. glossopharyngeus, Nucleus salivatorius inferior) zu den **parasympathischen Ganglien** des Kopfes (Tab. **B-3.8**), wo sie synaptisch umgeschaltet werden. Die parasympathischen Fasern des N. vagus (X) entspringen ebenfalls im Hirnstamm (Nucleus dorsalis nervi vagi), laufen jedoch mit dem N. vagus zu den Organen des Thorax und Bauchraums.

Es wird ein **kranialer** von einem **sakralen Anteil** des Parasympathikus unterschieden.

Kranialer Teil: Die Ursprungsneurone liegen im **Hirnstamm**. Ihre Axone ziehen über die Hirnnerven III, VII, IX und X zu den parasympathischen Ganglien (Tab. **B-3.8**).

≡ B-3.8	Parasympathische Ganglien des Kopfes	
Ganglion	**Lage**	**Innervation/Funktion**
Ganglion ciliare (über Hirnnerv III)	Orbita, lateral des N. opticus	Pupillenverengung (Miosis) über M. sphincter pupillae und Akkommodation über den M. ciliaris
Ganglion pterygopalatinum (über Hirnnerv VII)	Fossa pterygopalatina	Tränendrüse und Drüsen der Nasenhöhle
Ganglion submandibulare (über Hirnnerv VII)	im Mundboden, kaudal vom N. lingualis	Unterkieferspeicheldrüse, Unterzungendrüse
Ganglion oticum (über Hirnnerv IX)	kaudal des Foramen ovale, medial vom N. V_3	Ohrspeicheldrüse

Sakraler Anteil: Die Ursprungsneurone liegen in den **Segmenten S 2–S 4** in den Nuclei parasympathici sacrales in der lateralen Substantia intermedia (S.1100) und dem ventralen Hinterhorn. Von hier entspringen die **Nervi splanchnici pelvici**, die zusammen mit den Fasern aus dem **Nervus hypogastricus** in den **Plexus hypogastricus inferior** münden. Diese Fasern versorgen nicht nur die Harn- und Geschlechtsorgane des kleinen Beckens, sondern auch die distalen Teile des Darmtraktes (ab dem **Cannon-Böhm-Punkt**, dem kaudalen Ende der Versorgung durch den N. vagus).

Der **sakrale Teil** des Parasympathikus entspringt als **Nn. splanchnici pelvici** den Segmenten S 2–S 4. Sie münden in den **Pl. hypogastricus inf.** und versorgen den distalen Magen-Darm-Trakt und Harn- und Geschlechtsorgane.

▶ **Klinik.** Die **Erektion** beim Mann wird von den parasympathischen Nn. splanchnici pelvici gesteuert, die **Ejakulation** von sympathischen Fasern des Pl. hypogastricus, die ihren Ursprung in den Segmenten L 1–L 3 haben. Daher ist nach Zerstörung des Sakralmarks (z. B. bei einer Querschnittlähmung) eine Ejakulation noch möglich, eine Erektion aber nicht.

▶ **Klinik.**

„Point & Shoot"

Gemeinsame Plexus

Sympathikus und Parasympathikus bilden zusammen Geflechte im Thorax (z. B. Pl. cardiacus und pulmonalis), im Bauch (Pl. solaris, der „Solarplexus") und Becken (z. B. in Form der Plexus um die Eingeweide des kleinen Beckens wie Pl. uterovaginalis oder Pl. prostaticus).

Gemeinsame Plexus

Sympathikus und Parasympathikus bilden **gemeinsame Plexus** im Thorax und Becken.

▶ **Merke.** Die meisten Vagusfasern durchlaufen den Plexus coeliacus, werden hier aber **nicht** umgeschaltet.

▶ **Merke.**

Wirkungen von Sympathikus und Parasympathikus

Der **Sympathikus** wird im Allgemeinen bei **höheren körperlichen** und **psychischen Anforderungen** aktiviert, z. B. steigert er die Herzarbeit über Erhöhung der Kontraktionskraft und der Pulsrate. Gleichzeitig werden die Bronchiolen dilatiert, um den Atemwiderstand zu senken. Die Arteriolen der Haut werden kontrahiert und die Schweißdrüsen aktiviert. Dies ist der Grund für die kalten und feuchten Hände vieler Menschen unter psychischem Stress. Die glatte Muskulatur der Eingeweide wird ruhig gestellt.

Der **Parasympathikus** hat auf die meisten Organe die **gegensätzliche Wirkung**: Die Herzarbeit wird vermindert, Bronchiolen werden verengt, die glatte Muskulatur der Eingeweide wird erregt. Unter extremem Stress können beide Systeme zusammen aktiviert werden, die Folge kann dann unwillkürlicher Harn- oder Stuhlabgang sein.

Wirkungen von Sympathikus und Parasympathikus

Der **Sympathikus** bewirkt u. a. über eine Steigerung der Herztätigkeit, Erweiterung der Bronchiolen und die Ruhigstellung der Eingeweide eine **Anpassung des Körpers** an **höhere** körperliche bzw. psychische **Anforderungen**.

Der **Parasympathikus** hat eine **gegenteilige Wirkung**. Unter extremem Stress können beide Systeme zugleich aktiviert werden.

B-3.16 Übersicht des sympathischen (rot) und parasympathischen (blau) Nervensystems

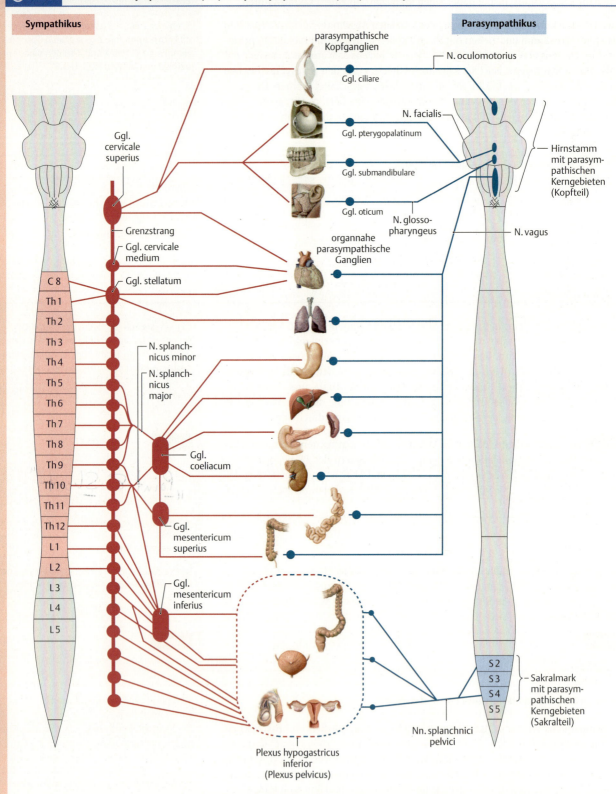

Sympathikus: Die Umschaltung vom 1. auf das 2. Neuron erfolgt zum einen in den Grenzstrangganglien (→ sympathisch innervierte Strukturen des Kopfes, Herz, Lunge, Haut mit Hautanhangsgebilden, Gefäße), zum anderen in prävertebralen Ganglien (hier vorwiegend Umschaltung der Fasern zu Bauch- und Beckenorganen). Das Nebennierenmark stellt eine Ausnahme dar, indem es durch präganglionäre sympathische Fasern innerviert wird. **Parasympathikus:** Die Umschaltung vom 1. auf das 2. Neuron findet in den Kopfganglien oder in organnahen Ganglien statt. Die Grenze der Versorgung durch den N. vagus (Hirnnerv X) und den sakralen Anteil des Parasympathikus ist der Cannon-Böhm-Punkt (S. 875) in der Nähe der linken Kolonflexur. Zu beachten ist, dass es große interindividuelle Unterschiede bezüglich der Ausbildung von Nerven (Nn. splanchnici) gibt und die Lokalisation der Umschaltung nicht immer bekannt ist. Die postganglionären Fasern des Sympathikus und Parasympathikus bilden zusammen die Nervenplexus um die Organe des Thorax-, Bauch- und Beckenraums, z. B. Plexus cardiacus (S. 608), Plexus pulmonalis (S. 561). Angedeutet ist diese Anordnung in der Abb. K-1.10 für den Plexus hypogastricus inferior (Plexus pelvicus).
(Prometheus LernAtlas. Thieme, 3. Aufl.)

▶ Klinik. Ein Schlag auf den **Plexus solaris**, sog. Ggl. coeliacum (S. 216), kann zur Bewusstlosigkeit führen, da durch die damit einhergehende Vagusstimulation eine starke Vasodilatation im gesamten Bauchraum ausgelöst wird. Das Blut „versackt" in den erweiterten Gefäßen, wodurch der Blutdruck sinkt. Der dadurch bedingte verringerte venöse Rückstrom zum Herzen hat eine Minderdurchblutung des Gehirns zur Folge.

Enterisches Nervensystem

▶ Synonym. intramurales Nervensystem

Das enterische Nervensystem ist komplexer aufgebaut, es besitzt umfangreiche **lokale Netzwerke** aus afferenten und efferenten Nervenfasern mit Synapsen und liegt in der Wand von Eingeweiden (intramural). Es wird in seiner Grundaktivität durch Sympathikus und Parasympathikus moduliert, ist aber ansonsten in seiner Funktion weitgehend unabhängig. Dies bedeutet z. B., dass ein Darmteil, der völlig von Sympathikus und Parasympathikus getrennt ist, noch peristaltikähnliche Bewegungen durchführen kann. Diese Reflexe verlaufen über Plexus in der Darmwand (S. 679).

- Die Darmbewegungen werden vorwiegend über den **Plexus myentericus** (**Auerbach**) gesteuert, der zwischen der Ring- und Längsschicht der glatten Darmmuskulatur liegt. Er besteht aus Ganglien, die durch Nervenfaserbündel netzartig verknüpft sind. Die Ganglien sind im histologischen Präparat gut zu sehen.
- Dem **Plexus submucosus** (**Meissner**) wird dagegen eher eine Funktion bei der Steuerung der Darmdrüsen zugesprochen. Er liegt in der Submukosa des Darmes und ist in histologischen Präparaten nur mit Spezialfärbungen sichtbar.

Anmerkung: Von einigen Autoren wird das enterische Nervensystem neben dem somatischen und autonomen Nervensystem als eigenständiges drittes System angesehen.

Neurotransmitter im autonomen Nervensystem

Neurotransmitter: Der Neurotransmitter sowohl an den sympathischen als auch an den parasympathischen **ganglionären Synapsen** ist **Acetylcholin** (**ACh**) (Abb. B-3.17), er unterscheidet sich aber bei der Übertragung von der postganglionären Faser auf die autonom innervierte Struktur (s. u.), den **Effektor** (glatte Muskelfasern oder Drüsenzellen):

- im **sympathischen** Nervensystem: **Noradrenalin** und als Kotransmitter u. a. Adenosintriphosphat (**ATP**) und Neuropeptid Y (NPY).
- im **parasympathischen Nervensystem**: **Acetylcholin** und das vasoaktive intestinale Polypeptid (**VIP**).

▶ Merke. Die **Schweißdrüsen** sind eine Ausnahme insofern, als sie sympathisch über postganglionäre **cholinerge** Fasern innerviert werden.

B-3.17 Neurotransmitter im autonomen Nervensystem

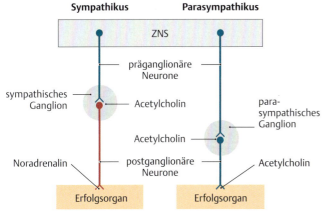

Bei der ganglionären Umschaltung vom 1. auf das 2. Neuron ist der Transmitter immer (d. h. im sympathischen sowie im parasympathischen Nervensystem), Acetylcholin. Bei der Übertragung auf das Erfolgsorgan dagegen unterscheiden sich die beiden Systeme: Im Parasympathikus ist auch hier Acetylcholin der Haupttransmitter, im Sympathikus jedoch Noradrenalin. Wichtig ist, dass es für Noradrenalin und Acetylcholin verschiedene Rezeptortypen (Rezeptormoleküle) in der Membran der Zielzelle gibt, sodass jeder Transmitter unterschiedliche Wirkungen hervorrufen kann.
(Prometheus LernAtlas. Thieme, 3. Aufl.)

Enterisches Nervensystem

▶ Synonym.

Das in der Wand von Eingeweiden liegende enterische (intramurale) Nervensystem besteht aus **lokalen Netzwerken** aus afferenten und efferenten Nervenfasern und Synapsen. Das in seiner Funktion weitgehend von Sympathikus und Parasympathikus unabhängige System besteht hauptsächlich aus zwei Plexus:

- Der zwischen Ring- und Längsschicht der Darmmuskulatur liegende **Pl. myentericus** (**Auerbach**) steuert die Darmbewegungen.
- Der in der Submukosa des Darmes liegende **Pl. submucosus** (**Meissner**) beeinflusst wahrscheinlich die Funktion der Darmdrüsen.

Neurotransmitter im autonomen Nervensystem

Neurotransmitter: Der Transmitter in den großen **Ganglien** ist **Acetylcholin** (**ACh**), die Ansteuerung der **Effektorzellen** erfolgt dagegen

- beim **Sympathikus** über Noradrenalin (und ATP als Kotransmitter).
- beim **Parasympathikus** über ACh (und VIP als Kotransmitter).

▶ Merke.

Zusätzlich wird noch eine nicht-adrenerge, nicht-cholinerge Übertragung (**NANC**) gefunden, für welche wahrscheinlich Neuropeptide, NO und ATP verantwortlich sind.

Übertragung auf den Effektor: Die Übertragung auf den Effektor erfolgt im autonomen Nervensystem über Erweiterungen des Axons (**Varikositäten**), in denen Neurotransmitter gespeichert sind.

▶ Merke.

Nur sympathisch innerviert werden Blutgefäße, Schweißdrüsen und Mm. arrectores pilorum der Haut sowie das Nebennierenmark.

Reflexe im autonomen Nervensystem

Im autonomen Nervensystem unterscheidet man vier verschiedene Reflexarten (Tab. **B-3.9**).

Teilfunktionen des autonomen Nervensystems sind allerdings auch nach Blockierung jeder adrenergen und cholinergen Übertragung nachweisbar. Diese nicht-adrenerge, nicht-cholinerge Übertragung (**NANC**) wird wahrscheinlich durch Neuropeptide sowie durch Stickstoffmonoxid (NO) und ATP vermittelt.

Übertragung auf den Effektor: Die Ansteuerung des Effektors erfolgt nicht über Synapsen, sondern über sog. **Varikositäten** (Erweiterungen des Axons), die hier gespeicherte Neurotransmitter in das Interstitium freisetzen. Die Transmitter müssen dann zu den glatten Muskelfasern oder Drüsenzellen über relativ große Entfernungen diffundieren.

▶ Merke. Im Allgemeinen wird jedes Organ antagonistisch sowohl von sympathischen als auch parasympathischen Fasern innerviert. Es existiert jedoch eine große Anzahl von Ausnahmen!

Ausnahmen sind Blutgefäße, Schweißdrüsen und die Mm. arrectores pilorum der Haut sowie das Nebennierenmark, die nur sympathische Fasern erhalten. Die rein sympathische Versorgung des Nebennierenmarks durch präganglionäre Fasern ist aus der Entwicklung zu erklären: das Nebennierenmark war ursprünglich als sympathisches Ganglion angelegt.

Reflexe im autonomen Nervensystem

Im autonomen Nervensystem werden durch die Verschaltung von viszeroafferenten mit somatoefferenten bzw. somatoafferenten mit viszeroefferenten Leitungsbahnen vier verschiedene Reflexarten unterschieden (Tab. **B-3.9**).

☰ **B-3.9**   **Reflexe im autonomen Nervensystem**

Reflexart	Afferenz	Reaktion	Beispiel
viszero-viszeral	viszeral	viszerale Reaktion	Blasenentleerung, Darmperistaltik
viszero-kutan	viszeral	Hautreaktion	Rötung der Haut durch Gefäßerweiterung über einem erkrankten Darmabschnitt
viszero-muskulär	viszeral	erhöhter Muskeltonus/ -spasmus	Muskuläre Verspannung der Bauchwand bei Erkrankungen der Eingeweide, Abwehrspannung bei „akutem Abdomen" (S. 647)
kuti-viszeral	somatisch	gemäß der Head-Zonen Stimulation vegetativer Efferenzen	Ruhigstellung des Darmes bei Erwärmung der Bauchhaut über dem erkrankten Organ. Dieser Reflex wird beim Aufbringen einer Wärmflasche auf die Bauchwand bei Darmbeschwerden genutzt.

4 Bewegungssystem – Grundlagen

4.1 Einführung 221
4.2 Knochen 221
4.3 Knochenverbindungen (Juncturae) 226
4.4 Skelettmuskulatur 234

W. Schmidt

4.1 Einführung

▶ **Definition.** Das Bewegungssystem besteht aus Skelett und Skelettverbindungen (Gelenke und Bänder) als Stützgerüst des Körpers und der Skelettmuskulatur, von der die Skelettteile bewegt oder in einer bestimmten Stellung gehalten werden.

Das Bewegungssystem des menschlichen Körpers kann unterteilt werden in den
- **passiven Bewegungsapparat**, gebildet aus knöchernen und knorpeligen Skelettelementen (Abb. **B-4.1**), die durch Bindegewebsstrukturen (Bandapparat) verbunden sind, und den
- **aktiven Bewegungsapparat**, bestehend aus der Skelettmuskulatur.

4.2 Knochen

4.2.1 Funktion

Neben der oben erwähnten **Stützfunktion** ist das Knochensystem noch in anderer Hinsicht von funktioneller Bedeutung. Schädelknochen und Wirbel haben **Schutzfunktion** für das zentrale Nervensystem (Gehirn und Rückenmark), knöchernes Becken und Thorax für die dort liegenden inneren Organe. Weiterhin dient der Knochen durch seinen hohen Kalziumgehalt im Rahmen des Mineralstoffwechsels als **Kalziumreservoir** und ist ab dem Zeitpunkt der Geburt Hauptort der **Blutbildung** (S. 166).

4.2.2 Aufbau

Grundsätzliche Bestandteile des Knochens sind:
- **Knochengrundsubstanz** (S. 76) mit anorganischen und organischen Anteilen sowie
- **Zellen** (S. 75) unterschiedlicher Funktion (Osteoblasten, Osteozyten und Osteoklasten).

Äußere und innere Oberfläche des Knochens sind durch größtenteils bindegewebige Strukturen bedeckt:
- **Periost**: Diese äußere Knochenhaut überzieht den gesamten Knochen mit Ausnahme der überknorpelten Gelenkflächen und Knochenabschnitten, die von Synovialmembran überzogen sind. Die äußere Schicht, **Stratum fibrosum**, enthält geflechtartiges, straffes Bindegewebe, dessen Kollagenfasern vorzugsweise in der Längsachse der Knochen verlaufen. Davon abzweigende sog. **Sharpey-Fasern** strahlen durch die gefäß- und nervenführende innere Schicht, sog. **Stratum osteogenicum** (S. 75), direkt in die darunter gelegene Kompakta ein und schaffen somit eine feste Verbindung zwischen Periost und Knochen. Das Stratum fibrosum dient Sehnen und Bändern als Ansatz.
- **Endost**: Es bedeckt alle „inneren" Oberflächen des Knochens.

Das **Knochenmark** (S. 224) liegt in den Markräumen zwischen der festen Knochensubstanz.

4.1 Einführung

▶ **Definition.**

Er wird unterteilt in
- **passiven Bewegungsapparat**: Skelett und Skelettverbindungen (Gelenke und Bänder).
- **aktiven Bewegungsapparat**: Skelettmuskulatur.

4.2 Knochen

4.2.1 Funktion

- Stütze
- Schutz
- Kalziumreservoir
- Blutbildung (S. 166).

4.2.2 Aufbau

Grundsätzliche Bestandteile sind:
- **Knochengrundsubstanz** (S. 76) sowie
- **Zellen** (S. 75) unterschiedlicher Funktion.

Äußere und innere Oberfläche des Knochens sind durch folgende Strukturen bedeckt:
- Periost überzieht den Knochen. Es besteht aus dem Stratum fibrosum und dem Stratum osteogenicum. Sharpey-Fasern verbinden Periost und Knochen.
- **Endost** (S. 75).
- Das **Knochenmark** (S. 224) liegt zwischen der festen Knochensubstanz in den Markräumen.

B 4 Bewegungssystem – Grundlagen

⊙ B-4.1 Knöchernes Skelett

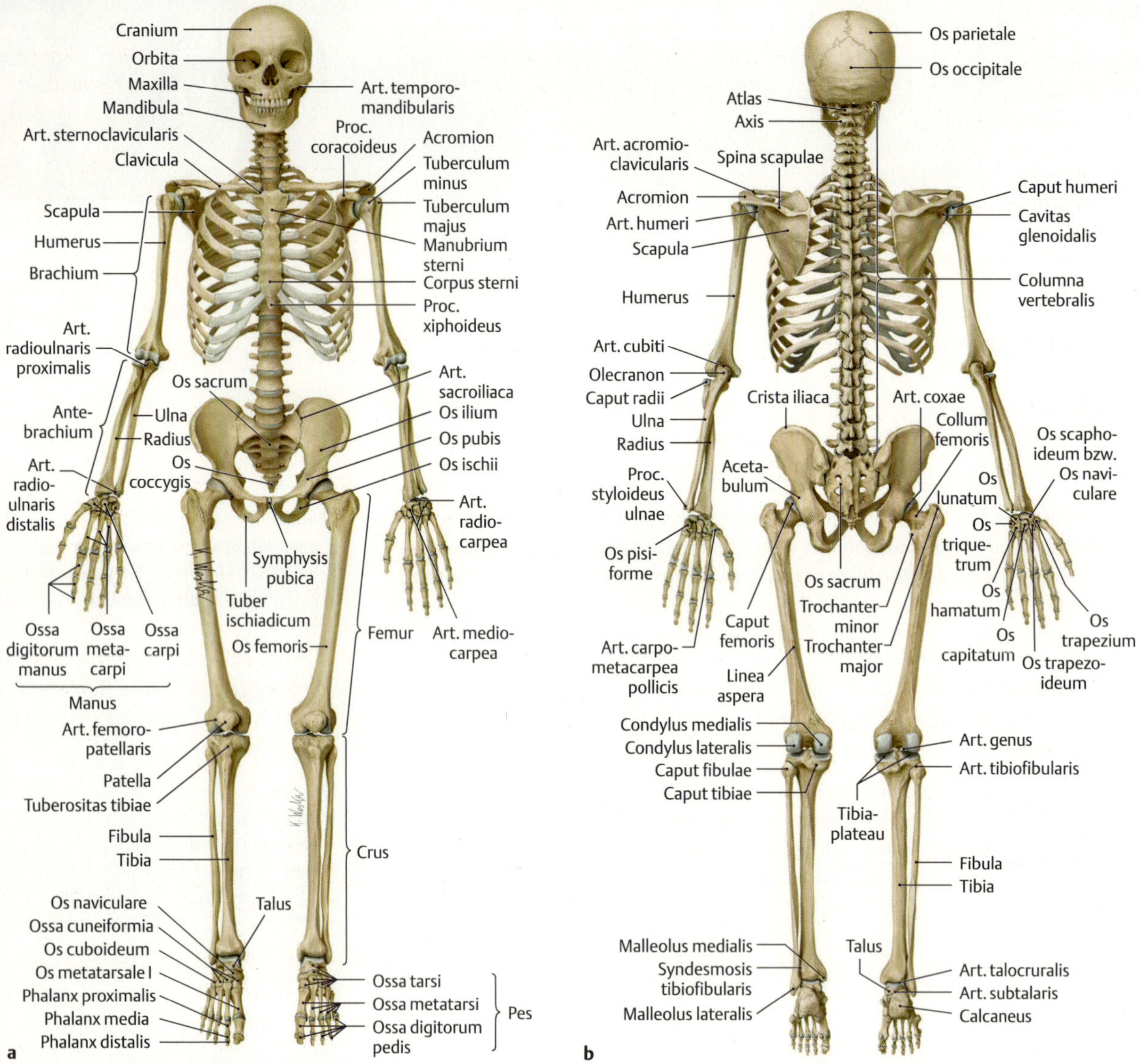

a Ansicht von ventral

Cranium, Orbita, Maxilla, Mandibula, Art. sternoclavicularis, Clavicula, Scapula, Humerus, Brachium, Art. radioulnaris proximalis, Antebrachium, Ulna, Radius, Os coccygis, Art. radioulnaris distalis, Ossa digitorum manus, Ossa metacarpi, Ossa carpi, Manus, Art. femoropatellaris, Patella, Tuberositas tibiae, Fibula, Tibia, Os naviculare, Ossa cuneiformia, Os cuboideum, Os metatarsale I, Phalanx proximalis, Phalanx media, Phalanx distalis

Art. temporomandibularis, Proc. coracoideus, Acromion, Tuberculum minus, Tuberculum majus, Manubrium sterni, Corpus sterni, Proc. xiphoideus, Art. sacroiliaca, Os ilium, Os pubis, Os ischii, Art. radiocarpea, Symphysis pubica, Tuber ischiadicum, Os femoris, Femur, Art. mediocarpea, Os sacrum, Talus, Ossa tarsi, Ossa metatarsi, Ossa digitorum pedis, Pes, Crus

b und dorsal

Os parietale, Os occipitale, Atlas, Axis, Art. acromioclavicularis, Spina scapulae, Acromion, Art. humeri, Scapula, Humerus, Art. cubiti, Olecranon, Caput radii, Ulna, Radius, Proc. styloideus ulnae, Os pisiforme, Caput femoris, Art. carpometacarpea pollicis, Linea aspera, Condylus medialis, Condylus lateralis, Caput fibulae, Caput tibiae, Malleolus medialis, Syndesmosis tibiofibularis, Malleolus lateralis

Caput humeri, Cavitas glenoidalis, Columna vertebralis, Crista iliaca, Art. coxae, Collum femoris, Os scaphoideum bzw. Os naviculare, Os lunatum, Os triquetrum, Os hamatum, Os capitatum, Os trapezium, Os trapezoideum, Trochanter minor, Trochanter major, Acetabulum, Os sacrum, Art. genus, Art. tibiofibularis, Tibiaplateau, Fibula, Tibia, Talus, Art. talocruralis, Art. subtalaris, Calcaneus

(Prometheus LernAtlas. Thieme, 3. Aufl.)

Unterschiede nach Art der Knochen

Die genaue Zusammensetzung des Knochengewebes und der spezifische Aufbau unterscheidet sich nach Art des Knochens:

Geflechtknochen

▶ Synonym. Faserknochen, primärer Knochen

▶ Synonym.

Geflechtknochen ist embryonaler Knochen und wird größtenteils zu Lamellenknochen umgebaut (s. u.).

Nur im **knöchernen Labyrinth** und im Bereich der **Schädelnähte** bleibt er erhalten.

Der embryonale Knochen besteht aus einem Geflechtwerk kollagener Fibrillen (S. 76) und erfährt bis zum Ende des ersten Lebensjahres einen weitgehenden Umbau (Entstehung primärer Osteone), der unter funktioneller Belastung später im Lamellenknochen (s. u.) endet.

Beim Erwachsenen bleibt unter physiologischen Bedingungen nur im **knöchernen Labyrinth** des Innenohrs (Pars petrosa des Os temporale) und im Bereich der **Schädelnähte** Geflechtknochen erhalten; vgl. Hirnschädel (S. 946).

▶ Klinik.

▶ Klinik. Im Rahmen der Heilung eines Knochenbruchs entsteht zunächst auch Geflechtknochen, der dann später durch Lamellenknochen ersetzt wird.

B 4.2 Knochen

Lamellenknochen

▶ Synonym. sekundärer Knochen

Der stabilere Lamellenknochen hat seinen Namen aufgrund der lamellären Schichtung der Interzellularsubstanz. Er ersetzt beim Menschen ab dem zweiten Lebensjahr weitgehend den Geflechtknochen.
Die Anordnung der Lamellen (S. 77) unterscheidet sich je nach Knochenstruktur in den verschiedenen Knochentypen:
- **Generallamellen** umfassen die innere und äußere Zirkumferenz eines Knochenschafts.
- **Lamellen der Spongiosabälkchen** (S. 225) folgen flach aufeinander liegend deren Verlauf.
- Konzentrische Lamellen laufen um einen zentralen Gefäßkanal (Havers-Kanal) und bilden so das **Osteon** (S. 77) als Grundbaustein der Kompakta (S. 75).
- **Schaltlamellen** liegen zwischen Osteonen in der Kompakta.

▶ Merke. Allen Lamellenknochen ist gemeinsam, dass unter dem Periost (S. 75) eine dünnere Substantia corticalis (kurz: **Kortikalis**) liegt, der sich nach innen eine netz- bzw. schwammartige Substantia spongiosa (**Spongiosa**) aus Knochenbälkchen anschließt. Zwischen Letzteren und in den Markhöhlen der Röhrenknochen liegt das **Knochenmark** (S. 224).

Unterschiede nach Typ der Knochen

Das menschliche Skelett ist aus **223 Knochen** aufgebaut, von denen 95 paarige und 33 unpaare Knochen sind. Die Gestalt der einzelnen Knochen ist genetisch festgelegt, die Struktur hängt jedoch weitgehend von Art und Größe der mechanischen Beanspruchung ab. Man unterteilt die Knochen nach der äußeren Form in:
- **Ossa longa** (lange Knochen oder Röhrenknochen)
- **Ossa brevia** (kurze Knochen)
- **Ossa plana** (platte Knochen)
- **Ossa pneumatica** (luftgefüllte Knochen)
- **Ossa irregularia** (keiner der o. g. Gruppe zuzuordnen).

Ossa longa

▶ Synonym. Röhrenknochen

Zu dieser Gruppe gehören die Knochen der oberen und der unteren Extremität. Man unterscheidet:
- **Lange** Röhrenknochen: Humerus, Radius, Ulna, Femur, Tibia, Fibula.
- **Kurze** Röhrenknochen: Ossa metacarpi, Ossa digitorum manus, Ossa metatarsi, Ossa digitorum pedis.

Bei diesem Knochentyp unterscheidet man verschiedene Abschnitte (Abb. **B-4.2**):
- **Epiphyse**: proximales und distales Gelenkende, in denen die Spongiasabälkchen den Kraftlinien folgen. Zwischen proximaler und distaler Epiphyse liegt die
- **Diaphyse** (Knochenschaft): In diesem Bereich des Röhrenknochens verdickt sich die Kortikalis zur sog. **Kompakta** (Substantia compacta), die sich aus Osteonen (S. 77) zusammensetzt. Im Inneren des Schafts befindet sich die Markhöhle (**Cavum medullare**).
- **Metaphyse**: Sie verbindet die Diaphyse an beiden Seiten mit der jeweiligen Epiphyse und entspricht der Zone des Längenwachstums, sog. **Epiphysenfuge** (S. 81).
- **Apophysen** sind größere Knochenvorsprünge, an denen Sehnen und Bänder inserieren.

Lamellenknochen

▶ Synonym.

Der Lamellenknochen ersetzt den Geflechtknochen. Er besteht aus unterschiedlich angeordneten Lamellen.

▶ Merke.

Unterschiede nach Typ der Knochen

Das menschliche Skelett ist aus **223 Knochen** aufgebaut (95 paarige und 33 unpaare).
Man unterscheidet:
- Ossa longa
- Ossa brevia
- Ossa plana
- Ossa pneumatica und
- Ossa irregularia.

Ossa longa

▶ Synonym.

Ossa longa werden in **lange** (z. B. Humerus, Radius, Femur) und **kurze Röhrenknochen** (z. B. Ossa metacarpi) unterteilt.

Ein Röhrenknochen besteht aus (Abb. **B-4.2**):
- 2 Epiphysen (proximales und distales Gelenkende)
- Diaphyse (Schaft) sowie
- 2 Metaphysen.

B-4.2 Bau eines typischen Röhrenknochens am Beispiel des Femurs

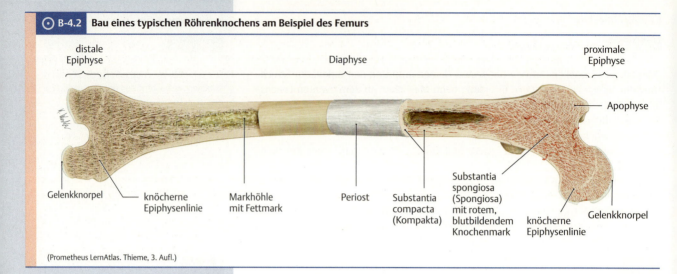

(Prometheus LernAtlas. Thieme, 3. Aufl.)

Ossa plana (platte Knochen)

Zu den platten Knochen zählen die Scapula (Schulterblatt), das Os coxae (Hüftbein), das Sternum (Brustbein) und die platten Knochen des Schädeldaches. Die Schädelknochen haben eine abweichende Nomenklatur: Ihre Spongiosa wird als **Diploë** bezeichnet und von je einer **Lamina externa** und **interna** begrenzt.

Ossa plana (platte Knochen)

Zu den Ossa plana gehören die Scapula (Schulterblatt), das Os coxae (Hüftbein), das Sternum (Brustbein) und die platten Knochen des Schädeldaches.
Charakteristisch für alle platten Knochen ist eine „Rahmenkonstruktion": Zwischen einem festen und verstärkten Knochenrahmen liegt eine oftmals durchscheinende dünne Knochenschicht.
Eine Besonderheit der Nomenklatur ergibt sich bei den platten Knochen des Schädeldaches: Sie werden von einer äußeren und inneren Kortikalis begrenzt, die man als **Lamina externa** und **Lamina interna** bezeichnet, die dazwischenliegende Spongiosa nennt man **Diploë**.

Ossa brevia (kurze Knochen)

Kurze Knochen besitzen außen eine Korticalis und innen eine Spongiosa.

Ossa brevia (kurze Knochen)

Zu den kurzen Knochen zählen die Ossa carpi (Handwurzelknochen) und die Ossa tarsi (Fußwurzelknochen).
Sie besitzen außen eine dünne Korticalis und innen eine Spongiosa (S. 225), deren Anordnung der Knochenbälkchen die Beanspruchung des betreffenden Knochens erkennen lässt.

Ossa pneumatica (lufthaltige Knochen)

Ossa pneumatica sind mit Schleimhaut ausgekleidete Knochen.

Ossa pneumatica (lufthaltige Knochen)

Lufthaltige Knochen sind mit Schleimhaut ausgekleidete Hohlräume. Hierzu zählen die Nasennebenhöhlen (Kiefer-, Stirn-, Keilbeinhöhle, Siebbeinzellen), der Processus mastoideus (Warzenfortsatz) und das Cavum tympani (Paukenhöhle).

Ossa irregularia (unregelmäßige Knochen)

Ossa irregularia sind keiner anderen Knochengruppe zuzuordnen.

Ossa irregularia (unregelmäßige Knochen)

Dieser Gruppe werden Knochen zugeordnet, die in andere Gruppen nicht einzuordnen sind (z. B. Wirbelknochen).

Knochenmark (Medulla ossium)

Das **Knochenmark** findet sich in den Markräumen des Knochens.
- Das **rote Knochenmark** füllt beim Kind die Markräume aller Knochen aus, beim Erwachsenen fast nur noch die der kurzen und platten Knochen.
- Das **gelbe, fettspeichernde Knochenmark** ist beim Erwachsenen in Markhöhlen der Diaphyse zu finden.

Zur Blutbildung (S. 166).

Knochenmark (Medulla ossium)

Das **Knochenmark** nimmt die Markhöhlen der Röhrenknochen und die Lücken der Spongiosa ein und wiegt etwa 2–3 kg. Man unterscheidet rotes und gelbes Knochenmark:
- Das **rote Knochenmark** (Medulla ossium rubra) füllt beim Kind die Markräume aller Knochen aus, beim Erwachsenen befindet es sich hingegen nur noch in den kurzen und platten Knochen sowie in unterschiedlichem Maß in den Epiphysen der Röhrenknochen.
- Das **gelbe, fettspeichernde Knochenmark** (Medulla ossium flava) füllt beim Erwachsenen die Markhöhlen der Diaphysen aus.

Zur Blutbildung (S. 166).

4.2.3 Blutversorgung des Knochens

Aufgrund ständiger Umbauvorgänge und Blutbildung im Knochen sowie seiner Beteiligung an der Bereitstellung von Kalzium für den Mineralhaushalt des Körpers muss der Knochen gut durchblutet sein. Dies wird erreicht durch **Vasa nutritia**, die aus benachbarten Gefäßstämmen entspringen und durch eine für jeden Knochen konstante Öffnung (**Foramen nutritium**) in sein Inneres eindringen. In der Kompakta der Röhrenknochen besteht ein spezielles Gefäßsystem (S. 78).

4.2.3 Blutversorgung des Knochens

Die Funktionsvorgänge im Knochen erfordern eine gute Durchblutung, die durch **Vasa nutritia** aufrechterhalten wird.

4.2.4 Funktionelle Prinzipien des Knochenbaus

Der Bau des menschlichen Skeletts verbindet in idealer Weise eine **hohe Stabilität** bei **niedrigem Bedarf an „Bausubstanz"**. Die Vorteile dieser Struktur sind einleuchtend: Eine reduzierte Knochenmasse verringert den Eigenbedarf des Gewebes an Nährstoffen. Gleichzeitig ist für die Bewegung leichterer Knochen eine im Verhältnis grazilere Ausbildung der Skelettmuskulatur ausreichend und fordert einen geringeren Energieaufwand für Bewegungs- und Haltefunktionen. Mit der Reduktion an Masse darf jedoch kein Verlust der Stabilität, die für die Stütz- und Schutzfunktion des Skeletts unabdingbar ist, einhergehen. Um beiden Anforderungen gerecht zu werden, ist das menschliche Skelett nach dem **Prinzip der Leichtbauweise** gestaltet. Hierfür spielt die hauptsächliche Verwendung des Lamellenknochens (S. 77) mit seinen hervorragenden mechanischen Eigenschaften eine große Rolle: Er besitzt höhere Druck-, Zug- und Biegefestigkeit als der Geflechtknochen, die durch folgende Bauprinzipien erreicht wird:

4.2.4 Funktionelle Prinzipien des Knochenbaus

Zur Verwirklichung einer **hohen Stabilität bei minimalem Materialaufwand** ist das menschliche Skelett nach dem Prinzip der Leichtbauweise konstruiert. Dazu wird hauptsächlich Lamellenknochen genutzt, der bessere mechanische Eigenschaften besitzt als Geflechtknochen.

- Die **Osteone** (S. 77) in der Kompakta sind so konstruiert, dass der Steigungswinkel der spiralig gewundenen Fibrillenbündel von Lamelle zu Lamelle wechselt, sodass bei Beanspruchung Flächenpressungen entstehen, welche die Osteone versteifen. Unter Flächenpressung versteht man, dass unter Druck besser Pressung auf die Fibrillenbündel ausgeübt wird, wodurch die Osteone versteifen.
- Die **trajektorielle Anordnung der Spongiosabälkchen** ist Ausdruck der funktionellen Anpassung des Knochens an seine mechanische Beanspruchung. Trajektorien sind grafisch darstellbare Linien des größten Drucks und Zugs, die man theoretisch errechnen kann.

Durch Konstruktion der **Osteone** (S. 77) und **trajektorielle** Anordnung der **Spongiosabälkchen** wird eine hohe Stabilität bei geringer Masse erreicht.

Am Beispiel der proximalen Femurepiphyse lässt sich die trajektorielle Struktur gut demonstrieren: Auf den Epiphysen lastet in erster Linie Druck. Bei reiner **Druckbelastung** verlaufen die Trajektorien daher in Längsrichtung. Die Druck- und Zugtrajektorien stehen senkrecht zueinander, d. h. sie kreuzen sich rechtwinklig (Abb. **B-4.3**). **Spongiosadrucktrabekel** entspringen aus dem kranialen Bereich des Femurkopfes. Sie strahlen kaudal in die Kortikalis der medialen Seite des Schenkelhalses und in die Kompakta der Diaphyse ein. **Zugtrabekel** laufen aus dem unteren Femurkopf kommend bogenförmig nach kranial, während sie kaudal in die laterale Kortikalis des Schaftes einmünden. Dadurch kann der auf die proximale Femurepiphyse auftreffende Druck in der Spongiosaarchitektur abgefangen werden und in der Kompakta der Diaphyse des Röhrenknochens in Zug übergeführt werden. Die dort auftretende **Biegespannung** wird gut durch die Röhre des Röhrenknochens abgefangen, was verständlich wird, wenn man sich folgenden Sachverhalt vor Augen führt: Bei einem massiven Bauelement (Rundstab) treten auf der konvexen Seite Zugspannungen und auf der konkaven Seite Druckspannungen auf. Sie sind an der Oberfläche am größten und sind im Inneren gleich null. Entsprechend der Leichtbauweise wird der Stab durch ein Rohr ersetzt. Dies ist die optimale Konstruktion für ein durch Biegung beanspruchtes Skelettteil, da sich die auf gegenüberliegende Knochenpunkte der festen Außenschicht (S. 75) wirkenden Kräfte gegenseitig aufheben.

Das Beispiel der proximalen Femurepiphyse zeigt, dass der auf ihr lastende **Druck** über die Kompakta der Diaphyse **in Zug abgeleitet** wird (Abb. **B-4.3**). Die im Diaphysenbereich auftretende **Biegespannung** wird zum einen durch den röhrenförmigen Aufbau des Knochens selbst, zum anderen durch Zuggurtung der Skelettmuskeln abgefangen.

Darüberhinaus können Skelettmuskeln in kontrahiertem Zustand als Verspannung, d. h. als Zuggurtung der Biegespannung entgegenwirken.

Zwischen den sich in Längsrichtung kreuzenden Knochenbälkchen verlaufen kurze Knochenbälkchen, die Zug- und Scherkräfte abfangen.

Im Laufe eines Lebens können die Nebenbälkchen schwinden, es entsteht das **Ward-Dreieck** (Abb. **D-1.3**). Gelangt nun der Druck seitlich oder schräg auf diese geminderten Knochenbälkchen, kann eine Fraktur die Folge sein.

⊙ B-4.3 **Proximale Femurepiphyse – Verlauf der Spongiosabälkchen in trajektorieller Anordnung**

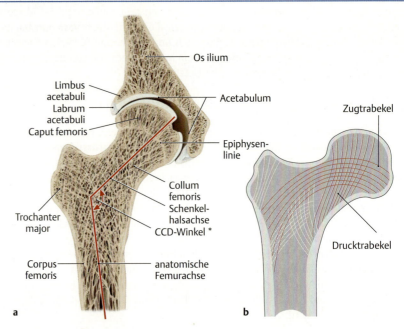

(Prometheus LernAtlas. Thieme, 3. Aufl.)
a Frontaler Sägeschnitt durch ein rechtes Hüftgelenk
b schematischer Verlauf der Druck- und Zugtrabekel bei physiologischem Schenkelhalswinkel

Also trägt diese trajektorielle Spongiosastruktur einerseits zur Verringerung auftretender Druck- und Biegespannungen bei und sorgt andererseits dafür, dass Biegespannungen bestmöglich bei einem Minimum an Material aufgenommen werden. Der Raum zwischen den Spongiosabälkchen kann sogar noch von dem dort angesiedelten Knochenmark genutzt werden. Insgesamt entfallen durch diese Leichtbauweise des Knochens beim Menschen lediglich 10 % des Gesamtkörpergewichts auf das Skelett (7 kg), während 30 kg Muskulatur die Bewegung der Skelettteile ermöglichen.

▶ **Klinik.** Infolge der Leichtbauweise der Röhrenknochen besteht bei äußerer Gewalteinwirkung eine große **Frakturgefährdung**. Bei Stauchung oder seitlicher Gewalteinwirkung können an der Diaphyse Quer- und Schrägfrakturen auftreten. Bei heftiger Torsion treten erhebliche Zugspannungen auf. Eine Fraktur mit spiralig verlaufenden Bruchkanten kann die Folge sein (**Torsionsfraktur/Spiralfraktur**, häufiger Mechanismus bei Skiunfällen).
Axiale Stauchung kann einen Knochen in Längsrichtung komprimieren. Eine solche Schädigung kommt an spongiösen Knochen vor (Wirbelkörper, Tibiakopf).

4.3 Knochenverbindungen (Juncturae)

Die einzelnen Knochen können sich fest aneinander fügen, ohne Bewegungen zuzulassen, oder gelenkig miteinander in Beziehung treten. Entsprechend der lokalen Gegebenheiten ist das Ausmaß der Bewegung dann unterschiedlich: So ist die Verschieblichkeit zwischen den Schädelknochen oder im Bereich der Symphysis pubica (S. 331) gering, dagegen lässt eine gelenkige Verbindung zwischen zwei Knochen, z. B. im Ellbogengelenk, einen exakt definierten Bewegungsumfang zu.
Die Knochenverbindungen (**Juncturae**) lassen sich in zwei Gruppen einteilen:
- **Synarthrosen** („unechte Gelenke")
- **Diarthrosen** („echte Gelenke").

4.3.1 Synarthrosen

Bei den Synarthrosen sind die knöchernen Skelettanteile durch ein „Füllgewebe" miteinander verbunden.
Sie werden unterteilt in
- Junctura fibrosa (bindegewebige Knochenverbindung)
- Junctura cartilaginea (knorpelige Knochenverbindung) und
- Junctura ossea (Knochenhaft).

Junctura fibrosa

▶ **Definition.** Die Knochen werden durch Bindegewebsfasern miteinander verbunden.

Syndesmosis (Bandhaft): Die beiden aneinander grenzenden Knochen sind verbunden durch
- kollagene Bindegewebsfasern wie z. B. die Membrana interossea zwischen Radius und Ulna (S. 479) bzw. die Syndesmosis tibiofibularis zwischen Tibia und Fibula (S. 399) oder durch
- elastische **Bindegewebsfasern** (S. 260) wie bei den Ligg. flava zwischen den Bögen benachbarter Wirbel.

Sutura (Naht): Die Schädelnähte enthalten Bindegewebe, das sich zwischen den aus embryonalem Bindegewebe entstandenen Schädelknochen befindet. Nach vollständiger Rückbildung des Bindegewebes ist das Wachstum der Schädelknochen abgeschlossen und die Nähte verengen sich zunehmend. Morphologisch weisen die Suturen eine unterschiedliche Gestalt auf. Man unterscheidet:
- **Sutura serrata (Zackennaht):** Bei dieser gezahnten Verbindung werden die Knochenanteile fest miteinander verbunden (Beispiel: Sutura sagittalis zwischen den beiden Scheitelbeinen).
- **Sutura squamosa (Schuppennaht):** Eine solche Naht bilden die schuppenartig abgeschrägte Knochenfläche der Squama ossis temporalis (Schuppe des Schläfenbeines) und die ebenfalls etwas angeschrägte Fläche des Os parietale.
- **Sutura plana (Glattnaht):** Die durch kollagenes Bindegewebe verbundenen Knochenränder sind nahezu glatt und verlaufen parallel zueinander (Beispiel: Sutura palatina mediana).

Schindylesis (Nutennaht): Senkt sich ein Knochenkamm in eine spalt-(keil-)förmige Vertiefung, so bezeichnet man diese Einfalzung als Schindylesis (Beispiel: Verbindung zwischen Vomer und Os sphenoidale).

Gomphosis (Einzapfung): Darunter versteht man die Einzapfung der Wurzeln eines Zahnes in den Alveolen (S. 1026). Die kollagenen Bindegewebsfasern verbinden das Periost des Alveolarknochens und die Wurzelhaut.

Junctura cartilaginea

▶ **Definition.** Die Junctura cartilaginea verbindet zwei Knochen durch hyalinen Knorpel oder durch Faserknorpel miteinander.

Synchondrosis (Knorpelhaft): Die Verbindung zwischen zwei Knochen wird durch **hyalinen Knorpel** gebildet. Ein Beispiel ist die Synchondrosis sternocostalis (S. 291): verbundene Teile sind Sternum, Rippenknorpel und Rippen. Die Verbindung zwischen Epiphyse und Diaphyse eines Röhrenknochens in der Epiphysenfuge ist ebenfalls eine Synchondrose. Im Bereich der Schädelbasis findet sich die Synchondrosis sphenooccipitalis.

Symphysis (Verwachsung): Das Gewebe zwischen den Knochen ist **Faserknorpel**. Dieser befindet sich in der Symphysis pubica, sog. Schambeinfuge (S. 331), und in den Zwischenwirbelscheiben (Disci intervertebrales).

4.3.1 Synarthrosen

Bei den Synarthrosen sind die knöchernen Skelettanteile bindegewebig (J. fibrosa), knorpelig (J. cartilaginea) oder knöchern (J. ossea) miteinander verbunden.

Junctura fibrosa

▶ **Definition.**

Syndesmosis (Bandhaft): Die Syndesmose verbindet Knochen über kollagenes oder elastisches Bindegewebe.

Sutura (Naht): Über Suturae werden Schädelknochen durch Bindegewebe vereint.

- **Sutura serrata (Zackennaht)**

- **Sutura squamosa (Schuppennaht)**

- **Sutura plana (Glattnaht)**

Schindylesis (Nutennaht): Einsenken eines Knochenkamms in eine spalt-(keil-)förmige Vertiefung.

Gomphosis (Einzapfung): Einzapfung der Wurzeln eines Zahnes in den Alveolen (S. 1026).

Junctura cartilaginea

▶ **Definition.**

Synchondrosis (Knorpelhaft): Die Verbindung zwischen zwei Knochen wird durch **hyalinen Knorpel** gebildet.

Symphysis (Verwachsung): Das Gewebe zwischen den Knochen ist **Faserknorpel**. Bsp. Symphyse (S. 331).

4.3.2 Diarthrosen

▶ Synonym. Junctura synovialis, Articulatio, echtes Gelenk

Diarthrosen zeichnen sich dadurch aus, dass zwischen den gelenkbildenden Knochen ein mit Flüssigkeit gefüllter Spaltraum (**Gelenkspalt**) zu finden ist. Durch ihn ist eine Bewegung der Knochen gegeneinander möglich.

Allgemeiner Aufbau von Gelenken

Obwohl die Gelenkflächen einzelner Gelenke von recht unterschiedlicher Form sind, kann man grundsätzlich das **Caput articulare** (Gelenkkopf) und die weniger bewegliche **Fossa articularis** (Gelenkpfanne) unterscheiden (Abb. **B-4.4).** Sie werden von einer 0,2–6 mm dicken, hyalinen Knorpelschicht (S. 73) überzogen, der Facies articularis (Gelenkfläche) .

▶ Merke. Ausnahmen sind das Kiefergelenk und das Schlüsselbein-Brustbeingelenk: Hier ist die Facies articularis mit Faserknorpel (S. 74) versehen.

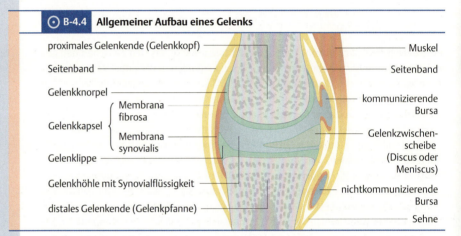

B-4.4 Allgemeiner Aufbau eines Gelenks

- proximales Gelenkende (Gelenkkopf)
- Seitenband
- Gelenkknorpel
- Gelenkkapsel { Membrana fibrosa / Membrana synovialis }
- Gelenklippe
- Gelenkhöhle mit Synovialflüssigkeit
- distales Gelenkende (Gelenkpfanne)
- Muskel
- Seitenband
- kommunizierende Bursa
- Gelenkzwischenscheibe (Discus oder Meniscus)
- nichtkommunizierende Bursa
- Sehne

Gelenkknorpel

Der Gelenkknorpel bildet eine glatte Oberfläche, was zur weitgehenden **Herabsetzung der Reibung** zwischen den beteiligten Gelenkknochen führt. Er verteilt den Druck auf das subchondrale Knochengewebe, indem er Flüssigkeit abgibt und diese bei Entlastung wieder aufnimmt. Dadurch können die Gelenkflächen reversibel verformt werden. Eine nennenswerte Federung findet jedoch nicht statt, da die Verformbarkeit gering ist und die Dicke der Knorpelschicht für das Abfangen von Stößen nicht ausreicht.

Der Gelenkknorpel wird nur durch **Diffusion** ernährt. Die Synovia und die Blutgefäße des subchondralen Knochengewebes tragen dazu bei.

▶ Klinik. Bei starker mechanischer Beanspruchung kann es zu degenerativen Veränderungen (Arthrosen) am Gelenk kommen.

Cavum articulare (Gelenkhöhle)

Das Cavum articulare ist keine Höhle im eigentlichen Sinn, sondern ein Gelenkspalt, der die Gelenkflüssigkeit enthält.

Capsula articularis (Gelenkkapsel)

Die Capsula articularis schließt die Gelenkhöhle luftdicht ab. Die Kapsel selbst besteht aus einer äußeren Faserschicht (**Membrana fibrosa**) und einer an den Gelenkspalt angrenzenden, zellreicheren Gelenkinnenhaut (**Membrana synovialis**).

Die **Membrana fibrosa** besteht vornehmlich aus Kollagen Typ I (S. 67) und wenigen elastischen Bindegewebsfasern. Sie geht in das Periost des Knochens über.

B 4.3 Knochenverbindungen (Juncturae)

▶ Klinik. Bei längerer Ruhigstellung eines Gelenks (z. B. im Gips) verkürzen sich die kollagenen Fasern der Gelenkkapsel und sie kann schrumpfen. Dadurch wird die Beweglichkeit des Gelenks eingeschränkt. Nach Ablauf der Behandlung erfolgt eine Bewegungstherapie.

▶ Klinik.

Die **Membrana synovialis** besteht wiederum aus zwei Schichten:
- Die **synoviale Intima** wird von zwei Zellpopulationen gebildet, die aufgrund ihrer Entstehung aus dem Mesenchym (S. 70) als modifizierte Bindegewebszellen anzusehen sind (makrophagenähnliche Typ A-Synoviozyten mit Fähigkeit zur Phagozytose und synoviabildende, fibroblastenähnliche Typ B-Synoviozyten). Sie lagern sich in 2–4 Schichten zusammen.
- Im **subintimalen Gewebe** finden sich Fibroblasten, Fettzellen, Makrophagen und Mastzellen sowie zahlreiche Schmerz- und Mechanorezeptoren. Die Synovialmembran besitzt eine sehr gute Versorgung mit Blut- und Lymphgefäßen.

Zur Oberflächenvergrößerung bildet die Synovialmembran **Synovialzotten und -falten** aus.

Die **Membrana synovialis** besteht aus 2–4 Lagen von Synovialzellen (synoviale Intima), die an der Bildung von Synovia (s. u.) und Phagozytose beteiligt sind, sowie einer reich innervierten subintimalen Schicht.

Synovialzotten und -falten vergrößern die Oberfläche.

Synovialflüssigkeit

Die Synovialflüssigkeit ist eine klare, leicht gelbliche, fadenziehende Flüssigkeit, die aus Proteohyaluronat und einem Transsudat des Blutes besteht. Sie ist ein **Sekretionsprodukt der Synoviozyten** und erfüllt wichtige Funktionen:
- **Ernährung** des Gelenkknorpels und Teile der intraartikulären Strukturen.
- **„Schmierfunktion"**, die ein reibungsloses Gleiten der von Knorpel bedeckten Gelenkflächen ermöglicht.
- **Stoßdämpfung**. Die Menge an Synovialflüssigkeit richtet sich nach der Größe des Gelenks. Große Gelenke können bis zu 3–5 ml Synovia enthalten.

Synovialflüssigkeit

Die Synovialflüssigkeit ist ein **Sekretionsprodukt der Synoviozyten**.
Ihre Funktionen sind:
- Ernährung des Gelenkknorpels,
- „Schmierfunktion" und
- Stoßdämpfung.

▶ Klinik. Nach Verletzungen oder nach entzündlichen Veränderungen kann die Produktion und die Menge der Synovia erheblich zunehmen (**Gelenkerguss**). Dieser geht einher mit einer Schwellung und Verstreichung der Konturen und ist sehr schmerzhaft. Nach Kapsel- oder Knochenverletzungen kann es in das Gelenk bluten. Es liegt ein blutiger Gelenkerguss (**Hämarthros**) vor. Die Synoviozyten sind in der Lage, einen Teil der „zu viel" produzierten Synovia zu resorbieren. Beim Gelenkerguss wird das Gelenk ruhig gestellt und punktiert mit anschließender Kompression.

▶ Klinik.

Hilfsstrukturen an Gelenken

Zwischenscheiben

Zwischenscheiben gleichen Unebenheiten zwischen den artikulierenden Gelenkflächen aus und werden durch Druck beansprucht. Sie kommen als **Discus articularis** oder als **Meniscus articularis** vor.
- **Disci articulares** bestehen aus straffem Bindegewebe und aus Faserknorpel und sind oft mit der Gelenkkapsel verbunden. Sie füllen die Gelenkhöhle vollständig aus.
- **Menisci articulares** (S. 366) bestehen aus Faserknorpel und sind sichel- oder kreisförmige Scheiben, die die Gelenkflächen im Randbereich überlagern. Sie befinden sich im Kniegelenk.

Hilfsstrukturen an Gelenken

Zwischenscheiben

Zwischenscheiben gleichen Unebenheiten zwischen Gelenkflächen aus und werden durch Druck beansprucht.

Disci articulares bestehen aus straffem Bindegewebe und Faserknorpel.

Menisci articulares (S. 366) sind sichel- oder kreisförmige Scheiben aus Faserknorpel (Kniegelenk).

▶ Merke. Im Gegensatz zu den Menisci füllen Disci die Gelenkhöhle vollständig aus.

▶ Merke.

Labrum articulare (Pfannenlippe)

Pfannenlippen sind faserknorpelige Ringwülste, die der Vergrößerung der Gelenkpfanne dienen. Sie finden sich z. B. im Schulter- (S. 445) und im Hüftgelenk (S. 346).

Labrum articulare (Pfannenlippe)

Sie dienen der Vergrößerung der Gelenkpfanne, z. B. im Schulter- (S. 445) oder Hüftgelenk (S. 346).

Bursa synovialis (Schleimbeutel)

Schleimbeutel sind druckelastische, mit synovialer Flüssigkeit gefüllte Polster, die das **Gleiten** von Sehnen und Muskeln gegen knöcherne Strukturen ermöglichen. Sie können als **kommunizierende** Bursa mit dem Gelenkinnenraum verbunden sein oder als selbstständige, **nicht kommunizierende** Bursa auftreten.

Am Schultergelenk lassen sich kommunizierende, z. B. Bursa subacromialis (S. 449), und nicht kommunizierende Bursae (Bursa subcutanea acromialis) gemeinsam finden (Abb. **B-4.5**).

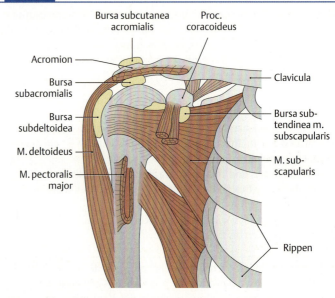

B-4.5 Schleimbeutel (Bursae synoviales) im Bereich des Schultergelenks

Rechtes Schultergelenk schematisch in der Ansicht von ventral.
(Prometheus LernAtlas. Thieme, 3. Aufl.)

Ligamentum (Band)

▶ Definition. Ein Band stellt eine **Verdichtung kollagener Bindegewebsfasern** dar, die in einer platten oder strangförmigen Form an der Verbindung beweglicher Elemente des Skelettes beteiligt sind. Von den festen Bändern des Bewegungssystems sind die zwar auch aus kollagenem Bindegewebe bestehenden, aber in ihrer Struktur sehr viel feineren Bänder, die in den Körperhöhlen Leitungsbahnen an ein Organ heranführen, zu unterscheiden.

Bänder des Bewegungssystems können innerhalb (**intraartikulär**) und außerhalb eines Gelenks (**extraartikulär**) vorkommen. Intraartikuläre Bänder (S. 373) befinden sich beispielsweise im Kniegelenk (Lig. cruciatum anterius, Lig. cruciatum posterius). Beide Kreuzbänder liegen intrakapsulär aber extrasynovial. Die extraartikulären Bänder können in die Gelenkkapsel eingebaut (**kapsulär**) oder durch lockeres Bindegewebe von ihr getrennt sein. Intraartikuläre Bänder begrenzen den Bewegungsspielraum der durch sie verbundenen Strukturen, z. B. Lig. transversum genus (S. 368).

Extraartikuläre Bänder können verschiedene **Funktionen** haben:
- **Verstärkungsband** zur Verstärkung der Gelenkkapsel (z. B. Lig. iliofemorale, Abb. **D-1.5a**)
- **Führungsband** zur Sicherung der Gelenkführung, z. B. Lig. anulare radii (S. 459)
- **Hemmungsband** zur Hemmung einer Gelenkbewegung, z. B. Lig. coracoacromiale (S. 451).

B 4.3 Knochenverbindungen (Juncturae)

Einteilung der Gelenke

Die Gelenke lassen sich einteilen nach der Form der Gelenkkörper, nach der Gestalt der artikulierenden Flächen oder nach der Anzahl der Bewegungsmöglichkeiten, die durch die Bewegungsachsen bestimmt wird (Abb. **B-4.6**).

Einachsige Gelenke

▶ **Definition.** Einachsige Gelenke besitzen einen Freiheitsgrad, d. h. die Bewegung erfolgt um eine Achse, deren Lage für die Art der Bewegung verantwortlich ist.

Articulatio plana (ebenes Gelenk): Die Gelenkflächen sind plan und flach und lassen Gleitbewegungen (Translationsbewegungen) und Drehbewegungen zu.
Beispiel: Artt. zygapophysiales (S. 251).

Articulatio cylindrica (Walzengelenk): Das Walzengelenk kommt als Scharniergelenk und als Rad-(Zapfen-)Gelenk vor.
- **Ginglymus (Scharniergelenk):** Das Scharniergelenk besteht aus einem konkaven und einem konvexen Gelenkkörper. Die Gelenkachse verläuft quer durch die artikulierenden Teile. Oft fixieren straffe Ligg. collateralia das Gelenk. Beispiel: Art. talocruralis; oberes Sprunggelenk (S. 404) erlaubt Beugung und Streckung.
- **Articulatio trochoidea (Rad- oder Zapfengelenk):** Ein beweglicher Gelenkkörper dreht sich um einen relativ fest stehenden Gelenkkörper. Der bewegliche Teil wird durch ein Band so eng in seiner Führung gehalten, dass nur eine Bewegung möglich ist. Die Achse verläuft durch das Zentrum der Drehbewegung.
Beispiel: Art. radioulnaris proximalis (S. 455) et distalis: Pronation und Supination; Art. atlantoaxialis mediana (S. 266): Drehbewegung.

Zweiachsige Gelenke

▶ **Definition.** Zweiachsige Gelenke bewegen sich um zwei senkrecht zueinander stehende Achsen. Diese schneiden sich im Zentrum des Gelenkes. Die Gelenkkörper besitzen eine stärkere Beweglichkeit als bei den einachsigen Gelenken.

Articulatio ellipsoidea (Eigelenk): In diesem Gelenk treffen eine konvexe und eine konkave ellipsenförmige (eiförmige) Gelenkfläche aufeinander.
Beispiel: Art. radiocarpalis = proximales Handgelenk (S. 485): Dorsalflexion, Palmarflexion, Adduktion, Abduktion und Art. atlantooccipitalis = oberes Kopfgelenk (S. 266): Nickbewegung, Seitneigung.

Articulatio sellaris (Sattelgelenk): Zwei sattelförmige Gelenkflächen artikulieren miteinander.
Beispiel: Art. carpometacarpalis pollicis = Daumengrundgelenk (S. 489): Adduktion, Abduktion, Opposition, Reposition.

Articulatio bicondylaris (Kondylengelenk): Im Kondylengelenk verbinden sich zwei Gelenkrollen (Condylen) mit unterschiedlichen Krümmungen.
Beispiel: Art. genus = Kniegelenk (S. 363): Beugung, Streckung. Innenrotation, Außenrotation.

Einteilung der Gelenke

Die Einteilung erfolgt nach der Form der Gelenkkörper und der Anzahl der Bewegungsachsen (Abb. **B-4.6**).

Einachsige Gelenke

▶ Definition.

Articulatio plana (ebenes Gelenk): Gelenkflächen plan und flach, Gleit- und Drehbewegungen.

Articulatio cylindrica (Walzengelenk): Es kommt in 2 Formen vor:
- **Ginglymus (Scharniergelenk):** quer liegende Achse.

- **Articulatio trochoidea (Rad- oder Zapfengelenk):** längs verlaufende Achse.

Zweiachsige Gelenke

▶ Definition.

Articulatio ellipsoidea (Eigelenk): Eine konvexe und eine konkave ellipsenförmige (eiförmige) Gelenkfläche artikulieren miteinander.

Articulatio sellaris (Sattelgelenk): Zwei sattelförmige Gelenkflächen artikulieren miteinander.

Articulatio bicondylaris (Kondylengelenk): Zwei Gelenkrollen mit unterschiedlichen Krümmungen artikulieren.

⊙ **B-4.6** Gelenkformen mit Bewegungsachsen

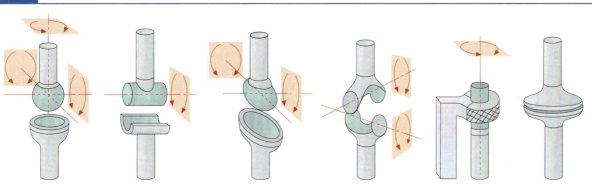

a Kugelgelenk   **b** Scharniergelenk   **c** Eigelenk   **d** Sattelgelenk   **e** Rad- oder Zapfengelenk   **f** Planes Gelenk

(a–e: Prometheus LernAtlas. Thieme, 3. Aufl.)

Dreiachsige Gelenke

▶ **Definition.** Dreiachsige Gelenke besitzen den größten Bewegungsumfang. Ein kugelförmiger Gelenkkopf passt sich in eine entsprechend ausgehöhlte Gelenkpfanne ein.

Eigentlich sind dreiachsige Gelenke vielachsige Gelenke. Zur vereinfachten Darstellung der Bewegungsmöglichkeiten werden die vielen Achsen auf drei Hauptachsen reduziert.

Articulatio sphaeroidea (Kugelgelenk): Die artikulierenden Flächen stehen senkrecht aufeinander, schneiden sich im Zentrum der Kugel und bilden ein Achsenkreuz.
Beispiel: Art. humeri bzw. glenohumeralis = Schultergelenk (S. 445): Anteversion, Retroversion, Adduktion, Abduktion, Innenrotation, Außenrotation.

Enarthrosis (Nussgelenk): Das Nussgelenk ist eine besondere Form des Kugelgelenkes. Bei ihm reicht die Gelenkpfanne über den Äquator des Gelenkkopfes hinaus.
Beispiel: Art. coxae = Hüftgelenk (S. 345): gleicher, aber eingeschränkter Bewegungsablauf wie beim Kugelgelenk.

Amphiarthrosis

▶ **Synonym.** straffes Gelenk

Amphiarthrosen sind Gelenke mit **geringer Bewegungsmöglichkeit**, da unebene Gelenkflächen vorliegen und straffe Bänder und Kapseln nur begrenzte Schiebebewegungen zulassen.
Amphiarthrosen finden sich an folgenden Stellen: Art. sacroiliaca = Kreuzbein-Darmbeingelenk (S. 331), Artt. intercarpales = Handwurzelzwischengelenke (S. 489), Artt. carpometacarpales = Handwurzel-Mittelhandgelenke (S. 490), Artt. intertarsales = Fußwurzelzwischengelenke (S. 411) sowie die Artt. tarsometatarsales = Fußwurzel-Mittelfußgelenke (S. 410).

Bewegungsmöglichkeiten in Gelenken

Neutral-Null-Methode

Zur Dokumentation des gemessenen Bewegungsumfangs in einem Gelenk hat sich die Neutral-Null-Methode etabliert. Hierbei wird als Ausgangsstellung ein aufrecht stehender Mensch mit herabhängenden Armen (**Neutral-Null-Stellung**) angegeben, das Bewegungsausmaß in den möglichen Freiheitsgraden des jeweiligen Gelenks gemessen und in Winkelgraden dokumentiert (Abb. **B-4.7**). Die Ausgangsstellung (physiologischerweise 0°) wird stets als mittlerer von drei Werten genannt und zwei gegensätzliche Bewegungsrichtungen um die gleiche Achse rechts und links davon platziert.

▶ **Merke.** Die **Neutral-Null-Stellung** unterscheidet sich durch zum Körper hin gewendete Handflächen von der **anatomischen Normalposition**, in der die Hände supiniert sind.

▶ **Klinik.** Im klinischen Alltag hat sich die Neutrall-Null-Methode bewährt, da sich alle Einschränkungen der Gelenkbeweglichkeit zeitsparend dokumentieren und Veränderungen gegenüber vorigen Messungen durch Vergleich der Messwerte gut vergleichen lassen. Kann eine physiologische Ausgangsstellung nicht erreicht werden, wird der Winkel der maximal möglichen Ausgangsstellung statt der 0° mittig notiert (Abb. **B-4.7**).

B-4.7 Neutral-Null-Methode am Beispiel des Kniegelenks

(Prometheus LernAtlas. Thieme, 3. Aufl.)

a Neutral-Null-Stellung in der Ansicht von vorne (**I**) und von der Seite (**II**)
b Bewegungsausmaß im Kniegelenk: **I** Physiologisch. **II** Eingeschränkter Bewegungsumfang nach Flexionskontraktur (= Gelenksteife in Beugestellung durch Verkürzung der an der Beugeseite gelegenen Weichteile → Streckung im Gelenk unmöglich, Beugung nicht beeinträchtigt). **III** Vollständiger Bewegungsverlust nach Ankylose (knöcherne Versteifung): Fixierung in 20° Flexionsstellung.

Gelenkhemmung

Das Ausmaß der Bewegung eines Gelenks kann durch verschiedene Mechanismen begrenzt werden. Stoßen in einer bestimmten Gelenkstellung zwei Knochen so aneinander, dass die Fortführung einer Bewegung unmöglich ist, spricht man von einer **Knochenhemmung**, z. B. Olecranon in der Fossa olecrani (Abb. **B-4.8a**), s. auch Gelenkmechanik (S. 459).
Eine **Bandhemmung** liegt vor, wenn ein Band bei einer Bewegung so angespannt ist, dass die Bewegung zum Stillstand kommt (Abb. **B-4.8b**), z. B. Lig. iliofemorale (S. 350) oder Lig. coracoacromiale (S. 451).
Bei der **Muskelhemmung** stellen die Muskeln die limitierenden Faktoren dar (Abb. **B-4.8c**). Beispiele sind die Verhinderung einer maximalen Flexion im Hüftgelenk durch die ischiokrurale Muskulatur, sog. **passive Muskelinsuffizienz** (S. 377), oder die Unmöglichkeit des festen Faustschlusses bei maximaler Beugung im Handgelenk, sog. aktive Muskelinsuffizienz (S. 242).
Weichteilhemmung tritt auf, wenn die bewegten Knochen durch dazwischenliegende Weichteile an der weiteren Bewegung gehindert werden (z. B. durch Anschlag der Ferse an das Gesäß bei Knieflexion, s. Abb. **B-4.8d**).

Gelenkhemmung

Knochen, Bänder, Muskulatur oder Weichteile können Ursachen für ein begrenztes Bewegungsmaß sein (**Knochen-, Band-, Muskel- oder Weichteilhemmung**, Abb. **B-4.8**).

B-4.8 Gelenkhemmung

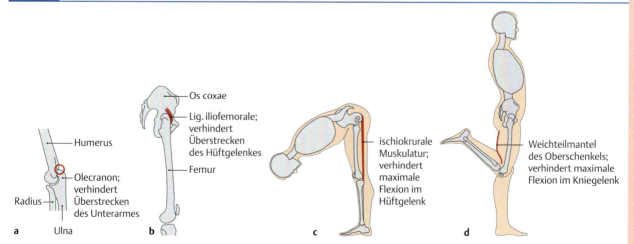

(Prometheus LernAtlas. Thieme, 3. Aufl.)
a Beeinträchtigung des Bewegungsspielraums in verschiedenen Gelenken durch Knochenhemmung,
b Bandhemmung,
c Muskelhemmung
d und Weichteilhemmung.

4.4 Skelettmuskulatur

Im menschlichen Körper liegen drei Arten von Muskelgewebe (S. 81) vor:
- quergestreifte Muskulatur (Skelettmuskulatur),
- Herzmuskulatur und
- glatte Muskulatur (Eingeweidemuskulatur)

Nur die **Skelettmuskulatur** gehört zum **aktiven Bewegungsapparat**. Skelettmuskulatur kommt nicht nur im Skelettmuskel vor, sondern auch in der Zunge, im kranialen Speiseröhrendrittel, Kehlkopf und Rachen.

4.4.1 Aufbau von Muskeln und Sehnen

Ein Skelettmuskel besteht aus dem kontraktilen **Muskelbauch** (**Venter musculi**) sowie Bindegewebsanteilen, die eine Muskelfaser, mehrere Muskelbündel und schließlich den gesamten Muskel umhüllen, um letztendlich in die **Sehne** (**Tendo**, pl.: Tendines) überzugehen. Man unterscheidet die Ursprungssehne (**Origo**) von der Ansatzsehne (**Insertio**), über die der Muskelzug auf die zu bewegenden Skelettteile übertragen wird. Dies ist durch die feste Verankerung des Bindegewebes im Knochen, sog. **Sharpey-Fasern** (S. 221), möglich.

Je nach Zugrichtung einer Sehne in Bezug zu der des zugehörigen Muskels unterscheidet man **Zugsehnen**, bei denen ihre Wirkungsrichtung mit der Hauptlinie des entsprechenden Muskels übereinstimmt, von **Gleitsehnen**. Bei Letzteren weicht die Zugrichtung der Sehne von der des Muskels ab, wie z. B. beim M. tibialis posterior (S. 413) oder M. fibularis (peroneus) longus (S. 416). In den meisten Fällen erfolgt die Ablenkung der Sehnenverlaufsrichtung durch ein **Retinaculum** (Halteband) oder durch ein Skelettelement. Das Widerlager, um welches die Sehne geleitet wird, bezeichnet man als **Hypomochlion**. In dem Bereich, wo die Gleitsehne dem Hypomochlion anliegt, sind in das Sehnengewebe Knorpelzellen eingelagert.

Eine breitflächige, platte Sehne wird **Aponeurose** (S. 308) genannt (z. B. Bauchmuskulatur).

Sehnen, die in Weichteilen ansetzen, besitzen zahlreiche elastische Fasern (z. B. Muskeln des Gesichts, der Haut oder die Zungenmuskeln, die in das Sehnenblatt des Zungenrückens einstrahlen).

Allgemein fühlt sich ein kontrahierter Muskel härter an, sein Umfang vergrößert sich und die Sehnen sind gespannter als im erschlafften (ruhenden) Zustand.

Vergleiche Histologie der Skelettmuskulatur (S. 82).

4.4.2 Muskeltypen

Die Muskeltypen können nach verschiedenen Kriterien beurteilt werden: zum einen nach der Anordnung der Muskelfasern (paralleler oder gefiederter Verlauf [Abb. **B-4.9**]), zum anderen nach der Form (Abb. **B-4.10**). Ein funktioneller Gesichtspunkt ist die Gelenkbeteiligung bei Kontraktion eines Muskels.

⊙ **B-4.9** Anordnung von Muskelfasern bei parallelfaserigem und gefiedertem Muskel

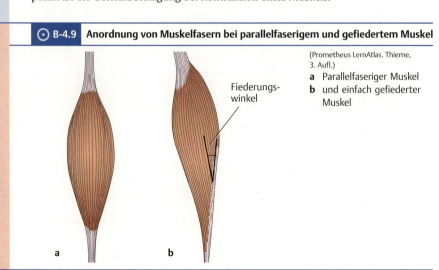

(Prometheus LernAtlas. Thieme, 3. Aufl.)
a Parallelfaseriger Muskel
b und einfach gefiederter Muskel

B-4.10 Muskelformen

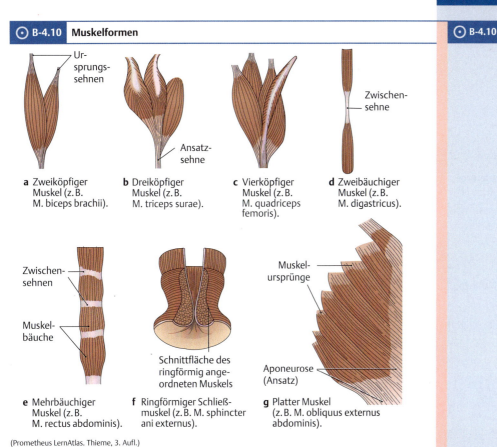

a Zweiköpfiger Muskel (z. B. M. biceps brachii).
b Dreiköpfiger Muskel (z. B. M. triceps surae).
c Vierköpfiger Muskel (z. B. M. quadriceps femoris).
d Zweibäuchiger Muskel (z. B. M. digastricus).
e Mehrbäuchiger Muskel (z. B. M. rectus abdominis).
f Ringförmiger Schließmuskel (z. B. M. sphincter ani externus).
g Platter Muskel (z. B. M. obliquus externis abdominis).

(Prometheus LernAtlas. Thieme, 3. Aufl.)

Unterschiede nach Faserverlauf

Parallelfasriger Muskel: Beim parallelfasrigen Muskel verlaufen die Muskelfasern parallel in Zugrichtung der Sehne. Die Fasern ermöglichen ausgiebige, jedoch wenig kraftvolle Bewegungen, z. B. Mm. intercostales (S. 294).

Gefiederter Muskel: Charakteristisch ist, dass die Muskelfasern schräg, d. h. in einem bestimmten spitzen **Fiederungswinkel** zu der langen durchgehenden Sehne an ihr ansetzen. Bei einem einfach gefiederten Muskel (**Musculus unipennatus**) gehen die Fasern einseitig in die Sehne über, bei einem doppelt gefiederten Muskel (**Musculus bipennatus**) erreichen sie die Sehne von zwei Seiten.

▶ Merke. Durch den schrägen Ansatz an der Sehne vergrößert sich der physiologische Gesamtquerschnitt, da mehr Muskelfasern gleichzeitig an der Sehne ansetzen können. Dadurch erhöht sich die wirksame Muskelkraft.

Unterschiede nach Muskelform

Platter Muskel (Musculus planus): Flächenhaft platte Muskeln sind insbesondere an der Bildung der Rumpfwand beteiligt, z. B. Bauch- (S. 308) und Rückenmuskulatur (S. 271). Sie gehen jeweils in eine platte Sehne (**Aponeurose**) über.

Spindelförmiger Muskel (Musculus fusiformis): Der Muskelbauch geht unter Verjüngung in die Sehne über, z. B. M. brachioradialis (S. 497).

Mehrköpfige Muskeln: An unterschiedlichen Ursprungssehnen entspringende Muskelbäuche vereinigen sich in einem Muskelbauch mit einer Ansatzsehne. Je nach Anzahl der Köpfe bezeichnet man ihn als M. biceps, d. h. zweiköpfiger Muskel, z. B. M. biceps brachii (S. 460), M. triceps, **d. h.** dreiköpfiger Muskel, z. B. M. triceps brachii (S. 462) oder M. quadriceps, **d. h.** vierköpfiger Muskel, M. quadriceps femoris (S. 377).

Mehrbäuchige Muskeln: Mehrere Muskelbäuche werden über Zwischensehnen verbunden.

Mehrbäuchige Muskeln: Mehrere Muskelbäuche werden über Zwischensehnen verbunden. Eine Zwischensehne führt zu einem zweibäuchigen Muskel (**M. biventer**, wie z. B. M. digastricus, M. omohyoideus, Abb. **L-1.4**). Der M. rectus abdominis erreicht durch mehrere Zwischensehnen seinen bei trainierten Menschen sichtbaren „Waschbrett"-Aspekt.

Ringförmiger Muskel: um eine Körperöffnung.

Ringförmiger Muskel (M. orbicularis): Die Muskelfasern verlaufen ringförmig um eine Körperöffnung, z. B. M. orbicularis oris (S. 959).

Unterschiede nach Gelenkbeteiligung

Man unterscheidet **ein-** und **mehrgelenkige** Muskeln. Es gibt auch Muskeln, die keine Beziehung zu einem Gelenk haben (z. B. im Gesicht).

Unterschiede nach Gelenkbeteiligung

Ein Muskel kann an mehr oder weniger komplizierten Bewegungen beteiligt sein. Je nachdem, ob er seine Wirkung an einem Gelenk oder an mehreren Gelenken entfaltet, spricht man von einem **ein-** (M. deltoideus) oder **mehrgelenkigen** Muskel (M. biceps brachii).
Es gibt auch Muskeln, die keine Beziehung zu einem Gelenk haben (z. B. mimische Muskulatur).

4.4.3 Zusatzeinrichtungen von Muskeln und Sehnen

Faszie (Muskelbinde)

▶ Definition.

▶ **Definition.** Eine Faszie ist eine kollagene Bindegewebshülle, die den einzelnen Muskel oder Muskelgruppen und Sehnen strumpfartig umgibt (Abb. **B-4.11**). Sie ist die äußerste Schicht des bindegewebigen Hüllsystems (S. 86) der Muskulatur.

B-4.11

B-4.11 **Muskelfaszien**

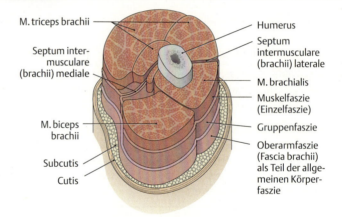

M. triceps brachii
Septum intermusculare (brachii) mediale
M. biceps brachii
Subcutis
Cutis
Humerus
Septum intermusculare (brachii) laterale
M. brachialis
Muskelfaszie (Einzelfaszie)
Gruppenfaszie
Oberarmfaszie (Fascia brachii) als Teil der allgemeinen Körperfaszie

Querschnitt durch das mittlere Drittel des linken Oberarms in der Ansicht von proximal.
(Prometheus LernAtlas. Thieme, 3. Aufl.)

Die Faszie ist die strumpfartige Umhüllung einer Sehne.

Faszien können für bestimmte Muskeln eine **Faszienloge** ausbilden, z. B. M. sartorius (S. 377). Zwischen Muskelgruppen (Beuger und Strecker) liegen **Septa intermuscularia**.

Sie ermöglicht als Verschiebeschicht die Abgrenzung gegen die in der Nachbarschaft gelegenen Strukturen und das Aneinandergleiten der Muskeln untereinander oder gegen die Umgebung und kann als Einzel- oder Gruppenfaszie angelegt sein:
- **Einzelfaszie:** Durch Ausbildung einer **Faszienloge** für bestimmte einzelne Muskeln, z. B. M. sartorius (S. 377), wird die Verlaufsrichtung des Muskels vorgegeben und seine Verlagerung verhindert. Faszien können auch als Ursprungs- und Ansatzfläche von Muskeln dienen.
- **Gruppenfaszie:** Im Bereich der Extremitäten werden Muskelgruppen durch Gruppenfaszien umhüllt. Mit dem Periost benachbarter Knochen, einer Membrana interossea oder dem **Septum intermusculare** formen sie osteofibröse Logen.
- **Körperfaszie:** Von der allgemeinen Körperfaszie (Fascia superficialis) wird die gesamte Muskeloberfläche des Rumpfes, der Extremitäten und des Kopfes, mit Ausnahme einiger Gesichtsregionen, überzogen.

Faszien stellen eine Barriere für entzündliche Prozesse dar, indem sie verhindern, dass diese sich in tiefere Regionen ausbreiten. Auch Faszien- oder Muskellogen übernehmen diese Funktion. Innerhalb eines Logenraums jedoch ist eine Ausbreitung entzündlicher Prozesse möglich, weshalb Muskellogen oder osteofibröse Logen, insbesondere wenn sie nach proximal und distal abgeschlossen sind, als „Erkrankungsräume" für die Chirurgie von erheblicher Bedeutung sind.

▶ Klinik. **Muskellogen** sind in sich geschlossene Durchblutungs- und Lymphdrainagegebiete. Sammelt sich in einer geschlossenen Muskelloge Flüssigkeit unter hohem Druck an, so entsteht ein **Kompartmentsyndrom** (von „Compartment", engl. = Muskelloge). Die Kapillardurchblutung wird gemindert und der Durchblutungsbedarf des Muskelgewebes wird nicht mehr gedeckt. Das Kompartment wird nekrotisch. Häufigste Lokalisation sind die Kompartimente des Unterschenkels (S. 411) im Anschluss an eine Fraktur. **Therapie** der Wahl ist die **Dekompression** des Kompartments, d. h. es müssen die Faszien gespalten werden.

▶ Klinik.

Vagina tendinis (Sehnenscheide)

Vagina tendinis (Sehnenscheide)

▶ Definition. Sehnenscheiden (Abb. **B-4.12**) sind röhrenförmige Gebilde, die als „Führungskanäle" bestimmte Sehnen umgeben.

▶ Definition.

B-4.12 Schematische Darstellung einer Sehnenscheide

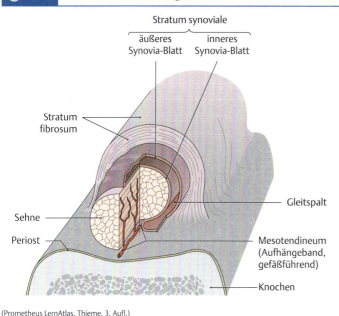

(Prometheus LernAtlas. Thieme, 3. Aufl.)

B-4.12

Funktion: Sie verbessern die Gleitfähigkeit langer Sehnen von Hand und Fuß, die in ihrer Verlaufsrichtung gehalten oder um einen Knochen geführt werden sollen.

Funktion: Sehnenscheiden sind Führungskanäle für die langen Sehnen.

Aufbau: Sehnenscheiden besitzen einen ähnlichen Aufbau wie Gelenkkapseln und die Bursae synoviales (S. 230).
- Das **Stratum fibrosum** (Vagina synovialis tendinis) besteht aus kollagenem Bindegewebe und ist mit benachbarten Strukturen (Knochen, Bänder) verbunden. Dadurch wird der Verlauf der Sehne an den Knochen gebunden.
- Das **Stratum synoviale** (Vagina synovialis tendinis) umschließt den mit Synovia gefüllten Raum mit einem **parietalen Blatt**, das mit dem Stratum fibrosum verbunden ist, und mit einem **viszeralen Blatt**, das der Sehne aufliegt. Stratum fibrosum und Stratum synoviale sind über das **Mesotendineum** verbunden. Über dieses treten Gefäße und Nerven an die Sehne heran. Ist das Mesotendineum schmal, so bezeichnet man es als **Vincula tendinum**.

Aufbau:
- Das **Stratum fibrosum** besteht aus kollagenem Bindegewebe und ist mit benachbarten Strukturen (Knochen, Bänder) verbunden.
- Das **Stratum synoviale** besteht aus einem viszeralen und einem parietalen Blatt. Stratum fibrosum und Stratum synoviale sind über das **Mesotendineum** verbunden.

▶ Klinik. Bei Überbelastung oder Infektion kann es zu einer Entzündung der Sehnenscheiden kommen (**Tendovaginitis**). Da in ihnen viele sensible Nervenfasern zu finden sind, ist die Erkrankung sehr schmerzhaft.

▶ Klinik.

Bursa synovialis

Siehe Bursa synovialis (S. 230).

Retinaculum

Retinacula sind bindegewebige Haltebänder, die sich auf den Beuge- (Retinaculum flexorum) und Streckseiten (Retinaculum extensorum) des Unterarmes und des Unterschenkels mit Übergang zur Hand bzw. zum Fuß befinden. Auch an den Fingern, an der Hohlhandseite und an den Zehen kommen sie vor. Sie verhindern, dass der Muskel bei bestimmten Bewegungen aus seiner Verlaufsrichtung abgelenkt wird.

Ossa sesamoidea (Sesambeine)

▶ **Definition.** Sesambeine sind rundliche Verknöcherungen.

An Stellen, an denen die Sehnenscheiden die besonders hohe Druckspannung allein nicht ausgleichen können, helfen **Sesambeine**. Sie können auch als Hypomochlion wirken (s. o.), indem sie Sehnen anheben und so deren Ansatzwinkel vergrößern. Das größte Sesambein des Körpers ist die Patella (Abb. **B-4.13**); s. auch Patella (S. 364).

B-4.13 Funktionelle Bedeutung eines Sesambeins am Beispiel der Patella

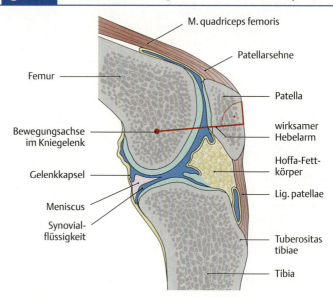

Sagittalschnitt durch ein Kniegelenk. Der Hebelarm (Senkrechte von der Bewegungsachse des Kniegelenks auf die Ansatzsehne des M. quadriceps femoris) wird durch die Patella deutlich vergrößert.
(Prometheus LernAtlas. Thieme, 3. Aufl.)

4.4.4 Mechanische Eigenschaften eines Muskels

Mechanische Selbststeuerung

Die Muskelfasern eines Muskels setzen meist spitzwinklig, d. h. im Fiederungswinkel (S. 235), am Sehnenblatt an.
Durch die Kontraktion kommt es zu einer Dickenzunahme des Muskels. Das führt zu einer Verkürzung der Muskelfasern mit einer Vergrößerung des Fiederungswinkels. Der Faserabstand wird breiter, was gleichzeitig auch eine Erweiterung der Blutgefäße während der Muskelkontraktion möglich macht (Abb. **B-4.14**). So kann der „arbeitenden" Muskulatur mehr Blut und damit mehr Sauerstoff zugeführt werden.

Hubhöhe

Unter der Hubhöhe eines Muskels versteht man die Differenz seiner Länge vor und nach der Verkürzungsreaktion (Verkürzungsgröße). Sie ist abhängig von der Faserlänge und dem Fiederungswinkel.

B-4.14 Prinzip der mechanischen Selbststeuerung eines Muskels

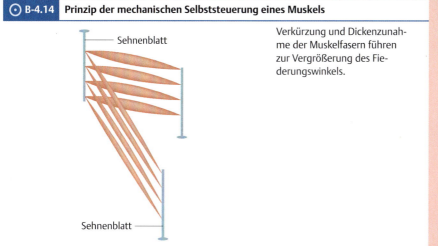

Verkürzung und Dickenzunahme der Muskelfasern führen zur Vergrößerung des Fiederungswinkels.

Richtung des Muskelzuges

Die Richtung des Muskelzuges ist durch seine wirksame Endstrecke gegeben. Liegen Muskelbauch, Ursprungs- und Ansatzsehne in einer Geraden, dann entspricht die Zugrichtung des Muskels ebenfalls einer Geraden, welche die Mitte des Muskelursprungs und die Mitte des Muskelansatzes verbindet (**Hauptlinie**). Wird eine Sehne um ein Hypomochlion herum geführt, dann ist für die Richtung des Muskelzuges nur die zwischen Hypomochlion und Muskelansatz gelegene Strecke ausschlaggebend.

Kraftentfaltung eines Muskels

Für die zur Erbringung von Leistung benötigte Muskelkraft gilt das Gesetz der Mechanik:
Kraft × Kraftarm = Last × Lastarm
Zwischen dem Drehpunkt eines Gelenkes und der Stelle, an der die Kraft einwirkt, ist der Hebelarm ein Teil eines Hebels. Um Skelettteile um eine Drehachse eines Gelenkes zu bewegen, muss der Muskel ein **Drehmoment** über einem virtuellen Hebelarm erzeugen. Der **virtuelle Hebelarm** wird bestimmt, indem von der wirksamen Endstrecke das Lot (eine Senkrechte) auf den Drehpunkt des Gelenkes fällt. Das Drehmoment eines Muskels ist das Produkt aus der absoluten Kraft der Sehne des Muskels und dem virtuellen Hebelarm. Vergleicht man zwei Muskeln, die sich durch ihre Lage zur Achse des Gelenks unterscheiden, so wird der Muskel mit dem längeren Kraftarm und somit dem längeren **virtuellen Hebelarm** weniger Kraft zur Hebung einer Last benötigen. Für die durch diese Muskelkontraktion erzeugte Bewegung gilt, dass sich der Ansatzwinkel vergrößert und sich deshalb die erforderliche Kraft verringert (Abb. **B-4.15**).

Richtung des Muskelzuges

Bei der Ermittlung der Richtung des Muskelzuges werden Muskelbauch sowie die Mitte des Ursprunges und des Ansatzes eines Muskels in der **Hauptlinie** verbunden.

Kraftentfaltung eines Muskels

Die Länge des **virtuellen Hebalarmes** ist für die zur Hebung einer Last benötigte Kraft verantwortlich (Abb. **B-4.15**)

B-4.15 Kraftentfaltung eines Muskels nach dem Hebelprinzip

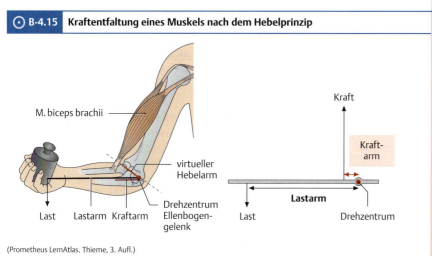

(Prometheus LernAtlas, Thieme, 3. Aufl.)

Muskelquerschnitt

Zu unterscheiden sind der anatomische und der physiologische Querschnitt (Abb. B-4.16).
- Der **anatomische Querschnitt** liegt senkrecht zur Hauptlinie im dicksten Teil des Muskels.
- Der **physiologische Querschnitt** entspricht der Querschnittsfläche aller Muskelfasern. Er gibt somit Aufschluss über die absolute Kontraktionskraft aller Muskelfasern.

▶ **Merke.** Anatomischer und physiologischer Querschnitt stimmen nur beim parallelfaserigen und beim spindelförmigen Muskel überein.

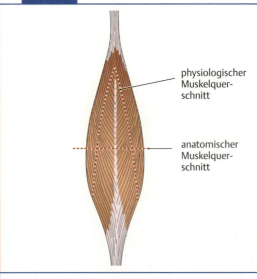

B-4.16 Muskelquerschnitt

Anatomischer und physiologischer Querschnitt eines Skelettmuskels.
(Prometheus LernAtlas. Thieme, 3. Aufl.)

Natürliche Bewegungsabläufe

Im alltäglichen Leben reagieren die Muskeln nicht einzeln, sondern in Gruppen. Um das Zusammenspiel der Muskeln zu verstehen, muss man Muskeln zunächst einzeln oder systematisch betrachten.
Gleichsinnig wirkende Muskeln sind **Agonisten**, entgegengesetzt tätige Muskeln sind **Antagonisten**. Diese Einteilung gilt allerdings nur für bestimmte Bewegungsabläufe. Es ist durchaus möglich, dass Muskeln bei einer Bewegung als Agonisten, bei der anderen jedoch als Antagonisten wirken. **Synergisten** sind Muskeln, die die Wirkung eines Agonisten unterstützen.

Unterschiedliche Kontraktionsformen

Die meisten natürlichen Bewegungen laufen rhythmisch unter abwechselnder Kontraktion antagonistischer Muskelgruppen ab. In Ruhe befindet sich jeder Muskel bereits in einem Spannungszustand, der als **Ruhetonus** bezeichnet wird. Er beruht auf einer reflektorischen Dauererregung, die durch Muskelspindeln (S. 85) reguliert wird. Nach Durchtrennung zuführender Nerven oder durch Narkose wird der Tonus stark herabgesetzt.
Die sichtbare Bewegung einer Extremität beginnt erst, wenn ein anfänglicher Widerstand gegen den Tonus der Antagonisten überwunden ist. Dieser anfängliche Bewegungsablauf führt zu einem erhöhten Spannungszustand der Muskulatur ohne Verkürzung der Muskelfasern, was man als **isometrische Kontraktion** bezeichnet. Anschließend erfolgt bei gleichbleibender Spannung eine **Verkürzung der Muskelfasern** (**isotonische Kontraktion**). Die Verkürzung der Muskelfasern führt folglich zur **Ausführung einer Bewegung**. Mit der isotonischen Kontraktion lässt sich die Bewegungsfunktion eines Muskels ermitteln.

B 4.4 Skelettmuskulatur

Bezeichnungen der bewegten Skelettelemente

Bei den Bewegungsabläufen unterscheidet man die Begriffe Punctum fixum und Punctum mobile. Das **Punctum fixum** ist die weniger bewegliche bzw. unbewegliche Stelle, das **Punctum mobile** hingegen der bewegliche Teil des Skeletts. Da der **Ursprung** eines Muskels in der Regel unbeweglicher ist, stellt er das **Punctum fixum** dar, während der **Ansatz** eines Muskels als beweglicher Teil das Punctum mobile ist.

> **▶ Merke.** Extremitätenmuskeln haben ihren Ursprung proximal.

Bei den meisten Muskeln kann man Ursprung und Ansatz vertauschen und dadurch neue funktionelle Gesichtspunkte gewinnen.

Analyse der Muskelfunktion

Die Funktion eines Muskels lässt sich ableiten, wenn man Ursprung und Ansatz verbindet und zu den Achsen des Gelenks in Beziehung setzt.
Man stellt sich vor, dass der Muskel sich kontrahiert. Kommt es zur Bewegung, bezeichnet man diese als **Bewegungsfunktion** (isotonische Kontraktion).
Es gibt zwei Möglichkeiten: Entweder liegt das Punctum fixum im Ursprung und das Punctum mobile im Ansatz oder umgekehrt. In Tab. **B-4.1** ist dies am Beispiel des M. deltoideus dargestellt.

Bezeichnungen der bewegten Skelettelemente
Das **Punctum fixum** ist der unbewegliche Teil (Ursprung), das **Punctum mobile** der bewegliche Teil (Ansatz).

> **▶ Merke.**

Analyse der Muskelfunktion

Die Ableitung einer Muskelfunktion erfolgt durch Verbindung von Ursprung und Ansatz, die in Beziehung zu den Gelenkachsen gebracht wird.
Kommt es bei Muskelkontraktion zur Bewegung, spricht man von **Bewegungsfunktion**.

☰ B-4.1	Ableitung einer Muskelfunktion am Beispiel des M. deltoideus (S. 451)		
Muskelabschnitt	**Pars clavicularis**	**Pars acromialis**	**Pars spinalis**
Ursprung	laterales Drittel der Clavicula	Acromion	Spina scapulae
Ansatz	Tuberositas deltoidea an der Außenfläche des Humerus		
Verlauf der Muskelfasern mit daraus folgender Bewegungsfunktion	medial und unterhalb der sagittalen Achse: → Adduktion* ventral der queren Achse: → Anteversion erreicht von medial und von ventral die laterale Seite der Drehachse: → Innenrotation des herabhängenden Armes	lateral und oberhalb der sagittalen Achse: → Abduktion des Armes bis 90°, um die quere Achse und um die Drehachse entfallen die Wirkungen, weil die Muskelfasern parallel zu diesen Achsen verlaufen	medial und unterhalb der sagittalen Achse: → Adduktion* dorsal der queren Achse: → Retroversion erreicht von medial und von dorsal die laterale Seite der Drehachse: → Außenrotation des herabhängenden Armes
Umkehrung Punctum fixum – Punctum mobile	Beteiligung bei der Näherung des Rumpfes an den Oberarm (Klimmzug)	Erheben des Rumpfes in die seitliche Waage	Beteiligung bei der Näherung des Rumpfes an den Oberarm (Klimmzug)
Haltefunktion	Fixation des Schultergelenks	Fixation des Schultergelenks	Fixation des Schultergelenks

* Das Adduktionsverhalten der Pars clavicularis und Pars spinalis erlischt bei 60° Seitwärtshebung, da in dieser Stellung die Muskelfasern beider Teile die sagittale Achse von medial-unterhalb nach lateral-oberhalb überschreiten. Wird der Arm durch die Pars acromialis weiter als 60° abduziert, dann beteiligen sich auch die Partes acromialis und spinalis an der Abduktion, da sie nunmehr lateral und kranial der sagittalen Achse liegen.

Die meisten Muskeln haben zudem auch eine **Haltefunktion**, d. h. sie dienen der Fixation und Stabilisierung von Skelettverbindungen bzw. bestimmter Funktionszustände. Da es hierbei infolge der Muskelkontraktion nicht zu einer Bewegung kommt, spricht man wie bei der einer Bewegung vorausgehenden Vorspannung von isometrischer Kontraktion.
Entsprechend der vorwiegend ausgeführten Funktion, kann man zwischen Bewegungs- und Haltemuskeln (S. 86) unterscheiden.

Die meisten Muskeln haben zudem **Haltefunktion**, die durch isometrische Kontraktion zustande kommt.

Man unterscheidet demnach Bewegungs- und Haltemuskeln (S. 86).

Muskelketten

Die natürlichen Bewegungen beschränken sich nicht auf wenige Muskeln, sondern umfassen zahlreiche hintereinander geschaltete Muskeln, die als **Muskelkette** eine funktionelle Einheit bilden. Wesentlich an einer Kette ist, dass die Kontraktion mehrere Kettenglieder oder sogar meist die ganze Kette in Bewegung setzt.
Unter den **zweigliedrigen Muskelketten** gibt es agonistische und antagonistische Ketten. Die **agonistischen Muskelketten** ergänzen sich in ihren Funktionen. Bei den **antagonistischen Ketten dagegen** führt die Kontraktion des einen Kettengliedes zur Spannung des anderen. Durch diese **Vorspannung** vor der nachfolgenden Kontraktion wird die Kontraktionskraft erhöht. Wenn sich die beiden Glieder einer antago-

Muskelketten

Als **Muskelkette** bezeichnet man mehrere hintereinander geschaltete Muskeln.

Es gibt **zwei- und mehrgliedrige Muskelketten**. Bei den zweigliedrigen Muskelketten unterscheidet man **agonistische** und **antagonistische** Formen.

nistischen Kette gleichzeitig kontrahieren, so können sie das Gelenk in jeder beliebigen Stellung fixieren. Neben den zweigliedrigen Ketten gibt es natürlich auch **mehrgliedrige Muskelketten**.

Man kann darüber hinaus **offene und geschlossene Muskelketten** unterscheiden. Eine offene Muskelkette liegt beim herabhängenden Arm vor. Sitzt man auf einem Fahrrad und erfasst mit beiden Händen die Lenkstange, so spricht man von einer geschlossenen Muskelkette. Die folgenden Beispiele dienen der Verdeutlichung:

Zweigliedrige antagonistische Muskelkette (Bizeps-Trizeps-Kette): Der M. biceps brachii und M. triceps brachii umgeben von ventral und dorsal den Humerus und liegen vor und hinter der queren Achse des Ellenbogengelenkes. Ihre antagonistische Wirkung sind Beugung und Streckung im Ellenbogengelenk.

Zweigliedrige agonistische und antagonistische Muskelkette (M. pectoralis major-M. latissimus dorsi-Kette): Beide Muskeln senken den erhobenen Arm mit großer Kraft und drehen den herabhängenden Arm nach innen, wirken also agonistisch. Antagonisten sind sie bei der Anteversion und Retroversion des Armes, wobei sie sich gegenseitig spannen und so die Kontraktionskraft erhöhen. Dies spielt beim Schwimmen (Brust-, Frei-, Schmetterlingsstil) eine Rolle. Führt der M. pectoralis major den Arm nach vorn, spannt sich der M. latissimus dorsi, um danach den Arm nach hinten zu ziehen, wobei der M.pectoralis major schon wieder in Vorspannung geht.

Zweigliedrige agonistische Muskelkette (M. masseter-M. pterygoideus medialis-Kette): Der M. masseter setzt außen am Unterkieferwinkel an, der M. pterygoideus medialis inseriert innen am Unterkieferwinkel. Beide Muskeln schließen bei Kontraktion den Unterkiefer, wirken also agonistisch.

Dreigliedrige agonistische und antagonistische Muskelkette:
1. M. iliopsoas (Hüftbeuger), ischiokrurale Muskeln (Kniegelenkbeugung) und Extensoren des Unterschenkels (Dorsalflexion Fuß)
2. M. gluteus maximus (Hüftstrecker), M. quadriceps femoris (Kniegelenkstreckung) und M. soleus (Plantarflexion Fuß).

Die Ketten wirken als gemeinsame Kette agonistisch, jedoch gegeneinander antagonistisch.

Die beiden Muskelketten bestimmen gemeinsam das Muskelspiel beim Laufen: Die 1. Kette hebt beim Ausschreiten das Bein nach vorne, die 2. Kette drückt den Körper über das Bein vom Boden ab. Durch diese antagonistische Funktion der Ketten spannen sie sich gegenseitig und erhöhen damit die Kraftentfaltung der Muskeln. Ziehen sich die beiden Ketten gleichzeitig zusammen, können sie das Hüftgelenk, das Kniegelenk und das obere Sprunggelenk in jeder möglichen Position fixieren.

Muskelinsuffizienz

Aktive Insuffizienz: Oftmals reicht das Verkürzungsvermögen eines Muskels nicht aus, um die gewünschte Bewegung um eine Gelenkachse maximal ausführen zu können. Besonders mehrgelenkige Muskeln sind nicht in der Lage, bei maximaler Kontraktion alle Gelenke, auf die sie wirken, in ihre Endstellung zu bringen. Die ischiokruralen Muskeln vermögen es nicht, bei extremer Streckung im Hüftgelenk gleichzeitig im Kniegelenk maximal zu beugen.

Passive Insuffizienz: Eine Beugung kann durch einen Muskel nicht maximal ausgeführt werden, weil die nicht ausreichende Dehnbarkeit der Antagonisten dieses verhindert. Es ist bei stark gebeugten Handgelenken nicht möglich gleichzeitig die Finger maximal zu beugen; dieses wird durch die Insuffizienz der Fingerextensoren verhindert.

Bewegungssystem

Rumpfwand

C

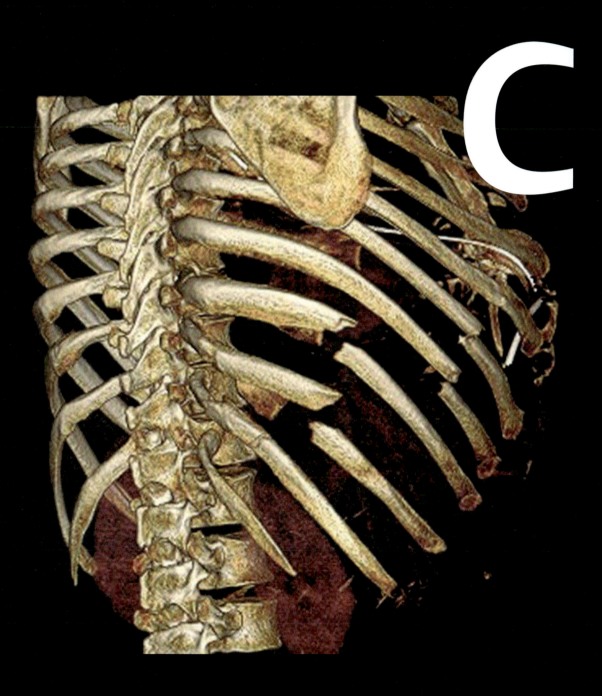

Oberflächenrekonstruktion einer Computertomografie des Thorax. Dabei werden Regionen definierter Dichtewerte (hier Knochen) dreidimensional dargestellt. Erkennbar ist eine Serienfraktur der 6. bis 11. Rippe rechts. Der längliche weiße Fremdkörper entspricht einer Thoraxdrainage.

© Mit freundlicher Genehmigung H. Winkler, Westpfalz Klinikum

1 **Rücken** 247
2 **Brustwand und Brustkorb (Thorax)** 286
3 **Bauchwand** 306
4 **Beckenwände, Beckenboden und Dammregion** 326

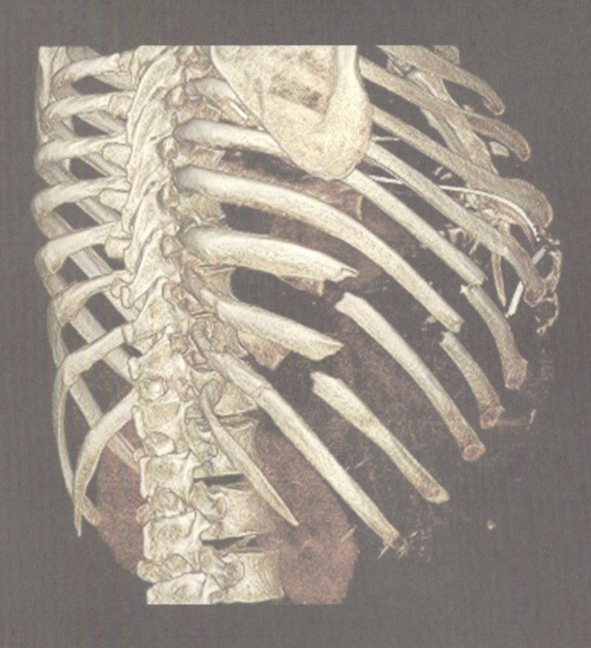

1 Rücken

1.1 Wirbelsäule (WS) 247
1.2 Rückenmuskulatur 270
1.3 Gefäßversorgung und Innervation des Rückens 277
1.4 Topografische Anatomie des Rückens 280
1.5 Entwicklung von Wirbelsäule und Rückenmuskeln ... 281

L.J. Wurzinger

1.1 Wirbelsäule (WS)

Die Häufigkeit von Erkrankungen, die sich im Bereich der Wirbelsäule manifestieren, macht deutlich, wie wichtig die genaue Kenntnis anatomischer Verhältnisse der Rückenregion ist.

▶ Klinik. **Degenerative Erkrankungen** des Skeletts, welche auch als Abnutzungserscheinungen interpretiert werden, sind in mehr als der Hälfte der Fälle an der Wirbelsäule lokalisiert (s. Abb. **C-1.1**). Bis zum 50. Lebensjahr haben oder hatten mehr als 70% der Bevölkerung andauernde oder episodenhafte Wirbelsäulenbeschwerden. Die Symptomatik reicht von „Kreuzweh" über den dramatischen „Hexenschuss" bis zu neurologischen Ausfallserscheinungen.

⊙ C-1.1 Verteilung der Häufigkeit degenerativer Gelenkerkrankungen (Arthrose).
Man beachte das bevorzugte Auftreten an gewichtsbelasteten Abschnitten des Bewegungssystems.
(Prometheus LernAtlas. Thieme, 3. Aufl.)

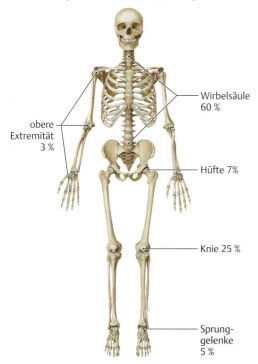

1.1 Wirbelsäule (WS)

▶ Klinik.

1.1.1 Funktionelle Aspekte und Bauprinzip

Funktion der Wirbelsäule

Die Wirbelsäule bildet das **Achsenskelett**, mit dem die Extremitäten und Rippen verbunden sind. Sie überträgt das Gewicht von Kopf, Hals, den oberen Extremitäten und dem größten Teil des Rumpfes über den Beckengürtel auf die Beine. Durch ihren Aufbau (s. u.) garantiert sie die **Beweglichkeit** des Rumpfes und die **Dämpfung** axialer Stöße. Zusätzlich umgibt sie als größtenteils knöcherne Schutzhülle das Rückenmark (S. 204).

Bauprinzip der Wirbelsäule

Wie bei allen Skelettkonstruktionen, ist auch bei der Wirbelsäule ein **Kompromiss** zwischen **Stabilität** und **Beweglichkeit** zu beobachten. Ein gerader langer Knochen würde eine Maximum an Stabilität bringen, aber in sich unbeweglich sein. Mehrere durch echte Gelenke verbundene Knochen würden die Wirbelsäule sehr beweglich machen, aber zur Stabilisierung wäre ein unökonomischer Aufwand an Muskelkraft erforderlich. Gelöst wird dieses Problem bei der Wirbelsäule durch ein Bauprinzip, das 24 einzelne Knochen über **23 Synchondrosen** (S. 227) stabil miteinander verbindet.

Bauelemente: Das genannte Bauprinzip der Wirbelsäule wird durch folgende Bauelemente ermöglicht:
- **Wirbel**, d. h. **Vertebrae** (S. 250): Die einzelnen Wirbel gleichen einander in ihrem grundsätzlichen Bauplan, sind jedoch durch ihre Anpassung an die lokalen Erfordernisse voneinander zu unterscheiden.
- **Zwischenwirbelscheiben**, d. h. **Disci intervertebrales** (S. 258): Die Zwischenwirbelscheiben sind maßgeblich an der Bildung der 23 **Synchondrosen** (S. 227) beteiligt, die die Wirbel stabil miteinander verbinden. Eine Ausnahme bilden die ersten beiden Halswirbel, zwischen denen echte Gelenke, sog. Diarthrosen (S. 228), ausgebildet sind.
- **Bänder** (S. 260): Der Bandapparat der Wirbelsäule bewirkt eine zusätzliche Stabilisierung.

▶ **Merke.** Die geringe Beweglichkeit der einzelnen Synchondrosen wird durch ihre große Zahl wettgemacht: Wenn zwei benachbarte Wirbelknochen gegeneinander nur um wenige Grad dreh- bzw. kippbar sind, so ergibt sich nach Multiplikation mit 23 ein eindrucksvoller Bewegungsumfang.

Abschnitte und Form: Die Wirbelsäule wird in **fünf Abschnitte** eingeteilt, die sich in der Anzahl der zugehörigen Wirbel unterscheiden (Tab. **C-1.1**).
In der Sagittalebene (Seitenansicht) weist die Wirbelsäule vier aufeinanderfolgende Krümmungen auf, welche in **Doppel-S-Form** angeordnet sind (Abb. **C-1.2c**, Tab. **C-1.1**).

▶ **Merke.** Nach **dorsal** konvexe Krümmungen werden als **Kyphosen**, nach **ventral** konvexe als **Lordosen** bezeichnet.

Axiale **Stöße** führen dazu, dass sich – mit Ausnahme der knöchern fixierten Sakralkyphose – die alternierenden Krümmungen von Hals-, Brust- und Lendenwirbelsäule wie bei einer Feder vorübergehend ausbauchen, was eine **Dämpfung** bedingt und somit das Gehirn vor Erschütterung schützt.

≡ C-1.1	Abschnitte und Form der Wirbelsäule				
Abschnitt	**Wirbel**		**Anzahl**	**Bezeichnung**	**Krümmung**
Halswirbelsäule (HWS)	**Hals-** oder **Zervikalwirbel** (Vertebrae cervicales)		7	C I–C VII	Zervikallordose
Brustwirbelsäule (BWS)	**Brust-** oder **Thorakalwirbel** (Vertebrae throracicae)		12	Th I–Th XII	Thorakalkyphose
Lendenwirbelsäule (LWS)	**Lenden-** oder **Lumbalwirbel** (Vertebrae lumbales)		5	L I–L V	Lumballordose
Kreuzbein (Os sacrum)	**Sakralwirbel** (Vertebrae sacrales, zum Kreuzbein verschmolzen)		5	S I–S V	Sakralkyphose
Steißbein (Os coccygis)	**Steißwirbel** (rudimentär)		3–5	Co I–Co V	

C 1.1 Wirbelsäule (WS) 249

C-1.2 Wirbelsäule

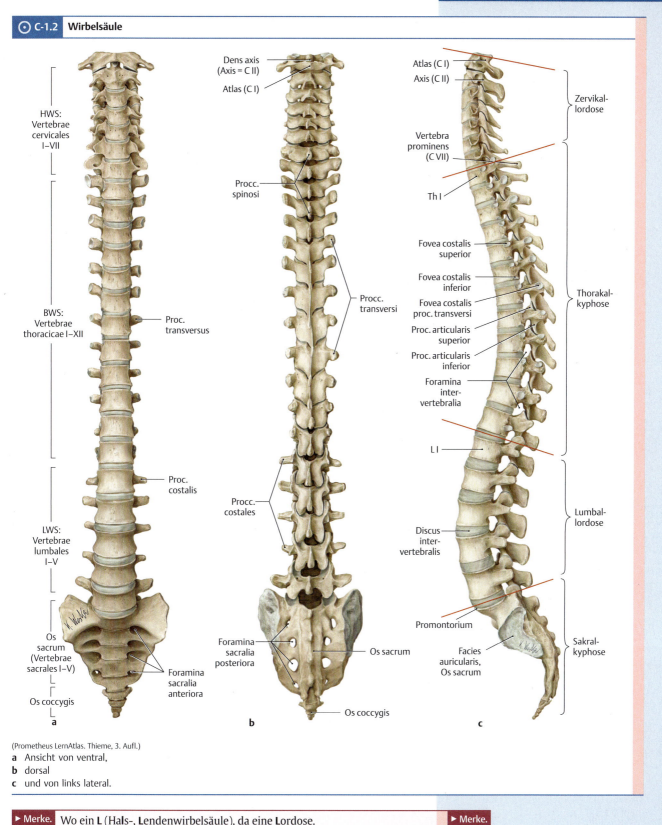

(Prometheus LernAtlas. Thieme, 3. Aufl.)
a Ansicht von ventral,
b dorsal
c und von links lateral.

▶ **Merke.** Wo ein **L** (Ha**l**s-, **L**endenwirbelsäule), da eine **L**ordose.

▶ **Klinik.** Normalerweise besitzt die Wirbelsäule beim Rechtshänder in der mittleren BWS eine geringgradige Ausbiegung in der Frontalebene (Ansicht von vorne, bzw. hinten) nach rechts, welche durch eine Linksbiegung in der unteren BWS/oberen LWS kompensiert wird. Überschreitet diese einen Winkel von **10°**, liegt eine pathologische Verkrümmung (**Skoliose**) vor (s. Abb. **C-1.6**). Hochgradige Skoliosen führen zu Thoraxdeformitäten, die Herz- und Lungenfunktion beeinträchtigen können und dann ggf. operativ korrigiert werden müssen.

▶ Exkurs: Die Form der menschlichen WS aus phylogenetischer und ontogenetischer Sicht.

Phylogenetische Entwicklung der WS-Form: Bei den vierfüßigen Säugetieren bildet die Wirbelsäule vom Hals an abwärts einen nach dorsal gekrümmten Bogen (Kyphose). Diese Form findet sich auch noch bei den **Menschenaffen**, welche sich bei der Fortbewegung regelmäßig auf die obere Extremität stützen. Wenn sich Tiere zum Stand aufrichten, ihren Gesamtschwerpunkt also über die Füße verlagern, liegt der Schwerpunkt der suprapelvinen (über dem Becken gelegenen) Körpermasse **vor** den Hüftgelenken, sodass ein **erheblicher Aufwand der Rückenmuskeln** erforderlich ist, um das Vornüberkippen des Rumpfes zu verhindern.

Die spezifische Form der **menschlichen** Wirbelsäule verlagert den Schwerpunkt der suprapelvinen Körpermasse **über** die **Hüftgelenke**, wo sie von den Bauch- und Rückenmuskeln mit einem Minimum an Kraftaufwand balanciert wird. Erst so wird eine **dauernde aufrechte Körperhaltung** möglich.

Der aufrechte Gang ist die Voraussetzung für die dauernde Entlastung der Hände, welche vor 4–5 Mio. Jahren die Evolution des Menschen und die kulturelle Entwicklung einleitete. Allerdings waren damit die Veränderungen an der Wirbelsäule noch nicht beendet. Die Wirbelsäule des modernen Menschen stellt eine **evolutionäre Neuheit** der letzten 100.000–200.000 Jahre dar!

Ontogenetische Entwicklung der WS-Form: Die Krümmungen der Wirbelsäule entwickeln sich erst **nach der Geburt** in der für den Menschen typischen Ausprägung. Beim Neugeborenen bildet die Wirbelsäule im Rumpfbereich eine flache Kyphose, wobei Hals- und Lendenlordose lediglich angedeutet sind. Nur die Sakralkyphose ist – wenn auch schwach – ausgeprägt (Abb. **C-1.4a**). In dem Maße, wie der Säugling nach etwa 2–3 Monaten den **Kopf zu heben** beginnt, entwickelt sich die **Halslordose**, das **Sitzen** nach etwa 6 Monaten verstärkt die **Brustkyphose**; mit dem **Stehen** nach einem Jahr bildet sich die **Lendenlordose**. Im Alter führen degenerative Veränderungen zu einer Verstärkung der Brustkyphose (Abb. **C-1.4b**).

⊙ **C-1.4** Ausprägung der Wirbelsäulenkrümmung in verschiedenen Lebensphasen

a Vergleich der Wirbelsäulen eines Neugeborenen (I) mit der eines Erwachsenen (II): Beim Neugeborenen sind außer der Sakralkyphose die typischen WS-Krümmungen kaum erkennbar. (Prometheus LernAtlas. Thieme, 3.Aufl., nach Debrunner)
b Altersrundrücken mit verstärkter Kyphosierung der Brustwirbelsäule.

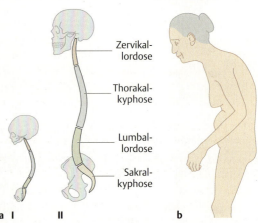

⊙ **C-1.3** Phylogenetische Entwicklung der aufrechten Körperhaltung

a Lage des Gesamtschwerpunkts und des suprapelvinen Schwerpunkts beim Gorilla,
b beim Neandertaler
c und beim modernen Menschen.

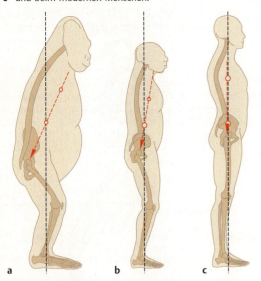

1.1.2 Wirbel (Vertebrae)

Grundform der Wirbel

Die Wirbel bestehen aus **Wirbelkörper**, **Wirbelbogen** und **Wirbelbogenfortsätzen** (Abb. **C-1.5**).

Wirbelkörper (Corpus vertebrae): Sie **übertragen** die **Last** der oberen Körperabschnitte auf das Becken. Ihre **Größe nimmt nach kaudal zu** (Abb. **C-1.2**).

1.1.2 Wirbel (Vertebrae)

Grundform der Wirbel

Die Wirbel (Abb. **C-1.5**) bestehen prinzipiell aus
- **Wirbelkörper** (**Corpus vertebrae**),
- **Wirbelbogen** (**Arcus vertebrae**) und
- **Wirbelbogenfortsätzen** (**Processus arcus vertebrae**).

Wirbelkörper (Corpus vertebrae): Die Wirbelkörper **übertragen die Last** von Kopf, Hals, den oberen Extremitäten und dem größten, suprapelvinen Teil des Rumpfes über den Beckenring auf die Beine. Entsprechend der in den unteren Wirbelsäulenabschnitten zunehmenden Last werden die Wirbelkörper **von kranial nach kaudal größer** (Abb. **C-1.2**).

C-1.5 Bauelemente eines Wirbels in schematischer Darstellung

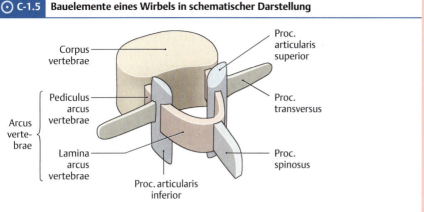

(Prometheus LernAtlas. Thieme, 3. Aufl.)

▶ **Klinik.** Axial einwirkende Kräfte, die die Belastbarkeit der Wirbelsäule übersteigen, können zu **Kompressionsfrakturen** von Wirbelkörpern führen. Solche Kräfte treten z. B. bei einem Sturz auf das Gesäß oder einem Sprung aus großer Höhe auf. Bei instabilen Wirbelkörperfrakturen von L I aufwärts (auf dieser Höhe endet das Rückenmark) können nach dorsal abgesprengte Knochenfragmente das Rückenmark (S. 204) verletzen. Im ungünstigsten Fall resultiert eine **Querschnittlähmung**, die umso schwer wiegender ausfällt, je höher die Läsion liegt.

Wirbelbogen (Arcus vertebrae): Der Wirbelbogen umgibt dorsal vom Wirbelkörper als hufeisenförmige knöcherne Spange das **Wirbelloch** (**Foramen vertebrale**). Die Wirbellöcher aller Wirbel bilden den **Wirbelkanal** (**Canalis vertebralis**), in dem sich das Rückenmark befindet. Der Wirbelbogen entspringt dorsal und seitlich mit zwei **Bogenwurzeln** (**Pediculi arcus vertebrae**) vom Wirbelkörper. Da die Bogenwurzeln den dünnsten Abschnitt des Bogens darstellen und ihre kraniokaudale Ausdehnung auch geringer ist als die der Wirbelkörper, entsteht an ihrer Oberseite die **Incisura vertebralis superior**, an der Unterseite die **Incisura vertebralis inferior** (Abb. **C-1.13**). Die Inzisuren benachbarter Wirbel bilden zusammen ein **Foramen intervertebrale**, durch welches der jeweilige **Spinalnerv** (S. 206) den Wirbelkanal verlässt. Der größte Teil des Bogens wird von der **Lamina arcus vertebrae** gebildet.

Wirbelbogenfortsätze (Processus arcus vertebrae): Die Lamina arcus vertebrae trägt insgesamt 7 Wirbelbogenfortsätze:
- Ein **Dornfortsatz** (**Processus spinosus**) springt von der Lamina in der Medianen nach dorsal vor.
- Je ein **Querfortsatz** (**Processus transversus**) ragt nach rechts bzw. links.
- Je zwei **obere** und **untere Gelenkfortsätze** (**Processus articulares superiores et inferiores**) entspringen nahe dem Pediculus.

Dorn- und Querfortsätze dienen als **Ansatz** für **Bänder** und **Muskeln**, während die oberen Gelenkfortsätze eines Wirbels mit den unteren Gelenkfortsätzen des darüberliegenden Wirbels echte Gelenke, die **Wirbelbogengelenke** (**Articulationes zygapophyseales**) bilden.

▶ **Merke.** Die Form und Orientierung ihrer Gelenkflächen bestimmt wesentlich die Bewegungsmöglichkeiten zweier benachbarter Wirbel (S. 268), welche allerdings grundsätzlich durch die Synchondrosen zwischen den Wirbelkörpern eingeschränkt sind.

Wirbelbögen (Arcus vertebrae): Sie umschließen dorsal von den Körpern den **Wirbelkanal** (**Canalis vertebralis**) mit dem Rückenmark. Der Wirbelbogen besteht aus zwei **Bogenwurzeln** (**Pediculi arcus vertebrae**) und einer **Lamina arcus vertebrae**. Einkerbungen der Bogenwurzeln (**Incisura vertebralis inferior** bzw. **superior**) bilden zwischen benachbarten Wirbeln das **Foramen intervertebrale** mit dem Spinalnerv (S. 206).

Wirbelbogenfortsätze (Processus arcus vertebrae): Die 7 Wirbelbogenfortsätze entspringen der Lamina arcus vertebrae.
- 1 **Dornfortsatz** (**Proc. spinosus**) dorsomedian,
- 2 **Querfortsätze** (**Proc. transversi**) lateral,
- 2 **obere** und 2 **untere Gelenkfortsätze** (**Proc. articulares sup. et inf.**) kranial bzw. kaudal.

Letztere tragen die Gelenkflächen der **Wirbelbogengelenke** (**Articulationes zygapophyseales**).

▶ Klinik. ▶ Klinik. Betrachtet man den unbekleideten Rücken, so sieht man in der **Medianen** eine höckrige Linie. Sie markiert die **Dornfortsätze** und das **Ligamentum supraspinale** bzw. **nuchae** (s. u.) und ist im Bereich der Hals- und v. a. der Lendenlordose als Rinne vertieft, im Bereich der Brustkyphose prominent. Bis auf wenige Ausnahmen sind die Dornfortsätze die einzigen Bereiche der Wirbel, welche von außen gut tastbar sind. An Hand des Verlaufs der Linie kann man schon bei der Inspektion (S. 35), d. h. beim Betrachten (als Teil der körperlichen Untersuchung) **skoliotische Verkrümmungen** (Abb. **C-1.6b**) feststellen.

⊙ **C-1.6** Dornfortsätze im Verlauf betrachtet

(a: Füeßl, F.S., Middeke, M.: Duale Reihe Anamnese und Klinische Untersuchung. Thieme, 2014; b: Niethard, F.U., Pfeil, J.: Duale Reihe Orthopädie. Thieme, 2009)

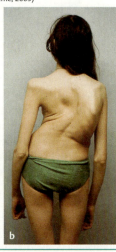

Feinbau und Spongiosaarchitektur

Ihre **zylindrische Form** und die Spongiosaarchitektur dienen der Aufnahme axialer Druckkräfte. An ihrer Ober- und Unterfläche besitzen die **Wirbelkörper** statt einer knöchernen Kortikalis eine **knorpelige Deckplatte** (Abb. **C-1.7**).
Die Spongiosa der Wirbelkörper enthält große Mengen an **rotem, blutbildendem Knochenmark**.

Feinbau und Spongiosaarchitektur

Mit ihrer annähernd **zylindrischen Form** sind die **Wirbelkörper** an axial einwirkende Druckkräfte angepasst. Auch die Spongiosaarchitektur spiegelt diese Belastung wider: **Vertikale Drucktrabekel** kreuzen sich rechtwinklig mit **horizontal** ausgerichteten **Zugtrabekeln** (Abb. **C-1.7a**). Die **Substantia corticalis** ist sehr dünn und auf der kranialen und kaudalen Fläche auf eine schmale knöcherne **Randleiste (Epiphysis anularis)** reduziert. Der Markraum des Wirbelkörpers ist nach oben und unten durch eine ca. 1 mm starke **Deckplatte** aus **hyalinem Knorpel** verschlossen (Abb. **C-1.25b**). Ein wesentlicher Teil des **roten, blutbildenden Knochenmarks** befindet sich in der Spongiosa der gut durchbluteten Wirbelkörper. Dementsprechend weist die Kortikalis v. a. dorsal einige größere **Foramina nutricia** (S. 225) auf.

▶ Klinik. ▶ Klinik. Im Alter kann es – insbesondere bei Frauen – zu einem pathologischen Knochenschwund (**Osteoporose**) kommen. Durch Demineralisierung und Reduktion der Knochentrabekel wird hierbei die Belastbarkeit der Wirbelkörper reduziert, so können ohne Trauma sog. Sinterungsfrakturen auftreten und die Wirbel schleichend zu „**Keil**- oder **Fischwirbeln**" deformiert werden (Abb. **C-1.7b**). Ursachen für die Osteoporose (S. 78) sind u. a. der altersbedingte Östrogenmangel und eine Vitamin-D- und kalziumarme Ernährung.

⊙ **C-1.7** Spongiosaarchitektur des Wirbelkörpers mit Druck- und Zugtrabekeln

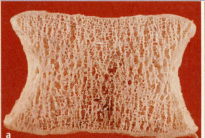
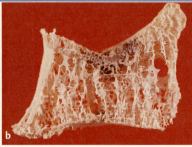

(Niethard, F.U., Pfeil, J.: Duale Reihe Orthopädie. Thieme, 2009)

a **Normaler Lendenwirbelkörper** (aufgesägt): Die Spongiosatrabekel sind überwiegend vertikal (Drucktrabekel) und horizontal (Zugtrabekel) angeordnet.
b **Osteoporotischer Lendenwirbelkörper** (aufgesägt): Im Vergleich zu Abb. a fällt auf, dass die Dichte der Spongiosatrabekel verringert (rarefiziert) ist und die einzelnen Trabekel dünner sind. Dies hat zu einer fischartigen Deformierung des Wirbelkörpers geführt.

Hals-, Brust- und Lendenwirbel

Der allgemeine Bauplan der Wirbel ist in den einzelnen Abschnitten der Wirbelsäule den lokalen Erfordernissen entsprechend abgewandelt (Tab. **C-1.2**, Tab. **C-1.3**, Tab. **C-1.4**). Die für den jeweiligen Abschnitt typische Wirbelform findet man in der Mitte des Abschnitts. Die ersten beiden Halswirbel (S. 264) werden – genauso wie Kreuz- und Steißbein (s. u.) – wegen ihrer morphologischen und funktionellen Besonderheiten gesondert besprochen.

Halswirbel

Das Tuberculum anterius von **C VI** ist besonders kräftig und von ventral am Vorderrand des M. sternocleidomastoideus (Abb. **L-1.4**) in Höhe des Ringknorpels (S. 922) tastbar. Es liegt unmittelbar dorsal der Arteria carotis communis (**Tuberculum caroticum**).

▶ Klinik. Beim Palpieren des Tuberculum caroticum ist v. a. bei älteren Menschen Vorsicht geboten, da sich etwas oberhalb der **Karotissinus** mit Druckrezeptoren in der Wand der A. carotis communis befindet, welche sehr empfindlich auf mechanische Reizung reagieren können; vgl. Karotissinusreflex (S. 897).

Hals-, Brust- und Lendenwirbel

Die Besonderheiten der Wirbelformen von Hals-, Brust- und Lendenwirbelsäule sind in Tab. **C-1.2**, Tab. **C-1.3** und Tab. **C-1.4** dargestellt.

Halswirbel

▶ Klinik.

≡ C-1.2 Form der Halswirbel

Wirbelkörper	Dornfortsatz	Querfortsätze	Gelenkfortsätze
▪ klein und flach ▪ rechteckiger Grundriss ▪ **Unci corporum** (Processus uncinati, Hakenfortsätze) als sagittale Knochenleisten seitlich an der oberen Deckfläche ▪ untere Deckfläche konkav	▪ gegabelt, relativ kurz ▪ bei C VII (seltener C VI oder Th I) deutlich länger (**Vertebra prominens**)	▪ **Foramen transversarium** (Durchtritt der A. vertebralis) ▪ **Tuberculum anterius** als Rippenrudiment Abschluss des ventralen Anteils ▪ **Tuberculum posterius** als Spitze des eigentlichen Fortsatzes ▪ **Sulcus nervi spinalis** zwischen Tub. anterius und posterius (Austrittsort der zervikalen Spinalnerven)	▪ plane Gelenkflächen ▪ um ca. 45° nach hinten geneigt (Abb. **C-1.8**, Abb. **C-1.28a**)

⊙ C-1.8 Halswirbel

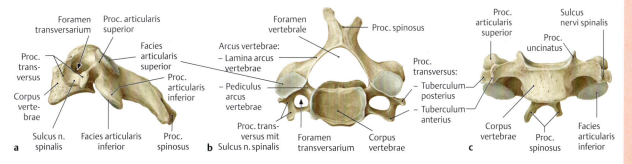

(Prometheus LernAtlas. Thieme, 3. Aufl.)
a 4. Halswirbel in der Ansicht von links-lateral,
b kranial
c und ventral.

C 1 Rücken

⊙ C-1.9 Halswirbelsäule im Röntgenbild

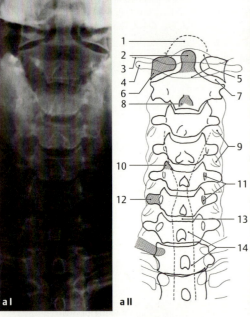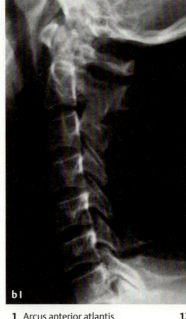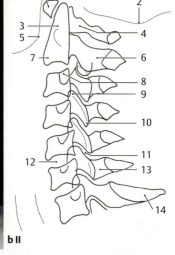

a I a II b I b II

1 Foramen magnum	9 überlappende Gelenk-	1 Arcus anterior atlantis	12 Zwischenwirbelraum (Discus)
2 Dens axis	fortsätze	2 Os occipitale	13 Lamina arcus vertebrae
3 Os occipitale	10 Processus uncinatus	3 Dens axis	14 Processus spinosus (Vertebra prominens)
4 Processus transversus C I	11 Pediculus arcus vertebrae	4 Arcus posterior atlantis	
5 Arcus post. atlantis	12 Processus transversus	5 Mandibula	
6 Massa lateralis atlantis	13 Zwischenwirbelraum (Discus)	6 Processus spinosus C II	
7 Articulatio atlanto-axialis lateralis	14 Trachea	7 Corpus axis	
8 Processus spinosus (zweigeteilt)		8 Processus transversus	
		9 Processus articularis superior	
		10 Processus articularis inferior	
		11 Wirbelbogengelenk	

Aufnahme der HWS (zur Betrachtung der Wirbelsäule im Röntgenbild s. a. Abb. A-4.3).
(Möller, T.B., Reif, E.: Taschenatlas der Röntgenanatomie. Thieme, 2010)
a a.-p. (**aI**) mit erklärender Schemazeichnung (**aII**)
b seitlich (**bI**) mit erklärender Schemazeichnung (**bII**)

Brustwirbel

≡ C-1.3 Form der Brustwirbel

Wirbelkörper	Dornfortsatz	Querfortsätze	Gelenkfortsätze
▪ ventral niedriger als dorsal (→ Brustkyphose) ▪ Dorsalfläche nach ventral eingebuchtet ▪ dorsolateral **Fovea costalis superior bzw. inferior** (S. 290) als halbe Gelenkpfannen* für die Aufnahme der Rippenköpfchen	▪ lang ▪ schräg nach unten zeigend ▪ dachziegelartige Überlappung → nahezu knöcherner Verschluss des Wirbelkanals im BWS-Bereich → Begrenzung der Dorsalextension	▪ schräg nach dorsolateral gerichtet ▪ **Fovea costalis processus transversi** an Th I–Th X als Gelenkfläche zur Artikulation mit dem Rippenhöckerchen (S. 289)	▪ Gelenkflächen frontal gestellt ▪ obere zeigen nach dorsal, untere nach ventral (Abb. **C-1.10**, Abb. **C-1.28b**)

* Der Körper von **Th I** besitzt eine ganze Gelenkpfanne für die 1. Rippe und eine halbe für die 2. Rippe. **Th X** trägt eine halbe Pfanne für die 10. Rippe, **Th XI** und **Th XII** jeweils ganze Gelenkpfannen für die 11. und 12. Rippe.

C-1.10 Brustwirbel

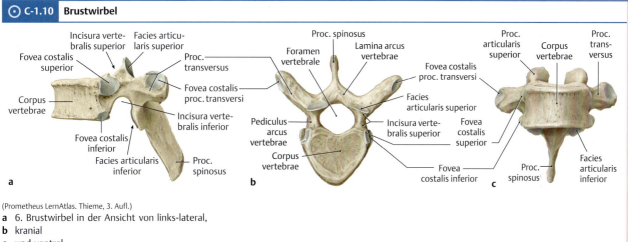

(Prometheus LernAtlas. Thieme, 3. Aufl.)
a 6. Brustwirbel in der Ansicht von links-lateral,
b kranial
c und ventral.

▶ **Klinik.** Ein Durchzählen der Dornfortsätze der Brustwirbelsäule ist im Allgemeinen wegen der steil abwärts gerichteten und überlappenden Dornfortsätze nicht möglich. Zur Orientierung dienen horizontale Hilfslinien. In Neutral-Null-Stellung (S. 232) liegt der Dornfortsatz des **3. Brustwirbels** auf der Linie, welche die medialen Enden der Spinae scapularum verbindet, der von **Th VII** auf der Verbindungslinie der Anguli inferiores scapularum. Die **Jacoby-Linie** verbindet die Höhen der Darmbeinkämme und schneidet den Dornfortsatz des **4. Lendenwirbels** oder liegt etwas darunter. Sie ist eine Orientierungslinie für die Lumbalpunktion (S. 1153). Von L IV aus können die übrigen Lendenwirbel abgezählt werden.

▶ **Klinik.**

C-1.11 Hilfslinien zur Orientierung. (Prometheus LernAtlas. Thieme, 3. Aufl.)

C-1.12 Brustwirbelsäule im Röntgenbild

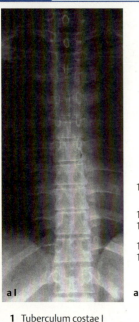

a I   a II   b I   b II

1 Tuberculum costae I	8 Corpus vertebrae	1 Scapula	7 Foramen intervertebrale
2 Collum costae	9 Processus transversus	2 Corpus vertebrae	8 Processus transversus
3 Costa I	10 Pediculus arcus vertebrae	3 Processus articularis superior	9 Processus spinosus
4 Trachea	11 Processus spinosus	4 Processus articularis inferior	10 Zwerchfellkuppel
5 Klavikula	12 Zwerchfellkuppel	5 Caput costae	11 Wirbelbogengelenk
6 Caput costae	13 Processus articularis inferior	6 Zwischenwirbelraum (Discus)	
7 Paravertebrallinie	14 Processus articularis superior		

Aufnahme der BWS.
(Möller, T.B., Reif, E.: Taschenatlas der Röntgenanatomie. Thieme, 2010)
a a.-p. (a I) mit erklärender Schemazeichnung (a II)
b seitlich (b I) mit erklärender Schemazeichnung (b II)

Lendenwirbel

C-1.4 Form der Lendenwirbel

Wirbelkörper	Dornfortsatz	Querfortsätze	Gelenkfortsätze
▪ besonders groß ▪ bohnenförmiger Grundriss ▪ transversaler Durchmesser größer als sagittaler	▪ gerade nach hinten gerichtet → Wirbelkanal im LWS-Bereich nur bindegewebig verschlossen und daher gut zugänglich für Lumbalpunktion (S. 1153)	▪ Synonym: **Processus costalis** (Rippenrudiment) ▪ relativ lang ▪ **Processus accessorius** (eigentlicher Querfortsatz) dorsal vom Proc. costalis	▪ **Processus mamillaris** an Rückseite der oberen Gelenkfortsätze ▪ Gelenkflächen überwiegend sagittal orientiert (Abb. **C-1.13**, Abb. **C-1.28c**; Ausnahme L V: nahezu frontal)

C-1.13 Lendenwirbel

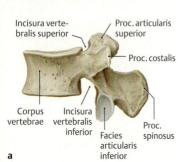
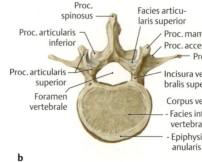

(Darstellung der Lendenwirbelsäule im Röntgenbild s. Abb. **A-4.3d**).
(Prometheus LernAtlas. Thieme, 3. Aufl.)
a 2. Lendenwirbel in der Ansicht von links-lateral,
b kranial
c und ventral.

Kreuzbein (Os sacrum)

Das Kreuzbein stellt eine Verschmelzung der fünf Sakralwirbel (**S I–S V**) und den zugehörigen Rippenrudimenten dar. Es verbindet als integraler Teil des Beckenrings (S. 326) die suprapelvinen Körperabschnitte mit den unteren Extremitäten. Es ist dreieckig und weist eine starke **kyphotische** Krümmung auf, wobei es kranial dick und breit ist und nach kaudal schmal und dünn zuläuft. Am Kreuzbein unterscheidet man folgende Abschnitte (Abb. **C-1.14**):

Basis ossis sacri (Basis): Die Kreuzbeinbasis entspricht der kranialen Deckfläche des Wirbelkörpers S I. Die Vorderkante der Kreuzbeinbasis wird als **Promontorium** bezeichnet, welches den am weitesten nach ventral vorspringenden Teil des lumbosakralen Übergangs darstellt.

Kreuzbein (Os sacrum)

Das Kreuzbein ist Teil des **Beckenrings**. Es ist durch Verschmelzung von **5 Sakralwirbeln** entstanden, dreieckig und kyphotisch gekrümmt (Abb. **C-1.14**). Man unterscheidet:

Basis ossis sacri (entspricht kranialer Deckfläche des WK S I): Ihre Vorderkante springt als **Promontorium** vor.

C-1.14 Kreuz- und Steißbein

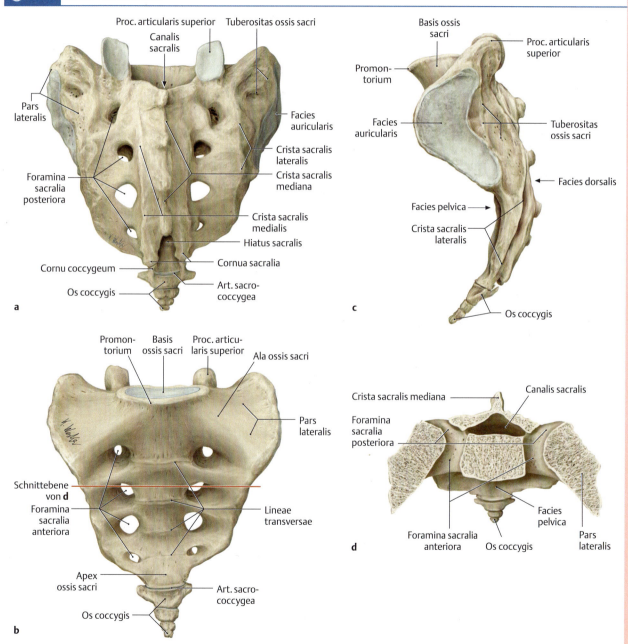

(Prometheus LernAtlas. Thieme, 3. Aufl.)
a Ansicht von dorsal,
b ventral
c und links-lateral.
d Transversalschnitt durch das Kreuzbein; Ansicht von kranial (Lage der Schnittebene s. **b**): Anstelle der Zwischenwirbellöcher beidseitig vier T-förmige Knochenkanäle, durch die die Sakralnerven 1–4 austreten.

Apex ossis sacri: Die kaudale Deckfläche von S V ist die Kreuzbeinspitze.

Facies pelvica (Vorderfläche) und **Facies dorsalis** (Hinterfläche): Hier treten die ventralen und dorsalen Äste der sakralen Spinalnerven durch die **Foramina sacralia anteriora** und **posteriora** aus.
Ventral markieren **Lineae transversae** die Grenzen der sakralen WK.

Dorsal sind durch die Verschmelzung der Bögen und ihrer Fortsätze die **Crista sacralis mediana** (Proc. spinosi), die **Cristae sacrales mediales** (Proc. articulares) und die **Cristae sacrales laterales** (Proc. transversi) entstanden.

Pars lateralis: Sie trägt die Gelenkfläche des Iliosakralgelenks (**Facies auricularis**).

Hiatus sacralis: Er entsteht durch die fehlende Bogenlamina von S V. Der Wirbelkanal ist somit an dieser Stelle nach dorsal offen.

Im lumbosakralen Übergang hat die Wirbelsäule einen Knick (**Lumbosakralwinkel**), die **kraniale Fläche** des Sakrums ist nach **ventral geneigt** (Abb. **C-1.2**, Abb. **C-1.14**).

Steißbein (Os coccygis)

Das mit dem Sakrum knorpelig verwachsene Steißbein besteht aus **3–5 Wirbelrudimenten** (Abb. **C-1.14**).

1.1.3 Zwischenwirbelscheiben (Disci intervertebrales)

▶ Synonym.

Lage und Aufbau

Lage: Die Disci intervertebrales verbinden benachbarte **Wirbelkörper**, indem sie mit den knorpeligen Deckplatten und der knöchernen Randleiste der Wirbel verwachsen sind.

Aufbau: Ein äußerer Faserring (**Anulus fibrosus**) aus konzentrisch geschichteten **Faserknorpellamellen** umgibt einen Gallertkern (**Nucleus pulposus**, Abb. **C-1.15**). Der **Nucleus pulposus** besteht aus wasserbindenden Glykosaminoglykanen und setzt den Faserring unter Spannung.

Apex ossis sacri (Kreuzbeinspitze): Die kaudale Deckfläche von S V bildet die Kreuzbeinspitze.
Facies pelvica (Vorderfläche): An der ventralen Fläche markieren die **Lineae transversae** die Grenzen der Sakralwirbelkörper, welche bis zum 25. bis 35. Lebensjahr noch durch Knorpel getrennt sind. Die Foramina intervertebralia sind zu knöchernen Kanälen verschmolzen, in denen die sakralen Spinalnerven (S.206) nach lateral verlaufen. Diese münden seitlich der Lineae transversae auf der Vorderfläche mit je 4 Austrittslöchern für die ventralen Äste der Spinalnerven S1–S4, den **Foramina sacralia anteriora**.
Facies dorsalis (Hinterfläche): Durch Verschmelzung der Wirbelbogenfortsätze besitzt die Dorsalfläche fünf längsverlaufende Leisten. Den Dornfortsätzen entspricht die median gelegene **Crista sacralis mediana**, den Gelenkfortsätzen entsprechen die beiden **Cristae sacrales mediales**. Letztere enden an der Basis in zwei **Processus articulares superiores**, deren nach dorsal gewandte Gelenkflächen mit den unteren Gelenkfortsätzen von L V artikulieren. Kaudal bilden die rudimentären Gelenkfortsätze von S V die **Cornua sacralia**. Zwischen Crista sacralis medialis und lateralis (s. u.) liegen als Austrittsstellen der **dorsalen** Spinalnervenäste die **Foramina sacralia posteriora**.
Pars lateralis (seitlicher Abschnitt): Als Pars lateralis wird der seitlich der Foramina sacralia gelegene Abschnitt des Kreuzbeins bezeichnet. Sie trägt die äußeren Leisten (**Cristae sacrales laterales**), die den Querfortsätzen bzw. den Processus accessorii entsprechen und bildet außen die Gelenkfläche für das Iliosakralgelenk (S.331), die **Facies auricularis**.

Hiatus sacralis: Der Hiatus sacralis stellt das Ende des Wirbelkanals dar. Infolge von Involution am kaudalen Ende der Wirbelsäule fehlt bei den meisten Menschen die Bogenlamina von S V ganz und die von S IV teilweise, sodass der Wirbelkanal im Hiatus sacralis nach dorsal offen ist.
Ein durch die aufrechte Haltung bedingtes typisch menschliches Merkmal ist der **Knick** zwischen **5. Lendenwirbel** und **Kreuzbein** (Abb. **C-1.2**, Abb. **C-1.14**). **Die Längsachsen der Wirbelkörper von L V und S I bilden den nach hinten offenen Lumbosakralwinkel** von durchschnittlich 143°. Damit geht eine **Ventralneigung** der **Basis** des Kreuzbeins von ca. 35° einher, wobei die Processus articulares superiores durch ihre annähernd frontale Stellung verhindern, dass L V mit der darüber liegenden Wirbelsäule auf der schiefen Ebene der Kreuzbeinbasis nach ventral abgleitet.

Steißbein (Os coccygis)

Die erwähnten Involutionsvorgänge und ihre Variabilität begründen, dass das aus **3–5 bogenlosen Wirbelrudimenten** bestehende Steißbein sehr unterschiedlich ausgeprägt sein kann. Kleine obere Gelenkfortsätze (**Cornua coccygea**) von **Co I** artikulieren mit den Cornua sacralia von S V, mit dem es ansonsten knorpelig verbunden ist (Abb. **C-1.14**).

1.1.3 Zwischenwirbelscheiben (Disci intervertebrales)

▶ Synonym. Bandscheiben

Lage und Aufbau

Lage: Die 23 Disci intervertebrales befinden sich **zwischen den Wirbelkörpern** und sind mit deren knorpeligen Deckplatten und der knöchernen Randleiste verwachsen. Die Diskrepanz zwischen der Gesamtzahl der Wirbel und der Anzahl der Zwischenwirbelscheiben erklärt sich daraus, dass das Sakrum ein einziger Knochen ist und die ersten beiden Halswirbel (S.264) durch echte Gelenke, d. h. Diarthrosen (S.228), verbunden sind.

Aufbau: Die Disci intervertebrales bestehen aus einem äußeren Faserring (**Anulus fibrosus**), der einen innen liegenden Gallertkern (**Nucleus pulposus**) umgibt (Abb. **C-1.15**).
Der **Anulus fibrosus** ist aus **Faserknorpel** (S.74) aufgebaut, d. h. einem straffen kollagenen Bindegewebe mit eingelagerten Chondronen. Er besteht aus **konzentrisch geschichteten Lamellen**, wobei die kollagenen Fasern einer Lamelle einheitlich schräg

C-1.15 Aufbau eines Discus intervertebralis

(Prometheus LernAtlas. Thieme, 3. Aufl.)
a Ansicht von kranial-ventral.
b Ansicht auch von kranial-ventral, wobei die vordere Bandscheibenhälfte und die rechte Hälfte der Deckplatte entfernt wurde.
c Ansicht von ventral.

und gegenläufig zu den Fasern der Nachbarlamellen verlaufen. Die Fasern der äußeren Lamellen strahlen in die knöchernen Randleisten, die der inneren in die knorpelige Deckplatte der Wirbelkörper ein. Die inneren Lamellen des Anulus fibrosus gehen ohne scharfe Grenze in die **Gallerte** des **Nucleus pulposus** über. Diese besteht hauptsächlich aus Glykosaminoglykanen mit hohem Wasserbindungsvermögen. Dadurch entfaltet der Gallertkern einen **Quellungsdruck**, der den Faserring unter Spannung setzt.

Funktion

Druck auf den Discus führt wegen der Inkompressibilität des wasserreichen Nucleus pulposus zu dessen seitlicher Ausdehnung, was eine Zugbelastung des Anulus fibrosus zur Folge hat. Somit erfüllt die Zwischenwirbelscheibe als „Wasserkissen" verschiedene Funktionen:

- Der Discus intervertebralis **verteilt** den **Druck gleichmäßig** auf die benachbarten Wirbelkörperdeckplatten (Abb. **C-1.16a**).
- Die Fasern des Anulus fibrosus **begrenzen** die **Bewegungen** benachbarter Wirbelkörper, d. h. ventrodorsale sowie laterale Kippbewegungen (Abb. **C-1.16b**) und Rotation um die Longitudinalachse (Abb. **C-1.16c**). Bei den Kippbewegungen wird der Gallertkern zur Gegenseite verlagert. Eine Verschiebung der Wirbel gegeneinander (**Wirbelgleiten**) ist bei intaktem Diskus **unmöglich**.
- Die **Dämpfung axialer Stöße** wird allgemein überschätzt; wegen der geringen Dehnbarkeit der kollagenen Fasern des Anulus fibrosus ist sie nur **schwach** wirksam (Abb. **C-1.16a**).

Funktion

Der Diskus funktioniert als „**Wasserkissen**" (Abb. **C-1.16**):
- Er verteilt die Druckbelastung gleichmäßig auf die Wirbelkörperdeckplatten und
- begrenzt die Bewegungen der Wirbelkörper gegeneinander.

C-1.16 Funktion der Disci intervertebrales (Druck- und Zugkräfte)

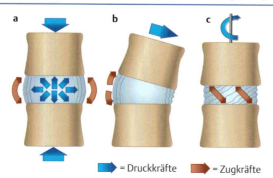

a Axiale Druckbelastungen (blaue Pfeile) werden in Zugbelastung der kollagenen Fasern des Anulus fibrosus (rote Pfeile) umgesetzt.
b Anspannung der Fasern des Anulus fibrosus begrenzt Bewegungen um die Sagittal- (Lateralflexion) und Transversalachse (Ventralflexion/Dorsalextension) sowie um
c die Longitudinalachse (Rotation).

= Druckkräfte   = Zugkräfte

Ernährung

Die tägliche **Druckbelastung** verursacht einen reversiblen **Wasserverlust** des Nucleus pulposus, wodurch die Höhe der Bandscheiben und damit auch die Körpergröße abnehmen. **Entlastung** führt zu einer **Rehydrierung**, wodurch der Discus ernährt wird. **Blutgefäße** finden sich nur in den äußersten Schichten des Faserrings.

▶ Merke.

1.1.4 Bänder der Wirbelsäule

Die Bänder der Wirbelsäule sind in Abb. **C-1.17**, Abb. **C-1.18** u. Abb. **C-1.19** dargestellt.

Ernährung

Unter der Druckbelastung beim Stehen und Sitzen wird tagsüber Wasser aus dem Nucleus pulposus durch den Anulus fibrosus nach außen abgepresst. Dies führt zu einer Abflachung der einzelnen Bandscheiben um teilweise über 1 mm und damit zu einer Abnahme der Körpergröße um bis zu 2,5 cm im Tagesverlauf. Während der nächtlichen Liegephase regeneriert sich die entlastete Bandscheibe durch Rehydrierung des Nucleus pulposus. Der **Ein- und Ausstrom von Extrazellulärflüssigkeit** über den Faserring ist für die Ernährung des Discus wichtig, da lediglich die äußersten Schichten des Anulus fibrosus von wenigen Blutgefäßen versorgt werden, die Disci somit größtenteils **gefäßfrei** sind.

▶ Merke. Die Disci intervertebrales sind ein **bradytrophes Gewebe** mit geringer Stoffwechselaktivität und minimaler regenerativer Kapazität.

1.1.4 Bänder der Wirbelsäule

Die Wirbelsäule wird von verschiedenen Bändern stabilisiert, welche sich zwischen benachbarten Wirbeln oder über größere Abschnitte erstrecken können (Abb. **C-1.17**, Abb. **C-1.18** und Abb. **C-1.19**).

⊙ C-1.17 Bänder der Wirbelsäule auf Höhe des thorakolumbalen Übergangs

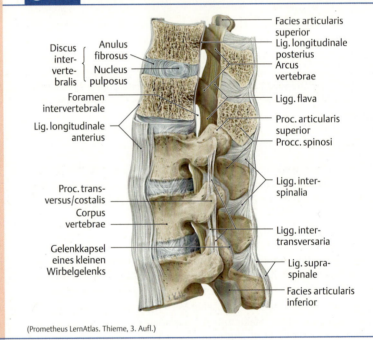

(Prometheus LernAtlas. Thieme, 3. Aufl.)

C-1.18 Wirbelkörper- und Wirbelbogenbänder

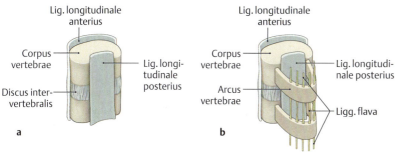

Schematische Darstellung der Wirbelkörperbänder (**a**) und der Wirbelbogenbänder (**b–d**) in der Ansicht von schräg links-dorsal.
(Prometheus LernAtlas. Thieme, 3. Aufl.)

C-1.19 Bänder der Wirbelsäule

Band	Aufbau und Verlauf	Funktion
Lig. longitudinale anterius (vorderes Längsband)	▪ an der **Ventralfläche** der Wirbelkörper ▪ von kranial nach kaudal breiter ▪ tiefe Faserzüge fest in der **Kortikalis** des Wirbelkörper verankert ▪ kaum Verbindung zum Faserring der Disci	Begrenzung der **Dorsalextension** der WS
Lig. longitudinale posterius (hinteres Längsband)	▪ an der **Dorsalfläche** der Wirbelkörper ▪ schmaler als das Lig. longitudinale anterius ▪ Faserzüge strahlen in die **Anuli fibrosi** der Disci ein ▪ nur schwache Verbindung zur dorsalen Wirbelkörperfläche	Begrenzung der **Ventralflexion** der WS
Lig. supraspinale	▪ verbindet die Spitzen der Dornfortsätze ▪ aus langen Bandzügen aufgebaut ▪ im Bereich der HWS Übergang in das Lig. nuchae	
Lig. nuchae	▪ sagittal gestellte Bindegewebsplatte zwischen **Protuberantia occipitalis externa** und **Vertebra prominens (C VII)** ▪ im Bereich der Nackenfurche mit der allgemeinen Körperfaszie verwachsen	
Ligg. flava	▪ bestehend aus kürzeren, größtenteils **elastischen** Fasern ▪ zwischen den **Laminae** benachbarter Wirbelbögen ▪ reichen nach ventral bis zu den Wirbelgelenken	Unterstützung der Rückenmuskeln bei **Aufrechthaltung** und **Bremsen der Ventralflexion** Abschluss des Wirbelkanals dorsal und seitlich (zusammen mit den Gelenkkapseln)
Ligg. interspinalia	▪ zwischen den **Dornfortsätzen** benachbarter Wirbel (von einem Dornfortsatz schräg nach kraniodorsal zum nächst höheren) ▪ an der Spitze der Dornfortsätze Übergang in das Lig. supraspinale	Begrenzung der **Ventralflexion** verhindern zusammen mit den Disci Gleitbewegungen der Wirbel gegeneinander
Ligg. intertransversaria	▪ zwischen den Enden der **Querfortsätze** (bzw. Procc. accessorii der Lendenwirbel) benachbarter Wirbel	Begrenzung von **Lateralflexion** und **Rotation**

Vgl. Dorsalextension (S. 268), Ventralflexion (S. 268), Protuberantia occipitalis externa (S. 944), Begrenzung von Lateralflexion und Rotation (S. 268).

▶ Klinik. Beim **Morbus Bechterew** (**Spondylitis ankylosans**), einer schmerzhaften entzündlich-rheumatischen Erkrankung, verkalkt u. a. das **Ligamentum longitudinale anterius**, sodass im Endstadium die gesamte Wirbelsäule als völlig verkalkter Verbund von Knochen und Bändern („Bambusstab") in kyphotischer Stellung unbeweglich fixiert wird. Der Hinterhaupt-Wand-Abstand, den man misst, wenn der Patient versucht, sich mit Rücken und Hinterkopf an die Wand zu lehnen, ist stark vergrößert (normalerweise problemlos möglich).

⊙ **C-1.20** Morbus Bechterew

(Niethard, F.U., Pfeil, J.: Duale Reihe Orthopädie. Thieme, 2009)

▶ Exkurs: Pathophysiologie degenerativer Wirbelsäulenveränderungen.

▶ **Exkurs: Pathophysiologie degenerativer Wirbelsäulenveränderungen.** Die extrem niedrige Stoffwechselrate im zellarmen Nucleus pulposus führt zu molekularen Veränderungen, welche bereits ab dem 3. Lebensjahrzehnt eine **Abnahme** der **Wasserbindungskapazität** der Gallerte zur Folge haben. Als Konsequenz davon

- geht die „Wasserkissenfunktion" verloren. Der Diskus verhält sich wie ein Festkörper, was dazu führt, dass der axiale **Druck nicht** mehr **gleichmäßig** auf die benachbarten Deckplatten und Randleisten verteilt wird. Bei Kippbewegungen der Wirbelkörper werden an den Rändern in Richtung der Bewegung abnorm hohe Werte erreicht;
- geht die Vorspannung des Anulus fibrosus verloren, sodass, wie bei einem nicht gespannten Abschleppseil, die **Bewegungen** der Wirbelkörper gegeneinander nicht weich, sondern **abrupt gebremst** werden (ein entspannter Faserring erlaubt auch Gleitbewegungen);
- resultiert eine dauernde Höhenminderung der Bandscheibe, die v. a. eine **Fehlbelastung der Wirbelbogengelenke** nach sich zieht (Abb. **C-1.21**).

⊙ **C-1.21** Fehlbelastung der Wirbelbogengelenke bei Schaden des Discus intervertabralis

a Gesunder (prall-elastischer) Discus mit kongruent stehenden Wirbelbogengelenken.
b Geschädigter, abgeflachter Diskus führt zu Fehlstellung der Wirbelbogengelenke.

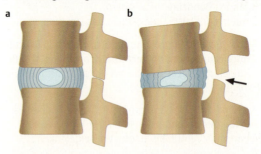

Als Reaktion auf die abnorme Druckbelastung an den Rändern der Wirbelkörper, bildet sich dort neues Knochengewebe in Form von **Osteophyten** (Abb. **C-1.22**), die im Röntgenbild das eindrucksvolle Bild der **Spondylose** ergeben. Der Knorpelbelag der fehlbelasteten Wirbelbogengelenke wird abgescheuert und es resultiert eine **Spondylarthrose**, die sich u. a. in der Bildung von Osteophyten an den Gelenkfortsätzen manifestiert.
Osteophyten an der Dorsalseite der Wirbelkörper und an den Gelenkfortsätzen können zum einen den Wirbelkanal in Form einer **„Spinalkanalstenose"** einengen und das Rückenmark direkt schädigen.
Zum anderen **verengen** die Osteophyten die **Foramina intervertebralia**, in denen der Spinalnerv verläuft. Häufig verschärft ein **Diskusprolaps** (Diskushernie, **„Bandscheibenvorfall"**), der auch ohne nennenswerte Osteophyten auftreten kann, die Einengung der Foramina intervertebralia. Die Voraussetzung hierfür sind Risse im Anulus fibrosus, die in Folge der abnormen Belastungen entstehen und wegen der fast fehlenden Vaskularisation des Discus intervertebralis nur ungenügend heilen.

C 1.1 Wirbelsäule (WS)

C-1.22 Degenerative knöcherne Veränderungen am Bewegungssegment L III/L IV.
Ansicht von lateral (Bandscheibe ist entfernt): Erkennbar sind knöcherne Anbauten (Exostosen, Spondylophyten) an den Rändern der Wirbelkörper (Spondylose) sowie der Gelenkfortsätze (Spondylarthrose), die zu einer Einengung des Foramen intervertebrale führen. (Prometheus LernAtlas. Thieme, 3. Aufl.)

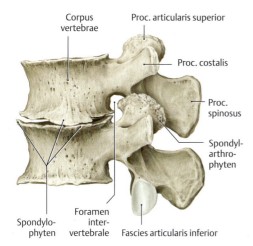

Bevorzugt betroffen sind dynamisch und statisch besonders belastete Partien der Wirbelsäule:
- **zervikothorakaler Übergang** (Übergang von den unteren HWS-Bewegungssegmenten mit relativ hoher Beweglichkeit zu den wenig beweglichen oberen Brustsegmenten): Hier zeigen die Faserringe der Disci bereits ab dem 2. Lebensjahrzehnt (!) Einrisse, die bis zur völligen Zweiteilung der Zwischenwirbelscheibe fortschreiten. Krankheitswert kommt diesem Befund jedoch erst bei Auftreten neurologischer Symptome (s. klinik) zu.
- **lumbosakraler Übergang**: Hier liegt v. a. hohe statische Belastung vor: Da der 5. Lendenwirbel auf der nach ventral geneigten Kreuzbeinbasis eine Abgleittendenz besitzt, ist der Diskus L V/S I neben Druck- auch Scherkräften ausgesetzt.

Ist der Faserring defekt, wird der Nucleus pulposus durch das auf der Wirbelsäule lastende Gewicht nach außen gepresst (Abb. **C-1.23a**). Während vorne und seitlich das Lig. longitudinale anterius einen Prolaps fast immer verhindert, kann das schwächere Lig. longitudinale posterius nachgeben, wodurch ein dorsomedianer Prolaps resultiert.

Am häufigsten erfolgt eine Diskushernie nach **dorsolateral**, wo keine Längsbänder den Anulus fibrosus verstärken. Dort befindet sich der **Spinalnerv** im Foramen intervertebrale, der hier kaum Ausweichmöglichkeiten hat und von der Diskushernie gegen das Wirbelbogengelenk gedrückt wird.

C-1.23 Bandscheibenvorfall im Bereich der LWS

a Dorsomedianer Diskusprolaps zwischen L III und L IV im T 2-gewichteten MRT-Bild. Diskushernien sind mit konventionellen Röntgenverfahren **nicht** diagnostizierbar; radiologische Techniken (S. 134). (Vahlensieck, M., Reiser, M.: MRT des Bewegungsapparates. Thieme, 2001)
b Dorsolateraler Diskusprolaps im LWS-Bereich mit Druck auf den Spinalnerv im Foramen intervertebrale. (Prometheus LernAtlas. Thieme, 3. Aufl.)

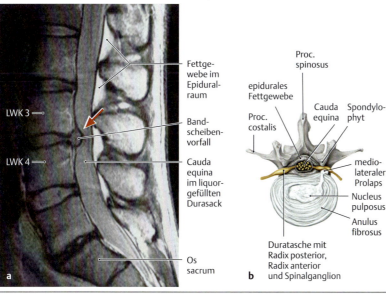

▶ **Klinik.** Wird der im Foramen intervertebrale verlaufende **Spinalnerv** durch den prolabierten Nukleus gegen das Wirbelbogengelenk gedrückt, kann dies von der schmerzhaften Reizung des Nerven (**Neuralgie**) bis hin zu sensiblen (**Hypästhesie**) und motorischen (**Parese = Lähmung**) Ausfallserscheinungen führen. Typischerweise sind die hervorgerufenen neurologischen Symptome **segmental** entsprechend dem Versorgungsgebiet der jeweils geschädigten Nervenwurzel(n) ausgeprägt, weshalb man von **radikulärer Symptomatik** spricht.

Im zervikothorakalen Übergangsbereich sind v. a. Spinalnerven betroffen, welche die obere Extremität innervieren (**„Schulter-Arm-Syndrom"**).

Viel häufiger noch sind Diskushernien im lumbosakralen Übergangsbereich, wo sie v. a. zur **Kompression der Spinalnerven L 5 und S 1** führen, die über den N. ischiadicus (L4–S3) das **Bein** innervieren. Bei einer Reizung treten **Ischialgien** auf. Häufig versucht die Rückenmuskulatur der Gegenseite durch krampfhafte Kontraktion das verengte Foramen intervertebrale zu erweitern, bzw. das betroffene Bewegungssegment zu immobilisieren; dies wird vom Patienten als **Lumbago** („Hexenschuss") schmerzhaft erlebt.

Diese Symptome können lange vor Auftreten von radiologisch nachweisbaren knöchernen Veränderungen auftreten; Veränderungen der Disci sind besonders gut im MRT beurteilbar. Bei **motorischen Ausfällen** oder den Patienten stark beeinträchtigenden **Sensibilitätsstörungen** muss der Nerv schnell durch mikrochirurgisches Ausräumen des prolabierten Nukleus, bzw. durch Abfräsen von Osteophyten entlastet werden.

⊙ **C-1.24** Diskusprolaps (→) im Bereich der Halswirbelsäule mit Kompression der (sensiblen) Radix posterior und des Rückenmarks

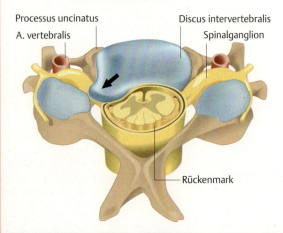

1.1.5 Kopfgelenke

C I und C II (**Atlas** und **Axis**) weichen in ihrem Bau von anderen Wirbeln ab. Die Kopfgelenke dienen der **Feinmotorik** des Kopfes.

1.1.5 Kopfgelenke

Die ersten beiden Halswirbel (**Atlas** und **Axis**) weichen in ihrem Aufbau stark von den übrigen Halswirbeln ab. Atlas (C I), Axis (C II) und Hinterhauptbein (**Os occipitale**) sind über **6 Gelenke** zu einer funktionellen Einheit verbunden, die feinmotorische Bewegungen des Kopfes um 3 Achsen ermöglichen.

Knochen – Os occipitale, Atlas und Axis

Os occipitale: Es besitzt seitlich vom Foramen magnum zwei konvex gekrümmte **Gelenkkondylen** (S. 944).

Atlas (C I): s. Abb. **C-1.25**.
- Zwei **Massae laterales** tragen auf ihrer Ober- bzw. Unterseite **Gelenkflächen** für die Hinterhauptkondylen bzw. den oberen Gelenkfortsatz des Axis.
- Der **Arcus anterior** verbindet die Massae laterales ventral. Seine **Fovea dentis** ist eine Gelenkfläche für den Dens axis.
- Der **Arcus posterior** verbindet sie dorsal. Im **Sulcus arteriae vertebralis** verläuft die A. vertebralis auf dem Arcus posterior.
- Die **Processus transversi** besitzen die **Foramina transversaria**.

Knochen – Os occipitale, Atlas und Axis

Hinterhauptbein (Os occipitale): Das Os occipitale besitzt an der vorderen seitlichen Umrandung des Foramen magnum zwei Gelenkkondylen (S. 944), sog. **Condyli occipitales**, mit schuhsohlenförmigen, konvex nach unten gekrümmten Gelenkflächen.

Atlas (C I): Am ersten Halswirbel unterscheidet man folgende Anteile (Abb. **C-1.25**):
- **Massae laterales:** Anstelle eines Wirbelkörpers besitzt der Atlas zwei Massae laterales. Diese tragen auf ihrer Oberseite die **Facies articularis superior**, welche als entsprechend geformte Gelenkpfanne für die Hinterhauptkondylen (s. o.) fungiert. Die **Facies articulares inferiores** sind leicht nach kaudal konvex gekrümmt und etwas nach hinten geneigt. Sie artikulieren mit den oberen Gelenkfortsätzen des Axis (s. u.).
- **Arcus anterior:** Diese kürzere Knochenspange verbindet die beiden Massae laterales ventral. Sie besitzt auf ihrer Rückseite in der **Fovea dentis** eine Gelenkfläche für den Dens axis (s. u.).
- **Arcus posterior:** Der längere Bogen stellt die dorsale Verbindung der Massae laterales dar und entspricht im Wesentlichen der Bogenlamina, ein **Dornfortsatz fehlt**. Im **Sulcus arteriae vertebralis** zieht die A. vertebralis (S. 278) dorsal der Massa lateralis über den hinteren Bogen nach medial und durch das Foramen magnum ins Schädelinnere; vgl. A. vertebralis (S. 1158).
- **Processus transversi:** Die Querfortsätze laden weit nach lateral aus und besitzen die **Foramina transversaria** für die Aa. vertebrales.

C-1.25 Atlas

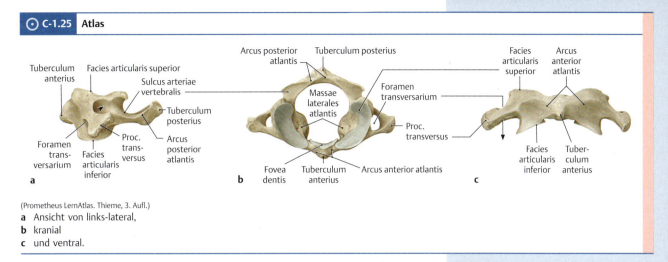

(Prometheus LernAtlas. Thieme, 3. Aufl.)
a Ansicht von links-lateral,
b kranial
c und ventral.

▶ **Merke.** Der erste Halswirbel hat **keinen Körper** und **keinen Dornfortsatz**.

▶ **Klinik.** Der **Querfortsatz** des **Atlas** lädt von allen Halswirbeln am weitesten nach lateral aus und ist hinter dem Ramus mandibulae etwa 1 cm kaudal und ventral vor der Spitze des Processus mastoideus zu tasten.

Axis (C II): Beim zweiten Halswirbel sitzt auf dem **Körper** ein Knochenzapfen (**Dens axis**, Axiszahn) mit einer abgerundeten Spitze (**Apex dentis**). Der Dens axis hat sowohl ventral als auch dorsal eine Gelenkfläche, die **Facies articularis anterior** und **posterior**. Der Axis besitzt einen Bogen (**Arcus axis**), welcher unmittelbar neben seiner Wurzel die **oberen Gelenkfortsätze** trägt, deren Gelenkflächen von vorn nach hinten konvex gewölbt sind. Die Flächen der **unteren Gelenkfortsätze** sind wie die der übrigen HWS plan und nach dorsal gekippt. Der Bogen endet in einem kräftigen, gegabelten **Dornfortsatz** (Abb. **C-1.26**).

Axis: Der zweite Halswirbel trägt auf dem **Körper** einen Knochenzapfen (**Dens axis**) mit einer **vorderen** und **hinteren Gelenkfläche** (**Facies articularis anterior** und **posterior**). Ansonsten ist er ähnlich wie die übrigen Halswirbel (C III–C VII) aufgebaut (Abb. **C-1.26**).

C-1.26 Axis

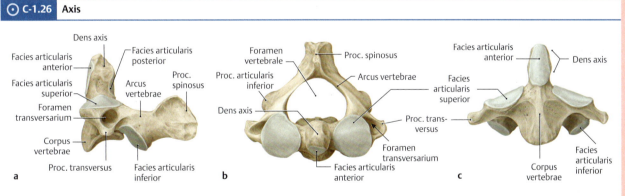

(Prometheus LernAtlas. Thieme, 3. Aufl.)
a Ansicht von links-lateral,
b kranial
c und ventral.

Bau der Kopfgelenke

Im Gegensatz zu den übrigen Knochenverbindungen der Wirbelsäule handelt es sich bei allen Kopfgelenken um **echte Gelenke**. Man unterscheidet
- das **obere** Kopfgelenk (**Articulatio atlantooccipitalis**) zwischen Os occipitale und Atlas und
- das **untere** Kopfgelenk (**Articulatio atlantoaxialis**) zwischen Atlas und Axis.

Bau der Kopfgelenke

Man unterscheidet:
- das **obere** Kopfgelenk (**Art. atlantooccipitalis**) und
- das **untere** Kopfgelenk (**Art. atlantoaxialis**).

▶ **Merke.** Die Kopfgelenke enthalten **keine Zwischenwirbelscheiben**. Das Fehlen von Disci intervertebrales zwischen Hinterhaupt, Atlas und Axis ermöglicht die **große Beweglichkeit** der Kopfgelenke.

266　　　　　　　　C 1 Rücken

Articulatio atlantooccipitalis: Das obere Kopfgelenk wird aus den Hinterhauptkondylen und den Facies articulares supp. des Atlas gebildet. Es ermöglicht **Nickbewegungen** sowie **Seitneigung** des Kopfes.

▶ Klinik.

Oberes Kopfgelenk – Articulatio atlantooccipitalis: Die beiden Hinterhauptkondylen bilden zusammen mit den Facies articulares supp. des Atlas das obere Kopfgelenk. Als **Ellipsoidgelenk** (2 Freiheitsgrade) erlaubt es in erster Linie **Nickbewegungen** des Kopfes nach vorne und hinten (insgesamt ca. 30°) sowie in geringerem Ausmaß **Seitneigung** (10–15° insgesamt).

▶ Klinik. Die Achse der Nickbewegungen verläuft transversal zwischen äußerem Gehörgang (S.1076) und Processus mastoideus (S.943), sodass beim Erwachsenen der größere Teil der Schädelmasse davor liegt. Bei ermüdungsbedingtem Nachlassen des Muskeltonus der – im Vergleich zur ventralen Halsmuskulatur kräftiger ausgebildeten – Nackenmuskulatur „nickt man ein". Beim Säugling mit seinem relativ größeren Gehirnschädel liegt der Kopfschwerpunkt hinter dieser Achse, sodass der Kopf die Tendenz hat, nach hinten zu kippen.

Articulatio atlantoaxialis: Vier Einzelgelenke bilden die beiden unteren Kopfgelenke, in denen der Atlas mit dem **Kopf** um die Längsachse des Dens **rotiert:**

- In der **Articulatio atlantoaxialis mediana** artikuliert der Axiszahn mit dem vorderen Atlasbogen und dem Lig. transversum atlantis (Tab. **C-1.5**).
- Die **Articulatio atlantoaxialis lateralis** entspricht den Wirbelbogengelenken der übrigen Wirbelsäule.

Unteres Kopfgelenk – Articulatio atlantoaxialis: Atlas und Axis sind über insgesamt **4 Einzelgelenke** verbunden, die in ihrer Gesamtheit als **Zapfengelenk** fungieren. Hauptbewegung ist die **Rotation** des Atlas um die Längsachse des Dens axis (insgesamt ca. 55°). Daneben sind noch geringfügige **Nickbewegungen** möglich. Man unterscheidet:

- **Articulatio atlantoaxialis mediana:** In der vorderen Gelenkkammer der Articulatio atlantoaxialis mediana artikuliert der Dens mit der Fovea dentis des Arcus anterior atlantis, in der hinteren Kammer mit dem Lig. transversum atlantis (Tab. **C-1.5**).
- **Articulatio atlantoaxialis lateralis:** Die Articulatio atlantoaxialis lateralis zwischen der unteren Gelenkfläche der Massa lateralis des Atlas und dem oberen Gelenkfortsatz des Axis entspricht den Wirbelbogengelenken der übrigen Wirbelsäule. Die Form der Gelenkkörper der Articulatio atlantoaxialis lateralis mit ihren einander zugekehrten konvexen Flächen bedingt, dass wir beim Drehen des Kopfes um ca. 2 mm kleiner werden.

Bänder der Kopfgelenke

Die **Nähe** der Kopfgelenke zu vitalen Bereichen des **ZNS** bedingt eine aufwendige **Bandsicherung** (Tab. **C-1.5**).

Bänder der Kopfgelenke

Das Fehlen von Zwischenwirbelscheiben ermöglicht zwar große Bewegungsumfänge in den Kopfgelenken, bedingt aber eine geringere Stabilität. Die Nähe zum ZNS, d. h. zum Halsmark bzw. zur Medulla oblongata (S.1104), erfordert die absolute Integrität des Wirbelkanals, was durch einen **aufwendigen Bandapparat** (Tab. **C-1.5**) erreicht wird. Allein der Dens ist durch 3 übereinander liegende Bandschichten ventral fixiert.

≡ C-1.5　Bänder der Kopfgelenke (vgl. Abb. C-1.27)

Band	Ursprung	Ansatz	Funktion	Bemerkungen
Lig. apicis dentis	Apex dentis	vorderer Rand des Foramen magnum	Hemmung der Ventralflexion des Kopfes	schwach ausgebildet
Ligg. alaria	oberer Teil des Dens (lateral)	medialer Rand der Hinterhauptkondylen und Foramen magnum	Begrenzung der Rotation in der Art. atlantoaxialis Hemmung der Ventralflexion des Kopfes	kräftig ausgebildet
Lig. transversum atlantis	zwischen den Massae laterales (Verlauf: quer hinter Dens)		Hemmung der Ventralflexion des Kopfes	bildet mit der Fovea articularis posterior die hintere Kammer der Art. atlantoaxialis mediana und besitzt eine knorpelige Gleitfläche
Fasciculi longitudinales	Hinterfläche des Axiskörpers	Vorderrand des Foramen magnum (Verlauf: längs hinter Dens)	Hemmung der Ventralflexion des Kopfes	bilden zusammen mit dem Lig. transversum atlantis das **Lig. cruciforme atlantis**
Membrana tectoria (Abb. **C-1.27c**)	Hinterfläche des Axiskörpers	Clivus des Os occipitale (S.944)	Hemmung der Ventralflexion des Kopfes	verbreiterte und verstärkte Fortsetzung des Lig. longitudinale posterius
Membrana atlantooccipitalis anterior	vorderer Atlasbogen	Vorderrand des Foramen magnum	Hemmung der Dorsalextension des Kopfes	entspricht dem Lig. longitudinale anterius
Membrana atlantooccipitalis posterior	hinterer Atlasbogen	dorsaler Rand des Foramen magnum	Hemmung der Ventralflexion des Kopfes	kranialer Ausläufer des Lig. flavum

C 1.1 Wirbelsäule (WS)

⊙ C-1.27 Bänder der Kopfgelenke

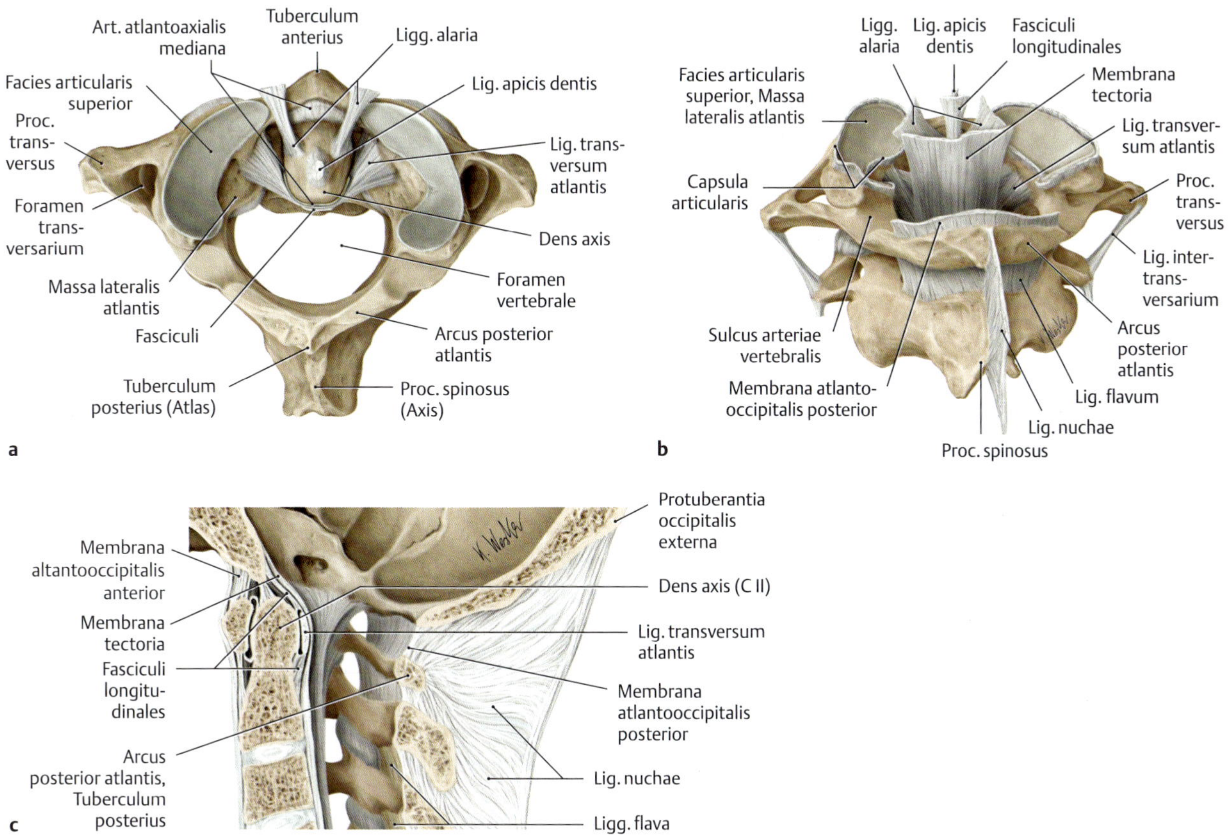

a

Art. atlantoaxialis mediana — Tuberculum anterius — Ligg. alaria — Lig. apicis dentis
Facies articularis superior — Lig. transversum atlantis
Proc. transversus
Foramen transversarium — Dens axis
Massa lateralis atlantis — Foramen vertebrale
Fasciculi — Arcus posterior atlantis
Tuberculum posterius (Atlas) — Proc. spinosus (Axis)

b

Ligg. alaria — Lig. apicis dentis — Fasciculi longitudinales
Facies articularis superior, Massa lateralis atlantis — Membrana tectoria
Capsula articularis — Lig. transversum atlantis
Proc. transversus
Lig. intertransversarium
Sulcus arteriae vertebralis — Arcus posterior atlantis
Membrana atlantooccipitalis posterior — Lig. flavum
Lig. nuchae
Proc. spinosus

c

Membrana altantooccipitalis anterior — Protuberantia occipitalis externa
Membrana tectoria — Dens axis (C II)
Fasciculi longitudinales — Lig. transversum atlantis
Arcus posterior atlantis, Tuberculum posterius — Membrana atlantooccipitalis posterior
Lig. nuchae
Ligg. flava

(Prometheus LernAtlas. Thieme, 3. Aufl.)
a Atlas und Axis, Ansicht von kranial
b und von dorsal-kranial.
c Mediansagittalschnitt durch die obere Halswirbelsäule und Kopfgelenke.

▶ **Klinik.** Verletzungen im Bereich der Kopfgelenke können bei Schädigung des Rückenmarks lebensbedrohlich sein: Eine Quetschung des zervikalen Rückenmarks an dieser Stelle (**hohe Querschnittläsion**) kann u. a. die Nervenbahnen zur Atemmuskulatur unterbrechen mit der Folge eines u. U. tödlichen **Atemstillstands**.
Bei Verletzung des Bandapparats droht immer die Gefahr der Instabilität, die auch eine entscheidende Indikation für eine operative Therapie darstellt.
Typische Verletzungen im Bereich der Kopfgelenke sind:
– **Berstungsbrüche des Atlas** bei axialer Krafteinwirkung wie z. B. nach Kopfsprüngen in zu seichte Gewässer.
– **Frakturen des Dens axis**, die meist infolge starker Hyperflexion der HWS zustande kommen.
Häufiger sind allerdings Verletzungen der übrigen HWS (C III–C VII). Hier ist neben den **Wirbelkörperfrakturen** v. a. die sog. **HWS-Distorsion** („HWS-Schleudertrauma") zu nennen. Sie entsteht meist durch schnelle passive Bewegungen in entgegengesetzte extreme Positionen (Peitschenhiebverletzung oder **whiplash injury**), wie sie bei Auffahrunfällen zu beobachten sind. Nur selten sind hier morphologische Veränderungen nachweisbar, da die oft erst nach einem schmerzlosen Intervall einsetzenden, dann aber langwierigen Beschwerden durch Bänderdehnung oder andere nicht ossäre Verletzungen hervorgerufen werden. Die reaktive Muskelanspannung verstärkt die Schmerzen, was durch die abermalige muskuläre Tonuserhöhung zu einem Teufelskreis führt.

▶ **Klinik.**

1.1.6 Mechanik der Wirbelsäule

Bewegungssegmente und Bewegungsachsen

Unter **funktionellen** Gesichtspunkten ist die Wirbelsäule aus Bewegungssegmenten aufgebaut.

> ▶ **Merke.** Unter einem **Bewegungssegment** versteht man zwei benachbarte Wirbel mit der Zwischenwirbelscheibe, den Wirbelbogengelenken und sämtlichen sie verbindenden ligamentären und muskulären Strukturen.

> ▶ **Klinik.** Unter klinischen Gesichtspunkten rechnet man auch den Inhalt des Wirbelkanals und der Zwischenwirbellöcher (v. a. Rückenmark und Spinalnerv) zum Bewegungssegment.

Die **Lastübertragung** in einem Bewegungssegment erfolgt an folgenden drei Stellen:
- **Wirbelkörperdeckplatten** (mit dem Discus dazwischen) und
- die beiden **Wirbelbogengelenke**.

Dynamisch betrachtet sind in einem Bewegungssegment grundsätzlich Drehbewegungen um drei Achsen möglich:
- **Ventralflexion/Dorsalextension** um die Transversalachse,
- **Lateralflexion** (Seitneigung) um die Sagittalachse und
- **Rotation** um die Longitudinalachse.

Obwohl sich die Achsen bei Bewegungen verschieben, kann man vereinfachend annehmen, dass sie durch den hinteren, unteren Bereich der Wirbelkörper ziehen, also knapp vor dem Wirbelkanal liegen.

Beweglichkeit der einzelnen Wirbelsäulenabschnitte

Die Bewegungsexkursionen sind in den Bewegungssegmenten auf Grund der stabilen Verwachsung der Wirbelkörper über die Disci intervertebrales und des ausgeprägten Bandapparats stark eingeschränkt. Die **Richtung** dieser geringfügigen Bewegungen wird in den einzelnen Abschnitten der Wirbelsäule wesentlich von der Stellung der Gelenkflächen der Wirbelbogengelenke (Abb. **C-1.28**) bestimmt.

- **Halswirbelsäule:** In der HWS ist die **Beweglichkeit** um alle drei Hauptachsen am **umfangreichsten**. Dies ist zum Teil auf die höhere Beweglichkeit in den Kopfgelenken (S. 264) zurückzuführen. Das obere Kopfgelenk erlaubt Nickbewegungen nach vorne und hinten um insgesamt 20–35° und eine Lateralflexion von insgesamt 10–15°, das untere Kopfgelenk eine Rotation um 45–70° insgesamt und geringfügige Nickbewegungen. Aber auch die 6 Bewegungssegmente C II/C III bis C VII/Th I sind überdurchschnittlich beweglich.
- **Brustwirbelsäule:** Obwohl die Brustwirbelsäule die weitaus größte Zahl von Segmenten (12) enthält, besitzt sie nur eine **geringe Beweglichkeit**. Dies ist v. a. auf die Einbindung der BWS in den Thorax zurückzuführen.

⊙ **C-1.28** Stellung der Wirbelbogengelenke

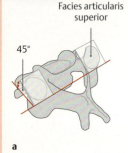
a

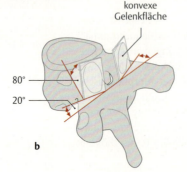
b

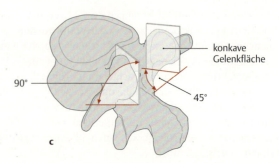
c

Stellung der Gelenkflächen der Wirbelbogengelenke in der HWS, BWS und LWS: Die unterschiedliche Neigung gegenüber der Horizontalen und Vertikalen sind wesentlich mitbestimmend für das Bewegungsausmaß der einzelnen Abschnitte in die verschiedenen Bewegungsrichtungen.
(Prometheus LernAtlas. Thieme, 3. Aufl.)
a HWS
b BWS
c LWS

C 1.1 Wirbelsäule (WS)

- **Lendenwirbelsäule:** Die auffallend **geringe Rotationsmöglichkeit** in der LWS ist eine Folge der annähernd sagittal stehenden Gelenkfortsätze in den oberen 4 Bewegungssegmenten (1–1,5° nach jeder Seite pro Bewegungssegment).

▶ **Merke.** Für die **Dokumentation** der **Bewegungsumfänge** von Gelenken findet allgemein die Neutral-Null-Methode (S. 232) Anwendung (Abb. **C-1.29**). Die Nullstellung wird dabei stets mit angegeben.

▶ **Merke.**

Die in Abb. **C-1.29** angegebenen Werte werden im Allgemeinen nur von jungen beweglichen Personen erreicht und können mit zunehmendem Alter deutlich darunter liegen. Die beträchtlichen interindividuellen Unterschiede der Beweglichkeit der Wirbelsäule sind teilweise konstitutionsbedingt, teilweise das Ergebnis von fehlendem oder auch exzessivem Training.

Auch bei Gesunden beobachtet man auf Grund unterschiedlichen Trainings große Abweichungen von den in Abb. **C-1.29** angegebenen Werten.

⊙ **C-1.29** Bewegungsumfänge der WS-Abschnitte nach der Neutral-Null-Methode

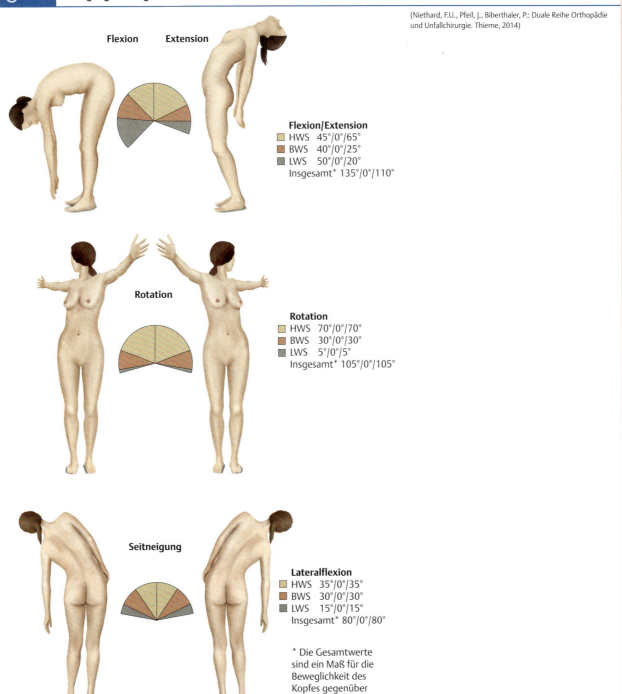

(Niethard, F.U., Pfeil, J., Biberthaler, P.: Duale Reihe Orthopädie und Unfallchirurgie. Thieme, 2014)

Flexion   Extension

Flexion/Extension
- HWS 45°/0°/65°
- BWS 40°/0°/25°
- LWS 50°/0°/20°
- Insgesamt* 135°/0°/110°

Rotation

Rotation
- HWS 70°/0°/70°
- BWS 30°/0°/30°
- LWS 5°/0°/5°
- Insgesamt* 105°/0°/105°

Seitneigung

Lateralflexion
- HWS 35°/0°/35°
- BWS 30°/0°/30°
- LWS 15°/0°/15°
- Insgesamt* 80°/0°/80°

* Die Gesamtwerte sind ein Maß für die Beweglichkeit des Kopfes gegenüber dem Beckengürtel.

▶ Klinik. In der Praxis werden üblicherweise einfachere Verfahren zur Abschätzung der **Wirbelsäulenbeweglichkeit** angewandt:
- Der **Finger-Boden-Abstand** gibt den Abstand der Fingerspitzen vom Boden beim Vornüberneigen mit durchgestreckten Knien an. Junge Menschen sollten den Boden stets erreichen (Finger-Boden-Abstand = 0).
- Beim **Ott-Maß** wird vom Vertebra prominens in der Neutral-Null-Stellung eine Strecke von 30 cm nach kaudal markiert. Beim Vornüberbeugen (Ventralflexion) kommt es zur Verlängerung der Strecke zwischen den Markierungen um ca. 3 cm, was die geringe Beweglichkeit der BWS widerspiegelt.
- Beim **Schober-Maß** wird analog dazu vom oberen Ende der Crista sacralis mediana eine Strecke von 10 cm nach kranial markiert, die sich – entsprechend der guten Flexionsmöglichkeit in der LWS – bei Ventralflexion bis um 7 cm verlängert.
- Bei der Ermittlung der Umfänge von **Rotation** und **Seitneigung** sind die Anteile von Brust- und Lendenwirbelsäule kaum zu trennen. Dabei muss darauf geachtet werden, dass das Becken nicht in den Hüftgelenken bewegt wird.
- Um die **HWS** einigermaßen isoliert von BWS und LWS zu beurteilen, muss der Schultergürtel fixiert werden.

⊙ C-1.30 **Bestimmung des Finger-Boden-Abstands sowie Messung der Ventralflexion von Brust- und Lendenwirbelsäule nach Schober und Ott.**
(Prometheus LernAtlas. Thieme, 3. Aufl.)

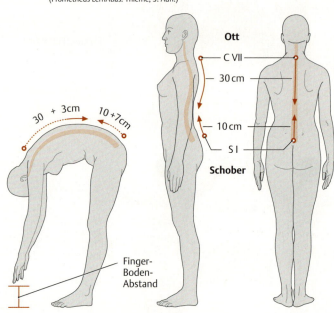

1.2 Rückenmuskulatur

1.2.1 Funktionelle Bedeutung

Neben der **dynamischen** oder **kinematischen Funktion** bei den Bewegungen des Rumpfes kommt der Rückenmuskulatur, insbesondere den kleinen unisegmentalen Muskeln, eine essenzielle Rolle bei der **Sicherung der Form** der Wirbelsäule unter Belastung zu. In ihrer Gesamtheit stellt die Rückenmuskulatur ein komplexes **aktives Verspannungssystem** dar, das sich unter Einbeziehung der Rippen vom Kopf bis zum Beckengürtel erstreckt. So ist beispielsweise der Querfortsatz des 10. Brustwirbels über die transversospinalen Muskeln (S. 273) mit 7 kranial gelegenen Dornfortsätzen, durch die Mm. intertransversarii (S. 274) mit den beiden benachbarten Querfortsätzen, durch den M. longissimus (S. 275) kranial und kaudal mit jeweils mindestens einem einige Segmente entfernten Querfortsatz und einer Rippe verbunden und zuletzt noch durch zwei Mm. levatores costarum (S. 274) mit den kaudal benachbarten Rippen.

C 1.2 Rückenmuskulatur

► Merke. Die Rückenmuskeln sind von großer Bedeutung für die **Bewegungen** des Rumpfes (Streckung, Drehung, Seitneigung) und unerlässlich für die dauerhafte **Stabilisierung** der Wirbelsäule.

► Merke.

► Klinik. Wie bei allen dauernd belasteten beweglichen Skelettkonstruktionen – z. B. dem Fußgewölbe (S. 423) – reicht auch bei der Wirbelsäule die Bandsicherung allein nicht aus, um ihre Integrität dauerhaft zu gewährleisten. Wenn im Rahmen **degenerativer Muskelerkrankungen**, z. B. der auf einer Stoffwechselstörung beruhenden progressiven Muskeldystrophie (S. 395), die Rückenmuskeln betroffen sind und damit die muskuläre Stabilisierung ausfällt, so hat die Gewichtsbelastung der Wirbelsäule teilweise extreme skoliotische und/oder kyphotische **Deformitäten** zur Folge.

► Klinik.

1.2.2 Einteilung und Aufbau der Rückenmuskulatur

Nach ihrer entwicklungsgeschichtlichen Herkunft (S. 282) und ihrer Innervation werden die auf die Wirbelsäule wirkenden Muskeln in zwei Gruppen unterteilt:

- Die **autochthonen** oder **tiefen Rückenmuskeln**, welche von den dorsalen Ästen der Spinalnerven innerviert werden und
- die **nicht autochthonen** oder **oberflächlichen Rückenmuskeln** (S. 276), die von den ventralen Ästen der Spinalnerven innerviert werden.

Autochthone Rückenmuskeln

► Synonym. Musculus erector spinae

► Definition. Autochthon bedeutet „vor Ort entstanden", d. h. dass diese Muskeln dort verblieben sind, wo sich in der frühen Embryonalentwicklung unmittelbar neben der Anlage von Wirbelsäule und Rückenmark das erste Skelettmuskelgewebe differenziert (S. 281).

Funktion: Da alle autochthonen Rückenmuskeln dorsal der transversalen Flexions/Extensionsachse (S. 268) verlaufen, wirken sie bei beidseitiger Kontraktion im Sinne einer **Dorsalextension** oder **Rumpfaufrichtung**, bei einseitiger Kontraktion dienen sie der Neigung zur gleichen Seite. Bei der mit der aufrechten Haltung verbundenen Balance des Rumpfes auf den Hüftgelenken wirken sie somit antagonistisch zu den vorderen und seitlichen Bauchmuskeln (S. 308).

Abschnitte: Die Unterteilung der autochthonen Rückenmuskeln in **Trakte** entspricht der Aufteilung des **Ramus posterior** des N. spinalis (Abb. **C-1.32**), s. auch Spinalnerven (S. 206):

- Der **mediale** Trakt der autochthonen Rückenmuskulatur wird vom **medialen Ast** des Ramus posterior innerviert (Abb. **C-1.31**),
- der **laterale** Trakt von dessen **lateralem Ast** (Abb. **C-1.34**).
- Die **kurzen Nackenmuskeln** gehören teilweise zum medialen, teilweise zum lateralen Trakt sowie zu den nicht autochthonen Rückenmuskeln. Während die autochthonen Muskeln sämtlich vom N. suboccipitalis innerviert werden, erfolgt die Innervation der nicht autochthonen Muskulatur durch den R. anterior (Abb. **C-1.37**).

Die autochthone Rückenmuskulatur besteht aus Muskeln verschiedener Länge, d. h. aus kurzen **unisegmentalen** Muskeln, die benachbarte Wirbel miteinander verbinden, und längeren **plurisegmentalen** Muskeln, welche mehrere Wirbel überspringen.

Lage: Die autochthonen Rückenmuskeln liegen in einem **osteofibrösen Kanal**, welcher aus der Fascia thoracolumbalis (s. u.), den Bogenlaminae, den Dorn- und Querfortsätzen und den proximalen Abschnitten der Rippen (bis zu den Anguli) gebildet wird. Dabei liegen die kürzesten unisegmentalen Muskeln am tiefsten und die längsten plurisegmentalen am oberflächlichsten (Abb. **C-1.32**).

1.2.2 Einteilung und Aufbau der Rückenmuskulatur

Die Rückenmuskulatur gliedert sich durch ihre Herkunft und damit auch Innervation in die:

- **autochthonen**, tiefen Rückenmuskeln und die
- **nicht autochthonen**, oberflächlichen Rückenmuskeln.

Autochthone Rückenmuskeln

► Synonym.

► Definition.

Funktion: Eine beidseitige Kontraktion ruft eine Streckung des Rückens hervor.

Abschnitte: Die autochthone Rückenmuskulatur gliedert sich wie folgt:

- **medialer Trakt** (Abb. **C-1.31**),
- **lateraler Trakt** (Abb. **C-1.34**),
- **kurze Nackenmuskulatur** (Abb. **C-1.37**).

Sie besteht aus **unisegmentalen**, kurzen Muskeln, welche benachbarte Wirbel miteinander verbinden und **plurisegmentalen**, längeren Muskeln, die mehrere Wirbel überspringen.

Lage: Die autochthonen Muskeln liegen in einem aus der Fascia thoracolumbalis, den Bogenlaminae, Dorn- und Querfortsätzen und Rippen gebildeten **osteofibrösen Kanal**.

C-1.31 Autochthone Rückenmuskulatur – medialer Trakt

Muskel		Ursprung	Ansatz	Funktion
spinales System				
		Processus spinosi	Processus spinosi	
Mm. interspinales	cervicis	C II–Th I	der nächst höheren Wirbel	**Dorsalextension**
	thoracis*	Th II, Th III, Th XI–L I		
	lumborum	L II–L V		
M. spinalis	capitis	C VI–Th II	Protuberantia occipitalis externa	beidseitig: **Dorsalextension** einseitig: Lateralflexion zur gleichen Seite
	cervicis	C VI–Th II	4–5 Wirbel höher	
	thoracis	Th X–L III	7–8 Wirbel höher	
transversospinales System				
		Processus transversi	Processus spinosi	
Mm. rotatores breves cervicis*, thoracis, lumborum*		C III–L V	der nächst höheren Wirbel	einseitig: **Rotation** zur Gegenseite
Mm. rotatores longi cervicis*, thoracis, lumborum*		C IV–L V	der übernächst höheren Wirbel	
M. multifidus	cervicis	Th I–Th IV, Procc. articulares C V–C VII	3–5 Wirbel höher	beidseitig: **Dorsalextension** einseitig: **Lateralflexion** zur gleichen Seite, **Rotation** zur Gegenseite
	thoracis	Th III–Th XII, Procc. mammillares L I–L IV		
	lumborum	Procc. mammillares L III–L V, S I–S IV, Crista iliaca		
M. semispinalis	capitis	C IV–Th VI	Os occipitale zwischen Linea nuchalis sup. und inf.	beidseitig: **Dorsalextension** einseitig: **Lateralflexion** zur gleichen Seite Rotation zur Gegenseite
	cervicis	Th I–Th VI	5–7 Wirbel höher (C II–C VI)	
	thoracis	Th VI–Th XII, Proc. mammillaris L I	C VI, C VII, Th I–Th V	

* variable bzw. schwache Ausprägung

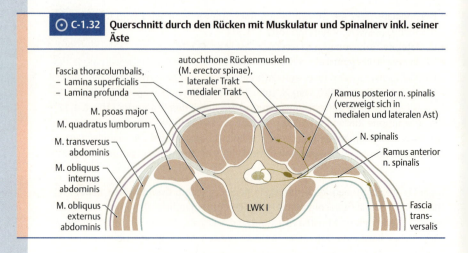

C-1.32 Querschnitt durch den Rücken mit Muskulatur und Spinalnerv inkl. seiner Äste

C 1.2 Rückenmuskulatur

Fascia thoracolumbalis: Die Fascia thoracolumbalis (Abb. **C-1.32**, Abb. **C-1.33**) hüllt den kaudalen Bereich der autochthonen Rückenmuskeln ein und dient dem M. latissimus dorsi (Abb. **E-1.18**), dem M. iliocostalis und auch einigen Bauchmuskeln als Ursprung. Sie besteht aus:

- **Lamina superficialis (oberflächliches Blatt):** Das nach kranial dünner werdende oberflächliche Blatt ist an den Dornfortsätzen der unteren Brust-, der Lenden- und Sakralwirbel sowie seitlich an der Crista iliaca (S. 328) befestigt. Es bedeckt die autochthone Rückenmuskulatur dorsal und geht am lateralen Rand der Rückenmuskeln (M. iliocostalis, s. u.) in das tiefe Blatt über.
- **Lamina profunda (tiefes Blatt):** Das tiefe Blatt bedeckt die Rückenmuskulatur ventral und trennt sie von den hinteren Bauchmuskeln (S. 311). Es ist an der Crista iliaca und den Processus costales der Lendenwirbel befestigt.

Fascia thoracolumbalis: Sie hüllt die autochthonen Rückenmuskeln ein (Abb. **C-1.32**).
- Ihr **oberflächliches Blatt** heftet sich an den Dornfortsätzen der Brust-, Lenden- und Sakralwirbel sowie der Crista iliaca (S. 328) an.
- Das **tiefe Blatt** ist an der Crista iliaca und den Procc. costales der Lendenwirbel befestigt und geht seitlich in das oberflächliche Blatt über.

Medialer Trakt

Der mediale Trakt liegt in der schmalen, relativ tiefen Rinne, die von den Dorn- und den Querfortsätzen gebildet wird. Die Dorn- und Querfortsätze dienen den Muskeln des medialen Trakts auch als Ursprung und Ansatz (Abb. **C-1.31**, Abb. **C-1.33**).
Nach Ursprung und Ansatz lassen sich die Muskeln des medialen Traktes in **zwei Systeme** einteilen (Abb. **C-1.31**):

- **Spinales System:** Die Muskeln des spinalen Systems verbinden die **Dornfortsätze**. Ihr longitudinaler Verlauf bildet einen rechten Winkel mit der Transversalachse; dadurch **strecken** sie die Wirbelsäule. Die unisegmentalen Mm. interspinales liegen paarweise neben den Ligg. interspinalia. Der plurisegmentale M. spinalis ist im Brustbereich am kräftigsten ausgeprägt.
- **Transversospinales System:** Dieses System (Abb. **C-1.33**) umfasst eine Palette zunehmend längerer Muskeln. Ausgehend von den **Processus transversi** bilden sie Muskelfächer zu den **Processus spinosi** der 7 kranial gelegenen Wirbel (Abb. **C-1.33**). Dabei ändert sich ihr Verlauf von den kurzen, beinahe horizontal verlaufenden Mm. rotatores breves graduell nach fast longitudinal, sodass mit zunehmender Länge der Muskeln die **rotatorische Komponente** schwächer und die **seitneigende** bzw. **dorsal extendierende** stärker wird. Der M. multifidus ist im Lumbalbereich besonders kräftig.

Medialer Trakt

Die Muskeln liegen zwischen Dorn- und Querfortsätzen, an denen sie entspringen und ansetzen (Abb. **C-1.31**, Abb. **C-1.33**).

- Der mediale Trakt besteht aus den Muskeln zweier Systeme (Abb. **C-1.31**):
- Das **spinale System** verbindet longitudinal die Dornfortsätze und streckt dadurch die Wirbelsäule.
- Das **transversospinale System** (Abb. **C-1.33**) zieht von den Quer- zu den Dornfortsätzen höher liegender Wirbel. Dieser schräge Verlauf bewirkt eine **Rotation** des Rumpfes zur Gegenseite; die nach dorsal **streckende** Komponente nimmt mit steilerem Verlauf zu.

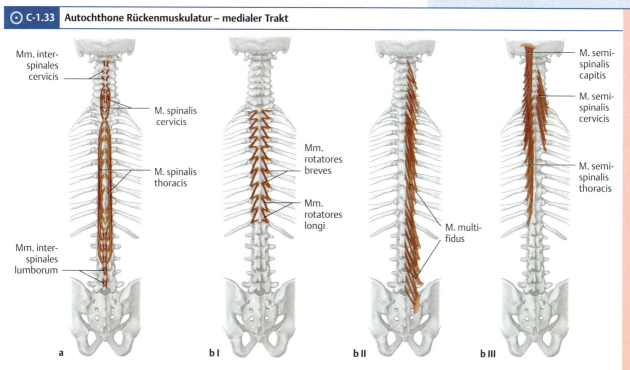

C-1.33 Autochthone Rückenmuskulatur – medialer Trakt

(Prometheus LernAtlas. Thieme, 3. Aufl.)
a Spinales System: M. spinalis und Mm. interspinales.
b Transversospinales System: Mm. rotatores breves et longi (**I**), M. multifidus (**II**) und M. semispinalis (**III**).

Lateraler Trakt

Die Muskeln des lateralen Trakts (Abb. **C-1.34**, Abb. **C-1.35**) liegen lateral des medialen Trakts zwischen den Querfortsätzen und den Rippenwinkeln (S. 288). Sie setzen auch am Hinterkopf und Beckengürtel an. Die **effizientesten Streckmuskeln** des Rückens sind

Lateraler Trakt

Die Muskeln des lateralen Trakts (Abb. **C-1.34**, Abb. **C-1.35**), liegen im Wesentlichen zwischen den Enden der Querfortsätze und dem Rippenwinkel, sog. Angulus costae (S. 288). Ihre Ansätze und Ursprünge sind etwas komplizierter als die des medialen Trakts. Neben den Anheftungsstellen an Quer- und Dornfortsätzen und den proximalen Rippenabschnitten bis zum Angulus werden kranial und kaudal noch Teile

---

⊙ C-1.34 Autochthone Rückenmuskulatur – lateraler Trakt

Muskel		Ursprung	Ansatz	Funktion
sakrospinales System				
M. iliocostalis	cervicis	medial der Anguli costarum 3–7	Processus transversi C IV–C VI	beidseitig: **Dorsalextension** einseitig: **Lateralflexion** Halsteil: zusätzlich Rotation zur gleichen Seite
	thoracis	medial der Anguli costarum 7–12	Anguli costarum 1–6	
	lumborum	Crista iliaca, Fascia thoracolumbalis	Anguli costarum 6–12	
M. longissimus	capitis	Processus transversi C IV–Th III	Processus mastoideus (dorsaler Rand)	beidseitig: **Dorsalextension** einseitig: **Lateralflexion** Kopf- und Halsteil: zusätzlich Rotation zur gleichen Seite
	cervicis	Processus transversi Th I–Th VI	Processus transversi C II–C V	
	thoracis	Os sacrum, Crista iliaca, Processus spinosi L I–L V, Processus transversi Th VII–L II	medial: Processus accessorii L I–L V, Processus transversi Th I–Th XII lateral: Processus costales L I–L V, Anguli costarum 2–12	
spinotransversales System				
		Processus spinosi	**Processus transversi**	
M. splenius	capitis	C IV–Th III	Linea nuchalis sup., Proc. mastoideus	beidseitig: **Dorsalextension** einseitig: **Rotation** und **Seitneigung** von Kopf und HWS zur gleichen Seite
	cervicis	Th III–Th V	C I–C II (Tubercula posteriora)	
intertransversales System				
		Processus transversi	**Processus transversi**	
Mm. inter- transversarii	posteriores cervicis	C II–C VII (Tubercula posteriora)	der nächsten Wirbel (Tubercula posteriora)	**Lateralflexion**
	anteriores cervicis*	C II–C VII (Tubercula anteriora)	der nächsten Wirbel (Tubercula anteriora)	
	thoracis**	Th I–Th XII	der nächsten Wirbel	
	mediales lumborum	Processus accessorii und mammillares L II–L V	Processus accessorii und mammillares der nächsten Wirbel	
	laterales lumborum*	Processus costales L II–L V	Processus costales der nächsten Wirbel	
übrige Muskulatur des lateralen Trakts				
Mm. levatores costarum***	breves	Processus transversi C VII–Th XI	nächst tiefere Rippe (medial vom Angulus costarum)	**Lateralflexion**
	longi	Processus transversi C VII–Th X	übernächst tiefere Rippe	

Diese Muskeln ventraler Herkunft (Analoga der Interkostalmuskeln) werden vom Ramus anterior des Spinalnerven innerviert und zählen streng genommen nicht zur autochthonen Rückenmuskulatur.

**Meist zu sehnigen Strängen verkümmert.*

***Die Zuordnung zu den autochthonen Rückenmuskeln ist unsicher.*

C 1.2 Rückenmuskulatur

C-1.35 Autochthone Rückenmuskulatur – lateraler Trakt

(Prometheus LernAtlas. Thieme, 3. Aufl.)

a Sakrospinales System: M. iliocostalis (I) und M. longissimus (II).
b Spinotransversales und intertransversales System: M. splenius (I) sowie Mm. intertransversarii und levatores costarum (II).

des Schädels bzw. des Sakrum und der Crista iliaca genutzt. Auf Grund ihres Verlaufs und ihrer Masse stellen der **M. iliocostalis** und der **M. longissimus** die **effizientesten Streckmuskeln** des Rückens dar. Manche Autoren haben deshalb den Begriff „Erector spinae" auf diese beiden Muskeln beschränkt. Als der am weitesten lateral gelegene Muskel entwickelt der M. iliocostalis zusätzlich ein besonders großes Moment für die **Lateralflexion** (Seitneigung) der Wirbelsäule. Der schräge Verlauf der **spinotransversalen** Muskeln (Mm. splenii) bewirkt, dass sie den Kopf zur gleichen Seite **rotieren**.

der **M. longissimus** und v. a. der **M. iliocostalis**, der zusätzlich ein besonders großes Moment für die **Lateralflexion** der WS entwickelt.

Kurze Nackenmuskeln (Musculi suboccipitales)

Die **kurzen Nackenmuskeln** (Mm. suboccipitales, Abb. **C-1.36**) verbinden das Os occipitale des Schädels mit den ersten beiden Halswirbeln und wirken auf die **Kopfgelenke** (Abb. **C-1.37**). Die überwiegend unisegmentalen Muskeln – der M. rectus capitis posterior major ist als einziger bisegmental – sind für die Feinmotorik des Kopfs zuständig. Die groben Kopfbewegungen werden hauptsächlich von den längeren plurisegmentalen Nacken- und Halsmuskeln (S. 895) bewerkstelligt.

Kurze Nackenmuskeln (Musculi suboccipitales)

Die **Mm. suboccipitales** (Abb. **C-1.36**) sind für die Feinmotorik des Kopfs in den Kopfgelenken zuständig. Sie sind überwiegend unisegmental (Abb. **C-1.37**).

C-1.36 Kurze Nacken- bzw. Kopfgelenkmuskulatur

C-1.36

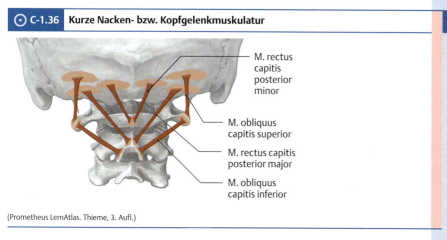

(Prometheus LernAtlas. Thieme, 3. Aufl.)

⊙ C-1.37 Kurze Nackenmuskeln

Muskel	Ursprung	Ansatz	Innervation	Funktion
autochthone Muskulatur*				
M. rectus capitis posterior major	Processus spinosus des Axis (C II)	Linea nuchalis inf. (mittleres Drittel)		Kopfdrehung zur gleichen Seite
M. rectus capitis posterior minor	Tuberculum posterius des Atlas (C I)	linea nuchalis inf. (mediales Drittel)	N. suboccipitalis (Ramus **posterior** C 1)**	Seitneigung des Kopfes
M. obliquus capitis superior	Processus transversus des Atlas (C I)	Linea nuchalis inf. (laterales Drittel)		
M. obliquus capitis inferior	Processus spinosus des Axis (C II)	Processus transversus des Atlas (C 1)		Kopfdrehung zur gleichen Seite
nicht autochthone Muskulatur				
M. rectus capitis lateralis	Processus transversus des Atlas (C I)	Os occipitale (lateral vom Condylus occipitalis)	Ramus **anterior** C 1	Seitneigung des Kopfes
M. rectus capitis anterior	Massa lateralis des Atlas (ventral)	Os occipitale (vor Foramen magnum)		Seitneigung und Beugung des Kopfes

Die beiden letzten Muskeln der Tabelle sind – wie die Innervation durch den Ramus anterior des 1. zervikalen Spinalnerven belegt – keine autochthonen Rückenmuskeln. Der M. rectus capitis lateralis entspricht den Mm. intertransversarii anteriores cervicis; der M. rectus capitis anterior ist ein ventraler Halsmuskel.
* Die angegebene Funktion bezieht sich auf die einseitige Kontraktion der autochthonen Nackenmuskeln; bei beidseitiger Kontraktion bewirken diese 4 Muskeln eine Dorsalextension in den Kopfgelenken.
** Der M. obliquus capitis inf. erhält teilweise auch Fasern aus dem N. occipitalis major (R. posterior C 2).

Nicht autochthone Rückenmuskeln

Diese Muskeln **entspringen** fast alle an den **Dornfortsätzen** (Abb. **C-1.38**).

- Die **spinokostalen** Muskeln setzen an den Rippen an und wirken auch auf die Atemmechanik (Tab. **C-1.6**).
- Die **spinoskapulären** bzw. **spinohumeralen** Muskeln setzen an Scapula und Humerus an und wirken auf die obere Extremität (S. 443).

Nicht autochthone Rückenmuskeln

Die in der Entwicklung sekundär auf den Rücken verlagerten Muskeln, welche vom **Ramus anterior** des N. spinalis versorgt werden, haben sich über die autochthonen Muskeln geschoben und liegen somit relativ oberflächlich (Abb. **C-1.38**). Mit Ausnahme des M. levator scapulae entspringen sie alle an den **Dornfortsätzen**. Nach ihrem **Ansatz** unterscheidet man zwei Gruppen:

- Die **spinokostalen** Muskeln ziehen zu den Rippen (Tab. **C-1.6**) und haben auch Einfluss auf die Atemmechanik.
- Die **spinoskapulären** bzw. **spinohumeralen** Muskeln inserieren am Schulterblatt bzw. am proximalen Humerus. Ihre vornehmliche Funktion betrifft die Bewegung der oberen Extremität und wird dort besprochen (S. 443). Es handelt sich dabei um die **Mm. rhomboideus major** und **minor**, **M. levator scapulae**, **M. trapezius** und **M. latissimus dorsi**.

≡ C-1.6 Nicht autochthone Rückenmuskeln – spinokostale Muskeln

Muskel	Ursprung	Ansatz	Innervation	Funktion
M. serratus posterior superior	Processus spinosi C VI–Th II	von kranial an die 2.–5. Rippe (lateral des Angulus)	Rr. anteriores C 6–C 8, Nn. intercostales I und II (≙ Rr. anteriores Th 1, Th 2)	Lateralflexion* Dorsalextension Inspiration
M. serratus posterior inferior	Processus spinosi Th XI–L II	von kaudal an die 8.–12. Rippe	N. intercostalis XI N. subcostalis (Th 12) Rr. anteriores L 1, L 2	Lateralflexion* Inspiration**

* bei einseitiger Kontraktion
** fixiert die unteren Rippen (Ursprung des Diaphragmas) und unterstützt so die Bauchatmung

C 1.3 Gefäßversorgung und Innervation des Rückens

⊙ C-1.38　Nicht autochthone Rückenmuskeln und Fascia thoracolumbalis

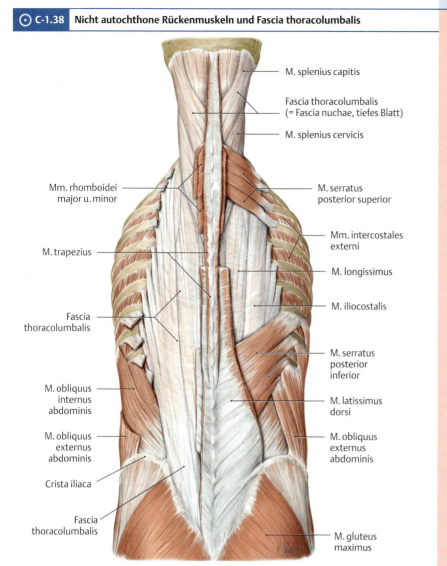

(Prometheus LernAtlas. Thieme, 3. Aufl.)

1.3 Gefäßversorgung und Innervation des Rückens

1.3.1 Gefäßversorgung

Arterielle Versorgung: Die arterielle Versorgung des Rückens erfolgt im Bereich von **Thorax** und **Abdomen** (Bewegungssegmente Th I/Th II bis L IV/L V) durch **segmentale Arterien**:
- **11 Arteriae intercostales posteriores**,
- die **Arteria subcostalis** sowie
- **4 Arteriae lumbales**.

Anders als die direkt aus der Aorta thoracica entspringenden unteren 9 Aa. intercostales posteriores, werden die beiden obersten posterioren Interkostalarterien von der Arteria intercostalis suprema aus dem Truncus costocervicalis der Arteria subclavia gespeist.

Diese Gefäße geben analog zu den Spinalnerven einen **Ramus dorsalis** ab, welcher sich wiederum in einen lateralen und medialen Ast teilt, die mit den entsprechenden Nervenästen ziehen. Daneben entsendet der Ramus posterior durch das Foramen intervertebrale einen **Ramus spinalis** zur Versorgung der Wirbel sowie des Rückenmarks und seiner Hüllen.

1.3 Gefäßversorgung und Innervation des Rückens

1.3.1 Gefäßversorgung

Arterielle Versorgung: Im Bereich von **Thorax** und **Abdomen** wird der Rücken – analog zu den Spinalnerven – von den **Rr. dorsales** folgender Arterien versorgt (Abb. **C-1.32**):
- **11 Aa. intercostales posteriores** (die obersten 2 entspringen der A. intercostalis suprema, die übrigen direkt der Aorta thoracica),
- **A. subcostalis** und
- **4 Aa. lumbales**.

Ihre **Rr. spinales** versorgen die Wirbel, Rückenmark und dessen Hüllen.

Nacken und Hinterhaupt werden durch Äste der A. carotis externa und A. subclavia versorgt:
- A. occipitalis (A. carotis ext.)
- A. vertebralis (A. subclavia)

Nacken und Hinterhaupt werden durch Äste der **Arteriae carotis externa** und **subclavia** versorgt. Von kranial nach kaudal sind dies:
- **Arteria occipitalis** aus der A. carotis externa
- **Arteria vertebralis** aus der A. subclavia: Sie verläuft in den Foramina transversaria der Halswirbel und gibt **Rami spinales** zum Rückenmark und seinen Hüllen ab, ihre **Rami musculares** versorgen die tiefen Schichten der Nackenmuskeln.

▶ Klinik.

▶ Klinik. Bei degenerativen Veränderungen der HWS kann die A. vertebralis durch Osteophyten (S. 262) eingeengt werden, was durch Drehbewegungen des Kopfes verstärkt wird. Da die A. vertebralis u. a. auch das Innenohr mit dem Gleichgewichtsorgan versorgt, kann so „**vertebragener Schwindel**" ausgelöst werden.

- A. cervicalis profunda und
- A. transversa cervicis (beide aus Ästen der A. subclavia) für die oberflächlichen Nackenmuskeln.

- **Arteria cervicalis profunda** aus dem **Truncus costocervicalis** und
- **Arteria transversa cervicis (colli)** des **Truncus thyrocervicalis** (beide aus der Arteria subclavia) versorgen die oberflächlichen Nackenmuskeln. Die Arteria transversa cervicis teilt sich in einen **Ramus superficialis** (Arteria cervicalis superficialis) und einen **Ramus profundus** (Arteria dorsalis scapulae), wobei Letzterer den oberen Throraxbereich versorgt.

Auf der Ventralfläche des **Kreuzbeins** verlaufen

Das **Kreuzbein** wird ventral von Beckenarterien versorgt:
- **A. sacralis mediana** (aus Aorta abdominalis)
- **A. sacralis lateralis** (paarig aus A. iliaca interna).

- median die dünne **Arteria sacralis mediana** aus der Aorta abdominalis und
- die paarige **Arteria sacralis lateralis** aus der A. iliaca interna: Sie zieht seitlich von den Foramina sacralia pelvina zum Steißbein und gibt über diese Foramina **Rami spinales** in den Sakralkanal ab.

Venöser Abfluss: Die venöse Drainage der Wirbelsäule und des Rückenmarks (Abb. **C-1.39**) erfolgt über
- die **Plexus venosus vertebralis externus anterior** und **posterior** sowie
- die **Plexus venosus vertebralis internus anterior** und **posterior**

in die längsverlaufenden Venen des **Azygos-Systems** (S. 633). Im Nackenbereich erfolgt der Abfluss über die **V. vertebralis** und die **V. cervicalis profunda**.

Venöser Abfluss: Die venöse Drainage der Wirbelsäule und des Rückenmarks erfolgt jeweils über **2 Venengeflechte** außen an der Wirbelsäule und innen im Spinalkanal (Abb. **C-1.39**):
- **Plexus venosus vertebralis externus anterior** und **posterior** am Wirbelkörper bzw. -bogen mit seinen Fortsätzen sowie
- **Plexus venosus vertebralis internus anterior** und **posterior** im Spinalkanal in epiduraler Lage.

Diese Venenplexus sind untereinander intensiv vernetzt und stehen über die **Venae intercostales posteriores** bzw. **lumbales** mit dem längsverlaufenden **Azygos-System** (S. 633) mit Vv. azygos, hemiazygos, hemiazygos accessoria und lumbales ascendentes) in Verbindung. Im Nackenbereich bestehen Verbindungen zur **Vena vertebralis** und der zwischen den Mm. semispinalis und multifidus cervicis gelegenen kräftigen **Vena cervicalis profunda**. Am kraniozervikalen Übergang sind die Venen der Wirbelsäule mit **intra-** und **extrakraniellen Venen** verbunden.

⊙ **C-1.39** Arterielle Versorgung und venöser Abfluss des perivertebralen Bereichs

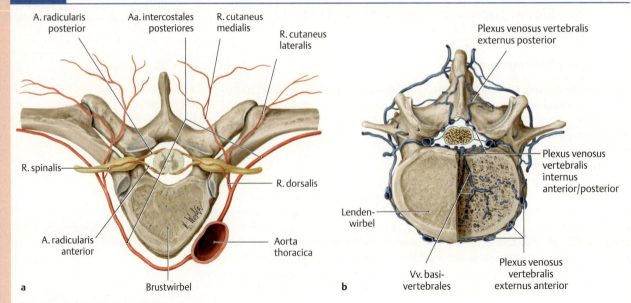

(Prometheus LernAtlas. Thieme, 3. Aufl.)
a Äste der Arteriae intercostales posteriores, in der Ansicht von kranial,
b und Plexus venosi vertebrales in der Ansicht von kranial.

C 1.3 Gefäßversorgung und Innervation des Rückens

Lymphabfluss: Die Lymphe aus dem Bereich der **Rückenmuskeln** fließt am Thorax über die **Nodi lymphoidei intercostales**, die neben der Wirbelsäule in den Interkostalräumen liegen, in den **Ductus thoracicus** (S. 634).
Die Lymphe von **Hinterhaupt** und **Nacken** gelangt über die **Nodi lymphoidei occipitales** und **cervicales laterales** zu den tiefen Halslymphknoten (Abb. **L-1.11**).
Zum Lymphabfluss der dorsalen Leibeswand in die Achsel- und Leistenlymphknoten s. obere (S. 467) und untere Extremität (S. 384).

1.3.2 Innervation

Motorische Innervation: Die **autochthone Rückenmuskulatur** wird motorisch über die **Rami posteriores** (S. 206) der Spinalnerven versorgt (Abb. **C-1.32**). **Der Ramus medialis** zur Innervation des medialen Traktes durchbohrt den M. multifidus und erreicht mit seinem **sensiblen** Endast neben dem Dornfortsatz die Haut. Der den lateralen Trakt innervierende **Ramus lateralis** tritt zwischen den Mm. iliocostalis und longissimus an die Oberfläche. Der Gehalt an motorischen und sensiblen Fasern kann zwischen Ramus lateralis und medialis, aber auch zwischen den Rami posteriores der einzelnen Spinalnerven erheblich variieren. So führt der Ramus posterior des 1. Zervikalnerven, des **Nervus suboccipitalis**, fast nur motorische Anteile, wogegen der Ramus posterior des 2. Zervikalnerven als **Nervus occipitalis major** fast ausschließlich sensibel ist und die Haut am Hinterhaupt bis zum Scheitel versorgt.

Sensible Innervation: Die sensible Innervation der Rückenhaut erfolgt beidseits der Medianen über die **Rami posteriores** (s. o.) und lateral anschließend durch die **Rami anteriores** der Spinalnerven (Abb. **C-1.40**). Die **Grenze** zum sensiblen Innervationsgebiet der **Rami anteriores** verläuft vom Scheitel über den lateralen Rand des M. trapezius zur Spina scapulae (S. 440). Von dort zieht sie über den unteren Schulterblattwinkel zur Mitte des Darmbeinkamms (S. 328) und weiter über das Gesäß zur Steißbeinspitze. Die unterschiedliche Breite des Versorgungsgebietes resultiert aus der unterschiedlichen Länge v. a. der lateralen Äste der Rami posteriores.

Lymphabfluss: Die Lymphe aus dem Bereich der **Rückenmuskeln** fließt am Thorax über die **Nll. intercostales** in den Ductus thoracicus (S. 634), die von **Hinterhaupt** und **Nacken** über die **Nll. occipitales** und **cervicales laterales** zu den tiefen Halslymphknoten (Abb. **L-1.11**).

1.3.2 Innervation

Motorische Innervation: Die motorische Innervation der **autochthonen Rückenmuskulatur** erfolgt durch die **Rami posteriores** (S. 206) der Spinalnerven (Abb. **C-1.32**). Die Äste der Spinalnerven führen sowohl motorische als auch sensible Fasern.

Sensible Innervation: Hinterkopf, Nacken und **Rücken** werden sowohl über die **Rr. posteriores** als auch die **Rr. anteriores** der Spinalnerven sensibel innerviert (Abb. **C-1.40**).

C-1.40 Hautinnervation der dorsalen Rumpfwand

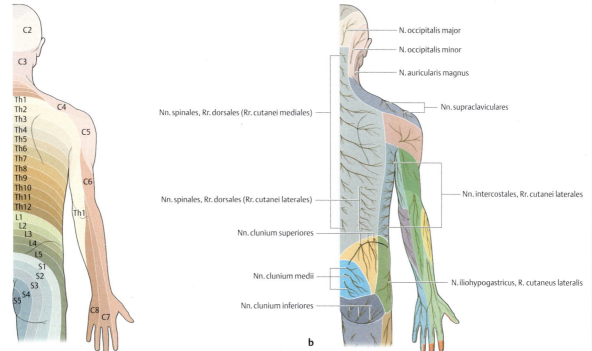

a Segmentale (radikuläre) Hautinnervation (Prometheus LernAtlas. Thieme, 3. Aufl., nach Mummenthaler)
b und Innervationsgebiete der peripheren Hautnerven. (nach Prometheus LernAtlas. Thieme, 3. Aufl., nach Mummenthaler)

1.4 Topografische Anatomie des Rückens

Relief: Betrachtet man den unbekleideten Rücken (Abb. **C-1.41**), so sieht man in der **Medianen** eine Linie, die beim Betasten höckrig wirkt. Sie markiert die **Dornfortsätze** und das **Lig. supraspinale**, bzw. **nuchae** und ist im Bereich der Hals- und v. a. der Lendenlordose als Rinne vertieft; im Bereich der Brustkyphose ist sie prominent. Bis auf wenige Ausnahmen sind die Dornfortsätze die einzigen Bereiche der Wirbel, welche von außen gut tastbar sind und dienen zur Höhenorientierung am Rücken (S. 252). Je nach Trainingszustand wölbt sich der **M. erector spinae** zu beiden Seiten dieser Linie vor; die Muskelwülste sind im Lendenbereich besonders ausgeprägt.

Regionen: Im Bereich von Brust- und Lendenwirbelsäule (Abb. **C-1.41**) bezeichnet man als
- **Regio vertebralis** das Gebiet beiderseits der Medianen bis zur Paravertebrallinie (S. 303), kranial davon schließt sich die
- **Regio nuchalis** bis zum Hinterhaupt an, die
- **Regio sacralis** kaudal der Regio vertebralis bis zur Rima ani (über dem subkutan gelegenen Kreuzbein).

Von kranial nach kaudal wird die Regio vertebralis lateral flankiert von den **Regiones**
- **suprascapularis**: zwischen dem Oberrand der Scapula und der Schulterhöhe,
- **interscapularis** (medial der Scapula) und **scapularis** (über der Scapula),
- **infrascapularis** (bis zur 12. Rippe) und
- **lumbalis** (bis zur Crista iliaca).

Die kaudal anschließende Regio glutealis (S. 389) zählt bereits zur unteren Extremität.

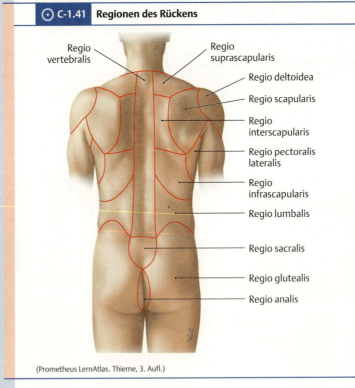

C-1.41 Regionen des Rückens

(Prometheus LernAtlas. Thieme, 3. Aufl.)

1.5 Entwicklung von Wirbelsäule und Rückenmuskeln

▶ **Merke.** Der Bewegungsapparat entwickelt sich größtenteils aus dem Material des mittleren Keimblatts, dem **Mesoderm** (S. 109).

1.5.1 Normale Entwicklung

Bildung und Differenzierung des Mesoderms

Ab dem **16. Entwicklungstag** bildet sich in der Medianlinie der dreiblättrigen Keimscheibe zwischen Ento- und Ektoderm eine längliche, stabförmige Struktur aus dichtgepackten Mesodermzellen, die **Chorda dorsalis**. Fast zeitgleich entwickelt sich im darüberliegenden Ektoderm die Neuralplatte, aus der – über die Zwischenstufen von Neuralrinne und **Neuralrohr** – das Zentralnervensystem entsteht. Neuralrohr und Chorda werden auch als **Achsenorgane** bezeichnet.

Bildung von Somiten – Ausbildung der Metamerie

▶ **Definition.** Bei **Somiten** bzw. **Ursegmenten** handelt es sich um verdichtete Zellhaufen des Mesoderms, welche symmetrisch zu beiden Seiten von Neuralrohr und Chorda perlschnurartig aufgereiht sind.
Unter **Metamerie** versteht man die lineare Abfolge gleichartiger Bauelemente entlang einer Achse, hier der Körperlängsachse.

Sie entstehen, indem sich zwischen dem **20. Entwicklungstag** und der **5. Woche** das neben den Achsenorganen liegende **paraxiale** Mesoderm zu 42–44 Paaren von **Somiten** (S. 113) oder **Ursegmenten** gliedert (Abb. **C-1.42**).

▶ **Merke.** Die Gliederung des Mesoderms in Somiten etabliert im Embryo eine **metamere** Bauweise, die im Bereich der Leibeswand auch später erkennbar bleibt. Auch das sich entwickelnde **Rückenmark** ist **segmental** gegliedert: Jeder der Somiten und die sich daraus differenzierenden Strukturen wird durch einen aussprossenden **Spinalnerven** (S. 206) versorgt.

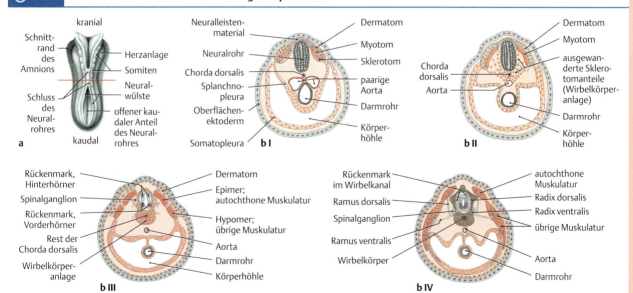

⊙ **C-1.42** Somiten und deren Derivate mit Bildung der Spinalnerven

a Ansicht eines Embryos am 22. Entwicklungstag von dorsal: Beidseits des teilweise geschlossenen und in die Tiefe verlagerten Neuralrohrs (S. 111) kann man 8 Somitenpaare erkennen. (Prometheus LernAtlas. Thieme, 3. Aufl., nach Sadler)
b Schematisierte Querschnitte während der 4.–7. Entwicklungswoche. (Prometheus LernAtlas. Thieme, 3. Aufl., nach Drews)

Ausdifferenzierung

Im Folgenden entstehen:
- **Sklerotome**,
- **Myotome** und
- **Dermatome**.

Sklerotome: Die Sklerotomzellen wandern nach medial, umgeben Chorda und Neuralrohr und bilden so die bindegewebige, **mesenchymale** Anlage der Wirbelsäule. Die **Wirbel** werden aus den Sklerotomzellen **benachbarter Somitenpaare** gebildet, sodass ihre Mitte auf der Grenze zweier Somitenpaare zu liegen kommt. Es entsteht eine neue, um ein **halbes Ursegment verschobene Metamerie** (Abb. **C-1.43**).

Myotome (Muskelanlagen): Sie verbleiben im ursprünglichen Somitenbereich und setzen durch die verschobene Metamerie an benachbarten Wirbeln an. Ab der 5. Entwicklungswoche teilen sich die **Myotome** in ein **Epimer**, welches vor Ort die **autochthone Rückenmuskulatur** bildet, und in ein **Hypomer**, aus welchem die Muskeln von Hals, Leibeswand und Extremitäten entstehen.

Ausdifferenzierung

Im Folgenden **differenzieren** sich die Zellen der Somiten zu
- **Sklerotomen**, die das Baumaterial für das **Skelett** liefern,
- **Myotomen**, aus denen sich die **Muskulatur** entwickelt, und
- **Dermatomen** für den bindegewebigen Anteil der **Haut** (Dermis).

Sklerotome: Die Zellen der Sklerotome wandern unmittelbar nach ihrer Differenzierung nach medial zur Chorda dorsalis und zum Neuralrohr. Dort bilden sie die **Wirbelsäule** mit **Wirbeln**, **Disci** und **Bändern**. Dabei bilden die Zellen, welche um die Chorda vor das Neuralrohr zu liegen kommen die **Anlage des Wirbelkörpers**; diejenigen, welche seitlich und dorsal das Neuralrohr umgeben den **Wirbelbogen**. Hierbei bewegen sie sich auch in Längsrichtung der Metamerieachse. Dies hat zur Folge, dass bei der Anlage der Wirbelkörper stets Material zweier benachbarter Ursegmente verwendet wird. Vereinfacht ausgedrückt entsteht ein Wirbelkörper aus zwei halben Ursegmentpaaren, d. h. aus den Zellen der Sklerotome des kranialen und des kaudalen Abschnitts zweier benachbarter Ursegmentpaare. Die Zwischenwirbelscheiben markieren dagegen die Mitte eines Ursegmentpaars. So entsteht im Bereich der Wirbelsäule eine neue, um ein **halbes Ursegment verschobene Metamerie** (Abb. **C-1.43**).

Myotome: Die Myotome verbleiben zunächst an ihrem Entstehungsort. Dies führt dazu, dass die von den Zellen der Myotome gebildeten **Muskelanlagen** zwei benachbarte Wirbelanlagen überlappen. Nur so können die kurzen unisegmentalen Muskeln Ursprünge und Ansätze an verschiedenen Wirbeln ausbilden und sie gegeneinander bewegen. Ab der 5. Entwicklungswoche teilen sich die Myotome in ein **Epimer**, welches seine Lage kaum verändert und in ein **Hypomer**, das sich nach lateral und nach ventral in die Rumpfwand und die Extremitätenknospen ausbreitet. Aus dem Epimer entwickeln sich die **autochthonen Rückenmuskeln**, aus dem Hypomer die **übrigen Skelettmuskeln** von Hals, Rumpf und Extremitäten. Der einsprossende **Spinalnerv** teilt sich ebenfalls in einen **Ramus anterior** für das Hypomer und einen **Ramus posterior** für das Epimer.

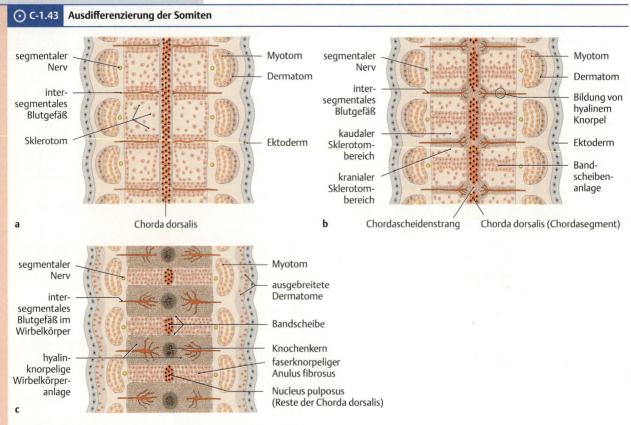

C-1.43 Ausdifferenzierung der Somiten

Schematisierte Frontalschnitte am Ende der 4. (**a**), 6. (**b**) und 10. (**c**) Entwicklungswoche.
(Prometheus LernAtlas. Thieme, 3. Aufl.)

C 1.5 Entwicklung von Wirbelsäule und Rückenmuskeln

Dermatome: Die Dermatome verbleiben wie die Myotome zunächst am Ort ihrer Entstehung und bilden den bindegewebigen Anteil der Haut (Dermis).

Die **Chorda dorsalis** wird im Bereich der Wirbelkörper restlos zurückgebildet und entwickelt sich im Bereich der Disci intervertebrales zum **Nucleus pulposus**.

Dermatome: Aus ihnen entsteht die Dermis der Haut.

Die **Chorda dorsalis** bildet den **Nucleus pulposus** der Disci.

Entwicklung der Wirbel

Entwicklung der Wirbel

Entwicklung der Wirbel aus den Somiten: Die bis zum 35. Entwicklungstag angelegten **42 bis 44 Somitenpaare** verteilen sich wie folgt: 4 okzipitale, 8 zervikale, 12 thorakale, 5 lumbale, 5 sakrale und 8–10 kokzygeale.

Die kokzygealen Somiten bilden sich in der zunächst angelegten Schwanzknospe, welche bis zum 55. Tag zurückgebildet wird. Die letzten 5 bis 7 kokzygealen Somiten werden ebenfalls völlig zurückgebildet, sodass das **Steißbein** aus 3 bis 5 rudimentären Wirbeln entsteht.

Die obersten 4½ Somiten bilden mit der **Pars basilaris** und **Pars lateralis** des **Os occipitale** den Teil des Hinterhauptbeins, welcher das Foramen magnum (S. 944) größtenteils umschließt.

Die Tatsache, dass **Atlas** (C I) und **Axis** (C II) aus dem Material der nächsten 2½ Somiten gebildet werden, erklärt, wieso trotz der Anlage von 8 zervikalen Somiten nur 7 definitive Halswirbel entstehen. Der **Dens axis** bildet sich aus den Anlagen des Atlaskörpers und des Discus zwischen Atlas und Axis; seine Spitze aus einem Teil des Körpers des **Proatlas**, welcher im Hinterhauptsbein aufgegangen ist.

Entwicklung der Wirbel aus den Somiten: Von den bis zum 35. Entwicklungstag angelegten 42 bis 44 Somiten gehen die kranialen 4½ im Os occipitale auf, die kaudalen 5–7 Somiten werden völlig zurückgebildet.

Knorpeliger Umbau: Nach dem **40. Entwicklungstag** (6. Woche) wird – ausgehend von Knorpelzentren im Wirbelkörper und im Bereich der Bogenwurzeln – die bindegewebige (**mesenchymale**) Wirbelanlage durch embryonalen, **hyalinen Knorpel** ersetzt. Dabei werden auch die Bogenfortsätze angelegt.

Knorpeliger Umbau: Ab der **6. Embryonalwoche** folgt auf das mesenchymale Stadium der Wirbelsäule das **knorpelige Stadium**.

Verknöcherung: Ab der **9. Woche** beginnt die Verknöcherung der Wirbel an 3 Zentren: Im Wirbelkörper bildet sich ein enchondraler Knochenkern, an den Bogenwurzeln jeweils eine perichondrale Knochenmanschette. Die beiden Verknöcherungszentren der Bögen vereinigen sich dorsomedian im Laufe des **2. Lebensjahrs**. Im **3. bis 6. Lebensjahr** fusionieren sie mit dem Körper. Ab dem **8. Lebensjahr** entstehen im Bereich der knorpeligen Wirbelkörperdeckplatten ringförmige Knochenkerne, welche als Epiphysen anzusehen sind, an deren Fugen das Höhenwachstum der Wirbelkörper stattfindet. Nach dem **18. Lebensjahr** verschmelzen sie knöchern mit dem Körper und bilden die Randleisten. Analog den Apophysen (S. 223) anderer Knochen besitzen die Spitzen der Fortsätze der Wirbelbögen zwischen dem **12.** und **25. Lebensjahr** Knochenkerne, welche durch Knorpelfugen von den Fortsätzen getrennt sind.

Verknöcherung: Die Verknöcherung der Wirbel beginnt in der **9. Woche** und ist erst um das 25. Lebensjahr abgeschlossen.

▶ **Klinik.** Die Kenntnis der Knochenkerne und -fugen sowie des Zeitpunkts ihres Auftretens, bzw. Schlusses kann zur Bestimmung des „**Knochenalters**" herangezogen werden. Die Abgrenzung zu **Absprengungsfrakturen** kann bei entsprechendem Trauma schwierig sein.

▶ **Klinik.**

1.5.2 Varianten und Fehlbildungen

1.5.2 Varianten und Fehlbildungen

Varianten und Fehlbildungen sind im Bereich der Wirbelsäule besonders **vielfältig** und **relativ häufig**. Ihre klinische Bedeutung hängt v. a. davon ab, ob sie mit Fehlbildungen des Rückenmarks kombiniert sind oder ob sie eine Störung der Statik und Kinematik der Wirbelsäule beinhalten.

Varianten und Fehlbildungen sind **relativ häufig**. Sie sind von unterschiedlicher klinischer Bedeutung.

Spaltbildungen

Spaltbildungen

Am häufigsten, d. h. bei 10–20 % der Menschen, treten Spaltbildungen im Bereich der Wirbelbögen auf (**Spina bifida**, s. u.). Bedingt durch regressive Veränderungen am kaudalen Ende der Wirbelsäule sind schon normalerweise die Bögen des 4. und 5. Sakralwirbels dorsal nicht geschlossen, sog. Hiatus sacralis (S. 258). Es überrascht daher nicht, dass sich Bogenspalten am häufigsten am Kreuzbein und den angrenzenden Lendenwirbeln finden.

Bei 10–20 % der Menschen unterbleibt der knöcherne Schluss von Wirbelbögen (**Spina bifida**, s. u.).

▶ Klinik. Eine **Spina bifida occulta** liegt vor, wenn lediglich der knöcherne Schluss des Wirbelbogens unterbleibt (Abb. **C-1.44a**). Diese Abnormität findet sich am häufigsten im lumbosakralen Bereich und hat keinen Krankheitswert. Bei der glücklicherweise selteneren **Spina bifida aperta** liegt der Grund für den fehlenden Schluss des Wirbelbogens in einem ausbleibenden Schluss des Neuralrohrs. Je nach Schweregrad kann das fehlgebildete Rückenmark noch von den Hirnhäuten umgeben sein (**Meningomyelozele**, Abb. **C-1.44b**) oder gar gänzlich freiliegen (**Rachischisis**, Abb. **C-1.44c**). Vor allem im letzteren Fall werden die Kinder mit schweren neurologischen Defekten geboren. Erstreckt sich der Defekt auch auf den Kopfbereich, so liegt eine schwere Hirnentwicklungsstörung, sog. **Anenzephalie** (S. 1170), vor, die nicht mit dem Leben vereinbar ist.

Die Gabe von Folsäure während der Schwangerschaft senkt die Häufigkeit von Geburten mit Spina bifida.

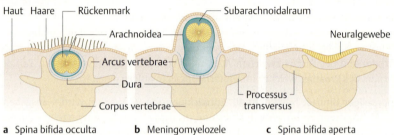

C-1.44 Spaltbildungen

a Spina bifida occulta   b Meningomyelozele   c Spina bifida aperta

▶ Klinik. Die **Spondylolyse** tritt als meist doppelseitige Spaltbildung im Wirbelbogen zwischen oberem und unterem Gelenkfortsatz mehrheitlich an L V (seltener L IV) auf. Sie kann unter Belastung zum ventralen Abgleiten von L V auf der Kreuzbeinbasis führen (**Spondylolisthese**). Die Ursache dieses meist von zunehmenden Rückenschmerzen begleiteten Vorgangs ist keine angeborene Fehlbildung, sondern eine Ermüdungsfraktur.

Variationen der Wirbelanzahl

Vermehrung oder **Verminderung** der Zahl der Wirbel tritt meist an der Lendenwirbelsäule auf, z. B. 6 oder 4 Lendenwirbel. Seltener werden Variationen der Wirbelanzahl auch an HWS und BWS beobachtet.

Assimilation bzw. Dissimilation

Diese Varianten treten an den Enden der beweglichen Wirbelsäule auf. Bei etwa 3 % der Menschen ist entweder der 5. Lendenwirbel knöchern mit dem Kreuzbein verbunden (**Sakralisation** von L V) oder der 1. Sakralwirbel beweglich durch einen Diskus vom Sakrum getrennt (**Lumbalisation** von S I). Am oberen Ende kann der **Atlas** ins Hinterhauptbein **assimiliert** sein oder sich am Occiput ein **Proatlas** abzeichnen.

 ▶ Klinik. Die Sakralisation des 5. Lendenwirbels hat ein längeres Kreuzbein mit nach ventral verlagertem Promontorium zur Folge. Ein solches **Kanalbecken** erschwert bei der Geburt dem von oben tiefer tretenden kindlichen Kopf den Eintritt in das kleine Becken (S. 818). Die **Atlasassimilation** führt zu einer Einschränkung der Beweglichkeit des Kopfes.

Störungen der Wirbelkörperbildung

Sie können sich als **Blockwirbel**, bei denen die Abgliederung benachbarter Sklerotome unterblieben ist, manifestieren. **Halbwirbel** entstehen, wenn Sklerotommaterial nur vom Somiten einer Seite nach medial zu Chorda dorsalis und Neuralrohr wandert.

> ▶ Klinik. Blockwirbel stellen grundsätzlich eine Bewegungseinschränkung im betroffenen Wirbelsäulenbereich dar. Halbwirbel sind eine der Ursachen von massiven Skoliosen (S. 249).

Störungen der Wirbelkörperbildung

Fehlende Abgliederung von Sklerotomen ergibt **Blockwirbel**, halbseitige Ausbildung **Halbwirbel**.

▶ Klinik.

Hals- bzw. Lendenrippen

Eine Störung der Integration von Rippenanlagen in die Hals- und Lendenwirbel gehört mit zu den häufigsten Normabweichungen. Jeweils etwa 5 % der Menschen besitzen am 7. Halswirbel anstelle des Tuberculum anterius eine sog. **Halsrippe** oder am 1. Lendenwirbel statt des Processus costalis eine eigenständige **Lendenrippe**. Andererseits kann die 12. Rippe fehlen oder sehr klein sein.

> ▶ Klinik. Wenn eine **Halsrippe** an C VII relativ lang ausgebildet ist, müssen die unteren Nervenwurzeln des Plexus brachialis (C 8 und Th 1) und die Arteria subclavia im spitzen Winkel darüber hinwegziehen, um in die Axilla zu gelangen (s. Abb. C-1.45). Typischerweise können diese dann bei Zug am herabhängenden Arm (z. B. beim Koffertragen) gegen die Halsrippe gedrückt werden mit der Folge von Durchblutungs- und Sensibilitätsstörungen (Letztere an der Innenseite) des Arms („**thoracic outlet syndrome**").

Hals- bzw. Lendenrippen

Am 7. Hals- und 1. Lendenwirbel können Rippenanlagen zu **Hals-** bzw. **Lendenrippen** ausgebildet sein.

▶ Klinik.

⊙ C-1.45 Thoracic Outlet Syndrome

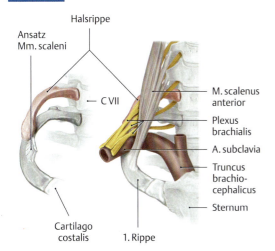

> ▶ Klinik. Abweichungen im thorakolumbalen Übergang (z. B. **Lendenrippe**) können beim operativen Zugang zum Retroperitoneum (S. 652) irritieren, da hierbei die 12. Rippe als Landmarke dient.

▶ Klinik.

2 Brustwand und Brustkorb (Thorax)

2.1	Funktionelle Aspekte und Bauprinzip	286
2.2	Knöcherner Thorax	288
2.3	Gelenke und Bandapparat des Thorax	290
2.4	Muskulatur des Thorax	294
2.5	Gefäßversorgung und Innervation der Thoraxwand	299
2.6	Topografische Anatomie der Thoraxwand	303
2.7	Entwicklung der Thoraxwand	304

L.J. Wurzinger

2.1 Funktionelle Aspekte und Bauprinzip

2.1 Funktionelle Aspekte und Bauprinzip

Funktionelle Aspekte: Der Thorax schützt die Organe und Leitungsbahnen der Brusthöhle (S. 533).
Der Thorax dient der **Atemmechanik**, welche für die Funktion der Atmungsorgane wesentlich ist. Hierfür müssen drei Voraussetzungen erfüllt sein:
- Das **Thoraxvolumen** muss sehr **variabel** sein,
- die **Lunge** muss **elastisch** sein,
- die Lunge muss den Bewegungen der **Thoraxwand** folgen.

Funktionelle Aspekte: Statisch betrachtet, dient der Thorax als **stabiler Behälter**, der die absolut lebenswichtigen Organe und Leitungsbahnen der Brusthöhle (S. 533) schützt.
Dynamisch gesehen, dient der Thorax der **Atemmechanik**, welche die Voraussetzung für den Gasaustausch als Funktion der Atmungsorgane darstellt. Durch abwechselnden Unter- bzw. Überdruck in den Lungen wird frische Atemluft bei der **Inspiration** (Einatmung) über die Atemwege angesaugt bzw. bei der **Exspiration** (Ausatmung) „verbrauchte" Luft ausgestoßen. Damit die Atemmechanik funktionieren kann, müssen drei Voraussetzungen erfüllt sein:
- Der Thorax muss sein **Volumen** erheblich **ändern** können, nämlich um die **Vitalkapazität**, welche die Differenz zwischen maximaler Inspiration und maximaler Exspiration darstellt (ca. 4,5 l).
- Die **Lunge** muss **elastisch** sein, um diese Volumenschwankungen mitmachen zu können.
- Die Lunge muss den **Bewegungen der Thoraxwand folgen**, d. h. mechanisch an die Thoraxwand gekoppelt sein, was über den nach außen luftdichten **Pleuraspalt** (S. 566) erfolgt.

▶ **Klinik.**

▶ **Klinik.** Ist eine dieser Voraussetzungen nicht mehr gegeben, kann es als Folge der gestörten Atemmechanik zu einem herabgesetzten Gasaustausch in der Lunge kommen (**respiratorische Insuffizienz**). Mögliche Ursachen können sein:
- **Rippenserienfrakturen:** Sie beeinträchtigen die Atemexkursionen des Thorax durch Schmerzen und durch die Instabilität der Thoraxwand, sodass diese im Verletzungsbereich bei der Exspiration (Überdruck in den Lungen) nach außen und bei der Inspiration (Unterdruck in den Lungen) nach innen verlagert wird („flail chest" oder instabiler Thorax).
- **Lungenfibrosen:** Die als Folge einer Bindegewebsvermehrung der Lunge auftretende Abnahme der Lungenelastizität führt u. a. zu einer Behinderung der Atemmechanik.
- **Pneumothorax:** Erhält der **Pleuraspalt** eine Verbindung zur Außenluft, was entweder über einen (meist traumatischen) Defekt in der Thoraxwand oder über eine Öffnung der Lufträume der Lunge durch die Pleura visceralis (S. 562) – z. B. beim Platzen einer Emphysemblase, sog. Lungenemphysem (S. 553) – geschehen kann, so kollabiert die elastische Lunge. Durch die Atemexkursionen des Thorax wird Luft dann lediglich in den Pleuraspalt gesaugt; vgl. auch **Pneumothorax** (S. 567).

Bauprinzip: Der Thorax ist eine aktiv bewegliche und stabile **Spanten-** oder **Gitterkonstruktion** (Abb. **C-2.1** und Abb. **C-2.2**). Durch ihre **Steifigkeit** widersteht die **Thoraxwand** der Kollapsneigung der elastischen Lunge.

Bauprinzip: Im Gegensatz zum Abdomen, dessen Inneres lediglich unter höherem Druck als die umgebende Atmosphäre stehen kann, muss der Thorax sowohl gegenüber Über- als auch Unterdruck im Inneren stabil sein. Hierfür reicht eine nur aus Weichteilen (Bindegewebe und Muskeln) bestehende Wand nicht aus. Damit die **Thoraxwand** nicht der Kollapsneigung der elastischen Lunge folgt, muss sie eine gewisse **Steifigkeit** aufweisen. Gleichzeitig muss sie ganz erhebliche **Volumenschwankungen** im Rahmen der Atemexkursionen nicht nur zulassen, sondern selbst aktiv bewerkstelligen. Dies wird durch eine **Spanten-** oder **Gitterkonstruktion** realisiert (Abb. **C-2.1** und Abb. **C-2.2**).

C 2.1 Funktionelle Aspekte und Bauprinzip

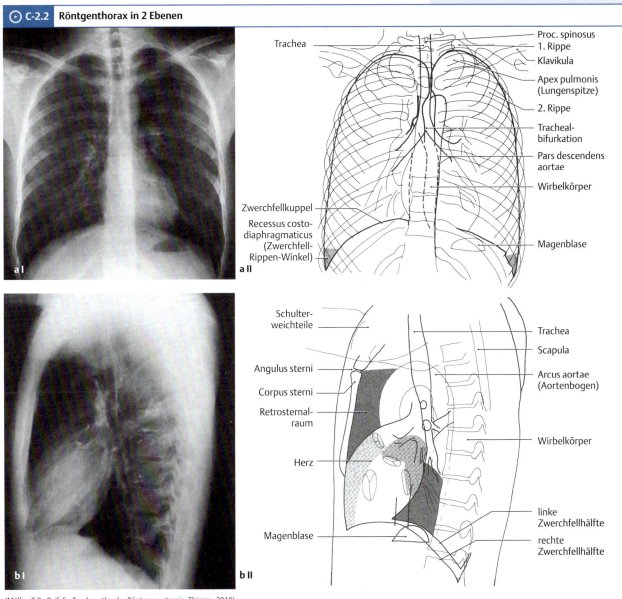

C-2.1 Knöcherner Thorax

Ansicht von ventral (**a**), dorsal (**b**) und lateral (**c**). (Prometheus LernAtlas. Thieme, 3. Aufl.)

C-2.2 Röntgenthorax in 2 Ebenen

(Möller, T.B., Reif, E.: Taschenatlas der Röntgenanatomie. Thieme, 2010)
a Aufnahme a.-p. (**aI**) mit erklärender Schemazeichnung (**aII**).
b Aufnahme seitlich (**bI**) mit erklärender Schemazeichnung (**bII**).

288 **C 2 Brustwand und Brustkorb (Thorax)**

Die Skelettelemente des Thorax sind die **Brustwirbelsäule**, das **Brustbein** (**Sternum**) und die 12 **Rippenpaare** (**Costae**).

Die **Skelettelemente**, aus denen der Thorax aufgebaut ist, sind
- die **Brustwirbelsäule**, BWS (S. 254),
- das **Brustbein** (**Sternum**) und
- 12 **Rippenpaare** (**Costae**).

Hierbei fungieren die **Brustwirbelsäule** und das **Sternum** als knöcherne **Längselemente**, welche durch die **Rippen** wie durch halbkreisförmige Spanten miteinander verbunden sind. Da die Rippen auch aus Knochen bestehen, sind sie für die Stabilität der Thoraxwand verantwortlich. Die Verbindung der knöchernen Elemente über Gelenke (S. 290) ermöglicht Volumenänderungen des Thorax (S. 292). Die Räume zwischen den Rippen (**Interkostalräume**) sind durch Muskeln abgedichtet, die den wechselnden Druckverhältnissen standhalten. Elastisches Bindegewebe ließe zwar auch Bewegungen der Rippen gegeneinander zu, würde sich aber bei den wechselnden intrathorakalen Drücken nach außen oder innen wölben.

2.2 Knöcherner Thorax

2.2 Knöcherner Thorax

Öffnungen des Thorax:
- Die **Apertura thoracis superior** wird vom 1. Brustwirbelkörper, 1. Rippenpaar und Manubrium sterni umrahmt.
- Die weitere **Apertura thoracis inferior** wird vom 12. Brustwirbelkörper, 12. Rippenpaar, Rippenbögen und Proc. xiphoideus des Sternum umgeben.

Der Thorax besitzt oben und unten je eine Öffnung:
- Die **obere Thoraxapertur** (**Apertura thoracis superior**) wird vom 1. Brustwirbelkörper, dem 1. Rippenpaar und dem Oberrand des Manubrium sterni (S. 289) umrahmt. Sie ist von dorsal nach ventral geneigt. Nach kranial schließt sich der Hals (S. 891) an.
- Die **untere Thoraxapertur** (**Apertura thoracis inferior**) wird vom 12. Brustwirbelkörper, dem 12. Rippenpaar, den Enden des 11. Rippenpaares, den Rippenbögen (s. u.) und dem Processus xiphoideus des Sternum umgeben. Sie ist wesentlich weiter als die obere Apertur und wird nach kaudal durch das Zwerchfell (S. 295) vom Abdomen getrennt.

2.2.1 Costae (Rippen)

2.2.1 Costae (Rippen)

Abschnitte und Form: (siehe Abb. **C-2.3**).

- **Caput costae** (Kopf): Das Caput besitzt **Gelenkflächen** für die Artikulation mit den Brustwirbelkörpern.

- **Collum costae** (Hals): Am **Tuberculum costae** (am Übergang von Collum und Corpus) ist eine **Gelenkfläche** für die Brustwirbelquerfortsätze ausgebildet.

- **Corpus costae** (Körper): Das Corpus ist im dorsal gelegenen **Angulus costae** am stärksten gekrümmt.

Abschnitte und Form: Die Rippen gliedern sich von dorsal nach ventral (Abb. **C-2.3**) in:
- **Caput costae** (Rippenkopf): Das Caput costae trägt an seinem freien Ende die Gelenkfläche (**Facies articularis capitis costae**) für die Verbindung mit den Brustwirbelkörpern, die außer bei der 1., 11. und 12. Rippe zweigeteilt (S. 290) ist.
- **Collum costae** (Rippenhals): Das Collum costae zieht nach dorsolateral. Wo das Corpus (s. u.) aus dem Collum hervorgeht, weist die Rippe außen (dorsolateral) eine Verdickung auf (**Tuberculum costae**). Diese trägt bei der 1. bis 10. Rippe eine plane Gelenkfläche für die Artikulation mit einem Brustwirbelquerfortsatz (**Facies articularis tuberculi costae**).
- **Corpus costae** (Rippenkörper): Das Corpus costae ist der längste Abschnitt der Rippe, es umgibt den Thorax dorsal, lateral und ventrolateral.
Dadurch bildet es fast einen Halbkreis, dessen Krümmung allerdings nicht gleichmäßig ist. Im Anfangsteil des Corpus befindet sich dorsal im **Angulus costae** der Ort der **stärksten Krümmung**, eine zweite Stelle stärkerer Krümmung befindet sich ventral unmittelbar seitlich vom Übergang in den Rippenknorpel (s. u.). Durch die nach dorsal ausbiegende Krümmung der Rippen entsteht beidseits der Brustwirbelsäule ein von kranial nach kaudal immer tiefer werdender Raum (**Sulcus pulmonis**), der wesentliche Teile der Lungen aufnimmt.

▶ **Klinik.**

▶ **Klinik.** Bei traumatischer Kompression des Thorax brechen die Rippen vorzugsweise an den am stärksten gekrümmten Stellen (* in Abb. **C-2.3**).

Im **Sulcus costae** verlaufen die Interkostalnerven und -gefäße (Abb. **C-2.16**).
- **Cartilago costalis** (Knorpel): Alle Rippen enden ventral mit dem Cartilago costalis. Im Bereich der Rippenknorpel ändern die Rippen ihren nach kaudal gerichteten Verlauf nach kranial.

Innen befindet sich am unteren Rand des Rippenkörpers eine flache Furche (**Sulcus costae**) in dem die Interkostalnerven und -gefäße verlaufen (Abb. **C-2.16**).
- **Cartilago costalis** (Rippenknorpel): Der Cartilago costalis bildet bei allen Rippen das ventrale/mediale Ende. Er ist bei der 4. bis 10. Rippe deutlich länger als bei den übrigen. Der von dorsal nach ventral abwärts gerichtete Verlauf der Rippen bedingt, dass die Rippen, um das Sternum zu erreichen, nach kranial umbiegen müssen. In Folge dessen weisen die Rippenknorpel in der Frontalebene eine Krümmung auf, welche von der 2. Rippe nach kaudal bis zur 10. Rippe zunimmt.

C-2.3 Rippenform und -abschnitte

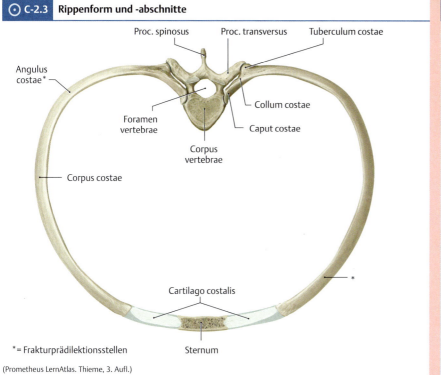

*= Frakturprädilektionsstellen
(Prometheus LernAtlas. Thieme, 3. Aufl.)

Von den **12 Rippenpaaren** sind die **ersten 7** direkt über ihre Knorpel mit dem Sternum verbunden und werden daher auch als „wahre" Rippen (**Costae verae**) bezeichnet. Die **8. bis 10. Rippe** erreichen das Sternum nur indirekt, indem sich ihre Knorpel an die der jeweils höheren Rippe anlegen und so zusammen mit dem relativ steil zum Sternum hochziehenden Knorpel der 7. Rippe den Rippenbogen (**Arcus costalis**) bilden (Abb. **C-2.1a**). Sie werden auch „falsche" Rippen (**Costae spuriae**) genannt. Der nach unten offene Winkel zwischen den beiden Rippenbögen, der **Angulus infrasternalis (Rippenbogenwinkel)**, ist konstitutionsabhängig: Beim Astheniker (S.46) ist er spitz, beim Pykniker stumpf und beim Athleten beträgt er ca. 90°. Die **11. und 12. Rippe** enden ohne Kontakt zu anderen Rippen frei in der Rumpfwand und werden auch als **Costae fluctuantes** benannt.

Länge der Rippen: Von den Rippen, welche das Sternum erreichen (1.–10.), ist die erste die kürzeste; bis zur 7. Rippe nimmt ihre Länge kontinuierlich zu, um dann wieder abzunehmen (Abb. **C-2.1c**). Die Länge der 11. und noch mehr der 12. Rippe ist außerordentlich variabel.

2.2.2 Sternum (Brustbein)

Das Sternum (Abb. **C-2.4**) ist ein länglicher, abgeplatteter Knochen. Er besteht aus drei durch Synchondrosen (S.227) verbundenen Teilen, die im Laufe des Erwachsenenalters verknöchern. Von kranial nach kaudal sind dies:
- **Manubrium sterni** (Handgriff): Das Manubrium bildet das kraniale Ende des Brustbeins und ist gegenüber dem Corpus sterni nach hinten oben abgewinkelt, wodurch der **Angulus sterni** (S.304) entsteht, der gut durch die Haut zu tasten ist. Das Manubrium trägt an seinen Seiten je eine **Incisura clavicularis** als Gelenkpfanne für das mediale Ende des Schlüsselbeins. Kaudal davon markiert die **Incisura costalis** den Ort der synchondrotischen Verbindung mit der 1. Rippe (s. u.). Kaudal befindet sich an der Seite je eine Gelenkpfanne für die Artikulation mit dem (halben) Knorpel der 2. Rippe. Am kranialen Rand des Manubrium ist eine Einziehung, die **Incisura jugularis** (S.304), welche der „Drosselgrube" des Halsreliefs zugrunde liegt.
- **Corpus sterni** (Brustbeinkörper): Das Corpus besitzt an der Seite je 6 Vertiefungen für die Knorpel der 2. bis 7. Rippe, die **Incisurae costales**.
- **Processus xiphoideus** (Schwertfortsatz): Der kurze Processus xiphoideus ist häufig gespalten oder gelocht.

Da das **Sternum** auf seiner ganzen Länge unmittelbar **subkutan** liegt, enthält es eine Reihe von topografischen Landmarken (S.303).

Die ersten 7 Rippenpaare sind direkt mit dem Sternum verbunden. Die Knorpel der 8. bis 10. Rippe erreichen das Sternum indirekt und bilden so mit dem der 7. Rippe den **Rippenbogen (Arcus costalis**, Abb. **C-2.1a**). Die beiden Rippenbögen bilden den nach unten offenen Rippenbogenwinkel (**Angulus infrasternalis**). Die 11. und 12. Rippe enden frei in der Rumpfwand.

Länge der Rippen: Von der 1. bis zur 7. Rippe nimmt die Länge zu, um dann wieder bis zur 12. abzunehmen (Abb. **C-2.1c**).

2.2.2 Sternum (Brustbein)

Das 3-teilige Sternum besteht aus (Abb. **C-2.4**):

- **Manubrium sterni**: Das Manubrium besitzt an den Seiten Gelenkpfannen für die Clavicula und die 2. Rippe. Kranial ist die **Incisura jugularis** ausgebildet.
- **Corpus sterni**: Das Corpus trägt an der Seite die **Incisurae costales** für die 2. bis 7. Rippe. Manubrium und Corpus bilden den nach hinten offenen **Angulus sterni**.
- **Processus xiphoideus**: Der Proc. xiphoideus ist häufig gespalten oder gelocht.

C-2.4 Brustbein (Sternum)

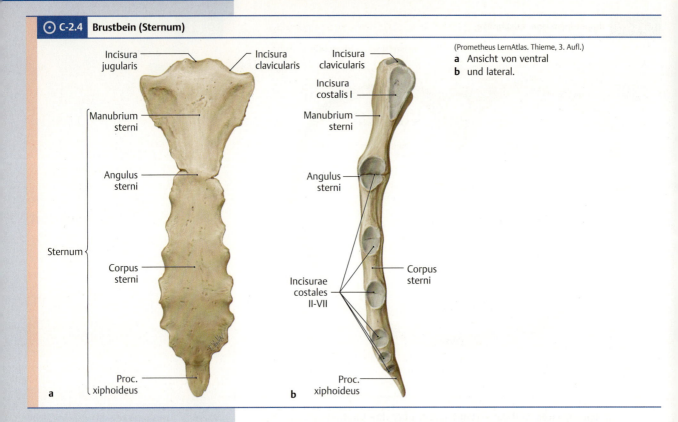

(Prometheus LernAtlas. Thieme, 3. Aufl.)
a Ansicht von ventral
b und lateral.

2.3 Gelenke und Bandapparat des Thorax

Die Gelenke des Thorax dienen der **Atemmechanik**.

2.3 Gelenke und Bandapparat des Thorax

Die Rippen stehen sowohl mit der Brustwirbelsäule als auch mit dem Sternum (2.–5. Rippe) durch **echte Gelenke** in Verbindung. Diese **Kostovertebral-** und **Sternokostalgelenke** sind alle funktionell miteinander verbunden und dienen der **Atemmechanik**.

2.3.1 Kostovertebralgelenke

Die **Kostovertebralgelenke** (Abb. **C-2.5**) verbinden die Rippen mit den Brustwirbeln:

2.3.1 Kostovertebralgelenke (Articulationes costovertebrales)

Die **Kostovertebralgelenke** (Abb. **C-2.5**) verbinden die Rippen mit den Brustwirbeln und umfassen die
- **Articulatio capitis costae** (Rippenkopfgelenk) und die
- **Articulatio costotransversaria** (Rippenquerfortsatzgelenk).

Articulatio capitis costae: In den Rippenkopfgelenken artikuliert das **Caput costae** mit den **Foveae costales** der Wirbelkörper. Die Gelenkkapsel wird durch das **Lig. capitis costae radiatum** verstärkt.

Articulatio capitis costae: Im Rippenkopfgelenk artikuliert das **Caput costae** mit einer dorsolateral an den **Wirbelkörpern** gelegenen Pfanne. Die Köpfe der 2. bis 10. Rippe artikulieren in jeweils 2 getrennten Gelenkhöhlen mit den Halbpfannen (**Fovea costalis superior et inferior**, Tab. **C-1.3**), die kranial bzw. kaudal an benachbarten Wirbelkörpern sitzen. Vom Anulus fibrosus des Discus intervertebralis zieht das **Ligamentum capitis costae intraarticulare** zum Rippenkopf und teilt so dessen Gelenkfläche und die Gelenkhöhle. Das Rippenkopfgelenk der 1., 11. und 12. Rippe ist einteilig. Die Gelenkkapsel der Rippenkopfgelenke wird durch das **Ligamentum capitis costae radiatum** verstärkt, welches in das Ligamentum longitudinale anterius der Wirbelsäule einstrahlt.

Articulatio costotransversaria: In den Rippenquerfortsatzgelenken artikulieren die **Tubercula** der 1. bis 10. Rippe mit den **Processus transversi** der Brustwirbel. Besonders das **Lig. costotransversarium** verbindet das Collum costae fest mit dem Processus transversus des Brustwirbels.

Articulatio costotransversaria: In den Rippenquerfortsatzgelenken artikulieren die **Tubercula costae** der ersten 10 Rippen mit den **Processus transversi** des gleichen Brustwirbels. Die Gelenkkapsel wird dorsal durch das **Ligamentum costotransversarium laterale** verstärkt. Daneben ist das Collum costae noch mit dem **Ligamentum costotransversarium superius** am Querfortsatz des darüberliegenden Wirbels aufgehängt. Das **Ligamentum costotransversarium** hat eine besondere Bedeutung für die Mechanik, da es mit kurzen massiven Faserzügen den schmalen Raum zwischen Rippenhals und Querfortsatz fast vollständig ausfüllt und das Collum der Rippe fest mit dem Querfortsatz des Brustwirbels verbindet.

C 2.3 Gelenke und Bandapparat des Thorax

C-2.5 Bandapparat der Kostovertebralgelenke (Articulationes costovertebrales)

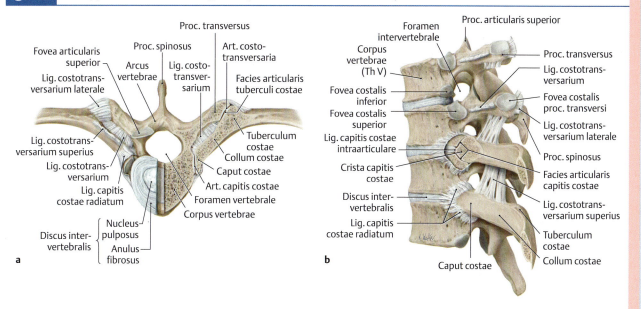

(Prometheus LernAtlas. Thieme, 3. Aufl.)
a Gelenkverbindungen der 8. Rippe mit dem 8. Brustwirbel in der Ansicht von kranial. Auf der linken Seite sind Rippenkopf- und Rippenquerfortsatzgelenk durch einen Transversalschnitt eröffnet.
b Brustwirbelsäule (5.–8. Brustwirbel) mit angrenzenden Rippen (7. und 8. Rippe) in der Ansicht von links-lateral. Das Rippenkopfgelenk der 7. Rippe ist durch einen Tangentialschnitt eröffnet.

2.3.2 Sternokostalgelenke (Articulationes sternocostales)

Die Sternokostalgelenke verbinden die **Rippenknorpel** mit dem Sternum, wobei der Knorpel der 1. Rippe mit dem Manubrium sterni synchondrotisch verwachsen ist. Die Knorpel der **2. bis 5. Rippe** bilden mit dem **Corpus sterni echte Gelenke**, deren Kapseln durch die **Ligamenta sternocostalia radiata** verstärkt sind. Diese Bänder durchflechten sich mit den benachbarten und denen der Gegenseite und strahlen in das Periost des Sternums ein. Auf der Vorderseite des Sternum entsteht so die **Membrana sterni**. Vom Knorpel der 2. Rippe zieht ein **Ligamentum sternocostale intraarticulare** zur Knorpelfuge zwischen Manubrium und Corpus sterni und teilt die Gelenkhöhle in 2 Halbgelenke, wovon eines Rippenknorpel und Manubrium verbindet. Die **1., 6.** und **7. Rippe** bilden eine **Synchondrose** mit dem Manubrium bzw. dem Corpus sterni. Zwischen den Knorpeln der 6. bis 9. Rippe existieren meist **Articulationes interchondrales** (Abb. **C-2.6**).

2.3.2 Sternokostalgelenke (Articulationes sternocostales)

Die Knorpel der **1., 6.** und **7. Rippe** sind mit dem Sternum **synchondrotisch** verwachsen; die der **2. bis 5. Rippe** bilden mit dem Corpus sterni **echte Gelenke** (Abb. **C-2.6**).

C-2.6 Sternokostalgelenke (Articulationes sternocostales)

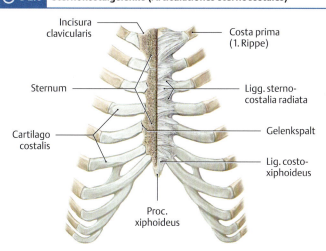

Rippenschild in der Ansicht von ventral. Zur Demonstration der Sternokostalgelenke ist die rechte Seite des Sternums frontal geschnitten.
(Prometheus LernAtlas. Thieme, 3. Aufl.)

2.3.3 Mechanik der Thoraxgelenke (Atemmechanik)

Die **Kostovertebral-** und **Sternokostalgelenke** sind mechanisch gekoppelt. Die Rippen sind gegenüber dem Sternum und der BWS um **1 Achse** beweglich (**Scharniergelenk**):
- Die Achsen der **Kostovertebralgelenke** fallen mit den Achsen der Rippenhälse zusammen (Abb. **C-2.7**),
- die der **Sternokostalgelenke** verlaufen sagittal.

Die **Drehbewegung** der Rippen um das Collum costae ist auf ca. **15–20°** begrenzt. Die Knorpel der mit dem Sternum verwachsenen Rippen werden **torquiert**.

Bei der Inspiration: wird durch eine Drehung um die Achse der Kostovertebralgelenke das sternale Ende der Rippen **angehoben**. Der abwärtsgerichtete Verlauf der Rippen bedingt, dass dadurch der sagittale Durchmesser des Thorax zunimmt (Abb. **C-2.8b**).

▶ Merke.

2.3.3 Mechanik der Thoraxgelenke (Atemmechanik)

Von der Form der Gelenkkörper her sind das Rippenkopf- und das Sternokostalgelenk Kugelgelenke (S. 232) und das Kostotransversalgelenk ein Radgelenk (S. 231). Die Fesselung des Rippenhalses an den Querfortsatz v. a. durch die Ligamenta costotransversaria bedingt aber wesentlich, dass die Rippe nur **einen Freiheitsgrad** gegenüber der BWS besitzt, also **funktionell** ein **Scharniergelenk** vorliegt. Die mechanische Kopplung der Sternokostal- und Kostovertebralgelenke durch die Rippen führt ebenfalls dazu, dass sowohl die Rippenknorpel gegenüber dem Sternum als auch die Rippenköpfe und -hälse gegenüber der BWS nur Bewegungen um eine Achse durchführen können:
- Die Achsen der Scharnierbewegung in den **Kostovertebralgelenken** fallen mit den Längsachsen der Rippenhälse zusammen (Abb. **C-2.7**).
- Die Achsen der **Sternokostalgelenke** verlaufen annähernd sagittal.

Durch den straffen Bandapparat, insbesondere das massive Ligamentum costotransversarium, ist die **Drehbewegung** der Rippen um das Collum costae auf ca. **15–20°** begrenzt. Analog dazu drehen sich die sternalen Enden der Rippenknorpel 2–5 in den Gelenkpfannen seitlich am Sternum. Die Knorpel der Rippen, die mit dem Sternum verwachsen sind (1., 6. und 7.), werden **torquiert** (in sich verdreht).

Inspiration: Bei der Inspiration (Einatmung) wird durch eine **Drehung** um die Achse der Kostovertebralgelenke das **sternale Ende** der Rippen **angehoben**. Dadurch, dass das dorsale oder vertebrale Ende der Rippen (Caput costae an der BWS) deutlich höher liegt als das ventrale (sternale) Ende, verlaufen diese **schräg abwärts**. Werden die sternalen Enden der Rippen (samt dem Sternum) angehoben, so **vergrößert** sich der Abstand zwischen Sternum und BWS, d. h. der sagittale **Durchmesser** des Thorax und damit sein Volumen (Abb. **C-2.8b**).

▶ Merke. Nur der schräge Verlauf der Rippen von dorsal/kranial nach ventral/kaudal bedingt, dass ein Anheben der ventralen Rippenenden zu einer Volumenzunahme des Thorax (und damit zum Einatmen) führt.

⊙ C-2.7 Bewegungsachsen der Kostovertebralgelenke und Bewegungen der Rippen

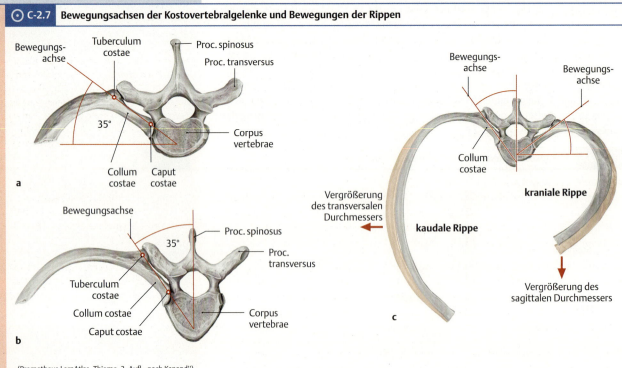

(Prometheus LernAtlas. Thieme, 3. Aufl., nach Kapandji)
a Ansicht von kranial: Bewegungsachse für die kranialen Rippen,
b für die kaudalen Rippen
c und die dadurch resultierende Richtung der Rippenbewegung.

C-2.8 Bewegungen des Brustkorbs während der Brust- oder Rippenatmung (sternokostale Atmung)

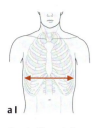
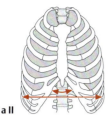
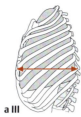

a I a II a III

Exspirationsstellung

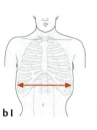
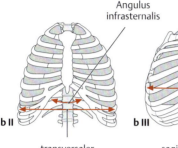
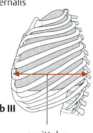

Angulus infrasternalis

b I b II b III

Inspirationsstellung   transversaler Thoraxdurchmesser   sagittaler Thoraxdurchmesser

Dargestellt sind die inspiratorische Vergrößerung von Brustumfang, transversalem und sagittalem Thoraxdurchmesser sowie Angulus infrasternalis in Inspirationsstellung (**b**) gegenüber der Exspirationsstellung (**a**).
(Prometheus LernAtlas. Thieme, 3. Aufl.)

Das Anheben des sternalen Rippenendes hat v. a. bei der 5. bis 10. Rippe eine **Verformung der Rippenknorpel** in dem Sinne zur Folge, dass der nach kranial offene Knick der Rippenknorpel abgeflacht wird. Die elastische Verformung der Rippenknorpel und die Anspannung der Bänder, die die Rippen mit der Wirbelsäule und dem Sternum verbinden, ist für einen Teil der „**Atemarbeit**„ bei der Inspiration verantwortlich. Sie muss von den inspiratorischen Atemmuskeln (S. 294) geleistet werden.
Die **Rippenhälse**, welche die Achsen der Kostovertebralgelenke bestimmen, verlaufen nicht exakt frontal, sondern **schräg nach hinten** (Abb. **C-2.3** und Abb. **C-2.7**). Dadurch werden bei der inspiratorischen Drehbewegung um diese Achsen die Rippen nicht nur vorne angehoben (s. o.), sondern auch nach lateral ausgeschwenkt. Dies führt somit auch zu einer Vergrößerung des **transversalen Thoraxdurchmessers** (Abb. **C-2.8b**), was als „**Flankenatmung**" bezeichnet wird. Die Abweichung der Rippenhälse und damit der Achsen der Atembewegung aus der Frontalebene nimmt von kranial nach kaudal zu: Das Collum der 1. Rippe ist um 35° aus der Frontalebene nach dorsal gekippt, das der 9. Rippe um 55° (Abb. **C-2.7**).
Daneben bedingt die **Zunahme der Länge** der Rippen von der ersten bis zur siebten ein kontinuierliches Anwachsen der Atemexkursionen des Thorax von kranial nach kaudal. Parallel zu diesem **kraniokaudalen Belüftungsgradienten** nimmt auch die Durchblutung der Lungen von kranial nach kaudal hydrostatisch bedingt (S. 568) zu.

Exspiration: Bei der Exspiration (Ausatmung) werden die sternalen Rippenenden **abgesenkt** mit dem Ergebnis, dass der Thorax flacher und schmäler, d. h. sein **Volumen geringer** wird (Abb. **C-2.8a**). Die elastischen Rückstellkräfte der bei der Inspiration verformten Rippenknorpel und angespannten Bänder unterstützen die Muskulatur bei der Exspiration.

▶ **Klinik.** Die degenerative Verkalkung und Elastizitätsminderung der Rippenknorpel ist für die geringere Vitalkapazität (S. 286) des alten Menschen wesentlich mitverantwortlich.

Bei der Inspiration werden die **Rippenknorpel** elastisch verformt, ihre Rückstellkräfte unterstützen die Exspiration.

Die **Achsen der Kostovertebralgelenke** sind **schräg nach hinten** aus der Frontalebene gekippt (Abb. **C-2.3** und Abb. **C-2.7**). Dadurch wird bei der Inspiration des Thorax nicht nur nach vorne, sondern durch laterales Ausschwenken der Rippen auch transversal (Abb. **C-2.8b**) erweitert („**Flankenatmung**").

Die von der 1. bis zur 7. Rippe **zunehmende Länge** führt von **kranial nach kaudal** zu einer **Zunahme** der Atemexkursionen und der **Belüftung**.

Bei der **Exspiration** werden die sternalen Rippenenden abgesenkt und dadurch das Thoraxvolumen geringer.

▶ Klinik.

2.4 Muskulatur des Thorax

2.4.1 Brustwandmuskulatur

Funktion

Neben der **Abdichtung der Interkostalräume** liegt die herausragende funktionelle Bedeutung der Brustkorbmuskeln in der **Atemmechanik**. Aus den vorangehenden Ausführungen zur Mechanik der Thoraxgelenke resultiert, dass alle Muskeln, die das sternale Ende der Rippen heben oder senken, atemmechanisch wirksam sind. Sämtliche Muskeln, die an den **Rippen oder am Sternum ansetzen**, erfüllen dieses Kriterium.

▶ **Merke.** Alle Muskeln, die das sternale (ventrale) Ende der Rippen heben, dienen der **Inspiration**. Die Muskeln, die das sternale Ende der Rippen absenken, dienen der Ausatmung und sind damit **Exspiratoren**.

Der häufig geübten Unterscheidung in eigentliche **Atemmuskeln** und **Atemhilfsmuskeln** haftet etwas Künstliches an. Zum einen sind selbst bei ruhiger Atmung einige Atemhilfsmuskeln – wie z. B. die Mm. scaleni (Abb. **L-1.4**) – aktiv, zum anderen ist der Übergang von ruhiger zu forcierter Atmung fließend. Von ruhiger Atmung spricht man, wenn 5–7 l Luft pro Minute ein- und wieder ausgeatmet werden. Die große Steigerungsmöglichkeit des **Atemminutenvolumens** unter Belastung bis über 100 l/min ist allerdings nur durch Rekrutierung von Muskeln möglich, die bei ruhiger Atmung nicht eingesetzt werden.

▶ **Klinik.** Sportler neigen sich beim **forcierten Atmen** vor und stützen ihre Arme auf die Oberschenkel. Forcierte Atmung tritt außer bei großen Atemvolumina auch bei hohen Atemwiderständen durch **Atemwegsobstruktionen**, z. B. bei Anfällen von **Asthma bronchiale** auf. Dabei stützen die Patienten die Arme auf eine stabile Unterlage (Bettkante), um die Anteile der Muskulatur des Schultergürtels einzusetzen, welche atemmechanisch relevant sind, z. B. Mm. pectorales (S. 444).

Aufbau und Wirkungsweise

Abb. **C-2.9** listet die Thoraxmuskeln im engeren Sinne auf. Die **Mm. serrati posteriores superior** und **inferior** sind als nicht autochthone Rückenmuskeln in Tab. **C-1.6** zu finden; beide Muskeln wirken bei der **Inspiration** mit.

Die Wirkungsweise der **Interkostalmuskeln** wird aus Abb. **C-2.10** verständlich. Der schräge Verlauf und die gekreuzte Anordnung der **Musculi intercostales externi** und **interni** haben zur Folge, dass bei einer Kontraktion der Externi die sternalen Rippenenden gehoben werden und sich die Interkostalräume erweitern. Ein Absenken der Rippen mit einer Verengung der Interkostalräume tritt bei Kontraktion der Interni auf. Die Interkostalmuskeln sind auch bei ruhiger Atmung aktiv; zusammen mit den Musculi transversus thoracis und subcostales bilden sie die Gruppe der „eigentlichen Atemmuskeln".

⊙ C-2.9 Thoraxmuskeln („eigentliche Atemmuskeln")

Muskel	Ursprung	Ansatz	Innervation	Funktion
Mm. intercostales externi	Rippenunterrand vom Tuberculum costae bis Knorpel-Knochen-Grenze	etwas ventral/distal vom Ursprung am Oberrand der nächsttieferen Rippe	Nn. intercostales I–XI	Inspiration
Mm. intercostales interni	Rippenoberrand vom Angulus costae bis zum Sternum	etwas ventral/distal vom Ursprung am Unterrand der nächsthöheren Rippe		Exspiration
Mm. intercartilaginei*				Inspiration
Mm. subcostales	Rippenoberrand im dorsalen Bereich	ventral vom Ursprung am Unterrand 2 bis 3 Rippen höher		Exspiration
M. transversus thoracis	Rückseite von Corpus sterni und Proc. xiphoideus	Rückseite der Rippenknorpel	Nn. intercostales II–VI	Exspiration

* Als Mm. intercartilaginei werden die Mm. intercostales interni bezeichnet, welche zwischen der Knorpel-Knochen-Grenze und dem Sternum liegen.

Vergleiche Nn. intercostales (S. 302).

C 2.4 Muskulatur des Thorax

C-2.10 Wirkungsweise der Interkostalmuskulatur

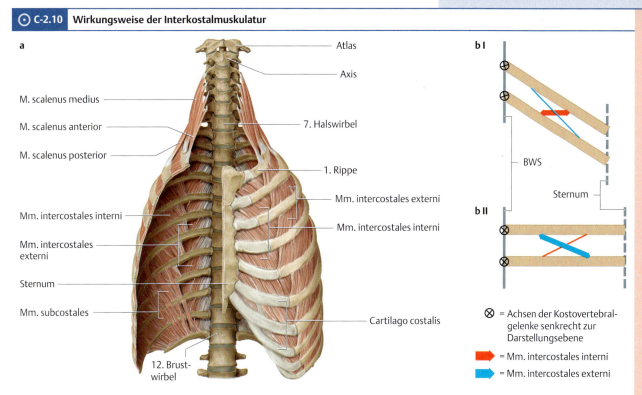

a Mm. intercostales interni und externi sowie Mm. scaleni anterior, medius und posterior (Abb. L-1.4) am teilweise eröffneten Brustkorb. (Prometheus LernAtlas. Thieme, 3. Aufl.)
b Es ist exemplarisch ein Rippenpaar dargestellt: In Exspirationsstellung (I) liegen der M. intercostalis externus (blau) gedehnt und der M. internus (rot) kontrahiert vor. Verkürzung (Kontraktion) des (blauen) M. intercostalis externus führt zu einem Anheben der ventralen Rippenenden und Dehnung des erschlafften M. intercostalis internus (II).

Die **Musculi intercostales interni** werden durch eine dünne Bindegewebsloge für die **Interkostalgefäße** und **-nerven** geteilt (Abb. C-2.16). Dadurch ergibt sich für die Interkostalmuskeln analog zu den seitlichen Bauchmuskeln (S. 308) ein dreischichtiger Aufbau.
Die innenliegende Muskelschicht bezeichnet man als **Musculi intercostales intimi**, die die gleiche exspiratorische Funktion wie die Interni haben. Im Gegensatz dazu unterscheidet sich der Teil der Mm. intercostales interni, welcher zwischen den Rippenknorpeln liegt, auch funktionell: Die sog. **Musculi intercartilaginei** wirken **inspiratorisch**. Dies leuchtet ein, wenn man bedenkt, dass die Rippenknorpel schräg aufwärts verlaufen, im Gegensatz zur Abwärtsrichtung der übrigen (knöchernen) Rippe.
Die die Musculi intercostales interni auf der Innenwand des Thorax überlagernden **Musculi subcostales** stellen Polymerisate der Interni aus zwei oder drei Segmenten dar. Ihr Verlauf und ihre exspiratorische Funktion gleichen denen der Interni.
Die **Fascia endothoracica** liegt der Brustwand **innen** auf und wird ihrerseits von der **Pleura parietalis** (S. 562) bedeckt. Die **Fascia thoracica externa** liegt **außen** dem Periost der Rippen und den Musculi intercostales externi auf. Sie ist an vielen Stellen durch an den Rippen ansetzende Muskeln (z. B. Musculi pectorales) unterbrochen.

Die Interkostalgefäße und -nerven gliedern aus den Interni nach innen die **Mm. intercostales intimi** ab (Abb. C-2.16).

Als **Mm. intercartilaginei** werden die inspiratorischen Anteile der Interni zwischen den Rippenknorpeln bezeichnet.

Innen wird die Brustwand von der **Fascia endothoracica**, außen von der **Fascia thoracica externa** bedeckt.

2.4.2 Diaphragma (Zwerchfell)

Funktion

Neben der oben beschriebenen, als „Rippen- oder Brustatmung" bezeichneten Erweiterung des Thorax in sagittaler und transversaler Richtung ist auch eine Erweiterung entlang der Longitudinalachse nach unten in Richtung Abdomen (Bauchraum) möglich. Diese „Bauchatmung", die bei ruhiger Atmung eines Erwachsenen bis zu 70 % ausmacht, ist eine Funktion des **Zwerchfells** (**Diaphragma**).
Bei den Ausführungen zur Atemmechanik wurde betont, dass ein Anheben der sternalen Rippenenden nur dann inspiratorisch wirksam wird, wenn die Rippen schräg nach abwärts orientiert sind (S. 292). Bei horizontalem Verlauf der Rippen würde

2.4.2 Diaphragma (Zwerchfell)

Funktion

Die **atemmechanische Funktion** des Zwerchfells liegt in der Erweiterung des Thoraxraums nach kaudal. Diese wird im Gegensatz zur Rippen- oder Brustatmung als **Bauchatmung** bezeichnet, die v. a. bei Säuglingen (Abb. C-2.11) und alten Menschen dominiert.

C-2.11 Röntgenthorax bei einem Säugling

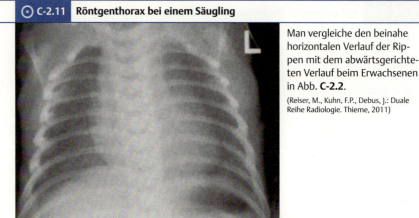

Man vergleiche den beinahe horizontalen Verlauf der Rippen mit dem abwärtsgerichteten Verlauf beim Erwachsenen in Abb. **C-2.2**.
(Reiser, M., Kuhn, F.P., Debus, J.: Duale Reihe Radiologie. Thieme, 2011)

ein Anheben (wie auch ein Absenken) zu einer Volumenminderung des Thorax führen. Wie aus Abb. **C-2.11** ersichtlich ist, verlaufen die Rippen des Säuglings und v. a. des Neugeborenen annähernd horizontal, sodass ein Anheben der Rippen keine ausreichende inspiratorische Volumenzunahme des Thorax nach sich zieht. Allein diese Tatsache macht deutlich, dass es neben der Mechanik der Rippengelenke noch eine weitere Möglichkeit der Volumenveränderung des Thorax geben muss.

▶ **Klinik.** Nicht nur beim Säugling ist die **Bauch-** oder **Zwerchfellatmung** essenziell, sondern auch in allen Fällen, in denen die Brustatmung behindert ist, wie z. B. nach Rippenserienfrakturen oder im **Alter**, wenn die Elastizität der Rippenknorpel abgenommen hat.
Umgekehrt nimmt bei einer **Schwangerschaft** mit zunehmender Behinderung der Bauchatmung die Brustatmung an Bedeutung zu.

Lage und Form

Lage: Der flächige Muskel trennt Brust- und Bauchhöhle. Die ringförmig an der unteren Thoraxapertur entspringenden Fasern laufen im **Centrum tendineum** zusammen.

Form: Die **Kuppelform** des Diaphragmas bedingt, dass das Centrum tendineum höher als die Randsehnen liegt; bei einer Kontraktion wird das Centrum nach **unten** gezogen, was zu einer Zunahme des Thoraxvolumens führt (Abb. **C-2.12**).
Bei der Kontraktion des Diaphragmas während der Inspiration erschlaffen die Bauchmuskeln, und die Bauchorgane weichen nach kaudal aus (Abb. **C-2.13**).

Lage und Form

Lage: Das Diaphragma trennt die Leibeshöhle in Brust- und Bauchhöhle. Es ist ein großflächiger Muskel, dessen Fasern von einer ringförmigen, an der Apertura thoracis inferior ansetzenden **Randsehne** entspringen und konvergierend an einer zentralen Sehnenplatte (**Centrum tendineum**) ansetzen (s. u.).

Form: Die Kontraktion einer ebenen Muskelplatte in der unteren Thoraxapertur würde lediglich zu einer Verkleinerung ihrer Fläche und zu einer Verengung der unteren Thoraxapertur ohne Volumengewinn des Thorax führen. Durch seine **Kuppelkonstruktion** wird aber das höher gelegene Centrum tendineum durch Kontraktion des Muskels in Richtung der tiefer gelegenen Randsehnen gezogen. (Abb. **C-2.12**).
Die daraus folgende Volumenzunahme des Thorax nach kaudal geht selbstverständlich zu Lasten des Bauchraums. Ein Erschlaffen der Bauchmuskulatur bei der Inspiration ermöglicht das Ausweichen der Bauchorgane nach kaudal, ventral und lateral (Abb. **C-2.13**).

C-2.12 Atemmechanische Funktion des Zwerchfells

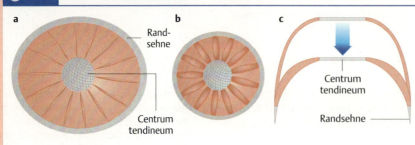

a Flächiger Muskel in erschlafftem Zustand: Muskelfasern (rot) strahlen radiär von ringförmiger Randsehne in zentrale Ansatzsehnenplatte (Sehnen; grün) ein.
b Kontraktion der Muskelfasern führt zu einer Verkleinerung der Muskelfläche.
c Flächiger Muskel als Kuppel (Schnitt): Die Lage der zentralen Ansatzsehne im Scheitel einer Kuppel über der tiefer liegenden Randsehne zieht bei Kontraktion der Muskelfasern die Zentralsehne nach unten und führt zur Abflachung der Kuppel.

C 2.4 Muskulatur des Thorax

C-2.13 Inspiration und Exspiration bei der Bauchatmung

C-2.13

a

b

a Exspirationsstellung: Die Bauchmuskeln sind tonisiert und das erschlaffte Zwerchfell, genauer das Centrum tendineum, steht hoch.

b Inspirationsstellung: Die Kontraktion des Diaphragmas hat unter Abflachung der Zwerchfellkuppel das Centrum tendineum nach kaudal gezogen und die Bauchorgane verdrängt. Die erschlaffte Bauchdecke wölbt sich vor.

▶ **Klinik.** Will man bei der **Untersuchung** die Oberbauchorgane **Leber** (und **Milz**) unter dem Rippenbogen tasten, so fordert man den Patienten auf, tief einzuatmen, damit diese vom Zwerchfell nach unten gedrängt werden.

▶ **Klinik.**

Andererseits drückt eine Kontraktion der **Bauchmuskeln** die Bauchorgane von unten gegen das Diaphragma, welches nach oben ausweicht, was eine **Exspiration** zur Folge hat.

Kontraktion der **Bauchmuskeln** mit Erschlaffung des Diaphragmas führt zu **Exspiration**.

▶ **Merke.** Dementsprechend sind sämtliche **Bauchmuskeln Exspirationsmuskeln**. Eine gleichzeitige Kontraktion von Diaphragma und Bauchmuskeln erhöht stark den intraabdominellen Druck, sog. „Bauchpresse" (S.306); vgl. auch Tab. **C-3.1**.

▶ **Merke.**

▶ **Klinik.** Beim **Hustenstoß** wird durch eine plötzliche und kräftige Kontraktion der Bauchmuskeln bei simultaner Erschlaffung des Diaphragmas dieses sehr schnell nach kranial verlagert, was eine sehr schnelle Exspiration (Strömungsgeschwindigkeit bis 280 m/s) bewirkt. Erkrankungen der Atemwege mit heftigem Husten (z.B. Bronchitis) führen oft zu einem „Kater" der Bauchmuskeln.

▶ **Klinik.**

Durch die schräge Lage der unteren Thoraxapertur resultiert eine ausgeprägte **Asymmetrie der Zwerchfellkuppel** in der Sagittalebene. Die dorsalen Muskelfasern des Zwerchfells sind am längsten, nach ventral zu werden sie immer kürzer.
Von vorne gesehen bildet das Zwerchfell **zwei Kuppeln** die sich in den beiden Thoraxhälften von unten in die **Pleurahöhlen** (S.561) vorwölben. Dazwischen liegt etwas tiefer (2–3 cm) der seichte **Herzsattel** (Abb. **C-2.14**). Die rechte Zwerchfellkuppel steht stets 1–2 cm höher als die linke.
Von oben gesehen hat das Diaphragma **V-Form**, da die untere Brust- und obere Lendenwirbelsäule weit in die Leibeshöhle vorspringen. Das Gleiche gilt für das Centrum tendineum.

Dorsal ist die **Zwerchfellkuppel** am höchsten, ventral am niedrigsten.

Die Zwerchfellkuppel ist **zweigeteilt**. Die rechte Zwerchfellkuppel steht höher als die linke. Dazwischen liegt der **Herzsattel** (Abb. **C-2.14**).

Von oben gesehen sind Diaphragma und Centrum tendineum **V-förmig**.

Abschnitte

Abschnitte des Diaphragmas: Nach den Ursprüngen an der unteren Thoraxapertur wird der muskuläre Anteil des Zwerchfells (**Pars muscularis**) in drei Abschnitte gegliedert (Abb. **C-2.15**):
- **Pars lumbalis**, bestehend aus den paarigen Zwerchfellpfeilern (**Crus dextrum** und **Crus sinistrum**),
- **Pars costalis** und
- **Pars sternalis**.

Abschnitte

Abschnitte: Nach den Ursprüngen gliedert sich das Diaphragma in (Abb. **C-2.15**):
- **Pars lumbalis** mit Crus dextrum und sinistrum,
- **Pars costalis** und
- **Pars sternalis**.

⊙ C-2.14 Aufbau des Zwerchfells

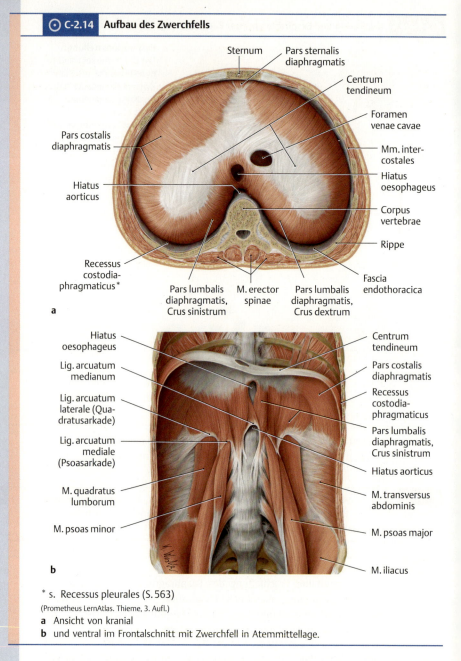

* s. Recessus pleurales (S. 563)
(Prometheus LernAtlas. Thieme, 3. Aufl.)
a Ansicht von kranial
b und ventral im Frontalschnitt mit Zwerchfell in Atemmittellage.

⊙ C-2.15 Diaphragma

Abschnitt		Ursprung	Ansatz	Innervation
Pars lumbalis	medialer Anteil von Crus dextrum und sinistrum	rechts: Wirbelkörper L I–IV links: L I–III	**Centrum tendineum**	**N. phrenicus** (C3, **C4**, C5)
	lateraler Anteil von Crus dextrum und sinistrum	Lig. arcuatum mediale (Psoasarkade)* Lig. arcuatum laterale (Quadratusarkade)**		
Pars costalis		Innenfläche der Knorpel der Rippen 7–12		
Pars sternalis		Innenfläche des Proc. xiphoideus sterni		

* Sehnenbogen, welcher vom Corpus zum Proc. costalis des 1. Lendenwirbels zieht.
** Sehnenbogen, welcher vom Proc. costalis des 1. Lendenwirbels zur Spitze der 12. Rippe zieht.

Zwerchfelllücken (S. 537). Zu den **Lücken des Zwerchfells** s. Kap. Durchtrittsstellen für mediastinale Strukturen im Zwerchfell (S. 537).

2.5 Gefäßversorgung und Innervation der Thoraxwand

Die Leitungsbahnen der Brustwand spiegeln die **metamere Organisation** (S. 281) der Muskulatur und Skelettelemente in diesem Bereich wider. In jedem **Interkostalraum** verlaufen parallel zu den Rippen an deren kaudalem Rand im Sulcus costae jeweils eine **Interkostalarterie** und **-vene** sowie ein Interkostalnerv (S. 302); zur klinischen Bedeutung s. u.

▶ **Merke.** Dabei verläuft die **Vene kranial**, die **Arterie** in der **Mitte** und der **Nerv kaudal** (**VAN**).

▶ **Klinik.** Wegen der Lage der Gefäß-Nerven-Straße am Unterrand der Rippen sticht man bei einer **Punktion der Pleurahöhle** (S. 564) die Nadel stets an der Oberkante einer Rippe ein.

⊙ **C-2.16** Leitungsbahnen im Sulcus costae und ihre klinische Bedeutung. Längsschnitt durch die Brustwand auf Höhe der hinteren Axillarlinie (S. 303) nach Legen einer Thoraxdrainage bei (hier abgekapseltem) Pleuraerguss (S. 563). (Prometheus LernAtlas. Thieme, 3. Aufl.)

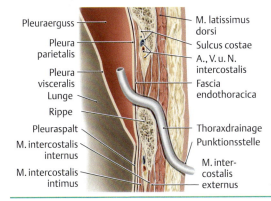

2.5.1 Gefäßversorgung

Arterielle Versorgung: Die arterielle Versorgung der Thoraxwand (Abb. **C-2.17a**) erfolgt durch:

- **11 Arteriae intercostales posteriores**, wobei die obersten zwei aus der **Arteria intercostalis suprema** aus dem **Truncus costocervicalis** der Arteria subclavia (s. Tab. **L-1.2**) entspringen. Die folgenden 9 Interkostalarterien werden von der **Aorta thoracica** abgegeben, wie auch die **Arteria subcostalis**, die unter der 12. Rippe verläuft. In der mittleren Axillarlinie geben die Aa. intercostales posteriores einen **Ramus cutaneus lateralis** zur Versorgung der Haut ab. In der vorderen Axillarlinie teilen sich die meisten Interkostalarterien in 2 Äste, die am Ober- und Unterrand der Rippe nach ventral ziehen und mit den
- **11 Rami intercostales anteriores** der ersten 5 bis 6 Interkostalräume anastomosieren. Diese entspringen aus der **Arteria thoracica interna** (Ast der A. subclavia), die zu beiden Seiten des Corpus sterni auf der Innenseite der Thoraxwand nach kaudal läuft. Die A. thoracica interna, für die in der Klinik immer noch die alte Bezeichnung „**Arteria mammaria interna**" gebräuchlich ist, versorgt daneben mit
- **Rami perforantes** die Haut vor und neben dem Sternum;
- kurze **Rami sternales** ziehen zum Sternum selbst. Vor dem Durchtritt durch das Trigonum sternocostale (S. 538) gibt die A. thoracica interna die
- **Arteria musculophrenica** ab. Diese zieht auf der thorakalen Seite der kostalen Zwerchfellursprünge schräg nach dorsokaudal, gibt die Rr. intercostales anteriores der unteren (ab 6. bis 7.) Interkostalräume ab und versorgt das Zwerchfell von ventral/kranial. Von dorsal wird das Diaphragma kranial durch die paarige
- **Arteria phrenica superior** aus der Aorta thoracica und kaudal
- durch die gleichfalls paarige **Arteria phrenica inferior** aus der Bauchaorta versorgt.
- Die **Arteria thoracica lateralis** und
- die **Arteria thoracodorsalis** aus der **A. axillaris** (S. 463) versorgen kaudal der Achselhöhle zusätzlich die laterale Brustwand von außen.

C-2.17 Segmentale Rumpfwandgefäße

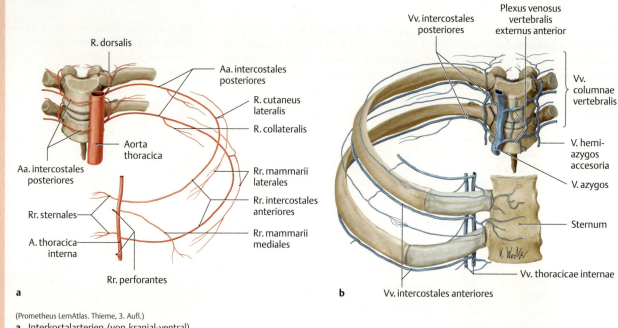

(Prometheus LernAtlas. Thieme, 3. Aufl.)
a Interkostalarterien (von kranial-ventral)
b und -venen, in der Ansicht von kranial-ventral.

Die **weibliche Brust** wird durch **Rr. mammarii latt.** (meist aus der A. thoracica lat.) und **Rr. mammarii mediales** (aus der A. thoracica int.) versorgt.

Venen: Die Venen verlaufen weitgehend parallel zu den Arterien (Abb. **C-2.17b**):
- Die **Vv. intercostales postt.** münden über die **Vv. brachiocephalica, azygos, hemiazygos** und **hemiazygos accessoria** in die V. cava superior.
- Ventral ziehen **Vv. intercostales antt.** zur V. thoracica int.
- Lateral münden die **V. thoracoepigastrica** und die
- **V. thoracica lateralis** in die V. axillaris.

Lymphabfluss: Genereller Abfluss über **Nll. thoracis**; dorsal und lateral fließt die Lymphe über **Nll. intercostales** in den **Ductus thoracicus**; ventral über die **Nll. parasternales** (ggf. noch über die Nll. supraclaviculares) in den **Truncus subclavius** (Abb. **C-2.18**).

Die arterielle Versorgung der lateralen Anteile der **weiblichen Brust** erfolgt durch **Rami mammarii laterales** (meist aus der A. thoracica lateralis). Medial sind die Hautäste der Rr. intercostales anteriores (2–5) aus der A. thoracica interna als **Rami mammarii mediales** ausgebildet.
Unter der Areola mammae anastomosieren laterale und mediale Gefäße unter Bildung eines Rings.

Venen: Die venöse Drainage (Abb. **C-2.17b**) verläuft weitgehend parallel zu den Arterien:
- Vom 1. Interkostalraum zieht die **Vena intercostalis suprema** zur **Vena vertebralis** oder **Vena brachiocephalica**.
- Die **Venae intercostales posteriores** (inklusive **V. subcostalis**) der **rechten** Seite münden in die **Vena azygos**, welche ihrerseits in die V. cava superior mündet. Die 2. und 3. Interkostalvene bilden zunächst die **Vena intercostalis superior dextra**.
- **Links** mündet die **Vena intercostalis superior sinistra** in die **Vena brachiocephalica**; das Blut der Interkostalräume 4–8 gelangt in die **Vena hemiazygos accessoria**, das der unteren in die **Vena hemiazygos** (S. 633).
- Im Bereich der vorderen Brustwand ziehen **Venae intercostales anteriores** zur doppelt angelegten **Vena thoracica interna**, welche in die V. brachiocephalica mündet.
- Die **Vena thoracoepigastrica** nimmt das Blut der seitlichen Thoraxwand auf und mündet in die Vena axillaris. Sie hat Verbindung mit den Hautvenenplexus der Bauchwand.
- Gleichfalls von der seitlichen Thoraxwand zur Vena axillaris zieht die **Vena thoracica lateralis**.

Lymphabfluss: Der Lymphabfluss der Brustwand erfolgt in Lymphknoten der großen Gruppe der **Nodi lymphoidei thoracis**.
Dorsal und **lateral** drainieren die Interkostalräume über die, im Bereich des Angulus costae gelegenen **Nodi intercostales** in den **Ductus thoracicus**. Die **ventralen Abschnitte** drainieren in die entlang der Vasa thoracica interna gelegenen **Nodi parasternales**. Von diesen erfolgt der Abfluss nach kranial entweder direkt in den **Truncus subclavius** oder nach Passage der im Venenwinkel gelegenen **Nodi supraclaviculares** der lateralen Halslymphknoten (Abb. **C-2.18**).

C 2.5 Gefäßversorgung und Innervation der Thoraxwand

C-2.18 Lymphabfluss der weiblichen Brust

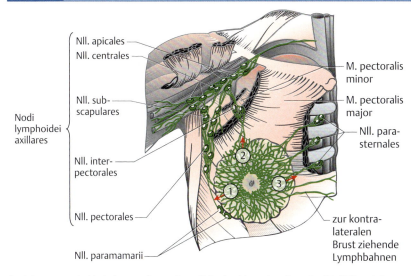

Ansicht von ventral bei abgespreiztem Arm: Teile des M. pectoralis major (S. 451) und des M. pectoralis minor (Abb. E-1.9) sind entfernt. Die Pfeile markieren die grundsätzlichen Abflusswege: axilläre (1), interpektorale (2) und parasternale (3) Bahn.
(Weyerstahl, T., Stauber, M.: Duale Reihe Gynäkologie. Thieme, 2013)

▶ **Merke.** Die Lymphe der Mamma (Abb. **C-2.18**) hat prinzipiell 3 Abflusswege:
- Die **axilläre** Abflussbahn drainiert v. a. die lateralen Abschnitte der Mamma über die subkutanen **Nodi lymphoidei paramammarii** (am lateralen Rand der Mamma) und **Nodi lymphoidei pectorales** (entlang der A. bzw. V. thoracica lateralis) in die **Nodi lymphoidei axillares centrales,** von wo die Lymphe über die **Nll. axillares apicales** in den **Truncus subclavius** gelangt.
- verläuft von der Rückseite der Mamma zwischen M. pectoralis major und minor über die **Nodi lymphoidei interpectorales** zu den **Nodi lymphoidei axillares apicales** und von diesen in den **Truncus subclavius**.
- Die **parasternale** Abflussbahn drainiert die medialen Abschnitte über die **Nodi lymphoidei parasternales** (s. o.) in den **Truncus subclavius**.

Letztlich münden alle 3 Abflusswege in den Venenwinkel: über den **Ductus lymphaticus dexter**, bzw. den **Ductus thoracicus**, die entweder direkt erreicht werden oder über die Passage der **Nodi supraclaviculares** der lateralen Halslymphknoten.

▶ **Klinik.** Wegen der Häufigkeit von Tumorerkrankungen der weiblichen Brust und ihrer Neigung, Tochtergeschwülste in den Lymphknoten (**lymphogene Metastasen**) zu bilden, ist die Kenntnis dieser Abflusswege von eminenter praktischer Bedeutung. Das **Abtasten der Axilla** auf vergrößerte Lymphknoten gehört neben dem Abtasten der Brust zur regelmäßigen **Selbstkontrolle**. Bei einer operativen Entfernung des Tumors bzw. der Brustdrüse werden die Lymphknotenstationen intraoperativ („Schnellschnitt") auf Tumorbefall untersucht. Dabei werden sie in **drei Etagen („Level")** eingeteilt:
- Level I: lateral vom M. pectoralis minor;
- Level II: unter dem Muskel;
- Level III: medial davon.

Streng genommen spiegelt diese Einteilung die Topografie des axillären Abflusswegs wieder: so sind z. B. für den interpectoralen Abflussweg die zum Level II gehörenden interpectoralen Lymphknoten die erste Filterstation.

2.5.2 Innervation

▶ Merke.

Die **11 Nn. intercostales** versorgen motorisch die Thoraxmuskeln und sensibel – ohne den 1. N. intercostalis – über **Rr. cutanei laterales pectorales** und **anteriores pectorales** die Brustwand (Abb. **C-2.19**).
Unmittelbar infraklavikulär grenzt das Hautareal von Th 2 an C 4 aus dem Plexus cervicalis.

2.5.2 Innervation

Sowohl für die motorische als auch für die sensible Innervation der Thoraxwand sind die **Interkostalnerven** (Nervi intercostales) zuständig.

▶ Merke. Aufgrund ihrer Lage zwischen den Rippen werden die **Rami anteriores** der Spinalnerven Th 1–11 als **Nervi intercostales** bezeichnet.

Motorische Innervation: Die motorische Innervation der Thoraxmuskeln erfolgt **segmental** durch die **Nervi intercostales I–XI**.

Sensible Innervation: Die Haut der lateralen Brustwand wird sensibel von **Rami cutanei laterales pectorales** der Interkostalnerven 2 bis 11 versorgt, welche in der mittleren Axillarlinie die Faszie durchbrechen (Abb. **C-2.19**). **Rami cutanei anteriores pectorales** des 2. bis 6. Interkostalnerven treten am Rand des Sternums zur ventralen Brustwand. Der oberste Bereich unmittelbar unter der Clavicula wird noch von **Nervi supraclaviculares** (C 3, C 4) aus dem **Plexus cervicalis** (S. 901) versorgt, wodurch sich ein „oberer Segmentsprung" von C 4 nach Th 2 in der Hautversorgung ergibt (Abb. **C-2.19**). Der 1. Interkostalnerv versorgt über den Plexus brachialis (S. 901) sensibel einen Teil des Arms.

⊙ C-2.19 Sensible Innervation der ventralen Rumpfwand

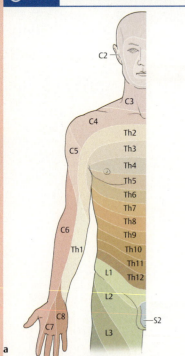 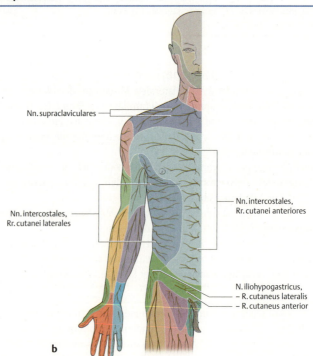

(Prometheus LernAtlas. Thieme, 3. Aufl., nach Mumenthaler)
a Segmentale (radikuläre) Hautinnervation
b und Innervationsgebiete der peripheren Hautnerven.

2.6 Topografische Anatomie der Thoraxwand

Die **Rippen** und **Interkostalräume** gliedern die Thoraxwand in schräg verlaufende (**transversale**) Zonen. Ergänzt durch **10 vertikale Linien** (Tab. **C-2.1** und Abb. **C-2.20**), die von eindeutig und leicht zu bestimmenden Landmarken ausgehen, ergibt sich ein System analog zu den Breiten- und Längengraden des Globus.

2.6 Topografische Anatomie der Thoraxwand

Die **Rippen** und **Interkostalräume** bedingen eine **transversale Gliederung** der Thoraxwand, die durch eine Reihe **vertikaler Hilfslinien** ergänzt wird (Tab. **C-2.1** und Abb. **C-2.20**).

C-2.1 Vertikallinien zur Gliederung der Thoraxwand

Linea		Verlauf
Linea mediana anterior	vordere Medianlinie	von der Incisura jugularis zur Symphyse
Linea sternalis	Sternallinie	entlang des lateralen Sternumrandes
Linea parasternalis	Parasternallinie	in der Mitte zwischen Sternallinie und Medioklavikularlinie
Linea medioclavicularis	Medioklavikularlinie (MCL)	durch die Mitte der Clavicula
Linea axillaris anterior	vordere Axillarlinie (VAL)	ausgehend von der vorderen Achselfalte (M. pectoralis major)
Linea axillaris media	mittlere Axillarlinie (MAL)	ausgehend von der tiefsten Stelle der Axilla
Linea axillaris posterior	hintere Axillarlinie (HAL)	ausgehend von der hinteren Achselfalte (M. latissimus dorsi)
Linea scapularis	Skapularlinie	parallel zum medialen Skapularand in Neutral-Null-Position (S. 232)
Linea paravertebralis	Paravertebrallinie	über die (nicht tastbaren) Brustwirbelquerfortsätze zwischen Skapularlinie und Linea mediana posterior
Linea mediana posterior	hintere Medianlinie	vom Dornfortsatz C VII (Vertebra prominens) entlang der Dornfortsätze nach kaudal

C-2.20 Vertikale Orientierungslinien am Thorax

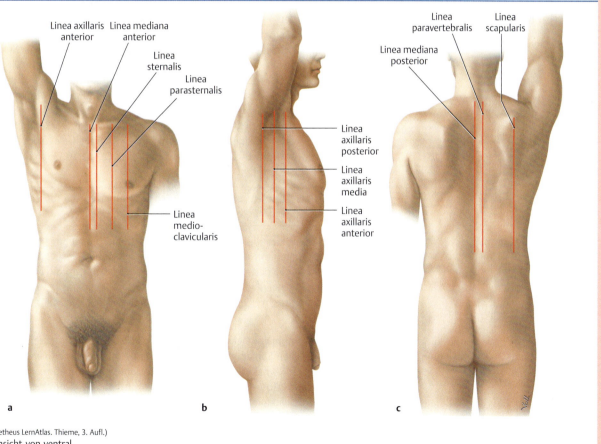

(Prometheus LernAtlas. Thieme, 3. Aufl.)
a Ansicht von ventral,
b rechts-lateral
c und dorsal.

304   C   2   Brustwand und Brustkorb (Thorax)

Die vordere Brustwand ist nach kranial gegen den Hals durch die **Claviculae** und die **Incisura jugularis** des Manubrium sterni abgegrenzt.

Nach **kranial** grenzen die subkutan gelegenen und damit gut tast- und sichtbaren **Claviculae** und die **Incisura jugularis** des Manubrium sterni die Brustwand gegen den Hals ab.
Auch die **Rippen** sind ventral und lateral – bis auf die unter der Clavicula gelegene 1. Rippe – im Allgemeinen gut zu tasten.

▶ **Merke.**

▶ **Merke.** Man beginnt die Zählung der Rippen am **Angulus sterni**, an dem die **2. Rippe** ansetzt.

Kaudal grenzt der **Rippenbogen** den Thorax gegen die Bauchwand (**Epigastrium**) ab.

Da das Sternum praktisch keine Weichteildeckung besitzt, ist der Angulus sterni als querverlaufender Wulst zwischen Manubrium und Corpus immer zu lokalisieren. Auch der **Processus xiphoideus** an der Spitze des **Rippenbogens** ist wie dieser gut tastbar. Der Rippenbogen markiert die Grenze zum **Epigastrium** (S. 323), welches bereits zur Bauchwand gehört.

▶ **Klinik.**

▶ **Klinik.** Unter dem **rechten** Rippenbogen tastet man die bei der inspiratorischen Zwerchfellkontraktion tiefer tretende **Leber** (S. 736). Unter dem **linken** liegt – nicht tastbar – der **Magen**; die **Milz** ist links nur zu tasten, wenn sie pathologisch vergrößert ist.

2.7   Entwicklung der Thoraxwand

2.7.1   Normale Entwicklung

2.7   Entwicklung der Thoraxwand

2.7.1   Normale Entwicklung

Rippen: Die **segmental** gegliederten Rippenanlagen werden von Sklerodermzellen gebildet, die von den **Somiten** nach lateral in die **Somatopleura** emigriert sind.
Die **Interkostalmuskeln** entwickeln sich aus den **hypomeren** Teilen der Myotome, die sich nach lateral verlagert haben.

Rippen: Die Rippen entwickeln sich, wie alle Skelettelemente, aus **Blastemen**, die Verdichtungen des embryonalen Bindegewebes (Mesenchym) darstellen. Die Rippenblasteme werden von **Sklerodermzellen** gebildet, die von den **Somiten** (S. 281) nach lateral in die **Somatopleura** (S. 114) emigriert sind. Daraus resultiert eine klare **segmentale** Gliederung der Brustwand, d. h. die Rippen sind unisegmentale Strukturen. Das Gleiche gilt für die **Interkostalmuskeln**, die sich aus den Myotomzellen der **Hypomere** (S. 282) entwickeln. Wie bei der autochthonen Rückenmuskulatur beobachtet man auch hier Polymerisationsvorgänge mit der Bildung plurisegmentaler Muskelindividuen (z. B. Mm. subcostales), wenn auch in geringerem Ausmaß als am Rücken. Da die im Kap. Entwicklung von Wirbelsäule und Rückenmuskulatur (S. 281) beschriebene Metamerieverschiebung um ein halbes Ursegment lediglich bei den Wirbeln stattfindet, haben die meisten Rippen (2. bis 10.) Kontakt zu zwei benachbarten Wirbelkörpern.

▶ **Merke.**

▶ **Merke.** Im **Hals-, Lenden- und Sakralbereich** verschmelzen die mesenchymalen Rippenanlagen mit den Wirbelanlagen noch vor dem knorpeligen Stadium.

Am Ende des **2. Embryonalmonats** beginnt am Angulus costae die **Verknöcherung** der Rippen, die dann nach ventral fortschreitet.

Die **Verknöcherung** der Rippen beginnt Ende des **2. Embryonalmonats** enchondral im Bereich des Angulus costae und schreitet nach ventral fort, wobei allerdings die sternalen Enden – von partieller degenerativer Verknöcherung im Alter abgesehen – stets knorpelig bleiben. Zur Pubertät entwickeln sich Knochenkerne im Caput und im Tuberculum costae, welche bis zum Erwachsenenalter mit dem knöchernen Corpus verschmelzen.

Sternum: Das Sternum entwickelt sich aus **zwei separaten**, längs orientierten **Sternalleisten**, die mit den Enden der echten Rippen Kontakt aufnehmen und **von kranial nach kaudal fusionieren** (Abb. **C-2.21**). Die Verknöcherung des Sternums beginnt im 6. Fetalmonat.
Entwicklung des Zwerchfells (S. 115).

Sternum: Das **Sternum** entwickelt sich aus **zwei separaten**, längs orientierten Blastemen in der ventralen Somatopleura (**Sternalleisten**). Mit diesen nehmen die Enden der echten Rippen Kontakt auf. Anschließend **fusionieren** beide Sternalleisten **von kranial nach kaudal** (Abb. **C-2.21**). Die häufig zu beobachtende Gabelung oder Löchrigkeit des Processus xiphoideus belegt, dass dieser Prozess am kaudalen Ende des Sternums nicht vollständig abgelaufen ist. Ausgehend von einem Kern im Manubrium und 6–12 Kernen im Corpus **verknöchert** das Sternum vom 6. Fetalmonat bis zur Pubertät. Die Knorpel der Synchondrosen zwischen Manubrium, Corpus und Processus xiphoideus können bis ins 4. Lebensjahrzehnt persistieren.
Zur Entwicklung des **Zwerchfells** (S. 115).

C-2.21 Entwicklung des Sternums

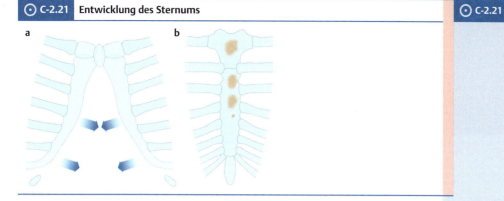

2.7.2 Varianten und Fehlbildungen

Variationen der Rippenanzahl: Relativ häufig variiert die Zahl der Rippen, so liegt z. B. bei 1,6 % der Menschen eine 13. Rippe (oder **Lendenrippe**) vor, 3,6 % verfügen über lediglich 11 Rippen; vgl. Hals- bzw. Lendenrippen (S. 285). Die Zahl der echten Rippen beträgt bei 10 % der Menschen acht und bei 0.6 % sechs.

Variationen der Rippenform: Gelegentlich sind Rippen am sternalen Ende gespalten (**Gabelrippen**) oder es bestehen knöcherne **Brücken** zu benachbarten Rippen. In 5 % ist die normalerweise mit dem Querfortsatz verschmolzene Rippenanlage am 7. Halswirbel als **Halsrippe** (S. 285) ausgeprägt.

Entwicklungsstörungen des Sternums: Das Sternum kann infolge einer Störung der Verschmelzung der Sternalleisten teilweise oder auf seiner ganzen Länge gespalten sein (**Fissura sterni congenita**). Häufiger trifft man auf eine **unvollständige Verknöcherung** des Corpus sterni mit knorpelig oder bindegewebig verschlossenen Löchern.

▶ Klinik. Unter einer **Trichterbrust** (Abb. C-2.22a) versteht man eine Einziehung der Thoraxwand mit dem tiefsten Punkt am kaudalen Ende des Corpus sterni. Diese mit einer Inzidenz von 0,1 % auftretende Deformität hat in erster Linie kosmetische Bedeutung, Beeinträchtigungen der Herz-Lungen-Funktion treten nur bei schweren Fällen auf. Seltener ist eine **Kielbrust** (Abb. C-2.22b) bei der das distale Sternum vorspringt.

C-2.22 Fehlbildungen des Sternums
(Niethard, F.U., Pfeil, J.: Duale Reihe Orthopädie. Thieme, 2009)

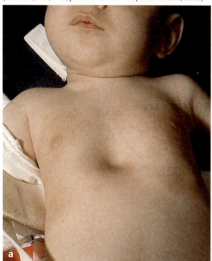
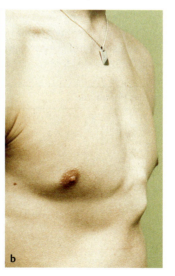

2.7.2 Varianten und Fehlbildungen

Überzählige (13. **Lendenrippe**) oder fehlende Rippen (insgesamt 11) sind häufig. Die Zahl der echten Rippen variiert ebenfalls häufig.

Rippen können am sternalen Ende gegabelt oder mit benachbarten Rippen verbunden sein. Am 7. Halswirbel kann eine **Halsrippe** (S. 285) ausgebildet sein.

Eine Störung der Sternalleistenfusion führt zu einer **Fissura sterni congenita**. Ein unvollständig verknöchertes Corpus hat knorpelig oder bindegewebig verschlossene Löcher.

▶ Klinik.

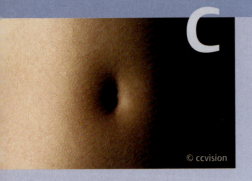

3 Bauchwand

3.1	Funktionelle Aspekte und Bauprinzip	306
3.2	Muskeln und Bindegewebsstrukturen der Bauchwand	308
3.3	Leistenkanal (Canalis inguinalis)	315
3.4	Gefäßversorgung und Innervation der Bauchwand	320
3.5	Topografische Anatomie der Bauchwand	323
3.6	Entwicklung von Bauchwand und Leistenkanal	324

L.J. Wurzinger

3.1 Funktionelle Aspekte und Bauprinzip

3.1 Funktionelle Aspekte und Bauprinzip

Funktionelle Aspekte: Die Bauchwand umgibt die eigentliche **Bauchhöhle** (**Cavitas abdominalis**) und die **Beckenhöhle** (**Cavitas pelvis**) mit den Bauch- und Beckenorganen. Das **Volumen** und der **Druck** in diesem Raum sind starken **Schwankungen** unterworfen.

Funktionelle Aspekte: Der von der **Bauchwand** umschlossene Hohlraum umfasst neben der eigentlichen **Bauchhöhle** (**Cavitas abdominalis**) auch die **Beckenhöhle** (**Cavitas pelvis**) mit den Bauch- und Beckenorganen. Diese Organe beanspruchen in Abhängigkeit von der Menge aufgenommener Nahrung, der Anwesenheit von Darmgasen oder einer evtl. bestehenden Schwangerschaft **wechselnde Volumina**, denen sich die Bauchwand anpassen muss. Die Funktion der Organe des Bauchraums bedingt **wechselnde intraabdominelle Drücke**:

- **Periodische Druckschwankungen** werden durch die Atemtätigkeit des Zwerchfells (S. 296) hervorgerufen.
- **Erhebliche Drucksteigerungen** werden durch Kontraktion der muskulären Bauchwand erzeugt (**Bauchpresse**). Sie sind z. B. beim Hustenstoß, der Defäkation (Stuhlentleerung) und noch mehr bei der Geburt erforderlich.

Grundsätzlich ist – im Gegensatz zum Thorax (S. 286) – von einem **positiven Druck** im Abdomen auszugehen.

Unter **dynamischen** Aspekten sind die Muskeln der Bauchwand im Zusammenwirken mit Rücken- und Hüftmuskeln an den **Rumpfbewegungen** beteiligt (S. 311), was sich durch ihren Ursprung an Thorax und Becken erklärt.

Die Muskeln der Bauchwand sind an den **Rumpfbewegungen** beteiligt (S. 311).

Bauprinzip (Abb. C-3.1, Abb. C-3.2): Die vordere und seitliche Bauchwand erstreckt sich vom Rippenbogen bis zur Crista iliaca, Lig. inguinale und Symphyse. **Bauchraum** und **Becken** sind auf allen Seiten überwiegend von Muskeln umschlossen:
- **kranial:** Diaphragma (S. 537),
- **kaudal:** Becken (S. 327) und Beckenbodenmuskulatur (S. 334),
- **dorsal:** dorsale Bauch- (S. 311) sowie Rückenmuskulatur (S. 270) und die Lendenwirbelsäule,

Bauprinzip (Abb. C-3.1, Abb. C-3.2): Die vordere und seitliche Bauchwand, die sich vom **Rippenbogen** bis zur vorderen **Crista iliaca** (S. 328), dem **Ligamentum inguinale** (S. 314) und der **Symphyse** (S. 331) erstreckt, ist Teil einer überwiegend muskulären Wand des **Bauch-** und **Beckenraums**. Die Beckeneingangsebene (S. 328) stellt eine künstliche Grenze zwischen diesen Räumen dar, die weder für die Bauch- noch die Beckenorgane bindend ist: So befinden sich z. B. regelmäßig Dünndarmschlingen im Becken und die gefüllte Harnblase bzw. der schwangere Uterus erstrecken sich ins Abdomen. Die Begrenzung dieses gemeinsamen Raumes bilden:
- **kranial** das muskuläre Diaphragma (S. 537),
- **kaudal** der trichterförmige Abschluss durch das knöcherne Becken (S. 327) und die Beckenbodenmuskeln (S. 334),

⊙ C-3.1 Das Abdomen als ein von Muskeln umschlossener Hohlraum

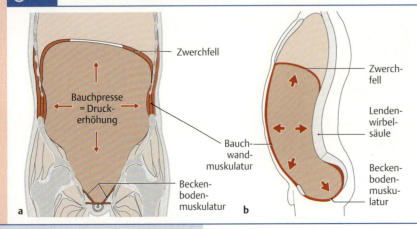

Schematische Darstellung im Frontalschnitt (**a**) und Sagittalschnitt (**b**): Kontraktion der muskulären Bauchwand (Bauchpresse) hat eine abdominale Druckerhöhung zur Folge.
(Prometheus LernAtlas. Thieme, 3. Aufl.)

C 3.1 Funktionelle Aspekte und Bauprinzip

⊙ C-3.2 | Transversalschnitt durch das Abdomen, schematisch dargestellt

(Prometheus LernAtlas. Thieme, 3. Aufl.)

- **dorsal** die hinteren Bauchmuskeln (S. 311), Rückenmuskulatur (S. 270) und Lendenwirbelsäule sowie
- **ventral** und **lateral** die vordere und seitliche Bauchmuskulatur (s. u.). Diese repräsentiert die Bauchwand des üblichen Sprachgebrauchs.

- **ventral** und **lateral:** Bauchmuskeln (bilden die Bauchwand im engeren Sinne).

▶ **Exkurs: Pathophysiologie der Hernienbildung.** An Stellen der Bauchwand, an denen der Muskelmantel Lücken aufweist, kann es durch **langfristig erhöhten intraabdominellen Druck** zur schleichenden Verlängerung kollagener Fasern kommen. Geben die bindegewebigen Bauchwandschichten, meist Fascia transversalis und Fascia superficialis abdominis (S. 314), ganz nach, sodass sich das parietale Peritoneum mit Organ(anteil)en nach außen vorwölbt, spricht man von einer **Hernie (Eingeweidebruch).** Auf Grund der gemeinsamen Ursache (chronische Erhöhung des Drucks im Bauchraum) sind ganz verschiedene Erkrankungen überdurchschnittlich häufig mit Hernien assoziiert: Dazu zählen z. B. Obstipation (Verstopfung) oder Prostatahyperplasie, welche durch Verengung der Harnröhre einen erhöhten intraabdominalen Druck bei der Miktion (Wasserlassen) provoziert. Das gleiche Risiko besteht bei Vielgebärenden.
Ca. 3–5 % aller Menschen entwickeln Hernien, wobei Männer etwa 7-mal häufiger als Frauen betroffen sind. Eine Hernie ist stets gekennzeichnet durch:

- **Bruchpforte:** natürliche oder künstliche Lücke in der muskulären Bauchwand,
- **Bruchsack:** eine von Peritoneum parietale (S. 651) ausgekleidete Aussackung der Bauchhöhle in die ausgestülpte Bauchwand,
- **Bruchinhalt:** bei kleineren Hernien aus Teilen des Omentum majus (S. 657) bestehend, bei größeren meist aus Darmschlingen.

▶ **Exkurs: Pathophysiologie der Hernienbildung.**

⊙ C-3.3 **Aufbau einer typischen Bauchwandhernie.** Eine Dünndarmschlinge hat sich durch die enge Bruchpforte in den Bruchsack gezwängt. Der von Haut und subkutanem Fettgewebe bedeckte Bruchsack ist von Peritoneum parietale (rot) und unterliegender Fascia transversalis (weiß) ausgekleidet.
(Prometheus LernAtlas. Thieme, 3. Aufl.)

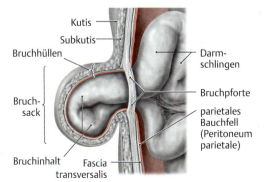

▶ Klinik. Die **Gefahr** von Hernien liegt v.a. darin, dass sich – selbst bei großem Bruchsack – die Bruchpforte nur unwesentlich erweitert. Werden in dieser Engstelle der Bruchinhalt samt seiner begleitenden Blutgefäße eingeklemmt, spricht man von einer **Inkarzeration**. Handelt es sich bei den eingeklemmten Organanteilen um Dünndarmschlingen (am häufigsten), kommt es nicht nur zu einer Störung der Darmpassage durch Einengung des Lumens, sondern auch zu einer Minderversorgung infolge der abgeklemmten Blutgefäße. Das Gewebe des entsprechenden Darmabschnitts stirbt ab (Nekrose, Gangrän), wodurch die Darmwand durchlässig für im Darm befindliche Bakterien wird. Folglich tritt eine Bauchfellentzündung (**Peritonitis**) auf, die gerade bei älteren abwehrgeschwächten Menschen eine lebensbedrohliche Komplikation darstellt.

Die **operative Behandlung** der Hernien besteht ganz allgemein in der Eröffnung des Bruchsacks, gefolgt von der Rückverlagerung vitalen Bruchinhalts ggf. nach Resektion nekrotischer Anteile. Nach Verschluss des Peritoneum parietale werden zur Vorbeugung erneuter Hernien die Bindegewebsschichten der Bauchwand entweder doppelt übernäht oder durch Einlage eines Kunststoffnetzes verstärkt.

⊙ **C-3.4** Leistenhernie rechts (präoperativ)

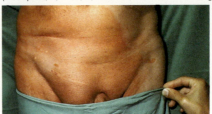

(Schumpelick, V., Bleese, N., Mommsen, U.: Kurzlehrbuch Chirurgie. Thieme, 2010)

3.2 Muskeln und Bindegewebsstrukturen der Bauchwand

3.2.1 Bauchmuskulatur

Sieht man vom Diaphragma und dem Beckenboden ab, so lassen sich die den Bauch- und Beckenraum umschließenden Muskeln in **vordere, seitliche** und **hintere Bauchmuskeln** gliedern (Abb. **C-3.5**).

Aufbau der Bauchmuskulatur

Vorderer Bauchmuskel: Der **Musculus rectus abdominis** ist ein langer, parallelfaseriger Muskel, der durch drei **Intersectiones tendineae** vollständig und eine vierte Intersectio teilweise unterteilt wird (Abb. **C-3.6**). **Die so entstandenen Muskelbäuche entsprechen nicht den Ursegmenten (S. 113), weswegen man von Pseudometamerie** spricht. Bei schlanken und trainierten Individuen sieht man die Intersectiones als quer verlaufende Einziehungen im Bereich der Musculi recti („Waschbrettbauch" oder „six pack").

Seitliche Bauchmuskeln: In Analogie zu den Interkostalmuskeln der Brustwand (S. 294) ist die seitliche Bauchmuskulatur **dreischichtig**.

- **Musculus obliquus externus abdominis**: Er ist der oberflächlichste seitliche Bauchmuskel. Seine Ursprünge an den Rippen alternieren mit den Ansatzzacken des Musculus serratus anterior (S. 443) und bilden bei athletischen Individuen eine gut sichtbare gezackte Linie (Abb. **C-3.7a** und Abb. **C-3.12**). Seine von kranial/lateral nach kaudal/medial verlaufenden Muskelfasern gehen in eine großflächige Sehne, die **Externusaponeurose** (S. 313), über. Der Übergang in die Aponeurose ist an zwei geraden Linien erkennbar, die ca. 2–3 cm oberhalb der Spina iliaca anterior superior einen rechten Winkel bilden („Muskelecke"). Oberhalb ihres Ansatzes am Leistenband, dem **Ligamentum inguinale** (S. 314), spaltet sich die Aponeurose in ein **Crus mediale** und **laterale**, wodurch eine schlitzförmige Öffnung entsteht (äußerer Leistenring, Tab. **C-3.3**, Abb. **C-3.13**).
- **Musculus obliquus internus abdominis**: Seine Fasern strahlen von ihren Ursprüngen fächerförmig aus (Abb. **C-3.5** und Abb. **C-3.7a,** Abb. **C-3.7b**). Im oberen und mittleren Abschnitt verlaufen sie etwa rechtwinklig zu denen des Externus, die kaudalen, vom Leistenband entspringenden Fasern verlaufen über horizontal zunehmend nach kaudal/medial.

3.2 Muskeln und Bindegewebsstrukturen der Bauchwand

3.2.1 Bauchmuskulatur

Die Bauchmuskeln gliedern sich in **vordere, seitliche** und **hintere Bauchmuskeln** (Abb. **C-3.5**).

Aufbau der Bauchmuskulatur

Vorderer Bauchmuskel: Der ventral gelegene **M. rectus abdominis** wird durch **Intersectiones tendineae** unterteilt (Abb. **C-3.6**).

Seitliche Bauchmuskeln:
- **M. obliquus externus abdominis:** Er ist der oberflächlichste der drei seitlichen Bauchmuskeln (Abb. **C-3.7a** und Abb. **C-3.12**). Seine Endsehne, die **Externusaponeurose** spaltet sich oberhalb des Leistenbands, dem sog. **Ligamentum inguinale** (S. 314), in ein **Crus laterale** und **mediale**.

Die Fasern des größten Teils des **M. obliquus internus abdominis** verlaufen diagonal zu denen des Externus (Abb. **C-3.5** und Abb. **C-3.7a,** Abb. **C-3.7b**).

▶ Merke.

▶ Merke. Der Verlauf der **Externusfasern** gleicht der Richtung der gleichseitigen eigenen Hand, wenn man sie in die Jackenaußentasche steckt. Der abgespreizte Daumen dieser Hand zeigt in Richtung der **Internusfasern**.

C 3.2 Muskeln und Bindegewebsstrukturen der Bauchwand

⊙ C-3.5 Bauchmuskeln

Muskel	Ursprung	Ansatz	Innervation	Funktion
vordere Bauchmuskeln				
M. rectus abdominis	▪ 5.–7. Rippenknorpel (außen) ▪ Proc. xiphoideus sterni	▪ Os pubis beidseits der Symphyse	▪ Nn. intercostales (Th 7–11) ▪ N. subcostalis (Th 12) ▪ evtl. N. iliohypogastricus (L 1)	▪ Aufrichten des Oberkörpers aus der Rückenlage (Vorbeugen) ▪ Exspiration durch Senken der ventralen Rippenenden
M. pyramidalis*	▪ Os pubis beidseits der Symphyse	▪ Linea alba	▪ N. subcostalis (Th 12) ▪ N. iliohypogastricus (L 1)	▪ spannt Linea alba
seitliche Bauchmuskeln				
M. obliquus externus abdominis	▪ 5.–12. Rippe (außen, lateral der Knorpel)	▪ Crista iliaca (Labium ext.) ▪ Lig. inguinale** ▪ Linea alba	▪ Nn. intercostales (Th 5–11) ▪ N. subcostalis	einseitig: ▪ Mm. obliquus externus und internus der gleichen Seite (ipsilateral) → Seitneigung des Rumpfes ▪ gegenüberliegende Mm. obliquus externus und internus (kontralateral) → Drehen des Rumpfes zur Seite des M. obliquus internus beidseitig: ▪ Vorbeugen des Rumpfes ▪ Exspiration
M. obliquus internus abdominis	▪ Fascia thoracolumbalis (tiefes Blatt) ▪ Crista iliaca (Linea intermedia) ▪ Lig. inguinale** (lateral)	▪ 10.–12. Rippe ▪ Linea alba	▪ Nn. intercostales (Th 8–11) ▪ N. subcostalis (Th 12) ▪ Nn. iliohypogastricus, ilioinguinalis, genitofemoralis (Th 12–L 1)	
M. transversus abdominis	▪ 7.–12. Rippe ▪ Fascia thoracolumbalis (tiefes Blatt) ▪ Crista iliaca (Labium int.) ▪ Lig. inguinale** (lateral)	▪ Linea alba, ▪ Os pubis über Falx inguinalis	▪ Nn. intercostales (Th 7–11) ▪ N. subcostalis (Th 12) ▪ Nn. iliohypogastricus, ilioinguinalis, genitofemoralis (Th 12–L 1)	beidseitig: ▪ Exspiration einseitig: ▪ Drehen des Rumpfes zur gleichen Seite
hintere Bauchmuskeln				
M. quadratus lumborum	▪ Crista iliaca (lab. int.) ▪ Lig. iliolumbale	▪ 12. Rippe ▪ Proc. costalis L I–L IV	▪ N. subcostalis (Th 12) ▪ Äste des Plexus lumbalis (L 1–L 3)	einseitig: ▪ Seitneigung des Rumpfes
M. psoas major	▪ Wirbelkörper Th XII, L I–L IV (lat.) ▪ Proc. costalis L I–L V	▪ Trochanter minor femoris	▪ Äste des Plexus lumbalis (L 1–L 3)	einseitig: ▪ Seitneigung beidseitig: ▪ Vorbeugen des Rumpfes

*Die Kontraktion sämtlicher Bauchmuskeln – insbesondere die der vorderen und seitlichen – führt zu einer Erhöhung des intraabdominellen Drucks („**Bauchpresse**"); daneben sind sie mit den Muskeln des Rückens und der Hüfte an der Stabilisierung der **aufrechten Körperhaltung** beteiligt*
* variabel, fehlt bei 10–25 % der Menschen
** zwischen Tuberculum pubicum und Spina iliaca anterior superior

Zur Aufrichtung des Rumpfes siehe auch Abb. **C-3.6**.

Vom Unterrand des M. obliquus internus spalten sich einige Muskelbündel ab, welche als **Musculus cremaster** (Hodenheber) mit dem Samenstrang (S. 831) ins Skrotum ziehen. Seine Aufgabe ist es, den Hoden bei Kältexposition näher an den (warmen) Rumpf zu ziehen bzw. bei hohen Umgebungstemperaturen durch Erschlaffung für eine kühlere Hodentemperatur zu sorgen. Dies dient der Einstellung einer für die Spermiogenese optimalen **Hodentemperatur** (S. 843).

▪ **Musculus transversus abdominis:** Die überwiegend horizontal verlaufenden Fasern des am weitesten innen gelegenen Muskels gehen bereits relativ weit lateral vom Musculus rectus in der **Linea semilunaris** in ihre Aponeurose über (Abb. **C-3.6**). Die kaudalen, vom Leistenband (s. u.) entspringenden Fasern nehmen den gleichen Verlauf wie die des M. obliquus internus abdominis und sind kaum von diesen zu trennen.

Vom Unterrand des M. obliquus internus spaltet sich der **M. cremaster** (Hodenheber) ab, welcher mit dem Samenstrang (S. 831) ins Skrotum zieht.

M. transversus abdominis: Seine überwiegend horizontal verlaufenden Fasern sind im Bereich des Leistenbands kaum von denen des M. obliquus int. abd. zu trennen (Abb. **C-3.6**). Den Übergang in die Aponeurose kennzeichnet die **Linea semilunaris**.

C-3.6 Vordere Bauchwand

Links sind die Mm. rectus abdominis und pyramidalis teilweise dargestellt. Rechts sind die Mm. obliqui externus und internus abdominis und ihre Aponeurosen abgetragen, sodass der M. transversus abdominis sichtbar ist. Man beachte, dass kaudal der Linea arcuata die Aponeurose des M. transversus vor dem M. rectus zur Linea alba zieht.

(Prometheus LernAtlas. Thieme, 3. Aufl.)

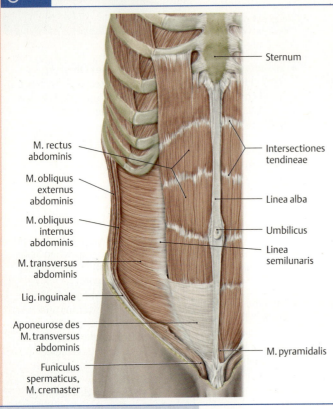

C-3.7 Seitliche schräge Bauchmuskulatur

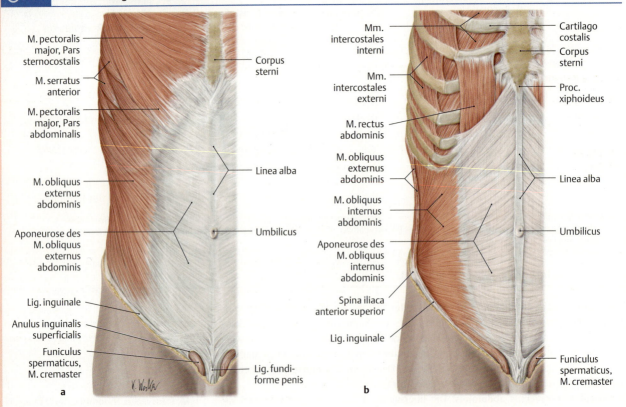

(Prometheus LernAtlas. Thieme, 3. Aufl.)
a Musculus obliquus externus abdominis
b und Musculus obliquus internus abdominis.

Hintere Bauchmuskeln: Die dorsal liegenden **Musculus quadratus lumborum** und **Musculus psoas major** (Abb. **D-1.10**) bilden eine Nische, in welcher die Niere mit ihrer Capsula adiposa (Abb. **J-1.4**) („**Nierenlager**") liegt. Der M. psoas major schließt sich mit dem M. iliacus zum M. iliopsoas (S. 351) zusammen, welcher zu den Hüftmuskeln zählt.

Hintere Bauchmuskeln: Der **M. quadratus lumborum** und **M. psoas major** (Abb. **D-1.10**) bilden das „Nierenlager" (Abb. **J-1.4**).

▶ Klinik. Das Gefüge der seitlichen Bauchwand mit den drei in unterschiedlicher Richtung verlaufenden Muskelschichten ist für ihre Sicherung gegenüber Hernien von großer Bedeutung. Bei chirurgischen Eingriffen versucht man, durch einen **Wechselschnitt** jede Schicht für sich längs der Faserrichtung zu spalten, um das Muskelfasertrauma zu minimieren.

Verletzungen der muskulären Bauchwand nach größeren chirurgischen Eingriffen verheilen unter Bildung einer bindegewebigen Narbe, welche zur Bruchpforte werden kann. Es kommt dann zu **Narbenhernien** (S. 318), die nach Leistenbrüchen die zweithäufigsten Hernien darstellen. Sie stellen eine Spätkomplikation bauchchirurgischer Eingriffe (**Laparotomie**) dar.

▶ Klinik.

C-3.8 Narbenhernie

(Henne-Bruns, D., Düring, M., Kremer, B.: Duale Reihe Chirurgie. Thieme, 2008)

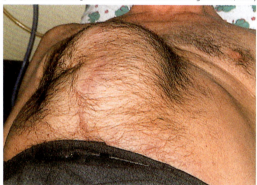

Funktion der Bauchmuskeln

Die Bauchmuskeln verbinden das Becken mit dem Thorax. Sie erfüllen, oft in Zusammenarbeit mit anderen Muskelgruppen wie z. B. Rücken- und Gesäßmuskulatur, vielfältige Aufgaben (Tab. **C-3.1**, Abb. **C-3.9** u. Abb. **C-3.10**):

Funktion der Bauchmuskeln

Siehe Tab. **C-3.1**, Abb. **C-3.9** u. Abb. **C-3.10**).

C-3.1 Funktionelle Bedeutung der Bauchmuskulatur

Funktion	beteiligte Muskulatur
Vorwärtsneigung des Rumpfes	▪ **M. rectus abdominis**: durch ventrale Lage **Hauptantagonist** der Rückenmuskulatur in aufrechter Körperhaltung
Seitneigung des Rumpfes	▪ **M. obliquus internus** (dorsolaterale Abschnitte) ▪ **M. externus abdominis** (dorsolaterale Abschnitte) ▪ **M. quadratus lumborum** ▪ **M. iliocostalis** (Abb. **C-1.34**)
Drehung des Rumpfes	**Muskelschlingen** aus: ▪ schräg verlaufender Bauchmuskulatur: **M. obliquus internus** mit **M. obliquus externus** der Gegenseite (Rektusscheiden und Linea alba fungieren als Zwischensehnen) ▪ schräg verlaufender Rückenmuskulatur (**Mm. rotatores**), bzw. Muskeln, welche die Scapula am Rumpf fixieren (**Mm. serratus ant. und rhomboidei**, Abb. **E-1.9**) ▪ Hüftmuskulatur: rotierende Anteile der Mm. glutei medius und minimus sowie **maximus** (S. 354)
Verspannung der Bauchdecke	▪ **Mm. recti**: vertikale Verspannung ▪ **Mm. obliqui**: diagonale Verspannung ▪ **Mm. transversi**: horizontale Verspannung → Anpassung an wechselnde Volumenverhältnisse des Bauchraums
„Bauchpresse" bei gleichzeitig angespanntem Zwerchfell	▪ **alle Bauchmuskeln** und **Zwerchfell** (bei erschlafftem Beckenboden) → hoher Druckaufbau unter der Geburt oder bei der Defäkation (Stuhlentleerung)
Exspiration	▪ **alle Bauchmuskeln** → Verlagerung des erschlaffenden Zwerchfells nach kranial → Senkung der Rippen (S. 293)

C-3.9 Vordere und seitliche Bauchmuskeln bei Rumpfbewegungen

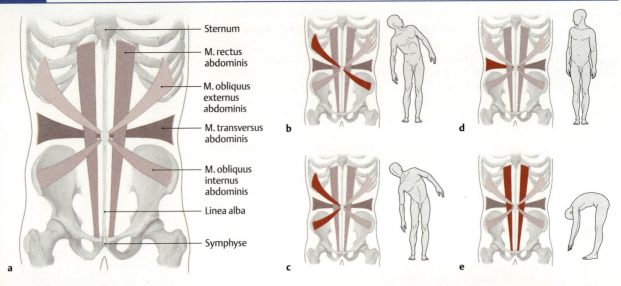

(Prometheus LernAtlas. Thieme, 3. Aufl.)

a Verlauf und Anordnung der vorderen und seitlichen Bauchmuskeln.
b Drehung des Rumpfes nach links (mit überlagerter Seitneigung) durch Kontraktion des rechten M. obliquus externus abdominis und des linken M. obliquus internus abdominis (unter Mitwirkung der in Tab. **C-3.1** genannten Muskeln als Teile schräg verlaufender Muskelschlingen).
c Lateralflexion nach rechts durch Kontraktion der rechten Mm. obliqui externus und internus abdominis (unter Mitwirkung der Mm. quadratus lumborum und iliocostalis der rechten Seite).
d Rotation des Rumpfes nach rechts ohne Seitneigung durch den rechten M. transversus abdominis (ebenfalls unter Mitwirkung der in Tab. **C-3.1** genannten Muskeln als Teile schräg verlaufender Muskelschlingen).
e Vorwärtsneigung des Rumpfes v. a. durch Kontraktion der Mm. recti abdominis; auch die seitlichen Bauchmuskeln besitzen eine ventralflektierende Komponente, die hier zum Tragen kommt.

C-3.10 Wirkung der Bauchmuskeln auf die aufrechte Körperhaltung

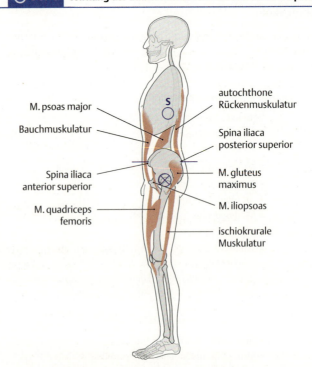

Bei der aufrechten Körperhaltung wird der Rumpf mit dem Schwerpunkt der suprapelvinen Körpermasse (S) auf den Hüftgelenken (⊗) mit einem Minimum an Kraftaufwand balanciert. Dabei wirken Bauchmuskeln und M. iliopsoas zur Rückenmuskulatur antagonistisch; der M. quadriceps femoris (S. 377) antagonisiert den M. gluteus maximus (S. 354) und die ischiokrurale Muskulatur (S. 377).

(Prometheus LernAtlas. Thieme, 3. Aufl.)

3.2.2 Bindegewebsstrukturen

Aponeurosen und Rektusscheide

Die Sehnen der drei seitlichen Bauchmuskeln durchflechten sich in der vorderen Medianlinie (s. u.). Dadurch entsteht ein verdichteter, longitudinal von der Symphyse zum Processus xiphoideus sterni verlaufender Sehnenstreifen (**Linea alba**). Etwa auf ihrer Mitte markiert der **Nabel** (**Umbilicus**) die Öffnung (Anulus umbilicalis) der Bauchwand, durch die über die Nabelgefäße der Fetus mit der Plazenta verbunden ist (S. 122). Dort ist die Cutis ohne subkutanes Fettgewebe mit der Linea alba verwachsen, sodass die äußerlich sichtbare **Nabelgrube** entsteht.

Aponeurosen und Rektusscheide

Die Durchflechtung der Sehnen von oberflächlichen und tiefen seitlichen Bauchmuskeln lässt in der Medianlinie die **Linea alba** entstehen. Etwa auf ihrer Mitte verbleibt vom Anulus umbilicalis der Fetalzeit der **Nabel** (**Umbilicus**), in dem die Cutis ohne Fettgewebe mit der Linea alba verwachsen ist.

▶ **Klinik.** Nabelhernien sind bei Kleinkindern bis zum 2. Lebensjahr relativ häufig und bedürfen wegen der hohen Spontanheilungstendenz nur selten einer operativen Korrektur. Oberhalb des Nabels kann es durch Erweiterung von Gefäßkanälen in der Linea alba zu **epigastrischen Hernien** kommen, die im Allgemeinen nur kleine Bruchsäcke aufweisen.

▶ **Klinik.**

⊙ **C-3.11** Beispiele für Hernien am Abdomen. (Prometheus LernAtlas. Thieme, 3. Aufl.)

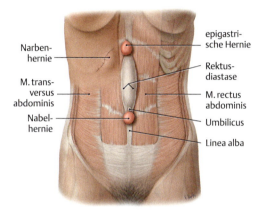

Oberhalb und bis 4–6 cm unterhalb des Nabels bilden die Aponeurosen der drei seitlichen Bauchmuskeln zu beiden Seiten der Linea alba je einen fibrösen Schlauch. Dieser wird zusammen mit den anliegenden Faszien der Bauchwand (s. u.) als **Rektusscheide** (**Vagina musculi recti abdominis**) bezeichnet. Sie verhindert ein Ausweichen des M. rectus nach lateral und entsteht durch folgenden Verlauf der Aponeurosen:

- Die **Externusaponeurose** bedeckt den gleichseitigen M. rectus abdominis ventral, um zwischen den beiden Mm. recti in der Linea alba in die Aponeurose des M. transversus abdominis der Gegenseite überzugehen, die hinter dem gegenseitigen M. rectus verläuft (Abb. **C-3.12**).
- Die **Internusaponeurose** teilt sich am lateralen Rand des M. rectus in zwei Blätter, welche vor und hinter diesem Muskel zur Linea alba verlaufen. Das vordere Blatt vereinigt sich dabei mit der Externusaponeurose, das hintere mit der Aponeurose des M. transversus abdominis.

Dagegen verlaufen ab einer Höhe von 4–6 cm kaudal des Nabels bis zur Symphyse alle Aponeurosen der seitlichen Bauchmuskeln ventral vom M. rectus abdominis. Hier sind die Mm. recti dorsal nur von der dünnen Fascia transversalis (s. u.) und dem Peritoneum parietale bedeckt. Die scharfe Grenze zur kranial dickeren dorsalen Rektusscheide ist auf der Innenseite der Bauchwand als **Linea arcuata** sichtbar (Abb. **C-3.16**).

Bis ca. 5 cm unterhalb des Nabels bilden die drei seitlichen Bauchmuskeln die **Rektusscheide** (**Vagina musculi recti abdominis**).

Ihr Aufbau erklärt sich durch den Verlauf der Externus- und Internusaponeurosen.

Kaudal der **Linea arcuata** verlaufen die Aponeurosen aller seitlichen Bauchmuskeln ventral vom M. rectus abdominis (Abb. **C-3.16**).

▶ **Merke.** Oberhalb der Linea arcuata beteiligen sich die Aponeurosen der drei seitlichen Bauchmuskeln zu gleichen Teilen an der Bildung der Lamina anterior und posterior der Rektusscheide, während sie kaudal der Linea arcuata zu einem einzigen Blatt verschmelzen, das vor dem M. rectus abdominis liegt (Abb. **C-3.12**).

▶ **Merke.**

C-3.12 Rektusscheide

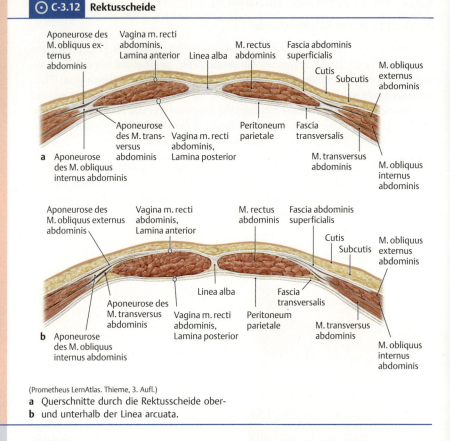

(Prometheus LernAtlas. Thieme, 3. Aufl.)
a Querschnitte durch die Rektusscheide oberb und unterhalb der Linea arcuata.

▶ **Klinik.** Gibt das straffe kollagene Bindegewebe der Linea alba infolge starker Beanspruchung (z. B. durch Schwangerschaften) nach, weichen die Mm. recti in ihren Scheiden beim Anspannen der Bauchmuskeln auseinander (**Rektusdiastase**).

Faszien und Ligamentum inguinale

Auch an der Bauchwand unterscheidet man eine oberflächliche Körperfaszie von einer tiefen Faszie, die den Bauchraum von innen auskleidet.

- **Fascia transversalis:** Sie stellt nicht nur die innen liegende Faszie des M. transversus abdominis dar, sondern auch den inneren Überzug der vorderen und hinteren Bauchwand (Abb. **C-3.2**).
- **Fascia abdominis superficialis (Fascia investiens superficialis):** Sie überzieht die muskuläre Bauchwand außen (Abb. **C-3.2**). Nicht nur im Bereich der Linea alba (s. o.) ist sie mit den Aponeurosen der seitlichen Bauchmuskeln verwachsen, sondern auch im Leistenband, dem Ligamentum inguinale. Letzteres zieht von der Spina iliaca anterior superior zum Tuberculum pubicum direkt neben der Symphyse. Distal des Leistenbandes wird die oberflächliche Körperfaszie von der **Fascia lata** (S. 357) des Oberschenkels repäsentiert.

▶ **Merke.** In das **Ligamentum inguinale** (**Leistenband**) als zentraler Bindegewebsstruktur der Leistengegend strahlen neben der Externusaponeurose die oberflächlichen Faszien (Fascia superficialis abdominis, Faszia lata) von außen ein, tiefere Faszien (Fascia transversalis, Fascia pelvis parietalis) lagern sich von innen an.

Unterhalb des **Lig. inguinale** (Abb. **C-3.13**) zieht der **Arcus iliopectineus**, eine sehnige Abspaltung des Leistenbandes, zur Eminentia iliopubica des Os coxae. Dadurch entstehen folgende Lücken, die Gefäßen und Nerven als Durchtrittsstellen vom Rumpf zum Bein dienen:

- **Lacuna musculorum:** Durch die lateral gelegene Lücke zieht zusammen mit dem namengebenden **Musculus iliopsoas** der **Nervus femoralis** vom Becken zum Oberschenkel.
- **Lacuna vasorum:** Hier verlaufen von lateral nach medial der Ramus femoralis des Nervus genitofemoralis sowie die **Arteria** und **Vena femoralis**.

Faszien und Ligamentum inguinale

Auch an der Bauchwand unterscheidet man 2 Faszien:
- **Fascia transversalis:** Die innere Faszie des M. transversus abdominis überzieht auch die anderen Bauchmuskeln (Abb. **C-3.2**).
- **Fascia abdominis superficialis:** Sie ist mit der Linea alba (s. o.) verwachsen und strahlt, wie auch ihre distale Fortsetzung, die Fascia lata, von außen in das Leistenband ein.

Unter dem Lig. inguinale liegen, getrennt durch den **Arcus iliopectineus**,
- lateral die **Lacuna musculorum** mit dem M. iliopsoas und N. femoralis,
- medial die **Lacuna vasorum** (Abb. **C-3.13**) mit A. und V. femoralis sowie R. femoralis des N. genitofemoralis.

C 3.3 Leistenkanal (Canalis inguinalis)

C-3.13 Leistenregion mit Lacuna musculorum und Lacuna vasorum

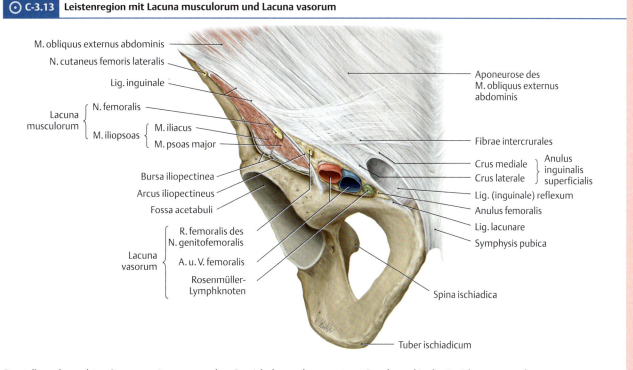

Darstellung des rechten Os coxae mit angrenzendem Bereich der vorderen, unteren Bauchwand in der Ansicht von ventral.
(Prometheus LernAtlas. Thieme, 3. Aufl.)

▶ **Merke.** Die topografische Anordnung der Gefäße und Nerven in der Leistenregion kann man sich anhand des Namens **IVAN** merken:

Innen
Vene (V. femoralis: Lacuna vasorum)
Arterie (A. femoralis: Lacuna vasorum)
Nerv (R. femoralis nervi genitofemoralis: Lacuna vasorum; N. femoralis: Lacuna musculorum).

▶ **Merke.**

▶ **Klinik.** Zur Entnahme venösen Blutes, z. B. bei zentralisiertem Kreislauf infolge eines Schocks, wählt man den Einstichpunkt medial des in der Mitte des Lig. inguinale tastbaren Femoralispulses, vgl. arterielle Punktion (S. 380).

▶ **Klinik.**

Medial der V. femoralis ist die Lacuna vasorum vom bindegewebigen **Septum femorale** verschlossen. Dieses wird von den Lymphbahnen des Beins mehrfach perforiert. Auf seiner Innenseite liegt der sog. **Rosenmüller-Lymphknoten**. Der vom Septum femorale verschlossene Teil der Lacuna vasorum, der medial bis zu einer kaudalen Abspaltung des Leistenbandes, dem **Ligamentum lacunare** reicht, wird als **Anulus femoralis** bezeichnet.

Der vom Septum femorale verschlossene mediale Bereich der Lacuna vasorum ist eine Schwachstelle der Bauchwand (**Anulus femoralis**).

▶ **Klinik.** Mit bis zu 5 % aller Hernien noch relativ häufig sind die **Schenkel-** oder **Femoralhernien**, bei denen sich der Bruchsack **unter** dem Leistenband durch den **Anulus femoralis** der Lacuna vasorum (Bruchpforte) ins Trigonum femorale (S. 389) zwängt. Sie treten überwiegend bei Frauen auf und haben ein relativ hohes Inkarzerationsrisiko.

▶ **Klinik.**

3.3 Leistenkanal (Canalis inguinalis)

Der Leistenkanal, der beim Mann den **Funiculus spermaticus** (S. 831) und bei der Frau das **Ligamentum teres uteri** (S. 324) (entspricht dem im klinischen Sprachgebrauch verwendeten „Lig. rotundum") enthält, stellt eine Verbindung zwischen innerer und äußerer Bauchwand dar. Die topografischen Verhältnisse dieser Region als Schwachstelle der unteren Bauchwand sind auf Grund der Häufigkeit hier lokalisierter Hernien (S. 318) von hoher klinischer Relevanz.

3.3 Leistenkanal (Canalis inguinalis)

Er enthält den **Funiculus spermaticus** (S. 831) (♂) bzw. das **Lig. teres uteri** (S. 324) (♀). Als Schwachstelle der unteren Bauchwand begünstigt die Region die Hernienbildung (S. 318).

3.3.1 Verlauf und Begrenzungen des Leistenkanals

Über dem Lig. inguinale befindet sich medial eine **muskelfreie** Stelle der Bauchwand, die dort von der **Fascia transversalis** und der **Externusaponeurose** gebildet wird. Zwischen diesen Bindegewebsblättern zieht der **Leistenkanal** schräg von innen/oben/lateral nach außen/unten/medial. Der Angulus inguinalis prof. ist die innere Öffnung in der Fascia transversalis, der Angulus inguinalis superf. die äußere in der Externusaponeurose.

▶ Merke.

▶ Klinik.

3.3.1 Verlauf und Begrenzungen des Leistenkanals

Der **Leistenkanal** durchbohrt die kaudale Bauchwand auf einer Länge von 4–5 cm schräg von innen/oben/lateral nach außen/unten/medial oberhalb des Leistenbandes. Er nutzt ein schmales **muskelfreies** Dreieck in der Bauchwand, das dadurch entsteht, dass die kaudalen Fasern des M. obliquus internus abdominis nur vom lateralen Teil des Ligamentum inguinale entspringen. Die Spitze dieses Dreiecks zeigt nach lateral, seine schmale Basis wird medial vom Rand des M. rectus abdominis gebildet (Abb. **C-3.15c**). In diesem Bereich wird die **Bauchwand** lediglich von zwei Bindegewebsschichten, innen der **Fascia transversalis**, außen der **Externusaponeurose** gebildet, zwischen denen der Leistenkanal verläuft. Beide Bindegewebsschichten haben je eine Öffnung für den Ein- bzw. Austritt des Leistenkanals: den **Anulus inguinalis profundus** bzw. **superficialis**, die seitlich versetzt liegen.

▶ **Merke.** Der Leistenkanal zieht **über** das Ligamentum inguinale.

▶ **Klinik.** Wenn der M. obliquus internus abdominis zu weit lateral am Leistenband entspringt, so resultiert ein größeres muskelfreies Dreieck, da der Unterrand des Internus weiter kranial liegt („**Internushochstand**"). Beim Pressen kann sich dann die Bauchwand in der Leistengegend vorwölben, was als „**weiche Leiste**" bezeichnet wird.

≡ C-3.2

≡ **C-3.2** Begrenzungen des Leistenkanals (Canalis inguinalis)

Lokalisation	wandbildende Struktur
kranial (Dach)	Unterrand der Mm. obliquus internus und transversus abdominis
kaudal (Boden)	Ligamentum inguinale, (Lig. reflexum, Abb. **C-3.13** und Abb. **C-3.14**)
ventral (Vorderwand)	Externusaponeurose
dorsal (Hinterwand)	Fascia transversalis, Lig. interfoveolare

⊙ **C-3.14** Lage des Leistenkanals beim Mann

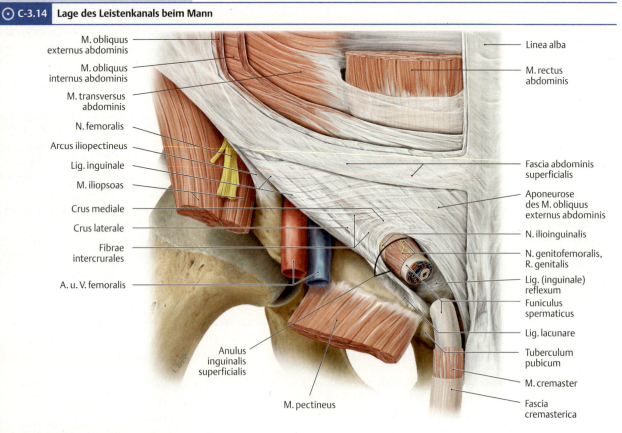

Rechte Inguinalregion in der Ansicht von ventral.
(Prometheus LernAtlas. Thieme, 3. Aufl.)

C 3.3 Leistenkanal (Canalis inguinalis)

C-3.15 Beteiligung der schrägen Bauchmuskeln am Aufbau des Leistenkanals beim Mann

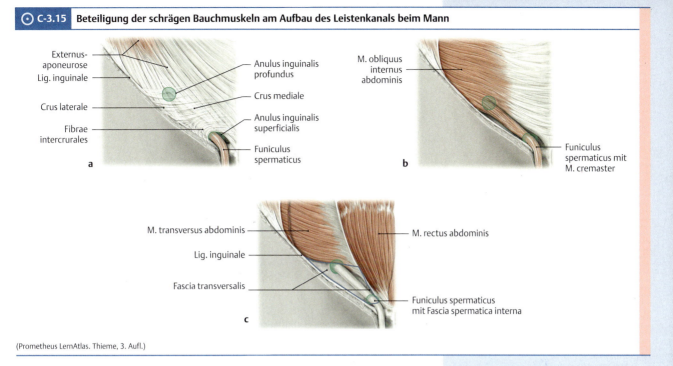

(Prometheus LernAtlas. Thieme, 3. Aufl.)

3.3.2 Öffnungen des Leistenkanals und Innenrelief der Bauchwand

Die Öffnungen des Leistenkanals (Tab. **C-3.3**), die im Rahmen der Hernienbildung von großer Bedeutung sind (s. u.), werden als innerer und äußerer Leistenring bezeichnet. Sie prägen wesentlich das Innenrelief der unteren vorderen Bauchwand: Hier liegen im Bereich der Leistenringe zwei vom Peritoneum parietale bedeckte Vertiefungen (Abb. **C-3.16**):

- Die **Fossa inguinalis lateralis** markiert den inneren Leistenring (Anulus inguinalis profundus),
- die **Fossa inguinalis medialis** den äußeren Leistenring (Anulus inguinalis superficialis).

Dazwischen ist die dünne Fascia transversalis durch das **Ligamentum interfoveolare** verstärkt. Es zieht vom Ligamentum inguinale (S. 314) zum Unterrand des M. obliquus internus abdominis. Auf dem Ligamentum interfoveolare ziehen die **Vasa epigastrica inferiora** (S. 321) von der A. iliaca externa zur Rückseite des M. rectus abdominis. Über den Vasa epigastrica inferiora ist das Peritoneum parietale zur **Plica umbilicalis lateralis** aufgeworfen. Medial von der Fossa inguinalis medialis zieht die **Plica umbilicalis medialis** zum Nabel. Ihr liegt die **Arteria umbilicalis** (S. 877) zugrunde, welche nach der Geburt distal der Abzweigung der A. vesicalis superior obliteriert. Unter der **Plica umbilicalis mediana** verläuft der obliterierte **Urachus** (S. 114) der Embryonalzeit.
Zwischen Plica umbilicalis mediana und medialis befindet sich auf der Rückseite des M. rectus abdominis die **Fossa supravesicalis** (Abb. **C-3.16**).

3.3.2 Öffnungen des Leistenkanals und Innenrelief der Bauchwand

Die Öffnungen des Leistenkanals werden als innerer und äußerer Leistenring bezeichnet (Tab. **C-3.3**) und sind an der Innenseite der Bauchwand sichtbar (Abb. **C-3.16**).
- Hier liegt im Bereich des inneren Leistenrings die **Fossa inguinalis lateralis**,
- über dem äußeren die **Fossa inguinalis medialis**.

Dazwischen ist die Fascia transversalis als **Ligamentum interfoveolare** verstärkt.
Die **Plicae umbilicales** sind Peritonealfalten auf der Innenseite der Bauchwand und enthalten folgende Strukturen:
- **Plica umbilicalis lateralis** die Vasa epigastrica inf.,
- **Plica umbilicalis medialis** die obliterierte A. umbilicalis (S. 877) und die
- **Plica umbilicalis mediana** den obliterierten Urachus (S. 114).

C-3.3 Öffnungen des Leistenkanals

Öffnung	Anulus inguinalis profundus = innerer Leistenring	Anulus inguinalis superficialis = äußerer Leistenring
Lage	innere Bauchwand lateral der Vasa epigastrica inff. (Fossa inguinalis lateralis)	äußere Bauchwand (entspricht an innerer Bauchwand der Fossa inguinalis medialis, medial der Vasa epigastrica inff.)
bildende Strukturen	Ausstülpung der Fascia transversalis, die als Fascia spermatica interna den Samenstrang (S. 831) umhüllt	Schlitz in der Externusaponeurose
Begrenzung	▪ lateral/kranial: Unterrand des M. obliquus internus abdominis ▪ lateral/kaudal: Lig. inguinale ▪ medial: Lig. interfoveolare (Verstärkung der Fascia transversalis)	▪ kranial: Crus mediale ▪ kaudal: Crus laterale ▪ lateral: Fibrae intercrurales ▪ medial: Falx inguinalis (stabiler Faszienstreifen, der von der Rektussehne zum Leistenband verläuft)

C-3.16 Bauchwand (Inguinalregion) von innen

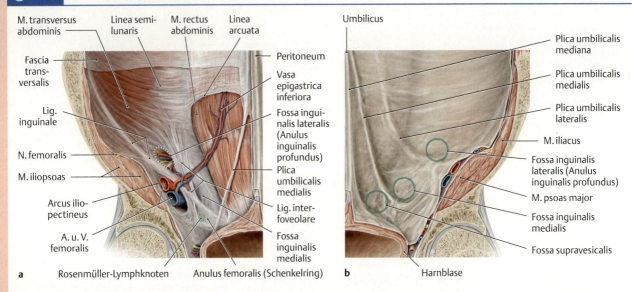

Frontalschnitt in der Ebene der Hüftgelenke nach Entfernung der Eingeweide mit Ausnahme der Harnblase: In der rechten Bildhälfte (b) sind die Peritonealverhältnisse intakt dargestellt, in der linken (a) sind das Peritoneum parietale gänzlich und die Fascia transversalis größtenteils entfernt.
(Prometheus LernAtlas. Thieme, 3. Aufl.)

▶ Klinik.

▶ Klinik. Neben den bisher genannten Hernien (Leisten-, Narben-, Schenkel-, Nabel- und epigastrische Hernien), welche mehr als 90 % aller Hernien ausmachen, gibt es eine Vielzahl von „Exoten", die von allen möglichen Schwachstellen der Bauchwand und des Beckenbodens (S. 334) ausgehen können.

▶ Klinik.

▶ Klinik. **Leistenhernien** sind mit 60–75 % die häufigste Hernienform. Man unterscheidet anhand der Bruchpforte direkte von indirekten Leistenhernien sowie nach ihrer Ätiologie angeborene von erworbenen Hernien:
- **Indirekte Leistenhernien** können angeboren oder erworben sein. Die Bruchpforte ist immer der Anulus inguinalis profundus, sodass der Bruchsack neben dem Samenstrang den Weg durch den Leistenkanal und den äußeren Leistenring in den Hodensack nimmt.
  → Die **angeborene** Leistenhernie ist stets indirekt und entsteht bald nach der Geburt als Folge eines nicht obliterierten Processus vaginalis peritonei (S. 324), in den sich Bauchinhalt verlagert.
  → Die **erworbene** indirekte Leistenhernie ist am häufigsten. Sie entsteht durch eine Erweiterung des inneren Leistenrings meist im höheren Lebensalter, durch die dann Peritoneum und Darmanteile in den Leistenkanal eintreten.
- **Direkte Leistenhernien** sind immer erworben. Die Schwachstelle der Bauchwand, in der die Bruchpforte liegt, ist die Fossa inguinalis medialis (S. 317). Zwischen Lig. interfoveolare und Falx inguinalis wird die Bauchwand nur von der Fascia transversalis mit aufgelagertem Peritoneum parietale gebildet, die sich durch den Anulus inguinalis superficialis nach außen vorwölbt.
- Bei laparoskopischen, d. h. im Rahmen einer Bauchspiegelung durchgeführten Leistenhernien-Operationsverfahren gelingt die Differenzierung zwischen indirekter und direkter Hernie gemäß ihrer Lage zu den Vasa epigastrica inferiora (S. 321): Direkte Hernien verlaufen medial davon, weshalb sie auch als mediale Leistenhernien bezeichnet werden. Entsprechend wird der Begriff laterale – synonym mit indirekter Leistenhernie verwendet.

C 3.3 Leistenkanal (Canalis inguinalis)

⊙ C-3.17 **Indirekte Leistenhernie (Hernia inguinalis indirecta).** Rechte Leistenregion eines Mannes nach Entfernung von Haut und oberflächlicher Körperfaszie in der Ansicht von ventral: Die Fascia lata des Oberschenkels ist durchscheinend dargestellt, der Funiculus spermaticus gefenstert.
(Prometheus LernAtlas. Thieme, 3. Aufl.)

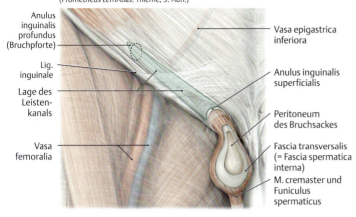

⊙ C-3.18 **Direkte Leistenhernie (Hernia inguinalis directa).** Rechte Leistenregion eines Mannes nach Entfernung von Haut und oberflächlicher Körperfaszie in der Ansicht von ventral: Die Fascia lata des Oberschenkels ist durchscheinend dargestellt; am Funiculus spermaticus ist die Fascia spermatica externa, die der oberflächlichen Körperfaszie entspricht, entfernt worden.
(Prometheus LernAtlas. Thieme, 3. Aufl.)

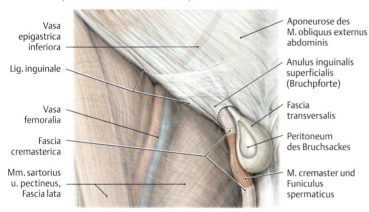

Unabhängig von der Lage der (inneren) Bruchpforten treten sowohl die indirekten als auch die direkten Leistenhernien durch den äußeren Leistenring **oberhalb** des Leistenbandes nach außen.

Die meisten Leistenhernien sind bei der klinischen Untersuchung zu tasten. Die Palpation (Abtasten) der Leistenregion, die möglichst am stehenden Patienten vorgenommen wird, stellt die Diagnostik der Wahl dar. Hierbei sollte man stets nach Einstülpen der Leisten- bzw. Skrotalhaut mit dem Finger den äußeren Leistenring abtasten.

⊙ C-3.19 **Palpation des Leistenrings.** (Prometheus LernAtlas. Thieme, 3. Aufl.)

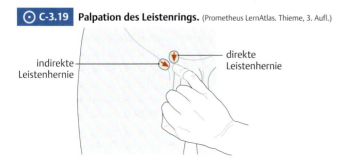

3.4 Gefäßversorgung und Innervation der Bauchwand

Der größte Teil der Bauchwand wird von den metamer gegliederten Gefäß-Nerven-Straßen des Thorax (S. 299) mitversorgt, die zwischen der innersten und mittleren Muskelschicht verlaufen. Lediglich kaudal sind für die arterielle Versorgung Äste der Bauchaorta, der A. iliaca externa und der A. femoralis zuständig sowie Äste des Plexus lumbalis für die Nervenversorgung.

3.4.1 Gefäßversorgung der Bauchwand

Arterielle Versorgung: Teilweise analog zur Brustwand wird die **seitliche** Bauchwand durch folgende Arterien versorgt (Abb. **C-3.20**):

- **Arteriae intercostales posteriores 5–11** und **Arteria subcostalis**, von denen auch Rami cutanei laterales für die Haut dieses Bereichs abgegeben werden.
- **Arteria phrenica inferior**, die von der Aorta unmittelbar nach deren Durchtritt durch das Diaphragma abgegeben wird. Sie zieht an der Unterseite des Zwerchfells nach lateral.
- **Arteriae lumbales 1–4,** die aus der Aorta abdominalis in Höhe der Lendenwirbelkörper I–IV entspringen. Sie ziehen hinter den Mm. psoas major und quadratus lumborum in die seitliche Bauchwand, wo sie zwischen den Mm. obliquus internus und transversus abdominis verlaufen.

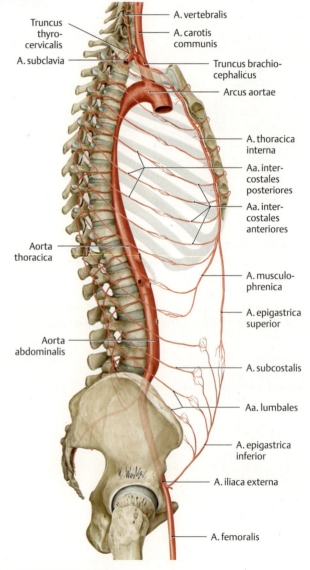

C-3.20 Arterielle Versorgung der Bauchwand

(Prometheus LernAtlas. Thieme, 3. Aufl.)

C 3.4 Gefäßversorgung und Innervation der Bauchwand

- **Arteria circumflexa ilium profunda** aus der A. iliaca externa, die kaudal an der Versorgung der seitlichen Bauchwand beteiligt ist.
- **Arteria circumflexa ilium superficialis** aus der A. femoralis, die die Haut der Leistenregion versorgt.

Die Arterien der seitlichen Bauchwand anastomosieren ausgiebig mit den Arterien der **ventralen** Bauchwand. Dazu zählen:

- **Arteria epigastrica superior**, die dorsal in der Rektusscheide verläuft. Sie stellt die abdominale Fortsetzung der A. thoracica interna (S. 299) dar, die durch das Trigomum sternocostale des Diaphragmas ins Abdomen übertritt.
- **Arteria epigastrica inferior** aus der A. iliaca externa, die etwa in der Mitte des M. rectus abdominis mit der A. epigastrica superior anastomosiert.
- Die **Arteria epigastrica superficialis** aus der A. femoralis versorgt die Haut der ventralen Bauchwand (Abb. **D-1.43**).

> ▶ **Klinik.** Bei einer Einengung der Aorta im Bereich des Ligamentum arteriosum Botalli, sog. **Aortenisthmusstenose** (S. 629), wird neben dem Umgehungskreislauf über die Interkostalarterien auch die Anastomose zwischen den Aa. epigastricae superior und inferior als Verbindung zwischen Aortenbogen und poststenotischer Aorta relevant.

Venöser Abfluss: Die **Venae azygos** und die **Vena hemiazygos** (S. 633), die das Blut der unteren **Venae intercostales posteriores** und der **Vena subcostalis** sammeln, setzen sich nach kaudal in die **Venae lumbales ascendentes** fort, welche die **Venae lumbales** aufnehmen (Abb. **C-3.21b**).

Die **Vena epigastrica superior** geht kranial vom Diaphragma in die V. thoracica interna über, die in die V. brachiocephalica mündet. In die V. iliaca externa münden die **Vena circumflexa ilium profunda** und die **Vena epigastrica inferior**.

Ventral wird die Bauchwand versorgt durch die
- **A. epigastrica superior** (die Fortsetzung der Arteria thoracica interna),
- **A. epigastrica inferior** und
- **A. epigastrica superficialis**.

> ▶ **Klinik.**

Venen: Die **Vv. lumbales** münden in die **Vv. lumbales ascendentes**, die sich in die Vv. hemiazygos und azygos fortsetzen (Abb. **C-3.21a**).

Die **Vv. epigastrica superior** und **inferior** sowie die **V. circumflexa ilium profunda** verlaufen wie die gleichnamigen Arterien.

⊙ C-3.21   Venöse Versorgung der Bauchwand

(Prometheus LernAtlas. Thieme, 3. Aufl.)

a Venenstämme im Rumpfbereich.
b Epifasziale Venen der vorderen Rumpfwand.

Die **Hautvenen** fließen kranial zur V. axillaris, kaudal zur V. saphena magna.

Die Venen der **Bauchhaut** münden nach kranial über die **Vena thoracoepigastrica** in die V. axillaris (S. 466) (Abb. **C-3.21b**), der kaudale Abfluss geht über die **Venae circumflexa ilium superficialis** und **epigastrica superficialis** in die V. saphena magna (S. 383) des Beins. Daneben gibt es über den Nabel und die **Venae paraumbilicales** des Ligamentum teres hepatis eine Verbindung zum Pfortadersystem (S. 869).

▶ Klinik. Bei Stauungen in der V. portae können die paraumbilikalen Bauchdeckenvenen als **portokavale Anastomosen** (S. 870) bis zum Vollbild des **„Caput medusae"** varikös anschwellen (Abb. **C-3.22**, als Nebenbefund sind ausgeprägte Striae sichtbar). Ursache für eine Portalvenenstauung kann z. B. eine bindegewebige Umwandlung des Lebergewebes (Leberzirrhose) infolge von Alkoholabusus oder einer Virushepatitis sein.

C-3.22 Caput medusae

(Greten, H.: Innere Medizin. Thieme, 2005)

Lymphabfluss: Die Lymphe fließt kranial in die **axillären Lymphknoten**; kaudal zu den **Nll. inguinales superficiales** (S. 384).

Lymphabfluss: Die Lymphe der Bauchwand (Abb. **C-3.23**) fließt kranial einer „Wasserscheide", die etwas kaudal des Rippenbogens verläuft, in die **axillären Lymphknoten** (S. 467), kaudal davon in die **Nodi lymphoidei inguinales superficiales** (S. 384), die entlang des Leistenbands liegen.

C-3.23 Lymphabfluss der ventralen Rumpfwand

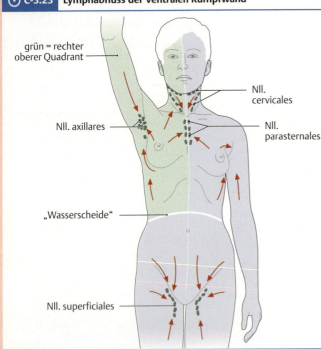

Mit Ausnahme eines relativ kleinen Areals unter dem Rippenbogen gelangt die Lymphe der Bauchwand (nicht nur des hier dargestellten ventralen Teils) in die „horizontale Gruppe" der Nodi lymphoidei inguinales superficiales (S. 384).

(Prometheus LernAtlas. Thieme, 3. Aufl.)

3.4.2 Innervation der Bauchwand

Sowohl motorisch als auch sensibel wird die seitliche und vordere Bauchwand durch die **Nn. intercostales V–XI** sowie die oberen Äste des **Plexus lumbalis** versorgt: Die **Nn. subcostalis** (Th 12), **iliohypogastricus** (Th 12, L 1) und **ilioinguinalis** (L 1) ziehen vom Plexus lumbalis in die seitliche und vordere Bauchwand. Der **N. genitofemoralis** (L 1, L 2) teilt sich auf dem M. psoas major in den **R. genitalis** zum M. cremaster und Scrotum und den sensiblen **R. femoralis** (S. 388) für den Oberschenkel.

3.4.2 Innervation der Bauchwand

Die motorische und sensible Innervation der seitlichen und vorderen Bauchwand erfolgt über die **Nervi intercostales V–XI**, den **Nervus subcostalis** (Th 12) sowie die oberen Äste des **Plexus lumbalis** (S. 385):
Die **Nervi iliohypogastricus** (Th 12, L 1) und **ilioinguinalis** (L 1) ziehen schräg absteigend vom lateralen Rand des M. psoas major über den M. quadratus lumborum zwischen die von ihnen versorgten Mm. transversus und obliquus internus abdominis. Sie enden mit motorischen (M. rectus abdominis) und sensiblen Ästen (s. u.) nahe der vorderen Medianlinie.
Der **Nervus genitofemoralis** (L 1, L 2) verläuft auf der Ventralfläche des M. psoas major, wo er sich in die Rami genitalis und femoralis nach kaudal teilt. Der **Ramus genitalis** (S. 841) zieht durch den äußeren Leistenring zu M. cremaster und Scrotum (s. o.). Der sensible **Ramus femoralis** zieht über die Lacuna vasorum zum Oberschenkel, s. Kap. Topografische Anatomie (S. 389).

Motorische Innervation: Die motorische Innervation der **seitlichen und vorderen Bauchmuskeln** erfolgt über die in Abb. **C-3.5** aufgeführten Interkostalnerven und die im vorigen Absatz beschriebenen Nerven des Plexus lumbalis. Die **dorsalen Bauchmuskeln** werden hauptsächlich von kurzen **Rami musculares** (L 1–L 3) aus dem Plexus lumbalis versorgt (s. ebenfalls Abb. **C-3.5**).

Sensible Innervation: Die sensible Innervation der Bauchwand erfolgt analog zur Thoraxwand (Abb. **C-2.19**) durch die Rami cutanei laterales und anteriores der entsprechenden **Nervi intercostales** (inkl. **Nervus subcostalis**).
Äste des **Nervus iliohypogastricus** versorgen die Haut von der Spina iliaca anterior superior und dem lateralen Teil des Leistenbandes bis zur Medianen. Das Areal des **Nervus ilioinguinalis** schließt sich kaudal und medial daran an (Abb. **D-1.49a**).

▶ **Merke.** Der am weitesten kranial liegende Abschnitt der Bauchwand um den Processus xiphoideus sterni gehört zum **Dermatom Th 5**, die Nabelregion zu **Th 10**, die Haut über dem Lig. inguinale zu **L 1**.

Motorische Innervation: Zur motorischen Innervation der Bauchmuskulatur s. Abb. **C-3.5**.

Sensible Innervation: Rami cutanei der Nn. intercostales und subcostalis (Abb. **C-2.19**) sowie Hautäste der Nn. iliohypogastricus und ilioinguinalis (Abb. **D-1.49a**) versorgen die Haut sensibel.

▶ **Merke.**

3.5 Topografische Anatomie der Bauchwand

Regionen: Angelehnt an die anatomische Gliederung in Regionen (Abb. **C-3.24a**) hat sich im klinischen Alltag die Unterteilung der äußeren Bauchwand durch je zwei horizontale und vertikale Linien in **9 Regionen** eingebürgert (Abb. **C-3.24b**). Die obere horizontale Linie wird durch das untere Ende des Rippenbogens gezogen, die untere verbindet die Spinae iliacae anteriores superiores. Die vertikalen Linien folgen dem lateralen Rand des M. rectus abdominis.

3.5 Topografische Anatomie der Bauchwand

Regionen: In Anlehnung an die streng anatomische Gliederung (Abb. **C-3.24a**) wird die äußere Bauchwand durch je 2 horizontale und vertikale Linien in **9 Regionen** unterteilt (Abb. **C-3.24b**).

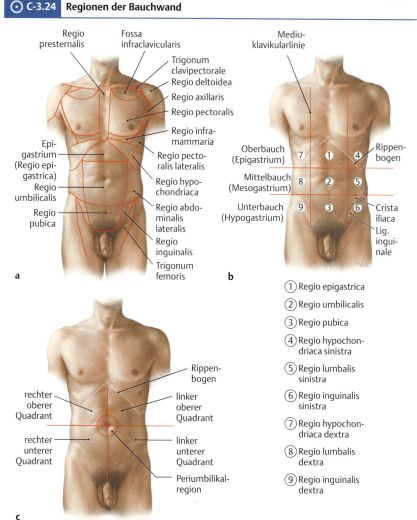

C-3.24 Regionen der Bauchwand

(Prometheus LernAtlas. Thieme, 3. Aufl.)
a Die anatomischen Regionen der ventralen Rumpfwand
b sind im klinischen Alltag nicht so gebräuchlich wie die ihnen ähnliche Unterteilung der Bauchwand in 9 Regionen durch je zwei horizontale und vertikale Linien
c oder die in vier Quadranten.

Einfacher ist die Einteilung in **4 Quadranten** (Abb. **C-3.24**, s. a. Tab. **H-1.2**).

Über dem Leistenband entsteht durch fehlendes subkutanes Fett die **Leistenfurche**.

3.6 Entwicklung von Bauchwand und Leistenkanal

3.6.1 Entwicklung der Bauchmuskeln

Die Bauchmuskeln entwickeln sich aus dem **Hypomer** (S. 282).

3.6.2 Entwicklung des Canalis inguinalis

Der Leistenkanal hat seinen Ursprung im **Descensus testis** während der **Fetalzeit** (Abb. **C-3.25**). Die Keimdrüsenanlagen folgen dem Gubernaculum testis, welches sich bei der **Frau** zum **Lig. teres uteri** entwickelt und in die großen Schamlippen zieht. Das Ovar beendet seinen Deszensus im kleinen Becken. Der **Hoden** setzt im 7. Fetalmonat seinen Deszensus vom kleinen Becken in das Skrotum fort. Dabei behält er zum parietalen Peritoneum Kontakt. Dieses bildet eine kurz vor der Geburt obliterierende Aussackung der Bauchhöhle (**Proc. vaginalis peritonei**).

Eine einfache, in der Klinik ebenfalls gebräuchliche Einteilung nutzt den Nabel als Schnittpunkt zweier Linien, welche die Bauchwand in **vier Quadranten** einteilen (Abb. **C-3.24**, s. a. Tab. **H-1.2**).

Die Haut über dem Leistenband ist fast frei von subkutanem Fett, sodass – je nach Ernährungszustand – eine mehr oder weniger tiefe **Leistenfurche** resultiert.

3.6 Entwicklung von Bauchwand und Leistenkanal

3.6.1 Entwicklung der Bauchmuskeln

Analog zur Entwicklung der Interkostalmuskeln entstehen die Bauchmuskeln aus dem ventralen, **hypomeren** Teil der **Myotome** (S. 282), die vom Ramus anterior (ventralis) des zugehörigen Spinalnerven versorgt werden. Im Gegensatz zur Interkostalmuskulatur geht die segmentale Gliederung verloren und es bildet sich zunächst seitlich und dorsal der Leibeshöhle eine unsegmentierte „**Vormuskelmasse**", aus der die Blasteme des M. rectus abdominis und der drei seitlichen Bauchmuskeln entstehen.

3.6.2 Entwicklung des Canalis inguinalis

Siehe hierzu Kap. Männliches Genitale (S. 826).

Der Leistenkanal als Lücke in der muskulären Bauchwand hat seinen Ursprung im **Descensus testis**, der Verlagerung des Hodens nach kaudal ins Skrotum während der **Fetalzeit** (Abb. **C-3.25**). Sowohl die männliche als auch die weibliche Keimdrüse entstehen im Retroperitoneum in Höhe des ersten Lumbalsegments. Ab der 9. Woche verlagern sich Hoden- und Ovaranlage entlang einer bindegewebigen Leitstruktur, dem Gubernaculum, nach kaudal ins kleine Becken.

Obwohl die **weibliche** Keimdrüse ihren Deszensus im Becken beendet, zieht das Gubernaculum, das sich zum **Ligamentum teres uteri** entwickelt, via Leistenkanal durch die Bauchwand bis in die großen Schamlippen.

Beim **männlichen** Fetus zieht das Gubernaculum durch den **Leistenkanal** bis ins **Skrotum**, wobei der Hoden stets Kontakt mit dem Peritoneum parietale hat. Dieses stülpt sich als **Processus vaginalis peritonei** aus, sodass beidseits bis in das Skrotum reichende Aussackungen der Bauchhöhle entstehen. Bis zum 7. Fetalmonat verbleibt der Hoden im kleinen Becken. Danach setzt sich der Deszensus entlang des Processus vaginalis fort, bis der Hoden zum Zeitpunkt der Geburt im Skrotum angekommen ist.

Um den Zeitpunkt der Geburt obliteriert der Processus vaginalis peritonei.

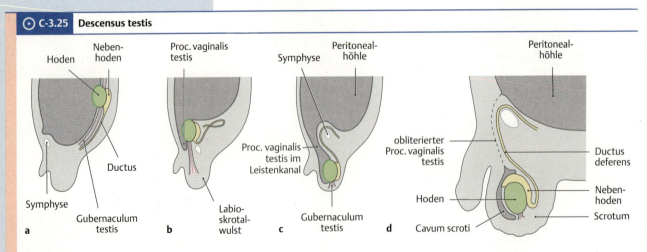

C-3.25 Descensus testis

(nach Stark)
a Schematische Darstellung in der Ansicht von lateral: Lage des Hodens im 2. Monat,
b im 3. Monat,
c kurz vor der Geburt
d und nach Obliteration des Processus vaginalis testis.

≡ C-3.4 Analogie der Bauchwandschichten und Hüllen von Samenstrang und Hoden

Bauchwandschichten	Samenstrangschichten/Hodenhüllen
Cutis	Cutis
Tela subcutanea	Tunica dartos
Fascia abdominis superficialis (Fascia investiens superficialis)	Fascia spermatica externa
M. obliquus internus abdominis mit seiner Faszie	M. cremaster mit Fascia cremasterica
Fascia transversalis	Fascia spermatica interna
Peritoneum: • Lamina parietalis • Lamina visceralis	Tunica vaginalis testis: • Periorchium • Epiorchium
Cavitas peritonealis	Cavum serosum scroti

Der Processus vaginalis peritonei (s. o.) wird von den nach außen folgenden Schichten der Bauchwand begleitet und bildet mit ihnen die **Hodenhüllen** (S. 827). Nach unterbrochener Verbindung des Peritoneums mit der Tunica vaginalis testis, umgeben nur noch die nach außen folgenden Schichten von Bauchwand und Hoden die ins Skrotum ziehenden **Leitungsbahnen** sowie den **Ductus deferens** und bilden so den **Samenstrang**, sog. **Funiculus spermaticus** (S. 831).

Sämtliche Schichten der Bauchwand bilden auch die Hüllen des **Samenstrangs**, sog. **Funiculus spermaticus** (S. 831), und des Hodens (S. 827).

▶ Klinik. Bei 3–4 % aller termingerecht geborenen Knaben hat der Hoden seinen Deszensus nicht vollendet und befindet sich zwischen kleinem Becken und Ausgang des Leistenkanals (**Kryptorchismus**).

▶ Klinik.

⊙ C-3.26 **Lageanomalien des Hodens**
(Prometheus LernAtlas. Thieme, 3. Aufl.)

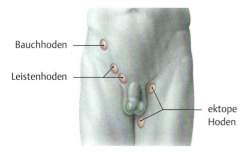

Bauchhoden
Leistenhoden
ektope Hoden

Als Folge der (für den Hoden zu hohen) Körperkerntemperatur, der der kryptorche Hoden ausgesetzt ist, resultiert Infertilität.
Da der kryptorche Hoden darüber hinaus ein relativ hohes Risiko zur malignen Entartung hat, ist im Falle einer Persistenz über das 1. Lebensjahr hinaus eine Behandlung unerlässlich: Zeigt die Gabe von Hormonpräparaten, z. B. LH-RH (S. 845), keinen Erfolg, so wird die operative Fixation des Hodens im Skrotum erforderlich (**Orchidopexie**).
Ist der Hoden im Skrotum durch das Gubernaculum unzureichend fixiert, kann es zu einem sog. **Pendelhoden** kommen: der Hoden kann (z. B. durch den Zug des M. cremaster oder bei der Untersuchung) in den Leistenkanal zurückgleiten. Ein Pendelhoden bedarf nicht immer oder nicht so dringlich der Behandlung.

4 Beckenwände, Beckenboden und Dammregion

4.1	Becken (Pelvis)	326
4.2	Beckenboden	334
4.3	Dammregion (Regio perinealis)	338
4.4	Gefäßversorgung und Innervation	341

L.J. Wurzinger

4.1 Becken (Pelvis)

4.1.1 Funktionelle Aspekte und Bauprinzip

▶ **Merke.** Das Becken (Pelvis) ist ein **ringförmiger Knochenverbund**, welcher das Gewicht von Kopf, Hals, oberer Extremität und Rumpf (suprapelvine Körpermasse) über die Hüftgelenke auf die untere Extremität überträgt.

Funktionelle Aspekte: In Analogie zur Wirbelsäule (S. 250) zeigt auch das Becken des aufrecht gehenden Menschen funktionell bedingte große Unterschiede zu dem von Vierbeinern.
Das **menschliche Becken** ist im Vergleich zum Vierbeinerbecken ungewöhnlich **massiv**, da es das gesamte Körpergewicht – mit Ausnahme der Beine – trägt. Die aufrechte Haltung bedingt, dass die Bauch- und Beckeneingeweide im Wesentlichen auf dem Becken lasten. Ferner erfordert die **aufrechte Haltung**, bei der der Rumpf auf den Hüftgelenken balanciert wird, relativ **mächtige Hüftmuskeln**. Dies hat zur Ausbildung großflächiger „Beckenschaufeln" als Muskelursprungsflächen geführt. Im Gegensatz zum Schultergürtel, der dem menschlichen „Greifarm" ein Maximum an Bewegungsfreiheit ermöglicht, ist beim Knochenverbund des Beckens die Beweglichkeit gänzlich der **Stabilität** geopfert.

Bauprinzip: Im Becken (Pelvis) sind die beiden **Hüftbeine** (**Ossa coxae**, s. u.) und das **Kreuzbein**, sog. **Os sacrum** (S. 257), zu einem stabilen Knochenring verbunden (Abb. **C-4.1**):
- Die **Iliosakralgelenke** (**Articulationes sacroiliacae**) verbinden die Ossa coxae mit dem Os sacrum.
- Die **Schambeinfuge** (**Symphysis pubica**) verbindet die beiden Ossa coxae vorne in der Medianen.

Über das Sakrum ist der Beckenring fest mit der Wirbelsäule verbunden. Zu den Gelenken des Beckens (S. 331).

4.1 Becken (Pelvis)

4.1.1 Funktionelle Aspekte und Bauprinzip

▶ **Merke.**

Funktionelle Aspekte: Die **aufrechte Haltung** erfordert eine hohe Stabilität des Beckens, um die Last der suprapelvinen Körpermasse zu tragen.
Die einzelnen Knochen des Beckenrings sind gegeneinander **kaum beweglich**.

Bauprinzip: Das Becken (Pelvis) besteht aus den beiden **Hüftbeinen** (**Ossa coxae**) und dem **Kreuzbein**, sog. **Os sacrum** (S. 257). Sakrum und Ossa coxae sind über die **Iliosakralgelenke**, die Ossa coxae über die **Symphysis pubica** stabil zu einem Ring verbunden (Abb. **C-4.1**).

⊙ C-4.1

⊙ C-4.1 Beckengürtel und Beckenring

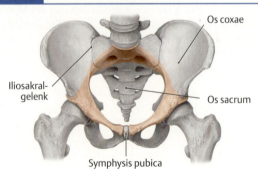

Ansicht von ventral-kranial.
(Prometheus LernAtlas. Thieme, 3. Aufl.)

4.1.2 Beckenknochen

Da das Sakrum (S. 257) bereits besprochen wurde, wird hier nur auf das paarige **Os coxae** eingegangen. Es besteht aus
- **Darmbein** (**Os ilium**), kranial
- **Schambein** (**Os pubis**), ventral/kaudal
- **Sitzbein** (**Os ischii**), dorsal/kaudal.

Diese drei Knochen treffen im Bereich der Hüftgelenkpfanne (**Acetabulum**) aufeinander, wodurch dort eine bis zum 13.–16. Lebensjahr knorpelige Wachstumsfuge, die sog. **Y-Fuge**, resultiert (Abb. **C-4.2**).

Am **Os coxae** als Ganzem zeigt sich exemplarisch, dass die **Verteilung von Knochen** die **Belastung** widerspiegelt: Die Masse des Knochens liegt in der **Form** einer asymmetrischen **8** vor (Abb. **C-4.3**). Im Schnittpunkt der beiden Schleifen liegt das **Acetabulum**. Die größte Mächtigkeit besitzt der Knochen im Corpus ossis ilii zwischen Iliosakral- und Hüftgelenk, das die Last des Rumpfes auf die Beine überträgt. Die beiden Schleifen der 8 – kranial die Crista iliaca, kaudal die Umrahmung des Foramen obturatum – dienen der Versteifung des Ganzen. In den von der 8 umrahmten Muskelursprungsflächen ist, wie im Foramen obturatum, der Knochen gänzlich durch Bindegewebe ersetzt, oder wie in der Ala ossis ilii bis zu einer einfachen Kortikalislamelle ausgedünnt.

4.1.2 Beckenknochen

Das paarige **Os coxae** besteht aus
- **Darmbein** (**Os ilium**),
- **Schambein** (**Os pubis**) und
- **Sitzbein** (**Os ischii**).

Alle drei Hüftknochen sind an der Bildung der Hüftgelenkpfanne (**Acetabulum**) beteiligt und bilden dort bis zur Pubertät die sog. **Y-Fuge** (Abb. **C-4.2**).

Entsprechend der **Belastung** ist die Masse des Knochens am Os coxae in Form einer 8 verteilt (Abb. **C-4.3**).

C-4.2 Isoliertes rechtes Hüftbein (Os coxae)

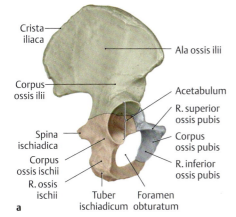
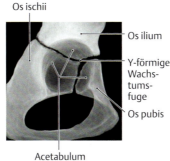

(Prometheus LernAtlas. Thieme, 3. Aufl.)

a Lage der Y-förmigen Wachstumsfuge zwischen den farblich unterschiedlich hervorgehobenen Anteilen des Hüftbeins: Darmbein (Os ilium), Sitzbein (Os ischii) und Schambein (Os pubis) in der Ansicht von lateral.

b Das Röntgenbild eines kindlichen Os coxae im seitlichen Strahlengang zeigt deutlich die noch knorpelige und daher strahlentransparente Y-förmige Wachstumsfuge im Acetabulum-Bereich.

C-4.3 Os coxae (Hüftbein) der rechten Seite

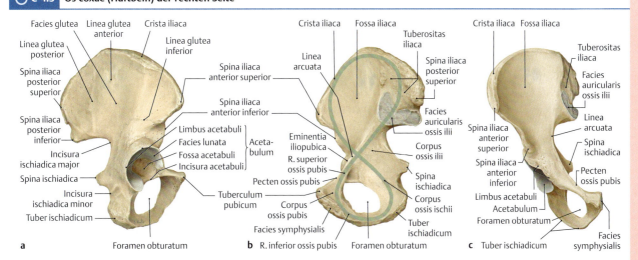

(Prometheus LernAtlas. Thieme, 3. Aufl.)

a Ansicht lateral,
b medial
c und ventral.

Os ilium (Darmbein)

Das Os ilium (Abb. **C-4.3**) besteht aus dem **Darmbeinkörper** (**Corpus ossis ilii**), der das Dach des Acetabulum bildet und der **Darmbeinschaufel** (**Ala ossis ilii**), die wesentlich für die äußere Gestalt der Hüftregion verantwortlich ist. Die Grenze zwischen Ala und Corpus ossis ilii wird von der **Linea arcuata** markiert. Die glatte Innenfläche der Ala, die **Fossa iliaca**, dient dem M. iliacus (S. 351) als Ursprungsfläche. Kranial endet die Ala in dem gekrümmten **Darmbeinkamm** (**Crista iliaca**), der sich zwischen **Spina iliaca anterior superior** und **Spina iliaca posterior superior** erstreckt. Die Crista iliaca bildet an ihrer Oberfläche drei Leisten als Muskelursprünge aus: das **Labium externum** und **internum** sowie die dazwischenliegende **Linea intermedia**.

▶ **Klinik.** Die subkutane Lage der Crista iliaca wird z. B. bei Verdacht auf Erkrankungen des hämatopoetischen Systems genutzt, um durch Trepanation eine **Knochenmarksbiopsie** zu entnehmen.

Auch die Außenfläche der Ala ossis ilii dient als Muskelursprung; drei **Lineae gluteae** (**anterior, inferior, posterior**) grenzen die Ursprungsflächen der Glutealmuskeln (s. Abb. **D-1.8**) ab. Kaudal der Spinae iliacae anterior superior und posterior superior befinden sich ventral bzw. dorsal an der Ala die **Spina iliaca anterior inferior** bzw. **posterior inferior**.

Im Gegensatz zur dünn ausgezogenen Ala ist das **Corpus** des Os ilium **massiv** gebaut. Es trägt dorsal die Gelenkfläche (**Facies auricularis**) des Iliosakralgelenks, auf welche das Os sacrum das Gewicht der suprapelvinen Körpermasse überträgt. Lateral bildet es das **Dach des Acetabulum**. Letzteres leitet das Gewicht auf den Oberschenkelknochen weiter.

Os pubis (Schambein)

Das Os pubis gliedert sich in **Corpus ossis pubis** sowie **Ramus superior** und **inferior**. Die Rami inferiores beider Seiten bilden den **Arcus pubicus**. Das Corpus ist an der **Facies symphysealis** in der **Symphysis pubica** (S. 331) mit dem der Gegenseite verwachsen. Kranial daneben befindet sich das **Tuberculum pubicum**, an dem das Leistenband ansetzt. Der Ramus superior beteiligt sich am Aufbau des Acetabulum und grenzt in der **Eminentia iliopubica** an das Os ilium; an seiner Oberseite liegt der Grat des **Pecten ossis pubis**. Os ischii und Os pubis umrahmen das **Foramen obturatum**. Der Ramus inferior ist unterhalb des Foramen obturatum mit dem Ramus ossis ischii verbunden.

Os ischii (Sitzbein)

Das Os ischii besitzt ein **Corpus ossis ischii** und einen **Ramus ossis ischii**. Das kranial gelegene Corpus hat am Acetabulum Anteil, nach dorsal springt die **Spina ischiadica** vor, welche die dorsale Einziehung des Os coxae in die kraniale **Incisura ischiadica major** und die kaudale **Incisura ischiadica minor** unterteilt. Der Ramus ist dorsal/kaudal zum **Tuber ischiadicum** verdickt, was im Sitzen das Gewicht auf die Unterlage überträgt.

4.1.3 Form des Beckens

Grundsätzliche Form

Das Becken hat als kaudaler Abschluss des Rumpfskeletts die Form eines Trichters, dessen Spitze nach dorsal/kaudal weist. Den weiten Anteil bildet das von den Alae ossis ilii umgebene **große Becken**, dessen Raum noch zum Abdomen gerechnet wird. Die Trichterspitze wird vom **kleinen Becken** (auch Beckenkanal = **Canalis pelvis** genannt) gebildet, das in der Regel gemeint ist, wenn vom „Becken" als solchem die Rede ist. Es wird nach kranial von der **Linea terminalis** begrenzt, die vom **Promontorium ossis sacri** über die **Linea arcuata** des Os ilium und den **Pecten ossis pubis** zur **Symphyse** verläuft. Sie umrahmt die **Beckeneingangsebene** (**Apertura pelvis superior**), die im Stehen um ca. 60° aus der Horizontalen gekippt ist (Abb. **C-4.5**). Der „Auslass" des Trichters wird nach dorsal und kaudal durch den **muskulären Beckenboden** (S. 334) verschlossen, der Öffnungen für die Endstrecken des Verdauungs- und des Urogenitaltrakts sowie für Nerven und Gefäße des Beins besitzt.

C-4.4 Knöchernes weibliches Becken

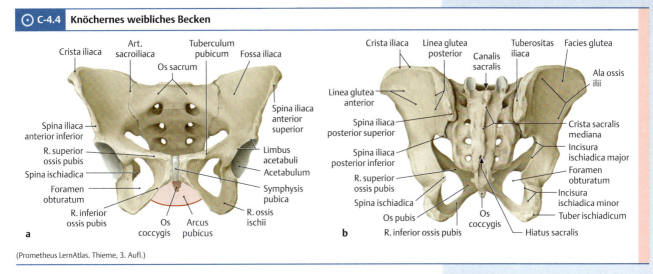

(Prometheus LernAtlas. Thieme, 3. Aufl.)

C-4.5 Rechte Hälfte eines weiblichen Beckens: Ansicht von medial

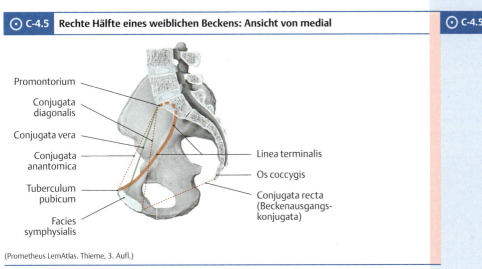

(Prometheus LernAtlas. Thieme, 3. Aufl.)

Der **Beckenausgang** (**Apertura pelvis inferior**) ist rautenförmig: Der ventrale Eckpunkt wird von der Symphyse gebildet, von der die Rami inferiores des Os pubis nach dorsal/lateral zu den Tubera ischiadica als seitlichen Eckpunkten ziehen. Das Steißbein repräsentiert den dorsalen Abschluss. Die Ligamenta sacrotuberalia (S. 331) bilden die hinteren Rautenschenkel (Abb. **C-4.12**).

Der rautenförmige **Beckenausgang** wird von der Symphyse, den Rami inferiores des Os pubis, den Tubera ischiadica, den Ligamenta sacrotuberalia (S. 331) und dem Steißbein umrahmt (Abb. **C-4.12**).

Geschlechtsunterschiede

Die je nach Geschlecht unterschiedliche Bauart des Beckens (Abb. **C-4.6**, Tab. **C-4.1**) ist eine Folge der Nutzung des kleinen Beckens als **Geburtskanal** bei der Frau und entwickelt sich in der Pubertät.

Geschlechtsunterschiede

Das kleine Becken der Frau dient als **Geburtskanal** und ist daher anders ausgebildet als das männliche Becken (Abb. **C-4.6**, Tab. **C-4.1**).

C-4.1 Geschlechtsunterschiede im Bau des Beckens

Merkmal	♀	♂
Gesamtform (bei Betrachtung mit Horizontalstellung der Eingangsebene)	breiter als hoch	höher als breit
kleines Becken	geräumiger als beim Mann	kleiner als bei der Frau
Beckeneingangsebene	queroval	insgesamt kleiner und längsoval, durch das stark vorspringende Promontorium kartenherzförmig
Arcus pubicus/Angulus subpubicus	stumpf (90–100°)	spitz (< 70°)
Abstand der Tubera ischiadica	größer als beim Mann	kleiner als bei der Frau
Os sacrum	kranial kaum gekrümmt mit einem Knick bei S III/S IV	gleichmäßig gekrümmt
Foramen obturatum (in Sitzposition)	queroval	rundlich

C-4.6 Geschlechtsunterschiede des Beckens

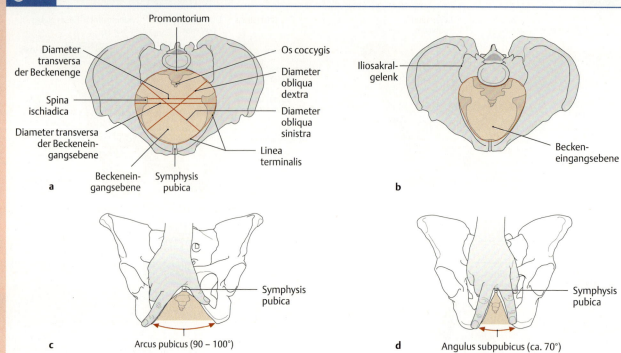

Weibliches (**a**) und männliches (**c**) Becken in der Ansicht von kranial (**a** und **c**) und von ventral (**b** und **d**): In Abb. **a** sind die im Rahmen einer Geburt relevanten inneren Beckenmaße angegeben.
(Prometheus LernAtlas. Thieme, 3. Aufl.)

Beckenmaße

Die Beckenmaße (Abb. **C-4.6a** und Abb. **C-4.5**) sind z. T. für die Geburtshilfe relevant.

Beckenmaße

Es werden äußere und innere Beckenmaße unterschieden. Früher dienten **äußere Beckenmaße** dazu, die geburtshilflich relevanten **inneren** abzuschätzen. Im Zeitalter der **Magnetresonanztomografie** (S. 136) können Letztere jedoch direkt ermittelt werden. Die inneren Abmessungen des kleinen Beckens (Abb. **C-4.6a** und Abb. **C-4.5**) sind teilweise wichtig für die **Geburtshilfe**.

▶ **Merke.**

▶ **Merke.** Die sagittalen Beckenmaße werden als **Conjugata**, die transversalen und diagonalen als **Diameter** bezeichnet.

Wichtig ist die **Conjugata vera** (zwischen Symphysenhinterrand und Promontorium).

Die größte Bedeutung besitzt die **Conjugata vera** (**obstetrica**), die den kleinsten Sagittaldurchmesser des Beckeneingangs vom Hinterrand der Symphyse zum Promontorium angibt (ca. 11 cm).

▶ **Klinik.** Zur **Ermittlung der Conjugata vera**, die selbst durch bildgebende Verfahren nicht immer zuverlässig bestimmt werden kann, hilft folgende, weniger aufwendige Methode: Bei der vaginalen Untersuchung wird versucht, das Promontorium zu tasten und am untersuchenden Arm der Berührungspunkt des Symphysenunterrands markiert. Die auf diese Weise ermittelte Länge vom Unterrand der Symphyse bis zum Promontorium wird als **Conjugata diagonalis** bezeichnet und ist i. d. R. 1,5 cm länger als die Conjugata vera. Erreicht der Mittelfinger einer normal großen Hand das Promontorium nicht, kann ebenfalls von einer ausreichenden Conjugata vera ausgegangen werden.

C-4.7 Messung der Conjugata diagonalis zur Ermittlung der Conjugata vera

(Stauber, M., Weyerstahl, Th.: Duale Reihe Gynäkologie und Geburtshilfe. Thieme, 2013)

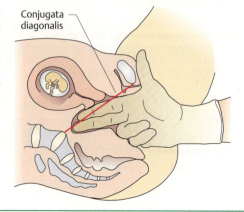

Der Querdurchmesser des Beckeneingangs (**Diameter transversa**) beträgt im Normalfall ca. 13 cm. In der weiter kaudal gelegenen Interspinalebene wird durch die beiden Spinae ischiadicae (**Interspinallinien**) eine weitere, mit ca. 10,5 cm wesentliche knöcherne Engstelle hervorgerufen.

> ▶ **Merke.** Die im Querschnitt annähernd **runde Beckenmitte** zwischen dem **querovalen Beckeneingang** und dem **längsovalen Beckenausgang** verjüngt sich nach kaudal.

Diese anatomischen Verhältnisse des weiblichen Beckens bestimmen die Drehung und Beugung des kindlichen Kopfes im Geburtskanal (S. 818). Auf Grund der großen Bedeutung haben sich im geburtshilflichen Sprachgebrauch mit der Zeit auch verschiedene Einteilungen des weiblichen Beckens eingebürgert.

4.1.4 Gelenke und Bandapparat des Beckens

Die Verklammerung der drei Knochen (Ossa coxae und Os sacrum) zum stabilen Beckenring wird dadurch erreicht, dass die **Iliosakralgelenke** zwar „echte Gelenke" (Diarthrosen) sind, aber als **Amphiarthrosen** (S. 232) so gut wie keine Bewegung der Gelenkkörper gegeneinander erlauben. Bei der **Symphyse** handelt es sich ohnehin um eine **Synarthrose** (S. 227).

Iliosakralgelenk (Articulatio sacroiliaca)

Im Iliosakralgelenk artikulieren die **Facies auriculares** von Os sacrum und Os ilium miteinander. Die Gelenkkörper sind nur minimal gegeneinander beweglich (Amphiarthrose). Dies hat zum einen seine Ursache in den höckrigen, ineinander verzahnten **Gelenkflächen**, bedeutsamer sind aber die ungewöhnlich **massiven Bänder** (Abb. **C-4.8**):

- **Ligamenta sacroiliaca anteriora, posteriora** und **interossea:** Sie verklammern als kurze, dicke Bandzüge die Gelenkkörper.
- **Ligamentum sacrotuberale:** es bildet eine dreieckige Platte, deren Basis am kaudalen Abschnitt des Kreuzbeins (S III–S V) und die Spitze am Tuber ischiadicum befestigt ist.
- **Ligamentum sacrospinale:** Es verspannt das kaudale Kreuzbein zusätzlich mit der Spina ischiadica. Es trennt die Foramina ischiadica majus und minus.
- **Ligamentum iliolumbale:** Dadurch ist die Crista iliaca dorsal mit dem Processus costalis des 5. Lendenwirbels verbunden.

> ▶ **Klinik.** Der **Morbus Bechterew** (S. 262) ist eine entzündliche Gelenkerkrankung, die meist in den **Iliosakralgelenken** beginnt und nach kranial fortschreitend die Wirbelbogengelenke befällt. Dementsprechend sind **nächtliche Kreuzschmerzen** ein Frühsymptom dieser Krankheit. Später kommt es zu einer fortschreitenden Einsteifung der befallenen Gelenke, was besonders bei der Wirbelsäule zu schweren Beeinträchtigungen von Haltung und Bewegung führt.

Symphyse (Symphysis pubica)

Die Symphysis pubica, die beide Schambeinkörper vorne median miteinander verbindet, ist eine feste Verbindung (Synarthrose) aus **Faserknorpel**.
Sie besteht aus dem Discus interpubicus, der kranial und kaudal in das **Ligamentum pubicum superius** und **inferius** übergeht. Schon im Kindesalter bildet sich im Inneren ein mit Synovia gefüllter Spalt im Sinne einer Hemiarthrose.

Membrana obturatoria

Die **Membrana obturatoria** ist eine bindegewebige Platte, die das Foramen obturatum bis auf den Canalis obturatorius am medialen Unterrand des oberen Schambeinasts (Abb. **C-4.8c**) verschließt.
Durch den **Canalis obturatorius** treten der N. obturatorius sowie A. und V. obturatoria vom Becken auf die Innenseite des Oberschenkels über.

> ▶ **Klinik.** Bei Beckenringfrakturen im Bereich des Ramus superior ossis pubis kann der **Nervus obturatorius** geschädigt werden, was zur Parese der Adduktoren (S. 358) führt.

Weiterhin von Bedeutung für den Geburtsverlauf sind **Diameter transversa** und die **Interspinallinie.**

> ▶ **Merke.**

Die anatomischen Verhältnisse bestimmen den Durchtritt des kindlichen Kopfes im Geburtskanal (S. 818).

4.1.4 Gelenke und Bandapparat des Beckens

Bei der **Articulatio sacroiliaca** handelt es sich um eine **Amphiarthrose** (S. 232), bei der **Symphysis pubica** um eine **Synarthrose** (S. 227).

Iliosakralgelenk (Articulatio sacroiliaca)

Das Iliosakralgelenk verbindet Os sacrum und Os ilium miteinander. Eine nennenswerte Bewegung der Gelenkkörper wird verhindert durch höckrige **Gelenkflächen** sowie massive Bänder (Abb. **C-4.8**):

- **Ligg. sacroiliaca**
- **Lig. sacrotuberale**
- **Lig. sacrospinale**
- **Lig. iliolumbale**.

> ▶ **Klinik.**

Symphyse (Symphysis pubica)

Die **faserknorpelige** Symphysis pubica verklammert vorne median die Schambeinkörper und geht in das **Lig. pubicum superius** und **inferius** über.

Membrana obturatoria

Die **Membrana obturatoria** (Abb. **C-4.8c**) verschließt das Foramen obturatum bis auf den **Canalis obturatorius**.

> ▶ **Klinik.**

C 4 Beckenwände, Beckenboden und Dammregion

⊙ C-4.8 Bandapparat eines männlichen Beckens

a

Lig. longitudinale anterius
Lig. iliolumbale
Promontorium
Os sacrum
Ligg. sacro-iliaca anteriora
Spina iliaca anterior superior
Lig. inguinale
Lig. sacro-tuberale
Spina iliaca anterior inferior
Os coccygis
Lig. sacrospinale
Symphysis pubica
Spina ischiadica
Membrana obturatoria
Tuberculum pubicum

b

Crista iliaca
Proc. spinosus (L IV)
Lig. ilio-lumbale
Os ilium, Facies glutea
Ligg. sacro-iliaca posteriora
Lig. sacrospinale
Spina ischiadica
Os coccygis
Lig. sacro-tuberale
Foramen ischiadicum majus
Foramen ischiadicum minus
Membrana obturatoria
Tuber ischiadicum

c

Discus intervertebralis
Proc. spinosus (L V)
Promontorium
Os sacrum
Spina iliaca anterior superior
Canalis sacralis
Foramen ischiadicum majus
Ligg. sacroiliaca anteriora
Linea arcuata
Lig. sacrospinale
Pecten ossis pubis
Hiatus sacralis
Foramen ischiadicum minus
Spina ischiadica
Facies symphysialis
Os coccygis
Membrana obturatoria
Lig. sacrotuberale
Tuber ischiadicum

Durch die Ligamenta sacrotuberale und sacrospinale werden die Incisurae ischiadicae major und minor zu den gleichnamigen Foramina ergänzt.

(Prometheus LernAtlas. Thieme, 3. Aufl.)

a Ansicht von ventral-kranial,
b von dorsal
c und auf die rechte Beckenhälfte von medial.

4.1.5 Mechanik des Beckens

Für die Funktion des Beckens ist es essenziell, dass die **Verbindungen** von Sakrum und Ossa coxae stabil und **kaum beweglich** sind.

▶ Klinik.

Beim Stand auf zwei Beinen resultieren an der Symphyse Zugkräfte (Abb. **C-4.10**).

4.1.5 Mechanik des Beckens

In den Iliosakralgelenken kann das **Kreuzbein** geringfügig um eine **transversale Achse** durch S I/S II **gedreht** werden. Normalerweise würde die Last des Körpergewichts das Promontorium über den auf ihm liegenden Diskus L V/S I nach vorne/unten drücken, wobei es zu einer Dorsalkippung des kaudalen Sakrums käme (Abb. **C-4.9**). Diese Bewegung wird effizient durch die Ligamenta sacrotuberale und sacrospinale gebremst. Die Rotation in der Gegenrichtung führt zu einer bei der Geburt bedeutsamen Erweiterung der **Beckeneingangsconjugata** um bis zu 10 mm. Diese Bewegung wird durch die Ligamenta sacroiliaca gebremst.

▶ Klinik. Unter dem Einfluss des im Corpus luteum (S. 811) gebildeten Hormons **Relaxin** wird in der **Schwangerschaft** das kollagene Bindegewebe der Bänder „gelockert". Dadurch resultiert eine gesteigerte Beweglichkeit des Sakrums gegenüber dem Os ilium.

Die **Symphyse** erlaubt als straffe Synchondrose lediglich minimale (1–2 mm) **Verschiebungen** der Schambeine in der **Vertikalen** sowie **Rotation** um die **Transversalachse** um bis zu 3°. Auch hier ist in der Gravidität eine Lockerung zu beobachten.

Beim **Stand** auf **zwei Beinen** liegt der Beckenring in den **Hüftgelenken** auf den Femurköpfen. Die Last des Rumpfes wird über die Iliosakralgelenke eingeleitet. Zerlegt man den Kraftvektor des Rumpfgewichts in 2 Teilvektoren, die durch die Hüftgelenke nach außen unten zielen, so resultieren an der vorderen „Nahtstelle" des Beckenrings **Zugkräfte**, welche versuchen, die Symphyse zu „öffnen" (Abb. **C-4.10**). Dem wirken die kollagenen Fasern des **Discus interpubicus** und die **Ligamenta pubica superius** und **inferius** entgegen.

C-4.9 Bandhemmung der Drehbewegung im Iliosakralgelenk

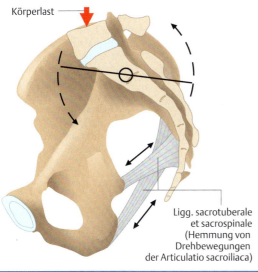

Der Angriff des Körpergewichts vor der transversalen Achse des Gelenks (o) tendiert dazu, das Sakrum zu drehen, wobei das kaudale Ende nach dorsal gehebelt würde; dem wirken die Ligg. sacrotuberale und sacrospinale entgegen.

C-4.10 Belastung der Symphyse beim Stand auf zwei Beinen

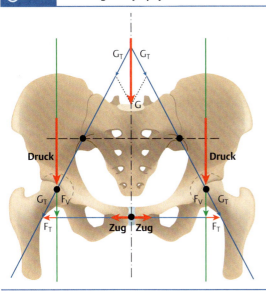

Das Gewicht der suprapelvinen Körpermasse (G) lässt sich in einem Kräfteparallelogramm in zwei Teillasten (G_T) zerlegen, die von den Zentren der Iliosakralgelenke zu den Hüftgelenken ziehen. Diese schräg nach außen wirkenden Teilkräfte wiederum ergeben eine Kraft, die vertikal den Femurkopf belastet (F_v) und eine Transversalkraft (rot, F_t), welche die Symphyse auf Zug beansprucht.

Beim **Sitzen** ruht das Becken auf den **Tubera ischiadica**. Da diese medial von den Iliosakralgelenken liegen, ergibt sich analog zu Abb. **C-4.11** eine Belastung der Symphyse auf **Druck**. Dies erklärt u. a. das Vorkommen von **Knorpel** im Discus interpubicus. Beim **Gehen** liegt ein alternierender Stand auf einem Bein vor: Das **Standbein** übernimmt das Rumpfgewicht, während das **Spielbein** ohne Bodenkontakt nach vorne schwingt. Beim **Einbeinstand** wird durch die Absenkungstendenz des Spielbeins die Symphyse auf **Schub** beansprucht bzw. (v. a. kaudal) auf **Druck**.

Beim Sitzen ergibt sich eine Druckbelastung der Symphyse (Abb. **C-4.11**).

▶ **Merke.** Die **Integrität** und **Stabilität** des Beckenrings ist eine conditio sine qua non für das ungestörte Abheben des Spielbeins und einen regelrechten **aufrechten Gang**.

▶ **Klinik.** Die Lockerung der Beckenringverbindungen in der **Schwangerschaft** führt häufig zu einem reversiblen Hinken.

C-4.11 Belastung der Symphyse im Sitzen

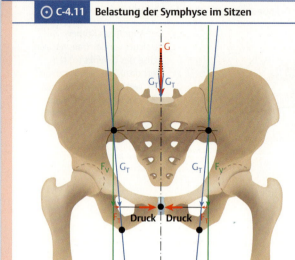

Die Teilkräfte (G_T) zielen vom Zentrum des Iliosakralgelenks auf das Tuber ischiadicum, das den Kontakt zur Sitzfläche herstellt. Da die Tubera ischiadica medial von den Iliosakralgelenken liegen, ergibt die Zerlegung dieser Kraftvektoren neben der Vertikalkraft (F_V) eine (sehr kleine) Transversalkraft (rot, F_T), welche nach innen wirkt und - somit Druck auf die Symphyse ausübt.

▶ **Klinik.** **Frakturen** des Beckens oder des Acetabulum resultieren aus schweren Traumata (z. B. Überrolltwerden). Dabei können erhebliche Blutverluste (> 2 l) auftreten oder Beckeneingeweide mitverletzt werden. Bei ungenügender Versorgung können Instabilitäten oder Falschgelenke (**Pseudarthrosen**) zwischen den Bruchenden entstehen, die sehr schmerzhaft sind und ein normales Gehen oder Stehen unmöglich machen.

4.2 Beckenboden

4.2.1 Funktionelle Aspekte und Bauprinzip

Funktionelle Aspekte: Entsprechend der Funktion der im kleinen Becken gelegenen Organe, d. h. Teile des Urogenitalsystems und Endabschnitts des Verdauungssystems (S. 722), muss die kaudale Begrenzung der Rumpfwand neben einer gewissen **Haltefunktion** den **Durchtritt** von Harnröhre, Rektum und (bei der Frau) der Vagina mit **variablem Verschlussmechanismus** dieser Körperöffnungen ermöglichen.

Bauprinzip: Die Abdominalhöhle ist nach kranial durch das Zwerchfell, sog. Diaphragma (S. 295), – also eine einzige Muskelplatte – verschlossen. Der kaudale Verschluss des Beckens dagegen besteht aus mehreren aufeinander liegenden Schichten von Bindegewebe und Muskulatur (Abb. **C-4.12**), von denen jede für sich den Beckenausgang unvollständig verschließt.

4.2 Beckenboden

4.2.1 Funktionelle Aspekte und Bauprinzip

Funktionelle Aspekte: Die Beckenorgane (Rektum, Harnröhre und ggf. Vagina) erfordern einen variablen Verschlussmechanismus von Körperöffnungen.

Bauprinzip: Kaudaler Verschluss der Beckenhöhle ist eine kraniokaudal geschichtete Muskel- und Bindegewebsplatte (Abb. **C-4.12**):
- **Diaphragma pelvis**,
- „**Diaphragma urogenitale**" (S. 336) sowie
- Sphinkter- und **Schwellkörpermuskulatur** (S. 337).

C-4.12 Beckenboden der Frau

Der Beckenboden ist in sog. Steinschnittlage dargestellt: Rückenlage; Symphyse weist nach oben. Dargestellt sind der M. levator ani mit seinen Anteilen, das „Diaphragma urogenitale" mit dem Centrum (tendineum) perinei sowie die Sphinkter- und Schwellkörpermuskulatur.
(Prometheus LernAtlas. Thieme, 3. Aufl.)

Man unterscheidet von oben nach unten (von innen nach außen):
- **Diaphragma pelvis** (s. u.),
- **„Diaphragma urogenitale"** (kein Begriff der gegenwärtigen Terminologia Anatomica) mit Centrum (tendineum) perinei (S. 336) sowie
- **Sphinkter-** und **Schwellkörpermuskulatur** (S. 337).

4.2.2 Diaphragma pelvis

Die innerste (oberste) Schicht ist das Diaphragma pelvis, das sich aus den folgenden beiden Muskeln zusammensetzt (Abb. **C-4.14**):
- **Musculus levator ani:** Er besteht selbst aus drei Teilen (Abb. **C-4.13**), die eine gemeinsame, ihrerseits geschichtete Muskelplatte bilden:
  – **Musculus puborectalis**,
  – **Musculus pubococcygeus** und
  – **Musculus iliococcygeus**.
Die von der Rückseite des Os pubis entspringenden Muskelanteile (sog. **Levatorschenkel**) weichen nach ventral V-förmig auseinander; zwischen ihnen liegt das Levatortor, der **Hiatus levatorius**, der bei beiden Geschlechtern dorsal vom Rektum, ventral von der Urethra durchzogen wird. Bei der Frau zieht zusätzlich die zwischen Urethra und Rektum liegende Vagina durch den Hiatus levatorius. Die Levatorschenkel sind durch die Vagina zu tasten. Von den Levatorschenkeln strahlen Muskelfasern in den M. sphincter ani externus und präretktal in das Centrum perinei ein (Abb. **C-4.13b**).
- **Musculus ischiococcygeus (M. coccygeus):** Dieser zwischen Os ischii und dem Os coccygis ausgespannte Muskel ist oft nur rudimentär ausgebildet und liegt dorsal des M. iliococcygeus – eines Teils des M. levator ani – innen dem Lig. sacrospinale an.

Das Diaphragma pelvis wird an seiner Oberseite – also beckenhöhlenwärts – von einer Faszie überzogen, der **Fascia superior diaphragmatis pelvis**. Diese ist ein Teil der **Fascia pelvis parietalis**, welche innen am Leistenband (S. 314) in die Fascia transversalis (S. 314) übergeht. Auch die Unterseite des Diaphragma pelvis trägt eine Faszie: **Fascia inferior diaphragmatis pelvis**.

An einer Leiche hat das Diaphragma pelvis fast immer die Form eines Trichters, da der Tonus des M. levator ani fehlt und die Muskelplatte unter dem Druck der Organe absinkt. Am Lebenden bildet der Muskel eine stärker transversal eingestellte Platte, die zur Defäkation erschlafft: Das Rektum sinkt dann gleichsam in den Trichter ein. Eine besondere Rolle spielt dabei der **M. puborectalis**: sein Tonus zieht das Rektum unter Ausbildung eines Knicks – der **Flexura anorectalis** – nach oben und ventral. Dies sichert die **Stuhlkontinenz**. Bei der Defäkation (S. 728) erschlafft der M. puborectalis, sodass der Knick zwischen Rektum und Analkanal verschwindet.

4.2.2 Diaphragma pelvis

Es besteht aus (Abb. **C-4.14**):
- **M. levator ani** mit 3 Teilen (Abb. **C-4.13**):
  – M. puborectalis,
  – M. pubococcygeus und
  – M. iliococcygeus.
Vom Os pubis entspringende Muskelanteile (**Levatorschenkel**) umfassen das Levatortor = **Hiatus levatorius** (Durchtritt von Urethra und Rektum bzw. bei der Frau zusätzlich der Vagina).

M. ischiococcygeus: inkonstanter Muskel auf dem Lig. sacrospinale dorsal des M. levator ani.

Das Diaphragma pelvis trägt an Ober- und Unterseite je eine kräftige Faszie, die **Fasciae superior** und **inferior diaphragmatis pelvis**.

Am Lebenden ist das Diaphragma pelvis eine fast transversale Platte, am Toten durch fehlenden Muskeltonus ein Trichter. Die Platte (insbesondere der M. puborectalis) hebt und knickt das Rektum (**Flexura anorectalis**), dies garantiert **Kontinenz**. Verringert sich der Tonus, sinkt das Rektum in den Trichter, s. Defäkation (S. 728).

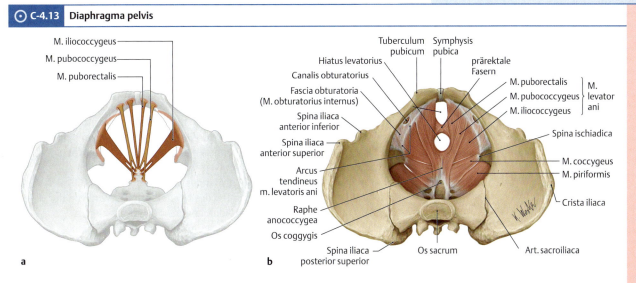

⊙ **C-4.13** Diaphragma pelvis

(Prometheus LernAtlas. Thieme, 3. Aufl.)
a M. levator ani mit seinen drei Anteilen in schematischer Darstellung
b und am weiblichen Becken von kranial.

⊙ C-4.14 Muskulatur des Beckenbodens

Muskel	Ursprung	Ansatz	Innervation	Funktion
Diaphragma pelvis				
M. levator ani (3 Teile):				
▪ M. puborectalis	Os pubis	schlingenförmig hinten um das Rektum; prärektale Fasern zum Centrum perinei	direkte Äste des Plexus sacralis (S2–4)	zieht Rektum nach ventral und kranial (Sicherung der Stuhlkontinenz)
▪ M. pubococcygeus	Os pubis, Arcus tendineus m. levatoris ani*	Lig. ancococcygeum, Os coccygis		Verspannung des Beckenbodens
▪ M. iliococcygeus	Arcus tendineus m. levatoris ani*	Os coccygis, Lig. anococcygeum		
M. ischiococcygeus (M. coccygeus)**	Spina ischiadica	Os coccygis und Os sacrum		Ergänzung des M. levator ani
Diaphragma urogenitale				
M. transversus perinei profundus	Ramus inf. ossis pubis Ramus ossis ischii	Ramus inf. ossis pubis, Ramus ossis ischii, Wand von Vagina bzw. Prostata, Centrum tendineum perinei	N. pudendus (S2–4)	Bedeckung des Levatortors; Anteile bilden M. sphincter urethrae externus
M. transversus perinei superficialis	Tuber ischiadicum Ramus ossis ischii	Centrum tendineum perinei		Stabilisierung des Centrum tendineum
Sphinkter- und Schwellkörpermuskulatur				
M. sphincter ani externus	Centrum tendineum perinei	Lig. anococcygeum	N. pudendus (S2–4)	Verschluss des Canalis analis
M. bulbospongiosus	Centrum tendineum Raphe mediana	Fascia diaphragmatis urogenitalis inf.		Stabilisierung des Centrum tendineum, ♀: verengt den Scheideneingang ♂: umhüllt das Corpus spongiosum des Penis
M. ischiocavernosus	Ramus ossis ischii	Tunica albuginea des Corpus cavernosum penis bzw. clitoridis		Kompression der Crura (penis oder clitoridis)

* bogenförmige Verstärkung der Fascia obturatoria
** häufig rudimentär und überwiegend bindegewebig

4.2.3 „Diaphragma urogenitale"

Kaudal vom Diaphragma pelvis verschließt eine Muskel- und Bindegewebsplatte den ventralen Bereich des Hiatus levatorius (Abb. **C-4.14**, Abb. **C-4.15**):

Der **M. transversus perinei prof.** bedeckt kaudal den ventralen Teil des Levatorspalts. Am Durchtritt der Urethra spalten sich einige Fasern als M. sphincter urethrae externus ab.

▪ Der **M. transversus perinei superf.** liegt dorsal dem M.transversus perinei prof. an.
▪ Das **Centrum perinei** (S. 340) ist ein Areal aus dichtem Bindegewebe hinten am M. transversus perinei prof., in das Beckenbodenmuskeln (S. 724) einstrahlen (Abb. **C-4.15**).

4.2.3 „Diaphragma urogenitale"

Kaudal vom Diaphragma pelvis ist der größte Teil des Hiatus levatorius im ventralen Bereich durch eine teils aus Muskulatur (Mm. transversus perinei profundus und superficialis, Abb. **C-4.14**, Abb. **C-4.15**), teils aus Bindegewebe (Centrum perinei) bestehende Platte verschlossen. Dieses „Diaphragma urogenitale" ist zwischen den unteren Schambeinästen und den Rami der Ossa ischii ausgespannt.

▪ Der **Musculus transversus perinei profundus** verschließt kaudal mit quer verlaufenden Muskelfasern den vorderen Teil des Levatorspalts. Er wird von der Urethra – bei der Frau auch von der Vagina – durchbohrt.

 Zirkuläre Fasern des M. transversus perinei profundus bilden einen **Musculus sphincter urethrae externus**.
▪ Der schmale **Musculus transversus perinei superficialis** ist dem M. transversus perinei profundus dorsal angelagert.
▪ Das **Centrum** (**tendineum**) **perinei** (**Corpus perineale**)ist ein kleines Areal aus dichtem Bindegewebe (S. 340) am Hinterrand des M. transversus perinei profundus (Abb. **C-4.15**), in das von lateral die Mm. transversus perinei superficiales und von

C-4.15 Diaphragma urogenitale

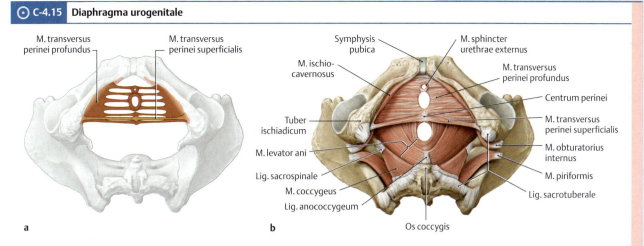

(Prometheus LernAtlas. Thieme, 3. Aufl.)
a Schematische Darstellung des M. transversus perinei profundus und M. transversus perinei superficialis.
b Muskulatur des Beckenbodens nach Entfernung der Schließmuskeln: Ansicht eines weiblichen Beckens von kaudal. Die Ligg. sacrotuberale und sacrospinale sind größtenteils entfernt.

vorne präretale Fasern des M. puborectalis einstrahlen. Zusammen mit präretalen Fasern des M. puborectalis trennt es den Hiatus urogenitalis vom Hiatus analis (s. u., Abb. **C-4.15**). Als bindegewebige Schwachstelle des Beckenbodens ist es durch die Mm. sphincter ani externus und bulbospongiosus (S. 724) verstärkt.
Durch die Öffnung zwischen dem Hinterrand des „Diaphragma urogenitale" und den medialen Rändern der „Levatorschenkel" tritt der Analkanal, weswegen dieser auch als **Hiatus analis** bezeichnet wird. Unter **Hiatus urogenitalis** versteht man den vorderen, vom M. transversus perinei profundus abgedeckten Teil des Levatortors in dem Urethra und bei der Frau auch die Vagina liegen.
Wie der M. levator ani wird auch das Diaphragma urogenitale kranial und kaudal von jeweils einer Faszie bedeckt: **Fascia diaphragmatis urogenitalis superior** und **inferior**. Letztere wird auch als **Membrana perinei** bezeichnet.

Durch den vorderen, vom „Diaphragma urogenitale" abgedeckten **Hiatus urogenitalis** des Levatortors treten Urethra (und Vagina); durch den hinteren **Hiatus analis** der Analkanal.

Die **Fasciae diaphragmatis urogenitalis sup.** und **inf.** (Letztere = **Membrana perinei**) umhüllen das Diaphragma urogenitale.

▶ **Klinik.** Der muskuläre und bindegewebige Beckenboden trägt einen großen Teil der Last der Bauch- und Beckenorgane. Eine strukturelle Schwächung des Beckenbodens – etwa durch zahlreiche Geburten – kann zu einer **Senkung (Deszensus)** der Beckenorgane führen. Betroffen von einer solchen Senkung sind vor allem Harnblase und Uterus. Eine Senkung der Harnblase ist oft verbunden mit einer Harninkontinenz. Die Senkung des Uterus kann bis zu einem Vorfall des Uterus **(Prolaps)** aus der Scheide führen. Bringt eine physiotherapeutische Stärkung der Beckenbodenmuskulatur (Beckenbodengymnastik) keine Besserung, bleibt die Option einer fixierenden Operation.

C-4.16 Uterusprolaps bei einer 77-jährigen Patientin

(Breckwoldt, M., Kaufmann, M., Pfleiderer, A.: Gynäkologie und Geburtshilfe. Thieme, 2007)

4.2.4 Sphinkter- und Schwellkörpermuskulatur

Die Sphinkter- und Schwellkörpermuskeln (Abb. **C-4.14** u. Abb. **C-4.17**) bilden die am weitesten kaudal gelegene und damit oberflächlichste Schicht des Beckenbodens. Folgende Muskeln sind daran beteiligt:

- Der **Musculus sphincter ani externus** und der **Musculus bulbospongiosus** bilden am weiblichen Beckenboden „Achtertouren" um Anus und Introitus vaginae. Im Knotenpunkt dieser Achtertour strahlen beide Muskeln in das Centrum perinei ein und verstärken es. Beim Mann hat der M. bulbospongiosus keine Sphinkterfunktion, stabilisiert aber das Centrum perinei.
- Der **Musculus ischiocavernosus** ist lateral am Beckenboden auf der Unterseite von Scham- und Sitzbein befestigt und verstärkt dadurch das Diaphragma urogenitale lateral. Er umgibt die Schwellkörper von Penis (S. 836) bzw. Klitoris (S. 808).

4.2.4 Sphinkter- und Schwellkörpermuskulatur

Dazu gehören folgende Muskeln (Abb. **C-4.14** und Abb. **C-4.17**):

- Bei der Frau bilden der **M. sphincter ani ext.** und der **M. bulbospongiosus** eine **Achtertour** um Anus und Introitus vaginae mit dem stabilisierenden Knotenpunkt am Centrum perinei.
- Der lateral gelegene **M. ischiocavernosus** umgibt die Schwellkörper von Penis (S. 836) bzw. Klitoris (S. 808).

C-4.17 Sphinkter- und Schwellkörpermuskulatur

Schematische Darstellung am weiblichen Becken von kaudal; s. a. Abb. **C-4.12.**
(Prometheus LernAtlas. Thieme, 3. Aufl.)

4.3 Dammregion (Regio perinealis)

▶ **Definition.** Die annähernd rautenförmige **Regio perinealis** ist ein Teil der Rumpfwand unterhalb des Beckenbodens und umfasst den Bereich zwischen Symphyse, Os coccygis und den Sitzbeinhöckern.

▶ **Merke.** Zu beachten ist der Unterschied zwischen dem Damm im engeren Sinn und der Dammregion als Teil der Rumpfwand unterhalb des Beckenbodens!

4.3.1 Gliederung der Dammregion

Die Regio perinealis (Abb. **C-4.18**) wird durch eine gedachte Verbindungslinie zwischen den Sitzbeinhöckern unterteilt in eine
- **Regio urogenitalis** als Dreieck im vorderen Bereich und eine
- **Regio analis**, die dahinter liegt.

C-4.18 Dammregion (Regio perinealis)

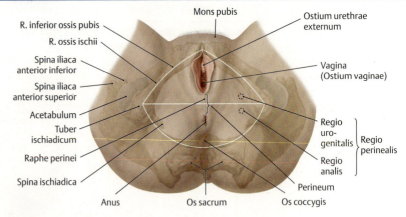

Ansicht der weiblichen Dammregion von kaudal in Steinschnittlage.
(Prometheus LernAtlas. Thieme, 3. Aufl.)

Regio urogenitalis

In der Tiefe der Regio urogenitalis lassen sich von kranial nach kaudal zwei durch Faszien abgegrenzte, relativ niedrige Räume unterscheiden (Abb. **C-4.19b**):
- Das **Spatium profundum perinei** wird fast vollständig vom M. transversus perinei profundus ausgefüllt, dessen Faszien auch die kraniale und kaudale Begrenzung dieses tiefen Dammraums bilden. Weitere darin enthaltene Strukturen finden sich in Tab. **C-4.2**.
- Das **Spatium superficiale perinei** liegt als oberflächlicher Dammraum weiter kaudal. Nach unten ist es vom subkutanen Fettgewebe und nach dorsal von der Fossa ischioanalis (s. u.) durch die **Fascia perinei** (**superficialis**) getrennt. Letztere umhüllt auch den M. transversus perinei superficialis und geht nach ventral in die Fascia abdominis superficialis (S. 314) über. Dieser Dammraum enthält die in Tab. **C-4.2** genannten Strukturen.

C 4.3 Dammregion (Regio perinealis)

C-4.2 Räume im Bereich der Dammregion

Dammraum	Begrenzung	Inhalt
ventral: Regio urogenitalis		
tiefer Dammraum = Spatium profundum perinei	• kranial: Fascia diaphragmatis urogenitalis superior • kaudal: Fascia diaphragmatis urogenitalis inferior (häufig verstärkte Faszie des M. transversus perinei profundus, die auch als **Membrana perinei** bezeichnet wird) • dorsal: M. transversus perinei superficialis	• M. transversus perinei prof. und M. sphincter urethrae externus • Pars membranacea urethrae (S. 838) • Gll. bulbourethrales (♂) bzw. Gll. vestibulares majores (♀) • Endäste der Vasa pudenda interna und des N. pudendus
oberflächlicher Dammraum = Spatium superficiale perinei	• kranial: Membrana perinei • kaudal: Fascia perinei (superficialis) • dorsal: Fascia perinei (superficialis), die den M. transversus perinei superficialis umhüllt	• Mm. bulbospongiosi und M. ischiocavernosi • Bulbus penis (♂)/vestibuli (♀) • Crura corporis cavernosi penis (♂)/Crura, Corpus und Glans clitoridis (♀) • Endäste der Vasa pudenda interna und des N. pudendus
dorsal: Regio analis		
Fossa ischioanalis	• medial und kranial: M. levator ani, M. sphincter ani ext. • lateral: Os ischii und M. obturatorius int. • dorsal: Unterrand des M. gluteus maximus und Lig. sacrotuberale • ventral: Membrana perinei (umhüllt den M. transversus perinei superficialis); darüber frei nach ventral auslaufend • kaudal/ventral (Regio urogenitalis): Spatia profundum und superficiale perinei mit ihren Faszien (kaudal/ventral [Regio analis]: kaum ausgebildete Fascia investiens)	• hauptsächlich Fett- und Bindegewebe • Vasa pudenda interna und N. pudendus im Canalis pudendalis (S. 885) = Alcock-Kanal (Duplikatur der Faszie des M. obturatorius int.) und damit in der seitlichen Wand der Fossa ischioanalis (Abb. **C-4.19** und Abb. **C-4.20**); Äste von Vasa pudenda interna und N. pudendus zu Anus, Damm und äußerem Genitale

C-4.19 Dammräume und Faszien des weiblichen Beckens

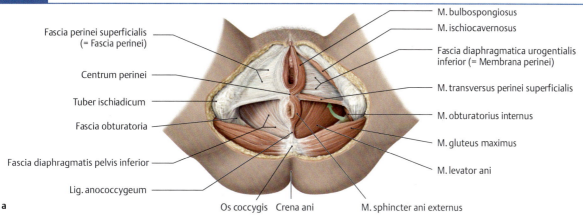

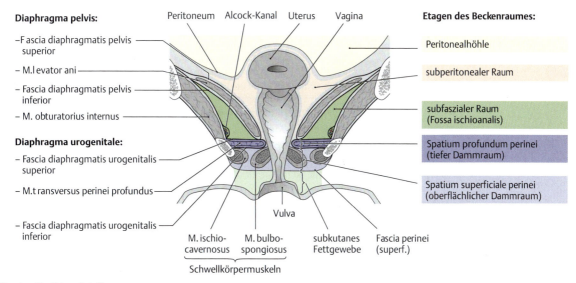

(Prometheus LernAtlas. Thieme, 3. Aufl.)

a Oberflächliche Faszien des weiblichen Beckenbodens, Ansicht von kaudal.
b Schematische Darstellung der Damm- und Beckenräume, Faszien und Anordnung der Beckenbodenmuskulatur im Frontalschnitt auf Höhe der Vagina, Ansicht von frontal.

Regio analis mit Fossa ischioanalis

Im Gegensatz zu den Räumen der vorderen Dammregion (s. o.), die allseitig von Faszien umschlossene schmale Fächer darstellen und überwiegend von Muskeln ausgefüllt sind, ist die der hinteren Dammregion unterliegende **Fossa ischioanalis** ein weiter, mit Fettgewebe ausgefüllter Raum (Abb. **C-4.20**). Dieses Fettgewebe geht nach kaudal ohne klare bindegewebige Trennung in das subkutane Fett über. Gleichfalls ohne scharfe Begrenzung erstreckt sich der Raum der Fossa ischioanalis noch nach ventral auf den M. transversus perinei profundus bis unter das Levatortor, wo durch den Levatorspalt hindurch eine Kommunikation mit dem Fett- und Bindegewebe oberhalb des Diaphragma pelvis (S. 335) stattfindet (subperitonealer Beckenraum). Diese Verhältnisse machen deutlich, dass eine klare ventrale Begrenzung der Fossa ischioanalis schwer definierbar ist, da sich dort (im Bereich der Regio urogenitalis) die Spatia profundum und superficiale perinei zwischen den ventralen „Ausläufer" der Fossa ischioanalis und das subkutane Fettgewebe schieben (Abb. **C-4.19**). Die klaren Abgrenzungen gegen andere umliegende Strukturen sind Tab. **C-4.2** zu entnehmen.

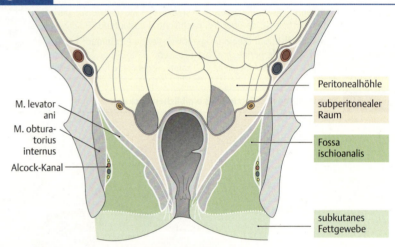

⊙ C-4.20 **Fossa ischioanalis**

Schematischer Frontalschnitt durch das Becken im Bereich des Analkanals (vgl. weiter ventral gelegenen Schnitt in Abb. **C-4.19**): Die Fossa ischioanalis ist nach kranial vom subperitonealen Beckenraum durch das Diaphragma pelvis (hier M. levator ani) getrennt. Nach kaudal stellt die in diesem Bereich nur schwach ausgebildete allgemeine Körperfaszie (Fascia investiens; hier als gestrichelte weiße Linie dargestellt) keine klinisch relevante Trennung zwischen dem Fett der Fossa ischioanalis und dem subkutanen Fettgewebe dar.

4.3.2 Damm (Perineum)

▶ **Definition.** Der **Damm** bzw. das **Perineum** im eigentlichen Sinn des Wortes ist nur der Bereich zwischen Anus und äußerem Genitale.

In das dem Damm unterliegende bindegewebige **Centrum** (**tendineum**)**perinei** strahlen nicht nur Muskelfasern des Diaphragma urogenitale (S. 336) ein, sondern auch von der darunterliegenden Schicht der Sphinkter- und Schwellkörpermuskulatur (S. 337) sowie dem darüber liegenden M. levator ani (S. 335). Das Centrum perinei liegt somit nicht nur an der Schnittstelle von Regio urogenitalis und analis, sondern es verknüpft die unterschiedlichen Schichten der Beckenbodenmuskulatur. Es ist nicht nur topografisch, sondern auch funktionell ein zentraler Punkt des Beckenbodens.

▶ Klinik. Wird unter der Geburt die perineale Haut durch zu starke Anspannung akut weiß, ist dies ein Zeichen für eine herabgesetzte Durchblutung. In diesem Fall kann zur Verhinderung eines unkontrollierten Dammrisses eine sog. **Episiotomie** = Dammschnitt durchgeführt werden. Ebenso kann eine drohende Hypoxie (Sauerstoffmangel) des Kindes diese Maßnahme erfordern. Es gibt drei Möglichkeiten für die Schnittführung: Je weiter lateral die Schnittführung, desto mehr Muskeln werden durchtrennt. Dies führt zwar zu größerem Raumgewinn, aber gleichzeitig kommt es auch zu stärkeren Blutungen und schlechterer Heilung.

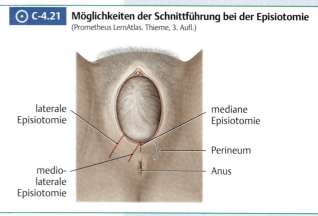

C-4.21 Möglichkeiten der Schnittführung bei der Episiotomie
(Prometheus LernAtlas. Thieme, 3. Aufl.)

4.4 Gefäßversorgung und Innervation

Eine Übersicht über die Gefäßversorgung des Beckens ist dem Kap. Leitungsbahnen im Beckenraum (S. 879) zu entnehmen. Hier sind lediglich diejenigen aufgeführt, die für die Versorgung der oben beschriebenen Strukturen zuständig sind.

4.4.1 Gefäßversorgung

Arterielle Versorgung: Die **Arterien**, die Beckenwand und -boden versorgen, sind Äste der A. iliaca interna (S. 879).
- **Arteria iliolumbalis**: Sie zieht hinter dem M. psoas major (Abb. **D-1.8**) nach lateral in die Fossa iliaca.
- **Arteriae sacrales laterales** versorgen das Os sacrum, den Inhalt des Sakralkanals und den M. piriformis (Abb. **D-1.8**, Abb. **C-4.20**).
- Die **Arteria pudenda interna** verlässt medial von A. glutea inf. und N. ischiadicus das Becken durch das Foramen infrapiriforme. Sie biegt mit dem N. pudendus um die Spina ischiadica, bzw. das Lig. sacrospinale in die Fossa ischioanalis, wo sie im **Canalis pudendalis** (**Alcock-Kanal**, Tab. **C-4.2**) einer Duplikatur der Faszie des M. obturatorius int. (Abb. **D-1.8**), neben dem Ramus ossis ischii nach vorne auf den M. transversus perinei prof. (S. 336) zieht. Sie versorgt neben Becken- und äußeren Geschlechtsorganen die Muskeln des Beckenbodens, die Mm. transversi perinei prof. und sup. sowie levator ani. Ihr Endast ist die A. profunda penis bzw. clitoridis (S. 880).

Venöser Abfluss: Die o. g. Arterien werden von **gleichnamigen Venen** begleitet, wobei die Äste der A. iliaca int. (S. 879), genau wie die der A. iliaca ext., jeweils **zwischen 2 Venen** liegen.

Lymphabfluss: Kaudal des muskulären **Beckenbodens** verlaufen Lymphgefäße u. a. vom Analkanal und Perineum zum horizontalen Trakt der **Nodi lymphoidei inguinales superficiales**.
Kranial des **Beckenbodens** erfolgt der Lymphabfluss im Allgemeinen entlang der Blutgefäße, also der parietalen Äste der A. iliaca interna und auch der Äste der A. iliaca externa (S. 879).
Die **Nodi lymphoidei iliaci interni** liegen um die A. iliaca interna und an den proximalen Abschnitten ihrer Äste. Neben den Beckenorganen drainieren sie Beckenboden, Beckenwand und Fossa ischioanalis (soweit diese nicht in die Leistenlymphknoten drainiert wird; s. o.).
Die Lymphe der weiter kranial gelegenen Bereiche der Beckenwand fließt in die **Nodi lymphoidei iliaci externi**.
Über die **Nodi lymphoidei iliaci communes** gelangt die Lymphe des gesamten Beckenbodens zu den **Nodi lymphoidei lumbales**, von denen sie über die **Trunci lumbales** zur Cisterna chyli und Ductus thoracicus (S. 634) strömt.

4.4 Gefäßversorgung und Innervation

Übersicht s. Kap. Leitungsbahnen im Beckenraum (S. 879).

4.4.1 Gefäßversorgung

Arterien: Die **A. iliaca interna** gibt folgende Äste zu Beckenwand und -boden ab:
- **A. iliolumbalis** (lateral)
- **Aa. sacrales laterales** (nach dorsal/kaudal)
- **A. pudenda interna** in die **Fossa ischioanalis** (Alcock-Kanal, Tab. **C-4.2**, Abb. **C-4.20**) zum Beckenboden und äußeren Genitale, s. Äste (S. 880).

Venen: Diese Arterien werden von **zwei gleichnamigen Venen** begleitet.

Lymphabfluss: Kaudal des Beckenbodens erfolgt er in die **Nll. inguinales superficiales**, darüber entlang der Blutgefäße (S. 879) in die **Nll. iliaci interni** und **externi**. Über die iliakalen Lymphknoten gelangt die Lymphe zu den **Nll. lumbales**, von wo sie über die **Trunci lumbales** zur Cisterna chyli und Ductus thoracicus (S. 634) gelangt.

4.4.2 Innervation

Motorisch: Plexus sacralis (S 2–S 4) bzw. **N. pudendus** aus diesem Plexus (s. a. Abb. **C-4.14**).

Sensibel: median von dorsal nach ventral:
- **Nn. anococcygei** (S 5, Co 1)
- **N. pudendus** (S 2–S 4)

lateral von dorsal nach ventral:
- **Nn. clunium inferiores**
- **N. cutaneus femoris post.** (S 1–S 3).
- **N. ilioinguinalis** (L 1) und **R. genitalis** (L 1, L 2) des **N. genitofemoralis**.

4.4.2 Innervation

Motorische Innervation: Die Innervation der Beckenbodenmuskulatur erfolgt über kurze Äste direkt aus dem **Plexus sacralis** (S 2–S 4) oder durch den **Nervus pudendus** aus diesem Plexus (Abb. **C-4.14**).

Sensible Innervation: Für die sensible Innervation der **Haut der Dammregion** sind folgende Nerven zuständig:
- **Nervi anococcygei** (S 5, Co 1) aus dem **Plexus coccygeus** in einem kleinen median gelegenen Feld zwischen Anus und Steißbein
- **Nervus pudendus** (S 2–S 4) aus dem **Plexus sacralis**: Sein Innervationsgebiet schließt sich dem oben genannten in der Medianen nach ventral an

Die lateralen Bereiche der rautenförmigen Dammregion werden
- dorsal von den **Nervi clunium inferiores**,
- ventral vom **Nervus cutaneus femoris posterior** aus dem Plexus sacralis (beide S 1–S 3) innerviert; noch weiter ventral innervieren
- **Nervus ilioinguinalis** (L 1), bzw. der **Ramus genitalis** (L 1, L 2) des **Nervus genitofemoralis** (**Plexus lumbalis**) den ventralen Bereich von Scrotum bzw. Labia majora.

Bezüglich der segmentalen Innervation ist der im Bereich des äußeren Genitale liegende „untere Segmentsprung" (Übergang von L 2 nach S 3) zu erwähnen; vgl. oberer Segmentsprung (S. 302).

C-4.22 Hautinnervation beim Mann

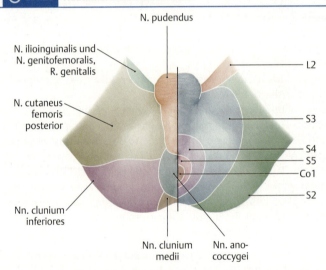

Steinschnittlage: Die segmentale Innervation (Dermatome) ist auf der linken Körperseite dargestellt, die Innervationsgebiete peripherer Hautnerven auf der rechten Körperseite.
(nach Prometheus LernAtlas. Thieme, 3. Aufl., nach Mumenthaler)

Untere Extremität

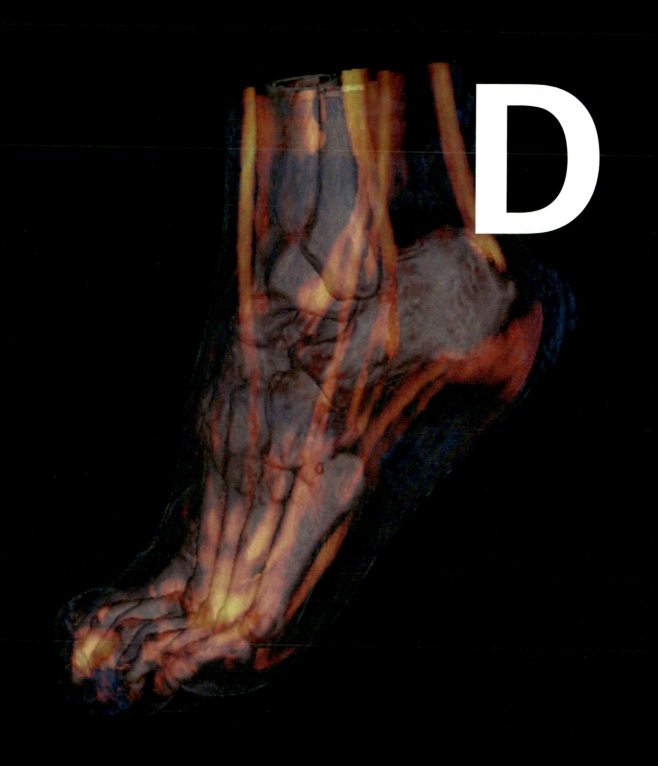

D

Computertomografie des Fußes. Bei dieser Aufnahme erzeugten zwei Röntgenröhren in einem Computertomografen zeitgleich unterschiedliche Strahlungsenergien. So können unterschiedliche Gewebe (Knochen und Bänder) in einem Untersuchungsschritt erfasst und unterscheidbar dargestellt werden.

© www.siemens.com/presse

1 **Hüfte, Oberschenkel und Knie** 345

2 **Unterschenkel und Fuß** 396

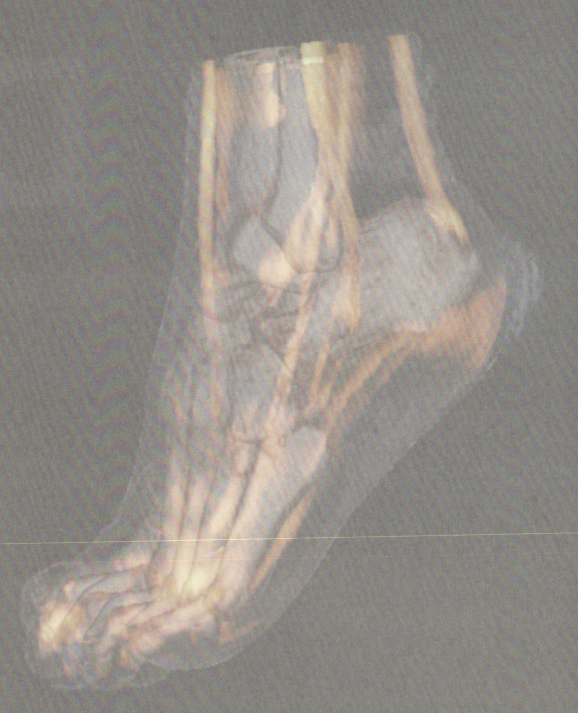

1 Hüfte, Oberschenkel und Knie

1.1	Funktionelle Aspekte und Bauprinzip	345
1.2	Hüftgelenk (Articulatio coxae)	345
1.3	Kniegelenk (Articulatio genus)	363
1.4	Gefäßversorgung und Innervation von Hüfte, Oberschenkel und Knie	380
1.5	Topografische Anatomie von Hüfte, Oberschenkel und Knie	389

L.J. Wurzinger

1.1 Funktionelle Aspekte und Bauprinzip

Der **aufrechte Gang** des Menschen bedingt nicht nur am Becken, sondern auch an der **freien unteren Extremität** ausgeprägte morphologische **Anpassungen**, die die untere von der oberen Extremität unterscheiden:

- Entsprechend der hohen statischen Belastung ist das **Femur** (S. 346), d. h. der Oberschenkelknochen, deutlich massiver als der Humerus (Oberarmknochen (S. 446)).
- Die **Pfanne** des **Hüftgelenks** ist wesentlich tiefer als die des Schultergelenks (S. 445), wodurch eine größere Sicherheit gegen Luxationen erreicht wird, wenn auch um den Preis einer etwas geringeren Beweglichkeit, vgl. Abb. **D-1.7** und Abb. **E-1.17**.
- Demselben Ziel dienen die äußerst **kräftigen Bänder**, deren Anordnung bei gestrecktem **Hüftgelenk** den **aufrechten Stand** mit minimalem Energieaufwand ermöglicht. Auch die starken Bänder des **Kniegelenks** sind nicht nur Sicherung gegen Luxationen. Sie sind in Streck-(Neutral-Null-)stellung dermaßen angespannt, dass die Beine stabilen „Säulen" gleichen, die das Körpergewicht ohne großen Muskelaufwand tragen. Gleichzeitig erlaubt die asymmetrische Anordnung der Bänder (S. 348) von Hüft- und Kniegelenk (S. 366) die zum **schnellen Laufen** erforderliche maximale Beugung dieser Gelenke.

1.1 Funktionelle Aspekte und Bauprinzip

Die hohe Belastung beim **aufrechten Gang** bedingt an der **unteren Extremität** morphologische **Anpassungen**:
- Das **Femur** (S. 346) ist ein sehr massiver Knochen.
- Die tiefe Pfanne des **Hüftgelenks** ist relativ luxationssicher.
- Starke **Bänder** (S. 348) sichern **Hüft-** und Kniegelenk (S. 366). Sie ermöglichen kräftesparendes **Stehen**, ohne schnelles **Laufen** zu behindern.

1.2 Hüftgelenk (Articulatio coxae)

Die Häufigkeit orthopädischer Erkrankungen, die das Hüftgelenk betreffen, macht die klinische Relevanz dieser Region deutlich:

> ▶ **Klinik.** Ca. 3 % aller Säuglinge weisen eine Reifungsstörung des Hüftgelenks im Sinne einer **Dysplasie** (S. 361) auf. Von dieser Störung der Verknöcherung am Pfannenerker sind 7-mal mehr Mädchen als Jungen betroffen. Ein Übersehen dieser in den meisten Fällen einfach zu behandelnden Deformität führt bei ca. 10 % zur **kongenitalen Hüftluxation** (Dezentrierung des Hüftkopfes aus der Hüftgelenkspfanne), welche nicht mit der seltenen traumatischen Luxation (S. 350) eines a priori gesunden Hüftgelenks verwechselt werden darf.
> Auch wenn die kongenitale Hüftluxation auf Grund der inzwischen konsequenteren Behandlung seltener vorkommt als früher, ist die nicht luxierte Dysplasie auch heute noch eine der häufigsten Ursachen einer **Coxarthrose**. Als lasttragendes Gelenk ist es im höheren Alter von arthrotischen Veränderungen bedroht; ca. 7 % aller degenerativen Gelenkleiden manifestieren sich am Hüftgelenk (vgl. Abb. **C-1.1**). Sein Ersatz durch **Totalendoprothesen** (= TEP) ist ein seit vielen Jahren erprobtes Behandlungskonzept.

▶ Klinik.

1.2.1 Gelenktyp und Gelenkkörper

Gelenktyp: Das Hüftgelenk ist ein **Kugelgelenk** mit 3 Freiheitsgraden. Da der Kopf bis über den größten Durchmesser von der Pfanne umfasst wird, liegt der Subtyp einer **Enarthrosis** (S. 232), sog. „Nussgelenk", vor.

Gelenkpfanne: Die **Pfanne** des Hüftgelenks ist das **Acetabulum** des **Os coxae**, an dessen Aufbau alle drei Anteile des Os coxae (S. 327) beteiligt sind. Allerdings ist nicht die gesamte Vertiefung des Acetabulums überknorpelt, sondern lediglich die **Facies lunata**, die etwa einen ¾-Kreis um die **Fossa acetabuli** einnimmt (Abb. **D-1.1**).

1.2.1 Gelenktyp und Gelenkkörper

Gelenktyp: Das Hüftgelenk ist ein **Kugelgelenk** vom Typ einer **Enarthrosis** (S. 232).

Gelenkpfanne: Diese ist das **Acetabulum** des **Os coxae** (S. 327), dessen **Facies lunata** (Abb. **D-1.1**), genau wie das kaudal gelegene überknorpelte **Lig. transversum acetabuli**, mit dem **Caput femoris** artikuliert.

⊙ D-1.1 Gelenkpfanne (Acetabulum) des rechten Hüftgelenks

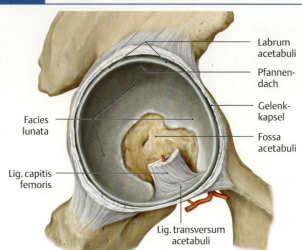

Ansicht von lateral nach Entfernung des rechten Femurkopfes.
(Prometheus LernAtlas. Thieme, 3. Aufl.)

In **Standposition** des Beckens besitzt der knöcherne Pfannenrand kaudal, wo **keine Druckbelastung** einwirkt, eine Lücke, die **Incisura acetabuli**. Diese ist durch das von Knorpel überzogene **Ligamentum transversum acetabuli** bindegewebig ergänzt. Lateral/kranial befindet sich der „**Pfannenerker**" als Teil des knöchernen und knorpeligen Pfannendachs.

Seine Ausprägung bestimmt die Stellung der „**Pfanneneingangsebene**": Je steiler diese steht, desto größer ist das Risiko, dass infolge des Körpergewichts der Gelenkkopf nach kranial aus der Pfanne rutscht.

Die an sich schon tiefe **Pfanne** des Hüftgelenks wird durch das faserknorpelige **Labrum acetabuli** noch mehr vertieft. Dieses ist zirkulär am knöchernen Pfannenrand (**Limbus acetabuli**) und am Lig. transversum acetabuli befestigt; es liegt frei in der Gelenkhöhle und ist nicht von Synovialmembran überzogen.

Gelenkkopf: Er wird durch das kugelförmige **Caput femoris** (s. u.) gebildet.

Oberschenkelknochen (Os femoris)

▶ Synonym. Femur

Das **Femur** ist der **längste Knochen** des menschlichen Skeletts. Es bestimmt wesentlich die Körpergröße, sodass Letztere bei isoliert aufgefundenen Oberschenkelknochen (z. B. in der Archäologie) aus der Femurlänge abgeschätzt wird.

Abschnitte und Form: Der Oberschenkelknochen (Abb. **D-1.2**) gliedert sich von proximal nach distal in folgende Abschnitte:
- **Caput femoris** (**Femurkopf/Hüftkopf**): Er sitzt medial auf dem **Collum femoris**, ist bis auf die medial gelegene **Fovea capitis femoris** großflächig überknorpelt und bildet den kugeligen **Gelenkkopf** (s. u.).
- **Collum femoris** (**Schenkelhals**): Er trägt das Caput femoris und geht über in das
- **Corpus femoris** (**Femurschaft/-diaphyse**), der nach ventral etwas durchgebogen ist; s. a. Diaphyse (S. 223). Die an der Dorsalseite auftretenden Druckkräfte werden durch die **Linea aspera** aufgefangen. Diese Knochenleiste hat ein **Labium mediale** und **laterale**, die auch als Muskelursprung dienen.
- **Condyli femoris** (**Femurkondylen**) der distalen Femurepiphyse bilden die beiden proximalen Gelenkkörper des Kniegelenks (S. 364) und besitzen mit dem **Epicondylus lateralis** und **medialis** Knochenvorsprünge zum Ansatz von Muskeln und Bändern. Oberhalb des Epicondylus medialis springt der Ansatz der Sehne des M. adductor magnus als **Tuberculum adductorium** vor.

Am **Übergang** vom Collum zum Corpus femoris imponieren zwei kräftige Muskelansatzhöcker (**Apophysen**):
- lateral der **Trochanter major** und
- medial/dorsal der **Trochanter minor**.

⊙ D-1.1

Die Pfanne wird durch das an ihrem Rand befestigte **Labrum acetabuli** vertieft.

Gelenkkopf: Caput femoris (s. u.).

Oberschenkelknochen (Os femoris)

▶ Synonym.

Das **Femur** ist der **längste Knochen** des menschlichen Skeletts.

Abschnitte und Form: Das Femur (Abb. **D-1.2**) gliedert sich in:
- **Kopf** (**Caput femoris**), der medial auf dem Schenkelhals (s. u.) sitzt.
- **Schenkelhals** (**Collum femoris**),
- **Schaft** (**Corpus femoris**), der nach ventral durchgebogen und dorsal durch die **Linea aspera** verstärkt ist, und
- **Kondylen** (S. 364), mit denen der Knochen distal endet.

Trochanter major (lateral) und **minor** (medial/dorsal) sind **Apophysen** (Muskelansatzhöcker) am Übergang vom **Collum** zum **Corpus femoris**. Sie sind dorsal durch die **Crista-**, ventral durch die **Linea intertrochanterica** verbunden.

D 1.2 Hüftgelenk (Articulatio coxae)

D-1.2 Oberschenkelknochen (Os femoris)

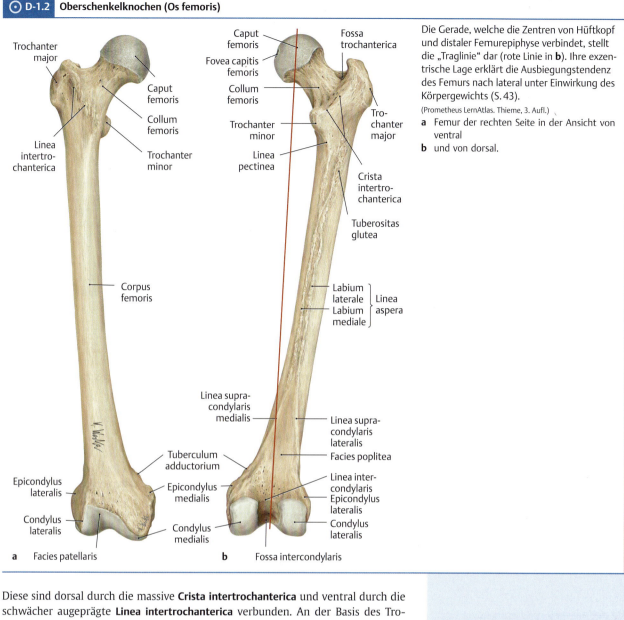

Die Gerade, welche die Zentren von Hüftkopf und distaler Femurepiphyse verbindet, stellt die „Traglinie" dar (rote Linie in **b**). Ihre exzentrische Lage erklärt die Ausbiegungstendenz des Femurs nach lateral unter Einwirkung des Körpergewichts (S. 43).

(Prometheus LernAtlas. Thieme, 3. Aufl.)

a Femur der rechten Seite in der Ansicht von ventral
b und von dorsal.

Diese sind dorsal durch die massive **Crista intertrochanterica** und ventral durch die schwächer ausgeprägte **Linea intertrochanterica** verbunden. An der Basis des Trochanter major befindet sich medial/kranial die **Fossa trochanterica**.
Der Schenkelhals ist im Mittel gegenüber dem Schaft um 126° nach medial abgewinkelt. Dieser Winkel wird als **CCD-Winkel** (CCD = Caput-Collum-Diaphyse-) oder **Kollodiaphysenwinkel** bezeichnet (aus klinisch-praktischen Erfordernissen wird das zur Diaphyse gehörende Collum als eigenständiger Femurabschnitt gesehen).

Der **Schenkelhals** ist gegenüber dem **Schaft** um den **CCD-Winkel** von ca. 126° nach medial abgewinkelt.

▶ Klinik. Liegt der CCD-Winkel beim Erwachsenen unter 120°, so spricht man von einer **Coxa vara**; bei einer **Coxa valga** überschreitet er 135° (Abb. **D-1.3**).

▶ Klinik.

Die Begriffe **Varus- und Valgusstellung** charakterisieren, v. a. an den Gelenken der Extremitäten, die **Achsenstellung** aufeinanderfolgender Skelettelemente zueinander, genauer gesagt den medial gelegenen Winkel zwischen den Achsen des proximalen und distalen Skelettelements.

Die Begriffe **Varus- und Valgusstellung** charakterisieren die **Achsenstellung** aufeinanderfolgender Skelettelemente.

▶ Merke. **Valgusstellung:** Der mediale Winkel ist zu **g**roß → das distale Skelettelement ist über die Norm **nach außen** abgewinkelt.
Varusstellung: Der mediale Winkel ist zu klein → das distale Skelettelement ist über die Norm **nach innen** abgewinkelt.

▶ Merke.

D 1 Hüfte, Oberschenkel und Knie

⊙ **D-1.3** CCD-Winkel und seine Auswirkung auf die Spongiosastruktur

126° Coxa norma   140° Coxa valga   115° Coxa vara

* Ward-Dreieck (S. 225).
Röntgenaufnahmen im sagittalen Strahlengang:
(Prometheus LernAtlas. Thieme, 3. Aufl.)

a Normaler Schenkelhalswinkel (Coxa norma) bei physiologischer Biegebeanspruchung (zum physiologischen Verlauf der Druck- und Zugtrabekel s. a. Abb. **B-4.3**).

b Ein vergrößerter Schenkelhalswinkel (Coxa valga) führt zu einer erhöhten Druckbeanspruchung mit vermehrten Druckspannungen und dementsprechend zur verstärkten Ausbildung von Drucktrabekeln.

c Ein verkleinerter Schenkelhalswinkel (Coxa vara) führt zu einer erhöhten Biegebeanspruchung mit vermehrten Zugspannungen und damit zu einer stärkeren Ausbildung von Zugtrabekeln.

Der Schenkelhals ist gegenüber dem distalen Femur um 12° **antetorquiert**.

Bringt man die transversale Achse durch die Femurkondylen, die in etwa der Flexions/Extensionsachse des Kniegelenks (S. 376) entspricht, in die Frontalebene, so springt der Schenkelhals um 12° nach ventral vor. Diese **Antetorsion** (S. 398) des Collum femoris ist im Zusammenhang mit der Tibiatorsion für den Gang von Bedeutung.

Aufbau: Die auch radiologisch erkennbare **Spongiosaarchitektur** von Femurkopf und -hals spiegelt die **Zug-** und **Druckspannungen** wider (Abb. **D-1.3**), die durch die Übertragung des Körpergewichts vom Pfannendach auf das Caput femoris entstehen.

Aufbau: Die auf den **Femurkopf** wirkende **Druckbelastung** spiegelt sich in kräftigen **Spongiosatrabekeln** wider, die von seiner kranialen Fläche durch den Schenkelhals bis in die Kompakta des medialen Femurschafts ziehen. Sie setzen die Trabekel des lastübertragenden Corpus ossis ilii fort, die in die Kortikalis des **Pfannendachs** einstrahlen.

Der Winkel zwischen Schenkelhals und -schaft bedingt, dass das Körpergewicht den Schenkelhals auf Biegung beansprucht. Dadurch treten an der Oberseite des Schenkelhalses erhebliche **Zugkräfte** auf, die durch entsprechende Trabekel in die laterale Kompakta des Femurschafts eingeleitet werden. Je kleiner der CCD-Winkel, d. h. je ausgeprägter die Varisierung ist, desto größer werden diese Zugkräfte.

Die **Spongiosaarchitektur** kommt auch auf **Röntgenaufnahmen** gut zur Darstellung (Abb. **D-1.3**).

Die massive Kompakta des **Schafts** ist stark **durchblutet**.

Der **Schaft** des Femurs besitzt eine außerordentlich massive Kompakta, die stark **durchblutet** ist.

▶ Klinik.

▶ Klinik. Bei einer **Fraktur** des Femurs muss mit **Blutverlusten** von 1–2 Litern gerechnet werden, d. h. es droht ein Volumenmangelschock.

1.2.2 Gelenkkapsel und Bandapparat

1.2.2 Gelenkkapsel und Bandapparat

Gelenkkapsel: Der **größte Teil des Schenkelhalses** liegt **innerhalb** der **Gelenkhöhle**. Die den Femurkopf ernährenden **Blutgefäße** verlaufen innerhalb der Gelenkhöhle **auf dem Collum femoris** (Abb. **D-1.4**).

Gelenkkapsel: Die Gelenkkapsel des Hüftgelenks ist **proximal** unmittelbar außerhalb des Labrum acetabuli an der Pfanne befestigt. **Distal** reicht sie so weit nach lateral, dass der **größte Teil des Schenkelhalses in der Gelenkhöhle** liegt.

Ventral heftet sich die Kapsel (mit dem Lig. iliofemorale, s. u.) an der Linea intertrochanterica an, sodass das ganze Collum intrakapsulär liegt; dorsal werden ⅔ in die Gelenkhöhle einbezogen. Die Trochanteren und die Fossa trochanterica bleiben extrakapsulär. Der in der Gelenkhöhle befindliche Teil des **Schenkelhalses** ist fast zur Gänze von **Synovialmembran** überzogen. Unter der Synovialmembran verlaufen auf dem Knochen die **Blutgefäße**, die den Femurkopf ernähren. Diese durchbohren einige mm distal der Knorpel-Knochen-Grenze des Femurkopfes die Kortikalis (Abb. **D-1.4**).

▶ Klinik.

▶ Klinik. Bei einer **Schenkelhalsfraktur** besteht die Gefahr, dass die das Caput femoris versorgenden Blutgefäße durchtrennt werden. Dies führt zu einer Nekrose, da beim älteren Menschen die im Lig. capitis femoris verlaufenden Gefäße (s. u.) keine ausreichende Versorgung gewährleisten. Die Folge ist eine Deformierung des Caput mit daraus resultierender **Coxarthrose**. Da sich die den Hüftkopf versorgenden Gefäße innerhalb der Kapsel dem Collum anlegen, ist diese Gefahr umso größer, je näher die Fraktur am Gelenkkopf liegt. Eine hüftkopferhaltende Therapie (z. B. Verschraubung) ist daher eine absolute Notfallindikation und muss innerhalb von 6 Stunden nach dem Trauma erfolgen.

D-1.4 Blutgefäßversorgung des Femurkopfes

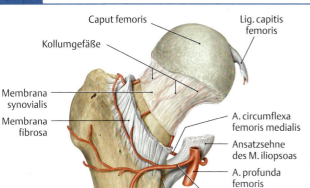

Femur der rechten Seite in der Ansicht von ventral: Verlauf der Kollumgefäße auf dem Schenkelhals in Beziehung zur Gelenkkapsel.
(Prometheus LernAtlas. Thieme, 3. Aufl.)

Bänder: Am Hüftgelenk unterscheidet man den kräftigen, mechanisch bedeutsamen Bandapparat, der von außen in die Gelenkkapsel einstrahlt und sie verstärkt, von einem intraartikulär verlaufenden Band ohne nennenswerte mechanische Funktion:

Letzteres ist das **Ligamentum capitis femoris**, das, von Synovialmembran überzogen, von der Fovea capitis femoris zur Fossa acetabuli (kranial von der Incisura acetabuli) zieht. Es hat **keine bewegungshemmende** Funktion, sondern dient den **Rami acetabulares** der Arteria circumflexa femoris medialis und der Arteria obturatoria, die den Femurkopf mitversorgen, als Leitstruktur.

Die stabile Verbindung des Schenkelhalses mit den drei Teilen des Os coxae (S. 327) gewährleistet jeweils ein in die **dicke, straffe Kapsel** integriertes kräftiges Band (Verlauf und Funktion s. Tab. **D-1.1**, Abb. **D-1.5**). In der Tiefe der Gelenkkapsel strahlen Fasern aus allen drei Bändern in die **Zona orbicularis** ein, welche mit zirkulären Fasern das Collum femoris an seiner dünnsten Stelle umfasst.

Das Hüftgelenk ist wegen seiner tiefen Pfanne, dem dicken Kapsel-Band-Apparat und dem massiven Muskelmantel (S. 351) nur **wenig luxationsanfällig**. Dennoch befinden sich zwischen den drei kapsulären Bändern **Schwachstellen** mit dünner Kapsel, die zu Luxationspforten werden können; allerdings sind hierzu erhebliche Kräfte nötig.

Bänder: Man unterscheidet ein intraartikuläres Band vom übrigen kapsulären Bandapparat mit verschiedener Funktion:
Das **intraartikuläre Lig. capitis femoris** verläuft als Leitstruktur für Blutgefäße von der Fossa acetabuli zum Femurkopf und hat keine mechanische Funktion.

Über mechanisch wirksame **kapsuläre Bänder** (Tab. **D-1.1**, Abb. **D-1.5**) ist die **dicke, straffe Kapsel** mit den 3 Teilen des Os coxae (S. 327) verbunden.

Wegen seiner tiefen Pfanne, dem dicken Kapsel-Band-Apparat und dem massiven Muskelmantel (S. 351) ist das Hüftgelenk nur **wenig luxationsanfällig**.

D-1.1 Kapsuläre Bänder des Hüftgelenks

Band	Verlauf	Funktion
Lig. iliofemorale	strahlt von der Spina iliaca anterior inferior des Os ilium deltaförmig aus zur Linea intertrochanterica	**Hemmung** von **Extension** und **Adduktion** kräftigstes Band des menschlichen Körpers (max. Dicke 5–10 mm)
▪ Pars descendens	von der Spina iliaca ant. inf. medial zur Linea intertrochanterica	v. a. **Extensionshemmung**
▪ Pars transversa	von der Spina iliaca ant. inf. lateral zur Linea intertrochanterica	**Hemmung** von **Extension** und **Adduktion**
Lig. pubofemorale	zieht vom Ramus superior des Os pubis zum distalen Abschnitt der Linea intertrochanterica ventral vom Trochanter minor	**Hemmung** der **Abduktion**, Extension und Außenrotation
Lig. ischiofemorale	verläuft auf der Rückseite vom Corpus ossis ischii quer zur Fossa trochanterica	**Hemmung** der **Innenrotation** und Extension
Zona orbicularis	zirkulär distal des Caput femoris	**Sicherung des Femurkopfes** gegen Austritt aus der Gelenkpfanne

D-1.5 Bandapparat des Hüftgelenks

(Prometheus LernAtlas. Thieme, 3. Aufl.)

a Ausschnitt eines rechten Hüftgelenks in der Ansicht von ventral
b und von dorsal

▶ Klinik.

▶ Klinik. Eine **traumatische Hüftluxation** ist selten, da erhebliche Kräfte hierzu einwirken müssen. Bei mehr als der Hälfte der traumatischen Luxationen tritt der Hüftkopf zwischen den Ligg. ischiofemorale und iliofemorale (Abb. **D-1.6a**) nach dorsal/kranial durch die Kapsel (**Luxatio iliaca**). Am zweithäufigsten ist die **Luxatio suprapubica** nach ventral/kranial zwischen den Ligg. iliofemorale und pubofemorale (Abb. **D-1.6b**). Die **Reposition** erfordert meist eine Allgemeinnarkose.

D-1.6 Ligg. ilio-, ischio- und pubofemorale. (Prometheus LernAtlas. Thieme, 3. Aufl.)

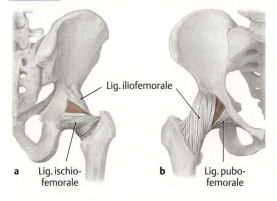

a Lig. ischiofemorale
b Lig. pubofemorale

1.2.3 Mechanik des Hüftgelenks

Der Bewegungsumfang im Hüftgelenk ist der Abb. **D-1.7** zu entnehmen.

Der Bandapparat erlaubt praktisch **unbegrenzte Beugung** bei stark **eingeschränkter Streckung**.

Die **Extensionshemmung** durch das Lig. iliofemorale erlaubt **kräftesparendes aufrechtes Stehen**.

1.2.3 Mechanik des Hüftgelenks

Die Beweglichkeit des Hüftgelenks um drei durch das Zentrum des Caput femoris laufende Hauptachsen sowie die Dokumentation nach der Neutral-Null-Methode (S. 232) ist in Abb. **D-1.7** dargestellt.

Die **Beugung** ist im Hüftgelenk durch Bänder **nicht gehemmt**; bei gestrecktem Knie begrenzt die passive Insuffizienz der ischiokruralen Muskeln (S. 377), bei gebeugtem Knie die aktive Insuffizienz der Beugemuskeln. Passiv lässt sich die Hüfte noch bis zum Kontakt des Oberschenkels mit dem Bauch („Massenhemmung") beugen. Dies ist eine Folge der Orientierung des dorsal gelegenen **Lig. ischiofemorale** parallel zur Extensions-Flexions-Achse. Ventral dagegen kreuzt das dicke **Lig. iliofemorale** die Extensions-Flexions-Achse und **behindert** so die **Streckung**.

Dies erlaubt einen **kräftesparenden aufrechten Stand** auf **zwei Beinen**, bei dem das aus der Neutral-Null-Stellung leicht nach dorsal gekippte Becken in den Ligg. iliofemoralia „hängt".

Beim lässigen **Stehen auf einem Bein** mit aufgesetztem, aber entlastetem und leicht gebeugtem Spielbein, sinkt das Becken zur Spielbeinseite in einer Adduktionsbewegung so weit ab, bis die laterale Pars transversa des Lig. iliofemorale angespannt wird.

D 1.2 Hüftgelenk (Articulatio coxae)

D-1.7 Bewegungsumfang im Hüftgelenk nach der Neutral-Null-Methode

* Beachte: Rotationsmessungen werden stets bei 90°-Beugung im Knie- und Hüftgelenk durchgeführt, wobei der angewinkelte Unterschenkel als „Zeiger" für das Bewegungsausmaß dient. Auch wenn die durch den Oberschenkel verlaufende Bewegungsachse in dieser Stellung in die Sagittalebene verlagert ist, erfolgen (bezogen auf die Neutral-Null-Position) Rotationsbewegungen im Hüftgelenk um eine Longitudinalachse.

(nach Prometheus LernAtlas. Thieme, 3. Aufl., nach Debrunner)

a Flexion/Extension: 140/0/15°
b Adduktion/Abduktion: 25/0/40°
c Innen-/Außenrotation: 35/0/45°

1.2.4 Hüftmuskulatur

Funktionelle Aspekte

Die Besonderheiten des Bandapparats des Hüftgelenks (s. o.) und die Erfordernisse der aufrechten Haltung bedingen eine ausgeprägte **Asymmetrie der Hüftmuskulatur:**
Das durch Bänder nicht gebremste Vornüberkippen (Flexion) des Rumpfes wird durch **mächtige Streckmuskeln** verhindert. Auch beim Aufstehen aus dem Sitzen oder Treppensteigen muss das Hüftgelenk gegen das Körpergewicht gestreckt werden, sodass dazu ebenfalls kräftige Extensoren erforderlich sind. Ihre ausgeprägte Entwicklung hat beim Menschen als einzigem Säugetier die Ausbildung der typischen **Gesäßform** zur Folge. Es dürfte daher kein Zufall sein, dass das Gesäß beim Menschen ein wichtiges **Sexualsignal** darstellt.
Da das Überkippen nach hinten durch das Lig. iliofemorale (Tab. **D-1.1**) verhindert wird, reichen zur Sicherung der aufrechten Haltung und der Beugung der Hüfte beim Anheben des Spielbeins beim Gehen **schwächere Beugemuskeln** aus.
Im Vergleich erreichen die **Drehmomente** der **Extensoren** etwa das 3fache der Flexoren.

Einteilung

Die Verschiedenheit der in der Literatur üblichen Einteilungen der Hüftmuskeln ist ein Hinweis auf die Problematik solcher Gliederungen. Die nachstehende, überwiegend auf der Topografie basierende Gliederung wird auch klinischen Belangen gerecht (Abb. **D-1.8**):
- **Flexoren,**
- **Glutealmuskeln,**
- **pelvitrochantere Muskeln,**
- **Adduktoren** und
- **ischiokrurale Muskeln**

Flexoren

Der auch als innerer Hüftmuskel bezeichnete **M. iliopsoas** (Abb. **D-1.10**), zieht durch die Lacuna musculorum (S. 314) unter dem Lig. inguinale über Os ilium und Eminentia iliopubica zum Trochanter minor. Er ist neben dem **M. rectus femoris** der **kräftigste Flexor** des Hüftgelenks. Beide Muskeln werden in dieser Funktion unterstützt durch den M. tensor fasciae latae (S. 357), ventralen Teilen der Mm. gluteus medius und minimus (S. 355) sowie dem M. sartorius. Letzterer und der M. rectus femoris werden als zweigelenkige Muskeln detailliert beim Kniegelenk behandelt (Abb. **D-1.41**).
Die **Bursa iliopectinea** vermindert die Reibung zwischen M. iliopsoas und Gelenkkapsel bzw. Knochen und kommuniziert in ca. 15 % über eine Öffnung in der Kapsel mit dem Gelenk.

1.2.4 Hüftmuskulatur

Funktionelle Aspekte

Die mangelnde Beugehemmung durch Bänder bedingt **mächtige Streckmuskeln**, die ein Vornüberkippen des Rumpfes in den Hüftgelenken bei der **aufrechten Haltung** verhindern. Ein ausgeprägtes **Gesäß** ist daher ein typisch menschliches Merkmal.
Zum Anheben des Spielbeins beim Gehen reichen **schwächere Beugemuskeln** aus.

Einteilung

Die Gliederung erfolgt in (Abb. **D-1.8**):
- **Flexoren,**
- **Glutealmuskeln,**
- **pelvitrochantere Muskeln,**
- **Adduktoren,**
- **ischiokrurale Muskeln**

Flexoren

Der **M. rectus femoris** und der durch die Lacuna musculorum ziehende **M. iliopsoas** (Abb. **D-1.10**) sind die **kräftigsten Flexoren**. Zwischen M. iliopsoas und Kapsel des Hüftgelenks, bzw. Eminentia iliopubica liegt die **Bursa iliopectinea**, die mit dem Gelenk kommunizieren kann.

⊙ D-1.8 Muskeln des Hüftgelenks (Teil I)

Muskel		Ursprung	Ansatz	Innervation*	Funktion
Flexoren					
M. iliopsoas	**M. psoas major**	Wirbelkörper Th XII–L IV (lateral); Processus costales (L I–V)	Trochanter minor	**N. femoralis**, Äste des Plexus lumbalis (Th12–L4)	**Flexion**, Innenrotation**
	M. iliacus	Fossa iliaca, Spina iliaca ant. inf.			
M. rectus femoris		Spina iliaca anterior inferior	Tuberositas tibiae	**N. femoralis** (L2–L4)	Hüfte: **Flexion** Kniegelenk: **Extension**
M. sartorius		Spina iliaca anterior superior	Facies med. der proximalen Tibia		Hüfte: **Flexion** Kniegelenk: v.a. **Flexion**
Glutealmuskeln					
M. gluteus maximus		Os ilium dors. Linea glutea. post., Os sacrum, Lig. sacrotuberale	Fascia lata, Tuberositas glutea (dorsolateral am Femur)	**N. gluteus inferior** (L4–S2)	**Extension, Außenrotation**, Abduktion/ Adduktion
M. gluteus medius		Os ilium zwischen Crista iliaca und Linea glutea ant.	Trochanter major („kleine Gluteen")	**N. gluteus superior** (L4–S1)	**Abduktion** zusätzlich Flexion/ Extension, Innen-/ Außenrotation
M. gluteus minimus		Os ilium zwischen Linea glutea ant. und inf.			
M. tensor fasciae latae		Spina iliaca ant. sup.	Tractus iliotibialis (lat. Tibiakondylus)		zusätzlich Flexion, Innenrotation Kniegelenk: **Außenrotation**
Pelvitrochantere Muskeln (von kranial nach kaudal)					
M. piriformis		Os sacrum, Facies pelvina S II–S IV	Trochanter major		**Außenrotation** zusätzlich Abduktion
M. gemellus superior		Spina ischiadica		Äste des **Plexus sacralis** (L5–S2)	
M. gemellus inferior		Tuber ischiadicum			
M. obturatorius internus***		Membrana obturatoria (innen)	Fossa trochanterica		
M. obturatorius externus***		Membrana obturatoria (außen)		**N. obturatorius** (L3–L4)	
M. quadratus femoris		Tuber ischiadicum	Crista intertrochanterica	**N. gluteus inf.** (L5–S2)	zusätzlich Adduktion

* Die Segmente beziehen sich auf die Innervation der Muskeln; häufig führt der Nerv Fasern aus mehr als den angegebenen Segmenten.

** Der Muskel wird nur zum Außenrotator, wenn durch Mitwirkung (z.B. durch Fixierung des Trochanter major durch die Gluteen) die Rotationsachse (in das Collum) verlagert wird.

*** Die Mm. obturatorii wirken auch als schwache Adduktoren.

Zu M. sartorius am Kniegelenk siehe auch Abb. **D-1.41**.

D 1.2 Hüftgelenk (Articulatio coxae)

D-1.9 Muskeln des Hüftgelenks (Teil II)

Muskel	Ursprung	Ansatz	Innervation*	Funktion
Adduktoren**				
M. pectineus	Pecten ossis pubis	Linea pectinea femoris	N. femoralis, N. obturatorius	
M. adductor longus	Os pubis (Ramus sup.), Symphyse	Labium mediale der Linea aspera und medialer Femurepikondylus	N. obturatorius (L2–L4) N. tibialis (medialer Teil)	Adduktion
M. adductor brevis	Os pubis (Ramus inf.)			
M. adductor magnus	Os pubis (Ramus inf.), Os ischii			
M. gracilis	Os pubis (Ramus inf.)	Tibia („Pes anserinus")		
Ischiocrurale Muskeln				
M. semitendinosus	Tuber ischiadicum	medialer Tibiakondylus (dorsal)	N. ischiadicus Tibialisanteil (L5–S2)	Hüfte: **Extension**; Kniegelenk: v.a. Flexion
M. semimembranosus				
M. biceps femoris, Caput longum		lateral Tibiakondylus, Caput fibulae		

*Die Segmente beziehen sich auf die Innervation der Muskeln; häufig führt der Nerv Fasern aus mehr als den angegebenen Segmenten.
**Mit Ausnahme der dorsalen Anteile des M. adductor magnus, welche minimal strecken, sind die Adduktoren schwache Beuger; bezüglich ihrer rotierenden Funktion finden sich in der Literatur widersprüchliche Angaben.

Zu M. gracilis, semimembranosus und biceps femoris am Kniegelenk siehe auch Abb. **D-1.41**.

D-1.10 Musculus iliopsoas

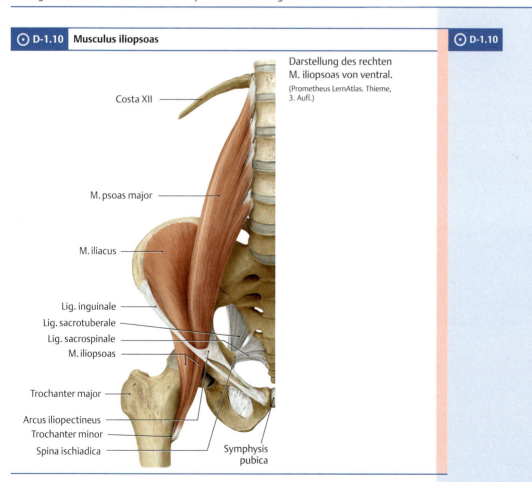

Darstellung des rechten M. iliopsoas von ventral.
(Prometheus LernAtlas. Thieme, 3. Aufl.)

Glutealmuskeln

M. gluteus maximus (Abb. D-1.11): Wegen seiner Masse und langen Hebelarme ist er der bedeutendste **Strecker** und **Außenrotator**. Er sichert die **aufrechte Haltung** und ist für das Strecken der Hüfte gegen das Körpergewicht, z. B. beim Treppensteigen oder Aufstehen aus dem Sitzen unerlässlich.

▶ Klinik.

 D-1.11

Glutealmuskeln

Die Glutealmuskeln repräsentieren die oberflächliche Schicht der sog. äußeren Hüftmuskulatur.

Musculus gluteus maximus: Er ist der **kräftigste Muskel** des menschlichen Körpers (Abb. D-1.11). Bei einem erwachsenen Mann kann die maximale Kraftentfaltung des komplex gefiederten Muskels 1 to überschreiten!). Seine Muskelplatte bildet ein Parallelogramm, wobei die Fasern vom Ursprung am dorsalen Beckenring schräg nach kaudal/lateral zum Ansatz dorsolateral am proximalen Oberschenkel ziehen.
Sein großer Abstand von der Flexions-Extensions- und der Rotationsachse bedeutet **lange Hebelarme**, woraus im Verein mit seiner großen Kraft sehr große Drehmomente resultieren, die ihn zum bedeutendsten **Strecker** und **Außenrotator** machen. Seine gewaltige Ausprägung ist wesentlich für die typisch menschliche Form des Gesäßes verantwortlich und hat ihre Ursache in der **aufrechten Haltung**, die ohne die Streckwirkung des M. gluteus maximus zwar noch möglich ist, aber kein schnelles Laufen oder Bergaufgehen erlaubt.

▶ Klinik. Eine **Lähmung** des **M. gluteus maximus** ist glücklicherweise selten; am ehesten wird sie bei einem Ausfall des **Nervus gluteus inferior** (S. 884) nach einer fehlerhaften intramuskulären Injektion beobachtet. Dabei ist das Durchstrecken der Hüfte gegen das Körpergewicht und damit Treppensteigen und Aufstehen aus dem Sitzen kaum möglich. Auch beim Stehen muss der Patient in diesem Fall sehr darauf achten, dass er bei Bewegungen des Oberkörpers nicht das Gleichgewicht nach vorne verliert.

 D-1.11 **Musculus gluteus maximus**

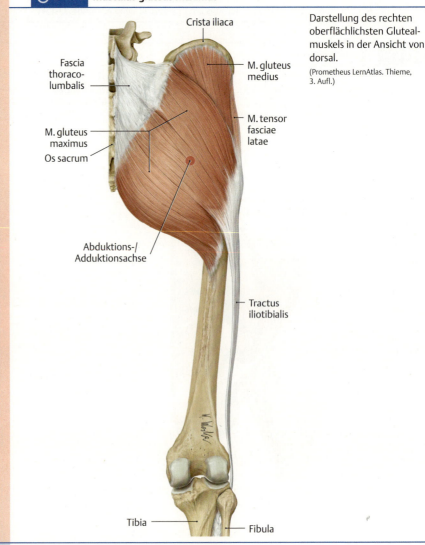

Darstellung des rechten oberflächlichsten Glutealmuskels in der Ansicht von dorsal.
(Prometheus LernAtlas. Thieme, 3. Aufl.)

D 1.2 Hüftgelenk (Articulatio coxae)

Die Abduktions-Adduktions-Achse verläuft mitten durch den großflächigen Muskel, sodass seine **kranialen Anteile abduzieren**, seine **kaudalen adduzieren** (Abb. D-1.11).

Die kranialen Anteile des M. gluteus maximus **abduzieren**, die kaudalen **adduzieren** (Abb. D-1.11).

▶ **Klinik.** Bei einer **Schenkelhalsfraktur** dreht das Übergewicht der Außenrotatoren das Bein als distales „Frakturstück" nach außen, was an der Stellung der Fußspitze leicht erkennbar ist (s. Abb. D-1.12).

▶ **Klinik.**

⊙ **D-1.12 Schenkelhalsfraktur.** Auf der betroffenen rechten Seite fallen bei der Inspektion auf: Verkürzung des Oberschenkels, leichte Flexion im Kniegelenk und Außenrotation sowie leichte Abduktion des Beines.

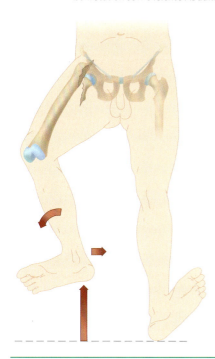

Bei gestrecktem Hüftgelenk (aufrechte Haltung) bedeckt der Muskel das Tuber ischiadicum. Beim **Beugen gleitet der Unterrand** des Muskels nach **kranial**, sodass er im Sitzen nicht zwischen dem Tuber und der Unterlage gequetscht wird.

Musculi glutei medius und minimus (Abb. D-1.13): Sie werden trotz ihrer kräftigen Ausprägung auch als die **„kleinen Gluteen"** bezeichnet. Beide Muskeln strahlen fächerförmig von der Spitze des Trochanter major zur Außenfläche der Darmbeinschaufel. Dabei wird der M. gluteus minimus vom M. gluteus medius vollkommen überdeckt. Die Fasern beider Muskeln verlaufen weitgehend parallel, sodass sie **funktionell als ein Muskel** gesehen werden können.
Ihre Lage lateral der Abduktions-Adduktions-Achse qualifiziert sie primär als **Abduktoren**.

Mm. glutei medius und minimus (Abb. D-1.13): Diese **„kleinen Gluteen"** konvergieren von der Ala ossis ilii zum Trochanter major und sind die wichtigsten **Abduktoren**.

▶ **Merke.** Die Abduktionsfunktion der kleinen Gluteen ist **essenziell für den Gang**, indem sie durch Kontraktion auf der Standbeinseite ein Abkippen des Beckens zur Spielbeinseite verhindern.

▶ **Merke.**

Beim **Gehen** wird das Körpergewicht auf das **Standbein** verlagert, um das **Spielbein** vom Boden abzuheben und nach vorne zu führen. So kommt es zum **Einbeinstand** auf dem Standbein.

Beim **Gehen** wird das Körpergewicht auf das **Standbein** verlagert.

▶ **Merke.** Man **steht** beim **Gehen** abwechselnd auf einem Bein, dem sog. Standbein.

▶ **Merke.**

Da der Schwerpunkt der Körpermasse medial vom Hüftgelenk liegt, hat sie die Tendenz, das **Becken** auf der nicht abgestützten **Spielbeinseite herunter**zudrücken. Dem wirken die Abduktoren der Standbeinseite entgegen und erleichtern das Vorführen des Spielbeins zusätzlich durch Anheben der Spielbeinseite des Beckens (Abb. D-1.14).

Der Körperschwerpunkt medial vom Hüftgelenk tendiert beim **Gehen** das Becken zur **Spielbeinseite zu kippen**, was durch Kontraktion der Standbeinabduktoren verhindert wird. (Abb. **D-1.14**).

D-1.13 Musculi gluteus medius und minimus sowie pelvitrochantere Muskeln

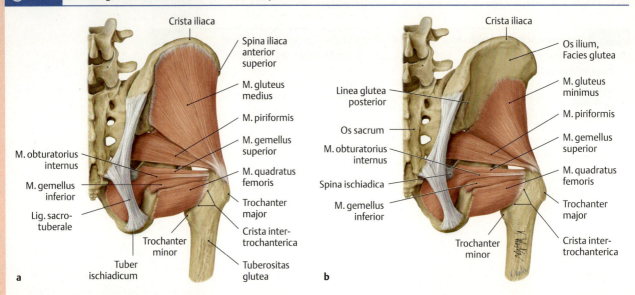

(Prometheus LernAtlas. Thieme, 3. Aufl.)
a Ansicht von dorsal nach Entfernung des M. gluteus maximus
b und nach zusätzlicher Entfernung des M. gluteus medius. Kaudal der Mm. glutei medius und minimus sind die pelvitrochanteren Muskeln sichtbar

D-1.14 Funktion der Musculi glutei medius und minimus beim Stehen und Gehen

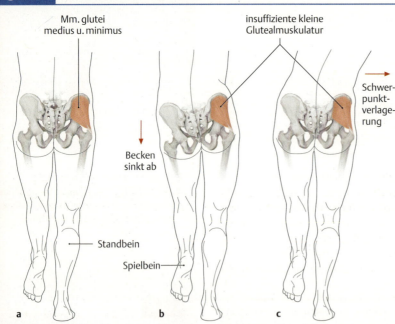

(Prometheus LernAtlas. Thieme, 3. Aufl.)
a Beim Gesunden stabilisieren die „kleinen Gluteen" des Standbeins das Becken.
b Durch Ausfall der „kleinen Gluteen" des Standbeins kippt das Becken beim Versuch, auf einem Bein zu stehen, zur Spielbeinseite ab (Trendelenburg-Zeichen).
c Um beim Gehen dieses Abkippen zu verhindern, wird der Rumpfschwerpunkt abnorm weit auf die Standbeinseite (mit den ausgefallenen „kleinen Gluteen") verlagert (Duchenne-Hinken).

▶ Klinik.

▶ Klinik. Ein Ausfall der kleinen Gluteen, z. B. infolge einer Schädigung des **Nervus gluteus superior** durch eine fehlerhafte intramuskuläre Injektion (S. 392), führt beim **Einbeinstand** zum sog. **Trendelenburg-Zeichen** (Abb. **D-1.14b**). Beim **Gehen** resultiert aus dem Bemühen des Patienten, das Absinken des Beckens zur Spielbeinseite durch z. T. übertriebene Verlagerung des Rumpfes auf die Standbeinseite zu kompensieren, das **Duchenne-Hinken** (Abb. **D-1.14c**).

Da die beiden „kleinen Gluteen" relativ großflächig sind, verläuft ein Teil ihrer Fasern vor, der andere hinter der **Flexions-Extensions-Achse**; dementsprechend wirken sie sowohl als **Beuger** als auch als **Strecker**. Ihre ventralen Anteile **rotieren** nach **innen**, ihre dorsalen nach **außen**.

D 1.2 Hüftgelenk (Articulatio coxae)

D-1.15 Tractus iliotibialis

Proc. spinosus, L IV
Spina iliaca posterior superior
M. gluteus medius
M. gluteus maximus
Tractus iliotibialis
M. biceps femoris, Caput longum
Caput fibulae
M. fibularis (peroneus) longus
M. gastrocnemius

Crista iliaca
Spina iliaca anterior superior
M. tensor fasciae latae
M. sartorius
M. rectus femoris
M. vastus lateralis
Patella
Lig. patellae
Tuberositas tibiae
M. tibialis anterior

Oberschenkel und Gesäß eines rechten Beines in der Ansicht von lateral: Man beachte, wie die Mm. gluteus maximus und tensor fasciae latae von dorsal bzw. ventral in den Tractus iliotibialis einstrahlen.
(Prometheus LernAtlas. Thieme, 3. Aufl.)

Musculus tensor fasciae latae: Der **M. tensor fasciae latae**, der die Muskelmasse des Gluteus medius nach ventral fortsetzt, zählt ebenfalls zu den vom N. gluteus superior innervierten Abduktoren. Da er weit vor der **Flexions-Extensions-Achse** verläuft, ist er trotz seines geringen Querschnitts auch ein **guter Beuger**, was erklären dürfte, wieso er bei Sprintern ausgeprägt ist. Er setzt schräg von ventral/kranial am Tractus iliotibialis an (Abb. **D-1.15**). Wegen seinem Ansatz am lateralen Tibiakondylus ist er ein Außenrotator im Knieglenk.

Der **Tractus iliotibialis** ist eine Verstärkung der **Fascia lata** an der Außenseite des Oberschenkels. Die Fascia lata repräsentiert die Fascia superficialis am Oberschenkel. Von dorsal/kranial strahlt der kraniale Abschnitt des M. gluteus maximus ein. Der Tractus iliotibialis erstreckt sich von der Crista iliaca bis zum Condylus lateralis tibiae. Er wirkt als **Zuggurtung** gegen die laterale Ausbiegungstendenz des Femurs. Diese ist eine Folge der medial des Femurschafts und damit exzentrisch vom Hüft- zum Kniegelenk verlaufenden Traglinie (Abb. **D-1.2b**).

Pelvitrochantere Muskeln

Die pelvitrochanteren Muskeln bilden die tiefe Lage der äußeren Hüftmuskulatur:
- **Musculus piriformis,**
- **Musculi gemellus superior** und **inferior,**
- **Musculi obturatorius internus** und **externus** sowie
- **Musculus quadratus femoris.**

Die Bezeichnung dieser Muskelgruppe als **pelvitrochantere Muskulatur** (sichtbar in Abb. **D-1.13**) nimmt auf Ursprung und Ansatz Bezug: Die Muskeln entspringen vom

Musculus tensor fasciae latae: Er zählt gleichfalls zu den **Abduktoren**; daneben ist er ein **Flexor** (Abb. **D-1.15**).

Gemeinsam mit dem kranialen Abschnitt des M. gluteus maximus spannt der **M. tensor fasciae latae** den **Tractus iliotibialis** (Abb. **D-1.15**). Diese Verstärkung der **Fascia lata** wirkt als **Zuggurtung** gegen die laterale Ausbiegungstendenz des Femurs.

Pelvitrochantere Muskeln

Nach ihrem Ursprung und Ansatz werden
- **M. piriformis,**
- **Mm. gemellus superior** und **inferior,**
- **Mm. obturatorius internus** und **externus** sowie
- **M. quadratus femoris**

als **pelvitrochantere Muskeln** bezeichnet (Abb. **D-1.13**). Sie sind alle **Außenrotatoren**.

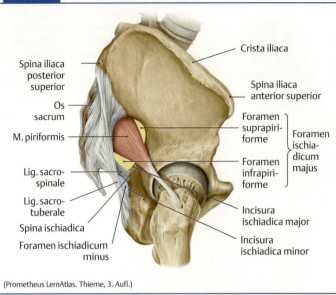

D-1.16 Musculus piriformis mit Bildung der Foramina supra- und infrapiriforme

(Prometheus LernAtlas. Thieme, 3. Aufl.)

Der **M. piriformis** unterteilt das **Foramen ischiadicum majus** (S. 885) in ein **Foramen supra-** bzw. **infrapiriforme** (Abb. **D-1.16**), durch die Nerven und Gefäße das Becken verlassen.

Os sacrum und den kaudalen Abschnitten des Os coxae (v. a. der Membrana obturatoria) bis zum Tuber ischiadicum, um zur Fossa trochanterica und Crista intertrochanterica zu konvergieren. Sie wirken alle als **Außenrotatoren**.
Statisch gesehen dichtet der **M. piriformis** das zwischen Spina ischiadica, Os ischii, Os ilium, Kreuzbein und Lig. sacrospinale gelegene **Foramen ischiadicum majus** (S. 885) nach dorsal ab. An seinem Ober- bzw. Unterrand lässt er die **Foramina supra-** und **infrapiriforme** frei (Abb. **D-1.16**), durch die Nerven und Gefäße vom kleinen Becken in die Glutealregion austreten.

▶ Klinik.

▶ Klinik. Sehr selten können die Foramina supra- und (eher noch) infrapiriforme zu **Bruchpforten** von **Hernien** (S. 315) werden. Bei hartnäckigen ischialgiformen Beschwerden, für die sich keine andere Erklärung finden lässt, sollte eine Einklemmung des N. ischiadicus durch eine Hernie im Foramen infrapiriforme in Betracht gezogen werden.

Adduktoren

Die Muskeln der **Adduktorengruppe entspringen** von der medialen Umrahmung des Foramen obturatum und **setzen** an der medialen Seite der Femurdiaphyse **an** (Abb. **D-1.17**).
Als Antagonisten der Abduktoren **stabilisieren** sie **Becken** und **Standbein**, was beim **Gehen** auf **rutschigem Untergrund** besonders wichtig ist.

Adduktoren

Die fünf zur **Adduktorengruppe** gehörenden Muskeln **entspringen** alle von der **medialen Umrahmung des Foramen obturatum**, also im Wesentlichen vom Os pubis und einem kleinen angrenzenden Bereich des Os ischii. Von hier strahlen sie fächerförmig zu ihrem **Ansatz** aus, der die gesamte **mediale Seite** der **Femurdiaphyse** distal vom Trochanter minor inklusive dem Epicondylus medialis umfasst. Dadurch bilden sie eine dreieckige Muskelplatte, die den Raum zwischen Schenkelhals und Diaphyse ausfüllt und liegen alle medial/kaudal von der Abduktions-Adduktions-Achse, d. h. gegenüber den abduzierenden kleinen Gluteen (Abb. **D-1.17**). Als deren Antagonisten ist ihre adduzierende Wirkung wichtig bei der **Stabilisierung des Beckens** beim **Gehen** und **Stehen**. Beim Gehen auf glattem Untergrund (v. a. auf Schnee und Eis) **verhindern** sie ein **Abrutschen** des **Standbeins** nach **außen**.
Ihre ventralen Anteile haben leicht **innenrotierende** und **beugende** Wirkung, die dorsalen **rotieren** etwas nach **außen** und **strecken**.

▶ Klinik.

▶ Klinik. Unter einer „**Leistenzerrung**" versteht man eine Zerrung der Ursprungssehnen der Adduktoren, wie sie bei einer plötzlichen, unkontrollierten Abduktion, z. B. bei einer missglückten Grätsche im Fußball oder einem Spagat beim Ballett auftreten kann.

Ischiokrurale Muskeln

- **M. semimembranosus**
- **M. semitendinosus**
- **M. biceps femoris**

strecken im **Hüftgelenk** und **beugen** im **Kniegelenk**.

Ischiokrurale Muskeln

Die auf der **Rückseite** des Oberschenkels gelegenen **Mm. semimembranosus, semitendinosus** und **biceps femoris** werden wegen ihres Ursprungs am **Tuber ischiadicum** und ihres Ansatzes am Unterschenkel **(Crus)** als ischiokrurale Muskeln bezeichnet. Sie **strecken** im **Hüftgelenk** und **beugen** im **Kniegelenk**. Sie werden detaillierter bei den Muskeln des Kniegelenks (S. 377) besprochen.

D 1.2 Hüftgelenk (Articulatio coxae)

D-1.17 Adduktoren

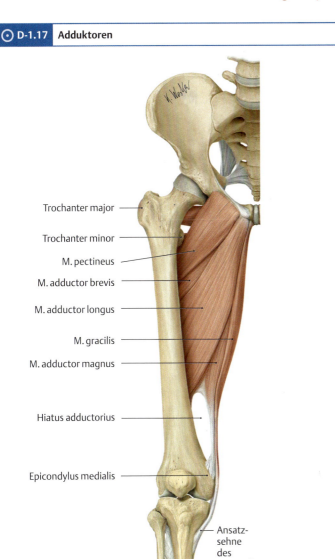

- Trochanter major
- Trochanter minor
- M. pectineus
- M. adductor brevis
- M. adductor longus
- M. gracilis
- M. adductor magnus
- Hiatus adductorius
- Epicondylus medialis
- Ansatzsehne des M. gracilis

(Prometheus LernAtlas. Thieme, 3. Aufl.)

Hüftgelenkmuskeln nach Bewegungen

D-1.2 Hüftgelenkmuskeln geordnet nach Bewegungen und Wichtigkeit

Bewegung	Muskeln (Anteil am Gesamtdrehmoment aller an der Bewegung beteiligten Muskeln in %)*
Flexion	**M. rectus femoris (25–35 %)**, **M. iliopsoas (20–35 %)**, M. tensor fasciae latae (≤ 15 %), Mm. gluteus medius & minimus (ventrale Abschnitte, ≤ 10 %), M. sartorius (≤ 10 %)
Extension	**M. gluteus maximus (45 %)**, Mm. gluteus medius & minimus, (dorsale Teile 5–30 %), M. semimembranosus (10–15 %), M. adductor magnus (≤ 20 %)
Adduktion	**M. adductor magnus (20–30 %)**, M. gluteus max. (kaudaler Teil) (10–30 %), M. adductor longus (≤ 10), M. adductor brevis (≤ 10 %)
Abduktion	**Mm. gluteus medius & minimus (35–40 %)**, M. tensor fasciae latae (15–35 %), M. gluteus max. (kranialer Teil, 15–20 %), M. rectus femoris (10–20 %)
Außenrotation	**M. gluteus maximus (30–40 %)**, pelvitrochantere Muskeln (20–30 %), Mm. gluteus medius & minimus (dorsale Teile, ≤ 20 %)
Innenrotation	**Mm. gluteus medius & minimus (ventrale Abschnitte, ≤ 35 %)**, **M. tensor fasciae latae (≤ 30 %)**, **M. adductor magnus (≤ 30 %)**, M. rectus femoris (≤ 15 %)

* Es wurden nur wichtige Muskeln mit einem Anteil > 10 % berücksichtigt. Bei den Prozentangaben handelt es sich um gerundete Ca.-Werte. Auf Grund der großen Beweglichkeit des Hüftgelenks variieren bei manchen Muskeln sowohl der Anteil des Muskels, der an einer Bewegung mitwirkt, als auch sein Drehmoment ganz erheblich in Abhängigkeit von der Ausgangsstellung des Gelenks. Daher ist bei manchen Muskeln die Spanne angegeben, in der ihr Anteil am Gesamtdrehmoment aller Synergisten einer bestimmten Bewegung liegt.

1.2.5 Entwicklung von Hüfte und Oberschenkel

Die Entwicklung der unteren Extremität ist gegenüber der oberen Extremität in der Embryonal- und Fetalperiode, aber auch noch danach bis zur Ausbildung der definitiven Körperproportionen verzögert.

Pränatale Entwicklung

Zu Beginn der 5. Woche beginnt sich die **Extremitätenknospe** auszubilden.

Die Ausbildung der **mesenchymalen Blasteme** der einzelnen Skelettelemente erfolgt von proximal nach distal. Analoges gilt für das Auftreten der **diaphysären Knochenmanschetten** (S. 80) im Bereich der **freien unteren Extremität**:
- Femur: 6. Woche,
- Tibia: 7. Woche,
- Fibula: 8. Woche.

Die Verknöcherung der 3 Knochen des **Os coxae** beginnt später:
- Os ilium: 3. Monat,
- Os ischii: 4.–5. Monat,
- Os pubis: 6.–7. Monat.

Sie sind im Bereich des Azetabulums durch eine knorpelige Wachstumsfuge, die sog. **Y-Fuge** (S. 328), verbunden.

Postnatale Entwicklung

Obwohl der Zeitpunkt des Auftretens der **Knochenkerne** in Epiphysen und Apophysen sowie der knöcherne Schluss der **Epiphysenfugen** dazu dient, das (u. a. forensisch bedeutsame) **„Knochenalter"** zu bestimmen, soll hier nur auf die klinisch sehr bedeutsame Entwicklung von Caput und Collum femoris sowie des Azetabulums eingegangen werden.

Der **Knochenkern** des **Femurkopfes** erscheint zwischen dem **4.** und **8.** (postpartalen) **Lebensmonat**.

> ► Klinik. Zwischen dem 5. und 7. Lebensjahr kann es zu einer **aseptischen Nekrose** (Absterben von Gewebe ohne Vorliegen einer Infektion) des Femurkopfkerns kommen (**Morbus Perthes**). Unter der Belastung wird der Femurkopf deformiert, woraus schon im relativ frühen Erwachsenenalter eine Coxarthrose resultiert. Therapeutisch versucht man durch Entlastung der befallenen Hüfte mittels einer Orthese (Schiene) eine Regeneration ohne Deformität zu ermöglichen.

Die **Y-Fuge** zwischen den Ossa ilium, ischii und pubis **schließt** sich zwischen dem **13.** und **16. Lebensjahr**. **Femurkopf** und **-hals** vereinigen sich gegen Ende der pubertären Wachstumsphase knöchern durch den Schluss der **proximalen Epiphysenfuge** des Femurs (**16.–18. Lebensjahr**). Diese knorpelige Wachstumsfuge ist gegenüber der Transversalebene nach **medial** und **dorsal gekippt**. Dadurch wird der Knorpel nicht nur auf Druck, sondern auch auf Schub beansprucht.

> ► Klinik. Während der durch den pubertären Wachstumsschub bedingten Auflockerung des Epiphysenknorpels kann der Femurkopf unter der Belastung nach medial und dorsal „abrutschen". Diese **Epiphyseolysis capitis femoris** tritt zwischen dem 9. und 18. Lebensjahr v. a. bei männlichen Jugendlichen auf. Dass Übergewichtige bevorzugt betroffen sind, unterstreicht den oben skizzierten Pathomechanismus. Folgen davon sind eine Wachstumsstörung mit Beinverkürzung, Beeinträchtigung der Gefäßversorgung des Femurkopfes mit Deformierung und Arthrose sowie Ausheilen in „abgerutschter" Position, was eine Coxa vara, evtl. mit Duchenne-Hinken (s. o.) auf Grund einer aktiven Insuffizienz der kleinen Gluteen nach sich zieht.

Der Kollodiaphysen-(CCD-)Winkel (S. 348) zwischen Femurschaft und -hals von 126° beim Erwachsenen ist das Ergebnis einer Entwicklung, die sich bis zum Ende der Pubertät erstreckt (Tab. **D-1.3**). Der Prozess der **fortlaufenden Varisierung** läuft, wenn auch mit minimaler Geschwindigkeit, noch bis zum Greisenalter weiter, in dem CCD-Winkel um 120° die Norm darstellen.

D 1.2 Hüftgelenk (Articulatio coxae)

D-1.3 Abhängigkeit des CCD-Winkels vom Alter

Alter	NN	1 Jahr	3 Jahre	5 Jahre	9 Jahre	15 Jahre	Erwachsener	Greis
CCD-Winkel	150°	148°	145°	142°	138°	133°	126°	120°

Parallel dazu kommt es an der **Pfanne** des Hüftgelenks zu einer progredienten Entwicklung des **Erkers** und einer **Vertiefung**. Dadurch verringert sich die **Steilheit** der **Pfanneneingangsebene**.

Dieser „Reifungsprozess" an den Gelenkkörpern führt dazu, dass der **Hüftkopf** bis zum Erwachsenenalter immer besser in der Pfanne **zentriert** und durch den Pfannenerker **„überdacht"** wird. Dies bedeutet ein wachsendes Maß an Sicherheit gegen ein Herausgleiten des Caput femoris über den Pfannenerker nach kranial unter der Einwirkung des Körpergewichts, welches das Becken nach unten drückt. Andererseits bedeutet dies, dass das **kindliche Hüftgelenk** deutlich **luxationsanfälliger** als das des Erwachsenen ist; und zwar umso mehr je jünger das Kind ist (Abb. **D-1.18**).

Die **Pfanne** des Hüftgelenks wird **tiefer** und **weniger steil** gestellt.

Diese „Gelenkreifung" bewirkt, dass der **Hüftkopf** immer besser in der Pfanne **zentriert** und durch den Pfannenerker **überdacht** und somit **luxationssicherer** wird (Abb. **D-1.18**).

D-1.18 Vergleich zwischen kindlichem und erwachsenem Hüftgelenk im Röntgenbild (a.-p. Strahlengang)

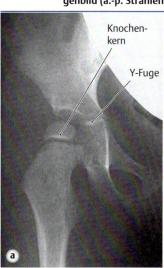
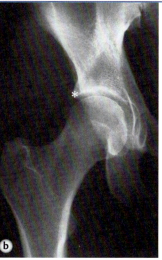

a 2-jähriges Kind: Unter dem Femurkopfkern ist die Epiphysenfuge zu erkennen, die wegen des in diesem Alter steilen Schenkelhalses noch fast horizontal verläuft. (Müller-Hülsbeck, S.: Originalabbildung der Klinik für Diagnostische Radiologie, Universitätsklinikum Schleswig-Holstein, Campus Kiel)

b Erwachsener: Man beachte, wie der ausgeprägte knöcherne Pfannenerker (*) den Femurkopf „überdacht". (Möller, T.B., Reif, E.: Taschenatlas der Röntgenanatomie. Thieme, 2010)

▶ **Exkurs: kongenitale Hüftreifungsstörung – Pathophysiologie.** Die Bedeutung der als **kongenitale Hüftdysplasie** bereits eingangs erwähnten Hüftreifungsstörung kann nicht hoch genug eingeschätzt werden, wenn man bedenkt, dass ⅓ aller in Deutschland bei Coxarthrose implantierten Totalendoprothesen nachweislich eine Spätfolge hiervon sind (s. o.). Pathophysiologisch resultiert aus einer Instabilität eine Ossifikationsstörung im Bereich der Pfanne mit mangelnder Ausbildung des Erkers und zu geringer Tiefe. Meist liegt auch noch ein zu steiler Schenkelhalswinkel (Coxa valga) vor. Beides hat letztlich zur Konsequenz, dass der Kopf bei Belastung nach kranial/dorsal aus der Pfanne auf die Beckenschaufel tritt, wo sich eine Ersatzpfanne bildet (**kongenitale Hüftluxation**). Dieser mit massiver Beeinträchtigung von Stehen und Gehen (Trendelenburg; s. o.) einhergehende Verlauf ist heute auf Grund standardisierter Screeninguntersuchungen selten geworden. Das Problem sind die nicht erkannten, nicht luxierenden Dysplasien. Die flache Pfanne mit hypoplastischem Erker hat eine Überlastung des Gelenkknorpels am Pfannendach und des Labrum acetabuli zur Folge, die einem vorzeitigen Verschleiß im Sinne einer **Coxarthrose** (s. o.) unterliegen.

▶ Exkurs: kongenitale Hüftreifungsstörung – Pathophysiologie.

▶ Klinik. Die **Diagnostik** der **Säuglingshüfte** ist von eminenter Bedeutung (s. vorangehenden Exkurs). Neben einer **Asymmetrie der Hautfalten** an den Oberschenkeln ist eine **Abduktionshemmung** wegweisend.

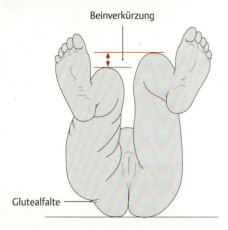

D-1.19 **Klinische Diagnostik der Säuglingshüfte.** (Prometheus LernAtlas. Thieme, 3. Aufl.)

Zur weiteren Diagnostik finden bildgebende Verfahren wie **Ultraschall** und **Röntgen** Verwendung. Auch wenn in den ersten Lebensmonaten Ultraschall der Röntgendiagnostik überlegen ist, so hat Letztere in der Verlaufskontrolle ihren Platz. Außerdem lässt sich der Reifungsprozess des Gelenks im Röntgenbild sehr gut veranschaulichen. Verschiedene Hilfslinien und Winkel finden dabei Verwendung (Abb. **D-1.20**).

Hilgenreiner-Linie: Sie wird horizontal durch die Y-Fugen gelegt;
Ombrédanne-Linie: Sie geht senkrecht durch den Pfannenerker.
Diese Linien bilden ein Achsenkreuz, wobei der (erst um den 6. Monat nachweisbare) Kopfkern im inneren unteren Quadranten liegen soll.
Ménard-Shenton-Linie: Sie beschreibt beim gesunden Hüftgelenk einen glatten Bogen von der Medialseite des Collum femoris bis zur Unterseite des Ramus sup. ossis pubis.
AC(Acetabulum)-Winkel: Er wird von einer Tangente vom Pfannenerker zur Y-Fuge mit der Horizontalen gebildet und ist ein Maß für die Steilheit der Pfanneneingangsebene. Er wird im Laufe der Kindheit fortlaufend kleiner: von 30° beim Neugeborenen bis zu weniger als 10° beim 15-Jährigen.
CE(Centrum-Erker)-Winkel: Er wird vom Lot durch das Zentrum des Kopfkerns und der Tangente vom Kernzentrum zum Pfannenerker eingeschlossen. Er ist neben der Ausbildung des Pfannenerkers auch von der Lage des Hüftkopfes abhängig, spiegelt die Zentrierung des Kopfes in der Pfanne wider und wird mit der Gelenkreifung größer (Säugling: > 10°; 15-Jähriger: > 25°).

Bei der Therapie kommt es darauf an, möglichst früh zu beginnen. Falls die Dysplasiediagnose schon in den ersten Wochen gestellt wird, reicht in vielen Fällen eine Spreizwindel. Daneben kommt Physiotherapie zum Einsatz. Bei verschleppten Fällen werden plastische Operationen erforderlich.

D-1.20 **Röntgendiagnostik des kindlichen Hüftgelenks mit Hilfslinien.** (Prometheus LernAtlas. Thieme, 3. Aufl.)

a Schematische Beckenübersichtsaufnahme im sagittalen Strahlengang (a.-p.) bei einem 2 Jahre alten Kind mit einer kongenitalen Luxation des linken Hüftgelenks. Die unten angeführten **Hilfslinien und -winkel** zeigen zwischen gesunder (rechte Bildhälfte) und kranker Seite (linke Bildhälfte) teilweise dramatische Unterschiede.
b Schematische Darstellung einer a.-p. Röntgenaufnahme der rechten Hüfte eines 5-jährigen Kindes zur Darstellung des CE-(Centrum-Erker-)Winkels (s. u.).

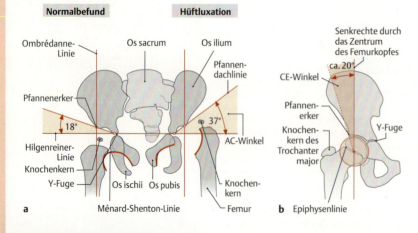

1.3 Kniegelenk (Articulatio genus)

Die Anatomie des Kniegelenks weist mehrere Merkmale auf, die als Erklärung für die Häufigkeit von Knieverletzungen und degenerativen Veränderungen angesehen werden können:
- Es **verbindet die längsten Hebelarme** des Skeletts,
- die **Weichteilbedeckung ist äußerst gering** (z. B. im Vergleich zum Hüftgelenk)
- die miteinander artikulierenden Gelenkkörper sind **wenig kongruent**, d. h. ihre Passform ist nicht optimal.

1.3 Kniegelenk (Articulatio genus)

Ausschlaggebend für die Anfälligkeit des Kniegelenks bezüglich Verletzungen und degenerativer Erkrankungen sind folgende anatomische Gegebenheiten:
- große **Länge der Hebelarme**
- geringer **Weichteilschutz**
- **Inkongruenz** der Gelenkkörper.

▶ **Klinik.** Im Alltag des traumatologisch tätigen Chirurgen und Orthopäden sind Erkrankungen des Kniegelenks von überragender Bedeutung:
Verletzungen des Kniegelenks als Folge eines **indirekten Traumas** mit Dreh- und Knickmechanismen sind häufig durch Sportunfälle verursacht. Als unfallträchtigste Sportarten sind Fußball, Volleyball und der alpine Skilauf zu nennen. Aber auch für eine **direkte Traumatisierung** ist das Kniegelenk anfällig.
Insbesondere die Inkongruenz der artikulierenden Gelenkkörper erklärt auch die große Anfälligkeit des Kniegelenks für **chronisch degenerative** Erkrankungen (sog. **Gonarthrose** = Arthrose des Kniegelenks), bei denen es nach der Wirbelsäule auf Platz zwei der Statistik noch vor dem Hüftgelenk rangiert (Abb. **C-1.1**).

▶ **Klinik.**

1.3.1 Gelenktyp und Gelenkkörper

Das Kniegelenk ist ein aus mehreren Teilgelenken **zusammengesetztes Gelenk**, an dem distales Femur, proximale Tibia = Schienbein (S. 397) bzw. Tibiakopf und Patella (S. 364) beteiligt sind (Abb. **D-1.21**).

1.3.1 Gelenktyp und Gelenkkörper

Femur, **Tibia** (Schienbein) und **Patella** (Kniescheibe) bilden ein aus Teilgelenken **zusammengesetztes Gelenk** (Abb. **D-1.21**).

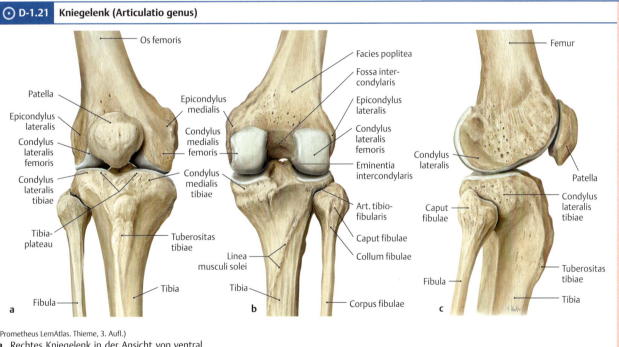

D-1.21 Kniegelenk (Articulatio genus)

(Prometheus LernAtlas. Thieme, 3. Aufl.)
a Rechtes Kniegelenk in der Ansicht von ventral,
b dorsal
c lateral.

D 1 Hüfte, Oberschenkel und Knie

Teilgelenke

Man unterscheidet:

- **Femoropatellargelenk:** zwischen Patella und Facies patellaris des Femurs.
- **Femorotibialgelenk:** zwischen jeweils medialem und lateralem Femur- und Tibiakondylus.

Es werden ein mediales und laterales **Kompartiment** unterschieden.
Als **Drehscharniergelenk** erlaubt es **Flexion** und **Extension** (mit Abrollkomponente) sowie **Rotation** um die Längsachse des Unterschenkels.
Bei Flexion gleitet die Patella im **Femoropatellargelenk** nach kaudal, bei Extension nach kranial.

Gelenkkörper

Distales Ende des Femurs: Die **Femur-kondylen** sind spiralig gekrümmt – hinten stärker als vorne (Abb. **D-1.21c**).
Dorsal liegt zwischen ihnen die **Fossa intercondylaris**.
Ventral sind die Femurkondylen durch die überknorpelte Gleitrinne für die Patella, die **Facies patellaris**, verbunden.
Oberhalb der überknorpelten Gelenkflächen springen **Epicondylus femoris medialis** und **lateralis** als Ansatzstellen für Muskeln und Bänder vor.

Patella: Sie ist als Sesambein (S. 238) in die Sehne des M. quadriceps femoris (S. 377) eingelagert. Auf ihrer Rückseite bilden zwei Gelenkfacetten den **Patellaöffnungswinkel** von ca. 130° (Abb. **D-1.23**).

Proximales Ende der Tibia: Die überknorpelten Gelenkflächen des **Tibiakopfes** (Abb. **D-1.24**) sind durch die **Eminentia intercondylaris** sowie durch die **Areae intercondylaris ant.** und **post.** vollständig getrennt. Die **mediale Gelenkfläche** ist schwach **konkav**, die **laterale** leicht **konvex** geformt; somit sind sie mit den Femurkondylen nicht kongruent.

Gelenkknorpel: Die Inkongruenz der Gelenkflächen wird etwas durch die dicken Gelenkknorpel gemildert. Diese betragen im Mittel 2–3 mm.

Teilgelenke

Man unterscheidet folgende Teilgelenke:

- **Femoropatellargelenk:** In diesem Gelenk werden die Gelenkflächen von der **Patella** (**Kniescheibe**) und der **Facies patellaris** des Femurs gebildet.
- **Femorotibialgelenk:** Die Gelenkflächen bestehen hier aus dem **medialen** und **lateralen Femurkondylus** (Condylus medialis und lateralis femoris) sowie aus dem **medialen** und **lateralen Tibiakondylus** (Condylus medialis und lateralis tibiae), die das „Tibiaplateau" bilden.

Aus klinisch-praktischen Erfordernissen wird das Femorotibialgelenk in ein **laterales** und **mediales Kompartiment** unterteilt. Funktionell gesehen, stellt es ein **Drehscharniergelenk** (sog. **Trochoginglymus**) dar, wobei die Achse der Scharnierbewegung (Flexion/Extension) annähernd frontal durch die Femurkondylen verläuft. Bei Beugung im Kniegelenk kommt es parallel zum **Drehen** der Femurkondylen auf dem Tibiaplateau zu ihrem **Abrollen** nach dorsal. Dies führt dazu, dass die Kontaktfläche der Femurkondylen mit der Tibia bei maximaler Beugung an den dorsalen Rand des Tibiaplateaus gerät. Parallel dazu gleitet die **Patella** bei der Beugung in ihrem Gleitlager bis zu 6 cm nach kaudal. Daneben kann (bei gebeugtem Knie) der Unterschenkel um seine Längsachse **rotieren**.

Gelenkkörper

Distales Ende des Femurs: Die walzenförmigen **Femurkondylen** sind nicht kreisförmig, sondern **spiralig** gekrümmt, wobei die Krümmung von vorne nach hinten zunimmt. Dies bedeutet, dass bei gebeugtem Kniegelenk die Kontaktfläche zwischen Femur- und Tibiakondylen geringer ist als bei gestrecktem, also die Kongruenz („Passform") zwischen den Gelenkkörpern bei der Beugung abnimmt (Abb. **D-1.21c**). Dorsal sind die Femurkondylen durch die ausgeprägte **Fossa intercondylaris**, in der sich die Kreuzbänder (S. 373) befinden, getrennt. Kranial der Fossa intercondylaris liegt die Fläche der **Facies poplitea**. Ventral liegt die flache Gleitrinne für die Patella (**Facies patellaris**) zwischen den Femurkondylen. Dabei springt der laterale Femurkondylus in den meisten Fällen weiter vor als der mediale, und der laterale Teil des Gleitlagers ist etwas großflächiger als der mediale.

Der **Knorpelbelag** der Femurkondylen beschränkt sich dorsal und kaudal auf die Kontaktflächen mit den Tibiakondylen, ventral sind die Gelenkknorpel der Kondylen über den Knorpel der Patellagleitrinne miteinander verbunden. Seitlich, etwa in der Mitte der Kondylen springen als **Epicondylus medialis** und **lateralis** bezeichnete Knochenhöcker vor, welche als Ansatzpunkte für Muskeln und Bänder dienen.

Patella: Die **Patella** (**Kniescheibe**, Abb. **D-1.23**) ist als größtes Sesambein (S. 238) des Körpers in die Sehne des Kniestreckers M. quadriceps femoris (S. 377) eingebaut. Ihr **proximales** abgerundetes Ende wird als **Basis** bezeichnet, das **distale** Ende bildet den zugespitzten **Apex**. Ihre Rückseite besteht aus zwei überknorpelten Facetten, welche mit der zwischen den Femurkondylen gelegenen Facies patellaris artikulieren und miteinander den **Patellaöffnungswinkel** von durchschnittlich 130° bilden.

Proximales Ende der Tibia: Von den **Gelenkflächen** des **Tibiakopfes** (Abb. **D-1.24**) ist die **mediale** schwach **konkav** als Pfanne für den entsprechenden Femurkondylus ausgebildet, die **laterale** dagegen ist im mittleren Bereich plan und fällt vorne und hinten ab, sodass sie insgesamt nach kranial leicht **konvex** ist. Somit ist die Kongruenz mit den Femurkondylen sehr schlecht. Die überknorpelten Gelenkflächen sind vollständig getrennt; dazwischen liegen die **Eminentia intercondylaris** mit den **Tubercula intercondylaria mediale** und **laterale** sowie ventral bzw. dorsal davon die **Areae intercondylares anterior** und **posterior**. Sie dienen als Ansatzstellen für die Kreuzbänder und Menisci.

Gelenkknorpel: Das Kniegelenk weist von allen Gelenken die höchsten Dicken der Gelenkknorpel auf: Im Mittel sind es auf der Rückseite der Patella 3 mm, auf den Femurkondylen und den Tibiakondylen 2–3 mm, wobei an manchen Stellen Extremwerte bis 7 mm gemessen wurden; hieraus resultiert ein sehr weiter „radiologischer Gelenkspalt" (s. Abb. **D-1.22**). Durch die Verformung dieser extrem dicken Gelenkknorpel wird die oben beschriebene Inkongruenz der Gelenkflächen etwas abgemildert.

D 1.3 Kniegelenk (Articulatio genus)

D-1.22 Kniegelenk im Röntgenbild

Röntgenaufnahme des Kniegelenks a.-p. (**aI**) und seitlich (**bI**) mit erklärender Schemazeichnung (**aII**, **bII**).
(Möller, T. B., Reif, E.: Taschenatlas der Röntgenanatomie. Thieme, 2010)

D-1.23 Patella

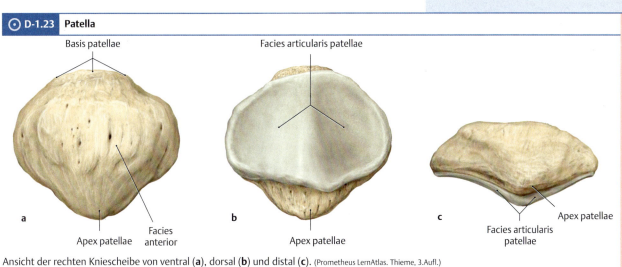

Ansicht der rechten Kniescheibe von ventral (**a**), dorsal (**b**) und distal (**c**). (Prometheus LernAtlas. Thieme, 3.Aufl.)

D 1 Hüfte, Oberschenkel und Knie

⊙ D-1.24 **Tibiaplateau des rechten Unterschenkels**

Ansicht von proximal.
(Prometheus LernAtlas. Thieme, 3. Aufl.)

1.3.2 Bandapparat und Gelenkkapsel des Kniegelenks

Der Bandapparat, zu dem man auch die Menisci zählt, ist komplex.

Menisci

Funktion und Form: Die kleinen Kontaktflächen zwischen Femur- und Tibiakondylen bedingen enorme Druckbelastungen.
Die zwischen Femur- und Tibiakondylen liegenden C-förmigen **Menisci** (Abb. **D-1.25**) haben einen keilförmigen Querschnitt. Sie vergrößern die belasteten Gelenkflächen von Femur und Tibia, wodurch die **Druckkräfte verringert** werden.

1.3.2 Bandapparat und Gelenkkapsel des Kniegelenks

Der Bandapparat des Kniegelenks ist äußerst komplex. Unter funktionellen und klinischen Aspekten rechnet man auch die Menisci dazu.

Menisci

Funktion und Form: Trotz seiner Dicke ist der hyaline Gelenkknorpel durch die relativ kleinen Kontaktflächen zwischen Femur- und Tibiakondylen (s. o.) einer unverhältnismäßig hohen Druckbelastung ausgesetzt. Dem wirken die Menisci entgegen: Die **C-förmigen Menisci** sind vorne, seitlich und hinten zwischen Femur- und Tibiakondylen interponiert (Abb. **D-1.25**). Sie haben einen keilförmigen Querschnitt mit der größten Dicke an der Peripherie (sog. Meniskusbasis) und schieben sich nach innen spitz zulaufend zwischen die Gelenkkörper des medialen und lateralen Femorotibialgelenks. Dadurch bilden sie passende „Gelenkpfannen" auf den Tibiakondylen

⊙ D-1.25 **Lage der Menisci im Femorotibialgelenk**

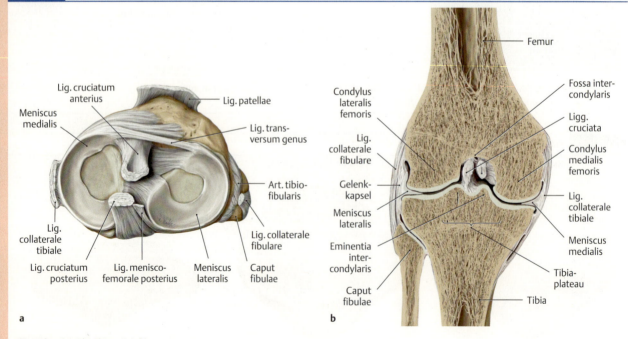

(Prometheus LernAtlas. Thieme, 3. Aufl.)
a Rechtes Tibiaplateau in der Ansicht von proximal nach Durchtrennung der Kreuz- und Kollateralbänder (s. u.) sowie Entfernung des Oberschenkelknochens: Sichtbar sind die dem Tibiaplateau aufliegenden Menisci mit ihren Anheftungsstellen.
b Frontaler Sägeschnitt durch das rechte Femorotibialgelenk in der Ansicht von ventral.

D 1.3 Kniegelenk (Articulatio genus)

und **verteilen so den Druck** der Femurkondylen gleichmäßiger auf die tibialen Gelenkflächen.

▶ Klinik. Bei der früher nach Meniskusverletzungen durchgeführten **Totalexstirpation eines Meniskus** trat als Spätfolge der dann unphysiologisch hohen Belastung der Gelenkknorpel häufig eine Arthrose des Kniegelenks (**Gonarthrose**) auf. Heute ist man bei Meniskusrissen (s. u.) bemüht, möglichst wenig Material des Meniskus zu entfernen, bzw. bei Rissen an seiner dicken, durchbluteten Basis (Abb. **D-1.29**) eine Reparatur mittels Naht durchzuführen.

Bei der im Rahmen der **Kniebeugung** stattfindenden Abrollbewegung der Femurkondylen auf den tibialen Gelenkflächen müssen die Menisci bis zu 1 cm **nach dorsal ausweichen** und bei der anschließenden Streckung wieder nach vorne gleiten (Abb. **D-1.26**). Diese Bewegung geschieht teils passiv durch Verdrängung vonseiten der Femurkondylen und teils aktiv durch Muskelzug:
- **Zug nach hinten** durch Fasern der Sehnen der Beugemuskeln M. semimembranosus (medial) und M. popliteus (lateral). Dabei treten v. a. im weniger beweglichen Innenmeniskus Spannungen auf (s. u.).
- **Zug nach vorne** durch Retinacula patellae, dem Sehnenansatz des Kniestreckers M. quadriceps femoris (S. 377), von denen Faserzüge über die Gelenkkapsel in die ventralen Meniskusanteile einstrahlen.

Bei **Außenrotation des Unterschenkels** im gebeugten Knie muss der **mediale Meniskus** noch weiter nach hinten ausweichen, da der mediale Femurkondylus bei Außenrotation des Unterschenkels auf der tibialen Gelenkfläche noch weiter nach dorsal verlagert wird (der laterale Femurkondylus dagegen nach ventral, Abb. **D-1.27**). Bei der nur geringgradig möglichen Innenrotation verhält es sich umgekehrt.

▶ Klinik.

Beim Abrollen der Femurkondylen auf dem Tibiaplateau bei **Kniebeugung** werden die Menisci passiv und aktiv (medial: M. semimembranosus; lateral: M. popliteus) **nach dorsal verlagert** (Abb. **D-1.29**). Dabei treten v. a. im Innenmeniskus Spannungen auf.

Bei **Außenrotation** des Unterschenkels wird der Innenmeniskus noch weiter nach dorsal verlagert (Abb. **D-1.27**).

D-1.26 Lageveränderung der Menisci bei Knieflexion

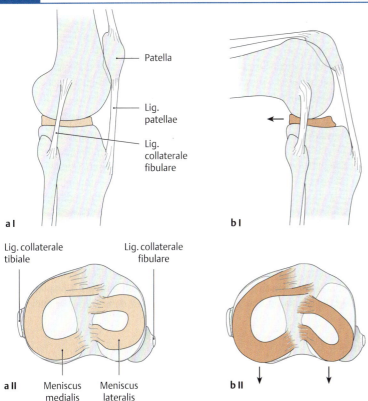

Darstellung eines rechten Kniegelenks in der Ansicht von lateral (I) sowie das beteiligte Tibiaplateau von proximal (II) in Streck- (a) und Beugestellung (b): Man beachte die deutlich geringere Beweglichkeit des stärker fixierten Innenmeniskus (Meniscus medialis) während der Knieflexion.
(Prometheus LernAtlas. Thieme, 3. Aufl.)
a Streckstellung.
b Beugestellung.

D-1.27 Lageveränderung der Menisci bei Rotationsbewegungen des Unterschenkels gegenüber dem Oberschenkel

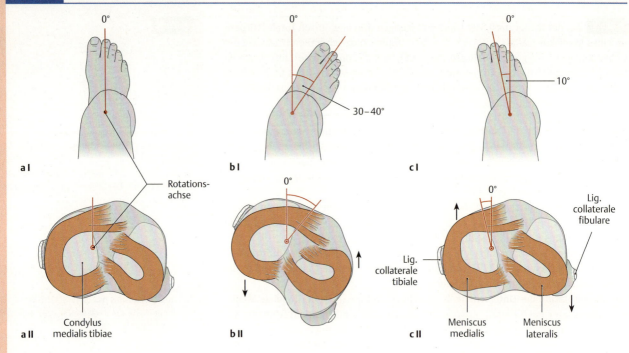

Darstellung eines rechten Kniegelenks in 90°-Beugestellung: Ansicht von proximal auf das gebeugte Knie (**I**) und das entsprechende Tibiaplateau (**II**).
(Prometheus LernAtlas. Thieme, 3. Aufl.)
a Nullstellung,
b Außenrotation,
c Innenrotation.

Aufbau: Die Menisci sind aus **Faserknorpel** und frei von Synovialmembran.

Lage: Mit ihrem jeweiligen **Vorder-** bzw. **Hinterhorn** sind sie an der Area intercondylaris anterior bzw. posterior im Knochen verankert. Die Vorderhörner der Menisci sind durch das **Lig. transversum genus** verbunden. Die Menisci sind an der Basis mit der **Gelenkkapsel verwachsen**.

- **Meniscus medialis (Innenmeniskus):** Er ist mit dem straffen tibialen Kollateralband verwachsen und deshalb auf dem Tibiaplateau **schlechter verschieblich** als der nur mit dünnen Kapselanteilen verwachsene Außenmeniskus.

Aufbau: Die Menisci sind aus **Faserknorpel** (S. 74) aufgebaut und nicht von der zarten, gut durchbluteten Synovialmembran der Gelenkkapsel überzogen (dies würde bei der hohen Druckbelastung auch wenig Sinn machen).

Lage: Die auf den Tibiakondylen beweglichen Menisci sind an ihren Enden (**Vorder-** bzw. **Hinterhorn**) im Knochen der Area intercondylaris verankert. Die Vorderhörner sind durch das **Ligamentum transversum genus** verbunden. Beide Menisci sind an ihrer außen gelegenen Basis mit der **Gelenkkapsel verwachsen**. Dorsal fehlt beim lateralen Meniskus die Verbindung im Bereich des Recessus subpopliteus (S. 378) die Verbindung zur Gelenkkapsel. Medial ist die Gelenkkapsel durch das **Lig. collaterale tibiale** (s. u.) verstärkt, dessen hinterer Teil breitflächig mit der Basis des **Innenmeniskus verwachsen** ist.

- **Meniscus medialis (Innenmeniskus):** Der weniger gekrümmte, C-förmige Meniscus medialis umfasst vorne und hinten mit seinen Enden die Anheftungsstellen des Meniscus lateralis (Außenmeniskus). Durch seine breitflächige Fixierung an das mediale Kollateralband ist er in seiner **Beweglichkeit auf dem Tibiaplateau eingeschränkt**. Bei Beugung und Außenrotation gerät er daher unter erhebliche Spannung.

▶ **Klinik.** Sehr häufig wird der **Innenmeniskus verletzt**, wenn bei gebeugtem Knie der Unterschenkel plötzlich passiv nach außen rotiert wird. Dies ist z. B. der Fall, wenn beim Fußball oder Rugby der Körper mitsamt dem Oberschenkel bei fixiertem Fuß zur Gegenseite gedreht wird. Eine andere typische Verletzungssituation ist im Wintersport das Wegdrehen der Skispitze nach außen, wobei durch die Hebelwirkung des vorderen Skiteils Kräfte wirken, die von den das Kniegelenk stabilisierenden Muskeln nicht mehr aufgefangen werden können. Als Folge kann es zu radiären Einrissen des Meniskus oder zu Längsrissen (parallel zur Basis) kommen (s. Abb. **D-1.28**). Geraten durch Risse dislozierte Meniskusanteile zwischen die Gelenkkörper, so kann das Gelenk (typischerweise beim Strecken) **blockieren**.

▶ **Klinik.**

⊙ **D-1.28** **Häufige Meniskusläsionen (Darstellung am rechten Knie, Ansicht von kranial).** (Prometheus LernAtlas. Thieme, 3. Aufl.)

a Der Innenmeniskus weist einen Riss auf, der den freien Rand nicht erreicht („Korbhenkelriss"); da er im durchbluteten Bereich nahe der Basis liegt, würde man ihn durch Naht versorgen.

b Im Bereich des Hinterhorns hat der Innenmeniskus vom freien Rand her einen radiären Einriss erlitten. Hier wird man allenfalls den ausgefransten Rand glätten.

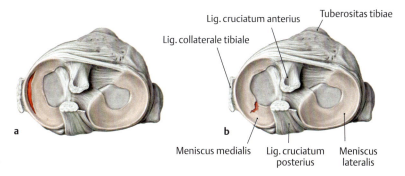

- **Meniscus lateralis (Außenmeniskus):** Der fast O-förmige laterale Meniskus ist stärker gekrümmt als der mediale. Vom hinteren Abschnitt des lateralen Meniskus zieht das **Ligamentum meniscofemorale posterius** (**Wrisberg-Ligament**) zur Innenseite des medialen Femurkondylus; es liegt dabei dem hinteren Kreuzband eng an. Auf Grund der geringeren Fixierung durch die (lateral dünne) Gelenkkapsel ist der Außenmeniskus deutlich **besser beweglich** als der Innenmeniskus und deshalb weniger verletzungsgefährdet.

Versorgung: Die insgesamt spärliche Versorgung der Menisci mit **Blutgefäßen** (Abb. **D-1.29**) erfolgt zum einen von ihren knöchernen Ansätzen her, zum anderen über die Gelenkkapsel von der Basis. Über Letztere erreichen auch **Nerven** die Menisci (Meniskusverletzungen können sehr schmerzhaft sein).

- **Meniscus lateralis (Außenmeniskus):** Er ist **besser beweglich** als der Innenmeniskus und deshalb weniger gefährdet.

Versorgung: Die Versorgung der Menisci mit **Blutgefäßen** (Abb. **D-1.29**) und **Nerven** erfolgt überwiegend von der Basis über die Gelenkkapsel.

▶ **Klinik.** Das durchblutete basisnahe Drittel des Meniskus wird als „rote Zone" bezeichnet – hier haben **Meniskusnähte** gute Heilungschancen.

▶ **Klinik.**

⊙ **D-1.29** **Blutversorgung der Menisci**

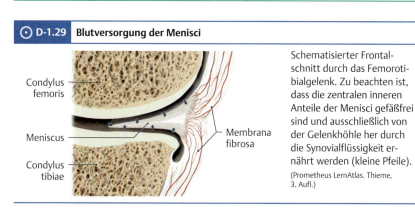

Schematisierter Frontalschnitt durch das Femorotibialgelenk. Zu beachten ist, dass die zentralen inneren Anteile der Menisci gefäßfrei sind und ausschließlich von der Gelenkhöhle her durch die Synovialflüssigkeit ernährt werden (kleine Pfeile).
(Prometheus LernAtlas. Thieme, 3. Aufl.)

⊙ **D-1.29**

D-1.4 Bänder des Kniegelenks

Band	Verlauf	Funktion
ventrale Bänder		
▪ **Lig. patellae**	vom Apex der Patella zur Tuberositas tibiae	Kontrollieren als Sehnen des Extensors M. quadriceps femoris die Flexion
▪ **Retinaculum patellae mediale** und **laterale**	beidseits der Patella vom M. quadriceps femoris zum Condylus med. und lat. tibiae	
Kollateralbänder		
▪ **Lig. collaterale tibiale (mediale)**	vom Epicondylus med. femoris ventral/kaudal zur proximalen Facies med. tibiae und dorsal/kaudal zum Condylus med. tibiae	verhindert **Valgisierung (Abduktion)** und **Überstreckung**, begrenzt (am gebeugten Knie) **Außen-** und **Innenrotation**
▪ **Lig. collaterale fibulare (laterale)**	vom Epicondylus lat. femoris dorsal/kaudal zum Caput fibulae	verhindert **Varisierung (Adduktion)** und **Überstreckung**, begrenzt **Außenrotation**
dorsale Bänder		
▪ **Lig. popliteum obliquum**	vom Condylus med. tibiae (dorsal) zum Epicondylus lat. femoris	verhindert **Überstreckung**, begrenzt **Außenrotation**
▪ **Lig. popliteum arcuatum**	vom Caput fibulae nach kranial/medial in die Gelenkkapsel	verhindert **Überstreckung** und **Varisierung (Adduktion)**
zentrale Bänder		
▪ **Lig. cruciatum anterius**	von der Innenseite des Condylus lat. femoris zur Area intercondylaris anterior tibiae (medial)	verhindert **Ventralverschiebung** der Tibia, verhindert **Überstreckung** und begrenzt **Innenrotation**
▪ **Lig. cruciatum posterius**	von der Innenseite des Condylus med. femoris zur Area intercondylaris posterior tibiae (lat.)	verhindert **Dorsalverschiebung** der Tibia, verhindert **Überstreckung** und begrenzt **Innenrotation**

Ventrale Bänder

Die Sehne des M. quadriceps femoris ist mit der als Sesambein (S. 238) eingelagerten Patella in die Gelenkkapsel integriert. Der Abschnitt zwischen Patella und tibialem Ansatz ist das **Ligamentum patellae** (Abb. **D-1.30**).

Ventrale Bänder

Als Besonderheit des ausgeprägten Kapsel-Band-Apparats des Kniegelenks sind folgende Strukturen als Verstärkung in die Gelenkkapsel (s. u.) integriert:
- die Sehne des M. quadriceps femoris (S. 377) proximal der Patella,
- die als Sesambein (S. 238) eingelagerte Patella selbst sowie
- die als **Ligamentum patellae** bezeichnete Endstrecke der Quadrizepssehne zwischen Patella und Tuberositas tibiae (Abb. **D-1.30**).

D-1.30 Ventrale Bänder des Kniegelenks

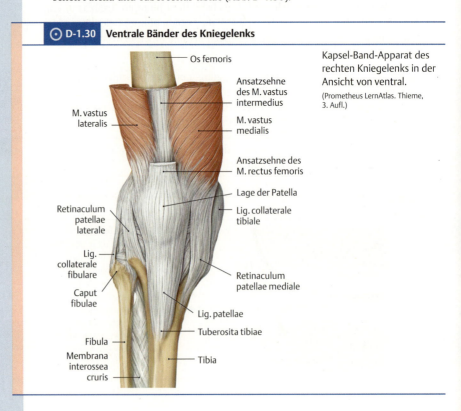

Kapsel-Band-Apparat des rechten Kniegelenks in der Ansicht von ventral.
(Prometheus LernAtlas. Thieme, 3. Aufl.)

D 1.3 Kniegelenk (Articulatio genus)

Ein Teil der Sehnenfasern des M. quadriceps femoris zieht als **Retinaculum patellae mediale** und **laterale** an beiden Seiten an der Patella vorbei, um am medialen bzw. lateralen Tibiakondylus anzusetzen. Sie werden auch als **„Reservestreckapparat"** bezeichnet, da sie bei einer nicht knöchern verheilten Patellaquerfraktur mit Ausfall des Lig. patellae den Zug des M. quadriceps femoris noch auf die Tibia übertragen und damit eine Kniestreckung ermöglichen sollen (allerdings wird durch den Ausfall des Sesambeins (Patella) die Streckung deutlich weniger kraftvoll ausfallen).

Beidseits der Patella ziehen die ebenfalls kapsulären **Retinacula patellae** vom Quadrizeps zum Tibiakopf (sie sind Teil der Gelenkkapsel).

Kollateralbänder

Die beiden Kollateralbänder sichern das Kniegelenk seitlich:

- **Ligamentum collaterale tibiale:** Dieses mediale oder **Innenband** (Abb. **D-1.32a**) stellt eine großflächige **Verstärkung der medialen Gelenkkapsel** dar. Es besteht aus **zwei Anteilen**: Der vordere zieht vom Epicondylus medialis femoris mit langen Faserzügen (über 10 cm) schräg nach vorne zur Facies medialis der Tibia unterhalb der Tuberositas tibiae; der hintere, tiefere Teil verläuft vom Epikondylus schräg nach hinten zum Condylus medialis tibiae. Das Band hat folglich die Form eines (asymmetrischen) Deltas.
  Das Innenband **verhindert** das mediale Aufklappen des Kniegelenks (**Valgisierung**, **Abduktion**). Der **vordere Teil begrenzt** die **Außenrotation**, der hintere die **Innenrotation**. Die proximale Anheftung des Lig. collaterale tibiale am Epicondylus medialis femoris etwas oberhalb und hinter der Flexions-/Extensionsachse bedingt, dass der femorale Ansatz bei Beugung tiefer tritt und das Band somit entspannt wird. Dadurch wird im gebeugten Kniegelenk eine Rotation und geringgradige Valgisierung (~5°) möglich (Abb. **D-1.31**).
- **Ligamentum collaterale fibulare:** Das laterale oder **Außenband** (Abb. **D-1.32b**) ist von der Gelenkkapsel durch lockeres Bindegewebe getrennt, liegt also **extrakapsulär**. Es hat einen runden bis ovalen Querschnitt und ähnelt damit einem Kabel. Von seiner proximalen Anheftung am lateralen Femurepikondylus zieht es schräg nach dorsal-kaudal zum Caput fibulae. Analog dem tibialen Kollateralband ist es in Streckstellung angespannt, bei gebeugtem Knie entspannt. Es **verhindert** das laterale Aufklappen des Knies (**Varisierung, Adduktion**) und begrenzt die Außenrotation. Bei Anspannung des Bandes durch Applikation von Varusstress (s. u.) ist es meistens durch die Haut zu sehen, bzw. zu tasten.

Kollateralbänder

- **Lig. collaterale tibiale:** Der **vordere** Schenkel des deltaförmigen, kaspulären **Innenbandes** (Abb. **D-1.32a**) zieht vom medialen Femurepikondylus zur Tibia kaudal der Tuberositas tibiae; der **hintere** Schenkel zieht nach dorsal zum medialen Tibiakondylus. Es **verhindert** die **Valgisierung (Abduktion)** und **begrenzt Außen- und Innenrotation**. Bei gebeugtem Knie ist es entspannt, wodurch eine Rotation und geringe Valgisierung möglich wird.

- **Lig. collaterale fibulare:** Das **extrakapsuläre Außenband** (Abb. **D-1.32b**) zieht vom lateralen Femurepikondylus zum Caput fibulae. Es **verhindert** die **Varisierung (Adduktion)**. Wie das Innenband ist es bei gestrecktem Knie gespannt, bei gebeugtem entspannt.

⊙ **D-1.31** Entspannung des Ligamentum collaterale tibiale bei Flexion im Kniegelenk

⊙ **D-1.31**

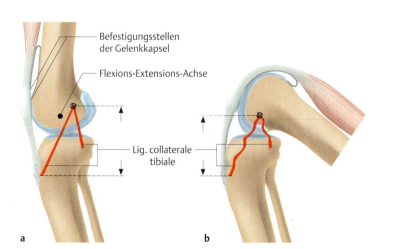

Die hinter der Flexions-Extensions-Achse gelegene proximale Anheftung des tibialen Kollateralbandes tritt bei Flexion tiefer, was zur Entspannung des Bandes führt. Die Flexions-Extensions-Achse ist nur in der Neutral-Null-Position eingezeichnet, da sie bei Beugung ihre Lage verändert.
a Ansicht des rechten Kniegelenks von medial in Streckstellung (Neutral-Null-Position,
b und in Beugestellung:

⊙ **D-1.32** Kollateralbänder des Kniegelenks

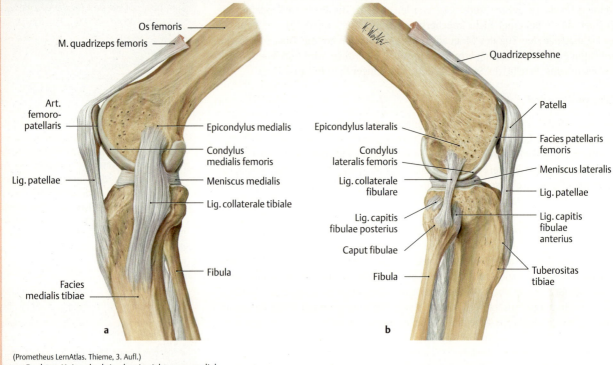

(Prometheus LernAtlas. Thieme, 3. Aufl.)
a Rechtes Kniegelenk in der Ansicht von medial
b und lateral.

▶ Klinik.

▶ **Klinik.** Bei Verdacht auf eine **Ruptur** des **Lig. collaterale tibiale** oder **fibulare** versucht der Untersucher, das Kniegelenk in gestreckter und leicht gebeugter (ca. 30°) Stellung zu valgisieren (Abb. **D-1.33**) oder zu varisieren. Dabei kann der Untersucher das Aufklappen des Gelenkspalts medial (Valgisierung) oder lateral (Varisierung) tasten. Ist dies deutlich möglich, so ist ein Bänderriss sehr wahrscheinlich.

⊙ **D-1.33** Untersuchungsbefund bei Ruptur des Lig. collaterale tibiale

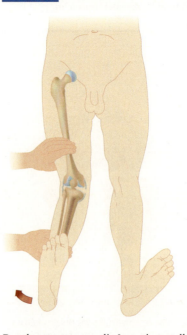

Daneben tastet man die Insertionsstellen der Bänder an Femur und Tibia bzw. Fibula ab, diese können schon bei einer Zerrung schmerzhaft sein. Eine weitergehende diagnostische Abklärung erfolgt in der Regel durch Bildgebung, vgl. MRT (S. 136). Therapeutisch wird bei Ruptur eines Kollateralbandes das Kniegelenk mit einer Gelenkschiene über 6 Wochen stabilisiert.

Dorsale Bänder

- **Ligamentum popliteum obliquum:** Als Verstärkung der Gelenkkapsel zieht es von der Rückseite des medialen Tibiakondylus schräg nach kranial zum lateralen Femurepikondylus (Abb. **D-1.34**). Es **begrenzt** die **Außenrotation** des Unterschenkels und **verhindert** gemeinsam mit den Kreuzbändern die **Überstreckung** des Knies. Demzufolge kann es bei einem Überstreckungstrauma reißen.
- **Ligamentum popliteum arcuatum:** Dieses Band strahlt quer zum Lig. popliteum obliquum vom Fibulaköpfchen bogenförmig über den M. popliteus nach oben medial in die Kapsel ein (Abb. **D-1.34**). Es wird bei **Streckung angespannt**. Gemeinsam mit dem fibularen Kollateralband verhindert es die **Varisierung** des Unterschenkels.

Dorsale Bänder

- Das **Lig. popliteum obliquum** verläuft vom medialen Tibiakondylus zum lateralen Femurepikondylus (Abb. **D-1.34**). Es **verhindert** eine **Überstreckung** des Knies und **begrenzt** die **Außenrotation**.
- Das **Lig. popliteum arcuatum** zieht vom Caput fibulae nach kranial-medial (Abb. **D-1.34**).

⊙ D-1.34 Dorsaler Bandapparat

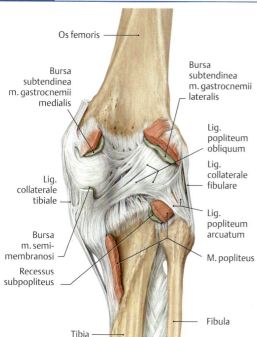

(Prometheus LernAtlas. Thieme, 3. Aufl.)

Zentrale Bänder (Kreuzbänder; Ligamenta cruciata)

Die beiden **Kreuzbänder** (Abb. **D-1.35**) befinden sich – sowohl in **topografischer** (Fossa intercondylaris) als auch in **funktioneller** (Drehachsen) Hinsicht – im **Zentrum** des Kniegelenks. Sie liegen **intrakapsulär** zwischen Membrana fibrosa und Membrana synovialis der Gelenkkapsel und daher nicht frei in der Gelenkhöhle. Sie sind vorne und seitlich von Synovialmembran überzogen.

- Das **Ligamentum cruciatum anterius** (vorderes Kreuzband) ist hinten an der Innenfläche des lateralen Femurkondylus befestigt und zieht schräg nach ventral, kaudal und medial zur Area intercondylaris anterior der Tibia.
- Das dickere **Ligamentum cruciatum posterius** (hinteres Kreuzband) verläuft vorne von der Innenfläche des medialen Femurkondylus nach dorsal, kaudal und lateral zur Area intercondylaris posterior.

Am **gestreckten** Knie sind die Kreuzbänder maximal **angespannt**. Am gebeugten Knie wickeln sie sich bei **Innenrotation** umeinander, bei **Außenrotation** geraten sie in Parallelstellung (Abb. **D-1.36**). Dementsprechend lässt sich der Unterschenkel ausgedehnter nach außen als nach innen rotieren (s. u.). Die Faserarchitektur der Kreuzbänder bedingt, dass Teile von ihnen in jeder Stellung des Kniegelenks angespannt sind. Bei gebeugtem Knie, wenn die übrigen passiv sichernden Bänder entspannt sind, stellen sie (insbesondere das hintere Kreuzband) die einzige ligamentäre Sicherung dar. Die **Hauptfunktion** der Kreuzbänder besteht darin, dass sie **Verschiebungen** von **Tibia** und **Femur** in der Sagittalebene **verhindern**.

Zentrale Bänder (Kreuzbänder; Ligamenta cruciata)

Die **Kreuzbänder** (Abb. **D-1.35**) liegen im Schnittpunkt der Drehachsen **intrakapsulär** in der Fossa intercondylaris.

Sie verlaufen wie folgt:
- **Lig. cruciatum anterius:** von der Innenseite des lateralen Femurkondylus zur Area intercondylaris anterior tibiae.
- **Lig. cruciatum posterius:** innen vom medialen Femurkondylus zur Area intercondylaris posterior.

Bei **gebeugtem Knie** sind sie die wesentliche Bandsicherung; sie **begünstigen Außenrotation, bremsen Innenrotation** (Abb. **D-1.36**) und **verhindern dorsal/ventrale Schiebebewegungen**.

⊙ D-1.35 Kreuzbänder des Kniegelenks

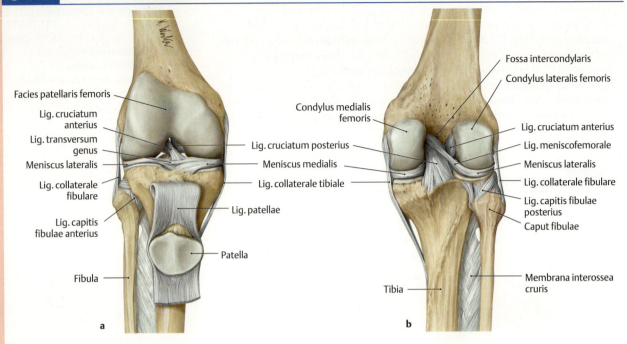

(Prometheus LernAtlas. Thieme, 3. Aufl.)
a Rechtes Kniegelenk in der Ansicht von ventral mit heruntergeklapptem Lig. patellae und Patella
b sowie in der Ansicht von dorsal.

⊙ D-1.36 Verlauf der Kreuzbänder bei Innen- und Außenrotation

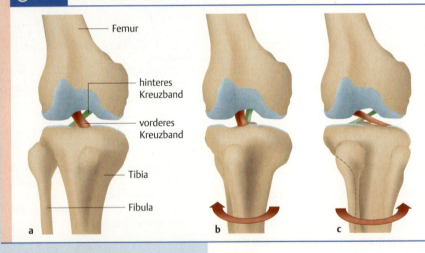

Bei der (übertrieben dargestellten) Innenrotation wickeln sich die Kreuzbänder umeinander, bei der Außenrotation nähern sie sich einer Parallelstellung an.
a Neutral-Null-Position der Kreuzbänder des rechten Knies.
b Außenrotationsstellung und
c Innenrotationsstellung

▶ **Klinik.** Bei einer **Ruptur** des **vorderen Kreuzbandes** lässt sich am 90° gebeugten Knie der Unterschenkel gegen den Oberschenkel nach ventral ziehen („vordere Schublade", s. Abb. **D-1.37**); eine Läsion des **hinteren Kreuzbandes** erlaubt es, den Unterschenkel nach hinten zu schieben („hintere Schublade"). Die Kreuzbänder können bei massiven Traumen des übrigen Kapsel-Band-Apparats mitbetroffen sein, wie z.B. bei der **„unhappy Triad"** (Ruptur von vorderem Kreuzband und Innenband mit Läsion des Innenmeniskus) nach Außenrotationsvalgustrauma.

Da die **Gefäßversorgung** der Kreuzbänder überwiegend von dorsal durch die A. media genus (S. 383) erfolgt, ist das **vordere** relativ **schlecht durchblutet**, weswegen eine Spontanheilung kaum stattfindet und meist eine plastische Rekonstruktion unter Verwendung der Patella- oder Semitendinosus-Sehne erforderlich wird. Rupturen des **hinteren Kreuzbandes** entstehen meist durch einen Aufprall des Unterschenkels bei gebeugtem Knie („dashboard injury"). Wegen der besseren Durchblutung ist die Chance einer Heilung ohne Operation höher als beim vorderen Kreuzband.

⊙ **D-1.37** Schubladenphänomen bei Kreuzbandverletzungen

a Vordere Schublade bei Ruptur des vorderen Kreuzbandes.
b Hintere Schublade bei Ruptur des hinteren Kreuzbandes.

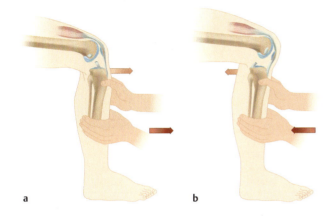

1.3.3 Gelenkkapsel und Gelenkhöhle

Das Knie hat von allen Gelenken des Körpers die geräumigste und komplizierteste Gelenkhöhle. Im Bereich der Tibiakondylen ist die **Gelenkkapsel** nur wenige mm distal der Knorpel-Knochen-Grenze der Gelenkflächen **angeheftet**. Ähnlich verhält es sich im Bereich der Femurkondylen. Proximal der Facies patellaris befindet sich unter der Sehne und dem Muskelbauch des M. quadriceps femoris (S. 377) die **Bursa suprapatellaris**, welche ein Schleimbeutel (S. 230) vom subtendinösen bzw. subfaszialen Typ ist. Diese **kommuniziert** immer mit der Gelenkhöhle und bildet dadurch den sog. **Recessus suprapatellaris**, der sich über das distale Viertel des Oberschenkels erstreckt (Abb. **D-1.39**).

1.3.3 Gelenkkapsel und Gelenkhöhle

Die Kniegelenkhöhle ist sehr geräumig und kompliziert.
Im Wesentlichen erfolgt die **Anheftung der Gelenkkapsel** an der Knorpel-Knochen-Grenze. Unter der Quadrizepssehne erstreckt sich der **Recessus suprapatellaris** weit nach proximal (Abb. **D-1.39**).

▶ **Klinik.** Bei der Differenzialdiagnose von Knieschwellungen ist das Phänomen der **„tanzenden Patella"** beweisend für die Ansammlung von Flüssigkeit im Gelenk (**Kniegelenkerguss**). Durch den Erguss wird die Patella abgehoben und lässt sich durch Druck von ventral bis zum Anschlag in ihrem Gleitlager nach unten drücken. Da der große suprapatelläre Recessus beträchtliche Ergussvolumina aufnehmen kann, ist es bei kleineren Ergüssen (unter 100 ml) erforderlich, diese mit einer Hand durch Kompression nach distal unter die Patella zu drücken, um diese zum „Tanzen" zu bringen (Abb. **D-1.38**).

⊙ **D-1.38** „Tanzende Patella"

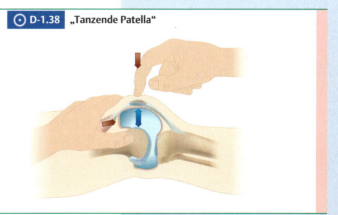

D-1.39 Ausdehnung der Gelenkhöhle eines rechten Kniegelenks

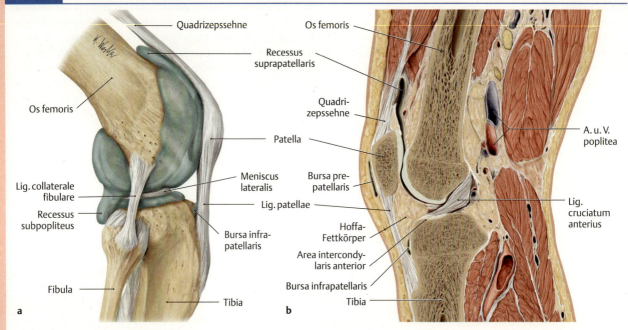

(Prometheus LernAtlas. Thieme, 3. Aufl.)
a Kunststoffausguss der Gelenkhöhle mit anschließender Entfernung der Kapsel in der Ansicht von lateral.
b Mediansagittalschnitt: Man beachte die Ausdehnung des Recessus suprapatellaris (= Bursa suprapatellaris) und die Lokalisation des Corpus adiposum infrapatellare (Hoffa-Fettkörper) zwischen der Area intercondylaris anterior und der Innenseite des Lig. patellae.

Zwischen Membrana synovialis und Membrana fibrosa der **Gelenkkapsel** sind **dorsal** die **Kreuzbänder** und **ventral** das **Corpus adiposum infrapatellare** (Hoffa-Fettkörper, Abb. **D-1.39b**) eingelagert.

Membrana synovialis und **Membrana fibrosa** der **Gelenkkapsel** liegen nicht überall einander an. Dorsal sind die Kreuzbänder zwischen die beiden Schichten der Gelenkkapsel eingelagert, sodass sie vorne und seitlich von Synovialmembran bedeckt sind (s. o.). Ventral liegt unterhalb und seitlich von der Patella das **Corpus adiposum infrapatellare** (Hoffa-Fettkörper, Abb. **D-1.39b**) zwischen Membrana synovialis und Membrana fibrosa. Der infrapatelläre Fettkörper unterfüttert somit Ligamentum und Retinacula patellae. Zu beiden Seiten des unteren Patellapols und des Lig. patellae schieben sich die innen mit Synovialmembran überzogenen **Plicae alares** des Fettkörpers zwischen Femur- und Tibiakondylen. Bei der Beugung des Kniegelenks wird der infrapatelläre Fettkörper in den vorne aufklaffenden Gelenkspalt hineingezogen, sodass die Konturen von Ligamentum patellae sowie Femur- und Tibiakondylen sichtbar werden.

▶ **Klinik.**

▶ **Klinik.** Beim schnellen Strecken des Knies können die individuell unterschiedlich ausgebildeten Synovialzotten des **Corpus adiposum infrapatellare** zwischen Femur- und Tibiakondylen gequetscht werden. Dies kann nicht nur zu geräuschvollem Knacken führen, sondern auch Meniskussymptome vortäuschen.

Die **Plica synovialis infrapatellaris** zieht vom Fettkörper zum vorderen Kreuzband.

Von der Vorderfläche des vorderen Kreuzbandes zieht ein von Membrana synovialis überzogener Bindegewebsstrang zum infrapatellären Fettkörper frei durch die Gelenkhöhle, die **Plica synovialis infrapatellaris**. Diese ist ein Rest des Septums, das in der Embryonalzeit mediales und laterales Gelenkkompartiment trennt.

Im Bereich der **Patella** ist die Synovialmembran unterbrochen.

Im Bereich der **Patella** ist die Synovialmembran unterbrochen, während die Membrana fibrosa fest mit der Patellavorderfläche verwachsen ist.

1.3.4 Mechanik des Kniegelenks

Der **Bandapparat** erlaubt **exzessive Beugung** und **praktisch keine Streckung**.
Die **Rotation** ist nur in Beugestellung möglich (Abb. **D-1.40**).

1.3.4 Mechanik des Kniegelenks

Da die Bänder auf der Ventralseite des Kniegelenks (Lig. und Retinacula patellae) Sehnen des passiv dehnbaren Streckmuskels (M. quadriceps femoris) sind, ist die **Beugung/Flexion** praktisch **unbeschränkt**. Wegen aktiver Insuffizienz der ischiokruralen Beuger (s. u.) lässt sich der volle Umfang der Beugung nicht aktiv nutzen. Der übrige Bandapparat (dorsal, seitlich und zentral) erlaubt dagegen **keine Streckung/Extension** über die Neutral-Null-Position hinaus. Nach der **Neutral-Null-Methode** stellen sich die **Bewegungsumfänge** im Kniegelenk wie in Abb. **D-1.40** ersichtlich dar.

D 1.3 Kniegelenk (Articulatio genus)

⊙ D-1.40 Bewegungsumfang im Kniegelenk nach der Neutral-Null-Methode

a Flexion/Extension: 150/0/0°
b Innen-/Außenrotation: 10/0/30°
(am 90° gebeugten Knie)

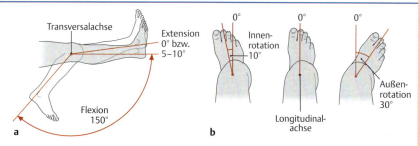

Die in **a** gezeigte „Überstreckung" von 5–10° ist im Allgemeinen nur Frauen und Kindern möglich; höhergradige Extensionen sind pathologisch und werden als **Genu recurvatum** bezeichnet.
(Prometheus LernAtlas. Thieme, 3. Aufl.)

▶ **Merke.** Wegen der Anspannung sowohl der Kollateralbänder als auch der Kreuzbänder ist am **gestreckten Knie keine Rotation** möglich.

Bereits etwa 10° vor dem Ende der **maximalen Streckung** werden die **Kreuzbänder so angespannt**, dass die volle Streckung des Knies erst nach einer Außenrotation des Unterschenkels um 5–10°, (sog. **Schlussrotation**) erreicht wird und das Knie stabil „einrastet".

▶ **Merke.**

Bei **maximaler Streckung** erzwingt die Anspannung der Kreuzbänder die passive „**Schlussrotation**" nach außen.

1.3.5 Muskulatur des Kniegelenks

Neben dem ausgeprägten Bandapparat bedarf das Kniegelenk der aktiven Sicherung durch Muskeln (Abb. **D-1.41**). Dabei wird die (exzessiv mögliche) Beugung durch die **Streckmuskeln** (**M. quadriceps femoris**, Abb. **D-1.42a**) kontrolliert, deren **Drehmomente** die der gesamten **Beuger** um das **3-fache** übersteigen (vgl. die Situation am Hüftgelenk). Beim Gehen und Laufen müssen die Beuger lediglich den Unterschenkel anheben, der Quadrizeps gegen das Gewicht des restlichen Körpers anarbeiten.

1.3.5 Muskulatur des Kniegelenks

Die **Drehmomente** der **Strecker** (Abb. **D-1.42a**) **überwiegen** die der Beuger (Abb. **D-1.41**) und kontrollieren so die ligamentär nicht begrenzte Flexion.
Beim Gehen (v. a. bergauf) erfolgt die Extension gegen das Körpergewicht.

▶ **Klinik.** Bei einer (glücklicherweise selten kompletten) **Lähmung des M. quadriceps femoris** ist Gehen zu ebener Erde nur mühsam möglich. Bergaufgehen, Treppensteigen und Aufstehen aus dem Sitzen, welche ein Durchstrecken des Knies gegen das Körpergewicht bedeuten, sind ohne Hilfsmittel nicht mehr möglich.

▶ **Klinik.**

▶ **Klinik.** Obwohl der Quadrizeps von mehreren Segmenten versorgt wird, gilt er als **Kennmuskel** des Segments **L 4**, welches mit dem **Patellarsehnenreflex** (S. 198) überprüft wird.

▶ **Klinik.**

Die **Musculi sartorius**, **gracilis** und **semitendinosus** haben medial der Tuberositas tibiae im sog. Pes anserinus superficialis eine gemeinsame Ansatzsehne (Pes anserinus = „Gänsefuß" wegen distalem Auffächern des platten Sehnenendes).

▶ **Klinik.** Die Sehnen von den Mm. semitendinosus und gracilis finden, neben Teilen der Patellasehne, als Kreuzbandersatz in plastischen Operationen Verwendung (s. o.).

▶ **Klinik.**

Ca. 90 % der Beugeleistung entfällt auf die **Musculi semitendinosus**, **semimembranosus** und **biceps femoris**, welche die **ischiokrurale Muskelgruppe** bilden (Abb. **D-1.42b**). Sie wirken auch auf das Hüftgelenk (s. o.). Ihre begrenzte Dehnbarkeit ist dafür verantwortlich, dass bei gestrecktem Knie in der Hüfte keine volle Beugung möglich ist. Dies ist ein klassisches Beispiel für **passive Muskelinsuffizienz**: Die begrenzte Dehnbarkeit mehrgelenkiger Muskeln lässt es nicht zu, dass alle Gelenke, auf die sie wirken, in Endstellung gebracht werden. Erst die Beugung im Knie entspannt die ischiokruralen Muskeln so weit, dass die Hüfte maximal gebeugt werden kann. Die begrenzte (aktive) Verkürzungsmöglichkeit dieser Muskeln bewirkt andererseits, dass bei gestrecktem Hüftgelenk das Knie aktiv nicht maximal gebeugt werden kann, vgl. aktive Insuffizienz (S. 242).

Der größte Teil der Beugeleistung wird von den **ischiokruralen Muskeln** (Mm. **semitendinosus**, **semimembranosus** und **biceps femoris**) erbracht (Abb. **D-1.42b**). Ihre begrenzte Dehnbarkeit ist dafür verantwortlich, dass bei gestrecktem Knie keine volle Beugung möglich ist (**passive Muskelinsuffizienz**).

Die **Sehne** des **M. semimembranosus** (Abb. **D-1.42b**), die für die Stabilisierung des Kniegelenks große Bedeutung hat, teilt sich am Ansatz in **3 Züge** auf („Pes anserinus profundus").

Die 3-teilige **Semimembranosussehne** (Abb. **D-1.42b**) ist für die Stabilisierung des Kniegelenks bedeutsam.

⊙ D-1.41 Muskeln des Kniegelenks

Muskel		Ursprung	Ansatz	Innervation*	Funktion
Extensoren					
M. quadriceps femoris	**M. rectus femoris**	Spina iliaca anterior inferior	Tuberositas tibiae		Knie: **Extension** Hüfte: Flexion
	M. vastus medialis	Linea aspera, Labium mediale	Tuberositas tibiae, mit Retinacula patellae, medialer und lateraler Tibiakondylus; Gelenkkapsel ventral	**N. femoralis** (L2–L4)	Knie: **Extension**
	M. vastus lateralis	Lin. asp., Lab. lat., Femur lat., proximal			
	M. vastus intermedius	Femurschaft (Vorderfläche)			
Flexoren					
M. sartorius		Spina iliaca anterior superior	Facies medialis der Tibia neben der Tuberositas („Pes anserinus superficialis")	**N. femoralis** (L2–L4)	Knie: **Flexion, Innenrotation** Hüfte: Flexion
M. gracilis		Ramus inferior des Os pubis		**N. obturatorius** (L2–L4)	Knie: **Flexion, Innenrotation** Hüfte: Extension
M. semitendinosus		Tuber ischiadicum (ischiokrurale Muskeln)	medialer Tibiakondylus und Gelenkkapsel (dorsal)	**N. ischiadicus** Tibialisanteil (L5–S2)	
M. semimembranosus					
M. biceps femoris	▪ Caput longum		lateraler Tibiakondylus (dorsal), Fibulaköpfchen		Knie: **Flexion, Außenrotation** Hüfte: v. a. Extension (auch Außenrotation und Adduktion)
	▪ Caput breve	Linea aspera, Labium laterale		**N. ischiadicus**, Fibularisanteil (L5–S1)	
M. tensor fasciae latae		Spina iliaca anterior superior	lateraler Tibiakondylus	**N. gluteus superior** (L4–L5)	Knie: v.a. **Außenrotation** Hüfte: Flexion, Abduktion, Innenrotation
M. popliteus		lateraler Femurepikondylus, Gelenkkapsel (dorsolat.)	Facies posterior der Tibia (medial)	**N. tibialis** (L5–S2)	Knie: Innenrotation, Flexion
M. gastrocnemius		dorsal und kranial der Femurkondylen	Tuber calcanei		Knie: **Flexion** Sprunggelenke: Flexion, Supination

* Die Segmente beziehen sich auf die Innervation der Muskeln; häufig führt der Nerv Fasern aus mehr als den angegebenen Segmenten.

Details zu M. gastrocnemius siehe auch Abb. **D-2.22**.

Einer setzt dorsal am medialen Tibiakondylus an, einer strahlt von hinten in das mediale Kollateralband (und damit auch den Innenmeniskus) ein, der dritte biegt nach kranial-lateral um und geht ins Lig. popliteum obliquum (S. 373) über.

Unter der Ursprungssehne des **Musculus popliteus** befindet sich eine Bursa, welche mit der Gelenkhöhle kommuniziert und als **Recessus subpopliteus** eine dorsolaterale Aussackung der Kapsel darstellt.

Die kommunizierende Bursa des M. popliteus bildet dorsolateral den **Recessus subpopliteus**.

▶ Klinik.

▶ Klinik. In ca. 10% enthält die Ursprungssehne des Caput laterale des **M. gastrocnemius** (Abb. **D-2.22**) eine **Fabella** als Sesambein, welche im Röntgenbild mit einer „Gelenkmaus„ (abgestoßenes, nekrotisches Knorpelknochenstück aus der Gelenkfläche) verwechselt werden kann. Letzteres muss operativ entfernt werden, da es zwischen die Gelenkkörper geraten und kurzfristig zu Blockierung, langfristig zu Arthrose führen kann.

D 1.3 Kniegelenk (Articulatio genus)

⊙ D-1.42 Extensoren und Flexoren des Kniegelenks

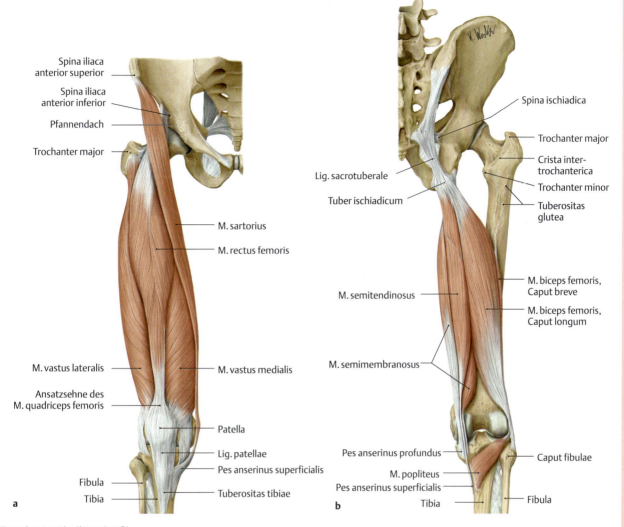

(Prometheus LernAtlas. Thieme, 3. Aufl.)
a Musculi quadriceps femoris und sartorius des rechten Beines in der Ansicht von ventral.
b Ischiokrurale Muskulatur und Musculus popliteus des rechten Beines in der Ansicht von dorsal.

≡ D-1.5 Kniegelenkmuskeln geordnet nach Bewegungen und Wichtigkeit

Bewegung	Muskeln (Anteil am Gesamtdrehmoment aller an der Bewegung beteiligten Muskeln in %)
Flexion	**M. semimembranosus (35 %)**, **M. semitendinosus (30 %)**, M. biceps femoris (20 %)
Extension	**M. quadriceps femoris (100 %)**, (davon M. rectus femoris 15 %, Mm. vasti 85 %)
Außenrotation	**M. biceps femoris (85 %)**, M. tensor fasciae latae (10 %)
Innenrotation	**M. semimembranosus (55 %)**, M. semitendinosus (10 %), M. politeus (10 %), M. sartorius (10 %)

Es wurden nur wichtige Muskeln mit einem Anteil > 10 % berücksichtigt. Bei den Prozentangaben handelt es sich um gerundete Ca.-Werte. Die Drehmomentabschätzung gilt für die NN-Position.

1.4 Gefäßversorgung und Innervation von Hüfte, Oberschenkel und Knie

Die **Leitungsbahnen**, welche die untere Extremität versorgen, entspringen alle aus den **Vasa iliaca communes** bzw. dem **Plexus lumbosacralis**.
Sie treten durch verschiedene Öffnungen aus dem Beckenraum auf die untere Extremität über (Tab. **K-2.1**).

1.4.1 Gefäßversorgung

Arterielle Versorgung

Die **Arterien** zur Versorgung des Hüftgelenks, Oberschenkels und Kniegelenks (Abb. **D-1.43**) entstammen v. a. der **Arteria iliaca externa** bzw. der aus Letzterer hervorgehenden **Arteria femoralis** (s. u.) und der **Arteria iliaca interna**.

Äste der A. iliaca interna: Neben viszeralen Ästen (S. 879) zu den Beckenorganen und parietalen Ästen zum Beckenboden (S. 341) gibt dieses große Gefäß auch Äste zur Hüfte ab:
- Die **Arteria sacrali laterali** verläuft beidseits am Sakrum nach kaudal und versorgt das Sakrum inkl. Inhalt des Sakralkanals und den M. piriformis.
- Die **Arteria glutea superior** verläuft zwischen den oberen Wurzeln des Plexus sacralis nach dorsolateral und verlässt gemeinsam mit dem **N. gluteus superior** (S. 387) das Becken durch das **Foramen suprapiriforme**. Sie versorgt den kranialen Teil der Gesäßmuskulatur.
- Die **Arteria glutea inferior** zieht zwischen den unteren Wurzeln des Plexus sacralis nach dorsal/kaudal. Sie verlässt mit dem **N. gluteus inferior** und dem **N. ischiadicus** durch das **Foramen infrapiriforme** das Becken zum kaudalen Teil der Gesäßmuskulatur.
- Die **Arteria obturatoria** zieht an der Seitenwand des kleinen Beckens zum lateralen Oberrand des Foramen obturatum; dort tritt sie mit dem **N. obturatorius** (S. 387), durch den Canalis obturatorius zu den Adduktoren an der Innenseite des Oberschenkels.

Die Aa. gluteae superior, inferior und die A. obturatoria bilden im Bereich der Glutealmuskeln und der proximalen Adduktoren untereinander und mit den Aa. circumflexae femores lateralis und medialis zahlreiche **Anastomosen**.

▶ Klinik. Auf dem Ramus superior ossis pubis (S. 328) verläuft eine (normalerweise dünne) Anastomose zwischen der A. epigastrica inferior (S. 321) und der A. obturatoria (Abb. **K-2.1**). Bei etwa 20 % der Menschen entspringt die A. obturatoria ausschließlich aus der A. epigastrica inferior und zieht wie diese Anastomose, aber als vergleichsweise großkalibriges Gefäß zum Canalis obturatorius. Falls bei operativen Eingriffen in dieser Region, z. B. Leisten- (S. 318), Schenkelhernien (S. 315), diese variante A. obturatoria verletzt wird, sind massive Blutungen die Folge. Bei den „Bruchschneidern" früherer Jahrhunderte endete diese Komplikation meist tödlich, daher die Bezeichnung „Corona mortis" für diese Variante.

Aufzweigung der A. iliaca externa: Vor Eintritt in die Lacuna vasorum unter dem Leistenband (S. 314) verläuft die **Arteria iliaca externa** lateral der **Vena iliaca externa** entlang der Linea arcuata und gibt die **Arteria circumflexa ilium profunda** zur Versorgung der Mm. iliacus und psoas major nach lateral ab.
Die **Arteria femoralis** geht in der Lacuna vasorum aus der A. iliaca externa hervor. Sie liegt distal vom Leistenband **lateral der Vena femoralis** im Trigonum femorale des Oberschenkels (Tab. **D-1.7**) zwischen M. pectineus (medial) und M. iliopsoas (lateral) unter der Fascia lata.

▶ Klinik. Wegen der relativ oberflächennahen Lage ist die A. femoralis unter der Mitte des Leistenbandes über der Eminentia iliopubica gut zu tasten. Neben der Kontrolle des **Femoralispulses** gelingt hier durch Punktion der A. femoralis sowohl die Entnahme von **arteriellem Blut** (z. B. für eine Blutgasanalyse) als auch die Einführung eines Katheters in das arterielle System (z. B. für Herzkatheteruntersuchungen Abb. **G-3.40** oder zur Arteriografie) vergleichsweise einfach. Allerdings muss v. a. bei größeren Einstichen eine Nachblutung durch Druck auf das Gefäß verhindert werden.

D 1.4 Gefäßversorgung und Innervation von Hüfte, Oberschenkel und Knie

D-1.43 Arterielle Versorgung des Oberschenkels

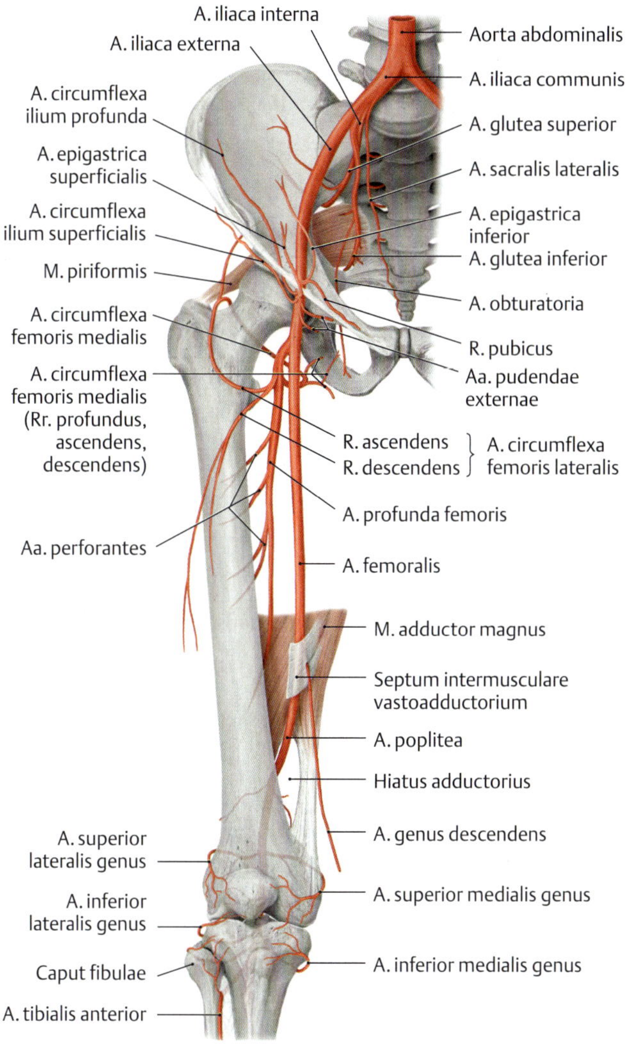

A. iliaca interna
A. iliaca externa
A. circumflexa ilium profunda
A. epigastrica superficialis
A. circumflexa ilium superficialis
M. piriformis
A. circumflexa femoris medialis
A. circumflexa femoris medialis (Rr. profundus, ascendens, descendens)
Aa. perforantes

Aorta abdominalis
A. iliaca communis
A. glutea superior
A. sacralis lateralis
A. epigastrica inferior
A. glutea inferior
A. obturatoria
R. pubicus
Aa. pudendae externae
R. ascendens
R. descendens
} A. circumflexa femoris lateralis
A. profunda femoris
A. femoralis
M. adductor magnus
Septum intermusculare vastoadductorium
A. poplitea
Hiatus adductorius
A. genus descendens
A. superior medialis genus
A. inferior medialis genus

A. superior lateralis genus
A. inferior lateralis genus
Caput fibulae
A. tibialis anterior

(Prometheus LernAtlas. Thieme, 3. Aufl.)

Äste der A. femoralis: Über dem proximalen Trigonum femorale öffnet sich in der Fascia lata der **Hiatus saphenus**, in dem die A. femoralis drei **epifasziale** und einen **tiefen Ast** abgibt:

- **Arteriae pudendae externae** (meist zwei) nach medial zum Mons pubis und äußeren Genitale,
- **Arteria epigastrica superficialis** (S. 321) nach kranial,
- **Arteria circumflexa ilium superficialis** nach lateral-kranial sowie
- **Arteria profunda femoris** als kräftigen **Hauptast** nach lateral/dorsal in die Tiefe des Oberschenkels (s. u.), die den größten Teil der Hüfte und des Oberschenkels versorgt.

Danach zieht die A. femoralis hinter dem M. sartorius in der Rinne zwischen M. vastus medialis und M. adductor magnus (Abb. **D-1.8**) zum **Adduktorenkanal** (**Canalis adductorius**, Tab. **D-1.6**). Dieser entsteht dadurch, dass die Rinne zwischen M. vastus medialis (lateral) und M. adductor magnus (medial) durch das **Septum intermusculare vastoadductorium** abgedeckt wird. Der Adduktorenkanal endet am **Hiatus adductorius**, einem Schlitz in der Ansatzsehne des Adductor magnus am Femur oberhalb des Epicondylus medialis, der sich nach dorsal in die Kniekehle, sog. **Fossa poplitea** (S. 393), öffnet. Im Adduktorenkanal gibt die A. femoralis die

- **Arteria genus descendens** ab, die nach ventral zum Rete articulare genus zieht, und verläuft anschließend als **Arteria poplitea** (S. 383) in der Kniekehle.

Äste der A. femoralis: Folgende 3 **epifasziale Äste**

- **Aa. pudendae externae** zum äußeren Genitale,
- **A. epigastrica superficialis** zur kaudalen Bauchwand und
- **A. circumflexa ilium superficialis** (nach lateral)

sowie ein **tiefer Hauptast**:

- **A. profunda femoris**.

Durch den **Canalis adductorius** (Tab. **D-1.6**) tritt die A. femoralis nach Abgabe der

- **A. genus descendens** als **A. poplitea** (S. 383) in die Kniekehle.

D-1.6 Adduktorenkanal (Canalis adductorius)

Begrenzung	Inhalt	Ansicht von ventral
• **ventral:** Septum intermusculare vastoadductorium • **dorsal:** M. adductor longus • **medial:** M. adductor magnus • **lateral:** M. vastus medialis	• A. femoralis • V. femoralis • N. saphenus • A. genus descendens	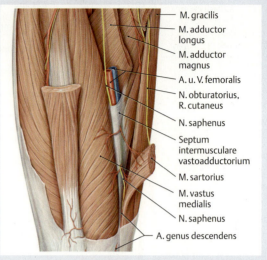

(Abbildung aus: Prometheus LernAtlas. Thieme, 3. Aufl.)

Äste der A. profunda femoris:
- A. circumflexa femoris medialis und
- A. circumflexa lateralis, die einen Arterienkranz an der Basis des Collum femoris zur Versorgung der Glutealmuskeln und des proximalen Oberschenkels bilden.
- 3 Aa. perforantes zur ischiokruralen Muskulatur.

Äste der A. profunda femoris: Die **Arteria profunda femoris** gibt im Trigonum femorale (Tab. **D-1.7**) die
- **Arteria circumflexa femoris medialis** ab, die zunächst nach dorsal hinter das Collum femoris zieht und dann nach lateral zum Trochanter major.
- Die **Arteria circumflexa femoris lateralis** verläuft ventral vom Collum femoris nach lateral. Ihr **Ramus ascendens** anastomosiert im Bereich des Trochanter major mit der A. circumflexa femoris medialis. Beide Gefäße bilden einen Arterienkranz an der Basis des Schenkelhalses, der diesen sowie den Femurkopf (S. 348) versorgt. Der Arterienkranz verfügt über ausgedehnte Anastomosen mit den Aa. gluteae superior, inferior und obturatoria zur Versorgung der Glutealmuskeln und des proximalen Oberschenkels.
- Die Vorderseite des Oberschenkels (im Wesentlichen M. quadriceps fem., Abb. **D-1.41**) wird vom **Ramus descendens** der **A. circumflexa femoris lateralis** sowie Ästen der A. femoralis und A. profunda femoris versorgt. In ihrem weiteren Verlauf liegt die Arteria profunda femoris hinter der A. femoralis und gibt medial am Femur vorbei nach dorsal die
- **Arteriae perforantes I–III** zur ischiokruralen Muskulatur auf der Rückseite des Oberschenkels ab.

D-1.7 Trigonum femorale

Begrenzung	Inhalt	Ansicht von ventral
• **kranial:** Lig. inguinale • **lateral:** M. sartorius (medialer Rand) • **medial:** M. adductor longus (Oberrand) • **dorsal (Boden):** M. iliopsoas (lateral) und M. pectineus (medial)	• Nervus femoralis • Arteria femoralis • Vena femoralis mit ihren jeweiligen Ästen bzw. Zuflüssen	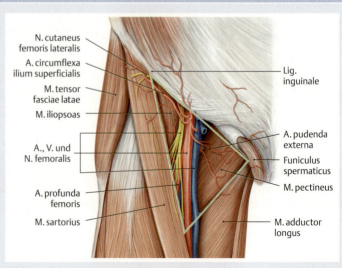

(Abbildung aus: Prometheus LernAtlas. Thieme, 3. Aufl.)

D 1.4 Gefäßversorgung und Innervation von Hüfte, Oberschenkel und Knie

D-1.44 Äste der Arteria poplitea

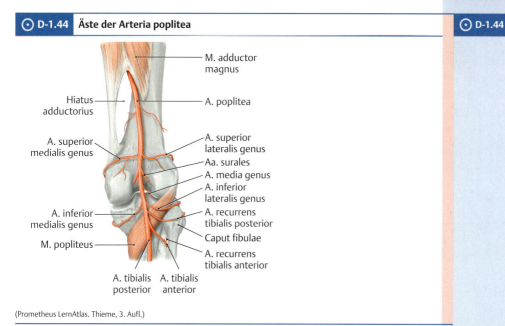

(Prometheus LernAtlas. Thieme, 3. Aufl.)

Äste der A. poplitea: Die Arteria poplitea (Abb. **D-1.44**) geht im Hiatus adductorius aus der A. femoralis hervor und tritt in die Fossa poplitea (S. 393) ein. Dort gibt sie nach beiden Seiten

- Äste zur **ischiokruralen Muskulatur** sowie die
- **Arteriae superiores medialis** und **lateralis genus** ab. Letzere schlingen sich unter den ischiokruralen Muskeln um die Femurepikondylen und anastomosieren mit den um die Tibiakondylen biegenden **Arteriae inferiores medialis** und **lateralis genus** im **Rete articulare genus** auf der Vorderseite des Kniegelenks.
- Die **Arteria media genus** ist unpaar und versorgt von hinten die Kreuzbänder. Ehe die A. poplitea die Kniekehle unter dem Sehnenbogen des M. soleus (Abb. **D-1.8**) verlässt, gibt sie noch
- 2 kräftige **Arteriae surales** ab, die von kranial in die Köpfe des M. gastrocnemius (Abb. **D-1.8**) eintreten.

Venöser Abfluss

Tiefes Venensystem: Die oben genannten Arterien werden von **gleichnamigen Venen** begleitet, die mit Ausnahme der **Vena femoralis** und **Vena poplitea doppelt** angelegt sind (Letztere kann bereits doppelt vorliegen).

Oberflächliches Venensystem: Die oberflächlichen Venen (Abb. **D-1.45**) liegen **epifaszial** in der Subkutis und sind im Allgemeinen keiner Arterie zugeordnet.

- Die **Vena saphena magna** bildet sich medial aus den Hautvenen des Fußrückens (S. 429) und verläuft **vor dem Innenknöchel**, medial an Unterschenkel und Knie, wo sie mit dem N. saphenus unmittelbar hinter dem Epicondylus medialis femoris liegt, zur Ventralseite des Oberschenkels. Dort mündet sie im Trigonum femorale (Tab. **D-1.7**) in die **Vena femoralis**. Im Bereich des Hiatus saphenus (s. o.) nimmt sie eine Reihe von Hautvenen auf, sodass ein **„Venenstern"** (klinische Bezeichnung „Crosse") entsteht:
- **Vena epigastrica superficialis** (S. 322) von kranial/medial,
- **Vena circumflexa ilium superficialis** von kranial/lateral,
- **Venae pudendae externae** von medial.
- **Die Vena saphena accessoria** mündet von dorsal/medial kommend bereits weiter kaudal ein.

▶ **Klinik.** Da die Hautvenen nicht unbedingt für den Blutabfluss des Beins nötig sind, werden Teile der Vena saphena magna zur Überbrückung verengter Arteriensegmente bei **Bypass-Operationen** (S. 605) verwendet.

Äste der A. poplitea: Die aus der A. femoralis hervorgehende **A. poplitea** (Abb. **D-1.44**) gibt in der Kniekehle **Äste**

- zur **ischiokruralen Muskulatur**,
- dem **Rete articulare genus** und den
- **Kreuzbändern**
- sowie zu den **Gastroknemiusköpfen** ab.

Venöser Abfluss

Tiefe Venen: verlaufen mit o. g. Arterien und heißen wie sie. Die **V. poplitea** nimmt tiefe Venen und die V. saphena parva auf (Abb. **D-1.45a**).

Oberflächliche Venen: (Abb. **D-1.45**) sind keiner Arterie zugeordnet.

- Die **V. saphena magna** mündet im Trigonum femorale (Tab. **D-1.7**) in die **V. femoralis**. Sie hat am Oberschenkel folgende Zuflüsse:
  - V. epigastrica superficialis
  - V. circumflexa ilium superficialis
  - Vv. pudendae externae
  - V. saphena accessoria.

▶ **Klinik.**

D-1.45 Venen der unteren Extremität

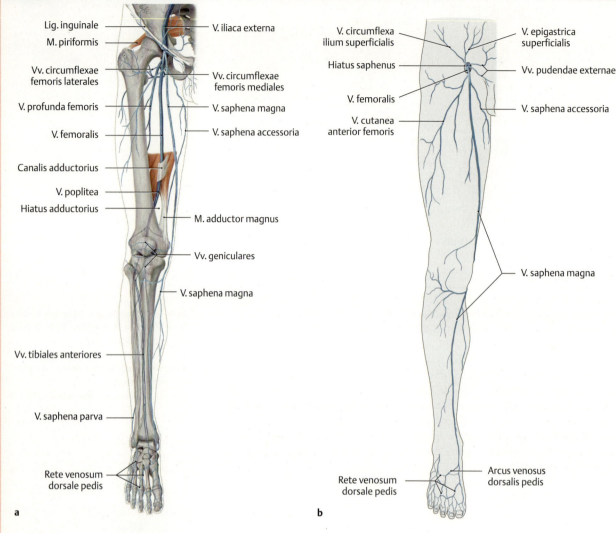

Darstellung der oberflächlichen (**a** und **b**) und der tiefen Venen (**a**) der rechten unteren Extremität.
(Prometheus LernAtlas. Thieme, 3. Aufl.)

- Die **V. saphena parva** mündet in der Kniekehle in die V. poplitea.
- Die **Vena saphena parva** zieht vom lateralen Fußrand **hinter dem Außenknöchel** auf die Rückseite des Unterschenkels. Neben den Nn. suralis, bzw. cutaneus surae medialis verläuft sie auf der Mitte der Wade zur Kniekehle, wo sie die Fascia poplitea durchbohrt, um in die V. poplitea einzumünden.

Lymphabfluss

Die **Nll. inguinales superficiales** bilden 3 Gruppen:
- **Nll. inguinales superolaterales** und **superomediales** (Hüfte, Gesäß, äußeres Genitale, kaudale Bauchwand, Anus, Vagina, Uterus) entlang des Lig. inguinale,
- **Nll. inguinales inferiores** (Bein) entlang der V. saphena magna.

Die **Nll. inguinales profundi** medial der V. femoralis erhalten Lymphe von den Nll. ing. superff. und tiefen Lymphgefäßen des Beins. Lymphknoten der Knieregion (S. 430).

Lymphabfluss

Die **Nodi lymphoidei inguinales** setzen sich aus oberflächlichen und tiefen Lymphknoten zusammen:
- **Nodi lymphoidei inguinales superficiales** liegen epifaszial: Von ihnen erhalten die beiden folgenden parallel zum Lig. inguinale („horizontaler Trakt") gelegenen Gruppen Lymphe von Hüfte und Gesäß (**Nll. inguinales superolaterales**), daneben von äußerem Genitale, der kaudalen Bauchwand sowie von Anus, Damm, unterer Vagina und – entlang des Lig. teres uteri (S. 324) – vom „Tubenwinkel" des Uterus (**Nll. inguinales superomediales**). Die **Nll. inguinales inferiores** bilden den „vertikalen Trakt" entlang der V. saphena magna und drainieren die oberflächlichen Schichten des Beins mit Ausnahme der Wade und des lateralen Fußrandes.
- **Nodi lymphoidei inguinales profundi** liegen medial der V. femoralis im Trigonum femorale und erhalten Lymphe von den oberflächlichen Lymphknoten und tiefen Lymphgefäßen des Beins. Ihr Abfluss erfolgt zu den **Nodi lymphoidei iliaci externi** entlang der Vasa iliaca externa.

Zu den Lymphknoten der Knieregion (S. 430).

D 1.4 Gefäßversorgung und Innervation von Hüfte, Oberschenkel und Knie

D-1.46 Lymphabfluss

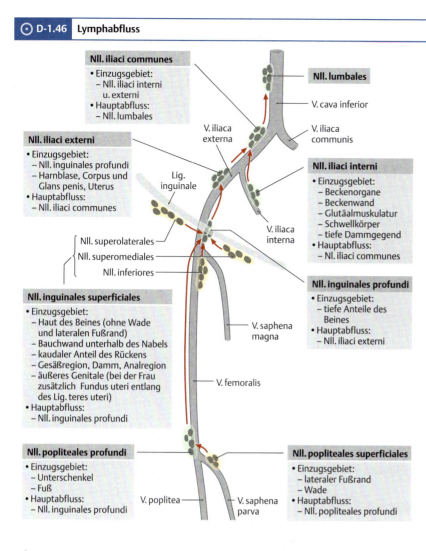

a

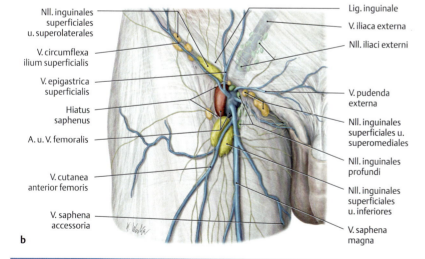

b

(Prometheus LernAtlas. Thieme, 3. Aufl.)
a Lymphknotenstationen und Lymphabflusswege der unteren Extremität (schematisch,
b und Darstellung der inguinalen Lymphknoten rechts.

1.4.2 Innervation

Plexus lumbosacralis

Analog zur oberen Extremität (S. 468) bilden die Rami anteriores der Spinalnerven der **Segmente Th 12–S 4** einen Plexus zur Versorgung von unterer Extremität, Beckenboden und kaudaler Bauchwand: den **Plexus lumbosacralis** (Abb. **D-1.47**). Dieser zerfällt in zwei systematisch und topografisch teilweise getrennte Teile:

1.4.2 Innervation

Plexus lumbosacralis

Die Spinalnerven der **Segmente Th 12–S 4** bilden zur Versorgung von unterer Extremität, Beckenboden und kaudaler Bauchwand den **Plexus lumbosacralis** (Abb. **D-1.47**).

D-1.47 Schematische Darstellung des Plexus lumbosacralis und seiner wichtigsten Nerven

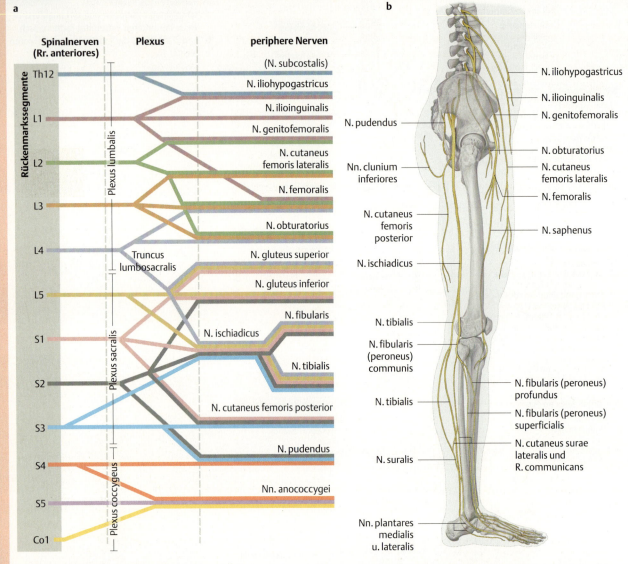

a Plexusbildung aus den Rami anteriores der Spinalnerven und die aus ihm hervorgehenden Nerven; der N. subcostalis wird von den meisten Autoren nicht zum Plexus lumbalis gerechnet.
b Topografische Darstellung der aus dem Plexus lumbosacralis hervorgehenden Nerven. (Prometheus LernAtlas. Thieme, 3. Aufl.)

Dabei unterscheidet man **Plexus lumbalis** (Th 12–L 4) und **Plexus sacralis** (L 4–S 4).

Die Rami anteriores von Th 12–L 4 bilden lateral der Lendenwirbelsäule hinter dem M. psoas major den **Plexus lumbalis**. Dieser ist über eine Abspaltung von L 4, dem Truncus lumbosacralis, mit dem sich aus L 4–S 4 rekrutierenden **Plexus sacralis** verbunden. Der Plexus sacralis liegt lateral der Foramina sacralia pelvina auf dem M. piriformis.
Die Haut über dem Steißbein wird vom wenig bedeutenden **Plexus coccygeus** versorgt, der aus der Zusammenlagerung der letzten beiden Sakralnerven (S 4, S 5) mit dem Kokzygealnerven (Co 1) entsteht.

Verlauf und Innervationsgebiete der peripheren Nerven

Verlauf und Äste

Die **Nervi iliohypogastricus** und **ilioinguinalis** verlaufen in der seitlichen Bauchwand zwischen den Mm. obliquus internus und transversus abdominis nach ventral zum M. rectus abdominis und innervieren im unteren Bereich der Bauchwand neben den Bauchmuskeln die Haut sensibel (Abb. **C-3.5**).

Verlauf und Innervationsgebiete der peripheren Nerven
Verlauf und Äste

D 1.4 Gefäßversorgung und Innervation von Hüfte, Oberschenkel und Knie

Der **Nervus obturatorius** sowie die **Nervi glutei superior** und **inferior** verlaufen mit den gleichnamigen Gefäßen (s. o.).
Der **Nervus femoralis** (L 1–4), der stärkste Ast des Plexus lumbalis verläuft in der Rinne zwischen M. iliacus und M. psoas major durch die Lacuna musculorum ins **Trigonum femorale**. Von dort ziehen zahlreiche Äste zu Muskeln und Hautarealen der Ventralseite des Oberschenkels (Abb. **D-1.48a**). Sein sensibler Endast, der **Nervus saphenus** verläuft mit der A. femoralis, durchbricht noch im Adduktorenkanal (Tab. **D-1.6**) das **Septum intermusculare vastoadductorium** und läuft mit der V. saphena magna hinter dem medialen Femurepikondylus zum Unterschenkel. Sein nach ventral/medial ziehender **Ramus infrapatellaris** versorgt die Haut um die Tuberositas tibiae.

Der **N. femoralis** (L 1–4) aus dem Plexus lumbalis verläuft mit dem M. iliopsoas durch die Lacuna musculorum ins **Trigonum femorale**, wo er sich in Haut- und Muskeläste zur Ventralseite des Oberschenkels aufspaltet (Abb. **D-1.48a**).

▶ **Klinik.** Der **N. femoralis** wird v. a. bei operativen Eingriffen an der Leiste und im kleinen Becken geschädigt. Die Symptome reichen von Sensibilitätsstörungen an der Vorderseite des Oberschenkels (s. u.) bis zum Ausfall der Kniestrecker (S. 376) mit großen Problemen beim Aufstehen vom Sitzen und Treppensteigen. Komplette Ausfälle sind glücklicherweise selten.

▶ **Klinik.**

Der **Nervus ischiadicus** (L 4–S 3) aus dem Plexus lumbosacralis ist der **dickste Nerv des Körpers** (Querschnitt: 1 × 1,5 cm) und tritt durch das Foramen infrapiriforme in die Bindegewebsloge zwischen M. gluteus maximus und pelvitrochanteren Muskeln (Abb. **D-1.48b**). Am Oberschenkel liegt er dorsal zwischen den ischiokruralen Muskeln und teilt sich in den medialen **Nervus tibialis** (S. 431) und den lateralen **Nervus fibularis** (S. 431), welche in die Fossa poplitea (S. 393) ziehen.

Der **N. ischiadicus** (L 4–S 3) aus dem Plexus lumbosacralis tritt durch das Foramen infrapiriforme aus dem Becken unter den M. gluteus maximus (Abb. **D-1.48b**). Dorsal am Oberschenkel teilt er sich in **N. tibialis** (S. 431) und **N. fibularis** (S. 431), die in die Fossa poplitea (S. 393) ziehen.

⊙ **D-1.48** Nervus femoralis und Nervus ischiadicus

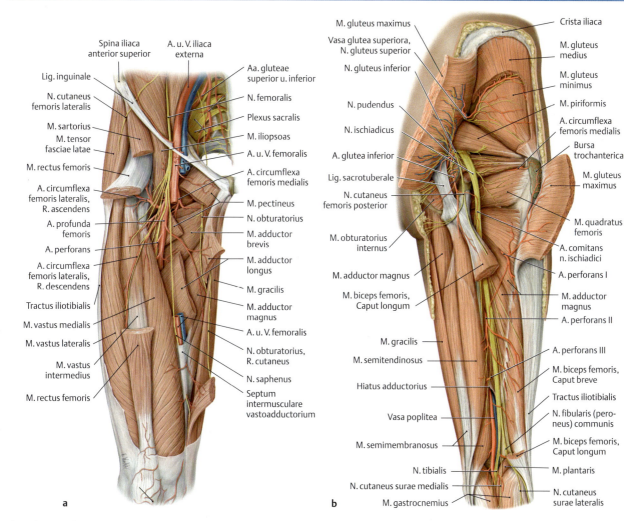

(Prometheus LernAtlas. Thieme, 3. Aufl.)
a Darstellung des N. femoralis am rechten ventralen Oberschenkel.
b Darstellung des N. ischiadicus am rechten dorsalen Oberschenkel.

Klinik. Der **N. ischiadicus** wird ebenso selten wie der N. femoralis komplett geschädigt, ist aber bei Operationen am Hüftgelenk und bei intramuskulären Injektionen (S. 392) gefährdet. Bei Letzteren treten v. a. intensive Schmerzen auf, die in Außen- und Rückseite des Unterschenkels ausstrahlen. Paresen sind v. a. durch die Unfähigkeit zum Zehenstand gekennzeichnet (S. 431).

Motorische Innervation

Versorgung von Hüft- und Kniegelenksmuskulatur s. Abb. **D-1.8**, Abb. **D-1.9** und Abb. **D-1.41**.

Zur Nervenversorgung der **Hüftmuskeln** siehe Abb. **D-1.8** und Abb. **D-1.9**, zur Versorgung der auf das **Kniegelenk** wirkenden Muskulatur siehe Abb. **D-1.41**.

Sensible Innervation

Dorsal: erfolgt die sensible Innervation von kranial nach kaudal (Gesäß bis Kniekehle) durch
- **Nn. clunium superiores** (L 1–3)
- **Nn. clunium medii** (S 1–3)
- **Nn. clunium inferiores** (S 1–3)
- **N. cutaneus femoris posterior** (S 1–3).

Dorsal (Abb. D-1.49b–f):
- Die Rami laterales der Spinalnerven L 1–3 ziehen als **Nervi clunium superiores** über die Crista iliaca und versorgen den kranialen Teil der Gesäßbacke.
- Die lateralen Äste der Rami posteriores der Spinalnerven S 1–3 innervieren als **Nervi clunium medii** sensibel die Haut über dem Sakrum.
- Die **Nervi clunium inferiores** (S 1–3) aus dem Plexus sacralis zweigen nach dem Austritt durch das Foramen infrapiriforme vom N. cutaneus femoris posterior ab und biegen um den Unterrand des M. gluteus maximus zur kaudalen Gesäßbacke.
- Die kaudal anschließende Rückseite des **Oberschenkels** und die Haut der **Fossa poplitea** wird vom **Nervus cutaneus femoris posterior** (S 1–3) des Plexus sacralis innerviert.

Lateral: durch
- **N. iliohypogastricus** (Th 12–L 1)
- **N. cutaneus femoris lateralis** (L 2–3).

Lateral (Abb. D-1.49b–f) ist im kranialen Bereich der Hüfte der:
- **Ramus cutaneus lateralis** des **N. iliohypogastricus** (Th 12, L 1) zuständig, der
- **Nervus cutaneus femoris lateralis** (L 2–3) etwa vom Trochanter major an abwärts zum Knie, bis zum Versorgungsgebiet des N. cutaneus surae lateralis am Unterschenkel.

 Klinik. Gelegentlich wird der **N. cutaneus femoris lateralis** im Leistenbereich durch zu enge Gürtel oder Hosen („Jeans-Krankheit") gereizt, was als **Meralgia paraesthetica** bezeichnet wird; auch Verletzungen bei Hüftoperationen (z. B. TEP) kommen als Ursache infrage. Missempfindungen bzw. Taubheitsgefühl am lateralen Oberschenkel sind die Folge.

Medial: durch
- **N. ilioinguinalis** (L 1),
- **N. femoralis** (L 1–4),
- **N. obturatorius** (L 2–4),
- **N. saphenus** (L 3–4).

Medial (Abb. D-1.49a–f) wird der Oberschenkel:
- im kranialen Drittel von den **Nervi scrotales anteriores** (L 1) des **N. ilioinguinalis** versorgt,
- im mittleren Drittel von **Rami cutanei anteriores** (L 2–3) des **N. femoralis** und
- distal vom **Ramus cutaneus** (L 2–3) des **N. obturatorius**;
- die Innenseite des Knies wird vom **N. saphenus** (L 3–4) versorgt.

 Klinik. Da der **N. obturatorius** im kleinen Becken sehr nahe am **Ovar** verläuft, können bei entzündlichen Prozessen am Ovar bzw. an der Tuba uterina Schmerzen zur Innenseite des Oberschenkels ausstrahlen.

Ventral: durch
- **R. femoralis** (L 1–2) des N. genitofemoralis,
- **N. femoralis** (L 1–4),
- **R. infrapatellaris** des **N. saphenus** (L 3–4).

Ventral (Abb. D-1.49a, c, e) wird die Region unmittelbar unter dem Leistenband vom:
- **Ramus femoralis** (L 1–2) des **N. genitofemoralis**, der Rest bis zum Knie von
- **Rami cutanei anteriores** (L 2–4) des **N. femoralis** innerviert;
- die distale Regio genus anterior wird vom **Ramus infrapatellaris** des **N. saphenus** (L 3–4) versorgt.

D-1.8 Beziehung von Dermatomen zu anatomischen Landmarken

Landmarke	Dermatom
Leistenbeuge	L 1
Patella	L 4
Fußrücken/-sohle medial	L 5
Fußrücken/-sohle lateral	S 1
Ferse	S 1
Kniekehle lateral	S 1
Kniekehle medial	S 2
siehe auch Abb. **D-1.49e, f**	

D 1.5 Topografische Anatomie von Hüfte, Oberschenkel und Knie

D-1.49 Sensible Innervation von Leisten- und Gesäßregion sowie unterer Extremität

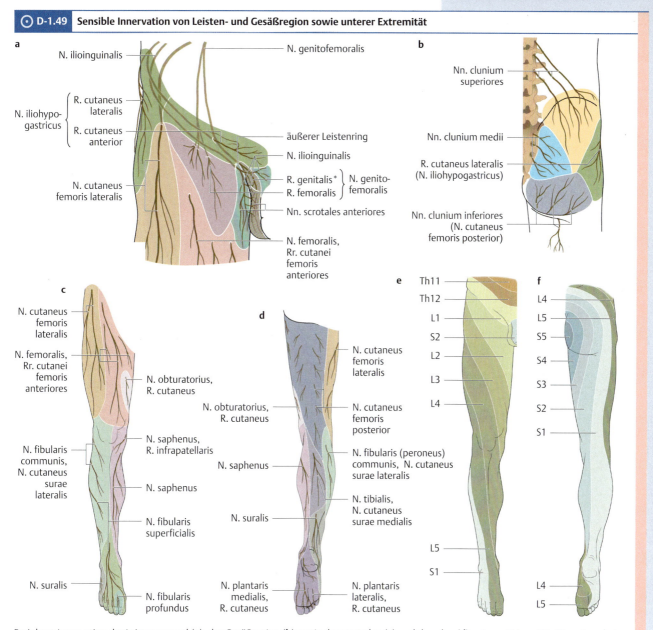

Periphere Innervation der Leistengegend (a), der Gesäßregion (b) sowie der ventralen (c) und dorsalen (d) unteren Extremität. Sie unterscheidet sich durch die Plexusbildung erheblich von der segmentalen Innervation (e und f). Hautinnervation des Skrotums durch R. genitalis von untergeordneter Bedeutung. (Prometheus LernAtlas. Thieme, 3.Aufl., c–f nach Mumenthaler)

1.5 Topografische Anatomie von Hüfte, Oberschenkel und Knie

1.5.1 Regionen

Die **Regio glutealis** (Abb. **D-1.50**) erstreckt sich auf der Dorsalseite des Hüftgelenks zwischen Crista iliaca und dem horizontalen **Sulcus gluteus**. Daran anschließend bis zur **Regio poplitea** liegt die **Regio femoris posterior**, der die **ischiokruralen Muskeln** unterliegen.
Die Kontur der Ventralseite des (trainierten) Oberschenkels wird vom **M. quadriceps femoris** (v. a. distal) und dem M. sartorius (S. 377), der schräg von der Spina iliaca anterior superior nach kaudal/medial zum Knie zieht, bestimmt. Der M. sartorius grenzt die **Regio femoris anterior**, der sich distal die Regio genus anterior anschließt, vom medial gelegenen **Trigonum femoris** ab. Die kraniale Basis des Trigonum femoris bildet das Leistenband, nach medial wird es vom **M. gracilis** begrenzt. Es darf nicht mit dem **subkutan** gelegenen **Trigonum femorale** verwechselt werden, das eine Vertiefung darstellt, dessen Begrenzungen und Inhalt der Tab. **D-1.7** zu entnehmen sind.

1.5 Topografische Anatomie von Hüfte, Oberschenkel und Knie

1.5.1 Regionen

Dorsal von kranial (Abb. **D-1.50**):
- Regio glutealis,
- Regio femoris post.
- Regio poplitea

Ventral von kranial:
- Regio femoris ant. (lateral)
- Trigonum femoris (medial)
- Regio genus ant.

Begrenzungen und Inhalt des **subkutan** gelegenen **Trigonum femorale** sind Tab. **D-1.7** zu entnehmen.

D 1 Hüfte, Oberschenkel und Knie

⊙ D-1.50 Regionen der unteren Extremität

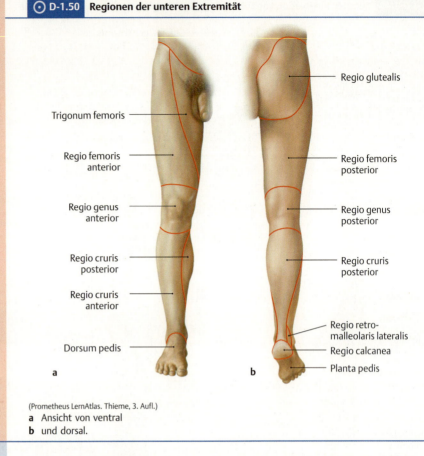

(Prometheus LernAtlas. Thieme, 3. Aufl.)
a Ansicht von ventral
b und dorsal.

Am **Knie** unterscheidet man eine vordere **Regio genus anterior** von einer hinteren **Regio genus posterior**.
Zur Regio analis und perinealis mit der darunter liegenden Fossa ischioanalis (S. 340).

1.5.2 Orientierungspunkte und -linien

Tastbare Knochenpunkte: Infolge der massiven Muskelummantelung des **Hüftgelenks** sind die **Gelenkkörper nicht direkt tastbar** (auch der Femurkopf ist von ventral durch den M. iliopsoas nur schlecht abgrenzbar). Dementsprechend verwendet man zur Orientierung **Hilfslinien** (s. u.), die von wenigen tastbaren Knochenpunkten ausgehen. Zweifelsfrei zu tasten sind:
- **Crista iliaca** mit ihren ventralen und dorsalen Endpunkten,
  - **Spina iliaca anterior superior** und
  - **Spina iliaca posterior superior**,
- **Tuber ischiadicum**,
- **Symphysis pubica** (deren kranialer Abschnitt),
- **Trochanter major** (relativ breitflächig).

1.5.2 Orientierungspunkte und -linien

Tastbare Knochenpunkte: Die **Gelenkkörper** des Hüftgelenks sind **nicht direkt tastbar**.
Zu tasten sind:
- Crista iliaca zwischen
  - Spina iliaca ant. sup. und
  - Spina iliaca post. sup.
- Tuber ischiadicum,
- Symphysis pubica,
- Trochanter major.

▶ Klinik. Die vaginale Palpation der **Spina ischiadica** spielt bei der Anästhesie des unmittelbar dahinter verlaufenden N. pudendus in der Geburtshilfe (**„Pudendusblock"**) eine Rolle.

⊙ D-1.51 „Pudendusblock". (Prometheus LernAtlas. Thieme, 3. Aufl.)

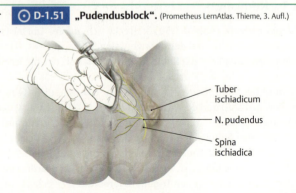

D 1.5 Topografische Anatomie von Hüfte, Oberschenkel und Knie

Anders als das Hüftgelenk, ist das **Kniegelenk** durch die geringe Weichteilbedeckung für den Untersucher **gut zugänglich**. Vorne ist die **Patella** im ganzen Umfang unmittelbar unter der Haut gelegen. An ihrer proximalen Basis sinkt die Haut über der **Quadrizepssehne** etwas ein. Beidseits davon wölben sich die **Mm. vastus lateralis** und v. a. **vastus medialis** vor. Distal von der Patella lässt sich das **Lig. patellae** bis zum Ansatz an der **Tuberositas tibiae** verfolgen.

Zu beiden Seiten des Lig. patellae sind die **Femur-** bzw. **Tibiakondylen** mit dem dazwischen gelegenen **Gelenkspalt** am besten am gebeugten Knie zu tasten. Im Gelenkspalt tastet man die Basis der **Menisci**. Die gleichfalls subkutan gelegenen **Femurepikondylen**, mit den proximalen Insertionsstellen der **Kollateralbänder**, liegen 2–4 cm über dem Gelenkspalt. Der distale Ansatz des **Lig. collaterale tibiale** an der medialen Tibiafläche unterhalb der Tuberositas ist nur von dünner fettfreier Haut bedeckt.

Das **Kniegelenk** ist infolge der geringen Weichteilbedeckung für den Untersucher **gut zugänglich**.
Ventral und an den Seiten sind **Gelenkkörper** und **-spalt**, **Mensici** und **Bänder** zu tasten.

▶ **Merke.** Das **Fibulaköpfchen** liegt relativ weit dorsal und darf nicht mit dem lateralen Tibiakondylus verwechselt werden.

▶ **Merke.**

Zwischen Caput fibulae und Condylus lateralis femoris lässt sich, v. a. unter Varusstress das **Lig. collaterale fibulare** tasten.
Unmittelbar distal vom Fibulaköpfchen liegt der **N. fibularis** unter der Haut dem Knochen der Fibula an. Dort teilt er sich in die **Nn. fibulares profundus** und **superficialis**.

Der **N. fibularis** liegt distal des Caput fibulae unter der Haut direkt auf der Fibula und teilt sich dort in die **Nn. fibulares profundus** und **superficialis**.

▶ **Klinik.** Falsch angelegte **Unterschenkelgipsverbände** können hier auf den **N. fibularis** drücken. Man muss daher nach dem Anlegen eines solchen die Sensibilität im Versorgungsgebiet des N. fibularis (Zehen und Fußrücken, Abb. **D-1.49c**) prüfen. Die seltenere, proximale Läsion des **N. tibialis** verursacht Sensibilitätsstörungen der Fußsohle (Abb. **D-1.49d**).
Zu motorischen Ausfällen bei Läsion dieser Nerven s. Hackenfußstellung (S. 431) und Spitzfußstellung (S. 431).

▶ **Klinik.**

Orientierungslinien und Projektionen: Durch die darüberliegende **Leistenfurche** ist das Lig. inguinale auf ganzer Länge sichtbar. Seine Mitte markiert die Lage der **A. femoralis**.
Dorsal bilden **Spina iliaca posterior superior**, **Tuber ischiadicum** und **Trochanter major** ein Dreieck (Tab. **D-1.9** und Abb. **D-1.52**).

Orientierungslinien und Projektionen: In der Mitte der **Leistenfurche** liegt die **A. femoralis**. Dorsal lassen sich 3 Knochenpunkte mit Linien verbinden (Tab. **D-1.9** und Abb. **D-1.52**).

⊙ **D-1.52** Hilfslinien zum Aufsuchen der Leitungsbahnen in der Regio glutealis

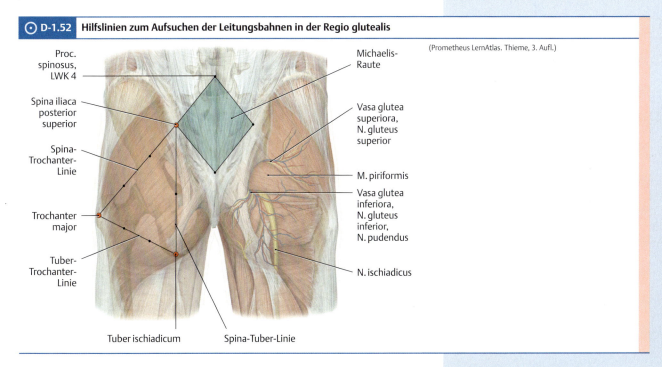

(Prometheus LernAtlas. Thieme, 3. Aufl.)

≡ D-1.9 Orientierungslinien zur Lokalisation von Leitungsbahnen

Orientierungslinie	Lokalisation der Projektion	anatomische Struktur
Spina-Trochanter-Linie	zwischen medialem und mittlerem Drittel	**Foramen suprapiriforme** mit A., V. und N. glutea(us) superior
Spina-Tuber-Linie	Mitte	**Foramen infrapiriforme** mit N. ischiadicus und A., V. und N glutea(us) inf.
Tuber-Trochanter-Linie	Grenze von medialem und mittleren Drittel	**N. ischiadicus**

▶ Klinik.

▶ Klinik. Um bei **intramuskulären Injektionen** sicher die Foramina supra- und infrapiriforme zu vermeiden, legt man die Spitze des Zeigefingers der linken Hand auf die rechte Spina iliaca anterior superior des Patienten, spreizt den Mittelfinger nach dorsal ab und sticht mit der Nadel in das von den Fingern und der Crista iliaca begrenzte Feld. So erfolgt die Injektion in den M. gluteus medius.

⊙ D-1.53 **Intramuskuläre Injektion.** (Prometheus LernAtlas. Thieme, 3. Aufl.)

▶ Klinik.

▶ Klinik. Bei Frakturen, Luxationen und massiver Coxa vara oder valga ist die **Lage des Trochanter major** verändert. Beim Gesunden bildet das Lot von der Spina iliaca ant. sup. mit der Femurlängsachse (in Neutral-Null-Position) die Spitze eines gleichschenkligen Dreiecks, dessen Basis von der Trochanterspitze zur Spina verläuft (**Bryant-Dreieck**, Abb. **D-1.54a**). Die verlängerten Verbindungslinien vom Trochanter major zur Spina iliaca ant. sup. müssen sich in der Medianen und kranial des Nabels schneiden (**Shoemaker-Linien**, Abb. **D-1.54b**)*.

⊙ D-1.54 Bryant-Dreieck und Shoemaker-Linien

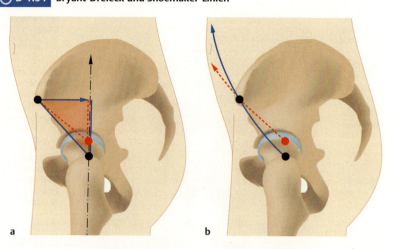

* Bei zu hoher Lage des Trochanter major (rote Punkte) ist das Bryant-Dreieck nicht mehr gleichschenklig und die Shoemaker-Linien treffen sich kaudal des Nabels.

1.5.3 Kniekehle (Fossa poplitea)

Dorsal des Kniegelenks liegt die rautenförmige **Kniekehle** (**Fossa poplitea**). Sie wird von folgenden Muskeln eingerahmt (Abb. **D-1.56**):
- kranial/medial: Mm. semitendinosus und semimembranosus,
- kranial/lateral: M. biceps femoris und
- kaudal/medial und lateral: Köpfe des M. gastrocnemius.

In ihr liegen in Baufett eingebettet die Leitungsbahnen des Beins. Die **Fascia poplitea**, als Teil der allgemeinen Körperfaszie (S. 236) trennt dieses vom subkutanen Fettgewebe. Am oberflächlichsten verlaufen die Nerven, lateral, dem M. biceps femoris medial anliegend, der **N. fibularis communis**, in der Mitte der **N. tibialis**, etwas tiefer die **V. poplitea** und am tiefsten, gelenknah die **A. poplitea** (Merkwort: „Nivea").

1.5.3 Kniekehle (Fossa poplitea)

Die **Kniekehle** wird von folgenden Muskeln umrahmt (Abb. **D-1.56**):
- Mm. semitendinosus und semimembranosus (kranial/medial)
- M. biceps femoris (kranial/lateral)
- Gastroknemiusköpfe (kaudal/medial und lateral).

> ▶ **Merke.** In der Kniekehle (Fossa poplitea) liegen von der Oberfläche zum Gelenk hin der Reihe nach (**Nivea**):
> **N.** fibularis communis, **N.** tibialis; **V.** poplitea; **A.** poplitea.

> ▶ **Klinik.** Zur Erhebung eines „**Gefäßstatus**" gehört auch die Palpation des Popliteapulses: dabei drückt man mit den Fingern beider Hände die A. poplitea gegen die Facies poplitea des distalen Femurs, während die Daumenballen beidseits der Patella liegen.

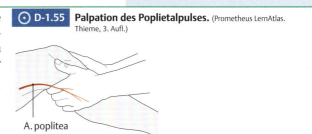

⊙ D-1.55 **Palpation des Poplietalpulses.** (Prometheus LernAtlas. Thieme, 3. Aufl.)

> ▶ **Klinik.** Bei einer **distalen** (suprakondylären) **Fraktur des Femurs** wird das distale Femurstück durch den Zug der Gastrocnemiusköpfe nach dorsal gehebelt, sodass seine Kanten die tiefe, dem Knochen am nächsten gelegene **A. poplitea** verletzen oder komprimieren können. Daher ist bei einer solchen Fraktur die arterielle Versorgung des Unterschenkels durch Tasten der Fußpulse (S. 428) zu kontrollieren, um ggf. in einer gefäßchirurgischen Notoperation einzugreifen.

⊙ D-1.56 **Kniekehle (Fossa poplitea)**

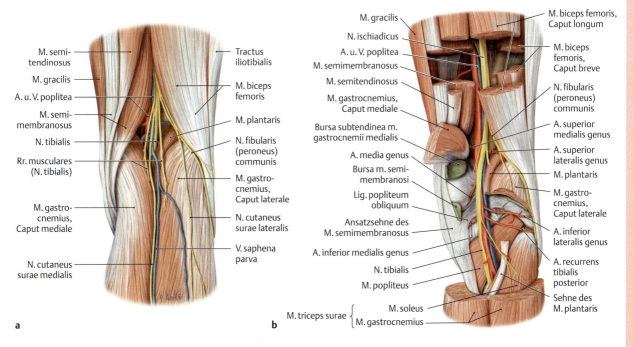

(Prometheus LernAtlas. Thieme, 3. Aufl.)

1.5.4 Achsen der unteren Extremität

Die Zentren der großen Gelenke des Beines, Caput femoris (Hüfte), Eminentia intercondylaris (Knie) und Talusrolle, vgl. oberes Sprunggelenk (S. 404), liegen auf einer Geraden. Da diese Gelenke das Gewicht des Rumpfes, bzw. fast des ganzen Körpers aufnehmen, spricht man von der **Traglinie**.

▶ Merke. Die **Traglinie** (Abb. **D-1.57**) verbindet die Zentren von Hüft-, Knie- und oberem Sprunggelenk.

Am Femur verläuft die Traglinie medial vom Schaft; an der Tibia fällt sie mit der Schaftachse zusammen. Daher bilden Femur- und Tibiaschaft den nach außen offenen **Femorotibialwinkel** von 174° (Abb. **D-1.57a**).

Infolge der Abwinkelung des Schenkelhalses (S. 347) liegt der Femurkopf nicht in gerader Verlängerung des Femurschafts, sondern medial davon: Die Traglinie stimmt also nicht mit der Femurschaftachse überein, was die Ausbiegungstendenz des Femurs nach lateral bedingt.

Da im Bereich des Unterschenkels Traglinie und Tibiaschaftachse zusammenfallen, resultiert ein **nach außen offener Winkel** zwischen Femur- und Tibiaschaftachse von 174°, der **Femorotibialwinkel** (Abb. **D-1.57a**). Bei normalen Verhältnissen berühren sich bei geschlossenen Beinen sowohl die Innenknöchel als auch die Innenseiten der Knie (mediale Tibiakondylen bzw. Femurepikondylen).

▶ Merke. Bei zu großem Femorotibialwinkel (Abb. **D-1.57b**) liegt ein **Genu varum** (**O-Bein**) vor, bei zu kleinem Femorotibialwinkel (Abb. **D-1.57c**) ein **Genu valgum** (**X-Bein**).

▶ Klinik. Der exzentrische Verlauf der Traglinie am Kniegelenk führt bei **O-Beinen** zu einer vermehrten Belastung des medialen Kompartiments mit dem Risiko einer **Arthrose**. Beim **X-Bein** ist das laterale Kompartiment betroffen.

⊙ D-1.57 Traglinie des Beines

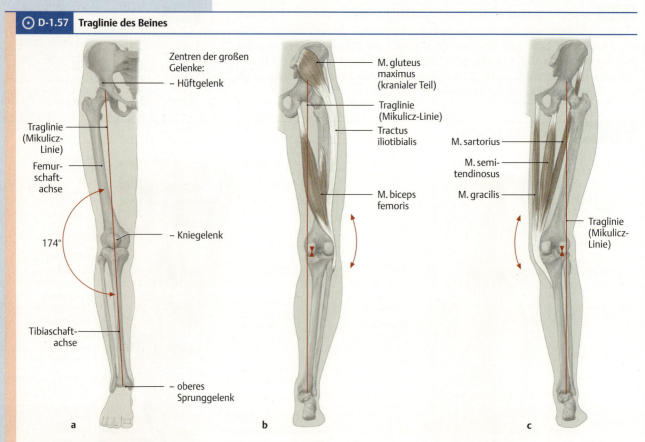

(Prometheus LernAtlas. Thieme, 3. Aufl.)
a Physiologischer Verlauf der Traglinie in der Ansicht von ventral.
b Verlauf der Traglinie beim Genu varum (O-Bein) in der Ansicht von dorsal.
c Verlauf der Traglinie beim Genu valgum (X-Bein) in der Ansicht von dorsal: Mit Verkleinerung des lateralen Femorotibialwinkels geht eine Vergrößerung des medialen Winkels einher → Abweichung des distalen Skelettelements nach außen entspricht einer Valgusfehlstellung (S. 347).

Klinischer Fall: Junge mit Muskelschwäche

13:30
Sebastian Neugebauer, 7 Jahre, kommt mit seiner Mutter in die Kinderarztpraxis.

13:40
Mutter: Sebastians Sportlehrerin schickt mich. Sie meint, mit dem Sebi stimmt was nicht. Er hat große Probleme, beim Sport mitzuhalten, und es wird immer schlimmer. Mir kommt es auch langsam komisch vor: inzwischen kommt er fast nicht mehr in unsere Wohnung in den zweiten Stock hoch.

14:00
Die letzte Vorsorgeuntersuchung hatte kurz vor Sebastians zweitem Geburtstag stattgefunden. Damals war eine leichte motorische Entwicklungsverzögerung aufgefallen. Weitere Vorsorgeuntersuchungen wurden in der Zwischenzeit nicht wahrgenommen. Der Kinderarzt vermutet eine neuromuskuläre Erkrankung und überweist die Familie in eine neuropädiatrische Ambulanz zur weiteren Diagnostik.

1 Woche später
Anamnese neuropädiatrische Ambulanz Kinderklinik
Ich lasse mir Sebastians Beschwerden erneut schildern. Auf Nachfrage berichtet mir die Mutter von einem unauffälligen Verlauf von Schwangerschaft und Geburt. Allerdings hat Sebastian – im Gegensatz zu seiner gesunden 6-jährigen Schwester – erst mit 2 Jahren laufen gelernt. Auch heute noch fällt er häufiger mal hin. Die Beschwerden haben eher schleichend begonnen und wurden bisher noch nicht abgeklärt.

09:33
Familienanamnese
Mutter: Es gibt einen entfernten Cousin, der im Rollstuhl sitzt, aber mehr weiß ich darüber nicht.

09:36
Körperliche Untersuchung
Als erstes fällt mir auf, dass die Waden des Jungen vergrößert wirken (Pseudo-Hypertrophie der Wadenmuskulatur beidseits). Die Muskulatur des Schulter- und Beckengürtels ist schmächtig. Der Junge steht im Hohlkreuz.
Als ich Sebastian bitte, aus der Rückenlage aufzustehen, dreht er sich zunächst auf den Bauch. Dann geht er auf alle viere und stützt sich während des Aufrichtens mit den Händen an den Beinen ab (Gowers-Zeichen). Auf einen Hocker in Höhe einer Treppenstufe kann er nur mit Abstützen steigen. Das Gehen wirkt mühevoll, er watschelt leicht.

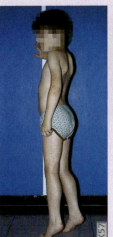

Gowers-Zeichen (aus Sitzmann, C. F.: Duale Reihe Pädiatrie. 4. Aufl., Thieme, Stuttgart 2012)

Muskelbiopsie
Das Kaliber der einzelnen Muskelfasern schwankt deutlich. Zwischen den wenigen Muskelfasern deutlich verbreiterter Interzellularraum, teils mit Fettgewebseinsprengseln. In der immunhistochemischen Untersuchung ist kein Dystrophin nachweisbar.

Elektromyografie
Es zeigen sich verkürzte, erniedrigte Potenziale und eine verminderte Amplitude bei maximaler Innervation. Der Befund passt zu einer Dystrophie.

Eine Woche später
Die Blutwerte sind da
(Normwerte in Klammern)
- Creatinkinase (CK) 12180 U/l (31–152)
- Lactatdehydrogenase (LDH) 780 U/l (141–237)

Diese Laborwerte deuten auf einen Zerfall von Muskelzellen hin.

10:00
Blutabnahme
Ich nehme Sebastian Blut ab. Dann erkläre ich dem Jungen und seiner Mutter, dass weitere Untersuchungen notwendig sind: eine Elektromyografie und eine Probeentnahme aus der Muskulatur (Muskelbiopsie).

Nach 5 Tagen
Befundbesprechung und medikamentöse Behandlung
Alle Befunde zusammen sprechen für das Vorliegen einer Muskeldystrophie vom Typ Duchenne. Diese Diagnose erkläre ich gemeinsam mit meiner Oberärztin Sebastian und seiner Familie.
Die Erkrankung ist nicht heilbar. Eine intensive Krankengymnastik und Glukokortikoide können die Symptome lindern. Die Patienten versterben aber meist im 20.–30. Lebensjahr an einer Beteiligung der Atemmuskulatur.

Der Schock der infausten Diagnose sitzt tief. Eine intensive Krankengymnastik tut Sebastian momentan gut. In Selbsthilfegruppen (z.B. über die Deutsche Gesellschaft für Muskelkranke e.V.) finden Sebastians Angehörige die nötige Information und Unterstützung.

Fragen mit anatomischem Schwerpunkt

1. Welche Muskeln sind dafür verantwortlich, dass Sebastian schlecht Treppen steigen kann und sich beim Aufstehen aus dem Stuhl mit den Armen an den Oberschenkeln abstützt?
2. Was würde passieren, wenn der Kinderarzt Sebastian auf einem Bein stehen ließe?
3. Wodurch ist das bei Sebastian zu beobachtende Gangbild bedingt?
4. Sebastians Erkrankung, die Muskeldystrophie Duchenne, zeigt eine Betonung der proximalen Muskulatur und breitet sich nach distal aus. Was kann bei Sebastian außer der beschriebenen Symptomatik durch Befall der Beckengürtelmuskulatur erwartet werden?

Antwortkommentare im Anhang

2 Unterschenkel und Fuß

2.1	Überblick	396
2.2	Funktionelle Aspekte und Bauprinzip	396
2.3	Knochen von Unterschenkel und Fuß	397
2.4	Gelenke von Unterschenkel und Fuß	403
2.5	Muskulatur von Unterschenkel und Fuß	411
2.6	Funktionelle Anatomie des Fußes	421
2.7	Gefäßversorgung und Innervation von Unterschenkel und Fuß	426
2.8	Topografische Anatomie von Unterschenkel und Fuß	433

L.J. Wurzinger

2.1 Überblick

2.1 Überblick

Die Anatomie des menschlichen Fußes ist dem aufrechten Gang angepasst und bildet die Grundlage für viele Erkrankungen.

Die Anatomie des menschlichen Fußes und seiner Verbindungen zur übrigen unteren Extremität weist Besonderheiten auf, die den Anforderungen des aufrechten Gangs gerecht werden, jedoch auch eine Anfälligkeit für zahlreiche Erkrankungen bedingen.

▶ **Klinik.**

▶ **Klinik.** In der orthopädischen Ambulanz nehmen Beschwerden der **Füße** den zweiten Platz hinter Rückenbeschwerden ein. Die Ursachen hierfür sind mehrere: Die auf den aufrechten Gang ausgerichtete Anatomie des Fußes als **„evolutionäre Neuheit"**, ähnlich der Wirbelsäule (S. 250), ist eine mögliche Ursache für die große Variationsbreite mit teilweise suboptimaler Anpassung an die funktionellen Erfordernisse. Zudem stellt das in den Industrienationen zunehmende **Übergewicht** eine besondere Herausforderung der Konstruktion des Fußes dar und der Zuschnitt vieler **Schuhe** wird der Biomechanik des Fußes nicht gerecht.

Die **Sprunggelenke** sind in der **Verletzungsstatistik** neben Knie- und Schultergelenk bei allen Lauf-, Sprung- und Kampfsportarten häufig vertreten. Die Belastung mit dem gesamten Körpergewicht macht sie anfällig für degenerative Veränderungen (**Arthrose**).

Der **Unterschenkel** ist das Körperteil, an dem der durch die aufrechte Körperhaltung bedingte **hohe hydrostatische Druck** in den Blutgefäßen augenscheinlich wird: Veränderungen des kollagenen Bindegewebes in der Wand der **Venen** manifestieren sich v. a. am Unterschenkel als **Varizen** (**Krampfadern**).

Verengungen der Arterien (**Arteriosklerose**) manifestieren sich mit den Folgen einer verminderten Durchblutung, neben Herz und Gehirn bevorzugt am Unterschenkel und Fuß („**Raucherbein**", **Zehengangrän**).

2.2 Funktionelle Aspekte und Bauprinzip

Der zweibeinige **Mensch** benötigt für einen **sicheren Stand** einen Fuß, der an mindestens zwei Punkten dem Boden aufliegt.

Von allen Abschnitten der unteren Extremität sind am Fuß die Unterschiede zwischen Mensch und Vierbeinern, bzw. den übrigen Primaten, am stärksten ausgeprägt. Anders als bei vielen Vierbeinern, bei denen ein eher „punktueller" Kontakt zum Boden durch einen kleinen Teil des Fußskeletts ausreichend ist, benötigt der **Mensch** für einen **sicheren Stand** auf zwei oder einem Bein(en) einen Fuß, der mit zwei oder drei relativ weit auseinander liegenden Punkten dem Boden aufliegt. Die permanente Belastung der menschlichen Füße mit dem ganzen Körpergewicht beim Stehen und Laufen auf dem Erdboden hat zur Entwicklung des „Standfußes" beigetragen, der sich stark vom „Greiffuß" der übrigen, teils auf Bäumen lebenden Primaten unterscheidet.

▶ **Klinik.**

▶ **Klinik.** Im Falle eines Verlusts der Hände oder bei angeborenen Fehlbildungen (z. B. Thalidomid-Embryopathie), kann durch Training und/oder plastische Operationen eine **Greiffunktion der Füße reaktiviert** werden.

Die Verbindung des „Bodenkontaktorgans" Fuß mit der übrigen unteren Extremität erfolgt über die **Sprunggelenke**. Vor allem das obere Sprunggelenk ermöglicht beim Gehen das Abrollen des Fußes. Eine bessere Anpassung des Fußes an geneigtes und unebenes Gelände wird durch eine zweite Bewegungsachse (unteres Sprunggelenk) erreicht. Diesem Zweck dienen auch die **Zehen**, mit denen darüber hinaus noch ein „Einkrallen" in weichem Untergrund möglich ist.

Der Aufbau des Fußes aus mehreren kleinen Knochen, die durch Bänder und Muskeln zu einem Bogen verklammert sind, bewirkt eine **Federung** der beim Gehen und v. a. Springen auftretenden Stöße. Das Prinzip dieser „Knochenkette" und ihre Funktion erinnert an die Wirbelsäule (S. 248).

Die Verbindung des Fußes mit der übrigen unteren Extremität erfolgt über die **Sprunggelenke**, die das Gehen auch auf unebenem Gelände ermöglichen.

Die aus mehreren Knochen bestehende Bogenkonstruktion des Fußes **federt** Stöße ab.

2.3 Knochen von Unterschenkel und Fuß

2.3.1 Unterschenkelknochen (Ossa cruris) und ihre Verbindungen

Analog zum Unterarm (S. 478) bilden zwei durch eine Membrana interossea verbundene Knochen das Unterschenkelskelett:
- Tibia (**Schienbein**) und
- Fibula (**Wadenbein**).

Allerdings sind diese Knochen des Unterschenkels (Abb. **D-2.1**) sowohl in **Größe** als auch **Funktion** sehr **ungleichwertig**. Die **Lastübertragung** vom Femur auf das Fußskelett erfolgt zu mehr als 80 % über die **Tibia**.

2.3 Knochen von Unterschenkel und Fuß
2.3.1 Unterschenkelknochen (Ossa cruris) und ihre Verbindungen

Das Unterschenkelskelett besteht aus 2 Knochen (Abb. **D-2.1**):
- Tibia (**Schienbein**) und
- Fibula (**Wadenbein**),

wovon die **Tibia** den größten Teil der **Last überträgt**.

Tibia (Schienbein)

Tibiakopf: Die proximale Epiphyse der Tibia ist zum **Tibiakopf** verbreitert. Dieser besteht aus dem **medialen** und **lateralen Kondylus**, welche im Kniegelenk mit den Femurkondylen (S. 346) artikulieren. Am Übergang vom Tibiakopf zum -schaft, dem **Corpus** tibiae, springt die **Tuberositas tibiae** nach ventral vor. Sie dient dem Lig. patellae (S. 370) als apophysärer Ansatz.

Tibia (Schienbein)

Tibiakopf: Die proximalen **Tibiakondylen** artikulieren im Kniegelenk mit den Femurkondylen.
An der **Tuberositas tibiae** setzt das Lig. patellae (S. 370) an.

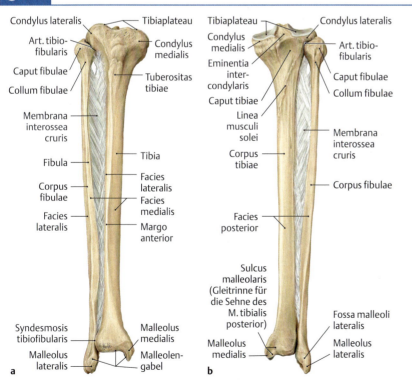

D-2.1 Tibia, Fibula und Membrana interossea

(Prometheus LernAtlas. Thieme, 3. Aufl.)
a Knochen eines rechten Unterschenkels in der Ansicht von ventral
b und dorsal.

▶ Klinik. Die **Tuberositas tibiae** zählt neben den Wirbelkörperepiphysen, dem Hüftkopfkern (S. 360) und dem Os naviculare (S. 401) zu den häufigsten Manifestationsorten der **juvenilen Osteochondrose**. Dabei kommt es häufig an Wachstumszonen (Epiphysenfugen) zu aseptischen Knochennekrosen (S. 360). Beim **Morbus Osgood-Schlatter** ist der Knochenkern der Tuberositas in der Frühpubertät betroffen.

Tibiaschaft: Die **Facies medialis** des **Corpus tibiae** liegt unmittelbar **subkutan**.

Tibiaschaft: Das **Corpus tibiae** hat einen dreikantigen Querschnitt, wobei der **Margo anterior** an der Tuberositas tibiae beginnt und distal verstreicht. Der **Margo medialis** zieht vom medialen Kondylus bis zum Innenknöchel. Die zwischen diesen Kanten gelegene **Facies medialis** liegt auf ganzer Länge unmittelbar unter der Haut. Kein anderer Knochen hat eine so große Anlagerungsfläche an die Haut.

▶ Klinik.

▶ Klinik. Die Bedeckung der medialen Tibiafläche mit Haut, die nur minimal von subkutanem Fettgewebe unterfüttert ist, hat zur Folge, dass die Tibia bei **direkten Traumen** sehr gefährdet ist und **offene Frakturen** mit Durchspießung der Haut relativ häufig vorkommen. Diese bergen ein hohes Risiko für Infektionen des Knochens (**Osteomyelitis**) in sich.

Distale Tibia: Hier bildet die Tibia den **Malleolus medialis** (**Innenknöchel**).

Distale Tibia: Distal verbreitert sich die Tibia und endet im **Innenknöchel**, dem **Malleolus medialis**. Näheres zum distalen Tibiaende (S. 404).

Tibiatorsion: Das distale Tibiaende ist gegenüber dem Kopf um 23° nach außen **torquiert**. Die **Tibiatorsion** kompensiert die **Femurtorsion** und sorgt dafür, dass die Füße im Stand leicht nach außen zeigen (Abb. **D-2.2**).

Tibiatorsion: Der größte Querdurchmesser der distalen Tibiaepiphyse ist gegenüber der Querachse des Tibiakopfes um ca. 23° nach außen rotiert. Diese **Tibiatorsion** ist funktionell im Zusammenhang mit der Torsion der distalen Femurepiphyse um ca. 12° nach innen zu sehen, vgl. **Antetorsion** des **Collum femoris** (S. 348). Die Torsion des distalen Tibiaendes nach außen bedingt eine Überkompensation dieser Drehung, sodass die Füße beim Stand leicht nach außen zeigen (Abb. **D-2.2**).
Beim Kleinkind ist die Femurtorsion noch größer als 20° und die Tibiatorsion noch kleiner als 20°, sodass die Fußspitzen physiologischerweise nach innen zeigen.

Die gegenläufigen Torsionen von Femur und Tibia drehen die **Beugeachse des Kniegelenks** nach innen (Abb. **D-2.2**) und verhindern so, dass beim Laufen der Fuß des Spielbeins mit dem Standbein kollidiert.

Die aufeinander folgenden gegenläufigen Torsionen von Femur und Tibia drehen die **Flexions-Extensions-Achse** des Kniegelenks (S. 376) aus der Frontalebene nach innen (Abb. **D-2.2**). Dadurch wird der Unterschenkel mit dem Fuß bei Beugung im Knie etwas nach außen geführt. Beim Laufen kann so der Fuß des (gebeugten) Spielbeins nach vorn geführt werden, ohne mit dem Standbein zu kollidieren.

⊙ D-2.2 Torsion von Femur und Tibia

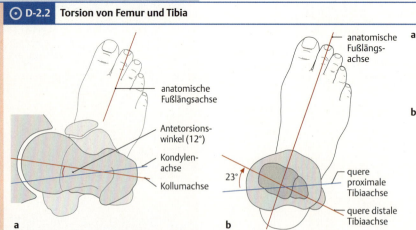

a Durch die Antetorsion des Collum femoris werden die Kondylenachse und die proximale quere Tibiaachse (beide blau gezeichnet), die sich auf die Flexions-Extensions-Achse des Kniegelenks projizieren, etwas nach innen gedreht. (nach Prometheus LernAtlas. Thieme, 3. Aufl.)
b Die doppelt so große gegenläufige Drehung der Tibia sorgt dafür, dass die quere distale Tibiaachse nach außen gedreht wird und die Fußspitze etwas nach außen zeigt. (Prometheus LernAtlas. Thieme, 3. Aufl.)

Fibula (Wadenbein)

Die **Fibula** ist ein schlanker Knochen, an dessen **Caput** Bänder (S. 371) und Muskeln des Kniegelenks ansetzen (Abb. **D-1.41**). Vom **Corpus** entspringen die Muskeln der Fibularisgruppe (S. 416). Der **Malleolus lateralis** (S. 404) ist v. a. für die Führung im oberen Sprunggelenk von Bedeutung.

Fibula (Wadenbein)

Die Fibula ist (wegen der geringen Belastung) ein schlanker Knochen. Bis auf ihr proximales (**Caput fibulae**) und distales Ende (**Malleolus lateralis**) wird sie allseitig von Muskeln umhüllt. Das Fibulaköpfchen dient Bändern (S. 371) und Muskeln des Kniegelenks als Ansatz (Abb. **D-1.41**), hat aber am Kniegelenk keinen direkten Anteil. Vom **Corpus fibulae** entspringen die Muskeln der Fibularisgruppe (S. 416). Der Malleolus lateralis (S. 404) ist einer der Gelenkkörper des oberen Sprunggelenks und ist somit für dessen Gelenkführung unerlässlich.

Verbindungen von Tibia und Fibula

Tibia und Fibula sind **gegeneinander kaum beweglich**. Im Bereich ihrer Diaphysen sind sie durch die **Membrana interossea cruris** verbunden (Abb. **D-2.1**). Diese Platte aus straffem kollagenen Bindegewebe trennt die Loge der Beugemuskeln von der der Strecker und wird von beiden Muskelgruppen als Ursprung genutzt.
Proximal artikuliert das Caput fibulae mit dem lateralen Tibiakondylus in der fast unbeweglichen **Articulatio tibiofibularis**. In ca. 20% **kommuniziert** die Gelenkhöhle mit dem Recessus subpopliteus (S. 378) des **Kniegelenks**. Über den distalen Abschnitt der Facies articularis des lateralen Malleolus wird bis zu 20% des Gewichts auf den Processus lateralis des Talus übertragen.
Distal verbindet die **Syndesmosis tibiofibularis** (Abb. **D-2.1**) die beiden Unterschenkelknochen zur **Malleolengabel** (S. 404), s. auch Abb. **D-2.3**.

Verbindungen von Tibia und Fibula

Tibia und Fibula sind **gegeneinander kaum beweglich**. Ihre Diaphysen werden durch die **Membrana interossea cruris** verbunden.

Caput fibulae und lateraler Tibiakondylus sind durch ein echtes Gelenk verbunden; distal verbindet die **Syndesmosis tibiofibularis** (Abb. **D-2.1**) die beiden Knochen zur **Malleolengabel** (S. 404), s. auch Abb. **D-2.3**.

⊙ **D-2.3** Malleolengabel eines rechten Unterschenkels

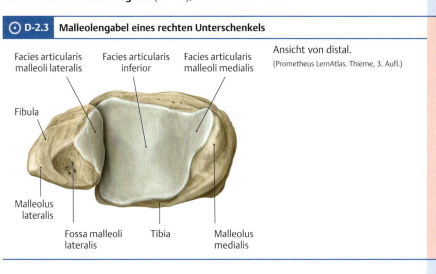

Ansicht von distal.
(Prometheus LernAtlas. Thieme, 3. Aufl.)

⊙ **D-2.3**

2.3.2 Fußknochen (Ossa pedis)

Der Fuß (Pes) besteht aus 26 Knochen, die **gegliedert** sind in (Abb. **D-2.4**):
- **Tarsus** (Fußwurzel),
- **Metatarsus** (Mittelfuß) und
- **Digiti pedis** (Zehen).

▶ **Klinik.** In der Klinik ist häufig eine andere Einteilung gebräuchlich. Als **Rückfuß** werden Talus und Calcaneus bezeichnet, die übrigen Fußwurzelknochen bilden den „**Mittelfuß**", Metatarsus und Zehen den **Vorfuß** der Kliniker (Abb. **D-2.4b**).

Eine systematisch-anatomische Gliederung des Fußes unterscheidet zwei vom Talus ausgehende „Strahlen", wobei der **mediale** das Os naviculare, die drei Ossa cuneiformia sowie die Ossa metatarsi I–III umfasst; der **laterale** Calcaneus, Os cuboideum und die Ossa metatarsi IV und V.
Unter **funktionellen Gesichtspunkten** ist es sinnvoll, am Fuß **drei Stützstrahlen** (S. 421) zu unterscheiden, die der Lastübertragung zu den drei Hauptauflagepunkten dienen. Letztere sind durch die Gewölbekonstruktion des Fußes bedingt.

Tarsus (Fußwurzel)

Zu Ihm gehören folgende Knochen:
- **Talus** (Sprungbein),
- **Calcaneus** (Fersenbein),
- **Os naviculare** (Kahnbein),
- **Ossa cuneiformia mediale, intermedium** und **laterale** (Keilbeine) und
- **Os cuboideum** (Würfelbein).

▶ **Merke.** **Fußwurzelknochen** (proximal von kranial → kaudal und distal von medial → lateral): Das **Sprungbein** und das **Fersenbein**, die wollten in den **Kahn** hinein. Doch **Keile** gibt es **eins, zwei, drei**, stattdessen von der **Würfelei**.

2.3.2 Fußknochen (Ossa pedis)

Der Fuß **gliedert** sich in (Abb. **D-2.4**):
- **Tarsus** (Fußwurzel),
- **Metatarsus** (Mittelfuß) und
- **Digiti pedis** (Zehen).

▶ **Klinik.**

Anatomisch wird am Fuß ein medialer von einem lateralen Strahl unterschieden.
Funktionell wird die Differenzierung von **3 Stützstrahlen** (S. 421) zur Lastübertragung auf die Hauptauflagepunkte der Konstruktion des Fußes eher gerecht.

Tarsus (Fußwurzel)

- **Talus** (Sprungbein),
- **Calcaneus** (Fersenbein),
- **Os naviculare** (Kahnbein),
- **3 Ossa cuneiformia** (Keilbeine)
- **Os cuboideum** (Würfelbein).

▶ **Merke.**

D-2.4 Fußknochen (Ossa pedis)

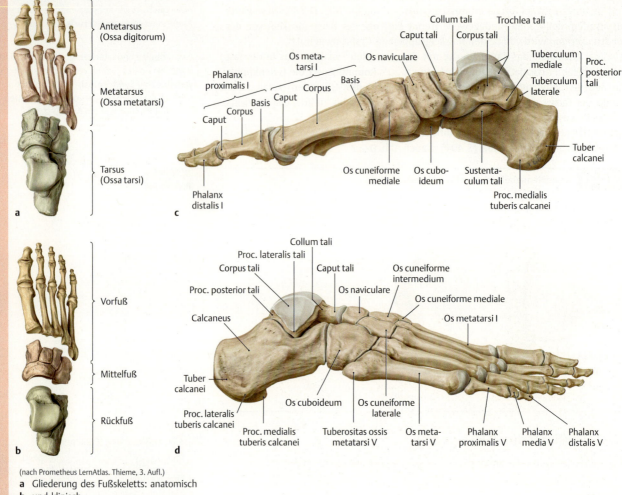

(nach Prometheus LernAtlas. Thieme, 3. Aufl.)
a Gliederung des Fußskeletts: anatomisch
b und klinisch.
c Rechter Fuß in der Ansicht von medial
d und lateral.

Talus: Er besteht aus **Corpus** mit **Trochlea**, **Collum** und **Caput**. Die Trochlea tali artikuliert im **oberen Sprunggelenk** mit der Malleolengabel (S. 404). Im **unteren Sprunggelenk** artikulieren das Caput tali mit dem **Os naviculare**, das Corpus tali mit dem **Calcaneus**.

Talus: Das Sprungbein trägt auf seinem **Corpus** die **Trochlea** (Gelenkrolle), die im **oberen Sprunggelenk** mit der Malleolengabel (S. 404) artikuliert (s. o.). Die Trochlea tali ist hinten etwas schmäler als vorne. Unmittelbar dorsal der Trochlea befindet sich der **Processus posterior tali**. Der laterale mit der distalen Fibula artikulierende Teil der Trochlea endet unten im **Processus lateralis**. Der nach ventral/kaudal gerichtete Taluskopf (**Caput tali**) ist mit dem Corpus über das **Collum tali** verbunden. Das Caput trägt eine Gelenkfläche, über die es im **unteren Sprunggelenk** mit dem **Os naviculare** artikuliert. Auf der Unterseite hat der Taluskörper drei Gelenkfacetten für den **Calcaneus**; zwischen der hinteren und den beiden vorderen befindet sich der **Sulcus tali**, der mit einer entsprechenden Rinne an der Oberseite des Calcaneus den **Sinus tarsi** begrenzt.

▶ **Klinik.**

▶ **Klinik.** Ein traumatischer Abriß des Processus lateralis wird als „Snowboarder's ankle" bezeichnet.

Calcaneus: Das Fersenbein liegt dorsal/kaudal mit dem **Tuber calcanei** dem Boden auf (Abb. **D-2.6**). Ventral ragt das **Sustentaculum tali** nach medial vor; auf diesem sitzt (teilweise) der Talus.

Calcaneus: Das Fersenbein hat neben drei kranial gelegenen Gelenkflächen für den **Talus** an seinem ventralen Ende eine Facette für die Artikulation mit dem **Os cuboideum**. Seine Längsachse zeigt nach dorsal/kaudal, wo es mit dem **Tuber calcanei** den Boden berührt. In der Sagittalansicht zeigt sich ventral ein nach medial ausladender „Balkon", das **Sustentaculum tali**, auf dem die mittlere Gelenkfläche für den Talus liegt; der Talus liegt also nach medial versetzt dem Calcaneus auf (Abb. **D-2.6**). Unter dem Sustentaculum tali verläuft in einer Rinne die Sehne des **M. flexor hallucis longus** (Abb. **D-2.20a**).

D 2.3 Knochen von Unterschenkel und Fuß

D-2.5 Röntgenbild eines rechten Fußes

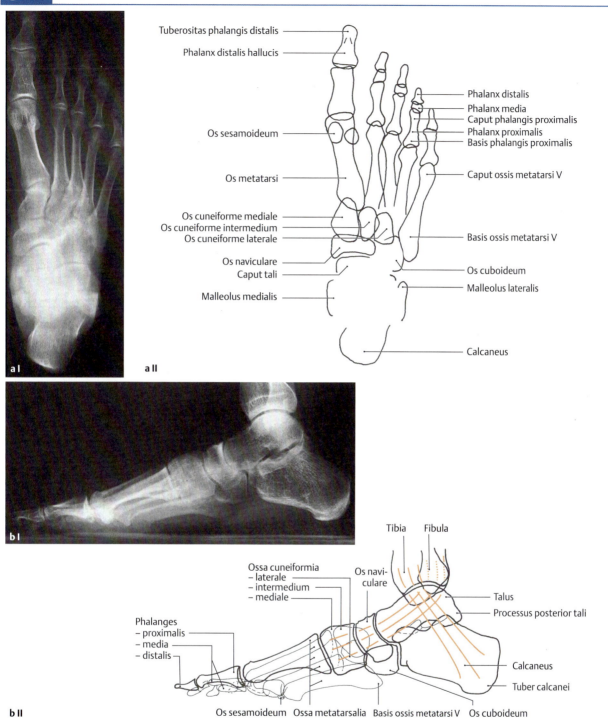

Röntgenaufnahme a.-p. (**aI**) und seitlich (**bI**) mit jeweils erklärendem Schema (**aII** und **bII**). In Abb. **bII** sind die durch Lastübertragung von der Tibia auf die Tarsalknochen ausgeprägten Drucktrabekel in Rot dargestellt.
(Möller, T.B., Reif, E.: Taschenatlas der Röntgenanatomie. Thieme, 2010)

▶ **Klinik.** **Frakturen** des Calcaneus treten bei axialen Stauchungstraumen (Sprung aus großer Höhe) auf. Sie müssen fast immer operativ eingerichtet und stabilisiert werden.

▶ **Klinik.**

Os naviculare: Das Kahnbein ist eine Knochenscheibe, die mit entsprechenden Gelenkflächen zwischen **Taluskopf** (konkave proximale Facies articularis) und die drei **Keilbeine** (konvexe distale Gelenkfläche) geschaltet ist (Abb. **D-2.4**).

Os naviculare: Es liegt zwischen **Taluskopf** und den drei **Keilbeinen** (Abb. **D-2.4**).

D-2.6 Malleolengabel, Talus und Calcaneus

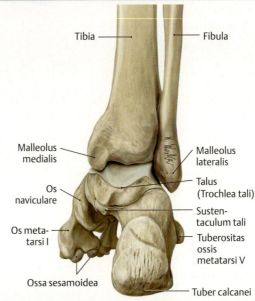

Ansicht eines rechten Fußes in Neutral-Null-Stellung von dorsal (hinten): Man beachte die zu Tibia und Talus nach lateral versetzte Position des Calcaneus.
(Prometheus LernAtlas. Thieme, 3. Aufl.)

D-2.7 Querwölbung des Tarsus

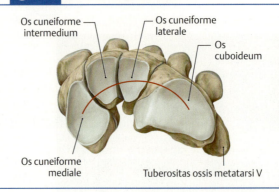

Nach Entfernung von Os naviculare, Talus und Calcaneus blickt man auf die proximalen Gelenkflächen der Ossa cuneifomia mediale, intermedium und laterale sowie des Os cuboideum.
(Prometheus LernAtlas. Thieme, 3. Aufl.)

Ossa cuneiformia mediale, intermedium und laterale: Ihre Keilform ist für die **Querwölbung** (S. 423) des Fußes verantwortlich (Abb. **D-2.7**). Sie artikulieren distal mit den **Ossa metatarsi I**, **II** und **III** (S. 402).

Os cuboideum: Es artikuliert mit dem lateralen vorderen Ende des **Calcaneus** und den **Ossa metatarsi IV** und **V** (Abb. **D-2.4b**).

Metatarsus (Mittelfuß)

Er besteht aus den **Ossa metatarsi I–V**.

Die **Ossa metatarsi** gliedern sich in **Basis**, **Corpus** und **Caput**, das mit der **proximalen Phalanx** einer **Zehe** artikuliert (Abb. **D-2.4**).

Ossa metatarsi I–V: Das **Os metatarsi I** ist der dickste und kürzeste Mittelfußknochen, das **Os metatarsi V**, entsprechend seiner Belastung, das zweitdickste.

Ossa cuneiformia mediale, intermedium und laterale: Sie artikulieren distal mit den **Ossa metatarsi I**, **II** und **III** (S. 402). Das laterale Keilbein verfügt lateral über eine Gelenkfläche für das **Os cuboideum**. Im Frontalschnitt sind die Ossa cuneiformia intermedium und laterale **keilförmig** mit der Spitze nach unten und bilden so die Basis für die **Querwölbung** (S. 423) des Fußes (Abb. **D-2.7**).

Os cuboideum: Das Würfelbein artikuliert proximal mit dem **Calcaneus**, medial mit dem **Os naviculare** sowie distal mit **den Ossa metatarsi IV** und **V** (Abb. **D-2.4b**). An seiner Unterseite befindet sich eine Rinne, in der die **Sehne** des **M. peroneus longus** das Quergewölbe unterquert.

Metatarsus (Mittelfuß)

Der **Metatarsus** (Mittelfuß) besteht aus den **Ossa metatarsi** (Mittelfußknochen, Metatarsalia) **I–V**.

An den fünf **Ossa metatarsi** unterscheidet man proximal eine breite **Basis**, ein **Corpus** (Schaft) sowie distal ein kugeliges **Caput** (Köpfchen), das mit der **proximalen Phalanx** der jeweiligen Zehe artikuliert (Abb. **D-2.4**).

Ossa metatarsi I–V: Das **Os metatarsi I** ist deutlich massiver ausgebildet als die übrigen; es ist auch der kürzeste Mittelfußknochen. Auf der Unterseite des Köpfchens des Metatarsale I befinden sich zwei Rinnen für konstant vorhandene **Sesambeine**; diese sind in die Sehnen des M. abductor hallucis (medial) und des M. flexor hallucis brevis (lateral) eingelagert.

Die Basen und Schäfte der **Ossa metatarsi II, III** und **IV** haben einen keilförmigen Querschnitt, dessen Schneide analog zu den Ossa cuneiformia intermedium und laterale nach plantar (unten) zeigt. Die Schneide des gleichfalls keilförmigen Corpus ossis metatarsi I zeigt dagegen nach oben.

Das **Os metatarsi V** (S. 422) hat einen rundlichen Querschnitt und ist – gemäß seiner Belastung – das zweitdickste Metatarsale. Es hat lateral an seiner Basis die **Tuberositas ossis metatarsalis V**, die einen gut tastbaren Orientierungspunkt bietet.

▶ **Klinik.** Bei chronischer Reizung der **Tuberositas ossis metatarsalis V** kann die dort befindliche Bursa subcutanea verdickt sein, bzw. einen Erguss enthalten, was als **„Überbein"** imponiert.

Gemäß ihrem „Ursprung" von der distalen Reihe der Fußwurzelknochen liegen auch die Ossa metatarsi nicht in einer Ebene: Die Fortsetzung des **Fußquergewölbes** vom Tarsus in den Metatarsus zeigt sich darin, dass das **Os metatarsi II** am weitesten kranial am Fußrücken liegt. Es ist auch das längste Metatarsale, das mit seiner Basis zwischen das mediale und laterale Keilbein eingeschoben ist. Das erste und fünfte Metatarsale liegen an den Fußrändern am weitesten kaudal.

Das **Fußquergewölbe** setzt sich vom Tarsus in den Metatarsus fort: das Os metatarsi II liegt am weitesten kranial, I und V an den Rändern am weitesten kaudal.

▶ **Klinik.** Bei Versagen der muskulären Verspannung des Fußlängsgewölbes (S. 423) infolge von Ermüdung, z. B. bei exzessiven Märschen, werden die Metatarsalia vermehrt auf Biegung beansprucht, sodass eine lokale Knochennekrose im Sinne eines schleichenden Ermüdungsbruchs auftreten kann. Diese **„Marschfrakturen"** werden bevorzugt subkapital am Os metatarsi II beobachtet.

Digiti pedis (Zehen)

Von den fünf Zehen bestehen die **Digiti II–V** aus je 3 **Phalangen**, der **Hallux** (Großzehe) aus 2 Phalangen.

Infolge ihrer geringen Beweglichkeit ist das Skelett der **Zehen** (**Digiti**) im Vergleich zu den Fingern der oberen Extremität rückgebildet. An den Zehen II bis V unterscheidet man jeweils eine **Phalanx proximalis**, **media** und **distalis** (**Grund-**, **Mittel-** und **Endphalanx**), die von proximal nach distal kürzer und zierlicher werden. Die **Großzehe** (**Hallux**) besteht nur aus Phalanx proximalis und distalis.

Die proximalen **Gelenkflächen** der **Grundphalangen** sind mit ihrer konkaven Form an die kugelförmigen Köpfchen der Metatarsalia angepasst. Die distalen **Gelenkflächen** der **Grund-** und **Mittelphalangen** haben Rollenform mit einer Führungsrinne für eine Leiste auf der jeweiligen Gelenkfläche der Basis von Mittel- und Endphalangen.

Digiti pedis (Zehen)

Die **Zehen** (**Digiti**) II bis V besitzen eine **Phalanx proximalis**, **media** und **distalis**; die **Großzehe** (**Hallux**) besteht aus nur 2 Phalangen.

2.4 Gelenke von Unterschenkel und Fuß

2.4.1 Sprunggelenke

Funktionelle Bedeutung: Die gelenkige Verbindung des Fußes gegen den Unterschenkel muss einerseits **stabil** sein, da beim Gehen und Laufen das ganze Körpergewicht einwirkt. Andererseits muss sie in hohem Maße **beweglich** sein, um beim Gehen und Laufen funktionsgerechte Bewegungen (z. B. Abrollen) von Unterschenkel und Fuß zu gewährleisten. Außerdem erfordern Geländeneigung und Bodenunebenheiten ausgedehnte Stellungsanpassungen des Fußes. Diesen Anforderungen wird durch eine Konstruktion entsprochen, die dem Kardangelenk der Technik mit zwei aufeinander senkrecht stehenden Achsen sehr nahe kommt.

Einteilung: Die Bewegungen des Fußes gegen den Unterschenkel erfolgen in **zwei getrennten einachsigen Gelenken**:

- **oberes Sprunggelenk** = OSG (Articulatio talocruralis) und
- **unteres Sprunggelenk** = USG („Articulatio talotarsalis").

Ihre Achsen stehen allerdings nicht ganz senkrecht aufeinander. Um eine **frontale Achse** wird die Fußspitze, bzw. die Ferse gehoben und abgesenkt; um eine schräge, annähernd **sagittale Achse** werden medialer und lateraler Fußrand gehoben oder gesenkt (Abb. **D-2.8**).

2.4 Gelenke von Unterschenkel und Fuß

2.4.1 Sprunggelenke

Funktionelle Bedeutung: Die Belastung der Sprunggelenke durch das ganze Körpergewicht erfordert **Stabilität**. Die Funktion beim Gehen und Laufen, v. a. auf unebenem Boden, erfordert **Beweglichkeit**.

Einteilung: Die Bewegungen des Fußes gegen den Unterschenkel erfolgen in **zwei getrennten einachsigen Gelenken**:
- **oberes Sprunggelenk** und
- **unteres Sprunggelenk**,
deren Achsen annähernd senkrecht zueinander stehen (Abb. **D-2.8**).

D-2.8

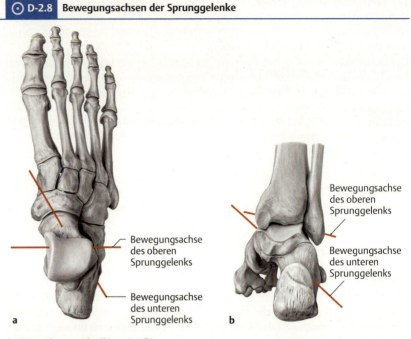

D-2.8 Bewegungsachsen der Sprunggelenke

(nach Prometheus LernAtlas. Thieme, 3. Aufl.)
a Ansicht eines rechten Fußes von kranial (Aufsicht auf den Fußrücken).
b Ansicht eines rechten Fußes von dorsal (hinten).

Oberes Sprunggelenk (OSG, Articulatio talocruralis)

Gelenktyp und Gelenkkörper

Gelenktyp: Das obere Sprunggelenk ist ein **Scharniergelenk** mit **transversaler Achse**.

Proximaler Gelenkkörper: ist die von **Tibia** und **Fibula** gebildete **Malleolengabel** (Abb. **D-2.6**).

Die Tibia bildet das **Rollendach**, welches den größten Teil der Last auf die Trochlea tali überträgt.
Das Rollendach wird seitlich von den **Knöcheln**, dem **Malleolus medialis** der Tibia und dem **Malleolus lateralis** der Fibula flankiert.

Der **Malleolus lateralis** reicht tiefer als der mediale (Abb. **D-2.1** und Abb. **D-2.8b**).

Distaler Gelenkkörper: ist die **Trochlea tali** (Abb. **D-2.4**). Sie ist **vorn breiter als hinten** und hat in der Mitte eine **Führungsrinne** für eine entsprechende Leiste im Rollendach.

Oberes Sprunggelenk (OSG, Articulatio talocruralis)

Gelenktyp und Gelenkkörper

Gelenktyp: Im oberen Sprunggelenk artikulieren der Unterschenkel (Crus), bestehend aus Tibia und Fibula, mit dem Talus des Fußes. Es ist ein **Scharniergelenk** mit **einer (fast) transversal** verlaufenden **Achse**.

Proximaler Gelenkkörper: ist die durch die distalen Epiphysen von **Tibia** und **Fibula** gebildete **Malleolengabel**. Sie umfasst die Trochlea tali kranial und an den Seiten (Abb. **D-2.6**).
Infolge der ausgeprägten Verbreiterung der **distalen Tibiaepiphyse** überdeckt das **Rollendach** (**Facies articularis inferior tibiae**) die Trochlea tali in ihrer gesamten Breite. Dadurch wird das Körpergewicht überwiegend vom Rollendach auf die Trochlea übertragen. Analog zu anderen Scharniergelenken (z. B. Gelenke zwischen Phalangen von Zehen und Fingern) besitzt das Rollendach der Tibia in der Mitte eine schwach ausgeprägte Leiste, die in einer entsprechenden Führungsrinne der Trochlea gleitet. Medial läuft die Tibia in einem massiven distal stumpf endenden Knochenzapfen aus, dem **Innenknöchel** (**Malleolus medialis**). Dieser liegt mit seiner überknorpelten Innenfläche der Trochlea tali seitlich medial an. Die Knorpelflächen von Rollendach und Innenknöchel stehen fast im rechten Winkel zueinander.

Die **distale Fibulaepiphyse** bildet den eher spitz endenden **Außenknöchel** (**Malleolus lateralis**), der innen die Gelenkfläche für die laterale Seite der Trochlea tali trägt. Diese Gelenkfläche fällt kranial neben der Trochlea zunächst senkrecht ab; ihr kaudales Ende verläuft schräg nach außen und überträgt einen geringen Anteil des Gewichts auf den Proc. lateralis tali. Der Malleolus lateralis reicht 1–1,5 cm weiter nach kaudal als der mediale (Abb. **D-2.1** und Abb. **D-2.8b**).

Distaler Gelenkkörper: Er wird von der **Trochlea tali** (Gelenkrolle) gebildet (Abb. **D-2.4**). Sie ist **vorne** 4–5 mm **breiter** als **hinten**. Die **Facies superior**, die mit dem Rollendach der Tibia artikuliert, beschreibt annähernd einen Kreisbogen (bei genauer Betrachtung nimmt die Krümmung nach ventral zu) und besitzt in der Mitte die bereits erwähnte **Führungsrinne**. An den Seiten reicht der Gelenkknorpel der **Facies malleolaris lateralis** weiter nach kaudal als der der **Facies malleolaris medialis**.

D 2.4 Gelenke von Unterschenkel und Fuß

Gelenkkapsel und Bandapparat

Gelenkkapsel: Die Gelenkkapsel des oberen Sprunggelenks ist mit Ausnahme des teilweise intraartikulär liegenden Collum tali an der **Knorpel-Knochen-Grenze** angeheftet. Ventral ist sie zwischen den Kollateralbändern dünn und schlaff, sodass sich Gelenkergüsse ventral neben den Extensorensehnen (S. 414) vorwölben. Die Sehnenscheiden der Extensoren sind mit Bereichen der ventralen Kapsel verwachsen.

Bandapparat: In der Klinik werden die Bänder, welche in der **Syndesmosis tibiofibularis** (S. 399) die **Malleolengabel** verklammern, zum Bandapparat des oberen Sprunggelenks gerechnet:
- **Ligamentum tibiofibulare anterius** und
- **Ligamentum tibiofibulare posterius**

verbinden das laterale Ende des Rollendachs der Tibia mit Vorder- bzw. Hinterkante des Malleolus lateralis der Fibula. Ihre Fasern verlaufen von kranial an der Tibia schräg abwärts zur Fibula und setzen damit die vorzugsweise Richtung der Fasern der Membrana interossea cruris nach kaudal fort.

Als **typisches Scharniergelenk** verfügt das obere Sprunggelenk über ausgeprägte **Kollateralbänder** (Abb. D-2.9). Diese strahlen von den Malleolen zu den nächstliegenden Fußwurzelknochen aus.

Die vom **Innenknöchel** ausgehenden Bänder bilden eine kollagenfaserige Platte, die wegen ihrer Form **Ligamentum deltoideum** genannt wird und aus vier Anteilen besteht (Abb. D-2.10). Sie **verhindern** die **Valgisierung des Fußes** und – da Teile auch über das untere Sprunggelenk ziehen – **hemmen** diese auch die **Eversion** bzw. **Pronation** (S. 409), d. h. das Heben des lateralen Fußrandes.

Die drei vom Außenknöchel ausstrahlenden lateralen Kollateralbänder (Abb. D-2.10) **verhindern** die **Varisierung des Fußes**. Das Lig. calcaneofibulare **hemmt** zusätzlich die **Inversion** bzw. **Supination** (S. 409) im unteren Sprunggelenk, d. h. das Heben des medialen Fußrandes.

Gelenkkapsel und Bandapparat

Gelenkkapsel: Sie ist ventral, dort wo sie nicht mit den Sehnenscheiden der Extensoren verwachsen ist, dünn und schlaff.

Bandapparat: Die **Ligg. tibiofibulare anterius** und **posterius** verklammern das distale Ende von Tibia und Fibula zur **Malleolengabel**.

Von den Malleolen ziehen **Kollateralbänder** zu den proximalen Fußwurzelknochen (Abb. **D-2.9** und Abb. **D-2.10**).

⊙ D-2.9 Bandapparat des Fußes

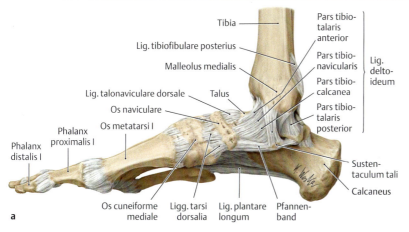

(Prometheus LernAtlas. Thieme, 3. Aufl.)
a Rechter Fuß in der Ansicht von medial
b und lateral.

D-2.10 Kollateralbänder des oberen Sprunggelenks

Band	Ursprung	Ansatz	Funktion
Mediales Kollateralband			
Ligamentum deltoideum • Pars tibiotalaris posterior • Pars tibiocalcanea* • Pars tibiotalaris anterior • Pars tibionavicularis*	Malleolus medialis	Talus (Processus posterior) Calcaneus (Sustentaculum tali) Talus (Corpus und Collum) Os naviculare (mediale und dorsale Fläche)	Verhinderung einer **Valgisierung** des Fußes (Hemmung von **Eversion/Pronation** im USG); P. tibiotalaris ant. und P. tibionavicularis hemmen die Plantarflexion
Laterale Kollateralbänder			
Ligamentum talofibulare posterius Ligamentum calcaneofibulare* Ligamentum talofibulare anterius	Malleolus lateralis	Talus (Processus posterior) Calcaneus (Außenfläche) Talus (Collum)	Verhinderung einer **Varisierung** des Fußes (Hemmung der **Supination/Inversion** im USG); Lig. talofibulare ant. hemmt Plantarflexion

* zusätzliche Wirkung auf das untere Sprunggelenk

▶ **Klinik.**

▶ **Klinik.** Die häufigste Verletzung der Sprunggelenke ist das sog. **Supinations-Inversions-Trauma** als Folge eines Umknickens des Fußes nach innen. Dabei werden v. a. die **Außenbänder** verletzt. Je nach Art und Größe des Traumas variiert die Ausdehnung der Rupturen des Bandapparats. Bei einer kompletten Ruptur von ein oder zwei Bändern reicht in der Regel eine mehrwöchige Ruhigstellung. Bänderrisse können mit Frakturen der Malleolen vergesellschaftet sein, v. a. des Malleolus lateralis.

Mechanik

Die **Achse** des typischen **Scharniergelenks** liegt in der Frontalebene (Abb. **D-2.8b**).

Mechanik

Im oberen Sprunggelenk wird das **Körpergewicht** zum größten Teil vom **Rollendach** der **Tibia** auf die Trochlea tali übertragen. Die **Achse** des typischen Scharniergelenks liegt in der Frontalebene und geht durch die Spitzen beider Malleolen, sodass sie aus der Horizontalen um ca. 10° nach außen geneigt ist (Abb. **D-2.8b**). Am **Talus** selbst **setzen keine Muskeln** an, was zur Folge hat, dass jede **Muskelaktion** auf **beide Sprunggelenke** wirkt.

▶ **Merke.**

▶ **Merke.** Da am Talus keine Muskeln ansetzen, bilden oberes und unteres Sprunggelenk eine funktionelle Einheit.

Beweglichkeit: s. Abb. **D-2.11**.
Die **Dorsalextension** wird durch Einkeilen des vorderen breiteren Teils der Trochlea tali in der Malleolengabel **begrenzt**. Bei Dorsalextension ist der Fuß **stabil** fixiert.

Die **Beweglichkeit** nach der Neutral-Null-Methode ist Abb. **D-2.11** zu entnehmen.
Da die Trochlea tali vorn breiter ist als hinten, wird sie bei der Dorsalextension in der Malleolengabel eingekeilt. In der Tat wird die **Dorsalextension** durch die Anspannung der **Ligg. tibiofibulare anterius und posterius** (S. 405) der Syndesmose begrenzt. Man kann daher von einer knöchern-ligamentären Gelenkhemmung sprechen. Daneben werden die dorsalen Kollateralbänder (Pars tibiotalaris posterior und tibiocalcanea des Lig. deltoideum, Ligg. talofibulare post. und calcaneofibulare) angespannt.
Bei **dorsal extendiertem Fuß** ist daher die **Stabilität** im oberen Sprunggelenk maximal. Dies macht man sich durch Vorneigen des Unterschenkels bei fest aufgesetztem Fuß zunutze (Bsp: Hockstellung beim Skifahren).

Bei **Plantarflexion** ist die **Knochenführung** für den schmalen hinteren Teil der Talusrolle in der Malleolengabel **ungenügend** (Abb. **D-2.12**), sodass nur die Kollateralbänder das Gelenk sichern. Ein Umknicken des Fußes passiert am ehesten in Plantarflexion.

Andererseits ist bei **plantar flektiertem Fuß** die Malleolengabel zu weit für den schmalen hinteren Teil der Talusrolle, sodass die Knochenführung ungenügend wird (Abb. **D-2.12**). Es ist daher kein Zufall, dass gerade beim Bergabgehen Bänderverletzungen durch Umknicken des Fußes entstehen. Die **Bandsicherung** beruht darauf, dass durch die von den Malleolen ausstrahlende Anordnung der Kollateralbänder stets ein Teil angespannt ist. Bei **Plantarflexion** sichern die **Partes tibiotalaris anterius** und **tibionavicularis** des Lig. deltoideum sowie das **Lig. talofibulare anterius** das obere Sprunggelenk.
Da am Talus selbst keine Muskeln ansetzen, erfolgt die **Muskelsicherung** unter Einbeziehung des unteren Sprunggelenks.

D 2.4 Gelenke von Unterschenkel und Fuß

D-2.11 Bewegungsumfang im oberen Sprunggelenk (OSG)

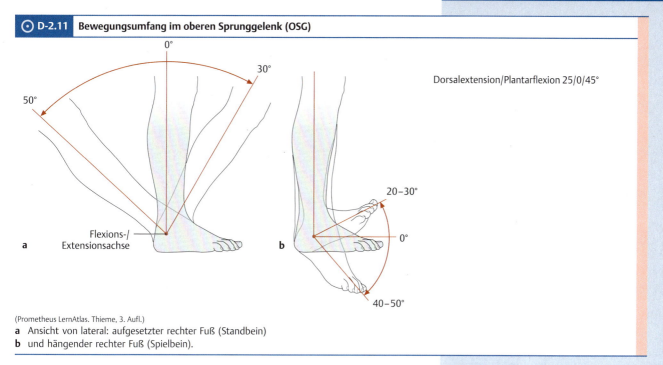

Dorsalextension/Plantarflexion 25/0/45°

(Prometheus LernAtlas. Thieme, 3. Aufl.)
a Ansicht von lateral: aufgesetzter rechter Fuß (Standbein)
b und hängender rechter Fuß (Spielbein).

D-2.12 Verlust der Knochenführung im oberen Sprunggelenk bei Plantarflexion

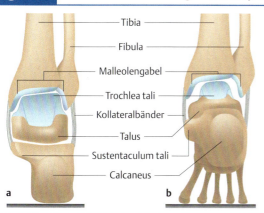

a Ansicht eines rechten Fußes von dorsal (hinten): In Neutral-Null-Position ist der vordere breite Teil der Trochlea tali perfekt in die Malleolengabel eingepasst.
b Bei Plantarflexion des Fußes befindet sich der hintere schmale Teil der Trochlea tali in der nun zu weiten Malleolengabel, sodass nur die Kollateralbänder den Zusammenhalt der Gelenkkörper sichern.

Unteres Sprunggelenk (USG, „Articulatio talotarsalis")

Gelenktyp und Gelenkkörper

Gelenktyp: Im unteren Sprunggelenk drehen sich Calcaneus und Os naviculare (mit dem übrigen Fuß) gegen den Talus um eine **Achse**, die annähernd sagittal schräg von ventral, medial und kranial nach dorsal, lateral und kaudal verläuft (Abb. **D-2.8**). Funktionell ist es ein Scharniergelenk mit **zwei Gelenkhöhlen**, die durch den Sinus tarsi getrennt sind:
- dorsal die **Articulatio subtalaris** und
- ventral die **Articulatio talocalcaneonavicularis**.

Proximaler Gelenkkörper: ist der **Talus**, an dessen Unterseite sich eine größere, nach kaudal konkave Gelenkfacette für die Artikulation mit dem Calcaneus in der **Articulatio subtalaris** befindet. Ventral davon artikulieren in der **Articulatio talocalcaneonavicularis** zwei kleinere Gelenkflächen sowie der **Taluskopf** mit dem Calcaneus, dem Os naviculare und dem überknorpelten „Pfannenband" (Ligamentum calcaneonaviculare plantare; Abb. **D-2.13** und Abb. **D-2.30**).

Distaler Gelenkkörper: Er besteht aus dem **Calcaneus** mit seinen drei kranialen Gelenkfacetten und dem **Os naviculare**. Zwischen dem ventralen Ende des Sustentaculum tali des Calcaneus und dem Os naviculare befindet sich unter dem Taluskopf eine Lücke. Diese wird durch das **Ligamentum calcaneonaviculare plantare**, dem an seiner Oberseite überknorpelten „Pfannenband" geschlossen. Das Lig. calcaneonavi-

Unteres Sprunggelenk (USG, „Articulatio talotarsalis")
Gelenktyp und Gelenkkörper

Gelenktyp: Im unteren Sprunggelenk dreht sich der übrige Fuß gegen den Talus um eine annähernd sagittale Achse (Abb. **D-2.8**). Es besteht aus **2 separaten Gelenken**:
- Art. subtalaris und
- Art. talocalcaneonavicularis.

Proximaler Gelenkkörper: Der **Talus** artikuliert in der **Articulatio subtalaris** mit dem Calcaneus. In der **Articulatio talocalcaneonavicularis** artikuliert v. a. der **Taluskopf** mit Calcaneus, Os naviculare und dem „Pfannenband" (Abb. **D-2.13** und Abb. **D-2.30**).

Distaler Gelenkkörper: Er besteht aus **Calcaneus** und **Os naviculare** sowie dem **Lig. calcaneonaviculare plantare**, das die beiden Knochen unter dem Taluskopf als überknorpeltes „Pfannenband" verklammert.

D 2 Unterschenkel und Fuß

⊙ D-2.13 Gelenkflächen eines eröffneten unteren Sprunggelenks

Ansicht eines rechten Fußes von kranial: Der Talus als proximaler Gelenkkörper ist nach medial herausgeklappt, sodass die Gelenkflächen seiner Unterfläche sichtbar sind. Das durchtrennte Lig. talocalcaneum interosseum trennt die beiden Gelenkkammern des unteren Sprunggelenks.
(Prometheus LernAtlas. Thieme, 3. Aufl.)

Das **Lig. calcaneonaviculare** des **Lig. bifurcatum** verbindet Calcaneus und Os naviculare auf der Außenseite.

culare plantare verklammert auf der Innenseite Os naviculare und Calcaneus, die selbst keinen direkten Kontakt haben, zum distalen Gelenkkörper des unteren Sprunggelenks. Dem gleichen Zweck dient das **Ligamentum calcaneonaviculare** des **Ligamentum bifurcatum** auf der Außenseite. Es zieht vom lateralen vorderen Ende des Calcaneus zur kranialen Fläche des Os naviculare. Der andere Schenkel des Lig. bifurcatum, das Ligamentum calcaneocuboideum, bindet das Os cuboideum (und damit indirekt die Ossa metatarsi IV und V) an den Calcaneus.

Bandapparat

Ligg. calcaneonaviculare plantare und **calcaneonaviculare** des Bifurcatum (Abb. **D-2.13**) haben **keine Hemmungsfunktion**, sondern sind Teil des distalen Gelenkkörpers.
Einige Bänder des oberen Sprunggelenks (Abb. **D-2.10**) ziehen auch über das untere (Abb. **D-2.9**):
- **Pars tibiocalcanea** und
- **Pars tibionavicularis** des Lig. deltoideum bremsen die Pronation.
- Das **Lig. calcaneofibulare** begrenzt die Supination.

Allein auf das untere Sprunggelenk wirken:
- **Lig. talocalcaneum interosseum**, das zwischen beiden Teilgelenken liegt. Der mediale Teil bremst die Pronation, der laterale die Supination.
- **Lig. talocalcaneum laterale**, das die Supination bremst.

Bandapparat

Ligg. calcaneonaviculare plantare und **calcaneonaviculare** des Bifurcatum (Abb. **D-2.13**) sind keine Hemmungs- oder Stabilisierungsbänder des unteren Sprunggelenks, da sie nicht über die Bewegungsachse hinweg die beiden Gelenkkörper verbinden, sondern selbst Teil des distalen Gelenkkörpers sind.
Von den Bändern des oberen Sprunggelenks (Abb. **D-2.10**) ziehen einige auch über das untere Sprunggelenk (Abb. **D-2.9**):
- die **Pars tibiocalcanea** und
- die **Pars tibionavicularis** des **Lig. deltoideum bremsen die Pronation**, d. h. das Heben des lateralen Fußrandes.
- Das **Ligamentum calcaneofibulare** begrenzt **die Supination**, d. h. das Heben des medialen Fußrandes.

Ausschließlich auf das untere Sprunggelenk wirken folgende Bänder:
- **Ligamentum talocalcaneum interosseum:** Das im Sinus tarsi gelegene Band trennt die beiden Gelenkhöhlen des unteren Sprunggelenks und verbindet mit kurzen, massiven Zügen Calcaneus und Talus. Seine medialen Fasern **bremsen** die **Pronation**, die lateralen die **Supination**.
- **Ligamentum talocalcaneum laterale:** Das sich nach lateral anschließende Band hemmt ebenfalls die **Supination**.

⊙ D-2.14 Bewegungsumfang von Pro- und Supination

Pronation/Supination: 25/0/50°

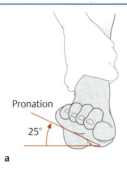
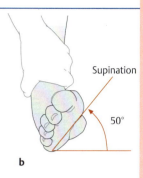

a　　　　　　　　　　　　　　　　b

Die dargestellte Bewegung beinhaltet die gesamte Beweglichkeit des Vorfußes gegenüber Talus und Unterschenkel (USG, Chopart-Gelenk und übrige Tarsal- und Metatarsalgelenke, s. u.).
(nach Prometheus LernAtlas, Thieme, 3. Aufl.)

Mechanik

Statisch gesehen wird im unteren Sprunggelenk die **Last** vom **Talus** auf die **drei Stützstrahlen** (S. 421) des Fußes verteilt: In der **Articulatio subtalaris** vom Corpus tali auf den Calcaneus, der zum Tuber calcanei den **dorsalen Strahl** und über Os cuboideum und Os metatarsi V den **lateralen Stützstrahl** bildet. In der **Articulatio talocalcaneonavicularis** leitet das Caput tali Last v. a. über das Os naviculare in den **medialen Stützstrahl**, der im Caput des Os metatarsi I auf dem Boden endet.
Morphologisch ist das untere Sprunggelenk ein kombiniertes **Zapfen-Kugel-Gelenk**. Das Zapfengelenk ist das subtalare Gelenk mit der nach kranial gewölbten hinteren Gelenkfläche des Calcaneus. Das Caput tali ist der Gelenkkopf des Kugelgelenks, dessen Pfanne von Os naviculare, dem vorderen Teil des Calcaneus und dem „Pfannenband" gebildet wird.
Funktionell resultiert ein **einachsiges Gelenk**, dessen Achse um 40° nach dorsal aus der Horizontalen abfällt und 20° schräg zur Sagittalebene steht. Die Achse tritt vorne kranial am Collum tali in den Tarsus ein und hinten lateral vom Tuber calcanei aus (Abb. **D-2.8**). Bei der Betrachtung der **Beweglichkeit** muss man berücksichtigen, dass Pronation und Supination, d. h. das Heben des lateralen oder medialen Fußrandes nicht nur im unteren Sprunggelenk stattfinden, sondern auch in den übrigen Gelenken von Tarsus und Metatarsus.
Die **Bewegungen** im unteren Sprunggelenk allein werden als **Inversion** und **Eversion** bezeichnet und geben im Wesentlichen die Beweglichkeit des **Calcaneus** (Ein- bzw. Auswärtskanten) gegenüber dem **Unterschenkel** bzw. **Talus** wieder: **Eversion/Inversion: 10/0/20°**.
Supination und **Pronation** beschreiben die Beweglichkeit des gesamten **Vorfußes** gegen **Talus** und **Unterschenkel**. Neben der (hauptsächlichen) Bewegung im unteren Sprunggelenk spielt hier das sog. **Chopart-Gelenk** (**Articulatio tarsi transversa**, s. u.) eine bedeutende Rolle. Daneben erfolgen geringgradige Verschiebungen zwischen Keilbeinen, Kuboid und Mittelfußknochen.

Mechanik

Im unteren Sprunggelenk wird die **Last** vom **Talus** auf die **Stützstrahlen** (S. 421) des Fußes verteilt.

Morphologisch ist das untere Sprunggelenk ein kombiniertes **Zapfen-Kugel-Gelenk**, funktionell ein **einachsiges Gelenk**. Seine **Achse** verläuft schräg vom Os naviculare nach dorsal/kaudal/lateral zum Tuber calcanei (Abb. **D-2.8**).

Inversion und **Eversion** (Ein- bzw. Auswärtskanten des Calcaneus) bezeichnen isolierte Bewegungen im unteren Sprunggelenk.

Supination und **Pronation** sind Bewegungen des gesamten **Vorfußes** gegen **Talus** und **Unterschenkel**. Neben dem unteren Sprunggelenk spielt das sog. **Chopart-Gelenk** (s. u.) eine wichtige Rolle.

▶ **Merke.** Bei der **Supination** wird der **mediale** Fußrand angehoben, bei der **Pronation** der **laterale**.

▶ **Merke.**

2.4.2 Weitere Gelenke des Fußes

Chopart-Gelenk (Articulatio tarsi transversa): Es beinhaltet zwei separate Gelenke, die **Articulationes talonavicularis** (die auch ein Teil des unteren Sprunggelenks ist) und **calcaneocuboidea**. Im Chopart-Gelenk bewegen sich die Ossa naviculare und cuboideum gegen Calcaneus und Talus, dem „Rückfuß" (S. 399) der Kliniker, um eine sagittale Achse, die, vom Calcaneus kommend, im Os metatarsi II verläuft (Abb. **D-2.15**). Die ausgiebige Beweglichkeit des Os cuboideum nach plantar addiert sich zur Inversion im unteren Sprunggelenk und ist einer der Gründe für das Ausmaß der Supination, die eine Absenkung des lateralen Fußrandes beinhaltet (mit dem Os cuboideum ist das Os metatarsi V verbunden, das im Mittelfußbereich den lateralen Fußrand bildet).

2.4.2 Weitere Gelenke des Fußes

Chopart-Gelenk (Articulatio tarsi transversa): Es beinhaltet die **Articulationes talonavicularis** und **calcaneocuboidea**. In ihm bewegen sich die Ossa naviculare und cuboideum gegen Calcaneus und Talus um eine sagittale Achse (Abb. **D-2.15**). Die Beweglichkeit des Os cuboideum nach plantar addiert sich zur Inversion im unteren Sprunggelenk und bedingt das Ausmaß der Supination.

⊙ D-2.15

⊙ D-2.15 **Achse für Bewegungen des Vorfußes im Chopart-Gelenk**

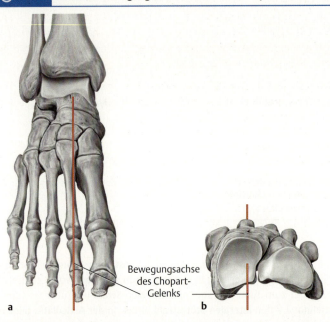

Bewegungsachse des Chopart-Gelenks

a   b

Diese Bewegungsachse verläuft annähernd sagittal vom Calcaneus über das Os naviculare entlang des 2. Strahles.
(Prometheus LernAtlas. Thieme, 3. Aufl.)

Kleinere Fußwurzelgelenke: Die Gelenke zwischen den Tarsalknochen distal der **Chopart-Gelenklinie** sind, ebenso wie die Tarsometatarsalgelenke, **Amphiarthrosen** (Abb. **D-2.9**).

Kleinere Fußwurzelgelenke: Die **Tarsalknochen distal** der Chopart-Gelenklinie (Abb. **D-2.15**) sind durch dorsale, plantare Bänder sowie durch zwischen den Knochen liegende Bänder (**Ligamenta tarsi dorsalia, plantaria** und **interossea**) in **Amphiarthrosen** mit geringer Beweglichkeit verbunden (Abb. **D-2.9**).
Ihr Beitrag zu Supination und Pronation ist gleichfalls gering. Zu ihrer Bedeutung bei der Verformung der Fußgewölbe (S. 423).

Tarsometatarsal- und Intermetatarsalgelenke: In diesen Gelenken wird der Vorfuß bei Supination und Pronation verformt.

Tarsometatarsal- und Intermetatarsalgelenke: Gleichfalls Amphiarthrosen sind die **Articulationes tarsometatarsales**, die Gelenke zwischen der distalen Reihe der Fußwurzelknochen (Ossa cuneiformia und Os cuboideum) und den Basen der Mittelfußknochen. Hierbei sind die Gelenke des Metatarsale I und V etwas beweglicher als die übrigen. Sie erlauben etwas Flexion und Extension, außerdem tragen sie durch Schiebe- und Rotationsbewegungen (um ihre Längsachse) zu Supination und Pronation bei.

▶ Klinik.

▶ Klinik. Die **Tarsometatarsalgelenke** bilden die **Lisfranc-Absetzungslinie**, die – wie die **Chopart-Linie** (s. o.) – eine Rolle bei Amputationen spielt. Letztere können wegen Traumata oder arteriosklerotisch bedingten Durchblutungsstörungen (häufig als Diabeteskomplikation) erforderlich werden.

⊙ D-2.16 **Chopart- (rot) und Lisfranc-Linie (blau).** Darstellung in schematischem Schnitt durch die Fußwurzel.

Diese Bewegungen beziehen immer die unmittelbar benachbarten **Articulationes intermetatarsales** zwischen den Basen der Ossa metatarsi II–IV ein (das Metatarsale I ist nur durch Bänder mit dem Metatarsale II verbunden). Trotzdem es sich um Amphiarthrosen handelt, ergeben sich wegen der Länge der Metatarsalia an ihrem distalen Ende doch nennenswerte Bewegungsausschläge bei der „Verwringung" des Vorfußes während Supination und Pronation.

Metatarsophalangeal- und Interphalangealgelenke: Die **Articulationes metatarsophalangeae** oder **Zehengrundgelenke** sind anatomisch Kugelgelenke, in denen aber nur zwei Achsen genutzt werden, nämlich
- **Flexion/Extension: 40/0/60°** (aktive Beweglichkeit) sowie
- **Abspreizen der Zehen** in geringem Maße.

Die Köpfe der Grund- und Mittelphalangen besitzen eine Führungsrinne, passend zu einer Leiste der Gelenkfläche an der Basis der Mittel- und Endphalangen. Die **Interphalangealgelenke** (Articulationes interphalangeae) sind damit klassische **Scharniergelenke**. Die **proximalen Interphalangealgelenke** erlauben im Wesentlichen eine **Flexion** um ca. 50°. Die Endgelenke können bis 60° gebeugt und bis 30° gestreckt werden.

Auch wenn die **Zehen** keine Bedeutung für die Lastenübertragung besitzen, so sind sie für **Stehen** und **Gehen** wichtig. Beim Vorneigen verlängern sie die Unterstützungsfläche; beim Abstoßen mit dem Standbein verlängern sie den Hebel.

Metatarsophalangeal- und Interphalangealgelenke: Die **Gelenke** zwischen **Metatarsalia** und **Grundphalangen** sind (funktionell zweiachsige) Kugelgelenke, die **Interphalangealgelenke** Scharniergelenke.

Die **Zehen** übertragen keine Last, sind aber beim **Stehen** und **Gehen** wichtig.

2.5 Muskulatur von Unterschenkel und Fuß

2.5.1 Muskulatur des Unterschenkels

Die am Unterschenkel liegenden Muskeln wirken auf die Sprunggelenke und gliedern sich in 3 Gruppen (Abb. **D-2.22**):
- **Flexoren** (**Beuger**; Abb. **D-2.18**)
- **Extensoren** (**Strecker**; Abb. **D-2.21a**)
- **Fibularis-** (oder) **Peroneusgruppe** (Abb. **D-2.21b**).

Diese liegen in osteofibrösen Logen (S. 414), die durch die **Membrana interossea cruris**, die **Septa intermuscularia cruris anterior** und **posterior** sowie die **Fascia cruris** und die Unterschenkelknochen gebildet werden (Abb. **D-2.17**), vgl. Gruppenfaszie (S. 236).

2.5 Muskulatur von Unterschenkel und Fuß

2.5.1 Muskulatur des Unterschenkels

Die am Unterschenkel entspringenden Muskeln gliedern sich in (Abb. **D-2.22**):
- **Flexoren** (**Beuger**, Abb. **D-2.18**)
- **Extensoren** (**Strecker**, Abb. **D-2.21a**)
- **Fibularisgruppe** (Abb. **D-2.21b**).

Diese Muskelgruppen liegen in osteofibrösen Logen (S. 414) (Abb. **D-2.17**), vgl. Gruppenfaszie (S. 236).

⊙ **D-2.17** Muskellogen (Kompartimente) und Gefäß-Nerven-Straßen am Unterschenkel

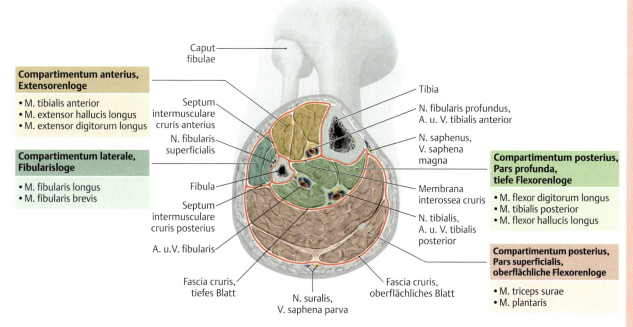

Querschnitt durch einen proximalen rechten Unterschenkel in der Ansicht von distal.
(Prometheus LernAtlas. Thieme, 3. Aufl.)

D-2.18 Oberflächliche und tiefe Flexoren

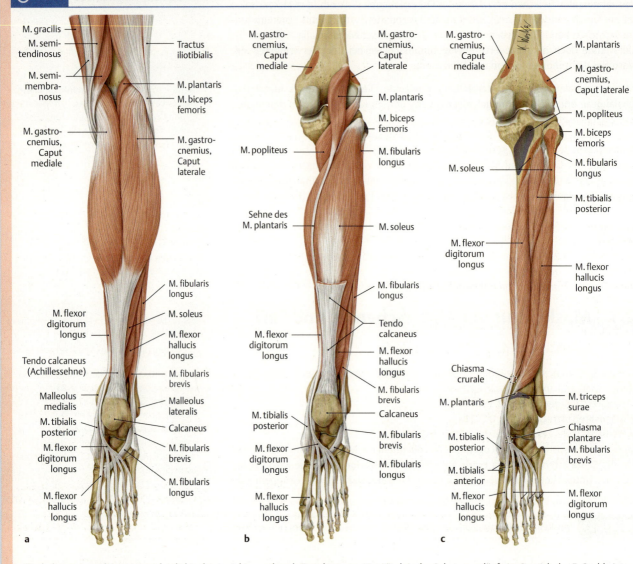

Muskulatur am rechten Unterschenkel in der Ansicht von dorsal: Zum besseren Verständnis der Sehenenverläufe im Bereich der Fußsohle ist der Fuß plantarflektiert. Ursprungs- (rot) und Ansatzflächen (blau) der Muskeln sind farblich hervorgehoben. Die Vorwölbung der Wade (Sura) wird v. a. durch den M. triceps surae bedingt. Der M. triceps surae besteht
(Prometheus LernAtlas. Thieme, 3. Aufl.)
a aus den beiden Köpfen des M. gastrocnemius und
b dem M. soleus (nach Entfernung der Köpfe des M. gastrocnemius).
c Nach Entfernung der oberflächlichen werden die tiefen Flexoren sichtbar.

Flexoren

Oberflächliche Beugemuskulatur: Der **M. triceps surae** besteht aus den beiden Köpfen **des M. gastrocnemius** und dem **M. soleus**. Der mächtigste Muskel des Unterschenkels erbringt **90 %** der **Beugeleistung** und ist auch der wichtigste **Supinator**.

▶ Merke.

Flexoren

Oberflächliche Beugemuskulatur: Die Gruppe der Beuger wird vom **Musculus triceps surae** dominiert, dessen **Musculus gastrocnemius** mit seinen beiden Köpfen auch im Kniegelenk beugt (Abb. **D-1.41**). Der dritte Kopf, der **Musculus soleus**, wirkt ausschließlich auf die Sprunggelenke. Der M. triceps surae erbringt etwa **90 %** der gesamten **Beugeleistung** im oberen Sprunggelenk.
Dies hat zwei Ursachen:
1. Auf Grund seines großen Querschnitts kann er eine maximale Zugkraft um 300 kg entfalten.
2. Der Abstand (Hebelarm) seiner Ansatzsehne zur Achse des oberen Sprunggelenks ist deutlich größer als der aller anderen Flexoren (und auch der Extensoren).

Trotz des kurzen Hebelarms im unteren Sprunggelenk ist der Muskel wegen seiner Masse auch der stärkste **Supinator** (ca. 50–60 %).

▶ Merke. Der M. triceps surae ist sowohl stärkster Beuger (im oberen Sprunggelenk) als auch stärkster Supinator (im unteren Sprunggelenk).

Beim **Gehen und Laufen** hebt der M. triceps surae den Rückfuß des Standbeins gegen das Körpergewicht vom Boden ab. Beim **Stehen** verhindert er das Vornüberkippen im oberen Sprunggelenk und sichert damit synergistisch zu den Mm. gluteus maximus (S. 354) und quadriceps femoris (S. 377) den aufrechten Stand.
Der Muskel überträgt seine Kraft auf das hintere Ende des Calcaneus über die **Achillessehne**, die mit einer Querschnittsfläche von bis zu 1 cm² Belastungen über 500 kg standhält.

Beim **Gehen** und **Laufen** hebt er den Rückfuß des Standbeins gegen das Körpergewicht vom Boden ab. Im **Stehen** verhindert er das Vornüberkippen im oberen Sprunggelenk.

Der M. triceps surae inseriert mit der **Achillessehne** am Calcaneus.

▶ Klinik. V. a. eine durch Entzündungen vorgeschädigte Achillessehne kann beim Abschnellen oder Aufsetzen beim Sprung mit einem Knall, der in der Umgebung hörbar sein kann, reißen. Bei einer **Ruptur** der **Achillessehne** ist Gehen in der Ebene erschwert, Bergaufgehen und Treppensteigen kaum, Stehen auf Zehenspitzen nicht mehr möglich. Eine rupturierte Achillessehne wird operativ genäht und während der ersten 4–6 Wochen danach durch Fixation des Fußes in Plantarflexion entlastet. Anschließend geht man schrittweise zur Neutral-Null-Stellung des Fußes über.

▶ Klinik.

▶ Klinik. Der vom N. tibialis (S 1, S 2) innervierte M. triceps surae gilt als **Kennmuskel** des **Segments S 1**, das mit dem **Achillessehnenreflex** (Abb. **D-2.19**) überprüft wird.
Bei Lähmung des N. tibialis ist der Achillessehnenreflex der betroffenen Seite abgeschwächt oder fehlt ganz.

▶ Klinik.

⊙ **D-2.19** Prüfung des Achillessehnenreflexes

(Füeßl, F.S., Middeke, M.: Duale Reihe Anamnese und Klinische Untersuchung. Thieme, 2014)

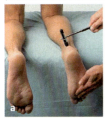
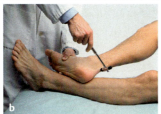

Da keine der anderen Gruppen einen dem Triceps surae vergleichbaren Muskel enthält, verhalten sich die Drehmomente der Flexoren zu den Extensoren wie 4 : 1, die Supinatoren zu den Pronatoren wie 2 : 1. Dementsprechend ist der **unbelastete Fuß** (z. B. im Liegen) **plantarflektiert** und **supiniert**.
Der bei ca. 6 % der Menschen fehlende **Musculus plantaris** ist wegen seines geringen Querschnitts für die Mechanik von Knie- und Sprunggelenken unerheblich. Seine (lange) Sehne wird für Transplantate verwendet.

Die Drehmomente der **Beuger übertreffen** die der **Strecker**; die Momente der **Supinatoren**, die der **Pronatoren**.
Daher ist der **unbelastete Fuß plantarflektiert** und **supiniert**.

Tiefe Beugemuskulatur: Unter dem Triceps surae liegen die drei tiefen Beugemuskeln:
- **Musculus flexor digitorum longus**,
- **Musculus tibialis posterior** und
- **Musculus flexor hallucis longus**.

Sie entspringen in dieser Reihenfolge von medial nach lateral an der Rückseite von Tibia, Fibula und **Membrana interossea** (Abb. **D-2.18c**). Auf dem Weg zu ihren Ansätzen kommt es zwangsläufig zu Überkreuzungen dieser Muskeln bzw. ihrer Sehnen: Im **Chiasma crurale** unterkreuzt der M. tibialis posterior den Flexor digitorum longus noch am distalen Unterschenkel; im **Chiasma plantare** unterkreuzt die Sehne des M. hallucis longus die des langen Zehenbeugers unter dem Os naviculare. Die Sehnen der tiefen Flexoren biegen unmittelbar hinter dem Malleolus medialis von vertikal nach annähernd horizontal um. Sie verlaufen dort in **Sehnenscheiden** und werden zusätzlich durch das **Retinaculum musculorum flexorum** der **Fascia cruris** fixiert (Abb. **D-2.20a**). Dieses zieht vom Innenknöchel zur medialen Fläche des Calcaneus. Bevor die Sehnen des M. flexor digitorum longus an den Basen der Endphalangen inserieren, durchbohren sie die des kurzen Zehenbeugers („M. perforans" und „M. perforatus").

Tiefe Beugemuskulatur: Unter dem Triceps surae liegen:
- M. flexor digitorum longus,
- M. tibialis posterior und
- M. flexor hallucis longus.

Sie verlaufen hinter dem Malleolus medialis in **Sehnenscheiden**. Dort befindet sich als Verstärkung der **Fascia cruris** das **Retinaculum musculorum flexorum** (Abb. **D-2.20a**).

D-2.20 Sehnenscheiden und Retinacula des rechten Fußes

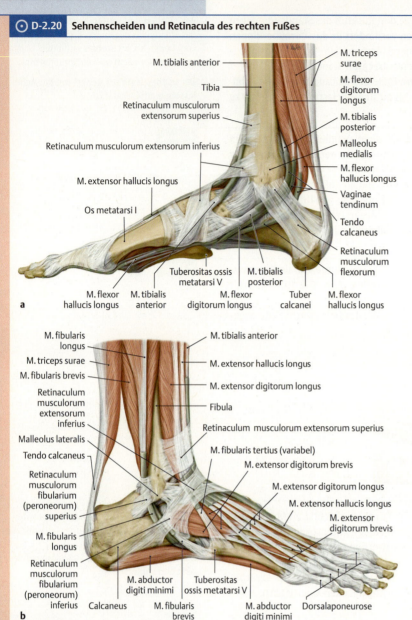

(Prometheus LernAtlas. Thieme, 3. Aufl.)
a Ansicht von medial
b und von lateral.

Extensoren

Die Sehnen der **Extensoren** (Abb. **D-2.21a**)
- **M. tibialis anterior**,
- **M. extensor hallucis longus** und
- **M. extensor digitorum longus**

verlaufen zwischen den Malleolen in **Sehnenscheiden** zum Fußrücken.

▶ Klinik.

Extensoren

Die bindegewebige Loge der drei **Extensoren** (Abb. **D-2.21a**)
- **Musculus tibialis anterior**,
- **Musculus extensor hallucis longus** und
- **Musculus extensor digitorum longus**

liegt unmittelbar lateral der vorderen Tibiakante. Bei den meisten Menschen besitzt der **M. extensor digitorum longus** einen 5. Sehnenzipfel, der an der Basis des Os metatarsi V inseriert: den **Musculus fibularis** (**peroneus**) **tertius**. Ab der Höhe des Malleolus medialis bis zu den Ossa cuneiformia verlaufen die Sehnen der Extensoren in **Sehnenscheiden** zum Fußrücken, wobei die des M. tibialis anterior weiter proximal als die beiden anderen beginnt und endet.

▶ Klinik. Die an Tibia und Fibula befestigten Septa intermuscularia des Unterschenkels bilden osteofibröse Kanäle (S. 411), in denen die Muskeln relativ wenig Spielraum besitzen (Abb. **D-2.17**). Bei Schwellung infolge von Unterschenkelfrakturen, gelegentlich auch nach Überbeanspruchung, können Blutgefäße und Nerven komprimiert werden. Ein solches **Kompartmentsyndrom** (S. 237) betrifft v. a. die Extensorenloge mit der Ausbildung eines **Tibialis-anterior-Syndroms**, das durch die Unfähigkeit, die Zehen zu heben, gekennzeichnet ist. Um eine persistierende Läsion des in der Loge verlaufenden Nerven (N. fibularis profundus) und der Muskeln zu verhindern, muss in einer Notoperation die Fascia cruris gespalten werden.

D 2.5 Muskulatur von Unterschenkel und Fuß

⊙ D-2.21 **Extensoren sowie Fibularis-/Peroneusgruppe**

Muskeln am rechten Unterschenkel.
(Prometheus LernAtlas. Thieme, 3. Aufl.)
a Ansicht von ventral (Extensoren) und
b Ansicht von lateral (Fibularisgruppe).

Gemeinsam mit den **Retinacula musculorum extensorum superius** (an Tibia und Fibula unmittelbar supramalleolär angeheftet) und **inferius** (Abb. **D-2.20b**) verhindern sie ein Abheben der Sehnen von der Unterlage bei Dorsalextension. Das X-förmige Retinaculum extensorum inf. ist medial am Innenknöchel und Os naviculare, lateral am Außenknöchel befestigt. Der untere laterale Schenkel geht in das **Retinaculum musculorum fibularium inferius** über, das außen zum Tuber calcanei zieht.

▸ **Klinik.** Der **M. extensor hallucis longus** wird als **Kennmuskel** von **L 5** überprüft, indem man vom Fußende des Patienten aus beide Großzehen fasst, diese gegen Widerstand strecken lässt und dabei die Kraft beider Seiten vergleicht. Die Segmente L 5 und S 1 (s. o.) sind besonders bei degenerativen Erkrankungen der Disci intervertebrales, z. B. Diskusprolaps (S.262), betroffen.

Die **Retinacula musculorum extensorum superius** und **inferius** (Abb. **D-2.20b**), Verstärkungen der Fascia cruris, fixieren die Sehnen zusätzlich an die Unterlage.

▸ **Klinik.**

D 2 Unterschenkel und Fuß

Fibularisgruppe

▶ Synonym.

Die Sehnen der **Mm. fibularis (peroneus) longus** und **brevis** ziehen in **Sehnenscheiden** hinter dem Außenknöchel. Sie **beugen** und **pronieren**.

Fibularisgruppe

▶ Synonym. Peroneusgruppe (Abb. **D-2.21b**)

Die Sehnen der die Fibula größtenteils einhüllenden **Musculi fibularis** (**peroneus**) **longus** und **brevis** ziehen in **Sehnenscheiden** hinter dem Außenknöchel. Sie sind schwache **Beuger** und **pronieren**, wobei der Fibularis longus der kräftigste Pronator ist. Die **Retinacula musculorum fibularium superius** (vom Malleolus lat. zur Außenfläche des Calcaneus) und **inferius** (s. o., Abb. **D-2.20b**) sichern auch hier zusätzlich die Lage der Sehnen.

Sprunggelenkmuskeln

Sprunggelenkmuskeln

⊙ D-2.22 Muskeln der Sprunggelenke

Muskel		Ursprung	Ansatz	Innervation*	Funktion
Flexoren					
M. triceps surae	**M. gastrocnemius****		Tuber calcanei („Achillessehne")	**N. tibialis** (S1–S2)	**Plantarflexion** und **Supination**
	▪ Caput mediale	dorsal und kranial vom medialen Femurkondylus			
	▪ Caput laterale	dorsal-kranial vom lateralen Femurkondylus			
	M. soleus	Fibula und Tibia dorsal-proximal, Arcus tendineus			
M. plantaris		kranial vom lateralen Femurkondylus	Tuber calcanei		
M. tibialis posterior		Membrana interossea, Tibia & Fibula (dorsal)	Ossa naviculare, cuneiforme intermed. und lat., cuboideum		
M. flexor hallucis longus		Fibula (dorsal), Membrana interossea	Endphalanx der Großzehe	(L4–S1)	zusätzlich: Flexion der Großzehe
M. flexor digitorum longus		Tibia (dorsal), Faszie des M. tibialis post.	Endphalangen der 2.–5. Zehen		zusätzlich: Flexion der 2.–5. Zehe
Extensoren					
M. tibialis anterior		Facies lat. der Tibia, Membrana interossea, Fascia cruris	Os cuneiforme med. (plantar), Os metatarsi I	(L4–L5)	**Dorsalextension**, Supination
M. extensor hallucis longus		Membrana inteross., Fibula (medial, distal)	Dorsalaponeurose der Großzehe	**N. fibularis (peroneus) profundus**	**Dorsalextension**, Extension der Großzehe
M. extensor digitorum longus		Tibiakondylus (lateral), Membrana interossea, Fibula (ventral)	Dorsalaponeurosen der 2.–5. Zehen	(L5–S1)	**Dorsalextension**, Pronation, Extension der 2.–5. Zehe
Fibularisgruppe					
M. fibularis (peroneus) longus		Fibula (proximal), lat. Tibiakondylus, Septa intermusc.	Os cuneiforme med. (plantar), Os metatarsi I (Basis)	**Nervus fibularis (peroneus) superficialis**	**Pronation** und **Plantarflexion**
M. fibularis (peroneus) brevis		Fibula (dist. ⅔), Septa intermusc.	Tuberositas des Osmetatarsale V	(L5–S1)	

* *Die Segmente beziehen sich auf die Innervation der Muskeln; häufig führt der Nerv Fasern aus mehr als den angegebenen Segmenten.*

** Zur Wirkung des M. gastrocnemius auf das Kniegelenk siehe Abb. **D-1.41**.

D 2.5 Muskulatur von Unterschenkel und Fuß

☰ D-2.1	Sprunggelenkmuskeln geordnet nach Bewegungen und Wichtigkeit
Bewegung	**Muskeln** **(Anteil am Gesamtdrehmoment aller an der Bewegung beteiligten Muskeln in %)**
Plantarflexion	**M. triceps surae (90 %**, M. gastrocnemius 50 %, M. soleus 40 %)
Dorsalextension	**M. tibialis ant. (60 %)**, M. extensor digitorum longus (20 %), M. extensor hallucis longus (10 %), M. fibularis tertius (10 %)
Supination (USG & Chopart-Gelenk)	**M. triceps surae (50 %)**, M. tibialis post. (20 %), M. tibialis ant. (10 %), M. flexor hallucis longus (10 %), M. flexor digitorum longus (10 %)
Pronation (USG & Chopart-Gelenk)	**M. fibularis longus (35 %)**, **M. fibularis brevis (30 %)**, M. extensor digitorum longus (15 %), M. fibularis tertius (10 %)

Es wurden nur wichtige Muskeln mit einem Anteil > 10 % berücksichtigt. Bei den Prozentangaben handelt es sich um gerundete Ca.-Werte. Die Drehmomentabschätzung gilt für die NN-Position.

2.5.2 Kurze Fußmuskeln

Funktion: Die wesentliche Bedeutung der kurzen plantaren Fußmuskeln liegt in der **aktiven Verspannung der Fußgewölbe**. Ihre **dynamische** Rolle ist eher bescheiden (Flexion sowie etwas Spreizen und Adduzieren der Zehen).

Mit Ausnahme der Musculi extensores hallucis und digitorum breves (Abb. **D-2.23**) befinden sich alle **kurzen Fußmuskeln** auf der **Plantarseite** (Abb. **D-2.25**, Abb. **D-2.26**, Abb. **D-2.24**). Sie sind ähnlich wie die Muskeln der Hand (S. 498) in **drei Gruppen** gegliedert, die jeweils in separaten Logen liegen:

- Muskeln der **Großzehenloge**,
- Muskeln der **Kleinzehenloge** und
- die der **mittleren Muskelloge**.

Auch ihre **Innervation** ist derjenigen der Handmuskeln sehr ähnlich: die Nn. plantares medialis und lateralis entsprechen den Nn. medianus und ulnaris.

2.5.2 Kurze Fußmuskeln

Funktion: Die Bedeutung der kurzen plantaren Fußmuskeln liegt in der **aktiven Verspannung der Fußgewölbe**.

Die **kurzen Fußmuskeln** der **Planta pedis** (Abb. **D-2.23**, Abb. **D-2.24**) gliedern sich in die der

- **Großzehenloge**,
- **Kleinzehenloge** und die der
- **mittleren Muskelloge**.

Nicht nur die Anordnung, sondern auch die Innervation ist ähnlich wie die an der Hand (S. 498).

◉ D-2.23	Dorsale kurze Fußmuskeln (Fußrücken)					
Muskel	**Ursprung**	**Ansatz**	**Innervation**	**Funktion**		**Schema**
M. extensor hallucis brevis ①	Dorsolaterale Fläche des Calcaneus vor dem Sinus tarsi	Grundphalanx I (dorsal/proximal), Dorsalaponeurose	**N. fibularis profundus** (L5–S1)	Dorsalextension der Großzehe		
M. extensor digitorum brevis ②		Dorsalaponeurosen der 2.–4. Zehe		Dorsalextension der 2.–4. Zehe		

Abbildung aus Prometheus LernAtlas. Thieme, 3. Aufl.

D-2.24 Plantare kurze Fußmuskeln

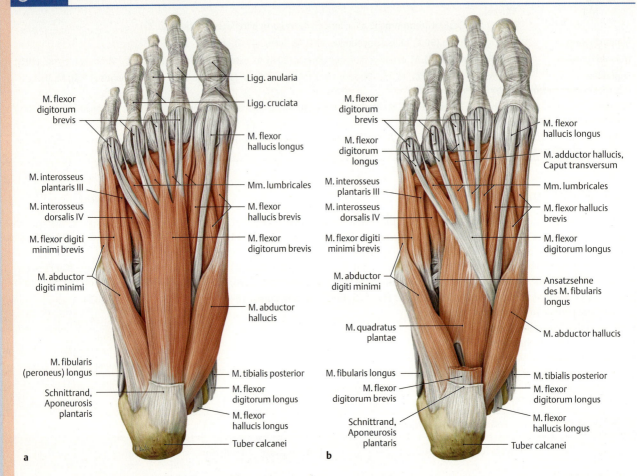

(Prometheus LernAtlas. Thieme, 3. Aufl.)
a Ansicht eines rechten Fußes von plantar nach Entfernung der Plantaraponeurose einschließlich des Lig. metatarsale transversum superficiale
b und zusätzlicher Entfernung des M. flexor digitorum brevis.

D 2.5 Muskulatur von Unterschenkel und Fuß

⊙ D-2.25	Plantare kurze Fußmuskeln (Fußsohle) (Teil I)				
Muskel	**Ursprung**	**Ansatz**	**Innervation**	**Funktion***	**Schema**
Muskeln der Großzehenloge					
M. abductor hallucis ①	Tuber calcanei, Os naviculare, Plantaraponeurose	Phalanx prox. I, med. Sesambein	**N. plantaris medialis** (S1, S2)	Flexion (und Abduktion) der Großzehe	
M. flexor hallucis brevis ② — Caput mediale	Os cuneiforme mediale, Lig. calcaneocuboideum	Phalanx prox. I, med. Sesambein		Flexion der Großzehe	
M. flexor hallucis brevis ② — Caput laterale		Phalanx prox. I, lat. Sesambein			
M. adductor hallucis ③ — Caput obliquum	Ossa cuboideum und cuneiforme lat.	über lat. Sesambein an der Basis Phalanx prox. I (lateral)	**N. plantaris lateralis** (S1, S2)	Adduktion und Flexion der Großzehe	
M. adductor hallucis ③ — Caput transversum	Lig. metatarsale transversum prof.				
Muskeln der Kleinzehenloge					
M. abductor digiti minimi (V) ①	Tuber calc. (lat), Plantaraponeurose	Phalanx prox. V (lateral)	**N. plantaris lateralis** (S1, S2)	Abspreizen und Plantarflexion der kleinen Zehe	
M. flexor digiti minimi (V) brevis ②	Os metatarsi V (basal), Lig. plantare longum	Phalanx prox. V (basal)			
M. opponens digiti minimi (V)* ③		Os metatarsi V (distal)			

* Nur die dynamische Funktion ist berücksichtigt.
** Der M. opponens digiti V ist meist kein eigenständiger Muskel und mit dem Flexor brevis verwachsen.

Zur Verspannung der Fußgewölbe siehe Kap. Aufbau und Sicherung der Fußgewölbe (S. 423).
Abbildungen aus Prometheus LernAtlas. Thieme, 3. Aufl.

D-2.26 Plantare kurze Fußmuskeln (Fußsohle) (Teil II)

Muskel	Ursprung	Ansatz	Innervation	Funktion*	Schema
Muskeln der Mittelloge					
M. flexor digitorum brevis ①	Tuber calcanei, Plantaraponeurose	Mittelphalanx II–V	**N. plantaris medialis** (S1, S2)	Zehenbeugung im Grund- und Mittelgelenk	
M. quadratus plantae ②	Calcaneus (plantar)	Sehnen des M. flexor digitorum longus	**N. plantaris lateralis** (S1, S2)	Flexion der Zehen; verstärkt die Wirkung des M. flexor digitorum longus	
Mm. lumbricales (I–IV) ③	Sehnen des M. flexor digitorum longus	Phalanx prox. II–V (medial, proximal)	**Nn. plantares med.** (Mm. I, II) und **lat.** (Mm. III, IV)	Unterstützen Flexion der Zehe im Grundgelenk	
Mm. interossei dorsales (I–IV) ④	Ossa metatarsi I–V; zweiköpfig von Seitenflächen	M. I: Phal. prox. II (med.); M. II–IV: Phal. prox. (lat.)	**N. plantaris lateralis** (S1, S2)	Abspreizen der Zehen II–IV; (Flexion)	
Mm. interossei plantares (I–III) ⑤	Ossa metatarsi III–V	Phalanx prox. III–V		Adduktion der Zehen III–V zur Zehe II; (Flexion)	

Sehne des M. flexor digitorum longus

* Nur die dynamische Funktion ist berücksichtigt.

Zur Verspannung der Fußgewölbe siehe Kap. Aufbau und Sicherung der Fußgewölbe (S. 423).
Abbildungen aus Prometheus LernAtlas. Thieme, 3. Aufl.

2.6 Funktionelle Anatomie des Fußes

2.6.1 Lastübertragung

Der Fuß des Menschen steht als Folge der aufrechten Haltung in einem rechten Winkel zum Unterschenkel. Die Last des **Körpergewichts** wird ausschließlich vom **Talus** im oberen Sprunggelenk aufgenommen. Der größte Teil des Gewichts wird vom distalen Ende der Tibia auf die Trochlea tali (S. 404) übertragen; ein kleiner Teil vom Ende der Fibula auf den Processus lateralis tali.

Vom Talus wird die Last über hintereinander geschaltete Tarsal- und Metatarsalknochen zu den Auflagepunkten des Fußes am Boden geleitet.

Auf Röntgenaufnahmen zeigt die **Spongiosaarchitektur** sehr anschaulich die Wege der Druckübertragung von der Talusrolle auf die folgenden Knochen von Tarsus und Metatarsus (Abb. **D-2.5b**).

Für den stabilen Stand einer Konstruktion – sei sie technisch oder biologisch – sind **drei Auflagepunkte** erforderlich. Diese sind beim menschlichen Fuß
- das **Tuber calcanei**,
- das **Caput** des **Os metatarsi I** und
- das **Caput** des **Os metatarsi V** (Abb. **D-2.27**).

Beim Stand auf zwei Beinen erscheinen zwei Auflagepunkte pro Fuß ausreichend, da der Gesamtorganismus dann an vier Stellen Kontakt mit dem Boden hat. In der Tat wird das Körpergewicht **hauptsächlich** über das **Tuber calcanei** und das **1. Metatarsalköpfchen** auf den Untergrund übertragen. Die Zehen spielen bei der Betrachtung der **Statik** des Fußes eine untergeordnete Rolle.

Vom Talus, dem am weitesten kranial gelegenen Fußwurzelknochen, wird die Last über 3 „**Stützstrahlen**" zu den Auflagepunkten geleitet. Dadurch, dass die „Stützstrahlen" vom Talus nach kaudal vorne und hinten abgehen, ergibt sich eine **Gewölbekonstruktion** in der **Längsachse** des Fußes (Abb. **D-2.27** und Abb. **D-2.6**).

Die Stützstrahlen werden durch verschiedene Knochen gebildet:
- Der relativ steil stehende, kurze **dorsale** „Stützstrahl" vom Talus zum **Tuber calcanei** besteht nur aus dem **Calcaneus**. Dabei sitzt der Talus, bezogen auf den Körper und das Tuber des Calcaneus, **exzentrisch** (d. h. etwas nach medial versetzt) auf dem **Sustentaculum tali** des Calcaneus.
- Im **medialen** „Stützstrahl" wird die Last vom **Taluskopf** über das **Os naviculare** zum **Os cuneiforme mediale** geleitet, von diesem auf das **Os metatarsi I** und von dessen Caput auf den Untergrund.

Die **Körperlast** wird größtenteils vom distalen Ende der **Tibia** auf den **Talus** übertragen (sichtbar an der Spongiosaarchitektur im Röntgenbild; Abb. **D-2.5b**).

Der Fuß besitzt **drei** (belastete) **Auflagepunkte** am Boden:
- das **Tuber calcanei**,
- die **Köpfe** des **Os metatarsi I** und des
- **Os metatarsi V** (Abb. **D-2.27**).

Hiervon sind beim normalen Stand auf zwei Beinen v. a. **Tuber calcanei** und **1. Metatarsalköpfchen** belastet.

Vom Talus ausgehend bilden 3 „**Stützstrahlen**" zu den tiefer liegenden Auflagepunkten das Fußlängsgewölbe (Abb. **D-2.27** und Abb. **D-2.6**).

Die Stützstrahlen bestehen aus folgenden Knochen:
- Der **Calcaneus** bildet den kurzen **dorsalen** „Stützstrahl" zum **Tuber calcanei**.
- Der **mediale** „Stützstrahl" geht vom Taluskopf aus und beinhaltet die **Ossa naviculare, cuneiforme mediale** und **metatarsale I**.

⊙ D-2.27 Stützstrahlen (a) und Auflagepunkte (b) des rechten Fußes

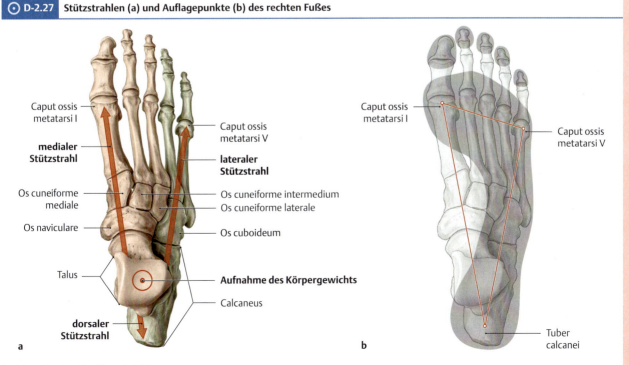

(nach Prometheus LernAtlas. Thieme, 3. Aufl.)

- Zum **lateralen** „Stützstrahl" gehört der vom Talus belastete **Calcaneus**, der sich nach ventral in **Os cuboideum** und **Os metatarsi V** fortsetzt.

Die Übertragung des Körpergewichts über drei Auflagepunkte auf den Boden findet sich in **Fußabdrücken** (Abb. **D-2.28**) und der **Beschwielung** der **Fußsohle** (**Planta pedis**) wieder.

▶ **Klinik.**

- Zum **lateralen** „Stützstrahl" gehört auch der **Calcaneus**, der, vom Talus belastet, aus seiner aufgerichteten Stellung etwas nach vorne kippt. Dabei übt sein vorderes Ende Druck auf das **Os cuboideum** aus, das diesen an das **Os metatarsi V** weitergibt, dessen Caput dem Boden aufliegt.

Das vorgestellte Fußmodell mit drei hauptsächlich belasteten „Strahlen" wird **Fußabdrücken** (Abb. **D-2.28**) und der gleichfalls die **Druckbelastung** widerspiegelnden **Beschwielung** (Hornhautbildung) der **Fußsohle** (**Planta pedis**) besser gerecht als die systematisch-anatomische Gliederung (S. 399).

Dabei zeigen sich eindeutige **Druckmaxima** unter dem Tuber calcanei, dem Caput des ersten Metatarsale und ein etwas geringer ausgeprägtes unter dem fünften Metatarsalköpfchen. Die lokale Verdickung des Stratum corneum der Haut der Fußsohle stellt eine Anpassung an vermehrte mechanische Beanspruchung dar.

▶ **Klinik.** Die veränderte Beschwielung der Fußsohle ist ein wichtiges diagnostisches Kriterium bei Veränderungen der Fußgewölbe („Gesicht des Fußes").

⊙ **D-2.28** Podogramme (Fußabdrücke) rechter Füße

(Prometheus LernAtlas. Thieme, 3. Aufl., nach Rauber und Kopsch)
a Physiologische Fußwölbung (Pes rectus).
b Verlust des Quergewölbes (Pes transversoplanus = Spreizfuß).
c Verlust des Längsgewölbes (Pes planus = Platt-/Senkfuß).

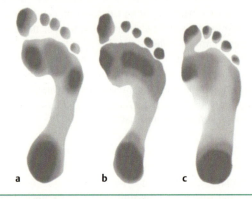

Das **subkutane Fettgewebe** ist unter den belasteten Stellen durch massive Kollagenfaserzüge zu **„Druckkammern"** gestaltet.

Ebenfalls der elastischen Aufnahme des Körpergewichts dient der Aufbau des **subkutanen Fettgewebes**, das unter den belasteten Stellen durch massive Kollagenfaserzüge zu regelrechten **„Druckkammern"** gestaltet ist (Abb. **D-2.29**).

⊙ **D-2.29** Druckkammern des Subkutanfetts der Fußsohle

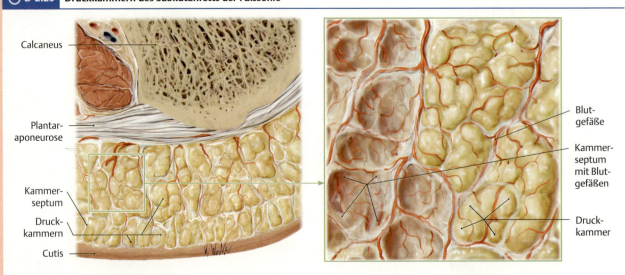

Darstellung des stark belasteten Abschnitts der Ferse: Die Ausschnittvergrößerung zeigt, dass Fettgewebsläppchen (rechte Bildhälfte) von massiven kollagenfaserigen Septen umgeben sind, wodurch druckstabile „Kissen" entstehen.
(Prometheus LernAtlas. Thieme, 3. Aufl.)

2.6.2 Aufbau und Sicherung der Fußgewölbe

Die beim Gehen und Springen auftretenden Stöße werden durch geringe Verschiebungen der Knochen mit Abflachung der Fußgewölbe abgefedert. Die Gewölbekonstruktion des Fußes ist dabei von besonderer Bedeutung, da die Fußwurzelknochen untereinander und mit den Mittelfußknochen – mit Ausnahme von unterem Sprunggelenk und Kalkaneokuboidgelenk – durch **Amphiarthrosen** (S. 232) verbunden sind und die Verklammerung durch straffe kollagene Bänder nur geringgradige Bewegungen dieser Skelettelemente gegeneinander erlaubt.
Die Aufrechterhaltung der Fußgewölbe erfolgt durch **Bänder und Muskeln** (s. u.).

Aufbau der Fußgewölbe

Längsgewölbe: In der Seitansicht des Fußes erkennt man das **Längsgewölbe**, welches **medial höher** ist als lateral (Abb. **D-2.4c**, Abb. **D-2.4d**). Während die Weichteile unter dem medialen „Stützstrahl" bis zur Basis des Os metatarsi I keinen Bodenkontakt haben, liegt der laterale Fußrand auf ganzer Länge auf (Abb. **D-2.27b**). Allerdings ist die Druckbelastung zwischen Mittelfußköpfchen V und Tuber calcanei minimal. Bedingt durch den kurzen dorsalen „Stützstrahl" des Calcaneus ist das Längsgewölbe stark **asymmetrisch**.

Quergewölbe: Die Tatsache, dass vorne lediglich die Köpfe des ersten und fünften Os metatarsi druckbelastet aufliegen, ist eine Folge des **Quergewölbes**. Dieses hat seinen Ursprung in der **Form** der Ossa cuneiformia intermedium und **laterale**, welche im Schnitt quer zur Fußlängsachse Keile mit der Spitze nach unten darstellen (Abb. **D-2.7**).
Dadurch geraten das medial anschließende Os cuneiforme mediale und lateral das Os cuboideum in eine tiefere Position. Diese Querwölbung setzt sich in den **Metatarsus** fort: der **erste** und **fünfte** Mittelfußknochen liegen am weitesten unten (plantarwärts), sodass ihre Köpfe druckbelastet dem Untergrund aufliegen. Die **Ossa metatarsi II, III** und **IV** „schweben" gewissermaßen und berühren lediglich wenig belastet mit ihren Köpfen den Boden.

Bandsicherung der Fußgewölbe

Das Gewicht des Körpers tendiert dazu, die Tarsal- und Metatarsalknochen zu Boden zu drücken und so die Längs- und Querwölbung des Fußes abzuflachen. Von den zahlreichen kurzen Bändern des Tarsus und Metatarsus (S. 410) sind nur die plantaren bei der Verspannung der Fußgewölbe wirksam.

Längsgewölbe: Die hauptsächliche **Bandsicherung** des **Längsgewölbes** ist auf **drei Etagen** angeordnet (Abb. **D-2.30**).
- Das **Ligamentum calcaneonaviculare plantare** („Pfannenband") zieht vom Vorderrand des Sustentaculum tali des Calcaneus zur Plantarseite des Os naviculare. Beim Senkfuß (S. 425) wird es durch den tiefer tretenden Taluskopf, der das Os naviculare nach vorne und unten schiebt, gedehnt;
- das **Ligamentum plantare longum** entspringt von der Unterfläche des Calcaneus, sein tiefer Schenkel (Lig. calcaneocuboideum plantare) setzt am Os cuboideum an, die oberflächlichen langen Züge strahlen zu den Basen der Ossa metatarsi II–V aus. Zwischen den beiden Schenkeln verläuft die Sehne des M. fibularis longus;
- die **Aponeurosis plantaris** liegt unmittelbar unter dem Subkutanfett der Fußsohle; sie ist zwischen Tuber calcanei und den Köpfen der Metatarsalia ausgespannt.

⊙ D-2.30 | 3-Etagen-Bandsicherung des Längsgewölbes

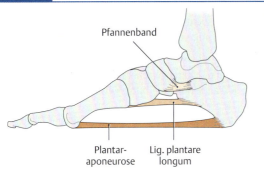

Rechter Fuß schematisch von medial.
(Prometheus LernAtlas. Thieme, 3. Aufl.)

2.6.2 Aufbau und Sicherung der Fußgewölbe

Die Gewölbekonstruktion des Fußes mit der straffen Verbindung der Knochen von Tarsus und Metatarsus, sog. **Amphiarthrosen** (S. 232), bedeutet: Stöße werden durch geringe Verschiebungen der Knochen mit Abflachung der Fußgewölbe abgefedert. Für die **Sicherung** der Gewölbe sind **Bänder** und **Muskeln** wichtig (s. u.).

Aufbau der Fußgewölbe

Längsgewölbe: Das **Fußlängsgewölbe** ist **medial höher** als lateral (Abb. **D-2.4c**, Abb. **D-2.4d**); sein **ventraler** Schenkel deutlich **länger als der dorsale**.

Quergewölbe: Das **Fußquergewölbe** basiert auf der **Form** der Ossa cuneiformia intermedium und laterale, deren Keilspitzen nach unten zeigen (Abb. **D-2.7**).

Als Folge davon liegen der **erste** und **fünfte Mittelfußknochen** am weitesten plantar, sodass ihre Köpfe druckbelastet aufliegen.

Bandsicherung der Fußgewölbe

Der drohenden Abflachung der Längs- und Querwölbung wirken **plantare Bänder** entgegen.

Längsgewölbe: Neben kurzen plantaren **Bändern** sind für die Sicherung v. a. zuständig (Abb. **D-2.30**):
- das **Lig. calcaneonaviculare plantare** („Pfannenband")
- das **Lig. plantare longum**; es zieht von der Unterfläche des Calcaneus zum Os cuboideum und den Basen der Ossa metatarsi II–V;
- die **Aponeurosis plantaris**; liegt unter der Fußsohle zwischen Tuber calcanei und den Köpfen der Metatarsalia.

⊙ D-2.30

D-2.31 Verspannung des Quergewölbes eines rechten Fußes

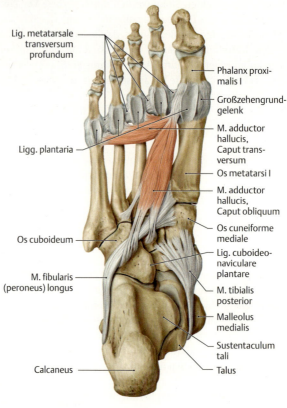

Ansicht von plantar.
(Prometheus LernAtlas. Thieme, 3. Aufl.)

Quergewölbe: Seine Verspannung erfolgt v. a. durch:
- das **Lig. cuboideonaviculare plantare** und
- das **Lig. metatarsale transversum profundum**.

Muskelsicherung der Fußgewölbe

Da die meisten **Muskeln** schräg unter der Fußsohle verlaufen, verspannen sie sowohl **Quer-** als auch **Längsgewölbe**.

Längsgewölbe: Es wird insbesondere verspannt durch (Abb. **D-2.20** und Abb. **D-2.24a**):
- die **Mm. flexores digitorum** und **hallucis breves**,
- den **M. flexor digitorum longus** sowie
- den **M. flexor hallucis longus**, der der Valgisierung des Calcaneus, sog. Knickfußstellung (S. 425), entgegenwirkt.

Quergewölbe: Das **Quergewölbe** wird durch folgende Muskeln gesichert (Abb. **D-2.31**):
- **M. fibularis longus**, dessen Sehne den Tarsus unterquert,
- **M. tibialis posterior**,
- **M. adductor hallucis**: Sein Caput transversum quert den distalen Metatarsus.

Quergewölbe: Die Verspannung der **Querwölbung** erfolgt speziell durch das
- **Ligamentum cuboideonaviculare plantare** und das
- **Ligamentum metatarsale transversum profundum** (zwischen den Kapseln der Zehengrundgelenke; Abb. **D-2.31**).

Muskelsicherung der Fußgewölbe

Wie alle permanent belasteten Strukturen bedarf auch die passive ligamentäre Verspannung der Fußgewölbe der Ergänzung durch **aktiv** kontrahierbare **Muskeln**. Auch hier gilt, dass nur Muskeln, die auf der Unterseite der Fußwölbung verlaufen, diese verspannen. Bei den meist schräg zur Längsachse des Fußes verlaufenden Muskeln lässt sich die Zugkraft in eine **Quer-** und eine **Längskomponente** zerlegen, die jeweils die entsprechenden Gewölbe verspannen. Allerdings lassen sich einige Muskeln hervorheben, welche besonders eine der beiden Fußwölbungen verspannen.

Längsgewölbe: Vornehmlich für das **Längsgewölbe** wichtig sind (Abb. **D-2.20** und Abb. **D-2.24a**):
- die **Mm. flexores digitorum** und **hallucis breves**,
- der **M. flexor digitorum longus** sowie
- der **M. flexor hallucis longus**: seine Sehne verläuft nicht nur unter dem medialen Längsgewölbe nach vorne, sondern zieht das Sustentaculum tali als Widerlager nach oben und wirkt so der Valgisierung, sog. Knickfußstellung (S. 425), des Calcaneus entgegen.

Quergewölbe: Das **Quergewölbe** wird u. a. aktiv gesichert durch (Abb. **D-2.31**):
- **M. fibularis (peroneus) longus**, dessen Sehne quer unter dem Tarsus vom Os cuboideum zum Os cuneiforme mediale zieht.
- Die Sehne des **M. tibialis posterior** fächert zu den Tarsalknochen vom Naviculare bis zum Cuboid aus und verklammert diese quer.
- Das Caput transversum des **M. adductor hallucis** verspannt das Quergewölbe im Bereich des distalen Metatarsus.

▶ **Klinik.** Bei einem Versagen der passiven und/oder aktiven Sicherungen kommt es unter dem Einfluss des Körpergewichts zum Zusammenbruch der Fußgewölbe.

Ein **Nachgeben des Quergewölbes** führt zu einem Tiefertreten der Metatarsalia II–IV mit der Folge einer Verlagerung der hauptsächlichen Druckübertragung vom Caput des Os metatarsi I auf die Köpfchen der Ossa metatarsi II und III. Dies führt zu einem veränderten Fußabdruck (Abb. **D-2.28**) bzw. einer entsprechend veränderten Beschwielung. Unter Belastung, also beim Auftreten, weichen die Metatarsalköpfe unter Verbreiterung des Vorfußes auseinander, was man an einer Erweiterung der Zwischenzehenräume sieht und mit der Bezeichnung **Spreizfuß** (**Pes transversoplanus**) treffend charakterisiert hat (Abb. **D-2.32**).

Beim **Zusammenbruch des Längsgewölbes** überlagern sich häufig zwei Mechanismen. Der Calcaneus kippt unter Belastung nach vorne, d. h. der Winkel seiner Längsachse mit dem Boden wird kleiner; gleichzeitig kippt die Längsachse des Talus in eine steilere Position und der Taluskopf (mit dem Os naviculare) tritt tiefer. Dementsprechend kann das Caput tali in der abgeflachten Längswölbung getastet werden. Die Folge ist ein **Platt-** oder **Senkfuß**) (**Pes planus**, Abb. **D-2.34a**). Häufig führt der Druck des Talus, dessen Schwerpunkt medial von der Auflagefläche des Tuber calcanei liegt, zu einem Kippen des Calcaneus in der Frontalebene, sodass das Tuber nach lateral zeigt. Diese überwiegend vom unteren Sprunggelenk ausgehende Valgusposition des Calcaneus führt zu einem Knick zwischen Achillessehne und Ferse: **Pes valgus** bzw. **Knickfuß** (Abb. **D-2.34b**). Ein Pes valgus bzw. planus ist bei Kleinkindern physiologisch und bildet sich normalerweise bis zum Adoleszentenalter zurück.

ⓘ **D-2.32** Spreizfuß

(Niethard, F.U., Pfeil, J.: Duale Reihe Orthopädie. Thieme, 2009)

ⓘ **D-2.34** Knick-Senk-Fuß

(Niethard, F.U., Pfeil, J.: Duale Reihe Orthopädie. Thieme, 2009)

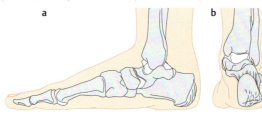

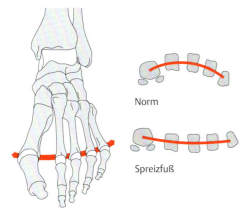

Therapeutisch kommen bei Platt- und Spreizfüßen neben physiotherapeutischen Übungen zur Kräftigung der die Gewölbe verspannenden Muskeln v. a. die Stützung der Gewölbe durch Schuheinlagen zum Einsatz. Übergewichtigen ist eine Gewichtsreduktion anzuraten.

Sekundär zu einem Spreizfuß kann ein **Hallux valgus**, d. h. eine Valgusstellung der Großzehe (S. 347), auftreten: Durch das Abweichen des Metatarsale I (mit der Großzehe) nach medial gerät die Sehne des M. extensor hallucis longus aus der Zehenlängsachse nach lateral. Der Muskel zieht dann den Hallux nach lateral an oder über die zweite Zehe (Abb. **D-2.33**).

Der **Klumpfuß** (**Pes equinovarus**) ist eine mit einer Häufigkeit von etwa 1 : 3000 v. a. bei Knaben auftretende komplexe angeborene Fußdeformität. Dabei steht der Calcaneus in Varusstellung, d. h. das Tuber zeigt nach medial. Der unbelastete Fuß ist plantarflektiert, d. h. in Spitzfuß-("equinus")Stellung, was mit einer verkürzten Achillessehne einhergeht ("equinus" = Adjektiv von "equus", lat. für Pferd, das auf den Zehenspitzen läuft). Der Vorfuß ist adduziert ("Sichelfuß"). Die Belastung erfolgt auf der Außenkante. Die Therapie des Klumpfußes umfasst neben operativen Maßnahmen (bei ausgeprägten Fällen) auch Physiotherapie, redressierende Verbände und Einlagen.

ⓘ **D-2.33** Hallux valgus

(Prometheus LernAtlas. Thieme, 3. Aufl.)

2.7 Gefäßversorgung und Innervation von Unterschenkel und Fuß

Da am Unterschenkel und Fuß meist die Hauptblutgefäße und größeren Nerven zusammen verlaufen, ist es zweckmäßig, ihren Verlauf synoptisch als **„Gefäß-Nerven-Straßen"** zu betrachten (Tab. **D-2.2**, Abb. **D-2.17** und Abb. **D-2.35**). Hierbei versorgen insbesondere die Nerven die Muskeln der Loge (S. 411), in der sie verlaufen.

In den 3 Muskellogen des Unterschenkels verläuft jeweils eine **„Gefäß-Nerven-Straße"** (Tab. **D-2.2**, Abb. **D-2.17** u. Abb. **D-2.35**).

D-2.35 Gefäß-Nerven-Straßen der Muskellogen am rechten Unterschenkel

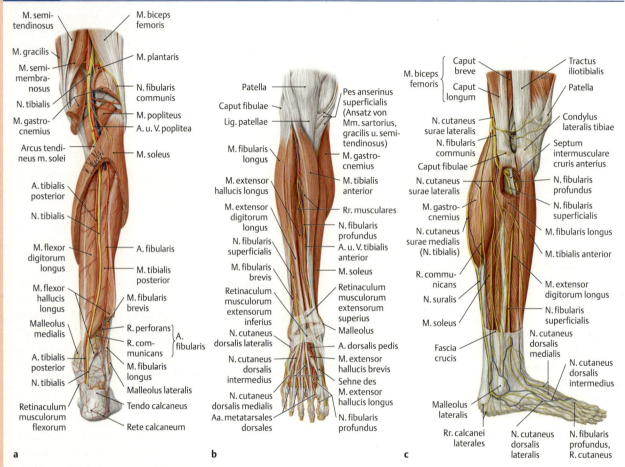

a Leitungsbahnen der Flexorenloge in der Ansicht von dorsal.
b Leitungsbahnen der Extensorenloge in der Ansicht von ventral.
c Aufteilung des N. fibularis communis und Verlauf des N. fibularis superficialis der Fibularisloge in der Ansicht von lateral.

(Prometheus LernAtlas. Thieme, 3. Aufl.)

D-2.2 Gefäß-Nerven-Straßen innerhalb der Muskellogen des Unterschenkels

Muskelloge	Leitungsbahnen	Lage der Leitungsbahnen
Flexorenloge (Compartimentum cruris posterius)	• A. und Vv. tibiales posteriores • N. tibialis	im Bindegewebe zwischen M. triceps surae (oberflächlich) und tiefen Flexoren (S. 412), dorsal des Malleolus medialis (zusammen mit Sehnen der tiefen Flexoren)
Extensorenloge (Compartimentum cruris anterius)	• A. und Vv. tibiales anteriores • N. fibularis profundus	An der Ventralseite der Membrana interossea zum Fußrücken (Dorsum pedis)
Fibularis-/Peroneusloge (Compartimentum cruris laterale)	N. fibularis superficialis	ohne Begleitung größerer Gefäße zum lateralen Fußrücken

D 2.7 Gefäßversorgung und Innervation von Unterschenkel und Fuß

2.7.1 Gefäßversorgung von Unterschenkel und Fuß

Arterielle Versorgung

Die **A. poplitea** (S. 383) gibt noch in der Kniekehle die beiden **Arteriae surales** ab, die in den Köpfen des M. gastrocnemius verlaufen und diese versorgen. Danach teilt sich die A. poplitea hinter dem Tibiakopf in die Arteriae tibiales anterior und posterior (Abb. **D-2.36a**).

Verlauf und Äste der A. tibialis anterior (Abb. D-2.36a): Kurz vor und nach ihrem Eintritt über die Membrana interossea in die ventral gelegene Extensorenloge gibt sie neben dem Collum fibulae die

- **Arteriae recurrentes tibiales posterior** und **anterior** zum **Rete articulare genus** (S. 383) nach ventral ab.

In der Streckerloge zieht sie mit dem N. fibularis profundus (S. 431) zwischen den Mm. tibialis ant. und extensor hallucis longus nach distal. Sie versorgt die Extensoren und anastomosiert im

- **Rete malleolare mediale** mit Ästen der A. tibialis post. und im
- **Rete malleolare laterale** mit der A. fibularis.

Nach Unterquerung des Retinaculum extensorum inf. und der Sehne des M. extensor hallucis longus wird sie am Fußrücken als **Arteria dorsalis pedis** bezeichnet und liegt lateral der Sehne des M. extensor hallucis longus. Nach Abgabe von Ästen zur Fußwurzel, u. a. der A. tarsalis lateralis, zweigt über den Basen der Metatarsalknochen die

- **Arteria arcuata** nach lateral ab. Von ihr entspringen die 4 dorsalen **Arteriae metatarsales dorsales**, die sich in jeweils 2 **Arteriae digitales dorsales** für die Dorsalseite der Zehen aufteilen. Die A. metatarsalis dorsalis I gibt die **Arteria plantaris profunda** ab, die zwischen den Ossa metatarsi I und II in die Fußsohle tritt, wo sie mit der A. plantaris lat. im
- **Arcus plantaris** (**profundus**) anastomosiert.

Verlauf und Äste der Arteria tibialis posterior: Die **A. tibialis posterior** (Abb. **D-2.36b**) verlässt die Fossa poplitea unter dem Sehnenbogen des M. soleus in die Bindegewebsschicht zwischen dem M. triceps surae und den tiefen Flexoren und gibt gleich darauf die

- **Arteria fibularis** ab: Diese zieht in der Flexorenloge hinter der Fibula zum Außenknöchel, wo sie ausläuft. Aus ihr gehen die
  - **Arteria nutricia fibulae** sowie
  - Äste zum **Rete malleolare laterale**, den Flexoren und (durch das Septum intermusculare post.) zur Fibularisgruppe hervor.

Nach Abgabe der A. fibularis verläuft die A. tibialis post. in der Gefäß-Nerven-Straße der Flexorenloge (S. 412) mit dem N. tibialis und den gleichnamigen Venen. Dort gibt sie

- **Muskeläste** zu den Flexoren, eine
- **Arteria nutricia tibiae** sowie
- Äste zum **Rete malleolare mediale** und **Rete calcaneum** ab.

Nach dorsaler Passage des Innenknöchels zwischen den Sehnen der Mm. flexor digitorum longus und hallucis longus zieht die A. tibialis posterior unter dem M. abductor hallucis hindurch in die Planta pedis; dabei teilt sie sich in die Aa. plantares medialis und lateralis (Abb. **D-2.41**).

- Die **Arteria plantaris medialis** läuft auf der medialen Seite der Planta pedis zwischen M. abductor hallucis und M. flexor digitorum brevis nach vorn.
  - Ihr **Ramus profundus** anastomosiert mit dem **Arcus plantaris** der A. plantaris lateralis.
  - Der **Ramus superficialis** versorgt plantar die mediale Seite des Hallux.
- Die **Arteria plantaris lateralis** läuft zwischen den Mm. flexor digitorum brevis und abductor digiti V. Sie bildet unter dem kurzen Zehenbeuger den
  - **Arcus plantaris** (Abb. **D-2.36c**), von dem 4 **Arteriae metatarsales plantares** ab- und in 4 **Arteriae digitales plantares communes** übergehen. Letztere versorgen über je 2 **Arteriae digitales plantares propriae** die einander zugekehrten Seiten der Zehen.
  - Der Ast für die laterale Seite der Kleinzehe geht unmittelbar aus dem Arcus plantaris hervor; die mediale Seite des Hallux wird von der A. plantaris medialis (s. o.) versorgt.

2.7.1 Gefäßversorgung von Unterschenkel und Fuß

Arterielle Versorgung

Arterielle Versorgung: Die **A. poplitea** (S. 383) teilt sich in die Aa. tibiales ant. und post. (Abb. **D-2.36a**).

Verlauf und Äste der A. tibialis anterior (Abb. D-2.36a): Nach Abgabe der

- **Aa. recurrentes tibiales ant.** und **post.** zum **Rete art. genus, verläuft sie** in der Streckerloge mit dem N. fibularis prof. und gibt distal
- Äste zu den **Retia malleolares** ab.

Am Fußrücken Übergang in die **A. dorsalis pedis**, die die

- **A. arcuata** bildet, von der
- **4 Aa. metatarsales dorsales** abgehen, die sich in jeweils 2 Aa. digitales dorsales aufteilen.
- Anastomose mit dem **Arcus plantaris profundus**.

Verlauf und Äste der Arteria tibialis posterior (Abb. D-2.36b): Sie liegt mit dem N. tibialis in der Flexorenloge (S. 412) und gibt die

- **A. fibularis** ab, die Fibula, Flexoren und Mm. fibulares versorgt.
- Äste zu Tibia, Flexoren sowie **Rete malleolare med. und calcaneum**.

Nach dorsaler Passage des Malleolus med., teilt sie sich in der Planta in Aa. plantares med. und lat. (Abb. **D-2.41**).

- Die **A. plantaris med.** bildet den
  - **R. profundus**, der mit dem Arcus plantaris anastomosiert, und den
  - **R. superficialis** zum Hallux.
- Die **A. plantaris lat.** setzt sich im **Arcus plantaris** (Abb. **D-2.36c**) fort, der
  - **4 Aa. metatarsales plantares** abgibt, die über **Aa. digitales plantares communes** in **Aa. digitales plantares propriae** die Zehen versorgen.
  - Der Ast für die laterale Kleinzehe geht direkt aus dem Arcus hervor.

D-2.36 Unterschenkel- und Fußarterien

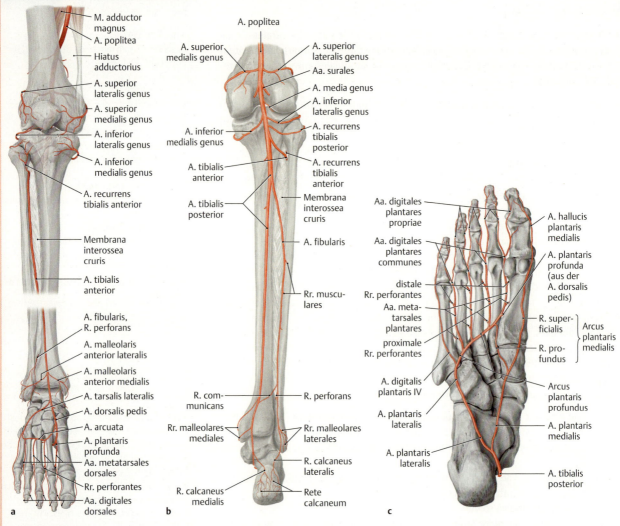

(Prometheus LernAtlas. Thieme, 3. Aufl.)
a Rechter Unterschenkel in der Ansicht von ventral: Darstellung der A. tibialis anterior, aus der die Arterien zum Fußrücken hervorgehen.
b Rechter Unterschenkel in der Ansicht von dorsal: Darstellung der A. tibialis posterior, aus der die A. fibularis entspringt.
c Ansicht der rechten Fußsohle mit Darstellung des Arcus plantaris profundus.

▶ Klinik.

▶ Klinik. Zu einem **Gefäßstatus** gehört auch die Palpation der **Fußpulse:** Man drückt mit den Fingern der untersuchenden Hand von dorsal gegen den Innenknöchel und tastet so die **A. tibialis posterior**.
Die **A. dorsalis pedis**, welche die **A. tibialis anterior** fortsetzt, ist am Fußrücken distal des Retinaculum extensorum inf. (S. 415) unmittelbar lateral der Sehne des M. extensor hallucis longus zu tasten.

D-2.37 Palpation der Fußpulse

(Prometheus LernAtlas. Thieme, 3. Aufl.)
a A. tibialis posterior
b und A. dorsalis pedis.

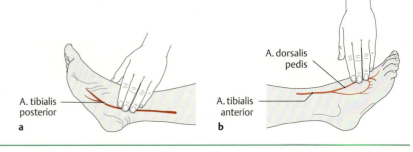

D 2.7 Gefäßversorgung und Innervation von Unterschenkel und Fuß

Venöser Abfluss

Neben den meist **doppelt angelegten Begleitvenen** der Arterien existieren am Unterschenkel zwei große **Hautvenen** (Abb. **D-2.38** und Abb. **D-1.45**):

- Die **Vena saphena magna** bildet sich am Fußrücken aus dem **Arcus venosus dorsalis pedis**, der über **Venae intercapitulares** mit dem **Arcus venosus plantaris** der Sohle in Verbindung steht. Der dorsale Venenbogen setzt sich in die **Vena marginalis medialis** fort, die **vor** dem **Malleolus medialis** in die V. saphena magna übergeht. Die Vena saphena magna (S. 383) zieht an der Medialseite von Unterschenkel und Knie nach kranial auf die Ventralseite des Oberschenkels.
- Die **Vena saphena parva** bildet sich am lateralen Fußrücken aus der **Vena marginalis lateralis**, die in Verbindung zum Arcus venosus dorsalis pedis steht. Sie zieht epifaszial **hinter** dem **Malleolus lateralis** auf die Wade, wo sie teilweise neben dem N. suralis (s. u.) liegt, und mündet in der Kniekehle in die in der Tiefe liegende V. poplitea.

Die untereinander ausgiebig vernetzten Hautvenen stehen über **Venae perforantes** (die sog. **Cockett-Venen**) mit den tiefen (arterienbegleitenden) Venen in Verbindung. Am distalen Oberschenkel und unmittelbar unter dem Knie sind dies die Dodd- und Boyd-Venen.

Die Venen der Extremitäten enthalten zweiflügelige **Klappen** (S. 159). Sie sind so eingebaut, dass sie den **Blutfluss** nur von **peripher nach zentral** zulassen bzw. von den **Hautvenen** zu den **tiefen** Venen. Die tiefen Venen werden in den Muskellogen bei der Muskelkontraktion zusammengedrückt, wodurch der Rückstrom des Blutes nach zentral wesentlich gefördert wird.

Venöser Abfluss

Neben den tiefen **Begleitvenen** der Arterien, gibt es 2 große **Hautvenen** (Abb. **D-2.38** und Abb. **D-1.45**):

- Die **V. saphena magna** aus dem **Arcus venosus dorsalis pedis** zieht **vor** dem Malleolus med. am Unterschenkel medial zum Oberschenkel.
- Die **V. saphena parva** zieht vom lateralen Fußrücken **hinter** dem **Malleolus lat.** zur Vena poplitea in der Kniekehle.

Die Hautvenen stehen über **Vv. perforantes** mit den tiefen Venen in Verbindung.

Die zweiflügeligen **Klappen** (S. 159) der Extremitätenvenen sorgen dafür, dass das **Blut** nur von **peripher nach zentral** strömen kann.

D-2.38 Oberflächliche (epifasziale) und tiefe Venen des rechten Unterschenkels in der Ansicht von dorsal

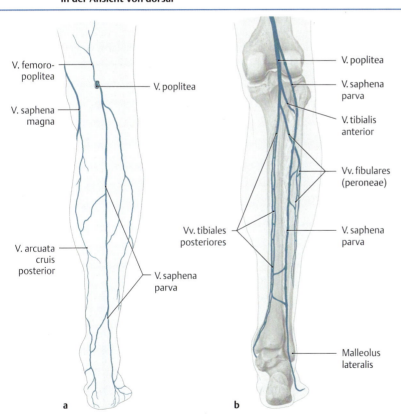

(Prometheus LernAtlas. Thieme, 3. Aufl.)
a Oberflächliche Venen,
b oberflächliche und tiefe Venen

▶ Klinik. **Varizen** („Krampfadern" = sackförmige Erweiterungen der Hautvenen mit zunehmender Insuffizienz der Venenklappen) an der unteren Extremität sind nicht nur von kosmetischer Bedeutung, sondern können v. a. nach langem Stehen oder Sitzen zu Schwere- und Spannungsgefühl in den Beinen sowie zu nächtlichen Krämpfen und Ödemen führen. Mögliche Komplikationen (Thrombophlebitis, tiefe Beinvenenthrombose mit Gefahr der Lungenembolie) sind in der Klinikbox Varizen (S. 160) erläutert.

Erste therapeutische Maßnahme bei Varizen ist immer das Tragen von Kompressionsstrümpfen. Führt dies nicht zur Besserung der oben beschriebenen Symptome, können die Hautvenen operativ entfernt werden, was jedoch die Durchgängigkeit des tiefen Venensystems erfordert.

⊙ D-2.39 **Stammvarizen**

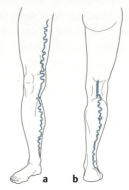

(Prometheus LernAtlas. Thieme, 3. Aufl.)
a Vena-saphena-magna-Typ
b und Vena-saphena-parva-Typ.

Lymphabfluss

Die **Lymphe** der Wade und des lateralen Fußrandes (Abb. **D-2.40**) fließt in die epifaszialen **Nll. poplitei superff.** und von dort in die **Nll. poplitei proff.** in der Tiefe der Fossa poplitea. In die **Nll. poplitei proff.** drainieren auch **Flexorenloge** und **Fußsohle**.

Der ventromediale Unterschenkel und Fußrücken drainieren entlang der V. saphena magna zu den **Nll. inguinales superficiales inff.**

⊙ D-2.40

Lymphabfluss

Die **Lymphe** von der Haut der Wade und des lateralen Fußrandes (Abb. **D-2.40**) fließt in die epifaszial um die V. saphena parva gelegenen **Nodi lymphoidei poplitei superficiales**. Diese drainieren in die **Nodi lymphoidei poplitei profundi**, die an der A. poplitea liegen und auch Lymphe aus der Flexorenloge und der Fußsohle erhalten. Von der Kniekehle führen Lymphgefäße entlang der A. femoralis zu den tiefen Leistenlymphknoten (S. 384).

Die Lymphe des ventromedialen Unterschenkels und vom größten Teil des Fußrückens fließt entlang der V. saphena magna zu den Nodi lymphoidei inguinales superficiales inferiores (S. 384). In die Drainage der Extensoren- und Fibularisloge, die überwiegend entlang der Blutgefäße in die Nodi poplitei profundi erfolgt, können (inkonstante) **Nodi lymphoidei tibiales anteriores** bzw. **fibulares** eingeschaltet sein.

⊙ D-2.40 **Oberflächliches Lymphsystem**

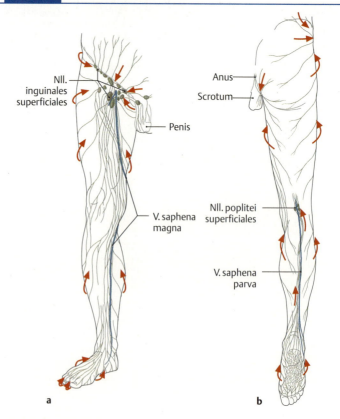

(Prometheus LernAtlas. Thieme, 3. Aufl.)
a Ansicht eines rechten Beines von ventral
b und dorsal.

2.7.2 Innervation von Unterschenkel und Fuß

Äste und Innervationsgebiete der peripheren Nerven

Nervus tibialis (L 4–S 3): Der mediale Ast des N. ischiadicus verlässt die Fossa poplitea unter dem **Arcus tendineus musculi solei** und gibt **Rami musculares** zur **Flexorengruppe** des Unterschenkels ab.

Das motorische (s. Abb. **D-2.25**) und sensible (s. u.) Innervationsmuster der **Nervi plantares medialis** und **lateralis**, welche sämtliche **Muskeln der Fußsohle** innervieren, entspricht weitgehend dem von N. medianus und N. ulnaris an der Hand.

▶ **Klinik.** Eine proximale Läsion des N. tibialis führt nicht nur zu Sensibilitätsstörungen der Planta pedis (S. 388), sondern hat wegen des Überwiegens der Extensoren eine **„Hackenfußstellung"** zur Folge.

Nervus fibularis communis (L 4–S 2): Proximal in der Fibularisloge teilt sich der laterale Hauptast des N. ischiadicus auf:
- Der **Nervus fibularis profundus** (L 4–S 2) durchbricht das Septum intermusculare ant., um in die Extensorenloge zu gelangen (Abb. **D-2.35b**). Er innerviert motorisch die Extensoren von Unterschenkel und Fußrücken. Sein sensibler Endast endet im Spatium interdigitale I (s. u.).
- Der **Nervus fibularis superficialis** (L 4–S 2) innerviert die Mm. fibulares (Abb. **D-2.35c**) und sensibel die Haut des Fußrückens (Abb. **D-2.42**).

▶ **Klinik.** Bei einer **Lähmung des N. fibularis** kommt es infolge des Ausfalls der Extensoren am Unterschenkel zu einer **Spitzfußstellung mit „Steppergang"** und zum Sensibilitätsausfall am Fußrücken (S. 388).

⊙ D-2.41 Leitungsbahnen der Planta pedis

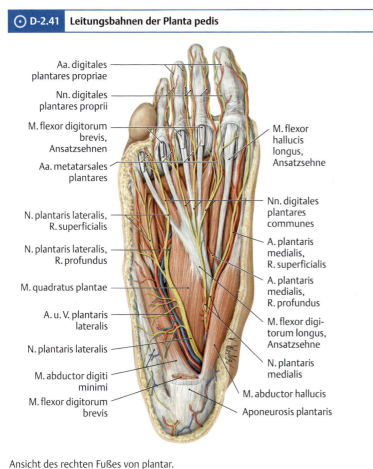

Ansicht des rechten Fußes von plantar.
(Prometheus LernAtlas. Thieme, 3. Aufl.)

D-2.42 Sensible Innervation von Unterschenkel und Fuß

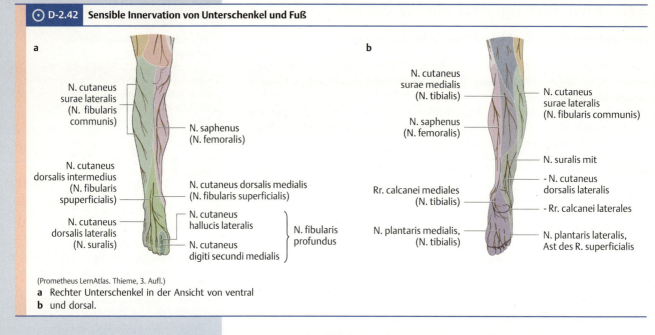

a Rechter Unterschenkel in der Ansicht von ventral
b und dorsal.
(Prometheus LernAtlas. Thieme, 3. Aufl.)

Motorische Innervation

Siehe Abb. **D-2.22**, Abb. **D-2.23**, Abb. **D-2.25** und Abb. **D-2.26**.

Sensible Innervation

Sie erfolgt am Unterschenkel (Abb. **D-2.42**):
- **medial**: N. saphenus (L 3–4) aus dem N. femoralis (S. 387),
- **lateral**: N. cutaneus surae lat. (L 5–S 2) aus dem N. fibularis communis,
- **dorsal/proximal**: N. cutaneus surae medialis (L 5–S 2) aus dem N. tibialis.
- **Ferse** und **lat. Fußrand**: N. suralis (L 4–S 2) (aus N. cutaneus surae lat. und N. tibialis) sowie **N. cutaneus dorsalis lateralis** (aus dem N. suralis).
- **Außenknöchel, Fußrücken**, Dorsum der meisten **Zehen**: Nn. cutanei dorsales **intermedius** und **medialis** (aus N. fib. superf.).
- **Spatium interdigitale I** (dorsal) **N. fibularis prof.**
- **Planta pedis**
  – Ferse: **Nn. tibialis** und **suralis**,
  – lateraler Bereich mit 1½ Zehen: **N. plantaris lateralis**,
  – medialer Bereich mit 3½ Zehen: **N. plantaris medialis**.

Zur segmentalen Innervation (Dermatome) s. Abb. **D-1.49f** und Tab. **D-1.8**.

Motorische Innervation

Zur Innervation der Muskulatur von Unterschenkel und Fuß s. Abb. **D-2.22**, Abb. **D-2.23**, Abb. **D-2.25** und Abb. **D-2.26**.

Sensible Innervation

Die sensible Innervation des Unterschenkels (Abb. **D-2.42**) erfolgt
- **medial** durch den **Nervus saphenus** (L 3–4), dem Endast des N. femoralis (S. 387),
- **lateral** durch den **Nervus cutaneus surae lateralis** (L 5–S 2), der in der Fossa poplitea aus dem N. fibularis communis abzweigt.
- Auf der **Rückseite** schiebt sich in der proximalen Hälfte des Unterschenkels das Gebiet des N. cutaneus surae medialis (L 5–S 2) dazwischen. Distal über Achillessehne und Ferse liegt das Innervationsgebiet des **Nervus suralis** (L 4–S 2), der mit seinem Endast dem **Nervus cutaneus dorsalis lateralis** die laterale Kante des Fußes versorgt. Der N. suralis entsteht in der Rinne zwischen den Gastroknemiusköpfen durch Vereinigung des N. cutaneus surae medialis aus dem N. tibialis und einem Ast des N. cutanaeus surae lateralis.
- Die Haut über dem Außenknöchel, **Fußrücken** und Dorsalseite der meisten Zehen wird von den Endästen des **N. fibularis superficialis**, den **Nervi cutanei dorsales intermedius** und **medialis** innerviert.
- Der Raum zwischen 1. und 2. Zehe sowie ihre einander zugekehrten Dorsalhälften werden vom **N. fibularis profundus** versorgt.
- An der **Planta pedis** wird die Haut je nach Region versorgt:
  – über der Ferse von **Rami calcanei mediales** des **N. tibialis** und **Rami calcanei laterales** des **N. suralis** (s. o.),
  – der laterale Bereich mit 1½ Zehen vom **N. plantaris lateralis**,
  – der mediale Bereich mit 3½ Zehen vom **N. plantaris medialis**.

Zur **segmentalen Innervation (Dermatome)** s. Abb. **D-1.49f** und Tab. **D-1.8**.

2.8 Topografische Anatomie von Unterschenkel und Fuß

Unterhalb des Knies wird der größte Teil des Unterschenkels von der **Regio cruralis anterior** und der auch als **Regio surae** bezeichneten **Regio cruralis posterior** eingenommen. Über den Knöcheln liegen die **Regiones malleolares medialis** und **lateralis**, zwischen die dorsal die **Regio calcanea** eingeschoben ist. Ventral geht die Regio cruralis anterior in das **Dorsum pedis** über. Die Fußsohle wird von der **Regio plantaris pedis** (**Planta pedis**) eingenommen.

Die Kontur des **dorsalen Unterschenkels** (Wade) wird im Wesentlichen von den beiden Gastroknemiusköpfen des **M. triceps surae** und der **Achillessehne** bestimmt (Abb. **D-2.18**).

Ventromedial liegt die **Tibia** auf ganzer Länge vom Condylus medialis bis zum Malleolus medialis subkutan (Abb. **D-2.21a**).

Ventrolateral liegen Fibularisgruppe und Extensoren unmittelbar nebeneinander.

Beide **Malleolen** (S. 404), von denen der laterale tiefer steht, sind wegen ihrer Lage unmittelbar unter dünner, fast fettfreier Haut gut tastbar.

Dem **Malleolus medialis** liegen dorsal unmittelbar an:

- die Sehnen der tiefen Flexoren (S. 413),
- der N. tibialis und die
- Vasa tibialia posteriora, s. klinik (S. 428).

> ▶ **Klinik.** Eine distale Schädigung des N. tibialis bei **Frakturen des Malleolus medialis** („**Tarsaltunnelsyndrom**") macht sich in erster Linie durch Sensibilitätsausfälle an der Fußsohle bemerkbar. Motorische Ausfälle der Muskeln der Fußsohle sind wegen der Kompensation durch die langen Beuger nur schwer zu verifizieren.

Auf dem **Fußrücken** zeichnen sich, v. a. bei Streckung der Zehen, die Sehnen der langen Extensoren sowie der Muskelbauch der kurzen Extensoren ab.

Sämtliche **Fußwurzel-** und **Mittelfußknochen** sind vom Fußrücken her **tastbar**. Vom **Talus** sind v. a. das Caput und der Vorderrand der Trochlea zu tasten; der **Calcaneus** von dorsal und den Seiten. Sein Sustentaculum tali ist distal des Malleolus medialis tastbar.

Die Polsterung der **Planta pedis** mit Baufett (S. 71) und Muskeln erschwert die Palpation von unten, lediglich das **Os naviculare** und die **Köpfe der Ossa metatarsi** sind gut tastbar.

2.8 Topografische Anatomie von Unterschenkel und Fuß

Der Unterschenkel wird in **Regio cruralis anterior** und **posterior** gegliedert; kaudal liegen **Regiones malleolares med.** und **lat.** sowie **calcanea**. Am Fuß haben wir **Dorsum** und **Planta pedis**.

Die Kontur der Wade wird vom **M. triceps surae** und der **Achillessehne** bestimmt (Abb. **D-2.18**).

Ventromedial liegt die **Tibia** unmittelbar subkutan (Abb. **D-2.21a**).

Beide **Malleolen** sind unter dünner Haut gut tastbar. Direkt hinter dem **Mall. med.** liegen

- die Sehnen der **tiefen Beuger**,
- **N. tibialis** und
- **Vasa tibialia post.**

> ▶ **Klinik.**

Am **Fußrücken** sieht man die langen (Sehnen) und kurzen Extensoren (Muskelbauch).

Die **Fußwurzel-** und **Mittelfußknochen** sind vom Fußrücken her **tastbar**; von der Sohle her sind dies nur **Os naviculare** und die **Köpfe der Ossa metatarsi**.

Obere Extremität

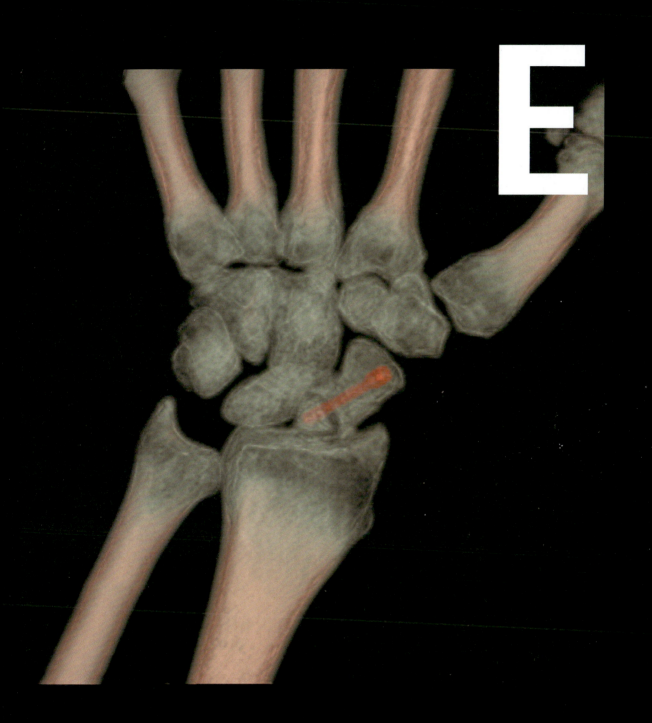

3D-CT der Hand. Die Fraktur des Kahnbeins ist mit einer Schraube versorgt.

© MVZ Zentrum für diagnostische Radiologie und Nuklearmedizin Braunschweig GmbH

1 **Schulter, Oberarm und Ellenbogen** 437

2 **Unterarm und Hand** 477

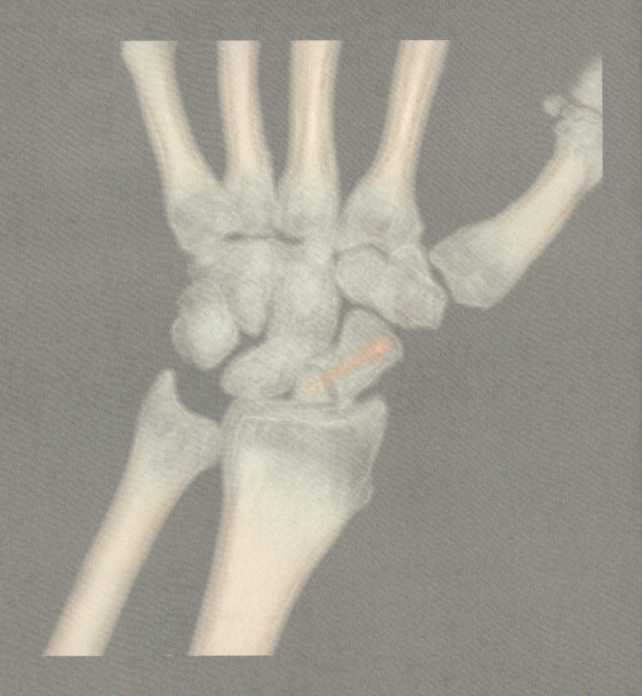

1 Schulter, Oberarm und Ellenbogen

1.1 Einführung ... 437
1.2 Schulter ... 437
1.3 Ellenbogengelenk (Articulatio cubiti) ... 455
1.4 Gefäßversorgung und Innervation von Schulter, Oberarm und Ellenbogen ... 463
1.5 Topografische Anatomie von Schulter, Oberarm und Ellenbogen ... 473

© PhotoDisc

L.J. Wurzinger

1.1 Einführung

Die Entwicklung der menschlichen Hand zum „Kulturorgan", die mit Freistellung der „vorderen Extremität" von der Fortbewegungsfunktion durch den aufrechten Gang ermöglicht wurde, stellt auch entsprechende Anforderungen an den Bau der oberen Extremität und ihre Befestigung am Rumpf.

1.2 Schulter

Die Tatsache, dass die menschliche obere Extremität frei von der Last des Körpergewichts ist, zeigt sich auch in einem zur unteren Extremität verschiedenen Erkrankungsmuster im Schulterbereich.

▶ Klinik. Im Vergleich zu Knie- und Hüftgelenk ist das Schultergelenk (Glenohumeralgelenk, wohl wegen der geringeren Belastung, relativ selten von Arthrose betroffen (s. Abb. **C-1.1**). Dennoch nimmt der Schulterbereich neben Rücken und Füßen eine wichtige Rolle im Berufsalltag des Orthopäden ein. Bei **Unfällen** ist die Schulter insbesondere beim Sturz auf den ausgestreckten Arm oder direkt auf die Schulter gefährdet. Dabei werden v. a. Klavikulafrakturen, Sprengungen des Schultereckgelenks, Rupturen der Rotatorenmanschette und Luxationen des Glenohumeralgelenks sowie Frakturen des proximalen Humerus beobachtet. Eine weitere häufige Gruppe sind **Schulterschmerzen**, die nicht direkt von einem Trauma herrühren, sondern durch Veränderungen der **Weichteile**, z. B. Risse oder Kalkeinlagerungen in den Muskeln und Sehnen der Rotatorenmanschette (S. 454). Schulterschmerzen können aber eine Vielzahl anderer Ursachen haben, darunter auch solche, die nicht primär in der Schulter lokalisiert sind, z. B. degenerative Veränderungen der Halswirbelsäule (S. 253) oder (seltener) sogar Erkrankungen von Thorax- und Bauchorganen.

1.2.1 Funktionelle Aspekte und Bauprinzip der Schulter

Funktionelle Aspekte: Mit Entwicklung der Hand zum Greiforgan wurde der Bewegungsspielraum oder „Verkehrsraum" der Hände stark erweitert, u. a. um manuelle Tätigkeiten unter Kontrolle der Augen durchführen zu können. Diese Erweiterung des Verkehrsraums ist im Wesentlichen eine Funktion der Schulter, wobei der Vergrößerung des Bewegungsumfangs zwei anatomische Besonderheiten dienen:
- Zum einen genießt der Oberarm (bzw. der Gelenkkopf des Schultergelenks in seiner Pfanne) eine große Bewegungsfreiheit und ist dadurch gegenüber dem Schultergürtel in alle Richtungen beweglich,
- zum anderen ist auch die Pfanne des Schultergelenks gegenüber dem Rumpf beweglich. Dies stellt einen gravierenden Unterschied zur unteren Extremität dar, bei der das Becken mit der Pfanne des Hüftgelenks fest mit dem Rumpfskelett verbunden ist.

Andererseits resultiert daraus eine geringere statische Belastbarkeit.

▶ Merke. Die enorme **Beweglichkeit** des Arms ist nicht nur eine Funktion des Schultergelenks, sondern auch Folge der Beweglichkeit der Gelenkpfanne selbst, d. h. der Bewegung der Scapula auf dem Thorax.

1.1 Einführung

1.2 Schulter

Die obere Extremität zeigt ein anderes Verteilungsmuster von Erkrankungen als die untere.

▶ Klinik.

1.2.1 Funktionelle Aspekte und Bauprinzip der Schulter

Funktionelle Aspekte: Die Entwicklung der Hand zum Greiforgan ging mit einer Erweiterung des „Verkehrsraums" der Hände einher. Dies wird erreicht durch:
- die große Beweglichkeit des Oberarms im Schultergelenk und durch
- die bewegliche Verbindung des Schultergelenks mit dem Rumpf.

▶ Merke.

E 1 Schulter, Oberarm und Ellenbogen

Bauprinzip: Die „Schulter" im weiteren Sinne umfasst folgende Gelenke (Abb. **E-1.1**):
- die **Art. glenohumeralis**, das eigentliche Schultergelenk (S. 445),
- die **Art. sternoclavicularis** (S. 440),
- die **Art. acromioclavicularis** (S. 440) und das
- **„Schulterblatt-Thorax-Gelenk"**, unter dem man die Beweglichkeit der Scapula gegen die Thoraxwand (durch lockeres Bindegewebe) versteht.

Bauprinzip: Die Bewegungen der freien oberen Extremität im Schultergelenk (Articulatio glenohumeralis) werden durch die Bewegungen des Schultergürtels (d. h. von Clavicula und Scapula) gegen den Rumpf ergänzt.

Die Bewegungen der „Schulter" im weiteren Sinne spielen sich zwischen mehreren Skelettelementen in folgenden Gelenken ab (Abb. **E-1.1**):
- in der **Articulatio glenohumeralis** (**humeri**), dem eigentlichen Schultergelenk (S. 445),
- der **Art. sternoclavicularis** (S. 440), d. h. mediales Schlüsselbeingelenk,
- der **Art. acromioclavicularis** (S. 440), d. h. laterales Schlüsselbeingelenk und dem
- **„Schulterblatt-Thorax-Gelenk"**. Dies ist kein Gelenk im eigentlichen Sinne: Die Bewegungen des Schulterblatts gegen die Thoraxwand werden durch das dazwischengelegene lockere Bindegewebe ermöglicht.

E-1.1 Gelenke der Schulter im Überblick

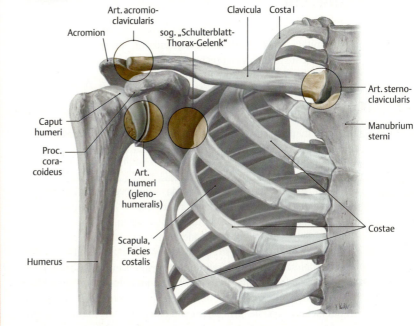

(Prometheus LernAtlas. Thieme, 3. Aufl.)

E-1.2 Schulter im Röntgenbild

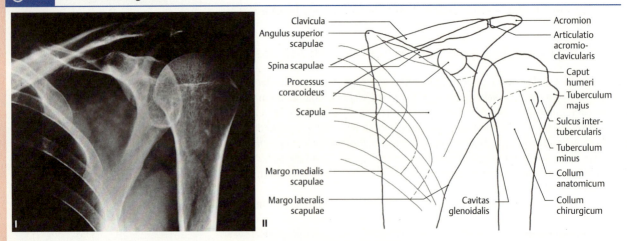

Röntgenaufnahme der linken Schulter a.-p. (**I**) mit jeweils erklärender Schemazeichnung (**II**).
(Möller, T.B., Reif, E.: Taschenatlas der Röntgenanatomie. Thieme, 2010)

1.2.2 Schultergürtel

Knochen (Gelenkkörper) des Schultergürtels

Clavicula (Schlüsselbein): Sie ist ein S-förmig gekrümmter Röhrenknochen (Abb. **E-1.3**) mit einem verdickten **sternalen** (medialen) und einem abgeplatteten **akromialen** (lateralen) Ende (**Extremitas sternalis** und **acromialis**). Die Gelenkfläche des **sternalen** Endes ist sattelförmig und nicht ganz kongruent zur gleichfalls sattelförmigen **Incisura clavicularis** des Manubrium sterni (S. 289). Das **akromiale** Ende trägt eine plane Gelenkfläche von ovaler Form. Die auf der Unterseite gelegenen **Tuberculum conoideum** und **Impressio ligamenti costoclavicularis** sind Anheftungsstellen von Bändern, welche die Clavicula mit der Scapula, bzw. dem Thorax verbinden (s. u.).

Clavicula (Schlüsselbein): Ihr **sternales** (mediales) Ende artikuliert mit dem Manubrium sterni, ihr **akromiales** (laterales) Ende mit dem Acromion der Scapula (Abb. **E-1.3**).

E-1.3 Clavicula

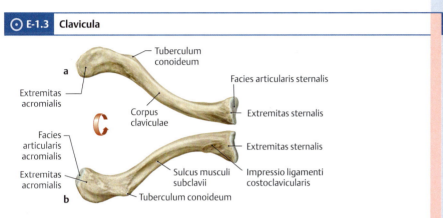

(Prometheus LernAtlas. Thieme, 3. Aufl.)
a Rechtes Schlüsselbein in der Ansicht von kranial
b und kaudal.

Die Clavicula gehört zu den in der Embryonalentwicklung am frühesten verknöchernden Skelettelementen (6. Woche). Als einziger Knochen des postkraniellen Skeletts **verknöchert** der Mittelteil der Clavicula **desmal**, lediglich die gelenkbildenden Enden ossifizieren chondral (S. 79).

Scapula (Schulterblatt): Sie ist ein platter Knochen (Abb. **E-1.4**) mit dreieckigem Umriss. Dementsprechend benennt man drei Ränder (**Margo medialis, superior** und den wulstig verdickten **Margo lateralis**) sowie drei Ecken (**Angulus superior, inferior** und **lateralis**).

Scapula (Schulterblatt): Sie ist ein platter dreieckiger Knochen (Abb. **E-1.4**), an dem sich in der lateralen oberen Ecke (**Angulus lateralis**) die Pfanne des Schultergelenks (**Cavitas glenoidalis**) befindet.

E-1.4 Scapula

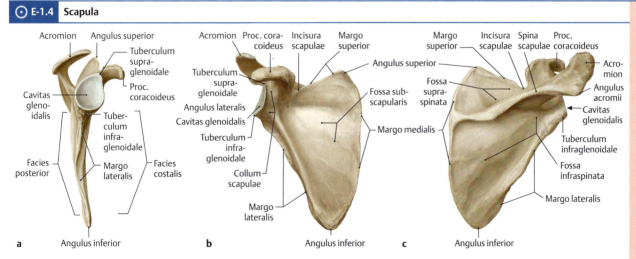

(Prometheus LernAtlas. Thieme, 3. Aufl.)
a Rechtes Schulterblatt in der Ansicht von lateral,
b ventral
c und dorsal.

Facies costalis und **Facies posterior** dienen als Muskelursprungsflächen. Die Facies post. wird durch die Spina scapulae in die **Fossae supraspinata** und **infraspinata** unterteilt. Die **Spina scapulae** endet lateral im **Acromion** dorsal/kranial der Cavitas glenoidalis; ventral/kranial von dieser springt der **Processus coracoideus** vor.

Der verdickte Angulus lateralis trägt die **Cavitas glenoidalis**, die Pfanne des Schultergelenks (S. 445). Sie ist durch das **Collum scapulae** mit dem übrigen Knochen verbunden. Unmittelbar kranial und kaudal der Cavitas glenoidalis befinden sich zwei Muskelursprungshöcker, die **Tubercula supra-** und **infraglenoidale**.

Die dem Thorax zugewandte **Facies costalis** und die nach außen gewandte **Facies posterior** dienen als Muskelursprungsflächen. Die Facies posterior wird durch die Spina scapulae in eine kleinere **Fossa supraspinata** und eine größere **Fossa infraspinata** unterteilt.

Die **Spina scapulae** verläuft als knöcherner Kamm an Höhe zunehmend vom Margo medialis zum Angulus lateralis, wo sie im massiven **Acromion** endet. Letzteres überragt auf der Dorsalseite die Cavitas glenoidalis lateral und kranial. Vorne wird die Pfanne des Schultergelenks kranial und lateral vom **Processus coracoideus** überragt, der am Collum scapulae entspringt. Medial von der Basis des Processus coracoideus weist der Margo superior eine Kerbe, die **Incisura scapulae** auf.

Gelenke und Bänder des Schultergürtels

Gelenke und Bänder des Schultergürtels

Sternoklavikulargelenk (Articulatio sternoclavicularis)

Sternoklavikulargelenk (Articulatio sternoclavicularis)

▶ Merke.

▶ Merke. Das Sternoklavikulargelenk stellt die einzige echte gelenkige Verbindung des Schultergürtels zum Rumpf dar.

Hier ist der Schultergürtel über die Clavicula am Rumpf abgestützt. Ein **Discus articularis** unterteilt die Gelenkhöhle (Abb. **E-1.5a**).
- Die **Ligg. sternoclavicularia ant.** und **post.** verstärken ventral, bzw. dorsal die Kapsel.
- Das **Lig. interclaviculare** verbindet kranial die sternalen Enden beider Schlüsselbeine.
- Kaudal verbindet das **Lig. costoclaviculare** die Clavicula mit der ersten Rippe.

Es beeinflusst wesentlich die Beweglichkeit der Scapula (und damit der Pfanne des Schultergelenks) zum Rumpf. Die Gelenkhöhle wird vollständig durch einen faserknorpeligen, mehrere Millimeter dicken **Discus articularis** geteilt (Abb. **E-1.5a**), der an seiner äußeren Zirkumferenz mit der Membrana fibrosa der Gelenkkapsel verwachsen und frei von Synovialmembran ist. Zusätzlich zum Diskus puffern ebenfalls relativ dicke Gelenkknorpel die Kräfte ab, die vom Arm über den Schultergürtel in das Sternoklavikulargelenk eingeleitet werden. Ventral und dorsal ist die Kapsel durch
- **Ligamenta sternoclavicularia anterius** und **posterius** verstärkt.
- Das **Ligamentum interclaviculare** verbindet die sternalen Enden beider Schlüsselbeine und verstärkt die Gelenkkapsel kranial.
- Das extrakapsuläre **Ligamentum costoclaviculare** zieht von der Impressio ligamenti costoclavicularis an der Unterseite der Clavicula zur ersten Rippe.

Akromioklavikulargelenk (Articulatio acromioclavicularis)

Akromioklavikulargelenk (Articulatio acromioclavicularis)

▶ Synonym.

▶ Synonym. Schultereckgelenk, AC-Gelenk

- Kranial verstärkt das **Lig. acromioclaviculare** die Kapsel.
- Extrakapsulär bindet das zweiteilige **Lig. coracoclaviculare** die Clavicula an den Proc. coracoideus der Scapula. Es besteht aus dem
  – **Lig. trapezoideum** und medial davon dem
  – **Lig. conoideum**.
- Das **Lig. coracoacromiale** überdacht den Humeruskopf.

Die beiden annähernd planen Gelenkflächen sind durch einen meist unvollständigen Discus articularis getrennt. Folgende Bänder sichern den Zusammenhalt von Clavicula und Scapula:
- Das **Ligamentum acromioclaviculare** verstärkt kranial die Gelenkkapsel (kapsuläres Band).
- Das zweiteilige **Ligamentum coracoclaviculare** zieht vom Processus coracoideus der Scapula zur Unterseite der Clavicula und liegt somit extrakapsulär. Es besteht aus zwei Anteilen, zwischen denen eine kleine Bursa liegt:
  – **Ligamentum trapezoideum** (lateral) und
  – **Ligamentum conoideum** (medial; am Tuberculum conoideum der Clavicula angeheftet).

Diese Bänder sichern den Zusammenhalt von Clavicula und Scapula, während das
- **Ligamentum coracoacromiale** („AC-Band"), das vom Processus coracoideus zur Unterseite des Acromion zieht, den Humeruskopf kranial überdacht („Fornix humeri"). Es hat keine funktionelle Beziehung zum AC-Gelenk, ist aber von großer Bedeutung für die Luxationssicherheit des Glenohumeralgelenks (s. Abb. **E-1.5c**).
- Das mechanisch wenig bedeutsame **Lig. transversum scapulae superius** überbrückt die Incisura scapulae.

▶ Merke.

▶ Merke. Das dorsal gelegene **Acromion**, der ventrale **Processus coracoideus** und das dazwischen ausgespannte **Lig. coracoacromiale** bilden ein **Dach** (**Fornix humeri**) über dem Glenohumeralgelenk (Abb. **E-1.5c**).

E-1.5 Gelenke und Bandapparat des Schultergürtels

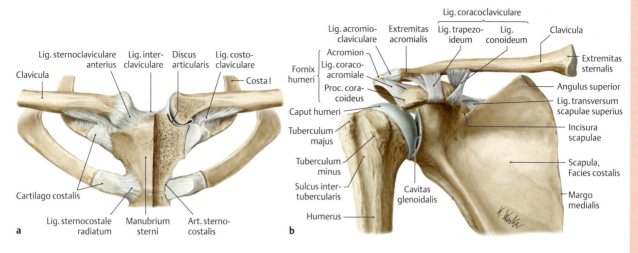

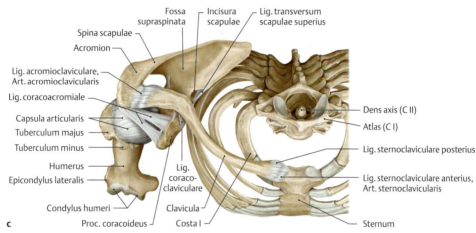

(Prometheus LernAtlas. Thieme, 3. Aufl.)
a Articulationes sternoclaviculares, Ansicht von ventral.
b Articulatio acromioclavicularis der rechten Seite, Ansicht von ventral.
c Ansicht von kranial.

▶ **Klinik.** Das **Akromioklavikulargelenk** ist relativ häufig von Verschleiß betroffen und Ursache für **chronische Schulterschmerzen**.

▶ **Klinik.**

Mechanik des Schultergürtels

Bei allen Bewegungen des Schultergürtels sind Sternoklavikular- und Akromioklavikulargelenk miteinander und mit dem „Schulterblatt-Thorax-Gelenk" mechanisch gekoppelt.
Im **Sternoklavikulargelenk** sind Bewegungen der Clavicula (mit anhängender Scapula) um eine annähernd sagittale und eine vertikale Achse möglich. Bewegungen um die sagittale Achse führen zu einem Anheben, bzw. Senken des akromialen Endes, um die vertikale Achse wird die Clavicula nach vorne oder hinten geführt. Nach der **Neutral-Null-Methode** ergibt sich der in Abb. **E-1.6** dargestellte Bewegungsumfang. Daneben rotiert bei Elevation des Armes (s. u.) die Clavicula zwangsläufig bis zu 30° um ihre Längsachse.
Die Mechanik des **Sternoklavikulargelenks** ist für die Bewegungen der Scapula am Thorax entscheidend. Über das Akromioklavikulargelenk gekoppelt, folgt die **Scapula** der Clavicula und wird **am Rumpf kranial/kaudal** bzw. **dorsal/ventral verschoben**. Die **Ventralbewegung** der Schulter wird durch die **Ligg. sternoclaviculare posterius** und **costoclaviculare**, die **Dorsalbewegung** durch die **Ligg. sternoclaviculare anterius** und **costoclaviculare gehemmt**.

Mechanik des Schultergürtels

Sternoklavikular- und Akromioklavikulargelenk sind miteinander und dem „Schulterblatt-Thorax-Gelenk" mechanisch gekoppelt. Im **Sternoklavikulargelenk** wird die Clavicula (mit anhängender Scapula) um 2 Achsen bewegt (Abb. **E-1.6**).

Der Clavicula folgend, wird die **Scapula am Rumpf kranial/kaudal** bzw. **dorsal/ventral verschoben**.
Die Anspannung der **Bänder** des **Sternoklavikulargelenks** sowie der Kontakt der Clavicula mit der 1. Rippe begrenzen die Verschiebung der Scapula am Thorax.

E-1.6 Bewegungen und Bewegungsausmaß im Sternoklavikulargelenk nach der Neutral-Null-Methode

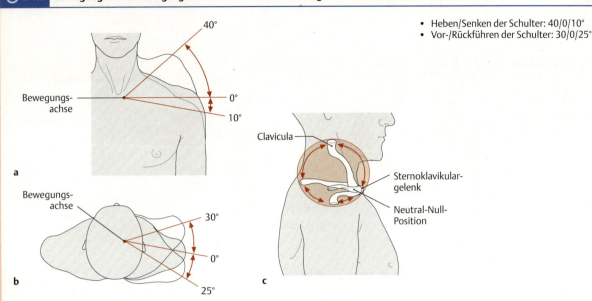

- Heben/Senken der Schulter: 40/0/10°
- Vor-/Rückführen der Schulter: 30/0/25°

(Prometheus LernAtlas. Thieme, 3. Aufl.)
a Heben und Senken um eine nahezu sagittale Achse in der Ansicht von ventral.
b Vor- und Rückführen um eine longitudinale (vertikale) Achse in der Ansicht von kranial.
c Bewegungsumfang des lateralen Klavikulaendes durch Kombination der in a und b dargestellten Bewegungen.

Die Anspannung des **Lig. costoclaviculare** begrenzt nach ca. 10 cm die **Hebung** des akromialen Klavikulaendes. Die **Senkung** endet durch den **Kontakt** der Clavicula mit der ersten Rippe und spannt das **Lig. interclaviculare**.

▶ Klinik.

▶ Klinik. Beim seltenen Krankheitsbild der **Dysostosis cleidocranialis** resultiert aus dem **Fehlen** der **Clavicula** eine abnorm gesteigerte Beweglichkeit des Schultergürtels, bei der die Schultern bis unters Kinn geschwenkt werden können.

Akromioklavikulargelenk und „**Schulterblatt-Thorax-Gelenk**" erlauben **Rotationen** der **Scapula**, wobei die Pfanne des Schultergelenks bei der **Elevation** des Arms bis 50° nach kranial und bei der **Adduktion** des Arms bis 20° nach kaudal gekippt wird.

Akromioklavikulargelenk und „**Schulterblatt-Thorax-Gelenk**" erlauben zudem **Rotationen** der **Scapula** um 60–70° um eine Achse senkrecht durch die Mitte der Scapula (Abb. **E-1.7**). Dabei wird der Angulus lateralis mit der Pfanne des Schultergelenks bis zu 50° nach kranial und bis zu 20° nach kaudal gekippt. Diese Bewegungen spielen bei der **Abduktion** des Arms über die Horizontale (**Elevation**) und der **Adduktion** eine Rolle.

▶ Merke.

▶ Merke. Die **Scapula** kann am **Rumpf** ausgiebig nach **dorsal** und **lateral/ventral** sowie nach **kranial** und **kaudal** verschoben werden und **rotieren**.

E-1.7 Bewegungen der Scapula am Thorax

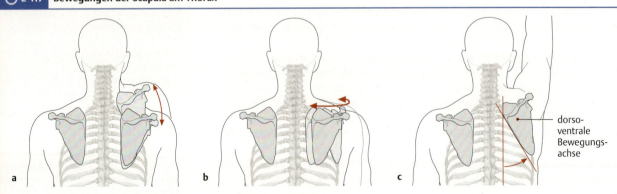

Schematische Darstellung in der Ansicht von dorsal:
(Prometheus LernAtlas. Thieme, 3. Aufl.)
a Vertikalverschiebungen der Scapula nach kranial und kaudal (bei der Elevation).
b Vor- und Rückführen der Scapula in der Horizontalen.
c Rotation der Scapula mit Ausschwenken des Angulus inferior (bei der Elevation).

E 1.2 Schulter

▶ **Klinik.** Die auf maximale Beweglichkeit ausgelegte Konstruktion der menschlichen Schulter mit Abstützung des Arms lediglich über die Clavicula am Rumpf bedingt eine Verletzungsanfälligkeit bei plötzlich auftretender Belastung. Beispielsweise beim Sturz auf den ausgestreckten Arm oder durch Hebeln am Arm bei gleichzeitiger Außenrotation und Abduktion kann jedes Glied in der mechanischen Kraftübertragungskette vom Handgelenk bis zum Sternoklavikulargelenk verletzt werden, s. a. Skaphoidfraktur (S. 480).

Im Schulterbereich sind **Klavikulafrakturen** sowie **Sprengungen** (Luxationen) des „Schultereckgelenks" relativ häufig.

Das Ausmaß der Luxation, das von einer Zerrung der Bänder über eine Ruptur des Lig. acromioclaviculare bis zur völligen Luxation mit Ruptur auch des Lig. coracoclaviculare reicht, wird nach **Tossy I–III** klassifiziert (Abb. **E-1.8**). Bei einer Tossy-III-Luxation zieht die Pars descendens des M. trapezius (Abb. **E-1.9**) das akromiale Klavikulaende gegenüber dem Acromion nach oben, sodass eine Stufe in der Schulterkontur resultiert und das Schlüsselbein nach unten gedrückt werden kann („**Klaviertastenphänomen**"). Komplette Luxationen mit vollständiger Zerreißung des Bandapparats müssen meist operativ versorgt werden.

▶ **Klinik.**

⊙ E-1.8 Luxationen im Akromioklavikulargelenk
(Prometheus LernAtlas. Thieme, 3. Aufl.)

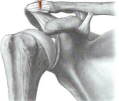
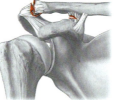
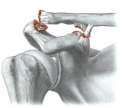

Tossy I
(Prellungen, Distorsionen)

Tossy II
(Zerreißung der akromioklavikulären Bänder)

Tossy III
(Zerreißung der akromioklavikulären und korakoklavikulären Bänder mit vollständiger Luxation des Akromioklavikulargelenks)

Muskeln des Schultergürtels

Die bewegliche Befestigung der Scapula mit der Pfanne des Schultergelenks am Rumpf erfolgt über Muskeln (Abb. **E-1.9**), die vom Schulterblatt nach allen Richtungen zum Rumpf ziehen und dabei folgende **funktionelle Muskelschlingen** ausbilden:

- Die **antagonistisch** wirkenden **Mm. serratus anterior** (v. a. sein kaudales erstes Drittel) und **rhomboidei** bilden eine **schräg** von dorsal/kranial nach ventral/kaudal verlaufende **Muskelschlinge**, welche von den Dornfortsätzen der Wirbelsäule zu den ventralen Rippenabschnitten zieht und die Scapula am Rumpf fixiert (Abb. **E-1.10a**). Dabei fungiert der Margo medialis scapulae, an dem diese ansetzen, als „knöcherne Zwischensehne". Je nachdem, ob sich der ventrale (M. serratus ant.) oder dorsale (Mm. rhomboidei) Teil dieser Muskelschlinge kontrahiert, „fährt" die Scapula am Thorax nach ventral/kaudal oder dorsal/kranial.
- Eine **horizontale Schlinge** bilden Pars transversa des **M. trapezius** und die kranialen ⅔ des **M. serratus anterior** (Abb. **E-1.10b**).
- Die Pars ascendens des **Trapezius** und ihr Antagonist, der **M. levator scapulae** (Abb. **E-1.10c**),
- sowie die Pars descendens des **Trapezius** und der **M. pectoralis minor** (Abb. **E-1.10d**) bilden **vertikale Schlingen**.

Durch diese Schlingen erfolgt die Verschiebung und Rotation der Scapula am Rumpf (Tab. **E-1.1**).

Muskeln des Schultergürtels

Die Scapula ist über Muskeln (Abb. **E-1.9**) beweglich am Rumpf befestigt. Dabei bilden Antagonisten, die an gegenüberliegenden Seiten der Scapula ansetzen, funktionelle **Muskelschlingen** (Abb. **E-1.10**). Diese **verschieben** und **rotieren** die **Scapula** am Rumpf (Tab. **E-1.1**).

E-1.9 Rumpf-Schultergürtel-Muskeln

Muskel		Ursprung	Ansatz	Innervation	Funktion
M. trapezius	Pars descendens	Protuberantia occipitalis ext.; Proc. spinosi C2–6	Clavicula (laterales Drittel)	N. accessorius, Plexus cervicalis C2–C4	Pars descendens und ascendens rotieren Scapula mit Angulus lat. nach kranial* alle 3 Teile ziehen Scapula nach medial
	Pars transversa	Proc. spinosi C7–Th3	Clavicula (laterales Ende), Acromion		
	Pars ascendens	Proc. spinosi Th4–12	Spina scapulae		
M. levator scapulae		Proc. transversi (Tuberculi posteriores) C1–4	Angulus superior scapulae	N. dorsalis scapulae (C4, C5)	zieht Scapula nach kranial
M. rhomboideus minor		Proc. spinosi C6–7	Margo medialis scapulae		ziehen Scapula nach medial/kranial M. rhomb. major (kaudaler Teil) rotiert Angulus lat. nach kaudal
M. rhomboideus major		Proc. spinosi Th1–4			
M. serratus anterior		1.–9. Rippe	Margo medialis scapulae	N. thoracicus longus (C5–7)	zieht Scapula nach lateral/ventral rotiert Angulus lat. nach kranial* Inspiration**
M. pectoralis minor		3.–5. Rippe (lateral des Knorpels)	Proc. coracoideus	Nn. pectorales med. u. lat. (C5–Th1)	zieht Scapula nach kaudal rotiert Angulus lat. nach kaudal Inspiration
M. subclavius		1. Rippe (Knorpel)	Clavicula (Unterseite lateral)	N. subclavius (C5, C6)	drückt Clavicula ins Sternoklavikulargelenk

* Rotation des Angulus lateralis scapulae nach kranial ist für die Elevation des Armes unerlässlich.
** V. a. die von den kaudalen Rippen aufwärts ziehenden kaudalen Ursprungszacken inspirieren, die kranialen sind inspiratorisch nicht wirksam.

Vergleiche auch Elevation des Armes (S. 442).

E-1.10 Muskelschlingen für die Bewegung der Scapula am Rumpf

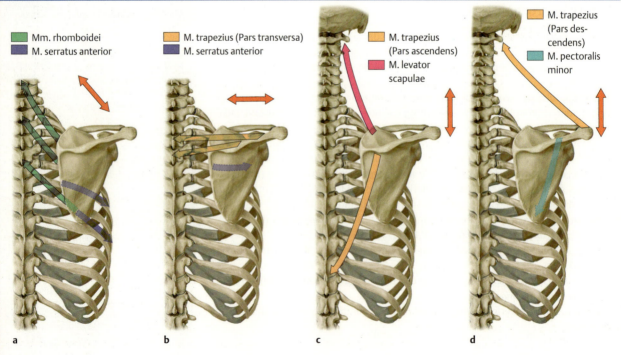

(nach Prometheus LernAtlas. Thieme, 3. Aufl.)
a Schräge Schlinge: Mm. rhomboidei und serratus anterior (Pars inferior).
b Horizontale Schlinge: M. serratus anterior (Pars superior) und Pars transversa musculi trapezii.
c Vertikale hintere Schlinge: M. levator scapulae und Pars ascendens musculi trapezii.
d Vertikale vordere Schlinge: M. pectoralis minor und Pars descendens musculi trapezii.

E-1.1 Bewegungen der Scapula mit den jeweils beteiligten Muskeln

Bewegung der Scapula/Cavitas glenoidalis	Beteiligte Muskeln
Verlagerung der **Scapula nach ventral** → Bsp.: Kratzen mit der rechten Hand hinter dem linken Ohr	M. serratus ant.
Verschiebung der **Scapula nach dorsal** → Bsp.: „Schürzenbindegriff"	Mm. rhomboidei M. trapezius
Zug der **Scapula nach kranial** → Bsp.: Schulterzucken	M. trapezius, Pars descendens Mm. levator scapulae Mm. rhomboidei
Zug der **Scapula nach kaudal**	M. trapezius, Pars ascendens M. serratus ant., Pars inferior M. pectoralis minor
Rotation der **Cavitas glenoidalis nach kranial** bei der Elevation des Arms (d. h. Abduktion über 90°)	M. trapezius, Partes descendens und ascendens M. serratus anterior, Pars inferior
Rotation der **Cavitas glenoidalis nach kaudal** → relevant bei der Retroversion des Arms	M. pectoralis minor M. levator scapulae und M. rhomboideus major (kaudaler Teil)

▶ **Klinik.** Eine Läsion des N. thoracicus longus, welcher den **M. serratus anterior** innerviert, führt zu ungenügender Fixation der Scapula am Rumpf, sodass der Margo medialis flügelartig absteht (**Scapula alata**).

⊙ E-1.11 Scapula alata

(Niethard, F.U., Pfeil, J.: Duale Reihe Orthopädie. Thieme, 2005)

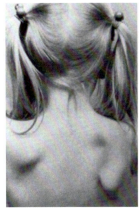

Bei festgestelltem Schultergürtel (durch Aufstützen der Arme) wird die Scapula zum Punctum fixum (S. 241), sodass Pectoralis minor und die kaudalen Zacken des Serratus anterior die Rippen (als Punctum mobile) ventral anheben und dadurch **inspiratorisch** wirken.

▶ **Klinik.**

Die Mm. pectoralis minor und serratus ant. können **inspiratorisch** wirken.

1.2.3 Schultergelenk (Articulatio glenohumeralis/humeri)

Gelenktyp und Gelenkkörper

Gelenktyp: Es handelt sich um ein typisches **Kugelgelenk** mit **drei Freiheitsgraden**.

Gelenkpfanne: Sie wird durch die **Cavitas glenoidalis** der Scapula gebildet, die vom relativ massiv ausgebildeten Angulus lateralis scapulae in Neutral-Null-Stellung nach ventral/lateral gerichtet ist. Die Pfanne ist birnenförmig, wobei der dicke Teil kaudal liegt. Die überknorpelte Fläche der Pfanne macht nur ⅓ bis ¼ der Gelenkfläche des Caput humeri aus. Daher ist die Cavitas glenoidalis, obwohl sie zum Gelenkkopf kongruent ist, von geringer Tiefe.
An ihrem kranialen bzw. kaudalen Ende befinden sich das **Tuberculum supra-** bzw. **infraglenoidale** als Muskelursprungshöcker.
Eine faserknorpelige Gelenklippe, das **Labrum glenoidale**, vertieft etwas die flache Pfanne und vergrößert die Kontaktfläche zwischen Humeruskopf und Cavitas glenoidalis (Abb. **E-1.12**).

Gelenkkopf: Er wird vom **Caput humeri** gebildet (s. u.).

1.2.3 Schultergelenk (Articulatio glenohumeralis/humeri)
Gelenktyp und Gelenkkörper

Gelenktyp: Kugelgelenk.

Gelenkpfanne: Sie wird von der zum Humeruskopf kongruenten **Cavitas glenoidalis** der Scapula gebildet. Die Gelenkfläche ist seicht und beträgt nur ⅓ bis ¼ derjenigen des Caput humeri. Kranial und kaudal der Pfanne befinden sich **Tuberculum supra-** und **infraglenoidale**.

Ein faserknorpeliges **Labrum glenoidale** vertieft die Pfanne (Abb. **E-1.12**).

Gelenkkopf: Caput humeri (s. u.).

⊙ E-1.12 Gelenkpfanne des Schultergelenks

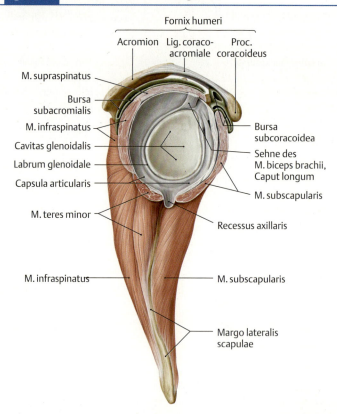

Ansicht von lateral auf die Cavitas glenoidalis des rechten Glenohumeralgelenks nach Durchtrennung der Ansatzsehnen der Rotatorenmanschette.
(Prometheus LernAtlas. Thieme, 3. Aufl.)

Oberarmknochen (Humerus)

Er umfasst von proximal nach distal folgende Abschnitte (Abb. **E-1.13**):

- Das halbkugelige **Caput humeri** bildet mit der Achse des **Schafts** (**Corpus**) einen Winkel von 135°.
- Das **Collum anatomicum humeri** trennt das Caput vom Schaft und den **Tubercula majus** und **minus**. Unmittelbar distal davon befindet sich das **Collum chirurgicum**. Zwischen den Tubercula, von denen sich die **Cristae tuberculi majoris** bzw. **minoris** auf das Corpus erstrecken, liegt der **Sulcus intertubercularis**.
- Am **Corpus humeri** befinden sich lateral die **Tuberositas deltoidea** sowie der **Sulcus nervi radialis**.
- Der **distale Humerus** endet medial in der Trochlea und lateral im Capitulum humeri.

Oberarmknochen (Humerus)

Von proximal nach distal gliedert sich der Oberarmknochen in folgende Abschnitte (Abb. **E-1.13**):

- **Caput humeri:** Es hat eine Gelenkfläche, die eine fast perfekte Halbkugel mit einem Radius von 2,5 bis 3 cm bildet. Analog zum CCD-Winkel des Femurs (S. 347) bildet die Achse des Humeruskopfs mit dem **Humerusschaft** (**Corpus**) einen Winkel von 135°. Gegenüber der Achse durch die Epikondylen, d. h. der Flexions-Extensions-Achse des Ellenbogengelenks (S. 459), ist der Humeruskopf um 14–20° nach hinten gedreht (**Retrotorsion**, Abb. **E-1.13d**).
- **Collum humeri:** nach lateral/kaudal folgt auf das Caput eine wenige mm breite Einziehung, das **Collum anatomicum**. Dieses grenzt den Kopf gegen das Corpus und zwei Apophysen ab. An dem nach lateral gerichteten **Tuberculum majus** und dem nach ventral gerichteten **Tuberculum minus humeri** setzen die Muskeln der „Rotatorenmanschette" (S. 454) an. Zwischen diesen befindet sich der **Sulcus intertubercularis**, in dem die Sehne des Caput longum des M. biceps brachii verläuft. Beide Tubercula entsenden nach distal auf das Corpus humeri jeweils eine **Crista tuberculi majoris** bzw. **minoris**. Zwischen Humeruskopf und proximalem Corpus (Metaphyse) liegt – distal der Tubercula majus und minus – eine Prädilektionsstelle für Frakturen, die daher als **Collum chirurgicum** bezeichnet wird.
- **Corpus humeri:** Am Humerusschaft befindet sich lateral das Ansatzfeld des M. deltoideus, die **Tuberositas deltoidea**. Distal und dorsal davon läuft der **Sulcus nervi radialis** nach distal.
- **Distaler Humerus:** die distale Humerusepiphyse bildet medial die **Trochlea humeri** und lateral das **Capitulum humeri** als proximale Gelenkkörper des Ellenbogengelenks (S. 455) aus.

E 1.2 Schulter

E-1.13 Humerus

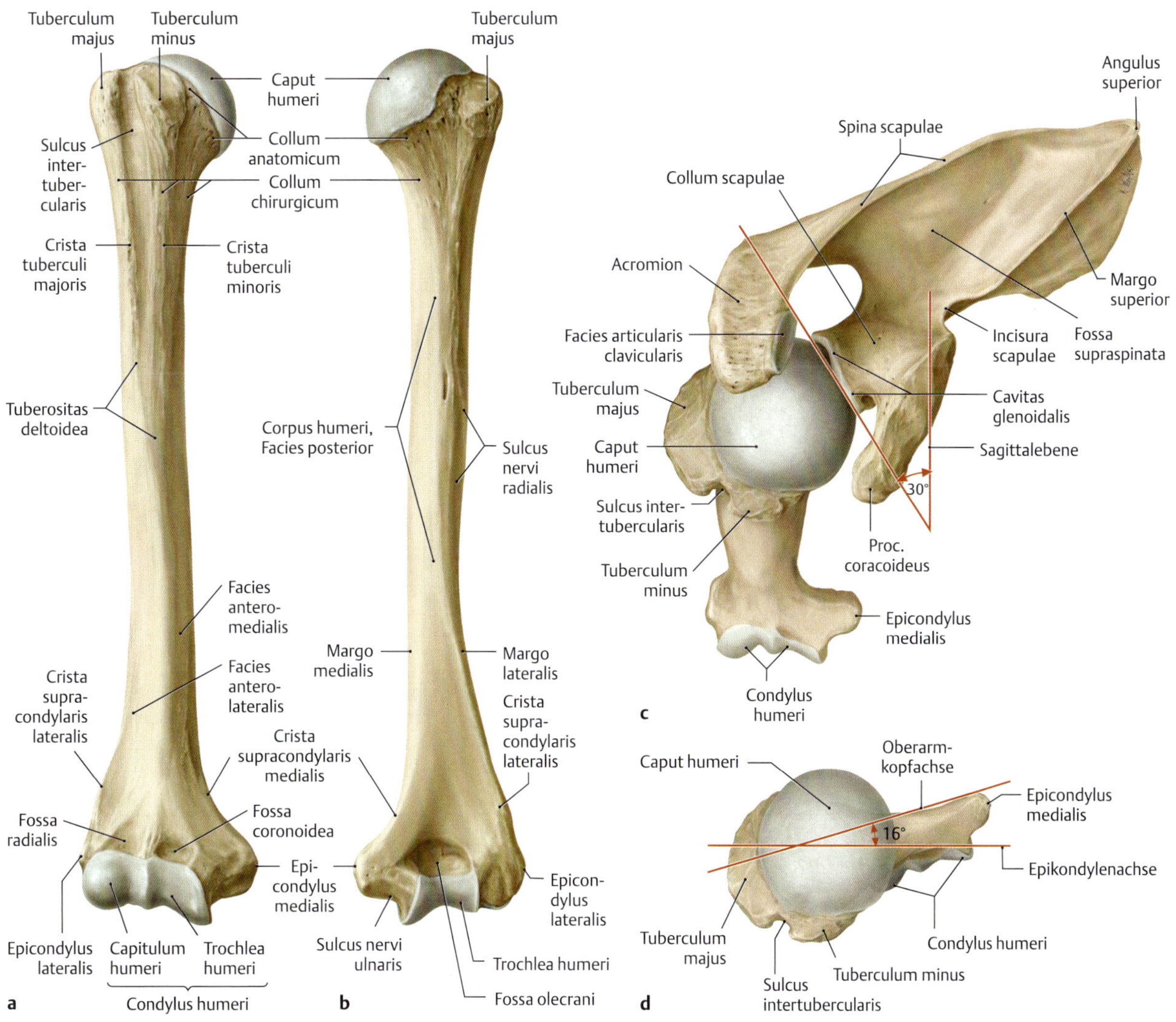

Rechter Oberarmknochen.

(Prometheus LernAtlas. Thieme, 3. Aufl.)

a Ansicht von ventral.
b Ansicht von dorsal.
c Ansicht von kranial-ventral mit der Scapula. Sichtbar ist die Überdachung des Humeruskopfs durch das Acromion. Auffallend ist ferner das Größen(miss-)verhältnis zwischen Humeruskopf und Cavitas glenoidalis der Scapula.
d Ansicht von kranial. Die Achse durch Humeruskopf und -hals bildet mit der Achse durch die Epikondylen den Humerustorsionswinkel.

Gelenkkapsel und Bandapparat

Gelenkkapsel: Gemeinsam mit der kleinen und seichten Gelenkpfanne ermöglicht die ungewöhnlich **weite** und **schlaffe** Gelenkkapsel die großen Bewegungsausschläge des Humerus gegenüber der Scapula im Schultergelenk.

▶ **Merke.** Das Schultergelenk ist das **luxationsanfälligste** Gelenk des Körpers, an dem sich mehr als 50 % aller Luxationen manifestieren. Fehlende knöcherne Führung und relativ schwache Bänder sind hierfür verantwortlich.

Der kaudale Teil der Kapsel, der bei Abduktion, bzw. Elevation entfaltet und angespannt wird, bildet bei herabhängendem Arm (Neutral-Null-Stellung) eine Aussackung, den **Recessus axillaris** (Abb. **E-1.14**).

Gelenkkapsel und Bandapparat

Gelenkkapsel: Zusammen mit der kleinen, seichten Pfanne ermöglicht die **weite**, **schlaffe** Kapsel die große Beweglichkeit im Schultergelenk.

▶ **Merke.**

Bei herabhängendem Arm bildet die Kapsel kaudal den **Recessus axillaris** (Abb. **E-1.14**).

E-1.14 Schultergelenk und umgebende Strukturen

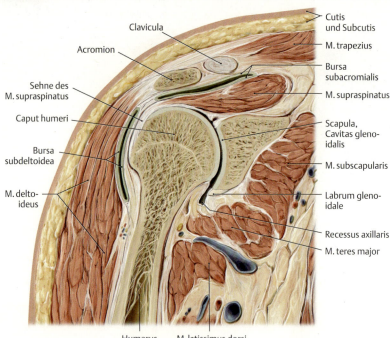

Neben dem rechten Glenohumeralgelenk sind im Frontalschnitt die Bursae subacromialis und subdeltoidea dargestellt, die das „subakromiale Nebengelenk" (S. 449) bilden. Man beachte die Passage des distalen Abschnitts des M. supraspinatus durch die „Schulterenge" zwischen Acromion und Caput humeri.
(Prometheus LernAtlas. Thieme, 3. Aufl.)

▶ **Klinik.** Wird das **Schultergelenk** länger, z. B. mehrere Wochen **immobilisiert**, so ist meist eine schwere Einsteifung durch Verklebung der einander berührenden Synovialmembranen (S. 229) des Recessus axillaris die Folge. Sämtliche Operationsverfahren (z. B. Frakturversorgung) haben daher eine sehr frühe übungsstabile Situation zum Ziel.

Die meist an der Knorpel-Knochen-Grenze angeheftete Kapsel (Abb. **E-1.15**) hat ventral regelmäßig eine Öffnung zur **Bursa subtendinea m. subscapularis**.

Die **Kapsel** ist am Humerus an der Knorpel-Knochen-Grenze und an der Scapula unmittelbar an der Außenseite des Labrum glenoidale **angeheftet** (Abb. **E-1.15**). Lediglich das Tuberculum supraglenoidale (mit der Bizepssehne, s. u.) ist noch in die Gelenkhöhle einbezogen. Ventral/kranial besteht zwischen den Ligg. glenohumeralia superius und medium (s. u.) regelmäßig eine relativ große Öffnung zur **kommunizierenden Bursa subtendinea musculi subscapularis**, die ihrerseits meist Verbindung mit der unter dem Processus coracoideus gelegenen **Bursa musculi coracobrachialis** (**subcoracoidea**) hat.

Bänder: Ventral und kranial ist die dünne Kapsel durch **Bänder** verstärkt (Abb. **E-1.15**):
- ventral die **Ligg. glenohumeralia superius**, **medium** und **inferius**,
- kranial das **Lig. coracohumerale**.

Bänder: Eine Verstärkung der dünnen Gelenkkapsel durch abgrenzbare **Bänder** erfolgt überwiegend kranial und ventral (Abb. **E-1.15**). Die Bedeutung der interindividuell beträchtlich variierenden Bänder für die Stabilität des Gelenks ist sehr groß.
- Die Ligamenta glenohumeralia superius, medium und inferius (anteriorer Teil) beschreiben auf der Ventralseite eine Z-förmige Figur. Sie werden bei Außenrotation angespannt. Das Lig. glenohumerale inferius besteht aus einem anterioren und einem posterioren Teil mit dem dünnwandigen Recessus axillaris dazwischen; bei Abduktion wird es gespannt und umfasst und „führt" kaudal den Humeruskopf.
- Das **Ligamentum coracohumerale** strahlt von der Basis und der Unterseite des Processus coracoideus in die **kraniale** Gelenkkapsel ein. Es **hemmt** v. a. die **Außenrotation** bei adduziertem Arm.

Das **Lig. coracoacromiale** bildet mit Acromion und Proc. coracoideus ein „Dach" als Luxationsschutz über dem Gelenk (Fornix humeri).

Obwohl es keine direkte Beziehung zur Kapsel hat, bildet das **Ligamentum coracoacromiale** gemeinsam mit dem Acromion und dem Proc. coracoideus als „Dach des Schultergelenks" (Fornix humeri) einen wirksamen Schutz gegen kraniale Luxationen des Humeruskopfs.

E-1.15 Kapsel-Band-Apparat der Schulter

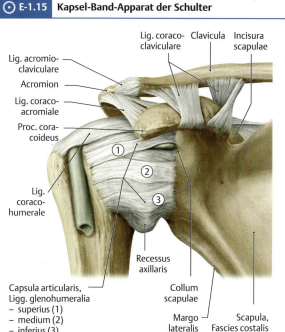

Rechte Schulter in der Ansicht von ventral.
(nach Prometheus LernAtlas. Thieme, 3. Aufl.)

Gleichfalls gegen Luxationen nach kranial sichert die **Sehne** des **Caput longum musculi bicipitis brachii**. Sie verläuft vom Sulcus intertubercularis oben über den gesamten Humeruskopf zum Tuberculum supraglenoidale am Oberrand der Gelenkpfanne. Dabei verläuft die Sehne entweder zwischen Membrana synovialis und fibrosa der Kapsel oder frei in der Gelenkhöhle mit einer sehnenscheidenartigen Umhüllung der Membrana synovialis.

Die **Sehne** des **Caput longum m. bicipitis brachii** verläuft intrakapsulär oder -artikulär über den Humeruskopf zum Tuberculum supraglenoidale.

▶ Klinik. Am häufigsten luxiert der Humeruskopf nach vorne unten. Zu einer **traumatischen Schulterluxation** kann es z. B. durch Hebelwirkung des gesamten Arms bei gleichzeitiger Außenrotation und Abduktion kommen. Dabei tritt der Humeruskopf nach kaudal/ventral aus der Pfanne. Meist reißt hierbei das Labrum glenoidale zusammen mit dem anterioren Teil des Lig. glenohumerale inferius vom Rand der Cavitas glenoidalis ab („Bankart-Läsion"). Dies begünstigt die Entwicklung einer **habituellen Schulterluxation** als Spätfolge, welche eine operative Behandlung erfordert.
Sehr selten tritt der Humeruskopf durch eine Lücke im Muskelmantel zwischen M. supraspinatus und M. subscapularis („Rotatorenintervall") nach oben, vgl. Rotatorenmanschette (S. 454). An dieser Stelle weist auch die Kapsel durch die Kommunikation mit der Bursa subtendinea musculi subscapularis eine Lücke auf.

▶ Klinik.

Zur Reibungsminderung bei Bewegungen im Schultergelenk befindet sich zwischen Gelenkkapsel und proximaler Humerusepiphyse (mit den Tubercula majus und minus) einerseits und Acromion mit Lig. coracoacromiale („Dach des Schultergelenks") andererseits die **Bursa subacromialis**. Sie kommuniziert häufig mit der lateral/distal anschließenden, großflächigen **Bursa subdeltoidea**, die zwischen M. deltoideus und Humerusepiphyse liegt. Zusammen werden sie auch als **„subakromiales Nebengelenk"** bezeichnet (Abb. **E-1.16**).

Die **Bursa subacromialis** (Abb. **E-1.16**) mindert die Reibung zwischen Gelenkkapsel und proximaler Humerusepiphyse einerseits und Acromion und Lig. coracoacromiale andererseits.

▶ Klinik. Akute oder chronische **Entzündungen** der **Bursae subacromialis** und **subdeltoidea** (**Bursitis**) können durch Schmerzen die Bewegungen der Schulter beeinträchtigen. Zur Behandlung werden bei chronischem Verlauf häufig die Bursen in einer **Bursektomie** endoskopisch entfernt.

▶ Klinik.

E-1.16 „Subakromiales Nebengelenk" der Schulter

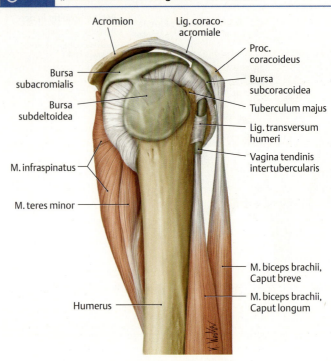

Bursa subacromialis und Bursa subdeltoidea („subakromiales Nebengelenk") einer rechten Schulter in der Ansicht von lateral.
(Prometheus LernAtlas. Thieme, 3. Aufl.)

Mechanik des Schultergelenks

Das Schultergelenk ist ein **Kugelgelenk**, in dem Bewegungen um **drei Hauptachsen** möglich sind (Abb. **E-1.17**).

Mechanik des Schultergelenks

Das Schultergelenk ist ein **Kugelgelenk**, in dem Bewegungen um **drei Hauptachsen** möglich sind (Abb. **E-1.17**):

- um eine **Transversalachse**: **Ante-** und **Retroversion** (Vor- und Zurückführen des Arms);
- um eine **Sagittalachse**: **Abduktion** und **Adduktion**;
- um die **Längsachse des Humerus** (d. h. in Neutral-Null-Position eine **Vertikalachse**): **Außen-** und **Innenrotation**.

E-1.17 Beweglichkeit der Schulter

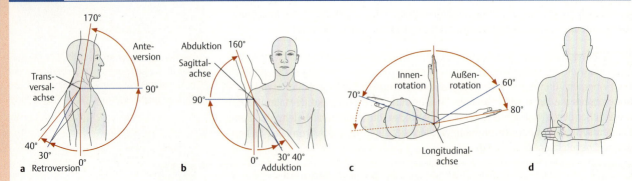

Die Bewegungen um die drei Hauptachsen sind von der Neutral-Null-Position des Schultergelenks ausgehend dargestellt. Die blauen Linien zeigen die isolierte Beweglichkeit des Glenohumeralgelenks, die roten die Beweglichkeit unter Einbeziehung des Schultergürtels. Je nach klinischer Fragestellung werden einzelne Bewegungen auch von anderen Gelenkstellungen aus geprüft.
Bei der Prüfung dieser Bewegungen muss der Untersucher mit einer Hand am Angulus inferior die Mitbewegungen der Scapula erfassen, um den Anteil des Schultergürtels an diesen Bewegungen dokumentieren zu können.
(nach Prometheus LernAtlas. Thieme, 3. Aufl.)
- **a** Anteversion und Retroversion (bzw. Flexion/Extension).
- **b** Abduktion (ab 90°-Elevation) und Adduktion.
- **c** Außen- und Innenrotation mit rechtwinklig gebeugtem Unterarm als „Zeiger".
- **d** Durch Bewegungen im Schultergürtel kann soweit innenrotiert werden, dass der Unterarm auf den Rücken gelangt („Schürzenbindegriff").

E   1.2 Schulter

451

Zum an sich schon **großen Bewegungsspielraum** des Arms im **Glenohumeralgelenk** addiert sich die **Beweglichkeit** der **Gelenkpfanne** gegenüber dem Thorax, sodass der für den menschlichen „Greifarm" typische ausgedehnte Verkehrsraum resultiert. In Tab. **E-1.2** sind daher die Bewegungsumfänge für das Schultergelenk allein und mit Einbeziehung der Bewegungen des Schultergürtels angegeben (s. auch Tab. **E-1.3**). Dabei wird die Scapula mit der Gelenkpfanne nicht etwa erst bewegt, wenn der Bewegungsspielraum des Glenohumeralgelenks ausgereizt ist, sondern bereits deutlich eher. Es wird stets versucht, die flache Pfanne in eine optimale Position zum Humeruskopf zu bringen.

Ohne direkt an den Bewegungen im Schultergelenk beteiligt zu sein, beeinträchtigt das **Lig. coracoacromiale** (s. o.) die Bewegungsmöglichkeiten. Da die proximale Humerusepiphyse relativ viel Raum einnimmt, ist der Raum („Subakromialraum") unter dem als „Dach" fungierenden Band beengt. Es ist daher nicht möglich, aus der Neutral-Null-Stellung heraus den Arm über 120° zu abduzieren, da das Tuberculum majus nicht unter dieses Band passt.

Durch Außenrotation des Humerus gelangt das kleinere Tuberculum minus nach lateral und die weitere Abduktion (Elevation) wird möglich.

Der an sich **große Bewegungsspielraum** des Arms im Glenohumeralgelenk wird durch die Beweglichkeit der Gelenkpfanne gegenüber dem Thorax wesentlich erweitert (Tab. **E-1.2**).

☰ E-1.2	Beweglichkeit der Schulter nach der Neutral-Null-Methode	
	Schultergelenk allein	**Schultergelenk und Schultergürtel**
Ante-/Retroversion	90/0/30°	170/0/40°
Adduktion/Abduktion	30/0/90°	40/0/160°
Innen-/Außenrotation	70/0/60°	100/0/80°

☰ E-1.2

Muskulatur des Schultergelenks

Infolge der relativ kleinen und flachen Pfanne weist die Articulatio glenohumeralis nur eine **ungenügende Knochenführung** auf. Da auch die **Bandsicherung wenig ausgeprägt** ist, handelt es sich um ein überwiegend **muskelgesichertes** Gelenk (zusammenfassende Übersicht der Muskeln s. Abb. **E-1.18**).

Musculi pectoralis major und latissimus dorsi: Sie ziehen beide von Ursprüngen am Rumpfskelett zum proximalen Corpus humeri (Abb. **E-1.19**) und erbringen zusammen mit dem **M. teres major** und dem Caput longum des **Trizeps** ca. **80%** der **Adduktionsleistung**.

Da die meisten ihrer Fasern schräg von kaudal kommen, senken sie wirksam den elevierten Arm und ziehen ihn zum Rumpf. Dementsprechend hypertrophieren sie bei **Schwimmern**.

Bei aufgestütztem Arm wirkt v. a. der kaudale Teil des M. pectoralis major, welcher von oben an die Rippenknorpel zieht, als **Atemhilfsmuskel** (S. 294). Der M. latissimus dorsi nutzt die Lamina superficialis der Fascia thoracolumbalis als Ursprungssehne von den Dornfortsätzen ThVII bis LV und der Crista iliaca (S. 328).

Muskulatur des Schultergelenks

Infolge **ungenügender Knochenführung** und **Bandsicherung** ist das Schultergelenk überwiegend **muskelgesichert** (Abb. **E-1.18**).

Mm. pectoralis major und latissimus dorsi: Sie ziehen als kräftige **Adduktoren** dorsal bzw. ventral vom Rumpf zum proximalen Humerus (Abb. **E-1.19**).

▶ Merke. Der M. pectoralis major bildet die **vordere Achselfalte**, der M. latissimus dorsi die **hintere** (S. 474).

▶ Merke.

Musculus deltoideus: Von den ausschließlich auf das Schultergelenk wirkenden Muskeln ist der **M. deltoideus** der mächtigste (Abb. **E-1.20**). Der **komplex gefiederte** Muskel umhüllt kranial, ventral und dorsal das Gelenk und bildet über den Muskeln der Rotatorenmanschette (s. u.) eine zweite, **„äußere Manschette"**. Seine Ausprägung bestimmt wesentlich die **Schulterkontur**.

Sowohl aufgrund seiner Masse als auch des Hebelarms wegen ist der Deltoideus der wirksamste **Abduktor** (v.a die **Pars acromialis**, Abb. **E-1.20**), ohne den eine kraftvolle Abduktion nicht mehr möglich ist. Wie bei anderen großen Muskeln auch, z. B. M. gluteus maximus (S. 354), können **verschiedene Anteile** einander **antagonisieren**.

So rotiert die dorsale **Pars spinalis** nach außen und zieht den Humerus nach hinten, die ventrale **Pars clavicularis** rotiert nach innen und antevertiert. Ab ca. 60° Abduktion geraten die in Neutral-Null-Position adduzierenden Teile der Partes spinalis und clavicularis zunehmend über die Abduktions-Adduktions-Achse und werden so auch abduktorisch wirksam (Abb. **E-1.20b**).

M. deltoideus: Er umhüllt kranial, ventral und dorsal das Gelenk. Er ist der wirksamste **Abduktor** (Abb. **E-1.20**). Die **Pars acromialis** abduziert in jeder Stellung des Schultergelenks. Die **Partes spinalis** und **clavicularis** adduzieren in der NN-Position; ab 60° Abduktionsstellung abduzieren auch sie. Bezüglich Rotation und Ante-, bzw. Retroversion wirkt die dorsale Pars spinalis **antagonistisch** zur ventralen Pars clavicularis (Abb. **E-1.20b**).

⊙ **E-1.18** | **Muskeln des Schultergelenks**

Muskel		Ursprung	Ansatz	Innervation*	Funktion
Muskeln der Rotatorenmanschette					
M. teres minor		Scapula (Margo lateralis)	Tuberculum majus (humeri)	**N. axillaris** (C5, C6)	Adduktion, **Außenrotation**
M. infraspinatus		Fossa infraspinata		**N. suprascapularis** (C4–C6)	
M. supraspinatus		Fossa supraspinata			**Abduktion**
M. subscapularis		Facies costalis (scapulae)	Tuberculum minus (humeri)	**Nn. subscapulares** (C5, C6)	**Innenrotation,** Adduktion, (Abduktion durch kranialen Anteil)
Weitere Muskeln vom Schultergürtel bzw. Rumpf zum Oberarm					
M. deltoideus	▪ Pars clavicularis	Clavicula (laterales Drittel)	Tuberositas deltoidea (Corpus humeri, lateral/proximal)	**N. axillaris** (C5, C6)	Anteversion, Innenrotation, Adduktion
	▪ Pars acromialis	Acromion			**Abduktion**
	▪ Pars spinalis	Spina scapulae			Retroversion, Außenrotation, Adduktion
M. coracobrachialis		Proc. coracoideus	Corpus humeri (medial, mittl. Drittel)	**N. musculo-cutaneus** (C6, C7)	Adduktion, Innenrotation, Anteversion
M. pectoralis major	▪ Pars clavicularis	Clavicula (mediale Hälfte)	Crista tuberculi majoris (humeri)	**Nn. pectorales medialis** und **lateralis** (C5–Th1)	**Adduktion,** Innenrotation, Anteversion, Inspiration (kaudale Anteile)
	▪ Pars sternocostalis	Sternum, 1.–6. Rippe (Knorpel)			
	▪ Pars abdominalis	Rektusscheide (vorderes Blatt)			
M. latissimus dorsi		Ang. inf. scap.**; 10.–12. Rippe; Proc. spinosi ThVII–LV u. Crista iliaca (über Fascia thoraco-lumbalis)	Crista tuberculi minoris (humeri)	**N. thoracodorsalis** (C6–C8)	**Adduktion,** Innenrotation, Retroversion
M. teres major		Angulus inf. scapulae			
Muskeln vom Schultergürtel zum Unterarm					
M. biceps brachii***	▪ Caput longum	Tuberculum supraglenoidale	Tuberositas radii	**N. musculo-cutaneus** (C6–C7)	Abduktion, Anteversion Adduktion (C. breve) Ellenbogengelenk: Flexion
	▪ Caput breve	Proc. coracoideus			
M. triceps brachii***	▪ Caput longum	Tuberculum infraglenoidale	Olecranon (Ulna)	**N. radialis** (C6–C8)	Adduktion, Retroversion Ellenbogengelenk: Extension

*   *Die Segmente beziehen sich auf die Innervation der Muskeln; häufig führt der Nerv Fasern aus mehr als den angegebenen Segmenten;*
** *nicht bei allen Individuen vorhanden;*
*** *zweigelenkige Muskeln, die hauptsächlich auf das Ellenbogengelenk wirken.*

Für M. latissimus dorsi vergleiche auch Fascia thoracolumbalis (S. 273), für Ellenbogengelenk siehe Abb. **E-1.28**.

E 1.2 Schulter

E-1.19 Musculus latissimus dorsi und Musculus pectoralis major

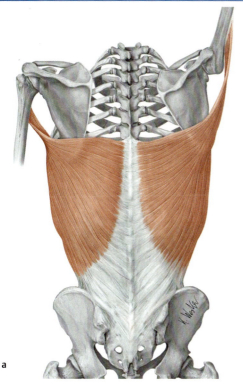
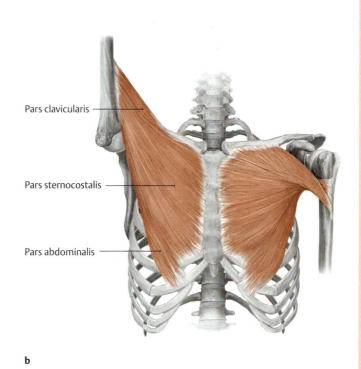

Linker Arm jeweils in Neutral-Null-Stellung, rechter Arm jeweils in Elevation.
(Prometheus LernAtlas. Thieme, 3. Aufl.)
a M. latissimus dorsi (Ansicht von dorsal)
b M. pectoralis major (Ansicht von ventral)

E-1.20 Musculus deltoideus

(Prometheus LernAtlas. Thieme, 3. Aufl.)
a Ansicht von lateral,
b schematisiert von ventral. In **b** ist die Änderung seiner Funktion bei der Abduktion dargestellt: Während in Neutral-Null-Position große Teile der Partes clavicularis und spinalis adduzierend wirken (**bI**), geraten mit fortschreitender Abduktion zunehmend größere Anteile des Muskels über die Adduktions-/Abduktionsachse, sodass sie folglich abduzieren (**bII**).

▶ Klinik. Der **M. deltoideus** wird vom **N. axillaris** (C 5, C 6) innerviert und gilt als **Kennmuskel** für das **Segment C 5**. Der N. axillaris liegt dorsal dem Collum chirurgicum des Humerus eng an und kann bei subkapitalen **Frakturen** und kaudalen **Luxationen** geschädigt werden.
Um eine **iatrogene** (d. h. vom Arzt verursachte) **Nervenläsion** auszuschließen, ist daher vor einer Reposition bzw. Operation die sensible Funktion des Nervs in seinem Versorgungsgebiet (S. 469) zu überprüfen.

E 1 Schulter, Oberarm und Ellenbogen

M. supraspinatus: Dieser v. a. für die Einleitung der **Abduktionsbewegung** zuständige Muskel zieht durch die **„Schulterenge"** unter dem Acromion, bzw. Lig. coracoacromiale.

Musculus supraspinatus: Obwohl der M. supraspinatus zur Rotatorenmanschette zählt, ist seine Rotationsfunktion unbedeutend. Er wird als zweiter **Abduktor** stets mit den abduzierenden Teilen des Deltoideus aktiviert, kann diesen jedoch wegen seines kurzen Hebelarms nicht vollwertig ersetzen. Seine Bedeutung liegt v. a. in der Initialisierung der Abduktionsbewegung, wogegen der größte Teil der Abduktion und das Halten des Arms in Abduktionsstellung vorrangig vom M. deltoideus abhängt.

▶ **Klinik.**

▶ **Klinik.** Typisch für eine **Ruptur** der **Supraspinatussehne** sind Probleme beim „Starten" der Abduktionsbewegung, bei gleichzeitig erhaltener Fähigkeit, den Arm in Abduktionsstellung gegen Druck von oben zu halten.

Die Sehne des M. supraspinatus muss auf ihrem Weg zum Ansatz am Tuberculum majus die **„Schulterenge"** unter dem Acromion bzw. Lig. coracoacromiale passieren (Abb. **E-1.12** und Abb. **E-1.14**). Besonders eng wird dieser Raum bei Abduktionswinkeln zwischen 60° und 120° durch Annäherung des Tuberculum majus an das „Gelenkdach" (s. o.).

▶ **Klinik.**

▶ **Klinik.** Verletzungs- oder überlastungsbedingte Schwellungen der **Supraspinatussehne** können in der „Schulterenge" zu Durchblutungsstörungen mit weiterer Schädigung führen. Typisch sind Schmerzen, welche bei Abduktionsstellungen zwischen 60° und 120° auftreten (sog. schmerzhafter Bogen = **„painful arc"** bei **Impingement-Syndrom**). Im Endstadium kann die geschädigte Supraspinatussehne rupturieren und der Muskel bindegewebig degenerieren. Solche Veränderungen finden sich bei bis zu 30 % aller Sektionen. Therapeutisch kommt eine operative Erweiterung des subakromialen Raums infrage.

Rotatorenmanschette: Sie wird gebildet durch (Abb. **E-1.21**):
- **M. supraspinatus**,
- **M. teres minor**,
- **M. infraspinatus** und
- **M. subscapularis**.
- In ihrer Gesamtheit ist sie an allen Bewegungen im Schultergelenk beteiligt ist und bildet einen wichtigen **Luxationsschutz**.

Rotatorenmanschette: Folgende Muskeln werden als Rotatorenmanschette (Abb. **E-1.21**) zusammengefasst, die an allen Bewegungen im Schultergelenk beteiligt ist:
- **M. supraspinatus**,
- **M. teres minor**,
- **M. infraspinatus** und
- **M. subscapularis**.

Die **Mm. infraspinatus** und **teres minor** dominieren die **Außen-**, der **M. subscapularis** die **Innenrotation**. Daneben gleichen sie mit ihren von kaudal kommenden Fasern den Zug des Deltoideus aus, der bei der Abduktion den Humeruskopf nach kranial zu verlagern droht. Die Rotatorenmanschette ist bei allen Bewegungen wesentlich an der **Zentrierung** des **Caput humeri** in der **Gelenkpfanne** beteiligt und somit ein wichtiger **Luxationsschutz** .

⊙ E-1.21 Muskeln der Rotatorenmanschette

(Prometheus LernAtlas. Thieme, 3. Aufl.)

a Mm. supraspinatus, infraspinatus, teres minor und subscapularis in der Ansicht von ventral

b und dorsal; s. auch Abb. **E-1.12**.

≡ E-1.3	Schultergelenkmuskeln geordnet nach Bewegungen und Wichtigkeit
Bewegung	**Muskeln (Anteil am Gesamtdrehmoment aller an der Bewegung beteiligten Muskeln in %)**
Anteversion	**M. deltoideus** (P. clavicularis, P. acromialis, 15–55 %), M pectoralis major, (5–30 %), M. biceps brachii (10–15 %), M. coracobrachialis (5–15 %), M. supraspinatus (≤ 10 %)
Retroversion	**M. teres major** (25 %), M. deltoideus (Pars spinalis,15–30 %), M. latissimus dorsi (10–20 %), M. triceps brachii (≤ 30 %), M. subscapularis (≤ 25 %)
Adduktion	**M. pectoralis major** (20–30 %), M. teres major (10–20 %), M. latissimus dorsi (5–20 %), M. triceps brachii (5–25 %), M. deltoideus (P. clavicularis, Pars spinalis, 0–20 %)
Abduktion	**M. deltoideus** (20–60 %), M. supraspinatus (15–30 %), M. infraspinatus (5–15 %)
Außenrotation	**M. infraspinatus** (60–75 %), M. teres minor (10–15 %), M. deltoideus (P. spinalis 5–15 %)
Innenrotation	**M. subscapularis** (50–65 %), M. pectoralis major (15 %), M. biceps brachii (Caput longum 5–15 %), M. teres major (5–10 %)

Auf Grund der großen Beweglichkeit des Schultergelenks variieren bei manchen Muskeln sowohl der Anteil des Muskels, der an einer Bewegung mitwirkt als auch sein Drehmoment ganz erheblich in Abhängigkeit von der Ausgangsstellung des Gelenks. Daher ist für den Anteil mancher Muskeln der Bereich angegeben, den sie am Gesamtdrehmoment aller Synergisten einer bestimmten Bewegung haben.
Es wurden nur wichtige Muskeln mit einem Anteil > 10 % berücksichtigt. Bei den Prozentangaben handelt es sich um gerundete Ca.-Werte.

Ein Teil ihrer Muskelfasern setzt an der weiten Gelenkkapsel an und verhindert als „Kapselspanner", dass diese zwischen den Gelenkkörpern eingeklemmt wird.

M. biceps brachii (Caput breve), M. triceps brachii (Caput longum) und M. coracobrachialis: Sie sorgen mit ihrem fast parallelen Verlauf zum Humerus (S. 462) dafür, dass sie gemeinsam mit dem Deltoideus das Caput humeri gegen Zug am Arm (z. B. beim Koffertragen) in der Pfanne halten.

An der Gelenkkapsel ansetzende Fasern wirken als **„Kapselspanner"**.

M. biceps brachii (Caput breve), M. triceps brachii (Caput longum) und M. coracobrachialis: halten den Humeruskopf gegen Zug in der Pfanne (S. 462).

1.3 Ellenbogengelenk (Articulatio cubiti)

1.3 Ellenbogengelenk (Articulatio cubiti)

▶ **Klinik.** Am Ellenbogengelenk, insbesondere an den **Epikondylen des Humerus**, manifestieren sich sehr häufig **Insertionstendopathien** wie der „Tennisellenbogen" (S. 493). Diese entsprechen schmerzhaften Überlastungssyndromen der Sehnenansätze. Daneben sind wegen der Bündelung von Leitungsbahnen in der Nähe der Oberfläche bzw. von Knochen besonders **Nervenläsionen** eine häufige Komplikation von Frakturen und Luxationen.

▶ **Klinik.**

1.3.1 Gelenktyp und Gelenkkörper

Beim Ellenbogengelenk handelt es sich um ein zusammengesetztes Gelenk (**Articulatio composita**), da mehr als zwei Skelettelemente miteinander artikulieren. Es sind dies die distale Epiphyse des **Humerus** (Oberarmknochen) und die proximalen Epiphysen von **Radius** (Speiche) und **Ulna** (Elle).

Teilgelenke

Es liegen **3 Teilgelenke** mit einer **gemeinsamen Gelenkhöhle** und **einer Gelenkkapsel** vor:
- **Articulatio humeroulnaris**, in der die proximale Ulna die Trochlea humeri zangenartig (ventral und dorsal) umfasst,
- **Articulatio humeroradialis**, in der das halbkugelige Capitulum humeri mit der Fovea articularis des Caput radii artikuliert, und die
- **Articulatio radioulnaris proximalis**, in der die Circumferentia articularis des Radiuskopfs in der Incisura radialis der Ulna rotiert.

Der Unterarm ist gegen den Oberarm im **Humeroulnar-** und **Humeroradialgelenk** um eine transversale Achse wie in einem **Scharniergelenk** beweglich, was durch die Form der Gelenkkörper des humeroulnaren Teilgelenks bedingt ist.
Das **Humeroradialgelenk** und das **proximale Radioulnargelenk** sind an der **Pronation** bzw. **Supination** von Unterarm und Hand beteiligt. Hierbei dreht sich der Radius um die Ulna in einem **Radgelenk** (mit einem Freiheitsgrad) dessen Achse etwas schräg zur Längsachse des Unterarms verläuft (S. 459).

1.3.1 Gelenktyp und Gelenkkörper

Das Ellenbogengelenk ist ein **zusammengesetztes Gelenk**, in dem der **Humerus** mit dem **Radius** und der **Ulna** in **3 Teilgelenken** artikuliert.

Teilgelenke

- **Art. humeroulnaris,**
- **Art. humeroradialis** und
- **Art. radioulnaris proximalis**.

Humeroulnar- und **Humeroradialgelenk** verbinden Unter- und Oberarm in einem funktionellen **Scharniergelenk**.
Im **Humeroradial-** und **proximalen Radioulnargelenk** dreht sich der Radius um die Ulna bei Pronation und Supination in einem **Radgelenk**.

Gelenkkörper

Distaler Humerus: Über den Gelenkkörpern der distalen **Humerusepiphyse** sitzen **Epicondylus lateralis** (radialis) und **medialis** (ulnaris) als Muskelursprungshöcker. Hinter dem medialen Epikondylus liegt der **Sulcus nervi ulnaris** (Abb. **E-1.22**).

Das distale Humerusende ist gegenüber dem proximalen um 14–20° nach außen **torquiert** (Abb. **E-1.13d**), sodass die **Flexions-Extensions-Achse** des Ellenbogengelenks in der Frontalebene liegt.

Die distale Hymerusepiphyse zeigt
- medial die **Trochlea humeri** mit einer Führungsnut für die Incisura trochlearis ulnae;
- lateral das halbkugelige **Capitulum humeri**.

Gelenkkörper

Distaler Humerus: Die verbreiterte **distale Humerusepiphyse** weist über den Gelenkkörpern den **Epicondylus lateralis** (**radialis**) **humeri** und den **Epicondylus medialis** (**ulnaris**) als Apophysen auf.

An der Dorsalseite des medialen Epikondylus, der weiter vorspringt als der laterale, befindet sich an der Grenze zur Trochlea humeri der **Sulcus nervi ulnaris** (Abb. **E-1.22**).

Die Achse durch die Humerusepikondylen ist gegenüber der Achse von Caput und Collum humeri um 14–20° nach außen rotiert (**Humerustorsion**, Abb. **E-1.13d**).

Daher befindet sich die **Flexions-Extensions-Achse** des Ellenbogengelenks trotz der schrägen Stellung der Scapula am Thorax (und damit des Caput humeri) annähernd in der Frontalebene. Bei gebeugtem Arm liegen die Hände kooperativ im Blickfeld der Augen vor dem Rumpf. Beim Neugeborenen stehen Scapula und Caput humeri noch schräger, was durch einen Humerustorsionswinkel von ca. 60° ausgeglichen wird.

Der **Humerus** besitzt für die Artikulation mit dem Radius und der Ulna zwei **Gelenkkörper**, die von einer durchgehenden Knorpelfläche überzogen sind:
- medial (ulnar) die einer Nähgarnrolle ähnliche **Trochlea humeri** mit einer Führungsnut in der Mitte für die Incisura trochlearis ulnae und
- lateral (radial) das halbkugelige **Capitulum humeri**.

Unmittelbar über den Gelenkflächen sind im distalen Humerus Vertiefungen für die Aufnahme der proximalen Fortsätze von Radius und Ulna bei extremer Beuge- bzw. Streckstellung: ventral/lateral die **Fossa radialis**, ventral/medial die **Fossa coronoidea** und dorsal die **Fossa olecrani**.

E-1.22 Ellenbogengelenk (Articulatio cubiti)

(Prometheus LernAtlas. Thieme, 3. Aufl.)

a Artikulierende Skelettelemente eines rechten Ellenbogengelenks in der Ansicht von ventral,
b dorsal,
c lateral
d und medial.

E 1.3 Ellenbogengelenk (Articulatio cubiti)

Proximale Ulna: Das **proximale Ende** der **Ulna** umfasst mit der **Incisura trochlearis** wie eine Zange die Trochlea humeri (Abb. **E-1.22**). Die halbmondförmige **Incisura trochlearis** ist in die Nut der Trochlea eingepasst. Dorsal endet diese Zange in einem kräftigen Knochenfortsatz, dem **Olecranon**, ventral im kleineren **Processus coronoideus**.
Lateral setzt sich die Gelenkfläche in die **Incisura radialis** fort, in der die Circumferentia articularis des Radius rotiert.
Proximal am Corpus ulnae befindet sich ventral die **Tuberositas ulnae**, als Ansatz des M. brachialis.

Proximaler Radius: Das proximale Radiusende (**Caput radii**, Abb. **E-1.22**) besitzt eine tellerförmige Gelenkpfanne (**Fovea articularis**) für das Capitulum humeri. Ihr Knorpelüberzug erstreckt sich auf die **Circumferentia articularis**, welche rund um den Radiuskopf verläuft.
Unmittelbar distal davon befindet sich mit dem **Collum radii** der dünnste Abschnitt des Knochens.
Am distal anschließenden **Corpus radii** befindet sich die **Tuberositas radii**, an der der M. biceps brachii ansetzt.

Proximale Ulna: Sie umfasst die Trochlea humeri zangenartig (Abb. **E-1.22**):
- dorsal mit dem **Olecranon** und ventral mit dem **Proc. coronoideus**
- Die dazwischen liegende **Incisura trochlearis** passt genau in die Führungsnut der Trochlea.
- Lateral liegt die **Incisura radialis**.
- Distal vom Proc. coronoideus liegt am Corpus ulnae die **Tuberositas ulnae** (Brachialisansatz).

Proximaler Radius: Er trägt
- die **Fovea articularis** als Pfanne für das Capitulum humeri sowie
- die **Circumferentia articularis** rund um den Radiuskopf.
- Auf das Caput folgt das dünne **Collum radii** und distal davon am **Corpus** die **Tuberositas radii** (Bizepsansatz).

▶ Klinik. Besonders bei Kindern treten beim Sturz auf den ausgestreckten Arm sog. „Grünholzfrakturen" des Collum radii auf. Hierbei bleibt der Periostschlauch intakt, sodass es nicht zu einer Trennung der Frakturenden kommt.

▶ Klinik.

E-1.23 Ellenbogengelenk im Röntgenbild

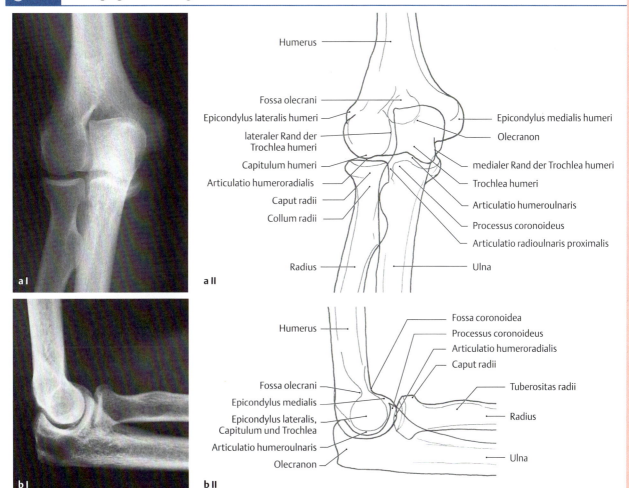

Aufnahme des rechten Ellenbogengelenks.
(Möller, T.B., Reif, E.: Taschenatlas der Röntgenanatomie. Thieme, 2010)
a Röntgenbild a.-p. (**aI**) mit erklärender Schemazeichnung (**aII**),
b Röntgenbild seitlich (**bI**) mit Schemazeichnung (**bII**).

1.3.2 Gelenkkapsel und Bandapparat

Gelenkkapsel: Sie umschließt am **Humerus** die Fossae radialis und coronoidea sowie dorsal die distale Hälfte der Fossa olecrani. Die Epikondylen bleiben extrakapsulär (Abb. **E-1.24**).
An der **Ulna** ist die Kapsel nahe der Gelenkflächen angeheftet.
Am **Radius** ist das proximale Collum noch innerhalb der Kapsel, die hier zum **Recessus sacciformis** ausgeweitet ist.

▶ Klinik.

Das subkutan gelegene Olecranon wird durch die **Bursa olecrani** geschützt.

1.3.2 Gelenkkapsel und Bandapparat

Gelenkkapsel: Die gemeinsame Kapsel der drei Teilgelenke lässt am **Humerus** die beiden Epikondylen frei (Abb. **E-1.24**). Sie umschließt ventral die Fossae radialis und coronoidea sowie dorsal die distale Hälfte der Fossa olecrani, sodass eine **geräumige** und **verzweigte Gelenkhöhle** vorliegt.
An der **Ulna** ist sie mit Ausnahme des Processus coronoideus nahe der Knorpel-Knochen-Grenze der Incisura trochlearis angeheftet.
Vom **Radius** liegt das Collum noch bis ca. 1 cm distal des Ligamentum anulare (s. u.) innerhalb der Gelenkhöhle. Die Kapsel ist in diesem Bereich zum schlaffen, dünnwandigen **Recessus sacciformis** ausgeweitet, der die Rotationsbewegungen des Radius bei Pro- und Supination ermöglicht.

▶ Klinik. Bei Entzündungen wölben **Gelenkergüsse** die Kapsel sichtbar dorsal der Kollateralbänder zu beiden Seiten des Olecranon vor. Die Punktion des Ergusses erfolgt am günstigsten von dorsolateral oder direkt von dorsal in Richtung der Fossa olecrani, wo man am weitesten von den Leitungsbahnen entfernt ist.

Das Olecranon mit seinem schmerzempfindlichen Periostüberzug liegt unmittelbar unter der Haut, die hier kaum subkutanes Fett besitzt. Wie andere subkutan gelegene Knochenvorsprünge ist es durch eine Bursa, die **Bursa olecrani** geschützt.

⊙ E-1.24 **Kapsel-Band-Apparat des Ellenbogengelenks**

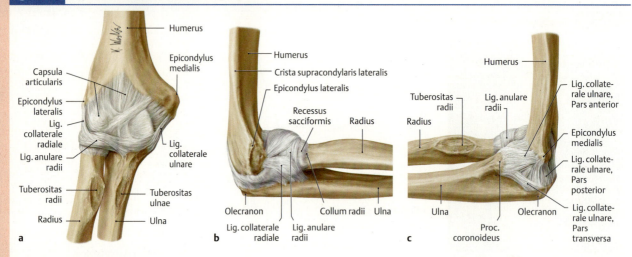

(Prometheus LernAtlas. Thieme, 3. Aufl.)
a Rechtes Ellenbogengelenk in Extensionstellung von ventral
b sowie in 90°-Flexionsstellung von lateral
c und medial.

▶ Klinik.

▶ Klinik. Eine (meist abakterielle) Entzündung der Bursa olecrani mit Erguss ist eine häufige Folge mechanischer Reizung („**Students elbow**"). Eine chronische **Bursitis olecrani** kann die chirurgische Entfernung der Bursa erforderlich machen.

⊙ E-1.25 **Bursitis olecrani**
(Henne-Bruns, D., Düring, M., Kremer, B.: Duale Reihe Chirurgie. Thieme, 2012)

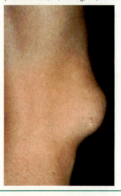

E 1.3 Ellenbogengelenk (Articulatio cubiti)

Bänder: Als Scharniergelenk verfügt das Ellenbogengelenk über **kapsuläre Kollateralbänder** (Abb. **E-1.24b**, Abb. **E-1.24c**):

- Das **Ligamentum collaterale ulnare** zieht fächerförmig vom Epicondylus medialis humeri zur Medialseite der Ulna zwischen Olecranon und der Basis des Proc. coronoideus. Es **verhindert die Valgisierung** des Unterarms.
- Das **Ligamentum collaterale radiale** strahlt vom Epicondylus lateralis humeri mit einem ventralen und dorsalen Schenkel ins Ligamentum anulare radii (s. u.) ein, über das es die Ulna lateral der Incisura trochlearis erreicht. Dadurch, dass es nicht am Radius verankert ist, behindert es die Rotation des Radius bei Pro- und Supination nicht; es **verhindert die Varisierung** des Unterarms.

Das gleichfalls kapsuläre **Ligamentum anulare radii** ist am ventralen und dorsalen Rand der Incisura radialis der Ulna angeheftet. Es umfasst den Radiuskopf im Bereich der Circumferentia articularis, bzw. den obersten Abschnitt des Collum und bildet einen Ring in dem sich der Radius dreht (Abb. **E-1.26**). Es fesselt zum einen den proximalen Radius an die Ulna, zum anderen sichert es den Radiuskopf gegen Luxation nach distal bei Zug am Unterarm.

▶ **Klinik.** Wenn Kleinkinder am Arm in die Höhe gerissen werden, kann durch den plötzlichen Zug gegen das Körpergewicht das Caput radii aus der Schlinge des Lig. anulare gleiten (**perianuläre** oder **Chassaignac-Luxation**). Als Symptom entspricht dem die „Pronatio dolorosa" (d. h. schmerzhafte Pronation).

Bänder: Das Ellenbogengelenk besitzt **kapsuläre Kollateralbänder** (Abb. **E-1.24b**, Abb. **E-1.24c**):

- Das **Lig. collaterale ulnare** zieht vom Epicondylus medialis humeri zur proximalen Ulna und **verhindert die Valgisierung** des Unterarms.
- Das **Lig. collaterale radiale** strahlt vom Epicondylus lateralis humeri ins Lig. anulare radii ein und ist über dieses an der Ulna befestigt; es **verhindert die Varisierung** des Unterarms.

Das ringförmige **Lig. anulare radii** (Abb. **E-1.26**) umschlingt den Radiuskopf und ist am ventralen und dorsalen Rand der Incisura radialis der Ulna angeheftet. So fesselt es den proximalen Radius an die Ulna.

▶ **Klinik.**

⊙ **E-1.26** Verlauf des Ligamentum anulare radii

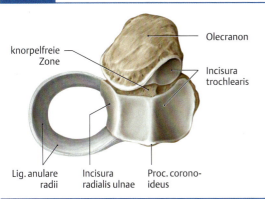

Ansicht von proximal auf die Region des rechten proximalen Radioulnargelenks nach Entfernung von Humerus und Radius.
(Prometheus LernAtlas. Thieme, 3. Aufl.)

⊙ **E-1.26**

1.3.3 Gelenkmechanik

Bedingt durch die Form von Trochlea humeri und Incisura trochlearis ulnae ist das **Humeroulnargelenk** ein klassisches **Scharniergelenk**. Durch seine „Fesselung" an die Ulna mittels des Ligamentum anulare radii und der Membrana interossea nimmt der Radius im **Humeroradialgelenk** an dieser Bewegung teil.

Die **Achse** der Scharnierbewegung verläuft **transversal** durch Capitulum und Trochlea humeri. Das Ausmaß der Flexion wird durch den Kontakt der Weichteile (meist Muskulatur) von Ober- und Unterarm gebremst, vgl. Massen- oder Weichteilhemmung (S. 233). Die Extension wird durch Knochenhemmung (S. 233) bei Anschlag des Olecranon in der Fossa olecrani begrenzt.

Die **Bewegungsumfänge** nach der Neutral-Null-Methode sind Abb. **E-1.27a** zu entnehmen.

Für die Funktion der Hand eminent wichtig ist die „**Umwendebewegung**": Die Drehung der Hand (Abb. **E-1.27b**, Abb. **E-1.27c**) um ihre Längsachse wird durch eine Rotation des Radius (mit der Hand) um die Ulna erreicht (Abb. **E-1.27c**), die sowohl im **proximalen** als auch im **distalen Radioulnargelenk** (S. 479) stattfindet. Die **Achse** dieser beiden **Radgelenke** verläuft vom Radiuskopf zum distalen Ulnaende, also fast in Längsachse des Unterarms. Der **pronierte** Radius **überkreuzt** die Ulna; in **Supination** stehen beide Unterarmknochen **parallel** (Abb. **E-1.27c**).

Das **Humeroradialgelenk**, in dem das Caput radii bei dieser Bewegung rotiert, ist ein „anatomisches Kugelgelenk", jedoch erlaubt die ligamentäre Bindung des Radius an die Ulna nur zwei Freiheitsgrade.

In Neutral-Null-Position zeigt der Handrücken nach außen, die Handfläche liegt auf dem Oberschenkel. Bei rechtwinklig gebeugtem Ellenbogengelenk (um Mitbewegungen in der Schulter auszuschließen) zeigt die Radial-/Daumenseite nach oben.

1.3.3 Gelenkmechanik

Das **Humeroulnargelenk** ist ein klassisches **Scharniergelenk**. Der an die Ulna gefesselte Radius nimmt im **Humeroradialgelenk** an dieser Bewegung teil.
Die **Bewegungsachse** verläuft **transversal** durch Capitulum und Trochlea humeri.

Zu den **Bewegungsumfängen** s. Abb. **E-1.27a**.

Im **proximalen** und **distalen Radioulnargelenk** wird der Radius mit der Hand in **Radgelenken** um die Ulna geführt.
Die **Achse** dieser „Umwendebewegung" verläuft fast in Längsachse des Unterarms. Der **pronierte** Radius **überkreuzt** die Ulna; in **Supination** stehen Radius und Ulna **parallel** (Abb. **E-1.27b**, Abb. **E-1.27c**).

⊙ E-1.27 Bewegungsumfang im Ellenbogengelenk

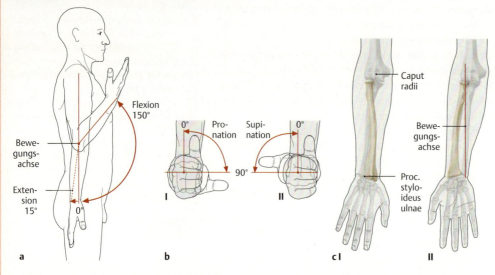

a Bewegungsumfang im Humeroradial- und Humeroulnargelenk des Ellenbogengelenks bei supinierter Hand.
b, **c** Umwendebewegung einer rechten Hand (Pro-/Supination) in der Ansicht von ventral. In **b** sind Bewegungsumfang und Bewegungsachse bei rechtwinklig gebeugtem Ellenbogen dargestellt, in **c** die Stellung der Unterarmknochen am gestreckten Ellenbogen. Pronationsstellung: Die Palmarfläche der Hand zeigt nach unten (**bI**) und die Ulna wird durch den Radius überkreuzt (**cI**). Supinationsstellung: Die Palmarfläche der Hand zeigt nach oben (**bII**) und die Unterarmknochen stehen parallel zueinander (**cII**). Diese Umwendebewegung der Hand findet unter Beteiligung des distalen Radioulnargelenks (S. 479) statt.
(Prometheus LernAtlas. Thieme, 3. Aufl.)

▶ Merke.

▶ Merke. **Pronation** bringt den Handrücken wie beim **Bro**tschneiden nach oben. In **Supinationsstellung** zeigt die Handfläche nach oben, wie beim Tragen eines **Sup**pentellers.

1.3.4 Muskulatur des Ellenbogengelenks

Einteilung: Die **Septa intermuscularia brachii lateralis** und **medialis** trennen die Extensorenloge von der Flexorenloge (Abb. **E-1.28**). Zusätzlich wirken Muskeln der Handgelenke auch auf das Ellenbogengelenk (Abb. **E-2.13** u. Abb. **E-2.14**).

Flexoren

Von den beiden **Flexoren** (Abb. **E-1.30a**) hat die Sehne des **M. biceps brachii** einen größeren Abstand von der Achse als die des M. brachialis und somit das größere Drehmoment.
Der **M. brachialis** dagegen kann schnell große Bewegungsausschläge bewirken und fungiert als „Kapselspanner".

1.3.4 Muskulatur des Ellenbogengelenks

Einteilung: Die vom Humerus zur **Fascia brachii** (Teil der allgemeinen Körperfaszie) ziehenden **Septa intermuscularia brachii lateralis** und **medialis** bilden getrennte osteofibröse „Logen" für die dorsalen **Extensoren** und die ventral gelegenen **Flexoren** des Ellenbogengelenks (Abb. **E-1.28**).
Viele der am **Unterarm** liegenden Flexoren (Abb. **E-2.13**) und Extensoren (Abb. **E-2.14**) der Handgelenke sind mehrgelenkige Muskeln, die auch auf das Ellenbogengelenk wirken.

Flexoren

Der von der Scapula entspringende **Musculus biceps brachii** liegt dem vom Humerus kommenden **Musculus brachialis** auf (Abb. **E-1.30a**). Zwischen beiden **Flexoren** sind **Sulcus bicipitalis medialis** (S. 470) und **lateralis** (S. 466) als Rinnen, in denen Leitungsbahnen verlaufen, ausgeprägt.
Vor dem Ansatz der **Bizepssehne** an der Tuberositas radii strahlt eine mediale (ulnare) Abspaltung als **Aponeurosis musculi bicipitis brachii** (Lacertus fibrosus, Aponeurosis bicipitalis) in die Unterarmfaszie ein.
Durch die ventrale Lage hat die Sehne (insbesondere die Aponeurosis musculi bicipitalis) des M. biceps einen größeren Abstand von der Flexions-/Extensionsachse als die des M. brachialis. Dies hat zur Folge, dass der **Bizeps** das größere Drehmoment bei der Beugung entfaltet.
Andererseits führen schon geringe Verkürzungen des nahe an der Achse verlaufenden **M. brachialis** zu großen Bewegungsausschlägen des Unterarms, sodass der M. brachialis v. a. für **schnelle Beugebewegungen** geeignet ist. Daneben strahlen vom M. brachialis Fasern in die unmittelbar darunter liegende Gelenkkapsel und verhindern als „Kapselspanner" deren Einklemmung bei exzessiver Flexion.

E 1.3 Ellenbogengelenk (Articulatio cubiti)

E-1.28 Muskeln des Ellenbogengelenks am Oberarm

Muskel		Ursprung	Ansatz	Innervation	Funktion	Schema
Flexoren						
M. biceps brachii ①	Caput longum	Tuberculum supraglenoidale	Tuberositas radii, Fascia antebrachii (Aponeurosis bicipitalis)	N. musculocutaneus (C5–C7)	Flexion, Supination Schultergelenk: Abduktion, Anteversion	
	Caput breve	Processus coracoideus				
M. brachialis ②		Corpus humeri (distal/ventral), Septum intermusculare brachii med. und lat.	Tuberositas ulnae		Flexion, Kapselspanner	
Extensoren						
M. triceps brachii ①	Caput longum	Tuberculum infraglenoidale	Olecranon	N. radialis (C6–Th1)	Extension Schultergelenk: Adduktion	
	Caput laterale	Corpus humeri lat. prox. Sulcus n. rad.				
	Caput mediale	Corpus humeri dist. Sulcus n. rad.				
M. anconeus ②		Epicondylus lat.	Ulna (dorsal, proximales Viertel)		Extension, Kapselspanner	

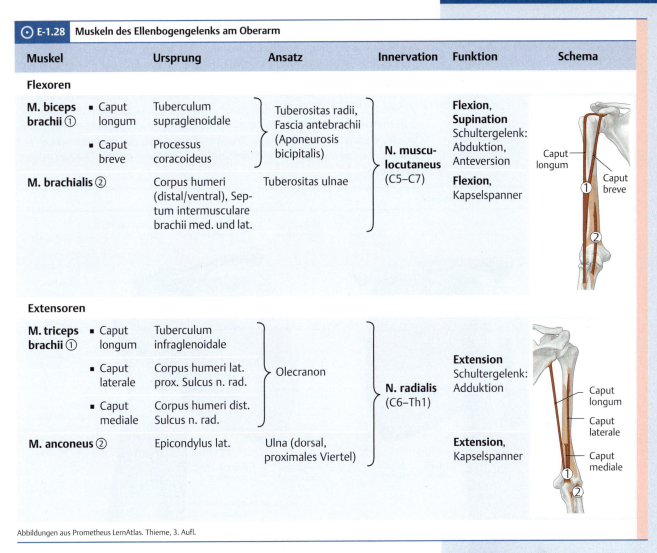

Abbildungen aus Prometheus LernAtlas. Thieme, 3. Aufl.

E-1.29 Supinationswirkung des M. biceps brachii bei gebeugtem Ellenbogen

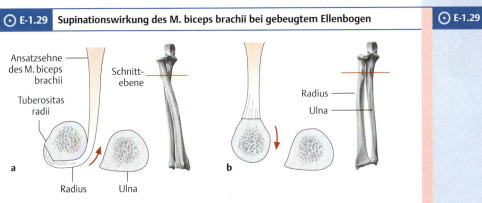

Querschnitt auf Höhe der Tuberositas radii in der Ansicht von proximal: Pronationsstellung (**a**) und Supinationsstellung (**b**).
(Prometheus LernAtlas. Thieme, 3. Aufl.)

Neben dem größeren Drehmoment bei der Flexion, ist der **M. biceps brachii** ein **Supinator**. Bei der Pronation gerät die Tuberositas radii mit der inserierenden Bizepssehne von medial nach dorsal/lateral (Abb. **E-1.29**). Dabei wickelt sich die Sehne um den Radius, bei Kontraktion wird sie durch Drehen des Radius in die Supinationsstellung abgewickelt. Bei rechtwinklig gebeugtem Ellenbogen ist der Bizeps der effizienteste Supinator, da in dieser Stellung seine Sehne rechtwinklig zur Supinationsachse verläuft und somit die gesamte Muskelkraft wirkt. Deshalb wird beim kraftvollen Eindrehen von Schrauben der Arm im Ellenbogengelenk gebeugt.

E-1.29

Bei rechtwinklig gebeugtem Ellenbogen ist der **M. biceps brachii** der effizienteste **Supinator** (Abb. **E-1.29**).

Extensoren

Die Ansatzsehne des **M. triceps brachii** (Abb. **E-1.30b**) am Olecranon entfernt sich bei der **Extension** von der Achse, was zu einer Zunahme des Drehmoments führt.

Der **M. anconeus** ist der dorsale „Kapselspanner".

Extensoren

Der Ansatz der Sehne des **streckenden Musculus triceps brachii** (Abb. **E-1.30b**) am Olecranon liegt bei gebeugtem Ellenbogen näher an der Achse als bei gestrecktem. Beim „Liegestütz" werden die Ellenbogen gegen das Rumpfgewicht durchgestreckt; je weiter die Streckung fortschreitet, desto leichter wird mit zunehmendem Hebelarm und Drehmoment des Trizeps die Übung. Zwischen den Ursprüngen des Caput mediale und laterale verläuft der N. radialis im Sulcus nervi radialis des Humerus (s. u.).

Der **M. anconeus** kann als vierter Kopf des Trizeps aufgefasst werden, da er sich kaum von dessen Caput mediale trennen lässt. Er ist der dorsale „Kapselspanner" des Gelenks.

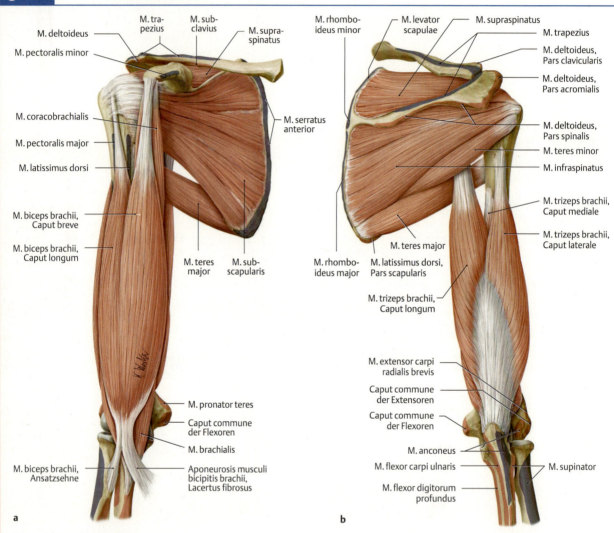

E-1.30 Schulter- und Oberarmmuskulatur

(Prometheus LernAtlas. Thieme, 3. Aufl.)

a Proximaler Abschnitt einer rechten oberen Extremität in der Ansicht von ventral nach vollständiger Entfernung der Mm. latissimus dorsi serratus anterior und deltoideus
b und von dorsal nach Entfernung der Mm. trapezius und deltoideus sowie der Unterarmmuskeln.

E-1.4 Ellenbogengelenkmuskeln geordnet nach Bewegungen und Wichtigkeit

Bewegung	Muskeln (Anteil am Gesamtdrehmoment aller an der Bewegung beteiligten Muskeln in %)
Flexion	**M. biceps brachii** (30 %), **M. brachialis** (25 %), M. brachioradialis (15 %), M. extensor carpi radialis longus (10 %), M. pronator teres (10 %)
Extension	**M. triceps brachii** (90 %), (davon Caput longum 25 %), M. anconeus (10 %)

Es sind nur die Bewegungen im Humeroradial- und Ulnargelenk berücksichtigt, die Bewegungen in den Radioulnargelenken finden sich in Abb. **E-2.13** und Abb. **E-2.14** sowie Tab. **E-2.1**
Es wurden nur wichtige Muskeln mit einem Anteil > 10 % berücksichtigt; Bei den Prozentangaben handelt es sich um gerundete Ca.-Werte
Die Drehmomentabschätzung gilt für die die NN-Position.

1.4 Gefäßversorgung und Innervation von Schulter, Oberarm und Ellenbogen

1.4.1 Gefäßversorgung von Schulter, Oberarm und Ellenbogen

Arterielle Versorgung

Der **Schulterbereich** wird durch Äste folgender Arterien versorgt:

- der **Arteria subclavia** bzw. dem von ihr noch medial der hinteren Skalenuslücke abgehenden **Truncus thyrocervicalis** (S. 898). Die A. subclavia lagert sich in der Skalenuslücke (S. 910) zwischen den Mm. scaleni ant. und med. kaudal und ventral den Trunci des Plexus brachialis (S. 901) an und zieht mit ihnen in einem Bogen über die Pleurakuppel; zwischen erster Rippe und Clavicula tritt sie nach kaudal/lateral als A. axillaris in die Axilla.
- Der **Arteria axillaris**, die als Fortsetzung der A. subclavia distal der Clavicula in der Axilla zwischen die Faszikel des Plexus brachialis zieht. Sie liegt dort medial des Schultergelenks vor dem M. subscapularis bzw. seiner Ansatzsehne.

Die Äste der A. axillaris **anastomosieren** im Schulterbereich mit denen der A. subclavia (Abb. **E-1.32**).

> ▶ **Klinik.** Bei blutenden Verletzungen oder Operationen in dieser Region müssen wegen der ausgeprägten Anastomosen **beide Enden** von **Arterien unterbunden** werden.

Äste der A. subclavia (über den Truncus thyrocervicalis):

- Die **Arteria suprascapularis** verläuft quer vor dem M. scalenus anterior über die Trunci des plexus brachialis nach lateral/dorsal und zieht über das Lig. transversum scapulae in die Fossa supraspinata unter den M. supraspinatus und anastomosiert auf dem Collum der Scapula mit der A. circumflexa scapulae (s. u.).
- Die **Arteria transversa colli**, die auch direkt aus der A. subclavia hervorgehen kann, wendet sich kranial der **Arteria suprascapularis** über die Mm. scaleni hinweg nach dorsal. Ihr **Ramus profundus**, auch als **Arteria dorsalis scapulae** bezeichnet, zieht neben dem Margo medialis scapulae nach kaudal und anastomosiert mit den Aa. circumflexa scapulae und thoracodorsalis (s. u.).

Äste der A. axillaris:

- Kurze **Rami subscapulares** treten nach dorsal in den M. subscapularis ein.
- Die **Arteria thoracica superior** verläuft zwischen den Brustmuskeln nach kaudal. Sie kann völlig durch Rami pectorales der Arteria thoracoacromialis (s. u.) ersetzt sein.
- **Arteria thoracoacromialis** mit
  - **Rami pectorales** zwischen den Mm. pectorales minor und major und dem
  - **Ramus acromialis**, der vor dem Schultergelenk nach lateral verläuft und im **Rete acromiale** mit der A. suprascapularis aus der A. subclavia anastomosiert.
- Die **Arteria thoracica lateralis** (S. 299) verläuft am Hinterrand des M. pectoralis minor auf dem M. serratus anterior und gibt Äste zur Brustdrüse ab.
- Die kräftige **Arteria subscapularis** gibt Äste zum M. subscapularis ab und teilt sich nach kurzem Verlauf auf in die:
  - **Arteria thoracodorsalis**, die mit dem gleichnamigen Nerv unter dem M. latissimus dorsi nach dorsal/kaudal zieht, und die
  - **Arteria circumflexa scapulae**: sie tritt nach hinten durch die **mediale Achsellücke** (S. 474), wendet sich um den Margo lateralis scapulae auf die Rückseite der Scapula in die Fossa infraspinata, wo sie mit der A. suprascapularis aus der A. subclavia die großkalibrige „**Schulterblattanastomose**" eingeht. Daneben gibt es noch zahlreiche kleinere Anastomosen mit der A. dorsalis scapulae (s. o.).

Die beiden letzten Zweige der A. axillaris bilden einen Gefäßkranz um das Collum chirurgicum:

- die **Arteria circumflexa humeri anterior** und die
- kräftigere **Arteria circumflexa humeri posterior**, die mit dem N. axillaris durch die laterale Achsellücke zieht und sich dorsal eng um das Collum chirurgicum humeri schlingt.

1.4 Gefäßversorgung und Innervation von Schulter, Oberarm und Ellenbogen

1.4.1 Gefäßversorgung von Schulter, Oberarm und Ellenbogen

Arterielle Versorgung

Die Versorgung der **Schulter** erfolgt durch Äste von

- A. subclavia bzw. **Truncus thyrocervicalis** (S. 898) und
- **A. axillaris**.
- Die **A. subclavia** kommt aus der hinteren Skalenuslücke (S. 910) und geht zwischen 1. Rippe und Clavicula in die **A. axillaris** über. Beide **anastomosieren** ausgiebig über ihre Äste (Abb. **E-1.32**).

> ▶ Klinik.

Äste der A. subclavia (über den Truncus thyrocervicalis):

- **A. suprascapularis** zieht in die Fossa supraspinata,
- **A. dorsalis scapulae** (aus der **A. transversa colli**) zum Margo medialis scapulae.

Beide anastomosieren mit den Aa. circumflexa scapulae und thoracodorsalis (s. u.).

Äste der A. axillaris:

- **Rr. subscapulares** zum M. subscapularis,
- **A. thoracoacromialis** mit
  - **Rr. pectorales** zwischen den Mm. pectorales;
  - **R. acromialis** zum **Rete acromiale** (Anastomose mit der A. suprascapularis),
- **A. thoracica lateralis** auf dem M. serratus anterior,
- **A. subscapularis** mit
  - Ästen zum M. subscapularis,
  - **A. thoracodorsalis**, die unter den M. latissimus dorsi zieht,
  - **A. circumflexa scapulae** in die Fossa infraspinata;
- **A. circumflexa humeri ant.** und
- **A. circumflexa humeri post.** als Gefäßkranz um das Collum chirurgicum.

E-1.31 Leitungsbahnen der Achselhöhle

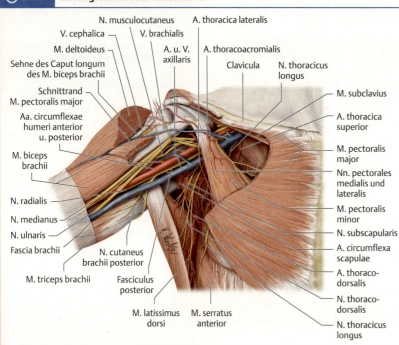

Ansicht von ventral nach Entfernung des M. pectoralis major und der Fascia clavipectoralis.
(Prometheus LernAtlas. Thieme, 3. Aufl.)

E-1.32 Arterien im Bereich der Achselhöhle und der Schulter

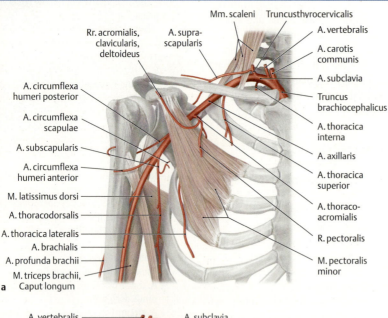

(Prometheus LernAtlas. Thieme, 3. Aufl.)
a Verlauf und Astfolge der A. axillaris.
b Arterielle Versorgung der Schulterblattregion.

E 1.4 Gefäßversorgung und Innervation von Schulter, Oberarm und Ellenbogen

E-1.33 Verlauf der Arteria brachialis und ihrer Äste am Oberarm

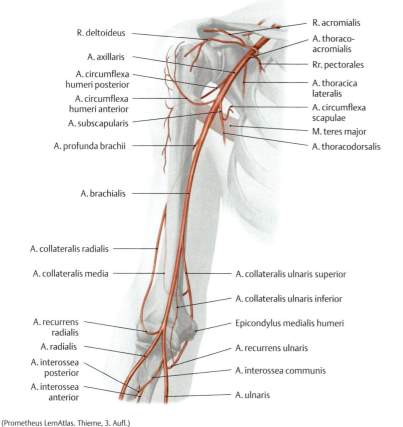

(Prometheus LernAtlas. Thieme, 3. Aufl.)

Die arterielle Versorgung von **Oberarm** und **Ellenbogen** erfolgt über die Fortsetzung der A. axillaris, die nach Verlassen der Axilla als **Arteria brachialis** bezeichnet wird, sowie ihre Äste (s. u.).
Die A. brachialis zieht mit dem N. medianus im Sulcus bicipitalis medialis an der Innenseite des Oberarms nach distal, wo sie in der Mitte der Ellenbeuge unter die Aponeurosis bicipitalis tritt. Distal vom Ansatz des M. coracobrachialis in der Mitte des Oberarms liegt zwischen dem Gefäß-Nerven-Bündel und dem Humerus nur lockeres Bindegewebe (Abb. **E-1.33** und Abb. **E-1.39**). In der Fossa cubitalis liegt die A. brachialis mit dem N. medianus oberflächennah zwischen Bizepssehne und Aponeurosis bicipitalis (Abb. **E-1.44**).

Oberarm und **Ellenbogen** werden versorgt durch die **Arteria brachialis** (Fortsetzung der A. axillaris) und ihre Äste. Sie zieht mit dem N. medianus von medial in die Mitte der Ellenbeuge unter die Aponeurosis bicipitalis (Abb. **E-1.33**, Abb. **E-1.39** und Abb. **E-1.44**).

▶ **Klinik.** Bei der Erhebung eines Gefäßstatus wird die Mitte des Oberarms mit beiden Händen von lateral umfasst und die **A. brachialis** mit den Fingerspitzen gegen den Humerus gedrückt, um den **Puls** zu fühlen.

▶ Klinik.

Äste der A. brachialis: Gleich nach Austritt aus der Axilla zweigt die
- **Arteria profunda brachii** ab, die sich mit dem N. radialis zwischen den Ursprüngen des Caput laterale und Caput breve des Trizeps dorsal um den Humerus (S. 446) nach lateral wendet. Diese gibt
  – Äste zu den Muskeln (u. a. einen R. deltoideus) und
  – **Arteriae nutriciae humeri** zum Knochen ab.
Sie teilt sich in ihre Endäste, die
- **Arteriae collateralis media** und **collateralis radialis**, wovon Letztere mit dem N. radialis durch das Septum intermusculare laterale auf die Beugerseite gelangt und dort mit der A. recurrens radialis (S. 505) anastomosiert. Beide Endäste speisen das **Rete articulare cubiti**.
In der Mitte des Oberarms gibt die A. brachialis die
- **Arteria collateralis ulnaris superior** ab, die mit dem N. ulnaris hinter dem Epicondylus lateralis zum Rete articulare cubiti zieht.
- Die dünne **Arteria collateralis ulnaris inferior** entspringt knapp über dem Gelenk und geht gleichfalls im Rete articulare auf.

Äste der A. brachialis:
- **A. profunda brachii**, die mit dem N. radialis verläuft und sich nach Abgabe von Ästen zu Muskeln und Knochen in die
  – **A. collateralis media** und
  – **A. collateralis radialis** teilt,
- **A. collateralis ulnaris sup.** und
- **A. collateralis ulnaris inf.**
Die Arteriae collaterales speisen das **Rete articulare cubiti**.

▶ **Klinik.** Das **Rete articulare cubiti** stellt einen suffizienten Kollateralkreislauf dar, sodass die **A. brachialis** distal des Abgangs der A. profunda brachii **unterbunden** werden kann. Zwischen dem Abgang der Aa. circumflexa humeri posterior und profunda brachii darf mangels Kollateralen die A. brachialis keinesfalls unterbunden werden.

Endäste der A. brachialis sind die **Aa. radialis** (S. 506) und **ulnaris** (S. 506).

Die A. brachialis verzweigt sich distal in der Fossa cubitalis in ihre Endäste: die **Arteriae radialis** (S. 506) und **ulnaris** (S. 506).

Venöser Abfluss

Die **Venen** der Schulterregion (Abb. **E-1.36**) sind meistens **Begleitvenen** der Arterien und münden in die **V. subclavia** oder die **V. axillaris**.

Venöser Abfluss

Der venöse Abfluss (Abb. **E-1.36**) aus der **Schulterregion** erfolgt
- dorsal über die mit den gleichnamigen Arterien ziehenden **Venae suprascapularis** und **dorsalis scapulae**,
- ventral über die **Venae pectorales**

in die **Vena subclavia**. Letztere zieht vor dem M. scalenus ant., etwas unglücklich als „vordere Skalenuslücke" (S. 910) bezeichnet, unter der Clavicula über die 1. Rippe in die Axilla.

▶ **Klinik.** Durch die Fixation an die **Fascia clavipectoralis** ist das Lumen der Vena subclavia trotz zeitweise negativen Innendrucks stets offen, sodass sie zwischen 1. Rippe und Clavicula leicht mit großkalibrigen Kanülen zur Anlage eines **zentralen Venenkatheters** (**ZVK**) punktiert werden kann („**Subklaviakatheter**"). Wegen ihrer Nähe zur Pleurakuppel (S. 570) ist allerdings die Gefahr eines Pneumothorax (S. 567) gegeben.

⊙ **E-1.34** **Vena subclavia und Umgebung**
(Prometheus LernAtlas. Thieme, 3. Aufl.)

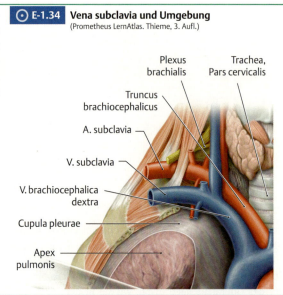

Die **Vena axillaris** liegt medial der A. axillaris und erhält Blut von den (arterienbegleitenden) **Venae thoracoacromialis**, **thoracica lateralis** und **subscapularis**. Von der lateralen Throraxwand kommend, mündet eine Hautvene, die **Vena thoracoepigastrica** (S. 300), in die V. axillaris.

Die **Venae circumflexae humeri anterior** und **posterior** münden in die **Vena axillaris**.

Das **Venensystem** umfasst **oberflächliche Hautvenen** und **tiefe arterienbegleitende Venen**, welche doppelt angelegt zu beiden Seiten einer Arterie verlaufen.

Wie an der unteren Extremität auch, gibt es **oberflächliche Hautvenen** und **tiefe Venen**, welche die genannten **Arterien begleiten**. Wie dort, besitzen die Venen zahlreiche **Klappen** (S. 159).

Die **tiefen Venen** verlaufen (distal von den Venae brachiales) gewöhnlich doppelt angelegt zu beiden Seiten einer Arterie und sind durch zahlreiche Querverbindungen zu einer Art „Strickleitersystem" verbunden. Ihre Benennung richtet sich nach der begleiteten Arterie.

Die großen **Hautvenen** sind (Abb. **E-1.35**):
- Die **V. cephalica** verläuft auf der Radialseite von Unter- und Oberarm und mündet unter der Clavicula in die V. axillaris.
- Die **V. basilica** ist die Hautvene der Ulnarseite der oberen Extremität. Sie mündet in der Mitte des Oberarms in die **V. brachialis**.

Am Oberarm liegen zwei große **Hautvenen** (Abb. **E-1.35**):
- Die **Vena cephalica** entsteht auf der Radialseite aus dem Venennetz des Handrückens, dem **Rete venosum dorsale manus**. Sie kann am Unterarm mehrfach angelegt sein; am Oberarm verläuft sie im Sulcus bicipitalis lateralis, um dann im Schulterbereich zwischen den Mm. deltoideus und pectoralis major unter der Clavicula im **Trigonum clavipectorale** in die V. axillaris zu münden.
- Die **Vena basilica** ist die Hautvene der Ulnarseite der oberen Extremität. Gleichfalls vom Rete venosum des Handrückens kommend, verläuft sie ab der Ellenbeuge im Sulcus bicipitalis medialis. In der Mitte des Oberarms durchbohrt sie die Fascia brachii, um kurz vor der Axilla in die **V. brachialis** zu münden.

Beide Venen sind im Bereich der Ellenbeuge durch die **V. mediana cubiti** verbunden.

Beide Venen sind im Bereich der Ellenbeuge durch eine variabel verlaufende **Vena mediana cubiti** verbunden. Meist liegt die Vene auf der Aponeurosis bicipitalis, unter der die A. brachialis verläuft.

E 1.4 Gefäßversorgung und Innervation von Schulter, Oberarm und Ellenbogen

E-1.35 Venen der oberen Extremität

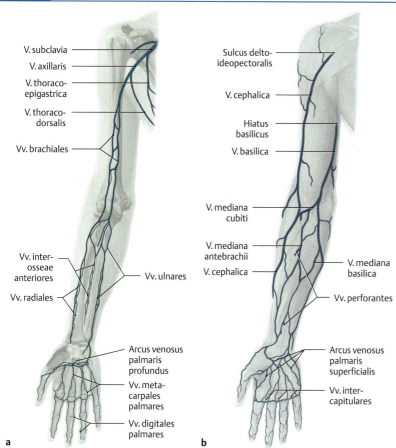

(Prometheus LernAtlas. Thieme, 3. Aufl.)
a Darstellung der tiefen Venen am rechten Arm.
b Darstellung der oberflächlichen Venen am rechten Arm.

▶ **Klinik.** Die unmittelbar subkutan liegende **Vena mediana cubiti** bietet einen einfachen Zugang, um **venöses Blut** für Laboruntersuchungen zu gewinnen, bzw. um **intravenöse Injektionen** zu verabreichen. Dabei ist zu beachten, dass die Nadel in einem flachen Winkel angesetzt wird, damit man nicht durch Vene und Aponeurosis bicipitalis hindurch die A. brachialis punktiert.

▶ **Klinik.**

Lymphabfluss

Die Lymphe (Abb. **E-1.36**) der medialen Bereiche der Schulter fließt über die **Nodi profundi inferiores**, eine Gruppe der **Nodi lymphoidei cervicales laterales**, sowie über die **Nodi lymphoidei supraclaviculares** und (inkonstanten) **Nodi lymphoidei deltoideopectorales** in den **Truncus subclavius**.
Der größte Teil der Schulterregion wird in die erste Station der **Achsellymphknoten** drainiert: die **Nodi lymphoidei axillares laterales** (**humerales**) und **subscapulares**, von denen die Lymphe über die **Nodi lymphoidei axillares centrales** und **apicales** in den Truncus subclavius abfließt.
Der **Lymphabfluss** der **Radialseite** der oberen Extremität (Hand bis Oberarm) hat als erste Filterstation die um die Vasa axillaria liegenden **Nodi lymphoidei axillares laterales**.
Die Lymphgefäße der **Ulnarseite** passieren im Bereich der Ellenbeuge die um die Venae mediana cubiti und basilica epifaszial gelegenen **Nodi lymphoidei cubitales**. Von dort fließt die Lymphe entlang der V. basilica über die in der Mitte des Oberarms gelegenen **Nodi lymphoidei brachiales** zu den Nodi lymphoidei axillares laterales. Von dort gelangt die Lymphe in den **Truncus subclavius**, der rechts über den Ductus lymphaticus dexter, bzw. links über den Ductus thoracicus (S. 634) in die Venenwinkel mündet.

Lymphabfluss

Der **Lymphabfluss** der Schulter (Abb. **E-1.36**) erfolgt größtenteils über die hintereinander geschalteten Stationen der **Nll. axillares** in den **Truncus subclavius**.

Die **Lymphe** der **Radialseite** der oberen Extremität fließt in die **Nll. axillares laterales**. Die der **Ulnarseite** passiert die **Nodi cubitales** der Ellenbeuge und die **Nodi brachiales**, ehe sie die axillären Lymphknoten erreicht. Der **Truncus subclavius** leitet die Lymphe in den Ductus lymphaticus dexter bzw. Ductus thoracicus.

E-1.36 Lymphknotenstationen der Schulterregion

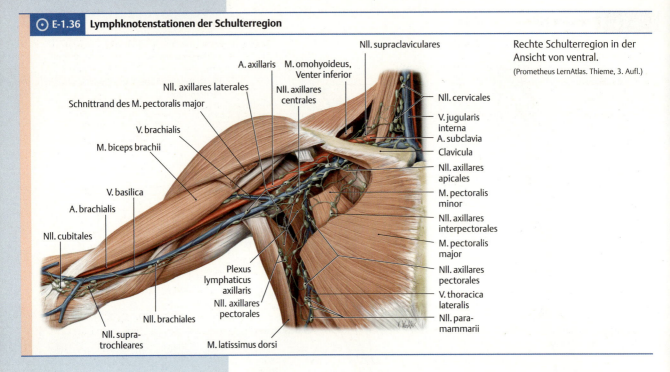

Rechte Schulterregion in der Ansicht von ventral.
(Prometheus LernAtlas. Thieme, 3. Aufl.)

▶ Klinik. Bei eitrigen **Infektionen** im Bereich der Hände, (z. B. vom Nagelbett ausgehenden Panaritien), ist eine straßenartige Rötung der Haut mit z.T. druckschmerzhafter Schwellung der Achsellymphknoten ein Warnsignal für eine drohende Ausbreitung der Infektion (volkstümlich „**Blutvergiftung**"). Die Rötung entspricht entzündeten Lymphgefäßen (**Lymphangitis**), die als rote Streifen durch die Haut hindurch wahrnehmbar sind.

1.4.2 Innervation von Schulter, Oberarm und Ellenbogen

Plexus brachialis

Der **Plexus brachialis** (Rr. antt. der Spinalnerven v. a. **C 5–Th 1**) versorgt den Arm (Abb. **E-1.37**).

Zur Versorgung der oberen Extremität bilden die Rami anteriores der Spinalnerven der **Segmente C 5–Th 1** (teilweise C 4 und Th 2) den **Plexus brachialis** (Abb. **E-1.37**).

Bildung der Trunci und Fasciculi

Trunci: Dabei bilden die Spinalnerven
- **C 5**, **C 6** den **Truncus superior**,
- **C 7** den **Truncus medius** und
- **C 8**, **Th 1** den **Truncus inferior**.

Trunci: Zunächst lagern sich Fasern aus verschiedenen Rückenmarkssegmenten zu drei **Trunci** zusammen:
- **C 5** und **C 6** zum **Truncus superior**,
- **C 7** bildet den **Truncus medius** und
- **C 8** und **Th 1** den **Truncus inferior**.

Dabei zieht der Truncus inferior in einem Bogen über die erste Rippe und die Pleurakuppel, zu denen insbesondere der Spinalnerv Th 1 Kontakt hat.

Fasciculi: Beim Übertritt in die Axilla lagern sich die Trunci zu **Faszikeln** um:
- **Fasciculus lateralis (C 5–C 7)**,
- **Fasciculus posterior (C 5–Th 1)** und
- **Fasciculus medialis (C 8–Th 1)**.

Fasciculi: Beim Übertritt in die Axilla (unter der Clavicula und über die 1. Rippe) lagern sich die Trunci zu **Faszikeln** um:
- der **Fasciculus lateralis (C 5–C 7)** bildet sich aus Fasern der Trunci superior und medius,
- der **Fasciculus posterior (C 5–Th 1)** erhält Zuschüsse aus allen drei Trunci und
- der **Fasciculus medialis (C 8–Th 1)** geht aus dem Truncus inferior hervor.

Bildung, Verlauf und motorische Funktion der peripheren Nerven

Pars supraclavicularis: Sie umfasst die nachfolgend jeweils mit den von ihnen innervierten Muskeln genannten Äste:
- **N. dorsalis scapulae** (C 4, C 5)
  → Mm. levator scapulae, rhomboidei;

Pars supraclavicularis: Die **supraklavikulären Äste** des Plexus brachialis zweigen entweder von den Trunci ab, oder bilden sich direkt aus den Spinalnerven parallel zu den Trunci (Abb. **E-1.37**):
- Der **Nervus dorsalis scapulae** (C 4, C 5) durchbohrt den M. scalenus medius und läuft dann entlang des von ihm innervierten M. levator scapulae zum Angulus superior und Margo medialis scapulae, um die Mm. rhomboidei zu versorgen.

E-1.37 Plexus brachialis

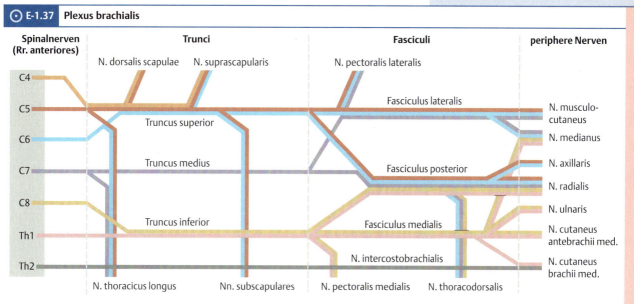

Schematische Darstellung des Plexus brachialis: Die Gliederung zeigt den Weg der Nervenfasern vom Rückenmarkssegment über Spinalnerv, Truncus und Fasciculus zum peripheren Nerv. Dabei ist zu berücksichtigen, dass sich Nerven auch in Zonen zwischen Spinalnerv und Truncus, bzw. Truncus und Fasciculus bilden können.

- Der **Nervus suprascapularis** (C4–C6) zieht unter dem **Lig. transversum scapulae** durch die Incisura scapulae zum M. supraspinatus und von dort aus unter dem Acromion auf dem Collum scapulae in die Fossa infraspinata zum M. infraspinatus.
- Der **Nervus thoracicus longus** (C5–C7) steigt hinter dem Plexus brachialis zur seitlichen Thoraxwand zum M. serratus anterior ab, an dessen Oberfläche er nach kaudal zieht.
- Der **Nervus subclavius** (C5, C6) zieht nach ventral zum gleichnamigen Muskel.
- Daneben gibt es kurze **Rami musculares** zu den Mm. scaleni und longus colli (Abb. **L-1.4**).

Pars infraclavicularis: Von den Faszikeln (oder knapp vorher) gehen die kurzen infraklavikulären Äste zu den Muskeln der Schulter ab:
- Der **Nervus axillaris** (C5, C6) verlässt den Fasciculus posterior nach dorsal, tritt mit A. und V. circumflexa humeri posterior durch die laterale Achsellücke an die Dorsalseite des Collum chirurgicum humeri, um von innen den M. deltoideus sowie den M. teres minor zu innervieren.
- Der **Nervus thoracodorsalis** (C6–C8) aus dem Fasciculus posterior verläuft mit den gleichnamigen Gefäßen auf der Innenseite des M. latissimus dorsi, den er innerviert.
- Die relativ kurzen **Nervi subscapulares** (C5, C6) treten kurz vor der Bildung des Fasciculus posterior zum M. subscapularis.
- Die **Nervi pectorales medialis** (C8, Th1) und **lateralis** (C5–C7) strahlen vom Fasciculus medialis (oder Truncus inferior), bzw. dem Fasciculus lateralis (oder den beiden oberen Trunci) in die Mm. pectorales major und minor ein.

Ebenfalls zur **Pars infraclavicularis** zählen die übrigen („langen") Nerven, die überwiegend in Längsrichtung der oberen Extremität verlaufen (s. u.). U. a. bilden sich aus den Faszikeln die drei großen **Armnerven**, die **Nervi radialis, ulnaris und medianus**, die – analog zur unteren Extremität – mit den Hauptblutgefäßen in **Gefäß-Nerven-Straßen** verlaufen:
- Der **Nervus radialis** (C5–Th1) geht aus dem **Fasciculus posterior** hervor, dessen Stamm er auf der Rückseite der **A. axillaris** fortsetzt. Von dort gelangt er mit der **A. und V. profunda brachii** auf die Dorsalseite des Humerus, wo er im **Sulcus nervi radialis** des Knochens liegt (Abb. **E-1.38**). Im Sulcus ziehen Nerv und Gefäße in einer steilen Schraubentour nach distal/lateral, um durch das Septum intermusculare laterale nach vorn auf die Radial(Außen)-Seite der Flexorenloge vor den Epicondylus lateralis zu gelangen. Vor dem Ellenbogengelenk liegt der Nerv zwischen den Mm. brachialis und brachioradialis im „**Radialistunnel**" und teilt sich in die **Rami superficialis** (S. 508) und **profundus** (Abb. **E-1.38**). Am Oberarm gibt er **Muskeläste** zu den Extensoren (Trizeps und Anconeus) sowie Hautnerven (s. u.) ab.

- **N. suprascapularis** (C4–C6)
  → Mm. supra- und infraspinatus;
- **N. thoracicus longus** (C5–C7)
  → M. serratus anterior;
- **N. subclavius** (C5, C6) → M. subclavius.
- **Rr. musculares** (C5–C8) → Mm. scaleni, longus colli (Abb. **L-1.4**).

Pars infraclavicularis: Dazu gehören:
- **N. axillaris** (C5, C6)
  → Mm. deltoideus, teres minor;
- **N. thoracodorsalis** (C6–C8)
  → M. latissimus dorsi;
- **Nn. subscapulares** (C5, C6)
  → M. subscapularis;
- **Nn. pectorales med.** (C8, Th1) und **lat.** (C5–C7) → Mm. pectorales major und minor;
- alle übrigen Nerven der oberen Extremität (s. u.).

Aus den Faszikeln gehen auch die drei großen Armnerven (**Nn. radialis, ulnaris und medianus**) hervor. Diese verlaufen mit den Hauptblutgefäßen in **Gefäß-Nerven-Straßen**.

- Der **N. radialis** (C5–Th1) kommt aus dem **Fasciculus post.** und zieht mit der **A. und V. profunda brachii** im **Sulcus n. radialis** dorsal um den Humerus auf die Radialseite vor den Epicondylus lat. (Abb. **E-1.38**). Er **innerviert die Extensoren** von Ober- und Unterarm. Vor dem Gelenk liegt er zwischen den Mm. brachialis und brachioradialis und teilt sich in die **Rami superf.** (S. 508) und **prof.** (Abb. **E-1.38b**).

E-1.38 Nervus radialis und andere Nerven mit unmittelbarem Kontakt zum Humerus

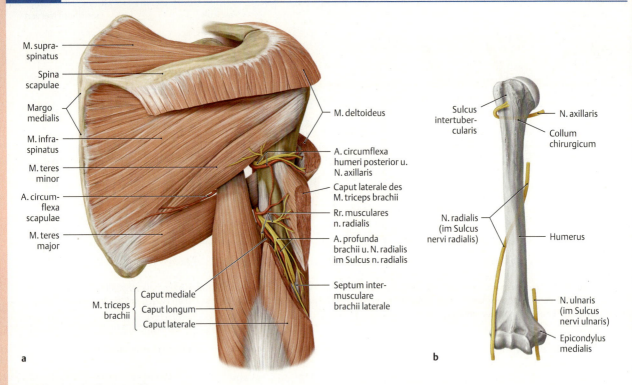

(Prometheus LernAtlas. Thieme, 3. Aufl.)
a Verlauf des N. radialis im Sulcus nervi radialis} an einem rechten Oberarm in der Ansicht von dorsal.
b Rechter Humerus in der Ansicht von ventral mit den ihm an verschiedenen Stellen direkt anliegenden Nerven.

▶ Klinik.
- Der **N. ulnaris** (C 8–Th 1) bildet sich aus dem **Fasciculus med.**, verläuft hinter der **A. brachialis** und begibt sich distal hinter den Epicondylus med. humeri (Abb. **E-1.38**), wo er relativ ungeschützt im **Sulcus nervi ulnaris** dem Knochen („**Musikantenknochen**") aufliegt.

▶ Klinik.
- Der **N. medianus** (C 6–Th 1) bildet sich über die **Medianusgabel** aus den **Fasciculi lat. und med.** und verläuft mit der **A. brachialis** vor das Ellenbogengelenk (Abb. **E-1.39** und Abb. **E-1.44**).
- Der **N. musculocutaneus** (C 5–7): Er entsteht aus dem lateralen Faszikel und innerviert den M. coracobrachialis sowie die Mm. brachialis und biceps brachii zwischen denen er verläuft (Abb. **E-1.44**).

▶ Klinik. Im Falle einer **Oberarmschaftfraktur** ist der **N. radialis** durch die Lage am Knochen sehr gefährdet. Eine Schädigung seiner motorischen Anteile führt durch Ausfall der Extensoren der Handgelenke und Finger zur „Fallhand" (S. 508) sowie zu sensiblen Ausfällen am Handrücken zwischen Os metacarpi I und II (S. 512).

- Der **Nervus ulnaris** (C 8–Th 1) bildet sich aus dem **Fasciculus medialis** und verläuft zunächst hinter der **A. brachialis** im Sulcus bicipitalis medialis während ventral von der Arterie der N. medianus (Abb. **E-1.39**) liegt. In der Mitte des Oberarms trennt sich der N. ulnaris von A. brachialis und N. medianus, sodass ab da drei Gefäß-Nerven-Straßen etabliert sind.
Der N. ulnaris durchbohrt das Septum intermusculare mediale und biegt im **Sulcus nervi ulnaris** hinter dem Epicondylus medialis humeri um das Gelenk (Abb. **E-1.38**). Er liegt dem Knochen unmittelbar auf und ist nur von relativ dünner Haut bedeckt, sodass der Nerv leicht durch Anstoßen an harte Kanten gereizt wird („**Musikantenknochen**").

▶ Klinik. Dort ist der **N. ulnaris** (S. 499) bei **distalen Humerusfrakturen** äußerst gefährdet. Man überprüft in diesem Fall die Sensibilität an der ulnaren Handkante, bzw. man lässt den Patienten die Finger spreizen und adduzieren.

- Der **Nervus medianus** (C 6–Th 1) bildet sich aus den **Fasciculi lateralis** und **medialis**, die sich mit je einer Radix lateralis (C 6, C 7) und medialis (C 8, Th 1) als **Medianusgabel** vor der **A. axillaris** vereinigen. Im Sulcus bicipitalis med. liegt der Nerv vor der **A. brachialis**, mit der er sich vor dem Ellenbogengelenk unter die Aponeurosis bicipitalis begibt (Abb. **E-1.39** und Abb. **E-1.44**).
- Der **Nervus musculocutaneus** (C 5–C 7) durchbohrt nach seiner Bildung aus dem **Fasciculus lateralis** den von ihm innervierten **Musculus coracobrachialis** (Abb. **E-1.18**). Er verläuft zwischen den Mm. brachialis und biceps brachii, die er mit **Rami musculares** innerviert, schräg nach distal/lateral und endet als N. cutaneus antebrachii lateralis (s. u.; Abb. **E-1.44**). Der N. musculocutaneus, die Radices lateralis und medialis der Medianusgabel sowie der N. ulnaris bilden zusammen eine „M"-Figur (s. Abb. **E-1.39**).
- Die übrigen „langen Nerven" aus dem Plexus brachialis, die Nn. cutanei brachii und antebrachii mediales sind als sensible Nerven im Folgenden besprochen.

E 1.4 Gefäßversorgung und Innervation von Schulter, Oberarm und Ellenbogen

E-1.39 Haupt-Gefäß-Nerven-Straße des Oberarms: Sulcus bicipitalis medialis

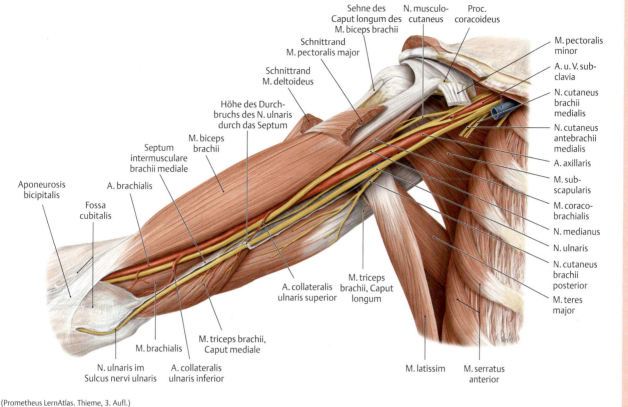

(Prometheus LernAtlas. Thieme, 3. Aufl.)

Sensible Innervation

Die sensible Versorgung der **Schulter** (Abb. **E-1.40**) erfolgt durch folgende Hautnerven:
- **Nervus cutaneus brachii lateralis superior** (C5, C6), dem Endast des N. axillaris (S.469). Er tritt am Hinterrand des M. deltoideus durch die Faszie und versorgt im Wesentlichen die Haut über dem Muskel mit einem Autonomgebiet lateral vom Akromion. Sein Versorgungsgebiet wird überlappt durch
- die **Nervi supraclaviculares** (C3, C4) aus dem Plexus cervicalis (S.901) von kranial her und
- die **Rami cutanei laterales** der **oberen** Interkostalnerven (S.302) von medial her.

Die Haut der **Axilla** wird innerviert vom
- **Nervus cutaneus brachii medialis** (Th1, Th2) aus dem Fasciculus medialis (Abb. **E-1.37**).

Die sensible Innervation des **Oberarms** (Abb. **E-1.41**) erfolgt nach folgendem Muster:
Lateral: in der proximalen Hälfte noch durch den
- **Nervus cutaneus brachii lateralis superior** (C5–C6), dem Endast des N. axillaris (s. o.).

Daran schließen die Areale des
- **Nervus cutaneus brachii lateralis inferior** (C6–C7) aus dem N. radialis und des
- **Nervus cutaneus antebrachii lateralis** (C6–C7) aus dem N. musculocutaneus an.

Medial wird die Haut vom
- **Nervus cutaneus brachii medialis** (Th1, Th2) aus dem Fasciculus medialis innerviert.
- Distal über dem Epicondylus medialis übernimmt der gleichfalls aus dem medialen Faszikel kommende **Nervus cutaneus antebrachii medialis** (C8, Th1) diese Funktion.

Dorsal sind die **Nervi cutanei brachii posterior** (C5, C6) und **antebrachii posterior** (C6, C7), Äste des N. radialis aus dem Fasciculus posterior, zuständig.

Sensible Innervation

Sie erfolgt im Bereich der **Schulter** durch folgende Nerven (Abb. **E-1.40**):
- **N. cutaneus brachii lat. sup.** (C5–6, Endast des **N. axillaris**): über dem Deltoideus,
- **Nn. supraclaviculares** (C3–4): kranial,
- **Rr. cutanei latt.** der **oberen Interkostalnerven**: medial,
- **Axilla**,
- **N. cutaneus brachii medialis** (Th1–2, Abb. **E-1.37**).

Der **Oberarm** wird wie folgt sensibel innerviert (Abb. **E-1.41**):
Lateral:
- **N. cutaneus brachii lat. sup.** (C5–C6)
- **N. cutaneus brachii lat. inf.** (C6–C7)
- **N. cutaneus antebrachii lat.** (C6–C7)

Medial:
- **N. cutaneus brachii med.** (Th1–Th2),
- **N. cutaneus antebrachii med.** (C8–Th1) und

Dorsal:
- **N. cutaneus brachii post.** (C5, C6)
- **N. cutaneus antebrachii post.** (C6, C7)

E 1 Schulter, Oberarm und Ellenbogen

▶ Merke.

▶ Merke. Von proximal nach distal erfolgt die sensible Innervation des **lateralen** Schulter-Oberarm-Bereichs nach dem **A**xillaris**R**adialis**M**usculocutaneus-Muster, **medial** aus dem Fasciculus **medialis** des Plexus brachialis, **dorsal (= posterior)** aus dem Fasciculus **posterior** (über den N. radialis).

E-1.40 Hautnerven der Schulterregion

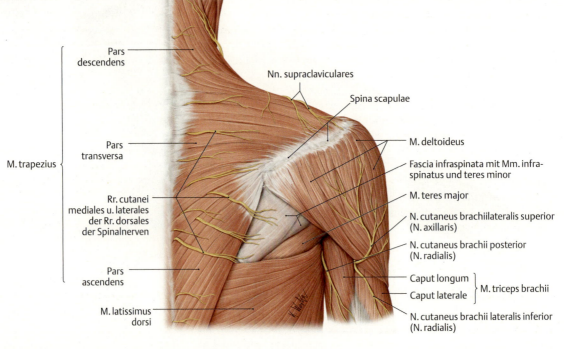

Ansicht einer rechten Schulter von dorsal.
(Prometheus LernAtlas. Thieme, 3. Aufl.)

E-1.41 Sensible Innervation der oberen Extremität

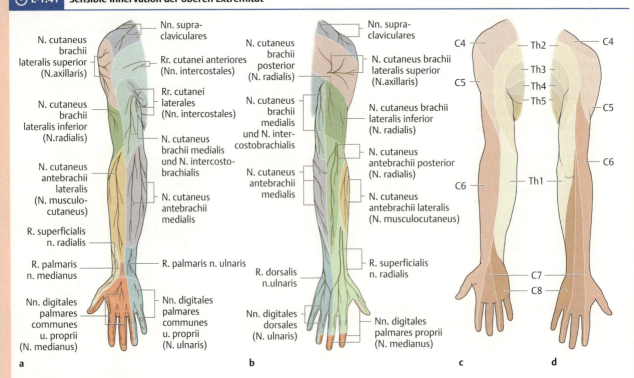

Innervation durch periphere Nerven (**a** von ventral, **b** von dorsal) im Vergleich zur segmentalen (radikulären) Innervation (**c** von ventral, **d** von dorsal) am rechten Arm.
(Prometheus LernAtlas. Thieme, 3. Aufl.)

1.5 Topografische Anatomie von Schulter, Oberarm und Ellenbogen

1.5.1 Regionen

An der Oberfläche entsprechen der **Schulter** im Wesentlichen die lateral/kranial gelegene **Regio deltoidea** sowie medial/kaudal die **Regio axillaris**. Nach kranial schließen sich **Regio suprascapularis** und **cervicalis lateralis** an, nach medial/ventral die **Regio pectoralis** und dorsal die **Regio scapularis** (Abb. **E-1.42**).

Distal der Regiones axillaris und deltoidea erstrecken sich am **Oberarm** die **Regiones brachiales anterior** und **posterior** bis zu den Epikondylen. Daran schließen sich die **Regiones cubitales anterior** und **posterior** an, wovon die vordere Kubitalregion im Wesentlichen der **Ellenbeuge** (**Fossa cubitalis**) entspricht.

Die Kontur der Regio deltoidea wird vom **M. deltoideus** und indirekt von den darunterliegenden Gelenkkörpern des Schultergelenks, v. a. dem **Caput humeri** bestimmt. Je nach Ausprägung des Deltoideus können die **Tubercula majus** und **minus**, insbesondere beim Rotieren des Humerus, mehr oder weniger gut durch den Muskel lokalisiert werden.

Die Konturen des **Oberarms** werden wesentlich von den Muskeln bestimmt. Der **M. biceps brachii** ist sowohl medial als auch lateral durch die **Sulci bicipitales medialis** und **lateralis**, in denen Leitungsbahnen verlaufen, abgegrenzt. Vor allem die **V. cephalica** tritt bei muskelstarken Individuen beim Anspannen der Beuger deutlich hervor. Dorsal zeichnen sich v. a. der laterale und lange **Trizepskopf** ab sowie über dem Olecranon die **Trizepssehne** als Einziehung distal des Muskelwulstes.

▶ **Klinik.** Die oberflächliche Lage der Sehne des **M. triceps brachii** wird bei der Prüfung des **Trizepssehnenreflexes** genutzt. Der Trizeps gilt als **Kennmuskel** für das **Segment C 7**.

In der **Ellenbeuge** zeichnen sich die Venen und beim Anspannen die Bizepssehne ab.

▶ **Klinik.** Das Auslösen des **Bizepssehnenreflexes** zur Prüfung des **Segments C 5** in der Ellenbeuge ist etwas schwieriger, da die Sehne von Weichteilen unterlagert ist. Legt man jedoch den eigenen Finger auf die Bizepssehne und schlägt mit dem Reflexhammer locker darauf, kann man das Zucken der Sehne bei Kontraktion des Bizeps gut spüren.

1.5.1 Regionen

Dies sind im **Schulterbereich** die **Regio deltoidea, axillaris, scapularis, suprascapularis, cervicalis lateralis** und **pectoralis** (Abb. **E-1.42**).

Die **Regiones brachiales anterior** und **posterior** reichen bis zu den Epikondylen; distal folgen die **Regiones cubitales anterior** und **posterior**.

Die **Kontur** der Regio deltoidea wird v. a. vom **M. deltoideus** und dem **Caput humeri** bestimmt.

Die **Konturen** des **Oberarms** werden von den **Mm. biceps** und **triceps brachii** bestimmt. Die Sehnen beider Muskeln sind gut tastbar bzw. sichtbar.

▶ **Klinik.**

In der **Ellenbeuge** sind Venen und Bizepssehne sichtbar.

▶ **Klinik.**

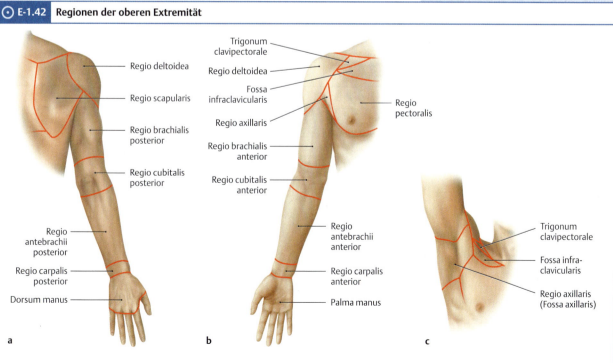

E-1.42 Regionen der oberen Extremität

(Prometheus LernAtlas. Thieme, 3. Aufl.)
a Ansicht von dorsal,
b Ansicht von ventral,
c Ansicht von ventrolateral.

E-1.43 Trigonum clavipectorale

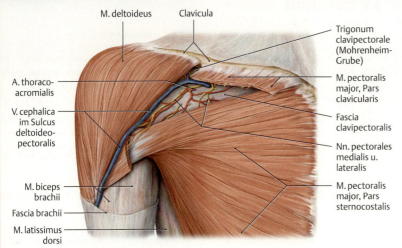

Rechte Schulterregion in der Ansicht von ventral nach Entfernung großer Teile der Pars clavicularis musculi pectoralis major.
(Prometheus LernAtlas. Thieme, 3. Aufl.)

Das **Trigonum clavipectorale** liegt zwischen den klavikulären Ursprüngen der Mm. deltoideus und pectoralis major (Abb. **E-1.43**).

Zwischen den klavikulären Ursprüngen der Mm. deltoideus und pectoralis major liegt das **Trigonum clavipectorale** (Trigonum deltoideopectorale) in dem sich die V. cephalica in die Tiefe zur V. axillaris absenkt (Abb. **E-1.43**).

Achselhöhle (Fossa axillaris)

▶ **Synonym.**

Sie wird nach ventral von der **vorderen Achselfalte** (M. pectoralis major), nach dorsal von der **hinteren Achselfalte** (M. latissimus dorsi) begrenzt. Im Apex der Axilla treten zahlreiche Leitungsbahnen durch die **Fascia axillaris** (Körperfaszie).

Zwischen den Mm. teres major und minor liegen, durch den langen Trizepskopf getrennt, die **mediale** und **laterale Achsellücke** (Tab. **E-1.5**). Distal der lateralen Achsellücke liegt der **Trizepsschlitz**.

Achselhöhle (Fossa axillaris)

▶ **Synonym.** Axilla

Die Fossa axillaris ist eine Vertiefung zwischen dem Rumpf und dem Ansatz des Arms (Abb. **E-1.43**). Sie wird nach ventral von der **vorderen Achselfalte** begrenzt, der der **M. pectoralis major** zugrunde liegt; die **hintere Achselfalte** wird vom **M. latissimus dorsi** gebildet. Unter der behaarten Haut der Axilla liegt die **Fascia axillaris** als Teil der **allgemeinen Körperfaszie**. Im Apex der Axilla ist sie als **Lamina cribrosa** ausgebildet, die von zahlreichen Leitungsbahnen des Arms durchbrochen wird.

Aus der Axilla ziehen Leitungsbahnen durch die **Achsellücken** nach dorsal. Zwischen den vom Angulus inferior scapulae kommenden Mm. teres major (kaudal) und minor (kranial) öffnet sich ein zum Humerusschaft hin weiter werdender Schlitz. Der vom Tuberculum infraglenoidale entspringende lange Trizepskopf teilt diesen in die **mediale** und **laterale Achsellücke** (Tab. **E-1.5**). Distal an die laterale Achsellücke und von dieser durch den M. teres major getrennt, schließt der **Trizepsschlitz** an.

E-1.5 Begrenzungen und Leitungsbahnen der Achsellücken

Achsellücke		medial: Hiatus axillaris medialis	lateral: Hiatus axillaris lateralis	Kaudal: Trizepsschlitz
Form		dreieckig	viereckig	dreieckig
Begrenzung	kranial	M. teres minor	M. teres minor	M. teres major
	kaudal	M. teres major	M. teres major	
	medial	–	Caput longum des M. triceps brachii	Caput longum des M. triceps brachii
	lateral	Caput longum des M. triceps brachii	Humerus	Humerus
Leitungsbahnen		A. und Vv. circumflexae scapulae → Fossa infraspinata	A. und Vv. circumflexae humeri posteriores, N. axillaris → Collum chirurgicum	A. profunda brachii und N. radialis

* In der Abb. sind neben den Leitungsbahnen der grün hinterlegten Achsellücken auch andere Gefäß-Nerven-Staßen im Schulterbereich dargestellt. Abbildung aus Prometheus LernAtlas. Thieme, 3. Aufl.

Ellenbeuge (Fossa cubitalis)

Im Gegensatz zur Fossa poplitea (S. 393) sind die proximalen und distalen Grenzen der ventral vom Ellenbogengelenk gelegenen Fossa cubitalis (Abb. **E-1.44**) nicht scharf definiert. Am Unterarm wird sie **radial** vom **M. brachioradialis** begrenzt, **ulnar** vom **M. pronator teres**. Vom Oberarm her kommend, zieht der **M. biceps brachii** ins Zentrum der Fossa cubitalis, sodass eine **Y-Figur** resultiert, deren proximale „Arme" in die **Sulci bicipitales mediales** und **lateralis** auslaufen.
Ihr **Boden** wird vom **M. brachialis** und der **Bizepssehne** gebildet, wobei die **Aponeurosis m. bicipitis** ein oberflächliches von einem tieferen Kompartiment trennt:
- **Oberflächlich** liegen die Vv. basilica, cephalica und die sie verbindende V. mediana cubiti (Abb. **E-1.35**) sowie Äste der Nn. cutanei antebrachii medialis und lateralis.
- In der **Tiefe** verlaufen von radial nach ulnar der R. superficialis n. radialis, die A. brachialis bzw. ihre Äste (Aa. radialis und ulnaris), sowie der N. medianus.

Ellenbeuge (Fossa cubitalis)

Ihre Grenzen am Unterarm sind (Abb. **E-1.44**)
- radial der **M. brachioradialis**,
- ulnar der **M. pronator teres**;
- **proximal** wird sie vom **M. biceps brachii** geteilt.
- Der **Boden** wird von den Mm. brachialis und biceps brachii gebildet.
Oberflächlich enthält sie die Vv. basilica, cephalica und mediana cubiti sowie Hautnerven. In der **Tiefe** verlaufen von radial nach ulnar der R. superficialis n. radialis, die A. brachialis (bzw. Aa. radialis und ulnaris) sowie der N. medianus.

E-1.44 Ellenbeuge (Fossa cubitalis)

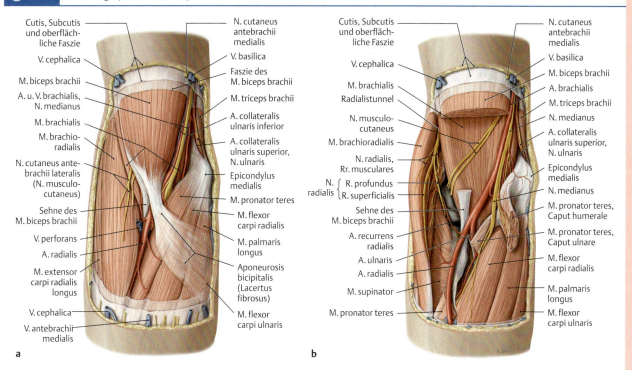

(Prometheus LernAtlas. Thieme, 3. Aufl.)
a Ansicht von ventral nach Entfernung der Faszien sowie epifaszialer Leitungsbahnen am rechten Arm
b und tiefe Präparation der gleichen Region.

1.5.2 Orientierungspunkte und -linien

Sicht- und tastbare Knochenpunkte: Die **Clavicula** ist auf ihrer ganzen Länge subkutan und selbst bei adipösen Individuen als Landmarke, die den Thorax vom lateralen Halsdreieck abgrenzt, **sichtbar**, bzw. einfach zu **tasten**.
Gleichfalls **sichtbar** ist die **Spina scapulae** mit dem **Acromion**. Je nach Dicke der umgebenden Muskeln (Mm. deltoideus, trapezius, supra- und infrascapularis) imponiert sie als Erhabenheit oder Impression des Hautniveaus. Ähnliches gilt für den **Margo medialis** und **angulus inferior scapulae**.
Der Gelenkspalt der **Articulatio acromioclavicularis** (S. 440) ist **tastbar**. Etwas schwieriger ist es, von ventral den **Processus coracoideus** durch den M. deltoideus hindurch zu tasten.
Die **Ellenbogenregion** wird vom **Olecranon** sowie von den **Epikondylen** des Humerus mit den Ursprüngen der **Unterarmmuskeln** (S. 492) dominiert. Sie sind sowohl tast- als auch sichtbar.
Das **Caput radii** und der Gelenkspalt der **Articulatio humeroradialis** sind ca. 2 cm distal des Epicodylus lateralis zu tasten. Beim Pronieren und Supinieren lässt sich die Rotation des Radiuskopfs verfolgen.

1.5.2 Orientierungspunkte und -linien

Knochenpunkte: Als Landmarken **sichtbar** sind:
- **Clavicula** (auf ganzer Länge)
- **Spina scapulae** mit dem **Acromion** sowie
- **Margo medialis** und **angulus inferior scapulae**.
- Die **Articulatio acromioclavicularis** und der **Proc. coracoideus** sind tastbar.

Die **Epikondylen** des Humerus und das **Olecranon** sind tast- und sichtbare **Landmarken** der **Ellenbogenregion**.

Distal des Epicondylus lat. tastet man **Caput radii** und **Articulatio humeroradialis**.

⊙ E-1.45

⊙ E-1.45 Hueter-Linie und Hueter-Dreieck

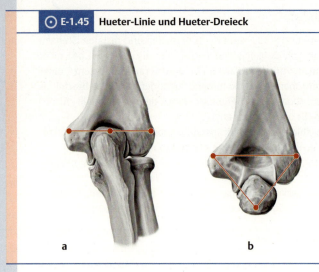

(Prometheus LernAtlas. Thieme, 3. Aufl.)
a Ansicht eines rechten Ellenbogengelenks von dorsal in Streck-
b und Beugestellung.

Orientierungslinien: Humerusepikondylen und Olecranon liegen in Streckstellung auf einer Linie; bei gebeugtem Ellenbogen bilden sie ein gleichschenkliges Dreieck (Abb. **E-1.45**).

1.5.3 Achsen der oberen Extremität

Ober- und Unterarm schließen in einen nach lateral offenen Winkel von 160–170° ein. Stärkere Achsenabweichungen werden als **Cubitus valgus** bezeichnet; vgl. Valgusstellung (S. 347).

Orientierungslinien: Die beiden Humerusepikondylen und das Olecranon liegen in Neutral-Null-Stellung auf einer Linie, bei rechtwinklig gebeugtem Ellenbogen bilden sie ein gleichschenkliges Dreieck (**Hueter-Dreieck**, Abb. **E-1.45**). Frakturen und Luxationen im Kubitalbereich stören diese topografischen Verhältnisse.

1.5.3 Achsen der oberen Extremität

Die **Längsachsen** von Ober- und Unterarm weichen in Streckstellung bei Männern um ca. 10° voneinander ab; sie bilden einen nach lateral offenen Winkel von 170°. Bei Frauen und Kindern ist die Achsenabweichung größer und dieser Winkel kann 160° betragen. Werte darunter werden als **Cubitus valgus** bezeichnet; Definition der Valgusstellung (S. 347).

2 Unterarm und Hand

2.1	Einführung	477
2.2	Funktionelle Aspekte und Bauprinzip	477
2.3	Knochen von Unterarm und Hand	478
2.4	Gelenke der Hand	484
2.5	Muskulatur von Unterarm und Hand	492
2.6	Gefäßversorgung und Innervation von Unterarm und Hand	505
2.7	Topografische Anatomie von Unterarm und Hand	513
2.8	Entwicklung von Unterarm und Hand	515

© PhotoDisc

L.J. Wurzinger

2.1 Einführung

Die herausragende Stellung der Hand und die Wertigkeit ihrer Funktion als „Kulturorgan" (s. u.) des Menschen spiegelt sich in verschiedenen medizinischen Tätigkeitsfeldern wider.

▶ **Klinik.** In der operativen Medizin findet sich der „organisatorische" Niederschlag dieser hohen Bedeutung darin, dass der Hand ein Fachgebiet mit eigener Weiterbildungsordnung gewidmet ist: Die **Handchirurgie** stellt eine Subspezialität der Chirurgie dar.
Die in der Versicherungsmedizin übliche **„Gliedertaxe"** berücksichtigt die essenzielle Bedeutung der Hand (50 % Erwerbsunfähigkeit bei Verlust einer Hand) und ihrer Finger für das Alltags- und Erwerbsleben des Menschen.
Dementsprechend werden schwere Verletzungen der Hand aufwändig operativ versorgt, wobei z. B. versucht wird, abgetrennte Finger zu **replantieren**. Durch die engen topografischen Beziehungen sowie die geringe Größe von wichtigen Nerven und Gefäßen ist die Hand zu einer Domäne der **Mikrochirurgie**, d. h. von Eingriffen unter dem Operationsmikroskop geworden. Wegen der intensiven Versorgung mit sensiblen Nervenendigungen, die für die Funktion der Hand unabdingbar ist, sind **Verletzungen** oder **infektiöse Prozesse** (**Eiterungen**) hier besonders **schmerzhaft**.
Ihre Beweglichkeit bringt es mit sich, dass Unterarm und Hand bei **Sturztraumata** aber auch bei der Abwehr oder Durchführung von **Angriffen** überdurchschnittlich häufig verletzt werden. Der Untersuchung der Hände kommt daher in der Rechtsmedizin eine entsprechende Bedeutung zu.
Daneben manifestieren sich durch autoimmune Prozesse bedingte **rheumatische Erkrankungen** überdurchschnittlich häufig an den Händen.

▶ Klinik.

2.2 Funktionelle Aspekte und Bauprinzip

In Verbindung mit dem **Gehirn** ist die **Greifhand** neben dem zur Sprachbildung befähigten **Kehlkopf** das **evolutionsrelevante „Kulturorgan"** des Menschen. Dabei wird allgemein davon ausgegangen, dass sich die Entwicklung der Hand bis hin zur Fähigkeit, Werkzeuge herzustellen, noch vor der Sprachentwicklung vollzogen hat. Ohnehin spielt die Hand in der **nonverbalen Kommunikation** entweder in Begleitung des gesprochenen Wortes oder als Teil der stummen Körpersprache eine dominierende Rolle.
Die für die Hand essenzielle **Greif-** und **Tastfunktion** ist eine Funktion der Fingergelenke, wobei der Daumen besonders beweglich ist und in der **Oppositionsbewegung** den übrigen vier Fingern gegenübergestellt wird. Vorbedingung für den zielgerichteten Einsatz der Finger ist die optimale Stellung der Hand zum Unterarm, welche eine Funktion der **Handgelenke** ist. Damit die **Finger** der Hand für präzises Arbeiten auch mit kleinen Objekten im Millimeterbereich tauglich sind, müssen sie so schlank wie möglich sein: Sie selbst sind frei von Muskeln und werden von Sehnen der Muskeln des Unterarms und kurzen Handmuskeln bewegt.

2.2 Funktionelle Aspekte und Bauprinzip
Die **Greifhand** ist ein „Kulturorgan", ohne das die **Evolution** zum Menschen nicht vorstellbar ist.

Die **Greif-** und **Tastfunktion** der Hand ist eine Funktion der Fingergelenke, wobei der **Opposition** des **Daumens** eine besondere Bedeutung zukommt.
Das Fehlen von Muskelbäuchen an den **Fingern** macht diese schlank für präzises Arbeiten mit kleinen Objekten. Sie werden von den Sehnen der Unterarm- und Handmuskeln bewegt.

Der **Tastsinn** der Hand kooperiert bei der Erkundung der **dreidimensionalen** Umwelt mit dem **Gesichtssinn** und ist dabei diesem mindestens gleichwertig.

Gemeinsam mit dem **Gesichtssinn** kann der Mensch sich mit dem **Tastsinn** der Hand die **dreidimensionale** Umwelt und ihre Objekte erschließen. Die herausragende Bedeutung der Hand hierbei hat dazu geführt, dass das Wort **„begreifen"** auch für das Erfassen abstrakter Prozesse verwendet wird. Aus Untersuchungen mit dreidimensionalen Objekten, die sowohl am Bildschirm von allen Seiten betrachtet als auch als reale Objekte betastet werden konnten, weiß man, dass Form und Lage der Objekte nach taktiler und visueller Erkundung am besten erfasst werden.
Im direkten Vergleich beider Sinne schneidet interessanterweise die taktile Erkundung allein besser ab als die alleinige visuelle.

Der dichten Versorgung von Hand und **Fingerbeeren** mit **sensiblen Nervenendigungen** entspricht eine überproportionale Repräsentation von Hand und Fingern am **sensorischen Kortex** (S. 1137).
Bedingt durch die geringe Größe der **motorischen Einheiten** (S. 84) der Handmuskeln ist die Hand auch am **motorischen Kortex** überproportional vertreten.

Es überrascht daher nicht, dass die Hand und insbesondere die **Fingerbeeren** neben den Lippen und der Mundschleimhaut am dichtesten mit **sensiblen Nervenendigungen** versorgt sind. Dem entspricht eine ausgedehnte, überproportionale Repräsentation von Hand und Fingern am **sensorischen Kortex** (S. 1137) des Gyrus postcentralis („sensorischer Homunculus"). Die vergleichbare Ausdehnung des Feldes der Hand am **motorischen Kortex** des Gyrus precentralis („motorischer Homunculus") ist Ausdruck der Tatsache, dass die Muskeln, welche Hand und Finger bewegen, relativ kleine **motorische Einheiten** (S. 84) besitzen, bei denen ein Motoneuron im Vorderhorn des Rückenmarks ca. 100 Muskelfasern innerviert. Sie dienen wie die Augenmuskeln der **Feinmotorik**, im Gegensatz z. B. zu den Muskeln der Grobmotorik, wie dem M. gluteus maximus oder den Rückenmuskeln, bei denen die motorischen Einheiten bis zu 1000 Muskelfasern umfassen.

2.3 Knochen von Unterarm und Hand

2.3.1 Knochen des Unterarms und ihre Verbindungen

▶ Merke.

▶ **Merke.** Am distalen Unterarm (Abb. E-2.1) befindet sich der **Radius** auf der Seite des **Daumens**, die **Ulna** auf der **Kleinfingerseite**.

⊙ E-2.1

⊙ E-2.1 **Unterarmknochen**

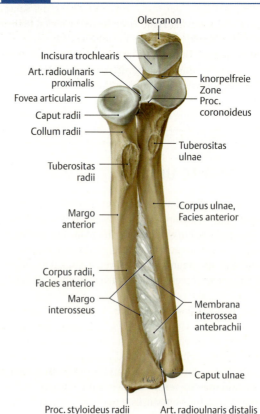

Radius und Ulna eines rechten Unterarms in der Ansicht von ventral-kranial.
(Prometheus LernAtlas. Thieme, 3. Aufl.)

E 2.3 Knochen von Unterarm und Hand

Ulna (Elle)

Proximales Ende: Das proximale Ende der Ulna mit **Olecranon** und **Processus coronoideus** und der dazwischen gelegenen **Incisura trochlearis** ist im Kap. E-1.3.1 (S. 457) beschrieben. Unmittelbar distal vom Proc. coronoideus befindet sich die **Tuberositas ulnae**, an der der M. brachialis (Abb. **E-1.28**) ansetzt.

Corpus ulnae: Es ist dreikantig mit einem dem Radius zugewandten **Margo interosseus** und einem **Margo posterior** und **anterior**. Der **Margo posterior** liegt vom Olecranon bis zum distalen Processus styloideus (s. u.) auf seiner ganzen Länge ohne wesentliche Weichteildeckung unmittelbar **subkutan**.

▶ **Klinik.** Bei der Abwehr von tätlichen Angriffen werden häufig die Unterarme und Hände zum Schutz des Kopfes nach oben gerissen. Die ungeschützte Lage des Margo posterior ulnae ist dafür verantwortlich, dass hierbei gehäuft **„Abwehr- oder Parierfrakturen"** der Ulna die Folge sind. Diese gelten in der forensischen Medizin und in der Archäologie als Anzeichen eines Kampfes.

Caput ulnae: Der **Ulnakopf** endet distal im **Processus styloideus ulnae**, der sich auf der Dorsalseite befindet.
Die überknorpelte Gelenkfläche des Caput ulnae für das proximale Handgelenk (genauer: den Discus articularis, s. u.) setzt sich auf die **Circumferentia articularis** der Radialseite fort, welche mit dem distalen Radius in der Articulatio radioulnaris distalis artikuliert (Abb. **E-2.2**).

Radius (Speiche)

Caput und **Collum radii** sind im **Kap. E-1.3.1** (S. 457) detailliert **beschrieben.**

Corpus radii: Unmittelbar distal des Collum liegt die **Tuberositas radii**, an der der M. biceps brachii ansetzt (Abb. **E-1.28**). Proximales und distales Radiusende haben Kontakt mit der Ulna (s. o.), der **Radiusschaft** dagegen krümmt sich im mittleren Bereich von der Ulna weg.

Distales Radiusende: Es ist verbreitert und endet lateral (radial) im **Processus styloideus radii**. Auf der Dorsalseite befinden sich Rinnen, in denen die Sehnen der Extensoren (S. 496) verlaufen. Wie die Ulna besitzt auch der Radius distal eine Gelenkfläche für die Artikulation mit der Handwurzel im proximalen Handgelenk (S. 485). Diese **Facies articularis carpalis** steht mit der **Incisura ulnaris radii**, die mit der distalen Ulna Kontakt hat, in Verbindung (Abb. **E-2.2**).

▶ **Klinik.** Beim Sturz auf den ausgestreckten Arm mit dorsal extendiertem Handgelenk bricht häufig das verbreiterte distale Radiusende, man spricht dann von einer **Radiusfraktur in loco typico** (**Colles-Fraktur**). Dabei staucht sich die dünne Kortikalis dorsal am distalen Radius ein und das Fragment verkippt in Extensionsstellung.

Verbindungen von Radius und Ulna

Obwohl räumlich getrennt, bilden **Articulatio radioulnaris proximalis** und **distalis** eine funktionelle Einheit, in der die Umwendebewegung (S. 459) der Hand (**Pronation** und **Supination**) stattfindet. Wie das proximale (S. 455) ist auch das **distale Radioulnargelenk** ein **Radgelenk**. In ihm dreht sich das distale Radiusende mit der konkaven Incisura radialis um die konvexe Circumferentia articularis der Ulna. Die Gelenkhöhle wird nach distal von dem Discus articularis (S. 485) abgeschlossen, der zwischen Ulna und Handwurzel liegt. Somit trennt der Discus die Gelenkhöhlen von distalem Radioulnar- und proximalem Handgelenk. Lediglich Diskusperforationen, die im Alter häufig sind, bedingen eine Verbindung dieser Gelenke.
Die **Gelenkkapsel** ist ähnlich weit und schlaff wie die des proximalen Radioulnargelenks und besitzt proximal einen **Recessus sacciformis**, dessen Falten den großen Umfang von Pro- und Supination von jeweils 80–90° erlauben.

Ulna (Elle)

Proximales Ende: mit **Olecranon, Proc. coronoideus** und dazwischen gelegener **Incisura trochlearis** (S. 457). An der **Tuberositas ulnae** setzt der M. brachialis (Abb. **E-1.28**) an.

Corpus ulnae: Es ist dreikantig; der **Margo posterior** liegt auf ganzer Länge **subkutan**.

▶ **Klinik.**

Caput ulnae: Es endet distal mit dem **Proc. styloideus**.
Das Caput besitzt **Gelenkflächen** für das proximale Handgelenk und die Articulatio radioulnaris distalis (Abb. **E-2.2**).

Radius (Speiche)

Caput und Collum radii: s. proximaler Radius (S. 457).
Corpus radii: An der **Tuberositas radii** setzt der M. biceps brachii an.

Distales Radiusende: Es endet im **Proc. styloideus radii**. Die **Facies articularis carpalis** dient der Artikulation mit der Handwurzel, die **Incisura ulnaris radii** der mit der distalen Ulna.

▶ **Klinik.**

Verbindungen von Radius und Ulna

Die beiden Radgelenke der **Articulatio radioulnaris proximalis** und **distalis** bilden eine funktionelle Einheit, in der **Pronation** und **Supination** der Hand stattfinden.

Die weite **Gelenkkapsel** erlaubt Pro- und Supination von jeweils 80–90°.

Die Diaphysen von Ulna und Radius sind über die **Membrana interossea antebrachii** großflächig miteinander verbunden (Abb. **E-2.1**).

Die **Membrana interossea antebrachii** (Abb. **E-2.1**) reicht von der Tuberositas radii bis zur Articulatio radioulnaris distalis. Der proximale Teil des Raums zwischen Radius und Ulna sowie ein Spalt am distalen Ulnaende bleiben als Durchtrittsstelle für Nerven und Gefäße frei. Die Membrana interossea sichert das proximale und distale Radioulnargelenk ohne Supination und Pronation zu behindern und dient einigen Unterarmmuskeln als Ursprungsfläche.

2.3.2 Handskelett

Die Hand (Abb. **E-2.2**) **gliedert** sich in
- **Carpus** (Handwurzel),
- **Metacarpus** (Mittelhand) und
- **Digiti** (Finger).

Carpus (Handwurzel)

Die Handwurzelknochen sind zweireihig angeordnet:
- **Proximale Reihe**:
  – **Os scaphoideum** (Kahnbein),
  – **Os lunatum** (Mondbein),
  – **Os triquetrum** (Dreiecksbein) mit
  – **Os pisiforme** (Erbsenbein).
- **Distale Reihe**:
  – **Os trapezium** (großes Vielecksbein),
  – **Os trapezoideum** (kleines Vielecksbein),
  – **Os capitatum** (Kopfbein),
  – **Os hamatum** (Hakenbein).

2.3.2 Handskelett

Analog zum Fuß **gliedert** sich die Hand (Abb. **E-2.2**) in
- **Carpus** (Handwurzel),
- **Metacarpus** (Mittelhand) und
- **Digiti** (Finger).

Carpus (Handwurzel)

Die Knochen der Handwurzel sind in zwei Reihen angeordnet und tragen – jeweils von radial nach ulnar betrachtet – folgende Namen:
- **Proximale Reihe:**
  – **Os scaphoideum** (Kahnbein),
  – **Os lunatum** (Mondbein),
  – **Os triquetrum** (Dreiecksbein).
  – Auf dem Triquetrum liegt das **Os pisiforme** (Erbsenbein) als Sesambein (S. 238) der Sehne des M. flexor carpi ulnaris.
- **Distale Reihe:**
  – **Os trapezium** (großes Vielecksbein)
  – **Os trapezoideum** (kleines Vielecksbein)
  – **Os capitatum** (Kopfbein)
  – **Os hamatum** (Hakenbein).

▶ **Merke.**

▶ **Merke.** Handwurzelknochen (**proximal → distal** und **radial → ulnar**): „Ein **Kahn** der fuhr im **Mond**enschein im **Dreieck** um das **Erbsenbein**. **Vieleck groß**, **Vieleck klein**, der **Kopf** der muss am **Haken** sein."

▶ **Klinik.**

▶ **Klinik.** Beim Sturz auf die ausgestreckte Hand bricht von den Handwurzelknochen das **Os scaphoideum** am häufigsten. In Folge seiner prekären Gefäßversorgung ist bei Querfrakturen mit einem langwierigen Heilungsverlauf und Tendenz zur Pseudarthrose zu rechnen („**Navikularefraktur**" der Kliniker). Diese Fraktur erfordert eine mindestens 6-wöchige Ruhigstellung des Handgelenks und des Daumens. Andernfalls müssen die Fragmente osteosynthetisch verschraubt werden.

▶ **Klinik.**

▶ **Klinik.** Bei Pressluftarbeitern kann die Verbindung von chronischer Belastung mit der bei dorsalextendiertem Handgelenk stark reduzierten Durchblutung des Mondbeins zur „**Lunatummalazie**", einer aseptischen Knochennekrose (S. 360) führen.

Die Handwurzel bildet palmar den von den **Eminentiae carpales radialis** und **ulnaris** begrenzten **Sulcus carpi** (Abb. **E-2.4**). Dieser wird durch das **Retinaculum flexorum** zum **Canalis carpi**, dem „Karpaltunnel" (S. 509), ergänzt, in dem die Sehnen der langen Fingerbeuger und der N. medianus verlaufen.

Beide Reihen der Handwurzelknochen bilden einen (zur Längsachse der Hand) queren, nach palmar offenen Bogen (Abb. **E-2.4**). Die dadurch entstehende palmare Rinne (**Sulcus carpi**) wird an den Rändern durch die Eminentiae carpales radialis und ulnaris noch vertieft:
- Die **Eminentia carpalis radialis** wird von Knochenvorsprüngen (Tubercula) der **Ossa scaphoideum** und **trapezium** gebildet,
- die **Eminentia carpalis ulnaris** vom **Os pisiforme** und dem Hamulus des **Os hamatum**.

Das zwischen den Eminentiae carpi ausgespannte **Retinaculum (musculorum) flexorum** (S. 487) schließt den Sulcus carpi nach palmar ab, sodass ein osteofibröser Kanal, der **Canalis carpi**, sog. „Karpaltunnel" (S. 509) entsteht, in dem die Sehnen der langen Fingerbeuger und der N. medianus verlaufen.

Generell besitzen alle Karpalknochen **6 Flächen**: eine palmare und eine dorsale; die übrigen 4 Flächen sind größtenteils überknorpelte Gelenkflächen, die radiale und ulnare sowie die proximale und distale.

E 2.3 Knochen von Unterarm und Hand

E-2.2 Handskelett

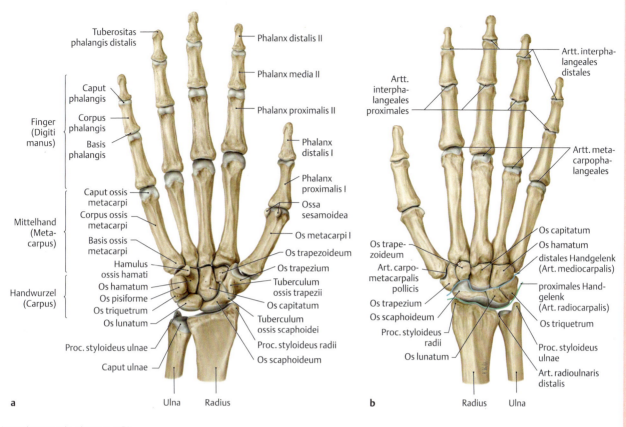

(Prometheus LernAtlas. Thieme, 3. Aufl.)
a Knochen der rechten Hand in der Ansicht von palmar
b und dorsal.

E-2.3 Hand im Röntgenbild

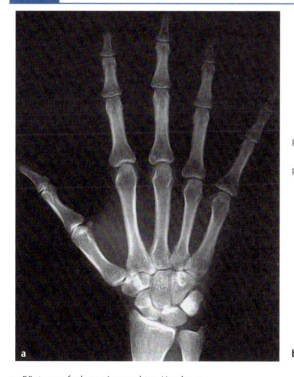
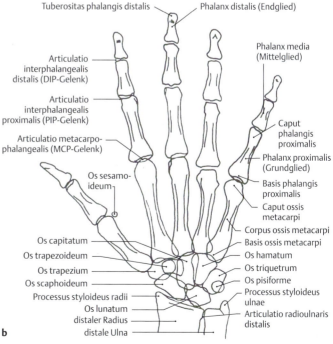

a Röntgenaufnahme einer rechten Hand a.-p.
b mit erklärender Schemazeichnung.

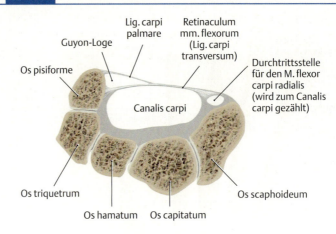

E-2.4 Transversalschnitt durch den Karpaltunnel

(Prometheus LernAtlas. Thieme, 3. Aufl.)

Funktionell unterscheidet man
- die **radiale Säule** mit den Ossa scaphoideum, trapezium und trapezoideum;
- die **zentrale Säule** mit den Ossa lunatum und capitatum;
- die **ulnare Säule** mit Ossa triquetrum und hamatum.

Metacarpus (Mittelhand)

Sie besteht aus den **Ossa metacarpi** (Mittelhandknochen, Metakarpalia) **I–V**.

An den **Ossa metacarpi** unterscheidet man die **Basis,** das dreikantige **Corpus** und das kugelige **Caput**. Die Basis des **Os metacarpi I** hat eine sattelförmige Gelenkfläche, die mit dem Trapezium artikuliert.

Digiti manus (Finger)

Die **Digiti** (Finger) **II–V** bestehen aus je **3 Phalangen,** der **Pollex** (Daumen) aus 2 Phalangen.

Die **Phalangen** gliedern sich in **Basis, Corpus** und **Caput**. Die Basis der **Grundphalanx** hat eine Gelenkpfanne für den Kopf des Metakarpale. Eine Führungsleiste an der Basis von **Mittel-** bzw. **Endphalanx** passt in eine Rinne des Kopfes von Grund- bzw. Mittelphalanx.

Unter **funktionellen** (kinematischen) Gesichtspunkten hat sich die Gliederung der Handwurzel in **drei Säulen** in der Längsachse der Extremität bewährt:
- die **radiale Säule**, basierend auf dem Os scaphoideum mit den Ossa trapezium und trapezoideum;
- die **zentrale Säule** mit Os lunatum und Os capitatum sowie
- die **ulnare Säule** mit Os triquetrum und Os hamatum.

Metacarpus (Mittelhand)

Die Mittelhand besteht aus den
- **Ossa metacarpi** (Mittelhandknochen, Metakarpalia) **I–V** und den beiden
- **Ossa sesamoidea** (Sesambeinen), von denen jeweils eins in die Sehnen der Mm. adductor pollicis und flexor pollicis brevis (Abb. **E-2.17**) auf der Palmarseite des Caput ossis metacarpale I eingelagert ist.

Bei den **Ossa metacarpi** handelt es sich um Röhrenknochen (S. 223), an denen von proximal nach distal **Basis, Corpus** und **Caput** unterschieden werden. Das **Metakarpale II** ist der längste der Metakarpalknochen, das **Metakarpale I** der kürzeste und kräftigste. Die **Basen** der Metakarpalia sind unterschiedlich geformt, je nach den Karpalknochen mit denen sie in Verbindung stehen. Das **Os metacarpi I** nimmt mit der sattelförmigen Gelenkfläche seiner Basis, die mit dem Os trapezium artikuliert, eine Sonderstellung ein. Die **Diaphysen** der Metakarpalia sind leicht nach palmar konkav gekrümmt und besitzen einen dreieckigen Querschnitt. Ihre **Köpfe** sind kugelförmig.

Digiti manus (Finger)

Die **Digiti** (Finger) **II–V** bestehen aus je **drei Phalangen** (Fingergliedern): **Phalanges proximalis** (Grundphalanx), **media** (Mittelphalanx) und **distalis** (Endphalanx).
Der **Pollex** (Daumen) besitzt **2 Phalangen** (Grund- und Endphalanx).
Auch an den Phalangen unterscheidet man **Basis, Corpus** und **Caput phalangis**. Die **Grundphalanx** (**Phalanx proximalis**) besitzt an der Basis eine querovale Gelenkpfanne für das Caput ossis metacarpi. In eine Rinne in der Gelenkfläche des jeweiligen Kopfes (Caput) von **Grund-** bzw. **Mittelphalanx** (**Phalanx medialis**) passt eine Führungsleiste an der Basis der Mittel- bzw. der **Endphalanx** (**Phalanx distalis**). Die Köpfe der Endphalangen bilden seitlich und palmar eine Rauigkeit aus, die **Tuberositas phalangis distalis**. Von dieser strahlen Bindegewebszüge in die Fingerbeeren ein. Sie fixieren die Haut, was für die Greiffunktion bedeutsam ist.

„Gibt's das zu kaufen?"

> Es ist 23 Uhr während meines ersten Nachtdienstes. Ich will die Station gerade in Richtung Bereitschaftsraum verlassen, als mich die zentrale Notaufnahme „dringend" anfordert. Mein Oberarzt ist gerade erst vor einer halben Stunde mit den Worten „Halten Sie die Füße still!" nach Hause gefahren, und nun erwartet mich ein „Kind mit gebrochenem Arm".

Das „Kind" entpuppt sich als 16-jähriger Jugendlicher, der lauthals schreiend auf der Untersuchungsliege liegt und mit der linken Hand seinen unnatürlich abstehenden rechten Unterarm hält. „Der ist grad von 'nem Kollegen gebracht worden – er sei in der Stadt beim Freerunning gestürzt!" gibt mir die Schwester knapp zu verstehen.

Zusammen bekommen wir ihn soweit beruhigt, dass ich ihm einen Zugang legen kann. Als das Piritramid (ein stark wirksames Opioid-Schmerzmittel) anflutet, ist es endlich möglich zu erfahren, dass er einen „geilen Jump" von der 1. Etage des Parkhauses über den darunter stehenden Müllcontainer zum „Boardwalk versiebt hat" – und plötzlich war sein Arm so.

Unter der dünnen Haut am Handgelenk kann ich außen die Knochenkante der Ulna und auf der Innenseite eine Stufe am Radius tasten. Zur Sicherheit lasse ich ein Röntgenbild machen. Dann wähle ich zögerlich die Nummer des Oberarztes. Der hört sich die Misere an und fragt, wie es mit PDMS sei ... PDM-was?!? „Mann!!! Puls, Durchblutung, Motorik, Sensibilität?!", kommt es aus dem Hörer. Ich werde tomatenrot und fasele irgendwas von rosiger Hautfarbe, was der Oberarzt mit den Worten „Auch egal, ich komme", quittiert. „Sagen Sie wenigstens noch im OP Bescheid!"

Ich flitze schnell rüber in die Röntgenabteilung. Tatsächlich kann der Patient in den Fingerspitzen der äußeren drei Finger ein „Kribbeln" spüren, und die Haut erscheint mir auf einmal auch fahler. Geistesgegenwärtig informiere ich nicht nur den OP, sondern auch den zuständigen Anästhesisten. Vielleicht besänftigt das den Oberarzt wieder ein wenig.

Eben der erscheint wenig später und zitiert mich vor den digitalen Röntgenschirm: „Na, was sehen Sie?" – „Äh ... distale Radius- und Ulnafraktur ... mit ...", stammele ich los. „Na, womit? Genauer!", kommt es forsch. Ich weiß nicht, was ich sagen soll, und möchte in Grund und Boden versinken. „Ich fasse mal Ihre Gedanken zusammen: dislozierte, gestauchte Unterarmfraktur! Weiß die Anästhesie wenigstens Bescheid?!?" – „Ja, klar!" ... Wenigstens einen Punkt kann ich einfahren.

Nach einer halben Stunde werden wir in den OP gerufen, wo der Patient mit ausgestrecktem Arm unter einem sterilen Tuch liegt und fröhlich mit dem Anästhesisten plaudert: „Ey, was habt ihr denn da für ein geiles Zeug? Gibt's das auch zu kaufen?" Als ich den Oberarzt irritiert angucke, blickt dieser zum Anästhesisten und sagt: „Erklären Sie mal meinem jungen Kollegen, warum der Patient wach ist!" – „Plexusnarkose!" kommt prompt zurück. „Er hat erst vor 'ner Stunde gegessen, und da haben wir das Aspirationsproblem elegant umgangen – Antibiotikum ist auch schon reingelaufen." Mein Oberarzt nickt.

Insgeheim hoffe ich, dass mein Oberarzt mir nicht auch noch auf den „Plexus-brachialis"-Zahn fühlt. Irgendwie war da doch was mit drei Trunci und drei Faszikeln, die dann noch zu Endästen werden. Aber da hab ich schon damals im Testat gepatzt ... „Na dann, junger Kollege!", reißt mich mein Oberarzt aus meinen Gedanken. „Während ich mich vorpräpariere, können Sie ja schon mal laut darüber nachdenken, wie die anatomischen Verhältnisse des Plexus brachialis sind!" Nein, heute ist einfach nicht mein Tag.

2.4 Gelenke der Hand

Die Hand (Abb. **E-2.5**) bewegt sich gegenüber dem Unterarm im:
- **proximalen** (**Articulatio radiocarpalis**) und
- **distalen Handgelenk** (**Articulatio mediocarpalis**).

▶ **Merke.**

Die **Verformbarkeit** der Hand wird ermöglicht durch
- **Nebengelenke** zwischen den Handwurzelknochen,
- **Karpometakarpalgelenke** und
- Gelenke zwischen den **Metakarpalia**.

Wichtig für die präzise **Greiffunktion** sind v. a. die
- **Metakarpophalangealgelenke** (**MCP**) und die
- **Interphalangealgelenke** (**PIP, DIP**).

2.4 Gelenke der Hand

Im Handwurzelbereich liegen **zwei Hauptgelenke** vor (Abb. **E-2.5**), in denen sich die Hand gegenüber dem Unterarm bewegt:
- das **proximale Handgelenk** (**Articulatio radiocarpalis**) zwischen Unterarm und der proximalen Reihe der Karpalknochen und
- das **distale Handgelenk** (**Articulatio mediocarpalis**) zwischen der proximalen und distalen Reihe der Karpalknochen.

▶ **Merke.** **Proximales** und **distales Handgelenk** bilden als Handgelenke im engeren Sinne eine funktionelle Einheit.

Nebengelenke zwischen den Handwurzelknochen (**Articulationes intercarpales**) ermöglichen eine geringgradige Verschiebung dieser gegeneinander und dadurch eine Verformung der Gelenkkörper der Handgelenke. Die Handwurzel verhält sich ähnlich wie ein mit Kugeln prall gefüllter straffer Sack. Gemeinsam mit der geringen Beweglichkeit der **Karpometakarpalgelenke** und der **Metakarpalknochen** gegeneinander resultiert die für die **Greiffunktion** der Hand wichtige **Verformbarkeit**.

Die **Metakarpophalangeal**(**MCP**)- und die p**roximalen** und **distalen Interphalangealgelenke** (**PIP**- und **DIP-Gelenke**) haben relativ große Bewegungsumfänge. Sie sind wesentlich an der Greiffunktion, v. a. am „Präzisionsgriff" beteiligt. Darüber hinaus spielen sie eine tragende Rolle bei der **taktilen Erfassung** der Umwelt.

E-2.5 Gelenke der Hand

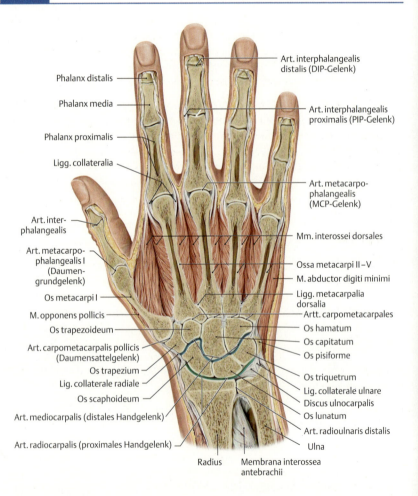

Schnitt durch eine rechte Hand parallel zur Handfläche in der Ansicht von dorsal. Die Gelenkspalten des proximalen und distalen Handgelenks sind farbig hervorgehoben.
(Prometheus LernAtlas. Thieme, 3. Aufl.)

2.4.1 Proximales und distales Handgelenk

Gelenktyp und Gelenkkörper

Proximales Handgelenk (Articulatio radiocarpalis)

Gelenktyp: Das proximale Handgelenk ist ein Eigelenk (Articulatio ellipsoidea) mit 2 Freiheitsgraden bzw. Hauptachsen (S. 231).

Gelenkpfanne: Sie wird von der **Facies articularis carpalis** des distalen Radius und dem **Discus articularis** distal der Ulna („Discus ulnocarpalis") gebildet (Abb. **E-2.5**). Dieser Discus gleicht den zu großen Abstand zwischen dem Caput ulnae und den proximalen Karpalknochen aus und vermittelt den Kontakt der Knochen (Abb. **E-2.2**). Der dreieckige faserknorpelige Discus ist am Radius sowie am Processus styloideus der Ulna befestigt.
Die Pfanne hat **elliptische Form**, wobei der größere Durchmesser in radioulnarer Richtung liegt. Die Pfanne ist gegenüber der Längsachse des Unterarms um 10°–15° nach **palmar** sowie um 20°–25° nach **ulnar geneigt**.

Gelenkkopf: Teilweise überknorpelte Bänder verbinden die drei proximalen Handwurzelknochen, das **Os scaphoideum**, das **Os lunatum** und das **Os triquetrum** zu einem gleichfalls **elliptischen Gelenkkopf**. Das Skaphoid hat Verbindung mit dem Radius, das Lunatum mit dem Radius und dem Discus, das Triquetrum mit dem Discus.

Distales Handgelenk (Articulatio mediocarpalis)

Gelenktyp: Morphologisch bildet das distale Handgelenk ein **„verzahntes Scharniergelenk"**, in dem vornehmlich Palmarflexion und Dorsalextension stattfinden. Die, wenn auch geringfügige, Beweglichkeit der Handwurzelknochen gegeneinander lässt aber mehr als eine reine Scharnierbewegung zu: Bei Radial- und Ulnarabduktion finden im distalen Handgelenk Ausgleichsbewegungen statt, wobei sich die Gelenkkörper nicht wie homogene Blöcke verhalten (s. u.).

Gelenkkörper: Die Gelenkkörper des distalen Handgelenks (Abb. **E-2.5**) sind die durch **Bänder** (Ligamenta intercarpalia dorsalia, palmaria und interossea, s. u.) miteinander verklammerten **Reihen** der **proximalen** und **distalen Ossa carpi**. Die Knochen der distalen Reihe sind fester miteinander verbunden und damit weniger gegeneinander beweglich als die der proximalen. Der **Gelenkspalt** verläuft **wellenförmig**: Er ist im radialen Abschnitt nach distal konvex, im Mittelteil folgt eine tiefe Einziehung nach proximal, die in einem nach distal konkaven Bogen vom ulnaren Teil des Scaphoids über das Lunatum bis zum Triquetrum läuft.

Gelenkkapsel und Bandapparat

Gelenkkapsel und -höhle: Die relativ weite und dünne **Gelenkkapsel** des **proximalen Handgelenks** entspringt dicht an der Knorpel-Knochen-Grenze der Gelenkkörper und am Discus articularis. Die **Gelenkkapsel** des **distalen Handgelenks** ist an den Handwurzelknochen befestigt und vom karpalen Bandapparat (s. u.) nicht zu trennen. Der Kapsel-Band-Apparat der Handgelenke ist palmar straffer als dorsal.
Die **Gelenkhöhlen** von proximalem und distalem Handgelenk sind in der Regel durch Bänder zwischen den proximalen Ossa carpi **getrennt**. Das **distale** Handgelenk **kommuniziert** regelmäßig mit den **Interkarpal-** (S. 489), **Karpometakarpal-** und **Intermetakarpalgelenken II–V** (S. 489).

Bandapparat: Der **Bandapparat** im Handwurzelbereich wirkt auf beide Handgelenke, die ohnehin eine funktionelle Einheit darstellen, da an den proximalen Handwurzelknochen keine Muskeln ansetzen.
Die Komplexität des Bandapparats lässt sich nach **systematischen Gesichtspunkten** in vier Gruppen gliedern (Abb. **E-2.6**):
1. **Bänder zwischen Unterarm- und Karpalknochen:**
   - Die **Ligamenta radiocarpalia dorsale** und **palmare** verlaufen von der Knorpel-Knochen-Grenze des Radius schräg zu den ulnar gelegenen Handwurzelknochen: **dorsal** ziehen die meisten Fasern zum Os triquetrum, **palmar** zu den Ossa capitatum, lunatum und triquetrum. Durch ihren schrägen Verlauf von proximal/radial nach distal/ulnar **verhindern** sie v. a. das **ulnare Abgleiten** des Car-

---

2.4.1 Proximales und distales Handgelenk

Gelenktyp und Gelenkkörper

Proximales Handgelenk (Articulatio radiocarpalis)

Gelenktyp: Dies ist ein **Eigelenk** (S. 231) mit 2 Freiheitsgraden.

Gelenkpfanne: Die **Facies articularis carpalis** des Radius und der **Discus articularis** distal der Ulna bilden die elliptische Pfanne (Abb. **E-2.5**), welche nach **palmar** und **ulnar geneigt** ist.

Gelenkkopf: Bänder verbinden die **Ossa scaphoideum**, **lunatum** und **triquetrum** zu einem **elliptischen Gelenkkopf**.

Distales Handgelenk (Articulatio mediocarpalis)

Gelenktyp: Man spricht von einem **„verzahnten Scharniergelenk"**.

Gelenkkörper: Ligg. intercarpalia dorsalia, palmaria und interossea verklammern die Reihen **proximalen** und **distalen Ossa carpi** zu Gelenkkörpern (Abb. **E-2.5**), zwischen denen ein **wellenförmiger Gelenkspalt** verläuft.

Gelenkkapsel und Bandapparat

Der **Kapsel-Band-Apparat** der **Handgelenke** ist palmar straffer als dorsal.

Die **Gelenkhöhlen** der Handgelenke sind meist **getrennt**.

Bandapparat: Beide Handgelenke, bilden eine funktionelle Einheit, deren **Bandapparat** sich in 4 Gruppen gliedert (Abb. **E-2.6**):

1. **Bänder zwischen Unterarm- und Karpalknochen:**
   - **Ligg. radiocarpalia dorsale** und **palmare** ziehen vom distalen Radius schräg zu den ulnaren Handwurzelknochen. Sie **verhindern** das **Abgleiten** des Carpus nach ulnar und **bremsen** die **Radialabduktion**.

E-2.6 Bandapparat der Hand

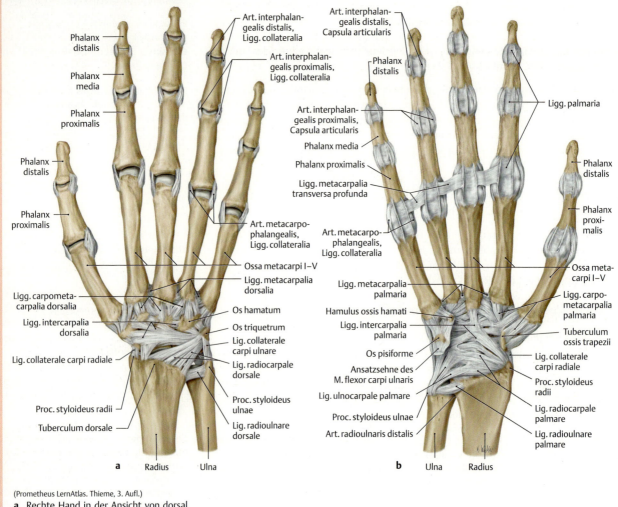

(Prometheus LernAtlas. Thieme, 3. Aufl.)
a Rechte Hand in der Ansicht von dorsal
b und palmar.

– **Kollateralbänder** zwischen Radius und Os scaphoideum sowie zwischen Ulna und den Ossa triquetrum und pisiforme begrenzen die **Ulnarabduktion**, bzw. die **Radialabduktion**.
2. **Bänder zwischen den Handwurzelknochen:**
   – **Ligg. intercarpalia interossea** begrenzen Bewegungen benachbarter Karpalknochen gegeneinander.
   – **Ligg. intercarpalia dorsalia** und **palmaria begrenzen** als kapsuläre Bänder **Palmarflexion**, bzw. **Dorsalextension** sowie Bewegungen der Karpalknochen gegeneinander.

▶ Merke.

pus in der nach ulnar geneigten Gelenkpfanne (s. o.). Ihre überwiegend proximal der Abduktionsachse gelegenen Fasern **bremsen** die **Radialabduktion**.
– Das proximale Handgelenk verfügt auch über **Kollateralbänder**: Das **Ligamentum collaterale carpi radiale**, das sich zwischen Processus styloideus radii und Os scaphoideum ausspannt, begrenzt die **Ulnarabduktion**. Die **Radialabduktion** wird vom **Ligamentum collaterale carpi ulnare** gehemmt, das vom Processus styloideus ulnae in zwei Zügen zum Os triquetrum und Os pisiforme verläuft.
2. **Bänder zwischen den Handwurzelknochen:**
   – **Ligamenta intercarpalia interossea**, die als „Binnenbänder" benachbarte Karpalknochen miteinander verbinden, begrenzen deren Kipp- und Schiebebewegungen gegeneinander.
   – **Ligamenta intercarpalia dorsalia** und **palmaria** stellen Bandzüge dar, die an der Oberfläche des Carpus liegen und durch Integration in die Gelenkkapsel diese verstärken. Auf der Palmarseite verklammert das vom zentral gelegenen Os capitatum nach allen Richtungen ausstrahlende **Ligamentum carpi radiatum** die Handwurzelknochen; mit den anderen palmaren Interkarpalbändern **begrenzt** es die **Dorsalextension**. Dorsal spannt sich das **Ligamentum carpi arcuatum** („Bogenband") vom Os scaphoideum zum Os triquetrum aus. Es entsendet Seitenzweige zu den distalen Karpalia und **begrenzt** die **Palmarflexion**.

▶ Merke. Die **dorsalen** Bänder der Handgelenke sind **schwächer** als die palmaren, was mit der palmaren Kippung der Gelenkpfanne den größeren Bewegungsumfang der Palmarflexion erklärt.

– Obwohl das **Retinaculum flexorum (Lig. carpi transversum)** und das **Retinaculum extensorum** überwiegend im Zusammenhang mit den Sehnen der langen Fingerbeuger und -strecker (S. 492) gesehen werden, qualifiziert sie ihre Anheftung an den Karpalia als karpale Bänder. Das **Retinaculum flexorum** ist zwischen den Eminentiae carpales radialis und ulnaris ausgespannt. Das **Retinaculum extensorum** zieht vom Radius zum Proc. styloideus ulnae und Os triquetrum. Beide Retinacula, v. a. aber das Retinaculum flexorum, tragen wesentlich zum Zusammenhalt des Carpus bei.

3. **Bänder** zwischen **Handwurzel** und **Mittelhand**: Ligamenta carpometacarpalia dorsalia (S. 490) und palmaria sowie
4. **Bänder** zwischen den **Basen** der **Ossa metacarpi II–V**: Ligamenta metacarpalia dorsalia (S. 491), palmaria und interossea.

Diese Bänder verbinden die Basen der Ossa metacarpi miteinander (4.) und der distalen Reihe der Carpalia (3.). Sie erlauben nur geringgradige Bewegungen der verbundenen Knochen.

- Das **Retinaculum flexorum** spannt sich zwischen den Eminentiae carpales radialis und ulnaris aus; das **Retinaculum extensorum** zieht vom Radius zum Proc. styloideus ulnae und Os triquetrum. Beide sichern den Zusammenhalt des Carpus.

3. **Bänder** zwischen **Carpus** und **Metacarpus** (S. 490).
4. **Bänder** zwischen den **Basen** der **Ossa metacarpi II–V** (S. 491).

Mechanik

In den **Handgelenken** kann die **Hand** gegenüber dem **Unterarm** um **zwei Achsen** bewegt werden:
- um eine (eigentlich zwei) Achse parallel zur Handfläche senkrecht zur Längsachse des Unterarms wird die Hand nach palmar **flektiert** bzw. nach dorsal **extendiert** (Abb. **E-2.7a**);
- um eine Achse, die von dorsal nach palmar verläuft wird nach **radial** bzw. nach **ulnar abduziert** (Abb. **E-2.7b**).

Durch die **Pronation** und **Supination** der Unterarmknochen (S. 460), deren Achse annähernd der Längsachse der Hand folgt, erreicht die Hand de facto einen dritten Freiheitsgrad und somit eine Beweglichkeit wie in einem **Kugelgelenk**.
Die **Bewegungsumfänge** nach der Neutral-Null-Methode sind Abb. **E-2.7** zu entnehmen.
Das **Überwiegen** von **Palmarflexion** gegenüber Dorsalextension und **Ulnarabduktion** gegenüber Radialabduktion erklärt sich größtenteils aus der palmar/ulnar gekippten Stellung der von Radius und Discus articularis gebildeten **Gelenkpfanne** des proximalen Handgelenks (S. 485). Die geringere Dorsalextension resultiert zusätzlich auch aus dem palmar strafferen Kapsel-Band-Apparat.

Mechanik

In den **Handgelenken** (Abb. **E-2.7**) wird die **Hand** gegenüber dem **Unterarm**
- nach palmar **flektiert** bzw. nach dorsal **extendiert** sowie
- nach **radial** bzw. nach **ulnar abduziert**.

Pronation und **Supination** verschaffen der Hand de facto einen dritten Freiheitsgrad wie in einem **Kugelgelenk**.

Zum **Bewegungsumfang** s. Abb. **E-2.7**.

Die **Gelenkpfanne** des proximalen Handgelenks erlaubt **mehr Palmarflexion** und **Ulnarabduktion** als Dorsalextension und Radialabduktion.

⊙ E-2.7 Bewegungsmöglichkeiten im proximalen und distalen Handgelenk

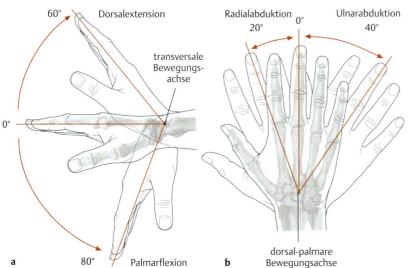

- Palmarflexion/Dorsalextension: 80/0/60°
- Radialabduktion/Ulnarabduktion: 20/0/40°

Die Bewegungsachsen beziehen sich nicht auf die Neutral-Null-Position, sondern auf den im Ellenbogengelenk rechtwinklig gebeugten und pronierten Unterarm.
(Prometheus LernAtlas. Thieme, 3. Aufl.)

Palmarflexion und Dorsalextension finden im **proximalen und distalen** Handgelenk um eigene Achsen in unterschiedlichem Ausmaß statt (Abb. **E-2.8**). Die **Palmarflexion** findet vorwiegend im **proximalen,** die **Dorsalextension** im **distalen** Handgelenk statt.

Palmarflexion und Dorsalextension: Bei diesen Bewegungen rotieren im **proximalen** Handgelenk die Handwurzelknochen der proximalen Reihe gegenüber dem Unterarm um eine zur Handfläche parallelen **Achse** durch das Os lunatum. Im **distalen** Handgelenk drehen sich die Karpalia der distalen Reihe gegenüber denen der proximalen um eine handflächenparallele **Achse** durch das Os capitatum. Die Summe beider Bewegungen ergibt den o. g. Bewegungsumfang.

- Bei der **Palmarflexion** findet der **größere Teil** der Bewegung im **proximalen** (ca. 50°) und der kleinere Teil im distalen (ca. 30°) Handgelenk statt.
- Bei der **Dorsalextension** ist es genau umgekehrt: Sie findet **größtenteils** im **distalen** Handgelenk statt (40° von insgesamt 60°; Abb. **E-2.8**).

Da das Verhältnis von Flexion zu Extension in den drei Longitudinalsäulen (S. 482) nicht genau gleich ist, spannen sich nicht nur die dorsalen bzw. palmaren Bänder an, sondern auch die quer verlaufenden interossären Ligamente.

E-2.8 Flexion und Extension in den Handgelenken

Dargestellt sind Flexion (**a**) und Extension (**b**) in der zentralen (d. h. der Lunatum-) Säule des Carpus einer rechten Hand. Im Schema sind die Längsachsen von Radius, Os lunatum und Os capitatum eingezeichnet.

Radial- und Ulnarabduktion: erfolgen im **proximalen Handgelenk** um eine dorsopalmare Achse durch den Kopf des Os capitatum.

Bei **Radialabduktion** wird der Raum zwischen Trapezium, Trapezoid und Radius für das **Skaphoid** eng, das deshalb in **Beugestellung** kippt. Die begleitenden Ausgleichsbewegungen der ulnar und distal benachbarten Handwurzelknochen führen zu einer Anspannung des karpalen Bandapparats.

Radial- und Ulnarabduktion: Hierbei rotiert der Carpus gegenüber dem Unterarm im **proximalen Handgelenk** um eine **Achse** senkrecht zur Handfläche durch den Kopf des Os capitatum. Hierbei sind die Bewegungen der Handwurzelknochen komplizierter (Abb. **E-2.9**):

- Bei der **Radialabduktion** bewegen sich die radialseitigen Ossa trapezium und trapezoideum nach proximal, sodass sie sich der Gelenkfläche des Radius annähern. Infolge dessen wird der Raum für das proximal davon gelegene **Skaphoid** eng, das darauf wie bei der Palmarflexion mit seiner Längsachse aus der Ebene der Handfläche nach **ventral kippt** und damit weniger Platz beansprucht.
Um die Palmarflexion des Os scaphoideum auszugleichen (die Hand soll ja lediglich radialabduziert werden), müssen die distalen Partner (Ossa trapezium und trapezoideum) eine Ausgleichsbewegung nach dorsal (Extension) im distalen Handgelenk durchführen. Dies führt zur Anspannung der palmaren und der interossären Bänder zum benachbarten Os capitatum.
Das ulnarwärts gelegene Lunatum macht die Beugung des Skaphoids nur zum Teil mit, sodass sich auch die interossären Bänder zwischen Skaphoid und Lunatum verwringen.
- Bei **Ulnarabduktion** sind die analogen Bewegungen der Karpalknochen wegen des großen Abstandes vom Triquetrum zur Ulna nur angedeutet.

E-2.9 Bewegungen der Karpalknochen bei Radialabduktion

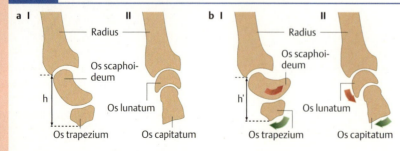

a Schematische Darstellung der Karpalknochen der radialen (Skaphoid-) Säule (**aI**) und der zentralen (Lunatum-) Säule (**aII**) in Neutral-Null-Position. h markiert die Höhe der radialen Säule der Karpalknochen.
b Bewegungen der Karpalknochen der radialen (**bI**) und der zentralen Säule (**bII**) bei Radialabduktion. Die roten Pfeile geben die Flexionsbewegung der Ossa scapoideum und lunatum im proximalen Handgelenk an, die grünen die ausgleichende Extensionsbewegung der Ossa trapezium und capitatum. h' zeigt die Höhenminderung der radialen Säule hierbei.

E 2.4 Gelenke der Hand

> **▶ Klinik.** Das **Os scaphoideum** ist auf der Palmarseite proximal vom Daumengrundgelenk und Os trapezium zu **tasten**. Bringt man die Hand in **Radialabduktionstellung**, so fühlt man, wie einem das Skaphoid entgegenkippt. Bei **Frakturen** (S. 480) kann man so Druckschmerz auslösen.

> **▶ Klinik.**

2.4.2 Weitere Gelenke der Hand

Interkarpalgelenke

Sie werden auch als karpale Nebengelenke bezeichnet und verbinden die Karpalknochen mit ihren seitlich benachbarten Knochen. Ihre Gelenkhöhlen sind Verzweigungen des distalen Handgelenks, welches streng genommen zu den Interkarpalgelenken zählt (Abb. **E-2.5**). Ihre Kapseln sind Teil der Kapsel des distalen Handgelenks. Der Beweglichkeit nach sind es Amphiarthrosen (S. 232).

Karpometakarpal- und Intermetakarpalgelenke

Von diesen Gelenken nimmt das Gelenk zwischen Carpus und Os metacarpi I eine absolute Sonderstellung ein.

Daumensattelgelenk (Articulatio carpometacarpalis pollicis)

> **▶ Merke.** Das Daumensattelgelenk ist entscheidend für die Funktion der **menschlichen Greifhand**, da es die **Opposition** (Gegenüberstellung) des Daumens zu den übrigen Fingern ermöglicht.

Gelenktyp: Die Articulatio carpometacarpalis pollicis ist ein **Sattelgelenk** mit (anatomisch) **zwei Freiheitsgraden**. Sie ermöglicht die Bewegung des Daumens gegenüber der Handwurzel um zwei senkrecht aufeinanderstehende Hauptachsen (s. u.).

Gelenkkörper: Die **sattelförmigen Gelenkflächen** des **Os trapezium** und der Basis des **Os metacarpi I** (Abb. **E-2.2**) artikulieren so, dass die konvexe Fläche des einen Gelenkkörpers in die konkave des anderen passt und umgekehrt.

Bandapparat: Die relativ weite **Kapsel** wird palmar und dorsal durch Bänder verstärkt (Abb. **E-2.6**). Das **Ligamentum trapeziometacarpale palmare** (engl. volar ligament, auch als „Schlüsselband" bezeichnet) ist eines der Ligamenta carpometacarpalia palmaria und **begrenzt** die **Radialabduktion**, also das Abspreizen des Daumens.

> **▶ Klinik.** Beim Sturz auf die Hand mit abgespreiztem Daumen kann das **Lig. trapeziometacarpale palmare** reißen. Kommt es dabei zu einem Ausriss der knöchernen Anheftungsstelle an der Basis des Metakarpale I, so liegt eine **Bennett-Fraktur** vor.

Mechanik: Die Bewegungsmöglichkeiten im Daumensattelgelenk sind in Abb. **E-2.10** dargestellt.
Die **Abduktions-Adduktions-Achse** verläuft schräg von dorsal nach palmar durch das Os trapezium. Um sie kann das Metakarpale I nach radial/palmar abduziert bzw. an den Zeigefinger adduziert werden. In entspannter Stellung steht der Daumen 30°–40° abduziert.
Die **Flexions-Extensions-Achse** steht senkrecht auf der Abduktionsachse. Aus der entspannten Stellung heraus kann das Metakarpale I um **30°** nach dorsal/radial **extendiert** werden, bzw. um **40°** palmar/ulnar **flektiert** werden.
Die **Oppositionsbewegung** des Daumens ist eine kombinierte Adduktions-Flexions-Bewegung. Sie ist zwangsläufig mit einer **Rotation** um die Längsachse des Metakarpale I verbunden. Damit die Kuppe des Daumenendglieds die des Kleinfingerendglieds berührt, rotiert das Metakarpale im Daumensattelgelenk um ca. 30° nach innen. Die Rückführung des opponierten Daumens wird auch als **Reposition** (Reduktion) bezeichnet.

> **▶ Merke.** **Funktionell** besitzt die Articulatio carpometacarpalis pollicis **3 Freiheitsgrade.**

2.4.2 Weitere Gelenke der Hand

Interkarpalgelenke

Diese Verbindungen seitlich benachbarter Karpalknochen kommunizieren mit dem distalen Handgelenk (Abb. **E-2.5**).

Karpometakarpal- und Intermetakarpalgelenke

Daumensattelgelenk (Articulatio carpometacarpalis pollicis)

> **▶ Merke.**

Gelenktyp: Die Articulatio carpometacarpalis pollicis ist ein **Sattelgelenk** mit **zwei Freiheitsgraden**.

Gelenkkörper: Es artikulieren **Os trapezium** und **Os metacarpi I** (Abb. **E-2.2**) mit sattelförmigen Gelenkflächen.

Bandapparat: Das **Lig. trapeziometacarpale palmare** (eines der Ligg. carpometacarpalia palmaria, Abb. **E-2.6b**) begrenzt das Abspreizen des Daumens.

> **▶ Klinik.**

Mechanik: Bewegungsmöglichkeiten s. Abb. **E-2.10**.
Das Metakarpale I kann nach radial/palmar **abduziert** bzw. an den Zeigefinger **adduziert** und nach dorsal/radial **extendiert** bzw. nach palmar/ulnar **flektiert** werden.

Die **Oppositionsbewegung** des Daumens ist eine kombinierte Adduktions-Flexions-Bewegung, die mit einer zwangsläufigen **Innenrotation** einhergeht.

> **▶ Merke.**

E-2.10 Bewegungen im Daumensattelgelenk

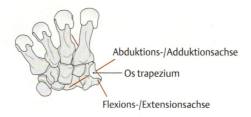

a Neutral-Null-Position
b Bewegungsachsen

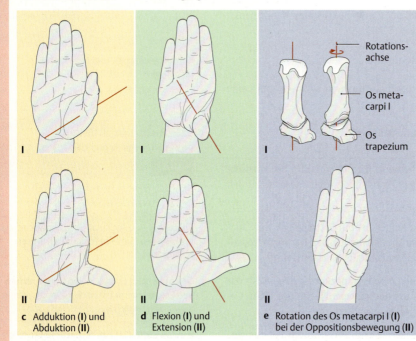

c Adduktion (I) und Abduktion (II)
d Flexion (I) und Extension (II)
e Rotation des Os metacarpi I (I) bei der Oppositionsbewegung (II)

c Adduktion/Abduktion: insgesamt 50°
d Flexion/Extension: insgesamt 70°
e Rotation: insgesamt 30°

Morphologisch gesehen ist die Articulatio carpometacarpalis pollicis ein Sattelgelenk mit 2 Freiheitsgraden (b); die zwangsläufige Rotation des Metakarpale I um seine Längsachse bei der Opposition bedeutet einen funktionellen 3. Freiheitsgrad (e).
(Prometheus LernAtlas. Thieme, 3. Aufl.)

Während der mit der Oppositionsbewegung einhergehenden Rotation wird jedoch der flächige Kontakt der sattelförmigen Gelenkflächen aufgegeben und es treten punktuelle hohe Belastungen des Gelenkknorpels auf.

▶ Klinik. Im Rahmen **rheumatischer Erkrankungen** ist das Daumensattelgelenk relativ häufig mitbetroffen (**Rhizarthrose**); man nimmt an, dass die für ein Sattelgelenk unphysiologische funktionelle Belastung als Kugelgelenk arthrosefördernd wirkt.

Karpometakarpalgelenke (Articulationes carpometacarpales) II–V

Die **Karpometakarpalgelenke** zwischen den **Basen** der **Mittelhandknochen II–V** und den **Ossa trapezoideum, capitatum** und **hamatum** sind **Amphiarthrosen** mit geringer Beweglichkeit. Der Grund hierfür sind die straffen **Ligg. carpometacarpalia dorsalia** und **palmaria**.

Lediglich der **fünfte Mittelhandknochen** kann gegenüber dem Os hamatum bis zu 20° gebeugt bzw. gestreckt werden.

Karpometakarpalgelenke (Articulationes carpometacarpales) II–V

In den **Karpometakarpalgelenken** artikulieren die **Basen** der **Mittelhandknochen II–V** mit den **Ossa trapezoideum, capitatum** und **hamatum**. Die Metakarpalia III und V haben nur Verbindung mit einem Karpalknochen, dem Capitatum bzw. dem Hamatum; das Metakarpale II mit Trapezium, Trapezoid und Capitatum; das Metakarpale IV mit Capitatum und Hamatum.
Die **Ligamenta carpometacarpalia dorsalia** und **palmaria** verbinden die distale Reihe der Karpalknochen mit den Basen der Metakarpalia II–V und sind so kurz und straff, dass die **Articulationes carpometacarpalia II–V** als **Amphiarthrosen** mit nur minimaler Beweglichkeit anzusehen sind.
Eine Ausnahme bildet lediglich die **Articulatio carpometacarpalis V**, in der der fünfte Mittelhandknochen gegenüber dem Os hamatum um insgesamt bis zu 20° gebeugt bzw. gestreckt werden kann. Dadurch kann der ulnare Rand der Hohlhand deutlich angehoben und diese vertieft werden, wie z. B. beim Wasserschöpfen (S. 500).

Verbindungen der Metakarpalknochen

Die **Intermetakarpalgelenke** (*Articulationes intermetacarpales*) zwischen den **Basen** der **Metakarpalia II–V** sind, wie die oben beschriebenen Karpometakarpalgelenke, **Amphiarthrosen**. Die **Ligamenta metacarpalia dorsalia**, **palmaria** und **interossea** verklammern die Basen der Metakarpalia II–V straff. Trotzdem sind geringe Verschiebungen der Metakarpalia gegeneinander möglich, die für die Greiffunktion der Hand eine Rolle spielen.

Durch die geringe Verschieblichkeit der Metakarpalbasen gegeneinander und gegen die distalen Handwurzelknochen kann die **Krümmung** der **Hand** beim **Greifen** verändert werden.

Diesem Ziel dient auch die deutlich höhere Beweglichkeit der **Köpfe** der **Ossa metacarpi II–V** gegeneinander. Diese haben **keine gelenkige** Verbindung miteinander; sie sind zum einen durch **Ligamenta metacarpalia transversa profunda** verbunden, die in die Gelenkkapseln der Fingergrundgelenke einstrahlen (s. u.). Zum anderen sind sie durch quer verlaufende Faserzüge der Palmaraponeurose (S. 503), die **Ligamenta metacarpalia transversa superficialia** verklammert.

Fingergrundgelenke (Articulationes metacarpophalangeales, MCP)

Daumengrundgelenk (Articulatio metacarpophalangea pollicis)

Auch hier nimmt das dem Daumen zugehörige Gelenk eine Sonderstellung ein. Die Form der **Gelenkkörper** qualifiziert es am ehesten als **Kondylengelenk**, das funktionell einem Scharniergelenk ähnelt. Nur **Flexion/Extension** ist in einem nennenswerten Ausmaß (insgesamt ca. 50°) möglich; außerdem kann minimal abduziert/adduziert sowie rotiert werden.

Die **Kapsel** ist weit und besitzt **Kollateralbänder**.

Fingergrundgelenke (Articulationes metacarpophalangeales) II–V

Gelenktyp und -körper: Die Articulationes metacarpophalangeae II–V sind morphologisch **Kugelgelenke**. Das jeweilige Caput ossis metacarpi passt in die zugehörige durch die Basis der Grundphalanx gebildete Pfanne.

Gelenkkapsel und Bandapparat: Die **Gelenkkapsel** ist dorsal weit und schlaff, was das Überwiegen der Flexion gegenüber der Extension erklärt. Sie wird palmar durch eine ca. 1×1 cm große Platte aus Faserknorpel verstärkt, die am Rand der (phalangealen) Gelenkpfanne befestigt ist. Die kräftigen **Ligamenta collateralia** (Abb. **E-2.6**) verlaufen so von proximal/dorsal nach distal/palmar, dass sie bei Beugung angespannt werden und dann die Abspreizbewegung (Abduktion) behindern. Die Kollateralbänder schränken auch die passive (s. u.) Rotation erheblich ein.

Mechanik: Obwohl sie morphologisch Kugelgelenke sind, besitzen die Fingergrundgelenke nur zwei Freiheitsgrade:
Es sind **Flexion/Extension** und **radiale** bzw. **ulnare Abduktion** möglich (Abb. **E-2.11**). Obwohl der Mittelfinger auch nach ulnar und radial abduziert werden kann, wird im Allgemeinen das **Abspreizen** (**Abduzieren**) der Finger II, IV und V vom III. Finger untersucht. Unter **Adduktion** versteht man das Hinführen der anderen Finger zum Mittelfinger (**Schließen** der Finger). Rotation um die Längsachse ist nur passiv geringfügig möglich. Das Bewegungsausmaß nach der Neutral-Null-Methode ist in Abb. **E-2.11** dargestellt.

Verbindungen der Metakarpalknochen

Intermetakarpalgelenke (*Articulationes intermetacarpales*): Die **Ligg. metacarpalia dorsalia**, **palmaria** und **interossea** qualifizieren die Gelenke zwischen den **Basen** der **Ossa metacarpi II–V** als **Amphiarthrosen**.

Die lediglich durch **Ligg. metacarpalia transversa profunda** und **superficialia** verbundenen **Köpfe** der **Ossa metacarpi II–V** sind gegeneinander verschieblich. Dadurch wird die **Krümmung** der **Hand** beim **Greifen** verändert.

Fingergrundgelenke (Articulationes metacarpophalangeales, MCP)

Daumengrundgelenk (Articulatio metacarpophalangea pollicis)

Das **Daumengrundgelenk** ist funktionell ein Scharniergelenk in dem **Flexion/Extension** möglich ist.

Fingergrundgelenke (Articulationes metacarpophalangeales) II–V

Gelenktyp und -körper: Morphologisch handelt es sich um **Kugelgelenke** mit metakarpalem Gelenkkopf und phalangealer Pfanne.

Gelenkkapsel und Bandapparat: Die dorsal weite **Kapsel** ist palmar durch Faserknorpel verstärkt. Die **Ligg. collateralia** (Abb. **E-2.6**) sind nur bei Beugung angespannt und verhindern dann die Spreizung der Finger sowie größtenteils die passive Rotation.

Mechanik: Die Fingergrundgelenke besitzen zwei Freiheitsgrade: Möglich sind **Flexion/Extension** und **radiale** bzw. **ulnare Abduktion** (Spreizen und Schließen der Finger). Zum Bewegungsausmaß s. Abb. **E-2.11**.

⊙ E-2.11 Bewegungsausmaß in den Fingergrundgelenken nach der Neutral-Null-Methode

- Flexion/Extension: 90/0/45°
- Adduktion/Abduktion: 10/0/20°

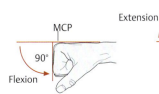
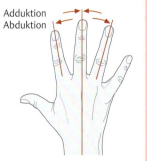

(Prometheus LernAtlas. Thieme, 3. Aufl.)

▶ Klinik.

▶ Klinik. Die Symptome der **chronischen Polyarthritis** (einer rheumatischen Erkrankung) treten zuerst und am häufigsten an den Fingergrund- und proximalen Interphalangealgelenken der Hand auf. Kompression der befallenen Fingergrundgelenke, z. B. bei einem „kräftigen Händedruck" ist für den Patienten schmerzhaft (**Gaenslen-Zeichen**).

Das Ausmaß der Extension kann interindividuell beträchtlich variieren; insbesondere Frauen können die Fingergrundgelenke passiv bis zu 90° strecken.

Interphalangealgelenke (Articulationes interphalangeales)

Man unterscheidet die **proximalen** (**PIP**) von den **distalen** (**DIP**) Interphalangealgelenken.

Gelenktyp und -körper: Fingermittel- und -endgelenke sind typische **Scharniergelenke**. Die rollenförmigen **Phalangenköpfe** besitzen eine Rinne, in die eine Leiste der **Basen** der distal gelegenen Phalangen passt.

Gelenkkapsel und Bandapparat: Die weiten **Kapseln** sind palmar durch Faserknorpel verstärkt. Die **Kollateralbänder** stehen in allen Stellungen unter Spannung (Abb. **E-2.6**).

Mechanik: Es sind Bewegungen um **eine Achse** möglich (Abb. **E-2.12**).

Interphalangealgelenke (Articulationes interphalangeales)

Man unterscheidet die **proximalen Interphalangeal**(**PIP**)-**Gelenke** (zwischen Grund- und Mittelphalanx) von den **distalen** (**DIP**, zwischen Mittel- und Endphalanx).

Gelenktyp und -körper: Sowohl die proximalen (**Fingermittelgelenke**) als auch die distalen Interphalangealgelenke (**Fingerendgelenke**) sind typische **Scharniergelenke** mit nur einem Freiheitsgrad.

Die jeweils proximalen Gelenkkörper werden von den rollenförmigen **Phalangenköpfen** gebildet. Diese sind mit einer Rinne versehen, in die eine Leiste der muldenförmigen **Basen** distal gelegener Phalangen passt.

Gelenkkapsel und Bandapparat: Wie bei den Fingergrundgelenken sind die weiten **Gelenkkapseln** palmar durch ein faserknorpeliges **Ligamentum palmare** verstärkt. Dorsal ist die Kapsel mit der **Dorsalaponeurose** (S. 502) der Streckmuskeln verbunden. Seitlich liegen der Kapsel **Ligamenta collateralia** an, die im Gegensatz zu denen der Grundgelenke in allen Stellungen unter Spannung stehen (Abb. **E-2.6**).

Mechanik: Alle Interphalangealgelenke erlauben lediglich die Bewegung um **eine Achse**. Das (mittlere) Bewegungsausmaß nach der Neutral-Null-Methode ist der Abb. **E-2.12** zu entnehmen, jedoch ist die Beweglichkeit in den Interphalangealgelenken nicht in allen Fingern gleich, sondern nimmt vom II. zum V. Finger hin zu.

⊙ **E-2.12** Bewegungsausmaß der Fingergelenke

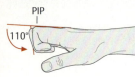

a PIP-Gelenke: Flexion **bI** DIP-Gelenke: Flexion **bII** DIP-Gelenke: Extension

- Proximale Interphalangeal(PIP)-Gelenke: Flexion/Extension: 110/0/0°
- Distale Interphalangeal(DIP)-Gelenke: Flexion/Extension: 80/0/5°

(Prometheus LernAtlas. Thieme, 3. Aufl.)

2.5 Muskulatur von Unterarm und Hand

Die **Unterarmmuskeln** wirken hauptsächlich auf die Handgelenke, einige auch auf das Ellenbogengelenk (S. 455) u./o. die Fingergelenke.

2.5.1 Muskulatur des Unterarms

Einteilung: Die Muskeln des Unterarms gliedern sich in

- **ventrale** (**palmare**) **Flexoren** (Abb. **E-2.13**) und
- **dorsale Extensoren** (Abb. **E-2.14**), mit jeweils einer **oberflächlichen** und einer **tiefen** Muskelgruppe,
- die zu den **Extensoren** zählende **Radialisgruppe**.

2.5 Muskulatur von Unterarm und Hand

Die Unterscheidung in Muskeln von Unterarm und Hand bezieht sich in erster Linie auf Ursprung und Lage des Muskelbauchs. Fast alle **Unterarmmuskeln** wirken auf die **Handgelenke**, einige auch auf das **Ellenbogengelenk** (S. 455) und/oder die **Fingergelenke**.

2.5.1 Muskulatur des Unterarms

Einteilung: Die Muskeln des Unterarms werden nach ihrer **Lage** in eine **ventrale** (palmare) und in eine **dorsale** Gruppe gegliedert:

- Die meisten Muskeln auf der **palmaren** Seite des Unterarms wirken auf die Handgelenke als **Flexoren** (Beuger, s. Abb. **E-2.13**),
- die der **Dorsalseite** als **Extensoren** (Strecker, s. Abb. **E-2.14**).

Flexoren und Extensoren lassen sich jeweils noch in eine **oberflächliche** und in eine **tiefe** Muskelgruppe unterteilen.

- Die **Radialisgruppe** wird auf Grund ihrer Innervation und Entwicklungsgeschichte zu den Extensoren gerechnet.

E 2.5 Muskulatur von Unterarm und Hand

▶ **Merke.** Die **oberflächlichen Beuger** entspringen am **medialen**, die **oberflächlichen Strecker** am **lateralen Epicondylus** des Humerus.

▶ **Merke.**

▶ **Klinik.** Überbeanspruchung der Extensoren des Handgelenks bei Arbeit oder Sport kann zu einer Degeneration mit schmerzhafter entzündlicher Reaktion im Ursprungsbereich der Muskeln am **Epicondylus lateralis** führen. Von allen **Insertionstendopathien** ist diese als „**Tennisellenbogen**" (S. 493) bezeichnete am häufigsten.

▶ **Klinik.**

⊙ **E-2.13** Flexoren des Unterarms

Muskel	Ursprung		Ansatz	Innervation*	Funktion		Schema
Oberflächliche Flexoren							
M. pronator teres ①	▪ Caput ulnare	Processus coronoideus ulnae	Facies lateralis radii (Mitte)	**N. medianus** (C6–C7)	Ellenbogengelenk: Flexion, **Pronation**		
	▪ Caput humerale						
M. palmaris longus ②			Aponeurosis palmaris	(C8–Th1)	Ellenbogengelenk: Flexion, Handgelenke: Flexion, **Pronation**	spannt Palmaraponeurose	
M. flexor carpi radialis ③		**Epicondylus medialis humeri**	Os metacarpi II (Basis)	(C6–C7)		Radialabduktion	
M. flexor carpi ulnaris ④	▪ Caput humerale		Os pisiforme, Os metacarpi V (Basis), Os hamatum (Hamulus)	**N. ulnaris** (C8–Th1)	Ellenbogengelenk: Flexion; Handgelenke: Flexion, **Ulnarabduktion**		
	▪ Caput ulnare	Olecranon, Ulna (dors.)					
M. flexor digitorum superficialis ⑤	▪ Caput humeroulnare	Epicondylus med. humeri-Proc. coronoideus ulnae	Phalanges mediae II–V (Mitte)	**N. medianus** (C7–C8)	(Ellenbogengelenk: Flexion); Handgelenke: **Flexion**; Fingergrund- und Mittelgelenke: **Flexion**		
	▪ Caput radiale	Radius dist. Tuberositas					
Tiefe Flexoren							
M. flexor digitorum profundus ①	Palmarseiten von Ulna und Membrana interossea		Phalanges distales II–V (Basis)	**N. medianus** (II, III), **N. ulnaris** (IV, V) (C6–Th1)	Handgelenke: **Flexion** Fingergrund-, Mittel- und Endgelenke: **Flexion**		
M. flexor pollicis longus** ②	Palmarseiten von Radius und Membrana interossea		Phalanx distalis I (Basis)	**N. medianus** (C6–C8)	Handgelenke: Radialabduktion, **Flexion**; Daumensattelgelenk: **Flexion**, Opposition; Daumengrund- und Endgelenk: **Flexion**		
M. pronator quadratus ③	Palmarseite der Ulna (distales Viertel)		Gegenüber am Radius		**Pronation**		

* Die Segmente beziehen sich auf die Innervation der Muskeln; häufig führt der Nerv Fasern aus mehr als den angegebenen Segmenten.
** Bei 40 % exisitiert ein Ursprung am Epicondylus medialis humeri (Caput humerale).

Abbildungen aus Prometheus LernAtlas. Thieme, 3. Aufl.

E-2.14 Extensoren des Unterarms

Muskel	Ursprung	Ansatz	Innervation*	Funktion	Schema
Radialisgruppe					
M. brachio-radialis ①	Dist. Humerus (lat.), Septum intermusculare lat.	Proximal des Processus styloideus radii	**N. radialis** (C5–C6)	Ellenbogengelenk: **Flexion** Pro- oder Supination	
M. extensor carpi radialis longus ②	Epicondylus lat. humeri	Humerus (distal, lat.)	Os metacarpi II (Basis)	**N. radialis** C6–C8	Ellenbogengelenk: Flexion Handgelenke: **Extension, Radialabduktion**
M. extensor carpi radialis brevis ③		Lig. anulare radii	Os metacarpi III (Basis)		
Oberflächliche Extensoren					
M. extensor digitorum ①	Epicondylus lat. humeri	Ligg. collaterale rad. & anulare radii	Dorsalapo-neurosen der Finger 2–5	**N. radialis** C6–C8	Handgelenke: **Extension;** Fingergelenke 2–5 bzw. 5: **Extension**
M. extensor digiti minimi** ②			Dorsalapo-neurose des 5. Fingers		
M. extensor carpi ulnaris ③		Ulna (proximal, dorsal) Ligg. colla-terale rad. & anulare radii	Os metacarpi V (Basis)		Handgelenke: **Extension, Ulnarabduktion**
Tiefe Extensoren					
M. supinator ①	Epicondylus lat. humeri	Ligg. collaterale rad. & anulare radii, Ulna (prox.)	Radius (distal der Tuberositas)		**Supination**
M. abductor pollicis longus ②	Dorsalseiten von Ulna, Radius und Membrana interossea	Os metacarpi I (Basis)	**N. radialis** C6–C8	Handgelenke: Flexion, Radialabduktion; Daumensattelgelenk: **Abduktion**, Extension	
M. extensor pollicis brevis ③		Phalanx proximalis I (Basis)		Handgelenke: Radial-abduktion, Extension; Daumensattel- und -grundgelenk: **Extension**	
M. extensor pollicis longus ④	Dorsalseite von Ulna und Membrana interossea	Phalanx distalis I (Basis)		Handgelenke: Radial-abduktion, Extension; alle Daumengelenke: **Extension**, Sattelgelenke zus. Adduktion	
M. extensor indicis ⑤		Dorsalapo-neurose des 2. Fingers		Handgelenke: Extension; Gelenke des 2. Fingers: **Extension**	

* *Die Segmente beziehen sich auf die Innervation der Muskeln; häufig führt der Nerv Fasern aus mehr als den angegebenen Segmenten.*
** *Nicht bei allen Menschen vorhanden.*

Abbildungen aus Prometheus LernAtlas. Thieme, 3. Aufl.

E 2.5 Muskulatur von Unterarm und Hand

Eine weitere Gliederung bezieht sich auf die **Ansätze** der Muskeln:
- Am **Radius** inserierende Muskeln wirken als Pronatoren bzw. Supinatoren.
- Muskeln, die an der **Handwurzel** bzw. der **Mittelhand** ansetzen, beugen oder strecken bzw. abduzieren nach radial oder ulnar in den Handgelenken.
- Am **Daumen** ansetzende Muskeln beugen oder strecken bzw. abduzieren oder adduzieren den Daumen; daneben wirken sie wie die vorgenannten Muskeln auf die Handgelenke.
- Die Muskeln, die an den **Fingern** ansetzen, beugen oder strecken die Finger- und Handgelenke.

Nach dem **Ansatz** unterscheidet man Muskeln die an
- **Radius**
- **Handwurzel** bzw. **Mittelhand**
- **Daumen** und
- **Fingern** inserieren.

Flexoren

Zwischen der oberflächlichen und tiefen Gruppe der Beugemuskeln (Abb. **E-2.13** u. Abb. **E-2.15**) verläuft der **Nervus medianus** (S. 509) in einer bindegewebigen Verschiebeschicht.

Der **Musculus palmaris longus**, dessen Sehne über das Retinaculum flexorum ziehend in die Aponeurosis palmaris (S. 503) einstrahlt ist sehr **variabel**: Er kann ganz fehlen (bei ca. 20 %) oder doppelt angelegt sein.

Flexoren

Zwischen den beiden Schichten der Flexoren (Abb. **E-2.13** u. Abb. **E-2.15**) verläuft der **N. medianus** (S. 509).

Der **M. palmaris longus** ist variabel angelegt.

▶ Klinik. Da der **M. palmaris** für die Bewegungen der Hand nicht essenziell ist, kann seine Sehne als **Sehnentransplantat** verwendet werden.

▶ Klinik.

Der **Musculus pronator teres** besitzt enge topografische Beziehungen zu großen Leitungsbahnen des Unterarms: die **A. radialis** (S. 506) zieht vor seinem distalen Teil, der **N. medianus** (S. 509) durchbohrt ihn (d. h. er verläuft zwischen ulnarem und humeralem Kopf) und die **A. ulnaris** (S. 506) verläuft hinter dem Muskel.

Der **M. pronator teres** besitzt enge topografische Beziehungen zu A. radialis, N. medianus und A. ulnaris.

⊙ E-2.15 Unterarmmuskulatur: oberflächliche und tiefe Flexoren

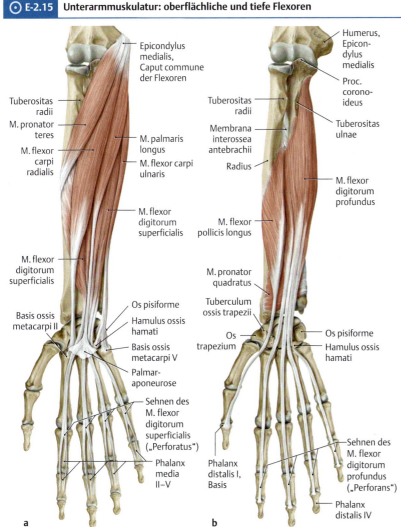

(Prometheus LernAtlas. Thieme, 3. Aufl.)
a Rechter Unterarm in der Ansicht von ventral: oberflächliche
b und tiefe Flexoren.

E 2 Unterarm und Hand

Die Sehnen des **M. flexor digitorum sup.** werden über der Grundphalanx von den darunter liegenden Sehnen des **M. flexor digitorum profundus** durchbohrt.

Die Sehnen des **Musculus flexor digitorum superficialis**, die an den Mittelphalangen ansetzen, teilen sich über der Grundphalanx. Durch den so entstandenen Schlitz ziehen die unmittelbar darunter verlaufenden Sehnen des **Musculus flexor digitorum profundus**, und durchbohren („M. perforans„) gleichsam die Sehne des oberflächlichen Flexors („M. perforatus„). Die Mm. flexores digitorum wirken auf die Handgelenke, das Fingergrund- und Mittelgelenk (der Flexor digitorum prof. noch auf das Fingerendgelenk). Bei einer Kontraktion lösen beide Muskeln zuerst eine Bewegung im distalsten Gelenk (proximales, bzw. distales Interphalangealgelenk) aus, ehe auch in den proximal davon gelegenen gebeugt wird.

Beide Fingerbeuger sind nicht in der Lage, alle Gelenke in Endstellung zu bringen. Die **aktive Insuffizienz** verhindert bei gebeugten Handgelenken den kraftvollen Faustschluss.

Auf Grund ihrer begrenzten Verkürzungsmöglichkeit, sind beide Fingerbeuger nicht in der Lage, alle Gelenke auf die sie wirken, bis in die Endstellung zu beugen (**aktive Insuffizienz**).

Bei gebeugten Handgelenken ist ein kraftvoller Faustschluss nicht möglich. Beim kräftigen Zupacken werden daher automatisch die Handgelenke in leichte Streckstellung gebracht. Dies bedeutet das beim „**Kraftgriff**" die Extensoren genauso beansprucht werden wie die Flexoren, was die Entstehung des „Tennisellenbogens" (S. 493) erklärt.

Extensoren

Die Extensoren des Unterarms (Abb. **E-2.14** und Abb. **E-2.16**) gliedern sich in **oberflächliche** und **tiefe** Extensoren sowie die „Radialis-

Extensoren

An der Streckmuskulatur des Unterarms (Abb. **E-2.14** und Abb. **E-2.16**) unterscheidet man neben den **oberflächlichen** und **tiefen** Extensoren noch die nach ihrer Lage benannte „**Radialisgruppe**". Auch wenn diese an der Radialseite gelegenen Muskeln im

⊙ **E-2.16** **Unterarmmuskulatur: Extensoren**

(Prometheus LernAtlas. Thieme, 3. Aufl.)

a Rechter Unterarm in der Ansicht von radial mit Darstellung der radialen Gruppe

b sowie von dorsal mit Sicht auf die oberflächlichen

c und tiefen Extensoren.

E 2.5 Muskulatur von Unterarm und Hand

Ellenbogengelenk beugen, zählen sie aufgrund ihrer streckenden Wirkung auf die Handgelenke und ihrer entwicklungsgeschichtlichen Herkunft zu den Extensoren: Sie werden vom **N. radialis** innerviert und entspringen mit den oberflächlichen Extensoren vom Epicondylus radialis humeri. Ihr prominentester Vertreter, der **Musculus brachioradialis** (s. Abb. **E-2.14**, Abb. **E-2.16**), wirkt im Wesentlichen **flektierend** auf das **Ellenbogengelenk** – am effektivsten ist er bei vorgebeugtem Gelenk und Unterarmstellung zwischen Pro- und Supination.

gruppe" mit dem **M. brachioradialis**. Dieser hat jedoch aufgrund seines Ansatzes keine streckende Funktion auf die Handgelenke, sondern **beugt** hauptsächlich im **Ellenbogengelenk**.

▶ **Klinik.** Der **M. brachioradialis** gilt als **Kennmuskel** für das **Segment C6**. Da bei der Auslösung seines Sehnenreflexes mit dem Reflexhammer auf das distale Radiusende geklopft wird, hat sich die irreführende Bezeichnung „**Radiusperiostreflex**" eingebürgert.

▶ Klinik.

Analog zu den Fingerbeugern reicht die Verkürzung der langen Fingerstreckmuskeln, der **Mm. extensores digitorum, indicis** und **digiti V** nicht aus, um alle Gelenke von den Handgelenken bis zu den distalen Interphalangealgelenken zu strecken. In der Neutral-Null-Position strecken sie vornehmlich die **Hand**- und **Fingergrundgelenke (MCP)**; für die Streckung in den Interphalangealgelenken (**PIP, DIP**) sind v. a. die Mm. interossei und lumbricales (s. u.) zuständig.

≡ E-2.1	Pronatoren und Supinatoren geordnet nach Wichtigkeit
Bewegung	**Muskeln** **(Anteil am Gesamtdrehmoment aller an der Bewegung beteiligten Muskeln*)**
Pronation**	**M. pronator teres (20 – 45 %)**, M. flexor carpi radialis (15 – 25 %), M. pronator quadratus (15 – 25 %), M. brachioradialis (10 – 20 %), M. extensor carpi radialis longus (≤ 10 %)
Supination***	**M. biceps brachii (35 – 65 %)**, M. supinator (15 – 20 %), M. abductor pollicis longus (≤ 10 %), M. extensor pollicis longus (≤ 10 %), M. brachioradialis (≤ 10 %)

* Es wurden nur wichtige Muskeln mit einem Anteil > 10 % berücksichtigt. Bei den Prozentangaben handelt es sich um gerundete Ca.-Werte.
** Die Drehmomentabschätzung gilt für Pronation aus maximaler Supination. Die Schwankungsbreite bei den Pronatoren resultiert u. a. aus der Abnahme des Moments des M. pronator teres bei Streckung.
*** Die Drehmomentabschätzung gilt für Supination aus maximaler Pronation. Die Schwankungs-breite bei den Supinatoren resultiert aus der großen Zunahme des Moments des M. bizeps brachii bei Beugung.

≡ E-2.2	Handgelenkmuskeln geordnet nach Bewegungen und Wichtigkeit
Bewegung	**Muskeln** **(Anteil am Gesamtdrehmoment aller an der Bewegung beteiligten Muskeln)**
Palmarflexion	**M. flexor digitorum superficialis** (**35 %**), **M. flexor digitorum profundus** (**30 %**), M. flexor carpi ulnaris (15 %), M. flexor pollicis longus (10 %)
Dorsalextension	**M. extensor digitorum (30 %)**, M. extensor carpi ulnaris (20 %), M. extensor carpi radialis longus (20 %), M. extensor carpi radialis brevis (15 %), M. extensor indicis (10 %)
Radialabduktion	**M. extensor carpi radialis longus (50 %)**, M. abductor pollicis longus (20 %), M. extensor carpi radialis brevis (15 %)
Ulnarabduktion	**M. extensor carpi ulnaris (60 %)**, M. flexor carpi ulnaris (40 %)

Es wurden nur wichtige Muskeln mit einem Anteil > 10 % berücksichtigt. Bei den Prozentangaben handelt es sich um gerundete Ca.-Werte. Die Drehmomentabschätzung gilt für die NN-Position.

2.5.2 Kurze Handmuskeln

Die meisten der kurzen Handmuskeln (Abb. **E-2.17**) bilden **Thenar** (Daumenballen) und **Hypothenar** (Kleinfingerballen), die seitlich die Hohlhand begrenzen (Abb. **E-2.18**).

2.5.2 Kurze Handmuskeln

Die Finger werden neben den Muskeln des Unterarms zusätzlich von Muskeln bewegt, die auf der Palmarseite von den Karpal-, bzw. Metakarpalknochen entspringen (Abb. **E-2.17**).

Die Konzentration der meisten dieser Muskeln im radial gelegenen **Thenar** (**Daumenballen**) und im ulnaren **Hypothenar** (**Kleinfingerballen**) hat eine Vertiefung der Hohl-

⊙ E-2.17 Muskeln der Hohlhand

Muskel		Ursprung	Ansatz	Innervation*	Funktion	
Thenarmuskulatur						
M. abductor pollicis brevis		Retinaculum flexorum, Os scaphoideum	Phalanx proximalis I (radiales Sesambein)	**N. medianus** (C6–C7)	Daumensattelgelenk: **Abduktion**, Opposition; Grundgelenk: Flexion	
M. opponens pollicis		Os trapezium	Os metacarpi I (radialer Rand)		Daumensattelgelenk: **Opposition**, Flexion, Adduktion	
M. flexor pollicis brevis	▪ Caput superficiale	Retinaculum flexorum	Phalanx proximalis I (radiales Sesambein)		Daumensattelgelenk: **Flexion**, Adduktion, Opposition; Grundgelenk: **Flexion**	
	▪ Caput profundum	Ossa trapezium und capitatum				
M. adductor pollicis	▪ Caput obliquum	Ossa metacarpi II & III (Basis), capitatum	Phalanx proximalis I (ulnares Sesambein)	**N. ulnaris** (C8–Th1)	Daumensattelgelenk: **Adduktion**, Opposition Daumengrundgelenk: Flexion	
	▪ Caput transversum	Os metacarpi III (Corpus)				
Mittelhandmuskulatur						
Mm. lumbricales**	I und II	Sehnen des M. flexor digitorum profundus (radial)	Dorsalaponeurosen der Finger 2–5 (radial über Phalanx proximalis)	**N. medianus** (C6–C7)	Fingergrundgelenke: Flexion Interphalangealgelenke: Extension	
	III und IV					
Mm. interossei palmares I–III		Ossa metacarpi II (Corpus, ulnar), IV, V (Corpus, radial)	Dorsalaponeurosen der Finger 2 (ulnar), 4 & 5 (radial)	**N. ulnaris** (C8–Th1)	Grundgelenke: Flexion; Interphalangealgelenke: Extension	Grundgelenke: **Adduktion** der Finger 2, 4, 5 zum Mittelfinger
Mm. interossei dorsales I–IV		(Ossa metacarpi I–V einander zugekehrte Seiten der Corpora)	Dorsalaponeurosen der Finger 2 (radial), 3 (beidseitig), 4 (ulnar)			Grundgelenke: **Abduktion** der Finger 2 & 4 vom Mittelfinger, Radial- bzw. Ulnarabduktion des Mittelfingers
Hypothenarmuskulatur						
M. abductor digiti minimi		Retinaculum flexorum Os pisiforme	Phalanx prox. 5 (Basis, ulnar)	**N. ulnaris** (C8–Th1)	Abduktion; Flexion im Grundgelenk	
M. flexor digiti minimi brevis		Retinaculum flexorum Os hamatum (Hamulus)			Flexion im Grundgelenk	
M. opponens digiti minimi			Os metacarpi V (Corpus, ulnar)		**Opposition;** Flexion des Metakarpale V (geringfügig)	
M. palmaris brevis		Aponeurosis palmaris (ulnar)	Haut des Hypothenars		spannt Aponeurosis palmaris	

* Die Segmente beziehen sich auf die Innervation der Muskeln; häufig führt der Nerv Fasern aus mehr als den angegebenen Segmenten.
** Können auch zweiköpfig von den einander zugekehrten Sehnenrändern entspringen.

E 2.5 Muskulatur von Unterarm und Hand

E-2.18 Kurze Handmuskeln

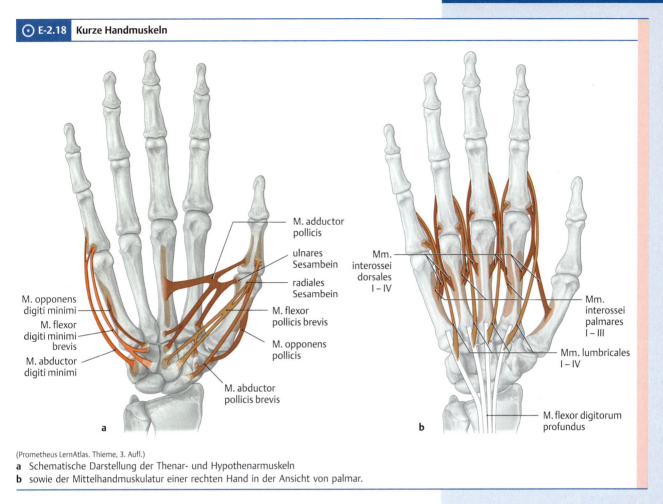

(Prometheus LernAtlas. Thieme, 3. Aufl.)
a Schematische Darstellung der Thenar- und Hypothenarmuskeln
b sowie der Mittelhandmuskulatur einer rechten Hand in der Ansicht von palmar.

hand zur Folge (Abb. **E-2.18**). Außerdem dienen Thenar und Hypothenar als Griffpolster beim Fassen von Gegenständen. In der **Mitte der Hohlhand** befinden sich lediglich die zwischen den Ossa metacarpi gelegenen **Musculi interossei palmares** und **dorsales**, die **Musculi lumbricales** sowie das **Caput transversum** des **M. adductor pollicis**. Die **Beugewirkung** der **Mm. interossei palmares** und **dorsales** auf die **Fingergrundgelenke** ist bedeutend, da die langen Mm. flexores digitorum superficialis und profundus beim Faustschluss, bzw. Kraftgriff zunehmend insuffizient werden (s. o.; sie wirken v. a. auf die Interphalangealgelenke). Zudem werden mit zunehmender Flexion ihre Sehnen nach ventral weg von der Flexionsachse verlagert, was ihren Hebelarm beträchtlich verlängert. Bei der **Extension** unterstützen sie in den **Interphalangealgelenken** die langen Extensoren. Ihre Hauptfunktion liegt allerdings im **Spreizen** und **Schließen** der Finger, was zur klinischen Prüfung des **N. ulnaris** genutzt wird.

Die **Mm. interossei palmares** und **dorsales** sind die einzigen Muskeln, die die Finger II bis V effizient **Spreizen** und **Schließen**. Ihre **beugende** Wirkung auf die **Fingergrundgelenke** wirkt der beim Faustschluss zunehmenden Insuffizienz der langen Fingerbeuger entgegen.

▶ **Klinik.** Die Bedeutung der **Mm. interossei** für die Beugung der Fingergrundgelenke wird an der Symptomatik von Lähmungen des **N. ulnaris** augenfällig: Neben der **Unfähigkeit** die Finger zu **spreizen** und zu **schließen**, führt das Übergewicht des M. extensor digitorum zur Streckung in den Grundgelenken. In den Interphalangealgelenken überwiegen die Momente der Beuger, sodass das Bild der „**Krallenhand**" resultiert (s. Abb. **E-2.19**). Der zusätzliche Ausfall des ulnaren Teils des an den Interphalangealgelenken antagonistischen M. flexor digitorum profundus führt dazu, dass die Krallenstellung am 4. Und 5. Finger schwächer ausfällt.
Ulnarisähmungen von längerer Dauer führen außerdem zu einer **Atrophie** des **Hypothenars** sowie der Räume zwischen den Ossa metacarpi II–V.

E-2.19 Symptome bei Läsionen des N. ulnaris
(Prometheus LernAtlas. Thieme, 3. Aufl.)

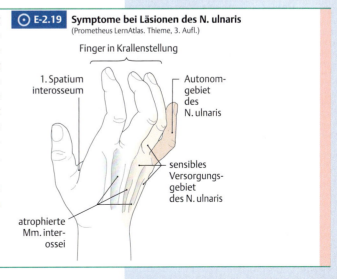

Neben der Beugung im Grundgelenk liegt die Bedeutung der **Mm. lumbricales** v. a. in der Streckung im Endgelenk.

Der **M. opponens digiti minimi** vertieft (gemeinsam mit dem M. opponens pollicis) die Hohlhand („Wasserschöpfbewegung").

2.5.3 Bindegewebige Hilfsstrukturen der Muskulatur

Neben der Beugung im Grundgelenk unterstützen die **Mm. lumbricales** v. a. den M. extensor digitorum bei der Streckung des Endglieds im distalen Interphalangealgelenk. Da sie an den Sehnen des einzigen Beugers dieses Gelenks, des Flexor digitorum prof. entspringen, führt ihre Kontraktion zu einer Entspannung seiner Sehne. Der **M. opponens digiti minimi** ist zwar nicht in der Lage den Kleinfinger regelrecht zu opponieren, aber die signifikante Beweglichkeit des Os metacarpi V gegenüber dem Carpus (Os hamatum) erlaubt es, den Hypothenar bei der „Wasserschöpfbewegung" hochzuwölben (der Thenar wird durch den M. opponens pollicis hochgewölbt). Daneben ist der Muskel erforderlich, um die Kuppe des kleinen Fingers an die des opponierten Daumens zu führen.

2.5.3 Bindegewebige Hilfsstrukturen der Muskulatur

Vergleichbar mit der unteren Extremität, besitzen auch die langen Sehnen der Flexoren und Extensoren an der Hand Hilfsstrukturen wie Sehnenscheiden und Retinacula. Die Funktion der menschlichen Greifhand (S. 477) mit ihren langen Fingern bedingt jedoch besondere Belastungen und Verletzungsrisiken dieser Strukturen, sodass sie aufgrund ihrer großen klinischen Relevanz hier gesondert beschrieben sind.

Sehnen und Sehnenscheiden der Flexoren

Sehnen und Sehnenscheiden der Flexoren

Aufbau: Eine gemeinsame **Sehnenscheide** umhüllt die Sehnen der **Mm. flexores digitorum superf.** und **prof.** im Karpalkanal (Abb. **E-2.20a**).

▶ Klinik.

Aufbau: Die Sehnen der **Mm. flexores digitorum superficialis** und **profundus** werden im Karpalkanal (S. 509) von einer gemeinsamen Sehnenscheide (Abb. **E-2.20a**) umhüllt, welche die Reibung zwischen den Sehnen und den Wänden des Kanals herabsetzt.

▶ Klinik. Bei der operativen Versorgung durchtrennter Beugesehnen kommen – genau wie bei den Strecksehnen – spezielle handchirurgische, z. T. mikrochirurgische Techniken zur Anwendung.

Am 5. Finger ist die **digitale** Sehnenscheide mit der **karpalen** verbunden. Die Beugersehnen des 2. bis 4. Fingers besitzen einzelne Sehnenscheiden im Bereich der Finger (Abb. **E-2.20a**).

Die gemeinsame **karpale Sehnenscheide** des 2. bis 5. Fingers endet für die Sehnen des 2. bis 4. Fingers im Allgemeinen distal der Basen der Metakarpalia. Die Beugesehnen des 2. bis 4. Fingers werden in einem Abschnitt ab ca. 1,5 cm proximal des

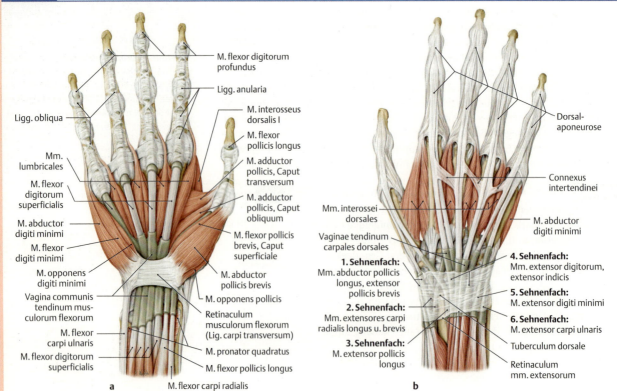

⊙ E-2.20 Bindegewebige Hilfsstrukturen der Muskulatur

(Prometheus LernAtlas. Thieme, 3. Aufl.)
a Darstellung von Sehnenscheiden, Retinacula und Fingerbandapparat mit Dorsalaponeurose einer rechten Hand in der Ansicht von palmar
b und dorsal.

Fingergrundgelenks bis zum Endgelenk von separaten digitalen Sehnenscheiden geführt. Die **digitale Sehnenscheide** des 5. Fingers ist in der Regel mit der karpalen Sehnenscheide verbunden (Abb. **E-2.20a**).

Die Sehnen der **Mm. flexor pollicis longus** und **flexor carpi radialis** verlaufen in eigenen Sehnenscheiden durch den Canalis carpi bis zu ihren Insertionen. Die Ausbildung der Sehnenscheiden der Beugemuskeln unterliegt einer großen **Variabilität**, die in der Praxis von einiger Bedeutung ist.

Die Sehnen der **Mm. flexor pollicis longus** und **flexor carpi radialis** verlaufen in eigenen Sehnenscheiden durch den Canalis carpi bis zu ihren Insertionen.

▶ **Klinik.** Bakterielle Infektionen der **Sehnenscheiden** der Flexoren breiten sich innerhalb derselben ungehindert aus, bei entsprechender Kommunikation (Abb. **E-2.21**) also vom Endglied des kleinen Fingers bis zum Karpalkanal.
Wegen der engen Nachbarschaft zur Sehnenscheide des M. flexor pollicis longus kann der Prozess auf diese übergreifen und sich bis zum Daumenendglied ausbreiten, sodass das Bild einer **V-Phlegmone** resultiert.

▶ **Klinik.**

⊙ **E-2.21** **Kommunikation der karpalen und digitalen Sehnenscheiden.** Regelfall (< 70 %) ist die in **a** dargestellte Situation mit dem Bild einer V-Phlegmone. Die Pfeile deuten hier die Ausbreitungsrichtung bei Verletzungen im Bereich des kleinen Fingers an, jedoch ist dies umgekehrt ebenso möglich. **b** und **c** zeigen häufige Varianten.
(Prometheus LernAtlas. Thieme, 3.Aufl., nach Schmidt und Lanz)

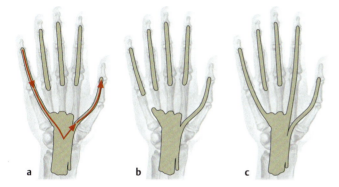

Auch abakterielle **Reizungen** mit fibrinösem Erguss sind als Folge von Überanstrengung relativ häufig; in diesem Fall kann man beim Bewegen der Finger häufig das Reiben der durch Fibrinbeläge rauen Sehnenscheidenblätter über der Handwurzel fühlen.

Fixierung: Die Sehnenscheiden des 2. bis 5. Fingers sind mittels eines aufwändigen Bandapparats an den Phalangen fixiert, um ein Abheben der Sehnen bei Beugung der Finger zu verhindern (Abb. **E-2.22**). Die Fasern der insgesamt 5 **Ligamenta anularia** pro Finger verlaufen halbkreisförmig quer zu den Beugersehnen. Drei davon sind an den faserknorpeligen Platten der Gelenkkapseln von Grundgelenk und Interphalangealgelenken befestigt, während die übrigen beiden ins Periost von Phalanx proximalis und medialis einstrahlen. Die drei gekreuzten **Ligamenta obliqua** liegen proximal des Fingerendgelenks (DIP) sowie proximal und distal des Fingermittelgelenks (PIP).

Fixierung: Die Sehnenscheiden des 2. bis 5. Fingers sind mittels eines aufwändigen Bandapparats an den Phalangen **fixiert**, um ein Abheben der Sehnen bei Beugung der Finger zu verhindern (Abb. **E-2.22**).

⊙ **E-2.22** **Bandapparat der Finger**

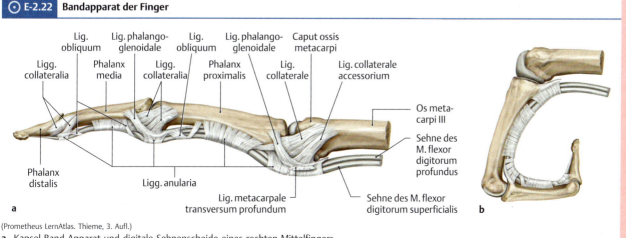

(Prometheus LernAtlas. Thieme, 3. Aufl.)
a Kapsel-Band-Apparat und digitale Sehnenscheide eines rechten Mittelfingers.
b Verstärkungsbänder der digitalen Sehnenscheide am gebeugten Finger.

Sehnen und Sehnenscheiden der Extensoren

Die Sehnen des **M. extensor digitorum** inserieren über die **Dorsalaponeurosen** der Finger an Grund-, Mittel- und Endphalanx des 2. bis 5. Fingers (Abb. **E-2.23**). Von ventral und seitlich her strahlen die **Mm. lumbricales** und **interossei** (palmares und dorsales) in die Dorsalaponeurose ein. Sie beugen im Grundgelenk und strecken im Mittel- und Endgelenk.

Sehnen und Sehnenscheiden der Extensoren

Die Streckung der Finger erfolgt mittels der **Dorsalaponeurosen**. Die Dorsalaponeurosen der Finger stellen Bindegewebsplatten dar, die von den Grundgelenken bis zur Endphalanx reichen (Abb. **E-2.23**). Sie sind mit dem Periost der Phalangen durch lockeres, verschiebliches Bindegewebe verbunden und mit den Kapseln der Fingergelenke fest verwachsen. In der Mitte besitzen sie einen **Tractus intermedius**, der im Wesentlichen von der Sehne des **M. extensor digitorum** gebildet wird. Zu beiden Seiten vom zentralen Tractus intermedius liegen mit diesem verflochtene **Tractus laterales**, in die von ventral die Sehnen der **Mm. lumbricales** und **interossei** einstrahlen. Diese Konstruktion bedingt, dass sowohl die langen Fingerstrecker als auch die kurzen Handmuskeln auf alle Fingergelenke wirken. Dabei beugen die kurzen Handmuskeln im Grundgelenk und strecken im Mittel- und Endgelenk (Abb. **E-2.17**).

E-2.23 Dorsalaponeurose der Fingerstrecker

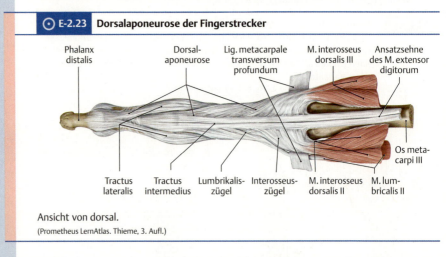

Ansicht von dorsal.
(Prometheus LernAtlas. Thieme, 3. Aufl.)

▶ **Klinik.** Bei einer **Durchtrennung** des zentralen Teils der **Dorsalaponeurose** über dem Grundgelenk kann der Finger in diesem nicht mehr ganz gestreckt werden. Im Mittel- und Endgelenk dagegen ist eine Streckung über den Tractus lateralis (v. a. durch die Mm. interossei und lumbricales) noch möglich.

E-2.24 Strecksehnenruptur über dem Fingergrundgelenk (MCP-Gelenk)

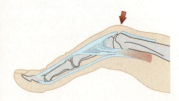

Wird der zentrale Tractus intermedius über dem Mittelgelenk durchtrennt, so gleiten die Tractus laterales nach ventral ab und verstärken die Beugung im Mittelgelenk (PIP). Da das Endgelenk in Streckung verbleibt, resultiert eine sog. „**Knopflochdeformität**".

E-2.25 Strecksehnenruptur im Bereich des PIP-Gelenks („Knopflochdeformität")

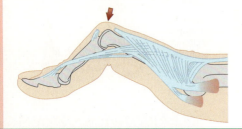

Eine Ruptur der Dorsalaponeurose über dem Endgelenk (DIP) führt zu einer Beugestellung der Endphalanx („**Schwanenhalsdeformität**" oder „**Hammerfinger**").

E-2.26 Strecksehnenruptur im Bereich des DIP-Gelenks („Schwanenhalsdeformität")

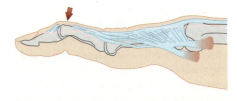

Die beschriebenen Sehnenrupturen und Deformitäten werden nicht nur als Folge von **Verletzungen** beobachtet, sondern auch im Zuge **rheumatischer Erkrankungen**.

E 2.5 Muskulatur von Unterarm und Hand

☰ E-2.3	Sehnenscheidenfächer der Extensoren von radial nach ulnar	
Fach	**Muskel(n)**	**Ansicht**
1	Mm. abductor pollicis longus und extensor pollicis brevis	
2	Mm. extensores carpi radialis longus und brevis	
3	M. extensor pollicis longus	
4	Mm. extensores digitorum und indicis	
5	M. extensor digiti minimi	
6	M. extensor carpi ulnaris	

Querschnitt durch den rechten Unterarm in Höhe des distalen Radioulnargelenks

Abbildung aus Prometheus LernAtlas. Thieme, 3. Aufl.

Die vier Sehnen des **M. extensor digitorum** sind über der Mittelhand durch quer verlaufende Sehnenbrücken, die **Connexus intertendinei** verbunden (Abb. **E-2.20b**). Diese vermindern die isolierte Streckfähigkeit der einzelnen Finger, v. a. des vierten. Zeige- (2.) und Kleinfinger (5.) sind durch eigene Streckmuskeln (**Mm. extensores indicis** bzw. **digiti minimi**) unabhängig streckbar.

Die **Fascia antebrachii** (als Teil der allgemeinen Körperfaszie) ist im Übergangsbereich zur **Fascia dorsalis manus** durch zirkulär ums Handgelenk verlaufende Fasern zu den **Retinacula (musculorum) extensorum** und **flexorum** (S. 487) verstärkt (Abb. **E-2.20b**). Das Retinaculum extensorum ist **ulnar** an den Ossa pisiforme und triquetrum, dem ulnaren Kollateralband und dem Processus styloideus ulnae angeheftet; **radial** ist es mit dem palmaren Rand des Radius verwachsen.

Vom Retinaculum extensorum erstrecken sich bindegewebige Septen in die Tiefe zur Dorsalfläche von Radius und Ulna bzw. zur Handgelenkskapsel. Dadurch entstehen sechs osteofibröse Kanäle für die **Sehnenscheiden** der Streckmuskeln (Tab. **E-2.3** u. Abb. **E-2.20b**). Die fibrösen Hüllen der Sehnenscheiden sind auf ihrer Dorsalseite fest mit dem Retinaculum verwachsen.

Connexus intertendinei (Abb. **E-2.20b**) verbinden die vier Sehnen des **M. extensor digitorum** und vermindern die isolierte Streckfähigkeit der einzelnen Finger.

Die **Fascia antebrachii** ist am Handgelenk zu den **Retinacula extensorum** und **flexorum** (Abb. **E-2.20**) verstärkt.

Darunter befinden sich sechs Kanäle für die **Sehnenscheiden** der Strecker (Tab. **E-2.3** u. Abb. **E-2.20b**).

Palmaraponeurose (Aponeurosis palmaris)

Zusätzlich zu den Bändern zwischen den Ossa carpi und metacarpi wird die Hohlhand durch eine massive Platte aus kollagenen Fasern verspannt: der **Aponeurosis palmaris** (Abb. **E-2.28**). Sie ist proximal am **Retinaculum flexorum** (S. 487) befestigt und liegt unter der Haut, mit der sie fest (nicht verschieblich) verwachsen ist. Distal ist sie über in die Tiefe strahlende Fasern mit den **Ligg. metacarpalia transversa profunda** (S. 491) verbunden, bzw. über längs verlaufende Faserzüge mit dem Bandapparat der Fingergrundgelenke. Zwischen den Längszügen verlassen die Leitungsbahnen der Finger die Hohlhand. Im Bereich der Metakarpalköpfe bilden quer verlaufende Fasern im Bereich der Interdigitalfalten die **Ligg. metacarpalia transversa superficialia**.

Die Palmaraponeurose wird von den Mm. palmares longus und brevis (Abb. **E-2.13** und Abb. **E-2.17**) **gespannt**.

Palmaraponeurose (Aponeurosis palmaris)

Zwischen dem proximalen **Retinaculum flexorum** (S. 487) und den **Ligg. metacarpalia transversa profunda** (S. 491) auf Höhe der Metakarpalköpfe verspannt die **Aponeurosis palmaris** (Abb. **E-2.28**) die Hohlhand. Die Mm. palmares longus und brevis (Abb. **E-2.13** u. Abb. **E-2.17**) strahlen in die Palmaraponeurose und spannen sie.

▶ Klinik. Wegen der straffen Textur der **Palmaraponeurose** kann die **Schwellung bei entzündlichen** Prozessen der Hohlhand die Haut nicht nach palmar vorwölben, sondern nur am Handrücken.

▶ Klinik.

Zusammen mit der dicken Hornhaut und dem gekammerten subkutanen Fett **schützt** sie die in der Tiefe der mittleren Hohlhand gelegenen Strukturen (Nerven, Blutgefäße, Mittelhandknochen) beim Fassen von harten Gegenständen.

Sie **schützt** die in der Tiefe der mittleren Hohlhand gelegenen Strukturen beim Kraftgriff.

► **Klinik.** Die **Dupuytren-Kontraktur** stellt eine mit Verkürzung der kollagenen Fasern einhergehende Hypertrophie der Palmaraponeurose v. a. im Bereich des Metakarpale IV und V dar. Sie führt letztlich zu einer Beugekontraktur in den Fingergrundgelenken, d. h. die Streckfähigkeit in diesen Gelenken wird sukzessive eingeschränkt. Die Ursache dieser v. a. bei Männern jenseits des 40. Lebensjahrs auftretenden Krankheit ist unbekannt, jedoch häufig assoziiert mit (alkoholtoxischen) Leberschäden.

⊙ **E-2.27** Dupuytren-Kontraktur

(Füeßl, F.S., Middeke, M.: Duale Reihe Anamnese und Klinische Untersuchung. Thieme, 2014)

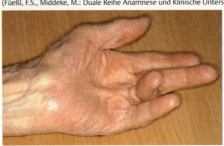

⊙ **E-2.28** Palmaraponeurose

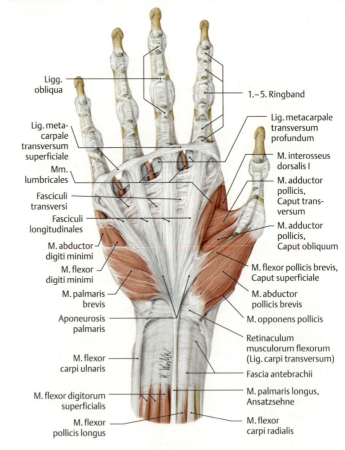

(Prometheus LernAtlas. Thieme, 3. Aufl., nach Schmidt und Lanz)

2.6 Gefäßversorgung und Innervation von Unterarm und Hand

Analog zum Unterschenkel verlaufen auch am Unterarm die wichtigsten Gefäße und Nerven gemeinsam in **Gefäß-Nerven-Straßen**. Allerdings liegen die Muskeln des Unterarms nicht in so ausgeprägten Bindegewebslogen vor.

2.6.1 Gefäßversorgung

Arterielle Versorgung

Die **A. brachialis** (S. 465) teilt sich distal in der Ellenbeuge in die **Arteria radialis** und die **Arteria ulnaris** (Abb. **E-2.33**). Diese von jeweils zwei gleichnamigen **Venen** begleiteten Arterien versorgen den Unterarm und geben noch in der Fossa cubitalis jeweils eine **Arteria recurrens radialis** bzw. **ulnaris** zum **Rete articulare cubiti** ab (Abb. **E-2.29**). Auch die unter dem M. pronator teres aus der A. ulnaris abgehende **Arteria interossea communis** speist mit einer **Arteria interossea recurrens** das Rete articulare cubiti.

Nach kurzem Verlauf teilt sich die A. interossea communis: Die **Arteria interossea anterior zieht ventral** mit dem N. interosseus antebrachii anterior (aus dem N. medianus) unter dem M. flexor digitorum prof. nach distal, bis sie proximal vom M. pronator quadratus nach dorsal ins **Rete carpale dorsale** mündet. Die **Arteria interossea posterior** tritt durch die **Membrana interossea auf die Dorsalseite und verläuft** mit dem Ramus profundus n. radialis zwischen den oberflächlichen und tiefen Extensoren zum **Rete carpale dorsale**.

Die wichtigsten Gefäße und Nerven des Unterarms verlaufen gemeinsam in **Gefäß-Nerven-Straßen**.

2.6.1 Gefäßversorgung

Arterielle Versorgung

Die **A. brachialis** (S. 465) teilt sich in der Ellenbeuge in die **Aa. radialis** und **ulnaris**, die Äste zum **Rete articulare cubiti** abgeben (Abb. **E-2.29**). Von der A. ulnaris zweigt die **A. interossea communis** ab, die sich in die **Aa. interosseae anterior** und **posterior** teilt, die zum **Rete carpale dorsale** (S. 507) ziehen.

⊙ E-2.29 Arterien an der Streckseite des rechten Unterarms und Handrückens

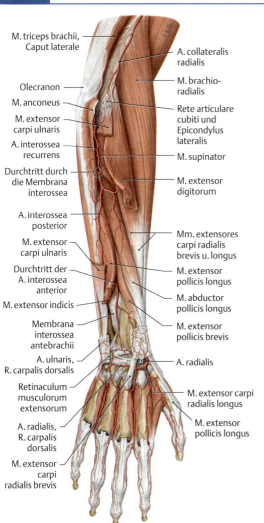

(Prometheus LernAtlas. Thieme, 3. Aufl.)

A. radialis: Sie zieht auf der Beugeseite unter dem M. brachioradialis zum distalen Radiusende und gibt u. a. die **A. recurrens radialis** zum Rete articulare cubiti ab.

▶ **Klinik.**

- Der **R. palmaris superficialis** der A. radialis bildet mit der A. ulnaris den **Arcus palmaris superficialis**.
- Am Handgelenk wendet sich die A. radialis über die Tabatière (S. 514) auf den Handrücken, wo sie sich zwischen den Ossa metacarpi I und II durch den M. interosseus dorsalis I in die tiefe Hohlhand bohrt. Nach Abgabe der
- **A. princeps pollicis** zum Daumen und der
- **A. radialis indicis** zum 2. Finger (radiale 1 ½ Finger) endet die A. radialis im
- **Arcus palmaris profundus**.

Von diesem entspringen **Aa. metacarpales palmares** zur Versorgung der Mittelhand.

A. ulnaris: Nach Abgabe der
- **A. interossea communis** (s. o.) verläuft die A. ulnaris entlang des M. flexor carpi ulnaris mit dem N. ulnaris zur **Guyon-Loge** der Handwurzel. Ihr
- **R. palmaris profundus** anastomosiert im Arcus palmaris prof. mit der A. radialis.

Die A. ulnaris endet im
- **Arcus palmaris superf.** (Abb. **E-2.30a**), der auf den Sehnen der langen Fingerbeuger liegt.

E 2 Unterarm und Hand

Arteria radialis: Nach Abgabe von
- Arteria recurrens radialis (s. o.)
- Ästen zur Unterarmmuskulatur und einer
- **Arteria nutricia radii**

liegt die mit dem R. superficialis des N. radialis verlaufende Arteria radialis ulnar neben der Sehne des M. brachioradialis direkt dem distalen Radiusende palmar auf.

▶ **Klinik.** Beim **„Pulsfühlen"** drückt der Untersucher die **A. radialis** mit Zeige- und Mittelfinger gegen die distale Radiusepiphyse. Dabei darf keinesfalls der Daumen verwendet werden, da sonst die Gefahr besteht, dass der Untersucher den eigenen Puls fühlt.

Neben der Sehne des M. flexor carpi ulnaris ist auch der Puls der **A. ulnaris** (s. u.) zu tasten.

Kurz vor dem Retinaculum flexorum gibt die A. radialis den
- kleinen **Ramus carpalis palmaris** zum **Rete carpale palmare** am Boden des Karpaltunnels und den
- **Ramus palmaris superficialis** ab, der auf oder zwischen den Thenarmuskeln in die oberflächliche Hohlhand zieht, wo er mit der A. ulnaris im **Arcus palmaris superficialis** anastomosiert.

Anschließend wendet sich die A. radialis unter den Sehnen der Mm. abductor pollicis longus und extensor pollicis brevis auf die Dorsalseite der Handwurzel, wo sie in der Tabatière (S. 514) dem Scaphoid aufliegt (Abb. **E-2.39**). Nach Unterqueren der Sehne des M. extensor pollicis longus gibt sie einen
- **Ramus carpalis dorsalis arteriae radialis** zum Rete carpale dorsale ab (s. u.).

Danach durchbohrt sie in Höhe der Basen der Ossa metacarpi I und II den M. interosseus dorsalis I und gelangt unter der Thenarmuskulatur in die tiefe Hohlhand. Dort zweigt die
- **Arteria princeps pollicis** ab, die sich in zwei **Arteriae digitales palmares propriae pollicis** zur Versorgung des Daumens teilt. Der nächste Ast ist die
- **Arteria radialis indicis** zur Radialseite des 2. Fingers.

Die A. radialis endet im
- **Arcus palmaris profundus** (**tiefer Hohlhandbogen**), der mit dem Ramus profundus der A. ulnaris auf den Basen der Metakarpalia mit der A. ulnaris anastomosiert (Abb. **E-2.30b**).

Vom tiefen Hohlhandbogen entspringen drei bis vier **Arteriae metacarpales palmares**, die auf den Mm. interossei palmares nach distal ziehen und mit den Aa. digitales palmares communes aus dem oberflächlichen Hohlhandbogen anastomosieren (s. u.).

Arteria ulnaris: Nach Abgabe der
- **Arteria interossea communis** (s. o.) versorgt die Arteria ulnaris die Flexoren der Ulnarseite des Unterarms sowie mit einer
- **Arteria nutricia ulnae** den Knochen.

Entlang des M. flexor carpi ulnaris gelangt sie, auf dem M. flexor digitorum prof. liegend, mit dem N. ulnaris zum Handgelenk, wo sie mit dem
- **Ramus carpalis palmaris** das schwache Rete carpale palmare und mit dem
- **Ramus carpalis dorsalis arteriae ulnaris** das Rete carpale dorsale (s. u.) speist.

Zwischen dem Retinaculum flexorum (dorsal) und dem Ligamentum carpi palmare (palmar) gelangt die A. ulnaris in die **Guyon-Loge** zwischen Os pisiforme und dem Hamulus des Os hamatum (Abb. **E-2.35**); dort zweigt der
- **Ramus palmaris profundus** ab. Dieser zieht mit dem R. profundus des N. ulnaris nach radial in die tiefe Hohlhand, wo er mit der A. radialis den **Arcus palmaris profundus** bildet (s. o.).

Die A. ulnaris endet im
- **Arcus palmaris superficialis** (Abb. **E-2.30a**).

Der **oberflächliche Hohlhandbogen** liegt in Höhe der Mitte der Metakarpalknochen unter der Palmaraponeurose auf den Sehnen der langen Fingerbeuger.

E 2.6 Gefäßversorgung und Innervation von Unterarm und Hand

507

⊙ E-2.30 Hohlhandbögen und andere arterielle Anastomosen der Hand

Nn. digitales palmares
Aa. digitales palmares
Aa. digitales palmares communes
M. abductor digiti minimi
M. flexor digiti minimi
Aa. metacarpales palmares
M. opponens digiti minimi
Arcus palmaris superficialis
N. ulnaris, R. profundus
N. ulnaris, R. superficialis
A. ulnaris, R. profundus
A. u. N. ulnaris
M. pronator quadratus

Mm. lumbricales
M. adductor pollicis, Caput transversum
M. abductor pollicis brevis
M. flexor pollicis brevis
M. adductor pollicis, Caput obliquum
Arcus palmaris profundus
M. opponens pollicis
A. radialis, R. palmaris superficialis
A. radialis
A. interossea anterior
M. flexor carpi ulnaris

Nn. digitales palmares
M. interosseus dorsalis I
Nn. digitales palmares pollicis
Aa. digitales palmares
Mm. lumbricales
Aa. digitales palmares communes
Arcus palmaris superficialis
M. flexor digiti minimi
M. abductor digiti minimi
N. ulnaris, R. superficialis
A. u. N. ulnaris, R. profundus
M. palmaris longus
Lig. carpi palmare
A. u. N. ulnaris
M. flexor digitorum superficialis
M. flexor carpi ulnaris
M. flexor pollicis longus

M. adductor pollicis
M. flexor pollicis brevis, Caput superficiale
A. radialis, R. palmaris superficialis
M. abductor pollicis brevis
M. opponens pollicis
Retinaculum musculorum flexorum
A. radialis, R. palmaris superficialis
N. medianus
M. pronator quadratus
A. radialis
Mm. extensores carpi radialis longus u. brevis
M. flexor carpi radialis

a

b

A. metacarpalis dorsalis
A. carpalis dorsalis
Rete carpale dorsale
A. digitalis dorsalis
R. perforans
A. interossea posterior
A. digitalis palmaris
A. radialis
Arcus palmaris superficialis
A. palmaris metacarpalis
Arcus palmaris profundus
Rete carpale palmare

c

(Prometheus LernAtlas. Thieme, 3. Aufl.)
a Rechte Hand in der Ansicht von palmar mit Darstellung des Arcus palmaris superficialis
b und profundus.
c Weitere arterielle Anastomosen zwischen den Arteriae radialis und ulnaris sind synoptisch in einer schematischen Seitansicht des Mittelfingers bzw. der proximal davon gelegenen Handknochen im Schnitt dargestellt.

Der **Arcus palmaris superficialis** dient im Wesentlichen der Versorgung der **Finger**. Nachdem eine **Arteria digitalis palmaris propria** zur Ulnarseite von Handkante und Kleinfinger abgezweigt ist, gibt der oberflächliche Hohlhandbogen (meist) drei **Arteriae digitales palmares communes** ab. Diese verzweigen sich in Höhe der Grundgelenke in zwei **Arteriae digitales palmares propriae** für die einander zugekehrten Seiten des 5. bis 2. Fingers. Die palmaren Fingerarterien versorgen den größten Teil der Finger inklusive dem gesamten Endglied.
Lediglich Grund- und Mittelglied werden dorsal von schwächeren **Arteriae digitales dorsales** versorgt, die aus den **Arteriae metacarpales dorsales** hervorgegangen sind. Letztere liegen auf den Mm. interossei dorsales und entspringen aus dem von den Aa. radialis, ulnaris und interosseae gespeisten, über der Handwurzel gelegenen **Rete carpale dorsale**.

Der **Arcus palmaris superficialis** versorgt den größten Teil der **ulnaren 3 ½ Finger** über (insgesamt 7) **Aa. digitales palmares propriae**; (die 6 radialen davon kommen aus drei zwischengeschalteten **Aa. digitales palmares communes**).

Nur die Dorsalseiten der Grund- und Mittelglieder werden von schwächeren **Aa. digitales dorsales** aus dem **Rete carpale dorsale** versorgt.

Venöser Abfluss

Meist werden die vorgenannten Arterien von zwei gleichnamigen **Venen** begleitet. Am Handrücken existiert ein **epifasziales** (oberflächliches) **Rete venosum dorsale manus**, aus welchem auf der Radialseite die **Vena cephalica**, auf der Ulnarseite die **Vena basilica** hervorgehen (Abb. **E-1.35**).
Wie am Unterschenkel (S. 429) bestehen auch an Unterarm und Hand zahlreiche Verbindungen zwischen oberflächlichen und tiefen Venen.

Venöser Abfluss

Neben den tiefen **Begleitvenen** existiert am Handrücken ein **epifasziales Rete venosum dorsale manus**, aus welchem radial die **Vena cephalica** und ulnar die **Vena basilica** hervorgehen (Abb. **E-1.35**).

Lymphabfluss

Siehe die **Lymphabflusswege** des Unterarms und der Hand (S. 467).

Lymphabfluss

Siehe Lymphabfluss (S. 467)

2.6.2 Innervation

Äste und Innervationsgebiete der peripheren Nerven

N. radialis: Er teilt sich in der Fossa cubitalis (Abb. **E-2.33**):

- Der sensible **Ramus superficialis n. radialis** verläuft mit der A. radialis unter dem M. brachioradialis. Distal am Unterarm wendet er sich auf die Dorsalseite.
- Der **Ramus profundus nervi radialis** tritt durch den M. supinator nach dorsal zwischen die von ihm innervierten Extensoren. Sein Endast ist der **N. interosseus antebrachii posterior** (Tab. **E-2.4**).

2.6.2 Innervation

Äste und Innervationsgebiete der peripheren Nerven

Nervus radialis: Nach dem Verlassen des „Radialistunnels" (S. 469) liegt der N. radialis lateral in der Fossa cubitalis (Abb. **E-2.33** und Abb. **E-2.31**), wo er sich in einen Ramus profundus und in einen Ramus superficialis teilt.

- Der rein sensible **Ramus superficialis nervi radialis** verläuft unter dem M. brachioradialis mit der Arteria radialis in der **„radialen Gefäß-Nerven-Straße"** (Tab. **E-2.4**). Zwischen dem mittleren und distalen Drittel des Unterarms wendet er sich unter der Sehne des Brachioradialis auf die Dorsalseite, um zu seinem sensiblen Innervationsareal an der Hand zu gelangen (s. u.).
- Der **Ramus profundus nervi radialis** (Abb. **E-2.31**) windet sich zwischen dem oberflächlichen und tiefen Teil des M. supinator (**„Supinatorkanal"**) um den proximalen Radius auf die Dorsalseite des Unterarms, wo er die Extensoren innerviert. Sein Endast, der **Nervus interosseus antebrachii posterior** bildet mit der Arteria interossea posterior die **„dorsale interossäre Gefäß-Nerven-Straße"** (Tab. **E-2.4**). Er zieht zwischen den oberflächlichen und tiefen Streckern zum Handgelenk dessen Kapsel er innerviert.

E-2.31 Verlauf des Nervus radialis an Ellenbeuge, Unterarm und Hand

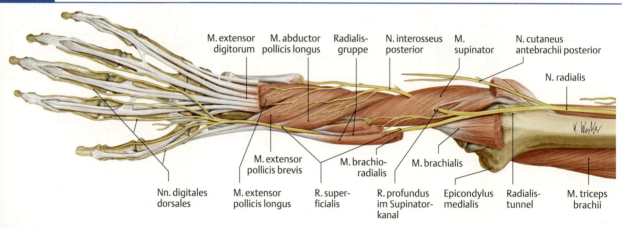

Ventrale Ansicht eines rechten Arms mit Unterarm in Pronationsstellung. (Prometheus LernAtlas. Thieme, 3. Aufl.)

E-2.4 Gefäß-Nerven-Straßen des Unterarms

Gefäß-Nerven-Straße	Leitungsbahnen	Leitstruktur
palmare interossäre Gefäß-Nerven-Straße	A. und V. interossea ant., N. interosseus antebrachii ant. (aus N. medianus)	Membrana interossea (dorsal der Leitungsbahnen)
dorsale interossäre Gefäß-Nerven-Straße	A. und V. interossea post., R. profundus nervi radialis	M. extensor digitorum
radiale Gefäß-Nerven-Straße	A. und V. radialis, R. superficialis nervi radialis	M. brachioradialis
ulnare Gefäß-Nerven-Straße	A. und V. ulnaris, N. ulnaris	M. flexor carpi ulnaris
Medianusstraße	N. medianus	M. flexor carpi radialis (distal)

▶ **Klinik.** Der **N. radialis** kann im Sulcus nervi radialis des Humerus (S. 446) oder weiter distal (z. B. im Bereich des Ellenbogengelenks oder des „Supinatorkanals") geschädigt werden. Um die Integrität des Nervs zu prüfen, lässt man den Patienten die Finger strecken (Prüfung der Motorik, d. h. des R. profundus) und testet die Sensibilität am Handrücken zwischen Metakarpale I und II. Hier hat der R. superficialis sein Autonomgebiet. Kombinierte motorische und sensible Ausfälle sind nur bei einer Schädigung in Höhe des Ellenbogengelenks oder proximal davon zu beobachten, d. h. vor Teilung in seine beiden Endäste. Die motorische Symptomatik der **„Fallhand"** beruht auf dem Ausfall der Streckung in den Hand- bzw. Fingergrundgelenken. In den Interphalangealgelenken kann noch durch die Mm. interossei und lumbricales gestreckt werden, welche vom N. ulnaris bzw. N. medianus versorgt werden.

E-2.32 Symptome bei Läsionen des N. radialis
(Prometheus LernAtlas. Thieme, 3. Aufl.)

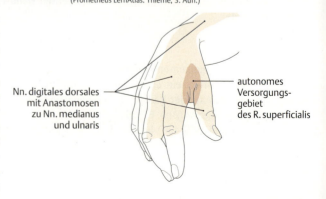

E 2.6 Gefäßversorgung und Innervation von Unterarm und Hand

Nervus medianus: Er trennt sich in der Ellenbeuge von der Arteria brachialis und zieht nach radial, um zwischen dem ulnaren und humeralen Kopf des M. pronator teres die Schicht zwischen den oberflächlichen und tiefen Flexoren zu erreichen (Abb. **E-2.33**). Dort gibt er den **Nervus interosseus antebrachii anterior** ab, der mit der Arteria interossea anterior in der **"palmaren interossären Gefäß-Nerven-Straße"** (Tab. **E-2.4**) auf der Membrana interossea zum M. pronator quadratus zieht.
Mit Ausnahme des M. flexor carpi ulnaris und dem ulnaren Anteil des Flexor digitorum prof. **innerviert** der N. medianus die **Beuger** auf der Palmarseite des Unterarms. Auf seinem Weg zur Hand bildet er die **"Medianusstraße"**. Im distalen Bereich des Unterarms gibt er den sensiblen **Ramus palmaris** ab, der über das Retinaculum flexorum zur Hohlhand zieht.
Der Stamm des N. medianus tritt kurz vor dem Canalis carpi unter dem M. flexor digitorum sup. hervor und liegt im **Karpaltunnel** unmittelbar unter dem Retinaculum flexorum auf den Sehnen der Fingerbeuger (Abb. **E-2.33**). Nur die über das Retinaculum ziehende Sehne des M. palmaris longus liegt oberfächlicher.

Nervus medianus: Er tritt von der Ellenbeuge durch den M. pronator teres (Abb. **E-2.33**) zwischen die oberflächlichen und tiefen **Flexoren**, von denen er die meisten **innerviert**. Er entsendet den **N. interosseus antebrachii anterior** (Tab. **E-2.4**) zum M. pronator quadratus. Sein sensibler **Ramus palmaris** zieht über das Retinaculum flexorum zur Hohlhand.

Im **Karpaltunnel** liegt der N. medianus oberflächennah auf den Sehnen der Fingerbeuger.

▸ Merke. Der **N. medianus** liegt im **Karpaltunnel** unter dem Retinaculum flexorum **nahe unter der Haut**.

▸ Merke.

Noch im Karpaltunnel teilt sich der N.medianus in Rami musculares zum Thenar und in sensible Nerven für die Hohlhand und Finger (s. u.).

Er teilt sich in motorische Äste zum Thenar und sensible zur Hohlhand und den Fingern.

⊙ **E-2.33** Verlauf des Nervus medianus am Unterarm

⊙ **E-2.33**

Rechter Unterarm in der Ansicht von ventral.
(Prometheus LernAtlas. Thieme, 3. Aufl.)

▶ Klinik.

▶ Klinik. Die oberflächliche Lage des **N. medianus** hat zur Folge, dass er bei Schnittverletzungen (suizidaler oder akzidenteller Natur) im Handgelenkbereich sehr leicht durchtrennt wird. Bei dieser „tiefen" Medianusläsion kommt es neben sensiblen Ausfällen (s. u.) durch den Ausfall des größten Teils der Thenarmuskulatur zur **„Affenhand"**. Diese ist durch die fehlende Oppositionsmöglichkeit des Daumens gekennzeichnet, während der vom N. ulnaris innervierte M. adductor pollicis den Daumen an die Hand zieht (Abb. **E-2.34a**). Um eine Schädigung der den Thenar versorgenden Anteile zu verifizieren, fordert man den Patienten auf, mit dem Daumen und dem Kleinfinger einen Gegenstand zu ergreifen. Bei längerer Dauer einer Medianusläsion beobachtet man außerdem eine **Atrophie** des **Thenars**.

V. a. bei Frauen in der Postmenopause tritt ein sog. **Karpaltunnelsyndrom** auf, das die häufigste Nervenläsion der oberen Extremität überhaupt darstellt. Die Ursache sind raumfordernde Prozesse in der Enge des Karpaltunnels, wie z. B. Verdickungen der Sehnenscheiden bei rheumatischen Erkrankungen. Die Symptomatik wird von den sensiblen Störungen (Kribbeln, Taubheit im Bereich des Versorgungsgebiets des N. medianus) dominiert, während motorische Ausfälle seltener sind. Um den Nerv zu entlasten, wird das Retinaculum flexorum operativ gespalten.

Die **„Schwurhand"** (Abb. **E-2.34b**), beim Versuch die Faust zu schließen, tritt dagegen lediglich bei „hohen" Läsionen des N. medianus in der Ellenbeuge oder proximal davon auf. Hier bedingt der Ausfall auch der langen Fingerbeuger eine Unfähigkeit, v. a. Zeige- und Mittelfinger in den Mittel- und Endgelenken zu beugen (die Anteile des M. flexor digitorum profundus zum 4. und 5. Finger werden vom N. ulnaris innerviert). Die Interossei ermöglichen noch eine gewisse Beugung in den Grundgelenken.

E-2.34 Symptome bei Läsionen des N. medianus

a **„Affenhand"** mit adduziertem Daumen bei („tiefer") Schädigung im Bereich der Handgelenke.
b **„Schwurhand"** mit Beteiligung der langen Fingerbeuger des Unterarms bei „hoher" Medianusläsion.

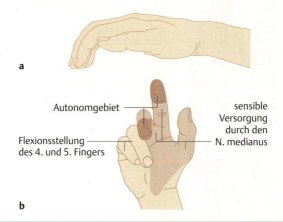

N. ulnaris: Er tritt von dorsal um den Epicondylus medialis humeri auf die Beugeseite des Unterarms.

Mit den Vasa ulnaria zieht er unter dem von ihm innervierten M. flexor carpi ulnaris nach distal (Abb. **E-2.33** und Tab. **E-2.4**).

Sein **R. dorsalis** innerviert den ulnaren Teil des Handrückens, der **R. palmaris** die Haut des Hypothenars. Durch die **Guyon-Loge** (Abb. **E-2.35**) erreichen Nerv und Gefäße die tiefe Hohlhand.

In der Loge teilt sich der N. ulnaris in den sensiblen **R. superficialis** für die ulnaren Finger und den motorischen **R. profundus** zu den Hypothenarmusklen, dem tiefen Kopf des Flexor pollicis brevis, sämtlichen Interossei, den Lumbricales III und IV und dem M. adductor pollicis.

Nervus ulnaris: Nach dem er dorsal um den Epicondylus medialis humeri (S. 470) gebogen ist tritt der N. ulnaris zwischen Caput humerale und Caput ulnare des von ihm innervierten M. flexor carpi ulnaris auf die Beugeseite des Unterarms.

Er bildet mit den Vasa ulnaria die **„ulnare Gefäß-Nerven-Straße"** (Tab. **E-2.4**), die unter dem M. flexor carpi ulnaris nach distal verläuft (Abb. **E-2.33**).

Etwas distal der Mitte des Unterarms gibt er einen

- **Ramus dorsalis** ab, der den ulnaren Teil des Handrückens innerviert. Proximal des Retinaculum flexorum zweigt der
- **Ramus palmaris** zur Haut des Hypothenars ab.

Gemeinsam mit Arteria und Vena ulnaris windet sich der N. ulnaris radial am Os pisiforme und ulnar am Hamulus ossis hamati vorbei in die Tiefe der ulnaren Hohlhand. Der Boden dieses als **Guyon-Loge** bezeichneten Kanals wird proximal vom Retinaculum flexorum und distal vom Lig. pisohamatum gebildet. Der proximale Zugang zur Guyon-Loge wird vom **Ligamentum carpi palmare** einer quer von der Sehne des M. palmaris longus zum Os pisiforme ziehenden Verstärkung der Fascia antebrachii **zur** Oberfläche hin abgedeckt. Der distale Ausgang wird vom M. palma-

E-2.35 Guyon-Loge mit Leitungsbahnen

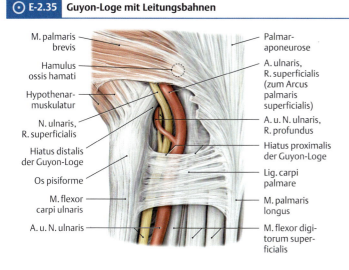

(Prometheus LernAtlas. Thieme, 3. Aufl., nach Schmidt und Lanz)

ris brevis nach palmar abgedeckt (Abb. **E-2.35**). Meist teilt sich der N. ulnaris in der Guyon-Loge in den

- sensiblen **Ramus superficialis** für die ulnaren Finger (s. u.) und den
- überwiegend motorischen **Ramus profundus** für die Hypothenarmuskeln, den M. adductor pollicis, den tiefen Kopf des Flexor pollicis brevis, die Mm. lumbricales III und IV sowie die Mm. interossei palmares und dorsales.

▶ Klinik. Bei einem Engpass in der **Guyon-Loge** ist überwiegend der motorische Anteil des **N. ulnaris** betroffen. Als Folge kommt es neben einer Krallenhand (S. 499) zu einer **Atrophie** des **Hypothenars**. Der Ausfall des M. adductor pollicis erschwert das Festklemmen eines Blatt Papiers zwischen Daumen und radialer Kante des Zeigefingers (**Fromment-Zeichen**, Abb. **E-2.36**); außerdem ist das **Spreizen** und **Schließen** der Finger beeinträchtigt. (Abb. **E-2.19**).

E-2.36 Fromment-Zeichen bei Läsion des N. ulnaris.
Die gestörte Adduktion des linken Daumens (im Bild rechts) wird durch Flexion des Endglieds beim Festklemmen eines Blatts Papier ausgeglichen.
(Prometheus LernAtlas. Thieme, 3. Aufl.)

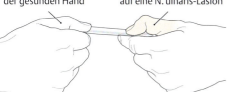

kräftige Adduktion des Daumens an der gesunden Hand

Flexionsstellung des Daumens im Daumenendglied als Hinweis auf eine N. ulnaris-Läsion

Motorische Innervation

▶ Merke.
- **N. radialis** innerviert alle **Extensoren** des Unterarms.
- **N. medianus** innerviert alle **Flexoren** des Unterarms mit 2 Ausnahmen (M. flexor carpi ulnaris und ulnarer Teil des M. flexor digitorum prof. durch N. ulnaris).
- **N. ulnaris** innerviert alle **Handmuskeln** bis auf „Olaf" (M. opponens pollicis, M. lumbricalis I und II, M. abductur pollicis brevis, M. flexor pollicis [Caput superficiale]).

Sensible Innervation

Die **sensible Versorgung** des **Unterarms**:
- medial: **N. cutaneus antebrachii medialis**;
- lateral: **N. cutaneus antebrachii lateralis**;
- dorsal: **N. cutaneus antebrachii posterior**.

Die **sensible Versorgung** von **Handgelenk** und **proximaler Hohlhand** (Abb. **E-2.37**): **Rr. palmares** von
- radial: **N. medianus**;
- ulnar: **N. ulnaris**.

Radiale Handkante, radiale Hälfte des Handrückens und **Dorsum** der radialen **2 ½ Finger** (2. und 3. nur bis Mittelglied):
- **N. radialis** (Ramus superficialis).

Sensible Innervation

Die **sensible Versorgung** des **Unterarms** (Abb. **E-1.41**) folgt einem einfachen Muster:
- aus jedem Faszikel des Plexus brachialis stammt ein gleichnamiger Hautnerv
  - **medial** durch den **Nervus cutaneus antebrachii medialis** (C 8, Th 1) aus dem Fasciculus medialis des Plexus brachialis;
  - **lateral** durch den **Nervus cutaneus antebrachii lateralis** (C 6–C 7), dem Endast des N. musculocutaneus (S. 470) aus dem Fasciculus lateralis;
  - **dorsal** durch den **Nervus cutaneus antebrachii posterior** (C 6, C 7), einem Ast des N. radialis aus dem Fasciculus posterior.

Im Bereich von **Handgelenk**, **Dorsum** und **Palma manus** sowie der **Finger** versorgen die Haut (Abb. **E-2.37**)
- **ventral** mittig über dem Retinaculum flexorum bis in den proximalen Bereich der radialen Hohlhand der **Ramus palmaris nervi medianus**;
- **ulnar** daran anschließend unter Einbeziehung des proximalen Hypothenars der **Ramus palmaris nervi ulnaris**).
- Die **radiale** Handkante und die radiale Hälfte des Handrückens werden vom **Ramus superficialis nervi radialis**) versorgt. Dessen Endäste, die **Nervi digitales dorsales**, innervieren die Dorsalseite des gesamten Daumens sowie des Zeigefingers und der radialen Hälfte des Mittelfingers bis zur Mittelphalanx. Zwischen dem Metakarpale I und II besitzt der N. radialis dorsal ein kleines **Autonomgebiet**.

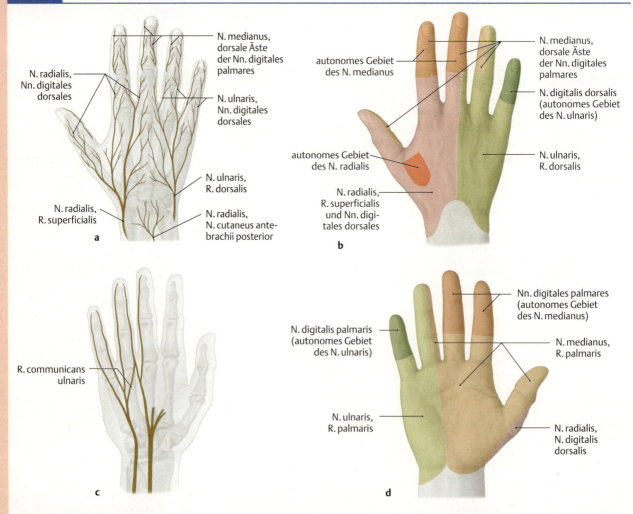

E-2.37 Innervation von Handrücken und Hohlhand

(Prometheus LernAtlas. Thieme, 3. Aufl.)
a Verlauf der Hautnerven am Handrücken.
b Versorgungsgebiete von N. ulnaris, N. medianus und N. radialis mit Angabe der Autonomgebiete am Handrücken.
c Verlauf des N. ulnaris und seine Verbindungen zum N. medianus im Bereich der Hohlhand (die Äste des N. medianus zu den radialen 2 ½ Fingern sind nicht dargestellt).
d Versorgungsgebiete von N. ulnaris und N. medianus mit Angabe der Autonomgebiete in der Hohlhand.

- Die **ulnare** Hälfte des Handrückens, die ulnare Handkante und das ulnare Drittel der Handfläche werden vom **Ramus superficialis** des **N. ulnaris** versorgt. Dieser zweigt sich in die **Nervi digitales dorsales** der ulnaren 2 ½ Finger ab der Mitte des Mittelfingers auf. Palmarseitig versorgt er mit 3 **Nervi digitales palmares proprii** die ulnaren 1 ½ Finger; die beiden Nervi proprii für die einander zugekehrten Seiten des 4. und 5. Fingers gehen aus einem **Nervus digitalis palmaris communis** hervor. Der Kleinfinger stellt das **Autonomgebiet des N. ulnaris** dar.
- Die **radialen** zwei Drittel der distalen Hohlhand werden von drei **Nervi digitales palmares communes** aus dem **N. medianus** innerviert, aus denen die **Nervi digitales palmares proprii** für die Palmarseite der radialen 3 ½ Finger hervorgehen. Diese versorgen auch die Dorsalseite des 2., 3. und halben 4. Fingers ab dem Mittelglied. Die Fingerkuppen des 2. und 3. Fingers sind **Autonomgebiet des Medianus**.

Jeder **Finger** wird somit von 4 Nerven versorgt: jeweils ulnar- und radialseitig verlaufen dorsal bzw. palmar ein **Nervus digitalis dorsalis** sowie ein **Nervus digitalis palmaris proprius**.

Ulnare Handkante, ulnare Hälfte des Handrückens, ulnares Drittel der Handfläche sowie die **Dorsalseite** der **2 ½** ulnaren und die **Palmarseite** der **1 ½** ulnaren **Finger**:
- **N. ulnaris** (Ramus superficialis).

Radiale zwei Drittel der Hohlhand sowie die Palmarseite der radialen **3 ½ Finger** (plus Endglieder des 2., 3. und halben 4. Fingers):
- **N. medianus**.

▶ **Klinik.** Bei operativen Eingriffen an den Fingern findet die Leitungsanästhesie nach **Oberst** Verwendung (Abb. **E-2.38**). Hierbei sticht man von dorsal zu beiden Seiten des Grundgelenks des zu betäubenden Fingers ein und spritzt um jeden der 4 Nerven des Fingers das Lokalanästhetikum.

▶ **Klinik.**

E-2.38 Leitungsanästhesie nach Oberst
(Prometheus LernAtlas. Thieme, 3. Aufl.)

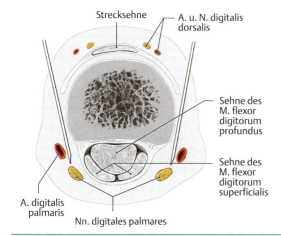

2.7 Topografische Anatomie von Unterarm und Hand

2.7.1 Regionen und Konturen

Regionen: Die Regionen sind für die gesamte obere Extremität in Abb. **E-1.42** dargestellt. An die Ellenbeuge schließen distal die **Regiones antebrachii anterior** und **posterior** an.
Über der Handwurzel liegen die **Regiones carpales anterior** und **posterior**.
Distal der Handwurzel liegt ventral die **Palma manus** (**Hohlhand**, **Handfläche**), dorsal das **Dorsum manus** (**Handrücken**).
Distal der Fingergrundgelenke erstrecken sich die **Finger** (**Digiti**).

Konturen: Unmittelbar proximal der Handwurzel zeichnen sich die distalen Epiphysen von Radius und Ulna mit ihren **Processus styloidei** ab. Am Handrücken sind die **Sehnen** der langen **Extensoren**, deren Muskelbäuche am Unterarm liegen, durch die fast fettfreie Haut deutlich zu erkennen. Gleichfalls dorsal gut zu sehen sind die **Köpfe** der **Ossa metacarpi**. Im Bereich der Interphalangealgelenke (PIP bzw. DIP) imponieren die miteinander artikulierenden **Basen** und **Köpfe** der **Phalangen** als Verdickungen der Finger.
Die Konturen der Hohlhand werden durch die Muskeln von **Thenar** und **Hypothenar** bestimmt. Wegen der Auspolsterung der Hohlhand mit Baufett zeichnen sich die **Sehnen** der **Flexoren** lediglich proximal am Carpus ab (v. a. die Sehne des **M. palmaris longus**).

2.7 Topografische Anatomie von Unterarm und Hand

2.7.1 Regionen und Konturen

Regionen: Von proximal nach distal unterscheidet man (s. Abb. **E-1.42**):
- Regiones antebrachii ant. und post.,
- Regiones carpales ant. und post.,
- Palma und Dorsum manus (Hohlhand und Handrücken),
- Digiti (Finger).

Konturen: Proximal der Handwurzel sind die **Processus styloidei** von Radius und Ulna sichtbar. Am Handrücken zeichnen sich **Streckersehnen** und **Metakarpalköpfe** ab. Die Finger sind im Bereich der PIP und DIP verdickt. Die Konturen der mit Baufett gepolsterten Hohlhand werden von **Thenar** und **Hypothenar** bestimmt. Von den Beugersehnen ist v. a. die des **M. palmaris longus** proximal am Carpus zu sehen.

2.7.2 Orientierungspunkte und -linien

Tastbare Knochenpunkte: An den Eminentiae carpi (S. 480): die **Ossa pisiforme** (ulnar) und **trapezium** (radial) (Abb. **E-2.39**).
Das **Os scaphoideum** kann an zwei Stellen **getastet** werden:
- radial: in der „**Tabatière**" (Abb. **E-2.39**)
- palmar: proximal vom Daumensattelgelenk und Os trapezium (S. 489).

Hautfurchen: Die Haut über der Handwurzel bildet **palmar 3 Stauchungsfurchen**:
- Die **proximale** markiert die distalen Epiphysenfugen der Unterarmknochen.
- Die **mittlere** (**Restricta**) liegt über dem Gelenkspalt des **proximalen Handgelenks**.
- Die **distale** (**Rascetta**) projiziert sich zwischen Lunatum und Capitatum auf das **distale Handgelenk**.

Die **Beugefurchen** der Fingergelenke liegen ca. 1 cm distal der **Grundgelenke** und etwas proximal der **PIP**- und **DIP**-Gelenke.

2.7.2 Orientierungspunkte und -linien

Tastbare Knochenpunkte: In der Regio carpalis anterior bilden die Eminentiae carpi (S. 480) wichtige Landmarken; insbesondere die **Ossa pisiforme** (ulnar) und **trapezium** (radial) sind gut zu tasten.
Das **Os scaphoideum** kann an zwei Stellen **getastet** werden:
- zum einen in der sog. „**Tabatière**" (Abb. **E-2.39**) auf der Radialseite des Carpus zwischen den Sehnen der Mm. extensor pollicis longus und extensor pollicis brevis bzw. abductor pollicis longus,
- zum anderen auf der Palmarseite proximal vom Daumensattelgelenk und Os trapezium (S. 489).

Hautfurchen: Im Bereich der **Handgelenke** bildet die Haut **palmar** drei quere **Stauchungsfurchen**, die besonders gut bei Palmarflexion sichtbar sind:
- Die am schwächsten ausgeprägte **proximale** markiert in etwa die Lage der distalen Epiphysenfugen der Unterarmknochen.
- Die **mittlere**, die sog. **Restricta**, liegt über dem Gelenkspalt des **proximalen Handgelenks**.
- Die **distale**, als **Rascetta** bezeichnete Linie schwingt meistens nach distal aus, überquert das Skaphoid und projiziert sich dann auf den Gelenkspalt des **distalen Handgelenks** zwischen Os lunatum und Os capitatum.

An den **Fingern** projizieren sich die palmarseitigen **Beugefurchen** ca. 1 cm distal der Gelenkspalten der **Fingergrundgelenke**; bei den **Interphalangealgelenken** kommen diese etwas proximal der Gelenkspalten zu liegen.

E-2.39 Begrenzung der Fovea radialis (Tabatière)

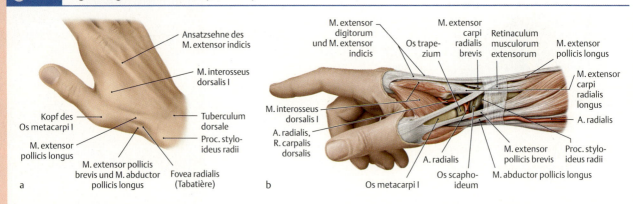

(Prometheus LernAtlas. Thieme, 3. Aufl.)
a Oberflächenrelief eines rechten Handrückens von radial/dorsal.
b Präparation der Radialseite einer rechten Hand.

2.8 Entwicklung von Unterarm und Hand

Das Auftreten der **Knochenkerne** in den Handwurzelknochen und der Schluss der **Wachstumsfugen** der Metakarpalia und Phalangen der Finger spielt bei der Bestimmung der „**Skelettreife**" eine bedeutende Rolle.

Bereits in der 7.–8. Embryonalwoche tauchen an den Endphalangen subperiostale **diaphysäre Knochenmanschetten** (S. 80) auf. In der 9. Woche entwickeln sich diaphysäre Knochenmanschetten an den Metakarpalia und den Grundphalangen; Schlusslicht bildet die diaphysäre Ossifikation der Mittelphalangen (11. Woche).

Enchondrale Knochenkerne (S. 80) findet man dagegen erst nach der Geburt. Die Reihenfolge ihres Auftretens in den Handwurzelknochen folgt einer einfachen Faustregel: Die Knochenkerne tauchen ausgehend vom Os capitatum entlang einer Spirale auf, die entgegen dem Uhrzeigersinn durch die Knochen der **Handwurzel** (von palmar gesehen) gelegt wird (Abb. **E-2.40**):

In den **Phalangen** bilden sich Knochenkerne (und die entsprechenden Wachstumsfugen) nur in den Basen aus. In denen der Grundphalangen zwischen dem 1.–3. Lebensjahr, in denen der Mittel- und Endphalangen zwischen dem 2. und 3. Jahr. In den **Metakarpalknochen** bilden sich dagegen Kerne nur in den Köpfen aus (mit Ausnahme des Metakarpale I, das einen basalen Knochenkern entwickelt) und zwar zwischen 1 ½ und 3 Jahren.

Der Kern der distalen Radiusepiphyse wird zwischen dem 6. Monat und 2 Jahren sichtbar, der der Ulna im 5. bis 7. Lebensjahr.

Die **Wachstumsfugen** der Mittelhandknochen schließen sich zwischen dem 15. und 20. Lebensjahr, die der Phalangen und die der distalen Ulna bis zum 24. Lebensjahr und zuletzt bis zum Alter von 25 Jahren die distale Epiphysenfuge des Radius.

Bedingt durch das Fehlen echter Wachstumsfugen, bleibt der anfänglich dominante Carpus im Laufe des Kindes- und Adolszentenalters zunehmend im Wachstum hinter Mittelhand und Fingern zurück, was zur Ausbildung der typischen **Proportionen** der Erwachsenenhand führt. Diese kontrastiert zur „Patschhand" des Kleinkindes.

2.8 Entwicklung von Unterarm und Hand

Die Knochenkerne und Epiphysenfugen im Handbereich dienen zur Bestimmung der „**Skelettreife**".

Die ersten **diaphysären Knochenmanschetten** (S. 80) tauchen an den Endphalangen in der 7.–8. Embryonalwoche auf.

Enchondrale Knochenkerne der Handwurzel finden sich zuerst im Capitatum zwischen dem 1.–6. Lebensmonat, zuletzt im Pisiforme im 8. bis 12. Lebensjahr (Abb. **E-2.40**).

In den **Phalangen** bilden sich Knochenkerne nur in den Basen, in den **Metakarpalia** nur in den Köpfen (Ausnahme: Metakarpale I) zwischen dem 1. und 3. Lebensjahr aus.

Als letzte **Epiphysenfugen** schließen sich die distalen von Radius und Ulna zwischen dem 20. und 25. Lebensjahr.

Der beim Kleinkind dominante Carpus („Patschhand") bleibt im Wachstum hinter Mittelhand und Fingern zurück.

E-2.40 Auftreten der karpalen Knochenkerne: Reihenfolge in Form einer „Zeitspirale"

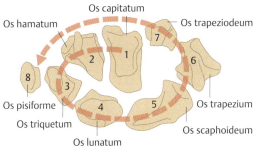

Die Verknöcherung beginnt beim Os capitatum und endet beim Os pisiforme.
1: 1.–6. Monat
2: 1.–7. Monat
3/4: 2.–5. Lebensjahr
5: 4.–7. Lebensjahr
6/7: 4.–8. Lebensjahr
8: 8.–12. Lebensjahr

Grundlagen zur Anatomie der Körperhöhlen und ihrer Organe

F

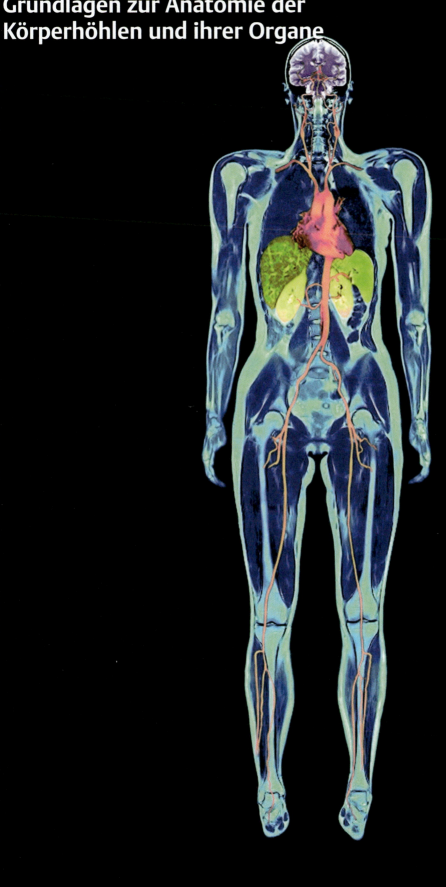

Ganzkörper-MRT, koronare Schnittführung. Das Bild wurde nachträglich eingefärbt, um die verschiedenen Strukturen

1 **Grundlagen zur Anatomie der Körperhöhlen** 521

2 **Grundlagen zur Anatomie innerer Organe** 528

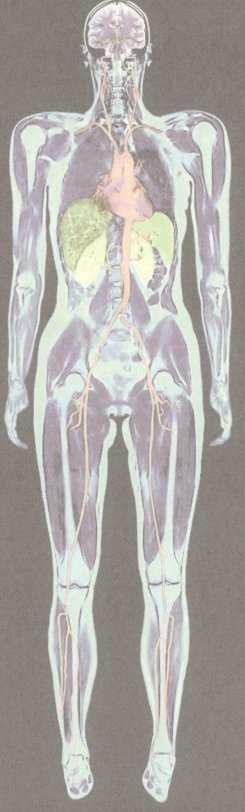

1 Grundlagen zur Anatomie der Körperhöhlen

1.1 Definition Körperhöhle 521
1.2 Einteilung 521
1.3 Seröse Höhlen 523

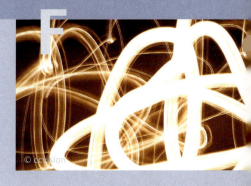

F. Schmitz

1.1 Definition Körperhöhle

▶ **Definition.** Der Begriff der **Körperhöhle** wird leider missverständlich, d. h. mehrdeutig, benutzt. In einem topografischen Sinn versteht man unter einer Körperhöhle den Raum, der von der Rumpfwand umschlossen wird, wobei man je nach Abschnitt der umgebenden Rumpfwand (Thorax, Bauch und Becken) drei Körperhöhlen (s. u.) unterscheidet. Diese drei **topografischen Körperhöhlen** enthalten zum einen die durch seröse Häute gebildeten **serösen Höhlen** (s. u.), die als Körperhöhlen in engerem Sinne betrachtet werden können, zum anderen verschiedene **Bindegewebsbezirke**, in denen Leitungsbahnen verlaufen.

1.1 Definition Körperhöhle

▶ **Definition.**

1.2 Einteilung

Topografische Körperhöhlen: Topografisch unterscheidet man folgende **drei Körperhöhlen**:
- **Brusthöhle** (Cavitas thoracis),
- **Bauchhöhle** (Cavitas abdominalis) und
- **Beckenhöhle** (Cavitas pelvis).

Während zwischen Brust- und Bauchhöhle eine klare Trennung durch das Zwerchfell (S. 295) gegeben ist (S. 537), fehlt eine solche zwischen Bauch- und Beckenhöhle: Die von Bauch- und Beckenwand umgebenen Räume gehen direkt ineinander über, sodass sie eigentlich eine gemeinsame Körperhöhle bilden.

Seröse Höhlen: Wie oben bereits erwähnt, liegen die serösen Höhlen innerhalb der topografisch zu unterscheidenden (Tab. **F-1.1**), wobei die Peritonealhöhle von Bauch und Becken – genau wie auch die topografische Bauch- und Beckenhöhle – miteinander in Verbindung steht. Im Prinzip bilden sie zusammen eine in sich geschlossene seröse Höhle, deren abdominaler und pelviner Anteil nur rein topografisch unterschiedlich benannt wird:

1.2 Einteilung

Topografische Körperhöhlen:
- **Brusthöhle** (Cavitas thoracis),
- **Bauchhöhle** (Cavitas abdominalis) und
- **Beckenhöhle** (Cavitas pelvis).
- Die beiden letztgenannten Höhlen gehen ineinander über.

Seröse Höhlen: Sie liegen innerhalb der topografisch zu unterscheidenden Höhlen (Tab. **F-1.1**), wobei die **Peritonealhöhle** von Bauch und Becken miteinander in Verbindung steht und nur rein topografisch durch die Linea terminalis abgegrenzt werden.

≡ F-1.1 Einteilung der Körperhöhlen

topografische Körperhöhle	seröse Höhle		Bindegewebsstruktur
▪ **Cavitas thoracis** (Brusthöhle)	▪ **Cavitas pleuralis** (Pleurahöhle)		Mediastinum
	▪ **Cavitas pericardiaca** (Perikardhöhle)		
▪ **Cavitas abdominalis** (Bauchhöhle)	▪ **Cavitas peritonealis** (Peritonealhöhle)	▪ **abdominis** (des Bauches)	Spatium extraperitoneale (Retro- und Subperitonealraum)
▪ **Cavitas pelvis** (Beckenhöhle)		▪ **pelvis** (des Beckens)	

- Peritonealhöhle
  - des Bauches (**Cavitas peritonealis abdominis**) und
  - des Beckens (**Cavitas peritonealis pelvis**)

Die Grenze zwischen beiden liegt in Höhe der **Linea terminalis** (S. 328), die auch die Grenze zwischen großem und kleinem Becken (Becken im engeren Sinne) bildet.
Die funktionelle Einheit zieht es nach sich, dass man oft lediglich von der Peritonealhöhle im Singular spricht. Ihre Bezeichnung als Bauchhöhle (z. B. im Zusammenhang mit einer nicht in der Gebärmutter, sondern in der Peritonealhöhle eingenisteten „Bauchhöhlenschwangerschaft") führt schnell zur Begriffsverwirrung und Ver-

Um Begriffsverwirrungen zwischen der (serösen) **Peritonealhöhle** (Cavitas peritonealis) und der topografisch verstandenen **Bauchhöhle** (Cavitas abdominalis) zu vermeiden, bezeichnet man Letztere auch als **Bauchraum**.

F-1.1 Körperhöhlen – Topografie

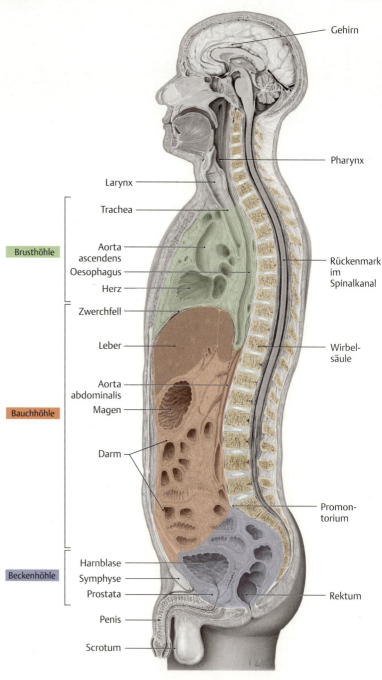

(Prometheus LernAtlas. Thieme, 3. Aufl.)

wechslung der topografisch verstandenen Bauchhöhle (Cavitas abdominalis) mit der serösen „Bauchhöhle" (Cavitas peritonealis). Um dies zu vermeiden, bedient man sich daher auch des Begriffes **Bauchraum** für die Cavitas abdominalis (und entsprechend **Beckenraum** für die Cavitas pelvis).

Kranial des Zwerchfells sind die Verhältnisse weitaus eindeutiger: In der Brusthöhle (Cavitas thoracis) liegen als seröse Höhlen die

- **Pleurahöhle** (**Cavitas pleuralis**), paarig und nicht miteinander kommunizierend, sowie die
- **Perikardhöhle** (**Cavitas pericardiaca**).

Bindegewebsräume: Neben den in sich geschlossenen serösen Höhlen liegen innerhalb der topografisch verstandenen Körperhöhlen auch Bindegewebsräume. Hier verlaufen zum einen Leitungsbahnen, zum anderen sind auch Organe oder Organabschnitte dort lokalisiert. Diese Bindegewebsräume sind:

- der **Retro-** bzw. **Subperitonealraum** (in seiner Gesamtheit als **Extraperitonealraum** = Spatium extraperitoneale bezeichnet, der je nach Lage dorsal oder kaudal der Peritonealhöhle untergliedert werden kann (Tab. **H-1.3**); im Bereich der Bauch- und Beckenhöhle bzw. des Bauch- und Beckenraums (Cavitas abdominalis und pelvis) sowie
- das **Mediastinum** (S. 534) in der Brusthöhle (Cavitas thoracis).

Diese Bindegewebsräume stehen untereinander in Verbindung – entweder als „fließender Übergang" vom Retro- zum Subperitonealraum oder über Öffnungen im Zwerchfell (S. 537), durch welche die Leitungsbahnen vom Mediastinum in den Retroperitonealraum treten.

Bindegewebsräume: Diese liegen außer den serösen Höhlen in den topografisch abgrenzbaren Körperhöhlen als
- **Retro-** bzw. **Subperitonealraum** (Spatium retro-/subperitoneale) und
- **Mediastinum**

Sie stehen untereinander in Verbindung.

▶ **Exkurs: Körperhöhlen im weiteren Sinne.** In einem weiter gefassten Sinn versteht man unter einer **Körperhöhle** (engl. body cavity) einen natürlichen, mit Epithel oder Mesothel ausgekleideten Hohlraum des Körpers. So definierte Körperhöhlen umfassen also neben den unten beschriebenen, mit Mesothel ausgekleideten serösen Höhlen, auch die mit Epithel ausgekleidete Mundhöhle oder die verschiedenen Liquorräume und können somit sowohl in sich geschlossen sein (z. B. seröse Höhlen, s. u.) oder mit der Umwelt bzw. anderen Räumen kommunizieren.

▶ **Exkurs: Körperhöhlen im weiteren Sinne.**

1.3 Seröse Höhlen

1.3 Seröse Höhlen

▶ **Definition.** **Seröse Höhlen** sind (Spalt-)Räume, deren charakteristisches Merkmal die Auskleidung mit einer serösen „Membran", der **Tunica serosa** (s. u.), ist. Diese Höhlen stehen weder mit der Außenwelt (Umgebung) noch untereinander in Verbindung.

▶ **Definition.**

1.3.1 Funktion seröser Höhlen

1.3.1 Funktion seröser Höhlen

Allen serösen Höhlen gemeinsam ist ihre durch einen einheitlichen Aufbau (s. u.) bedingte **Grundfunktion**: Sie ermöglichen durch den glatten Mesothelüberzug und die seröse Flüssigkeit eine **reibungsarme Verschiebung** von Organen gegenüber ihrer Umgebung, d. h. sowohl gegeneinander als auch gegenüber der Rumpfwand. Das ist besonders wichtig für Organe, die großen Volumenschwankungen bzw. stetiger Bewegung ausgesetzt sind (Herz, Lunge, Darm).

Des Weiteren haben seröse Höhlen **Spezialfunktionen**. Beispielsweise ist der in der Pleurahöhle herrschende Unterdruck (Donder-Unterdruck von −3 bis −8 mmHg) von entscheidender Bedeutung für die Atemmechanik: Bewegungen des Brustkorbs können über den Unterdruck in Änderungen des Lungenvolumens umgesetzt werden, s. Atmung (S. 566). Die Bedeutung von Komplementärräumen (Recessus) der serösen Höhlen ist ebenfalls den entsprechenden Spezialkapiteln zu entnehmen.

Seröse Höhlen ermöglichen eine **reibungsarme Verschiebung** innerer Organe gegeneinander bzw. gegen die Rumpfwand. Weiterhin werden durch die serösen Höhlen **Spezialfunktionen** übernommen: So ist z. B. der negative intrapleurale Druck in der Pleurahöhle von großer Bedeutung für die Atemmechanik (S. 566).

1.3.2 Aufbau seröser Höhlen

1.3.2 Aufbau seröser Höhlen

Der Aufbau jeder serösen Höhle erfolgt stets nach dem gleichen Prinzip: Der in sich abgeschlossene Raum wird von einer serösen Haut (**Tunica serosa** oder kurz **Serosa**) ausgekleidet (zum Feinbau s. u.).

Dabei untergliedert man jeweils zwei Anteile, die auch als „Serosablätter" bezeichnet werden und an einer „Umschlagfalte" ineinander übergehen:

- Die **Serosa visceralis** bzw. das **viszerale Blatt** der Serosa (lat. viscera = Eingeweide) bedeckt als organumhüllender Abschnitt die Oberfläche der serosabedeckten Organe, während
- die **Serosa parietalis** bzw. das **parietale Blatt** (lat. Paries = Wand) als äußerer Abschnitt die „Wand" der serösen Höhle auskleidet.

Entsprechend der verschiedenen Wandabschnitte, die sie bedeckt, wird die Serosa parietalis z. T. weiter untergliedert und nach den angrenzenden Strukturen benannt (s. Abschnitte der Pleura parietalis, Tab. **G-2.5**).

Jede seröse Höhle ist nach dem gleichen Prinzip aufgebaut: Der in sich abgeschlossene Raum wird von einer **Serosa** ausgekleidet, die aus zwei „Blättern" besteht:
- das **viszerale** Blatt umhüllt das Organ,
- das **parietale** Blatt kleidet die Wand des Hohlraums aus und wird z. T. in weitere Abschnitte untergliedert (Tab. **G-2.5**).

F 1 Grundlagen zur Anatomie der Körperhöhlen

▶ Klinik.

▶ **Klinik.** Wird die Serosa verletzt, kann es zu Verwachsungen zwischen dem parietalen und viszeralen Blatt mit nachfolgenden Bewegungsbehinderungen und Funktonseinschränkungen der umhüllten inneren Organe kommen.

Die Serosa wird nach ihrer Lokalisation benannt (Tab. **F-1.2**).

Die Serosa in den verschiedenen serösen Höhlen trägt unterschiedliche Namen (Tab. **F-1.2**).

≡ F-1.2

≡ F-1.2	Bezeichnungen der „Serosablätter" in den verschiedenen serösen Höhlen	
seröse Höhle	**Serosa**	
	viszerales Blatt	**parietales Blatt**
Cavitas peritonealis	Peritoneum viscerale	Peritoneum parietale
Cavitas pleuralis	Pleura visceralis	Pleura parietalis
Cavitas pericardiaca	Pericardium serosum*, Lamina visceralis = Epicardium	Pericardium serosum*, Lamina parietalis*
* Die Zusatzbezeichnung „serosum" beim Perikard wird durch den fibrösen Anteil (Pericardium fibrosum) als äußere Schicht des Herzbeutels (S.614) notwendig.		

Serosaverhältnisse (Abb. F-1.3): Da die in den serösen Körperhöhlen gelegenen Organe stets von zu- und abführenden Gefäßen sowie von verschiedenen anderen für das Organ wichtigen Leitungsbahnen erreicht werden müssen, sind sie niemals vollständig von viszeraler Serosa bedeckt.
Im Bereich der **„Mesos"** gehen parietales und viszerales Blatt der Serosa ineinander über. Sie umschließen das Leitungsbahnen führende Bindegewebe und stellen somit **Serosaduplikaturen** dar. Die organferne Befestigung wird als **Radix** (Wurzel des „Mesos") bezeichnet.
Im Aufbau vergleichbare Strukturen, die oft auch zwei serosaumhüllte Organe untereinander verbinden, nennt man auch **Ligamenta**.

Serosaverhältnisse (Abb. F-1.3 und Abb. F-2.2): In den serösen Körperhöhlen umhüllt die Serosa die Organe niemals vollständig, da das vom viszeralen Blatt bedeckte Organ für den Verlauf seiner Leitungsbahnen (Gefäße, Nerven und z. T. auch organspezifische Strukturen wie z. B. Bronchien oder Gallengänge) eine Verbindung zur Rumpfwand benötigt. Diese wird durch Bindegewebe gebildet, das von beiden Seiten mit Serosa bedeckt ist (**Serosaduplikatur**). Viszerales und parietales Blatt gehen an dieser Stelle ineinander über (**Umschlagfalten**) und werden zusammen mit dem von ihnen umschlossenen Bindegewebsstrang und darin gelegenen Leitungsbahnen als **„Meso"** bezeichnet (gr. Meso = mittel, zwischen, Gebrauch als Präfix). Im anatomischen und klinischen Sprachgebrauch wird „Meso" stets mit einem das Organ kennzeichnenden Zusatz kombiniert, in der Bauchhöhle z. B. Mesogastrium, Mesenterium, Mesocolon (S.652); vgl. auch Entwicklung der Peritonealverhältnisse (S.664). Sind sie zwischen Organ und Rumpfwand bzw. dem Bindegewebsraum der jeweiligen Körperhöhle ausgespannt, nennt man ihre organferne Befestigung **Radix** (Wurzel des „Mesos").
Ebenfalls von Serosa bedeckte bzw. umhüllte Bindegewebszüge, die nicht nur zwischen Rumpfwand und Organ liegen können, sondern häufig auch Organe untereinander verbinden und nicht immer Leitungsbahnen enthalten, werden auch als Bänder (**Ligamenta**) bezeichnet. Sie unterscheiden sich in der Festigkeit des Bindegewebes jedoch erheblich vom Bandapparat der Gelenke.

▶ Merke.

▶ **Merke.** Serosaduplikaturen mit zentral gelegenem Bindegewebe bezeichnet man als **„Mesos"** oder **Ligamente**. Sie verbinden entweder ein von Serosa umhülltes Organ mit dem Bindegewebsraum der jeweiligen (topografischen) Körperhöhle oder zwei serosaüberzogene Organe untereinander. Ihre Funktionen umfassen zum einen das **Führen von Leitungsbahnen** (mit Ausnahmen), zum anderen eine gewisse **Fixierung der Organe**.

Die „Eingangspforte" der Leitungsbahnen (**Hilum**) ist nicht unmittelbar von Serosa bedeckt.
Zwischen den beiden o. g. Serosablättern liegt die eigentliche **seröse Höhle**, die im Normalfall einem **kapillaren Gleitspalt** entspricht und wenige ml **seröser Flüssigkeit** enthält. Die dadurch verursachte Kapillaradhäsion ist von zentraler Bedeutung für die Atmung (S.566).

Die „Eingangspforte", an der die Leitungsbahnen in das Organ eintreten, bezeichnet man als **Hilum**, das nicht unmittelbar von Serosa bedeckt ist.
Die eigentliche **seröse Höhle** (**„Cavitas serosa"**) befindet sich zwischen parietalem und viszeralem Blatt.
Im Normalfall ist diese „Höhle" ein **kapillarer Spalt**, der lediglich wenige Milliliter **seröser Flüssigkeit** enthält. Diese verursacht durch **Kapillaradhäsion** einen gleitenden Zusammenhalt der Kontaktflächen (**Gleitspaltensystem**), was z. B. für den Atemmechanismus (S.566) von zentraler Bedeutung ist. Durch die Kapillaradhäsion erfolgt bei inspiratorischer Vergrößerung des Thoraxvolumens eine damit einhergehende Ausdehnung der Lunge mit der Folge des Lufteinstroms.

▶ Merke.

▶ **Merke.** Die Zunahme des Lungenvolumens bei der Inspiration ist eine Konsequenz der durch die Adhäsionskräfte vermittelten inspiratorischen Thoraxvergrößerung.

F 1.3 Seröse Höhlen

F-1.2 Pleurahöhle als Beispiel für seröse Höhlen

rechter Oberlappen

A. u. V. thoracica interna

rechter Mittellappen

rechter Unterlappen

Pleura parietalis, Pars mediastinalis

Pleura parietalis, Pars costalis

Lunge mit Pleura visceralis

Pericardium fibrosum

Pleura parietalis, Pars diaphragmatica

a

Pleura parietalis, Pars mediastinalis

Vasa pericardiaco-phrenica, N. phrenicus

A. u. V. thoracica interna

Pericardium fibrosum

Recessus costo-mediastinalis

Recessus costo-diaphragmaticus

b

(Prometheus LernAtlas. Thieme, 3. Aufl.)

a Brustraum mit eröffneter Pleurahöhle in der Ansicht von ventral.

b Pleura- und Perikardhöhle am eröffneten Brustsitus in der Ansicht von ventral. Zu sehen ist der wandständige Abschnitt der Pleura- und Perikardhöhle (Pleura parietalis und Pericardium fibrosum). Die linke Pleura parietalis ist parasternal und oberhalb der 9. Rippe geschlitzt, um den Recessus costomediastinalis und costodiaphragmaticus zu tasten. Die rechte Lunge ist mit der mediastinalen Pleura vom Herzbeutel abgehoben, um die Vasa pericardiacophrenica und den N. phrenicus zu zeigen.

Seröse Flüssigkeit: Die seröse Flüssigkeit wird nicht von exokrinen Drüsen sezerniert, sondern ist letztendlich ein Ultrafiltrat aus den Blutgefäßen (**Transsudation**). Ihr Volumen und ihre Zusammensetzung werden zum einen durch die Druckdifferenz zwischen Blutkapillaren und dem Lumen der jeweiligen serösen Höhle, zum anderen durch den kolloidosmotischen Druck des Blutes sowie des umgebenden Gewebes bestimmt.

Seröse Flüssigkeit: Sie ist ein „passives" **Transsudat**, dessen Volumen und Zusammensetzung von hydrostatischen und kolloidosmotischen Druckdifferenzen abhängt.

F-1.3 Serosaverhältnisse

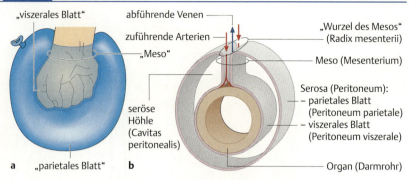

a Anhand der sich in einen großen, schwach aufgeblasenen Luftballon drückenden Faust können die Verhältnisse seröser Häute (b) veranschaulicht werden:
Die Faust entspricht dem umhüllten Organ, das Ballongummi der Serosa und der mit Luft gefüllte „Raum" des Ballons der serösen Höhle. Durch die eingedrungene Faust wird der vorher als Hohlraum wahrnehmbare Balloninhalt in seiner Ausdehnung verengt – analog der serösen Höhle, die physiologischerweise bis auf ein Spaltsystem reduziert ist. Der Faust liegt der dem viszeralen Serosablatt entsprechende Hautabschnitt des Luftballons an, außerhalb davon der dem parietalen Blatt vergleichbare Anteil. Die Handgelenkregion entspricht dem von beiden Seiten mit Ballonhaut (bzw. Umschlagsfalte von viszeralem zu parietalem Blatt der Serosa) bedeckten Bindegewebsstrang.

b Situation in situ, wobei die allgemeinen Serosaverhältnisse anhand des Darmrohrs als muskuläres Hohlorgan dargestellt sind. Die allgemeinen Begriffe für seröse Höhlen sind daher stets durch entsprechende organbezogene Ausdrücke in Klammern ergänzt. Die Pfeile symbolisieren zu- (rot) und abführende (blau) Gefäße, während weitere Leitungsbahnen der Übersichtlichkeit halber nicht dargestellt sind.

Dieser Sachverhalt hat Bedeutung für pathologische Flüssigkeitsansammlungen in serösen Höhlen.

▶ **Klinik.** Eine vermehrte Flüssigkeitsansammlung in der Perikard- oder Pleurahöhle bezeichnet man als (Perikard- bzw. Pleura-)**Erguss**, in der Peritonealhöhle als **Aszites**. Am Beispiel des Aszites lassen sich die verschiedenen Mechanismen, die zu dieser pathologischen Flüssigkeitsansammlung führen können, gut darstellen. Mögliche Ursachen sind ein erhöhter Gefäßdruck (z. B. bei Stauung der V. portae infolge einer Leberzirrhose) oder Abnahme des kolloidosmotischen Drucks des Blutes (z. B. bei ernährungsbedingtem Eiweißmangel unterernährter Kinder). Des Weiteren können aber auch Entzündungen oder Tumoren zum Aszites führen. In diesen Fällen sind Entzündungs- oder Tumorzellen in der durch Punktion der Peritonealhöhle abgelassenen Flüssigkeit nachweisbar.

Feinbau der Serosa: Die **Tunica serosa** besteht aus zwei Schichten:
- **Lamina epithelialis** (**Serosaepithel**): Dieses einschichtige **Mesothel**, eine Sonderform des Epithels aus platten Mesothelzellen (S. 58), ist verantwortlich für die spiegelglatte Konsistenz der Tunica serosa.
- **Lamina propria** (**Serosabindegewebe**) mit einem dichten Netz von Blut- und Lymphgefäßen.

Die Lamina propria der **Tunica serosa** geht ohne feste Grenzen in die **Tela subserosa**, eine Verschiebeschicht aus lockerem fasrigem Bindegewebe, über. Auch die Tela subserosa ist sehr dicht mit Blutkapillaren und Lymphkapillaren versorgt. Die **Serosa parietalis** wird durch unterliegende Bindegewebsschichten verstärkt (siehe Spezialkapitel).

▶ **Exkurs: Spezialisierungen der Tunica serosa.** Zu den serosaspezifischen Strukturen gehören Stomata und Milchflecken:
- **Stomata** sind direkte Einmündungsöffnungen von Lymphkapillaren im Mesothel des viszeralen und parietalen Blattes der Serosa. Dort bestehen direkte Zell-Zell-Kontakte zwischen Mesothel und dem Endothel der Lymphkapillaren. Diese Stomata haben Bedeutung für den Abfluss der im Serosaspalt (= seröse Höhle) befindlichen serösen Flüssigkeit (s. o.).
- **Milchflecken** (**Maculae lacteae**) sind Ansammlungen von lymphatischem Gewebe in der **Lamina propria** der Tunica serosa. Diese enthalten viele Makrophagen, die von hier aus in die seröse Höhle auswandern können (**Serosamakrophagen**, z. B. Peritonealmakrophagen) sowie Lymphozyten. Diese spielen eine wichtige Rolle bei der Abwehr peritonealer Infektionen.

1.3.3 Gefäßversorgung und Innervation seröser Häute

Blutgefäße und Nerven ziehen – wie auch bei den Organen – stets im Bindegewebe an die Serosa heran und liegen damit submesothelial.

Gefäßversorgung

Die Blutversorgung der serösen Häute wird in den einzelnen Spezialkapiteln beschrieben.

> ▶ **Klinik.** Die große gut durchblutete Oberfläche seröser Höhlen kann man bei Patienten mit Nierenversagen im Rahmen der **Peritonealdialyse** nutzen. Dabei diffundieren wasserlösliche Stoffwechselprodukte, die über die Nieren nicht mehr ausgeschieden werden können, von Kapillaren der Serosa in eine künstlich in die Peritonealhöhle eingebrachte Flüssigkeit. Diese wird später wieder entfernt.
> Weiterhin können aus gleichem Grund Medikamente, die in die Peritonealhöhle injiziert werden, besonders schnell resorbiert werden und ihre Wirkung im Organismus entfalten (**intraperitoneale Medikamentengabe**).

Innervation

Das **viszerale** Blatt der Serosa ist i. d. R. schwach innerviert und praktisch schmerzunempfindlich. Im Gegensatz dazu ist das **parietale** Blatt stark innerviert und sehr schmerzempfindlich.
Die Innervation erfolgt über die im Folgenden genannten Nerven:

- **Pleura parietalis**: N. phrenicus (Weiterleitung über Hinterstrangbahnen zum Tr. spinothalamicus), Spinalnerven Th 1–Th 6.
- **Perikard**: N. phrenicus, afferente Fasern im Tr. sympathicus und N. vagus.
- **Peritoneum parietale**: N. phrenicus (Zwerchfellunterseite), Spinalnerven Th 7–L 1. Details zur Innervation finden sich in den entsprechenden Spezialkapiteln.

Das Peritoneum viscerale enthält in der Lamina propria und Tela subserosa relativ viele freie Nervenendigungen und Mechanorezeptoren. Warum es dennoch fast schmerzunempfindlich ist, ist unbekannt.

1.3.4 Entwicklung seröser Höhlen

Die zunächst einheitliche Körperhöhle, d. h. die **Zölomhöhle** = intraembryonales Zölom (S. 114), entsteht gegen Ende der 3. Entwicklungswoche aus fusionierenden Spaltbildungen im **Seitenplattenmesoderm** und wird von platten mesodermalen Mesothelzellen ausgekleidet. Lateral steht das intraembryonale Zölom vorerst noch mit der Chorionhöhle (extraembryonales Zölom) in Verbindung. Nach seiner Lage zur Zölomhöhle unterscheidet man parietales und viszerales intraembryonales Mesoderm:

- Aus der **parietalen Mesodermschicht** (**Somatopleura**) gehen das Perikard, die Pleura parietalis und das Peritoneum parietale hervor.
- Die **viszerale Mesodermschicht** (**Splanchnopleura**) bildet das Epikard, die Pleura visceralis und das Peritoneum viscerale.

Die Abtrennung der Peritonealhöhle von den anfänglich noch verbundenen thorakalen Körperhöhlen erfolgt durch die Ausbildung des Zwerchfells, das sich aus dem **Septum transversum** und den **Pleuroperitonealfalten** bildet.
Die zunächst noch über den **Hiatus pleuropericardialis** mit der Pleurahöhle verbundene Perikardhöhle wird durch das Zusammenwachsen von rechter und linker **Pleuroperikardialfalte** zur eigenständigen serösen Höhle (S. 116).

1.3.3 Gefäßversorgung und Innervation seröser Häute

Blutgefäße und Nerven liegen im submesothelialen Bindegewebe.

Gefäßversorgung

Siehe jeweiliges Spezialkapitel.

> ▶ **Klinik.**

Innervation

Das **viszerale** Blatt der Serosa ist i. d. R. schwach innerviert und praktisch schmerzunempfindlich. Im Gegensatz dazu ist das **parietale** Blatt sehr stark innerviert und sehr schmerzempfindlich.

1.3.4 Entwicklung seröser Höhlen

Die zunächst einheitliche Körperhöhle, das intraembryonale Zölom (S. 114), entsteht Ende der 3. Entwicklungswoche aus fusionierenden Spaltbildungen im Seitenplattenmesoderm. Sie wird ausgekleidet von

- **Somatopleura** (parietales intraembryonales Mesoderm), aus der sich die parietalen Blätter der drei serösen Körperhöhlen bilden, und
- **Splanchnopleura** (viszerales intraembryonales Mesoderm) als Ausgang für die viszeralen Blätter der serösen Höhlen.

Die zunächst zusammenhängende Zölomhöhle wird während der Entwicklung durch Septenbildung in **Peritoneal-**, **Pleura-** und **Perikardhöhle** (S. 116) untergliedert.

F

2 Grundlagen zur Anatomie innerer Organe

2.1 Einführung 528
2.2 Allgemeiner Aufbau innerer Organe 528
2.3 Charakteristika von Hohlorganen 529

F. Schmitz

2.1 Einführung

2.1 Einführung

▶ **Synonym.**

▶ **Synonym.** Eingeweide

▶ **Definition.**

▶ **Definition.** Als **Organ** (gr. organon = Werkzeug) bezeichnet man einen Verband aus Zellen und Geweben als Einheit mit bestimmter Funktion, Form und Lage sowie charakteristischem Bau. Ein Organ kann als separate, klar abgegrenzte Einheit mit dem bloßen Auge sichtbar sein (z. B. Herz, Lunge) oder aus verschiedenen topografisch getrennten, mikroskopischen Strukturen bestehen (z. B. Geschmacksorgan).
Als **Organsystem** bezeichnet man eine funktionell zusammengehörende Gruppe von Organen, z. B. Herz-Kreislauf-System (S. 145), Verdauungssystem (S. 675).
Der Ausdruck **„innere Organe"** bezeichnet im strengen Sinn des Wortes die in den Körperhöhlen (Cavitas thoracis, Cavitas abdominis und Cavitas pelvis) befindlichen Organe. Im Interesse von Systemzusammenhängen werden unter dem Begriff auch Organe eingeschlossen, die außerhalb der Körperhöhle liegen (z. B. Halseingeweide).
Ein wichtiger Begriff in diesem Zusammenhang ist der **Situs** (lat. situs = Lage, Stellung). Im weiteren Sinne versteht man darunter die Lagebeschreibung der Eingeweide im Körper und ihre (auch von der Form abhängige) Beziehung zueinander unter besonderer Berücksichtigung ihrer Lage zur Serosa. Davon abgeleitet sind die Begriffe **Brust-**, **Bauch-**, **Becken-** und **Retrositus**.

2.2 Allgemeiner Aufbau innerer Organe

2.2 Allgemeiner Aufbau innerer Organe

Das **Parenchym** ist das für das jeweilige Organ spezifische Gewebe.

Im Gegensatz dazu steht das **interstitielle oder Organbindegewebe**, das man auch **Stroma** nennt.

Das jeweils spezifische Gewebe eines Organs wird als **Parenchym** bezeichnet. Häufig besteht das Parenchym eines Organs aus Epithelgewebe, z. B. Leber (S. 734).
Neben dem Parenchym enthält jedes Organ auch einen bindegewebigen Anteil, den man als **Stroma**, **Organbindegewebe** oder **interstitielles Bindegewebe** bezeichnet. Dieses umhüllt das Parenchym, synthetisiert die Komponenten der extrazellulären Matrix (S. 67) und besitzt vielfältige weitere Funkionen (z. B. Einlagerung von Zellen des Immunsystems).

Das Organbindegewebe ist in unterschiedlichem Ausmaß in jedem Organ vorhanden und ist durch seine ortsständigen und eingewanderten Zellen, Fasern und Interzellularsubstanz organisiert.

Trotz seines teilweise sehr variablen Aufbaus wird das Organbindegewebe als eine weitgehend unspezifische Komponente betrachtet, die in jedem Organ (in unterschiedlichem Ausmaß) vorhanden ist. Es besitzt ortsständige „fixe" Zellen (z. B. Fibroblasten, Mesenchymzellen, Retikulumzellen) und – organspezifisch unterschiedlich – verschiedene eingewanderte „freie" Zellen (z. B. Makrophagen, Mastzellen, Plasmazellen) sowie Fasern (kollagene, elastische) und Interzellularsubstanz (z. B. Proteoglykane, Glykosaminoglykane, Glykoproteine). Die spezifische Zusammensetzung kann zwischen den verschiedenen Organen variieren.

▶ **Klinik.**

▶ **Klinik.** Insbesondere in der bildgebenden Diagnostik hat es sich eingebürgert, bei der Beurteilung von Organen zwischen den überwiegend aus Muskulatur bestehenden **Hohlorganen** und sog. **parenchymatösen Organen** (Leber, Niere, Milz, Pankreas, Schilddrüse) zu unterscheiden. Im Vergleich zu den Hohlorganen fehlt den parenchymatösen Organen das im Verhältnis zu ihrer Wanddicke relativ große Lumen. Sie zeigen z. B. im Sonogramm eine physiologischerweise recht homogene und für das jeweilige Organ charakteristische Struktur. Diese Einteilung ist allerdings im Detail nicht völlig konsequent einhaltbar, da beispielsweise auch die Leber als parenchymatöses Organ große luminale Komponenten, z. B. Gallenwege (S. 742), aufweist.

F-2.1 Parenchymatöse Organe neben muskulärem Hohlorgan in der Oberbauchsonografie.
Auf diesem sonografischen Querschnitt hebt sich die Gallenblase als muskuläres Hohlorgan deutlich vom Leber- und Nierenparenchym ab.
(Delorme, S., Debus, J.: Duale Reihe Sonografie. Thieme, 2012)

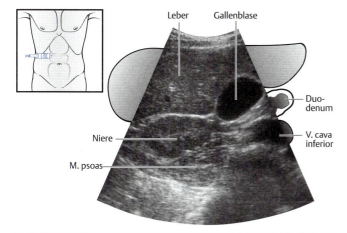

2.3 Charakteristika von Hohlorganen

Die durch einen natürlichen Hohlraum geprägten Organe des Körpers zeigen einen in vielen Punkten vergleichbaren Aufbau. Daher sollen hier einige ihrer Charakteristika zusammenfassend dargestellt werden, auch wenn im Einzelnen jedes Organ Besonderheiten aufweist, die auf seine jeweilige Funktion im Organismus ausgerichtet sind (Abb. **F-2.2**).

Durch das sie charakterisierende Lumen zeigen diese Organe, genau wie die serösen Höhlen oder das Liquorsystem des ZNS, einen **„inneren Hohlraum"**.

Das Lumen der verschiedenen Hohlorgane kann mit der äußeren Körperoberfläche in Kontakt stehen (z. B. Magen-Darm-Trakt, Bronchialbaum, Urogenitalsystem) oder nicht (z. B. Gefäßsystem). Abhängig davon, ob Kontakt mit der Körperoberfläche besteht oder nicht, wird das Lumen der Hohlorgane durch unterschiedliche Epithelien ausgekleidet. Man unterscheidet zwischen Endoepithelien (z. B. Endothelzellen des Gefäßsystems) von Exoepithelien, welche Hohlorgane mit Kontakt zur Körperober-

2.3 Charakteristika von Hohlorganen

Organe mit natürlichem Hohlraum besitzen trotz funktionsangepasster Unterschiede einen vergleichbaren Aufbau.

Der **„innere Hohlraum"** wird je nach seiner Kommunikation mit der Umgebung durch unterschiedliche Epithelarten ausgekleidet. Bei Organen des Herz-Kreislauf-Systems (S. 152) sind dies **Endothelzellen** (S. 58), bei den übrigen Hohlorganen Epithelzellen mit unterschiedlichen **Differenzierungen** (S. 54). Zusammen mit Bindegewebe bilden sie die Schleimhaut (s. u.).

F-2.2 Wandaufbau der Hohlorgane (am Beispiel des Darmrohrs)

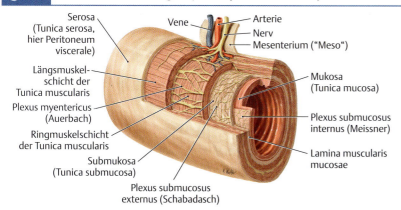

Die Schleimhaut (Tunica mucosa) kleidet das Lumen des Hohlorgans aus. Sie besteht aus einer oberflächlichen epithelialen Auskleidung (Lamina epithelialis) und dem darunter gelegenen Bindegewebe (Lamina propria). Im Darm gehört zur Tunica mucosa noch eine zusätzliche schmale Schicht aus glatten Muskelzellen, die Lamina muscularis mucosae, welche die Tunica mucosa von der darunterliegenden Tunica submucosa abgrenzt. Darauf folgt die Tunica muscularis (kurz „Muscularis"), die im Darm aus einer innneren, zirkulär orientierten und äußeren, longitudinal orientierten Schicht von glatten Muskelzellen besteht. Der Tunica muscularis schließt sich nach außen die Tunica serosa oder eine Adventitia an. Im Bild werden die Neuronenverbände gezeigt, die zum Darmnervensystem gehören (Plexus submucosus und Plexus myentericus). Die Tätigkeit des Darmnervensystems wird vom vegetativen Nervensystem beeinflusst. Das Darmnervensystem kann grundsätzlich jedoch auch ohne äußere Innervation arbeiten.
(Prometheus LernAtlas. Thieme, 3. Aufl.)

fläche auskleiden. Exoepithelien weisen häufig vielfältige Zellspezialisierungen auf, die organtypische Aufgaben erfüllen (z. B. Resorption, Sekretion, Ausbildung motiler Strukturen wie Kinozilien, Schutzfunktionen).

Auskleidendes Epithel und die untergelagerte Bindegewebsschicht bilden die Schleimhaut (Tunica mucosa, s. u.).

Nach außen folgt eine Wand aus Muskelgewebe (s. u.; daher auch **muskuläre Hohlorgane**). Sie dient durch Kontraktionen dem Transport von intraluminalen Substanzen.

Nach dieser innersten, das Lumen auskleidenden Schicht, folgt ein Wandbau aus Muskulatur (s. u.), weshalb man auch von **muskulären Hohlorganen** spricht. Dieses Bauprinzip erlaubt Kontraktionen der Wand und damit den Transport von im Lumen befindlichen Substanzen (z. B. Aufrechterhaltung des Kreislaufs durch Pumpfunktion des Herzens oder Transport des Speisebreis im Magen-Darm-Trakt).

Umgeben wird die Muskulatur von **Bindegewebe** zum Einbau in die Umgebung oder als Übergang zur **Serosa**.

Umgeben wird die Muskulatur von **Bindegewebe**. Dieses dient dem Einbau in die Umgebung oder als Unterlagerung der **Serosa** (S.523), wenn das Organ von einer solchen überzogen ist. Der beschriebene dreischichtige Grundaufbau wird bei den verschiedenen Hohlorganen häufig weiter untergliedert (siehe Spezialkapitel).

2.3.1 Schleimhaut (Tunica mucosa)

▶ Synonym.

▶ Synonym. Mukosa

▶ Definition.

▶ Definition. Anders als Serosa, die in sich geschlossene Körperhöhlen auskleidet, bilden Schleimhäute die innere Oberfläche von Organen, die mit der äußeren Umgebung in Verbindung stehen.

Funktion: Hauptsächlich erfüllt die Schleimhaut **Schutzfunktionen**.

Funktion: Hauptsächliche Aufgabe der Schleimhaut ist der **Schutz** der inneren Körperoberfläche, die sie auskleidet. Er richtet sich gegen mechanische, chemische und physikalische Einwirkungen sowie gegen mögliche eindringende Erreger. Zudem erfüllt die Schleimhaut organspezifische Anforderungen (z. B. durch Produktion von Verdauungsenzymen im Gastrointestinaltrakt).

Aufbau: Vergleichbar der Tunica serosa besteht auch die Tunica mucosa aus

- **Schleimhautepithel (Lamina epithelialis mucosae)**, dessen Typ und Spezialisierungen die organspezifischen Unterschiede bedingen, sowie
- **Schleimhautbindegewebe (Lamina propria mucosae)**.
- Nur im Verdauungstrakt kommt eine **Lamina muscularis mucosae** als dritte Schicht der Schleimhaut vor.

Durch aktiv sezernierten **Schleim** wird die Mukosa feucht gehalten.

Aufbau: Wie die Tunica serosa (S.526) besteht auch die Tunica mucosa aus prinzipiell **zwei Schichten**, die im Verdauungstrakt durch eine **dritte** ergänzt werden:
- **Lamina epithelialis mucosae** (**Schleimhautepithel**) und
- **Lamina propria mucosae** (**Schleimhautbindegewebe**).
- Die **Lamina muscularis mucosae** (S.678) als eigene Muskelschicht der Schleimhaut ist nur in Organen des Verdauungstrakts (Ösophagus und Magen-Darm-Kanal) vorhanden.

Im Gegensatz zum relativ einheitlichen Aufbau der Serosa ist jedoch dieser Grundaufbau stets an die vorherrschende Organfunktion angepasst. Diese **organspezifischen Unterschiede** betreffen besonders den Typ und die Spezialisierungen des auskleidenden Epithels.

Ähnlich wie die Serosa werden auch Schleimhäute durch einen Flüssigkeitsfilm feucht gehalten. Dieser ist jedoch im Gegensatz zur serösen Flüssigkeit kein passives Transsudat (S.525) aus den Blutgefäßen, sondern ein aktives **Sekretionsprodukt** von exokrinen Drüsen (mehr oder weniger visköser **Schleim**).

2.3.2 Muskulatur der Hohlorgane

Funktion: Sie dient v. a. dem **Transport**, als Sphinkter auch dem **Verschluss**.

Funktion: Die Motorik der Eingeweide steht hauptsächlich im Dienste des **Transports**. Lokale Verdickungen zirkulärer Muskelschichten (Sphinkter) erfüllen eine **Verschlussfunktion**.

Aufbau: Mit Ausnahme des Herzens und Anteilen des Verdauungs- sowie Urogenitalsystems findet sich in Hohlorganen vorwiegend **glatte Muskulatur ("Eingeweidemuskulatur")** in unterschiedlicher Anordnung.

Aufbau: Mit Ausnahme des Herzens, bei dem das Myokard aus der nur hier vorkommenden **Herzmuskulatur** (S.87) besteht, ist in Hohlorganen vorwiegend **glatte Muskulatur** (S.89), **sog.** „Eingeweidemuskulatur", zu finden. Lediglich an einigen Stellen des Verdauungs- und Urogenitalsystems finden sich Anteile quergestreifter Skelettmuskulatur, die willkürlich steuerbar ist.

Der **Kontraktionsablauf** der glatten Muskulatur unterliegt einer autonomen Steuerung und kann durch lokale Prozesse, Hormonwirkungen sowie Aktivierung des sympathischen und parasympathischen Nervensystems beeinflusst werden.

Ihre **Anordnung** ist je nach Organ unterschiedlich und kann zirkulär, longitudinal oder spiralförmig sein. Sie kann aus einer unterschiedlichen Anzahl von Schichten bestehen, die z. T. klar gegeneinander abgrenzbar sind.

Brusthöhle

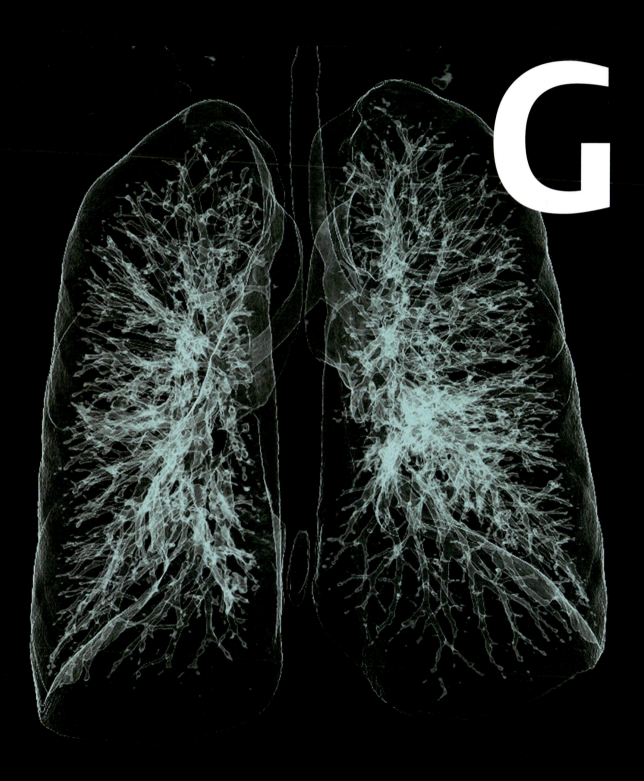

G

Oberflächenrekonstruiertes CT der Lunge ohne Kontrastmittel. Die Untersuchung erfolgt in Atemanhaltetechnik, um Bewegungsartefakte zu vermeiden.

© B-A-Z County and University Teaching Hospital, Miskolc, Hungary. www.siemens.com/presse

1 **Gliederung der Brusthöhle** 533

2 **Atmungsorgane und Pleura** 541

3 **Herz und Herzbeutel** 578

4 **Leitungsbahnen und topografische Beziehungen im Mediastinum** 627

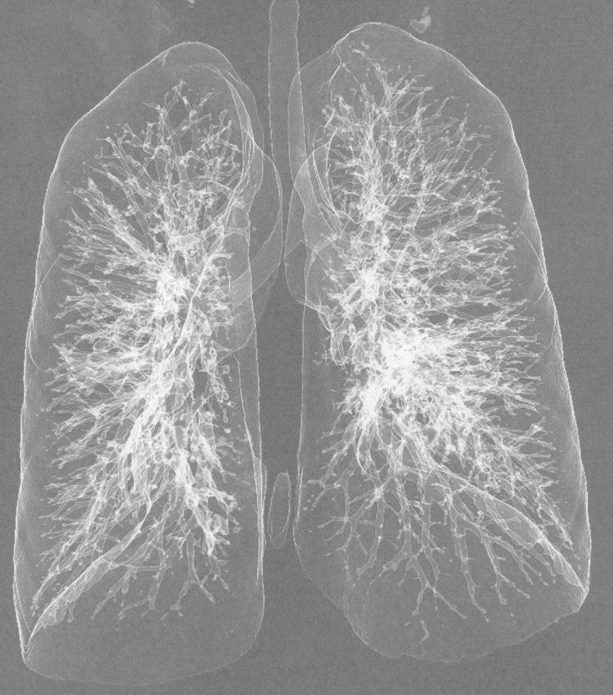

1 Gliederung der Brusthöhle

1.1 Einführung 533
1.2 Funktionelle Aspekte 533
1.3 Einteilung 534

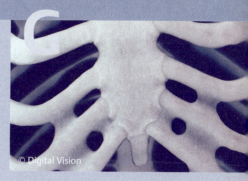

F. Schmitz

1.1 Einführung

▶ Definition. Als **Brusthöhle** (**Cavitas thoracis**) bezeichnet man den durch die Thoraxwand begrenzten Raum, der den **Brustsitus** (**Situs thoracis**) beherbergt und topografisch zwischen Hals und Bauchhöhle liegt (Abb. **G-1.1**).

1.1 Einführung

▶ Definition.

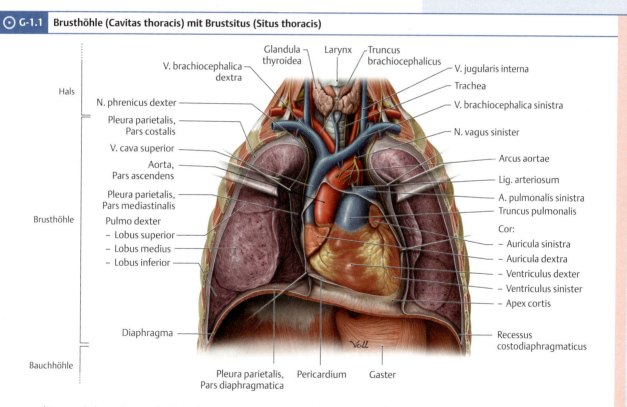

G-1.1 Brusthöhle (Cavitas thoracis) mit Brustsitus (Situs thoracis)

Organe und Leitungsbahnen der Brusthöhle in der Ansicht von ventral nach Eröffnung des Thorax.
(Prometheus LernAtlas. Thieme, 3. Aufl.)

1.2 Funktionelle Aspekte

Die Brusthöhle ist in vielerlei Hinsicht von großer Bedeutung für den menschlichen Körper:
Zum einen liegen darin – geschützt durch den knöchernen Thorax – **lebenswichtige Organe** wie das **Herz** und ein Großteil des **Atmungssystems**. Das Zusammenspiel dieses kardiopulmonalen Systems ermöglicht die Versorgung der Gewebe mit dem für ihren Stoffwechsel notwendigen Sauerstoff: Er wird in der Lunge aufgenommen und kann über den durch die Pumpfunktion des Herzens aufrechterhaltenen Kreislauf in die Peripherie transportiert werden.

1.2 Funktionelle Aspekte

Die funktionelle Bedeutung der Brusthöhle ist vielseitig:

Lebenswichtige Organe wie Herz und Lunge liegen hier im Schutz des knöchernen Thorax und sorgen gemeinsam für eine ausreichende Versorgung der peripheren Gewebe mit Sauerstoff.

Wichtige **Leitungsbahnen** (Nerven und Gefäße) durchziehen den Bindegewebsraum der Brusthöhle (Mediastinum, s. u.) und haben darüber Verbindung nach kranial und kaudal:

- **kranial**: Übergang in Bindegewebsraum des Halses mit Verbindungsstrukturen (Luftweg, Weg für Nahrung zur Speiseröhre) zum Kopf.
- **kaudal**: Das **Zwerchfell** (S. 295) als wichtigster Atemmuskel ermöglicht auch den „geordneten" Übertritt der Leitungsbahnen aus dem Brust- in den Bauchraum (Tab. **G-1.2**).

1.3 Einteilung

Die Brusthöhle wird folgendermaßen unterteilt (Abb. **G-1.2**):

- **Median** liegt das **Mediastinum** (s. u.),
- **lateral** liegen beidseits des Mediastinums die **Pleurahöhlen** (Cavitas pleurales dextra und sinistra) mit den Lungen, sog. **Pulmones** (S. 547).

1.3.1 Mediastinum

▶ Synonym.

▶ Definition.

Funktionelle Bedeutung des Mediastinums

Es ist ein zentraler **Transitraum** für alle wichtigen **Leitungsbahnen** in der Brusthöhle. Es beherbergt **Herz** (S. 578) und **Thymus** (S. 180).

Lage und Einteilung des Mediastinums

Lage und Begrenzung: Es erstreckt sich in der Medianebene zwischen Sternum und BWS. Kranial geht es an der Apertura thoracis sup. in das Halsbindegewebe über, kaudale Begrenzung ist die Apertura thoracis inf. mit dem Zwerchfell (S. 295).

Einteilung: (Tab. **G-1.1** und Abb. **G-1.2**):

- oberes Mediastinum (**Mediastinum superius**)
- unteres Mediastinum (**Mediastinum inferius**)

Die Grenze ist die **transthorakale Ebene** (S. 641), s. auch Abb. **G-1.2b**.

G 1 Gliederung der Brusthöhle

Zum anderen durchziehen wichtige **Leitungsbahnen** den Bindegewebsraum der Brusthöhle (Mediastinum, s. u): Neben Nervenbahnen sind dies v. a. die großen Gefäße, die Zustrom und Abfluss des Blutes zum bzw. vom Herzen ermöglichen, und von dort aus sowohl kranial als auch kaudal gelegenere Körperregionen erreichen können.

In diesem Zusammenhang ist die Berücksichtigung der kranialen und kaudalen **Begrenzung der Brusthöhle** von Bedeutung:

- **Kranial** geht der Bindegewebsraum in den des Halses über, sodass eine Verbindung zu Strukturen des Kopfes besteht: Über die oberen Luftwege ist der Gasaustausch zwischen Lunge und Umgebung möglich und Nahrung erreicht über den Rachen die größtenteils in der Brusthöhle verlaufende Speiseröhre, um zum eigentlichen Ort der Verdauung (Magen-Darm-Trakt) im Bauch-Becken-Raum zu gelangen.
- **Kaudal** grenzt das **Zwerchfell** (S. 295) die Brusthöhle gegen den Bauchraum ab. Dieser platte Muskel spielt nicht nur eine bedeutende Rolle für die Atmung, sondern ermöglicht auch einen topografisch „geordneten" Durchtritt von Strukturen aus dem Mediastinum in den Bauchraum (Tab. **G-1.2**).

1.3 Einteilung

Die **Brusthöhle** wird topografisch in drei Kompartimente unterteilt (Abb. **G-1.2**):

- **Median** liegt als bindegewebiger Raum das **Mediastinum** (s. u.), das bis auf die beiden Lungen sämtliche Organe und Strukturen der Brusthöhle beherbergt, und selbst wiederum unterteilt werden kann.
- **Lateral** liegen beidseits des Mediastinums die beiden **Pleurahöhlen** (S. 540), d. h. die **Cavitas pleuralis sinistra** und **dextra**, mit den Lungen, sog. **Pulmones** (S. 547).

1.3.1 Mediastinum

▶ **Synonym.** Cavum mediastinale, Mittelfellraum; Name abgeleitet vom Lateinischen: „quod per medium stat" = „was in der Mitte (der Brusthöhle) steht"

▶ **Definition.** Das Mediastinum ist der Raum zwischen den beiden Pleurasäcken (S. 540) und eine Fortsetzung des kranial gelegenen Bindegewebsraums, der sich im Hals ventral der Lamina prevertebralis fasciae cervicalis (S. 912) befindet.

Funktionelle Bedeutung des Mediastinums

Das Mediastinum ist ein zentraler **„Transitkanal"** im Zentrum der Brusthöhle, in dem praktisch alle **Leitungsbahnen**, die in die Brusthöhle eintreten oder aus der Brusthöhle austreten, verlaufen. Das Mediastinum beherbergt als große eigenständige Organe das **Herz** (S. 578) und den **Thymus** (S. 180).

Lage und Einteilung des Mediastinums

Lage und Begrenzung: Das Mediastinum erstreckt sich in der Medianebene von der Dorsalfläche des Sternums bis zur Brustwirbelsäule.

Seitliche Begrenzungen sind die Pleurahöhlen. Die topografische Grenze zwischen Halsbindegewebe und Mediastinum ist die Apertura thoracis superior (S. 288). Die kaudale Grenze des Mediastinums ist die Apertura thoracis inferior (S. 288) mit dem Zwerchfell (S. 295) bzw. Diaphragma (S. 537).

Einteilung: Das Mediastinum unterteilt man in ein

- oberes Mediastinum (**Mediastinum superius**) und ein
- unteres Mediastinum (**Mediastinum inferius**), welches wiederum in drei Unterabschnitte eingeteilt wird (Tab. **G-1.1** und Abb. **G-1.2**).

Die Grenze zwischen Mediastinum superius und inferius bildet die **transthorakale Ebene** (S. 641), unmittelbar über dem Herzen (Cor); s. auch Abb. **G-1.2b**.

G 1.3 Einteilung **535**

☰ G-1.1 Inhalte der verschiedenen Abschnitte des Mediastinums

Abschnitt	Lokalisation	„Inhalt"
oberes Mediastinum (Mediastinum superius)		
	Raum zwischen der Rückseite des Manubrium sterni und der Ventralseite der ersten 4 Thorakalwirbel (bzw. dazwischenliegende Bandscheiben)	▪ Organe: – Thymus (S. 180)/retrosternaler Fettkörper – kaudale Trachea (S. 543) mit Bifurcatio tracheae und Hauptbronchien – Ösophagus (S. 679) ▪ Gefäße: – Arcus aortae (S. 627) – Truncus brachiocephalicus (S. 629) – Anfangsabschnitt der A. carotis communis sin. (S. 896) und A. subclavia sin. (S. 897) – Aa. thoracicae internae (S. 299), vgl. auch Subclavia-Ast (S. 629) – V. cava superior (S. 632) – Vv. brachiocephalicae (S. 632) – Vv. thoracicae internae (S. 300), vgl. auch Vena-cava-Zufluss (S. 632) ▪ Nerven: – Nn. vagi (S. 638) – N. laryngeus recurrens sinister (S. 638), vgl. auch Läsion (S. 928) – Nn. cardiaci (S. 637) – Nn. phrenici (S. 638) ▪ Wichtige Lymphbahnen (S. 634) und Lymphknoten (S. 635): – Ductus thoracicus (links) bzw. Truncus lymphaticus dexter (rechts), – Trunci bronchomediastinales, – Nll. mediastinales anteriores, – Nll. mediastinales posteriores.
unteres Mediastinum (Mediastinum inferius)		
▪ **vorderes Mediastinum (Mediastinum anterius)**	Raum zwischen der Rückseite des Sternums und der Vorderfläche des Herzens	▪ lockeres Bindegewebe zwischen Sternum und Perikard* ▪ Vasa thoracica interna (subpleuraler Verlauf) ▪ Nll. parasternales (S. 300) zur Lymphdrainage der Mamma (entlang der Vasa thoracica interna)
▪ **mittleres Mediastinum (Mediastinum medius)**	vom Herzen eingenommener Raum	▪ Herz (S. 578) und Herzbeutel ▪ Gefäße: – Aorta ascendens (S. 629) – Truncus pulmonalis (S. 631) – Endabschnitte der V. cava sup. (S. 632) und inf. (S. 633) – V. azygos (S. 633) – Vv. pulmonales (S. 634) – Vasa pericardiacophrenica (S. 629), s. auch V. musculophrenica (S. 632) ▪ Nerven: – Nn. phrenici
▪ **hinteres Mediastinum (Mediastinum posterius)**	Raum dorsal des Herzens	▪ Ösophagus ▪ Gefäße: – Aorta thoracica mit Ästen (S. 631) – V. azygos und V. hemiazygos (S. 633) – Ductus thoracicus (S. 634) ▪ Nerven: – Nn. vagi – Truncus sympathicus (S. 636) – Nn. splanchnici (S. 637)

* Teile dieses Bindegewebes verbinden als Ligg. sternopericardiaca den Herzbeutel mit dem Brustbein.

G 1 Gliederung der Brusthöhle

⊙ G-1.2 Einteilung der Brusthöhle und des Mediastinums

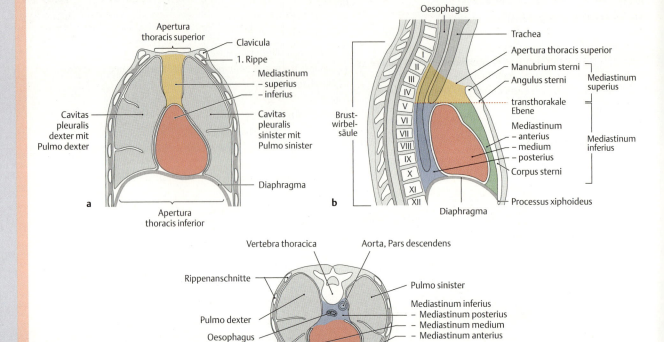

(Prometheus LernAtlas. Thieme, 3. Aufl.)

a Einteilung von Brusthöhle und Mediastinum als schematische Darstellung in der Frontalebene: Die Lungen liegen in ihrer jeweiligen Pleurahöhle beidseits des Mediastinums. Die Untergliederung in oberes (gelb) und unteres (rot) Mediastinum ist farblich hervorgehoben.
b Einteilung des Mediastinums als schematische Darstellung in der Mediansagittalebene: Durch die über dem Herzen verlaufende transthorakale Ebene erfolgt die Unterteilung in Mediastinum superius (gelb) und Mediastinum inferius. Letzteres wird wiederum in drei Abschnitte gegliedert: Mediastinum anterius (grün), Mediastinum medium (rot) und Mediastinum posterius (blau).
c Unterteilung des Mediastinum inferius als schematische Darstellung in der Horizontalebene (Schnitt unterhalb der transthorakalen Ebene). Die Farbgebung der Abschnitte entspricht derjenigen in b.

▶ Klinik.

▶ Klinik. Bei einem Pneumothorax (S. 567) kann das Mediastinum durch das Zusammenfallen einer Lungenseite seitlich verlagert sein. Wenn diese Verlagerung atmungsabhängig ist, spricht man von einem „**Mediastinalflattern**".

⊙ G-1.3 Mediastinalflattern bei offenem Pneumothorax.
Eine atemsynchrone Verlagerung des Mediastinums von einer zur anderen Seite tritt hier durch Verletzung der linken Pleurahöhle auf.
(Prometheus LernAtlas. Thieme, 3. Aufl.)

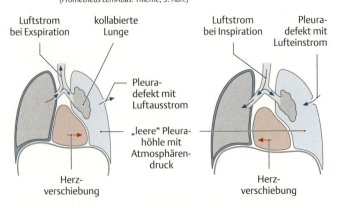

Bei Verletzungen des extrapulmonalen Bronchialbaumes oder auch des Ösophagus kann Luft in den Mediastinalraum eindringen (**Mediastinalemphysem**). Ein Mediastinalemphysem kann u. U. den venösen Rückfluss zum Herzen behindern (**venöse Einflussstauung**).

G 1.3 Einteilung

Durchtrittsstellen für mediastinale Strukturen im Zwerchfell

Nur wenige im Mediastinum liegende Organe beschränken sich auf die Brusthöhle wie z. B. Herz, Thymus, und die in die Lunge ziehenden Luftwege. Viele Leitungsbahnen, die im Mediastinum beginnen oder enden, setzen sich dagegen nach kranial oder kaudal fort. Da die Abgrenzung der Brusthöhle gegenüber dem Bauchraum durch das Zwerchfell bzw. Diaphragma (S. 295) gebildet wird, benötigen die vom Mediastinum nach kaudal ziehenden Leitungsbahnen und die Speiseröhre (S. 679) **Durchtrittsstellen** in der kuppelfömigen Muskelplatte des Diaphragmas (Tab. **G-1.2** und Abb. **G-1.4**).

Durchtrittsstellen für mediastinale Strukturen im Zwerchfell

Für alle im Mediastinum nach kaudal ziehenden Strukturen gibt es **Lücken** im Zwerchfell, die den Durchtritt von Leitungsbahnen und der Speiseröhre gewähren (Tab. **G-1.2** und Abb. **G-1.4**).

⊙ G-1.4 Zwerchfell (Diaphragma) als Trennung zwischen Brust- und Bauchhöhle mit durchtretenden Strukturen

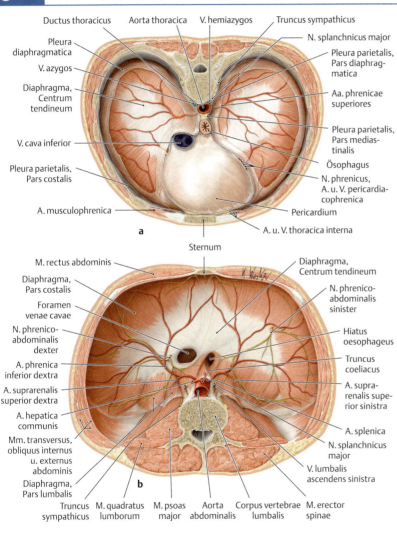

(Prometheus LernAtlas. Thieme, 3. Aufl.)

a Ansicht von kranial („Brusthöhlenseite") auf die Oberseite des Zwerchfells: durchtretende Strukturen und angeschnittene seröse Höhlen in ihrer physiologischen Lage.
b Ansicht von kaudal („Bauchhöhlenseite") auf die Unterseite des Zwerchfells: V. cava und Ösophagus sind zur besseren Darstellbarkeit ihrer Durchtrittsstellen entfernt. In beiden Teilabbildungen sind die Arterien und Nerven des Diaphragmas dargestellt.

G-1.2 Durchtrittsstellen mediastinaler Strukturen im Zwerchfell

Muskellücke	Lokalisation	durchziehende Strukturen	Höhe	Ansicht
Trigonum sternocostale ①	zwischen Pars costalis und Pars sternalis des Diaphragmas	• Vasa epigastrica superiora (S. 321), Fortsetzung als Vasa thoracica interna des Thorax	BWK VIII–IX	
Foramen venae cavae ②	Centrum tendineum etwas rechts der Mitte	• V. cava inf. (S. 633), s. auch Kap. Vena cava inferior und ihre Zuflüsse • R. phrenicoabdominalis (S. 638) des rechten N. phrenicus	BWK VIII	
Hiatus oesophageus ③	im medialen Anteil des Crus dextrum*	• Ösophagus (S. 679) • Truncus vagalis ant. (S. 638) und post. (S. 875) • R. phrenicoabdominalis (S. 638) des linken N. phrenicus**	BWK X–XII	
Hiatus aorticus ④	zwischen Crus dextrum und sinistrum	• Aorta (S. 631) • Ductus thoracicus (S. 634)	LWK I	
Spalt zwischen Ursprungssehnen der medialen Anteile der Zwerchfellpfeiler ⑤		• V. azygos, rechts bzw. V. hemiazygos, links (S. 633) • N. splanchnicus major (S. 637), s. auch Ganglion coeliacum (S. 875)	LWK I	
Spalt zwischen medialem und lateralem Anteil der Zwerchfellpfeiler ⑥		• Truncus sympathicus (S. 636) • N. splanchnicus minor (S. 637) s. auch Ganglion coeliacum (S. 875)	LWK II	

BWK = Brustwirbelkörper, LWK = Lendenwirbelkörper
Abbildung aus Prometheus LernAtlas. Thieme, 3. Aufl.
* Das Crus mediale sinistrum beteiligt sich aufgrund seiner schwächeren Ausbildung nur selten an der Begrenzung des Hiatus oesophageus, obwohl dieser linksseitig liegt.
** Andere Durchtrittspforten werden ebenfalls beobachtet (z. B. linke Pars costalis oder Centrum tendineum).

Anordnung der Durchtrittsstellen

Die Kenntnis der Lage mediastinaler Strukturen zueinander verdeutlicht die Notwendigkeit von Durchtrittsstellen unterschiedlicher Lokalisation.

Durch die Kuppelform des Zwerchfells (S. 296) treten weiter dorsal gelegene Strukturen auch stets weiter kaudal durch die Muskellücken durch (Abb. **G-1.5**).

Anordnung der Durchtrittsstellen

Durch Kenntnis der Lage einzelner Strukturen im vorderen, mittleren oder hinteren Mediastinum wird verständlich, dass es im Zwerchfell mehrere Durchtrittsstellen unterschiedlicher Lokalisation geben muss, wobei räumlich nah beieinander gelegene Strukturen gleiche Muskellücken nutzen, um in den Bauchraum überzutreten.

Durch die Kuppelform des Zwerchfells (S. 296), deren hintere Muskelzüge deutlich länger sind als die vorderen, ergibt sich für die Höhenlokalisation des Durchtritts einzelner Strukturen, dass dieser umso tiefer (kaudalwärts gelegen) ist, je weiter dorsal des Centrum tendineum die entsprechende Struktur liegt (Abb. **G-1.5**).

G-1.5 Durchtrittsöffnungen des Zwerchfells und ihre Höhenlokalisation

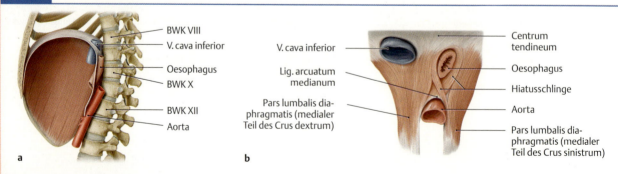

(Prometheus LernAtlas. Thieme, 3. Aufl.)
a Höhenlokalisation der großen Durchtrittsöffnungen im Zwerchfell (Foramen venae cavae, Hiatus oesophageus und Hiatus aorticus) in der Ansicht von lateral
b und ventral.

Funktionelle Bedeutung der Durchtrittsstellen

Einige der genannten Lücken im Zwerchfell zeichnen sich durch besondere Beschaffenheit aus, die für die durchtretenden Strukturen von funktioneller Bedeutung ist.

Hiatus oesophageus: Er ist von Muskelbündeln des Diaphragmas umhüllt und wird somit durch inspiratorische Kontraktion des Diaphragmas eingeengt. Dadurch wird u. a. sichergestellt, dass die mit der Zwerchfellkontraktion verbundene Druckerhöhung im Bauchraum (S. 306) nicht zu einem Reflux von Mageninhalt in den Ösophagus führt. Die verschiebliche Fixation des Ösophagus im schräg stehenden Hiatus oesophageus erfolgt durch das **Ligamentum phrenicooesophageale** (klinisch: **Laimer-Membran**), das sich aus Fasern der **Fascia phrenicopleuralis** und der **Fascia diaphragmatica inferior** zusammensetzt. Es strahlt in das **Vestibulum cardiacum** (S. 682) des Ösophagus ein und geht nach kranial und kaudal ohne feste Grenze in die Adventitia des Ösophagus über.

▶ Klinik. Bei sog. **Zwerchfellhernien**, die angeboren oder erworben sein können, werden Magenanteile oder Darmschlingen in den Brustraum verlagert.
Erworbene Hernien treten meist als sog. **Hiatushernien** im Hiatus oesophageus als sog. Bruchpforte (S. 307) auf: Dabei sind Teile des Magens in die Brusthöhle verlagert und können zu Sodbrennen oder Völlegefühl führen.
Die häufigste angeborene Hernie, die **Bochdalek-Hernie** (S. 116), entsteht durch ein erweitertes **Trigonum lumbocostale**, das eine bindegewebig verschlossene muskuläre Schwachstelle zwischen Pars costalis und Pars lumbalis des Zwerchfells darstellt.

⊙ G-1.6 Intrathorakal gelegene Magenanteile

(Henne-Bruns, D., Düring, M., Kremer, B.: Duale Reihe Chirurgie. Thieme, 2008)
a Röntgenaufnahme des Thorax p.-a. mit sichtbarer luftgefüllter Magenblase lateral des Herzschattens (→).
b Seitaufnahme des Thorax, in der die retrokardiale Lage des Magens sichtbar ist. Durch den flüssigen Mageninhalt kommt es zur Spiegelbildung (→).

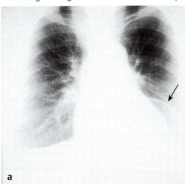 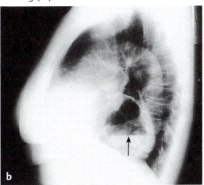

Hiatus aorticus: Der Hiatus aorticus wird durch einen Sehnenbogen, **Ligamentum arcuatum medianum**, bindegewebig verstärkt. Dieser Sehnenbogen verhindert die Einengung der Aorta bei Kontraktion des Zwerchfells.

Foramen venae cavae: Seine Lage im **Centrum tendineum** (S. 296) ermöglicht die bindegewebige Verankerung der Venenwand in dieser Zwerchfellöffnung. Dadurch ist gewährleistet, dass die V. cava inferior wenige Zentimeter vor ihrer Mündung in den rechten Vorhof des Herzens nicht kollabiert.

Funktionelle Bedeutung der Durchtrittsstellen

Von funktioneller Bedeutung für die durchtretenden Strukturen sind:

Hiatus oesophageus: Er wird bei der Zwerchfellkontraktion eingeengt, was den Reflux von Mageninhalt in den Ösophagus verhindert. Das **Ligamentum phrenicooesophageale** fixiert den Ösophagus verschieblich im Hiatus oesophageus.

▶ Klinik.

Hiatus aorticus: Durch das **Lig. arcuatum medianum** wird eine Einengung der Aorta bei Zwerchfellkontraktion verhindert.

Foramen venae cavae: Durch seine Lage im **Centrum tendineum** (S. 296) kann die bindegewebige Verankerung ein Kollabieren der unteren Hohlvene verhindern.

1.3.2 Pleurahöhlen

▶ Definition.

▶ Merke.

Die Besprechung der Pleura(höhle) erfolgt im Kap. Funktion von Pleura und Pleurahöhle (S. 561).

1.3.2 Pleurahöhlen

▶ Definition. Jede der beiden **Pleurahöhlen** (**Cavitas pleuralis dexter** und **Cavitas pleuralis sinister** [Abb. **G-1.7**]) ist ein in sich abgeschlossener Raum, der weder mit der Umwelt noch mit der jeweils anderen Pleurahöhle kommuniziert. Es sind **seröse Höhlen** (S. 523), die von einer **serösen Haut**, der **Pleura** (deutsch: „**Brustfell**"), ausgekleidet werden. Die eigentliche Pleurahöhle ist Teil der ursprünglichen **Leibeshöhle**, sog. Zölomhöhle (S. 114), von der sich auch Herzhöhle, Cavitas pericardialis, und Bauchhöhle, Cavitas peritonealis, ableiten. Durch Einwachsen und Ausdifferenzierung des Bronchialbaums in der Embryonalperiode wird sie zum Pleuraspalt verengt, indem die ursprünglich leere und weite Pleurahöhle zusammengedrückt wird. Die Pleurahöhle wird als „Höhle" im eigentlichen Sinn erst dann wahrgenommen, wenn man die Lunge herausnimmt. Obwohl inhaltlich inkorrekt, wird der von der Lunge ausgefüllte Raum, der eigentlich an der inneren (viszeralen) Wand des Pleuraspalts liegt, auch Pleurahöhle genannt.

▶ Merke. Der Begriff „Pleurahöhle" wird unterschiedlich verwendet: Zum einen zur Bezeichnung des Pleuraspalts, zum anderen für den Raum, in dem die Lunge liegt.

Die funktionelle Bedeutung der Pleura/Pleurahöhle steht in engem Zusammenhang mit der Atmung (S. 561).

⊙ **G-1.7** **Pleurahöhlen**

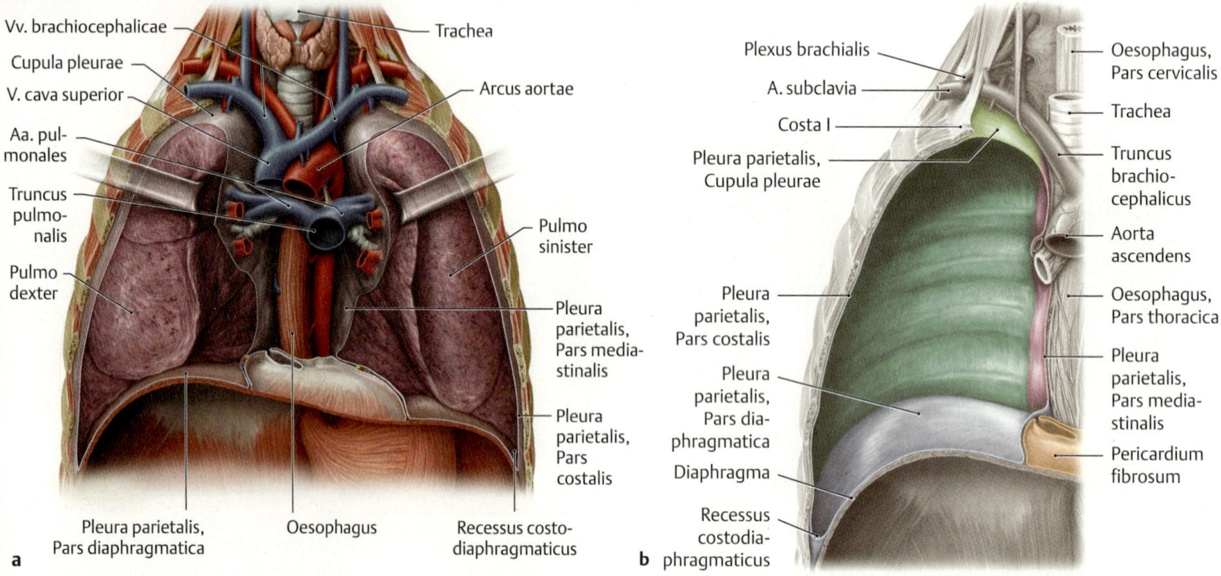

Brusthöhle mit beiden Lungen „in" ihrer jeweiligen Pleurahöhle (**a**) und nach Entnahme der Lungen (**b**). Die Pleura visceralis liegt der Lunge direkt auf und ist daher in **b** mit entfernt, während die angeschnittene Pleura parietalis als seröse Haut erkennbar ist.
(Prometheus LernAtlas. Thieme, 3. Aufl.)

2 Atmungsorgane und Pleura

2.1	Einführung	541
2.2	Luftröhre und Hauptbronchien	541
2.3	Lunge (Pulmo)	547
2.4	Pleura	561
2.5	Atmung	565
2.6	Topografische Anatomie von Atmungsorganen und Pleura	570
2.7	Darstellung von Lunge und Pleura mit bildgebenden Verfahren	574
2.8	Entwicklung der Atmungsorgane	575

© MEV

F. Schmitz

2.1 Einführung

Die Hauptaufgabe des Atmungssystems ist der **Gasaustausch**, der in der Lunge stattfindet. Der Gasaustausch zwischen Blut und Atemluft erfolgt in den Alveolen der Lunge. Dort nimmt das Blut Sauerstoff aus der Atemluft auf, und gibt umgekehrt CO_2 aus dem Intermediärstoffwechsel in die Atemluft ab.

Die gasaustauschenden Anteile der Lunge werden als **respiratorische Anteile** bezeichnet. Diesen stellt man die Anteile des Atmungssystems entgegen, die den Alveolen die Luft zuführen (luftleitendes oder konduktives System).

Die Brusthöhle beinhaltet die sogenannten **unteren Atemwege**:
- **Luftröhre** (Trachea, s. u.) und die beiden **Hauptbronchien**, Bronchus principalis dexter und sinister (S. 544), als extrapulmonal liegender Anteil des Bronchialbaums sowie die
- **Lunge** bzw. Pulmo (S. 547) und die darin liegenden weiteren Verzweigungen des Bronchialbaums.

Die Lunge ist von der Pleura umgeben. Topografisch stellt man den unteren die oberen Atemwege entgegen:
Nasenhöhle = Cavitas nasi (S. 1040), Rachen = Pharynx (S. 914) und Kehlkopf = Larynx (S. 920).

Funktion und Abschnitte: Die Aufgaben der unteren Atemwege unterscheiden sich je nach Abschnitt:
- Die **luftleitenden Abschnitte** der unteren Atemwege (Trachea und der nachfolgende Bronchialbaum bis einschließlich der Bronchioli terminales) sind zuständig für den **Transport** und die **Konditionierung der Atemluft** (Erwärmung, Anfeuchtung, Partikelfiltration; insbesondere in den ersten Abschnitten der unteren Atemwege).
- Die **respiratorischen Abschnitte** (S. 556), d. h. Bronchioli respiratorii und insbesondere die Lungenalveolen, befinden sich an den Enden des hochverzweigten Bronchialbaums und sind Ort des eigentlichen **Gasaustauschs** (Aufnahme von O_2 aus der Atemluft in die Lungenkapillaren und Abgabe von CO_2 aus den Lungenkapillaren in die Atemluft. Diesen bezeichnet man im Gegensatz zur **„inneren Atmung"** der mitochondrialen Atmungskette (s. Lehrbücher der Biochemie) als **„äußere Atmung"**.

2.2 Luftröhre und Hauptbronchien

2.2.1 Funktion

Die **Trachea** und die beiden nach ihrer Aufteilung daraus hervorgehenden Hauptbronchien (**Bronchus principalis dexter** und **sinister**, Abb. **G-2.1**) gewährleisten den **Transport der Atemluft** zwischen den oberen Atemwegen und der Lunge.

2.2.2 Aufbau, Gefäßversorgung und Innervation

Der grundsätzliche Feinbau der Trachea stimmt mit dem der Hauptbronchien überein (drei zirkuläre Schichten, s. Tab. **G-2.1**), und wird exemplarisch an der Trachea dargestellt. Besonderes Augenmerk gilt den klinisch relevanten Aspekten der einzelnen Abschnitte der extrapulmonalen unteren Atemwege, die sich hinsichtlich ihrer arteriellen sowie nervalen Versorgung unterscheiden.

2.1 Einführung

Untere Atemwege: Dazu gehören:
- **Luftröhre** (Trachea) und **Hauptbronchien** (Bronchus principalis dexter und sinister) als extrapulmonaler Teil des Bronchialbaums (s. u.) sowie die
- **Lunge** bzw. Pulmo (S. 547) mit weiteren Verzweigungen des Bronchialbaums.

Funktion und Abschnitte:
- **Luftleitende Abschnitte:** Von der Trachea an bis zu den Bronchioli terminales findet der **Transport** und die **Konditionierung** (Erwärmung, Anfeuchtung, Partikelfiltration) der Atemluft statt.
- **Respiratorische Abschnitte:** Bronchioli respiratorii und v. a. die Alveolen (S. 556) sind Orte des **Gasaustauschs** („äußere Atmung").

2.2 Luftröhre und Hauptbronchien

2.2.1 Funktion

Trachea und Hauptbronchien (Abb. **G-2.1**) fungieren als **luftleitendes System** zwischen oberen Atemwegen und Lunge.

2.2.2 Aufbau, Gefäßversorgung und Innervation

Der grundsätzliche Feinbau der Trachea stimmt mit dem der Hauptbronchien überein (Tab. **G-2.1**).

⊙ G-2.1 Luftröhre (Trachea) und Hauptbronchien (Bronchi principales) mit weiteren Verzweigungen

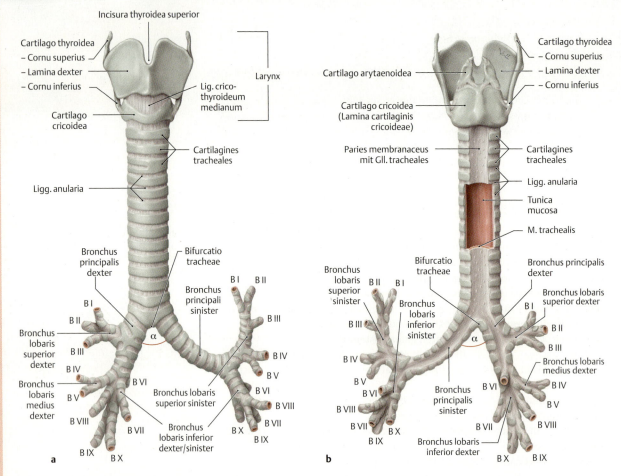

Bronchialbaum (Arbor bronchialis) bis zur Aufzweigung in Segmentbronchien B I–B X (S. 555). α bezeichnet den Bifurkationswinkel der Trachea.
(Prometheus LernAtlas. Thieme, 3. Aufl.)
a Ansicht von ventral,
b Ansicht von dorsal.

≡ G-2.1 Feinbau der Trachea

Schicht	Aufbau	Funktion
Tunica mucosa (Schleimhaut) als innere Schicht	■ **Lamina epithelialis** aus „respiratorischem" **Epithel**, ein mehrreihiges Flimmerepithel (S. 61), das einer Basallamina aufsitzt:	
	- apikal aktiv bewegliche Kinozilien	→ aktiver Transport eingeatmeter Partikel Richtung Rachen (5 mm/min in der Trachea)
	- Becherzellen im Epithel	→ Sekretion ins Lumen der Trachea
	■ **Lamina propria** (unter der Basallamina):	
	- reich an elastischen Fasern	→ gewährleisten elastische Ausdehnung/Zusammenziehung der Lunge bei Inspiration/Exspiration
	- eingelagerte seromuköse Drüsen (**Glandulae tracheales/bronchiales**)	→ Sekretion eines relativ dünnflüssigen Sekrets
Tunica fibromusculocartilaginea als mittlere Schicht	■ **Ligg. anularia** („fibro")	→ Verbindung der Knorpelspangen untereinander
	■ **M. trachealis** („musculo"), dorsal gelegen	→ aktive Einstellung der Querspannung der Trachea
	■ **Knorpelspangen** („cartilaginea")	→ inspiratorisch Offenhalten der Atemwege, allgemeine Stabilisierung
Tunica adventitia als äußere Schicht	lockeres faseriges Bindegewebe	→ Einbau der Trachea in die Umgebung

Luftröhre (Trachea)

Form und Größe: Die Trachea ist ein etwa 10–12 cm langes mobiles elastisches Rohr mit einem Durchmesser von etwa 1,5–2 cm. Das Lumen der Trachea ist auch im Röntgenbild bestimmbar; die Lumenbreite beträgt dabei etwa 1,5 cm. Bei tiefer Inspiration kann sich die Trachea um etwa 5 cm verlängern.

Abschnitte und Lage: Sie gliedert sich entsprechend ihrer Lage außer- und innerhalb der Brusthöhle in zwei Abschnitte:
- Pars cervicalis: vom Beginn am Ringknorpel, sog. Cartilago cricoidea (S. 922), des Larynx (ca. auf Höhe des 6. Halswirbelkörpers) bis zur Apertura thoracis superior reichend.
- Pars thoracica: von der Apertura thoracis superior bis unmittelbar oberhalb der transthorakalen Ebene (Höhe 4. Brustwirbelkörper; Interspinallinie); hier ist beim jungen Erwachsenen auch die Aufteilungsstelle in die beiden Hauptbronchien (**Bifurcatio tracheae**). Auf ihrer Innenseite befindet sich häufig eine in das Lumen ragende und unterknorpelte Schleimhautstelle, die **Carina tracheae** (Abb. **G-2.2c**). Der Bifurkationswinkel beträgt beim Erwachsenen normalerweise 55–65°, bei Kindern ist er in der Regel größer (70–80°).

▶ **Merke.** Die Höhe der **Bifurcatio tracheae** ist altersabhängig: beim Neugeborenen liegt sie höher (Höhe BWK II) und beim alten Menschen tiefer (Höhe BWK VII).

Wandbau: Die Wand der Trachea (Abb. **G-2.2** und Tab. **G-2.1**) wird ventral und lateral durch **hufeisenförmige Knorpelspangen** verstärkt, welche die Trachea stabilisieren und insbesondere während der Inspiration offen halten. Im dorsalen Abschnitt der Trachea fehlt der Knorpel (**Paries membranaceus**). In dieser Region befindet sich stattdessen ein glatter Muskel (**Musculus trachealis**), der die Weite der Trachea reguliert und darüber den Atemwegswiderstand sowie die Strömungsgeschwindigkeit der Luft in der Trachea beeinflusst. Diese mittlere Gewebsschicht der Trachea bezeichnet man als Tunica fibromusculocartilaginea.

Die Bereiche zwischen den Trachealspangen werden durch die bindegewebigen **Ligamenta anularia** überbrückt und bilden dadurch eine Verbindung der Knorpelanteile untereinander.

Das Lumen wird ausgekleidet durch mehrreihiges Flimmerepithel mit eingestreuten Becherzellen (Abb. **A-2.11**).

Aufgrund ihres inneren Aufbaus ist die Trachea in Längsrichtung hoch elastisch: bei tiefer Einatmung kann sie sich bis zu 5 cm verlängern, bei einer mittleren Inspiration verlängert sie sich im Durchschnitt um 1,6 cm. Dabei kann die Bifurcatio tracheae um etwa eine Wirbelhöhe gesenkt werden.

Luftröhre (Trachea)

Form und Größe: 10–12 cm langes, ca. 1,5 cm dickes Rohr. Inspiratorisch ist eine Verlängerung um mehrere cm möglich.

Abschnitte und Lage:
- **Pars cervicalis:** Ringknorpel (S. 922) → Apertura thoracis superior.
- **Pars thoracica:** Apertura thoracis superior → Bifurcatio tracheae (in Höhe von BWK IV), an deren Innenseite sich die **Carina tracheae** befindet (Abb. **G-2.2c**).

▶ **Merke.**

Wandbau: Ventrolateral wird die Trachealwand (Abb. **G-2.2** und Tab. **G-2.1**) durch **hufeisenförmige Knorpelspangen** stabilisiert, wohingegen dorsal (**Paries membranaceus**) der glatte **M. trachealis** die Lichtungsweite der Trachea reguliert. Die Knorpelspangen sind untereinander durch bindegewebige **Ligg. anularia** verbunden.

Das Lumen wird ausgekleidet durch mehrreihiges Flimmerepithel (Abb. **A-2.11**).

Ihr Aufbau ermöglicht eine Verlängerung der Trachea um 5 cm in Längsrichtung bei Inspiration.

⊙ **G-2.2** Wandbau der Trachea

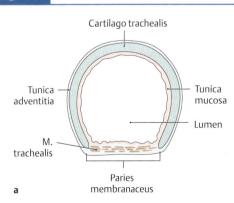 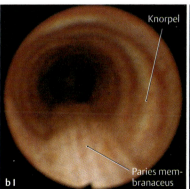 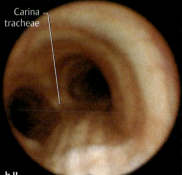

a Schematische Darstellung im Querschnitt. (Prometheus LernAtlas. Thieme, 3. Aufl.)
b Normalbefunde einer Tacheobronchoskopie (endoskopische Darstellung des Tracheobronchialsystems): Durch die Schleimhaut hindurch sind die Knorpelspangen der Trachea und die Pars membranacea gut erkennbar (Hirner, A., Weise, K.: Chirurgie. Thieme, 2008)
c und an der Bifurcatio tracheae sieht man die Carina als sagittalen Sporn in das Lumen ragen. (Hirner, A., Weise, K.: Chirurgie. Thieme, 2008)

G-2.3 Lymphabfluss des Bronchialbaums und der Lungen

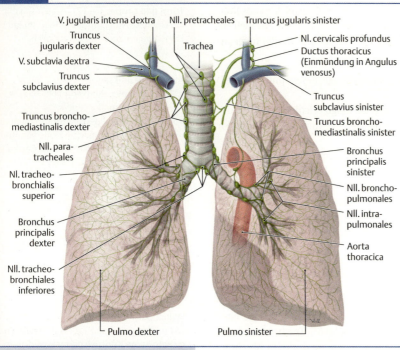

Trachea und Hauptbronchien sind eng mit regionären Lymphknoten assoziiert: Nll. pre- und paratracheales, Nll. tracheobronchiales superiores und Nll. tracheobronchiales inferiores.
(Prometheus LernAtlas. Thieme, 3. Aufl.)

Arterien: Rr. tracheales aus der A. thyroidea inf. und dem Truncus thyrocervicalis (S. 898).

Venen: Plexus thyroideus impar und V. thyroidea inf.

Lymphabfluss: Über Nll. pre- und paratracheales sowie Nll. tracheobronchiales sup. und inf. (Abb. **G-2.3** und Abb. **G-2.16**) in die Trunci bronchomediastinales.

Innervation: Rr. tracheales aus dem N. laryngeus recurrens (S. 638) und N. vagus sowie postganglionäre Fasern aus dem Truncus sympathicus.

Die **sensorischen Fasern** verlaufen größtenteils mit den o. g. parasympathischen Fasern. Ihre Ganglien sind die Ganglia sup. und inf. des N. vagus (S. 998).

Hauptbronchus (Bronchus principalis)

Form und Verlauf: An der Bifurcatio tracheae (Abb. **G-2.1**) beginnen
- **Bronchus principalis dexter** und
- **Bronchus principalis sinister**.
- Das System wird durch die Membrana bronchopericardia flexibel an Herzbeutel und Diaphragma fixiert.
- Der rechte Hauptbronchus ist kürzer, weiter und verläuft steiler als der linke. Damit setzt er grob die Verlaufsrichtung der Trachea fort, bevor er noch außerhalb der Lunge den **Bronchus lobaris superior** abgibt.

Gefäßversorgung: Arteriell wird die Trachea überwiegend durch Rami tracheales der A. thyroidea inferior aus dem Truncus thyrocervicalis (S. 898) der A. subclavia versorgt.

Der **venöse Abfluss** erfolgt über den **Plexus thyroideus impar** und die **Vena thyroidea inferior**.

Die **Lymphdrainage** erfolgt über die **Nodi lymphoidei pre- und paratracheales** entlang der Trachea und über die **Nodi lymphoidei tracheobronchiales** superiores und inferiores (Abb. **G-2.3** und Abb. **G-2.16**) an der Bifurcatio tracheae in die Trunci bronchomediastinales sinister (S. 634) und dexter.

Die Gefäßversorgung der Bifurcatio tracheae entspricht derjenigen der Hauptbronchien (s. u.).

Innervation: Sie erfolgt durch **Rami tracheales**, die hauptsächlich aus dem N. laryngeus recurrens (S. 638), z. T. auch direkt aus dem N. vagus stammen. Weiterhin ziehen Fasern vom Truncus sympathicus zur Trachea. Die vegetativen efferenten Fasern regulieren den Tonus der glatten Muskulatur und steuern die Drüsenaktivität der Glandulae tracheales (zu weiteren Details s. Innervation der Bronchien).

Die **sensorischen Fasern**, die Informationen von Mechanorezeptoren (Dehnungsrezeptoren) und Schmerzreize vermitteln, laufen größtenteils mit dem N. laryngeus recurrens und dem N. vagus. Die sensiblen Ganglien befinden sich im Ganglion superius und Ganglion inferius des N. vagus (S. 998).

Hauptbronchus (Bronchus principalis)

Form und Verlauf: An der **Bifurcatio tracheae** teilt sich die Luftröhre in den rechten und linken **Hauptbronchus** (**Bronchus principalis dexter** und **Bronchus principalis sinister**) (Abb. **G-2.1**), wobei der Winkel zwischen beiden Hauptbronchien etwa 55° beträgt.
- Der **rechte Hauptbronchus** (**Bronchus principalis dexter**) ist nur ca. 20° gegen die Verlaufsrichtung der Trachea abgewinkelt. Sein mittlerer Durchmesser beträgt ca. 14 mm, seine Länge 1–2,5 cm. Noch außerhalb der Lunge gibt er den **Bronchus lobaris superior** für den Lungenoberlappen (S. 550) ab, was für die unterschiedliche Anordnung der hilären Strukturen (S. 548) eine Rolle spielt.
- Der **linke Hauptbronchus** (**Bronchus principalis sinister**) ist mit einem mittleren Durchmesser von ca. 12 mm etwas enger, zudem auch länger (4–5 cm) und stärker abgewinkelt (ca. 35°). Er zweigt sich erst in der Lunge weiter auf. Beide Hauptbronchien können sich aufgrund ihres elastischen Wandaufbaus ähnlich wie die Trachea inspiratorisch verlängern.

G 2.2 Luftröhre und Hauptbronchien

▶ Klinik. Da der rechte Hauptbronchus nahezu die Verlaufsrichtung der Trachea fortsetzt, gelangen irrtümlich in die Trachea aspirierte (eingeatmete) Gegenstände, wie z. B. aspirierte Spielzeugteile oder Nüsse bei Kindern, meist in den rechten Hauptbronchus. Dies gilt auch für einen versehentlich zu weit vorgeschobenen Trachealtubus zur Beatmung mit der Folge, dass bei dieser inkorrekten Lage nur die rechte Lunge ausreichend belüftet wird. Die Lage des Tubus kann durch Auskultation der beiden Lungenflügel mit dem Stethoskop oder auch im Thoraxröntgenbild kontrolliert werden.

▶ Klinik.

⊙ G-2.4 **Röntgenbild des Thorax (a.-p.).** Darstellung eines versehentlich im rechten Hauptbronchus liegenden Tubus.

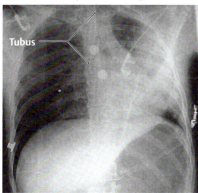

Die Hauptbronchien werden genau wie die Bifurcatio tracheae durch die **Membrana bronchopericardiaca** am Herzbeutel und am Diaphragma elastisch fixiert.

Gefäßversorgung: Die **arterielle Versorgung** der Hauptbronchien erfolgt durch **Rami bronchiales** (früher Arteriae bronchiales) aus der Brustaorta, der Arteria thoracica interna sowie häufig aus der 3. und 4. Interkostalarterie.
Das **venöse Blut** fließt über Venenäste ab, die rechts größtenteils in die Vena azygos und links in die Vena hemiazygos einmünden.
Die **Lymphdrainage** erfolgt über die Nodi lymphoidei tracheobronchiales und Nodi lymphoidei bronchopulmonales in die Trunci bronchomediastinales sinister und dexter (Abb. **G-2.3** und Abb. **G-2.16**).

Innervation: Die Hauptbronchien, wie auch die nachfolgenden Abschnitte des Bronchialbaums, werden sensorisch, sympathisch und parasympathisch durch den **Plexus pulmonalis** versorgt. Dieser befindet sich beidseitig auf der Ventral- und Dorsalseite der Hauptbronchien. Dorsal ist er besonders stark ausgeprägt. In den Plexus pulmonalis strahlen Äste des N. vagus (Rr. bronchiales), die sich auf Höhe der transthorakalen Ebene (S. 641) und unterhalb derselben vom N. vagus abzweigen, sowie Äste des Truncus sympathicus (Ggl. stellatum, 1.–4. Brustganglion; Rr. pulmonales) ein.
Sensorische Nervenfasern vermitteln Dehnungs- und Schmerzreize und verlaufen bevorzugt mit dem N. vagus. Die Perikaryen der sensorischen Nervenfasern befinden sich im Ggl. superius („jugulare") und Ggl. inferius („nodosum") des N. vagus. Zentralwärts erfolgt die Weiterleitung zum Ncl. tractus solitarii und nachgeschaltete Kerngebiete im Atmungszentrum des Hirnstamms (S. 1255). Diese Faserbahnen sind wichtig für den Hering-Breuer-Reflex (S. 561).
Parasympathisch: Der N. laryngeus recurrens entsendet kurze präganglionäre parasympathische Nervenfasern, die in mikroskopisch kleine parasympathische Ganglien in der Wand der Trachea einstrahlen und dort umgeschaltet werden. Über eine Aktivierung des Parasympathikus werden die **Atemwege** durch Kontraktion der glatten Muskelzellen **verengt** und das Totraumvolumen (S. 554) bei Ruheatmung dadurch gering gehalten.
Die **sympathischen Nervenfasern** entstammen dem Ggl. stellatum und den oberen Thorakalganglien. Sie vermitteln über noradrenerge β2-Rezeptoren eine Relaxation glatter Muskelzellen. Ihre primäre Bedeutung liegt darin, bei erhöhten Leistungsanforderungen den Atemwegswiderstand herunterzusetzen. Die vorliegende Erhöhung des Totraumes bei einer Atemwegserweiterung ist bei großem Atemzugvolumen funktionell relativ unbedeutend.

Über die **Membrana bronchopericardia** besteht eine flexible Fixation des Systems.

Gefäßversorgung: Rr. bronchiales aus der Brustaorta, A. thoracica interna sowie der 3. oder 4. Interkostalarterie. Die **venöse** Drainage erfolgt über kleine Äste, die in die V. azygos bzw. V. hemiazygos münden.

Lymphabfluss: Nll. tracheobronchiales und bronchopulmonales (Abb. **G-2.3** und Abb. **G-2.16**)

Innervation: Die sensorische und vegetative efferente Innervation erfolgt durch den **Plexus pulmonalis** auf der Ventral- und insbesondere Dorsalseite der Hauptbronchien. Der Plexus erhält Fasern vom N. vagus und Truncus sympathicus.

Sensorische Nervenfasern, die bevorzugt Dehnungs- und Schmerzreize vermitteln, verlaufen mit dem N. vagus und werden zentralwärts zum Hirnstamm weitergeleitet.

Der N. laryngeus recurrens entsendet **parasympathische** präganglionäre Fasern, die in der Wand der Hauptbronchien umgeschaltet werden. Effekt ist eine **Verengung der Atemwege**.

Sympathische Fasern entstammen dem Ggl. stellatum und den oberen Thorakalganglien. Sie bewirken eine Atemwegserweiterung und damit einhergehend die Herabsetzung des Atemwegswiderstands.

Von Spatzen und Kanonen

> Da liegt er nun schon seit zwei Tagen mit Fieber und mangelnder Nahrungsaufnahme, der kleine zweijährige Kerl – und keiner weiß so genau, was er hat. Es ist 21 Uhr und mein Spätdienst in der Kinderklinik ist erstaunlich ruhig. Die Eltern des Jungen sind erst vor wenigen Minuten nach Hause gegangen, nachdem er endlich – flach und schnell atmend, die Haare kleben ihm auf der Stirn – in einen unruhigen Schlaf gefallen war.

Bis vor Kurzem hat der Kleine noch ganz normal gegessen und abends immer eine „Schlafflasche" bekommen. Doch urplötzlich konnte er nichts mehr essen und nur noch wenig trinken, bevor er alles wieder herauswürgte und vor Atemnot blau anlief. Aus dem Mund riecht er erbärmlich faulig und der Speichel läuft ihm aus dem Mund. Ich habe das Gefühl, dass er vom wenigen Essen schon ganz blass und ausgezehrt aussieht, obwohl er hungrig ist wie ein kleiner Wolf.

Eine angeborene Fistel oder Atresie der Speiseröhre scheiden als Ursache aus, denn sie wären ja direkt nach der Geburt aufgefallen. Die Laborwerte sind bis auf Zeichen einer leichten Entzündung unauffällig. Bei jeder Visite können wir uns die Ratlosigkeit gegenseitig ansehen.

Morgen soll er nun eine Gastroskopie in Narkose bekommen – eine ganz schöne Kanone, mit der wir da auf diesen Spatz zielen! Aber was bleibt uns anderes übrig?

Kurz vor Ende meines Diensts kommt unser PJler noch einmal vorbei und fragt am Türrahmen lehnend: „Sag mal, wie sah eigentlich das Röntgenbild von unserem kleinen Sorgenkind aus? Also der Thorax?" Ich erkläre ihm, da sei nix drauf zu sehen. Aber will einem Gedanken nachgehen und so mache ich ihm das Bild am Rechner auf und gehe mich umziehen.

10 Sekunden später steht er atemlos in der Umkleide und keucht: „Da ist was! Was Helles über dem Jugulum!" Ich antworte: „Das Bild ist in der Notaufnahme gemacht worden, das ist eine EKG-Elektrode!" – „Quatsch! Ich hab noch nie gesehen, dass die auf dem Jugulum kleben!" Da hat er auch irgendwie wieder recht.

Schnell ziehe ich mich wieder um und erkenne: Da ist tatsächlich etwas. Irgendetwas röntgendichtes, was wir alle nicht gesehen haben. Gut, dass morgen ohnehin die Gastro stattfindet. Meine Kollegin ist von der PJler-Diagnose „Fremdkörper" ebenfalls peinlich berührt. Wie gut, dass manch einer noch ganz „naiv" auf die Bilder guckt, ohne sich auf das „o. B." des Radiologen zu verlassen.

Am nächsten Tag wird bei der ÖGD eine 20-Cent-Münze aus der Speiseröhre entfernt und darüber lamentiert, wann wer was genau übersehen hat; Schuldige werden gesucht. Nur die Eltern des Jungen haben den PJler vor Dankbarkeit fast totgedrückt …

Immerhin hat unser Chef zugegeben, wer der „glückliche Finder" war. Ich wünsche dem jungen Kollegen, dass er immer so einen klaren Blick behält.

2.3 Lunge (Pulmo)

▶ **Definition.** Die Lunge ist ein paariges Organ in der Brusthöhle, das im Dienst der **Atmung** steht.

Anmerkung: Der Begriff Lunge (Pulmo) wird im Sprachgebrauch nicht ganz eindeutig verwendet. Auch wenn es sprachlich korrekter wäre, entsprechend der Terminologia anatomica (S. 33) bei der Bezeichnung des Gesamtorgans, das aus zwei Lungen „flügeln" besteht, von den beiden **Lungen** (**Pulmones**: **Pulmo dexter** und **Pulmo sinister**) zu sprechen, greift man häufig der Einfachheit halber auf den Singular zurück. Dies ist unter funktionellem Aspekt auch einleuchtend, da Pulmo dexter und sinister trotz gewisser Unterschiede (s. Tab. **G-2.2**) – wie alle paarigen Organe – eine funktionelle Einheit bilden.

▶ **Definition.**

≡ G-2.2

≡ G-2.2	Unterschiede zwischen rechter und linker Lunge	
Kriterium	**Pulmo dexter**	**Pulmo sinister**
Anzahl der Lappen	3	2
Organvolumen	ca. 2 Liter	(links etwa 20 % weniger)
Lage des Bronchus im Lungenhilum (s. u.)	eparteriell	hyparteriell

2.3.1 Funktion der Lunge

In der rechten und linken Lunge findet der **Gasaustausch** („**äußere Atmung**") statt: Im Körper als Stoffwechselprodukt erzeugtes Kohlendioxid (CO_2) muss in der Lunge aus dem Kreislauf entfernt werden, um eine Ansäuerung des Blutes und andere negative Folgen eines hohen CO_2-Partialdrucks zu vermeiden. Gleichzeitig mit der **Abgabe von Kohlendioxid** (CO_2) erfolgt die **Aufnahme von Sauerstoff** (O_2) in das Blut, der Voraussetzung für die Aufrechterhaltung sämtlicher Organfunktionen ist. Die Lungen stehen also im Dienst des gesamten Organismus, indem sie für ausreichende Versorgung der Organe und Gewebe mit Sauerstoff sorgen.

Eine wesentliche Grundvoraussetzung für einen intensiven Gasaustausch zwischen den Kompartimenten ist der enge Kontakt der **Lungenbläschen** (**Alveolen**), die den Hauptteil der respiratorischen Abschnitte bilden, mit dem **engmaschigen Kapillarnetz** des Lungenkreislaufs; zu Details (S. 569).

2.3.1 Funktion der Lunge

Die **Lunge** ist das zentrale Atmungsorgan, das für die „**äußere Atmung**" verantwortlich ist:
- die **Abgabe von CO_2** aus dem Blut in die Alveolen und
- die **Aufnahme von O_2** aus den Alveolen in das Blut.

Voraussetzung für einen intensiven Gasaustausch ist der enge Kontakt zwischen den **Alveolen** und dem **Kapillarnetz** des Lungenkreislaufs (S. 569).

2.3.2 Form, Abschnitte und Lage der Lunge

Linke und rechte Lunge füllen einen großen Abschnitt der Brusthöhle aus. Sie liegen topografisch seitlich des Mediastinums (Abb. **G-1.7**). Linke und rechte Lunge haben, vereinfacht ausgedrückt, die Form eines zu den Rippen hin abgerundeten Kegels. Die mediastinalen Seiten der beiden Lungen werden durch angrenzende Leitungsbahnen eingedellt. Die Basis des Lungenkegels liegt dem Zwerchfell auf und weist aufgrund der Wölbung des Zwerchfells eine konkave Form auf. Die Lungenspitze reicht nach apikal einige cm über die obere Thoraxapertur hinaus. Bei Lebenden ist die Lunge ein weiches Organ und besitzt eine **schwammartige**, sehr **elastische** Konsistenz. Linke und rechte Lunge werden von einem Pleurasack umgeben, der aus zwei serösen Häuten besteht. Die Lunge wird von der **Pleura visceralis** unmittelbar überzogen und verleiht der Lunge eine glänzend, glatte Oberfläche. Die **Pleura visceralis** geht am Lungenhilum in die Pleura parietalis über, welche die wandständigen Abschnitte der Brusthöhle auskleidet (als „Pleura costalis" den Brustkorb; als „Pleura diaphragmatica" das Zwerchfell) und mit seinem medialen Abschnitt („Pleura mediastinalis") an das Mediastinum angrenzt. Zwischen Pleura visceralis und Pleura parietalis befindet sich die Pleurahöhle. Wird die Brusthöhle eröffnet, schrumpfen die Lungen aufgrund des dann fehlenden negativen Drucks des Pleuraspalts (S. 540) auf etwa ein Drittel ihres Volumens am sog. Lungenhilum zusammen.

Die beiden Lungen (**Pulmo sinister** und **Pulmo dexter**) weisen trotz grundsätzlich ähnlicher äußerer Gestalt und Gliederung einige wichtige **Unterschiede** (Tab. **G-2.2**) auf, die z. T. in der größeren Linksausdehnung des Herzens (S. 578) begründet sind.

2.3.2 Form, Abschnitte und Lage der Lunge

Die Lunge ist beim Lebenden ein weiches Organ und besitzt eine **schwammartige**, weiche Konsistenz.

Trotz grundsätzlich ähnlicher äußerer Gestalt beider Lungen gibt es wichtige Unterschiede (Tab. **G-2.2**).

G 2 Atmungsorgane und Pleura

Größe, Gewicht und Farbe: Das Lungenvolumen schwankt zwischen etwa **2–3 Litern** (maximale Ausatmung) und etwa **6–8 Litern** (maximale Einatmung).
Die **gasaustauschende Fläche** beider Lungen beträgt etwa **70 m²** und kann bei maximaler Inspiration auf 140 m² gesteigert werden. Beide Lungen wiegen **blutleer** beim Ewachsenen **ca. 550 g**.

In belüftetem Zustand ist das spezifische Gewicht gering.

▶ **Klinik.**

Größe, Gewicht und Farbe: Bei maximaler Ausatmung besitzen die Lungen ein **Volumen** von zusammen etwa **2–3 Litern**, bei maximaler Einatmung kann sich das Lungenvolumen auf etwa **6–8 Liter vergrößern**. Die gasaustauschende Fläche nimmt durch den oberflächenvergrößernden Aufbau des Bronchialbaums, der Konstruktion der Alveolen und des elastischen Gesamtaufbaus bei ruhiger Einatmung eine **Fläche von ca. 70 m²** ein. Diese große Gasaustauschfläche wird durch den Aufbau von **300–400 Millionen Alveolen** in den beiden Lungen gewährleistet. Bei der Ausatmung sinkt die gasaustauschende Fläche (auf ca. 40 m² bei maximaler Exspiration), bei der Einatmung steigt sie an (auf maximal 140 m² bei stärkster Inspiration). Beide Lungen zusammen wiegen beim Erwachsenen etwa **800 g**, **ohne Blut ca. 550 g**.
Eine belüftete Lunge hat ein spezifisches Gewicht von 0,13 g/ml bis 0,175 g/ml und schwimmt deshalb auf Wasser.

▶ **Klinik.** Eine noch nicht belüftete Lunge, z. B. die Lunge eines Kindes vor der Geburt, hat dagegen ein spezifisches Gewicht über 1,0 g/ml und sinkt im Wasser (so genannte **Schwimmprobe**).

Bei Kindern hat die Lunge eine grau-rosa Oberfläche; mit zunehmendem Alter wird die Lungenoberfläche aufgrund eingeatmeter Staubpartikel, die von Makrophagen der Lunge phagozytiert werden, dunkler. Dies gilt besonders für Raucher und Bewohner von umweltbelasteten Städten.

Form und Abschnitte: Wie ein eingekehlter Kegel mit einer Spitze (**Apex pulmonis**) und Basis (**Basis pulmonis**). Letztere und die beiden Seitenflächen werden nach den anliegenden Strukturen benannt:
- **Facies diaphragmatica**: Die Basis pulmonis liegt dem Zwerchfell auf (Abb. **G-2.5b** und Abb. **G-2.5d**).
- **Facies costalis**: Sie liegt der Brustwand innen an (Abb. **G-2.5a** und Abb. **G-2.5c**).
- **Facies mediastinalis** (Abb. **G-2.5b** und Abb. **G-2.5d**): Sie bildet die laterale Begrenzung des Mediastinums und ist die Pforte für die in das **Lungenhilum** ein- und austretenden Strukturen (Lungenstiel/-wurzel = **Radix pulmonis**: Bronchien, Blut- und Lymphgefäße).

Form und Abschnitte: Jede **Lunge** gleicht einem **abgerundeten, stumpfen Kegel** mit konvex geformter Spitze (**Apex pulmonis**) und einer konkav geformten Basis (**Basis pulmonis**). Entsprechend den angrenzenden Strukturen unterscheidet man folgende Flächen:
- **Facies diaphragmatica** (= Basis pulmonis): Diese konkave Fläche bildet die Lungenbasis und liegt der **Zwerchfellkuppel** auf (Abb. **G-2.5b** und Abb. **G-2.5d**).
- **Facies costalis**: Sie liegt den Rippen zugewandt in der Konkavität der Brustwand (Abb. **G-2.5a** und Abb. **G-2.5c**).
- **Facies mediastinalis** (Abb. **G-2.5b** und Abb. **G-2.5d**): Sie ist zum Mediastinum nach innen hin gerichtet und beinhaltet als wichtigste Struktur das Lungenhilum (Hilum pulmonis = „Lungenpforte"; im klin. Sprachgebrauch wird häufig noch der ältere Begriff Hilus genutzt). Die in der Lungenpforte ein- und austretenden Strukturen werden in ihrer Gesamtheit als Lungenstiel oder Lungenwurzel (**Radix pulmonis**) bezeichnet. Der Lungenstiel umfasst die Gesamtheit aller in das Hilum eintretenden Strukturen: Bronchus principalis (S. 544), A. pulmonalis (S. 559), s. auch Lungenarterien (S. 631), Vv. pulmonales (S. 559), s. auch Lungenvenen (S. 634), Rr. bronchiales (S. 559), Vv. bronchiales (S. 559), Lymphgefäße und Lymphknoten, z. B. Nll. intrapulmonales und die als „Hilumlymphknoten" (S. 560) bezeichneten Nll. bronchopulmonales (Abb. **G-2.3**) sowie verschiedene Nerven (S. 561).

▶ **Merke.**

▶ **Merke.** Das **Lungenhilum** ist Ein- und Austrittsstelle der Pulmonalgefäße und der Bronchien. Die Anordnung dieser Strukturen im Hilum zeigt Seitenunterschiede: Während die Vv. pulmonales beidseits ventrokaudal des Bronchus liegen, tritt
- der **rechte** Oberlappenbronchus **über** der A. pulmonalis (**eparterielle Lage**),
- der **linke** Hauptbronchus dagegen **unterhalb** der A. pulmonalis (**hyparterielle Lage**) in die Lunge ein.

Der Lungenstiel wird vom **Mesopneumonium** umhüllt, dessen kaudale Aussackung man als **Lig. pulmonale** bezeichnet.

Der Lungenstiel wird vom **Mesopneumonium**, dem Übergang von der Pleura parietalis auf die Pleura visceralis (S. 562) umhüllt. Das Mesopneumonium weist eine nach kaudal gerichtete, in der Frontalebene befindliche Aussackung auf. Diese kleine, nach kaudal hängende Aussackung des Mesopneumoniums, die keine wesentlichen Strukturen enthält, wird als **Ligamentum pulmonale** bezeichnet.

Die Einbuchtung, die das Herz in der Lunge bildet (**Impressio cardiaca**) ist links größer als rechts. Die linke Lunge bildet unterhalb der Incisura cardiaca einen zungenförmigen Zipfel (**Lingula pulmonis**).
Verschiedene Gefäße und Leitungsbahnen bilden sich auf der mediastinalen Fläche der Lunge ab (Abb. **G-2.5b** und Abb. **G-2.5d**), wie z. B. rechts V. azygos, und Ösophagus; links Aortenbogen, Aorta thoracica.

Die Facies mediastinalis ist im Rahmen der Anpassung an die Organe des Mediastinums und deren Lage links und rechts unterschiedlich ausgestaltet: Der größte Unterschied betrifft die **Impressio cardiaca**, eine Mulde in der Lunge, welche an das Herz mit der Perikardhöhle grenzt. Da das Herz weitgehend nach links verlagert ist, ist die Impressio cardiaca hier größer als rechts und lässt ventral (am Margo anterior der linken Lunge, s. u.) sogar eine regelrechte Einkerbung (**Incisura cardiaca**) entstehen. Bei ventraler Betrachtung läuft unterhalb dieser Ausbuchtung die linke Lunge in einem zungenförmigen Zipfel aus, die **Lingula pulmonis**.

G 2.3 Lunge (Pulmo)

⊙ G-2.5 Rechte (a) und linke (b) Lunge im Vergleich

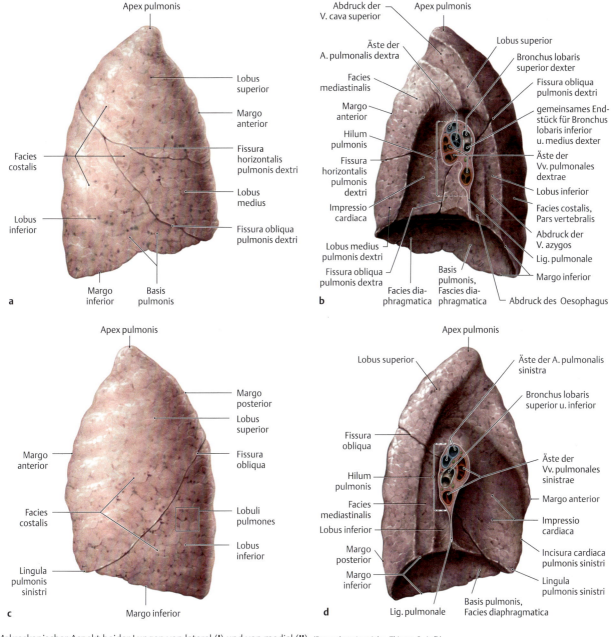

Makroskopischer Aspekt beider Lungen von lateral (I) und von medial (II). (Prometheus LernAtlas. Thieme, 3. Aufl.)

Neben der durch das Herz hervorgerufenen Mulde zeigen die mediastinalen Oberflächen der Lungen auf beiden Seiten noch Abdrücke anderer Organe und Leitungsbahnen (Abb. G-2.5b und Abb. G-2.5d): Auf der rechten Lunge finden sich u. a. Abdrücke von der **V. azygos** und von der **Speiseröhre** = Ösophagus (S. 679). Links zeichnen sich z. B. **Aortenbogen** und **Aorta thoracica** ab.

Ein horizontaler Querschnitt durch die Lunge ähnelt einem Segment aus einem Marmorkuchen, bei dem der äußere abgerundete Rand der Facies costalis und die eingekehlte innere Oberfläche („Kuchenmitte") der Facies mediastinalis entspricht. Durch Zusammentreffen der jeweiligen Flächen bilden sich an jeder Lunge drei Ränder („Kanten") aus:

- **Margo anterior** ventral zwischen Facies mediastinalis und costalis.
- **Margo posterior** (kein Begriff der aktuellen Terminologia anatomica) dorsal beim Zusammentreffen der Facies mediastinalis und Facies costalis der Lunge.
- **Margo inferior** umschreibt die diaphragmale Fläche der Lunge und trennt sie medial von der mediastinalen Fläche sowie lateral durch einen schärferen Rand von der kostalen Oberfläche.

Durch Zusammentreffen der jeweiligen Flächen bilden sich an jeder Lunge drei Ränder („Kanten"):

- **Margo anterior**,
- **Margo posterior** und
- **Margo inferior**.

550

G 2 Atmungsorgane und Pleura

Lage: Entsprechend der Definition der Pleurahöhle (S. 540) wird die Lage der Lunge als *darin* oder *an* ihrer viszeralen Wand beschrieben.

Lage: Die beiden Lungenflügel liegen beidseits des Mediastinums. Entsprechend der unterschiedlichen Definition der Pleurahöhle (S. 540) wird die Lage der Lunge oft beschrieben als *in* der Pleurahöhle, obwohl sie korrekterweise *an* der viszeralen Wand der zum Spalt verengten Pleurahöhle liegt. Die beiden Pleurahöhlen der rechten und linken Lunge kommunizieren nicht miteinander.

2.3.3 Aufbau der Lunge

Der Gliederung des Lungengewebes liegen Strukturen des **Bronchialbaums** (S. 554) zugrunde (Tab. **G-2.3**).

2.3.3 Aufbau der Lunge

Der Aufbau der Lunge wird durch das sich kontinuierlich dichotomisch aufzweigende Bronchialsystem bestimmt. In seiner Gesamtheit entsteht dadurch eine bäumchenartige Struktur, der **Bronchialbaum** (S. 554), deren periphere Abschnitte Ort des Gasaustausches sind. Der Gliederung des Lungengewebes in Lappen, Segmente, Läppchen und Azini liegt jeweils eine Struktur des Bronchialbaums mit seinen weiteren Verzweigungen zugrunde (Tab. **G-2.3**).

☰ **G-2.3** Zusammenhang zwischen Abschnitten des Bronchialbaums und zugehörigem Lungengewebe				
Lungengewebe Einheit	**Trenn-Strukturen**	**Bronchialbaumabschnitt**	**Anzahl rechts**	**links**
Lobus pulmonalis (Lungenlappen)	Fissurae (Fissuren)	**Bronchus lobaris** (Lappenbronchus)	3/Lunge	2/Lunge
Segmentum bronchopulmonale (bronchopulmonales Segment = Lungensegment)	Bindegewebssepten (an der Lungenoberfläche nicht erkennbar) mit Segmentvenen	**Bronchus segmentalis** (Segmentbronchus)	10/Lunge	9(10)/Lunge
Lobulus pulmonalis (Lungenläppchen)	Bindegewebe, unvollständige Trennung (makroskopisch nur sichtbar z. B. bei Rauchern)	**Bronchiolus lobularis** (erste Generation der Bronchioli)	ca. 4000/Lunge	
Azinus	–	**Bronchiolus terminalis** mit Aufzweigung in ■ **Bronchiolus respiratorius** I, II, III	ca. 12–18 Azini/Lobulus	
		Ductus alveolaris, der an seinem distalen Ende übergeht in mehrere ■ **Sacculus alveolares**		
		■ **Alveolen** (Lungenbläschen)	ca. 200 Alveolen/Bronchiolus respiratorius	

Lungengewebe

Lungengewebe

▶ **Definition.**

▶ **Definition.** Das Lungengewebe wird durch den sich verzweigenden Bronchialbaum mit seinen Alveolen gebildet.

Gliederung: (s. a. Tab. **G-2.3**)
- Lappen (s. u.)
- Segmente (S. 552)
- Läppchen (S. 553)
- Azini (S. 553).

Gliederung: Das Lungengewebe lässt sich, wie Tab. **G-2.3** bereits zeigt, gliedern in:
- **Lungenlappen** (Lobi pulmones, s. u.),
- **Lungensegmente**, sog. Segmenta bronchopulmonalia (S. 552),
- **Lungenläppchen**, sog. Lobuli pulmonales (S. 553) und
- **Azini** (S. 553)

Lungenlappen (Lobi pulmones)

Lungenlappen (Lobi pulmones)

▶ **Definition.**

▶ **Definition.** Die **Lungenlappen** sind die größten, makroskopisch gut sichtbaren „Bauteile" der Lunge.

- Die **rechte** Lunge besitzt **drei** Lappen (Abb. **G-2.5a** und Abb. **G-2.5b**): Lobus superior, medius und inferior pulmonis dextri.
- Die **linke** Lunge besitzt **zwei** Lappen (Abb. **G-2.5c** und Abb. **G-2.5d**): Lobus superior und inferior pulmonis sinistri.

Die **rechte** Lunge (**Pulmo dexter**) besitzt **drei** Lungenlappen (Abb. **G-2.5a** und Abb. **G-2.5b**):
- Oberlappen (Lobus superior pulmonis dextri),
- Mittellappen (Lobus medius pulmonis dextri) und
- Unterlappen (Lobus inferior pulmonis dextri).

Die **linke** Lunge (**Pulmo sinister**) besitzt **zwei** Lungenlappen (Abb. **G-2.5c** und Abb. **G-2.5d**):
- Oberlappen (Lobus superior pulmonis sinistri) und
- Unterlappen (Lobus inferior pulmonis sinistri).

Die Unterteilung in Lungenlappen geschieht durch **Fissurae interlobares** (Abb. **G-2.5**), die als Verschiebespalt bei der Atmung dienen.

Die Lappen jeder Lunge sind voneinander durch sog. **Fissurae interlobares** getrennt (Abb. **G-2.5**), die durch Auskleidung mit Pleura visceralis (S. 562) als Verschiebe- und Gleitspalt bei Atemexkursionen der Lunge dienen:

G 2.3 Lunge (Pulmo)

- **Fissura obliqua:** Diese schräg von dorsokranial nach ventrokaudal bis zur Lungenbasis verlaufende Fissur trennt den Unterlappen von den beiden anderen Lappen (rechts) bzw. dem Oberlappen (links).
- **Fissura horizontalis:** Diese der rechten Lunge vorbehaltene horizontal gestellte Fissur verläuft etwa parallel zur 4. Rippe von vorne bis zur Fissura obliqua und trennt somit Ober- und Mittellappen. Der Mittellappen befindet sich dadurch keilförmig vorne zwischen Ober- und Unterlappen (Abb. **G-2.5a** und Abb. **G-2.5b**).

▶ **Merke.** Die **Fissura obliqua** gibt es in beiden Lungen, die **Fissura horizontalis** nur rechts, wo sie den ebenfalls nur rechtsseitig vorhandenen Mittellappen vom Oberlappen trennt.

Die Fissuren sind jeweils sowohl von der kostalen als auch von der mediastinalen Seite aus sichtbar.
Von **dorsal** betrachtet sieht man von beiden Lungen nur Ober- und Unterlappen, welcher den jeweils größten Anteil einnimmt.
Ventral dagegen wird das Bild der Lunge hauptsächlich vom Oberlappen (links) und entsprechend vom Ober- und Mittellappen (rechts) gebildet.

▶ **Exkurs: Varianten der Lungenlappen.** Neben den beschriebenen Fissuren, die regelmäßig vorhanden sind, gibt es manchmal akzessorische Fissuren. Diese können insbesondere rechts basal zur Ausbildung eines **Lobus cardiacus** führen.
Der Bogen der V. azygos kann manchmal auf Höhe der Bifurcatio tracheae zu einer Einschnürung der rechten Lunge und dadurch zur Abgrenzung von Lungengewebe führen. Man spricht dabei von einem **Pseudolobus venae azygos**.

- **Fissura obliqua:** verläuft beidseits von dorsokranial nach ventrokaudal und trennt den Unterlappen ab.
- **Fissura horizontalis:** Sie ist nur rechts vorhanden und trennt den Mittel- vom Oberlappen ab (Abb. **G-2.5a** und Abb. **G-2.5b**).

▶ **Merke.**

Dorsal werden von beiden Lungen sowohl Ober- als auch Unterlappen (größerer Anteil) sichtbar.
Ventral prägen Oberlappen (links) bzw. Ober- und Mittellappen (rechts) das Bild der Lunge.

▶ **Exkurs: Varianten der Lungenlappen.**

▶ **Klinik.** Lungenentzündungen (**Pneumonien**) beginnen häufig im peripheren respiratorischen Abschnitt des Bronchialbaumes, den Alveolen, Azini (S. 553), und breiten sich dann in benachbarte Regionen (Azini, Lobuli) aus. Da die Lappengrenzen die Ausbreitung zunächst begrenzen, führt ein solcher Prozess häufig zum Bild einer **Lobärpneumonie**. Eine Lobärpneumonie lässt sich klinisch durch Auskultation (S. 35) über dem betreffenden Lungenlappen feststellen (Rasselgeräusche, Bronchialatmen). Für die Diagnose einer Lobärpneumonie ist die Kenntnis der Lungenlappen und ihre Projektion auf den Thorax wichtig (vgl. Abb. **G-2.7**), da anderenfalls eine auf einen Lappen begrenzte Lungenentzündung übersehen werden kann. Dies gilt insbesondere bei einer Entzündung des Mittellappens der rechten Lunge, der dorsal nicht direkt der Brustwand anliegt, sondern von den beiden anderen Lungenlappen bedeckt wird. Daher sollte man die Lungenauskultation nicht ausschließlich von dorsal ausführen.

⊙ **G-2.6 Lobärpneumonie.** Die Verschattung des rechten Mittellappens ist im Röntgenthorax mit einer p.-a.-Aufnahme (S. 130) gut sichtbar.

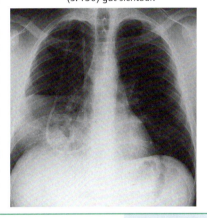

⊙ **G-2.7 Korrelation der Lungenlappen mit typischen „Verschattungsmustern" im Röntgenbild**

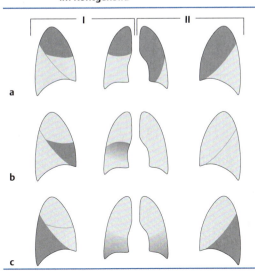

Ansicht der rechten (**I**) und linken (**II**) Lunge jeweils von lateral und ventral, schematisch dargestellt: Die typischen im Röntgenbild sichtbaren „Verschattungsmuster" bei Erkrankungen der Lungenlappen zeigt deutlich die Relevanz der Kenntnis ihrer Lage.
(Prometheus LernAtlas. Thieme, 3. Aufl.)

a Verschattung des rechten und linken Oberlappens.
b Verschattung des rechten Mittellappens (vgl. das Röntgenbild einer Mittellappenpneumonie; Abb. **G-2.6**).
c Verschattung des rechten und linken Unterlappens.

⊙ **G-2.7**

Lungensegmente (Segmenta bronchopulmonalia)

Lungensegmente (i. d. R. rechts 10, links 9, Abb. **G-2.8**) sind wichtige funktionelle Einheiten der Lunge, die durch Bindegewebe voneinander abgegrenzt sind.

Lungensegmente (Segmenta bronchopulmonalia)

Die Lungensegmente (Abb. **G-2.8**) sind wichtige funktionelle Einheiten der Lunge. Sie sind etwa pyramiden- bis kegelförmig und mit ihrer Spitze zum Lungenhilum gerichtet. An der Spitze des Lungensegmentes treten Segmentbronchus (S. 555) und Segmentarterie ein, während die Segmentvenen zwischen den Lungensegmenten auf ihrer Oberfläche verlaufen und erst nahe dem Hilum zu den großen Lungenvenen (S. 634) zusammenfließen. Die einzelnen Lungensegmente (i. d. R. rechts 10, links 9) sind durch Bindegewebe abgegrenzt, können jedoch bei Betrachtung der Lungenoberfläche nicht differenziert werden. Grundsätzlich besitzt die linke Lunge wie die rechte Lunge 10 Segmente; häufig ist aber das linke 7. Lungensegment nicht ausgebildet.

▶ **Merke.**

▶ **Merke.** Jedes Lungensegment ist als **bronchoarterielles Segment** eine für sich voll funktionsfähige Atmungseinheit, in deren Mittelpunkt ein Bronchus segmentalis und ein Ast der A. pulmonalis (A. segmentalis) steht. Die Venen verlaufen dagegen im Bindegewebe auf der Segmentoberfläche.

⊙ **G-2.8** Lungensegmente mit zugehörigen Segmentbronchien

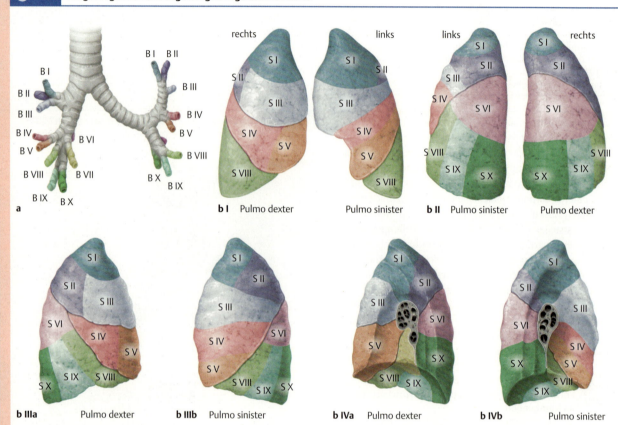

(Prometheus LernAtlas. Thieme, 3. Aufl.)

a Aufteilung des Bronchialbaums mit farblicher Hervorhebung der Segmentbronchien (B I–B X), die den Lungensegmenten in **b** entspricht.
b Lungensegmente (S I–S X) der rechten und linken Lunge in der Ansicht von ventral (**I**), dorsal (**II**), lateral (**III**) und medial (**IV**): Die Farbgebung entspricht den Segmentbronchien in **a**.

▶ **Klinik.** Aufgrund der unabhängigen Funktion der einzelnen Lungensegmente ist deren operative Entfernung ohne größere Blutungsgefahr und ohne Eröffnung der Bronchialwege möglich.

⊙ **G-2.9** Operative Entfernung eines Lungensegmentes
(Prometheus LernAtlas. Thieme, 3. Aufl.)

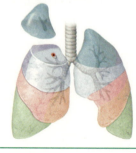

Lungenläppchen (Lobuli pulmonalia)

▶ Synonym. sekundärer Lobulus (häufige Bezeichnung in der angloamerikanischen Literatur)

Lungenläppchen sind wichtige **Funktionseinheiten der Lunge**. Sie entsprechen dem Versorgungsgebiet eines Bronchiolus lobularis, der ersten Generation von Bronchioli im Bronchialbaum der Lunge. Im Mittelpunkt eines Läppchens befindet sich der **Bronchiolus lobularis** bzw. die von ihm abzweigenden Bronchioli und ein **Ast der A. pulmonalis**. In der Peripherie des Lungenläppchens liegen die Bronchioli respiratorii und die nachfolgenden Abschnitte des respiratorischen Bronchialbaums (S. 556). Die Lungenläppchen werden nur unvollständig durch Bindegewebe voneinander abgegrenzt. Ein Lungenläppchen wird makroskopisch nur sichtbar, wenn sich – wie bei Rauchern – Ruß in das subpleurale Bindegewebe eingelagert hat. Die Basisflächen der Lungenläppchen sind auf weiten Teilen der Lungenoberfläche als polygonale Felder mit einer **Kantenlänge von 0,5–3 cm** sichtbar. Das Volumen der meisten Lungenläppchen beträgt zwischen 300 und 600 mm³.

▶ Klinik. Bestimmte Erkrankungen der Lunge wie z. B. das **Lungenemphysem** (eine pathologische Vergrößerung des konduktiven Bronchialbaums zu Lasten des respiratorischen Bronchialbaums) beginnen in den Lungenläppchen.

Lungenläppchen sind wichtige **Funktionseinheiten der Lunge** und entsprechen dem Versorgungsgebiet eines im Lobulus zentral gelegenen **Bronchiolus lobularis**.

Ein Lungenläppchen wird unvollständig durch Bindegewebe abgegrenzt. Die **Kantenlänge** eines typischen Lungenläppchens beträgt **0,5–3 cm**.

▶ Klinik.

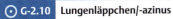

G-2.10 Lungenläppchen/-azinus

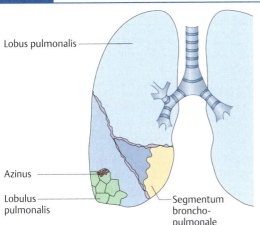

Größenverhältnisse von Lungenläppchen und Lungenazini; Projektion einzelner Lungenläppchen und Azini auf die Lungenoberfläche.

Lungenazini

▶ Synonym. Primärer Lobulus (häufige Bezeichnung in der angloamerikanischen Literatur)

Ein Lungenazinus entspricht dem Versorgungsgebiet eines **Bronchiolus terminalis** und hat einen Durchmesser von etwa 0,5 mm. Die Anzahl der Azini in einem Lungenläppchen variiert stark (zwischen 3 und 30 Azini/Läppchen, i. d. R. 12–18). Die Azini sind im Lungenläppchen um den zentralen Bronchiolus lobularis und die Arteria lobularis angeordnet.
Lungenazini werden nicht durch Bindegewebssepten abgegrenzt; es sind lediglich vereinzelte Bindegewebsanteile vorhanden, die Äste der Vena pulmonalis an die respiratorischen Abschnitte der Lungenazini heranführen.

Ein Lungenazinus entspricht dem Versorgungsgebiet eines **Bronchiolus terminalis** und hat einen Durchmesser von etwa 0,5 mm.

Bronchialbaum (Arbor bronchialis)

▶ Definition. Der Bronchialbaum bezeichnet das an den großen Bronchien beginnende Luftleitungssystem der Lunge, das seinen bäumchenartigen Charakter durch die vielfache dichotomische Aufzweigung erhält.

Einteilung: Unter funktionellen Gesichtspunkten unterscheidet man zwei Abschnitte des Bronchialbaums (Abb. **G-2.11**):
- der **konduktive** (luftleitende) Abschnitt wird durch die proximal gelegenen Anteile gebildet,
- der **respiratorische** (gasaustauschende) Abschnitt durch die am weitesten distal gelegenen Verzweigungen.

Konduktiver Abschnitt

▶ Definition. Luftleitender Abschnitt des Bronchialsystems.

Funktion: Der konduktive Abschnitt **führt** dem respiratorischen Abschnitt **Atemluft zu** bzw. transportiert sie **wieder ab**, ohne dass er selbst am Gasaustausch beteiligt ist. Er bedingt dadurch den sog. **Totraumanteil des Atemzugvolumens**, d. h. Luft, die nicht am Gasaustausch in den Alveolen teilnimmt. Der „Totraum" (bei Ruheatmung etwa 150–170 ml) ist konstruktiv unumgänglich, um den Alveolen die Atemluft mit dem geringstmöglichen Strömungswiderstand zuzuführen.

⊙ **G-2.11** Intrapulmonal gelegener Bronchialbaum (Arbor bronchialis)

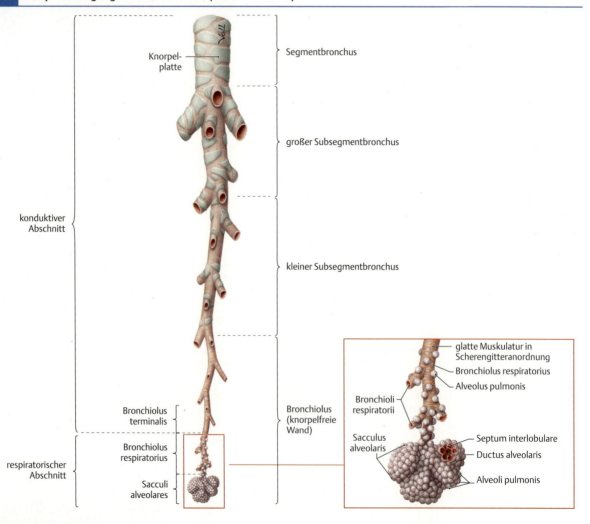

Darstellung der anatomischen und funktionellen Abschnitte mit Ausschnittsvergrößerung des respiratorischen Abschnitts.
(Prometheus LernAtlas. Thieme, 3. Aufl.)

G-2.4	Feinbau verschiedener Abschnitte der intrapulmonalen Verzweigungen des Bronchialbaums				
Gewebe/ Strukturen	**Lappen- und Segmentbronchien**	**Bronchioli**	**Bronchioli terminales**	**Bronchioli respiratorii**	**Ductus alveolares**
Epithel	Flimmerepithel mit vielen Kinozilien		teilweise kinozilienfrei	keine Kinozilien	
	mehrreihig*	zweireihig, zylindrisch**	einschichtig, kubisch**	einschichtig, kubisch**	einschichtig, platt***
Drüsen					
▪ intraepithelial (Becherzellen)	+	+	–	–	–
▪ subepithelial (Gll. bronchiales)	+	–	–	–	–
Bindegewebe	Tunica fibrocartilaginea	viele elastische Fasern in Lamina propria und peribronchialem Bindegewebe			elastische Fasern um Ductus alveolaris
Muskulatur	kontinuierliche Tunica muscularis	relativ kräftige Tunica muscularis		Tunica muscularis dünnt sich aus	Basalringe
Knorpel	Knorpelplättchen	–	–	–	–

* An Teilungsspornen der Trachea und großen Bronchien können kleine Inseln aus mehrschichtigem, unverhorntem Plattenepithel vorkommen.

** Zusätzlich ins Epithel eingelagerte Zelltypen sind:

▪ Clara-Zellen → Sekretion von Surfactant-Komponenten (S. 557) sowie von immunregulatorisch wirksamen Komponenten)

▪ neuroendokrine Zellen (Teil des Systems der disseminierten neuroendokrinen Zellen)

▪ dendritische Zellen (S. 175), d. h. antigenpräsentierende Zellen

*** einschichtig, kubisches Epithel an den Basalringen.

Anatomische Abschnitte: Die funktionelle Einheit des konduktiven Abschnitts unterteilt man nach Verzweigungsgeneration (Abb. **G-2.1**, Abb. **G-2.11**, Abb. **G-2.3** sowie Tab. **G-2.4**) und anatomischen Gesichtspunkten des Wandaufbaus weiter in:

▪ **Hauptbronchien** (**Bronchi principales**): Der konduktive Bronchialbaum beginnt mit dem rechten und linken Hauptbronchus (S. 544) noch außerhalb der Lunge.

▪ **Lappenbronchien** (**Bronchi lobares**): Der Hauptbronchus teilt sich links in 2 und rechts in 3 Lappenbronchien auf. Sie haben einen inneren Durchmesser von ungefähr **8–12 mm** und stellen die strukturelle Grundlage eines Lungenlappens (S. 550) dar.

▪ **Segmentbronchien** (**Bronchi segmentales, tertiäre Bronchien**): Jeder Lappenbronchus teilt sich nachfolgend in mehrere Segmentbronchien auf und versorgt ein Lungensegment (**Segmentum bronchopulmonale**, Abb. **G-2.8**). Die Segmentbronchien verzweigen sich dichotomisch in die nächsten 6 bis maximal 12 Generationen von Bronchien, bevor sie in die Bronchioli (s. u.) übergehen. Die Bronchien verjüngen sich dabei auf einen Durchmesser von 1–2 mm. Bei einem Durchmesser von etwa 1 mm verlieren die Bronchien i. d. R. den Knorpelbesatz.

▪ **Bronchioli:** Sie sind **knorpelfrei** und haben initial einen Durchmesser von **etwa 1 mm**. Die erste Generation von **Bronchioli** belüftet ein **Lungenläppchen** (**Lobulus pulmonis**). Diese Bronchioli werden als **Bronchioli lobulares** bezeichnet.

▪ **Bronchioli terminales:** Sie bilden als Endaufzweigungen der Bronchioli den Endabschnitt des konduktiven Systems, haben einen Durchmesser von **etwa 0,5– 0,8 mm** und versorgen einen **Lungenazinus**.

Feinbau: Der histologische Aufbau der **Bronchien** ist prinzipiell dem Aufbau der Trachea sehr ähnlich (Tab. **G-2.1**), jedoch sind die **Knorpeleinlagerungen** in der Tunica fibrocartilaginea sehr viel **unregelmäßiger**. Es kommt zum Aufbau einer kontinuierlichen innen liegenden **Tunica muscularis**. Zwischen der Tunica muscularis und der Tunica fibrocartilaginea findet sich ein gut ausgebildeter Venenplexus.

Im Gegensatz zu den Bronchien besitzen die **Bronchioli** keine eingebauten Knorpeleinlagerungen, sondern stabilisieren ihr Lumen durch in die Wand einstrahlende elastische Fasernetze. Ein weiterer wichtiger Unterschied ist die Ausbildung einer kontinuierlichen, kräftigen **Tunica muscularis** aus glatten Muskelzellen. Diese reguliert aktiv die Weite des Lumens der Bronchioli und hat große klinische Bedeutung.

Anatomische Abschnitte: Nach Verzweigungsgeneration (Abb. **G-2.1**, Abb. **G-2.11**, Tab. **G-2.3**) und Wandaufbau (Tab. **G-2.4**) unterscheidet man:

▪ **Hauptbronchien** (Bronchi principales), noch außerhalb der Lunge (S. 544).

▪ **Lappenbronchien** (Bronchi lobares), für jeweils einen Lungenlappen.

▪ **Segmentbronchien** (Bronchi segmentales), für jedes Lungensegment (Abb. **G-2.8**).

▪ **Bronchioli:** erstmals **knorpelfrei**. Die erste Generation (Bronchiolus lobularis) belüftet ein Lungenläppchen.

▪ **Bronchioli terminales:** Endabschnitt des konduktiven Systems; Versorgung eines Azinus.

Feinbau: Der Aufbau der **Bronchien** ähnelt dem der Trachea (Tab. **G-2.1**), allerdings sind die eingelagerten **Knorpelstücke** wesentlich **unregelmäßiger**.

Bronchioli sind **knorpelfrei**, haben aber eine eigene **Tunica muscularis**.

▶ Klinik.

Im typischen Flimmerepithel finden sich zusätzlich neuroendokrine, dendritische und sog. **Clara-Zellen**.

▶ Klinik. Ist der Tonus dieser glatten Muskulatur pathologisch erhöht, spricht man von einer **Bronchialobstruktion**. Dies kann anfallsweise auftreten wie beim **Asthma bronchiale** oder – wie häufig bei Rauchern im Rahmen einer chronisch obstruktiven Lungenerkrankung = COPD (S. 577) – zu einem dauerhaften Problem werden. Durch die Verengung der Luftwege wird der Atemwegswiderstand massiv erhöht und führt klinisch zur Atemnot (Dyspnoe).

Das auskleidende Epithel ist das typische, Kinozilien tragende, mehrreihige respiratorische Flimmerepithel (Tab. A-2.5), in dem sich noch andere Zellen (neuroendokrine Zellen, dendritische Zellen, intraepitheliale exokrine Zellen: z.B. **Clara-Zellen**) sowie auch freie Nervenfasern finden.

▶ Klinik. Das **Bronchialkarzinom** ist eines der häufigsten, zum Tode führenden Karzinome des Menschen. Ausgangszellen des besonders bösartigen und häufigen kleinzelligen Bronchialkarzinoms sind die neuroendokrinen Epithelzellen des Bronchialbaums. Häufig ergibt ein verdächtiges Röntgenbild (s. Abb. **G-2.12**) neben den klinischen Symptomen wie **anhaltendem Husten** und blutigem Auswurf (**Hämoptysen**) einen Verdacht auf eine Tumorerkrankung. Der Verdacht auf ein Bronchialkarzinom kann durch eine endoskopische Untersuchung der großen Bronchien (**Bronchoskopie**) mit gleichzeitiger Gewebeentnahme weiter abgesichert werden.

Computertomografie (CT), Magnetresonanztomografie (MRT), Positronenemissionstomografie (PET) (in der Regel durchgeführt mit radionuklidmarkierter Fluordeoxyglucose, „FDG-PET") und Lymphknotenbiopsie mittels Mediastinoskopie sind weitere Verfahren zur diagnostischen Absicherung und Stadieneinteilung („**Staging**") eines Bronchialkarzinoms.

Langsamer als das kleinzellige Bronchialkarzinom wächst das Plattenepithelkarzinom, das als typisches „**Raucherkarzinom**" gilt. Seine Prognose hängt vom Zeitpunkt der Diagnose ab sowie einer möglichen, bereits stattgefundenen Metastasierung in Lymphknoten und anderen Organen.

⊙ **G-2.12** **Bronchialkarzinom im Röntgenbild des Thorax.** Ausdehnung durch Pfeile gekennzeichnet. (Greten, H.: Innere Medizin. Thieme, 2010)
a linksseitiges **peripheres** Bronchialkarziom,
b linksseitiges **zentrales** Bronchialkarzinom. Hier liegt ein Zwerchfellhochstand (S. 639) durch Phrenikusparese vor.

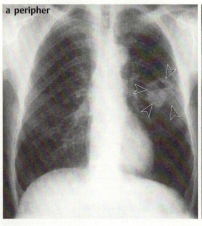
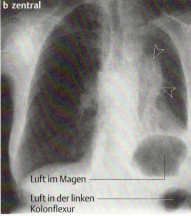

Respiratorischer Abschnitt

Respiratorischer Abschnitt

▶ Definition.

▶ Definition. Anteile am distalen Ende des Bronchialbaums, die am Gasaustausch beteiligt sind.

Funktion: O_2-Aufnahme in die Lungenkapillaren und CO_2-Abgabe in die Alveolarluft.

Funktion: Der respiratorische Abschnitt ist verantwortlich für die **Sauerstoffaufnahme** aus dem Alveolarlumen in das Kapillarsystem der Lunge und parallel dazu auch für die **Abgabe von Kohlendioxid** aus dem Kapillarsystem der Lunge in die Alveolarluft („äußere Atmung").

Anatomische Abschnitte: Man unterscheidet (Abb. G-2.11):
- **Bronchioli respiratorii:** Sie tragen in den Wandabschnitten bereits einzelne Alveolen und gehören somit bereits zum gasaustauschenden Abschnitt der Lunge.

Anatomische Abschnitte: Wie der konduktive, lässt sich auch der respiratorische Abschnitt in anatomisch unterschiedlich gebaute Anteile unterteilen (Abb. G-2.11):
- **Bronchioli respiratorii:** Die Bronchioli terminales (s. o.) teilen sich in die Bronchioli respiratorii auf, deren Wand bereits vereinzelt Alveolen trägt und die somit bereits erste Abschnitte des gasaustauschenden Systems darstellen. Der mittlere Durchmesser der Bronchioli respiratorii beträgt **0,4 mm**. Die Hauptmasse an Alveolen befindet sich allerdings weiter distal.

G 2.3 Lunge (Pulmo)

- **Ductus alveolares:** Sie folgen auf die Bronchioli respiratorii. Sie finden sich typischerweise ab der 19.–22. Aufteilungsgeneration des Bronchialbaumes (gerechnet ab der initialen Aufteilung der Trachea in die Hauptbronchien = 1. Aufteilungsgeneration). Ihre Wände bestehen praktisch nur noch aus den gasaustauschenden **Alveolen** und **Alveolengruppen** (**Sacculi alveolares**). Mehrere Sacculi alveolares entspringen i. d. R. aus einem Ductus alveolaris. Die Verzweigungsstelle, an der die Sacculi alveolares abzweigen, wird insbesondere auch in der angloamerikanischen Literatur, als Atrium bezeichnet. Die wenigen **verbliebenen Wandabschnitte der Ductus alveolares** sind mit einschichtigem **kubischem Epithel** bedeckt. Einzelne glatte Muskelzellen liegen als **„Basalringe"** in den proximalen Abschnitten der Ductus alveolares um den Eingang in die Alveolen.

- **Alveolen:** Sie sind der für den Gasaustausch wichtige Endabschnitt in der Lunge („Atmungskammern der Lunge"). Jede Lunge enthält etwa **300–400 Millionen** Alveolen. Die Alveolen bedingen das typische **wabenartige Muster** der Lunge im histologischen Präparat und die **schwammartige Konsistenz** des intakten Organs. Die Lungenalveolen sind dünnwandige polygonale bis kugelförmige Taschen mit einem Durchmesser von **ca. 250 µm**. Der Feinbau der Alveolen bietet optimale Voraussetzungen für den Gasaustausch (S. 569) zwischen Luft und Kapillarblut (Abb. **G-2.13**). Die Kapillaren bilden in der Wand der Alveolen einer gesunden, normal großen Lunge eine Fläche von etwa 120 m^2 Ausdehnung.

Feinbau der Alveolen: (Abb. **G-2.13**): Lungenalveolen sind polygonale, wabenartige Ausstülpungen des Bronchialbaums mit einer sehr dünnen Wand, die eine optimale Gasdiffusion erlaubt. Die dünne Wand der Alveolen wird ausgekleidet durch flache, endothelzellartig aussehende **Typ-I-Pneumozyten** („Tapetenzellen" der Alveolen). Sie stehen miteinander über Zell-Zell-Kontakte in Verbindung und bedecken ca. 90 % der Alveolenfläche. Weitere zelluläre Bestandteile der Lungenalveolen sind die **Typ-II-Pneumozyten**, vergleichsweise hohe Zellen mit wenigen Fortsätzen. Ultrastrukturell enthalten Letztere elektronendichte Granula, die das sog. **Surfactant** (S. 558) enthalten, das in das Lumen der Alveolen exozytiert wird und dort die Oberflächenspannung herabsetzt. Die Anzahl der Typ-II-Pneumozyten ist größer als die der Typ-I-Pneumozyten, jedoch bedecken sie nur ca. 7 % der Alveolaroberfläche.

- Die Bronchioli respiratorii gehen über in die **Ductus alveolares** mit den Alveolen und Alveolengruppen (**Sacculi alveolares**).

- Die **Alveolen** sind die eigentlichen, gasaustauschenden Strukturen in der Lunge. Jede Lunge enthält etwa **300–400 Millionen** Alveolen.

Feinbau der Alveolen: (Abb. **G-2.13**): Flache endothelzellartige Zellen kleiden die Alveolenwand aus (**Typ-I-Pneumozyten**), sog. **Typ-II-Pneumozyten** sezernieren Surfactant, s. Exkurs (S. 558).

G-2.13 Wandbau der Lungenalveolen

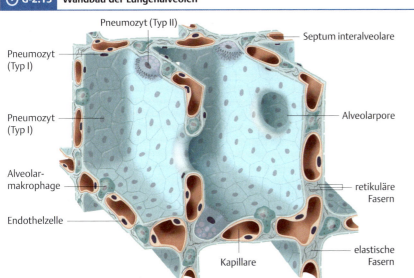

Dreidimensionale schematische Darstellung.

▶ **Klinik.** In der Alveolarwand bzw. im Lumen der Alveolen kann man manchmal aus dem Blut ausgewanderte **Alveolarmakrophagen** erkennen. Sie gehören zum Abwehrsystem der Lunge, da sie auch Erreger und Fremdkörper phagozytieren können. Alveolarmakrophagen finden sich besonders häufig bei einer Stauung des Blutes im Lungenkreislauf, z. B. bei Linksherzinsuffizienz (S. 595), d. h. bei verminderter Pumpleistung des Herzens. Diese Zellen werden deshalb auch als **Herzfehlerzellen** bezeichnet. Herzfehlerzellen besitzen einen hohen Gehalt an Eisenpigmenten, da bei Stauungen im Lungenkreislauf auch Erythrozyten ins Alveolarlumen austreten und diese von den Alveolarmakrophagen phagozytiert werden. Herzfehlerzellen werden häufig expektoriert und können deshalb im Sputum der Patienten beobachtet werden.

G 2 Atmungsorgane und Pleura

Benachbarte Alveolen stehen untereinander durch **Alveolarporen** (**Porus septi**, „**Kohn**"-**Poren**) in den Interalveolarsepten (Alveolarwand) in Verbindung.

▶ **Exkurs: Surfactant.** **Surfactant** steht für **surf**ace **act**ive **ag**ent, eine oberflächenaktive Substanz aus Phospholipiden und Surfactantproteinen, die dafür sorgt, dass die Oberflächenspannung der Lungen reduziert wird und damit die Alevolen entfaltet bleiben. Ohne Surfactant kollabieren die Alveolen (**Atelektase**). Surfactantproteine sind auch für die Opsonierung von Keimen zuständig, d. h. sie erleichtern deren Beseitigung durch Alveolarmakrophagen.

▶ **Klinik.** Auch wenn die Bildung von Surfactant ab der 24. Schwangerschaftswoche (SSW) einsetzt, wird meist erst um die 30. SSW ausreichend Surfactant produziert, um eine problemlose Atmung zu ermöglichen. Daher haben **Frühgeborene**, die weit vor der 30. SSW geboren werden, aufgrund ihrer noch unreifen (und damit unzureichend entfalteten) Lungen meist **Atemprobleme**.
Bei einer drohenden Frühgeburt tragen Glukokortikoide („Kortison") dazu bei, die Surfactantproduktion zu induzieren, wenn die Geburt noch so lange hinausgezögert werden kann. Darüber hinaus gibt es auch die Möglichkeit, Surfactant in die Lungen zu instillieren.

2.3.4 Gefäße und Innervation der Lunge

Gefäße der Lunge

Blutgefäße

Hier wird unterschieden zwischen **Vasa publica** als Gefäße, die im Dienste des gesamten Körpers stehen, und **Vasa privata** als Gefäße für die Versorgung der pulmonalen Strukturen (S. 149).
Zwischen beiden Systemen bestehen verschiedene Kurzschlussverbindungen, sog. Anastomosen (S. 148).

Vasa publica: Diese Gefäße führen sauerstoffarmes Blut aus dem Körperkreislauf (Aa. pulmonales) zwecks Gasaustausch zum alveolären Kapillarsystem und sauerstoffreiches Blut (Vv. pulmonales) wieder zurück zum Herzen. In ihrer Gesamtheit bilden sie den so genannten „**kleinen Kreislauf**" = Lungenkreislauf (S. 148).

▶ **Merke.** Im Lungenkreislauf führen die Arterien (Aa. pulmonales) desoxygeniertes Blut und die Venen (Vv. pulmonales) oxygeniertes Blut (Abb. **G-2.14**).

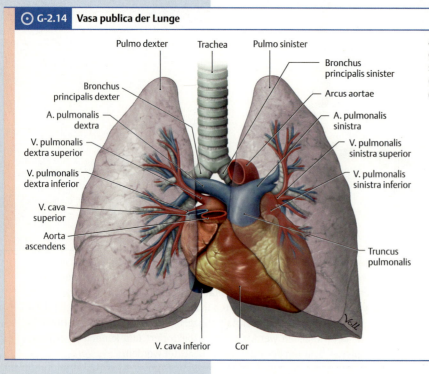

⊙ G-2.14 **Vasa publica der Lunge**

Arteriae und Venae pulmonales. Die Farbgebung der Gefäße repräsentiert den Sauerstoffgehalt des transportierten Blutes (blau = sauerstoffarm; rot = sauerstoffreich).
(nach Prometheus LernAtlas. Thieme, 3. Aufl.)

G 2.3 Lunge (Pulmo)

- Die **Arteriae pulmonales sinistra** und **dextra**, die sich aus dem **Truncus pulmonalis** (S. 631) aufteilen, führen sauerstoffarmes Blut aus dem rechten Ventrikel in die Lungen. Jede A. pulmonalis teilt sich in **Lappenarterien** und nachfolgend in **Segmentarterien** auf und folgt in ihrem Verlauf den Aufzweigungen des Bronchialbaums; vgl. bronchoarterielles Segment (S. 552).
- Die **Venae pulmonales** führen sauerstoffreiches Blut von der Lunge in den linken Vorhof. Topografisch von den Ästen der A. pulmonalis und den entsprechenden Abschnitten des Bronchialbaums getrennt, verlaufen die entsprechenden Begleitvenen, die sich schließlich zu den Vv. pulmonales vereinigen.

- Äste der **Aa. pulmonales** verlaufen unmittelbar benachbart zu den entsprechenden Abschnitten des Bronchialbaums vgl. bronchoarterielles Segment (S. 552).
- Äste der **Vv. pulmonales** verlaufen dagegen separat.

▶ **Klinik.** Die **Lungenembolie** ist eine plötzliche Lumenverlegung der Pulmonalarterien bzw. ihrer Äste durch einen über die Blutbahn aus der Peripherie in die Lunge gelangten Thrombus. Häufige Ursache einer Lungenembolie ist eine tiefe Beinvenenthrombose (S. 160). Zur klinischen Symptomatik der Lungenembolie (S. 164). Durch die Verlegung eines Astes der A. pulmonalis kann eine Mehrbelastung des rechten Herzens (S. 584) mit schweren kardialen, u. U. zum Tode führenden Komplikationen resultieren.

▶ **Klinik.**

Vasa privata: Die **Bronchialgefäße** (Abb. **G-2.15**), **Rami bronchiales** (früher Aa. bronchiales) und **Venae bronchiales** versorgen die Strukturen der Lunge.
- Die arteriellen **Rami bronchiales** variieren in Ursprung und Zahl: Meist geht ein kurzer Hauptstamm von der Ventralfläche der Aorta nahe dem Oberrand des linken Hauptbronchus hervor und gibt an beide Lungen Äste ab. Ein **Ramus bronchialis sinister** kann auch in Höhe des Unterrands des linken Hauptbronchus direkt aus der Aorta, ein **Ramus bronchialis dexter** aus der 3. oder 4. Interkostalarterie entspringen.
- Die **Venae bronchiales** führen das Blut der V. azygos und V. hemiazygos zu.

Anastomosen:
- **Arterioarterielle Anastomosen:** Zwischen Ästen der A. pulmonalis und den Rr. bronchiales sind in bestimmten Bereichen direkte Kurzschlussverbindungen (sog. bronchopulmonale Anastomosen) gefunden worden. Diese **Rami pulmobronchiales** sind normalerweise geschlossen. Ihre funktionelle Bedeutung ist unklar.
- **Arteriovenöse Anastomosen** stehen räumlich in enger Beziehung zu den arterioarteriellen Anastomosen. Das Blut, das durch diese arteriovenösen Anastomosen fließt, kann somit entweder aus den Rr. bronchiales oder aus der A. pulmonalis stammen. Die funktionelle Bedeutung dieser arteriovenösen Anastomosen wird bei der Regulation der Bronchialdurchblutung gesehen (insbesondere in weniger gut belüfteten Bereichen der Lunge; zu Details siehe Lehrbücher der Physiologie).

Vasa privata: Die Bronchialgefäße (Abb. **G-2.15**) versorgen die pulmonalen Strukturen:
- **Rr. bronchiales** der Aa. intercostales;
- **Vv. bronchiales** münden in die V. azygos und V. hemiazygos.

Anastomosen:
- **Arterioarterielle Anastomosen**, die zwischen Ästen der A. pulmonalis und der Rr. bronchiales bestehen, sind im Normalfall geschlossen, sog. Sperrarterien (S. 158).
- Weiterhin sind in der Lunge auch **arteriovenöse Anastomosen** ausgebildet, die ebenfalls im Zusammenhang mit der Regulation des Blutflusses gesehen werden.

⊙ G-2.15 Vasa privata der Lunge

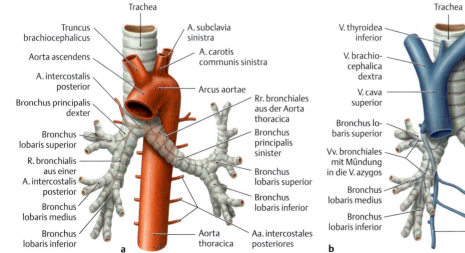
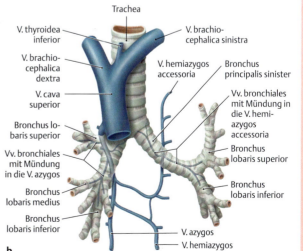

(Prometheus LernAtlas. Thieme, 3. Aufl.)
a Arterielle Rami bronchiales
b und Venae bronchiales.

Zudem fließt ein Teil des Blutes aus den Rr. bronchiales nach Versorgung des Lungengewebes nicht zurück über die Vv. bronchiales, sondern in Äste der Vv. pulmonales. Dieser „physiologische Rechts-links-Shunt" führt dazu, dass der Sauerstoffpartialdruck im arterialisierten Blut der V. pulmonalis geringer ist als der der Alveolen.

- **Lymphabfluss:** Das Lymphabflusssystem der Lunge (Abb. **G-2.16**) ist von besonderer ärztlicher Bedeutung. Es werden **2 Lymphsysteme** unterschieden.

- Wichtige regionäre Lymphknoten des pulmonalen (peribronchialen) Systems sind die **Nll. intrapulmonales** und **bronchopulmonales**.
- Die regionären Lymphknoten des **subpleuralen Systems** sind die **Nll. tracheobronchiales sup.** und **inf.**, welche gleichzeitig die **Sammellymphknoten** des pulmonalen Systems darstellen.

Lymphabfluss: Der Lymphabfluss der Lunge (Abb. **G-2.16**) ist wegen der lymphogenen Metastasierung von Lungentumoren von besonderer ärztlicher Bedeutung. In der Lunge liegen **zwei getrennte Lymphsysteme** vor (s. u.), wobei unmittelbar um die Alveolen keine Lymphkapillaren vorhanden sind, da sie den Gasaustausch behindern würden.

- Die Lymphgefäße des **pulmonalen** (**peribronchialen**) **Lymphsystems** beginnen im peribronchiolären Bindegewebe, liegen zentral im Lungenläppchen und folgen dem Verlauf der Aa. pulmonales. Die **regionären Lymphknoten** dieses Systems liegen an der Gabelung der Segmentbronchien (**Nodi lymphoidei intrapulmonales**) bzw. Lappenbronchien (**Nodi lymphoidei bronchopulmonales**, klin. „**Hilumlymphknoten**") sowie auch die **Nodi lymphoidei juxtaoesophageales** neben dem Ösophagus.

Die **Sammellymphknoten** dieses Systems sind die **Nodi lymphoidei tracheobronchiales superiores** und **inferiores** (klin. „**Bifurkationslymphknoten**") über und unter der Bifurcatio tracheae. Von diesen Sammellymphknoten fließt die Lymphe entwe-

G-2.16 Lymphabfluss der Lunge

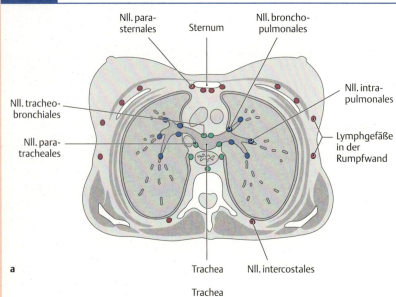

Darstellung des Lymphabflusses von Lungen, Bronchialbaum und Trachea.
(Prometheus LernAtlas. Thieme, 3. Aufl.)
a Horizontalschnitt, Ansicht von kranial,
b Frontalschnitt, Ansicht von ventral.

der weiter in die **paratrachealen Lymphknoten** oder direkt in den Truncus broncho-mediastinalis. Dieser führt rechts zum Ductus lymphaticus dexter, links zum Ductus thoracicus (S. 634).

- Das zweite Lymphsystem der Lunge ist das **subpleurale Lymphgefäßsystem**. Es beginnt in der Subserosa der Pleura pulmonalis und folgt dem Verlauf der V. pulmonalis. Die regionären Lymphknoten dieses Systems sind die **Nodi lymphoidei tracheobronchiales superiores** und **inferiores**. Der weitere Verlauf der Lymphe entspricht dem des pulmonalen Systems.

Innervation der Lunge

Das Parenchym der Lunge wird durch efferente Fasern des vegetativen Nervensystems sowie Afferenzen, die mit ihnen verlaufen, versorgt. Äste des Nervus vagus (Rami bronchiales) und des Truncus sympathicus (Rami pulmonales aus dem Ggl. stellatum und den oberen Thorakalganglien) bilden zu beiden Seiten der Bronchien ventral und insbesondere dorsal der Hauptbronchien einen Nervenplexus, den **Plexus pulmonalis**.

Die **efferenten vegetativen Fasern** versorgen glatte Muskulatur in der Wand der Bronchien und Drüsen. Eine Aktivierung des **Parasympathikus** (bei Ruheatmung) führt dabei zu einer Verengung (**Bronchokonstriktion**), eine Aktivierung des **Sympathikus** zu einer Erweiterung (**Bronchodilatation**) der Bronchien. Eine Verengung der Bronchien durch den Parasympathikus bei ruhiger Atmung vermindert das **Totraumvolumen** (S. 554) des Bronchialbaums und hält somit das Ausmaß der „unproduktiven" Atmungsarbeit, die Luft nur im konduktiven Abschnitt des Bronchialbaums hin und her bewegt, möglichst gering. Ist dagegen bei erhöhtem Sauerstoffbedarf eine verstärkte Atemarbeit notwendig, sorgt der Sympathikus für eine Bronchodilatation in allen Abschnitten des Bronchialbaums. Dadurch wird der **Atemwegswiderstand** des Bronchialbaums stark verringert, um eine verstärkte Ventilation (Belüftung) der Alveolen zu erzielen. Dabei wird eine Vergrößerung des Totraumvolumens in Kauf genommen, der bei dem stark vergrößerten Atemzugvolumen funktionell unbedeutend ist.

Afferente Fasern aus der Lunge verlaufen größtenteils zusammen mit dem N. vagus und vermitteln Dehnungs- und Schmerzreize. Die Perikaryen der sensorischen Fasern des N. vagus liegen im Ganglion inferius (nodosum) und im Ggl. superius (jugulare) und ziehen weiter in den Hirnstamm. Die beschriebenen Nervenfasern sind für den **Hering-Breuer-Reflex** verantwortlich: Bei einer inspiratorischen Volumenvergrößerung von über 1,5 Litern werden die Dehnungsrezeptoren im Bronchialbaum aktiviert und es erfolgt, vermittelt über die beschriebenen Bahnen, eine reflektorische Hemmung der Einatmung im Atemzentrum. Durch den Hering-Breuer-Reflex wird die Lunge vor Überdehnung geschützt.

2.4 Pleura

▶ **Definition.** Die Pleura (**Brustfell**) kleidet als seröse Haut die **Pleurahöhle** (S. 540) aus. Sie bildet wie alle serösen Häute (S. 523) zwei Blätter aus, deren viszerales Blatt (**Pleura visceralis = Lungenfell**) die Lungenoberfläche bedeckt während ihr parietales Blatt (**Pleura parietalis = Rippen-** oder **Brustfell**) die Wand der Brusthöhle auskleidet.

2.4.1 Funktion von Pleura und Pleurahöhle

Die durch die Pleura gebildete **Pleurahöhle** (**Cavitas pleuralis**) dient der Lunge als wichtiger Verschiebe- und Reserveraum bei Atembewegungen, während derer die Lunge deutliche Volumenänderungen erfährt (S. 566):

Bei der **Inspiration** (**Einatmung**) erfolgt eine Vergrößerung des Lungenvolumens (Expansion) und eine Ausdehnung der Lunge in die Reserveräume der Pleurahöhle hinein. Bei der **Exspiration** (**Ausatmung**) erfolgt eine Bewegung in die umgekehrte Richtung.

Die **Pleura** macht diese Volumenänderungen aufgrund ihrer elastischen Eigenschaften mit und ermöglicht durch die glatte Oberfläche des **Mesothels** (S. 526) sowie durch die sezernierte **seröse Flüssigkeit** eine reibungsarme Verschiebung beider Pleurablätter (s. o.) gegeneinander und damit die Bewegung der Lunge gegenüber der Thoraxwand.

Innervation der Lunge

Sie erfolgt durch den **Plexus pulmonalis** mit Ästen aus dem N. vagus (Rr. bronchiales) und dem Truncus sympathicus (Rr. pulmonales).

Efferenzen: Vagusaktivierung führt zu einer Verengung der Bronchien (**Bronchokonstriktion**); Sympathikusaktivierung führt zu einer Erweiterung der Bronchien (**Bronchodilatation**).

Dehnungsrezeptoren, deren **Afferenzen** vom N. vagus zum Hirnstamm geleitet werden, vermitteln den **Hering-Breuer-Reflex**.

2.4 Pleura

▶ **Definition.**

2.4.1 Funktion von Pleura und Pleurahöhle

Die **Pleurahöhle** (**Cavitas pleuralis**) ist für die Atemexkursionen der Lunge (S. 566) wichtig, wobei die Pleura durch ihre elastischen Eigenschaften, die glatte Oberfläche des **Mesothels** (S. 526) und die sezernierte **Flüssigkeit** der Lunge ein **glattes, reibungsarmes Widerlager** bietet.

▶ Klinik. Die glatte Oberfläche der Serosa kann bei verschiedenen Erkrankungen in Mitleidenschaft gezogen werden. Kommt es dabei zu Aufrauungen der Oberfläche und nachfolgenden Verklebungen zwischen parietalem und viszeralem Blatt, können daraus Atembehinderungen resultieren.

2.4.2 Abschnitte und Lage der Pleura

- **Pleura visceralis:** Bedeckung/Umhüllung der Lunge.
- **Pleura parietalis:** Auskleidung der Brusthöhlenwand. Je nach Lage werden verschiedene Abschnitte unterschieden, die von außen aufliegenden Bindegewebsschichten verstärkt werden (Tab. **G-2.5**).

Die beiden Blätter der Pleura, die an Umschlagsfalten, dem beidseitig vorhandenen **Mesopneumonium** (S. 548), ineinander übergehen, sind:
- **Pleura visceralis:** Sie bedeckt die Oberfläche der Lunge (lat. viscera, Eingeweide) im Sinne einer Hülle.
- **Pleura parietalis:** Sie kleidet die Wand (lat. paries = Wand) der Brusthöhle aus. Entsprechend der verschiedenen Wandabschnitte, die von ihr bedeckt werden, unterscheidet man verschiedene Anteile der Pleura parietalis, die von außen aufliegenden Bindegewebsschichten/Faszien verstärkt werden (Tab. **G-2.5**).

G-2.5 Abschnitte der Pleura parietalis

Abschnitt	Lokalisation	anliegende Bindegewebsschicht
Pars costalis	Innenseite der Brustwand	Fascia endothoracica (S. 295)
Pars diaphragmatica	auf dem Zwerchfell	Fascia phrenicopleuralis
Pars mediastinalis	lateral vom Mediastinum	unbenannt, direkter Übergang in das Bindegewebe des Mediastinums
Pleura cervicalis mit **Cupula pleurae** (Pleurakuppel)	apikal, oberhalb der oberen Thoraxapertur (S. 288)	Membrana suprapleuralis (Gibson-Faszie)

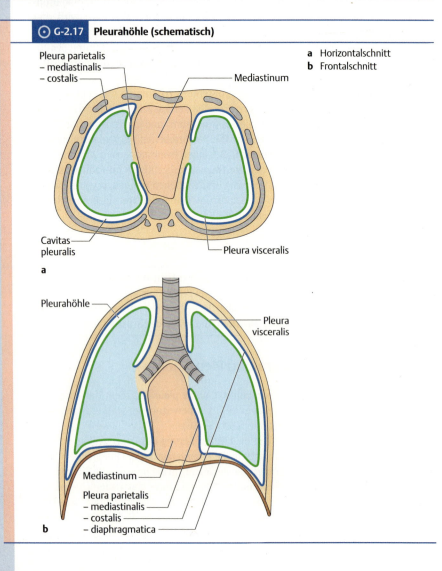

G-2.17 Pleurahöhle (schematisch)

a Horizontalschnitt
b Frontalschnitt

Umschlagfalten der Pleura parietalis

An den Übergangsstellen der verschiedenen Abschnitte ineinander (Umschlagfalten) bildet die Pleura parietalis Aussackungen (**Recessus pleurales**, s. u.), sodass z. T. auch mediastinale Strukturen von der Pleura bedeckt sind. Nur in eng begrenzten Bereichen ist dies nicht der Fall, weshalb man sie als **pleurafreie Dreiecke** (S. 564) bezeichnet.

Recessus pleurales

▶ **Definition.** Recessus pleurales sind taschenförmige Aussackungen der Pleurahöhle an den Grenzen zwischen den verschiedenen Anteilen der Pleura parietalis.

Funktion: Die Aussackungen stellen Reserveräume (Komplementärräume) dar, in die hinein sich die Lunge bei tiefer Einatmung entfalten kann (Abb. **G-2.18**).

Form und Lage: Die einzelnen Recessus pleurales unterscheidet man nach den ineinander übergehenden Abschnitten der Pleura parietalis bzw. nach ihrer Lage.
- **Recessus costodiaphragmaticus:** Er ist der größte und funktionell bedeutsamste Recessus (Abb. **G-2.18**). Als tiefe, sichelförmige Tasche liegt er zwischen Zwerchfell und seitlicher Brustwand, also **zwischen Pars diaphragmatica** und **Pars costalis** der Pleura parietalis.
Die Tiefe des Recessus costodiaphragmaticus nimmt von ca. 2 cm in der Medioklavikularlinie auf etwa 6 cm in der mittleren Axillarlinie zu und sinkt dann in Richtung auf die Wirbelsäule wieder auf rund 3 cm ab. Der Unterrand der Lunge tritt bei maximaler Inspiration 1–2 Interkostalräume tiefer in den Recessus costodiaphragmaticus ein, füllt ihn jedoch selbst bei maximaler Inspiration nicht vollständig aus.

▶ **Klinik.** Bei **Pleuraergüssen** sammelt sich die Flüssigkeit aufgrund der Schwerkraft im Stehen im Recessus costodiaphragmaticus. Der Flüssigkeitsspiegel ist über Röntgen und Ultraschall nachweisbar (S. 564).

- **Recessus costomediastinalis** (**anterior**): Er ist ein vergleichsweise kleiner Reserveraum, der sich zwischen **Pars costalis** und **Pars mediastinalis** der Pleura parietalis beiderseits hinter das Sternum schiebt (links tiefer als rechts). In den Recessus costomediastinalis gleitet der vordere Rand der Lunge.
- **Recessus vertebromediastinalis** (**Recessus costomediastinalis posterior**): Er bildet hinter dem Lig. pulmonale eine kraniokaudal ausgerichtete Rinne am Übergang der **Pars mediastinalis** auf die **Pars costalis** der Pleura parietalis im hinteren Mediastinum.
- **Recessus phrenicomediastinalis:** Er ist sagittal gestellt und zwischen Pars diaphragmatica und Pars mediastinalis der Pleura parietalis ausgebildet.

Umschlagfalten der Pleura parietalis

An den Übergangsstellen der verschiedenen Anteile bilden sich **Recessus pleurales** (s. u.), sodass bis auf die **pleurafreien Dreiecke** (S. 563) z. T. auch mediastinale Strukturen durch die Pleura bedeckt sind.

Recessus pleurales

▶ **Definition.**

Funktion: Sie bilden Reserveräume für die sich ausdehnende Lunge (Abb. **G-2.18**).

Form und Lage: Nach ihrer Lage unterscheidet man:
- **Recessus costodiaphragmaticus:** Er ist der größte Recessus pleuralis (Abb. **G-2.18**) und liegt als sichelförmiger Komplementärraum zwischen Pars costalis und Pars diaphragmatica der Pleura parietalis.

▶ **Klinik.**

- **Recessus costomediastinalis** (**anterior**) sowie
- **Recessus vertebromediastinalis** (Recessus costomediastinalis posterior) zwischen Pars costalis und Pars mediastinalis der Pleua parietalis.
- **Recessus phrenicomediastinalis** zwischen den Partes diaphragmatica und mediastinalis.

G-2.18 Funktion der Recessus pleurales

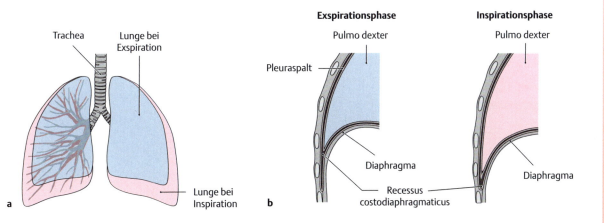

(Prometheus LernAtlas. Thieme, 3. Aufl.)
a Inspiratorische Volumenzunahme der Lunge mit Verschiebung des Bronchialbaums (rosa) gegenüber der Exspiration (blau).
b Bei tiefer Inspiration dehnt sich die Lunge in die Recessus pleurales aus (dargestellt am Beispiel des Recessus costodiaphragmaticus).

Pleurafreie Bereiche/Dreiecke

- **Thymusdreieck (Trigonum thymicum)** hinter dem Manubrium sterni.
- **Herzdreieck (Trigonum cardiacum)** vor dem Herzbeutel zwischen dem Vorderrand der Pleurahöhlen.

Pleurafreie Bereiche/Dreiecke

Die vorderen Umschlagränder der Pleura parietalis nähern sich über dem Mediastinum hinter dem Sternum zwischen der 2. und 4. Rippe maximal aneinander an und treffen sich dort. Oberhalb und unterhalb dieser Strecke weichen Pleura parietalis und die Umschlagfalten der verschiedenen Abschnitte der Pleura parietalis auseinander und lassen zwei pleurafreie Dreiecke frei:
- oberhalb: sog. **Thymusdreieck** (**Trigonum thymicum**),
- unterhalb: sog. **Herzdreieck** (**Trigonum cardiacum**), nicht mit dem Feld der absoluten Herzdämpfung (S. 616) zu verwechseln. Die beiden Dreiecke werden somit durch die Recessus costomediastinales (anteriores) beider Seiten begrenzt.

▶ Klinik.

▶ Klinik. Die Kenntnis der pleurafreien Dreiecke hat klinische Bedeutung z. B. bei der **Herzbeutelpunktion** (**Perikardpunktion**). Bei diesem Notfalleingriff, der z. B. bei einer Herzbeuteltamponade durch Ansammlung von Flüssigkeit in der Perikardhöhle (S. 613) notwendig sein kann, soll möglichst ein Pneumothorax (S. 567) durch Verletzung der Pleurahöhle vermieden werden.

2.4.3 Aufbau der Pleura

Der Feinbau der Pleura entspricht dem anderer seröser Häute:
- **Tunica serosa** mit 2 Schichten:
  - **Lamina epithelialis** (einschichtiges Mesothel, produziert die Serosaflüssigkeit)
  - **Lamina propria**.
- **Tela subserosa**.

2.4.3 Aufbau der Pleura

So wie der Aufbau der Pleura aus viszeralem und parietalem Blatt dem anderer seröser Häute (S. 526) entspricht, so ist dies auch bezüglich ihrem Feinbau der Fall:
- **Tunica serosa** mit zwei Schichten:
  - **Lamina epithelialis:** Das einschichtige **Serosaepithel** aus platten Mesothelzellen ist verantwortlich für die spiegelglatte Konsistenz der Tunica serosa. Die Mesothelzellen sezernieren die schleimige, zähe **Serosaflüssigkeit**.
  - **Lamina propria:** Das **Serosabindegewebe** enthält Blut- und Lymphgefäße. Die Lamina propria enthält viele elastische Fasern, die Volumenänderungen der Pleura während Einatmung/Ausatmung erlauben.
- **Tela subserosa:** Die unterhalb der Tunica serosa gelegene Verschiebeschicht besteht aus lockerem faserigem Bindegewebe, das ebenfalls reich an elastischen und kollagenen Fasern ist.

▶ Merke.

▶ Merke. Wenige Milliliter der von den Pleuramesothelzellen produzierten **Serosaflüssigkeit** (ca. **5 ml pro Pleurahöhle**) reichen aus, um eine reibungsarme Bewegung zwischen Pleura visceralis und Pleura parietalis während der Atmung zu ermöglichen.

▶ Klinik. Sammelt sich im Pleuraspalt mehr als die physiologischerweise vorhandenen wenigen ml Flüssigkeit an, spricht man von einem **Pleuraerguss**. Dieser ist im Röntgenbild sichtbar (Abb. **G-2.19a**) und kann unter sonografischer Kontrolle (Abb. **G-2.19b**) abpunktiert werden (**Pleurapunktion**).
Dies ist bei großen Pleuraergüssen zum einen **therapeutisch** sinnvoll, da die Atmung erleichtert wird. Zum anderen kann die **Zusammensetzung des Punktats** (klare Flüssigkeit, Eiter, Blut) auf die zugrunde liegende Erkrankung hinweisen (Herzerkrankung, Entzündung, Tumor o. a.).
Die Punktion erfolgt beim sitzenden Patienten zwischen hinterer Axillarlinie und Skapularlinie. Dabei sollte der Punktionsort nicht zu weit kaudal liegen, um eine Verletzung von Leber oder Milz zu vermeiden, und zur Schonung der Leitungsbahnen die Kanüle stets am Rippenoberrand (vgl. Abb. **C-2.16**) eingeführt werden.

⊙ G-2.19 **Pleuraerguss**

a Darstellung im seitlichen Röntgenbild (Reiser, M., Kuhn, F.P., Debus, J.: Duale Reihe Radiologie. Thieme, 2011)
b und sonografisch (Delorme, S., Debus, J.: Duale Reihe Sonografie. Thieme, 2005)

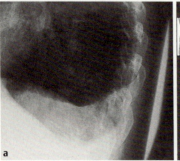
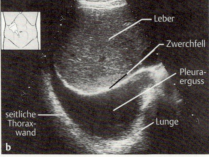

2.4.4 Gefäßversorgung und Innervation

Gefäßversorgung der Pleura

Arterien: Die arterielle Versorgung der Pleura visceralis unterscheidet sich von der der Pleura parietalis:
- **Pleura visceralis:** Äste der Aa. bronchiales (s. o.).
- **Pleura parietalis:** hauptsächliche Versorgung durch die Arteriae intercostales und die Arteriae pericardiacophrenica aus der jeweiligen A. thoracica interna.

Venen: Der venöse Abfluss erfolgt über gleichnamige Venen.

Lymphgefäße:
- Die **Pleura visceralis** wird durch ein dichtes Netz von subpleuralen Lymphgefäßen unterlagert. Diese drainieren über das Lungenhilum in die Nodi lymphoidei intrapulmonales, bronchopulmonales, tracheobronchiales, paratracheales und pretracheales (S. 560).
- Die **Pleura parietalis** wird von einem dichten Lymphgefäßnetz unterlagert, das in die Nodi lymphoidei intercostales (ventral vor den Rippenköpfchen), die Nodi lymphoidei parasternales, Nodi lymphoidei mediastinales anteriores und posteriores sowie in die Nodi lymphoidei phrenici superiores und prevertebrales drainiert.

> ▶ **Klinik.** Zwischen den Lymphbahnen des Peritoneum parietale (S. 651) des Bauchraums und Lymphbahnen der Pleura parietalis der Brusthöhle bestehen über das Zwerchfell zahlreiche Anastomosen. Diese Anastomosen sind u. a. für die **Metastasierung von Bauchtumoren in den Brustraum** von Bedeutung.

Innervation der Pleura

Während die **viszerale Pleura nicht innerviert** ist (enthält lediglich unmyelinisierte Axone, wahrscheinlich von Dehnungsrezeptoren aus der Lunge), erfolgt die sensorische Versorgung der **Pleura parietalis** über die **Nervi intercostales** (im Bereich der Pars costalis) und über den **Nervus phrenicus** (im Bereich der Partes mediastinalis und diaphragmatica).

> ▶ **Klinik.** Da die parietale Pleura im Gegensatz zur Pleura visceralis sensorisch gut innerviert und schmerzempfindlich ist, sind Irritationen der Pleura parietalis, z. B. bei Entzündungen (sog. **Pleuritis**) äußerst schmerzhaft.

2.5 Atmung

2.5.1 Bedeutung von äußerer und innerer Atmung

Da der menschliche Körper einen Großteil seiner Energie durch oxidativen Abbau von Nährstoffen gewinnt, ist er auf die ständige **Zufuhr von Sauerstoff** (O_2) zu jeder einzelnen Zelle des Organismus angewiesen. Das bei diesem Verbrennungsprozess entstehende **Kohlendioxid** (CO_2) muss letztlich wieder nach außen **abgegeben** werden.

Ort dieses Gasaustausches zwischen Umgebungsluft und Blut, das als Medium für den An- und Abtransport der Gase zur Verfügung steht, ist die Lunge.

Die hier ablaufenden Prozesse bezeichnet man in ihrer Gesamtheit daher als **Lungenatmung** (**Respiration**) oder **äußere Atmung**, die nachfolgend besprochen werden soll.

Ihr gegenüber steht die **innere Atmung** oder auch **Zellatmung**, die in jeder einzelnen Körperzelle und dementsprechend meist weit von der Lunge entfernt stattfindet: Damit ist der Verbrauch von Sauerstoff beim Abbau von Nährstoffen zum Zweck der Energiegewinnung gemeint (zu Einzelheiten s. Lehrbücher der Biochemie).

2.4.4 Gefäßversorgung und Innervation

Gefäßversorgung der Pleura

Arterien: Äste der Aa. bronchiales (**Pleura visceralis**) sowie über Aa. intercostales und Aa. pericardiacophrenica (**Pleura parietalis**).

Venen: Drainage über gleichnamige Venen.

Lymphgefäße:
- **Pleura visceralis:** Nll. intrapulmonales, bronchopulmonales, tracheobronchiales und paratracheales.
- **Pleura parietalis:** Nll. intercostales, parasternales, mediastinales antt. und postt., phrenici supp. und prevertebrales.

> ▶ **Klinik.**

Innervation der Pleura

Im Gegensatz zur Pleura visceralis wird die **Pleura parietalis** sensorisch innerviert (durch **Nn. intercostales** und **N. phrenicus**).

> ▶ **Klinik.**

2.5 Atmung

2.5.1 Bedeutung von äußerer und innerer Atmung

Der menschliche Organismus ist auf ständige **Zufuhr von** O_2 angewiesen und muss das entstehende CO_2 wieder nach außen **abgeben.**

Der Gasaustausch zwischen Luft und Blut findet in der **Lunge** statt. Die hierfür notwendigen Prozesse werden als **äußere Atmung = Respiration** zusammengefasst.

Demgegenüber steht die **innere** oder **Zellatmung**, die Thema der Biochemie ist.

2.5.2 Respiration

▶ **Synonym.** Lungenatmung; äußere Atmung

▶ **Definition.** Auch wenn der Begriff Respiration wörtlich mit „Atmung" übersetzt wird, versteht man hierunter meist die Atmung im engeren Sinne, d. h. die äußere Atmung. Sie umfasst neben dem eigentlichen Gasaustausch zwischen den Alveolen und Lungenkapillaren auch den An- und Abtransport der Gase über die Medien Luft und Blut und besteht somit aus drei Teilkomponenten.

Die drei den Gesamtprozess der Respiration kennzeichnenden Vorgänge sind folgende:
- **Ventilation** (Belüftung der Alveolen),
- **Perfusion** (Durchblutung der Lungenkapillaren) und
- **Diffusion** (Transport der Gase O_2 und CO_2 über die alveolokapilläre Membran).

Ventilation

▶ **Definition.** In der Physiologie bezeichnet der Begriff Ventilation (**Belüftung**) den Transport von Sauerstoff (O_2) aus der Außenwelt in die Lungenalveolen und von Kohlendioxid (CO_2) in umgekehrter Richtung.

Um den Sauerstoff (O_2) über die Alveolen aufnehmen und gleichzeitig das Kohlendioxid (CO_2) über den gleichen Weg abgeben zu können, muss dafür gesorgt sein, dass ein ständiger **Austausch der Luft** in den Alveolen, also deren **Belüftung** stattfindet. Wesentliche Voraussetzung dafür ist der wechselnde **Aufbau von Druckunterschieden** zwischen Lunge und Umgebung, damit die Luft in die Lunge einströmen (Einatmung) und wieder ausströmen (Ausatmung) kann. Dies wird durch ein System gewährleistet, das aus den Atmungsorganen, der Pleurahöhle und den Atemmuskeln besteht.

Ablauf: Zur Auslösung einer Umkehr der Druckverhältnisse zwischen Lunge und Umgebung sind aktive Kräfte notwendig (**Atemmuskeln**), die eine Zu- und Abnahme des Thoraxvolumens bewirken. Gleichzeitig muss aber auch die „Übertragung" der Volumenveränderungen des Thorax auf die Lunge gegeben sein. Dies ermöglicht der negative Druck (**Donders-Unterdruck**) im **Pleuraspalt**, der eigentlichen Pleurahöhle zwischen parietalem und viszeralem Blatt der Pleura (S. 562): Er wirkt den elastischen Rückstellkräften der Lunge entgegen, die sonst zu einem „Zusammenschnurren der Lunge" führen würden.

Atemphasen: Durch den Unterdruck also folgt die Lunge den Bewegungen des Thorax während der beiden alternierenden Atemphasen:
- **Inspiration** (**Einatmung**): Der Thorax weitet sich (S. 292), d. h. sein vertikaler sowie auch sein horizontaler und sagittaler Durchmesser vergrößert sich (s. u.), der Unterdruck im Pleuraspalt nimmt zu, d. h. wird noch negativer (bis **–8 mmHg**) und die Lunge dehnt sich je nach Tiefe der Inspiration unterschiedlich weit aus bis in die Recessus pleurales (S. 563). Die auf diese Weise nach dem „**Spritzenkolbenmechanismus**" einströmende Luft kann sich in den Alveolen verteilen und der Sauerstoff (O_2) über die Blut-Luft-Schranke (S. 569) in das Blut der Lungenkapillaren diffundieren.
- **Exspiration** (**Ausatmung**): Das Volumen von Thorax und damit auch das der Lunge verkleinert sich, der Druck im Pleuraspalt wird weniger negativ (**–3 mmHg**). Die ausströmende Luft transportiert das aus den Lungenkapillaren in die Alveolen diffundierte Kohlendioxid (CO_2) nach außen in die Umgebungsluft.

▶ **Merke.** Ein unversehrter Pleuraspalt mit dem physiologischen negativen intrapleuralen Druck ist unverzichtbar für die Atmung: Der relative Unterdruck im Pleuraspalt hält die Lunge entgegen ihrer Eigenelastizität an der Wand des Brustkorbs und am Zwerchfell zurück und verhindert, dass die Lunge am Lungenhilum kollabiert.

▶ **Klinik.** Äußere (z. B. durch Rippenbrüche bei Thoraxtrauma) oder innere **Verletzungen** der Pleura mit Störung der Intaktheit des abgeschlossenen Pleuraspalts führen zum **Pneumothorax**. Hierbei dringt Luft in den Pleuraspalt, womit ein Wegfall des negativen intrapleuralen Drucks im Pleuraspalt einhergeht. Unter diesen Bedingungen kollabiert die Lunge der jeweils betroffenen Seite aufgrund ihrer Eigenelastizität am Lungenhilum. Man unterscheidet einen **offenen** von einem **geschlossenen Pneumothorax** (auch **Spannungspneumothorax** genannt). Bei Letzterem kann die in den Pleuraspalt eindringende Luft nicht mehr entweichen (Ventilmechanismus, Abb. **G-2.20**). Dadurch wird das Mediastinum immer mehr auf die gesunde Seite gedrängt und auch die gesunde Lunge wird in ihrer Funktion beeinträchtigt. Durch die Verlagerung des Mediastinums zur gesunden Seite wird zudem der venöse Zustrom ins Herz behindert (**Einflussstauung**).

Als Notfallmaßnahme bei dieser u. U. lebensbedrohlichen Situation kann eine Entlastungspunktion am Oberrand (vgl. Abb. **C-2.16**) der 2. oder 3. Rippe in der Medioklavikularlinie am so genannten Monaldi-Punkt durchgeführt werden (**Monaldi-Punktion**).

⊙ **G-2.21** Monaldi-Punktion

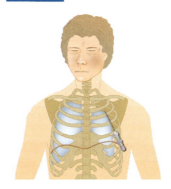

⊙ **G-2.20** Spannungspneumothorax mit Mediastinalverschiebung
(Prometheus LernAtlas. Thieme, 3. Aufl.)

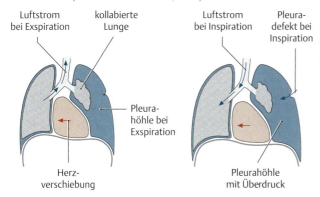

Die Anlage einer Thoraxdrainage kann zwar auch an dieser Stelle erfolgen, jedoch wird aufgrund der Nähe zu den großen Gefäßen mit Verletzungsgefahr ein lateraler Zugang in der mittleren Axillarlinie (**Bülau-Drainage**, die auch nach Thorax-OPs zum Einsatz kommt) präferiert. Um auch hier die Verletzung von Bauchorganen zu vermeiden, sollte der Zugang nicht tiefer als am Oberrand der 5.–7. Rippe liegen.

Atemmechanismen: Für die Änderung der Thoraxvolumen in allen drei Dimensionen des Raumes, die letztlich die beiden entgegengesetzten Atemphasen bedingen, sind zwei verschiedene Atemmechanismen (S. 295) verantwortlich (Abb. **G-2.22**):
- **Bauch- oder Zwerchfellatmung** (**diaphragmale Atmung**) zur Vergrößerung des vertikalen Durchmessers der Brusthöhle: Hierbei spielt das Zwerchfell eine zentrale Rolle, indem durch seine Kontraktion die Zwerchfellkuppeln nach unten und somit aus der Brusthöhle herausgezogen werden → Volumenzunahme (Inspiration) bzw. umgekehrt bei Exspiration (S. 293). Die inspiratorisch dadurch gewonnene Volumenzunahme der Brusthöhle wird durch Projektion des Zwerchfells auf die Thoraxwand bei In- und Exspiration deutlich (S. 571).
- **Brust- oder Rippenatmung** (**kostale Atmung**) zur inspiratorischen Erweiterung bzw. exspiratorischen Verkleinerung des sagittalen und lateralen Durchmessers der Brusthöhle. Dabei sind zwei Anteile zu unterscheiden (S. 293), die durch den unterschiedlichen Verlauf der kranialen und kaudalen Rippen sowie der Achsen der Kostovertebralgelenke bedingt sind:
  – Die **sternokostale Form** der Brustatmung trifft insbesondere auf die kranialen 6 Rippen zu.
  – Die **laterale Form** der Brustatmung dagegen betrifft die kaudalen Rippen.

Werden die Rippen durch die inspiratorischen Muskeln gehoben, erfolgt bei den oberen Rippen eine Vergrößerung des Thoraxvolumens in der sagittalen Ebene. Bei den kaudalen Rippen wird aufgrund ihres Verlaufs (zunächst absteigend von der Wirbelsäule, dann aufsteigend zum Sternum) dagegen nicht nur der sagittale, sondern auch der laterale Durchmesser des Thorax inspiratorisch vergrößert.
Beim **Erwachsenen** sind bei ruhiger Atmung beide Mechanismen aktiviert, v. a. jedoch die diaphragmale Atmung. Bei körperlicher Belastung kommt vermehrt die kostale Atmung ins Spiel. Da **Säuglinge** und **Kleinkinder** fast horizontal gestellte Rippen haben (Abb. **C-2.11**), müssen diese nahezu ausschließlich auf die Zwerchfellatmung (S. 639) zurückgreifen.

Atemmechanismen: Der Änderung des Thoraxvolumens liegen 2 Mechanismen (S. 295) zugrunde (Abb. **G-2.22**):
- **Bauchatmung (diaphragmale Atmung):** Hierbei wird der **vertikale Durchmesser** der Brusthöhle durch eine Kontraktion des Zwerchfells (S. 571) nach kaudal vergrößert; s. Exspiration (S. 293).
- **Brustatmung (kostale Atmung):** Man unterscheidet zwei Formen (S. 293):
  – Bei der **sternokostalen Form** der Rippenatmung wird bevorzugt der sagittale Durchmesser des Brustkorbs vergrößert (v. a. kraniale Rippen).
  – Bei der **lateralen Form** wird bevorzugt der laterale Durchmesser des Brustkorbs vergrößert (zusätzlich bei kaudalen Rippen).

Erwachsene benutzen in wechselndem Ausmaß beide Atemmechanismen. **Säuglinge und Kleinkinder** müssen dagegen bevorzugt auf die diaphragmale Atmung (S. 296) zurückgreifen.

G-2.22 Volumenzunahme der Brusthöhle durch die verschiedenen Atemmechanismen

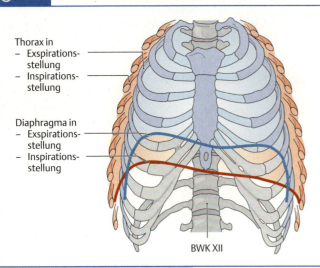

Bauch-/Zwerchfellatmung = diaphragmale Atmung: inspiratorische Volumenzunahme durch Kontraktion des Zwerchfells (rot). Brust-/Rippenatmung = kostale Atmung: inspiratorische Volumenzunahme durch Erweiterung des knöchernen Thorax (angeschnittene Rippen rötlich-braun).

(Prometheus LernAtlas. Thieme, 3. Aufl.)

G-2.6 Atemmuskeln

Inspiratorische Muskeln

obligate Inspiratoren	= Muskeln, die bei ruhiger Einatmung tätig sind	• Diaphragma (S. 295). • Mm. intercostales externi (S. 294), • Mm. intercartilaginei (S. 295), • Mm. scaleni (Abb. L-1.4),
auxiliäre Inspiratoren	= Muskeln, die zusätzlich bei forcierter Einatmung tätig sind („Atemhilfsmuskeln"):	• M. serratus anterior (Abb. E-1.9), • M. serratus post. sup. (Tab. C-1.6), • M. pectoralis major (Abb. E-1.18), • M. pectoralis minor (Abb. E-1.9), • M. sternocleidomastoideus (S. 895), • M. erector spinae (S. 271).

Exspiratorische Muskeln

obligate Exspiratoren	= Muskeln, die bei ruhiger Ausatmung tätig sind*	• Mm. intercostales interni (S. 294) • Mm. subcostales (Abb. C-2.9) • M. transversus thoracis (Abb. C-2.9)
auxiliäre Exspiratoren	= Muskeln, die bei forcierter Ausatmung tätig sind	• Bauchwandmuskeln (S. 308) • M. latissimus dorsi, sog. „Hustenmuskel" (Abb. E-1.18)

* Primäre Faktoren für die Rückführung der Lunge aus der inspiratorischen Lage in eine Ruhelage sind die Rückstellkraft der Lunge und das Erschlaffen der inspiratorischen Muskeln während der Exspiration. Die exspiratorischen Muskeln wirken dabei lediglich unterstützend.

Atemmuskeln (S. 294): Man unterscheidet zwischen **inspiratorisch**- und **exspiratorisch wirksamen Muskeln** (Tab. **G-2.6**).

▶ Merke.

Atemmuskeln (S. 294): Man unterscheidet zwischen **inspiratorisch und exspiratorisch wirksamen Muskeln** (Tab. **G-2.6**). Muskeln sind besonders notwendig für die **Inspiration**. Die Exspiration wird begünstigt durch die Schwerkraft und geschieht deshalb bereits passiv ohne den Einsatz von Skelettmuskulatur.

▶ Merke. Den größten Anteil am Inspirationsvolumen in Ruhe hat als wirksamster Inspirationsmuskel das Zwerchfell bzw. Diaphragma (S. 295).

Perfusion

▶ Definition.

Perfusion

▶ Definition. Die Perfusion („Durchströmung") bezeichnet im Rahmen der Atmung die **Durchblutung** des Lungenkreislaufs und ist notwendige Voraussetzung für den An- und Abtransport der während der Diffusion (s. u.) zwischen Alveolen und Lungenkapillaren ausgetauschten Gase.

Lungengefäße sind druckpassive Gefäße des **Niederdrucksystems** (S. 149) und können im Thorax große Mengen an Blut speichern oder an den Körperkreislauf abgeben (**Blutdepot**).

Der Lungenkreislauf gehört zum **Niederdrucksystem** (S. 149). Der Blutdruck der Arteria pulmonalis beträgt systolisch etwa 25 mmHg, diastolisch etwa 8 mmHg. Die mittlere Blutmenge im Lungen- oder kleinen Kreislauf umfasst etwa 450 ml, wovon sich mehr als die Hälfte in leicht dehnbaren Venen befindet. Nur ein vergleichsweise

G   2.5 Atmung

geringer Anteil (ca. 100 ml) befindet sich im Kapillarbereich. Die Blutmenge in der Lunge kann durch intrathorakale Drucksteigerungen um mehr als 50 % reduziert werden (Auspressen aus den Venen, primär der zum kleinen Kreislauf gehörigen = Vasa publica) und somit als schnell mobilisierbares **Blutdepot** dem Körperkreislauf zur Verfügung gestellt werden.

Im Lungenkreislauf reguliert der Grad der Ventilation einer Alveole ihre Durchblutung (**Autoregulation**). Eine schlecht belüftete Alveole wird weniger gut durchblutet als eine gut belüftete Alveole. Beim Menschen setzt dieser Effekt ein, wenn die arterielle O_2-Sättigung unter 80 % sinkt. Weitere Besonderheiten ergeben sich aus der erwähnten Tatsache, dass der Lungenkreislauf ein Niederdruckkreislauf ist und somit der Einfluss des **hydrostatischen Druckes** größer ist als im Körperkreislauf. So benötigt beim Stehen die Lungenspitze einen höheren intravasalen Perfusionsdruck als die Lungenbasis, um die Lungenkapillaren ausreichend zu durchbluten.

Alveolen in der Lungenspitze stehen somit aufgrund der hydrostatischen Verhältnisse als erste in Gefahr, nicht mehr ausreichend durchblutet zu werden.

> Schlecht belüftete Alveolen werden weniger durchblutet als besser belüftete Alveolen (**Autoregulation**).
> Durch den relativ großen Einfluss des **hydrostatischen Drucks** wird zur ausreichenden Durchblutung der Kapillaren beim Stehen in der Lungenspitze ein höherer intravasaler Perfusionsdruck benötigt als in der Lungenbasis.

Diffusion

▶ **Definition.** Der Transport der Gase O_2 und CO_2 über die alveolokapilläre Membran (**Gasaustausch**) erfolgt per Diffusion, womit diese der zentrale Vorgang im Zuge der Respiration ist.

Diffusion

▶ **Definition.**

Der eigentliche Ort des Gasaustausches, d. h. der äußeren Atmung sind die **Lungenalveolen**. Diese sind strukturell so konzipiert, dass sie auf einen möglichst effizienten und schnellen Gasaustausch optimiert sind: Die sackförmigen, wabenartigen Ausstülpungen (Durchmesser ca. 250 µm) sind nur mit einer extrem dünnen Wand ausgekleidet, die eine minimale Diffusionsbarriere darstellt und kurze Diffusionsstrecken zwischen Alveolarlumen und den die Alvolen umgebenden Kapillaren erlaubt. Das Kapillarnetz um die Alveolen ist extrem dicht und ermöglicht zusammen mit den dünnen Kapillarwänden einen schnellen und effizienten Gasaustausch.

Die **Blut-Luft-Schranke** (0,2 bis 0,6 µm) als Weg, den der Sauerstoff (O_2) vom Alveolarlumen bis in das Lumen der Blutkapillaren bzw. das Kohlendioxid (CO_2) in umgekehrter Richtung zurücklegen müssen, besteht somit aus
- den dünnen Fortsätzen der **Typ-I-Pneumozyten** (S. 557),
- einer dünnen **Basallamina** (gemeinsame Basallamina für Pneumozyten und Endothelzellen) und
- einem dünnen Endothelzellfortsatz.

Die Kontaktzeit, die dem Kapillarblut für den Gasaustausch zur Verfügung steht, beträgt etwa 0,75 Sekunden.

> Die **Blut-Luft-Schranke** ist sehr dünn (0,2–0,6 µm) und erlaubt eine optimale Diffusion der Atemgase (O_2, CO_2). Sie besteht aus
> - dünnen Fortsätzen der Typ-I-Pneumozyten (S. 557),
> - einer verschmolzenen Basallamina und
> - dünnen gefäßauskleidenden Fortsätzen der Endothelzellen.

▶ **Merke.** Das Ziel der äußeren Atmung, die „Arterialisierung" des Blutes (O_2-Aufnahme bei CO_2-Abgabe), wird maßgeblich durch die Belüftung der Alveolen (**Ventilation**), die ausreichende Durchblutung der Lungenkapillaren (**Perfusion**), eine ungehemmte **Diffusion** zwischen Alveolarlumen und umgebenden Lungenkapillaren sowie die Abstimmung dieser Vorgänge in den Lungenalveolen bestimmt. Eine Störung dieser Prozesse führt zu Beeinträchtigungen der Atmung (**Atmungsstörungen**).

▶ **Merke.**

▶ **Klinik.** Unter **Ventilationsstörungen** versteht man solche, die zu einer Beeinträchtigung der Belüftung der Alveolen führen (z. B. durch Verlegung eines Bronchus bei Fremdkörperinhalation oder tumorbedingt). Eine verminderte Ventilation der Alveolen vermindert den O_2-Diffusionsgradienten zum venösen Blut und führt somit zu einer reduzierten Sauerstoffaufnahme.

Zusätzlich zur guten Belüftung der Alveolen muss der Blutfluss in der A. pulmonalis eine ausreichende Durchblutung der Lungenkapillaren gewährleisten, um einen effizienten Gasaustausch und v. a. den Transport dieser Gase im Körper zu ermöglichen. Ist die Kapillardurchblutung nicht ausreichend wie z. B. bei einer Lungenembolie (S. 164), liegt eine **Perfusionsstörung** vor.

Eine verdickte/veränderte Blut-Luft-Schranke führt ebenfalls zu einer verminderten Effizienz des Gastransports; man spricht von einer **Diffusionsstörung** (z. B. Membranverdickung bei Lungenödem). Die teilweise komplexen Zusammenhänge werden in den Lehrbüchern der Physiologie behandelt.

▶ **Klinik.**

2.6 Topografische Anatomie von - Atmungsorganen und Pleura

2.6.1 Ausdehnung von Pleura und Lunge

Pleuragrenzen

▶ Definition.

▶ Definition. Die Pleuragrenzen werden festgelegt durch die der Thoraxwand fest anliegenden Abschnitte der Pleura parietalis.

Die **Pleurakuppel** (**Cupula pleurae**, Tab. **G-2.5**) überragt die Apertura thoracis superior ventral um einige Zentimeter. Danach zieht die Pleura mediastinalis nach medial und trifft etwa am Ansatz der 2. Rippe die Linea mediana anterior. Dort zieht sie auf der rechten Seite bis zum Ansatz der 6. Rippe herunter; links weicht sie aufgrund der Linksverlagerung des Herzens nach lateral aus. Die **unteren Pleuragrenzen** sind Tab. **G-2.7** und Abb. **G-2.23** zu entnehmen.

Die Pleura parietalis mit der **Pleurakuppel** (**Cupula pleurae**, Tab. **G-2.5**) überragt die schräg abfallende Apertura thoracis superior mit der ersten Rippe ventral etwa um 3 cm. Die Pleura parietalis zieht dann in ihrem weiteren Verlauf nach medial, erreicht die Linea mediana anterior etwa auf der Höhe des Ansatzes der zweiten Rippe und zieht von dort aus rechts fast senkrecht nach unten bis etwa zum Ansatz der 6. Rippe. Auf der linken Seite weicht sie wegen der Linksverlagerung des Herzens auf der Höhe der 4. Rippe von diesem Verlauf ab: sie weicht nach links aus und steigt etwa auf Höhe der Hälfte des Rippenknorpels der 6. Rippe ab.

Die **untere Pleuragrenze** (Umschlagfalte von Pleura diaphragmatica auf Pleura costalis) schneidet nachfolgend etwa die 7.–12. Rippe (in absteigender Reihenfolge in der Medioklavikularlinie, der vorderen, mittleren und hinteren Axillarlinie, der Skapularlinie und in der Paravertebrallinie, s. Tab. **G-2.7** und Abb. **G-2.23**).

G-2.7 Kaudale Grenzen von Lunge und Pleura in Atemruhelage

	SL	MCL	VAL	MAL	HAL	SCL	PVL
Pleura	6. Rippe	7. Rippe	8. Rippe	9. Rippe	10. Rippe	11. Rippe	12. Rippe
Lunge	6. Rippe	6. Rippe	7. Rippe	8. Rippe	9. Rippe	10. Rippe	11. Rippe

SL = Sternallinie; MCL = Medioklavikularlinie; VAL = vordere Axillarlinie; MAL = mittlere Axillarlinie; HAL = hintere Axillarlinie; SCL = Skapularlinie; PVL = Paravertebrallinie (Tab. **C-2.1**). Die Angaben in der Tabelle sind gemittelte Werte; zu Seitenunterschieden, s. Abb. **G-2.23**.

▶ Merke.

▶ Merke. Die Pleurahöhle ist weitgehend durch den knöchernen Thorax geschützt, ragt jedoch über die obere Thoraxapertur hinaus bis in den Halsbereich hinein, wo die Pleurakuppel in enger topografischer Beziehungen zu folgenden Leitungsbahnen steht:
- dorsal: Truncus sympathicus mit Ggl. stellatum (S. 905), s. auch Tab. **B-3.7**, Ansa subclavia (S. 905);
- kranial: Plexus brachialis (S. 468), A. subclavia (S. 465), V. subclavia (S. 466);
- ventral: A. (S. 299) und V. thoracica interna (S. 300);
- medial: N. phrenicus (S. 638).

▶ Klinik.

▶ Klinik. Bei Eingriffen oder Verletzungen in dieser Region muss immer an die Gefahr eines Pneumothorax durch Läsion der Pleurahöhle gedacht werden.
Zudem kommt es vor, dass dort lokalisierte maligne Prozesse aufgrund der topografischen Nähe auf die Leitungsbahnen übergreifen: So kann z. B. ein Lungenspitzentumor (**Pancoast-Tumor**) zu einer Läsion des Plexus brachialis mit entsprechenden Lähmungen (Paresen) und Sensibilitätsstörungen im Arm sowie zu einem Horner-Syndrom (S. 216) führen.

Lungengrenzen und ihre Atemverschieblichkeit

Zum Vergleich der kaudalen Lungen- und Pleuragrenzen s. Tab. **G-2.7** und Abb. **G-2.23**.

Die Lage der kaudalen Lungengrenzen in Atemruhelage sind im Vergleich zu den kaudalen Grenzen der Pleurahöhlen anhand ihrer Schnittpunkte mit den Orientierungslinien am Thorax (Tab. **C-2.1**) in Tab. **G-2.7** zusammengefasst und in Abb. **G-2.23** dargestellt.

▶ Merke.

▶ Merke. Die Lungengrenzen sind nicht konstant, sondern abhängig von der Atemphase (bei Inspiration tiefer, bei Exspiration höher).

G 2.6 Topografische Anatomie von Atmungsorganen und Pleura

G-2.23 Pleura- und Lungengrenzen

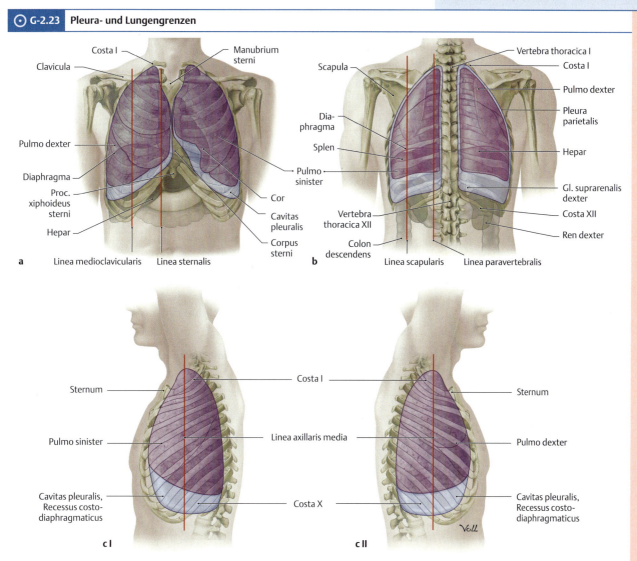

(Prometheus LernAtlas. Thieme, 2. Aufl.)

a Projektion der Pleura- und Lungengrenzen auf den knöchernen Thorax in der Ansicht von ventral,
b dorsal
c und links-lateral (**c I**) sowie rechts-lateral (**c II**). Zu beachten sind die geringfügigen Seitenunterschiede, die in Tab. **G-2.7** der Übersichtlichkeit halber gemittelt sind.

Dies wird verständlich, wenn man sich die unterschiedliche Projektion des Zwerchfells auf die Thoraxwand bei tiefer In- und Exspiration vor Augen führt:

Projektion des Zwerchfells auf die Thoraxwand: Bei **Kontraktion des Zwerchfells** werden die Zwerchfellkuppeln und das Centrum tendineum nach kaudal zum Ursprung des Zwerchfellmuskels hingezogen und flachen ab. Dadurch steht die Zwerchfellkuppel bei **maximaler Kontraktion** in der Medioklavikularlinie (MCL)
- **rechts** auf Höhe der 7. Rippe (etwa BWK XI),
- **links** einen halben Interkostalraum tiefer (etwa BWK XII).

Bei **maximaler Relaxation des Zwerchfells** projiziert sich in der Medioklavikularlinie der höchste Punkt der Zwerchfellkuppeln
- **rechts** auf Höhe der 4. Rippe (etwa BWK VIII),
- **links** um einen halben Interkostalraum tiefer (etwa BWK IX).

▶ **Merke.** Die rechte Zwerchfellkuppel steht physiologischerweise wegen des großen, mechanisch verdrängenden rechten Leberlappens etwa einen Interkostalraum höher als die linke.

Auswirkung auf die Lungengrenzen: Durch den negativen Druck in der Pleurahöhle macht die Lunge die aktiven Höhenänderungen des Diaphragmas passiv mit.

Verständlich wird dies durch die unterschiedliche Zwerchfellstellung in den verschiedenen Atemphasen.

Projektion des Zwerchfells auf die Thoraxwand: Die Zwerchfellkuppeln projizieren sich (in der MCL) bei **maximaler Kontraktion**
- **rechts** auf Höhe der 7. Rippe (etwa BWK XI),
- **links** einen ICR tiefer (etwa BWK XII).

Bei **maximaler Relaxation:**
- **rechts** auf Höhe der 4. Rippe (etwa BWK VIII),
- **links** um einen halben ICR tiefer (etwa BWK IX).

▶ **Merke.**

Auswirkung auf die Lungengrenzen: Sie folgen den Höhenänderungen des Zwerchfells.

▶ Klinik. Klinisch kann die Ausdehnung der Lunge durch **Perkussion** (S. 35) ermittelt werden: Die lufthaltigen Lungen erzeugen beim Beklopfen der Körperoberfläche des Patienten einen typischen „sonoren" Klopfschall.

◉ G-2.24 **Klopfschallfeld der Lungen.** Es entspricht nicht exakt der Ausdehnung der Lunge, da nur gut belüftete Anteile den typischen sonoren Klopfschall ergeben.
(Prometheus LernAtlas. Thieme, 3. Aufl.)

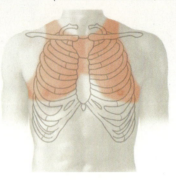

Mit Hilfe der Perkussion kann daher durch Vergleich der Grenzen bei tiefer Inspiration und Exspiration die „**Atemverschieblichkeit**" **der Lunge** (vgl. Abb. **G-2.18a**) ermittelt werden.

◉ G-2.25 **Kaudale Lungengrenzen in Inspirations- und Exspirationsstellung**
(Prometheus LernAtlas. Thieme, 3. Aufl.)

unterer Lungenrand bei Exspiration

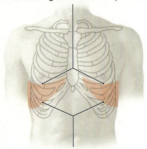

unterer Lungenrand bei Inspiration

Die Pleuragrenzen können dagegen nicht durch Perkussion bestimmt werden, da die Pleura sich perkutorisch nicht von anderen benachbarten Geweben differenzieren lässt.

Lungenlappengrenzen

Die Lappengrenze beginnt dorsal auf der Interspinallinie auf Höhe des Proc. spinosus Th III und folgt **links** etwa dem Lauf der 6. Rippe bis zur Medioklavikularlinie.
Auf der **rechten** Seite treffen sich Ober-, Mittel- und Unterlappen in der mittleren Axillarlinie auf ihrem Schnittpunkt mit der 6. Rippe.

Lungenlappengrenzen

Es ist wichtig, sich die Ausdehnung der Lungenlappen mit ihrer Projektion auf den Thorax klar zu machen (Abb. **G-2.26**). Dies gilt beispielsweise bei pathologischen Prozessen, die auf einzelne Lungenlappen begrenzt sein können (z. B. Lobärpneumonie).
Die **Lungenlappengrenzen** verlaufen **schräg von hinten-oben nach vorne-unten**:
- Die **Oberlappen-Unterlappen-Grenze**, d. h. **Fissura obliqua** (S. 551), beginnt dorsal etwa in Höhe der Spina scapulae (Proc. spinosus Th III, Schnittpunkt Interspinallinie mit der Wirbelsäule) und trifft vorne, etwa in der Medioklavikularlinie, auf die Knorpel-Knochen-Grenze der 6. Rippe. Die Fissura obliqua entspricht bei nach oben elevierten Armen etwa der Margo medialis der Scapula.
- Die Oberlappen-Mittellappen-Grenze, d. h. **Fissura horizontalis** (S. 551), der rechten Seite folgt nach vorne etwa der 4. Rippe.

G 2.6 Topografische Anatomie von Atmungsorganen und Pleura

G-2.26 Oberflächenprojektion der Lunge

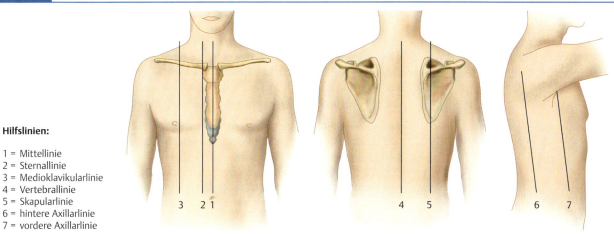

Hilfslinien:

1 = Mittellinie
2 = Sternallinie
3 = Medioklavikularlinie
4 = Vertebrallinie
5 = Skapularlinie
6 = hintere Axillarlinie
7 = vordere Axillarlinie

Projektion der Lungengrenzen auf die Thoraxwand

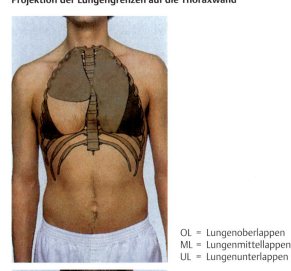

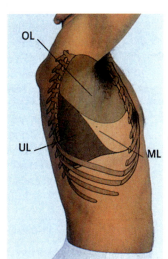

OL = Lungenoberlappen
ML = Lungenmittellappen
UL = Lungenunterlappen

rechts   links

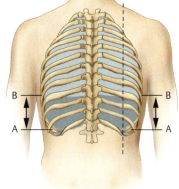

Lungengrenzen bei maximaler In- (A) und Exspiration (B)

- Der Bereich zwischen A und B entspricht dem Komplementärraum.
- Die Verschieblichkeit sollte in der Skapularlinie 5–6 cm betragen.

(Füeßl H. S., Middeke M.: Duale Reihe Anamnese und Klinische Untersuchung. Thieme; 2014)

2.7 Darstellung von Lunge und Pleura mit bildgebenden Verfahren

Zur bildgebenden Darstellung der Lunge stehen verschiedene Verfahren zur Verfügung, z. B. Röntgenbild (S. 129), Computertomografie = CT (S. 134) und Kernspintomografie = MRT/NMR (S. 136). Konventionelle Röntgenaufnahmen (**Thoraxröntgenbild**, Abb. **A-4.1**) und **CT-Untersuchungen** kommen dabei am häufigsten zum Einsatz und werden in Spezialfragestellungen durch MRT-Untersuchungen ergänzt.

Konventionelles Röntgenbild: Die hohe Strahlendurchlässigkeit des mit Luft gefüllten Lungenparenchyms erlaubt eine gute Abgrenzung von röntgendichteren Strukturen (Bronchialwände, Herzkonturen, Gefäße und Lymphknoten). Pathologische Prozesse, die zu einer Konsistenzveränderung der luftgefüllten Lunge führen, wie z. B. Entzündungen (Abb. **G-2.6**), solide Tumoren (Abb. **G-2.12**), Stauung oder Flüssigkeitsansammlungen in Form von Ergüssen (Abb. **G-2.19a**) können aus gleichem Grund ebenfalls sichtbar werden.

Problematisch sind im Röntgenbild Überlagerungsphänomene (S. 130), die eine genaue Lokalisation von pathologischen Prozessen erschweren.

Computertomografie (CT): Eine überlagerungsfreie Darstellung gelingt durch selektive Einstellungen in der ebenfalls mit Röntgenstrahlung arbeitenden Computertomografie. Die Nutzung des speziell auf das Lungengewebe abgestimmten **Lungenfensters** (Abb. **A-4.6**) erlaubt die gezielte Wiedergabe einzelner pulmonaler Strukturen in transversalen Schnitten. **Leitstruktur** bei der computertomografischen Lokalisationsdiagnostik sind die Bronchien mit ihrer jeweiligen Begleitarterie. So kann z. B. vor einer **Bronchoskopie** (endoskopische Darstellung des Bronchialbaums, Abb. **G-2.2b**) zur Abklärung einer Raumforderung eine Segmentzuordnung dieser pathologischen Struktur erfolgen. Über eine Bronchoskopie können zudem Biopsien zur Abkärung pathologischer Fragestellungen (z. B. histologische Diagnose eines Lungentumors) entnommen werden.

Strukturveränderungen in Lungenläppchen können durch hoch auflösende CT-Methoden (HRCT) sichtbar gemacht werden.

G-2.27 CT-Darstellung der Lunge

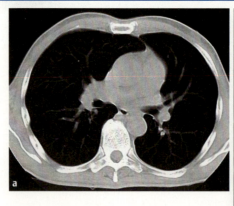
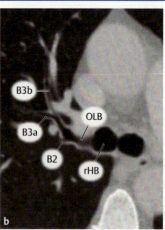

CT-Darstellung der Lunge im Lungenfenster in Abhängigkeit von der Dicke der untersuchten Schicht
(Lange, S.: Radiologische Diagnostik der Thoraxerkrankungen. Thieme, 2005)
a Dicker Schnitt (8–10 mm), routinemäßig bei der konventionellen CT-Lungendiagnostik.
b Dünner Schnitt (1–3 mm) zur Darstellung des rechten Hauptbronchus. rHB = rechter Hauptbronchus, OLB = Oberlappenbronchus, B2 = Bronchus posterior, B3 = Bronchus anterior.

Magnetresonanztomografie: Auch wenn bei den meisten Fragestellungen als Schichtbildverfahren weiterhin die CT zum Einsatz kommt, ist die MRT ihr z. B. bei der Untersuchung der Pleura und der Thoraxwand überlegen.

Nuklearmedizinische Verfahren: Mit Hilfe szintigrafischer Methoden kann sowohl die Durchblutung (**Perfusionsszintigrafie** mittels intravenös appliziertem Radionuklid) als auch die Belüftung (**Ventilationsszintgrafie** mittels inhaliertem Radionuklid) des Lungengewebes dargestellt werden. Dies macht es möglich, regionale Minderperfusion, z. B. bei Lungenembolie (S. 164) oder Ventilationsstörungen (S. 569) sichtbar zu machen. Da es auch reaktiv im Bereich herabgesetzter Belüftung zu einer Verminderung des Blutflusses kommen kann (s. Lehrbücher der Physiologie), werden häufig beide Methoden kombiniert: Diese **Ventilations-Perfusions-Szintigrafie**, die das Verhältnis von Belüftung zur Durchblutung zeigt, kommt im Rahmen der Lungenembolie-Diagnostik insbesondere dann zum Einsatz, wenn eine alleinige Perfusionsszintigrafie nicht aussagekräftig wäre (z. B. aufgrund einer zusätzlich bestehenden Ventilationsstörung).

Große Bedeutung insbesondere im Zusammenhang mit Fragen einer möglichen Metastasierung von Lungentumoren (z. B. Bronchialkarzinom) hat die **Positronenemissionstomografie** (kurz „PET") erlangt, meist unter Verwendung mit radionuklidmarkierter Fluordeoxyglucose („FDG-PET"). Die PET ist besonders gut in der Lage, mögliche Metastasen von Lungentumoren in Lymphknoten bzw. anderen Organen zu detektieren.

Sonografie: Da Luft für Ultraschallwellen eine Barriere darstellt, kommt die Sonografie in der Diagnostik des Lungengewebes selbst nicht zum Einsatz. Gut darstellbar sind hingegen Pleuraergüsse, die oft auch unter sonografischer Kontrolle punktiert werden, um eine Verletzung der Pleura visceralis und des Lungengewebes zu vermeiden.

2.8 Entwicklung der Atmungsorgane

Die entwicklungsgeschichtliche Anlage der **Trachea** bildet sich in der 3. bis 4. Woche am Boden des Schlunddarms kaudal des Hypobranchialwulstes. Dort kommt es zu einer Ausstülpung, der **Laryngotrachealrinne**, die sich nach kaudal in das werdende Mediastinum ausdehnt und sich dabei an seinem Ende dichotomisch aufteilt. Die Laryngotrachealrinne liefert das entodermale Material, aus dem sich Kehlkopf (S. 929), Trachea, Bronchialbaum und die Lungenalveolen bilden. Durch dichotomische Aufzweigung der Laryngotrachealrinne entsteht der Bronchialbaum. Bei der Aufzweigung des Bronchialbaums und seiner Ausdifferenzierung erfolgt eine massive seitliche Ausdehnung in die Pleurahöhle hinein. Die ursprünglich leere Pleurahöhle wird dabei zusammengedrückt und nach Abschluss der Lungenentwicklung größtenteils von den Lungen ausgefüllt.

Die eigentliche Pleurahöhle wird durch die expandierenden Lungen auf einen kapillaren Spalt, den **Pleuraspalt** reduziert. An den Enden des sich verzweigenden Bronchialbaums bilden sich die **Alveolen**.

Die Lungenentwicklung lässt sich im Detail in vier Phasen einteilen:

- **Frühembryonale Phase** (4.–7. Woche): Abfaltung der Lungenanlage aus der Laryngotrachealrinne,
- **Pseudoglanduläre Phase** (7.–17. Woche): Ausbildung des konduktiven Bronchialbaums bis zu den Bronchioli terminales,
- **Kanalikuläre Phase** (bis zur 26. Woche, Abb. **G-2.29a**): Ausbildung des respiratorischen Bronchialbaumes.
- **Alveoläre Phase**, Abb. **G-2.29b**, Abb. **G-2.29c**: Im **pränatalen Abschnitt** der alveolären Phase werden die Alveolen ausgebildet. Die definitive Zahl der Alveolen ist zum Geburtstermin normalerweise bereits erreicht, jedoch sind die Alveolen noch nicht fertig ausdifferenziert (lediglich flache Ausbuchtungen). Die Ausdifferenzierung der Lungenalveolen vollzieht sich in den ersten Lebensjahren (**postnataler Abschnitt** der alveolären Phase). Mit dem ersten Atemzug nach der Geburt wird der respiratorische Apparat erstmalig belüftet und entfaltet. Vorher befindet sich Flüssigkeit im Bronchialbaum.

Die Entwicklung von Pleura und Zwerchfell ist im Zusammenhang mit der Entstehung der Körperhöhlen (S. 115) beschrieben.

Magnetresonanztomografie: Sie ist der CT bei der Untersuchung von Pleura und Thoraxwand überlegen.

Nuklearmedizinische Verfahren: Durchblutung und Belüftung der Lunge können mittels **Perfusions-** und **Ventilationsszintigrafie** beurteilt werden. Diese beiden Verfahren lassen sich auch kombinieren.

Sonografie: Sie kommt nicht zur Diagnostik des Lungengewebes zum Einsatz, wird jedoch zur Darstellung von Pleuraergüssen und bei deren Punktion genutzt.

2.8 Entwicklung der Atmungsorgane

Die Anlage der im Mediastinum befindlichen **Trachea** zweigt sich dichotomisch auf und bildet den **Bronchialbaum** der Lunge. Der Bronchialbaum expandiert in die zunächst noch leere Pleurahöhle und zwängt diese bis auf einen kleinen Spalt, den **Pleuraspalt**, zusammen. Am Ende des Bronchialbaums entwickeln sich die **Alveolen**.

Man unterscheidet 4 Phasen der Lungenentwicklung:

- **Frühembryonale Phase** (4.–7. Woche)
- **Pseudoglanduläre Phase** (7.–17. Woche)
- **Kanalikuläre Phase** (bis zur 26. Woche, Abb. **G-2.29a**)
- **Alveoläre Phase** mit prä- und postnatalem Abschnitt, Abb. **G-2.29b,** Abb. **G-2.29c.**

⊙ G-2.28 Entwicklung des Bronchialbaums

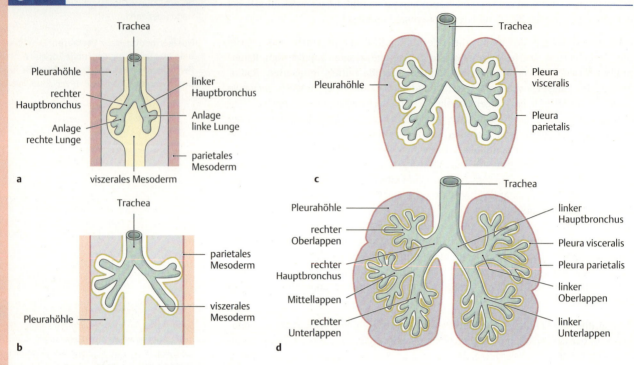

Der sich stetig aufteilende Bronchialbaum wächst kontinuierlich in das viszerale Mesoderm hinein (**a**, im Alter von 5 Embryonalwochen). Durch sein starkes Wachstum reicht das viszerale Mesoderm mit dem darin befindlichen Bronchialbaum schnell an das wandständige (parietale) Mesoderm heran (**b**, im Alter von 6 Embryonalwochen). Aus dem viszeralen Mesoderm bildet sich die Pleura visceralis der Lungenoberfläche. Aus dem parietalen Mesoderm entwickelt sich die Pleura parietalis, welche die Leibeswand auskleidet (**c**). Die eigentliche Pleurahöhle wird bei der reifen Lunge auf einen schmalen Raum zwischen Pleura visceralis und Pleura paritalis reduziert (**d**). Die glatte Oberfläche der Pleura erlaubt eine reibungsarme Bewegung der Lunge während Inspiration und Exspiration.
(Prometheus LernAtlas. Thieme, 3. Aufl.)

⊙ G-2.29 Histologische und funktionelle Entwicklung der Lunge

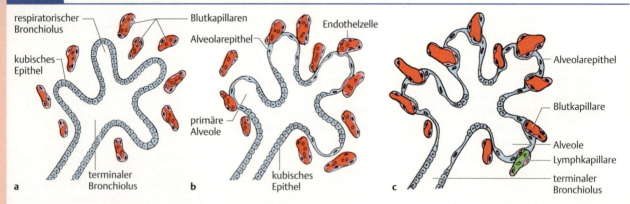

(nach Sadler, Th.: Medizinische Embryologie. Thieme, 2008)
a Kanalikuläre Phase: Der Bronchialbaum verzweigt sich in dieser Phase bis in die respiratorischen Bronchioli, die mit kubischem Epithel ausgekleidet sind.
b Pränataler Abschnitt der alveolären Phase: Das sich entwickelnde dünne Alveolarepithel nimmt Kontakt zu den umliegenden Blutgefäßen auf.
c Postnataler Abschnitt der alveolären Phase: Das Alveolarepithel differenziert sich weiter aus. Die Kapillaren wölben sich durch das jetzt hauchdünne Alveolarepithel in die Alveolen vor.

Klinischer Fall: Luftnot bei bekannter Lungenerkrankung

20:30
Eberhard Brennschmidt, 71 Jahre, ruft wegen zunehmender Atemnot den Notarzt. Dieser weist ihn direkt in die Klinik ein.

20:45 Anamnese
E.B.: Seit 3 Stunden ist es mit der Luft ganz schlecht! Meine Lungenerkrankung* habe ich jetzt seit 10 Jahren, aber das Rauchen, das kann ich nicht sein lassen. Schon am Donnerstag hab ich mich schwach gefühlt, seit Samstag hab ich nun Fieber. Beim Husten kommt auch gelb-grüner Schleim, ich sag's Ihnen!

21:00 Medikamentenanamnese
E.B.: Für die Lunge nehm ich die Sprays: Sultanol und Ipratropiumbromid.

21:05 Familienanamnese
E.B.: Mein Vater hat auch stark geraucht, kein gutes Vorbild. Er ist mit 65 an Lungenkrebs gestorben.

21:10 Körperliche Untersuchung
Ich untersuche den etwas übergewichtigen Patienten. Er sitzt mit vorgebeugtem Oberkörper, hat die Arme auf die Knie gestützt und wirkt richtig krank. Herr Brennschmidt atmet schnell und man hört beim Ausatmen ein Pfeifen. Die Lippen sind bläulich.
Vitalparameter (Normwerte in Klammern):
- Blutdruck 155/85 mmHg (< 130/85 mmHg)
- Herzfrequenz 90/min (50–100)
- Temperatur 38,9°C (36–38°C).

Das Atemgeräusch ist leise, beim Ausatmen höre ich ein Giemen. Im Mittelfeld beidseits feuchte Rasselgeräusche. An den Händen fallen mir Uhrglasnägel und Trommelschlägelfinger auf.

21:30 Blutabnahme
Wegen der Luftnot veranlasse ich eine arterielle Blutgasanalyse. Außerdem nehme ich ein „großes Blutbild" ab.
Das Ergebnis der BGA ist sofort da (Normwerte in Klammern):
- pO_2 54 mmHg (71–104 mmHg)
- pCO_2 53 mmHg (35–46 mmHg)
- pH 7,33 (7,37–7,45)

Es besteht also eine **respiratorische Azidose**: Herr B. kann das anfallende CO_2 nicht mehr „abatmen", sein Blut übersäuert.

21:40 12-Kanal-EKG
Wir machen ein EKG. Dies zeigt eine Rechtsherzhypertrophie.

22:00 Röntgen-Thorax
Es ist ein **Lungenemphysem** mit vermehrter Strahlentransparenz („schwarze" Lunge) zu erkennen. Die Zwerchfellkuppeln sind abgeflacht. Außerdem bestehen Zeichen einer **chronischen Rechtsherzbelastung**. Im Mittelfeld beidseits finden sich fleckförmige Verschattungen, die zu **pneumonischen Infiltraten** (Lungenentzündung) passen.

22:10 Laborbefund trifft ein
(Normwerte in Klammern)
- CRP 68 mg/l (< 10 mg/l)
- Interleukin-6 86 pg/ml (< 10 pg/ml)

Diese Werte zeigen eine **akute Entzündung** im Körper an. Die anderen Laborparameter liegen im Normbereich.

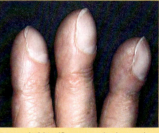

Trommelschlägelfinger mit Uhrglasnägeln
(aus Füeßl, F.S., Middeke, M.: Duale Reihe Anamnese und Klinische Untersuchung. 3. Aufl., Thieme, 2005)

Nach 3 Wochen hat sich Herr B. so weit auskuriert, dass er nach Hause entlassen werden kann. In den nächsten Jahren verschlechtert sich allerdings seine Lungenfunktion weiter und er muss mehrfach wegen infektbedingter Verschlechterungen seiner COPD in die Klinik. Erst als eine dauerhafte Sauerstofftherapie nötig wird, schafft er es mit dem Rauchen aufzuhören.

22:20 Ich rufe den Oberarzt an
Wegen des schlechten Allgemeinzustands und der respiratorischen Azidose entscheidet er, Herrn B. auf die Intensivstation zu verlegen. Die Diagnose lautet **infektexazerbierte COPD**.

23:00 Intensivstation und Bronchoskopie
Auf der Intensivstation führen die Kollegen eine Bronchoskopie (Spiegelung der Bronchien) durch. Dabei wird viel Schleim abgesaugt und eine Probe davon in die Mikrobiologie geschickt.

23:30 Antibiotische Behandlung
Ohne den genauen Erreger zu kennen, bekommt Herr B. Infusionen mit **Ciprofloxacin**. In der Nacht bleibt der Patient stabil.

07:15 Da am nächsten Morgen das Interleukin-6 rückläufig ist, wird die antibiotische Behandlung beibehalten: das Antibiotikum scheint gegen die Erreger wirksam zu sein.

10:00 Verlegung auf Normalstation
Der Allgemeinzustand von Herrn B. bleibt stabil, daher kann der Patient auf die Normalstation verlegt werden.

Nach 3 Tagen
Das Ergebnis der Mikrobiologie ist da: der Erreger **Pseudomonas aeruginosa** ist auf Ciprofloxacin sensibel. Die Genesung verläuft aber schleppend.

*Chronisch obstruktive Lungenerkrankung (COPD = chronic obstructive pulmonary disease)

Fragen mit anatomischem Schwerpunkt

1 — Warum sollte der Arzt Herrn Brennschmidt keinen Hemmstoff des Sympathikus (Betablocker) gegen seinen Hypertonus verschreiben?
2 — Wie können Sie sich die Zeichen der Rechtsherzbelastung im Röntgenbild von Herrn Brennschmidt erklären?

Antwortkommentare im Anhang

3 Herz und Herzbeutel

© inkje – photocase

3.1	Einführung	578
3.2	Herz (Cor)	578
3.3	Herzbeutel (Pericardium)	613
3.4	Topografie von Herz und Herzbeutel	615
3.5	Darstellung des Herzens mit bildgebenden Verfahren	617
3.6	Entwicklung des Herzens	622

F. Schmitz

3.1 Einführung

3.1 Einführung

Das **Herz** (**Cor**) wird von der **Herzbeutelhöhle**, sog. **Cavitas pericardiaca** (S. 613), umgeben.

Das **Herz** (**Cor**) wird von der **Herzbeutelhöhle**, sog. **Cavitas pericardiaca** (S. 613), umgeben, die wie die Cavitas pleuralis Teil der ursprünglichen Leibeshöhle (Zölomhöhle) ist.

3.2 Herz (Cor)

3.2 Herz (Cor)

3.2.1 Funktion des Herzens

3.2.1 Funktion des Herzens

Das **Herz** ist die muskuläre **Pumpe**, die für die Zirkulation des Blutes innerhalb des geschlossenen Blutkreislaufs (S. 145) verantwortlich ist. In beiden **Herzhälften** dient jeweils der **Vorhof** (**Atrium**) zur Aufnahme des Blutes aus dem Kreislauf während die **Kammer** (**Ventriculus**) für seinen Auswurf zuständig ist.
Funktionell lässt sich das **rechte** vom **linken Herzen** unterscheiden.

Das **Herz** steht im Zentrum des Blutkreislaufs (S. 145). Das **muskuläre Hohlorgan** sorgt als **Druck-** und **Saugpumpe** für den beständigen, rezirkulierenden Transport des Blutes innerhalb des Blutkreislaufs.
Die beiden **Herzhälften**, die jeweils in einen **Vorhof** (**Atrium**) und in eine **Kammer** (**Ventriculus**) unterteilt werden, empfangen das Blut aus dem Blutkreislauf über die Vorhöfe und pumpen es über die Kammern in den Kreislauf zurück.
Da hierbei das Blut in zwei verschiedene, hintereinander geschaltete Kreislaufsysteme (S. 148) gepumpt wird, unterscheidet man funktionell das **rechte Herz** vom **linken Herzen**.

▶ Merke.

▶ **Merke.** Das **rechte** Herz stellt die „Pumpstation" für den Transport des Blutes im **Lungenkreislauf** (= „kleiner" Kreislauf) dar, das **linke** Herz die für den **Körperkreislauf** (= „großer" Kreislauf).

3.2.2 Form, Abschnitte und Lage des Herzens

3.2.2 Form, Abschnitte und Lage des Herzens

Lage und Form: Das Herz liegt im **Mediastinum medius** (S. 535); ⅔ seiner Masse liegen links, ⅓ rechts der Medianebene (Abb. G-3.1 und Abb. G-1.1).
Seine Form ähnelt einem schräg gestellten Kegel mit einer im Herzbeutel frei beweglichen Spitze, jedoch fixierter Basis.

Die **Längsachse** des Herzens steht etwa im **45-Winkel** zu den 3 Hauptebenen.

Lage und Form: Das **Herz** liegt im **Mediastinum inferius**, und zwar in dessen mittlerem Abschnitt, dem **Mediastinum medius** (S. 535). Etwa ⅔ **der Herzmasse liegen links der Medianebene**, ⅓ liegt rechts davon (Abb. G-3.1). Die natürliche Lage des Herzens im Thorax zeigt Abb. G-1.1.
Es ähnelt in seiner Form einem schräg gestellten Kegel, dessen **Spitze** im umgebenden Herzbeutel frei beweglich ist. Die **Herzbasis** dagegen ist durch die Gefäßstiele (**Porta arteriosa** und **Porta venosa**, s. u.) und die **Membrana bronchopericardiaca** (S. 614) elastisch fixiert und wird durch die Dorsalseite der Vorhöfe gebildet.
Die **Längsachse des Herzens**, die Verbindung zwischen der Herzspitze und der Mitte der Herzbasis, steht etwa im **Winkel von 45° zu den drei Hauptebenen** des Raumes.

▶ Merke.

▶ **Merke.** Das Herz ist um seine Längsachse gedreht: Die **rechte** Herzhälfte ist dadurch der vorderen Brustwand mehr zugewandt; die **linke** Herzhälfte ist mehr zur linken Seite und nach hinten gerichtet.

Größe und Gewicht: Ein Herz wiegt im Mittel **etwa 300 g** und ist im Normalfall etwas größer als die Faust des Trägers. Herzgewicht und Herzvolumen sind abhängig vom **Trainingszustand** des Trägers.

Größe und Gewicht: Das Herz ist etwas größer als die geschlossene Faust des entsprechenden Menschen, wiegt im Mittel etwa **300 g** (0,4–0,45 % des Körpergewichtes) und besitzt ein durchschnittliches Organvolumen von **785 ml**. Gemessen von der Herzspitze zur Herzbasis ist das Herz ca. 12–14 cm lang. Die größte Herzbreite beträgt ca. 8–9 cm, der sagittale Durchmesser im Bereich der Herzbasis ist ca. 6 cm. Herzgewicht und Herzvolumen sind sehr vom Trainingszustand abhängig und können durch Hypertrophie auf **500 g** Gewicht bzw. **1440 ml** Volumen bei Leistungs-

G 3.2 Herz (Cor)

G-3.1 Lage von Herz und großen Gefäßen in der Brusthöhle

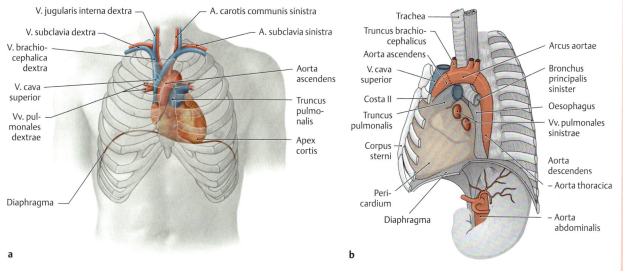

a Schematische Darstellung als Projektion auf die ventrale Thoraxwand (Prometheus LernAtlas, Thieme, 3. Aufl.)
b und in der Seitansicht.

sportlern ansteigen (**physiologische Herzmuskelhypertrophie** durch Training). 500 g werden auch als **kritisches Herzgewicht** bezeichnet, da bei noch schwereren Herzen die Kapillardurchblutung allmählich zu gering wird, um den Herzmuskel ausreichend zu versorgen. Eine solche **pathologische Herzmuskelhypertrophie** kann entstehen, wenn der Herzmuskel wegen krankhafter Prozesse über einen längeren Zeitraum vermehrt Arbeit leisten muss. Dies kann beispielsweise im Rahmen eines Bluthochdrucks oder einer Herzklappenerkrankung zutreffen. In diesen Fällen kann der pathologisch hypertrophierte Herzmuskel aufgrund der unzureichenden Kapillarisierung nicht mehr ausreichend mit Blut und Sauerstoff versorgt werden. Die daraus resultierende Schädigung des Herzmuskels führt im Endstadium zur **Herzinsuffizienz**.

Abschnitte: Folgende Abschnitte lassen sich am Herzen unterscheiden (Abb. **G-3.2**):
- Apex cordis (Herzspitze),
- Basis cordis (Herzbasis),
- Facies sternocostalis (Facies anterior),
- Facies pulmonalis dextra und sinistra,
- Facies diaphragmatica (Facies inferior).

Herzspitze (Apex cordis): Sie wird hauptsächlich vom linken Ventrikel gebildet, ist nach **vorne-unten-links** gerichtet und relativ frei im Herzbeutel beweglich.

Herzbasis (Basis cordis): Sie wird hauptsächlich vom linken Vorhof gebildet und ist nach **hinten-oben-rechts** gerichtet. An ihr münden die großen Gefäßstämme, wodurch sie auch **fixiert** ist:
- **V. cava superior** und **V. cava inferior** münden in den **rechten Vorhof**. Die Hohlvenen (S. 632) öffnen sich dabei in den **Sinus venarum cavarum**, der durch eine seichte Furche (**Sulcus terminalis**) vom eigentlichen rechten Vorhof abgegrenzt wird.
- Die **4 Lungenvenen** (**Vv. pulmonales**) im Normalfall 2 rechts und 2 links (S. 634) münden in den **linken Vorhof**.

▶ **Merke.** Die zueinander senkrecht stehenden Venen (V. cava superior und V. cava inferior einerseits und Vv. pulmonales andererseits) bezeichnet man auch als **Venenkreuz** (Abb. **G-4.4**). In ihrer Gesamtheit bilden sie die **Porta venosa** des Herzens.

- Die **Porta arteriosa** liegt ventral und besteht aus **Aorta** (S. 627) und **Truncus pulmonalis** (S. 631). Die Ursprünge des Truncus pulmonalis und der Pars ascendens aortae sind spiralig angeordnet:
Der nach links ansteigende Ursprung des **Truncus pulmonalis** verdeckt teilweise die nach rechts vorne aufwärts ziehende **Pars ascendens aortae**. Aus dem **Bulbus aortae**, einer Anschwellung des Aortenursprungs, geht beidseits hinter dem Truncus pulmonalis eine Herzkranzarterie (S. 599), **A. coronaria sinistra** und **A. coronaria dextra**, hervor.

Abschnitte: Man unterscheidet (Abb. **G-3.2**):
- Apex cordis (Herzspitze),
- Basis cordis (Herzbasis),
- Facies sternocostalis,
- Facies pulmonalis dextra und sinistra,
- Facies diaphragmatica.

Herzspitze (Apex cordis): Sie wird hauptsächlich vom linken Ventrikel gebildet und ist nach **links-unten-vorne** gerichtet.
Die **Herzbasis (Basis cordis**; früher auch **Facies posterior** genannt) wird hauptsächlich vom linken Vorhof gebildet und weist nach **hinten-oben-rechts**. Sie wird geprägt durch die großen Herzgefäße:
- **V. cava sup.** und inf. (S. 632): Mündung in den rechten Vorhof
- **Vv. pulmonales** (S. 634): Mündung in den linken Vorhof.

▶ **Merke.**

- Die Porta arteriosa des Herzens besteht aus **Aorta** (S. 627) und **Truncus pulmonalis** (S. 631), die ventral aus linkem bzw. rechtem Ventrikel austreten und an ihrer Wurzel spiralig umeinander verlaufen.
Aus dem Bulbus aortae gehen die rechte und linke Herzkranzarterie (S. 599) hervor.

G-3.2 Form und Abschnitte des Herzens

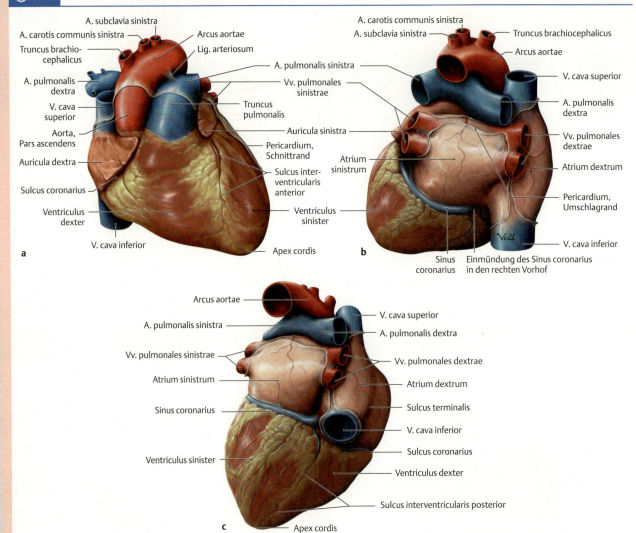

(nach Prometheus LernAtlas. Thieme, 3. Aufl.)
a Ansicht des Herzens von ventral: Facies sternocostalis.
b Ansicht des Herzens von dorsal: An der Basis cordis treten die großen Gefäße ein und aus.
c Ansicht des Herzens von dorsal-kaudal: Durch Kippung des Herzens nach ventral wird die Facies diaphragmatica besser sichtbar.

Facies sternocostalis: Diese konvexe Vorderfläche des Herzens wird größtenteils von der **rechten Kammer** gebildet. Zur Herzbasis hin schließt sich der **rechte Vorhof** an. Ein schmaler Streifen am linken Rand der **Facies sternocostalis** wird vom **linken Ventrikel** gebildet. Linker und rechter Ventrikel werden von einer seichten Furche, dem **Sulcus interventricularis anterior**, getrennt. An der Vorhof-/Kammergrenze befindet sich eine weitere Einschnürung, **Sulcus coronarius**, die die „Ventilebene" des Herzens kennzeichnet.
- Links geht die **Facies sternocostalis** am Margo obtusus (auch Margo sinister genannt) in die Facies pulmonalis (s. u.) des Herzens über.
- Rechts grenzt die Facies sternocostalis an die Facies diaphragmatica (s. u.) in einem relativ scharfen Rand (**Margo acutus**). Der Margo acutus liegt im Brustsitus fast horizontal.

Facies sternocostalis: Sie bildet die konvexe Vorderfläche des Herzens und wird größtenteils von der **rechten Kammer**, sog. **Ventriculus dexter** (S.584), gebildet. Die Vorderwand der rechten Kammer wird rechts flankiert vom **rechten Vorhof**, sog. **Atrium dexter** (S.582), der mit dem **rechten Herzohr** (**Auricula dextra**) die Taille an der Wurzel der Pars ascendens aortae ausfüllt. Links grenzt an die rechte Herzkammer der linke Ventrikel (**Ventriculus sinister**) der nur mit einem schmalen Streifen die Vorderfläche des Herzens erreicht. Dem linken Ventrikel legt sich oben als ein Teil des linken Vorhofs das linke **Herzohr** (**Auricula sinistra**) an, das als einziger Abschnitt des linken Vorhofes auf der Ventralseite des Herzens zu sehen ist. Mit seiner medialen Fläche schmiegt sich das linke Herzohr an den rechts von ihm liegenden Truncus pulmonalis an.
Beide Herzohren füllen somit die von den großen Gefäßen und der Herzbasis gebildeten Nischen aus. Die Grenze zwischen rechter und linker Kammer bildet der **Sulcus interventricularis anterior**. Er schneidet geringfügig rechts von der Herzspitze ein. An der Vorhof-/Kammergrenze senkt sich die Kranzfurche (**Sulcus coronarius**) ein. Sie kennzeichnet die **Ventilebene des Herzens** (S.587), in der die **Herzklappen** (S.587) lokalisiert sind. Auf der **linken** Seite geht die Facies sternocostalis in die Facies pulmonalis sinistra (s. u.) des Herzens über. Dieser Übergang ist an der Leiche rund, weshalb er auch als „Margo obtusus" (lat. obtusus = stumpf) bezeichnet wird. Mit einem an der Leiche relativ scharfen Rand, **Margo acutus** (syn. Margo dexter)

grenzt die Facies sternocostalis an die Facies diaphragmatica (s. u.) des Herzens. Der Margo acutus liegt im Brustsitus fast horizontal und reicht vom sternalen Ende der 6. Rippe bis zur Herzspitze, die im 5. Interkostalraum etwas einwärts der Medioklavikularlinie gelegen ist.

Facies pulmonales: Die Facies sternocostalis geht seitlich ohne feste Grenzen in die Facies pulmonales über. Die **Facies pulmonalis sinistra** wird vom linken Ventrikel gebildet, der sich einer entsprechenden Einbuchtung der linken Lunge anschmiegt. Die **Facies pulmonalis dextra** wird hauptsächlich vom rechten Vorhof gebildet.

Die **Facies diaphragmatica** ist der „abgeplattete" Anteil des Herzens, der auf dem Diaphragma aufliegt und größtenteils durch den linken Ventrikel gebildet wird. Die linke Kammerwand wird hier durch den etwas rechts der Herzspitze auslaufenden **Sulcus interventricularis posterior** von der rechten Kammer abgegrenzt, die nur mit einem relativ schmalen Streifen an der Bildung der Facies diaphragmatica des Herzens teilnimmt.

Facies pulmonales: Die Facies pulmonalis sinistra wird vom linken Ventrikel, die Facies pulmonalis dextra vom rechten Vorhof gebildet.

Die **Facies diaphragmatica** liegt dem Zwerchfell auf und wird größtenteils vom linken Ventrikel gebildet. Der **Sulcus interventricularis posterior** kennzeichnet die Grenze zwischen linkem und rechtem Ventrikel.

3.2.3 Organisation des Herzens

Das Herz ist aufgebaut aus **vier Binnenräumen** (Abb. **G-3.3**):
- **2 Vorhöfe:** rechter und linker Vorhof (Atrium dextrum und Atrium sinistrum).
- **2 Herzkammern:** rechter und linker Ventrikel (Ventriculus dexter und Ventriculus sinister).

Diese Binnenräume werden durch Septen (S. 586) und Klappen (S. 587) voneinander getrennt.

3.2.3 Organisation des Herzens

Das Herz hat **4 Binnenräume** (Abb. **G-3.3**):
- **2 Vorhöfe** (Atrium dextrum und sinistrum)
- **2 Kammern** (Ventriculus dexter und sinister)

Sie werden durch Septen (S. 586) und Klappen (S. 587) voneinander getrennt.

⊙ G-3.3 Vierkammerschnitt durch das Herz

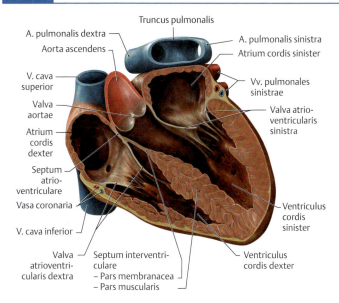

(nach Prometheus LernAtlas. Thieme, 3. Aufl.)

Anordnung und Lage der Binnenräume: Der Vorhof ist jeweils dem Ventrikel vorgeschaltet und führt ihm Blut zu. Die beiden Vorhöfe liegen generell oberhalb des Herzskeletts (S. 587), das die Ventilebene des Herzens mit den eingebauten Herzklappen enthält.
- Aufgrund der Lage des Herzens (S. 578) im Thorax liegt der **rechte Ventrikel** bevorzugt ventral und macht dort den größten Teil der Facies sternocostalis aus.
- Der **rechte Vorhof** liegt rechts seitlich und reicht dorsal bis an die Herzbasis, wo er die Vv. cavae superior und inferior empfängt. Er ist eine wichtige randbildende Struktur des Herzens im Röntgenbild (Tab. **G-3.4**).
- Der **linke Ventrikel** stellt sich in seiner natürlichen Lage im Thorax links seitlich randbildend im p.-a.-Röntgenthorax dar.
- Der **linke Vorhof** ist, mit Ausnahme des linken Herzohres, von ventral kaum sichtbar und befindet sich primär auf der Dorsalseite des Herzens, der Herzbasis (s. o.), wo er die Lungenvenen (Vv. pulmonales) empfängt.

Anordnung und Lage der Binnenräume: Die Vorhöfe sind den Ventrikeln vorgeschaltet und liegen oberhalb des Herzskeletts (S. 587). Durch die Lage des Herzens im Thorax liegen die einzelnen Binnenräume wie folgt:
- rechter Ventrikel: v. a. ventral,
- rechter Vorhof: rechts seitlich bis dorsal,
- linker Ventrikel: links randbildend,
- linker Vorhof: v. a. dorsal (nur linkes Herzohr ist von ventral sichtbar.)

G-3.4 Lagebeziehungen der Herzbinnenräume

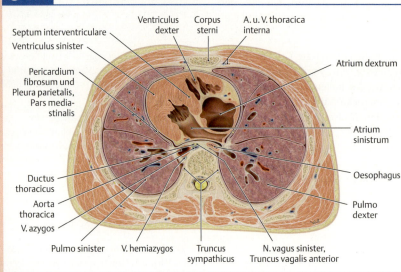

Horizontalschnitt durch den Thorax auf der Höhe von Th VIII in der Ansicht von kranial. Sichtbar ist die enge Nachbarschaft des linken Vorhofs zur Speiseröhre.
(Prometheus LernAtlas. Thieme, 3. Aufl.)

▶ Klinik. Die dorsale Lage des linken Vorhofs bedingt seine unmittelbare Nähe zur im hinteren Mediastinum verlaufenden Speiseröhre (S. 679), s. auch Abb. **G-3.4**. Diese Lagebeziehung macht man sich insbesondere in der Ultraschalldiagnostik des Herzens, der **transösophageale Echokardiografie** (S. 621) = **TEE**, zunutze. Auch können Vergrößerungen des linken Vorhofs radiologisch in einer **Ösophagus-Breischluck-Aufnahme** (Abb. **I-1.6**) sichtbar sein; vgl. Magen-Darm-Passage (S. 731). Eine weitere, inzwischen jedoch durch andere Verfahren abgelöste diagnostische Methode in diesem Zusammenhang ist die **transösophageale Elektrokardiografie** (**Ösophagus-EKG**), bei der durch Einbringen einer EKG-Elektrode in die Speiseröhre insbesondere supraventrikuläre Rythmusstörungen diagnostiziert werden können. Diese Untersuchung kommt heutzutage allerdings lediglich in einigen kinderkardiologischen Spezialfällen zum Einsatz.

Herzvorhöfe (Atria cordis)

Funktion: Sie nehmen das Blut aus Körper- (rechts) bzw. Lungenkreislauf (links) auf, bevor es von dort in die Ventrikel fließt, s. a. Herzaufbau (S. 145).

Herzvorhöfe (Atria cordis)

Funktion: Die Vorhöfe sind dem jeweiligen Ventrikel (Herzkammer) vorgeschaltet, s. a. Herzaufbau (S. 145). In die beiden Vorhöfe fließt das Blut aus dem Körperkreislauf (rechter Vorhof über die Vv. cavae) bzw. aus dem Lungenkreislauf (linker Vorhof über die Vv. pulmonales) und wird von dort bei Öffnung der Segelklappen (s. u.) in die jeweilige Kammer „weitergeleitet".

Rechter Vorhof (Atrium dextrum)

Der rechte Vorhof (Abb. **G-3.5**) erhält Zuflüsse aus:
- **V. cava sup.** und **V. cava inf.** sowie aus dem
- **Sinus coronarius** (S. 606).

Er besitzt auf seiner Innenseite einen glattwandigen und einen rauwandigen Anteil. Der glattwandige Anteil leitet sich vom Sinus venosus ab, der rauwandige vom eigentlichen embryologischen Vorhof.
Diese beiden Anteile sind auf der Innenseite durch die **Crista terminalis** gekennzeichnet, auf der Außenseite durch den **Sulcus terminalis**. Hier liegt, nahe der Einmündungsstelle der V. cava superior, das übergeordnete Schrittmacherzentrum des Herzens, der **Sinusknoten** (S. 597).

Rechter Vorhof (Atrium dextrum)

Der rechte Vorhof (Abb. **G-3.5**) ist dem rechten Ventrikel vorgeschaltet und erhält sauerstoffarmes Blut durch folgende venöse Gefäße:
- **V. cava superior** und **V. cava inferior** (Zufluss aus dem Körperkreislauf.
- **Sinus coronarius** (S. 606), der Blut von den Herzvenen sammelt.
- Morphologisch lassen sich an der Innenseite des rechten Vorhofs zwei Abschnitte unterscheiden:
  - Der **Sinus venarum cavarum** als Einstrombahn der beiden Hohlvenen (Vv. cavae) hat eine glatte Oberfläche. Dieser Abschnitt leitet sich entwicklungsgeschichtlich aus dem **Sinus venosus** (S. 622) ab.
  - Der andere Anteil ist durch parallele **Herzmuskelbälkchen** (**Musculi pectinati**) zerklüftet und erstreckt sich hauptsächlich in das rechte Herzohr (**Auricula dextra**). Er geht entwicklungsgeschichtlich auf den embryologischen Vorhof zurück.

Die **Grenze** zwischen diesen beiden Anteilen entwicklungsgeschichtlich unterschiedlicher Herkunft markiert auf der Vorhofinnenseite eine Muskelleiste, die **Crista terminalis**. Sie umgreift die Mündung der oberen Hohlvene von vorn, zieht bogenförmig die Seitenwand des Vorhofs hinab und endet am lateralen Umfang der Einmündung der unteren Hohlvene.

G-3.5 Eröffneter rechter Vorhof

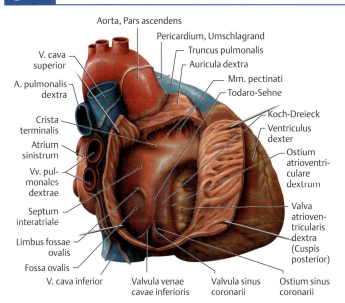

Ansicht von rechts-lateral: Sichtbar sind die verschiedenen entwicklungsgeschichtlichen Anteile des rechten Vorhofs, die Einmündungen des Sinus coronarius (S. 606) und der V. cava inferior sowie die Fossa ovalis.
(nach Prometheus LernAtlas. Thieme, 3. Aufl.)

Der innen gelegenen Crista terminalis entspricht auf der Außenseite der **Sulcus terminalis**. Hier liegt, nahe der Einmündungsstelle der V. cava superior, das übergeordnete Schrittmacherzentrum des Herzens, der **Sinusknoten** (S. 597).
Zwischen der Einmündung der **V. cava superior** und **V. cava inferior** wölbt sich die Vorhofhinterwand leicht vor (**Tuberculum intervenosum**).
Das **Vorhofseptum**, sog. **Septum interatriale** (S. 586), weist auf der Seite zum rechten Vorhof eine seichte ovale Grube auf, die **Fossa ovalis**. Die Fossa ovalis markiert die Stelle, an der sich entwicklungsgeschichtlich das Foramen ovale (S. 625), eine wichtige Kurzschlussverbindung zwischen rechtem und linkem Vorhof, befunden hat. Die Fossa ovalis wird oben, vorn und hinten von einer seichten Erhebung, **Limbus fossae ovalis**, die sich entwicklungsgeschichtlich vom Septum secundum (S. 625) ableitet, umrahmt. Diese Umrahmung wird nach kaudal (hin zur V. cava inferior) durch einen sichelförmigen Wulst, die **Valvula venae cavae inferioris** (= Valvula Eustachii) ergänzt. Der Wulst verläuft von der Einmündung der V. cava inferior zum Limbus fossae ovalis. Die **Valvula venae cavae inferioris** macht man dafür verantwortlich, dass im Embryonalkreislauf (S. 150) das in der Plazenta mit Sauerstoff angereicherte Blut aus der V. cava inferior in Richtung des Foramen ovale umgeleitet wird. Die distale Fortsetzung der Valvula venae cavae inferioris wird auch als **Todaro-Sehne** oder **Tendo valvulae venae cavae inferioris**, bezeichnet. Sie bildet eine Randbegrenzung des so genannten **Koch-Dreiecks**, in dem sich der AV-Knoten (S. 597) befindet. Vor der Valvula venae cavae inferioris findet sich in Richtung der Trikuspidalklappe (S. 590) die Einmündung des Sinus coronarius (**Ostium sinus coronarii**), an dessen Vorhofmündung sich ebenfalls eine klappenartige Erhebung findet (**Valvula sinus coronarii** = Valvula Thebesii). Oberhalb des septalen Segels der Trikuspidalklappe findet sich im rechten Vorhof ein schmaler Bereich, an dem der rechte Vorhof auch an den linken Ventrikel grenzt (**Septum atrioventriculare**).
Die Mündung der oberen Hohlvene in den rechten Vorhof (**Ostium venae cavae superioris**) besitzt keinen Ventilmechanismus.
Die Muskelwand des rechten Atriums ist normalerweise knapp **3 mm** dick.

Das **Vorhofseptum**, sog. **Septum interatriale** (S. 586), weist eine seichte ovale Grube auf. **Fossa ovalis**, entwicklungsgeschichtlich „Rest" des Foramen ovale (S. 625), das eine embryologische Kurzschlussverbindung (S. 150) zwischen rechtem und linkem Vorhof war. Das Septum interatriale enthält den AV-Knoten (S. 597).
Der **Sinus coronarius** mündet in den Boden des rechten Vorhofs.
Das **Septum atrioventriculare** trennt den rechten Vorhof vom linken Ventrikel.
Der rechte Vorhof besitzt eine Muskelwand von knapp 3 mm Schichtdicke.

Linker Vorhof (Atrium sinistrum)

In der Regel münden in den linken Vorhof (Abb. **G-3.6**) je zwei linke und zwei rechte **Lungenvenen** (**Vv. pulmonales**). Bei ihrer Einmündung in den linken Vorhof besitzen die Lungenvenen wie auch während ihres intrapulmonalen Verlaufs keinen Klappenmechanismus.
Die Innenfläche des linken Vorhofs ist größtenteils glattwandig. Lediglich die Innenseite des linken Herzohres (**Auricula sinistra**) ist durch die **Musculi pectinati** zerklüftet.

Linker Vorhof (Atrium sinistrum)

Der linke Vorhof (Abb. **G-3.6**) empfängt Blut aus den Vv. pulmonales und ist, mit Ausnahme des linken Herzohrs, dessen Innenfläche durch **Mm. pectinati** aufgeraut erscheint, weitgehend glattwandig.

G-3.6 Eröffneter linker Vorhof

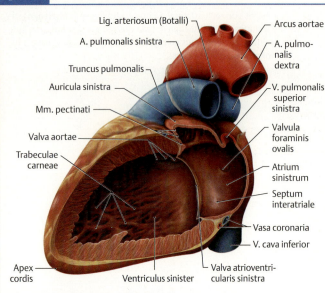

Ansicht des Herzens in physiologischer Lage von links-lateral: Die linke AV-Klappe (S. 591) ist größtenteils entfernt. Aufgrund des Anschnitts ist die Einmündung der Lungenvenen nicht sichtbar.
(nach Prometheus LernAtlas. Thieme, 3. Aufl.)

Das **Vorhofseptum**, sog. **Septum interatriale** (S. 586), zeigt an der Stelle der Fossa ovalis eine seichte Erhebung, die **Valvula foraminis ovalis**, ein Derivat des Septum primum (S. 625).
Die Wand des dem linken Ventrikel vorgeschalteten linken Vorhofs ist geringfügig dicker als die Wand des rechten Atriums (etwa 3 mm bis **max. 4 mm** dick).

Herzkammern (Ventriculi cordis)

Funktion: Die Ventrikel pumpen das Blut in den Körper- bzw. Lungenkreislauf.

Herzkammern (Ventriculi cordis)

Funktion: Die Kammern (Ventrikel) pumpen das Blut, das sie über die Vorhöfe erhalten haben, in den Körperkreislauf (linke Kammer) bzw. in den Lungenkreislauf (rechte Kammer).

▶ Merke.

▶ Merke. Um die notwendige Pumparbeit für den vergleichsweise **hohen Arbeitsdruck im Körperkreislauf** bewältigen zu können, ist die Muskulatur, das Myokard (S. 594), des **linken Ventrikels viel kräftiger** ausgeprägt als das Kammermyokard des dünnwandigeren rechten Ventrikels.

Rechte Kammer (Ventriculus dexter)

Die rechte Kammer (Abb. **G-3.7**) wird von der linken Kammer durch das **Septum interventriculare** (S. 586) getrennt.
Auf der Innenseite der ca. **3–4 mm** starken Muskelwand des Ventriculus dexter imponieren die **Trabeculae carneae** und die **Mm. papillares**.

Der M. papillaris anterior ist der konstanteste der Papillarmuskeln. Er erhebt sich von der Trabecula septomarginalis, unter der ein Teil des Reizleitungssystems des Herzens (S. 596) verläuft.
Trabecula septomarginalis und Crista supraventricularis unterteilen im rechten Ventrikel strömungsmechanisch:
- **Einstrombahn** und
- **Ausstrombahn** (**Conus arteriosus**, weitgehend glattwandig).

Rechte Kammer (Ventriculus dexter)

Der rechte Ventrikel (Abb. **G-3.7**) besitzt die Form einer dreiseitigen, abgeflachten Pyramide. Die Vorderwand der Pyramide bildet ventral die **Facies sternocostalis**. Die mediale Wand ist das **Septum interventriculare** (S. 586), die Hinterwand die **Facies diaphragmatica**.
Die Basis der Pyramide wird durch den Abschnitt des Herzskeletts (S. 587) gebildet, der das **Ostium atrioventriculare dextrum** mit der **Trikuspidalklappe** und das **Ostium trunci pulmonalis** mit der **Pulmonalklappe** enthält. Zwischen diesen beiden Klappen ragt ein Muskelwulst, die **Crista supraventricularis**, in das Lumen des rechten Ventrikels vor. Die Innenfläche der rechten Kammer ist durch netzartig zusammenhängende **Muskelbalken** (**Trabeculae carneae**) zerklüftet (beim kontrahierten Herzen mehr als beim erschlafften).
Als Haltemuskeln der Klappensegel (S. 589) ragen die **Papillarmuskeln** (**Musculi papillares**) zapfenförmig in das Ventrikellumen. Sie üben durch Vermittlung der Sehnenfäden (**Chordae tendineae**) einen Zug auf die Segelklappen aus, um während der Systole (S. 609) ein Zurückschlagen der Segelklappen in den Vorhof zu verhindern. Der größte und konstanteste der Papillarmuskeln im rechten Herzen ist der **Musculus papillaris anterior**, der von der Trabecula septomarginalis (s. u.) entspringt.
Die **Crista supraventricularis** bildet zusammen mit einem vom Herzseptum kommenden gegenüberliegenden Muskelwulst, der **Trabecula septomarginalis**, einen ringförmigen Durchlass, der die Einstrombahn von der Ausstrombahn topografisch abgrenzt.

G-3.7 Eröffneter rechter Ventrikel

Ansicht von ventral: Sichtbar sind die Trabecula septomarginalis (Moderatorband), Mm. papillares sowie die Segel- und Taschenklappe des rechten Herzens (S. 587).

(nach Prometheus LernAtlas. Thieme, 3. Aufl.)

Die Unterteilung zwischen Ein- und Ausstrombahn erfolgt nach dem Blutfluss.
- Die **Einstrombahn** weist vom Ostium atrioventriculare zur Herzspitze und besitzt, bedingt durch die **Trabeculae carneae** (s. o.), einen zerklüfteten Aspekt.
- Die **Ausstrombahn** dagegen wird durch einen innen glattwandigen Trichter, den **Conus arteriosus** (auch als **Infundibulum** bezeichnet) gebildet. Der **Conus arteriosus** geht jenseits der Pulmonalisklappe in den **Truncus pulmonalis** über.

Die Trabecula septomarginalis enthält Fasern des Reizleitungssystems (S. 596) und wird auch **Moderatorband** (**Leonardoband**) genannt.

Die **Wand** des rechten Ventrikels ist mit einem mittleren Durchmesser von etwa **3–4 mm** dünner als die linke Kammer.

Sie sind im rechten Ventrikel in Form eines „V" angeordnet.

Linke Kammer (Ventriculus sinister)

Die linke Kammer (Abb. **G-3.8**) ist annähernd kegelförmig. Die Basis des Konus wird auf der einen Seite vom **Ostium atrioventriculare sinistrum** und vom **Aortenostium** (**Ostium aortae**) eingenommen, während sein verjüngter Teil der **Herzspitze** (**Apex cordis**) entspricht.

Linke Kammer (Ventriculus sinister)

Der linke Ventrikel (Abb. **G-3.8**) hat annähernd konische Form, dessen verjüngter Teil der **Herzspitze** entspricht.
An seiner Basis finden sich die beiden Klappen der linken Herzseite.

G-3.8 Eröffneter linker Ventrikel

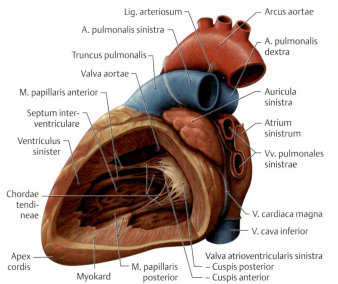

Ansicht des Herzens in physiologischer Lage von links-lateral: Durch Fensterung der Ventrikelwand sind die Mm. papillares und die linke AV-Klappe, die Mitralklappe (S. 591), sichtbar. Beachte die im Vergleich zum rechten Ventrikel sehr viel dickere Wand des linken Ventrikels.

(nach Prometheus LernAtlas. Thieme, 3. Aufl.)

Auch hier unterscheidet man Ein- und Ausstrombahn.
Die Wand des linken Ventrikels ist **10–12 mm** dick.

Auch im linken Ventrikel unterscheidet man strömungstechnisch zwischen
- **Einstrombahn**, die im Anschluss an das Ostium atrioventriculare sinistrum steil zur Herzspitze verläuft und
- **Ausstrombahn**.

Die Grenze bildet das vordere Segel (Cuspis anterior) der Valva atrioventricularis sinistra (S. 591).

Die Wand des linken Ventrikels ist beim gesunden Herzen etwa 10–12 mm und somit nahezu dreimal so dick wie die Wand des rechten Ventrikels, was durch die sehr viel höhere Druckentwicklung begründet ist.

Herzsepten (Septa cordis)

▶ Definition.

Herzsepten (Septa cordis)

▶ Definition. Herzsepten sind **muskuläre oder bindegewebige Barrieren** zwischen den Binnenräumen des Herzens, die normalerweise keinen Blutdurchfluss zulassen.

- Das **Vorhofseptum** (**Septum interatriale**) bildet nach der Geburt eine muskuläre Trennung zwischen den Vorhöfen, vgl. Foramen ovale (S. 625).
- Das **Ventrikelseptum** (**Septum interventriculare**) besteht größtenteils aus einem muskulären (**Pars muscularis**) und einem kleineren bindegewebigen Anteil (**Pars membranacea**).

Nach ihrer Lage unterscheidet man zwei Herzsepten:
- Das **Vorhofseptum** (**Septum interatriale**) bildet eine weitgehend muskuläre Trennung zwischen linkem und rechtem Vorhof. Diese Separierung ist vor der Geburt inkomplett, vgl. Foramen ovale (S. 625).
- Das **Ventrikelseptum** (**Septum interventriculare**) liegt zwischen rechtem und linkem Ventrikel. Dieses Septum ist größtenteils muskulär ausgebildet (**Pars muscularis**). Der bindegewebige Anteil (**Pars membranacea**) umfasst einen relativ kleinen kranialen Teil des Septum interventriculare. Das Ventrikelseptum hat eine Dicke von 5–10 mm.

▶ Klinik. Ein **Ventrikelseptumdefekt** (**VSD**) ist eine pathologische, relativ häufige kongenitale (angeborene) Kurzschlussverbindung zwischen linker und rechter Kammer. Am häufigsten ist dabei die Pars membranacea betroffen (70 % der Fälle), weniger häufig dagegen die Pars muscularis. Das oxygenierte Blut im linken Ventrikel wird nur zum Teil über die Aorta hinausgepumpt, ein Teil des Blutes fließt über den VSD in den rechten Ventrikel (Links-Rechts-Shunt). Dadurch kommt es zu einer erhöhten Volumenbelastung des rechten Ventrikels und der Lungenstrombahn. Bei einem kleinen VSD ist der rechte Ventrikel in der Regel nicht vergrößert. Überschreitet der VSD aber eine bestimmte Größe, kann es zu einer Rechtsherzbelastung und zu einer pulmonalen Hypertonie kommen. Um dies zu verhindern, werden größere Ventrikelseptumdefekte operativ korrigiert.

⊙ **G-3.9** Ventrikelseptumdefekt

a Schematische Darstellung, die unterschiedliche Lokalisationen des VSD zeigt (Pfeile). (Henne-Bruns, D., Düring, M., Kremer, B.: Duale Reihe Chirurgie. Thieme, 2003)

b Röntgenthorax eines Neugeborenen mit VSD, der zu einer nach links verbreiterten Herzsilhouette geführt hat. (Sitzmann, C.F.: Duale Reihe Pädiatrie. Thieme, 2012)

c Echokardiografischer Nachweis des Links-rechts-Shunts: Das Blut fließt durch den Defekt im Ventrikelseptum vom linken (LV) in den rechten (RV) Ventrikel. (Sitzmann, C.F.: Duale Reihe Pädiatrie. Thieme, 2012)

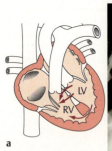
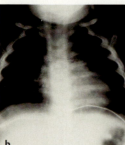
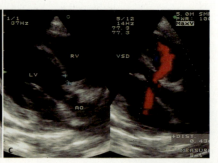

Herzskelett – Ventilebene des Herzens

▶ Definition. Das so genannte „**Herzskelett**" bezeichnet eine bindegewebige Faserplatte, in der die Herzklappen (s. u.) verankert sind (Abb. **G-3.10**). Aufgrund des Ventilmechanismus der Herzklappen und ihrer Anordnung in (mehr oder weniger) einer Ebene, spricht man auch von der „**Ventilebene**" des Herzens.

Funktion: Das Herzskelett **verankert die Herzklappen** und besteht aus straffem kollagenem Bindegewebe, das nicht elektrisch leitend ist. Es **trennt elektrisch** die Muskulatur der Vorhöfe fast komplett von der Ventrikelmuskulatur.
Nur das aus modifizierten Herzmuskelfasern bestehende Reizleitungssystem des Herzens (S. 596) durchquert das bindegewebige Herzskelett.

Lage und Aufbau: Die Herzostien (ausgenommen die Mündungsostien der Venen) werden **bindegewebig** im Herzskelett verankert (Abb. **G-3.10**). An den bindegewebigen Faserringen (**Anuli fibrosi**) zwischen Vorhöfen und Ventrikeln entspringen die Segel der Atrioventrikularklappen (S. 589). Auch die Aorta und der Truncus pulmonalis gehen mit ihrer Arterienwand nicht direkt in die Herzwand über, sondern besitzen sehnige Wurzelstücke.
Dort, wo die Faserringe der verschiedenen Herzklappen (Trikuspidal-, Bikuspidal-, Pulmonal- und Aortenklappe) zusammenkommen, entstehen **Bindegewebszwickel**. Man unterscheidet hier:
- **Trigonum fibrosum dextrum** und
- **Trigonum fibrosum sinistrum**.

Das Trigonum fibrosum dextrum ist der zentrale Bindegewebskörper des Herzens. Bei einigen Tieren findet man hier knorpel- bis knochenartige Verdichtungen.

Funktion: Das Herzskelett **verankert die Herzklappen**. Elektrisch **trennt** es die Vorhof- von der Ventrikelmuskulatur fast komplett. Ausnahme: Reizleitungssystem (S. 596).

Lage und Aufbau: Bindegewebige Faserringe (zwischen Vorhöfen und Ventrikeln als **Anuli fibrosi** bezeichnet), verankern die Herzklappen (Abb. **G-3.10**).
Dort, wo die Faserringe der Herzklappen zusammenkommen, entstehen bindegewebige Zwickel:
- **Trigonum fibrosum dextrum** und
- **Trigonum fibrosum sinistrum**.

G-3.10 Herzskelett

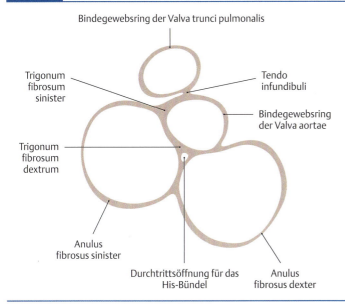

Ansicht der bindegewebigen Faserplatte, die Vorhof- und Kammermuskulatur voneinander trennt, aus der Perspektive der Herzbasis (vgl. Abb. G-3.31). Neben den die Herzklappen verankernden Faserringen ist auch die einzige Durchtrittsstelle für das erregungsleitende His-Bündel (S. 598) sichtbar.

Herzklappen (Valvae cordis)

▶ Definition. Herzklappen sind primär Spezialisierungen des Endokards (S. 594) und entstehen während der Entwicklung aus verdickten Endokardregionen, die im Bereich der späteren AV-Klappen als „Endokardkissen", im Bereich der späteren Taschenklappen als „Klappenwülste" oder ebenfalls als „Endokardkissen" bezeichnet werden.

Funktion: Die Herzklappen lassen den Strömungsfluss des Blutes in nur eine Richtung zu und wirken damit wie **Ein-Weg-Ventile**: Durch das Schließen der Klappen wird der Blutfluss in die „nicht erlaubte" Richtung verhindert.

Funktion: Herzklappen kontrollieren den Blutfluss wie **Ein-Weg-Ventile**.

▶ **Klinik.** Ist die Funktion einer Herzklappe eingeschränkt, entweder angeboren oder z. B. durch Umbauvorgänge nach einer Klappenentzündung (S. 589), bezeichnet man dies als **Herzklappenfehler** (**Vitium**). Prinzipiell kann sich eine solche Herzklappenerkrankung als **Stenose** oder als **Insuffizienz** manifestieren und zu reaktiven Veränderungen des jeweils vorgeschalteten Herzbinnenraums führen, die bei starker Ausprägung im Röntgenbild als typische Veränderungen der Herzform sichtbar werden.

Von einer **Klappenstenose** spricht man, wenn sich eine Herzklappe nicht mehr komplett öffnen kann. In der Folge entwickelt sich eine **konzentrische Hypertrophie** des vor der Stenose befindlichen Herzabschnitts (Wandverdickung durch Zunahme des Zellvolumens bei gleichbleibender Zellzahl), da dieser das Blut durch ein kleineres offenes Klappenlumen und somit gegen einen erhöhten Widerstand pumpen muss (**Druckbelastung**). Im Endstadium droht eine **Herzinsuffizienz**. Veränderungen an den Herzklappen führen häufig zu typischen Veränderungen bei der Auskultation. Betroffen von einer Stenose sind meist die Aortenklappe und die Mitralklappe, vgl. Aortenklappenstenose (S. 592). Eine Mitralklappenstenose ist häufig Folge eines rheumatischen Fiebers (Infektion mit β-hämolysierenden Streptokokken). Zur detaillierten Diagnose eignen sich Echokardiografie- (S. 621) bzw. Doppler-Sonografie-Untersuchungen. In verstärktem Maße wird auch die transösophageale Echokardiografie, TEE (S. 621), für eine detaillierte Analyse von Herzklappenfehlern eingesetzt.

Eine **Klappeninsuffizienz** liegt vor, wenn sich eine Klappe nicht mehr komplett schließen kann. Dabei wird durch den entstehenden Blutrückfluss über die insuffiziente Klappe (**Volumenbelastung**) effektiv nur ein Teil des Blutes in orthograder Richtung transportiert. Um die gleiche Menge an Blut wie beim Herzgesunden transportieren zu können, muss das Herz somit auch Mehrarbeit leisten. Daraus kann ebenfalls eine Hypertrophie des mehrbelasteten Herzanteils resultieren, die jedoch im Gegensatz zu den oben beschriebenen Verhältnissen von einer Vergrößerung des (Kammer-)Volumens begleitet ist (**exzentrische Hypertrophie**).

Sowohl eine Klappeninsuffizienz als auch eine Klappenstenose, die sehr viel häufiger die Klappen des linken Herzens betreffen, können durch die entstehenden typischen **Herzgeräusche** bei der Auskultation des Herzens (Tab. **G-3.3**) auffallen. Je nach Erfahrung des Arztes sind Rückschlüsse auf Lokalisation und Ausmaß des Klappenfehlers möglich. Durch eine echokardiografische Untersuchung (S. 621) kann ein solcher Verdacht weiter abgesichert werden.

Sind Klappen irreparabel defekt, können sie durch **mechanische Klappen** oder durch „**Bioklappen**" (i. d. R. Herzklappen vom Schweineherz) ersetzt werden.

⊙ **G-3.11** Konzentrische Hypertrophie des linken Ventrikels durch Druckbelastung

(Riede, U.N., Werner, M., Schäfer, H.-S.: Allgemeine und spezielle Pathologie. Thieme, 2004)
a Zum Vergleich ist neben dem Querschnitt durch ein Herz mit konzentrischer Linksherzhypertrophie
b einer durch ein gesundes Herz dargestellt (L = linker Ventrikel, R = rechter Ventrikel).

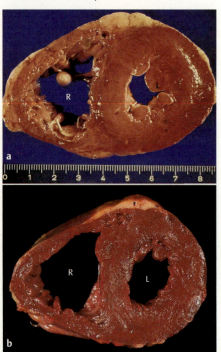

Aufbau: Da sich die Herzklappen vom Endokard ableiten, besitzen sie grundsätzlich einen vergleichbaren Schichtaufbau wie das direkt dem Myokard aufliegende Endokard (S. 594): Beidseitig zur Herzinnenseite hin findet sich die **Lamina epithelialis** mit einer einschichtigen Lage platter Endothelzellen. Unter der **Basallamina**, der die Endothelzellen aufsitzen, folgt eine bindegewebige **Lamina propria**, die aus einem **Stratum subendotheliale** und einem spezialisierten Stratum myoelasticum besteht. Im Bereich der Herzklappen wird das **Stratum myoelasticum** unterteilt in eine „Fibrosa", eine normalerweise gefäßlose Fasermatte aus straffem kollagenen Bindegewebe, und in eine „Spongiosa", einer locker strukturiertem Bindegewebsschicht. Die Fibrosa bildet die bindegewebige Grundstruktur der Herzklappen (Abb. **G-3.12**) und liegt jeweils auf der Klappenseite, die im geschlossenen Zustand auf Dehnung beansprucht wird (Ventrikelseite bei Segelklappen, Gefäßseite bei Taschenklappen). Aufgrund der beschriebenen Spezialisierungen grenzt man dieses **„valvuläre Endokard"** vom direkt dem Myokard aufliegenden **„parietalen Endokard"** ab.

Aufbau: Auf ihrer Oberfläche werden die Herzklappen mit Endothel ausgekleidet, unter dem Bindegewebsschichten liegen (Abb. **G-3.12**).
Im Aufbau gleicht dieses **„valvuläre Endokard"** dem **„parietalen Endokard"** (S. 594), das direkt dem Myokard aufliegt.

G-3.12 Feinbau der Herzklappen

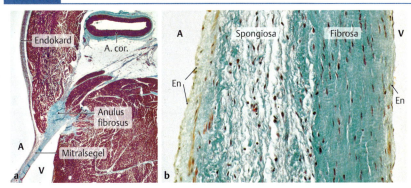

Abkürzungen: A = Atrium, V = Ventrikel, En = Endothel.
(Lüllmann-Rauch, R.: Histologie. Thieme, 2012)
a Histologisches Präparat einer Mitralklappe (s. u.) in der Übersicht (Vergrößerung 5,5fach)
b und Vergrößerung zur Darstellung der Schichten (Vergrößerung 150fach).

▶ **Klinik.** Die Herzklappen, insbesondere deren Schließungsränder, sind vom gesamten Endokard die am stärksten mechanisch beanspruchte Region (v. a. Klappen des **linken Herzens** aufgrund der dort herrschenden höheren Druckverhältnisse). Dies macht sie anfälliger für Schädigungen, sodass sie bevorzugte Lokalisationen für Entzündungen des Endokards (**Endokarditis**) darstellen. Häufige Ursachen einer Endokarditits sind die **bakterielle** Besiedlung einer oft bereits vorgeschädigten Herzklappe oder eine **immunologisch** bedingte Folgeerkrankung (**Rheumatisches Fieber**) nach Streptokokkeninfekten des Rachenrings (S. 191).

▶ **Klinik.**

Herzklappentypen: Man unterscheidet zwei verschiedene Typen von Herzklappen:
- **Segelklappen** (Valvae cuspidales) und
- **Taschenklappen** (Valvae semilunares).

Herzklappentypen:
- **Segelklappen** (Valvae cuspidales) und
- **Taschenklappen** (Valvae semilunares).

Segelklappen (Valvae cuspidales)

Segelklappen (Valvae cuspidales)

▶ Synonym. **A**trioventrikularklappen (AV-Klappen)

▶ Synonym.

Funktion: Die Segelklappen verhindern den Rückstrom des Blutes von den Kammern in die Vorhöfe während der Kammerkontraktion.

Funktion: Verhinderung des Rückstroms in die Vorhöfe.

Lage: Segelklappen befinden sich zwischen Vorhof (Atrium) und Ventrikel (deshalb die Bezeichnung „Atrioventrikularklappen"):
- im **rechten Herzen** als Valva atrioventricularis dextra,
- im **linken Herzen** als Valva atrioventricularis sinistra.

Lage: Segelklappen befinden sich zwischen Vorhof und Ventrikel.

▶ **Klinik.** Das Schließen der AV-Klappen zu Beginn der Systole ist zusammen mit der Anspannung der Ventrikel verantwortlich für die Bildung des **1. Herztons**, s. a. „Herzaktion" (S. 609).

▶ **Klinik.**

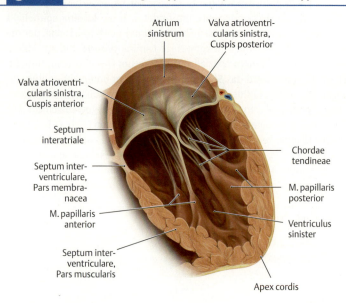

⊙ G-3.13 **Aufbau einer Segelklappe am Beispiel der Mitralklappe**

Valva atrioventricularis sinistra in der Ansicht von ventral.
(Prometheus LernAtlas. Thieme, 3. Aufl.)

Aufbau: Sie bestehen aus gefäßlosem Bindegewebe: „segelartige Häute" sichern die Blutflussrichtung.
Die Segel werden gezügelt durch an den Mm. papillares befestigten **Sehnenfäden** (Chordae tendineae), sodass sie in der Systole nicht in den Vorhof zurückschlagen.

Mm. papillares, die an 2 Segel ansetzen, bezeichnet man als **„obligate" Papillarmuskeln**; die nur an einem Segel ansetzen, sind **„fakultative" Papillarmuskeln**.

▶ Merke.

- **Trikuspidalklappe:** Die Valva atrioventricularis dextra besitzt drei Segel:
  - Cuspis septalis,
  - Cuspis anterior,
  - Cuspis posterior.
- Die Zügelung der Segel erfolgt durch die **Chordae tendineae**.

Aufbau: In Form von mehreren dünnen Häuten ragen die AV-Klappen wie **Segel** („Segelklappen") in das Ostium atrioventriculare hinein (Abb. **G-3.13**) und kontrollieren so den Blutfluss. Die Basis der Segel ist am **Klappeneingang** (**Ostium atrioventriculare**) befestigt. Der freie Rand der Segel ist nach Art eines Fallschirmes über **Sehnenfäden** (**Chordae tendineae**) an den **Papillarmuskeln** der Kammerwand befestigt. Die Chordae tendineae können als Endsehnen der Mm. papillares betrachtet werden. Durch diese muskuläre Verankerung sind die Klappen „gezügelt" und das geblähte Kammersegel kann in der Systole nicht in den Vorhof zurückschlagen.
Die **Mm. papillares** versorgen mit ihren **Chordae tendineae** in der Regel zwei benachbarte Segel. Man spricht in diesem Fall von **„obligaten" Papillarmuskeln**; wenn die Papillarmuskeln nur ein Segel versorgen, spricht man von **„fakultativen" Papillarmuskeln**.

▶ Merke. Die beiden Atrioventrikularklappen unterscheiden sich in der Anzahl ihrer Segel (cuspis):
– Die **rechte** AV-Klappe heißt aufgrund ihrer **3** Segel **Trikuspidal**klappe,
– die **linke** demnach **Bikuspidal**klappe (**2** Segel). Da diese beiden Segel der Form einer Bischofsmütze (Mitra) ähneln, wird sie im klinischen Alltag fast immer als **Mitral**klappe bezeichnet.

- **Trikuspidalklappe** (Valva tricuspidalis/Valva atrioventricularis dextra): Auf der Grenze zwischen rechtem Vorhof und rechter Kammer entspringt vom **Ostium atrioventriculare dextrum** die rechte Atrioventrikularklappe (Valva atrioventricularis dextra), eine Segelklappe bestehend aus drei Zipfeln (Segeln):
  – **Cuspis septalis**,
  – **Cuspis anterior** und
  – **Cuspis posterior**.
Die Größe der einzelnen Zipfel unterliegt Schwankungen. An den Rändern der Sehnenzipfel inserieren die Sehnenfäden (**Chordae tendineae**) und befestigen dadurch die Segel an den Papillarmuskeln (**Mm. papillares**) der Ventrikelwand (s. o.).

▶ Klinik. Eine **bakterielle Endokarditis der Trikuspidalklappe** kommt besonders bei infizierten **Venenverweilkathetern** oder nach **i. v. Drogenabusus** mit unreinem Injektionsmaterial vor (Eindringen der Erreger über das venöse System mit bevorzugtem Befall der Klappen des rechten Herzens → Ausnahme, da sonst Klappen des linken Herzens Prädilektionsstelle für Absiedelung bakterieller Erreger sind; s. o.).

▶ Klinik.

⊙ G-3.14 Endokarditis der Trikuspidalklappe

(Reiser, M., Kuhn, F.P., Debus, J.: Duale Reihe Radiologie. Thieme, 2011)
a Echokardiografischer Nachweis.
b Sektionsbefund.

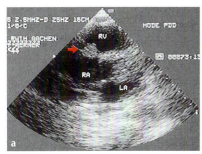 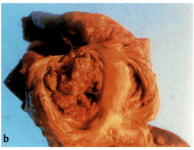

- **Mitralklappe** (Valva mitralis/Valva atrioventricularis sinistra, Abb. **G-3.13**): Die linke Atrioventrikularklappe liegt in der linken Vorhof-Kammer-Mündung (**Ostium atrioventriculare sinistrum**) und besteht aus **zwei Segeln**:
  – **Cuspis anterior** und
  – **Cuspis posterior**.

Das vordere steil gestellte Segel entspringt vorn medial am Anulus fibrosus des Herzskeletts und grenzt die Einstrombahn des linken Ventrikels von der Ausstrombahn ab (s. o.).

- **Mitralklappe:** Die linke Segelklappe ist zwischen linkem Vorhof und linkem Ventrikel lokalisiert und besteht aus zwei Segeln (Abb. **G-3.13**).

▶ Klinik. Klappenfehler der Mitralklappe (**Mitralvitium**, s. o.) sind relativ häufig. Sowohl bei einer **Mitralstenose** als auch bei einer **Mitralinsuffizienz**, die bei langsamer Entstehung relativ lange kompensiert werden kann, ist ein Rückstau des Blutes in die Lunge möglich, der sich durch Atembeschwerden (**Dyspnoe**) des Patienten äußert. Auch ein v. a. nachts (im Liegen) auftretender Husten („**Asthma cardiale**") ist relativ typisch. Bei Aufrichten des Oberkörpers verspüren die Patienten oft eine subjektive Besserung der Symptomatik.

▶ Klinik.

Taschenklappen (Valvae semilunares)

Taschenklappen (Valvae semilunares)

▶ Synonym. Semilunarklappen

▶ Synonym.

Funktion: Die Taschenklappen verhindern den Rückstrom des Blutes aus den großen Arterien (Aorta und Truncus pulmonalis) in die Kammern.

Funktion: Sie verhindern den Rückstrom des Blutes in die Kammern.

▶ Klinik. Das Schließen der Taschenklappen zu Beginn der Diastole (S. 609) bedingt den **2. Herzton**.

▶ Klinik.

Lage: Sie befinden sich zwischen dem **Ventrikel** und dem sich jeweils als **Ausflussbahn** anschließenden großen arteriellen Gefäß:
- Zwischen **rechtem** Ventrikel und dem Truncus pulmonalis liegt die **Pulmonalklappe** (**Valva trunci pulmonalis**),
- zwischen **linkem** Ventrikel und der Aorta die **Aortenklappe** (**Valva aortae**).

Lage: Taschenklappen befinden sich zwischen **Ventrikel** und der jeweiligen **Ausflussbahn**:
- **rechts:** Valva trunci pulmonalis
- **links:** Valva aortae.

Aufbau: Bei den Taschenklappen liegt ein Ventilbau aus **jeweils drei halbmondförmigen Aussackungen** (**Taschen**) vor. Diese drei taschenähnlichen **Valvulae semilunares** haben einen freien Rand, der wie ein Schwalbennest in das Lumen des Ostiums hineinragt (Abb. **G-3.15**). In der Mitte des freien Randes befindet sich ein bindegewebiger Knoten (**Nodulus valvae semilunaris**) und ein seitlicher Rand (**Lunula valvarum semilunarium**).

Aufbau: Taschenklappen sind wie Ventile aus jeweils **drei halbmondförmigen Valvulae semilunares**, die wie Schwalbennester (**Taschen**) in das Lumen des Ostiums hineinragen (Abb. **G-3.15**). Der Klappenverschluss erfolgt durch Aneinanderlagerung der Taschen und ihre Füllung mit Blut.

G-3.15

- Die **Pulmonalklappe** ist eine Taschenklappe und separiert den rechten Ventrikel vom Truncus pulmonalis. Sie setzt sich aus 3 halbmondförmigen Taschen zusammen:
  – Valvula semilunaris anterior,
  – Valvula semilunaris sinistra,
  – Valvula semilunaris dextra.

- Die **Aortenklappe** trennt linken Ventrikel und Aorta und besteht ebenfalls aus 3 nach distal geöffneten Taschen (Abb. **G-3.15**):
  – Valvula semilunaris sinistra,
  – Valvula semilunaris dextra,
  – Valvula semilunaris posterior.
- Direkt hinter ihrem Ansatz gehen die Koronararterien (S. 599) ab.

▶ Klinik.

G-3.15 Aufbau einer Taschenklappe am Beispiel der Aortenklappe

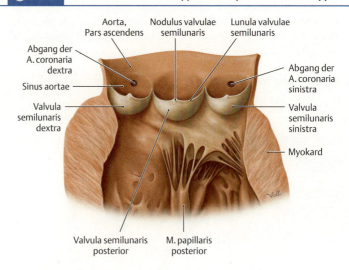

Valva aortae (aufgeschnitten) in der Ansicht von ventral.
(Prometheus LernAtlas. Thieme, 3. Aufl.)

Wenn sich die Klappe schließt, treffen sich **Nodulus** und **Lunula** im Zentrum des Ostiums; weichen sie auseinander, ist der Blutfluss freigegeben. Sinkt der Druck in der jeweiligen Kammer wieder unter den Druck der jeweiligen Ausflussbahn, so füllen sich die Taschen, ihre freien Ränder legen sich aneinander und verhindern den Rückstrom des Blutes.

- Die **Pulmonalklappe** (**Valva trunci pulmonalis**) liegt am Ende des **Conus arteriosus** und trennt die Ausstrombahn des rechten Herzens vom **Truncus pulmonalis**. Diese Klappe verhindert den Rückstrom des Blutes vom Truncus pulmonalis in den rechten Ventrikel während der Erschlaffungsphase der Kammern. Die Pulmonalklappe setzt sich aus drei halbmondförmigen Taschen zusammen:
  – Valvula semilunaris anterior,
  – Valvula semilunaris sinistra und
  – Valvula semilunaris dextra.

Ihnen entsprechen drei Ausbuchtungen der Gefäßwand, die **Sinus trunci pulmonales**.

- Die **Aortenklappe** (**Valva aortae**) liegt am Ursprung der Pars ascendens der Aorta am Ostium aortae und besteht wie die Pulmonalklappe aus drei distal geöffneten Taschen (Abb. **G-3.15**):
  – Valvula semilunaris sinistra,
  – Valvula semilunaris dextra und
  – Valvula semilunaris posterior.

Bei Abfall des Blutdrucks in der Aorta im Anschluss an die Systole (S. 609) füllen sich die Taschen, sodass die Aortenmündung verschlossen wird.
Unmittelbar hinter dem Ansatz der Valvulae finden sich die Abgangsstellen der Koronararterien (S. 599).

▶ Klinik. Die **Aorten(klappen)stenose** ist eine besonders gefährliche und häufige Herzklappenerkrankung. Mit zunehmender Stenosierung der Klappe kommt es zu einer verringerten Auswurfleistung in den großen Kreislauf. Dies führt zu einer geringeren Sauerstoffversorgung der Gewebe und äußert sich durch **Leistungsminderung** und Schwindel bis hin zu kurzfristiger Bewusstlosigkeit (**Synkope**, durch Minderperfusion des Gehirns). Der infolge hoher Druckbelastung (s. o.) hypertrophierte linke Ventrikel bekommt ebenfalls nicht ausreichend
Sauerstoff, sodass es – insbesondere unter Belastung – zu einem Engegefühl in der Brust (**Angina pectoris**) kommt, die den Beschwerden bei einer Koronararterienstenose (S. 600) gleichen. Neben den oben beschriebenen Folgen einer Endokarditis (z. B. auch als Folge einer rheumatischen Erkrankung) ist eine weitere mögliche Ursache einer erworbenen Aortenklappenstenose die altersbedingte Verkalkung der Aortenklappe (arteriosklerotisch). Auskultatorisch wird ein lautes systolisches Geräusch mit nachfolgendem abgeschwächtem leisem 2. Herzton (Aortenton) beob-

achtet. Die Aortenklappenstenose kann zunächst durch eine Hypertrophie des linken Ventrikels (Linksherzhypertrophie) funktionell kompensiert werden, bevor sich eine Linksherzinsuffizienz ausbildet. Röntgenologisch können Verkalkungen im Bereich einer arteriosklerotisch veränderten Aortenklappe sichtbar sein; Linksherzvergrößerungen können Im Röntgenbild dargestellt werden.

⊙ **G-3.16** **Aortenklappenstenose.** Bei diesem Sektionspräparat ist die extreme Verengung der Öffnung durch miteinander verwachsene Valvulae (→) gut sichtbar.
(Riede, U.-N., Werner, M., Schäfer, H.-S.: Allgemeine und spezielle Pathologie. Thieme, 2004)

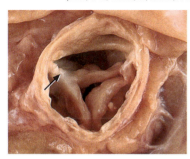

Bei der **Aortenklappeninsuffizienz** kommt es zu einem Rückfluss von Blut in den linken Ventrikel, der sich unter der erhöhten Volumenbelastung (S. 588) erweitert (**Dilatation**) und aufgrund der Mehrarbeit zusätzlich **hypertrophiert**. Charakteristisch für diese Patienten ist eine **hohe Pulsamplitude**, die gut tastbar und z. T. sogar sichtbar wird (z. B. an den Karotiden oder bei leichtem Druck auf den Fingernagel als sichtbarer Kapillarpuls).

Blutstrom durch die Binnenräume des Herzens

▶ **Merke.** Das Blut passiert in folgender Reihenfolge die Räume und Klappen des Herzens (Abb. **G-3.17**):
rechtes Herz: (Blut aus dem Körperkreislauf über die Vv. cavae →) rechter Vorhof → Trikuspidalklappe → rechter Ventrikel → Pulmonalklappe (→ Truncus pulmonalis → Lunge)
linkes Herz: (Blut aus dem Lungenkreislauf über Vv. pulmonales →) linker Vorhof → Mitralklappe → linker Ventrikel → Aortenklappe (→ Aorta → periphere Gewebe des Körpers).

Blutstrom durch die Binnenräume des Herzens

▶ **Merke.**

⊙ **G-3.17** **Blutstrom im Herzen**

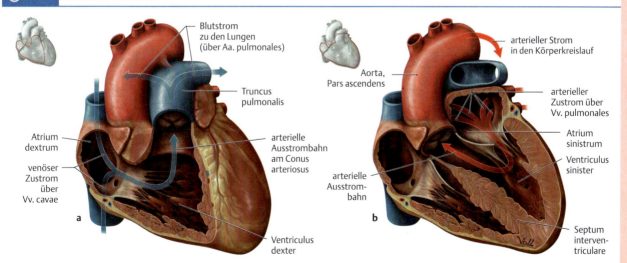

(nach Prometheus LernAtlas. Thieme, 3. Aufl.)
a Blutstrom im rechten Herzen, dargestellt in der Ansicht von ventral nach Eröffnung des rechten Vorhofs und des rechten Ventrikels.
b Blutstrom im linken Herzen, dargestellt in der Ansicht von ventral nach Eröffnung aller Herzhöhlen. Der Anschnitt ist jeweils im kleinen Schema dargestellt.

3.2.4 Wandbau des Herzens

Die Wand des Herzens besteht wie die Gefäßwand aus drei unterschiedlichen Schichten:
- Endokard,
- Myokard und
- Epikard.

▶ **Merke.** Herz und Gefäße bilden eine funktionelle Einheit, was sich im strukturellen Aufbau wiederfindet.

Gemeinsam ist ihnen der prinzipiell vergleichbare dreischichtige Wandaufbau (S. 152), wobei das Endokard der Tunica intima, das Myokard der Tunica media und das Epikard der Tunica externa entspricht.

Endokard (Endocardium)

Das Endokard ist die **innerste auskleidende Schicht** der Herzwand und besteht zum Herzlumen hin aus einer einschichtigen Lage platter Endothelzellen (**Lamina epithelialis**). Das Endothel des Endokards schafft eine nichtthrombogene Oberfläche, die einen möglichst reibungsfreien Blutfluss garantiert. Im Herzen ist es besonders großen Belastungen (Scherkräften) ausgesetzt.

Unter der Basallamina folgt eine **Lamina propria** mit elastischen Fasernetzen und einigen glatten Muskelzellen. Die Lamina propria kann noch unterteilt werden in ein dünnes **Stratum subendotheliale** und ein **Stratum myoelasticum**. Letzteres enthält glatte Muskelzellen sowie besonders viele elastische Fasern und bildet den Hauptbestandteil der Herzklappen (s. o.).

Die Verbindung des Endokards mit dem darunterliegenden Myokard erfolgt durch die **Tela subendocardialis**, die auch die Fasern des Erregungsbildungs- und -leitungssystems (S. 596) enthält.

Myokard (Myocardium)

Das Myokard ist die stärkste Schicht und besteht aus typischer Herzmuskulatur (S. 87). Das Myokard der Vorhöfe ist, entsprechend der geringeren physikalischen Arbeit in den Vorhöfen, dünner als im Kammermyokard.

Im Myokard gibt es prinzipiell zwei verschiedene Typen von Herzmuskelfasern:
- Arbeitsmuskulatur und
- Muskulatur des Reizleitungssystems.

Arbeitsmuskulatur: Die Fasern der Ventrikelmuskulatur verlaufen in **Schraubentouren** (Abb. G-3.18). In einer groben Annäherung entsteht eine **Dreischichtung** mit je einer
- äußeren Längsschicht,
- mittleren Ringschicht und
- inneren Längsschicht.

G-3.18 Schematischer Schichtaufbau des ventikulären Myokards

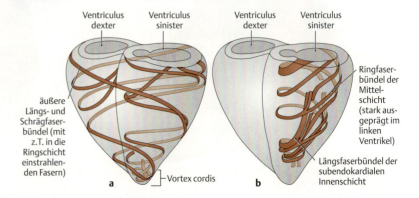

a Oberflächliche
b sowie mittlere und tiefe Muskelschicht.

G 3.2 Herz (Cor)

Die äußere Schicht entspringt vom Herzskelett (größtenteils von den Trigona fibrosa) und verläuft in längsgerichteten Schraubenzügen zum Herzwirbel (**Vortex cordis**), in dem die Herzspitze umkreist wird. Die oberflächlichen Fasern tauchen in die Ringschicht ein.

Die Ringschicht ist in der linken Kammer besonders kräftig und wird als das „**Triebwerk des Herzens**" bezeichnet, während sie im rechten Ventrikel nur schwach ausgeprägt ist.

Von der Ringschicht zweigen sich Fasern ab, die in der inneren Schicht des Myokards in Längsrichtung verlaufen. Zu dieser Längsschicht gehören die Trabeculae carneae und die Musculi papillares.

▶ Klinik. Von einer **Herzinsuffizienz** (Herzmuskelschwäche) spricht man, wenn das Herz nicht mehr in der Lage ist, eine Pumpleistung zu erreichen, unter der eine ausreichende Sauerstoffversorgung peripherer Gewebe gewährleistet ist. Ursache können Herzklappenfehler (s. o.) oder z. B. ein abgelaufener Herzinfarkt sein. Aufgrund der verringerten Pumpleistung kann es bei der Herzinsuffizienz zu Symptomen kommen, die durch den Rückstau des Blutes in den Kreislauf bedingt sind: Bei **Linksherzinsuffizienz** führt der Rückstau in den kleinen Kreislauf typischerweise zu einem **Lungenödem** mit Atembeschwerden (**„Dyspnoe"**, insbesondere beim Liegen), bei **Rechtsherzinsuffizienz** entstehen infolge des Rückstaus in den Körperkreislauf häufig periphere Ödeme und z. B. am Hals sichtbare Venenstauungen (Abb. **L-1.10b**). Charakteristisch ist zudem der von vielen Patienten berichtete nachts vermehrte Harndrang (**Nykturie**) durch die nächtliche Rückresorption von Ödemen.

Muskulatur des Reizleitungssystems: Sie besitzt einen größeren Durchmesser, mehr Sarkoplasmen und weniger Fibrillen als die Arbeitsmuskulatur (S. 87). Histochemisch ist sie durch einen besonders hohen Glykogengehalt und funktionell durch die Fähigkeit zur spontanen rhythmischen Erregungsbildung und Weiterleitung charakterisiert. Details s. u.

▶ Exkurs: Endokrine Funktion des Herzens. Neben seiner Hauptaufgabe, der Aufrechterhaltung des Kreislaufs, erfüllt das Herz auch endokrine Funktionen im Zusammenhang mit der Blutdruckregulation und der Homöostase des Ionenhaushaltes: Insbesondere Kardiomyozyten in den Herzohren der Vorhöfe (die sog. **myoendokrine Zellen**) besitzen – „verpackt" in Sekretgranula – das **atriale natriuretische Peptid** (**ANP**, syn. Cardiodilatin). ANP wird beispielsweise durch Dehnung des rechten Vorhofs (z. B. bei einer Herzinsuffizienz) oder auch durch Sympathikusaktivierung ins Blut sezerniert und bewirkt in der Niere eine verminderte Rückresorption von NaCl und damit auch Wasser. Folge ist eine erhöhte Ausscheidung von Harn (**verstärkte Diurese**). Neben seiner diuretischen Wirkung führt ANP zu einer Erweiterung der glatten Gefäßmuskulatur und somit zu einer **Vasodilatation**. Durch diese beiden Mechanismen (erniedrigtes Blutvolumen und Herabsetzung des peripheren Gefäßwiderstands) soll eine zu starke Belastung des Herzens verhindert werden. Ein dem ANP verwandtes Protein, das **BNP** (**B**-Typ **n**atriuretisches **P**eptid oder auch **B**rain **N**atriuretic **P**eptide) wird von ventrikulären Kardiomyozyten gebildet und sezerniert. Sekretionsreiz ist eine ventrikuläre Überdehnung, wie sie z. B. bei einer Herzinsuffizienz auftreten kann. Die BNP-Bestimmung im Blut kann daher einen Hinweis auf **kardiale Dekompensation** geben.

Zusätzlich zu ihrer oben beschriebenen systemischen Wirkung (Regulation des Blutvolumens und des Blutdrucks) haben ANP und BNP auch **lokale Funktionen** (antihypertrophische und antifibrotische Wirkung im Herzen).

Epikard (Epicardium)

Das Epikard entspricht dem **viszeralen Blatt** (Lamina visceralis) des **Pericardium serosum** und bildet damit die innere Begrenzung der Herzbeutelhöhle, sog. Cavitas pericardiaca (S. 613). Sein Aufbau entspricht dem anderer seröser Häute (S. 526) aus einer Tunica serosa und einer Tela subserosa.

Dabei besteht die **Tunica serosa** aus zwei Komponenten:

- einem einschichtigen, spiegelglatten Überzug aus einer kontinuierlichen Schicht aus plattem **Mesothel** und
- einer darunter liegenden **Lamina propria**, die reich an elastischen Fasern ist.

Die **Tela subserosa** enthält relativ große Mengen an Fettgewebe. Dieses ist besonders stark am Sulcus coronarius sowie an den Sulci interventriculares anterior und posterior ausgebildet. Es dient dazu, Unebenheiten an der Herzoberfläche auszugleichen und die Herzkranzgefäße (S. 599) polsternd zu umgeben.

Die reibungsarme, elastische Oberfläche des Epikards erleichtert die Volumenänderungen des Herzens während Systole und Diastole (S. 609).

Die äußere Schicht entspringt vom Herzskelett und verläuft in längsgerichteten Schraubenzügen zum Herzwirbel (**Vortex cordis**), in dem die Herzspitze umkreist wird. Die Ringschicht ist v. a. im linken Ventrikel kräftig (Triebwerk des Herzens).

▶ Klinik.

Muskulatur des Reizleitungssystems: Zur Morphologie (S. 87). Sie hat die Fähigkeit zur spontanen rhythmischen Erregungsbildung und Weiterleitung. Details s. u.

▶ Exkurs: Endokrine Funktion des Herzens.

Epikard (Epicardium)

Das Epikard bildet das **viszerale Blatt des Pericardium serosum** und damit die innere Begrenzung der Herzbeutelhöhle, sog. Cavitas pericardiaca (S. 613). Es besteht aus einer **Tunica serosa** mit einem einschichtigen platten Epithel, das eine sehr reibungsarme Oberfläche bildet, einer darunter liegenden Lamina propria und nachfolgend einer **Tela subserosa**.

3.2.5 Erregungsbildungs- und -leitungssystem des Herzens

▶ Synonym. Reizleitungssystem

Funktion: Das Erregungsbildungs- und -leitungssystem des Herzens lässt das Organ unabhängig von einer äußeren Innervation autonom schlagen. Die Tätigkeit des autonomen Reizleitungssystems des Herzens wird zusätzlich durch das vegetative Nervensystem (S. 636) moduliert, um die Herztätigkeit verschiedenen physiologischen Erfordernissen anzupassen.

▶ Exkurs: molekulare Grundlage der Schrittmacheraktivität. Im Gegensatz zur Arbeitsmuskulatur haben die Schrittmacherzellen des Herzens kein stabiles Ruhemembranpotenzial, sondern weisen eine spontane diastolische Depolarisation auf, die durch endogene **HCN-Kationenkanäle** (**h**yperpolarization-activated, **c**yclic **n**ucleotide-gated cation channels) generiert wird. Die Steilheit der diastolischen Depolarisation bestimmt wesentlich die Frequenz der Schrittmacherzellen und wird durch das vegetative Nervensystem reguliert. Nach Erreichen eines Schwellenwertes (bei etwa –40 mV) wird in den Schrittmacherzellen ein Aktionspotenzial generiert, das – anders als beim normalen Aktionspotenzial – durch das Öffnen **spannungsabhängiger Ca^{2+}-Kanäle** (nicht wie normalerweise durch spannungsabhängige Na^+-Kanäle) entsteht. Die in den Schrittmacherzellen generierten Aktionspotenziale werden über Gap Junctions auf die nachfolgenden Abschnitte des Reizleitungssystems bzw. auf die Arbeitsmuskulatur weitergeleitet.
Die HCN-Kanäle stellen eine wesentliche Grundlage für die Schrittmacheraktivität der entsprechenden Herzzentren (s. u.) und pharmakologische Angriffsmöglichkeiten zur Behandlung von Herzrhythmusstörungen dar.

Aufbau: Das Reizleitungssystem ist hierarchisch organisiert und besteht aus folgenden Zentren (Abb. **G-3.19**):
- **Sinusknoten** (Nodus sinuatrialis),
- **AV-Knoten** (Nodus atrioventricularis),
- **His-Bündel** (Fasciculus atrioventricularis) mit Aufteilung in die beiden
- **Kammerschenkel:**
  – Crus dextrum und
  – Crus sinistrum, aus denen wiederum die
- **Purkinje-Fasern** (Rami subendocardiales) hervorgehen.

▶ Merke. Das Reizleitungssystem des Herzens besteht aus modifiziertem Herzmuskelgewebe und nicht aus Nervenzellen!

G-3.19 Erregungsbildungs- und -leitungssystem des Herzens

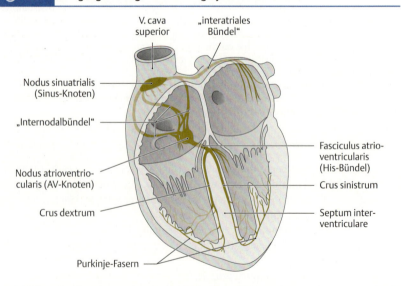

Ansicht des schematisierten aufgeschnittenen Herzens von ventral.

Sinusknoten (Nodus sinuatrialis)

▶ **Synonym.** Keith-Flack-Knoten

Der in unmittelbarer Nachbarschaft zur Einmündungsstelle der V. cava superior am Sulcus terminalis liegende **Sinusknoten** ist das **übergeordnete Zentrum** des Erregungsbildungs- und -leitungssystems. Hier werden etwa **60–80 Erregungen pro Minute** generiert, die dann an die Arbeitsmuskulatur der Vorhöfe und die nachgeschalteten Zentren des Reizleitungssystems weitergeleitet werden, wobei der linke Vorhof etwa 20–40 ms nach dem rechten erregt wird. Ob es dabei innerhalb der Vorhöfe distinkte Muskelfaserbahnen gibt, über die die Erregung vom Sinusknoten auf den nachgeschalteten AV-Knoten (s. u.) präferenziell weitergeleitet wird (internodale Bündel: Wenkebach-, Bachmann-, Thorell-Bündel), wird kontrovers diskutiert.

▶ **Merke.** Der Sinusknoten wird als **Schrittmacher** für die Herzaktion bezeichnet, da er die höchste Eigenerregungsfrequenz besitzt und somit die Herzfrequenz des autonom schlagenden Herzens bestimmt.

▶ **Klinik.** Eine **Fehlfunktion des Sinusknotens** kann zu einer Verlangsamung der intrinsischen Schrittmacheraktivität mit einer nachfolgenden Verlangsamung des Herzschlags (**Bradykardie**) führen. Bei einer sinusknotenbedingten Bradykardie kann ein **Herzschrittmacher** die Schrittmachertätigkeit des kranken Sinusknotens übernehmen.

Die **Gefäßversorgung** des Sinusknotens erfolgt in der Regel durch einen Ast aus der A. coronaria dextra (Ramus nodi sinuatrialis), der sich als einer der ersten Äste von der A. coronaria dextra (S. 602) abzweigt.

AV-Knoten (Nodus atrioventricularis)

▶ **Synonym.** Aschoff-Tawara-Knoten

Der **Atrioventrikular-Knoten** (kurz: AV-Knoten) ist das dem Sinusknoten nachgeschaltete Zentrum des Erregungsbildungs- und -leitungssystems.
Obwohl der AV-Knoten eigentlich die **zweite Station des Reizleitungssystems** darstellt, ist er ebenfalls zur Schrittmacherfunktion befähigt. Dadurch kann er „einsteigen", wenn der Sinusknoten ausgefallen oder die Weiterleitung zum AV-Knoten blockiert ist. Der AV-Knoten besitzt eine **Eigenfrequenz** von etwa **40–60 Erregungen** pro Minute, die damit unter der des Sinusknotens liegt.
Eine wesentliche physiologische **Funktion** des AV-Knotens besteht in einer **Verzögerung der Erregungsweiterleitung** in die Ventrikel. Damit soll der Ventrikel ausreichend Zeit für eine optimale diastolische Blutbefüllung erhalten, bevor die Erregung das Ventrikelmyokard erreicht und dessen Kontraktion beginnt. Die Erregungsausbreitungsgeschwindigkeit im AV-Knoten beträgt etwa 0,05 m/s und ist somit deutlich langsamer als die Erregungsausbreitungsgeschwindigkeit im HIS-Bündel (ca 2 m/s) oder im Arbeitsmyokard (ca. 0,5 m/s).
Der AV-Knoten (ca. 5 mm lang, 1 mm dick und 3 mm breit) liegt in der Basis des Septum interatriale an der Vorhof-Septum-Grenze unmittelbar über dem Trigonum fibrosum dextrum und dem septalen Segel der Trikuspidalklappe im so genannten **Koch-Dreieck**. Die Begrenzungen des Koch-Dreiecks sind der Ansatz des septalen Segels der Trikuspidalklappe, die Todaro-Sehne (S. 583) und das Ostium des Sinus coronarius.
Aus dem AV-Knoten gehen Reizleitungsfasern für das so genannte His-Bündel (s. u.) ab.
Die **Gefäßversorgung des AV-Knotens** erfolgt durch einen Ast aus der A. coronaria dextra (Ramus nodi atrioventricularis).

▶ **Merke.** Der AV-Knoten ist die zweite Station der Erregungsbildung und -weiterleitung.

Sinusknoten (Nodus sinuatrialis)

▶ **Synonym.**

Der **Sinusknoten** ist das **übergeordnete Zentrum** des Reizleitungssystems und liegt im Sulcus terminalis nahe der Einmündungsstelle der V. cava superior. Die hier generierte Erregung wird über die Vorhöfe an die nachgeschalteten Zentren des Reizleitungssystems weitergeleitet.

▶ **Merke.**

▶ **Klinik.**

Die **Versorgung** des Sinusknotens erfolgt i. d. R. über die A. coronaria dextra (S. 602).

AV-Knoten (Nodus atrioventricularis)

▶ **Synonym.**

Der **AV-Knoten** ist dem Sinusknoten nachgeschaltet. Als **zweite Station** des Reizleitungssystems übernimmt er bei Ausfall des Sinusknotens oder blockierter Weiterleitung die Schrittmacherfunktion.
Eine wesentliche physiologische **Funktion** des AV-Knotens besteht in einer **Verzögerung** der Erregungsweiterleitung, damit eine optimale Blutbefüllung der Ventrikel erreicht werden kann, bevor die Erregung das Ventrikelmyokard erreicht.

Er liegt im **Koch-Dreieck** und wird ebenfalls über die A. coronaria dextra arteriell versorgt.

▶ **Merke.**

▶ Klinik. Krankheiten des AV-Knotens gehören zu den häufigsten Ursachen von Herzrhythmusstörungen. Besonders wichtig sind in diesem Zusammenhang Blockierungen der atrioventrikulären Erregungsüberleitung (sog. **AV-Block**), die zu einer **verzögerten oder fehlenden Kammererregung** führen. Dadurch kann es zu gefährlicher Verlangsamung des Kammerrhythmus (**Bradykardie**) kommen. Zur Behandlung kommen **Herzschrittmacher** in Frage, die z. B. über eine Elektrode die Vorhoffrequenz registrieren („sensing") und diese über eine weitere Elektrode an die Herzkammern weitergeben („pacing"). So arbeiten moderne Schrittmacher nicht mit einer festen Erregungsfrequenz, sondern passen sich in ihrer Taktfrequenz den physiologischen Erfordernissen an (sog. **„Demand"-Schrittmacher**).

His-Bündel (Fasciculus atrioventricularis)

▶ Synonym. AV-Bündel

Das His-Bündel mit seinen aus ihm hervorgehenden Aufzweigungen ist für die Erregung der Kammermuskulatur zuständig.

Der bis zu 4 mm dicke und 20 mm lange Fasciculus atrioventricularis liegt zunächst subendokardial in der Basis des Vorhofseptums (Vorhofabschnitt) und durchsetzt dann das **Trigonum fibrosum dextrum** (S. 587) in Richtung auf die Ventrikel (perforierender Abschnitt). Der weitere Verlauf des His-Bündels erfolgt im Septum membranaceum des Kammerseptums.

▶ Merke. Damit bildet das His-Bündel die einzige aus Muskelfasern bestehende Brücke zwischen dem Myokard der Vorhöfe und der Ventrikel.

▶ Klinik. Manchmal gibt es zusätzlich zum His-Bündel weitere elektrisch leitende Verbindungen zwischen Vorhof und Ventrikel (atrioventrikuläre Myokardbrücken, nach ihrer Lage als „Kent-Bündel", „James-Bündel" oder „Mahaim-Fasern" bezeichnet), die zur vorzeitigen Erregung des Ventrikels führen können (sog. **Präexzitationssyndrome**). Die Auswirkungen reichen von einem asymptomatischen Befund im EKG (Elektrokardiogramm) über gelegentlich auftretende **Tachykardien** (beschleunigte Herzfrequenz) bis zu potenziell lebensbedrohlichen Herzrhythmusstörungen durch **Kammerflimmern**. Letzteres bedeutet, dass extrem schnell aufeinanderfolgende Ventrikelkontraktionen eine effiziente Pumpleistung nicht mehr ermöglichen und dadurch ein Aufrechterhalten des Kreislaufs verhindern. Die therapeutischen Konsequenzen richten sich nach der Symptomatik (medikamentöse Therapie bis Durchtrennung des akzessorischen Bündels mittels **Katheterablation**).

Die Zellen des His-Bündels besitzen ebenfalls Schrittmacheraktivität (Eigenfrequenz von 20–40 Erregungen pro Minute), die allerdings im Normalfall wegen der höheren Schrittmacherfrequenz der übergeordneten Zentren des Erregungsbildungssystems nicht zum Tragen kommt. Die Erregungsausbreitungsgeschwindigkeit im HIS-Bündel und der nachfolgenden Abschnitte des Reizleitungssystems ist sehr hoch (ca. 2 m/s), da kaum Gap Junctions mit dem umliegenden Arbeitsmyokard ausgebildet werden, sondern präferenziell nur innerhalb des Reizleitungssystems. Erst in den terminalen Abschnitten des Reizleitungssystems (Purkinje-Fasern, s. u.) werden Gap-Junctions mit der Arbeitsmuskulatur ausgebildet.

Die **Gefäßversorgung** des His-Bündels erfolgt hauptsächlich durch einen Ast aus der A. coronaria dextra (Ramus interventricularis septalis).

Kammerschenkel (Crus dextrum und Crus sinistrum)

▶ **Synonym.** Tawara-Schenkel

Durch Aufteilung des His-Bündels in der Pars membranacea des Septum interventriculare entsteht ein rechter und ein linker Schenkel (Crus dextrum und Crus sinistrum).

Crus dextrum: Nach Abzweigung des linken Schenkels verläuft der rechte noch ein Stück weiter nach vorne. Dann ziehen seine Fasern hinter dem septalen Papillarmuskel im Bogen nach abwärts und erreichen über das **Moderatorband** (S. 585) den **M. papillaris anterior**. Ein Teil der Erregungsfasern endet hier, indem sie ins Arbeitsmyokard der Herzmuskulatur übergehen. Andere steigen rückläufig an den Innenwänden wieder zur Herzbasis zurück und strahlen in die Trabekel ein.

Crus sinistrum: Der linke Schenkel des His-Bündels breitet sich am Abgang der Kammerscheidewand fächerförmig aus. Man kann hierbei einen vorderen, mittleren und hinteren Faszikel unterscheiden. Die platten Bündel streben zum Septum zur Herzspitze sowie zu den Füßen der beiden Papillarmuskeln. Manchmal ziehen die Fasern des Reizleitungssystems ohne Leitmuskeln als falsche Sehnenfäden (**„Chordae tendineae spuriae"**) zu den Papillarmuskeln.

Purkinje-Fasern (Rami subendocardiales)

Die Purkinje-Fasern sind die terminalen, in der Tela subendocardialis verlaufenden Abschnitte des Reizleitungssystems. Sie gehen in die Arbeitsmuskulatur des Herzens über. Während die spezifischen Fasern des Reizleitungssystems zunächst sehr viel dünner sind als die Arbeitsmuskulatur, werden die Reizleitungsfasern in den distalen Abschnitten viel dicker und besitzen eine eigene Bindegewebshülle. Dadurch werden diese Fasern sichtbar.
Die arterielle Gefäßversorgung erfolgt durch Äste aus der linken und rechten Koronararterie.

▶ **Exkurs: Molekulare Grundlagen der Erregungsweiterleitung im Herzen.** Die in den Schrittmacherzellen generierten Erregungen werden über Gap Junctions entweder an nachfolgende Abschnitte des Reizleitungssystems oder an die Arbeitsmuskulatur weitergeleitet. Gap Junctions werden im Herzen aus verschiedenen Connexin-Proteinen (Cx-Proteine) gebildet. Im Herzen werden 4 verschiedene Connexin-Proteine exprimiert (Cx30.2, Cx40, Cx43 und Cx45), die unterschiedlich in den verschiedenen Abschnitten des Reizbildungs-/Reizleitungssystems sowie der Arbeitsmuskulatur verteilt sind. Im Sinusknoten finden sich bevorzugt Cx30.2 und Cx45 exprimiert, die relativ schwach leitende Gap Junctions ausbilden, wohingegen in der Arbeitsmuskulatur des Herzen bevorzugt Cx43 exprimiert wird, das stark leitende Gap-Junction-Komplexe ausbildet. Mutationen in den für diese Connexine kodierenden Genen können Reizleitungsstörungen im Herzen auslösen.

3.2.6 Gefäßversorgung und Innervation des Herzens

Gefäßversorgung durch die Herzkranzgefäße (Vasa coronaria)

Funktion: Die Herzkranzgefäße stellen die Blutversorgung des Herzens sicher. Unter dem Aspekt, das Organ selbst durch seine zentrale Funktion im Herz-Kreislauf-System als „Vas publicum" zu betrachten, können die Herzkranzgefäße als Vasa privata (S. 149) des Herzens bezeichnet werden.

Arterielle Versorgung

Es gibt zwei Koronararterien (Abb. **G-3.22**):
- **Arteria coronaria sinistra** und
- **Arteria coronaria dextra**.

Sie entspringen aus dem Anfangsteil der **Pars ascendens der Aorta**, dem linken und rechten Sinus aortae. Die Äste der Koronararterien dringen von außen in das Myokard ein und versorgen es.

Kammerschenkel (Crus dextrum und Crus sinistrum)

▶ **Synonym.**

Sie entstehen durch Aufteilung des His-Bündels.

Crus dextrum: Der rechte Schenkel verläuft zunächst im Septum interventriculare und zieht dann über das Moderatorband zum vorderen Papillarmuskel.

Crus sinistrum: Es zweigt zunächst nahezu rechtwinklig vom His-Bündel ab und teilt sich in mehrere Faszikel auf, die zum Septum, zur Herzspitze sowie zum hinteren und vorderen Papillarmuskel verlaufen.

Purkinje-Fasern (Rami subendocardiales)

Sie sind die terminalen, in der Tela subendocardialis verlaufenden Abschnitte des Reizleitungssystems und gehen in die Arbeitsmuskulatur des Herzens über.

▶ **Exkurs: Molekulare Grundlagen der Erregungsweiterleitung im Herzen.**

3.2.6 Gefäßversorgung und Innervation des Herzens
Gefäßversorgung durch die Herzkranzgefäße (Vasa coronaria)
Funktion: Die Herzkranzgefäße stellen als Vasa privata (S. 149) des Herzens seine Versorgung sicher.

Arterielle Versorgung

Beide Koronararterien (**Aa. coronaria sinistra** und **dextra**, Abb. **G-3.22**) entspringen aus dem Anfangsteil der **Pars ascendens aortae** (rechter und linker Sinus aortae).

▶ Klinik. Unter dem Begriff **koronare Herzerkrankung** (**KHK**) werden alle Erkrankungen der Koronararterien bzw. ihrer Äste zusammengefasst, die durch eine Verengung (**Stenose**) dieser Gefäße zur Minderdurchblutung des Herzens führen (Abb. **G-3.20**). Die dadurch entstehende inadäquate Versorgung des Herzmuskels mit Sauerstoff (**Myokardischämie**) führt klinisch zum Bild der **Angina pectoris**: Charakteristisch ist ein thorakales Engegefühl und meist retrosternale Schmerzen, die häufig zunächst nur bei körperlicher Anstrengung auftreten (**Belastungsangina**) und sich auf den linken Arm und die Halsregion ausdehnen können (Abb. **G-3.21**). Weitere Zeichen sind Kurzatmigkeit und Schwitzen als allgemeine Zeichen einer Sympathikusaktivierung. Bei anhaltender Ischämie aufgrund eines hochgradigen oder vollständigen Verschlusses eines Koronararterienastes, führt dies zur **Nekrose** (Absterben) von Herzmuskelzellen, einem **Herzinfarkt**.

Die für eine Ischämie besonders sensitiven Herzmuskelzellen (Kardiomyozyten) liegen in der Innenschicht des Myokards, da diese am schlechtesten durchblutet werden (→ „letzte Wiese").

Risikofaktoren für die arteriosklerotisch (S. 154) bedingte koronare Herzkrankheit sind Diabetes mellitus (Zuckerkrankheit), Nikotinabusus, arterielle Hypertonie (Bluthochdruck), metabolische und genetische Faktoren (Hypercholesterinämie, Hyperhomozysteinämie, frühzeitiges Auftreten von Herzinfarkten bei Verwandten 1. Grades = „positive Familienanamnese").

⊙ G-3.21 **Head-Zonen und vegetative Reaktionsareale bei Myokardischämie**
(Prometheus LernAtlas. Thieme, 3. Aufl.)

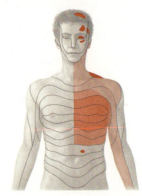

⊙ G-3.20 **Akuter Myokardinfarkt**
(Prometheus LernAtlas. Thieme, 3. Aufl.)

a Gefäßverschluss des R. interventricularis ant. der A. coronaria sinistra. Dunkel unterlegt ist das von diesem Gefäßabschnitt abhängige Infarktgebiet.
b Vergleich eines gesunden mit einem arteriosklerotisch veränderten Koronargefäß.
c Bereits eine 20–30 minütige anhaltende Ischämie führt zum Gewebeuntergang. Dabei gehen die subendokardialen Myokardregionen, die am weitesten entfernt von den Kapillaren liegen, als erstes zugrunde („Prinzip der letzten Wiese").

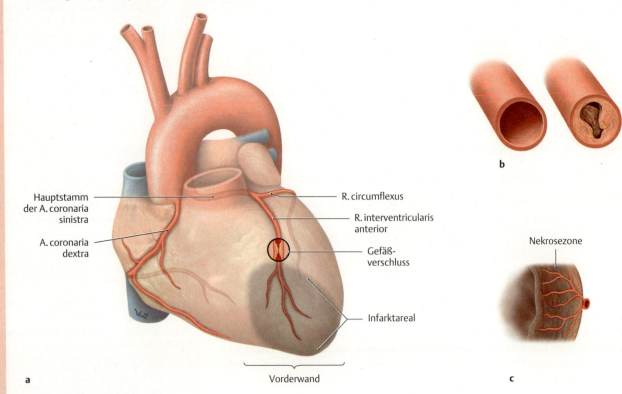

G-3.22 Koronararterien

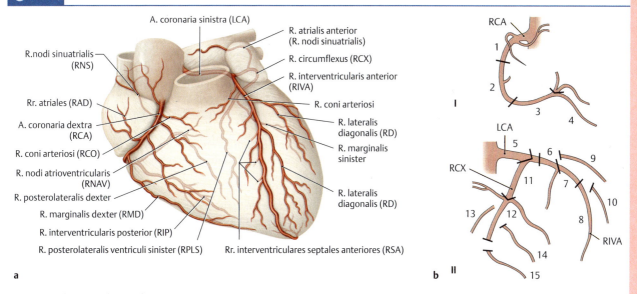

a Koronargefäße (Herzkranzgefäße). (nach Prometheus LernAtlas. Thieme, 3.Aufl.)
b **Segmenteinteilung der Koronargefäße. I** rechte Koronararterie (RCA, Segmente 1–4), **II** linke Koronararterie (LCA, Segmente 5–15). Die Segmenteinteilung erfolgt nach einem Vorschlag der American Heart Association (AHA).
RCA: 1 = proximaler Anteil; 2 = mittlerer Anteil; 3 = distaler Anteil;
4 = R. interventricularis posterior (RIVP) und R. posterolateralis dexter (RPLD)
LCA: 5 = Stamm der linken Herzkranzarterie
RIVA: 6 = proximaler Anteil; 7 = mittlerer Anteil (nach Abgang des 1. Diagonalastes, RDI); 8 = distaler Anteil (nach Abgang des 2. Diagonalastes, RDII); 9 = RDI; 10 = RDII
RCX: 11 = proximaler Anteil, 12 = distaler Anteil (nach Abgang des R. marginalis sinister (RMS); 13 = R. atrioventricularis sinister (RAVS);
14 = R. posterior ventriculi sinister; 15 = R. posterolateralis sinister (RPLS). (Prometheus LernAtlas. Thieme, 3. Aufl.)

Arteria coronaria sinistra: Die meist etwas kaliberstärkere linke Koronararterie (**LCA**, engl. **l**eft **c**oronary **a**rtery) teilt sich nach dem Austritt aus dem Sinus aortae nach kurzem Verlauf, meist nach etwa 1 cm, in den
- **R**amus **i**nter **v**entricularis **a**nterior (klinisch **RIVA** oder **LAD** von engl. **l**eft **a**nterior **d**escendent) und in den
- **R**amus **c**ircumfle**x**us (klinisch **RCX**) auf.

Der **Ramus interventricularis anterior** zieht im Sulcus interventricularis zur Herzspitze. Dort biegt er auf die Facies diaphragmatica des Herzens um und trifft sich hier mit dem R. interventricularis posterior der rechten Herzkranzarterie (Abb. **G-3.22**). Der R. interventricularis anterior gibt Äste zum Conus arteriosus ab (R. conus arteriosus), den meist relativ kräftigen R. lateralis (klin. R. diagonalis = RD) zur Vorderfläche des linken Ventrikels sowie die Rr. septales zu den vorderen 2 Dritteln des Septum interventriculare. Äste aus den Rr. septales ziehen über das Moderatorband zum M. papillaris der rechten Kammer und versorgen den dort auch verlaufenden Abschnitt des Reizleitungssystems.

Der **Ramus circumflexus** verläuft im oder nahe dem Sulcus coronarius über den linken Herzrand hinweg zur Facies diaphragmatica des Herzens.

Weitere Äste der A. coronaria sinistra (Abb. **G-3.22**):
- **Ramus atrialis anterior** (versorgt Vorderfläche des linken Herzohrs; kann bis zum Sinusknoten ziehen und diesen mitversorgen, R. nodi sinuatrialis),
- **Rami atrioventriculares**,
- **Ramus marginalis sinister** (verläuft am Margo obtusus des Herzens und versorgt anliegende Abschnitte des linken Ventrikels),
- **Ramus atrialis intermedius sinister** (RAS, versorgt Rückfläche des linken Vorhofs),
- **Ramus atrialis anastomoticus** (Kugel-Arterie),
- **Ramus posterior ventriculi sinistri** (klin. R. posterolateralis sinister, RPLS),
- **Ramus nodi sinuatrialis** zum Sinusknoten (als Variante in ca. ⅓ der Fälle).

A. coronaria sinistra: Sie entspringt vom Sinus aortae und teilt sich nach kurzem Verlauf auf:
- Der **R. interventricularis anterior** (klin. RIVA oder LAD) verläuft im Sulcus interventricularis ant. bis zur Herzspitze.
- Der **R. circumflexus** (klin. RCX) verläuft im Sulcus coronarius nach links auf die Facies diaphragmatica.

Weitere Äste der A. coronaria sinistra sind der Abb. **G-3.22** zu entnehmen.

▶ **Merke.**

A. coronaria dextra: (klin. **RCA**): Sie entspringt vom Sinus aortae, verläuft vom Auricula dextra bedeckt im **Sulcus coronarius** nach rechts auf die Facies diaphragmatica des Herzens.

Äste der A. coronaria dextra sind der Abb. **G-3.22** zu entnehmen.

▶ **Merke.** Die **Versorgungsgebiete der A. coronaria sinistra** sind normalerweise (Abb. **G-3.24a**) linker Vorhof und linker Ventrikel inkl. einem Großteil der Kammerscheidewand sowie ein kleiner Teil der Vorderwand des rechten Ventrikels.

Arteria coronaria dextra: Die rechte Koronararterie (**RCA** von engl. **r**ight **c**oronary **a**rtery) entspringt im Sinus aortae über der Valvula semilunaris dextra und verläuft – zunächst vom rechten Herzohr bedeckt – im rechten **Sulcus coronarius** zur Zwerchfellfläche des Herzens, wo sie meist auch den

- **Ramus interventricularis posterior (RIP)** im Sulcus ventricularis posterior ausbildet.

In ihrem Verlauf entsendet die Arteria coronaria dextra in der Regel folgende **Äste** (Abb. **G-3.22**; die Abkürzungen in Klammern bezeichnen in der Klinik häufig verwendete Abkürzungen):

- **Ramus nodi sinuatrialis** (RNS) zum Sinusknoten,
- **Rami atriales** (RAD) zum rechten Vorhof,
- **Ramus coni arteriosi** (RCO) zum Conus arteriosus des rechten Herzens,
- **Ramus ventricularis dexter** (RVD, inkonstant) zur Vorderseite des rechten Ventrikels sowie den
- **Ramus marginalis dexter** (RMD), der entlang des Margo acutus des Herzens verläuft.

Parallel zum R. marginalis dexter kann auf der Facies diaphragmatica des rechten Ventrikels der inkonstante

- **Ramus posterolateralis dexter** (RPLD) verlaufen.

Der AV-Knoten wird in der Regel auch durch einen Ast der A. coronaria dextra versorgt:

- **Ramus nodi atrioventricularis.**

Die A. coronaria dextra entsendet wichtige Äste (**Rami interventriculares septales**) zur Versorgung des vorderen oberen und des hinteren Herzseptums. Die Äste zur Versorgung des vorderen oberen Septumabschnitts zweigen als frühe Äste direkt von der A. coronaria dextra ab (superiore septale Äste), die hinteren Äste entspringen vom R. interventricularis posterior (Rr. interventriculares septales posteriores). Die Herzkranzgefäße können durch ein invasives Verfahren, die selektive Koronarangiografie (sog. Herzkatheteruntersuchung), dargestellt werden (Abb. **G-3.23**).

▶ **Merke.**

▶ **Merke.** Neben rechtem Vorhof und Ventrikel, hinterem Drittel der Kammerscheidewand sowie Teilen der Hinterwand des linken Ventrikels (Abb. **G-3.24a**), versorgt die **A. coronaria dextra** bzw. ihre Äste wichtige Zentren des Reizleitungssystems (Sinusknoten, AV-Knoten und His-Bündel).

▶ **Klinik.**

▶ **Klinik.** Daher kann es bei Verengung der rechten Koronararterie (KHK, s. o.) zu **Rhythmusstörungen** kommen!

Zu den verschiedenen Versorgungstypen des Herzens s. Abb. **G-3.24**.

Neben dem häufigsten „ausgeglichenen Versorgungstyp", auf den die o. g. Versorgungsgebiete der Herzkranzarterien zutreffen, gibt es einen Rechts- und Linksversorgungstyp (Abb. **G-3.24**).

G-3.23 Koronarangiografie der Koronararterien

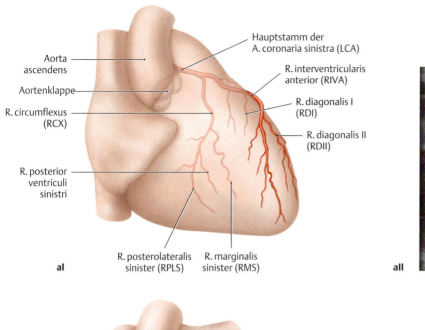
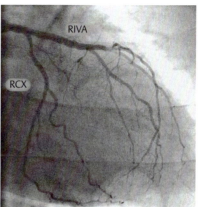
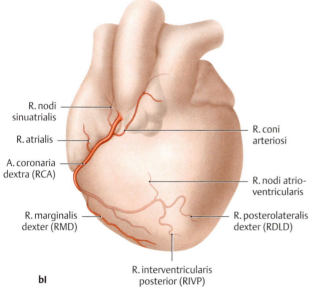
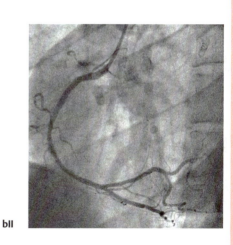

(Prometheus LernAtlas. Thieme, 3. Aufl.)
a Selektive Koronarangiografie der linken Koronararterie. **I** Topografischer Verlauf der linken Koronararterie (LCA), **II** selektive Koronarangiografie der LCA.
b Selektive Koronarangiografie der rechten Koronararterie. **I** Topografischer Verlauf der rechten Koronararterie (RCA), **II** selektive Koronarangiografie der RCA.

G-3.24 Versorgungstypen des Herzens

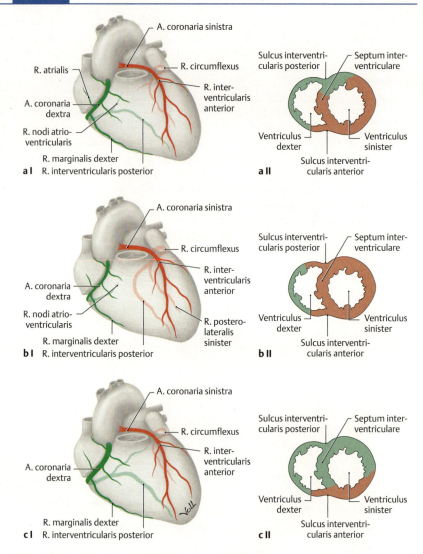

Dargestellt ist jeweils die Ansicht des Herzens von ventral (**I**) sowie ein Querschnitt durch die Ventrikel aus der Sicht von kaudal (**II**).
(Prometheus LernAtlas. Thieme, 3. Aufl.)

a **Ausgeglichener Versorgungstyp** (mit ca. 75 % der häufigste Versorgungstyp): A. coronaria sinistra und A. coronaria dextra haben etwa gleich großes Kaliber. Die A. coronaria dextra versorgt den rechten Ventrikel (R. interventr. post.), nicht jedoch die Hinterwand des linken Ventrikels (R. posterior ventricularis sinister).

b **Linksversorgungstyp** (ca. 11 % der Fälle): Die A. coronaria sinistra ist deutlich kräftiger als die A. coronaria dextra. Sie versorgt die gesamte Wand des linken Ventrikels und das gesamte Septum. Beim Linksversorgungstyp bildet die A. coronaria sinistra den R. interventricularis posterior und versorgt neben dem hinteren Septumanteil ggf. noch Abschnitte der rechten Ventrikelhinterwand.

c **Rechtsversorgungstyp** (ca. 14 % der Fälle): Die A. coronaria dextra ist stärker als die A. coronaria sinistra, hat einen besonders ausgeprägten R. interventricularis post., versorgt einen großen Teil des Septum interventriculare post. und einen großen Anteil der Rückfläche des linken Ventrikels (R. posterior ventricularis sinister).

▶ **Klinik.** Die Ausdehnung und Lage des ischämiebedingt geschädigten Herzmuskelgewebes hängt ab von der Lokalisation der **Stenose** (Verengung) und dem jeweiligen Versorgungsgebiet des stenosierten Gefäßes. Die **Infarktdiagnostik** besteht aus der Zusammenschau von **klinischem Befund** (S. 600), **Labordiagnostik** (Enzyme und Marker des Herzmuskelgewebes, die bei seinem Untergang in das Blut übertreten) und **EKG** (= Elektrokardiogramm, dessen Ableitung typische Veränderungen der Erregungsleitung sichtbar macht). Nach Möglichkeit sollte innerhalb kürzester Zeit nach dem akuten Ereignis eine Herzkatheteruntersuchung (Abb. **G-3.40**) durchgeführt werden, im Rahmen derer u. U. eine Revaskularisation erfolgen kann (**Akut-PTCA** = perkutane transluminale coronare Angioplastie). Dies geschieht durch Aufweitung (**Dilatation**) des Gefäßes mit einem **Ballonkatheter** (Abb. **G-3.25**) und oft zusätzlicher **Stent-Implantation** (Einsatz eines „Röhrchens" zur Offenhaltung des Gefäßlumens, Abb. **G-3.26**). Zusätzlich kann bei einem frisch vorliegenden Infarkt versucht werden, den Thrombus aufzulösen (**Lysetherapie** durch Fibrinolytika, s. Lehrbücher der Biochemie und Physiologie).

Ist eine nichtoperative Therapie mittels Durchführung eines Herzkatheters, die bei gesicherter KHK auch prophylaktisch durchgeführt wird, nicht möglich (z. B. bei Stenose des Hauptstamms oder mehrerer Gefäße gleichzeitig) gibt es die Option der **Bypass-Operation**. Deren Ziel ist die Anlegung eines Umgehungskreislaufs („Bypass") um die verengte Stelle herum, damit die Blutversorgung des Herzens distal der Stenose verbessert wird. Als Umgehungsgefäße werden aufgrund ihrer länger erhaltenen Durchgängigkeit bevorzugt arterielle Gefäße verwendet wie z. B. die A. thoracica interna (S. 299) als **„Mammaria-Bypass"** (mit bleibendem Ursprung aus der A. subclavia) oder die A. radialis. Häufig wird auch ein Venenstück, meist V. saphena magna (S. 383), verwendet (Abb. **G-3.27**).

⊙ G-3.25 Perkutane transluminale Koronarangioplastie (PTCA)

(Prometheus LernAtlas. Thieme, 3. Aufl.)

a Sondieren der Koronararterie mit einem Führungsdraht über einen Führungskatheter.
b Passieren der Stenose mit dem Führungsdraht.
c Platzieren eines Ballonkatheters über den Führungsdraht und Dilatation der Stenose.

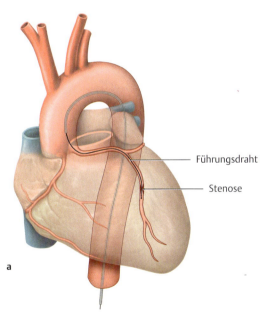
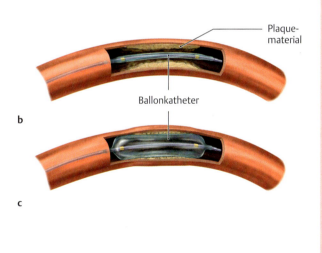

G-3.26 Stent-Implantation

(Prometheus LernAtlas. Thieme, 3. Aufl.)
a Stenosiertes Koronargefäß,
b Ballonkatheter mit nicht expandiertem Stent,
c Stent-Expansion mittels Ballonkatheter,
d expandierter Stent.

a

c

b

d

G-3.27 Operative Koronarrevaskularisation

(Prometheus LernAtlas. Thieme, 3. Aufl.)
a Aortokoronarer Venenbypass bei einer 3-Gefäß-Erkrankung.
b Arterieller IMA-Bypass (IMA = Internal mammary Artery).

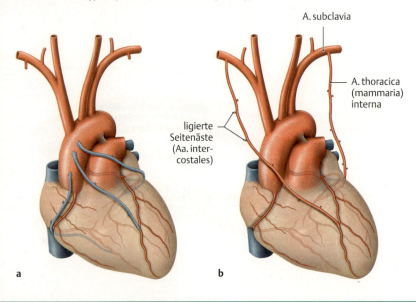

Venöser Abfluss

Man unterscheidet bei den Herzvenen (Abb. **G-3.28**) 3 Systeme:
- Sinus-coronarius-System (ca. 75 % des Blutes),
- transmurales System und
- endomurales System.

Sinus-coronarius-System: In den Sinus coronarius münden
- V. cardiaca magna,
- V. cardiaca media,
- V. obliqua atrii sin. sowie
- weitere Venen.

Venöser Abfluss

Der venöse Rückfluss am Herzen (Abb. **G-3.28**) erfolgt über drei verschiedene Systeme:
- **Sinus-coronarius-System**, über das etwa 75 % des venösen Blutes der Koronargefäße drainiert werden,
- **transmurales System** und
- **endomurales System**.

Sinus-coronarius-System: Die meisten Herzvenen münden in den **Sinus coronarius** und darüber an der Dorsalseite des Herzens in den rechten Vorhof (S. 582). Dazu zählen:
- Vena cardiaca magna (Vena cordis magna),
- Vena cardiaca media (klin. Vena interventricularis posterior),
- Vena obliqua atrii sinistri und die
- inkonstante Vena cardiaca parva, in welche i. d. R. die Vena marginalis dextra einmündet.

G-3.28 Herzvenen

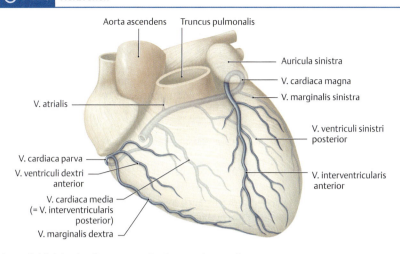

Hauptsächlich ist das Sinus-coronarius-System dargestellt.
(Prometheus LernAtlas. Thieme, 3. Aufl.)

Über die **Vena cardiaca magna** fließt Blut aus den Venae interventricularis anterior, marginalis sinistra, ventriculi sinistri posterioris, obliqua atrii sinistri (Marshall), cardiaca media und der V. cardiaca parva ab.

In die **Vena cardiaca parva** münden die Vena marginalis dextra und die Vena ventriculi dextri anterior ein. Letztere kann auch direkt in den rechten Vorhof münden (insbesondere auch beim Fehlen der V. cardiaca parva, die nur in 50 % der Fälle angelegt ist).

Transmurales System: Darunter werden verschiedene Venen auf der Herzoberfläche (Venae ventriculi dextri anteriores, Venae atriales) zusammengefasst, die im Sulcus coronarius oberhalb der Trikuspidalklappe direkt in den rechten Vorhof münden.

Endomurales System: Es umfasst die Venae cardiacae minimae (Thebesius-Venen), die aus der inneren Herzmuskelschicht kommen und direkt in den Vorhof bzw. die Kammern münden.

Transmurales System: Hierunter werden oberflächliche Herzvenen zusammengefasst, die direkt in den rechten Vorhof drainieren.

Endomurales System: Die Venen aus der inneren Myokardschicht münden direkt in das entsprechende Herzlumen.

Lymphabfluss

Lymphknotenstationen sind die vorderen mediastinalen Lymphknoten, die Nodi lymphoidei tracheobronchiales sowie teilweise die Nodi lymphoidei bronchopulmonales.

Ein getrenntes Lymphdrainagesystem ist an der Oberfläche des Perikards (S.615) ausgebildet.

Lymphabfluss

Wichtige Lymphknotenstationen sind die vorderen mediastinalen, Nll. tracheobronchiales und bronchopulmonales.

Innervation

Durch das vegetative Nervensystem wird die **autonome Aktivität** des Herzens, die durch das herzeigene Erregungsbildungs- und -leitungssystem gewährleistet ist, **an die Beanspruchungen des Gesamtorganismus angepasst**:
- Eine **Aktivierung des Sympathikus** führt zu einer Erhöhung der Herzleistung,
- eine **Aktivierung des Parasympathikus** zu einer Reduktion der Herzleistung (Erholungsphase des Herzens).

Innervation

Das vegetative Nervensystem übernimmt die **Anpassung der Aktivität** des Herzens an die Beanspruchung des Gesamtorganismus:
- **Sympathikus** → Herzleistung ↑,
- **Parasympathikus** → Herzleistung ↓.

▶ **Exkurs: Aspekte der Herzleistung und ihre Beeinflussbarkeit.** Es werden mehrere Aspekte der Herzleistung unterschieden: Eine Wirkung auf die Herzfrequenz bezeichnet man als **Chronotropie**, eine Wirkung auf die Herzkraft als **Inotropie**, eine Wirkung auf die Erregungsleitung als **Dromotropie** und eine Wirkung auf die Erregbarkeit als **Bathmotropie** (s. Lehrbücher der Physiologie). Der Sympathikus wirkt dabei stimulierend auf Herzfrequenz, Herzkraft, Erregungsleitung und Erregbarkeit (positive Chrono-, Ino-, Dromo- und Bathmotropie). Der Parasympathikus löst entgegengesetzte Effekte aus.

▶ Exkurs: Aspekte der Herzleistung und ihre Beeinflussbarkeit.

Aufbau: Sympathische und parasympathische Nervenfasern strahlen ein in den **Plexus cardiacus** (Tab. **G-3.1**, Abb. **G-3.29**) entlang des Arcus aortae und des Truncus pulmonalis.

Die vegetativen Nervenfasern strahlen in den **Plexus cardiacus** ein (Tab. **G-3.1**, Abb. **G-3.29**), der sich mit einem oberflächlichen und tiefen Anteil auf beiden Seiten des Aortenbogens und des Truncus pulmonalis erstreckt. Ausgehend von der Herzbasis folgt der Plexus cardiacus in seinem Verlauf primär den Koronararterien. Er setzt sich als **Plexus aorticus thoracicus** auf den Aortenbogen fort und steht beidseitig mit dem Plexus pulmonalis in Verbindung.

Im Plexus cardiacus sind zahlreiche kleine vegetative **Ganglia cardiaca** vorhanden, von denen meist eines besonders groß ist und unmittelbar rechts des Ligamentum arteriosum Botalli liegt.

Die **parasympathischen Fasern** erhält der Plexus cardiacus dabei über den N. vagus sinister und dexter. Die Umschaltung von prä- auf postganglionär erfolgt in den Ganglia cardiaca.

Den **sympathischen Zufluss** erhält der Plexus cardiacus über Nerven aus dem Grenzstrang.

Weiterhin verlaufen im Plexus cardiacus auch **Viszeroafferenzen**, die Informationen von Pressorezeptoren (aus dem Aortenbogen, dem Truncus pulmonalis, den Herzvorhöfen und -ventrikeln), Chemorezeptoren (Glomus aorticum), sowie Schmerzreize nach zentralwärts leiten und primär in der Medulla oblongata enden.

G-3.1 Vegetative Innervation des Herzens durch den Plexus cardiacus

System	Äste	Bemerkung
Sympathikus	• N. cardiacus cervicalis superior (aus Ggl. cervicale sup.) • N. cardiacus cervicalis medius (aus Ggl. cervicale med.) • N. cardiacus cervicalis inferior (aus Ggl. cervicothoracicum) • Nn. cardiaci thoracici (aus 2.–4. Brustgrenzstrangganglion)	Die Umschaltung der sympathischen Äste erfolgt in der Regel im Grenzstrang, dem **Truncus sympathicus** (S. 636). In den Plexus cardiacus strahlen lediglich die **postganglionären** Neurone ein.
Parasympathikus	• Rr. cardiaci cervicales superiores • Rr. cardiaci cervicales inferiores • Rr. cardiaci thoracici	Die parasympathischen Äste treten auf unterschiedlichen Höhen aus dem **N. vagus** (S. 638) aus. Die präganglionären Äste werden in kleinen Ganglien des Plexus cardiacus (Ganglia cardiaca) umgeschaltet

G-3.29 Vegetative Innervation des Herzens durch den Plexus cardiacus

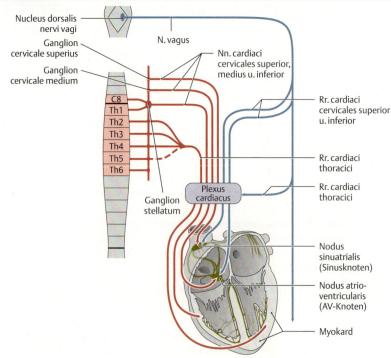

Plexusbildung und Modulation des Erregungsbildungs- und -leitungssystems des Herzens durch sympathische (rot) und parasympathische (blau) Fasern.
(Prometheus LernAtlas. Thieme, 3. Aufl.)

3.2.7 Mechanische Herzaktion

Das Herz eines gesunden Menschen schlägt in Ruhe etwa **60- bis 70-mal pro Minute** (**Ruhe-Herzfrequenz**). Bei jeder Herzaktion läuft ein komplizierter Bewegungsablauf ab, der durch das **Reizleitungssystem** (S. 596) koordiniert wird und der sich zyklisch wiederholt (**Herzzyklus**). Die Komplettierung eines Herzzyklus dauert, abhängig von der Herzfrequenz, etwa 0,9 Sekunden.

Prinzip der Herzaktion

▶ **Definition.** Die **Kontraktion** eines Binnenraums des Herzens bezeichnet man als **Systole**, seine **Erschlaffung** als **Diastole**. Streng genommen lassen sich sowohl für die Vorhöfe als auch für die Kammern Systole und Diastole unterscheiden, wobei ohne weiteren Zusatz meist die kreislaufwirksame, d. h. hämodynamisch relevante Ventrikelaktion gemeint ist:
- **Systole** = Kontraktion der Kammermuskulatur,
- **Diastole** = Erschlaffung der Kammermuskulatur.

In Abhängigkeit der unterschiedlichen Druck-Volumen-Änderungen (s. Lehrbücher der Physiologie) während einer Herzaktion lassen sich sowohl Systole als auch Diastole nochmals in zwei Phasen unterteilen, sodass insgesamt während eines Herzzyklus vier Phasen unterschieden werden können (s. u.).

Phasen der Herzaktion

In der Systole (Ventrikelsystole, s. o.) kontrahieren die beiden Ventrikel und pumpen Blut in die abgehenden Gefäße (Aorta und Truncus pulmonalis).
Man unterscheidet folgende **vier Phasen** (Abb. **G-3.30**), die zusammen einen Herzzyklus ergeben:
Systole:
- Anspannungsphase und
- Austreibungsphase.

Diastole:
- Entspannungsphase und
- Füllungsphase.

Anspannungsphase: Sie beginnt mit dem **Schluss der AV-Klappen**. Dies geschieht in dem Moment, in dem der durch Kontraktion des Kammermyokards steigende Ventrikeldruck den Vorhofdruck überschreitet. Zunächst reicht der Druck in den Kammern jedoch nicht aus, um die Taschenklappen zu öffnen, sodass in dieser Phase des Herzzyklus **alle Herzklappen geschlossen** sind. Durch weitere Kontraktion des Kammermyokards bei gleichbleibendem Volumen (isovolumetrische Kontraktion) kommt es zu einem steilen Druckanstieg in den Ventrikeln. Zu diesem Zeitpunkt befinden sich etwa 140 ml Blut im linken und rechten Ventrikel.

Austreibungsphase: Sobald der Kammerdruck den Druck in den Ausflussbahnen (Aorta, Truncus pulmonalis) übersteigt, beginnt die zweite Phase der Systole mit dem **Öffnen der Taschenklappen**: Das **Herzschlagvolumen** (etwa **70 ml**) wird aus dem Ventrikel „ausgetrieben". Ebenfalls ca. 70 ml Blut bleiben nach Ende der Systole im Ventrikel zurück (**Restvolumen**). Die **Ejektionsfraktion** bezeichnet das Verhältnis Herzschlagvolumen zu enddiastolischem Füllungsvolumen und beträgt somit normalerweise ≥ 50 %. Während der Systole wird die **Ventilebene** (S. 587) des Herzens durch die Kontraktion der Kammermuskulatur mit geschlossenen AV-Klappen **herzspitzenwärts** gezogen.

Entspannungsphase: Sie kennzeichnet den Beginn der Diastole: Nach Erschlaffung des Ventrikelmyokards sinkt der Druck in den Kammern unter den Druck von Aorta und Truncus pulmonalis, und die **Taschenklappen werden geschlossen**. In der Entspannungsphase erfolgt eine Erschlaffung des Kammermyokards bei gleichbleibendem Volumen (= isovolumetrisch) des Kammerinhaltes (etwa 70 ml Restblut).

3.2.7 Mechanische Herzaktion

Die normale **Ruhe-Herzfrequenz** beträgt 60–70/min. Ein kompletter Herzzyklus dauert dabei etwa 0,9 Sekunden.

Prinzip der Herzaktion

▶ **Definition.**

Bei nochmaliger Unterteilung von Systole und Diastole anhand der Druckverhältnisse ergeben sich 4 Phasen (s. u.).

Phasen der Herzaktion

Man unterscheidet folgende **4 Phasen** (Abb. **G-3.30**):
Systole:
- Anspannungsphase und
- Austreibungsphase.

Diastole:
- Entspannungsphase und
- Füllungsphase.

Anspannungsphase: Sie beginnt mit dem **Schluss der AV-Klappen** und ist gekennzeichnet durch isovolumetrische Anspannung der Ventrikelwand. **Alle Herzklappen sind geschlossen**.

Austreibungsphase: Sie beinhaltet die weitgehend isotonische Auswurfphase, in der Blut aus den Kammern durch die **offenen Taschenklappen** in die jeweilige Ausflussbahn transportiert wird. Dabei **senkt sich die Ventilebene**.

Entspannungsphase: Sie bezeichnet die isovolumetrische Erschlaffung des Kammermyokards nach dem **Schluss der Taschenklappen**.

G-3.30 Die Herzaktion

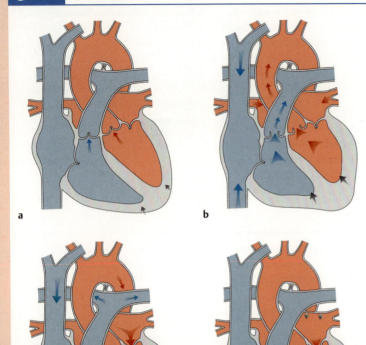

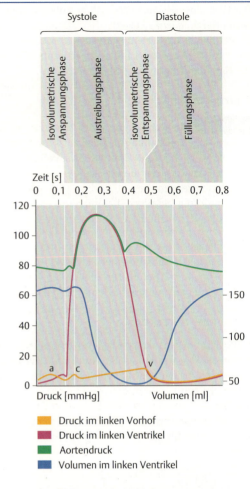

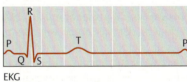

EKG

Herztöne

S1 = 1. Herzton
(Schluss der Atrioventrikularklappen)

S2 = 2. Herzton
(Schluss der Semilunarklappen)

S3 = (gespaltener 2. Herzton)
→ Aortenklappe (S2) schließt vor der Pulmonalklappe (S3)

(Prometheus LernAtlas. Thieme, 3. Aufl.)
a Ventrikelsystole: isovolumetrische Anspannungsphase,
b Ventrikelsystole: Austreibungsphase,
c Ventrikeldiastole: isovolumetrische Entspannungsphase,
d Ventrikeldiastole: Füllungsphase,
e zeitliche Korrelation von Druck, Volumen, EKG und Herztönen in Systole und Diastole.

G-3.31 Herzklappen in verschiedenen Phasen der Herzaktion

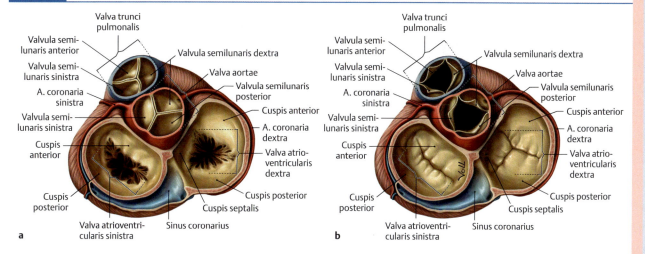

(nach Prometheus LernAtlas. Thieme, 3. Aufl.)
a Darstellung der Klappenebene in der Ansicht von der Herzbasis aus. Die im Herzskelett verankerten Segel- und Taschenklappen (S. 587) sind in unterschiedlichen Phasen der Herzaktion geschlossen bzw. geöffnet: In der Ventrikeldiastole fließt Blut über die Segelklappen von den Vorhöfen in die Ventrikel,
b während es in der Ventrikelsystole bei Öffnung der Taschenklappen in die großen Gefäße gepumpt wird.

Füllungsphase: Fällt durch weitere Entspannung des Ventrikelmyokards der Druck in den Kammern unter den Druck der Vorhöfe, **öffnen sich die AV-Klappen** und das Blut strömt von den Vorhöfen in den Ventrikel („Füllung"). Während der Diastole gelangt die Ventilebene mit geöffneten AV-Klappen wieder in ihre Ausgangslage zurück und schiebt sich somit über die Blutsäule. In der letzten Phase der Diastole **kontrahieren sich die Vorhöfe** und sorgen für ein weiteres Befüllen der Kammern mit Blut.
Mit dem erneuten Schluss der AV-Klappen beginnt der Herzzyklus von vorne.

Füllungsphase: Die Füllung des Ventrikels mit Blut beginnt nach **Öffnung der AV-Klappen**. Die Ventilebene schiebt sich dabei quasi über die Blutsäule. Die **Vorhofkontraktion** am Ende der Dialstole trägt zur weiteren Ventrikelfüllung bei.

▶ Klinik. **Herztöne**

In den verschiedenen Phasen des Herzzyklus entstehen die auskultierbaren **Herztöne** (Abb. **G-3.30**). Obwohl es sich hierbei physikalisch streng genommen um keine Töne, sondern um Geräusche handelt, hat sich der Begriff „Herzton" im Sprachgebrauch eingebürgert. Die Herztöne werden im Wesentlichen durch die physiologische Tätigkeit der Herzklappen bedingt.
1. Herzton: Er wird generiert durch den Schluss der Segelklappen und durch Schwingung des Herzmuskels bei Anspannung zu Beginn der Systole.
2. Herzton: Er entsteht durch Zuschlagen der Taschenklappen (Beginn der Diastole). Jede Klappe hat ihre eigene maximale Auskultationsstelle (Tab. **G-3.3**).
Herzgeräusche
Den **Herztönen** stellt man die **Herzgeräusche** gegenüber. Unter dem Begriff Herzgeräusche subsummiert man Geräusche, die auf pathologische Ereignisse an den Herzklappen hinweisen. Herzgeräusche entstehen sowohl an verengten (**stenosierten**) als auch an nicht mehr vollständig schließenden (**insuffizienten**) Klappen.
Stenose- und Insuffizienzgeräusche haben typische Klangcharaktere. Die Auskultationsstelle, an der das entsprechende Herzgeräusch besonders laut auszukultieren ist, und die Phase des Herzzyklus, in der das Herzgeräusch auftritt, liefern wichtige Hinweise, welche Klappe von einem Herzfehler betroffen ist. Dieser erste Verdacht kann dann durch weitergehende Methoden (s. u.) im Detail abgesichert werden.

▶ Klinik.

3.2.8 Elektrische Herzaktion: EKG

Die mechanische Herzaktion (Abb. **G-3.30**) wird durch das Erregungsbildungs- und -weiterleitungssystem des Herzen kontrolliert. Das **Elektrokardiogramm** (**EKG**) liefert wichtige Informationen über die räumlich-zeitliche Erregungsausbreitung im Herzen. Beim EKG handelt es sich, ähnlich wie beim Elektroenzephalogramm (EEG) des Gehirns, um eine extrazelluläre Ableitung von elektrischen Feldpotenzialen. Wenn Herzmuskelzellen durch ein Aktionspotenzial erregt werden, besteht zwischen dieser Zelle und der nicht erregten Umgebung ein Potenzialunterschied, der im EKG gemessen wird.

3.2.8 Elektrische Herzaktion: EKG

Die elektrische Herzaktion wird klinisch über das EKG bestimmt. Die in den verschiedenen Ableitungen (Abb. **G-3.32**) messbaren Kurven und Zacken des EKG sind Ausdruck der räumlichen Erregungsausbreitung im Herzen.

612
G 3 Herz und Herzbeutel

Elektrische EKG-Feldpotenziale werden dabei in der Klinik an verschiedenen, standardisierten Ableitungsorten abgeleitet, z. B. bipolare Extremitätenableitung nach Einthoven, unipolare Extremitätenableitung nach Goldberger und Brustwandableitungen nach Wilson (Abb. **G-3.32**).

G-3.32 Elektrokardiogramm (EKG), Standardableitungen

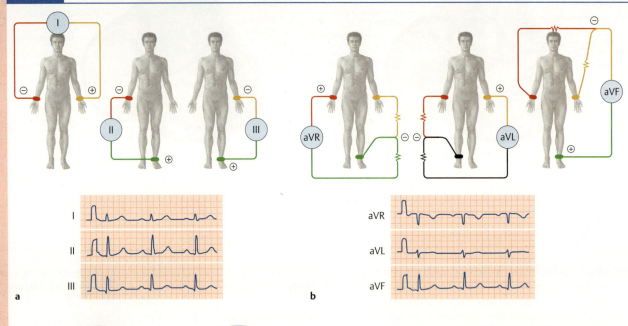

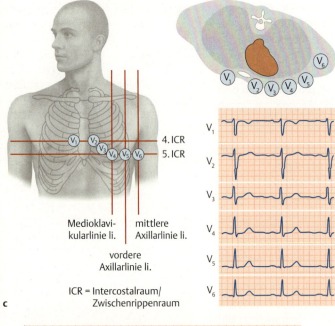

Name	Bezeichnung für
P-Welle	Ausbreitung der Erregung in den Vorhöfen (< 0,1 s)
Q-, R- und S-Zacke (sog. QRS-Komplex)	Beginn der Kammererregung (< 0,1 s)
T-Welle	Ende der Kammererregung
PQ-Intervall	Beginn Vorhoferregung bis Beginn Kammererregung = Überleitungszeit = 0,1 – 0,2 s
QT-Intervall	Q-Zacke bis Ende T-Welle = Zeit, die beide Herzkammern zur De- und Repolarisation benötigen = abhängig von individueller Herzfrequenz = 0,32 – 0,39 s
Herzperiode	Intervall zwischen zwei R-Zacken
Herzfrequenz	60s/R-Zacken-Abstand (s) = Schläge/min; z.B.: 60/0,8 = 75

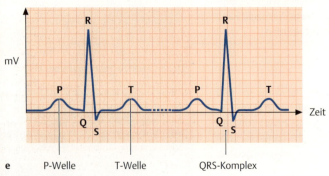

a Bipolare Extremitätenableitung nach Einthoven, **b** unipolare Extremitätenableitung nach Goldberger, **c** Brustwandableitungen nach Wilson. **d** Bezeichnung der Kurven, Zacken und Intervalle im EKG. **e** EKG-Kurve: Erregungszyklus (Aufzeichnung von zwei Herzaktionen nach Wilson).

(a–e: Prometheus LernAtlas. Thieme, 3. Aufl.)

G   3.3 Herzbeutel (Pericardium)

Die reguläre Herzaktion zeigt sich im EKG als eine typische Abfolge von positiven und negativen Ausschlägen (Abb. **G-3.32d**), die mit der Erregung eines bestimmten Herzabschnittes in Zusammenhang steht. Die **P-Welle** charakterisiert die Ausbreitung der Erregung in den Vorhöfen. Die Erregung der Vorhöfe beginnt am Sinusknoten und breitet sich danach über die beiden Vorhöfe aus. Die P-Welle ist relativ klein, da die Vorhöfe im Vergleich zum Ventrikel weniger Muskelmase besitzen. Während der sogenannten **PQ-Strecke** ist der gesamte Vorhof erregt. In der PQ-Strecke erreicht die Erregung zudem den AV-Knoten und wird dort verzögert (s. Abb. **G-3.19** sowie Lehrbücher der Physiologie). Die Länge der PQ-Strecke ist ein Maß für die Verzögerung der Weiterleitung der Erregung durch den AV-Knoten. Nach Passage des AV-Knotens wird die Erregung über das HIS-Bündel an das Ventrikelmyokard weitergeleitet. Der **QRS-Komplex** markiert die Erregung des Ventrikelmyokards und zeigt, wie die Erregungswelle den Ventrikel „durchwandert". Die Ventrikelerregung beginnt im Herzseptum. Nach einer kleinen, rückwärtig gerichteten Erregunswelle in der initialen Phase der Erregung des Herzseptums (**Q-Zacke**) erfolgt die Erregung des Herzseptums im Wesentlichen von der Klappenebene in Richtung Herzspitze (aufsteigender Schenkel der **R-Zacke** des QRS-Komplexes). Danach breitet sich die Erregungswelle vom Septum zu den seitlichen Anteilen des Ventrikelmyokards aus (absteigenden Schenkel der R-Zacke und **S-Zacke**). Mit Beginn der **ST-Strecke** ist das gesamte Ventrikelmyokard erregt. Beim Herzinfarkt kommt es häufig zu einer Hebung der ST-Strecke. Die Rückbildung der Erregung des Kammermyokards bildet sich als **T-Welle** im EKG ab.

Die P-Welle des EKG wird durch die Erregungsausbreitung in den Vorhöfen hervorgerufen. Der QRS-Komplex markiert die Erregung des Ventrikelmyokards. Während der ST-Strecke ist das gesamte Ventrikelmyokard erregt. Die Repolarisation des Kammermyokards zeigt sich im EKG in Form der T-Welle.

▶ **Klinik.** Fehler bei der Erregungsbildung und -weiterleitung im Herzen führen zu **Herzrhythmusstörungen**. Die Ursachen von Herzrhythmusstörungen sind vielfältig (z. B. Mutationen in Kanalproteinen, die für die Erregungsbildung- und/oder -weiterleitung relevant sind; Myokardinfarkt; Elektrolytstörungen etc.); entsprechend zahlreich sind die verschiedenen Formen der Herzrhythmusstörungen. Unter **Vorhofflimmern** versteht man hochfrequente Kontraktionen des Vorhofes. Eine koordinierte Vorhofkontraktion ist nicht mehr gewährleistet. Da diese hochfrequenten Erregungen der Vorhöfe allerdings normalerweise durch die „Filterfunktion" des AV-Knotens nur begrenzt an den Ventrikel weitergeleitet werden, stellt das Vorhofflimmern i. d. R. keine akut lebensbedrohliche Störung dar. Anders ist dies allerdings beim **Kammerflimmern**, bei dem eine hochfrequente, ungeordnete Erregungsausbreitung im Ventrikelmyokard eine geordnete Ventrikelkontraktion und eine ausreichende Pumpfunktion nicht mehr erlaubt. Deshalb ist das Kammerflimmern eine potenziell lebensbedrohliche Rhythmusstörung, die akute Maßnahmen erfordert (z. B. pharmakologisch, Elektrokardioversion). Ansonsten droht ein plötzlicher Herztod.

Unter **Extrasystolen** versteht man Herzschläge außerhalb des normalen Sinusrhythmus. Sie können durch verschiedene Ursachen entstehen (z. B. durch ektope Schrittmacherzentren oder kreisende Erregungen beispielsweise nach einem Myokardinfarkt).

3.3   Herzbeutel (Pericardium)

3.3   Herzbeutel (Pericardium)

▶ **Definition.** Als **Herzbeutel** (**Pericardium**) bezeichnet man den das Herz umschließenden „Sack" aus einem zweiblättrigen serösen (**Pericardium serosum**) und einem fibrösen Anteil (**Pericardium fibrosum**), der das parietale Blatt (**Lamina parietalis**) der Serosa verstärkt. Diese Einheit aus Pericardium fibrosum und Lamina parietalis des Pericardium serosum bezeichnet man auch als **Herzbeutel im engeren Sinn**.
Die **Lamina visceralis** des Pericardium serosum entspricht dem **Epikard** (S. 595), ist fest mit dem Myokard, dem sie aufliegt, verwachsen und bildet somit die Herzoberfläche. Zwischen parietalem und viszeralem Blatt befindet sich die Herzbeutelhöhle (**Cavitas pericardiaca**), die das Herz als seröse Höhle umgibt.

▶ **Definition.**

3.3.1   Funktion von Perikard und Perikardhöhle

Die **Herzbeutelhöhle** (**Perikardhöhle, Cavitas pericardiaca**) befindet sich zwischen Lamina visceralis und parietalis des Pericardium serosum.
Sie umgibt das Herz als **seröse Höhle** (S. 523). Das Perikard **hemmt die Überdehnung** des Herzens. Die glatte Serosa-Oberfläche bildet zusammen mit dem in der Perikardhöhle befindlichen Flüssigkeitsfilm (10–20 ml) ein **reibungsarmes Gleitlager** für die Volumenänderungen des Herzens während Systole und Diastole (S. 609). Zudem wirkt die Perikardhöhle **unterstützend auf die diastolische Füllung** der Herzkammern, indem der inspiratorische „Lungensog" über den Herzbeutel auf die Herzwand übertragen und der Bluteinstrom erleichtert wird.

3.3.1   Funktion von Perikard und Perikardhöhle

Das Perikard, das die **Herzüberdehnung hemmt**, und die durch seine Serosablätter gebildete Perikardhöhle bilden ein **reibungsarmes Gleitlager** für die Volumenänderungen während Systole und Diastole. Zudem wird die **Füllung** mit Blut während der Inspiration durch Übertragung des „Lungensogs" auf die Herzwand unterstützt.

► Klinik.

► Klinik. Bei einer verstärkten Flüssigkeitsansammlung in der Herzbeutelhöhle spricht man von einem **Perikarderguss**. Neben **Entzündungen** des Perikards (**Perikarditis**, häufig durch Viren bedingt) können **Einblutungen** in die Herzbeutelhöhle zugrunde liegen. Letztere sind möglich bei einer **Ruptur** (Riss) der Herzwand im Bereich einer ausgedehnten Nekrose nach **Herzinfarkt** oder eines **Aneurysmas** (Erweiterung der Gefäßwand mit vergrößertem Gefäßdurchmesser) der Aorta ascendens, die sich während ihres anfänglichen Verlaufs noch in der Herzbeutelhöhle befindet. Zwar ist der Herzbeutel so dehnbar, dass er im Extremfall bis zu 1000 ml fassen kann, jedoch ist bei schneller bzw. fortlaufender Flüssigkeitsansammlung die Gefahr einer **Herzbeuteltamponade** gegeben. Dabei kommt es zu einer Behinderung der diastolischen Blutfüllung der Ventrikel und damit zu einem Rückstau vor dem rechten Herzen (**Einflussstauung**) sowie zu einer Verminderung des Auswurfs in der Systole mit Blutdruckabfall bis zum **Schock**.

Um bei einer **Entlastungspunktion** eine Verletzung der Pleurahöhle oder der Koronararterien zu vermeiden, erfolgt sie nach entsprechender Lokalanästhesie vom linken epigastrischen Winkel aus mit vorsichtigem Vorschieben der Kanüle nach schräg rechts oben in Richtung des Akromions, wobei nach ca. 4,5 cm die Perikardhöhle erreicht wird. Die **Perikardpunktion** sollte wegen der Gefahr o. g. Komplikationen unter sonografischer Kontrolle und auf der Intensivstation erfolgen.

Ein klinisch ähnliches Bild wie bei der Herzbeuteltamponade ist auch als Folge entzündlicher Prozesse möglich, durch die es zu Verklebungen zwischen beiden serösen Perikardblättern mit eventueller Verkalkung kommen kann (**„Panzerherz"**). Dies erfordert dann einen operativen Eingriff.

3.3.2 Lage und Aufbau des Perikards

Lage: Das Perikard, welches das Herz umgibt, ist kaudal (u. a. über das **Ligamentum pericardiacophrenicum**) am **Centrum tendineum** des Zwerchfells fixiert, dorsal über die **Membrana bronchopericardiaca** an Trachea und Zwerchfell.

Aufbau: Das Perikard besteht aus einer **Serosa**, die nach außen bindegewebig verstärkt wird (**Fibrosa**).

Durch die Anordnung der Umschlagsstellen ergeben sich zwei **Sinus pericardii** (Abb. **G-3.33**):

- Der **Sinus transversus pericardii** ist eine quer verlaufende Bucht im Herzbeutel und liegt zwischen Porta arteriosa und Porta venosa des Herzens.
- Der **Sinus obliquus pericardii** ist eine vertikal gelegene Tasche der Perikardhöhle. Er wird von den Lungenvenen sowie dem Mesocardiacum begrenzt und berührt den linken Vorhof.

3.3.2 Lage und Aufbau des Perikards

Lage: Die Lage des Perikards entspricht dem des Herzens, das es umgibt. Es ist u. a. über die **Ligamenta phrenicopericardiaca** kaudal an das **Centrum tendineum** des Zwerchfells (S. 296) fixiert. Dies gewährleistet eine feste und straffe Verbindung zwischen Herzbeutel und Zwerchfell. Dorsal erfolgt über die **Membrana bronchopericardiaca** eine elastische Verankerung des **Perikards** mit der Trachea und dem Zwerchfell. Ventral verbinden zarte Bindegewebszüge (**Ligamenta sternopericardiaca**) den Herzbeutel mit der Rückfläche des Sternums. Die benannten Ligamente dienen der elastischen Verankerung der Brustorgane untereinander und mit der Thoraxwand.

Aufbau: Das Perikard besteht aus einer zweiblättrigen Tunica serosa (kurz Serosa, syn. **Pericardium serosum**), die aus einer einschichtigen, platten Lamina epithelialis (Mesothel) und einer darunterliegenden Lamina propria besteht. Das nach außen folgende **Pericardium fibrosum** ist eine kollagenfaserreiche Fibrosa, die dem Einbau in die Umgebung dient und nur eingeschränkt dehnbar ist. Dazwischen liegt eine dünne, gut kapillarisierte Tela subpericardialis.

An den großen Gefäßen, über die das Blut in das Herz hineinfließt bzw. das Herz verlässt, schlagen die beiden Serosablätter ineinander über (**„Mesocardiacum"**). Der Herzbeutel umfasst somit nicht nur das Herz, sondern auch die herznahen Abschnitte der großen Gefäße.

Durch die verwickelte Anordnung der Umschlagfalten ergeben sich in der **Perikardhöhle** einige Nischen und Buchten, die **Sinus pericardii** (Abb. **G-3.33**):

- Die Umschlagstelle der serösen Perikardblätter umsäumt vorne die Aorta und den Truncus pulmonalis und hinten die Venen an den Vorhöfen. Bei eröffnetem Herzen kann man den Finger in diesen als **Sinus transversus pericardii** bezeichneten Raum hindurchstecken.
- Der **Sinus obliquus pericardii** liegt zwischen den rechten und linken Lungenvenen und wird kranial durch den linken Vorhof und das Mesocardiacum begrenzt. Der Sinus obliquus pericardii entspricht beim liegenden Menschen der tiefsten Stelle des Herzbeutels.

Die Entstehung von Sinus transversus pericardii und Sinus obliquus pericardii ist entwicklungsgeschichtlich bedingt.

G-3.33 Herzbeutel mit Darstellung der Sinus pericardii

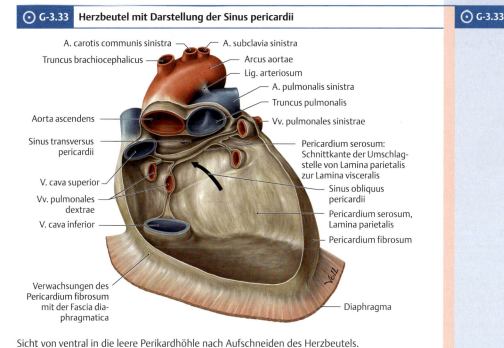

Sicht von ventral in die leere Perikardhöhle nach Aufschneiden des Herzbeutels.
(nach Prometheus LernAtlas. Thieme, 3. Aufl.)

3.3.3 Gefäßversorgung und Innervation

Gefäßversorgung: Die **Blutversorgung** des Perikards erfolgt über die **Vasa pericardiacophrenica** aus den Vasa thoracica interna. Diese verlaufen zwischen Perikard und Pleura mediastinalis im so genannten **Septum pleuropericardiale**. Des Weiteren finden sich **Rami pericardiaci** aus der Aorta thoracica.

Die venöse Drainage erfolgt durch die **Vv. pericardiacae** überwiegend in die Vv. brachiocephalicae und V. azygos.

Verantwortlich für den **Lymphabfluss** ist das perikardiale Lymphgefäßsystem, das Lymphe aus dem Perikard in die **Nodi lymphoidei prepericardiaci** (auf der Ventralseite des Herzbeutels) sowie **Nodi lymphoidei pericardiaci laterales** und **Nodi lymphoidei phrenici superiores** (seitlich des Herzbeutels) drainiert. Die weitere Drainage erfolgt hauptsächlich über die vorderen und hinteren mediastinalen Lymphknoten (**Nodi lymphoidei mediastinales anteriores** und **Nodi lymphoidei tracheobronchiales** bzw. ventral auch über die **Nodi lymphoidei parasternales**.

Innervation: Eine sensorische Versorgung des Herzbeutels erfolgt durch Fasern, die im Nervus phrenicus und Nervus vagus verlaufen (Rr. pericardiaci).

3.4 Topografie von Herz und Herzbeutel

3.4.1 Projektion auf die Thoraxwand

Projektion des Herzens: Ein normal großes Herz projiziert sich beim Lebenden auf einen zentralen Raum mit den in Tab. **G-3.2** (s. a. Abb. **G-3.34a**).

G-3.2 Projektion des Herzens auf den Thorax

Herzabschnitt		Thoraxprojektion
Rechts	kranial	Ansatz der 3. Rippe, 2 cm parasternal rechts
	kaudal	Ansatz der 6. Rippe, 2 cm parasternal rechts
Links	kranial	Ansatz der 3. Rippe, 2 cm parasternal links
	kaudal	5. Interkostalraum links, 2 cm einwärts der Medioklavikularlinie

G-3.34 Projektion des Herzens auf die Thoraxwand und Feld der Herzdämpfung

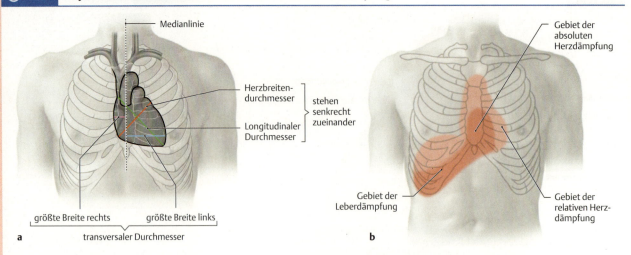

a Die schemenhafte Projektion des Herzens auf die Thoraxwand, wie sie auch im Röntgenbild zur Darstellung (S.618) kommt, ist entsprechend seiner physiologischen Lage im Thorax asymmetrisch. Durch virtuelle Linien in dieser zweidimensionalen Projektion lassen sich Rückschlüsse auf Lage und Form des Herzens ziehen. (nach Rauber und Kopsch)
b Absolute und relative Herzdämpfung, die rechts in das Feld der Leberdämpfung übergeht. (Prometheus LernAtlas. Thieme, 3. Aufl.)

Herzdämpfung: Bei der nur noch selten durchgeführten Herzperkussion unterscheidet die **absolute Herzdämpfung** (wo das Herz der Thoraxwand anliegt) von der **relativen** (wo sich „zwischengeschobenes" Lungengewebe addiert). Letztere lässt grobe Rückschlüsse auf die Herzgröße zu (Abb. **G-3.34b**).

Herzdämpfung: Zur Orientierung der Herzgröße diente insbesondere vor der Einführung bildgebender Verfahren die Perkussion des Herzens, bei der man eine **absolute** von einer **relativen Herzdämpfung** unterschied (Abb. **G-3.34b**): Erstere lässt sich durch Perkussion über dem Bereich perkutieren, in dem das Herz der Thoraxwand anliegt (dumpfer Klopfschall), während dort, wo sich Lungengewebe zwischen Herz und Thoraxwand schiebt (kleiner Bereich der Recessus costomediastinales), der sonore Klopfschall hinzukommt. Somit erlaubt die relative Herzdämpfung grobe Rückschlüsse auf die Größe des Herzens, jedoch hat die Herzperkussion stark an praktischer Bedeutung verloren und ist weitgehend durch die sehr viel genaueren Methoden der Bildgebung (s. u.) ersetzt worden.

Herzklappen: Es müssen die **Projektions-** von den **Auskultationsstellen** unterschieden werden (Tab. **G-3.3** u. Abb. **G-3.35**).

Herzklappen: Hier muss die **Projektion** der Herzklappen auf die Thoraxwand unterschieden werden von ihren **Auskultationsstellen**, d.h. der Lokalisation, an der Herztöne und -geräusche am besten auskultiert werden können (Tab. **G-3.3** u. Abb. **G-3.35**).

G-3.35 Projektion der Herzklappen und ihrer Auskultationsstellen auf die Thoraxwand

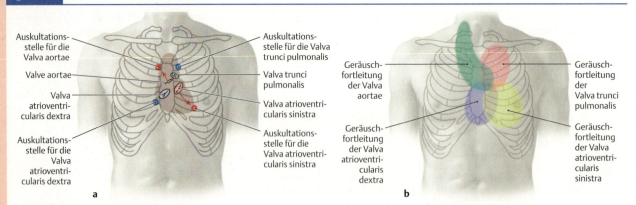

(nach Prometheus LernAtlas. Thieme, 3. Aufl.)
a Lokalisation der Herzklappen in Projektion auf die Thoraxwand und Markierung der Stellen, an denen sie im Rahmen der klinischen Untersuchung optimal auskultiert, d. h. mit dem Stethoskop abgehört werden können (Auskultationsstellen).
b Bereiche der Ausstrahlung pathologischer Strömungsgeräusche sind insbesondere im Rahmen der Diagnostik von Herzklappenfehlern (S.588) von Bedeutung: Je nach vorliegendem Klappenfehler kann das entstehende Geräusch bei erschwerter Klappenpassage (Stenose) nach „vorwärts" fortgeleitet werden oder bei vermehrtem Rückstrom (Insuffizienz) entstehen.

≡ G-3.3 Projektions- und Auskultationsstellen der Herzklappen

Herzklappe	Projektionsstelle	Auskultationsstelle*
Taschenklappen (Gefäßklappen)		
Pulmonalklappe (Valva trunci pulmonalis)	Sternalansatz 3. Rippe, 2 cm parasternal links	2. Interkostalraum (ICR), parasternal links
Aortenklappe (Valva aortae)	Sternalansatz 4. Rippe (bis angrenzende Rückfläche Sternum), parasternal links	2. ICR, parasternal rechts
Segelklappen (AV-Klappen)		
Trikuspidalklappe (Valva atrioventricularis dextra)	Sternalansatz 6. Rippe, parasternal rechts	5. ICR, parasternal rechts
Mitralklappe (Valva atrioventricularis sinistra)	Sternalansatz 4. Rippe, 1 cm parasternal links	5. ICR, 2 cm medial der linken Medioklavikularlinie

* Über dem Erb-Punkt, der sich im 3. ICR parasternal links befindet (Abb. **G-3.35**), können alle Herzklappen auskultiert werden.

▶ **Klinik.** Neben den Herztönen (S.611), die als kurzzeitige Schallphänomene physiologischerweise während der Herzaktion generiert werden, gibt es sog. **Extratöne**, die auf bestimmte Erkrankungen hinweisen können.

Von den Herztönen zu unterscheiden sind die **Herzgeräusche** als länger anhaltende Schallphänomene, die nur unter bestimmten Umständen infolge von ausgeprägteren Turbulenzen des Blutstroms auftreten. Ihre genaue Interpretation in Kombination mit den klinischen Symptomen des Patienten erlaubt Rückschlüsse auf mögliche Entstehungsmechanismen der Herzgeräusche. Dabei ist v. a. die Differenzierung zwischen **funktionellen** Herzgeräuschen (aufgrund erhöhter Flussgeschwindigkeit des Blutes entstehend) und **strukturellen** (durch organische Veränderungen des Herzens bzw. seiner Klappen bedingt) bedeutend.

Neben der Phase, in der die Geräusche während der Herzaktion auftreten, Lautstärke, Klangcharakter, Dauer, Ort der bestmöglichen Auskultation (Punctum maximum) und Veränderungen in Abhängigkeit von der Lage des Patienten kann ihre **Fortleitung** (Abb. **G-3.35b**) entscheidende Hinweise auf die Ursache bzw. den Ort ihrer Entstehung geben.

▶ **Klinik.**

▶ **Merke.** Die Projektions- und Auskultationsstellen des Herzens sind nicht identisch, weil die Klappenschlusstöne mit dem Blutstrom fortgeleitet werden und am besten dort zu hören sind, wo sich die Gefäße am stärksten der Brustwand annähern.

▶ **Merke.**

▶ **Merke.** Die Klappen projizieren sich etwa auf einer Verbindungslinie vom Sternalansatz der 3. Rippe links zum Sternalansatz der 6. Rippe rechts.

▶ **Merke.**

3.5 Darstellung des Herzens mit bildgebenden Verfahren

Zur Darstellung des Herzens werden verschiedene bildgebende Verfahren genutzt, die – in Kombination mit der körperlichen Untersuchung und der Elektrokardiografie (EKG) – ein breites Spektrum an Möglichkeiten zur Abklärung von Herzerkrankungen bieten. Neben der **konventionellen Röntgendiagnostik**, die Hinweise auf kardiopulmonale Erkrankungen liefern kann, aber selten für eine spezifische Diagnosestellung ausreicht, kommen Verfahren wie die **Echokardiografie**, **CT** und **MRT** zum Einsatz. Die invasive Diagnostik des Herzens, z. B. durch **Angiokardiografie** (S.621), wird häufig gleichzeitig für therapeutische Maßnahmen (S.605) genutzt. Der gezielte Einsatz von **nuklearmedizinischen Methoden** ermöglicht eine zunehmend differenzierte Aussage über Strukturveränderungen und auch Funktionseinschränkungen des Herzens.

Insgesamt unterliegt die bildgebende Darstellung des Herzens einer rasch fortschreitenden Entwicklung.

3.5 Darstellung des Herzens mit bildgebenden Verfahren

Verschiedene Verfahren kommen zusammen mit der klinischen Untersuchung und Elektrokardiografie in der kardiologischen Diagnostik zum Einsatz.

3.5.1 Herzdarstellung im Röntgenthorax

Das häufig angeforderte konventionelle Röntgenthoraxbild wird standardmäßig in 2 Ebenen angefertigt.

Randbildende Konturen des Herzens im Röntgenbild (**p.-a.** und **seitlicher Strahlengang**) sind Tab. **G-3.4** und Abb. **G-3.36** zu entnehmen.

3.5.1 Herzdarstellung im Röntgenthorax

Das **konventionelle Röntgenbild** als eine einfache und weit verbreitete Standardmethode kommt sehr häufig zum Einsatz (z. B. präoperativ oder bei stationärer Aufnahme), da es einen Anhalt für kardiopulmonale Störungen geben kann. Hier lassen sich Formanomalien des blutgefüllten Herzens erkennen, die z.B durch Hypertrophie einzelner Wandabschnitte bei Klappenvitien (S. 588) zustande kommen.
Die Basisdiagnostik erfolgt mit der Thoraxübersichtsaufnahme in 2 Ebenen (S. 130):
- Ein im **posterior-anterioren** (**p.-a.**) **Strahlengang** aufgenommenes Röntgenbild zeigt, wie sich das Herz auf den knöchernen Thorax projiziert. Das Herz bildet sich mit verschiedenen Randbögen ab, auf der linken Seite mit 4 Randbögen, auf der rechten Seite im Normalfall mit 2 Randbögen (Tab. **G-3.4** und Abb. **G-3.36**).
- In der **Seitaufnahme** ist die Bestimmung des Herztiefendurchmessers möglich, der 2 cm oberhalb der Kreuzungsstelle zwischen V. cava inferior und linkem Ventrikel gemessen wird. Seine Vergrößerung kann sowohl durch eine Größenzunahme des rechten Ventrikels und damit einhergehender Einengung des Retrosternalraums bedingt sein, als auch durch Vergrößerung des linken Vorhofs und/oder des linken Ventrikels. Hierdurch wird nicht nur der Retrokardialraum (**Holzknecht-Raum**)

G-3.36 Herz im Röntgenbild

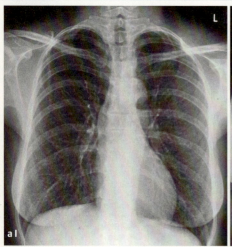
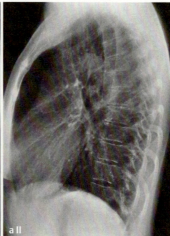
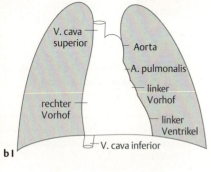
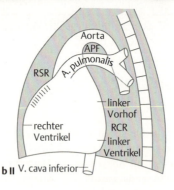
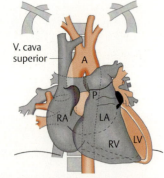
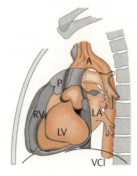

Darstellung des Herzens jeweils in p.-a.-Aufnahme (**I**) und seitlich (**II**).
RSR = Retrosternalraum;
RCR = Retrokardialraum;
APF = aortopulmonales Fenster.
a Im Röntgenbild,
b Herzkonturen und (Lissner, J., Fink, U.: Radiologie I. Enke, 1986)
c die zugrunde liegenden entsprechenden Strukturen. (nach Bücheler, E., Lackner, K.J., Thelen M.: Einführung in die Radiologie. Thieme, 2005)

insgesamt verkleinert, sondern auch die dort verlaufende Speiseröhre (S. 679) verlagert. Aus diesem Grund kann bei kardiologischen Fragestellungen die Seitaufnahme mit einem Ösophagogramm (Darstellung des Ösophagus durch bariumhaltiges Kontrastmittel = Bariumbreischluck) kombiniert werden.

Daneben gibt es für besondere Fragestellungen ergänzende **Schrägaufnahmen**, bei denen die Lage der Herzlängsachse berücksichtigt und dadurch eine „echte" Seit- bzw. Frontalansicht des Herzens ermöglicht wird (Fechter- bzw. Boxerstellung, abgeleitet von der Position des Patienten bei der Aufnahme). Durch die Einführung der Echokardiografie (s. u.) ist die Häufigkeit dieser Spezialaufnahmen deutlich zurückgegangen.

G-3.4 Randbildende Strukturen des Herzens im Röntgenbild

p.-a.-Bild

links*	rechts*
▪ Aortenbogen	▪ V. cava superior
▪ Truncus pulmonalis	▪ Atrium dextrum
▪ Auricula sinistra	▪ (Bei tiefer Exspiration erscheint noch der Schatten der V. cava inferior)
▪ Ventriculus sinister	

Seitbild

ventral*	dorsal*
▪ Aorta ascendens	▪ Atrium sinistrum
▪ Truncus pulmonalis	▪ Ventriculus sinister
▪ Ventriculus dexter	▪ V. cava inf.

* Auflistung jeweils in kraniokaudaler Reihenfolge

▶ **Klinik.** Bei pathologischen Veränderungen innerhalb des Herzens kann es zu Veränderungen der äußeren Herzgestalt kommen, die im Röntgenbild sichtbar werden. Liegt z. B. eine **Stenose der Aortenklappe** (S. 592) vor, muss der linke Ventrikel mehr Arbeit leisten, um die notwendige Menge Blut in die Körperperipherie zu pumpen. Das linke Ventrikelmyokard hypertrophiert und der linke Ventrikel vergrößert sich. Eine solche Hypertrophie des linken Ventrikels führt im Röntgenbild zu einer **Linksverbreiterung** des Herzens. Eine Hypertrophie des rechten Ventrikels (z. B. bei einer **Pulmonal[klappen]stenose** oder einem erhöhten Widerstand im Lungenkreislauf) führt zu einer **Rechtsverbreiterung** des Herzens. Das Gleiche gilt für Vitien der Segelklappen.

⊙ **G-3.37** **Veränderungen der Herzsilhouette im Röntgenbild.** Beim rechtsventrikulär hypertrophierten Herzen kann es – wie in **b** dargestellt – zu einem vergrößerten Bifurkationswinkel der Trachea kommen. (Reiser, M., Kuhn, F.P., Debus, J.: Duale Reihe Radiologie. Thieme, 2011)

a Vergrößerung des linken Ventrikels,
b des rechten Ventrikels,
c des linken Vorhofs und
d des rechten Vorhofs.

▶ **Exkurs: Herzmaße im Röntgenbild.** Änderungen der **Herzmaße** können im Röntgenbild quantifiziert werden. Einige wichtige Maße sind (Abb. **G-3.34a**):
- Transversaler Herzdurchmesser: 12–15 cm.
- Longitudinaler Herzdurchmesser: 14–16 cm.
- Kardiothorakaler Quotient (Herz-Thorax-Index = Verhältnis des Herzdurchmessers zum Lungendurchmesser, gemessen an der breitesten Stelle): < 0,5. Eine globale Herzvergrößerung zeigt sich in einer Vergrößerung des kardiothorakalen Quotienten.

3.5.2 Weitere bildgebende Verfahren zur Darstellung des Herzens

Schnittbildverfahren (S. 134): **CT** und **MRT** (Abb. **G-3.38**) werden im Rahmen der kardiologischen Diagnostik seltener als die Echokardiografie eingesetzt.

3.5.2 Weitere bildgebende Verfahren zur Darstellung des Herzens

Schnittbildverfahren: Im Vergleich zur Ultraschalluntersuchung des Herzens (Echokardiografie, s. u.) kommen die gängigen **Schnittbildverfahren** (S. 134) CT und MRT in der Abklärung von kardiologischen Erkrankungen seltener zum Einsatz, spielen jedoch eine Rolle bei lebensgefährlich mehrfachverletzten Patienten in der Unfallchirurgie. Relativ gut kann die Dicke des Myokards im Schnittbild und damit das Ausmaß der Hypertrophie (z. B. infolge von Herzklappenfehlern oder Bluthochdruck) bestimmt werden.

- Die ebenfalls auf Röntgenstrahlen basierende **Computertomografie** dient v. a. der Erfassung von Verkalkungen der Koronararterien, Herzklappen, des Peri- und Myokards nach Entzündungen sowie der Beurteilung einzelner Herzbinnenräume und der großen Gefäße.
- Durch die gute bildliche Darstellung von Weichteilstrukturen ermöglicht die **Magnetresonanztomografie** (Abb. **G-3.38**) eine aussagekräftige Form- und Größenbestimmung der Herzbinnenräume, ihrer Lage zueinander und Beurteilung der Herzwand. Neben dieser **Morphologiediagnostik** erlaubt sie weiterhin auch eine **Funktionsdiagnostik**, durch die eine Aussage über Perfusion und Vitalität des Myokards sowie seine Pumpfunktion getroffen werden können.

G-3.38 Axiales MRT des Herzens (SSFP-Sequenz)

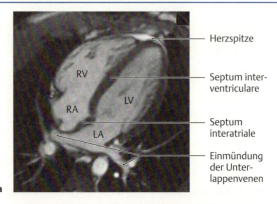
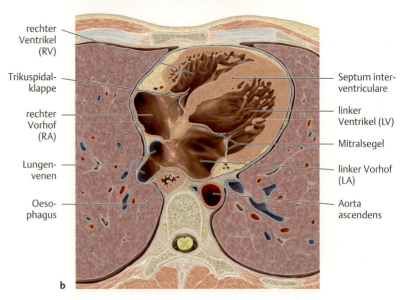

a Darstellung der atrioventrikulären Einheit des rechten und linken Herzens in der Diastole (sog. Vierkammerblick). RV/LV= rechter/linker Ventrikel, RA/LA= rechter/linker Vorhof (Atrium).
(Claussen, C.D. et al.: Pareto-Reihe Radiologie. Herz. Thieme, 2007)

b Entsprechendes transversales anatomisches Schnittbild des Herzens in der Ansicht von kaudal.
(Prometheus LernAtlas. Thieme, 3. Aufl.)

G 3.5 Darstellung des Herzens mit bildgebenden Verfahren

Echokardiografie: Die Echokardiografie als sonografische Untersuchung des Herzens (Abb. **G-3.39**) zählt zu den Standardverfahren in der bildgebenden Diagnostik kardiologischer Erkrankungen. Je nach klinischer Fragestellung bietet sie den Einsatz unterschiedlicher Methoden, die stets die Darstellung dynamischer Prozesse ermöglichen. So können nicht nur Strukturveränderungen, sondern auch Wandbewegungsstörungen oder mit Hilfe der Dopplersonografie Abweichungen des physiologischen Blutflusses im Herzen erfasst werden. Bei der normalerweise durchgeführten **transthorakalen Echokardiografie** (**TTE**), bei der man den Schallkopf direkt auf den Brustkorb aufsetzt, müssen die Ultraschallwellen verschiedene Gewebe durchdringen. Dadurch kann es zu verschiedenen Störeffekten kommen, die die Beurteilung der Herzmorphologie erschweren. Zur genaueren Diagnostik ist auch die sonografische Darstellung des Herzens über eine in die Speiseröhre eingeführte Ultraschallsonde möglich (**transösophageal**, **TEE**). Dies nutzt man insbesondere zur Beurteilung der dorsal gelegenen Herzabschnitte, wie z. B. zum Nachweis von Thromben im linken Vorhof bei Vorhofflimmern (zu schneller, unregelmäßiger Herzschlag).

> **Echokardiografie:** Die sonografische Darstellung des Herzens (Abb. **G-3.39**) bietet viele Möglichkeiten zur Funktionsdiagnostik des Herzens. Sie kann transthorakal (**TTE**) oder – aufgrund der topografischen Nähe zum Herzen – transösophageal (**TEE**) durchgeführt werden.

⊙ G-3.39 Echokardiografie: „Vierkammerblick"

a

b

c

Zu beachten ist, dass die linken Herzhöhlen im Bild rechts erscheinen.

(Prometheus LernAtlas. Thieme, 3. Aufl.)

a Durch Ausrichtung des der Thoraxwand aufliegenden Schallkopfes von der Herzspitze auf den rechten Ventrikel, verläuft die zentrale Schallkeule etwa in der Richtung der anatomischen Herzachse.

b Dadurch ist das Herz so im Schallfeld positioniert, dass alle Binnenräume dargestellt sind, wobei die Ventrikel näher zur Thoraxwand und damit auch näher dem Schallkopf liegen (schematisch).

c b als Echobild.

Angiokardiografie: Dieses invasive Verfahren umfasst die Darstellung der Herzbinnenräume, der großen Gefäße und der Koronararterien mittels Kontrastmittelinjektion, dessen Verteilung dynamisch auf einem Spezialfilm aufgezeichnet wird. Dabei unterscheidet man die **Linksherzkatheter-** von der **Rechtsherzkatheteruntersuchung** (Abb. **G-3.40**). Häufigste Indikation für einen Linksherzkatheter ist die Abklärung einer koronaren Herzerkrankung (S. 600) = KHK (Verkalkung der Herzkranzarterien als Manifestation der Arteriosklerose). Dabei wird neben den Arteriae coronariae (**Koronarangiografie**) im Sinne einer Myokardfunktionsanalyse auch der linke Ventrikel dargestellt (**Ventrikulografie**).

> **Angiokardiografie:** Bei diesem invasiven Verfahren unterscheidet man die **Linksherzkatheter-** von der **Rechtsherzkatheteruntersuchung** (Abb. **G-3.40**). Das häufigste Einsatzgebiet ist die **Koronarangiografie** zur Abklärung einer koronaren Herzerkrankung, **KHK** (S. 600).

Nuklearmedizinische Verfahren: Die Szintigrafie des Herzens erlaubt eine relativ subtile Aussage über Funktion und Durchblutung des Herzmuskelgewebes. Die **Myokardperfusionsszintigrafie** gewinnt zunehmend an Bedeutung im Rahmen der Diagnostik bei koronarer Herzerkrankung.

> **Nuklearmedizinische Verfahren:** Szintigrafien sind Spezialuntersuchungen mit der Möglichkeit einer Aussage über Herzfunktion und -durchblutung.

⊙ G-3.40 **Links- und Rechtsherzkatheter**

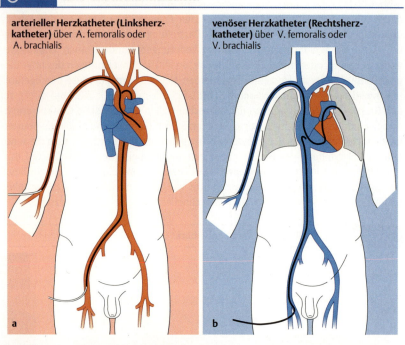

(Reiser, M., Kuhn, F.P., Debus, J.: Duale Reihe Radiologie. Thieme, 2011)
a Beim Linksherzkatheter wird der Katheter nach Punktion der A. femoralis oder der A. brachialis bis in den linken Ventrikel (Ventrikulografie) bzw. die Abgänge der Koronararterien (Koronarangiografie) vorgeschoben.
b Durch Punktion der V. femoralis oder V. brachialis und Einführen des Katheters über das venöse System gelingt die Darstellung des rechten Herzens sowie die Pulmonalisangiografie.

3.6 Entwicklung des Herzens

Das **Herz-Kreislauf-System** ist das **erste funktionsfähige System des Embryos** und arbeitet bereits in der **3. Entwicklungswoche**.

▶ Klinik. Im Ultraschall kann man bei einer Schwangeren etwa ab der 6. Schwangerschaftswoche post menstruationem = p. m. (S.102) embryonale Herztätigkeit nachweisen.

Die Herzentwicklung beginnt in der Halsregion vor der Prächordalplatte in der so genannten **kardiogenen Zone**, am Boden der intraembryonalen Leibeshöhle (S.114), der **Zölomhöhle**, hufeisenförmig vor dem Neuralrohr. In der kardiogenen Zone entstehen die zunächst paarigen Herzschläuche, die während der lateralen Abfaltung des Embryos miteinander verschmelzen und dadurch den **unpaaren primitiven Herzschlauch** bilden.
Die Binnenräume des Herzens gehen während der Organentwicklung durch Schleifen- und **Septumbildung** aus dem unpaaren **Herzschlauch** hervor und entwickeln sich in die umliegende Zölomhöhle, die spätere Perikardhöhle, hinein. Das den Herzschlauch umgebende Mesoderm bildet das Myokard.

3.6.1 Bildung der Herzschleife

Während der 4. Entwicklungswoche verlängert und krümmt sich der Herzschlauch zur **Herzschleife** (Abb. **G-3.41**).
Durch lokale Erweiterungen bilden sich von kaudal nach kranial folgende Abschnitte:
- **Sinus venosus**,
- **Atrium primitivum** oder **communis** (primitiver Vorhof),
- **Ventriculus primitivus** oder **communis** (primitive Kammer),
- **Bulbus cordis** (syn. **Conus arteriosus**) und
- **Truncus arteriosus**.

G 3.6 Entwicklung des Herzens

G-3.41 Entwicklung der Herzschleife

Ausstromseite

Bulbus cordis
Ventriculus communis
Atrium commune
Sinus venosus

Bulbus cordis

Truncus arteriosus
Perikardhöhle
linker Vorhof

linker Ventrikel

Einstromseite

a 21. Tag   **b** 22. Tag   **c** 25. Tag

(nach Ulfig, N.: Kurzlehrbuch Embryologi. Thieme, 2009)

▶ **Merke.** Während der Herzentwicklung existiert zunächst nur jeweils ein Vorhof und eine Kammer, bevor durch komplizierte Septierungsvorgänge eine Trennung stattfindet.

Aufgrund der Drehungen der Herzschleife liegen der **Vorhof** und **Sinus venosus** mit den einströmenden Venen, die man in ihrer Gesamtheit als **Porta venosa** bezeichnet, **dorsal**. Der Sinus venosus wird im Lauf der Herzentwicklung primär in den rechten Vorhof eingebaut und bildet dort dessen glattwandigen Anteil („rechtes Sinushorn"). Weitere Teile des Sinus venosus („linkes Sinushorn") führen zur Ausbildung des Sinus coronarius.

Ventrikel, **Bulbus cordis** und **Truncus arteriosus**, von dem später Aorta und Truncus pulmonalis entstammen (**Porta arteriosa**) liegen **ventral**.

Zusätzlich zu der U-förmigen Verlagerung in der sagittalen Ebene erfolgt auch eine seitliche Verlagerung der verschiedenen Herzabschnitte, sodass die Herzschleife einen **S-förmigen Verlauf** erhält.

Auf der ventralen Seite kommt die Anlage des linken Ventrikels zur linken Seite; Bulbus cordis und Truncus arteriosus gelangen nach rechts. Der **proximale Abschnitt des Bulbus cordis** bildet später den **rauwandigen Anteil des rechten Ventrikels** (S. 584). Aus dem distalen Abschnitt des Bulbus cordis, den man auch als **Conus cordis** bezeichnet, wird die gemeinsame, **glattwandige Ausstrombahn** (S. 585) von linkem und rechtem Vetrikel. Der **Truncus arteriosus** bildet schließlich die Pars ascendens des Arcus aortae und den Truncus pulmonalis. Die verschiedenen Abschnitte des Herzens werden durch Septen untergliedert.

3.6.2 Entstehung der Herzbinnenräume

Trennung des einheitlichen Atrioventrikularkanals

Zwischen dorsaler und ventraler Wand des Atrioventrikularkanals, dem verengten Übergang zwischen Vorhof- und Kammerbereich, bilden sich Verdickungen („**Endokardkissen**"), die miteinander verschmelzen und den AV-Kanal in einen linken und einen rechten Abschnitt (Canalis atrioventricularis dexter und sinister) untergliedern. Das Septum primum der sich entwickelnden Vorhofscheidewand gewinnt später Anschluss an das fusionierte Endokardkissen und wird dadurch verankert. Aus den fusionierten Endokardkissen entwickeln sich später die AV-Klappen, die die Vorhöfe von den Kammern trennen.

Seitenspalte:

⊙ G-3.41

Die Einstrombahn der Herzschleife (**Porta venosa**) liegt dorsal, die Ausstrombahn der Herzschleife (**Porta arteriosa**) liegt ventral.

Die ursprüngliche Ventrikelanlage bildet den Hauptteil des späteren linken Ventrikels, der **proximale Abschnitt** des Bulbus cordis bildet den **rauwandigen Abschnitt** des rechten Ventrikels. Aus dem **distalen Abschnitt** des Bulbus cordis, den man auch als **Conus cordis** bezeichnet, wird die gemeinsame, **glattwandige Ausstrombahn** von linkem und rechtem Vetrikel.

3.6.2 Entstehung der Herzbinnenräume

Trennung des einheitlichen Atrioventrikularkanals

Miteinander verschmelzende **Endokardkissen** unterteilen den Atrioventrikularkanal in einen linken und rechten Abschnitt.

Trennung und Bildung der Ventrikel mit ihren Ausstrombahnen

Vom Truncus arteriosus entsteht die Pars ascendens des Arcus aortae und der Truncus pulmonalis. Der sich entwickelnde linke und rechte Ventrikel werden durch die Ausbildung eines Muskelseptums (**Septum interventriculare, Pars muscularis**) zunächst unvollständig voneinander getrennt. Kranial bleibt zunächst eine Lücke bestehen (**Foramen interventriculare**), die jedoch später durch Material aus den Konuswülsten und dem Endokardkissen des AV-Kanals aufgefüllt wird (Septum interventriculare, **Pars membranacea**).

▶ Klinik.

Trennung und Bildung der Ventrikel mit ihren Ausstrombahnen

Die Teilung der Ventrikel beginnt am Ende der 4. Entwicklungswoche mit der Ausbildung einer Muskelleiste, die von kaudal nach kranial wächst und so die **Pars muscularis** des **Septum interventriculare** bildet.

Kranial bleibt zunächst eine Lücke zwischen linkem und rechtem Ventrikel bestehen (**Foramen interventriculare**). Das Foramen interventriculare wird später primär durch die so genannten Konuswülste (Teile des Septum aorticopulmonale, und Material aus dem **Endokardkissen** des Atrioventrikularkanals (s. o.) bindegewebig verschlossen (**Septum interventriculare, Pars membranacea**).

Conus cordis und **Truncus arteriosus** werden in einem komplizierten Prozess durch ein spiralig verlaufendes **Septum aorticopulmonale** (**Konus-Trunkus-Septum**) unterteilt, das die zunächst gemeinsam verlaufende Ausflussbahn der Ventrikel in den **Truncus pulmonalis** (aus dem rechten Ventrikel) und die **Pars ascendens aortae** (aus dem linken Ventrikel) unterteilt (Abb. **G-3.42**).

Dabei verwachsen proximal die so gennanten **Konuswülste** (Endokardkissen im Bereich des Conus cordis, „Konusseptum") und distal die **Trunkuswülste** (Endokardkissen im Bereich des Truncus arteriosus, „Trunkusseptum") – wahrscheinlich bedingt durch den Blutfluss – spiralig gedreht miteinander. Die Spiralform des Septum aorticopulmonale bedingt den später gewundenen Verlauf des Truncus pulmonalis um die Aorta.

▶ **Klinik.** Aufgrund der komplizierten Entwicklung des Herzens kann es im Laufe dieser Prozesse zu zahlreichen Fehlbildungen kommen. Neben isolierten Ventrikelseptumdefekten (S. 586) können auch kombinierte Defekte auftreten, wie z. B. das Krankheitsbild der **Fallot-Tetralogie**: Hierbei liegt ein **hoher Ventrikelseptumdefekt**, eine über dem Ventrikelseptum „**reitende**" **Aorta**, eine **Pulmonalstenose** und eine **Rechtsherzhypertrophie** vor. Diese Kinder sind zyanotisch (blaue Lippen, Finger und Schleimhäute), weil desoxygeniertes Blut in den Körperkreislauf und zu wenig Blut zur Oxygenierung in den Lungenkreislauf gelangt.

Erfolgt die Unterteilung durch das Septum aorticopulmonale nicht spiralig, kommt es zur **Transposition der großen Gefäße**, bei der die Aorta aus dem rechten, der Truncus pulmonalis aus dem linken Ventrikel entspringt. Diese Konstellation ist nur mit dem Leben vereinbar, wenn weitere Fehlbildungen des Herzens vorliegen, über die ein Blutaustausch zwischen großem und kleinem Kreislauf möglich ist.

G-3.42 Ventrikelseptierung mit Bildung der Ausstrombahnen

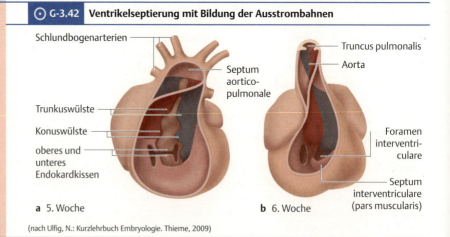

a 5. Woche b 6. Woche

(nach Ulfig, N.: Kurzlehrbuch Embryologie. Thieme, 2009)

Trennung und Bildung der Vorhöfe

Vom Dach des noch ungeteilten Vorhofs wächst gegen Ende der 4. Entwicklungswoche das **Septum primum** herab (Abb. **G-3.43**). Die Separierung des Vorhofs durch das Septum primum ist unvollständig: Am Boden des Vorhofs, oberhalb der Grenze zur Kammer, bleibt zunächst eine offene Verbindung, das **Foramen primum**, bestehen. Kurz vor dem Verschluss des Foramen primum reißt das Septum primum kranial ein, wodurch das Foramen secundum entsteht.

Gegen Ende der 5. Entwicklungswoche wächst rechts des Septum primum vom Boden und Dach des Vorhofes zum Zentrum hin das **Septum secundum** aus und bedeckt das Foramen secundum.

Zentral im Septum secundum verbleibt das **Foramen ovale**, das durch das **Septum primum** abgedeckt wird (Abb. **G-3.43**).

Nach der Geburt verwachsen in der Regel Septum primum und secundum fest miteinander, sodass das Foramen ovale physikalisch verschlossen wird (S. 151). Ist die Verwachsung unvollständig, kann ein Spalt im Septum interatriale auffindbar sein. Funktionell hat dies jedoch meist keine Bedeutung, da er normalerweise durch den im Vergleich zum rechten Vorhof leicht höheren Druck im linken Vorhof verschlossen wird.

▶ **Klinik.** Persistiert die Öffnung des **Foramen ovale** nach der Geburt, kann dies dazu führen, dass z. B. kleine Blutgerinnsel (Thromben) aus der Körperperipherie über das Foramen ovale (S. 1281) direkt in den linken Vorhof und damit in den Körperkreislauf gelangen. Wenn der Thrombus in die A. carotis geschwemmt wird, kann es zu einem **Hirninfarkt** kommen. Ein offenes Foramen ovale, das sich meist echokardiografisch diagnostizieren lässt, ist eine häufige Ursache von **Schlaganfällen** bei jungen Menschen.

Trennung und Bildung der Vorhöfe

Gegen Ende der 4. Entwicklungswoche wird die unpaare Vorhofanlage unvollständig durch das **Septum primum** getrennt (Abb. **G-3.43**). Kaudal verbleibt eine Öffnung (**Foramen primum**). Am Ende der 5. Entwicklungswoche wird es durch das vom Vorhofdach und -boden auswachsende **Septum secundum** von rechts verschlossen. Zentral verbleibt das **Foramen ovale**, das durch das Septum primum abgedeckt wird.

▶ **Klinik.**

G-3.43 Vorhofseptierung mit Bildung des Foramen ovale

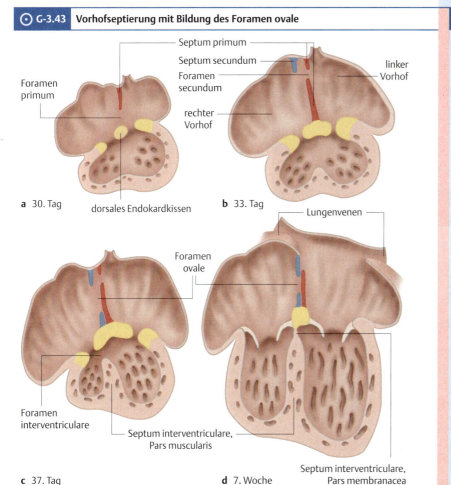

a 30. Tag — dorsales Endokardkissen
b 33. Tag
c 37. Tag
d 7. Woche

(nach Ulfig, N.: Kurzlehrbuch Embryologie. Thieme, 2009)

Klinischer Fall: Plötzliche Schmerzen „auf der Brust"

13:20

Nach dem Mittagessen in der Kantine bekommt Peter Oberhuber, 54 Jahre, auf dem Weg zum Zigarettenautomaten plötzlich sehr starke Schmerzen „auf der Brust". Seine Kollegen alarmieren sofort den Notarzt.

13:30

P.O.: Beim Treppensteigen bekomme ich oft schlecht Luft und es wird auch ab und an mal eng in der Brust. Aber so wie vorhin, dieser starke Schmerz ist neu, das hatt' ich noch nie! Ich hab gedacht, es geht zu Ende...
Der Notarzt verabreicht Herrn O. Sauerstoff und ein Schmerzmittel. Außerdem verabreicht er bei der Verdachtsdiagnose „Myokardinfarkt" 500 mg ASS i.v., einen Thrombozytenaggregationshemmer (Ticagrelor) und einen Betablocker.

13:50
Anamnese in der Notaufnahme

Herr O. schildert mir erneut seine Beschwerden. Auf mein Nachfragen beteuert der Patient, Blutdruck und Cholesterin seien immer OK gewesen, ein Diabetes liege nicht vor. Jedoch rauche er seit seinem 18. Lebensjahr etwa eine Schachtel am Tag. Sein Vater sei mit 49 Jahren an einem Herzinfarkt plötzlich gestorben.

14:30
Transthorakale Echokardiografie (TTE)

Hypo- bis Akinesie (eingeschränkte/aufgehobene Beweglichkeit) des Herzmuskels inferior, mittelgradig eingeschränkte linksventrikuläre Funktion, keine Vitien (Herzklappenfehler) nachweisbar.

14:15
Blutabnahme und Benachrichtigung des Oberarztes

Ich nehme sofort Blut ab zur Bestimmung der „Herzenzyme". Ich benachrichtige den Oberarzt der Kardiologie, dass ich einen Patienten mit dringendem Verdacht auf „Myokardinfarkt" habe.

14:05
12-Kanal-EKG

Ich veranlasse sofort ein EKG, auf dem ich eine absolute Arrhythmie (Vorhofflimmern) erkenne. Außerdem sind ST-Hebungen in den Hinterwandableitungen II, III und aVF vorhanden. Dieser Befund passt zu einem Hinterwandinfarkt.

14:35
Laborbefund trifft ein
(Normwerte in Klammern)
- Kardiales Troponin T 0,02 µg/l (< 0,03 µg/l)
- CK-MB-Aktivität 21 U/l (< 24 U/l)

Die „Herzenzyme" Troponin T und CK-MB sind erwartungsgemäß noch negativ: sie steigen frühestens 3 Stunden nach Beginn der Beschwerden an. Die Diagnose Herzinfarkt ist aber durch Symptomatik, EKG-Befund und Echokardiografie gesichert.

15:15
Koronarangiografie

Über die Leiste wird unter Röntgenkontrolle ein Katheter bis in die Herzkranzgefäße vorgeschoben. Als Ursache für den Infarkt finden wir einen Verschluss der A. coronaria dextra. Dieser wird aufgedehnt (Ballondilatation) und mit einem Stent versorgt. Im Anschluss zeigt sich ein vollständig aufgeweitetes Gefäß. Der Patient wird nach der Koronarangiografie auf die Überwachungsstation verlegt.

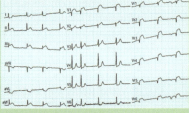

EKG-Befund bei Hinterwandinfarkt (aus Hamm, C.W., Willems, S.: Checkliste EKG. 2. Aufl., Thieme, 2001)

14:40
Oberarzt trifft ein

Ich berichte dem Oberarzt der Kardiologie alle Befunde und wir entscheiden uns für eine notfallmäßige Koronarangiografie. Herr O. ist mit der Untersuchung einverstanden.

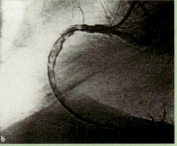

a) Die A. coronaria dextra ist proximal verschlossen (Kontrastmittelabbruch). b) Nach Ballondilatation ist das Gefäß wieder durchflossen. (aus Krakau, I., Lapp, H.: Das Herzkatheterbuch. 2. Aufl., Thieme, 2002)

Nach 8 Tagen wird Herr O. in eine Rehabilitationsklinik zur Anschlussheilbehandlung verlegt. Dort bekommt er Anregungen für eine gesündere Lebensweise. Er ist nun fest entschlossen, das Rauchen aufzugeben.

Nach 3 Tagen
Aufenthalt auf der Normalstation

Die Kollegen erklären Herrn O., dass er zwei wichtige Risikofaktoren für Arteriosklerose hat: das Rauchen und erhöhte Blutfettwerte. Wegen des Stents benötigt er zukünftig Thrombozytenaggregationshemmer: ASS lebenslang und einen weiteren (Ticagrelor oder Clopidogrel) für 12 Monate. Das Vorhofflimmern wird mit einem Betablocker behandelt.

16:15
Aufenthalt auf der IMC (intermediate care)

Die Kollegen auf der IMC überwachen Herrn O., da in den ersten 48 Stunden nach Infarkt die meisten Komplikationen (wie Rhythmusstörungen, Linksherzinsuffizienz) auftreten.
Nach 3 Tagen ohne Komplikationen kann Herr O. auf die Normalstation verlegt werden.

Fragen mit anatomischem Schwerpunkt

1. In welchem Wandabschnitt erwartet man eine Schädigung des Myokards, wenn – wie bei Herrn Oberhuber – die A. coronaria dextra verschlossen ist?
2. Warum sind Herzrhythmusstörungen bei dem hier vorliegenden Infarkttyp besonders häufig?
3. Welche Bedeutung kann der Bestimmung des Gefäßversorgungstyps in der Herzkatheteruntersuchung beigemessen werden?

⚠ Antwortkommentare im Anhang

4 Leitungsbahnen und topografische Beziehungen im Mediastinum

4.1	Einführung	627
4.2	Gefäße im Mediastinum	627
4.3	Nerven und Nervengeflechte im Mediastinum	636
4.4	Beziehungen von Leitungsbahnen zu Organen im Mediastinum	640
4.5	Topografische Orientierungspunkte zur Projektion	641
4.6	Entwicklung der großen Gefäße	641

F. Schmitz

4.1 Einführung

Aufgrund der zahlreichen und dicht beieinander liegenden mediastinalen Strukturen ist der Verlauf der Leitungsbahnen und ihre topografische Beziehung zueinander sowie zu den umliegenden Organen relativ komplex. Die in kraniokaudaler Richtung durch das Mediastinum ziehenden Organe Trachea (S. 543) und Ösophagus (S. 679) stehen wegen ihres längeren mediastinalen Verlaufs in vielfachem Kontakt zu Gefäßen und Nerven, sodass ihre Topografie an dieser Stelle abgehandelt wird.

4.1 Einführung

Die topografischen Verhältnisse im Mediastinum sind komplex.

4.2 Gefäße im Mediastinum

4.2.1 Arterien im Mediastinum

Von den großen Gefäßstämmen liegt der Truncus pulmonalis am weitesten ventral. In Höhe des Sternalansatzes der 2. linken Rippe teilt er sich in die linke und rechte Pulmonalarterie. Dort befindet sich, ebenfalls auf Höhe der transthorakalen Ebene (S. 641), das Ligamentum arteriosum Botalli, das entwicklungsgeschichtliche Rudiment des Ductus arteriosus Botalli (S. 150) als bindegewebige Verbindung zwischen Truncus pulmonalis und Aorta. Dorsal der Aorta folgt die Trachea mit ihrer Aufteilung in die Hauptbronchien.

4.2 Gefäße im Mediastinum

4.2.1 Arterien im Mediastinum

Der Truncus pulmonalis liegt von den großen Gefäßstämmen in der transthorakalen Ebene (S. 641) am weitesten ventral. Die Aorta liegt zwischen ihm und der Trachea mit ihrer Aufteilung in die Hauptbronchien.

Aorta und ihre Abgänge

Die Körperschlagader, **Aorta**, ist der zentrale Arterienstamm des gesamten Körpers und gliedert sich im Brustbereich in folgende Abschnitte (Abb. **G-4.2**):
- **Aorta ascendens** = **Pars ascendens aortae:** Dieser aufsteigende Teil erstreckt sich von der Aortenklappe (S. 592) bis zum Abgang des Truncus brachiocephalicus (s. u.).
- **Arcus aortae** (**Aortenbogen**) zwischen den Abgängen des Truncus brachiocephalicus und der linken A. subclavia.
- **Aorta descendens** = **Pars descendens aortae:** Sie verläuft als **Pars thoracica aortae** in der Brusthöhle (**Brustaorta, Aorta thoracica**) bis zum Durchtritt des Zwerchfells. Ihre kaudale Fortsetzung wird als Pars abdominalis aortae (Bauchaorta, Aorta abdominalis) bezeichnet (S. 863).

Aorta und ihre Abgänge

Sie ist der zentrale Arterienstamm des Körpers und gliedert sich im Brustbereich in (Abb. **G-4.2**):
- **Aorta ascendens** = Pars ascendens aortae,
- **Arcus aortae** und
- **Aorta descendens** = Pars descendens aortae.

G 4 Leitungsbahnen und topografische Beziehungen im Mediastinum

▶ Klinik.

▶ Klinik. Kommt es auf dem Boden einer angeborenen oder erworbenen Schwäche der Gefäßwand zu einer lokal begrenzten Erweiterung der Aorta, spricht man von einem **Aortenaneurysma**. Eine insbesondere während ihres thorakalen Verlaufs auftretende Form ist das **Aneurysma dissecans**, bei dem nicht alle Wandschichten erweitert sind, sondern es infolge eines Einrisses der Intima (S. 152) zur Einblutung in die Gefäßwand mit Trennung der Wandschichten (lat. dissecare = zerschneiden, zertrennen) kommt. Dadurch entsteht ein zweites „falsches" Lumen, das sich ausweiten kann. Unter diesen Umständen ist durch die lediglich dünne verbleibende Gefäßwandschicht eine hohe Gefahr zur **Ruptur** (Riss) mit lebensbedrohlicher Einblutung in das Mediastinum oder den Herzbeutel gegeben. Eine akute **Aortendissektion** äußert sich typischerweise durch einen reißenden Thoraxschmerz, der in den Rücken ausstrahlen und „wandern" kann. Wichtig ist eine schnelle Diagnostik (CT) und neben Senkung des Blutdrucks der operative Ersatz des betroffenen Wandabschnitts durch eine Gefäßprothese.

⊙ G-4.1 **Aortenaneurysma.** Querschnitt eines Aneurysma dissecans mit falschem Lumen (FL) und echtem Restlumen (RL). (Riede, U.-N., Werner, M., Schäfer, H.-S.: Allgemeine und spezielle Pathologie. Thieme, 2004)

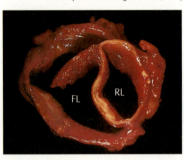

⊙ G-4.2 **Abschnitte und Lage der Aorta in der Brusthöhle**

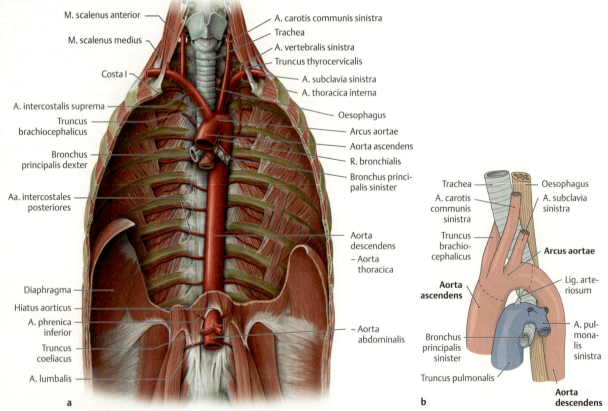

(Prometheus LernAtlas. Thieme, 3. Aufl.)
a Intrathorakaler Verlauf der Aorta in der Ansicht von ventral.
b Obere Abschnitte der Aorta in der Ansicht von links-lateral.

G 4.2 Gefäße im Mediastinum

Die genannten Aortenabschnitte sind **Arterien vom elastischen Typ** (S. 153), die durch ihre Nähe zum Herzen großen pulsatorischen Volumenbeanspruchungen ausgesetzt sind. Durch ihren elastischen Aufbau können sie starke Blutdruckschwankungen ausgleichen und dämpfen, sog. „Windkesselfunktion" (S. 153); s. auch Lehrbücher der Physiologie.

Aorta ascendens

▶ **Synonym.** Pars ascendens aortae

Dieser erste, etwa 5–6 cm lange Abschnitt beginnt unmittelbar nach der Aortenklappe (S. 592) und erstreckt sich bis zum Abgang des Truncus brachiocephalicus. Er verläuft größtenteils intraperikardial (innerhalb des Herzbeutels) nahezu senkrecht (in der anteroposterioren Projektion leicht nach rechts verschoben).
Noch im jeweiligen **Sinus aortae** unmittelbar nach dem Ostium aortae (S. 585) verlassen die
- **Arteria coronaria dextra** (im rechten Sinus aortae) und die
- **Arteria coronaria sinistra** (im linken Sinus aortae) die Pars ascendens der Aorta.

Diese Sinus aortae führen insgesamt zu einer Auftreibung des Aortenursprungs, dem sog. **Bulbus aortae**.

Arcus aortae

Verlauf und Äste: Der nach der Pars ascendens folgende Arcus aortae trägt seinen Namen aufgrund seines nach links und dorsal gerichteten bogenförmigen Verlaufs.
Von der Konvexseite des Aortenbogens entspringen die großen Arterien für Kopf und Arm (in der Reihenfolge des Abgangs):
- **Truncus brachiocephalicus**, der sich nachfolgend in die
  - **Arteria subclavia dextra** und
  - **Arteria carotis communis dextra** aufteilt.

Nach dem Truncus brachiocephalicus folgt die Abzweigung der
- **Arteria carotis communis sinistra** und danach die
- **Arteria subclavia sinistra**.

Aus der A. subclavia jeder Seite geht als einer der ersten Äste die **Arteria thoracica interna** hervor. Sie verläuft mit der gleichnamigen Vene (S. 300) etwa 2 cm vom Seitenrand des Sternums entfernt an der Rückfläche der vorderen Thoraxwand und damit erst im oberen, dann im unteren vorderen Mediastinum (Tab. **G-1.1**). Einer ihrer Äste ist die **Arteria pericardiacophrenica**, die in einer Verschiebeschicht aus lockerem faserigem Bindegewebe („Septum pleuropericardiale") zwischen Pleura mediastinalis und Perikard verläuft. Nach kaudal setzt sich die A. thoracica interna im Trigonum sternocostale des Zwerchfells (S. 538) als **A. epigastrica superior** (S. 321) fort. Vor dem Übergang in die Pars descendens aortae ist das Ende des Aortenbogens **häufig** leicht verjüngt. Dieser **Aortenisthmus** (**Isthmus aortae**) zwischen dem Abgang der A. subclavia sinistra und dem Ansatz des Lig. arteriosum (S. 627) entspricht entwicklungsgeschichtlich dem Übergang der 4. Kiemenbogenarterie (S. 642) in die dorsale Aorta.

Aorta ascendens

▶ **Synonym.**

Dieser erste Aortenabschnitt verläuft größtenteils intraperikardial.

Noch im **Sinus aortae** unmittelbar nach dem Ostium aortae verlassen die **linke** und **rechte Herzkranzarterie** (**Aa. coronariae sinistra** und **dextra**) die Pars ascendens der Aorta.

Arcus aortae

Verlauf und Äste: Der Aortenbogen verläuft von ventral nach links-dorsal.
Von seiner Konvexität aus gehen in folgender Reihenfolge ab:
- **Truncus brachiocephalicus** der sich rasch in die
  - **A. subclavia dextra** und
  - **A. carotis communis dextra** aufteilt.
- **A. carotis communis sinistra** und die
- **A. subclavia sinistra**.

Die **A. thoracica interna** ist ein Ast der jeweiligen A. subclavia und verläuft parasternal an der Rückseite der vorderen Thoraxwand bis zur Fortsetzung als **A. epigastrica superior** (S. 321) im Trig. sternocostale. Aus ihr entspringt auch die **A. pericardiacophrenica**, die zwischen Pleura mediastinalis und Perikard verläuft.

Am Übergang zur Pars descendens verjüngt sich der Aortenbogen zum **Isthmus aortae**.

▶ **Klinik.** Eine angeborene Verengung im Bereich des Isthmus aortae (**Aortenisthmusstenose**) führt je nach Schweregrad zur charakteristischen Kombination einer **Blutdruckdifferenz** zwischen den vor der Stenose abgehenden Gefäßen für die obere Körperhälfte und den poststenotischen Gefäßen. Diagnostisch fällt daher oft ein schwacher Puls der Femoralarterien (S. 380), palpabel in der Leiste, auf. Misst man den Blutdruck an allen vier Extremitäten, besteht ein meist auffälliger Unterschied zwischen oberer (hoher Blutdruck = **Hypertonie**) und unterer Extremität (**Hypotonie**). Ist der messbare Druck auch am linken Arm gegenüber dem rechten erniedrigt, ist dies ein Hinweis auf den selteneren Fall, dass die Stenose vor dem Abgang der A. subclavia sinistra liegt.

Auch die mehr oder weniger ausgeprägte Symptomatik ist durch die unterschiedlichen Druckverhältnisse in der oberen gegenüber der unteren Körperhälfte geprägt: Aufgrund der **Minderversorgung der unteren Körperhälfte** klagen die Patienten des Öfteren über kalte Füße oder Wadenschmerzen, die insbesondere unter körperlicher Belastung auftreten. Auch wichtige Organe wie z. B. die Nieren sind von der Minderperfusion betroffen. In den **Gefäßen der Kopfregion** und der oberen Extremität kann dagegen ein zu hoher Blutdruck zu Kopfschmerzen oder Nasenbluten, im Ernstfall auch zu Hirnblutungen und damit dem frühen Auftreten von Schlaganfällen führen.

Entscheidend für den Verlauf und die Therapie ist die Lage der Verengung in Bezug auf den im fetalen Kreislauf offenen Ductus arteriosus Botalli: Bei der vor seiner Mündung in die Aorta liegenden (**präduktalen**) Form kann durch medikamentöses Offenhalten des Ductus arteriosus nach der Geburt die pränatale Situation (S. 150) vorübergehend erhalten werden. Ist dies nicht der Fall, droht mit dem Verschluss des Ductus arteriosus eine akute Dekompensation des linken Ventrikels mit lebensbedrohlichen Symptomen der **Herzinsuffizienz**.

Die kaudal des Ductus arteriosus gelegene (**postduktale**) Form wird oft erst zu einem späteren Zeitpunkt diagnostiziert, da die Kinder meist nicht, wie bei der zuvor beschriebenen Form, im Säuglingsalter Symptome zeigen. Je nach Schweregrad bildet sich ein mehr oder weniger ausgeprägter **Kollateralkreislauf** (A. thoracica interna → A. intercostalis anterior/posterior → Aorta descendens), der aufgrund des Verlaufs der Aa. intercostales im Sulcus costae zu im Röntgenbild sichtbaren **Rippenusuren** führen kann. Typisch für postduktale Aortenisthmusstenose ist eine Blutdruck- und Pulsdifferenz zwischen oberer und unterer Körperhälfte.

Zur Vermeidung der langfristigen Folgen (Komplikationen der Hypertonie, Linksherzinsuffizienz durch die Mehrbelastung des linken Ventrikels infolge seiner Auswurfbehinderung) sollte eine Beseitigung der Stenose angestrebt werden.

⊙ **G-4.3** **Aortenisthmusstenose**

(Prometheus LernAtlas. Thieme, 3. Aufl.)

a Präduktale Aortenisthmusstenose: die Stenose liegt proximal eines in der Regel offen gebliebenen Ductus arteriosus Botalli.
b Postduktale Aortenisthmusstenose: die Stenose liegt distal eines in der Regel obliterierten Ductus arteriosus Botalli (= Lig. arteriosum).
c Postduktale Aortenisthmusstenose: ein ausgeprägter Kollateralkreislauf von der A. subclavia über A. thoracica int./Aa. intercostales in die Aorta descendens.

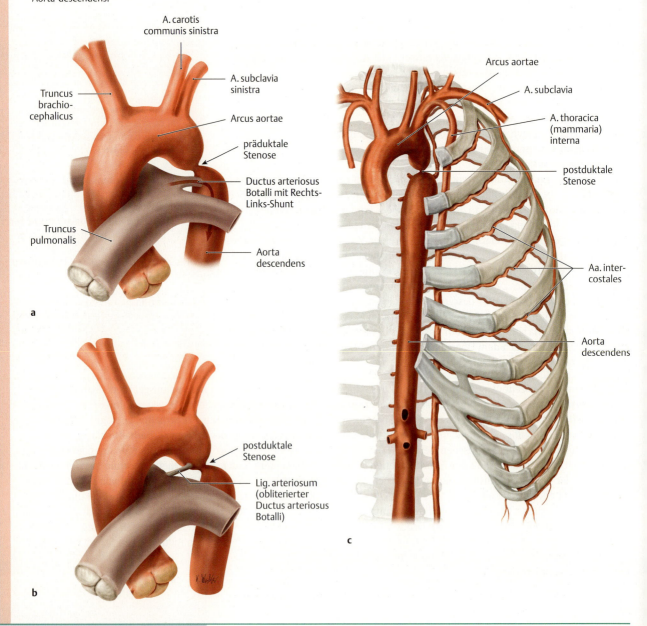

G 4.2 Gefäße im Mediastinum

Lagebeziehung und Projektion: Er krümmt sich um die linke Lungenwurzel, hinterlässt auf der linken mediastinalen Lungenfläche einen „Abdruck" (S. 549) und steht außerdem in enger topografischer Beziehung zur Speiseröhre (S. 640), zur Trachea (Abb. **G-4.2a**) mit ihrer Bifurkation und zu den Hauptbronchien (S. 640). Auf Höhe des 4. Brustwirbels gelangt er an die linke Seite der Wirbelsäule.

Weil der Aortenbogen durch seinen Verlauf nahezu in der Sagittalebene eingestellt ist, erscheint er mit den abzweigenden großen Arterienästen (s. u.) im p.-a.-Röntgenbild verkürzt.

Der Aortenbogen **projiziert** sich zwischen einer horizontalen Linie durch die beiden Sternoklavikulargelenke und der transthorakalen Ebene (Abb. **G-1.2**). Sein **oberer Rand** zwischen den Abgängen des Truncus brachiocephalicus (rechts) und der A. carotis communis (links) liegt in Höhe einer Verbindungslinie des Sternalansatzes beider ersten Rippen (etwa 1–2 Finger breit unterhalb der Incisura jugularis des Manubrium sterni).

Lagebeziehung und Projektion: Der Aortenbogen steht in engem Kontakt zur linken Lungenwurzel, Ösophagus (S. 640), Trachea (Abb. **G-4.2a**) und Wirbelsäule. Er projiziert sich zwischen einer horizontalen Linie durch die beiden Artt. sternoclaviculares und der transthorakalen Ebene.

▶ **Exkurs: Presso- und Chemorezeptoren.** Im Arcus aortae sind Rezeptoren eingelagert, die sensorische Informationen über den Blutdruck (**Pressorezeptoren**) oder Veränderungen des Sauerstoffpartialdrucks und des pH-Wertes im Blut (**Chemorezeptoren** als **Glomera aortica**) wahrnehmen können.

▶ **Exkurs: Presso- und Chemorezeptoren.**

Aorta descendens

▶ **Synonym.** Pars descendens aortae

Der innerhalb der Brusthöhle verlaufende Anteil der Pars descendens aortae wird auch als **Brustaorta** (**Aorta thoracica**) bezeichnet. Von ihr entspringen folgende **viszerale Äste**:

- **Rami bronchiales** (S. 559), die als Vasa privata dem Bronchialbaum der Lunge folgen,
- **Rami oesophagei** (3–6 Äste zur Speiseröhre),
- **Rami mediastinales** (zu Lymphknoten des hinteren Mediastinums),
- **Rami pericardiaci** (Äste zum Perikard),
- **Arteriae phrenicae superiores** (in der Anzahl variable Äste zu den hinteren Zwerchfellabschnitten).

Parietale Äste (S. 277) der Brustaorta sind die

- **Arteriae intercostales posteriores**, die im Sulcus costae nach ventral verlaufen und sich dort mit den Rami intercostales anteriores (S. 299) aus der A. thoracica interna (Ast aus der A. subclavia, Verlauf Tab. **L-1.2**) vereinigen.

Aorta descendens

▶ **Synonym.**

Von diesem Aortenabschnitt, der innerhalb der Brusthöhle als Aorta thoracica bezeichnet wird, entspringen folgende **viszerale Äste**:

- Rr. bronchiales,
- Rr. oesophagei,
- Rr. mediastinales,
- Rr. pericardiaci und
- Aa. phrenicae supp.

Parietale Äste sind die Aa. intercostales posteriores (S. 277).

Lungenarterien (Arteriae pulmonales)

▶ **Synonym.** Pulmonalarterien

Der **Truncus pulmonalis** liegt von den großen Gefäßstämmen des Herzens zunächst am weitesten ventral und projiziert sich links parasternal etwa auf den 2. Interkostalraum. Er beginnt auf Höhe des Ansatzes der linken 3. Rippe, umgreift die aufsteigende Aorta und teilt sich unterhalb des Arcus aortae auf Höhe des Ansatzes der 2. Rippe in die **Arteriae pulmonales dextra** und **sinistra** auf, vgl. Vasa publica der Lunge (S. 558).

Die rechte Pulmonalarterie ist länger als die linke, unterkreuzt den Aortenbogen und verläuft auf dem Weg zur rechten Lunge zwischen Aorta und Bronchus principalis dexter. Die Verzweigungen der Pulmonalarterien folgen denen des Bronchialbaums.

Lungenarterien (Arteriae pulmonales)

▶ **Synonym.**

Die **Aa. pulmonales dextra** und **sinistra** entstehen aus der Aufteilung des ventral gelegenen **Truncus pulmonalis** unter dem Aortenbogen. Die rechte Pulmonalarterie ist länger als die linke und läuft zwischen Aorta und Bronchus principalis dexter zur rechten Lunge.

4.2.2 Venen im Mediastinum

Aus dem Körperkreislauf gelangt nahezu das gesamte venöse Blut aus den Organen über die untere und obere Hohlvene (**Vena cava superior** und **Vena cava inferior**) zum Herzen. Das Hohlvenensystem steht dabei in enger Verbindung mit dem Azygossystem der Körperwand (Abb. **G-4.4a**).

Die Hauptverlaufsrichtung der Venae cavae steht in etwa senkrecht zur Verlaufsrichtung der Venae pulmonales. Die beschriebenen Venen bilden deshalb in ihrer Gesamtheit das so genannte „Venenkreuz" (Abb. **G-4.4b**). Die herznahen venösen Gefäße haben aufgrund ihres großen Durchmessers und der großen Saugwirkung des Herzens keine Venenklappen.

4.2.2 Venen im Mediastinum

Fast das gesamte venöse Blut aus dem Körperkreislauf strömt über die Vv. cavae sup. und **inf.** zurück in das Herz (Abb. **G-4.4a**).

Die Hauptverlaufsrichtung der Hohlvenen steht senkrecht zu der der Pulmonalvenen (**Venenkreuz**, Abb. **G-4.4b**).

G-4.4 Venenstämme im Mediastinum

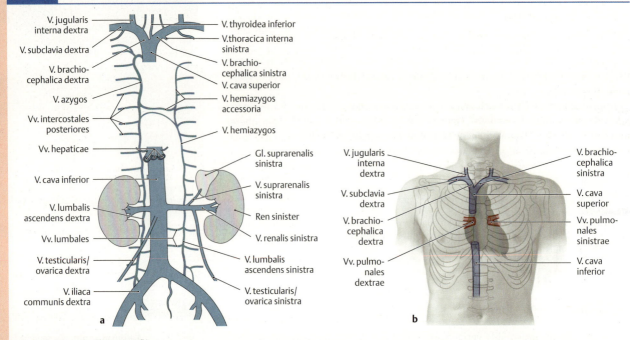

(Prometheus LernAtlas. Thieme, 3. Aufl.)
a Schematische Darstellung der großen Venen des Körperkreislaufs.
b Venenkreuz, gebildet durch die in das Herz einmündenden Venen: Vv. cavae superior und inferior als Venen des Körperkreislaufs mit sauerstoffarmem Blut (blau) und Vv. pulmonales aus dem Lungenkreislauf, die als einzige Venen des menschlichen Körpers sauerstoffreiches Blut führen (rot).

Hohlvenen (Venae cavae)

Vena cava superior und ihre Zuflüsse

Sie ist **5–6 cm** lang und entsteht aus dem **Zusammenfluss** der beiden **Vv. brachiocephalicae** unterhalb des Sternalansatzes der 1. rechten Rippe.
Die V. cava superior liegt hinter dem Sternum rechts neben der Pars ascendens aortae.
Die V. cava sup. hat enge topografische Beziehungen mit dem Aortenbogen, der rechten Lunge und ihrer Wurzel.

Der **Venenwinkel**, d. h. Zusammenfluss d. V. subclavia (S. 899) und V. jugularis int. (S. 899), projiziert sich ventral auf die Sternoklavikulargelenke.
Die relativ **kurze V. brachiocephalica dextra** verläuft fast senkrecht nach kaudal und vereinigt sich mit der relativ **langen V. brachiocephalica sinistra**.

In die **Vv. brachiocephalicae** münden Venen aus den im Mediastinum liegenden Organen sowie von der Rumpfwand (u. a. Vv. pericardiacophrenicae).
Die in die Vv. brachiocephalicae einmündende **V. thoracica interna** führt Blut aus den vorderen Interkostalräumen (Vv. intercostales antt.), von der thorakalen Zwerchfellseite und dem Herzbeutel (V. musculophrenica).

Hohlvenen (Venae cavae)

Vena cava superior und ihre Zuflüsse

Die **5–6 cm** lange obere Hohlvene sammelt Blut aus Kopf, Hals, Arm und Brustwand. Sie entsteht im oberen Mediastinum aus dem **Zusammenfluss** der **linken und rechten Vena brachiocephalica** (s. u.) in der Projektion auf den Brustkorb etwas unterhalb des Sternalansatzes der 1. Rippe rechts.
Hinter dem Sternum liegt die V. cava superior rechts neben der Pars ascendens aortae und bildet im Röntgenbild den oberen rechten Randschatten des Mediastinums (S. 618). Etwa am Sternalansatz der 3. Rippe rechts mündet sie in den rechten Vorhof des Herzens. Die V. cava superior steht in enger topografischer Beziehung mit dem Aortenbogen, der rechten Lunge mit der sie überziehenden Pleura sowie der rechten Lungenwurzel.
Die beiden **Venae brachiocephalicae** entstehen jeweils durch Zusammenfluss aus Vena subclavia (S. 899) und Vena jugularis interna (S. 899) im sog. **Venenwinkel** (**Angulus venosus**). Der Venenwinkel projiziert sich beiderseits auf das Sternoklavikulargelenk (Articulatio sternoclavicularis).
- Die relativ **kurze Vena brachiocephalica dextra** verläuft fast senkrecht nach kaudal,
- die **Vena brachiocephalica sinistra** ist **beinahe doppelt so lang** und verläuft fast horizontal zum Vereinigungspunkt mit der V. brachiocephalica dextra.

Die **Venae brachiocephalicae** nehmen einerseits Venen aus dem Mediastinum und den dort liegenden Organen auf (Vv. thymicae, mediastinales, tracheales, bronchiales, pericardiacae, pericardiacophrenicae), andererseits auch Venen der Rumpfwand (Vv. vertebrales, intercostalis suprema und superior sinistra).
Die mit der gleichnamigen Arterie (S. 629) parasternal an der Thoraxrückwand verlaufende **Vena thoracica interna**, die mit der V. epigastrica superior (S. 321) anastomosiert, mündet ebenfalls jeweils in die gleichseitige V. brachiocephalica. In die V. thoracica interna fließt Blut aus den **Venae intercostales anteriores** (Drainage der vorderen Zwischenrippenräume) und der **Vena musculophrenica** (Drainage von Herzbeutel und Thoraxseite des Zwerchfells) ab.

G 4.2 Gefäße im Mediastinum

Vena cava inferior

Die untere Hohlvene sammelt venöses Blut aus den unteren Extremitäten, dem Becken und dem Bauchraum.

Sie tritt durch das **Foramen venae cavae** (S. 538) des Zwerchfells hindurch in die Thoraxhöhle ein und mündet nach wenigen Zentimetern in den rechten Vorhof des Herzens.

Kavokavale Anastomosen

▶ **Definition.** Kurzschlussverbindungen zwischen dem System der V. cava inferior und der V. cava superior, die beim Verschluss einer der beiden Hohlvenen zum alternativen venösen Rückfluss genutzt werden können.

Kavokavale Anastomosen können sich über die in Tab. **G-4.1** genannten Venen ausbilden.

Vena cava inferior

Sie tritt durch das **Foramen venae cavae** (S. 538) des Zwerchfells hindurch und mündet nach wenigen Zentimetern in den rechten Vorhof des Herzens.

Kavokavale Anastomosen

▶ **Definition.**

Es gibt mehrere mögliche Wege (Tab. **G-4.1**).

≡ G-4.1	Kavokavale Anastomosen
Kollaterales Venensystem	**Blutfluss zwischen beiden Hohlvenen**
dorsale Abflussstraßen	
Azygos-System	V. cava inf. – Vv. lumbales oder V. iliaca communis – V. lumbalis ascendens – V. azygos/hemiazygos – V. cava sup.
	Bei Verbindungen zwischen V. hemiazygos accessoria und V. brachiocephalica sinistra, ergibt sich neben o. g. Hauptweg folgende zusätzliche Umgehungsstraße: V. cava inf. – V. iliaca comm. – V. lumbalis asc. – V. hemiazygos – V. hemiazygos accessoria – V. brachiocephalica sinistra – V. cava sup.
vertebrale Venenplexus	V. cava inf. – Vv. lumbales – Plexus venosus vertebralis ext./int. – V. azyogos/hemiazygos – V. cava sup.
ventrale Abflussstraßen	
tief: subfasziale Venen	V. cava inf. – V. iliaca externa – V. epigastrica inf./sup. – V. thoracica int. – V. brachiocephalica – V. cava sup.
oberflächlich: epifasziale Venen	V. cava inf. – V. iliaca communis – V. femoralis – V. epigastrica superficialis – V. thoracoepigastrica – V. axillaris – V. subclavia – V. cava sup.

Azygos-System

Vena azygos und ihre Zuflüsse

Die **Vena azygos** (gr.: unpaar) gibt es nur auf der rechten Seite. Sie ist eine Fortsetzung der rechten **V. lumbalis ascendens** (S. 868) aus dem Bauchsitus.

Die V. azygos verläuft, bedeckt von **Pleura parietalis** und **Fascia endothoracica**, an der dorsalen Thoraxwand rechts paravertebral oder häufig auch direkt an der Seitenfläche der Brustwirbel. Sie gelangt meist durch Lücken in den medialen Anteilen der Pars lumbalis (S. 538) des Zwerchfells aus dem Bauchraum in den Brustsitus.

Im Brustkorb drainiert sie rechts die **Vv. intercostales posteriores** (S. 300), die venöses Blut aus den dorsalen Zwischenrippenräumen sammeln. Die V. azygos mündet nach bogenförmigem Verlauf über das rechte Lungenhilum nach ventral (etwa in Höhe der Brustwirbelkörper IV/V) in die **V. cava superior** (s. o.).

In die V. azygos mündet kranial die **V. intercostalis superior dextra** (Drainage der oberen Interkostalräume). Die V. intercostalis suprema dextra (Drainage des 1. Interkostalraumes) mündet i. d. R. direkt in die V. brachiocephalica dextra; es können auch Verbindungen zur V. vertebralis bestehen.

Vena hemiazygos und Vena hemiazygos accessoria mit Zuflüssen

▶ **Merke.** Die **V. hemiazygos** und **V. hemiazygos accessoria** entsprechen der V. azygos der rechten Seite.

Vena hemiazygos: Sie ist eine Fortsetzung der linken V. lumbalis ascendens (S. 868) und endet meist auf Höhe des achten Brustwirbelkörpers (BWK VIII). Hier anastomosiert sie mit der V. azygos der rechten Seite. Zufluss erhält sie aus den

- **Venae intercostales posteriores**: Drainage der unteren, hinteren Interkostalräume (9–11), aus der
- **Vena subcostalis sinistra** als Vene des 12. Thorakalsegmentes, die das entsprechende Gebiet drainiert sowie ggf. aus der
- **Vena hemiazygos accessoria** (s. u.).

Azygos-System

Vena azygos und ihre Zuflüsse

Die **V. azygos** des Brustsitus ist eine Fortsetzung der **V. lumbalis ascendens** (S. 868) aus dem Bauchsitus. Sie gelangt aus dem Bauchraum zwischen den Zwerchfellschenkeln der Pars lumbalis (S. 538) in die Brusthöhle.

Sie drainiert rechts die **Vv. intercostales posteriores** (S. 300) und mündet nach bogenförmigem Verlauf über das rechte Lungenhilum in die V. cava sup.

Vena hemiazygos und Vena hemiazygos accessoria mit Zuflüssen

▶ **Merke.**

Die **V. hemiazygos** ist eine Fortsetzung der linken **V. lumbalis ascendens**.
Die **V. hemiazygos accessoria** entsteht aus der Vereinigung der 4.–8. Vv. intercostales postt. und drainiert die entsprechenden Interkostalräume.

Vena hemiazygos accessoria: Sie entsteht aus der Vereinigung der 4.–8. Vena intercostalis posterior. In die V. hemiazygos accessoria mündet die **V. intercostalis superior sinistra**, welche die obersten Interkostalräume drainiert (2.–3. Interkostalraum). Die V. intercostalis suprema sinistra besitzt häufig eine direkte Verbindung mit der V. brachiocephalica sinistra. Die V. hemiazygos accessoria mündet entweder selbstständig in die V. azygos (auf der Höhe des siebten Brustwirbels) oder anastomosiert mit der V. hemiazygos (s. o.), um mit ihr in die V. azygos einzumünden. Häufig bestehen Verbindungen der V. hemiazygos accessoria mit der V. brachiocephalica sinistra.

Lungenvenen (Venae pulmonales)

▶ Synonym. Pulmonalvenen

Die Pulmonalvenen sind Vasa publica der Lunge und führen oxygeniertes Blut von den Lungen in den linken Vorhof. In der Lunge trennen sich die Aufzweigungen der Venae pulmonales von denen des Bronchialbaumes und denen der Pulmonalarterien: Die Vv. pulmonales verlaufen intersegmental und können Blut aus benachbarten Segmenten sammeln. Normalerweise finden sich links und rechts jeweils 2 Vv. pulmonales. Sie projizieren sich mit ihrem Verlauf parasternal fast horizontal etwa auf den 3. Interkostalraum.

Marginalie: **Lungenvenen (Venae pulmonales)**
▶ Synonym.
Die Vv. pulmonales (Vasa publica der Lunge) projizieren sich fast horizontal auf den 3. Interkostalraum parasternal.

4.2.3 Lymphgefäße im Mediastinum

Die Lymphdrainage der verschiedenen Thoraxorgane ist von großer klinischer Bedeutung. Die großen Lymphabflusswege sind in Abb. **G-4.5** zusammenfassend dargestellt.

Marginalie: **4.2.3 Lymphgefäße im Mediastinum**
Zusammenfassend sind in Abb. **G-4.5** die großen mediastinalen Lymphgefäße dargestellt.

Ductus thoracicus

▶ Synonym. „Milchbrustgang", Bezug nehmend auf die milchige Konsistenz der Lymphe nach Nahrungsaufnahme (Transport von Lipoproteinen)

Funktion: Der Ductus thoracicus ist das größte lymphatische Gefäß des Körpers und sammelt die Lymphe der gesamten unteren Körperhälfte (einschließlich der Bauchorgane), der linksseitigen Brustorgane, des linken Armes und der linken Kopfhälfte (Abb. **G-4.5** und Abb. **C-3.23**).

Lage und Verlauf: Der Ductus thoracicus liegt in der Brusthöhle unmittelbar vor der Wirbelsäule im Mediastinum superius bzw. Mediastinum posterius.
Er beginnt im Bauchraum an der so genannten **Cisterna chyli**, die kaudal vom **Hiatus aorticus** des Zwerchfells direkt auf der Wirbelsäule in Höhe des ersten Lendenwirbelkörpers liegt.
In die **Cisterna chyli** münden der **Truncus lumbalis dexter** und **sinister** mit Lymphflüssigkeit von Becken und Bein, sowie der **Truncus intestinalis** (S. 872) mit Lymphflüssigkeit von Baucheingeweiden.
Der Ductus thoracicus tritt durch den **Hiatus aorticus** des Zwerchfells etwas rechts von der Aorta unmittelbar vor der Wirbelsäule in den Brustraum ein. Auf Höhe von ThV wendet er sich allmählich nach links. Er verläuft dorsal vom Ösophagus zwischen Aorta thoracica und Wirbelsäule. Dicht vor der Arteria vertebralis mündet er dann in den **linken Venenwinkel** (**Angulus venosus**), dem Zusammenschluss von V. jugularis und V. subclavia (s. o.). Hier nimmt er folgende Lymphstämme auf:

- **Truncus jugularis sinister** (Lymphe der linken Kopfhälfte),
- **Truncus subclavius sinister** (Lymphe des linken Armes) und
- **Truncus bronchomediastinalis sinister** (Lymphe der linksseitigen Brustorgane).

Marginalie: **Ductus thoracicus**
▶ Synonym.
Funktion: Er sammelt Lymphe aus der unteren Körperhälfte, Brustorganen und linkem Arm (Abb. **G-4.5** u. Abb. **C-3.23**).
Lage und Verlauf: Er beginnt an der sog. **Cisterna chyli**, liegt unmittelbar vor der Wirbelsäule, dorsal des Ösophagus und mündet am **linken Venenwinkel** (s. o.) in den Blutkreislauf. Vorher nimmt er noch den **Truncus jugularis** vom Kopf, den **Truncus subclavius sinister** vom linken Arm und den **Truncus bronchomediastinalis sinister** von den linksseitigen Brustorganen auf.

▶ Klinik. Kurz vor der Einmündung des Ductus thoracicus in den linken Venenwinkel befindet sich der **Virchow-Lymphknoten**, der bei über das Lymphsystem metastasierenden Tumoren des Magen-Darm-Traktes (insbesondere bei Magenkarzinomen) supraklavikulär sicht- und v. a. tastbar sein kann.

Marginalie: ▶ Klinik.

G 4.2 Gefäße im Mediastinum

G-4.5 Lymphabflusswege im Thorax

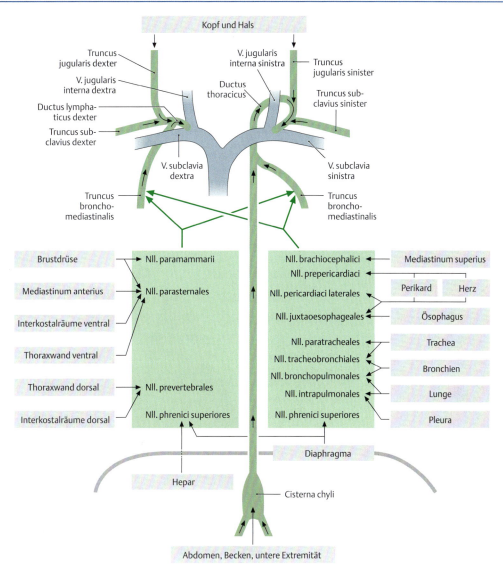

(Prometheus LernAtlas. Thieme, 3. Aufl.)

Ductus lymphaticus dexter

Der etwa 1 cm lange Ductus lymphaticus dexter mündet in den rechten Venenwinkel. Er sammelt Lymphe aus den Gebieten des „rechten oberen Quadranten" des Körpers (Abb. **C-3.23**) über folgende Lymphstämme:
- **Truncus jugularis dexter** (Lymphe der rechten Kopf- und Halshälfte),
- **Truncus subclavius dexter** (Lymphe der rechten oberen Extremität),
- **Truncus bronchomediastinalis dexter** (Lymphe der rechten Brusthöhle und -wand).

Trunci bronchomediastinales

Truncus bronchomediastinalis sinister und Truncus bronchomediastinalis dexter sammeln Lymphe aus dem Brustraum und führen ihn in der Regel dem Ductus thoracicus (links) bzw. Ductus lymphaticus dexter zu.
Dabei sammelt der Truncus bronchomediastinalis Lymphe sowohl aus den vorderen mediastinalen Lymphknoten („Nodi lymphoidei mediastinales anteriores": Sammelbezeichnung für Nll. phrenici superiores, Nll. prepericardiaci, Nll. pericardiaci laterales) als auch aus den hinteren mediastinalen Lymphknoten („Nodi lymphoidei mediastinales posteriores": Sammelbezeichnung für Nll. tracheobronchiales superiores und inferiores, Nll. paratracheales, bronchopulmonales).

Ductus lymphaticus dexter

In den Ductus lymphaticus dexter münden:
- **Truncus jugularis dexter**,
- **Truncus subclavius dexter** und
- **Truncus bronchomediastinalis dexter**.

Trunci bronchomediastinales

Truncus bronchomediastinalis dexter und sinister drainieren Lymphe im Bereich der vorderen und hinteren mediastinalen Lymphknoten.

Über den **Truncus bronchomediastinalis sinister** fließt Lymphe aus der linken Brustwand, der linken Lunge und dem Herzen ab, über den **Truncus bronchomediastinalis dexter** werden die entsprechenden Gebiete der rechten Körperhälfte drainiert. Zwischen beiden Systemen bestehen in der Brusthöhle Anastomosen.

Der Truncus bronchomediastinalis kann entweder eigenständig in die V. brachiocephalica oder gemeinsam mit dem Ductus thoracicus (links) bzw. mit dem Ductus lymphaticus dexter (rechts) in den Venenwinkel (s. o.) einmünden.

4.3 Nerven und Nervengeflechte im Mediastinum

Zur Innervation der Organe in der Brusthöhle finden sich im Mediastinum überwiegend vegetative Fasern, die hier Plexus bilden. Der Hauptnerv des somatischen Nervensystems ist der Nervus phrenicus mit Ästen zum Perikard und zum Diaphragma (Abb. **G-4.6**).

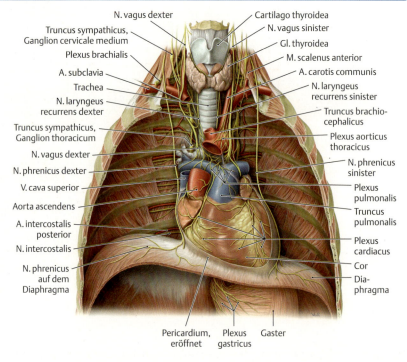

G-4.6 Übersicht der Nerven und Plexus im Mediastinum

Mediastinale Nerven und Nervengeflechte am eröffneten Thorax in der Ansicht von ventral.
(Prometheus LernAtlas. Thieme, 3. Aufl.)

4.3.1 Anteile des vegetativen Nervensystems

In der Brusthöhle entstammen
- die **sympathischen** Nerven dem **Grenzstrang** (**Truncus sympathicus**),
- die **parasympathischen Fasern** dem **Nervus vagus**, der ebenfalls im Mediastinum verläuft (Abb. **G-4.7**).

Grenzstrang (Truncus sympathicus)

Funktion: Die Wirkung der Sympathikusaktivität auf die Organe der Brusthöhle ist bei ihrer jeweiligen Innervation beschrieben. Insgesamt erfolgt durch die sympathische Aktivierung eine Anpassung der „Thoraxfunktionen" an erhöhte Leistungsanforderungen.

Lage und Verlauf: Der **Grenzstrang** (s. a. Tab. **B-3.7**) zieht im Brustbereich, bedeckt von der Pleura parietalis und eingebettet in die Fascia endothoracica, vor den Rippenköpfchen beiderseits der Wirbelsäule senkrecht abwärts und bildet in jedem Segment ein vegetatives **Grenzstrangganglion**.

G 4.3 Nerven und Nervengeflechte im Mediastinum

G-4.7 Organisation von Sympathikus und Parasympathikus in der Brusthöhle

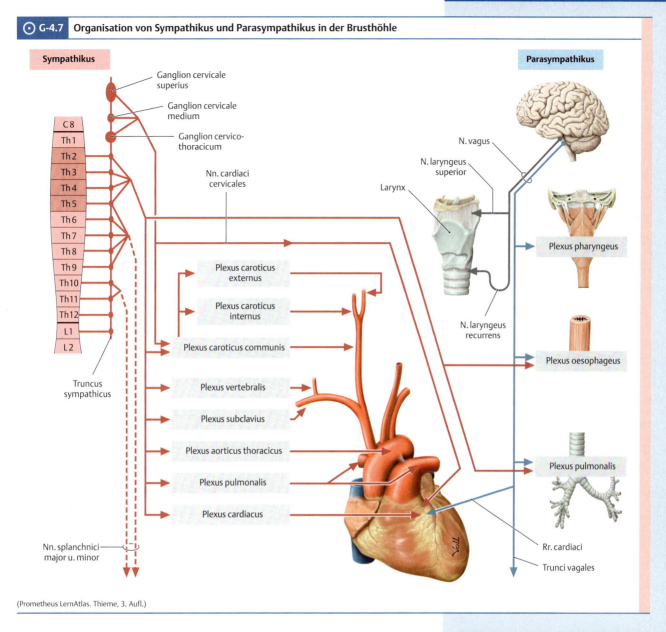

(Prometheus LernAtlas. Thieme, 3. Aufl.)

Die Grenzstrangganglien sind durch **Rami interganglionares** miteinander verbunden. Verbindungen zu den Interkostalnerven erfolgen über die **Rami communicantes** der Spinalnerven, den **Rr. communicantes albus** (S. 214) und **R. communicans griseus**, welche die entsprechenden prä- und postganglionären Fasern enthalten.

Äste: Es gehen folgende Äste aus ihm hervor:
- Vom 2.–4. Brustgrenzstrangganglion spalten sich die **Nervi cardiaci thoracici** zum **Plexus cardiacus** (S. 608) sowie Fasern zum **Plexus aorticus** ab, die um die Aorta einen vegetativen Plexus bilden, der mit der Aorta in den Bauchraum eintritt.
- **Rami pulmonales thoracici** aus dem 2.–4. Brustgrenzstrangganglion verlaufen zum **Plexus pulmonalis** (S. 561) am Lungenstiel und beinhalten sympathische Fasern, die für die Lumenweite der glatten Muskulatur der Bronchioli zusammen mit entsprechenden Fasern aus dem N. vagus (s. u.) wichtig sind.

Nach medial zweigen sich vom Truncus sympathicus die **Nervi splanchnici** ab:
- Der **Nervus splanchnicus major** kommt aus den Grenzstrangganglien Th 5–Th 9,
- der **Nervus splanchnicus minor** aus Th 9–Th 11.

Beide durchsetzen die Pars lumbalis des Zwerchfells und enden größtenteils im **Plexus coeliacus** (früher Plexus solaris genannt), der verschiedene Einzelganglien enthält, z. B. Ggl. coeliacum dextrum, Ggl. coeliacum sinistrum und Ggl. mesentericum superius (S. 875). Die **Nn. splanchnici** führen größtenteils präganglionäre efferente Fasern für den Bauchraum.

Segment ein vegetatives **Grenzstrangganglion**. Mit den Spinalnerven ist jedes Grenzstrangganglion durch die **Rr. communicantes albus** (S. 214) und **griseus** verbunden.

Äste: Der Grenzstrang speist vorwiegend präganglionäre Fasern in vegetative Plexus des Brustsitus ein (**Plexus cardiacus, Plexus aorticus, Plexus pulmonalis**).
Der **N. splanchnicus major** führt präganglionäre Äste aus den Segmenten Th 6–Th 9 und strahlt in den **Plexus coeliacus** des Bauchraums mit dem Ggl. coeliacum dextrum, Ggl. coeliacum sinistrum und dem Ggl. mesentericum superius (S. 875) ein.
Der **N. splanchnicus minor** bezieht seine Zuflüsse aus den Segmenten Th 9–Th 11.

Nervus vagus

Funktion: Parasympathikusaktivierung führt zur Adaptation der Thoraxfunktionen an reduzierte Leistungsanforderungen.

Lage und Verlauf: Der X. Hirnnerv (S. 998) tritt in die Apertura thoracis superior (S. 288)
- **rechts** zwischen V. brachiocephalica und Truncus brachiocephalicus,
- **links** zwischen V. brachiocephalica und A. subclavia ein.

Er wendet sich hinter dem Lungenstiel nach dorsal zur Speiseröhre ins hintere Mediastinum und bildet dort den **Plexus oesophageus** (S. 689).

Äste:
- Der **N. laryngeus recurrens** schlingt sich
  - links um den Aortenbogen,
  - rechts um die A. subclavia.
- Efferente Fasern laufen zum **Plexus pulmonalis** und zum **Plexus cardiacus**.

4.3.2 Anteile des somatischen Nervensystems
Nervus phrenicus

Funktion: Seine Hauptaufgabe ist die motorische Innervation des **Zwerchfells**.
Sensorisch versorgt er **Perikard**, **Pleura parietalis** und Abschnitte des **Peritoneum parietale** (Abb. **G-4.8**).

Lage und Verlauf: Entwicklungsgeschichtlich ist er ein Halsnerv und erhält Fasern aus den zervikalen Rückenmarkssegmenten **C 3–C 5**, v. a. aus C 4 (S. 902). Auf dem **M. scalenus ant.** (Abb. **L-1.4**) zieht er ventral vom N. vagus in die **Apertura thoracis superior** und verläuft **ventral vom Lungenstiel** nach kaudal.

Nervus vagus

Funktion: Insgesamt erfolgt durch die parasympathische Aktivierung eine Adaptation der „Thoraxfunktionen" an reduzierte Leistungsanforderungen (Erholung, Regeneration).
Organspezifische Effekte einer Aktivierung des N. vagus sind bei den jeweiligen Organen beschrieben.

Lage und Verlauf: Der **Nervus vagus** ist der X. Hirnnerv (S. 998). Er tritt in die Apertura thoracis superior (S. 288)
- **rechts** zwischen V. brachiocephalica und Truncus brachiocephalicus,
- **links** zwischen V. brachiocephalica und A. subclavia ein.

Hinter dem Lungenstiel wendet sich der N. vagus nach dorsal ins hintere Mediastinum und bildet an der Speiseröhre den Plexus oesophageus (S. 689).
Beim Durchtritt durch den Hiatus oesophageus des Zwerchfells bilden sich aus dem **Plexus oesophageus** auf der Vorder- bzw. Rückseite der Speiseröhre der **Truncus vagalis anterior** und **posterior**. Der N. vagus verläuft dorsal von der V. brachiocephalica sinistra.

Äste: Der N. vagus gibt im Mediastinum folgende Äste ab:
- **Nervus laryngeus recurrens**:
  - **Rechts** gibt der N. vagus bereits in der **Apertura thoracis superior** den N. laryngeus recurrens dexter ab, der sich dann um die **A. subclavia** schlingt und retrograd, in einer Furche zwischen Ösophagus und Trachea (Sulcus oesophageotrachealis), zum Larynx verläuft.
  - **Links** wird der N. laryngeus recurrens sinister erst im **oberen Mediastinum** abgegeben. Der N. laryngeus recurrens sinister umschlingt den **Arcus aortae** medial vom **Lig. arteriosum Botalli** (S. 627), bevor er ebenfalls in der Furche zwischen Trachea und Ösophagus retrograd zum Larynx verläuft.
- Efferente parasympathische Äste schließen sich den Bronchien an und verlaufen mit entsprechenden sympathischen Ästen aus dem Grenzstrang (s. o.) zum **Plexus pulmonalis**.
- Zum **Plexus cardiacus** auf dem Arcus aortae und um den Truncus pulmonalis entsendet der N. vagus die
  - Rami cardiaci cervicales superiores,
  - Rami cardiaci cervicales inferiores und die
  - Rami cardiaci thoracici.

4.3.2 Anteile des somatischen Nervensystems

Nervus phrenicus

Funktion: Der Nervus phrenicus ist ein gemischter Nerv und enthält motorische und sensorische Fasern (Abb. **G-4.8**).
- Motorisch innerviert der N. phrenicus das **Zwerchfell** (S. 295),
- **sensorisch** versorgt er **Perikard**, **Pleura parietalis** und durch die beiden **Rami phrenicoabdominales** verschiedene Abschnitte des **Peritoneum parietale** und Anteile des Peritoneum viscerale von Leber und Gallenblase.

Lage und Verlauf: Der Nervus phrenicus ist entwicklungsgeschichtlich ein **Halsnerv** und erhält Fasern aus den **Halssegmenten C 3–C 5**, hauptsächlich aus dem Segment C 4 (S. 902). Auf seinem **Kennmuskel**, dem **M. scalenus anterior** (Abb. **L-1.4**), tritt er ventral vom N. vagus in die **Apertura thoracis superior** ein und verläuft in der Brusthöhle **ventral vom Lungenstiel** nach kaudal. Im Mediastinum verläuft er zusammen mit den Vasa pericardiacophrenica im so genannten „Septum pleuropericardiale", einer dünnen Schicht aus lockerem fasrigem Bindegewebe **zwischen Perikard** und **Pleura parietalis**.

G 4.3 Nerven und Nervengeflechte im Mediastinum

⊙ **G-4.8** Innervationsgebiete des Nervus phrenicus

C3
C4
C5
M. scalenus anterior
V. subclavia
Pleura parietalis, Pars mediastinalis
Pericardium
Pleura parietalis, Pars diaphragmatica
Diaphragma
Peritoneum parietale

a

N. phrenicus dexter
Perikardhöhle mit Herz
N. phrenicus sinister
Pleurahöhle
Rippe
Nn. intercostales
Innervation des Diaphragmas
Diaphragma
Interkostalmuskulatur
Innervation des Perikards (Rr. pericardiaci)

b

— efferente Fasern   — afferente Fasern

(Prometheus LernAtlas. Thieme, 3. Aufl.)
a Schematische Darstellung des N. phrenicus mit Ästen zu den durch ihn innervierten Strukturen.
b Innervation des Perikards und des Diaphragmas durch den N. phrenicus.

Äste: Im Mediastinum gibt der N. phrenicus

- **Rr. pericardiaci** zum Herzbeutel ab.
- Weitere unbenannte Äste versorgen sensorisch die Pleura parietalis.

Auf dem Zwerchfell verteilt sich der N. phrenicus in seine

- **motorischen Endäste**, welche die verschiedenen Abschnitte des Zwerchfells innervieren.
- Die beiden rein **sensiblen Rami phrenicoabdominales** treten durch das Zwerchfell, rechts durch das Foramen venae cavae, links weiter ventral am linken Herzrand vorbei durch eine unbenannte Durchtrittsstelle in der Nähe des Hiatus oesophageus (S. 538), in den Bauchraum über. Dort innervieren sie das Peritoneum des Oberbauchs.

Äste:
- **Rr. pericardiaci** zum Herzbeutel,
- unbenannte zur Pleura parietalis,
- auf dem Zwerchfell **motorische Endäste** für verschiedene Abschnitte des Zwerchfels.
- Die sensiblen **Rr. phrenicoabdominales** innervieren nach Durchtritt des Zwerchfells (S. 538) das Peritoneum im Oberbauch.

▶ **Klinik.** Eine **Reizung** des N. phrenicus führt zum „Schluckauf" (**Singultus**).
Bei einer **Läsion** des N. phrenicus kommt es zu einem **Zwerchfellhochstand** auf der betroffenen Seite (vgl. Abb. **G-2.12b**) und damit zur Behinderung der Atmung. Fasern, die den N. phrenicus bilden, können nicht nur während ihres peripheren Verlaufs, sondern auch im Bereich der Nervenwurzel(n) (radikuläre Schädigung) und im Rückenmark (segmentale Schädigung) verletzt werden. Ursachen können Unfälle (HWS-Schleudertrauma), Tumoren bzw. deren Metastasen und krankhafte Prozesse an Organen im Mediastinum sein. Bei **beidseitigem Ausfall** mit kompletter Parese (Lähmung) des Zwerchfells kommt es zu **lebensbedrohlichen Atemstörungen**.

▶ **Klinik.**

4.4 Beziehungen von Leitungsbahnen zu Organen im Mediastinum

4.4.1 Topografische Beziehungen zu Trachea und Hauptbronchien

Trachea: Die Pars thoracalis der Trachea besitzt folgende topografische Beziehungen:

- **Ventral** zur V. thyroidea inf., Vv. brachiocephalicae, Arcus aortae, A. carotis comm. sin., Plexus pulmonalis und Plexus cardiacus.
- **Rechts** zum jeweils rechten N. vagus, N. laryngeus recurrens, Hauptbronchus und zur V. azygos.
- **Links** zum Aortenbogen, linker A. carotis comm., A. subclavia. und N. laryngeus sin.
- **Dorsal** von der Trachea verläuft der Ösophagus.

Hauptbronchien: Ventral bestehen Beziehungen zu den Pulmonalarterien (links auch -venen).

4.4.2 Topografische Beziehungen zum Ösophagus

Funktionelle Aspekte und Wandbau des Ösophagus sind aufgrund der Einheit mit dem Magen-Darm-Trakt im Kap. Speiseröhre (S.679) beschrieben, der intrathorakale Verlauf und Beziehungen zu anderen Organen der Brusthöhle jedoch an dieser Stelle.

Der Ösophagus zeigt im hinteren Mediastinum einen geschwungenen Verlauf zunächst links und dann rechts von der Medianebene (Abb. **I-1.4c**).
Er **kreuzt den Aortenbogen** (S.627) und zieht dorsal des linken Hauptbronchus, ventralrechts der Aorta nach kaudal.
In Höhe der transthorakalen Ebene hat er folgende Lagebeziehungen:
- **ventral:** Trachealbifurkation,
- **links:** Aortenbogen,
- **rechts:** V. azygos,
- **dorsal:** Ductus thoracicus und Truncus sympathicus.
- Weiter kaudal besteht Kontakt zum **linken Vorhof** (S.582) und die Aorta schiebt sich zwischen Ösophagus und Wirbelsäule.

4.4 Beziehungen von Leitungsbahnen zu Organen im Mediastinum

4.4.1 Topografische Beziehungen zu Trachea und Hauptbronchien

Trachea: Die im Mediastinum superius verlaufende Pars thoracalis der Trachea steht **ventral** in topografischer Beziehung zur V. thyroidea inferior, der V. brachiocephalica dextra und sinistra, dem Aortenbogen, Truncus brachiocephalicus, A. carotis communis, dem Plexus pulmonalis, dem tiefen Anteil des Plexus cardiacus sowie verschiedenen Lymphknoten.

Auf der **rechten Seite** hat die Trachea topografische Beziehung zum N. laryngeus recurrens dexter (s. u.), in ihrem distalen Abschnitt zum rechten N. vagus sowie der V. azygos, die den rechten Hauptbronchus überkreuzt.

Auf der **linken Seite** bestehen topografische Beziehungen der Trachea mit dem Aortenbogen, der A. carotis communis sinistra, der A. subclavia sinistra und dem linken N. laryngeus recurrens.

Durch seinen Verlauf um den Aortenbogen liegt der N. vagus hier – anders als auf der rechten Seite – weiter von der Trachea entfernt.

Der Aortenbogen schwingt sich auf Höhe der Bifurcatio tracheae, etwas oberhalb der transthorakalen Ebene (S.641), über den linken Hauptbronchus und überkreuzt ihn.

Die aus dem Aortenbogen austretenden Arterien (Truncus brachiocephalicus, A. carotis communis sinistra) begleiten die Trachea ventrolateral.

Dorsal wird die Trachea vom Ösophagus begleitet.

Topografische Nachbarschaftsbeziehungen der Pars cervicalis tracheae sind im Kap. Trachea (S.930) erläutert.

Hauptbronchien: Die Aa. pulmonales treten ventral an die **Hauptbronchien** heran und begleiten sie zur Lunge. Kaudal der A. pulmonalis haben die Vv. pulmonales sinistrae links häufig noch Kontakt mit der Ventralfläche des linken Hauptbronchus.

4.4.2 Topografische Beziehungen zum Ösophagus

Der Ösophagus (Speiseröhre) als Teil des Rumpfdarms ähnelt in seinem Wandbau den anderen Abschnitten des muskulären Verdauungstrakts. Daher wird er zusammen mit dem Magen-Darm-Trakt als funktionelle Einheit besprochen (S.679), obwohl er topografisch größtenteils in der Brusthöhle liegt.

Aufgrund seiner Lagebeziehungen zu anderen intrathorakalen Organen wird sein Verlauf jedoch an dieser Stelle beschrieben.

Der Ösophagus verläuft zunächst im oberen, dann im unteren hinteren Mediastinum in einem leicht geschwungenen Bogen zunächst links und dann etwas rechts der Medianebene nach unten und entfernt sich dabei zunehmend von der Wirbelsäule (vgl. Abb. **I-1.4c**).

Unmittelbar über dem Zwerchfell liegt der Ösophagus 1–1,5 cm von der Wirbelsäule entfernt.

Er **kreuzt den Aortenbogen**, der links am Ösophagus zusammen mit dem **linken Hauptbronchus** eine „Delle", die mittlere Ösophagusenge (S.681), auf Höhe der transthorakalen Ebene (Projektion BWK IV/V) hervorruft, und zieht **dorsal des linken Hauptbronchus, ventral-rechts der Aorta thoracica** nach kaudal.

Auf Höhe der transthorakalen Ebene wird der Ösophagus von folgenden Strukturen begleitet:
- **ventral** von der Bifurcatio tracheae,
- **links** vom Arcus aortae,
- **rechts** von dem Bogen der V. azygos auf ihrem Weg zur V. cava superior und
- **dorsal** von Ductus thoracicus und Truncus sympathicus.

Weiter kaudal verläuft der Ösophagus an der **Hinterwand des linken Vorhofs** (S.582) vorbei. Dorsal schiebt sich die Aorta zwischen Ösophagus und Wirbelsäule, bevor die Speiseröhre durch den Hiatus oesophageus (S.538) des Zwerchfells in die Bauchhöhle eintritt.

4.5 Topografische Orientierungspunkte zur Projektion

Zur Beschreibung der Projektion von inneren Organen auf die Körperoberfläche nutzt man **knöcherne „Landmarken"**, die von außen sicht- oder tastbar sind und anhand derer sich **Orientierungslinien** ableiten lassen. Dies ermöglicht eine Höhenlokalisation, die beispielsweise bei operativen Eingriffen eine Rolle spielt.
Für die Lage von Strukturen im Thorax spielen neben den in Tab. **C-2.1** genannten Orientierungslinien folgende eine Rolle:

- Die **Interspinallinie** verbindet die beiden **Spinae scapulae** miteinander und schneidet die Wirbelsäule beim **Dornfortsatz Th III** (vgl. Abb. **C-1.11**). Da die Dornfortsätze im Bereich der oberen Brustwirbelsäule schräg abwärts verlaufen (S. 255), liegt ventral des Dornfortsatzes von Th III der **Wirbelkörper von Th IV**. Beim Patienten projiziert sich die **Grenze zwischen oberem und unterem Mediastinum** dorsal leicht unterhalb der Interspinallinie.
- Die insbesondere im angloamerikanischen Raum als „**transthorakale**" Ebene (Abb. **G-1.2b**) bezeichnete Orientierungsebene, verläuft horizontal durch den Angulus sterni. Sie trifft dorsal etwa die Bandscheibe zwischen viertem und fünftem Brustwirbelkörper (BWK IV und BWK V). Etwas oberhalb dieser Ebene projiziert sich beispielsweise die Aufteilungsstelle der Trachea (**Bifurcatio tracheae**).

Das **Centrum tendineum** (S. 296) des Zwerchfells liegt in Atemruhelage auf Höhe der Synchondrose zwischen Corpus sterni und Proc. xiphoideus sterni (**Synchondrosis xiphosternalis**) und projiziert sich dorsal auf die **Bandscheibe zwischen BWK VIII und IX**.

4.6 Entwicklung der großen Gefäße

Zum Verständnis nachfolgend beschriebener Vorgänge der sich im Embryonalkreislauf entwickelnden großen Gefäße dient die Darstellung des Herz-Kreislauf-Systems eines ca. 4 Wochen alten Embryos in Abb. **G-4.9**.

G-4.9 Frühembryonales Herz-Kreislauf-System

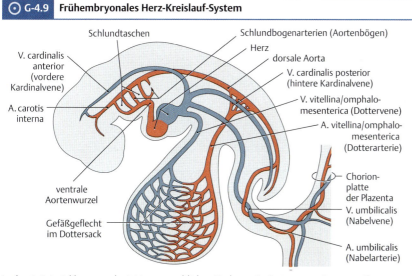

In der 4. Entwicklungswoche ist im menschlichen Embryo ein System aus einem zweikammerigen Herzen sowie drei miteinander kommunizierenden und zum größten Teil symmetrisch angelegten Gefäßsystemen ausgebildet: Neben dem intraembryonalen Kreislauf gibt es einen Dottersack- und Plazentakreislauf (S. 877).
(Prometheus LernAtlas. Thieme, 3. Aufl., nach Drews)

4.6.1 Arterielle Gefäße – Differenzierung der Aortenbögen

▶ **Synonym.** Aortenbögen = Schlundbogenarterien = Kiemenbogenarterien = Bronchialarterien

Der Herzschlauch pumpt das Blut über den Truncus arteriosus in einen nachfolgenden erweiterten Abschnitt, den **Saccus aorticus**. Vom Saccus aorticus entspringen die paarigen **Aortenbögen** (Tab. **G-4.2** u. Abb. **G-4.10**).

Sie bilden die großen herznahen Gefäße. Während der Entwicklung werden 6 Aortenbögen angelegt, die vom **Truncus arteriosus** und dem nachfolgenden Saccus aorticus abgehen und in die beiden zunächst **paarigen dorsalen Aorten** münden.

In der 5. Entwicklungswoche vereinigen sich die beiden dorsalen Aorten zur unpaaren **Aorta descendens** (**communis**).

Die 1., 2. und 5. Schlundbogenarterien werden überwiegend zurückgebildet. Die 3., 4. und 6. Schlundbogenarterien bleiben erhalten und bilden die großen herznahen Arterien. Die 3. Schlundbogenarterie liefert Teile der A. carotis communis und distal zusammen mit der Aorta dorsalis die A. carotis interna. Die 4. Schlundbogenarterie stellt links einen Teil des Aortenbogens, rechts den proximalen Abschnitt der A. subclavia dextra. Die 6. Schlundbogenarterie bildet schließlich proximal die A. pulmonalis. Der distale Abschnitt bildet sich rechts zurück, links bildet er den Ductus arteriosus Botalli (S. 150) und verbindet die A. pulmonalis mit dem Aortenbogen.

▶ **Merke.** Die Aortenbögen bestehen nie alle gleichzeitig: Die ersten beiden haben sich bei Entstehung des sechsten Aortenbogens bereits zurückgebildet.

≡ **G-4.2** Embryonale Aortenbögen und ihre Abkömmlinge

embryonaler Aortenbogen	Adultes Gefäß	
I	(Rückbildung)	
II		
III	▪ proximal:	Teile der A. carotis communis (Rest durch ventrale Aorta)
	▪ distal:	A. carotis interna
IV	▪ links:	Teil des definitiven Aortenbogens (Arcus aortae)
	▪ rechts:	proximale A. subclavia
V	(wenn angelegt: Rückbildung)	
VI	▪ proximal bds.:	proximaler Teil der A. pulmonalis
	▪ distal links:	Ductus arteriosus Botalli (S. 150)
	▪ (distal rechts:	Rückbildung)

⊙ **G-4.10** Differenzierung der Aortenbögen

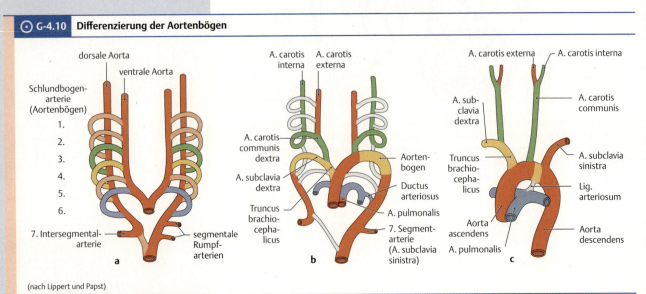

(nach Lippert und Papst)

4.6.2 Venöse Gefäße – Differenzierung des Kardinalvenensystems

Die großen mediastinalen Venen gehen aus den **Kardinalvenen** (**Venae cardinales**) hervor, die in der 3. bis 4. Entwicklungswoche neben Dotter- und Nabelvenen (Venae vittelinae und Venae umbilicales) als eines der drei großen Venenpaare angelegt sind.

Das System der **Kardinalvenen** besteht aus den jeweils paarigen **vorderen** und **hinteren Kardinalvenen** (**Venae cardinales anteriores** und **posteriores**), die venöses Blut aus den kranialen bzw. kaudalen Teilen des Embryos in den Sinus venosus zurückleiten (Abb. **G-4.11**). Die vordere und hintere Kardinalvene einer Seite vereinigen sich vor ihrem Eintritt in den Sinus venosus und bilden ein gemeinsames Endstück, die **Vena cardinalis communis sinistra** bzw. **dextra** (Ductus Cuvieri sin./dext.). Zwischen den Kardinalvenen bilden sich verschiedene Queranastomosen aus. So entsteht die V. brachiocephalica sinistra aus einer Queranastomose zwischen linker und rechter V. cardinalis anterior (Abb. **G-4.11a** und Abb. **G-4.11b**).

In der 5. bis 7. Woche der Embryonalentwicklung bilden sich zusätzlich drei weitere Venensysteme aus: **Supra-**, **Sub-** und **Sakrokardinalvenen**. Die Suprakardinalvenen (**Venae supracardinales**) ersetzen die vorderen Kardinalvenen und entwickeln sich zum Azygos-System.

4.6.2 Venöse Gefäße – Differenzierung des Kardinalvenensystems

Die großen mediastinalen Venen gehen aus den Kardinalvenen (Vv. cardinales) hervor (Abb. **G-4.11**).

⊙ **G-4.11** **Entwicklung der großen Körpervenen aus den Kardinalvenen**

(nach Sadler)
a Kardinalvenensystem während der Embryonalentwicklung zwischen der 5. und 7. Entwicklungswoche in der Ansicht von ventral
b und von lateral
c sowie zum Zeitpunkt der Geburt in der Ansicht von ventral.

Bauch- und Beckenraum – Gliederung

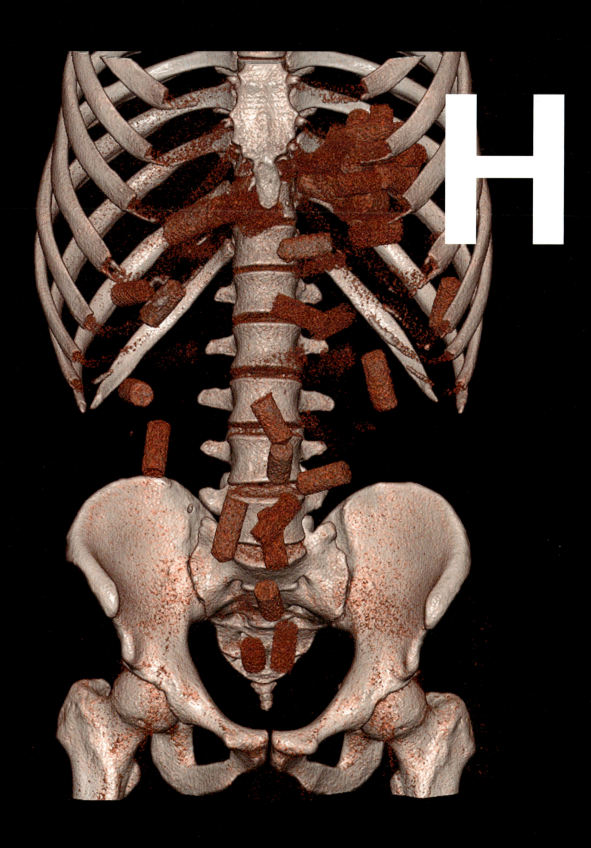

Ein junger Mann geriet beim Schweizer Zoll unter Verdacht, ein Drogenkurier zu sein. Mit Hilfe der Computertomografie konnten im Magen, im Dünn- und Dickdarm insgesamt 56 Drogenpäckchen klar identifiziert werden.

© Lugano Regional Hospital, Switzerland. www.siemens.com/presse

1 Peritoneal- und Lageverhältnisse der Organe im Bauch- und Beckenraum 647

2 Entwicklung der Peritonealverhältnisse 664

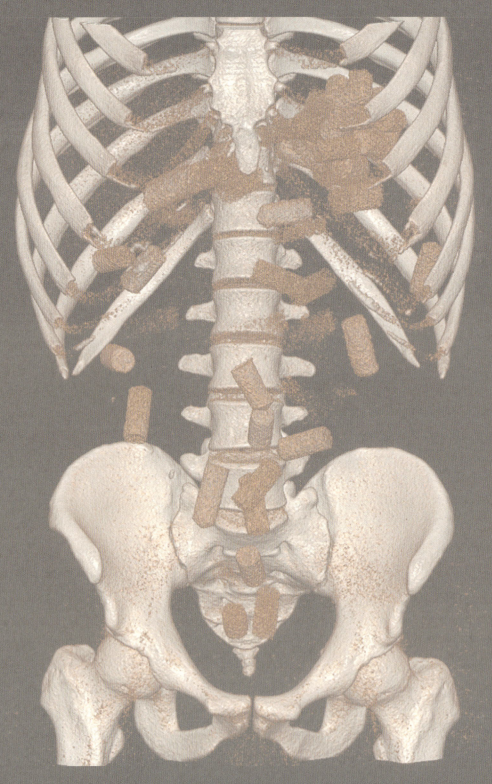

1 Peritoneal- und Lageverhältnisse der Organe im Bauch- und Beckenraum

© PhotoDisc

1.1	Einführung	647
1.2	Gliederung des Bauch-Becken-Raums	648
1.3	Peritoneum und seine Beziehung zu Organen	651
1.4	Peritonealverhältnisse in der Cavitas peritonealis	652
1.5	Kleines Becken	661

J. Kirsch

1.1 Einführung

▶ **Definition.** Anders als bei der Brusthöhle (S. 533) haben sich für die **Bauch-** und **Beckenhöhle** auch die Bezeichnungen **Bauch-** und **Beckenraum** eingebürgert, sodass im Folgenden für diese topografischen Körperhöhlen (S. 521) die Begriffe synonym verwendet werden. Im Unterschied hierzu bezeichnet der Begriff **Peritonealhöhle** den von Peritoneum begrenzten kapillaren Spalt (s. u.).

Während die Bauchhöhle (**Cavitas abdominalis**) gegen die Brusthöhle (**Cavitas thoracis**) durch das Zwerchfell (Diaphragma) klar abgegrenzt ist, geht sie ohne Trennung durch anatomische Strukturen in die Beckenhöhle (**Cavitas pelvis**) über. Eine Unterteilung erfolgt lediglich nach topografischen Gesichtspunkten, nach denen die Linea terminalis (S. 328) die Grenze zwischen der kranialen Bauch- und der kaudal gelegenen Beckenhöhle darstellt.

▶ **Klinik.** Das klinische Bild des „akuten Abdomens" verdeutlicht, dass der Bauch als Körperabschnitt zwischen Thorax und Becken nicht streng von Letzterem zu trennen ist. Man versteht unter dem **akuten Abdomen** einen typischen Symptomkomplex, der durch unterschiedliche akute Prozesse innerhalb der als Einheit anzusehenden Bauch-Becken-Höhle verursacht wird: Starke abdominelle Schmerzen sind gepaart mit „Abwehrspannung", d. h. bereits bei vorsichtiger Palpation der Bauchdecke ist diese durch Verkrampfung der Bauchmuskulatur „bretthart". Die Störung der Darmfunktion/-entleerung kann bis zur vollständigen Lähmung der Peristaltik reichen und ist als Veränderung gegenüber physiologischen Darmgeräuschen mit dem Stethoskop auskultierbar. Der betroffene Patient zeigt sich stets in schlechtem Allgemeinzustand, evtl. mit Fieber. Zugrunde liegen können **Entzündungen**, z. B. Appendizitis (S. 714), akute Cholezystitis (S. 745), Divertikulitis (S. 715), akute Pankreatitis (S. 750), **Perforation**, z. B. Wanddurchbruch, häufig auf dem Boden eines Magen- (S. 698) oder Zwölffingerdarmgeschwürs sowie **Verschluss** eines Hohlorgans, z. B. Darmverschluss = Ileus, Verlegung der Gallenwege (S. 743) oder des Harnleiters (S. 778). Häufig gibt bereits die Schmerzcharakteristik einen Hinweis auf mögliche Ursachen, bei denen neben o. g. auch Störungen der viszeralen Durchblutung und gynäkologische Erkrankungen in Betracht gezogen werden sollten. Aufgrund der drohenden Gefahr von Kreislaufstörungen und Schock erfordert das akute Abdomen immer eine zügige Abklärung.

1.1 Einführung

▶ **Definition.**

Bauch- (**Cavitas abdominalis**) und Beckenhöhle (**Cavitas pelvis**) bilden eine funktionelle Einheit: Die Linea terminalis (S. 328) bildet die topografische Grenze zwischen beiden Höhlen.

▶ **Klinik.**

1.2 Gliederung des Bauch-Becken-Raums

Der als Einheit anzusehende Raum kann untergliedert werden:
- anhand des Peritoneums
- in transversale Stockwerke
- in frontale Schichten

Eine weitere Zuordnung wird durch die Einteilung der Bauchwand in Quadranten erreicht.

Einteilung durch das Peritoneum: in folgende Anteile (Abb. **H-1.1**):
- Die **Peritonealhöhle** ist ein kapillarer Verschiebespalt zwischen den intraperitonealen Organen (Tab. **H-1.3**) und der von parietalem Peritoneum ausgekleideten Wand.
- Das **Spatium extraperitoneale** wird unterteilt in das dorsal gelegene **Spatium retroperitoneale** und die kaudal gelegenen **Spatia retropubicum** und **retroinguinale** (früher zusammengefasst als **Spatium subperitoneale**). Hier liegen die extraperitonealen Organe (Tab. **H-1.3**).

1.2 Gliederung des Bauch-Becken-Raums

Eine Untergliederung dieser als Einheit anzusehende Räume erfolgt nach verschiedenen Gesichtspunkten:
- Durch den Verlauf des **Bauchfells** (**Peritoneum**) kann anatomisch ein intraperitonealer von einem extraperitonealen Anteil unterschieden werden.
- Die Unterteilung in **transversale Stockwerke** oder
- **frontale Schichten** ist hinsichtlich der Lagebeschreibung einzelner Organe innerhalb des Bauch-Becken-Raumes und ihrer Beziehung zueinander hilfreich.

Eine weitere Zuordnung ist mit Hilfe der Organprojektion auf Regionen der Bauchwand (S. 323) bzw. deren Einteilung in Quadranten möglich.

Einteilung durch das Peritoneum: Durch den Verlauf des Bauchfells unterscheidet man folgende Anteile (Abb. **H-1.1**):
- **Cavitas peritonealis** (**abdominis** bzw. **pelvis** je nach Lage kranial oder kaudal der Linea terminalis), die **Peritonealhöhle**. Sie ist wie die Perikard- und Pleurahöhle keine Höhle im eigentlichen Wortsinn, sondern vielmehr ein Komplex aus sich dauernd verändernden, kapillaren Verschiebespalten zwischen den intraperitoneal gelegenen Organen (Tab. **H-1.3**) und den von Peritoneum parietale ausgekleideten Wänden der Peritonealhöhle.
- Spatium extraperitoneale (abdominis bzw. pelvis), ein Bindegewebsraum der sich als **Spatium retroperitoneale** (S. 765) zwischen der dorsalen Leibeswand und dem ventral angrenzenden parietalen Peritoneum (s. u.) befindet und kaudal in das **Spatium retroinguinale** (S. 662) und das Spatium retropubicum übergeht. Früher wurden beide Spatia zum Spatium subperitoneale zusammengefasst. Im Spatium extraperitoneale liegen die primär und sekundär retroperitonealen sowie die subperitonealen Organe (Tab. **H-1.3**).

⊙ H-1.1 Peritonealhöhle im Bauch- und Beckenraum

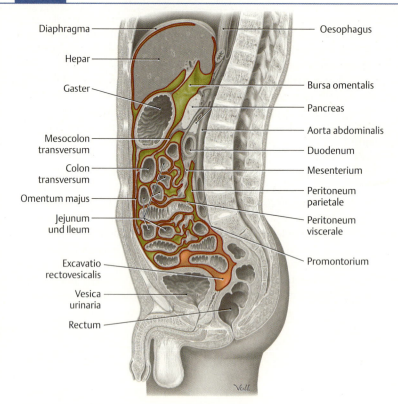

Mediansagittalschnitt: Die Cavitas peritonealis ist lediglich topografisch in einen Bauch- und einen Beckenanteil untergliedert (farblich unterschiedlich markiert). Dorsal und kaudal der Peritonealhöhle erstreckt sich das Spatium extraperitoneale.
(Prometheus LernAtlas. Thieme, 3. Aufl.)

H 1.2 Gliederung des Bauch-Becken-Raums

Einteilung in transversale Stockwerke: Abhängig von ihrer Lage zu einer horizontal durch den Nabel gezogenen Linie können die Organe in der Bauchhöhle dem **Ober-** bzw. dem **Unterbauch** zugeordnet werden. Hierbei ist allerdings zu beachten, dass das Colon transversum trotz seiner Lokalisation im Oberbauch funktionell dem Unterbauch zuzurechnen ist. Oft wird auch das Querkolon als Grenze zwischen Ober- und Unterbauch angesehen. Da es sich jedoch in unterschiedlicher Höhe befinden kann und darüber hinaus von außen nicht sichtbar ist, eignet sich die Orientierung anhand der Nabellinie in der Praxis besser.

Zusammen mit der Beckenhöhle (Beginn: Linea terminalis) ergibt sich so eine Einteilung in drei transversale „Stockwerke" (Tab. **H-1.1**). Letztere stehen in keinem Zusammenhang mit den gelegentlich auch als „Beckenstockwerke" bezeichneten Etagen des kleinen Beckens (S. 661).

Einteilung in transversale Stockwerke: Die Bauchorgane werden durch ihre Lage zu einer horizontal durch den Nabel gezogenen Linie dem Ober- oder Unterbauch zugeordnet. Trotz seiner Lage im Oberbauch ist das Querkolon funktionell dem Unterbauch zuzurechnen.

Mit den Beckenorganen ergeben sich 3 Stockwerke (Tab. **H-1.1**).

≡ H-1.1	Einteilung der Bauch- und Beckenhöhle in transversale Stockwerke
Stockwerk	**Organe**
Oberbauch	▪ Magen (S. 693)
	▪ Duodenum (S. 705)
	▪ Leber (S. 734), Gallenwege (S. 742) und Gallenblase (S. 744)
	▪ Pankreas (S. 748)
	▪ Milz (S. 184)
Unterbauch	▪ Jejunum und Ileum (S. 708)
	▪ Zäkum und Teile des Kolons (S. 712)
kleines Becken	▪ Rektum (S. 719)
	▪ Harnblase (S. 779)
	▪ Endabschnitte der Ureteren
	▪ ♀ Uterus (S. 799), Tuben (S. 797), Ovarien (S. 795), Vagina (S. 805)
	▪ ♂ Ductus deferens (S. 831), Prostata (S. 833), Glandula vesiculosa (S. 832)

≡ H-1.1

▶ **Merke.** Die Einteilung in Ober- und Unterbauch wird im klinischen Alltag häufig benutzt. Sie bezieht sich lediglich auf die Lage eines Organs oder das Auftreten von Schmerzen in Bezug zur horizontalen Linie durch den Nabel und nicht auf die Zugehörigkeit eines Organs zum oberen oder unteren Gastrointestinaltrakt.

▶ Merke.

Einteilung in frontale Schichten: Man unterscheidet drei von ventral nach dorsal aufeinander folgende Schichten (Tab. **H-1.2**), die z. B. bei der Planung und Durchführung chirurgischer Eingriffe von Bedeutung sein können.

Einteilung in frontale Schichten: Von ventral nach dorsal unterscheidet man 3 Schichten (Tab. **H-1.2**).

H 1 Peritoneal- und Lageverhältnisse der Organe im Bauch- und Beckenraum

≡ H-1.2 Einteilung der Bauchhöhle in frontale Schichten

Schicht	Organsystem	Organe	Ansicht in Projektion auf die ventrale Bauchwand*
ventrale Schicht	Verdauungssystem	hepatobiliäres System: ■ Leber ■ Gallenwege ■ Gallenblase Gastrointestinaltrakt: ■ Magen ■ Jejunum ■ Ileum ■ Colon transversum	
	Urogenitalsystem	■ Harnblase	
mittlere Schicht	Verdauungssystem	■ Pankreas ■ Duodenum ■ Colon ascendens und descendens	
	Lymphatisches System	■ Milz	
	Urogenitalsystem	■ Uterus ■ Tuben ■ Ovarien	
dorsale Schicht	Herz-Kreislauf-System	■ große Gefäße	
	Urogenitalsystem	■ Nieren ■ Ureteren	
	Endokrines System	■ Nebennieren	

* Zur Einteilung der ventralen Bauchwand in Quadranten und andere klinisch gebräuchliche Regionen (S. 323). Die Harnblase gehört zur ventralen Schicht, ist hier aber im Zusammenhang mit den Harnorganen dargestellt und fehlt in a.
Abbildungen aus Prometheus LernAtlas. Thieme, 3. Aufl.

1.3 Peritoneum und seine Beziehung zu Organen

1.3.1 Peritoneum (Bauchfell)

▶ **Definition.** Das Peritoneum (gr.: das Herum- oder Ausgespannte) ist die **seröse Haut** der innerhalb von Bauch- und Beckenraum gelegenen Peritonealhöhle.

Funktion und Aufbau: Es entspricht in Funktion und Feinbau anderen serösen Häuten (S. 523). Man unterscheidet auch hier zwischen einem die intraperitonealen Organe (s. u.) überziehenden Blatt (**Peritoneum viscerale**), und dem Wand auskleidenden **Peritoneum parietale**. Die als Transsudat entstehende **Peritonealflüssigkeit** (50–70 ml) dient der besseren Verschieblichkeit der intraperitoneal gelegenen Organe untereinander und gegenüber den Wänden der Peritonealhöhle. Dies ist hier besonders wichtig, da, anders als bei Herz und Lunge, nicht nur ein Organ von der Serosa umhüllt wird. Die von Peritoneum überzogenen Organe unterliegen zwar nicht so schnellen Volumenänderungen wie die beiden Organe der Brusthöhle mit Serosaüberzug, jedoch liegen viele Organe mit wechselnden Füllungszuständen dicht beieinander. Auch in der Peritonealhöhle genügen wenige Milliliter Peritonealflüssigkeit, um ein Gleiten der Organe gegeneinander zu ermöglichen; gesteigerte Flüssigkeitsansammlungen = **Aszites** (S. 526).
Die Oberfläche des Peritoneums beträgt beim Erwachsenen ca. 2 m^2 und entspricht damit in etwa der Körperoberfläche. Lymphkapillaren im Peritoneum stehen über spezielle Öffnungen (**Stomata**) direkt mit der Peritonealhöhle in Verbindung

▶ **Klinik.** Die große Oberfläche in Verbindung mit den außerordentlich guten resorptiven Eigenschaften des Peritoneums hat zur Folge, dass jede bakterielle Infektion der Bauchhöhle (**Peritonitis**) sehr gefährlich ist: Bakterielle Toxine (z. B. Lipopolysaccharide in der Wand bestimmter Bakterien = Endotoxine) können rasch in den Kreislauf gelangen und dort zu einem **Kreislaufversagen** (Endotoxinschock) führen.
Als Folge einer Peritonitis oder nach chirurgischen Eingriffen in die Bauchhöhle kann es zu **Verwachsungen** und zu Verklebungen der Peritonealblätter kommen, die zu Schmerzen und sogar zu einem **Darmverschluss** (**Ileus**) führen können.

Die als Maculae lacteae (S. 526) bezeichneten Ansammlungen von Makrophagen und anderen Abwehrzellen sind im Omentum majus (S. 657) besonders zahlreich, wodurch es besonders effektiv auf lokale entzündliche Prozesse reagieren kann.

Innervation: Das Peritoneum parietale ist im Gegensatz zum viszeralen Peritoneum sensibel innerviert. Mit Ausnahme der Unterseite des Zwerchfells, wo das Peritoneum parietale über den **N. phrenicus** (S. 638) sensibel innerviert wird, verlaufen die sensiblen Fasern in den segmentalen Nerven, den **Nervi spinales** (S. 206). Im viszeralen Peritoneum finden sich neben efferenten autonomen Nervenfasern, relativ viele freie Nervenendigungen, Mechanorezeptoren sowie viszeroafferente Nervenfasern. Dennoch ist unklar, warum das viszerale Peritoneum nahezu schmerzunempfindlich ist.

▶ **Klinik.** Lokal entzündliche Prozesse, z. B. Magen- (S. 698) oder Zwölffingerdarmgeschwür, Appendizitis (S. 714) oder Cholezystitis (S. 745), greifen, sobald sie das Peritoneum viscerale erreichen, leicht auf das Peritoneum parietale über. Wegen der guten sensiblen Innervation des parietalen Peritoneums ist eine Peritonitis daher immer äußerst schmerzhaft und geht mit einer Erhöhung der Abwehrspannung der Bauchdecken einher.

1.3 Peritoneum und seine Beziehung zu Organen

1.3.1 Peritoneum (Bauchfell)

▶ **Definition.**

Funktion und Aufbau: des Bauchfells, bei dem man **Peritoneum viscerale** und **parietale** unterscheidet, entsprechen denen anderer seröser Häute (S. 523). Durch die besondere Anordnung vieler Organe mit wechselndem Füllungszustand in der Bauchhöhle ist deren Verschieblichkeit gegeneinander besonders wichtig. Sie wird durch die **Peritonealflüssigkeit** gewährleistet, vgl. Aszites (S. 526).

Die Oberfläche des Peritoneums entspricht etwa der des Körpers.

▶ **Klinik.**

Innervation: Das Peritoneum parietale ist im Gegensatz zum viszeralen Peritoneum sensibel innerviert: Nn. spinales (S. 206) und N. phrenicus (S. 638).

▶ **Klinik.**

1.3.2 Lagebeziehung der Organe zum Peritoneum

Die Lage wird hinsichtlich der Peritonealbeziehung charakterisiert (Tab. **H-1.3**)

1.3.2 Lagebeziehung der Organe zum Peritoneum

Die Lage der Organe im Bauch- und Beckenraum wird in Bezug zum Peritoneum unterschieden (Tab. **H-1.3**).

☰ H-1.3	Lagebeziehung der Bauch- und Beckenorgane zum Peritoneum		
Lage	**Peritonealbezug**	**Organe**	**schematische Darstellung**
intraperitoneal = innerhalb der Peritonealhöhle gelegen (①)	Das jeweilige Organ ■ ist allseits vom Peritoneum viscerale überzogen ■ mit dem Spatium extraperitoneale über ein „Meso" verbunden	■ **Cavitas peritonealis abdominis:** Magen, Jejunum, Ileum, Colon transversum, Colon sigmoideum, Leber, Milz ■ **Cavitas peritonealis pelvis:** Uterus, Tuben, Ovarien	
extraperitoneal* = außerhalb der Peritonealhöhle gelegen	Das jeweilige Organ		**Horizontalschnitt auf der Höhe der LWS in der Ansicht von kranial.** Die Peritonealhöhle ist hier lediglich zur Verdeutlichung als weiter Hohlraum dargestellt, entspricht jedoch in situ vielmehr einem kapillaren Spalt.
■ **retroperitoneal** = im Retroperitonealraum (Spatium retroperitoneale) → „hinter" dem Peritoneum parietale	■ ist ventral (meist nur teilweise) von Peritoneum parietale überzogen	■ **primär retroperitoneal** (②): Niere, Nebenniere, Ureter ■ **sekundär retroperitoneal** (③)**: Pankreas, Duodenum, Colon ascendens und descendens	
■ **subperitoneal** = im Subperitonealraum (Spatia retroinguinale und retropubicum)→ „unter" dem Peritoneum parietale	■ ist auf seiner Oberseite von Peritoneum parietale überzogen	■ Harnblase, Rektum ■ ♂: Prostata, Glandula vesiculosa ■ ♀: Cervix uteri	

*Manchmal wird der Begriff „extraperitoneal" auch im Sinne von „ohne Kontakt zum Peritoneum" verwendet.

Da manche Organe durch Umlagerungen während der Embryonalentwicklung von einer ursprünglich intraperitonealen in eine retroperitoneale Lage kommen, spricht man in diesem Fall von einer **sekundär retroperitonealen Lage. Meist ist die ventrale Seite dieser Organe von Peritoneum viscerale überzogen.

1.4 Peritonealverhältnisse in der Cavitas peritonealis

1.4.1 Mesos intraperitonealer Organe

Von Peritoneum überzogene bindegewebige Platten verbinden die intraperitonealen Organe mit der dorsalen Abdominalwand. Sie werden nach dem jeweiligen Organ benannt, dem die Vorsilbe **„Mes"** oder **„Meso"** vorangestellt wird oder als **Ligament** bezeichnet. Am Übergang vom viszeralen zum parietalen Peritoneum liegt die **Mesenterialwurzel (Radix)**, über die Leitungsbahnen an die jeweiligen Organe herantreten.

1.4 Peritonealverhältnisse in der Cavitas peritonealis

1.4.1 Mesos intraperitonealer Organe

Die besondere Anordnung der intraperitonealen Organe, die gemeinsam in einer serösen Höhle liegen und über bindegewebige, von Peritoneum überzogenen Platten mit der rückseitigen Wand der Abdominalhöhle verbunden sind, ermöglicht ihnen zum einen **Halt**, zum anderen aber auch eine gewisse **Beweglichkeit** gegeneinander. Die von Peritoneum überzogenen Bindegewebsplatten werden nach dem jeweiligen Organ bzw. Organabschnitt benannt, dem die Silbe **„Mes"** oder **„Meso"** vorangestellt ist, oder (nach Abschluss der Umlagerungen während der Embryonalperiode) als **Ligamentum** (**Band**) bezeichnet.

Mesenterium bezeichnet also z. B. die Befestigung des Dünndarms, Mesocolon transversum die des Querkolons in der Abdominalhöhle. Da beide Seiten der Bindegewebsplatten von Peritoneum überzogen sind, werden sie auch als Duplikaturen bezeichnet. Der Übergang vom viszeralen zum parietalen Peritoneum erfolgt an der Stelle, wo das Meso auf die rückwärtige Wand der Abdominalhöhle trifft. Diese Stelle wird bei Jejunum und Ileum als **Radix mesenterii** (**Mesenterialwurzel**) bezeichnet. Durch die Radix treten die Leitungsbahnen zur Versorgung des Mesos und des entsprechenden Organs bzw. Organabschnitts ein.

In der Beckenhöhle entstehen die Mesos durch das Einwachsen ursprünglich extraperitoneal angelegter Organe (Uterus und Adnexe), die sich beim Einwachsen in die Beckenhöhle vorwölben und das sie umgebende Bindegewebe zu Mesos ausziehen.

H 1.4 Peritonealverhältnisse in der Cavitas peritonealis

H-1.2 Mesos des Darms

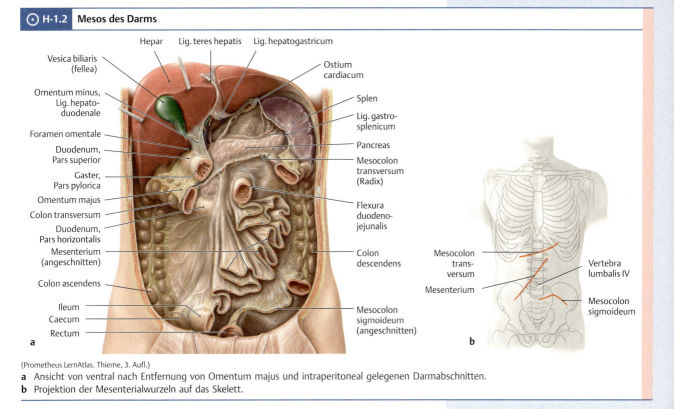

(Prometheus LernAtlas. Thieme, 3. Aufl.)
a Ansicht von ventral nach Entfernung von Omentum majus und intraperitoneal gelegenen Darmabschnitten.
b Projektion der Mesenterialwurzeln auf das Skelett.

1.4.2 Recessus der Peritonealhöhle

▶ Definition. Unter einem **Recessus** versteht man im Allgemeinen die **Ausbuchtung eines Hohlraums**, wobei diese im Falle der Peritonealhöhle recht vielgestaltig sind.

Man unterscheidet hier folgende Recessus:
- Ausbuchtungen an der Hinterwand der Peritonealhöhle, die durch den Übergang eines Darmabschnitts von retro- nach intraperitoneal (oder umgekehrt) entstehen (z. B. Recessus duodenojejunalis superior und inferior, Abb. **H-1.3**).

▶ Klinik. Wenn die relativ frei beweglichen Darmschlingen in diesen Recessus eingeklemmt werden (sog. **„innere Hernie"**, bei Einklemmung in einen der Recessus duodenalis als **Treitz-Hernie** bezeichnet), kommt es zu einer beeinträchtigten Passage des Darminhalts. In schweren Fällen kann es zu einem lebensbedrohlichen **Darmverschluss** (**mechanischer Ileus**) kommen. Werden dabei auch die Leitungsbahnen des eingeklemmten Darmsegments abgeklemmt, spricht man von einem **Strangulationsileus**. Bei einer Abklemmung der Blutzufuhr kommt es durch Sauerstoffmangel im Versorgungsbereich des entsprechenden Blutgefäßes zu einer **Nekrose** des betroffenen Darmabschnitts: Durch diesen pathologischen Untergang des Gewebes werden zahlreiche Mediatoren für Entzündungsprozesse und ggf. auch Toxine und Bakterien freigesetzt, die zu einer Peritonitis (S. 651) führen können.

- Drainageräume, die als unvollständig gegeneinander abgegrenzte Räume zwischen den Anheftungsstellen der Organe und Organen bzw. Organabschnitten anzusehen sind (z. B. Recessus hepatorenalis, Recessus intersigmoideus) werden ebenfalls als Recessus oder Sulci bezeichnet. Sie sind mit Peritonealflüssigkeit gefüllt, die in diesen kapillaren Spalten frei zirkulieren kann.

1.4.2 Recessus der Peritonealhöhle

▶ Definition.

Man unterscheidet folgende Recessus:
- Ausbuchtungen des Peritoneums am Übergang eines Darmabschnitts von retro- zu intraperitonealer Lage (Abb. **H-1.3**).

▶ Klinik.

- Drainageräume zwischen Anheftungsstellen der Organe und den Mesenterialwurzeln werden als Recessus oder Sulci bezeichnet. Sie sind mit Peritonealflüssigkeit gefüllt.

- Weiterhin können auch weitgehend abgegrenzte Nebenräume der Peritonealhöhle (wie z. B. die Bursa omentalis, s. u.) sowie die Excavatio rectouterina = Douglas-Raum (S. 658) und die Excavatio rectovesicalis als Recessus angesehen werden.

⊙ H-1.3 Recessus der Peritonealhöhle

Bezeichnung		Lage	
Recessus der Hinterwand der Peritonealhöhle			
Recessus duodenalis	superior	kranial	der Flexura duodenojejunalis
	inferior	kaudal	
Recessus ileoceacalis	superior	kranial	am ileozäkalen Übergang
	inferior	kaudal	
Recessus retrocaecalis		von kaudal hinter dem Zäkum	
Recessus als „Drainageräume"			
parietokolischer Spalt	links	links des Colon descendens	
	rechts	rechts von Caecum und Colon ascendens	
mesenterokolischer Spalt	links	zwischen Radix mesenterii und Colon descendens und sigmoideum	
	rechts	zwischen Radix mesenterii und Colon ascendens	
Recessus intersigmoideus		von kaudal hinter dem Mittelteil des Sigmoids	
Recessus hepatorenalis		zwischen Leber und rechter Niere/Nebenniere	
Recessus subhepaticus		zwischen Leber und Colon transversum	
Recessus subphrenici		paarig unter dem Zwerchfell	

Recessus der Peritonealhöhle siehe Abb. **H-1.5a**, Recessus als „Drainageräume" siehe Abb. **H-1.5b**.

▶ Klinik.

▶ Klinik. Bei vermehrter Produktion von Peritonealflüssigkeit, sog. **Aszites** (S. 526), oder **intraabdominellen Blutungen** (z. B. nach stumpfem Bauchtrauma) sammeln sich diese Flüssigkeiten beim liegenden (!) Patienten bevorzugt im Recessus hepatorenalis (dem beim auf dem Rücken liegenden Patienten tiefsten Punkt der Bauchhöhle), wo sie sonografisch nachgewiesen werden können (s. Abb. **H-1.4**). Der **Recessus hepatorenalis** wird in der Klinik als **„Morrison Pouch"** bezeichnet.

⊙ H-1.4 Flüssigkeit im Morrison Pouch

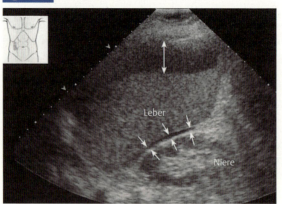

H-1.5 Recessus der Peritonealhöhle

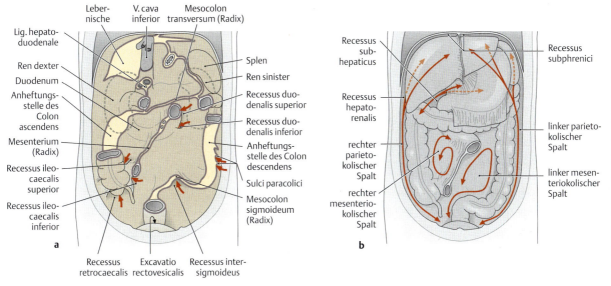

(Prometheus LernAtlas. Thieme, 3. Aufl.)
a Recessus an der dorsalen Wand der Peritonealhöhle.
b Drainageräume innerhalb der Peritonealhöhle.

1.4.3 Peritonealverhältnisse in der Cavitas peritonealis abdominis

Da sich die Peritonealverhältnisse beim Erwachsenen aus den zahlreichen entwicklungsbedingten Drehungen und Umlagerungen herleiten, ist die Kenntnis dieser Vorgänge für das Verständnis sehr hilfreich, s. Kap. Entwicklung des Oberbauchsitus (S.666). Im Folgenden werden die topografischen Bezüge, die sich aus diesen Prozessen ergeben, beschrieben. Details zu den Peritonealbezügen der einzelnen Organe der Bauchhöhle sind in den entsprechenden Kapiteln zu finden.

Bursa omentalis

Die Bursa omentalis (Tab. **H-1.4** und Abb. **H-1.6**) kann als der größte intraperitoneale Recessus aufgefasst werden. Sie stellt einen kapillaren Nebenraum der Cavitas peritonealis dar, der durch die Umlagerung ursprünglich intraperitonealer Bauchorgane entstanden ist. Einziger natürlicher Zugang (2–3 cm Ø) zur Bursa omentalis ist das **Foramen omentale** zwischen dem rechten Rand des Lig. hepatogastricum und der Pars superior duodeni. Von hier aus gelangt man in das **Vestibulum bursae omentalis** und weiter in den **Hauptraum**, der zwischen dem Lig. hepatogastricum bzw. der Magenhinterwand und dem Peritoneum parietale über der linken Nebenniere und dem Pankreas liegt.

Der Hauptraum vergrößert sich zu **drei Recessus**, nach links zu dem **Recessus splenicus**, nach kranial zum **Recessus superior** und nach kaudal zum **Recessus inferior** bursae omentalis zwischen Magen und Colon transversum. Bis ins Kindesalter hinein kann dieser Recessus noch weit zwischen die beiden Blätter des Omentum majus (s. u.) nach kaudal reichen.

Da das Pankreas unmittelbar dorsal des Hauptraumes der Bursa omentalis liegt, spielen die operativen Zugangswege zur Bursa (Tab. **H-1.5**) eine Rolle bei der Pankreaschirurgie.

1.4.3 Peritonealverhältnisse in der Cavitas peritonealis abdominis

Im Folgenden sind die topografischen Bezüge beschrieben, die sich aus den entwicklungsbedingten Umlagerungen ergeben (S.666).

Bursa omentalis

Die Bursa omentalis (Tab. **H-1.4** und Abb. **H-1.6**) ist ein Nebenraum der Peritonealhöhle. Ihre Vorderwand bildet das Omentum minus (s. u.) zusammen mit der Magenrückwand. Einziger natürlicher Zugang ist das **Foramen omentale**. Dieses liegt zwischen dem Unterrand des Lig. hepatogastricum und der Pars superior duodeni. Die Bursa omentalis gliedert sich in **Vestibulum** und einen Hauptraum mit **drei Recessus**.

Operative Zugangswege zur Bursa omentalis (Tab. **H-1.5**) spielen eine Rolle für die Pankreaschirurgie.

H-1.4 Begrenzungen der Bursa omentalis

Seite	den Hauptraum der Bursa begrenzende Strukturen		
	Fortsetzung	Organ	Bindegewebsstrukturen und Gefäße
ventral	–	▪ Magen (Hinterwand)	▪ Omentum minus ▪ Lig. gastrocolicum

dorsal	–	▪ Pankreas
		▪ linke Niere (oberer Pol)
		▪ linke Nebenniere
			▪ Aorta abdominalis
			▪ Truncus coeliacus:
			  – A. splenica
			  – A. hepatica propria im Lig. hepatoduodenale
			  – A. gastrica sinistra in der Plica gastropancreatica

kranial	Recessus superior bursae omentalis	▪ Leber (Lobus caudatus)	–
kaudal	Recessus inferior bursae omentalis	▪ Colon transversum	▪ Mesocolon transversum
links	Recessus splenicus bursae omentalis	▪ Milz	▪ Lig. gastrosplenicum
rechts	Vestibulum bursae omentalis	▪ Leber ▪ Duodenum (Bulbus duodeni)	–

H-1.6 Bursa omentalis im Oberbauchsitus

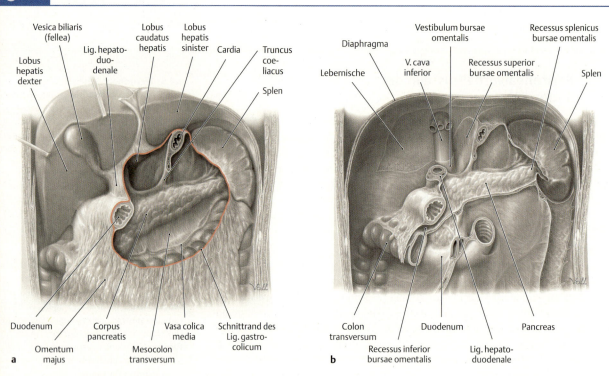

(Prometheus LernAtlas. Thieme, 3. Aufl.)

a Begrenzungen der Bursa omentalis in der Ansicht von ventral nach Durchtrennung des Lig. gastrocolicum und Entfernung des Magens mit den Gefäßen an der großen Kurvatur (nicht dargestellt) Schnittrand rot.
b Recessus der Bursa omentalis nach zusätzlicher Entfernung von Leber, Jejunum und Teilen des Kolons.

H 1.4 Peritonealverhältnisse in der Cavitas peritonealis

657

☰ H-1.5	Zugangswege zur Bursa omentalis	
Zugangsweg	**Lage**	**Ansicht**
von rechts lateral durch das Foramen omentale (einziger natürlicher Zugang, (①)	zwischen rechtem Rand des Lig. hepatogastricum und der Pars superior duodeni	
von ventral nach Durchtrennung des Omentum minus (②)	zwischen kleiner Kurvatur des Magens und Leber	
von ventral nach Durchtrennung des Lig. gastrocolicum (③)	zwischen großer Kurvatur des Magens und Colon transversum	
von kaudal nach Durchtrennung des Mesocolon transversum (④)	zwischen Colon transversum und hinterer Bauchwand	

Bursa omentalis
Mediansagittalschnitt von links lateral.*

* zur Kennzeichnung einzelner Strukturen vgl. Abb. **H-1.1**
Abbildung aus Prometheus LernAtlas. Thieme, 3. Aufl.

Omentum minus (kleines Netz)

► **Definition.** Das Omentum minus (Abb. **H-1.7**) ist eine Peritonealduplikatur zwischen Leber und kleiner Magenkurvatur sowie dem Anfangsteil des Duodenums, das sich in unterschiedliche Anteile gliedert (Ligamenta hepatoduodenale und hepatogastricum).

Das entwicklungsgeschichtlich aus dem Mesogastrium ventrale (S.667) hervorgehende Omentum minus spannt sich zwischen der den Bauchorganen zugewandten Leberfläche, der Facies visceralis (S.735), und der kleinen Kurvatur, sog. Curvatura minor des Magens (S.693), sowie dem Anfangsteil des Duodenums (S.705) aus.
Der kraniale Teil des Omentum minus wird **Ligamentum hepatogastricum** genannt. Er setzt sich aus einer **Pars densa** (kranial) und einer **Pars flaccida** (kaudal) zusammen. Im magennahen Teil verlaufen die Aa. gastrica dextra und sinistra.
Der untere Teil des Omentum minus wird **Ligamentum hepatoduodenale** genannt. In diesem verlaufen der Ductus choledochus, die V. portae und die A. hepatica propria (s. a. Tab. **H-2.1**).

Omentum majus (großes Netz)

► **Definition.** Das Omentum majus (Abb. **H-1.7**) ist eine mit Fettgewebe durchsetzte Serosaduplikatur, die ausgehend von der großen Magenkurvatur wie eine Schürze zwischen der Hinterseite der vorderen Bauchwand und den Dünndarmschlingen liegt. In Abhängigkeit von ihren topografischen Beziehungen haben die kranialen Anteile unterschiedliche Eigennamen.

Der Abschnitt des Omentum majus zwischen der großen Kurvatur des Magens und dem Colon transversum wird **Ligamentum gastrocolicum** genannt. Bei einer Durchtrennung des Lig. gastrocolicum links der Wirbelsäule gelangt man in den Recessus inferior der Bursa omentalis (s. o.). Im Bereich der Taenia omentalis (S.715) ist das Omentum majus mit dem Colon transversum verwachsen.
Der Anteil des Omentum majus zwischen Magenfundus und Zwerchfell wird **Ligamentum gastrophrenicum** genannt, der Teil zwischen großer Kurvatur und Milzhilum heißt **Ligamentum gastrosplenicum**.
Die Fortsetzung dieser peritonealen Ligamenta bis zur Rückwand der Peritonealhöhle wird **Ligamentum splenorenale** genannt (obwohl dieses Ligament nur zur Bauchhöhlenwand ventral der Niere zieht).

► **Merke.** Das Omentum majus ist aktiv an der Begrenzung und Isolierung entzündlicher Prozesse in der Bauchhöhle beteiligt. Meist kommt es dabei zu flächenhaften Verklebungen des Omentum majus mit dem Peritoneum viscerale oder parietale.

Omentum minus (kleines Netz)

► **Definition.**

Das Omentum minus reicht von der Facies visceralis der Leber (S.735) bis zur kleinen Kurvatur des Magens (S.693). Es gliedert sich in das kraniale **Lig. hepatogastricum** und das kaudale **Lig. hepatoduodenale**, in dem der Ductus choledochus, die V. portae und die A. hepatica propria verlaufen (s. a. Tab. **H-2.1**).

Omentum majus (großes Netz)

► **Definition.**

Der Abschnitt des Omentum majus zwischen Magen und Querkolon wird **Ligamentum gastrocolicum** genannt. Im Bereich der Taenia omentalis ist das Omentum majus mit dem Colon transversum verwachsen. Die Teile des Omentum majus zwischen Magenfundus und Zwerchfell bzw. großer Kurvatur und Milzhilum werden **Ligamentum gastrophrenicum** bzw. **gastrosplenicum** genannt.

► **Merke.**

H-1.7 Kleines und großes Netz

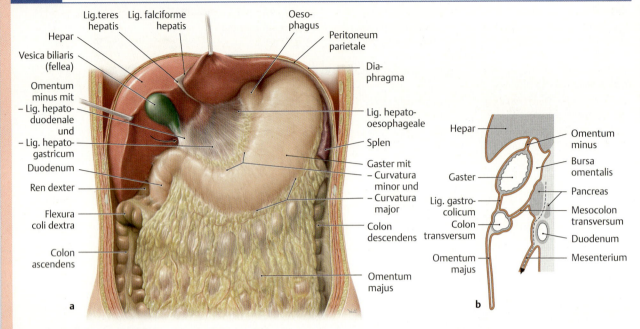

(Prometheus LernAtlas. Thieme, 3. Aufl.)
a Oberbauchsitus in der Ansicht von ventral mit Darstellung von Omentum minus, Magen und Omentum majus bei angehobener Leber. **Pfeil** im Foramen omentale (S. 655).
b Schematische Darstellung der Peritonealverhältnisse im Sagittalschnitt von links: Omentum minus und das Lig. gastrocolicum als oberer Anteil des Omentum majus sind an der Bildung der ventralen Wand der Bursa omentalis beteiligt. Die gestrichelte Linie deutet den Verlauf der A. mesenterica superior (S. 867) an.

1.4.4 Peritonealverhältnisse in der Cavitas peritonealis pelvis

Sie stellt eine Fortsetzung der abdominalen Peritonealhöhle dar. Das Peritoneum parietale überzieht Beckenwände und teilweise Beckenorgane (Harnblase und Uterus mit Adnexen), wo es als **Peritoneum urogenitale** bezeichnet wird. Die Peritonealverhältnisse im kleinen Becken unterscheiden sich zwischen männlichem und weiblichem Organismus (Abb. **H-1.8**).

▶ Merke.

Männliches Becken: Durch den Peritonealumschlag von der Harnblase auf das Rektum entsteht die **Excavatio rectovesicalis** (= tiefster Punkt der männlichen Peritonealhöhle).

Weibliches Becken: Bei der **Frau** entstehen durch den Uterus und seine Adnexe (Ovar und Tuben) mit Peritonealüberzug:
- **Excavatio vesicouterina** zwischen Harnblase und Uterus und
- **Excavatio rectouterina** (= tiefster Punkt der weiblichen Peritonealhöhle) zwischen Uterus und Rektum.

1.4.4 Peritonealverhältnisse in der Cavitas peritonealis pelvis

Die von Peritoneum ausgekleidete Cavitas peritonealis der Bauchhöhle geht kontinuierlich von kranial in die Peritonealhöhle des Beckens über und schafft somit eine Grenze zum kaudal gelegenen Spatium extraperitoneale pelvis (S. 648).
Das Peritoneum parietale der Bauchhöhle überzieht zu einem geringen Teil auch die Wände des kleinen Beckens und setzt sich als Peritonealüberzug auf die Beckenorgane fort, welche sich in die Cavitas peritonealis pelvis vorwölben. Das organständige Beckenbauchfell bezeichnet man als **Peritoneum urogenitale**. Allerdings unterscheiden sich die Peritonealverhältnisse von männlichem und weiblichem Organismus im kleinen Becken durch die hier liegenden Genitalorgane (Abb. **H-1.8**).

▶ Merke. Die geschlechtsspezifischen Unterschiede sowohl in der Peritonealhöhle des Beckens als auch im pelvinen Extraperitonealraum (S. 648) sind durch den Uterus und seine Adnexe, z. B. Tuba uterina (S. 797) und Ovar (S. 795), bedingt, die sich in einer gemeinsamen, frontal eingestellten Bindegewebsplatte zwischen Harnblase und Rektum befinden.

Männliches Becken: Beim Mann geht das Peritoneum zunächst von der Rückseite der vorderen Bauchwand auf den Scheitel (Apex) der Harnblase über. Von dort zieht das Peritoneum unter Bildung einer Bauchfelltasche von der Hinterwand der Harnblase auf die Vorderseite des Rektums. Dadurch entsteht die **Excavatio rectovesicalis**, der tiefste Punkt der Peritonealhöhle beim Mann.

Weibliches Becken: Durch die zwischen Harnblase und Rektum liegende frontal eingestellte Peritonealplatte mit Uterus und seinen Adnexen entstehen zwei mit Peritoneum ausgeschlagene Taschen:
- die **Excavatio vesicouterina** zwischen Harnblasenrück- und Uterusvorderwand sowie
- die **Excavatio rectouterina** zwischen Uterusrück- und Rektumvorderwand.

Tube und Ovar sind ebenfalls von Peritoneum überzogen. Einzelheiten zu den Peritonealbezügen der Beckenorgane sind im Abschnitt zur Harnblase (S. 779), zum Rektum (S. 719) und zum männlichen (S. 826) bzw. weiblichen Genitale (S. 794) beschrieben.

H 1.4 Peritonealverhältnisse in der Cavitas peritonealis

H-1.8 Peritonealverhältnisse im männlichen und weiblichem Becken

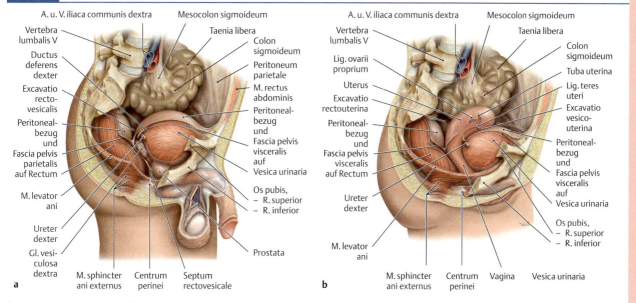

(Prometheus LernAtlas. Thieme, 3. Aufl.)
a Peritonealverhältnisse im männlichen
b und weiblichen Becken von rechts-lateral nach Entfernung des Bindegewebes im Extraperitonealraum.

▶ Klinik. Bei Erkrankungen innerhalb der Cavitas peritonealis können sich Flüssigkeiten (Aszites, Blut, Eiter) in der **Excavatio rectouterina** (klinisch als **Douglas-Raum** bezeichnet) absetzen. Bei malignen Erkrankungen kann die „Douglas-Flüssigkeit" Zellen enthalten, die zu diagnostischen Zwecken durch **Punktion des hinteren Scheidengewölbes** gewonnen werden können (Abb. **H-1.9**). Der Inhalt des Douglas-Raums kann durch **transvaginalen Ultraschall** dargestellt werden.

H-1.9 Flüssigkeit in der Excavatio rectouterina (Douglas-Raum)

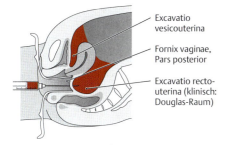

Blut im Bauch

„Bitte Schockraum besetzen!", kräht es während meiner kurzen Frühstückspause blechern aus dem kleinen abgegriffenen Kästchen in meiner Brusttasche. Für mein chirurgisches PJ-Tertial hatte ich ganz bewusst die Unfallchirurgie und Orthopädie des regionalen Lehrkrankenhauses gewählt, weil sie unter den Studenten unserer Uni einen guten Ruf wegen guter Dienstzeiten und ebenso guter Ausbildung genießt.

Zu meiner Ausbildung gehört neben der OP-Assistenz seit einer Woche auch die Tätigkeit in der Ambulanz, was mir nicht so gut von der Hand geht. Viele ungeduldige Patienten, wenig Spannendes und viel Zuschauen – nicht gerade mein Lieblingsarbeitsplatz. Aber man wird eben auch „mit" in den Schockraum alarmiert …, wenn denn ein Alarm kommt – so wie jetzt.

Ich lasse meinen Kaffee stehen und laufe aufgeregten Schritts in Richtung des besagten Raums, der gerade vom Anästhesisten aufgeschlossen wird. Die Oberärztin unserer Abteilung kommt um die Ecke, als mir siedend heiß einfällt, dass ich noch unser Sono-Gerät für die FAST-Sonografie (FAST = *focused Assessment with Sonography for Trauma*) aus der Ambulanz hätte mitbringen sollen! Aber sie hat es bereits selbst im Schlepptau und lächelt mich an: „Gestresst? Das geht gleich vorbei, wenn's ans Arbeiten geht, junger Kollege." Sie begrüßt die Anästhesie und fragt: „Wisst Ihr was Genaueres?"

„Naja …, der Meldung nach ist es ein junger Bauarbeiter, der irgendwie gefallen und mit kochendem Teer in Kontakt gekommen sein muss", erklärt der Anästhesist. „Anscheinend aber nicht intubiert und beatmet … Mal sehen, wer den wieder bringt!"

Kurz erklärt man mir noch, was ich tun kann und wo ich nicht im Weg bin, und dann geht auch schon die Tür auf und der Rettungsdienst bringt den Patienten herein.

Er liegt mit halb geschlossenen Augen flach atmend auf der Trage und ist im Brustbereich auffällig dick mit feuchten sterilen Kompressen bedeckt. Die Oberärztin beginnt gleich mit dem Body-Check (orientierende klinische Untersuchung von Kopf, Wirbelsäule, Thorax, Abdomen, Becken und Extremitäten). Sie blickt noch nicht einmal auf, als sie den Unfallhergang hört: Der junge Mann hat wohl beim Teeren eines Industriedachs den Deckel des Teertopfs angehoben und dabei ist ihm heißer Teer entgegengespritzt. Rückwärts taumelnd ist er vom Dach ca. 4 Meter in die Tiefe auf einen relativ weichen Sandhaufen gefallen. Anfangs habe er wohl noch adäquat geantwortet, sei auf der Fahrt aber zunehmend eingetrübt, als er „ein bisschen was gegen die Schmerzen" bekommen habe.

Der Anästhesist beschwert sich noch kurz, warum dann nicht gleich intubiert wurde – aber der Notarzt dreht sich einfach um und verlässt den Raum.

Schnell wird der Patient in Narkose gelegt, während meine Oberärztin den Schallkopf auf Oberbauch, rechte und linke Flanke und den Bereich oberhalb der Symphyse hält – die Stellen am Rumpf also, die ihr erlauben, die entscheidenden Strukturen zu beurteilen. „Sandmann, wir müssen sofort in den OP!", adressiert die Oberärztin ihren anästhesiologischen Kollegen. „Da steht 'ne Menge Blut im Bauch!" – „Geht klar", anwortet dieser. „Wir sind in 3 Minuten soweit. Ich geb OP 2 Bescheid, während Ihr Euch wascht!"

Auf dem Weg in die Umkleide fragt mich meine Oberärztin, was ich denn erkannt hätte beim FAST: „Naja …, Oberbauch gehört ja laut Lehrbuch nicht so dazu, aber linke und rechte Flanke mit Leber, Nieren, Milzloge und den parakolischen Rinnen hab ich erkannt …", lege ich los. „Und eine volle Blase. Aber wo war eigentlich das viele Blut?" Die Oberärztin schaut kurz irritiert. „Na, zwischen Blase und Rektum natürlich", gibt sie mir zur Antwort. Natürlich! Ich nicke eifrig und versuche rasch das Thema zu wechseln: „Hatte der Patient eigentlich so wenig Schmerzen, weil die Haut so tief verbrannt war?" – „Na, wie tief muss sie denn verbrannt sein, bis Analgesie eintritt?", kommt prompt die Gegenfrage. Klassisches Eigentor! Hätte ich doch jetzt nur den Aufbau der Haut parat … Aber da rettet mich die Tür zur Herrenumkleide …

1.5 Kleines Becken

▶ **Definition.** Als kleines Becken bezeichnet man nicht nur den Teil des knöchernen Beckenrings, der kaudal der Linea terminalis liegt und somit vom Os pubis, Os ischii sowie einem Teil des Os sacrum und dem Os coccygis begrenzt wird (S. 326), sondern auch den davon umschlossenen Raum.

1.5.1 Etagengliederung des kleinen Beckens

Durch den besonderen Verlauf des Peritoneums und den Beckenboden (S. 334) bzw. den dazugehörigen M. levator ani lässt sich das gesamte kleine Becken in drei Etagen unterteilen (Tab. **H-1.6**):

- Die **oberste** entspricht der Cavitas peritonealis pelvis (s. o.),
- die **mittlere** liegt subperitoneal im Spatium extraperitoneale pelvis oberhalb des M. levator ani und
- die **unterste** Etage befindet sich zwischen M. levator ani und M. transversus perinei profundus womit sie der Fossa ischioanalis (S. 340) entspricht.

1.5 Kleines Becken

▶ **Definition.**

1.5.1 Etagengliederung des kleinen Beckens

Durch das Peritoneum und den M. levator ani wird das kleine Becken in drei Etagen geteilt (Tab. **H-1.6**).

☰ H-1.6 Etagen des kleinen Beckens

Beckenetage	Begrenzungen	Inhalt*	Ansicht von ventral
Peritoneale Etage (①, obere Etage)	■ Linea terminalis ■ Peritoneum	■ Ileumschlingen ■ Caecum mit Appendix vermiformis ■ Colon sigmoideum	
Subperitoneale Etage (②, mittlere Etage)	■ Peritoneum ■ Fascia diaphragmatis pelvis superior (kranial des M. levator ani)	■ A. und V. iliaca interna mit Ästen ■ A. und V. obturatoria ■ Plexus sacralis ■ N. obturatorius ■ Plexus hypogastricus inferior	
Subfasziale Etage (③, untere Etage, Teil des Beckenbodens)	■ Fascia diaphragmatis pelvis inferior (kaudal des M. levator ani) ■ Fascia obturatoria ■ Fascia diaphragmatis urogenitalis superior (nur im ventralen Bereich)	■ A. und V. pudenda interna ■ N. pudendus	

Frontalschnitt durch den ventralen Bereich des kleinen Beckens**

* Mit Ausnahme der peritonealen Etage sind nur die innerhalb der Bindegewebsräume (d. h. zwischen den Organen) verlaufenden Strukturen genannt, da sich die einzelnen Organe meist über mehrere Etagen erstrecken.
** vgl. Abb. **C-4.19b**.
Abbildung aus Prometheus LernAtlas. Thieme, 3. Aufl.

Im ventralen Anteil schließen sich nach kaudal dann das Spatium profundum perinei zwischen Fascia urogenitalis superior und inferior und das Spatium superficiale perinei (S. 338) zwischen Fascia urogenitalis inferior und Fascia perinei superficialis an.

1.5.2 Spatium extraperitoneale pelvis

Der extraperitoneale Raum der Beckenhöhle zwischen Peritonealhöhle (kranial) und dem M. levator ani (kaudal) wird **Spatium extraperitoneale pelvis** oder **Subperitonealraum** genannt. Er ist von lockerem Bindegewebe ausgefüllt, das an einigen Stellen zu sog. **Faszien** (eher flächige Verdichtungen des Bindegewebes) oder **Ligamenta** (im Allgemeinen bindegewebige Stränge) verstärkt ist.

Im ventralen Teil schließen sich nach kaudal sich das Spatium profundum perinei und das Spatium superficiale perinei (S. 338) an.

1.5.2 Spatium extraperitoneale pelvis

Das Spatium extraperitoneale pelvis wird auch als Subperitonealraum bezeichnet und liegt zwischen Peritonealhöhle und M. levator ani. Er ist mit Bindegewebe gefüllt, das zu **Faszien** und **Ligamenta** verstärkt ist, die eine Untergliederung des Raumes in **Spatien** ermöglichen.

Man unterscheidet die
- **Fascia pelvis parietalis** (kontinuierlicher Wandüberzug) und
- **Fascia pelvis visceralis** (diskontinuierlicher Organüberzug).

Letztere ist mit der Adventitia der Beckenorgane verbunden und führt die Leitungsbahnen an die Organe heran. Das Bindegewebe wird insbesondere im klinischen Sprachgebrauch unterteilt.

Männliches Becken (Abb. H-1.10): Perirektales Bindegewebe, das vor allem seitlich des Rektums verstärkt ist, wird **„Paraproktium"** (wegen der Leitungsbahnen auch **„Mesorektum"**) genannt.

Der um die Harnblase liegende Bindegewebskörper wird **„Parazystium"** genannt. Bei Blasenfüllung steigt er hoch bis zum Anulus inguinalis profundus (Tab. **C-3.3**) in das paarige **Spatium retroinguinale**.

Die Prostata wird von der nahegelegenen Vorderwand des Rektums durch die **Fascia rectoprostatica** getrennt.

Durch diese bindegewebigen Strukturen ist eine Unterteilung des Subperitonealraums in weitere „Räume" (**Spatien**) möglich.

Man unterscheidet die
- **Fascia pelvis parietalis**, die kontinuierlich die Wand des kleinen Beckens überzieht und damit über den Subperitonealraum hinausreicht von der
- **Fascia pelvis visceralis** (organständig), die nicht kontinuierlich ausgebildet ist.

Die Adventitia der muskulären Hohlorgane und die bindegewebigen Organkapseln sind in unterschiedlichem Ausmaß mit dem um die Organe liegenden Bindegewebe verbunden. Dieses Bindegewebe, das die Organe und Leitungsbahnen umgibt, wird anatomisch nur teilweise weiter unterteilt.

Im klinischen Sprachgebrauch haben sich aber mehrere Begriffe durchgesetzt, die aufgrund ihrer Unterschiede zwischen männlichem und weiblichem Becken im Folgenden gesondert beschrieben werden.

Männliches Becken: (Abb. **H-1.10**): In dem kleinen Raum („Spatium presacrale„) zwischen der Ventralfläche von Kreuz- und Steißbein und der **Fascia presacralis** befindet sich der Plexus venosus sacralis.

Um das Rektum herum – und vor allem an dessen Seiten – verdichtet sich das Bindegewebe zu kräftig ausgebildeten Pfeilern, in denen die Gefäße und Nerven des Rektums verlaufen. Dieses perirektale Bindegewebe wird in der Klinik als **„Paraproktium"** und wegen der darin enthaltenen Leitungsbahnen auch als **„Mesorektum"** bezeichnet, obwohl es sich im anatomischen Sinne dabei nicht um ein echtes Meso handelt.

Auch die Harnblase wird ventral und vor allem seitlich von einem Bindegewebskörper umfasst, dem **„Parazystium"**, welches die Leitungsbahnen der Harnblase führt. Bei Füllung der Harnblase wird dieses paravesikale Binde- und Fettgewebe mit angehoben und gelangt dabei auf die Höhe des Anulus inguinalis profundus (Tab. **C-3.3**), wo es das paarige **Spatium retroinguinale** ausfüllt.

Kaudal der Harnblase gelangt die Prostata (S. 833), die unterhalb des Blasengrundes die Urethra masculina, d. h. die männliche Harnröhre (S. 838), umgibt, nahe an die Vorderwand des Rektums. Dazwischen liegt jedoch als Trennung die **Fascia rectoprostatica**, eine Verstärkung der Fascia pelvis.

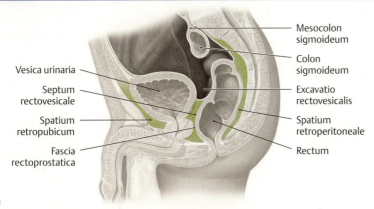

H-1.10 Faszien und Räume im männlichen Becken

Die unterschiedlichen Anteile des extraperitonealen Bindegewebes sind farblich abgehoben.
a Männliches Becken im Mediansagittalschnitt von links (Prometheus LernAtlas. Thieme, 3. Aufl.)
b und im Transversalschnitt von kranial.

▶ Klinik. Aufgrund der topografischen Nachbarschaft von Rektum und Prostata kann die Oberfläche der Prostatarückseite bei einer **rektalen Untersuchung** ertastet werden. Der **Tastbefund** gibt Aufschluss über die Größe und Konsistenz der **Prostata** (S. 833), was im Rahmen einer **Vorsorgeuntersuchung** Rückschlüsse auf eine Hypertrophie oder maligne Entartung des Organs erlaubt.

▶ Klinik.

Das **Spatium retropubicum** zwischen Symphyse und Harnblase wird von einem bindegewebigen Verstärkungszug (**Ligamentum puboprostaticum**), der auch glatte Muskulatur (M. puboprostaticus) enthält, unvollständig in zwei Etagen unterteilt: Die obere Etage („Spatium prevesicale„), wird vom Bindegewebe des Parazystiums erreicht. Die untere Etage enthält die V. dorsalis penis.

Der Raum zwischen Symphyse und Harnblase (**Spatium retropubicum**), wird vom Lig. puboprostaticum in 2 Etagen geteilt wird: Obere Etage = „Spatium prevesicale"; in der unteren Etage liegt die V. dorsalis penis.

Weibliches Becken: (Abb. **H-1.11**): Während die Räume und Faszienverhältnisse im weiblichen Extraperitonealraum prä- und paravesikal sowie para- und retrorektal denen beim Mann ähneln, finden sich zwischen Harnblase und Rektum (um den Uterus mit seinen Adnexen herum) wesentliche Unterschiede.

Der größte Teil des Corpus uteri ist von Peritoneum bedeckt, das hier Perimetrium (S. 804) genannt wird. Während Cervix uteri und Vagina (S. 805) keine eigene begrenzende Bindegewebsstruktur haben, wird das dichtere Beckenbindegewebe, das seitlich von Uterus, Zervix und Vagina liegt und die Leitungsbahnen enthält, im klinischen Sprachgebrauch als **„Parametrium"**, **„Parazervix"** bzw. **„Parakolpium"** bezeichnet. Diese Bindegewebsplatten verbinden die Organe mit der seitlichen Beckenwand. Eine vom Gebärmutterhals im Bogen nach dorsal zum Rektum ziehende Verstärkung des Bindegewebes ist das **Ligamentum rectouterinum**.

Weibliches Becken (Abb. H-1.11): Gegenüber dem männlichen Extraperitonealraum finden sich wesentliche Unterschiede v. a. zwischen Blase und Rektum.

Das Corpus uteri hat einen Peritonealbezug (Perimetrium). Das Bindegewebe neben Uterus, Zervix und Vagina wird „Parametrium", „Parazervix" und „Parakolpium" genannt. Das **Lig. rectouterinum** ist ein Verstärkungszug dieses Bindegewebes zwischen Zervix und Rektum.

▶ Klinik. Bei einer Operation wegen eines bösartigen Tumors des Uterus ist auch die chirurgische Entfernung der Parametrien erforderlich, da sich in Parametrium und Parazervix Lymphknoten und Lymphgefäße befinden, über die sich Tochtertumoren (Metastasen) absiedeln können.

▶ Klinik.

Wie beim Mann wird auch bei der Frau das **Spatium retropubicum** in zwei Etagen unterteilt, von der die untere die V. dorsalis clitoridis enthält. Diese Unterteilung erfolgt durch das von der Symphysenhinterwand zur Harnblasenvorderwand ziehende **Ligamentum pubovesicale** (mit M. pubovesicalis).

Das **Lig. pubovesicale** (mit M. pubovesicalis) unterteilt das **Spatium retropubicum** in zwei Etagen. Die untere Etage enthält die V. dorsalis clitoridis.

⊙ **H-1.11** Faszien und Räume im weiblichen Becken

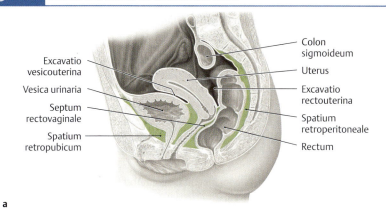

Weibliches Becken im Mediansagittalschnitt von links (**a**) und im Transversalschnitt von kranial (**b**). Die unterschiedlichen Anteile der extraperitonealen Bindegewebsräume sind farblich abgehoben.

(a: Prometheus LernAtlas. Thieme, 3. Aufl.)

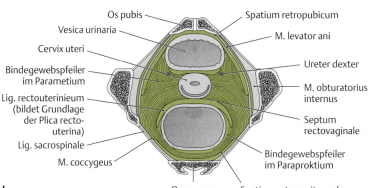

2 Entwicklung der Peritonealverhältnisse

2.1 Einführung 664
2.2 Entwicklung der Peritonealhöhle, des Darmrohrs und zugehöriger „Mesos" 664
2.3 Entwicklung des Oberbauchsitus 666
2.4 Entwicklung des Unterbauchsitus 670

J. Kirsch

2.1 Einführung

2.1 Einführung

Die Peritonealverhältnisse entstehen durch Wachstumsprozesse, Verlagerungen und Drehungen des Entodermrohres und seiner dorsalen bzw. ventralen Mesos.

Die relativ komplizierten Peritonealverhältnisse lassen sich leichter verstehen, wenn man ihre Veränderungen während der vorgeburtlichen Entwicklung betrachtet. Ausgehend von einer relativ einfachen Anordnung, bei der das Entodermrohr an der dorsalen und z. T. auch ventralen Leibeswand befestigt ist, kommt es durch Wachstumsprozesse mit Verlagerungen und Drehungen zur Ausbildung von Mesos, Ligamenten und Netzen, die den menschlichen Bauchraum untergliedern. In diesem Kapitel wird nur die Entwicklung der Peritonealverhältnisse ursprünglich intraperitoneal angelegter Organe besprochen.

2.2 Entwicklung der Peritonealhöhle, des Darmrohrs und zugehöriger „Mesos"

2.2 Entwicklung der Peritonealhöhle, des Darmrohrs und zugehöriger „Mesos"

Entwicklung der Peritonealhöhle: Durch Spaltenbildung entsteht im Mesoderm die **Zölomhöhle** (S. 114). Aus den sie auskleidenden Schichten (lateral **Somatopleura**, medial über dem Entodermrohr **Splanchnopleura**) entstehen **parietales** und **viszerales Peritoneum**.

Durch Einwachsen mesodermaler Strukturen (S. 115) wird die Zölomhöhle in Pleura- und Peritonealhöhle unterteilt.

Entwicklung des Darmrohrs: Die ursprünglich weite Verbindung zwischen Entodermrohr und Dottersack verengt sich zum **Ductus omphaloentericus** (**Ductus vitellinus**). Das Darmrohr (Abb. **H-2.1**) ist von beiden Seiten vom Seitenplattenmesoderm (S. 113) umgeben.

Entwicklung der Peritonealhöhle: Durch Spaltbildung im Seitenplattenmesoderm entsteht etwa am 28. Entwicklungstag die **Zölomhöhle** bzw. die Körperhöhle (S. 114). Sie ist lateral von einer parietalen Mesodermschicht (**Somatopleura**) ausgekleidet. Medial wird das Entodermrohr von einer viszeralen Mesodermschicht (**Splanchnopleura**) überzogen.

Aus diesen die Zölomhöhle auskleidenden Schichten entstehen das **viszerale** und das **primär parietale Peritoneum**.

Bereits innerhalb der 4. Entwicklungswoche beginnen mesodermale Strukturen (S. 115) die zunächst einheitliche Zölomhöhle in eine kranial gelegene Pleura- und ein kaudal gelegene Peritonealhöhle zu unterteilen.

Entwicklung des Darmrohrs: Im Alter von etwa 4 Wochen p. c. = post conceptionem (S. 102) entwickelt sich aus dem Dach des Dottersacks zwischen der kranialen und kaudalen Darmpforte der Mitteldarm (Abb. **H-2.1**).

Dieser steht über eine zunächst noch weite Verbindung mit dem Dottersack in Kontakt. Durch zunehmende Verengung bleibt schließlich nur noch ein Gang, der **Ductus omphaloentericus** (**Ductus vitellinus**) zurück, der den Dottersack mit dem Entodermrohr verbindet. Dieses Rohr wird zu beiden Seiten vom Seitenplattenmesoderm (S. 113) umgeben.

Das Darmrohr entwickelt sich jedoch nicht in allen Abschnitten gleich. Vielmehr differenzieren sich die einzelnen Abschnitte des Gastrointestinaltrakts innerhalb der Peritonealhöhle mit unterschiedlichen Wachstumsgeschwindigkeiten.

⊙ **H-2.1** Anlage des Darmrohrs

(nach Ulfig, N.: Kurzlehrbuch Embryologie. Thieme, 2009)

a Mediansagittalschnitt durch einen Embryo am Beginn der 4. Entwicklungswoche: Ansicht von links mit schematischer Darstellung der Darmrohrabschnitte.
b Mediansagittalschnitt durch einen Embryo am Beginn der 6. Entwicklungswoche: Ansicht von links mit schematischer Darstellung des Darmrohrs und des hepatopankreatischen Rings.

H 2.2 Entwicklung der Peritonealhöhle, des Darmrohrs und zugehöriger „Mesos"

Entwicklung der „Mesos": Das mittig in der Körperhöhle liegende Entodermrohr ist kranial durch zwei sagittal ausgerichtete Mesodermplatten mit Vorder- und Hinterwand der **Zölomhöhle** verbunden, sodass letztere **im kranialen Bereich zweigeteilt** ist.

Aus diesen Mesodermplatten entwickeln sich die **Mesos** der Peritonealhöhle, die von Peritoneum viscerale überzogen sind und in denen die Leitungsbahnen verlaufen. Bis zur weiteren Untergliederung des Darmrohrs können diese Mesos auch als **Mesenterium primitivum dorsale** bzw. **ventrale** bezeichnet werden. Um jedoch eine Verwechslung mit dem Mesenterium (= Meso des Dünndarms) zu vermeiden, wird bei der Darstellung der Entwicklung durchgängig der Begriff „Meso" verwendet.

Entwicklung der „Mesos": Durch Verbindung des mittig liegenden Entodermrohrs durch zwei sagittal ausgerichtete Mesodermplatten ist die **Zölomhöhle im kranialen Bereich zweigeteilt**. Aus den Bindegewebsplatten entwickeln sich die **Mesos** der Peritonealhöhle.

> ▶ **Merke.** Während im **kaudalen Bereich** durchgängig nur ein dorsales Meso vorhanden ist, erfolgt die Teilung der Zölomhöhle **kranial** durch ein dorsales und ventrales „Meso", die nach den jeweiligen Abschnitten des Verdauungstrakts benannt sind.
>
> Im **ventralen Mesogastrium** (S. 668) entwickelt sich die Leber, im **dorsalen** Milz und Pankreas.

▶ **Merke.**

Durch die Wachstums- und Umlagerungsvorgänge (Magendrehung) während der Embryonalentwicklung gelangen diese Mesos von einer **sagittalen** in eine **frontale Stellung** und werden dann z. T. als **Ligamente** bezeichnet (Abb. **H-2.2**).

Tab. **H-2.1** gibt einen Überblick über die Entwicklung der embryonalen zu den definitiven Peritonealduplikaturen mit den darin verlaufenden Leitungsbahnen. Die einzelnen Schritte werden anschließend getrennt für Ober- und Unterbauchsitus anhand der für ihre Lageveränderung entscheidenden Drehungen der Darmrohranteile dargestellt.

Durch Wachstums- und Umlagerungsvorgänge gelangen die Mesos von einer **sagittalen** in eine **frontale** Stellung (Abb. **H-2.2**).

Einen Überblick über die Entwicklung der Peritonealduplikaturen gibt Tab. **H-2.1**. Die einzelnen Schritte werden anschließend für Ober- und Unterbauchsitus getrennt dargestellt.

☰ H-2.1 Peritonealduplikaturen des Verdauungssystems mit darin verlaufenden Leitungsbahnen

Embryonales „Meso"	Meso/Ligament		Inhalt
Mesogastrium ventrale			
▪ ventral der Leber: Mesohepaticum ventrale	Lig. falciforme hepatis**		am Unterrand: Lig. teres hepatis, obliterierte V. umbilicalis (S. 150)
▪ dorsal der Leber: Mesohepaticum dorsale	Omentum minus, bestehend aus :	Lig. hepatogastricum	Aa. gastricae dextra und sinistra (Tab. **I-1.5**)
		Lig. hepatoduodenale	Ductus choledochus (S. 743) A. hepatica propria (Abb. **K-1.4**) V. portae hepatis (S. 741), s. auch Abb. **K-1.8**
Mesogastrium dorsale			
	Lig. splenorenale		A. splenica (S. 865)
	Omentum majus mit:	Lig. gastrophrenicum	–
		Lig. gastrosplenicum	Aa. gastricae breves (Tab. **I-1.5**) A. gastroomentalis sinistra (Tab. **I-1.5**)
		Lig. gastrocolicum	Aa. gastroomentales dextra und sinistra (Tab. **I-1.5**)
„Mesojejunum"*, „Mesoileum"*			
	Mesenterium		A. mesenterica superior (S. 867) und Äste
Mesocolon			
	Mesoappendix		A. appendicularis (Abb. **K-1.4**)
	Mesocolon transversum		A. colica media (Abb. **K-1.4**)
	Mesosigmoideum		Aa. sigmoideae (Abb. **K-1.4**)

* Diese Bezeichnungen sind hier aus rein systematischen Gründen gewählt. Der Begriff „Mesenterium" wird i. d. R. sprachlich nicht weiter differenziert.

** Lediglich das Lig. falciforme hepatis verbleibt in einer sagittalen Orientierung.

H-2.2 Ausbildung der embryonalen und adulten Mesos bzw. Ligamente

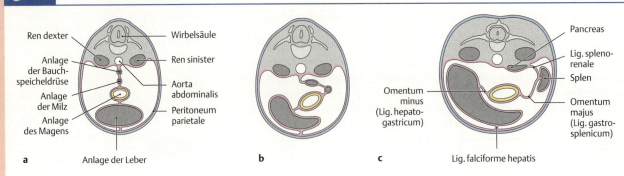

Horizontalschnitt durch das Abdomen in der Ansicht von kranial.
(Prometheus LernAtlas. Thieme, 3. Aufl.)
a Ende der 5. Entwicklungswoche: Leber, Magen Milz und Pankreas sind durch Mesos verbunden und liegen auf einer Achse.
b Ende der 8. Entwicklungswoche: Durch die Magendrehung werden die Leber nach rechts, Milz und Pankreas nach links verlagert.
c Ende der 11. Entwicklungswoche: Durch Fortsetzung der in b dargestellten Entwicklungsprozesse gelangt das Pankreas in eine retroperitoneale Lage.

2.3 Entwicklung des Oberbauchsitus

Sie wird maßgeblich durch die **Magendrehung** sowie Aussprossung der Oberbauchorgananlagen aus dem **hepatopankreatischen Ring** in das ventrale und dorsale **Mesogastrium** bestimmt.

2.3.1 Magendrehung

Im Bereich des Magens weitet sich das Entodermrohr spindelförmig aus. Die Magendrehung ist eine Kombination zweier Drehbewegungen um jeweils 90° im Uhrzeigersinn:
1. um die **Längsachse** (mit Verlagerung der ursprünglich dorsalen Magenwand nach links, der ursprünglich ventralen nach rechts).
2. um eine **Sagittalachse** (mit Verlagerung der Kardia nach links und des Pylorus nach rechts).

2.3 Entwicklung des Oberbauchsitus

Die Entwicklungen der Peritonealverhältnisse im Oberbauch werden maßgeblich durch die **Magendrehung** geprägt. Die Anlagen der weiteren Oberbauchorgane (Duodenum, Leber, Pankreas und Milz) entstehen aus dem entodermalen **hepatopankreatischen Ring** und tragen ihrerseits durch Auswachsen in das ventrale sowie dorsale **Mesogastrium** zu weiteren Veränderungen der Peritonealverhältnisse bei.

2.3.1 Magendrehung

Das Entodermrohr steht ursprünglich in der Mediansagittalebene. Im Bereich des Magens kommt es zunächst zu einer spindelförmigen Aussackung des Rohres und über mehrere Phasen ungleichmäßigen Wachstums schließlich zu einer **Verlagerung des Magens auf die linke Körperseite**. Die Magendrehung kann als eine Kombination von **zwei Drehbewegungen** aufgefasst werden:
1. Die erste Drehung erfolgt **um die Längsachse** des spindelförmig erweiterten Darmrohres um 90° im Uhrzeigersinn (von oben betrachtet): Die ursprünglich dorsale Magenwand gelangt nach links, die ursprünglich ventrale Magenwand nach rechts.
2. Die zweite Drehung erfolgt ebenfalls um 90° im Uhrzeigersinn (von vorne betrachtet), diesmal jedoch **um eine Sagittalachse**. Hierdurch wird die Kardia auf die linke Körperseite, der Pylorus jedoch auf die rechte verlagert.

H-2.3 Entwicklung und Drehung des Magens

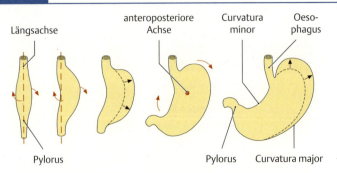

Ansicht von ventral (zur Sicht im Horizontalschnitt vgl. Abb. **H-2.2**). Der Magen dreht sich (jeweils etwa 90° im Uhrzeigersinn) sowohl um seine Längsachse als auch um eine sagittale Achse. Die Kurvaturen entstehen durch ungleichmäßige Wachstumsvorgänge.
(Lageänderung des Magens im Zuge seiner Drehung und damit einhergehende Verlagerung des ventralen und dorsalen Mesogastriums in der Ansicht von kranial s. Abb. **H-2.2**.)
(Prometheus LernAtlas. Thieme, 3. Aufl.)

2.3.2 Entwicklungen im Mesogastrium ventrale

▶ **Definition.** Das **Mesogastrium ventrale** bezeichnet den im Bereich des sich entwickelnden Magens befindlichen Abschnitt des ventralen embryonalen **Mesos** (**Mesenterium ventrale**).

Aus dem als **hepatopankreatischer Ring** bezeichneten Darmabschnitt, aus dem später das Duodenum hervorgehen wird, bildet sich zwischen dem 22. und 24. Entwicklungstag nach ventral zwei Entodermaussprossungen: das Leberdivertikel, aus dem Leber und Gallenblase hervorgehen, sowie die ventrale Pankreasanlage aus der der Processus uncinatus des Pankreas (S. 749) wird.

Das Leberdivertikel wächst nach ventral in das **Mesogastrium ventrale** und nach kranial in das Septum transversum hinein, während die ventrale Pankreasknospe durch die Drehung des Duodenums nach dorsal gelangt.

Entwicklung der Peritonealverhältnisse der Leber

Die Leberanlage entwickelt sich im Mesogastrium ventrale, doch schon bald wachsen Teile der Anlage in das Septum transversum ein.

Aus diesen geht im weiteren Verlauf der Entwicklung die Area nuda der Leber (S. 736) hervor. Durch das enorme Wachstum der Leber wird die Verbindung mit der vorderen Bauchwand (**Mesohepaticum ventrale**) immer weiter reduziert, bis schließlich nur noch die **Ligamenta triangularia** übrig bleiben, die sich nach ventral zum **Ligamentum falciforme hepatis** zusammenschließen. Im Mesohepaticum ventrale verläuft der **Ductus venosus Arantii** (S. 150), der nach seiner Obliteration (nach der Geburt) zum **Ligamentum venosum** wird.

Der als **Mesohepaticum dorsale** bezeichnete Anteil des Mesogastrium ventrale (zwischen Leber und Magen) wird zum Omentum minus (s. u.).

2.3.2 Entwicklungen im Mesogastrium ventrale

▶ **Definition.**

Aus dem **hepatopankreatischen Ring** (späteres Duodenum) bilden sich zwischen dem 22. und 24. Tag ventrale Entodermaussprossungen (für Leber und einen Pankreasanteil). Die Leberanlage wächst in das Septum transversum (kranial) und in das Mesogastrium ventrale einwachsen.

Entwicklung der Peritonealverhältnisse der Leber

Die Leberanlage entwickelt sich im Mesogastrium ventrale. Teile der Anlage wachsen jedoch in das Septum transversum und in das dorsale Mesogastrium ein. Hieraus entsteht die Area nuda. Durch das enorme Wachstum der Leber wird die Verbindung zur vorderen Bauchwand (**Mesohepaticum ventrale**) auf die **Ligg. triangularia** eingeschränkt, die sich ventral zum **Lig. falciforme** zusammenschließen.

Das **Mesohepaticum dorsale** wird zum Omentum minus (s. u.).

⊙ **H-2.4** Entwicklung der Leber und ihrer Peritonealverhältnisse im Oberbauchsitus

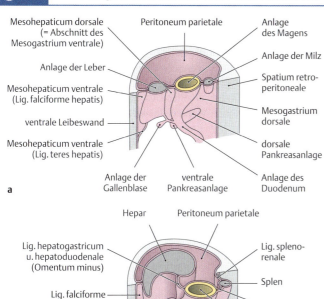

Horizontalschnitt durch das Abdomen in der 5. (**a**) und 11. Entwicklungswoche (**b**). Ansicht von kranial und links.
(nach Sadler)

a Im ventralen Mesogastrium entwickeln sich Leber, Gallenblase und ventrale Pankreasanlage. Im dorsalen Mesogastrium bilden sich die Milz- und die dorsale Pankreasanlage. (Prometheus LernAtlas. Thieme, 3. Aufl.)

b Durch die Magendrehung wird der dorsale Anteil des ventralen Mesogastriums (Mesohepaticum dorsale) zum Omentum minus. Das Mesohepaticum ventrale entwickelt sich zu den Ligg. falciforme und teres hepatis. Aus dem dorsalen Mesogastrium entstehen das Omentum majus sowie die Ligg. gastrosplenicum und splenorenale.

Entwicklung des Omentum minus

Durch die Drehbewegungen des Magens (S. 666) wird der dorsale Anteil des Mesogastrium ventrale (Mesohepaticum dorsale; hier entwickelt sich die Leber, Tab. **H-2.1**) nach rechts ausgezogen und in die Frontalebene verlagert.

Aus diesem Teil geht das **Omentum minus** hervor, das mit seinem unteren (**Ligamentum hepatoduodenale**) und oberen (**Ligamentum hepatogastricum**) Anteil die **Vorderwand der Bursa omentalis** (S. 655) bildet.

2.3.3 Entwicklungen im Mesogastrium dorsale

▶ **Definition.** Das **Mesogastrium dorsale** bezeichnet den im Bereich des Magens befindlichen Abschnitt des dorsalen embryonalen **Mesos** (**Mesenterium dorsale**).

In dem breitbasigen Mesogastrium dorsale entstehen die Anlage für die Milz sowie die dorsale Pankreasknospe, die zu Caput und Cauda des Pankreas (S. 755) wird.

Das Mesogastrium dorsale wird durch die Magendrehungen auf die linke Körperseite ausgezogen, wo ein Teil mit der dorsalen Bauchwand verwächst. Die nicht verwachsenden Teile bestehen als Ligamentum gastrosplenicum, dessen kranialem Anteil (Lig. gastrophrenicum) und dem Ligamentum splenorenale weiter. Der größte Teil des Mesogastrium dorsale dehnt sich zum Omentum majus (s. u.) aus, wobei der kurze Anteil zwischen großer Kurvatur und Taenia omentalis des Colon transversum als Ligamentum gastrocolicum bezeichnet wird.

Entwicklung der Peritonealverhältnisse von Pankreas, Milz und Duodenum

Im Mesogastrium dorsale hat sich durch Aussprossung aus dem **hepatopankreatischen Ring** des Duodenums nach dorsal die **dorsale Pankreasanlage** gebildet, aus der schließlich der Kopf und Schwanz (**Caput und Cauda pancreatis**) des Pankreas (S. 755) hervorgehen werden. Sie dehnt sich im weiteren Verlauf der Entwicklung nach kranial und dorsal aus.

Aus dem Mesenchym und der Serosa des Mesogastrium dorsale entsteht auch die **Milzanlage**.

Durch die Auslenkung des Mesogastrium dorsale nach links gelangt auch die ursprünglich median und sagittal gestellte Pankreasanlage in eine Frontalstellung auf der linken Körperseite. Sie liegt dort parallel zur Hinterwand der Peritonealhöhle. Dort, wo sich die Milzanlage befindet, wendet sich das Mesogastrium dorsale in spitzem Winkel nach ventral. Dadurch werden das viszerale Peritoneum des Pankreas und das parietale Peritoneum der Hinterwand der Bauchhöhle aneinander gelagert, sodass sie schließlich miteinander verschmelzen. Das **Pankreas** gelangt damit in eine **sekundär retroperitoneale Lage**, während die **Milz**, die sich im ventralen Teil des Mesogastrium dorsale, dem späteren Lig. gastrosplenicum, entwickelt, **intraperitoneal** bleibt.

Während der Magen nach links verlagert wird, gelangt das **Duodenum** durch verstärktes Längenwachstum auf die **rechte Körperseite**. Als „Drehachse" dieser Verlagerung können die **Arteria vitellina superior** und die **Vena vitellina** betrachtet werden, aus denen später die **Arteria** (S. 867) und **Vena mesenterica superior** (Abb. **K-1.7**) werden.

Wie beim Pankreas verschmilzt auch hier schließlich das Mesogastrium dorsale mit der hinteren Bauchwand, sodass auch das Duodenum nun sekundär retroperitoneal zu liegen kommt (Abb. **H-2.5** und Abb. **H-2.2c**).

Entwicklung des Omentum majus

Der Anteil des Mesogastrium dorsale, der von der großen Kurvatur ausgeht, verlängert sich und schiebt sich als **großes Netz**, sog. Omentum majus (S. 657), zunächst in Form einer Tasche über das Colon transversum und die Dünndarmschlingen. Im weiteren Verlauf der Entwicklung heftet sich das ventrale („absteigende") Blatt im Bereich der Taenia omentalis (S. 715) an das Colon transversum und bildet so das **Ligamentum gastrocolicum**. Die Rückseite des dorsalen („aufsteigenden") Blatts verbindet sich mit dem Oberrand von Colon und Mesocolon transversum (Abb. **H-2.6**).

H 2.3 Entwicklung des Oberbauchsitus

⊙ H-2.5 Retroperitonealisierung von Pankreas und Duodenum

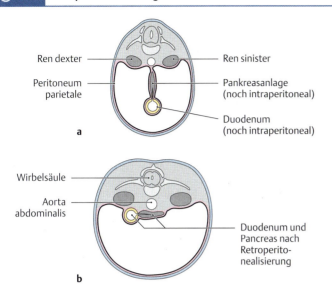

Horizontalschnitte durch das Abdomen in der 5. (**a**) und 11. (**b**) Entwicklungswoche. In der stark vereinfachten Ansicht von kranial sind Leber, Magen und Milz nicht dargestellt.
(nach Sadler)
a Duodenum und Pankreas liegen noch intraperitoneal.
b Als Folge der Magendrehung gelangen Duodenum und Pankreas nach rechts bzw. mittig dorsal.

⊙ H-2.6 Entwicklung des Omentum majus

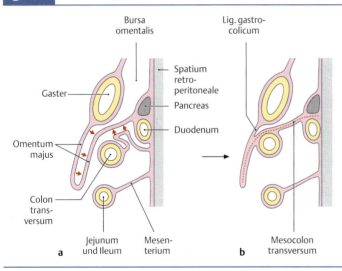

(Prometheus LernAtlas. Thieme, 3. Aufl., nach Moore und Persaud)
a Sagittalschnitt in der Ansicht von links. Das Mesogastrium dorsale wächst über das Colon transversum. Beachte dass der Raum zwischen den beiden Blättern mit der Bursa omentalis kommuniziert. Die Pfeile markieren die verschmelzenden Anteile.
b Die beiden Blätter des Mesogastrium dorsale sind miteinander verschmolzen und das „aufsteigende" Blatt hat sich dem Mesocolon transversum angelegt.

Der Spaltraum zwischen dem ventralen absteigenden und dorsalen aufsteigenden Blatt kommuniziert während der Entwicklung oder manchmal bis ins Jugendalter mit der Bursa omentalis (s. u.), bis er sich schließlich durch Verschmelzung der beiden Blätter unter Einlagerung von Fett und Bindegewebe verschließt.

Die beiden Blätter verschmelzen unter Einlagerung von Fett und Bindegewebe miteinander.

2.3.4 Entwicklung der Bursa omentalis

2.3.4 Entwicklung der Bursa omentalis

▶ Merke. Die Bursa omentalis entsteht aus dem Zusammenwirken verschiedener im Oberbauch ablaufender Wachstumsprozesse und den daraus resultierenden Verlagerungen. Die Entstehung der Bursa ist nur mit Kenntnis der oben beschriebenen Entwicklungen im Mesogastrium ventrale und dorsale sowie der Magendrehung als zentrales Geschehen zu verstehen.

▶ Merke.

Im dorsalen Mesogastrium entstehen Spalten, die sich zu einem Hohlraum zusammenschließen. Gleichzeitig verlängert sich das Mesogastrium dorsale und wird infolge der Magendrehung mit seinen magennahen Anteilen auf die linke Körperseite verlagert. Als weitere Folge der Magendrehung (S. 666) gelangen die Mesos des Magens in Frontalstellung.

Die Bursa omentalis entsteht durch folgende Vorgänge:
- Spaltbildung im wachsenden Mesogastrium dorsale,
- Verlagerung des Magens und seinem dorsalen sowie ventralen Mesogastrium in eine frontale Lage.

Durch diese Vorgänge entsteht dorsal des Mesogastrium ventrale (Omentum minus) und somit „hinter" dem Magen ein Hohlraum mit einer nach links gerichteten Ausbuchtung, die spätere **Bursa omentalis**. Ihr Recessus inferior, der mit dem Spaltraum zwischen beiden Blättern des Omentum majus kommuniziert, verkleinert sich mit deren Verwachsung.

⊙ H-2.7 | **Entwicklung der Bursa omentalis**

a–c Horizontalschnitte durch das Abdomen in der Ansicht von kranial: Durch Spaltenbildung im Mesogastrium dorsale und die gleichzeitige Magendrehung kommt es zur Auslenkung des Mesogastrium dorsale nach links. Hinter dem Magen entsteht eine Höhle, die Bursa omentalis.
d–e Sagittalschnitte in der Ansicht von links: Als Ausstülpung des Bodens der Bursa omentalis entsteht das Omentum majus (s. o.).
(Prometheus LernAtlas. Thieme, 3. Aufl., nach Sadler)

2.4 Entwicklung des Unterbauchsitus

2.4.1 Bildung, Wachstum und Drehung der Nabelschleife

Bildung der Nabelschleife: Unterhalb des Duodenums wird das Darmrohr von einem dorsalen Mesenterium in einer medianen Sagittalstellung gehalten. Dort, wo die A. vitellina superior (spätere A. mesenterica superior) von der Aorta abzweigt und zum Dottersack zieht, kommt es zu einem verstärkten Längenwachstum des Darmrohrs mit dem zugehörigen Mesenterium. Die dadurch entstehende Darmschlinge wird **Nabelschleife** genannt (Abb. **H-2.8a**).

An ihrem Scheitelpunkt ist die Nabelschleife über den dünnen Ductus omphaloentericus (vitellinus) mit dem Dottersack verbunden, der normalerweise obliteriert. Bei unvollständiger Rückbildung entsteht jedoch (50–100 cm oral des Ostium ileale) eine Aussackung der Dünndarmwand, sog. **Meckel-Divertikel** (S. 118), die über einen bindegewebigen Strang mit dem Nabel verbunden bleiben kann.

Physiologischer Nabelbruch: Bereits die Nabelschleife reicht aus der Peritonealhöhle hinaus in das extraembryonale Zölom (S. 108). Durch starkes Längenwachstum ihres oralen Schenkels und des Bereichs um die Einmündung des Ductus omphaloentericus herum entstehen zahlreiche weitere Darmschlingen, die ebenfalls im extraembryonalen Zölom liegen. Diese Verlagerung von Darmschlingen in das extraembryonale Zölom wird als **physiologischer Nabelbruch** bezeichnet und bleibt bis zu einer Scheitel-Steiß-Länge von 40 mm bestehen. Bei unvollständiger Rückverlagerung entsteht eine **Omphalozele** (S. 118).

Darmdrehung: (Abb. **H-2.8**): Die Verlagerung des Magens nach links und des Duodenums nach rechts führen dazu, dass der orale Schenkel der Nabelschleife (zwischen Duodenum und Ductus omphaloentericus) rechts der A. vitellina zu liegen kommt, während der aborale Schenkel auf der linken Seite steht und bis zur Hinterwand der Peritonealhöhle reicht.

In einer als **primäre Kolonflexur** bezeichneten Biegung geht die Nabelschleife in den unteren, median gelegenen Kolonabschnitt über.

Mit der Rückverlagerung der Darmschlingen in die Peritonealhöhle kommt es zu einer Anhebung und Drehung gegen den Uhrzeigersinn (von vorne betrachtet) des aboralen Schenkels der Nabelschleife, während der Kolonabschnitt aboral der primären Kolonflexur unter zunehmendem Längenwachstum nach links verlagert wird.

Der größte Teil der vormals abführenden Nabelschleife, der zu den unterschiedlichen Kolonabschnitten wird, „umrahmt" nun die Dünndarmschlingen.

H 2.4 Entwicklung des Unterbauchsitus

H-2.8 Darmdrehung

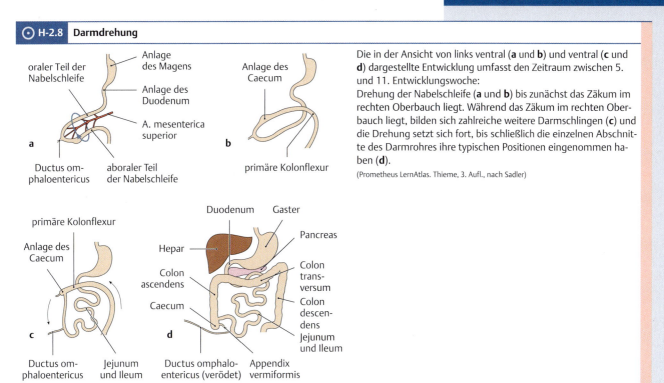

Die in der Ansicht von links ventral (**a** und **b**) und ventral (**c** und **d**) dargestellte Entwicklung umfasst den Zeitraum zwischen 5. und 11. Entwicklungswoche:
Drehung der Nabelschleife (**a** und **b**) bis zunächst das Zäkum im rechten Oberbauch liegt. Während das Zäkum im rechten Oberbauch liegt, bilden sich zahlreiche weitere Darmschlingen (**c**) und die Drehung setzt sich fort, bis schließlich die einzelnen Abschnitte des Darmrohres ihre typischen Positionen eingenommen haben (**d**).
(Prometheus LernAtlas. Thieme, 3. Aufl., nach Sadler)

2.4.2 Retroperitonealisierung einzelner Kolonabschnitte

Caecum, Colon ascendens und Colon descendens lagern sich der dorsalen Bauchwand an, wo sie schließlich durch Verschmelzung des dorsalen viszeralen und parietalen Peritoneums in eine sekundär retroperitoneale Lage kommen (Abb. **H-2.9**). Ebenso verschmelzen die dorsalen Mesenterien breitbasig mit der dorsalen Wand der Peritonealhöhle. Das Mesenterium des Colon transversum heftet sich kaudal der großen Kurvatur des Magens und dem Boden der Bursa omentalis an, sodass das Colon transversum vor dem sekundär retroperitonealen Duodenum und Pankreas liegt.

2.4.2 Retroperitonealisierung einzelner Kolonabschnitte

Caecum, Colon ascendens und descendens lagern sich der dorsalen Bauchwand an, und gelangen so in eine sekundär retroperitoneale Lage (Abb. **H-2.9**). Das intraperitoneale Colon transversum kommt somit vor dem sekundär retroperitonealen Duodenum zu liegen.

H-2.9 Retroperitonealisierung von Colon ascendens und descendens

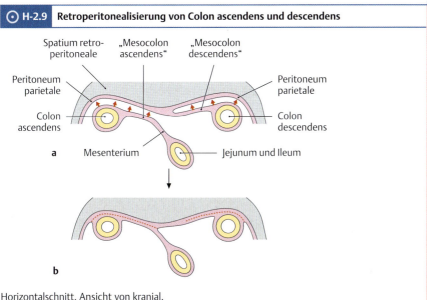

Horizontalschnitt, Ansicht von kranial.
(Prometheus LernAtlas. Thieme, 3. Aufl., nach Moore und Persaud)
a Nach Erreichen der endgültigen Position innerhalb der Peritonealhöhle werden Mesocolon ascendens und descendens gegen die Hinterwand der Peritonealhöhle gedrückt (Pfeile).
b Durch Verkleben der Mesos mit dem Peritoneum parietale werden Colon ascendens und descendens sekundär nach retroperitoneal verlagert.

Verdauungssystem

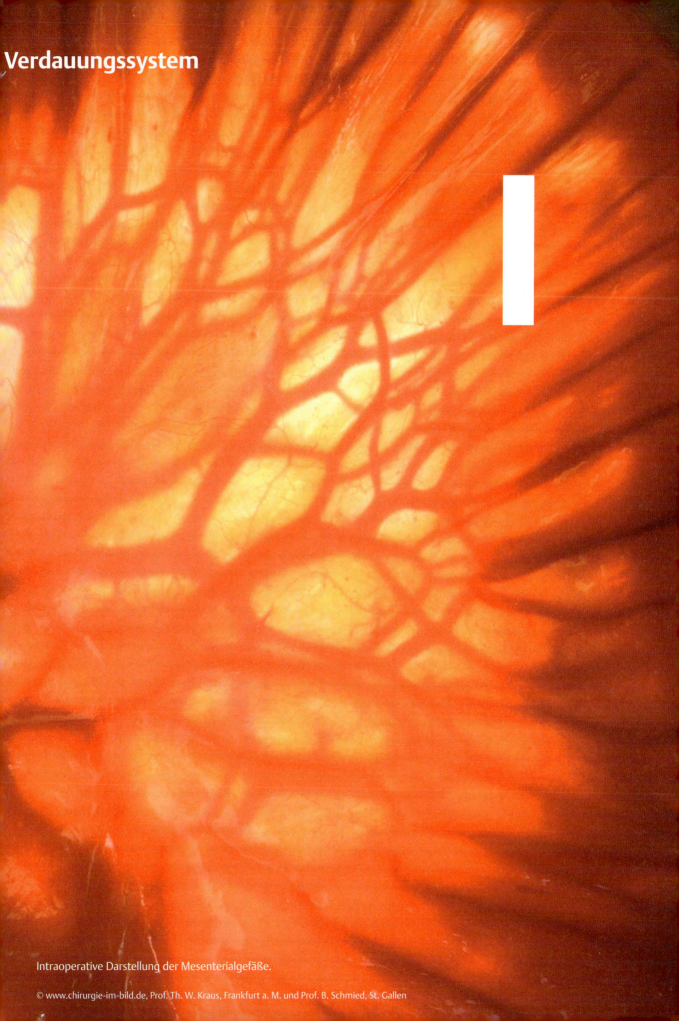

Intraoperative Darstellung der Mesenterialgefäße.

© www.chirurgie-im-bild.de, Prof. Th. W. Kraus, Frankfurt a. M. und Prof. B. Schmied, St. Gallen

1 **Rumpfdarm – Ösophagus und Gastrointestinaltrakt** 675

2 **Hepatobiliäres System und Pankreas** 734

1 Rumpfdarm – Ösophagus und Gastrointestinaltrakt

1.1	Funktion und Einteilung des Verdauungssystems	675
1.2	Allgemeiner Aufbau des Rumpfdarms	676
1.3	Speiseröhre (Ösophagus)	679
1.4	Magen (Gaster)	693
1.5	Dünndarm (Intestinum tenue)	703
1.6	Dickdarm (Intestinum crassum)	711
1.7	Darstellung des Verdauungskanals mit bildgebenden Verfahren	729

© Thomas Möller

J. Kirsch, F. Schmitz, E. Schulte

1.1 Funktion und Einteilung des Verdauungssystems

J. Kirsch

Um Nährstoffe aus der Umgebung aufzunehmen und nach Bedarf zu assimilieren, benötigen mehrzellige Organismen ein **Verdauungssystem**, das beim Menschen folgende Einheiten umfasst:

- Der vorwiegend muskuläre **Verdauungskanal**, den die Nahrung passiert, lässt sich topografisch untergliedern in
  - **Kopfdarm** und
  - **Rumpfdarm** (Abb. I-1.1).
- Als **Drüsen**, deren Sekret in den Verdauungskanal abgegeben wird und dort dem Aufschluss der Nahrung dient, fasst man folgende zusammen:
  - **Speicheldrüsen**, z. B. Kopf- bzw. **Mundspeicheldrüsen** (S. 1017) und **Pankreas** = Bauchspeicheldrüse (S. 748), deren Sekrete enzymhaltig sind, und die
  - **Leber** (S. 734), die neben der Produktion von Gallenflüssigkeit vielfältige weitere Aufgaben im Organismus übernimmt und damit nicht nur im Dienste der Verdauung steht.

Nach **Aufnahme** der Nahrung durch den Mund, wird sie dort **zerkleinert** und **eingespeichelt**. Letzteres dient einerseits der Verbesserung der Gleitfähigkeit, andererseits enthält der **Mundspeichel** bereits ein Enzym zur Spaltung von Kohlehydraten (**Amylase**).
Der Speisebrei gelangt über die Zunge in den **Oropharynx**, der mittleren Etage des **Rachens**, und wird von dort durch den Schluckvorgang Richtung **Hypopharynx** (untere Etage des Rachens) und Ösophagus befördert.
Der **Ösophagus**, eine reine **Transportstrecke**, zählt bereits zum Rumpfdarm.
In den darauf folgenden Abschnitten des Rumpfdarms findet die enzymatische **Aufspaltung der Nahrung** in Nährstoffe (Aminosäuren, Zucker, Lipide) statt, die dann zusammen mit Ionen und Wasser resorbiert werden. Die Endstrecke des Rumpfdarmes, **Rektum** und **Analkanal**, dienen der Zwischenlagerung unverdaulicher Nahrungsbestandteile (Ballaststoffe) und deren kontrollierter Ausscheidung (Defäkation).

1.1 Funktion und Einteilung des Verdauungssystems

Das Verdauungssystem dient der Versorgung des Organismus mit Nährstoffen.
Man unterscheidet den

- **Verdauungskanal** mit
  - Kopf- und
  - Rumpfdarm (Abb. I-1.1) sowie

- die mit ihm assoziierten **Drüsen**: Kopf-/Mundspeicheldrüsen (S. 1017), Pankreas (S. 748) und Leber (S. 734).

Die unterschiedlichen Teile des **Kopfdarms** dienen der **Aufnahme und Zerkleinerung** der Nahrung und deren Weiterbeförderung in den Rumpfdarm.
Im **Rumpfdarm** erfolgen der wesentliche Anteil des **enzymatischen Nahrungsaufschlusses** sowie die **Resorption** von Nährstoffen, Ionen und Wasser. Ösophagus, Rektum und Analkanal sind reine Transportstrecken bzw. dienen der Zwischenlagerung unverdaulicher Nahrungsbestandteile und der Defäkation.

676 | 1 Rumpfdarm – Ösophagus und Gastrointestinaltrakt

⊙ I-1.1 Einteilung des Verdauungskanals

Abschnitte	Anteile	Funktion
Kopfdarm		
Mundhöhle (Cavitas oris)	▪ Vestibulum oris (Mundvorhof)	Durchmischung mit Speichel durch Mündung der kleinen Speicheldrüsen der Wangen- und Lippenschleimhaut sowie des Ductus parotideus
	▪ Cavitas oris proprii (Mundhaupthöhle)	Nahrungsaufnahme, Zerkleinerung der Nahrung, Durchmischung mit Speichel durch Mündung der Gll. sublingualis und submandibularis
	▪ Fauces (Gaumenbögen und -segel)	Abschluss der Mundhöhle gegen den Nasopharynx
Rachen (Pharynx)	▪ Pars nasalis pharyngis (Epipharynx)	Luftleitung
	▪ Pars oralis pharyngis (Oropharynx)	Schluckvorgang (zusammen mit der Zunge)
	▪ Pars laryngea pharyngis (Hypopharynx)	Transportstrecke
Rumpfdarm		
Speiseröhre (Oesophagus)	▪ Pars cervicalis ▪ Pars thoracalis ▪ Pars abdominalis	Transportstrecke, geringfügige Schleimproduktion
Magen (Gaster, Ventriculus)	▪ Pars cardiaca ▪ Fundus gastricus ▪ Corpus gastricum ▪ Pars pylorica mit Antrum gastricum und Canalis pyloricus	Beginn des enzymatischen Nahrungsaufschlusses Reservoir Portionierung des Chymus
Dünndarm (Intestinum tenue)	Duodenum (Zwölffingerdarm) mit ▪ Pars descendens ▪ Pars horizontalis ▪ Pars ascendens	Neutralisierung des sauren Chymus enzymatischer Nahrungsaufschluss
	Jejunum (Leerdarm)	⎫ Resorption von Nährstoffen
	Ileum (Krummdarm)	⎭
Dickdarm (Intestinum crassum)	Caecum (Blinddarm) mit Appendix vermiformis (Wurmfortsatz)	⎫
	Colon (Grimmdarm) mit ▪ Colon ascendens ▪ Colon transversum ▪ Colon descendens ▪ Colon sigmoideum	Rückresorption von Wasser Produktion von Schleim
	Rectum (Mastdarm)	Reservoir Rückresorption von Wasser
	Canalis analis (Analkanal)	Transportstrecke Kontinenzorgan

Details zum Ductus parotideus siehe Kapitel Ohrspeicheldrüse (S. 1018).

1.2 Allgemeiner Aufbau des Rumpfdarms

J. Kirsch

1.2.1 Wandschichten

Der Wandbau der unterschiedlichen Abschnitte des Rumpfdarms (Abb. **I-1.2**) folgt einem gemeinsamen Bauplan: In allen Abschnitten findet man (von „innen" = luminal nach „außen") die in Tab. **I-1.1** genannten Schichten.

1.2 Allgemeiner Aufbau des Rumpfdarms

1.2.1 Wandschichten

Die unterschiedlichen Anteile des Rumpfdarms haben den gleichen Wandbau (Tab. **I-1.1**).

I 1.2 Allgemeiner Aufbau des Rumpfdarms

I-1.2 Wandschichten des Rumpfdarms

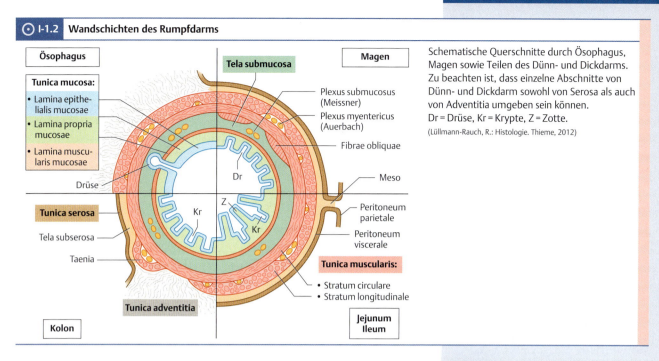

Schematische Querschnitte durch Ösophagus, Magen sowie Teilen des Dünn- und Dickdarms. Zu beachten ist, dass einzelne Abschnitte von Dünn- und Dickdarm sowohl von Serosa als auch von Adventitia umgeben sein können.
Dr = Drüse, Kr = Krypte, Z = Zotte.
(Lüllmann-Rauch, R.: Histologie. Thieme, 2012)

I-1.1 Wandbau des Rumpfdarms*

Schicht	Untergliederung
Tunica mucosa (Mukosa)	Lamina epithelialis mucosae (Epithelium mucosae; Schleimhautepithel)
	Lamina propria mucosae (Schleimhautbindegewebe)
	Lamina muscularis mucosae (Schleimhautmuskelschicht)
Tela submucosa (Submukosa)	
Tunica muscularis (Muskularis)	Stratum circulare (Ringmuskelschicht)
	Stratum longitudinale (Längsmuskelschicht)
Tela subserosa (Subserosa)	
Tunica serosa (Serosa)	Lamina propria serosae (Serosabindegewebe)
	Lamina mesothelialis (Mesothel; Serosaepithel)

* Die Schichten sind von luminal (innen) nach außen genannt. Da die drei luminalen Schichten in allen Darmabschnitten vorkommen, wird oft von Dreischichtigkeit gesprochen, obwohl es mindestens vier Schichten sind.

▶ **Merke.** Bei den Abschnitten des Rumpfdarms ohne Peritonealüberzug ist anstelle von **Tela subserosa** und **Tunica serosa** eine bindegewebige **Tunica adventitia** ausgebildet. Sie entspricht dem submesothelialen Bindegewebe.

Tunica mucosa

Lamina epithelialis mucosae: In Abhängigkeit von der vorherrschenden Funktion (Transport, Sekretion, Resorption) des betreffenden Rumpfdarmabschnitts variiert der Feinbau des Epithels: Während Abschnitte, die vorwiegend dem **Transport** dienen (Ösophagus und Analkanal), mit mehrschichtigem, **unverhorntem Plattenepithel** ausgekleidet sind, findet sich in den übrigen Darmabschnitten ein einschichtiges, **hochprismatisches Oberflächenepithel**.
Sekrete werden aus **tubulösen Drüsen** abgegeben, die im Bereich des Dünn- und Dickdarms als Krypten (Glandulae intestinales), im Magen als Glandulae gastricae bezeichnet werden. In Ösophagus und Duodenum reichen diese Drüsen bis in die Tela submucosa und werden Glandulae oesophageae bzw. Glandulae duodenales (Brunner-Drüsen) genannt.
Wie alle Epithelien ist die Lamina epithelialis mucosae durch eine elektronenmikroskopisch sichtbare Basalmembran (S. 69) von der folgenden Schicht getrennt.

Tunica mucosa

Lamina epithelialis mucosae: Mit Ausnahme der Transportstrecken handelt es sich um hochprismatisches **Oberflächenepithel**. Die Sekretion erfolgt aus **tubulösen Drüsen** (im Darm als Krypten bezeichnet), die teilweise bis in die Tela submucosa hinab reichen. Wie für Epithelien typisch, erfolgt die Abgrenzung gegenüber der nächsten Schicht durch eine Basalmembran (S. 69).

1 Rumpfdarm – Ösophagus und Gastrointestinaltrakt

Lamina propria mucosae: Im lockeren Bindegewebe befindet sich ein dichtes Netz aus Blut- und Lymphkapillaren sowie Nerven.

Lamina propria mucosae: Sie besteht aus lockerem Bindegewebe mit den für dieses Gewebe typischen fixen und freien Zellen (S. 67) sowie einzelne glatte Muskelzellen. In dieser Schicht befinden sich die Endaufzweigungen von Blutgefäßen (Kapillarnetz) und Nerven. Die für die Fettverdauung wichtigen Lymphbahnen des Abdominalbereiches nehmen als Lymphkapillaren hier ihren Ursprung.

Lamina muscularis mucosae: Die glatte Muskulatur verleiht der Schleimhaut eine gewisse Eigenbeweglichkeit („**Zottenpumpe**").

Lamina muscularis mucosae: Die dünne Schicht spiralig angeordneter glatter Muskelzellen verleiht der Schleimhaut eine gewisse Eigenbeweglichkeit und verbessert dadurch den Abtransport der Lymphe („**Zottenpumpe**").

▶ Merke.

▶ Merke. Die Lamina muscularis mucosae ist ein charakteristisches Merkmal des Rumpfdarms.

Tela submucosa

Tela submucosa

▶ Synonym.

▶ Synonym. Submukosa

In dieser lockeren Bindegewebsschicht verzweigen sich Arterien und Venen.
Die **Lymphgefäße** sind mit Klappen ausgestattet.
Auch ein Teil des enterischen Nervensystems liegt hier: der **Plexus submucosus** bzw. **Meissner-Plexus** (S. 679), der aus unregelmäßig angeordneten Ganglien und Nervenfasern besteht.

Wie die Lamina propria mucosae besteht die Tela submucosa aus lockerem Bindegewebe mit zum Teil zahlreichen elastischen Fasern. In dieser Schicht verzweigen sich die Arterien bzw. Venen, die durch die Darmwand eingedrungen sind. Die Äste dieser **Blutgefäße** (kleine Arterien oder Arteriolen, bzw. kleine Venen und Venulen) sind mit den Kapillaren in der Lamina propria mucosae verbunden.
Die **Lymphgefäße** der Tela submucosa sind bereits mit Klappen ausgestattet und führen die Lymphe aus der Lamina propria mucosae größeren Lymphgefäßen zu. Letztere durchbrechen die Tunica muscularis (s. u.) und vereinigen sich zu den mesenteriellen Lymphbahnen.
Schließlich befinden sich in der Tela submucosa die unregelmäßig angeordneten Ganglien und Nervenfasern des **Plexus submucosus** bzw. **Meissner-Plexus** (S. 679), einem Teil des enterischen Nervensystems. Dieser Plexus reguliert die Bewegung der Schleimhaut und die Abgabe der Sekrete aus den Darmdrüsen. Nervenfasern, die von hier in die Mukosa ziehen, sind chemorezeptiv.

Tunica muscularis

Tunica muscularis

▶ Synonym.

▶ Synonym. Muskularis

▶ Merke.

▶ Merke. Die glatte Muskulatur des Verdauungskanals ist in einer **inneren Ring**- und einer **äußeren Längsmuskelschicht** angeordnet (**Stratum circulare** und **Stratum longitudinale**).

Letztere ist über große Teile des **Dickdarms** in 3 **Tänien** (S. 715) angeordnet.
In **Ösophagus** und **Magen** gibt es noch **schräg verlaufende Fasern**, wobei die Fibrae obliquae des Magens die innerste Muskelschicht bilden.
Zwischen den beiden Schichten liegen die Ganglien der zweiten Komponente des enterischen Nervensystems, des **Plexus myentericus** (**Auerbach-Plexus**, s. u.).

Im **Zäkum** und **Kolon** ist diese Längsmuskelschicht zu drei Strängen, den **Tänien** (S. 715), zusammengefasst.
Zwischen zirkulärer und Längsmuskelschicht sind im **Ösophagus** noch **schräg verlaufende Fasern** zu finden, die an der Bildung des Verschlussmechanismus beteiligt sind. In der **Magenwand** bilden die schräg verlaufenden **Fibrae obliquae** die **innerste** Muskelschicht.
Zwischen Stratum circulare und Stratum longitudinale befindet sich eine dünne Bindegewebsschicht, in der die Ganglien des **Plexus myentericus** (**Auerbach-Plexus**, s. u.;) eingelagert sind. Diese Komponente des enterischen Nervensystems reguliert die Darmmotilität.

Tunica adventitia, Tela subserosa und Tunica serosa

Tunica adventitia, Tela subserosa und Tunica serosa

▶ Synonym.

▶ Synonym. Adventitia, Subserosa und Serosa

Außen wird die Muskelschicht von Bindegewebe umgeben. Ist der entsprechende Rumpfdarmabschnitt von Peritoneum bedeckt, wird die Bindegewebsschicht **Tela subserosa** genannt und von **Serosa** überzogen. Bei Organen ohne Peritonealüberzug spricht man von **Tunica adventitia**.

Die Tunica muscularis wird nach außen von einer Schicht aus lockerem **Bindegewebe** mit elastischen Fasern umgeben. Ist der entsprechende Abschnitt des Rumpfdarms nicht von Peritoneum überzogen, also bei Ösophagus, Rektum und Anteilen der sekundär retroperitonealen Organe (S. 652), wird diese Schicht **Tunica adventitia** genannt. Bei den übrigen Abschnitten, d. h. den außen von Tunica serosa (bestehend aus einschichtigem Plattenepithel = Mesothel und Bindegewebe = Lamina propria) bedeckten Anteilen spricht man von der **Tela subserosa**.

I | 1.3 Speiseröhre (Ösophagus)

Im Bindegewebe befinden sich arterielle und venöse Gefäßnetze (Plexus subserosus) sowie Lymphgefäße.

1.2.2 Enterisches Nervensystem (Plexus entericus)

In der Darmwand befindet sich ein **intramurales** (**intrinsisches**)**Nervensystem**, das in seiner Gesamtheit als **Plexus entericus** bezeichnet wird.
Durch unterschiedliche Lage gliedert er sich in zwei einzelne Plexus (Tab. **I-1.2**), die untereinander in Verbindung stehen.

1.2.2 Enterisches Nervensystem (Plexus entericus)

Das **intramurale Nervensystem** in der Darmwand wird in seiner Gesamtheit als Plexus entericus bezeichnet und in 2 untereinander verbundene Plexus unterteilt (Tab. **I-1.2**).

☰ I-1.2	Plexus des enterischen Nervensystems		
Plexus	**Lage**	**innervierte Strukturen**	**Effekt**
Plexus submucosus (Meissner)	in Tela submucosa	Lamina muscularis mucosae	Schleimhautfältelung
		Drüsen	Sekretion
Plexus myentericus (Auerbach)	zwischen Stratum circulare und Stratum longitudinale der Tunica muscularis	Tunica muscularis	Darmmotilität

☰ I-1.2

Es lassen sich mehr als zehn unterschiedliche Nervenzelltypen nachweisen, darunter auch solche, die Stickoxid (NO) bilden können. NO wirkt relaxierend auf die glatte Muskulatur der Darmwand.
Andere Nervenzellen wirken als Dehnungs- oder Chemorezeptoren oder sind in unterschiedlich lange Reflexbögen integriert, welche die lokale Motilität kleinerer bzw. größerer Darmabschnitte koordinieren.
Zwischen Tunica muscularis und Tela submucosa liegen die spindel- bis sternförmigen **interstitiellen Zellen von Cajal** (Interstitial Cells of Cajal; Abk. **ICC**). Hierbei handelt es sich um spezialisierte Fibroblasten, die ähnlich wie die Schrittmacherzellen des Herzens spontane rhythmische Depolarisationen aufweisen. Sie stehen im engen, wahrscheinlich synaptischen Kontakt mit den Nervenzellen des Plexus myentericus und bilden Nexus mit den glatten Muskelzellen der Tunica muscularis. Man nimmt daher an, dass es sich bei den ICC um die **Schrittmacherzellen** der Darmmotilität handelt.

Es besteht aus mindestens zehn funktionell unterschiedlichen Nervenzelltypen, welche die Motilität des Darmes regeln bzw. als Dehnungs- und Chemorezeptoren dienen.
Die **interstitiellen Zellen von Cajal** (ICC) sind wahrscheinlich die **Schrittmacher** der Darmmotilität.

▶ Klinik. Beim **Morbus Hirschsprung** fehlen aufgrund eines genetischen Defekts die Ganglienzellen des enterischen Nervensystems und die ICC im Dickdarm (meist Kolon oder Rektum). Die glatte Muskulatur kann daher in dem betroffenen Darmabschnitt nicht mehr relaxieren. Als Folge hiervon wird der Kot nicht mehr weitertransportiert und es kommt sekundär zu einer starken Erweiterung des oral davon gelegenen Darmabschnitts (**Megakolon**). Die Betroffenen leiden unter Erbrechen und Verstopfung. Die Therapie besteht in einer Entfernung des aganglionären Darmabschnitts.

▶ Klinik.

Obwohl das enterische Nervensystem weitgehend **autonom** funktioniert, ist es über parasympathische Fasern des Nervus vagus und der Nn. splanchnici pelvici mit dem parasympathischen (S.216) sowie über die Nervi splanchnici major und minor mit dem sympathischen Anteil (S.214) des vegetativen Nervensystems verbunden.
Dadurch wird ein modulierender Einfluss auf das intramurale Nervensystem ermöglicht, wobei die **sympathischen** Zuflüsse **hemmend**, die **parasympathischen fördernd** auf Sekretion der Drüsen und die Motilität der Darmmuskulatur wirken.

Das enterische Nervensystem funktioniert weitgehend **autonom**, wird jedoch über Äste des N. vagus und die Nn. splanchnici major und minor **parasympathisch** und **sympathisch beeinflusst**.

1.3 Speiseröhre (Ösophagus)

F. Schmitz

1.3.1 Funktion des Ösophagus

Als elastisch-verformbares muskuläres Hohlorgan dient der Ösophagus dem Transport der Nahrung vom Rachen, dem Pharynx (S.914), in den Magen. Damit erfolgt hier quasi die Fortsetzung des Schluckprozesses, nach den durch die Mundboden-, Zungengrund-, Gaumensegel- und Pharynxmuskulatur bewirkten Vorgängen.

1.3 Speiseröhre (Ösophagus)

1.3.1 Funktion des Ösophagus

Die Speiseröhre dient dem Transport der Nahrung vom Rachen in den Magen.

▶ **Klinik.** Typisches Leitsymptom von Ösophaguskrankheiten ist die Schluckstörung (**Dysphagie**). Geht sie mit **Schmerzen** einher, spricht man von **Odynophagie** („**schmerzhaftes Schlucken**"). Diese Schmerzen sind retrosternal im Verlauf der Speiseröhre lokalisiert oder werden in ein Hautareal im Bereich des distalen Sternums projiziert (Head-Zone des Ösophagus in Höhe Th 4/5).

◉ **I-1.3** Head-Zone des Ösophagus
(Prometheus LernAtlas. Thieme, 3. Aufl.)

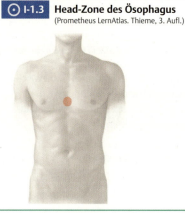

1.3.2 Abschnitte, Lage und Form des Ösophagus

Beim Erwachsenen ist der leicht gekümmt verlaufende Ösophagus **ca. 25 cm** lang, in 3 Abschnitte eingeteilt (Abb. **I-1.4**) und durch 3 physiologische Enstellen geprägt (Abb. **I-1.4b** und Abb. **I-1.5**).

Lage und Abschnitte: Der Beginn am unteren Rand des Ringknorpels (S.922) liegt in Höhe von HWK VI–VII, das Ende in Höhe von BWK XI mit Einmündung in die Kardia des Magens. Man unterscheidet:
- Pars cervicalis,
- Pars thoracica als längsten Abschnitt und
- Pars abdominalis.

1.3.2 Abschnitte, Lage und Form des Ösophagus

Der schlauchförmige Ösophagus hat beim Erwachsenen eine Länge von ca. **25 cm**. Er wird innerhalb seines relativ langen, leicht gekrümmten Verlaufs in drei lagebedingte Abschnitte eingeteilt (Abb. **I-1.4**). Durch seine Beziehungen zu benachbarten Strukturen erhält er drei physiologische Engstellen (Abb. **I-1.4b** und Abb. **I-1.5**), die seine Form prägen.

Lage und Abschnitte: Der **Ösophagus** beginnt am unteren Rand des Ringknorpels des Larynx (S.922) auf Höhe von **HWK VI–VII** und endet auf **Höhe von BWK XI** mit seiner Einmündung in die **Kardia** (S.693) des Magens.
- **Pars cervicalis** (Halsteil): Dieser direkt der ventralen Halswirbelsäule anliegende Anfangsabschnitt, ist kurz (beim Erwachsenen ca. 8 cm lang), da der Ösophagus kurz nach seinem Beginn als
- **Pars thoracica** (Brustteil) in die Brusthöhle übertritt. Hier verläuft er zunächst im oberen und dann im hinteren unteren Mediastinum (Tab. **G-1.1**). Er bildet den längsten Teil der Speiseröhre (ca. 16 cm beim Erwachsenen) und verlässt mit dem Zwerchfelldurchtritt (S.539) die Brusthöhle.
- **Pars abdominalis** (Bauchteil): Dieser sehr kurze Abschnitt (durchschnittlich 1–3 cm) läuft im Vergleich zum epiphrenischen Teil schräg bis zu seiner Mündung in die Kardia des Magens. Die Pars abdominalis ist in Ruhe geschlossen und öffnet sich lediglich beim Schluckakt (S.920).

▶ Klinik.

▶ **Klinik.** Für die endoskopische Untersuchung der Speiseröhre, die meist zusammen mit der von Magen und Duodenum erfolgt (**Ösophagogastroduodenoskopie = ÖGD**) ist wichtig, dass der Ösophagus etwa 15 cm nach der vorderen Zahnreihe beginnt und die Entfernung von der Zahnreihe bis in die Magenmündung beim Erwachsenen etwa 40 cm beträgt. Ein Endoskop, das über die Speiseröhre in den Magen eingeführt werden soll, befindet sich somit im Normalfall nach 40 cm Vorschub im Magen (Abb. **I-1.4a**).

Krümmungen: Während seines Verlaufs krümmt sich der Ösophagus in der **Frontal**- sowie in der **Sagittalebene**.

Krümmungen: Während seines Verlaufs weist der Ösophagus charakteristische Krümmungen auf:
- In der **Frontalebene** (Abb. **I-1.4c**) liegt die Pars cervicalis häufig leicht links von der Medianebene, wohingegen die Pars thoracalis durch die links von ihr verlaufende Aorta rechts von der Medianebene liegt. Die Pars abdominalis verläuft schräg nach links.
- In der **Sagittalebene** beschreibt der Ösophagus einen nach ventral konkaven Bogen (Abb. **I-1.4b**).

Engstellen: Man unterscheidet folgende Engstellen (Abb. **I-1.5**):
- **Obere Enge** (**Constrictio pharyngooesophagealis**, „**Constrictio cricoidea**"): auf der Höhe des Ringknorpels.
- **Mittlere Enge** (**Constrictio partis thoracicae, Constrictio bronchoaortica**): auf Höhe des Aortenbogens und des linken Hauptbronchus.

Engstellen: Man unterscheidet folgende physiologische Engstellen (Abb. **I-1.5**):
- Obere Enge, d. h. **Constrictio pharyngooesophagealis** (S.917) bzw. „Constrictio cricoidea" da sie auf der Höhe des Ringknorpels liegt; klinisch: Ösophagusmund: Dies ist die engste Stelle des Ösophagus (Innendurchmesser 14–15 mm) und wird durch einen zirkulären Sphinktermuskel verschlossen (Oberer Ösophagus sphinkter = OÖS; im engl. Sprachraum als UES = upper esophageal sphincter bezeichnet). Die zirkulären Muskelfasern des OÖS entstammen primär der Pars cricopharyngea des M. constrictor pharyngis inferior (Stratum circulare). Der muskuläre Verschluss wird durch einen submukösen Venenplexus (S.682) ergänzt, der diesen

Verschluss „gasdicht" macht. Beim „Aufstoßen" wird dieser gasdichte Verschluss hörbar geöffnet. Die obere Ösophagusenge ist in Ruhe zu einem quergestellten Spalt geschlossen. Die obere Ösophagusenge liegt auf Höhe von HWK VI/VII und wird, gemessen von der vorderen Zahnreihe, nach etwa 15 cm erreicht.

- **Mittlere Enge** (**Constrictio partis thoracicae**): Sie entspricht der Stelle, an welcher der Ösophagus durch den Arcus aortae und den linken Hauptbronchus eingedellt wird (daher auch **Constrictio bronchoaortica** oder **Aortenenge** bezeichnet) und liegt auf Höhe von **BWK IV**, d. h. ungefähr **10 cm kaudal** der oberen Enge.
- **Untere Enge** (**Constrictio diaphragmatica** = Zwerchfellenge, syn. **Constrictio phrenica**): Sie liegt auf Höhe von **BWK X/XI** im Bereich des Hiatus oesophageus des Diaphragmas kurz vor dem ösophagogastralen Übergang. In der Constrictio diaphragmatica wird der Ösophagus durch das **Ligamentum phrenicooesophageale** (s. u.) elastisch fixiert. Die untere Ösophagusenge wird etwa **40 cm** nach der vorderen Zahnreihe erreicht. Zum Einbau des Ösophagus bei seinem Durchtritt durch das Zwerchfell (S. 539).

- **Untere Enge** (**Constrictio diaphragmatica**, **Constrictio phrenica**): im Bereich des Hiatus oesophageus.

I-1.4 Abschnitte, Lage und Krümmungen des Ösophagus

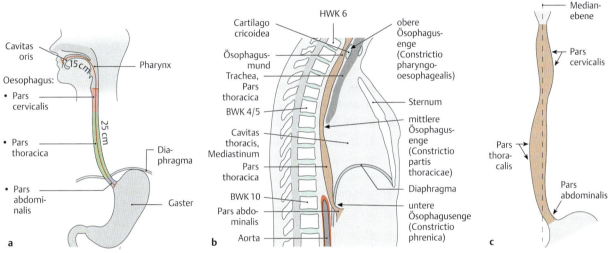

(Prometheus LernAtlas. Thieme, 3. Aufl.)
a Schematische Darstellung der Speiseröhre und ihrer Abschnitte mit Kennzeichnung der für die Endoskopie wichtigen Entfernungen von der vorderen Zahnreihe in der Ansicht von ventral bei nach rechts gedrehtem Kopf.
b Schematische Seitansicht des Ösophagus von rechts.
c Krümmungen des Ösophagus in der Frontalebene.

I-1.5 Ösophagusengen

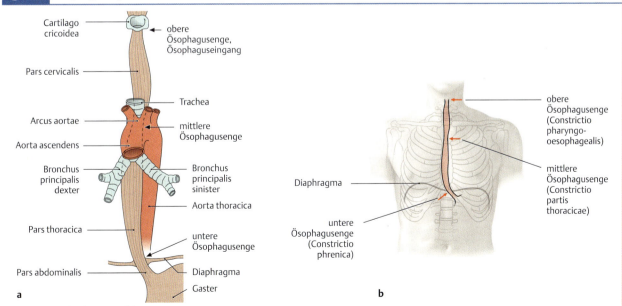

(Prometheus LernAtlas. Thieme, 3. Aufl.)
a Darstellung der Strukturen, die den einzelnen Engstellen des Ösophagus zugrunde liegen.
b Darstellung der 3 Ösophagusengen in Projektion auf den Thorax in der Ansicht von ventral.

▶ Klinik.

▶ Klinik. Verschluckte Gegenstände bleiben präferenziell an den genannten Engstellen im Ösophagus hängen.

▶ Klinik. Insbesondere bei den bildgebenden klinischen Disziplinen hat sich für den kaudalen Abschnitt der Ausdruck „**terminaler Ösophagus**" eingebürgert, der von kranial nach kaudal folgende Abschnitte umfasst:
- Der **supradiaphragmale Abschnitt** zwischen mittlerer und unterer Ösophagusenge ist relativ dehnbar. Da er den intrathorakalen Druckänderungen ausgesetzt ist, weist er besonders bei kräftiger Inspiration eine röntgenologisch beobachtbare ampullenartige Erweiterung auf, die als **epiphrenische Ampulle** (**Ampulla epiphrenica**) bezeichnet wird.
- Der **transdiaphragmale Abschnitt** entspricht der unteren Ösophagusenge.
- Der **infradiaphragmale Abschnitt**, also die Pars abdominalis des Ösophagus wird in den bildgebenden Disziplinen auch als **Vestibulum cardiacum** oder **Antrum cardiacum** bezeichnet. Dieser Bereich entspricht dem „unteren Ösophagussphinkter" (UÖS, s. u.) und ist in Ruhe geschlossen. Eine röntgenologisch beobachtbare Füllung des Vestibulum cardiacum mit Röntgenkontrastmittel erfolgt lediglich in der Schluckphase, wenn sich der untere Ösophagussphinkter öffnet. Dieses Areal wird auch als „ösophagokardiofundale Übergangszone" oder als „Kardiasphinkter" bezeichnet.

⊙ I-1.6 Regelrechte Kontrastmitteldarstellung des Ösophagus

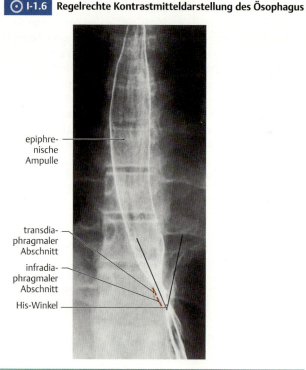

epiphrenische Ampulle
transdiaphragmaler Abschnitt
infradiaphragmaler Abschnitt
His-Winkel

Verschlussmechanismus: Der Verschluss der unteren Ösophagusmündung wird durch mehrere Mechanismen gewährleistet, die zusammen als Unterer Ösophagussphinkter (**UÖS**) bezeichnet werden:

- Spiralförmiger Verlauf der **glatten Muskulatur** („**Wringmechanismus**") ohne Vorliegen eines echten Sphinktermuskels, Abb. **I-1.7a**),
- **Druckgradient** zwischen Brust- und Bauchraum,
- schräge Einmündung in die Incisura cardialis (**His-Winkel**, Abb. **I-1.7b**),
- **Venenpolster** (Abb. **I-1.7c**)
- „**Zwingeneffekt**" des **Zwerchfellschenkels** und die
- elastische Fixierung durch das **Lig. phrenicooesophageale** (s. o.).

Verschlussmechanismus des kaudalen Ösophagus: Einen eigentlichen Sphinktermuskel wie z. B. am Magenausgang (S. 693) gibt es am kaudalen Ende der Speiseröhre nicht. Der Verschluss der Ösophagusmündung in die Kardia des Magens wird durch mehrere Mechanismen gewährleistet, die man in ihrer Gesamtheit als **U**nteren **Ö**sophagus **s**phinkter (**UÖS**; im angloamerikanischen Sprachgebrauch „**LES**" für **l**ower **e**sophageal **s**phincter) bezeichnet:

- Hauptsächlich wird er durch einen muskulären „**Wringmechanismus**" nach dem Prinzip einer „chinesischen Fingerfalle" gewährleistet. Anatomische Grundlage dafür sind die am UÖS **spiralig angeordneten Muskelzüge** in der Tunica muscularis, die schraubenförmig am kaudalen Ende des Ösophagus nach innen einstrahlen (Abb. **I-1.7a**). Wenn der Ösophagus – wie in der normalen physiologischen Situation – unter einer elastischen Längsverspannung steht, ist das Lumen des UÖS verschlossen, weil die Dehnung der dort schraubig verlaufenden Muskelfasern zu einer Lumeneinengung führt. Erst wenn die Längsspannung durch eine einlaufende Peristaltikwelle lokal reduziert wird, erfolgt die Öffnung des Lumens im Bereich des UÖS.
- Der **Druckgradient** zwischen **Brust- und Bauchraum** (in der Bauchhöhle herrscht ein größerer Druck als in der Brusthöhle) führt zu einem Zusammendrücken des UÖS und verstärkt bei intaktem UÖS dessen Verschluss. Der beschriebene Druckgradient ist dabei besonders groß während der Inspiration.
- Die spitzwinklige Einmündung des Ösophagus in die Kardia des Magens (**Incisura cardialis = His-Winkel**, beim Erwachsenen 65–60°, Abb. **I-1.7b**) dient insbesondere der Verhinderung eines Refluxes von Magenflüssigkeit in den Ösophagus (s. u.). Weitere Komponenten des UÖS sind:
- der **Venenplexus** in der Lamina propria und Tela submucosa des Ösophagus (Abb. **I-1.7c**),
- der „**Zwingeneffekt**" des **Zwerchfellschenkels** um den Hiatus oesophageus sowie die
- elastische Fixierung des kaudalen Ösophagus durch das **Lig. phrenicooesophageale**. Der UÖS baut einen **Ruhedruck** von 10–30 mmHg auf. Der Plexus myentericus (S. 679) steuert über lokale Reflexmechanismen die Öffnung des UÖS.

▶ Merke.

▶ Merke. Der sog. untere Ösophagussphinkter (UÖS) ist **kein echter Sphinktermuskel**, sondern bildet durch verschiedene Mechanismen ein funktionelles Sphinktersystem aus.

I 1.3 Speiseröhre (Ösophagus)

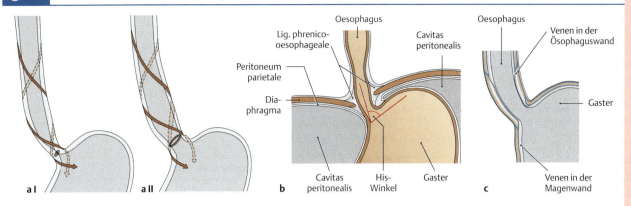

I-1.7 Verschlussmechanismen am ösophagokardialen Übergang als Teilmechanismen des unteren Ösophagussphinkters (UÖS)

(Prometheus LernAtlas. Thieme, 3. Aufl.)
a Anordnung von Muskelzügen als Hauptmechanismus des kaudalen Ösophagusverschlusses: Während die Speiseröhre im Ruhezustand unter Längsspannung steht und der UÖS durch den Wringmechanismus verschlossen ist (I), erfolgt durch eine einlaufende Peristaltikwelle im Rahmen des Schluckvorgangs eine lokale Relaxation mit Öffnung des UÖS (II).
b His-Winkel am ösophagokardialen Übergang.
c Venenplexus in der Ösophaguswand. (nach Stelzner)

▶ Klinik. Im Rahmen einer **Insuffizienz des UÖS** kommt es zu einem Rückfluss (**Reflux**) von Magensaft (S. 693) in den Ösophagus. Dies kann durch die aggressive Salzsäure des Magensafts zu einer Entzündung des Ösophagus (**Ösophagitis**) führen. Eine solche **Refluxösophagitis** kann zu retrosternalen, postprandialen Schmerzen (**Sodbrennen**) führen, die häufig **lageabhängig** sind und besonders im Liegen auftreten (u. U. klagen die Patienten über v. a. nächtliche Beschwerden).
Alle Situationen, die einen negativen Einfluss auf die am Verschluss des kaudalen Ösophagus beteiligten Mechanismen haben, können einen gastroösophagealen Reflux erleichtern: Dazu zählt insbesondere die Erhöhung des intraabdominellen Drucks (durch Bücken, Pressen, Fettleibigkeit oder Schwangerschaft) oder auch die Einnahme muskelrelaxierender Medikamente oder Vorliegen einer Hiatushernie. Bestimmte Nahrungsmittel wie Kaffee, Alkohol, säurehaltige Getränke oder fettige Speisen können ebenfalls begünstigend wirken.
Therapeutisch sind bei leichten Refluxbeschwerden zunächst Allgemeinmaßnahmen wie Verzicht auf Auslöser und Gewichtsreduktion zu ergreifen. Bei Refluxösophagitis sind säurehemmende Medikamente erforderlich.

1.3.3 Wandbau des Ösophagus

Die Wand des Ösophagus zeigt einen für den Magen-Darm-Trakt typischen Aufbau. Besonderheiten der einzelnen Schichten sind nachfolgend genannt (vgl. Abb. **I-1.2**).

Tunica mucosa: Aufgrund der starken mechanischen Beanspruchung ist die Speiseröhre von innen mit
- mehrschichtigem **unverhornten Plattenepithel** ausgekleidet, das gegenüber größeren Speisestücken einen mechanischen Schutz vor Verletzungen bildet. Zur weiteren Erhöhung der mechanischen Stabilität ist das Epithel intensiv mit Bindegewebspapillen der darunterliegenden Lamina propria verzahnt.

▶ Merke. Das Epithel der Ösophagusschleimhaut bietet einen **guten Schutz vor mechanischen Beanspruchungen**, die z. B. beim Schlucken von festen Nahrungsbestandteilen auftreten, **nicht jedoch vor chemischen Einwirkungen** wie z. B. der Salzsäure des Magens bei gastroösophagealem Reflux (S. 684) und ₖlinᵢk ösophageale Refluxkrankheit (S. 683).

Der Übergang des Epithels an der Grenze vom Ösophagus in den Magen erfolgt nicht allmählich, sondern ist scharf abgrenzbar (Abb. **I-1.8**). Allerdings finden sich manchmal einzelne „Inseln" von Magenepithel im distalen Ösophagus.

1.3.3 Wandbau des Ösophagus

Die Wand des Ösophagus zeigt die o. g. typische Schichtung (vgl. Abb. **I-1.2**).

Tunica mucosa: Sie besteht aus folgenden Schichten:
- Die luminale Auskleidung erfolgt durch mehrschichtig **unverhorntes Plattenepithel** (Schutzepithel).

Die Grenze zwischen ösophagealer und Magenschleimhaut ist scharf (Abb. **I-1.8**).

- In der dünnen **Lamina propria** aus lockerem faserigem Bindegewebe liegt ein ausgedehnter Venenplexus (besonders im unteren Abschnitt des Ösophagus, Abb. **I-1.7c**).

- Die **Lamina muscularis mucosae** besteht aus vorwiegend längsgerichteten **glatten Muskelzellen**.

⊙ **I-1.8**

- In der subepithelialen dünnen **Lamina propria** liegen im unteren Ösophagusabschnitt ausgedehnte **Venenplexus** (Abb. **I-1.7c**), sowie vereinzelte **Schleimdrüsen**, die den **Kardiadrüsen** des Magens (Abb. **I-1.24**) entsprechen („kardiale Ösophagusdrüsen"). Der Venenplexus in der Lamina propria, der mit demjenigen der Tela submucosa in Verbindung steht, bildet einen Teil des Verschlussmechanismus am UÖS (S. 682).
  Die zellreiche Lamina propria enthält die terminalen Verzweigungen von Blutgefäßen und Nervenfasern sowie vereinzelt Lymphfollikel.

- Die **Lamina muscularis mucosae** mit vorwiegend längsgerichteten **glatten Muskelzellen** zeigt keine besonderen Unterschiede gegenüber den anderen Hohlorganen des Verdauungstrakts.

⊙ **I-1.8** Schleimhaut am ösophagokardialen Übergang

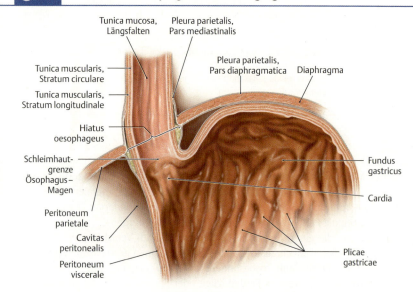

Zur Darstellung der Schleimhaut sind unterer Ösophagus und oberer Magen aufgeschnitten.
(Prometheus LernAtlas. Thieme, 3. Aufl.)

▶ **Klinik.** Bei lang anhaltender Refluxkrankheit kann es zu einer Umwandlung (**Metaplasie**) des normalen mehrschichtigen, unverhornten Ösophagus-Epithels durch Zylinderepithel kommen. Bei einer solchen **Epithelmetaplasie** des Ösophagus spricht man von einem **Barrett-Ösophagus**, auf dessen Boden sich **Epitheldysplasien** als Vorstufe eines **Karzinoms** entwickeln können.

⊙ **I-1.9** **Barrett-Ösophagus.** Im unteren Abschnitt der Speiseröhre ist endoskopisch das metaplastische, lachsfarbene Epithel deutlich von dem „normalen", weißlich erscheinenden mehrschichtig unverhornten Plattenepithel zu unterscheiden.

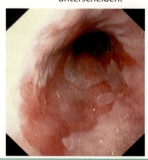

Die **Tela submucosa** enthält muköse Glandulae oesophageales, den Plexus submucosus (S. 679) und ausgedehnte Venenplexus, wichtig im Rahmen portokavaler Anastomosen (S. 870).

Die **Tunica muscularis** enthält
- im oberen Viertel quergestreifte,
- im 2. Viertel quergestreifte und glatte,
- in der unteren Hälfte ausschließlich glatte Muskulatur.

Tela submucosa: In der relativ dicken Tela submucosa des Ösophagus findet man rein muköse **Glandulae oesophageae**, deren schleimiges Sekret der Verbesserung des Nahrungstransports dient. Weiterhin liegt in dieser Bindegewebsschicht der **Plexus submucosus**, sog. Meissner-Plexus (S. 679), des enterischen Nervensystems. In der Tela submucosa liegen entlang des gesamten Ösophagus ausgedehnte Venenplexus, die eine Rolle im Rahmen der portokavalen Anastomosen (S. 870) spielen.

Tunica muscularis: Im Ösophagus findet sich in der Tunica muscularis nicht nur glatte, sondern auch quergestreifte Muskulatur. Die Verteilung ändert sich je nach Abschnitt:
- oberes Viertel: nur quergestreifte Muskulatur,
- zweites Viertel: quergestreifte und glatte Muskulatur,
- untere Hälfte: ausschließlich glatte Muskulatur.

I-1.10 Ösophagusmuskulatur

a Muskelschichten des Ösophagus in der Ansicht von schräg links-dorsal mit Anteilen von Pharynx (S. 914), Larynx (S. 920) und Trachea (S. 543). Im unteren Bildabschnitt sind zur Verdeutlichung der Wandschichten die jeweils außen liegenden abgetrennt, sodass ein teleskopartiger Aspekt entsteht.
b Von dorsal dargestellter Anschnitt des oberen Ösophagus in kontrahiertem Zustand während des Schluckaktes (S. 920), was durch das sternförmige Lumen erkennbar ist; vgl. Bedeutung der Ösophagusperistaltik für den Schluckakt (S. 690). Die muskuläre Hinterwand des Pharynx ist durchtrennt und seitlich aufgeklappt.

(Prometheus LernAtlas. Thieme, 3. Aufl.)

I-1.11 Histologischer Bau der Ösophaguswand

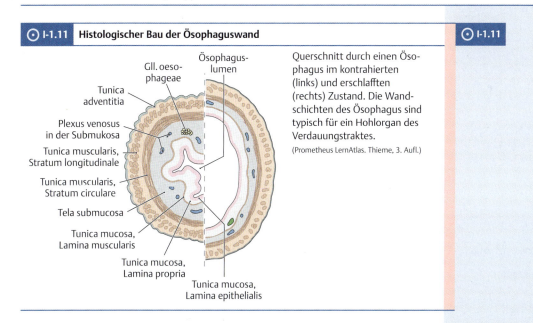

Querschnitt durch einen Ösophagus im kontrahierten (links) und erschlafften (rechts) Zustand. Die Wandschichten des Ösophagus sind typisch für ein Hohlorgan des Verdauungstraktes.

(Prometheus LernAtlas. Thieme, 3. Aufl.)

Die Muskulatur zeigt, ähnlich wie auch im Rest des Darmrohres, zwei Vorzugsrichtungen (Abb. I-1.10): eine **innere Schicht** mit zumeist **ringförmig** verlaufenden Muskelzellen (**Stratum circulare**) und eine **äußere längs** verlaufende Muskelschicht (**Stratum longitudinale**). Die äußere Längsmuskelschicht ist nicht überall gleich dick. Dorsal fehlt sie häufig in einem Feld im kranialen Abschnitt des Ösophagus. Dieses muskelschwache Dreieck zwischen quer verlaufenden Muskelfasern der Pars cricopharyngea musculi constrictor pharyngeus inferior (syn. **Pars fundiformis**, **Killian-Schleudermuskel** oder **Fibrae transversae** des unteren Schlundschnürers) und den **Fibrae descendentes** (Muskelfasern des Stratum longitudinale der Ösophagusmuskulatur) bezeichnet man auch als **Laimer-Dreieck** (Abb. I-1.10).

Auch in der Speiseröhre findet sich eine innere zirkuläre und eine äußere längsverlaufende Muskelschicht (Abb. I-1.10).
Die Längsmuskelschicht ist nicht überall gleich dick und fehlt häufig in einem dorsokranialen Bereich des Ösophagus (**Laimer-Dreieck**).

▶ **Klinik.** An dieser muskelschwachen Stelle können sich bei erhöhtem intraluminalen Druck Schleimhautausstülpungen (sog. **Pulsionsdivertikel**) bilden, bei denen die Mukosa und Submukosa durch die Muskelschicht nach außen gedrückt werden (sog. **„unechte"** oder Pseudodivertikel). Auch finden sich solche Divertikel gelegentlich dicht oberhalb des Zwerchfells (epiphrenisch), die häufig als asymptomatischer Zusatzbefund beim Röntgen auffallen. Die „unechten" Pulsionsdivertikel im Bereich des Killian-Dreiecks, z. B. Zenker-Divertikel (S. 918), werden zwar häufig als Ösophagusdivertikel bezeichnet, jedoch ist dies nicht korrekt, da sie ihrer Lokalisation nach Hypopharynxdivertikel sind.

Bei **„echten" Divertikeln** umfasst die Ausstülpung alle Wandschichten. Solche sog. **Traktionsdivertikel** entstehen unabhängig von muskulären Schwachstellen des Ösophagus meist durch Prozesse, die sich in der Nachbarschaft des Organs abspielen (z. B. als Folge von Entzündungen). Die präferenzielle Lokalisation an der Bifurcatio tracheae oder in deren Nachbarschaft, daher auch als Bifurkations- (S. 560) oder parabronchiale Divertikel bezeichnet, lässt sich durch die dortige enge Beziehung zu den großen Lymphknotenpaketen begründen.

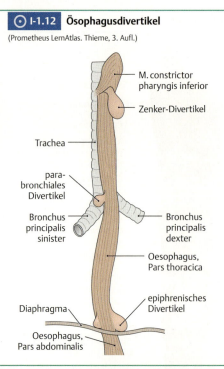

I-1.12 Ösophagusdivertikel
(Prometheus LernAtlas. Thieme, 3. Aufl.)

Zwischen Stratum circulare und Stratum longitudinale befinden sich Nervenzellen des **Plexus myentericus** (S. 679).

Zwischen Stratum circulare und Stratum longitudinale befinden sich Nervenzellen des **Plexus myentericus** (S. 679), d. h. dem Auerbach-Plexus als Teil des enterischen Nervensystems.

Die Tunica muscularis ist wichtig für die Ösophagusperistaltik (s. u.). Der besondere schraubenförmige Verlauf der Muskelfasern in der Pars abdominalis des Ösophagus bildet einen wichtigen Teil des Verschlussmechanismus des UÖS (S. 682).

Tunica adventitia: mit Leitungsbahnen des Ösophagus.

Tunica adventitia: In dieser äußeren Bindegewebsschicht verlaufen Leitungsbahnen: die größeren den Ösophagus versorgenden Gefäße (s. u.), Nervenfaserbündel, z. B. Trunci vagales (S. 689), Plexus oesophagealis (S. 689) sowie Lymphgefäße. Der lockere durch die Adventitia vermittelte Einbau des Ösophagus in seine Umgebung ermöglicht die starke Beweglichkeit des Ösophagus während des Schluckaktes (S. 920). In die Adventitia strahlen auch verschiedene, kleinere Bündel aus glatten Muskelfasern ein, die ebenfalls der Organverankerung dienen sollen (M. tracheooesophageus, M. bronchooesophageus, M. pleurooesophageus).

Im Bereich des OÖS erfolgt eine bindegewebige Anheftung der äußeren Längsmuskulatur mit dem Ringknorpel des Larynx durch das in der Adventitia befindliche verstärkte Bindegewebe („Tendo cricopharyngeus"). Im Bereich der Pars abdominalis, wo der Ösophagus von Serosa bedeckt ist, bezeichnet man die darunterliegende Bindegewebsschicht als Tela subserosa (statt Adventitia).

Das Lumen des Ösophagus ist in weiten Abschnitten aufgrund der Längsspannung des Ösophagus und der Spannung der Ringmuskulatur sternförmig eingeengt.

1.3.4 Gefäßversorgung und Innervation

Gefäßversorgung des Ösophagus

Arterien (Abb. I-1.13a):
- Pars cervicalis: **A. thyroidea inf.** (Tab. **L-1.2**),
- Pars thoracalis: **Aorta** und **rechte Aa. intercostales**,
- Pars abdominalis: **A. gastrica sinistra**.

1.3.4 Gefäßversorgung und Innervation

Gefäßversorgung des Ösophagus

Arterielle Versorgung: Jeder der drei Ösophagusabschnitte wird durch unterschiedliche Ursprungsgefäße versorgt (Abb. **I-1.13a**):
- **Pars cervicalis: Arteria thyroidea inferior** (aus dem Truncus thyrocervicalis, Tab. **L-1.2**).
- **Pars thoracalis: Aorta** und **rechte Arteriae intercostales**.
- **Pars abdominalis: Rami oesophageales** der **Arteria gastrica sinistra** aus dem Truncus coeliacus (S. 865).

Venen: Die Vv. oesophageales (Abb. **I-1.13b**) fließen in die V. azygos und V. hemiazygos ab. Sie gehören zu den **portokavalen Anastomosen**.

Venöser Abfluss: Die **Venae oesophageales** (Abb. **I-1.13b**) fließen in die **Vena azygos** und **Vena hemiazygos** ab und von dort in die **Vena cava superior**. Über die Vena gastrica dextra bestehen Verbindungen zur V. portae hepatis (**portokavale Anastomosen** = Verbindungen zwischen dem Pfortader- und Vena-cava-System).

1.3 Speiseröhre (Ösophagus)

I-1.13 Blutversorgung des Ösophagus

(Prometheus LernAtlas. Thieme, 3. Aufl.)
a Arterien des Ösophagus in der Ansicht von ventral.
b Venen des Ösophagus in der Ansicht von ventral.

▶ Klinik. Bei einer Störung des Blutflusses durch die Leber hindurch (z. B. bei **Leberzirrhose**) sucht sich das Blut in der Vena portae hepatis Ausweichmöglichkeiten, um an der „Engstelle Leber" vorbeifließen zu können. Diese **portokavalen Anastomosen** (S. 870) können zu einer Anschwellung der Vv. oesophageales in der Lamina propria und der Tela submucosa des Ösophagus führen (sog. **Ösophagusvarizen** = „Krampfadern" des Ösophagus). Die Varizen können plötzlich platzen und zu u. U. tödlich verlaufenden Blutungen führen, weil sie nur schwierig zu stillen sind, s. a. Leberzirrhose (S. 878).

I-1.14 Ösophagusvarizen

(Prometheus LernAtlas. Thieme, 3. Aufl., nach Stelzner)

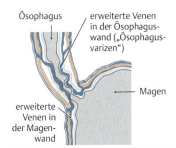

I-1.15 Lymphabfluss des Ösophagus

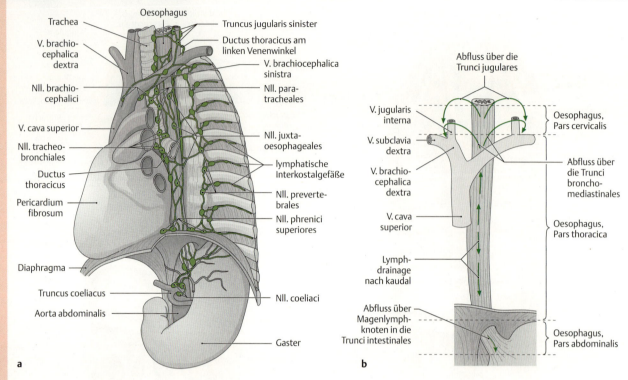

a Thorakale Lymphknoten in der Ansicht von links-lateral.
b Je nach Abschnitt des Ösophagus erfolgt die Lymphdrainage des Ösophagus in unterschiedliche Lymphgefäße: Die Pars cervicalis leitet die Lymphe über die tiefen Halslymphknoten in den Truncus jugularis. Der obere Abschnitt der Pars thoracica drainiert nach kranial in den Truncus bronchomediastinalis, der untere thorakale Abschnitt genau wie die Pars abdominalis über die Lymphknoten des Magens im Bereich der A. gastrica sinistra und des Truncus coeliacus in den Truncus intestinalis. (Prometheus LernAtlas. Thieme, 3. Aufl.)

Lymphabfluss (Abb. I-1.15):
- **Pars cervicalis**: Nll. cervicales prof.,
- **Pars thoracica**: Nll. paratracheales und tracheobronchiales sowie über Anastomosen im Hiatus oesophageus zu den u. g. gastralen Lymphknoten,
- **Pars abdominalis**: Nll. gastrici sinistri und coeliaci.

Lymphabfluss: Auch der Lymphabfluss (Abb. **I-1.15**) erfolgt je nach Abschnitt der Speiseröhre über unterschiedliche Lymphknoten:
- **Pars cervicalis:** tiefe zervikale Lymphknoten (**Nodi lymphoidei cervicales profundi**).
- **Pars thoracica:** superiore und posteriore mediastinale Lymphknoten (**Nodi lymphoidei paratracheales**, **Nodi lymphoidei tracheobronchiales superiores** und **inferiores**) sowie **Nodi lymphoidei juxtaoesophageales**. Über Anastomosen im Hiatus oesophageus fließt ein Teil der Lymphe auch in die nachfolgend genannten Lymphknoten im Bereich des Magens ab.
- **Pars abdominalis:** Lymphknoten entlang der A. gastrica sinistra (**Nodi lymphoidei gastrici sinistri** und **coeliaci**).

▶ Klinik.

▶ Klinik. Tumoren des kaudalen Ösophagus können über Anastomosen der Lymphbahnen im Hiatus oesophageus in Lymphknoten der Brust- und Bauchhöhle metastasieren.

Innervation des Ösophagus

Das enterische Nervensystem (S. 679) wird wie in anderen Abschnitten des Verdauungskanals durch Sympathikus und Parasympathikus beeinflusst (Abb. **I-1.16**).

Innervation des Ösophagus

Wie auch andere Teile des Darmrohrs besitzt der Ösophagus ein autonom funktionierendes Nervensystem, das enterische Nervensystem (S. 679). Dies ist beim Ösophagus funktionell für die Koordination des Schluckaktes (S. 920) von Bedeutung. Die Tätigkeit des autonomen Darmnervensystems wird durch Sympathikus und Parasympathikus modifiziert (Abb. **I-1.16**).

I 1.3 Speiseröhre (Ösophagus)

⊙ I-1.16 Innervation des Ösophagus

⊙ I-1.16

(Prometheus LernAtlas. Thieme, 3. Aufl.)
a Sympathische und parasympathische Innervation der Speiseröhre.
b Vegetative Plexusbildung auf dem Ösophagus in der Ansicht von ventral (**I**) und von dorsal (**II**).

Sympathische Innervation: Sie erfolgt über postganglionäre **sympathische Fasern** aus dem **Ganglion cervicothoracicum** (= Ggl. stellatum) des Brustgrenzstrangs und kranialen thorakalen Grenzstrangganglien (**Ganglia thoracica II-V**, Tab. **B-3.7**), deren postganglionäre Fasern in den **Plexus oesophageus** einstrahlen.
Eine Aktivierung des Sympathikus führt zu einer **Hemmung der Ösophagusperistaltik** und zu einer **Hemmung der Sekretionstätigkeit** der Ösophagusdrüsen.

Parasympathische Innervation:
- oberer Teil des Ösophagus: **Nervus laryngeus recurrens** (S. 638),
- unterer Teil des Ösophagus: **Nervus vagus** (S. 638).

Unterhalb der **Bifurcatio tracheae** (S. 544) legt sich der **Stamm des linken** und **rechten N. vagus** dem Ösophagus an und bildet in der Adventitia den **Plexus oesophageus**. Aus diesem gehen im distalen Abschnitt die **Trunci vagales** hervor und ziehen mit dem Ösophagus durch den **Hiatus oesophageus** des Zwerchfells (S. 539) hindurch. Bedingt durch die Magendrehung (S. 666) liegt der **linke** N. vagus auf der Vorderseite des Ösophagus und bildet den **Truncus vagalis anterior**, wohingegen der **rechte** N. vagus auf der Dorsalseite des Ösophagus den **Truncus vagalis posterior** bildet.
Eine Aktivierung des Parasympathikus führt zu einer **Verstärkung** der **Ösophagusperistaltik** und zu einer gesteigerten **Drüsensekretion**.

Sensible Innervation: Der N. vagus (bzw. N. laryngeus recurrens) enthält auch aus dem Ösophagus kommende **afferente Fasern**, die **viszerosensible Informationen** (Dehnung, Schmerz) aus dem Ösophagus nach zentral weiterleiten.

Sympathische Innervation: Postganglionäre Fasern aus dem **Ggl. cervicothoracicum** sowie kranialen **thorakalen Grenzstrangganglien** über den **Plexus oesophageus**. Über sie werden sowohl **Peristaltik** als auch die **Drüsensekretion gehemmt**.

Parasympathische Innervation:
- **N. laryngeus recurrens** (S. 638) oberer Teil
- **N. vagus** (unterer Teil), der um die Speiseröhre den Plexus oesophageus bildet.

Kaudal bildet sich aus dem **linken** N. vagus der **Truncus vagalis anterior**, aus dem **rechten** N. vagus der **Truncus vagalis posterior**, die beide durch den Hiatus oesophageus in die Bauchhöhle ziehen.

Sensible Innervation: Afferente Fasern des Ösophagus verlaufen ebenfalls im N. vagus.

1.3.5 Bedeutung der Ösophagusperistaltik für den Schluckakt

Nach den oropharyngealen Abläufen im Rahmen des Schluckakts (S. 920) wird Letzterer im Ösophagus mit dem Transport zum Magen fortgesetzt. Daher wird dieser Prozess unter funktionellen Aspekten häufig als **ösophageale Phase** des Schluckakts bezeichnet.

Beim Transport in der Speiseröhre muss zwischen flüssigen und festen Nahrungsbestandteilen unterschieden werden:

- **Flüssigkeiten** passieren den Ösophagus im so genannten **„Spritzschluck"**, bei dem es zu keiner ausgeprägten Ösophagusperistaltik im Abschnitt zwischen den beiden Ösophagussphinktern kommt. Beim Spritzschluck werden Flüssigkeiten durch die Stempelwirkung von Zunge und Mundboden bei sekundenlang geöffnetem oberen und unteren Ösphagussphinkter (OÖS und UÖS) in den Magen gedrückt.
- Für eine reguläre Passage **fester Nahrungsbestandteile** ist dagegen eine ausgeprägt aktive und koordinierte Ösophagusmotilität Voraussetzung. Dabei müssen sowohl die Funktion des OÖS und UÖS als auch die Motilität zwischen beiden Sphinkteren koordiniert aktiviert werden. Wichtig für die Steuerung der Ösophagusmotorik ist das intramurale autonome Nervensystem des Ösophagus, insbesondere der **Plexus myentericus** (S. 679), sowie der **N. vagus**: Der Transport fester Nahrungsbestandteile erfordert zunächst die Öffnung des OÖS, die durch den N. vagus eingeleitet wird. Der kurzzeitigen, durch den Schluckakt initiierten Öffnung und Dehnung des oberen Ösophagussphinkters folgen Kontraktionswellen (Peristaltikwellen), die sich nach kaudal zum UÖS ausbreiten.

Die durch den Schluckakt ausgelösten Kontraktionswellen bezeichnet man als **primäre Ösophagusperistaltik**. Sie läuft reflexartig zentral programmiert ab. Die übergeordnete Steuerung des Schluckens (**Schluckreflex**) erfolgt im kaudalen Hirnstamm, dem **Schluckzentrum** (S. 1254); s. auch Lehrbücher der Physiologie. Eine Aktivierung des N. vagus sorgt für die Initiierung der primären Ösophagusperistaltik im oberen Ösophagus. Die Kontraktionswellen verlaufen dort mit einer wesentlich höheren Geschwindigkeit (quergestreifte Skelettmuskulatur) als im verbleibenden unteren Ösophagus (glatte Muskulatur). Aufgesetzt auf diese primäre Ösophagusperistaltik werden **sekundäre Peristaltikwellen** durch lokale mechanische Dehnung der Ösophaguswand (durch den Nahrungsbolus) generiert. Dabei spielt das enterische Nervensystem (Plexus myentericus) eine entscheidende Rolle. Die sekundäre Ösophagusperistaltik hält so lange an, bis der Nahrungsbissen mit Eintritt in den Magen den Ösophagus verlassen hat. Die Passage eines festen Bissens durch die Speiseröhre dauert i. d. R. zwischen 5 und 25 Sekunden.

▶ **Klinik.** Eine unzureichende Erschlaffung des UÖS, häufig kombiniert mit einer gestörten Ösophagusperistaltik, bezeichnet man als **Achalasie**. Verantwortlich dafür sind meist geschädigte Neurone des Plexus myentericus.

Die Patienten klagen über Schluckbeschwerden ohne Schmerzen (Dysphagie), die sie zum häufigen „Nachtrinken" zwingen sowie über Regurgitation von Speisen und retrosternales Völlegefühl.

Das Röntgenbild zeigt beim Ösophagus-Breischluck typischerweise einen verengten UÖS und eine vor der Stenose liegende (prästenotische) Dilatation (**Megaösophagus**) mit dem Aspekt einer typischen „Sektglasform" (Abb. I-1.17).

Eine Aussage über die Motilität des Ösophagus kann mittels **Ösophagus-Manometrie** unter Verwendung von flexiblen Kathetern, die an mehreren Punkten mit Mikrotransduktoren ausgestattet sind, gemacht werden.

Therapeutisch schafft meist nur eine Aufweitung (Ballondilatation) oder die operative Durchtrennung des UÖS (Myotomie) dauerhafte Abhilfe. Beide Methoden können jedoch zur unerwünschten Insuffizienz mit Reflux (S. 683) und seinen möglichen Folgeerkrankungen (S. 684) führen.

I-1.17 Megaösophagus bei Achalasie

(Siegenthaler, W.: Differentialdiagnose innerer Krankheiten. Thieme, 2005)

1.3.6 Entwicklung des Ösophagus

Der Ösophagus entwickelt sich aus dem mittleren Abschnitt des **Vorderdarms** zwischen Abgang des Tracheobronchialdivertikels und Magenanlage. Das **Tracheobronchialdivertikel** kennzeichnet die Stelle, an der sich auch der spätere Larynx (S. 929) entwickelt und Atem- und Speisewege voneinander separiert werden. Die zunächst breite Verbindung zwischen Luft- und Speisewegen wird bis auf den proximalen Abschnitt (Kehlkopfanlage) durch das **Septum oesophagotracheale** voneinander getrennt. Der Ösophagus ist zunächst verhältnismäßig kurz und verlängert sich mit den Abfaltungsvorgängen während der frühen Embryonalentwicklung. Im 2. Entwicklungsmonat proliferiert typischerweise das den Ösophagus auskleidende Entoderm so stark, dass das Ösophaguslumen temporär verschlossen wird. Normalerweise kommt es kurz danach zu einer Wiedereröffnung des Lumens.

▶ **Klinik.** Störungen bei der „Aufteilung" von Luft- und Speisewegen durch das Septum oesophagotracheale können zu einer **Ösophagusatresie** führen, bei der häufig der proximale Ösophagusabschnitt blind endet und der distale Abschnitt über eine Fistel mit dem Bronchialbaum verbunden ist (**Ösophagotrachealfistel**).
Die Kinder fallen häufig durch Hustenattacken („Überlaufen" von Ösophagusinhalt in die Trachea), ungewöhnlich viel Sekret in Mund- und Nasenhöhle sowie Schaumbläschen nach dem Trinken, rasselnde Atmung und verschiedene Atemstörungen mit deren Konsequenzen (Zyanose) auf.
Eine **intrauterine** Komplikation bei Ösophagusatresie ist eine vermehrte Ansammlung von Amnionflüssigkeit (**Polyhydramnion**), die zwar noch geschluckt aber anschließend nicht mehr durch den Magen-Darm-Trakt resorbiert werden kann. Ein Polyhydramnion kann Ursache für vorzeitige Wehentätigkeit und eine Frühgeburt sein.

⊙ I-1.18 **Ösophagusatresie mit unterer ösophagotrachealer Fistel (Typ IIIb)**
Der Typ IIIb ist mit ca. 87 % der häufigste Typ.

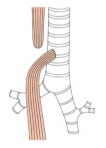

Wolkig mit Aussicht auf ...

> Das Blaulicht taucht die nächtliche Straße in ein „Notfallgewitter". Nur den „Martinsdonner" haben wir ausgelassen – in Anbetracht der Uhrzeit (der Alarm kam um 23:34 Uhr) und der infolgedessen leeren Straßen unserer Kleinstadt.

Die Meldung lautet: „87-jährige Patientin mit akuter Atemnot". Mit akuter Atemnot verhält es sich wie mit einer Schachtel Pralinen: Man weiß nie, was man bekommt! Das Ursachenspektrum reicht von Linksherzinsuffizienz (Blutstau im kleinen Kreislauf) über Lungenembolie (Verschluss einer Lungenarterie) bis zur ausgebrannten COPD (obstruktive Bronchitis). Meine Rettungsassistentin sieht auch nicht gerade glücklich aus, bringt unser Notarzt-Einsatzfahrzeug aber mit sicherer Hand zum Einsatzort. Die Rettungswagen-Besatzung, die uns alarmiert hat, ist schon in dem kleinen Einfamilienhaus. Als wir uns bemerkbar machen, rufen sie uns in die Küche.

Dort sitzt eine zierliche Patientin im Nachthemd, mit tiefblauem Gesicht nach Luft ringend, die Arme auf den Tisch gestützt. Sie würgt immer wieder, ohne aber etwas zu erbrechen. Sie kann kein Wort sagen, so sehr japst sie. Die Sauerstoffmaske, die ihr der Rettungssanitäter immer wieder vorhält, schlägt sie blitzartig weg – er probiert es daher mit einer Art „Sauerstoffdusche" mit hohem Flow. Die Kollegin meint, sie hätten die Patientin so gefunden und es gäbe keine Hinweise auf eine Grunderkrankung. Das am Ohrläppchen platzierte Pulsoxymeter zeigt eine Sauerstoffsättigung im Blut von knapp 60% an. So stelle ich mich fix vor und frage eilig: „Nehmen Sie irgendwelche Medikamente?" – Kopfschütteln. „Brauchen Sie regelmäßig Sauerstoff?" – wieder energisches Kopfschütteln, das von einem massiven Würgereiz unterbrochen wird. Anschließend zeigt sie auf ihren Hals und dann in einem großen Kreisbogen auf die gesamte Küche. „Hals – Küche" – mein Hirn rotiert, aber zu dieser Kombination fällt mir nichts ein. Auf einmal hält mir die Rettungsassistentin ein taubeneigroßes Fleischbällchen vor die Nase, von denen einige in der Küche verteilt liegen. Der Finger der Patientin weist erst auf das Bällchen dann auf ihren Hals. Jetzt geht mir ein Licht auf! Ich erkläre ihr, dass wir eine Kurznarkose machen müssen, um das Ding aus ihrem Hals zu bekommen. Da flattern schon ihre Lider und alles weitere Reden hat sich aufgrund der Bewusstlosigkeit erledigt.

Das Team funktioniert nun wie geschmiert. Wir legen die Patientin schnell auf den Boden, ich knie mich neben ihren Kopf und versuche sie so gut wie möglich zu beatmen. Die Rettungsassistentin bereitet die Medikamente vor, die beiden anderen versorgen die Patientin mit EKG-Elektroden, Blutdruckmanschette und i.v.-Zugang und bereiten die Intubation vor.

Innerhalb von 2 Minuten ist alles bereit und die Sauerstoffsättigung auf 22% gefallen, was meine Hände beim Einführen des Laryngoskops nicht ruhiger werden lässt. Doch glücklicherweise habe ich ein Videolaryngoskop. So kann ich das Corpus delicti in der Speiseröhre prima erkennen. Es ist so groß, dass es die weiche Hinterwand der Trachea, die ja zugleich die Vorderwand des Ösophagus ist, stark nach ventral verlagert. Ich platziere den Tubus in der Luftröhre und ziehe das unzerkaute Fleischbällchen mit der Magill-Zange aus der Speiseröhre.

Nach 15 Minuten ist die Narkose so weit abgeklungen, dass die Patientin erwacht. Sie atmet spontan und kann extubiert werden. Wir nehmen sie zur Überwachung mit in die Innere. Und zum Abschied verspricht sie uns, nie wieder ohne ihre dritten Zähne Fleischbällchen zu essen ...

1.4 Magen (Gaster)

J. Kirsch

▶ **Synonym.** Ventriculus

1.4.1 Funktion des Magens

Im Magen wird die zerkleinerte und mit Speichel vermischte Nahrung, homogenisiert, in kleinere Partikel zerlegt und bis zum Weitertransport gespeichert (**Reservoirfunktion**).

Durch den Zusatz von Magensaft entsteht der Speisebrei (**Chymus**), der portionsweise in das Duodenum entleert wird.

Die Magendrüsen sezernieren etwa 1–3 l/Tag **Magensaft**. Er besteht aus Salzsäure, die für den sauren pH von 1–1.5 verantwortlich ist, Wasser, Elektrolyten (v. a. HCO_3^-, K^+, Na^+, Ca^{2+}, Mg^{2+}), gelösten oder in Suspension befindlichen Schleimsubstanzen (Glykosaminoglykane, sialinsäurereiche Sialomucine), Serumproteinen (Albumin, Globuline, darunter auch Immunglobuline, Blutgruppensubstanzen), Intrinsic factor und anderen Vitamin B_{12} bindenden Substanzen sowie Enzymen (Pepsinogen, Magenlipase, Abb. **I-1.24**).

1.4.2 Abschnitte, Form und Lage des Magens

Abschnitte: Unabhängig von einer hohen Variationsbreite der äußeren Form (S. 694) werden am Magen folgende Abschnitte unterschieden (Abb. **I-1.19**):

- **Pars cardiaca** (**Kardia**, Mageneingang): Bereich der Einmündung (Ostium cardiacum) des Ösophagus in den Magen. Am Mageneingang gibt es keinen eigenen Schließmuskel, jedoch eine funktionell als Sphinkter wirksame Einrichtung der unteren Ösophagusmuskulatur (S. 682). Durch diesen rein funktionellen Sphinkter wird gewährleistet, dass saurer Mageninhalt nicht mit der säureempfindlichen Ösophagusschleimhaut in Kontakt kommt.
- **Fundus gastricus** (Magenfundus, Magenkuppel): Links von der Kardia lokalisierte kuppelförmige Vorwölbung und von dieser durch die **Incisura cardialis** getrennt (von innen **Plica cardiaca**, z. B. bei Magenspiegelungen = Gastroskopien zu sehen). Im Stehen ist der Fundus die höchste Stelle des Magens, er liegt direkt unter der linken Zwerchfellkuppel. Im Fundus sammelt sich verschluckte Luft, die als sog. **Magenblase** im Röntgenbild sichtbar wird (Abb. **I-1.58**).
- Das **Corpus gastricum** (Magenkörper) liegt zwischen Fundus gastricus und dem Antrum pyloricum (s. u.) und bildet den Hauptabschnitt des Magens.
- Die trichterförmige **Pars pylorica** gliedert sich in das (weite) **Antrum pyloricum** sowie in den (engen) etwa 3 cm langen **Canalis pyloricus**. Die Wand des aboralen Endes des Canalis pyloricus wird von verdickter Ringmuskulatur, dem **Pylorus** („Magenpförtner"), gebildet, die in Form eines Schließmuskels (**Musculus sphincter pylori**) den Magen am **Ostium pyloricum** zum Duodenum (S. 705) hin abschließt.

Krümmungen und Wände: Man unterscheidet am Magen zwei Krümmungen und zwei Flächen bzw. Wände:

- Die **Curvatura gastrica major** (große Kurvatur) beschreibt den größeren, konvex geformten Rand des Magenkörpers zwischen Fundus und Antrum pyloricum.
- Die **Curvatura gastrica minor** (kleine Kurvatur) beschreibt den kleineren, konkav geformten Rand des Magenkörpers; der Knick (**Incisura angularis**) im unteren Drittel ist am Übergang des Corpus gastricum in die Pars pylorica lokalisiert.
- **Paries anterior** und **Paries posterior** (Vorder- und Hinterwand des Magens): Die Außenwand des Magens ist glatt. Die Grenze zwischen Vorder- und Hinterwand wird an der kleinen Kurvatur durch den Ansatz des Omentum minus (S. 657), an der großen Kurvatur durch den Ansatz des Ligamentum gastrosplenicum (S. 657) und Ligamentum gastrocolicum (S. 657) dargestellt. Bei leerem Magen liegen Vorder- und Hinterwand aneinander.

1.4 Magen (Gaster)

▶ **Synonym.**

1.4.1 Funktion des Magens

Im Magen werden die Speisen gespeichert (**Reservoirfunktion**) und der Speisebrei (**Chymus**) gebildet. Täglich werden etwa 1–3 Liter **Magensaft** produziert (Abb. **I-1.24**).

1.4.2 Abschnitte, Form und Lage des Magens

Abschnitte: Man unterteilt den Magen in (Abb. **I-1.19**):

- **Pars cardiaca** (**Kardia**, Mageneingang): Bereich der Einmündung (Ostium cardiacum) des Ösophagus in den Magen ohne eigenen Schließmuskel, sondern lediglich mit funktionellem Sphinkter (S. 682) zur Verhinderung des Rückflusses von saurem Mageninhalt.
- **Fundus gastricus** (Magenfundus, Magenkuppel), von der Kardia durch die Incisura cardialis getrennt. Verschluckte Luft im Fundus ist im Röntgenbild als **Magenblase** sichtbar (Abb. **I-1.58**).
- **Corpus gastricum** (Magenkörper) ist der Hauptabschnitt des Magens.
- **Pars pylorica:** Bestehend aus Antrum pyloricum, Canalis pyloricus, Pylorus („Magenpförtner"). Letzterer bildet den kräftigen Schließmuskel (**M. sphincter pylori**) am Magenausgang.

Krümmungen und Wände: Man unterscheidet:

- **Curvatura gastrica major** (große Kurvatur) ist der größere, konvex geformte Rand des Magenkörpers
- **Curvatura gastrica minor** (kleine Kurvatur); am Übergang zur Pars pylorica befindet sich die **Incisura angularis**
- **Paries anterior** und **Paries posterior** (Vorder- und Hinterwand) liegen bei leerem Magen aneinander.

I-1.19 Abschnitte des Magens

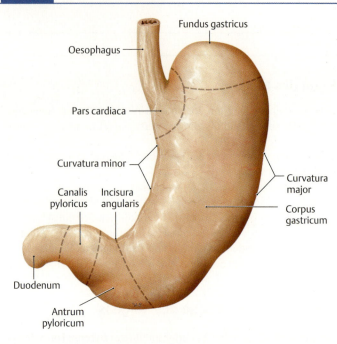

Ansicht von ventral auf die Vorderwand des Magens.
(Prometheus LernAtlas. Thieme, 3. Aufl.)

Form: Die äußere Form des Magens ist sehr variabel. Durchschnittlich ist er 25–30 cm lang und hat beim Erwachsenen ein Volumen von 1200–1600 ml (bei Neugeborenen ca. 30–35 ml). Typische Formen sind
- Hakenmagen,
- Langmagen und
- Stierhornmagen.

Lage und Lagebeziehungen (Abb. I-1.20): Der Magen liegt **intraperitoneal** und ist an zwei Stellen fixiert:
- **oral** am Ösophagus (ca. in Höhe von BWK XI–XII),
- **aboral** am Duodenum (ca. auf der Höhe von LWK I–III im Stehen bzw. von BWK XII–LWK I im Liegen).

Zu Lagebeziehungen s. Tab. **I-1.3** u. Abb. **I-1.21**.

Form: Die **äußere Form** des Magens variiert in Abhängigkeit von Körperlage, Magenfüllung, Konstitutionstyp, Muskeltonus, Lebensalter, Atemphase und dem Einfluss der benachbarten Organe. Durchschnittlich ist er 25–30 cm lang und hat beim Erwachsenen eine Füllungskapazität von 1200–1600 ml (bei Neugeborenen ca. 30–35 ml).
Trotz dieser hohen Variabilität werden bei Röntgenuntersuchungen mit Kontrastmittel **3 Haupttypen** unterschieden:
- **Hakenmagen:** Häufigste Form ähnlich einem „J".
- **Langmagen:** Weit nach kaudal reichender Magen mit spitz-winkeliger Incisura angularis, häufig bei großen, schlanken Personen = „Asthenikern" (S. 46).
- **Stierhornmagen:** Hoch, nahezu horizontal liegender Magen ohne eine „echte" Incisura angularis, häufig bei kleinen, untersetzten Personen = „Pyknikern" (S. 46).

Lage und Lagebeziehungen (Abb. I-1.20): Der Magen liegt **intraperitoneal** im oberen Bereich des Abdomens (im Bereich der Regio epigastrica und der Regio hypochondriaca sinistra, Abb. **C-3.24**) und ist darin an zwei Stellen aufgehängt und damit fixiert:
- **oral** mit der Kardia am Ösophagus (etwa in Höhe von BWK XI–XII),
- **aboral** mit dem Pylorus am Duodenum (im Stehen etwa in Höhe von LWK I–III, im Liegen etwa in Höhe von BWK XII–LWK I).

Die Lagebeziehungen des Magens zu umliegenden Organen sind Tab. **I-1.3** und Abb. **I-1.21** zu entnehmen.

I-1.20 Lage des Magens

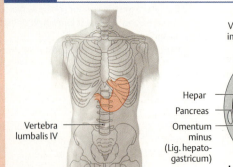

(Prometheus LernAtlas. Thieme, 3. Aufl.)
a Projektion des Magens auf die vordere Rumpfwand.
b Horizontalschnitt durch den Körper auf der Höhe von Th XII/LI in der Ansicht von kranial (dorsal ist oben).

I-1.21 Berührungsfelder des Magens mit Nachbarorganen

Die Berührungsfelder sind farblich hervorgehoben.
(Prometheus LernAtlas. Thieme, 3. Aufl.)
a Ansicht des Magens von ventral
b und dorsal.

I-1.3 Beziehungen des Magens zu Nachbarorganen

Richtung	Magenabschnitt	Nachbarorgan
kranial	Fundus	Zwerchfell (Diaphragma); dadurch Trennung von Mediastinum und der Pleurahöhle
ventral	Vorderwand (kann auch der Bauchwand direkt anliegen) Teile des Fundus Kardia	linker Leberlappen linker Rippenbogen
links	Fundus	Milz
rechts	Korpus Kardia Teile des Fundus	linker Leberlappen
dorsal	Korpus, z. T. Antrum	teilweise Bildung der Vorderwand der Bursa omentalis (S. 655) → dadurch enge topografische Beziehung zum Pankreasschwanz. linke Nebenniere oberer Pol der linken Niere
kaudal	Antrum pyloricum: Pars pylorica Curvatura major	Colon transversum bzw. Mesocolon transversum

I-1.4 Peritonealbezüge des Magens

Lig. gastrosplenicum	peritoneale Verbindung zwischen der großen Kurvatur des Magens und dem Milzhilum
Lig. gastrophrenicum	obere Fortsetzung des Lig. gastrosplenicum zwischen Magen und Zwerchfell
Lig. gastrocolicum	untere Fortsetzung des Lig. gastrosplenicum zwischen der großen Kurvatur des Magens und der Taenia omentalis des Colon transversum
Lig. hepatogastricum	Teil des Omentum minus zwischen der kleinen Kurvatur des Magens und der Leberpforte
Omentum majus	Peritonealschürze an der großen Kurvatur

Die **Peritonealbezüge** des Magens sind in Tab. **I-1.4** zusammengefasst.

Peritonealbezüge des Magens s. Tab. **I-1.4**.

1.4.3 Wandbau des Magens

Die Magenwand ist nach dem für muskuläre Hohlorgane des Rumpfdarms typischen Muster aufgebaut (S. 676). Im Folgenden werden wiederum lediglich die magenspezifischen Besonderheiten der einzelnen Schichten dargestellt.

1.4.3 Wandbau des Magens

Die einzelnen Schichten entsprechen dem für den gesamten Rumpfdarm geltenden Aufbau (S. 676).

Magenschleimhaut

Am eröffneten Magen sind Charakteristika der Magenschleimhaut bereits makroskopisch zu erkennen: Man sieht den Übergang des ösophagealen mehrschichtigen Plattenepithels in das einschichtige hochprismatische Epithel des Magens (klinisch: **Ora serrata** oder **Z-Linie**). Im Bereich des **Corpus gastricum** finden sich zahlreiche vorwiegend längs, aber auch quer und schräg verlaufende grobe Schleimhautfalten (**Plicae gastricae**, Abb. **I-1.22**, Abb. **I-1.8** und Abb. **I-1.28**). Sie bilden das **Hochrelief** der inneren Magenoberfläche. Im Bereich der kleinen Kurvatur sind die Falten so gut wie nur longitudinal ausgerichtet. Diese Strecke zwischen Kardia und Pylorus an der kleinen Kurvatur wird **Magenstraße** genannt. Bei zunehmender Magenfüllung

Magenschleimhaut

Der Übergang von ösophagealem Plattenepithel in das Zylinderepithel des Magens ist am eröffneten Magen gut erkennbar. Im Corpus gastricum sieht man zahlreiche grobe Falten (**Plicae gastricae**, Abb. **I-1.22**, Abb. **I-1.8** und Abb. **I-1.28**), deren longitudinale Ausrichtung besonders an der kleinen Kurvatur überwiegt (sog. **Magenstraße**). Bei Magenfüllung verstreichen die Falten. Im Antrum sind die Falten flacher (Abb. **I-1.22b**).

I-1.22 Magenschleimhaut

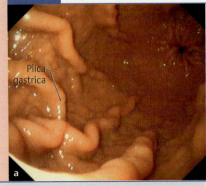
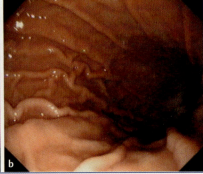

(Block, B., Schachschal, G., Schmidt, H.: Der Gastroskopie-Trainer. Thieme, 2005)

a Endoskopische Ansicht der Magenschleimhaut im Corpus gastricum
b und Antrum pyloricum.

I-1.23 Wandbau des Magens und Zelltypen der Magendrüsen

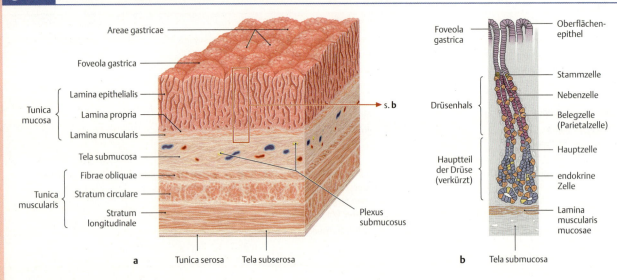

(Prometheus LernAtlas. Thieme, 3. Aufl.)
a Der Aufbau der Magenwand entspricht im Wesentlichen dem Schichtaufbau der Hohlorgane des Gastrointestinaltrakts. Beachte die drei Lagen glatter Muskulatur der Tunica muscularis!
b Magendrüse aus dem Korpusbereich stark vergrößert (vgl. Abb. I-1.24). (nach Lüllmann-Rauch)

Die Schleimhautoberfläche (Abb. **I-1.23a**) ist in Felder (**Areae gastricae**) strukturiert. In diese münden **Foveolae gastricae** als Mündungsstelle von Magendrüsen (**Glandulae gastricae**).

Feinbau: Die Tunica mucosa setzt sich wie folgt zusammen:
- Die Zellen des **Zylinderepithels** sezernieren einen zähen, neutralen **Schleim** sowie **Bicarbonat**. Zusammen mit den Phospholipiden des Magensurfactant entsteht so eine säureresistente, hydrophobe Schutzschicht.
- **Lamina propria mucosae:** Hier liegen die Magendrüsen (Abb. **I-1.23** u. Abb. **I-1.24**).
- **Lamina muscularis mucosae:** Sie kann das Faltenrelief der Schleimhaut verändern.

und konsekutiver Dehnung der Magenwand verstreichen die Falten der Schleimhaut. Die Falten der **Antrumschleimhaut** sind weniger stark ausgeprägt und flacher (Abb. **I-1.22b**).

Die Schleimhautoberfläche (Abb. **I-1.23a**) ist weiter strukturiert in 1–5 mm große, pflastersteinartige Felder (**Areae gastricae**), die das **Flachrelief** der Magenschleimhaut bilden. In diese Felder münden Magengrübchen (**Foveolae gastricae**), die wiederum die Mündungsstelle jeweils mehrerer Magendrüsen (**Glandulae gastricae**) darstellen. Die Gesamtdicke der Schleimhaut beträgt ca. 1–2 mm.

Feinbau: Die Tunica mucosa des Magens besteht wie in anderen Abschnitten des Verdauungskanals aus drei Anteilen:
- Das einschichtige Oberflächenepithel der **Lamina epithelialis mucosae** besteht aus hochprismatischen Epithelzellen (**Zylinderepithel**). Diese Zellen sezernieren einen **zähen, neutralen** bzw. **leicht sauren Schleim**, dessen Hauptbestandteil das Muzin MUC 5AC ist. Er überzieht die gesamte Innenwand des Magens. Außerdem sezernieren die Oberflächenepithelzellen Bicarbonat, das mit den Protonen der Salzsäure unter Bildung von Kohlendioxid für einen neutralen pH an der Schleimhautoberfläche sorgt. Phospholipide („Magensurfactant") sorgen für eine hydrophobe Barriere.

1.4 Magen (Gaster)

- In der **Lamina propria mucosae** liegen die Magendrüsen (Abb. **I-1.23**). Abhängig von ihrer Lokalisation haben diese unterschiedliche Charakteristika und Aufgaben, die in Abb. **I-1.24** als Übersicht dargestellt sind.
- Durch Kontraktionen der Muskelzellen in der **Lamina muscularis mucosae** kann das Schleimhautrelief verändert werden.

⊙ I-1.24   Magendrüsen

Lokalisation	Drüsenart	histologische Charakteristika	Produktion (Funktion)	Stimulation durch
Kardia	**Kardiadrüsen** (Gll. cardiacae), mukös aus Nebenzellen	Tubuli sind stark verzweigt, weitlumig, haben größere Abstände	Schleim Lysozym (bakteriostatisch) Bikarbonat	
Fundus und Korpus	**Hauptdrüsen** (Gll. gastricae)	Tubuli sind lang gestreckt, wenig verzweigt und dicht gedrängt, englumig		
	▪ Hauptzellen	▪ lokalisiert an der Drüsenbasis ▪ basophil ▪ reich an RER (raues retikuloendoplasmatisches Retikulum) zur Proteinsynthese ▪ apikale Sekretgranula (enthalten Pepsinogen)	▪ Pepsinogen (zur Eiweißverdauung) ▪ Magenlipase (Spaltung von Triglyzeriden)	▪ Acetylcholin (Vagusreiz) ▪ Gastrin ▪ H^+
	▪ Beleg-/Parietalzellen	▪ lokalisiert im Bereich der Drüsenmitte ▪ eosinophil ▪ zahlreiche Mitochondrien ▪ intrazelluläre Sekretkanälchen	▪ H^+-Ionen (→ Salzsäure; zur Bekämpfung von Mikroorganismen, Aktivierung von Pepsinogen sowie Denaturierung von Nahrungsproteinen) ▪ Intrinsic factor (zur Vitamin-B_{12}-Resorption)	▪ Acetylcholin (Vagusreiz) ▪ Gastrin ▪ Histamin
	▪ Nebenzellen	▪ lokalisiert im Bereich des Drüsenhalses ▪ PAS-positiv	▪ Bikarbonat ▪ Schleim (Hauptmuzin MUC6)	
	▪ ECL-Zellen	▪ basale Hälfte der Hauptdrüsen	▪ Histamin (stimuliert die Säureproduktion)	
Pars pylorica	**Pylorusdrüsen** (Gll. pyloricae)	Tubuli stärker gewunden, dichter gepackt		
	▪ Nebenzellen		▪ Schleim (schwach sauer) ▪ Bikarbonat	▪ Antrumdehnung ▪ Vagusreiz ▪ chemische Reize (v. a. Aminosäuren, Alkohol, Acetylcholin, Gallensäuren)
	▪ Enteroendokrine Zellen:			
	– G-Zellen		▪ Gastrin	
	– D-Zellen		▪ Somatostatin	(regeln die Sekretionsrate)
	– EC-Zellen		▪ Serotonin	

▶ **Exkurs: Säurebildung im Magen und ihre Neutralisation.** Die von Belegzellen gebildete Magensäure wird durch einen Schutzmechanismus der Oberflächenepithelzellen in Zusammenwirkung mit dem von den Nebenzellen gebildeten Schleim neutralisiert.

Säurebildung (Parietal-/Belegzellen):
In den Parietalzellen des Magens werden die H^+-Ionen (Protonen aus dem Wasser = H^+ OH^-) durch eine apikale Protonenpumpe (H^+-K^+-ATPase) unter ATP-Verbrauch in den Magensaft sezerniert. Die Kaliumionen gelangen durch einen apikal gelegenen Kanal (nicht dargestellt) ebenfalls in den Magensaft. Gleichzeitig wird unter Beteiligung des Enzyms Carboanhydrase (CA) aus Kohlendioxid und den verbleibenden OH^--Ionen Bikarbonat gebildet, das an der basolateralen Seite der Zellmembran (S. 53) von einem Antiporter im Austausch gegen Chlorid ins Blut abgegeben wird. Die Chloridionen gelangen durch einen Chloridkanal auf der apikalen Seite der Parietalzellmembran (passiv) in den Magensaft (Abb. I-1.25a).

Die Salzsäureproduktion in den Parietalzellen kann durch das Hormon Gastrin (endokrine Zellen der Duodenalschleimhaut), sowie durch Acetylcholin (N. vagus) und Histamin (ECL-Zellen der Magenschleimhaut) gesteigert werden.

Neutralisation (Oberflächenepithelzellen):
Die von den Parietalzellen abgegebenen Bikarbonationen gelangen auf dem Blutweg zu den Zellen des Oberflächenepithels, werden von diesen aufgenommen und im Austausch gegen Chlorid sezerniert. Die Bikarbonatsekretion der Oberflächenepithelzellen neutralisiert den pH-Wert auf der Epitheloberfläche (Abb. I-1.25b).

pH-Gradient:
Zusammen mit dem Schleim der Nebenzellen entsteht so ein pH-Gradient von etwa 2 im Magensaft (Flüssigkeit im Magen) nach etwa 7 an der Oberfläche der Magenepithelzellen (Mukosabarriere).

⊙ **I-1.25 Säurebildung und Neutralisation**

a Darstellung einer HCl-produzierenden Belegzelle
b und einer Oberflächenepithelzelle mit Sekretion von Bikarbonat.

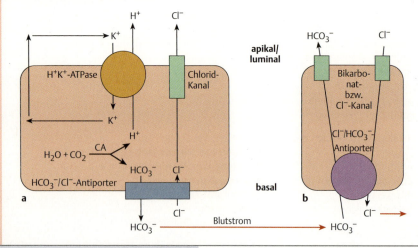

▶ **Klinik.** Die beiden häufigsten Erkrankungen des Magens gehen mit einer **Erhöhung der Säureproduktion** einher. Daher steht deren pharmakologische Beeinflussung im Zentrum der therapeutischen Bemühungen, die bei Nachweis einer bakteriellen Beteiligung mit einer antibiotischen Behandlung (Eradikationstherapie) kombiniert wird.

Unter **Gastritis** versteht man eine Entzündung der Magenschleimhaut mit unterschiedlichen Ursachen (Autoimmunerkrankungen, Infektion mit dem Bakterium Helicobacter pylori oder chemisch, d. h. durch Medikamente oder Alkohol induziert). Kommt es durch konzentrierten Alkohol (z. B. Wodka) oder durch die chronische Einnahme von Cyclooxigenasehemmern (z. B. Aspirin) zu einer Beeinträchtigung der schützenden Schleimhautbarriere, kann es zu einer Andauung des Epithels durch den Magensaft und zu einem Verlust des Oberflächenepithels (Erosion) kommen. Die daraus resultierende Entzündung wird **erosive Gastritis** genannt. Eine akute Gastritis macht sich durch Appetitlosigkeit, Übelkeit, Erbrechen, sowie Druckschmerz im Epigastrium und unangenehmen Geschmack im Mund bemerkbar.

Aus einer Gastritis kann sich ein **Magengeschwür** (**Ulcus ventriculi**) oder **Zwölffingerdarmgeschwür** (**Ulcus duodeni**) entwickeln. In diesen Fällen treten oft bohrende, schneidende oder stechende Schmerzen zwischen Nabel und Mitte des Rippenbogens auf, die beim Magengeschwür häufig sofort nach Nahrungsaufnahme einsetzen, beim Ulcus duodeni eher im nüchternen Zustand auftreten. Es kann sogar zu einer **Blutung** kommen, die man daran erkennt, dass Erbrochenes dunkelbraun bis schwarz („kaffeesatzartig") oder der Stuhl schwarz („Teerstuhl„) gefärbt ist.

⊙ **I-1.26 Gastritis.** Gastroskopischer Befund. (Block, B., Schachschal, G., Schmidt, H.: Der Gastroskopie-Trainer. Thieme, 2005)

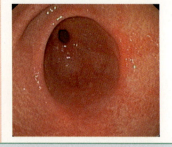

⊙ **I-1.27 Ulcus ventriculi.** Gastroskopischer Befund. (Block, B., Schachschal, G., Schmidt, H.: Der Gastroskopie-Trainer. Thieme, 2005)

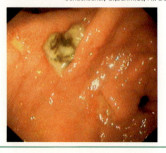

Magenmuskulatur

Im Gegensatz zur Tunica muscularis anderer Abschnitte des Rumpfdarms liegt zwischen Stratum circulare und Tela submucosa im Bereich von Fundus und Korpus des Magens eine dritte (innerste) Muskelschicht, die **Fibrae obliquae**.
- **Stratum longitudinale** (äußere Schicht): Die **Längsfasern** sind vor allem entlang der Kurvaturen ausgeprägt.
- **Stratum circulare** (mittlere Schicht): Die **Ringfasern** im Bereich des Magenkörpers und vor allem aber in der Pars pylorica (S. 693) bilden dort den Schließmuskel (**M. sphincter pylori**) des Magens aus.
- **Fibrae obliquae** (**schräge Fasern**) finden sich im Bereich des Fundus, der Vorder- und Hinterwand und parallel zur kleinen Kurvatur. Hier bilden sie zwischen Stratum circulare und Tela submucosa eine dritte (innerste) Schicht der Tunica muscularis.

Die **Dicke** der Muskelschicht schwankt zwischen 2 mm (Kardia) und 6 mm (Pylorus).

Magenmuskulatur

Die Tunica muscularis des Magens weist im Bereich von Fundus und Korpus zwischen Stratum circulare und Tela submucosa als innerste Schicht die **Fibrae obliquae** auf. Die Fasern der mittleren Ringschicht bilden im Bereich der Pars pylorica den **M. sphincter pylori** aus.
Insgesamt erreicht die Magenmuskulatur eine Dicke von 2–6 mm.

⊙ I-1.28 Muskelschichten des Magens

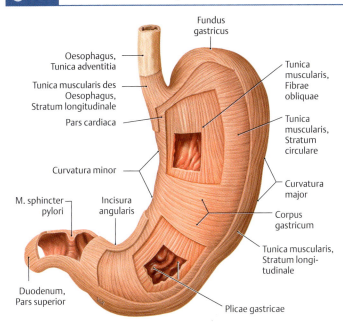

Ansicht von ventral auf die an mehreren Stellen gefensterten Muskelschichten des Magens nach Entfernung von Tunica serosa und Tela subserosa.
(Prometheus LernAtlas. Thieme, 3. Aufl.)

1.4.4 Gefäßversorgung und Innervation

Gefäßversorgung des Magens

Arterielle Versorgung: Der Magen wird arteriell meist komplett aus dem **Truncus coeliacus** (S. 865) versorgt. Der Truncus coeliacus bildet zur arteriellen Versorgung des Magens mit mehreren Ästen an der großen und kleinen Kurvatur jeweils einen Gefäßbogen (sog. **Magenarkade**) aus insgesamt vier Arterien. Die Gefäße innerhalb der jeweiligen Arkade bilden dabei eine Anastomose.
Eine Übersicht über die arterielle Blutversorgung des Magens liefern Tab. **I-1.5** und Abb. **I-1.29b**.

1.4.4 Gefäßversorgung und Innervation

Gefäßversorgung des Magens

Arterielle Versorgung: Eine Übersicht über die arterielle Blutversorgung des Magens, die meist komplett über den **Truncus coeliacus** (S. 865) erfolgt, liefern Tab. **I-1.5** und Abb. **I-1.29a**.

I-1.29 Gefäßversorgung des Magens

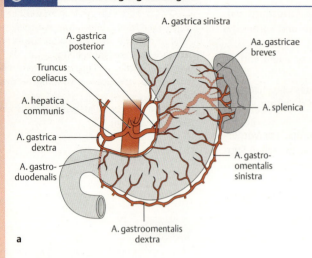

Variationen der hier dargestellten Normalsituation sind möglich.
(Prometheus LernAtlas. Thieme, 3. Aufl.)
a Arterien des Magens.
b Venen des Magens.

I-1.5 Arterielle Blutversorgung des Magens

versorgtes Gebiet	Arterie	Ursprung
kleine Kurvatur	Arterienbogen der kleinen Kurvatur aus	
	▪ A. gastrica sinistra (in der Plica gastropancreatica)	▪ Truncus coeliacus
	▪ A. gastrica dextra	▪ A. hepatica propria
große Kurvatur	Arterienbogen der großen Kurvatur aus	
	▪ A. gastroomentalis sinistra	▪ A. splenica (← Truncus coeliacus)
	▪ A. gastroomentalis dextra	▪ A. gastroduodenalis (← A. hepatica communis ← Truncus coeliacus)
Fundus	▪ Aa. gastricae breves	▪ A. splenica (← Truncus coeliacus)
Hinterwand	▪ A. gastrica posterior	▪ A. splenica (← Truncus coeliacus)

← bedeutet „Ast von"

Venöser Abfluss: Das venöse Blut fließt ab in die V. portae hepatis (S. 869), d. h. in das **Pfortadersystem** ab, wobei die Venen parallel zu den Arterien verlaufen (Abb. **I-1.29b**):
- **Vv. gastrica dextra** und **sinistra**,
- **Vv. gastricae breves** und
- **Vv. gastroomentalis dextra** und **sinistra**.

Venen im Bereich der Kardia stehen über die V. azygos und V. hemiazygos in Verbindung mit der V. cava superior (**portokavale Anastomose**).

Venöser Abfluss: Das venöse Blut fließt in die Vena portae hepatis (S. 869), d. h. in das **Pfortadersystem** ab, wobei die Venen parallel zu den gleichnamigen Arterien verlaufen und auch entsprechend bezeichnet werden (Abb. **I-1.29b**). Dabei münden
- die **Vena gastrica dextra** und **Vena gastrica sinistra** direkt in die **Vena portae hepatis**,
- die **Venae gastricae breves** und **Vena gastroomentalis sinistra** in die **Vena splenica** und
- die **Vena gastroomentalis dextra** in die **Vena mesenterica superior**.

Venen im Bereich der Kardia können sowohl Anschluss an die V. portae hepatis als auch an Vv. oesophageae gewinnen, die ihrerseits über die V. azygos und hemiazygos in die V. cava superior abfließen. Hier besteht somit ein venöser Kurzschluss (veno-venöse Anastomose) zwischen dem Pfortadersystem und dem Kavasystem, vgl. **portokavale Anastomose** (S. 870).

I 1.4 Magen (Gaster)

I-1.30 Lymphabfluss des Magens

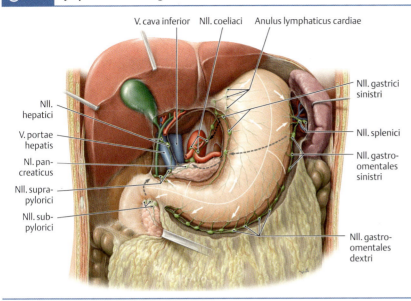

Zur besseren Darstellung der chirurgisch wichtigen Lymphabflusswege in der Ansicht von ventral wurde das Omentum minus entfernt und das Omentum majus an der großen Kurvatur teilweise eröffnet, sodass die Nll. gastroomentales dextri sichtbar sind.
(Prometheus LernAtlas. Thieme, 3. Aufl.)

Lymphabfluss: Auch die Lymphgefäße und Lymphknoten orientieren sich in ihrem Verlauf an der arteriellen Gefäßversorgung des Magens (Abb. I-1.30):
- Die Pars cardiaca, große Bereiche der Vorder- und Hinterwand des Magens und der kleinen Kurvatur drainieren in die **Nodi lymphoidei gastrici dextri** und **sinistri**.
- Fundusanteile und milznahe Bereiche der großen Kurvatur drainieren in die **Nodi lymphoidei splenici**.
- Die Lymphe der weiter aboralen Anteile der großen Kurvatur fließt ab zu den **Nodi lymphoidei gastroomentales dextri** und **sinistri** und dann rechts weiter zu den **Nodi lymphoidei hepatici**, links zu den **Nodi lymphoidei pancreatici**.
- Die Lymphe aus der Pars pylorica und dem Pylorus fließt ab in die **Nodi lymphoidei pylorici**.

Die Lymphe dieser Lymphknotenstationen fließt ab zu den **Nodi coeliaci** als weitere Filterstation, um dann in die **Trunci intestinales** und schließlich in den Ductus thoracicus (S.634) zu gelangen. Darüber hinaus bestehen enge Verbindungen zu paraaortalen, mesenterialen und mediastinalen Lymphknotenstationen.

Lymphabfluss: Auch die Lymphgefäße und Lymphknoten orientieren sich an der arteriellen Gefäßversorgung des Magens (Abb. I-1.30):
- **Nll. gastrici** dextri und sinistri,
- **Nll. splenici**,
- **Nll. gastroomentales** dextri und sinistri sowie
- **Nll. pylorici**.

Die Lymphe fließt ab zu den **Nll. coeliaci**, um dann in die **Trunci intestinales** und schließlich in den Ductus thoracicus (S.634) zu gelangen. Darüber hinaus bestehen Verbindungen zu paraaortalen, mesenterialen und mediastinalen Lymphknotenstationen.

Innervation des Magens

Die autonome Tätigkeit des enterischen Nervensystems (S.679) wird im Magen durch folgende Efferenzen moduliert:

Parasympathische Fasern entstammen den beiden Nervi vagi: Aus den beiden auf dem Ösophagus gebildeten Trunci vagales (S.689) gehen am Magen der **Plexus gastricus anterior** und **posterior** hervor, welche die Vorder- und Hinterwand des Magens versorgen. Äste zum Pylorus (**Rami pylorici**) verlassen die beiden Trunci vagales häufig schon direkt nach dem Durchtritt durch das Zwerchfell und ziehen zunächst mit den Rami hepatici in Richtung der Leberpforte, um dann im Omentum minus nach kaudal verlaufend den Pylorus zu erreichen. Die Aktivierung des Parasympathikus führt zu einer **Steigerung der Magenmotorik und -sekretion** sowie zu einer **Erweiterung der Gefäße**.

Die **sympathische Innervation** erfolgt durch postganglionäre Nervenfasern aus dem Ganglion coeliacum (S.216), die mit den Arterien zum Magen ziehen. Die präganglionären Fasern kommen vor allem vom **Nervus splanchnicus major** (Abb. **I-1.30**).

Die Aktivierung des Sympathikus führt zu einer **Hemmung der Magenmotorik** und -sekretion sowie zu einer **Verengung der Gefäße**.

Die **Schmerzleitung** erfolgt wahrscheinlich durch afferente Fasern (Th 5–9), die zusammen mit den efferenten sympathischen Fasern ziehen. Die Head-Zone des Magens ist im Wesentlichen die Regio epigastrica.

Innervation des Magens

Das enterische Nervensystem (S.679) wird wie folgt moduliert:

Die **parasympathische Versorgung** des Magens erfolgt über die aus den Nn. vagi gebildeten Plexus gastrici ant. und post. **Rami pylorici** verlassen die beiden Trunci vagales (S.689) häufig schon direkt nach dem Zwerchfelldurchtritt. Parasympathikus-Aktivierung führt zur **Steigerung der Magenmotorik und -sekretion** sowie zur **Gefäßerweiterung**.

Sympathische Fasern, die v. a. dem **N. splanchnicus major** entstammen, im Ggl. coeliacum umgeschaltet werden und periarteriell zum Magen ziehen, vermitteln die Hemmung von **Magenmotorik und -sekretion** sowie die **Gefäßverengung** (Abb. I-1.30).

Afferente Fasern ziehen mit den sympathischen. Die Head-Zone des Magens entspricht weitgehend der Regio epigastrica.

I-1.31 Innervation des Magens

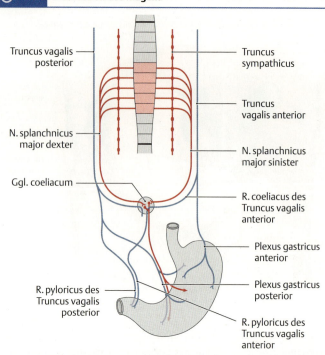

Schematische Darstellung der sympathischen (rot) und parasympathischen (blau) Fasern zum Magen.
(Prometheus LernAtlas. Thieme, 3. Aufl.)

1.4.5 Chymusbildung

Magenmotorik: Für die Bildung des Nahrungsbreis (Chymus) ist die Magenmotorik von besonderer Bedeutung. Im proximalen Bereich des Magens findet die Speicherung der aufgenommenen Nahrung bei konstanter Wandspannung statt. Durch ein **Schrittmacherzentrum** im Bereich der großen Kurvatur an der Grenze zwischen Fundus und Korpus werden – ausgelöst durch die Aufnahme von Speisen – periodische peristaltische Wellen ausgelöst, die zur Bildung eines homogenen Nahrungsbreis (Chymus) aus Speisen und Magensaft beitragen. Feste Nahrung wird dabei durch Schaukelbewegungen auf eine Partikelgröße von ca. 1–2 mm zerkleinert.

Erreicht eine peristaltische Welle den üblicherweise tonisch kontrahierten und damit verschlossenen Pylorus-Schließmuskel, wird der Pyloruskanal wenige Millimeter geöffnet. Kleine Mengen des aufbereiteten Speisebreis können so in das Duodenum gelangen. Noch nicht ausreichend aufbereitete Nahrungsbestandteile werden erneut dem Durchmischungsprozess zugeführt. Größere Partikel, die in dieser digestiven Phase nicht den Pylorus passieren können, werden durch besondere frontartig verlaufende Kontraktionen bei entspanntem Pylorus in der interdigestiven Pause aus dem Magen in das Duodenum getrieben.

Die durchschnittliche Verweildauer fester Speisen im Magen liegt bei ca. 1–3 Stunden. Flüssigkeiten verlassen den Magen wesentlich schneller.

Magensaft-Sekretion: Die Sekretion des Magensafts unterliegt komplexen endokrinen und nervösen Regulationsmechanismen und kann in unterschiedliche Phasen unterteilt werden (Tab. **I-1.6**).

≡ I-1.6	Sekretionsphasen der Magensaftproduktion		
Phase	**Auslöser**	**Mechanismus**	**Wirkung**
interdigestive Phase		Anzahl der Belegzellen	kontinuierliche basale Sekretion
kephale Phase	Erwartung einer Mahlzeit Vorstellung Geruch	Acetylcholin aus dem N. vagus stimuliert:	
		▪ Parietalzellen	→ Sekretion von H⁺-Ionen und Intrinsic Factor
		▪ Hauptzellen	→ Sekretion von Pepsinogen und Magenlipase
		▪ G-Zellen (indirekt über Plexus submucosus)	→ Gastrinsekretion
gastrale Phase	Wanddehnung stimuliert Mechanorezeptoren	Acetylcholin aus dem Plexus submucosus stimuliert:	
		▪ G-Zellen	→ Sekretion von Gastrin → Stimulation der Pepsinogen-sekretion und Sekretion von Intrinsic Factor
		▪ ECL-Zellen	→ Sekretion von Histamin → Stimulation der Säure-produktion
intestinale Phase	saurer Mageninhalt im Duodenum löst neuronale Reflexbögen aus	komplexe Signale stimulieren folgende Zellen des Duodenums:	
		▪ S-Zellen	→ Sekretion von Sekretin → Stimulation der Bikarbonat-produktion im Pankreas und Reduktion der Magenperi-staltik
		▪ I-Zellen	→ Sekretion von Cholezystokinin → Hemmung der Säureproduktion

1.5 Dünndarm (Intestinum tenue)

J. Kirsch

▶ **Definition.** Der insgesamt 3–5 m lange Dünndarm, der vom Pylorus (S. 693) bis zum Ostium ileale (S. 708) in der Fossa iliaca dextra reicht, umfasst folgende Anteile:
- **Duodenum** (Zwölffingerdarm),
- **Jejunum** (Leerdarm) und
- **Ileum** (Krummdarm).

1.5.1 Charakteristika des gesamten Dünndarms

Funktion des Dünndarms

Im Dünndarm findet der größte Anteil des **enzymatischen Nahrungsaufschlusses** und der **Resorption von Nährstoffen** statt. Weiterhin ist der Dünndarm das größte **„Wasserreservoir"** des menschlichen Körpers, weshalb Durchfallerkrankungen rasch zu einer Austrocknung führen können.

Wandbau des Dünndarms

Der Wandbau des Dünndarms folgt den generellen Bauprinzipien der Rumpfdarm-wand mit den in Tab. **I-1.1** erwähnten Schichten. Von ihnen zeigt insbesondere die Dünndarmschleimhaut (**Tunica mucosa**) mit verschiedenen Epithelzellen (s. u.) eine charakteristische Verteilung bestimmter Dünndarmmerkmale in den einzelnen Ab-schnitten.

Die Schichten der **Tunica muscularis** sind stärker ausgeprägt als in anderen Darm-anteilen. Neben dem Transport ist die Tunica muscularis auch für die Durchmengung des noch relativ flüssigen Chymus über die gesamte Länge des Dünndarms zuständig.

Dünndarmschleimhaut

Der Aufbau der Tunica mucosa von Duodenum, Jejunum und Ileum folgt dem glei-chen Grundbauplan, weshalb er an dieser Stelle ausführlich besprochen wird. Ledig-lich Besonderheiten der einzelnen Dünndarmabschnitte werden in den entspre-chenden Unterkapiteln erwähnt.

1.5 Dünndarm (Intestinum tenue)

▶ **Definition.**

1.5.1 Charakteristika des gesamten Dünndarms
Funktion des Dünndarms

Wichtige Aufgaben des Dünndarms sind **Nah-rungsaufschluss**, **Nährstoffresorption** und Bildung eines **„Wasserreservoirs"**.

Wandbau des Dünndarms

Das Bauprinzip entspricht dem in Tab. **I-1.1** beschriebenen.

Dünndarmschleimhaut

Der Aufbau aller Dünndarmabschnitte folgt dem gleichen Grundbauplan. Abweichungen hiervon werden in den entsprechenden Un-terkapiteln erwähnt.

1 Rumpfdarm – Ösophagus und Gastrointestinaltrakt

Den Aspekt bestimmen zahlreiche quergestellte **Plicae circulares (Kerckring-Falten)**.

Feinbau: Die **Plicae circulares** werden von der Tela submucosa aufgeworfen. Von den Plicae gehen zahlreiche Darmzotten, **Villi intestinales**, aus. Deren Gerüst besteht aus dem Bindegewebe der Lamina propria mucosae, in der regelmäßig Arteriolen, Venulen und Lymphkapillaren (zum Transport für Chylomikronen) zu finden sind.

An der Zottenbasis münden schlauchförmige Darmdrüsen, **Glandulae intestinales** (im Dünndarm als **Lieberkühn-Krypten** bezeichnet).

▶ Merke.

Zelltypen: Das Dünndarmepithel wird innerhalb von 24–72 h vollständig erneuert. Es handelt sich um ein einschichtig hochprismatisches Epithel, in dem folgende Zelltypen vorkommen:

- **Enterozyten** tragen an ihrer apikalen Oberfläche membranständige Enzyme für die Spaltung von Kohlehydraten und Peptiden sowie einen Mikrovillisaum (**Bürstensaum**) zur Vergrößerung der resorbierenden Oberfläche. Ein ausgeprägtes Schlussleistennetz (S. 59) bildet die Barriere zum Darmlumen.

- **Becherzellen** liegen vereinzelt zwischen den Enterozyten. Sie sezernieren **Muzine** mit Gleitfunktion für den Speisebrei und Schutzfunktion für die Schleimhaut.

- **Bürstenzellen** tragen einzelne apikale Mikrovillibüschel mit Dehnungs- und Chemorezeptoren.

- Die Funktion der **Napfzellen** (apikal eingedellt) ist unbekannt.

- Am Grund der Glandulae intestinales finden sich **Paneth-Zellen**. Die eosinophilen Granula enthalten Lysozym sowie Enzyme für den Abbau von Fetten und Proteinen.

- **Enteroendokrine Zellen** regeln hormonell (Gastrin, Sekretin und Cholezystokinin) die Sekretion von Magen und Pankreas sowie die Kontraktion der Gallenblase und setzen u. a. Serotonin frei, das auf glatte Muskulatur einen relaxierenden Effekt hat. Die enteroendokrinen Zellen werden auch als diffuses neuroendokrines System, **disseminierte endokrine Zellen** oder APUD-Zellen bezeichnet.

Mit bloßem Auge sind zahlreiche quergestellte Schleimhautfalten, **Plicae circulares** (**Kerckring-Falten**) sichtbar, die etwa zwei Drittel des Umfangs der Duodenalwand ausmachen und zum Ileum hin flacher werden.

Feinbau: Den **Plicae circulares**, die von der Tela submucosa aufgeworfen werden, sitzen pro mm² etwa 10–40, blatt- bzw. zungenförmige Zotten (**Villi intestinales**) auf. Die Zotten dienen der Resorption von Nährstoffen aus dem Darmlumen. Sie sind 0,2–1 mm hoch und 0,15 mm dick. Das Gerüst einer Zotte besteht aus dem Bindegewebe der Lamina propria mucosae, in der sich einzelne glatte Muskelzellen (Zottenpumpe), eine oder mehrere Arteriolen, eine zentrale Venule sowie Lymphkapillaren befinden. In diesen Lymphkapillaren werden vorwiegend die während der Fettverdauung gebildeten Chylomikronen transportiert (s. Lehrbücher der Biochemie).

An der Basis der Zotten münden kurze, schlauchförmige Darmdrüsen, die **Glandulae intestinales** (synonym: Cryptae, Krypten, im Dünndarm als **Lieberkühn-Krypten** bezeichnet), deren Durchmesser etwas geringer ist, als der der Zotten. Auf eine Zotte kommen daher mehrere Krypten. Krypten dienen vorwiegend der Sekretion und der Regeneration des Darmepithels.

▶ Merke. Die Oberfläche des Dünndarms wird durch Zotten und Krypten 7–14fach vergrößert und ist mit 4 m² etwa doppelt so groß wie die Körperoberfläche (unter Einbeziehung des Bürstensaums erreicht sie eine Fläche von ca. 60 m², s. u.).

Zelltypen: Die Zellen des Dünndarmepithels sind sehr teilungsaktiv. So wird das Epithel in 24–72 Stunden vollständig erneuert. Die Lamina epithelialis mucosae wird von einem hochprismatischen Epithel gebildet, in dem verschiedene Zelltypen vorkommen, deren prozentuale Verteilung in den unterschiedlichen Darmabschnitten variiert:

- **Enterozyten** sind hochprismatische Epithelzellen (15–30 µm hoch, 5–10 µm dick), deren apikale (lumenwärts gerichtete) Zelloberfläche mit einem Mikrovillisaum versehen ist. An diesem **Bürstensaum** befinden sich zahlreiche membranständige Enzyme für den Abbau von Kohlenhydraten (Disacchariden) und Peptiden, sowie eine membranständige Enterokinase für die Aktivierung von Trypsin (Abb. **I-2.11**). Der Bürstensaum führt zu einer **weiteren 15fachen Vergrößerung** der Oberfläche, die unter Einbeziehung des Bürstensaums ca. 60 m² beträgt. Die Barrierefunktion wird durch einen ausgeprägten Schlussleistenkomplex (S. 59) aufrechterhalten.

- **Becherzellen** kommen verstreut in Zotten und Krypten vor. Sie sind im Duodenum nur spärlich, in Jejunum und Ileum kommen auf eine Becherzelle 3–5 Enterozyten. Becherzellen **sezernieren Muzine**, die als Gleitfilm für den Speisebrei wirken. Überdies schützen sie das Darmepithel vor der Wirkung der Verdauungsenzyme aus dem Pankreas (Abb. **I-2.11**).

- **Bürstenzellen** liegen verstreut im gesamten Darmepithel. An ihrer apikalen Oberfläche tragen sie einzelne Mikrovillibüschel (aber keinen Bürstensaum!), die Dehnungs- und Chemorezeptoren enthalten.

- **Napfzellen** sind apikal eingedellt und machen nur etwa 6 % der Zottenepithelzellen aus. Ihre Funktion ist unbekannt.

- **Paneth-Zellen**, die im Fundus der Krypten liegen (20–40 pro Krypte), können durch die zahlreichen, apikal gelegenen eosinophilen Granula leicht identifiziert werden.
  Das Vorkommen von Paneth-Zellen nimmt zum Ileum hin kontinuierlich ab. Die eosinophilen Granula enthalten sowohl Lysozym (ein Enzym das die Wand von Bakterien angreift und dadurch deren Wachstum hemmt) als auch Enzyme für den Fett- und Proteinabbau.

- **Enteroendokrine Zellen** regeln durch Sekretion der Peptidhormone Gastrin, Sekretin und Cholezystokinin die Sekretionsraten von Magen und Pankreas sowie die Kontraktion der Gallenblase. Außerdem setzen sie biogene Amine frei, v. a. Serotonin, das relaxierend auf glatte Muskulatur und damit vasodilatatorisch wirkt. In ihrer Gesamtheit bezeichnet man diese, auch in anderen Rumpfdarmabschnitten sowie extraintestinal vorkommende **disseminierten endokrinen Zellen** (S.556) als diffuses neuroendokrines System (DNES). Aufgrund einer funktionellen Gemeinsamkeit (Aufnahme und Dekarboxylierung von Aminen bzw. deren Vorläufern; s. Lehrbücher der Biochemie) wurden sie auch APUD (amine precursor uptake and decarboxylation)-Zellen genannt. Aus ihnen kann sich ein endokrin aktiver Tumor (S.733) entwickeln (Karzinoid).

I 1.5 Dünndarm (Intestinum tenue)

Dünndarmmuskulatur und -motorik

In der **Tunica muscularis** des Dünndarms ist die innere Ringmuskelschicht (**Stratum circulare**) stärker ausgeprägt als die äußere Längsmuskelschicht (**Stratum longitudinale**).

Zwischen diesen Schichten liegen die oft zu Paketen zusammengefassten Ganglienzellen des **Plexus myentericus** (S. 679), der an der Steuerung der Darmmotorik beteiligt ist. Beide Muskelschichten zusammen bedingen die peristaltische Bewegung des Darmes, bei der Kontraktionswellen mit einer mittleren Geschwindigkeit von 2–15 cm/sec den Darminhalt nach aboral transportieren.

Überlagert werden diese Wellen von rhythmischen Pendel- und Segmentationsbewegungen (Einschnürungen) zur Durchmischung des Darminhalts.

Dünndarmmuskulatur und -motorik

Die Tunica muscularis besteht aus einem innen liegenden **Stratum circulare** und einem äußeren **Stratum longitudinale**. Dazwischen liegen die Ganglienzellen des **Plexus myentericus** (S. 679).

Die Peristaltik setzt sich aus Kontraktionen (Transport) und Segmentationsbewegungen (Durchmischung) zusammen.

1.5.2 Duodenum (Zwölffingerdarm)

Funktion des Duodenums

Der Speisebrei gelangt nach dem Durchtritt durch den Pylorus in das Duodenum. Dort wird der saure **Chymus** durch das alkalische Sekret von Pankreas (S. 748) und Leber (S. 734), deren Ausführungsgänge gemeinsam in der Duodenalwand münden, mit dem beigemengten Sekret aus den duodenalen Brunner-Drüsen (s. u.) **neutralisiert**. Im neutralen Milieu beginnen die aktivierten Verdauungsenzyme mit dem Aufschluss der Nahrung. Bereits im Duodenum werden Hexosen (Glukose und Galaktose), Aminosäuren, wasserlösliche Vitamine, Lipide und Fettsäuren sowie Elektrolyte (Kalzium, Eisen, Sulfat, Phosphat) resorbiert.

1.5.2 Duodenum (Zwölffingerdarm)

Funktion des Duodenums

Im Duodenum wird der **Speisebrei neutralisiert** und die Verdauungsenzyme des Pankreas aktiviert. Zahlreiche Stoffe (Kohlehydrate, Aminosäuren, Fettsäuren) werden bereits hier resorbiert.

Form, Abschnitte und Lage des Duodenums

Form und Abschnitte: Die Form des 25–30 cm langen Duodenums entspricht in etwa der eines C. Man unterscheidet vier Abschnitte (Abb. **I-1.32a** und Abb. **I-1.33b**), in deren Verlauf sich das Lumen von etwa 4,7 cm auf etwa 2,7 cm verjüngt:

- Die **Pars superior** ist ca. 5 cm lang. Ihr erweiterter Anfangsteil, die **Ampulla duodeni**, wird im klinischen Sprachgebrauch als **Bulbus duodeni** bezeichnet. An der **Flexura duodeni superior** erfolgt der Übergang in die
- **Pars descendens**. In diesen Abschnitt mündet der gemeinsame Ausführungsgang von Leber (Ductus choledochus) und Pankreas (Ductus pancreaticus). Der von kranial nach kaudal verlaufende Ductus choledochus wirft dabei die **Plica longitudinalis duodeni** auf, an deren unterem Ende er gemeinsam mit dem Ductus pancreaticus in der **Papilla duodeni major** (**Vateri**) mündet. Gelegentlich befindet sich etwas oberhalb davon eine kleinere **Papilla duodeni minor** (**Santorini**), auf der ein akzessorischer Pankreasgang münden kann. An der **Flexura duodeni inferior** erfolgt der Übergang in die
- **Pars horizontalis** (= **Pars inferior**) , aus der nach kurzem queren bzw. horizontalen Verlauf die
- **Pars ascendens** hervorgeht. Diese steigt bis zum Beginn des intraperitoneal gelegenen Jejunums an der **Flexura duodenojejunalis** wieder an. Am Übergang in das Jejunum entstehen die **Recessus duodenalis superior** und **inferior**, in denen sich Dünndarmschlingen verfangen können (Treitz-Hernie, s. u.).

An dieser Stelle endet der obere Gastrointestinaltrakt.

Form, Abschnitte und Lage des Duodenums

Form und Abschnitte: Das C-förmige Duodenum ist ca. 25–30 cm lang und wird in 4 Abschnitte unterteilt (Abb. **I-1.32a** und Abb. **I-1.33b**):

- **Pars superior:** Dieser Anfangsteil ist zur **Ampulla duodeni** (klinisch: **Bulbus duodeni**) erweitert. An der Flexura duodeni sup. geht aus ihr
- die **Pars descendens** hervor. In ihrem Verlauf mündet auf der Plica longitudinalis der gemeinsame Ausführungsgang von Ductus choledochus und Ductus pancreaticus major in der **Papilla duodeni major** (**Vateri**).
- Die **Pars horizontalis** ist ein kurzer quer verlaufender Abschnitt mit Übergang in die
- **Pars ascendens**. Diese steigt langsam nach kranial und geht an der **Flexura duodenojejunalis** in das intraperitoneal gelegene Jejunum über. Hier endet der obere Verdauungstrakt.

▶ **Klinik.** Werden Teile des Darmes (meist Teile des Dünndarms) in einem der Recessus duodenales eingeschlossen, sog. **Treitz-Hernie** (S. 653), kommt es zu einem (hohen) **Darmverschluss** (**Ileus**). Es besteht eine mechanische Abflussbehinderung des Darminhalts und der eingeschlossene (inkarzerierte) Darmabschnitt wird nicht mehr ausreichend durchblutet. Die Symptome sind schwere akute abdominelle Schmerzen, sog. akutes Abdomen (S. 647), und Erbrechen. Bei der notwendigen chirurgischen Versorgung einer Treitz-Hernie ist besonders auf die A. mesenterica superior (S. 867) zu achten, die hier von dorsal kommend zum Meso von Jejunum und Ileum (Mesenterium) zieht.

▶ **Klinik.**

I-1.32 Form, Abschnitte und Wandbau des Duodenums mit einmündenden Gangsystemen

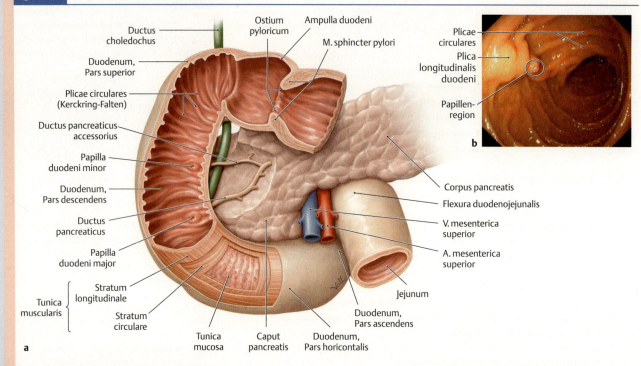

a Ansicht von ventral, bei der die Pars ascendens vom Anfangsteil des Jejunums verdeckt wird. Gut sichtbar sind die Mündung der aus Leber und Pankreas kommenden Gangsysteme in die Pars descendens duodeni, über die Gallenflüssigkeit und Bauchspeichel in den obersten Darmabschnitt gelangen. Im unteren Bildanteil ist der Wandbau dargestellt, der grundsätzlich dem Bauprinzip des Rumpfdarms (Tab. I-1.1) entspricht. Besonderheiten (S. 707). (Prometheus LernAtlas. Thieme, 3. Aufl.)

b Endoskopische Sicht von oral in die Pars descendens duodeni. Erkennbar sind die typischen Kerckring-Falten (Plicae circulares), die Plica longitudinalis duodeni und die Papilla duodeni major. (Block, B., Schachschal, G., Schmidt, H.: Der Gastroskopie-Trainer. Thieme, 2005)

I-1.33 Lage des Duodenums in Situ

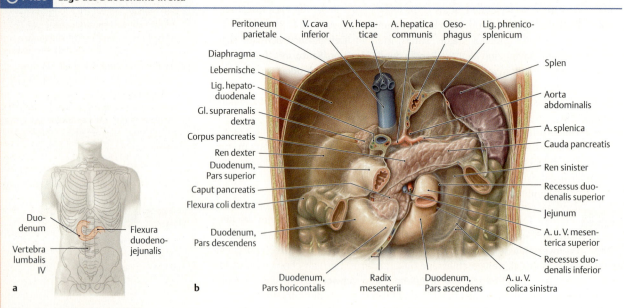

(Prometheus LernAtlas. Thieme, 3. Aufl.)
a Ansicht von ventral in Projektion auf die Wirbelsäule
b und in Beziehung zu Nachbarorganen sowie zum Peritoneum.

1.5 Dünndarm (Intestinum tenue)

Lage und Lagebeziehungen: Mit Ausnahme des Anfangsteils (Pars superior mit Ampulla duodeni) liegt das Duodenum **sekundär retroperitoneal**.
Die **Pars superior** liegt auf der Höhe von LWK I **intraperitoneal** und ist ventral über das Lig. hepatoduodenale (Teil des Omentum minus) mit der Leber und dorsal über eine kurze Peritonealduplikatur mit dem Lig. gastrocolicum verbunden.
Sie wird vom **Lobus dexter** der Leber überlagert und berührt deren **Lobus quadratus** sowie den Hals der **Gallenblase**. Unmittelbar dorsal der Ampulla duodeni (Bulbus duodeni) liegt die A. pancreaticoduodenalis (S. 753).

> ▶ **Klinik.** Durchbricht ein in diesem Teil häufig vorkommendes Ulcus duodeni die Darmwand, kann auch die A. pancreaticoduodenalis arrodiert werden, was zu einer schweren intraabdominellen Blutung u. U. mit hämorrhagischem Schock führen kann.

Nach Verlassen des Lig. hepatoduodenale zieht der **Ductus choledochus** (S. 743) auf der Hinterseite der Pars superior abwärts und wirft im Bereich der **Pars descendens** die Plica longitudinalis auf.
Die **Pars descendens** liegt wie alle folgenden Abschnitte **sekundär retroperitoneal**. Sie zieht rechts der Wirbelsäule bis auf die Höhe von LWK III hinab und liegt damit vor der rechten **Nebenniere** sowie den medialen Teilen der rechten **Niere** mit Nierenbecken und Ureter. Auf der linken Seite ragt das **Pankreas** (S. 748) in die konkave Rundung der Pars descendens.
Die **Pars horizontalis** lagert sich von kaudal dem **Pankreaskopf** an, zieht über die Wirbelsäule nach links und wird dabei von der Mesenterialwurzel und den dort verlaufenden **A. und V. mesenterica superior** überkreuzt.
Die **Pars ascendens** steigt bis zur Flexura duodenojejunalis auf die Höhe von LWK II an. Sie ist durch den **Musculus suspensorius duodeni** (Treitz-Muskel) am Abgang der A. mesenterica aus der dorsal gelegenen **Aorta abdominalis** befestigt. Nach kranial legt sich die Pars ascendens dem **Pankreasschwanz** an.

Besonderheiten der Duodenalwand

> ▶ **Merke.** Eine histologische Besonderheit des Duodenums sind die **Glandulae duodenales** (Brunner-Drüsen).

Es handelt sich dabei um vielfach verzweigte tubulo-alveoläre Drüsenpakete in der **Tela submucosa** der Duodenalwand. Die kubischen Drüsenzellen sezernieren Bicarbonat, Muzine, Enteropeptidase (= Enterokinase, Trypsin-Aktivator) sowie Epidermal Growth Factor (= Urogastron), der proliferativ auf Darmepithelzellen wirkt und damit die Regeneration der Darmschleimhaut fördert. Außerdem enthält das Sekret die Enzyme Amylase und Maltase zur Spaltung von Polysacchariden.

Gefäßversorgung und Innervation

Gefäßversorgung des Duodenums

Arterielle Versorgung: Im Bereich des Duodenums anastomosieren die Stromgebiete des **Truncus coeliacus** (S. 865) und der **Arteria mesenterica superior** (S. 867).
Die aus der A. hepatica communis des Truncus coeliacus stammende A. gastroduodenalis steuert hierzu die beiden
- **Arteria pancreaticoduodenalis superior posterior** und **anterior** bei, deren **Rami duodenales** die Partes superior und descendens versorgen.
- Die **Arteriae retroduodenales** der A. gastroduodenalis ziehen zu den dorsalen Anteilen des Duodenums.

Die aus der A. mesenterica superior stammende
- **Arteria pancreaticoduodenalis inferior** verzweigt sich in einen
  - **Ramus anterior** und einen
  - **Ramus posterior**, deren **Rami duodenales** die unteren Abschnitte des Duodenums versorgen.

Beide Aa. pancreaticoduodenales superiores anastomosieren im Bereich des Pankreaskopfes mit dem R. anterior bzw. posterior der A. pancreaticoduodenalis inferior und bilden so eine **doppelte Gefäßschlinge** aus (s. Abb. I-2.16).

Venöser Abfluss: Die Venen des Duodenums folgen den Arterien und werden wie diese benannt.

Lage und Lagebeziehungen: Mit Ausnahme des Anfangsteils liegt das Duodenum **sekundär retroperitoneal** zwischen LWK I und LWK III. Die als einziger Teil des Duodenums **intraperitoneal** gelegene **Pars superior** steht in topografischer Nachbarschaft zu Lobus dexter und Lobus quadratus der Leber sowie der Gallenblase. Dorsal der Ampulle liegt die A. pancreaticoduodenalis.

> ▶ **Klinik.**

Die rechte **Nebenniere** und **Niere** liegen hinter der rechts der Wirbelsäule absteigenden **Pars descendens**, an deren Hinterwand der Ductus choledochus verläuft.
Das **Pankreas** ragt in die Konkavität des Duodenums.
Die **Pars horizontalis** zieht quer über die Wirbelsäule und unterkreuzt dabei die **Mesenterialgefäße**.
Die **Pars ascendens** liegt vor der **Aorta abdominalis** und legt sich dem Pankreasschwanz an.

Besonderheiten der Duodenalwand

> ▶ **Merke.**

Die zahlreichen verzweigten tubulo-alveoläre Drüsenpakete in der **Tela submucosa** sezernieren Bikarbonat, Muzine, einen Trypsin-Aktivator, Epidermal Growth Factor und polysaccharidspaltende Enzyme.

Gefäßversorgung und Innervation

Gefäßversorgung des Duodenums

Arterien: Das Duodenum wird über eine ventrale und eine dorsale Gefäßschleife versorgt (s. Abb. I-2.16), deren Ursprungsgefäße aus dem **Truncus coeliacus** und der **A. mesenterica superior** stammen:
- **Aa. pancreaticoduodenales superior posterior** und **anterior** sowie
- **Aa. retroduodenales** (über A. hepatica communis und A. gastroduodenalis aus dem Stromgebiet des Truncus coeliacus).
- **A. pancreaticoduodenalis inferior**.

Venen: Verlauf und Benennung wie Arterien.

Lymphabfluss: Über die Nll. pancreaticoduodenales superiores und inferiores in den Truncus intestinalis.

Lymphabfluss: Der Lymphabfluss erfolgt im oberen Abschnitt ausgehend von den Nll. pylorici über die Nll. pankreaticoduodenales superiores zu den Nll. hepatici oder Nll. preaortici in den Truncus intestinalis. Im unteren Abschnitt drainiert die Lymphe in die Nll. pankreaticoduodenales inferiores über die Trunci intestinales zur Cisterna chyli.

Innervation des Duodenums

Sympathisch: Ganglion coeliacum.
Parasympathisch: Truncus vagalis posterior.

Innervation des Duodenums

Die **präganglionären sympathischen** Nervenfasern erreichen das **Ganglion coeliacum** (S. 216) über den **Nervus splanchnicus major** und gelangen nach Umschaltung über periarterielle Geflechte zum Duodenum.

Die präganglionären **parasympathischen** Nervenfasern verlaufen im **Truncus vagalis posterior**. Die Umschaltung auf das 2. Neuron erfolgt in der Darmwand.

1.5.3 Jejunum und Ileum

▶ Synonym.

1.5.3 Jejunum und Ileum

▶ Synonym. Im klinischen Sprachgebrauch werden die Schlingen von Jejunum und Ileum häufig unter dem Begriff **Dünndarmkonvolut** zusammengefasst.

Funktion von Jejunum und Ileum

Hier wird die **enzymatische Aufspaltung** und **Durchmischung** der Nahrungsbestandteile fortgesetzt und vermehrt **Muzine sezerniert**. Wasser und wasserlösliche Substanzen (Aminosäuren, Kohlenhydrate, wasserlösliche Vitamine), Fettsäuren und Lipide werden resorbiert.

Funktion von Jejunum und Ileum

In diesen Darmabschnitten werden die **enzymatische Aufspaltung** der Nahrungsbestandteile und deren **Durchmischung** fortgesetzt. Die **Sekretion von Muzinen** ist im Vergleich zum Duodenum erhöht. Im Jejunum werden Wasser, Aminosäuren, Hexosen, wasserlösliche Vitamine, Fettsäuren, Lipide (Micellen) und Elektrolyte resorbiert.

Die Resorptionskapazität für Hexosen und Aminosäuren ist im Ileum etwas geringer als im Jejunum. Dagegen werden im Ileum an den Intrinsic Factor gebundenes Vitamin B_{12}, Vitamin C und Gallensäuren (**enterohepatischer Kreislauf**) verstärkt resorbiert. Im Ileum findet zusätzlich die immunologische Abwehr von Schadstoffen und Keimen statt.

Abschnitte, Form und Lage von Jejunum und Ileum

Jejunum und Ileum sind zusammen 3–5 m lang, wovon etwa ⅖ auf das Jejunum entfallen. Letzteres beginnt an der Flexura duodenojejunalis und geht fließend in das Ileum über, das am **Ostium ileale** (**Bauhin-Klappe**) endet.

Abschnitte, Form und Lage von Jejunum und Ileum

Diese beiden Dünndarmabschnitte haben zusammen eine Länge von 3–5 m, von denen ⅖ dem Jejunum zugerechnet werden.

Das **Jejunum** geht an der **Flexura duodenojejunalis** in Höhe des zweiten Lendenwirbelkörpers aus dem Duodenum hervor. Hier beginnt der untere Gastrointestinaltrakt. Der Übergang in das Ileum erfolgt ohne klare Begrenzung.

Das **Ileum**, und damit auch der Dünndarm, endet am **Ostium ileale** (**Bauhin-Klappe**) mit der Einmündung in das Kolon.

▶ **Klinik.** Der **Morbus Crohn** ist eine häufige **chronisch entzündliche Darmerkrankung**, die sämtliche Schichten der Darmwand befällt und grundsätzlich in jedem Abschnitt des Darmes auftreten kann. Bei 30 % der Betroffenen ist die Endstrecke des Ileum (das „**terminale Ileum**") befallen, weshalb die Erkrankung auch unter der Bezeichnung **Ileitis terminalis** bekannt ist.

Die Beschwerden ähneln mit akuten Schmerzen im rechten Unterbauch, Übelkeit und Erbrechen sowie leichtem Fieber einer akuten Appendizitis (S. 714). Auch kommt es zu Durchfällen (3–6/Tag), die aber in der Regel nicht blutig sind. Als Komplikationen treten **Fistelbildungen** im Analbereich auf (S. 720), die z. T. erst dann zur richtigen Diagnose führen. Die Ursache der Erkrankung ist unbekannt, die Therapie konzentriert sich auf eine Hemmung der Entzündung. Nur bei Komplikationen wie z. B. Verwachsung wird der entsprechende Darmabschnitt entfernt, jedoch kann durch chirurgische Maßnahmen keine Heilung der Erkrankung erreicht werden.

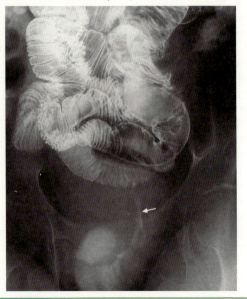

⊙ I-1.34 **Morbus Crohn.** In der Kontrastmitteluntersuchung des Dünndarms (S. 730) kann der Fistelgang dargestellt werden (→). (Reiser, M., Kuhn, F.P., Debus, J.: Duale Reihe Radiologie. Thieme, 2011)

Der gesamte Darmabschnitt liegt **intraperitoneal** und ist in zahlreiche Schlingen gelegt. Diese Schlingen sind am **Mesenterium** befestigt, dessen darmseitiger Rand wesentlich länger ist als seine Wurzel an der dorsalen Leibeswand (**Radix mesenterii**, in Höhe von LWK III–IV). Durch diese Verhältnisse sind die einzelnen Dünndarmschlingen gegeneinander verschiebbar. Dünndarmschlingen mit langem Meso reichen nach ventral bis zur Bauchwand.

Die **intraperitoneal** liegenden Darmschlingen sind über die **Radix mesenterii** in Höhe von LWK III–IV an der dorsalen Bauchwand befestigt.

Besonderheiten des Wandbaus von Jejunum und Ileum

Der allgemeine Aufbau der Dünndarmwand (S. 676) ist im Kap. Wandbau des Dünndarms (S. 703) beschrieben, sodass im Folgenden lediglich auf die für Jejunum und Ileum typischen Charakteristika eingegangen wird.
Im Verlauf des Jejunums werden die **Plicae circulares flacher** und stehen nach aboral **weiter auseinander** bis sie im Ileum schließlich nur noch vereinzelt zu finden sind (Abb. I-1.35).
Mit Abnahme der Plicae circulares kann man eine **Zunahme lymphatischer Solitärfollikel** beobachten. Während sie im Jejunum vereinzelt liegen, finden sich im Ileum an der dem Mesenterium gegenüberliegenden Seite dicht gepackte Ansammlungen lymphatischen Gewebes, die **Peyer-Plaques** (S. 191), (**Noduli lymphoidei aggregati** bzw. **Folliculi lymphatici aggregati**).
Makroskopisch sind sie als 2 cm große und 0,8 cm breite Vorwölbungen der Darmwand sichtbar und beginnen meist dort, wo die Plicae circulares enden.

Feinbau: Die den Plicae circulares aufsitzenden **Zotten des Jejunums sind fingerförmig** und 0,2–1 mm hoch, Richtung Ileum werden sie kürzer, wohingegen sich die **Krypten im Ileum vertiefen**. In beiden Dünndarmabschnitten fehlen Brunner-Drüsen, wodurch sie sich vom Duodenum unterscheiden.
Bereits in der **Tela submucosa** des Jejunums treten vereinzelt lymphatische **Solitärfollikel** auf, die bis in die Lamina epithelialis reichen. In der **Lamina propria** und Tela submucosa des Ileums liegen die **Peyer-Plaques** (s. o.), in deren Bereich die Schleimhaut einige Besonderheiten aufweist:
Dort fehlen die Zotten. Es befinden sich nur wenige Becherzellen im Epithel, dafür findet man hier **M-Zellen**, die Antigene endozytotisch aufnehmen und durch Transzytose an die darunterliegenden immunkompetenten Zellen abgeben können.

Besonderheiten des Wandbaus von Jejunum und Ileum
Zum allgemeinen Aufbau (S. 676) siehe auch Wandbau des Dünndarms (S. 703). Charakteristisch in diesem Bereich sind folgende Merkmale:
Die **Plicae circulares** werden nach aboral **flacher** und stehen **weiter auseinander** (Abb. **I-1.35**).
Im Ileum liegen auf der dem Mesenterium abgewandten Seite Ansammlungen lymphatischen Gewebes, **Noduli lymphoidei aggregati** bzw. **Folliculi lymphatici aggregati** = **Peyer-Plaques** (S. 191), die sich in das Darmlumen vorwölben.

Feinbau: Die den Plicae circulares aufsitzenden **Zotten** werden Richtung Ileum **kürzer**, dagegen **vertiefen** sich die **Krypten**. Sowohl im Jejunum als auch im Ileum fehlen Brunner-Drüsen. In der Lamina propria und Tela submucosa des Ileums treten **Peyer-Plaques** (s. o.) auf. In diesem Bereich fehlen Zotten und Becherzellen im Epithel. Stattdessen kommen **M-Zellen** vor, die Antigene durch Transzytose an immunkompetente Zellen abgeben können.

⊙ I-1.35 Dünndarmschleimhaut

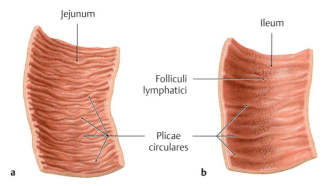

Das Darmrohr wurde längs eröffnet, um die Sicht auf die Schleimhaut zu ermöglichen. Beachte die unterschiedliche Dichte und Höhe der Plicae circulares. Im Ileum sind zusätzlich Folliculi lymphatici sichtbar.
(Prometheus LernAtlas. Thieme, 3. Aufl.)
a Makroskopische Ansicht der Schleimhaut von Jejunum
b und Ileum.

Gefäßversorgung und Innervation von Jejunum und Ileum

Arterien: Aus der **A. mesenterica superior** stammen die **Aa. jejunales** und **ileales** (Abb. **I-1.36**). Diese bilden im Mesenterium drei **Gefäßarkaden** aus. Von den tertiären Arkaden treten die **Aa. rectae** als Endarterien zur Darmwand.

Venen: Die **V. mesenterica superior** vereinigt sich mit der V. splenica zur V. portae hepatis (Abb. **K-1.7**, Abb. **K-1.8**).

Lymphabfluss: Im Mesenterium sammeln die **Nll. juxtaintestinales** die Lymphe, die von dort über die **Nll. mesenterici superiores** und den **Truncus intestinalis** in die Cisterna chyli gelangt.

Innervation: Sympathisch über das Ggl. mesentericum sup., **parasympathisch** durch Vagusfasern.

Gefäßversorgung und Innervation von Jejunum und Ileum

Arterielle Versorgung: Die **Arteriae jejunales** und **ileales** stammen aus der **Arteria mesenterica superior**, welche in der Radix mesenterii verläuft (Abb. **I-1.36**). Im Bereich des Mesenteriums bilden sie drei übereinanderliegende **Gefäßarkaden** aus, welche die kontinuierliche Durchblutung des beweglichen Dünndarms in jeder Lage gewährleisten. Von den tertiären Arkaden entspringen die **Arteriae rectae**, die in geradem Verlauf zur Darmwand ziehen, vgl. Endarterien (S. 148).

Venöser Abfluss: Er erfolgt über die **Vena mesenterica superior**, die zunächst dem Verlauf der Arterie folgt und sich hinter dem Pankreas mit der V. splenica zur V. portae hepatis (Abb. **K-1.7**, Abb. **K-1.8**) vereinigt.

Lymphabfluss: Die aus den Zotten kommenden Lymphkapillaren vereinigen sich zu zahlreichen Lymphgefäßen, die mit den Blutgefäßen durch das Mesenterium ziehen und in Höhe der primären Arkaden 100–200 Lymphknoten (**Nodi lymphoidei juxtaintestinales**) speisen. Diese stellen die größte Lymphknotengruppe des menschlichen Körpers dar. Von dort gelangt die Lymphe über die **Nodi lymphoidei mesenterici superiores** und den **Truncus intestinalis** in die **Cisterna chyli**.

Innervation: Die **sympathischen** Fasern des Nervus splanchnicus minor werden im **Ganglion mesentericum superius** umgeschaltet. Die **parasympathischen** Fasern ziehen im **Truncus vagalis posterior**.

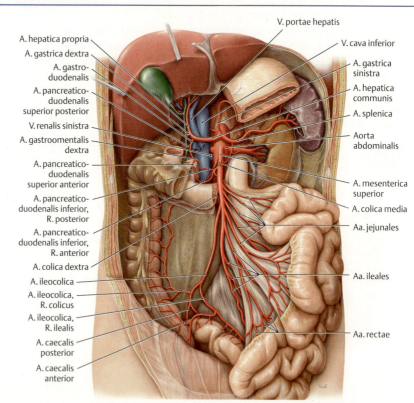

I-1.36 Arterielle Versorgung des Dünndarms durch Äste der A. mesenterica superior

Ansicht von ventral, in der zur besseren Übersicht Magen und Peritoneum teilweise entfernt bzw. gefenstert sind.
(Prometheus LernAtlas. Thieme, 3. Aufl.)

1.6 Dickdarm (Intestinum crassum)

J. Kirsch, E. Schulte

▶ **Definition.** Zum Dickdarm gehören (Abb. I-1.37):
- **Caecum** (Blinddarm) mit der **Appendix vermiformis** (Wurmfortsatz),
- **Colon** (Grimmdarm) mit seinen vier Abschnitten (s. u.),
- **Rectum** (Mastdarm) und
- **Canalis analis** (Analkanal).

I-1.37 Abschnitte, Form und Lage des Dickdarms

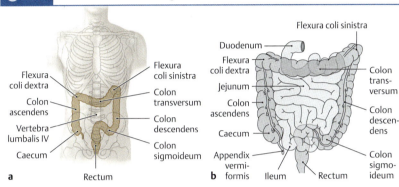
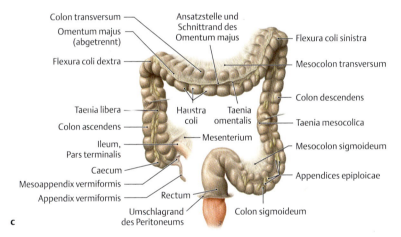

a Projektion des Dickdarms auf die vordere Rumpfwand. Zur besseren Orientierung ist das Achsenskelett ebenfalls eingezeichnet. (nach Prometheus LernAtlas. Thieme, 3. Aufl.)
b Das Kolon als längster Abschnitt des Dickdarms bildet eine Art Rahmen um das Dünndarmkonvolut. (nach Prometheus LernAtlas. Thieme, 3. Aufl.)
c Ansicht von ventral auf die Abschnitte des Dickdarms mit zäkumnahem Teil des Ileums. (Prometheus LernAtlas. Thieme, 3. Aufl.)

▶ **Klinik.** Neoplasien im Bereich von Kolon und Rektum (**kolorektales Karzinom**) gehören in Deutschland zu den zweithäufigsten soliden Tumoren. Aus zunächst gutartigen Neubildungen (**Adenomen**) entwickeln sich schließlich Karzinome, die häufig lange Zeit **asymptomatisch** bleiben. Hinweisend können unspezifische Anzeichen wie Leistungsminderung, Müdigkeit oder Gewichtsverlust sein. Änderungen der Stuhlgewohnheit sollten den Arzt aufmerken lassen: Neben **„Bleistiftstühlen"** können sowohl Verstopfung als auch Durchfälle oder beides im Wechsel auftreten. Auch ungewollter Stuhlabgang oder übel riechende aus dem Darm entweichende Luft sind verdächtig. Beimengungen von frischem **Blut** sollten keineswegs nur an Hämorrhoiden (S. 725) denken lassen, sondern können auch von einem nahe dem Darmausgang sitzenden Tumor herrühren. Nicht sichtbares (okkultes) Blut ist mit dem sog. **Haemoccult-Test** nachweisbar. Dieser sollte zusammen mit der **Austastung des Enddarms** ab dem 50. Lebensjahr (<90% der kolorektalen Karzinome treten bei über 50jährigen auf) im Rahmen der jährlichen Vorsorgeuntersuchung durchgeführt werden. Zum Nachweis höher liegender Veränderungen (**Kolonkarzinom**) wird ab dem 55. Lebensjahr auch die Möglichkeit einer Darmspiegelung zur Krebsvorsorge angeboten.

Bei Tumorverdacht wird die Diagnose durch eine **Rekto-** bzw. **Koloskopie** (endoskopische Untersuchung von Mast- bzw. Grimmdarm) sowie Röntgen- und Ultraschalluntersuchung mit Nachweis möglicher infiltrierter Lymphknoten gesichert.

Zur Behandlung wird der erkrankte Darmabschnitt mit den angrenzenden Lymphknoten **operativ entfernt** und nachfolgend meist eine **Chemo-** und/oder **Strahlentherapie** eingeleitet. Neben genetischen Risikofaktoren wird einer einseitigen, ballaststoffarmen und schadstoffreichen (insbesondere Nitrosamine) Ernährung eine Bedeutung bei der Entstehung von Darmkrebs zugemessen.

⊙ **I-1.38** **Kolonkarzinom.** Im koloskopischen Befund ist die beginnende Verengung des Darmlumens sichtbar.
(Krams, M., et al.: Kurzlehrbuch Pathologie. Thieme, 2013)

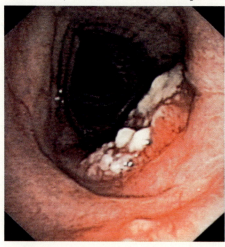

1.6.1 Zäkum und Kolon

Funktion von Zäkum und Kolon

Durch den Austausch von Natrium gegen Kalium erfolgt die **Rückresorption von Wasser** und damit die Eindickung des Chymus. Zur Verbesserung der Gleitfähigkeit werden zunehmend **Muzine** sezerniert. Die im Kolon ansässigen **Bakterien** schließen die Nahrung weiter auf und produzieren u. a. **Vitamin K**. **Immunologische Funktion** übernimmt die Appendix vermiformis (S. 192), eine Ausstülpung des Zäkums.

1.6.1 Zäkum und Kolon

J. Kirsch

Funktion von Zäkum und Kolon

Im Dickdarm wird der aus dem Ileum übertretende dünnflüssige Chymus **durch Resorption von Wasser eingedickt**. Mit der nachfolgenden Besiedelung durch Bakterien spricht man von **Faeces**.

Die Wasserresorption wird durch die Rückresorption von Natrium über einen Na^+-K^+-Austausch, bei dem gleichzeitig Kalium in das Lumen abgegeben wird, betrieben. Während der Speisebrei im rechten Kolon noch dünnflüssig ist, wird er durch zunehmende Wasserresorption im weiteren Verlauf eingedickt und sein Transport verlangsamt. Die Sekretion von Muzinen durch die Schleimhaut sorgt für bessere Gleitfähigkeit.

Der Dickdarm ist vorwiegend von anaeroben, d. h. keinen freien Sauerstoff benötigenden **Bakterien** (Bacterioides, Lactobacillus, Clostridium) besiedelt. Aerobe (freien Sauerstoff benötigende) Kolibakterien machen nur 1/100–1/1000 der Besiedelung aus.

Diese Darmbakterien können die Nahrungsbestandteile weiter aufschließen, wobei Gase (Kohlendioxid, Methan und Wasserstoff aus dem Kohlenhydratabbau sowie Schwefelwasserstoff und Ammoniak aus dem Eiweißabbau) und erneut kurzkettige freie Fettsäuren entstehen.

Dabei anfallende toxische Substanzen müssen in der Leber entgiftet werden. Die Darmbakterien produzieren außerdem das **Vitamin K**, das für die Blutgerinnung von Bedeutung ist.

Die **Appendix vermiformis** (S. 192) als Ausstülpung des Zäkums übernimmt wichtige lokale **immunologische Funktionen**.

1.6 Dickdarm (Intestinum crassum)

Abschnitte, Form und Lage von Zäkum und Kolon

Die Länge des Dickdarms beträgt etwa 1,5 m. Das **Kolon** bildet durch seinen Verlauf eine Art **Rahmen** (für das Dünndarmkonvolut) an der hinteren Wand der Peritonealhöhle, mit der es teilweise verwachsen ist. Dadurch liegen einige seiner Abschnitte **intra-**, andere **sekundär retroperitoneal**.

Blinddarm (Caecum) mit Wurmfortsatz (Appendix vermiformis)

Das Zäkum schließt sich aboral an das Ileum an. Am Übergang von Ileum und Zäkum entsteht aus zwei Schleimhautfalten, dem Labrum ileocolicum bzw. superius und dem Labrum ileocaecale bzw. inferius, ein Ventil (Abb. I-1.39). Die Lippen des Ventils entstehen durch die lokale Verstärkung der Ringmuskulatur, die das schlitzförmige **Ostium ileale** umschließt. Durch die Falten wird der Rückfluss von Darminhalt aus dem Zäkum in das Ileum verhindert. Früher ging man davon aus, dass dieses Ventil analog einer Rückschlagklappe („Katzenklappe") funktioniert, weshalb man in der Klinik von der **Bauhin-Klappe** spricht.

Unterhalb des Ostium ileale beginnt das etwa 7 cm lange **Zäkum**, der **Blinddarm**. Sein weites Lumen verengt sich nach kaudal zum kleinen Lumen der **Appendix vermiformis** (**Wurmfortsatz**). Dort vereinigt sich die zu drei Tänien (s. u.) gebündelte Längsmuskulatur von Kolon und Zäkum zu einer einheitlichen Muskelschicht. Zäkum und Appendix liegen normalerweise **intraperitoneal** in der rechten Fossa iliaca. Die Appendix kann bis in das kleine Becken hinabreichen.

Abschnitte, Form und Lage von Zäkum und Kolon

Die Länge des Dickdarms beträgt ca. 1,5 m. Der **Kolonrahmen** liegt an der hinteren Wand der Peritonealhöhle, z. T. **intra-**, z. T. **sekundär retroperitoneal**.

Blinddarm (Caecum) mit Wurmfortsatz (Appendix vermiformis)

Am **Ostium ileale** (klin. **Bauhin-Klappe**) mündet das Ileum in das Zäkum (Abb. I-1.39). Durch die Anordnung der Labrum ileocolicum und Labrum ileocaecalis genannten Schleimhautfalten wird ein Reflux des Koloninhalts in das Ileum verhindert.

Zäkum und Appendix vermiformis liegen **intraperitoneal** in der rechten Fossa iliaca. Auf der Appendix vereinigen sich die drei Tänien (s. u.) zu einer einheitlichen Muskelschicht.

⊙ I-1.39 **Zäkum mit Appendix vermiformis und Bau des Ostium ileale**

⊙ I-1.39

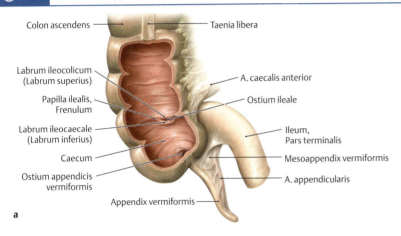

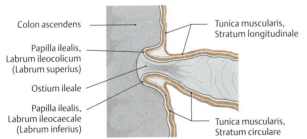

a Ansicht von ventral auf den ileozäkalen Übergang. Das Zäkum ist ventral gefenstert, um die Binnenstrukturen sichtbar zu machen. (Prometheus LernAtlas. Thieme, 3. Aufl.)
b Zäkum und Ileum sind frontal in Längsrichtung eröffnet, um die Strukturen des Ostium ileale sichtbar zu machen.

▶ **Klinik.** Eine akute Entzündung der Appendix (**Appendizitis** – umgangssprachlich, jedoch streng gesehen anatomisch nicht korrekt – als **Blinddarmentzündung** bezeichnet) kann sich entwickeln, wenn ihre Entleerung behindert wird. Dies geschieht meistens durch Kotsteine, in selteneren Fällen auch durch Fremdkörper (z. B. Obstkerne), Parasiten (Band- oder Spulwürmer) oder durch eine akute Lageveränderung, welche die Blutversorgung der Appendix beeinträchtigt.

Appendizitiden treten meistens zwischen Kindheit und früher Adoleszenz (vor Beginn des Erwachsenenalters) auf und weisen in diesen Fällen eine typische Symptomatik auf, die sich meist innerhalb von 12 bis 24 Stunden entwickelt: Zunächst werden Schmerzen im Nabelbereich oder Epigastrium angegeben, die sich innerhalb weniger Stunden in den rechten Unterbauch verlagern (wandernder Schmerz) und oft durch Anheben des rechten Beines gelindert werden können. Begleitend kommt es häufig zu Übelkeit und Erbrechen.

Es gibt zahlreiche diagnostische **Schmerzpunkte** und **-zeichen** einer Appendizitis (Abb. **I-1.40b**). Die Schmerzangaben der Patienten variieren in Abhängigkeit von der **Lage der Appendix**. Diese kann sowohl parazäkal liegen als auch retrozäkal nach oben geschlagen sein (Abb. **I-1.40a**).

⊙ **I-1.40** **Lagemöglichkeiten der Appendix und Schmerzpunkte bei ihrer Entzündung**

a Durch hohe Variabilität der Appendixlage kann das lokale Schmerzmaximum von Patient zu Patient variieren. (Prometheus LernAtlas. Thieme, 3. Aufl.)

b Typische Schmerzpunkte sowie sog. Appendizitis-Zeichen: Der Schmerz wird verstärkt durch Druck auf den **Lanz-Punkt** (Übergang von rechts-lateralem zu mittlerem Drittel auf einer Linie zwischen beiden Spinae iliacae anteriores superiores) oder **Mc-Burney-Punkt** (Übergang von lateralem zu medialem Drittel einer Linie zwischen rechter Spina iliaca anterior superior und Bauchnabel). Drückt man auf einen ungefähr entsprechenden Bereich auf der linken Seite führt dies oft zu rechtsseitigen Schmerzen beim Loslassen (**kontralateraler Loslass-Schmerz** = **Blumberg-Zeichen**). Auch das retrograde Ausstreichen des Kolons (gegen den Uhrzeigersinn) kann den Schmerz im Zäkalbereich provozieren (= **Rovsing-Zeichen**). Bittet man den auf dem Rücken liegenden Patienten, das rechte Bein gegen Widerstand von der Unterlage zu heben, verursacht dies insbesondere bei retrozäkaler Lage der Appendix Schmerzen im Bereich des **M. psoas**. (Hirner, A., Weise, K.: Chirurgie. Thieme, 2008)

Dazu kommt Fieber mit einer Temperaturdifferenz von mehr als 0,8 °C zwischen Achselbeuge und After. Das Blutbild zeigt häufig Entzündungszeichen (beschleunigte Blutsenkung, Vermehrung von Leukozyten).

Kann eine Appendizitis nicht sicher ausgeschlossen werden und dauert die Symptomatik bei mehrstündiger Beobachtung an, muss zur Vermeidung eines **Durchbruchs** (Entleerung eitrigen Sekrets in den Peritonealraum) eine operative Entfernung der Appendix (**Appendektomie**) durchgeführt werden.

⊙ **I-1.41** **OP-Präparat nach Appendektomie.** Die entzündlich veränderte Appendix ist bereits makroskopisch an ihrer hochroten Farbe erkennbar (→). Links im Bild sieht man das Zäkum mit Taenia libera. (Hirner, A., Weise, K.: Chirurgie. Thieme, 2008)

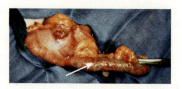

Eine Abkapselung des entzündlichen Prozesses durch das Omentum majus und Dünndarmschlingen ist auch nach einem Durchbruch möglich. In diesem Fall bildet sich ein **perityphlitischer Abszess** (von griechisch: peri = um, herum und typhlos = blind; wörtlich: Abszess um den Blinddarm herum).

Bei Kleinkindern und alten Menschen ist die Symptomatik oft nicht so klar, weshalb das Risiko eines Durchbruchs größer ist.

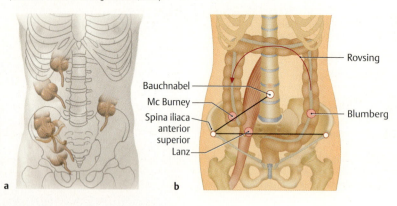

1.6 Dickdarm (Intestinum crassum)

Grimmdarm (Colon)

Das Kolon wird in vier Abschnitte unterteilt (Abb. **I-1.37**), die in unterschiedlicher Beziehung zur Peritonealhöhle stehen:
- Das **Colon ascendens** beginnt aboral der Valva ileocaecalis und zieht **sekundär retroperitoneal** auf der rechten Seite der Abdominalhöhle von kaudal ventral nach kranial dorsal. An der **Flexura coli dextra** unterhalb des rechten Leberlappens, an dem sie die Impressio colica hervorruft (Tab. **I-2.2**), erfolgt der Übergang in
- das **Colon transversum**. Dieser Abschnitt des Dickdarms liegt **intraperitoneal** und zieht zunächst nach ventral und dann im Oberbauch von rechts, wo er die Gallenblase berührt, nach links-kranial. Die Lage des mittleren Teiles des Colon transversum hängt von der Länge seines Mesos und vom Füllungszustand des Magens ab und kann von Nabelhöhe bis zur Symphyse reichen. Die **Flexura coli sinistra** steht stets höher als die rechte Flexur. Sie ist über das **Lig. phrenicocolicum**, das den Boden der **Milznische** bildet, mit dem Zwerchfell verbunden. Hier erfolgt der Übergang in
- das **Colon descendens**, das wiederum **sekundär retroperitoneal** liegt und lateral der linken Niere nach kaudal zieht. In der linken Fossa iliaca geht es in
- das **Colon sigmoideum** über. Dieser S-förmige Abschnitt des Dickdarms liegt **intraperitoneal** und ist am **Mesocolon sigmoideum** in der Fossa iliaca sinistra befestigt. Die Ansatzlinie des Mesocolon sigmoideum überkreuzt den Ureter und die Vasa iliaca und endet am 2.–3. Sakralwirbel. Hier geht das Colon sigmoideum in das außerhalb der Peritonealhöhle liegende **Rektum** (S. 719) über.

Grimmdarm (Colon)

Man unterscheidet folgende Abschnitte (Abb. **I-1.37**):
- Das **Colon ascendens** zieht **sekundär retroperitoneal** auf der rechten Seite der Bauchhöhle nach kranial. Unterhalb des rechten Leberlappens liegt die **Flexura coli dextra**, wo der Übergang zum
- **Colon transversum** erfolgt. Dieser Abschnitt zieht **intraperitoneal** von rechts, dann schräg nach links kranial zur **Flexura coli sinistra**. Sie wird durch das Ligamentum phrenicocolicum am Zwerchfell angeheftet
- Das **Colon descendens** zieht **sekundär retroperitoneal** nach kaudal und geht in der linken Fossa iliaca in das
- **intraperitoneale Colon sigmoideum** über. Dieses überkreuzt die Vasa iliaca und den linken Ureter.
- Das anschließende **Rektum** (S. 719) liegt außerhalb der Peritonealhöhle.

▶ **Klinik.** Im Colon sigmoideum finden sich besonders häufig kleine Ausstülpungen der Darmschleimhaut durch die angrenzenden Wandschichten des Dickdarms hindurch. Bestehen mehrere solcher **Divertikel** nebeneinander, spricht man von einer **Divertikulose**. Da die Divertikel bei normaler Darmperistaltik nicht effektiv entleert werden, kann sich in diesen Ausstülpungen Stuhl anstauen. Durch die über Tage festgehaltenen Stuhlreste kommt es zu einer massiven Vermehrung von Darmbakterien und schließlich zu einer Entzündung der Darmwand im Bereich des Divertikels. Es entwickelt sich eine **Divertikulitis**. Während die Divertikulose eine schmerzlose Erkrankung gerade des höheren Alters ist, handelt es sich bei einer Divertikulitis um eine teilweise rasch progrediente, sehr schmerzhafte Erkrankung. Es können sich Eiteransammlungen bilden, die Patienten entwickeln subfebrile Temperaturen. Als schwerwiegendste Komplikation kann es unter dem Bild eines akuten Abdomens (S. 647) zur Darmperforation und damit zu einer lebensbedrohlichen Situation kommen. Bei dem besonders häufigen Befall des Sigmoids ähnelt die Symptomatik einer Appendizitis mit dem Unterschied, dass die Schmerzen nicht rechts, sondern links lokalisiert sind („**linksseitige Appendizitis**").

⊙ **I-1.42** **Sigmadivertikulitis.** Die Röntgenaufnahme nach Kolonkontrasteinlauf zeigt die kontrastmittelgefüllten Divertikel (Pfeile) sowie eine entzündungsbedingte langstreckige Einengung (Stenose, gekennzeichnet durch die Klammer).
(Greten, H.: Innere Medizin. Thieme, 2010)

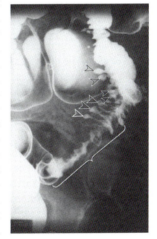

Besonderheiten des Wandbaus von Zäkum und Kolon

Zäkum und Kolon weisen folgende gemeinsame Charakteristika auf:
- **Tänien** stellen die zu etwa 1 cm breiten Bündeln zusammengefasste Längsmuskelschicht der Dickdarmwand dar, deren Kontraktion zu einer Verkürzung des Kolons führt. Nach ihrer Lage unterscheidet man drei Tänien:
  - **Taenia libera** als frei liegende und dadurch unmittelbar sichtbare Tänie,
  - **Taenia mesocolica**, die dem Mesocolon (S. 665) zugewandt ist, sowie die
  - **Taenia omentalis** am Ansatz des Omentum majus.
- **Haustren** (**Haustrae coli**), bei denen es sich um scheinbare Aussackungen der Kolonwand handelt, entstehen durch lokale Einschnürungen der Ringmuskulatur, denen auf der Schleimhautseite des Dickdarms die sichelförmigen **Plicae semilunares** (s. u.) entsprechen. **Plicae semilunares** sind im Gegensatz zu den beständigen Plicae circulares des Dünndarms beweglich.
- **Appendices epiploicae** (= Appendices omentales) sind kleine Aussackungen des subserösen Bindegewebes (bevorzugt an der Taenia libera), in das reichlich (univakuoläre) Fettzellen eingelagert sind.

Besonderheiten des Wandbaus von Zäkum und Kolon

Allen Abschnitten von Zäkum und Kolon gemeinsam sind
- **Tänien** = zu drei Bündeln zusammengefasste Längsmuskelschicht,
- **Haustren** = durch lokale Einschnürungen entstandene, scheinbare Aussackungen der Kolonwand und
- **Appendices epiploicae** = mit Fettgewebe gefüllte Aussackungen des subserösen Bindegewebes.

Die durch Einschnürungen der Schleimhautoberfläche entstehenden **Plicae semilunares** sind – im Unterschied zu den Plicae circulares des Dünndarms – beweglich.

⊙ I-1.43 Charakteristika von Zäkum und Kolon

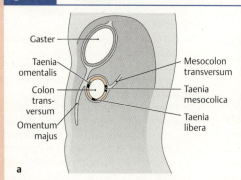
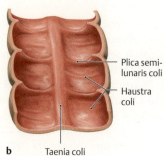

(Prometheus LernAtlas. Thieme, 3. Aufl.)
a Anordnung der drei Tänien des Kolons als schematischer Sagittalschnitt in der Ansicht von links.
b Innenrelief des von ventral eröffneten Kolons.

▶ **Merke.**

Feinbau: Die Dickdarmschleimhaut ist in allen Abschnitten gleichartig gebaut (Ausnahme: Appendix vermiformis). Die Krypten sind regelmäßig angeordnet („**Reagenzglasdrüsen**"), Zotten fehlen. Im Epithel kommen **Enterozyten** (S. 704), PAS-positive **Becherzellen**, **enteroendokrine Zellen** sowie vereinzelte **Paneth-Zellen** vor.

▶ **Merke.** Charakteristisch für Zäkum und Kolon sind die von außen sichtbaren **Tänien**, **Haustren** und **Appendices epiploicae** (Abb. I-1.43 und Abb. I-1.37c).

Feinbau: Mit Ausnahme der Appendix ist die Schleimhaut in allen Dickdarmabschnitten gleichartig gebaut. Plicae circulares und Zotten fehlen, die **Krypten** haben eine Länge von 0,4–0,5 mm und sind regelmäßig angeordnet („**Reagenzglasdrüsen**"). In der **Lamina epithelialis mucosae** finden sich **Enterozyten** (S. 704), zahlreiche, Schleim produzierende und daher mit der Perjodsäure-Schiff-Reaktion darzustellende (PAS-positive) **Becherzellen**, **enteroendokrine Zellen** und vereinzelte **Paneth-Zellen**. Der Aufbau der übrigen Schichten der Schleimhaut entspricht dem oben beschriebenen allgemeinen Muster.

▶ **Klinik.** Die **Colitis ulcerosa** ist neben dem Morbus Crohn (S. 708) die zweite wichtige chronisch entzündliche Darmerkrankung. Es handelt sich um eine in Schüben verlaufende Entzündung, die oft vom Rektum ausgeht und sich auf den gesamten Dickdarm ausbreiten kann. Betroffen sind vor allem die oberflächlichen Schleimhautschichten, in denen Ulzerationen („Kragenknopf"-Ulzera) entstehen, die leicht bluten. Typische Symptome sind **Durchfälle mit Schleim- und Blutbeimengungen** sowie Bauchschmerzen. Daneben kann es zu Gewichtsverlust und Entzündungen in anderen Organen kommen. Die Ätiologie der Erkrankung ist unbekannt, der Krankheitsbeginn liegt meist zwischen dem 20. und 40. Lebensjahr. Nach langjährigem Verlauf ist das **Risiko der Entwicklung eines kolorektalen Karzinoms** (S. 712) erhöht, was regelmäßige endoskopische Kontrollen erfordert.

⊙ I-1.44 **Colitis ulcerosa.** In der Koloskopie sind bei dieser schweren Form multiple tiefe Ulzera sichtbar. (Siegenthaler, W.: Differentialdiagnose innerer Krankheiten. Thieme, 2005)

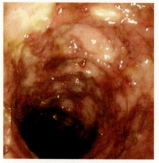

Plicae semilunares entstehen durch lokale Kontraktionen der **Tunica muscularis**.

In der Schleimhaut der **Appendix vermiformis** finden sich kurze unregelmäßige Krypten und massive Ansammlungen von Lymphozyten.

Lokale Kontraktionen des Stratum circulare der **Tunica muscularis** sind für das Aufwerfen der beweglichen **Plicae semilunares** verantwortlich. Das Stratum longitudinale ist zu drei Tänien zusammengefasst, deren Kontraktion zu einer Verkürzung des Dickdarms führt.

Die Schleimhaut der **Appendix vermiformis** (S. 192) ist charakterisiert durch kurze unregelmäßige Krypten und massive Ansammlungen von Lymphozyten, die die Lamina muscularis mucosae durchbrechen und die gesamte Tela submucosa durchdringen können.

Gefäßversorgung und Innervation

Gefäßversorgung von Zäkum und Kolon

Arterien: (Abb. I-1.45): Die **A. iliocolica**, **A. colica dextra** und **media** stammen aus der A. mesenterica superior und versorgen Appendix, Zäkum, Colon ascendens und das Colon transversum bis zur Flexura coli sinistra. Ein Ast der **A. colica media** anastomosiert mit einem Ast der A. colica sinistra aus der A. mesenterica inferior (**Riolan-Anastomose**).

Gefäßversorgung und Innervation

Gefäßversorgung von Zäkum und Kolon

Arterielle Versorgung: (Abb. I-1.45): Der „**ileokolische Winkel**" wird von der **Arteria ileocolica**, einem Ast der A. mesenterica superior mit Blut versorgt. Sie hat folgende Äste:
- **Arteria appendicularis**, die im Mesoappendix zur Appendix zieht. Die Zweige der A. appendicularis bilden keine Arkaden aus. Daher handelt es sich um eine Endarterie.
- **Arteriae caecales anterior** und **posterior** zur Vorder- bzw. Rückseite des Zäkums.
- **Arteriae ileales** zum terminalen Ileum.

1.6 Dickdarm (Intestinum crassum)

I-1.45 Arterielle Versorgung von Zäkum und Kolon

(Prometheus LernAtlas. Thieme, 3. Aufl.)

a Versorgungsgebiet und Äste der Aa. mesenterica superior
b Versorgungsgebiet und Äste der Aa. mesenterica inferior
c Die Verbindung der beiden Stromgebiete erfolgt über Anastomosen zwischen den Aa. colica media und sinistra; vgl. Riolan- und Drummond-Anastomose (S.867).

Die Versorgung des **Colon ascendens** und **Colon transversum** erfolgt aus der

- **Arteria colica dextra**, die in der Regel ein Ast der A. mesenterica superior ist, aber auch als Ast der A. colica media vorkommen kann und der
- **Arteria colica media**. Auch dieses Gefäß kommt aus der A. mesenterica superior und verläuft im Mesocolon transversum. Sie bildet nach rechts eine Anastomose mit der A. colica dextra und nach links mit der A. ascendens der A. colica sinistra aus. Diese Anastomose verbindet die Stromgebiete von Aa. mesenterica superior und inferior, der die A. colica sinistra entspingt, und wird in der Klinik **Riolan-Anastomose** genannt.

Colon descendens und **Colon sigmoideum** werden aus der **A. mesenterica inferior** versorgt. Diese entlässt folgende Äste zu den beiden Darmabschnitten:

- **Arteria colica sinistra**, die sowohl mit der A. colica media (s. o.) als auch mit einer A. sigmoidea (s. u.) anastomosiert,
- zwei oder mehrere **Arteriae sigmoideae**,
- **Arteria rectalis superior**, der Endast der A. mesenterica inferior für den unteren Abschnitt des Sigmoids. Die A. rectalis superior anastomosiert hinter dem Rektum mit der A. rectalis media: Stromgebiet der A. iliaca interna (S. 380).

Venöser Abfluss: Die Venen verlaufen in der Peripherie wie die Arterien und tragen die gleichen Namen. Die **Venae mesenterica superior** und **inferior** vereinigen sich mit der Vena splenica zur Vena portae hepatis (S.869), s. auch Abb. **I-1.46**. Es kann aber auch vorkommen, dass sich zunächst die beiden Mesenterialvenen zu einem gemeinsamen Mesenterialvenenstamm zusammenschließen, der sich dann mit der V. splenica vereinigt.

Lymphabfluss: Die Lymphe aus Zäkum und Appendix fließt über lokale Lymphknoten zu den **Nll. ileocolici**. Aus dem Colon ascendens und transversum erfolgt er über die **Nodi lymphoidei colici dextri** und **medii** sowie den Nll. mesocolici in die **Nodi lymphoidei mesenterici superiores**. Von dort gelangt die Lymphe in den **Truncus intestinalis**. Die Lymphbahnen der linken Seite sind schwächer ausgebildet: Von den regionären **Nodi lymphoidei colici sinistri** und **sigmoidei** gelangt die Lymphe über die **Nodi lymphoidei mesenterici inferiores** in den **Truncus lumbalis sinister**.

Innervation von Zäkum und Kolon

Die präganglionären Fasern zur **sympathischen Innervation** von Zäkum und Kolon verlaufen in den Nervi splanchnici major und minor bzw. in den Nervi splanchnici lumbales. Für Zäkum, Colon ascendens und den oralen Großteil des Colon transversum werden sie im **Ganglion mesentericum superius**, für das aborale Kolondrittel im **Ganglion mesentericum inferius** umgeschaltet und ziehen dann gefäßbegleitend im **Plexus mesentericus superior** bzw. **inferior** zur Darmwand.

Weitere Äste der A. mesenterica inferior zur Versorgung des Kolons sind die **Aa. sigmoideae** sowie die **A. rectalis superior** (Endast der A. mesenterica inf.).

Venöser Abfluss: Die Venen verlaufen wie die Arterien und tragen die gleichen Namen (Abb. **I-1.46**).

Lymphabfluss: Er erfolgt über regionäre Lymphknoten in den **Truncus intestinalis**; (aus Colon ascendens und transversum) bzw. in den **Truncus lumbalis sinister** (aus Colon descendens und sigmoideum).

Innervation von Zäkum und Kolon

Die **sympathische** Innervation von Zäkum und Kolon erfolgt aus postganglionären Fasern des **Ggl. mesentericum superius** (orale ⅔) bzw. **inferius**, die im Plexus mesentericus superior bzw. inferior zum Darm ziehen.

I-1.46 Venöser Abfluss von Zäkum und Kolon

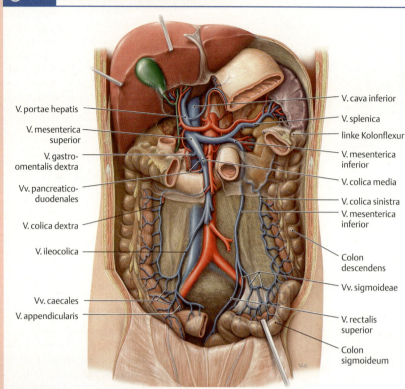

Zuflüsse (teilweise abgetrennt) zu den Vv. mesenterica inferior und superior in der Ansicht von ventral. Magen, Pankreas, Dünndarmkonvolut und Peritoneum sind zur besseren Übersicht größtenteils entfernt.
(Prometheus LernAtlas. Thieme, 3. Aufl.)

I-1.47 Vegetative Innervation von Zäkum und Kolon

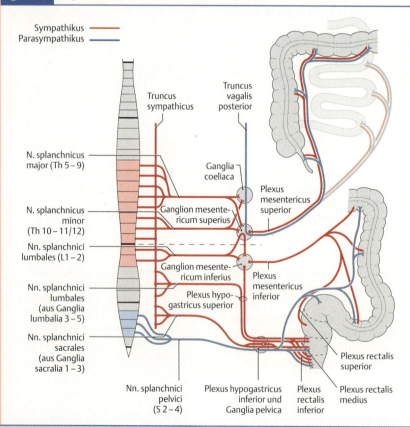

Die sympathischen Fasern (rot) kommen aus den Ganglia mesentericum superius, von dem auch Fasern zum Dünndarm ziehen (abgeblasst), und mesentericum inferius. Die parasympathischen Fasern (blau) entstammen dem N. vagus (kranialer Parasympathikus) und aboral des Cannon-Böhm-Punktes den Nn. splanchnici pelvici. Die vorwiegend organnahen Umschaltstellen des Parasympathikus sind nicht dargestellt.
(Prometheus LernAtlas. Thieme, 3. Aufl.)

Die **parasympathische** Innervation bis zum **Cannon-Böhm-Punkt**) (kurz vor der Flexura coli sinistra) übernimmt der **N. vagus**, danach die **Nn. splanchnici pelvici** (S 2–S 4).

Für die **parasympathische Innervation** bis kurz vor der Flexura coli sinistra ist der **Truncus vagalis posterior** zuständig. Ab diesem sog. **Cannon-Böhm-Punkt** übernehmen die **Nervi splanchnici pelvici** (aus S 2–S 4) die parasympathische Versorgung von Colon descendens und sigmoideum (Abb. I-1.47).

1.6.2 Rektum und Analkanal

E. Schulte

Funktion von Rektum und Analkanal

Die beiden letzten Abschnitte des Dickdarms, **Mastdarm** (**Rectum**) und **Analkanal** (**Canalis analis**), dienen funktionell gemeinsam der **Stuhlausscheidung** (**Defäkation**). Aufgrund dieser funktionellen Einheit kann der Analkanal auch als der unterste Abschnitt des Rektums aufgefasst werden. Sie unterscheiden sich jedoch in ihrem Aufbau und ihrer embryonalen Herkunft und werden daher anatomisch als morphologisch getrennte Einheiten gesehen. Beiden Aspekten wird nachfolgend Rechnung getragen.

Abschnitte und Form von Rektum und Analkanal

Mastdarm (Rectum)

Das ca. 12–18 cm lange Rektum folgt unmittelbar auf das Colon sigmoideum und geht kurz vor Durchtritt durch das Perineum (S. 340) in den Analkanal über. Entgegen seinem Namen ist das Rektum keineswegs gerade, sondern in der Sagittal- und der Frontalebene gekrümmt:

In der **Sagittalebene** zeigt das Rektum durch engen Kontakt zur Vorderfläche des Os sacrum zunächst eine nach ventral konkave **Flexura sacralis**. Im weiteren Verlauf biegt das Rektum direkt oberhalb des Perineums nach kaudodorsal um und weist die nach ventral konvexe **Flexura perinealis** auf, an deren Ende es in den Analkanal (s. u.) übergeht (Abb. **I-1.48**).

In der **Frontalebene** (Abb. **I-1.49**) verläuft das Rektum meist in **drei Biegungen** (**Flexurae laterales**) und besitzt korrespondierend dazu an der Schleimhautseite drei konstante halbmondförmige Querfalten (**Plicae transversae recti**). Die **Plica transversa media** (**Kohlrausch-Falte**) ist am stärksten ausgebildet und ragt ca. 6–7 cm oberhalb der Analöffnung von rechts und dorsal in das Rektumlumen, während die kleinere obere und untere Falte von links einstrahlen. Aboral der Kohlrausch-Falte, die an der Außenseite durch eine deutliche Einziehung gekennzeichnet ist, liegt die aufgrund ihrer Dehnbarkeit als Reservoir dienende Ampulle (**Ampulla recti**).

Funktion von Rektum und Analkanal

Mastdarm (**Rectum**) und **Analkanal** (**Canalis analis**) als letzte Dickdarmabschnitte dienen gemeinsam der Stuhlausscheidung (**Defäkation**).

Abschnitte und Form von Rektum und Analkanal

Mastdarm (Rectum)

Das auf das Sigmoid folgende Rektum ist ca. 15 cm lang und ist nach ventral konkav gekrümmt (**Flexura sacralis**). Eine konvexe Biegung oberhalb des Dammes (**Flexura perinealis**) markiert den Beginn des Analkanals (Abb. **I-1.48**). In der Frontalebene (Abb. **I-1.49**) hat das Rektum 3 seitliche Biegungen (**Flexurae laterales**), innen 3 Querfalten (**Plicae transversae**). Am größten ist die mittlere Falte (**Kohlrausch-Falte**), die ca. 6 cm oberhalb der Analöffnung liegt. Auf ihrer Höhe hat das Rektum außen eine Einziehung. Unterhalb der Falte liegt die **Ampulla recti**, die Speicherfunktion hat.

⊙ **I-1.48** Krümmungen des Rektums und Lagebeziehung zum Os sacrum

⊙ **I-1.48**

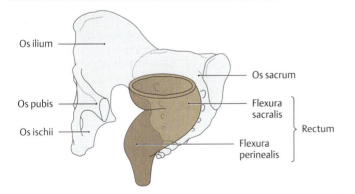

Ansicht von links und ventral. Das linke Os coxae ist zur besseren Übersicht entfernt.
(Prometheus LernAtlas. Thieme, 3. Aufl.)

▶ **Klinik.** Tumoren (meist Karzinome), die unterhalb der Kohlrausch-Falte wachsen, sind bei der klinischen Untersuchung mit dem Finger zu tasten (oft als Wandverhärtung).

▶ **Klinik.**

Analkanal (Canalis analis)

Der 3–4 cm lange Canalis analis durchzieht den muskulären Beckenboden (S. 334) und geht am Ende der Flexura perinealis aus dem Rektum hervor. Am Übergang befindet sich auf der Innenseite eine zarte leicht gewellte Grenzlinie, die **Junctio anorectalis** (früher: Linea anorectalis). Die Innenseite des Analkanals ist in den oberen zwei Dritteln durch ca. 8–10 in Längsrichtung ausgerichtete säulenförmige Schleim-

Analkanal (Canalis analis)

Der 3–4 cm lange Canalis analis beginnt an der Flexura perinealis, an der Innenseite gekennzeichnet durch die **Junctio anorectalis**. Diese liegt oberhalb von ca. 10 säulenförmigen Schleimhautfalten (**Columnae anales**).

I-1.49 Form und Aufbau von Rektum und Analkanal

Der Kohlrausch-Falte im Rektuminneren entspricht an der Außenwand eine Einziehung.
(Prometheus LernAtlas. Thieme, 3. Aufl.)
a Ansicht von ventral
b und Darstellung des Innenreliefs nach Entfernung der Rektum-Vorderwand.

Querfalten (**Valvulae anales**) verbinden die Säulenbasen. So entstehen Krypten (**Sinus anales**), die **Glandulae anales** (Proktodealdrüsen) enthalten können.

hautfalten (**Columnae anales**) gekennzeichnet. Diese konstanten Falten werden durch Züge glatter Muskulatur in der Wand des Analkanals gebildet und sind an ihrem unteren Ende durch kleine Querfalten (**Valvulae anales**) miteinander verbunden. Dadurch entstehen wandwärts hinter den Querfalten unterschiedlich tiefe **Krypten** (**Morgagni-Taschen**, **Sinus anales**). An deren Boden können individuell unterschiedlich Schleimdrüsen (**Glandulae anales**, **Proktodealdrüsen**) ausgebildet sein.

▶ Klinik.

▶ Klinik. Entzündungen der **Proktodealdrüsen** (**Analabszesse**) können sich entlang der Ausführungsgänge dammwärts ausbreiten und zu sog. **Analfisteln** entwickeln. Diese stellen eine Verbindung zwischen Perianalhaut und Analkanal bzw. Rektum dar und äußern sich durch perianalen Juckreiz und der Entleerung von Sekret bzw. Eiter. Weitverzweigte Fisteln („Fuchsbaufisteln") können die Fähigkeit, den Stuhl zu halten (Kontinenz) beeinträchtigen. Die Therapie erfolgt operativ.

I-1.50 Subkutane Analfistel und ihre Darstellung in der Steinschnittlage

a In die Fistel ist zur Darstellung ihres Verlaufs (von 8 Uhr nach 6 Uhr in Steinschnittlage) eine Sonde eingelegt. (Hirner, A., Weise, K.: Chirurgie. Thieme, 2008)
b Zur Inspektion von Befunden im Analbereich eignet sich die Steinschnittlage (Rückenlagerung des Patienten mit gespreizten Beinen) besonders gut. Die in dieser Position gewählte Orientierung am fiktiven Zifferblatt einer Uhr nutzt man auch zur Lokalisationsbeschreibung anderer erhobener Befunde in diesem Bereich (z. B. bei Austastung des Enddarms).

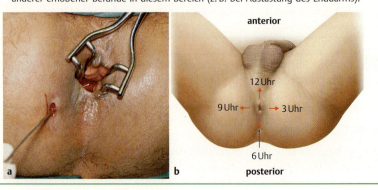

1.6 Dickdarm (Intestinum crassum)

Im Bereich der Columnae anales findet man in der Wand des Analkanals einen ausgeprägten, arteriell versorgten Schwellkörper, das **Corpus cavernosum recti**. Aboral der Columnae anales folgt der **Pecten analis** (auch **Zona alba** genannt), welcher ca. 1 cm breit ist und verglichen mit der übrigen Schleimhaut durch die feste Verwachsung mit der Unterlage weißlich erscheint. Er grenzt sich durch die gezackte **Linea pectinata** (im klinischen Sprachgebrauch häufig auch **Linea dentata** genannt) gegen die Columnae anales nach oben ab und durch die **Linea anocutanea** gegen die äußere Haut des Anus (Abfolge der einzelnen Analabschnitte mit Epithelarten der Schleimhaut s. Tab. I-1.7). Der Pecten analis ist stark dehnbar und gestattet somit den Durchtritt der Kotsäule. Durch seine dichte Innervation ist er äußerst berührungs- und schmerzempfindlich.

In der Wand des Analkanals liegt in Höhe der Columnae ein arteriell versorgter Schwellkörper (**Corpus cavernosum recti**). Aboral der Columnae folgt der **Pecten analis** (auch **Zona alba** genannt). Er grenzt sich durch die **Linea pectinata** nach oben, durch die **Linea anocutanea** (syn. Linea dentata) gegen die Haut ab. Der dehnbare Pecten analis ist sehr schmerzempfindlich.

I-1.7 Epithelarten der Rektum- und Analschleimhaut mit angrenzender perianaler Haut

Region	Grenze	Epithelart	schematische Darstellung*
(1) Rektum		Zylinderepithel (dickdarmtypisch mit Becherzellen und Krypten)	
	(A) Junctio anorectalis (gewellt)	Die Zone aboral der Junctio anorectalis bis zur Linea supratransitionalis wird histologisch als Zona colorectalis bezeichnet.	
(2) Analkanal mit 3 „Stockwerken":			
I. Zona columnalis (Columnae anales + Sinus anales)		unregelmäßig abwechselnd Zylinderepithel und mehrschichtiges unverhorntes Plattenepithel histologisch: Zona transitionalis; nach oral abgegrenzt durch die Linea supratransitionalis	
	(B) Linea pectinata (= Linea dentata; gezackt)		
II. Zona alba (Pecten analis)		mehrschichtiges unverhorntes Plattenepithel (trocken), unverschieblich verbunden mit dem M. sphincter ani int. histologisch: Zona squamosa	
	(C) Linea anocutanea		
III. Zona cutanea		Mehrschichtiges, verhorntes Plattenepithel mit Talgdrüsen	
(3) Perianale Haut		verhorntes Plattenepithel der Haut mit stärkerer Pigmentierung und apokrinen Drüsen	

* Quelle: nach Lüllmann-Rauch

▶ **Merke.** Der **Pecten analis** stellt eine Zone histologischen Übergangs dar. Das Epithel in diesem Bereich wird deshalb auch als Zona transitionalis analis bezeichnet.

▶ **Merke.**

▶ **Klinik.** Selbst kleine Einrisse im dicht innervierten Pecten analis (sog. Analfissuren) sind äußerst schmerzhaft. Die **Analfissur** ist eine häufige proktologische Erkrankung und kommt meist durch eine Überdehnung des Analkanals beim Stuhlgang in Verbindung mit chronischer Verstopfung (Obstipation) zustande.

▶ **Klinik.**

⊙ I-1.51 **Analfissur.** Die akute Läsion bei 6 Uhr in Steinschnittlage (vgl. Abb. I-1.50b s. o.) reicht nach oral bis zur Linea dentata. (Henne-Bruns, D., Düring, M., Kremer, B.: Duale Reihe Chirurgie. Thieme, 2012)

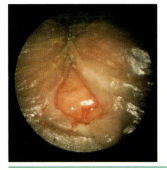

Lage von Rektum und Analkanal

Lage und Lagebeziehungen: Der Übergang vom Kolon zum **Rektum** liegt auf Höhe des 2. Sakralwirbels. Ventral grenzt es an Uterus (♀) bzw. akzessorische Geschlechtsdrüsen, Ductus deferens und Harnblase (♂). Dorsal liegen Leitungsbahnen.

Der **Analkanal** liegt kaudal der Ampulle umschlossen vom M. sphincter ani externus (S. 724) im Diaphragma pelvis (S. 335).

Faszien- und Peritonealbeziehungen: Das Rektum liegt mit seinem oberen Abschnitt retro-, selten sogar intraperitoneal (**Rectum mobile**), der größere Anteil jedoch hat genau wie der Analkanal eine extraperitoneale Lage und wird klinisch als **Rectum fixum** bezeichnet. An der Flexura perinealis schlägt das Peritoneum vom Rektum auf Uterus bzw. Harnblase um. Dadurch entstehen die **Excavatio rectouterina** (♀) bzw. **rectovesicalis** (♂).

Bauchfellfreie Rektumanteile sind von der Fascia pelvis visceralis bedeckt.

Verschiebliches Bindegewebe, das „Paraproktium" (S. 662), verankert das Rektum im Becken.

Wandbau und Sphinktersystem von Rektum und Analkanal

Wandbau

▶ Merke.

Der übrige Aufbau gleicht dem anderer Verdauungsorgane:

Tunica serosa/adventitia: Sie ist variabel ausgeprägt (s. o.).

Tunica muscularis: Äußeres **Stratum longitudinale** (umfasst Rektum rundum, daher keine Tänien) und inneres **Stratum circulare** (im Bereich der Plicae transversae besonders kräftig).

An den oberen ⅔ des Analkanals wird die Ringmuskulatur zum glattmuskeligen **M. sphincter ani int.** verstärkt. Fasern des Stratum longitudinale durchziehen den

---

Lage von Rektum und Analkanal

Lage und Lagebeziehungen: Das **Rektum** liegt im kleinen Becken dicht vor dem Os sacrum (Abb. I-1.48). Der Übergang vom Colon sigmoideum zum Rektum liegt in Höhe des 2. oder 3. Sakralwirbels. Im weiblichen Becken grenzt das Rektum nach ventral an Uterus und Vagina, beim Mann an die akzessorischen Geschlechtsdrüsen (Prostata und Gll. vesiculosae), den Ductus deferens und die Harnblase. Dorsal des Rektums liegen Leitungsbahnen des Beckens.

Der **Analkanal** schließt sich der Ampulla recti nach kaudal direkt an und liegt umschlossen vom M. sphincter ani externus (S. 724) im Gefüge des Diaphragma pelvis (S. 335). Er erreicht am Anus die äußere Haut.

Faszien- und Bauchfellbeziehungen: Die Peritonealbezüge des Rektums sind sehr variabel. Nur der obere Teil wird vorne und seitlich vom Bauchfell bedeckt und liegt damit retroperitoneal. Gelegentlich kann dieser Abschnitt sogar zu einem kleinen Teil intraperitoneal liegen, wodurch dann ein kleines „Mesorektum„ als Fortsetzung des Mesosigmoids existiert. Die Ampulla recti und der Analkanal liegen hingegen extraperitoneal. Klinisch wird somit ein **„Rectum mobile"** (retro- oder noch intraperitoneal) von einem **Rectum fixum** (extraperitoneal) unterschieden. Der „Wechsel" von retro-/intraperitonealer Lage zum extraperitoneal gelegenen Abschnitt ergibt sich dadurch, dass das Peritoneum in Höhe der Flexura perinealis von der Rektumvorderwand auf die Hinterwand des vor dem Rektum liegenden Organs umschlägt: bei der Frau auf den Uterus, beim Mann auf die Harnblase. So entsteht bei beiden Geschlechtern eine Bauchfellgrube, die **Excavatio rectouterina** bzw. **rectovesicalis** (S. 658), die jeweils den tiefsten Punkt der Peritonealhöhle darstellt.

Bauchfellfreie Rektumanteile sind von der **Fascia pelvis visceralis** bedeckt, die beim Durchtritt durch das Diaphragma pelvis in die Fascia pelvis parietalis bzw. die Fascia superior diaphragmatis pelvis übergeht. Die viszerale Faszie des Canalis analis steht mit dem Bindegewebe des infradiaphragmalen Raumes in Verbindung.

Verschiebliches Beckenbindegewebe, das „Paraproktium" (S. 662), umgibt das Rektum in den peritonealfreien Bezirken vollständig und gewährleistet den Einbau und die Fixation des Rektums im Becken mit der Möglichkeit der Ausdehnung bei stuhlgefüllter Ampulle.

Dieses Bindegewebe ist seitlich des Rektums besonders stark ausgeprägt, verbindet aber auch die peritonealfreien Rektumabschnitte mit den vor dem Rektum gelegenen Organen. Zwischen Rektum und Vagina bzw. Rektum und Harnblase (Prostata) ist das den Organen aufliegende Beckenbindegewebe häufig etwas dichter: **Fascia rectovaginalis** bzw. **Septum rectovesicale**.

Wandbau und Sphinktersystem von Rektum und Analkanal

Wandbau

▶ Merke. Rektum und Analkanal unterscheiden sich von den vorangehenden Darmabschnitten durch das **Fehlen ansonsten typischer Dickdarmmerkmale** (Tänien, Haustren und Appendices epiploicae), wodurch sich makroskopisch auch der Übergang vom Sigmoid zum Rektum erkennen lässt: am Übergang Sigmoid-Rektum enden die drei Tänien des Sigmoids „schlagartig". Bei chirurgischen Eingriffen ist so der Beginn des Rektums klar erkennbar.

Ansonsten entspricht ihr Wandaufbau grundsätzlich dem der Hohlorgane des Magen-Darm-Trakts:

Tunica serosa bzw. adventitia: Der Überzug von Rektum und Analkanal durch Peritoneum bzw. Faszien als äußerste Wandschicht ist variabel (s. o.).

Tunica muscularis: Anstelle der Tänien findet man am Rektum eine die ganze Zirkumferenz umfassende äußere **Längsmuskulatur** (**Stratum longitudinale**), die an Vorder- und Hinterwand verstärkt sein kann. Die innere **Ringmuskulatur** (**Stratum circulare**) ist im Bereich der Plicae transversae besonders ausgeprägt.

Im Bereich der oberen zwei Drittel des Canalis analis ist die Ringmuskelschicht des Rektums zum glattmuskeligen **Musculus sphincter ani internus** verstärkt (s. u.), der außen von der Verlängerung der rektalen Längsmuskelschicht bedeckt wird. Fasern dieser Längsmuskelschicht ziehen – teilweise unter Durchbrechung des M. sphincter

1.6 Dickdarm (Intestinum crassum)

ani externus – bis in die Kutis der perianalen Haut, welche sie runzeln (**„Musculus corrugator ani"**).

Fasern des Stratum longitudinale können als **Musculi rectourethralis**, **rectovesicalis** und **rectococcygeus** zu Urethra, Harnblase und Os coccygis ausstrahlen.

Tunica mucosa: Während das Epithel der Rektumschleimhaut dem des Kolons entspricht (S. 715), ändert sich der Aufbau mit Übergang zum Canalis analis (an der sog. Junctio anorectalis).

Die Lamina muscularis mucosae bedeckt lumenwärts das Corpus cavernosum recti und wird im Analkanal als **Musculus canalis ani** bezeichnet.

▶ Klinik. Rektum und Analkanal können sich teilweise aus der Analöffnung vorstülpen, eine Erkrankung, die als **Prolaps** (**Vorfall**) bezeichnet wird. Man unterscheidet den Rektumprolaps vom Analprolaps.

M. sphincter ani ext. bis zur Kutis (**„M. corrugator ani"**) und ziehen als M. rectourethralis, rectovesicalis und rectococcygeus zu Urethra, Harnblase und Os coccygis.

Tunica mucosa: Der dickdarmtypische Aufbau im Rektum ändert sich an der Junctio anorectalis.

Die Lamina muscularis mucosae heißt im Analkanal **M. canalis ani**.

▶ Klinik.

I-1.52 **Rektumprolaps.** Alle Wandschichten des Rektums fallen unter die Sphinkterebene. Meist liegt beim Erwachsenen eine Sphinkter- und Beckenbodenschwäche zugrunde. Typisch ist, dass der vorgefallene Darmabschnitt die **zirkuläre Fältelung des Rektums** aufweist. (Henne-Bruns, D., Düring, M., Kremer, B.: Duale Reihe Chirurgie. Thieme, 2012)

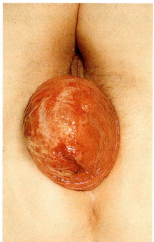

I-1.53 **Analprolaps.** Hier stülpt sich nur das Anoderm (klinisch oft verwendet als „Einheit" von Pecten analis und Zona cutanea) vor die Linea anocutanea. Ursächlich sind meist ausgeprägte Hämorrhoiden (S. 725). Typisch ist, dass der vorgefallene Abschnitt ein **radiäres Faltenmuster** (wie der Canalis analis) aufweist. (Henne-Bruns, D., Düring, M., Kremer, B.: Duale Reihe Chirurgie. Thieme, 2012)

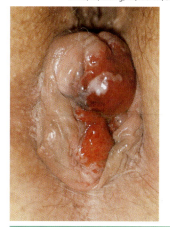

Sphinktersystem

Rektum und Analkanal sind von einem komplexen Sphinktersystem umgeben, welches gemeinsam mit anderen Mechanismen den Verschluss des Rektums garantiert, vgl. Kontinenz (S. 728). Drei Systeme sowohl glatter als auch quergestreifter Muskulatur bilden gemeinsam das Sphinktersystem:

Sphinktersystem

Drei Muskelsysteme bilden das Sphinktersystem:

M. sphincter ani internus: Er entsteht als Verstärkung der glatten Ringmuskulatur in den oberen ⅔ des Analkanals, verwächst unterhalb der Linea pectinata mit der Haut und ist – außer bei Defäkation – in Dauerkontraktion.

M. sphincter ani externus: Er ist quergestreift, umgibt den Analkanal von beiden Seiten und klemmt ihn dadurch zu einem längseingestellten Schlitz ein.
Man unterscheidet drei Abschnitte (Abb. I-1.49b):
- Pars profunda,
- Pars superficialis und
- Pars subcutanea.

Wie der innere, zeigt auch der äußere Analsphinkter eine Dauerkontraktion, ist jedoch zusätzlich willkürlich kontrollierbar, vgl. Innervation (S. 727).

M. puborectalis: Als Schenkel des **M. levator ani** (S. 335) entspringt er am Os pubis, liegt dem Rektum unten direkt an und zieht es nach ventral. Eine Kontraktion führt durch Verstärkung der Flexura perinealis zum Verschluss des Rektums (Abb. I-1.54).

Musculus sphincter ani internus: Der **glatte** M. sphincter ani internus geht unmittelbar aus einer Verstärkung der Ringmuskulatur des Rektums hervor. Er umgibt die oberen ⅔ des Analkanals. Unterhalb der Linea pectinata ist er fest mit der Haut verwachsen. Der M. sphincter ani internus befindet sich in Dauerkontraktion und erschlafft nur während der Defäkation.

Musculus sphincter ani externus: Der M. sphincter ani externus ist **quergestreift** und umgibt den Analkanal nicht einfach kreisförmig, sondern durch seinen z. T. vom Lig. anococcygeum nach ventral zum Centrum perinei ziehenden Verlauf klemmenartig von beiden Seiten. Dadurch wird der Analkanal in diesem Bereich zu einem längseingestellten Schlitz geformt. Der Muskel lässt drei Abschnitte erkennen (Abb. **I-1.49b**), die sich von kranial in der Tiefe liegend nach kaudal oberflächlich wie folgt unterscheiden lassen:
- **Pars profunda**,
- **Pars superficialis**,
- **Pars subcutanea**, vergleichbar mit einem Hautmuskel.

Wie der innere, steht auch der äußere Sphinkter unter Dauerkontraktion, jedoch unterliegt er zusätzlich der **willkürlichen Kontrolle**, vgl. Innervation (S. 727).

Musculus puborectalis: Der quergestreifte M. puborectalis ist der direkt unten dem Rektum anliegende Teil des zum Beckenboden gehörigen **Musculus levator ani** (S. 335) und liegt damit kranial des M. sphincter ani externus. Vom Os pubis entspringend umgibt er das Rektum von ventral wie eine nach vorne offene Schlinge und zieht das Rektum nach ventral. Dadurch wird die Biegung im Bereich der Flexura perinealis noch verstärkt und die Bildung eines hier quer eingestellten Schlitzes trägt zum Verschluss des Rektums bei („Puborectalis-Schleife") (Abb. **I-1.54**).

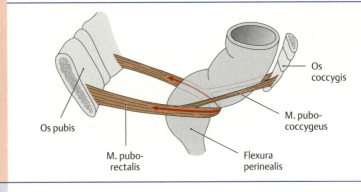

I-1.54 Umschlingung des Rektums durch den M. puborectalis („puborektale Schleife")

Gefäßversorgung und Innervation

Gefäßversorgung von Rektum und Analkanal

Arterien: Drei Arterien versorgen das Rektum (Abb. **I-1.55**):
- Die **A. rectalis sup.** (aus A. mesenterica inf) teilt sich in 2 Äste und versorgt den größten Teil des Rektums und das **Corpus cavernosum**.
- Die **A. rectalis med.** (bds. als viszeraler Ast der A. iliaca int.) versorgt die Ampulle.
- **A. rectalis inf.** (bds. aus A. pudenda int.) versorgt Analkanal und Sphinkteren.

Bei Verschluss der A. rectalis sup. können die beiden anderen Arterien die Blutversorgung des Rektums gewährleisten.

Gefäßversorgung und Innervation

Gefäßversorgung von Rektum und Analkanal

Arterielle Versorgung: Die Versorgung von Rektum und Analkanal wird in unterschiedlichem Ausmaß durch drei Arterien gewährleistet (Abb. **I-1.55**):
- **Arteria rectalis superior:** Sie ist der tiefste Ast der **A. mesenterica inferior** (Abb. **K-1.4**) und zieht von dorsal an das Rektum, wo sie sich in zwei Äste teilt. Diese verlaufen unter Abgabe weiterer Äste dorsal und seitlich am Rektum nach kaudal. Die A. rectalis superior versorgt den größten Teil des Rektums, v. a. auch das **Corpus cavernosum** (S. 721), s. auch Tab. **I-1.8**.
- **Arteria rectalis media:** Dieses Gefäß entspringt beidseits als viszeraler Ast aus der **A. iliaca interna** (S. 380) und versorgt den unteren Teil der Ampulle. Es kann fehlen.
- **Arteria rectalis inferior:** Sie entspringt beidseits aus der **A. pudenda interna** – also mittelbar auch dem Stromgebiet der A. iliaca interna – und versorgt Analkanal und Sphinktermuskulatur.

Bei Verschluss der A. rectalis superior können die beiden restlichen Gefäßpaare die Blutversorgung des Rektums sichern. Sie nehmen aber nicht an der Versorgung des Corpus cavernosum recti teil.

I 1.6 Dickdarm (Intestinum crassum)

⊙ I-1.55 Arterielle Gefäßversorgung des Rektums

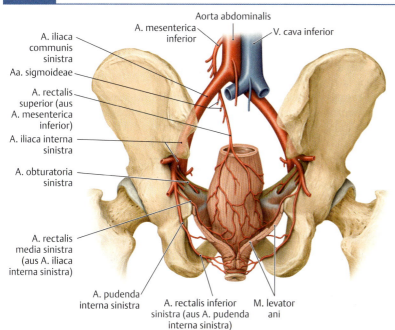

Ansicht von dorsal; 3 Wege werden unterschieden:
- 1. peritonealer Zufluss: **A. rectalis superior** (aus der A. mesenterica inferior)
- 2. supradiaphragmaler Weg: **Aa. rectales mediae** (viszerale Äste der A. iliaca interna oberhalb des M. levator ani)
- 3. infradiaphragmaler Weg: **Aa. rectales inferiores** (aus den Aa. pudendae internae) über den Canalis pudendalis kaudal des M. levator ani.

(Prometheus LernAtlas. Thieme, 3. Aufl.)

▶ **Klinik.** Knotige Erweiterungen des **Corpus cavernosum recti** bezeichnet man als **Hämorrhoiden**. Nur wenn es zu Symptomen wie Juckreiz, Schmerzen oder Blutung kommt, spricht man von einem therapiebedürftigen **Hämorrhoidalleiden**. Die häufigste Ursache ist zu starkes Pressen während der Defäkation, insbesondere bei chronischer Verstopfung (Obstipation), aber auch andere Umstände, die eine venöse Abflussstörung begünstigen (z. B. Schwangerschaft, Fettleibigkeit, überwiegend sitzende Tätigkeit) können zugrunde liegen. Im fortgeschrittenen Stadium kann es zu einem vorübergehenden oder auch permanenten Vorfall, sog. **Prolaps** (S. 723), der Knoten vor den Anus kommen. In diesem Fall ist eine Operation anzuraten, bei geringerer Ausprägung reicht eine Verödung (Sklerosierung) oder Gummibandligatur. Da das Corpus cavernosum recti arteriell gespeist wird, ist die Hämorrhoidalblutung nicht nur durch die hellrote Farbe gekennzeichnet, sondern in manchen Fällen recht stark ausgeprägt.

▶ **Klinik.**

⊙ I-1.56 Hämorrhoiden

a Schematische Darstellung von Hämorrhoiden unterschiedlicher Ausprägung. In der Klinik erfolgt die Gradeinteilung in Abhängigkeit von der Prolapsneigung und der Möglichkeit, sie zu reponieren: Während Hämorrhoiden 1. Grades (**I**) nur im Proktoskop sichtbar sind, fallen zweit- und drittgradige (**II**, rechts im Bild) beim Pressen nach außen vor, aber nur erstere sind spontan reponibel. Anders als die drittgradigen, die sich noch mit dem Finger reponieren lassen, ist dies bei viertgradigen Hämorrhoiden nicht mehr möglich (**II**, links im Bild).
(Henne-Bruns, D., Düring, M., Kremer, B.: Duale Reihe Chirurgie. Thieme, 2012)

b Typisches Bild eines drittgradigen Hämorrhoidalprolapses, der nur mit dem Finger reponiert werden kann (Patientin liegt in Steinschnittlage). (Rosenbusch, G., Reeders, J.W.A.J.: Kolon – Klinische Radiologie, Endoskopie. Thieme, 1993)

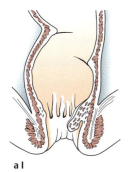
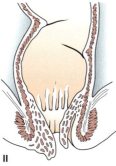
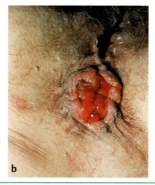

a I II b

1 Rumpfdarm – Ösophagus und Gastrointestinaltrakt

▶ Merke.

▶ Merke. Wichtig ist, dass man eine Blutbeimengung im Stuhl nicht voreilig auf Hämorrhoiden schiebt, sondern immer eine andere mögliche Ursache der Blutung, wie z. B. häufige Darmtumoren durch eine endoskopische Untersuchung ausschließt!

Venen: Sie entsprechen den Arterien. Die **Vv. rectales mediae** (direkter Abfluss) und **inf.** (über die V. pudenda int.) leiten Blut zur V. iliaca int. (→ V. cava inf.), die **Vv. rectales sup.** zur V. mesenterica inf. (→ V. portae hepatis).

Venöser Abfluss: Die Venen entsprechen den Arterien. Besonders zu beachten ist, dass die **Venae rectales mediae** und **inferiores** über die Vv. iliacae Anschluss an das Stromgebiet der V. cava inferior finden.
Die **Vena rectalis superior** dagegen leitet ihr Blut über die V. mesenterica inferior zur V. portae hepatis und somit zur Leber. Die Venen sind untereinander sowohl innerhalb der Rektumwand als auch durch den außen um das Rektum liegenden **Plexus venosus rectalis** in unterschiedlichem Ausmaß anastomotisch miteinander verbunden.

▶ Klinik.

▶ Klinik. In das Rektum applizierte Medikamente (Zäpfchen) werden über das Stromgebiet der mittleren und unteren Rektalvene resorbiert und gelangen so ohne Leberpassage in den großen Kreislauf.

▶ Klinik.

▶ Klinik. Bösartige Tumoren des Rektums, z. B. **Rektumkarzinome** (S. 712), können auf dem Blutweg Tochterzellen abgeben (Metastasen). Die Ausbreitung dieser Tochterzellen erfolgt dabei aus dem oberen Rektum über das Stromgebiet der **V. rectalis superior** letztlich in die Leber, aus dem unteren Rektum über das Iliakalvenensystem in die Lunge. In den Kapillargebieten dieser beiden Organe können die Tochterzellen dann neue Geschwülste bilden.

Lymphabfluss (Abb. I-1.57):
- Rektum und oberer Analkanal: Über **Nll. pararectales** und **Nll. rectales supp.** zu den Nll. mesenterici inff.
- Unterer Abschnitt des Analkanals: über **Nll. inguinales superficiales** zu Nll. iliaci externi.

Lymphabfluss: Die Lymphe von Rektum und Analkanal fließt auf mehreren Wegen ab (Abb. I-1.57):
- **Nodi lymphoidei iliaci interni** und **rectales superiores:** Der Lymphabfluss von Rektum und oberem Abschnitt des Canalis analis erfolgt zunächst meist über organnah gelegene **Nodi lymphoidei pararectales**. Von hier führt der Abfluss in Nodi lymphoidei rectales superiores (weiter zu Nodi lymphoidei mesenterici inferiores) oder in Nodi lymphoidei iliaci interni. Vor allem dorsale Wandabschnitte des Rektums können ihre Lymphe auch über die Nodi lymphoidei sacrales in iliakale Lymphknoten leiten.
- **Nodi lymphoidei inguinales superficiales:** Die Lymphe des unteren Abschnitts des Canalis analis fließt über die Nodi lymphoidei inguinales superficiales zu den **Nodi lymphoidei iliaci externi**.

▶ Klinik.

▶ Klinik. Ein bösartiger Tumor, der auf dem Lymphweg Metastasen ausstreut, hat durch die zahlreichen Lymphknotenstationen einen langen Metastasierungsweg, bevor letztlich der Blutkreislauf erreicht wird. Dies begünstigt die Heilungschancen des Patienten.

⊙ I-1.57

⊙ I-1.57 **Lymphdrainage des Rektums**

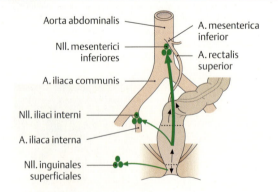

Ansicht von ventral. Die Lymphdrainage erfolgt vorzugsweise in „Etagen":
- Anus: Nll. inguinales superficiales über die Fossa ischioanalis (S. 340),
- Canalis analis und untere Ampulle: Nll. iliaci interni mit Anschluss an die Trunci lumbales,
- obere Ampulle und restliches Rektum: Über die Nll. sacrales und Nll. rectales superiores zu den Nll. mesenterici inferiores.

(Prometheus LernAtlas. Thieme, 3. Aufl.)

I 1.6 Dickdarm (Intestinum crassum)

Innervation von Rektum und Analkanal

Rektum und Analkanal werden **vegetativ** über Sympathikus und Parasympathikus innerviert. Die **somatische** Innervation für die quergestreifte Muskulatur des M. sphincter ani externus sowie die Somatosensibilität erfolgt über den N. pudendus, die des M. puborectalis typischerweise über direkte Äste des Plexus sacralis.

Viszeromotorik: Sympathische und parasympathische Fasern haben unterschiedlichen Einfluss auf die Funktion von Rektum und Analkanal:
- **Sympathikus:** Die sympathische Innervation erfolgt durch Fasern, die den **Plexus hypogastricus superior** und **inferior** durchziehen sowie durch die **Nervi splanchnici lumbales** und **sacrales** über die **Plexus rectales**. Der Sympathikus ist verantwortlich für die Erhaltung des Dauertonus des M. sphincter ani internus während der Kontinenz (s. u.).
- **Parasympathikus:** Die **Nervi splanchnici pelvici** aus den Rückenmarksegmenten S 2–S 4 werden im **Plexus hypogastricus inferior** auf das postganglionäre Neuron umgeschaltet. Der Parasympathikus steuert die Defäkation (s. u.).

▶ **Merke.** In der Wand des Analkanals im Bereich des M. sphincter ani internus findet man – anders als im gesamten übrigen Magen-Darm-Trakt – keine Ganglienzellen in den intramuralen Plexus (enterisches NS).

Parasympathische und sympathische Fasern erreichen den inneren Sphinkter auf direktem Weg nur durch die Darmwand von außen (sog. **„aganglionäre Zone"**).

Viszerosensibilität: Informationen von Dehnungsrezeptoren der Ampulle und auch Schmerz werden über Afferenzen geleitet, die peripher zusammen mit den sympathischen und parasympathischen Geflechten verlaufen.

Somatomotorik: Die willkürliche Innervation des M. sphincter ani externus erfolgt durch den **N. pudendus** aus dem Plexus sacralis (S.884); der M. puborectalis wird über direkte Äste des **Plexus sacralis** innerviert.

Somatosensibilität: Somatoafferenzen für Berührung und Schmerz der Analhaut verlaufen ebenfalls im **N. pudendus**.

▶ **Merke.** Die höchste Berührungs- und Schmerzempfindlichkeit liegt im Bereich des Pecten analis (S.721).

Kontinenz und Defäkation

Der physiologische Mechanismus von Kontinenz und Defäkation wird über anatomisch unterschiedliche Strukturen gewährleistet, die in ihrer Gesamtheit als **„Kontinenzorgan"** bezeichnet werden und einen gasdichten Abschluss des Rektums bewirken. Dazu zählen die in Tab. **I-1.8** aufgeführten Strukturen, die bei der Regulation von Kontinenz und Defäkation in jeweils besonderer Art beteiligt sind.

Innervation von Rektum und Analkanal

Viszeromotorik: Zu unterscheiden sind sympathische und parasympathische Effekte:
- **Sympathische** Fasern aus dem Pl. hypogastricus inf. sowie über Nn. splanchnici lumbales und sacrales. Der Sympathikus bewirkt die Dauerkontraktion des inneren Analsphinkters während der Kontinenz (s. u.).
- **Parasympathische** Nn. splanchnici pelvici aus den Segmenten S 2–S 4 steuern die Defäkation (s. u.).

▶ **Merke.**

Viszerosensibilität: Viszeroafferente Fasern verlaufen mit o. g. vegetativen Geflechten.

Somatomotorik: M. sphincter ani externus: N. pudendus; M. puborectalis: direkte Äste des Plexus sacralis.

Somatosensibilität (Analhaut): N. pudendus.

▶ **Merke.**

Kontinenz und Defäkation

Kontinenz, Defäkation und gasdichter Verschluss werden durch Strukturen garantiert, die man zusammen als **Kontinenzorgan** bezeichnet (Tab. **I-1.8**).

☰ I-1.8   Das Kontinenzorgan: beteiligte Strukturen mit ihrer Funktion

Struktur	Funktion	
	Kontinenz/Füllungsphase	Defäkation/Entleerungsphase
Rektum (vor allem **Ampulle**) und **Analkanal** (insbesondere Analhaut)	Dehnungs- und Berührungsrezeptoren	Dehnungs- und Berührungsrezeptoren
M. sphincter ani internus (glatte Ringmuskulatur als Fortsetzung der Tunica muscularis)	Dauertonus (Sympathikuseffekt)	Nachlassen des Dauertonus (Parasympathikuseffekt)
M. sphincter ani externus (quergestreifte Muskulatur mit 3 Anteilen)	Verschluss des Analkanals von beiden Seiten → **Längsspalt** als einzig bleibende Öffnung	Erschlaffung mit folgender Öffnung des Analkanals
M. puborectalis (als Teil des M. levator ani quergestreifte Beckenbodenmuskulatur)	Zug von ventral mit Verstärkung der Flexura perinealis → **Querspalt** als einzig bleibende Öffnung	Erschlaffung mit folgender „Begradigung" der Flexura perinealis
Corpus cavernosum recti arteriell gespeister Schwellkörper im Bereich der Columnae anales mit arteriovenösen Anastomosen	Bei Füllung durch venösen Rückstau infolge Dauerkontraktion der o. g. Sphinkteren → gasdichte Abdichtung	Entleerung des Gefäßnetzes über venösen Abfluss durch Druckabnahme in o. g. Sphinkteren
rekto-sigmoidale (Längs-)Muskulatur	–	Entleerung der Ampulle und Austreiben der Kotsäule
Spezialisierte Zentren im ZNS, v. a. im **Rückenmark**	Vegetative und somatomotorische/-sensible Nerven im Sakralmark	

Kontinenz

Der Rektumverschluss erfolgt durch den Dauertonus der Sphinkteren, den Zug des Rektums nach ventral (M. puborectalis) und das gefüllte Corpus cavernosum recti.

 Klinik.

Kontinenz

Der „gekreuzte" Verschluss von Rektum und Analkanal durch die beiden somatomotorisch innervierten Muskeln wird durch den autonomen Dauertonus des M. sphincter ani internus mit der infolgedessen konstant aufrecht erhaltenen Schwellkörperfüllung unterstützt.

> Klinik. Bei Operationen am Rektum oder im Bereich des Beckenbodens ist es wichtig, die Strukturen des Kontinenzorgans – vor allem die Muskeln und die zu ihnen ziehenden Nerven – zu schonen, um die Kontinenz zu erhalten. Gelingt dies z. B. bei der Operation eines weit unten im Rektum wachsenden bösartigen Tumors nicht, muss ein künstlicher Darmausgang (**Anus praeternaturalis**) geschaffen werden.

Defäkation

Ampullendehnung führt zu Stuhldrang: die Sphinkteren erschlaffen; das Corpus cavernosum leert sich; durch Erschlaffung des M. puborectalis wird das Rektum „begradigt".

Defäkation

Eine Dehnung der Ampulle durch die einwandernde Kotsäule führt zu Stuhldrang. Ab etwa dem dritten Lebensjahr unterliegt der über das Sakralmark ablaufende Defäkationsreflex einer zerebralen Kontrolle. Die Füllung der Ampulle wird über in der Rektumwand vorhandene Dehnungsrezeptoren an das Sakralmark gemeldet, und nach „Freigabe" der Defäkation durch übergeordnete kortikale Zentren erfolgt eine Aktivierung des Parasympathikus. Diese bewirkt über ein hemmendes intramurales Motoneuron die Relaxation des vom Sympathikus innervierten M. sphincter ani internus. Gleichzeitig kommt es über den spinalen Reflex zu einer Relaxation des willkürlich innervierten M. sphincter ani externus sowie des M. puborectalis. Durch die Erschlaffung der Sphinkteren erweitert sich der Analkanal, das Corpus cavernosum kann sich durch die nun lockere Schicht des M. sphincter ani internus entleeren. Die Erschlaffung des M. puborectalis führt zu einer Dorsalbewegung des Analkanals und somit zu einer „Begradigung" der Flexura perinealis. Durch den Parasympathikus ausgelöste peristaltische Kontraktionen der Rektum- und Sigmoidmuskulatur bewirken die Austreibung der Kotsäule, welche durch den Einsatz der Bauchpresse unterstützt wird.

Entwicklung von Rektum und Analkanal

Rektum und proximaler Analkanal entstammen dem Enddarm (**Entoderm**), der distale Analkanal dem **Ektoderm** (**Proctodeum**).

Der Endabschnitt des primitiven Darms ist zur **Kloake** erweitert, deren Entoderm kaudal zum Oberflächenektoderm direkten Kontakt hat (**Kloakenmembran** als Grenze zwischen Darm und Amnionhöhle).

Das transversale **Septum urorectale** teilt die Kloake in einen ventralen **Sinus urogenitalis** und einen dorsalen Canalis analis. Die Kloakenmembran wird in die **ventrale Urogenital-** und die **dorsale Analmembran** unterteilt.

Zwei Aufwerfungen (**Analfalten**) bilden zwischen sich eine ektodermale Grube (**Proctodeum**). Reißt die Analmembran im Proctodeum auf, ist der Anus eröffnet.

 Klinik.

Entwicklung von Rektum und Analkanal

Das Rektum und der obere (proximale) Anteil des Analkanals entstehen aus dem terminalen Abschnitt des (**entodermalen**) Enddarms; der untere (distale) Anteil des Analkanals entsteht aus einer „Einstülpung" des **Ektoderms** (sog. Proctodeum, s. u.). Der primitive Darm zeigt während seiner Entwicklung eine deutliche Erweiterung seines Endabschnitts, die **Kloake**. Diese ist von Entoderm ausgekleidet, welches im kaudalen Teil der Kloake direkt dem Ektoderm der äußeren Körperoberfläche anliegt. Diese Berührungszone, die als **Kloakenmembran** bezeichnet wird, bildet die Grenze zwischen Amnionhöhle und Darm.
Zwischen der 4. und 7. Embryonalwoche bildet sich in der Kloake eine transversale, mit embryonalem Bindegewebe gefüllte Falte, das **Septum urorectale**, die von kranial auf die Kloakenmembran zuwächst und die Kloake in einen ventral gelegenen **Sinus urogenitalis** und einen dorsal gelegenen **Canalis analis** unterteilt. Aus der Verwachsungsstelle von Kloakenmembran und Septum urorectale entsteht der primitive Damm (Perineum). Die Kloakenmembran selbst wird nun unterteilt in eine **ventrale Urogenitalmembran** und eine **dorsale Analmembran**.
Mesenchymal unterfütterte Auffaltungen der Analmembran, die sog. **Analfalten**, bilden zwischen sich eine (ektodermale) Grube, das **Proctodeum**. Reißt im weiteren Verlauf der Entwicklung die in der Tiefe des Proctodeums gelegene Analmembran schließlich ein, erhält das Rektum eine offene Verbindung in die Fruchtwasserhöhle.

> Klinik. Bei ca. 0,02 % der Neugeborenen reißt die Analmembran nicht ein (**Atresia ani**). Dann ist eine operative Eröffnung erforderlich, um die Kontinuität des Lumens herzustellen. Jungs sind häufiger betroffen als Mädchen.

1.7 Darstellung des Verdauungskanals mit bildgebenden Verfahren

J. Kirsch

Für die Darstellung des Verdauungskanals kommen je nach Fragestellung unterschiedliche Methoden zur Anwendung: Neben konventionellen Röntgenaufnahmen ohne oder mit Kontrastmittelgabe werden computergestützte Schnittbildverfahren (CT und MRT) und die Sonografie eingesetzt.

Darüber hinaus kommt im Rahmen der Diagnostik von Erkrankungen des Verdauungskanals der Endoskopie besondere Bedeutung zu.

1.7.1 Konventionell radiologische Verfahren ohne und mit Kontrastmittel

Abdomenübersichtsaufnahme

Eine sog. **Abdomenübersichtsaufnahme** wird beispielsweise zur Abklärung **freier Luft** innerhalb der Peritonealhöhle angefertigt, die als Hinweis auf die Perforation eines Hohlorgans dienen kann. Um die stets nach oben steigende freie Luft optimal sichtbar zu machen, sollte die Aufnahme im **Stehen** oder in **Linksseitenlage** (→ guter Kontrast gegen Zwerchfellkuppen bzw. Leber) erfolgen.

Bildung von **Flüssigkeitsspiegeln** im Darmlumen, die sich ebenfalls in der Abdomenübersichtsaufnahme zeigen (Abb. I-1.58), deuten auf einen **Darmverschluss** (**Ileus**) hin und geben je nach deren Anzahl und Lokalisation einen Anhalt für den Ort des Verschlusses (**Dünndarm- oder Dickdarmileus**). Außerdem sind in einer solchen Aufnahme **röntgendichte Fremdkörper** (z. B. verschluckte Gegenstände) und **Konkremente**, z. B. Gallensteine (S. 745), erkennbar.

1.7 Darstellung des Verdauungskanals mit bildgebenden Verfahren

Abhängig von der jeweiligen Fragestellung kann der Verdauungskanal mit konventionellen Röntgenaufnahmen, CT, MRT und Sonografie dargestellt werden. Darüber hinaus ist in diesem Bereich die Endoskopie von hoher Bedeutung.

1.7.1 Konventionell radiologische Verfahren ohne und mit Kontrastmittel

Abdomenübersichtsaufnahme

Bei der Perforation eines Hohlorgans gelangt **Luft** in die Bauchhöhle, die ebenso wie **Flüssigkeitsspiegel** bei einem Darmverschluss (**Ileus**) durch eine Abdomenübersichtsaufnahme (Abb. I-1.58) dargestellt werden können. Sie gibt auch Auskunft über den Verbleib **röntgendichter Fremdkörper** und kann Hinweise auf **Gallensteine** (S. 745) geben.

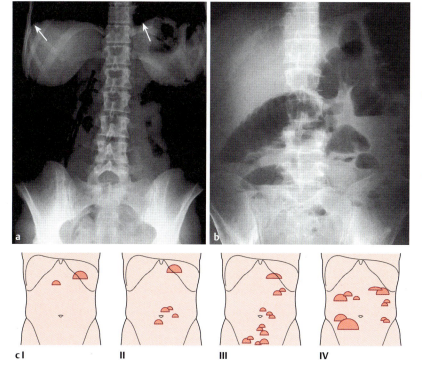

I-1.58 Abdomenübersichtsaufnahme im Stehen

a Normalbefund: Scharf abgegrenztes Diaphragma (Pfeile) ohne Nachweis freier Luft unter den Zwerchfellkuppen. Einige Teile des Gastrointestinaltraktes sind mit Gasen gefüllt (physiologisch). Kein Hinweis auf geblähte Darmanteile oder Spiegelbildung. (Möller, T.B.: Röntgennormalbefunde. Thieme, 2003)

b Bildung von Flüssigkeitsspiegeln in stark erweiterter Ileumschlinge sowie im Kolon bei Ileus nach operativer Entfernung eines großen Dickdarmanteils (rechtsseitige Hemikolektomie). (Bücheler, E., Lackner, K.J., Thelen, M.: Einführung in die Radiologie. 2005)

c Schematische Darstellung charakteristischer radiologischer Befunde bei mechanischem Ileus. Je nach Lokalisation des Darmverschlusses sind die sich oral davon bildenden Flüssigkeitsspiegel, die gegen die darüberliegenden gasgefüllten Blasen im Röntgenbild gut sichtbar sind, unterschiedlich angeordnet: Beim Duodenalileus (**I**) ist neben der (physiologischen) Magenblase lediglich eine kleinere im Duodenum zu sehen („double bubble") während sich bei einem Verschluss im Verlauf des Dünndarmkonvoluts (**II** = hoch-, **III** = tiefsitzend) zahlreiche Blasen im mittleren Abdomen finden. Die Spiegelbildung bei einem Dickdarmileus (**IV**) lässt eine rahmenartige Anordnung der insgesamt größeren Gasblasen erkennen und spiegelt damit die Kolonform (S. 713) wider. (Reiser, M., Kuhn, F.P., Debus, J.: Duale Reihe Radiologie. Thieme, 2011)

Kontrastmitteluntersuchungen

Durch die orale Gabe eines **röntgendichten Kontrastmittels** können Konturen und Schleimhautrelief der einzelnen Abschnitte des Verdauungskanals konsekutiv dargestellt werden (Abb. I-1.59). Kontrastmittelverfahren haben bei der Diagnostik chronisch entzündlicher Darmerkrankungen wie Morbus Crohn (S. 708) und Colitis ulcerosa (S. 716) v. a. bei Darmabschnitten, die endoskopisch nicht einsehbar sind (s. u.), eine besondere Bedeutung. **Doppelkontrastaufnahmen** verbessern die Darstellung des Faltenreliefs und damit die Identifikation von Füllungsdefekten (Ulzera, Tumoren) und Divertikeln (S. 715). Bei einer Durchleuchtung kann die Motilität des Darmes beurteilt werden.

Kontrastmitteluntersuchungen

Durch die orale Gabe eines **röntgendichten Kontrastmittels** (Bariumsulfat), das im Darm nicht resorbiert wird, können konsekutiv die einzelnen Abschnitte des Verdauungskanals, insbesondere dessen Konturen und das Schleimhautrelief, radiologisch dargestellt werden (Abb. I-1.59). Diese Kontrastmittelverfahren haben bei der Diagnostik chronisch entzündlicher Darmerkrankungen wie Colitis ulcerosa (S. 716) und M. Crohn (S. 708) einen besonderen Stellenwert. In den Darmabschnitten, die mit Hilfe endoskopischer Verfahren (s. u.) nicht einsehbar sind, z. B. dem Dünndarmkonvolut, bleibt eine Kontrastmittelaufnahme die einzige Möglichkeit zur Beurteilung der Schleimhaut.

Durch den kombinierten Einsatz eines röntgendichten Kontrastmittels und einem Gasbildner (Kohlendioxid) als negatives Kontrastmittel wird das Verfahren zu einer **Doppelkontrastaufnahme** erweitert. Diese verbessert die Beurteilung des Faltenreliefs und damit verbunden die Darstellung von **Füllungsdefekten** und **Konturunterbrechungen** (Hinweis auf Ulzerationen, Tumoren) oder **Divertikeln** (S. 715). Bei einer **Durchleuchtung** kann zusätzlich die Wandmotilität des Verdauungskanals beurteilt werden.

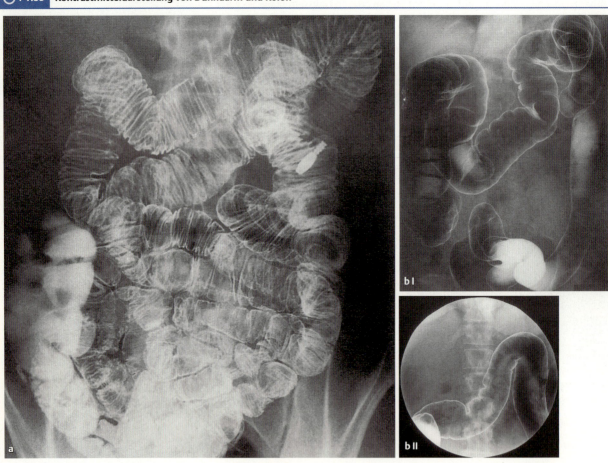

I-1.59 Kontrastmitteldarstellung von Dünndarm und Kolon

a In der Kontrastmittelaufnahme des Dünndarms sind die für Jejunum und Ileum typischen Kerckring-Falten deutlich sichtbar. (Möller, T.B.: Röntgennormalbefunde. Thieme, 2003)
b Im Kolonkontrasteinlauf kommt normalerweise die Haustrierung gut zur Darstellung (**I**), die jedoch bei den entzündlichen Darmerkrankungen (S. 708), hier Colitis ulcerosa (S. 716) (**II**) aufgehoben sein kann. (I Möller, T.B.: Röntgennormalbefunde. Thieme, 2003, II Reiser, M., Kuhn, F.P., Debus, J.: Duale Reihe Radiologie. Thieme, 2011)

Bei einer **Magen-Darm-Passage** (MDP, „Breischluck") wird zu unterschiedlichen Zeitpunkten der Weg des Kontrastmittels durch den Verdauungskanal verfolgt. Als MDP bezeichnet man die Darstellung des Kontrastmittelweges durch den Ösophagus (Abb. **I-1.6**) und den Magen. Nach einigen Stunden können dann im weiteren Verlauf auch Dünndarm und Kolon sichtbar gemacht werden, was Informationen zur Passagezeit bringt und unter Umständen zur Diagnose eines teilweisen Darmverschlusses (Subileus) beitragen kann.

Bei einer **Magen-Darm-Passage** (MDP, "Breischluck") wird der Weg des Kontrastmittels durch den Verdauungskanal verfolgt (Ösophagus-Breischluck s. Abb. **I-1.6**).

1.7.2 Schnittbildverfahren und Sonografie

Schnittbildverfahren: Bei den Schnittbildverfahren CT und MRT steht im Bereich des Verdauungskanals die **Tumordiagnostik** im Vordergrund. Beide Verfahren sind insbesondere zur Beurteilung der Ausdehnung tumoröser oder entzündlicher Prozesse von Bedeutung. Auch vergrößerte Lymphknotenpakete können hiermit lokalisiert werden.

Sonografie: Bei der sonografischen Untersuchung der Bauchhöhle und ihrer Eingeweide achtet man insbesondere auf Ansammlungen freier Flüssigkeiten (Blut, Aszites, oder durch einen Abszess hervorgerufene Eiteransammlung in der Peritonealhöhle).
Diese sammeln sich beim stehenden Patienten in der Excavatio rectovesicalis bzw. rectouterina und beim liegenden Patienten (je nach Seitenlage) im Recessus hepatorenalis oder perilienalen Raum (vgl. Abb. **H-1.10** und Abb. **H-1.5**).
Bei der Darstellung der intraperitonealen Organe beurteilt man Peristaltik und Wanddicke und achtet auf Adhäsionen. Die Sonografie spielt eine große Rolle bei der Beurteilung von Tumoren. Die Methode erlaubt eine Einschätzung der Ausdehnung von Tumoren und Metastasen und ihrer topografischen Beziehungen zu den Nachbarorganen. Vergrößerte Lymphknoten entlang der intra- und vor allem retroperitonealen Gefäße können ebenfalls identifiziert werden. Weiterhin kann die sonografische Darstellung einer Wandverdickung der Appendix (Abb. **I-1.60**) die klinische Diagnose einer Appendizitis stützen.

1.7.2 Schnittbildverfahren und Sonografie

Schnittbildverfahren: CT und MRT werden v. a. für die Tumordiagnostik eingesetzt, wobei die Ausdehnung der Prozesse und die Infiltration von Lymphknoten im Vordergrund stehen.

Sonografie: Mit dieser Methode können besonders gut Flüssigkeitsansammlungen in der Bauchhöhle aufgespürt werden, die sich beim stehenden Patienten in der Excavatio rectovesicalis bzw. rectouterina und beim liegenden Patienten im Recessus hepatorenalis oder perilienalen Raum nachweisen lassen (Abb. **H-1.10** und Abb. **H-1.5**). Für die Tumordiagnostik erlaubt die Methode Aussagen über die Ausdehnung der Tumore und deren topografischer Beziehungen zu Nachbarorganen sowie den Befall von Lymphknoten. Auch Hinweise auf eine Appendizitis lassen sich sonografisch erfassen (Abb. **I-1.60**).

I-1.60 Sonografische Darstellung der Appendix

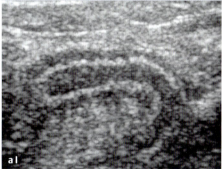
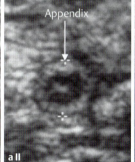
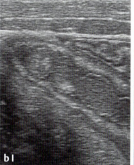
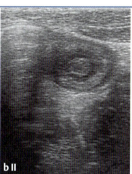

a Normalbefund in Längs- (**I**) und Querschnitt (**II**). (I Hofer, M.: Sono Grundkurs. Thieme, 2012, II Hofmann, V., Deeg, K.-H., Hoyer, P.F.: Ultraschalldiagnostik in Pädiatrie und Kinderchirurgie. Thieme, 2005)
b Bei einer Appendizitis ist sowohl im Längs- (**I**) als auch im Querschnitt (**II**) eine verdickte Appendixwand mit eitrigem Inhalt sichtbar. Die Doppelkontur der Appendix in **II** wird auch „Kokardenzeichen" genannt. (Hofmann, V., Deeg, K.-H., Hoyer, P.F.: Ultraschalldiagnostik in Pädiatrie und Kinderchirurgie. Thieme, 2005)

1.7.3 Endoskopie

Flexible Faseroptiken (Endoskope), die durch den Mund, sog. **Ösophagogastroduodenoskopie** (S. 680) (**ÖGD**) bzw. Anus, z. B. **Rektoskopie** (S. 712), **Koloskopie** (S. 712), in den Körper eingeführt werden, erlauben eine **direkte Inspektion** der inneren Oberflächen des Verdauungskanals. Von oral aus ist das Duodenum bis zum Beginn der Pars ascendens erreichbar. Von anal aus ist das Ostium ileale zwar ein manchmal nicht überwindbares Hindernis, jedoch gelingt dem geübten Gastroenterologen i. d. R. noch die Darstellung des terminalen Ileums.

▶ Merke. Große Teile des Dünndarms (Pars ascendens duodeni und Dünndarmkonvolut bis auf das terminale Ileum) sind mit konventionellen Endoskopen nicht darstellbar.

Die Geräte sind zusätzlich mit einem Instrumentierungskanal ausgestattet, durch den mikrochirurgische Instrumente in das Lumen des Verdauungskanals eingebracht werden können, um Biopsien zu entnehmen oder kleinere Eingriffe durchzuführen. So sind z. B. Ösophagusvarizen endoskopisch besser identifizierbar als durch den „Breischluck" und können zugleich durch Umspritzen verödet werden. Ebenso können Gallensteine, die nahe der Papilla duodeni major im gemeinsamen Mündungsteil von Ductus choledochus und Ductus pancreaticus stecken, durch die mechanische Erweiterung der Papilla duodeni bzw. Schlitzung des Sphinkters (Papillotomie) mobilisiert und entfernt werden. Bei der Koloskopie können kleine Polypen (Abb. **I-1.61**) direkt abgetragen werden. Eine besondere endoskopische Methode stellt die endoskopisch retrograde Cholangio-Pankreatikografie = ERCP (S. 759) dar.

▶ Merke. Generell bietet die Endoskopie folgende Vorteile: Zusätzlich zur makroskopischen Inspektion erlaubt sie die gleichzeitige Entnahme von Gewebeproben (Biopsien) aus verdächtigen Arealen für die histopathologische Diagnostik. Daneben ist – abhängig vom Krankheitsbild – u. U. eine therapeutische Intervention ohne erneuten Eingriff möglich.

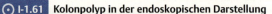

⊙ I-1.61 **Kolonpolyp in der endoskopischen Darstellung**

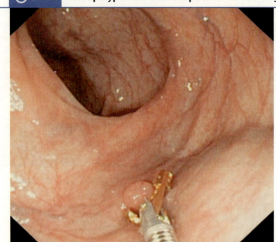

Endoskopische Entfernung eines kleinen Kolonpolyps.
(Messmann, H.: Lehratlas der Koloskopie. Thieme, 2004)

Klinischer Fall: Bluthochdruck und „flush"

09:45
Herr Rudolf Olschewski, 49 Jahre, kommt zu seinem Hausarzt. Dieser stellt fest, dass sich sein bisher gut eingestellter Bluthochdruck trotz erhöhter Medikamente nicht normalisiert. Er weist den Patienten zur Blutdruckeinstellung ins Krankenhaus ein.

4 Tage später

12:30
Anamnese
R.O.: Mein Blutdruck geht einfach nicht runter, egal wie viele Tabletten ich nehme. In letzter Zeit ist es auch öfters passiert, dass mir das ganze Blut in den Kopf schießt, dann werde ich im Gesicht knallerot. Seit etwa vier Monaten habe ich außerdem irgendwie Durchfall. Insgesamt hab ich nun schon 7 Kilo abgenommen. Ab und zu rumort mein Bauch ganz komisch und manchmal hab ich ganz schöne Bauchschmerzen.

12:40
Medikamentenanamnese
R.O.: Gegen den Bluthochdruck nehme ich 25 mg Hydrochlorothiazid und 2x100 mg Metoprolol am Tag. Sonst nehme ich keine Tabletten.

12:44
Körperliche Untersuchung
Der schlanke Patient ist in einem guten Allgemeinzustand. Der Blutdruck ist mit 160/95 mmHg deutlich erhöht. Die Darmgeräusche sind lebhaft. Beim Abtasten des Abdomens klagt Herr O. über einen leichten Druckschmerz im rechten Unterbauch. Die Leber ist vergrößert tastbar (in der Medioklavikularlinie 4 cm unter dem Rippenbogen). Ansonsten finde ich keine pathologischen Befunde.

Am nächsten Morgen, 08:00
Die Laborwerte sind da
(Normwerte in Klammern)
- Hämoglobin 11,8 g/dl (13–18 g/dl)
- Gesamtprotein 56 g/l (60–80 g/l), Albumin 32 g/l (normal 35–55 g/l)

13:00
Blutabnahme und Sammelurin
Ich nehme Herrn O. Blut ab. Außerdem erkläre ich ihm, dass er für 24 Stunden seinen Urin sammeln soll. Für den nächsten Morgen ordne ich aufgrund der vergrößerten Leber und des Druckschmerzes eine Sonografie des Abdomens an.

09:45
Sonografie Abdomen
Verteilt über die ganze Leber erkennt der Kollege viele echoreiche und echoarme Raumforderungen. Der Befund passt zu Lebermetastasen.

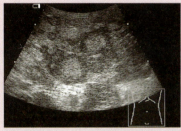

Lebermetastasen (aus Schmidt, G.: Checkliste Sonografie. 3. Aufl., Thieme, 2005)

14:00
Röntgenaufnahme des Thorax in zwei Ebenen
Unauffälliger Befund. Kein Hinweis auf Lungenmetastasen.

Am nächsten Morgen
Ergebnis Sammelurin
Die Menge an 5-Hydroxyindolessigsäure im 24-Stunden-Urin beträgt 127 mg. Normal sind unter 10 mg.

14:00
Besprechung mit dem Oberarzt
Aufgrund des Ergebnisses der Urinuntersuchung und der Symptome des Patienten besteht der dringende Verdacht auf ein serotoninproduzierendes Karzinoid. Da diese meist im Darm liegen, soll Herr O. morgen eine Koloskopie erhalten. Der Patient wird darüber aufgeklärt und erklärt sich einverstanden.

Am nächsten Tag, 10:00
Koloskopie
Im terminalen Ileum, etwa 7 cm von der Ileozäkalklappe entfernt, finden die Kollegen multiple tumoröse Schleimhautveränderungen. Diese sind 1–1,5 cm groß. Sie entnehmen mehrere Gewebeproben, die feingeweblich untersucht werden sollen.

3 Tage später
Das Ergebnis der Histologie ist da
Die feingewebliche Untersuchung ergibt ein bösartiges Karzinoid – ein Tumor, der aus den Zellen des disseminierten endokrinen Systems hervorgeht.

Am nächsten Tag
Planung der Tumortherapie
Die Kollegen der Onkologie, Chirurgie und Strahlentherapie beschließen gemeinsam das weitere Vorgehen. Da der Tumor bereits in die Leber metastasiert hat, kommt eine Operation nicht in Frage. Herr O. wird stattdessen mit dem Depot-Somatostatin-Analogon Octreotid s. c. behandelt. Das lindert den „Flush" (plötzliches Erröten), den Durchfall und normalisiert auch seinen Blutdruck. Die Grunderkrankung ist durch das Medikament aber nicht heilbar.

Eineinhalb Jahre später
Herr O. lebt noch einige Zeit beschwerdefrei zu Hause. Schließlich verschlechtert sich sein Zustand zusehends und er stirbt eineinhalb Jahre nach Diagnose an einem Leberversagen und einer Tumorkachexie im Hospiz.

Fragen mit anatomischem Schwerpunkt

1. Wo können Karzinoide im Körper entstehen?
2. Welche Folgen hätte eine chirurgische Teilresektion des Ileums mit Entfernung der Ileozäkalklappe?

Antwortkommentare im Anhang

2 Hepatobiliäres System und Pankreas

2.1	Einführung	734
2.2	Hepatobiliäres System	734
2.3	Bauchspeicheldrüse (Pankreas)	748
2.4	Darstellung von hepatobiliärem System und Pankreas mit bildgebenden Verfahren	756

J. Kirsch

2.1 Einführung

Leber und **Pankreas** sind die beiden wichtigsten Drüsen des Gastrointestinaltraktes. In ihnen werden Sekrete (in der Leber Gallenflüssigkeit, im Pankreas Bauchspeichel) für den enzymatischen Aufschluss der Nahrungsbestandteile gebildet.

Beide Drüsen verfügen über ein ausgefeiltes System von Ausführungsgängen, deren gemeinsame Endstrecke im Duodenum (S. 705) endet.

2.2 Hepatobiliäres System

In der Klinik werden **Leber**, die **ableitenden Gallenwege** und die Gallenflüssigkeit speichernde **Gallenblase** als **hepatobiliäres System** bezeichnet. Diese Zusammenfassung leitet sich neben den topografischen insbesondere auch von den funktionellen Beziehungen der entsprechenden Organe her.

2.2.1 Leber (Hepar)

Funktion der Leber

Als zentrales **Stoffwechselorgan** nimmt die Leber die Nährstoffe auf, die ihr über die Vena portae hepatis aus dem Verdauungstrakt zur „Weiterverarbeitung" zugeführt werden.

Durch ihre **Synthese- und Metabolisierungsfunktion** spielt die Leber zum einen eine große Rolle im Kohlenhydrat-, Protein und Lipidstoffwechsel: Sie bildet z. B. die Speicherform der Glukose, das Glykogen als Energiereserve, Plasmaproteine (Albumin, Gerinnungsfaktoren) sowie Fettsäuren und Cholesterol (s. Lehrbücher der Biochemie).

Zum anderen ist die Leber das wesentliche Organ für die **Entgiftung** körpereigener (z. B. Ammoniak) und körperfremder Substanzen (z. B. Medikamente). Manche Medikamente werden auch erst durch die Metabolisierung in der Leber zu therapeutisch wirksamen Substanzen.

Die in der Leber entstehenden Produkte können auf zwei Wegen abgegeben werden:

- Neben der (direkten) Abgabe in die **Blutbahn** (z. B. Albumin, Gerinnungsfaktoren und der anschließend über die Niere auszuscheidende Harnstoff) steht die
- **Gallenflüssigkeit**, kurz: **Galle** (S. 744), zur Verfügung. Davon produziert die Leber als **exokrine Drüse** (S. 63) etwa 600–800 ml pro Tag und gibt so z. B. Cholesterin, Gallenfarbstoffe und -säuren über die Gallenwege (S. 742) in den **Darm** ab.

Während der **Fetalperiode** steht die Leber auch im Dienste der **Blutbildung** (S. 167).

▶ **Klinik.** Kommt es durch eine akute oder chronische Schädigung der Leberzellen zu einem **Leberversagen**, macht sich dies durch eine generell **verminderte Syntheseleistung** der Leber (Erniedrigung von Albumin und Gerinnungsfaktoren im Blut), durch eine **Gallesekretionsstörung** und v. a. durch den **Wegfall der Entgiftungsfunktion** der Leber bemerkbar. Der im Proteinstoffwechsel anfallende Ammoniak kann nicht mehr zu Harnstoff metabolisiert werden und schädigt das Zentralnervensystem (**hepatische Enzephalopathie**). Die Patienten haben einen charakteristischen Geruch (**Foetor hepaticus**) und gelblich verfärbte Haut (**Ikterus**, s. a. prähepatischer Ikterus (S. 744).

2.1 Einführung

Die Sekrete von **Leber** und **Pankreas** ermöglichen den enzymatischen Nahrungsaufschluss. Die gemeinsame Endstrecke der Ausführungsgänge beider Drüsen endet im Duodenum.

2.2 Hepatobiliäres System

Leber, Gallenblase und -wege werden als hepatobiliäres System bezeichnet.

2.2.1 Leber (Hepar)

Funktion der Leber

Die Leber ist das zentrale **Stoffwechselorgan** (Kohlenhydrat-, Protein- und Lipidstoffwechsel).

Sie nimmt Stoffe auf, die ihr aus dem Portalkreislauf zugeführt werden und **synthetisiert** wichtige Verbindungen (z. B. Speicherformen, Plasmaproteine). Weiterhin spielt sie durch ihre **metabolische Funktion** eine entscheidende Rolle bei der **Entgiftung** körpereigener und -fremder Stoffe.

Die Abgabe der in der Leber entstehenden Produkte ist über zwei Wege möglich:
- Direkt in die **Blutbahn** oder über die
- **Gallenflüssigkeit (Galle)** in den **Darm**. Die Galle (S. 744) wird ebenfalls von der Leber produziert; vgl. **exokrine Drüse** (S. 63).

Pränatal findet in der Leber auch **Blutbildung** (S. 167) statt.

▶ Klinik.

Form, Abschnitte und Lage der Leber

Form und Abschnitte

Mit einem Gewicht von 1,4–1,8 kg ist die Leber die größte Drüse des menschlichen Körpers. Sie hat eine dunkel-rotbraune Farbe und ist von weicher Konsistenz, so dass sie sich den Formen der Nachbarorgane anpassen kann.

▶ **Klinik.** Aufgrund ihrer weichen Konsistenz kann es bei Unfällen (stumpfes Bauchtrauma) zur **Ruptur der Leber** und damit zu starken intraabdominellen Blutungen kommen.

Man unterscheidet an der Leber zwei Flächen:
- Die **Facies diaphragmatica** (Abb. **I-2.1a**) ist mit ihrer konvexen Wölbung dem Zwerchfell zugewandt und geht ventral in einem spitzen Winkel in
- die **Facies visceralis** über (Abb. **I-2.1b** und Abb. **I-2.1c**). Diese komplex strukturierte Leberseite ist den Baucheingeweiden zugewandt.

Der Übergang zwischen beiden Leberflächen bildet die **Margo inferior**, die im Bereich der rechten Medioklavikularlinie unter dem Rippenbogen bei Inspiration gerade eben tastbar ist, während man die Leber medial davon im Epigastrium (S. 323) gut durch die Bauchdecke palpieren kann.

Form, Abschnitte und Lage der Leber

Form und Abschnitte

▶ **Klinik.**

Man unterscheidet 2 Flächen (Abb. **I-2.1**):
- Die **Facies diaphragmatica** ist dem Zwerchfell zugewandt,
- die **Facies visceralis** dagegen den Baucheingeweiden.

Auf der ventralen Seite geht die Facies diaphragmatica im spitzen Winkel an der **Margo inferior** in die Facies visceralis über.

⊙ **I-2.1** Form und Flächen der Leber

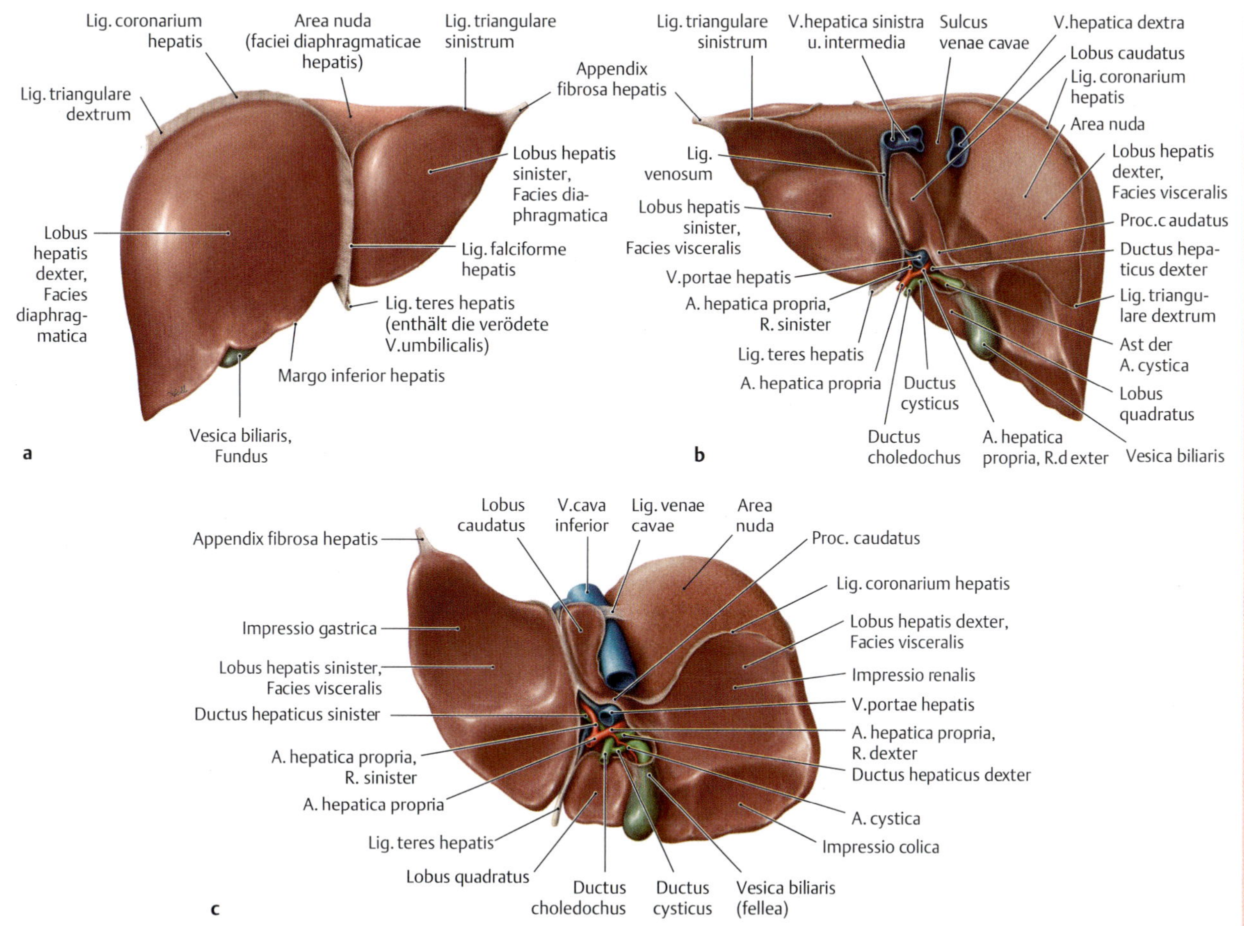

(Prometheus LernAtlas. Thieme, 3. Aufl.)
a Ansicht von ventral auf die Facies diaphragmatica
b sowie von dorsal
c und kaudal auf die Facies visceralis.

Weiterhin wird die Leber durch Bindegewebssepten, die von der umgebenden Tunica fibrosa ausgehen, in **vier** sichtbare **Lappen** gegliedert, welche die von außen erkennbare Form des Organs mitbedingen, aber keine funktionelle Bedeutung haben.
- Der **Lobus hepatis dexter** (rechter Leberlappen) als größter der vier Lappen und der
- **Lobus hepatis sinister** (linker Leberlappen) sind sowohl von der Facies diaphragmatica als auch von der viszeralen Leberseite aus zu unterscheiden, während die beiden kleineren Leberlappen
- **Lobus quadratus** (ventral) und
- **Lobus caudatus** (dorsal des Lobus quadratus) nur von der viszeralen Leberfläche aus sichtbar sind.

Facies diaphragmatica: In einem dorsokranial gelegenen dreieckigen Bereich um die V. cava inferior ist die nicht vom Peritoneum überzogene sog. **Area nuda** („nackte Fläche") mit dem Zwerchfell verwachsen. Sie wird von den **Ligamenta triangularia dextra** und **sinistra** begrenzt, deren Umschlagfalten an der Area nuda in ihrer Gesamtheit als **Ligamentum coronarium hepatis** bezeichnet werden. Das Lig. triangulare sinister läuft in einer **Appendix fibrosa hepatis** aus.

Im vorderen Anteil der Pars diaphragmatica werden rechter und linker Leberlappen durch das **Ligamentum falciforme hepatis** als Teil des ehemaligen Mesogastricum ventrale (S. 667) getrennt. Das Ligamentum falciforme hepatis setzt sich nach rechts und links in das Ligamentum coronarium (s. o.) fort.

Facies visceralis: Blickt man von hinten-unten auf die Facies visceralis, liegen zwischen Lobus dexter und sinister die beiden kleineren Leberlappen: ventral der Lobus quadratus und dorsal von ihm der Lobus caudatus. Sie werden von zwei sagittal verlaufenden Einschnitten „eingerahmt", die zusammen mit der einem Querbalken gleichenden Leberpforte, sog. **Porta hepatis** (S. 738), ein „H" ergeben (Abb. **I-2.1c**):
- Der rechte H-Schenkel wird unten (in situ ventral) von Einbuchtungen der Gallenblase (**Fossa vesicae biliaris**), der obere (in situ dorsal) von der V. cava (**Sulcus venae cavae inferioris**) gebildet und trennt den rechten Leberlappen vom Lobus quadratus bzw. caudatus.
- Der linke H-Schenkel wird durch zwei tiefere Einschnitte gebildet, die den linken Leberlappen von Lobus quadratus bzw. caudatus trennen und nach den in ihnen verlaufenden Bändern benannt sind: In der unteren Fissur (in situ ventral) verläuft das Ligamentum teres hepatis (**Fissura ligamenti teretis**), oben (in situ dorsal) das Ligamentum venosum (**Fissura ligamenti venosi**).

Im Bereich der senkrecht zu den beschriebenen sagittalen Einschnitten verlaufenden **Porta hepatis** (Querbalken des H) sind die beiden Anteile des **Omentum minus** (**Ligg. hepatoduodenale** und **hepatogastricum**) an der Leber befestigt.

Lage und Lagebeziehungen

Die Leber liegt im rechten Oberbauch und ist aufgrund ihrer Verwachsung mit dem Zwerchfell im Bereich der Area nuda **atemverschieblich**. Indem sie den Zwerchfellbewegungen folgt, tritt sie bei Inspiration weiter nach kaudal.

▶ **Klinik.** Die Atemverschieblichkeit der Leber macht man sich für die Palpation des unteren Leberrandes zunutze. Die linke Hand tastet unter dem rechten Rippenbogen, während die rechte im epigastrischen Winkel liegt. Nun bittet man den Patienten tief einzuatmen. Dabei gleitet der untere Leberrand nach kaudal und die Leberoberfläche kann auf ihre Konsistenz und Struktur hin abgetastet werden.

I-2.2 Palpation der Leber

(a: Füeßl, F.S., Middeke, M.: Duale Reihe Anamnese und Klinische Untersuchung. Thieme, 2014)

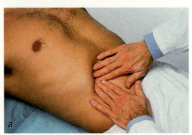
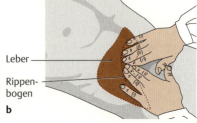

I 2.2 Hepatobiliäres System

≡ I-2.1 Ligamenta der Leber

Ligament	topografische Bedeutung	Verbindung mit
Lig. falciforme hepatis	trennt rechten und linken Leberlappen und geht am oberen Ende in das Lig coronarium über	ventraler Bauchwand (ehemaliges Mesogastrium ventrale)
Lig teres hepatis (obliterierte V. umbilicalis*)	trennt linken Leberlappen und Lobus quadratus	Nabel
Lig. venosum (obliterierter Ductus venosus)	trennt linken Leberlappen und Lobus caudatus	V. umbilicalis und V. cava
Lig. triangulare dexter	begrenzt die Area nuda des Lobus dexter	Diaphragma
Lig. triangulare sinister	begrenzt die Area nuda des Lobus sinister	Diaphragma
Lig. coronarium hepatis	Umschlagfalten der Ligg. triangularia an der Area nuda	Diaphragma
Lig. hepatoduodenale	Teil des Omentum minus; enthält V. portae hepatis, A. hepatica propria und Ductus choledochus	Duodenum
Lig. hepatogastricum	Teil des Omentum minus; begrenzt die Bursa omentalis nach ventral	Magen

* führt während der Entwicklung sauerstoff- und nährstoffreiches Blut aus der Plazenta

≡ I-2.2 Nachbarschaftsbeziehungen der Leber

Leberlappen	Impression auf der Leberoberfläche	benachbartes Organ bzw. Organabschnitt	Ansicht der Facies visceralis
Lobus hepatis dexter	Impressio colica	Kolon (Flexura coli dextra)	
	Impressio duodenalis	Duodenum (Pars superior)	
	Impressio renalis Impressio suprarenalis	rechte Niere (oberer Pol) rechte Nebenniere	
Lobus hepatis sinister	Impressio gastrica	Magen (Antrum)	
	Impressio oesophageale (nicht dargestellt)	Ösophagus (Vestibulum cardiacum)	

(Prometheus LernAtlas. Thieme, 3. Aufl.)

Die nicht verwachsene Oberfläche ist von Peritoneum viscerale überzogen und liegt daher **intraperitoneal**. Ihre vielfältigen ligamentären Verbindungen sind in Tab. **I-2.1** dargestellt.

Aufgrund ihrer weichen Konsistenz zeichnen sich die umgebenden Organe, mit denen die Leber in Kontakt tritt, durch charakteristische Eindellungen (**Impressionen**) an der Leberoberfläche ab (Tab. **I-2.2**).

Der nichtverwachsene Anteil liegt **intraperitoneal**. Ligamente der Leber s. Tab. **I-2.1**.

Die umgebenden Organe hinterlassen auf der Leber charakteristische Eindrücke (**Impressionen**, Tab. **I-2.2**).

Aufbau und funktionelle Gliederung der Leber

Die Leber ist von einer Organkapsel aus Bindegewebe umgeben (**Tunica fibrosa** oder **Glisson-Kapsel**), die über eine Tela subserosa mit dem ihr aufliegenden Peritoneum verbunden ist. Durch die von ihr ausgehenden Bindegewebssepten wird die Leber in die oben beschriebenen rein morphologisch definierten Lappen eingeteilt.

Aufbau und funktionelle Gliederung der Leber

Die Leber ist von einer **Tunica fibrosa (Glisson-Kapsel)** umgeben, von der bindegewebige Septen ausgehen und die Leber in o. g. morphologische Lappen unterteilen.

Lebersegmente und portale Trias

Für das Verständnis des Organaufbaus und auch im Hinblick auf die klinische Relevanz sinnvoller ist die Gliederung der Leber in **acht Segmente**. Diese segmentale Gliederung ist zwar nicht an der Organoberfläche sichtbar, jedoch leitet sie sich von der gemeinsamen Anordnung der Blutgefäße (Äste der V. portae hepatis und A. hepatica propria) und der Gallengänge her (Abb. **I-2.3**), was die Resektion einzelner Lebersegmente durch einen erfahrenen Chirurgen erlaubt.

Lebersegmente und portale Trias

Die Gliederung der Leber in **8** makroskopisch nicht unterscheidbare **Segmente** erfolgt anhand der Blutgefäße und Gallengänge (Abb. **I-2.3**). Diese Einteilung ist von klinischer Bedeutung, da die Segmente einzeln reseziert werden können.

Folgende Strukturen verlaufen innerhalb der Leber gemeinsam (**Trias**):
- Gallengänge (S. 742): (Ductus hepatici dexter und sinister mit ihren Ästen)
- **portalvenöse Gefäße** (V. portae hepatis mit ihren Ästen, nährstoffreich, Abb. **K-1.7**) und
- **arterielle Gefäße** (A. hepatica propria mit ihren Ästen, sauerstoffreich, Abb. **K-1.4**).

Von dieser **Trias** unabhängig verlaufen die Äste der **Venae hepaticae** als abführende Blutgefäße (Abb. **K-1.4**).

Nicht nur für die Unterscheidung der acht Segmente, sondern für den gesamten Organaufbau von der makroskopisch dominanten Leberpforte (Porta hepatis) bis hin zum mikroskopisch sichtbaren Feinbau der Leber spielt der **gemeinsame Verlauf** von folgenden Strukturen eine bedeutende Rolle:
- Gallengänge (S. 742), die in den Leberzellen produzierte Gallenflüssigkeit ableiten, als **Ductus hepatici dexter** und **sinister** an der Leberpforte das Organ verlassen, um sich noch hier zum **Ductus hepaticus communis** zu vereinigen,
- **portalvenöse Gefäße**, d. h. die **V. portae hepatis** und ihre Äste (Abb. **K-1.7**), die als Vasa publica nährstoffreiches Blut aus den Verdauungsorganen sowie Blut der Milz führen, und
- **arterielle Gefäße**, d. h. die **A. hepatica propria** und ihre Äste (Abb. **K-1.4**), die aus dem Stromgebiet des Truncus coeliacus kommend als Vasa privata die Versorgung der Leberzellen mit Sauerstoff sichern.

Von dieser **Trias** unabhängig verlaufen die Äste der **Vv. hepaticae** (S. 869) als abführende Blutgefäße.

▶ **Merke.**

▶ **Merke.** An der **Leberpforte** (Porta hepatis) treten die beiden Gallengänge (Ductus hepaticus dexter und sinister) aus der Leber und vereinigen sich hier zum **Ductus hepaticus communis**. Medial davon liegen die in die Leber ziehenden Gefäße (**A. hepatica propria** und **V. portae hepatis**). In ihrer Gesamtheit bezeichnet man diese drei Strukturen als „**portale Trias**".

Die Aufteilung der „portalen Trias" in zunächst 2 Hauptäste liegt den **Partes dextra** und **sinistra** zugrunde (Abb. **I-2.3**).

Die Aufteilung der „portalen Trias" (Ductus hepaticus, V. portae hepatis und A. hepatica propria) in zunächst jeweils zwei große Äste bestimmt die Unterscheidung von **Pars dextra** und **Pars sinistra** der Leber (Abb. **I-2.3**).

⊙ **I-2.3** **Lebersegmente**

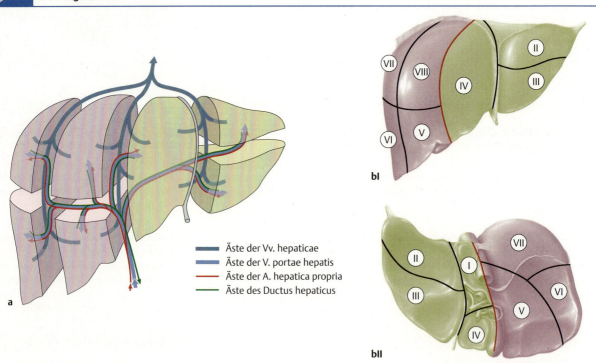

(Prometheus LernAtlas. Thieme, 3. Aufl.)

a Unterteilung der Leber in Segmente in der Ansicht von ventral. Die Unterscheidung von Pars dextra (hell violett) und Pars sinistra (gelb) erfolgt nach der Aufteilung der „portalen Trias" (Ductus hepaticus, V. portae hepatis und A. hepatica propria) in zunächst jeweils zwei große Äste.
b Projektion der Segmentgrenzen auf die Leberoberfläche in der Ansicht von ventral (**I**) und von kaudal (**II**). Zu beachten ist, dass zwischen Pars dextra und sinistra auf der ventralen Seite (**b I**) keine äußerlich sichtbaren Begrenzungen liegen, d. h. sie entsprechen nicht dem rechten und linken Leberlappen. Auf der dorsalen Seite (**b II**) hingegen, werden die Pars dextra und sinistra durch das Bett der V. cava inf. und die Gallenblase äußerlich sichtbar getrennt. Segment I ist identisch mit dem Lobus caudatus.

I 2.2 Hepatobiliäres System

Feinbau der Leber

Baueinheiten: Das Leberparenchym wird durch beim Menschen nur spärlich vorhandenes kollagenes Bindegewebe in einzelne polyedrische **Lobuli hepatis** (Leberläppchen; Höhe 2 mm, Durchmesser 1–1,3 mm) unterteilt, die sich in der Längsachse um das abführende Gefäß, eine zentrale Vene (**V. centralis**) gruppieren.

Die Leber besteht aus 1–1,5 Millionen solcher, etwa 2 mm^3 großen Baueinheiten. Wo mehrere Läppchen aneinander stoßen, bilden sich bindegewebige Zwickel aus, die **periportalen Felder**.

In diesen Feldern liegen die zuführenden Blutgefäße, d. h. die Vv. interlobulares aus der **V. portae hepatis** und die Aa. interlobulares aus der **A. hepatica propria** sowie die ableitenden **Gallenwege**, Ductuli interlobulares. Zusammen bilden diese drei Gefäßtypen die **Glisson-Trias**.

Je nach der im Mittelpunkt der Betrachtung stehenden Funktion des Lebergewebes kann man drei verschiedene funktionelle Einheiten unterscheiden (Abb. **I-2.4a**):

- Beim Zentralvenenläppchen (Lobulus hepatis, „klassisches" Leberläppchen) steht die **Vena centralis** (S. 741) im Mittelpunkt. Radiär um die Zentralvene sind Bälkchen von Hepatozyten und Lebersinusoide angeordnet (Abb. **I-2.4b**). Letztere sind erweiterte Kapillaren zwischen den Leberzellbälkchen, in denen Mischblut aus der Pfortader und der A. hepatica propria fließt, das über die entsprechenden Gefäße der Glisson-Trias zugeführt wird. Die Sauerstoffkonzentration ist in der Umgebung der Aa. interlobulares (S. 741) am höchsten und nimmt in Richtung Zentralvene kontinuierlich ab. Neuere Untersuchungen bestätigen, dass es sich bei dem klassischen Leberläppchen um die eigentliche funktionelle Parenchymgliederung der Leber handelt.
- Beim **Portalvenenläppchen** (= **Periportal-** oder **Portalläppchen**) rückt die **Galleproduktion** ins Zentrum der Betrachtung. Hier steht das periportale Feld im Mittelpunkt, während die Zentralvenen die Ecken bilden. Die Galle fließt in den zentral gelegenen Ausführungsgang. An einem Portalvenenläppchen sind drei oder mehr Zentralvenenläppchen beteiligt.

Feinbau der Leber

Baueinheiten: Bindegewebsfasern unterteilen das Leberparenchym in **Lobuli hepatis**, die sich um ein zentrales, abführendes Gefäß, **V. centralis**, gruppieren.

Wo mehrere Lobuli zusammentreffen, bilden sich bindegewebige Zwickel aus (**periportale Felder**).

In diesen befindet sich die **Glisson-Trias**: die Blutgefäße aus der **V. portae hepatis** und der **A. hepatica propria** sowie die **Gallenwege**.

Man unterscheidet je nach Betrachtungsweise drei funktionelle Einheiten (Abb. **I-2.4a**):

- **Zentralvenenläppchen** (Lobulus hepatis, „klassisches" Leberläppchen). Hier steht die V. centralis (S. 741) im Mittelpunkt der Betrachtung (Abb. **I-2.4b**).

- Beim **Portalvenenläppchen** steht das periportale Feld im Mittelpunkt.

I-2.4 Baueinheiten der Leber

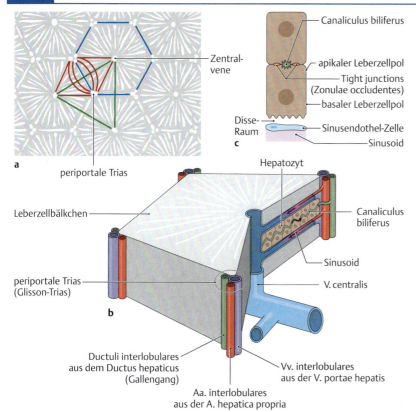

a Zentralvenenläppchen (blau), Portalvenenläppchen (grün) und Leberazinus (rot).
b Strukturmodell eines Zentralvenenläppchens (Lobulus hepatis). (Prometheus LernAtlas. Thieme, 3. Aufl.)
c Strukturmodell eines Leberzellbälkchens.

- Beim **Leberazinus** bilden jeweils zwei periportale Felder und zwei Vv. centrales die Ecken einer Raute. Diese Betrachtung gründet sich auf die innerhalb eines Leberläppchens unterschiedlichen **Stoffwechselzonen**.

Lebersinusoide: Dies sind mit **gefenstertem Endothel** ausgekleidete erweiterte Kapillaren zwischen den Leberzellbälkchen. Sie führen nährstoffreiches Blut aus der V. portae hepatis und sauerstoffreiches Blut aus der A. hepatica propria und verbinden die periportalen Felder mit den Vv. centrales.

Das Endothel der Sinusoide ist vom Leberparenchym durch das Spatium perisinusoideum (**Disse-Raum**) getrennt.

Zelltypen: Man unterscheidet:
- **Hepatozyten:** Sie besitzen oft mehrere Kerne. Ihr Zytoplasma ist reich an Organellen (Tab. **I-2.3**). Sie bilden ein- bis mehrschichtige Epithelzellplatten aus, die radiär auf eine Zentralvene zulaufen. Die dem Disse-Raum zugewandte **basolaterale Oberfläche** ist unregelmäßig mit Mikrovilli besetzt. Ihr gegenüber liegt der **apikale** oder **biliäre** Zellpol. Die apikale Membran zweier gegenüberliegender Hepatozyten begrenzt das Lumen der **Canaliculi biliferi** und ist durch einen ausgeprägten Schlussleistenkomplex (S. 59) von der übrigen Membran abgetrennt.

Der **Leberazinus** berücksichtigt die Tatsache, dass innerhalb eines Leberläppchens unterschiedliche **Stoffwechselzonen** (mit unterschiedlicher Anfälligkeit für Schädigungen) vorkommen. Ein Azinus ist rhombisch mit jeweils zwei gegenüber liegenden Vv. centrales und zwei periportalen Feldern (mit A. und V. interlobularis) an den Ecken. Damit kann ein Azinus als das Versorgungsgebiet zweier Aa. und Vv. interlobulares aufgefasst werden.

Lebersinusoide: Hierbei handelt es sich um zwischen den Leberzellbälkchen liegende erweiterte Kapillaren (9–12 µm Durchmesser), die mit einem **gefensteten Endothel** ausgekleidet sind. In ihnen fließt nährstoffreiches Blut aus den Endästen der V. portae hepatis und sauerstoffreiches Blut aus den Aa. interlobulares der Arteria hepatica propria.

Sie sind 0,5 mm lang und ziehen radiär Richtung V. centralis. Auf dieser (erstaunlich kurzen) Strecke erfolgt der gesamte Stoffaustausch zwischen Blut und Hepatozyten. Das **diskontinuierliche Endothel** ruht nicht auf einer Basalmembran und ist von dem angrenzenden Leberparenchym durch einen 0,3 µm breiten, mit Blutplasma gefüllten Raum, dem **Spatium perisinusoideum** oder **Disse-Raum**, getrennt, in den die unregelmäßigen Mikrovilli der Hepatozyten ragen.

Zelltypen: In der Leber finden sich verschiedene Typen von Zellen mit unterschiedlichen Funktionen:
- **Hepatozyten:** Die eigentlichen Parenchymzellen sind polyedrische Zellen von 20–30 µm Durchmesser, von denen etwa 20–25 % **zwei** große, euchromatische Zellkerne mit deutlichem Nukleolus besitzen. Die Hälfte der Zellkerne ist tetraploid. Das hepatozytäre Zytoplasma ist außerordentlich reich an Organellen (Tab. **I-2.3**). Die Hepatozyten bilden ein-, gelegentlich auch mehrschichtige Zellplatten aus, die radiär auf die Zentralvene zulaufen. Die Hepatozyten sind polarisiert: Man unterscheidet einen **apikalen** oder **peribiliären Zellpol**, der die Wand der Gallenkapillaren (Canaliculi biliferi) bildet, und eine große **basolaterale Oberfläche**. Bei dieser unterscheidet man wiederum die den anderen Hepatozyten zugewandte Zelloberfläche und eine dem Disse-Raum zugewandte **perisinusoidale Oberfläche**, die mit unregelmäßigen Mikrovilli besetzt ist. Anders als bei den meisten Epithelzellen befinden sich die Mikrovilli der Hepatozyten nicht nur am apikalen Zellpol, sondern auch auf der basolateralen Seite bzw. der perisinusoidalen Oberfläche. Die apikale Membran zweier gegenüberliegender Hepatozyten begrenzt das Lumen der **Canaliculi biliferi** (**Gallenkanälchen,** Abb. **I-2.4c**) und ist mit einem ausgeprägten Schlussleistenkomplex (S. 59) gegen die basolaterale Seite abgegrenzt.

≡ I-2.3	Organellen der Hepatozyten und Stoffwechselleistungen
Organelle	**Stoffwechselleistung**
Mitochondrien (200/Hepatozyt)	Synthese von Harnstoff, ATP
Peroxisomen (500/Hepatozyt)	Synthese von Cholesterin, Gallensäuren
raues endoplasmatisches Retikulum	Synthese von Serumproteinen, Gerinnungsfaktoren, Apo-Lipoproteinen
glattes endoplasmatisches Retikulum	Cholesterinsynthese Oxidation von Xenobiotika (Medikamente, Pestizide) Konjugation von Bilirubin (Abbauprodukt des Häms) mit Glukuronsäure Konjugation anderer Substanzen/Metabolite mit Taurin, Glyzin, Glukuronsäure oder Sulfat
Golgi-Apparate (zahlreiche)	Synthese der peribiliären Plasmamembranen Glykosilierung der Proteine der Galle
Lysosomen	Abbau von Lipoproteinen und Serumproteinen

- **Kupffer-Zellen:** Sie sind zur **Phagozytose** befähigt und stehen im Verband mit den Sinusoidendothelzellen (s. o.).

- **Pit-Zellen:** Sie haften als leberspezifische Lymphozyten an den Endothelzellen.

- **Kupffer-Zellen:** Sie stehen im Verband mit den Sinusendothelzellen (s. o.) und sind antigenpräsentierende Makrophagen, deren Zellkörper sich in das Sinusoidlumen vorwölben. Kupffer-Zellen sind zur **Phagozytose** befähigt und können Zelltrümmer, Bakterien sowie andere Fremdkörper aufnehmen und speichern. Wie auch die Makrophagen der Milz (S. 185) sind die Kupffer-Zellen an der Phagozytose überalterter Erythrozyten beteiligt. Sie werden dem mononukleären Phagozytensystem = MPS (S. 174) zugeordnet.
- **Pit-Zellen:** Diese leberspezifischen Lymphozyten, sog. natural killer cells = NK-Zellen (S. 176), haften an den Endothelzellen.

2.2 Hepatobiliäres System

- **Stern(Ito)-Zellen:** Hierbei handelt es sich um **fettspeichernde Sternzellen** im Disse-Raum, in deren Zytoplasma sich Vitamin A anreichert. Sie sind oft von Kollagenfasern umgeben, die sich als **retikuläre Fasern** (S. 70) darstellen lassen. Nach erhöhter Vitamin-A-Zufuhr proliferieren diese Zellen. Sie werden für die erhöhte Kollagenproduktion bei Leberzirrhose verantwortlich gemacht.
- **Ovalzellen** (S. 742) kommen im Epithelverband der Hering-Kanälchen (Anfangsteil der intrahepatischen Gallenwege) vor und werden dort besprochen.

Gefäße und Innervation der Leber

Lebergefäße

▶ **Merke.** Für das Blut stellt die Leber nach einem ersten Kapillarbett in Darm und Milz ein **zweites Kapillarbett** dar, in dem nährstoffreiches Blut aus der V. portae hepatis und sauerstoffreiches Blut aus der A. hepatica propria fließt, sog. **Pfortaderkreislauf** (S. 869)! Sie unterscheidet sich damit von anderen Organen mit einem „gewöhnlichen" arteriovenösen Kapillarbett.

Die Leber erhält Blut aus der **Vena portae hepatis** (Vas publicum, Abb. **K-1.7**) und der **Arteria hepatica propria** (Vas privatum, Abb. **K-1.4**), die aus der A. hepatica communis, einem der drei Hauptäste des Truncus coeliacus stammt; vgl. auch Vasa publica und Vasa privata (S. 149). Zusammen mit dem Ductus hepaticus communis bilden sie die **portale Trias**. Jede Struktur dieser Trias verzweigt sich in der Leber zunächst in jeweils zwei Hauptäste, wodurch die Leber in eine Pars dextra und sinistra unterteilt wird (Abb. **I-2.3**). Die weitere Verzweigung liegt den funktionell voneinander weitgehend unabhängigen acht Lebersegmenten (S. 737) zugrunde. Diese segmentalen Gefäße/Gallengänge teilen sich in die **Arteriae** bzw. **Venae** und **Ductus interlobulares**. Das arteriovenöse Mischblut, das durch die Sinusoide der Leber fließt, stammt aus den Vasa interlobularia und wird in den **Venae centrales** der Leberläppchen (S. 739) gesammelt. Diese führen das venöse Blut über die **Venae sublobulares** den ableitenden **Venae hepaticae dextra**, **sinistra** und **intermedia** zu, die in die Vena cava inferior münden.

Die **Lymphsysteme** (subperitoneales und intraparenchymatöses Lymphsystem) der Leber haben nach kaudal Anschluss an die **Nodi lymphoidei hepatici** und **Nodi lymphoidei coeliaci**. Nach kranial drainiert die Lymphe über die **Nodi lymphoidei phrenici inferiores** und z. T. auch **superiores** an mediastinale Lymphknoten (Abb. **I-2.5**).

Gefäße und Innervation der Leber

Lebergefäße

▶ **Merke.**

- **Ito-Zellen:** Die Vitamin A speichernden **Sternzellen** befinden sich im Disse-Raum und spielen bei der Pathogenese der Leberzirrhose eine Rolle.
- Ovalzellen (S. 742).

Die Leber erhält nährstoffreiches Blut aus der **V. portae hepatis** (Vas publicum) und sauerstoffreiches Blut aus der **A. hepatica propria** (Vas privatum); vgl. Vasa privata (S. 149). Beide zweigen sich in **Aa.** bzw. **Vv. interlobulares** auf (Abb. **I-2.3**).
Das Blut aus den Vv. centrales wird über die Vv. sublobulares den **Vv. hepaticae** zugeführt, die es in die V. cava inferior ableiten.

Die **Lymphe** wird sowohl über **Nll. hepatici** und **coeliaci** als auch über die **Nodi lymphoidei phrenici inferiores** abgeleitet (Abb. **I-2.5**).

⊙ I-2.5 **Lymphabflusswege von Leber und Gallenwegen**

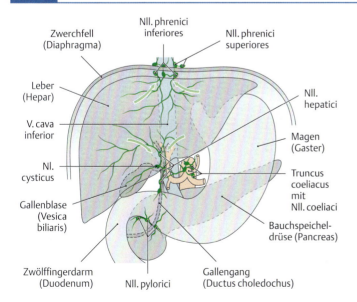

Ansicht von ventral.
(Prometheus LernAtlas. Thieme, 3. Aufl.)

Innervation der Leber

Sympathische Innervation: Die postganglionären sympathischen Fasern aus dem **Ganglion coeliacum** (S. 875) hemmen die Gallesekretion und fördern den Glykogenabbau (→ Anstieg des Blutzuckerspiegels).

Parasympathische Innervation: Die **parasympathischen** Fasern, die eine Steigerung des Galleflusses vermitteln, kommen aus dem **N. vagus**.

Sensible Innervation: Sensible Fasern erreichen die Leber über den **N. phrenicus**.

2.2.2 Gallenwege

Über zunächst **intra-**, dann **extrahepatische** Gallenwege (Abb. I-2.6) wird die in der Leber gebildete Galle in das Duodenum geleitet.

Intrahepatische Gallenwege

Die **Canaliculi biliferi** entspringen am apikalen Zellpol gegenüberliegender Hepatozyten und ziehen zur Läppchenperipherie, an deren Rand sie in kurze **Schalt- oder Zwischenstücke (Hering-Kanäle)** übergehen.

Innervation der Leber

Sympathische Innervation: Die präganglionären Fasern verlaufen mit dem N. splanchnicus major und werden im **Ganglion coeliacum** (S. 875) umgeschaltet. Die postganglionären, die **Gallesekretion hemmenden Fasern** gelangen als **Plexus hepaticus**, der die A. hepatica propria umgibt, zur Leberpforte. Eine Steigerung der sympathischen Innervation führt zum Abbau von Glykogen und nachfolgendem **Anstieg des Blutzuckerspiegels**.

Parasympathische Innervation: Die parasympathischen Fasern stammen aus dem **Nervus vagus**, der einen **Ramus hepaticus** entlang der A. hepatica propria zur Leber entsendet.
Eine parasympathische Innervation führt zu **gesteigertem Gallefluss**.

Sensible Innervation: Anders als bei anderen intraperitonealen Organen, wo eine sensible Innervation des Peritoneum viscerale fehlt, innervieren sensible Fasern des rechten **Nervus phrenicus** den Peritonealüberzug und die Glisson-Kapsel der Leber.

2.2.2 Gallenwege

Die in der Leber gebildete **Primär-** bzw. **Kanalikulärgalle** (ca. 600 ml/Tag) wird über die Gallenwege abgeleitet, die ein System bilden, das nach seinem Verlauf in der Leber (**intrahepatisch**), bis zur Mündung in das Duodenum eine **extrahepatische** Strecke zurücklegt (Abb. I-2.6).

Intrahepatische Gallenwege

Die intrahepatischen Gallenwege beginnen als epithellose **Canaliculi biliferi** an den apikalen (biliären) Zellpolen gegenüberliegender Hepatozyten. Sie ziehen durch das Läppchen und gehen an deren Rand in kurze **Schalt- oder Zwischenstücke (Hering-Kanälchen)** von 10–15 μm Durchmesser über, die von einem einschichtigen flachen Epithel gesäumt werden. Im Epithelverband kommen außerdem **Ovalzellen** genannte Stammzellen vor, durch deren Proliferation sich das Leberparenchym und die in-

I-2.6 Lage der intra- und extrahepatischen Gallenwege mit Gallenblase

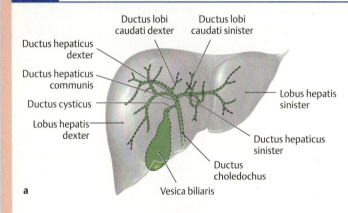
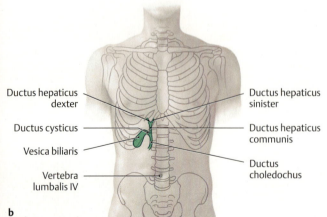

(Prometheus LernAtlas. Thieme, 3. Aufl.)

a Projektion der intra- und extrahepatischen Gallenwege sowie der Gallenblase auf die Leberoberfläche in der Ansicht von ventral.
b Projektion der extrahepatischen Gallenwege mit der Gallenblase auf das Skelett.

trahepatischen Gallenwege nach starken, toxischen Schädigungen oder Hemihepatektomien (Entfernung einer Leberhälfte) regenerieren können.

In den Periportalfeldern gehen die Hering-Kanälchen in die **Ductuli biliferi interlobulares** über, deren Durchmesser 30–40 µm beträgt. Diese Gefäße gehören zur **Glisson-Trias** (S. 739) und sind mit einem einschichtigen isoprismatischen Epithel ausgestattet (Abb. **I-2.4b**). Dieses Epithel sezerniert im Austausch mit Chlorid Bikarbonat in die Galle. Der daraus resultierende (parazelluläre) Nachstrom von Wasser und Na$^+$ erhöht das Volumen der Primärgalle um 30 %, die dadurch zur **Lebergalle** wird. Die interlobulären Gallenkanäle folgen in ihrem Verlauf den beiden anderen Gefäßen der Glisson-Trias und vereinigen sich schließlich zu den **Ductus hepatici dexter** und **sinister**.

Extrahepatische Gallenwege

Im Bereich der Leberpforte vereinigen sich Ductus hepaticus dexter und sinister zum **Ductus hepaticus communis**, der bereits den **extrahepatischen** Gallenwegen zugerechnet wird. Vom etwa 4 cm langen Ductus hepaticus communis fließt die Lebergalle durch den **Ductus cysticus** zur Gallenblase (S. 744) ab, wo die Gallenflüssigkeit gespeichert und eingedickt wird.

Während der Ductus hepaticus und der unten beschriebene Ductus choledochus ein glatt begrenztes Lumen aufweisen, ist die aus Schleimhaut bestehende Innenwand des Ductus cysticus schraubenförmig angeordnet, so dass eine spiralige Verschlussfalte entsteht. Diese **Heister-Klappe** verhindert wahrscheinlich eine Entleerung der Gallenblase bei Anstieg des intrabdominellen Drucks, z. B. bei Defäkation (S. 728).

Der Ductus hepaticus setzt danach seinen Weg als **Ductus choledochus** (etwa 6 cm lang, 0,4–0,9 cm dick) unter dem freien Rand des Lig. hepatoduodenale (Tab. **I-2.1**) auf die Rückseite des Duodenums fort. Dort wirft er die **Plica longitudinalis duodeni** auf. Er tritt danach in den Pankreaskopf ein, wo er sich mit dem Ductus pancreaticus (S. 749) vereinigt.

Noch vor dem Vereinigungpunkt befindet sich ein eigener Verschlussapparat aus verstärkter Ringmuskulatur (**Musculus sphincter ductus choledochi**). Der gemeinsame Ausführungsgang ist zu einer Ampulle erweitert und kann durch den **Musculus sphincter ampullae hepatopancreaticae** (**Oddi**) verschlossen werden. Er mündet auf der **Papilla duodeni major**, sog. **PapillaVateri** (S. 705).

Abfluss der Galle

> ▶ **Merke.** Etwa die Hälfte der in der **Leber** gebildeten Galle fließt zunächst über den **Ductus hepaticus communis** und den **Ductus cysticus** in die **Gallenblase** (S. 744).

Dort wird die Gallenflüssigkeit durch Entzug von NaCl, NaHCO$_3$ und Wasser eingedickt. Setzt nun der Verdauungsvorgang ein (oft reicht auch der Anblick oder Geruch von Speisen), kommt es neben einer Sekretionssteigerung der Leber (durch das Hormon Sekretin) zur Kontraktion der glatten Gallenblasenmuskulatur sowie zu einer Erschlaffung des M. sphincter ductus choledochi (durch das gleichzeitig im Dünndarm freigesetzte Hormon Cholezystokinin). Die Kontraktion der Gallenblase drückt die Gallenflüssigkeit zurück in den Ductus cysticus. Da der Abflusswiderstand im Ductus choledochus wesentlich geringer ist als im Ductus hepaticus communis, kann die Galle in das Duodenum abfließen.

> ▶ **Klinik.** Ist dieser Weg jedoch durch einen **Gallengangstein** (**Cholangiolithiasis**) oder einen die Gallenwege einengenden **Tumor** versperrt, kommt es zu einem **Rückstau der Gallenflüssigkeit** (**Cholestase**) in die intrahepatischen Gallenwege und damit zu deren Erweiterung. Klinisch unterscheidet sich das Beschwerdebild des Patienten dadurch, dass eine plötzliche Verlegung der Gallenwege durch einen Stein aus der Gallenblase (S. 745) meist sehr schmerzhaft ist (**Gallenkolik**), während ein kontinuierlich wachsender Tumor (vom Epithel der Gallengänge ausgehend oder Pankreaskopfkarzinom) oft zunächst keine Schmerzen verursacht. Insbesondere hierbei kann man häufig die vergrößerte, prall elastische Gallenblase unter dem rechten Rippenbogen tasten, ohne dass der Patient Schmerzen empfindet (**Courvoisier-Zeichen**). In beiden Fällen der Gallengangsobstruktion kann es zu einem (posthepatischen) **Verschlussikterus** (s. u.) kommen.

Diese sind von einem einschichtigen, flachen Epithel gesäumt und gehen an den Periportalfeldern in die **Ductuli biliferi interlobulares** über, die ein isoprismatisches Epithel tragen und zur Glisson-Trias (S. 739) gehören. Sie vereinigen sich zu den **Ductus hepatici dexter** und **sinister**.

Extrahepatische Gallenwege

Mit dem Zusammenschluss der Ductus hepatici dexter und sinister zum **Ductus hepaticus communis** beginnen die **extrahepatischen** Gallenwege. Von Letzterem zweigt der **Ductus cysticus** zur Gallenblase (S. 744) ab. Dessen Innenwand ist schraubenförmig mit spiraliger Verschlussfalte (**Heister-Klappe** zur Verhinderung einer Gallenblasenentleerung bei intraabdominellem Druckanstieg).

Als **Ductus choledochus** zieht der Gallengang im Lig. hepatoduodenale (Tab. **I-2.1**) und tritt in den Pankreaskopf ein. Hier erfolgt die Vereinigung mit dem Ductus pancreaticus (S. 749).

Beide Gänge münden zusammen auf der **Papilla duodeni major**, sog. **PapillaVateri** (S. 705), in das Duodenum. Der Verschluss des gemeinsamen Ausführungsganges erfolgt durch einen Sphinktermuskel (**Oddi**).

Abfluss der Galle

> ▶ **Merke.**

Bei Einsetzen des Verdauungsvorgangs kommt es neben einer Sekretionssteigerung der Leber zur Kontraktion der Gallenblasenmuskulatur und Erschlaffung des M. sphincter ductus choledochi. Die Galle fließt über den Ductus cysticus und den Ductus choledochus in das Duodenum ab.

> ▶ **Klinik.**

▶ Exkurs: Zusammensetzung der Galle. Die von der Leber produzierte Galle wird auf ihrem Weg über die Gallenwege zum Darm lediglich in ihrer Konzentration verändert, Eindickung in der Gallenblase (S. 744). Prinzipiell enthält sie die fettemulgierenden **Gallensäuren**, **Gallenfarbstoffe**, die aus dem Abbau des Häms (Bestandteil des Blutfarbstoffs Hämoglobin, s. u.) entstehen, sowie **Cholesterin** und **Phospholipide** (vgl. Lehrbücher der Biochemie). Weitere Bestandteile sind **Bicarbonationen**, die in den Gallengängen einen passiven Einstrom von Wasser und Natriumionen bewirken, sowie geringe Mengen von **Immunglobulin A** („Schleimhautimmunität"). Letzteres wird nicht in der Leber synthetisiert, sondern gelangt durch Transzytose in die Gallenflüssigkeit.

Eine große klinische Bedeutung spielt das beim Hämabbau entstehende **Bilirubin**, das (zunächst in **unkonjugierter** Form) an Albumin gebunden zur Leber transportiert und dort zur besseren Ausscheidung über die Galle mit Glukuronsäure konjugiert wird (**konjugiertes** Bilirubin).

▶ Klinik. Als **Ikterus** bezeichnet man eine erhöhte Konzentration von Bilirubin im Blut. Die erhöhte Bilirubinkonzentration im Serum ist zunächst am besten gegen den weißen Hintergrund der Skleren des Auges (Abb. I-2.7) und später auch an der Haut sichtbar.

Zu einem Ikterus kommt es, wenn mehr Bilirubin entsteht als durch die Leber konjugiert und/oder mit der Gallenflüssigkeit ausgeschieden werden kann. Je nach Ursache unterscheidet man einen prä-, intra- und posthepatischen Ikterus. Ein **prähepatischer Ikterus** entsteht z. B. durch vermehrten Abbau von Erythrozyten bei einer hämolytischen Anämie (S. 169). Ursache eines **intrahepatischen Ikterus** können schwere Leberfunktionsstörungen und eine damit verbundene eingeschränkte Konjugationsleistung sein. Ein **posthepatischer Ikterus** entsteht meist durch eine Abflussbehinderung in den Gallenwegen (z. B. bei Gallensteinen oder Tumor, s. o.).

⊙ I-2.7   **Ikterus bei einem Patienten mit alkoholtoxischer Hepatitis.** Die Gelbfärbung der Konjunktiven (Bindehaut) über den weißen Skleren ist durch ein erhöhtes Bilirubin im Serum bedingt. (Füeßl, F.S., Middeke, M.: Duale Reihe Anamnese und Klinische Untersuchung. Thieme, 2014)

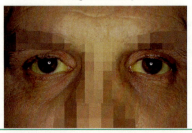

Gefäßversorgung und Innervation der Gallenwege

Während die **intrahepatischen** Gallenwege als Strukturen der Leber durch die **Lebergefäße** (S. 741) versorgt werden, entsprechen die Leitungsbahnen der **extrahepatischen** Gallenwege denen der Gallenblase.

2.2.3 Gallenblase (Vesica biliaris)

▶ Synonym. Vesica fellea

Funktion der Gallenblase

Die Gallenblase dient zunächst als **Reservoir** für Gallenflüssigkeit. Durch die Resorption von Na⁺ und Wasser wird die Lebergalle hier zur Blasengalle **konzentriert**.
Die Blasengalle kann 5–10-mal konzentrierter sein als die Lebergalle: In der Regel entsprechen 50 ml Blasengalle 1–1,5 l Lebergalle.

2.2 Hepatobiliäres System

▶ **Klinik.** Bei der Konzentration (Wasserentzug) der Gallenflüssigkeit kann es passieren, dass manche gelösten Substanzen auskristallisieren. Da Cholesterin in der Gallenflüssigkeit als Mizellen mit Gallensäuren und Phospholipiden vorliegt und allein nur wenig wasserlöslich ist, können bereits geringe Veränderungen der Gallenzusammensetzung zu einer Übersättigung von Cholesterin und zum Ausfallen führen. Das präzipitierte Cholesterin wirkt oft als Kristallisationskern und es entstehen Gallengries oder -steine (**Cholezystolithiasis**).

Diese Gallensteine sind meist asymptomatisch, können aber ab einer bestimmten Größe den Ductus cysticus oder den Ductus choledochus verschließen, sog. Cholangiolithiasis (S. 743). Wird die Gallenblasenwand über längere Zeit durch Gallensteine gereizt, entsteht eine Entzündung (**Cholezystitis**), die in weiterem Verlauf von Bakterien besiedelt werden kann, was durch den speziellen Bau der Gallenblasenschleimhaut (S. 746) unterstützt wird.

⊙ **I-2.8** **Cholezystolitihiasis.**

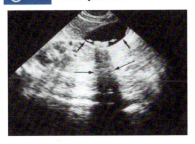

Sonografisch lassen sich hier innerhalb der flüssigkeitsgefüllten Gallenblase (kurze schwarze Pfeile) zwei ca. 1 cm große Gallensteine (weiße Pfeile) nachweisen. Aufgrund ihrer Echodichte führen sie zu dorsalen Schallschatten (lange schwarze Pfeile).
(Reiser, M., Kuhn, F.P., Debus, J.: Duale Reihe Radiologie. Thieme, 2011)

Form, Abschnitte und Lage

Form: Die Gallenblase ist ein 8–12 cm langes und 4–5 cm breites etwa birnenförmiges Hohlorgan, das unter physiologischen Bedingungen 40–50 ml Flüssigkeit fasst. Aufgrund der außerordentlich dehnbaren Wand der Gallenblase, die im Normalzustand nur 0,3–0,4 mm dick ist, kann das Organ bei steigendem Füllungsdruck bis zu 200 ml aufnehmen.

Abschnitte: Man unterscheidet den Hals (**Collum**), in den der Ductus cysticus mündet, den Körper (**Corpus**) und den Grund (**Fundus**) der Gallenblase (Abb. **I-2.9a**). Über den Ductus cysticus ist die Gallenblase mit dem Ductus choledochus (S. 743) verbunden.

Lage und Lagebeziehungen: Die Gallenblase liegt in der **Fossa vesicae biliaris** der Facies visceralis der Leber (Abb. **I-2.9b**) und ist mit dieser durch feste Bindegewebszüge, d. h. durch Teile der Glisson-Kapsel (S. 737), verbunden. Auf der dem Darm zugewandten Seite ist die Gallenblase mit Peritoneum überzogen.

Form, Abschnitte und Lage

Form: Das birnenförmige Hohlorgan fasst ca. 40–50 ml Flüssigkeit.

Abschnitte: Die Gallenblase gliedert sich in **Collum**, **Corpus** und **Fundus** (Abb. **I-2.9a**) und ist über den Ductus cysticus mit dem Ductus choledochus (S. 743) verbunden.

Sie liegt in der **Fossa vesicae biliaris** der Facies visceralis der Leber (Abb. **I-2.9b**) und ist auf der dem Bauchraum zugewandten Seite mit Peritoneum überzogen.

⊙ **I-2.9** **Gallenblase mit extrahepatischen Gallenwegen**

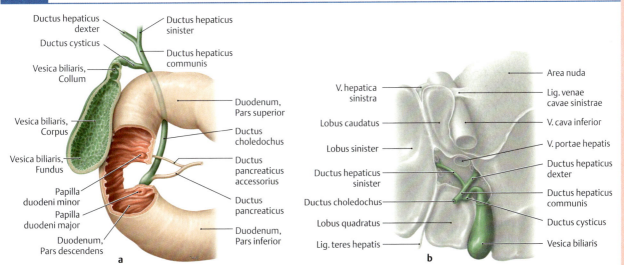

(Prometheus LernAtlas. Thieme, 3. Aufl.)
a Form, Abschnitte und Lage der Gallenblase in Bezug zum Duodenum in der Ansicht von ventral: Gallenblase und Duodenum sind ventral eröffnet und gefenstert.
b Lage der Gallenblase mit extrahepatischen Gallenwegen an der Leberpforte.

Der Hals liegt ventral der **Pars superior duodeni**. Das Corpus steht in Kontakt zur **Flexura coli dextra**, ihr Fundus reicht knapp unter die Margo inferior der Leber.

Der Fundus reicht rechts des Lig. falciforme hepatis in Höhe der 9. Rippe wenige Zentimeter unter die Margo inferior der Leber. Das Corpus steht damit in Kontakt zur **Flexura coli dextra**.
Der Gallenblasenhals liegt unmittelbar ventral der **Pars superior duodeni**.

Wandbau der Gallenblase

Er entspricht dem Grundbauplan muskulärer Hohlorgane (S. 530) mit folgenden Schichten:
- Die **Tunica mucosa** besteht aus einem einschichtigen hochprismatischen Epithel mit apikalem Mikrovillisaum und gut ausgebildetem Schlussleistennetz. An manchen Stellen kommen tiefe Krypten vor (**Rokitanski-Aschoff-Krypten**).

Wandbau der Gallenblase

Die Wand der Gallenblase entspricht dem Grundbauplan muskulärer Hohlorgane (S. 530) und besteht somit aus folgenden Schichten:
- Die **Tunica mucosa** ist durch netzartige Bindegewebsleisten der Lamina propria zu hohen, unregelmäßigen Schleimhautfalten aufgeworfen. Ihre Höhe hängt vom Füllungszustand der Gallenblase ab. An manchen Stellen kommen tiefe Krypten (**Rokitanski-Aschoff-Krypten**) vor, in die sich Bakterien festsetzen und Entzündungen hervorrufen können. Das einschichtige Epithel besteht wie in den anderen extrahepatischen Gallewegen aus **hochprismatischen Zellen** mit einem apikalen Mikrovillisaum und gut ausgebildeten Schlussleistenkomplex (S. 59). Die Epithelzellen **sezernieren Muzine**, die wahrscheinlich dem Schutz des Epithels vor der Galle dienen. Im Kollum kommen auch **Becherzellen** und **muköse Drüsen** vor.

▶ Klinik. Bei längerfristiger Reizung der Gallenblasenschleimhaut durch Gallensteine (S. 745) kann es zu einer entzündlichen Reaktion mit möglicher Folge einer bakteriellen Besiedlung kommen. Letztere wird durch den zerklüfteten Bau der Schleimhaut (Aschoff-Rokitanski-Krypten!) zusätzlich begünstigt.
Einen klinischen Hinweis auf eine solche Entzündung der Gallenblase (**Cholezystitis**) kann folgende Untersuchung geben: Bei einem sitzenden Patienten drückt man etwas medial von der Medioklavikularlinie knapp unterhalb des Rippenbogens die Bauchdecke mit mehreren Fingern etwas ein und bittet den Patienten tief einzuatmen. Gibt dieser bei der Inspiration einen plötzlichen, umschriebenen Druckschmerz an, spricht man vom **Murphy-Zeichen**, das charakteristisch für eine Cholezystitis ist. Der Verdacht kann in der Oberbauchsonografie gesichert werden, die charakteristischerweise eine Wandverdickung der Gallenblase zeigt.

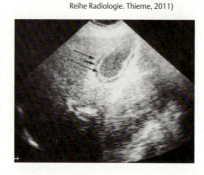

⊙ I-2.10 **Akute Cholezystitis.** Der typische sonografische Befund zeigt eine Verdickung der Gallenblasenwand mit einer Dreischichtung: Die echoarme Zone (kurzer Pfeil) wird gesäumt von je einem inneren und äußeren echoreichen Saum (lange Pfeile). (Reiser, M., Kuhn, F.P., Debus, J.: Duale Reihe Radiologie. Thieme, 2011)

- Die **Lamina propria** besteht aus kollagenem und elastischem Bindegewebe.
- Die scherengitterartige **Tunica muscularis** kontrahiert sich durch das Hormon **Cholezystokinin** (aus dem Dünndarm).
- Die **Lamina subserosa** geht in die Capsula fibrosa über.
- **Tunica serosa** aus Peritonealepithel überzieht die Wand der Gallenblase außen.

- Das Bindegewebe der **Lamina propria** besteht aus fein verteilten kollagenen und elastischen Fasern und enthält neben Fibrozyten zahlreiche freie Zellen (Lymphozyten, Histiozyten, Mastzellen).
- Die glatte Muskulatur der **Tunica muscularis** ist scherengitterartig angeordnet. Durch **Cholezystokinin** (S. 743), einem Hormon der Dünndarmschleimhaut, wird die Kontraktion der glatten Muskulatur ausgelöst und Galle in die extrahepatischen Gallenwege gedrückt.
- Eine bindegewebige **Lamina subserosa** bildet den Übergang zur Capsula fibrosa (Glisson-Kapsel) der Leber.
- Auf der dem Darm zugewandten Seite ist die Gallenblase von einer **Tunica serosa** aus Peritonealepithel überzogen.

Gefäßversorgung und Innervation der Gallenblase

Gefäßversorgung: Die **A. cystica** stammt aus der **A. hepatica propria**. Die **Vv. cysticae** münden in die **Pfortader**. Die **Lymphgefäße** haben Anschluss an die Nll. coeliaci.

Innervation: Die vegetative Innervation erfolgt aus dem **Plexus hepaticus**. Zusätzliche sensible Afferenzen verlaufen mit dem rechten **N. phrenicus**.

Gefäßversorgung und Innervation der Gallenblase

Gefäßversorgung: Die **Arteria cystica** stammt aus dem Ramus dexter der **Arteria hepatica propria**.
Die **Venae cysticae** münden im Lig. hepatoduodenale in die **Pfortader**.
Die **Lymphgefäße** der Gallenblase ziehen zu den **Nodi lymphoidei hepatici** an der Leberpforte und den Lymphknoten um den Truncus coeliacus (**Nodi lymphoidei coeliaci**).

Innervation: Die vegetative Innervation der Gallengänge und der Gallenblase erfolgt aus dem **Plexus hepaticus**, der aus dem Plexus coeliacus gespeist wird. Die autonome Stimulation der Gallenblase bzw. Gallenwege verstärkt die hormonell induzierte Kontraktion der Gallenblasenmuskulatur und die Erschlaffung des Verschlussapparats.

| 2.2 Hepatobiliäres System

Im Plexus hepaticus verlaufen auch afferente Schmerzfasern. Zusätzliche Schmerzafferenzen aus dem Peritoneum über der Gallenblase verlaufen im rechten **Nervus phrenicus** aus dem Plexus cervicalis.

▶ **Klinik.** Dadurch projizieren Schmerzen im Bereich der Gallenblase in die rechte Schulter = Dermatom C 4, vgl. Abb. **B-3.13**.

▶ **Klinik.**

2.2.4 Entwicklung des hepatobiliären Systems

Entwicklung des Parenchyms von Leber, Gallenwegen und Gallenblase

Die Leberanlage entsteht ab einem Embryonalstadium mit 7 Somiten durch Aussprossung von **zwei entodermalen Leberdivertikeln** aus dem Darmrohr im Bereich des späteren Duodenums. Dieser Bereich wird als **hepatopankreatischer Ring** bezeichnet.

Die Leberanlage teilt sich in **zwei Abschnitte**:

- Aus dem **unteren Abschnitt** gehen (durch Abschnürung) **Gallenblase** und **Ductus cysticus** und die **übrigen extrahepatischen Gallenwege** hervor,
- aus dem **oberen Abschnitt** entwickeln sich das **Leberparenchym** und die **intrahepatischen Gallenwege**.

Die Zellen aus denen sich das Leberparenchym entwickelt, wachsen in das **Mesogastrium ventrale** (S. 667) und das **Septum transversum** (eine der Zwerchfellanlagen) hinein und ordnen sich zu Bälkchen und Platten an, die von weitläufigen blutgefüllten Sinus gesäumt werden; vgl. auch Entwicklung des Zwerchfells (S. 115).

Die Zellen, deren Wände die Sinus bilden (**Sinusendothelzellen**), stammen aus dem Bindegewebe des **Septum transversum**. Aus diesem gehen auch Zellinseln von hämatopoetisch aktivem Gewebe und die Kupffer-Zellen hervor. Die **Blutbildung in der Leber** (S. 167) erreicht im 6.–7. Monat p. c. ihren Höhepunkt und wird danach bis zur Geburt fast vollständig zurückgebildet.

Entwicklung des intrahepatischen Gefäßsystems

Für die Entwicklung des intrahepatischen Gefäßsystems spielen vor allem die Vv. vitellinae eine große Rolle. Die beiden **Venae vitellinae** (Dottervenen) verlaufen in unmittelbarer Nachbarschaft des Darmrohres und bilden dabei Anastomosen vor und hinter dem Darmrohr aus.

Aus den Vv. vitellinae und ihren Anastomosen entwickeln sich durch Umbauvorschläge die zu- und abführenden Venen der Leber sowie die intrahepatischen Blutsinus. Das aussprossende Leberparenchym umwächst die Dottervenen mit ihren Anastomosen, so dass Sinusoide mit Anschluss an das venöse System entstehen. Aus dem kranialen Anteil des Gefäßnetzes entwickelt sich das intrahepatische Stück der **Vena cava inferior** und die **Venae efferentes**. Letztere werden im Laufe der Entwicklung zu den **Venae hepaticae**. Nach Obliteration der linken V. vitellina entsteht schließlich ein einheitlicher zuführender Venenstamm links vom Duodenum: die spätere **Vena portae hepatis** bzw. eines der Quellgefäße, die **Vena mesenterica superior**.

Das mesenchymale Bindegewebe entlang der sich entwickelnden V. portae hepatis proliferiert (ab der 7. Woche) und breitet sich entlang der intrahepatischen Verzweigungen aus. Von außen kommend dringen die Äste der A. hepatica in dieses Bindegewebslager ein und verzweigen sich entsprechend dem Verlauf der bindegewebigen Septen. Ausgehend von der Leberpforte schreitet dieser Prozess ins Innere der Leber fort. So entsteht bereits zu einem frühen Entwicklungszeitpunkt die charakteristische Trias von Arterien, Venen und intrahepatischen Gallenwegen.

In den beiden **Venae umbilicales**, die rechts und links der Leberanlage verlaufen, fließt Blut, das in der Plazenta arterialisiert wurde. Im weiteren Verlauf erlangt die **linke V. umbilicalis** Anschluss an das Sinussystem der Leber, während die **rechte zurückgebildet** wird. Dies führt dazu, dass das gesamte arterialisierte Blut aus der Plazenta in die Leber geführt wird. Durch Umbau des intrahepatischen Gefäßsystems gelangt dieses Blut unmittelbar in die rechten Vv. efferentes hepatis und von dort über die V. cava in das Herz. Dieser „Kurzschluss" wird **Ductus venosus** genannt. V. umbilicalis und Ductus venosus obliterieren nach der Geburt zum Lig. teres hepatis bzw. zum Lig. venosum (Tab. **I-2.4**).

2.2.4 Entwicklung des hepatobiliären Systems

Entwicklung des Parenchyms von Leber, Gallenwegen und Gallenblase

Die Leberanlage entwickelt sich als Aussprossung von **Entodermzellen** des Darmrohrs in das **Mesogastrium ventrale**.

- Aus ihrem **unteren Abschnitt** gehen **Gallenblase** und die **extrahepatischen Gallenwege** hervor,
- aus dem **oberen Abschnitt** entwickeln sich das **Leberparenchym** und die **intrahepatischen Gallenwege**.
- Die Zellen ordnen sich zu Platten und Bälkchen, die von blutgefüllten Sinus gesäumt werden.

Sowohl die **Sinusendothelzellen** als auch die **hämatopoetisch aktiven Zellen** der embryonalen Leber stammen von Zellen des **Septum transversum** ab.

Entwicklung des intrahepatischen Gefäßsystems

Aus den **Vv. vitellinae**, und ihren Anastomosen entwickeln sich die Blutsinus, das intrahepatische Stück der **V. cava inferior** und die **Vv. efferentes** (spätere **Vv. hepaticae**). Durch Obliteration der linken V. vitellina entsteht links vom Duodenum ein einheitlicher zuführender Venenstamm, die spätere **V. portae hepatis** bzw. **V. mesenterica superior**. Die linke V. umbilicalis, die arterialisiertes Blut aus der Plazenta führt, erlangt ebenfalls Anschluss an das Sinussystem der Leber. Durch Umbau des intrahepatischen Gefäßsystems gelangt dieses Blut unmittelbar in die **rechten Vv. efferentes hepatis** und von dort zur V. cava inferior. Der Kurzschluss zwischen V. umbilicalis und Vv. efferentes wird **Ductus venosus** (**Arantii**) genannt. Er obliteriert nach der Geburt zum Ligamentum teres hepatis bzw. venosum (Tab. **I-2.4**).

≡ I-2.4

≡ I-2.4	Entwicklung des intrahepatischen Gefäßsystems
embryonale Gefäße	**adulte Strukturen (Gefäß, Band)**
Vv. vitellinae	
▪ kranialer Anteil	▪ V. cava inferior (intrahepatischer Anteil)
▪ Mitte	▪ Lebersinusoide
▪ kaudaler Anteil	▪ V. mesenterica superior, V. portae hepatis
Vv. efferentes hepatis*	Vv. hepaticae
V. umbilicalis	Lig. teres hepatis
Ductus venosus (Arantii)	Lig. venosum (Arantii)
*gehen aus den Vv. vitellinae hervor	

2.3 Bauchspeicheldrüse (Pankreas)

2.3.1 Funktion des Pankreas

Das Pankreas ist sowohl eine exokrine als auch eine endokrine Drüse:

▪ Der **exokrine** Teil des Pankreas produziert pro Tag 1,5–2 l eines **Verdauungssekrets**, das **Bikarbonat** (pH etwa 8) und Enzyme für die Aufspaltung von Proteinen, Lipiden, Kohlehydraten und Nukleinsäuren enthält. Die meisten der Enzyme werden als inaktive Vorläuferproteine sezerniert. Die Enteropeptidase der Bürstensaummembran und der Brunner-Drüsen im Duodenum (S. 707) spaltet Trypsinogen und erst das entstandene Trypsin aktiviert daraufhin die anderen Vorläuferenzyme durch limitierte Proteolyse (Abb. **I-2.11**).

▪ Der **endokrine** Anteil des Pankreas besteht aus den **Langerhans-Inseln**, die in ihrer Gesamtheit als **Inselorgan** bezeichnet werden. Die Hauptfunktion des Inselorgans besteht in der endokrinen **Regulation des Glukosestoffwechsels**.

2.3 Bauchspeicheldrüse (Pankreas)

2.3.1 Funktion des Pankreas

Das Pankreas hat einen exokrinen und einen endokrinen Anteil.

▪ Der **exokrine** Teil produziert **Bikarbonat** und **Verdauungsenzyme** für die Spaltung von Lipiden, Kohlenhydraten und Proteinen. Nach Sekretion inaktiver Vorläuferproteine werden sie durch Enteropeptidase im Darm aktiviert.

▪ Der **endokrine** Teil, die **Langerhans-Inseln** (Inselorgan), reguliert den **Glukosestoffwechsel**.

⊙ I-2.11

⊙ I-2.11	Enzyme des exokrinen Pankreas
aktiviertes Enzym	**Funktion und Spezifität**
Proteasen	Spaltung von Proteinen
▪ Trypsin	
▪ Chymotrypsin	→ nach basischen, aromatischen bzw. hydrophoben Aminosäuren (**Endopeptidasen**)
▪ Elastase	
▪ Carboxypeptidase A	
▪ Carboxypeptidase B	→ nach carboxy- bzw. aminoterminalen Aminosäuren (**Exopeptidasen**)
▪ Aminopeptidasen	
Glykosidasen	Spaltung von Kohlenhydraten
▪ α-Amylase	→ 1,4-α-Glykosidbindungen (Endoglykosidase)
Nukleasen	Spaltung von Nukleinsäuren
▪ Ribonuklease	→ Phosphodiesterbindungen von RNA
▪ Desoxyribonuklease	→ Phosphodiesterbindungen von DNA
Lipasen	Spaltung von Lipiden
▪ Cholesterolesterase	→ Cholesterolester
▪ Phospholipase A	→ Fettsäureester in Position 2
▪ Lipase	→ Fettsäureester in Position 1, 3

2.3.2 Abschnitte, Form und Lage des Pankreas

Die Bauchspeicheldrüse ist 13–18 cm lang und wiegt 70–80 g. Das leicht S-förmige Organ verjüngt sich während seines **sekundär retroperitonealen** Verlaufs an der hinteren Bauchwand (vgl. Abb. **I-1.33b**). Es zieht von der konkaven Seite des Duodenums nach links aufsteigend bis zur Milz, wobei man folgende Abschnitte unterscheidet (Abb. **I-2.12**):

- Das **Caput pancreatis** (**Pankreaskopf**) liegt im Duodenalbogen. Sein hakenförmiger Fortsatz (**Processus uncinatus**) umgreift dabei die Vasa mesenterica superiora, die an dieser Stelle (**Incisura pancreatis**) von dorsal auf die Vorderseite des Pankreas treten.
- Das **Corpus pancreatis** (**Pankreaskörper**) liegt auf Höhe von LWK I–II. Während seine hintere Seite mit der dorsalen Bauchwand verwachsen ist, wird die ventrale Seite von Peritoneum überzogen und bildet die dorsale Wand der Bursa omentalis (S. 655). Der vor der Aorta abdominalis liegende Teil des Corpus wölbt sich in die Bursa omentalis vor und wird **Tuber omentale** genannt.
- Die **Cauda pancreatis** (**Pankreasschwanz**) verjüngt sich, während sie leicht nach kranial-links bis zum Lig. splenorenale zieht.

Der Hauptausführungsgang des Pankreas, **Ductus pancreaticus** (**Wirsung-Gang**) hat einen Durchmesser von 2 mm und durchzieht das gesamte Organ (Abb. **I-2.12**), wobei er etwas näher an der dorsalen Oberfläche bleibt. Er mündet zusammen mit dem von dorsal eintretenden Ductus choledochus (S. 743) auf der **Papilla duodeni major** (**Vater-Papille**) in der Pars descendens duodeni.

In etwa 40 % existiert noch ein zusätzlicher Pankreasgang (**Ductus pancreaticus accessorius**), der auf der **Papilla duodeni minor** (**Santorini-Papille**) in das Duodenum mündet.

▶ **Klinik.** Durch die gemeinsame Mündung des Pankreashauptgangs mit dem Ductus choledochus kann ein aus der Gallenblase stammender Stein, der das Gangsystem verlegt, nicht nur zu einem Rückstau von Gallenflüssigkeit in die Leber mit Ikterus (S. 744) führen: Liegt er im gemeinsamen Gangendstück kurz vor der Mündung in das Duodenum, kommt es auch zum Stau des Pankreassekrets bzw. zu einer Druckerhöhung im Pankreasgang, was eine häufig lebensbedrohliche Entzündung der Bauchspeicheldrüse, sog. Pankreatitis (S. 750) nach sich ziehen kann.

⊙ **I-2.12** Form und Abschnitte des Pankreas mit Lage und Verlauf seines Gangsystems

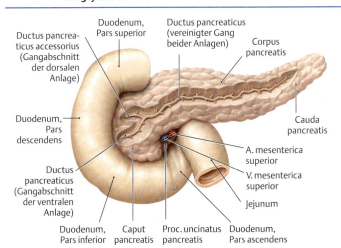

Zur Darstellung des Gangsystems ist die Vorderseite des Pankreas in der Ansicht von ventral teilweise aufgeschnitten. Zu Lagebeziehungen des Pankreas in situ vgl. Abb. **I-1.33b**.
(Prometheus LernAtlas. Thieme, 3. Aufl.)

2.3.3 Aufbau des Pankreas

Schon makroskopisch erkennt man die **Läppchengliederung** durch Bindegewebssepten der **Capsula fibrosa**.

Feinbau des exokrinen Teils

Die Septen führen Gefäße und Nerven mit sich.
Endstücke: Jedes Drüsenläppchen besteht aus zahlreichen runden **Azini**, deren keilförmige **Zellen** im apikalen Zytoplasma sekretorische Granula enthalten. Diese enthalten inaktive Vorstufen zahlreicher Enzyme (Abb. I-2.11), die außerhalb des Pankreas aktiviert werden.

▶ Klinik.

Ausführungsgangsystem: Die Azini sind über Schaltstücke an **Ausführungsgäng**e angeschlossen. Da sich die **Schaltstücke** in die Azini vorwölben, entsteht der Eindruck **zentroazinärer Zellen** (Abb. I-2.13).

2.3.3 Aufbau des Pankreas

Das Organ ist von einer dünnen Bindegewebskapsel (**Capsula fibrosa**) umgeben, von der **Septen** ausgehen, die das Parenchym bereits makroskopisch sichtbar in zahlreiche rundliche **Läppchen** von 1–3 mm Durchmesser untergliedern.

Feinbau des exokrinen Teils

In den **Septen** verlaufen Blut- und Lymphgefäße sowie Nerven.

Endstücke: Jedes Drüsenläppchen besteht aus mehreren hundert Drüsenendstücken (**Azini**) die aus etwa 70 prismatischen bzw. pyramidenförmigen Zellen aufgebaut sind. Die **Azinuszellen** sitzen breitbasig einer Basallamina auf und sind 10–20 mm hoch. Der apikale Zellpol ragt in das Lumen und trägt einzelne Mikrovilli. Ihr großer runder Zellkern liegt basal. Im apikalen Zytoplasma finden sich zahlreiche sekretorische Granula, welche die inaktiven Vorstufen von Enzymen (Abb. I-2.11) enthalten.
Die Aktivierung der Enzyme erfolgt unter physiologischen Bedingungen außerhalb des Pankreas. Die Reaktionskaskade beginnt mit der Aktivierung von Trypsin durch die Wirkung der Enteropeptidase (aus den Brunner-Drüsen des Duodenums und in der Bürstensaummembran), das dann weitere Enzyme durch limitierte Proteolyse aktiviert.

▶ Klinik. Werden die Pankreasenzyme bereits im Organ selbst aktiviert, was bei Schädigung der Azinuszellen durch verschiedene Mechanismen möglich ist (am häufigsten durch Verengung der Papille, s. o., oder durch chronischen Alkoholabusus), kann es zum Bild einer **akuten Pankreatitis** kommen. Es handelt sich um eine lebensbedrohliche Erkrankung, bei der die im Pankreas aktivierten Enzyme das Parenchym angreifen und bei Übertritt in das Blut auch andere Organe (z. B. Lungen und Nieren) schädigen können. Durch die Freisetzung von Entzündungsmediatoren kommt es zu einem erhöhten Austritt von Flüssigkeit aus dem Gefäßsystem mit der Gefahr eines **hypovolämischen Schocks**.
Charakteristisch für dieses Krankheitsbild sind starke („bohrende") Schmerzen, die sich wie ein Gürtel um den Leib legen (Projektion auf die Körperoberfläche). Außerdem treten Übelkeit, Erbrechen und Meteorismus (Blähbauch) auf. Im Serum sind eine Erhöhung der α-Amylase und Lipase (Abb. I-2.11) nachweisbar.
Die Behandlung erfolgt symptomatisch durch Gabe von Schmerzmitteln. Da enteral weder Nahrung noch Flüssigkeit zugeführt werden darf, ist insbesondere die parenterale Gabe (unter Umgehung des Gastrointestinaltrakts) von Flüssigkeit und Elektrolyten extrem wichtig, um einem drohenden Schock entgegenzuwirken.

Ausführungsgangsystem: Jeweils 2–4 Azini sind über **Schaltstücke** an ein gemeinsames Ausführungssystem angeschlossen.
Die Schaltstücke sind von einem einschichtigen, platten bis isoprismatischen Epithel ausgekleidet und wölben sich in das Lumen eines Azinus vor, so dass im histologischen Präparat der Eindruck **zentroazinärer Schaltstückzellen** entsteht (Abb. I-2.13).

⊙ I-2.13 **Azinus und Schaltstück des exokrinen Pankreas**

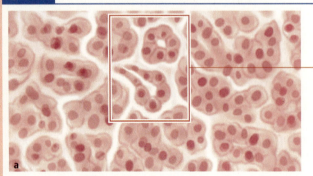
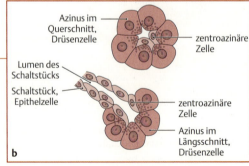

Schematische Darstellung des histologischen Aufbaus im exokrinen Pankreas-Anteil. Beachte in der Ausschnittsvergrößerung die Einstülpung des Schaltstücks in den Azinus.
(Prometheus LernAtlas. Thieme, 3. Aufl.)

Innerhalb eines Läppchens vereinigen sich mehrere Schaltstücke zu intralobulären **Ausführungsgängen**. Die Epithelzellen der Schaltstücke und intralobulären Ausführungsgänge geben über einen gekoppelten Austausch- und Transportmechanismus **Bikarbonat** in das Drüsensekret ab. In den bindegewebigen Septen werden die **intralobulären** Ausführungsgänge zu **interlobulären** Ausführungsgänge, die von einem hochprismatischen Epithel mit vereinzelten Becherzellen und enterochromaffinen Zellen ausgekleidet sind, zusammengeführt. Diese vereinigen sich zu größeren Gängen, die rechtwinklig in den **Ductus pancreaticus major** oder **minor** eintreten.

Mehrere Schaltstücke vereinigen sich innerhalb eines Läppchens zu **intralobulären** Ausführungsgängen, in denen Bikarbonat sezerniert wird. Diese schließen sich in den Bindegewebssepten zu **interlobulären** Ausführungsergänzungen und schließlich zu den **Ductus pancreaticus** major und minor zusammen.

▶ Exkurs: Transportprozesse im exokrinen Pankreas. Bikarbonat ist ein wesentlicher Bestandteil des Verdauungssekrets: Ohne die Neutralisierung des sauren Chymus könnten die Pankreasenzyme die Nahrungsbestandteile nicht effizient aufspalten. Bikarbonat wird von den Epithelzellen der intralobulären Ausführungsgänge im Austausch gegen Chlorid sezerniert. Damit dieser Austauschprozess funktioniert, müssen die Azinuszellen in ausreichendem Maße Chlorid abgeben. Das Chlorid gelangt zusammen mit Kalium- und Natriumionen unter ATP-Verbrauch (Na^+-K^+-$2Cl^-$-Cotransporter) von der basolateralen Seite in die Azinuszellen und durch einen apikalen Chloridkanal (CaCC) in das Drüsenlumen. Wasser und Natriumionen folgen dem Chlorid auf parazellulärem Weg. Ein weiterer Kanal, der Cl^- sezerniert, sitzt in der apikalen Membran der Gangzellen. Bei diesem Kanal, dessen Leitfähigkeit u. a. von ATP abhängig ist und durch cAMP reguliert wird, handelt es sich um den sog. „Cystic fibrosis transmembrane conductance regulator" (CFTR, benannt nach der Erkrankung, die durch seine Fehlfunktion bedingt ist), s. auch nachfolgende Klinik-Box und zystische Fibrose (S. 65).

⊙ **I-2.14** Transportprozesse im exokrinen Pankreas

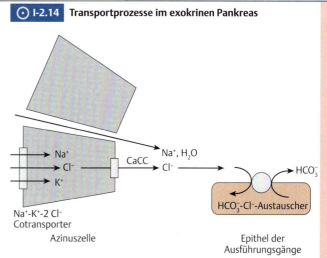

▶ Klinik. Mutationen in dem CFTR-(Cystic Fibrosis Transmembrane Conductance Regulator-)kodierenden Gen, wie sie bei Patienten mit **zystischer Fibrose** (= **Mukoviszidose**, engl. Cystic Fibrosis) vorkommen, verringern die Leitfähigkeit von CFTR, einem ATP-abhängigen Chloridkanal, so dass wesentlich weniger Chlorid und damit auch weniger Wasser in das Drüsenlumen gelangt. Folglich kann in den anschließenden Ausführungsgängen Chlorid nicht in ausreichendem Maße gegen Bikarbonat ausgetauscht werden, das für eine Neutralisierung des Duodenalinhalts notwendig wäre. Da insbesondere die Pankreaslipase bei einem pH < 5 inaktiv ist, können Neutralfette nicht mehr gespalten werden und bei den betroffenen Patienten tritt eine **Steatorrhö** (übelriechende Fettstühle) auf. Da dem Pankreassekret auch Wasser fehlt, kommt es zu einer fortschreitenden **Verstopfung der Ausführungsgänge mit zystischer Erweiterung** und dadurch zu chronischen Entzündungen und Vernarbungen. Infolge dieser Prozesse kann sich eine **Pankreasinsuffizienz** entwickeln, die bei den betroffenen Kindern durch die nicht ausreichenden Verdauungsenzyme zu einer **Malnutrition** (Fehl- bzw. Mangelernährung) und letztlich zu einer „Gedeihstörung" führt.
Analoge Veränderungen finden sich auch in anderen Organen (insbesondere im **Bronchialbaum**), in dem der apikale Chloridtransport durch den CFTR gestört ist. Mukoviszidose/zystische Fibrose (S. 65) ist eine der häufigsten autosomal rezessiv vererbten Erkrankungen.

▶ Klinik.

Feinbau des endokrinen Teils

Aus dem Epithel des Gangsystems des exokrinen Pankreas wachsen ab der 7. Woche der Entwicklung endokrine Zellen aus, die sich zu inselförmigen Zellaggregaten von 0,1–0,4 mm Durchmesser vereinigen. Diese Aggregate werden **Langerhans-Inseln** (Insulae pancreaticae, Abb. **I-2.15**) genannt. Im Pankreas eines Erwachsenen gibt es etwa 1 Million Langerhans-Inseln, die in ihrer Gesamtheit als **Inselorgan** bezeichnet werden. In der Cauda pancreatis finden sich die meisten Inseln. Sie fallen im histologischen Präparat als schwach eosinophile, ellipsoide Bezirke auf, die sich sehr deutlich von der Färbung der Azini abheben.

Feinbau des endokrinen Teils

Endokriner Teil: Aus den Epithelzellen der Ausführungsgänge wachsen ab der 7. Entwicklungswoche Epithelzellen aus und schließen sich zu Aggregaten, den **Langerhans-Inseln**, zusammen (Abb. **I-2.15**). Beim Erwachsenen gibt es etwa 1 Million Inseln.

I-2.15 Langerhans-Insel des Pankreas

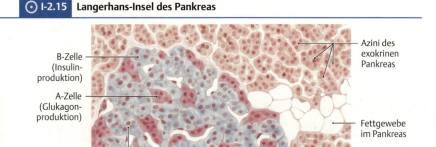

Histologische Darstellung: Die Langerhans-Insel ist von Azini des exokrinen Pankreasgewebes umgeben.
(Prometheus LernAtlas. Thieme, 3. Aufl.)

Zelltypen: 4 Typen lassen sich immunhistochemisch unterschieden (Tab. **I-2.5**).

Zelltypen: Mithilfe immunhistochemischer Methoden kann man in den Inseln vier verschiedene endokrine Zelltypen unterscheiden, die unterschiedliche Hormone in die Blutbahn abgeben (Tab. **I-2.5**). Die hormonproduzierenden Inselzellen weisen ein leicht granuliertes Zytoplasma und einen rundlichen euchromatischen Zellkern auf.

I-2.5 Zelltypen des endokrinen Pankreas und ihre Sekretionsprodukte

Zelltyp	Lage	Hormon	Effekt
B-Zellen (70%)	gleichmäßige Verteilung über eine Insel	**Insulin**	Durch Bindung an spezifischen Rezeptor (u. a. in Muskulatur und Fettgewebe) Auslösung des Einbaus von Glukosetransportproteinen in die Plasmamembran → Steigerung der Glukoseaufnahme in die Zellen mit einhergehender **Senkung des BZ*-Spiegels**
A-Zellen (20%)	v. a. in der Inselperipherie	**Glukagon**	Freisetzung von Glukose aus dem in der Leber gespeicherten Glykogen und Neusynthese von Glukose aus Aminosäuren → **Erhöhung des BZ*-Spiegels**
D-Zellen (5%)	Inselperipherie	**Somatostatin**	Hemmung der Ausschüttung von Glukagon (in hoher Konzentration auch von Insulin)
PP-Zellen (bis 5%)	gleichmäßige Verteilung	**pankreatisches Peptid****	Steigerung der Dünndarmmotilität

* BZ = Blutzucker
** wird auch von enteroendokrinen Zellen des Darmes produziert

▶ **Klinik.** Bei Patienten mit **Diabetes mellitus** (Zuckerkrankheit) ist der Blutzucker erhöht, da im Verhältnis zur benötigten Menge zu wenig Insulin von den B-Zellen des endokrinen Pankreas ausgeschüttet wird. Dies liegt meist an einer herabgesetzten Insulinempfindlichkeit peripherer Zellen und damit einhergehender relativer Insuffizienz der B-Zellen (sog. **Typ-2-Diabetes**, der häufig in fortgeschrittenerem Alter auftritt und daher auch als „**Altersdiabetes**" bekannt ist). Bei jüngeren Patienten handelt es sich i. d. R. um einen absoluten Insulinmangel (**Typ-1-Diabetes**), für den eine Zerstörung der pankreatischen B-Zellen durch Autoantikörper verantwortlich gemacht wird. Weitere Ursachen sind alle Erkrankungen, durch die das Pankreas und damit auch die Inselzellen zerstört werden (sog. **sekundäre Formen** des Diabetes mellitus). Jedoch ist erst bei einer Schädigung von > 80% der Inselzellen eine Manifestation der Erkrankung zu erwarten, da vorher die restlichen Zellen den Ausfall kompensieren können. Typische, durch den erhöhten Blutzuckerspiegel (**Hyperglykämie**) hervorgerufene Symptome sind ein gesteigertes Durstgefühl (**Polydipsie**), häufiger Harndrang (**Polyurie**), der durch die pathologische Ausscheidung von Glukose über den Urin (**Glukosurie**) mit einhergehender osmotisch bedingter Diurese hervorgerufen wird, und Gewichtsabnahme. Weiterhin berichten die Patienten häufig über Müdigkeit und Leistungsminderung.
Während beim Typ-1-Diabetes immer eine **Substitution von Insulin** erforderlich ist, ergeben sich für Patienten mit Typ-2-Diabetes, bei denen die Erkrankung häufig im Rahmen des sog. **metabolischen Syndroms** gemeinsam mit Erhöhung des Blutdrucks, der Blutfettwerte und arteriosklerotischen Veränderungen auftritt, zunächst meist andere Therapieoptionen (diätetische Maßnahmen, orale Antidiabetika).

2.3.4 Gefäßversorgung und Innervation des Pankreas

Gefäßversorgung

Arterielle Versorgung: Die Bauchspeicheldrüse wird aus folgenden Arterien versorgt, welche die so genannte **„Pankreasarkade"** bilden (Abb. I-2.16):
- **Arteriae pancreaticoduodenales superiores anterior** und **posterior** aus der Arteria gastroduodenalis (Abb. **K-1.4**).
- **Arteria pancreaticoduodenalis inferior** aus der A. mesenterica superior (S. 867). Diese teilt sich in einen
  - Ramus anterior und einen
  - Ramus posterior.

Beide Aa. pancreaticoduodenales superiores anastomosieren im Bereich des Pankreaskopfes mit dem R. anterior bzw. posterior der A. pancreaticoduodenalis inferior und bilden so eine **doppelte Gefäßschlinge** aus.
- Die **Arteria splenica** gibt in ihrem Verlauf mehrere **Rami pancreatici** ab. Sie entsendet zwei stärkere Äste, die
  - **Arteria pancreatica dorsalis** zur Incisura pancreatis, wo ihr Endast eine Anastomose mit der A. pancreaticoduodenalis superior anterior ausbilden kann und die
  - **Arteria pancreatica magna** im Bereich der Cauda, die sich am Unterrand des Pankreas zur **Arteria pancreatica inferior** vereinigen.

2.3.4 Gefäßversorgung und Innervation des Pankreas

Gefäßversorgung

Arterien: Folgende Arterien bilden die sog. **„Pankreasarkade"** (Abb. I-2.16):
- Die **Aa. pancreaticoduodenales superior ant.** und **post.** aus der A. gastroduodenalis (Abb. **K-1.4**) und die
- **A. pancreaticoduodenalis inf.** aus der **A. mesenterica sup.** (S. 867) bilden durch Anastomosen im Bereich des Pankreaskopfes eine **anteriore** und eine **posteriore Gefäßschlinge** aus.

Aus der
- **A. splenica** stammen
  - Rr. pancreatici,
  - A. pancreatica dorsalis sowie die
  - A. pancreatica magna.
- Letztere vereinigen sich am Unterrand des Pankreas zur **A. pancreatica inferior**.

⊙ **I-2.16** Arterielle Versorgung des Pankreas

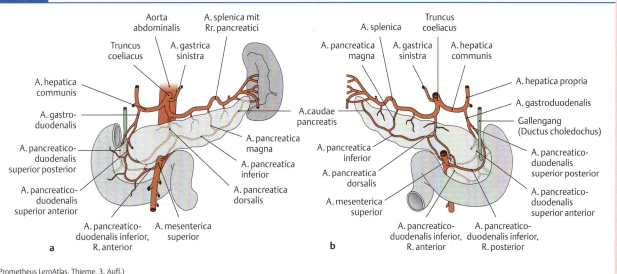

(Prometheus LernAtlas. Thieme, 3. Aufl.)
a Ansicht von ventral
b und dorsal.

Wie jedes endokrin aktive Gewebe sind auch die **Inseln** von **dichten Kapillarnetzen** umgeben. Innerhalb der Inseln erweitern sich diese Kapillaren zu **Sinusoiden**, die nahe an die endokrinen Zellen herantreten. Über die Pfortader gelangen die Hormone zunächst in die Leber und von dort in den Kreislauf.

Venöser Abfluss: Das Blut aus dem Corpus und der Cauda pancreatis wird über kleine Venen, **Venae pancreaticae**, in die **Vena splenica** (Abb. K-1.7) und von dort in die Pfortader geleitet. Das venöse Blut des Caput pancreatis gelangt über die **Venae pancreaticoduodenales** in die **Vena mesenterica superior** (Abb. K-1.7) und anschließend ebenfalls in die Pfortader (Abb. I-2.17).

▶ **Merke.** Während die **A. splenica** geschlängelt am Oberrand von Corpus und Cauda pancreatis verläuft, liegt die **V. splenica** in einer Rinne an der Dorsalseite des Pankreas und vereinigt sich hinter dem Pankreaskopf mit der V. mesenterica superior zur V. portae hepatis.

Innerhalb der **Inseln** erweitern sich die pankreatischen Kapillarnetze zu **Sinusoiden**. Die Hormone gelangen über die Pfortader zunächst in die Leber.

Venen: Der venöse Abfluss erfolgt über **Vv. pancreaticae → V. splenica** sowie über **Vv. pancreaticoduodenales → V. mesenterica sup.** in die **Pfortader** (Abb. K-1.7, Abb. I-2.17).

▶ **Merke.**

I-2.17 Venöser Abfluss des Pankreas

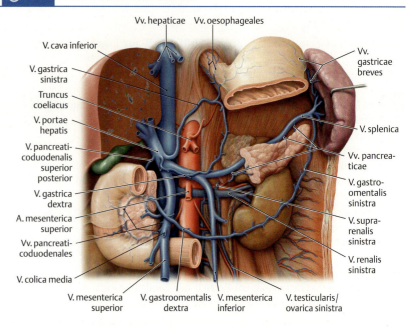

In der Ansicht von ventral ist der Magen teilweise, das Peritoneum größtenteils entfernt.
(Prometheus LernAtlas. Thieme, 3. Aufl.)

I-2.18 Lymphabfluss des Pankreas

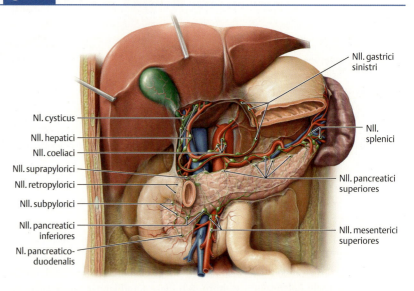

In der Ansicht von ventral ist der Magen größtenteils entfernt, das Kolon abgetrennt und die Leber angehoben.
(Prometheus LernAtlas. Thieme, 3. Aufl.)

Lymphabfluss: Aus dem Kopf erfolgt er über die **Nll. hepatici** und **Nll. mesenterici supp.**. Aus dem Korpus- und Kaudabereich fließt die Lymphe in die **Nll. coeliaci** (Abb. I-2.18).

Lymphabfluss: Aus dem Korpus- und Kaudabereich gelangt die Lymphe über **Nodi lymphoidei pancreatici superiores** (entlang der A. splenica) und **inferiores** (entlang der A. pancreatica inferior) in die **Nodi lymphoidei coeliaci**. Die Lymphe aus dem Bereich des Pankreaskopfes wird über die **Nodi lymphoidei pancreaticoduodenales superiores** und **inferiores** den **Nodi lymphoidei hepatici** und den **Nodi lymphoidei mesenterici superiores** bzw. den **Nodi lymphoidei coeliaci** zugeleitet (Abb. **I-2.18**).

Innervation des Pankreas

Sympathische Innervation: Die **sympathischen** Fasern stammen aus dem **Ganglion coeliacum** und treten über die Gefäßwände an das Pankreas heran. Noradrenalin bewirkt dabei an den endokrinen Zellen eine Hemmung der Insulinsekretion.

Parasympathische Innervation: Die parasympathischen Fasern stammen aus den **Rami coeliaci** des **Truncus vagalis posterior**. Sie verlaufen gefäßbegleitend und stimulieren über den Transmitter Azetylcholin die Insulinsekretion.
Die autonome Innervation beeinflusst auch die sekretorische Leistung des exokrinen Pankreas. Zwischen den Mahlzeiten (**interdigestive Periode**) wird die Enzym- und Bikarbonatsekretion des Pankreas weitgehend gedrosselt. In der postprandialen Periode sorgt der N. vagus für eine Steigerung der Sekretionsrate.

2.3.5 Entwicklung des Pankreas

Wie auch die Leber entsteht das Pankreas aus Zellen, die im Bereich des **hepatopankreatischen Rings** (S. 667) aus dem **Entodermrohr** aussprießen.
Die **Pankreasanlage** gliedert sich in einen kleineren ventralen und einen größeren dorsalen Abschnitt (Tab. **I-2.6**). Während Letzterer in das Mesogastrium dorsale hineinwächst, entsteht die **ventrale Anlage** in der Nähe des aus der Leberanlage hervorgehenden Ductus choledochus und besteht aus einer rechten und einer linken Knospe. Im weiteren Verlauf der Entwicklung bildet sich die linke Knospe zurück, während die rechte Knospe das Duodenum von dorsal umschlingt. Die Wanderung der ventralen Anlage endet etwas kaudal der dorsalen Anlage, so dass beide Organanlagen teilweise miteinander verschmelzen (Abb. **I-2.19**).

Innervation des Pankreas

Sympathikus: Fasern aus dem **Ggl. coeliacum** hemmen die Insulinsekretion.

Parasympathikus: Fasern aus den **Rami coeliaci** des **N. vagus** stimulieren die Insulinsekretion.

Die autonome Innervation durch den N. vagus steigert auch die Sekretion des exokrinen Pankreas.

2.3.5 Entwicklung des Pankreas

Die **ventrale Pankreasanlage** entsteht in der Nähe des Ductus choledochus, während die **dorsale Pankreasanlage** in das Mesogastrium dorsale einwächst (Tab. **I-2.6**).
Im weiteren Verlauf wandert die ventrale Anlage hinter dem Duodenum nach dorsal, bis sie etwas kaudal der ursprünglich dorsalen liegt und teilweise mit ihr verschmilzt (Abb. **I-2.19**).

I-2.6 Entwicklungsgeschichtliche Herkunft des Pankreasgewebes

embryonale Pankreasanlage	adulte Pankreasstruktur
ventrale Anlage	
▪ Parenchym	Pankreaskopf (unterer Teil)
	Processus uncinatus
▪ Ausführungsgang	Ductus pancreaticus major
dorsale Anlage	
▪ Parenchym	Pankreaskopf (oberer Teil)
	Cauda pancreatis
▪ Ausführungsgang lateraler Anteil	Ductus pancreaticus major
▪ Ausführungsgang medialer Anteil	Ductus pancreaticus minor

I-2.19 Embryonalentwicklung des Pankreas

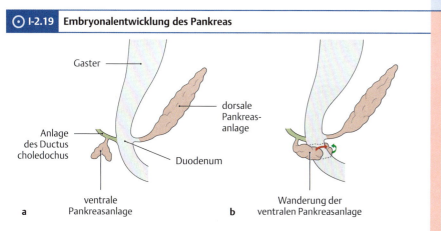

a Die zweiknospige ventrale Pankreasanlage entwickelt sich aus der Anlage des Ductus choledochus, die dorsale geht aus dem Duodenum hervor.
b Die rechte Knospe der ventralen Pankreasanlage umwandert das Duodenum von dorsal und gewinnt etwas kaudal Anschluss an die dorsale Anlage.

▶ Klinik. Unterbleibt die Rückbildung der linken ventralen Knospe, umwandert die linke Knospe das Duodenum von ventral. Linke und rechte Knospe bilden dann einen Ring um das Duodenum (**Pancreas anulare**) der zu einem Passagehindernis (**Duodenalstenose**) werden kann.

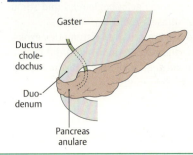

I-2.20 Pancreas anulare

Mit dem Verwachsen der beiden Anlagen wird ein einheitlicher Ausführungsgang (**Ductus pancreaticus**) ausgebildet, der sich aus Teilen der zunächst getrennt mündenden Ausführungsgänge beider Anlagen zusammensetzt.

Das **Drüsenepithel** des Pankreas leitet sich direkt aus dem Epithel des Darmrohrs ab. Die späteren **Inselzellen** der Langerhans-Inseln stammen von den Epithelien der Ausführungsgänge ab.

Beide Anlagen münden zunächst unabhängig voneinander in das Duodenum. Mit ihrer Verwachsung bildet sich ein einheitlicher Ausführungsgang, der spätere **Ductus pancreaticus**. Dieser besteht aus dem Ausführungsgang der ventralen Anlage und dem lateralen Teil des Ausführungsgangs der dorsalen Anlage. Der kleinere **Ductus pancreaticus accessorius** stellt den medialen Überrest des Ausführungsgangs der dorsalen Anlage dar.

Die **Zellen** des Pankreas leiten sich unmittelbar von den Epithelzellen des Darmes ab. Ab der 12. Woche lässt sich das Epithel der **Ausführungsgänge** differenzieren. Die späteren **Inselzellen** der Langerhans-Inseln stammen von den Epithelien der Gänge bzw. der Drüsenendstücke ab. Sie bilden zunächst Gewebezapfen, die zu Inseln konfluieren, in denen die unterschiedlichen endokrinen Zelltypen (A-, B-, D-Zellen) früh unterschieden werden können. Im embryonalen Pankreas sind endo- und exokrine Anteile in etwa gleich vertreten.

2.4 Darstellung von hepatobiliärem System und Pankreas mit bildgebenden Verfahren

In diesem Bereich spielen Sonografie, konventionelle Röntgendiagnostik, CT und MRT sowie kombinierte Methoden zur Darstellung der Gallenwege eine Rolle. In der Regel wird zuerst die Sonografie eingesetzt.

Die konventionelle Röntgenaufnahme spielt bei der Darstellung des hepatobiliären Systems und Pankreas nur eine untergeordnete Rolle. Allenfalls können bei Abdomenübersichtsaufnahmen röntgendichte Konkremente in den Gallenwegen als Zufallsbefund diagnostiziert werden. Dagegen werden die großen Verdauungsdrüsen und das biliäre System bevorzugt sonografisch, mit Schnittbildverfahren (CT und MRT) und kombinierten Methoden wie der perkutanen transhepatischen Cholangiografie (PTC) und der endoskopisch retrograden Cholangio-Pankreatografie (ERCP) dargestellt. Als erstes bildgebendes Verfahren wird in der Regel die Sonografie eingesetzt.

2.4.1 Sonografie

Leber: Die intrahepatischen Gefäße heben sich deutlich vom Leberparenchym ab. Herdbefunde sind darin ab etwa 1 cm Durchmesser sichtbar, sofern sich die Reflexionseigenschaften vom umgebenden Leberparenchym unterscheiden (Abb. **I-2.21**).

2.4.1 Sonografie

Leber: Das Leberparenchym ist arm an reflektierenden Grenzflächen, so dass die intrahepatischen Gefäße gut dargestellt werden können. Die Echostruktur des Leberparenchyms wirkt homogen (Abb. **I-2.21a**).
Herdbefunde wie Lebertumoren oder Metastasen können ab einer Größe von etwa 1 cm Durchmesser dargestellt werden, sofern sich ihre Reflexionseigenschaften von der des umgebenden Parenchyms unterscheiden (Abb. **I-2.21b**).

I-2.21 Lebersonografie

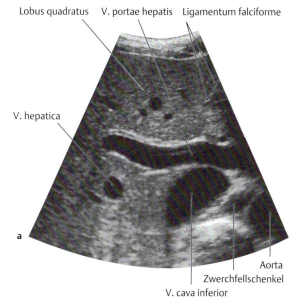

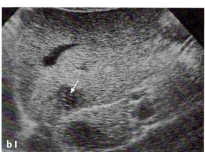 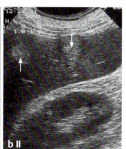

a Sonografischer Querschnitt durch den linken Leberlappen. Da die Pfortaderäste von Bindegewebe (S. 747) umgeben sind, haben sie eine helle Begrenzung, während die im Querschnitt getroffenen Lebervenen „wie ausgestanzt" erscheinen. (Delorme, S., Debus, J.: Duale Reihe Sonografie. Thieme, 2012)

b Sonografische Darstellung von Lebermetastasen, die sich echoarm (I) oder echoreich (II) darstellen, ohne dass man hieraus auf den Primärtumor schließen kann. (Reiser, M., Kuhn, F.P., Debus, J.: Duale Reihe Radiologie. Thieme, 2011)

Extrahepatisches biliäres System: Die **extrahepatischen Gallengänge** ohne den Ductus cysticus, der sonografisch nicht sicher darstellbar ist, werden – abweichend von der anatomischen Nomenklatur – in ihrer Gesamtheit des Öfteren als **Ductus hepatocholedochus** bezeichnet. Er ist in der Regel leer, sonografisch können jedoch auch Choledochussteine als helle Reflexe bzw. anhand des Schallschattens nachgewiesen werden.

Bei der Untersuchung der **Gallenblase** stellt die Sonografie neben CT und MRT oft die einzige Methode dar.

Die Diagnostik konzentriert sich dabei auf die Darstellung echoreicher Gallensteine bzw. echoreichem sludge (engl. Schlamm) und Gallenblasenkarzinomen. Bei Gallensteinen ist oft ein ausgeprägter Schallschatten sichtbar.

Pankreas: Parenchymveränderungen im Bereich des Pankreas wie Zystenbildung, Entzündungen oder Tumoren können ebenfalls sonografisch dargestellt werden. Auch hier ist jedoch zu beachten, dass sich Pankreasparenchym und Tumor durch ihre Reflexionseigenschaften unterscheiden müssen, wenn die sonografische Darstellung erfolgreich sein soll. Daher gilt auch hier, dass durch einen unauffälligen Ultraschallbefund (Abb. **I-2.22**) weder eine Pankreatitis noch ein Karzinom ausgeschlossen werden kann. Dies gilt insbesondere bei adipösen Patienten, bei denen das Pankreas sonografisch oft schwer darstellbar ist.

Extrahepatisches biliäres System: In den **extrahepatischen Gallengängen** kann z. B. ein Choledochusstein (u. U. mit Schallschatten) nachweisbar sein.

Bei der Untersuchung der **Gallenblase** spielt die Sonografie eine besondere Rolle. Zur Darstellung kommen Gallensteine und Gallenblasenkarzinome.

Pankreas: Auch im Pankreas sind Parenchymveränderungen (Zysten, Entzündungen, Tumoren) sichtbar, sofern unterschiedliche Reflexionseigenschaften vorliegen. Durch einen unauffälligen Befund (Abb. **I-2.22**) kann daher weder eine Entzündung noch ein Karzinom ausgeschlossen werden.

I-2.22 Sonografie des Pankreas

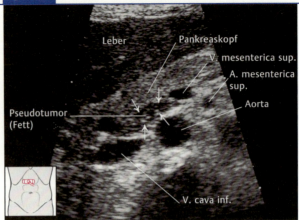

Regelrechte Darstellung des Pankreaskopfes mit Vermehrung des Fettgewebes (Pseudotumor, Pfeile) hinter dem Pankreas.
(Delorme, S., Debus, J.: Duale Reihe Sonografie. Thieme, 2012)

2.4.2 Schnittbildverfahren

Computergestützte Verfahren haben die klassische Diagnostik in diesem Bereich abgelöst.

Computertomografie: Nativ (Abb. I-2.23) und insbesondere nach Kontrastmittelgabe können physiologische von pathologischen Organstrukturen unterschieden werden.

Magnetresonanztomografie: Sie dient oft zur Abklärung unklarer Befunde. Durch organspezifische Kontrastmittel mit hoher Affinität zu Kupffer-Zellen kann der Gewebekontrast noch gesteigert werden.

2.4.2 Schnittbildverfahren

Die computergestützten Schichtbildverfahren (CT und MRT) haben die klassische radiologische Diagnostik in diesem Bereich abgelöst.

Computertomografie: Mit Hilfe der CT gelingt die Differenzierung normaler Organstrukturen von pathologischen Veränderungen, wobei die Abgrenzung der unterschiedlichen Gewebekomponenten durch Kontrastmittelgabe noch verstärkt werden kann.
Sie wird häufig in der Diagnostik akuter Pankreatitiden eingesetzt (Abb. I-2.23).

Magnetresonanztomografie: MRT-Untersuchungen werden vorwiegend zur Abklärung unklarer Befunde herangezogen. Der Gewebekontrast lässt sich durch die Verwendung von intravaskulären Kontrastmitteln (Gadolinium-Chelaten) und organspezifischer Kontrastmittel (z. B. Mangan-Chelate oder Eisenoxidpartikel mit hoher Affinität zu Kupffer-Zellen) steigern.

I-2.23 CT-Aufnahme einer akuten Pankreatitis

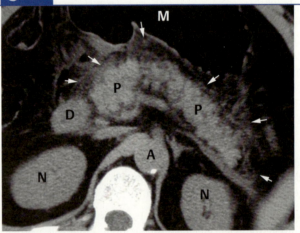

Unscharf begrenztes Pankreas (P) mit umgebendem Ödem (Pfeile).
D = Duodenum, N = Niere, A = Aorta, M = Magen
(Thurn, P., Bücheler, E., Lackner, K.J., Thelen, M.: Einführung in die Radiologie. Thieme, 2005)

2.4.3 Spezifische Verfahren zur Darstellung von Gallen- und Pankreasgängen

Perkutane transhepatische Cholangiografie (PTC): Diese Untersuchung dient der Abklärung einer intra- oder extrahepatischen **Cholestase**, d. h. einer Gallenstauung (S. 743), die in der Regel mit einem Ikterus, d. h. einer Gelbsucht (S. 744), einhergeht. Dabei wird in Lokalanästhesie die Leber von rechts lateral punktiert. Unter Aspiration bzw. vorsichtiger Kontrastmittelinjektion wird die Kanüle daraufhin zurückgezogen, bis in der Durchleuchtung ein (erweiterter) Gallengang dargestellt werden kann (Abb. I-2.24). Der stenosierte Bereich der Gallenwege kann somit genau identifiziert und ggf. mit Hilfe eines Führungsdrahtes wieder durchgängig gemacht werden. In diesem Fall kann die Galle ins Duodenum abfließen. Gelingt die interne Gallengangsdrainage nicht, kann der Abfluss perkutan (perkutane transhepatische Cholangiodrainage, PTCD) erfolgen.

Endoskopisch retrograde Cholangio-Pankreatografie (ERCP): Diese Untersuchung wird durchgeführt, wenn die Vermutung besteht, dass die primär diagnostische Maßnahme einer radiologischen Darstellung der Gallenwege und des Pankreasganges mit einer therapeutischen Intervention wie Schlitzung der Papille (Papillotomie) und Steinextraktion verbunden werden kann.
Bei der ERCP wird mit Hilfe eines Endoskops die Papilla duodeni major sondiert und unter Durchleuchtung Kontrastmittel injiziert (Abb. I-2.25). Da bei etwa 75 % der Patienten eine gemeinsame Mündung von Ductus choledochus und Ductus pancreaticus anzutreffen ist, lassen sich häufig beide Gänge in der Durchleuchtung darstellen. Bei der Darstellung achtet man auf Stenosen, Erweiterungen sowie auf Obstruktionen und Füllungsdefekte. Bei einer Obstruktion im Bereich der Papille kann mit Hilfe der mikrochirurgischen Instrumente eine endoskopische Papillotomie mit gleichzeitiger Extraktion des Steines versucht werden.

2.4.3 Spezifische Verfahren zur Darstellung von Gallen- und Pankreasgängen

Perkutane transhepatische Cholangiografie (PTC): Diese Untersuchung dient der Abklärung einer **Cholestase** (S. 743). Dabei wird die Leber von lateral punktiert und vorsichtig Kontrastmittel injiziert, bis in der Durchleuchtung ein erweiterter Gallengang dargestellt werden kann (Abb. I-2.24). Der stenosierte Bereich kann u. U. durch den Führungsdraht durchgängig gemacht werden. Ansonsten kann die Galle perkutan abfließen.

Endoskopisch retrograde Cholangio-Pankreatografie (ERCP): Diese Untersuchung wird durchgeführt, wenn eine Darstellung der Gallenwege mit einer Papillotomie oder Steinextraktion verbunden werden soll.

Hierbei wird Kontrastmittel in die Papilla duodeni major injiziert und so der Ductus choledochus (Abb. I-2.25, bei ca. 75 % der Patienten auch der Ductus pancreaticus) dargestellt. Man achtet dabei auf Stenosen, Erweiterungen, Obstruktionen und Füllungsdefekte. Mikrochirurgische Instrumente ermöglichen eine endoskopische Papillotomie mit Steinextraktion.

I-2.24 Perkutane transhepatische Cholangiografie (PTC)

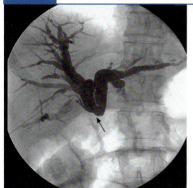

Die stark erweiterten Gallenwege sind mit Kontrastmittel gefüllt. Der Ductus „hepatocholedochus" ist durch einen Tumor verschlossen (Pfeil).
(Reiser, M., Kuhn, F.P., Debus, J.: Duale Reihe Radiologie. Thieme, 2011)

I-2.24

I-2.25 Kontrastmitteldarstellung der extrahepatischen Gallengänge

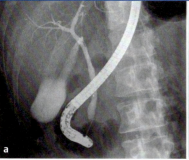 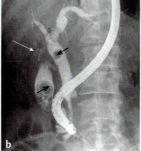

Darstellung des Ductus „hepatocholedochus" und der Gallenblase durch ERC(P). Da hier der Ductus pancreaticus nicht mit Kontrastmittel gefüllt ist, mündet er möglicherweise separat ins Duodenum. Man würde daher richtiger Weise von einer „ERC" sprechen.
(Reiser, M., Kuhn, F.P., Debus, J.: Duale Reihe Radiologie. Thieme, 2011)
a Normalbefund.
b Choledocho- (S. 743) und Cholezystolithiasis (S. 745): In der Gallenblase findet sich neben dem großen Stein, der mit seiner randständigen Verkalkung dem im Ductus choledochus gleicht (schwarze Pfeile) eine Ansammlung mehrerer kleiner Konkremente (weißer Pfeil).

Klinischer Fall: Leistungsabfall und Polyurie

17:45

Herr Andreas Kerkhoff, ein 29-jähriger Sportreporter, sucht seine Hausärztin auf.
A.K.: Seit mehreren Wochen bin ich nur noch schlapp und müde. So kenn ich mich gar nicht! Ich kann mich auch nur noch schlecht konzentrieren, besonders bei der Arbeit fällt mir das auf.

18:00
Anamnese
Auf mein Nachfragen berichtet Herr K. außerdem über einen Gewichtsverlust von 4 kg im letzten halben Jahr. Fieber und Nachtschweiß werden verneint. Jedoch müsse er öfter als früher Wasser lassen und leide unter nahezu unstillbarem Durst.

18:10
Körperliche Untersuchung
Auffällig ist ein etwas fruchtiger Geruch der Ausatemluft, ansonsten kann ich bei Herrn K. keine pathologischen Befunde feststellen. Für den nächsten Morgen bestelle ich Herrn K. zur Blutabnahme ein.

08:00
Blutabnahme und Urinuntersuchung
Außer dem normalen Blutbild lasse ich den Nüchtern-Blutzucker und den HbA_{1c} bestimmen. Auch Urin muss Herr K. abgeben.

2 Tage später
Die Laborergebnisse sind da
(Normwerte in Klammern)
- HbA_{1c} (glykosyliertes Hämoglobin): 7,9% (4,0–6.0%)
- Blutzucker 354 mg/dl (46–99 mg/dl)
- Glukose und Ketonkörper im Urin +++ (negativ)

Einweisung in die Klinik
Ich diagnostiziere anhand der Symptome und Laborergebnisse einen Diabetes mellitus. Zur Einleitung einer Insulintherapie weise ich Herrn K. ins Krankenhaus ein.

Mit solchen Harnteststreifen werden unter anderem Glukose und Ketonkörper im Urin nachgewiesen.
(aus Köther, I.: Thiemes Altenpflege. Thieme, 2005)

3 Tage später
Beginn der Insulintherapie
Bei Herrn K. wird eine Insulintherapie nach dem Basis-Bolus-Konzept begonnen. Dabei spritzt sich Herr K. zusätzlich zum 24 h wirkenden Basalinsulin individuell zu jeder Mahlzeit ein kurz wirksames Insulin. Begleitend nimmt er an einer Diabetesberatung und -schulung teil. So lernt er anhand der Höhe des Blutzuckers und der aufgenommenen Nahrungsmenge, die notwendige Dosis des kurz wirksamen Insulins selbst zu bestimmen. Die Internisten erklären Herrn K. genau, welche Langzeitrisiken der Diabetes mellitus birgt und welche Kontrolluntersuchungen notwendig sind.

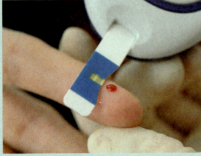

Solch Blutzuckermessgeräte werden vom Fachpersonal und vom Patienten selbst genutzt. (aus Hengesbach, S. et al.: Checkliste Medical Skills. Thieme, 2013)

Die Pens zur Insulininjektion sind relativ leicht zu handhaben. So können auch ältere Patienten die Insulingaben selbst durchführen. (aus Rassow, J. et al.: Duale Reihe Biochemie. Thieme, 2006)

Nach 10 Tagen kann Herr K. gut informiert und in einem guten Allgemeinzustand nach Hause entlassen werden. Er ist motiviert, seinen Diabetes gut unter Kontrolle zu behalten.

Fragen mit anatomischem Schwerpunkt

1. Warum kommt es bei den meisten Pankreaserkrankungen erst im Spätstadium zur Entwicklung eines Diabetes mellitus?
2. Welche Funktionen hat das Pankreas neben der Produktion von Insulin, und was ist entsprechend nach Pankreasresektionen zu beachten?

Antwortkommentare im Anhang

Urogenitalsystem und Nebenniere

J

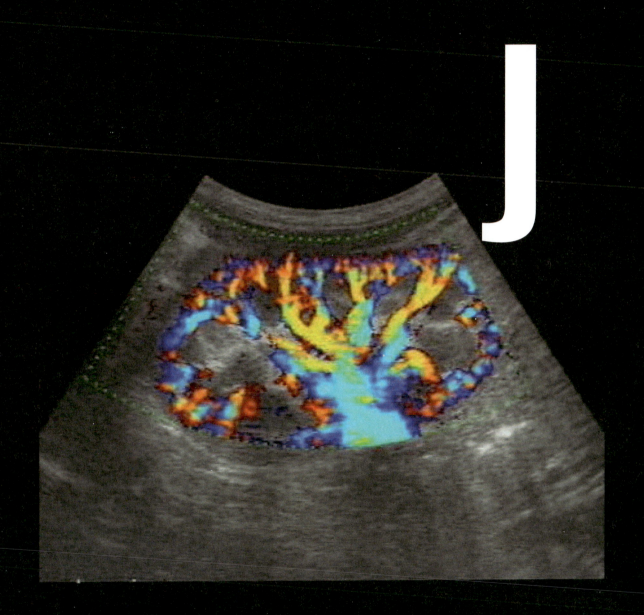

Powerdopplersonografie einer normal perfundierten Niere
© Mit freundlicher Genehmigung P. Janowitz, Burg

1 **Niere und ableitende Harnwege** 763
2 **Nebenniere (Glandula suprarenalis)** 790
3 **Weibliches Genitale** 794
4 **Männliches Genitale** 826
5 **Entwicklung des Urogenitalsystems** 849

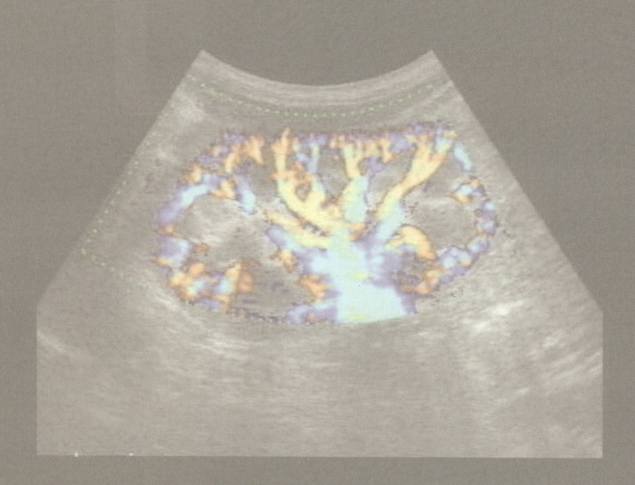

1 Niere und ableitende Harnwege

1.1 Einführung 763
1.2 Niere (Ren) 763
1.3 Ableitende Harnwege 776
1.4 Darstellung der Harnwege mit bildgebenden Verfahren 786

E. Schulte

1.1 Einführung

In den beiden **Nieren**, die neben vielfältigen anderen Aufgaben (s.u) als Ausscheidungsorgane dienen, erfolgt die Produktion des Harns. Dieser wird über „Transportwege" abgeleitet, die im Gegensatz zum Nierenparenchym keinen Einfluss mehr auf seine Zusammensetzung haben, und daher als **ableitende Harnwege** (S. 776) zusammengefasst werden.

1.2 Niere (Ren)

▶ Synonym. Nephros

1.2.1 Funktion der Niere

Die Nieren dienen der **Regulation des Wasser-, Säure-Basen- und Salzhaushalts** des menschlichen Körpers und der **Ausscheidung** harnpflichtiger Stoffwechselprodukte. Die Harnbereitung und -ableitung ist ein komplexer Vorgang, der auf der exakt abgestimmten Funktion verschiedener struktureller Bestandteile der Niere beruht (S. 768). Grundsätzlich wird zunächst durch Filtration des Blutes in einem Kapillarknäuel pro Tag eine Menge von fast 200 Litern an sog. **Primärharn** hergestellt. Dieser Primärharn wird anschließend in einem System aus hintereinander geschalteten Kanälchen (Tubulussystem der Niere) durch Wasserentzug konzentriert und in seiner Zusammensetzung durch Sekretions- und Resorptionsvorgänge so verändert, dass schließlich über ein System von sog. Sammelrohren pro Tag insgesamt 1,5–2,0 Liter **Endharn** von der Niere produziert werden.
Darüber hinaus produzieren die Nieren ein Hormon (**Erythropoetin** mit Wirkung auf die Bildung von Erythrozyten) und sind am Stoffwechsel von Vitamin D und somit an der **Regulation des Kalziumhaushalts** beteiligt. Im Rahmen der renalen Autoregulation beeinflussen die Nieren auch den systemischen **Blutdruck**.

1.2.2 Form, Abschnitte und Lage der Niere

Form und Abschnitte

Form, Größe und Gewicht: Die paarig angelegten Nieren haben eine **Bohnenform** bzw. die typische „Nierenform".
Bei einer Masse von 120–180 g sind sie durchschnittlich ca. 12 cm lang, 6 cm breit und 3 cm dick, wobei die rechte Niere meist kleiner und leichter ist als die linke.

Abschnitte: Die Niere hat eine Vorder- und eine Rückfläche (**Facies anterior** und **posterior**), die sich in einem lateralen und einem medialen Rand (**Margo lateralis und medialis**) vereinen. Der konvexe laterale Rand geht nach oben und nach unten in einen oberen und unteren Pol (**Extremitas superior und inferior**) über.
Der konkave mediale Rand zeigt eine von den Polen kommende Einziehung, das **Hilum renale**, welches in den **Sinus renalis** führt. Am Hilum treten alle Leitungsbahnen der Niere ein oder aus (Abb. J-1.1). Im Sinus renalis liegt das von Baufett umgebene Nierenbecken, sog. **Pelvis renalis** (S. 776).

1.1 Einführung

Die **Niere** ist Produktionsort des Harns. Die sich anschließenden **ableitenden Harnwege** (S. 776) haben keinen Einfluss mehr auf seine Zusammensetzung.

1.2 Niere (Ren)

▶ Synonym.

1.2.1 Funktion der Niere

Die Nieren regulieren den **Wasser-, Säure-Basen- und Salzhaushalt** und **scheiden harnpflichtige Stoffe aus**.
In einem Kapillarknäuel werden durch Filtration des Blutes pro Tag 200 l **Primärharn** erzeugt. Der Primärharn wird in hintereinander geschalteten Kanälchen der Niere durch Wasserentzug konzentriert und durch Resorptions- sowie Sekretionsvorgänge modifiziert, sodass 1,5–2,0 l **Endharn** entstehen.
Daneben produzieren die Nieren das Hormon **Erythropoetin**, sind über Vitamin D am **Kalziumstoffwechsel** beteiligt und beeinflussen den **Blutdruck**.

1.2.2 Form, Abschnitte und Lage der Niere

Form und Abschnitte

Form, Größe und Gewicht: Die paarigen Nieren haben **Bohnenform**. Sie sind 120–180 g schwer und ca. 12 cm lang, 6 cm breit und 3 cm dick. Die rechte Niere ist kleiner als die linke.

Abschnitte: Man unterscheidet Vorder- und Rückfläche (**Facies anterior** und **posterior**), lateralen und medialen Rand (**Margo lateralis und medialis**) sowie oberen und unteren Pol (**Extremitas superior** und **inferior**). Das **Hilum renale** setzt sich in den **Sinus renalis** mit dem Nierenbecken (**Pelvis renalis**) fort. Am Hilum treten alle Leitungsbahnen der Niere ein oder aus (Abb. **J-1.1**).

J-1.1 Form und Abschnitte der Niere

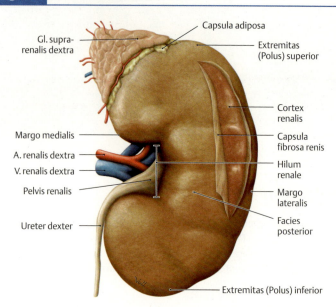

Rechte Niere in der Ansicht von dorsal mit eröffneter Capsula fibrosa. Die ihr aufsitzende Nebenniere samt zahlreicher sie versorgender Gefäße (unbeschriftet) ist mit dargestellt.
(Prometheus LernAtlas. Thieme, 3. Aufl.)

Lage und Lagebeziehungen der Niere

Die Nieren liegen im **Spatium retroperitoneale abdominis** (S. 652) zwischen M. psoas und M. quadratus lumborum, vgl. Nierenlager (S. 311).

Die Position der Nieren ist abhängig von Atmung und Körperlage (Atemschwankung bis 3 cm).

Lage zur Wirbelsäule: In Atemmittellage reicht die **linke** Niere bis zum Oberrand des BWK XII.

▶ Merke.

Lage zu den Rippen: Die **linke** Niere wird von der 11. und 12. Rippe gekreuzt, die **rechte** Niere nur von der 12. Rippe.

Die unteren Pole liegen in Höhe LWK II–III.
Dorsal von den Nieren verlaufen die Nn. subcostalis, iliohypogastricus und ilioinguinalis.

Lage und Lagebeziehungen der Niere

Beide Nieren liegen innerhalb des **Spatium retroperitoneale abdominis** (S. 652) in den **Fossae lumbales** zwischen M. psoas und M. quadratus lumborum, vgl. Nierenlager (S. 311). Ihre Längsachsen konvergieren nach hinten und oben.

Die Position der Nieren hängt ab von der Atmung und Körperlage: Bei Einatmung und im Stehen senken sich die Nieren; bei sehr tiefer Atmung können sie um insgesamt bis zu 3 cm in Richtung ihrer Längsachse bewegt werden.

Lage zur Wirbelsäule: In Atemmittellage reicht der obere Nierenpol **links** bis zum Oberrand des Brustwirbelkörpers XII.
Das Hilum renale links steht in Höhe des Lendenwirbelkörpers II.

▶ Merke. Wegen der Größe der Leber liegt die **rechte** Niere im Mittel eine halbe Wirbelkörperhöhe tiefer (Höhendifferenz bis 2 cm).

Lage zu den Rippen: Die 12. Rippe **links** zieht über die Niere an der Grenze vom oberen zum mittleren Nierendrittel; die 11. Rippe links läuft in Höhe des oberen Nierenpols.
Die **rechte** Niere wird nur in ihrem oberen Drittel von der 12. Rippe überzogen und hat keinen Bezug mehr zur 11. Rippe.
Die unteren Pole der Nieren liegen in Höhe des Lendenwirbelkörpers II–III.
Zwischen der hinteren Fläche der Nieren und der dorsalen Leibeswand verlaufen drei Nerven schräg nach lateral und kaudal: die Nn. subcostalis, iliohypogastricus und ilioinguinalis.

J 1.2 Niere (Ren)

▶ **Klinik.** Drückt eine krankhaft vergrößerte Niere auf diese Nerven, insbesondere auf die Nn. iliohypogastricus und ilioinguinalis, strahlen die dadurch verursachten Schmerzen nach ventral (!) in die Leistenregion aus (Innervationsgebiete dieser Nerven).

▶ **Klinik.**

⊙ J-1.2 Topografische Nähe der Niere zu Rumpfwandnerven

(Prometheus LernAtlas. Thieme, 3. Aufl.)
a Sicht auf die Nieren in der Ansicht von dorsal, auf der rechten Seite nach Durchtrennung aller Rumpfwandschichten und Entfernung der Capsula adiposa.
b Schmerzhafte Region in der Leistengegend bei Affektion der Nn. iliohypogastricus und ilioinguinalis durch Vergrößerung der rechten Niere.

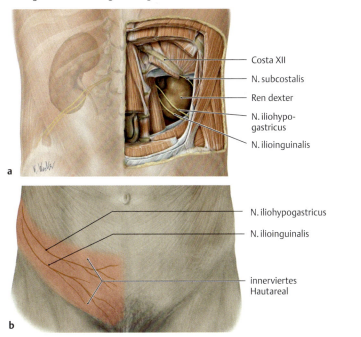

Topografische Beziehungen zu Organen und Leitungsbahnen: Die Beziehungen zu Nachbarorganen sind Abb. **J-1.3** zu entnehmen:
- **Rechte Niere:** Leber, Duodenum, rechte Kolonflexur.
- **Linke Niere:** Magen, Milz, Pankreasschwanz, Colon descendens. A. und V. splenica kreuzen das linke Nierenhilum.

Den beiden oberen Nierenpolen sitzt jeweils eine Nebenniere, **Glandula suprarenalis** dextra und sinistra, auf.

In sagittaler Projektion werden beide Nieren vom **Recessus costodiaphragmaticus** (S. 563) überlagert.

Einbau in das Spatium retroperitoneale

Jede Niere wird zusammen mit der ihr aufsitzenden Nebenniere von einer **Fettkapsel** (**Capsula adiposa**) sowie der **Nierenfaszie** (**Fascia renalis**) umschlossen (Abb. **J-1.4**). Fettkapsel und Faszie gewährleisten zusammen mit den Blutgefäßen die Lage von Niere und Nebenniere im Retroperitonealraum.

Capsula adiposa

Das retroperitoneale Fettgewebe ist hinter den Nieren und entlang ihrer Seitenränder stark entwickelt und stabilisiert die Nieren in ihrer Position. An der Facies anterior ist es nur sehr spärlich vorhanden. Am Margo medialis füllt das Fettgewebe im Hilum renale die Lücken zwischen dem Ureter und den Blutgefäßen aus. Bei dem Fettgewebe handelt es sich nicht um Speicherfett, sondern um **Baufett** (S. 71), welches jedoch bei starker Unterernährung ebenfalls abgebaut werden kann.

Topografische Beziehungen zu Nachbarorganen und Leitungsbahnen: Auf den beiden oberen Nierenpolen sitzen die **Glandulae suprarenales**. Das linke Nierenhilum wird von den Vasa splenica gekreuzt. Beide Nieren werden vom **Recessus costodiaphragmaticus** (S. 563) überlagert. Weitere Beziehungen s. Abb. **J-1.3**.

Einbau in das Spatium retroperitoneale

Nieren und Nebennieren werden durch die **Capsula adiposa** und die **Fascia renalis** stabilisiert (Abb. **J-1.4**).

Capsula adiposa

Retroperitoneales **Baufett** (S. 71) ist an der Rückfläche und an den Seitenrändern der Niere stark entwickelt. Ventral ist es nur spärlich angelegt.

▶ **Klinik.** Wird die Nierenfettkapsel abgebaut, sind die Gefäße alleine nicht mehr in der Lage, die Niere zu stabilisieren. Wenn die Niere dann nach kaudal sinkt (sog. **Senkniere**), wird der Abfluss des Harns durch Abknickung des Harnleiters als Verbindung zwischen Niere und Harnblase behindert. Es besteht das Risiko eines Harnstaus und einer im Harnleiter aufsteigenden Infektion.

▶ **Klinik.**

J 1 Niere und ableitende Harnwege

⊙ J-1.3 Lage und Lagebeziehungen der Nieren

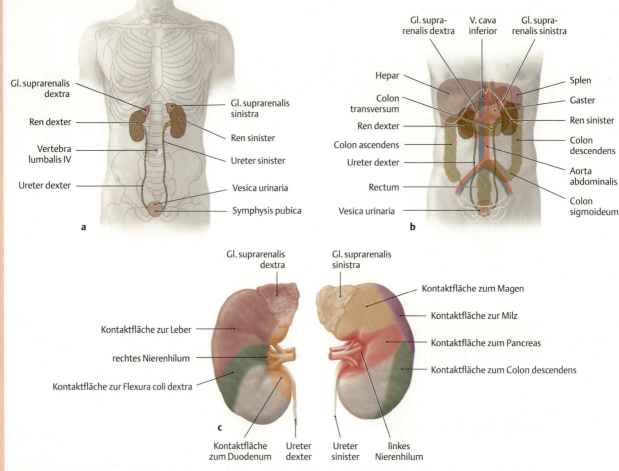

(Prometheus LernAtlas. Thieme, 3. Aufl.)
a Projektion der Nieren mit ableitenden Harnwegen auf das Skelett in der Ansicht von ventral.
b Lagebeziehungen der Nieren und ableitenden Harnwege zu Organen des Bauch- und Beckenraums in der Ansicht von ventral.
c Berührungsflächen der Nieren mit Nachbarorganen von ventral.

⊙ J-1.4 Einbau der Nieren in das Spatium retroperitoneale

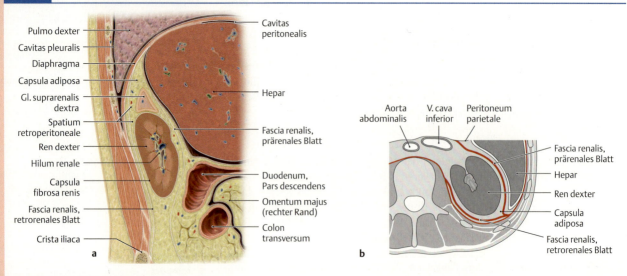

(Prometheus LernAtlas. Thieme, 3. Aufl.)
a Rechtes Nierenlager im Sagittalschnitt durch das Hilum renale (Ansicht von rechts)
b und im Horizontalschnitt etwa auf Höhe von LWK I/II (Ansicht von kranial).

Fascia renalis

Vor und hinter der Niere findet man ein präranales bzw. retrorenales Blatt der sog. **Nierenfaszie** (**Fascia renalis**), welche aus einer Verdichtung des retroperitoneal gelegenen Bindegewebes entsteht. Das pränale Blatt ist sehr zart, das retrorenale Blatt dagegen kräftig ausgeprägt.

Beide Faszienblätter erreichen kranial das Zwerchfell, kaudal ziehen sie bis an den Darmbeinkamm, medial bis zur Wirbelsäule. Lateral sind die beiden Blätter miteinander verwachsen; das dorsale Blatt verwächst teilweise mit der Psoasfaszie. Der so entstehende **Faszensack** ist kaudal und medial offen für den Zutritt von Ureter, Gefäßen und Nerven am **Hilum renale**, kranial und lateral aber geschlossen. Der ganze Faszensack ist atemverschieblich, zusätzlich ist die Niere innerhalb der Capsula adiposa ihrerseits verschieblich. Diese Verhältnisse bedingen, dass die Nierenposition abhängig von Atmung und Körperlage ist.

Die architektonische Einheit aus Niere, Capsula adiposa und Fascia renalis wird häufig unter dem Begriff „Nierenlager" zusammengefasst.

Definitionsgemäß wird nur der *innerhalb* des Faszensacks liegende Fettkörper als Capsula adiposa bezeichnet. Ein zweiter, deutlich kleinerer Fettkörper, der zwischen dem retrorenalen Blatt der Fascia renalis und der Fascia transversalis (somit außerhalb des Faszensacks) liegt, wird als Corpus adiposum pararenale bezeichnet. Er zählt nicht zum eigentlichen Nierenlager.

1.2.3 Aufbau und morphologische Gliederung der Niere

Die Niere wird vollständig von einer festen bindegewebigen Kapsel, der **Capsula fibrosa** (**renis**), überzogen. Diese Kapsel lässt sich von der Niere leicht abziehen. Unter der Capsula fibrosa liegt eine zarte **Capsula subfibrosa**, die sich in das Fasergerüst des Nierenparenchyms fortsetzt und nicht von der gesunden Niere abgezogen werden kann.

▶ Klinik. Die Capsula fibrosa ist schmerzempfindlich. Krankheitsbedingte Nierenschwellungen (z. B. bei Entzündung = **Nephritis**) führen in der kaum dehnbaren Kapsel zu starken Schmerzen.

Die Niere besteht aus **Nierenmark** (Medulla renalis) und **Nierenrinde** (Cortex renalis, Abb. J-1.5). Diesen makroskopisch deutlich unterscheidbaren Zonen liegt die Anordnung der funktionellen Baueinheiten der Niere, sog. Nephron (S. 768), zugrunde. Als morphologische Einheiten finden sich **Nierenlappen** (Lobus renalis) und **Nierenläppchen** (Lobulus renalis), die jeweils aus Mark und Rinde bestehen.

Fascia renalis

Vor und hinter der Niere liegen ein zartes prä- und ein derbes retrorenales Blatt der bindegewebigen Fascia renalis. Die Faszienblätter ziehen kranial bis zum Zwerchfell, medial zur Wirbelsäule, kaudal bis zum Beckenkamm. Der Faszensack ist lateral und kranial geschlossen, medial und kaudal aber geöffnet. Der **Faszensack** ist atemverschieblich; innerhalb der Capsula adiposa ist die Niere selbst gering beweglich. Die architektonische Einheit aus Niere, Capsula adiposa und Fascia renalis wird häufig unter dem Begriff „**Nierenlager**" zusammengefasst.

Die Capsula adiposa liegt definitionsgemäß innerhalb des Faszensacks. Zwischen dem retrorenalen Nierenfaszienblatt und der Fascia transversalis liegt das Corpus adiposum pararenale.

1.2.3 Aufbau und morphologische Gliederung der Niere

Eine derbe **Capsula fibrosa** umgibt die Niere.

▶ Klinik.

Die Niere besteht aus **Nierenmark** und **Nierenrinde** (Abb. J-1.5). Darin integrierte morphologische Einheiten sind **Nierenlappen** und **-läppchen**.

⊙ J-1.5 Innenstruktur der Niere

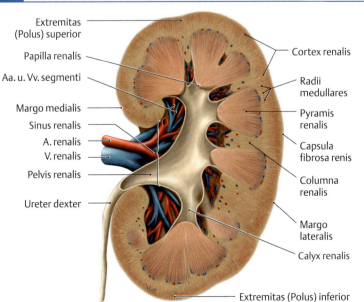

- Extremitas (Polus) superior
- Papilla renalis
- Aa. u. Vv. segmenti
- Margo medialis
- Sinus renalis
- A. renalis
- V. renalis
- Pelvis renalis
- Ureter dexter
- Cortex renalis
- Radii medullares
- Pyramis renalis
- Capsula fibrosa renis
- Columna renalis
- Margo lateralis
- Calyx renalis
- Extremitas (Polus) inferior

Frontal halbierte rechte Niere in der Ansicht von dorsal.
(Prometheus LernAtlas. Thieme, 3. Aufl.)

Nierenmark und -rinde

Nierenmark (Medulla renalis)

Es besteht aus ca. 14 **Pyramides renales**, welche parallele Kanälchen (S. 770) enthalten. Man unterscheidet **Innen-** und **Außenzone** sowie bei letzterer **Außen-** und **Innenstreifen**.

Die Pyramidenbasis weist kapselwärts. Die Pyramidenspitzen (**Papillae renales**) ragen in das Nierenbecken und tragen Öffnungen. Durch diese **Foramina papillaria** leiten die **Ductus papillares** den Harn in das Nierenbecken.

Nierenrinde (Cortex renalis)

Sie umgibt die Pyramiden mit Ausnahme der Papille. Die zwischen den Pyramiden liegenden Rindenabschnitte ähneln im Nierenlängsschnitt Säulen (**Columnae renales**).

Markstrahlen (**Radii medullares**) ziehen als Ausläufer der Pyramiden kapselwärts in die Rinde. Rinde zwischen den Markstrahlen wird als Rindenlabyrinth (**Labyrinthus corticis**) bezeichnet.

Nierenlappen und -läppchen

Der Nierenlappen (**Lobus renalis**) besteht aus Markpyramide und Rindenmantel und stellt eine größere morphologische Einheit dar. Das Nierenläppchen (**Lobulus corticalis**) ist die morphologische Einheit aus Markstrahl und umgebendem Rindenlabyrinth.

▶ Merke .

1.2.4 Feinbau und funktionelle Gliederung der Niere

Drei Strukturkomplexe gewährleisten die Nierenfunktion (S. 763):
- **Nephron** (s. u.) zusammen mit den
- **intrarenalen Blutgefäßen** (S. 775) sichern Harnproduktion und -konzentration,
- der **juxtaglomeruläre Apparat** (S. 772) die Autoregulation.

Nephron

Funktionelle Baueinheit der Niere ist das Nephron (pro Niere 1–1,4 Millionen Nephrone). Es besteht aus:
- Nierenkörperchen (**Corpusculum renale**) und
- Nierenkanälchen (**Tubulus renalis**) mit mehreren Abschnitten.

Nierenmark und -rinde

Nierenmark (Medulla renalis)

Das Nierenmark besteht aus ca. 14 kegelförmigen Pyramiden, **Pyramides renales**. Da Pyramiden parallel verlaufende Kanälchen (S. 770) enthalten, weisen sie eine feine Längsstreifung auf. Auch die im Längsschnitt erkennbaren Zonen und Streifen jeder Pyramide sind durch die Anordnung verschiedener Abschnitte der Nierenkanälchen bedingt: Man unterscheidet eine **hellere Innen-** von einer **dunkleren Außenzone**, wobei Letztere nochmals in **Außen-** und **Innenstreifen** unterteilt wird.

Die Pyramiden weisen mit ihrer konvexen Basis zur Nierenkapsel, während ihre Spitzen (**Papillae renales**) in das Nierenbecken hineinragen.

Die Papille ist kegelförmig und trägt zahlreiche Öffnungen, die sog. **Foramina papillaria**. Diese stellen die Mündungen kleiner Gänge, der **Ductus papillares**, dar, durch die der Harn in das Nierenbecken abfließt. Aufgrund der zahlreichen Foramina ist die Papilla renalis wie ein Sieb gelocht, weshalb sie auch **Area cribrosa** genannt wird.

Nierenrinde (Cortex renalis)

Die Rindensubstanz umgibt die Pyramiden bis auf die Papille nahezu vollständig: Sie liegt sowohl zwischen der Pyramidenbasis und der Capsula fibrosa als auch zwischen den Seitenflächen der Markpyramiden, wo sie bis an das Hilum renale reicht. Daher hat die zwischen den Pyramiden liegende Rindensubstanz auf einem Längsschnitt durch eine Niere die Form von Säulen, **Columnae renales**.

Von der Basis der Pyramiden ziehen Ausläufer des Nierenmarks, die sog. **Markstrahlen** (**Radii medullares**), kapselwärts in die Rinde hinein.

Rindenbereiche zwischen den Markstrahlen bilden das sog. **Rindenlabyrinth** (**Labyrinthus corticis**).

Nierenlappen und -läppchen

Unter morphologischen Gesichtspunkten betrachtet man die Markpyramide und ihren Rindenmantel als eine Einheit, den sog. **Nierenlappen** (**Lobus renalis** oder **Renculus**). Alle Lobi renales umgeben als keilförmige Bausteine den Sinus renalis.

Als **Nierenläppchen** (**Lobulus corticalis**) bezeichnet man die morphologische Einheit aus Markstrahl und umgebendem Rindenlabyrinth. Das Läppchen ist morphologisch schwer abgrenzbar. Die Grenze liegt an gedachten Linien zwischen den Aa. interlobulares.

▶ Merke .
- **Lobus renalis** (Nierenlappen; syn. Renculus) = Markpyramide + Rindenmantel
- **Lobulus** corticalis (Nierenläppchen) = Markstrahl + Rindenlabyrinth

1.2.4 Feinbau und funktionelle Gliederung der Niere

Die Hauptfunktionen der Niere (S. 763) werden durch drei Strukturkomplexe gewährleistet:
- Das **Nephron** (s. u.) ist die kleinste Funktionseinheit der Niere – hier finden Produktion und Konzentrierung des Harns statt. An diesen Prozessen sind die
- **intrarenalen Blutgefäße** (S. 775) durch ihre spezielle Anordnung maßgeblich beteiligt.
- Der **juxtaglomeruläre Apparat** (S. 772) steht im Dienste der Autoregulation der Niere.

Nephron

Das Nephron ist die grundlegende funktionelle Baueinheit der Niere. Jede Niere enthält ca. 1–1,4 Millionen Nephrone.

Ein Nephron hat folgende Bestandteile:
- Nierenkörperchen (**Corpusculum renale**) und
- Nierenkanälchen (**Tubulus renalis**). Dieser Tubulus („Schlauch") wird in mehrere sich funktionell und morphologisch voneinander unterscheidende Abschnitte unterteilt, von denen jeder wiederum als Tubulus bezeichnet wird (S. 770).

J 1.2 Niere (Ren)

Je nach Lage des Anfangs- und Endabschnitts eines Nephrons unterscheidet man zwei Populationen: Als **juxtamedulläre Nephrone** bezeichnet man die in den Columnae renales zwischen den Markpyramiden liegenden Nephrone, während die anderen **näher der Organoberfläche** (kapselwärts) liegen. Diese Unterscheidung ist für die Anordnung einzelner Tubulusabschnitte von Bedeutung, s. Exkurs Henle-Schleife (S. 772).

Nierenkörperchen (Corpusculum renale)

Das Nierenkörperchen (Abb. J-1.6) besteht aus einem Kapillarknäuel (**Glomerulus**) und einer zarten Kapsel (**Capsula glomerularis = Bowman-Kapsel**).
Glomerulus: Der Glomerulus ist ein komplexes Knäuel aus 30–40 parallel geschalteten **kapillären Schlingen**. Die **Blutzufuhr** in den Glomerulus erfolgt über eine **Arteriola glomerularis afferens**. Das Blut verlässt das Kapillarknäuel mit fast unverändertem Sauerstoffgehalt über eine **Arteriola glomerularis efferens**. Die beiden Arteriolen liegen am Glomerulus dicht zusammen und bilden den Gefäßpol des Nierenkörperchens.
Capsula glomerularis (Bowman-Kapsel): Diese zarte Kapsel umhüllt den Glomerulus mit je einem viszeralen und parietalen Blatt. Das viszerale Blatt liegt den glomerulären Kapillarschlingen auf, das parietale Blatt grenzt das Nierenkörperchen gegen das umgebende Gewebe ab. Zwischen den beiden Blättern der Kapsel liegt ein Spalt, in welchen der **Primärharn als Ultrafiltrat des Blutplasmas** abgegeben wird. Die Kapsel ist am Harnpol, der dem Gefäßpol gegenüber liegt, in das System der Nierenkanälchen geöffnet.
Die Wand der glomerulären Kapillarschlingen besteht aus einem **fenestrierten Endothel** (ohne Diaphragmen!) und einer dicken **Basalmembran**, welche den Durchtritt von Plasmabestandteilen mit einem Molekulargewicht über 70 000 Da verhindert („größenselektiver Filter").
Die Basalmembran (S. 69) lässt ultrastrukturell drei Schichten erkennen und enthält neben Kollagen Typ IV vor allem Laminin, Fibronektin und Heparansulfat.

Nierenkörperchen (Corpusculum renale)

Nach Lage der Anfangs- und Endabschnitte unterscheidet man **juxtamedulläre** (in den Columnae renales) von **oberflächennah** gelegenen Nephronen (S. 772).

Es besteht aus Kapillarknäuel (**Glomerulus**) und Bowman-Kapsel (**Capsula glomerularis**, Abb. J-1.6).
Glomerulus: Er besteht aus parallelen Kapillarschlingen. Eine **Arteriola glomerularis afferens** (Blutzufuhr) und eine **Arteriola glomerularis efferens** (Abfluss) liegen dicht zusammen und bilden den Gefäßpol.

Capsula glomerularis (Bowman-Kapsel): Sie umhüllt den Glomerulus. Ein viszerales Blatt liegt auf den Kapillaren, ein parietales Blatt grenzt zur Umgebung ab. Zwischen den Blättern liegt ein Spalt. Die Kapsel ist am Harnpol in das System der Nierenkanälchen geöffnet. Die glomerulären Kapillarschlingen zeigen ein **fenestriertes Endothel** (ohne Diaphragmen!) und eine dicke **Basalmembran** (S. 69) mit Kollagen Typ IV.

▶ **Klinik.** Bei einer bestimmten Art von entzündlichen Nierenerkrankungen, den **Glomerulonephritiden**, bildet der Organismus Antikörper gegen Bestandteile der glomerulären Basalmembran. Dies kann zu einem Versagen der Filtrationsfunktion führen, das u. a. mit Blut- und Eiweißverlusten über die Niere einhergeht und bei starker Ausprägung klinisch durch Ödembildung gekennzeichnet ist. Ein seltenes, aber interessantes Beispiel ist das **Goodpasture-Syndrom**, bei dem neben der renalen auch die alveoläre Basalmembran betroffen ist und es daher neben den genannten Symptomen auch zu pulmonalen Problemen (Hämoptysen = „Bluthusten") kommt.

▶ **Klinik.**

⊙ J-1.6 Nierenkörperchen (Corpusculum renale)

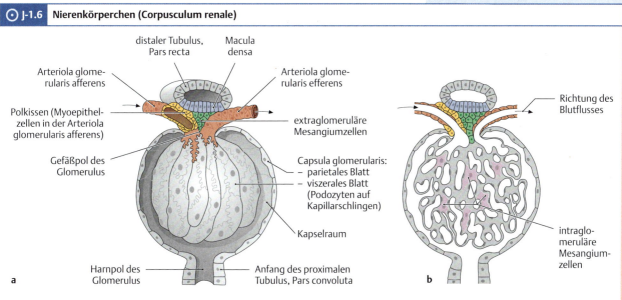

(Prometheus LernAtlas. Thieme, 3. Aufl.)
a Darstellung nach Auftrennung der Bowman-Kapsel
b und Schnitt durch das Kapillarknäuel.

J 1 Niere und ableitende Harnwege

Die Basalmembran wird von **Podozyten** (= viszerales Blatt der Kapsel) bedeckt. Zwischen den Fortsätzen der Podozyten sind membranbedeckte **Schlitze** (Filterfunktion). Podozyten bilden Basalmembranmaterial nach und tragen harnraumwärts eine Glykokalyx.

Die Basalmembran ist kapselwärts von verzweigten Deckzellen überzogen, die das viszerale Blatt der Capsula glomerularis bilden.

Diese als **Podozyten** (= Füßchenzellen) bezeichneten Zellen tragen zahlreiche Fortsätze, welche einen lückenhaften Überzug der Basalmembran bilden. Zwischen den Fortsätzen liegen unterschiedlich weite Schlitze, die durch eine dünne **Schlitzmembran** verschlossen sind. Diesen Schlitzen und ihren Membranen wird Filterfunktion zugeschrieben. Podozyten bilden laufend neues Basalmembranmaterial nach. Zum Harnraum hin trägt die Podozytenmembran eine Glykokalyx.

▶ Merke.

▶ Merke. Das Harnfiltersystem der Niere wird gebildet durch
- fenestriertes Endothel der Kapillarschlingen,
- Basalmembran der Kapillarschlingen und
- Podozyten als Deckzellen der Basalmembran.

Zwischen den Kapillarschlingen liegen intraglomeruläre Mesangiumzellen, die durch Phagozytose Basalmembran abbauen.

Zwischen benachbarten Kapillarschlingen eines Glomerulus liegen – von der Basalmembran mit eingeschlossen – sog. **Mesangiumzellen**. Diese ebenfalls fortsatzreichen Zellen sind phagozytosefähig und können Basalmembranmaterial abbauen. Die innerhalb des Glomerulus liegenden Mesangiumzellen werden als intraglomeruläres Mesangium dem extraglomerulären Mesangium gegenübergestellt.

Das parietale Kapselblatt hat ein einschichtiges Plattenepithel.

Das parietale Blatt der Capsula glomerulosa besteht aus einem einschichtigen Plattenepithel, welches am Harnpol in das anschließende Tubulusepithel übergeht.

Nierenkanälchen (Tubulus renalis)

Es übernimmt am Harnpol den Primärharn, konzentriert und modifiziert ihn.

Nierenkanälchen (Tubulus renalis)

Das Nierenkanälchen übernimmt am Harnpol des Glomerulus den Primärharn, konzentriert ihn auf ca. 1 % seines Volumens und ändert seine chemische Zusammensetzung.

Das Nierenkanälchen trägt ein einschichtiges Epithel. Man unterscheidet morphologisch (Abb. **J-1.7**): **proximaler Tubulus – intermediärer Tubulus – distaler Tubulus – Verbindungstubulus**. Die jeweilige Länge hängt von der Lage des einzelnen Nephrons ab (S. 772).

Das Nierenkanälchen ist von einem einschichtigen Epithel ausgekleidet, welches zu umfangreichen Transportleistungen in der Lage ist. Aufgrund morphologischer Kriterien lässt sich jedes Nierenkanälchen in mehrere Abschnitte unterteilen (Abb. **J-1.7**):

proximaler Tubulus – Intermediärtubulus – distaler Tubulus – Verbindungstubulus. Deren Länge und Anordnung differiert zwischen juxtamedullären (s. o.) und weiter kapselwärts gelegenen Nephronen, s. Exkurs Henle-Schleife (S. 772).

⊙ **J-1.7 Bau des Nephrons**

Dargestellt ist jeweils ein juxtamedulläres Nephron (rechts im Bild) sowie ein weiter kapselwärts gelegenes Nephron (links). Sie unterscheiden sich in der Länge ihrer Henle-Schleife (S. 772).

(Prometheus LernAtlas. Thieme, 3. Aufl.)

1.2 Niere (Ren)

Am Harnpol beginnt der **proximale Tubulus** (**Hauptstück**), der einen gewundenen Teil (**Pars convoluta proximalis**) und einen gestreckten Teil (**Pars recta proximalis**) aufweist.

Der folgende **intermediäre Tubulus** (**Überleitungsstück**) zeigt – außer bei den kapselwärts gelegenen Nephronen – eine **Pars descendens** und eine **Pars ascendens** und geht dann in den **distalen Tubulus** über.

Letzterer besitzt wiederum einen gestreckten (**Pars recta distalis**) und einen gewundenen Teil (**Pars convoluta distalis**).

Der distale Tubulus mündet in den **Tubulus reuniens** (**Verbindungstubulus**). Mehrere Verbindungstubuli münden schließlich in ein **Sammelrohr**.

In der Physiologie werden die gewundenen Abschnitte häufig als proximales und distales Konvolut bezeichnet.

Proximaler Tubulus mit Pars convoluta (beginnt am Harnpol) und Pars recta.

Intermediärtubulus (mit Pars ascendens und Pars descendens außer bei den kapselwärts gelegenen Nephronen.
Distaler Tubulus mit Pars recta und Pars convoluta mündet in den **Verbindungstubulus**. Mehrere Verbindungstubuli münden in ein **Sammelrohr**.

▶ **Merke.** Alle gewundenen Tubulusabschnitte und die Nierenkörperchen liegen im Rindenlabyrinth, die geraden Abschnitte (inkl. Sammelrohre) dagegen im Nierenmark und in den Markstrahlen. Die Markstrahlen gehören zwar „topografisch" innerhalb der Niere zur Rinde; der histologische Aufbau entspricht aber dem des Marks.

▶ **Merke.**

Die **einzelnen Tubulusabschnitte** haben neben morphologischen auch funktionelle Charakteristika:

- **Proximaler Tubulus:** Ausgekleidet ist der proximale Tubulus mit einem azidophilen isoprismatischen Epithel mit Tight Junctions (S.56), welches lumenwärts einen hohen Bürstensaum (S.54) und an der Basis ein sog. basales Labyrinth erkennen lässt. Beim **basalen Labyrinth** handelt es sich um Einfaltungen der Zellmembran mit säulenartig angeordneten Mitochondrien. Der Bürstensaum trägt eine PAS-positive Glykokalix.
  Im proximalen Tubulus werden zahlreiche Substanzen des Primärharns rückresorbiert (Glukose, Aminosäuren, Natrium-/Kalium-/Phosphat- und Chlorid-Ionen, Harnsäure, Wasser). Ebenso ist eine aktive Sekretion harnpflichtiger Stoffe möglich. Bei hoher Wasserpermeabilität werden hier $\frac{2}{3}$ des Primärharns rückresorbiert.

- Der **intermediäre Tubulus** – das Überleitungsstück – weist ein sehr flaches Epithel ohne Bürstensaum auf. Das Überleitungsstück bildet den **dünnen Teil der sog. Henle-Schleife** (s. u.).

- **Distaler Tubulus:** Morphologisch ist das Epithel (mit Tight Junctions) dem des proximalen Tubulus ähnlich, trägt zwar keinen Bürstensaum, aber ebenfalls ein basales Labyrinth. Die Pars convoluta des distalen Tubulus ist zur Resorption von Natrium- und Chlorid-Ionen befähigt. Die Wasserpermeabilität ist geringer als im proximalen Tubulus. In der Pars recta befindet sich in der apikalen Membran ein Na^+-K^+-$2Cl^-$-Kotransporter (hemmbar durch das Diuretikum Furosemid).

- **Verbindungstubulus:** Der Verbindungstubulus ist der Endabschnitt eines Nephrons. Sein Epithel ähnelt dem Epithel des Sammelrohres, in das er übergeht.

- **Sammelrohr:** Sammelrohre entstehen aus der Ureterknospe und liegen hauptsächlich in den Markpyramiden (S.768). Ihr einschichtiges Epithel besteht aus hellen **Hauptzellen** und dunkleren **Schaltzellen** (**aktiver Transport von H^+-Ionen**). Sammelrohre münden in die Ductus papillares, wo das Epithel in das der Nierenpapille übergeht. In den Sammelrohren erfolgt nochmals eine Wasserresorption und somit Harnkonzentrierung. Die Wasserrückresorption wird durch das hypothalamische Hormon ADH (antidiuretisches Hormon = Vasopressin) gefördert (ADH-sensible Wasserpermeabilität der Hauptzellen). Ein Sammelrohr erfasst ca. 10 Nephrone.

Funktionelle Charakteristika der Tubulusabschnitte:

- **Proximaler Tubulus:** azidophiles isoprismatisches Epithel mit Tight Junctions (S.56), Bürstensaum (S.54) und **basalem Labyrinth** (Einfaltungen der Zellmembran mit säulenartig angeordneten Mitochondrien). Hier findet Resorption von Wasser ($\frac{2}{3}$ des Primärharns), Glukose, Aminosäuren und Salzen sowie die Sekretion harnpflichtiger Stoffe statt.

- **Intermediärtubulus:** Dieser **dünne Teil der Henle-Schleife** (s. u.) weist ein flaches Epithel ohne Bürstensaum auf.

- **Distaler Tubulus:** Das Epithel (mit Tight Junctions) zeigt keinen Bürstensaum, aber ein basales Labyrinth.
  Bei geringerer Wasserpermeabilität findet hier die Resorption von Na^+- und Cl^--Ionen statt.

- **Verbindungstubulus:** Endabschnitt des Nephrons.

- **Sammelrohre:** Sie liegen vor allem in den Markpyramiden (S.768), haben ein einschichtiges Epithel (**Haupt-** und **Schaltzellen**) und münden in die Ductus papillares. Sammelrohre leisten eine ADH-gesteuerte Wasserrückresorption (über Hauptzellen).

▶ **Klinik.** Beim **Diabetes insipidus** (= „unstillbarer Wasserdurchfluss") kommt es zu einer erhöhten Urinausscheidung (**Polyurie**) mangels Wasserrückresorption im Sammelrohr. Die Patienten leiden u. a. unter dem nächtlichen Harndrang (**Nykturie**).
Von der zentralen Form, sog. Diabetes insipidus **centralis** (S.1251), bei der nicht genügend funktionell wirksames ADH im Hypothalamus gebildet wird, unterscheidet man die renale Form (Diabetes insipidus **renalis**), die angeboren oder sekundär durch eine Nierenerkrankung hervorgerufen ist. Bei diesen Patienten trägt das Sammelrohrepithel keinen oder einen funktionell unwirksamen ADH-Rezeptor bei hypothalamisch normaler ADH-Produktion. Ein Therapieversuch kann mit bestimmten diuresefördernden Medikamenten (Thiazid-Diuretika) unternommen werden, wobei der Mechanismus dieser scheinbar paradoxen Wirkung bisher ungeklärt ist.

▶ **Klinik.**

J 1 Niere und ableitende Harnwege

▶ Exkurs: Henle-Schleife (Ansa nephroni).

▶ **Exkurs: Henle-Schleife (Ansa nephroni).** Die Henle-Schleife ist ein gestreckter, **haarnadelförmiger Tubulusabschnitt**, der grundsätzlich einen zum Mark absteigenden und dann wieder zur Rinde aufsteigenden Schenkel hat. Sie besteht aus einem dicken und einem dünnen Teil. Der dünne Teil wird durch den intermediären Tubulus dargestellt, der dicke Teil besteht aus den geraden Abschnitten des proximalen und distalen Tubulus. Durch die parallele Lagerung von ab- und aufsteigendem Schenkel kann die Henle-Schleife einen **osmotischen Gradienten** aufbauen (**Gegenstromprinzip**; s. Lehrbücher der Physiologie). Sie ist deshalb von zentraler Bedeutung für die **Rückresorption von Wasser und somit für die Harnkonzentrierung**.
Morphologisch unterscheidet man zwei Typen von Henle-Schleifen:
- **Lange Schleifen** gehören zu juxtamedullären Nephronen; der Schleifenpol wird vom Intermediärtubulus gebildet.
- **Kurze Schleifen** gehören zu weiter kapselwärts gelegenen Nephronen; die Pars recta des Tubulus distalis bildet den Schleifenpol. Bei einer kleineren Nephronpopulation biegen die kurzen Schleifen schon in den Markstrahlen um.

Juxtaglomerulärer Apparat

Er dient der **Autoregulation** der Niere und besteht aus (Abb. **J-1.6**):
- **Polkissen**,
- **Macula densa** und
- **extraglomeruläre Mesangiumzellen**.

Juxtaglomerulärer Apparat

Unter dem Begriff „juxtaglomerulärer Apparat" werden mehrere Strukturen zusammengefasst, deren einheitliches Funktionsmerkmal die **Autoregulation** der Niere ist. Die Niere kann selbst auf systemische Schwankungen des Blutdrucks kompensatorisch reagieren und so innerhalb gewisser Grenzen eine „niereninterne" Blutdruckkonstanz garantieren. Der juxtaglomeruläre Apparat (Abb. **J-1.6**) umfasst:
- **Polkissen**,
- **Macula densa** und
- **extraglomeruläre Mesangiumzellen**.

Polkissen

Epitheloide **Myoepithelzellen** in der Media der **Arteriola glomerularis afferens** (S. 775) bilden das Polkissen.

Das Myoepithel enthält das Enzym **Renin**, das über das Angiotensin-Aldosteron-System auf Blutdruck und Natriumhaushalt wirkt.

Polkissen

In der **Arteriola glomerularis afferens** (S. 775), dicht vor der Aufzweigung in die glomerulären Schlingen, ersetzen große basophile Zellen – die **epitheloiden glatten Muskelzellen** – die eigentlichen Muskelzellen der Tunica media.
Diese Myoepithelzellen enthalten Sekretgranula mit dem Enzym (Protease) **Renin**. Renin beeinflusst über das sog. Renin-Angiotensin-Aldosteron-System den systemischen Blutdruck und den Natriumhaushalt der Niere.

▶ Exkurs: Renin-Angiotensin-Aldosteron-System (RAAS).

▶ **Exkurs: Renin-Angiotensin-Aldosteron-System (RAAS).** Als Protease kann Renin nach Sekretion aus den Myoepithelzellen das in der Leber produzierte und im Blut zirkulierende **Angiotensinogen** zu Angiotensin I spalten. **Angiotensin I** seinerseits wird durch das **Angiotensin-Converting-Enzyme** (**ACE**, lokalisiert auf der luminalen Oberfläche von Gefäßendothelzellen) zu Angiotensin II gespalten. **Angiotensin II** wirkt vasokonstriktorisch (gefäßverengend) und steigert die **Aldosteron-Sekretion** der Nebennierenrinde (S. 791), was zu verstärkter Na⁺-(und in der Konsequenz Wasser-)Rückresorption führt. Beide Mechanismen **erhöhen den systemischen Blutdruck**. Klinisch kann das Enzym durch ACE-Hemmer wie Captopril in seiner Wirkung blockiert werden, was man therapeutisch zur Behandlung des erhöhten Blutdrucks nutzt.

Macula densa

Die besonders dicht gelagerten Epithelzellen in der Pars recta des Tubulus distalis grenzen direkt an das extraglomeruläre Mesangium und dienen der **Bestimmung** der intratubulären **Natriumkonzentration**.

Macula densa

Die Pars recta des Tubulus distalis legt sich zwischen Arteriola glomerularis afferens und efferens unmittelbar dem Nierenkörperchen an. An der „Macula densa" genannten Berührungsstelle sind die Epithelzellen schlanker, die Kerne liegen dichter beieinander.
Die Macula densa, die direkt an das extraglomeruläre Mesangium grenzt, dient der **Bestimmung der Natriumkonzentration** im tubulären Harn.

Extraglomeruläre Mesangiumzellen

▶ Synonym.

Zwischen Macula densa und Arteriolengabel liegen modifizierte glatte Muskelzellen in direkter Verbindung mit der Arteriola glomerularis aff. zur **Regulation der Nierendurchblutung**.

Extraglomeruläre Mesangiumzellen

▶ Synonym. Goormaghtigh-Zellen

Zwischen der Macula densa und der Arteriolengabel liegen modifizierte glatte Muskelzellen, die mit der Arteriola glomerularis afferens in direkter Verbindung stehen. Sie dienen der **Regulation der Nierendurchblutung**. Diese modifizierten Muskelzellen werden auch als **Goormaghtigh-Zellen** bezeichnet.

Interstitium

Das interstitielle Bindegewebe der Niere ist sehr spärlich ausgebildet, da zwischen den Tubuli und den Kapillaren nur wenig Raum bleibt. Fibroblasten und Makrophagen bilden die größte interstitielle Zellpopulation, in den interstitiellen Räumen findet man zarte präkollagene und retikuläre Fasern.

1.2.5 Gefäße und Innervation der Niere

Nierengefäße

▶ Merke. Mit einem mittleren Blutfluss von insgesamt 1200 ml pro Minute gehören die Nieren zu den am stärksten durchbluteten Organen des Körpers. Dem zugrunde liegt die spezielle **„Doppelfunktion" der Nierenarterien** als **Vasa privata** und **Vasa publica** (S. 149), s. auch Nierenarterien (S. 773).

Obwohl sie mit einem Gesamtgewicht von 300 g nur ca. 0,4 % des durchschnittlichen Körpergewichts eines Erwachsenen von 70 kg erreichen, haben sie einen Anteil von fast 25 % am Herzminutenvolumen in Ruhe (5 l/min).
Das arterielle Blut fließt jeder der beiden Nieren über eine Arteria renalis zu und über eine gleichnamige Vene wieder ab (Abb. J-1.8). Die intrarenale Anordnung der Gefäße spielt für die Organfunktion eine wesentliche Rolle.

Interstitium

Im spärlichen Interstitium findet man Fibroblasten, Makrophagen und präkollagene und retikuläre Fasern.

1.2.5 Gefäße und Innervation der Niere

Nierengefäße

▶ Merke.

Die mittlere Durchblutung beider Nieren zusammen beträgt ca. 1200 ml pro Minute (ca. 25 % des Herzminutenvolumens).

Zu- und abführende Gefäße sind die Vasa renalia (Abb. J-1.8). Die intrarenale Gefäßanordnung bestimmt maßgeblich die Organfunktion.

⊙ J-1.8 Blutgefäße der Nieren

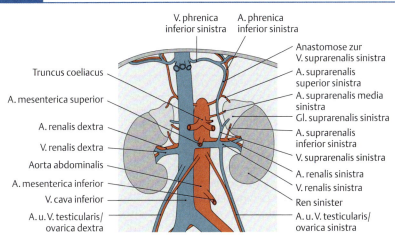

In der schematischen Ansicht von ventral ist der Abstand der rechten Niere mit Nebenniere zur V. cava inferior gegenüber der physiologischen Situation etwas vergrößert, um die Gefäßsituation übersichtlicher darzustellen.
(Prometheus LernAtlas. Thieme, 3. Aufl.)

⊙ J-1.8

Nierenarterien

Die Nierenarterien sichern einerseits als **Vasa privata** die für den Nierenstoffwechsel erforderliche Substrat- und Sauerstoffzufuhr. Sie stellen aber andererseits als **Vasa publica** auch das Blut für die Klär- und Regulationsfunktion der Nieren zur Verfügung. Während bei Lunge und Leber auf der Zuflussseite Vas privatum und Vas publicum als getrennte Gefäße verlaufen, sind die Nierenarterien gleichzeitig Vasa publica und Vasa privata (Ähnliches trifft auf Hypophysenarterien zu).
Jede Niere erhält ihren Blutzufluss durch eine **Arteria renalis sinistra** bzw. **dextra**. Beide Nierenarterien entspringen **in Höhe LWK II** aus der Aorta abdominalis (die rechte oft etwas tiefer).
Die **Arteria renalis dextra** ist ca. 3–5 cm lang und zieht **dorsal der V. cava inferior** zur rechten Niere. Die **Arteria renalis sinistra** ist mit 1–3 cm **deutlich kürzer**.

Äste der Nierenarterien: Die beiden Nierenarterien geben während ihres Verlaufs zur Niere die folgenden Gefäße ab:
- zur Nebenniere: **Arteria suprarenalis inferior**,
- zur Nierenkapsel: **Rami capsulares** und
- zum kranialen Ureter: **Rami ureterici**.
- Auch in die Capsula adiposa werden kleine Äste abgegeben.

Nierenarterien

Nierenarterien sind gleichzeitig **Vasa privata** (Nierenstoffwechsel) und **Vasa publica** (Klär- und Regulationsfunktion). Je eine **A. renalis sinistra** und **dextra** entspringen **in Höhe LWK II** aus der Aorta abdominalis.

Die **A. renalis dextra** kreuzt die V. cava inferior an der Rückseite und ist mit 3–5 cm länger als die **A. renalis sinistra**.
Äste der Nierenarterien:
- **A. suprarenalis inferior** (zur Nebenniere),
- **Rr. capsulares** (zur Nierenkapsel) und
- **Rr. ureterici** (zum Ureter).
Am Hilum teilt sich die A. renalis in
- **5 Segmentarterien** (Abb. J-1.9).

J 1 Niere und ableitende Harnwege

Vor oder bei dem Eintritt in das Hilum renale teilt sich die Nierenarterie im Allgemeinen in
- **fünf Segmentarterien** (Abb. **J-1.9**), was zu einer Unterteilung der Niere in fünf Segmente führt.

J-1.9 Aufzweigung der A. renalis am Hilum und in der Niere

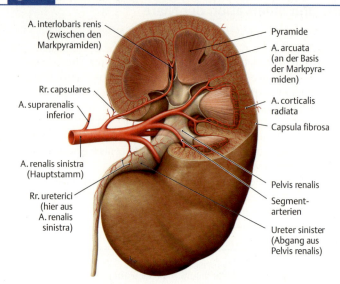

Sicht auf eine linke, teilweise aufgeschnittene Niere von ventral.
(Prometheus LernAtlas. Thieme, 3. Aufl.)

▶ **Klinik.** Die Niere wirkt als Sensor für den Blutdruck und hat großen Einfluss auf seine Regulation. Bei einer Verengung einer Nierenarterie (**Nierenarterienstenose**) ist die Durchblutung der Niere reduziert, was einen lediglich lokal erniedrigten Druck zur Folge hat. Die Niere reagiert auf den vermeintlich insgesamt zu niedrigen Blutdruck mit der Ausschüttung von Renin (S. 772), was zu einer Blutdruckerhöhung führt. Diese **renovaskuläre Hypertonie** ist zwar selten (1–2 % der Fälle) die Ursache für einen erhöhten Blutdruck (**arterielle Hypertonie**), muss jedoch bei der Diagnosestellung bedacht und ggf. abgeklärt werden. Therapeutisch kommt neben der operativen Korrektur eine Aufweitung des verengten Gefäßes mit einem Ballonkatheter in Frage (**Ballondilatation**).

J-1.10 Rechtsseitige Nierenarterienstenose.
In der Arteriografie ist die Verengung der rechten Nierenarterie deutlich sichtbar (→). (Reiser, M., Kuhn, F.P., Debus, J.: Duale Reihe Radiologie. Thieme, 2011)

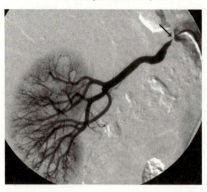

Varianten der Nierenarterien:
- Ursprung einer oder beider Arterien aus dem Truncus coeliacus,
- akzessorische (= zusätzliche) Arterien oder
- aberrante (= nicht am Hilum eintretende) Arterien.

Varianten der Nierenarterien: (recht häufig):
- Ursprung einer oder beider Arterien aus dem Truncus coeliacus (S. 865).
- Akzessorische Nierenarterien: ein oder mehrere zusätzliche Gefäße.
- Aberrante Nierenarterien: die Arterie zieht nicht am Hilum in die Niere, sondern an einem Pol.

Intrarenale Nierengefäße

▶ Merke. Die Architektur der intrarenalen Nierengefäße ist die Grundlage für das Funktionsprinzip der Harnkonzentrierung.

Die in die Niere eintretenden Segmentarterien (s. o.) geben **Arteriae interlobares** ab. Eine A. interlobaris verläuft in den Rindensäulen etwa in der Mitte zwischen zwei Markpyramiden kapselwärts. Auf Höhe der Pyramidenbasis, d. h. an der Rinden-Mark-Grenze, teilt sich die A. interlobaris in zwei **Arteriae arcuatae** (Abb. J-1.9 und Abb. J-1.11), welche jeweils etwa bis zur Mitte der Pyramidenbasis verlaufen, wo sie mit der A. arcuata der benachbarten A. interlobaris anastomosieren. Aus den Aa. arcuatae gehen radiär kapselwärts **Arteriae corticales radiatae** hervor, aus denen die **Arteriolae afferentes** des Nierenkörperchens entspringen.

Die aus dem Glomerulus austretende **Arteriola glomerularis efferens** enthält immer noch arterielles Blut.

Dieses wird im Falle der **oberflächennahen** Glomeruli zur **Versorgung der Rinde** genutzt: Das Blut fließt zunächst über ein Kapillarsystem, dann in eine **Vena corticalis radiata** und darin zurück in die **Vena arcuata**.

Gelegentlich werden A./V. corticalis radiata und A./V. interlobularis synonym verwendet.

Die aus den **marknah** gelegenen Glomeruli entspringenden Arteriolae glomerulares efferentes ziehen lang gestreckt als **Arteriolae rectae** in das **Mark**, wo sie über ein Kapillarsystem ihr Blut in die **Venulae rectae** abgeben.

Von den Venulae rectae fließt das Blut in eine **V. arcuata** zurück, die ihr Blut über eine **Vena interlobaris** dann in die **V. renalis** abgibt.

Das **System der Vasa recta im Nierenmark** dient nicht nur über ein Kapillarsystem der Ernährung des Marks: Durch parallele Lagerung jeweils eines arteriellen und eines venösen Gefäßes gemeinsam mit der Pars recta im Tubulussystem (Abb. J-1.11) wird über einen **Gegenstrom** des Blutes ein Gradient für zahlreiche diffusible Stoffe aufgebaut, durch den die Harnkonzentrierung in der Niere gewährleistet wird (siehe Lehrbücher der Physiologie).

Intrarenale Nierengefäße

▶ Merke.

Die am Hilum eintretenden Segmentarterien (s. o.) geben **Aa. interlobares** ab, die zwischen zwei Pyramiden kapselwärts laufen. Die A. interlobaris gibt zwei **Aa. arcuatae** ab, die jeweils an der **Pyramidenbasis** laufen (Abb. J-1.9 u. Abb. J-1.11). Aus der A. arcuata gehen radiär kapselwärts **Aa. corticales radiatae** ab; diese speisen die **Arteriolae afferentes** des Glomerulus.

In der den Glomerulus verlassenden **Arteriola glomerularis efferens** fließt arterielles Blut. In der **Rinde** wird es über Kapillaren in die **V. corticalis radiata** und **V. arcuata** geleitet. Marknahe Glomeruli speisen über **Arteriolae rectae** das **Mark**, über **Venulae rectae** wird die **V. arcuata** erreicht.

Vasa recta dienen über das **Gegenstromprinzip** durch Parallellagerung von arteriellem und venösem Schenkel mit der Pars recta des Tubulussystems (Abb. J-1.11) über Gradienten für diffusible Stoffe auch der Konzentrierungsarbeit der Niere.

⊙ J-1.11 Architektur der intrarenalen Nierengefäße und ihre Anordnung in Bezug zum Tubulussystem

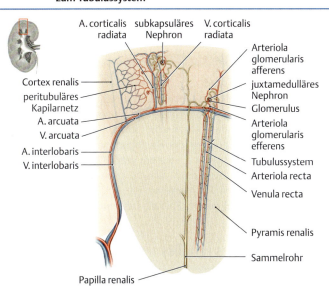

Durch den Gegenstrom der intravasalen Flüssigkeiten wird ein permanenter osmotischer Gradient aufrechterhalten, der der Harnkonzentrierung im Tubulus durch Wasserresorption dient.
(Prometheus LernAtlas. Thieme, 3. Aufl.)

Nierenvenen

Blutabfluss über **V. renalis sinistra** (6–7 cm lang) und **dextra**. Sie treten am Hilum aus und münden in die V. cava inferior. Die V. renalis sinistra liegt vor der Aorta abdominalis (Abb. **J-1.8**).
Zuflüsse zur V. renalis sinistra:
- **V. suprarenalis sinistra**.
- **V. testicularis/ovarica sinistra**.
- Diese Venen münden rechts direkt in die V. cava inferior.

Die **V. renalis dextra** ist nur 1–2 cm lang. Auch bei den Venen gibt es zahlreiche Varianten.

Lymphabfluss

Er erfolgt über die **Nll. lumbales** um Aorta und V. cava inferior in die **Trunci lumbales** (S. 872).

Innervation der Niere

Sympathisch: über das **Ggl. aorticorenalia** (S. 875), vasokonstriktorisch. Parasympathisch: umstritten. Das Nierenbecken wird durch Fasern, die mit dem Ureter aufsteigen innerviert.

1.3 Ableitende Harnwege

Hierzu zählen:
- **Nierenbecken** (Pelvis renalis, s. u.),
- **Harnleiter** = Ureter (S. 777),
- **Harnblase** = Vesica urinaria (S. 779) und
- **Harnröhre** (Urethra), die bei den männlichen (S. 838) bzw. weiblichen (S. 809) äußeren Geschlechtsorganen beschrieben wird.

Funktion ist der Transport bzw. Sammlung und temporäre Speicherung des Harns ohne ihn weiter zu verändern.

Typisch für die ableitenden Harnwege ist die Auskleidung mit **Urothel** (S. 62).

1.3.1 Nierenbecken (Pelvis renalis)

► Merke.

Lage, Aufbau und Funktion: Es liegt im Sinus renalis und besteht aus 7–12 Kelchen (**Calices renales**), die die Papillae renales umfassen und den Endharn auffangen (Abb. **J-1.5**).

J 1 Niere und ableitende Harnwege

Nierenvenen

Die venöse Entsorgung der Nieren erfolgt über die **Venae renales sinistra** und **dextra**, die jeweils am Hilum renale austreten und in die V. cava inferior münden.
Die 6–7 cm lange **Vena renalis sinistra** zieht **vor der Aorta abdominalis** (Abb. **J-1.8**) – direkt unterhalb des Ursprungs der A. mesenterica superior – zur V. cava inferior. Dabei liegt die Vene **zwischen Aorta und der A. mesenterica superior „eingeklemmt"**, eine Situation, die als „Nussknacker" bezeichnet wird.
Die V. renalis sinistra erhält außerhalb der Niere zwei weitere venöse Zuflüsse:
- **Vena suprarenalis sinistra** von der linken Nebenniere.
- **Vena testicularis/ovarica sinistra** vom linken Hoden/Ovar.
Diese Venen münden rechts direkt in die V. cava inferior.
Die **Vena renalis dextra** ist nur ca. 1–2 cm lang; sie liegt meist vor und unterhalb der rechten Nierenarterie.
Auch bei den Nierenvenen kommen zahlreiche Varianten vor.

Lymphabfluss

Die Lymphe der Nieren fließt in die **Nodi lymphoidei lumbales**, die sich links um die Aorta abdominalis, rechts um die V. cava inferior gruppieren (Nll. aortici/cavales laterales). So gewinnen die Nieren Anschluss an die **Trunci lumbales** (S. 872). Auffällig ist, dass intrarenale Lymphkapillaren in der Nähe der Tubuli selten sind, um nicht durch einen Lymphtransport das Gegenstromprinzip zwischen Blutgefäßen und Tubuli zu stören. In der Rinde dagegen sind sie deutlich zahlreicher.

Innervation der Niere

Der Sympathikus erreicht die Niere über die **Ggl. aorticorenalia** (S. 875). Er wirkt überwiegend vasokonstriktorisch.
Eine Innervation der Niere selbst durch den Parasympathikus ist umstritten. Das Nierenbecken, das wie der Ureter aus dem Wolffschen Gang entsteht, wird über Fasern innerviert, die mit dem Ureter zur Niere aufsteigen, vgl. Kap. Ableitende Harnwege (S. 776).

1.3 Ableitende Harnwege

Als ableitende Harnwege werden folgende Anteile des Urogenitalsystems zusammengefasst:
- **Nierenbecken** (Pelvis renalis, s. u.),
- **Harnleiter** = Ureter (S. 777),
- **Harnblase** = Vesica urinaria (S. 779) und
- **Harnröhre** (Urethra), die aufgrund ihrer topografischen Bezüge zum äußeren Genitale und geschlechtsspezifischen Besonderheiten zusammen mit den weiblichen (S. 809) und männlichen (S. 838) Genitalorganen besprochen wird.
Gemeinsame **Funktion** ist der Transport, bei der Harnblase v. a. auch die Sammlung und temporäre Speicherung des Harns, der auf diesem Weg in seiner Zusammensetzung nicht mehr verändert wird.
Charakteristisch für die ableitenden Harnwege ist die Auskleidung mit **Urothel** (=**Übergangsepithel**), einem spezialisierten Epithel, das eine Barriere gegenüber dem Harn darstellt (S. 62).

1.3.1 Nierenbecken (Pelvis renalis)

► Merke. Das funktionell zu den ableitenden Harnwegen zählende Nierenbecken ist entwicklungsgeschichtlich ein Teil der Ureterknospe (S. 851) aus dem Wolffschen Gang. Topografisch wird es der Niere zugerechnet.

Lage, Aufbau und Funktion: Das Nierenbecken liegt im Sinus renalis und besitzt 7–12 Nierenkelche (**Calices renales**).
Die trichterförmigen Nierenkelche umfassen dicht abschließend einzeln die Papillae renales und fangen den Endharn auf (vgl. Abb. **J-1.5**).

J 1.3 Ableitende Harnwege

⊙ **J-1.12** **Formen des Nierenbeckens**

⊙ **J-1.12**

Calyx renalis minor

Calyx renalis major (Calyx superior)

Calyx renalis minor

Pelvis renalis

Pelvis renalis

Ureter

Ureter

a

b

(Prometheus LernAtlas. Thieme, 3. Aufl.)
a Dendritischer
b und ampullärer Typ.

Form: Sie hängt ab von der Anordnung der Kelche (Abb. **J-1.12**):

- Ein **dendritischer Beckentyp** ist eng, die Kelche lang, evtl. verzweigt.
- Beim **ampullären Beckentyp** findet man ein weites Becken mit kurzen Kelchen.

Kelche und Nierenbecken sind von Bindegewebe umgeben. Glatte Muskulatur, die in das Bindegewebe eingefügt ist, kann die Weite des Hohlraumsystems aktiv beeinflussen.

1.3.2 Harnleiter (Ureter)

Funktion, Abschnitte, Lage und Verlauf des Ureters

Der Ureter leitet den Harn in die Harnblase = Vesica urinaria (S. 779) und liegt im ganzen Verlauf **außerhalb der Peritonealhöhle**.

Bei einer Gesamtlänge von 24–31 cm unterscheidet man topografisch zwei Ureterabschnitte:

- **Pars abdominalis** (kranial) und
- **Pars pelvica** (kaudal).

Die **Pars abdominalis** beginnt am Nierenbecken. Sie **liegt auf der Faszie des M. psoas** und wird von parietalem Peritoneum bedeckt (retroperitonealer Verlauf des Ureters). Beidseits liegt der Ureter dorsal der **Vasa testicularia/ovarica**.

Die **Pars pelvica** beginnt an der Grenze zum kleinen Becken. Hier folgt der Ureterverlauf der Wand des kleinen Beckens. Die Ureteren liegen ventral der **Vasa iliaca**, und zwar **rechts** i. A. vor der **A. iliaca externa** (die Vene liegt weiter dorsal), **links** vor der **A. iliaca communis** in Höhe ihrer Teilung.

Bei der **Frau unterkreuzen die Ureteren** im Ligamentum latum uteri die **A. uterina** und laufen in geringem Abstand (1–2 cm) zur Cervix uteri; beim **Mann** wird hinter der Harnblase der **Ductus deferens** an der Ampulla ductus deferentis **unterkreuzt**.

▶ **Merke.** Der Ureter

- **unterkreuzt:** Vasa testicularia/ovarica + A. uterina (Frauen) bzw. Ductus deferens (Männer).
- **überkreuzt:** rechts A. iliaca externa, links A. iliaca communis.
- **Überkreuzung und Unterkreuzung sind aus der Sicht des Beobachters von ventral gesehen.**

Die Ureteren ziehen von dorsal oben an die Harnblase heran und durchtreten schräg deren Wand. Dieser intramurale Teil ist innig mit der Blasenwand verbunden, besonders eng und an seiner Mündung aktiv durch Muskulatur verschlossen, was den Rückfluss von Harn aus der Blase in die Ureteren verhindert.

Form: Man unterscheidet nach Anordnung der Kelche (Abb. **J-1.12**):

- **Dendritischer Typ:** eng, lange Kelche.
- **Ampullärer Typ:** weit, kurze Kelche.

Die Nierenbeckenweite wird durch glatte Muskulatur aktiv verändert.

1.3.2 Harnleiter (Ureter)

Funktion, Abschnitte, Lage und Verlauf des Ureters

Er übernimmt die Harnleitung vom Nierenbecken zur Harnblase (S. 779), verläuft hinter (Abdomen) und unter (Becken) der Peritonealhöhle und wird bei einer Länge von 24–31 cm in zwei Abschnitte eingeteilt:

- Kraniale **Pars abdominalis**.
- Kaudale **Pars pelvica**.

Die **Pars abdominalis** beginnt am Nierenbecken, liegt **auf dem M. psoas** und läuft dorsal der **Vasa testicularia/ovarica**. Sie liegt im Spatium retroperitoneale abdominis.

Die **Pars pelvica** beginnt an der Grenze zum kleinen Becken und läuft ventral der **Aa. iliacae**.

Unterkreuzung der **A. uterina** (im Ligamentum latum) bzw. des **Ductus deferens**.

▶ **Merke.**

Die Ureteren nähern sich von dorsal oben der Harnblasenwand, die sie schräg durchtreten. Zur Verhinderung von Harnreflux ist ihre Mündung muskulär verschlossen.

▶ **Klinik.** Versagt der funktionelle Verschluss der Uretermündung in die Harnblase, kann es zu einem Rückfluss von Harn mit einer aufsteigenden bakteriellen Infektion des Nierenbeckens kommen (sog. **Pyelitis**), die mit Schmerzen und oft hohem Fieber einhergeht. Ist auch das Nierenparenchym beteiligt, spricht man von **Pyelonephritis**.

▶ **Klinik.** Die drei Ureterengen sind Tab. **J-1.1** zu entnehmen.

Während seines Verlaufs zeigt der Ureter drei physiologische Engstellen (**Ureterengen**, Tab. **J-1.1**).

≡ J-1.1 Physiologische Engstellen des Ureters (Ureterengen)

Ureterenge	Lokalisation	Ansicht von ventral
① **obere Enge**	Übergang Nierenbecken – Ureter	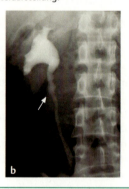
② **mittlere Enge**	Überkreuzung der A. iliaca externa bzw. communis Ureter liegt ventral der Vasa iliaca	
③ **untere Enge**	Durchtritt durch die Wand der Harnblase	
④ **Enge bei der Unterkreuzung der Vasa testicularia/ovarica**	Ureter liegt dorsal der Vasa ovarica/testicularia	

(Prometheus LernAtlas. Thieme, 3. Aufl.)

▶ **Klinik.** In den Nierenkelchen oder im Nierenbecken entstandene Steine können im Ureter stecken bleiben, bevorzugt an einer der Engstellen: Aus dem Kelch- oder Nierenbeckenstein wird ein **Ureterstein**. Der Versuch des Ureters, durch aktive Kontraktion seiner Wand den Stein in Richtung der Harnblase zu treiben, kann von sehr heftigen Schmerzen (**Nierenkolik**) begleitet sein. Der Nachweis gelingt meist durch bildgebende Verfahren (Röntgen, CT). die Therapie besteht neben der Linderung der Beschwerden in dem Versuch, den Stein „auszuspülen" oder mechanisch (Schlinge, Stoßwellenzertrümmerung) zu entfernen. Verlegt der Stein das ganze Ureterlumen, kann es zu einem **Harnstau** kommen, der ein rasches therapeutisches Eingreifen erforderlich macht.

⊙ **J-1.13 Ureterstein (→) mit dadurch bedingter Harnstauung**
(Sökeland, J., Schulze, H., Rübben, H.: Urologie. Thieme, 2004)
a Schematische
b und Kontrastmitteldarstellung.

Wandbau des Ureters

Das **sternförmige Lumen** (Abb. **J-1.14**) wird umschlossen von Tunica mucosa, Tunica muscularis und Tunica adventitia.

Tunica mucosa: Sie umfasst Urothel und Lamina propria.

- Das **Urothel** (Übergangsepithel) besteht aus ca. 6 Zellschichten wechselnder Höhe mit Glykokalix und **Crusta**. Zum dichten Abschluss enthält es Tight Junctions (S. 56).
- Die **Lamina propria** ist eine breite, längs gefaltete Bindegewebsschicht (bedingt **Sternform** des Ureterlumens).

Wandbau des Ureters

Ein Querschnitt durch den Ureter zeigt ein **sternförmiges Lumen** (Abb. **J-1.14**) und den für muskuläre Hohlorgane (S. 530) charakteristischen Wandbau (von innen nach außen) mit Tunica mucosa, Tunica muscularis und Tunica adventitia.

Tunica mucosa: Die Mukosa besteht aus einem besonderen Epithel, dem Urothel, und einer Lamina propria.

- Das **Urothel** wird durch ca. 6 Zellreihen gebildet. Bei Dehnung des Ureters nehmen Höhe und Zahl der Schichten ab (**Übergangsepithel**). Eine ausgeprägte Glykokalix schützt das Epithel vor den Einflüssen des Harns. Die Zellen der obersten Schicht haben unter der lumenwärts gelegenen Plasmamembran dichte Filamentbündel, die zusammen mit der Membran die lichtmikroskopisch sichtbare **Crusta** ergeben, die man nur im Urothel findet. Die Deckzellen sind untereinander durch zahlreiche Tight Junctions (S. 56) verbunden, um einen dichten Abschluss des Interzellularraums zu gewährleisten.
- Die breite **Lamina propria** ist als subepitheliales Bindegewebe der Ureterwand lamellär aufgebaut und zeigt Längsfalten, welche zur **Sternform** des Ureterlumens führen. Direkt subepithelial liegt ein dichtes Kapillarnetz; in einer äußeren Lamelle liegen größere Gefäße.

J-1.14 Wandbau des Ureters

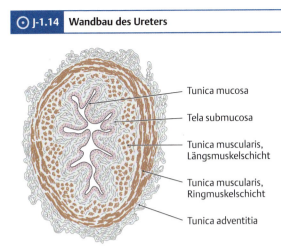

Querschnitt durch den Harnleiter mit charakteristischem sternförmigem Lumen.
(Prometheus LernAtlas. Thieme, 3. Aufl.)

- Tunica mucosa
- Tela submucosa
- Tunica muscularis, Längsmuskelschicht
- Tunica muscularis, Ringmuskelschicht
- Tunica adventitia

Tunica muscularis: Die kräftige glatte Muskulatur des Ureters erzeugt die peristaltischen Wellen für den aktiven Transport des Harns in die Blase.
Sie zeigt ein innen gelegenes **Stratum longitudinale internum** und ein äußeres **Stratum circulare**.
Die **Pars pelvica** zeigt noch weiter außen eine dritte Schicht, das **Stratum longitudinale externum**.

Tunica adventitia: Sie baut den Ureter in das umgebende Bindegewebe des Spatium retroperitoneale ein.

Gefäßversorgung und Innervation des Ureters

Gefäßversorgung

Arterielle Versorgung: Der Ureter wird aus **Rami ureterici** versorgt, die den **Arterien** seiner Nachbarschaft entspringen:
- Pars abdominalis: **Arteria renalis** (S. 773), **Arteria testicularis** (S. 828)/**ovarica** (S. 796).
- Pars pelvica: **Arteria iliaca communis** (S. 879) und **Arteria iliaca interna** mit ihren viszeralen Ästen, v. a. Arteria uterina bzw. ductus deferentis sowie **Arteria vesicalis inferior** (S. 783).

Venöser Abfluss: Er erfolgt über Venen, die mit den Arterien verlaufen und wie sie benannt sind.

Lymphabfluss: Die Lymphdrainage erfolgt in Lymphknoten, die den benachbarten Gefäßen zugeordnet sind und die Lymphe in die **Trunci lumbales** ableiten.
- Pars abdominalis: **Nodi lymphoidei lumbales** (**Nodi lymphoidei cavales laterales** und **aortici laterales**).
- Pars pelvica: **Nodi lymphoidei iliaci communes** und **iliaci interni**.

Innervation

Der **Sympathikus** erreicht den Ureter über **Ganglia aorticorenalia** und über den **Plexus hypogastricus inferior**.
Die **parasympathische Versorgung** erfolgt über die **Nervi splanchnici pelvici** aus den Segmenten S 2–S 4, teilweise auch über den **Nervus vagus**. Der Sympathikus hemmt, der Parasympathikus fördert die Ureterperistaltik.

1.3.3 Harnblase (Vesica urinaria)

Funktion der Harnblase

Die Harnblase ist ein muskuläres Hohlorgan mit **Reservoirfunktion** für den kontinuierlich in der Niere produzierten Harn. Die Angaben zur physiologischen Maximalfüllung der Harnblase schwanken stark (von 500 ml bis zu 2000 ml), Harndrang (S. 784) tritt jedoch schon bei einer Füllung von ca. 150–300 ml auf.

Tunica muscularis: Durch sie erfolgt der peristaltische Harntransport. In beiden Ureterabschnitten finden sich **Stratum longitudinale internum** und **Stratum circulare**, in der Pars pelvica zusätzlich ein **Stratum longitudinale externum**.

Tunica adventitia: zum Einbau des Ureters in das Spatium retroperitoneale.

Gefäßversorgung und Innervation des Ureters
Gefäßversorgung

Arterielle Versorgung: Rr. ureterici aus den Nachbararterien:
- Pars abdominalis: **A. renalis** (S. 773), **A. testicularis** (S. 828)/**ovarica** (S. 796)
- Pars pelvica: **A. iliaca communis** (S. 879) und viszerale Äste der A. iliaca int.

Venöser Abfluss: Über gleichnamige, arterienbegleitende Venen.

Lymphabfluss: Über folgende Lymphknoten in die Trunci lumbales:
- Pars abdominalis: **Nll lumbales**.
- Pars pelvica: **Nll. iliaci** (**communes** und **interni**).

Innervation

Sympathikus: Ganglia aorticorenalia und Plexus hypogastricus inferior.
Parasympathikus: Nn. splanchnici pelvici (S 2–S 4), teilweise N. vagus.

1.3.3 Harnblase (Vesica urinaria)

Funktion der Harnblase

Die Harnblase ist ein Hohlorgan mit **Reservoirfunktion**. Die Blase fasst max. 500–2000 ml. Harndrang entsteht bei 150–300 ml.

Abschnitte, Form und Lage der Harnblase

▶ Merke. Form, Größe und Lagebeziehungen der Harnblase im Becken ändern sich mit ihrem Füllungszustand.

Abschnitte und Form

Die Harnblase hat im leicht gefüllten Zustand **Birnenform**, wobei der Stiel der Birne nach ventral und kranial gerichtet ist. Man unterscheidet die folgenden Abschnitte:
- **Apex vesicae** (**Blasenspitze**): Der Apex vesicae sitzt der Blase vorne-oben auf und setzt sich als **Ligamentum umbilicale medianum** nach kranial in den obliterierten Urachus fort.
- **Corpus vesicae** (**Blasenkörper**): Das Corpus vesicae ist der größte Abschnitt der Blase.
- **Cervix vesicae** (**Collum vesicae, Blasenhals**): Die Cervix vesicae geht in die Harnröhre (Urethra) über.
- **Fundus vesicae** (**Blasengrund**): Als Fundus vesicae wird der hintere untere Blasenteil bezeichnet. Hier liegt das Blasendreieck (**Trigonum vesicae**), welches das Gebiet zwischen den beiden Mündungen der Ureteren (**Ostia ureterum**) und der inneren Harnröhrenmündung (**Ostium urethrae internum**) umfasst. Es erscheint im Gegensatz zur sonst rötlichen Innenwand der Blase weißlich, da in diesem Bereich die Schleimhaut unverschieblich mit der Blasenmuskulatur verbunden ist (S. 782). Begrenzt wird das Trigonum vesicae durch die **Plica interureterica**, eine Schleimhautfalte, welche die beiden Uretermündungen verbindet. Hinter dem Ostium urethrae internum liegt im Trigonum ein kleiner, Venengeflechte enthaltender Wulst (**Uvula vesicae**), der beim Mann durch die darunter liegende Prostata betont wird.

▶ Klinik. Bei der endoskopischen Untersuchung der Harnblase (**Zystoskopie**) dienen das Trigonum vesicae mit seiner charakteristischen Färbung und die Plica interureterica als Orientierungshilfe beim Aufsuchen der Uretermündungen.

Lage

Lage und Lagebeziehungen: Die Harnblase liegt im subperitonealen Bindegewebe des kleinen Beckens **hinter der Symphyse** und ruht teilweise auf den Schenkeln (S. 335) des M. levator ani (Levatorschenkel), wobei der Blasenhals in den Hiatus urogenitalis (Levatorspalt) hineinragt. Zwischen Symphyse und Harnblase liegt das bindegewebige Spatium retropubicum (S. 663), sog. „Retzius-Raum".

Beim **Mann** grenzt der Fundus vesicae an die Prostata, an der Blasenrückwand liegen die Ampulle des Ductus deferens und die Glandula vesiculosa. Ein Abschnitt der Blasenrückwand tritt nahe an die Rektumvorderwand (Abb. J-1.15).

Bei der **Frau** legt sich die Vorderwand des Uterus von hinten und oben auf die Harnblase, bei Blasenfüllung wird der Uterus angehoben.

Faszien- und Bauchfellbeziehungen: Die Vorderwand der Harnblase ist von der **Fascia pelvis visceralis** (S. 722) überzogen, die hier **Fascia vesicalis** heißt. Von oben legt sich das **Peritoneum parietale** von der ventralen Bauchwand auf die Blase, zieht zu ihrer Rückwand bis oberhalb der Uretereneinmündung und schlägt dann auf die Vorderwand des dorsal der Blase liegenden Organs unter Bildung einer Peritonealhöhle um. So entsteht bei der Frau die **Excavatio vesicouterina** (S. 658), beim Mann die **Excavatio Excavatio rectovesicalis** (S. 658). Auf der Oberseite der leeren Blase bildet das Peritoneum eine Querfalte (**Plica transversa vesicae**), die seitlich in die **Plica rectovesicalis** übergeht und bei Blasenfüllung verstreicht. Beidseits der Harnblase senkt sich das Peritoneum in der seichten **Fossa paravesicalis** ein. Blasenvorderwand und Fundus tragen keinen Bauchfellüberzug.

J 1.3 Ableitende Harnwege

⊙ J-1.15 Form, Abschnitte und Lage der Harnblase beim Mann

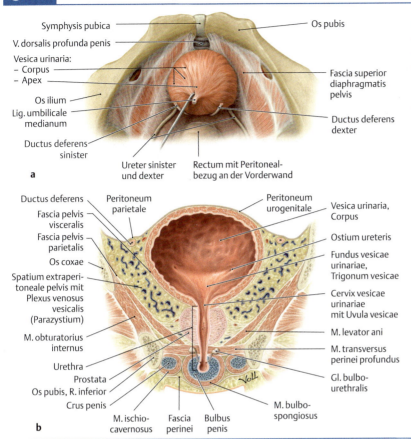

Zu Lagebeziehungen der Harnblase im männlichen und weiblichen Becken s. Abb. **H-1.10** und Abb. **H-1.11**.
(Prometheus LernAtlas. Thieme, 3. Aufl.)

a Ansicht von kranial auf die leicht nach dorsal gezogene Harnblase, von der hier das Peritoneum urogenitale entfernt ist.

b Frontalschnitt (leicht nach dorsal geneigt) durch Harnblase, Urethra und Prostata. Die Harnblase ist eröffnet, um das Schleimhautrelief und die Lage der Mündungen der beiden Ureteren und der Urethra im Trigonum vesicae darzustellen.

▶ **Klinik.** Bei starker Blasenfüllung wird das Peritoneum parietale von der vorderen Bauchwand abgehoben, und oberhalb der Symphyse erscheint ein peritonealfreier Blasenabschnitt, der hier ohne Verletzung des Bauchfells punktiert werden kann.

⊙ J-1.16 Suprapubische Blasenpunktion. (Prometheus LernAtlas. Thieme, 3. Aufl.)

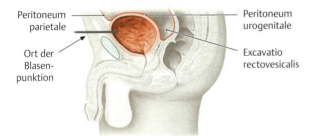

▶ **Klinik.**

Dieses Vorgehen (**suprapubische Punktion**) nutzt man, um bei Blasenentleerungsstörungen die Harnableitung zu sichern. Bei akutem Harnverhalt ist dies notwendig, wenn aufgrund von Hindernissen (Harnröhrenverengung) eine transurethrale Ableitung des Urins mittels Harnröhrenkatheter nicht möglich ist. Leidet der Patient unter einer dauerhaften Blasenstörung (z. B. Querschnittlähmung), legt man häufig einen **suprapubischen Katheter**, da hier die Gefahr einer Harnwegsinfektion viel geringer ist als bei einem Harnröhrenkatheter (transurethraler Blasenkatheter). Suprapubisch gewonnener Urin sollte immer keimfrei sein (physiologisch) – daher muss bei der Interpretation einer angelegten Urinkultur zur Diagnostik eines Harnwegsinfekts immer die Methode der Uringewinnung berücksichtigt werden!

Um eine Anpassung an die Füllung zu gewährleisten, ist die ansonsten gut bewegliche Blase über Bindegewebszüge des Spatium subperitoneale an Fundus und Cervix vesicae fixiert:

- **Lig. pubovesicale** und **puboprostaticum** mit eingelagerten, gleichnamigen Muskeln
- **M. rectourethralis** und **rectovesicalis** (Längsmuskel des Rektums zur Urethra und Blase)
- **M. vesicoprostaticus** (Fixation über die Prostata beim Mann)
- **M. vesicovaginalis** (glatter Muskelzug zwischen Blase und Vagina)

Wandbau der Harnblase

Die Blasenwand hat 3 Schichten:

- **Tunica mucosa**,
- **Tunica muscularis** und
- **Tunica adventitia**
- Eine **Serosa** findet sich auf der Harnblase nur **abschnittsweise**.

Tunica mucosa

Die Höhe des **Urothels** (S. 62), ein Übergangsepithel, wechselt mit der Blasenfüllung. Die unter der Tunica mucosa liegende **Tela submucosa** gestattet – außer im Trigonum vesicae – die Verschieblichkeit und Faltenbildung der Schleimhaut und damit die Dehnbarkeit der Blase. Im Bereich der Urethramündung finden sich Schleimdrüsen.

▶ Klinik.

Tunica muscularis

Die Tunica muscularis ist – außer im Trigonum vesicae – **dreischichtig** (2 Längsschichten umgeben die zirkuläre mittlere Schicht):

- **Stratum longitudinale ext.**,
- **Stratum circulare** und
- **Stratum longitudinale int.**, aus dem Fasern in umliegende Muskelzüge einstrahlen (Abb. J-1.17).
- Alle Schichten zusammen bilden den **M. detrusor vesicae**.

Befestigung der Harnblase: Die füllungsbedingten Größen- und Lageveränderungen der Harnblase erfordern eine flexible Befestigung. Diese erfolgt über teilweise bandartig verstärkte, bindegewebige Züge des Spatium subperitoneale (**Parazystium**) sowie durch Muskelzüge, die von benachbarten Organen an die Blase herantreten.

Sie setzen an Fundus und Cervix vesicae an, sodass das Corpus vesicae beweglich bleibt. Im Einzelnen sind es (Abb. J-1.17):

- **Ligamentum pubovesicale** (Frau) bzw. **Ligamentum puboprostaticum** (Mann): Diese durch eingelagerte Muskelfasern (**Musculus pubovesicalis**/puboprostaticus) ergänzten Bänder ziehen von der Symphyse zum Blasenhals.
- **Musculus rectourethralis**: Längszüge der Rektummuskulatur ziehen zu Blasenhals und blasennaher Urethra.
- **Musculus vesicoprostaticus**: Beim Mann erfolgt die Befestigung der Blase zusätzlich über die Prostata.
- Bei der Frau zieht zwischen Harnblase und Vagina der glatte **Musculus vesicovaginalis**.

Wandbau der Harnblase

Die Wand der Harnblase ist entsprechend dem Grundbauplan muskulärer Hohlorgane (S. 530) dreischichtig aufgebaut aus:

- **Tunica mucosa** (Schleimhaut),
- **Tunica muscularis** (Muskelwand) und
- **Tunica adventitia** (Einbau der Harnblase in die Umgebung)
- Eine **Serosa** (äußerste Schicht) findet sich nur an der Blasenober- und -rückseite vom Apex bis zum Fundus (als Peritoneum urogenitale).

Die Dicke der gesamten Blasenwand ist vom Füllungszustand abhängig, überschreitet aber selten 3 mm.

Tunica mucosa

Die Höhe des **Urothels** (S. 62), ein Übergangsepithel, nimmt aufgrund der Wanddehnung bei vermehrter Füllung der Harnblase ab.

Mit Ausnahme des Trigonum vesicae, wo die Schleimhaut unverschieblich mit der darunter gelegenen Tunica muscularis (s. u.) verwachsen und somit immer glatt ist, ermöglicht die der Tunica mucosa untergelagerte lockere Bindegewebsschicht (**Tela submucosa**) eine gute Verschieblichkeit der Schleimhaut. Letztere bildet daher bei entleerter Blase starke Falten. Im Bereich des Ostium internum urethrae kommen vereinzelt Schleimdrüsen vor.

▶ Klinik. Der bösartige Tumor der Harnblase, das **Harnblasenkarzinom**, tritt überwiegend bei Männern in einem Altersbereich zwischen 60 und 80 Jahren auf. Als Risikofaktoren gelten v. a. Exposition gegenüber Anilinderivaten (Industriefarben) und Tabakrauchen. Symptome sind evtl. starke Blutbeimengungen im Harn (**Hämaturie**), aber auch Schmerzen bei der Miktion und ggf. Harnstau (durch Verlegung der Ureterostien). Die Therapie besteht je nach Ausdehnung des Tumors in Operation, Strahlen- und Chemotherapie.

Tunica muscularis

Die Tunica muscularis besteht aus glattmuskulären Faserzügen, welche – außer im Trigonum vesicae – **dreischichtig** angeordnet sind:

- **Stratum longitudinale externum** (äußere Längsschicht),
- **Stratum circulare** (mittlere, zirkuläre Schicht) und
- **Stratum longitudinale internum** (innere Längsschicht).

Diese Schichten sind durch den Austausch von Muskelfasern miteinander vernetzt und bilden in ihrer Gesamtheit den **Musculus detrusor vesicae**. Muskelfasern, die Uvula nach dorsal ziehen, werden oft als „**Musculus retractor uvulae**" bezeichnet. Die Aktivierung des M. detrusor vesicae bewirkt eine Kontraktion und somit die Entleerung der Harnblase (S. 785).

Die äußere Längsschicht gibt außerdem Muskelzüge ab, die dorsal in den **Musculus vesicoprostaticus** bzw. den **Musculus vesicovaginalis** übergehen und ventral in den **Musculus pubovesicalis** (bzw. **puboprostaticus**). Diese sind an der Bildung des funktionellen Sphinktersystems der Harnblase beteiligt (Abb. **J-1.17**).

Im Bereich des ganzen Trigonum vesicae verliert die Muskulatur ihre typische Dreischichtung. Elliptische Faserbündel aus der inneren Längsmuskelschicht umschließen Ureterostien und Urethramündung. Durch Unterlagerung von zirkulären Fasern, die sich im Bereich der blasennahen Urethra von der äußeren Längsmuskelschicht abspalten, bildet sich ein anatomisch nicht streng abgrenzbarer funktioneller Sphinkter aus, der **Musculus sphincter urethrae internus**. An der Mündung der Ureteren strahlen Fasern der Uretermuskulatur in die Blasenmuskulatur ein.

Tunica serosa, Tunica adventitia

Das **Peritoneum parietale** legt sich als Tunica serosa (Peritoneum urogenitale) oben und hinten auf die Harnblase und gewährleistet hier die gute Verschieblichkeit gegen die Nachbarorgane. Die nicht von Peritoneum bedeckten Anteile der Harnblase zeigen eine Tunica adventitia und sind von der Fascia pelvis visceralis überzogen.

▶ **Klinik.** Eine der häufigsten Erkrankungen der Harnblase ist die bakterielle Entzündung (**Zystitis**). Sie betrifft meist Mukosa und Muskularis, selten sind alle drei Wandschichten betroffen. Ursache sind meist aufsteigende Infektionen, d. h. Keime, die durch die Urethra zur Blase gelangen. Die wesentlich kürzere weibliche Harnröhre ist schneller überwindbar als die Urethra masculina und erklärt, warum Frauen sehr viel häufiger unter **Harnwegsinfekten** leiden. Symptome sind Schmerzen bzw. „Brennen" bei der Miktion (**Dysurie**) und häufiger Harndrang (**Pollakisurie**). Mit Hilfe eines **Urin-Stix** kann man neben anderen Informationen einen Anhalt für Bakterien im Urin bekommen. In einer **Urinkultur** ist ein Nachweis des Keims und seiner Empfindlichkeit gegenüber verschiedenen zur Therapie verwendbaren **Antibiotika** (**Antibiogramm**) nachweisbar.

Gefäßversorgung und Innervation der Harnblase

Gefäßversorgung

Arterielle Versorgung: Die paarige **Arteria vesicalis superior** (Versorgungsgebiet: ca. ⅔ der Blasenwand mit Ausnahme von Blasenhals und unterer Rückwand) entspringt aus dem noch durchgängigen Teil (Pars patens) der A. umbilicalis und zieht von oben an die Blase. Die **Arteria vesicalis inferior** (Versorgungsgebiet: vorwiegend Blasenhals und untere Rückwand; beim Mann auch akzessorische Genitaldrüsen) entspringt ebenfalls paarig als viszeraler Ast direkt aus der A. iliaca interna, bei der Frau auch häufig aus der A. vaginalis (S. 806). Zusätzliche kleinere Arterien kommen aus der A. rectalis media (S. 880) und der A. pudenda interna (S. 880).

Venöser Abfluss: Das venöse Blut sammelt sich in einem ausgedehnten Geflecht (**Plexus venosus vesicalis**) und fließt über **Venae vesicales** meist direkt in die Vv. iliacae internae. Der Plexus venosus vesicalis nimmt beim Mann noch zusätzlich Blut aus dem Abflussgebiet von Penis und Prostata auf, wodurch ein **Plexus venosus vesicoprostaticus** entsteht.

Lymphabfluss: Die Lymphknoten der Harnblase (**Nodi lymphoidei pre-** und **retrovesicales** und **Nodi lymphoidei vesicales laterales**) gewinnen Anschluss an die iliakalen Lymphknoten (Nodi lymphoidei iliaci interni und externi) und somit an die Trunci lumbales.

Im Trigonum vesicae verliert die Muskulatur ihre typische Dreischichtigkeit. Elliptische Züge umfassen die Mündungen von Ureteren und Urethra. Zirkuläre Züge um die blasennahe Urethra bilden einen **funktionellen Sphinkter**. An der Uretermündung verflechten sich Blasen- und Uretermuskulatur.

Tunica serosa, Tunica adventitia

Parietales Bauchfell legt sich (als Peritoneum urogenitale) von oben auf die Blase; ansonsten bildet die Tunica adventitia in Verbindung mit der Fascia pelvis visceralis die äußerste Wand.

▶ **Klinik.**

Gefäßversorgung und Innervation der Harnblase
Gefäßversorgung

Arterien: Die paarige **A. vesicalis sup.** entstammt der Pars patens der A. umbilicalis. Die paarige **A. vesicalis inf.** ist ein viszeraler Ast der A. iliaca int. oder ein Ast der A. vaginalis.

Venen: Der **Plexus venosus vesicalis** fließt über **Vv. vesicales** in die Vv. iliacae int. Beim Mann findet sich ein gemeinsamer **Plexus venosus vesicoprostaticus**.

Lymphabfluss: Er erfolgt von **Nll. pre-** und **retrovesicales** und **Nll. vesicales laterales** über die Nll. iliaci intt. und extt. in die Trunci lumbales.

J 1 Niere und ableitende Harnwege

Innervation

Innervation

Viszeroefferenzen: Ein **intrinsischer Nervenplexus** in der Blasenwand passt den Tonus des M. detrusor vesicae an die Blasenfüllung an.

Extrinsisch findet man den **Parasympathikus** (aus S 2–S 4, Umschaltung auf das 2. Neuron in organnahen Ganglien) und den **Sympathikus** (Th 11–L 2, Umschaltung im Plexus hypogastricus inf.). Nach einem von mehreren möglichen „Arbeitsmodellen" führt der Parasympathikus zur Kontraktion des M. detrusor vesicae (mit Ausnahme der Muskelzüge des Trigonum vesicae), wohingegen die Muskulatur von Trigonum und Collum vesicae durch den Sympathikus erregt wird.

Viszeroefferenzen: Man unterscheidet ein innerhalb (intrinsisch) und ein außerhalb (extrinsisch) der Blasenwand gelegenes System:

- Das **intrinsische System** besteht aus verschiedenen Nervenplexus, die den Tonus des M. detrusor vesicae an den Füllungszustand der Blase anpassen. Die vernetzten autonomen Ganglienzellen liegen überwiegend in der Adventitia und können durch das vegetative Nervensystem moduliert werden.
- Das **extrinsische System** steuert die Harnblasenmuskulatur über parasympathische und sympathische Nervenfasern:
  - **Parasympathikus:** Die aus den Rückenmarksegmenten S 2–S 4 stammenden Fasern (**Nervi splanchnici pelvici**) schalten in organnahen Ganglien auf das 2. Neuron um. Ihre Aktivierung bewirkt eine **Kontraktion des M. detrusor vesicae** – mit Ausnahme der Muskelzüge im Bereich des Trigonum vesicae – und somit die Entleerung der Blase, sog. Miktion (S. 785).
  - **Sympathikus**: Die Fasern aus Th 11–L 2 erreichen die Harnblase nach Umschaltung im **Plexus hypogastricus inferior**. Sie erregen die Muskulatur des Blasendreiecks und -halses und sind daher mitbeteiligt am Blasenverschluss (Kontinenz).

Das Zusammenspiel dieser Systeme regelt den physiologischen Ablauf von Kontinenz und Miktion. Dabei ist das hier dargestellte Innervations- und Funktionsmuster der Harnblase lediglich eines von mehreren „Arbeitsmodellen". Keines der existierenden Modelle kann bisher alle Fragen der Blasenfunktion abschließend erklären.

Viszeroafferenzen: Sie vermitteln sowohl Blasenwandspannung als auch Organschmerz und laufen mit den **Nn. splanchnici pelvici**.

Viszeroafferenzen: Viszeroafferente Fasern, die sowohl die Druckverhältnisse (über die Blasenwandspannung) im Rahmen des Wechsels von Kontinenz und Miktion an das ZNS melden als auch Organschmerz leiten, laufen mit den **Nervi splanchnici pelvici**.

Harnblasenaktivität

Harnblasenaktivität

Einer Füllungsphase (**Kontinenzphase**) folgt eine Entleerungsphase (**Miktionsphase**).

Die Harnblasenaktivität zeigt zwei gegenläufige Phasen: die lange Füllungsphase (**Kontinenzphase**) und die kurze Entleerungsphase (**Miktionsphase**).

Blasenfüllung und Kontinenz

Blasenfüllung und Kontinenz

Ureterlängsmuskulatur öffnet bei einer peristaltischen Welle die Uretermündungen für den Harnabfluss in die Blase.

Die stetige Harnblasenfüllung dehnt die Wand und führt so zu **Harndrang**, der die zentralnervös (Hirnstamm) kontrollierte Miktion (S. 784) auslöst.

Folgende Strukturen gewährleisten zusammen die Kontinenz (Abb. **J-1.17**):

- **M. sphincter urethrae int.** (S. 783), glatte Muskulatur.
- **Uvula vesicae** (S. 780) durch Schwellung aufgrund gefüllter Venenplexus.
- **M. sphincter urethrae ext.**, quergestreifte Muskulatur mit willkürlicher Innervation durch N. pudendus, s. a. M. transversus perinei profundus (S. 336).

Die Ureteren = Harnleiter (S. 777) transportieren den Harn durch peristaltische Kontraktionen in Richtung Blase. Längsmuskulatur im blasennahen Ureterabschnitt hebt bei Kontraktion die Uretermündungen und öffnet sie somit, um den herangeführten Harn in die Blase zu leiten. Durch die kontinuierliche Harnproduktion wird die Harnblase stetig gefüllt, wobei sie sich zunächst in Quer-, später in Längsrichtung ausdehnt. Die Wanddehnung führt zu **Harndrang**, der über das Sakralmark unter zentralnervöser Kontrolle (Hirnstamm) die Miktion (S. 785) auslöst.

Die Kontinenz wird durch mehrere zusammenwirkende Mechanismen, die dem Verschluss der Harnröhre dienen, gewährleistet (Abb. **J-1.17**):

- **M. sphincter urethrae internus** (S. 783): innerer Sphinkter der Harnröhre aus glatter Muskulatur.
- **Uvula vesicae** (S. 780): längsgestellter Wulst an der Spitze des Trigonum vesicae, der sich durch gefüllte Venenplexus vorwölbt.
- **M. sphincter urethrae externus:** Der vom N. pudendus willkürlich innervierte quergestreifte Muskel wird durch zirkuläre Fasern gebildet, welche dem sonst hauptsächlich transversal verlaufenden M. transversus perinei profundus (S. 336) entstammen und die Urethra bei ihrem Durchtritt durch den Beckenboden umfassen.

▶ **Klinik.**

▶ **Klinik.** Bei Senkungen des Beckenbodens (oft bei Frauen nach vaginalen Geburten) kann die damit einhergehende Senkung der Harnblase deren Verschlussmechanismen stören. Die Folge ist eine **Harninkontinenz**. Zunächst besteht meist eine sog. „Stressinkontinenz", d. h. mechanische Auslöser wie Husten, Pressen und Lachen führen zu einem Urinabgang. Im weiteren Verlauf kann die Inkontinenz unabhängig von Auslösern werden. Die Therapie besteht in Training der Beckenbodenmuskulatur, ggf. auch in einer operativen Straffung des Beckenbodens.

Die Uretermündungen werden verschlossen durch ihren schrägen Wanddurchtritt und die Blasenwandmuskulatur in der Plica interureterica (S. 780).

Ein unphysiologischer Rückstrom (**Reflux**) des Harns in die Ureteren wird sowohl durch deren schrägen Wanddurchtritt (S. 777) als auch durch interuretere Muskelzüge in der Plica interureterica (S. 780) verhindert. Diese bewirken einen Zug nach unten und dadurch den Verschluss der Uretermündungen.

J 1.3 Ableitende Harnwege

J-1.17 Muskuläre Strukturen an der Harnblase für Blasenverschluss und -entleerung

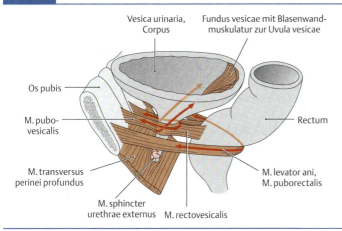

Ein anatomisch abgrenzbarer Blasensphinkter existiert nicht. Glatte Muskulatur der Harnblasenwand, Muskelzüge zu Os pubis und Rektum und der M. sphincter urethrae externus als Abzweigung aus dem quergestreiften M. transversus perinei profundus bilden ein gemeinsames funktionelles Sphinktersystem, welches durch nichtmuskuläre Strukturen (z. B. Uvula vesicae, hier nicht dargestellt) unterstützt wird.

Miktion

▶ Definition. Miktion = Entleerung der Harnblase

Die Miktion erfolgt zunächst reflektorisch über das Sakralmark als **spinaler Reflex** (Miktionsreflex), wird aber mit Eintritt ins Kleinkindalter zunehmend supraspinal kontrolliert. Diese **supraspinale Kontrolle** wird durch im Hirnstamm gelegene Miktionszentren gewährleistet, die ihrerseits unter Kontrolle der Großhirnrinde stehen. Dies erklärt, warum die Miktion willkürlich eingeleitet oder unterbrochen werden kann.

Ein Druckanstieg in der sich füllenden Harnblase wird über die in den **Nervi splanchnici pelvici** verlaufenden Viszeroafferenzen erfasst und führt zu einer Aktivitätssteigerung der parasympathischen Innervation des M. detrusor vesicae, der sich dadurch kontrahiert und somit den Blaseninnendruck erhöht.

Gleichzeitig erschlafft der sympathisch kontrollierte M. sphincter urethrae internus. Durch den Zug des Trigonum vesicae nach dorsal und oben werden nicht nur die Uretermündungen verschlossen und damit ein Reflux verhindert (s. o.), sondern auch durch Wirkung des „M. retractor uvulae" die Öffnung der Urethra erweitert: Er zieht die Uvula aus dem Ostium urethrae internum, das Venengeflecht wird entleert und damit der Blasenhals geöffnet. Die vordere Harnröhrenwand wird durch den M. pubovesicalis nach vorne, die hintere Wand durch den M. rectovesicalis nach hinten gezogen, wodurch das Ostium urethrae internum zusätzlich erweitert wird. Kommt es zu einem willkürlich eingeleiteten Erschlaffen des M. sphincter urethrae externus, ist eine physiologische vollständige Entleerung der Harnblase möglich.

Miktion

▶ Definition.

Der Miktionsreflex wird spinal ausgelöst. Kortikale Kontrolle kann die Miktion einleiten oder stoppen.

Ein Druckanstieg wird in den Nn. splanchnici pelvici erfasst. Die dadurch ausgelöste erhöhte Parasympathikusaktivierung führt zur Kontraktion des Detrusors, hebt das Trigonum und zieht die Uvula aus dem Ostium internum urethrae. Dies führt zu einem Schließen der Ureter- und Öffnen der Urethramündung. Die Harnröhrenwände werden nach ventral und dorsal gezogen. Der M. sphincter urethrae ext. und der sympathisch innervierte innere Sphinkter erschlaffen. Die Blase entleert sich nun vollständig.

▶ Klinik. Vergrößerungen der Prostata (S. 833) können über eine Einengung der Urethra masculina (S. 838) zu einem mechanischen Abflusshindernis führen. Das kompensatorisch überschießende Wachstum der Harnblasenmuskulatur führt zur sog. **Balkenblase**: Muskelbalken legen die Blasenschleimhaut in sichtbare Falten. Trotz der „muskelstarken" Wand ist die physiologische Kontraktionsfähigkeit der vergrößerten Blase herabgesetzt. Das Abflusshindernis kann immer weniger überwunden werden, häufig bleiben daher sonografisch nachweisbare **„Restharnmengen"** in der Harnblase, was zu rezidivierenden Entzündungen führen kann. Die Therapie besteht in der (operativen) Entfernung des Abflusshindernisses (operative Verkleinerung der Prostata).

J-1.18 Balkenblase
(Riede, U.-N., Werner, M., Schäfer, H.-S.: Allgemeine und spezielle Pathologie. Thieme, 2004)

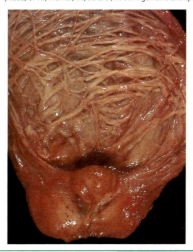

1.4 Darstellung der Harnwege mit bildgebenden Verfahren

Wie bei anderen Organen auch werden die Harnwege mit unterschiedlichen bildgebenden Verfahren untersucht, die jeweils spezifische Vorteile bieten und sich so in der Anwendung gegenseitig ergänzen. Im Wesentlichen sind dies das konventionelle Röntgenbild (ohne Kontrastmittel), Röntgenverfahren mit Kontrastmittel, Schnittbildtechniken (CT und MRT) und die Sonografie.

1.4.1 Konventionelle radiologische Verfahren ohne und mit Kontrastmittel

Konventionelles Röntgenbild ohne Kontrastmittel

Die Harnwege kann man in einem konventionellen Röntgenbild, z. B. Abdomenübersichtsaufnahme (S. 729), aufgrund der Kontrastarmut der Gewebe nur sehr schlecht beurteilen. Übersichtsaufnahmen dienen daher nicht in erster Linie der Beschreibung der Harnwege selbst, sondern vor allem dem Nachweis strahlendichter Konkremente (Nierenstein, Ureterstein, Blasenstein, Fremdkörper) in den Harnwegen.

Kontrastmitteluntersuchungen

Hierbei wird ein flüssiges strahlendichtes Kontrastmittel in das Hohlraumsystem der Harnwege gebracht. Auch hier wird nicht in erster Linie das Organsystem selbst sichtbar, sondern die Verteilung des Kontrastmittels innerhalb der Hohlräume.
Die Applikation des Kontrastmittels kann auf verschiedenen Wegen erfolgen. Daher unterscheidet man folgende Verfahren:

Ausscheidungsurografie: (Abb. J-1.19): Bei dieser auch als **i. v.-Pyelografie** oder **i. v.-Urografie** bezeichneten Untersuchung wird ein (jodhaltiges) Kontrastmittel intravenös verabreicht. Über das Blut gelangt es in die Nieren, wo es wie eine harnpflichtige Substanz abfiltriert wird und über Nierenbecken und Ureter zur Harnblase abgeleitet wird. Dabei werden die Hohlräume nacheinander kontrastreich dargestellt und in mehreren nach standardisierten Zeiten angefertigten Röntgenbildern bezüglich Form, Größe und Lage und somit ggf. krankhafte Veränderung (z. B. durch Tumoren, Steine, angeborene Fehlbildungen) beurteilt.

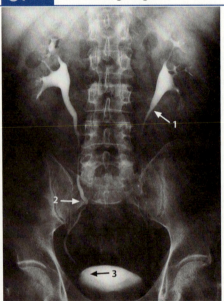

J-1.19 Ausscheidungsurogramm

In der a.-p.-Aufnahme ist die gute Füllung des Nierenbeckenkelchsystems deutlich erkennbar. Die Pfeile 1–3 verweisen auf die 3 physiologischen Ureterengen mit einem (normalen) vorübergehenden Kontrastmittelstau.
(Reiser, M., Kuhn, F.P., Debus, J.: Duale Reihe Radiologie. Thieme, 2011)

J 1.4 Darstellung der Harnwege mit bildgebenden Verfahren

J-1.20 Darstellung der ableitenden Harnwege durch retrograde Kontrastmittelgabe

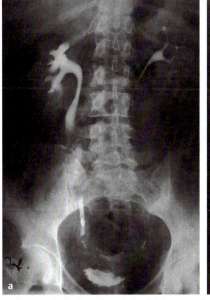
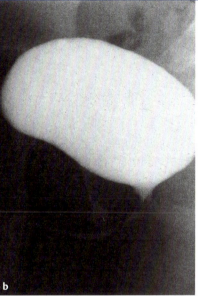

a Retrograde Pyelografie mit Grad-II-Stauung des oberen Harntraktes rechts. (Jocham, D., Miller, K.: Praxis der Urologie II. Thieme, 2007)
b Miktionszystourethrogramm bei unauffälligen Harnröhrenverhältnissen. (Jocham, D., Miller, K.: Praxis der Urologie I. Thieme, 2007)

Retrograde Ureteropyelografie: Mittels eines Katheters, der retrograd in einen Ureter eingeführt und ggf. bis zum Nierenbecken vorgeschoben wird, appliziert man das Kontrastmittel direkt in das Hohlraumsystem (Abb. **J-1.20a**). Dieses wird dann wie bei der Ausscheidungsurografie (s. o.) morphologisch beurteilt.
Retrograde Ureterpyelografien werden hauptsächlich dann verwendet, wenn eine Ausscheidungsurografie nicht durchgeführt werden kann.

Miktionszystourethrografie: Bei dieser speziellen Technik wird die vollständig entleerte Harnblase retrograd mit einem Kontrastmittel gefüllt. Die Anfertigung von Röntgenaufnahmen vor und während der Miktion gestattet eine Beurteilung von Harnblase und Urethra (Abb. **J-1.20b**).
Mit diesem Verfahren kann auch ein pathologischer Kontrastmittelrückfluss in die Ureteren (**vesikoureteraler Reflux**) während der Miktion erkannt werden.

Angiografie: Die Applikation von Kontrastmittel in die Nierengefäße gestattet die Beurteilung von Form, Größe, Durchgängigkeit und Verlauf der Gefäße (z. B. bei Verdacht auf eine Einengung der Nierenarterien als Ursache erhöhten Blutdrucks), s. Nierenarterienstenose (S. 774).

1.4.2 Schnittbildverfahren und Sonografie

Schnittbildverfahren

Tomografische Verfahren (Computertomografie mit und ohne Kontrastmittel und Magnetresonanztomografie) geben eine hochauflösende Darstellung der Harnwege und ihrer Umgebung (Abb. **J-1.21**). Selbst kleinere strukturelle Veränderungen der Organe sind damit gut darstellbar. Zur Anwendung kommen diese Verfahren z. B. bei Verdacht auf das Vorliegen von Tumoren oder von Nierenzysten.

Sonografie: Die sonografische Darstellung und Beurteilung ist insbesondere bei den Nieren (große Organe, oberflächennah gelegen, Abb. **J-1.22**) und der Harnblase (oberflächennah, ggf. flüssigkeitsgefüllt) gut möglich. Sie gibt Aufschluss über Größe, Form und Lage des jeweiligen Organs und erlaubt das Erkennen von Tumoren, Zysten und ggf. Steinen bei entsprechender Größe.

J-1.21 Darstellung der Nieren mit Schnittbildverfahren

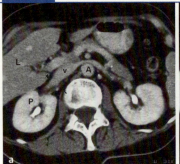
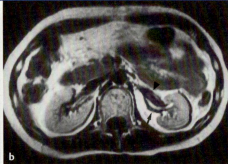

Abdomen in Höhe des Hilum renale (Normalbefund): In der Ansicht der Transversalschnitte von kaudal (S. 134) stellt sich die jeweils rechte Patientenniere linksseitig dar. Die Vasa renalia (→ = Arterie, ► = Vene) sind aufgrund der unterschiedlichen Höhenlage beider Nieren nicht immer beidseitig vollständig sichtbar.
L = Leber, P = Nierenparenchym, das sich deutlich vom Nierenbecken abhebt.
(Reiser, M., Kuhn, F.P., Debus, J.: Duale Reihe Radiologie. Thieme, 2011)

a CT nach Kontrastmittelgabe. Hier ist die Höhe der Mündung der beiden unterschiedlich langen Vv. renalia in die V. cava inferior (V) getroffen. Beachte den langstreckigen Verlauf der V. renalis sinistra ventral der Aorta = A.
b MRT.

J-1.22 Sonogramm der rechten Niere

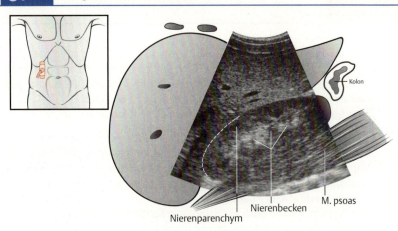

Die Niere (Normalbefund) ist längs dargestellt, die unterschiedliche Schallreflexion gestattet die Abgrenzung von Parenchym und Nierenbeckenregion.
(Delorme, S., Debus, J.: Duale Reihe Sonografie. Thieme, 2012)

Klinischer Fall: Akute Verwirrtheit

11:00
Frau Theresa Walter, 88 Jahre, wird an einem heißen Vormittag von ihren Verwandten ins Krankenhaus gebracht.
Tochter: Frau Doktor, so kenn ich meine Mutter gar nicht. Bisher war sie immer ganz klar im Kopf und nun sitzt sie vorhin auf der Terrasse und ruft immer nach dem Vati. Dabei ist der doch schon seit 15 Jahren tot. Sie ließ sich gar nicht beruhigen, deshalb sind wir hier hergekommen.

11:05
Was hat Ihre Mutter denn für Erkrankungen und welche Medikamente nimmt sie ein?
Tochter: Früher hatte sie mal eine Hepatitis A und eine schwere Lungenentzündung, aber das ist alles ausgestanden. Im Moment nimmt sie bloß das Diclofenac 75 mg gegen ihre Gelenkschmerzen – in den letzten 2 Wochen fast täglich...

11:15
Anamnese und körperliche Untersuchung
Ich merke, dass die Patientin tatsächlich verwirrt ist: sie weiß nicht, welcher Tag heute ist und warum sie in der Klinik ist. Ihr Mann soll sie abholen kommen.
Bei der körperlichen Untersuchung fallen mir eine trockene Zunge und stehende Hautfalten als Zeichen einer Exsikkose (Austrocknung) auf. Wahrscheinlich hat Frau W. schon länger nichts mehr getrunken und das, wo es heute so heiß ist...
Der übrige körperliche Untersuchungsbefund ist unauffällig. Der Blutdruck ist leicht erniedrigt (90/60 mmHg).

12:10
Laborbefund trifft ein
(Normwerte in Klammern)
- Kalium 5,8 mmol/l (3,5–5 mmol/l)
- Harnstoff 128 mg/dl (10–55 mg/dl)
- Kreatinin 3,4 mg/dl (0,5–1,4 mg/dl)

Die anderen Laborparameter liegen im Normbereich.

12:00
Röntgen-Thorax
Im Wesentlichen zeigt sich auch hier ein unauffälliger Befund.

11:25
Blutabnahme und EKG
Ich nehme der Patientin Blut ab und schreibe ein EKG, welches einen unauffälligen Befund zeigt.

Stehende Hautfalte bei Exsikkose (aus Füeßl, F.S., Middeke, M.: Duale Reihe Anamnese und Klinische Untersuchung. 3. Aufl., Thieme, 2005)

12:30
Verlegung auf die Normalstation Innere
Aufgrund der Symptome (akute Verwirrtheit) und des körperlichen Untersuchungsbefundes (Zeichen einer Deydratation/Exsikkose) stelle ich die Diagnose eines beginnenden prärenalen Nierenversagens. Dazu passt auch der Laborbefund mit erhöhtem Harnstoff und Kreatinin.

Infusionstherapie
Frau W. erhält Infusionen mit 0,9%NaCl. Trotzdem scheidet sie zunächst nur 125 ml Urin aus. Die Patientin ist sehr müde und schläft viel.

21:30
Behandlung mit Furosemid i.v.
Nachdem Frau W. 500 mg Furosemid (Diuretikum) erhalten hat, kommt endlich die Ausscheidung in Gang: In den nächsten 24 Stunden produzieren die Nieren 2,5 l Urin.

Nach 4 Tagen
Besserung der Symptome und der Laborwerte, Rückbildung des Lungenödems
Die Elektrolyte und die Ein- und Ausfuhr werden gut überwacht. Am 4. Tag ist Frau W. wieder vollständig orientiert, die Laborwerte liegen fast im Normbereich. Das Lungenödem hat sich zurückgebildet (Kontrollröntgen des Thorax).

21:00
Atemnot tritt auf, erneutes Röntgen Thorax
Am Abend atmet Frau W. schwer. Der diensthabende Kollege ordnet ein Röntgenbild des Thorax an. Dies zeigt ein Lungenödem, also eine Überwässerung der Lunge.

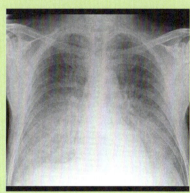

Zeichen eines Lungenödems mit diffuser Verschattung beider Lungen und gestauten Gefäßen.
(aus Galanski M. et al: Pareto-Reihe Radiologie, Thorax: Thieme, 2010)

1 Woche nach Aufnahme
Nach 1 Woche kann Frau W. nach Hause entlassen werden. Statt des nierenschädigenden Diclofenac erhält sie nun Paracetamol als Schmerzmittel, mit dem sie meist gut zurechtkommt. Bei Bedarf nimmt sie zusätzlich Tramadol, ein Opiat.

Fragen mit anatomischem Schwerpunkt

1. Wie lässt sich der Zusammenhang zwischen Volumenmangel (z. B. infolge fehlender Flüssigkeitszufuhr) und dem Ausfall der Nierenfunktion erklären?
2. Wie kommt es bei Frau Walter zur Entwicklung der im Röntgenbild sichtbaren pulmonalen Stauung mit Lungenödem?
3. Im Gegensatz zum reversiblen prärenalen akuten Nierenversagen können strukturelle Schädigungen des Organs zu einem fortschreitenden Funktionsverlust bis hin zur terminalen Niereninsuffizienz führen. Welche Therapieoptionen gibt es in dieser Situation, um dem Organismus die lebenswichtige Ausscheidung der harnpflichtigen Substanzen zu ermöglichen?
4. Können Sie sich vorstellen, warum die Niere bei einer Nierentransplantation nicht in ihre anatomisch korrekte Position verpflanzt wird?

Antwortkommentare im Anhang

2 Nebenniere (Glandula suprarenalis)

2.1	Funktion der Nebenniere	790
2.2	Größe, Form und Lage der Nebenniere	790
2.3	Aufbau der Nebenniere	791
2.4	Gefäßversorgung und Innervation der Nebenniere	793
2.5	Entwicklung der Nebenniere	793

E. Schulte

2.1 Funktion der Nebenniere

2.1 Funktion der Nebenniere

Die beiden Anteile der Nebennieren erfüllen unterschiedliche Funktionen:

- Die **Rinde** (**Cortex**) sezerniert Steroidhormone:
  - **Glukokortikoide** (Glukose-, Protein- und Fettstoffwechsel),
  - **Mineralokortikoide** (Wasser- und Salzhaushalt)
  - **Androgene** (Sexualfunktion).
- Das **Mark** (**Medulla**) gibt als funktioneller Teil des Sympathikus **Katecholamine** (die Hormone Adrenalin und Noradrenalin) in das Blut ab, deren Wirkung einer Sympathikusaktivierung entspricht.

Jede der paarig angelegten Nebennieren stellt ein aus zwei verschiedenen Anteilen zusammengesetztes Organ dar, die unterschiedliche Funktionen erfüllen:

- Die **Rinde** (**Cortex**) sezerniert als **inkretorische Drüse** die sog. Nebennierenrindenhormone in die Blutbahn. Die Nebennierenrindenhormone, die chemisch zu den Steroidhormonen gehören, kann man anhand ihrer Funktion weiter unterteilen:
  - **Glukokortikoide** (u. a. Kortison, Kortisol) wirken auf den Glukose-, Protein- und Fettstoffwechsel.
  - **Mineralokortikoide** (v. a. Aldosteron) regulieren den Wasser- und Salzhaushalt (Natrium und Kalium).
  - **Androgene** (männliche Geschlechtshormone) beeinflussen Sexualfunktionen.
- Das **Mark** (**Medulla**) lässt sich dem sympathischen Nervensystem zurechnen: es sezerniert die Hormone **Adrenalin** und **Noradrenalin** in das Blut, zwei Katecholamine, die in ihrer Wirkung einer Aktivierung des Sympathikus entsprechen.

2.2 Größe, Form und Lage der Nebenniere

2.2 Größe, Form und Lage der Nebenniere

Größe und Form: Länge:Dicke:Breite ≈ 4 : 4:2 cm. Die rechte Nebenniere ist dreieckig (Abb. J-2.1), die linke halbmondförmig. Man unterscheidet drei Flächen (**Facies anterior**, **posterior** und **renalis**).

Lage und Lagebeziehungen: Im Retroperitoneum auf dem oberen Nierenpol (Abb. J-2.1a) innerhalb der Capsula adiposa gelegen, berühren beide Nebennieren das Diaphragma, die rechte zusätzlich die Leber. Die linke Nebenniere liegt dorsal der Bursa omentalis nahe der Magenhinterwand.

Größe und Form: Beide Nebennieren sind recht kleine Organe: Ihre Länge und Dicke beträgt ca. 4–6 cm, die Breite 1–2 cm. Während die rechte Nebenniere dreieckig ist (Abb. **J-2.1**), hat die linke Nebenniere die Form eines Halbmondes. Man unterscheidet eine **Facies posterior**, die der Pars lumbalis des Zwerchfells anliegt, von einer **Facies anterior**. Die Unterseite bezeichnet man durch ihre Lage zur Niere als **Facies renalis**.

Lage und Lagebeziehungen: Die Nebennieren liegen im Retroperitonealraum jeweils auf dem oberen Nierenpol (Abb. **J-2.1b**) innerhalb der Capsula adiposa der Niere. Sie sind von einer zarten Bindegewebskapsel umgeben, die mit dem retikulären Bindegewebe im Organ verbunden ist. Neben ihrer Nachbarschaft zum Zwerchfell (s. o.), berührt die rechte Nebenniere die Leber und die V. cava inferior. Die linke Nebenniere liegt – getrennt durch die Bursa omentalis – nahe der Magenhinterwand. Sie berührt i. A. nicht die Aorta.

⊙ J-2.1

⊙ J-2.1 Lage, Form und Aufbau der Nebenniere

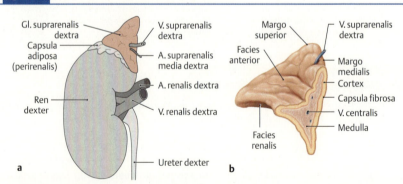

(Prometheus LernAtlas. Thieme, 3. Aufl.)

a Rechte Nebenniere in ihrer natürlichen Lage, in der sie i. d. R. durch eine Fettschicht von der Capsula fibrosa der Nieren getrennt ist
b und im Anschnitt zur Darstellung von Mark und Rinde.

2.3 Aufbau der Nebenniere

Jede der beiden Nebennieren besteht aus der äußeren **Rinde** (**Cortex**) und dem innen gelegenen **Mark** (**Medulla**, Abb. **J-2.1b**). Die beiden Anteile unterscheiden sich in Herkunft, Aufbau und Funktion sehr stark.

2.3.1 Nebennierenrinde

Die aufgrund eines hohen Lipidgehalts gelbliche Rinde entwickelt sich aus dem mesodermalen Zölomepithel. Dabei entsteht ein dreischichtiger Aufbau (Tab. **J-2.1**).
Zona fasciculata und reticularis stehen über das adrenokortikotrope Hormon (ACTH) unter der Kontrolle des Hypophysenvorderlappens und bilden mit diesem eine funktionelle Einheit.
ACTH fördert die Sekretion von Nebennierenrindenhormonen, die ihrerseits über eine negative Rückkopplung über den Hypothalamus die ACTH-Ausschüttung hemmen.

2.3 Aufbau der Nebenniere

Die äußere **Rinde** (Cortex) und das innere **Mark** (Medulla, Abb. **J-2.1b**) zeigen Unterschiede in Aufbau und Funktion.

2.3.1 Nebennierenrinde

Die gelbliche Rinde hat einen dreischichtigen Aufbau (Tab. **J-2.1**).

Zona fasciculata und reticularis bilden eine funktionelle Einheit mit dem Hypophysenvorderlappen. ACTH fördert die Hormonsekretion. Die Nebennierenrindenhormone hemmen die Sekretion von ACTH (negative Rückkopplung).

☰ J-2.1 · Aufbau der Nebennierenrinde mit den von ihr gebildeten Hormonen

Schicht	histologischer Aspekt	gebildete Hormone	Hauptfunktion
Zona glomerulosa (**Außenschicht,** ①)	▪ azidophile Zellen ▪ Anordnung ballenartig ▪ keine Sekretstapelung in Sekretgranula	**Mineralokortikoide** (v. a. Aldosteron)	▪ Regulation von Natrium-, Kalium- und Wasserhaushalt
Zona fasciculata (**Mittelschicht,** ②)	▪ große, lipidhaltige Zellen ▪ Anordnung in parallelen Säulen (senkrecht zur Organoberfläche) ▪ breiteste Schicht	**Glukokortikoide** (Kortison, Kortisol)	▪ Beeinflussung des Kohlenhydratstoffwechsels (Erhöhung des Blutzuckerspiegels), Protein- und Fettstoffwechsels ▪ Immunsuppression
Zona reticularis (**Innenschicht,** ③)	▪ pigmenthaltige Zellstränge ▪ Anordnung netzartig	**Androgene** (v. a. DHEAS = Dehydroepiandrosteron; hauptsächliche Produktion in der Zona reticularis)	▪ anabole Wirkung durch Steigerung der Proteinsynthese ▪ Ausbildung männlicher Geschlechtsmerkmale

Abbildung aus Prometheus LernAtlas. Thieme, 3. Aufl.

▶ Klinik. Aufgrund der Vielzahl von Stoffwechselvorgängen, die durch die unterschiedlichen Nebennierenrindenhormone reguliert werden, kann es bei einer **Nebennierenrindenunterfunktion** bzw. **-insuffizienz** (**Morbus Addison**) zu lebensbedrohlichen Krisen mit Blutdruckabfall, Unterzuckerung und Elektrolytstörungen kommen. Die Patienten müssen die fehlenden Steroide lebenslang medikamentös ersetzen (Substitutionstherapie).

Eine **Überfunktion** (**Cushing-Syndrom**) führt u. a. zu Umverteilung des Körperfetts (Stammfettsucht, Vollmondgesicht, Stiernacken), erhöhtem Blutzucker (Diabetes mellitus), Osteoporose und Bluthochdruck. Diese Veränderungen können auch infolge langjähriger Therapie mit Kortikosteroiden auftreten (iatrogen).

◉ J-2.2 **Patientin mit Cushing-Syndrom**
(Arastéh, K. et al.: Duale Reihe Innere Medizin. Thieme, 2012)

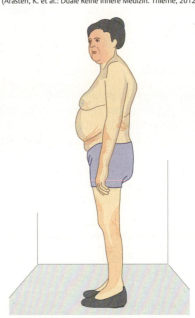

2.3.2 Nebennierenmark

Im Mark, einem Derivat der Neuralleiste (Sympathikusanlage) findet man verschiedene Zellen:
Spezifische Markzellen: Sie sind chromaffin und funktionell modifizierte sympathische Neurone, bei denen man zwei Typen unterscheidet:
- **A-Zellen** (80 %) produzieren Adrenalin,
- **N-Zellen** (20 %) Noradrenalin.

2.3.2 Nebennierenmark

Im Nebennierenmark, das sich als Derivat der Neuralleisten aus der ektodermalen Sympathikusanlage entwickelt, unterscheidet man spezifische Markzellen von multipolaren Ganglienzellen.
Spezifische Markzellen zeigen eine Affinität gegenüber bestimmten Farbstoffen und werden deshalb auch als „**chromaffin**" oder „**phäochrom**" bezeichnet. Funktionell sind die Markzellen modifizierte sympathische Neurone. Es lassen sich zwei Typen von Markzellen unterscheiden:
- **A-Zellen** machen fast 80 % der Markzellen aus und enthalten **Adrenalin** in kleinen Sekretgranula.
- **N-Zellen** bilden mit ca. 20 % die kleinere Zellpopulation und enthalten intragranulär **Noradrenalin**.

▶ Klinik.

▶ Klinik. Eine sehr seltene Ursache für einen zu hohen Blutdruck (arterielle Hypertonie) ist ein Tumor des Nebennierenmarks (**Phäochromozytom**). Hierbei kann es über die überhöhte Freisetzung von Adrenalin und Noradrenalin zu bedrohlichen Blutdruckkrisen kommen.

Multipolare Ganglienzellen gehören zum Sympathikus und werden, wie die Markzellen, von präganglionären Ästen der Nn. splanchnici erreicht.

Multipolare Ganglienzellen gehören ebenfalls zum sympathischen Nervensystem. An ihnen enden, wie auch an den Markzellen, präganglionäre Axone der Nn. splanchnici major und minor. In diesem Sinne kann das Nebennierenmark als ein sympathisches Ganglion aufgefasst werden.

2.4 Gefäßversorgung und Innervation der Nebenniere

2.4.1 Gefäßversorgung

Arterielle Versorgung: Drei Arterien versorgen die Nebennieren mit Blut:
- **Arteria suprarenalis superior** (aus der A. phrenica inferior),
- **Arteria suprarenalis media** (direkt aus der Aorta abdominalis) und
- **Arteria suprarenalis inferior** (aus der A. renalis).

Insbesondere die A. suprarenalis superior teilt sich vor dem Eintritt in das Organ in viele Äste auf. Die Arterien treten an der Kapsel in die Nebenniere ein und verlaufen dann radiär von der äußeren Rinde zum innen gelegenen Mark. Von den Arterien strömt Blut in sinusoide Kapillaren, die von der Rinde zum Mark verlaufen. Das gesamte Blut wird dann in Markvenen gesammelt. Mark wird somit von Rindenblut (mit hoher Hormonkonzentration) durchströmt. Alle Kapillaren der Nebenniere haben ein fenestriertes Epithel.

▶ **Merke.** Die A. suprarenalis media läuft rechts dorsal der V. cava inferior.

Venöser Abfluss: Aus sinusoiden Kapillaren des Nebennierenmarks sammeln Venen das Blut von Mark und Rinde und vereinigen sich zu jeweils einer **Vena suprarenalis**, die am Hilum der Nebenniere durch die Kapsel wieder austritt.

▶ **Merke.** Die V. suprarenalis **dextra** mündet direkt in die V. cava inferior, die V. suprarenalis **sinistra** dagegen mündet in die V. renalis sinistra (S. 868).

Lymphabfluss: Die Lymphe der Nebennieren fließt in die Nodi lymphoidei lumbales (links v. a. **Nodi lymphoidei aortici laterales**, rechts **Nodi lymphoidei cavales laterales**) ab.

J-2.3 Blutgefäße der Nebenniere

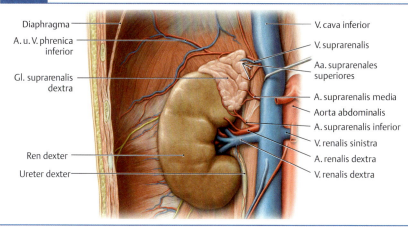

Rechte Nebenniere in der Ansicht von ventral nach Entfernung der Capsula adiposa zwischen Nebenniere und Niere. Zur besseren Darstellung der sie versorgenden Blutgefäße ist die V. cava inferior etwas nach links gezogen.
(Prometheus LernAtlas. Thieme, 3. Aufl.)

2.4.2 Innervation

Die vegetative Innervation der Nebennieren erfolgt über die **Ganglia coeliaca** mittels **Plexus renalis** und **suprarenalis**.
Das **Nebennierenmark** wird nur von präganglionären sympathischen Ästen (cholinerg!) erreicht, die eine **Freisetzung von Adrenalin** und Noradrenalin ins Blut bewirken.
An der **Nebennierenrinde** wirkt der Sympathikus vasokonstriktorisch auf die Gefäße. Die sehr spärliche parasympathische Innervation entstammt dem **Truncus vagalis posterior** (S. 875), jedoch ist ihr Effekt noch nicht geklärt.

2.5 Entwicklung der Nebenniere

Die beiden Anteile des makroskopisch einheitlichen Organs Nebenniere haben eine unterschiedliche embryonale Herkunft:
- Die **Nebennierenrinde** entsteht aus dem mesodermalen Zölomepithel.
- Das **Nebennierenmark** entsteht aus der ektodermalen Neuralleiste (aus Sympathikoblasten).

© Renate Stockinger

3 Weibliches Genitale

3.1	Übersicht	794
3.2	Innere weibliche Genitalorgane	794
3.3	Äußere weibliche Genitalorgane	807
3.4	Urethra feminina (weibliche Harnröhre)	809
3.5	Zyklusbedingte Veränderungen – hormonelle Steuerung	809
3.6	Konzeption, Schwangerschaft und Geburt	816
3.7	Das weibliche Genitale in verschiedenen Lebensphasen	823

E. Schulte

3.1 Übersicht

3.1 Übersicht

Man unterscheidet ein **inneres** und ein **äußeres Genitale** (Abb. **J-3.1**). Das äußere Genitale, sog. Vulva oder Pudendum (S. 807), reicht von außen bis zum Jungfernhäutchen (Hymen). Die Genitalorgane haben **Fortpflanzungs-** und **Sexualfunktion**.

Die weiblichen Genitalorgane lassen sich in die inneren und äußeren Genitalorgane (**Organa genitalia feminina interna** bzw. **externa**) unterteilen (Abb. **J-3.1**). Das äußere Genitale (S. 807) wird auch als Scham (Vulva, Pudendum) bezeichnet; es reicht von außen bis zum Jungfernhäutchen (Hymen), wo die inneren Genitalien mit der Scheide beginnen. Innere und äußere Genitalorgane haben **Fortpflanzungs-** und **Sexualfunktion**.

⊙ J-3.1

⊙ J-3.1 Übersicht über die inneren und äußeren weiblichen Geschlechtsorgane

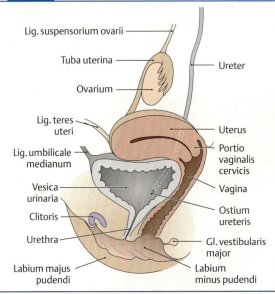

Weibliches Genitale im schematischen Mediansagittalschnitt. Anders als beim männlichen Organismus (vgl. Abb. **J-4.1**) sind die Genitalorgane funktionell von den ableitenden Harnwegen (hier grau dargestellt) getrennt, jedoch bestehen enge topografische Beziehungen.
(Prometheus LernAtlas. Thieme, 3. Aufl.)

3.2 Innere weibliche Genitalorgane

3.2 Innere weibliche Genitalorgane

▶ Definition.

▶ Definition. Zum inneren weiblichen Genitale gehören:
- Eierstock (**Ovarium**), paarig
- Eileiter (**Tuba uterina**), paarig
- Gebärmutter (**Uterus**) und
- Scheide (**Vagina**).

Eileiter und Eierstock werden zusammen auch als die **Adnexe** (Anhangsgebilde) des Uterus bezeichnet.

Die Reihenfolge der Darstellung entspricht dem Weg der befruchteten Eizelle.

Die Organe werden hier in der Reihenfolge dargestellt, wie sie von der befruchteten Eizelle auf ihrem physiologischen Weg passiert werden.

3.2.1 Eierstock (Ovarium)

Funktion des Ovars

Der Eierstock dient der **Bereitstellung der weiblichen Keimzellen** (Eizelle, **Ovum**) und der **Produktion von Sexualhormonen** (**Östrogene** und **Gestagene**). Die Blutkonzentration der Sexualhormone unterliegt periodischen Schwankungen, welche die wesentliche Grundlage für den weiblichen Zyklus bilden.

Abschnitte, Form und Lage des Ovars

Abschnitte und Form: Das paarig angelegte Ovar hat bei der geschlechtsreifen Frau eine Größe von etwa 3,5 × 1,5 × 1 cm und ein Gewicht von ca. 10 g. Die mediale und die laterale Fläche des Ovars (**Facies medialis** bzw. **lateralis**) treffen am vorderen (**Margo mesovaricus**) und am hinteren Rand (**Margo liber**) aufeinander. Ein unterer Pol (**Extremitas uterina**) weist nach medial und unten, ein oberer Pol (**Extremitas tubaria**) nach lateral und oben (Abb. **J-3.2**).

Lage und Lagebeziehungen: Das Ovar liegt **intraperitoneal** im kleinen Becken in der linken und rechten **Fossa ovarica**, etwas unterhalb der Aufteilung der Vasa iliaca. Die Position des Ovars und die Richtung seiner Längsachse sind abhängig von der Körperlage. Dorsal vom Ovar verlaufen der **Ureter** und der **N. obturatorius**.

Befestigung des Ovars: Das Ovar ist mit mehreren bindegewebigen Zügen an benachbarten Strukturen befestigt. Diese Bänder enthalten neben Gefäßen und Nerven auch glatte Muskulatur, welche eine gewisse Beweglichkeit des Ovars gewährleistet (Abb. **J-3.2**). Das **Ligamentum ovarii proprium** (Gebärmutter-Eierstock-Band) zieht von der Extremitas uterina zum Uteruskörper.

- Das **Ligamentum suspensorium ovarii** (Aufhängeband) zieht von der Extremitas tubaria zur seitlichen Beckenwand.
- Das **Mesovarium** (Eierstockgekröse) zieht vom Margo mesovaricus nach vorne zum Ligamentum latum uteri (S. 801). Der Margo liber bleibt frei.

▶ **Klinik.** Um die „Achse" des Lig. suspensorium ovarii ist eine gewisse Drehbewegung möglich. Exzentrische Verformungen des Ovars z. B. durch einen großen Graaf-Follikel (S. 810) oder eine Zyste können eine solche Drehung begünstigen. Diese sog. **Stieldrehung** führt zur Abklemmung der im Ligament befindlichen Blutgefäße, was die Versorgung des Ovars gefährdet. Die Stieldrehung äußert sich in akut auftretenden massiven Unterbauchschmerzen und macht ein sofortiges operatives Vorgehen notwendig.

3.2.1 Eierstock (Ovarium)

Funktion des Ovars

Das Ovar stellt die Eizelle (**Ovum**) bereit und produziert **Östrogene** und **Gestagene**, die den Zyklus bestimmen.

Abschnitte, Form und Lage des Ovars

Abschnitte und Form: An den paarigen Ovarien (Größe 3,5 × 1,5 × 1 cm, Masse 10 g) unterscheidet man: **Facies medialis** und **lateralis**, **Margo mesovaricus** und **liber** sowie **Extremitas uterina** und **tubaria** (Abb. **J-3.2**).

Lage und Lagebeziehungen: Das Ovar liegt **intraperitoneal** in der **Fossa ovarica** unterhalb der Aufteilung der Vasa iliaca. Dorsal verlaufen der **Ureter** und der **N. obturatorius**.

Befestigung des Ovars: Muskelhaltige Peritonealstränge befestigen das Ovar beweglich an benachbarten Strukturen (Abb. **J-3.2**):
- **Lig. ovarii proprium** zum Uterus,
- **Lig. suspensorium ovarii** zur seitlichen Beckenwand
- **Mesovarium** zum Lig. latum uteri (S. 801).
- Der hintere Rand des Ovars ist frei (Margo liber).

▶ **Klinik.**

⊙ **J-3.2** **Übersicht über die inneren weiblichen Geschlechtsorgane**

Ansicht von dorsal auf Uterus mit Ligamentum latum uteri (S. 801), Tuben, Ovarien und den oberen Anteil der Vagina. Der Uterus ist zur besseren Übersicht etwas aufgerichtet.

(Prometheus LernAtlas. Thieme, 3. Aufl.)

Aufbau des Ovars

Am Ovar unterscheidet man zwei Anteile:
- Die Rinde (**Cortex ovarii**) enthält Follikel (S. 809).
- Das vaskularisierte Mark (**Medulla ovarii**) enthält keine Follikel und setzt sich in das **Hilum ovarii** fort.

Das Ovar ist von einer Organkapsel (**Tunica albuginea**) überzogen und außen von Peritoneum (Oberflächenepithel; früher unzutreffend als **Keimepithel** bezeichnet) bedeckt.

Gefäßversorgung und Innervation des Ovars

Arterien (Abb. J-3.3a):
- Die **A. ovarica** zieht durch das Lig. suspensorium ovarii zum Hilum ovarii.
- Der **R. ovaricus** der A. uterina (im Lig. latum) bildet Anastomosen mit der A. ovarica.

Venen: Die **V. ovarica** mündet rechts in die V. cava inf., links in die V. renalis sin. Weiterhin besteht ein möglicher Abfluss über die **V. uterina** (Abb. J-3.3b).

Lymphabfluss: Er erfolgt über die **Nll. lumbales**.

Innervation: Die vegetativen Fasern stammen aus den **Plexus mesentericus sup.** und **renalis**, teilweise auch dem **Plexus hypogastricus inf.** und werden z. T. organnah (im **Plexus ovaricus** und **Plexus uterovaginalis**) umgeschaltet.

Eine spezifische Wirkung des vegetativen Nervensystems auf das Ovar ist nicht bekannt; die o. g. Fasern ziehen zu Gefäßen.

J 3 Weibliches Genitale

Aufbau des Ovars

Am bindegewebigen Grundgerüst des Ovars (**Stroma ovarii**) unterscheidet man zwei Anteile, die unscharf ineinander übergehen:
- **Cortex ovarii:** Die Rinde ist ca. 1–3 mm dick und enthält zahlreiche Follikel (S. 809) in unterschiedlichen Entwicklungsstadien (**Folliculi ovarii**).
- **Medulla ovarii:** Das Mark ist sehr **gefäßreich**, Follikel finden sich hier nicht. Es erstreckt sich bis zum Eintrittsort der versorgenden Gefäße und Leitungsbahnen (**Hilum ovarii**) an der lateralen Ovarseite.

Das Ovar ist von einer bindegewebigen Organkapsel (**Tunica albuginea**) überzogen. Dieser liegt außen das Peritoneum auf, welches hier als sog. Oberflächenepithel (früher unzutreffend als **Keimepithel** bezeichnet) einschichtig kubisch ist.

Gefäßversorgung und Innervation des Ovars

Arterielle Versorgung: Die arterielle Versorgung des Ovars erfolgt durch zwei Gefäße (Abb. **J-3.3a**):
- Die **Arteria ovarica** entspringt beidseits aus der Aorta abdominalis unterhalb des Abgangs der Nierenarterien und verläuft durch das Lig. suspensorium ovarii zum Hilum.
- Der **Ramus ovaricus** der A. uterina verläuft im Lig. ovarii proprium nach lateral zum Ovar und bildet mit der A. ovarica Anastomosen (**Rete arteriosum ovarii**).
- Bei operativen Eingriffen mit Entfernung des Ovars müssen beide arteriellen Zuflüsse („Eierstocksarkade") unterbunden werden.

Venöser Abfluss: Der venöse Abfluss erfolgt hauptsächlich in die **Vena ovarica**, die links in die V. renalis, rechts direkt in die V. cava inferior münden. Beim Vorliegen eines ausgedehnten Plexus venosus ovaricus kann ein zusätzlicher Abfluss zur **Vena uterina** existieren (Abb. **J-3.3b**).

Lymphabfluss: Er erfolgt über die **Nodi lymphoidei lumbales** links um die Aorta abdominalis, rechts um die V. cava inferior.

Innervation: Die vegetative Innervation erfolgt aufgrund des Deszensus des Ovars (S. 854) teilweise über den **Plexus mesentericus superior** und den **Plexus renalis**, teilweise über den **Plexus hypogastricus inferior**. Ein großer Teil der Fasern zieht aber durch die zuvor genannten Plexus lediglich hindurch und schaltet in organnah gelegenen Plexus auf das 2. efferente Neuron um: Fasern aus dem Plexus renalis im **Plexus ovaricus**, solche aus dem Plexus hypogastricus inferior im **Plexus uterovaginalis**, einem seiner weiter peripher gelegenen Anteile. Der meist kräftig ausgebildete Plexus uterovaginalis enthält neben Fasern sehr zahlreiche Ganglienzellen und wird deshalb auch oft als **„Frankenhäuser-Ganglion"** bezeichnet.

Die mehrheitlich sympathischen Fasern innervieren hauptsächlich die Gefäße am Ovar, regulieren also – wie bei anderen Organen auch – die Durchblutung. Eine spezifische Wirkung des vegetativen Nervensystems auf das Ovar ist nicht bekannt.

J-3.3 Blutgefäße des inneren weiblichen Genitales

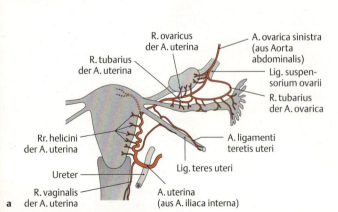
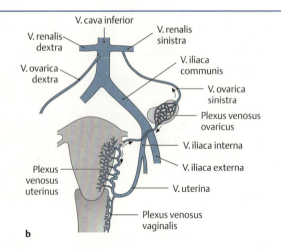

(Prometheus LernAtlas. Thieme, 3. Aufl.)
a Die arterielle Versorgung
b und venöse Drainage sind gemeinsam für Ovar, Tuba uterina und Uterus (S. 804) in der Ansicht von ventral dargestellt. Die Pfeile in b kennzeichnen den in jeweils zwei Richtungen möglichen Blutabfluss des Ovars und des Uterus.

3.2.2 Eileiter (Tuba uterina), Salpinx

▶ **Synonym.** Salpinx

Funktion des Eileiters

Der Eileiter dient dem **Auffangen der Eizelle** nach erfolgtem Eisprung = Ovulation (S. 810) und deren **Transport** zum Uterus.
In der Tuba uterina findet auch die Befruchtung der Eizelle (**Konzeption**) statt.

▶ **Klinik.** Sind die Eileiter nicht durchgängig, wie es z. B. bei Verklebungen infolge von Entzündungen (sog. **Salpingitis** oder – bei mitbetroffenem Ovar – **Adnexitis**) vorkommt, oder liegen sonstige Transportstörungen der Tube vor, kann dies verschiedene Folgen haben:
Zum einen kann es zum pathologischen Ablauf einer Schwangerschaft (S. 818) führen (**Extrauteringravidität**), zum anderen kann dadurch eine **Unfruchtbarkeit** bedingt sein. Ob eine fehlende Durchgängigkeit der Tuben die Ursache für unerfüllten Kinderwunsch ist, kann durch verschiedene diagnostische Methoden dargestellt werden, indem man die Ausbreitung von Kontrastmittel, einer Farblösung oder eines Gases von der Gebärmutter bis in die freie Bauchhöhle beobachtet (meist pelviskopisch, d. h. im Rahmen einer Beckenspiegelung).
Gezielt macht man sich die Unterbrechung der Tubendurchgängigkeit bei der **Sterilisation** zunutze, indem man die Eileiter entweder durchtrennt oder sie verschließt (durch Ligatur = Abbinden oder thermische Koagulation).

Abschnitte, Form und Lage des Eileiters

Abschnitte und Form: Die paarig angelegte Tuba uterina ist ein mit Schleimhaut ausgekleideter Muskelschlauch. Bei einer Länge von 10–16 cm reicht sie vom Ovar bis zum Uterus am Übergang vom Corpus zum Fundus uteri (S. 800).
Es lassen sich vier Abschnitte unterscheiden, die in Abb. **J-3.4** zusammen mit dem Uterus, in den der Eileiter einmündet, dargestellt sind:

- **Infundibulum tubae uterinae** (Tubentrichter): Der dem Ovar oben-hinten benachbarte Abschnitt des Eileiters ist ca. 1,5 cm lang und öffnet sich mit dem **Ostium abdominale tubae uterinae** frei in die Peritonealhöhle. Der Rand des Infundibulums trägt Fransen (**Fimbriae tubae**) mit bis zu 1,5 cm Länge. Die längste Fimbrie (bis zu 3 cm) heißt **Fimbria ovarica** und berührt das Ovar. Sie hat beim „Einfangen" der gesprungenen Eizelle eine zentrale Bedeutung.
- **Ampulla tubae uterinae:** Der mit 7–8 cm Länge und einem Durchmesser von 4–10 mm größte Abschnitt der Tube verläuft bogenförmig um das Ovar.
- **Isthmus tubae uterinae:** Der Isthmus besitzt bei einer Länge von ca. 4 cm und einem Kaliber von 2–3 mm eine ausgeprägte Wandmuskulatur.
- **Pars uterina tubae uterinae:** Dieser in der Wand des Uterusfundus (s. u.) gelegene Teil hat mit weniger als 1 mm den geringsten Durchmesser. Er mündet über das **Ostium uterinum tubae uterinae** in den Uterus.

▶ **Merke.** Das Ostium abdominale tubae uterinae ist die einzige Stelle, an der das Peritoneum „unterbrochen" ist und somit eine Verbindung der Bauchhöhle zu dem Innenraum eines Hohlorgans besteht!

Lage und Befestigung: Die Tube liegt wie das Ovar intraperitoneal im kleinen Becken. Sie ist an Ampulle und Isthmus mittels einer Duplikatur des Peritoneums (**Mesosalpinx**) am oberen Rand des Ligamentum latum uteri befestigt. Muskelzüge erlauben auch hier eine gewisse Beweglichkeit.
Die unmittelbar benachbarten Organe sind medial der Uterus, gemeinsame Embryonalentwicklung aus den Müller-Gängen (S. 855), und lateral das Ovar. Kranial liegen oft Dünndarmschlingen (v. a. Ileum) eng benachbart.

3.2.2 Eileiter (Tuba uterina), Salpinx

▶ **Synonym.**

Funktion des Eileiters

Der Eileiter **fängt** nach dem Eisprung die **Eizelle auf**, transportiert sie zum Uterus und ist Ort der Befruchtung (**Konzeption**).

▶ **Klinik.**

Abschnitte, Form und Lage des Eileiters

Abschnitte und Form: Der Eileiter ist 10–16 cm lang und erstreckt sich vom Ovar zum Uterus. Er hat 4 Abschnitte (Abb. **J-3.4**):

- Das **Infundibulum tubae uterinae** (Tubentrichter) endet ovarwärts mit dem **Ostium abdominale.** Dieses besitzt an seinem Rand Fimbriae tubae uterinae, die längste Fimbrie (**Fimbria ovarica**) berührt das Ovar.
- Die **Ampulla tubae uterinae** ist der größte Abschnitt.
- Der **Isthmus tubae uterinae** besitzt ausgeprägte Wandmuskulatur.
- Die **Pars uterina tubae uterinae** liegt intramural im Fundus uteri und endet dort mit dem **Ostium uterinum tubae uterinae.**

▶ **Merke.**

Lage und Befestigung: Die Eileiter liegen intraperitoneal. Eine Duplikatur des Peritoneums (**Mesosalpinx**) befestigt Ampulle und Isthmus am Lig. latum uteri.

Aufbau des Eileiters

Die Wand der Tuba uterina zeigt den für Hohlorgane typischen dreischichtigen Aufbau:

Tunica mucosa: Bei der Tubenschleimhaut handelt es sich um ein einschichtiges zylindrisches Epithel mit einer darunterliegenden bindegewebigen **Lamina propria**. Sie bildet Längsfalten (**Plicae tubariae**), von welchen wiederum Sekundär- und Tertiärfalten ausgehen. Man unterscheidet drei Zelltypen:
- **Drüsenzellen:** Die v. a. im Isthmus vorhandenen Drüsenzellen sezernieren ein Sekret, welches u. a. der Ernährung der Zygote = befruchtete Eizelle (S. 104) dient. Sie sind daher um die Ovulation besonders aktiv.
- **Flimmerzellen:** Sie kommen hauptsächlich im Infundibulum vor und erzeugen mit ihren Kinozilien durch einen metachronen Flimmerschlag einen uteruswärts gerichteten Sekretstrom. Dieser unterstützt den Transport der Eizellen und dient den Spermien als „Wegweiser": Die Spermien richten sich gegen den Sekretstrom aus („positive Rheotaxis„) und bewegen sich durch ihren Schwanzschlag aktiv stromaufwärts der Eizelle entgegen in Richtung auf das abdominale Tubenende.
- **Stiftchenzellen:** Diese vereinzelt vorliegenden kräftig angefärbten Zellen werden als entleerte Drüsenzellen angesehen.

▶ Merke. Die Lamina propria der Tunica mucosa ist außerordentlich zellreich. Die hier gelegenen Fibroblasten können sich im Rahmen einer Eileiterschwangerschaft (S. 818), sog. Tubargravidität, in Deziduazellen (S. 813) umwandeln.

Tunica muscularis: Sie besteht aus **zirkulär**, **längs** und **spiralig** angeordneten Schichten glatter Muskelfasern, welche ineinander übergehen und eine funktionelle Einheit bilden. Je nach Ursprung der Muskelfasern unterscheidet man die **autochthone** (tubeneigene), die **subperitoneale** und die **perivaskuläre** Muskulatur. Letztere tritt mit den größeren Blutgefäßen an die Eileiter heran. Die autochthone Muskulatur ist besonders am Isthmus ausgeprägt. Die koordinierte Aktivität der verschiedenen Muskeln ermöglicht eine aktive Beweglichkeit der Tube, die einerseits das Infundibulum in eine geeignete Position für das Auffangen der gesprungenen Eizelle bringt und die – wenigstens zum Teil – für den uteruswärts gerichteten Transport der Eizelle verantwortlich ist.

Tunica serosa: Das einschichtige Peritonealepithel sitzt einer dünnen **Lamina propria** auf, die ohne scharfe Abgrenzung in das Bindegewebe der **Tela subserosa** übergeht. Hier verlaufen Blut- und Lymphgefäße sowie Nerven, zudem finden sich – insbesondere am Ansatz der Mesosalpinx – vereinzelt Züge glatter Muskulatur (**subperitoneale Muskulatur**).

Gefäßversorgung und Innervation des Eileiters

Arterielle Versorgung: Die arterielle Versorgung erfolgt über je einen **Ramus tubarius** aus der A. ovarica und der A. uterina. Beide Gefäße treten über die Mesosalpinx an den Eileiter heran

Venöser Abfluss: Das venöse Blut fließt direkt oder indirekt über den **Plexus venosus uterinus** in die **Vena uterina**, zum kleineren Teil auch in die Vena ovarica .

Lymphabfluss: Der Lymphabfluss erfolgt über die **Nodi lymphoidei iliaci interni** oder mit den Ovarialgefäßen zu den **Nodi lymphoidei lumbales**.

Innervation: Wie beim Ovar erfolgt die **sympathische Innervation** sowohl über den **Plexus renalis** als auch über den **Plexus hypogastricus inferior**.
Die **parasympathische Innervation** erfolgt über die **Nervi splanchnici pelvici** aus den Rückenmarkssegmenten S 2–S 4.
Das vegetative Nervensystem moduliert – allerdings in Abhängigkeit vom hormonellen Status, d. h. der Zyklusphase (S. 813), – die Tubenmotilität und die Sekretionstätigkeit der Mukosa.

Aufbau des Eileiters

Er ist für Hohlorgane typisch dreischichtig:

Tunica mucosa: Das einschichtige Zylinderepithel bildet Längsfalten (**Plicae tubariae**) mit Sekundär- und Tertiärfalten. Es besteht aus **Drüsenzellen**, **Flimmerzellen** (mit Kinozilien) und **Stiftchenzellen** (entleerte Drüsenzellen). Drüsensekret und Kinozilienschlag erzeugen einen Sekretstrom uteruswärts. Dieser dient dem Zygotentransport und den Spermien als Wegweiser (positive Rheotaxis). Drüsen- und Flimmeraktivität sind um die Ovulation besonders stark.

▶ Merke.

Tunica muscularis: Sie besteht aus **zirkulären**, **longitudinalen** und **spiraligen** Anteilen, die eine funktionelle Einheit bilden. Man unterscheidet **autochthone** (tubeneigene), **perivaskuläre** (tritt mit Gefäßen an die Tube heran) und **subperitoneale** (s. o.) Muskulatur. Die Muskulatur ermöglicht Bewegungen der Tube zum Auffangen der gesprungenen Eizelle und deren uteruswärts gerichteten Transport.

Tunica serosa: Das einschichtige Peritonealepithel besitzt eine dünne **Lamina propria**, die in die **Tela subserosa** mit Leitungsbahnen und glatter **subperitonealer Muskulatur** übergeht.

Gefäßversorgung und Innervation des Eileiters

Arterien: Je ein **R. tubarius** aus der A. ovarica und der A. uterina versorgt die Tuben.

Venen: Das venöse Blut fließt v. a. in die **V. uterina**, teilweise auch in die **V. ovarica**.

Lymphabfluss: Nll. iliaci interni oder Nll. lumbales.

Innervation: Sie erfolgt **sympathisch** über den Plexus renalis und hypogastricus inf., **parasympathisch** über Nn. splanchnici pelvici aus S 2–S 4.

3.2.3 Gebärmutter (Uterus)

▶ Synonym. Metra (gr.)

Funktion des Uterus

Die Gebärmutter dient als Ort der **Embryonal- und Fetalentwicklung** der Versorgung und dem Schutz des Embryos bzw. Fetus („Fruchthalter"). Unter der Geburt ist sie durch ihre ausgeprägte Muskelschicht maßgeblich an der **Austreibung des Kindes** beteiligt.

Abschnitte, Form und Lage des Uterus

Abschnitte und Form: Der Uterus ist ein birnenförmiges Hohlorgan mit einer Länge von ca. 7 cm, einer Breite von etwa 5 cm und einem Gewicht von 30–120 g. Größe und Gewicht können, z. B. in Abhängigkeit von vorausgegangenen Schwangerschaften, erheblich schwanken. Die Wanddicke beträgt 2–3 cm.
Am Uterus unterscheidet man verschiedene Abschnitte (Abb. J-3.4):

- **Cervix uteri** (Gebärmutterhals): Als Cervix uteri wird das distale Drittel der Gebärmutter bezeichnet. Ihr unterer Anteil ragt als **Portio vaginalis uteri** in die Scheide. Der oberhalb der Scheide liegende Abschnitt wird als **Portio supravaginalis uteri** bezeichnet. Die Zervix ist mit dem Korpus (s. u.) durch eine sehr enge Übergangszone (**Isthmus uteri**, s. u.) verbunden. Die Zervix umgibt den **Canalis cervicis**, der an der Portio vaginalis uteri in die Scheide mündet und dort den äußeren Muttermund (**Ostium uteri externum**) mit einem vorderen und einem hinteren Anteil (**Labium anterius** und **posterius**) bildet. Korpuswärts endet der Zervikalkanal am Übergang zum Isthmus als innerer Muttermund (**Ostium anatomicum uteri internum**). Der innere Muttermund ist mit einem Durchmesser von 2–3 mm die engste Stelle im Zervikalkanal.

▶ Klinik. Kommt es im Laufe der Schwangerschaft zu einer frühzeitigen Erweiterung, Verkürzung oder Erweichung des Muttermunds, spricht man von einer **Zervixinsuffizienz**. Zur Vorbeugung eines drohenden Blasensprungs (Eröffnung der Fruchtblase) und Frühgeburt, ist neben einer medikamentösen Wehenhemmung (**Tokolyse**) eine sog. **Cerclage** (Verschluss durch Umschlingung der Zervix) zu erwägen.

3.2.3 Gebärmutter (Uterus)

▶ Synonym.

Funktion des Uterus

Der Uterus gewährleistet den Schutz und die Versorgung des ungeborenen Kindes während der Schwangerschaft und seine Austreibung unter der Geburt.

Abschnitte, Form und Lage des Uterus

Abschnitte und Form: Der Uterus ist ein birnenförmiges Hohlorgan (Länge 7–8 cm, Breite 5 cm, Gewicht 30–120 g, Wanddicke 2–3 cm).
Man unterscheidet (Abb. J-3.4):

- **Cervix uteri** (Hals, unteres Drittel): Der untere Zervixteil (**Portio vaginalis**) ragt in die Vagina und öffnet sich dort mit dem **Ostium uteri externum** (äußerer Muttermund) mit **Labium anterius** und **posterius**. Die **Portio supravaginalis** liegt oberhalb der Scheide. Die Zervix umschließt den **Canalis cervicis**, der am **Ostium anatomicum uteri internum** (innerer Muttermund) in den Canalis isthmi übergeht.

▶ Klinik.

⊙ J-3.4 **Abschnitte und Aufbau des Uterus sowie der in ihn mündenden Tuba uterina**

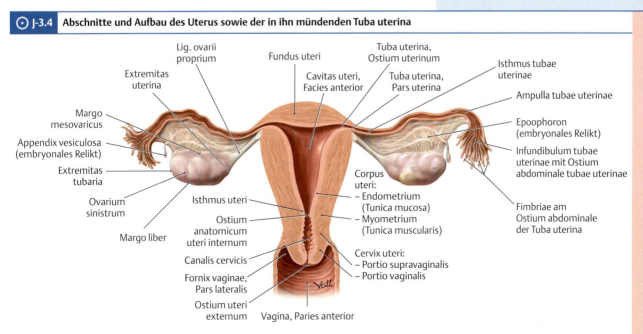

Ansicht von dorsal auf Uterus, Vagina und Tuben, die in der Frontalebene aufgeschnitten sind. Zur besseren Übersicht ist der Uterus aufgerichtet.
(Prometheus LernAtlas. Thieme, 3. Aufl.)

- **Isthmus uteri**: Er verbindet die Zervix mit dem Uteruskörper. Das sehr enge Lumen des Isthmus wird als **Canalis isthmi** bezeichnet. Makroskopisch gehört der Isthmus zur Zervix, trägt aber Korpusschleimhaut.
- **Corpus uteri** (Uteruskörper, obere zwei Drittel): Das Korpus besteht aus einer Vorder- und Hinterfläche (**Facies anterior** und **posterior uteri**) mit seitlichen Rändern (**Margo uteri**) und umfasst die Gebärmutterhöhle (**Cavitas uteri**). Es endet in einer Kuppe (**Fundus uteri**). Die **Sondenlänge** der Cavitas uteri beträgt 7–8 cm.

▶ Merke.

Lage: Drei Begriffe beschreiben die Lage des Uterus im kleinen Becken (Abb. J-3.5):
- **Flexio** (Winkelung des Korpus gegenüber der Zervix): Das Korpus ist gegen die Zervix ventral geknickt (**Anteflexio**).
- **Versio** (Winkelung der Achse des Zervikalkanals gegenüber der Körperachse): Die Zervixachse ist gegen die Körperlängsachse nach ventral geneigt (**Anteversio**).
- **Positio** (Lage der Portio): Normal **median** in der Interspinalebene (zwischen beiden Spinae ischiadicae).

- **Isthmus uteri:** Der Isthmus uteri hat eine Länge von 5–10 mm und wird als Bauelement des Uterus noch zur Zervix gerechnet, obwohl er innen schon die Schleimhaut des Korpus trägt. Sein Lumen wird als **Canalis isthmi** bezeichnet. Dieser beginnt am Ostium anatomicum uteri internum und geht ins Uteruslumen über.
- **Corpus uteri** (Gebärmutterkörper): Das Corpus uteri umfasst die oberen zwei Drittel des Uterus. Man unterscheidet eine Vorder- und eine Hinterwand (**Facies anterior** bzw. **posterior**) und die beiden seitlichen Ränder (**Margo uteri**). Oberhalb der Einmündungen der Eileiter endet der Uteruskörper mit einer Kuppe, dem **Fundus uteri**. Das Uteruslumen (**Cavitas uteri**) erscheint mit seinen Eckpunkten (Zervix und Tubenmündungen) in der Ventralsicht dreieckig. In der Ansicht von lateral ist die Gebärmutterhöhle ein schmaler Spalt, da sich Vorder- und Hinterwand des Uterus aneinanderlegen. Die Cavitas uteri hat inklusive des Canalis isthmi eine Gesamtlänge von 7–8 cm (sog. **Sondenlänge**).

▶ Merke. In der Schwangerschaft wird der Isthmus ab dem 4. Monat in das Korpus einbezogen, indem sich die Eihäute (S. 124) in diesen Abschnitt ausdehnen und ihn so erweitern. Er wird dann als sog. **unteres Uterinsegment** bezeichnet.

Lage: Die Lage des Uterus im kleinen Becken ist u. a. vom Füllungszustand der Nachbarorgane (Harnblase, Rektum) abhängig und wird durch drei Begriffe beschrieben (Abb. J-3.5):
- **Flexio:** Unter Flexio versteht man die Winkelung des Corpus uteri gegenüber der Zervix.
- **Versio:** Die Versio beschreibt den Winkel zwischen der Achse des Zervikalkanals und der vertikalen Körperachse (klinisch auch gegenüber der Scheidenlängsachse).
- **Positio:** Die Positio beschreibt die Lage der Portio vaginalis uteri im Becken.

Im **Normalfall** ist der Uterus im Korpus gegen die Zervix nach ventral abgeknickt (sog. Anteflexio) und die Zervixachse gegen die longitudinale Körperachse nach ventral geneigt (sog. Anteversio). Der Uterus befindet sich somit normalerweise in **Anteflexions-** und **Anteversionsstellung**. Die Portio befindet sich in der Interspinalebene (zwischen den beiden Spinae ischiadicae) in **Beckenmitte**.

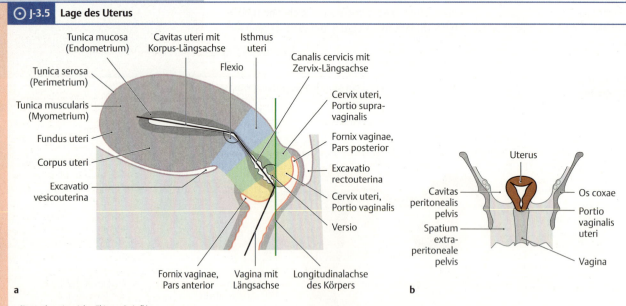

⊙ J-3.5 **Lage des Uterus**

(Prometheus LernAtlas. Thieme, 3. Aufl.)
a Darstellung der beiden Winkel (Flexio und Versio) im Mediansagittalschnitt von links.
b Höhe der Portio (Positio) im Frontalschnitt, hier zur besseren Übersicht mit leicht angehobenem Uterus.

▶ **Klinik.** Liegt eine **Retroversio uteri** bzw. ggf. zusätzlich eine **Retroflexio uteri** vor, kann – je nach Ausmaß der Lageveränderung – der Fundus uteri nach dorsal gegen das Os sacrum gerichtet sein und somit im Rahmen einer Schwangerschaft unter dem Promontorium „hängen bleiben". Da hierdurch die normalerweise mit einer Aufrichtung einhergehende Uterusvergrößerung (Abb. **J-3.17**) verhindert wird, bedeutet diese Situation u. U. eine Gefährdung der Schwangerschaft. Um zu diesem Zeitpunkt eine (prinzipiell noch mögliche) manuelle oder operative Aufrichtung des Uterus zu vermeiden, sollte die Gebärmutterlage vor Schwangerschaftseintritt untersucht und ggf. korrigiert werden.

⊙ **J-3.6** **Lageveränderungen des Uterus**

(Breckwoldt, M., Kaufmann, M., Pfleiderer, A.: Gynäkologie und Geburtshilfe. Thieme, 2007)
a Retroversio
b und Retroflexio uteri.

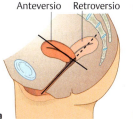
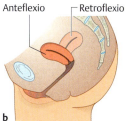

a   b

Lage- und Peritonealbeziehungen: Ventral ruht die Uterusvorderwand auf der **Harnblase**, der Fundus weist nach vorne. Die Rückwand des Uterus zeigt zum **Rektum**. Das Peritoneum schlägt von der Harnblase auf die Vorderwand des Uterus um, überzieht diesen größtenteils und schlägt von der Hinterwand des Uterus auf das Rektum um. Zwischen diesen drei Organen bilden sich somit zwei Bauchfellgruben, die vor dem Uterus gelegene **Excavatio vesicouterina** und die dorsal vom Uterus befindliche **Excavatio rectouterina** (S. 658). Letztere ist der tiefste Punkt der weiblichen Peritonealhöhle (Douglas-Raum) und ragt bis unmittelbar über das hintere Scheidengewölbe, welches die Portio vaginalis uteri mit der Scheide bildet (s. u.). Die Portio vaginalis ist bauchfellfrei.

Befestigung des Uterus: Eine breite und hohe, frontal eingestellte Bindegewebsplatte, das **Parametrium** (= „das neben dem Uterus Liegende"), verankert den Uterus an seinen beiden Seitenrändern mit der seitlichen Beckenwand. Sie reicht von der Portio supravaginalis cervicis bis fast zum Fundus uteri und ist wie das Corpus uteri nach ventral gekrümmt. Diese Bindegewebsplatte setzt sich nach kaudal über das neben der Cervix uteri liegende Bindegewebe (**Parazervix**) in das Bindegewebe seitlich (und vor und hinter) der Scheide (**Parakolpium**) fort.
Große Teile des Parametriums (von seinem oberen „freien" Rand bis fast hinunter zum parazervikalen Bindegewebe) sind wie der Uterus selbst von Peritoneum (urogenitale) überzogen. Den Teil des Parametriums, der einen solchen Peritonealbezug trägt, bezeichnet man als **Ligamentum latum uteri**.

Lage und Peritonealbeziehungen: Die Facies anterior uteri ruht auf der Harnblase; die Facies posterior weist zum Rektum. Das Peritoneum überzieht von der Harnblase aus erst den Uterus, dann das Rektum. Dadurch bilden sich zwei Peritonealgruben: **Excavatio vesico-** und **rectouterina** (S. 658).

Befestigung des Uterus: Eine Bindegewebsplatte (**Parametrium**; von der Portio supravaginalis bis zum Fundus) verankert den Uterus an den Beckenwänden. Der (größere) von Peritoneum überzogene Teil des Parametriums heißt **Lig. latum uteri**. Das Parametrium setzt sich nach kaudal in Bindegewebe neben Zervix und Scheide fort (**Parazervix, Parakolpium**).

▶ **Merke.** Das Peritoneum urogenitale des Lig. latum befindet sich weder auf einem Organ noch auf einer Körperhöhlenwand, sondern es liegt gleichsam im „Niemandsland". Darum wird es je nach Autor entweder dem viszeralen (organständigen) oder dem parietalen Peritoneum (wandständig) zugerechnet.

▶ **Merke.**

Das para*zervikale* Bindegewebe ist nicht „homogen", sondern weist abschnittsweise kollagenfaserige Verstärkungszüge auf. Die Summe aller dieser Verstärkungszüge wird als **Ligamentum transversum cervicis** oder **Ligamentum cardinale** bezeichnet.
In den unteren Abschnitten des Para*metriums* – unter Einbeziehung von Teilen der Parazervix – laufen Gefäße und Nerven zum Uterus. In Analogie zu den Mesenterien am Darm (S. 652) wird der peritonealbedeckte Abschnitt des parametranen Bindegewebes auch oft als **Mesometrium** (= das „Meso" des Uterus) bezeichnet; vgl. Entwicklung der Peritonealhöhle (S. 664).
Vom oberen Rand des Parametriums ziehen zarte Bindegewebsausläufer nach kranial zur Tube und nach dorsal zum Ovar. Auch diese gefäß- und nervenfaserhaltigen Bindegewebsausläufer sind – wie Tube und Ovar – von Peritoneum urogenitale bedeckt. Man bezeichnet sie deshalb in Analogie zum Mesometrium als **Mesosalpinx** und **Mesovarium**.
Ein kleines paariges Band, das **Ligamentum teres uteri**, läuft beidseits vom Fundus uteri durch den Leistenkanal in das subkutane Bindegewebe der ventralen Bauchwand und der großen Schamlippen (S. 808). Dieses Band ist ein Überbleibsel des unteren Keimdrüsenbandes und hat keine mechanische Funktion.

Parazervikales Bindegewebe ist abschnittsweise zum **Lig. transversum cervicis = Lig. cardinale** verstärkt. Im unteren Abschnitt des Parametriums laufen Gefäße und Nerven zum Uterus (deshalb auch „**Mesometrium**" genannt). Vom oberen freien Rand des Parametriums ziehen zarte peritonealbedeckte Bindegewebsplatten zu Tube und Ovar (**Mesosalpinx, Mesovarium**). Das paarige **Ligamentum teres uteri** läuft vom Fundus uteri durch den Canalis inguinalis zur vorderen Bauchwand und in die großen Schamlippen.

J 3 Weibliches Genitale

Von der Dorsalseite des Uterus zieht links und rechts eine von Peritoneum bedeckte Falte, die **Plica rectouterina**, nach dorsal zum Rektum. Die beiden Plicae rectouterinae sind die seitlichen Grenzen der Excavatio rectouterina. Ihre strukturelle Grundlage bilden strangartig verstärktes Bindegewebe (**Ligamentum rectouterinum**) und glatte Muskulatur (**Musculus rectouterinus**).

Wandbau des Uterus

Wandbau des Uterus

Die Wand zeigt drei Schichten (Abb. J-3.4):
- **Endometrium**,
- **Myometrium** und
- **Perimetrium**.

Von innen nach außen unterscheidet man drei Wandschichten (Abb. J-3.4):
- **Endometrium** (Tunica mucosa; Schleimhaut),
- **Myometrium** (Tunica muscularis; Muskelschicht) und
- **Perimetrium** (Tunica serosa; Peritonealüberzug).

Endometrium: Die **Korpusschleimhaut** besteht aus einem hochprismatischen einschichtigen Epithel mit tiefen tubulösen Drüsen (**Gll. uterinae**), welches von einer Bindegewebsschicht unterlagert ist (**Stroma uteri**). Man unterscheidet ein zyklisch abgestoßenes **Stratum functionale** (**Funktionalis**) und ein konstantes **Stratum basale** (**Basalis**).

Endometrium: Die Schleimhaut der verschiedenen Uterusabschnitte unterscheidet sich hinsichtlich ihres Aufbaus:
Die **Korpusschleimhaut** unterliegt ausgeprägten zyklischen Schwankungen (S. 813). Man unterteilt sie deshalb in ein **Stratum functionale** (im klinischen Sprachgebrauch als **Funktionalis** bezeichnet), welches während der Menstruation abgestoßen wird, und in ein konstant vorhandenes **Stratum basale** (klinisch: **Basalis**). Von Letzterem geht die anschließende Schleimhautregeneration aus. Das Endometrium besteht aus einem hochprismatischen einschichtigen Epithel mit teilweise tiefen tubulösen Drüsen (**Glandulae uterinae**), die von einem als **Stroma uteri** bezeichneten Bindegewebe unterlagert werden.

▶ Klinik.

▶ Klinik. Unter **Endometriose** versteht man das Vorkommen von Uterusschleimhaut außerhalb der zusammenhängenden physiologischen Endometriumschicht (**ektopes Gewebe**), welche ebenso zyklischen Einflüssen unterliegt. Häufige Lokalisationen sind die Ovarien und retrozervikal im Douglas-Raum. Die Symptomatik kann von weitgehender Beschwerdefreiheit bis zu zyklisch auftretenden und z. T. sehr stark ausgeprägten Unterbauchschmerzen oder zu Sterilität führen.

Die **Zervixschleimhaut** bleibt während der Menstruation erhalten. Das in Falten (**Plicae palmatae**) gelegte hochprismatische Zervixepithel setzt sich scharf gegen das vaginale Plattenepithel ab (Abb. J-3.7). **Gll. cervicales** produzieren einen viskösen Schleimpfropf, der periovulatorisch zum Spermiendurchtritt dünnflüssig wird.

Die **Zervixschleimhaut** zeigt nur geringe zyklische Schwankungen. Sie ist in palmenblattartige Falten (**Plicae palmatae**) gelegt und bleibt auch während der Menstruation erhalten. Ihr hochprismatisches Epithel setzt sich im Bereich des äußeren Muttermundes scharf gegen das mehrschichtig unverhornte Plattenepithel der Scheide ab (Abb. J-3.7), welches Glykogenablagerungen aufweist.
Die Drüsen der Zervix (**Glandulae cervicales uteri**) sind verzweigt und sondern einen zu einem Pfropf gerinnenden Schleim in den Zervikalkanal ab. Dieser Pfropf schützt das Genitale vor aufsteigenden Infektionen.

⊙ J-3.7 Epithelgrenze an der Portio vaginalis uteri

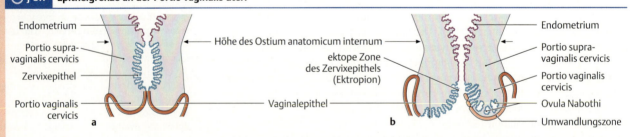

(nach Lüllmann-Rauch)
a Dargestellt ist der scharfe Übergang vom zylindrischen Epithel der Zervix in das mehrschichtige unverhornte Plattenepithel der Vagina. Diese Grenze ist abhängig von der Hormonsituation und damit vom Lebensalter der Patientin: Vor der Pubertät und nach der Menopause (S. 820) ist die Portio von Vaginalepithel bedeckt und der Übergang zum Zervixepithel liegt oberhalb des äußeren Muttermundes (endozervikal), sodass er von vaginal aus nicht sichtbar ist.
b Unter dem hormonellen Einfluss während der Reproduktionsphase ist dieser Epithelübergang aus dem Zervikalkanal nach außen verlagert und damit auf der Portio vaginalis uteri auch im Rahmen der gynäkologischen Untersuchung von vaginal aus sichtbar.

▶ **Klinik.** Die Epithelgrenze kann durch Braunfärbung des glykogenhaltigen Plattenepithels nach Auftragen von Jod-Lösung sichtbar gemacht werden. Auch Zellveränderungen im Bereich des Plattenepithels lassen sich durch Ausbleiben der Glykogen-Jod-Verbindung und folglich fehlender Braunfärbung erkennen (positive **Jodprobe nach Schiller**), da ein Areal mit ungeordneter Proliferation und fehlender Differenzierung (**Dysplasie**) kein Glykogen bildet.

Wichtiger und sicherer zur Identifikation veränderter Zellen sind ab dem 20. Lebensjahr regelmäßig durchzuführende **Abstriche** von der Portio vaginalis und des Canalis cervicis. Dies dient der **Früherkennung des Zervixkarzinoms**, indem durch mikroskopische Untersuchung der zytologischen Präparate Zellatypien als Zeichen maligner Entartung erkannt werden können, die sich besonders gut in der sog. **Papanicolaou-Färbung** darstellen. Wichtig ist, dass die Abstriche nicht nur aus makroskopisch auffälligen Herden, sondern immer auch aus der sog. **Transformations-** oder **Umwandlungzone** (Übergang von Platten- zu Zylinderepithel) entnommen werden, da hier aufgrund starker Proliferation das Risiko der Entartung am höchsten ist. Dabei ist das Lebensalter der Patientin zu berücksichtigen, weil die Lokalisation der Transformationszone von der hormonellen Situation abhängig ist: Während der Geschlechtsreife liegt sie im Bereich der Ektozervix, postmenopausal (nach der letzten spontanen Menstruation) hoch im Zervikalkanal (Abb. **J-3.7**).

Die Verschiebung der Grenzzone zwischen Zervix- und Scheidenepithel kann auch zu gutartigen Veränderungen in diesem Bereich führen: Kommt es zu einer metaplastischen Umwandlung des Zervixepithels in das vaginale Plattenepithel (v. a. im Bereich der Umwandlungszone, s. o.), können Drüsenausführungsgänge des Zervixepithels „überwachsen" und verschlossen werden. Wenn das Drüsensekret dann nicht mehr abfließen kann, bilden sich sog. Retentionszysten (**Ovula Nabothi**, Abb. **J-3.7b** und Abb. **J-3.8**), die aber aufgrund fehlender Beschwerden meist von der Frau nicht bemerkt werden und wegen ihrer Harmlosigkeit keine Therapie erfordern.

⊙ **J-3.8** **Ovula Nabothi**

(Burghardt, E., Pickel, H., Girardi, F.: Atlas der Kolposkopie. Thieme, 2001)

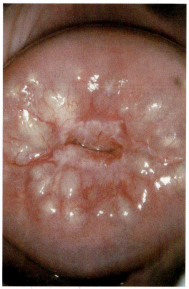

Myometrium: Das Myometrium hat am Aufbau der Uteruswand den größten Anteil. Es besteht aus mehreren verschieden starken Schichten glatter Muskulatur mit unterschiedlicher Verlaufsrichtung (**Stratum submucosum, vasculosum, supravasculosum** und **subserosum**). Das Stratum vasculosum ist als dickste Schicht sehr gefäßreich. Im Corpus uteri verlaufen die Muskelzüge innen und außen hauptsächlich longitudinal. Diese Längszüge können die Zervix in Richtung Fundus ziehen und sind somit hauptverantwortlich für die Austreibung des Kindes unter der Geburt. Im Bereich von Isthmus und Zervix herrschen zirkuläre Fasern vor, die das Ungeborene vor der Geburt sichern. Das Myometrium ist hier insgesamt dünner, dagegen überwiegen kollagene und elastische Fasern. Die Muskelzüge der einzelnen Schichten können in die Muskelzüge der Tuba uterina übergehen bzw. an deren Einmündung zirkuläre sphinkterartige Verläufe zeigen.

Myometrium: Es bildet die breiteste Wandschicht des Uterus aus mehreren Schichten glatter Muskulatur (**Stratum submucosum, vasculosum, supravasculosum, subserosum**). Am Korpus herrschen Längszüge vor, an Isthmus und Zervix in einer dünneren Muskelschichtung zirkuläre Züge. Längszüge pressen das Ungeborene aus dem Uterus, zirkuläre Züge sichern es in der Schwangerschaft. Uterine Muskelzüge können in die Tubenmuskulatur einstrahlen.

▶ **Klinik.** Gutartige Tumoren der Tunica muscularis, sog. **Myome**, sind sehr häufig. Sie können je nach Lage und Größe, die z. T. beachtliche Ausmaße annehmen kann, unterschiedliche Auswirkungen haben: Druck auf die umliegenden Organe (Rektum und Harnblase), Störung des Menstruationszyklus oder Minderung der Fruchtbarkeit. Zur Diagnosestellung reicht meist die Anamnese und die Ultraschalluntersuchung. Therapiert werden muss ein Myom nur bei Beschwerden und bei sehr schnellem Wachstum.

⊙ **J-3.9** **Submuköses Myom.** Pathologisches Präparat eines Uterus. (Stauber, M., Weyerstahl, Th.: Duale Reihe Gynäkologie und Geburtshilfe. Thieme, 2013)

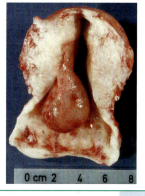

Perimetrium: Die Serosa ist über die **Tela subserosa** mit der Muskularis verwachsen. Die Portio vaginalis und die Seitenränder sind bauchfellfrei.

Gefäßversorgung und Innervation des Uterus

Arterien: Die **A. uterina** (Ast der A. iliaca int.) zieht im Lig. latum zum Uterus und läuft unter Abgabe geschlängelter Äste (**Aa. helicinae**) funduswärts. Sie gibt je einen R. tubarius bzw. ovaricus zu Tube und Ovar ab (Abb. **J-3.3a**), wobei Letzterer eine Anastomose zur A. ovarica bildet. Die Schlängelung der Arterien erlaubt Anpassung an Größenänderung.

▶ Merke.

▶ Klinik.

Venen: Ein mächtiger **Plexus venosus uterinus** (Abb. **J-3.3b**) mündet über die Vv. uterinae in die Vv. iliacae int. oder das Blut fließt über den Plexus ovaricus ab.

Lymphabfluss:
- Zervix: Nll. iliaci int. und sacrales,
- Korpus: Nll. lumbales,
- Fundus: Nll. inguinales superficiales (via Lig. teres uteri).
- Zervix, Korpus: meist durch organnahe **Nll. parauterini** im parametranen Bindegewebe.

▶ Klinik.

Innervation: Sympathisch: **Plexus mesentericus inf.** und **hypogastricus inf.** Parasympathisch: Nerven aus S 2–S 4. Die vegetativen Fasern ziehen durch den **Plexus uterovaginalis**.

Die **parasympathische** Wirkung ist am Uterus kontrahierend, die **sympathische** ist von der Hormonlage abhängig.

Perimetrium: Das Perimetrium ist über eine **Tela subserosa** unterschiedlich fest mit der Tunica muscularis verwachsen. Die Portio vaginalis uteri ist ebenso wie die Seitenränder des Uterus, an welchen das Ligamentum latum befestigt ist, bauchfellfrei. An den bauchfellfreien Abschnitten des Uterus ist das Peritoneum durch Adventitia ersetzt.

Gefäßversorgung und Innervation des Uterus

Arterielle Versorgung: Die arterielle Versorgung erfolgt über die **Arteria uterina**, einen viszeralen Ast der A. iliaca interna. Sie zieht im Ligamentum latum in Höhe der Zervix an den Uterus heran, gibt hier Äste zur Scheide (S. 806) ab (Rr. vaginales) und läuft am seitlichen Uterusrand unter starker Schlängelung und unter Abgabe zahlreicher ihrerseits geschlängelter Äste (**Arteriae helicinae**) nach oben zum Fundus (Abb. **J-3.3a**). Dort gibt sie beidseits je einen Ramus tubarius zur Tuba uterina und einen Ramus ovaricus zum Ovar ab. Über Letzteren gibt es eine arterielle Anastomose zwischen den Aa. uterina und ovarica. Die Schlängelung der A. uterina ermöglicht deren Anpassung an Größenänderungen des Uterus in der Schwangerschaft.

▶ Merke. Die A. uterina überkreuzt im Lig. latum den Ureter.

▶ Klinik. Bei Operationen am Uterus ist diese topografische Nähe zu beachten: Der Ureter muss beim Abklemmen oder Unterbinden der A. uterina unbedingt geschont werden.

Venöser Abfluss: Der venöse Abfluss erfolgt über den stark ausgeprägten **Plexus venosus uterinus** (Abb. **J-3.3b**). Dieser nimmt häufig auch noch das Blut der Scheide auf und mündet dann über die **Venae uterinae** in die Vena iliaca interna. Zusätzlich kann Blut in den Plexus ovaricus abfließen.

Lymphabfluss: Lymphe der Zervix fließt in die **Nodi lymphoidei iliaci interni** sowie die **Nodi lymphoidei sacrales**. Das Korpus leitet seine Lymphe in Nll. iliaci interni oder auch direkt in die **Nodi lymphoidei lumbales**. Der Fundus gewinnt über das Lig. teres uteri auch Anschluss an die **Nodi lymphoidei inguinales superficiales**. Die Lymphe von Zervix und Korpus wird meist zuerst durch die organnahen **Nodi lymphoidei parauterini** geleitet, die zum größten Teil im parametranen Bindegewebe liegen.

▶ Klinik. Frühe Tochterabsiedelungen (Metastasen) von bösartigen Tumoren des Uterus finden sich daher häufig in den parauterinen Lymphknoten. Deren Entfernung mitsamt dem parametranen Bindegewebe ist die Grundlage der **radikalen Operationen** bei einem invasiv wachsenden bösartigen Tumor der Zervix.

Innervation: Die sympathische Versorgung erfolgt aus dem **Plexus mesentericus inferior** und über den **Plexus hypogastricus inferior**. Die Fasern ziehen über den mächtigen paarigen **Plexus uterovaginalis** (Frankenhäuser-Plexus, Ganglion pelvicum) zum Organ. Parasympathische Fasern kommen aus S 2–S 4 und ziehen ebenfalls über den Plexus uterovaginalis.
Der **Parasympathikus** bewirkt am Uterus eine **Kontraktion** und wirkt **gefäßdilatierend**.
Der **Sympathikus** führt je nach Hormonlage zur Kontraktion oder Relaxation; auf die Gefäße des Uterus wirkt er konstriktorisch.

3.2.4 Scheide (Vagina, Kolpos)

▶ Synonym. Kolpos (gr.)

Funktion der Vagina

Die Scheide ist das weibliche **Kohabitationsorgan** und der **Geburtsweg**. Außerdem dient das durch laktatbildende Bakterien (sog. Döderlein-Stäbchen; gehören zur normalen Vaginalflora) bedingte saure Milieu der Scheide dem **Schutz vor lokalen und aufsteigenden Infektionen**, da sich die meisten pathogenen Keime im sauren Milieu nicht gut vermehren können, z. B. Kolpitis (S. 814) und Kindbettfieber (S. 821).

Abschnitte, Form und Lage der Vagina

Abschnitte, Form und Lage: Die Scheide (Abb. J-3.10) hat eine Länge von 6–8 cm und beginnt auf der Höhe der **Portio vaginalis cervicis** (S. 799), wobei ihre Längsachse nach dorsal gerichtet ist und mit der Zervixachse einen nahezu rechten Winkel bildet. Sie endet distal an dem **Ostium vaginae** (Introitus vaginae) am Scheidenvorhof (s. u.), welcher bereits zum äußeren Genitale zählt. Das Ostium vaginae ist bei der Jungfrau unvollständig durch das Jungfernhäutchen, sog. **Hymen** (S. 807), verschlossen.
An der Portio vaginalis cervicis bildet die Vagina das Scheidengewölbe (**Fornix vaginae**) mit seinen vorderen, seitlichen und hinteren Anteilen (**Partes anterior, laterales** und **posterior**). Die Pars posterior erreicht dabei die größte Ausdehnung. Die Scheide durchzieht im Beckenboden den Levatorspalt (S. 335). Distal davon legen sich Vorder- und Hinterwand (**Paries anterior** und **posterior**) aneinander und verengen so das Lumen zu einem im Querschnitt H-förmigen Spalt.
Die Vorder- und Hinterwand zeigen zahlreiche quer verlaufende Falten (**Rugae vaginales**) und je einen mit Venengeflechten unterbauten Längswulst (**Columna rugarum anterior** bzw. **posterior**). Diese Wülste stellen Schwellpolster dar. Der vordere Längswulst geht vulvawärts in eine durch die Urethra hervorgerufene längsverlaufende Leiste, die **Carina urethralis vaginae**, über.

Lagebeziehungen und Befestigung: Die Scheide ist über Bindegewebe, sog. **Parakolpium** (S. 801), fest mit den umgebenden Strukturen verbunden: nach ventral mit der Harnröhre und -blase (**Septum vesicovaginale**), nach dorsal über das **Septum rectovaginale** mit dem Rektum. Die Pars posterior des Scheidengewölbes erreicht die **Excavatio rectouterina**. Seitliche Bindegewebszüge verbinden die Scheide mit der Beckenwand.

3.2.4 Scheide (Vagina, Kolpos)

▶ Synonym.

Funktion der Vagina

Die Scheide ist **Kohabitationsorgan** und **Geburtsweg**. Ihr saures Milieu bietet **Schutz vor aufsteigenden Infektionen**, z. B. Kolpitis (S. 814) und Kindbettfieber (S. 821).

Abschnitte, Form und Lage der Vagina

Abschnitte, Form und Lage: Die Scheide (Länge 6–8 cm) beginnt in Höhe der **Portio vaginalis cervicis** (Abb. J-3.10) und endet distal mit dem **Ostium vaginae** (Introitus vaginae) am Scheidenvorhof. Der Scheideneingang ist zunächst unvollständig durch das Jungfernhäutchen, sog. Hymen (S. 807), verschlossen. Sie umgibt die Portio vaginalis cervicis und bildet so das Scheidengewölbe (**Fornix vaginae**) mit verschiedenen Anteilen (**Pars posterior, anterior und lateralis**). Nach Durchtritt durch den Levatorspalt legen sich Vorder- und Rückwand (**Paries anterior** und **posterior**) aneinander und verengen so das Lumen. Die Wände zeigen Querfalten (**Rugae vaginales**) und venös unterbaute Längswülste (**Columna rugarum ant./post.**).

Lagebeziehungen und Befestigung: Bindegewebszüge (**Parakolpium**) verbinden die Scheide mit Urethra und Beckenwand. Über das **Septum vesicovaginale** und **rectovaginale** steht sie mit Harnblase und Rektum in Kontakt.

⊙ J-3.10 Lage und Aufbau der Vagina

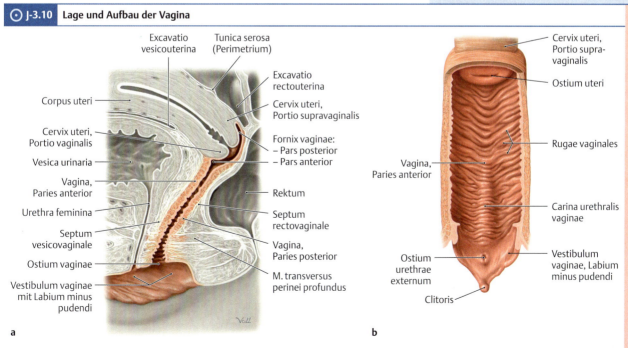

(Prometheus LernAtlas. Thieme, 3. Aufl.)
a Abschnitte von Scheide und Scheidenvorhof (S. 807) im Mediansagittalschnitt zur Verdeutlichung der Lagebezeichnung zu Uterus und Beckenboden
b sowie im Frontalschnitt mit Darstellung des Innenreliefs.

Wandbau der Vagina

Tunica mucosa: Das Vaginalepithel ist ein mehrschichtig unverhorntes Plattenepithel, das auf die Portio vaginalis cervicis übergeht und sich scharf gegen die Zervixschleimhaut abgrenzt (Abb. J-3.7). Man unterscheidet mehrere Schichten, die durch Gestaltänderung der Zellen während ihrer Reifung und „Wanderung" von basal zur Oberfläche zustande kommen (Abb. J-3.15):

- **Stratum basale = Basalschicht**: kubische oder zylindrische Basalzellen,
- **Stratum parabasale = Parabasalschicht**: Parabasalzellen,
- **Stratum intermedium = Intermediärschicht**: Intermediärzellen und
- **Stratum superficiale = Superfizialschicht**: die Superfizialzellen haben einen kleinen pyknotischen Kern und lagern im an Größe zunehmenden Zytoplasma **Glykogen** ein. Die zur physiologischen Keimflora der Vagina gehörenden **Döderlein-Bakterien** (Lactobacillus acidophilus) bauen das Glykogen zu Laktat (Milchsäure) ab, welche durch Ansäuerung des Vaginalsekrets einen wichtigen Schutz gegen das Eindringen von pathologischen Keimen leistet. Mit einer speziellen Färbetechnik nach Papanicolaou kann man die azidophilen Zellen im histologischen Präparat rot darstellen.

Diese ständige Regeneration mit Abschilferung der oberflächlichen Zellen ist abhängig von hormonellen Einflüssen (S.814), sodass man von der in einem Vaginalabstrich vorherrschenden Zellmorphologie Rückschlüsse auf die Zyklusphase ziehen kann.

▶ **Merke.** Die Vagina enthält **keine Drüsen**. Das Vaginalsekret besteht aus abgeschilferten Zellen, Transsudat der Vaginalwand und Zervikalsekret.

Tunica muscularis: Die Wand der Vagina besteht aus glatter Muskulatur und Bindegewebe. Die Muskelzüge sind maschen- oder gitterartig angeordnet und zeigen teilweise einen zirkulären, an der Vorderwand auch längsgerichteten Verlauf. Die Muskulatur geht in Muskeln der Zervix und des Dammes über. Das Bindegewebe enthält scherengitterartig angeordnete kollagene und zahlreiche elastische Fasern. Dies erlaubt die Dehnung der Vagina.

Tunica adventitia: Da die Vagina keinen Peritonealüberzug besitzt, stellt die bindegewebige Tunica adventitia ihre äußerste Wandschicht dar. Auch sie enthält reichlich elastische Fasern.

Gefäßversorgung und Innervation der Vagina

Arterielle Versorgung: Rami vaginales kommen aus der A. uterina, der A. pudenda interna und der A. vesicalis inferior (Abb. J-3.11). Nicht selten wird eine eigene **Arteria vaginalis** aus der A. iliaca interna beobachtet.

Venöser Abfluss: Das venöse Blut wird über den **Plexus venosus vaginalis** abgeleitet, der häufig auch noch das Blut aus dem Plexus venosus vesicalis aufnimmt. Der Plexus venosus vaginalis leitet sein Blut direkt oder indirekt über den **Plexus venosus uterinus** in das Stromgebiet der **Vena iliaca interna** (Abb. J-3.11).

J-3.11 Gefäßversorgung und Innervation der Vagina

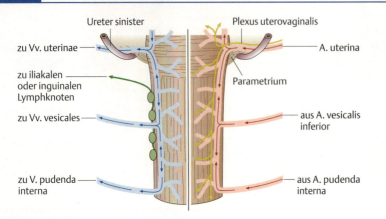

Schematische Darstellung von Blutgefäßen, Lymphknoten und Nerven der Vagina in der Ansicht von dorsal.

Lymphabfluss: Der Lymphabfluss erfolgt über Lymphkollektoren in Parakolpium und Parametrium zu den **Nodi lymphoidei iliaci interni**. Die unteren Abschnitte der Vagina drainieren auch in die **Nodi lymphoidei inguinales superficiales**.

Innervation: Vegetativ erfolgt die Innervation über den **Plexus uterovaginalis**. Die somatosensible Innervation der Scheide erfolgt über den **Nervus pudendus** (v. a. Scheideneingang) und über direkte Äste des **Plexus sacralis**.

3.3 Äußere weibliche Genitalorgane

▶ Synonym. Vulva; Pudendum

▶ Definition. Zum äußeren weiblichen Genitale gehören (Abb. **J-3.12**):
- **Scheidenvorhof** (**Vestibulum vaginae**),
- **Schamlippen**, bei denen man große und kleine unterscheidet (**Labia majora** und **minora pudendi**),
- **Kitzler** (**Clitoris**) und
- **Schamberg** (**Mons pubis**).

J-3.12 Äußere weibliche Geschlechtsorgane

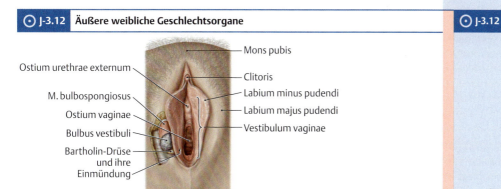

Ansicht von kaudal in sog. Steinschnittlage (Abb. **I-1.50**) mit auseinandergespreizten Schamlippen und Darstellung der Vorhofdrüsen.
(Prometheus LernAtlas. Thieme, 3. Aufl.)

3.3.1 Aufbau des äußeren weiblichen Genitales

Vestibulum vaginae: Der Scheidenvorhof schließt sich am **Ostium vaginae** an die Vagina an und wird distal durch die kleinen Schamlippen begrenzt. Der Übergang von Scheide zu Vestibulum wird durch den am dorsalen Rand befestigten, unterschiedlich ausgebildeten **Hymen** teilweise verschlossen. Bei dem ersten Koitus (**Kohabitarche**) reißt dieser ein (**Defloration**) und seine Reste verbleiben als **Carunculae hymenales** am Ostium vaginae. In das Vestibulum vaginae münden neben der Urethra mit dem **Ostium urethrae externum** (S.809) auch die Ausführungsgänge der kleinen Vorhofdrüsen (**Glandulae vestibulares minores**), die als Schleimdrüsen mit ihrem alkalischen Sekret das Vestibulum befeuchten.

Labia minora pudendi: Die kleinen Schamlippen umfassen den Scheidenvorhof, an ihrem vorderen Ende liegt die Klitoris (s. u.). Den dorsal der Klitoris liegenden Ansatz der kleinen Schamlippen nennt man **Frenulum clitoridis**. Die kleinen Schamlippen sind Hautlappen mit einem lockeren Bindegewebe, das viele elastische Fasern und Venen enthält. Innen tragen sie ein unverhorntes, außen ein sehr schwach verhorntes mehrschichtiges Plattenepithel. An der Innenseite der kleinen Schamlippen münden beidseits die großen Vorhofdrüsen (**Glandulae vestibulares majores**, **Bartholin-Drüsen**). Sie liegen als paarige erbsengroße, tubuloalveoläre Drüsen am hinteren Ende des Bulbus vestibuli (s. u.) unterhalb des M. transversus perinei profundus lateral der kleinen Schamlippen. Ihr schleimiges Sekret ist alkalisch.

▶ **Klinik.** Entzündet sich der Ausführungsgang einer der Glandulae vestibulares majores nennt man dies **Bartholinitis**. Sie ist die häufigste Ursache für eine Schwellung im Vulvabereich.

J-3.13 **Akute Bartholinitis.** Sichtbar ist eine Rötung und Schwellung im Bereich der rechten kleinen Schamlippe. (Petersen, E.: Infektionen in Gynäkologie und Geburtshilfe. Thieme, 2010)

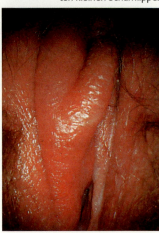

Labia majora pudendi: Die großen Schamlippen umfassen die Schamspalte (**Rima pudendi**) und bedecken die kleinen Schamlippen. Es handelt sich um zwei Hautfalten, die embryonal aus den Genitalwülsten (S. 858) entstehen, also dem Skrotum des Mannes entsprechen. Die deutlich pigmentierte Haut trägt eine Behaarung, die sich auf den Schamberg (s. u.) fortsetzt. Das Epithel der Außenseite entspricht der Körperhaut, auf der Innenseite ist die Verhornung nur sehr gering. Auf die Außenfläche münden Talgdrüsen sowie ekkrine und apokrine Schweißdrüsen. Die Schamlippen treffen sich ventral und dorsal in je einer **Commissura labiorum anterior** und **posterior**. Letztere trägt ein zartes Verbindungshäutchen, das **Frenulum labiorum pudendi**. Bedeckt von den großen Schamlippen und lateral der kleinen Schamlippen liegt ein dickes, faszienbedecktes Venengeflecht (**Bulbus vestibuli**), der dem Harnröhrenschwellkörper des Mannes entspricht und vom M. bulbospongiosus (S. 337) bedeckt wird. Der Bulbus vestibuli liegt nach medial dem Vestibulum vaginae an.

Klitoris: Der Kitzler ist ein paariger Schwellkörper (**Corpus cavernosum clitoridis**) von 3–4 cm Länge, der von einer kräftigen **Fascia clitoridis** umgeben ist und durch ein unvollständiges Septum geteilt wird. Der Schwellkörper entspricht dem Corpus cavernosum penis des Mannes und wird durch den Zusammenschluss von zwei Pfeilern (**Crura clitoridis**) gebildet, welche zusammen mit dem **Ligamentum suspensorium clitoridis** die Klitoris am unteren Schambeinast befestigen. Die den Schwellkörper umhüllenden Mm. ischiocavernosi (S. 337) sorgen für eine zusätzliche Befestigung an Schambein und Beckenboden. Das abgerundete Ende der Klitoris, die **Glans clitoridis**, ist mit einer sehr dünnen Haut überzogen. Die Glans ist von den kleinen Schamlippen umschlossen und vorn von einer Hautfalte bedeckt (**Preputium clitoridis**).
Sie enthält Venengeflechte mit Verbindung zum Bulbus vestibuli. Abschilferndes Epithel von Glans und Preputium sowie Sekret aus Talgdrüsen der kleinen Schamlippen bilden das **Smegma clitoridis**. Die Klitoris enthält sehr zahlreiche sensible Nervenendigungen.

Mons pubis: Als Schamberg bezeichnet man die durch subkutane Fettpolster hervorgerufene Erhebung oberhalb der Symphyse.

3.3.2 Gefäßversorgung und Innervation des äußeren weiblichen Genitales

Arterielle Versorgung: Die arterielle Versorgung des äußeren Genitale erfolgt hauptsächlich über Äste dreier Arterien:
- **Arteria pudenda interna** (aus der A. iliaca interna) mit ihren Ästen Arteria bulbi vestibuli, Arteria dorsalis clitoridis und Arteria profunda clitoridis,
- **Arteria perinealis**, ebenfalls Ast der A. pudenda interna, mit den Rami labiales posteriores und
- **Arteria femoralis** (aus A. iliaca externa) mit den Rami labiales anteriores.

▶ **Klinik.**

Labia majora pudendi: Die großen Schamlippen bedecken die Labia minora und umfassen die Schamspalte (**Rima pudendi**). Sie werden aus zwei Hautfalten gebildet, die sich in je einer **Commissura labiorum anterior** bzw. **posterior** treffen. (Letztere mit dem **Frenulum labiorum pudendi**). Die Haut ist pigmentiert mit Talg- und Schweißdrüsen, die Behaarung setzt sich auf den Mons pubis fort. Das Epithel an der Innenseite ist nur gering verhornt. Bedeckt von den Labia majora liegt ein Venengeflecht (**Bulbus vestibuli**).

Klitoris: Sie ist über zwei Pfeiler (Crura clitoridis) und das Ligamentum suspensorium am Schambein befestigt. Durch Zusammenschluss der Pfeiler bildet sich ein Schwellkörper (**Corpus cavernosum**), der von der **Fascia clitoridis** umhüllt wird. Das freie Ende des Corpus cavernosum (**Glans clitoridis**) wird vom **Preputium** bedeckt und von den Labia minora umschlossen. Die Glans enthält ein Venengeflecht. Abgeschilfertes Epithel und Talgdrüsensekret bilden das **Smegma**. Die Klitoris hat eine starke sensible Innervation.

Mons pubis: Der Schamberg liegt oberhalb der Symphyse.

3.3.2 Gefäßversorgung und Innervation des äußeren weiblichen Genitales

Arterien: Die Versorgung erfolgt über die **A. pudenda int.** (A. bulbi vestibuli, A. dorsalis und profunda clitoridis), die **A. perinealis** (Rr. labiales postt.) und die **A. femoralis** (Rr. labiales antt.).

J 3.5 Zyklusbedingte Veränderungen – hormonelle Steuerung

Venöser Abfluss: Er erfolgt
- zur **Vena pudenda interna** über die Venae labiales posteriores, Venae profundae clitoridis und Venae bulbi vestibuli ,
- zum **Plexus venosus vesicalis** über die Vena dorsalis clitoridis profunda und
- zur **Vena femoralis** über die Venae pudendae externae .

Lymphabfluss: Die Lymphe wird über die **Nodi lymphoidei inguinales superficiales** und **profundi** in die Nodi lymphoidei iliaci externi abgeführt.

Innervation: Die Innervation wird gewährleistet durch den
- **Nervus pudendus** (S. 884) mit den Nervi perineales, den Nervi labiales posteriores und dem Nervus dorsalis clitoridis,
- **Nervus ilioinguinalis** mit den Nervi labiales anteriores und
- **Nervus genitofemoralis** (S. 342) mit seinem Ramus genitalis.

3.4 Urethra feminina (weibliche Harnröhre)

Funktion: Die Harnröhre leitet den Urin aus der Harnblase nach außen. Wegen ihrer topografischen Nähe zum äußeren weiblichen Genitale wird die Urethra feminina hier besprochen.

Abschnitte, Form und Lage: Die weibliche Harnröhre ist 3–5 cm lang und zeigt durch Falten ein sternförmiges Lumen. Man unterscheidet eine in der Harnblasenwand gelegene **Pars intramuralis** von einer **Pars cavernosa**, die unter dem Os pubis zwischen den Crura clitoridis hindurchzieht und im Vestibulum vaginae mündet. Dort liegt das **Ostium urethrae externum** 2–3 cm hinter der Glans clitoridis am vorderen Rand des Ostium vaginae. Eine konstante Schleimhautfalte an der Harnröhrenrückseite, die **Crista urethralis**, ist eine Fortsetzung der Uvula vesicae (S. 780).

Wandbau: Der Aufbau der Harnröhrenwand ist dreischichtig:
- **Tunica mucosa**: Der kraniale Urethraabschnitt ist mit **Urothel** (S. 62) ausgekleidet, welches im mittleren Teil in ein mehrreihiges **hochprismatisches Epithel** übergeht. Im kaudalen Abschnitt findet man ein **unverhorntes Plattenepithel**. Die **Lamina propria** enthält Venennetze und zahlreiche elastische Fasern. Kaudal finden sich hier zahlreiche tubuläre Schleimdrüsen (**Glandulae urethrales**), die gruppenweise über beidseits je einen gemeinsamen Ausführungsgang (**Ductus paraurethralis**, klinisch oft auch als **Paraurethraldrüsen** bezeichnet) am Ostium urethrae externum münden.
- **Tunica muscularis**: Die Muskularis umfasst in glattmuskulären Schraubenzügen die Harnröhre und steht mit der Blasenmuskulatur in Verbindung. Kaudal findet sich quergestreifte Muskulatur aus Anteilen des M. transversus perinei profundus als **Musculus sphincter urethrae externus**.
- **Tunica adventitia**.

Gefäßversorgung und Innervation: Die arteriellen Zuflüsse und die venösen Abflüsse, die Lymphdrainage und die Innervation entsprechen in blasennahen Abschnitten den Verhältnissen an der Harnblase (S. 783). Mündungsnah entsprechen sie den Verhältnissen am äußeren Genitale (s. o.).

3.5 Zyklusbedingte Veränderungen – hormonelle Steuerung

▶ **Merke.** Ein Menstruationszyklus dauert etwa 28 Tage (24–32 Tage). Als erster Tag wird aus praktischen Gründen der Zeitpunkt des Blutungseintritts angesehen, der Eisprung erfolgt in der Zyklusmitte (ca. 14. Tag, s. u.).

3.5.1 Zyklische Reifung der Follikel

Die Follikel durchlaufen im Rahmen der Follikelreifung unterschiedliche Entwicklungsstadien. Dabei ist zu beachten, dass Oogenese und Follikelbildung bereits pränatal beginnen und sich nach der Geburt fortsetzen:
- Erste Wachstumsperiode (pränatal)
- Erste Ruheperiode (von der Geburt bis zur Pubertät)
- Zweite Wachstumsperiode (Follikelreifung)
- Zweite Ruheperiode (vom Tertiärfollikel bis zur Befruchtung)

3.4 Urethra feminina (weibliche Harnröhre)

Funktion: Die Urethra leitet den Harn aus der Blase nach außen.

Abschnitte, Form und Lage: Die Urethra feminina ist etwa 3–5 cm lang. Die **Pars intramuralis** liegt in der Harnblasenwand, die **Pars cavernosa** zieht zum Vestibulum vaginae und endet dort mit dem **Ostium urethrae externum**. Die **Crista urethralis** setzt sich in die Uvula vesicae (S. 780) fort.

Wandbau:
- **Tunica mucosa:** Das Epithel besteht blasennah aus Urothel (S. 62) und geht über ein hochprismatisches Epithel nahe der Mündung in ein mehrschichtig unverhorntes Plattenepithel über. Die Lamina propria enthält Venen, elastische Fasern und Drüsen (**Gll. urethrales**).
- **Tunica muscularis:** Sie besteht aus glattmuskulären Schraubzügen, kaudal liegt der quergestreifte **M. sphincter urethrae ext.**
- **Tunica adventitia.**

Gefäßversorgung und Innervation: entsprechen blasennah der Harnblase (S. 783), mündungsnah dem äußeren Genitale (s. o.).

3.5 Zyklusbedingte Veränderungen – hormonelle Steuerung

▶ **Merke.**

3.5.1 Zyklische Reifung der Follikel

Die Follikelreifung beginnt pränatal und durchläuft jeweils zwei Ruhe- und Wachstumsperioden.

Venen: Das Blut fließt ab über die **V. pudenda int.** (Vv. labiales post., Vv. profundae clit., Vv. bulbi vestibuli), den **Plexus venosus vesicalis** (V. dorsalis clit. prof.) und die **V. femoralis** (Vv. pudendae extt.).

Lymphabfluss: Nll. inguinales superficiales und **profundi** (zu Nll. iliaci extt.).

Innervation: Sie erfolgt über den **N. pudendus** (Nn. perineales und labiales post; N. dorsalis clit.), **N. ilioinguinalis** (Nn. labiales antt.) und **N. genitofemoralis** (R. genitalis).

Follikelreifung

Der Follikelaufbau ist vom jeweiligen Entwicklungsstadium abhängig (Tab. J-3.1). Man unterscheidet folgende Entwicklungsstadien (Abb. J-3.14):
Ab dem 4. Embryonalmonat Beginn der 1. Reifeteilung, die aber arretiert wird (primäre Oozyte). Kurz vor der Ovulation Abschluss der 1. Reifeteilung (sekundäre Oozyte), mit der Ovulation Beginn der 2. Reifeteilung, die erst mit dem Eindringen eines Spermiums endet.

- **Primordialfollikel:**
  Sie entstehen pränatal.

▶ Merke.

- **Primärfollikel:** Sie entwickeln sich unter hormonellen Einflüssen (S. 812).
- **Sekundärfollikel:** Sie stellen die Übergangsform zu den Tertiärfollikeln dar.

- **Tertiärfollikel:** Findet keine Weiterentwicklung zum Graaf-Follikel (s. u.) statt, kommt es zur **Follikelatresie.**

- **Graaf-Follikel:** Aus diesem letzten Entwicklungsstadium werden am 14. Zyklustag Eizelle und Corona radiata herausgespült (Eisprung = **Ovulation**) und von der Tube aufgefangen.

▶ Merke.

3 Weibliches Genitale

Follikelreifung

Prinzipiell besteht ein Follikel aus der **Eizelle** (Oozyte I. Ordnung) und einem **Follikelepithel**. Der Follikelaufbau ist allerdings von dem jeweiligen Entwicklungsstadium abhängig (Tab. J-3.1). Es werden folgende Entwicklungsstadien unterschieden (Abb. J-3.14):
Um den 4. Embryonalmonat beginnen die sog. **Oogonien** die 1. Reifeteilung, stoppen diese in der Prophase und treten als sog. **primäre Oozyten** in ein Ruhestadium ein (Diktyotän). Primäre Oozyten gehen entweder zugrunde oder entwickeln sich nach mehrjähriger (!) Ruhephase zu einem sprungreifen Follikel. Kurz vor der Ovulation wird die unterbrochene Prophase fortgesetzt, es entsteht die **sekundäre Oozyte**. Während der Ovulation beginnt die 2. Reifeteilung, welche erst nach Eindringen eines Spermiums abgeschlossen wird.

- **Klinik:** Beim sog. **polyzystischen Ovarialsyndrom** (Stein-Leventhal-Syndrom), das mit Zyklusstörungen und verminderter Fertilität verbunden ist, beobachtet man eine Verdickung der Zona pellucida, was zu einer verminderten FSH-Sensibilität der Granulosazellen führt.
- **Primordialfollikel** entstehen in der 1. Wachstumsperiode. Die Oozyte verharrt dabei in der meiotischen Prophase.

▶ Merke. Bei Geburt sind pro Ovar etwa 500 000 solcher Primordialfollikel vorhanden, in der 1. Ruheperiode degenerieren davon mehr als 90 %. Gegen Ende der Pubertät sind somit noch ca. 50 000 Primordialfollikel vorhanden.

- **Primärfollikel** entwickeln sich unter hormonellem Einfluss (S. 812) in der 2. Wachstumsperiode aus den Primordialfollikeln.
- **Sekundärfollikel** stellen bei einem Durchmesser von 50–200 µm die Übergangsform zum Tertiärfollikel dar. Es reifen stets mehrere Sekundärfollikel zu Tertiärfollikeln heran.
- **Tertiärfollikel** haben einen Durchmesser von ca. 0,6 cm. Reift der Tertiärfollikel nicht zum Graaf-Follikel (s. u.) heran, kommt es zum Absterben der Eizelle und zur **Follikelatresie.** Hierbei lagern die Theca-interna-Zellen (Tab. J-3.1) Lipide ein, es kommt zur Bildung des **Thekaorgans.** Dieses löst sich auf und der zunehmend homogen werdende atretische Follikel verschwindet ganz.
- **Graaf-Follikel** stellen das letzte Follikelstadium dar. Mit einem Durchmesser von ca. 2,5 cm wölben sie die Tunica albuginea stark vor. Beim um den 13.–14. Zyklustag erfolgenden Eisprung (**Ovulation**) rupturiert der Follikel, die Eizelle wird mit der Corona radiata ausgeschwemmt und meist von der Tuba uterina aufgefangen.

▶ Merke. Im Normalfall entwickelt sich pro Zyklus nur **ein** Graaf-Follikel aus dem sog. **dominanten Tertiärfollikel.** Die übrigen Tertiärfollikel gehen zugrunde (**Atresie**).

☰ J-3.1 Aufbau des Follikels während der einzelnen Entwicklungsstadien

Entwicklungsstadium	Basalmembran	Follikelepithel	äußere Follikelhülle	sonstiges
Primordialfollikel	lichtmikroskopisch nicht sichtbar	einschichtig, platt	nicht vorhanden	
Primärfollikel	**Zona pellucida** (zwischen Eizelle und Follikelepithel)	einschichtig, kubisch bis hochprismatisch	nicht vorhanden	
Sekundärfollikel	**Zona pellucida**	mehrschichtig, **Granulosazellen*** (granulierte Epithelzellen)	zarte, stark vaskularisierte **Theca folliculi***	Zwischen den Granulosazellen entstehen mit Flüssigkeit (**Liquor folliculi**) gefüllte Spalten.
Tertiärfollikel	**Zona pellucida**	**Corona radiata**) (die Zona pellucida direkt umgebende Granulosazellen** **Stratum granulosum** (das Antrum umgebende Granulosazellen**)	**Theca interna**** mit spindelförmigen, u. a. **östrogenbildenden** Zellen **Theca externa** mit Myofibroblasten	Durch Vereinigung der Spalten bildet sich ein zentraler Hohlraum (**Antrum folliculi**) mit hineinragendem Eihügel (**Cumulus oophorus**) aus Eizelle und Corona radiata.

* Diese Verteilung von Gefäßen findet sich auch beim Tertiärfollikel: Während die Granulosazellen (inkl. Cumulus oophorus) gefäßfrei sind, enthält die Theca interna Gefäße.

** Theca interna bildet unter dem Einfluss von LH Androgene, die von den Granulosazellen zu Östrogen umgewandelt werden.

J 3.5 Zyklusbedingte Veränderungen – hormonelle Steuerung

⊙ J-3.14 Follikelreifung im Ovar

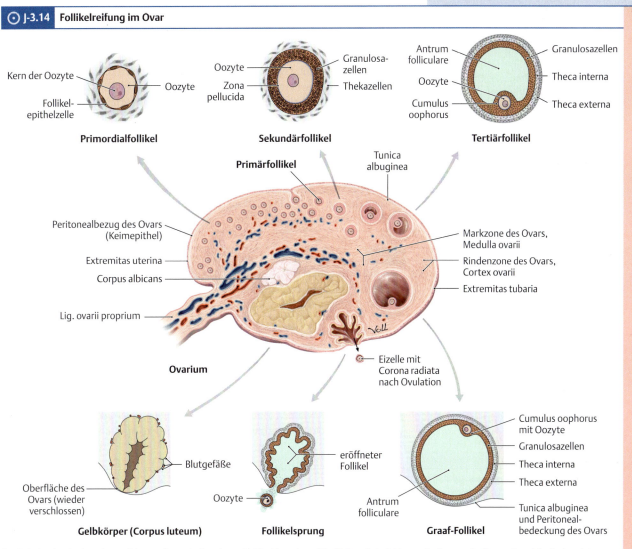

Im Schnitt durch ein schematisiertes Ovar sind mehrere Follikel in unterschiedlichen Entwicklungsstadien sowie der postovulatorisch entstehende Gelbkörper sichtbar. Einzelne Stadien sind im Urzeigersinn um das Organ herum vergrößert dargestellt. Die Verhältnisse sind nicht maßstabsgetreu wiedergegeben. (Prometheus LernAtlas. Thieme, 3. Aufl.)

▶ **Klinik.** Kommt es ausnahmsweise zur Ausbildung zweier Graaf-Follikel mit anschließender Ovulation und Befruchtung, entstehen **zweieiige Zwillinge**. Dies tritt vermehrt unter einer **hormonellen Stimulationsbehandlung** bei bisher unerfülltem Kinderwunsch auf.

▶ **Klinik.**

Postovulatorische Phase

Corpus rubrum: Aus dem Bereich der Rissstelle blutet es in die jetzt leere Follikelhöhle ein. Der so entstehende Thrombus wird als **Corpus rubrum** bezeichnet.

Corpus luteum: Innerhalb von 6–8 Stunden nach erfolgter Ovulation beginnen die Theca-interna- und die Granulosazellen unter dem Einfluss von LH an Größe zuzunehmen und verfärben sich durch die Einlagerung von Lipiden gelblich, wodurch die sog. **Thekalutein-** und **Granulosaluteinzellen** (luteus = gelb) entstehen. Insbesondere die Granulosaluteinzellen sind für die Produktion des Gestagens **Progesteron** (sog. Gelbkörperhormon, s. u.) während der Gelbkörperphase verantwortlich. Das im Corpus luteum gebildete Progesteron entsteht aus Cholesterin, das hauptsächlich von der Leber abgegeben wird und zum Corpus luteum gelangt.
Aus der Theca interna wachsen Kapillaren in die Zone der Granulosazellen ein, über welche die gebildeten Hormone den Blutkreislauf erreichen. Innerhalb von ca. 3 Tagen entsteht so das **Corpus luteum**, welches 8–10 Tage nach der Ovulation seine maximale Größe erreicht (Abb. **J-3.14**). Für seine weitere Entwicklung gibt es zwei Möglichkeiten:

Postovulatorische Phase

Corpus rubrum: Gefäßrisse führen zur Einblutung mit Bildung eines Thrombus (Corpus rubrum).
Corpus luteum: Die Theca-interna- und die Granulosazellen vermehren sich unter dem Einfluss von LH und lagern innerhalb von ca. 8 Std. Lipide ein. Sie erscheinen nun gelblich (luteus = gelb) und werden als **Thekalutein-** bzw. **Granulosaluteinzellen** bezeichnet. Letztere beginnen nun mit der Produktion von Progesteron (ausgehend von v. a. der Leber entstammendem Cholesterin). Kapillaren wachsen in das Stratum granulosum. Das so entstandene Corpus luteum ist etwa am 9. Tag post ovulationem voll entwickelt (Abb. **J-3.14**). Nun gibt es zwei Möglichkeiten:

- **Corpus luteum menstruationis:** Ohne Konzeption bildet sich das Corpus luteum ab dem 24. Zyklustag zurück (**Luteolyse**). Es bildet sich Narbengewebe (**Corpus albicans**).
- **Corpus luteum graviditatis:** Bei Gravidität stimuliert vom Keim gebildetes HCG (Humanchoriongonadotropin) das Corpus luteum bis etwa zum 4. Schwangerschaftsmonat.

▶ Merke.

▶ Klinik.

Hormonelle Steuerung der Follikelreifung

Die zyklische Follikelreifung wird im Wesentlichen über fünf Hormone gesteuert (Tab. J-3.2).

- **Corpus luteum menstruationis** oder **cyclicum:** Bei ausbleibender Schwangerschaft bildet sich der Gelbkörper ab dem 24. Zyklustag wieder zurück (**Luteolyse**). Der Progesteronabfall führt wenige Tage später zum Abbau der Uterusschleimhaut und zum Eintritt der Blutung. Das schrumpfende Corpus luteum wird innerhalb von ca. 6 Wochen durch weißliches Narbengewebe ersetzt (**Corpus albicans**).
- **Corpus luteum graviditatis:** Nach Eintritt einer Schwangerschaft bleibt das Corpus luteum v. a. unter dem Einfluss des vom implantierten Keim produzierten **HCG** = Humanes Choriongonadotropin (S. 106) erhalten, bis seine hormonelle Funktion nach dem 4. Schwangerschaftsmonat weitgehend von der Plazenta übernommen wird. Danach degeneriert es ebenfalls zum Corpus albicans.

▶ **Merke.** **Follikuläre** Granulosazellen wandeln die in den Theca-interna-Zellen gebildeten Androgene durch Aromatisierung in **Östrogene** um. Granulosa**lutein**- und Theka**lutein**zellen bilden Progesteron. Daher überwiegen präovulatorisch die Wirkungen der Östrogene, postovulatorisch die des Progesterons.

▶ **Klinik.** Störungen im Ablauf der Follikelreifung führen zu Störungen in der Sekretion von Östrogenen und Gestagenen. Da diese Hormone u. a. den zyklischen Auf- und Abbau der Uterusschleimhaut steuern (s. u.), führen ovarielle Störungen häufig zu Veränderungen der Menstruation.

Hormonelle Steuerung der Follikelreifung

Im Wesentlichen wird die Follikelreifung über **fünf Hormone** gesteuert, die im Hypothalamus (Gonadotropin Releasing Hormon), der Hypophyse (Follikelstimulierendes Hormon und Luteinisierendes Hormon) bzw. dem Ovar selbst (Östrogene, Progesteron) gebildet werden (Tab. J-3.2). Die Hormone der Hypophyse werden aufgrund ihrer Wirkungen auf die Keimdrüsen (Gonaden) auch als **Gonadotropine** bezeichnet.

≡ J-3.2 Hormonelle Steuerung der Follikelreifung

Hormon	Bildungsort	Stimulation der Freisetzung	Hemmung der Freisetzung	Wirkung
GnRH = Gonadotropin releasing hormone (= Gonadoliberin)	**Hypothalamus** (S. 1128)	zentral (pulsatile Freisetzung)	durch hohe FSH/LH-Spiegel (negative Rückkopplung)	**Freisetzung der Gonadotropine** FSH und LH
FSH = Follikelstimulierendes Hormon (= Follitropin)	**Adenohypophyse** (S. 1251)	über GnRH (maximale Konzentration in Zyklusmitte)	• (siehe LH) • durch Inhibin (Hormon der Granulosazellen)	Förderung der **Reifung** und **Östrogenbildung** der Follikel (bis zu Sekundärfollikeln zusammen mit LH)
LH = Luteinisierendes Hormon (= Lutropin)	**Adenohypophyse**	• über GnRH	durch hohe Progesteronspiegel (negative Rückkopplung) in der **Corpus-luteum-Phase**; dadurch temporäre Unterdrückung der Reifung weiterer Follikel	• (siehe FSH) • Förderung der **Progesteronbildung** (Corpus-luteum-Phase)
		• durch hohe Östrogenkonzentration (positive Rückkopplung) in der **Follikelphase**		• **Auslösung der Ovulation** am etwa 14. Zyklustag durch steilen Konzentrationsanstieg (LH-Peak)
Östrogen	**Follikel** (Thecainterna- und Granulosazellen)	FSH	Östrogen (negatives Feedback)	u. a. **Regulation der zyklischen Veränderungen** an den Organen (s. u.)
Progesteron (= Gelbkörperhormon)	**Corpus luteum** (Thekalutein- und Granulosaluteinzellen)	LH	Progesteron (negatives Feedback)	„schwangerschaftserhaltendes Hormon" (Vorbereitung der Uterusschleimhaut, Ruhigstellung der Uterusmuskulatur)

J | 3.5 Zyklusbedingte Veränderungen – hormonelle Steuerung

▶ **Klinik.** Die Wirkung **hormonaler Kontrazeptiva**, die allgemein als **„die Pille"** bekannt sind, beruht auf synergistischer Hemmung der Ovulation durch Östrogene und Gestagene (Hormone mit progesteronähnlichen Effekten). Durch kombinierte orale Einnahme in der ersten Zyklushälfte wird die Freisetzung von FSH und LH aus der Hypophyse vermindert und der ovulationsauslösende LH-Peak unterdrückt. Neben der **Ovulationshemmung** sind weitere Effekte an den weiblichen Genitalorganen (Viskositätserhöhung des Zervixschleims, Endometriumatrophie und Tubenmotilitätsänderung) für die kontrazeptive Sicherheit verantwortlich. Den Gestagenen schreibt man die Hauptwirkung im Rahmen der Ovulationshemmung zu, die Östrogene werden v. a. zur Zykluskontrolle, d. h. Verhinderung von Zwischenblutungen eingesetzt. Reine Gestagenpräparate kennt man als **„Minipille"**.

▶ **Klinik.**

3.5.2 Zyklische Veränderungen an den Organen

Östrogene und **Progesteron** haben nicht nur Einfluss auf die Follikelreifung im Ovar, sondern steuern auch als lokale Faktoren die zyklischen Vorgänge in Tuben, Uterus und Vagina. Zudem haben Östrogene eine systemische Wirkung etwa auf die Blutgerinnung. Durch Progesteron wird das Endometrium auf die Einnistung (Nidation) der Blastozyste vorbereitet und die Frühschwangerschaft erhalten. Im Ovar gebildete **Androgene** werden ganz überwiegend zu Östrogenen metabolisiert.

3.5.2 Zyklische Veränderungen an den Organen
Im Ovar werden **Östrogene** und **Progesteron** gebildet, die die zyklischen Veränderungen in Tube, Uterus und Vagina bewirken.

Tubae uterinae

Um den Zeitpunkt der Ovulation ist unter Östrogeneinfluss die **Motilität** der Tubenmuskulatur **erhöht**, um nach erfolgter Ovulation die Eizelle einzufangen. Die Sekretion der Tubenschleimhaut ist verstärkt, und die Kinozilien erzeugen einen uteruswärts gerichteten Sekretstrom.

Tubae uterinae

Die Tube zeigt um die Ovulation neben erhöhtem Sekretstrom auch eine gesteigerte Motilität.

Uterus

Korpus-Endometrium: Während eines Menstruationszyklus werden vom Endometrium **vier funktionelle Phasen** durchlaufen:

- **Proliferationsphase** (11 Tage): Unter dem Einfluss von follikulär gebildeten **Östrogenen** wird aus der Basalis die im vorangegangenen Zyklus abgestoßene Funktionalis wieder aufgebaut. Diese Phase dauert bis zur Ovulation und wird nach der Herkunft der Östrogene auch **Follikelphase** genannt. Epitheliale Drüsenreste im Stratum basale bilden die Ausgangsbasis für das neue Oberflächenepithel. Zeitgleich kommt es zur Proliferation von Bindegewebszellen in der sich neu bildenden Funktionalis, und Blutgefäße sprossen ein. Die Glandulae uterinae wachsen und strecken sich in die Länge.
- **Sekretionsphase** (14 Tage): Diese postovulatorische Phase ist durch zusätzlich **hohe Progesteronspiegel** (Gestagen) gekennzeichnet, die durch den Gelbkörper aufrechterhalten werden (**Lutealphase**). In der frühen Sekretionsphase kommt es im basalen Teil der Funktionalis (S. 802) zu zahlreichen Zellteilungen, wodurch eine Unterscheidung von zwei Funktionalis-Schichten möglich wird:
  - Im oberen **Stratum compactum** überwiegen Stromazellen, die in hohem Maße Glykogen, Proteine und Lipide einlagern und zu sog. **Prädeziduazellen** werden. Im Falle der Implantation eines Keimes entwickeln sich diese zu **Deziduazellen** (maternaler Plazentateil). Die Drüsenlumina erscheinen im histologischen Schnitt eng.
  - Im unteren **Stratum spongiosum** schlängeln sich die durch starkes Wachstum erheblich verlängerten Drüsenschläuche, was im histologischen Schnitt als **„Sägeblattstruktur"** mit weiten Drüsenlumina erscheint.

Die Arterien in der Uterusschleimhaut verlaufen nun in Spiralen (**Spiralarterien**).

- **Ischämische Phase** (Stunden): Bleibt die Befruchtung aus und bildet sich das Corpus luteum zurück, sinken die Spiegel an Östrogenen und v. a. Progesteron stark ab und lösen die **Hormonentzugsblutung** aus. Spasmen der Schleimhautarterien führen zu einer Minderdurchblutung der Funktionalis, die dadurch schrumpft und zugrunde geht.
- **Desquamationsphase** (3 Tage): Die abgestorbenen (nekrotischen) Schleimhautbezirke werden durch Blutung aus den Gefäßen abgehoben und das Gewebe wird zusammen mit dem Blut über das Uteruslumen nach außen abgegeben. Der Blutverlust beträgt bei einer normalen **Menstruation** ca. 50 ml.

Uterus

Endometrium: Der weibliche Zyklus hat **4 funktionelle Phasen:**

- **Proliferationsphase** (Follikelphase): Durch Östrogene wird aus der Basalis eine Funktionalis aufgebaut. Aus Epithel in Drüsenresten wird neues Oberflächenepithel; Blutgefäße wachsen in das Stroma ein. Die Gll. uterinae strecken sich in die Länge.

- **Sekretionsphase** (**Lutealphase**): Unter dem postovulatorisch hohen Progesteronspiegel (Aufrechterhaltung durch den Gelbkörper) unterscheidet man in der Funktionalis (S. 802) zwei Schichten:
  - oberflächlich: **Stratum compactum** mit Stromazellen, die durch Einlagerung von u. a. Glykogen zu sog. **Prädeziduazellen** werden;
  - unten (basal): **Stratum spongiosum** mit Schlängelung der wachsenden Drüsen (histologisch **„Sägeblatt"**).

Zusätzliches Kennzeichen sind sog. **Spiralarterien**.

- **Ischämiephase:** Ohne Konzeption führt der Abfall der Corpus-luteum-Hormone zur Entzugsblutung. Die Funktionalis geht durch Vasokonstriktion zugrunde.

- **Desquamationsphase:** Die nekrotische Funktionalis wird durch Blutungen abgehoben und ausgestoßen (**Menstruation**).

Zervix: Schleimhaut wird bei der Menstruation nicht abgestoßen. Östrogene führen zur präovulatorischen Zervixöffnung und zur Vermehrung und Verflüssigung des Zervikalschleims.

▶ Klinik.

Zervix: Das Epithel der Zervix unterliegt nur wenig ausgeprägten zyklischen Schwankungen und wird bei der Menstruation nicht abgestoßen. Deutlichere Änderungen werden bei der Weite des Zervikalkanals (**präovulatorische Öffnung**) und bei der **Viskosität des Zervixschleims** beschrieben. Zum Zeitpunkt der Ovulation, unter maximalem Östrogeneinfluss, ist der Schleim dünnflüssig und klar, ansonsten hochviskös.

▶ Klinik. Die **Veränderungen des Zervixschleims** nutzt man bei der Kontrazeption durch die sog. **Billings-Methode**, d. h. Beobachtung des Zervixschleims: Lassen sich zwischen Daumen und Zeigefinger 10–12 cm lange Fäden ziehen (**gute Spinnbarkeit**) ist sexuelle Abstinenz geboten.
Streicht man zu diesem Zeitpunkt das Zervikalsekret auf einem Objektträger aus, ergibt sich nach Trocknung eine Kristallisation, die unter dem Mikroskop betrachtet einem „**Farnkraut-Muster**" ähnelt.

Vagina

Das **Vaginalepithel** (S. 806) ist in den einzelnen Zyklusphasen unterschiedlich aufgebaut (Abb. **J-3.15**). Präovulatorisch (unter Östrogeneinfluss): Reifung bis zum Stratum superficiale. Postovulatorisch (unter Gestageneinfluss): Reifung bis zum Stratum intermedium.

▶ Klinik.

Vagina

Der oben beschriebene Aufbau des **Vaginalepithels** (S. 806) ändert sich in Abhängigkeit von den Hormonspiegeln: Unter dem Einfluss von **Östrogenen** reifen die Epithelzellen bis zur obersten Schicht aus, während postovulatorisch – bei sinkenden Östrogenspiegeln und hoher Konzentration von Gestagenen im Blut – der Reifungsprozess des Vaginalepitels nur bis zu den Intermediärzellen stattfindet. Folglich lässt sich anhand der im Vaginalabstrich dominierenden Zellen die Zyklusphase bestimmen (Abb. **J-3.15**).

▶ Klinik. Der Einfluss von Östrogenen auf das Vaginalepithel wird deutlich an den Auswirkungen der physiologischen Östrogenmangelsituation vor der Pubertät und nach der Menopause: Durch den negativen Einfluss auf den Glykogengehalt und damit verringerte Milchsäureproduktion in der Vagina (s. o.) wird das ansonsten saure vaginale Milieu alkalischer. Die Folge des höheren pH-Werts ist ein schlechterer Infektionsschutz, sichtbar an den deutlich häufiger beobachteten Kolpitiden (**Kolpitis** = Entzündung der Vagina) in der Kindheit und postmenopausal.

⊙ **J-3.15** Einfluss des Östrogens auf die Ausreifung des Vaginalepithels

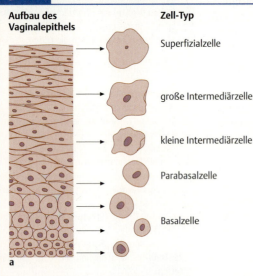
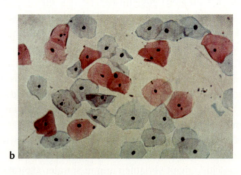

a Änderung des Aussehens während Reifung und Wanderung der Zellen in Richtung Epitheloberfläche. (Breckwoldt, M., Kaufmann, M., Pflederer, A.: Gynäkologie und Geburtshilfe. Thieme, 2007)
b Ausstrich der abgeschilferten Zellen während der Proliferationsphase: Unter Östrogeneinwirkung sieht man überwiegend Superfizial- und große Intermediärzellen. (Stauber, M., Weyerstahl, Th.: Duale Reihe Gynäkologie und Geburtshilfe. Thieme, 2005)

Körpertemperatur

Progesteronbedingt kommt es postovulatorisch zu einem Anstieg der Basaltemperatur um 0,5 °C.

Körpertemperatur

Nach der Ovulation steigt progesteronvermittelt die in Ruhe gemessene Körpertemperatur (Basaltemperatur) um ca. 0,5 °C an und verbleibt bis zur Menstruation auf diesem erhöhten Niveau.

J 3.5 Zyklusbedingte Veränderungen – hormonelle Steuerung

▶ Klinik. Dieser Temperaturanstieg bildet die Grundlage der Methode der **Basaltemperaturmessung** zur **Empfängnisverhütung**. Durch tägliche Messung der Körpertemperatur vor dem morgendlichen Aufstehen wird über die Temperaturerhöhung der Zeitpunkt der Ovulation bestimmt. Bei einer Befruchtungsfähigkeit der Eizelle von bis zu 24 Stunden und Lebensdauer der Spermatozoen im weiblichen Genitaltrakt von ca. 24–72 Stunden kann das Zeitintervall vom 3. Tag post ovulationem bis zum Wiederabsinken der Temperatur (Rückgang der Progesteronproduktion) als sicher unfruchtbar angesehen werden. Dauert eine hypertherme Phase länger als 16 Tage, muss mit einer Schwangerschaft gerechnet werden. ◀ Klinik.

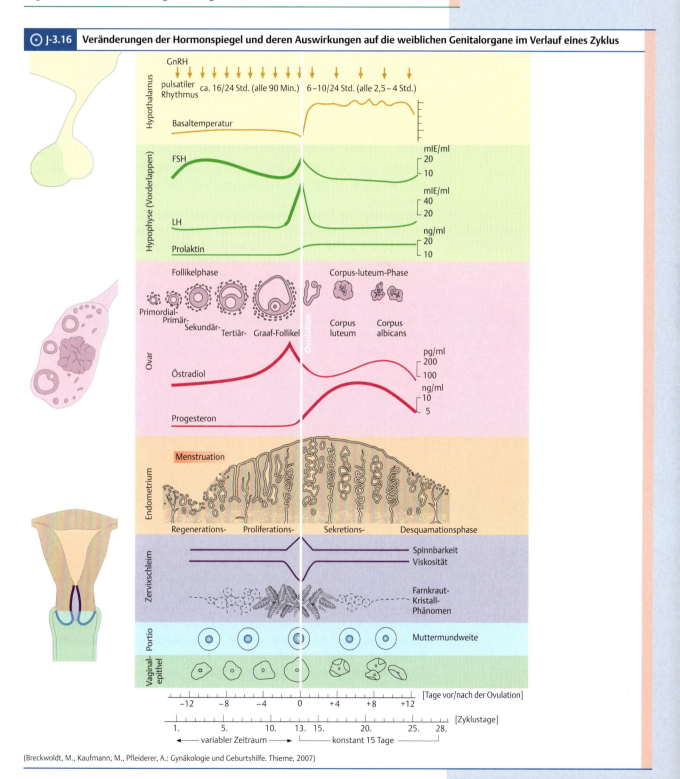

J-3.16 Veränderungen der Hormonspiegel und deren Auswirkungen auf die weiblichen Genitalorgane im Verlauf eines Zyklus

(Breckwoldt, M., Kaufmann, M., Pfleiderer, A.: Gynäkologie und Geburtshilfe. Thieme, 2007)

> ▶ Merke.

> ▶ Merke. Die einzelnen Phasen des weiblichen Zyklus werden je nach Bezugspunkt unterschiedlich benannt! Die Follikelphase des Ovars entspricht zeitlich etwa der Desquamations- mit anschließender Proliferationsphase des Endometriums, während die Luteal- oder Gelbkörperphase des Ovars durch das von dieser „passageren Drüse" produzierte Progesteron am Endometrium zur Sekretionsphase führt. Die kurze Ischämiephase des Endometriums korrespondiert zeitlich mit dem Untergang des Gelbkörpers am Ende der Lutealphase:

Ovar	Endometrium
Follikelphase (Dauer variabel, Östrogen ↑)	Desquamationsphase Proliferationsphase
Luteal-/Gelbkörperphase (konstant ~14 d, Gestagen)	Sekretionsphase Ischämiephase

3.6 Konzeption, Schwangerschaft und Geburt

3.6.1 Sexuelle Reaktion der Frau

Im Rahmen der sexuellen Reaktion, die allgemein in vier Phasen unterteilt werden kann, kommt es zu folgenden charakteristischen Veränderungen der weiblichen Genitalorgane:

- **Erregungsphase:** Durch **Transsudation** des wandständigen Kapillarnetzes und Sekretion aus dem zervikalen Schleimpfropf wird die Vaginalwand gleitfähig (**Lubrikation**). Der Scheideneingang wird zusätzlich durch Sekret aus den Gll. vestibulares angefeuchtet. Der Uterus wird durch Kontraktion seines muskelhaltigen Bandapparates nach dorso-kranial gezogen, sodass sich die Vagina verlängert und sich das Scheidengewölbe zum **Receptaculum seminis** erweitert.
- **Plateauphase:** In den subepithelialen Venengeflechten der unteren Vaginalhälfte kommt es zu einem Blutstau. Bulbus vestibuli und Labia minora schwellen an.
- **Orgasmusphase:** Die venöse Stauung in der Vagina verstärkt sich (**orgastische Manschette**). Es kommt zu Kontraktionen der Mm. bulbospongiosi, der Vaginal- und Uteruswand sowie der Dammmuskeln.
- **Rückbildungsphase:** Der Uterus senkt sich wieder, wobei sich die Cervix uteri dem Receptaculum nähert. Die Erweiterung der Vagina geht vollständig zurück.

3.6.2 Spermienwanderung im weiblichen Genitaltrakt

Auf ihrem Weg zur Ampulle des Eileiters müssen die Spermien den zervikalen Schleimpfropf penetrieren, was eine starke aktive Motilität erfordert. Die Penetration ist abhängig vom weiblichen Zyklus unterschiedlich gut möglich (unter hohem Östrogenspiegel periovulatorisch leichter als bei Überwiegen des Progesterons aufgrund einer östrogenbedingt niedrigen Viskosität des Schleims).
Nach Überwindung dieser zervikalen Barriere wandern die Spermien aktiv gegen den Sekretstrom der Uterus- und Tubenschleimhaut (positive Rheotaxis) mit einer Geschwindigkeit von ca. 3 mm/min, vgl. positive Rheotaxis (S. 798); sie legen somit die Distanz vom Ostium uteri bis zur Ampulla tubae uterinae (12–15 cm) in etwa 1 Stunde zurück. Die **Befruchtung** (**Konzeption**) findet i. A. in der Ampulle statt. Insgesamt sind die Spermien ca. 2 Tage befruchtungsfähig. Während der Wanderung durchlaufen die Spermien einen letzten Reifungsprozess, der sie zum Eindringen in die Eizelle befähigt, die sog. Kapazitation. Östrogen fördert, Progesteron hemmt die Kapazitation; Sie ist Voraussetzung für die Akrosomenreaktion (S. 848) und damit für das Eindringen des Spermiums in die Eizelle.

3.6 Konzeption, Schwangerschaft und Geburt

3.6.1 Sexuelle Reaktion der Frau

- **Erregungsphase:** Durch kapilläre Transsudation wird die Vagina befeuchtet (**Lubrikation**), der Introitus vaginae zusätzlich durch Sekretion der Gll. vestibulares. Der Uterus wird angehoben und der Fornix vaginae vergrößert.

- **Plateauphase:** Neben angeschwollenen Labien staut sich venöses Blut in der unteren Vaginalhälfte.
- **Orgasmusphase:** Neben Bildung der **orgastischen Manschette** kontrahieren sich Mm. bulbospongiosi, Vaginal- und Uteruswand sowie der Beckenboden.
- **Rückbildungsphase:** Der Uterus senkt sich und die Vaginalweite nimmt ab.

3.6.2 Spermienwanderung im weiblichen Genitaltrakt

Die Spermien penetrieren den zervikalen Schleimpfropf, was unter hohem Östrogenspiegel periovulatorisch erleichtert ist.

Anschließend wandern sie positiv rheotaktisch (S. 798) gegen den Sekretstrom in Uterus und Tube zur Tubenampulle, wo die Konzeption stattfindet. Sie bleiben ca. 2 Tage befruchtungsfähig und durchlaufen bei ihrer Wanderung den Reifungsprozess der Kapazitation. Östrogen fördert die Kapazitation.

3.6.3 Schwangerschaft (Graviditas)

Die hormonellen Einflüsse nach der Konzeption führen während der Schwangerschaft zu umfassenden Veränderungen am weiblichen Organismus: Das Endometrium wird auf die Nidation (S. 105) und die Plazentation (S. 119) vorbereitet. Der Trophoblast sezerniert Human Chorionic Gonadotropin = HCG (S. 106). Dies bewirkt die Umwandlung des Corpus luteum menstruationis in ein Corpus luteum graviditatis mit einer verstärkten Östrogen- und Progesteronproduktion.

Unter funktionellen und klinischen Aspekten lässt sich die Schwangerschaft, die im Mittel **280 Tage** post menstruationem (S. 102) dauert, grob in drei Dreimonatsabschnitte (**1.–3. Trimenon**) unterteilen.

1. Trimenon (Frühschwangerschaft)

Die sich stark entwickelnde Plazenta, sog. Mutterkuchen (S. 119), produziert große Mengen an Östrogen, Progesteron und HCG. Etwa ab der 6. Schwangerschaftswoche (SSW) muss daher das Ovar keine erhöhte Hormonproduktion mehr übernehmen. HCG unterdrückt die Reifung weiterer Follikel. Unter HCG-Einfluss in der fetalen Nebennierenrinde gebildete Steroide werden im mütterlichen Organismus zu Östrogen und Progesteron umgewandelt. Dabei wird das Wachstum der Uteruswand mit allen Gewebeanteilen stimuliert. Das Vaginalepithel zeigt ein prämenstruelles Zellbild. Die Basaltemperatur bleibt zunächst um etwa 0,5° C erhöht.

2. Trimenon

Die plazentare Östrogen- und Progesteronproduktion steigt weiter, HCG nimmt ab. Ab dem 4. Monat wird die Rückbildung des Corpus luteum graviditatis deutlich sichtbar. Der Uterus wächst weiter, der Isthmus uteri wird als sog. unteres Uterinsegment in die Uterushöhle einbezogen. Der Dehnungsreiz der wachsenden Fruchtblase verstärkt das hormonell ausgelöste Uteruswachstum zusätzlich. Der Einfluss von Progesteron verhindert aber, dass der Dehnungsreiz zu vorzeitigen Wehen führt. Der hohe Östrogenspiegel hemmt nun die hypophysäre Follitropinsekretion und so die weitere Follikelreifung.

3. Trimenon (Spätschwangerschaft)

Die HCG-Sekretion bleibt jetzt stabil. Zusätzlich wird nun **Human Placental Lactogen** (**HPL**) gebildet, welches zusammen mit hypophysärem Prolaktin das Wachstum der Brustdrüse stimuliert. Die hohen Östrogen- und Progesteronspiegel verhindern aber die Laktation.

Der im Becken durch seine Bänder fixierte Uterus kann sich nur nach oben in den Bauchraum hinein ausdehnen. Die Zervix, die den Uterus verschließt, nimmt an der Ausdehnung nicht teil. Das Uteruswachstum ist im 1. und 2. Monat nur gering. Seinen Höchststand erreicht der Uterus im 9. Monat. Im letzten Schwangerschaftsmonat neigt sich der Fundus uteri nach ventral, und der kindliche Kopf tritt im Becken tiefer: Der Uterus hat nun wieder einen Stand wie im 8. Monat (Abb. J-3.17). Insgesamt nimmt die Uterusmasse von ca. 50 g auf fast 1000 g zu.

J-3.17 Uterusstand in der Schwangerschaft

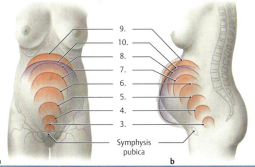

Die Zahlenangaben beziehen sich auf Lunarmonate (= 28 Tage) und weichen daher von den Kalendermonaten ab.
(Prometheus LernAtlas. Thieme, 3. Aufl.)
a Höhe des Fundus uteri während der Schwangerschaft in der Ansicht von ventral
b und von links.

▶ Klinik. ▶ Klinik. Wird die Wanderung der Zygote durch die Tube in Richtung auf den Uterus behindert, kann eine Nidation der Zygote schon in der Tube erfolgen, deren Epithel eine gewisse „deziduale" Umwandlung erfahren kann. Eine solche Eileiterschwangerschaft (im klinischen Sprachgebrauch **Tubargravidität**) kann sich durch die räumliche Enge in der Tube einerseits nicht regelrecht entwickeln, andererseits die Tube durch die Raumforderung zum Reißen bringen, was durch den hohen Blutverlust für die Schwangere zur akuten Gefahr werden kann.

Die Tubargravidität ist die häufigste Form einer Schwangerschaft außerhalb des Uterus (**Extrauteringravidität**). Weitere extrauterine Lokalisationen sind die unterschiedlichen Anteile des Peritoneums. Gelegentlich wird über eine solche normal entwickelte und zum Termin durch Operation beendete Bauchhöhlenschwangerschaft berichtet, die von Mutter und Kind gut überstanden wurden.

3.6.4 Geburt

Neben ausreichender Wehentätigkeit ist eine physiologische Beckenform (S. 330) wichtig.

Einfluss des weiblichen Beckens auf den Durchtritt des Kindes im Geburtskanal

Der physiologische Geburtsablauf ist der Anatomie des mütterlichen Beckens angepasst: Nach Eintritt des kindlichen Kopfes in den **querovalen Beckeneingang** vollziehen erst Kopf, dann Thorax in der Beckenhöhle eine Drehung, die den Austritt aus dem **längsovalen Beckenausgang** ermöglicht.
Das Kind folgt bei der Geburt der sog. **Führungslinie** (Abb. J-3.18).

3.6.4 Geburt

Eine regelrechte Geburt setzt neben einer ausreichenden Wehentätigkeit auch eine physiologische Gestalt des Beckens (S. 330) voraus.

Einfluss des weiblichen Beckens auf den Durchtritt des Kindes im Geburtskanal

Durch die anatomischen Gegebenheiten des weiblichen Beckens ist der physiologische Geburtsablauf bereits vorgegeben: Der **querovale Beckeneingang** erlaubt den Eintritt des querstehenden kindlichen Kopfes in das kleine Becken. Der **längsovale Beckenausgang** dagegen erfordert, dass der Kopf beim Austritt in sagittaler Richtung steht. Beim Durchtritt des Beckenbodens wird die kindliche HWS nach vorheriger Beugehaltung zunehmend gestreckt (s. u.), und passt sich somit dem Canalis pelvis (S. 328) an, der um den Hinterrand der Symphyse nach ventral konkav gebogen ist. Unter der Geburt folgt also das Kind der sog. **Führungslinie** des Geburtskanals (Abb. **J-3.18**). Dabei können die notwendigen Drehbewegungen des Kindes aus Platzgründen nur in der Beckenhöhle stattfinden.

Näheres zu geburtshilflich relevanten Beckenmaßen (S. 330).

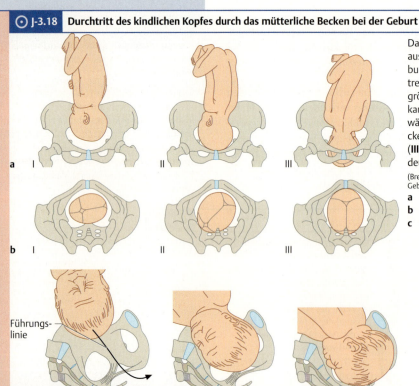

⊙ J-3.18 Durchtritt des kindlichen Kopfes durch das mütterliche Becken bei der Geburt

Darstellung verschiedener Phasen einer Geburt aus der vorderen Hinterhauptslage (häufigste Geburtslage): Der zunächst quer in das Becken eintretende kindliche Kopf (**I**) passt sich mit seinem größten (sagittalen) Durchmesser dem Geburtskanal an, sodass er nach allmählicher Drehung während des Tiefertretens (**II**) den längsovalen Beckenausgang in sagittaler Richtung passieren kann (**III**). Dabei folgt er der sog. Führungslinie (angedeutet **cI**).
(Breckwoldt, M., Kaufmann, M., Pfleiderer, A.: Gynäkologie und Geburtshilfe. Thieme, 2007)
a Ansicht von ventral,
b kaudal und
c rechts lateral.

J 3.6 Konzeption, Schwangerschaft und Geburt

▶ **Klinik.** Liegt ein Missverhältnis zwischen mütterlichem Becken und Kopf des Kindes vor, kann es zur **Geburtsunmöglichkeit** auf normalem Wege kommen. Mögliche Ursachen sind zum einen angeborene oder erworbene (traumatisch, d. h. durch Verletzung/ Unfall oder früher häufiger durch Rachitis bei Vitamin-D-Mangel) Verformungen des Beckens. Von Seiten des Kindes kann ein zu großer Kopf, z. B. beim Hydrozephalus (S. 1157) = „Wasserkopf" infolge von Liquorzirkulationsstörungen, zugrunde liegen. Ist eine Geburt auf vaginalem Weg nicht möglich, muss durch die **Sectio caesarea** (Kaiserschnitt) entbunden werden. Hierbei wird das Kind nach Eröffnung zunächst des Bauchraums (Laparotomie) und anschließend des Uterus (Uterotomie) geboren.

Geburtsverlauf

Der Geburtsbeginn ist durch das Einsetzen regelmäßiger Wehentätigkeit gekennzeichnet. Zu diesem Zeitpunkt am Ende der Schwangerschaft ist die Muskulatur von Corpus und Fundus uteri maximal entwickelt. Die Wand der Cervix uteri dagegen besteht hauptsächlich noch aus Bindegewebe, welches zur Geburt weich und verformbar werden muss.

Im Ablauf der Geburt unterscheidet man die drei Phasen:

- **Eröffnungsperiode:** Die ersten regelmäßigen Wehen kennzeichnen die Eröffnungsperiode. Der Geburtskanal wird nun schlauchförmig, der Canalis cervicis wird von innen nach außen eröffnet. Dies geschieht durch das wehengesteuerte langsame Vorschieben der Fruchtblase. Die zirkulären Muskelbündel der Cervix uteri verlagern sich unter dem Zug der Korpusmuskulatur in Längsrichtung, der äußere Muttermund (S. 799) wird gleichsam über die Fruchtblase hinweg gezogen. Erfolgt bei **vollständig erweitertem Muttermund** (Durchmesser von ca. 10 cm) der Sprung der Fruchtblase, spricht man von einem **rechtzeitigen Blasensprung**. Unter der Dehnung durch den kindlichen Kopf werden die Muskeln des Beckenbodens gedehnt und rohrartig umgeformt.

- **Austreibungsperiode:** Die Zeitspanne von der vollständigen Eröffnung des Muttermunds (s. o.) bis zur Geburt des Kindes bezeichnet man als Austreibungsperiode. Hierbei verkürzt sich die Uterusmuskulatur am stärksten. Durch die funduswärts verlaufenden Kontraktionen des am Beckenboden fixierten Uterus wird das Kind – unterstützt durch die Bauchpresse – ausgetrieben. Das Kind bildet die sog. „Fruchtwalze„, indem durch die Wehentätigkeit seine Form der des Geburtskanals angepasst wird: Nachdem der Kopf des Kindes in der Beckeneingangsebene quer steht, findet in der Beckenhöhle eine Drehung um 90° statt, sodass er anschließend den Beckenausgang in sagittaler Richtung passieren kann. Bei der überwiegenden Anzahl der Geburten wird das Kind in sog. **vorderer Hinterhauptslage** geboren: Der kindliche Hinterkopf weist zum Hinterrand der Symphyse. In dieser Lage kann das Kind der nach ventral konkaven Krümmung der Führungslinie (s. o.) leichter folgen.

- **Nachgeburtsperiode:** Nach Austreibung des Kindes und dem Verlust des Fruchtwassers verliert die Uteruswand ihre innere Stütze. Die Uterushöhle verkleinert sich, während die Muskulatur sich weiter kontrahiert. Beide Vorgänge begünstigen nun die Ablösung der Plazenta (S. 119). An der Ablösungsstelle der Plazenta in der Uteruswand kommt es zu einer Blutung, dem sog. **retroplazentaren Hämatom**. Zusammen mit weiteren Uteruskontraktionen führt es zur Ausstoßung der Plazenta und der Eihäute. Die Nachgeburt erfolgt **ca. 30 Minuten nach der Geburt des Kindes**.

▶ **Klinik.**

Geburtsverlauf

Die Geburt beginnt mit regelmäßigen Wehen. Die Muskulatur in Fundus und Corpus uteri ist voll entwickelt, die Zervixwand hingegen vorwiegend bindegewebig.

Man unterscheidet drei Phasen der Geburt:

- **Eröffnungsperiode:** Unter ersten regelmäßigen Wehen wird der Canalis cervicis durch Vorschieben der Fruchtblase von innen nach außen eröffnet. Der äußere Muttermund (S. 799) wird über die Fruchtblase gezogen und auf 10 cm Durchmesser erweitert. Springt jetzt die Fruchtblase, bezeichnet man dies als **rechtzeitigen Blasensprung**. Der kindliche Kopf dehnt die Beckenbodenmuskeln auf.

- **Austreibungsperiode:** Nach vollständiger Eröffnung des Muttermunds wird das Kind mit Unterstützung der Bauchpresse durch starke Verkürzung der Uterusmuskulatur ausgetrieben. Dabei bildet es die sog. „Fruchtwalze", indem es sich durch Drehung um 90° und späterer Streckung der HWS dem Geburtskanal anpasst. Letzteres wird durch die regelhafte vordere Hinterhauptslage (Hinterkopf am Symphysenhinterrand) bei regelrechter Geburt erreicht.

- **Nachgeburtsperiode:** Aktive Kontraktion und passive Verkleinerung des Uterus begünstigen zusammen mit dem sog. **retroplazentären Hämatom** die Plazentalösung. Ca. **30 Minuten** nach der Geburt des Kindes erfolgt die Ausstoßung von Plazenta und Eihäuten.

▶ **Klinik.** Die Plazenta muss immer auf Vollständigkeit überprüft werden. Verbleiben Plazentareste im Uterus besteht die Gefahr einer Nachblutung und damit eines Kreislaufschocks aufgrund des damit einhergehenden Blutverlusts.

J-3.19 **Plazenta.** Ansicht der mütterlichen Seite mit teilweise entfernter Decidua basalis (S. 119).
(Prometheus LernAtlas. Thieme, 3. Aufl.)

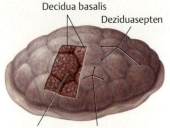

3.6.5 Wochenbett (Puerperium)

▶ **Klinik.**

In der ca. 6–8 Wochen andauernden Phase nach der Geburt kommt es zur Rückbildung der Uterusmuskulatur und Regeneration des Endometriums.

Die Regeneration des bis auf die Basalis abgestoßenen Endometriums geht ähnlich wie in der Proliferationsphase des Zyklus vom Drüsenepithel aus und ist ca. 14 Tage post partum abgeschlossen.

Auch die nicht an der Dezidualisierung beteiligte Zervixschleimhaut ist regeneriert. Innerer sowie äußerer Muttermund sind ca. 11. Tage post partum verschlossen. Letzterer zeigt meist einen bleibenden Querspalt (Abb. **J-3.20**).

Die ca. 6–8 Wochen dauernde Phase, die sich an die Geburt anschließt, ist allgemein von Rückbildungsvorgängen gekennzeichnet: Der Uterus verkleinert sich, die Muskelmasse nimmt ab und das Endometrium wird allmählich wieder aufgebaut. Menstruationszyklen finden meistens aber noch nicht statt.

Nach Abstoßung von Plazenta und Eihäuten sind vom Endometrium nur das Stratum basale und vereinzelte Reste des Stratum spongiosum vorhanden, woraus eine große Wundfläche resultiert. Das Endometrium regeneriert nun ähnlich wie in der Proliferationsphase eines Menstruationszyklus aus dem Epithel der Drüsen. Ca. 14 Tage post partum (nach der Geburt) ist diese Regeneration weitgehend abgeschlossen.

Die Schleimhaut der Cervix uteri, die an der Dezidualisierung während der Gravidität nicht beteiligt war, ist ebenfalls vollständig regeneriert. Das Ostium internum cervicis ist etwa ab dem 11. Tag post partum wieder verschlossen, der Isthmus nicht mehr Bestandteil des unteren Uterinsegments. Der äußere Muttermund, der ebenfalls wieder geschlossen ist, zeigt nach der ersten Geburt meist einen bleibenden Querspalt (Abb. **J-3.20**).

J-3.20 **Veränderung des äußeren Muttermundes durch die vaginale Entbindung**

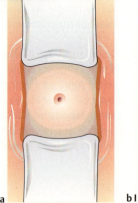 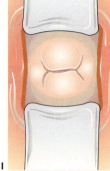 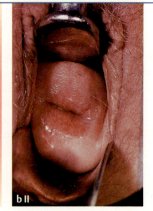

a   b I   b II

(Stauber, M., Weyerstahl, Th.: Duale Reihe Gynäkologie und Geburtshilfe. Thieme, 2013)
a Äußerer Muttermund vor
b sowie nach der ersten vaginalen Geburt in der Ansicht von vaginal (**I** und **II**).

J 3.6 Konzeption, Schwangerschaft und Geburt

Während des Wochenbettes kommt es zu Absonderungen aus dem Uterus, dem sog. **Wochenfluss (Lochien)**. Die Lochien bestehen aus Endometriumresten, Blut und ggf. zahlreichen Leukozyten. Ca. 2 Wochen post partum werden die Lochien spärlicher, nach etwa 6 Wochen versiegen sie im Allgemeinen ganz.

▶ Klinik. In dieser Phase des Wochenbetts können Keime von der Vagina in den Uterus aufsteigen. Gründe dafür sind der anfangs noch geöffnete Muttermund, vorerst Fehlen eines zervikalen Schleimpropfs und Störung des sauren Scheidenmilieus durch alkalischen Wochenfluss (Lochien). Unter diesen Umständen kann es dann zu einer Entzündung im Uterus kommen, dem sog. **Kindbettfieber**, das antibiotisch behandelt werden muss.

Mit dem Ausstoßen der Plazenta entfällt deren Hormonproduktion, ohne dass die in der Schwangerschaft wenig aktiven Ovarien sie abrupt wieder aufnehmen können. Daher sinken die Spiegel von Östrogen, Progesteron, HCG und HPL sehr schnell stark ab. Der außerordentlich niedrige Östrogenspiegel bewirkt eine verstärkte Freisetzung von **Prolaktin** aus der Adenohypophyse, wodurch die Muttermilchproduktion und -sekretion einsetzen kann. Die Entleerung der Brust wird durch das Hypophysenhinterlappenhormon **Oxytocin** gefördert, indem es die Kontraktion der Myoepithelzellen in der Brustdrüse anregt. Die Ausschüttung beider Hormone wird durch den Saugreiz des trinkenden Kindes gefördert.

▶ Klinik. **Muttermilch** ist die beste Säuglingsnahrung: Sie hat die optimale Nährstoffzusammensetzung, bietet dem Säugling durch darin enthaltene Antikörper Immunschutz, hat die richtige Temperatur und ist jederzeit verfügbar. Zudem fördert Stillen die Mutter-Kind-Beziehung. Diese zahlreichen Vorteile überwiegen bei weitem die eventuelle Gefährdung durch enthaltene Schadstoffe.

Die hohen Prolaktinspiegel verhindern ihrerseits wiederum ein Einsetzen neuer ovarieller Zyklen. Diese treten deshalb im Allgemeinen erst einige Zeit nach dem Ende der Stillperiode auf. Generell gilt, dass eine längere Stillzeit auch diese zyklusfreie Phase verlängert, während Frauen, die nur kurz stillen meist auch kürzere zyklusfreie Phasen nach dem Abstillen haben.

Bei abfallendem Prolaktin nach dem Abstillen kommt, ausgelöst durch den andauernden Östrogenmangel, der Regelmechanismus Hypothalamus – Hypophyse – Ovar (S. 812) allmählich erneut in Gang. Die erste nun wieder auftretende Blutung ist aber nicht notwendigerweise eine echte Menstruation, da noch nicht unbedingt eine Ovulation erfolgt sein muss.

Im Wochenbett kommt es für ca. 6 Wochen zum sog. **Wochenfluss (Lochien)**, bestehend aus Endometrium und Blut.

▶ Klinik.

Wegfall der Plazenta führt zu schnellem Absinken von Östrogen, Progesteron, HCG und HPL. Die Ovarien sind zunächst hormonell kaum aktiv. Ein niedriger Östrogenspiegel stimuliert die hypophysäre Prolaktinsekretion. Diese führt zum Einsetzen der Milchsekretion, die durch den kindlichen Saugreiz gefördert wird.

▶ Klinik.

Ein hohes Prolaktin verhindert das Einsetzen neuer ovarieller Zyklen. Längere Stillperioden begünstigen auch eine längere anovulatorische Phase nach dem Abstillen.

Der andauernde Östrogenmangel bei fallendem Prolaktin (nach dem Abstillen) führt zu einem Wiedereinsetzen der zyklischen Mechanismen zwischen Hypothalamus, Hypophyse und Ovar.

Alles fließt?
Schön wär's!

> Es ist der letzte Tag meiner Praxisfamulatur. Die Sprechstunde ist schon fast zu Ende – da betritt eine junge Frau, sichtlich verzweifelt, mit Säugling auf dem Arm die Landarztpraxis. Ursprünglich hatte ich die „Zwangsfamulatur" in der Allgemeinmedizin nur widerwillig angetreten, aber im Laufe der letzten vier Wochen habe ich immer wieder festgestellt, dass es von großem Vorteil ist, „seine" Patienten zu kennen – und so ist es auch hier.

Vor zwei Tagen sind die beiden zur U2-Untersuchung (am 3.–10. Lebenstag) hier gewesen. Die lässt man hier auf dem Land schon auch mal vom „Allgemeini" machen. Daher weiß ich, dass der Säugling die zweite, bisher völlig gesunde Tochter der Patientin ist. Der Praxisinhaber nimmt die wirklich sehr besorgte Mutter mit dem Säugling sofort mit in das Behandlungszimmer. Dort bricht sie erst mal in Tränen aus: „Ich weiß nicht, was los ist! Ich kann sie nicht stillen. Es kommt einfach nichts! Ich dachte am Anfang, es ginge nur etwas schwerer, aber es kommt wirklich NICHTS!"

Der Arzt beruhigt die Frau erst einmal und fragt sehr strukturiert, aber einfühlsam, was seit der letzten Untersuchung passiert sei. Das Mädchen habe normalen Hunger, keinen Infekt und gedeihe mit der Flaschenmilch gut – allein der Milcheinschuss bei der Mutter bleibe aus.

Mittlerweile kapiere auch ich, dass das Problem bei der Mutter liegt. Der Landarzt scheint eine Idee zu haben und bereitet die Mutter darauf vor, dass sie um eine Untersuchung des Schädels nicht herumkommt. Er werde jetzt mit dem Radiologen telefonieren, damit die Untersuchung möglichst schnell stattfindet. Er deutet mir an, ihm zu folgen. Doch mir kommt ein Gedanke und kurz vor Verlassen des Zimmers drehe ich mich nochmals um und frage: „Sie müssen aber nicht öfter Wasser lassen als vor der Entbindung?" Die Mutter schüttelt den Kopf und ich schließe die Tür des Behandlungsraumes.

Bei einem kurzen Telefonat mit dem Kollegen der Radiologie macht der Arzt einen Notfall-Termin für morgen klar. Dann wendet er sich mir zu und fragt, was mein Verdacht sei. „Diabetes insipidus (vermehrte Urinausscheidung) bei Hypophysennekrose!" deklamiere ich stolz. „Aha", lächelt der Arzt. „Schon nah dran, aber wo wird antidiuretisches Hormon (ADH) nochmal synthetisiert?" – „Äh …", versuche ich Zeit zu gewinnen. „Im Hypophysenvorderlappen…?" Der Allgemeinmediziner schüttelt den Kopf. „Im Hypothalamus! Und sie hat keinen Insipidus – wohl aber eine Hypophysennekrose. Weißt Du, wie das passieren kann?" Angesichts meines Fehlers bin ich froh wenigstens mit meinen Gyn-Kenntnissen glänzen zu können: „Bei der postpartalen Hypophysennekrose, dem Sheehan-Syndrom. Das ist ein seltener nach einer Entbindung auftretender Funktionsausfall des mütterlichen Hypophysenvorderlappens. Die häufigste Ursache ist die schlechte Durchblutung der Hypophyse durch Blutverluste unter oder nach der Geburt." – „Gut gelernt!", kontert mein Mentor. „Und warum bleibt dabei die Lakatation aus?" – „Äh …" – zweite Denkpause – und dann ein Geistesblitz! „Prolaktin wird im Hypophysenvorderlappen synthetisiert! Und wenn das fehlt, fehlt auch die Milch!" – „Gut, gut … Aber solange die Diagnose nicht gesichert ist, behalten wir für uns, dass wahrscheinlich auch die übrigen Hypophysenhormone fehlen und ersetzt werden müssen, o. k.?"

Ich nicke eifrig, während mein Gehirn fieberhaft arbeitet. Ach, könnte ich mich doch noch an alle Hypophysenhormone erinnern …

3.7 Das weibliche Genitale in verschiedenen Lebensphasen

In den verschiedenen Lebensabschnitten ist der weibliche Organismus in unterschiedlichem Ausmaß durch die hormonelle Situation geprägt. Dabei ist zu beachten, dass die generative Funktion des Ovars, also die Produktion befruchtungsfähiger Eizellen nur in einem bestimmten Lebensabschnitt besteht. Zusätzlich hat das Ovar jedoch, wenn auch teilweise eingeschränkt, eine vegetative Funktion: Auch in anovulatorischen Phasen werden Östrogene produziert, die den hormonellen Status der Frau beeinflussen.

Grob lassen sich beim weiblichen Körper daher fünf größere **Lebensabschnitte** unterscheiden:

- Postnatale Entwicklung und Kindheit
- Pubertät
- Phase der körperlichen Reife
- Klimakterium
- Senium.

3.7.1 Postnatale Entwicklung und Kindheit

Postnatale Entwicklung: Der Organismus des Neugeborenen scheidet in den ersten Lebenstagen die verbliebenen Plazenta-Hormone aus. Der drastische Abfall der Hormonspiegel kann geschlechtsunabhängig zu einer **Brustdrüsenschwellung** (ggf. mit Sekretion einer sog. „**Hexenmilch**") führen, beim kleinen Mädchen kann es u. U. sogar zu einer kurzen **Blutung** aus dem Uterus kommen.

Kindheit: Während der Kindheitsphase sind die hormonellen Unterschiede zwischen den beiden Geschlechtern sehr gering. Ein Wachstum der inneren und äußeren Genitalien findet nur in geringem Umfang statt. Beim kleinen Mädchen tritt das innere Genitale nun tiefer und verlagert sich in das kleine Becken.

Die Kindheit endet mit dem Einsetzen der vegetativen Funktion des Ovars. Aufgrund der Gonadotropin-Stimulation durch das allmählich anlaufende hypothalamo-hypophysäre System kommt es zur Reifung von Sekundär- und Tertiärfollikeln, die jedoch atretisch (S. 810) werden (wie die nicht dominanten Follikel der geschlechtsreifen Frau). So beginnt die Hormonproduktion im Ovar, ohne dass eine Ovulation stattfindet. Damit besteht auch keine generative Funktion. Da die atretischen Follikel kein Corpus luteum bilden, wird kein Progesteron sezerniert, sondern nur Östrogene.

3.7.2 Pubertät

Die Pubertät umfasst einen Zeitraum von ca. 4 Jahren, in dem es zum Wachstum der inneren und äußeren Genitalorgane sowie zur Differenzierung der Körperformen kommt. Physiologisch beginnt die Pubertät mit dem Auftreten der ersten sekundären Geschlechtsmerkmale, sie endet mit dem Erlangen der vollen Geschlechtsreife. Die Pubertät ist hormonell gekennzeichnet durch das Ingangkommen der ovariellen Hormonproduktion im Rahmen des ovariellen Zyklus unter Einfluss des hypothalamo-hypophysären Regelkreises: Der Hypothalamus bewirkt vermehrt die Freisetzung gonadotroper Hormone aus der Adenohypophyse (FSH und LH). Dadurch wird die zyklische Reifung der Follikel bis hin zum Graaf-Follikel weiter stimuliert. In den nun zunehmend ovulatorisch ablaufenden Zyklen werden im Ovar zusätzlich zu den Östrogenen auch Gestagene sezerniert, die in Rückkopplungsschleifen auf das hypothalamo-hypophysäre System (S. 812) wirken. Mit dem Einsetzen regelmäßiger ovulatorischer Zyklen ist nun auch die generative Funktion des Ovars in Gang gekommen.

3.7 Das weibliche Genitale in verschiedenen Lebensphasen

Hormone prägen den weiblichen Körper in den verschiedenen Lebensabschnitten. Nur in einem bestimmten Abschnitt hat das Ovar eine generative Funktion. Zusätzlich hat das Ovar aber eine konstantere vegetative Funktion, indem auch während anovulatorischer Zyklen Östrogen produziert wird. Man unterscheidet 5 **Lebensabschnitte**:

- Postnatale Entwicklung und Kindheit
- Pubertät
- Reifephase
- Klimakterium
- Senium.

3.7.1 Postnatale Entwicklung und Kindheit

Postnatale Entwicklung: Durch schnellen Abfall der Plazenta-Hormone kommt es geschlechtsunabhängig zur **Brustdrüsenschwellung** (ggf. „**Hexenmilch**"), beim Mädchen u. U. auch zur uterinen **Blutung**.

Kindheit: In dieser Phase bestehen nur geringe hormonelle Geschlechtsunterschiede mit geringem Wachstum des Genitales. Der Uterus tritt in das kleine Becken. Die Kindheit endet mit dem Einsetzen der vegetativen Funktion des Ovars. Stimuliert durch Gonadotropine reifen Sekundär- und Tertiärfollikel. Eine Ovulation findet noch nicht statt und aufgrund fehlender Corpus-luteum-Bildung wird auch kein Progesteron sezerniert.

3.7.2 Pubertät

In diesem Zeitraum (Dauer ca. 4 Jahre) kommt es zum Wachstum der Genitalien und zur Differenzierung der Körperformen. Die ovarielle Hormonproduktion und ovulatorische Zyklen spielen sich ein.

Der Hypothalamus bewirkt nun die Freisetzung von Follitropin und Lutropin mit Entstehung des Graaf-Follikel. Neben Östrogen wird nun (über das Corpus luteum) auch Progesteron sezerniert mit Rückkopplung zu Hypothalamus und Hypophyse (S. 812). Mit dem Auftreten der Ovulationen beginnt nun die generative Funktion des Ovars.

Die hormonellen Veränderungen führen zu äußerlich sichtbaren Merkmalen. Man unterscheidet:

Adrenarche: (ca. 11. Lj.): Androgene aus der NNR beeinflussen die zyklischen hypothalamischen Vorgänge

Thelarche: (ca. 11. Lj.): Das Wachstum der Brustknospe beginnt unter Einfluss der ovariellen Hormonproduktion.

Pubarche: (ca. 12. Lj.): Schamhaarbildung mit geschlechtsspezifischem Muster.

Menarche: Auftreten der 1. Menstruation (meist noch anovulatorisch) um das 12. Lebensjahr.

Mit dem Ende der Pubertät endet meist die körperliche Wachstumsphase durch hormonell bedingten Epiphysenfugenschluss.

3.7.3 Phase der körperlichen Reife

▶ Synonym.

Dauer vom Ende der Pubertät bis zum Klimakterium. Ausgeprägte zyklische vegetative und generative Funktion des Ovars mit entsprechenden Veränderungen am weiblichen Körper.

3.7.4 Klimakterium

▶ Synonym.

Die sog. Wechseljahre beginnen meist um das 45. Lj. Zunächst erlöschen die generativen, dann die vegetativen Funktionen des Ovars. Nach vorübergehenden anovulatorischen Blutungen setzen auch diese aus (**Menopause** = letzte zyklische Blutung).

In der **Prämenopause** kommt es bereits zu unregelmäßigen Zyklen. Ohne Ovulation werden keine Corpora lutea gebildet, sodass die Progesteronsekretion erlischt. Infolgedessen wird das Endometrium nicht mehr sekretorisch umgewandelt. Es kommt zu Blutungen wechselnder Stärke, die schließlich ganz versiegen.

Nach Verlust der sekretorisch aktiven Follikel besteht das Ovar histologisch nur aus Stromazellen. Bei hoher hypophysärer Gonadotropinsekretion besteht ein gleichzeitiger Mangel an Östrogen und Progesteron. In der sog. **Postmenopause** bestehen im Gegensatz zum **Postklimakterium** vegetative Allgemeinbeschwerden.

Die hormonellen Veränderungen zeigen sich einerseits in Änderungen der Blutkonzentrationen der Hormone, andererseits in der Ausprägung äußerlich sichtbarer Merkmale. Dabei unterscheidet man:

Adrenarche: Um das 10.–11. Lebensjahr werden in der Nebennierenrinde (NNR) vermehrt Androgene sezerniert, die ihrerseits die zyklischen Vorgänge im Hypothalamus anstoßen.

Thelarche: Unter dem Einfluss der vegetativen Funktion des Ovars (v. a. Östrogensekretion) beginnt ebenfalls um das 11. Lebensjahr das Wachstum der Brustdrüse mit der **Brustknospenbildung**.

Pubarche: Ebenfalls unter hormonellem Einfluss (Östrogen) beginnt die **Schamhaarbildung** mit dem geschlechtsspezifischen Muster der Frau (um das 12. Lebensjahr).

Menarche: Als Menarche wird das Auftreten der **ersten Menstruation** (Regelblutung) bezeichnet, die meistens auf einem noch anovulatorischen „Zyklus" beruht. Sie tritt im Mittel um das 12. Lebensjahr auf.

Das Ende der Pubertät fällt zeitlich eng zusammen mit dem Ende der körperlichen Wachstumsphase. Der Schluss der Epiphysenfugen wird vermutlich durch die nun im Ovar regelmäßig gebildeten Östrogene hervorgerufen.

3.7.3 Phase der körperlichen Reife

▶ Synonym. Reproduktionsphase; Geschlechtsreife

Dieser Abschnitt dauert vom Ende der Pubertät bis zum Klimakterium. Er ist durch eine zyklische generative und vegetative Funktion des Ovars sowie durch die entsprechenden Veränderungen des weiblichen Körpers während des Menstruationszyklus gekennzeichnet. Über das Klimakterium geht diese Phase allmählich in das Senium über.

3.7.4 Klimakterium

▶ Synonym. „Wechseljahre"

Diese Phase beginnt meist um das 45. Lebensjahr, wobei allerdings erhebliche individuelle Unterschiede beobachtet werden. Das Klimakterium ist gekennzeichnet durch ein allmähliches Erlöschen zunächst der generativen, dann auch der vegetativen Funktion des Ovars.

Bei Ausbleiben der Ovulation folgen vermehrt anovulatorische Blutungen. Die letzte zyklische Blutung wird als **Menopause** der Menarche, der 1. Zyklusblutung, gegenübergestellt.

Bereits vor der Menopause, in der sog. **Prämenopause**, wird das Zyklusgeschehen zunehmend unregelmäßig. Da Ovulationen ausbleiben, ist die generative Funktion des Ovars erloschen, Corpora lutea und damit Progesteron werden im Ovar nicht mehr gebildet. Das Endometrium erfährt keine zyklische (sekretorische) Umwandlung mehr, Blutungen von wechselnder Stärke und Dauer beruhen auf dem Entzug des in unterschiedlicher Menge weiterhin gebildeten Östrogens. Nimmt die Östrogenbildung allmählich weiter ab, versiegt auch diese letzte Stimulation des Endometriums, die Menstruationsblutungen versiegen völlig.

Schließlich existieren keine sekretorisch aktiven Follikel mehr: Histologisch besteht das Ovar fast nur noch aus Stromazellen und Östrogen wird nicht mehr gebildet. Aufgrund der fehlenden Rückkopplung schüttet das hypothalamo-hypophysäre System vermehrt Gonadotropine aus. Diese als **Postmenopause** bezeichnete Phase ist somit durch einen relativ starken Hormonmangel gekennzeichnet, der häufig zu erheblichen vegetativen Beschwerden führt. Im **Postklimakterium** findet man immer noch eine erhebliche Gonadotropinsekretion, doch sind die subjektiven Beschwerden nun weitestgehend verschwunden.

J 3.7 Das weibliche Genitale in verschiedenen Lebensphasen

▶ Klinik. Der klimakterische Übergang in das Senium wird von den Frauen in ganz unterschiedlicher Weise erlebt. Das Spektrum reicht von nur ganz vage wahrgenommenen Beschwerden bis hin zu massivem Krankheitsgefühl mit Therapiebedürftigkeit (z. B. Hitzewallungen, depressive Verstimmung). Noch vor einigen Jahren wurden relativ großzügig Östrogen- oder Kombinationspräparate mit Progesteron verordnet, um Wechseljahresbeschwerden zu minimieren und den Alterungsprozess hinauszuzögern (sog. **Hormonersatztherapie**, HET oder HRT [das R steht für replacement]). Nachdem aber Studienergebnisse **deutliche Risiken**, wie z. B. eine erhöhte Rate von Mammakarzinomen (Brustkrebs), einer solchen Hormonsubstitutionstherapie gezeigt haben, ist hier eine kritischere Sichtweise geboten. Die zunächst hoch eingeschätzten protektiven Wirkungen einer solchen Therapie (geringeres Risiko für einen Herzinfarkt oder Osteoporose) müssen z. T. in Frage gestellt werden. Allerdings kann sie unter bestimmten Voraussetzungen wie z. B. massiven klimakterischen Beschwerden, frühzeitiger operativer Entfernung der Eierstöcke oder schweren atrophischen Veränderungen im Genitalbereich nach individueller Nutzen-Risiko-Abwägung immer noch sinnvoll sein.

3.7.5 Senium

Der Übergang vom Postklimakterium zum Senium erfolgt allmählich. Auch hier werden erhebliche individuelle Unterschiede im Alterungsprozess beobachtet. Unabhängig vom Geschlecht führen die Stoffwechselveränderungen und Abbauvorgänge in vielen Organen und Geweben zur **Altersatrophie**, von der das weibliche Genitale besonders betroffen ist.

▶ Klinik.

3.7.5 Senium

Allmähliche Atrophie der Organe und Gewebe, besonders am weiblichen Genitale. Geschlechtsunabhängige Stoffwechselveränderungen und Abbauvorgänge führen zur Altersatrophie.

4 Männliches Genitale

4.1	Übersicht	826
4.2	Innere männliche Genitalorgane	826
4.3	Äußere männliche Genitalorgane	835
4.4	Fertilität und sexuelle Reaktion des Mannes	843

E. Schulte

4.1 Übersicht

4.1 Übersicht

Man unterscheidet innere und äußere Genitalien (**Organa genitalia masculina interna** und **externa**, Abb. J-4.1).

Analog zum weiblichen Geschlecht lassen sich auch beim Mann die inneren und die äußeren Genitalorgane unterscheiden (**Organa genitalia masculina interna** und **externa**, Abb. J-4.1).

Diese Einteilung wird durch die Entwicklungsgeschichte (S. 852) verständlich, die aufzeigt, dass äußere und innere Genitalorgane aus unterschiedlichen embryonalen Strukturen entstehen (äußere aus Genitalfalten, -höcker und -wulst, innere aus der Keimdrüsenanlage sowie zum überwiegenden Teil aus dem Urnierengang = Wolff-Gang). Aus diesem Grund wird der Hoden auch nach seinem Deszensus (S. 324) in das Skrotum, wodurch er die Körperhöhlen verlässt, weiterhin zu den inneren Genitalien gerechnet. Die Urethra masculina (Harnsamenröhre) wird aufgrund ihres Verlaufs im Penis zu den äußeren Genitalien gezählt.

⊙ J-4.1 Übersicht über die inneren und äußeren männlichen Geschlechtsorgane

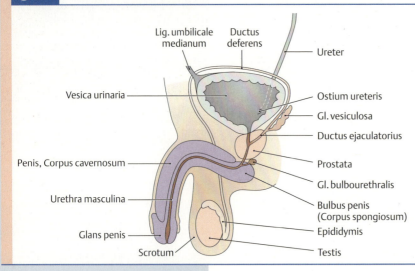

Männliches Genitale im schematischen Mediansagittalschnitt. Im Gegensatz zum weiblichen Organismus (vgl. Abb. J-3.1) steht die Urethra nicht nur topografisch (Verlauf im Penis), sondern auch funktionell eng mit den übrigen männlichen Geschlechtsorganen in Verbindung: Sie ist sowohl Endstrecke im Rahmen der Harnausscheidung als auch (in ihrem größten Anteil) ein Transportorgan für die männlichen Keimzellen und Sekret aus den akzessorischen Geschlechtsdrüsen. Die nicht zu den Genitalorganen zählenden übrigen ableitenden Harnwege des Urogenitalsystems sind grau dargestellt.
(Prometheus LernAtlas. Thieme, 3. Aufl.)

4.2 Innere männliche Genitalorgane

▶ Definition.

4.2 Innere männliche Genitalorgane

▶ **Definition.** Zum inneren männlichen Genitale rechnet man:
- Hoden (**Testis/Orchis/Didymis**), paarig
- Nebenhoden (**Epididymis**), paarig
- Samenleiter (**Ductus deferens**), paarig
- Akzessorische Geschlechtsdrüsen:
  - Bläschendrüse (Glandula vesiculosa; früher: Samenbläschen = Vesicula seminalis), paarig
  - Vorsteherdrüse (Prostata)
  - Cowper-Drüse (Glandula bulbourethralis), paarig.

4.2.1 Hoden (Testis/Orchis/Didymis)

▶ **Synonym.** Orchis (gr.)

Funktion des Hodens

Der Hoden ist das **Produktionsorgan** für die männlichen Keimzellen (**Spermien**) und für die männlichen Geschlechtshormone (**Androgene**). Biochemisch handelt es sich um Steroidhormone (v. a. Testosteron und Dihydrotestosteron), die aus Azetat und Cholesterin als Vorstufe synthetisiert werden. Androgene werden vorübergehend schon während der Embryonalphase gebildet. Kurz nach der Geburt versiegt die Androgenproduktion vorläufig und wird erst mit der Pubertät wieder aufgenommen. Die Produktion von Androgenen und Spermien dauert bis ins hohe Alter an. Androgene werden in sehr geringem Umfang auch in der Nebennierenrinde gebildet.

Form, Abschnitte und Lage des Hodens

Form und Abschnitte: Die paarigen Hoden haben Pflaumenform und sind 4–5 cm lang, 3 cm breit und gut 2 cm dick. Die Konsistenz ist prall-elastisch und kann, genau wie die Größe, im Laufe des Tages gewissen Schwankungen unterliegen. Aufgrund der leichten seitlichen Abplattung ergeben sich neben oberem und unterem Pol (**Extremitas superior** und **inferior**) die Bezeichnungen der seitlichen Flächen (**Facies lateralis** und **medialis**) sowie vorderem und hinterem Rand (**Margo anterior** und **posterior**). Bei einer Masse von ca. 15–20 g beträgt das Volumen des Hodens ca. 20 ml.

Lage und Lagebeziehungen: Die Hoden liegen außerhalb der Abdominalhöhle in einem Hautsack, dem **Skrotum** = Hodensack (S. 841). Jeder Hoden ist von einer festen bindegewebigen „Kapsel", der **Tunica albuginea**, umgeben. Dorsomedial und teilweise kranial liegt dem Hoden außerhalb der Tunica albuginea der Nebenhoden auf. An der freien, nicht durch den Nebenhoden bedeckten Hodenoberfläche ist der Hoden umgeben von einer Ausstülpung des Peritoneums, der **Tunica vaginalis testis**. Diese unterteilt sich in eine Lamina visceralis (**Epiorchium**), die dem Hoden direkt aufliegt, und eine „wandständige" Lamina parietalis (**Periorchium**). Zwischen sich schließen die beiden Serosablätter einen serösen Spaltraum („**Cavitas vaginalis testis**") als „Exklave" der Peritonealhöhle ein, die im Rahmen des Descensus testis (S. 324) ihren Anschluss an die Cavitas peritonealis verloren hat. Am dorsomedial gelegenen **Mediastinum testis** (von der Tunica albuginea in das Hodeninnere hineinragendes Bindegewebe) sind Ein- und Austrittspforte für die Leitungsbahnen (s. u.) lokalisiert. Ein Bandzug am unteren Hodenpol – Rest des sog. Gubernaculum testis – zieht in die Skrotalhaut hinein.

Funktion des Hodens

Produktionsorgan für Spermien und Androgene. Androgene werden zunächst in der Embryonalphase gebildet, dann nach einer Unterbrechung (Kindheit) wieder ab der Pubertät.

Form, Abschnitte und Lage des Hodens

Form und Abschnitte: Die paarigen Hoden haben Pflaumenform und die Maße: 5 × 3 × 2 cm (L × B × D). Die Konsistenz ist prall-elastisch. Aus der seitlich abgeplatteten Form ergeben sich die Bezeichnungen für 2 seitliche Flächen, vorderen und hinteren Rand sowie oberen/unteren Pol.

Lage und Lagebeziehungen: Im Skrotum außerhalb der Abdominalhöhle. Die Hoden sind umgeben von der bindegewebigen Tunica albuginea. Dorsomedial liegt der Nebenhoden auf. Beide Hoden sind umgeben von Peritonealausstülpung mit Lamina visceralis und parietalis (Epi- und Periorchium). Zwischen den 2 serösen Blättern liegt die „**Cavitas vaginalis testis**". Dorsomedial am **Mediastinum testis** treten Leitungsbahnen ein und aus. Das Gubernaculum testis fixiert den Hoden im Skrotum an der Skrotalhaut.

⊙ J-4.2 **Lage des Hodens und seiner Hüllen im Hodensack**

⊙ J-4.2

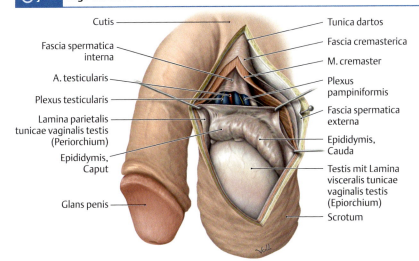

Die Hodenhüllen leiten sich infolge des Descensus testis (S. 324) von den Schichten der ventralen Bauchwand ab.
(Prometheus LernAtlas. Thieme, 3. Aufl.)

▶ Klinik. ▶ Klinik. Gelegentlich kommt es zwischen den beiden Serosablättern zu einer Flüssigkeitsansammlung: Die „Cavitas vaginalis testis" füllt sich mit der von der Serosa produzierten wasserklaren Flüssigkeit (**Hydrozele**). Die Patienten können Druckbeschwerden haben. Die Therapie besteht dann in der operativen Eröffnung der Cavitas vaginalis und Ablassen der Flüssigkeit.

Aufbau des Hodens

Bindegewebige Septen (**Septula testis**, mit Leitungsbahnen) unterteilen den Hoden in **Lobuli testis**. Die Lobuli enthalten gewundene Samenkanälchen (**Tubuli seminiferi contorti**), die über **Tubuli seminiferi recti** an das im Mediastinum testis liegende Kanälchennetzwerk (**Rete testis**) angeschlossen sind. Das Rete testis ist über **Ductuli efferentes testis** mit dem Nebenhoden verbunden (Abb. J-4.3).

Aufbau des Hodens

Zarte bindegewebige Septen (**Septula testis**) unterteilen den Hoden in zahlreiche kleine Läppchen (**Lobuli testis**). In diesen Septen, die vom Mediastinum testis radspeichenartig zur Tunica albuginea ziehen, verlaufen Blut- und Lymphgefäße sowie Nerven. Die Lobuli testis enthalten Samenkanäle, die aufgrund ihrer starken Windung als **Tubuli seminiferi contorti** bezeichnet werden. Diese von Bindegewebe umgebenen Samenkanäle sind an ihren Enden über die (geraden) **Tubuli seminiferi recti** an das Röhrchensystem des **Rete testis** angeschlossen. Letzteres ist ein Netzwerk sehr kleiner Kanälchen, das im Mediastinum testis liegt und seinerseits über die **Ductuli efferentes testis** an den Nebenhoden angeschlossen ist (Abb. J-4.3).

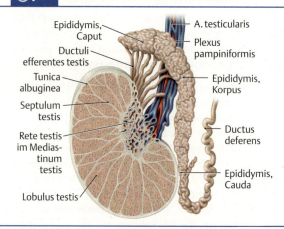

J-4.3 Aufbau von Hoden und Nebenhoden

Aufbau der samenbildenden und samenableitenden Anteile im Sagittalschnitt durch linken Hoden und Nebenhoden in der Ansicht von links.
(Prometheus LernAtlas. Thieme, 3. Aufl.)

Der Wandaufbau der spermienproduzierenden Tubuli ist zweischichtig:
- **außen**: Kollagenfasern und Myofibroblasten
- **innen**: Keimepithel mit Sertoli-Zellen neben verschiedenen Stadien von Keimzellen (S. 843).

Die Wand der **Tubuli seminiferi contorti** als Ort der Spermienproduktion ist aus zwei funktionell unterschiedlichen Schichten aufgebaut, die durch eine Basalmembran voneinander getrennt sind:
- In der **äußeren Schicht** finden sich zahlreiche Kollagenfasern und Myofibroblasten.
- Die **innere Schicht** ist das Keimepithel, in dem die Spermatogenese stattfindet. Neben den **Keimzellen** in verschiedenen Differenzierungsstadien (S. 843) finden sich hier auch somatische Zellen, die sog. **Sertoli-Stützzellen**.

▶ Merke. ▶ Merke.
- Der Begriff „**Keimepithel**" wird bei der männlichen und der weiblichen Keimdrüse unterschiedlich benutzt. Beim Hoden ist das Keimepithel die Zellschicht, die der Spermatogenese dient. Am Ovar bezeichnet man als Keimepithel nur die Peritonealbedeckung (Lamina visceralis).

Die Tubulusfunktion wird durch interstitielle Zellen (S. 845) unterstützt.

Die Funktion der Tubuli im Rahmen der Spermatogenese wird durch Zellen des zwischen den Tubuli gelegenen Interstitiums unterstützt, z. B. hormonproduzierende **Leydig-Zellen** (S. 845) und **Myofibroblasten**.

Gefäßversorgung und Innervation des Hodens

Arterien: Äste der **A. testicularis dextra** und **sinistra** (beide aus der Aorta abdominalis in Höhe der Nierenarterien) versorgen Hoden und Nebenhoden.

Gefäßversorgung und Innervation des Hodens

Arterielle Versorgung: Sie erfolgt über die **Arteria testicularis dextra** und **sinistra**, die aus der Aorta abdominalis dicht unterhalb der Abgänge der Aa. renales entspringen und im Samenstrang (S. 831) zum Hoden ziehen. Die A. testicularis tritt am Mediastinum testis ein, ihre kleinen Verzweigungen laufen teilweise in den Septula testis. Kleine Äste der A. testicularis versorgen auch den Nebenhoden.

Venöser Abfluss: Das venöse Blut des Hodens (und des Nebenhodens) sammelt sich beidseitig in einem venösen Geflecht, dem **Plexus pampiniformis**, der rankenartig zunächst die A. testicularis umgibt und dann in die **Vena testicularis dextra** und **sinistra** abfließt. Die V. testicularis mündet rechts spitzwinklig direkt in die V. cava inferior, links rechtwinklig in die V. renalis sinistra.

Venen: Der Abfluss von Hoden und Nebenhoden erfolgt über den **Plexus pampiniformis** in die **V. testicularis**, die rechts in die V. cava inf., links in die V. renalis sin. mündet.

▶ Klinik. Die krampfaderartige Erweiterung des Plexus pampiniformis nennt man **Varikozele**. Aufgrund der linksseitig ungünstigeren Abflussverhältnisse bildet sie sich in ca. 90% links aus. Da eine Varikozele auch Ausdruck eines Tumors (durch Einwachsen in das Gefäß bzw. seiner Verlegung) sein kann, muss eine solche Ursache ausgeschlossen werden. Liegt keine schwerwiegende Erkrankung zugrunde und leidet der Patient weder unter Schmerzen noch unter Unfruchtbarkeit, muss nicht operiert werden.

⊙ J-4.4 **Linksseitige Varikozele**
(Moll, I.: Duale Reihe Dermatologie. Thieme, 2010)

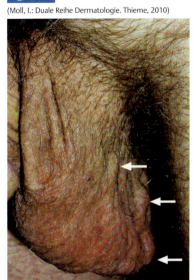

Lymphabfluss: Bedingt durch den embryonalen Descensus testis (S. 324) fließt die Lymphe des Hodens in die **Nodi lymphoidei lumbales dextri** und **sinistri** ab und nicht in die Beckenlymphknoten.

Lymphabfluss: Er erfolgt aufgrund des embryonalen Deszensus in die **Nll. lumbales**.

▶ Klinik. Bei bösartigen Hodentumoren werden daher evtl. Tochtergeschwülste (Metastasen) in den Lymphknoten um Aorta abdominalis und V. cava inf. gefunden. Diese Lymphknotengruppen (die Nll. lumbales) müssen daher ggf. operativ vom Becken bis in das obere Abdomen hinauf entfernt werden (sog. Mehrhöhlenoperation).

▶ Klinik.

Innervation: Die vegetativen Fasern stammen aus den **Ganglia coeliaca** und **aorticorenalia**. Sie erreichen den Hoden über den **Plexus renalis** und **Plexus testicularis** (entlang der A. testicularis), teilweise auch über den Plexus hypogastricus inferior. Die überwiegend sympathischen Fasern regulieren die Hodendurchblutung und innervieren die glatten Muskelzellen der Tunica albuginea.

Innervation: Die vegetative Fasern stammen aus den **Ggll. coeliaca** und **aorticorenalia** sowie aus dem **Plexus hypogastricus inf.**

4.2.2 Nebenhoden (Epididymis)

Funktion des Nebenhodens

Der zu den samenableitenden Wegen gehörende Nebenhoden ist **Speicher-** und **Reifungsorgan** für die Samenzellen.

4.2.2 Nebenhoden (Epididymis)

Funktion des Nebenhodens

Speicher- und **Reifungsorgan** für Spermien und Samenableitung.

Form, Abschnitte und Lage des Nebenhodens

Form und Abschnitte: Der Nebenhoden (= die Epididymis) ist ein längliches Organ und wird makroskopisch in Caput, Corpus und Cauda epididymidis unterteilt. Grundsätzlich besteht der Nebenhoden aus einem stark gewundenen langen Gang, dem Nebenhodengang, den man aber hauptsächlich in **Corpus** und **Cauda epididymidis** findet. Das **Caput epididymidis** dagegen wird überwiegend von den Ductuli efferentes testis (also eigentlich Hodenstrukturen) gebildet, die am unteren Ende des Caput End-zu-Seit in den Nebenhodengang münden.

Form, Abschnitte und Lage des Nebenhodens

Form und Abschnitte: Der Nebenhoden gliedert sich in **Caput**, **Corpus** und **Cauda epididymidis** und besteht aus einem langen stark gewundenen Gang.

Lage: Jedem Hoden liegt ein Nebenhoden dorsomedial außerhalb der Tunica albuginea mit seinem Kopf am oberen Hodenpol auf.

Lage: Er liegt dem Hoden dorsomedial (auf der Tunica albuginea) auf.

Aufbau des Nebenhodens

Ductuli efferentes testis: Die ca. 12 jeweils etwa 12 cm langen Kanälchen im Nebenhodenkopf stehen hodenseitig in Verbindung mit dem Rete testis. Sie münden in den Nebenhodengang (s. u.).

Feinbau: Durch die schwankende Epithelhöhe (1–2-reihig) entsteht ein **wellenförmiges Lumen** (Abb. **J-4.5a**). Epithel und die darunterliegende Muskulatur dienen dem Spermientransport (Kinozilien- und Mikrovilli-Besatz der Oberflächenzellen, Sekretion).

Ductus epididymidis: Der Speicherort für Samenzellen ist ca. 6 m lang, gewunden und erstreckt sich vom Corpus bis zur Cauda, wo er in den Samenleiter (S. 831) übergeht.

Feinbau: Das 2-reihige Epithel trägt Stereozilien (Abb. **J-4.5b**). Resorption und Sekretion dienen der Spermatozoenreifung (S. 843), die starke zirkuläre Muskulatur ihrem raschen Transport (Ejakulation).

Aufbau des Nebenhodens

Ductuli efferentes testis: Der Kopf (**Caput epididymidis**) enthält die insgesamt etwa 10–12 **Ductuli efferentes testis**. Jeder dieser stark gewundenen Gänge ist ca. 12 cm lang, aber auf eine Länge von 1 cm geknäuelt, und steht hodenseitig in Verbindung mit dem Rete testis. Der am weitesten kranial gelegene Ductulus efferens geht End-zu-End in den Nebenhodengang (s. u.) über, alle anderen Ductuli efferentes münden End-zu-Seit in ihn ein.

Feinbau: Die Höhe der einzelnen Zellen des 1–2-reihigen Epithels schwankt, wodurch im Querschnitt der Eindruck eines **gewellten Lumens** entsteht (Abb. **J-4.5a**). Das Epithel selbst und die darunterliegende dünne Schicht glatter Muskulatur stehen im Dienst des Spermientransports: Die bis zur Oberfläche reichenden hochprismatischen Zellen tragen einen Kinozilienbesatz, zudem finden sich auch Zellen mit Mikrovilli. Das Epithel soll die Fähigkeit zur Resorption und Sekretion haben.

Ductus epididymidis (Nebenhodengang): Dieser ebenfalls stark gewundene Gang erstreckt sich mit einer Gesamtlänge von ca. 5–6 m im Corpus epididymidis und in der Cauda epididymidis. Er geht an seinem erweiterten distalen Ende in den Samenleiter (S. 831) über. Im erweiterten Endabschnitt des Nebenhodengangs können Samenzellen gespeichert werden.

Feinbau: Das hochprismatische Epithel des Nebenhodengangs ist zweireihig, seine Oberflächenzellen tragen Stereozilien (Abb. **J-4.5b**). Lysosomen einerseits und Sekretvakuolen andererseits deuten auf Resorptions- und Sekretionstätigkeit, wahrscheinlich im Rahmen der Spermatozoenreifung (S. 843) hin. Eine vorwiegend zirkuläre Schicht glatter Muskulatur dient dem Transport der Spermatozoen bei der Ejakulation.

J-4.5 Wandbau der samenableitenden Wege

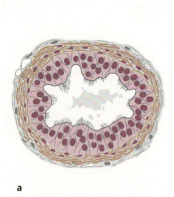 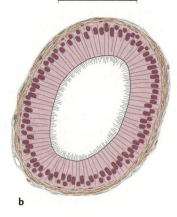 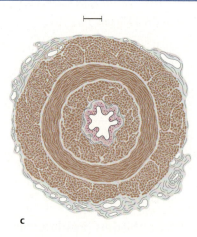

Zu beachten sind die Stereozilien als charakteristische Bestandteile des Epithels in Ductulus efferens und Ductus epididymidis sowie die sehr kräftige Muskelschicht in der Wand des Ductus deferens.
- **a** Querschnitte durch Ductulus efferens,
- **b** Ductus epididymidis
- **c** und Ductus deferens. (Prometheus LernAtlas. Thieme, 3. Aufl.)

Gefäßversorgung und Innervation des Nebenhodens

Arterien: Äste der **A. testicularis** und der **A. ductus deferentis**.

Venen: Venöses Blut fließt in den **Plexus pampiniformis**.

Lymphabfluss: Er erfolgt über **Nll. lumbales** und **Nll. iliaci interni**.

Innervation: Vegetative Fasern entstammen den **Ggll. coeliaca** sowie dem **Plexus hypogastricus inf.**

Gefäßversorgung und Innervation des Nebenhodens

Arterielle Versorgung: Äste der **Arteria testicularis** (aus der Aorta abdominalis) und der **Arteria ductus deferentis** (S. 831) versorgen den Nebenhoden.

Venöser Abfluss: Das venöse Blut fließt in den **Plexus pampiniformis** (s. o.).

Lymphabfluss: Er erfolgt über **Nodi lymphoidei lumbales** (wie die Lymphe des Hodens) und **Nodi lymphoidei iliaci interni** (wie beim Ductus deferens).

Innervation: Die vegetativen Fasern entstammen den **Ganglia coeliaca** (wie die zum Hoden) und dem **Plexus hypogastricus inferior** (wie die zum Ductus deferens). Die überwiegend sympathischen Fasern regulieren die Durchblutung des Nebenhodens und bewirken eine Kontraktion der glatten Muskulatur im Nebenhoden.

4.2.3 Samenleiter (Ductus deferens)

Funktion des Ductus deferens

Der Ductus deferens hat als samenableitender Weg **Transportfunktion bei der Ejakulation**. Er verbindet den Nebenhodengang mit der männlichen Harnsamenröhre (S. 838).

Form und Lage des Ductus deferens

Der Ductus deferens ist bei einer Dicke von ca. 3–4 mm etwa 40 cm lang. Er geht an der Cauda epididymidis aus dem Nebenhodengang (s. o.) hervor und zieht **im Funiculus spermaticus** durch den Leistenkanal (S. 316). Von Peritoneum urogenitale bedeckt läuft er seitlich an der Harnblase entlang und tritt von dorsal an ihren Fundus heran. Dort erweitert er sich zur **Ampulla ductus deferentis**, die sich in den **Ductus ejaculatorius** (S. 833) fortsetzt. Letzterer mündet in die Urethra.

▶ **Klinik.** Aufgrund seiner leicht zugänglichen Lage vor Eintritt in den Leistenkanal kann zur Sterilisation der Ductus deferens beidseitig in Lokalanästhesie operativ unterbrochen werden (sog. **Vasektomie**). Es muss jedoch beachtet werden, dass die ersten Ejakulate nach dem Eingriff aufgrund vorheriger Speicherung noch Samen enthalten können. Daher kann erst nach Kontrolle des Spermiogramms (S. 848) auf andere Verhütungsmaßnahmen verzichtet werden.

Aufbau des Ductus deferens

Wie der Ductus epididymidis trägt der Ductus deferens ein zwei- oder mehrreihiges hochprismatisches Epithel (Abb. **J-4.5c**), das proximal, d. h. in der Nähe des Nebenhodens, noch Stereozilien trägt. Die Schleimhaut, die von elastischem Bindegewebe unterlegt ist, legt sich in Längsfalten. Besonders auffällig ist die ausgeprägte glatte **Muskulatur** des Samenleiters. Sie besteht aus **drei Lagen** mit Längs- und Spiralanordnung und dient dem raschen Transport der Samenzellen bei der Ejakulation.

Gefäßversorgung und Innervation des Ductus deferens

Arterielle Versorgung: Die **Arteria ductus deferentis** geht variabel von der Arteria umbilicalis (Pars patens), der Arteria vesicalis superior, Arteria vesicalis inferior oder direkt aus der Arteria iliaca interna ab.

Venöser Abfluss: Das venöse Blut fließt über den **Plexus pampiniformis** in die Venae testiculares und über die **Plexus venosi vesicalis** und **prostaticus** in die Venae vesicales.

Lymphabfluss: Die lymphatische Drainage erfolgt in die **Nodi lymphoidei iliaci interni** und teilweise direkt in die **Nodi lymphoidei lumbales**.

Innervation: Die vegetativen Fasern kommen überwiegend aus dem **Plexus hypogastricus inferior**. Die vorwiegend sympathischen Fasern regulieren die Durchblutung und bewirken eine Kontraktion der glatten Muskulatur des Ductus deferens bei der Ejakulation.

▶ **Merke.** Der Ductus deferens und begleitende Leitungsbahnen (Aa. ductus deferentis, testicularis und die aus der A. epigastrica inf. stammende A. cremasterica, Plexus pampiniformis, vegetative Nerven und R. genitalis n. genitofemoralis) bilden mit den sie umgebenden Hüllen (Tab. **C-3.4**) den Samenstrang (**Funiculus spermaticus**).

4.2.3 Samenleiter (Ductus deferens)

Funktion des Ductus deferens

Der Samenleiter dient dem **Spermientransport** vom Nebenhodengang zur Urethra (S. 838).

Form und Lage des Ductus deferens

Als Fortsetzung des Ductus epididymidis zieht er mit einer Länge von 40 cm im Funiculus spermaticus durch den Leistenkanal (S. 316). Nach Eintritt in die Blase erweitert er sich zur **Ampulle**, die über den **Ductus ejaculatorius** (S. 833) in die Urethra einmündet.

▶ **Klinik.**

Aufbau des Ductus deferens

Das hochprismatische Epithel ist 2- oder mehrreihig und trägt proximal Stereozilien (Abb. **J-4.5c**). Die sehr starke dreilagige Muskulatur in Längs- und Spiralanordnung dient dem raschen Spermientransport bei der Ejakulation.

Gefäßversorgung und Innervation des Ductus deferens

Arterien: Die A. ductus deferentis entspringt variabel (aus: A. umbilicalis, A. vesicalis sup./inf. oder A. iliaca int.)

Venen: Plexus pampiniformis (V. testicularis) sowie Pll. venosi vesicalis und prostaticus (Vv. vesicales).

Lymphabfluss: Nll. iliaci intt. und direkt Nll. lumbales.

Innervation: Vorwiegend aus Plexus hypogastricus inf.

▶ **Merke.**

4.2.4 Akzessorische Geschlechtsdrüsen

▶ **Definition.** Zu den akzessorischen Geschlechtsdrüsen (Abb. **J-4.6**) rechnet man:
- **Bläschendrüse** (**Glandula vesiculosa**; veraltet: Samenbläschen = Vesicula seminalis), paarig,
- **Vorsteherdrüse** (**Prostata**) und
- **Cowper-Drüse** (**Glandula bulbourethralis**), paarig.

J-4.6 Akzessorische Geschlechtsdrüsen

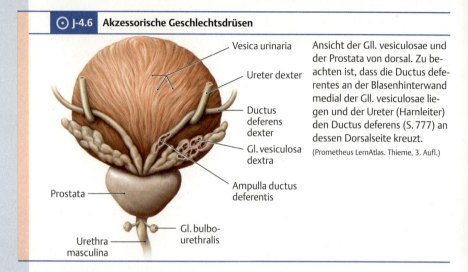

Ansicht der Gll. vesiculosae und der Prostata von dorsal. Zu beachten ist, dass die Ductus deferentes an der Blasenhinterwand medial der Gll. vesiculosae liegen und der Ureter (Harnleiter) den Ductus deferens (S. 777) an dessen Dorsalseite kreuzt.
(Prometheus LernAtlas. Thieme, 3. Aufl.)

Glandula vesiculosa (Bläschendrüse)

▶ **Synonym.** Glandula seminalis; Vesicula seminalis (Samenbläschen)

Funktion der Glandula vesiculosa

Die veraltete Bezeichnung Vesicula seminalis ist nicht korrekt, da die Bläschendrüse kein Speicherort für Samenzellen ist, sondern Produktionsort für ein **alkalisches visköses Sekret** mit **hohem Fruktoseanteil**. Die Fruktose ist Energiequelle für die Spermatozoen (S. 848), das alkalische Milieu regt die Spermatozoenbeweglichkeit an. Ca. **70 % des Ejakulats** (S. 848) bestehen aus dem Sekret der Glandula vesiculosa, deren Funktion durch Androgene gesteuert wird.

Form, Abschnitte und Lage der Glandula vesiculosa

Die Bläschendrüse ist ein Gang, der mit dem umgebenden Bindegewebe verwachsen ist. Durch die starke Windung nimmt er trotz seiner Gesamtlänge von 16–20 cm in situ nur 4–5 cm ein. Der Ausführungsgang des Samenbläschens (**Ductus excretorius**) mündet innerhalb der Prostata in den **Ductus ejaculatorius** (zusammen mit dem Ductus deferens).
Die paarige Drüse liegt lateral der Ampullen des Ductus deferens, aber medial der Ureteren (Harnleiter) direkt an der Hinterwand der Harnblase, mit deren Fundus sie verwachsen sind (Abb. **J-4.6**). Die nach kranial und dorsal weisende Kuppe des Samenbläschens ist oft noch von Peritoneum urogenitale bedeckt, die größten Drüsenanteile haben jedoch keinen Bauchfellbezug.

Aufbau der Glandula vesiculosa

Das Lumen des gewundenen Gangs ist durch viele Schleimhautfalten unregelmäßig gekammert, was in einem histologischen Schnitt recht charakteristisch zu erkennen ist. Das Epithel ist allgemein einschichtig, gelegentlich aber auch zweireihig (Tab. **A-2.5**) und zu ekkriner und apokriner Sekretion fähig. Durch die kräftige glatte Muskulatur des Drüsengangs kann das Sekret bei der Ejakulation sehr schnell ausgestoßen werden.

Gefäßversorgung und Innervation der Glandula vesiculosa

Arterielle Versorgung: Kleine Äste, die **variabel** aus der A. vesicalis inferior und der A. ductus deferentis entspringen.

Venöser Abfluss: Er erfolgt über die **Plexus venosi vesicalis** und **prostaticus** in die **Venae vesicales**.

Lymphabfluss: Die Lymphe erreicht größtenteils die **Nodi lymphoidei iliaci interni**, ein kleinerer Teil kann in präsakrale Lymphknoten abfließen.

Innervation: Die überwiegend sympathischen Fasern aus dem **Plexus hypogastricus inferior** bewirken eine Kontraktion der glatten Drüsenmuskulatur bei der Ejakulation. Parasympathische Fasern aus dem gleichen Plexus steigern die Sekretproduktion.

Ductus ejaculatorius

▶ **Definition.** Als Ductus ejaculatorius bezeichnet man das **gemeinsame Endstück** des Ductus deferens (S. 831) und des Ductus excretorius der Glandula vesiculosa (s. o.).

Gemäß der paarigen Anordnung von Ductus deferens und Ductus excretorius ist der Ductus ejaculatorius ebenfalls paarig. Er durchzieht als knapp 2 cm langer Gang die Prostata und mündet in die Pars prostatica der Urethra (S. 838) auf dem Samenhügelchen (Colliculus seminalis).

Die in zarte Längsfalten gelegte Schleimhaut des Ductus ejaculatorius trägt ein einschichtiges hochprismatisches Epithel. An der urethralen Öffnung des Ductus ejaculatorius findet man einen **Sphinktermechanismus**, der das retrograde Eindringen von Harn in die Gl. vesiculosa verhindert: Ein venöses Geflecht, elastische Fasern und glatte Muskelzellen bewirken den Verschluss. Die Öffnung des Ductus wird durch besondere Längsmuskelfasern der Urethra geweitet, durch den Zug des M. vesicoprostaticus (S. 783) dagegen geschlossen. Durch Sympathikuseinfluss erschlafft der Sphinktermechanismus bei der Ejakulation; die parasympathische Innervation führt zu einem Sphinkterverschluss.

Prostata (Vorsteherdrüse)

Funktion der Prostata

Die Prostata produziert als **exokrine Drüse** ein **schwach saures** (pH 6,4) Sekret, das **zahlreiche Proteasen** enthält, vor allem **saure Phosphatase**. **Spermin** beeinflusst die Spermatozoenbeweglichkeit (S. 848) und verflüssigt das Ejakulat.

Mit fast 30 % hat es nach dem Sekret der Bläschendrüse den größten Volumenanteil am Ejakulat.

Form, Abschnitte und Lage der Prostata

Form und Abschnitte: Die Prostata ist dorsal abgeplattet und hat die Größe einer Esskastanie. Ein **Lobus dexter** und **sinister** werden vor der Urethra durch den **Isthmus prostatae**, hinter der Urethra durch den **Lobus medius** miteinander verbunden.

Lage: Ohne Kontakt zum Peritoneum urogenitale liegt die Vorsteherdrüse direkt an der Basis der Harnblase und umgibt dort die Urethra (Abb. J-4.6). Am Beckenboden liegt sie dem M. levator ani auf und ragt teilweise nach kaudal durch den Hiatus urogenitalis, wo sie dem M. transversus perinei profundus, einem Teil des sog. „Diaphragma urogenitale" (S. 336), aufliegt. Nach dorsal grenzt die Prostata an das Rektum, durch welches sie ca. 4 cm oberhalb des Afters als derbes Gebilde tastbar ist. Nach ventral ist sie durch eine Bindegewebsverstärkung im Spatium retropubicum, das Lig. puboprostaticum (mit dem M. puboprostaticus) am Hinterrand der Symphyse befestigt.

Gefäßversorgung und Innervation der Glandula vesiculosa

Arterien: Äste der A. vesicalis inf. und der A. ductus deferentis.

Venen: Pll. venosi vesicalis und prostaticus.

Lymphabfluss: Nll. iliaci intt. und teilweise präsakrale Lymphknoten.

Innervation: Fasern aus dem Pl. hypogastricus inferior.

Ductus ejaculatorius

▶ **Definition.**

Er durchzieht die Prostata und mündet in die Pars prostatica der Urethra (S. 838) auf dem Colliculus seminalis.

Das Epithel ist einschichtig hochprismatisch. Ein **Sphinktermechanismus** (venöses Geflecht, elastische Fasern, glatte Muskulatur) an der urethralen Öffnung und der Zug des M. vesicoprostaticus (S. 783) verhindern das retrograde Eindringen von Harn.

Prostata (Vorsteherdrüse)

Funktion der Prostata

Das saure Sekret der **exokrinen Drüse** (pH 6,4) bildet den zweitgrößten Volumenanteil des Ejakulats. Die Konsistenz und die Spermienmotilität werden durch Enzyme (v. a. **saure Phosphatase**) beeinflusst.

Form, Abschnitte und Lage der Prostata

Form und Abschnitte: Lobus dexter und sinister der esskastaniengroßen Drüse sind vor (Isthmus) und hinter (Lobus medius) der Urethra verbunden.

Lage: Sie liegt **extraperitoneal** an der Basis der Blase und umfasst die Urethra (Abb. J-4.6). Am Beckenboden ragt die Prostata durch den Hiatus urogenitalis. Nach dorsal grenzt sie an das Rektum, nach ventral ist sie bindegewebig an der Symphyse fixiert.

Aufbau der Prostata

Die Prostata ist von einer derben fibromuskulären Kapsel umgeben und lässt sich nach McNeal in 5 Zonen einteilen (Abb. **J-4.7**).

Aufbau der Prostata

Die Prostata ist von einer sehr kräftigen fibrösen Kapsel umgeben, die innen glatte Muskulatur enthält. Die inzwischen gebräuchliche Einteilung der Drüse in fünf Zonen (Abb. **J-4.7**) erfolgt nach McNeal.

J-4.7 Form, Lage und Aufbau Prostata

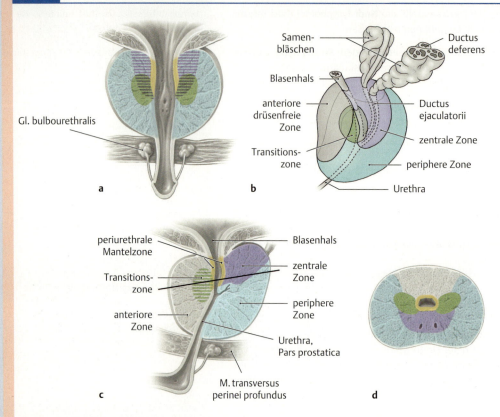

Frontalschnitt durch die Prostata in der Ansicht von ventral (**a**), der Drüsenkörper umgibt die hier eröffnete Urethra. Kaudal sind die Glandulae bulbourethrales (S. 835) sichtbar.
Schematische Darstellung der klinisch relevanten Zonenunterteilung in der Ansicht von ventral (**a**), von links in räumlicher Darstellung (**b**), von links als Mediansagittalschnitt (**c**) und von kranial (Horizontalschnitt, **d**). (Prometheus LernAtlas. Thieme, 3. Aufl.)

Feinbau:
- **Periphere Zone:** 70 % der Masse; dorsaler, lateraler und kaudaler Bereich.
- **Zentrale Zone:** 25 % der Masse; kranialer keilförmiger Bereich, durchzogen von den Ductus ejaculatorii.
- **Periurethralzone:** schmaler Bereich urethraeigener Drüsen.
- **Transitionszone**: zwei Bereiche seitlich der proximalen Urethra; zwischen Periurethral- und peripherer Zone.
- **Anteriore Zone** als drüsenfreier vorderer Sektor.

Feinbau: Um die Urethra angeordnet, unterscheidet man:
- **Periphere Zone:** Sie bildet den größten Organanteil (70 %) und liegt dorsolateral und kaudal.
- **Zentrale Zone:** der zweitgrößte Teil mit ca. 25 % der Organmasse als kranialer keilförmiger Bereich. In der zentralen Zone liegen die Ductus ejaculatorii und der Utriculus prostaticus.
- **Periurethralzone:** schmale Manschette aus urethraeigenen Drüsen in der Wand der proximalen Urethra. Die Drüsen sind aus sog. „Urethradivertikeln" entstanden.
- **Transitionszone:** zwei Bereiche seitlich der proximalen Urethra. Liegt zwischen der Periurethralzone und der peripheren Zone.
- **Anteriore Zone:** Ein schmaler ventraler Sektor von Innenzone und periurethraler Zone bleibt frei von Drüsengewebe.

▶ **Klinik.** Bei älteren Männern findet man häufig eine **Hyperplasie** (Zellvermehrung) von periurethraler Zone und/oder zentraler Zone. Die daraus folgende Einengung der Urethra führt zu einem Abflusshindernis des Harns aus der Blase. Die Folgen sind unvollständige Blasenentleerung, die man über den sonografischen Nachweis von sog. **Restharn** nachweisen kann, und ein starkes balkenartiges kompensatorisches Wachstum der Blasenmuskulatur, sog. **Balkenblase** (S. 785).
Der bösartige Tumor, das **Prostatakarzinom**, entsteht häufig subkapsulär in der peripheren Zone. In diesem Zusammenhang ist ein von den Prostatazellen physiologischerweise produziertes prostataspezifisches Antigen (**PSA**) von Bedeutung, das sich v. a. nach operativer Entfernung eines Prostatakarzinoms als **Verlaufsparameter** in der Tumornachsorge eignet (sog. **Tumormarker**). Auch bei der Diagnosestellung kann es hilfreich sein, wobei man bedenken muss, dass es auch bei gutartigen Prostataerkrankungen und bei Manipulation des Organs zu erhöhten Serumspiegeln kommen kann. Daher sollte eine rektale Untersuchung auch immer erst nach Blutentnahme zur PSA-Bestimmung erfolgen!

Im Drüsenlumen der Prostata werden nicht selten klinisch asymptomatische sog. **Prostatasteine** gefunden (eingedicktes Sekret).

Die Drüse mündet über 15–20 kleine Ausführungsgänge (**Ductuli prostatici**) in die Urethra seitlich des Colliculus seminalis.

Gefäßversorgung und Innervation der Prostata

Arterielle Versorgung: Arterielle **Rami prostatici** stammen aus der Arteria vesicalis inferior und der Arteria rectalis media.

Venöser Abfluss: Das venöse Blut fließt über die **Plexus venosi vesicalis** und **prostaticus** in die Venae vesicales ab.

Lymphabfluss: Grundsätzlich fließt der größte Teil der Lymphe zu den **Nodi lymphoidei iliaci interni** ab. Dies kann direkt oder über vorgeschaltete Lymphknotengruppen erfolgen (z. B. sog. pararektaler Abfluss zu den Nodi lymphoidei sacrales).

Innervation: Die vegetativen Fasern stammen vor allem aus dem **Plexus hypogastricus inferior**.

Glandulae bulbourethrales (Cowper-Drüsen)

Funktion, Lage und Aufbau der Glandulae bulbourethrales

Funktion: Die paarigen Drüsen produzieren ein klares, visköses Sekret, welches die Urethra gleitfähig für das Ejakulat macht.

Lage und Aufbau: Die knapp erbsengroßen rundlichen Drüsen liegen im Beckenboden im Bereich des M. transversus perinei profundus (S. 336) am hinteren Ende des Bulbus penis.

Sie leiten ihr Sekret durch einen relativ langen (5 cm) Ausführungsgang in die Pars spongiosa urethrae.

Die Glandulae bulbourethrales sind tubuloazinöse Drüsen und tragen ein einschichtiges Epithel.

Gefäßversorgung und Innervation der Glandulae bulbourethrales

Gefäßversorgung: Die versorgenden kleinen arteriellen und venösen Gefäße entstammen der Arteria pudenda interna bzw. münden in die gleichnamige Vene.

Der Lymphabfluss erfolgt über die Nodi lymphoidei inguinales superficiales/profundi.

Innervation: Überwiegend sympathische Fasern aus dem Plexus hypogastricus inferior führen zur Kontraktion der glatten Drüsenmuskulatur bei der Ejakulation.

4.3 Äußere männliche Genitalorgane

▶ Definition. Zum äußeren männlichen Genitale rechnet man:
- **Glied** (**Penis**),
- **Harnsamenröhre** (**Urethra masculina**) und
- **Hodensack** (**Skrotum**).

4.3.1 Penis (Glied)

Funktion, Abschnitte und Lage des Penis

Am Penis, der das **männliche Kohabitationsorgan** ist, werden zwei Abschnitte unterschieden:
- **Peniswurzel** (**Radix penis**) proximal, die aufgrund ihrer Befestigung an Bauchwand, Symphyse und Schambein auch als **Pars affixa** bezeichnet wird.
- **Penisschaft** (**Corpus penis**), der wegen seiner freien Beweglichkeit auch **Pars pendulans** genannt wird.

Im Drüsenlumen ggf. **Prostatasteine** (eingedicktes Sekret).

15–20 Drüsenmündungen liegen seitlich des Colliculus seminalis.

Gefäßversorgung und Innervation der Prostata

Arterien: Rr. prostatici
(aus Aa. vesicalis inf. und rectalis med.).

Venen: Venöses Blut fließt über lokale Plexus in die Vv. vesicales.

Lymphabfluss: Hauptabfluss zu den Nll. iliaci intt. (direkt oder über vorgeschaltete Lymphknoten).

Innervation: Fasern aus dem Pl. hypogastricus inferior.

Glandulae bulbourethrales (Cowper-Drüsen)

Funktion, Lage und Aufbau der Glandulae bulbourethrales

Funktion: Produktion eines viskösen Sekrets (Gleitfähigkeit der Urethra für das Ejakulat).

Lage und Aufbau: Die erbsengroßen Drüsen liegen im Beckenboden (M. transversus perinei profundus) mit langem (5 cm) Ausführungsgang in die Pars spongiosa urethrae. Es handelt sich um tubuloazinöse Drüsen mit einschichtigem Epithel.

Gefäßversorgung und Innervation der Glandulae bulbourethrales

Gefäße: Arteriell und venös erfolgt die Versorgung über kleine Äste der A. bzw. V. pudenda interna. Die Lymphe fließt über Nll. inguinales superficiales/profundi ab.

Innervation: V. a. sympathische Fasern aus dem Pl. hypogastricus inferior.

4.3 Äußere männliche Genitalorgane

▶ Definition.

4.3.1 Penis (Glied)

Funktion, Abschnitte und Lage des Penis

Am **männlichen Kopulationsorgan** unterscheidet man
- die proximale Peniswurzel (**Radix penis**), auch als Pars affixa bezeichnet, vom
- distalen Penisschaft (**Corpus penis**), der Pars pendulans.

Form und Aufbau des Penis

Die Form von Peniswurzel und Penisschaft wird vor allem durch die **Schwellkörper**, Corpus cavernosum und spongiosum penis, bestimmt. Diese sind von Bindegewebe und Haut umhüllt (Penisfaszien, s. u.) und im Bereich der Peniswurzel am Rumpf befestigt.

Radix penis: Die Peniswurzel ist an den unteren Schambeinästen, an der Symphyse und an der Bauchwand durch elastische Bänder aufgehängt. Dabei fallen zwei Züge besonders auf:
- Das **Ligamentum fundiforme penis** geht in der Linea alba aus der Bauchwandfaszie hervor und zieht bis in das Corpus penis, das es umschließt.
- Das **Ligamentum suspensorium penis** zieht vom Unterrand der Symphyse und von den Schambeinästen zum Penisrücken (Dorsum penis).

Corpus penis: Der frei hängende Peniskörper endet distal mit der Eichel (**Glans penis**). Die Eichel setzt sich durch einen vorspringenden Rand (Corona glandis) mittels einer Furche (Collum glandis) am Schaft ab.

Das Corpus penis wird von einer zarten und leicht verschieblichen Haut umhüllt, die auf der Glans eine Reservefalte bildet. Diese sog. **Vorhaut** (**Preputium penis**) verstreicht bei der Erektion, sodass die Glans dann frei liegt. Ein dünnes Bändchen (Frenulum preputii) zieht von der Haut zur Unterseite der Glans und verhindert ein zu starkes Zurückschieben der Vorhaut. Die Haut der Glans selbst ist unverschieblich. Im Bereich des Frenulum münden Talgdrüsen auf die Glans (**Glandulae preputiales**). Von den Schwellkörpern erreicht nur das Corpus spongiosum die Glans.

▶ Klinik. Kann die Vorhaut nicht über die Glans zurückgestreift werden, spricht man von einer Vorhautverengung (**Phimose**). Bei einer **Paraphimose** kann die enge Vorhaut zwar gerade noch über die Glans zurückgestreift, jedoch dann nicht mehr über die Corona glandis nach vorne geschoben werden: Sie bleibt am Collum glandis hängen und schnürt ggf. die Blutversorgung der Glans penis ab. Dann ist ein sofortiges operatives Vorgehen erforderlich. Dabei wird der verengte vordere Abschnitt der Vorhaut operativ entfernt.

Schwellkörper des Penis

Zwei Schwellkörper (Abb. **J-4.8**) werden unterschieden:
- Corpus cavernosum penis und
- Corpus spongiosum penis,

deren funktionelle Bedeutung im Rahmen der Erektion (S. 847) beschrieben ist.

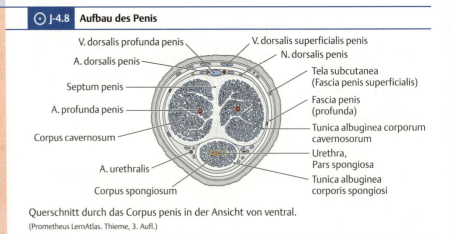

J-4.8 Aufbau des Penis

Querschnitt durch das Corpus penis in der Ansicht von ventral.
(Prometheus LernAtlas. Thieme, 3. Aufl.)

Corpus cavernosum penis: Das Corpus cavernosum ist der größere der beiden Schwellkörper. Ein medianes **Septum penis**, das nach distal allerdings unvollständig wird, teilt das Corpus cavernosum in zwei Teile. Sie werden gemeinsam von einer sehr kräftigen Faszie, der **Tunica albuginea corporum cavernosorum**, umgeben.

Nach proximal setzen sich die beiden Anteile des Corpus cavernosum in die **Crura penis** fort, die an den unteren Schambeinästen angeheftet sind und von den Mm. ischiocavernosi (S. 337) umhüllt werden.

Das Corpus cavernosum besteht vollständig aus Hohlräumen (Kavernen), die mit Endothel ausgekleidet und von einer dicken Schicht glatter Muskulatur umgeben sind. Zwischen den Kavernen, die von innen nach außen enger werden, liegen elastisches Bindegewebe und glatte Muskulatur.

Corpus spongiosum penis: Das Corpus spongiosum verläuft an der Unterseite des Penis unterhalb des Corpus cavernosum und umgibt die Urethra (S. 838).
Proximal ist das Corpus spongiosum zum **Bulbus penis** verdickt, der am Perineum befestigt ist und von den beiden Mm. bulbospongiosi (Abb. **C-4.14**) umgeben wird. Nach distal geht das Corpus spongiosum in die Glans penis über. Auch das Corpus spongiosum ist von einer **Tunica albuginea** (**corporis spongiosi**) umgeben, die allerdings erheblich dünner ist als die des Corpus cavernosum.
Das Corpus spongiosum besteht aus unterschiedlich weiten und miteinander im Kurzschluss verbundenen venösen Gefäßen, die über die A. dorsalis penis und über die A. bulbi penis (s. u.) gespeist werden.

Faszien des Penis

Der Penisschaft (Abb. **J-4.8**) wird von einer zarten Faszie, der **Tela subcutanea penis** (**Fascia penis superficialis**), umhüllt. Diese Faszie liegt direkt unter der fettfreien Subkutis, entspricht der Tunica dartos des Skrotums (S. 841) und enthält glatte Muskulatur. So kann sich die Faszie den wechselnden Größenverhältnissen des Penis anpassen.
Eine deutlich kräftigere **Fascia penis** (**profunda**), umschließt die drei Schwellkörper gemeinsam. Die Faszien sind wichtig für die topografische Unterteilung der Versorgungsstraßen des Penis. Die Tunica albuginea, eine Hülle aus verstärktem Bindegewebe, umfasst dann die Schwellkörper des Penis.

▶ Merke. Während die **Tunica albuginea** (s. o.) jeweils einen Schwellkörper umhüllt, werden alle drei Schwellkörper gemeinsam von der **Fascia penis** (**profunda**) umgeben. Die **Tela subcutanea penis** (= **Fascia penis superficialis**) ist subkutanes Bindegewebe mit Zügen glatter Muskulatur.

Gefäßversorgung und Innervation des Penis

▶ Merke. Neben der nutritiven Versorgung für den Stoffwechsel des Penis als **Vasa privata** dienen die arteriellen und venösen Gefäße des Penis als **Vasa publica** der Gewährleistung der Erektion (S. 847).

Arterielle Versorgung: Stammgefäß ist die **Arteria pudenda interna**, ein viszeraler Ast der A. iliaca interna, der über den Canalis pudendalis, den sog. Alcock-Kanal (S. 341), das Spatium perinei superficiale erreicht. Ihre Äste zum Penis sind:
- **Arteria profunda penis**: Sie zieht beidseits an der medialen Seite der Crura penis durch die Tunica albuginea hindurch in das jeweilige Corpus cavernosum und gelangt so bis zur Penisspitze. Aus den beiden Aa. profundae penis entspringen die **Aa. helicinae**, durch die die Kavernen der Corpora cavernosa gespeist werden. Besonderheit im Rahmen der Erektion (S. 847).
- **Arteria dorsalis penis**: Sie zieht bis zur Glans penis, die
- **Arteria bulbi penis** zum Bulbus penis und die
- **Arteria urethralis** zur Urethra (s. u.).

Venöser Abfluss: Der Penis wird über ein tiefes und ein oberflächliches Venensystem drainiert:
- Die **Vena dorsalis profunda penis**, die in die Plexus venosi vesicalis und prostaticus und in die **Vena pudenda interna** abfließt nimmt Blut auf aus
  - **Venae profundae penis** (Drainage der Schwellkörper) und der
  - **Vena bulbi penis** (Bulbus penis).
- Die **Venae dorsales superficiales penis** liegen zwischen der Tela subcutanea penis und der Fascia penis (profunda). Sie nehmen das Blut der Penishaut auf und fließen in die **Venae pudendae externae** oder direkt in die **Vena femoralis** ab.

Lymphabfluss: Große Anteile des frei hängenden Penis werden über die **Nodi lymphoidei inguinales superficiales** drainiert, die fixierten Anteile des Penis über **Nodi lymphoidei iliaci interni**.

Das Corpus cavernosum besteht aus Kavernen mit Endothelauskleidung und einem starken Muskelmantel.

Corpus spongiosum penis: Es umgibt die Urethra (S. 838) unterhalb des Corpus cavernosum.
Proximal Verdickung zum Bulbus penis und Befestigung am Perineum, bedeckt von den Mm. bulbospongiosi. Distal Übergang in die Glans. Umfassung von einer zarten **Tunica albuginea**.
Das Corpus spongiosum besteht aus anastomosierenden weiten Venen.

Faszien des Penis

Die zarte **Tela subcutanea penis** umhüllt den Penisschaft (Abb. **J-4.8**). Die fettfreie Subkutis enthält glatte Muskulatur.

Die derbe **Fascia penis (profunda)** umschließt die Schwellkörper. Eine bindegewebige Tunica albuginea umhüllt jeweils die Schwellkörper.

▶ Merke.

Gefäßversorgung und Innervation des Penis

▶ Merke.

Arterien: Die **A. pudenda int.** aus der A. iliaca int. zieht über den Canalis pudendalis (S. 341) in das Spatium perinei superficiale und gibt Äste zum Penis ab:
- **A. profunda penis**: Sie zieht bds. medial in die Crura bis fast zur Penisspitze und gibt **Aa. helicinae** zur Speisung der Kavernen (s. o.) ab.
- **A. dorsalis penis**,
- **A. bulbi penis** und
- **A. urethralis** (s. u.) sind weitere Äste.

Venen: Es existiert ein tiefes und ein oberflächliches System:
- **Vv. profundae penis** (Schwellkörper) und **V. bulbi penis** fließen über die **V. dorsalis prof. penis** und Venenplexus in die **V. pudenda interna** ab.
- Zwischen Tela subcutanea penis und Fascia penis (profunda) liegen die **Vv. dorsales superficiales penis** (Abfluss in die **Vv. pudendae ext.** oder direkt in die **V. femoralis**).

Lymphabfluss: Nll. inguinales superff. (Pars pendulans) bzw. Nll. iliaci interni (Pars affixa).

Innervation:
- Somatosensibel: **N. dorsalis penis** (vom N. pudendus).
- Vegetativ (über Plexus hypogastricus inferior): Parasympathisch (Erektion) von **Nn. splanchnici pelvici**; sympathisch: **Nn. splanchnici sacrales**.

4.3.2 Urethra masculina (männliche Harnröhre)

▶ Synonym.

Funktion der Urethra masculina

Die Urethra masculina ist im Gegensatz zur Urethra feminina (S. 809) Harn- und Geschlechtsweg (**Harnsamenröhre**, zusätzlich für den Transport des Ejakulats). Nur ein ganz blasennaher Abschnitt ist ausschließlich Harnröhre.

Abschnitte, Lage und Form der Urethra masculina

▶ Merke.

Abschnitte und Lage

Folgende Abschnitte werden unterschieden (Abb. **J-4.9**):
- Pars intramuralis,
- Pars prostatica,
- Pars membranacea und
- Pars spongiosa.

 J-4.9

J 4 Männliches Genitale

Innervation: Der Penis wird sowohl somatosensibel als auch vegetativ gut innerviert:
- Somatosensible Innervation: **Nervus dorsalis penis** (Ast des N. pudendus).
- Vegetative Innervation (über Plexus hypogastricus inferior):
  – Parasympathisch über **Nervi splanchnici pelvici** (aus S 1–S¾), vgl. Auslösen der Erektion (S. 847).
  – Sympathisch aus den **Nervi splanchnici sacrales**, vgl. Ejakulation (S. 847).

4.3.2 Urethra masculina (männliche Harnröhre)

▶ Synonym. Harnsamenröhre

Funktion der Urethra masculina

Im Gegensatz zur Urethra feminina (S. 809), die ausschließlich Harnweg ist, sind bei der Urethra masculina Harn- und Geschlechtsweg (Letzteres durch den Transport des Ejakulats) vereint, weshalb man auch von der **Harnsamenröhre** spricht. Lediglich ein ganz blasennah gelegenes ca. 2 cm langes Stück ist reiner Harnweg, bevor innerhalb der Prostata die beiden Ductus ejaculatorii in die Harnröhre münden.
Wegen dieser Doppelfunktion und wegen des Einbaus in den Penis wird die Urethra masculina an dieser Stelle beim Genitalapparat beschrieben.

Abschnitte, Lage und Form der Urethra masculina

▶ Merke. Die Urethra masculina lässt sich bei einer Gesamtlänge von ca. 20 cm in **drei längere Abschnitte** unterteilen, weist **2 Krümmungen** auf und zeigt in ihrem Verlauf jeweils **3 Engstellen** und **Weiten**.

Abschnitte und Lage

Von proximal nach distal unterteilt sich die männliche Harnröhre in folgende Abschnitte (Abb. **J-4.9**):
- **Pars intramuralis** (innerhalb der Blasenwand),
- **Pars prostatica** (innerhalb der Prostata),
- **Pars membranacea** durchzieht den Levatorspalt (S. 335) und
- **Pars spongiosa** (liegt im Corpus spongiosum penis).
Gelegentlich werden der Verlauf in der Blasenwand und in der Prostata gemeinsam als Pars intramuralis bezeichnet.

⊙ J-4.9 **Abschnitte der Urethra masculina**

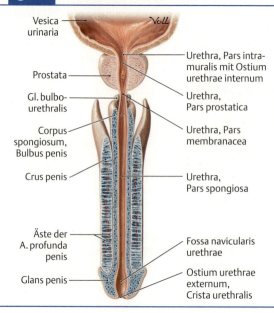

Schematisierter Längsschnitt durch die gesamte Urethra (ohne Berücksichtigung ihrer Krümmungen gestreckt dargestellt). Die Prostata ist sektorenförmig eröffnet und die Schwellkörper sind angeschnitten.
(Prometheus LernAtlas. Thieme, 3. Aufl.)

Pars intramuralis: Sie durchzieht vom **Ostium urethrae internum** als sehr kurzer Abschnitt die Muskelwand der Harnblase und ist vom M. sphincter urethrae internus umgeben.

Pars prostatica: Sie zieht durch die Prostata bis zu deren unterem Pol und ist ca. 3 cm lang. Die zahlreichen Längsfalten verstreichen bei Durchströmung bis auf eine konstante Falte an der Dorsalseite (**Crista urethralis**). Dies ist eine vor allem blasennah ausgebildete Fortsetzung der Uvula vesicae am Blasengrund. Innerhalb der Prostata bildet die Crista urethralis den **Colliculus seminalis** (**Samenhügel**), auf dem beidseits eines kleinen Blindsacks (Utriculus prostaticus) die beiden Ductus ejaculatorii münden. Flankiert wird der Samenhügel auf jeder Seite von einem **Sinus prostaticus**, in den die Ausführungsgänge der Prostata münden.

Pars membranacea: Dies ist mit 1–2 cm Länge ein ebenfalls sehr kurzer und gleichzeitig der engste Abschnitt der Urethra.
Er beginnt am unteren Prostatapol und endet am Bulbus penis mit dem Eintritt der Urethra in das Corpus spongiosum. Beim Durchtritt durch den M. transversus perinei profundus unterhalb des Levatorspalts wird die Urethra von einer Abspaltung des Muskels, dem **Musculus sphincter urethrae externus**, umgeben. Die Urethra ist in diesem Bereich relativ fest in das Bindegewebe des Beckens eingebaut.
Der distale Abschnitt der Pars membranacea ist dehnbar (**Ampulla urethrae**) und biegt unterhalb des kaudalen Symphysenrandes nach ventral um, um dann im Bereich des Bulbus penis von kranial in das Corpus spongiosum penis einzutreten. In die Ampulla urethrae münden die Gll. bulbourethrales (S. 835).

Pars spongiosa: Die Pars spongiosa urethrae ist ca. 15 cm lang und endet mit dem **Ostium urethrae externum** an der Glans penis. Der proximale Teil der Pars spongiosa ist an den Strukturen des Beckenbodens fixiert und vorwiegend nach ventral gerichtet. Der distale Teil ist weniger fixiert und folgt der Lage des Penis. Das enge Lumen der Pars spongiosa, in der Ober- und Unterwand aneinander liegen, ist nur bei Durchtritt von Harn oder Ejakulat geöffnet. Unmittelbar vor dem Ostium urethrae externum ist die Pars spongiosa zur **Fossa navicularis urethrae** erweitert.

Krümmungen, Engstellen und Weiten

Krümmungen: Im Gegensatz zur fast vollständig geraden weiblichen Urethra weist die männliche Urethra durch den Einbau in den Penis **zwei Krümmungen** auf:
- **Curvatura infrapubica** proximal am Übergang der Pars membranacea in die Pars spongiosa
- **Curvatura prepubica** distal am Übergang vom fixierten proximalen in den nicht fixierten distalen Teil der Pars spongiosa.

▶ **Klinik.** Die deutlich längere Urethra des Mannes schützt zwar das Harnsystem besser vor aufsteigenden Infektionen, doch sind Länge und Krümmungen der Urethra ein Problem beim Legen eines **transurethralen Blasenkatheters**. Die Curvatura prepubica versucht man auszugleichen, indem man den Penis anhebt und leicht überstreckt (Abb. J-4.10).

⊙ **J-4.10** **Transuretheraler Blasenkatheter beim Mann.**
(Prometheus LernAtlas. Thieme, 3. Aufl.)

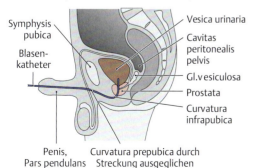

Pars intramuralis: Sehr kurzer Abschnitt ab dem **Ostium urethrae internum**, umgeben vom M. sphincter urethrae int.

Pars prostatica: Sie durchläuft die Prostata bis zu deren unterem Pol. Von den zahlreichen Längsfalten bleibt nur die dorsale **Crista urethralis** konstant und bildet in der Prostata den **Colliculus seminalis** (Mündung der Ductus ejaculatorii). Er ist beidseits flankiert von je einem **Sinus prostaticus** (Mündung der Prostatagänge).

Pars membranacea: Der 1–2 cm lange Abschnitt ist der engste und verläuft vom unteren Prostatapol zum Bulbus penis.
Beim Durchtreten des M. transversus perinei prof. bilden Abspaltungen dieses Muskels den **M. sphincter urethrae ext.** Der distale Abschnitt ist dehnbar (**Ampulla urethrae** mit Mündung der Gll. bulbourethrales), biegt unterhalb der Symphyse nach ventral und tritt in das Corpus spongiosum ein.

Pars spongiosa: Die Pars spongiosa ist ca. 15 cm lang und endet an der Glans mit dem **Ostium urethrae ext.** Der proximale Abschnitt ist stärker fixiert. Im engen Lumen liegen Ober- und Unterwand aneinander. Vor dem Ostium Erweiterung zur **Fossa navicularis**.

Krümmungen, Engstellen und Weiten

Krümmungen: Die Urethra masculina zeigt 2 Krümmungen:
- **Curvatura infrapubica** (Pars membranacea – Pars spongiosa)
- **Curvatura prepubica** (Pars spongiosa: fixierter Teil – nicht fixierter Teil).

▶ **Klinik.**

Engstellen:
- Pars intramuralis mit dem Ostium urethrae internum,
- Pars membranacea und
- Ostium urethrae externum.

▶ Klinik.

Weiten:
- Pars prostatica,
- Ampulla urethrae und
- Fossa navicularis.

Schleimhautaufbau der Urethra masculina

Die Schleimhaut verändert sich im Verlauf der Urethra masculina wie folgt: proximal Urothel, dann mehrschichtig hochprismatisch (Pars prostatica), in der Fossa navicularis mehrschichtig unverhorntes Plattenepithel.

Neben mündenden Ausführungsgängen von Prostata und Gll. bulbourethrales kommen urethraeigene Drüsen vor:
- **Gll. urethrales** liegen als muköse Drüsen in der Wand der Pars spongiosa,
- **Lacunae urethrales** sind sekretorisch aktive Epithelbuchten.

Gefäßversorgung und Innervation der Urethra masculina

Arterien: A. urethralis und Äste der Rr. prostatici.

Venen: Die Pars prostatica drainiert in den Pl. venosus prostaticus, der Rest (S. 837).

Lymphabfluss: Nll. iliaci interni und evtl. Nll. sacrales für die proximalen Urethra-Abschnitte.
Distale Abschnitte drainieren auch in die Nll. inguinales superficiales.

Innervation: Sie erfolgt über den N. pudendus. Ganz blasennahe Abschnitte werden wie die Harnblase über Fasern aus dem Plexus hypogastricus inf. innerviert.

J 4 Männliches Genitale

Engstellen:
- Pars intramuralis mit dem Ostium urethrae internum,
- Pars membranacea und
- Ostium urethrae externum.

▶ Klinik. Auch die Engen der männlichen Urethra spielen beim Legen eines transurethralen Blasenkatheters eine große Rolle, da sie dem Vorschieben des Katheters einen Widerstand entgegensetzen, der nur mit äußerster Vorsicht überwunden werden darf.

Weiten:
- Pars prostatica,
- Ampulla urethrae und
- Fossa navicularis.

Schleimhautaufbau der Urethra masculina

Während der übrige Wandbau weitestgehend dem der weiblichen Harnröhre (S. 809) ähnelt, ist die Schleimhaut der Urethra masculina in ihren unterschiedlichen Abschnitten verschieden aufgebaut: Der Anfangsteil trägt noch Urothel, das etwa ab der Mitte der Pars prostatica durch mehrschichtig hochprismatisches Epithel abgelöst wird. Die Fossa navicularis zeigt mehrschichtig unverhorntes Plattenepithel.
Neben den in die Urethra masculina mündenden Ausführungsgängen der Prostata (S. 834) und der Glandulae bulbourethrales (S. 835) liegen auch Drüsen direkt in der Schleimhaut der männlichen Harnsamenröhre:
- **Glandulae urethrales:** Diese zahlreichen mukösen Drüsen umgeben die Wand hauptsächlich in der Pars spongiosa.
- **Lacunae urethrales:** Dies sind Schleimhautbuchten der Pars spongiosa urethrae, die mit einem sekretorischen Epithel ausgekleidet sind.

Gefäßversorgung und Innervation der Urethra masculina

Arterielle Versorgung: Die **Arteria urethralis** versorgt den Hauptteil der Urethra, v. a. die Pars spongiosa. Die Pars prostatica urethrae wird aus Ästen der Rami prostatici (aus der A. vesicalis inf. und der A. rectalis media) versorgt.

Venöser Abfluss: Das venöse Blut der Pars prostatica urethrae fließt in die Plexus venosi vesicalis und prostaticus, der weitere venöse Abfluss erfolgt über die Venen des Penis (S. 837).

Lymphabfluss: Neben den fixierten Anteilen des Penis werden auch die proximalen Anteile der Urethra über die Nodi lymphoidei iliaci interni drainiert. Lymphe der Pars prostatica urethrae kann auch mit der Lymphe der Prostata in die Nodi lymphoidei sacrales abfließen.
Distale Abschnitte der Urethra masculina leiten ihre Lymphe in die Nodi lymphoidei inguinales superficiales.

Innervation: Die sensible Innervation der Urethra erfolgt über den Nervus pudendus. Ganz blasennahe Abschnitte erhalten die Innervation wie die Harnblase über den Plexus hypogastricus inferior. Die Urethrawand ist schmerzempfindlich (brennender Schmerz bei Entzündungen = Urethritis), weshalb auch beim Katheterisieren (S. 839) behutsam vorgegangen werden muss.

4.3.3 Skrotum (Hodensack)

Funktion und Aufbau des Skrotums

Funktion: Das Skrotum ist ein Hautsack, der die Hoden aufnimmt, um durch deren Lagerung außerhalb der Körperhöhle eine für die normale Spermatogenese geringere Körpertemperatur zu garantieren.

Aufbau: Die beiden aus den Genitalwülsten (S. 858) hervorgehenden Hautlappen vereinigen sich in einer medianen **Raphe scroti** und fassen zwischen sich eine bindegewebige Trennschicht, das **Septum scroti**.
Die fettfreie, dunkel pigmentierte Haut des Skrotums sitzt auf einer Subcutis, die von einer Schicht glatter Muskulatur, der **Tunica dartos**, unterbaut ist. Nach innen folgen die einzelnen Schichten (Abb. **J-4.3**) des Funiculus spermaticus bzw. der Rumpfwand (Tab. **C-3.4**).

Gefäßversorgung und Innervation des Skrotums

Arterielle Versorgung: Rami scrotales posteriores stammen aus der A. pudenda interna, **Rami scrotales anteriores** aus der A. pudenda externa.

Venöser Abfluss: Über **Venae scrotales posteriores** erfolgt der Abfluss in die V. pudenda interna, während die **Venae scrotales anteriores** ihr Blut der V. pudenda externa oder direkt der V. femoralis zuführen.

Lymphabfluss: Dieser erfolgt größtenteils in die **Nodi lymphoidei inguinales superficiales**.

Innervation: Die sensible Innervation wird von **Nervi scrotales posteriores** aus den **Nervi perineales** (aus N. pudendus) und **Nervi scrotales anteriores** aus dem N. ilioinguinalis (S. 342) sowie vom R. genitalis des N. genitofemoralis übernommen.
Der M. cremaster wird motorisch vom Ramus genitalis des N. genitofemoralis innerviert. Auch der N. ilioinguinalis aus dem Plexus lumbalis innerviert motorisch den sich aus dem M. obliquus internus abdominis abspaltenden M. cremaster (S. 309).

4.3.3 Skrotum (Hodensack)

Funktion und Aufbau des Skrotums

Funktion: Das Skrotum dient als Hautsack zur Lagerung der Hoden außerhalb der Körperhöhlen.

Aufbau: 2 Hautlappen aus den Genitalwülsten (S. 858) mit einer Raphe scroti und dem Septum scroti.
Die pigmentierte Haut und Subcutis liegen oberhalb der **Tunica dartos**. Nach innen folgen die rumpfwandanalogen Schichten (Abb. **J-4.3** und Tab. **C-3.4**).

Gefäßversorgung und Innervation des Skrotums

Arterien: Rr. scrotales postt. (A. pudenda int.) und antt. (A. pudenda ext.).

Venen: Vv. scrotales post. (V. pudenda int.) und ant. (V. pudenda ext. oder V. femoralis).

Lymphknoten: Nll. inguinales superficales.

Innervation: Die sensible Innervation erfolgt durch **Nn. scrotales postt.** (N. pudendus), **antt.** (N. ilioinguinalis) sowie den **R. genitalis** des N. genitofemoralis.
Motorisch wird der M. cremaster vom R. genitalis des N. genitofemoralis und vom N. ilioinguinalis (S. 342) innerviert.

Nichts geht mehr

> Wieder ein Tag auf Intensiv – und wieder kaum Aussicht darauf, dass ein Patient von der künstlichen Beatmung entwöhnt werden kann. Am Anfang war das für mich alles echt spannend, aber nach drei Monaten frage ich mich schon manchmal, wie weit man es noch treiben will in der modernen Medizin.

Gleich auf dem ersten Platz liegt schon seit über vier Wochen ein älterer Herr, der aus heiterem Himmel eine Hirnblutung erlitten hat. Kreislauf und Stoffwechsel sind stabil, die Ausscheidung ist gut ... Doch er ist komatös und selbstständig atmen tut er einfach nicht – all unseren Anstrengungen zum Trotz.

Ich stehe an seinem Bett und durchforste die dicke Akte nach Anhaltspunkten, wie man ihn vielleicht doch nochmals aufwecken könnte. Da tritt die zuständige Schwester neben mich: „Du, der geht seit zwei Stunden mit Blutdruck und Herzfrequenz hoch", sagt sie. „Und die Urinausscheidung ist runter."

Wie konnte ich das auf der Kurve nur übersehen? Peinlich! Schnell schaue ich auf die aktuellen Nierenwerte. Harnstoff und Kreatinin sind noch nicht gestiegen – also könnten wir vielleicht noch was gegen das akute Nierenversagen tun. „Gib ihm 40 mg Furosemid (wirkt in der aufsteigenden Henle-Schleife)!", weise ich an. „Aber er bekommt doch schon Hydrochlorothiazid (wirkt im frühdistalen Tubulus)!", gibt die Schwester zu bedenken. Ich sehe in der Akte nach: Tatsächlich! Und er erhält bei Leberzirrhose und Aszites regelmäßig Spironolacton, einen Aldosteron-Antagonist, der am spätdistalen Tubulus und im Sammelrohr wirkt. Mit dieser Furosemid-Dosis hätten wir vermutlich einen kompletten „Schleifenblock" der Niere ausgelöst, d. h. die Wasserresorption im gesamten Nierentubulus wäre blockiert. „O.K., dann gib ihm bitte nur 20 mg Furosemid. Wenn dann nix kommt, muss er an die Dialyse", sage ich zur Schwester und denke „Tun wir ihm damit wirklich einen Gefallen?"

Nach einer Stunde kommt immer noch kein Urin. Blutdruck und Herzfrequenz sind weiter gestiegen: systolischer Blutdruck 180 mmHg, Herzfrequenz 120/min. Mein Herz ist schwer, denn die Dialyse scheint unausweichlich.

Da fällt mir eine Regel aus dem Pflegepraktikum auf der Uro ein: „Bei Störungen der Ausscheidung zuerst die Leitungen am Patienten kontrollieren". Einen Versuch ist es allemal wert! Ich hole mir eine Blasenspritze aus der Kammer, und die Schwester schaut mir interessiert zu: „Meinst Du echt, dass es daran liegt?" Ich zucke mit den Schultern und sage: „Was haben wir schon zu verlieren?". Dann klemme ich den Katheterbeutel ab und setze die Spritze am Katheter an. Zuerst geht nichts. Dann überwinde ich den Widerstand und kann frei spülen. Beim Ablassen der Spülflüssigkeit findet sich „des Pudels Kern" ... ein kleiner, brauner Pfropf.

Nun füllt sich der Urinbeutel in dem Maße, wie sich auch der Kreislauf normalisiert, nachdem die Blase nicht mehr wegen Überfüllung schmerzt. Jetzt nur nicht vergessen, diesen vermaledeiten Katheter zu wechseln und das Dialysegerät vor der Oberarztvisite ins Lager zurückzuschieben ...

4.4 Fertilität und sexuelle Reaktion des Mannes

4.4.1 Spermatogenese (Samenzellbildung)

▶ Definition. Die **Spermatogenese** umfasst alle Schritte von der Spermatogonie bis zum reifen Spermatozoon, während die **Spermiogenese** (als letzter Teilschritt der Spermatogenese) lediglich die Differenzierung der Spermatide zum Spermatozoon bezeichnet.

Funktion und Ablauf der Spermatogenese

Die Samenzellbildung dient der Bereitstellung befruchtungsfähiger Samenzellen (Spermien, Spermatozoen) aus Spermatogonien. Dabei lassen sich grundsätzlich drei Teilvorgänge unterscheiden:
1. **Vermehrung** (durch **mitotische** Teilungen)
2. **Reifung** (mit **meiotischen** Teilungen)
3. **Differenzierung** (auch als **Spermiogenese** bezeichnet).

Diese drei Vorgänge finden in den **Tubuli seminiferi contorti** des Hodens von basal nach luminal statt (Abb. **J-4.11**). Anschließend folgt während der Lagerung im Nebenhoden eine Phase funktioneller Ausreifung.

⊙ J-4.11 Spermatogenese: Aufbau des Keimepithels

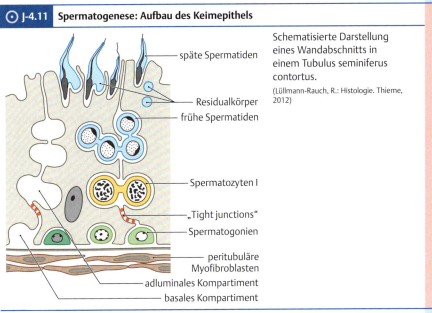

Schematisierte Darstellung eines Wandabschnitts in einem Tubulus seminiferus contortus.
(Lüllmann-Rauch, R.: Histologie. Thieme, 2012)

Vermehrung: Ausgangszelle für die Spermatogenese ist die **Spermatogonie**, die im Keimepithel der Basalmembran anliegt. Die Spermatogonien, die sich durch mitotische Zellteilung vermehren, werden wie folgt in zwei Typen unterteilt:
- **A-Spermatogonien:** Sie gelten als das (im Prinzip unerschöpfliche) Reservoir an Stammzellen. Nach mitotischer Teilung der Typ-A-Zelle verbleibt die eine Tochterzelle im Stammzellreservoir, während sich die andere Tochterzelle mitotisch weiter teilt. Aus Letzteren gehen die Zellen vom Typ B hervor.
- **B-Spermatogonien:** Sie bleiben durch unvollständige Teilung des Zellleibs zunächst mittels feiner Zytoplasmabrücke verbunden. Die Geschwisterzellen eines solchen Klons durchlaufen alle folgenden Entwicklungsschritte synchron.

Reifung: Spermatogonien vom Typ B treten in die Reifungs- und Differenzierungsphase ein. Dabei nimmt zunächst das **Zellvolumen** stark zu. Die dadurch größte Zelle im Keimepithel wird nun als **Spermatozyte I** (**primäre Spermatozyte**) bezeichnet und tritt in die meiotische Prophase ein. Nach erfolgter Zellteilung (der **1. meiotischen Teilung**) ist die **Spermatozyte II** (**sekundäre Spermatozyte**) entstanden.

4.4.1 Spermatogenese (Samenzellbildung)

▶ Definition.

Funktion und Ablauf der Spermatogenese

Die Entwicklung reifer Spermatozoen aus Spermatogonien erfolgt in den Tubuli seminiferi contorti des Hodens (Abb. **J-4.11**) in 3 Teilvorgängen:
1. **Vermehrung** (**Mitose**)
2. **Reifung** (**Meiose**)
3. **Differenzierung** (**Spermiogenese**).

Im Nebenhoden erfolgt nur noch Lagerung und Ausreifung.

⊙ J-4.11

Vermehrung: Die Spermatogenese beginnt mit den basal liegenden Spermatogonien:

- **A-Spermatogonien** bilden das Stammzellreservoir. Durch fortlaufende mitotische Teilungen entsteht je eine Tochterzelle vom Typ A und Typ B.
- **B-Spermatogonien** teilen sich auch mitotisch und bleiben verbunden (Klon gleicher Differenzierung).

Reifung: Typ-B-Zellen werden durch starke Vergrößerung zur **Spermatozyte I**. Durch die 1. meiotische Teilung entsteht die **Spermatozyte II**.

Nach Abschluss der Meiose ist die **Spermatide** (haploid) entstanden.
Sie liegt als kleinste Zelle ganz luminal.

▶ **Merke.**

Differenzierung: Durch die nachfolgende **Spermiogenese** (Kernkondensation, Ausbildung der Geißel und des Akrosoms) erfolgt die Umwandlung zum Spermatozoon (= Spermium).

Reife Spermatozoen sind 60 µm lang, selbstständig beweglich und bestehen aus Kopf und Schwanz, umhüllt von einer Plasmamembran (Abb. **J-4.12**).

◉ J-4.12

Caput (**Kopf**): Er ist paddelförmig und besteht v. a. aus kondensierter Kernsubstanz. Ein Akrosom enthält Enzyme zur Penetration der Zona pellucida (S. 105).

Cauda (**Schwanz**): Er enthält das Axonema (zentraler Schwanzfaden) und wird unterteilt in:
- **Pars conjugens** (Hals) mit 2 Zentriolen,
- **Pars intermedia** (Mittelstück) mit zahlreiche Mitochondrien und Außenfibrillen,
- **Pars principalis** (Hauptstück), wo die Ringfaserscheide neu hinzu tritt,
- **Pars terminalis** (Endstück), wo nach Ende der Ringfaserscheide die Mikrotubuli ungeordnet liegen.
- Die **Geißel** (**Flagellum**) ist ein besonders langes Kinozilium (S. 54) im Spermienschwanz.

Gesamtdauer der Spermatogenese beträgt ca. 11 Wochen. 2 Wochen davon benötigen der Transport zum Nebenhoden und die endgültige Reifung. Nachdem die bei der **Spermiation** in die Tubuluslichtung freigesetzten Spermatozyten noch unbeweglich sind (**Säurestarre**), erfolgt der Transport zum Nebenhoden durch Tubuluskontraktion und Sekretstrom.

J 4 Männliches Genitale

Die **2. meiotische Teilung** folgt direkt und es entsteht die **Spermatide**. Da in der 2. meiotischen Teilung keine Verdoppelung des Chromosomensatzes mehr erfolgt, ist die Spermatide **haploid**. Die Spermatide ist die kleinste Zelle des Keimepithels und liegt am weitesten luminal.

▶ **Merke.** Durch die meiotische Zellteilung entstehen somit aus einer primären Spermatozyte über zwei sekundäre Spermatozyten vier Spermatiden.

Differenzierung: Die Spermatide tritt nun in die sog. **Spermiogenese** ein, bei der die Spermatide ohne weitere Teilungsvorgänge zu einem **Spermatozoon** (= **Spermium**) umgewandelt wird. Während der Spermiogenese kommt es zur Kernkondensation, zur Ausbildung des Spermienschwanzes und des Akrosoms. Während der Spermiogenese werden auch die Zytoplasmabrücken zwischen den Zellen unterbrochen.

Das **reife Spermatozoon** ist ca. 60 µm lang und prinzipiell selbstständig beweglich. Es besteht aus Kopf (Caput) und Schwanz (Cauda), die vollständig von einer Plasmamembran umkleidet werden (Abb. **J-4.12**).

◉ J-4.12 **Aufbau eines Spermatozoons**

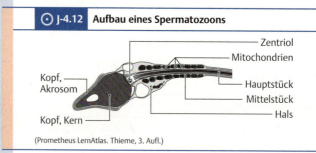

(Prometheus LernAtlas. Thieme, 3. Aufl.)

Caput (**Kopf**): Er ist im Mittel 4,5 µm lang und 2,5 µm dick und sieht dadurch in seiner abgeplatteten Form in der Seitenansicht paddelförmig aus. Hauptsächlich besteht er aus kondensierter Kernsubstanz. Ein sog. **Akrosom**, welches hydrolytische Enzyme (u. a. Akrosin) zur Durchdringung der Zona pellucida (S. 105) enthält, umfasst den größeren Teil des Spermienkopfes vorne kappenförmig. Das Akrosom geht aus dem Golgi-Apparat hervor.

Cauda (**Schwanz**): Er enthält den zentralen Schwanzfaden (das Axonema mit Mikrotubuli) und lässt sich in mehrere Abschnitte unterteilen, welche sich in ihrem spezifischen Aufbau unterscheiden:
- **Pars conjugens** (Hals): Er verbindet den Schwanz beweglich mit dem Kopf. Der Hals enthält den Anfangsteil des Axonema und das proximale und distale Zentriol, die senkrecht zueinander angeordnet sind.
- **Pars intermedia** (Mittelstück): Hier finden sich zahlreiche Mitochondrien und das Axonema ist von 9 dickeren Außenfibrillen umgeben.
- **Pars principalis** (Hauptstück): Axonema und Außenfibrillen werden zusätzlich von einer Ringfaserscheide (ringförmige Fibrillen) umgeben.
- **Pars terminalis** (Endstück): Hier endet die Ringfaserscheide und die Mikrotubuli liegen ungeordnet.
- Als **Geißel** (**Flagellum**) bezeichnet man das einzelne, besonders lange Kinozilium (S. 54) im Schwanz des Spermiums. Mit ihrer undulierenden Bewegung dient die Geißel der Spermienmotilität im Ejakulat.

Die Gesamtdauer der Spermatogenese, also die Zeit, die für die Entwicklung eines reifen Spermatozoons aus einer Spermatogonie benötigt wird, beträgt ca. **11 Wochen**. Die Zeitspanne von der Spermatogonienteilung bis zur Freisetzung des Spermatozoons aus dem Hoden dauert ca. 9 Wochen, der Transport zum Nebenhoden und die endgültige Reifung beanspruchen ca. 2 Wochen.

Die im Prozess der sog. **Spermiation** aus dem Hodenepithel in die Lichtung der Tubuli freigesetzten Spermatozoen sind durch das leicht saure Milieu (pH 6,5) noch unbeweglich (**Säurestarre** zur Energieersparnis). Ihr Transport in den Nebenhoden erfolgt durch Muskeltätigkeit der Tubuluswand und durch einen nebenhodenwärts gerichteten Sekretstrom.

Umgebungsbedingungen der Spermatogenese

Maßgeblich unterstützt werden Vermehrung und Differenzierung der Spermatogonien sowohl durch somatische Zellen im Keimepithel des Hodens (**Sertoli-Zellen**) als auch durch Zellen des Interstitiums (Myofibroblasten = **„peritubuläre" Zellen** und sog. **Leydig-Zellen**)

Sertoli-Zellen: Sie sitzen der Basalmembran auf, bilden eine zusammenhängende Schicht und sind untereinander abschnittsweise durch Tight Junctions (S. 56) verbunden. Diese enge Verbindung der Sertoli-Zellen ist die Grundlage der sog. Blut-Hoden-Schranke. Die **Blut-Hoden-Schranke** verhindert die Bildung von Autoantikörpern gegen Spermien und ermöglicht es den Sertoli-Zellen, durch Kompartimentbildung ein eigenes biochemisches Mikromilieu zu schaffen.
Durch die Tight Junctions entstehen **zwei Kompartimente**, in denen die einzelnen Differenzierungsstufen der Keimzellen zwischen den Sertoli-Zellen in lokal erweiterten Interzellularräumen liegen.
Im **basalen Kompartiment** (basalwärts der Tight Junctions) finden sich die Spermatogonien und frühe primäre Spermatozyten.
Im **adluminalen Kompartiment** liegen „reifere" Spermatozyten und alle folgenden Stadien.

> ### Umgebungsbedingungen der Spermatogenese
> Die Entwicklung der Samenzellen werden unterstützt durch **Sertoli-Zellen** des Keimepithels sowie **Myofibroblasten** und **Leydigzellen** des Interstitiums.
>
> **Sertoli-Zellen:** Direkt der Basalmembran aufsitzend, bilden sie durch Tight Junctions (S. 56) die sog. **Blut-Hoden-Schranke**. Diese muss von primären Spermatozyten passiert werden, und verhindert die Bildung von Autoantikörpern gegen Spermien durch Kompartimentbildung.

≡ J-4.1 Aufgaben der Sertoli-Zellen

Funktion	Auswirkung
Ernährung der Keimzellen	
Phagozytose abgestorbener Spermatozyten	
Produktion von	
• Flüssigkeit	Transport der Spermatozoen in den Nebenhoden
• androgenbindendem Protein (ABP)	Testosterontransport zu Nebenhodenzellen
• Inhibin	supprimiert FSH-Freisetzung aus Hypophyse
• Anti-Müller-Hormon	Rückentwicklung der Müller-Gänge beim männlichen Genotypus in der Embryonalzeit

≡ J-4.1

Die Wirkung der Sertoli-Zellen wird durch Androgene (S. 790) in komplexer Weise gesteuert.
Zwei im Rahmen der Spermatogenese wichtige Zelltypen fallen im zwischen den Tubuli gelegenen Interstitium auf:

Myofibroblasten: oder **„peritubuläre" Zellen:** Sie liegen in mehreren Schichten außerhalb der Basalmembran. Durch ihre Kontraktilität gewährleisten sie den Transport der selbst noch unbeweglichen Spermatozyten in den Nebenhoden. Ihre Aktivität ist testosteronabhängig.

Leydig-Zellen: Oft liegen diese besonders großen Zellen in unmittelbarer Nähe zu kleinen Blutgefäßen, in die sie **Androgene** sezernieren; vgl. endokrine Sekretion (S. 63). Auch eine parakrine Sekretion der Androgene wird ihnen zugeschrieben.

> Sertoli-Zellen werden durch Androgene (S. 790) gesteuert.
> Tubulusfunktion wird durch interstitielle Zellen unterstützt.
>
> **Myofibroblasten („peritubuläre" Zellen):** Sie unterstützen testosteronabhängig den Spermatozoentransport.
>
> **Leydig-Zellen:** produzieren **Androgene**. Ihre Nähe zu kleinen Blutgefäßen gewährleistet die endokrine Sekretion (S. 63).

Regulation der Spermatogenese

Die Spermatogenese wird durch zahlreiche hormonelle Faktoren beeinflusst. Im Wesentlichen sind dafür zentrale Regelmechanismen erforderlich, die auf lokale Steuerungsmechanismen wirken und selbst durch Rückkopplung wieder beeinflusst werden (Abb. **J-4.13**).

Zentrale Regelmechanismen: Vom Hypothalamus sezerniertes Gonadotropin releasing hormone (**GnRH**) bewirkt die Freisetzung von Lutropin (**LH**) aus der Adenohypophyse. Durch LH werden die Leydig-Zellen im Hoden zu Produktion und Sekretion von Testosteron angeregt. Letzteres hemmt über einen negativen Rückkopplungsmechanismus die Sekretion von GnRH und LH.
Follitropin (**FSH**) aus der Adenohypophyse stimuliert die Sertoli-Zellen, welche ihrerseits die hypophysäre FSH-Sekretion durch das Hormon **Inhibin** bremsen.

> ### Regulation der Spermatogenese
> Hormonelle Steuerung der Spermatogenese erfolgt durch zentrale und lokale Mechanismen und deren Rückkopplung (Abb. **J-4.13**).
>
> **Zentrale Regelmechanismen:** Hypothalamisches **GnRH** stimuliert die **LH**-Freisetzung (Adenohypophyse). Letzteres regt die **Testosteronabgabe** an → Sekretion von GnRH und LH wird gehemmt (**negative Rückkopplung**). **FSH** stimuliert Sertoli-Zellen, die durch **Inhibin** die FSH-Abgabe senken.

J-4.13 Hormonelle Steuerung der Spermatogenese

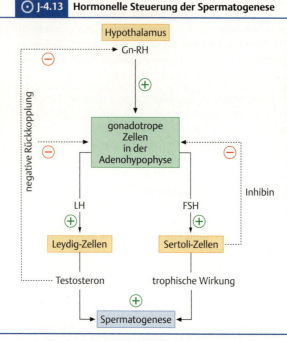

Die hormonelle Regulation unterliegt der Steuerung durch den Hypothalamus und den Hypophysenvorderlappen. Letzterer steuert die Funktion der Leydig-Zellen und der Sertoli-Zellen direkt über Follitropin (FSH) und Lutropin (LH). Eine negative Rückkopplung der FSH-Sekretion erfolgt über das Inhibin der Sertoli-Zellen sowie auf hypothalamischer und hypophysärer Ebene durch Testosteron der Leydig-Zellen.

Lokale Regelmechanismen: Leydig-Zellen produzieren Androgene, die auch parakrin auf Myofibroblasten wirken. **Plasminogen-Aktivator** und **-Inhibitor** regulieren Auf- und Abbau der Basalmembran.

▶ Exkurs: Systemische Wirkungen der Androgene.

Lokale Regelmechanismen: Stimuliert durch Lutropin produzieren Leydig-Zellen **Androgene**. Diese wirken systemisch (s. Exkurs) und direkt parakrin u. a. auf die peritubulären Zellen. **Plasminogen-Aktivator** (aus den Sertoli-Zellen) und **Plasminogen-Inhibitor** (aus den peritubulären Zellen) regulieren den Auf- und Abbau der Basalmembran.

▶ Exkurs: Systemische Wirkungen der Androgene. Androgene beeinflussen zahlreiche Funktionen im männlichen Organismus.
Intraembryonal garantiert die Androgenproduktion durch die 1. Generation der Leydig-Zellen den Erhalt sowie die Differenzierung der Urnierengänge (S. 850).
Mit der **Pubertät** bewirken sie eine Vielzahl von Veränderungen:
Die samenableitenden Wege (Epididymis und Ductus deferens) wachsen, im Nebenhoden nimmt das Epithel seine sekretorische Aktivität auf.
Die akzessorischen Genitaldrüsen, Gll. vesiculosae, Prostata, Gll. bulbourethrales (S. 835), nehmen an Größe zu und werden sekretorisch aktiv.
Beim äußeren Genitale kommt es zum Wachstum von Penis und Skrotum und zu einer Pigmentierung des Skrotums.
Androgene beeinflussen auch die Ausbildung der männlichen Körperformen (mehr Muskulatur, weniger Körperfett, größere Körperhöhe, breitere Schultern, schmalere Hüften) und wirken im Proteinstoffwechsel stark anabol.
Schließlich wird der **männliche Behaarungstyp** durch die Androgene geprägt:
- Brustbehaarung
- typische Form der Genitalbehaarung mit Fortsetzung der Behaarung auf den Bauch
- im späteren Alter Ausfall der Kopfbehaarung mit Glatzenbildung, meist beginnend mit der Ausbildung von an den Schläfen liegenden keilförmigen Zonen mit abnehmender Behaarung (Geheimratsecken).

Die Androgenproduktion lässt allgemein zwischen dem 50. und 60. Lebensjahr im sog. **Climacterium virile** (den männlichen Wechseljahren) nach. Die Produktion von Spermien erfolgt jedoch bis weit in das Senium.

4.4.2 Sexuelle Reaktion

Wie bei der Frau (S. 816) wird auch die sexuelle Reaktion des Mannes in 4 Phasen eingeteilt, die wie folgt charakterisiert sind:

- **Erregungsphase:** Über die Nn. splanchnici pelvici (S 2–S 4) wird eine Vergrößerung und Versteifung des Penis ausgelöst (**Erektion**). Diese kommt durch eine NO-(= Stickstoffmonoxid-)vermittelte Verminderung des zuvor sympathisch aufrechterhaltenen Wandtonus der Aa. helicinae sowie der Schwellkörper (S. 836) und damit deren Erweiterung zustande. Folge ist ein verstärkter Blutfluss in die Kavernen der Corpora cavernosa. Die sich füllenden Kavernen drücken sich von innen gegen die kaum dehnbare Tunica albuginea, die drainierenden Venen werden komprimiert und so der Blutabfluss gedrosselt. Auch das Corpus spongiosum penis erfährt im Rahmen der Erektion eine Füllung und Streckung. Die deutlich schwächere Tunica albuginea verhindert jedoch eine sehr starke Drosselung des venösen Abflusses. Die geringere Versteifung und Härte des Corpus spongiosum bei der Erektion garantiert die permanente Durchgängigkeit der Urethra bei der Ejakulation (s. u.).

▶ **Klinik.** Das durch die erhöhte Parasympathikus-Aktivität freigesetzte NO bewirkt intrazellulär einen Anstieg des vasodilatatorischen cGMP. Erektionsfördernde Substanzen wie etwa **Sildenafil** (**Viagra**) hemmen den enzymatischen Abbau von cGMP, dessen intrazellulärer Spiegel somit „künstlich" erhöht bleibt (Erektionsförderung).

- **Plateauphase:** Die Corona glandis schwillt an, das Skrotum wird durch die Kontraktion des M. cremaster angehoben und dadurch der Funiculus spermaticus verkürzt. Bei längerer Plateauphase wird Sekret der Gll. bulbourethrales und paraurethrales abgegeben.
- **Orgasmusphase:** Der Hoden wird ganz an den Damm gehoben. Zur Ausstoßung des Samens (**Ejakulation**) kommt es durch Kontraktion der samenableitenden Wege. Diese Kontraktion (Sympathikus-Effekt) beginnt an den Ductuli efferentes testis und setzt sich in den Ductus deferens fort, begleitet von Kontraktionen der Muskulatur von Urethra, Gl. vesiculosa und Prostata. Gleichzeitig kommt es zu unwillkürlichen Kontraktionen der Mm. bulbospongiosi, ischiocavernosi und des Beckenbodens. Die Kontraktion der Muskulatur am Blasengrund verhindert einerseits eine retrograde Ejakulation in die Harnblase, andererseits eine Beimengung von Harn zum Ejakulat.
- **Rückbildungsphase:** Eine Erhöhung des Wandtonus in den Aa. helicinae und in den Schwellkörpern durch Nachlassen der parasympathischen Aktivität führt zu einer Minderung des arteriellen Zuflusses. Dadurch verringert sich der Druck in den Kavernen und sie entleeren sich allmählich durch verbesserten Blutabfluss über die V. dorsalis penis. Die Erektion lässt nach und der Hoden kehrt in die Ruhelage zurück.

▶ **Merke.** Die **Erektion** ist ein Effekt der Parasympathikuswirkung, die **Ejakulation** wird über den Sympathikus vermittelt.

4.4.2 Sexuelle Reaktion

Sie ist auch beim Mann durch 4 Phasen gekennzeichnet:

- **Erregungsphase:** Über die Nn. splanchnici pelvici (S 2–S 4) wird die **Erektion** ausgelöst: Erweiterung der Aa. helicinae führt zur Füllung der Kavernen, die ihren Abfluss durch Druck der Venen gegen die Tunica albuginea drosseln. Die gefüllten Kavernen versteifen den Penis.

▶ **Klinik.**

- **Plateauphase:** Es kommt zur Schwellung der Corona glandis, Anhebung des Skrotums und Sekretabgabe der Gll. bulbourethrales.

- **Orgasmusphase:** Der Hoden wird weiter angehoben. Durch Muskelkontraktionen an Ductuli efferentes, Ductus deferens, Genitaldrüsen, sowie der Mm. bulbospongiosi und ischiocavernosi kommt es zur **Ejakulation** ohne Beimengung von Harn.

- **Rückbildungsphase:** Die Verengung der Aa. helicinae drosselt den arteriellen Zufluss. Durch den über nachlassende Venenkompression verbesserten Abfluss geht die Erektion zurück. Der Hoden senkt sich.

▶ **Merke.**

4.4.3 Befruchtung

Für eine Konzeption müssen ausreichend gesunde Spermien um den Zeitpunkt der Ovulation (S. 810) in den weiblichen Genitaltrakt eindringen.

Zusammensetzung des Ejakulats

Das leicht visköse, weißlich-trübe Ejakulat mit kastanienartigem Geruch besteht aus Samenzellen, die dem Hoden entstammen, und Samenflüssigkeit aus den akzessorischen Genitaldrüsen.

Die ca. 40 Millionen **Samenzellen** pro Milliliter bilden nur einen sehr geringen Volumenanteil am Ejakulat. Den Hauptanteil macht die Samenflüssigkeit aus, die größtenteils der Gl. vesiculosa (70 %) und der Prostata (25 %) entstammt.

Die Normwerte für die Zahl der Samenzellen pro Milliliter Ejakulat schwanken in der Literatur stark. Die WHO gibt als Normwert > 15 Millionen pro Milliliter an.

Die **Samenflüssigkeit** ist schwach **alkalisch** (pH 7,3), um die im Nebenhoden ausgelöste Säurestarre (s. o.) der Spermien aufzuheben. Der hohe **Fruktosegehalt** liefert die Energie für den Geißelschlag, der die aktive Spermienbewegung entgegen dem Flüssigkeitsstrom in den Tuben des weiblichen Genitaltrakts (positiv rheotaktische Fortbewegung) ermöglicht.

Vor der Ejakulation, die meist in 3–4 Wellen erfolgt, geben die Gll. urethrales (S. 840) und Gll. bulbourethrales (S. 835) in geringer Menge ein klares und ebenfalls leicht alkalisches Sekret ab.

Innerhalb von ca. 10 Min nach der Ejakulation, bei der durchschnittlich 2–5 ml abgegeben werden, verflüssigt sich das Ejakulat durch die Wirkung von darin enthaltenen Proteasen der Prostata.

 Klinik. Aussagen über die Befruchtungsfähigkeit lassen sich durch biochemische Analyse der flüssigen Anteile des Ejakulats sowie durch die mikroskopische Beobachtung der Spermien machen (**Spermiogramm**). Zahl, normale Form und Beweglichkeit der Spermien sind dabei wesentliche Kriterien.

Akrosomenreaktion

Trifft ein Spermium auf seinem Weg in Richtung Ostium tubae abdominale auf eine Eizelle, findet die sog. Akrosomenreaktion statt: Teile der äußeren Akrosommembran verschmelzen mit der Zytoplasmamembran des Spermienkopfs. In dieser durch Verschmelzung entstandenen Schicht entstehen zunächst Öffnungen, bevor sie ganz abgebaut wird. So bildet nur noch die ehemals innere Akrosommembran einen Teil der Oberfläche des Spermienkopfes. Dabei freigesetzte akrosomale Enzyme ermöglichen zusammen mit der Akrosom-Protease Akrosin ein Eindringen des Spermiums in die Eizelle (S. 103). Funktionell ist das Akrosom ein Lysosomenäquivalent.

 Klinik. Die sexuelle Reaktion und die Konzeption sind komplexe Funktionen, die durch zahlreiche Faktoren gestört werden können. Solche Störungen werden unterteilt in **Impotentia coeundi** (Unfähigkeit zum Geschlechtsverkehr) und **Impotentia generandi** (Unfähigkeit der Zeugung).

5 Entwicklung des Urogenitalsystems

5.1 Übersicht 849
5.2 Entwicklung des Harnapparats 849
5.3 Entwicklung des Genitales 852

E. Schulte

5.1 Übersicht

Der Harnapparat und die Genitalorgane beeinflussen sich im Rahmen ihrer jeweiligen Embryonalentwicklung gegenseitig. Kaudale Anteile des Harnapparats sind während ihrer Entwicklung zusätzlich mit der des Anus (S. 728) verknüpft.

5.2 Entwicklung des Harnapparats

Beim Harnapparat muss zwischen folgenden Prozessen unterschieden werden:
- Entwicklung der **harnbereitenden Anteile** der Niere (S. 763) und
- Entwicklung der **harnableitenden Anteile**, z. B. Ureter und seine renalen Verzweigungen (S. 777), Harnblase (S. 779), weibliche (S. 809) und männliche Urethra (S. 838).

Das harnableitende System ist dabei für die Induktion der Entwicklung des harnbereitenden Systems von großer Bedeutung.

5.2.1 Entwicklung der harnbereitenden Anteile – Nierenentwicklung

Die Embryonalentwicklung der **Niere** verläuft über **drei Nierengenerationen** (Abb. J-5.1), die zeitlich überlappend von kranial nach kaudal im intermediären Mesoderm entstehen:
- **Vorniere** (**Pronephros**),
- **Urniere** (**Mesonephros**) und
- **Nachniere** (**Metanephros**).

Zu keinem Zeitpunkt jedoch bestehen zwei vollständig entwickelte Anlagen gleichzeitig nebeneinander.

5.1 Übersicht

Harnapparat, Genitalorgane und teilweise auch der Anus (S. 728) weisen im Rahmen ihrer jeweiligen Embryonalentwicklung enge Zusammenhänge auf.

5.2 Entwicklung des Harnapparats

Man unterscheidet die Entwicklung der
- **harnbereitenden Anteile:** Niere (S. 763), die durch die Entwicklung der
- **harnableitenden Anteile:** Ureter (S. 777) mit Verzweigungen, Harnblase (S. 779), weibliche (S. 809) und männliche Urethra (S. 838) induziert wird.

5.2.1 Entwicklung der harnbereitenden Anteile – Nierenentwicklung

Die Embryonalentwicklung der Nieren erfolgt über **drei** zeitlich teilweise überlappende **Nierengenerationen** (Abb. J-5.1) im intermediären Mesoderm von kranial nach kaudal:
- Vorniere (Pronephros),
- Urniere (Mesonephros),
- Nachniere (Metanephros).

⊙ J-5.1 Entwicklung der Niere

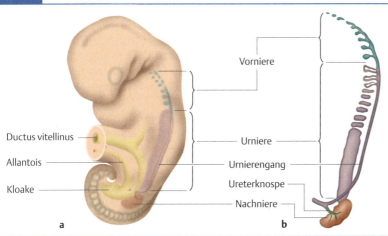

Entstehung der drei Nierengenerationen in der Ansicht von schräg links-vorne: Nacheinander und teilweise überlappend bilden sich Vor-, Ur- und Nachniere im intermediären Mesoderm. Die Vorniere bildet sich völlig zurück, die Urniere bildet mit dem Urnierengang das Ausführungsgangsystem des männlichen Genitales, die Nachniere wird zur bleibenden Niere. Die Nachnierenbildung wird wesentlich durch die dem Urnierengang entstammende Ureterknospe induziert.
(nach Ulfig, N.: Kurzlehrbuch Embryologie. Thieme, 2009)

Das intermediäre Mesoderm ist im Zervikothorakalbereich segmentiert, im Thorakolumbalbereich ein kontinuierlicher **nephrogener Strang**, der das Zölomepithel als **Nierenleiste** vorwölbt. Diese bildet zusammen mit der benachbarten Genitalleiste die **Urogenitalfalte** mit **Mesenterium urogenitale**.

Vorniere (Pronephros)

Sie entsteht nur **zervikal**, bleibt funktionslos und bildet sich ab der 4. Embryonalwoche zurück. Der **Vornierengang** setzt sich in den Urnierengang (s. u.) fort.

Urniere (Mesonephros)

Das **mesonephrogene Blastem** (Gewebe des intermediären Mesoderms) bildet die Nephrone (S. 768) als harnbereitende Anteile, der für kurze Zeit funktionell aktiven Urniere. Der **Urnierengang** (**Wolff-Gang**) mündet kaudal in die Kloake. Nephrone erhalten Anschluss an den Urnierengang. Dieser ist außer im Urnierensystem für die männliche Genitalentwicklung wichtig.

Ab der 6. Embryonalwoche beginnt die Rückbildung der Urniere. Kaudale Urnierenreste und der Wolff-Gang (S. 854) sind beim **Mann** für die Nebenhodenentwicklung von Bedeutung.

▶ Merke.

▶ Klinik.

Nachniere (Metanephros)

Sie entsteht in kaudalen Anteilen des nephrogenen Strangs (im **metanephrogenen Blastem**) unter dem Einfluss der Ureterknospe. Das metanephrogene Blastem bildet v. a. das Tubulussystem aus und induziert zudem die Bildung glomerulärer Kapillarschlingen im intermediären Mesoderm.

▶ Merke.

Funktionell ist der Ureter ein Teil der harnableitenden Wege. Aufgrund seiner Induktionswirkung auf das metanephrogene Blastem wird er im Rahmen der Nachniere erklärt.

J 5 Entwicklung des Urogenitalsystems

Das intermediäre Mesoderm ist im oberen Thorakal- und Zervikalbereich in einzelne Abschnitte unterteilt, im unteren Thorakal- und Lumbalbereich besteht es aus einem zusammenhängenden **nephrogenen Strang**.
Dieser wölbt das Epithel der Leibeshöhle in Form der **Nierenleiste** vor. Zusammen mit der benachbarten durch die Keimdrüsenanlage vorgewölbten **Genitalleiste** bildet sie die **Urogenitalfalte**.
Nieren- und Genitalleiste sind über ein „Meso" (S. 664) an der dorsalen Leibeswand befestigt (**Mesenterium urogenitale**).

Vorniere (Pronephros)

Die Vorniere entsteht nur im **Zervikalbereich**, bleibt beim Menschen funktionslos und wird schon ab der 4. Embryonalwoche wieder zurückgebildet. Nur ein Gang mit epithelialisiertem Lumen (**Vornierengang**) bleibt erhalten und setzt sich in den später entstehenden Urnierengang (s. u.) fort.

Urniere (Mesonephros)

Bestandteile der für kurze Zeit funktionell aktiven Urniere sind die Differenzierungsprodukte des **mesonephrogenen Blastems** (Gewebe des intermediären Mesoderms). Dazu zählt auch der Urnierengang (**Wolff-Gang**).
Das **mesonephrogene Blastem** bildet die Nephrone (S. 768) als harnbereitende Anteile der Urniere. Sie gewinnen Anschluss an den **Urnierengang**, der eine Fortsetzung des Vornierengangs (s. o.) ist. Auch er hat ein epithelialisiertes Lumen und mündet kaudal in die Kloake (S. 728). Zusätzlich zu seiner Funktion als harnableitender Weg der Urniere ist der Urnierengang von großer Bedeutung für die Entwicklung der Genitalorgane.
Ab ca. der 6. Embryonalwoche beginnt die Rückbildung der Urniere in kraniokaudaler Richtung. Während beim **Mann** kaudale Urnierenkanälchen und der Wolff-Gang (S. 854) für die Entwicklung des Nebenhodens von Bedeutung sind, verbleiben bei der **Frau** von der Urnierenanlage nur funktionslose Reste im Bereich des Ovars (S. 857).

▶ Merke. Bei beiden Geschlechtern entsteht zudem aus dem Urnierengang die **Ureterknospe**, die für die Differenzierung innerhalb der Nachniere von ausschlaggebender Bedeutung ist.

▶ Klinik. Fehlende Ausbildung oder Degeneration der Ureterknospe hat das Ausbleiben der Nierenentwicklung zur Folge (**Nierenagenesie**).
Die einseitige Nierenagenesie bleibt oft symptomlos, da die andere Niere kompensatorisch die Funktion übernimmt. Eine beidseitige Nierenagenesie ist praktisch immer tödlich. Meist sterben die Kinder unter der Geburt oder kurz danach.

Nachniere (Metanephros)

Unter dem Einfluss der Ureterknospe (s. o.) entsteht in der dritten und somit endgültigen Nierengeneration die Nachniere. Der kaudale, d. h. beckennah gelegene Bereich des nephrogenen Strangs, aus dem die embryonale Anlage der Nachniere (hauptsächlich des Tubulussystems) hervorgeht, wird als **metanephrogenes Blastem** bezeichnet.
Die Glomeruli entstehen aus sekundär kanalisierten Bindegewebsverdichtungen im intermediären Mesoderm, ihrerseits induziert durch das metanephrogene Blastem.

▶ Merke. Die Tubulusabschnitte des definitiven Nierenparenchyms entstehen aus dem metanephrogenen Blastem.

Obwohl der Ureter und das Nierenbecken mit seinen Verzweigungen im funktionellen Sinne zu den harnableitenden Anteilen des Harnapparats gehören, werden sie aufgrund der Induktionswirkung der Ureterknospe auf das Blastem an dieser Stelle im Zusammenhang mit der Nachniere erklärt.

J 5.2 Entwicklung des Harnapparats

Die **Ureterknospe** als Aussprossung des Urnierengangs (s. o.) wächst von ventrokaudal in das metanephrogene Blastem und teilt sich zunächst dichotom. So entstehen aus der Ureterknospe von kaudal nach kranial der Ureter, das Nierenbecken, die Nierenkelche (Calices majores und minores) und die etwa 1–3 Millionen Sammelrohre. Jede Endaussprossung der Ureterknospe erhält eine kappenartige Bedeckung aus nephrogenem Blastem (**Nierenbläschen**). Aus jedem dieser Nierenbläschen wächst ein zarter Gang, dessen **distales Ende** über ein **Verbindungsstück** in ein **Sammelrohr** (beide Abkömmlinge der Ureterknospe) mündet.

Aus der **Ureterknospe** entstehen der Ureter, das Nierenbecken sowie die Nierenkelche und Sammelrohre.

Jede Knospenendverzweigung erhält eine Blastemkappe (**Nierenbläschen**). Der daraus wachsende Gang verbindet sich am **distalen Ende** mit einem **Sammelrohr**.

▶ **Klinik.** Finden die harnableitenden Sammelrohre keinen Anschluss an die harnbereitenden Nephrone, kann es zur Ausbildung einer **Zystenniere** kommen.
Zwei Formen der Erkrankung werden beobachtet: Bei der **infantilen Form** kommen die Kinder mit zystisch veränderten Nieren zur Welt. Totgeburten sind bei diesem Krankheitsbild häufig.
Bei der **adulten Form** kommt es zur zunehmenden zystischen Zerstörung des Nierengewebes. Im Vollbild der Erkrankung stehen der Ausfall der Nierenfunktion (Urämie) und die Erhöhung des arteriellen Blutdrucks im Vordergrund. Die Therapie besteht in der Dialyse (Behandlungsverfahren zur Elimination harnpflichtiger Substanzen, auch als „Blutwäsche" bekannt) und ggf. Nierentransplantation.

▶ **Klinik.**

Durch Längenwachstum und Differenzierung des zunächst sehr kurzen Ganges entstehen die verschiedenen **Tubulusabschnitte** (S. 770). Das proximale **Gangende** formt sich konkav um und nimmt Kontakt zu einer glomerulären Kapillarschlinge (S. 769) auf (Glomerulus). Diese bilden sich aus Strängen des intermediären Mesoderms, die ab dem 2.–3. Embryonalmonat Anschluss an Äste der großen Beckenarterien bzw. letztlich der Aorta abdominalis gewinnen (der Gefäßursprung „wandert" im Rahmen des Nierenaszensus, s. u., immer weiter nach oben bis in Höhe der A. renalis). Funktionell aktiv wird die Nachniere etwa in der 13. Schwangerschaftswoche.
Durch Aufhebung der Rumpfkrümmung und durch das Längenwachstum der Ureterknospe steigen die Nieren schließlich im Rahmen des sog. **Aszensus** aus ihrer Position am lumbosakralen Übergang in ihre endgültige Lage auf, sodass sich das Hilum renale (S. 763) schließlich auf Höhe des LWK I–II befindet.

Proximal nimmt der Gang Kontakt zu einer Kapillarschlinge (Glomerulus) auf. Durch Längenwachstum und Differenzierung entstehen die verschiedenen **Tubulusabschnitte** (S. 770).

Die Aufhebung der Rumpfkrümmung und Wachstum der Ureterknospe führen zum **Nierenaszensus** (endgültige Lage Höhe LWK I–II).

▶ **Klinik.** Wird der Aszensus der Nieren behindert, können die unteren Nierenpole zusammenwachsen (**Hufeisenniere**). Aufgrund der Verschmelzung der unteren Nierenpole geht bei einer Hufeisenniere der Ureter sehr hoch aus der Niere ab. Zudem muss er das verschmolzene Nierenparenchym überkreuzen. Dies kann zu Abflusshindernissen im Ureter und damit zu Komplikation wie aufsteigender Infektion auf dem Boden des Harnstaus führen. Abhilfe schafft in diesen Fällen eine operative Therapie.

▶ **Klinik.**

5.2.2 Entwicklung der harnableitenden Wege

Da mit Nierenbecken und Ureter als Abkömmlinge der Ureterknospe die proximalen Anteile der ableitenden Harnwege (S. 776) bereits im Zusammenhang mit der Nachniere besprochen wurden, erfolgt hier lediglich die Darstellung der Entwicklung von Harnblase und Urethra.
Der größte Teil der **Harnblase** und die **Urethra** entstehen aus dem **Sinus urogenitalis**, dem ventralen Abschnitt der Kloake (S. 728). Der Sinus urogenitalis wird in drei übereinander liegende Etagen untergliedert:
- **Obere Etage:** Sie wird bei beiden Geschlechtern zur **Harnblase** und setzt sich zunächst in die **Allantois** fort, die im Laufe der Entwicklung zu einem fibrösen Strang, dem **Urachus** (S. 114), verödet.
- **Mittlere Etage:** Während sich beim **Mann** daraus lediglich der proximale Abschnitt der **Urethra bis zum Colliculus seminalis** entwickelt, entsteht bei der **Frau** die **gesamte Harnröhre** aus der mittleren Etage des Sinus urogenitalis.
- **Untere Etage:** Beim **Mann** entwickelt sich diese zum **distalen Harnröhrenabschnitt** (Partes prostatica und diaphragmatica), bei der **Frau** zum **Vestibulum vaginae**.
Bei beiden Geschlechtern entwickeln sich aus den seitlich begrenzenden Falten des Sinus urogenitalis die **äußeren Genitalien** (S. 858).

5.2.2 Entwicklung der harnableitenden Wege

Da die Entwicklung von Ureter und Nierenbecken bereits oben besprochen wurde, wird hier nur diejenige der distalen ableitenden Harnwege (S. 776) dargestellt.

Die **Harnblase** (größtenteils) und die ganze **Urethra** entstehen aus dem Sinus urogenitalis, der 3 Etagen erkennen lässt:
- **Obere Etage:** Sie wird zur Harnblase und zur Allantois, die zum Urachus (S. 114) verödet.
- **Mittlere Etage:** Daraus entsteht die proximale (♂) bzw. die gesamte (♀) Urethra.
- **Untere Etage:** Sie entwickelt sich zur distalen Urethra (♂) bzw. zum Vestibulum vaginae (♀).
Seitliche Falten des Sinus werden zum äußeren Genitale (S. 858).

Anfangs hat die Ureterknospe nur über die Urnierengänge indirekt Anschluss an die Kloake. Erst mit Einbeziehung der Urnierengänge in die durch das **Septum urorectale** (S. 728) unterteilte Kloake mündet der Ureter direkt in die spätere Harnblase.

▶ Merke.

Die anfangs kaudal liegenden Ureteren werden durch Blasenwachstum nach kranial verlagert, die Urnierengänge nach kaudal. Der Wolff-Gang bildet beim Mann die ableitenden Samenwege.

5.3 Entwicklung des Genitales

Die Anlage der Genitalorgane ist zunächst geschlechtsindifferent. Die Entwicklung der einzelnen Organanlagen lässt sich unterteilen in:
- Entwicklung des inneren Genitales mit
  - Keimdrüsen,
  - Genitalwegen und
  - Geschlechtsdrüsen.
- Entwicklung des äußeren Genitales.

5.3.1 Entwicklung des inneren Genitales

Entwicklung der Keimdrüsen

Aus Zölomepithel und Mesenchym entstehen in der 5. Embryonalwoche paarige Genitalleisten medial der Urnierenanlage. Keimzellen sind zunächst noch nicht vorhanden, sondern wachsen als Urkeimzellen aus dem Entoderm des Dottersacks (Abb. **A-3.6**) in der 6. Woche ein und induzieren die Gonadenentwicklung (Abb. **J-5.2**).

⊙ J-5.2

Die Ureterknospe (s. o.) hat zunächst nur indirekten Anschluss (über die Urnierengänge) an die Kloake.
Erst bei der Unterteilung der Kloake durch das **Septum urorectale** (S. 728) werden die Urnierengänge in die Hinterwand der späteren Harnblase so weit einbezogen, dass dadurch eine eigene direkte Mündung für die Ureteren entsteht.
Dies hat eine wichtige Konsequenz für die embryologische Unterteilung der Harnblase.

▶ Merke. Der größte Teil der Harnblase entsteht direkt aus dem **entodermalen** Sinus urogenitalis. Durch Einbau der mesodermalen Urnierengänge im Bereich von Blasenhinterwand und Blasengrund ist das sich daraus ergebende **Trigonum vesicae mesodermaler Herkunft**. Damit entsteht die Harnblase aus zwei Keimblättern.

Die getrennten Mündungen von Urnierengängen und Ureteren in der Blasenwand wechseln während der weiteren Entwicklung ihre Position: Durch die wachsende Harnblase verlagern sich die zunächst kaudal der Urnierengänge liegenden Ureteren nach kranial und die Urnierengänge, aus denen sich beim männlichen Embryo die ableitenden Samenwege (S. 855) entwickeln, münden weiter kaudal.

5.3 Entwicklung des Genitales

Obwohl das chromosomale Geschlecht bereits bei der Konzeption festgelegt wird, ist die frühe Anlage der Geschlechtsorgane noch indifferent. Auch wenn die einzelnen Organanlagen der Genitalien sich in der Entwicklung teilweise gegenseitig beeinflussen, ist aus Gründen der Übersicht die folgende Unterteilung sinnvoll:
- Entwicklung des inneren Genitales, bei der unterschieden werden kann zwischen der Entwicklung von
  - Keimdrüsen,
  - Genitalwegen und
  - akzessorischen Geschlechtsdrüsen.
- Entwicklung des äußeren Genitales.

5.3.1 Entwicklung des inneren Genitales

Entwicklung der Keimdrüsen

Zwischen der Urnierenleiste und der Mesenterialwurzel des Darmes (S. 652) entwickeln sich ab der 5. Embryonalwoche aus einer Verdichtung des Mesenchyms und aus Zölomepithelzellen die paarigen Genitalleisten. Keimzellen sind zunächst noch nicht vorhanden, sondern wandern als Urkeimzellen über das dorsale Mesenterium des Enddarms aus dem Entoderm des Dottersacks (Abb. **A-3.6**) in die Genitalleisten ein (6. Embryonalwoche, Abb. **J-5.2**).
Da es ohne sie nicht zur Entwicklung von Hoden und Ovar kommt, stoßen die Urkeimzellen offenbar die Gonadenentwicklung an.

⊙ J-5.2 **Gonadenanlage und Wanderung der Urkeimzellen**

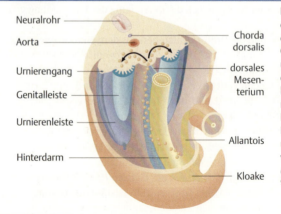

Die noch keimzellfreie Gonadenanlage entsteht medial der Nierenleiste (S. 850) als Genitalleiste aus Zölomepithel und einer lokalen Mesenchymverdichtung. Urkeimzellen wandern in der 6. Embryonalwoche sekundär aus dem Entoderm über das dorsale Mesenterium des Darms ein und fördern die weitere Entwicklung der Gonadenanlage.
(nach Ulfig, N.: Kurzlehrbuch Embryologie. Thieme, 2009)

J 5.3 Entwicklung des Genitales

Während der Einwanderung der Urkeimzellen bildet das Zölomepithel innerhalb des Genitalleistenmesenchyms sog. **primäre Keimstränge**, die zunächst ihre Verbindung zum restlichen Zölomepithel behalten. Die Urkeimzellen werden in diese primären Keimstränge eingegliedert.

Entwicklung des Hodens

Um die 7. Embryonalwoche wachsen die primären Keimstränge in das Mark der Gonadenanlage ein. Sie werden jetzt **Hodenstränge** genannt und lösen sich allmählich vom Zölomepithel ab. Unterhalb des Zölomepithels entsteht dichtes Bindegewebe, aus dem sich die spätere **Tunica albuginea** (S. 837), die Hodenkapsel, entwickelt. Gleichzeitig bildet sich aus dem Mark der Gonadenanlage ein Netz dünner Kanälchen in Richtung auf die Tubuli des Urnierengangs hin aus. Dieses Netz differenziert sich zum **Rete testis** (S. 828).
Im 4. Entwicklungsmonat bilden sich die Hodenstränge zu Schlingen um, die mit dem Kanälchennetz des Rete testis verbunden werden (Abb. J-5.3).
Erst nach der Geburt beginnt die Kanalisierung der Hodenstränge, die dadurch zu den **Tubuli seminiferi** (S. 828) umgebildet werden.
Im Hodenstrang lassen sich zwei Zellarten unterschiedlicher Funktion und Herkunft unterscheiden:
- **Prospermatogonien** (primordiale Geschlechtszellen), die aus den Urkeimzellen entstanden sind.
- **Sertoli-Zellen**, die am Rand des Hodenstrangs liegen und dem Zölomepithel entstammen.

Im gonadalen Mesenchym treten ab der 8. Embryonalwoche große Zellen in Erscheinung, die an Zahl zunächst sehr stark zunehmen. Es handelt sich um testosteronbildende Zellen, die aufgrund ihrer Lage zwischen den Hodensträngen **Leydig-Zwischenzellen** (S. 845) genannt werden.
Das Testosteron fördert die weitere Entwicklung des männlichen Genitales.
Etwa ab dem 5. Monat nehmen Zahl und Aktivität der Leydig-Zellen stark ab, beim neugeborenen kleinen Jungen ist eine Androgenproduktion (wohl durch Wegfall der mütterlichen Choriongonadotropin-Stimulation) nicht mehr nachweisbar. Erst mit der Pubertät nehmen Zahl und Hormonproduktion der Leydig-Zellen wieder stark zu, sodass man von **zwei Generationen** der Leydig-Zellen spricht:
- Die **1. Generation** wird **im embryonalen Hoden** vorübergehend aktiv.
- Die **2. Generation** nimmt mit der **Pubertät** ihre Funktion auf, die bis ins hohe Alter erhalten bleibt.

Wie auch die Urnierenanlage ist der embryonale Hoden durch ein dorsales Mesenterium (**Mesenterium urogenitale**) mit der hinteren Wand der Leibeshöhle verbunden.
Aus diesem entstehen die Keimdrüsenbänder, im Falle des Hodens das **Mesorchium**. Der untere Teil des Keimdrüsenbandes wird zu einem fibrösen Strang, der durch den Leistenkanal bis in den Skrotalwulst reicht und als **Gubernaculum testis** (S. 324) beim Deszensus des Hodens von großer Bedeutung ist.

Das Zölomepithel bildet in der Genitalleiste **primäre Keimstränge**, die noch mit dem Epithel verbunden sind. In die Keimstränge wandern die Urkeimzellen ein.

Entwicklung des Hodens

Um die 7. Embryonalwoche wachsen die primären Keimstränge in das Mark. Sie werden jetzt als Hodenstränge bezeichnet und lösen sich vom Zölomepithel ab, unter dem die bindegewebige **Tunica albuginea** entsteht.
Zum Urnierengang bilden sich dünne Kanälchen (**Rete testis**), die sich mit den noch soliden Hodensträngen verbinden. Durch Kanalisierung werden die Hodenstränge zu **Tubuli seminiferi** (Abb. J-5.3).
Im Hodenstrang liegen zwei Zelltypen:
- **Prospermatogonien** = primordiale Geschlechtszellen (aus Urkeimzellen) und
- **Sertoli-Zellen** (aus Zölomepithel).

Im gonadalen Mesenchym treten ab der 8. Woche sog. **Leydig-Zwischenzellen** (S. 845) auf, die Testosteron bilden. Dieses fördert die weitere männliche Genitalentwicklung.

Im 5. Embryonalmonat nimmt die Zahl der Leydig-Zellen ab, der neugeborene Junge hat kaum Androgene. Mit der Pubertät nehmen die Leydig-Zellen wieder stark zu. Man definiert **2 Generationen** der Leydig-Zellen:
- **1. Generation** im embryonalen Hoden,
- **2. Generation** ab der Pubertät bis zum Senium.

Der Hoden ist mit der Leibeswand durch ein Mesenterium urogenitale verbunden, das zum **Mesorchium** wird. Der untere Mesorchiumanteil entspricht dem **Gubernaculum testis** (S. 324), das für den Descensus testis wichtig ist.

⊙ J-5.3 Entwicklung des Hodens

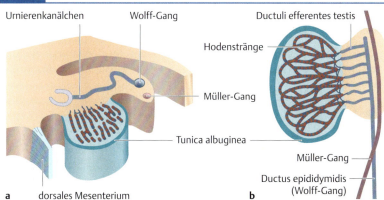

Zölomepithelaussprossungen in die Gonadenanlage hinein bilden zunächst solide Stränge (primäre Keimstränge), in die die Urkeimzellen eingebettet werden. Die primären Stränge verlieren ihren Kontakt zur Epitheloberfläche und werden nach späterer Kanalisation zu den Tubuli seminiferi testis. Der Wolff-Gang differenziert sich u. a. zum Ductus epididymidis.
(nach Ulfig, N.: Kurzlehrbuch Embryologie. Thieme, 2009)
a Transversalschnitt durch den Hoden in der 8. Entwicklungswoche,
b Longitudinalschnitt im 4. Entwicklungsmonat.

Entwicklung des Ovars

In der weiblichen Gonadenanlage bilden die **primären Keimstränge** durch mesenchymale Unterteilung unregelmäßig geformte Zellanhäufungen, in denen sich Urkeimzellen finden. Da sie überwiegend im Mark des Ovars liegen, werden sie **Markstränge** genannt. Im Laufe der weiteren Entwicklung gehen die Markstränge einschließlich der Urkeimzellen wieder zugrunde und werden durch ein gefäßhaltiges Bindegewebe ersetzt, die spätere **Medulla ovarii**.

Durch weitere Proliferation bilden sich vom Zölomepithel ausgehend neue, **sekundäre Keimstränge**, die aufgrund ihrer oberflächennahen Lage im Ovar als **Rindenstränge** bezeichnet werden. Auch sie werden in Zellhaufen unterteilt und werden mit den in sie eingelagerten Urkeimzellen **Eiballen** genannt.

Während die Urkeimzellen der Eiballen sich zu **Oogonien** (S. 810) entwickeln, werden die sie umgebenden Abkömmlinge des Zölomepithels zu den **Follikelepithelzellen** (Tab. J-3.1).

Die Oogonien treten noch während der Embryonalentwicklung in die Meiose ein und verweilen während des Diktyotänstadiums als sog. **Oozyten 1. Ordnung** in einer mehrjährigen Ruhephase, um sich zusammen mit den Follikelzellen später zu einem Primordialfollikel (S. 810) zu entwickeln.

Anders als bei der männlichen Gonadenanlage entsteht aufgrund der Rückbildung der Markstränge im Ovar kein Kanälchensystem. Die Abgabe der Keimzellen erfolgt beim weiblichen Organismus daher über die Oberfläche des Ovars mittels des Follikelsprungs (S. 810).

Bei der Frau entwickeln sich aus den Keimdrüsenbändern (Reste des **Mesenterium urogenitale**) die **Ligamenta suspensorium ovarii** (S. 795), **ovarii proprium** und teres uteri (S. 324).

Auch das Ovar beginnt einen Deszensus (**Descensus ovarii**), der allerdings im kleinen Becken in der Fossa ovarica (S. 795) endet.

⊙ J-5.4 Entwicklung des Ovars

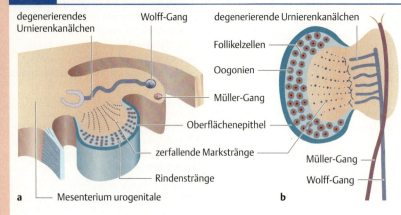

Im Ovar bilden sich aus Zölomepithelaussprossungen primäre Keimstränge im Mark (Markstränge), in die – wie beim Hoden – Urkeimzellen einwandern. Diese primären Keimstränge bilden sich wieder zurück. Demzufolge bleiben die Urnierenkanälchen funktionslos und degenerieren ebenfalls (während sie sich beim männlichen Embryo zu den Ductuli efferentes testis entwickeln).

Unter der Rinde der Gonadenanlage bilden sich erneut Zölomepithelaussprossungen mit eingebetteten Urkeimzellen (sekundäre Keimstränge oder Rindenstränge). Sie persistieren als Eiballen, die sich zu den Primordialfollikeln umbilden.
a Transversalschnitt durch das Ovar in der 7. Entwicklungswoche
b und Longitudinalschnitt im 5. Entwicklungsmonat.

Entwicklung der Genitalwege

Wie die Keimdrüsenanlage zeigt auch die Entwicklung der Genitalwege zunächst ein geschlechtsindifferentes Stadium, dem die jeweilige geschlechtsspezifische Entwicklung folgt.

Geschlechtsindifferente Anlage

Bei beiden Geschlechtern sind bis etwa zur 6. Embryonalwoche zwei paarige, nebeneinanderliegende Gänge angelegt:
- **Wolff-Gang** (Ductus mesonephridicus = Urnierengang) und
- **Müller-Gang** (Ductus paramesonephridicus).

Wolff-Gang: Er entsteht als Ausführungsgang der Urniere (S. 850) und gewinnt Anschluss an den Sinus urogenitalis (S. 851) nach dessen Abschnürung aus der Kloake.

Müller-Gang: Durch den Wolff-Gang induziert, entsteht der Müller-Gang als Einfaltung des Zölomepithels. Sein kraniales Ende ist trichterförmig in die Zölomhöhle geöffnet. Bevor sich die Müller-Gänge beider Seiten kaudal vereinigen, verlaufen sie paarig lateral des jeweiligen Wolff-Ganges, der ventral überkreuzt wird. Am Sinus urogenitalis induziert die kaudal unpaare Müller-Gang-Spitze die Entwicklung des **Müller-Hügels**, aus dem sich der Colliculus seminalis (♂) bzw. der Hymen (♀) bildet.

Geschlechtspezifische Entwicklung des Gangsystems

Bei regelrechtem Ablauf entwickelt sich je nach Geschlecht nur ein Gangsystem weiter, während das jeweils andere bis auf (meist unauffällige) Residuen (S. 857) zurückgebildet wird. Letztere können in seltenen Fällen zu Krankheitserscheinungen führen.

> ▶ **Merke.** Beide Gangsysteme differenzieren sich geschlechtsspezifisch zu den männlichen (Wolff-Gang) bzw. weiblichen (Müller-Gang) Genitalwegen.
> Eselsbrücke: Wol(f)gang = männlich!

Müller-Gang: Er entsteht als Einfaltung des Zölomepithels, induziert durch den Wolff-Gang. Beide Müller-Gänge bleiben kranial offen und vereinigen sich ventral und medial des Wolff-Gangs. Aus dem Müller-Gang entsteht das Ausführungsgangsystem des weiblichen Genitalapparats.

Geschlechtspezifische Entwicklung des Gangsystems

Bei normalem Ablauf wird nur ein Gangsystem entwickelt, während sich das andere bis auf wenige Residuen zurückbildet.

> ▶ **Merke.**

⊙ **J-5.5** | Geschlechtsspezifische Differenzierung der zunächst indifferenten Genitalwege

Urnierengang (Wolff-Gang) — Keimdrüsenanlage
Müller-Gang — kaudales Keimdrüsenband
Anlage der Prostata — Anlage der Gll. bulbourethrales bzw. der Gll. vestibulares majores
Sinus urogenitalis

Gl. vesiculosa
Ductus deferens
Utriculus prostaticus
Prostata
Gl. bulbourethralis
Gubernaculum testis
Epididymis
Appendix testis   Testis

Uterus
Tuba uterina
Epoophoron
Lig. suspensorium ovarii
Ovarium
Lig. ovarii proprium
Gartner-Gang (embryonales Relikt des Urnierengangs)
Lig. teres uteri
Vagina
Gl. vestibularis major   Ductus paraurethrales

Neben der Differenzierung des Wolff-Gangs beim männlichen und des Müller-Gangs beim weiblichen Keim sind auch die sich aus den Keimdrüsenanlagen entwickelnden Hoden bzw. Ovarien dargestellt.
(Prometheus LernAtlas. Thieme, 3. Aufl.)

Entwicklung des Gangsystems beim männlichen Keim: Für die regelrechte Ausbildung des Gangsystems im männlichen Organismus müssen zwei Voraussetzungen erfüllt sein:

- Eine ausreichende **Androgenproduktion** durch die 1. Generation der **Leydig-Zwischenzellen** im embryonalen Hoden für die Umbildung des Wolff-Gangs zu den aus ihm hervorgehenden männlichen Genitalwegen.
- Die Rückbildung des Müller-Gangs, ausgelöst durch das **Anti-Müller-Hormon** der testikulären **Sertoli-Zellen**.

Einhergehend mit dem Längenwachstum und der Differenzierung des Wolff-Gangs gewinnen die kaudalen von der Rückbildung ausgenommenen **Nephrone der Urniere** als spätere **Ductuli efferentes testis** Anschluss an das Rete testis.
Der auf die Ductuli efferentes nach kranial folgende Abschnitt des Wolff-Gangs differenziert sich zum **Ductus epididymidis**.

Entwicklung beim männlichen Keim: Die regelrechte Ausbildung des Gangsystems hat 2 Voraussetzungen:

- Normale **Androgenproduktion** (Leydig-Zellen) für die Differenzierung des Wolff-Gangs sowie die
- Müller-Gang-Rückbildung durch das **Anti-Müller-Hormon** (Sertoli-Zellen).

Kaudale **Urnierennephrone** gewinnen Anschluss an das Rete testis und werden zu **Ductuli efferentes**. Weitere Abschnitte des Wolff-Gangs werden durch Längenwachstum und Differenzierung zu den Gangabschnitten des inneren männlichen Genitales.

Die über den Leistenkanal (S. 316) zur Beckenhöhle führenden Abschnitte differenzieren sich zum **Ductus deferens** (S. 777) und zum **Ductus ejaculatorius** (S. 833). Eine Epithelaussprossung aus dem Wolff-Gang bildet nahe der Harnblase die **Glandula vesiculosa** (S. 832).

▶ **Merke.** Aus dem **Wolff-Gang** entstehen somit: Ductus epididymidis, Ductus ejaculatorius, Ductus deferens und die Glandula vesiculosa. Die Ductuli efferentes testis dagegen liegen topografisch zwar im Nebenhoden(kopf), sind entwicklungsgeschichtlich aber Abkömmlinge der Urnierenkanälchen und somit des nephrogenen Blastems.

▶ **Klinik.** Durch die kombinierte Wirkung zweier testikulärer Hormone sind verschiedene Entwicklungsstörungen denkbar:
- **Anti-Müller-Hormon fehlt**, Androgene werden normal produziert → Das männliche Gangsystem entwickelt sich normal, die Müller-Gänge werden aber nicht zurückgebildet: beide Gangsysteme sind parallel vorhanden.
- **Androgene fehlen**, Anti-Müller-Hormon wird normal produziert → Das männliches Gangsystem entwickelt sich nicht, das weibliche Gangsystem wird zurückgebildet.
- **Anti-Müller-Hormon und Androgene fehlen** → Das männliche Gangsystem entwickelt sich nicht, das weibliche Gangsystem wird aber nicht zurückgebildet: es entsteht ein normales weibliches Gangsystem trotz männlichen Genotyps.

Residuen beim männlichen Keim: Der kraniale Urnierengangabschnitt wird zur **Appendix epididymidis**. Teil des Müller-Gangs wird zur **Appendix testis**.

Entwicklung beim weiblichen Keim:
- **Entstehung von Tube und Uterus:** Kraniale Abschnitte der Müller-Gänge werden zu den **Tubae uterinae**. Am abdominalen Tubenende bilden sich an der Pars ampullaris Fimbrien aus.
Kaudal werden die eng benachbarten Müller-Gänge nur durch ein Septum getrennt. Nach dessen Auflösung entsteht der **Canalis uterovaginalis**, der kranial zum Uterus wird (Abb. J-5.7). Parauterines Bindegewebe wird zum peritoneal bedeckten Lig. latum uteri.

Residuen embryonaler Gangsysteme beim männlichen Keim: Der Urnierengangabschnitt aus dem Bereich der kranialen (vollständig zurückgebildeten) Urnierenkanälchen wird zur **Appendix epididymidis**.
Ein kleiner persistierender Teil des Müller-Gangs wird zur **Appendix testis**.

Entwicklung des Gangsystems beim weiblichen Keim: Diese gliedert sich in zwei Prozesse:
- **Entstehung von Tube und Uterus:** Die zunächst noch vollständig getrennt verlaufenden Müller-Gänge zeigen im 4. Embryonalmonat ein starkes Wachstum. Die oberen Anteile differenzieren sich zu den Eileitern, sog. **Tubae uterinae** (S. 797). Am abdominalen freien Ende der Tuben bilden sich am Rand der Pars ampullaris Fimbrien aus.
Kaudal liegen die beiden Müller-Gänge nur durch ein dünnes Septum getrennt eng beieinander. Unter Auflösung des Septums verschmelzen die Gänge zum **Canalis uterovaginalis**, dessen kranialer Anteil sich zum Uterus differenziert (Abb. **J-5.7**). Das diesen Bereich umgebende Mesenchym verschmilzt ebenfalls: Es entsteht die bindegewebige Genitalplatte, die einen Peritonealbezug erhält, Ligamentum latum (S. 801), und die Leitungsbahnen des Uterus enthält.

▶ **Klinik.** Eine unvollständige Verschmelzung der beiden Müller-Gänge mit der Persistenz des Septums kann zu einer Kammerung des Uterus führen. Je nach Ausmaß der Kammerung bleibt diese Entwicklungsstörung symptomlos oder es treten folgende Probleme auf: Dysmenorrhö (pathologisch verstärkte Menstruationsbeschwerden), verminderte Fertilität bis Sterilität, erhöhte Abortrate sowie Komplikationen bei der Geburt.

⊙ **J-5.6** Uterusfehlbildungen

a Uterus arcuatus **b** Uterus subseptus **c** Uterus bicornis

J 5.3 Entwicklung des Genitales

J-5.7 Entwicklung von Uterus und Vagina

Die paarigen Müller-Gänge differenzieren sich kranial zu den Tubae uterinae (freie Öffnung zur Abdominalhöhle, **a**) und verschmelzen kaudal zum Uterus. Aus dem Sinus urogenitalis wächst die zunächst noch solide Anlage der Vagina (Vaginalplatte, **b**) auf das Ostium uteri zu und gewinnt unter sekundärer Kanalisierung der Vagina (**c**) Anschluss an den Uterus.

(nach Ulfig, N.: Kurzlehrbuch Embryologie. Thieme, 2009)

a Mediansagittalschnitt in der 10. Entwicklungswoche,
b in der 12. Woche,
c zum Zeitpunkt der Geburt.

■ **Entstehung der Vagina**: Die Spitzen der Müller-Gänge wachsen auf den Sinus urogenitalis zu. Aus dem Sinus wachsen den Müller-Gängen zwei Ausstülpungen entgegen, die **Sinovaginalhöcker**, die kranial die kompakte **Vaginalplatte** bilden. Diese gewinnt Anschluss an den Uterus und wird bis zum 5. Embryonalmonat – von kaudal nach kranial aufsteigend – vollständig kanalisiert (Abb. **J-5.7**). Das Lumen der Vagina ist kaudal zum Sinus urogenitalis hin zunächst durch eine dünne Gewebsplatte, das **Hymen** = Jungfernhäutchen (S. 807), verschlossen, die perinatal meist schon eine kleine Öffnung zeigt, jedoch erst bei der Kohabitarche (1. Geschlechtsverkehr) vollständig eröffnet wird.

■ **Entstehung der Vagina:** Die Müller-Gänge wachsen auf den Sinus urogenitalis zu, von wo ihnen die **Sinovaginalhöcker** (verschmolzen zur **Vaginalplatte**) entgegenwachsen. Nach Anschluss der noch soliden Vaginalplatte an den Uterus erfolgt bis zum 5. Monat eine Kanalisierung bis auf den Bereich des **Hymens** (Abb. **J-5.7**), s. Hymen (S. 807).

▶ **Merke.** Aus den **Müller-Gängen** entstehen somit die paarige Tuba uterina, der unpaare Uterus und der oberste Teil der Vagina. Die restlichen Abschnitte der Vagina entwickeln sich aus dem Sinus urogenitalis (S. 851).

▶ **Merke.**

Residuen embryonaler Gangsysteme beim weiblichen Keim: Aus den Urnierentubuli entstehen das **Epoophoron** und das **Paroophoron**. Vom Urnierengang verbleibt gelegentlich neben der Vagina der sog. **Gartner-Gang**.

Residuen beim weiblichen Keim: Epo- und Paroophoron aus den Urnierentubuli, der paravaginale **Gartner-Gang** aus dem Wolff-Gang.

▶ **Klinik.** Der **Gartner-Gang** kann Zysten (flüssigkeitsgefüllte Bläschen) bilden, die zu Druckbeschwerden führen oder sich entzünden können.

▶ **Klinik.**

Entwicklung der akzessorischen Geschlechtsdrüsen

Akzessorische Geschlechtsdrüsen beim Mann: Epithelzellen der aus dem Sinus urogenitalis entstandenen Urethra sprossen in das umgebende Bindegewebe und bilden die **Prostata**.
Somit ist die Prostata – genau wie die Urethra – als Abkömmling des Sinus urogenitalis ebenfalls **entodermalen** Ursprungs.
Auch die **Glandulae bulbourethrales** entstehen aus einer Epithelaussprossung der Urethra.
Die **Glandula vesiculosa** entsteht aus einer Aussprossung des Ductus deferens, der ein Abkömmling des (mesodermalen) Wolff-Ganges und somit mesodermalen Ursprungs ist.

Akzessorische Geschlechtsdrüsen bei der Frau: Epithelzellen der Urethra sprossen in das umgebende Bindegewebe und bilden die **Urethral-** und **Paraurethraldrüsen** (S. 809).
Auch die **Glandulae vestibulares majores** entstehen aus einer Epithelaussprossung der Urethra.

Entwicklung der akzessorischen Geschlechtsdrüsen

Genitaldrüsen beim Mann: Epithelaussprossungen der Urethra in das umliegende Bindegewebe bilden die **Prostata**, die wie der Sinus urogenitalis entodermal angelegt ist. Auch die **Gll. bulbourethrales** entstehen als Epithelaussprossung der Urethra.
Die **Gl. vesiculosa** als ein Derivat des mesodermalen Wolff-Gangs ist mesodermal angelegt.

Genitaldrüsen bei der Frau: Urethrale Epithelaussprossungen bilden die **(Para-)Urethraldrüsen** (S. 809) und **Gll. vestibulares majores**.

5.3.2 Entwicklung des äußeren Genitales

Auch hier besteht vor der geschlechtsabhängigen Differenzierung ein indifferentes Stadium.

Geschlechtsindifferentes Stadium

Seitlich der Kloake wachsen 2 **Kloakenfalten**, die in vordere **Urethral-** und hintere **Analfalten** (S. 728) unterteilt werden.
Die Urethralfalten vereinigen sich vorne zum **Genitalhöcker**, in den aus dem Sinus urogenitalis die entodermale **Urethralplatte** vorwächst.
Lateral der Urethralfalten entstehen die beiden **Genitalwülste** (Abb. **J-5.8**).

Geschlechtsspezifisches Stadium

Entwicklung beim männlichen Keim: Durch Verlängerung der Urethralfalten wird der Genitalhöcker zum **Penis**. Zwischen den Urethralfalten entsteht durch Einsenkung die **Urogenitalrinne**. Durch Schluss der Urogenitalfalten um die Rinne sowie durch Vorwachsen eines ektodermalen Kanals von der Glans penis bis zur nun verschlossenen Rinne entsteht die Urethra mit ihrer definitiven Mündung.

▶ **Klinik.** Unterbleibt der vollständige Urogenitalrinnenverschluss, verbleibt die Urethramündung auf der Unterseite des Penis (**Hypospadie**). Aufgrund der Länge der männlichen Urethra kann diese Verschlussstörung an verschiedenen Stellen auftreten (s. Abb. **J-5.9**). Die Therapie besteht meist in einer operativen Korrektur.

5.3.2 Entwicklung des äußeren Genitales

Wie die inneren Genitalorgane zeigt auch das äußere Genitale während der Embryonalentwicklung ein geschlechtsindifferentes Stadium, bevor die anschließenden Entwicklungsschritte geschlechtsspezifisch verlaufen.

Geschlechtsindifferentes Stadium

Dieses Stadium ist durch ein Wachstum von Falten in der seitlichen Umgebung der Kloake gekennzeichnet (**Kloakenfalten**). Entsprechend der Unterteilung der Kloakenmembran in die Urogenitalmembran und die Analmembran werden die Kloakenfalten in die vorderen **Urethral-** und die hinteren **Analfalten** (S. 728) unterteilt.
Die Spitzen der Urethralfalten vereinigen sich zum sog. **Genitalhöcker**. In diese wächst aus dem Sinus urogenitalis die entodermale **Urethralplatte** ein.
Lateral der Urethralfalten entstehen die **Genitalwülste**. Ab der 9. Embryonalwoche beginnt die geschlechtsspezifische Differenzierung der indifferenten Anlage (Abb. **J-5.8**).

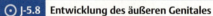

J-5.8 Entwicklung des äußeren Genitales

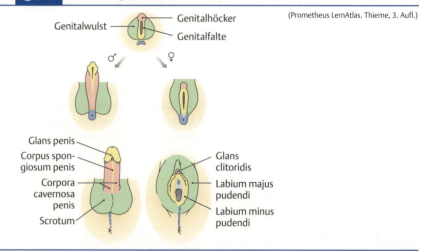

(Prometheus LernAtlas. Thieme, 3. Aufl.)

Geschlechtsspezifisches Stadium

Entwicklung beim männlichen Keim: Der Genitalhöcker wächst zum **Penis** aus, wodurch die Urethralfalten nach ventral verlängert werden. Zwischen den Urethralfalten bildet sich durch das Einreißen der Urogenitalmembran und durch eine Einsenkung im Bereich der Urethralplatte die **Urogenitalrinne**, die auch beim weiblichen Embryo angelegt wird, klinisch jedoch dort unbedeutend ist.
Um die 11.–12. Embryonalwoche vereinigen sich die beiden Falten, die Urogenitalrinne wird zur **Pars spongiosa** der Urethra.
Die Urethramündung erreicht aber zunächst noch nicht die Spitze des Penis. Von der Spitze der Glans penis wächst ein Gewebsstrang (Ektoderm) in die Tiefe Richtung Urethraanlage. Durch Anschluss dieses später kanalisierten Strangs an die Urethra und durch vollständige Vereinigung der Urethralfalten mit Verschluss der Urogenitalrinne wird die äußere Urethramündung auf die Glans verlagert.

 **J-5.9 Hypospadie**

(Sökeland, J., Rübben, H.: Urologie. Thieme, 2007)

J 5.3 Entwicklung des Genitales

Die Genitalwülste (**Skrotalwülste**) vergrößern sich und vereinigen sich unter Bildung einer medianen Raphe. In das so entstandene **Skrotum** wandert im Rahmen des Deszensus (S. 324) der Hoden ein.

Entwicklung beim weiblichen Keim: Der **Genitalhöcker** wächst zur **Klitoris** aus. Die **Urethralfalten** bleiben im Gegensatz zum männlichen Keim getrennt und entwickeln sich zu den kleinen Schamlippen (**Labia minora**). Die ebenfalls im Gegensatz zum männlichen Keim offen bleibende **Urogenitalrinne** wird Teil des **Vestibulum vaginae**.

Die **Genitalwülste** wachsen zu den großen Schamlippen (**Labia majora**) aus.

Die Tab. **J-5.1** fasst nochmals die indifferente und die geschlechtsspezifische Entwicklung der Keimdrüsen, des Gangsystems und des Sinus urogenitalis zusammen.

Die Genitalwülste (**Skrotalwülste**) vereinigen sich in einer medianen Raphe zum **Skrotum**.

Entwicklung beim weiblichen Keim: Der Genitalhöcker wächst zur **Klitoris** aus. Während die **Labia majora** aus den Genitalwülsten entstehen, bilden sich die **Labia minora** aus den weiterhin getrennten Urethralfalten. Auch die Urogenitalrinne bleibt offen und wird Teil des **Vestibulum vaginae**.

≡ J-5.1	Entwicklung homologer Organe des Genitalsystems beim männlichen und weiblichen Organismus	
Embryonalanlage	**definitive Struktur** ♂	**definitive Struktur** ♀
indifferente Gonade:	Testis:	Ovar:
▪ Rinde	▪ Tubuli seminiferi	▪ Follikel
▪ Mark	▪ Rete testis	▪ Stroma ovarii
Urnierenkanälchen	Ductuli efferentes testis	–
Wolff-Gang[*]	▪ Ductus epididymidis	–
	▪ Ductus deferens	
	▪ Ductus ejaculatorius	
	▪ Gl. vesiculosa	
Müller-Gang	–	▪ Tuba uterina
		▪ Uterus
		▪ fibromuskuläre Anlage der Vagina
Sinus urogenitalis[**]	▪ Prostata	▪ Vaginalepithel
	▪ Gl. bulbourethralis	▪ Gll. vestibulares majores/minores
Genitalhöcker (Phallus)	▪ Corpus cavernosum penis	▪ Klitoris
		▪ Glans clitoridis
Genitalfalten	▪ Corpus spongiosum penis	▪ Labia minora pudendi
	▪ Glans penis	▪ Bulbus vestibuli
Genitalwülste	▪ Skrotum	▪ Labia majora pudendi
Gubernaculum	–	▪ Lig. ovarii proprium
		▪ Lig. teres uteri

Bei beiden Geschlechtern entwickeln sich als Organe des Harnsystems:
[*]aus dem Wolff-Gang → Ureter, Nierenbecken und -kelche sowie Sammelrohre,
[**]aus dem Sinus urogenitalis → Harnblase (mit Ausnahme des Trigonum vesicae) und Urethra.

Leitungsbahnen im Bauch- und Beckenraum

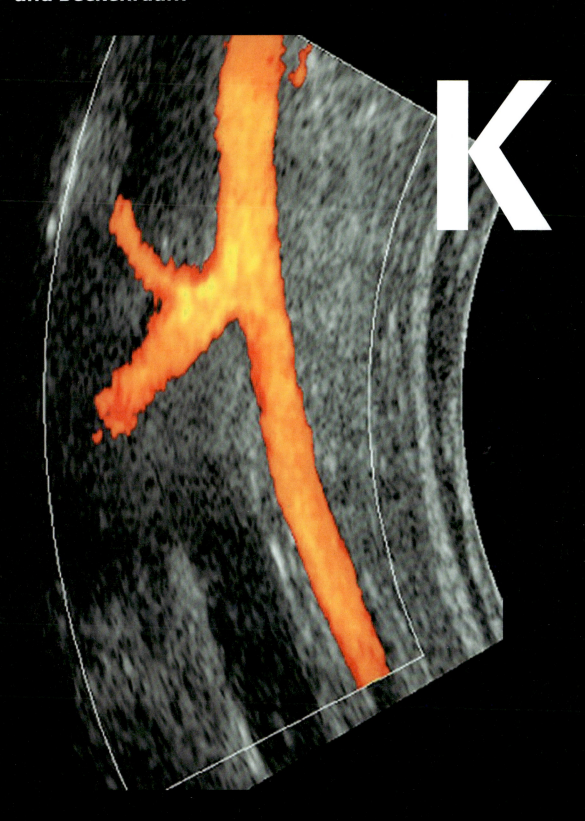

K

Sonografischer Längsschnitt der Beckenarterien mit Darstellung der A. iliaca communis, A. iliaca externa und A. iliaca interna.

© E.M. Jung, R. Kubale. Normale und pathologische Befunde in der FKDS. In: A. Schuler, G. Rettenmaier, K. Seitz. Klinische Sonografie und sonografische Differentialdiagnose. 2. Aufl. Stuttgart: Thieme; 2007

1 **Leitungsbahnen im Bauchraum** 863

2 **Leitungsbahnen im Beckenraum** 879

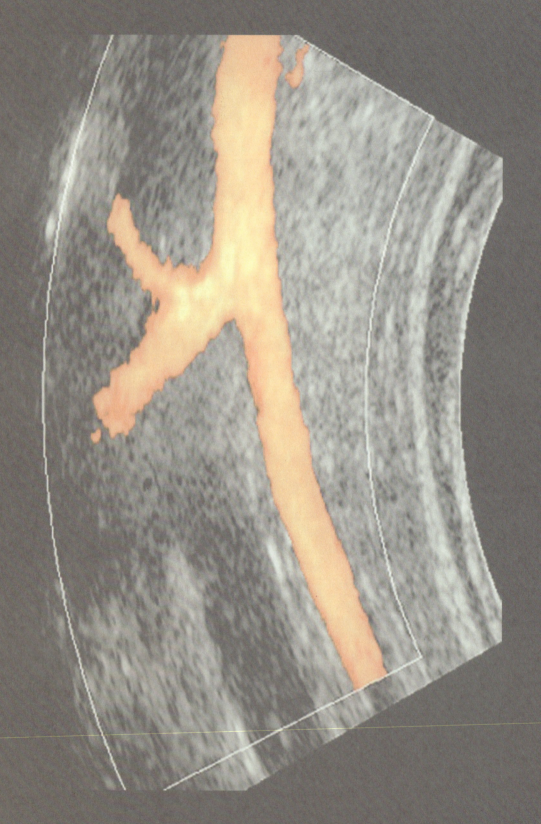

1 Leitungsbahnen im Bauchraum

- 1.1 Einführung 863
- 1.2 Gefäße im Bauchraum 863
- 1.3 Nerven und Nervengeflechte im Bauchraum 873
- 1.4 Entwicklung der großen Blutgefäße im Bauch- und Beckenraum 877

© PhotoDisc

E. Schulte

1.1 Einführung

Die großen Gefäße und Nerven zur Versorgung des Bauchraums sowie der kaudalen Rumpfwandabschnitte verlaufen hauptsächlich im **retroperitonealen Bindegewebe** und setzen sich nach kaudal in die im Bindegewebsraum des Beckens gelegenen Leitungsbahnen (S. 341) fort. Die im Retroperitoneum gelegenen Organe (z. B. Niere oder retroperitonealisierte Abschnitte des Magen-Darm-Traktes) werden über Leitungsbahnen versorgt, die direkt durch das Bindegewebe zum Organ ziehen. Die Leitungsbahnen zur Versorgung intraperitonealer Organe dagegen treten in eine bewegliche Peritonealduplikatur („Meso") ein, um ihr jeweiliges Zielorgan zu erreichen (so z. B. über das Mesogastrium den Magen).

Somit stellt das Retroperitoneum den Anteil des Bauchraums dar, in dem die kaliberstärksten Leitungsbahnen verlaufen. Dies gilt ebenso für den sich nach kaudal anschließenden Bindegewebsraum des Beckens (S. 334), also für den gesamten Extraperitonealraum.

▶ **Merke.** Die kaliberstärksten Leitungsbahnen des Bauch-Becken-Raums verlaufen im extraperitonealen Bindegewebe.

1.1 Einführung

Gefäße und Nerven zur Versorgung des Abdomens liegen im **retroperitonealen Bindegewebe** und setzen sich nach kaudal in die Leitungsbahnen des Beckens (S. 341) fort. Zu den retroperitoneal gelegenen Organen ziehen die Leitungsbahnen direkt durch das Bindegewebe. Intraperitoneale Organe werden über ihre Peritonealduplikatur („Meso") erreicht.

▶ **Merke.**

1.2 Gefäße im Bauchraum

Im Retroperitonealraum bestimmen zwei sehr kaliberstarke Stammgefäße das Bild: auf der arteriellen Seite die **Aorta abdominalis** mit ihren Ästen, im Becken repräsentiert durch die Iliakalarterien (S. 879), und die **Vena cava inferior** mit ihren Zuflüssen (im Becken repräsentiert durch die Iliakalvenen (S. 881). Die Bauchorgane werden je nach ihrer intra- oder retroperitonealen Lage über o. g. „Zugangswege" erreicht.

Dabei zeigt der venöse Abfluss im Bereich der Hohlorgane des Magen-Darm-Traktes eine funktionell begründete Besonderheit: Die Venen von Magen, Dünndarm, Dickdarm und (bis auf kleine Abschnitte) Mastdarm erreichen nicht direkt die V. cava inferior oder Iliakalvenen, sondern leiten ihr Blut zu einer großen unpaaren Vene, welche zur Leber zieht: die **Vena portae hepatis**. So wird das nährstoffreiche Blut des Magen-Darm-Traktes über die Portalvene der Leber zur Verstoffwechselung zugeführt. Die Leber leitet das Blut dann über Lebervenen weiter in die V. cava inferior.

Das Pankreas, das sich als Epithelspross aus der Duodenalanlage mit ventraler und dorsaler Pankreasanlage (S. 755) entwickelt, und die Milz (S. 188), die in die Nähe der dorsalen Pankreasanlage wandert, erhalten aufgrund ihrer Lage im Mesogastrium dorsale (S. 668) ebenfalls Anschluss an die V. portae hepatis.

▶ **Merke.** Das venöse Blut aus dem Magen-Darm-Trakt sowie aus Pankreas und Milz fließt über die „Leberschleife" (S. 869) ab, während die paarigen Organe im Extraperitonealraum ihr Blut direkt in die V. cava inferior leiten (Abb. **K-1.1**).

1.2 Gefäße im Bauchraum

Aorta abdominalis und **V. cava inferior** sind mit ihren Aufzweigungen die großen Gefäße im Retroperitonealraum. Ihre Äste bzw. Zuflüsse erreichen die Bauchorgane über o. g. „Zugangswege".

Für die Venen des Magen-Darm-Traktes gilt eine Besonderheit: Sie leiten das nährstoffreiche Blut über ein venöses Sammelgefäß, die **V. portae hepatis**, zur Verstoffwechselung in die Leber, die das Blut über Lebervenen der V. cava inferior zuleitet.

Entwicklungsgeschichtlich bedingt leiten auch Milz und Pankreas ihr venöses Blut über die Portalvene.

▶ **Merke.**

1.2.1 Arterien des Bauchraums – Aorta abdominalis und ihre Äste

Die Arterien des Bauchraums sind ausnahmslos Äste der **Aorta abdominalis**, die nach Durchtritt durch das Zwerchfell im Hiatus aorticus (S. 538) in Höhe des BWK XII aus der Aorta thoracica hervorgeht.

1.2.1 Arterien des Bauchraums – Aorta abdominalis und ihre Äste

Die **Aorta abdominalis** beginnt bei BWK XII nach Durchtritt durch das Zwerchfell (S. 538) und gibt Äste zu den Bauchorganen ab.

K 1 Leitungsbahnen im Bauchraum

K-1.1 Prinzip der Blutgefäßversorgung von Organen im Bauch- und Beckenraum durch retroperitoneale Gefäße und den hepatischen Portalkreislauf

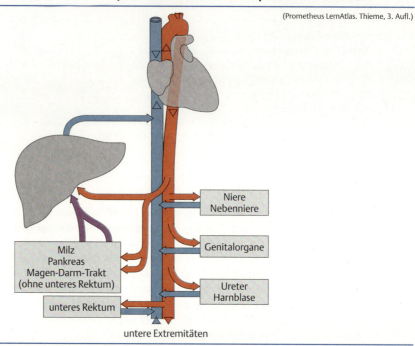

(Prometheus LernAtlas. Thieme, 3. Aufl.)

Verlauf der Aorta abdominalis: Sie liegt im Retroperitoneum links der Medianebene und teilt sich bei LWK IV in die beiden **Aa. iliacae communes** (S. 879) für Becken und Bein. Unpaare Fortsetzung ist die **A. sacralis mediana**.

▶ Merke.

Äste der Aorta abdominalis (Abb. K-1.2):
- **paarige** zu Rumpfwand, den paarigen im Retroperitoneum gelegenen Organen und den Keimdrüsen sowie
- **unpaare** zu Milz und Verdauungstrakt.

Verlauf der Aorta abdominalis: Die Aorta abdominalis verläuft im Retroperitonealraum etwas links der Medianebene vor der Wirbelsäule.
Auf Höhe des LWK IV teilt sie sich in die beiden **Aa. iliacae communes** (S. 879) zur Versorgung von Becken und unterer Extremität auf. Vor dem Os sacrum setzt sie sich in die unpaare **Arteria sacralis mediana** fort.

▶ Merke. Der LWK IV und damit die Aortenteilung liegen in Höhe des Bauchnabels (Umbilicus).

Äste der Aorta abdominalis: Die Bauchaorta gibt folgende Arterien ab (Abb. **K-1.2**):
- **Paarige Äste** nach lateral zur Versorgung der Wand des Abdomens, der paarigen retroperitonealen Organe und der Keimdrüsen.
- **Unpaare Äste** nach ventral, die – teils über die „Mesos" (S. 652) bzw. Ligamente – zur Milz und zu den unpaaren Verdauungsorganen im Bauch- und Beckenraum ziehen.

K-1.2 Astfolge der Aorta abdominalis und ihre Projektion auf die Rumpfwand

(Prometheus LernAtlas. Thieme, 3. Aufl.)

a Aorta abdominalis mit ihren unpaaren (linke Bildhälfte) und paarigen (rechte Bildhälfte) Ästen.
b In der Projektion der Bauchaorta auf die Rumpfwand sind in Klammern die jeweiligen Wirbelhöhen angegeben.

Paarige Aortenäste

Äste zur Wand des Abdomens: Beidseits entspringen der Aorta abdominalis
- je eine **Arteria phrenica inferior**, die die Unterseite des Zwerchfells versorgt und die **Arteria suprarenalis superior** zur Nebenniere abgibt, sowie
- je vier **Arteriae lumbales** zur Versorgung der Bauchwand (S. 320), der Rückenmuskulatur (S. 277) und des Wirbelkanals. Sie entsprechen den Aa. intercostales posteriores (S. 631) und anastomosieren mit Arterien der vorderen Bauchwand, z. B. Aa. epigastricae superior und inferior (S. 321), A. iliolumbalis (S. 880), A. circumflexa ilium profunda (S. 381).

Äste zu den Organen: Die paarigen viszeralen Äste der abdominalen Aorta sind:
- Je eine **Arteria suprarenalis media** als direkter Ast zur Nebenniere,
- Je eine **Arteria renalis** zur Niere, von denen die rechte dorsal der V. cava inferior verläuft. Die Nierenarterien entspringen in Höhe des LWK I/II und geben eine **Arteria suprarenalis inferior** zur Nebenniere ab.
- Die **Arteria ovarica** bzw. **testicularis** zieht auf dem M. psoas nach kaudal zu Ovar bzw. Testis und überkreuzt dabei den Ureter (S. 777). Zusammen mit der gleichnamigen Vene läuft die A. ovarica im Ligamentum suspensorium ovarii. Die A. testicularis betritt durch den Anulus inguinalis profundus den Canalis inguinalis (S. 316) und zieht als Bestandteil des Funiculus spermaticus zu Hoden und (mit Rr. epididymales) Nebenhoden.

Unpaare Aortenäste

Drei große viszerale Stämme entspringen ventral aus der Aorta abdominalis (Abb. **K-1.4**):
- Truncus coeliacus,
- Arteria mesenterica superior und
- Arteria mesenterica inferior.

Truncus coeliacus: Der nur 1–2 cm lange Stamm entspringt knapp unterhalb des Hiatus aorticus (Höhe BWK XII) aus der Aorta und versorgt Milz, Leber, Gallenblase und Magen sowie teilweise das Pankreas und das Duodenum (Abb. **K-1.3** und Abb. **K-1.4**). Er gibt drei Äste ab (deshalb auch **Tripus Halleri** = Haller-Dreifuß genannt):
- Die **Arteria splenica** (= **Arteria lienalis**) läuft oft geschlängelt am Pankreasoberrand unter Astabgabe durch das Ligamentum splenorenale zur Milz. Vier ihrer Äste ziehen zum Pankreas, die weiteren zum Magen.
- Die **Arteria gastrica sinistra** zieht von links zur kleinen Magenkurvatur und gibt kleine Äste zum Ösophagus ab.
- Die **Arteria hepatica communis** setzt sich nach Abgabe der Arteria gastroduodenalis in die **Arteria hepatica propria** fort, die Leber, Gallenblase und einen Teil des Magens versorgt.

Paarige Aortenäste

Zur Wand des Abdomens: Beidseits
- je 1 **A. phrenica inferior** (Zwerchfellunterseite) mit A. suprarenalis superior, sowie
- 4 **Aa. lumbales** (Bauchwand und Wirbelkanal), die den Aa. intercostales posteriores entsprechen und Anastomosen zu Arterien der vorderen Bauchwand ausbilden.

Äste zu den Organen: Beidseits entspringen je eine:
- **A. suprarenalis media**,
- **A. renalis** in Höhe LWK I/II, die jeweils eine A. suprarenalis inf. abgibt,
- **A. ovarica/testicularis**. Die A. ovarica läuft im Lig. suspensorium ovarii, die A. testicularis zieht durch den Canalis inguinalis im Funiculus spermaticus zum Hoden.

Unpaare Aortenäste

Ventral entspringen **3 viszerale Stämme**:
- Truncus coeliacus,
- A. mesenterica superior,
- A. mesenterica inferior.

Truncus coeliacus: Er entspringt bei BWK XII und versorgt Milz, Leber, Gallenblase sowie teilweise Pankreas und Duodenum mit drei Ästen (Abb. **K-1.3** u. Abb. **K-1.4**):
- Die **A. splenica/lienalis** läuft am Pankreasoberrand zur Milz und gibt Äste zum Pankreas und Magen ab
- Die **A. gastrica sinistra** läuft links zur Curvatura minor,
- Die **A. hepatica communis** zieht nach Abgabe der A. gastroduodenalis als **A. hepatica propria** zur Leber.

K-1.3 Truncus coeliacus und aus ihm hervorgehende Arterien

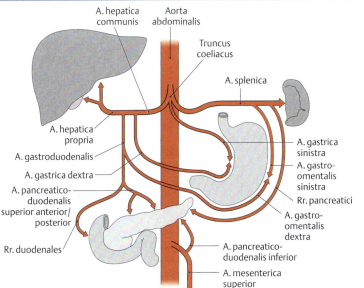

Schematische Übersicht über Äste und arterielles Versorgungsgebiet des Truncus coeliacus. Zu beachten ist die Mitversorgung des Pankreas durch Äste der A. mesenterica superior.
(Prometheus LernAtlas. Thieme, 3. Aufl.)

⊙ K-1.4 **Unpaare Äste der Aorta abdominalis und ihre Verzweigungen zur arteriellen Versorgung der unpaaren Verdauungsorgane im Bauch- und Beckenraum**

Hauptgefäße	Äste	Versorgungsgebiet		Anastomosen
Truncus coeliacus				
■ **A. splenica**				
	Rr. pancreatici	Pankreas		
	A. pancreatica dorsalis			
	A. pancreatica magna			
	A. caudae pancreatis			
	Aa. gastricae breves	Magen	Fundus	
	A. gastroomentalis sinistra (im Omentum majus)		Curvatura major, links	
■ **A. gastrica sinistra**			Curvatura minor, links	
	Rr. oesophageales	Ösophagus	(magennaher Teil)	
■ **A. hepatica communis**				
	A. gastroduodenalis	Teile des Magens, Pankreas und Duodenums		
	→ A. pancreaticoduodenalis superior posterior mit Rami pancreatici und Rami duodenales	Pankreas (oberer Teil der sog. „Pankreasarkade") und Duodenum		
	→ A. pancreaticoduodenalis superior anterior			
	→ Aa. retroduodenales (inkonstant)	Duodenum		
	→ A. gastroomentalis dextra (im Omentum majus)	Magen	Curvatura major, rechts	
→ Fortsetzung als:				
A. hepatica propria	A. gastrica dextra		Curvatura minor, rechts	
→ Aufteilung in:				
– Ramus dexter		Leber	Pars dextra	
	A. cystica	Gallenblase		
– Ramus sinister		Leber	Pars sinistra	
– Ramus intermedius			Lobus quadratus	
A. mesenterica superior				
	A. pancreaticoduodenalis inferior	Pankreas (unterer Teil der „Pankreasarkade") und Duodenum		
	Aa. jejunales und ileales (im Mesenterium)	gesamter Dünndarm außer Duodenum		
	A. ileocolica			
	→ Aa. caecales anterior und posterior	Dickdarm	Caecum	
	→ A. appendicularis		Appendix vermiformis	
	A. colica dextra		Colon ascendens	
	A. colica media (im Mesocolon transversum)		Colon transversum	
A. mesenterica inferior				
	A. colica sinistra		Colon descendens	
	Aa. sigmoideae 3–4 (im Mesocolon sigmoideum)		Colon sigmoideum	
	A. rectalis superior	Mastdarm	Rectum, oberer Anteil	

Details zur sog. Pankreasarkade siehe Gefäßversorgung des Pankreas (S. 753), Details zum oberen Rektum siehe Gefäßversorgung von Rektum und Analkanal (S. 724).

K 1.2 Gefäße im Bauchraum

Arteria mesenterica superior: Sie entspringt etwas kaudal des Truncus coeliacus in Höhe LWK I und versorgt Teile von Pankreas und Duodenum, das Jejunum und Ileum sowie den Dickdarm bis etwa zur Flexura coli sinistra (Abb. **K-1.4** und Abb. **I-1.45**). Sie verläuft mit der gleichnamigen Vene zunächst hinter dem Pankreas nach kaudal und rechts und tritt zwischen Pankreasunterrand und der Pars horizontalis duodeni in das Mesenterium ein.

Arteria mesenterica inferior: Sie entspringt nach links-kaudal in Höhe des LWK III und versorgt Colon descendens und sigmoideum sowie die oberen Rektumanteile (Abb. **K-1.4** und Abb. **I-1.45**).

Arterielle Anastomosen: Die Äste der Mesenterialarterien verlaufen zunächst „radiär" zum Organ, bilden dann aber organnah untereinander oft mehrstufig angelegte bogenförmige Anastomosen („**Arkaden**"). Dabei stehen nicht nur Äste eines Stammgefäßes miteinander in Verbindung, sondern es existieren auch arterielle Kurzschlüsse zwischen den Stromgebieten der drei großen unpaaren arteriellen Stämme (Abb. **K-1.4** und Abb. **K-1.5**):
1. zwischen **Truncus coeliacus** und **A. mesenterica superior** über Aa. pancreaticoduodenales,
2. zwischen den **beiden Mesenterialarterien** über die Aa. colicae media und sinistra (Riolan- und Drummond-Anastomose, Abb. **I-1.45**).
3. Die **A. mesenterica inferior** ist außerdem mit der die Beckenorgane versorgenden **A. iliaca interna** verbunden, indem die A. rectalis superior eine Anastomose mit der A. rectalis media (S. 879) bzw. inferior eingeht.

Die arterielle Versorgung des Beckens (S. 341) und seiner Organe erfolgt über die Arteriae iliacae communes als paarige Fortsetzungen der Aorta abdominalis.

Arteria mesenterica superior: Sie entspringt kaudal des Truncus coeliacus (LWK I), tritt mit der gleichnamigen Vene in das Mesenterium ein und gibt Äste zum Pankreas und Gastrointestinaltrakt (bis etwa zur linken Kolonflexur) ab (Abb. **K-1.4** u. Abb. **I-1.45**).

Arteria mesenterica inferior: Sie entspringt bei LWK III und versorgt Colon descendens und sigmoidum sowie Teile des Rektums (Abb. **K-1.4** u. Abb. **I-1.45**).

Arterielle Anastomosen: Durch **Arkadenbildung** nahe am Organ bilden die Äste der 3 großen unpaaren Gefäßstämme untereinander Anastomosen aus (Abb. **K-1.4** u. Abb. **K-1.5**):
1. Truncus coeliacus mit der A. mesenterica sup. über Aa. pancreaticoduodenales,
2. Aa. mesenterica sup. und inf. über die Aa. colica med. und sin. (Riolan- und Drummond-Anastomose, Abb. **I-1.45**) sowie
3. die A. mesenterica inf. und A. iliaca int. über Aa. rectales sup. und media bzw. inf. (S. 879)

Zur arteriellen Versorgung des Beckens durch die Aa. iliacae communes (S. 341).

⊙ **K-1.5** Arterielle Anastomosen zwischen den großen unpaaren Gefäßstämmen im Bauch- und Beckenraum

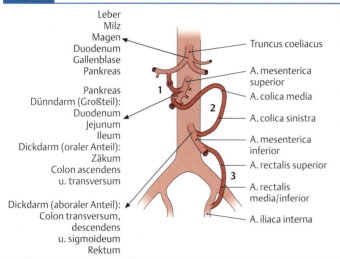

Anastomosen zwischen Truncus coeliacus und A. mesenterica superior (**1**), zwischen beiden Mesenterialarterien (**2**) und zwischen A. mesenterica inferior und A. iliaca interna (**3**). Während die Anastomosen zwischen Truncus coeliacus und A. mesenterica superior (am Pankreas) bzw. zwischen A. mesenterica inferior und A. iliaca interna (im Becken) retro- bzw. extraperitoneal sind, liegt die Anastomose zwischen den Mesenterialarterien organnah im Mesenterium (also intraperitoneal).

(Prometheus LernAtlas. Thieme, 3. Aufl.)

1.2.2 Venen des Bauchraums

Im Gegensatz zur arteriellen Versorgung, die ausschließlich dem Stromgebiet der Aorta abdominalis entstammt, sind für die venöse Drainage **zwei zunächst getrennte Systeme** vorhanden, die sich erst kurz vor dem venösen Einstrom in das Herz vereinigen:
- die lange, retroperitoneal gelegene **Vena cava inferior** und
- die sehr kurze, intraperitoneal gelegene **Vena portae hepatis**.

Vena cava inferior und ihre Zuflüsse

Stromgebiet und Verlauf: Die Vena cava inferior sammelt das Blut der unteren Extremität, der Wand von Abdomen und Becken, der Beckenorgane mit Ausnahme der oberen Rektumabschnitte und der paarigen Organe des Retroperitoneums. Somit entspricht ihr venöses Stromgebiet dem arteriellen Versorgungsgebiet der paarigen Äste der Aorta abdominalis. Die Vena cava inferior entsteht in Höhe des LWK V aus dem Zusammenfluss der beiden Venae iliacae communes (S. 881) und zieht rechts

1.2.2 Venen des Bauchraums

Anders als für die arterielle Versorgung existieren für die venöse Drainage **2 Systeme**:
- **V. cava inferior** und
- **V. portae hepatis**.

Vena cava inferior und ihre Zuflüsse

Stromgebiet und Verlauf: Sie leitet das Blut vom Bein, von der Abdomen- und Beckenwand, vom Retroperitoneum sowie von den Urogenitalorganen. Bei LWK V vereinigen sich die beiden Vv. iliacae communes (S. 881) zur V. cava inf., die rechts der Aorta zum Foramen venae cavae des Zwerchfells zieht.

Zuflüsse von der Wand des Abdomens: Es münden beidseits:
- 1 V. phrenica inf. und
- 4 Vv. lumbales (entsprechen den Vv. intercostales posteriores), die untereinander und mit der V. iliaca communis durch jeweils eine **V. lumbalis ascendens** verbunden sind. Letztere hat Anschluss an das Azygos-/Hemiazygos-System und somit an die V. cava superior.

Auch Venen des Kolons können Anschluss an die Vv. lumbales ascendentes gewinnen (vgl. Tab. **K-1.1**).

Zuflüsse aus den Organen: Aus den paarigen Bauchorganen fließt das Blut ab über:
- je eine **V. renalis**, von denen die linke zwischen Aorta abdominalis und A. mesenterica sup. liegt,
- **V. ovarica/testicularis dextra** (die linke mündet in die V. renalis sinistra).
- **V. suprarenalis dextra** (die linke mündet in die V. renalis sinistra).

▶ Merke.

der Aorta nach kranial. Nach Durchtritt durch das Zwerchfell im Foramen venae cavae (Höhe BWK VIII) mündet sie im Thorax in den rechten Herzvorhof.

Zuflüsse von der Wand des Abdomens: Beidseits münden:
- eine **Vena phrenica inferior** zur Drainage der Zwerchfellunterseite. Beide Venae phrenicae inferiores können mit den Venae suprarenales Kurzschlüsse bilden.
- vier **Venae lumbales** (entsprechen den Vv. intercostales posteriores), die untereinander und mit den Venae iliacae communes über je eine Vena lumbalis ascendens verbunden sind.

Die **Venae lumbales ascendentes** durchziehen das Zwerchfell und münden im Thorax rechts in die Vena azygos, links in die Vena hemiazygos (S. 633), die ihrerseits in die Vena cava superior abfließen. Über dieses Venensystem besteht ein (venovenöser) Kurzschluss zwischen den Venae cavae (S. 633).

Darüber hinaus können bei der Retroperitonealisierung des Kolons venöse Blutgefäße (hauptsächlich) des Colon descendens Anschluss an die retroperitonealen Vv. lumbales ascendentes erhalten und somit eine (allerdings eher geringe) Rolle bei den sog. portokavalen Anastomosen spielen (Tab. **K-1.1**).

Zuflüsse aus den Organen: Das Blut aus folgenden die **paarigen Bauch- und Beckenorgane** drainierenden Venen fließt in die V. cava inferior:
- Beidseits mündet je eine **Vena renalis**, wobei die linke V. renalis vor der Aorta abdominalis, aber hinter der A. mesenterica superior liegt (also zwischen den Arterien eingeklemmt ist wie eine Nuss im Nussknacker).
- Die **Vena ovarica** bzw. **testicularis dextra** mündet direkt in die untere Hohlvene, während das Blut aus der V. ovarica/testicularis sinistra indirekt über die V. renalis sinistra in die V. cava inferior fließt.
- Auch mündet lediglich die **Vena suprarenalis dextra** direkt in die untere Hohlvene, die V. suprarenalis sinistra dagegen über die V. renalis sinistra.

▶ Merke. Die **Seitenunterschiede** bezüglich Mündung und Verlauf der Venen zur Drainage der paarigen Bauch- und Beckenorgane ist durch die **rechtsseitige Lage** der V. cava inferior bedingt: Die Zuflüsse von den rechts liegenden Organen münden direkt in die untere Hohlvene, während das Blut aus den Vv. suprarenalis und ovarica/testicularis der linken Seite über die linke Nierenvene abfließt (Abb. **K-1.6**).

⊙ K-1.6 Vena cava inferior mit ihren Zuflüssen und ihre Projektion auf die Rumpfwand

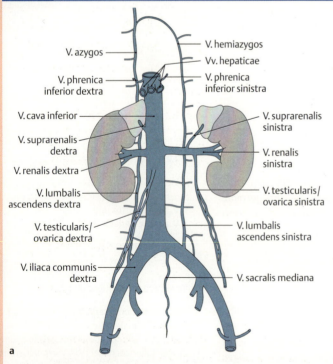
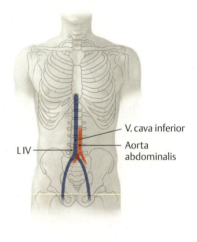

(Prometheus LernAtlas. Thieme, 3. Aufl.)
a Die Seitenunterschiede der in die V. cava inferior abfließenden Venen
b sind durch ihre Lage rechts der Aorta erklärbar.

K 1.2 Gefäße im Bauchraum

Das Blut aus den **unpaaren Organen des Magen-Darmtrakts in Bauch und Becken** sowie der Milz gelangt nicht direkt, sondern erst nach dem Durchfluss der Leber (Portalkreislauf, s. u.) über die

- drei **Venae hepaticae** in die V. cava inferior. Ihre Mündungsstelle liegt direkt unterhalb des Zwerchfells.

Portalkreislauf – Vena portae hepatis und ihre Zuflüsse

Funktion: Die Vena portae hepatis (**Pfortader**) sammelt das Blut der Milz sowie der Verdauungsorgane im Bauch- und Beckenraum mit Ausnahme der unteren Rektumetagen (S.724), um es zur Leber weiterzuleiten. Dadurch erreicht nährstoffreiches venöses Blut den Leberstoffwechsel (S.734), bevor es über Venae hepaticae (s.o.) in die V. cava inferior abfließt.

Verlauf und Zuflüsse: Die V. portae hepatis ist nur 4–7 cm lang und verläuft im Ligamentum hepatoduodenale (Tab. I-2.1) zur Leberpforte.

▶ Merke. Die **V. portae hepatis** entsteht in Höhe des LWK II aus dem Zusammenfluss der **V. splenica** und der **V. mesenterica superior** (Abb. **K-1.7**). Die **V. mesenterica inferior** mündet hinter dem Magen in die V. splenica. Damit entspricht das Zustromgebiet der V. portae hepatis (Abb. **K-1.8**) fast dem der unpaaren viszeralen Äste der Aorta abdominalis.

Über die
- 3 **Vv. hepaticae** fließt das Blut des Portalkreislaufs (s. u.) in die untere Hohlvene ab.

Portalkreislauf – Vena portae hepatis und ihre Zuflüsse
Funktion: Die **Pfortader** (V. portae hepatis) führt das Blut der Milz und der Organe des Verdauungstraktes dem Leberstoffwechsel (S.734) zu. Über drei Vv. hepaticae fließt das Leberblut in die V. cava inf.

Verlauf und Zuflüsse: Die V. portae hepatis verläuft im Lig. hepatoduodenale (Tab. I-2.1).

▶ Merke.

⊙ **K-1.7** Portalkreislauf: Pfortader der Leber und ihre Zuflüsse

Hauptgefäße	Zuflüsse	Drainagegebiet	
Vena portae hepatis (führt Blut aus nebenstehenden kleinen direkten Zuflüssen sowie aus den drei nachfolgend genannten großen Gefäßen zur Leber)	V. prepylorica	Magen	Pylorus
	Vv. gastricae dextra und sinistra		Curvatura minor
	V. cystica	Gallenblase	
	Vv. paraumbilicales (kleine Begleitvenen der verödeten V. umbilicalis im Ligamentum teres hepatis)*	–	
	V. pancreaticoduodenalis superior posterior	Pankreas	
▪ **V. splenica** (nimmt vor Vereinigung mit der V. mesenterica sup. zur V. portae hepatis die V. mesenterica inf. auf)	Vv. pancreaticae		
	Vv. gastricae breves	Magen	Fundus
	V. gastroomentalis sinistra		Curvatura major (links)
▪ **V. mesenterica superior** (vereinigt sich mit der V. splenica zur V. portae hepatis)	V. gastroomentalis dextra		Curvatura major (rechts)
	Vv. pancreaticae	Pankreas	
	Vv. pancreaticoduodenales	Duodenum und Pankreas	
	Vv. jejunales et ileales	Jejunum und Ileum	
	V. ileocolica	Teile von Dünn- und Dickdarm: ileozäkaler Übergang	
	← Vv. caecales	Dickdarm	Caecum
	← V. appendicularis		Appendix vermiformis
	V. colica dextra		Colon ascendens
	V. colica media		Colon transversum
▪ **V. mesenterica inferior** (mündet in die V. splenica)	V. colica sinistra		Colon descendens
	Vv. sigmoidae		Colon sigmoideum
	V. rectalis superior	Mastdarm	Rectum, oberer Anteil

Sie stellen eine Verbindung zu Venen der ventralen Bauchwand her und spielen eine Rolle bei venösen Kurzschlüssen zwischen V. portae hepatis und V. cava inferior (portokavale Anastomosen).

Zum Ligamentum teres hepatis siehe auch Tab. **I-2.1**, vergleiche auch portokavale Anastomosen (S. 870).

K-1.8 Vena portae hepatis mit Zuflüssen

(Prometheus LernAtlas. Thieme, 3. Aufl.)

Venöse Anastomosen

Über Kurzschlüsse existieren Verbindungen zwischen beiden Vv. cavae (kavokavale Anastomosen) und mit der V. portae hepatis (portokavale Anastomosen).

Kavokavale (interkavale) Anastomosen

Die Stromgebiete der beiden Vv. cavae werden verbunden durch:
- Venen an der **hinteren** (Azygossystem, vertebrale Venenplexus) oder
- **vorderen** Rumpfwand (Bauchwandvenen mit oberflächlichem und tiefem Anteil, s. Tab. **G-4.1**).

Portokavale Anastomosen

An den „Grenzen" des Magen-Darm-Traktes (ösophagokardialer Übergang, Rektumausgang, retroperitoneale Kolonabschnitte, embryonal an der Mündung der V. umbilicalis) liegen im/am Organ Venen, die ihr Blut physiologischerweise je nach Strömungsrichtung sowohl in die V. portae hepatis als auch in die Vv. cavae leiten können.

▶ Klinik.

Venöse Anastomosen

Die beiden **Venae cavae** haben **untereinander und mit der V. portae** Kurzschlussverbindungen, die als Umgehungskreisläufe bei Durchflussstörungen durch eines der Gefäße bedeutsam werden können. Dabei unterscheidet man:
- kavokavale (interkavale) Anastomosen von
- portokavalen Anastomosen.

Kavokavale (interkavale) Anastomosen

Bei Durchflussstörungen in einer der beiden Vv. cavae erreicht das Blut über Umgehungsstraßen die jeweils andere Hohlvene und damit das rechte Herz (s. Tab. **G-4.1**). Dabei unterscheidet man:
- zwei **dorsale**, nahe der Wirbelsäule verlaufende Abflussstraßen (über das Azygos-/Hemiazygossystem sowie über die vertebralen Venenplexus) von den
- beiden **ventralen** Abflusswegen an der vorderen Rumpfwand (Thorax- bzw. Bauchwandvenen mit jeweils einer Straße ventral und dorsal des knöchernen Thorax bzw. des M. rectus abdominis).

Portokavale Anastomosen

Das Blut der Hohlorgane des Magen-Darm-Traktes fließt zum größten Teil in die V. portae hepatis und somit zur Leber. An den „Grenzen" des Magen-Darm-Traktes (ösophagokardialer Übergang, Rektumausgang, Kontaktstellen von Colon ascendens und descendens mit dem Retroperitoneum und – embryonal bedingt – an der Mündung der V. umbilicalis) existieren im oder direkt am Organ Venen, die ihr Blut physiologischerweise über das Kapillarsystem in **zwei Strömungsrichtungen** leiten können: entweder in die V. portae hepatis oder in das System der Vv. cavae (Tab. **K-1.1**).

▶ Klinik. Bei **Durchflussstörungen durch die Leber** (z. B. im Rahmen einer **Leberzirrhose**) kommt es „vor der Leber" zu einem Blutrückstau in die V. portae hepatis und über die zuführenden Venen zurück bis in die Organe, denen das Blut entstammt. Aus den o. g. „Venen mit zwei Abflussrichtungen" fließt das „eigentlich für die Leber bestimmte Blut" nun aufgrund des umgekehrten Druckgradienten in das Hohlvenensystem: Die Venen dienen somit als „Umgehungskreisläufe", die aufgrund der Grenzlage der Organe physiologisch angelegt sind, ihre Bedeutung jedoch erst bei einem (pathologischen) Blutrückstau vor der Leber erhalten. Lokal können durch den erhöhten Durchfluss dieser Venen und ihre damit einhergehende **Erweiterung** charakteristische Veränderungen auftreten (Tab. **K-1.1**), die z. T. schwerwiegende Komplikationen nach sich ziehen, z. B. Ösophagusvarizenblutung (S. 687).

K 1.2 Gefäße im Bauchraum

☰ K-1.1   Portokavale Anastomosen

Umgehungskreislauf	Blutfluss zwischen Portalkreislauf und Hohlvenen	klinisches Bild
① **Submuköse Ösophagus-venen**	V. portae hepatis ← Vv. gastricae ← **Vv. oesophageales** → V. azygos/hemiazygos → V. cava superior	**Ösophagusvarizen** (Krampf-adern der Speiseröhre) mit Blutunggefahr
② **Bauchwandvenen**	V. portae hepatis ← **Vv. paraumbilicales** → V. epigastrica superior → V. thoracica interna → V. subclavia → V. cava superior oder: V. portae hepatis ← **Vv. paraumbilicales** → V. epigastrica inferior → V. iliaca externa → V. cava inferior (Auch die Vv. thoracoepigastrica, thoracica lateralis und epigastrica superficialis an der ventralen Rumpfwand können beteiligt sein.)	**Caput medusae** (s. Abb. **C-3.22**; selten!)
③ **Venen retroperitonealer Kolonabschnitte**	V. portae hepatis ← V. mesenterica sup./inf. → **Vv. colicae** → Vv. lumbales ascendentes → V. azygos/hemiazygos → V. cava superior	–*
④ **Rektaler Venenplexus**	V. portae hepatis ← V. mesenterica inferior ← V. rectalis superior ← **Vv. rectales media/inferior** → V. iliaca interna → V. cava inferior	**venöse** (= unechte) „Hämor-rhoiden"; echte Hämor-rhoiden (S. 725) gehen vom arteriell gespeisten Corpus cavernosum recti aus

(Prometheus LernAtlas. Thieme, 3. Aufl.)

Die im Zentrum des jeweiligen Umgehungskreislaufes stehenden Venen mit zwei möglichen Abflussrichtungen (1. Portalvene, 2. Hohlvenensystem) sind **fett** hervorgehoben.

* Ein einheitliches klinisches Bild dieses Umgehungskreislaufes ist nicht beschrieben.

1.2.3 Lymphgefäße und -knoten des Bauchraums

Die Lymphe der unteren Extremität, der Wand von Abdomen und Becken, der Beckenorgane und des Retroperitoneums sammelt sich in den **paarigen Trunci lumbales** (dexter et sinister), die die Aorta abdominalis begleiten.

Die Lymphe der Verdauungsorgane (mit Ausnahme der unteren Rektumabschnitte) im Bauch- und Beckenraum sowie der Milz sammelt sich im **unpaaren Truncus intestinalis**. Colon ascendens und descendens finden aufgrund ihrer sekundären Retroperitonealisierung oft einen zusätzlichen Anschluss an die Trunci lumbales. Der Truncus intestinalis und die beiden Trunci lumbales (Abb. **K-1.9b**) vereinigen sich in Höhe des Hiatus aorticus mit einer Auftreibung, der **Cisterna chyli**, zum sog. Milchbrustgang, **Ductus thoracicus**. Dieser ca. 40 cm lange unpaare Hauptstamm des Lymphsystems läuft dorsal der Aorta durch das hintere Mediastinum bis zum linken Venenwinkel (S. 632). Klappen garantieren die Flussrichtung der Lymphe.

Die Lymphe der einzelnen Organe strömt entweder direkt oder viel häufiger über **Organlymphknoten**, die direkt bei den jeweiligen Organen erwähnt werden, in sog. **Sammellymphknoten** weiter (Abb. **K-1.9a**), von wo sie letztlich in einen der drei Trunci geleitet wird.

Wichtige Sammellymphknoten, die entlang der großen Gefäße liegen, sind:
- **Nodi lymphoidei iliaci** (**interni**, **externi** und **communes**), die Lymphe aus der unteren Extremität und von den Wänden und Organen des Beckens erhalten (vgl. Abb. **D-1.46**).
- **Nodi lymphoidei lumbales** nehmen die Lymphe der iliakalen Knoten, der Keimdrüsen und des Retroperitoneums auf. Sie gruppieren sich um V. cava inferior sowie Aorta abdominalis und werden dementsprechend unterteilt in:
  – **Nodi lymphoidei lumbales laterales** mit Nodi lymphoidei preaortici bzw. precavales, retroaortici (retrocavales) und aortici (cavales) laterales.
  – **Nodi lymphoidei lumbales intermedii** zwischen Aorta und V. cava inferior.
- **Nodi lymphoidei mesenterici superiores** und **inferiores** an den Ursprüngen der Aa. mesentericae superior bzw. inferior nehmen die Lymphe aus dem Darm auf.
- **Nodi lymphoidei coeliaci** um den Truncus coeliacus sammeln Lymphe von Leber, Gallenblase, Pankreas, Magen und Milz.

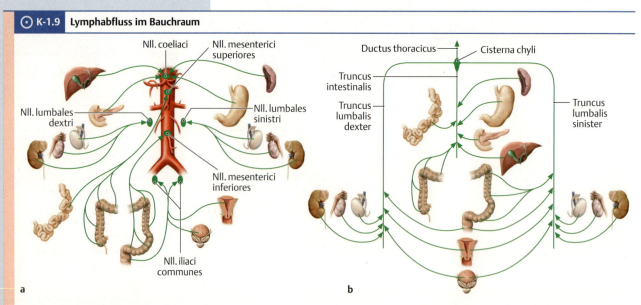

K-1.9 Lymphabfluss im Bauchraum

Die Organlymphe wird nach Passage der organbezogenen (regionären) Lymphknoten in Sammellymphknotenstationen (**a**) dann zusammengefasst und dann großen Lymphstämmen (**b**) zugeleitet. Diese leiten die Lymphe über die Cisterna chyli in den Ductus thoracicus (S. 634) ab.
(Prometheus LernAtlas. Thieme, 3. Aufl.)

1.3 Nerven und Nervengeflechte im Bauchraum

Grundsätzlich kann man im Bauchraum zwei Systeme unterscheiden:
- **vegetative** Nerven und ihre Plexus sowie den
- durch Spinalnerven gebildeten Anteil des **somatischen** Nervensystems.

1.3.1 Anteile des vegetativen Nervensystems

Vegetative Nerven (Abb. **K-1.10**) lassen sich dem sympathischen oder dem parasympathischen Anteil zuordnen.

Man unterscheidet **vegetative** Nerven mit Plexus und den durch Spinalnerven gebildeten Anteil des **somatischen** Nervensystems.

1.3.1 Anteile des vegetativen Nervensystems
Siehe Abb. **K-1.10**.

K-1.10 Vegetative Plexus und Ganglien im Extraperitonealraum

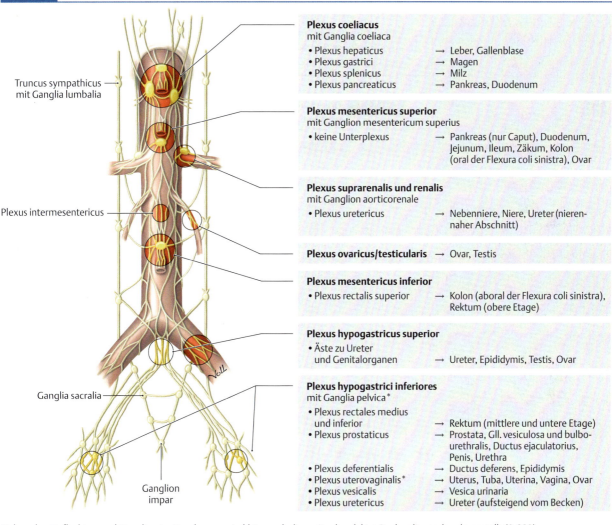

Plexus coeliacus mit Ganglia coeliaca
- Plexus hepaticus → Leber, Gallenblase
- Plexus gastrici → Magen
- Plexus splenicus → Milz
- Plexus pancreaticus → Pankreas, Duodenum

Plexus mesentericus superior mit Ganglion mesentericum superius
- keine Unterplexus → Pankreas (nur Caput), Duodenum, Jejunum, Ileum, Zäkum, Kolon (oral der Flexura coli sinistra), Ovar

Plexus suprarenalis und renalis mit Ganglion aorticorenale
- Plexus uretericus → Nebenniere, Niere, Ureter (nierennaher Abschnitt)

Plexus ovaricus/testicularis → Ovar, Testis

Plexus mesentericus inferior
- Plexus rectalis superior → Kolon (aboral der Flexura coli sinistra), Rektum (obere Etage)

Plexus hypogastricus superior
- Äste zu Ureter und Genitalorganen → Ureter, Epididymis, Testis, Ovar

Plexus hypogastrici inferiores mit Ganglia pelvica*
- Plexus rectales medius und inferior → Rektum (mittlere und untere Etage)
- Plexus prostaticus → Prostata, Gll. vesiculosa und bulbourethralis, Ductus ejaculatorius, Penis, Urethra
- Plexus deferentialis → Ductus deferens, Epididymis
- Plexus uterovaginalis* → Uterus, Tuba, Uterina, Vagina, Ovar
- Plexus vesicalis → Vesica urinaria
- Plexus uretericus → Ureter (aufsteigend vom Becken)

Neben den Geflechten und Ganglien im Bauchraum, sind hier auch die weiter kaudal im Becken liegenden dargestellt (S. 883).
* Die kleinen Ganglia pelvica, die in den Plexus hypogastricus (S. 883) eingelagert sind, dürfen nicht verwechselt werden mit dem Plexus uterovaginalis, der wegen seiner zahlreichen Ganglien klinisch als Frankenhäuser-Plexus oder auch Ganglion pelvicum (Frankenhäuser-Ganglion) bezeichnet wird.
(Prometheus LernAtlas. Thieme, 3. Aufl.)

Sympathikus im Bauchraum

Der Sympathikus ist im Bauchraum in **Ganglien** organisiert, die durch die Verbindung über vegetative Fasern einen linken und rechten Grenzstrang (Truncus sympathicus) bilden. Beidseits liegen je 4 Ganglia lumbalia, die über Rr. interganglionares verbunden sind.

▶ Merke.

Sympathikus im Bauchraum

Das **sympathische Nervensystem** (Abb. **K-1.11**) verläuft als **Grenzstrang** (Truncus sympathicus) aus dem Thorax nach Durchtritt durch das Diaphragma (zwischen medialem und lateralem Zwerchfellpfeiler) im Retroperitoneum direkt neben der Wirbelsäule.

Der Grenzstrang besteht beidseits aus **vier paravertebralen Ganglia lumbalia** und setzt sich in das Becken mit Ganglia sacralia fort.

Diese Ganglien, in denen Fasern zu sympathisch innervierten Strukturen der Rumpfwand auf das zweite Neuron umgeschaltet werden, sind untereinander über **Rami interganglionares** verbunden.

▶ Merke. Während in den paravertebralen Ganglien des Hals- und Thoraxbereichs sympathische Fasern auf das 2. Neuron umgeschaltet werden, die sowohl zur Rumpfwand (v. a. Gefäße und Hautdrüsen) als auch zu den Thoraxorganen und zum Kopf ziehen, laufen im Bauch- und Beckenraum die Sympathikusfasern für die hier liegenden Organe meist ohne Umschaltung durch die **para**vertebralen Ganglien hindurch und werden erst in (ausschließlich abdominal vorkommenden) **prä**vertebralen Ganglien umgeschaltet.

K-1.11 Organisation des Sympathikus zur Innervation von Bauch- und Beckenorganen*

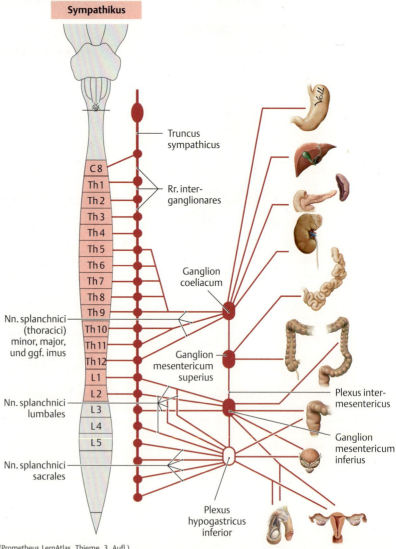

(Prometheus LernAtlas. Thieme, 3. Aufl.)

* Die Ganglia aorticorenalia sowie der (unpaare) Plexus hypogastricus superior, der mittels der (paarigen) Nn. hypogastrici das Ganglion mesentericum inferius mit dem (paarigen) Plexus hypogastricus inferior (S. 883) verbindet, sind aus Gründen der Übersicht nicht dargestellt.

K 1.3 Nerven und Nervengeflechte im Bauchraum

Vier große **prävertebrale Ganglien** liegen an der Vorderfläche der Aorta an den Abgängen der großen Arterien, verbunden durch den **Plexus aorticus abdominalis**, der sich weiter unterteilen lässt in:

- **Ganglia coeliaca** mit **Plexus coeliacus** um den Truncus coeliacus,
- **Ganglion mesentericum superius** mit **Plexus mesentericus superior**,
- **Ganglion mesentericum inferius** mit **Plexus mesentericus inferior**, und
- **Ganglia aorticorenalia** an den Abgängen der Aa. renales.

Diese Ganglien erhalten präganglionäre Zuflüsse über die sympathischen **Nervi splanchnici major** und **minor** (ggf. imus) aus den Rückenmarksegmenten Th 5–11 (12) nach deren Durchtritt durch das Zwerchfell sowie über **Nervi splanchnici lumbales** aus L 1/2. Dabei erreichen Fasern des **N. splanchnicus major** vorwiegend das Ganglion coeliacum, Fasern des **N. splanchnicus minor** ziehen meist durch dieses hindurch, um erst im Ganglion mesentericum superius umzuschalten. Die **Nn. splanchnici lumbales** ziehen i. d. R. direkt zum Ganglion mesentericum inferius oder zum Plexus hypogastricus inferior (S. 883), können jedoch auch die beiden anderen Ganglien ohne Umschaltung durchziehen. Sympathische Fasern zu den Ganglia aorticorenalia ziehen im N. splanchnicus minor bzw. einer manchmal ausgebildeten Abspaltung davon, dem **N. splanchnicus imus**.

Nach Umschaltung in den Ganglien ziehen die postganglionären Axone i. a. als periarterieller Plexus zu den Erfolgsorganen.

Der **Plexus aorticus abdominalis** geht nach kaudal in den unpaaren Plexus hypogastricus sup. (S. 216) und den paarigen Plexus iliacus (auf den Aa. iliacae communes) über. Nn. hypogastrici verbinden Plexus hypogastricus sup. und inferior (S. 883).

Parasympathikus im Bauchraum

Parasympathische Nerven (Abb. **K-1.12**) ziehen als Truncus vagalis anterior und posterior in das Abdomen:

- Der **Truncus vagalis anterior** endet am Magen im Plexus gastricus,
- der **Truncus vagalis posterior** versorgt die Organe des Abdomens bis oral der Flexura coli sinistra.

Die aus den Nervi vagi hervorgehenden Fasern durchziehen die Ganglia coeliaca, mesentericum superius und inferius **ohne Umschaltung** und werden erst ganz dicht am jeweiligen Organ in kleinen parasympathischen Ganglien auf das zweite Neuron umgeschaltet.

▶ **Merke.** Das Innervationsgebiet des N. vagus reicht bis zu einem Punkt (besser „Feld") oral der Flexura coli sinistra. Aboral von hier übernimmt der sakrale Parasympathikus die Innervation. Diese Stelle der scharfen Trennung beider Innervationsgebiete wird **Cannon-Böhm-Punkt** (besser „Cannon-Böhm-Feld") genannt.

Die parasympathischen Fasern erreichen wie die sympathischen ihr Innervationsgebiet über den Verlauf entlang von Blutgefäßen. Im Bereich der linken Kolonflexur sind dies die A. colica media (aus der A. mesenterica superior; hiermit ziehen die Äste des N. vagus von oral heran) und die A. colica sinistra (aus der A. mesenterica inferior; hiermit ziehen die Äste des sakralen Parasympathikus von aboral heran). Im Gegensatz zur Innervation ist aber die Durchblutung im Bereich der linken Kolonflexur nicht so scharf getrennt, sondern die Stromgebiete der beiden Mesenterialarterien sind durch Anastomosen verbunden, z. B. Riolan- und Drummond-Anastomose (S. 867).

Vier große **prävertebrale Ganglien** liegen ventral der Aorta an den Abgängen der großen Gefäße, verbunden durch den **Plexus aorticus abdominalis**. Sie dienen der Versorgung von Organen in Bauch und Becken:

- **Ganglia coeliaca**,
- **Ganglion mesentericum sup.** und **inf.** sowie
- **Ganglia aorticorenalia**.

Diese Ganglien erhalten **präganglionäre** Zuflüsse über die Nn. splanchnici major und minor aus dem Segmenten Th 5–12 sowie über die Nn. splanchnici lumbales (L 1/2).

Der Plexus **aorticus abdominalis** geht kaudal in den den unpaaren Plexus hypogastricus sup. und den paarigen Plexus iliacus über.

Parasympathikus im Bauchraum

Parasympathische Nerven (Abb. **K-1.12**) erreichen als **Trunci vagales ant./post.** das Abdomen und werden erst **organnah** in kleinen parasympathischen Ganglien umgeschaltet. Der vordere Truncus endet am Magen, der hintere versorgt Abdominalorgane bis zur Flexura coli sinistra.

▶ **Merke.**

K-1.12

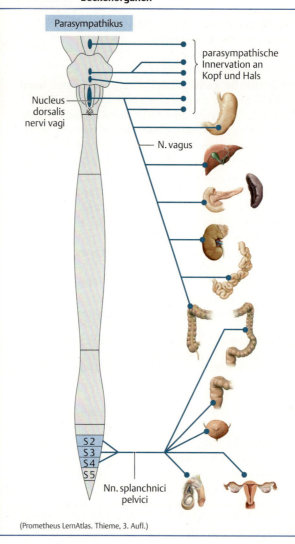

K-1.12 Organisation des Parasympathikus zur Innervation von Bauch- und Beckenorganen

(Prometheus LernAtlas. Thieme, 3. Aufl.)

1.3.2 Anteile des somatischen Nervensystems

Viszeroafferente Fasern übernehmen unterschiedliche Funktionen (z. B. Rückmeldung über die Wandspannung oder Wahrnehmung von „Organschmerz").

Im Gegensatz zu Viszeroefferenzen sind sie dem somatischen Nervensystem zuzurechnen, lagern sich jedoch topografisch häufig den sympathischen Viszeroefferenzen der Nn. splanchnici an.

Nur die Afferenzen des viszeralen Peritoneums von Teilen der Leber, Gallenblase, Duodenum und Pankreas werden wie die aus dem parietalen Peritoneum am Zwerchfell über **Rr. phrenicoabdominales** (Endast des N. phrenicus, C 2–C 4) geleitet.

1.3.2 Anteile des somatischen Nervensystems

Die **viszeroafferenten Fasern** dienen unterschiedlichen Funktionen wie der Rückmeldung über die Wandspannung (z. B. bei den Hohlorganen des Magen-Darm-Traktes und im Harnsystem) oder der Wahrnehmung von „Organschmerz" bei Erkrankungen.

Anders als die efferenten Fasern zur Innervation der Organe im Bauchraum, sind die Viszeroafferenzen systematisch kein Bestandteil des vegetativen Nervensystems, sondern exakterweise dem somatischen Nervensystem zuzurechnen. Allerdings schließen sie sich für ihren Weg zum ZNS häufig topografisch den Nn. splanchnici, in denen die sympathischen Viszeroefferenzen verlaufen (s. o.), gleichsam als „Trittbrettfahrer" an. Aufgrund dieser topografischen Nähe werden sie manchmal im Zusammenhang mit dem vegetativen Nervensystem beschrieben.

Eine gewisse Ausnahme bilden die Afferenzen des viszeralen Peritoneums einiger Oberbauchorgane, das über **Rami phrenicoabdominales** innerviert wird. Diese sensiblen Endäste der **Nervi phrenici** (S. 638) (C 2–C 4, Tab. **L-1.3**) aus dem **Plexus cervicalis** (S. 901) ziehen vom Thorax durch das Zwerchfell in das Abdomen. Sie versorgen sensibel nicht nur das Peritoneum an der Unterseite des Zwerchfells (Peritoneum parietale), sondern auch auf Teilen der Leber, der Gallenblase, des Duodenums und des Pankreas (Peritoneum viscerale). Die Afferenzen des viszeralen Peritoneums dieser Organe laufen somit hier nicht überwiegend mit den (vegetativen) Nn. splanchnici (major und minor) zum ZNS, sondern mit einem somatischen Nerv.

Weiterhin ziehen im Bauchraum Spinalnerven = **Nervi spinales** (S. 206) bzw. deren Rami ventrales, die größtenteils dem **Plexus lumbosacralis** (S. 385) entstammen (Segmente Th 12 bis S 4). Sie dienen der motorischen und sensiblen Versorgung der Wände von Abdomen und Becken und der unteren Extremität.

Nn. spinales entstammen dem Plexus lumbosacralis, Th 12–S 4 (S. 385) und dienen der motorischen sowie sensiblen Innervation von Bein und Rumpfwand.

▶ **Merke.** So, wie die Viszeroafferenzen die eigentlich sympathischen Nn. splanchnici nutzen, um von ihrem Innervationsgebiet (Organ) zum ZNS zu gelangen, werden die somatischen Spinalnerven von sympathischen efferenten Fasern genutzt, um die von ihnen innervierten, in der Haut liegenden Drüsen und Mm. arrectores pilorum zu erreichen. Beide Fasertypen lagern sich also wie „Trittbrettfahrer" Nerven des jeweils „anderen Systems" an, um ihr Zielgebiet zu erreichen.

▶ **Merke.**

1.4 Entwicklung der großen Blutgefäße im Bauch- und Beckenraum

Die Entwicklung des Blutkreislaufs verläuft in zeitlich überlappenden Abschnitten, die dem jeweiligen Entwicklungsstadium des Keims entsprechen. Man unterscheidet (vgl. Abb. **G-4.9**):
- Dottersackkreislauf,
- Plazentakreislauf,
- intraembryonalen Kreislauf und
- fetalen Kreislauf.

Im Rahmen der Embryonalentwicklung werden in den ersten drei Abschnitten Gefäße angelegt, die sich teilweise wieder zurückbilden, teilweise zu den definitiven Gefäßen umbilden. Im fetalen Kreislauf ist der definitive Kreislauf dann schon grundsätzlich angelegt und zeigt als Besonderheit lediglich die beschriebenen Kurzschlüsse (S. 150). Die folgende Tabelle stellt die embryonalen und definitiven Gefäße für Abdomen und Becken einander gegenüber (Tab. **K-1.2**).

1.4 Entwicklung der großen Blutgefäße im Bauch- und Beckenraum

Der Kreislauf entsteht in der Embryonalentwicklung über vier teilweise zeitlich überlappende Stadien (vgl. Abb. **G-4.9**):
- Dottersackkreislauf,
- Plazentakreislauf,
- intraembryonaler Kreislauf,
- fetaler Kreislauf.

Dabei werden (in den ersten drei Abschnitten) Gefäße angelegt und teilweise wieder zurückgebildet, teilweise zu den definitiven Gefäßen umgebildet (Tab. **K-1.2**).

≡ K-1.2 Entwicklung der großen Blutgefäße im Bauch- und Beckenraum	
embryonales Gefäß	**definitive Struktur**
Arterien	
Aortae dorsales	Aorta abdominalis (nach Verschmelzung der paarigen Anlage)
Aa. vitellinae	Truncus coeliacus Aa. mesentericae superior und inferior
Aa. segmentales laterales	Aa. testiculares/ovaricae Aa. renales Aa. suprarenales
Aa. umbilicales	Aa. iliacae internae A. vesicalis superior
Venen	
Vv. vitellinae	V. portae hepatis und V. mesenterica superior Vv. hepaticae Leberteilstück der V. cava inferior
V. umbilicalis und Ductus venosus	Lig. teres hepatis und Lig. venosum
Vv. subcardinales	Mittelstück der V. cava inferior Vv. renales Vv. testiculares/ovaricae
Vv. supracardinales	unterer Abschnitt der V. cava inferior
Vv. cardinales posteriores	Vv. iliacae unterster Abschnitt der V. cava inferior

≡ K-1.2

Klinischer Fall: Kaffeesatzerbrechen

16:15
Frau Gerber ruft den Notarzt. Ihr Mann, Herr Hans Gerber, 56 Jahre, ist im Badezimmer zusammengebrochen. Er konnte sich aus eigener Kraft kaum wieder aufrichten.

16:30
H.G.: Puuh. Plötzlich wurde mir so übel und schwindelig. Da bin ich ins Bad und musste mich übergeben. Bin kaum wieder hochgekommen danach...

16:35 Fremdanamnese
Frau Gerber: Zuerst dachte ich, es ist nur, weil er wieder mal einen „über den Durst" getrunken hat. Aber als ich dann das Erbrochene gesehen hab, ist mir schon mulmig geworden. Schauen Sie mal, das ist ganz schwarz... Der Notarzt vermutet eine Blutung des oberen Gastrointestinaltrakts und weist Herrn G. sofort in die Klinik ein.

Typischer Aspekt bei „Kaffeesatz-Erbrechen" (aus Füeßl, F.S., Middeke, M.: Duale Reihe Anamnese und Klinische Untersuchung. 5. Aufl., Thieme, 2014)

17:10 Medikamentenanamnese
H.G.: Tabletten? Nö, nicht dass ich wüsste...

17:00 Anamnese
Herr Gerber, Ihre Frau sagte, seit Sie Ihre Arbeit verloren haben, trinken Sie recht viel Alkohol. Wie viel ist es denn in etwa?
H.G.: Naja, stimmt schon. Vor 7 Jahren ist das mit der Arbeit passiert, seither, also, eine Flasche Wein ist's schon am Tag. Kann aber auch mal mehr werden...

Verlegung auf Normalstation
Nachdem sich sein Zustand stabilisiert hat, wird Herr G. am nächsten Tag verlegt.

18:40 Überwachung und Stabilisierung
Herr G. wird überwacht und erhält wegen der stattgehabten Blutung 2 Erythrozytenkonzentrate und 2 Einheiten Frischplasma.

10:00 Sonografie des Abdomens
Reichlich Aszites nachweisbar. Leber inhomogen (Zeichen eines zirrhotischen Umbaus), Pfortader erweitert (Zeichen einer portalen Hypertension). Splenomegalie (Vergrößerung der Milz).

17:11 Körperliche Untersuchung
Der systolische Blutdruck beträgt 80 mmHg (normal 90–130 mmHg). Puls der Arteria radialis schwach tastbar, Frequenz 112/min (normal 50–100/min). Um den Bauchnabel herum sind einige dicke, geschlängelte Krampfadern zu sehen, auf der Brust mehrere kleine rötliche „Gefäßsternchen" (Spider-Nävi).

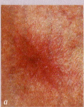 

Spider-Nävus (a). Bei Druck mit dem Glasspatel lässt sich das zentrale Gefäß ausdrücken (b). Bei nachlassendem Druck füllt es sich wieder. (aus Füeßl, F.S., Middeke, M.: Duale Reihe Anamnese und Klinische Untersuchung. 5. Aufl., Thieme, 2014)

18:15 Laborbefund trifft ein (Normwerte in Klammern)
- Hämoglobin 10,3 g/dl (14–18 g/dl)
- GOT 178 U/l (< 35 U/l), GPT 123 U/l (< 45 U/l)
- γ-GT 459 U/l (< 55 U/l)
- spontane Thromboplastinzeit nach Quick 33 % (70–130 %)
- Albumin 3,2 g/dl (3,5–5,3 g/dl)

Die Befunde mit erhöhten Leberwerten (GOT, GPT, γ-GT) und verminderter Syntheseleistung (Albumin und Quick) sprechen für eine deutliche Leberschädigung. Ursache der Anämie (Hämoglobin erniedrigt) sind wahrscheinlich rezidivierende Blutungen.

17:40 Ligatur der Ösophagusvarizenblutung
In der Speiseröhre erkennen die Kollegen mehrere rundliche Vorwölbungen, aus denen es blutet. Sie stellen die Diagnose „akute Ösophagusvarizenblutung" und können die Blutung mit Hilfe von Gummibändern (Ligaturen) stoppen. Herr G. wird zur Überwachung auf die Intensivstation verlegt.

Weiterer stationärer Aufenthalt
Im weiteren Verlauf kontrollieren wir den Hb und bestimmen das Ausmaß der Leberschädigung. Leider können wir Herrn G. nicht von der Notwendigkeit einer Alkoholabstinenz überzeugen.

17:30 Blutabnahme und notfallmäßige Magenspiegelung
Am Ende der Blutabnahme erbricht Herr G. frisches Blut. Ich verständige sofort den Oberarzt und wir entschließen uns zur notfallmäßigen Magenspiegelung (Ösophago-gastroduodenoskopie).

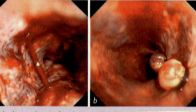
Endoskopischer Befund einer akuten Varizenblutung (a). Nach Gummibandligatur (b). (aus Block, B., Schachschal, G., Schmidt, H.: Der Gastroskopie-Trainer. 2. Aufl., Thieme, 2005)

7 Monate später
Herr G. erleidet eine akute Ösophagusvarizenblutung und stirbt noch vor Eintreffen des Notarztes zu Hause.

Fragen mit anatomischem Schwerpunkt

1. Gibt es einen Zusammenhang zwischen Herrn Gerbers Grunderkrankung (Leberzirrhose) und der akuten lebensbedrohlichen Blutung?
2. Welches Anzeichen in der körperlichen Untersuchung ist durch die gleiche Ursache bedingt wie die Ösophagusvarizen?
3. Wo lassen sich bei Herrn Gerber ähnliche, nur unter pathologischen Bedingungen stark ausgebildete Gefäße bzw. Abflusswege des venösen Bluts aus dem Magen-Darm-Trakt vermuten?
4. Wie ist das „Kaffeesatz-Erbrechen" von Herrn Gerber zu erklären?
5. Welche Ursachen kommen noch für eine Blutung aus dem oberen Gastrointestinaltrakt in Betracht?

Antwortkommentare im Anhang

2 Leitungsbahnen im Beckenraum

2.1 Einführung 879
2.2 Gefäße im Beckenraum 879
2.3 Nerven und Nervengeflechte im Beckenraum ... 883
2.4 Durchtrittsstellen der Leitungsbahnen aus dem Beckenraum ... 885

E. Schulte

2.1 Einführung

Die Leitungsbahnen im Beckenraum verlaufen leicht verschieblich infraperitoneal (Beachte: INFRA) im lockeren Bindegewebe und passen sich den variablen Füllungszuständen der Organe an.
Man unterscheidet:
- **viszerale** Gefäße zur Versorgung der **Beckenorgane** und
- **parietale** Gefäße zur Versorgung der **Beckenwände**.

Die parietalen Anteile verlassen das Becken durch den Canalis obturatorius (S. 885), das Foramen ischiadicum majus (S. 885) mit seinen beiden Anteilen oberhalb, der Pars suprapiriformis (S. 885) und unterhalb, der Pars infrapiriformis (S. 885) des M. piriformis oder ziehen nach kranial zum Beckeneingang. Weiterhin verlassen den Beckenraum Leitungsbahnen zum Bein.

2.2 Gefäße im Beckenraum

2.2.1 Beckenarterien

Die beiden aus der Aorta abdominalis hervorgehenden **Arteriae iliacae communes** teilen sich ventral des Iliosakralgelenks in jeweils eine **Arteria iliaca externa** und **interna**.

▶ **Merke.** Während die **A. iliaca externa** nach Abgabe von nur 2 Ästen durch das Becken hindurchzieht, um die untere Extremität zu versorgen, gehen aus der **A. iliaca interna** innerhalb des Beckens zahlreiche viszerale und parietale Gefäße zu Organen und Wänden des Beckens hervor.

Arteria iliaca externa

Sie zieht medial des M. psoas zur Lacuna vasorum (S. 314), wo sie nach Unterkreuzung des Ligamentum inguinale zur A. femoralis (S. 380) wird und hauptsächlich die untere Extremität versorgt. Innerhalb des Beckens gibt sie lediglich zwei Äste ab:
- **Arteria circumflexa ilium profunda** (S. 380) zur Versorgung der Mm. iliacus und psoas major sowie
- **Arteria epigastrica inferior** (S. 321) zur Versorgung der ventralen Bauchwand.

Arteria iliaca interna

Sie ist das arterielle Hauptgefäß des Beckens, läuft entlang der Articulatio sacroiliaca ins kleine Becken und gibt dabei neben viszeralen Ästen zu den Organen auch parietale zum Beckenboden (S. 341) und zur Hüfte (S. 380) ab (Abb. K-2.1).

Viszerale Äste

- **Arteria umbilicalis:** Die beim Ungeborenen zur Plazenta ziehende Arterie verödet teilweise. Während die verödete **Pars occlusa** an der ventralen Bauchwand in der Plica umbilicalis medialis (S. 317) liegt, gibt die weiterhin offene **Pars patens** zwei organversorgende Gefäße ab:
  - **Arteria ductus deferentis** zur Versorgung des Ductus deferens und
  - **Arteria vesicalis superior** (oft mehrere Gefäße) von kranial zur Harnblase

---

2.1 Einführung

Sie verlaufen leicht verschieblich infraperitoneal (Beachte: INFRA).
- **Viszerale** Gefäße versorgen die Beckenorgane,
- **parietale** die Beckenwand und verlassen das Becken durch den Canalis obturatorius (S. 885), das Foramen ischiadicum majus (S. 885) oder zum Beckeneingang nach kranial.

2.2 Gefäße im Beckenraum

2.2.1 Beckenarterien

Die beiden **Aa. iliacae communes** teilen sich jeweils in **A. iliaca interna** und **externa**.

▶ **Merke.**

Arteria iliaca externa

Sie zieht durch die Lacuna vasorum (S. 314), wird am Ligamentum inguinale zur A. femoralis und versorgt das Bein. Im Becken gibt sie folgende Äste ab:
- **A. circumflexa ilium prof.** (S. 380) (→ Hüftmuskeln),
- **A. epigastrica inferior** (→ ventrale Bauchwand).

Arteria iliaca interna

Arterielles Hauptgefäß des Beckens mit viszeralen und parietalen Ästen (Abb. K-2.1).

Viszerale Äste

- **A. umbilicalis:** Während die verödete Pars occlusa in der Plica umbilicalis medialis (S. 317) verläuft, gibt die Pars patens zwei Äste ab:
  – **A. ductus deferentis**
    → Ductus deferens und
  – **A. vesicalis superior** → Harnblase.

K 2 Leitungsbahnen im Beckenraum

⊙ K-2.1 Äste der A. iliaca interna

Labels (left): A. iliaca communis dextra · A. iliaca interna dextra · A. iliaca externa dextra · A. umbilicalis · A. vesicalis superior · A. epigastrica inferior · A. umbilicalis, Pars occlusa · R. obturatorius der A. epigastrica inferior zur Anastomose mit der A. obturatoria · A. obturatoria · A. rectalis inferior

Labels (right): Aorta abdominalis · A. sacralis mediana · Vertebra lumbalis V · A. iliolumbalis · A. glutea superior · A. sacralis lateralis · M. piriformis · A. glutea inferior · A. vesicalis inferior · A. rectalis media · A. ductus deferentis · A. pudenda interna

Siehe „Corona mortis" (S. 380).
Schematische Darstellung der rechten A. iliaca interna im männlichen Becken.
(Prometheus LernAtlas. Thieme, 3. Aufl.)

- **A. vesicalis inf.** zur Harnblase mit Ästen zu Genitalorganen.
- **A. rectalis media** (mit Ästen zum Genitale) anastomosiert am Rektum, mit den Aa. rectales sup. und inf.
- **A. uterina:** Als direkter Ast der A. iliaca int. (Unterschied zur A. ductus deferentis) überkreuzt sie im Ligamentum latum den Ureter. Während ihres geschlängelten Verlaufs am Uterus gibt sie folgende Äste ab:
  – **Rr. vaginales**,
  – **R. ovaricus** und
  – **R. tubarius**.
- **A. vaginalis** (ggf. Ast der A. uterina).
- **A. pudenda interna** (S. 341): Sie zieht über die Pars infrapiriformis des Foramen ischiadicum majus und durch das Foramen ischiadicum minus in den Canalis pudendalis der Fossa ischioanalis und gibt folgende Äste ab:
  – **A. rectalis inf.** zum Analkanal,
  – **A. perinealis** zum Damm sowie
  – Äste zum **äußeren Genitale** und zur **Urethra**.

Parietale Äste

Nach dorsal ziehen:
- **A. iliolumbalis** zur muskulären und knöchernen Beckenwand mit Rr. lumbalis, spinalis und iliacus,
- **A. sacralis lateralis** zum Os sacrum,
- **Aa. gluteae sup.** und **inf.**, die zur Versorgung von kranialer bzw. kaudaler Gesäßmuskulatur durch die Pars supra- bzw. infrapiriformis des Foramen ischiadicum majus treten.

- **Arteria vesicalis inferior:** Sie zieht zum Harnblasengrund und gibt **Äste** zur Prostata und Glandula vesiculosa bzw. zur Vagina ab.
- **Arteria rectalis media:** Auf dem Weg zum Rektum gibt auch sie **Äste** zum Genitale ab. Am Rektum bildet sie **Anastomosen** mit der A. rectalis superior (S. 717) aus der A. mesenterica inferior und der A. rectalis inferior aus der A. pudenda interna (s. u.).
- **Arteria uterina:** Diese entwicklungsgeschichtlich der A. ductus deferentis (s.o) entsprechende Arterie ist meist ein direkter Ast der A. iliaca interna. Sie zieht durch das Ligamentum latum von lateral zur Cervix uteri, überkreuzt dabei den Ureter (S. 777) und läuft geschlängelt am Corpus uteri empor.
  Folgende Äste gehen von ihr ab:
  – **Rami vaginales** ziehen zur Scheide, der
  – **Ramus ovaricus** zum Ovar, wo er mit der A. ovarica anastomosiert.
  – Der **Ramus tubarius** versorgt die Tuba uterina.
- **Arteria vaginalis:** Sie zieht zur Scheide und kann auch als größerer Ast aus der A. uterina entspringen.
- **A. pudenda interna** (S. 341): Sie verlässt das Becken durch die Pars infrapiriformis des Foramen ischiadicum majus und zieht durch das Foramen ischiadicum minus in die Fossa ischioanalis (S. 340).
  Dort läuft sie im Canalis pudendalis nach ventral.
  Von ihr gehen nachfolgende Arterien ab:
- **Arteria rectalis inferior** zum Canalis analis, die
- **Arteria perinealis** zur Versorgung der Muskulatur am Damm sowie folgende Äste zum äußeren Genitale:
- **Arteria bulbi penis** bzw. **vestibuli,**
- **Arteria dorsalis penis** bzw. **clitoridis,**
- **Arteria profunda penis** bzw. **clitoridis** und
- **Arteria urethralis**.

Aufgrund ihres Versorgungsgebiets, das neben Organen auch einen Teil der Rumpfwand umfasst, wird sie in der Literatur nicht immer als viszeraler Ast der A. iliaca interna beschrieben.

Parietale Äste

Nach dorsal ziehen:
- **Arteria iliolumbalis:** Sie zieht zur Fossa iliaca und gibt den
  – Ramus lumbalis für die Mm. psoas und quadratus lumborum sowie den
  – Ramus iliacus für die knöcherne Beckenwand und den
  – Ramus spinalis zur Wirbelsäule ab.
- Die **Arteria sacralis lateralis** (oft mehrere Gefäße) zieht zum Os sacrum.
- Die **Arteria glutea superior** (S. 380) verlässt das Becken durch die Pars suprapiriformis des Foramen ischiadicum majus und versorgt die kraniale Gesäßmuskulatur.
- Die **Arteria glutea inferior** (S. 380) zieht durch die Pars infrapiriformis (S. 885) des Foramen ischiadicum majus und versorgt die kaudale Gesäßmuskulatur.

Nach ventral zieht die **Arteria obturatoria** zum Canalis obturatorius. Ihre wichtigsten Äste sind:
- **Ramus acetabularis** zum Caput femoris (im Ligamentum capitis femoris, Abb. **D-1.4**) und
- **Ramus pubicus**, der mit dem gleichnamigen Ast der A. epigastrica inferior anastomosiert.
- Jeweils ein **Ramus anterior** und **posterior** versorgen Adduktoren und tiefe Hüftmuskeln.

Nach ventral zieht die **A. obturatoria** durch den Canalis obturatorius und gibt ihre Äste ab:
- R. acetabularis zum Caput femoris,
- R. pubicus, der mit dem R. pubicus der A. epigastrica inferior anastomosiert.
- Rr. ant. und post.

2.2.2 Beckenvenen

Die parietalen und viszeralen Venen schließen sich den gleichnamigen Arterien an. Die viszeralen Venen bilden dabei oft ausgedehnte **Plexus venosi** um die Organe (Abb. **K-2.2**): Plexus venosus sacralis, rectalis, vesicalis, prostaticus, uterinus und vaginalis.

Alle parietalen und viszeralen Venen, die häufig auf jeder Seite doppelt angelegt sind, fließen schließlich in die **Vena iliaca interna** ab. Letztere liegt dorsal der entsprechenden Arterie und vereinigt sich mit der Vena iliaca externa zur paarigen **Vena iliaca communis**. Im Becken nimmt die V. iliaca externa von der Rumpfwand die V. circumflexa ilium profunda und die V. epigastrica inferior auf; hauptsächlich dient sie aber der venösen Drainage der unteren Extremität.

2.2.2 Beckenvenen

Die parietalen und viszeralen Venen laufen mit den gleichnamigen Arterien. Viszerale Venen bilden Geflechte (Abb. **K-2.2**): **Plexus venosus** sacralis, rectalis, vesicalis, prostaticus, uterinus und vaginalis. Der Abfluss erfolgt wie für die parietalen Venen über die **V. iliaca int.** zur **V. iliaca communis**. Die V. iliaca externa drainiert die untere Extremität und nimmt von der Rumpfwand die V. circumflexa ilium profunda und die V. epigastrica inferior auf.

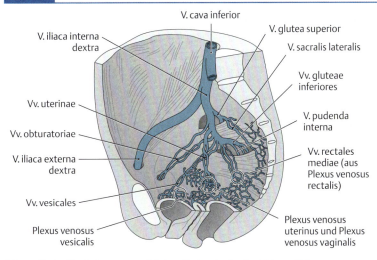

K-2.2 Vena iliaca interna und Venenplexus des Beckens

Schematische Darstellung am weiblichen Becken in der Ansicht von links.
(Prometheus LernAtlas. Thieme, 3. Aufl.)

▶ **Klinik.** Bei einer pathologischen Gerinnung in den Beckenvenen (**Beckenvenenthrombose**) ist die Gefahr einer Lungenembolie (S. 559) durch Ablösung einzelner Gerinnsel besonders hoch, vgl. tiefe Venenthrombose (S. 160).

▶ **Klinik.**

Der venöse Abfluss des Damms und des äußeren Genitales zeigt im Vergleich zur arteriellen Versorgung eine **Besonderheit**:
Venöses Blut der Dammregion kann in die **Vena pudenda interna** und/oder die **Vena pudenda externa** (und somit in die Vena femoralis) abfließen.
Die Venae dorsales superficiales penis bzw. clitoridis gewinnen ebenfalls Anschluss an die Vv. pudendae externae.

Die **Besonderheit** des venösen Abflusses von Damm und äußerem Genitale liegt darin, dass er – anders als der arterielle Zustrom (nur aus der A. pudenda int.) – in die **Vv. pudendae int.** und **externa** (somit in die V. femoralis) erfolgt.

2.2.3 Lymphgefäße und -knoten im Beckenraum

Die Lymphknoten orientieren sich an der Lage der großen Blutgefäße (Abb. **K-2.3**, vgl. auch Abb. **D-1.46**): **Nodi lymphoidei iliaci interni** und **externi** leiten ihre Lymphe ebenso wie **Nodi lymphoidei sacrales** in die **Nodi lymphoidei iliaci communes**, die Anschluss an die **Trunci lumbales** finden. Fast alle **Beckenorgane** leiten direkt oder über Organlymphknoten ihre Lymphe in diese Knoten ab.
Eine Ausnahme bilden **Hoden** bzw. **Ovar** mit **direktem** Abfluss in die **Nodi lymphoidei lumbales**.

2.2.3 Lymphgefäße und -knoten im Beckenraum

Lymphknoten liegen um die Blutgefäße (Abb. **K-2.3**, vgl. Abb. **D-1.46**). Beckenorgane und Beckenwände drainieren über **Nll. iliaci intt., extt.** und **sacrales** in **Nll. iliaci communes** mit Abfluss in die **Trunci lumbales**.
Eine Ausnahme bilden Hoden bzw. Ovar mit **direktem** Abfluss in die **Nll. lumbales**.

K-2.3 Übersicht über die Beckenlymphknoten und ihre Einbindung in die Lymphabflusswege des Becken- und Retroperitonealraums

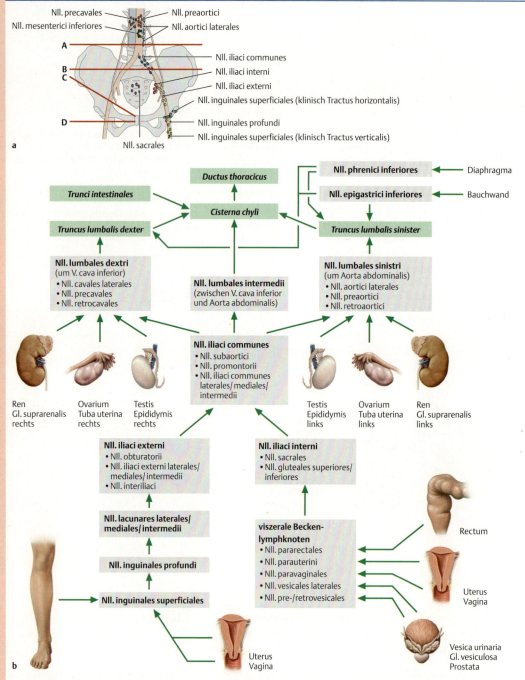

Die Beckenorgane (Uterus und Vagina; Rektumanteile; Harnblase und akzessorische Genitaldrüsen) leiten ihre Lymphe zunächst in organbezogene (viszerale) Lymphknoten, von da über die Nll. iliaci interni und die Nll. iliaci communes weiter in die Nll. lumbales.

Merke: Beckenbodennahe Anteile des Urogenitalsystems (Teile der Cervix uteri; Teile der Vagina; äußeres Genitale; Urethra) leiten ihre Lymphe (zusätzlich) in die Nll. inguinales, die aber auch die Drainagestation für die untere Extremität darstellen (Reaktion der inguinalen Lymphknoten bei Erkrankungen der unteren Extremität ebenso wie bei Erkrankungen in unteren Abschnitten des Urogenitalsystems).

(Prometheus LernAtlas. Thieme, 3. Aufl.)

a Die Beckenlymphknoten sind entlang der großen Blutgefäße sowie vor dem Os sacrum lokalisiert. Bei der radiologischen Beschreibung der Lymphknotenstationen bedient man sich virtueller Linien, die sich anhand von Knochenstrukturen definieren lassen: Iliolumballinie (A), Iliosakrallinie (B), Inguinallinie (C), Obturatorlinie (D).

b Lymphabflusswege von Retroperitoneum und Becken: Der Abfluss erfolgt in die Trunci lumbales über die Nll. lumbales dextri und sinistri. Diese werden von den Nieren, Nebennieren (primär Lage im Spatium retroperitoneale) sowie von den Keimdrüsen direkt erreicht. Letztere liegen zwar beim Erwachsenen im Becken, d. h. im Ovar (S. 796) bzw. extrakorporal im Hoden (S. 828), behalten aber neben der Blutgefäßversorgung auch die Lymphdrainagewege nach dem embryonalen Deszensus aus dem Spatium retroperitoneale bei.

Nodi lymphoidei inguinales superficiales und **profundi** (Abb. **D-1.46**) nehmen Lymphe einerseits aus der unteren Extremität, andererseits aber auch Lymphe aus dem Beckenboden, dem äußeren Genitale (und Teilen des inneren Genitales) sowie aus der Urethra auf.

2.3 Nerven und Nervengeflechte im Beckenraum

Auch im Beckenraum verlaufen vegetative sowie somatische Nerven.

2.3.1 Anteile des vegetativen Nervensystems

Die vegetativen Fasern des sympathischen und parasympathischen Nervensystems bilden im Becken den **Plexus hypogastricus inferior** zur Versorgung der Beckenorgane.
Der Plexus hypogastricus inferior besteht aus topografisch unterscheidbaren gemischten **Einzelplexus** (z. B. Plexus rectales medius und inferior, Plexus vesicalis, vgl. Abb. **K-1.10**), in denen die vegetativen Fasern – teilweise erst nach Umschaltung im jeweiligen Unterplexus (auch als Organplexus bezeichnet) – an das Erfolgsorgan herantreten. Die sehr kleinen Ganglien des Plexus hypogastricus inferior bezeichnet man als **Ganglia pelvica**, die nicht zu verwechseln sind mit dem klinisch noch gängigen Begriff „Ganglion pelvicum" oder „Frankenhäuser-Ganglion", der ein Synonym für den Plexus uterovaginalis (S. 796) ist.

Sympathikus: Die sympathischen Fasern ziehen entweder in Form der paarigen **Nervi hypogastrici** (dexter und sinister) vom Plexus hypogastricus superior (lockeres Geflecht von vegetativen Fasern) kommend, oder als **Nervi splanchnici sacrales** (aus den meist vier **Ganglia sacralia**) zum Plexus hypogastricus inferior (s. o.).

Parasympathikus: Die parasympathischen **Nervi splanchnici pelvici** enthalten Fasern aus den Rückenmarkssegmenten **S 2–S 4** und erreichen ebenfalls den Plexus hypogastricus inferior.

▶ **Merke.** Die **Nn. splanchnici pelvici** sind die einzigen **para**sympathischen Nn. splanchnici. Sie haben ihr Ursprungsneuron (1. Neuron) im Seitenhorn der Rückenmarkssegmente S 2–S 4 und enthalten ausschließlich **prä**ganglionäre Fasern, die in den vegetativen parasympathischen Ganglien des Plexus hypogastricus inferior mit seinen Unterplexus auf das 2. Neuron umgeschaltet werden. **Alle anderen Nn. splanchnici** (major, minor, lumbales und sacrales) sind **sym**pathisch, d. h. enthalten Fasern aus dem thorakalen bzw. lumbalen Seitenhorn des Rückenmarks. Während die Fasern in den Nn. splanchnici major und minor überwiegend den Grenzstrang (Truncus sympathicus) ohne Umschaltung passieren und in den prävertebralen Ganglien des Plexus aorticus abdominalis umgeschaltet werden, sind Fasern der Nn. splanchnici lumbales und sacrales (nach Umschaltung in den Ganglia lumbalia) teilweise bereits postganglionär. Die noch präganglionären sympathischen Fasern werden wie die parasympathischen Fasern im Plexus hypogastricus inferior umgeschaltet.

Nll. inguinales superficiales und **profundi** (Abb. **D-1.46**) erhalten Lymphe von Bein, Beckenboden, äußerem Genitale und Urethra.

2.3 Nerven und Nervengeflechte im Beckenraum

2.3.1 Anteile des vegetativen Nervensystems
Vegetative Nerven (sympathisch/parasympathisch) bilden den **Plexus hypogastricus inf.**, der aus mehreren **Einzelplexus** (Organplexus) besteht
(vgl. Abb. **K-1.10**). Darin befinden sich zahlreiche kleine **Ganglia pelvica**.

Sympathikus: Sympathische Fasern ziehen als paarige **Nn. hypogastrici** vom Pl. hypogastricus sup. oder als **Nn. splanchnici sacrales** zum Pl. hypogastricus inf. (s. o.).

Parasympathikus: Die Fasern aus **S 2–S 4** erreichen den Pl. hypogastricus inf. als **Nn. splanchnici pelvici**.

▶ **Merke.**

2.3.2 Anteile des somatischen Nervensystems

Die somatischen Nerven entstammen drei großen Plexus (s. a. Plexus lumbosacralis (S. 385):

- **Plexus lumbalis** (Segmente L1–L4): Die aus ihm hervorgehenden Nerven verlaufen vor allem an der Rumpfwand. Lediglich der N. obturatorius zieht medial am M. psoas zum Canalis obturatorius.
- **Plexus sacralis** (Segmente L4–S4): Seine Nerven verlassen größtenteils das Becken (Abb. **K-2.4**) durch die beiden Anteile des Foramen ischiadicum majus:
  – durch das **Foramen ischiadicum majus, Pars suprapiriformis** zieht der **Nervus gluteus superior** zu den Mm. glutei medius und minimus,
  – durch das **Foramen ischiadicum majus, Pars infrapiriformis** verlaufen die **Nervi gluteus inferior** (zum M. gluteus maximus), **cutaneus femoris posterior, ischiadicus** und **pudendus**.
  Der **Nervus pudendus** zieht über das Foramen ischiadicum minus in die Fossa ischioanalis, dort durch den Canalis pudendalis (Abb. **K-2.4**) nach ventral und innerviert Damm sowie äußeres Genitale.
  – Im Becken verbleiben nur Rami musculares für die Mm. levator ani und coccygeus sowie viszerale Äste für die Beckeneingeweide.
- **Plexus coccygeus** (S. 386), Segmente S4–Co1.

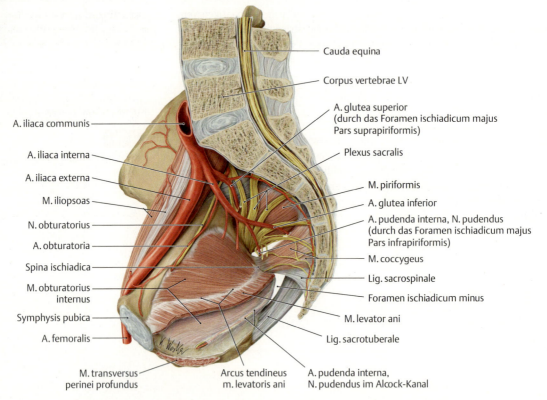

K-2.4 Lage des Plexus sacralis im Beckenraum mit Verlauf seiner Nerven

Sicht auf die Innenseite einer rechten Beckenhälfte von links. Während die meisten Nerven des Plexus sacralis den Beckenraum verlassen, zieht der N. pudendus zusammen mit den Vasa pudenda interna (Venen hier der Übersicht halber nicht dargestellt) zwar auch zunächst durch das Foramen ischiadicum majus, Pars infrapiriformis aus dem Becken heraus, dann jedoch durch das Foramen ischiadicum minus in die Fossa ischioanalis. Hier läuft er im Canalis pudendalis (Alcock-Kanal), der durch eine Faszienduplikatur des M. obturatorius internus entsteht; s. a. Tab. **K-2.1** und Plexus sacralis (S. 342).

(Prometheus LernAtlas. Thieme, 3. Aufl.)

2.4 Durchtrittsstellen der Leitungsbahnen aus dem Beckenraum

Viele Leitungsbahnen des Beckenraums ziehen gemeinsam an der Beckenwand entlang oder treten zusammen durch ihre Öffnungen, um die von ihnen versorgten Strukturen außerhalb des Beckens zu erreichen. Dadurch entstehen verschiedene Gefäß-Nerven-Straßen (Tab. **K-2.1**).

2.4 Durchtrittsstellen der Leitungsbahnen aus dem Beckenraum

Viele Leitungsbahnen treten gemeinsam aus dem Becken zu den von ihnen versorgten Strukturen über (Tab. **K-2.1**).

≡ K-2.1   Durchtrittsstellen und Leitungsbahnen von parietalen Gefäß-Nerven-Straßen des Beckens

Öffnung/Kanal		Leitungsbahnen	Übersicht
dorsal	Foramen ischiadicum majus mit 2 Anteilen:		
	▪ Pars suprapiriformis (S. 358)	▪ Vasa glutea superiora ▪ N. gluteus superior	
	▪ Pars infrapiriformis (S. 358)	▪ Vasa glutea inferiora ▪ N. gluteus inferior ▪ Vasa pudenda interna ▪ N. pudendus ▪ N. ischiadicus ▪ N. cutaneus femoris posterior	
	Foramen ischiadicum minus	▪ Vasa pudenda interna ▪ N. pudendus	
am Beckenboden	Canalis pudendalis = Alcock-Kanal (S. 341)	▪ Vasa pudenda interna ▪ N. pudendus	
lateral	Canalis obturatorius (S. 331)	▪ Vasa obturatoria ▪ N. obturatorius	
ventral	Lacuna vasorum (S. 314)	▪ Vasa femoralia ▪ Lymphgefäße des Beins ▪ R. femoralis nervi genitofemoralis	
	Lacuna musculorum (S. 314)	▪ N. femoralis ▪ N. cutaneus femoris lateralis	

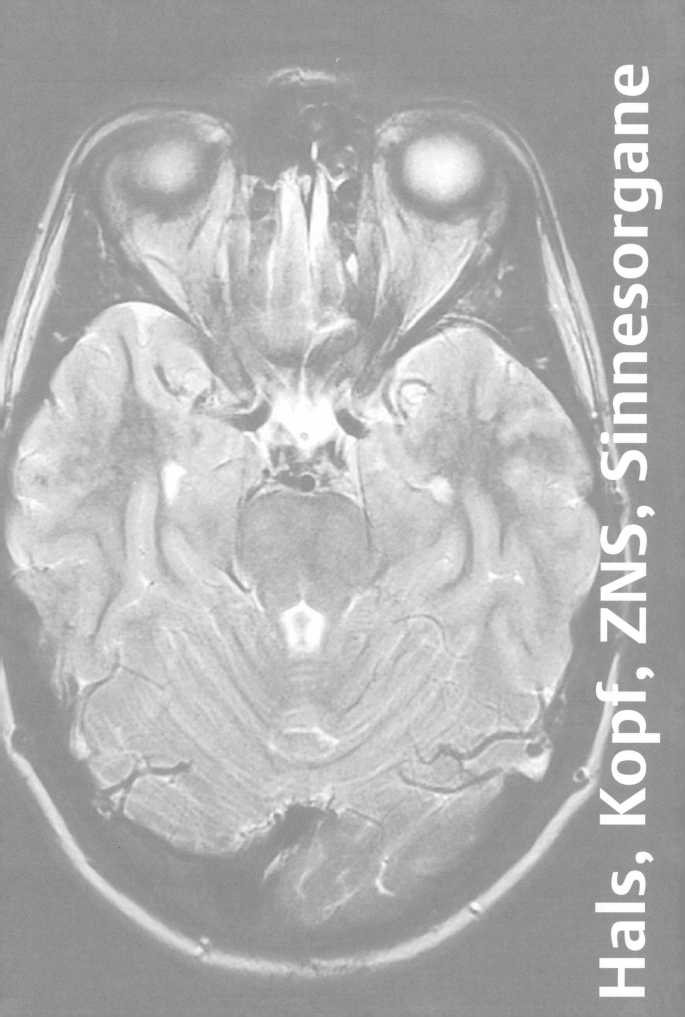

Hals

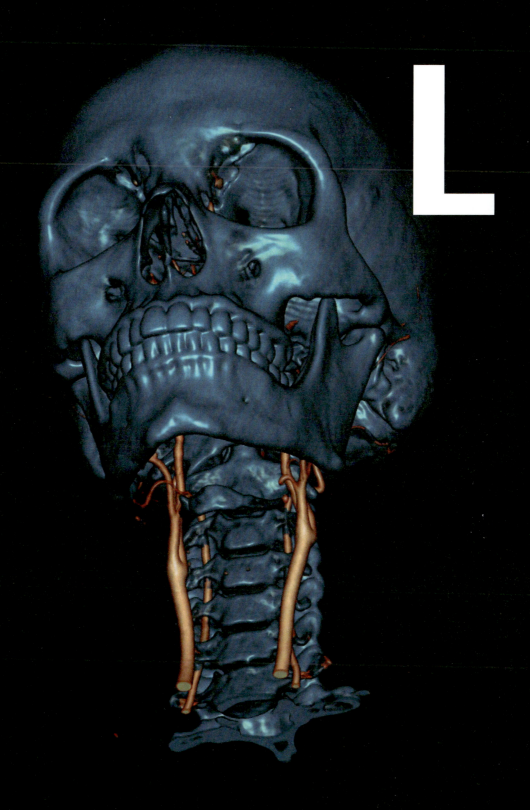

Oberflächenrekonstruktion einer Computertomografie des Halses. Nach Injektion eines jodhaltigen Kontrastmittels lassen sich die supraaortalen Gefäße gut erkennen.

© www.siemens.com/presse

1 **Hals – Gliederung, Muskulatur und Leitungsbahnen** 891

2 **Halsorgane** 914

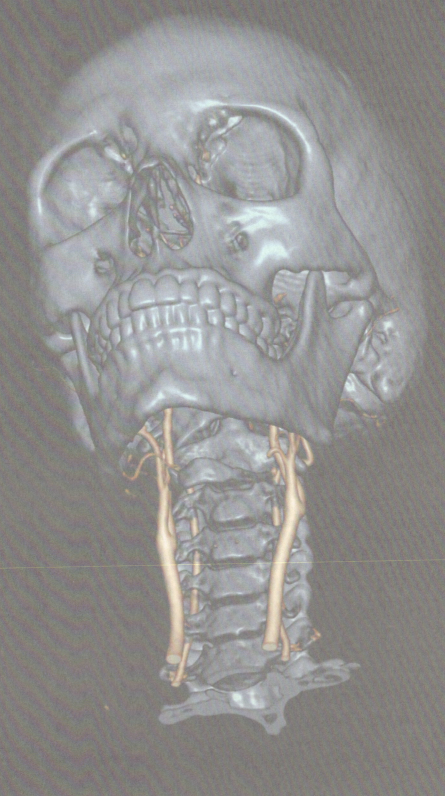

1 Hals – Gliederung, Muskulatur und Leitungsbahnen

1.1 Funktionelle Bedeutung und Bauprinzip 891
1.2 Muskulatur des Halses mit Zungenbein 893
1.3 Leitungsbahnen im Halsbereich 896
1.4 Topografische Anatomie des Halses 906

© Mike_expert – Getty Images/istockphoto

G. Aumüller, G. Wennemuth

1.1 Funktionelle Bedeutung und Bauprinzip

1.1.1 Funktionelle Bedeutung des Halses

Bedingt durch seine Lage als Verbindung zwischen Kopf (Caput) und Rumpf (Truncus) ist der Hals (**Collum**, **Cervix**) eine wichtige **Durchgangsstraße** sowohl für die Speise- und Atemwege als auch für lebenswichtige Leitungsbahnen.
Darüber hinaus ermöglicht die **Beweglichkeit** des Halses z. B. durch Drehung des Kopfes gegenüber dem Rumpf eine Ausweitung des Aktionsradius für die visuelle und akustische Wahrnehmung. Grundlage dafür bilden zum einen die Halswirbelsäule und Kopfgelenke, die zusammen mit der übrigen Wirbelsäule als funktionelle Einheit im Kap. Beweglichkeit der einzelnen Wirbelsäulenabschnitte (S. 268) und im Kap. Kopfgelenke (S. 264) abgehandelt sind. Zum anderen ist deshalb auch die Muskulatur, die den Hauptanteil des Halses bildet, von großer Bedeutung (S. 893).
Die im Bereich des Halses liegenden Organe, zu denen neben Anteilen der Speise- und Atemwege (Pharynx = Rachen, Larynx = Kehlkopf sowie Beginn der Trachea = Luftröhre) auch die Schilddrüse mit Nebenschilddrüsen zählen, werden im Kap. Halsorgane (S. 914) besprochen.

1.1.2 Begrenzung und Gliederung des Halses

Begrenzungen

Kraniale Begrenzung: Der Hals wird vom Kopf durch eine Verbindungslinie getrennt (Abb. **L-1.1**), die vom Unterrand der Mandibula zum Processus mastoideus und längs der Linea nuchalis superior zur Protuberantia occipitalis externa des Os occipitale (S. 944) verläuft.
Kaudale Begrenzung: Vom Rumpf wird der Hals durch eine Verbindungslinie getrennt, die vom Oberrand des Sternums durch das Schlüsselbein (Clavicula) und das Acromion des Schulterblattes bis dorsal zum Processus spinosus des 7. Halswirbels zieht.

1.1 Funktionelle Bedeutung und Bauprinzip

1.1.1 Funktionelle Bedeutung des Halses

Durch seine Lage zwischen Kopf und Rumpf, die er verbindet, dient der Hals (**Collum**, **Cervix**) als **Durchgangsstraße** für Speise- und Atemwege sowie für Leitungsbahnen. Durch seine **Beweglichkeit**, deren Grundlage Halswirbelsäule (S. 268), Kopfgelenke (S. 264) und seine ausgeprägte Muskulatur (S. 893) bilden, wird der Wahrnehmungsradius der Sinnesorgane erweitert.
Näheres zu den Halsorganen (Pharynx, Larynx, obere Trachea, Schilddrüse und Nebenschilddrüsen) s. im Kap. Halsorgane (S. 914).

1.1.2 Begrenzung und Gliederung des Halses

Begrenzungen

Die **kraniale Grenze** (Abb. **L-1.1**) verläuft zwischen Mandibula, Proc. mastoideus und der Protuberantia occipitalis externa (S. 944).

Die **kaudale Grenzlinie** verbindet die Clavicula mit dem Proc. spinosus des 7. Halswirbels bzw. dem Manubrium sterni.

⊙ L-1.1 Begrenzungen des Halses

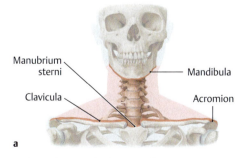
a

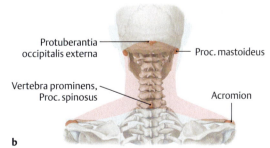
b

(nach Prometheus LernAtlas. Thieme, 3. Aufl.)
a Ansicht des Halses (schattiert) von ventral
b und dorsal. Die entlang der Begrenzungslinie liegenden tastbaren Knochenpunkte sind rot hervorgehoben (weitere sind innerhalb des Abschnitts zur topografischen Anatomie zu finden; s. Abb. **L-1.17**).

Gliederung durch die Halsfaszie

Die unter dem Hautmuskel **Platysma** (S. 895) liegende Halsfaszie **Fascia cervicalis** bzw. **colli** (Tab. L-1.1 und Abb. L-1.2) unterteilt den Hals in mehrere Tiefenbereiche mit verschiedenen Muskelgruppen sowie von Bindegewebe umgebenen Leitungsbahnen und Eingeweiden.

▶ Merke.

Gliederung durch die Halsfaszie

Der Hals wird durch die aus drei Lagen (sog. „Blätter") bestehende Halsfaszie (**Fascia cervicalis** bzw. **colli**, Tab. L-1.1) in mehrere Tiefenbereiche gegliedert und umfasst außer verschiedenen Muskelgruppen auch Eingeweide und Leitungsbahnen, die jeweils von eigenen Bindegewebshüllen („Eingeweidefaszie" und Vagina carotica, Abb. L-1.23) umgeben sind (Abb. L-1.2).

Oberhalb der Halsfaszie verläuft das **Platysma** (S. 895) als Hautmuskel und spannt die Halshaut zwischen Gesicht und Brust.

▶ **Merke.** Die drei Blätter der Halsfaszie (Lamina superficialis, Lamina pretrachealis und Lamina prevertebralis) gliedern den Hals in unterschiedliche Tiefenbereiche, wobei oberflächlich und in der Tiefe Muskulatur vorherrschen, dazwischen Eingeweide und Gefäß-Nerven-Straßen.

≡ L-1.1 Blätter der Halsfaszie (Fascia cervicalis)

Blatt	Ursprung/Ansatz	Ausdehnung/Lage	bedeckte Strukturen	sonstiges
Lamina superficialis (oberflächliches Blatt)	▪ Mandibula (aus der am Unterkieferrand endenden Fascia parotideomasseterica hervorgehend) ▪ Claviculae ▪ Manubrium sterni	▪ unter dem Platysma (S. 895) ▪ kaudal in die Brustfaszie (Fascia pectoralis) übergehend ▪ verschmilzt dorsal mit der Nackenfaszie (Fascia nuchae)	▪ gesamter Hals ▪ Gl. submandibularis am Mundboden ▪ M. sternocleidomastoideus und M. trapezius (mit eigenen Muskellogen in dem Faszienblatt)	▪ kräftige Faszie ▪ Teil der oberflächlichen Körperfaszie ▪ auf ihr verzweigen sich die Hautäste des Halsgeflechts und verlaufen die oberflächlichen Hautvenen
Lamina pretrachealis (mittleres Blatt)	▪ oberer Anteil: Körper des Os hyoideum ▪ unterer Anteil: Manubrium sterni und Claviculae	▪ vor der Trachea ▪ seitlich mit den Zwischensehnen der Mm. omohyoidei und der Vagina carotica verwachsen	▪ infrahyoidale Muskulatur ▪ Kehlkopf, Trachea, Schilddrüse ▪ Pharynx und Oesophagus ▪ Vagina carotica mit A. carotis communis bzw. interna, V. jugularis interna und N. vagus	▪ von kranial nach kaudal breiter werdend ▪ im Bereich der infrahyoidalen Muskulatur von besonders fester Konsistenz
Lamina prevertebralis (tiefes Blatt)	▪ von der Schädelbasis bis zur Höhe des 3. Brustwirbels (Übergang in die Fascia endothoracica)	▪ direkt vor der Wirbelsäule (am Ligamentum longitudinale anterius) mit kaudaler Aufspaltung ▪ seitlich verbunden mit der Lamina superficialis	▪ tiefe Halsmuskeln, Mm. scaleni, M. levator scapulae, autochthone Nackenmuskeln ▪ Truncus sympathicus mit den 3 Halsganglien (Ganglion cervicale superius, medium und inferius), Plexus brachialis, A. subclavia, N. phrenicus	▪ reicht bis in das hintere Mediastinum

⊙ L-1.2 Faszienverhältnisse am Hals

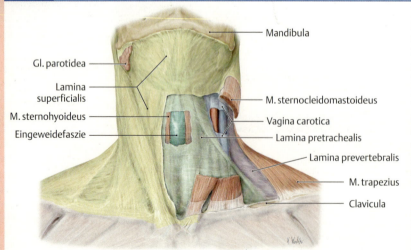

Nach Entfernung des epifaszialen Hautmuskels, sog. Platysma (S. 895), sind in der Ventralansicht die Blätter der Halsfaszie sowie weitere Bindegewebshüllen im Bereich des Halses dargestellt: Auf der rechten Seite ist die Lamina superficialis (oberflächliches Blatt) beige dargestellt und die Loge für die Glandula parotidea (S. 1018) vorne eröffnet. Auf der linken Seite wurde die Lamina superficialis entfernt und der M. sternocleidomastoideus mit seiner umhüllenden Faszie durchtrennt, um die darunter gelegenen Bindegewebsschichten sichtbar zu machen: Medial ist die hellgrün gefärbte Lamina pretrachealis nochmals gefenstert, sodass die Mm. sternohyoidei (Abb. L-1.4) und die darunter gelegene Eingeweidefaszie (dunkelgrün) freigelegt sind. Lateral ist die Vagina carotica (Faszienhülle der Leitungsbahnen) blau und die sich seitlich anschließende Lamina prevertebralis (tiefes Blatt der Halsfaszie) violett hervorgehoben (vgl. auch Abb. L-1.23). (Prometheus LernAtlas. Thieme, 3. Aufl.)

1.2 Muskulatur des Halses mit Zungenbein

Die Halswirbel (S. 253) und kurzen Nackenmuskeln (S. 275) sind im Zusammenhang mit der gesamten Wirbelsäule und autochthoner Muskulatur besprochen worden. Knorpel und Muskulatur des Kehlkopfs (Larynx) finden sich im Kapitel zu den Halsorganen (S. 920), sodass an dieser Stelle zusammen mit der Muskulatur als einzige knöcherne Struktur das im ventralen Halsbereich muskulär „aufgehängte" Zungenbein abgehandelt wird. Es wird auf Grund seiner entwicklungsgeschichtlichen Herkunft aus dem Schlundbogenmaterial (S. 968) zwar häufig auch als Schädelknochen gerechnet, liegt aber topografisch im Bereich des Halses und ist für dessen Muskulatur in diesem Zusammenhang von Bedeutung.

1.2.1 Zungenbein (Os hyoideum) und Zungenbeinmuskulatur

Zungenbein (Os hyoideum): Das Zungenbein ist ein kleiner unpaarer Knochen von spangenförmiger Gestalt (Abb. **L-1.3a**). Es besteht aus einem medialen Körper (**Corpus**), dem vorn zwei kleine Hörner (**Cornua minora**) und hinten seitlich zwei große Hörner (**Cornua majora**) aufsitzen. Zwischen dem Oberrand des Schildknorpels und dem Zungenbein ist die zugfeste **Membrana thyrohyoidea** befestigt, die den maximalen Abstand zwischen Kehlkopf und Zungenbein limitiert.

Zungenbeinmuskulatur: Sie wird nach ihrer Lage in folgende zwei Gruppen unterteilt (Abb. **L-1.3b**, Abb. **L-1.3c**, Abb. **L-1.4**):
- Die **infrahyoidale Muskulatur** (**Musculi infrahyoidei**) gehört zu den Halsmuskeln im engeren Sinne. Ihre Hauptfunktion ist – entsprechend ihrer Position kaudal des Zungenbeins – die Senkung des Os hyoideum während des Schluckaktes.
- Die **suprahyoidale Muskulatur** (**Musculi suprahyoidei**), kranial des Zungenbeins gelegen), bildet beim Schluckvorgang den „Gegenpart" der infrahyoidalen Muskeln, indem sie das Zungenbein hebt. Zwar sind die Muskeln wegen dieser Funktion und ihrer Lage hier aufgeführt, die (überwiegende) Innervation durch Kopfnerven (s. a. Abb. **L-1.4**) weist jedoch auf ihre embryonale Herkunft aus Schlundbögen (Branchialbögen) hin. Neben der funktionellen Bedeutung als Zungenbeinheber bilden sie auch den Mundboden (S. 1015).

1.2 Muskulatur des Halses mit Zungenbein

In den Kap. Halswirbelsäule (S. 253) und kurze Nackenmuskeln (S. 275) erfolgt ihre Besprechung, die der knorpeligen und muskulären Strukturen des Kehlkopfs bei den Halsorganen (S. 920). Hier wird daher zusammen mit der Halsmuskulatur auf das entwicklungsgeschichtlich dem Schlundbogenmaterial (S. 968) entstammende Zungenbein eingegangen.

1.2.1 Zungenbein (Os hyoideum) und Zungenbeinmuskulatur

Zungenbein (Os hyoideum): Es besteht aus einem Körper (Corpus) mit zwei vorderen kleinen und zwei hinteren großen Hörnern (**Cornua minora** bzw. **majora**, Abb. **L-1.3a**). Es ist über die **Membrana thyrohyoidea** mit dem Schildknorpel verbunden.

Zungenbeinmuskulatur: Sie wird unterteilt in (Abb. **L-1.3b**, Abb. **L-1.3c**, Abb. **L-1.4**):
- **infrahyoidale Muskulatur**, die zu den Halsmuskeln i. e. S. gehört, und

- **suprahyoidale Muskulatur**, die größtenteils durch Kopfnerven versorgt werden (s. a. Abb. **L-1.4**) und an der Bildung des Mundbodens (S. 1015) beteiligt sind.

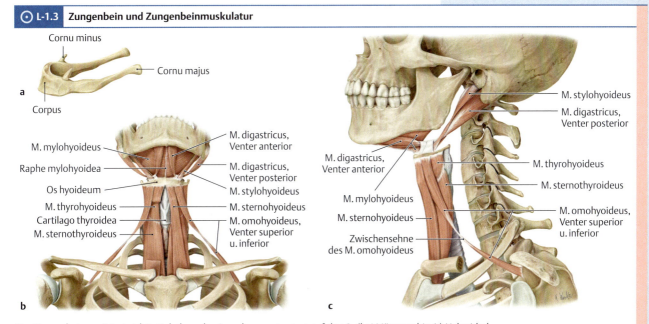

L-1.3 Zungenbein und Zungenbeinmuskulatur

Das Zungenbein projiziert sich in Ruhelage des Sprechapparats etwa auf den 3. (bei Männern bis 4.) Halswirbel.
(Prometheus LernAtlas. Thieme, 3. Aufl.)
a Darstellung des Os hyoideum sowie
b im Verbund mit der supra- und infrahyoidalen Muskulatur in der Ansicht von links lateral und
c ventral (mit Fensterung des rechtsseitigen M. sternohyoideus).

L 1 Hals – Gliederung, Muskulatur und Leitungsbahnen

⊙ L-1.4 Übersicht über die Halsmuskulatur

Muskel	Ursprung	Ansatz	Innervation	Funktion
oberflächliche Schicht				
Platysma (Hautmuskel)	Basis mandibulae Fascia parotidea	Fascia pectoralis	R. colli nervi facialis (VII)	■ spannt die Haut des Halses ■ zieht die Mandibula herab (Kieferöffner) ■ als mimischer Muskel Breitziehen des Mundes (Zähnefletschen)
M. sternocleido-mastoideus ■ **Caput mediale** ■ **Caput laterale**	Manubrium sterni Extremitas sternalis claviculae	Processus mastoideus lateraler Anteil der Linea nuchalis superior	N. accessorius (XI), Äste aus dem Plexus cervicalis (C1–C3)	■ doppelseitig: Kaudalbewegung des Hinterhaupts ■ einseitig: Neigung des Kopfes zur gleichen Seite, Drehung des Gesichts zur Gegenseite ■ Atemhilfsmuskel bei fixiertem Kopf und Hals
mittlere Schicht → infrahyoidale Muskulatur				
M. sterno-hyoideus	Dorsalfläche des Manubrium sterni	Corpus ossis hyoidei	Ansa cervicalis (Nerven-schlinge C1–C3)	■ Zungenbeinsenker
M. sterno-thyroideus	Manubrium sterni, 1. Rippe	Linea obliqua der Cartilago thyroidea		■ Kehlkopfsenker
M. thyrohyoideus	Linea obliqua der Cartilago thyroidea	Corpus und Cornua majora ossis hyoidei		■ Zungenbeinsenker ■ Kehlkopfheber
M. omohyoideus ■ **Venter superior** ■ **Venter inferior**	Margo superior scapulae (V. inferior) (Verbindung beide Bäuche über eine Zwischensehne)	Corpus ossis hyoidei (V. superior)		■ Zungenbeinsenker ■ Anspannen der Lamina pretrachealis
→ suprahyoidale Muskulatur				
M. geniohyoideus	Spina mentalis der Mandibula	Os hyoideum	Plexus cervicalis	■ Zug des Zungenbeins nach vorne ■ Verstärkung des Mundbodens
M. mylohyoideus (Diaphragma oris)	Linea mylohyoidea der Mandibula	Os hyoideum, Raphe m. mylohyoidei	N. mylohyoi-deus (aus V₃)	
M. digastricus ■ **Venter anterior**	Fossa digastrica der Mandibula (Venter anterior)	Zwischensehne (= Ansatz des M. digastricus, Venter anterior)		■ Hebung des Zungenbeins ■ Kieferöffnung ■ M. stylohyoideus zusätzlich: Fixation der Zwischensehne des M. digastricus
■ **Venter posterior**	Incisura mastoidea, medial vom Warzen-fortsatz (V. posterior)	(über Zwischensehne mit Os hyoideum verbunden)	R. colli des N. facialis (VII)	
M. stylohyoideus	Processus styloideus	Os hyoideum		
tiefe Schicht → Skalenusgruppe				
M. scalenus anterior	Proc. transversus 3.–6. HW	Tuberculum m. scaleni anterioris der 1. Rippe	Rr. anteriores (aus unteren Zervikal-segmenten)	■ Atemhilfsmuskeln (Hebung der 1. bzw. 2. Rippe) ■ M. scalenus anterior zusätzlich Neigung der HWS nach lateral
M. scalenus medius	Tubercula anteriora 1.–7. HW	1. Rippe hinter dem Sulcus a. subclaviae		
M. scalenus posterior	Tubercula posteriora 5.–6. HW	oberer Rand der 2. Rippe		

L 1.2 Muskulatur des Halses mit Zungenbein

L-1.4 Übersicht über die Halsmuskulatur (Fortsetzung)

Muskel	Ursprung	Ansatz	Innervation	Funktion
→ **prävertebrale Muskulatur***				
M. longus colli ▪ **Pars recta**	Körper der unteren Hals- u. oberen Brustwirbel	Körper der oberen Halswirbel	Rr. anteriores (aus den jeweils benachbarten Zervikalsegmenten)	▪ beidseitig: Beugen der Halswirbelsäule bzw. des Kopfes nach vorn ▪ einseitig: Neigen u. Drehen des Kopfes zur gleichen Seite
▪ **Pars obliqua superior**	Tubercula anteriora der Proc. transversi der oberen Halswirbel	Tuberculum anterius des Atlas		
▪ **Pars obliqua inferior**	Körper der oberen Brustwirbel	Querfortsätze des 5. und 6. HW		
M. longus capitis	Tubercula anteriora der Proc. transversi des 3.–6. HW	Pars basilaris des Os occipitale		

* Zu Mm. rectus capitis anterior und lateralis siehe Abb. **C-1.37**.

1.2.2 Oberflächliche und tiefe Halsmuskulatur

Die Halsmuskulatur setzt sich aus verschiedenen Muskelgruppen zusammen (Abb. **L-1.4**). Der wegen seiner Ausdehnung bedeutendste Muskel ist der **Musculus sternocleidomastoideus** (SCM, Abb. **L-1.6**). Er prägt das Relief des Halses und ist damit auch für die topografische Gliederung von Bedeutung (Abb. **L-1.4**).

1.2.2 Oberflächliche und tiefe Halsmuskulatur
Die Halsmuskulatur bildet verschiedene Gruppen (Abb. **L-1.4**). Prägend ist der **M. sternocleidomastoideus** (Abb. **L-1.6**).

▶ **Klinik.** Die einseitige Verkürzung (Kontraktur) des M. sternocleidomastoideus führt zum muskulären „**Schiefhals**" (**Torticollis**, Caput obstipum) mit einer typischen Neigung des Kopfes zur erkrankten Seite und Drehung des Kinns zur gesunden Seite. Im späteren Verlauf kann es zu einer Schädelasymmetrie und seitlichen Verbiegung der Halswirbelsäule, d. h. zu einer Skoliose (S. 249), kommen.

L-1.5 **Torticollis.** Durch Verkürzung des linken M. sternocleidomastoideus ist der Kopf nach links geneigt und das Kinn nach rechts gedreht. (Prometheus LernAtlas. Thieme, 3. Aufl.)

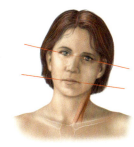

Subkutan verläuft vom Unterkiefer bis zum oberen Thoraxbereich das **Platysma** (Abb. **L-1.6a**), ein flacher, breiter mimischer Hautmuskel, der bei Menschen nur noch rudimentär vorhanden ist. Bei Tieren (z. B. Rindern) sind diese Muskeln als Panniculus carnosus weit über den ganzen Körper verbreitet und dienen der Bewegung der Haut (sichtbares „Fellzucken" zum Vertreiben von Insekten). Das Platysma bedeckt die oberflächlichen Halsvenen (V. jugularis externa, V. jugularis anterior).

Das vom Unterkiefer in Richtung Thorax verlaufende **Platysma** (Hautmuskel, Abb. **L-1.6a**) bedeckt die oberflächlichen Halsvenen.

L-1.6 Oberflächliche Halsmuskulatur

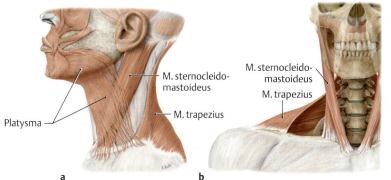

(Prometheus LernAtlas. Thieme, 3. Aufl.)
a Ansicht der oberflächlichen Halsmuskeln von links lateral: Während das Platysma als Hautmuskel epifaszial gelegen ist, wird der M. sternocleidomastoideus von der hier abpräparierten Lamina superficialis der Halsfaszie umhüllt, sein aus dem gleichen Anlagematerial stammender „Brudermuskel" (M. trapezius, s. Abb. **E-1.9**) von ihr bedeckt.
b M. sternocleidomastoideus und M. trapezius (oberer Anteil) in der Ansicht von ventral (teilweise durch die Schädelknochen durchscheinend dargestellt).

► **Merke.** Der M. sternocleidomastoideus und das Platysma werden – genau wie der M. trapezius und die meisten der suprahyoidalen Muskeln – nicht von zervikalen, sondern von Hirnnerven innerviert.

In der Tiefe des Halses liegen die **Skalenusmuskeln** und die **prävertebrale Muskulatur** (Abb. **L-1.7**).

In der Tiefe des Halses (unterhalb der Zungenbeinmuskulatur) liegen zum einen die **Skalenusmuskeln** (Abb. **L-1.7a**), die als Atemhilfsmuskulatur dienen und eine Lateralflexion der HWS bewirken können. Die zweite tiefliegende Muskelgruppe ist die **prävertebrale Muskulatur** (Abb. **L-1.7b**), die bei verschiedenen Bewegungen der Halswirbelsäule beteiligt ist.

⊙ **L-1.7** Tiefe Halsmuskulatur

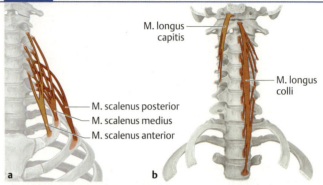

(Prometheus LernAtlas. Thieme, 3. Aufl.)
a Schematische Darstellung der Skalenus-
b und langen prävertebralen Muskeln.

1.3 Leitungsbahnen im Halsbereich

Der Hals enthält als Verbindungsglied von Rumpf und Kopf auf engstem Raum besonders viele Leitungsbahnen, die größtenteils von lebenswichtiger Bedeutung sind; vgl. Topografie (S. 906).

Durch die Lage des Halses als „Bindeglied" zwischen Kopf und Thorax stellt er eine Art Durchgangsstraße für Leitungsbahnen dar. Von diesen sind viele – wie z. B. die nach kranial ziehenden arteriellen Gefäße zur Versorgung des Gehirns – von lebenswichtiger Bedeutung.

Da im Halsbereich zum einen bereits Äste zum Kopf oder Thorax von den jeweiligen Hauptstämmen abzweigen, zum anderen auch solche für Strukturen des Halses selbst, liegen hier auf engstem Raum zahlreiche Gefäße und Nerven mit sehr unterschiedlichen Versorgungsgebieten und -funktionen; vgl. Topografie (S. 906).

Aus diesen Gründen werden im folgenden Abschnitt neben den im Vordergrund stehenden Leitungsbahnen zu Halsstrukturen auch solche erwähnt, deren topografische Verhältnisse im Bereich des Halses von Bedeutung sind, obwohl das jeweilige Versorgungsgebiet z. T. in anderen Körperregionen liegt.

1.3.1 Gefäße

Arterien im Halsbereich

Hierzu zählen Äste der **A. subclavia** (s. u.) sowie das Aufzweigungsgebiet der **A. carotis externa** (s. Tab. **M-2.1**), die neben der **A. carotis interna** (S. 975) aus der Teilung der **A. carotis communis** hervorgeht; vgl. auch Gefäßversorgung Gehirn (S. 1158).

Im Halsbereich teilt sich die **Arteria carotis communis** in die **Arteria carotis interna** (S. 975), die den Hals nur als „Durchgangsstrecke" (S. 1158) benutzt und die **Arteria carotis externa** (s. Tab. **M-2.1**). Letztere ist zusammen mit der **Arteria subclavia** (bzw. v. a. den aus ihr hervorgehenden Trunci thyrocervicalis und costocervicalis, s. u.) zuständig für die arterielle Versorgung der Halsmuskulatur und -organe.

► **Merke.**

► **Merke.** Die A. carotis interna gibt im Gegensatz zur A. carotis externa im Halsbereich **keine** Äste ab.

An der Teilungsstelle liegen das **Glomus caroticum** und der **Sinus caroticus**.

An der Teilungsstelle der A. carotis communis liegen das **Glomus caroticum** (mit Chemorezeptoren) und der **Sinus caroticus** (mit Pressorezeptoren). Das Glomus caroticum spricht auf niedrigen O_2-Partialdruck bzw. hohen CO_2-Partialdruck und pH-Abweichungen an; die Pressorezeptoren im Sinus caroticus senken bei intravaskulärem Druckanstieg reflektorisch den Blutdruck.

L 1.3 Leitungsbahnen im Halsbereich

▶ **Klinik.** Über die in der Wand des Bulbus und Sinus caroticus gelegenen Pressorezeptoren kann der sog. **Karotissinusreflex** ausgelöst werden. Hierzu tastet man den Arterienpuls im Bereich des Trigonum caroticum (Abb. **L-1.21b**) und übt Druck auf die Gefäßwand aus. Dadurch wird ein Anstieg des Blutdrucks simuliert, auf welchen das vegetative Nervensystem mit einer Senkung der Herzfrequenz und Schlagkraft bei gleichzeitiger Weitstellung der peripheren Gefäße reagiert. Es kommt zu einem **Blutdruckabfall** und u. U. zu kurzzeitiger Bewusstlosigkeit. Dieser Effekt kann auch z. B. durch Überstrecken des Halses beim Rasieren o. ä. auftreten, weshalb man diese Möglichkeit bei Patienten mit plötzlicher Bewusstlosigkeit immer erfragen sollte.

▶ **Klinik.**

Während das Hauptversorgungsgebiet der A. carotis externa im Bereich des Kopfes liegt, versorgen ihre folgenden Äste mit deren Aufzweigungen Strukturen im Hals (Abb. **L-1.8a**):

- **Arteria thyroidea superior** (S. 934)**:** Sie entspringt im Trigonum caroticum und versorgt den oberen Schilddrüsenabschnitt sowie mit ihrem obersten Ast, der **Arteria laryngea superior**, den kranialen Kehlkopfabschnitt (S. 926). Ein kleiner Ast, der **Ramus sternocleidomastoideus**, kreuzt den N. hypoglossus und zieht zum M. sternocleidomastoideus. Der **Ramus cricothyroideus**, versorgt den gleichnamigen Muskel (Abb. **L-2.11**); der **Ramus infrahyoideus** (Versorgung des Zungenbeinbereichs) anastomosiert mit der Gegenseite.
- **Arteria facialis:** Sie entlässt im Hals die **Arteria palatina ascendens** (S. 919) für die Seitenwand des Pharynx und den M. stylopharyngeus, ferner die **Arteria submentalis** (im Trigonum submandibulare, Tab. **L-1.5**) für die suprahyoidale Muskulatur und v. a. die Glandula submandibularis (S. 1020).

Die übrigen Äste der A. carotis externa werden im Kapitel Kopf aufgeführt.
Die **Arteria subclavia** geht
- links aus dem Arcus aortae (S. 627),
- rechts aus dem Truncus brachiocephalicus (S. 629) hervor

und gibt im Halsbereich die in Tab. **L-1.2** genannten Äste ab (Abb. **L-1.8b**).

Das Versorgungsgebiet der A. carotis externa betrifft den Kopf. Am Hals sind folgende Äste wichtig (Abb. **L-1.8a**):

- **A. thyroidea superior** mit ihrem Ast, A. laryngea superior, für die oberen Abschnitte von Kehlkopf und Schilddrüse. Kleinere Äste ziehen zum M. sternocleidomastoideus bzw. M. cricothyroideus, nach denen sie benannt sind.
- Aus der **A. facialis** entspringen für den Hals die A. palatina ascendens (S. 919) zum Pharynx und A. submentalis für die Gl. submandibularis (S. 1020).

Die **A. subclavia** (Tab. **L-1.2**, u. Abb. **L-1.8b**) zweigt links von der Aorta (S. 627), rechts vom Truncus brachiocephalicus (S. 629) ab.

⊙ L-1.8　Äste der Halsarterien

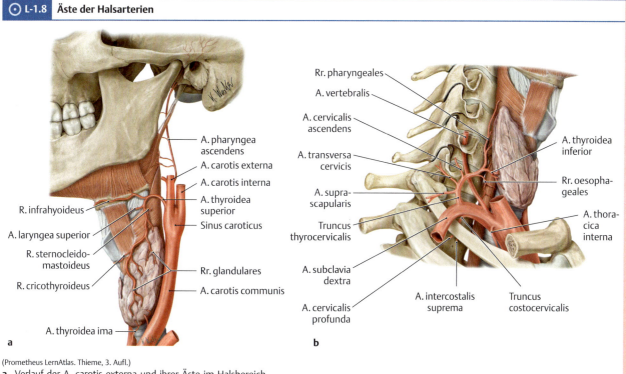

(Prometheus LernAtlas. Thieme, 3. Aufl.)
a Verlauf der A. carotis externa und ihrer Äste im Halsbereich.
b A. subclavia mit ihren Ästen.

L-1.2 Haupt- und Nebenäste der A. subclavia im Halsbereich

Aufzweigungen		Versorgungsgebiete
A. thoracica interna	s. Gefäßversorgung Thoraxwand (S. 299) und A. thoracica interna (S. 629)	vordere Brustwand, obere Bauchwand, Mediastinum, Perikard, Zwerchfell
A. vertebralis	s. Gefäßversorgung Rücken (S. 277) und Gefäßversorgung Gehirn (S. 1158)	v. a. Gehirn und Rückenmark
Truncus thyrocervicalis	A. thyroidea inferior – A. laryngea inferior	Schilddrüse, Kehlkopf, Trachea, Ösophagus
	A. cervicalis ascendens	Halsmuskulatur
	A. suprascapularis	anastomosiert mit Ästen der A. axillaris
	A. transversa cervicis bzw. colli (kann auch eigenständig aus A. subclavia entspringen) – R. superficialis (A. cervicalis superficialis) – R. profundus (A. dorsalis scapulae)	Hals-, Nacken-, und Schultermuskulatur
Truncus costocervicalis	A. cervicalis profunda	tiefe Nackenmuskulatur
	A. intercostalis suprema	obere Interkostalmuskulatur

Venen im Halsbereich

Die Venen des Halsbereichs (Abb. **L-1.9**) vereinigen sich im **Angulus venosus**, dem Venenwinkel (S. 632), vor dem M. scalenus anterior und leiten das Blut aus Kopf und Hals in die **V. cava superior** (S. 632).

Venen im Halsbereich

Es wird ein oberflächliches bzw. subkutanes von einem tiefen Venensystem unterschieden (Abb. **L-1.9**), welche sich im sog. Venenwinkel (S. 632) bzw. **Angulus venosus**, hinter dem sternalen Ende des Schlüsselbeins vor dem M. scalenus anterior vereinigen. Sie ziehen zum Stromgebiet der **V. cava superior** (S. 632) und leiten das Blut sämtlicher Strukturen von Kopf und Hals ab.

L-1.9 Venen im Halsbereich

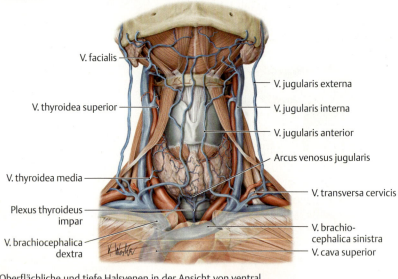

Oberflächliche und tiefe Halsvenen in der Ansicht von ventral.
(Prometheus LernAtlas. Thieme, 3. Aufl.)

Oberflächliche Venen:
- **V. jugularis externa**: Als größere Halsvene verläuft sie oberflächlich im seitlichen Halsbereich.

- **V. jugularis anterior**: Die Venen beider Seiten verbinden sich im Spatium suprasternale zum **Arcus venosus jugularis**.

Oberflächliche Halsvenen:
- **Vena jugularis externa:** Die äußere Drosselvene verläuft nur vom Platysma bedeckt als größere (oft sichtbare) Vene im seitlichen Halsbereich und entsteht aus der Vena occipitalis (Abb. **M-2.4a**) und anderen kleinen variablen Ästen. Sie durchbohrt die oberflächliche Halsfaszie und mündet meist im Venenwinkel in die V. subclavia, seltener auch in die V. jugularis interna (s. u.).
- **Vena jugularis anterior:** Die meist paarig oberflächlich vor den Mm. sternocleidomastoideus verlaufenden Venen verbinden sich im Spatium suprasternale zum **Arcus venosus jugularis** und münden in die V. jugularis externa oder V. subclavia.

▶ **Klinik.** Bei einer „Einflussstauung" des Herzens, z. B. durch Rechtsherzinsuffizienz oder Prozesse im Mediastinum, die den Blutstrom über die V. cava superior behindern, treten die oberflächlichen Halsvenen (insbesondere die V. jugularis externa) häufig deutlich hervor.

⊙ L-1.10 Halsvenenstauung

a Aufgrund ihrer oberflächlichen Lage (Neurath, M., Lohse, A.: Checkliste Anamnese und klinische Untersuchung. Thieme, 2010)
b ist ein Rückstau des Blutes v. a. in der größeren V. jugularis externa gut sichtbar.

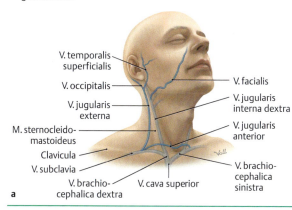

Tiefe Halsvenen:

- **Vena jugularis interna:** In die zum tiefen System gehörende innere Drosselvene, über die das gesamte Blut aus dem Gehirn abgeleitet wird, münden als wichtige Äste aus dem Kopf-Hals-Bereich die Venae facialis, retromandibularis, lingualis und thyroideae mediae.
- **Vena subclavia:** Sie verläuft in der Tiefe im Gegensatz zur A. subclavia in der vorderen Skalenuslücke (Abb. **L-1.20**). Im Venenwinkel vereinigt sie sich mit der V. jugularis interna zur V. brachiocephalica (S. 300).
- Das Blut der Nackengegend fließt über die **Vena vertebralis** und die **Vena cervicalis profunda** (S. 278) ab.

Lymphabflusswege im Halsbereich

Weil der Halsbereich durch die Luft- und Speisewege besonders exponiert für Krankheitserreger ist und dort die Lymphe aus Kopf, Hals, Rumpf und den oberen Extremitäten und somit großen Teilen des Körpers zusammenfließt, befindet sich dort rund ein Drittel sämtlicher (600–700) Lymphknoten des Körpers. Der Abfluss erfolgt über die **tiefen Halslymphknoten** der vorderen und der seitlichen Halsregion (Abb. **L-1.11**) in die Hauptlymphbahn des Halses (**Truncus jugularis**), welcher sich mit dem Truncus subclavius und dem Truncus bronchomediastinalis zum Ductus thoracicus (links) bzw. dem Ductus lymphaticus dexter (rechts) vereinigt (S. 634). Diese münden jeweils im „Venenwinkel" in die V. brachiocephalica sinistra bzw. dextra (S. 632).

▶ **Klinik.** Da in der Halsregion eine Vielzahl an Lymphknoten relativ oberflächlich, d. h. gut sicht- und tastbar liegt, werden nicht nur lokale, sondern auch systemische Erkrankungen der lymphatischen Organe wie maligne **Lymphome** (z. B. der **Morbus Hodgkin**) häufig durch Größenzunahme der Halslymphknoten festgestellt.
Dabei muss sorgfältig zwischen einer tumorbedingten Lymphknotenschwellung (meist nicht schmerzhaft, derb, gegenüber der Umgebung nicht verschieblich) und entzündlichen (häufig schmerzhaft, eher weich und verschieblich) unterschieden werden.
Klinisch werden die (tiefen) Halslymphknoten in 6 Stationen (I–VI, Abb. **L-1.11** und Abb. **L-1.12a**) eingeteilt, die je nach Befall bei lokalen Tumoren im Kopf-Hals-Bereich operativ entfernt oder bestrahlt werden.

Tiefe Halsvenen:

- **V. jugularis interna:** Sie nimmt das Blut aus großen Bereichen von Kopf (u. a. des Gehirns) und Hals auf und verläuft in der Tiefe.
- **V. subclavia:** Sie zieht durch die vordere Skalenuslücke.
- Die **Vv. vertebralis** und **cervicalis profunda** (S. 278) leiten das Blut der Nackengegend ab.

Lymphabflusswege im Halsbereich

Etwa ein Drittel aller Lymphknoten des Körpers konzentriert sich im Halsbereich. Sie gliedern sich in **oberflächliche** und **tiefe Lymphknoten** (Abb. **L-1.11**). Von den tiefen Lymphknoten erfolgt der Abfluss über den **Truncus jugularis** und Ductus thoracicus bzw. Ductus lymphaticus dexter (S. 634) in die V. brachiocephalica (S. 632).

▶ **Klinik.**

L 1 Hals – Gliederung, Muskulatur und Leitungsbahnen

⊙ L-1.11 Übersicht über die Lymphknoten des Halses*

Lymphknoten		Lokalisation	Zuflussgebiet	Abfluss
Nll. submentales** (I)		Kinnunterseite	Gesicht, Zunge, Tonsillen, Zahnfleisch, Zähne	zu den Nll. cervicales anteriores profundi
Nll. submandibulares** (I)		an der Glandula submandibularis		
Nodi lymphoidei cervicales anteriores				
Nll. cervicales anteriores superficiales		entlang der V. jugularis anterior	Regio cervicalis anterior, Parotis	zu den Nll. cervicales anteriores profundi
Nll. cervicales anteriores profundi (VI)	Nll. infrahyoidei	regionale Lymphknoten der betreffenden Organe	Ösophagus, Pharynx, Schilddrüse, Kehlkopf, Trachea und Zunge	über den **Truncus jugularis**
	Nll. thyroidei			
	Nll. pretracheales			
	Nll. paratracheales			
	Nll. retropharyngeales			
Nodi lymphoidei cervicales laterales				
Nll. cervicales laterales superficiales		entlang der V. jugularis externa auf dem M. sternocleidomastoideus	Regio cervicalis lateralis und posterior	zu den Nll. cervicales laterales profundi inff.
Nll. cervicales laterales profundi ▪ superiores (II)	Nl. jugulodigastricus Nl. lateralis Nl. anterior	entlang der V. jugularis interna (kaudal des M. digastricus)	Tonsillen, hinteres Zungendrittel, Pharynx	
▪ inferiores (III, IV)	Nl. juguloomohyoideus Nl. lateralis Nl. anterior	entlang der V. jugularis interna (im Bereich der Kreuzung mit dem M. omohyoideus)	Zunge (Zuflüsse aus anderen Lymphknoten)	über den **Truncus jugularis** und z. T. den **Truncus subclavius**
Nll. supraclaviculares (gehören streng genommen nicht mehr zu den lateralen Lymphknoten, stehen jedoch nach kranial eng mit ihnen in Verbindung, **IV**)		Fossa supraclavicularis	Brust, Achsel, Arm	
Nll. trigoni cervicalis posterioris (klinischer Begriff, **V**)		Bereich des M. trapezius, der Mm. scaleni und der tiefen Halsmuskeln	Regio cervicalis lateralis und posterior	zu den Nll. cervicales laterales profundi

* Die Zugehörigkeit zu den klinischen Lymphknoten-Stationen ist durch römische Ziffern angegeben.
** Die submentalen und submandibulären Lymphknoten liegen zwar topografisch im Bereich des Halses, ihre Zuflussgebiete jedoch im Kopfbereich.

Lymphknoten im Halsbereich siehe auch Abb. **L-1.12**. Für submentale und submandibuläre Lymphknoten vergleiche Lymphknoten im Kopfbereich (S. 978).

L 1.3 Leitungsbahnen im Halsbereich

⊙ L-1.12 Lymphknoten im Halsbereich

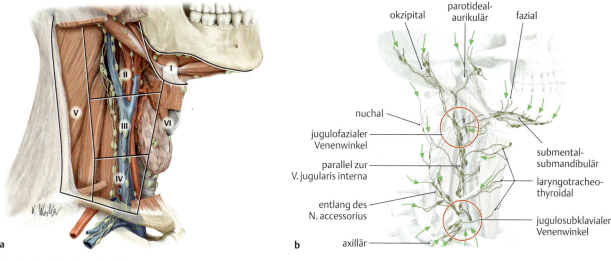

(Prometheus LernAtlas. Thieme, 3. Aufl.)

a Tiefe Halslymphknoten und ihre klinische Gruppierung, die nicht streng mit der gültigen anatomischen Nomenklatur korreliert: I = vordere obere Gruppe (Nll. submentales und submandibulares), II–IV = tiefe Begleitlymphknoten der V. jugularis interna (Nll. cervicales laterales profundi, wobei deren am weitesten kaudal gelegenen Lymphknoten zusammen mit den Nll. supraclaviculares die Gruppe IV bilden), V = laterale hintere Gruppe (Nll. trigoni cervicalis posterioris), VI = vordere untere Gruppe (Nll. cervicales anteriores).

b Flussrichtung der Lymphströme am Hals (Ansicht von rechts). Wichtige Kreuzungspunkte der Hals-Lymphbahnen sind:
 1. der jugulofaziale Venenwinkel, in dem die eher horizontal verlaufenden Wege am Übergang vom Kopf in den Hals in die vertikalen Hals-Lymphbahnen umgeleitet werden und
 2. der jugulosubklaviale Venenwinkel am Übergang des Halses in die obere Thoraxapertur, in dem die Lymphe aus dem Kopf-Hals-Bereich mit der des übrigen Körpers zusammengeführt wird.

1.3.2 Nerven

Die im Halsbereich verlaufenden Nerven lassen sich verschiedenen Systemen bzw. Ursprüngen zuordnen:
- Von den Ästen der **zervikalen Spinalnerven** bilden die **ventralen** den Plexus cervicalis (s. u.) sowie große Teile des Plexus brachialis (S. 468).
- Weiterhin durchziehen den Hals Äste von **Hirnnerven** und
- der im tiefen Blatt der Fascia cervicalis liegende **Halsteil des Grenzstrangs** mit den drei sympathischen Ganglien (s. u.).

Zervikale Spinalnerven

Wie alle Spinalnerven besitzen auch die zervikalen vordere und hintere Äste (**Rami anteriores** und **posteriores**).

Ventrale Spinalnervenäste der Zervikalsegmente: Sie bilden neben Abgabe einiger direkter Muskeläste im Halsbereich liegenden bzw. beginnenden Plexus:
- Der **Plexus cervicalis** wird von den **Rami anteriores** (S. 211) aus C 1–C 4 gebildet und besitzt sowohl motorische als auch sensible Anteile (Tab. **L-1.3** u. Abb. **L-1.13**). Seine sensiblen Äste treten am Hinterrand des M. sternocleidomastoideus an die Oberfläche (**Punctum nervosum**). Eine Ausnahme bilden die sensiblen Anteile im N. phrenicus (S. 638) vorwiegend aus C 4, die das Perikard, die Pleura mediastinalis und diaphragmatica sowie das Peritoneum an Zwerchfell, Leber und Gallenblase innervieren.

▶ **Klinik.** Am Punctum nervosum lässt sich relativ leicht die gesamte Haut einschließlich des Nackens der betreffenden Seite anästhesieren. Man sticht dazu mit der Hohlnadel etwa in der Mitte des Hinterrandes des M. sternocleidomastoideus ein und führt sie 1–2 cm nach oben und unten.

- **Plexus brachialis** (S. 468): Seine Pars supraclavicularis mit dem Truncus superior (C 5 und C 6), dem Truncus medius (C 7) und dem Truncus inferior (C 8 und Th 1) verläuft von der hinteren Skalenuslücke zum Schlüsselbein.

1.3.2 Nerven

Im Hals verlaufen
- Äste der zervikalen Spinalnerven,
- Hirnnervenäste und
- Halsteil des Truncus sympathicus (im tiefen Blatt der Halsfaszie).

Zervikale Spinalnerven

Ventrale Spinalnervenäste der Zervikalsegmente: Sie bilden folgende Plexus:
- Der **Plexus cervicalis** wird von den Rr. anteriores aus C 1–C 4 gebildet (Tab. **L-1.3** u. Abb. **L-1.13**). Seine sensiblen Äste treten am **Punctum nervosum** an die Oberfläche.

▶ **Klinik.**

- Der **Plexus brachialis** (S. 468) verläuft von der hinteren Skalenuslücke zum Schlüsselbein.

L-1.3 Ventrale Äste der oberen zervikalen Spinalnerven (C 1–4)

Nerv	Besonderheiten/Verlauf	Innervationsgebiet
motorisch		
kurze Äste von C 1–4	(nicht an Plexusbildung beteiligt)	prävertebrale Muskulatur (C 1–4), Mm. scaleni (C 3, 4) und M. levator scapulae (C 3)
Rr. trapezius und **sternocleidomastoideus**	bilden Geflecht mit Ästen des N. accessorius	Mm. sternocleidomastoideus und trapezius
Radix superior (C 1) und **Radix inferior** (C 2, 3)	Anteile aus C 1 und C 2 (Radix superior) lagern sich dem N. hypoglossus (XII) an und verbinden sich mit C 2–3 (Radix inferior) zur **Ansa cervicalis** (**profunda** bzw. **n. hypoglossi**)	M. geniohyoideus, infrahyoidale Muskulatur (M. sternohyoideus, M. sternothyroideus, M. thyrohyoideus, M. omohyoideus)
N. phrenicus (C 4) mit sensiblen Ästen (**R. pericardiacus** und **Rr. phrenicoabdominales**)	lateral vom Gefäß-Nerven-Stamm auf dem M. scalenus anterior; begleitet die A. pericardiacophrenica im Mediastinum	motorisch: Zwerchfell sensibel: Pleura mediastinalis u. diaphragmatica; Perikard; Peritoneum
sensibel (Austritt am Punctum nervosum)		
N. occipitalis minor (C 2, 3)	zieht am Hinterrand des M. sternocleidomastoideus nach dorsal-kranial und hat Verbindungen zum N. occipitalis major u. auricularis magnus	untere seitliche Hinterhauptsregion (etwa im Ansatzbereich des M. sternocleidomastoideus am Proc. mastoideus und darüber)
N. auricularis magnus (C 2, 3)	zieht nach oben, teilt sich in einen **R. anterior** und einen **R. posterior**	Haut der unteren Ohrregion (bis zur Rückseite der Ohrmuschel)
N. transversus colli (C 2, 3)	verläuft nach vorne, teilt sich in **einen R. superior** und **R. inferior** (der R. superior verbindet sich mit dem R. colli des N. facialis zur **Ansa cervicalis superficialis**)	sensibel: Halshaut
Nn. supraclaviculares (C 3, 4)	verlaufen nach unten, Auffächerung in drei Hauptäste (**Nn. supraclaviculares mediales, intermedii** und **laterales**)	Haut der oberen Brust- und Schulterregion („Décolleté-Nerven"), untere seitliche Halsgegend

L-1.13 Ventrale Äste zervikaler Spinalnerven mit Bildung des Plexus cervicalis

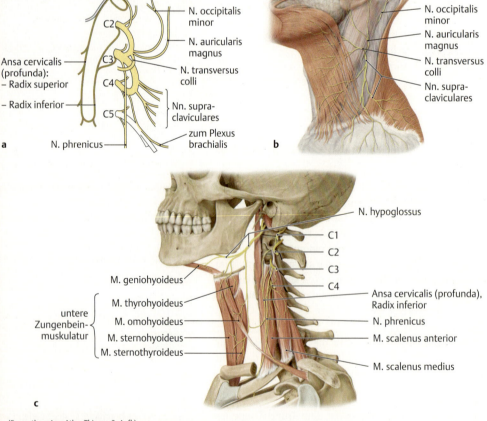

(Prometheus LernAtlas. Thieme, 3. Aufl.)

a Schematische Darstellung des Plexus cervicalis.
b Austritt sensibler Äste des Plexus cervicalis am Punctum nervosum.
c Motorische Äste des Plexus cervicalis mit den von ihnen innervierten Muskeln.

Dorsale Spinalnervenäste der Zervikalsegmente: Die dorsalen Äste der Spinalnerven aus den Rückenmarkssegmenten C 1–C 3 versorgen zum größten Teil die Nackenregion motorisch und sensibel:
Der Ramus posterior aus C 1 (**Nervus suboccipitalis**) ist rein **motorisch** und versorgt die kurzen Nackenmuskeln (S. 275), Teile des M. semispinalis capitis (Abb. **C-1.31**) und des M. longissimus capitis (Abb. **C-1.34**), d. h. es fehlt ein C 1-Dermatom.
Das an die Scheitelregion bis etwa zur Linea nuchalis superior anschließende Hautgebiet des Hinterkopfes und oberen medialen Nackenbereichs wird **sensibel** vom **Nervus occipitalis major** (C 2) innerviert. Der Nerv (S. 279) tritt zwischen Axis und M. obliquus capitis inferior aus, gibt Äste an den M. semispinalis capitis ab und durchbohrt den M. trapezius. Seine Aufzweigungen liegen epifaszial etwa im Versorgungsbereich der A. occipitalis.
Der kleine Versorgungsbereich des (sensiblen) dorsalen Astes aus C 3 (**Nervus occipitalis tertius**) schließt sich nahe der Medianlinie nach kaudal an das des N. occipitalis major an. Mit Letzterem geht er Faserverbindungen ein.
Dem Innervationsgebiet des N. occipitalis major schließen sich nach lateral die Versorgungsbereiche der sensiblen Äste aus dem Plexus cervicalis (s. o.) an (Abb. **L-1.14**).
Die Rami posteriores aus den unteren Zervikalsegmenten innervieren motorisch die autochthone Rückenmuskulatur (S. 279) und sensibel die Haut im Bereich des Nackens und angrenzender dorsaler Rumpfwand unterhalb des N. occipitalis major (S. 280), vgl. segmentale Innervation (S. 279).

Dorsale Spinalnervenäste der Zervikalsegmente: Mit Ausnahme des rein motorischen **N. suboccipitalis** (für die kurzen Nackenmuskeln) aus C 1 und dem sensiblen **N. occipitalis tertius** (C 3) sind die Rr. posteriores der zervikalen Spinalnerven motorisch und sensibel. Das größte Versorgungsgebiet hat der **N. occipitalis major** (C 2, Austritt zwischen Axis und M. obliquus capitis inferior; mot. Äste zum M. semispinalis capitis), der ab dem Ansatz des M. trapezius die Haut des Hinterhaupts sensibel innerviert.
Seitlich schließt sich das Versorgungsgebiet der aus dem Plexus cervicalis stammenden Nerven (s. o.) an (Abb. **L-1.14**).

Die Rr. posteriores (S. 279) aus dem unteren Zervikalmark innervieren die autochthonen Rückenmuskeln und Nackenhaut segmental.

⊙ L-1.14 Sensible Innervation im Hals- und Kopfbereich

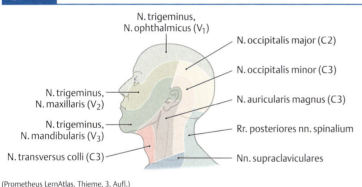

(Prometheus LernAtlas. Thieme, 3. Aufl.)

Halsäste von Hirnnerven

Im Halsbereich verlaufen Äste der Hirnnerven VII, IX, X, XI und XII. Die Nerven IX–XII liegen im Spatium lateropharyngeum (S. 912) in enger Nachbarschaft zur A. carotis interna.
Tab. **L-1.4** führt nur die zu Halsstrukturen ziehenden Äste der Hirnnerven auf. Die für den Kopf bedeutsamen Äste aus IX (N. tympanicus, Rr. tonsillares, linguales) und X (R. auricularis) sowie aus X die Rr. cardiaci cervicales sind in in Kapitel M2 dargestellt.

Halsäste von Hirnnerven

Im Halsbereich verlaufen Äste der **Hirnnerven VII-XII**. In Tab. **L-1.4** sind die zu Strukturen des Halses ziehenden Äste zusammengestellt.

⊙ L-1.15 Verlauf des N. accessorius im Halsbereich

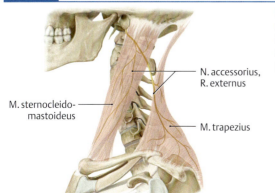

Darstellung des N. accessorius mit den von ihm innervierten Muskeln am Hals in der Ansicht von links lateral.
(Prometheus LernAtlas. Thieme, 3. Aufl.)

☰ L-1.4	Hirnnerven mit Halsästen	
Nerv/Äste (Qualität)	**Verlauf**	**Innervationsgebiet im Halsbereich**
N. facialis (**VII**, gemischt; hier jedoch rein motorische Funktion)	zieht vom hinteren Unterkieferrand nach kaudal zum N. transversus colli (sog. **Ansa cervicalis superficialis**)	Platysma
N. glossopharyngeus (**IX**, gemischt)	zieht lateral der A. carotis externa und des Pharynx zum Zungengrund	
→ **R. sinus carotici** (sensibel) → **Rr. pharyngei** (motorisch, sensibel)	zieht zur Teilungsstelle der A. carotis communis (leitet die Impulse der Mechano- und Chemorezeptoren)	Sinus caroticus und Glomus caroticum
→ **R. musculi stylopharyngei** (motorisch)	bilden zusammen mit den Rr. pharyngei des N. vagus (s. u.) den **Plexus pharyngeus**	M. constrictor pharyngis superior (motorisch), Pharynx (sensibel über Plexus)
		M. stylopharyngeus
N. vagus (**X**, gemischt)	der Halsteil des N. vagus verläuft in der Vagina carotica zur oberen Thoraxapertur	
→ **Rr. pharyngei** (motorisch)	verlassen den N. vagus am Ggl. inferius, (bilden im Pharynx zusammen mit Fasern des N. glossopharyngeus und des Sympathikus den **Plexus pharyngeus**	Mm. constrictores pharyngis, M. levator veli palatini
→ **N. laryngeus superior** (motorisch, sensibel)	entspringt am Ggl. inferius, Aufteilung in einen **Ramus externus** (motorisch) und einen **Ramus internus** (sensibel) in Höhe des Zungenbeins	M. cricothyroideus (motorisch), Larynxschleimhaut **oberhalb** der Rima glottidis (sensibel)
→ **N. laryngeus recurrens** (motorisch, sensibel)	verläuft rechts unter der A. subclavia und links unter dem Arcus aortae und zwischen Ösophagus und Trachea (**Rr. oesophagei** bzw. **tracheales**) zum Kehlkopf	Kehlkopfmuskeln außer M. cricothyroideus (motorisch), Larynxschleimhaut **unterhalb** der Rima glottidis (sensibel)
N. accessorius (**XI**, motorisch, Abb. **L-1.15**)	zieht unter Abgabe von Ästen durch den M. sternocleidomastoideus zum M. trapezius	M. sternocleidomastoideus, Teile des M. trapezius
N. hypoglossus (**XII**, motorisch)	zieht vom Canalis n. hypoglossi zwischen dem M. hyoglossus und M. mylohyoideus zur Zungenwurzel	Zungenmuskulatur, M. styloglossus

Truncus sympathicus im Halsbereich

Die **sympathischen** Fasern treten nach Umschaltung in den drei Halsganglien des Grenzstrangs (Abb. **L-1.16**) getrennt aus.

■ Aus dem **Ggl. cervicale superius** (in Höhe HWK II/III): **N. jugularis** (postganglionäre Fasern für Nn. IX und X); **N. caroticus internus** Geflecht um die A. carotis interna); Endstrecke ist der N. petrosus profundus. **Nn. carotici externi** (versorgen Speicheldrüsen und Mundschleimhaut); **Rr. laryngopharyngei** (zum Plexus pharyngeus); **N. cardiacus cervicalis superior** mit prä- und postganglionären Fasern zum Plexus cardiacus (S. 608).

▶ Klinik.

Truncus sympathicus im Halsbereich

Die Umschaltung der sympathischen Fasern erfolgt in den drei Halsganglien des Grenzstranges (Abb. **L-1.16**; s. a. Abb. **L-1.15**):

■ **Ganglion cervicale superius:** Das oberste der drei Ganglien enthält präganglionäre Fasern aus den Segmenten C 8–Th 3. Es liegt etwa in Höhe der Halswirbel II/III und gibt folgende efferente Nerven ab:
  – **Nervus jugularis:** führt dem N. glossopharyngeus und dem N. vagus postganglionäre sympathische Fasern zu,
  – **Nervus caroticus internus:** Geflecht um die A. carotis interna und ihre Äste (z. B. A. ophthalmica → Ganglion ciliare), endet als N. petrosus profundus (S. 1081),
  – **Nervi carotici externi:** Sie erreichen über die A. carotis externa die Speicheldrüsen und Mundschleimhaut,
  – **Rami laryngopharyngei** zum Plexus pharyngeus und der
  – **Nervus cardiacus cervicalis superior** mit prä- und postganglionären Fasern zum Plexus cardiacus (S. 608).

Damit sind diese Nervenfasern nicht nur an der Innervation von Hals- und Thoraxorganen beteiligt, sondern sind auch von großer Bedeutung für die sympathische Innervation der Kopforgane. Ihr postganglionärer Verlauf ist **periarteriell**. Sie ziehen zwar durch die vier Kopfganglien (Tab. **B-3.8** und Tab. **M-2.4**) hindurch, werden aber dort nicht umgeschaltet.

▶ Klinik. Fasern, die nach Umschaltung im Ggl. cervicale superius zum Ggl. ciliare (S. 1052) ziehen, passieren während ihres präganglionären Verlaufs auch das Ggl. stellatum und das Ggl. cervicale medium (s. u.). Daher kann es bei Schädigung aller zervikalen Grenzstrangganglien zum Ausfall von sympathischen Signalen aus dem Ggl. cervicale superius kommen; vgl. Horner-Syndrom (S. 216) mit typischer Trias.

L 1.3 Leitungsbahnen im Halsbereich

L-1.16 Truncus sympathicus am Hals (a) und Stellatumblockade (b)

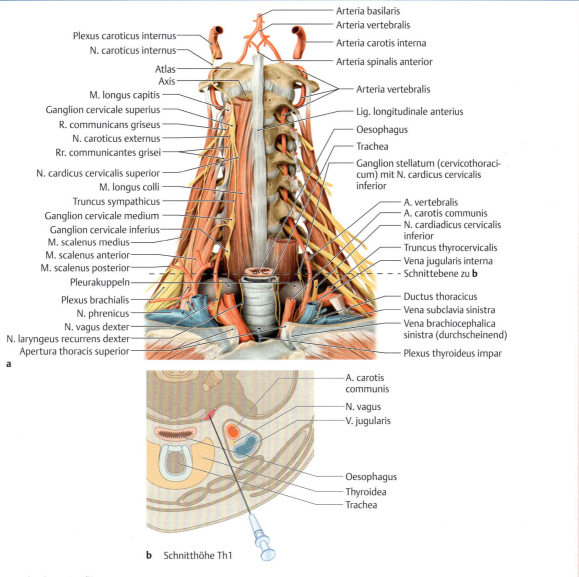

(a: Prometheus LernAtlas. Thieme, 3. Aufl.)

- **Ganglion cervicale medium:** Es gibt den **Nervus cardiacus cervicalis medius** ab, der zum Plexus cardiacus zieht. Anstatt eines Ganglions kann es in mehrere kleinere Ganglienzellgruppen aufgeteilt sein oder sogar gänzlich fehlen.
- **Ganglion cervicale inferius:** Das unterste Halsganglion des Grenzstrangs ist oft mit dem ersten Ganglion des Brustgrenzstrangs zum **Ganglion cervicothoracicum** = Ganglion stellatum verschmolzen, von dem die viszeromotorischen Fasern für die Schweißdrüsen und Hautgefäße auch der oberen Extremität ausgehen. Das Ganglion stellatum erhält Fasern aus den Segmenten Th 2–7. Dieses hat durch seine Lage auf dem ersten Rippenköpfchen Kontakt zur Pleurakuppel. Aus ihm entspringen:
  - die **Ansa subclavia** mit ihren Ästen (Plexus subclavius),
  - **Nervus cardiacus cervicalis inferior** (zum tiefen Abschnitt des Plexus cardiacus),
  - **Nervus vertebralis**, der den Plexus vertebralis um die A. vertebralis bildet.

▶ Klinik. Bei funktionellen Störungen wie abnormer Schweißsekretion (**Hyperhidrosis**) der Axilla oder der Hand kann das Ganglion stellatum durch Injektionen von Lokalanästhetika therapeutisch „blockiert" werden (**Stellatumblockade**, Abb. **L-1.16b**).

- Aus dem (inkonstanten) **Ggl. cervicale medium** ziehen ebenfalls Äste zum Plexus cardiacus.
- Das **Ggl. cervicale inferius** bildet häufig zusammen mit dem obersten Ganglion des Brustgrenzstrangs ein **Ggl. cervicothoracicum** oder **stellatum** (mit Fasern aus Th 2–7), das Hals, Arm, Herz und Lungen mit sympathischen Fasern versorgt. Die perivaskulären Fasern werden entsprechend den Gefäßen bezeichnet.

▶ Klinik.

1.4 Topografische Anatomie des Halses

1.4.1 Konturen und tastbare Knochenpunkte

Beim Mann wird das Halsrelief besonders vom „Adamsapfel" bzw. **Prominentia laryngea** (S. 921) des Kehlkopfs geprägt, dessen Knorpelplatten durch die Haut gut tastbar sind. Darüber liegt – beim Schlucken sichtbar – das Zungenbein (**Os hyoideum**). Kaudal vom Kehlkopf zieht die Luftröhre, sog. **Trachea** (S. 543), mit der angelagerten Schilddrüse, sog. **Glandula thyroidea** (S. 931), in Richtung obere Thoraxapertur. Sie wird vorne von der mit Fettgewebe ausgefüllten Drosselgrube (**Fossa jugularis**) überdeckt. Weitere tastbare Knochenpunkte sind diejenigen, die zur kranialen und kaudalen Grenzlinie des Halses (S. 891) verbunden werden (Abb. **L-1.17**).

L-1.17 Konturgebende Strukturen am Hals

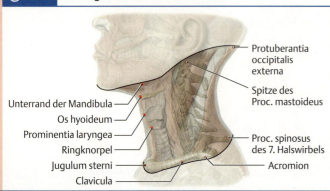

In der Ansicht von lateral sind die konturgebenden Muskeln (Mm. sternocleidomastoideus und trapezius) sowie das bedeckende Platysma durchscheinend dargestellt. Neben den Knochenpunkten entlang der Grenzlinien (s. a. Abb. **L-1.1**) sind Zungenbein, Schild- und Ringknorpel zu tasten. Rot hervorgehoben sind beispielhaft prominente Punkte der überwiegend in ihrem Verlauf tastbaren knöchernen bzw. knorpeligen Strukturen im Halsbereich.
(Prometheus LernAtlas. Thieme, 3. Aufl.)

▶ **Klinik.** Veränderungen der Halskontur („dicker Hals") kommen häufig durch Raumforderungen wie z. B. vergrößerte Lymphknoten, Zysten oder Wucherungen der Schilddrüse (**Struma = Kropf**) zustande. Sie müssen sorgfältig differenzialdiagnostisch abgeklärt werden (Labor, Sonografie, ggf. Biopsie), um ein Schilddrüsenkarzinom auszuschließen.

L-1.18 Umfangszunahme des Halses durch Struma. Durch ausgeprägtes Wachstum (u. U. bis in die obere Thoraxapertur als sog. retrosternale Struma) kann es zu Verdrängungserscheinungen mit Schädigung umliegender Organe kommen, s. a. Tracheomalazie (S. 932) und Fallbeispiel (S. 937). (Prometheus LernAtlas. Thieme, 3. Aufl., nach Hegglin)

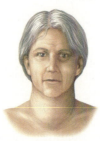

1.4.2 Regionen des Halses mit Halsdreiecken und Skalenuslücken

Der M. sternocleidomastoideus und der M. trapezius gliedern den Hals oberflächlich in **vier Regionen** (Regiones cervicales anterior, lateralis und posterior sowie Regio sternocleidomastoidea), während durch tiefer liegende Strukturen eine Unterteilung in die sog. **Halsdreiecke** (Trigonum submandibulare, submentale, caroticum, musculare und omoclaviculare erfolgt (Abb. **L-1.19**, Tab. **L-1.5** und Abb. **L-1.20**).

L   1.4 Topografische Anatomie des Halses

⊙ L-1.19   Regionen des Halses

(Prometheus LernAtlas. Thieme, 3. Aufl.)

a Halsregionen in der Ansicht von rechts schräg lateral.
b Sicht- oder tastbare Muskelkonturen grenzen das mediale und laterale Halsdreieck mit seinen Untergliederungen ab und sind in **b** von ventral bei leicht dorsal flektiertem Kopf dargestellt.

≡ L-1.5   Regio cervicalis anterior mit den in ihrer Tiefe gelegenen Halsdreiecken

Begrenzung	Inhalt	Lage/Verlauf
Trigonum submandibulare (Unterkieferdreieck)		
▪ unter der Lamina superficialis der Fascia cervicalis	**A. u. V. facialis**	treten unter bzw. über dem Venter posterior des M. digastricus in das Dreieck ein und ziehen zum Vorderrand des M. masseter
▪ **kranial**: Corpus mandibulae	**A. lingualis**	entspringt unterhalb der A. facialis aus der A. carotis externa und zieht unter dem M. hyoglossus in die Zunge.
▪ **kaudal**: Os hyoideum ▪ **ventral**: Venter anterior des M. digastricus	**A. palatina ascendens**	entspringt aus der A. facialis und zieht zum weichen Gaumen und zur Gaumentonsille
▪ **dorsal**: M. stylohyoideus und der Venter posterior des M. digastricus	**A. submentalis**	entspringt aus der A. facialis und verläuft parallel zum M. mylohyoideus zum Kinn
	R. marginalis mandibulae und **R. colli** des **N. facialis**	ziehen oberflächlich zur mimischen Muskulatur
▪ **medial**: Diaphragma oris = M. mylohoideus	**N. hypoglossus**	tritt unter dem M. stylohyoideus und dem hinteren Digastricus-Bauch in das Trigonum ein und zieht unter dem Ausführungsgang der Gl. submandibularis oberhalb des M. mylohyoideus zur Zunge
	N. mylohyoideus	zieht an der Innenfläche des Unterkiefers zum M. mylohyoideus u. dem Venter anterior des M. digastricus
	N. glossopharyngeus	im hinteren oberen Bereich, seinem Leitmuskel (M. stylopharyngeus) angelagert
	Nll. submandibulares	am Unterkieferrand
	Glandula submandibularis (S. 1020)	ihr Ausführungsgang zieht um das freie Ende des M. mylohyoideus in die Regio sublingualis
Trigonum submentale (Kinndreieck)		
▪ **kranial**: Vorderer Teil der Mandibula (Kinn) ▪ **kaudal**: Zungenbein ▪ **lateral**: Venter anterior des M. digastricus.	**Nll. submentales**	für die Lymphe aus der Zungenspitze, den unteren Schneidezähnen und dem medialen Unterlippenbereich

L-1.5 Regio cervicalis anterior mit den in ihrer Tiefe gelegenen Halsdreiecken (Fortsetzung)

Begrenzung	Inhalt	Lage/Verlauf
Trigonum caroticum (Karotisdreieck)		
▪ **kranial**: Venter posterior des M. digastricus ▪ **dorsal**: vorderer Rand des M. sternocleidomastoideus ▪ **ventral**: Venter superior des M. omohyoideus ▪ **Bedeckung**: Fascia cervicalis superficialis, Platysma.	**Gefäß-Nerven-Strang** des Halses	tritt am Vorderrand des M. sternocleidomastoideus in das Dreieck ein, die **Teilungsstelle der A. carotis communis** liegt etwa in Höhe des 5. Halswirbels (mit ihr ziehen in der Vagina carotica die V. jugularis interna und der N. vagus, s. u.)
	A. carotis interna	verläuft hinten lateral (keine Äste im Halsbereich!)
	A. carotis externa	verläuft unter Abgabe von Seitenästen (s. u.) vorne medial
	A. thyroidea superior	entspringt unterhalb des Zungenbeins aus der A. carotis externa
	A. lingualis	verlässt die A. carotis externa über dem Zungenbein
	A. facialis	entspringt oberhalb der A. lingualis aus der A. carotis externa
	A. pharyngea ascendens	zieht als Seitenast der A. carotis externa in das Spatium lateropharyngeum
	A. occipitalis	zieht als Seitenast der A. carotis externa Richtung Hinterhaupt
	V. jugularis externa und **anterior**	verlaufen oberflächlich
	V. jugularis interna	in der Vagina carotica
	V. retromandibularis, facialis, lingualis und **thyroidea superior**	verlaufen vor der Vagina carotica und münden in die V. jugularis interna
	N. glossopharyngeus	entsendet einen langen dünnen Ast (**R. sinus carotici**) zum Karotissinus
	N. hypoglossus	zieht unter dem Venter posterior des M. digastricus über dem M. hyoglossus zur Zunge
	Ansa cervicalis	ihre Radix superior ist dem N. hypoglossus angelagert und versorgt den M. geniohyoideus und M. thyrohyoideus
	N. vagus	in der Vagina carotica, entlässt den **N. laryngeus superior** (zum Kehlkopf) und die **Rr. cardiaci cervicales superiores**
	N. accessorius	durchziehender Nerv
	Nl. jugulodigastricus	nimmt als wichtigster Lymphknoten in diesem Bereich die Lymphe von Zungengrund, Tonsillen und Epipharynxbereich auf
Trigonum musculare = Trigonum omotracheale		
▪ **kranial**: oberer Bauch des M. omohyoideus ▪ **kaudal/dorsal**: Vorderrand des M. sternocleidomastoideus ▪ **medial**: Medianlinie ▪ **Bedeckung**: Laminae superficialis und pretrachealis (mit infrahyoidaler Muskulatur) der Fascia cervicalis	**A. thyroidea superior**	zur Vorder- und Oberseite der Schilddrüse. Die von ihr abgehende **A. laryngea superior** tritt mit dem gleichnamigen Nerv durch die Membrana thyrohyoidea in das Innere des Kehlkopfs; Muskeläste sind: R. sternocleidomastoideus, R. cricothyroideus
	A. thyroidea inferior	Ast des Truncus thyrocervicalis für die Unter- u. Hinterfläche der Schilddrüse u. Nebenschilddrüsen
	A. carotis communis (V. jugularis interna, N. vagus)	rechts aus dem Truncus brachiocephalicus, links aus dem Aortenbogen; verläuft medial der V. jugularis interna und dem N. vagus eingescheidet mit ihnen zusammen in der Vagina carotica in Richtung Trigonum caroticum
	A. pharyngea ascendens	zur Seitenwand des Pharynx im Spatium lateropharyngeum
	N. laryngeus superior	zweigt unterhalb des Ggl. inferius n. vagi ab und läuft medial der A. carotis interna. Teilung in R. externus (zum M. cricothyroideus) und R. internus (tritt mit der A. laryngea superior durch die Membrana thyrohyoidea in das Kehlkopfinnere ein)
	N. laryngeus recurrens	umschlingt links den Aortenbogen, rechts die A. subclavia und verläuft zwischen Trachea und Ösophagus (die er innerviert) aufwärts zur Schilddrüse, kreuzt die A. thyroidea inferior und zieht mit motorischen und sensiblen Ästen ins Kehlkopfinnere
	Pharynx (kaudal Übergang in den Ösophagus)	dorsal von Kehlkopf und Trachea im Medianbereich und von einer „Eingeweidefaszie" umgeben
	Larynx/Trachea	im Medialbereich, in die Trachea übergehend
	Gl. thyroidea u. Gll. parathyroideae	der Trachea angelagert und mit Organkapsel umgeben

L 1.4 Topografische Anatomie des Halses

909

⊙ L-1.20 Regio cervicalis lateralis mit den in ihrer Tiefe gelegenen Halsdreiecken

Begrenzung	Inhalt	Lage/Verlauf
Trigonum omoclaviculare (Schulterschlüsselbeindreieck = Fossa supraclavicularis major)		
▪ **laterokranial:** Venter inferior des M. omohyoideus ▪ **kaudal:** sternale Hälfte der Clavicula ▪ **medial:** Hinterrand des M. sternocleidomastoideus ▪ Die Lamina pretrachealis der Fascia cervicalis trennt einen **oberflächlichen** von einem **tiefen Bereich** des Dreiecks.	A. subclavia	in der Tiefe zwischen mittlerem und tiefem Blatt der Halsfaszie, tritt in der hinteren Skalenuslücke hervor und gibt dort die **A. transversa cervicis** ab)
	Truncus subclavius	in der Tiefe gelegen, vereinigt sich kaudal mit dem Truncus jugularis bzw. rechts mit dem Truncus bronchomediastinalis und links mit dem Ductus thoracicus und mündet in den Venenwinkel zwischen V. subclavia und V. jugularis interna
	A. u. **V. cervicalis superficialis**	in der Tiefe ventral vom M. scalenus anterior gelegen
	V. jugularis externa	liegt oberflächlich
	V. jugularis interna	zieht in der Tiefe durch die vordere Skalenuslücke
	Plexus brachialis	liegt in der hinteren Skalenuslücke oberhalb der A. subclavia
	Nn. supraclaviculares	oberflächlich verlaufend
	N. phrenicus	in der Tiefe lateral auf dem M. scalenus anterior
	Nll. supraclaviculares	in der Tiefe zwischen mittlerem und tiefem Blatt der Halsfaszie
weiterer Bereich in der Tiefe der Regio cervicalis lateralis		
Raum zwischen Hinterrand des M. sternocleidomastoideus und Vorderrand des M. trapezius	N. phrenicus	
	A. cervicalis ascendens (meist aus dem Truncus thryocervicalis)	ziehen auf dem **M. scalenus anterior** nach kaudal bzw. kranial
▪ **hintere Skalenuslücke**	Plexus brachialis A. subclavia	zwischen den Mm. scalenus anterior und medius
▪ **vordere Skalenuslücke**	V. subclavia	vor dem M. scalenus anterior nach medial → Vereinigung mit der V. jugularis interna dextra und sinistra am „Venenwinkel" zur V. brachiocephalica dextra und sinistra (hinter dem Sternoklavikulargelenk), dort links die Mündungsstelle des Ductus thoracicus u. rechts des Ductus lymphaticus dexter.

Zu Plexus brachialis siehe Nerven im Halsbereich (S. 901).

▶ **Merke.** Die oberflächliche Abgrenzung der Regionen lässt sich nicht streng bis in die Tiefe des Halses fortsetzen. Abhängig von der Präparation lassen sich die zahlreichen hier liegenden Strukturen unterschiedlich darstellen und projizieren sich durch ihre Kontinuität oft in verschiedene (sich z. T. auch überschneidende) Gebiete.

▶ **Merke.**

Regio cervicalis anterior und Regio sternocleidomastoidea

Regio cervicalis anterior: Sie wird nach lateral begrenzt von den Sternalansätzen beider **Mm. sternocleidomastoidei**, nach kranial durch den **Unterkieferrand** und kaudal vom **Manubrium sterni**. Sie enthält die unter den infrahyoidalen Muskeln und der mittleren Halsfaszie gelegenen **Halseingeweide** (Kehlkopf, Luftröhre, Schilddrüse und Epithelkörperchen) sowie die vor der Lamina prevertebralis gelegene Speiseröhre.
In der Regio cervicalis anterior befinden sich das **Trigonum submandibulare**, **submentale**, **caroticum** und **musculare** bzw. **omotracheale** (Tab. L-1.5).

Regio sternocleidomastoidea: Diese Region entspricht der Ausdehnung des in seiner Muskelloge eingehüllten **M. sternocleidomastoideus**.
Seine untere Hälfte bedeckt den innerhalb der Vagina carotica (S. 912) verlaufenden Gefäß-Nerven-Strang des Halses.

Regio cervicalis anterior und Regio sternocleidomastoidea

Regio cervicalis anterior: Sie liegt zwischen den beiden **Mm. sternocleidomastoidei**, **Unterkieferrand** und **Manubrium sterni** und enthält die Halseingeweide und den Anfangsteil der Speiseröhre. Hier befinden sich das **Trigonum submandibulare**, **submentale**, **caroticum** und **musculare/omotracheale** (Tab. **L-1.5**).

Regio sternocleidomastoidea: Sie entspricht der Ausdehnung des gleichnamigen Muskels, der kaudal den Gefäß-Nerven-Strang des Halses (S. 912) bedeckt.

Regiones cervicalis lateralis und posterior

Regio cervicalis lateralis: Sie wird ventral und kranial vom Hinterrand des **M. sternocleidomastoideus**, dorsal vom Vorderrand des **M. trapezius** und kaudal vom unteren Bauch des **M. omohyoideus** begrenzt. Sie umfasst die Austrittsstelle der Radix sensibilis des Plexus cervicalis (**Punctum nervosum**, Tab. **L-1.3**) und in ihrem unteren Abschnitt das **Trigonum omoclaviculare** (Abb. **L-1.20**).

In der Tiefe des Raumes zwischen Hinterrand des M. sternocleidomastoideus und Vorderrand des M. trapezius ziehen die Mm. scaleni nach kaudal und bilden zwischen bzw. vor sich die sog. „**Skalenuslücken**" (Abb. **L-1.20**, Abb. **L-1.21a** u. Abb. **L-1.22**).

Regiones cervicalis lateralis und posterior

Regio cervicalis lateralis: Ihre Grenzen sind ventral und kranial der Hinterrand des **M. sternocleidomastoideus**, dorsal der Vorderrand des **M. trapezius** und kaudal die sternale Hälfte des **Schlüsselbeins**. Im oberen Abschnitt befindet sich neben Aufzweigungen der A. und V. cervicalis superficialis auf halber Höhe des Hinterrandes des M. sternocleidomastoideus das **Punctum nervosum**. Hier treten die Hautnerven (Radix sensibilis) des Plexus cervicalis an die Oberfläche und verteilen sich sternförmig (Tab. **L-1.3**). In der Tiefe zieht von hinten medial der **N. accessorius** über dem M. levator scapulae zum M. sternocleidomastoideus und zum M. trapezius, die er innerviert. Zwischen den tiefen Halsmuskeln tritt die Radix inferior der Ansa cervicalis hervor. Der untere Teil der Regio cervicalis lateralis wird vom **Trigonum omoclaviculare** (Abb. **L-1.20**) eingenommen.

In der Tiefe des Raumes zwischen Hinterrand des M. sternocleidomastoideus und Vorderrand des M. trapezius ziehen die Mm. scaleni nach kaudal und bilden die sog. „**Skalenuslücken**" (Abb. **L-1.20**), wobei streng genommen nur die als „hintere Skalenuslücke" bezeichnete zwischen den Muskeln liegt (Abb. **L-1.22**). Als Durchtrittsstellen für die Leitungsbahnen zum Arm gilt ihnen besondere Beachtung. Von ventral sind die Skalenuslücken nach Entfernung des M. sternocleidomastoideus sichtbar (Abb. **L-1.21a**).

⊙ L-1.21 Strukturen in der Tiefe der Regiones cervicalis anterior, sternocleidomastoidea und lateralis

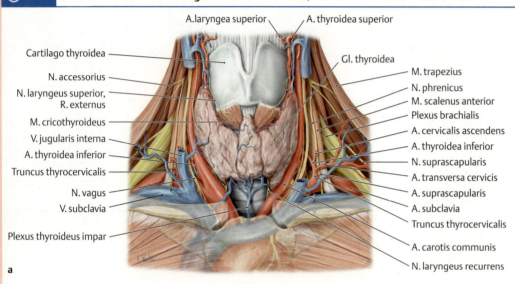

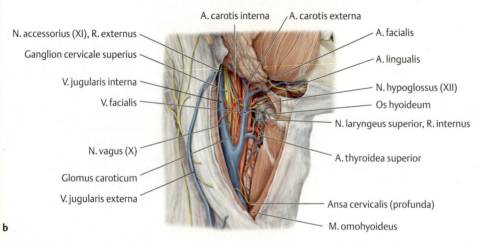

(Prometheus LernAtlas. Thieme, 3. Aufl.)
a Tiefe Halsregion von ventral nach Entfernung der infrahyoidalen Muskeln und des M. sternocleidomastoideus mit Darstellung des Gefäß-Nerven- und Eingeweideraums. Durch die tiefe Präparation sind auch die sog. „Skalenuslücken" (Abb. **L-1.20**) sichtbar.
b Trigonum caroticum mit den hier verlaufenden Leitungsbahnen in der Ansicht von rechts. Der sie teilweise bedeckende M. sternocleidomastoideus ist nach dorsolateral gezogen.

L 1.4 Topografische Anatomie des Halses

L-1.22 Regio cervicalis lateralis

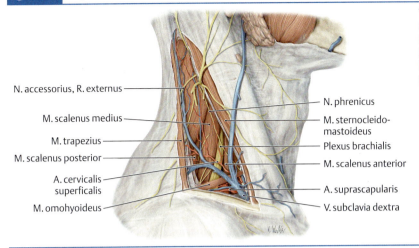

Tiefe Schicht im lateralen Halsdreieck nach Entfernung der Lamina prevertebralis der Halsfaszie. Hier sieht man den Plexus brachialis im kranialen Anteil der „hinteren" Skalenuslücke.
(Prometheus LernAtlas. Thieme, 3. Aufl.)

▶ **Klinik.** Eine Einengung der hinteren Skalenuslücke durch abnorm breite Mm. scaleni, aberrierende Muskelfaserbündel oder eine weit nach ventral reichende Halsrippe (S. 285) kann zu einer Kompression des Plexus brachialis oder/und der A. subclavia führen. Die klinischen Symptome dieser als **Skalenussyndrom** bezeichneten Erkrankung sind neurologische Ausfälle wie z. B. Schmerzen in Schulter und Arm der betroffenen Seite bzw. Empfindungsstörungen der Hand oder Durchblutungsstörungen.

▶ **Klinik.**

Regio cervicalis posterior: Sie umfasst das Gebiet zwischen den Vorderrändern des M. trapezius und entspricht somit der **Nackengegend**.

Regio cervicalis posterior: Sie entspricht der **Nackengegend**.

1.4.3 Faszienräume im Halsbereich

Durch die bindegewebigen Faszien im Halsbereich werden nicht nur die Muskeln bedeckt, sondern es lassen sich verschiedene Räume unterscheiden, die z.T. Leitungsbahnen oder die Halseingeweide umschließen (Abb. **L-1.23**). Die Bindegewebsräume zwischen den einzelnen Faszien bzw. ihren Faszienblättern sind bezüglich der möglichen Ausbreitung von Entzündungsprozessen von klinischem Interesse, s. a. Klinik (S. 913).

1.4.3 Faszienräume im Halsbereich

Durch die bindegewebigen Faszien im Halsbereich werden nicht nur die Muskeln bedeckt, sondern es lassen sich verschiedene Räume unterscheiden, die z.T. Leitungsbahnen oder die Halseingeweide umschließen (Abb. **L-1.23**).

L-1.23 Durch Faszien gebildete Räume im Halsbereich

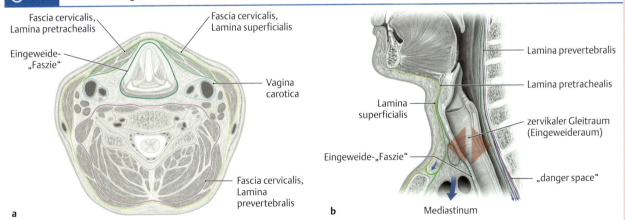

(Prometheus LernAtlas. Thieme, 3. Aufl.)
a Querschnitt durch den Hals in Höhe des 5. Halswirbels: Die drei Blätter der Halsfaszie (Lamina superficialis = beige, Lamina pretrachealis = hellgrün und Lamina prevertebralis = violett, s. a. Abb. **L-1.2**) grenzen überwiegend die Muskulatur von umliegenden Strukturen ab. Eigens umhüllt sind der Gefäß-Nerven-Strang des Halses von der Vagina carotica (hellblau) und die Halsorgane (S. 914) vom lockeren Bindegewebe der Eingeweide-„Faszie" (dunkelgrün).
b Mediansagittalschnitt durch den Hals mit Einfärbung der Faszien wie in **a** und Kennzeichnung der Ausbreitung von Entzündungsprozessen innerhalb der Bindegewebsräume. Besonders gefährlich sind die Verbindungswege zum Mediastinum über das Spatium peripharyngeum ventral der Lamina prevertebralis oder innerhalb dieses gespaltenen Faszienblattes (sog. „danger space"; früher häufiger bei Knochentuberkulose der Wirbelsäule). (nach Becker, Naumann und Pfaltz)

Spatium suprasternale und Vagina carotica

Spatium suprasternale: Es liegt zwischen Lamina pretrachealis und superficialis und enthält Fett, Bindegewebe und Venen.

Vagina carotica: Sie umgibt bindegewebig den **Gefäß-Nerven-Strang** des Halses (A. carotis communis bzw. interna, V. jugularis interna und N. vagus) und ist mit der Lamina pretrachealis verbunden.
Sie grenzt dorsal an die **Wirbelsäule**, medial an den **Eingeweidestrang** des Halses und kaudal reicht sie bis zur **oberen Thoraxapertur** medial der Pleurakuppel.

Spatium peripharyngeum

Dieser den Eingeweidestrang des Halses umgebende „Verschieberaum" vor der tiefen Halsfaszie wird ventral von der **Fascia buccopharyngea** und seitlich von der **Fascia parotideomasseterica** begrenzt und durch das **Septum sagittale** in ein paariges Spatium lateropharyngeum und ein Spatium retropharyngeum unterteilt.

Spatium lateropharyngeum: Es zieht von der Schädelbasis zur oberen Thoraxapertur und wird begrenzt durch:
- die **Raphe pterygomandibularis** nach ventral,
- den **Ramus mandibulae** nach ventrolateral,
- die **Lamina prevertebralis** nach dorsomedial,
- die **Glandula parotidea** nach dorsolateral.

Die **Aponeurosis stylopharyngea** des M. stylopharyngeus grenzt einen vorderen von einem hinteren Teil ab.

- Im **dorsalen** Abschnitt liegen die A. carotis interna, die V. jugularis interna und die Hirnnerven IX–XII.
- **Ventral** liegen die Pars profunda der **Glandula parotidea** (S.1018) und Äste des **N. mandibularis** (Abb. M-2.13) mit medial angelagertem **Ganglion oticum** (S.995).

Spatium retropharyngeum: Die Grenzen dieses unpaaren Verschiebespaltes sind:
- **Lamina prevertebralis** (dorsal),
- **Fascia buccopharyngea** (ventral) und
- **Septum sagittale** (lateral).

Spatium suprasternale und Vagina carotica

Spatium suprasternale: Das Spatium suprasternale, ein mit Fett, lockerem Bindegewebe und Venen (Arcus venosus jugularis) ausgefüllter Raum, liegt vor der infrahyoidalen Muskulatur zwischen der **Lamina pretrachealis** und **Lamina superficialis** der Halsfaszie (S.892).

Vagina carotica: Die Vagina carotica umgibt als bindegewebige Hülle den **Gefäß-Nerven-Strang** des Halses. In diesem Strang verlaufen die **A. carotis communis** bzw. die **A. carotis interna**, die **V. jugularis interna** und der **N. vagus**. Die Radix superior ansae cervicalis (Tab. **L-1.3**) kann ebenfalls in diesem Strang verlaufen. Seitlich ist die Lamina pretrachealis mit der Zwischensehne des rechten bzw. linken M. omohyoideus verwachsen, sodass diese beiden Muskeln als Spanner der Lamina pretrachealis dienen. Dadurch wird über die Vagina carotica ein Zug auf die V. jugularis interna ausgeübt, der die Vene offen hält (in der V. jugularis interna herrscht ein Unterdruck). Die Vagina carotica steht mit der Lamina pretrachealis in Verbindung, grenzt dorsal an die **Wirbelsäule** und medial an den **Eingeweidestrang** des Halses. Kaudal reicht sie bis zur **oberen Thoraxapertur** medial der Pleurakuppel.

Spatium peripharyngeum

Der Parapharyngealraum (Spatium peripharyngeum) ist die wichtigste „Durchgangsstraße" von der Schädelbasis zum Mediastinum und liegt als „Verschieberaum" für die Halseingeweide vor der **Lamina prevertebralis fasciae cervicalis** (Tab. **L-1.1**). Nach ventrokranial wird es von der **Fascia buccopharyngea** und nach ventrolateral vom tiefen Blatt der **Fascia masseterica** begrenzt. Eine weitere Untergliederung ergibt sich durch beiderseits am seitlichen Pharynxrand gelegene sagittale Bindegewebszüge (**Septum sagittale**) und die **Aponeurosis stylopharyngea** (s. u.). Man unterscheidet deshalb ein Spatium retropharyngeum und ein Spatium lateropharyngeum.

Spatium lateropharyngeum: Das paarige Spatium lateropharyngeum erstreckt sich beidseits des Pharynx von der Schädelbasis bis zur oberen Thoraxapertur. Seine Begrenzungen sind:
- ventral die **Raphe pterygomandibularis** (sehnige Verbindung des M. constrictor pharyngis superior, Abb. **L-2.2** mit dem M. buccinator, Abb. **M-1.15**),
- ventrolateral der **Ramus mandibulae** mit dem innen angelagerten M. pterygoideus medialis umgeben vom tiefen Blatt der Fascia masseterica (S.1038),
- dorsomedial die **Lamina prevertebralis fasciae cervicalis** mit dem darin gelegenen Truncus sympathicus und
- dorsolateral die **Glandula parotidea** (S.1018) mit der sie umhüllenden **Fascia parotidea**.

Die Fascia parotidea zieht mit einem tiefen Blatt (Lamina profunda) zum Processus styloideus und umhüllt dabei die drei „Stylomuskeln" (M. stylohyoideus, M. styloglossus, M. stylopharyngeus; „Bouquet de Riolan"). Vom Griffelfortsatz zieht sie dann als **Aponeurosis stylopharyngea** weiter nach medial und verschmilzt dort mit der **Fascia buccopharyngea**. Durch diese beiden Faszienblätter wird das Spatium lateropharyngeum in einen vorderen (ventralen) und einen hinteren (dorsalen) Abschnitt unterteilt:
- Im **dorsalen** Abschnitt liegen die **A. carotis interna**, die **V. jugularis interna** und die **vier unteren Hirnnerven** (IX–XII) aus den entsprechenden Öffnungen in der Schädelbasis (Foramen jugulare, Canalis caroticus, Canalis hypoglossalis, s. Abb. **M-1.7**).
- Im **ventralen** Abschnitt befindet sich die Pars profunda der **Glandula parotidea** (S.1018), kranial verlaufen die Äste des **N. mandibularis** (Abb. M-2.13), dem medial das **Ganglion oticum** (S.995) angelagert ist (N. lingualis, N. alveolaris inferior, der N. auriculotemporalis) und die Chorda tympani als Ast des N. intermediofacialis.

Spatium retropharyngeum: Dieser lange unpaare Gleitspalt ermöglicht die Bewegungen des Pharynx (z. B. beim Schlucken) bzw. Ösophagus gegen die Wirbelsäule und reicht bis in das hintere Mediastinum. Die Grenzen des Spatium retropharyngeum sind:
- dorsal die **Lamina prevertebralis fasciae cervicalis**,
- ventral die **Fascia buccopharyngea** und
- lateral das **Septum sagittale**.

▶ **Klinik.** Entzündungen im Kopf- und Halsbereich – wie z. B. ein Abszess der Tonsillen (= Gaumenmandeln) oder ausgehend von Zähnen bzw. Kiefer – können entlang des Spatium peripharyngeum als sog. **Senkungsabszesse** bis in das Mediastinum (S. 534) gelangen (Abb. **L-1.23b**).
Der Spaltraum zwischen der Lamina prevertebralis der Halsfaszie und dem Periost der Wirbelsäule (Spatium prevertebrale) kann zum Ausbreitungsweg von Krankheitsprozessen werden, die von den Wirbelkörpern ausgehen (z. B. bei tuberkulösen Prozessen).

▶ **Klinik.**

⊙ L-1.24 Spatium peripharyngeum

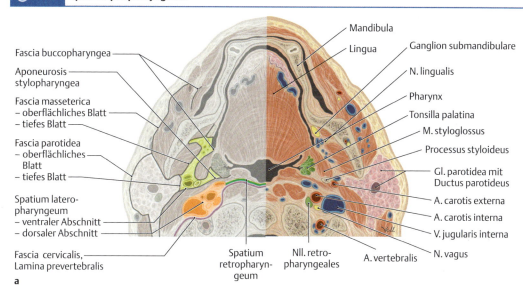

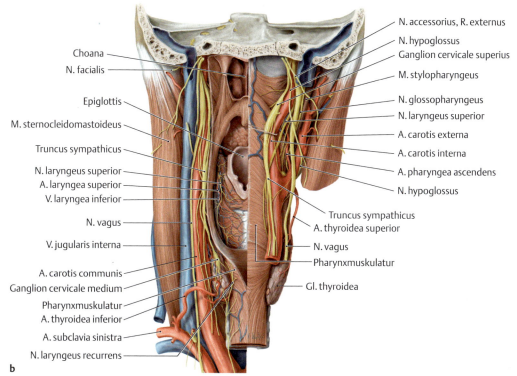

a Gliederung des Spatium peripharyngeum in das spaltförmige Spatium retropharyngeum (grün) und das Spatium lateropharyngeum, bei dem man einen ventralen (gelb) und dorsalen (orange) Anteil unterscheidet (linke Bildhälfte). In der rechten Bildhälfte sind die wichtigsten Strukturen anhand des gleichen Querschnitts (ebenfalls in der Sicht von kranial) gekennzeichnet. (Prometheus LernAtlas. Thieme, 2. Aufl., nach Fritsch und Kühnel)
b Leitungsbahnen des Spatium peripharyngeum in der Ansicht von dorsal nach Entfernung der Halswirbelsäule, ihrer Begleitstrukturen und des hinteren Teils der Schädelbasis. In der linken Bildhälfte ist die Pharynx-Muskulatur gespalten und seine Schleimhaut weitgehend abpräpariert. Rechts wurde die V. jugularis interna weitgehend entfernt, sodass man die ventral von ihr liegenden Leitungsbahnen erkennt: A. carotis interna, N. vagus und Sympathikus sind etwas nach medial gezogen, um die feinen Äste zum Glomus caroticum darzustellen. (Prometheus LernAtlas. Thieme, 3. Aufl.)

2 Halsorgane

2.1 Übersicht 914
2.2 Pharynx (Rachen, Schlund) 914
2.3 Larynx (Kehlkopf) 920
2.4 Trachea (Luftröhre) 930
2.5 Schilddrüse und Nebenschilddrüsen 931

G. Aumüller, G. Wennemuth

2.1 Übersicht

Im Hals liegt der Rachen bzw. Schlund (Pharynx) als Kreuzungsstelle der Luft- und Speisewege, die sich dorsal in die Speiseröhre (Oesophagus) und ventral in den Kehlkopf (Larynx) mit der anschließenden Luftröhre (Trachea) fortsetzen.
Der Trachea sind die Schilddrüse (Glandula thyroidea) mit den Nebenschilddrüsen (Glandulae parathyroideae) als wichtige endokrine Drüsen angelagert.

2.2 Pharynx (Rachen, Schlund)

2.2.1 Funktion des Pharynx

Der Rachen (**Pharynx**) bildet den gemeinsamen Anfangsbereich von Atem- und Speisewegen. Er hat damit die Doppelfunktion der **Weiterleitung der Atemluft** aus der Nasen- oder Mundhöhle in die **Trachea** bzw. der **Nahrung/Flüssigkeit** aus dem Mund in den **Ösophagus**. Hilfsstrukturen wie das Gaumensegel, sog. **Velum palatinum** (S. 1006), oder der Kehldeckel (**Epiglottis**) sorgen für die entsprechende Weichenstellung. Durch eine Konzentration von lymphatischem Gewebe in seinem Eingangsbereich hat der Pharynx eine wichtige Aufgabe im Rahmen der **Immunabwehr**.

2.2.2 Abschnitte, Lage und Aufbau des Pharynx

Der Pharynx ist ein ca. 12–15 cm langer Muskelschlauch, der sich von der Schädelbasis bis zur Höhe des Ringknorpels des Kehlkopfes erstreckt. Seine muskuläre Hinter- und Seitenwand besitzt keine Öffnungen, während die Vorderwand drei große Öffnungen aufweist, durch die der Pharynx in drei „Stockwerke" gegliedert wird (Abb. **L-2.1**):
- Die **Pars nasalis pharyngis** (Nasopharynx, Epipharynx) steht als oberer Abschnitt in Verbindung mit der Nasenhöhle.
- Die **Pars oralis pharyngis** (Oropharynx, Mesopharynx) geht als mittlerer Abschnitt in die Mundhöhle über.
- Die **Pars laryngea pharyngis** (Laryngopharynx, Hypopharynx) bildet als unterer Abschnitt den Übergang in Kehlkopf und Speiseröhre.

> ▶ **Merke.** Der gesamte Pharynxbereich ist durch diffus verteiltes subepitheliales lymphatisches Gewebe ein Teil des sog. MALT (S. 188) = **m**ucosa **a**ssociated **l**ymphatic **t**issue. In Verbindung mit den benachbarten Tonsillen spricht man vom **lymphatischen** oder **Waldeyer-Rachenring**.

2.1 Übersicht

Im Hals geht der Rachen/Schlund (Pharynx) einerseits in die Speiseröhre (Oesophagus), andererseits den Kehlkopf (Larynx) und die anschließende Trachea über. Dieser sind die endokrine Schilddrüse mit den Nebenschilddrüsen angelagert.

2.2 Pharynx (Rachen, Schlund)

2.2.1 Funktion des Pharynx

Der Rachen ist die muskuläre **Kreuzungsstelle der Atem- und Speisewege**. Er enthält unter der Schleimhaut eine große Menge an lymphatischem Gewebe, das der **immunologischen Abwehr** dient.

2.2.2 Abschnitte, Lage und Aufbau des Pharynx

Die Hinter- und Seitenwand des Pharynx stellt einen Muskelschlauch dar, der sich durch seine Beziehungen zur Mund- und Nasenhöhle und zum Kehlkopf in drei „Stockwerke" aufgliedert (Abb. **L-2.1**):
- **Pars nasalis pharyngis**, (Naso-/Epipharynx),
- **Pars oralis pharyngis** (Oro-/Mesopharynx),
- **Pars laryngea pharyngis** (Laryngo-/Hypopharynx).

▶ **Merke.**

L 2.2 Pharynx (Rachen, Schlund)

L-2.1 Gliederung des Pharynx und Innenrelief seiner verschiedenen Abschnitte

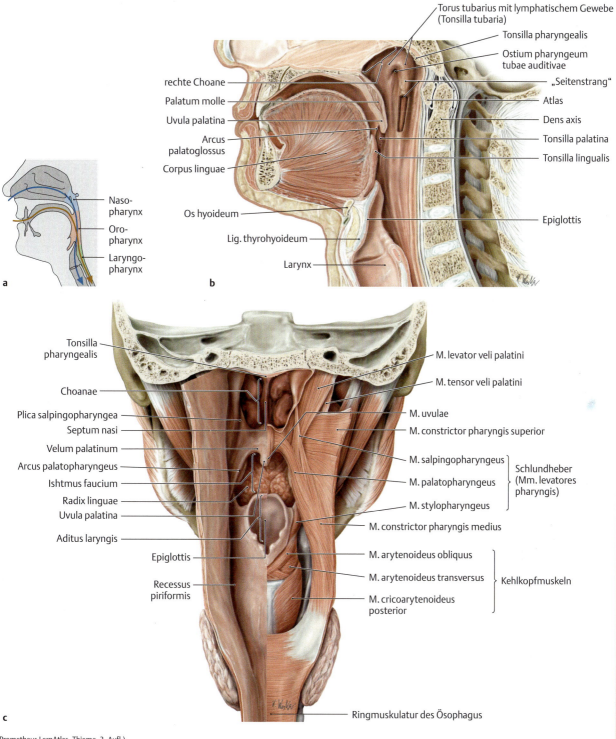

(Prometheus LernAtlas. Thieme, 3. Aufl.)

a Schematische Darstellung des Pharynx von links-lateral mit seiner Untergliederung in drei Etagen. In der Pars oralis pharyngis (Oropharynx) kreuzen sich der oben gelegene Luft- und der unten folgende Speiseweg.
b Mediansagittalschnitt durch den Pharynx mit angrenzender Mund- und Nasenhöhle in der Ansicht von links-lateral. Die Schleimhaut am Torus tubarius ist teilweise entfernt, um den M. salpingopharyngeus darzustellen. Außer der rechten Tonsilla palatina sieht man die an der Schädelbasis liegende angeschnittene Tonsilla pharyngea.
c Schleimhautrelief des Pharynx (linke Bildhälfte) und Korrelation mit der darunter liegenden Muskulatur (linke Bildhälfte; Details s. Abb. **L-2.2**). Der Einblick von dorsal wurde durch Spaltung der Pharynxmuskulatur erreicht, die hier zur Seite geklappt ist.

Pars nasalis pharyngis

▶ **Synonym.**

Lagebeziehungen:
- ventral: Verbindung zur Nasenhöhle über die **Choanen**.
- kranial: Kontakt mit dem **Fornix pharyngis** zur Schädelbasis, hier liegt die **Tonsilla pharyngealis**.
- lateral liegen die **Ostia pharyngea tubae** vor dem **Torus tubarius** (durch den Tubenknorpel erzeugter Wulst). Darüber und seitlich liegt der **Recessus pharyngeus**. Vom Torus tubarius ziehen Schleimhautfalten fort als Plica salpingopalatina (vorn, unten) bzw. **Plica salpingopharyngea** (hinten unten, darin enthalten der gleichnamige Muskel). Dazwischen wölbt der M. levator veli palatini den „Levatorwulst" (Torus levatorius) auf.

▶ **Klinik.**

Tonsilla pharyngealis: Die von einer bindegewebigen Kapsel umgebene Tonsilla pharyngealis (S. 190) ist aus respiratorischem Epithel, Lymphfollikeln und Drüsen aufgebaut.

▶ **Klinik.**

Pars oralis pharyngis

▶ **Synonym.**

Lagebeziehungen:
- ventral: Die **Gaumenbögen** (Arcus palatoglossus und Arcus palatopharyngeus mit gleichnamigen Muskeln, Abb. **M-3.4**) grenzen die Mundhöhle vom Schlund ab.
- kranial: Die Grenze liegt in der Ebene des **Gaumensegels**.
- kaudal: Die Grenze liegt in Höhe der **Epiglottis**. Durch **Plicae glossoepiglotticae mediana** bzw. **laterales** werden hier zwei Grübchen (**Valleculae epiglotticae**) abgegrenzt.

Das hier gelegene lymphatische Gewebe wird dem **Waldeyer-Rachenring** (S. 190) zugerechnet.

Pars nasalis pharyngis

▶ **Synonym.** Nasopharynx, Epipharynx

Die Pars nasalis pharyngis wird durch folgende Strukturen begrenzt:
- Die **Choanen** (Choanae) stellen als ventrale Öffnungen die Verbindung zur Nasenhöhle her.
- Der **Fornix pharyngis** (obere Pharynxwand) bildet die kraniale Begrenzung an der Schädelbasis. Hier liegt die unpaare **Tonsilla pharyngealis** (s. u.).
- Die **Ostia pharyngea tubae auditivae** sind die Mündungen der Tuba auditiva (S. 1082) und liegen beiderseits lateral. Sie verbinden den Nasopharynx mit der Paukenhöhle und sorgen so für deren Belüftung.
  In Höhe etwa der unteren Nasenmuschel wölben seitlich beiderseits die Tubenknorpel die Rachenschleimhaut als **Torus tubarius** vor, der die Tubenöffnungen von hinten oben bogenförmig umfasst. Darüber liegt in Richtung Fornix pharyngis (s. o.) und seitlich flach verstreichend ein **Recessus pharyngeus**. Der Torus tubarius setzt sich nach unten vorne in eine Plica salpingopalatina, hinten in eine **Plica salpingopharyngea** fort; Letztere wird durch den Musculus salpingopharyngeus aufgeworfen. Dazwischen wölbt sich unter dem Tubenostium der Levatorwulst vor, bedingt durch den M. levator veli palatini (S. 1006).

▶ **Klinik.** Bei Entzündungen in diesem Bereich schwillt das Tubenostium leicht zu und kann entweder durch das „**Valsalva-Manöver**" (Einpressen von Atemluft in den Kopf bei verschlossenem Mund und Nase) oder durch Einpressen von Luft durch eine Spritze mit passendem Aufsatz durch den unteren Nasengang geöffnet werden.

Tonsilla pharyngealis: Sie weist die für Tonsillen und andere Formen des MALT typische Kombination von stark gekammertem Oberflächenepithel (hier: **respiratorisches** Epithel), subepithelialen **Lymphfollikeln**, gemischten **Drüsen** und einer **Kapsel** als bindegewebige Abgrenzung gegen die Muskulatur auf. Nach der Pubertät verkleinert sich die Tonsilla pharyngealis (S. 190).

▶ **Klinik.** Bei Kleinkindern kann sich die Tonsilla pharyngealis so stark vergrößern (sog. **adenoide Vegetationen**, im Volksmund „Polypen" genannt), dass sie die Choanen verlegt und damit eine kontinuierliche Mundatmung erzwingt. Die Vergrößerung (Hyperplasie) bildet sich meist bis zur Pubertät zurück. Bei starker Ausprägung kommt therapeutisch eine Entfernung der Rachenmandel in Frage (**Adenotomie**).

Pars oralis pharyngis

▶ **Synonym.** Oropharynx; Mesopharynx

Folgende Strukturen bilden die Grenzen der Pars oralis pharyngis:
- Die **Gaumenbögen** stellen den ventralen Übergang des Oropharynx zur Mundhöhle dar und werden vom **Arcus palatoglossus** (vorne gelegener Muskelfaserzug vom Gaumen zur Zungenwurzel: M. palatoglossus, Abb. **M-3.4**) und **Arcus palatopharyngeus** (hinten gelegener Muskelfaserzug vom Gaumen zum Schlund: M. palatopharyngeus, Abb. **M-3.4**) gebildet. Die durch den Zungengrund, die Gaumenmuskulatur und die benachbarte Schlundmuskulatur (s. u.) gebildete Engstelle wird als **Isthmus faucium** (S. 1007) bezeichnet.
- Die Ebene des **Gaumensegels** (**Velum palatinum**) bildet die kraniale Grenze des Oropharynx.
- Die kaudale Grenze liegt am Oberrand der **Epiglottis** im Bereich des Zungengrundes. Hier befinden sich zwischen Zungengrund und Epiglottis paarige Grübchen (**Valleculae epiglotticae**), die medial durch eine **Plica glossoepiglottica mediana** und lateral durch je eine **Plica glossoepiglottica lateralis** begrenzt werden.

Das unter dem mehrschichtigen unverhornten Plattenepithel in diesem Bereich gelegene lymphoretikuläre Gewebe ist ein Teil des sog. **Waldeyer-** oder **lymphatischen Rachenrings** (S. 190).

L 2.2 Pharynx (Rachen, Schlund)

Pars laryngea pharyngis

▶ **Synonym.** Laryngopharynx; Hypopharynx

Als Grenzen der Pars laryngea pharyngis sind anzusehen:

- **Epiglottis** = Kehldeckel (S. 921): Sie stellt mit ihrem Oberrand die kraniale Grenze der Pars laryngea pharyngis dar.
- **Aditus laryngis** = Kehlkopfeingang (S. 923): Er bildet ventral den Eingang in den Kehlkopf.
- **Constrictio pharyngooesophagealis** = Ösophagusmund (S. 680): Der Eingang in den Ösophagus liegt dorsal im Bereich der Rückfläche des Ringknorpels des Kehlkopfs.

Seitlich liegen zwischen Schildknorpel und der zur Epiglottis ziehenden **Plica aryepiglottica** (S. 923) die beiden **Recessus piriformes**. Diese Rinnen leiten die Speisen in Richtung Ösophagusmund. Der Ramus internus des N. laryngeus superior kann hier eine kleine Falte (**Plica nervi laryngei superioris**) aufwerfen.

▶ **Klinik.** Wegen der versteckten Lage der Pars laryngea pharyngis (Laryngo-/Hypopharynx) werden hier auftretende **Tumoren** (Plattenepithelkarzinome) erst spät entdeckt und haben deshalb meist eine **schlechte Prognose**.

Muskulatur des Pharynx

Die Muskulatur des Pharynx (Abb. **L-2.2** u. Abb. **L-2.3**) wird funktionell unterteilt in **Schlundschnürer** mit ringförmigem Verlauf (Musculi constrictores pharyngis) und **Schlundheber** mit längsverlaufenden Fasern (Musculi levatores pharyngis).

Pars laryngea pharyngis

▶ **Synonym.**

Lagebeziehungen:
- kranial: Oberrand der **Epiglottis**,
- ventral: **Aditus laryngis** und
- dorsal: **Constrictio pharyngooesophagealis**.

Seitlich von der **Plica aryepiglottica** (S. 923) liegt die Rinne für die Speisen in Richtung Ösophagusmund (**Recessus piriformis**). Der N. laryngeus superior wirft die **Plica nervi laryngei** auf.

▶ **Klinik.**

Muskulatur des Pharynx

Die Pharynxmuskulatur gliedert sich in **Schlundschnürer** und **-heber** (Abb. **L-2.2** u. Abb. **L-2.3**).

⊙ **L-2.2** Übersicht über die Pharynxmuskulatur

Muskel		Ursprung	Ansatz	Innervation	Funktion
Mm. constrictores pharyngis (Schlundschnürer)					
M. constrictor pharyngis superior	• **Pars pterygopharyngea**	Processus pterygoideus; Lamina medialis u. Hamulus pterygoideus	Raphe pharyngis	Plexus pharyngeus	Verengung des Pharynx beim Schlucken durch Bildung des sog. **Passavant-Wulstes**
	• **Pars buccopharyngea**	Raphe pterygomandibularis			
	• **Pars mylopharyngea**	Linea mylohyoidea mandibulae			
	• **Pars glossopharyngea**	Muskulatur der Radix linguae			
M. constrictor pharyngis medius	• **Pars chondropharyngea**	Cornu minus ossis hyoidei			
	• **Pars ceratopharyngea**	Cornu majus ossis hyoidei			Verengung des Pharynx beim Schlucken
M. constrictor pharyngis inferior	• **Pars thyropharyngea**	Seitenfläche der Cartilago thyroidea			
	• **Pars cricopharyngea**	Cartilago cricoidea			
Mm. levatores pharyngis (Schlundheber)					
M. palatopharyngeus		Aponeurosis palatina, Hamulus pterygoideus	Cartilago thyroidea, Raphe pharyngis	N. glossopharyngeus	Heben des Pharynx
M. stylopharyngeus		Proc. styloideus	Cartilago thyroidea, Tunica submucosa pharyngis		
M. salpingopharyngeus		Tuba auditiva	Raphe pharyngis		

Die Schlundschnürer sind über die **Fascia pharyngobasilaris** an der Schädelbasis fixiert (Abb. **L-2.3a**) und inserieren an der **Raphe pharyngis**, einer am Tuberculum pharyngeum beginnenden dorsalen sehnigen Naht. Die Schlundheber strahlen seitlich in die Pharynxwand ein.

▶ Klinik.

Das Muskelrohr der Schlundschnürer ist über eine **Fascia pharyngobasilaris** an der Pars basilaris des Hinterhauptbeins (S. 944) angeheftet (Abb. **L-2.3a**). Dort beginnt am sog. Tuberculum pharyngeum dorsal eine sehnige Naht (**Raphe pharyngis**), die über alle drei Abschnitte des Pharynx nach kaudal zieht und an der die Schlundschnürer dachziegelartig übereinandergreifend inserieren. Die Schlundheber strahlen in die seitliche Pharynxwand ein und heben den gesamten Eingeweidestrang an.

▶ Klinik. Im kaudalen Bereich teilt sich die Pars cricopharyngea des unteren Schlundschnürers in zwei Anteile (Pars obliqua und Pars fundiformis oder Killian-Schleudermuskel), zwischen denen ein dreieckiger muskelschwacher Bezirk liegt (sog. **Killian-Dreieck**, Abb. **L-2.3b**). Tritt durch diese Muskellücke die Schleimhaut von innen blasenartig hindurch, spricht man von einem sog. **Zenker-Divertikel**. Hier können sich Speisereste ansammeln, deren Zersetzung nicht nur zu unangenehmem Geruch aus dem Mund (**Foetor ex ore**) führt, sondern die Gefahr bergen, wieder im Pharynx aufzusteigen (**Regurgitation**) und in die Atemwege zu gelangen (**Aspiration** mit Folge einer Lungenentzündung = Pneumonie). Aufgrund dieser Komplikation wird den Patienten, die meist zunächst unter Schluckbeschwerden (**Dysphagie**) leiden, in der Regel eine endoskopische oder operative Resektion mit Spaltung der Pars fundiformis geraten.

⊙ L-2.3 Pharynxmuskulatur

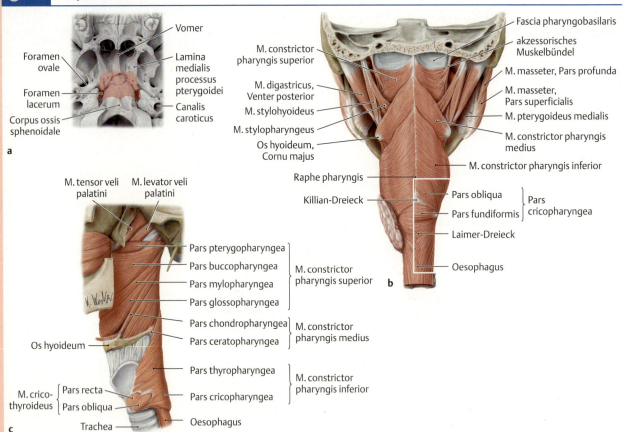

(Prometheus LernAtlas. Thieme, 3. Aufl.)
a Anheftungsstelle der Fascia pharyngobasilaris (rot hervorgehoben) an der knöchernen äußeren Schädelbasis in der Ansicht von kaudal.
b Pharynxmuskulatur in der Ansicht von dorsal. Man beachte das dachziegelartige Überlappen der Mm. constrictores pharyngis und die sehnige Raphe pharyngis. Durch Abtragen der oberflächlichen Muskelschicht im kaudalen Pharynxabschnitt in der rechten Bildhälfte (weiß eingerahmt) wird ein Teil des muskelschwachen Killian-Dreiecks sichtbar. Das Laimer-Dreieck (S. 685) liegt bereits im Bereich des Ösophagus.
c Schlundschnürer mit ihren Anteilen in der Ansicht von links.

2.2.3 Gefäßversorgung und Innervation des Pharynx

Gefäßversorgung des Pharynx

Arterielle Versorgung: Der Pharynx wird von den folgenden Arterien versorgt:
- **Arteria palatina ascendens** und **descendens** (aus der A. facialis bzw. A. maxillaris: Rr. pharyngei).
- **Arteria pharyngea ascendens** aus der A. carotis externa (S. 973) mit ihren Rami pharyngei,
- **Arteria thyroidea superior** (aus der A. carotis externa) bzw. **inferior** (aus der A. subclavia/Truncus thyrocervicalis, Tab. **L-1.2**) mit den Rr. pharyngei,

Venöser Abfluss: Das venöse Blut des Pharynx fließt über den dorsal gelegenen **Plexus pharyngeus** direkt oder indirekt in die V. jugularis interna.

Lymphabfluss: Der Lymphabfluss erfolgt über kleine **Nodi lymphoidei retropharyngeales** im Bereich des Plexus venosus laryngeus in die Nodi lymphoidei cervicales anteriores und laterales profundi (Abb. **L-1.11**) und weiter in den Truncus jugularis.

Innervation des Pharynx

Die motorische, sensible und vegetative Innervation der Partes nasalis und oralis pharyngis erfolgt durch Äste des **Nervus glossopharyngeus**, die der Pars laryngea im Wesentlichen durch **Vagusäste** mit Fasern aus der Pars cranialis n. accessorii (XI). Ab dem Oropharynx bilden die Äste des N. glossopharyngeus und des N. vagus den **Plexus pharyngeus**, der motorische, sensible, sekretomotorische und sympathische Fasern enthält. Er versorgt im Bereich des **Isthmus faucium** an der Hinterwand des Pharynx auch ein sensibles, rezeptives Feld, das bei Berührung **Schluck-** oder **Würgereflexe** auslöst.

▶ **Klinik.** Bei Manipulationen im hinteren Pharynxbereich (z. B. Kehlkopfspiegelung, Einführen eines Gastroskops) sollte dieser Bereich mit einem Lokalanästhetikum behandelt werden, um den Würgereflex auszuschalten bzw. zu reduzieren.

⊙ L-2.4 Motorische und sensible Innervation des Pharynx

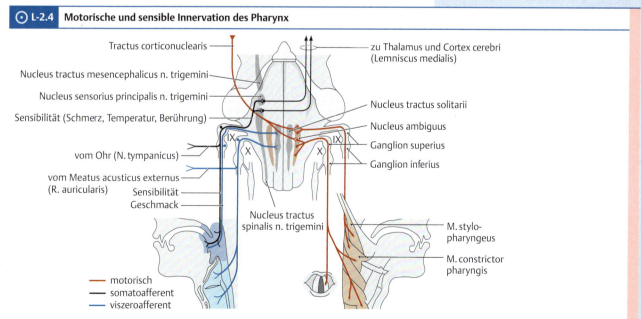

Die beiden Hirnnerven IX (N. glossopharyngeus) und X (N. vagus) führen sowohl sensible (linke Bildhälfte) als auch motorische (rechte Bildhälfte) Fasern und bilden zusammen mit sympathischen und parasympathischen Fasern (hier nicht dargestellt) den Plexus pharyngeus. Da der N. vagus auch den Kehlkopf innerviert (S. 928), ist dieser Bereich auf der linken Seite ebenfalls hellblau eingefärbt (ohne Darstellung der Geschmacksfasern) und rechts die motorischen Fasern zu inneren und äußeren Kehlkopfmuskeln angedeutet.
(Prometheus LernAtlas. Thieme, 3. Aufl., nach Duus)

2.2.4 Schluckakt

Siehe Tab. **L-2.1** und Abb. **L-2.5**.

2.2.4 Schluckakt

Der Schluckvorgang lässt sich in drei aufeinander folgende Abläufe unterteilen (Tab. **L-2.1** und Abb. **L-2.5**).

L-2.1 Schluckakt

beteiligte Strukturen	verantwortliche Mechanismen	Effekt
Phase 1: Zusammenspiel von oberem Schlundschnürer und Gaumensegel		
Schlundschnürer	▪ als Halbringe ausgebildet ▪ dachziegelartige Anordnung ▪ nach kaudal gerichtete Anheftung an der Raphe pharyngis Kontraktion: → Verkürzung, Erweiterung und Anhebung des Pharynx	vorderer Bereich des Muskelschlauchs wird über den Nahrungsbrei gezogen
M. constrictor pharyngis superior	Kontraktion: → Bildung des sog. **Passavant-Wulstes**	Verhinderung des Übertritts von Nahrungsbrei in den Nasopharynx bzw. die Nasenhöhle
Gaumensegel	Kontraktion: → Hebung	Öffnung des Tubenostiums
Phase 2: Kontraktion des Mundbodens und der Zungenmuskulatur		
suprahyoidale Muskulatur	Kontraktion: → Anheben des Kehlkopfs → Aufstauchen des Zungengrunds	Anpressen der Epiglottis auf den Kehlkopfeingang und damit Verhinderung des Übertritts von Nahrungsbrei in die Luftwege
Mm. styloglossus und hyoglossus	Kontraktion: → Verlagerung der Zunge nach hinten oben (Druck wie ein Stempel gegen den Gaumen)	Ausweichen des Nahrungsbreis (Bolus) in die tieferen Pharynxteile (Pars oralis und laryngea)
Phase 3: Kontraktion der unteren Schlundschnürer		
untere Schlundschnürer	Kontraktion	Schiebung des Bolus durch Muskelschlauch
rezeptives Feld an der Hinterwand des Pharynx	Reizung durch ankommende Nahrung → Einsetzen unwillkürlicher Peristaltik	Weiterleitung des Bolus in Richtung Ösophagusmund (obere Speiseröhrenöffnung)

L-2.5 Schluckakt

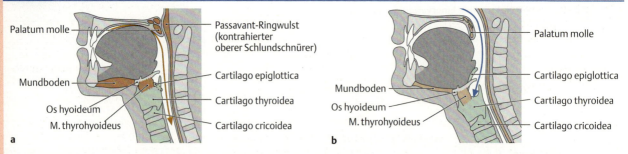

Während des Schluckaktes wird der Speiseweg (orangefarbener Pfeil in **a**) gegenüber Nasenhöhle und Kehlkopf abgeschlossen und der Atemweg (blauer Pfeil in **b**) dadurch kurzfristig unterbrochen. Dies verhindert den Übertritt von Nahrung in die Luftwege. Die während des Schluckens kontrahierten Muskeln sind durch kräftigere Anfärbung in **a** gegenüber **b** hervorgehoben.
(Prometheus LernAtlas. Thieme, 3. Aufl.)
a Speiseweg während des Schluckaktes.
b Atemweg.

2.3 Larynx (Kehlkopf)

2.3.1 Funktion und Lage des Larynx

Der Kehlkopf ist ein knorpelig-muskuläres Verschlusssystem an der Grenze der Speise- und Atemwege und dient der:
▪ Regulation der Lungenbelüftung (**Atemfunktion**),
▪ Stimmbildung (**Phonation**),
▪ Schutzfunktion beim Schlucken (S. 920) (**Protektion**).

2.3 Larynx (Kehlkopf)

2.3.1 Funktion und Lage des Larynx

Der Kehlkopf ist am Zungenbein beweglich „aufgehängt" und liegt am Übergang der Luftröhre zum Pharynx. An dieser Grenze der Speise- und Atemwege erfüllt er als **knorplig-muskuläres Verschluss-System** folgende Funktionen:
▪ **Atemfunktion** durch Regulierung der Ventilation der Lungen,
▪ **Phonationsfunktion** durch die Stimmbildung und
▪ **Protektionsfunktion** durch den Verschluss der unteren Atemwege beim Schlucken (S. 920).

L-2.6 Lage des Kehlkopfs im Hals

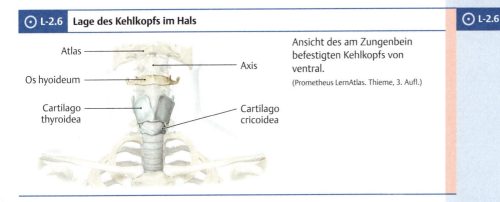

Ansicht des am Zungenbein befestigten Kehlkopfs von ventral.
(Prometheus LernAtlas. Thieme, 3. Aufl.)

Nachbarschaftsbeziehungen: Der Kehlkopf liegt zwischen der tiefen und der mittleren **Halsfaszie**, sog. Lamina prevertebralis und pretrachealis fasciae cervicalis, Tab. **L-1.1**). Er grenzt mit der dorsal anliegenden Pars laryngea des Pharynx und dem Anfangsteil des Ösophagus an den **prävertebralen Gleitraum**. Der obere Kehlkopfrand projiziert sich in Ruhelage auf den 4. Halswirbel, die Stimmritze auf den 5. Halswirbel. An der Ventralseite ziehen die infrahyoidalen Muskeln (S. 893) nach unten. Seitlich liegt die **Vagina carotica** mit der A. carotis communis, der V. jugularis interna und dem N. vagus. Kranial hängt der Kehlkopf über die Membrana thyrohyoidea mit dem Zungenbein (S. 893), kaudal über Bindegewebszüge („Lig. cricotracheale") mit der Trachea (S. 543) zusammen; vgl. auch Trachea (S. 930).

2.3.2 Aufbau des Larynx

Kehlkopfskelett, Gelenke und Bänder

Grundlage des Kehlkopfes ist ein formstabiles System von gelenkig verbundenen **Knorpelplatten**. Sie umgeben ein **Schleimhautrohr**, das über vorwiegend innen gelegene **Muskelzüge** eng oder weit gestellt werden kann.
Das **Kehlkopfskelett** (Abb. **L-2.7**) besteht neben drei kleineren aus vier großen, funktionell bedeutsamen Knorpeln:
- **Epiglottis** (Kehldeckel),
- **Cartilago thyroidea** (Schildknorpel),
- **Cartilago cricoidea** (Ringknorpel) und
- **Cartilago arytenoidea** (Stellknorpel, abgekürzt: Ary-Knorpel), paarig.

Es gibt 2 **Gelenke**:
- **Articulatio cricothyroidea** (zwischen Ring- und Schildknorpel) und
- **Articulatio cricoarytenoidea** (zwischen Ring- und Stellknorpel).

Epiglottis (Kehldeckel): Die aus elastischem Knorpel bestehende Epiglottis hat etwa die Form eines Rennradsattels. Die Spitze (**Petiolus**) ist mit einem Band (**Ligamentum thyroepiglotticum**) unten in der Mitte der Innenfläche des Schildknorpels befestigt. Die Platte ist seitlich durch eine Vielzahl von Löchern perforiert, in denen Drüsen eingelagert sind. Das Perichondrium setzt sich in eine dünne Bindegewebslamelle (**Plica aryepiglottica**) mit spärlichen Muskelbündeln (**Musculus aryepiglotticus**) fort. Vor der Epiglottis liegt ein dicker Fettkörper, der beim Heben des Kehlkopfs während des Schluckens (S. 920) die Epiglottis nach hinten abknickt, sodass sie sich über den Kehlkopfeingang (**Aditus laryngis**) legt.

Cartilago thyroidea (Schildknorpel): Die Cartilago thyroidea besteht aus einer etwa viereckigen schiffsbugartig gebogenen Platte aus hyalinem Knorpel, die sich beiderseits hinten nach oben und unten in je ein **Cornu superius** bzw. **inferius** fortsetzt. Der Winkel zwischen den Plattenflächen beträgt beim Mann etwa 90°, bei der Frau und beim Kind 110°. Der Oberrand mit der **Incisura superior**, der vorspringenden **Prominentia laryngea** und dem Cornu superius setzt sich in die **Membrana thyrohyoidea** fort, die den Kehlkopf am Zungenbein fixiert. Sie enthält eine Öffnung für den Durchtritt der oberen Leitungsbahnen in das Kehlkopfinnere. Die Winkelung der Knorpelplatte in Verbindung mit der Prominentia laryngea ist insbesondere beim Mann an der äußeren Halskontur deutlich als sog. **Adamsapfel** (S. 906) nicht nur tastbar, sondern auch zu sehen.

Nachbarschaftsbeziehungen: Der Kehlkopf ist in Höhe des 3. bis 5. Halswirbels zwischen Lamina prevertebralis und pretrachealis fasciae cervicalis (Tab. **L-1.1**) in den **prävertebralen Gleitraum** eingelassen. Er wird ventral von den infrahyoidalen Muskeln (S. 893) bedeckt und grenzt dorsal an Übergang von Pharynx zu Ösophagus. Kranial steht er mit dem Zungenbein (S. 893) in Verbindung (Membrana thyrohyoidea) kaudal mit der Trachea (S. 543); vgl. auch Trachea (S. 930).

2.3.2 Aufbau des Larynx

Kehlkopfskelett, Gelenke und Bänder

Das Kehlkopfskelett (Abb. **L-2.7**) besteht aus insgesamt **sieben Knorpelplatten**, von denen vier eine funktionelle Bedeutung haben (s. u.).

Sie sind über die **Articulatio cricothyroidea** und die **Articulatio cricoarytenoidea** miteinander verbunden.

Epiglottis (Kehldeckel): Die aus elastischem Knorpel bestehende **Epiglottis** hat die Form eines Rennradsattels und ist mit dem dünnen Stiel (**Petiolus**) kaudal im Schildknorpel über das **Lig. thyroepiglotticum** fixiert. Sie wird beim Schlucken (S. 920) über den **Aditus laryngis** gepresst. Letzterer wird durch die **Plica aryepiglottica** (mit **M. aryepiglotticus**) begrenzt.

Cartilago thyroidea (Schildknorpel): Die hyaline Knorpelplatte mit der vorspringenden **Prominentia laryngea**, sog. Adamsapfel (S. 906), ist schiffsbugartig gewinkelt und hat beiderseits dorsal ein **Cornu superius** und **inferius**. Sie ist über die **Membrana thyrohyoidea** mit dem Zungenbein verbunden. Durch diese Membran gelangen die A., V. und der N. laryngeus superior in das Kehlkopfinnere.

L-2.7 Knorpel, Gelenke und Bandapparat des Kehlkopfs

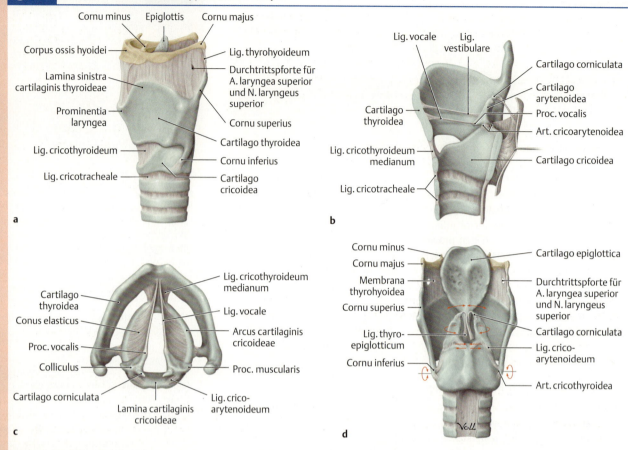

(Prometheus LernAtlas. Thieme, 3. Aufl.)
a Kehlkopf im Verbund mit dem Zungenbein und kranialer Trachea in der Schrägansicht von links-ventral. Die innen gelegenen Ary-Knorpel sind in dieser Darstellung verdeckt.
b Verbindung der Kehlkopfknorpel durch Bänder am Sagittalschnitt in der Ansicht von links-medial.
c Position und Verbindung der Ary-Knorpel und des Stimmbandes in der Ansicht von kranial.
d Darstellung der Bewegungsrichtung (rote Pfeile) in den einzelnen Kehlkopfgelenken von dorsal.

▶ Merke.

▶ Merke. **Hyaliner Knorpel** ist die Grundlage von **Schild-** und **Ringknorpel** und des hinteren Bereichs der Ary-Knorpel. Sie können bei älteren Menschen verkalken bzw. stellenweise auch verknöchern. Die **Epiglottis** enthält **elastischen Knorpel**.

Cartilago cricoidea (Ringknorpel): Die hyaline **Cartilago cricoidea** besteht aus **Arcus** und **Lamina**. Ihrem Oberrand sitzen die Ary-Knorpel auf. Die Cornua inferiora des Schildknorpels ermöglichen eine Kippbewegung in der **Articulatio cricothyroidea** (Abb. **L-2.7d**). Der Arcus ist mit dem Schildknorpel durch das **Lig. cricothyroideum medianum** (**Lig. conicum**) verbunden und ebenfalls tastbar; wichtig für Koniotomie (S. 924).

Cartilago arytenoidea (Stellknorpel, Ary-Knorpel): Die teils hyalinen teils elastischen Cartilagines arytenoideae haben einen nach oben gerichteten **Apex**, einen nach lateral gerichteten **Processus muscularis** und einen ventral gerichteten **Processus vocalis** für das Stimmband. An der Medialfläche setzen die gleichnamigen Muskeln an. Die Unterkante gleitet in der **Articulatio cricoarytenoidea** gehalten durch das **Lig. cricoarytenoideum** auf dem Oberrand des Ringknorpels

Cartilago cricoidea (Ringknorpel): Der hyaline Ringknorpel verdankt seinen Namen der Siegelringform mit hinten gelegener **Lamina** und einem vorderen **Arcus**. Er steht mit beiden Unterhörnern des Schildknorpels über Scharniergelenke an seinen Seitenflächen in Verbindung. Die Kapsel dieser **Articulatio cricothyroidea** ist schlaff, sie lässt eine Kippbewegung zwischen Ring- und Schildknorpel nach vorn zu (Abb. **L-2.7d**), wodurch der Sagittaldurchmesser des Kehlkopfs zunimmt.
Neben der Schildknorpelvorderfläche (s. o.) ist auch der Arcus des Ringknorpels mit dem die beiden Knorpel verbindenden **Ligamentum cricothyroideum medianum** (klinisch: **Ligamentum conicum**) zwischen den infrahyoidalen Muskeln (S. 893) zu tasten; wichtig für die Durchführung einer Koniotomie (S. 924).

Cartilago arytenoidea (Stellknorpel, Ary-Knorpel): Jeder der beiden vorwiegend hyalinen **Stellknorpel** hat etwa die Form einer vierseitigen Pyramide mit drei längeren Fortsätzen. Dadurch kann der Ary-Knorpel als Winkelhebel arbeiten, was viele seiner Funktionen besser verstehen lässt. Die Spitze (**Apex**) ist nach dorsal leicht angewinkelt. Ihr liegt die Cartilago corniculata (s. u.) an. Nach ventral geht von der **Basis** ein kurzer plumper Fortsatz aus elastischem Knorpel als Ansatz für den M. vocalis bzw. das Stimmband ab (**Processus vocalis**). Am seitlich gelegenen **Processus muscularis** inserieren die vom Ringknorpel her kommenden Muskeln. Die mediale Gegenfläche ist nicht benannt und dient den „Ary"-Muskeln als Ansatzfläche. Die leicht gekehlte Basis „reitet" auf dem Oberrand der Ringknorpelplatte. Das **Ligamentum**

cricoarytenoideum bildet als lockere elastische Membran die Gelenkkapsel der **Articulatio cricoarytenoidea** und lässt folgende Bewegungen zu (Abb. **L-2.7d**):
- **Translationsbewegungen** von medial nach lateral und zurück auf der Oberkante der Lamina des Ringknorpels ermöglichen eine Eng- und Weitstellung der Pars intercartilaginea der Stimmritze (s. u.) bei der Flüsterstimme.
- **Kipp-Bewegungen** der Spitze nach innen und außen führen zu einer An- oder Entspannung bzw. Verlängerung oder Verkürzung der Stimmbänder.
- **Rotationsbewegung** um die Longitudinalachse bewirken eine Eng- oder Weitstellung der Pars intermembranacea der Stimmritze.

Zusätzliche kleinere Knorpel:
- **Cartilago corniculata:** auf der Spitze des Ary-Knorpels (paarig),
- **Cartilago cuneiformis:** seitlich vom vorigen in der Plica aryepiglottica (paarig) und
- **Cartilago triticea:** sesambeinähnliches Knorpelstückchen im Lig. thyrohyoideum.

Etagengliederung und Innenrelief

Etagen des Larynx

Innerhalb des Kehlkopfes lassen sich drei „Stockwerke" unterscheiden (Abb. **L-2.8**):
- Vestibulum laryngis: Der Kehlkopfeingang (**Aditus laryngis**) wird von der Epiglottis und den Plicae aryepiglotticae begrenzt und führt von ventral kranial nach dorsal abfallend zur Pars laryngea pharyngis (Hypopharynx) bzw. oberen Ösophagusmund in den Kehlkopfvorhof (Vestibulum laryngis), der bis zu den beiderseitig gelegenen Taschenfalten (Plicae vestibulares, s. u.) reicht. Klinisch wird der Raum oberhalb der Taschenfalten als Supraglottis oder supraglottischer Raum bezeichnet.
- Ventriculus laryngis: Der Ventriculus laryngis (**transglottischer Raum**) ist der schmale, keilförmige Raum zwischen den Taschenfalten (**Plicae vestibulares**) und den Stimmfalten (**Plicae vocales**). Der Spalt zwischen den beiden Falten ist die **Rima vestibularis** bzw. **Rima glottidis**).
Eine variabel große Ausbuchtung im Vorderabschnitt des Ventriculus ist der **Sacculus laryngis**, in den zahlreiche Drüsen münden. Als **Glottis** wird der aus beiden Plicae vocales bestehende, stimmbildende Teil des Kehlkopfs (Kontaktstelle beider Stimmbänder, **Ligamenta vocalia**) bezeichnet.
- Cavitas infraglottica: Raum unterhalb der Stimmfalten bis zur Verbindung zwischen Ringknorpel und erster Trachealspange. Er wird im klinischen Sprachgebrauch als **Subglottis** (**subglottischer Raum**) bezeichnet.

(Translations- und Kippbewegungen). Die Ary-Knorpel können zusätzlich um die Längsachse rotiert werden und wirken dabei als Winkelhebel (Abb. **L-2.7d**): Zug des Proc. muscularis nach dorsolateral → Öffnung der Stimmritze; Zug des Proc. muscularis nach ventromedial → Verschluss der Stimmritze.

Zusätzliche kleinere Knorpel:
- **Cartilago corniculata**, am Apex der Ary-Knorpel
- **Cartilago cuneiformis** in Plica aryepiglottica
- **Cartilago triticea**, im Lig. thyrohyoideum.

Etagengliederung und Innenrelief

Etagen des Larynx

Man unterscheidet folgende Etagen (Abb. **L-2.8**):
Der **Aditus laryngis** als Eingang zum **Vestibulum laryngis** ist schräg ventrodorsal gestellt und wird durch die **Epiglottis** mit den **Plicae aryepiglotticae** begrenzt. Die untere Grenze des **supraglottischen Raums** bilden die Taschenfalten (**Plicae vestibulares**).

Der **Ventriculus laryngis** wird durch die oberen **Plicae vestibulares** und die unten gelegenen **Plicae vocales** begrenzt, zwischen denen sich jeweils eine **Rima vestibularis** bzw. **Rima glottidis** (vocalis) befindet. Die **Glottis** ist der aus beiden Plicae vocales bestehende, stimmbildende Teil des Kehlkopfs (Kontaktstelle beider Stimmbänder, **Ligg. vocalia**).
Die **Cavitas infraglottica** (**Subglottis**) liegt unterhalb der Stimmbänder und geht kontinuierlich in die Trachea über.

⊙ **L-2.8** Etagen und Innenrelief des Kehlkopfs

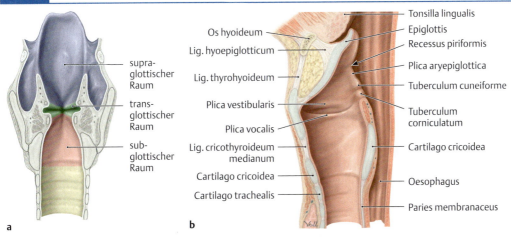

(Prometheus LernAtlas. Thieme, 3. Aufl.)
a Etagengliederung des Kehlkopfs in der Ansicht eines Frontalschnitts von dorsal. Kaudal der eingefärbten Kehlkopfetagen ist der angrenzende Trachealraum gelb dargestellt. Im transglottischen Raum (grün) liegt die klinisch relevante Wasserscheide des Lymphabflusses.
b Innenrelief des Kehlkopfs am Mediansagittalschnitt in der Ansicht von links. Der Zungengrund und der Übergang des Hypopharynx in die Speiseröhre sind mit angeschnitten.

▶ **Klinik.** Entwicklungsstörungen, bei denen die Kanalisierung der Glottis nur mangelhaft abläuft, aber auch Insektenstiche im Kehlkopfbereich, Verschlucken von Münzen (bei Kleinkindern), Entzündungen (Diphtherie) oder Intubationsfehler können zu einer Einengung im Glottisbereich (mit **Glottisödem**) führen, die mehr oder minder schwere Atemwegsstörungen bewirken. In akuten Fällen ist die **Koniotomie** (senkrechter Hautschnitt, Querschnitt durch das Lig. conicum, s. Abb. **L-2.14**) unterhalb der Glottisebene notwendig, um ein Ersticken zu vermeiden.

Schleimhautfalten des Larynx

Die Taschenfalten (**Plicae vestibulares**) sind aus lockerem Bindegewebe mit reichlich Drüsen aufgebaut, die die darunter gelegenen Stimmbänder ständig befeuchten.
Die Stimmfalten (**Plicae vocales**) begrenzen die Stimmritze (**Rima glottidis**) als engste Stelle im Kehlkopf. Ihr vorderer Teil (**Pars intermembranacea**) ist für die Phonation entscheidend (Stimmband = Lig. vocale, oberer Abschnitt des Conus elasticus, s. u.), die hinteren ⅔ bilden die für die Flüsterstimme wichtige **Pars intercartilaginea**.

Schleimhautfalten des Larynx

Die Unterteilung in drei Stockwerke geschieht demnach durch zwei Schleimhautfalten:
- Die **Plicae vestibulares** (**Taschenfalten**) sind locker aufgebaut und drüsenreich und befeuchten mit ihrem Sekretfilm ständig die darunter gelegenen Stimmfalten.
- Die **Plicae vocales** (**Stimmfalten**) stellen die entscheidende verstellbare Barriere des Kehlkopfinneren dar. Der Spalt zwischen ihnen ist die **Rima glottidis** (**Stimmritze**). Die Stimmfalten sind bei Männern etwa 27 bis max. 29 mm, bei Frauen 14 bis max. 20 mm lang und haben einen hakenförmigen Querschnitt. Der glottisnahe Abschnitt (mit dem oberen Abschnitt des Conus elasticus, s. u.) wird oft als Stimmband (**Ligamentum vocale**) bezeichnet. Ihr spezieller konstruktiver Bau und die sehr dichte Innervation des darin enthaltenen **Musculus vocalis** (Abb. **L-2.11**) verleiht ihnen eine einzigartige neuromuskuläre Qualität als Voraussetzung für die **Phonationsfunktion**. Die vorderen, knorpelfreien ⅗ der Stimmritze bilden die **Pars intermembranacea**, die hinteren, den Stellknorpeln anliegenden ⅖ bilden die **Pars intercartilaginea**. Unterschiede im Bewegungsspielraum beider Abschnitte beeinflussen die Lautheit der Stimme (Normalsprache). Die Flüstersprache entsteht, wenn nur die **Pars intercartilaginea geöffnet** ist.

▶ **Klinik.** Die sog. **indirekte Laryngoskopie** mit einem **Kehlkopfspiegel** und einem entsprechenden Beleuchtungssystem bietet dem Arzt die Möglichkeit, beim Patienten mit weit geöffnetem Mund und leicht nach vorne gezogener Zunge die **Epiglottis** (oben), das **Vestibulum**, die **Plicae vestibulares** (seitlich, rosa) und die **Plicae vocales** (mittig, grau-weißlich wegen des Überzugs des Conus elasticus mit Plattenepithel) sowie die Konturen der **Ary-Knorpel** mit ihren Nebenknorpelchen (unten) zu betrachten. So kann man Form, Farbe und Beweglichkeit der Stimmfalten mit möglichen krankhaften Veränderungen feststellen.

⊙ L-2.9 Indirekte Laryngoskopie
(Prometheus LernAtlas. Thieme, 3. Aufl.)

a Sicht des Arztes (**I**) und Strahlengang (**II**) bei der Kehlkopfspiegelung: Der Larynx kann nur indirekt über einen bis an das Gaumensegel herangeführten, schräg gehaltenen Spiegel sichtbar gemacht werden. Der schräg gehaltene Kehlkopfspiegel leitet dabei den vom (gelochten) Kopfreflektor des Arztes ausgehenden Lichtstrahl nach unten auf den Kehlkopf.

b Durch die Spiegelung erscheinen der Zungengrund und die Epiglottis oben und die Schleimhaut über den Cartilagines corniculatae unten im Bild. Rechte und linke Seite sind anatomisch korrekt wiedergegeben (hier bei geöffneter Stimmritze in normaler Respirationsstellung, siehe c3). (nach Berghaus, Rettinger und Böhme)

c Unterschiedliche Stellungen der Stimmritze: In Phonations- oder Medianstellung ist die Stimmritze komplett geschlossen → der Luftstrom bringt dann die Stimmbänder zum Schwingen und erzeugt so den Schall (1). Beim Flüstern ist die Stimmritze etwas weiter geöffnet (2), bei normaler (3, vgl. **b**) und forcierter (4) Atmung klafft sie unterschiedlich weit auseinander.

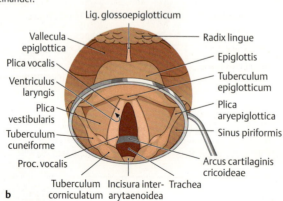

1 2 3 4

Stellungen der Stimmfalten
1. Median- oder Phonationsstellung
2. Paramedianstellung
3. Intermediärstellung
4. Lateral- oder Respirationsstellung

Feinbau des Larynx

Mehrschichtiges unverhorntes Plattenepithel kommt nur an Stellen mit besonders hoher mechanischer Belastung vor (Stimmbänder, Vorderseite und oberes Drittel der Hinterseite der Epiglottis, Übergang zum Hypopharynx).
Respirationsepithel mit Flimmer-, Becher- und Basalzellen sowie intraepithelialen Lymphozyten kleidet die überwiegenden Anteile des Kehlkopfs aus. Bei Kindern sollen **Geschmacksknospen** zusätzlich zu denen auf der Zunge auch in der Schleimhaut im Eingangsbereich des Kehlkopfs auftreten und über den N. vagus sensorisch innerviert werden.
Muköse Drüsen finden sich in größeren Ansammlungen besonders im Bereich der Epiglottis (in Knorpellücken) und in den Taschenbändern. Sie sind oft durchsetzt mit Lymphozytenhaufen, Mastzellen und eosinophilen Granulozyten.
Für die grau-weißlich erscheinenden **Stimmbänder** ist eine dichte Vernetzung von **Plattenepithel**, **elastischem Bindegewebe** und **quergestreifter Muskulatur** typisch. Sie bedingt die besonderen mechanischen Qualitäten der Stimmbänder.

Feinbau des Larynx (Randspalte)

Mehrschichtiges unverhorntes Plattenepithel bedeckt die Bereiche mit hoher mechanischer Belastung, insbesondere die medialen Abschnitte der Stimmbänder und die hypopharynxnahen Bereiche der Epiglottis.
Respirationsepithel mit zahlreichen **mukösen Drüsen** und einzelnen **Geschmacksknospen** findet sich von der Rückseite der Epiglottis an bis an den Unterrand der Taschenfalten und unterhalb der Stimmfalten.

▶ **Klinik.** In der Folge von Nikotinabusus (auch in Kombination mit erhöhtem Alkoholkonsum) tritt gehäuft das **Larynxkarzinom** auf, das 50 % aller bösartigen Tumoren im Kopf-Hals-Bereich ausmacht (in ca. 95 % der Fälle Plattenepithelkarzinome). Es macht sich zunächst durch **Heiserkeit**, später durch **Schluckbeschwerden**, **Atemnot** mit verstärktem Atemgeräusch („Stridor") und schließlich auch **Schmerzen** im Kehlkopfbereich bemerkbar. Je nach Ausbreitungsgrad (Absiedelung von Tochtergeschwülsten in die Halslymphknoten, Zerstörung der Kehlkopf-Knorpel) müssen unterschiedlich ausgedehnte Operationen (**Teilresektionen** bis zur **totalen Laryngektomie** mit „neck dissection", d. h. Entfernung der Hals-Lymphknoten, Abb. **L-1.11**) durchgeführt werden.

▶ **Klinik.**

Das submuköse Bindegewebe besteht aus kollagenen und reichlich elastischen Fasern und bildet ein stellenweise verdichtetes fibroelastisches System, das vom Ringknorpelbogen ausgeht (**Conus elasticus**). Der Conus elasticus ist der Abschnitt zwischen Lig. vocale und Ringknorpel und damit Teil der **Membrana fibroelastica laryngis**. Sie umfasst die Gesamtheit der fibroelastischen Systeme im Kehlkopf bis zum Cavum infraglotticum.
Besonders markant ist dabei das **Ligamentum conicum**, ein dickerer elastischer Strang in der Mitte des **Ligamentum cricothyroideum medianum**. Davon ausgehend umgreifen die elastischen Fasermatten fächerartig von unten die Stimmbänder, wo die elastischen Fasern besonders reichlich sind. Ausgehend von den Taschenbändern liegt weiter oberhalb und zur Epiglottis ziehend die **Membrana quadrangularis** (Abb. **L-2.10**).

Das fibroelastische Bindegewebe ist im Stimmlippenbereich durch dicke elastische Faserbündel als sog. **Conus elasticus** ausgebildet, der nach ventral bis an das **Lig. cricothyroideum medianum** reicht und sich kaudal in das **Lig. conicum** fortsetzt. In den Taschenbändern (**Ligg. vestibularia**) bilden die elastischen Fasern eine **Membrana quadrangularis** (Abb. **L-2.10**).

⊙ L-2.10 Feinbau des Kehlkopfs

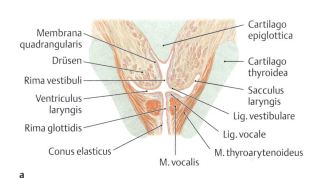

(Prometheus LernAtlas. Thieme, 3. Aufl.)
a Frontalschnitt durch den Kehlkopf nahe der Befestigungsstelle der Epiglottis am Schildknorpel
b und schematische Vergrößerung der linken Seite: Die drüsenreichen Taschenfalten mit der Membrana quadrangularis und die Stimmfalten mit ihrer Muskulatur sind quer angeschnitten.

Kehlkopfmuskulatur

Man unterscheidet am Larynx:
- Außen- und Binnenmuskeln (Abb. **L-2.11**, Abb. **L-2.12** und Abb. **L-2.3b**) von
- supra- und infrahyoidaler Muskulatur (S. 893).

Kehlkopfmuskulatur

Die Kehlkopfmuskulatur wird in zwei Gruppen unterteilt:
- Eigentliche Kehlkopfmuskeln (Außenmuskel und Binnenmuskeln, Abb. **L-2.11**, Abb. **L-2.12** und Abb. **L-2.3b**) sowie
- supra- und infrahyoidale Muskeln sind Muskeln, die den Kehlkopf durch ihre Wirkung auf das Zungenbein (S. 893) als Ganzes bewegen.

⊙ L-2.11 Eigentliche Kehlkopfmuskulatur

Muskel	Ursprung	Ansatz	Innervation	Mechanismus	Funktion
Außenmuskel					
M. cricothyroideus • Pars recta • Pars obliqua klin. Bezeichnung: **„Antikus"** oder **„Externus"**	Arcus der Cartilago cricoidea	Unterrand und Cornu inferius der Cartilago thyroidea	R. externus des N. laryngeus superior (Ast des N. vagus)	nähert die Schildknorpelunterkante der vorderen Oberkante des Ringknorpels (kippt den Schildknorpel nach vorn bzw. den Ringknorpel nach hinten)	Grobvorspannung der Stimmbänder (äußerer Spanner des Stimmbandes)
Binnenmuskeln					
M. cricoarytenoideus posterior klin. Bezeichnung: **„Postikus"**	Dorsalfläche der Lamina der Cartilago cricoidea	Proc. muscularis der Cartilago arytenoidea	N. laryngeus recurrens (Ast des N. vagus)	Auswärtsschwenken des Proc. vocalis des Ary-Knorpels	öffnet die Pars intermembranacea → einziger Öffner der Stimmritze („Abduktor")
M. cricoarytenoideus lateralis klin. Bezeichnung: **„Lateralis"**	seitlicher Arcusbereich der Cartilago cricoidea	Proc. muscularis der Cartilago arytenoidea		Einwärtsschwenken des Proc. vocalis des Ary-Knorpels	schließt die Pars intermembranacea der Stimmritze („Adduktor"); Gegenspieler zum vorigen Abduktion der Pars intercartilaginea der Plica vocalis
M. thyroarytenoideus	Innenfläche der Schildknorpelplatten	Proc. vocalis der Cartilago arytenoidea		zieht die Ary-Knorpel nach vorn	verkürzt und verdickt die Stimmfalten und erzeugt dadurch den Glottisverschluss; Gegenspieler zum M. cricothyroideus
M. vocalis = innerster Faseranteil des vorigen	Innenfläche der Cartilago thyroidea	Proc. vocalis der Cartilago arytenoidea		ändert Spannung und Dicke der Stimmbänder	innerer Spanner des Stimmbandes (entscheidend für die Stimm-Charakteristik)
M. arytenoideus obliquus	Proc. muscularis eines Ary-Knorpels	Apex des kontralateralen Ary-Knorpels		Muskeln beider Seiten überkreuzen sich dorsal des M. arytenoideus transversus und nähern die Aryknorpel einander (Adduktion)	Verengung der Pars intercartilaginea der Stimmritze
M. arytenoideus transversus	Seiten- und Hinterfläche einer Cartilago arytenoidea	Seiten- und Hinterfläche der kontralateralen Cartilago arytenoidea		Adduktion beider Ary-Knorpel	Verengung der Pars intercartilaginea der Stimmritze
M. aryepiglotticus	Proc. muscularis der Cartilago arytenoidea	Unterer Seitenrand der Epiglottis		spannt die Plica aryepiglottica	Verengung des Aditus laryngis (Schutzfunktion beim Schlucken)

L 2.3 Larynx (Kehlkopf)

⊙ L-2.12 **Kehlkopfmuskulatur und ihre Wirkung auf die Stellung der Stimmfalten**

(Prometheus LernAtlas. Thieme, 3. Aufl.)

a Darstellung der am Stellknorpel ansetzenden M. cricoarytenoideus lateralis, M. cricoarytenoideus posterior und M. vocalis in der Ansicht von links-lateral nach Entfernung der linken Schildknorpelhälfte. Diese Stellmuskeln können entsprechend ihrer Bezeichnung die Stellung der Stimmfalten verändern. Der M. cricoarytenoideus posterior ist der einzige Öffner der Stimmritze. Der M. cricoarytenoideus lateralis nähert die Stimmfalten einander und wirkt daher als Phonationsmuskel.

b In der gleichen Ansicht wie in **a** mit Darstellung der Epiglottis wird die gegensinnige Verlaufsrichtung von M. thyroarytenoideus und M. cricoarytenoideus lateralis gegenüber dem M. cricoarytenoideus posterior deutlich.

c Schema zur Verdeutlichung der Zugrichtung der verschiedenen Kehlkopfmuskeln in der Projektion auf die Knorpel von kranial:
→ Glottisöffnung: M. cricoarytenoideus posterior.
→ Adduktion der Pars intermembranacea der Plica vocalis; Abduktion der Pars intercartilaginea der Plica vocalis: M. cricoarytenoideus lateralis.
→ Glottisverschluss: M. arytenoideus transversus, M. thyroarytenoideus.
→ Stimmbandspannung: M. cricothyroideus, M. vocalis.

▶ Merke. Die Muskeln sind durch die Kurzform der drei wichtigsten durch sie verbundenen Knorpel (crico-, ary-, thyro-) benannt.
Der **M. cricoarytenoideus posterior** („Postikus") ist der einzige Öffner der Stimmritze!

▶ Merke.

2.3.3 Gefäßversorgung und Innervation des Larynx

Gefäßversorgung des Larynx

Arterielle Versorgung: Die arterielle Versorgung des Kehlkopfs ist **zweigeteilt**, wobei die Grenze auf Höhe der Stimmritze liegt (Abb. **L-2.13**):

- **Obere Hälfte: Arteria laryngea superior**, ein Ast der A. thyroidea superior (erster Ast der A. carotis externa). Sie tritt durch die Öffnung in der Membrana thyrohyoidea in das Kehlkopfinnere ein, nachdem sie zuvor einen kleinen Zweig für den M. cricothyroideus abgegeben hat.
- **Untere Hälfte: Arteria laryngea inferior**, ein Ast der A. thyroidea inferior, die aus dem Truncus thyrocervicalis (aus der A. subclavia) entspringt. Die A. laryngea inferior verläuft an der Seitenwand des unteren Pharynxabschnitts und tritt hinter dem Unterhorn des Schildknorpels in den Kehlkopf ein. Sie versorgt hauptsächlich die hinteren unteren Anteile.

Venöser Abfluss: Die Venen verlaufen meist parallel zu den Arterien und bilden an der Hinterwand des Kehlkopfs ein Geflecht ähnlich dem Plexus pharyngeus, mit dem sie in Verbindung stehen. Ihr Abflussgebiet ist die **Vena jugularis interna**.

Lymphabfluss: Er unterscheidet sich zwischen oberem und unterem Abschnitt des Kehlkopfes:

- Die Lymphbahnen des oberen Kehlkopfabschnitts ziehen zu den **Nodi lymphoidei infrahyoidei** der Nll. cervicales anteriores (Abb. **L-1.11**) und weiter zu den oberen neben der V. jugularis interna liegenden tiefen Halslymphknoten (**Nodi profundi inferiores** der **Nodi lymphoidei cervicales laterales**).

2.3.3 Gefäßversorgung und Innervation des Larynx

Gefäßversorgung des Larynx

Arterien: Oberer und unterer Kehlkopfabschnitt (Grenze: Stimmritze) werden getrennt versorgt (Abb. **L-2.13**):

- Die A. **laryngea superior** (aus der A. thyroidea superior) tritt durch die Membrana thyrohyoidea in das Innere des Kehlkopfs ein.
- Die **A. laryngea inferior** aus der A. thyroidea inferior versorgt die untere Kehlkopfhälfte.

Venen: Die Venen verlaufen mit den Arterien und münden in die **V. jugularis interna**.

Lymphabfluss: Der **obere** Kehlkopfabschnitt wird über die **Nll. infrahyoidei**, der **untere** über die **Nll. tracheales** und **prelaryngeales** in die tiefen seitlichen Halslymphknoten (Abb. **L-1.11**) entsorgt.

- Die Lymphbahnen des unteren Kehlkopfabschnitts ziehen zu den **Nodi lymphoidei** (**para**)**tracheales** und **prelaryngeales** der Nll. cervicales anteriores und weiter zu den mittleren und unteren tiefen Halslymphknoten (**Nll. cervicales laterales profundi**, Abb. **L-1.11**).

▶ **Merke.** Der Lymphabfluss aus dem Larynx unterscheidet sich v. a. bezüglich der primären Lymphknotenstationen. Sie drainieren anschließend beide in die tiefen seitlichen Halslymphknoten (in unterschiedlicher Höhe).

▶ **Klinik.** Die getrennte Entsorgung beim Lymphabfluss von oberem und unterem Kehlkopfabschnitt ist besonders wichtig, weil Tumoren je nach Lage im Kehlkopf in verschiedene Lymphknotengruppen metastasieren können. Im Bereich der Stimmlippen existieren nur wenige Lymphgefäße. Lokal begrenzte Karzinome in diesem Bereich metastasieren deshalb erst spät und haben eine gute Prognose.

Innervation des Larynx

▶ **Merke.** Die sensible, motorische und parasympathische (sekretomotorische) Innervation des Kehlkopfs leitet sich vollständig vom **N. vagus** her (Tab. **L-2.2**).

≡ L-2.2 Innervation des Kehlkopfes über Äste des N. vagus

Nerv	Funktion
N. laryngeus superior	▪ motorisch (Ramus externus): M. cricothyroideus
	▪ sensibel (Ramus internus): Schleimhaut oberhalb der Stimmritze
	▪ parasympathisch: Drüsen der Taschenfalten
N. laryngeus recurrens	▪ motorisch: sämtliche Binnenmuskeln
	▪ sensibel: Schleimhaut unterhalb der Stimmritze
	▪ parasympathisch: obere Trachealdrüsen

Vagusäste zum Larynx (Abb. **L-2.13**):

- Der **N. laryngeus superior** gibt einen **R. externus** (motorisch) für den M. cricothyroideus ab und verläuft mit der gleichnamigen Arterie als **R. internus** in das Kehlkopfinnere, das er bis zur Stimmritze sensibel versorgt.

- Der untere Ast des N. vagus (S. 638), der **N. laryngeus recurrens** („Rekurrens"), entspringt in Höhe der oberen Thoraxapertur. In den Kehlkopf tritt er zwischen Ring- und Schildknorpel ein. Motorisch versorgt er sämtliche Kehlkopfbinnenmuskeln, sensibel und sekretorisch die Schleimhaut unterhalb der Stimmritze.

Der N. vagus versorgt den Kehlkopf mit **zwei großen Ästen** (Abb. **L-2.13**):

- Der **Nervus laryngeus superior** teilt sich in einen dünnen **Ramus externus** zum M. cricothyroideus und einen sensiblen **Ramus internus**, der mit der A. laryngea superior durch die Membrana thyrohyoidea in das Kehlkopfinnere zieht, wo er sich unter der Schleimhaut vom Recessus piriformis zum Vestibulum und der Ventriculus laryngis bis hin zum Stimmband verzweigt. Der parasympathische Anteil versorgt die Drüsen in den Taschenfalten.

- Der **Nervus laryngeus recurrens** ist der rückläufige Ast aus dem N. vagus (klinisch meist nur als „Rekurrens" bezeichnet), der sich unterhalb der großen Arterien im Bereich der oberen Thoraxapertur aus dem Hauptstamm des Nervs (S. 638) abzweigt. In der Nachbarschaft der A. thyroidea inferior liegt der N. laryngeus recurrens sehr eng neben der Arterie und kann sie auch mit einer Schlinge umfassen. Er tritt zwischen Ring- und Schildknorpel in den Kehlkopf ein und versorgt dort sämtliche Binnenmuskeln motorisch. Ein dorsaler Ast zieht meist zum M. cricoarytenoideus posterior, die übrigen Muskeln werden von kleinen ventralen Ästen versorgt. Mit dünnen Aufzweigungen versorgt der Nerv den infraglottischen Kehlkopfabschnitt sensibel und parasympathisch.

▶ **Klinik.** Bei **Läsion des N. laryngeus recurrens** kommt es zu einem Ausfall aller inneren Kehlkopfmuskeln (Stimmritzenöffner und -schließer). Durch die Spannfunktion des intakten äußeren Kehlkopfmuskels wird die gelähmte Stimmlippe (klinischer Ausdruck für Stimmband) in die Mittellinie gezogen. Daher kann bei **beidseitiger Rekurrensparese** eine schwere Atemnot auftreten, die eine Tracheotomie (s. u.) erfordert. Bei **einseitiger** Lähmung hingegen (z. B. durch Verletzung des Nervs während einer Schilddrüsen-Operation, s. u.) steht eine mehr oder weniger ausgeprägte Heiserkeit im Vordergrund.

⊙ L-2.13 Arterielle Versorgung und Innervation des Kehlkopfs

(Prometheus LernAtlas. Thieme, 3. Aufl.)

a Arterielle Versorgung des Larynx (linke Bildhälfte) aus den Stromgebieten der A. carotis externa und A. subclavia in der Ansicht von ventral. Die Innervation durch den N. vagus ist beidseitig dargestellt, um den Unterschied im Verlauf des N. laryngeus recurrens deutlich zu machen. Klinisch bedeutsam ist die enge (und variable) Beziehung des N. laryngeus recurrens zur A. thyroidea inferior.

b Verlauf der Gefäße und Nerven im Kehlkopfinneren unter der Schleimhaut in der Ansicht von links nach Entfernung der linken Schildknorpelplatte und Ablösung der Schleimhaut. Die Lagebeziehungen zwischen A. thyroidea inferior und N. laryngeus recurrens sind sehr variabel (Varianten des Abgangs und Verlaufs der A. thyroidea inferior).

▶ **Merke.**

- Nur der (einzige!) äußere Larynxmuskel = M. cricothyroideus wird vom oberen Kehlkopfnerv innerviert.
- Die Grenze für die sensible Innervation ist die Stimmritze.

Die **sympathische Innervation** (der Blutgefäße) erfolgt über periarterielle Fasern der Kehlkopfarterien aus dem Halsgrenzstrang.

2.3.4 Entwicklung des Larynx

Die Atemwege entstehen vom Kehlkopf an als ventrale Ausbuchtung des Vorderdarms (**Laryngotrachealrinne**). Die Anlagen von **Zungenbein** und **Kehlkopf** leiten sich vom **2. und 3. bzw. 4. und 6. Schlundbogenknorpel** ab (Tab. **M-1.8**). Im umgebenden Mesenchym differenzieren sich die zur Schlundbogen-Muskulatur gehörigen **Binnenmuskeln** des Kehlkopfs, die entsprechend ihrer Herkunft aus dem 4.–6. Schlundbogen vom N. vagus innerviert werden. Das Mesenchym verdichtet sich zu einem **Septum oesophagotracheale** (S. 691) und grenzt damit die Ösophagusanlage von der Anlage des Kehlkopfes und der Trachea ab.

▶ **Klinik.** Bei einer unvollständigen Ausbildung des Septums können **Ösophagotrachealfisteln** oder **Ösophagus-** bzw. **Larynxatresien** entstehen, die einer operativen Korrektur bedürfen.

Beim Neugeborenen steht der **Kehlkopfeingang** noch in Höhe des 4. Halswirbels, und der Kehldeckel reicht bis an das Gaumensegel. Daher kann das Neugeborene gleichzeitig trinken und atmen.
Bei männlichen Individuen kommt es mit der **Pubertät** zu einem weiteren **Wachstumsschub**, der zu einer Vergrößerung des Kehlkopfs und damit zu einer Verlängerung und Verdickung der Stimmbänder führt, die dann die Absenkung der Stimmhöhe um etwa 1 Oktave bedingt. Unsicherheiten in der Innervation der größer werdenden Muskulatur bedingen den „Stimmbruch".

▶ **Merke.**

Sympathische Innervation (Blutgefäße): Fasern aus dem Halsgrenzstrang.

2.3.4 Entwicklung des Larynx

Der Kehlkopf entsteht wie die gesamten unteren Atemwege aus einer Ausbuchtung des Vorderdarms (**Laryngotrachealrinne**). Seine Knorpel leiten sich vom **4. bis 6. Schlundbogenknorpel** ab (Tab. **M-1.8**). Ein **Septum oesophagotracheale** (S. 691) trennt die Kehlkopf-, Tracheal- und Ösophagusanlagen.

▶ **Klinik.**

Beim Neugeborenen steht der Kehlkopfeingang in Höhe des Gaumens und ermöglicht so gleichzeitiges Atmen und Trinken.
In der Pubertät wächst der Kehlkopf bei Jungen weiter und führt damit zum „Stimmbruch".

2.4 Trachea (Luftröhre)

2.4.1 Funktion der Trachea

Als Verbindung zwischen Kehlkopf (s. o.) und den Hauptbronchien (S. 544) erfüllt die Trachea folgende Funktionen:
- Anwärmung und Anfeuchtung der Atemluft,
- Regulation des Luftstroms und
- Reinigungsfunktion der unteren Atemwege (Husten).

2.4.2 Abschnitte, Form und Lage der Trachea

Abschnitte und Form: Die Luftröhre ist ein knorpelversteiftes, biegsames Rohr, das den Kehlkopf mit den beiden Hauptbronchien verbindet. Sie ist etwa 10 bis 12 cm lang und besteht aus zwei Abschnitten:
- **Pars cervicalis** (Halsabschnitt): Die Pars cervicalis reicht vom Unterrand des Ringknorpels des Larynx in Höhe etwa des 6. Halswirbels bis zur oberen Thoraxapertur.
- **Pars thoracica** (Brustabschnitt): Die Pars thoracica beginnt in der oberen Thoraxapertur und reicht bis zur Teilungsstelle in die beiden Stammbronchien (**Bifurcatio tracheae**) etwa in Höhe 4. Brustwirbels (Verbindungslinie der Ansätze der 3. Rippe am Sternum).

Da der weitaus größte Anteil der Trachea (S. 543) in der Brusthöhle verläuft, wird sie dort ausführlich besprochen (inkl. Gefäßversorgung, Innervation und Entwicklung).

Lage und Nachbarschaftsbeziehungen: Im oberen Abschnitt der Pars cervicalis verlaufen seitlich der Trachea in der **Vagina carotica** die **A. carotis communis**, die **V. jugularis** und der **N. vagus**. Im mittleren Drittel liegen ihr von ventral und lateral der Isthmus bzw. die beiden Seitenlappen der **Schilddrüse** eng an. Ventral ist durch die Lamina pretrachealis der Halsfaszie und die infrahyoidalen Muskeln das **Spatium pretracheale** mit Gefäßen und Fettgewebe abgegrenzt. Dorsal grenzt der **Ösophagus** an die Trachea. In einer Rinne (Sulcus oesophageotrachealis) zwischen Luft- und Speiseröhre läuft der **N. laryngeus recurrens** von kaudal nach kranial.

2.4.3 Aufbau der Trachealwand

Die Wand der Trachea besteht aus folgenden Schichten, die im Kap. Luftröhre (S. 543) näher beschrieben sind (Abb. **G-2.1**, Tab. **G-2.1**):
- **Tunica mucosa** (innere Schicht) mit Respirationsepithel,
- **Tunica fibromusculocartilaginea** (mittlere Schicht), bestehend aus 16–20 hufeisförmigen Knorpelspangen, die jeweils dorsal durch glatte Muskulatur und Bindegewebe sowie untereinander durch sog. Ligamenta anularia verbunden sind, sowie
- **Tunica adventitia** (äußere Schicht).

▶ **Klinik.** Die Langzeitbeatmung von Intensivpatienten über einen translaryngealen Tubus birgt die Gefahr einer druckbedingten Schädigung der Ary-Knorpel des Kehlkopfes und der Stimmbänder (Nekrosen, Ulzerationen). Als Alternative wird deshalb häufig eine **Tracheotomie** (Luftröhrenschnitt) durchgeführt. Dabei wird unter bronchoskopischer Kontrolle nach Anlegen eines Hautschnittes der Tubus zwischen dem 2. bis 4. Trachealknorpel durch das dazwischenliegende Bindegewebe direkt in der Trachea platziert. Möglich ist auch das Einführen der Trachealkanüle zwischen Ring- und erstem Trachealknorpel, wobei die Cartilago cricoidea verletzt werden kann.

⊙ **L-2.14** **Transkutane Zugangsmöglichkeiten zu den oberen Atemwegen.** Neben den beiden möglichen Lokalisationen der Tracheotomie ist auch der Zugangsweg über den Kehlkopf dargestellt, vgl. Koniotomie (S. 924).
(Prometheus LernAtlas. Thieme, 3. Aufl.)

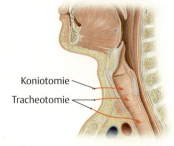

2.5 Schilddrüse und Nebenschilddrüsen

2.5.1 Schilddrüse (Glandula thyroidea)

Funktion der Schilddrüse

Die Glandula thyroidea ist eine **endokrine Drüse** (S. 63) mit Hormonspeicher- und Steuerungsfunktion. Über die von ihr produzierten Hormone

- **Trijodthyronin** (T_3),
- **Thyroxin** bzw. **Tetrajodthyronin** (T_4) und
- **Kalzitonin**

ist sie an der Regulation von Jod-, Kalzium- und Gesamtstoffwechsel beteiligt. T_3 und T_4 steigern den Grundumsatz sowie die Schlagkraft und Frequenz des Herzens, während Kalzitonin den Blutkalziumspiegel senkt (s. u.).

Abschnitte, Form und Lage der Schilddrüse

Abschnitte, Form und Gewicht: Die rötlich-braun gefärbte Schilddrüse hat eine H-Form: Zwei Seitenlappen (**Lobus dexter** und **sinister**) von meist unterschiedlicher Größe werden durch einen queren **Isthmus** verbunden. Zusätzlich kann ein vom Isthmus ausgehender **Lobus pyramidalis** vorhanden sein, der sich teilweise bis zum Zungenbein und höher erstreckt. Die Schilddrüse wiegt beim Erwachsenen etwa 18–30 g. Bei Frauen ist sie meist etwas schwerer und ändert ihr Gewicht geringfügig mit dem Zyklus.

Lage und Nachbarschaftsbeziehungen: Die Schilddrüse liegt an der Vorder- und Seitenfläche der **Trachea** (Abb. **L-2.15a**) hinter dem mittleren Blatt der Halsfaszie (**Lamina pretrachealis**). Vor ihr ziehen die Mm. sternohyoidei und sternothyroidei nach kaudal.
Ihr Isthmus befindet sich in Höhe des 2.–3. Trachealknorpels, während die beiden Seitenlappen kranial bis zum Unterrand des **Kehlkopfs** und kaudal bis in Höhe der oberen **Thoraxapertur** reichen. Dorsal erstrecken sie sich bis an das tiefe Blatt der Halsfaszie (**Lamina prevertebralis**) und stehen mit dem **Ösophagus** und der **A. carotis communis** in Kontakt.
Da die Schilddrüse über ihre Capsula fibrosa (s. u.) mit den Eingeweidefaszien von Trachea, Ösophagus und Gefäß-Nerven-Strang des Halses verbunden ist, folgt sie beim Schlucken den Bewegungen der Trachea und des Kehlkopfs im Gleitraum zwischen prävertebraler und prätrachealer Halsfaszie, was man sich bei ihrer Palpation im Rahmen der klinischen Untersuchung zunutze macht.

Funktion der Schilddrüse

Die Glandula thyroidea produziert als endokrine Drüse (S. 63) die Hormone T_3 und T_4, die den Grundumsatz steigern und **Kalzitonin**, das den Blutkalziumspiegel senkt.

Abschnitte, Form und Lage der Schilddrüse

Abschnitte, Form und Gewicht: Die 18–30 g schwere bräunliche Schilddrüse besteht aus dem **Lobus dexter** und **sinister**, die über einen queren **Isthmus** verbunden sind.

Lage und Nachbarschaftsbeziehungen: Die Drüse erstreckt sich hinter den Mm. sternohyoidei und -thyroidei und dem mittleren Blatt der Halsfaszie seitlich vom **Kehlkopfunterrand** bis an die obere **Thoraxapertur**. Der Isthmus liegt vor dem 2.–3. Trachealknorpel (Abb. **L-2.15a**). Enge Lagebeziehungen bestehen zur **Trachea**, dem **Ösophagus** und der **A. carotis communis** vor dem tiefen Blatt der Halsfaszie. Durch Verbindungen der Capsula fibrosa (s. u.) mit umliegenden Bindegewebshüllen gleitet sie beim Schlucken nach oben.

⊙ **L-2.15** Lage und Aufbau der Schilddrüse

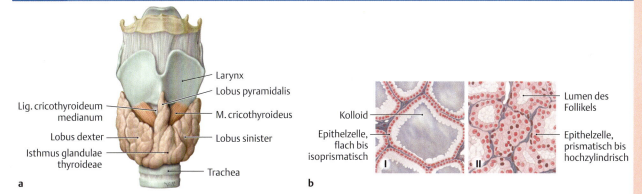

(Prometheus LernAtlas. Thieme, 3. Aufl.)

a Lage der Schilddrüse vor dem Kehlkopf und der Trachea in der Ventralansicht. Von dem die beiden Seitenlappen verbindenden Isthmus geht ein Lobus pyramidalis ab.
b Feinbau der Schilddrüse mit Darstellung der Unterschiede zwischen ihren beiden Funktionszuständen: während der Speicherung (**I**) und nach Freisetzung (**II**) des Kolloids.

Aufbau der Schilddrüse

Außen besitzt sie eine **Capsula fibrosa**/externa („chirurgische Kapsel") die innen in eine **Organkapsel** (Capsula interna) übergeht. Dazwischen liegen dorsal die **Epithelkörperchen** (s. u.).

Feinbau: Die Organkapsel führt als Stützgerüst (**Stroma**) Gefäße und Nerven und gliedert das Drüsengewebe (**Parenchym**) in Läppchen (**Lobuli**). Diese bestehen aus den zystenartigen **Follikeln** und zwei verschiedenen Zelltypen:

- Die **Thyrozyten** umschließen die Follikel und sezernieren das **Kolloid** (Abb. **L-2.15b**). Dieses Speichermaterial besteht im Wesentlichen aus dem Glykoprotein **Thyreoglobulin** (s. u.).
- Die **parafollikulären** oder **C-Zellen** sezernieren u. a. das Peptidhormon Kalzitonin. Sie erreichen das Lumen nicht.

Die Mikrovilli der apikalen Zellmembran (S. 54) enthalten Hydrolasen, die Kern- und Vesikelmembranen eine Iod-Peroxidase. Beide Enzyme werden für die Synthese der aktiven Hormone T_3 und T_4 benötigt (s. u.).

Aufbau der Schilddrüse

Die Schilddrüse ist außen von einer **Capsula fibrosa** (Capsula externa, „chirurgische Kapsel") umgeben, die sich nach innen als **Organkapsel** (Capsula interna) fortsetzt. Zwischen den beiden Kapseln liegen die größeren Blutgefäße und als weitere endokrine Drüsen die **Epithelkörperchen** (**Glandulae parathyroideae**, s. u.).

Feinbau: Die **Organkapsel** setzt sich als bindegewebiges, gefäß- und nervenführendes Stützgerüst (**Stroma**) in das Innere des Organs fort. Sie untergliedert das Drüsengewebe (**Parenchym**) in Läppchen (**Lobuli**), die sich aus bläschenförmigen Gebilden (**Follikeln**) zusammensetzen. Es werden zwei Zelltypen unterschieden:

- Die **Thyrozyten** sitzen als Follikelepithel einer zarten, kapillarhaltigen Basalmembran auf und geben in das Follikellumen eine gallertige Masse (**Kolloid**) ab. Das Kolloid besteht hauptsächlich aus einem großen, PAS-positiven (S. 101) Glykoprotein, dem **Thyreoglobulin** (s. u.). Je nach Funktionszustand (Speicherung, Kolloidfreisetzung) ist das Epithel unterschiedlich hoch: Bei Speicherung kommt es zu einer Abplattung, die Entleerung führt zu einer Aufstauchung (Abb. **L-2.15b**).
- Die **parafollikulären** oder **C-Zellen** kommen in der Follikelwand oder ihr angelagert vor. Sie erreichen nie das Lumen und enthalten immunhistochemisch nachweisbare **Kalzitonin**-, Serotonin-, Motilin-, Somatostatin- und ggf. Dopamingranula.

Vorformen des von den Follikelzellen synthetisierten Kolloids sind als PAS-positive Vakuolen im luminalen Zytoplasma der Thyrozyten nachweisbar. Die **apikale Plasmamembran** enthält kurze plumpe **Mikrovilli** (S. 54) mit zahlreichen hydrolysekatalysierenden Enzymen (Hydrolasen, s. u.). In der Kernmembran und den Plasmamembranen der Exozytosevesikel kommt eine **Iod-Peroxidase** vor, die für die Oxidation des Jodids zum Jod (I_2) von Bedeutung ist. Dieses wiederum wird zur Synthese des aktiven T_3 bzw. T_4 benötigt (s. u.).

▶ Exkurs: Sekretion und Wirkung von T_3 und T_4.

▶ Exkurs: Sekretion und Wirkung von T_3 und T_4. **Trijodthyronin** (T_3) und **Thyroxin** (T_4): Die **Thyrozyten** synthetisieren unter dem Einfluss des hypothalamischen Thyrotropin-releasing Hormons (TRH) bzw. des hypophysären Thyroidea-stimulierenden Hormons (TSH) das **Thyreoglobulin**, welches Tyrosinreste enthält. Das Thyreoglobulin wird ins Lumen freigesetzt, wo die Tyrosinreste durch Jodierung in die – noch immer an das Thyreoglobulin gebundenen – Hormone T_3 und T_4 umgewandelt werden. Diese werden bei Bedarf resorbiert, durch Hydrolyse vom Thyreoglobulin abgespalten und basal als aktive Hormone an das Kapillarsystem abgegeben. Im Blut binden sie ganz überwiegend an Transportproteine. Nur der geringfügige frei vorliegende Rest, vor allem T_3, ist hormonaktiv. In peripheren Organen wird T_4 zum T_3 dejodiert, welches in den Zielzellen an einen nukleären Rezeptor bindet. Die anschließende Signaltransduktion führt in verschiedenen Organen zu einer Steigerung der Thermogenese, der Lipolyse, der Glykogenolyse und der Glukoneogenese, woraus eine **Steigerung des Grundumsatzes** resultiert. Während der Embryonalentwicklung und noch postnatal beeinflussen die Schilddrüsenhormone die Hirn- und Knochenentwicklung sowie die Blutbildung.

Die Sekretion der Schilddrüsenhormone wird durch **negative Rückkopplung** gesteuert, d. h. ein Anstieg von T_3 bzw. T_4 drosselt die hypothalamische TRH-Freisetzung. Dies führt zu einer reduzierten TSH-Synthese im Hypophysenvorderlappen, was wiederum eine verminderte Ausschüttung der Schilddrüsenhormone zur Folge hat.

▶ **Klinik.** Erkrankungen der Schilddrüse gehen häufig mit einer knotigen oder diffusen Organvergrößerung (**Struma, Kropf**) einher. Sie können durch Jodmangel, entzündliche Prozesse und/oder Autoimmunerkrankungen entstehen. Die Struma kann so groß werden, dass sie die Konturen des Halses völlig verändert und durch ihre Raumforderung benachbarte Organe, wie z. B. die Trachea, verlagert oder beschädigt (**Tracheomalazie**).

Aufgrund der vielfältigen Effekte der Schilddrüsenhormone können Funktionsstörungen zu zahlreichen Symptomen unterschiedlicher Ausprägung führen.

Eine Funktionsminderung (**Hypothyreose**) äußert sich u. a. durch verminderten Grundumsatz mit Gewichtszunahme trotz Appetitlosigkeit und gesteigerter Kälteempfindlichkeit, Neigung zu Obstipation (Verstopfung), reduzierte geistige Aktivität sowie Verdickung des subkutanen Binde- und Fett-gewebes (Myxödem). Während der embryonalen Entwicklung führt eine Unterversorgung mit Jod bzw. Schilddrüsenhormonen im Extremfall zum Krankheitsbild des **Kretinismus** (S. 43).

Entgegen den Symptomen bei Hypothyreose sind bei Patienten mit einer Überfunktion (**Hyperthyreose**) oft Grundumsatz und Stuhlfrequenz gesteigert. Charakteristisch ist daneben eine psychomotorische Unruhe, Ruhetremor der Gliedmaßen und eine erhöhte Herzfrequenz (Tachykardie). Beim **Morbus Basedow**, einer autoimmun bedingten Hyperthyreose (Besetzung der TSH-Rezeptoren durch aktivierende Antikörper) kann es durch Veränderungen des periorbitalen Gewebes zu Augensymptomen (Exophthalmus = Hervortreten des Augapfels mit Bewegungseinschränkungen) kommen.

Ähnliche Einlagerungen in das Bindegewebe finden sich hier zuweilen auch an anderen Stellen des Körpers und verursachen z. B. ein prätibiales Myxödem.

▶ Exkurs: Sekretion und Wirkung von Kalzitonin. Das durch die C-Zellen produzierte Hormon Kalzitonin ist an der Aufrechterhaltung der Kalziumhomöostase beteiligt. Kalzitonin **senkt** den **Blutkalziumspiegel** durch vermehrten Einbau in den Knochen und Hemmung der enteralen Resorption. Es wird bei hohem Blutkalziumspiegel freigesetzt.

2.5.2 Nebenschilddrüsen (Glandulae parathyroideae)

▶ Synonym. Epithelkörperchen

Funktion der Nebenschilddrüsen

Die Epithelkörperchen sind **endokrine Drüsen**, die der Dorsalfläche der Schilddrüse angelagert sind. Sie produzieren das **Parathormon** (**PTH, Parathyrin**). PTH ist durch Erhöhung der Kalziumkonzentration im Blut für die Aufrechterhaltung eines physiologischen Kalziumspiegels (**Kalzium-Homöostase**) mitverantwortlich.

Form, Lage und Feinbau der Nebenschilddrüsen

Form und Lage: Die zumeist **vier Nebenschilddrüsen** sind reiskorn- bis linsengroße, etwas gelblich-bräunlich gefärbte Gebilde an der Dorsalseite der Schilddrüsenlappen (Abb. **L-2.16a**). Sie liegen innerhalb der Capsula fibrosa dem Schilddrüsengewebe in der Nachbarschaft der Gefäße direkt an. Je nach Lage unterscheidet man die dem Ringknorpel benachbarten **Gll. parathyroideae superiores** von den auf Höhe des 3.–4. Trachealringes liegenden **Gll. parathyroideae inferiores**. Ektopische Lage und Lagevariabilitäten sind allerdings häufig.

Feinbau: Die von einer zarten Bindegewebskapsel umgebenen Epithelstränge und Zellnester sind von einem dichten Kapillarnetz durchzogen. Mit zunehmendem Alter erfolgt eine Durchsetzung mit Fettgewebe. Bei den Epithelzellen unterscheidet man zwei Zelltypen (Abb. **L-2.16b**):
- Die **Hauptzellen** stellen sich im histologischen Präparat je nach Funktionszustand unterschiedlich dar. Die weniger aktiven **wasserklaren** Zellen sind stark glykogenhaltig, während die hormonaktiven **dunklen** Hauptzellen neben Glykogen reichlich ER und Sekretgranula enthalten. Die Hauptzellen produzieren das **Parathormon** (**PTH**).
- Die **oxyphilen Zellen** sind reich an Mitochondrien und stark mit Eosin anfärbbar. Sie werden als Vorläufer von sog. **Onkozyten**, d. h. untergehenden Zellen, oder als Vorstufen der Hauptzellen angesehen. Ihre Funktion ist unbekannt. Sie enthalten kein Parathormon.

▶ Exkurs: Sekretion und Wirkung von Kalzitonin.

2.5.2 Nebenschilddrüsen (Glandulae parathyroideae)

▶ Synonym.

Funktion der Nebenschilddrüsen

Die der Schilddrüse angelagerten Epithelkörperchen produzieren **Parathormon** (PTH, Parathyrin), das den Blutkalziumspiegel bei Bedarf erhöht.

Form, Lage und Feinbau der Nebenschilddrüsen

Form und Lage: Die meist vier Epithelkörperchen sind etwa linsengroß und liegen unterhalb des Ringknorpels (**Gll. parathyroideae supp.**) bzw. auf Höhe des 3.–4. Trachealrings (**Gll. parathyroideae inff.**) dorsal der Schilddrüse an (Abb. **L-2.16a**). Es bestehen erhebliche Lagevariabilitäten.

Feinbau: Die Nebenschilddrüsen bestehen aus Epithelsträngen, die dicht von Kapillaren umsponnen sind. Sie werden von zwei unterschiedlichen Zelltypen gebildet (Abb. **L-2.16b**):
- **Hauptzellen** produzieren **PTH** (abhängig von der Ca^{++}-Konzentration im Blut, s. u.). Man unterscheidet aktive dunkle von den weniger aktiven wasserklaren Hauptzellen.
- **Oxyphile Zellen** sind stark eosinophil. Ihre Funktion ist noch unbekannt.

⊙ L-2.16 Lage und Feinbau der Nebenschilddrüsen

⊙ L-2.16

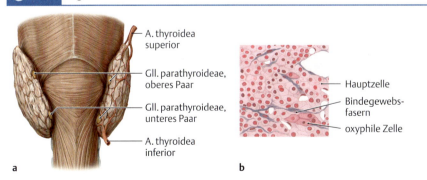

(Prometheus LernAtlas. Thieme, 3. Aufl.)
a Nebenschilddrüsen an der Rückseite des rechten und linken Schilddrüsenlappens in der Ansicht von dorsal. Rechts sind die obere und untere Schilddrüsenarterie (S. 934) dargestellt.
b Feinbau der Nebenschilddrüsen mit Hauptzellen und oxyphilen Zellen.

▶ Exkurs: Sekretion und Wirkung von PTH.

▶ Exkurs: Sekretion und Wirkung von PTH. Das Parathormon (PTH) der Nebenschilddrüsen ist ein Polypeptid, das durch Prozessierung aus einem Prohormon entsteht. Es wird bei niedrigen Kalziumspiegeln im Blut freigesetzt. Über verschiedene Mechanismen bewirkt es eine **Erhöhung des Blutkalziumspiegels**:

- Zusammen mit 1,25-Dihydroxycholecalciferol (Kalzitriol, „Vitamin-D-Hormon") führt es durch indirekte Osteoklasten-Aktivierung zu einer Mobilisierung von Kalzium aus dem Knochen.
- Es vermindert die Kalzium-Ausscheidung über die Nieren.
- Die Kalzium-Resorption im Darm und die Vitamin-D-Hormon-Synthese in der Niere wird gesteigert.

▶ Merke.

▶ Merke. Kalzitonin (s. o.) wirkt als Gegenspieler (**Antagonist**) von PTH und Vitamin-D-Hormon.

▶ Klinik.

▶ Klinik. Eine **Überfunktion** der Nebenschilddrüsen (**primärer Hyperparathyroidismus**) führt daher zu verstärktem Knochenabbau und ggf. Nierensteinen. Sie ist häufig bedingt durch Neubildungen innerhalb des Nebenschilddrüsengewebes (parathyroidales Adenom).

Eine **Unterfunktion** (z. B. bei Entfernung der Drüsen im Zusammenhang mit Schilddrüsen-Operationen) der Nebenschilddrüsen bedingt die sog. **parathyreoprive Tetanie** (Muskelkrämpfe), die ohne ausreichende Substitution tödlich sein kann.

2.5.3 Gefäßversorgung und Innervation von Schilddrüse und Nebenschilddrüsen

Die versorgenden Leitungsbahnen von Schilddrüsen und Nebenschilddrüsen entsprechen sich weitestgehend.

2.5.3 Gefäßversorgung und Innervation von Schilddrüse und Nebenschilddrüsen

Bis auf die überwiegende arterielle Versorgung der Nebenschilddrüsen über die Arteria thyroidea inferior, entsprechen die Leitungsbahnen von Schilddrüse und Nebenschilddrüsen sich weitestgehend, sodass sie hier gemeinsam abgehandelt werden.

Gefäßversorgung von Schilddrüse und Nebenschilddrüsen

Arterien: Unter ausgedehnter Anastomosierung und Kollateralbildung (Abb. **L-2.17a**) sind für die arterielle Versorgung der **Schilddrüse** hauptsächlich verantwortlich die
- **A. thyroidea sup.** aus der A. carotis externa und
- **A. thyroidea inferior** (aus Truncus thyrocervicalis, aus der A. subclavia). Sie verläuft vor dem medialen M. scalenus anterior und der A. vertebralis, aber hinter der Vagina carotica (mit N. vagus) und kreuzt meist dorsal den Halssympathicus.

Die arterielle Versorgung der **Nebenschilddrüsen** erfolgt über die A. thyroidea inferior.

Gefäßversorgung von Schilddrüse und Nebenschilddrüsen

Arterielle Versorgung: Die **Schilddrüse** wird über zwei Arterien versorgt, die innerhalb der Drüse anastomosieren und zahlreiche Kollateralen mit Nachbargefäßen ausbilden (Abb. **L-2.17a**):

- Die **Arteria thyroidea superior** aus der **Arteria carotis externa** (S. 973) versorgt den oberen vorderen Teil des jeweiligen Seitenlappens und den Isthmus.
- Die **Arteria thyroidea inferior** entspringt aus dem **Truncus thyrocervicalis** (aus der A. subclavia) und verläuft vor dem medialen Rand des M. scalenus anterior und der A. vertebralis nach oben medial. Dabei liegt sie hinter der Vagina carotica bzw. dem N. vagus und meist dorsal vom Ganglion cervicale medium des Halsgrenzstrangs und zieht von dort zum Unterrand des Seitenlappens der Schilddrüse. Dort kreuzt sie teils von ventral, teils von dorsal den N. laryngeus recurrens oder bildet eine Schlinge um ihn. Auf der linken Seite wird die Arterie ventral vom Ductus thoracicus überkreuzt.

Die arterielle Versorgung der **Nebenschilddrüsen** erfolgt im Wesentlichen über Äste der **A. thyroidea inferior**.

Venen: Außer den gleichnamigen Venen, die in die V. jugularis interna münden, wird die Schilddrüse noch über den weitmaschigen **Plexus thyroideus impar** entsorgt, der in die linke V. brachiocephalica mündet (Abb. **L-2.17b**).

Venöser Abfluss: Die Venen bilden ähnlich wie die Arterien ein weitmaschiges Netz an der Organoberfläche (Abb. **L-2.17b**). Sie sind sehr dünnwandig und weitlumig und können große Blutmengen aufnehmen. Sie führen Blut aus drei Bereichen der Schilddrüse ab:

- Die **Vena thyroidea superior** entspricht der jeweiligen Arterie und zieht zur **V. jugularis interna**.
- Die **Venae thyroideae mediae** entsorgen Blut aus den dorsalen Isthmus- und benachbarten Seitenlappenbereichen und ziehen ebenfalls zur **V. jugularis interna**.
- Der **Plexus thyroideus impar** entspringt im ventralen Isthmus- und kaudalen Seitenlappenbereich und zieht (ggf. einschließlich einer V. thyroidea inferior) zur **V. brachiocephalica sinistra**.

L-2.17 Blutgefäße und Nerven in der Schilddrüsenregion

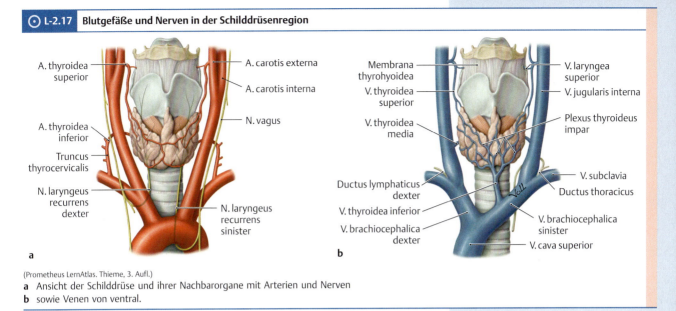

(Prometheus LernAtlas. Thieme, 3. Aufl.)
a Ansicht der Schilddrüse und ihrer Nachbarorgane mit Arterien und Nerven
b sowie Venen von ventral.

Lymphabfluss: Der Lymphabfluss erfolgt über die regionalen **Nodi lymphoidei thyroidei** in die **Nodi lymphoidei cervicales anteriores profundi** (Abb. L-1.11).

Lymphabfluss: Über regionäre Lymphknoten in die **Nll. cervicales antt. profundi** (Abb. L-1.11).

▶ **Klinik.** Bei Operationen im Gebiet der Schilddrüse muss mit großer Sorgfalt vorgegangen werden. Bei der Unterbindung der A. thyroidea inferior besteht wegen der räumlichen Nähe die Gefahr der Verletzung des N. laryngeus recurrens mit der Folge einer **Rekurrensparese** (S. 928). Verletzungen der dünnwandigen Venen in diesem Bereich können zu größeren intraoperativen Blutverlusten führen. Zudem besteht bei ihrer Eröffnung die Gefahr einer **Luftembolie** (Gefäßverschluss durch Luftblasen) durch Ansaugen von Luft auf Grund des thorakalen Unterdrucks.

▶ **Klinik.**

Innervation von Schilddrüse und Nebenschilddrüsen

Die **parasympathische** und **sensible** Versorgung der Schilddrüse und Nebenschilddrüsen wird von Ästen des **Nervus laryngeus superior** und des **Nervus laryngeus recurrens** gewährleistet, die beide vom **N. vagus** stammen (Abb. L-2.17a).
Die **sympathische** Innervation übernimmt ein periarterieller Plexus aus dem **Halssympathikus**.
Die vegetative Innervation ist rein vasomotorisch (nicht sekretomotorisch).

Innervation von Schilddrüse und Nebenschilddrüsen

Der **N. vagus** versorgt über den **N. laryngeus superior** und **recurrens** die Schilddrüse sensibel und parasympathisch (Abb. **L-2.17a**). Sympathisch sind die perivaskulären Plexus aus dem Halssympathikus. Die vegetative Innervation ist rein vasomotorisch.

2.5.4 Entwicklung von Schilddrüse und Nebenschilddrüsen

Schilddrüse: Die Schilddrüsenanlage entsteht am embryonalen Mundboden und wächst als **Ductus thyroglossalis** nach kaudal in den Halsbereich bis in Höhe des 3. Trachealknorpels (Abb. **L-2.18a**). Dort teilt sich der Strang in zwei solide Epithelsprossen, die zu den Schilddrüsenlappen werden (**mediale Schilddrüsenanlage**). Von lateral sprosst Zellmaterial der 5. Schlundtasche (**Ultimobranchialkörper**, **laterale Schilddrüsenanlage**) in den Verbindungsteil (**Isthmus**) und die medialen Lappenanteile ein und verteilt sich dort als **parafollikuläre** oder helle oder **C-Zellen**. Während normalerweise Abkömmlinge der Schlundtaschen entodermaler Herkunft sind, wird beim Ultimobranchialkörper vermutet, dass er Material aus der Neuralleiste (S. 111) enthält.
Der kraniale Abschnitt des Ductus thyroglossalis verödet bis auf die Ursprungsstelle am Zungengrund, die als **Foramen caecum** erhalten bleibt. Reste der Anlage können als **Lobus pyramidalis** erhalten bleiben. Akzessorisches Schilddrüsenmaterial kann auch an anderen Stellen des Halses liegen bleiben.

2.5.4 Entwicklung von Schilddrüse und Nebenschilddrüsen

Schilddrüse: Eine **mediale Schilddrüsenanlage** entsteht aus dem **Ductus thyroglossalis** (Abb. **L-2.18a**), der in der Zungenanlage entspringt. Ihr lagern sich Zellen aus der **lateralen Schilddrüsenanlage** (**Ultimobranchialkörper**) an, die der Neuralleiste (S. 111) entstammen sollen. Als **Lobus pyramidalis** wird ein strangartiger Rest des Ductus thyroglossalis bezeichnet.

L-2.18 Entwicklung der Schilddrüse und Nebenschilddrüse

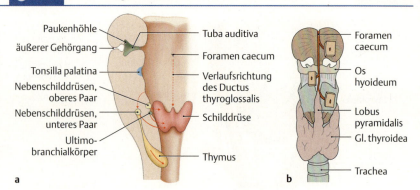

(Prometheus LernAtlas. Thieme, 3. Aufl.)
a Wanderungsbewegungen des Anlagematerials für die Schilddrüse aus dem Zungengrund und für die Nebenschilddrüsen aus den Schlundtaschen 3 und 4.
b Mediane Halsfisteln (an der Halsoberfläche mündende Gänge) als Reste des Ductus thyroglossalis. (nach Sadler)

▶ **Klinik.** Verbliebene Anlagereste der Schilddrüse im Zungengrund bzw. Halsbereich haben eine Entartungstendenz und können sog. ektope gut- oder bösartige Schilddrüsentumoren bedingen.

Nebenschilddrüsen: Aus dem dorsalen Teil der **4. Schlundtasche** entstehen die beiden oberen, aus der **3. Schlundtasche** die beiden unteren Epithelkörperchen (Abb. **L-2.18a** und Tab. **M-1.8**).

Nebenschilddrüsen: Die dem oberen Pol der Seitenlappen der Schilddrüse angelagerten Nebenschilddrüsen entstammen in der Regel dem dorsalen Abschnitt der **4. Schlundtasche**, die unteren aus dem entsprechenden Bereich der **3. Schlundtasche** (Abb. **L-2.18a** und Tab. **M-1.8**). Sie begleiten den Deszensus des Thymus aus den ventralen Abschnitten der 3. Schlundtasche.

▶ **Klinik.** Die vom Foramen caecum ausgehenden Epithelstränge des Ductus thyroglossalis können unvollständig rückgebildet werden („persistieren") und als **mediane Halsfisteln** ober- oder unterhalb des Zungenbeins bzw. benachbart zum Lobus pyramidalis (ebenfalls einem Rest des Ductus thyroglossalis) nahe der Mittellinie des Halses austreten (Abb. **L-2.18b**). Schließen sich die Fisteln, so können daraus **mediane Halszysten** (prall elastisch mit Flüssigkeit gefüllte Hohlräume) entstehen.
Im Foramen caecum persistierendes Schilddrüsengewebe kann sich zur **„Zungengrundstruma"** entwickeln und sogar maligne entarten.
Von den medianen Halsfisteln und -zysten müssen die sich von den Schlundfurchen bzw. dem Sinus cervicalis ableitenden „lateralen" Halsfisteln und -zysten unterschieden werden, die häufig am Vorderrand des M. sternocleidomastoideus münden (s. Abb. **L-1.4**).

Klinischer Fall: Gewichtsabnahme und Nervosität

09:30

Frau Maria Struck, 32 Jahre, kommt in die Hausarztpraxis.
M.S.: Frau Doktor. Mir geht es gar nicht gut. Seit einigen Wochen kann ich ganz schlecht schlafen. Ich bin immer so unruhig und nervös. Manchmal schlägt mein Herz wie wild, da bekomme ich richtig Angst und werde ganz zittrig. Und diese Wärme: mein Mann beschwert sich schon, dass ich ständig die Fenster aufreiße. Was ist bloß los mit mir?

09:45
Anamnese
Nachdem die Patientin sich etwas beruhigt hat, berichtet sie mir außerdem, dass sie in letzter Zeit trotz ständigen Heißhungers 3 kg Gewicht verloren habe. Sie hat etwa 4mal am Tag Stuhlgang. Die Medikamenten- und Familienanamnese ergibt keine Auffälligkeiten.

09:55
Körperliche Untersuchung
Ich untersuche die normalgewichtige Patientin. Blutdruck und Puls sind leicht erhöht.
Die Haut ist warm und etwas schweißig. Frau S. zittert an beiden Händen leicht. Die Schilddrüse lässt sich vergrößert tasten. Bei der Auskultation hört man über der Schilddrüse ein leises Schwirren. Mit der Verdachtsdiagnose Hyperthyreose überweise ich die Patientin zur niedergelassenen Endokrinologin.

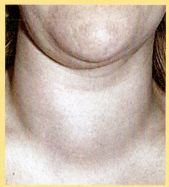

Deutlich erkennbare Struma (aus Henne-Bruns, D., Düring, M., Kremer, B.: Duale Reihe Chirurgie. 2. Aufl., Thieme, 2003)

2 Wochen später
Blutabnahme
(Normwerte in Klammern)
- TSH < 0,02 mU/l (0,4 – 4 mU/l).
- freies Thyroxin (fT3 und fT4) erhöht.

Alle anderen Laborparameter sind im Normbereich. Autoantikörper gegen TSH-Rezeptoren und gegen Schilddrüsenperoxidase sind nicht nachweisbar.

12-Kanal-EKG
Das EKG zeigt eine Sinustachykardie von 103/min. Vereinzelt kann man supraventrikuläre Extrasystolen erkennen.

Sonografie der Schilddrüse
Die Schilddrüse ist insgesamt vergrößert. Im Parenchym verteilt erkennt die Ärztin mehrere Knoten, die meist echoarm, also dunkel, zur Darstellung kommen. Die Ärztin vermutet eine funktionelle Schilddrüsenautonomie als Ursache für die Hyperthyreose und überweist Frau S. zu einem Nuklearmediziner.

1 Woche später
Technetium-Schilddrüsenszintigrafie
Hier zeigt sich eine fokale Mehrbelegung der Schilddrüse bei ansonsten supprimiertem Schilddrüsengewebe. Der Befund passt zu einem autonomen Adenom.

5 Tage später
Beginn der medikamentösen Behandlung
Aufgrund der Laborwerte und der Szintigrafie wird die Diagnose „Struma multinodosa mit funktioneller Autonomie" gestellt. Die Patientin wird mit Carbimazol (20 mg/d) behandelt. Unter dieser Therapie liegen die Schilddrüsenwerte dann im Normbereich.

1 Jahr später
Frau S. entschließt sich zur Operation
Die Nebenwirkungen des Thyreostatikums (Haarausfall, Hautreaktionen) belasten Frau S. so sehr, dass sie sich zu einer operativen Entfernung der Schilddrüse entschließt.

Subtotale Thyreoidektomie
Die Operation verläuft ohne Komplikationen.

Nach 1 Woche
Frau S. wird nach Hause entlassen. Unter einer Hormonsubstitution mit 75µg Euthyrox ist sie vollkommen beschwerdefrei.

Fragen mit anatomischem Schwerpunkt

1. Zu welchen Komplikationen kann es bei Patienten mit einer sehr großen Struma kommen?
2. Zu welcher Komplikation hätte es bei Frau Struck im Rahmen der subtotalen Schilddrüsenresektion kommen können?
3. Warum wird jeder Patient vor einer Operation an der Schilddrüse konsiliarisch zu einem HNO-Arzt geschickt?
4. Welche Symptome treten bei ein- bzw. beidseitiger Lähmung des N. recurrens auf?
5. Wieso ist es bei der körperlichen Untersuchung so wichtig, auf die Schluckverschieblichkeit der Schilddrüse zu achten?

! Antwortkommentare im Anhang

M

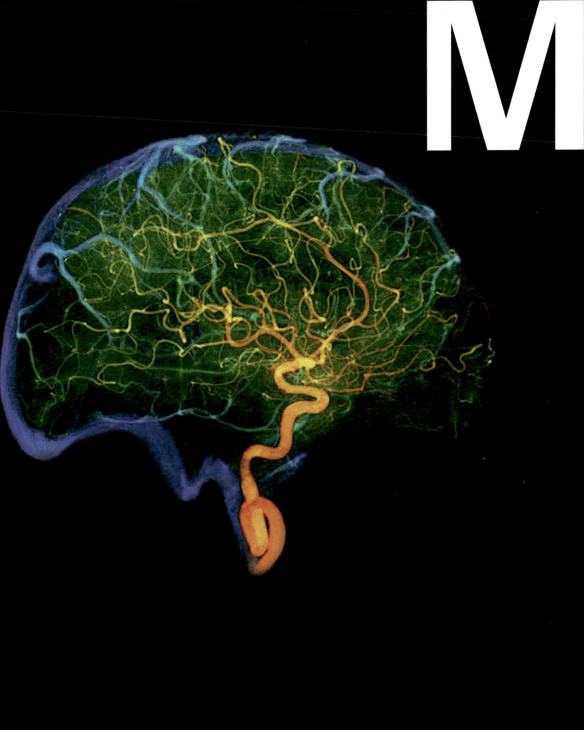

Digitale Subtraktionsangiografie des Gehirns nach arterieller Kontrastmittelgabe. Die durch Nachbearbeitung entstehenden Farben zeigen die zeitliche Abfolge, in der sich das Kontrastmittel in den Hirngefäßen

1 **Kopf – Schädel und mimische Muskulatur** 941
2 **Leitungsbahnen im Kopfbereich** 973
3 **Mundhöhle und Kauapparat** 1003
4 **Nase und Nasennebenhöhlen** 1039
5 **Auge – Sehorgan** 1049
6 **Ohr – Hör- und Gleichgewichtsorgan** 1074

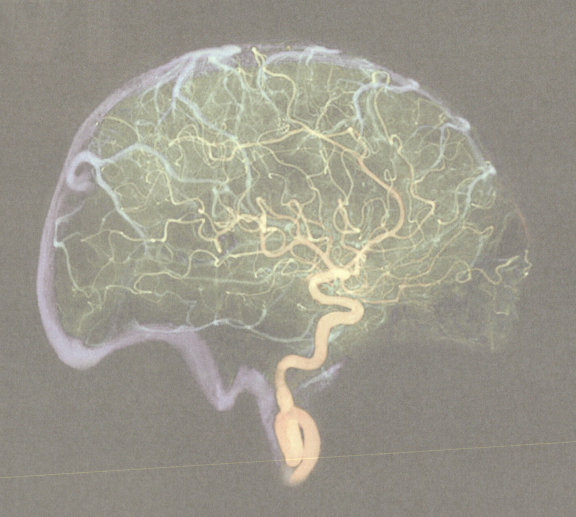

1 Kopf – Schädel und mimische Muskulatur

1.1	Schädel (Cranium)	941
1.2	Mimische Muskulatur	959
1.3	Topografische Anatomie des oberflächlichen Kopfbereichs	964
1.4	Entwicklung des Kopfbereichs	965

© PhotoDisc

G. Aumüller, G. Wennemuth

1.1 Schädel (Cranium)

1.1.1 Funktion und Gliederung des Schädels

Funktion: Für die im Bereich des Kopfes (**Caput**) gelegenen entscheidenden Zentren des Organismus (Gehirn und Sinnesorgane einerseits, Eingänge in die Speise- und Atemwege andererseits) spielt der Schädel (**Cranium**) eine entscheidende Rolle:
Seine insgesamt 17 Einzelknochen bilden zum einen die schützende Hülle für das Gehirn, zum anderen Hohlräume, die mit der Umgebung in Verbindung stehen und darüber nicht nur die Aufnahme lebenswichtiger Substrate über Atemluft und Nahrung, sondern auch die der Sinnesreize ermöglichen.
Der Schädel bildet im Hinblick auf die Orientierung des Kopfes (mit den Sinnesorganen) im Raum sowie z. T. auch entwicklungsgeschichtlich eine funktionelle Einheit mit der Halswirbelsäule (S. 253). Ihre Verbindung über die Kopfgelenke wird im gleichlautenden Kapitel (S. 264) dargestellt.

Gliederung: Man unterscheidet am knöchernen Schädel zwei Anteile (Abb. **M-1.1**), die nach den entscheidenden dort gelegenen Strukturen benannt sind:
- Hirnschädel (**Neurocranium**) und
- Gesichtsschädel (**Splanchno**- oder **Viscerocranium**).

1.1 Schädel (Cranium)

1.1.1 Funktion und Gliederung des Schädels

Funktion: Die insgesamt 17 Einzelknochen des Schädels bilden eine Hülle für das Gehirn und mit der Umgebung in Verbindung stehende Hohlräume für Sinnesorgane und Eingänge von Speise- und Atemwegen. Somit spielt er eine bedeutende Rolle für die im Kopf (**Caput**) gelegenen entscheidenden Zentren des Organismus.
Schädel und Halswirbelsäule bilden eine funktionelle Einheit. Vergleiche Halswirbelsäule (S. 253) und Kopfgelenke (S. 264).

Gliederung: Man unterscheidet (Abb. **M-1.1**):
- Hirnschädel (**Neurocranium**) und
- Gesichtsschädel (**Splanchno**- oder **Viscerocranium**).

M-1.1 Gliederung des Schädels

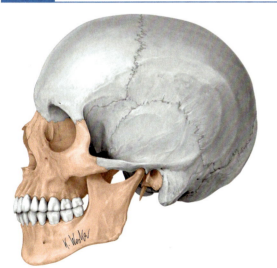

Knochen des Hirn- (grau) und Gesichtsschädels (orange) in der Ansicht von links-lateral.
(Prometheus LernAtlas. Thieme, 3. Aufl.)

M-1.1

M 1 Kopf – Schädel und mimische Muskulatur

▶ Exkurs: Phylogenetische Aspekte zum Schädel.

▶ Exkurs: Phylogenetische Aspekte zum Schädel. In der Entwicklung der Wirbeltierreihe hat sich mit dem aufrechten Gang bei den höheren Primaten das Lage-, Proportions- und Funktionsverhältnis von Hirn- und Gesichtsschädel verändert:
- Abknickung der Schädelbasis,
- Winkelung der Hirnachsen,
- Frontalstellung der Augen,
- Reduktion von Kauapparat und Riechorgan sowie
- Zunahme des Hirnvolumens.

Stammesgeschichtlich altes Anlagematerial (Schlundbögen, Schlundfurchen und Schlundtaschen) wurde für Neuentwicklungen (S. 968) genutzt (z. B. das primäre Kiefergelenk zur Entwicklung der Gehörknöchelchen). Damit wurde Anlagematerial aus dem Hals- in den Kopfbereich verlagert und macht daher die Abgrenzung von Kopf und Hals fließend; z. B. wird der Mundboden oft dem Hals zugerechnet.

Die zahlreichen Einzelheiten der Schädelknochen lassen sich am besten anhand der Tab. **M-1.1** und Tab. **M-1.4** zusammen mit Abb. **M-1.2** und eines Modells erlernen.

Zum Lernen der Anteile, Öffnungen und Oberflächenstrukturen der einzelnen Schädelknochen eignet sich neben einem Modell am besten die Kombination von Abbildungen, die sie in ihrem Verbund (Abb. **M-1.2**) darstellen mit solchen, auf denen die kompliziert aufgebauten Knochen einzeln sichtbar sind (integriert in Tab. **M-1.1** und Tab. **M-1.4**). Auf eine ausführliche Beschreibung wurde daher zugunsten der Tab. **M-1.1** und Tab. **M-1.4** bewusst verzichtet.

M-1.2 Schädel mit seinen einzelnen Knochen

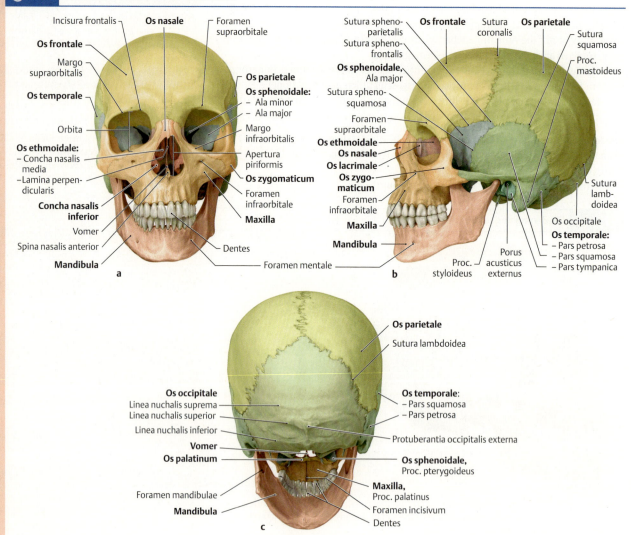

(Prometheus LernAtlas. Thieme, 3. Aufl.)
a Ansicht von frontal,
b lateral
c und dorsal mit farblicher Hervorhebung der einzelnen Schädelknochen.

M 1.1 Schädel (Cranium)

≡ M-1.1 Knochen des Neurokraniums

Abschnitte	Fortsätze/Erhebungen	Einsenkungen/Öffnungen
Os frontale (Stirnbein)		
Squama frontalis		
▪ Facies externa	▪ Tuber frontale ▪ Arcus superciliaris ▪ Glabella ▪ Margo supraorbitalis	▪ Foramen supraorbitale/Incisura supraorbitalis ▪ Foramen frontale/Incisura frontalis
▪ Facies temporalis	▪ Processus zygomaticus, (angrenzend an die Sutura frontozygomatica) ▪ Margo parietalis ▪ Linea temporalis	
▪ Facies interna	▪ Crista frontalis	▪ Foramen caecum ▪ Sulcus sinus sagittalis superioris ▪ Impressiones gyrorum
Partes orbitales		
	▪ Facies orbitalis ▪ Margo sphenoidalis (dorsal)	▪ Incisura ethmoidalis ▪ Fossa glandulae lacrimalis ▪ Fovea trochlearis ▪ Foramen ethmoidale anterius (S. 1050) u. posterius
Pars nasalis		
	▪ Spina nasalis ossis frontalis	▪ Incisura ethmoidalis (dorsal)
Sinus frontalis		
	▪ Septum sinuum frontalium	▪ Apertura sinus frontalis
Os temporale (Schläfenbein)		
Pars squamosa		
▪ Facies temporalis	▪ Processus zygomaticus mit Tuberculum articulare	▪ Sulcus arteriae temporalis mediae ▪ Fossa mandibularis mit Facies articularis (unterhalb des Proc. zygomaticus gelegen und daher hier mit aufgeführt)
▪ Facies cerebralis		▪ Sulci arteriae meningeae mediae
Pars petrosa (Felsenbein)		
▪ Apex partis petrosae (Spitze)		▪ Foramen lacerum*/Fissura sphenopetrosa ▪ Canalis caroticus* ▪ Canaliculi caroticotympanici ▪ Canalis musculotubarius*
▪ Innenfläche: – Facies posterior (Hinterfläche)	▪ Processus intrajugularis	▪ Sulcus sinus petrosi inferioris ▪ Porus u. Meatus acusticus internus* mit Canalis nervi facialis* ▪ Fossa subarcuata ▪ Canaliculus vestibuli mit seiner Öffnung (Apertura canaliculi vestibuli)* ▪ Foramen jugulare* mit Incisura jugularis
▪ Innenfläche: – Facies anterior (Vorderfläche)	▪ Eminentia arcuata ▪ Tegmen tympani ▪ Margo superior mit Sulcus sinus petrosi superioris	▪ Impressio trigeminalis ▪ Hiatus canalis/Sulcus nervi petrosi majoris ▪ Hiatus canalis/Sulcus nervi petrosi minoris
▪ Außenfläche	▪ Processus mastoideus (Warzenfortsatz)	▪ Sulcus arteriae occipitalis ▪ Incisura mastoidea ▪ Foramen mastoideum
▪ Facies inferior (Unterfläche)	▪ Processus styloideus (Griffelfortsatz; entwicklungsgeschichtlich: Viszerokranium)	▪ Foramen stylomastoideum* ▪ Fossa jugularis ▪ Canaliculus mastoideus* ▪ Foramen jugulare* ▪ Fossula petrosa ▪ Canaliculus tympanicus* ▪ Canaliculus cochleae mit Öffnung (Apertura canaliculi cochleae)* ▪ Cavitas tympani = Paukenhöhle (S. 1078)

M-1.1 Knochen des Neurokraniums (Fortsetzung)

Abschnitte	Fortsätze/Erhebungen	Einsenkungen/Öffnungen
Pars tympanica (entwicklungsgeschichtlich: Viszerokranium)		
	▪ Spinae tympanicae major und minor	▪ Porus u. Meatus acusticus externus (S. 1076)
		▪ Vagina processus styloidei
		▪ Sulcus tympanicus
zwischen verschiedenen Anteilen gelegene Strukturen		
		▪ Fissura petrotympanica*
		▪ Fissura petrosquamosa
		▪ Fissura tympanosquamosa
		▪ Fissura tympanomastoidea

Os temporale
Ansicht des Schläfenbeins von links-lateral (**a**), kaudal (**b**) und medial (**c**) mit Einfärbung seiner drei Anteile, deren Herkunft sich entwicklungsgeschichtlich unterscheidet.

(Prometheus LernAtlas. Thieme, 3. Aufl.)

Os parietale (Scheitelbein)		
▪ Facies externa (Außenseite)	▪ Linea temporalis superior u. inferior	▪ Foramen parietale
	▪ Tuber parietale	
▪ Facies interna (Innenseite)		▪ Sulcus sinus sagittalis superioris
		▪ Sulcus sinus sigmoidei
		▪ Foveolae granulares
▪ Grenzflächen zu angrenzenden Schädelknochen	▪ Margo sagittalis (zur Sutura sagittalis)	
	▪ Margo frontalis (zur Sutura coronalis)	
	▪ Margo occipitalis (zur Sutura lambdoidea)	
	▪ Margo squamosus (zur Sutura squamosa)	

Os occipitale (Hinterhauptsbein)		
Pars basilaris	▪ Clivus (okzipitaler Anteil)	▪ Foramen magnum*
	▪ Tuberculum pharyngeum (außen)	
Partes laterales	▪ Condyli occipitales	▪ Foramen magnum*
	▪ Tuberculum jugulare	▪ Fossa condylaris mit Canalis condylaris (inkonstant)
	▪ Processus jugularis	▪ Canalis nervi hypoglossi*
Squama occipitalis		
▪ Facies externa	▪ Protuberantia occipitalis externa	▪ Foramen magnum*
	▪ Linea nuchalis inferior, superior und suprema	
▪ Facies interna	▪ Protuberantia occipitalis interna	▪ Sulcus sinus sagittalis superioris
	▪ Crista occipitalis interna	▪ Sulcus sinus transversi
		▪ Sulcus sinus occipitalis
		▪ Sulcus sinus marginalis
		▪ Fossae cerebralis und cerebellaris

M 1.1 Schädel (Cranium)

M-1.1 Knochen des Neurokraniums (Fortsetzung)

Abschnitte	Fortsätze/Erhebungen	Einsenkungen/Öffnungen

Os occipitale
Ansicht des Hinterhauptbeins von der Schädelinnenfläche (**a**), kaudal (**b**) und links-lateral (**c**).
(Prometheus LernAtlas. Thieme, 3. Aufl.)

Os sphenoidale (Keilbein)

Corpus
- Crista sphenoidalis mit Rostrum sphenoidale
- Jugum sphenoidale
- Sella turcica (Türkensattel)
- Tuberculum sellae (Sattelknopf) (mit Processus clinoidei medii)
- Dorsum sellae (Sattellehne) mit Processus clinoidei posteriores
- Clivus (sphenoidaler Anteil)

- Sulcus caroticus mit Lingula sphenoidalis
- Fossa hypophysialis
- Sinus sphenoidales mit Apertura sinus sphenoidalis und Septum sinuum sphenoidalium

Alae minores
- Sutura sphenofrontalis
- Processus clinoidei anteriores

- Canalis opticus*
- Fissura orbitalis superior*

Alae majores
- Facies cerebralis

- Foramen rotundum*
- Foramen ovale*
- Foramen spinosum* mit Spina ossis sphenoidalis

- Facies temporalis
- Crista infratemporalis
- Margo squamosus

- Foramen lacerum*

- Facies maxillaris

- Fossa pterygopalatina
- Fissura pterygomaxillaris

- Facies orbitalis

- Fissura orbitalis inferior*

Processus pterygoidei
- Lamina lateralis
- Lamina medialis mit Hamulus pterygoideus

- Canalis pterygoideus*
- Fossa pterygoidea
- Fossa scaphoidea (an Lamina medialis)
- Incisura pterygoidea

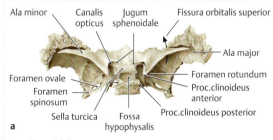 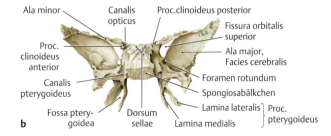

Os sphenoidale
Ansicht des Keilbeins von oben (**a**) und hinten (**b**).
(Prometheus LernAtlas. Thieme, 3. Aufl.)

Os ethmoidale (Siebbein)

Lamina cribrosa

- Foramina cibrosa

Die zum Gesichtsschädel zählenden Anteile des Os ethmoidale sind in Tab. **M-1.1** aufgeführt.

*Die Strukturen, die diese Öffnungen durchziehen, werden in Abb. **M-1.6**, Abb. **M-1.7** und Abb. **M-1.8** beschrieben. Foramina und Fissuren, die zwischen angrenzenden Knochen liegen, sind ebenfalls nicht hier, sondern in den angegebenen Abbildungen mit den hindurchtretenden Strukturen aufgeführt.

1.1.2 Hirnschädel (Neurocranium)

Das Neurokranium setzt sich zusammen aus der **Schädelkalotte** (**Calvaria**, Schädeldach) und der **Schädelbasis** (**Basis cranii**), die gemeinsam die **Schädelhöhle** (**Cavitas cranii**) umschließen. An seiner Bildung sind folgende z. T. paarig angelegte Knochen beteiligt (Tab. **M-1.1**):

- Stirnbein (**Os frontale**), unpaar,
- Schläfenbein (**Os temporale**), paarig,
- Scheitelbein (**Os parietale**), paarig,
- Hinterhauptsbein (**Os occipitale**), unpaar,
- Keilbein (**Os sphenoidale**), unpaar, und
- vom unpaaren Siebbein, sog. **Os ethmoidale** (S. 956), die Lamina cribrosa.

Funktionell und topografisch sind auch die Gehörknöchelchen (**Ossicula auditoria**) hier zu nennen, die entwicklungsgeschichtlich dem Gesichtsschädel zuzurechnen sind. Sie umfassen Hammer (**Malleus**), Amboss (**Incus**) und Steigbügel (**Stapes**) und werden bei Beschreibung des Ohres besprochen (Tab. **M-1.2**).

Schädeldach (Calvaria)

Abschnitte: Das Schädeldach (Abb. **M-1.3**), auch als Schädelkalotte bezeichnet, setzt sich zusammen aus

- **Ossa parietalia**,
- **Squama ossis frontalis**,
- **Squama ossis occipitalis** und
- **Pars squamosa** des **Os temporale**.

Gelegentlich kommen Zusatzknochen (Ossa suturalia) vor.

Wichtige Schädelnähte: Wie die übrigen Schädelknochen auch, sind die des Schädeldachs durch Schädelnähte (**Suturae**) verbunden. Diese Nahtverbindungen sind nach den jeweils benachbarten Knochen benannt und verknöchern z. T. erst lange nach der Geburt (Tab. **M-1.2**).

M-1.3 Schädeldach

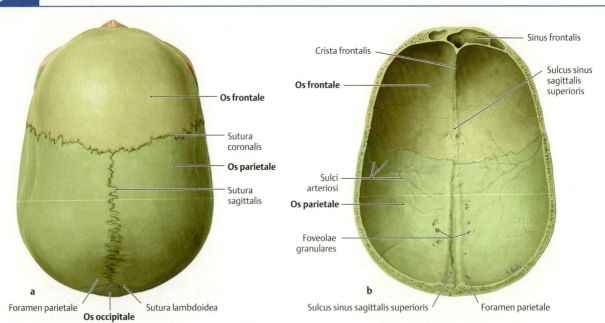

Die Pars squamosa ossis temporalis ist durch ihre tiefere seitliche Lage in diesen Darstellungen nicht sichtbar.
(Prometheus LernAtlas. Thieme, 3. Aufl.)
a   Knochen des Schädeldachs in der Ansicht von außen oben
b   und innen.

M 1.1 Schädel (Cranium)

M-1.2 Lage und Verknöcherungszeitpunkte wichtiger Schädelnähte (Suturae)

Schädelnaht	Lage	Verknöcherungszeitpunkt
Sutura sagittalis (Pfeilnaht)	zwischen beiden Ossa parietalia	zwischen 20. und 30. Lebensjahr
Sutura coronalis (Kranznaht)	zwischen Os frontale und den Ossa parietalia	zwischen 30. und 40. Lebensjahr
Sutura lambdoidea (Lambdanaht)	zwischen Os occipitale und beiden Ossa parietalia	zwischen 40. und 50. Lebensjahr

Impressionen und Öffnungen: An der Innenfläche der Calvaria hinterlassen die Blutgefäße Einkerbungen als **Sulci arteriosi** durch die Aa. meningeae (S. 1164) bzw. als **Sulcus sinus sagittalis superioris** durch einen Sinus durae matris (S. 1167). Dort finden sich auch venenführende Öffnungen (**Emissarien**), die alle drei Schichten (s. u.) der Kalotte durchbrechen. Zu weiteren Strukturen s. Tab. **M-1.1**.

Feinbau: Die platten Knochen der Calvaria bestehen aus einer als **Lamina interna** bzw. **Lamina externa** bezeichneten inneren und äußeren Kompakta. Dazwischen liegt die hier **Diploe** genannte Spongiosa mit blutbildendem Knochenmark und weiten Venen (Venae diploicae, Tab. **M-2.3** mit Anschluss an die Emissarienvenen; Abb. **M-1.4a**).
Die Lamina externa ist von **Periost**, die Lamina interna von **Dura mater encephali** bedeckt.

Impressionen und Öffnungen: Gefäße bedingen **Sulci arteriosi** bzw. einen **Sulcus sinus sagittalis superioris** und **transversis**. Venöse Durchlässe durch die platten Schädelknochen heißen Emissarien. Zu weiteren Strukturen s. Tab. **M-1.1**.

Feinbau: Die Kompakta besteht aus einer **Lamina externa** bzw. **interna**. Zwischen beiden liegt die Spongiosa (**Diploe**) mit den Venae diploicae (Tab. **M-2.3**). Das Periost bildet den äußeren, das innere Blatt der Dura mater encephali den inneren Überzug.

▶ **Klinik.** Lokale **kleinflächige Gewalteinwirkungen** auf die Kalotte (z. B. durch Hammerschlag) führen häufig zu **Impressionsfrakturen** der platten Knochen, oft nur mit Splitterung der Lamina interna (Abb. **M-1.4b**), in schweren Formen auch mit begleitendem Hirnödem (S. 1116) oder epiduralen Blutungen.
Bei **breitflächiger Gewalteinwirkung** auf die Kalotte (z. B. Sturz auf den Kopf) kann es zu **Berstungsbrüchen** kommen, die durch Kraftübertragung v. a. die Schädelbasis (S. 958) betreffen und je nach dortiger Lokalisation sehr unterschiedliche Symptome hervorrufen können.

▶ **Klinik.**

⊙ M-1.4 Feinbau der Knochen des Schädeldachs

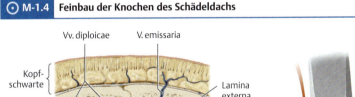
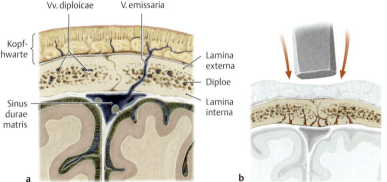

(Prometheus LernAtlas. Thieme, 3. Aufl.)
a Schnitt durch das von der Kopfschwarte bedeckte Schädeldach.
b Bei kleinflächiger Gewalteinwirkung ist die dünne Lamina interna besonders gefährdet.

Schädelbasis (Basis cranii)

An der Schädelbasis unterscheidet man eine innere (**Basis cranii interna**) und eine äußere (**Basis cranii externa**) Fläche, die durch zahlreiche Öffnungen verbunden sind. Hierdurch zieht eine Vielzahl von Leitungsbahnen, um das Schädelinnere zu erreichen bzw. zu verlassen (Abb. **M-1.8**).
Die Knochen der Schädelbasis sind teilweise pneumatisiert, d. h. durch ein Hohlraumsystem innen ausgehöhlt.

Schädelbasis (Basis cranii)

Man unterscheidet eine innere und äußere Schädelbasis (**Basis cranii interna** und **externa**), die durch zahlreiche Öffnungen für Leitungsbahnen in Verbindung stehen (Abb. **M-1.8**).
Die Knochen der Schädelbasis sind teilweise pneumatisiert.

Basis cranii interna

Die Innenfläche der Schädelbasis ist in eine vordere, mittlere und hintere Schädelgrube (**Fossa cranii anterior**, **media** und **posterior**) gegliedert, die stufenförmig von vorn nach hinten abfallend angeordnet sind (Tab. **M-1.3**).

Basis cranii interna

In der inneren Schädelbasis liegen treppenartig hintereinander die **Fossa cranii anterior**, **media** und **posterior** (Tab. **M-1.3**).

M 1 Kopf – Schädel und mimische Muskulatur

⊙ M-1.5   Basis cranii interna

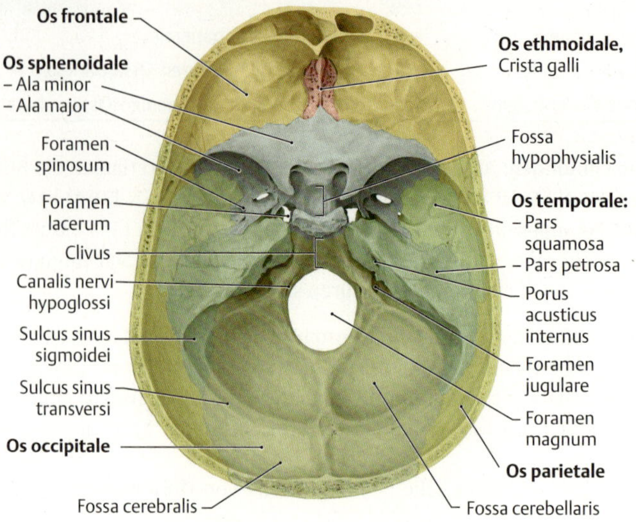

Knochen der Basis cranii interna in der Ansicht von oben.
(Prometheus LernAtlas. Thieme, 3. Aufl.)

☰ M-1.3   Knochen mit Grenzen der Schädelgruben

Schädelgrube	Knochen	Anteil	Ansicht
Fossa cranii anterior (A)	Os frontale	Partes orbitales	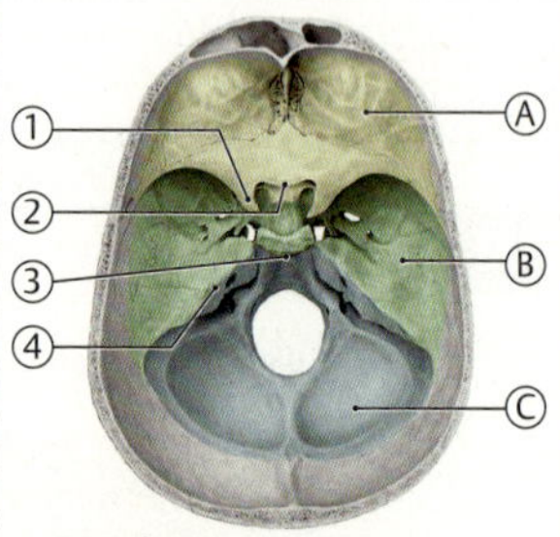
	Os ethmoidale	Lamina cribrosa	
	Os sphenoidale	Alae minores	
		Rostrum u. Jugum	
Grenze: Os sphenoidale: Alae minores (1) + Jugum sphenoidale (2)			
Fossa cranii media (B)	Os sphenoidale	Alae majores	
	Os temporale	Pars squamosa	
		Pars petrosa (Felsenbein), Facies anterior	
Grenze: Os sphenoidale: Dorsum sellae (3) + Os temporale: Margo superior partis petrosae (4)			
Fossa cranii posterior (C)	Os sphenoidale	Clivus (sphenoidaler Anteil)	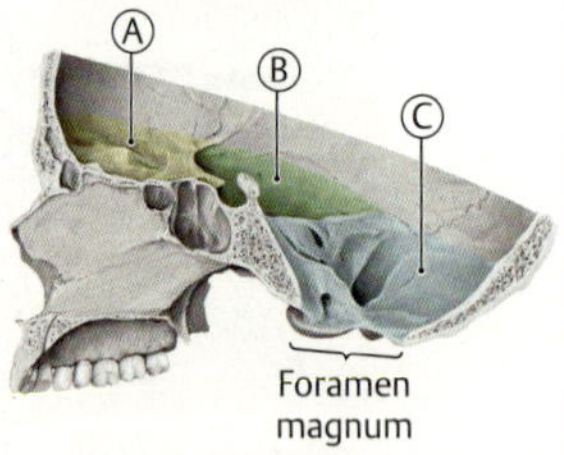
	Os temporale	Pars petrosa (Felsenbein), Facies posterior	
	Os occipitale	Pars basilaris	
		Partes laterales	

a Ansicht von innen

b Mediansagittalschnitt

(Prometheus LernAtlas. Thieme, 3. Aufl.)

Fossa cranii anterior: Die vordere Schädelgrube wird von den **Partes orbitales** des Stirnbeins, der **Lamina cribrosa** des Siebbeins und dem **Corpus ossis sphenoidalis** gebildet. Die **Alae minores ossis sphenoidalis** trennt die vordere von der mittleren Schädelgrube.

Fossa cranii anterior: Die vordere Schädelgrube wird aus folgenden Knochen bzw. deren Anteilen gebildet:

- Die **Partes orbitales** des Os frontale stellen die vorderen und seitlichen Anteile dar,
- die **Lamina cribrosa** des Os ethmoidale bildet zusammen mit den Partes orbitales ossis frontalis den Boden und
- das Rostrum und Jugum sphenoidale an der Vorderfläche des **Corpus ossis sphenoidalis** stellen zusammen mit den **Alae minores** des gleichen Knochens die Grenze zur mittleren Schädelgrube dar.

▶ **Merke.**

▶ **Merke.** Die **vordere** Schädelgrube bildet das Dach von Nasen- (S. 1040) und Augenhöhle (S. 1049). Außerdem liegen in ihr die Bulbi olfactorii (S. 1239) und die Frontallappen des Gehirns (S. 1133).

M 1.1 Schädel (Cranium)

In der Mitte der vorderen Schädelgrube liegt die **Lamina cribrosa** des Os ethmoidale. Durch ihre **Foramina cribrosa** ziehen die A. ethmoidalis anterior und die Fila olfactoria von der Nasenhöhle zu den der Siebbeinplatte anliegenden Bulbi olfactorii. Ein sagittal gelegener Knochenkamm, die **Crista galli**, die als Anheftungsstelle der Falx cerebri (S. 1151) dient, teilt die Lamina cribrosa in zwei Hälften und setzt sich in die **Crista frontalis** des Os frontale fort. Am Übergang der Crista galli in die Crista frontalis liegt beim Kind ein Emissarium als Verbindung zur Nasenhöhle, das sich später zum **Foramen caecum** schließt. Die Oberfläche der Fossa cranii anterior zeigt durch flache Leisten getrennte Eindrücke (**Impressiones gyrorum**), die durch den Druck der Frontallappen auf die dünnen Knochenlamellen entstehen.

Fossa cranii media: Die mittlere Schädelgrube setzt sich aus folgenden Anteilen zusammen:
- Die **Alae majores** des Os sphenoidale bilden zusammen mit der
- **Pars squamosa** des Os temporale den Boden.
- Die Margo superior der **Pars petrosa ossis temporalis** stellt die Grenze zur hinteren Schädelgrube dar (s. Tab. **M-1.3**).

▶ **Merke.** In der **mittleren** Schädelgrube liegen die Temporallappen des Gehirns und in ihrer Fossa hypophysialis die Hypophyse.

Die Fossa cranii media wird durch das Corpus ossis sphenoidalis mit der **Sella turcica** (Türkensattel) in zwei Hälften geteilt. In diesem Bereich befinden sich mehrere Öffnungen: Canalis opticus, Fissura orbitalis superior und die Foramina rotundum, ovale und spinosum (Abb. **M-1.6**). Die Sella turcica enthält mit der **Fossa hypophysialis** (Hypophysengrube) eine Vertiefung für die gleichnamige Hirnanhangsdrüse. Sie wird flankiert von der Ala major des Keilbeins und der Pars squamosa des Schläfenbeins.

Die Oberfläche der vorderen Schädelgrube zeigt komplementär zur Hirnoberfläche **Impressiones gyrorum**. Medial liegt, getrennt durch die **Crista galli**, der Anheftungsstelle der Falx cerebri (S. 1151), die **Lamina cribrosa** des Siebbeins mit den Bulbi olfactorii und den Fila olfactoria. Vor der Crista galli liegt das **Foramen caecum**.

Fossa cranii media: Os temporale und **Os sphenoidale** bilden die knöcherne Grundlage. Die **Pars petrosa ossis temporalis** grenzt die mittlere von der hinteren Schädelgrube ab.

▶ **Merke.**

Mittig liegt die **Sella turcica** des Keilbeinkörpers mit der **Fossa hypophysialis**. Sie wird flankiert von der Ala major des Keilbeins und der Pars squamosa des Schläfenbeins. Der Boden enthält zahlreiche Öffnungen (Abb. **M-1.6**).

⊙ **M-1.6** Öffnungen der Schädelbasis mit durchtretenden Strukturen* (Teil I)

Öffnung/Kanal	Lokalisation	verbundene Räume	durchtretende Strukturen
Basis cranii interna			
Fossa cranii anterior:			
Lamina cribrosa mit Foramina cribrosa	Os ethmoidale	Fossa cranii anterior – Cavitas nasi	▪ Fila olfactoria (in der Summe N. olfactorius = I. Hirnnerv) ▪ N. ethmoidalis anterior ▪ A. ethmoidalis anterior
Fossa cranii media:			
Canalis opticus	Ala minor ossis sphenoidalis	Fossa cranii media – Orbita	▪ N. opticus (II) ▪ A. ophthalmica (Ast der A. carotis interna)
Fissura orbitalis superior	zwischen Ala major und Ala minor ossis sphenoidalis	Fossa cranii media – Orbita	▪ N. oculomotorius (III) ▪ N. trochlearis (IV) ▪ N. ophthalmicus (V_1) ▪ N. abducens (VI) ▪ V. ophthalmica superior
Foramen rotundum		Fossa cranii media – Fossa pterygopalatina	▪ N. maxillaris (V_2, dorsal vom anhängenden Ganglion pterygopalatinum)
Foramen ovale	Ala major ossis sphenoidalis	Fossa cranii media – Fossa infratemporalis	▪ N. mandibularis (V_3) ▪ Plexus venosus foraminis ovalis
Foramen spinosum	Ala major ossis sphenoidalis	Fossa cranii media – Fossa infratemporalis	▪ R. meningeus des N. mandibularis (V_3) ▪ A. meningea media (Ast der A. maxillaris)
Fissura sphenopetrosa	zwischen Os sphenoidale und Pars petrosa ossis temporalis am dorsalen Rand des Foramen lacerum	Fossa cranii media – Fossa infratemporalis	▪ N. petrosus minor

* Die Öffnungen, die sowohl von der Innen- als auch von der Außenseite der Schädelbasis aus sichtbar sind, werden hier lediglich bei der Basis cranii interna aufgeführt.

M 1 Kopf – Schädel und mimische Muskulatur

⊙ M-1.7 Öffnungen der Schädelbasis mit durchtretenden Strukturen* (Teil II)

Öffnung/Kanal	Lokalisation	verbundene Räume	durchtretende Strukturen
Foramen lacerum	zwischen Ala major ossis sphenoidalis und Pars petrosa ossis temporalis (mit Faserknorpel ausgefüllt)	Fossa cranii media – Öffnung des Canalis pterygoideus	■ Nn. petrosus major und profundus (weiterer Verlauf im Canalis pterygoideus)
Canalis caroticus	Os temporale: – vor Fossa jugularis (Apertura externa) – Apex partis petrosae ossis temporalis (Apertura interna)	Basis cranii externa – Fossa cranii media	■ A. carotis interna ■ Plexus caroticus internus
mit Canaliculi caroticotympanici	Pars petrosa ossis temporalis (Abzweigung des Canalis caroticus)	Canalis caroticus – Cavitas tympani	■ Nn. caroticotympanici (sympathisch)
Hiatus canalis nervi petrosi majoris	Os temporale: Facies anterior partis petrosae	Cavitas tympani – Fossa cranii media	■ N. petrosus major (präganglionärer parasympathischer Ast des N. facialis)
Hiatus canalis nervi petrosi minoris		Canalis nervi facialis – Fossa cranii media	■ N. petrosus minor (präganglionärer parasympathischer Ast des N. glossopharyngeus) ■ A. tympanica superior (Ast der A. meningea media)
Fossa cranii posterior:			
Porus acusticus internus	Facies posterior partis petrosae ossis temporalis	Fossa cranii posterior 1. → Auris interna (Meatus acusticus internus)	■ N. vestibulocochlearis (VIII) ■ A. und V. labyrinthi
		2. → Foramen stylomastoideum (Canalis nervi facialis)	■ N. facialis (VII)
Apertura canaliculi vestibuli	Os temporale zwischen Porus acusticus internus und Sulcus sinus sigmoidei	Fossa cranii posterior – Auris interna	■ Saccus endolymphaticus (subdural)
Foramen jugulare	zwischen Pars petrosa ossis temporalis und Pars lateralis ossis occipitalis	Fossa cranii posterior – Basis cranii externa (Fossa jugularis)	im vorderen, kleineren Abschnitt: ■ N. glossopharyngeus (IX) ■ Sinus petrosus inferior im hinteren, größeren Abschnitt: ■ N. vagus (X) ■ N. accessorius (XI) ■ V. jugularis interna ■ A. meningea posterior
Canalis nervi hypoglossi	Öffnung an der Basis der Condyli occipitales	Fossa cranii posterior – Basis cranii externa	■ N. hypoglossus (XII) ■ Plexus venosus canalis nervi hypoglossi
Foramen magnum	Os occipitale	Fossa cranii posterior – Rückenmarkskanal	■ Medulla spinalis mit Rückenmarkshäuten ■ aufsteigende Radix spinalis des N. accessorius (XI) ■ Aa. vertebrales (mit Rr. meningei), A. spinalis anterior und posterior

* Die Öffnungen, die sowohl von der Innen- als auch von der Außenseite der Schädelbasis aus sichtbar sind, werden hier lediglich bei der Basis cranii interna aufgeführt.

Zur A. tympanica superior siehe auch Gefäßversorgung des Mittelohrs (S. 1083).

M 1.1 Schädel (Cranium)

⊙ M-1.8 Öffnungen der Schädelbasis mit durchtretenden Strukturen* (Teil III)

Öffnung/Kanal	Lokalisation	verbundene Räume	durchtretende Strukturen
Basis cranii externa			
vorderer Abschnitt:			
Fossa incisiva, Foramen palatinum majus, Foramina palatina minora			
mittlerer Abschnitt:			
Fissura orbitalis inferior	zwischen Ala major ossis sphenoidalis und Pars orbitalis maxillae	Fossa pterygopalatina – Orbita	▪ N. infraorbitalis, N. zygomaticus, (Äste aus V_2) ▪ A. infraorbitalis (Ast der A. maxillaris), V. ophthalmica inferior
Canalis pterygoideus	zieht durch die Wurzel des Processus pterygoideus	Foramen lacerum – Fossa pterygopalatina	▪ N. petrosus major (parasympathischer Ast des N. facialis) ▪ N. petrosus profundus (sympathische Fasern aus dem Plexus caroticus)
Fissura petrotympanica (Glaser-Spalte)	Os temporale zwischen Pars petrosa und Pars tympanica, dorsomedial der Fossa mandibularis	Canalis nervi facialis – Fossa infratemporalis	▪ Chorda tympani ▪ A. tympanica anterior
Canaliculus mastoideus	Fossa jugularis (Pars petrosa ossis temporalis)	Basis cranii externa – Meatus acusticus externus	▪ R. auricularis n. vagi (sensibler Ast des N. vagus, X)
Canaliculus tympanicus	Fossula petrosa (Os temporale zwischen Fossa jugularis und Apertura externa canalis carotici)	Basis cranii externa – Cavitas tympanica	▪ N. tympanicus (parasympathischer Ast des N. glossopharyngeus, IX)
Apertura externa canaliculi cochleae	Os temporale nahe der Fossula petrosa	Basis cranii externa – Auris interna	▪ Aqueductus cochleae
Foramen stylomastoideum	Os temporale zwischen Proc. mastoideus und Proc. styloideus	Öffnung des Canalis n. facialis (s. o.)	▪ N. facialis (VII) ▪ A. stylomastoidea
Canalis musculotubarius	Os temporale: Eingang vor der Apertura externa canalis carotici	Basis cranii externa – Cavitas tympanica	▪ M. tensor tympani im kranial gelegenen Semicanalis m. tensoris tympani ▪ Tuba auditiva im kaudal gelegenen Semicanalis tubae auditivae
hinterer Abschnitt:			
Canalis condylaris	Condyli occipitales	Fossa condylaris – Diploe	V. emissaria condylaris
Foramen mastoideum	Os temporale; dorsal von Proc. mastoideus	Basis cranii externa – Sulcus sinus sigmoidei	V. emissaria

* *Die Öffnungen, die sowohl von der Innen- als auch von der Außenseite der Schädelbasis aus sichtbar sind, werden hier lediglich bei der Basis cranii interna aufgeführt.*

Für Strukturen des vorderen Abschnittes siehe auch Tab. **M-1.5**.

Fossa cranii posterior: Folgende Knochen bilden die Fossa cranii posterior:
▪ Das **Corpus** des Os sphenoidale bildet den vorderen Abschnitt.
▪ Die **Facies posterior** der **Pars petrosa** ossis temporalis begrenzt die Fossa cranii posterior nach vorne-seitlich.
▪ Das **Os occipitale** bildet den Boden.

▶ Merke. In der **hinteren** Schädelgrube liegen Kleinhirn (S. 1116), Pons (S. 1112) und Medulla oblongata (S. 1111).

Fossa cranii posterior: Sie wird von der **Pars petrosa** des Schläfenbeins und dem **Corpus** des Keilbeins sowie dem **Os occipitale** gebildet.

▶ Merke.

Die Verbindung des hinteren Keilbeinkörpers mit der **Pars basalis** des Os occipitale wird als **Clivus** bezeichnet. Öffnungen der hinteren Schädelgrube s. Abb. **M-1.7**.

Vom vorderen Rand des Foramen magnum zieht die **Pars basalis** des Os occipitale zum hinteren Abschnitt des Keilbeinkörpers (**Dorsum sellae**) und bildet so den Abhang (**Clivus**). Mit der äußeren Schädelbasis steht die Fossa cranii posterior über das Foramen jugulare und dem Canalis nervi hypoglossi in Verbindung, mit dem Innenohr über den Porus acusticus internus und die Apertura externus aquaeductus vestibuli (Abb. **M-1.7**). Sie endet am Sulcus sinus transversi und der Protuberantia occipitalis interna.

Basis cranii externa

Die Basis cranii externa (Abb. **M-1.9**) wird ebenfalls in einen vorderen, mittleren und hinteren Abschnitt gegliedert.

Basis cranii externa

Auch die äußere Schädelbasis (Basis cranii externa, Abb. **M-1.9**) wird in einen vorderen, einen mittleren und einen hinteren Abschnitt aufgegliedert, wobei der vordere Abschnitt strenggenommen dem Viszerokranium zuzurechnen ist.

⊙ M-1.9   **Basis cranii externa**

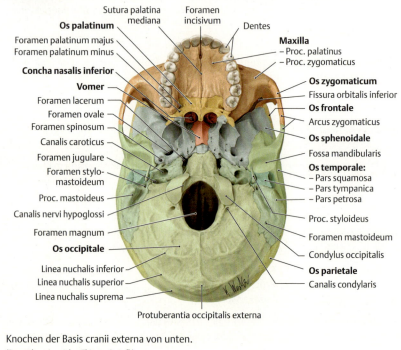

Knochen der Basis cranii externa von unten.
(Prometheus LernAtlas. Thieme, 3. Aufl.)

Vorderer Abschnitt: Er besteht aus dem **Palatum durum** (aus dem Proc. palatinus maxillae und der Lamina horizontalis ossis palatini) mit dem **Foramen palatinum majus**, den **Foramina palatina minora** und der **Fossa incisiva** und dem Foramen incisivum.

Vorderer Abschnitt: Er wird vom harten Gaumen (**Palatum durum**) gebildet, der zu ¾ aus dem **Processus palatinus** der Maxilla (inkl. Os incisivum) und zu ¼ aus der **Lamina horizontalis** des Gaumenbeins besteht. Die Verschmelzungsstelle des Os incisivum mit der Maxilla wird durch die **Fossa incisiva** (mit Foramen incisivum) markiert. An der Kontaktstelle von Maxilla und Os palatinum liegen das **Foramen palatinum majus** und kleinere **Foramina palatina minora** (Tab. **M-1.4**). Der Gaumen endet dorsal an den **Choanen**, die die Verbindung zur Nasenhöhle darstellen.

▶ Merke.

▶ Merke. Der vordere Abschnitt der Basis cranii externa bildet den Boden der Nasen- und das Dach der Mundhöhle.

Mittlerer Abschnitt: Der Proc. pterygoideus des Keilbeins mit der die **Fossa pterygoidea** begrenzenden **Lamina medialis** und **lateralis** schließt dorsal an das Gaumenbein an. Kranial liegen Ala major und Corpus ossis sphenoidalis und die Unterfläche der Pars petrosa ossis temporalis sowie seitlich der Pars squamosa und tympanica. Die **Fossa articularis** des Kiefergelenks weist vorne das Tuberculum articulare und hinten die **Fissura petrotympanica** (Glaser-Spalte) auf (Abb. **M-1.8**).

Mittlerer Abschnitt: Der mittlere Abschnitt schließt sich dorsal an das Os palatinum an. Die auffälligste Struktur ist der die Choanen flankierende **Processus pterygoideus** des Os sphenoidale. Er geht in zwei dünne Platten über (**Lamina medialis** und **lateralis**), die die flache **Fossa pterygoidea** begrenzen. Seitlich bzw. oberhalb der beiden Processus pterygoidei liegen Corpus und die paarige Ala major ossis sphenoidalis sowie die Unterfläche des **Os temporale** mit der Basis der Pars petrosa, dem Processus mastoideus, dem Processus styloideus und seitlich der Pars squamosa und der Pars tympanica. Medial des Processus styloideus ist die **Fossa jugularis** ausgeprägt.
Eine wichtige Nahtstelle zwischen der Pars tympanica und der Pars squamosa ossis temporalis ist die **Fissura petrotympanica** (Glaser-Spalte) hinter der **Fossa articularis** des Kiefergelenks, durch die die Chorda tympani in Richtung N. lingualis zieht (Abb. **M-2.18**).

M 1.1 Schädel (Cranium)

Die zahlreichen Öffnungen mit den durchtretenden Leitungsbahnen sind in Abb. **M-1.8** aufgelistet.

▶ **Klinik.** Die perlschnurartig aufgereihten Öffnungen des Mittelbereichs der Schädelbasis bedingen eine gewisse Instabilität bei mechanischen Belastungen und geben damit den Verlauf von Frakturlinien (und ggf. Verletzungen der durchtretenden Leitungsbahnen) vor.

▶ **Klinik.**

⊙ **M-1.10** Schädelbasis mit Durchtrittsstellen für Leitungsbahnen und durchtretende Strukturen

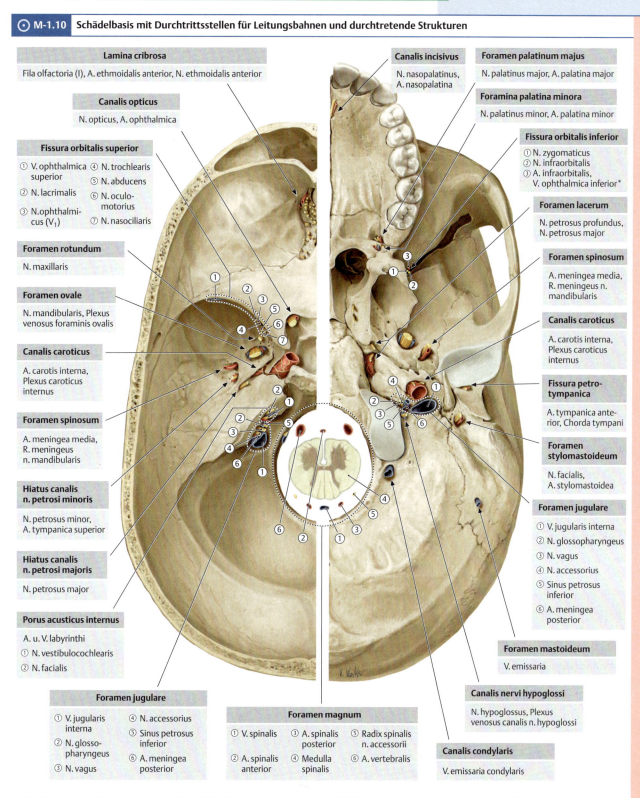

Schädelbasis in der Ansicht von innen (linke Bildhälfte) und außen (rechte Bildhälfte) mit wichtigen Durchtrittsstellen für Leitungsbahnen.
* Die V. ophthalmica inferior ist bei dieser Darstellung verdeckt.
(Prometheus LernAtlas. Thieme, 3. Aufl.)

Hinterer Abschnitt: Um das **Foramen magnum** liegen Abschnitte des **Os occipitale**. Die Condyli occipitales enthalten den **Canalis nervi hypoglossi** und je einen **Canalis condylaris** (Tab. **M-1.1** und Abb. **M-1.8**).

▶ Klinik.

1.1.3 Gesichtsschädel (Viscerocranium)

Das Viszerokranium setzt sich aus den in Tab. **M-1.4** aufgeführten Knochen zusammen.

▶ Klinik.

Hinterer Abschnitt: Er wird vom **Os occipitale** mit der Pars basilaris, den paarigen Partes laterales mit den Condyli occipitales und der Squama occipitalis mit der Protuberantia occipitalis externa gebildet, die das **Foramen magnum** umfassen. Weitere Öffnungen in diesem Bereich sind die in den Condyli occipitales liegenden **Canalis condylaris** (Emissarium) und **Canalis nervi hypoglossi** (Tab. **M-1.1** und Abb. **M-1.8**).

▶ Klinik. Wie in anderen Bereichen der Schädelbasis sind durch Einwirkung großer Kräfte auf die Kalotte (s. o.) auch Impressionsfrakturen der Umrandung des Foramen magnum möglich (z. B. beim **Sturz auf den Kopf** aus großer Höhe).
Bei einem **Sturz auf Beine** oder **Gesäß** kann es zur Einrammung von Wirbelsäule und Umgebung des Foramen magnum in die hintere Schädelhöhle kommen.

1.1.3 Gesichtsschädel (Viscerocranium)

Das Viszerokranium setzt sich aus folgenden Knochen zusammen (Tab. **M-1.4**):
- Siebbein = Os ethmoidale (S. 956), bis auf Lamina cribrosa (s. Tab. **M-1.1**), unpaar,
- Jochbein (**Os zygomaticum**), paarig,
- Tränenbein (**Os lacrimale**), paarig,
- Nasenbein (**Os nasale**), paarig,
- untere Nasenmuschel (**Concha nasalis inferior**), paarig,
- Pflugscharbein (**Vomer**), unpaar,
- Oberkiefer (**Maxilla**), unpaar,
- Gaumenbein (**Os palatinum**), paarig und
- Unterkiefer (**Mandibula**), unpaar.

▶ Klinik. Impressionsfrakturen im Bereich des Viszerokraniums können z. B. auftreten bei einem Sturz auf die **Nase** (Einrammung der Crista galli in die vordere Schädelgrube) oder einem Sturz auf den **Unterkiefer** (Unterkieferkopf dringt in die Schädelhöhle ein).

≡ M-1.4   Knochen des Viszerokraniums

Abschnitte	Fortsätze/Erhebungen	Einsenkungen/Öffnungen
Os zygomaticum (Jochbein)		
▪ Facies orbitalis	▪ Processus frontalis	▪ Foramen u. Canalis zygomaticoorbitalis
▪ Facies temporalis	▪ Processus temporalis	▪ Foramen u. Canalis zygomaticotemporalis
▪ Facies lateralis		▪ Foramen u. Canalis zygomaticofacialis
Os lacrimale (Tränenbein)		
	▪ Crista lacrimalis posterior mit Hamulus lacrimalis	▪ Fossa sacci lacrimalis
		▪ Canalis nasolacrimalis
Os nasale (Nasenbein)		
	▪ Sutura nasomaxillaris u. nasofrontalis	
Concha nasalis inferior (untere Nasenmuschel)		
	▪ Processus lacrimalis	▪ Meatus nasi inferior mit Öffnung des Canalis nasolacrimalis
	▪ Processus maxillaris	
	▪ Processus ethmoidalis	
Vomer (Pflugscharbein)		
	▪ Alae vomeris	▪ Sulcus vomeris
Maxilla (Oberkiefer)		
Corpus maxillae		▪ Sinus maxillaris
▪ Facies nasalis	▪ Crista conchalis	▪ Hiatus (semilunaris) maxillaris
		▪ Sulcus lacrimalis bildet mit Os lacrimale den Canalis nasolacrimalis (S. 1050)
▪ Facies orbitalis	▪ Margo infraorbitalis	▪ Sulcus u. Canalis infraorbitalis
		▪ Fissura orbitalis inferior
▪ Facies anterior	▪ Spina nasalis anterior	▪ Incisura nasalis
		▪ Fossa canina
		▪ Foramen infraorbitale*
▪ Facies infratemporalis	▪ Tuber maxillae	▪ Foramina alveolaria u. Canales alveolares
		▪ Sulcus u. Canalis palatinus major*

M 1.1 Schädel (Cranium)

☰ M-1.4 Knochen des Viszerokraniums (Fortsetzung)

Abschnitte	Fortsätze/Erhebungen	Einsenkungen/Öffnungen
Processus frontalis	▪ Crista lacrimalis ▪ Crista ethmoidalis	▪ Incisura lacrimalis
Processus zygomaticus		
Processus alveolaris (maxillae)	▪ Arcus alveolaris ▪ Alveoli dentales ▪ Septa interalveolaria bzw. interradicularia ▪ Juga alveolaria	▪ Foramen palatinum majus*
Processus palatinus mit Os incisivum	▪ Sutura palatina mediana u. transversa ▪ Crista nasalis	▪ Fossa incisiva mit paarigem Canalis incisivus* ▪ Sulci palatini
Os palatinum (Gaumenbein)		
Lamina horizontalis	▪ Crista nasalis ▪ Spina nasalis posterior ▪ Facies palatina mit Crista palatina	▪ Foramen palatinum minus* u. Canalis palatinus minor (paarig)
Lamina perpendicularis		
▪ Facies nasalis	▪ Crista conchalis u. Crista ethmoidalis ▪ Processus orbitalis u. sphenoidalis mit Incisura sphenopalatina	▪ Incisura sphenopalatina*
▪ Facies maxillaris	▪ Processus pyramidalis	▪ Sulcus palatinus major*
Mandibula (Unterkiefer)		
Corpus mandibulae	▪ Angulus mandibulae ▪ Symphysis mentalis ▪ Protuberantia mentalis ▪ Tuberculum mentale	
▪ Basis mandibulae	außen: ▪ Linea obliqua innen: ▪ Spinae mentales ▪ Linea mylohyoidea	außen: ▪ Foramen mentale innen: ▪ Fossa digastrica ▪ Fovea sublingualis u. submandibularis
▪ Pars alveolaris	▪ Arcus alveolaris ▪ Septa interalveolaria	▪ Alveoli dentales
Ramus mandibulae		
▪ Innenfläche	▪ Lingula mandibulae ▪ Tuberositas pterygoidea	▪ Foramen mandibulae* ▪ Canalis mandibulae* ▪ Sulcus mylohyoideus
▪ Außenfläche	▪ Tuberositas masseterica	
▪ Processus coronoideus		
▪ Incisura mandibulae		
▪ Processus condylaris	▪ Caput mandibulae ▪ Collum mandibulae	▪ Fovea pterygoidea

Mandibula
Ansicht des Unterkieferknochens von schräg links.

(Prometheus LernAtlas. Thieme, 3. Aufl.)

M-1.4 Knochen des Viszerokraniums (Fortsetzung)

Abschnitte	Fortsätze/Erhebungen	Einsenkungen/Öffnungen
Os ethmoidale (Siebbein) **		
Lamina perpendicularis	▪ Crista galli	
Labyrinthus ethmoidalis	▪ Cellulae ethmoidales anteriores (mit Bulla ethmoidalis), mediae, posteriores	
Lamina orbitalis		▪ Foramen ethmoidale anterius (S. 1050) u. posterius
mediale Wand	▪ Conchae nasales superior u. media mit Meatus nasi superior u. medius ▪ Processus uncinatus ▪ Infundibulum ethmoidale	▪ Hiatus semilunaris

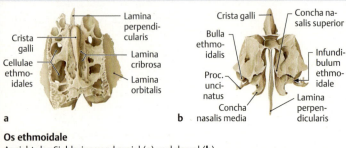

Os ethmoidale
Ansicht des Siebbeins von kranial (**a**) und dorsal (**b**)

(Prometheus LernAtlas. Thieme, 3. Aufl.)

* Die Strukturen, die diese Öffnungen durchziehenden, werden in Tab. **M-1.5** beschrieben.
** Die Lamina cribrosa ossis ethmoidalis als Teil des Neurokraniums ist in Tab. **M-1.1** aufgeführt.

M-1.5 Öffnungen im Viszerokranium mit durchtretenden Leitungsbahnen

Öffnung/Kanal	Lokalisation	verbundene Räume/Flächen	durchtretende Leitungsbahnen
Canalis mandibulae	zwischen Foramen mandibulae und Foramen mentale	Innenseite des Ramus – Außenfläche des Corpus mandibulae	▪ N. alveolaris inferior (Ast des N. mandibularis = V_3) ▪ A. und V. alveolaris inferior
Foramen mentale	Mandibula	Canalis mandibulae – Außenfläche des Corpus mandibulae	▪ N. mentalis (Endast des N. alveolaris inferior) ▪ R. mentalis (aus A. alveolaris inferior)
Fossa incisiva und Canales incisivi über Foramina incisiva	zwischen Os incisivum und Processus palatinus maxillae	Cavitas nasi – Cavitas oris	▪ N. nasopalatinus (Ast des N. maxillaris = V_2)
Foramen palatinum majus und minus mit Canalis palatinus major bzw. Canales palatini minores	zwischen Processus palatinus maxillae und Lamina horizontalis ossis palatini	Fossa pterygopalatina – Cavitas oris	▪ N. palatinus major und Nn. palatini minores (aus N. maxillaris, V_2), ▪ gleichnamige Gefäße ▪ A. palatina descendens
Foramen sphenopalatinum	zwischen Lamina perpendicularis ossis palatini und Corpus ossis sphenoidale	Fossa pterygopalatina – Cavitas nasi	▪ Rr. nasales posteriores superiores u. inferiores (aus V_2), begleitende Fasern aus dem Ggl. pterygopalatinum ▪ A. sphenopalatina ▪ Aa. nasales posteriores (Äste der A. maxillaris)
Foramen (Canalis) infraorbitale(-is)	Corpus maxillae	Maxilla (Außenfläche) – Orbita	▪ N. infraorbitalis ▪ A. infraorbitalis
Sulcus lacrimalis (Canalis nasolacrimalis)	Os lacrimale	Orbita – Meatus nasi inferior	▪ Ductus nasolacrimalis
Fissura pterygomaxillaris	zwischen Tuber maxillae und Lamina lateralis des Proc. pterygoideus	Fossa pterygopalatina – Fossa infratemporalis	▪ A. maxillaris

1.1.4 Funktionelle Anatomie des Schädels

Der Schädel stellt biomechanisch eine **Pfeiler-Kuppel-Konstruktion** mit innerer Zuggurtung durch die Durasepten dar, vgl. Falx cerebri bzw. Tentorium cerebelli (S. 1151): Die Drücke, die z. B. beim Kauen entstehen, werden durch senkrechte und horizontale Verstrebungen in Vektoren aufgegliedert und in die (kuppelförmige) Kalotte übergeleitet. Mit bestimmten biomechanischen Verfahren sind die Verstärkungspfeiler direkt am Knochen nachweisbar; sie sind dort auch durch besondere Dicke und druckangepasste Form ausgezeichnet.

Durch die Leichtbauweise, erzielt durch Pneumatisation (Abb. **M-4.9**) und platte Knochen der Kalotte (S. 946), besitzt der Schädel bei relativ geringer Knochenmasse eine hohe Stabilität und Verformbarkeit. Von außen einwirkende mechanische Gewalt wird sehr viel schlechter abgefangen als physiologische Belastungsformen (z. B. Kaudruck).

Verstärkungspfeiler und Schwachstellen der Schädelbasis

Verstärkungspfeiler: An der Schädelbasis unterscheidet man Längs- und Querverstrebungen, die die Kuppel der Kalotte unterfangen:
- Die **Längsverstrebung** zieht von den kleinen Keilbeinflügeln und dem Keilbeinkörper zum Clivus und das Foramen magnum umrandend in die Pars basilaris des Os occipitale bis zur Protuberantia occipitalis interna. Von dort erreicht sie entlang der Sutura sagittalis den Stirnpfeiler. Durch die innen ansetzenden Faserzüge der Dura mater encephali, vgl. Falx cerebri bzw. Tentorium cerebelli (S. 1151), erhält diese Längsverstrebung eine zusätzliche Stabilisierung durch Zuggurtung.
- **Querverstrebungen** beider Seiten liegen in der Ala minor des Keilbeins und der Pars petrosa des Os temporale vor. Ein **vorderer Querbalken** befindet sich an der Grenze von vorderer zu mittlerer Schädelgrube, ein **hinterer Querbalken** entlang des Felsenbeinfirsts.

Schwachstellen: Die vor allem im Bereich der vorderen und mittleren Schädelgrube perlschnurartig hintereinander gereihten Öffnungen und Durchtrittstellen in der Schädelbasis stellen biomechanische Schwachpunkte dar, die den Verlauf von Frakturlinien bei Schädelbasisbrüchen vorgeben. Weitere bruchgefährdete Strukturen der Schädelbasis sind in Tab. **M-1.6** aufgeführt.

1.1.4 Funktionelle Anatomie des Schädels

Der Schädel stellt eine **Pfeiler-Kuppel-Konstruktion** dar. Der Kaudruck wird in vertikale und horizontale Komponenten aufgegliedert (Pfeiler), an denen der Knochen entsprechend den Spannungslinien verstärkt ist. An weniger druckbelasteten Stellen wird z. B. durch Pneumatisation oder Abplattung seine Masse reduziert. Die Knochenverbindungen, -form und der Wechsel zwischen Verstärkungs- und Abschwächungszonen verleiht dem Schädel eine beträchtliche Druckelastizität.

Verstärkungspfeiler und Schwachstellen der Schädelbasis

Verstärkungspfeiler: Die Schädelbasis ist als Rahmenkonstruktion angelegt:
- **Längsverstrebungen** des Rahmens sind die kleinen Keilbeinflügel, der Keilbeinkörper, der Clivus und die Pars basilaris sowie die Squama des Os occipitale.
- Die **Querverstrebungen** liegen in der Ala minor des Keilbeins und der Pars petrosa des Schläfenbeins.

Schwachstellen: Schwachstellen wie die zahlreichen Öffnungen in der mittleren Schädelgrube geben den Verlauf von Frakturlinien vor (Tab. **M-1.6**).

≡ M-1.6 Schwachstellen der Schädelbasis

Schädelgrube	bruchgefährdeter Bereich
Vordere Schädelgrube	■ Orbita-Dach (teils papierdünn)
	■ Lamina cribrosa
Mittlere Schädelgrube	■ Foramina!
	■ Boden der Hypophysengrube
	■ Keilbeinhöhlen
Hintere Schädelgrube	■ dünne Bereiche der Squama occipitalis

⊙ M-1.11 Verstärkungspfeiler und Schwachstellen der Schädelbasis

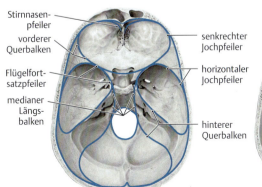
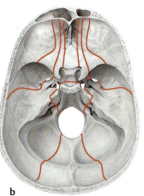

(Prometheus LernAtlas. Thieme, 3. Aufl.)
a Ansicht der Schädelbasis von innen mit Darstellung der Verstärkungspfeiler
b und Schwachstellen.

▶ Klinik. **Schädelbasisbrüche**, die häufig als **Berstungsbrüche** durch breitflächige Gewalteinwirkung auf die Kalotte (s. o.) hervorgerufen werden, führen je nach Lokalisation zu sehr unterschiedlichen Symptomen (S. 947):
– Bei einer Fraktur im Bereich der Lamina cibrosa kommt es leicht zu Duraeinrissen mit Eröffnung des Subarachnoidalraums (S. 1150), die sich durch Liquoraustritt aus der Nase (**Rhinoliquorrhoe**) äußern.
– Ein **Brillen-** oder **Monokelhämatom** tritt bei Verletzungen der V. opthalmica superior in der Fissura orbitalis superior oder der Orbitawände (S. 1049) auf.
– Bei Frakturen des Felsenbeins im Medialbereich (z. B. bei seitlicher Gewalteinwirkung) kann es zu Blutungen in die Paukenhöhle (**Hämatotympanon**) führen.

Verstärkungspfeiler des Gesichtsschädels

Die Pfeiler des Gesichtsschädels sind:
- ein Stirnnasenpfeiler,
- die vertikalen Jochpfeiler und
- der horizontale Jochpfeiler.

Im Gesichtsschädel unterscheidet man 3 Pfeiler:
- einen **Stirnnasenpfeiler** für die Aufnahme des Kaudrucks der Frontal- und Eckzähne und Weiterleitung über den Processus frontalis maxillae in die Stirnbeinschuppe,
- beiderseits einen **vertikalen Jochpfeiler** für die Ableitung des Kaudrucks der Prämolaren über den Processus zygomaticus des Os frontale in die seitliche Stirn- und Schläfenregion und
- beiderseits einen **horizontalen Jochpfeiler** für die Aufnahme des Kaudrucks aus den Molaren und Weiterleitung über den Proc. zygomaticus maxillae in die Überaugenregion.

Entsprechend den niedrigeren Kaudrücken ist bei Frauen die Überaugenregion sehr viel graziler als bei Männern (Robustizitätsmerkmal).

⊙ M-1.12

⊙ M-1.12 **Verstärkungspfeiler des Gesichtsschädels**

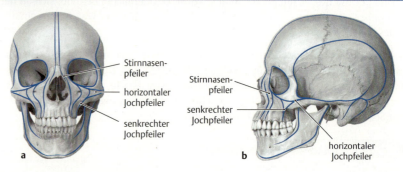

(Prometheus LernAtlas. Thieme, 3. Aufl.)
a Ansicht des Schädels von frontal
b und lateral.

▶ Klinik. Schädelfrakturen im Bereich des Gesichts können in Form von **Impressionsfrakturen** (z. B. der Stirn, der Siebbeinzellen, des Jochbogens) vorkommen, die oft direkt oder indirekt zu einer Verlagerung des Augapfels führen. Die Versetzung der Sehachsen führt dann zu Doppelbildern. Schädelfrakturen (Gesichtsschädel) werden entsprechend ihrem Ausmaß nach LeFort I–III eingeteilt.

Schwachstellen im Pfeilersystem des Schädels geben die typischen Frakturlinien bei Gesichtsfrakturen (Einteilung nach **Le Fort**, Abb. **M-1.13**) vor.

Bei einem Bruch **Le Fort I** zieht sich die Bruchlinie quer durch die Maxilla oberhalb des harten Gaumens, d. h. es kommt zum Abriss des Oberkiefers mit Verletzung der Kieferhöhle (sog. unterer Querbruch).

Bei **Le Fort II** geht die Bruchlinie durch die Nasenwurzel, beiderseits durch das Siebbein, Oberkiefer und Jochbein, d. h. der mediale Orbitabereich ist mit beteiligt. Verläuft die Bruchlinie bei einer Mittelgesichtsfraktur durch das Foramen infraorbitale (S. 956), kann der dort austretende N. infraorbitalis verletzt werden und sich klinisch als Hypästhesie in seinem Versorgungsgebiet äußern.

Bei schwersten Formen (**Le Fort III**) wird das gesamte Viszerokranium von der Schädelbasis abgesprengt; die Bruchlinie zieht dann durch die Orbitae, oft bis hin zur Stirn- und Keilbeinhöhle und den benachbarten Knochen.

⊙ M-1.13 **Mittelgesichtsfrakturen (Einteilung nach Le Fort)**
(Prometheus LernAtlas. Thieme, 3. Aufl.)

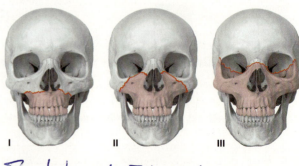

I II III

Frontobasale F# nach Escher (I–IV)

1.1.5 Topografische Anatomie des Schädels

Vorderansicht (Norma frontalis)

Die Vorderansicht des Schädels wird durch folgende Knochen aufgebaut, die damit die **Grundlage des Gesichts** bilden (s. auch Abb. **M-1.2a**):

- Os frontale,
- Os nasale,
- Os zygomaticum,
- Maxilla und
- Mandibula.

In dieser Ebene liegen der Zugang zur Augenhöhle, sog. **Aditus orbitae** (S. 1049) und die **Apertura piriformis** (S. 1040), der Zugang zur Nasenhöhle (Cavitas nasi). Kleinere Öffnungen sind **Incisura supraorbitalis** bzw. **Foramen supraorbitale**, **Incisura infraorbitalis**/**Foramen infraorbitale** und **Foramen mentale**, die Durchtrittsstellen von gleichnamigen Nerven aus dem 1., 2. u. 3. Hauptast des N. trigeminus, sog. Valleix-Druckpunkte (S. 990). Ausgehend vom oberen Rand des Os nasale zieht der Augenbrauenbogen (**Arcus superciliaris**) parallel zum Margo supraorbitalis nach lateral. Die zwischen den Ansätzen der Augenbrauenbögen gelegene ebene Fläche wird als Stirnglatze (**Glabella**) bezeichnet.

Seitenansicht (Norma lateralis)

An der Seitenansicht des Schädels (Abb. **M-1.2b**) tritt im Bereich des Gesichtsschädels der Jochbogen (**Arcus zygomaticus**) prominent hervor (Frakturgefährdung!). Er besteht aus dem

- **Processus frontalis** und **temporalis** des Os zygomaticum und den
- **Processus zygomatici** des Os temporale, Os frontale und der Maxilla.

Der Jochbogen überspannt drei nach medial gelegene Vertiefungen, in denen Kaumuskeln und Leitungsbahnen liegen, zu Details (S. 1034):

- **Fossa temporalis** (Schläfengrube): Sie liegt zwischen Linea temporalis (oben) und Crista infratemporalis (unten) und geht nach unten in die Fossa infratemporalis über.
- **Fossa infratemporalis** (Unterschläfengrube): Der Raum unterhalb der Crista infratemporalis zwischen dem Ramus mandibulae (lateral) und dem Processus pterygoideus (medial) steht sowohl mit der Fossa temporalis als auch mit der Fossa pterygopalatina in Verbindung.
- **Fossa pterygopalatina** (Flügelgaumengrube): Sie liegt unterhalb des Corpus ossis sphenoidalis zwischen Lamina perpendicularis des Gaumenbeins (medial), Processus pterygoideus und Facies maxillaris der Ala major des Keilbeins (hinten) sowie Corpus maxillae und Processus orbitalis ossis palatini (vorn). Nach seitlich öffnet sie sich durch die enge **Fissura pterygomaxillaris** zur Fossa infratemporalis und besitzt zahlreiche weitere Öffnungen, durch die Leitungsbahnen in verschiedene Richtungen ziehen (S. 1034).

1.2 Mimische Muskulatur

1.2.1 Funktion, Lage und Anordnung

Funktion: Das Gesicht, dessen äußere Form v. a. durch knöcherne Grundlagen (s. o.) bedingt wird, erhält seinen individuellen Charakter wesentlich durch den Tonus bzw. die Aktivität der **mimischen Muskulatur** (Öffnung und Stellung der Lid- und Mundspalte). Weiterhin spielen **Augenausdruck**, Ausprägung der **Falten**, wie z. B. der Nasenwangenfurche (Sulcus nasolabialis) oder der Kinnlippenfurche (Sulcus mentolabialis und Philtrum) sowie die **Beschaffenheit der Gesichtshaut** eine Rolle.

Lage und Anordnung: Die mimischen Muskeln liegen **ohne Faszien** im subkutanen Fettgewebe. Bedeckt werden sie von der gut vaskularisierten Gesichtshaut, deren Elastizität altersabhängig ist. Die mimischen Muskeln inserieren über elastische Endsehnen in der Subkutis. Zentrale Gebilde der mimischen Muskulatur sind die konzentrisch angeordneten oder zirkulär durchflochtenen **Ringmuskeln** um die Orbita- und Mundöffnung:

- **Musculus orbicularis oris** und
- **Musculus orbicularis oculi**.

1.1.5 Topografische Anatomie des Schädels
Vorderansicht (Norma frontalis)

Die Vorderansicht des Schädels und damit die Grundlage des **Gesichts** wird durch folgende Knochen gebildet (s. Abb. **M-1.2a**):

- Os frontale,
- Os nasale,
- Os zygomaticum,
- Maxilla und
- Mandibula.
- Ihre **Öffnungen** sind:
- **Aditus orbitae** (S. 1049) (Eingang der Augenhöhle),
- **Apertura piriformis** (S. 1040) (Zugang zur Nasenhöhle),
- Incisura supraorbitalis/ Foramen supraorbitale,
- Incisura infraorbitalis/ Foramen infraorbitale und
- Foramen mentale.

Seitenansicht (Norma lateralis)

In der Seitenprojektion (Abb. **M-1.2b**) tritt der **Arcus zygomaticus** hervor.

Unter dem Arcus zygomaticus liegen drei Vertiefungen, Details (S. 1034):

- **Fossa temporalis** (Schläfengrube),
- **Fossa infratemporalis** (Unterschläfengrube) und
- **Fossa pterygopalatina** (Flügelgaumengrube).

1.2 Mimische Muskulatur

1.2.1 Funktion, Lage und Anordnung

Funktion: Form und vor allem Ausdruck des Gesichts werden im Wesentlichen vom Tonus bzw. der Aktivität der mimischen Muskulatur (vor allem des Augen- und Mundbereichs) bestimmt.

Lage und Anordnung: Die mimischen Muskeln liegen **ohne Faszien** im subkutanen Fettgewebe. Die an der Formung und Zugrichtung der beiden wesentlichen mimischen Ringmuskeln

- **M. orbicularis oculi** und
- **M. orbicularis oris**

beteiligten Muskeln sind in Abb. **M-1.14**, Abb. **M-1.15** und Abb. **M-1.16** zum Platysma (S. 895) dargestellt.

Die meisten der übrigen mimischen Muskeln ändern von oben, unten und seitlich kommend die Zugrichtung dieser Ringmuskeln (Abb. **M-1.14**, Abb. **M-1.15** und Abb. **M-1.16**). Zu den mimischen Muskeln gehört auch das Platysma (S. 895).

⊙ M-1.14 Übersicht über die Gesichtsmuskulatur (Teil I)

Muskel	Ursprung	Ansatz	Funktion
Muskeln des Schädeldachs (Mm. epicranii)			
M. occipitofrontalis			
▪ Venter frontalis	Haut über Margo supraorbitalis	Galea aponeurotica (flächenhafte Sehne, die mit der Kopfhaut zur Kopfschwarte verbunden ist)	Hochziehen der Augenbrauen, Stirnrunzeln
▪ Venter occipitalis	Linea nuchae suprema des Os occipitalis		Glättung der Stirnfalten
M. temporoparietalis	seitlich, variierend		(keine mimische Funktion)
Muskeln der Lidspalte			
M. corrugator supercilii	Os frontale (oberhalb Radix nasi)	Augenbrauenhaut	Zusammenziehen der Stirnhaut (Bildung senkrechter Falten auf Glabella)
M. orbicularis oculi			
▪ Pars palpebralis	medialer Augenwinkel	Lidhaut	Lidschlag
▪ Pars orbitalis		umfasst das Auge entlang des Orbitalrandes	„Zukneifen" der Augen
▪ Pars lacrimalis		Lidränder	Kontakt der Lidränder mit dem Augapfel
M. depressor supercilii	mediale Abspaltung der Pars orbitalis des M. orbicularis oculi	med. Drittel der Haut der Augenbraue	erzeugt durch Herabziehen der Augenbraue eine Querfalte auf der Nasenwurzel
Muskeln der Nase			
M. procerus	Dorsum nasi	Stirnhaut	Bildung von Querfalten an der Radix nasi
M. nasalis			
▪ Pars transversa	oberhalb des Eckzahns	Nasenrücken	Herabziehen der Nasenspitze Verengung des Nasenlochs
▪ Pars alaris	oberhalb des seitlichen Schneidezahns	Nasenflügel	Erweiterung des Nasenlochs
M. depressor septi nasi	Alveolarknochen des mittleren Oberkiefer-Schneidezahns	Cartilago alaris major, Haut der medialen und hinteren Umrandung des Nasenlochs	Senkung der Nasenspitze
Muskeln des Mundes			
M. orbicularis oris	Ringmuskel mit tiefen Anteilen zu Maxilla, Mandibula und Nasen-scheidewand	Mundspalte	Mundschluss, die Pars labialis bildet die Lippen
▪ Pars marginalis			
▪ Pars labialis			
M. levator labii superioris	Geht aus der Muskelmasse des M. orbicularis oculi hervor (Margo infraorbitalis)	Oberlippe	Heben der Oberlippe
M. levator labii superioris alaeque nasi	Geht aus der Muskelmasse des M. orbicularis oculi hervor (Maxilla, Proc. frontalis)	Nasenflügel und Oberlippe	Heben von Oberlippe und Nasenflügel

M 1.2 Mimische Muskulatur

⊙ **M-1.15** | **Übersicht über die Gesichtsmuskulatur (Teil II)**

Muskel	Ursprung	Ansatz	Funktion
M. zygomaticus major	Os zygomaticum, Facies lateralis	Mundwinkel	Heraufziehen der Mundwinkel (nach kranial-lateral: „Lachmuskel")
M. zygomaticus minor	Geht aus dem M. orbicularis oculi hervor (Os zygomaticum, Facies lateralis)		
M. levator anguli oris	Maxilla, Fossa canina	Muskulatur der Oberlippe und Mundwinkel	Heraufziehen der Mundwinkel (nach kranial-medial)
M. risorius	Mundwinkel	Wangenhaut	Breitziehen des Mundes
M. buccinator	Corpus mandibulae, Maxilla, hinteres Ende des Proc. alveolaris, Fascia buccopharyngea	Mundwinkel, Mundhöhle, Verbindung zum M. orbicularis oris	Antagonist bzw. Agonist des M. orbicularis oris, bildet die Grundlage der Wangen, presst Luft aus, wichtig beim Kauen; „Trompeter-Muskel"
M. depressor anguli oris	Basis mandibulae	Mundwinkel und Unterlippe	Herabziehen der Mundwinkel
M. depressor labii inferioris	Basis mandibulae	Unterlippe	Herabziehen der Unterlippe
M. mentalis	Jugum alveolare des unteren lateralen Schneidezahns	Haut des Kinns	Heraufziehen der Kinnhaut
M. transversus mentis	Vorderer und seitlicher Unterkiefer	Mundwinkel	Raffung der Kinnhaut
Muskeln des äußeren Ohres			
M. auricularis anterior	Galea aponeurotica	Ohrmuschel (vorn)	nur schwach ausgeprägte Stellmuskeln, Beweglichkeit des menschlichen Ohres ist gering
M. auricularis superior		Ohrknorpel	
M. auricularis posterior		Hinterwand der Ohrmuschel	

▶ Exkurs: SMAS – superfizielles muskuloaponeurotisches System. Klinisch-anatomische Untersuchungen von kosmetischen Chirurgen weisen auf das Vorhandensein eines sog. „superfiziellen muskuloaponeurotischen Systems" (**SMAS**) hin, das aus Faserzügen der Fascia temporalis superficialis (S. 1038), Fascia masseterica (S. 1038), Fascia parotidea (S. 1018) und den mimischen Muskeln sowie dem Platysma bestehen soll und das durch Raffung nach außen oben dem Gesicht jugendliche Straffheit verleiht. Anatomisch ist ein solches System schlecht definierbar, auch wenn kosmetisch-operative Eingriffe auf der Basis dieses Konzepts durchaus erfolgreich sein können.

▶ Exkurs: SMAS – superfizielles muskuloaponeurotisches System.

M 1 Kopf – Schädel und mimische Muskulatur

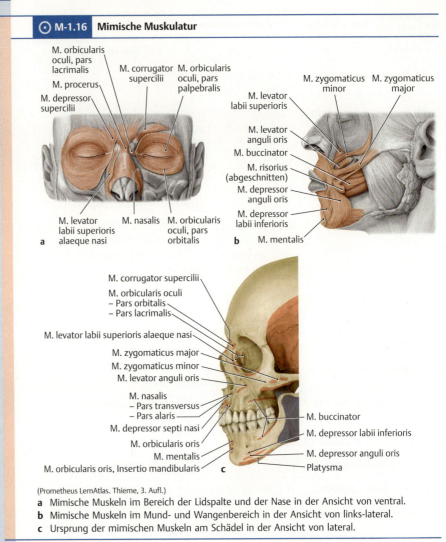

⊙ M-1.16 Mimische Muskulatur

(Prometheus LernAtlas. Thieme, 3. Aufl.)
a Mimische Muskeln im Bereich der Lidspalte und der Nase in der Ansicht von ventral.
b Mimische Muskeln im Mund- und Wangenbereich in der Ansicht von links-lateral.
c Ursprung der mimischen Muskeln am Schädel in der Ansicht von lateral.

1.2.2 Gefäßversorgung und Innervation

Gefäßversorgung

Arterien: Die mimische Muskulatur als Teil des Gesichts wird vorwiegend aus Ästen der **A. facialis** aus der A. carotis externa (Tab. **M-2.1**) versorgt.

Die **A. temporalis superficialis** gibt ab:
- A. transversa faciei
- A. zygomaticoorbitalis

Weitere arterielle Gefäße entstammen der **A. ophtalmica**, **infraorbitalis** und **mentalis**.

1.2.2 Gefäßversorgung und Innervation

Gefäßversorgung

Arterielle Versorgung: Die mimische Muskulatur wird wie die darunter gelegenen Strukturen und somit das Gesicht vorwiegend von Ästen der **Arteria facialis** aus der A. carotis externa versorgt (Tab. **M-2.1**). Die A. facialis läuft, vom Trigonum submandibulare kommend, am Vorderrand des M. masseter über den Rand des Unterkiefers und zieht meist stark geschlängelt nach medial kranial zum Augenwinkel, wo sie als **Arteria angularis** (S. 975) mit Endästen der A. ophthalmica (A. dorsalis nasi) in Verbindung steht. Zu den Lippen gibt sie je eine **Arteria labialis inferior** und **superior** ab, die einen arteriellen Gefäßkranz bilden (doppelseitige Unterbindung bei Lippenverletzungen erforderlich!). Weitere, nicht zum Gesicht ziehende Äste der A. facialis sind die A. palatina ascendens, Rr. tonsillares und die A. submentalis (in Trigonum submandibulare).

Von der **Arteria temporalis superficialis** (S. 974) geht unterhalb des Jochbogens die kleine **Arteria transversa faciei**, oberhalb des Jochbogens die **Arteria zygomaticoorbitalis** ab, die die seitliche Gesichtsregion versorgen. Die **Rami frontalis** und **parietalis** versorgen die Kopfschwarte. Weitere Äste für den Gesichtsbereich entstammen den **Arteriae ophthalmica** (aus der A. carotis interna), **infraorbitalis** und **mentalis** (aus der A. maxillaris, Tab. **M-2.1**).

M 1.2 Mimische Muskulatur

M-1.17 Gefäßversorgung und Innervation des Gesichts

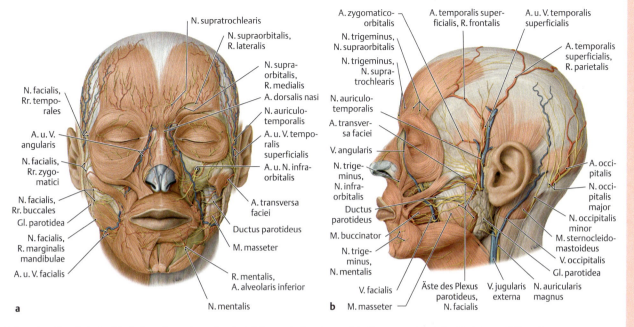

Neben den die mimische Muskulatur innervierenden Fazialisästen sind auch sensible Nerven zur Haut des Gesichts und Hinterhaupt dargestellt.
(Prometheus LernAtlas. Thieme, 3. Aufl.)
a Oberflächliche Leitungsbahnen des Kopfes in der Ansicht von ventral
b und links lateral.

Venöser Abfluss: Die **Vena facialis** begleitet dorsal die Gesichtsarterie und mündet im Trigonum submandibulare (Tab. **L-1.5**) in die V. jugularis interna. Sie nimmt kleinere Äste auf: **Venae palpebrales superiores** und **inferiores** aus den Augenlidern, **Venae nasales externae** der Nasenflügel sowie **Venae labiales superiores** und **inferiores** der Lippen.
Die **Venae temporales superficiales**, **Vena transversa faciei** und **Venae maxillares** ziehen zur **Vena retromandibularis**, die durch die Glandula parotidea nach kaudal Richtung Kieferwinkel und dort mit der Vena facialis in die V. jugularis interna zieht.

Venen: Sie begleiten die gleichnamigen Arterien und münden über die **V. facialis** im Bereich des Trigonum submandibulare in die V. jugularis interna.

Lymphabfluss: Die Lymphgefäße sammeln sich in variabel ausgeprägten Nodi lymphoidei buccales, parotidei superficiales und profundi, submandibulares, und submentales, die mit den oberflächlichen und tiefen Halslymphknoten bzw. den Nodi lymphoidei retromandibulares in Verbindung stehen (Abb. **M-2.5**).

Lymphabfluss: Zum Lymphabfluss s. Abb. **M-2.5**.

Innervation

Innervation

▶ Merke. Die gesamte mimische Muskulatur wird vom N. facialis, VII (S. 990) motorisch innerviert.

▶ Merke.

Der N. facialis tritt am Foramen stylomastoideum aus seinem Kanal im Os temporale aus und schwenkt bogenförmig nach ventral, wo er in der Gl. parotidea einen **Plexus parotideus** bildet. Zwischen oberflächlicher und tiefer Portion der Drüse treten diese Aufzweigungen am ventralen Rand aus und bilden die sog. **Gesichtsstrahlung**: Rami temporales, zygomatici, buccales, Ramus marginalis mandibulae (und Ramus colli, Abb. **M-2.18**).

Der N. facialis bildet nach Austritt zwischen oberflächlicher und tiefer Parotisportion die sog. **Gesichtsstrahlung** (Rr. temporales, zygomatici, buccales, R. marginalis mandibulae und R. colli).

▶ Klinik. Im Rahmen von operativen Eingriffen im Gesichtsbereich, bei denen die Schnittführung entsprechend den Spaltlinien der Haut (zumeist dem Verlauf der Falten folgend) erfolgt, muss der vom Ohrbereich ausgehende radiäre Verlauf der Fazialisäste berücksichtigt werden.

▶ Klinik.

1.3 Topografische Anatomie des oberflächlichen Kopfbereichs

Aufgrund der geringen Weichteilbedeckung des Schädels werden die wesentlichen Konturen im Kopfbereich durch die Form der Schädelknochen bestimmt. Die Darstellung topografisch interessanter tiefer gelegener Regionen im Kopfbereich erfolgt jeweils im Zusammenhang mit den besprochenen Strukturen.

1.3.1 Regionen und Proportionen

Regionen (Abb. M-1.18): Das **Gesicht** reicht oben von den Augenbrauen seitlich über die Schläfen bis zum Ohr und Hinter- und Unterrand der Mandibula. Wird die Stirn – wie allgemein üblich – mit einbezogen, reicht es bis zur Haargrenze. Topografisch unterscheidet man:

- **Regio frontalis** (Stirnregion),
- **Regio temporalis** (Schläfenregion),
- **Regio orbitalis** (Augenregion),
- **Regio infraorbitalis** (Unteraugenregion),
- **Regio zygomatica** (Jochbeinregion),
- **Regio parotideomasseterica**,
- **Regio nasalis** (Nasenregion),
- **Regio buccalis** (Wangenregion),
- **Regio oralis** (Mundregion) und
- **Regio mentalis** (Kinnregion).

Die **Regio parietalis** (Scheitelregion) und die **Regio occipitalis** (Hinterhauptsregion) bilden den oberen und rückwärtigen Bereich des Kopfes.

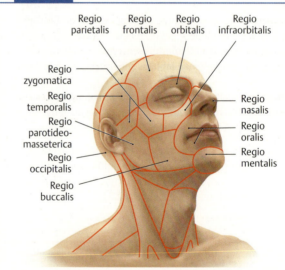

M-1.18 Regionen des Kopfes*

* Näheres zu den hier nicht beschrifteten Halsregionen (S. 906).
(Prometheus LernAtlas. Thieme, 3. Aufl.)

Proportionen: Die Kopf- und Gesichtsform ist bei Kindern und Erwachsenen durch Unterschiede in den Proportionen von Viszero- und Neurokranium sehr unterschiedlich. Der kindliche Kopf unterscheidet sich von dem des Erwachsenen durch das relative Überwiegen des Hirnschädels samt der Augenregion bei einer kleineren Nasen- und Kieferpartie.

Beim Kopf des Erwachsenen sind geschlechts- und altersabhängige sowie populationstypische Merkmale zu beachten.

Als Faustregel für harmonische **Gesichtsproportionen** gilt beim Erwachsenen die Drittelregel: Ober-, Mittel- und Untergesicht, d. h. die Bereiche Haaransatz–Glabella, Glabella–Nasenspitze, Nasenspitze–Kinnspitze sind etwa je gleich groß.

Der Nasofazialwinkel beträgt etwa 35°, der Nasolabialwinkel rund 100°. In der Ansicht von vorn sollten idealer Weise die Abstände der Vertikalen durch den medialen und lateralen Lidwinkel etwa gleich sein.

1.3.2 Tastbare Knochenpunkte im Kopfbereich

Wegen der teilweise nur sehr dünnen Bedeckung durch Weichteile sind viele Knochenpunkte im Bereich des Kopfes tastbar (vgl. auch Abb. **A-1.4b**). Im **Gesicht** sind dies die nachfolgend genannten:

Die Squama frontalis kann unterschiedlich stark ausgeprägte **Tubera frontalia** (Stirnhöcker) und **Arcus superciliares** (Überaugenbögen) sowie eine verschieden breite **Glabella** (schwach behaarter Bereich zwischen den Margines supraorbitales) besitzen. Im medialen Drittel der Margo supraorbitalis kann entweder eine **Incisura** oder ein **Foramen supraorbitale** ausgebildet sein; der N. supraorbitalis (aus N. frontalis, V₁) tritt hier an die Stirn. Auch die Form und Stellung des knöchernen **Aditus orbitae** (Orbitaöffnung) mit seinen gut tastbaren Rändern (Margo supraorbitalis des Os frontale, Margo infraorbitalis des Os zygomaticum u. der Maxilla, Os zygomaticum, Processus frontalis der Maxilla) unterscheiden sich individuell (auch alters- und geschlechtsabhängig). Die **Nasenwurzel** (aus den Ossa nasalia und den Processus frontales der Maxilla) ist ebenfalls unterschiedlich breit und hoch. Seitlich davon liegt auf der Facies anterior der Maxilla das **Foramen infraorbitale**, darunter die **Fossa canina**, eine seichte Grube, die eine operative Zugangsstelle zum Sinus maxillaris bietet. Die knöcherne Umrandung der Nasenhöhle (durch die Processus frontales der Maxilla) ist als **Apertura piriformis** zu tasten, unten medial besitzt sie eine **Spina nasalis anterior** als Fixpunkt für das knorpelige Nasenseptum.

Die Form des Untergesichts wird durch die Stellung der Kinnspitze (**Protuberantia mentalis** mit außen gelegenen **Tubercula mentalia**), der **Mandibula**, mit dem **Angulus mandibulae** und die Höhe der **Pars alveolaris** beider Kiefer beeinflusst. Alle diese Merkmale sind stark altersabhängig. Bei älteren Menschen ist durch Änderung der Mandibulaform und Abnahme des M. masseter häufig das Gelenkköpfchen des Kiefergelenks zu sehen bzw. bei Bewegungen zu tasten. Die Lage des **Foramen mentale** im vorderen Drittel des Corpus mandibulare variiert mit der Ausprägung der Pars alveolaris bzw. dem Zahnbesatz des Unterkiefers.

Die seitlichen Konturen des Gesichts werden durch das **Os zygomaticum**, den **Arcus zygomaticus** und – als nicht knöcherne Strukturen – die Ausprägung des M. masseter und M. temporalis (Tab. **M-3.6**) bestimmt. Die Ausladung der Jochbögen ist ebenfalls stark unterschiedlich (auch typisch für verschiedene Populationen, etwa Mongolide oder Europide).

An der **Dorsalseite des Kopfes** lassen sich die Scheitelhöcker (**Tubera parietalia**), die **Protuberantia occipitalis externa** und lateral die **Processus mastoidei** tasten.

1.4 Entwicklung des Kopfbereichs

Grundelemente der embryonalen Anlage von Kopf und z. T. auch Hals sind die prä- und parachordalen Knorpel, das Material der 4½ obersten Somiten sowie das System der Schlundbögen.

Die für die Realisierung der Schädelentwicklung entscheidenden Gene (z. B. **s**onic **h**edge **h**og = **shh**) sind funktionell eng mit den sog. Homeobox-Genen gekoppelt.

1.4.1 Entwicklung des Schädels

Anlagematerial für die Schädelentwicklung

Das Anlagematerial des Schädels entstammt
- der Neuralleiste (S. 111),
- dem paraxialen Mesoderm (S. 113),
- den Okzipitalsomiten und
- den beiden oberen Schlundbögen (Tab. **M-1.8**).

Die Entwicklung der Schädelkapsel steht auch in enger Beziehung zu der der Hirnhäute. Bereits in der 5.–6. Woche ist die Hirnanlage von einer Mesenchymverdichtung (**Meninx primitiva**) umgeben. Deren äußeres Blatt (**Ektomeninx**) verdichtet sich zur Dura mater encephali, aus dem inneren (**Endomeninx**) entwickelt sich die Leptomeninx (Pia mater encephali und Arachnoidea).

Die Meninx primitiva liefert im Bereich der Hirnbasis die Vorknorpelzellen für das Chondrokranium (s. u.) und Osteoblasten für das Desmokranium (s. u.).

1.3.2 Tastbare Knochenpunkte im Kopfbereich

Tastbare Knochenpunkte (vgl. auch Abb. **A-1.4b**) im **Gesicht** sind:
- Tubera frontalia,
- Arcus superciliares,
- Foramen (Incisura) supra- und infraorbitale,
- Aditus orbitae,
- Ossa nasalia und Apertura piriformis,
- Fossa canina,
- Arcus zygomaticus,
- Protuberantia mentalis,
- Foramen mentale,
- Angulus mandibulae und
- bei älteren Menschen das Caput mandibulae (Processus condylaris).

Die **Protuberantia mentalis** mit den Tubercula mentalia, die Mandibula, der **Angulus mandibulae** und die Höhe der Pars alveolaris bestimmen die Form des Untergesichts.

Die seitlichen Gesichtskonturen werden v. a. durch den Jochbogen sowie die Mm. masseter und temporalis bestimmt.
Dorsal tastet man am Kopf die Ossa parietalia, die Protuberantia occipitalis externa und die Processus mastoidei.

1.4 Entwicklung des Kopfbereichs

An der Bildung der embryonalen Kopf- und Halsanlage beteiligen sich prä- und parachordale Knorpel, die 4½ obersten Somiten und die Schlundbögen. Ein System von Regulationsgenen steuert die Entwicklung.

1.4.1 Entwicklung des Schädels

Anlagematerial für die Schädelentwicklung

Es entstammt Neuralleiste (S. 111), paraxialem Mesoderm (S. 113), Okzipitalsomiten und den oberen 2 Schlundbögen (Tab. **M-1.8**).

Die Hirnanlage ist ab der 5. Woche von einer Mesenchymverdichtung (Meninx primitiva) umgeben (Ektomeninx → Dura mater encephali und Endomeninx → Leptomeninx). Die Meninx primitiva liefert die Vorknorpelzellen für das Chondrokranium und Osteoblasten für das Desmokranium.

Chondro- und Desmokranium

▶ **Definition.** Als Chondrokranium bezeichnet man den knorpelig vorgebildeten Teil des Schädels, der nach Verknöcherung im wesentlichen die Schädelbasis bildet.
Als Desmokranium wird der mesenchymal angelegte Teil des Schädels bezeichnet, der nach Verknöcherung das Schädeldach und die meisten Knochen des Viszerokraniums bildet.

▶ **Merke.** Die **Schädelbasis** entsteht im Wesentlichen durch chondrale Ossifikation des **Chondrokraniums**, die **Schädelkalotte**, und der überwiegende Anteil des **Viszerokraniums** entsteht durch desmale Ossifikation (Bildung von **Deckknochen**) aus dem **Desmokranium**.

Gemischter Herkunft sind insbesondere die Pars squamosa des Schläfenbeins und die Squama occipitalis, deren oberer Abschnitt jeweils desmal und der untere chondral angelegt werden.

Entwicklung des Chondrokraniums

Das der Chorda dorsalis zugeordnete Anlagematerial bildet die knorpelige Schädelbasis.
Deren Grundlage sind die prächordalen paarigen mittig gelegenen Knorpel (**Cartilago trabecularis** und **Cartilago hypophysealis**) mit den seitlich angefügten Knorpelpaaren der Alae orbitales und Alae temporales. Um das Vorderende der Chorda dorsalis entwickelt sich die unpaare Basalplatte (**Cartilago parachordalis**), in der Chordareste „liegen bleiben" können.

▶ **Klinik.** Persistierende („liegen gebliebene") Organkeime, wie z. B. Reste der Chorda dorsalis im Körper des Hinterhauptsbeins, haben die Tendenz, bösartig zu entarten. Im Os occipitale können sich daher sog. **Chordome** entwickeln, die wegen ihrer versteckten Lage spät diagnostiziert werden und besonders bösartig sind.

Seitlich entwickelt sich dort die paarige Ohrkapsel (**Capsula otica**) für die Aufnahme des Innenohrs. Die Basalplatte erhält mit zwei dorsalen Fortsätzen Anschluss an die okzipitalen Somiten, die an der Ausbildung des Foramen magnum des Hinterhauptsbeins beteiligt werden (Abb. **M-1.19**).
Knorpelreste des durch zahlreiche Ossifikantionszentren schwindenden Chondrokraniums bleiben bis zur Pubertät in der Synchondrosis sphenooccipitalis im Clivus (Streckung der Schädelbasis) erhalten. Zeitlebens knorpelig bleibt der knorpelige Anteil des Nasenseptums und der Faserknorpel im Foramen lacerum (Synchondrosis sphenopetrosa).

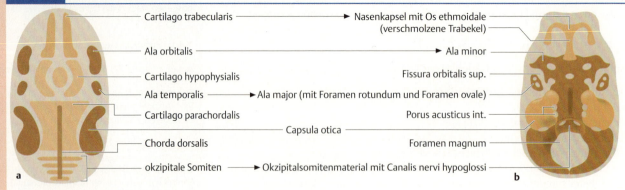

M-1.19 Entwicklung der Schädelbasis aus dem Chondrokranium

a Das Anlagematerial der knorpeligen Schädelbasis mit seiner Herkunft
b und während der späteren Fetalentwicklung.

M 1.4 Entwicklung des Kopfbereichs

Entwicklung des Desmokraniums

Im Bereich des Desmokraniums ermöglicht die gegenläufige Interaktion von Osteoblasten (Knochenaufbau) und Osteoklasten (Knochenabbau) die große Formbildungskapazität (desmale Osteogenese), die für die Ausbildung der komplizierten Form- und Lageverhältnisse der Schädelknochen erforderlich ist.

Suturen: Dabei wachsen die einzelnen Knochenplatten aufeinander zu und bilden an den Kontaktstellen Syndesmosen oder Knochennähte, sog. **Suturae** (S. 227), die zu großen Teilen erst postnatal verknöchern und die formgerechte Ausdehnung der Kalotte ermöglichen (Sutura frontalis, Sutura sagittalis, Sutura coronalis, Sutura lambdoidea; Abb. **M-1.20**).

Entwicklung des Desmokraniums

Das Desmokranium entwickelt sich durch desmale Osteogenese (S. 79), d. h. An- und Abbauflächen des sich bildenden Knochens ermöglichen eine optimale Formbildung.

Suturen: Die platten Knochen wachsen aufeinander zu und bilden Syndesmosen, die später in verknöchernde Suturen (S. 227) übergehen (Abb. **M-1.20**).

M-1.20 Entwicklung des Schädeldachs aus dem Desmokranium

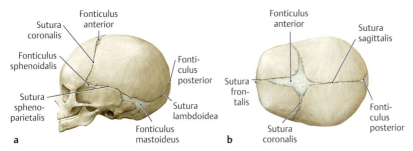

(Prometheus LernAtlas. Thieme, 3. Aufl.)

a Am Schädeldach eines Neugeborenen in der Ansicht von links-lateral
b und oben sind die aus dem Desmokranium hervorgehenden platten Knochen noch nicht verwachsen. Gut erkennbar sind die Suturen und Fontanellen.

▶ **Klinik.** Tritt die Verknöcherung der Suturen zu früh ein (**Kraniosynostose**), entstehen charakteristische Schädeldeformitäten (Abb. **M-1.21**):

- **Turmschädel** (**Turricephalus**) oder **Spitzschädel** (**Oxycephalus**) durch vorzeitige Verknöcherung der Sutura coronalis, Abb. **M-1.21a**),
- **Kahnschädel** (**Scaphocephalus**, Abb. **M-1.21b**) bei vorzeitigem Verschluss der Sutura sagittalis,
- **Dreiecksschädel** (**Trigonocephalus**, Abb. **M-1.21c**) bei vorzeitiger Verknöcherung der Sutura frontalis und
- **Schiefschädel** (**Plagiocephalus**, Abb. **M-1.21d**) durch einseitige Kraniosynostose der Sutura coronalis.

Die seltene Persistenz der Sutura frontalis wird als **Metopismus** bezeichnet.

M-1.21 Schädeldeformitäten

(Prometheus LernAtlas. Thieme, 3. Aufl.)

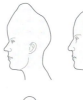

a b c d

Fontanellen: An den Berührungsstellen mehrer großer Deckknochenplatten finden sich bei Neugeborenen und Kleinkindern größere bindegewebige Lücken oder **Fontanellen** (Fonticuli, Tab. **M-1.7** und Abb. **M-1.20**).

Fontanellen: sind bindegewebig verschlossene Kontaktstelle der Deckknochenplatten (Tab. **M-1.7** und Abb. **M-1.20**).

M-1.7 Fontanellen

Fontanelle	Lage und Form	Verschluss
Fonticulus anterior (= große Fontanelle)	- unpaar zwischen beiden Ossa frontalia und beiden Ossa parietalia - viereckig	36. Monat
Fonticulus posterior (= kleine Fontanelle)	- zwischen beiden Ossa parietalia und dem unpaaren Os occipitale - dreieckig	etwa im 3. Lebensmonat
Fonticulus sphenoidalis	- paarig zwischen Stirn-, Scheitel-, Schläfen- und Keilbein	6. Lebensmonat
Fonticulus mastoideus	- paarig zwischen Schläfen-, Scheitel- und Hinterhauptsbein	18. Lebensmonat

▶ Klinik. Die Fontanellen sind unter der Geburt wichtige Orientierungspunkte: Sie können bei vaginaler Untersuchung getastet werden und erlauben Rückschlüsse auf die Lage des Kopfes als umfangreichstem und damit unter der Geburt wichtigstem Teil des Kindes. Wenn die am **Hinterkopf befindliche kleine Fontanelle** (dreieckig) zu tasten ist, hat sich das Kind mit gebeugtem Kopf richtig im Geburtskanal eingestellt, da der mit dem Kinn auf den Brustkorb gebeugte Kopf den kleinsten Umfang hat und somit den Geburtskanal am besten passieren kann.

Beim Neugeborenen kann über die **große Fontanelle** der Sinus sagittalis superior leicht zur Blutentnahme oder zur intravenösen Injektion punktiert werden.

1.4.2 Entwicklung und Differenzierung der Schlundbögen

▶ Synonym. Schlundbogen = Pharyngealbogen = Branchialbogen = Kiemenbogen

Das phylogenetisch alte System der **Schlundbögen** wird in reduzierter und vorübergehender Form auch beim Menschen angelegt und liefert Anlagematerial für den Kauapparat, die Gehörknöchelchen, die mimische Muskulatur, Zungenbein und Kehlkopf sowie Abschnitte der großen Arterien. Aufgrund der Bedeutung der oberen Schlundbögen für die Kopfentwicklung wird ihre Anlage und Differenzierung hier im Überblick dargestellt, auch wenn Anteile der sich aus dem Schlundbogensystem entwickelnden Strukturen später im Halsbereich liegen.

Im Alter von 4 bis 5 Wochen werden im ventrolateralen Kopf-Nackenbereich 4 Einsenkungen des Ektoderms (**Schlundfurchen**) von außen sichtbar. Von innen wachsen ihnen aus dem Entoderm 4 **Schlundtaschen** entgegen. Das mesodermale Gewebe zwischen Ekto- und Entoderm wird beim menschlichen Embryo hierdurch in 4 einzelne Schlundbögen unterteilt. Kaudal davon liegt ein rudimentärer, schlecht abgrenzbarer Schlundbogen (der 5. Schlundbogen wird frühzeitig zurückgebildet). Die sich aus dem Schlundbogenmaterial entwickelnden Strukturen sind in Tab. **M-1.8** aufgeführt.

▶ Merke. Jeder Schlundbogen entwickelt ein **Knorpelelement** und **Muskelanlagen**, denen jeweils ein Nerv (**Schlundbogennerv**) und eine Arterie (**Schlundbogenarterie**) zugeordnet sind (Tab. **M-1.8**). Aus den entodermalen inneren Einbuchtungen (**Schlundtaschen**) gehen verschiedene Organe der Kopf-, Hals- und oberen Brustregion hervor (Tab. **M-1.8**), während von den äußeren ektodermalen **Schlundfurchen** lediglich die erste eine Organanlage bildet (→ äußerer Gehörgang und äußerer Anteil des Trommelfells).

Der **Sinus cervicalis** nimmt die Öffnungen der 2. bis 4. Schlundfurche auf und wird durch kaudale Wanderungsbewegungen des 2. Schlundbogens zu einem Hohlraum am seitlichen Hals (Vesicula cervicalis) geschlossen.

M-1.22 Schlundbögen

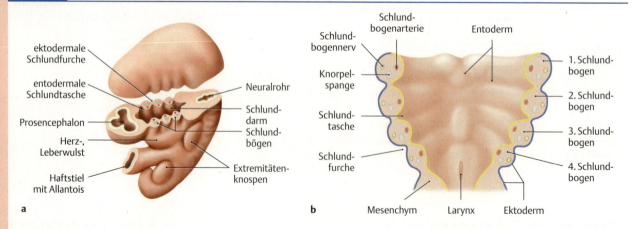

(Prometheus LernAtlas. Thieme, 3. Aufl.)

a Anlage der Schlundbögen am Querschnitt durch einen menschlichen Embryo auf Höhe des Schlunddarms in der Ansicht von schräg links oben.
b Erkennbar sind die Einsenkungen von außen (Schlundfurchen) und innen (Schlundtaschen), die den mesodermalen Kern der Schlundbögen mit Ekto- und Entoderm bedecken. Die Anlagen für Schlundbogenderivate (Arterie, Nerv und Knorpelspange) liegen im Mesenchym der Schlundbögen, aus dem auch die Muskulatur hervorgeht.

Seitenspalte

▶ Klinik.

1.4.2 Entwicklung und Differenzierung der Schlundbögen

▶ Synonym.

Die **Schlundbögen** sind phylogenetisch alte Anlagesysteme für Kauapparat, Gehörknöchelchen, mimische und Kaumuskulatur, Zungenbein, Kehlkopf und große Arterien.

Sie werden durch ektodermale Einsenkungen (**Schlundfurchen**) und entodermale Ausstülpungen (**Schlundtaschen**) begrenzt. Jeder Schlundbogen besitzt je ein Knorpel-, Muskel-, Arterien- und Nervenelement. Sie nehmen sehr unterschiedliche Entwicklungsverläufe (Tab. **M-1.8**).

▶ Merke.

M   1.4 Entwicklung des Kopfbereichs

☰ M-1.8   Derivate der Schlundbögen und -taschen

Schlundbögen:			Schlundtaschen:
Skelettelement	**Muskulatur**	**Nerv und Arterie***	**Derivate**
1. Schlundbogen (Mandibularbogen)			**1. Schlundtasche**
Meckel-Knorpel (liegt in der Mandibula, bildet sich jedoch größtenteil zurück. Aus seinen dorsalen Anteilen bilden sich die beiden nachfolgend genannten Gehörknöchelchen) ▪ Malleus ▪ Incus ▪ Mandibula ▪ Maxilla ▪ Os palatinum ▪ (Dentin und Zement aller Zähne)	▪ Kaumuskulatur ▪ Venter anterior d. M. digastricus ▪ M. mylohyoideus ▪ M. tensor tympani ▪ M. tensor veli palatini	**Nerv:** ▪ N. mandibularis des N. trigeminus (V_3) **Arterie:** ▪ Rückbildung	▪ Paukenhöhle ▪ Tuba auditiva
2. Schlundbogen (Hyalbogen)			**2. Schlundtasche**
Reichert-Knorpel ▪ Stapes ▪ Proc. styloideus ossis temporalis ▪ Lig. stylohyoideum ▪ Cornu minus und Corpus ossis hyoidei	▪ Mimische Muskulatur ▪ Venter posterior des M. digastricus ▪ M. stylohyoideus ▪ M. stapedius	**Nerv:** ▪ N. facialis (VII) mit Chorda tympani **Arterie:** ▪ Rückbildung	▪ Tonsillarbucht der beiden Tonsillen
3. Schlundbogen			**3. Schlundtasche**
▪ Cornu majus ossis hyoidei	▪ M. constrictor pharyngis superior und medius (teilweise) ▪ M. salpingopharyngeus ▪ M. palatoglossus ▪ M. palatopharyngeus (teilweise)	**Nerv:** ▪ N. glossopharyngeus (IX) mit N. tympanicus **Arterie:** ▪ Beteiligung an der A. carotis communis und interna	▪ untere Epithelkörperchen ▪ Thymus
4. Schlundbogen			**4. Schlundtasche**
▪ Cartilago thyroidea (oberer Abschnitt) ▪ Cartilago cuneiformis	▪ M. constrictor pharyngis medius u. inferior (teilweise) ▪ M. levator veli palatini ▪ M. cricothyroideus	**Nerv:** ▪ N. laryngeus superior des N. vagus (X) **Arterie:** ▪ rechts: Beteiligung an der A. subclavia dextra ▪ links: Beteiligung am Aortenbogen	▪ obere Epithelkörperchen
(5.) 6. Schlundbogen			**4./5./6. Schlundtasche****
▪ Cartilago thyroidea (unterer Teil) ▪ Cartilgo arytenoidea, corniculata u. cricoidea	▪ Anteile des M. constrictor pharyngis inferior ▪ sämtliche inneren Kehlkopfmuskeln	**Nerv:** ▪ N. vagus (N. laryngeus recurrens) **Arterie:** ▪ 5. Arterie: fehlt! ▪ rechts: bis auf Teil der A. pulmonalis dextra (proximal) Rückbildung ▪ links: Truncus pulmonalis und Beginn der A. pulmonalis sinistra (proximaler Teil), Ductus arteriosus (distaler Teil)	▪ Ultimobranchialkörper** (laterale Schilddrüsenanlage); evtl. mit Anteilen aus der Neuralleiste

* Zu den Abkömmlingen der auch als Aortenbögen bezeichneten Schlundbogenarterien s. a. Tab. **G-4.2**.

** Die genaue Herkunft des Ultimobranchialkörpers ist umstritten.

▶ **Klinik.** Aus Resten des Sinus cervicalis können sich **laterale Halsfisteln** entwickeln, die ihre Öffnung typischerweise am Vorderrand des M. sternocleidomastoideus (zwischen mittlerem und oberem Drittel) haben. Sie können entweder bis in den Rachenraum reichen oder blind enden. Durch Persistenz der Vesicula cervicalis oder durch sekundären Verschluss einer Halsfistel können laterale (branchiogene) **Halszysten** entstehen, die eine sorgfältige differenzialdiagnostische Abklärung gegenüber entzündlich oder durch Tumormetastasen bedingten Lymphknotenvergrößerungen (S. 899) oder Strumaknoten (S. 932) erfordern.

Laterale Halsfisteln bzw. -zysten haben somit einen anderen entwicklungsgeschichtlichen Ursprung als mediane Halsfisteln oder -zysten aus Epithelsträngen des Ductus thyreoglossalis (S. 935).

⊙ **M-1.23** Laterale Halsfisteln und -zysten

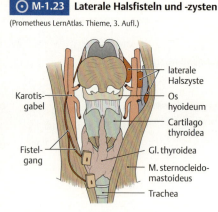

(Prometheus LernAtlas. Thieme, 3. Aufl.)

⊙ **M-1.24** Aus dem Schlundbogenmaterial abstammende Nerven, Skelettelemente und Muskulatur

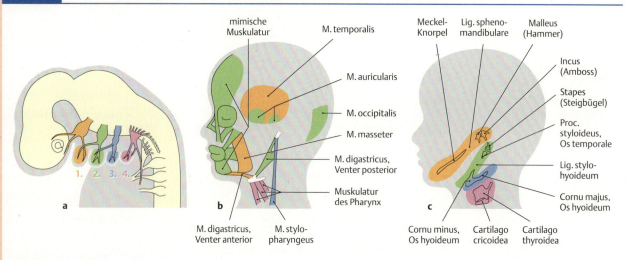

(Prometheus LernAtlas. Thieme, 3. Aufl.)
a Bereits früh sind die Anlagen der Schlundbögen sowie die dazugehörigen Nerven sichtbar.
b Diese späteren Hirnnerven V, VII, IX und X innervieren die dem jeweils gleichen Schlundbogen entstammenden Muskeln.
c Aus den Knorpelspangen entwickeln sich Knochen des Schädels sowie im Halsbereich liegende Skelettelemente.

▶ **Klinik.**

▶ **Klinik.** Kombinierte Anomalien des 1. und 2. Schlundbogens sind die Grundlage des **Goldenhar-Syndroms** (okulo-aurikulo-vertebrale Dysplasie) mit Hypoplasie der Kiefer und der Ohrregion (Mikrotie) und Fehlbildungen (Halbwirbel) der Halswirbelsäule.

1.4.3 Entwicklung des kraniofazialen Systems

Die Entwicklung der zum Gesicht zählenden Strukturen aus **3 Gesichtswülsten** ist eng miteinander verknüpft (Abb. **M-1.25**).

1.4.3 Entwicklung des kraniofazialen Systems

Da die Entwicklung der zum Gesicht zählenden Strukturen (Abb. **M-1.25**) aus den **drei Gesichtswülsten** eng miteinander verbunden ist, wird an dieser Stelle kurz auf den gesamten Prozess eingegangen, während Details zur Entwicklung von Gaumen, Zunge, Nasen- und Nasennebenhöhlen sowie Auge und Ohr in den jeweiligen Kapiteln zu finden sind, in denen die ausgebildeten Strukturen abgehandelt werden.

Anlage der Gesichtswülste

Die zunächst von einer Membrana oropharyngea verschlossene Mundbucht (**Stomatodeum**) liegt im vom Vorderhirnbläschen und Herzwulst begrenzten Vorderbereich des Embryos. Ab der 4. Woche bilden sich um das Stomatodeum von Ektoderm überzogene Mesenchympolster (**Stirn-Nasenwulst, Ober- und Unterkieferwülste**).

Anlage der Gesichtswülste

Mit der Ausdehnung des Vorderhirnbläschens, des 1. Schlundbogens und des sich kaudal anschließenden Herzwulstes wird im Kopfbereich des Embryos das **Stomatodeum** (Mundbucht) umgrenzt, das zunächst von der **Membrana oropharyngea** (Mundrachenmembran) verschlossen ist. Es reißt später ein und verbindet den Vorderdarm mit der Amnionhöhle.

Um das Stomatodeum entwickeln sich ab der 4. Woche von Ektoderm überzogene Mesenchympolster: der medio-kranial gelegene unpaare **Stirnnasenwulst** und kau-

M 1.4 Entwicklung des Kopfbereichs

M-1.25 Entwicklung des Gesichts

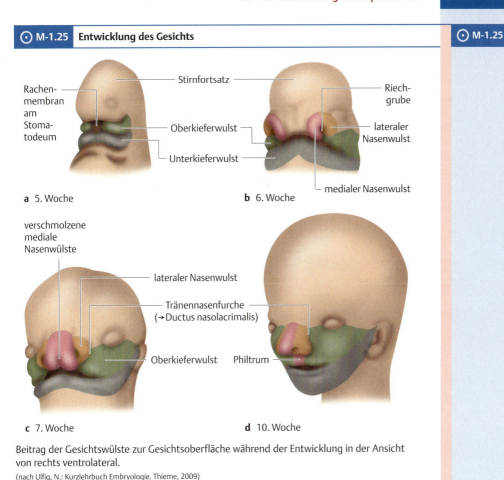

Beitrag der Gesichtswülste zur Gesichtsoberfläche während der Entwicklung in der Ansicht von rechts ventrolateral.
(nach Ulfig, N.: Kurzlehrbuch Embryologie. Thieme, 2009)

dal davon die sich von 1. Schlund- oder Mandibularbogen ableitenden **Ober-** und **Unterkieferwülste**.

Differenzierung der Gesichtswülste

An den Enden der Stirn-Nasenwülste verdickt sich das Ektoderm zur **Riechplakode**. Diese wird durch Proliferation des Mesoderms zum **Riechgrübchen** und **Riechsäckchen** eingesenkt. Es gliedert dadurch beiderseits einen medialen von einem lateralen Nasenwulst ab. Aus den verschiedenen Wülsten entstehen im Laufe der weiteren Entwicklung die Gesichtsstrukturen:

- Der **laterale Nasenwulst** ist durch die Tränen-Nasenfurche vom seitlich anschließenden Oberkieferwulst getrennt. Durch einsprossendes Oberflächenepithel entwickelt sich hier der Tränensack bzw. der Tränennasengang, der **Ductus nasolacrimalis** (S. 1058). Aus den lateralen Nasenwülsten werden die **Nasenflügel**.
- Die beiden **medialen Nasenwülste**, die aufeinander zuwachsen, bilden mit ihrem Mesenchymkern das sog. **Zwischenkiefersegment**, das ventral in die paarigen Oberkiefer- und Gaumenanlagen eingefügt wird. Die Nahtstelle bleibt als **Canalis incisivus** offen. Durch das Zusammenwachsen der medialen Nasenwülste entsteht der **Nasenrücken**; gleichzeitig werden die **Augenanlagen** (S. 1072) frontalisiert. Die im Halsbereich gelegenen Anlagen des **äußeren Ohrs** (Ohrhöcker) wandern nach kranial.
- Der **Oberkieferwulst** schiebt sich am lateralen Nasenwulst vorbei und verschmilzt mit dem medialen Nasenwulst. Der Oberkieferwulst bildet die seitlichen Teile der **Oberlippe** und des **Oberkiefers** sowie die paarigen **sekundären Gaumenanlagen**.
- Die medial verschmolzenen **Unterkieferwülste** bilden die **Unterlippe** und die desmal angelegte **Mandibula**, die den Meckel-Knorpel des 1. Kiemenbogens verdrängt. Durch Verschmelzen der seitlichen paarigen Ober- und Unterkieferwülste wird die zunächst breite Öffnung des Stomatodeums zum definitiven **Mund** eingeengt.

Differenzierung der Gesichtswülste

Am Unterrand der Stirn-Nasenwülste senkt sich beiderseits das Ektoderm (**Riechplakode**) zum Rieckgrübchen, später Riechsäckchen ein. Es gliedert damit einen **medialen** von einem **lateralen Nasenwulst** ab. Letzterer ist zunächst vom seitlich angrenzenden **Oberkieferwulst** getrennt. In ihm entwickelt sich aus einem Epithelzapfen der **Ductus nasolacrimalis** (S. 1058). Die medialen Nasenwülste verschmelzen, bilden den späteren Nasenrücken und sind an der Bildung des sog. **Zwischenkiefersegments** beteiligt.
Medialer Nasenwulst und Oberkieferwulst verbinden sich und bilden die **Oberlippe**. Aus dem lateralen Nasenwulst werden die **Nasenflügel**. Am Oberkieferwulst wachsen innen die **sekundären Gaumenanlagen** heraus.

Durch die Verbindung der seitlichen **Ober-** und **Unterkieferwülste** entsteht der **Mund**. Mit diesen Wachstumsvorgängen ist eine Frontalisierung der Augen (S. 1072) verbunden.

▶ Klinik. Die **Cheiloschisis** (laterale Lippenspalte, „Hasenscharte") entsteht bei unvollständiger bzw. fehlender Verschmelzung des medialen Nasenwulstes mit dem Oberkieferwulst. Weitergehende Defekte sind die Lippenkiefer- bzw. Lippenkiefergaumenspalte (**Cheilognathopalatoschisis**), die ein- oder doppelseitig vorkommen können und dann neben Trink- und entsprechenden Gedeihstörungen auch Störungen der Sprachentwicklung bedingen. Sie sind durch frühzeitige plastische Operationen vermeidbar.

◉ M-1.26 **Komplette linksseitige Lippenkiefergaumenspalte.** Mädchen im Alter von 3 Monaten vor Operationsbeginn.

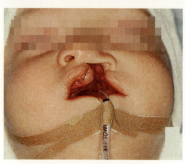

Weitere Spaltbildungen können als sog. quere Gesichtsspalte (unvollständige Verschmelzung von Ober- und Unterkieferwülsten) oder mediane Unterkiefer bzw. Lippenspalte (unvollständige Vereinigung der Unterkieferanlagen bzw. der medialen Nasenwülste) auftreten.

2 Leitungsbahnen im Kopfbereich

2.1 Einführung 973
2.2 Gefäße im Kopfbereich 973
2.3 Nerven im Kopfbereich – Hirnnerven (Nervi craniales) 979

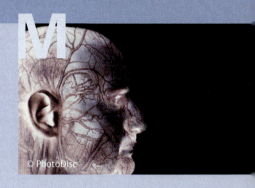

G. Aumüller, G. Wennemuth

2.1 Einführung

Die Leitungsbahnen im Kopfbereich nehmen wegen der komplizierten funktionellen und topografischen Gegebenheiten des Schädels mit hier gelegenen Räumen für den Beginn von Speise- und Atemwegen sowie für die spezialisierten Sinnesorgane und das Gehirn mit seinen Hilfsstrukturen eine Sonderstellung ein.

Um eine Übersicht über die wichtigsten Besonderheiten zu geben, werden nachfolgend zunächst die allgemeinen Merkmale der Leitungsbahnen des Kopfes dargestellt sowie eine Zusammenstellung der wichtigsten Aufzweigungen der Gefäße und Nerven mit ihren Verläufen gegeben. Details zu den einzelnen Ästen finden sich bei Besprechung der jeweils von ihnen versorgten Strukturen im oberflächlichen (S. 962) und tiefen (S. 1033) Gesichtsbereich, Mund- (S. 1003) und Nasenhöhle (S. 1046) sowie Auge (S. 1049) und Ohr (S. 1074).

2.1 Einführung

Die Leitungsbahnen im Kopfbereich weisen eine Reihe von topografischen und funktionellen Besonderheiten auf, die hier zusammenfassend dargestellt werden. Details einzelner Äste sind bei den jeweils von ihnen versorgten Strukturen im oberflächlichen (S. 962) und tiefen (S. 1033) Gesichtsbereich, Mund- (S. 1003) und Nasenhöhle (S. 1046) sowie Auge (S. 1049) und Ohr (S. 1074) zu finden.

2.2 Gefäße im Kopfbereich

2.2.1 Arterien des Kopfes

Die zum Kopf ziehenden Arterien entstammen der **Arteria carotis communis** mit ihren Hauptästen (A. carotis interna und A. carotis externa) und der **Arteria vertebralis** als Ast der Arteria subclavia (S. 897). Sie bilden größere Gefäßprovinzen, die untereinander in Verbindung stehen (arterielle Anastomosen).

Dabei ist die Sicherstellung der Blutversorgung des Gehirns (S. 1157) durch die **A. carotis interna** und die **A. vertebralis** von der Versorgung des übrigen Kopfes durch eine **vordere**, eine **mediale**, eine **hintere** und eine **Endastgruppe** (A. temporalis superficialis, A. maxillaris) der A. carotis externa zu trennen.

Die Verzweigungsmuster der Kopfarterien sind nicht konstant; Varianten in Abgang und Verlauf der Gefäße sind durch die komplizierte Entwicklung bedingt.

2.2 Gefäße im Kopfbereich

2.2.1 Arterien des Kopfes

Die Arterien im Kopfbereich entstammen der **A. carotis communis** und der **A. vertebralis** aus der A. subclavia und bilden durch Anastomosen verbundene Gefäßprovinzen.
Das Gehirn und das Auge werden über die A. vertebralis und **A. carotis interna**, der übrige Kopf durch Äste der **A. carotis externa** versorgt. Diese bilden vier größere Gruppen: vordere, mediale, hintere und Endäste.

▶ **Klinik.** Bei Verdacht auf Durchblutungsstörungen des Gehirns (z. B. durch eine Karotisstenose) werden die arteriellen Gefäßprovinzen des Kopfes und ihre Kollateralkreisläufe getrennt (Doppler-)sonografisch untersucht („geschallt").

▶ **Klinik.**

Arteria carotis externa und ihre Äste

Die Gruppierung der aus der A. carotis externa abgehenden Äste sowie deren Versorgungsgebiete sind Tab. **M-2.1** zu entnehmen. Die A. maxillaris ist der stärkere ihrer beiden Endäste, die nach ihrer Verlaufstrecke in drei Anteile untergliedert wird und ebenfalls eine Vielzahl an Ästen abgibt.

Arteria carotis externa und ihre Äste

≡ M-2.1 Äste der A. carotis externa

Aufzweigungen		Versorgungsgebiete
Vordere Äste:		
A. thyroidea superior	→ R. infrahyoideus	
	→ R. sternocleidomastoideus	M. sternocleidomastoideus
	→ **A. laryngea superior**	Larynx
	→ R. cricothyroideus	
	→ Rr. glandulares	Glandula thyroidea
A. lingualis	→ R. suprahyoideus	Zungenbeinregion
	→ **A. sublingualis**	Zunge, Glandula sublingualis
	→ **Rr. dorsales linguae**	Schleimhaut der Radix linguae
	→ **A. profunda linguae**	Apex linguae
A. facialis	→ A. palatina ascendens → Rr. tonsillares	Palatum molle, Pharynx Tonsillen
	→ A. submentalis	Gl. submandibularis, suprahyoidale Muskulatur
	→ **Aa. labiales inferior** und **superior** → R. septi nasi	Lippen Nasenseptum
	→ **A. angularis**	medialer Augenwinkel, äußere Nase
Medialer Ast:		
A. pharyngea ascendens	→ Rr. pharyngeales	Pharynx
	→ A. tympanica inferior	Paukenhöhle
	→ **A. meningea posterior**	Dura mater, hintere Schädelgrube (S. 1164)
Hintere Äste:		
A. occipitalis	→ R. auricularis	Auris externa
	→ Rr. occipitales	Regio occipitalis
	→ R. mastoideus	Cavitas tympani, Cellulae mastoideae
	→ R. meningeus	Hirnhäute (S. 1164)
A. auricularis posterior	→ R. auricularis	Auris externa
	→ R. occipitalis	Regio occipitalis
	→ A. stylomastoidea	Cavitas tympani, Cellulae mastoideae
	→ A. tympanica posterior	Cavitas tympani, Cellulae mastoideae
	→ Rr. pharyngeales	Pharynx
Endäste:		
A. maxillaris		
▪ **Pars mandibularis**	→ A. auricularis profunda	Kiefergelenk, Trommelfell, Meatus acusticus externus
	→ A. tympanica anterior	Schleimhaut des Cavum tympani
	→ **A. alveolaris inferior** → **R. mylohyoideus** → **R. mentalis**	Mandibula, Zähne, Mundboden, Kinnbereich
	→ **A. meningea media**	Hirnhäute (S. 1164)
▪ **Pars pterygoidea**	→ **A. masseterica**	M. masseter
	→ **Rr. pterygoidei**	Mm. pterygoidei
	→ **Aa. temporales profundae**	M. temporalis
	→ A. buccalis	M. buccinator
▪ **Pars pterygopalatina**	→ **A. alveolaris superior posterior**	Maxilla, hintere Zähne
	→ **A. palatina descendens**	Palatum molle, Tonsille
	→ **A. infraorbitalis** → **Aa. alveolares superiores anteriores**	Maxillavordere Zähne des Oberkiefers
	→ A. canalis pterygoidei	Pharynx, Cavitas tympani
	→ **A. sphenopalatina**	Cavitas nasi, Septum nasi
A. temporalis superficialis	→ **A. transversa faciei**	Gesicht
	→ Rr. parotidei	Glandula parotidea
	→ A. zygomaticoorbitalis	lateraler Augenwinkel
	→ Rr. auriculares anteriores	Vorderfläche der Ohrmuschel, Meatus acusticus externus
	→ **A. temporalis media**	M. temporalis
	→ **R. frontalis**	Kopfschwarte
	→ R. parietalis	

Wichtige Äste sind fett hervorgehoben. Kleinere Äste wurden nicht mit in die Tabelle aufgenommen.

M 2.2 Gefäße im Kopfbereich

M-2.1 Verzweigung der A. carotis externa und der A. maxillaris als ihrem Endast

(Prometheus LernAtlas. Thieme, 3. Aufl.)

a Äste der A. carotis externa in der Ansicht von links-lateral mit unterschiedlicher Einfärbung nach Astgruppen: vordere Äste (rot), medialer Ast (blau), hintere Äste (grün) und Endäste (ocker).
b Die Äste der A. maxillaris sind farblich nach Ort ihres Abgangs aus den drei Abschnitten unterschieden: Pars mandibularis (blau), Pars pterygoidea (grün) und Pars pterygopalatina (gelb).

Arteria carotis interna – Abschnitte und extrazerebrale Äste

Während die A. carotis interna (ACI) im Halsbereich ohne Abgabe von Ästen verläuft (**Pars cervicalis**), gibt sie nach Eintritt in die Schädelbasis (**Pars petrosa**) und die Schädelhöhle (**Pars cavernosa**, **Pars cerebralis**) mehrere Äste ab. Vorwiegend versorgen diese das Gehirn. Die weiteren sind in Abb. **M-2.2** dargestellt.

Arterielle Anastomosen

Über die **Arteria angularis** (Endast der A. facialis) und die Arteria supraorbitalis bzw. dorsalis nasi (Endäste der A. ophthalmica) steht das Stromgebiet der A. carotis externa mit dem der A. carotis interna in Verbindung.
Auch im Bereich der A. carotis externa finden sich arterielle Kollateralen, z. B. der Aa. labiales superiores und inferiores, die einen Gefäßring um den Mund bilden.

Arteria carotis interna – Abschnitte und extrazerebrale Äste
Siehe Abb. **M-2.2**.

Arterielle Anastomosen

Die Stromgebiete der Aa. carotis externa und interna stehen über die A. angularis (aus A. facialis) und die A. supraorbitalis bzw. dorsalis nasi (aus A. ophthalmica) in Verbindung.

M-2.2 Abschnitte der A. carotis interna mit Ästen zu extrazerebralen Strukturen

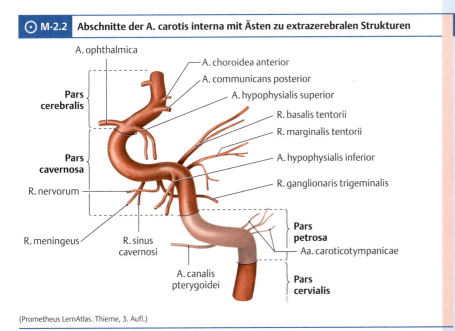

(Prometheus LernAtlas. Thieme, 3. Aufl.)

M-2.3

M-2.3 Verbindungen zwischen den Versorgungsgebieten der Aa. carotis externa und interna

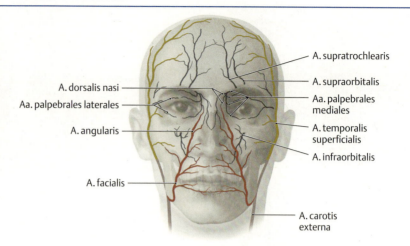

Die Äste der A. carotis externa sind wie in Abb. **M-2.1** eingefärbt, die der A. carotis interna bläulich.
(Prometheus LernAtlas. Thieme, 3. Aufl.)

2.2.2 Venen des Kopfes

Abfluss über die Jugularvenen

Der venöse Abstrom aus dem Kopfbereich (S. 898) erfolgt hauptsächlich über die Vv. jugulares int. und ext. (Tab. **M-2.2**).

Der venöse Abfluss des Blutes aus dem Kopfbereich erfolgt hauptsächlich über die Venae jugulares interna und externa (Tab. **M-2.2**), deren Verlauf im Halsbereich (S. 898) beschrieben ist. Die Vena jugularis anterior (S. 898) nimmt neben ihren hauptsächlichen Zustromgebieten aus dem Halsbereich auch Blut aus der Kinnregion auf.

M-2.2	Abfluss des Blutes über die Jugularvenen	
Jugularvene	venöse Zuflüsse aus dem Kopfbereich	Abflussgebiet
V. jugularis interna	←V. facialis ← Plexus pterygoideus ← V. temporalis superficialis ← V. retromandibularis ← Plexus pterygoideus	oberflächliche (vordere) und tiefe seitliche Gesichtsregion mit Kopfhaut dieser Bereiche
	←Sinus durae matris, die auch Blut aus oberflächlichen und tiefen Hirnvenen aufnehmen	Schädelinneres (mit Gehirn)
V. jugularis externa	←V. occipitalis (+Verbindungsvenen zur V. retromandibularis)	oberflächliche (hintere) Kopfanteile

Venöse Verbindungen im Kopfbereich

Die Venen des Gesichts und der Kopfhaut haben Verbindungen
- untereinander,
- zum venösen Plexus pterygoideus der tiefen seitlichen Gesichtsregion sowie
- über Venen in der Orbita und im Schädeldach zu den Sinus durae matris.

Ähnlich den arteriellen Kollateralen haben die (klappenlosen) Venen im oberflächlichen Kopfbereich Verbindungen nicht nur
- untereinander, sondern auch
- zu den Venen der tiefen seitlichen Gesichtsregion (Plexus pterygoideus) und
- über Venen der Orbita sowie über Verbindungsvenen im Schädeldach zu den Blutleitern der harten Hirnhaut (Sinus durae matris).

Letztere sind als Eintrittspforten für Erreger in die Sinus durae matris von klinischer Bedeutung (s. u.).

Verbindungen zum Sinus cavernosus: bestehen über die V. angularis als Endast der V. facialis zur V. ophthalmica superior und über die Tonsillarvenen zur V. ophthalmica inferior („Warndreieck" des Gesichts).

Verbindungen zum Sinus cavernosus: Besonders wichtig sind die Verbindungen der **Vena angularis** (Endast der V. facialis) über die **Vena ophthalmica superior** (innerhalb der Orbita) und die der Tonsillarvenen (**Rami tonsillae palatinae**) über die **Vena ophthalmica inferior**, die beide in den Sinus cavernosus drainieren. Auch der **Plexus pterygoideus** hat Verbindungen zum Sinus cavernosus. Projiziert man dieses venöse Verbindungssystem auf die Gesichtsoberfläche, so nimmt sein Gebiet annähernd die Form eines gleichseitigen Dreiecks um die Gesichtsmitte ein („Warndreieck" des Gesichts).

M 2.2 Gefäße im Kopfbereich

⊙ M-2.4 Venen und ihre Verbindungen im Kopfbereich

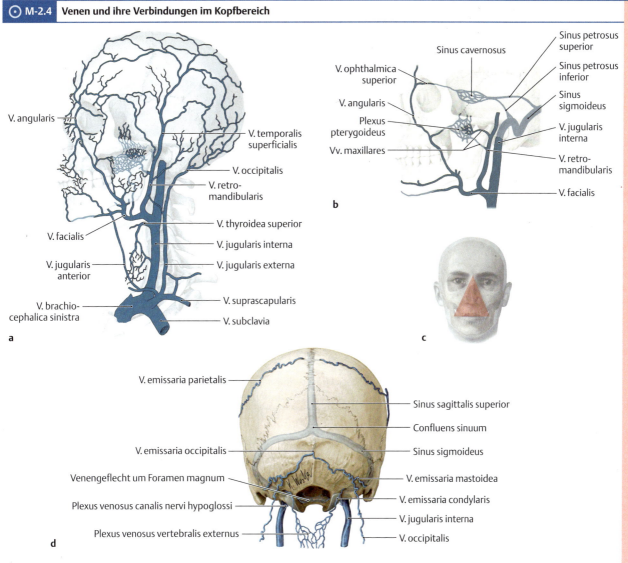

(Prometheus LernAtlas. Thieme, 3. Aufl.)
a Oberflächliche Kopfvenen und Venenplexus der tiefen seitlichen Gesichtsregion mit ihrem Abfluss über die Jugularvenen.
b Verbindungen der oberflächlichen Kopfvenen und des Plexus pterygoideus zum Sinus cavernosus.
c Durch die in b dargestellten venösen Verbindungen zum System der Sinus durae matris sind Entzündungen innerhalb des dargestellten dreieckigen Bereichs im Gesicht besonders gefährlich (Warndreieck): Von hier aus können Keime nach intrakraniell gelangen und damit die Entzündung auf Meningen und Gehirn übergreifen.
d Auch die Venae emissariae (hier in der Ansicht von dorsal auf das Hinterhaupt) stellen eine Verbindung zwischen extrakraniellen Kopfvenen und Sinus durae matris her.

▶ Klinik. Insbesondere die Anastomose zwischen der V. facialis und der in den Sinus cavernosus drainierenden V. ophthalmica superior (über die V. angularis) stellt eine wichtige Eintrittspforte für Keime aus dem Gesichtsbereich nach intrakraniell dar: Bei eitrigen Entzündungen der Gesichtshaut oder des Mittelohrs kann durch das Eindringen von Bakterien in das System der Sinus durae matris die Infektion auf die Hirnhaut übergreifen und somit zur **Meningitis** führen. Eine andere mögliche Folge ist eine bakteriell bedingte **Sinus-cavernosus-Thrombose**.

▶ Klinik.

☰ M-2.3	Verbindungen der Diploevenen und der Emissarienvenen zu intra- und extrakraniellen Abflüssen		
Gefäß		**Verbindung nach innen zum**	**Verbindung nach außen zur**
Diploevenen			
V. diploica frontalis		Sinus sagittalis superior	V. supraorbitalis
V. diploica temporalis anterior		Sinus sphenoparietalis	V. temporalis profunda
V. diploica temporalis posterior		Sinus transversus	V. auricularis posterior
V. diploica occipitalis		Sinus transversus	V. occipitalis
Emissarienvenen mit Durchtritt			
V. emissaria parietalis	Foramen parietale	Sinus sagittalis superior	V. temporalis superficialis
V. emissaria mastoidea	Foramen mastoideum	Sinus sigmoideus	V. occipitalis
V. emissaria occipitalis	Squama occipitalis	Confluens sinuum	V. occipitalis
V. emissaria condylaris	Canalis condylaris	Sinus sigmoideus	Plexus venosi vertebrales externi

Vv. diploicae und emissariae: Sie stehen beide sowohl mit den oberflächlichen Kopfvenen als auch mit den Sinus durae matris in Verbindung (Tab. **M-2.3**).
Die Vv. diploicae liegen im Schädeldach, die Vv. emissariae treten durch die Schädelknochen hindurch.

Venae diploicae und emissariae: (Tab. **M-2.3**: Die **Venae diploicae** liegen in der Diploe des Schädeldachs, nehmen hieraus sowie aus der Dura mater Blut auf und haben Verbindungen sowohl zu den Sinus durae matris (Sinus sphenoparietalis bzw. transversus) als auch zu den oberflächlichen Kopfvenen (V. supraorbitalis, V. temporalis profunda anterior, V. occipitalis).

Venae emissariae sind venöse Verbindungen zwischen Sinus durae matris, Vv. diploicae und Venen der Kopfhaut, die durch Emissarien (z. B. das Emissarium mastoideum u. parietale) und weitere Kanäle (z. B. Canalis condylaris, Canalis hypoglossi, Foramen ovale, Canalis caroticus, Foramen magnum) der Schädelknochen hindurchtreten.

► Klinik.

► Klinik. Auch die Vv. emissariae können als Eintrittspforten von Erregern aus der Kopfhaut in die venösen Blutleiter der Dura dienen.

2.2.3 Lymphabfluss aus dem Kopfbereich

Zum Lymphabfluss s. Abb. **M-2.5**.

2.2.3 Lymphabfluss aus dem Kopfbereich

Die Lymphgefäße des Kopfes ziehen zu drei größeren Stationen am Hinterhaupt (Nodi lymphoidei occipitales), hinter und vor dem Ohr bzw. der Gl. parotidea (Nodi lymphoidei mastoidei, parotidei superficiales und profundi) und im Wangenbereich um die Gefäßstraße der A. und V. facialis (Nodi lymphoidei nasolabialis, malaris, mandibularis) (Abb. **M-2.5**). Die nächste Station bilden die halswärts gelegenen Nodi lymphoidei cervicales laterales superficiales und profundi (Abb. **L-1.11**).

⊙ M-2.5	Lymphknoten im Kopfbereich		
Lymphknotengruppe	**Lokalisation**	**Zuflussregion**	**Abfluss**
Nll. occipitales (2–4)	Nacken, unterhalb Linea nuchalis inferior	Kopfschwarte	Nll. cervicales laterales profundi superiores
Nll. mastoidei/ retroauriculares (1–2)	neben Proc. mastoideus		
Nll. faciales	entlang der V. facialis	Wange, Unterkieferbereich	
Nll. parotidei superficiales und profundi	vor dem äußeren Gehörgang	Ohrbereich, Schläfenregion Kinn, Paukenhöhle, Gehörgang, Augenlider, Nasenhöhle und Sinus paranasales	
Nll. linguales	auf dem M. hyoglossus	Vordere ⅔ des Zungenrückens, Zungenrand u. -unterseite	Nll. cervicales laterales profundi superiores (Nl. jugulodigastricus)
Nll. buccales	auf dem M. buccinator	Regio faciei	über Nll. submandibulares
Nll. submentales	Kinnunterseite	Mundboden, Kinn, Unterlippe, Zunge, Tonsillen, Zahnfleisch, Zähne	
Nll. submandibulares	an der Glandula submandibularis		zu den Nll. cervicales anteriores profundi

Zum Abfluss siehe auch Abb. **L-1.11**.

2.3 Nerven im Kopfbereich – Hirnnerven (Nervi craniales)

Die Hirnnerven bilden 12 Paare, die mit römischen Ziffern von I-XII durchnummeriert werden. Bis auf die ersten beiden Hirnnerven, die als transformierte Hirnteile zentrale Neurone bzw. Nervenfasern enthalten, sind die übrigen (III–XII) Teile peripheren Nervensystems. Dabei weichen sie jedoch in einigen entscheidenden Merkmalen von den Spinalnerven ab. So sind sie z. B. weder segmental angeordnet, noch besitzen sie getrennte Wurzeln für den Eintritt afferenter Fasern und Austritt efferenter Neurone und unterscheiden in ihrer Zusammensetzung und Funktion z. T. erheblich.

Faserqualitäten: Die verschiedenen in einem Hirnnerv ziehenden Faserqualitäten bedingen seine jeweilige funktionelle Spezialisierung als rein afferente, efferente oder gemischte Nerven. Dabei ist für die Hirnnerven zu beachten, dass durch die spezialisierten Sinnesorgane des Kopfes und die entwicklungsgeschichtlich aus den Kiemenbögen (S. 968) hervorgegangenen Muskeln (Branchialmotorik) die möglichen Faserqualitäten „erweitert" sind.

> ▶ **Merke.** Zusätzlich zu den auch in Spinalnerven verlaufenden **allgemeinen** Somato- oder Viszeroafferenzen bzw. -efferenzen können Hirnnerven auch **speziell** somatoafferente, viszeroafferente und viszeroefferente Fasern enthalten (Abb. **M-2.6**).

2.3 Nerven im Kopfbereich – Hirnnerven (Nervi craniales)

Die 12 Hirnnervenpaare werden von I–XII durchnummeriert (wobei I und II eigentlich Hirnabschnitte sind).

Faserqualitäten: Die Hirnnerven können somato- bzw. viszeroafferente, somato- bzw. viszeroefferente oder gemischte Faseranteile enthalten.

> ▶ **Merke.**

⊙ M-2.6 Faserqualitäten der Hirnnerven

	allgemein	speziell
Afferenzen		
– somatisch	**allgemeine Somatoafferenzen** ▭ → Vermittlung von Reizen aus Rezeptoren der Haut und z. B. der Mund-/Rachenschleimhaut (Mechano-, Thermo-, Nozizeption) sowie der (nicht branchiogenen) quergestreiften Muskulatur (Propriozeption) (Hirnnerv V)	**spezielle Somatoafferenzen** ▭* → Vermittlung von Reizen aus retinalen Sinneszellen und denen des Innenohrs (Hirnnerven II und VIII)
– viszeral	**allgemeine Viszeroafferenzen** ▭ → Vermittlung von Reizen aus Rezeptoren in Eingeweiden und Blutgefäßen (Hirnnerven IX, X)	**spezielle Viszeroafferenzen** ▭* → Vermittlung von Reizen aus den Sinneszellen der Riech- und Geschmacksorgane (Hirnnerven I, VII, IX, X)
Efferenzen		
– somatisch	**allgemeine Somatoefferenzen** ▭ → Efferente Innervation der quergestreiften (nicht branchiogenen) Skelettmuskulatur (Hirnnerven III, IV, VI, XI, XII)	–
– viszeral	**allgemeine Viszeroefferenzen** ▭** → Efferente Innervation glatter Muskulatur (innere Augenmuskeln, Hohlorgane inkl. Gefäßen), Herzmuskulatur und Drüsen (Hirnnerven III, VII, IX, X)	**spezielle Viszeroefferenzen** ▭ → Efferente Innervation der branchiogenen Muskulatur (entwicklungsgeschichtlich den Kiemenbögen entstammend) (Hirnnerven V_3, VII, IX, X mit Fasern der Radix cranialis von XI)

*Den speziellen Somato- und Viszeroafferenzen der spezifischen „fünf Sinne" im Kopfbereich (Riechen, Sehen, Hören, Gleichgewichtssinn und Schmecken) war lange Zeit der Begriff „Sensorik" vorbehalten. Auch wenn er mittlerweile zunehmend auf alle afferenten Sinnesqualitäten ausgedehnt wird, ist er bei Besprechung der afferenten Fasern im Kopfbereich zuweilen nützlich, um den Unterschied zu den allgemeinen Afferenzen zu verdeutlichen und wird in diesem Sinne an einigen Stellen der Kopf-Kapitel genutzt

**Anders als bei den Spinalnerven führen die Hirnnerven lediglich parasympathische Viszeroefferenzen (kranialer Parasympathikus). Sympathische Viszeroefferenzen aus dem Ggl. cervicale superius erreichen den Kopf über periarterielle Geflechte. So können sich zwar Hirnnervenästen während ihres peripheren Verlaufs anlagern, haben jedoch kein Kerngebiet im Gehirn!

Vergleiche auch Somatosensorik und Viszerosensorik (S. 1194). Details zum Ganglion cervicale superius siehe Truncus sympathicus im Halsbereich (S. 904).

Topografische Zuordnung: Mit Ausnahme der beiden Hirnnerven I und II als Abkömmlingen des Vorderhirns besitzen die Hirnnerven III–XII umschriebene Kerngebiete unterschiedlicher Ausdehnung im Hirnstamm in einer medialen und lateralen Reihe. Die Ein- bzw. Austrittswurzeln finden sich (mit Ausnahme des dorsal austretenden N. IV) auf der Ventralseite von Mittelhirn, Pons und Medulla oblongata.

Extrazerebraler Verlauf: In unterschiedlicher Entfernung vom Austritt aus dem Gehirn treten die im Subarachnoidalraum liegenden Hirnnerven in oder durch die Dura mater. Der Durchtritt durch die Schädelbasis erfolgt teils mit Gefäßen, teils isoliert. Innerhalb und außerhalb der Schädelbasis komplizieren Faseraustausch und Anastomosenbildungen den Verlauf im Kopf-Hals-Bereich.

▶ Klinik.

Hirnnervenassoziierte Ganglien: Die afferenten Hirnnerven besitzen sensible Ganglien. Doch nur in den parasympathischen Ganglien der Hirnnerven III, VII, IX und X findet eine Umschaltung von prä- auf postganglionäre Neurone statt.

Je nach Vielfalt der in ihnen verlaufenden Faserqualitäten haben die Hirnnerven oft mehrere Kerngebiete, die aus entwicklungsgeschichtlichen Gründen entsprechend ihrer funktionellen Qualität in charakteristischer Weise topografisch angeordnet sind (Endkerne = Ncll. terminationis und Ursprungskerne = Ncll. originis, Abb. **N-1.10**).

Topografische Zuordnung: Jeder Hirnnerv kann topografisch einem der im Kapitel N1 beschriebenen Hirnabschnitten zugeordnet werden, wobei – wie bereits erwähnt – die ersten beiden als „Ausstülpungen" des Prosenzephalons angesehen werden können. Die weiteren, manchmal auch als „echte" Hirnnerven bezeichneten Nn. III–XII besitzen Kerngebiete, die sich im Bereich des Hirnstamms befinden (angeordnet in einer medialen und einer lateralen Reihe). Während sich die Kerngebiete über mehrere Anteile des Hirnstamms ausdehnen können, ist die Ein- bzw. Austrittswurzel (im Gegensatz zu den Spinalnerven beiderseits immer nur eine!) jeweils dem Mesenzephalon, Pons oder der Medulla oblongata zuzuordnen. Mit Ausnahme des dorsal austretenden N. trochlearis (IV) liegen diese Wurzeln ventral.

Extrazerebraler Verlauf: Außerhalb des Gehirns haben die Hirnnerven einen unterschiedlich langen **intrakraniellen** Verlauf
- im Subarachnoidalraum und
- in Duraaussackungen.

Der **Durchtritt des Schädels** erfolgt isoliert oder in Verbindung mit Gefäßen (Abb. **M-1.6**–Abb. **M-1.8**). Innerhalb und außerhalb der Schädelbasis bilden sie teilweise ausgedehnte Anastomosen mit Faseraustausch.

Ihr **Versorgungsgebiet** liegt vorwiegend im Kopf-Hals-Bereich, reicht jedoch mit dem N. vagus bis in den Bauchraum zum Cannon-Böhm-Punkt (S. 875).

▶ **Klinik.** Die Kenntnis des z.T. komplizierten Verlaufs einzelner Hirnnerven bzw. deren Faseranteilen kann es ermöglichen, vom Ausfallsmuster auf den Ort der Schädigung zu schließen, vgl. z.B. Fazialisparese (S. 993). Auch wenn die Ausfälle durch Manifestation im Kopf-Hals-Bereich bereits vom Patienten beschrieben werden und augenscheinlich nicht zu übersehen sind, ist eine sorgfältige neurologische Prüfung (Seitenvergleich!) unerlässlich.

Hirnnervenassoziierte Ganglien: Im peripheren Verlauf einiger Hirnnerven bzw. ihrer Äste sind sensible und/oder parasympathische Ganglien eingeschaltet, die sorgfältig unterschieden werden müssen, weil eine **Umschaltung** (von prä- auf postganglionäre Neurone) nur in den **parasympathischen Ganglien** erfolgt.

Die **sensiblen bzw. sensorischen Ganglien** hingegen entsprechen in ihrem Aufbau und ihrer Funktion den Spinalganglien mit pseudounipolaren Nervenzellen, in denen **keine Umschaltung** stattfindet.

≡ **M-2.4** Sensorische und parasympathische Ganglien im Verlauf von Hirnnerven

Hirnnerv		sensible Ganglien	parasympathische Ganglien
III	N. oculomotorius	–	Ggl. ciliare*
V	N. trigeminus	Ggl. trigeminale (Gasseri)	–
VII	N. facialis	Ggl. geniculi	Ggl. pterygopalatinum* Ggl. submandibulare*
VIII	N. vestibulocochlearis	Ggl. spirale cochleae Ggl. vestibulare	–
IX	N. glossopharyngeus	Ggl. superius Ggl. inferius (petrosum) Ggl. tympanicum	Ggl. oticum*
X	N. vagus	Ggl. superius (jugulare) Ggl. inferius (nodosum)	Ganglien außerhalb des Kopfbereichs (Abb. **M-2.26**, Abb. **M-2.27**)

* Die sog. „Kopfganglien" enthalten z.T. neben den hier umgeschalteten parasympathischen Effernzen sympathische und sensible Fasern, die jedoch ohne Umschaltung lediglich hindurchziehen.

M 2.3 Nerven im Kopfbereich – Hirnnerven (Nervi craniales)

M-2.7 Überblick über die einzelnen Hirnnerven mit ihren Hauptversorgungsgebieten

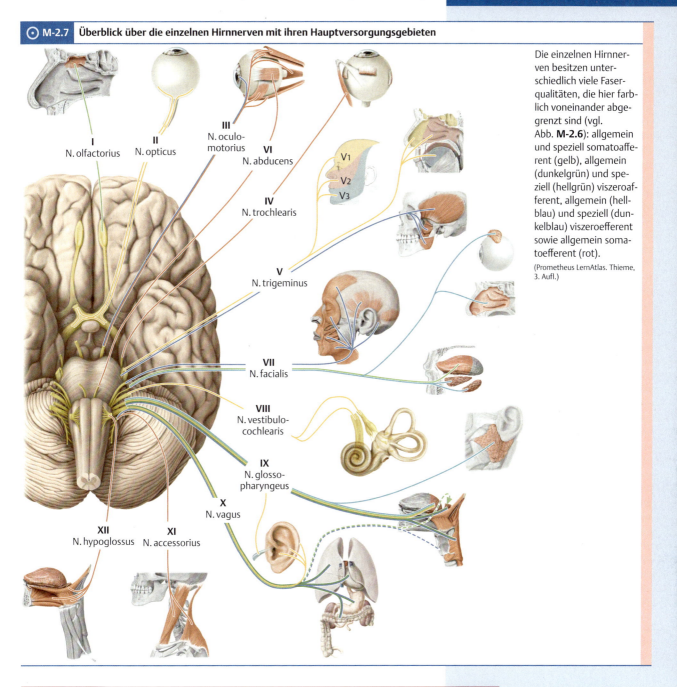

Die einzelnen Hirnnerven besitzen unterschiedlich viele Faserqualitäten, die hier farblich voneinander abgegrenzt sind (vgl. Abb. **M-2.6**): allgemein und speziell somatoafferent (gelb), allgemein (dunkelgrün) und speziell (hellgrün) viszeroafferent, allgemein (hellblau) und speziell (dunkelblau) viszeroefferent sowie allgemein somatoefferent (rot).
(Prometheus LernAtlas. Thieme, 3. Aufl.)

▶ **Merke.** Das Verständnis der Symptomatik bei Ausfällen einzelner oder mehrerer Hirnnerven setzt die Kenntnis der Topografie bzw. der Funktionen 1. der **Kerngebiete** der Hirnnerven, 2. des **intrazerebralen Faserverlaufs**, 3. der Lokalisation der **Hirnnervenaustritte** an der Hirnoberfläche, 4. der **Durchtritte** durch die **Schädelbasis** und 5. des **peripheren Nervenverlaufs** voraus. Diese sind deshalb in zahlreichen Abbildungen (Abb. **M-2.8**, Abb. **M-2.12**–Abb. **M-2.14**, Abb. **M-2.17**, Abb. **M-2.18**, Abb. **M-2.22**–Abb. **M-2.24**, Abb. **M-2.26**, Abb. **M-2.27** und Abb. **M-2.29**) getrennt aufgeführt.

▶ **Merke.**

2.3.1 Nervus olfactorius (I) und Nervus opticus (II)

Hirnnerv I und Hirnnerv II sind streng genommen „ausgelagerte" Hirnanteile und werden im Rahmen der Riech- (S. 1239) und Sehbahn (S. 1221) ausführlich besprochen. Der Vollständigkeit halber sind sie hier kurz zusammengestellt:

- Die als **Nervus olfactorius** (speziell viszeroafferent) zusammengefassten **Fila olfactoria** (dünne markarme Axone der Riechzellen) ziehen von der **Regio olfactoria** (S. 1045) durch die Lamina cribrosa des Os ethmoidale in die Fossa cranii anterior, wo sie in den **Bulbus olfactorius** als Teil des Telenzephalons eintreten. Dort erfolgt in komplexen Synapsen (Glomeruli olfactorii) die Umschaltung auf das 2. Neuron, auf sog. „Mitralzellen" (S. 1239).

▶ Klinik. Läsionen des N. olfactorius können durch Schädelbasisfrakturen (Lamina cribrosa) mit Abriss aller oder mehrerer Fila olfactoria bedingt sein. Sie gehen oft (z. B. bei beidseitigen Frakturen) mit „Liquorrhö" (Abtropfen von Liquor durch die Nasenhöhle) einher. Andere Faktoren sind Entzündungen oder Tumoren (basale Meningeome). Je nach Ausdehnung der Zerstörung der Fila olfactoria kommt es zur Minderung oder zum Totalausfall des Geruchssinns (Hyp- oder Anosmie) bei erhaltener Wahrnehmung reizender Agenzien (über Trigeminusfasern).

- Der **Nervus opticus** (speziell somatoafferent) ist Teil des Dienzephalons, führt Afferenzen der retinalen Ganglienzellen (S. 1067) und verlässt das Auge im Bereich des Discus nervi optici. Extrabulbär ist er von den Hirnhäuten umgeben und zieht in leichtem Bogen durch den Anulus tendineus communis in den **Canalis opticus**. Nach dem Durchtritt bilden die Nn. optici beider Seiten in der Fossa cranii media das **Chiasma opticum**. Hier kreuzen Fasern der nasalen Retinahälfte auf die Gegenseite, während die der temporalen Retinahälfte ungekreuzt gleichseitig in den anschließenden **Tractus opticus** weiterziehen. Letzterer endet größtenteils im ipsilateralen Corpus geniculatum laterale (S. 1221). Einige Faserbündel aus dem Bereich des Chiasma opticum treten direkt in den Hypothalamus ein und greifen über den Nucleus suprachiasmaticus (S. 1228) in die Zirkadianrhythmik ein.

▶ Klinik. Da der N. opticus ein Teil der Sehbahn ist, werden die Folgen von Läsionen (z. B. bei Multipler Sklerose) im Zusammenhang mit dem optischen sensomotorischen System (S. 1221) besprochen. Sie äußern sich in 1. Visusstörungen, 2. Gesichtsfelddefekten und 3. Pupillenstörungen (s. unten, Ganglion ciliare).

2.3.2 Hirnnerven zu Augenmuskeln (III, IV und VI)

Die Hirnnerven IV und VI sind für die Bewegungen des Augapfels (Bulbus oculi) durch die äußeren Augenmuskeln zuständig, der N. oculomotorius (III) innerviert zusätzlich zwei innere Augenmuskeln (Abb. **M-2.8**).

M 2.3 Nerven im Kopfbereich – Hirnnerven (Nervi craniales)

⊙ M-2.8 Hirnnerven zu Augenmuskeln

N. oculomotorius (III)

Kerngebiet	Mesenzephalon	**Ncl. nervi oculomotorii** ▬
		Ncl. accessorius nervi oculomotorii ▬ (Edinger-Westphal)
Verlauf	intrazerebral	Die Wurzelfasern ziehen teils gekreuzt teils ungekreuzt durch bzw. neben dem Nucleus ruber nach anterior und treten in der Fossa interpeduncularis am **Vorderrand der Brücke** aus.
	intrakraniell	Zwischen der A. cerebri posterior und der A. cerebelli superior hindurchtretend gelangt der Nerv medial vom **Tentorium cerebelli** in den Bereich des **Sinus cavernosus**, durch den er zieht.
	Durchtritt durch die Schädelbasis	Über die **Fissura orbitalis superior** gelangt er in die Augenhöhle.
Äste und Versorgungsgebiet	Orbita	**R. superior** ▬ → M. levator palpebrae superioris → M. rectus superior **R. inferior** ▬ → M. rectus medialis → M. rectus inferior → M. obliquus inferior
		Ramus ad ganglion ciliare ▬ → Ganglion ciliare* In den **Nn. ciliares breves** verlaufen die postganglionären parasympathischen (allgemein viszeroefferenten) Fasern zu folgenden inneren Augenmuskeln, die sie innervieren: → M. ciliaris → M. sphincter pupillae

N. trochlearis (IV)

Kerngebiet	Mesenzephalon	**Ncl. nervi trochlearis** ▬
Verlauf und Versorgungsgebiet	intrazerebral	Seine Fasern **kreuzen vollständig** und ziehen nach **dorsal**, wo sie unterhalb der unteren Vierhügel als dünner Nerv hervortreten.
	intrakraniell	Er zieht seitlich der Hirnschenkel nach vorn Richtung Tentorium cerebelli und tritt dort in die Dura ein (**langer intraduraler Verlauf**). Er liegt in der Seitenwand des **Sinus cavernosus**
	Durchtritt durch die Schädelbasis	Zusammen mit N. III und N. VI sowie dem 1. Trigeminusast (N. ophthalmicus) tritt er durch die **Fissura orbitalis superior** , jedoch als einziger der genannten Nerven verläuft er nicht im Anulus tendineus communis, sondern über diesen hinweg in die **Orbita**.
	Orbita	→ M. obliquus superior

N. abducens (VI)

Kerngebiet	Pons	**Ncl. nervi abducentis** ▬ (umschlungen vom sog. inneren Fazialisknie)
Verlauf und Versorgungsgebiet	intrazerebral	Die ungekreuzten Fasern treten ventral zwischen Pons und Medulla (Sulcus bulbopontinus) aus.
	intrakraniell	Er läuft neben der A. basilaris an der basalen Oberfläche der Brücke nach vorn (**langer extraduraler Verlauf**) und tritt im Bereich des Clivus in die Dura ein, wo er sich dem Verlauf des III. und IV. Hirnnerven im **Sinus cavernosus** anschließt.
	Durchtritt durch die Schädelbasis	Durch die **Fissura orbitalis superior** und den Anulus tendineus communis Eintritt in die Orbita
	Orbita	→ M. rectus lateralis

* Das Ganglion ciliare liegt in der Orbita lateral von N. opticus unmittelbar hinter dem Bulbus. Neben der parasympathischen Wurzel aus dem N. III und der sensiblen Wurzel (Nn. ciliares longi) aus dem N. nasociliaris (V1) erhält es aus dem Ganglion cervicale superius stammende periarterielle Fasern der A. carotis interna u. A. ophthalmica als Radix sympathica. Sie versorgen den M. dilatator pupillae. Die Gesamtheit der vom Ganglion in den Bulbus ziehenden Fasern fasst man als Nn. ciliares breves zusammen.

▬ = allgemein somatoefferent; ▬ = allgemein viszeroefferent

Zum Fazialisknie siehe auch Abb. **M-2.17**, zu Nn. ciliares longi vergleiche durch die Orbita laufende Nerven (S. 1052).

M-2.9 Augenmuskelnerven

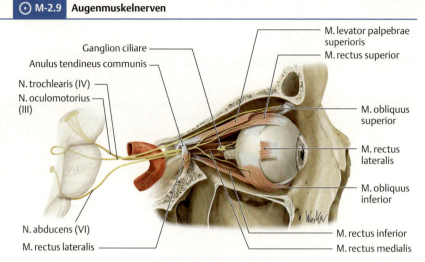

Verlauf der Augenmuskelnerven innerhalb der eröffneten rechten Orbita. Ansicht von lateral.
(Prometheus LernAtlas. Thieme, 3. Aufl.)

▶ **Klinik.** Läsionen des Ganglion ciliare (Abb. **M-2.10**) bedingen eine Weit- oder Engstellung der Pupille (Mydriasis, Miosis). Durch Untersuchung der Konvergenzreaktion, der Akkommmodation, der Reaktion auf Lichteinfall und des Kornealreflexes kann eine weitere Differenzierung der Lokalisation der Läsion (peripher oder zentral) vorgenommen werden.

M-2.10 Leitungsbahnen des Ganglion ciliare und des Ganglion pterygopalatinum.

1 Ganglion ciliare, 2 N. oculomotorius, 3 Radix oculomotoria (parasympathische Wurzel), 4 Centrum ciliospinale, 5 Ganglion cervicale superius, 6 Plexus caroticus, 7 Radix sympathica, 8 N. nasociliaris (sensible Wurzel), 9 Nn. ciliares breves, 10 Ganglion pterygopalatinum, 11 N. maxillaris (sensible Wurzel), 12 Rami ganglionares (Nn. pterygopalatini), 13 Intermediusanteil des N. facialis, 14 N. petrosus major (parasympathische Wurzel), 15 N. petrosus profundus (sympathische Wurzel), 16 N. canalis pterygoidei, 17 parasympathische Fasern, 18 Tränendrüse, 19 N. zygomaticus, 20 parasympath. Rami orbitales, 21 Rami nasales posteriores laterales (parasympath.), 22 Nn. palatini (parasympath.), 23 Nn. palatini (Geschmacksfasern, zum N. petrosus major), 24 Ganglion trigeminale.
(Kahle, W., Frotscher, M.: Taschenatlas Anatomie Nervensystem und Sinnesorgane. Thieme, 2013)

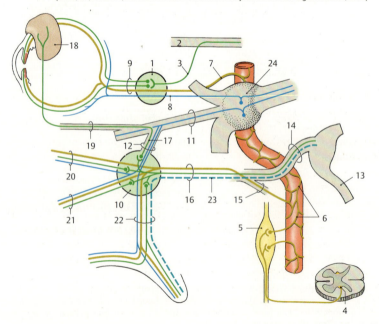

▶ Klinik. Augenmuskelparesen (Abb. **M-2.11**): Läsionen der Augenmuskelnerven führen zu Bewegungsstörungen und Fehlstellungen des Bulbus, die sich häufig zunächst in Doppelbildern (Diplopie) äußern.

▶ Klinik.

M-2.11 **Astfolge und Verbindungen der Augenmuskelnerven.** 1 N. trochlearis, 2–4 N. oculomotorius, 3 R. inferior, 4 R. superior, 5 Ganglion ciliare, 6 Nn. ciliares breves, 7 parasympathische Wurzel, 8 sympathische Wurzel, 9 sensible Wurzel, 10 N. abducens, 11 afferente Fasern aus den drei Augenmuskelnerven zum Ganglion trigeminale, 12 Ganglion trigeminale.
(Kirsch, J. et al.: Taschenlehrbuch Anatomie. Thieme, 2011)

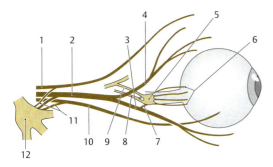

Ausfälle des N. oculomotorius (III) sind erkennbar an einer Ptosis (schlaffes Augenlid durch Lähmung des M. levator palpebrae), Blickrichtung des Bulbus nach außen unten durch den erhaltenen Zug des M. obliquus superior (IV) und des M. rectus lateralis (VI). Der Patient sieht schräg stehende Doppelbilder. Durch Ausfall der parasympathischen Innervation über das Ganglion ciliare überwiegt der M. dilatator pupillae und führt zur Pupillenerweiterung (Mydriasis) mit fehlender Akkommodation des betroffenen Auges (Unscharfsehen).
Bei Ausfall des N. trochlearis (IV) wird der M. obliquus superior gelähmt, d. h. der Bulbus steht etwas höher als auf der Gegenseite und ist leicht adduziert (Blickrichtung nach medial oben). Der Patient versucht die entstehenden Doppelbilder durch Neigung und Drehung des Kopfes zur gesunden Seite auszugleichen („okulärer Schiefhals"). Bei Neigung des Kopfes zur erkrankten Seite weicht der Bulbus weiter nach oben innen ab (sg. Bielschowsky-Zeichen).
Die Abduzensparese ist die häufigste nerval bedingte Augenmotilitätsstörung, die auf einem Ausfall des N. abducens (VI) beruht. Durch Lähmung des M. rectus lateralis ist der Bulbus beim Geradeaussehen leicht adduziert, d. h. Blickrichtung nach nasal. Doppelbilder werden durch kompensatorische Drehung des Kopfes zur Seite der Lähmung ausgeglichen. Durch die synergistische Verschaltung der Abduzenskerne für beide Augen kommt es oft zu einer kompletten Blicklähmung zur Seite der Schädigung.

2.3.3 Nervus trigeminus (V)

Der N. trigeminus (Abb. **M-2.12**–Abb. **M-2.14**) führt hauptsächlich somatoafferente Fasern (Radix sensoria) zur **Innervation des Gesichts**. Aus den verschiedenen Regionen erreichen die Fasern über folgende drei Hauptstämme das sensible Ganglion trigeminale
- **N. ophthalmicus (V$_1$)**,
- **N. maxillaris (V$_2$)** und
- **N. mandibularis (V$_3$)**.

2.3.3 Nervus trigeminus (V)

Der N. trigeminus (Abb. **M-2.12**–Abb. **M-2.14**) führt über seine drei Hauptstämme (V$_1$, V$_2$ und V$_3$) v. a. somatoafferente Fasern zur **Innervation des Gesichts**.

▶ Merke. Jedem der drei sensiblen Hauptabschnitte des N. trigeminus ist ein **Ganglion angelagert**, in welchem parasympathische Fasern (aus den Hirnnerven III, VII sowie IX) umgeschaltet werden, während die **sympathischen Fasern** (aus dem Plexus caroticus internus des Ganglion superius) und die **sensiblen Trigeminusfasern nicht umgeschaltet** hindurchziehen.

▶ Merke.

⊙ M-2.12 Nervus trigeminus (V) (Teil I)

Kerngebiet	gesamter Hirnstamm (Ncl. spinalis bis in das Rückenmark)	**Ncl. mesencephalicus nervi trigemini** ▨ (propriozeptiv)
		Ncl. principalis nervi trigemini ▨ (mechanorezeptiv)
		Ncl. spinalis nervi trigemini ▨ (nozizeptiv, thermorezeptiv, mechanorezeptiv) somatotopische Anordung: am weitesten kranial Neurone für den perioralen Bereich, darunter für die Wangen-Lid-Region und am weitesten kaudal die für Kinn-, Jochbein- und Schläfenbereich (Schädigung führt zu Ausfällen entlang der zwiebelschalen-förmigen Sölder-Linien)
	Pons	**Ncl. motorius nervi trigemini** ▨
Verlauf und Hauptstämme	intrazerebral	Die Fasern der ausgedehnten Kerngebiete bündeln sich im ipsilateralen **Pons**-Bereich, wo der auffällig dicke N. trigeminus seitlich austritt.
	intrakraniell	**Radix sensoria** ▨ (= **Portio major** aus vielen afferenten Fasern) und **Radix motoria** ▨ (= **Portio minor** aus wenigen motorischen Fasern) laufen als auffällig dicker Nerv nach vorn über die Kante der Felsenbeinpyramide: An deren Vorderfläche tritt er über dem Foramen lacerum in eine Duraduplikatur (**Cavum trigeminale**) ein. Die Somata der sensiblen Fasern bilden hier das große, halbmondförmige sensible **Ganglion trigeminale** (**Gasseri**), aus dem die **drei Hauptstämme** des N. trigeminus heraustreten: – N. ophthalmicus (V_1) mit Aufzweigung in der Orbita (s. u.) – N. maxillaris (V_2) mit Aufzweigung in der Fossa pterygopalatina (s. u.) sowie – N. mandibularis (V_3) mit Aufzweigung in der Fossa infratemporalis. Ihm schließen sich auch die Fasern der Radix motoria für die Kaumuskulatur an.

N. ophthalmicus (V_1) ▨

Verlauf, Äste und Versorgungsgebiet	intrakraniell	Aus dem Ganglion trigeminale tritt der Nerv in den **Sinus cavernosus** ein und zieht in dessen Wand nach ventral. Vor Verlassen der Schädelhöhle zweigt ein rückläufiger Ast zu den Hirnhäuten ab: **R. meningeus recurrens/tentorii** → Falx cerebri, Tentorium cerebelli
	Durchtritt durch die Schädelbasis	Der Nerv tritt durch die **Fissura orbitalis superior** in die Orbita und teilt sich in drei Äste auf: – N. frontalis, – N. nasociliaris und – N. lacrimalis
	Orbita, Zielgebiete der Unteräste	Der **N. frontalis** zieht unter dem Orbitadach nach vorne medial und entlässt folgende Äste: – **N. supraorbitalis**, der mit einem medialen (durch die Incisura frontalis) und einem lateralen (durch die Incisura supraorbitalis) Ast die Haut der Brauen- und Stirnregion versorgt. – **N. supratrochlearis** (unterer Endast) → Bereich der Nasenwurzel, medialer Augenwinkel

Zum N. ophthalmicus vergleiche durch die Orbita laufende Nerven (S. 1052), Details zur Fossa pterygopalatina siehe Flügelgaumengrube (S. 1035).

M-2.13 Nervus trigeminus (V) (Teil II)

N. ophthalmicus
Aufzweigung im Bereich der Orbita.

Der **N. nasociliaris** überkreuzt den N. opticus in Richtung mediale Orbitawand, gibt folgende Äste ab:
- **Ramus communicans cum ganglio ciliari**: sensible Fasern aus dem Ganglion ciliare → sensible Innervation der Hornhaut (afferenter Schenkel des Kornealreflexes!)
- **N. ethmoidalis posterior** tritt durch das Foramen ethmoidale posterius → Schleimhaut der Keilbeinhöhle und hinterer Siebbeinzellen sowie Dura der vorderen Schädelgrube (**R. meningeus anterior**)
- **N. ethmoidalis anterior** tritt durch das Foramen ethmoidale anterius in die Schädelbasis ein und von dort über die Siebbeinplatte in die Nasenhöhle und gibt folgende Äste ab:
- Rr. nasales interni → Nasenhöhle mit Nasenscheidewand
- R. nasalis externus (Endast) → Haut des Nasenrückens bis zur Nasenspitze; außerdem versorgt er die vorderen Siebbeinzellen.
- **N. infratrochlearis** (Endast) verläuft zum medialen Augenwinkel und innerviert dort die Haut und die Konjunktiven.

Am weitesten nach lateral zweigt sich der **N. lacrimalis** aus dem N. ophthalmicus ab, der über dem M. rectus lateralis in den Bereich der Tränendrüse und weiter zum lateralen Augenwinkel zieht (→ sensibles Innervationsgebiet bis etwa zur Braue).
Er erhält über einen Verbindungsast zum N. zygomaticus aus V$_2$ (**R. communicans cum nervo zygomatico**) aus dem Ganglion pterygopalatinum parasympathische (Fazialis-!)Fasern, die diesen Weg nutzen, um die Tränendrüse sekretorisch zu innervieren.

N. maxillaris (V$_2$)

Verlauf, Äste und Versorgungsgebiet

intrakraniell
Der N. maxillaris tritt aus dem Ganglion trigeminale in die basolaterale Wand des Sinus cavernosus. Noch intrakraniell gibt er einen **R. meningeus medius** zur Dura mater der mittleren Schädelgrube ab.

Durchtritt durch die Schädelbasis
Er zieht nach vorn durch das **Foramen rotundum** in die Fossa pterygopalatina

Fossa pterygopalatina, Zielgebiete der Unteräste
Dort teilt er sich in folgende Äste auf:
- **Rr. ganglionares** (als „sensible Wurzel" des Ganglion pterygopalatinum). Ihre Äste innervieren die Schleimhaut der Nasenmuscheln, der hinteren Siebbeinzellen und des Nasenseptums als
- Rr. nasales posteriores superiores laterales u. mediales
- Rr. nasales posteriores inferiores
- N. nasopalatinus sowie des harten und weichen Gaumens als
- N. palatinus major und Nn. palatini minores.
- **N. zygomaticus**: Er nimmt aus dem Ganglion pterygopalatinum parasympathische Fasern auf und tritt durch die **Fissura orbitalis inferior** in die Orbita, wo er den Verbindungsast mit den parasympathischen Fasern zum N. lacrimalis (aus V$_1$, s. o.) entlässt. Seine Endäste erreichen durch das **Foramen zygomaticoorbitale** in der lateralen Orbitawand die Haut in u. g. Zielgebieten:
- R. zygomaticofacialis → Haut über vorderem Schläfenbereich
- R. zygomaticotemporalis → Haut über dem Jochbein
- **N. infraorbitalis**: Auch er tritt durch die **Fissura orbitalis inferior** in den Boden der Augenhöhle ein und von dort aus in den **Canalis infraorbitalis**, den er am **Foramen infraorbitale** unterhalb des unteren Orbitarandes als kräftiger Nerv verlässt und die Haut zwischen Unterlid, Oberlippe und Wange versorgt. In seinem Verlauf gibt er sensible Äste zum Sinus maxillaris und zu den Zähnen ab: Plexus dentalis superior mit
- Rr. alveolares superiores anteriores (für die Schneidezähne und den Eckzahn),
- R. alveolaris superior medius (Prämolaren) und
- Rr. alveolares superiores posteriores (Molaren)

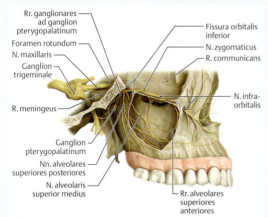

N. maxillaris
Aufzweigung im Bereich des Oberkiefers.

Details zur Fossa pterygopalatina siehe Flügelgaumengrube (S. 1035).
Abbildungen aus Prometheus LernAtlas. Thieme, 3.Aufl.

M-2.14 Nervus trigeminus (V) (Teil III)

N. mandibularis (V₃)

Verlauf, Äste und Versorgungsgebiet	intrakraniell	kräftigster Trigeminusast, da er neben den sensiblen Fasern des Ganglion trigeminale auch die motorische Portio minor mit sich führt
	Durchtritt durch die Schädelbasis	Durch das **Foramen ovale** tritt er in die Fossa infratemporalis ein
	Fossa infratemporalis, Zielgebiete der Unteräste	In der Fossa infratemporalis gibt er einen dünnen – R. meningeus ab, der mit der A. meningea media durch das **Foramen spinosum** wieder in die Schädelhöhle eintritt, um die vorderen Bereiche der Meningen und einen Teil der Keilbeinhöhle zu innervieren. Dem N. mandibularis medial angelagert ist das große Ganglion oticum, dem er sensible Fasern zuführt und das parasympathische (aus dem N. glossopharyngeus) und sympathische Fasern (aus dem Plexus caroticus) an die folgenden Aufzweigungen des N. mandibularis abgibt: – **N. buccalis**: Dieser sehr dünne sensible Nerv verläuft nach vorne (oft zusammen mit den motorischen Fasern der Portio minor, s. u.) und durchbohrt den M. buccinator, um zur Wangenschleimhaut zugelangen, die er wie die benachbarte Gingiva innerviert – **N. auriculotemporalis**: nach lateral hinten und oben ziehend bildet er in der Regel eine Schlinge um die A. meningea media kurz nach ihrem Abgang aus der A. maxillaris. Er nimmt parasympathische Fasern des N. glossopharyngeus aus dem Ggl. oticum auf, die er auf seinem Weg durch die Glandula parotidea an die dort verlaufenden Fazialisäste abgibt (Verbindung zum N. glossopharyngeus: Jacobson-Anastomose). Seine sensiblen Endäste verlaufen benachbart zur A. und V. temporalis superficialis und versorgen die Haut der Schläfen- und vorderen Ohrmuschelgegend sowie Kiefergelenk und Trommelfell – **N. lingualis**: Er nimmt durch die Chorda tympani (aus N. VII) außer viszeroafferenten (gustatorischen) ebenfalls parasympathische Fasern auf, zieht zwischen M. pterygoideus medialis und lateralis nach vorn unten und medial zum Zungengrund. An ihm hängt das kleine Ganglion submandibulare mit seiner Radix sensibilis und parasympathica (für die Gl. submandibularis und sublingualis). Seine sensiblen Endäste innervieren die vorderen zwei Drittel der Zungenschleimhaut, die angrenzende Gingiva, den weichen Gaumen (**Rr. isthmi faucium**) und Teile der Mundschleimhaut (**N. sublingualis**) – **N. alveolaris inferior**: Der kräftige Nerv verläuft lateral vom N. lingualis nach kaudal und tritt durch das **Foramen mandibulae** in den Unterkieferkanal ein. Hier bildet er mit seinen sensiblen Fasern den – Plexus dentalis inferior mit Ästen zu Alveolen bzw. Zähnen, bevor der – **N. mentalis** als Endast am Foramen mentale wieder hervortritt und Lippen- sowie Kinnhaut innerviert Neben den genannten sensiblen Fasern führt der N. alveolaris inferior auch motorische: – **N. mylohyoideus** → M. mylohyoideus und Venter anterior des M. digastricus Die weiteren, der Portio minor bzw. Radix motoria des N. trigeminus entstammenden Äste des N. mandibularis sind ebenfalls nach den von ihnen innervierten Muskeln benannt: – **N. massetericus** (durch die **Incisura mandibulae**) → M. masseter, daneben führt der primär motorische N. massetericus auch afferente Fasern für das Kiefergelenk – **Nn. temporales profundi** → M. temporalis – **N. pterygoideus medialis** → M. pterygoideus medialis, M. tensor veli palatini, M. tensor tympani – **N. pterygoideus lateralis** → M. pterygoideus lateralis

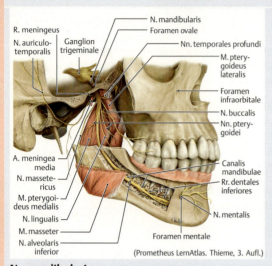

N. mandibularis
Aufzweigung im Bereich des Unterkiefers.
(Prometheus LernAtlas. Thieme, 3. Aufl.)

= *allgemein somatoafferent*   = *speziell viszeroefferent*

Vergleiche auch: Fossa infratemporalis (S. 1034), Jacobsen-Anastomose (S. 1020), N. lingualis (Abb. **M-2.17**), M. mylohyoideus (S. 1015).

M 2.3 Nerven im Kopfbereich – Hirnnerven (Nervi craniales)

M-2.15 Faserverlauf des N. trigeminus (V)

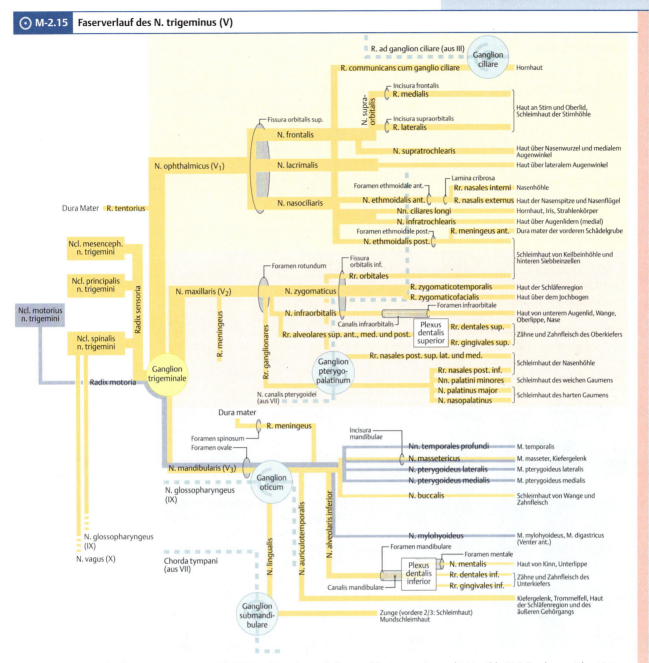

Die Aufzweigungen der drei Hauptstämme sind farblich so hinterlegt, wie ihr sensibles Innervationsgebiet in Abb. **M-2.7** gekennzeichnet ist. Lediglich der N. mandibularis (V₃) führt neben allgemein somatoafferenten Fasern (gelb) auch speziell viszeroefferente (dunkelblau) zur Innervation der aus dem 1. Schlundbogen abstammenden Kaumuskeln.

Wichtig zu beachten ist, dass die sensiblen Kerngebiete des N. trigeminus nicht dem Innervationsbereich seiner drei Hauptäste entsprechen. Aufgrund der Anordnung der Kerngebiete im Nd. spinalis nervi trigemini (kranial: perioraler Bereich, mittig: Wangen-Lid-Region, kaudal: Schläfen-, Jochbein-, Kinnbereich) lassen sich im Gesicht konzentrische oder „zwiebelschalenförmige" Bereiche bei Sensibilitätsstörungen unterscheiden. Die Bereiche sind durch die sog. Sölder-Linien getrennt. Gleichzeitige Innervationsstörungen der Kaumuskulatur deuten auf einen peripheren Prozess im Bereich des N. mandibularis (V₃) hin. Denn lediglich in diesem unteren Hauptast des N. trigeminus verlaufen die efferenten Fasern der Radix motoria (oder Radix minor) nervi trigemini, die v. a. die Kaumuskulatur versorgen. Da der N. trigeminus sich entwicklungsgeschichtlich aus dem 1. Schlundbogen ableitet (Tab. **M-1.8**), handelt es sich hierbei um spezielle Viszeroefferenzen.

Die sensiblen Kerngebiete des N. trigeminus entsprechen nicht dem Innervationsbereich der Hauptäste. Es finden sich konzentrisch angeordnete Innervationsbereiche von der Gesichtsmitte bis zum Gesichtsrand. Sind Innervationsstörungen der Gesichtshaut mit Ausfällen der Kaumuskulatur verbunden, spricht dies für eine periphere Schädigung im Bereich des N. mandibularis.

Lediglich V₃ führt auch efferente Fasern, die v. a. die **Kaumuskulatur** innervieren.

Für **unterschiedliche sensible** Qualitäten existieren verschiedene **Kernkomplexe** (kein Bezug zu den peripheren Hauptstämmen!).

Lediglich im N. mandibularis verlaufen auch efferente Fasern der Radix motoria nervi trigemini, die v. a. die **Kaumuskulatur** versorgen. Da der N. trigeminus sich entwicklungsgeschichtlich aus dem 1. Schlundbogen ableitet (Tab. **M-1.8**), handelt es sich hierbei um spezielle Viszeroefferenzen.

Bei den **Kernkomplexen** werden der **motorische** von **verschiedenen sensiblen** unterschieden. Letztere sind Verschaltungszentren für Afferenzen je unterschiedlicher sensibler Qualität und stehen in keinem Bezug zu den drei peripheren Hauptstämmen!

▶ **Klinik.** Klinisch bedeutsam für die Diagnostik von Reizzuständen im Innervationsgebiet der drei Hauptstämme sind die **Trigeminus-Druckpunkte** (= Valleix-Druckpunkte), die bei Erkrankung des betreffenden Astes druckschmerzhaft sind:
- Foramen supraorbitale (bzw. die gleichnamige Incisura) für N. supraorbitalis (V₁),
- Foramen infraorbitale für N. infraorbitalis (V₂) und
- Foramen mentale für N. mentalis (aus N. alveolaris inferior, V₃).

Besonders empfindlich sind die betreffenden Druckpunkte bei der **Trigeminusneuralgie** (S. 1107) mit anfallsweise auftretenden, plötzlich einschießenden starken Schmerzen („blitzartig"), die meist einseitig im Gesicht auftreten. Spricht die medikamentöse Therapie in besonders hartnäckigen Fällen der Trigeminusneuralgie nicht an, können invasive Methoden (wie thermische oder chemische Eingriffe) zum Einsatz kommen, bei denen man über das Foramen ovale den Zugang zum Ganglion trigeminale nutzt. Eine vom Ganglion trigeminale ausgehende selektive Reaktivierung von Varizellen-Viren („Windpocken") im Versorgungsbereich des N. ophthalmicus (V₁) führt zu sehr schmerzhaften entzündlichen Reaktionen am Auge und der umgebenden Haut, sog. (Herpes)Zoster ophthalmicus.

⊙ **M-2.16** Nervenaustrittspunkte (NAP) der Trigeminusäste

(Prometheus LernAtlas. Thieme, 3. Aufl.)

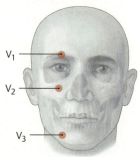

2.3.4 Nervus facialis (VII)

▶ **Merke.**

▶ **Merke.**

2.3.4 Nervus facialis (VII)

▶ **Merke.** Der N. facialis übernimmt mit seinen speziell viszeroefferenten (**branchiogenen**) Fasern (Nerv des 2. Schlundbogens) hauptsächlich die Innervation der **mimischen Muskulatur**. In seinem Intermediusanteil verlaufen zum einen speziell viszeroafferente **Geschmacksfasern** (vordere ⅔ der Zunge), zum anderen allgemein viszeroefferente (**parasympathische**) Fasern. Letztere erreichen die durch sie innervierten Drüsen über zwei unterschiedliche Ganglien: **Ggl. pterygopalatinum** (→ v. a. Gl. lacrimalis) und **Ggl. submandibulare** (→ v. a. Gl. submandibularis und Gl. sublingualis). Die einzige große Kopfspeicheldrüse, die (trotz ihrer topografischen Nähe zum N. facialis **nicht** von ihm, sondern durch den N. glossopharyngeus (S. 995) innerviert wird, ist die Gl. parotidea (S. 1018).

▶ **Merke.** Das Kardinalsymptom einer Fazialisschädigung ist die schlaffe Lähmung der Gesichtsmuskulatur: der Mundwinkel der betroffenen Seite hängt herab (Patient kann nicht mehr pfeifen), die Stirnfalten verstreichen (Patient kann die Stirn nicht mehr runzeln) und der Lidschluss ist unvollständig (Patient kann das Auge nicht mehr zukneifen). Weitere Symptome wie Mundtrockenheit und Geschmacksstörungen (durch Schädigung der Fasern für die Chorda tympani), Hyperakusis (Schallüberempfindlichkeit durch Schädigung der Fasern des N. stapedius) und Hör- und Gleichgewichtsstörungen (durch Schädigung der benachbarten Anteile des N. vestibulocochlearis) lassen eine genauere Lokalisation der Schädigung des Nerven in seiner komplizierten Verlaufsstrecke zu, s. Abb. **M-2.20** und Klinik (S. 993).

Außerdem verlaufen wenige somatosensible Fasern aus dem sensiblen Trigeminuskern im N. facialis.

M-2.17 N. facialis (VII) (Teil I)

Kerngebiet	Pons (seitlich)	**Ncl. nervi facialis** 2 Zellgruppen, die über Fibrae corticonucleares Afferenzen aus dem Gyrus precentralis erhalten: – **obere Zellgruppe** mit Neuronen, die die Stirn- und Lidmuskulatur innervieren: wird von der ipsi- und kontralateralen Präzentralregion (**bilateral**) angesteuert – **untere Zellgruppe** mit Neuronen für die Innervation der übrigen Gesichtsmuskulatur: wird nur vom kontralateralen Gyrus precentralis (**unilateral**) angesteuert **Ncl. salivatorius superior**
	Pons, Medulla oblongata	**Ncl. tractus solitarii**, Pars superior
Verlauf, Äste und Versorgungsgebiet	intrazerebral	– **Fazialisanteil**: Motorische Fasern aus dem Ncl. nervi facialis ziehen zunächst nach medial, umschlingen nach oben aufsteigend den Abduzenskern und wölben am Boden der **Rautengrube** als „**inneres Fazialisknie**" den **Colliculus facialis** auf. Ihnen sind einige Trigeminusfasern angelagert. – **Intermediusanteil**: Nichtmotorische Fasern aus dem Ncl. salivatorius superior und Ncl. tractus solitarius bilden den **N. intermedius**, der sich den o. g. motorischen Fasern anlagert. Gemeinsam verlassen die beiden Anteile den Hirnstamm am **Kleinhirnbrückenwinkel**.
	intrakraniell mit Verlauf im Felsenbein	Beide Anteile ziehen zum **Porus acusticus internus**, über den der Eintritt in den **Meatus acusticus internus** erfolgt (gemeinsam mit N. VIII). Innerhalb des Felsenbeins ist der Verlauf kompliziert: Durch Änderung der Verlaufsrichtung (von anterior-lateral nach posterior-lateral) bildet der Nerv das „**äußere Fazialisknie**". Hier liegt das kleine **Ganglion geniculi** mit Perikaryen der afferenten Fasern aus der Chorda tympani (unipolare Neurone). Er schwenkt dann in seinem Knochenkanal (**Canalis nervi facialis**) nach kaudal und entlässt innerhalb des Felsenbeins 3 Nerven: – Der parasympathische **N. petrosus major** (Abgang in Höhe des Ggl. geniculi) tritt durch den **Hiatus canalis nervi petrosi majoris** nochmals in die Schädelhöhle ein und verläuft unter der Dura an der Vorderfläche der Felsenbeinpyramide (zusammen mit dem sympathischen N. petrosus profundus) zum Foramen lacerum. – Der sehr dünne **N. stapedius** verlässt das Felsenbein nicht, sondern zieht im Knochen zum gleichnamigen Muskel. – Aus dem absteigenden Stamm zweigt weiterhin die **Chorda tympani** ab und zieht durch die Paukenhöhle hindurch (an der Innenseite der Pars flaccida des Trommelfells zwischen Hammer und Amboss).

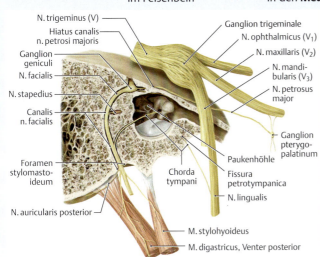

N. facialis
Verlauf und Äste innerhalb des Felsenbeins.

N. VIII siehe Abb. **M-2.22**, Details zum Verlauf der Chorda tympani siehe Pars flaccida des Trommelfells (S. 1078)
Abbildung aus Prometheus LernAtlas. Thieme, 3. Aufl.

⊙ M-2.18 N. facialis (VII) (Teil II)

Verlauf, Äste und Versorgungsgebiet	Durchtritt durch die Schädelbasis und Zielgebiete nach Verlassen des Felsenbeins	

– **N. petrosus major:** Nach Durchtritt durch den Faserknorpel im **Foramen lacerum** ziehen die präganglionären parasympathischen Fasern (mit den postganglionären sympathischen Fasern aus dem N. petrosus profundus zum N. canalis pterygoideus vereinigt) durch den **Canalis pterygoideus** zum **Ganglion pterygopalatinum**, werden dort umgeschaltet und innervieren die

→ Gl. lacrimalis (über Anlagerung an Trigeminusäste),

→ Gll. nasales sowie die

→ Gll. palatinae.

– Die **Chorda tympani** tritt von der Paukenhöhle durch die **Fissura petrotympanica** und lagert sich dem N. lingualis (aus V_3) an. Sie führt zwei unterschiedliche Faserqualitäten:

1. Nach Umschaltung der **parasympathischen Fasern** ▪ im **Ganglion submandibulare** ziehen die postganglionären Efferenzen zu folgenden Drüsen:

   → Gl. submandibularis

   → Gl. sublingualis und

   → Gl. lingualis anterior

2. Die in der Chorda tympani verlaufenden gustatorischen ▪ Fasern aus den Geschmacksknospen in den vorderen ⅔ des Zungenrückens ziehen nach zentral (Perikarya im Ggl. geniculi).

– Der **Hauptstamm** des N. facialis ▪ verlässt seinen Knochenkanal im Felsenbein durch das **Foramen stylomastoideum**. Unmittelbar darunter verzweigt er sich in 3–4 motorische Äste, die sich zwischen tiefer und oberflächlicher Schicht der Glandula parotidea in die Gesichtsstrahlung, den

– **Plexus intraparotideus** ▪, aufteilen. Dessen Ausläufer ziehen radiär zur mimischen Muskulatur in den Stirn-, Joch-, Wangen-, Mund- und Halsbereich (Platysma): Rr. temporales, Rr. zygomatici, Rr. buccales, R. marginalis mandibulae und Ramus colli.

Weitere Äste:

Wenige Fasern aus **N. auricularis posterior** ▪, deren motorischer Anteil den Venter occipitalis des M. occipitofrontalis versorgt, innervieren sensibel Teile der Ohrmuschel; sie stellen im N. facialis verlaufende Trigeminusfasern dar (Perikaryen im Ganglion geniculi!).

Ein **R. digastricus** ▪ zieht zum Venter posterior des M. digastricus und ein **R. stylohyoideus** ▪ zum gleichnamigen Muskel.

▪ = *speziell viszeroefferent;* ▪ = *allgemein viszeroefferent;* ▪ = *speziell viszeroafferent*

Vergleiche Paukenhöhle (S. 1078), N. trigeminus siehe Abb. **M-2.13**.

M 2.3 Nerven im Kopfbereich – Hirnnerven (Nervi craniales)

M-2.19 Faserverlauf des N. facialis (VII)

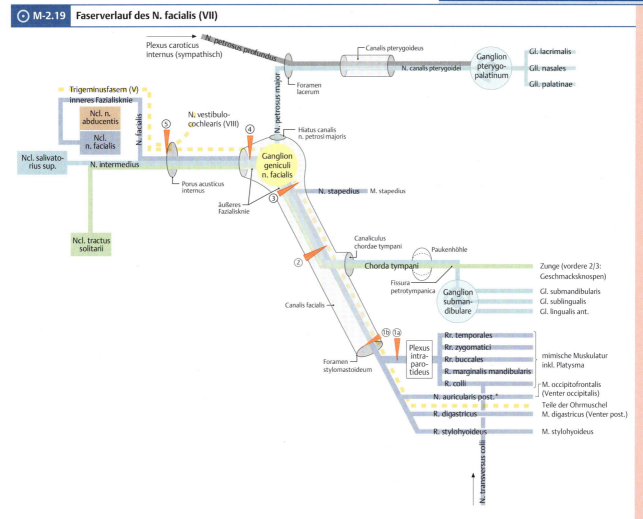

Als Nerv des 2. Schlundbogens führt der N. facialis speziell viszeroefferente Fasern (dunkelblau) zur Innervation der mimischen Muskulatur. Aus seinem Intermediusanteil stammen daneben allgemein viszeroefferente (hellblau) sowie speziell viszeroafferente (hellgrün) Fasern. Entsprechend seines komplizierten Verlaufs kann der N. facialis an verschiedenen Stellen geschädigt werden. Je nach Läsionsort kommt es aufgrund der unterschiedlichen beteiligten Faseranteile zu charakteristischen Kombinationen von Ausfällen (s. Klinik). Die Symptomatik ist umso schwerwiegender, je „höher" bzw. weiter zentral der Schädigungsort liegt.
*enthält auch allgemein somatoafferente Trigeminusfasern für Teile der Ohrmuschel.

▶ **Klinik.** Da die einzelnen peripheren Abschnitte des N. facialis unterschiedliche Faseranteile enthalten, kommt es bei einseitigen Unterbrechungen des Nervs (Folge: **periphere Fazialisparese**) in den verschiedenen Abschnitten zu typischen Ausfallsmustern (Kennzeichnung der Läsionsorte in Abb. **M-2.19**); vgl. periphere Fazialisparese (S. 1185):

1. Durchtrennung eines (1a) oder mehrerer (1b) peripherer Äste (z. B. des Plexus intraparotideus): periphere motorische Lähmung der mimischen Muskulatur.
2. Schädigung in der Nachbarschaft des Foramen stylomastoideum (+ Ausfall der Chorda tympani): periphere motorische Lähmung der mimischen Muskulatur, Geschmacksstörung und Störung der Speichelsekretion.
3. Schädigung im proximalen Fazialiskanal (+ Ausfall des N. stapedius): periphere motorische Lähmung der mimischen Muskulatur, Geschmacksstörung und Störung der Speichelsekretion sowie Hyperakusis.
4. Schädigung vor dem Ganglion geniculi (+ Ausfall des N. petrosus major): periphere motorische Lähmung der mimischen Muskulatur, Geschmacksstörung und Störung der Tränen- und der Speichelsekretion.
5. Schädigung im Bereich des Meatus acusticus internus (+ Ausfall des N. vestibulocochlearis): periphere motorische Lähmung der mimischen Muskulatur, Schwerhörigkeit bzw. Taubheit und Herabsetzung der vestibulären Erregbarkeit.

Klinisch lassen sich genauere Lokalisationen der Schädigung des Nerven vornehmen, wenn man zusätzlich zum Hauptsymptom der peripheren Fazialislähmung nach weiteren Störungen sucht. Das Kardinalsymptom der Fazialisschädigung ist die schlaffe Lähmung der betroffenen Seite der Gesichtsmuskulatur: der Mundwinkel hängt herab (Patient kann nicht mehr pfeifen), die Stirnfalten verstreichen (Patient kann die Stirn nicht mehr runzeln) und der Lidschluss ist unvollständig (Patient kann das Auge nicht mehr zukneifen). Weitere Symptome wie Mundtrockenheit und Geschmacksstörungen (durch Schädigung der Fasern der Chorda tympani), Hyperakusis (Schallüberempfindlichkeit durch Schädigung der Fasern des N. stapedius) und Hör- und Gleichgewichtsstörungen (durch Schädigung benachbarter Anteile des N. vestibulocochlearis) lassen daher eine genauere Lokalisation der Schädigung des Nerven auf seiner komplizierten Verlaufsstrecke zu.

M-2.20 Leitungsbahnen des Ganglion oticum und Ganglion submandibulare.
(Kahle, W., Frotscher, M.: Taschenatlas Anatomie Nervensystem und Sinnesorgane. Thieme, 2013)

1 Ganglion oticum, 2 sensibel-motorische Wurzel, 3 N. petrosus minor mit parasympath. Fasern aus dem N. glossopharnygeus (IX), 4 sympathische Wurzel aus dem Plexus caroticus über die A. meningea media, 5 motorische Fasern im N. tensoris veli palatini, 6 motorische Fasern im N. tensoris tympani, 7 motorische Fasern aus dem N. facialis (VII) für den M. levator veli palatini, 8 Chorda tympani, 9 Ramus communicans cum Chorcia tympani, 10 N. auriculotemporalis mit Jacobson-Anastomose, 11 N. facialis, 12 Glandula parotidea, 13 Ganglion submandibulare, 14 Glandula submandibularis, 15 N. lingualis mit Rami ganglionares, 16 parasympathische Fasern, 17 Geschmacksfasern aus der Chorda tympani, 18 sympathische Wurzel aus dem Plexus caroticus über die A. facialis, 19 Glandula sublingualis.

M-2.21 Parasympathische und Geschmacksfasern des N. facialis

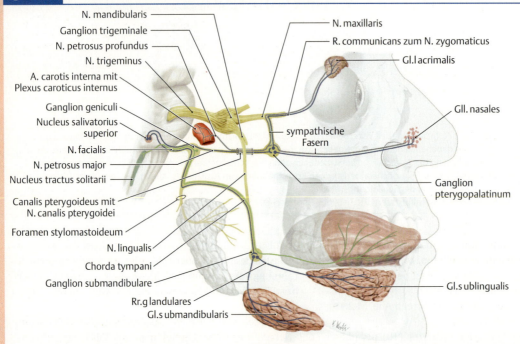

Während im sensiblen Ganglion geniculi die Somata der speziell viszeroafferenten Fasern (hellgrün) liegen, findet in den beiden parasympathischen Ganglien die Umschaltung der allgemein viszeroefferenten Fasern (hellblau) statt. Neben den hier sichtbaren großen Drüsen (Gl. lacrimalis: Umschaltung im Ggl. pterygopalatinum; Gll. submandibularis und sublingualis: Umschaltung im Ggl. submandibulare) werden auch die hier nicht dargestellten Gll. palatinae und lingualis anterior durch Äste des N. facialis innerviert.
(Prometheus LernAtlas. Thieme, 3. Aufl.)

M   2.3 Nerven im Kopfbereich – Hirnnerven (Nervi craniales)

2.3.5 Nervus vestibulocochlearis (VIII)

▶ **Synonym.** N. statoacusticus

Über den N. vestibulocochlearis werden die Informationen aus dem Gleichgewichts- und Hörorgan des Innenohrs (S. 1086) übermittelt.

2.3.5 Nervus vestibulocochlearis (VIII)

▶ **Synonym.**

Er vermittelt die Information aus Gleichgewichts- und Hörorgan (S. 1086).

⊙ M-2.22	Nervus vestibulocochlearis (VIII)	
Kerngebiet	Medulla oblongata – medial	**Nuclei vestibulares** ▨ (Verarbeitung der Information über das Gleichgewicht) – superior (Bechterew) – inferior (Roller) – medialis (Schwalbe) – lateralis (Deiters)
	– lateral	**Nuclei cochleares** ▨ (Verarbeitung der Hörinformation) – anterior – posterior
Verlauf und Versorgungsgebiet	intrazerebral	Nach Eintritt der afferenten Fasern am **Kleinhirnbrückenwinkel** ziehen sie zu den unmittelbar benachbart gelegenen Kernen.
	intrakraniell	Die von den Gleichgewichtsorganen (Sacculus, Utriculus, Bogengängen) kommenden Nervenfasern haben ihre Perikaryen im **Ganglion vestibulare** (mit einer Pars superior und Pars inferior) innerhalb des **Meatus acusticus internus**. Ihre zentralen Fortsätze lagern sich im Felsenbein zum **N. vestibularis** (Gleichgewichtsnerv) zusammen, der sich mit dem Hörnerv zu sammenschließt. Das entsprechende **Ganglion cochleare** oder **spirale cochleae** mit peripheren Kontakten zu den Sinneszellen (Haarzellen) ist eigentlich ein Ganglienzellband entlang des Modiolus (Schneckenspindel). Seine Fasern sammeln sich zum **N. cochlearis** (Hörnerv), der gemeinsam mit dem N. vestibularis, dem N. facialis und der A. labyrinthi in den Meatus acusticus internus eintritt. Am **Porus acusticus internus** erreicht der N. vestibulocochlearis die hintere Schädelgrube und verläuft von der Hinterfläche des Felsenbeins zum Kleinhirnbrückenwinkel am Hinterende der Brücke.

▨ = speziell somatoafferent

Zu Gleichgewichtsorganen siehe auch Abb. **M-6.14**.

▶ **Klinik.** Bei Schädigung des kochleären Anteils des N. vestibulocochlearis tritt je nach Ausprägung ein- oder beidseitige Taubheit oder Schwerhörigkeit (Schallempfindungsstörung, Hypakusis) auf. Die Kardinalsymptome einer Reizung oder Schädigung des vestibulären Anteils sind Schwindel, Übelkeit, Fallneigung zur erkrankten Seite und ein pathologischer Spontannystagmus (meist horizontales Augenzucken), bedingt durch die zentral gekoppelte Verschaltung des Gleichgewichtssinnes mit den Augenbewegungen.

▶ **Klinik.**

2.3.6 Nervus glossopharyngeus (IX)

▶ **Merke.** Der N. glossopharyngeus führt viele verschiedene Faserqualitäten. Allgemein viszeroefferente (**parasympathische**) Fasern haben ihre Umschaltstelle im **Ganglion oticum** und innervieren neben kleineren Drüsen die **Gl. parotidea** als größte Kopfspeicheldrüse. Spezielle Viszeroefferenzen (Nerv des 3. Schlundbogens) versorgen (z. T. zusammen mit dem N. vagus über den Plexus pharyngeus) hauptsächlich Muskeln des Pharynx. Auch die Schleimhaut im oberen **Pharynxbereich** und Umgebung wird durch den N. glossopharyngeus innerviert – aus dem Bereich des hinteren Zungendrittels ziehen zusätzlich **Geschmacksfasern** im IX. Hirnnerv. Eine Sonderfunktion ist die Innervation des Glomus caroticum und Sinus caroticus, über die der Nerv in die **Blutdruckregulation** mit eingebunden ist.

2.3.6 Nervus glossopharyngeus (IX)

▶ **Merke.**

⊙ M-2.23	Nervus glossopharyngeus (IX) (Teil I)	
Kerngebiet	Medulla oblongata	**Ncl. salivatorius inferior** ▢ **Ncl. ambiguus** ▢ **Ncl. spinalis nervi trigemini** ▢ **Ncl. tractus solitarii** – Pars superior ▢ – Pars inferior ▢
Verlauf	intrazerebral	Die Faserbündel zu den einzelnen Kerngebieten konvergieren zur Austrittsstelle am Kleinhirnbrückenwinkel, wo der Nerv ein schmales plattes Band bildet. Austritt aus der Medulla oblongata kranial der Nn. vagus und accessorius im **Sulcus retroolivaris** (kraniale Fortsetzung des Sulcus posterolateralis).
	intrakraniell	Nach dem Austritt aus der Medulla oblongata zieht der Nerv, bedeckt von Flocculus des Kleinhirns, nach ventral und lateral in Richtung der unteren Hinterfläche des Felsenbeins und tritt dort in den zentralen Abschnitt des Foramen jugulare ein.
	Durchtritt durch die Schädelbasis	Durchtritt durch das **Foramen jugulare** (darin bildet er das **Ganglion superius**, darunter **Ganglion inferius**, die als sensible Ganglien beide hauptsächlich aus den Perikaryen der pseudounipolaren afferenten Nervenzellen bestehen).
	extrakraniell	Zwischen A. carotis interna und V. jugularis interna, dann hinter dem M. stylopharyngeus, zieht der Nerv nach kaudal in Richtung Zunge und Rachenwand.
Äste mit Verlauf und Versorgungsgebieten		– **N. tympanicus** ▢ ▢ : Als erster, in Höhe des Ggl. inferius abgehender Ast tritt er durch den **Canaliculus tympanicus** in die Paukenhöhle ein. Dort bildet er gemeinsam mit den sympathischen Fasern des Plexus caroticus internus (Nn. caroticotympanici) den **Plexus tympanicus** mit darin gelegenen Ganglienzellen (**Ggl. tympanicum**). Seine sensiblen Anteile innervieren die Schleimhaut des Mittelohrs und mittels des **R. tubarius** ▢ die Tuba auditiva. Die parasympathischen Fasern treten als **N. petrosus minor** ▢ durch den **Hiatus canalis nervi petrosi minoris** nochmals in die Schädelhöhle ein. Unter der Dura verläuft dieser Nerv auf der Vorderfläche des Felsenbeins bis zur **Fissura sphenopetrosa** (am hinteren Rand des Foramen lacerum), durch die er in die Fossa infratemporalis eintritt. Im hier gelegenen **Ggl. oticum** werden die parasympathischen Fasern umgeschaltet und erreichen über die Jacobson-Anastomose die **Glandula parotidea**. Neben dieser großen Kopfspeicheldrüse innervieren diese Fasern auch kleine **Gll. buccales** und **labiales**. Weitere Äste des N. glossopharyngeus sind: – **R. sinus carotici** ▢ für allgemeine Viszeroafferenzen von den Pressorezeptoren des **Sinus caroticus** und den Chemorezeptoren des **Glomus caroticum**. Sie ziehen zum unteren Abschnitt des Nucleus tractus solitarii der Medulla oblongata und sind in die Regulation des Blutdrucks bzw. die Kontrolle des O_2- und CO_2-Partialdrucks des Blutes eingebunden. – **R. musculi stylopharyngei** ▢ → M. stylopharyngeus. – **Rr. pharyngei** ▢ ▢, die zusammen mit gleichnamigen Ästen aus dem N. vagus (X) den **Plexus pharyngeus** bilden, in dem sie umgeschaltet werden. → Pharynxmuskulatur sowie M. palatopharyngeus und palatoglossus, Teile der Gaumenmuskeln und M. salpingopharyngeus → Pharynxschleimhaut – **Rr. tonsillares** ▢ ▢ (Umschaltung im Ggl. oticum) → Tonsilla palatina mit Schleimhaut – **Rr. linguales** ▢ ▢ ▢ (Umschaltung in kleinen Ganglien der Zunge) → hinteres Zungendrittel; Papillae vallatae und foliatae

Vergleiche auch Jacobsen-Anastomose (S. 1020).

M-2.24 Nervus glossopharyngeus (IX) (Teil II)

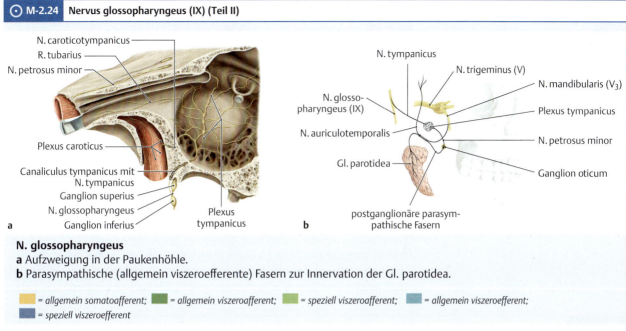

N. glossopharyngeus
a Aufzweigung in der Paukenhöhle.
b Parasympathische (allgemein viszeroefferente) Fasern zur Innervation der Gl. parotidea.

■ = allgemein somatoafferent; ■ = allgemein viszeroafferent; ■ = speziell viszeroafferent; ■ = allgemein viszeroefferent; ■ = speziell viszeroefferent

Abbildungen aus Prometheus LernAtlas. Thieme, 3. Aufl.

M-2.25 Faserverlauf des N. glossopharyngeus

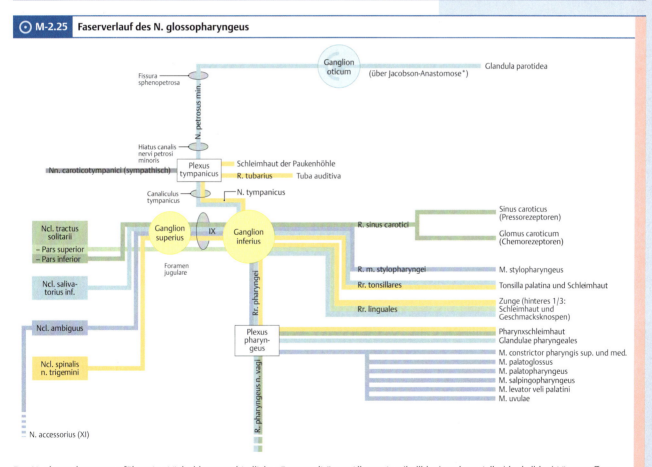

Der N. glossopharyngeus führt eine Vielzahl unterschiedlicher Faserqualitäten: Allgemeine (hellblau) und spezielle (dunkelblau) Viszeroefferenzen, allgemeine (dunkelgrün) und spezielle (hellgrün) Viszeroafferenzen sowie allgemeine Somatoafferenzen (gelb).
* Jacobson-Anastomose (S. 1020).

▶ Klinik. Isolierte (ggf. einseitige) Schädigung des N. glossopharyngeus (IX) führt zur Minderung der Geschmacksempfindung (bitter) im hinteren Zungendrittel, Ausfall des Würgereflexes, Abweichung der Uvula (Gaumenzäpfchen) zur gesunden Seite, auch Schluckbeschwerden mit Reflux in die Nasenhöhle und u. U. eine näselnde Sprache.

▶ Klinik.

2.3.7 Nervus vagus (X)

▶ **Merke.** Der N. vagus ist der **bedeutendste Nerv des kranialen Parasympathikussystems**. Er übernimmt – abgesehen von der Innervation der inneren Augenmuskeln, III (S.982) und der Drüsen im Kopfbereich (VII und IX) – die gesamte parasympathische Versorgung des Körpers vom Hals über die Brust- und Bauchorgane bis in den Bereich der linken Kolonflexur zum Cannon-Böhm-Punkt (S.875). Das Ausbreitungsgebiet der **allgemein viszeroafferenten Vagusfasern** entspricht dem weitgehend. Zusammen mit dem N. glossopharyngeus innerviert er auch das Glomus caroticum sowie zusätzlich Druckrezeptoren im Aortenbogen und Herzvorhöfen, sodass dem N. vagus noch stärkere Bedeutung im Rahmen der **Blutdruckregulation** zukommt. Seine **Geschmacksfasern** kommen aus einem kleinen Gebiet kaudal der Zungenwurzel.

▶ **Klinik.** Eine Läsion des N. vagus (X) bedingt durch die Rekurrensparese Heiserkeit, Funktionsstörung des Gaumensegels und bei beidseitiger Läsion Schlucklähmung und oft auch massive Atemstörungen (Engstellung der Stimmritze durch „Postikus-Lähmung"). Wegen des Ausfalls der vagalen Innervation des Erregungsleitungssystems des Herzens kann es zu Arrhythmien und Tachykardien kommen.

⊙ **M-2.26** | **Nervus vagus (X) (Teil I)**

Kerngebiet	Medulla oblongata	**Ncl. dorsalis nervi vagi** ▮
		Ncl. ambiguus ▮
		Ncl. spinalis nervi trigemini ▮
		Ncl. tractus solitarii – Pars superior ▮ – Pars inferior ▮
Verlauf, Äste und Versorgungsgebiet	intrazerebral	Die Faserbündel aus den Kerngebieten konvergieren zu einem flachen platten Bündel, das aus der Medulla oblongata im **Sulcus retroolivaris** kranial des Sulcus posterolateralis austritt.
	intrakraniell	Gemeinsam mit dem N. accessorius, von dem er durch ein Bindegewebsblatt getrennt ist, zieht der Nerv unterhalb des Flocculus nach ventral-lateral und senkt sich in den Vorderabschnitt („Pars nervosa") des Foramen jugulare ein.
	Durchtritt durch die Schädelbasis	Durchtritt durch das **Foramen jugulare**, an dessen inneren Öffnung das **Ganglion superius** (oder jugulare, vorwiegend somatoafferente Neurone) liegt. Direkt in Höhe des Ganglion superius ziehen sensible Fasern der beiden folgenden Äste zu ihren dort gelegenen Perikaryen: – Der **R. meningeus** ▮ innerviert die Dura der hinteren Schädelgrube im Bereich der Sinus transversus und occipitalis, – der **R. auricularis** ▮ den äußeren Gehörgang. Dorthin gelangt er über den Canaliculus mastoideus und die Fissura tympanomastoidea.

M-2.27 Nervus vagus (X) (Teil II)

extrakraniell

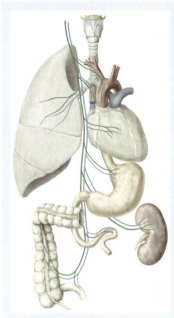

N. vagus
Zu seinen Innervationsgebieten zählen Hals-, Brust-, und Bauchorgane bis zum Cannon-Böhm-Punkt nahe der linken Kolonflexur.

Direkt unter dem Foramen jugulare liegt das größere sensible **Ganglion inferius** (oder nodosum, vorwiegend viszeroafferente Neurone). Auf dieser Höhe erhält der Nerv einen Ast (R. internus) aus der Radix cranialis des benachbart verlaufenden N. accessorius mit Fasern für den N. laryngeus recurrens und den Plexus pharyngeus.

Vom Ggl. inferius gehen zwei gemischte (allgemein und speziell viszeroafferente und viszeroefferente) Äste ab:

– Aus dem **R. pharyngeus** ▨ ▨ ▨ ▨ (der im Wesentlichen Fasern aus der Radix cranialis des N. accessorius enthält) strahlen mehrere Äste in den mit kleinsten Ganglien durchsetzten **Plexus pharyngeus** ein (zur Muskulatur und Schleimhaut des Pharynx: Grundlage des Schluck- und Würgereflexes!). Die allgemein viszeroafferenten Fasern stammen von der Schleimhaut im Hypopharynxbereich und die speziell viszeroafferenten Fasern von den Geschmacksknospen im Bereich der Valleculae und der Epiglottis. Viszeroefferente Fasern ziehen zu den Pharynxdrüsen.

– Der **N. laryngeus superior** ▨ ▨ läuft zum Kehlkopf und innerviert hier den M. cricothyroideus (**R. externus**) sowie die Larynxschleimhaut oberhalb der Stimmritze (**R. internus**).

Der N. vagus verläuft weiter im Gefäß-Nerven-Strang des Halses zwischen A. carotis interna und V. jugularis interna bis zur oberen Thoraxapertur. Auf dieser Strecke gibt er

– **Rr. cardiaci cervicales superiores** und **inferiores** ▨ ▨ zum Plexus cardiacus ab und zieht dann in das Mediastinum.

Wichtige im Mediastinum abgehende Äste sind:

– **N. laryngeus recurrens** ▨ ▨ zum Larynx mit Innervation aller Kehlkopfmuskeln bis auf den M. cricothyroideus und der Schleimhaut unterhalb der Rima glottidis. Die motorischen (speziell viszeroefferenten) Fasern stammen aus der Radix cranialis nervi accessorii. Von ihm zweigen sich kleine Rr. tracheales, oesophagei und pharyngei ab.

– **Rr. cardiaci thoracici** ▨ ▨ zum Plexus cardiacus und

– **Rr. bronchiales** ▨ ▨ zum Plexus pulmonalis werden abgegeben, bevor die Nn. vagi beider Seiten auf dem Ösophagus den **Plexus oesophageus** ▨ ▨ bilden, aus denen beim Durchtritt durch das Zwerchfell die **Trunci vagales anterior** (v. a. aus dem linken N. vagus) und **posterior** (vorwiegend aus dem rechten N. vagus; Merke: **d**exter → **d**orsal!) hervorgehen.

Im Bauchraum gehen aus diesen Trunci vagales Äste zu den Oberbauchorganen (u. a. **Rr. gastrici** und **hepatici**) und den großen Nervenplexus (**Rr. coeliaci** und **renales**) ab. Durch Letztere ziehen die Fasern des N. vagus meist hindurch und werden nahe der durch sie innervierten Organe umgeschaltet.

▨ = allgemein somatoafferent; ▨ = allgemein viszeroafferent; ▨ = speziell viszeroafferent; ▨ = allgemein viszeroefferent; ▨ = speziell viszeroefferent

Unterschiede im Verlauf zwischen rechter und linker Körperseite sowie im Mediastinum abgehende Äste werden auch im Kapitel topografische Beziehungen im Mediastinum (S. 638) behandelt. Vergleiche auch: Kehlkopfinnervation (S. 928), Nervus laryngeus reccurens (S. 928) und vom N. vagus innervierte Organe (Abb. **K-1.12**).
Abbildung aus Prometheus LernAtlas. Thieme, 3. Aufl.

▶ Klinik.

▶ Klinik. Läsionen der „Vagusgruppe" und des N. hypoglossus („Syndrome kaudaler Hirnnerven", s. Abb. M-2.28) lassen sich aufgrund der (isolierten) Funktionsausfälle den einzelnen Nerven zuordnen. Wegen der engen räumlichen Beziehungen der betroffenen zentralen Kerngebiete und der Nerven zwischen Hirnaustrittsstelle und der Schädelbasis ist die Abgrenzung bei Kombination verschiedener Symptome u. U. schwierig.

⊙ M-2.28 **Astfolge und Verbindungen des N. vagus.** 1 R. meningeus, 2 Ganglion superius nervi vagi, 3 R. auricularis, 4 Ganglion inferius nervi vagi, 5 N. jugularis, Verbindungsast aus dem Ganglion cervicale superius zum Ganglion superius des N. vagus und zum Ganglion inferius des N. glossopharyngeus, 6 Ganglion cervicale superius, 7 Ganglion superius des N. glossopharyngeus, 8 R. communicans zum Ganglion inferius des N. glossopharyngeus, 9 Ganglion inferius des N. glossopharyngeus, 10 Rr. pharyngei, 11–14 N. laryngeus superior, 12 R. externus, 13 R. internus, 14 Verbindungsast zum N. laryngeus recurrens 15 N. laryngeus inferior, 16 Rr. tracheales und oesophagei des N. laryngeus recurrens, 17 N. laryngeus recurrens, 18 Rr. cardiaci cervicales superiores, 19 Rr. cardiaci cervicales inferiores, 20 Rr. cardiaci thoracici, 21 Rr. bronchiales, 22 Rr. gastrici und Rr. hepatici, 23 Rr. coeliaci, 24 Ganglion coeliacum, 25 Plexus coeliacus, 26 N. splanchnicus major.
(Kirsch, J. et al.: Taschenlehrbuch Anatomie. Thieme, 2011)

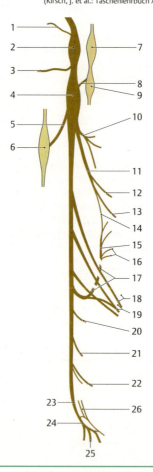

2.3.8 Nervus accessorius (XI) und Nervus hypoglossus (XII)

Siehe Abb. **M-2.29**.

2.3.8 Nervus accessorius (XI) und Nervus hypoglossus (XII)

Der N. accessorius ist genau wie der N. hypoglossus ein „zerebralisierter" Spinalnerv. Während Letzterer rein somatomotorische Fasern führt, hat der XI. Hirnnerv zusätzlich eine Wurzel (Radix cranialis) mit speziell viszeroefferenten Fasern aus dem Ncl. ambiguus, die sich nach kurzer Zusammenlagerung mit den somatomotorischen der spinalen Wurzel dem N. vagus anschließen (Abb. **M-2.29**).

M   2.3 Nerven im Kopfbereich – Hirnnerven (Nervi craniales)

⊙ **M-2.29**   **Nervi accessorius (XI) und hypoglossus (XII)**

N. accessorius (XI)

Kerngebiet	Medulla oblongata	– **Ncl. ambiguus** ▆▆ (unterer Teil)
	Vorderhorn des Hals-marks (bis etwa C$_5$)	– **Ncl. spinalis nervi accessorii** ▆
Verlauf, Äste und Versor-gungsgebiet	intrazerebral	Intrazerebral verlaufen nur die Fasern aus dem Ncl. ambiguus vor ihrem Austritt als Radix cranialis im **Sulcus posterolateralis**, kaudal der Nn. vagus und glosso-pharyngeus.
	intrakraniell	Der Nervenstamm (Truncus nervi accessorii) entsteht durch Zusammenlagerung der **Radix cranialis** (Fasern aus dem Ncl. ambiguus) und der Radix spinalis (Fasern aus dem Ncl. spinalis nervi accessorii) nach deren Eintritt in die Schädelhöhle.
	Durchtritt durch die Schädelbasis	Bedingt durch ihren spinalen Ursprung steigen die Fasern der **Radix spinalis** zu-nächst im Subarachnoidalraum des Wirbelkanals auf, um durch das **Foramen magnum** in den Schädel zugelangen. Nach Zusammenlagerung mit der Radix cranialis verlässt der **Truncus nervi accessorii** durch das **Foramen jugulare** die Schädelhöhle.
	extrakraniell	Die Fasern aus der kranialen Wurzel lagern sich als **R. internus** dem ebenfalls durch das Foramen jugulare ziehenden N. vagus (X) an und ziehen im N. laryngeus recurrens in Richtung innere Kehlkopfmuskeln und sollen an der Bildung des Plexus pharyngeus beteiligt sein. Der **R. externus** aus den spinalen Wurzelfasern läuft nach lateral und vor dem Quer-fortsatz des Atlas nach kaudal auf dem M. levator scapulae bis unter den M. trapezius, an dessen Unterseite er sich verzweigt. Neben den **Trapeziusanteilen** innerviert er über einen starken, nach ventral ziehenden Ast den **M. sternocleidomastoideus**.

N. hypoglossus (XII)

Kerngebiet	Medulla oblongata (unteres Drittel)	**Ncl. nervi hypoglossi** ▆ am Boden der Rautengrube im Bereich des motorischen Vorderhorns
Verlauf, Äste und Versor-gungsgebiet	intrazerebral	Die Fasern ziehen nach unten durch die Medulla oblongata und treten zwischen Oliva inferior und Pyramide (Sulcus preolivaris) aus dem Hirnstamm aus. Die Kerne werden jeweils über Fibrae corticonucleares aus der kontralateralen Hemisphäre innerviert.
	intrakraniell	Der Nerv nimmt ventrale Fasern aus C1 und C2 auf und zieht in den Canalis hypoglossi.
	Durchtritt durch die Schädelbasis	Durchtritt durch den **Canalis nervi hypoglossi** in das Spatium lateropharyngeum.
	extrakraniell	Zwischen A. carotis interna und V. jugularis interna verläuft der Nerv im Bogen von dorsal nach ventral. Dabei sind ihm Äste der beiden oberen Zervikalnerven als **Ansa hypoglossi** angelagert. Den Venter posterior des M. digastricus unterkreuzend ge-langt der N. hypoglossus in einen Spalt zwischen dem M. mylohyoideus und dem M. hyoglossus, von wo aus er über **Rr. linguales** die Binnenmuskulatur der Zunge sowie die äußeren Zungenmuskeln innerviert: → M. styloglossus, → M. hyoglossus und → M. genioglossus. Die dem N. hypoglossus angelagerten Fasern aus C$_1$ und C$_2$ ziehen zum M. geniohyoideus und thyrohyoideus.

▆ = *allgemein somatoefferent;*   ▆ = *speziell viszeroefferent*

N. vagus siehe Abb. **M-2.26**, N. glossopharyngeus Abb. **M-2.23**.

⊙ M-2.30 Nervi accessorius und hypoglossus

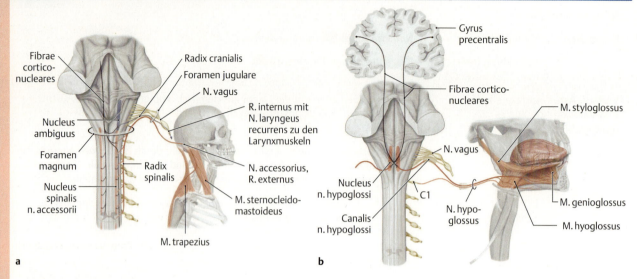

(Prometheus LernAtlas. Thieme, 3. Aufl.)

a Aus den beiden Kerngebieten des N. accessorius zweigen die speziell viszeroefferenten Fasern (dunkelblau) der Radix cranialis frühzeitig ab und verlaufen im N. vagus.
b Peripherer Verlauf des N. hypoglossus zur Zungenmuskulatur und Ansteuerung seines Kerngebiets durch die jeweils kontralateralen Fibrae corticonucleares.

3 Mundhöhle und Kauapparat

3.1 Mundhöhle (Cavitas oris) 1003
3.2 Kiefergelenk und Kaumuskulatur 1030

G. Aumüller, G. Wennemuth

3.1 Mundhöhle (Cavitas oris)

3.1.1 Funktionelle Bedeutung der Mundhöhle

Die Mundhöhle (Abb. **M-3.2**) ist der **Eingangsbereich in den Verdauungstrakt**: Hier werden die Nahrungsbestandteile **sensorisch kontrolliert**, mit Hilfe der **Zähne** grob zerkleinert und zum Schlucken portioniert, nachdem durch das Sekret der **Mundspeicheldrüsen** der Nahrungsaufschluss begonnen hat.
Als Teil der Atemwege ermöglicht sie die **Zuführung größerer Luftvolumina**.
Weiterhin bildet die Mundhöhle mit ihren vielfältigen Einrichtungen (**Lippe, Zunge, Zähne, Gaumen**) auch ein wesentliches Element der **Sprachbildung** und der **Kommunikation**. Diese Funktion wird durch die äußere Mundform und die Begleitmimik verstärkt.

3.1 Mundhöhle (Cavitas oris)

3.1.1 Funktionelle Bedeutung der Mundhöhle

Die Mundhöhle (Abb. **M-3.2**) ist Eingangsbereich der Speise- und Atemwege. In ihr werden die Speisen sensorisch kontrolliert, grob zerkleinert, eingespeichelt und zum Schlucken portioniert. Beim **Sprechvorgang** sind die Zunge, Lippen, Zähne und der Gaumen maßgeblich beteiligt.

▶ **Klinik.** Die Inspektion der Mundhöhle ist ein wichtiger Bestandteil der ärztlichen Untersuchung, da sich hier teilweise charakteristische Veränderungen zeigen, die nicht nur Ausdruck lokaler, sondern auch systemischer Erkrankungen sein können. Beispiele sind die sog. „**Himbeerzunge**" bei Scharlach, weißliche Beläge bei **Pilzerkrankungen**, Geschwüre bei **Virusinfektionen** oder bei **Karzinomen** sowie verfärbte Zahnfleischsäume bei **Metallvergiftungen**. Zahnverfärbungen oder Defekte sind ein häufiges Problem bei **fehlender Mundhygiene** und können einen **Hinweis auf Ernährungsgewohnheiten** (auch auf häufiges Erbrechen, das bei Essstörungen oft künstlich herbeigeführt wird) geben.

⊙ **M-3.1** Typische Veränderungen im Bereich der Mundhöhle

a Ein charakteristischer Befund bei Scharlach ist die sog. „Himbeerzunge".
b Weißliche Beläge bei einer Pilzinfektion sind typischer Weise abwischbar.
c Die Beurteilung der im Übergangsbereich zum Rachen liegenden Tonsillen (S. 189) lässt oft bereits klinisch die Diagnose einer Angina tonsillaris zu, die durch einen Rachenabstrich bestätigt werden kann.

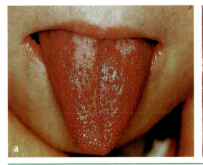
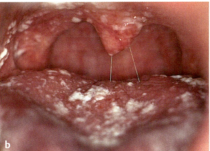
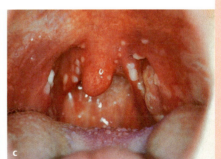

3.1.2 Gliederung der Mundhöhle

Der umgangssprachlich als „Mund" bezeichnete Eingangsbereich in den Verdauungstrakt wird anatomisch unterteilt in
- **Vestibulum oris** (Mundvorhof) zwischen Lippen, Wangen und Zähnen mit dem Zahnfleisch und die
- **Cavitas oris propria** als eigentliche Mundhöhle, die von den Zähnen bis zur Schlundenge (Isthmus faucium) reicht.

3.1.2 Gliederung der Mundhöhle

Der Eingangsbereich in den Verdauungstrakt gliedert sich in das **Vestibulum oris** (Mundvorhof, zwischen Lippen und Zähnen) und die **Cavitas oris propria** (Mundhöhle, hinter den Zähnen bis zur Schlundenge).

Vestibulum oris

Begrenzung und Aufbau: Die Mundöffnung (**Rima oris**) wird von Ober- und Unterlippe (**Labium superius** und **inferius**) begrenzt, deren Grundlage der M. orbicularis oris (Abb. **M-1.14**) ist.

Seitlich schließen sich die Wangen (**Buccae** mit M. buccinator als Grundlage) an. Vor den Schneidezähnen bildet die Schleimhaut eine Falte (**Frenulum labii superioris** bzw. **inferioris**) aus. Die Umschlagstelle auf die Alveolarfortsätze ist der **Fornix vestibuli**. Gegenüber dem 2. Oberkiefermolaren mündet dort der Ausführungsgang der Parotis (**Ductus parotideus**).

Feinbau: Lippen und Wangen sind außen von Epidermis mit Hautanhängen, innen von Schleimhaut mit eingelagerten gemischten **Gll. labiales** und **buccales** überzogen. Das **Lippenrot** entspricht einer schwach verhornten, reichlich kapillarisierten Übergangszone zwischen äußerer Haut und innerer Schleimhaut.

▶ Klinik.

Vestibulum oris

Begrenzung und Aufbau: Die das Vestibulum oris vorn abschließenden Lippen sind die Begrenzung der Mundöffnung (**Rima oris**). Ihre Grundlage bildet der nahe der Mundspalte nach außen gekrempelte M. orbicularis oris (Abb. **M-1.14**). Während die Unterlippe (**Labium inferius**) glatt ist, findet sich an der Oberlippe (**Labium superius**) ein paariger Hautsteg, der eine Einsenkung umfasst (**Philtrum**). Am Lippenrot geht sie in eine leichte Vorwölbung über, diese Kontur wird auch als „Amorbogen" bezeichnet. Die muskuläre Grundlage der Wangen (**Buccae**) ist der **M. buccinator** (Abb. **M-1.15**), der sich über eine sehnige **Raphe pterygomandibularis** mit der Pharynxmuskulatur verbindet. Die Muskeln sind für die unterschiedliche Eng- und Weitstellung der Mundhöhle, ihre Wandspannung und die Bewegung des Inhalts (Speisen, Flüssigkeit, Luft) beim Kauen, Schlucken, Pfeifen, Spiel von Blasinstrumenten (sog. „Ansatz") von grundlegender Bedeutung.

Die auskleidende Schleimhaut (s. u.) bildet zwischen den mittleren Frontzähnen eine Falte (**Frenulum labii superioris** bzw. **inferioris**), die jeweils in der Umschlagstelle der Schleimhaut auf die Alveolarfortsätze von Ober- und Unterkiefer (**Fornix vestibuli**) liegt. Von dort setzt sie sich nahtlos auf das Zahnfleisch (**Gingiva**) fort. Gegenüber dem 2. Molaren des Oberkiefers befindet sich auf der Wangenschleimhaut die wärzchenförmige Öffnung des Ohrspeicheldrüsenausführungsgangs (**Ductus parotideus**) auf einer kleinen Papille.

Feinbau: Lippen und Wangen werden außen von Haut mit Talg- und Schweißdrüsen (beim Mann mit Barthaaren), innen von drüsenhaltiger Schleimhaut (gemischte **Glandulae labiales** und **buccales**) bedeckt.

Die Rima oris wird durch das **Lippenrot** markiert, eine schwach verhornte Übergangszone zwischen äußerer Haut und Schleimhaut. Sie enthält keine Haare, Schweißdrüsen und Pigmentzellen und nur wenige freie Talgdrüsen am Rand. Die dicht gelagerten langen Kapillaren in schlanken Bindegewebspapillen lassen die Farbe des Blutes durchschimmern.

▶ Klinik. Die durch das Blut geprägte Lippenfarbe erlaubt Rückschlüsse auf den Hämoglobingehalt des Blutes sowie seine Sauerstoff- bzw. CO_2-Beladung: „Blasse Lippen" können somit den Hinweis auf eine Anämie (S. 169) liefern, „blaue Lippen" deuten auf eine verminderte Oxygenierung des Blutes hin (**Zyanose**).

⊙ **M-3.2** Mundhöhle

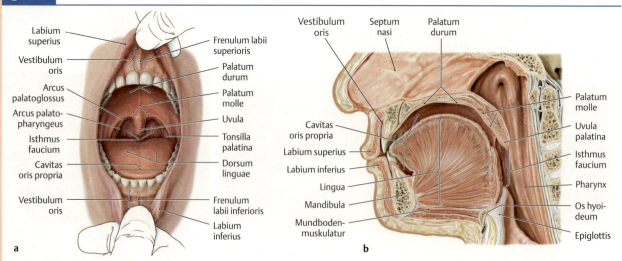

(Prometheus LernAtlas. Thieme, 3. Aufl.)
a Gliederung und Begrenzung der Mundhöhle in der Ansicht von ventral
b und links-lateral (Mediansagittalschnitt).

Gefäßversorgung: Die **arterielle Versorgung** der **Lippen** erfolgt über die **Arteriae labialis superior** und **inferior** (s. Tab. **M-2.1**), die miteinander anastomosieren und einen Gefäßkranz um die Lippen bilden (doppelseitige Unterbindung bei klaffenden Verletzungen der Lippen erforderlich!). Zusätzliche Äste stammen aus der **Arteria infraorbitalis** und der **Arteria mentalis** (aus der A. alveolaris inferior, Tab. **M-2.1**). Die **Wangen** werden ebenfalls von Ästen der **Arteria facialis** sowie von der **Arteria transversa faciei** (aus der A. temporalis superficialis) versorgt.

Die **Venen** und die **Lymphgefäße** begleiten die Arterien. Der Abfluss erfolgt in die **Vena jugularis interna** (Tab. **M-2.2**) bzw. die **Nodi lymphoidei submandibulares** (Abb. **M-2.5**).

Innervation: Die sensible Innervation liefern Äste des **Nervus infraorbitalis** (aus V_2) und **Nervus mentalis** (aus dem N. alveolaris inferior, einem Ast aus V_3).

Cavitas oris propria

Hinter der Zahnreihe und den Alveolarfortsätzen von Ober- und Unterkiefer beginnt die Cavitas oris propria. Bei geschlossenen Zahnreihen steht sie hinter den 3. Molaren (S. 1021) mit dem Vestibulum oris in Verbindung. Die eigentliche Mundhöhle umfasst folgende Anteile, die gleichzeitig ihre Begrenzungen sind:

- Das **Dach** bilden der harte und der weiche Gaumen (**Palatum durum** und **molle**),
- der **Boden** wird durch die Zunge (**Lingua**) und den darunter liegenden M. mylohyoideus (**Diaphragma oris**) gebildet, und den
- **Hinterrand** stellen der Gaumen-Zungen-Bogen (**Arcus palatoglossus**) und der Gaumen-Schlund-Bogen (**Arcus palatopharyngeus**) mit der **Fossa tonsillaris** (S. 190) dar. Daran schließt sich der Isthmus faucium (S. 1007) als Übergang in den Rachen an.

3.1.3 Gaumen (Palatum)

Abschnitte, Lage und Aufbau

Der Gaumen (Palatum, Abb. **M-3.3**) bildet als Dach der Mundhöhle das Widerlager für die Zunge und zugleich den Boden der Nasenhöhle. Er besteht aus

- **Palatum durum** (harter Gaumen) und
- **Palatum molle** (weicher Gaumen).

Gefäßversorgung: Die zuführenden Blutgefäße sind für die **Lippen** die **Aa. labialis sup.** und **inf.** sowie Äste der **A. infraorbitalis** und **mentalis**, für die **Wangen** ebenfalls Äste der **A. facialis** (vgl. Tab. **M-2.1**).

Der **Abfluss** erfolgt über die **V. jugularis** (Tab. **M-2.2**) und die **Nll. submandibulares** (Abb. **M-2.5**).

Innervation: Sensibel durch Äste von V_2 und V_3.

Cavitas oris propria

Die hinter den Zahnreihen gelegene Cavitas oris propria ist

- oben durch den harten und den weichen Gaumen (**Palatum durum**, **Palatum molle**),
- unten durch den Mundboden (**Diaphragma oris**) mit ihm aufliegender Zunge (**Lingua**) und
- hinten durch die Gaumenbögen (**Arcus palatoglossus** und **palatopharyngeus**) begrenzt.

3.1.3 Gaumen (Palatum)

Abschnitte, Lage und Aufbau

Der Gaumen (Abb. **M-3.3**) ist das Dach der Mundhöhle und besteht aus 2 Anteilen:
- **Palatum durum** (harter Gaumen) und
- **Palatum molle** (weichen Gaumen).

M-3.3 Gaumen

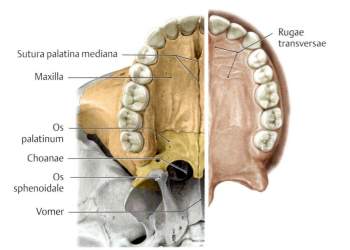

In der linken Bildhälfte sind die den harten Gaumen bildenden Knochen dargestellt, in der rechten das Schleimhautrelief des Gaumens. Im hinteren Bereich der rechten Bildhälfte liegt unter der Schleimhaut die sich dem harten Gaumen anschließende Muskulatur des weichen Gaumens, was die sichtbare Längendifferenz erklärt.
(Prometheus LernAtlas. Thieme, 3. Aufl.)

Harter Gaumen (Palatum durum)

Er wird von Os incisivum, Maxilla und Os palatinum gebildet und reicht bis etwa zum 3. Molaren. Die Schleimhaut ist in Quer- und Längsstreifen (**Rugae transversae** und im Bereich der **Sutura palatina mediana**) unterteilt, von mukösen Drüsen (**Glandulae palatinae**) unterfüttert und über die **Aponeurosis palatina** am Knochen fixiert.

Weicher Gaumen (Palatum molle)

Er besteht aus Gaumensegel (**Velum palatinum**) und Zäpfchen (**Uvula**). Die Muskeln sind (Abb. **M-3.4**):

- **M. tensor veli palatini:** Er spannt und senkt das Gaumensegel und öffnet die Tuba auditiva (S. 1082). Er entspringt seitlich des Tubenostiums und der Fossa scaphoidea, eine Zwischensehne umschlingt den Hamulus pterygoideus. An der Aponeurosis palatina verbindet er sich mit Fasern der Gegenseite.
- **M. levator veli palatini:** Er hebt das Gaumensegel an. Sein Ursprung ist an der Basis des Felsenbeins, der Ansatz das Velum palatinum.
- **M. uvulae:** Er besteht aus Fasern der Mm. levator und tensor veli palatini. Zusätzlich strahlen Faserzüge aus den Mm. palatoglossus und palatopharyngeus (Abb. **M-3.4** u. Abb. **L-2.2**) in das Gaumensegel ein.

Harter Gaumen (Palatum durum)

Der knöcherne Anteil des Gaumens wird gebildet aus dem Os incisivum, der Maxilla und dem Os palatinum und reicht bis etwa in Höhe des 3. Molaren, wo er in den weichen Gaumen übergeht.

Die mit kleinen mukösen Drüsen (**Glandulae palatinae**) dicht unterfütterte Schleimhaut des harten Gaumens ist in quere Leisten (**Rugae transversae**) untergliedert und über kräftige Bindegewebszüge fest mit dem Knochen verwachsen. Im Bereich der **Sutura palatina mediana** ist die Schleimhaut besonders fixiert. Sie setzt sich in der **Aponeurosis palatina** fort, die sich vom harten Gaumen bis zu den Hamuli pterygoidei erstreckt.

Weicher Gaumen (Palatum molle)

Er schließt sich dorsal an den harten Gaumen an und umfasst das Gaumensegel (**Velum palatinum**), dem dorsal das Zäpfchen (**Uvula**) angehört.

Diese bewegliche Muskelplatte hat eine Ventilfunktion zwischen Luft- und Speisewegen an der Grenze zwischen Naso- und Oropharynx (S. 914).

Die Muskulatur des Gaumens besteht aus (Abb. **M-3.4**):

- **Musculus tensor veli palatini:** Er spannt das Gaumensegel an und senkt es dabei. Gleichzeitig öffnet er (z. B. beim Gähnen) die Tuba auditiva (S. 1082). Er entspringt paarig seitlich des Tubenostiums und von der Fossa scaphoidea des Proc. pterygoideus, umschlingt mit einer Zwischensehne von unten den Hamulus pterygoideus, der als Hypomochlion (S. 234) dient und verflicht sich in der Gaumenaponeurose mit den übrigen Muskeln.
- **Musculus levator veli palatini:** Von der Basis des Felsenbeins ausgehend strahlt er in das Gaumensegel ein und dient als Heber des Velum palatinum. Er bildet mit Fasern des M. tensor veli palatini den M. uvulae.
- **Musculus uvulae:** Er bildet und verformt als unpaarer Muskel das Zäpfchen.

In die Muskelplatte des Velum palatinum strahlen von unten kommend zusätzlich Faserzüge aus den Mm. palatoglossus und palatopharyngeus ein (Abb. **M-3.4** und Abb. **L-2.2**).

⊙ M-3.4	**Muskulatur des Gaumens**				
Muskel	**Ursprung**	**Ansatz**	**Innervation**	**Funktion**
M. tensor veli palatini*	Fossa scaphoidea ossis sphenoidalis (Proc. pterygoideus) und Tuba auditiva (Pars cartilaginea)	Aponeurosis palatina	N. musculi tensoris veli palatini des N. mandibularis (V₃)	Anspannung des Velum palatinum
				Öffnung der Tuba auditiva
M. levator veli palatini	Pars petrosa ossis temporalis (Facies inf.); Unterrand der Cartilago tubae auditivae		Plexus pharyngeus aus Nn. glossopharyngeus und vagus (IX und X)	Anheben des Velum palatinum
M. uvulae	Aponeurosis palatina	Bindegewebe der Uvula	N. glossopharyngeus (IX)	Verformung der Uvula
M. palatoglossus		seitliche Zungenwurzel (Radix linguae)		Verengung der Schlundenge (Isthmus faucium)
M. palatopharyngeus		Raphe pharyngis, Seitenfläche des Schildknorpels		zusätzlich: Schlundheber

＊ nutzt den Hamulus pterygoideus als Hypomochlion

Vergleiche: Tuba auditiva (S. 1082), Plexus pharyngeus (Abb. **M-2.23**), Zungenwurzel (S. 1009), Raphe pharyngis (S. 918), Schildknorpel (S. 921), Schlundheber (S. 917).

M-3.5 Gaumenmuskeln

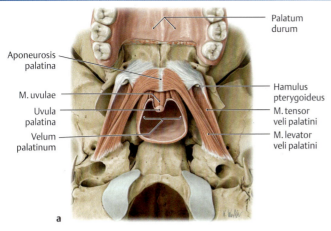

(Prometheus LernAtlas. Thieme, 3. Aufl.)
a Muskulatur des weichen Gaumens in der Ansicht von kaudal
b und dorsal, in der auch der ebenfalls in das Velum palatinum einstrahlende M. palatoglossus und die enge Beziehung zur Pharynxmuskulatur (S. 917) sichtbar ist.

Das Gaumensegel ist durch Fetteinlagerungen zwischen Drüsen und Muskulatur weich und verformbar.

Die **Schlundenge** (**Isthmus faucium**) wird von der Zungenwurzel mit den Zungenbälgen (s. u.), dem Velum palatinum mit der Uvula, dem Arcus palatoglossus und dem Arcus palatopharyngeus, der dazwischenliegenden Fossa tonsillaris (S. 190) und dem sich beim Schlucken vorwölbenden Teil des M. constrictor pharyngis superior („Passavant-Ringwulst", Abb. **L-2.2**) gebildet.

Die **Schlundenge** (**Isthmus faucium**) wird gebildet von: Zungenwurzel, Gaumensegel, Gaumenbögen samt Fossa tonsillaris und M. constrictor pharyngis superior.

Gefäßversorgung und Innervation des Gaumens

Gefäßversorgung: Die Arterien des Gaumens sind:
- **Arteria palatina ascendens** (Ast der A. facialis),
- **Arteria palatina descendens** (Ast der A. maxillaris) und
- **Arteria pharyngea ascendens**, direkter Ast der A. carotis externa (S. 973).

Das venöse Blut wird über den **Plexus pterygoideus** in die **Vena jugularis interna** abgeleitet.
Die regionären Lymphknoten sind die **Nodi lymphoidei submandibulares**.

Innervation: Die **sensible** Innervation der Schleimhaut sowie die **parasympathische** sowie **sympathische** Innervation der Gaumendrüsen erfolgt durch die aus dem **Ganglion pterygopalatinum** (Umschaltung der parasympathischen Fasern, Abb. **M-2.18**) abgehenden **Nervi palatini major** und **minores** und dem N. nasopalatinus (rein sensibel). Durch Parasympathikusaktivierung wird die Sekretion der Gaumendrüsen gesteigert. Hemmung der sekretomotorischen Fasern bei Sympathikusreizung führt zum trockenen Mund („Zunge klebt am Gaumen").
Die **motorische** Innervation des M. levator veli palatini und des M. uvulae übernehmen Äste des **Nervus glossopharyngeus**, IX (S. 995) und des **Nervus vagus**, X (S. 998). Der M. tensor veli palatini wird – wie der M. tensor tympani – über einen Ast des **Nervus pterygoideus medialis** aus dem **Nervus mandibularis** (V_3, Portio minor) innerviert.

Gefäßversorgung und Innervation des Gaumens

Gefäßversorgung: Den Gaumen versorgen die **Aa. palatinae ascendens** und **descendens** sowie die **A. pharyngea ascendens**. Der Blutabfluss erfolgt über den **Plexus venosus pterygoideus** in die V. jugularis interna. Die regionären Lymphknoten sind die **Nll. submandibulares**.

Innervation: Sensibel und vegetativ erfolgt die Innervation über **Nn. palatini major und minores** (Äste aus dem Ggl. pterygopalatinum als Umschaltstelle der parasympathischen Fasern, Abb. **M-2.18**).

Die **motorische** Innervation des M. levator veli palatini und des M. uvulae erfolgt über den **N. glossopharyngeus** und den **N. vagus**. Der M. tensor veli palatini wird von Ästen des **N. mandibularis** versorgt.

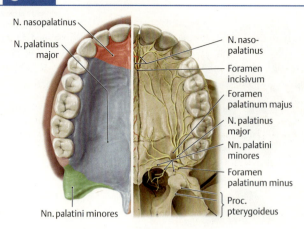

M-3.6 Innervation des Gaumens

In der rechten Bildhälfte ist der Durchtritt der Nerven zum Gaumen durch seine verschiedenen Foramina (vgl. Tab. **M-3.8**) dargestellt, in der linken ihr Innervationsgebiet.
(Prometheus LernAtlas. Thieme, 3. Aufl.)

Entwicklung des Gaumens

Mit der Entwicklung des Gaumens erfolgt die Trennung von Mund- und Nasenhöhle. Die Verwachsung der aus den Oberkieferwülsten innen herauswachsenden **Gaumenwülste**, des **Zwischenkiefersegments** und einer **Lamelle des Stirn-Nasen-Wulstes** führt zur Teilung der Nasenhöhle und ihrer Abtrennung von der Mundhöhle. Die vorderen zwei Drittel des definitiven Gaumens verknöchern (**Palatum durum**). Im hinteren Drittel entwickelt sich das Gaumensegel (**Velum palatinum**) des weichen Gaumens (**Palatum molle**) mit dem Zäpfchen (**Uvula**).

Entwicklung des Gaumens

Die primäre Mundhöhle wird durch die Entwicklung des Gaumens von der Nasenhöhle abgegrenzt. Aus den paarigen Oberkieferwülsten wachsen zwei **Gaumenwülste** in das Innere der Mundhöhle vor. Zunächst sind sie nach unten in die Ebene der Zungenanlage (s. u.) orientiert. Sie richten sich dann auf und wachsen in horizontaler Richtung nach medial aufeinander zu. Von ventral schiebt sich eine dreieckige Mesenchymplatte des **Zwischenkiefersegments** der **medialen Nasenwülste** als **primärer Gaumen** zwischen die beiden Gaumenwülste. Vom **Stirnnasenwulst** wächst eine mediale **senkrechte Lamelle** nach unten. Die beteiligten Strukturen verschmelzen nach Untergang des Epithels und trennen die unpaare Mundhöhle von den beiden paarigen Nasenhöhlen.

Die vorderen zwei Drittel des nun fertigen sekundären Gaumens verknöchern zum **Palatum durum**; im hinteren Abschnitt entwickelt sich das muskuläre Gaumensegel (**Velum palatinum**) des weichen Gaumens (**Palatum molle**) mit dem Zäpfchen (**Uvula**).

▶ **Klinik.**

▶ **Klinik.** Fehlende Vereinigung beider Gaumenfortsätze ist in der Regel mit einem Defekt des Nasenseptums verbunden: **Gaumenspalte** (S. 972), **Urano-** oder **Palatoschisis** (s. Abb. **M-1.26**). Im einfachsten Fall kann nur das Zäpfchen gespalten sein: **Uvula bifida** (Abb. **M-3.7**). Während der letztere Fall nur kosmetische Bedeutung hat, müssen Gaumenspalten wegen der Behinderung bei der Nahrungsaufnahme mit Gefahr des „Verschluckens" operativ geschlossen werden.

M-3.7 Uvula bifida

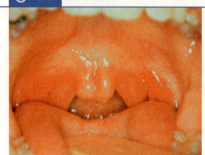

Uvula bifida als Minimalform einer Spaltbildung.
(Henne-Bruns, D., Düring, M., Kremer, B.: Duale Reihe Chirurgie. Thieme, 2012)

3.1.4 Zunge (Lingua)

Funktion der Zunge

Die Funktionen der Zunge sind durch ihren Aufbau aus Muskeln und spezialisierter Schleimhaut geprägt: Motorisch spielt sie eine wichtige Rolle bei der **Artikulation** sowie der **Nahrungsaufnahme** (Kau- und Schluckvorgang). Sensorisch ist sie Ort des **Geschmacksorgans** und dient gleichzeitig der Aufnahme **mechanischer Reize**.

3.1.4 Zunge (Lingua)

Funktion der Zunge

Ihre Motorik ist wichtig im Rahmen der **Artikulation** und **Nahrungsaufnahme**, sensorisch vermittelt sie neben **mechanischen Sinnesreizen** auch **Geschmack**.

▶ **Klinik.** Als **Makroglossie** wird eine übermäßige Vergrößerung der Zunge bezeichnet, die z. B. für die **Trisomie 21** charakteristisch ist und zu einer „kloßigen" Sprache führt.

⊙ **M-3.8** Makroglossie bei Trisomie 21

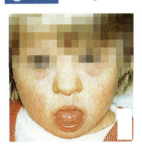

Tritt eine Makroglossie in höherem Lebensalter auf, kann sie Hinweis auf einen Tumor des Hypophysenvorderlappens mit vermehrter Produktion von Wachstumshormon sein. Nach Abschluss der Wachstumsphase (Schluss der Epiphysenfugen) führt dies zur **Akromegalie** (S. 1252) (Vergrößerung der Akren = „Endteile" des Körpers). Diese Diagnose wird aufgrund der schleichenden Größenzunahme von Nase, Kinn, Finger- und Zehen(end)gliedern, die von den Patienten und Angehörigen zunächst nicht bemerkt wird, oft erst spät gestellt. Eine Hormonanalyse und bildgebende Darstellung des Hypophysentumors sichern die Diagnose. Zur Behandlung kommen die operative transsphenoidale Tumorentfernung (S. 1042), Strahlentherapie oder Gabe von Medikamenten zur Hemmung der Wachstumshormonsekretion infrage.

Abschnitte und Form

Man unterscheidet an der Zunge folgende Abschnitte (Abb. **M-3.9**):
- **Zungenwurzel** (**Radix linguae**) oder Zungengrund: Die Abschnitte oberhalb des Kehldeckels bis zum Sulcus terminalis (s. u.), die mit den suprahyoidalen Muskeln (Abb. **L-1.4**) verbunden sind.
- **Zungenkörper** (**Corpus linguae**): Er geht aus der Zungenwurzel hervor und endet in der
- **Zungenspitze** (**Apex linguae**) als frei beweglichem Ende.

Der Zungenkörper hat eine glatte Unterfläche (**Facies inferior**), die mit einem Zungenbändchen (**Frenulum linguae**) mit der Schleimhaut des Mundbodens verbunden ist. Eine geschlängelte Falte (**Plica fimbriata**) und die durchscheinende **Vena lingualis** sind die auffälligsten Strukturen der Zungenunterseite, die seitlich in den Zungenrand (**Margo linguae**) übergeht. Die freie Oberfläche (**Dorsum linguae**, Zungenrücken) ist durch einen flachen **Sulcus medianus** in rechte und linke Hälfte unterteilt. Sie reicht bis zum V-förmigen **Sulcus terminalis**, der eine entwicklungsgeschichtlich bedeutsame Grenzlinie zur Zungenwurzel (S. 1014) darstellt. Am Wendepunkt des Sulcus terminalis liegt das **Foramen caecum**, das die Abgangsstelle des Ductus thyroglossalis, das Ausgangsmaterial für die Schilddrüsenanlage, markiert.

Abschnitte und Form

An der Zunge unterscheidet man (Abb. **M-3.9**):
- **Radix linguae** (Zungenwurzel/-grund), die die Verbindung zu den benachbarten Skeletteilen herstellt,
- **Corpus linguae** und
- **Apex linguae**.

Die glatte Schleimhaut der **Facies inferior** des Zungenkörpers ist mittig über das Zungenbändchen (**Frenulum linguae**) mit dem Mundboden verbunden. Seitlich davon liegen die **Plica fimbriata** und die **V. lingualis**. Der Zungenrand (**Margo linguae**) geht in den Zungenrücken (**Dorsum linguae**) über. Dieser wird durch den **Sulcus medianus** geteilt und gegen die Radix linguae durch den **Sulcus terminalis** mit dem **Foramen caecum** abgegrenzt.

⊙ **M-3.9** Abschnitte der Zunge

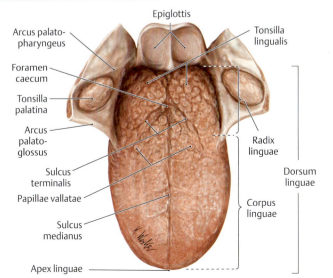

Ansicht der Zunge von kranial.
(Prometheus LernAtlas. Thieme, 3. Aufl.)

▶ Klinik. ▶ Klinik. Eine **Zungengrundstruma**, d. h. die Entwicklung von pathologisch vergrößertem Schilddrüsengewebe im Bereich des Foramen caecum, geht auf „liegen gebliebene" Zellen der Schilddrüsenanlage (Ductus thyroglossalis) zurück. Wegen der Entartungsgefahr in ein Karzinom ist die operative Entfernung angezeigt.

Aufbau der Zunge

Die Zunge ist ein schleimhautbedeckter Muskelkörper mit Verbindung zum Schädel (Abb. **M-3.10**).

Aufbau der Zunge

Die Zunge ist ein von Schleimhaut bedeckter Muskelkörper, der über Muskelzüge („Außenmuskulatur") mit dem Schädel verbunden ist (Abb. **M-3.10**).

M-3.10 Zungenmuskulatur

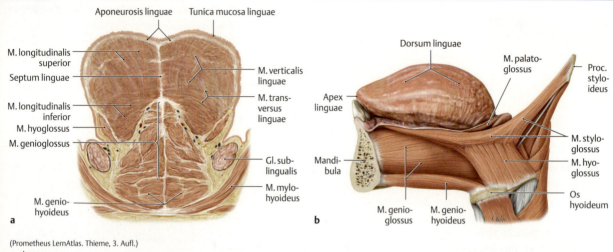

(Prometheus LernAtlas. Thieme, 3. Aufl.)
a Innere
b und äußere (z. T. auch in a mit angeschnitten) Zungenmuskeln.

Zungenmuskulatur (Musculi linguae)

Die **inneren Zungenmuskeln** bedingen ihre Verformbarkeit, die **äußeren** erweitern ihren Bewegungsspielraum.

Innere Zungenmuskulatur: Vier Muskeln mit sich durchkreuzenden Faserzügen strahlen in die oberflächliche **Aponeurosis linguae** ein:
- **M. verticalis** → Abflachung der Zunge,
- **Mm. longitudinalis superior** und **inferior** → Verkürzung der Zunge,
- **M. transversus linguae** → Streckung der Zunge. Dieser Muskel entspringt am **Septum linguae**, das den Zungenkörper in mediosagittaler Richtung unvollständig unterteilt.

Äußere Zungenmuskulatur: Ihre Fasern strahlen in die Binnenmuskeln ein und können den Zungenkörper nach vorn, unten oder hinten bewegen (Abb. **M-3.11**).

Zungenmuskulatur (Musculi linguae)

Man unterscheidet **innere Zungenmuskeln**, die für die enorme Verformbarkeit der Zunge hauptsächlich verantwortlich sind, von den in die inneren einstrahlenden **äußeren Zungenmuskeln**, die den Bewegungsspielraum der Zunge weiter erhöhen.

Innere Zungenmuskulatur: Hierbei handelt es sich um sich durchkreuzende Züge von vier Muskeln, die in die oberflächlich gelegene **Aponeurosis linguae** einstrahlen:
- **Musculus verticalis:** Die nahezu senkrecht von der Zungenunterseite zur Aponeurose verlaufenden Fasern, ihre Kontraktion bewirkt eine Abflachung der Zunge.
- **Musculus longitudinalis superior:** Er zieht unter der Aponeurose von der Radix linguae zum Apex linguae.
- **Musculus longitudinalis inferior:** Durch seinen Faserverlauf an der Facies inferior bewirkt er zusammen mit dem M. longitudinalis superior eine Verkürzung der Zunge.
- **Musculus transversus linguae:** Er verläuft von einer sagittal gestellten, den Zungenkörper mittig unvollständig unterteilenden Bindegewebsplatte (**Septum linguae**) zum Margo lingualis und bewirkt so bei Kontraktion eine Streckung der Zunge.

Äußere Zungenmuskulatur: Sie strahlt von außen in die Binnenmuskulatur ein und kann den Zungenkörper nach vorn, unten oder hinten bewegen (Abb. **M-3.11**):
- **Musculus genioglossus:** fächerförmig von der Spina mentalis mandibulae in den Zungenkörper einstrahlend.
- **Musculus hyoglossus:** am Seitenrand der Zunge zum Os hyoideum ziehende Muskelplatte (ein schmaler Streifen zieht als M. chondroglossus zum kleinen Zungenbeinhorn).
- **Musculus styloglossus:** ein schlanker, vom Processus styloideus seitlich in die Zunge einstrahlender Muskelzug.

M   3.1 Mundhöhle (Cavitas oris)

⊙ M-3.11 Äußere Zungenmuskulatur

Muskel	Ursprung	Ansatz	Innervation	Funktion
M. genioglossus	Mandibula: Spina mentalis	Zungenkörper		Zug der Zunge nach unten vorn
M. hyoglossus	Os hyoideum: Corpus und Cornu majus	seitlicher Unterrand der Zunge	**N. hypoglossus (XII):** Rr. linguales	beidseitige Kontraktion: Zug der Zunge nach unten hinten einseitige Kontraktion: Senken der Zunge zur gleichen Seite
M. styloglossus	Proc. styloideus	von dorsal in den Zungenkörper einstrahlend		beidseitige Kontraktion: Zug der Zunge nach oben hinten einseitige Kontraktion: Bewegung der Zunge zur gleichen Seite

Zungenschleimhaut

Papillen: Die Schleimhaut des Zungenrückens ist durch das Vorkommen unterschiedlicher Formen von **Zungenpapillen** (**Papillae linguales**) gekennzeichnet. Dabei handelt es sich um Bindegewebszapfen, die von einem spezialisierten Epithel überzogen sind. Man unterscheidet vier Typen, die sich in Aufbau, Lokalisation und Funktion unterscheiden (Tab. **M-3.1**).

Zungenschleimhaut

Papillen: Die Schleimhautoberfläche des Zungenrückens ist mit vier Formen von Papillen besetzt (Tab. **M-3.1**).

≡ M-3.1 Zungenpapillen

Papillentyp	Lokalisation	Aufbau	Funktion
Übersicht der verschiedenen Papillentypen Blockförmiger Ausschnitt der Zungenschleimhaut mit angrenzender Zungenmuskulatur, unten			

Tonsilla lingualis — Papillae filiformes — Papilla vallata — Papilla fungiformis
mehrschichtiges unverhorntes Plattenepithel
Aponeurosis linguae
Mm. linguae

(Prometheus LernAtlas. Thieme, 3. Aufl.)

| **Papillae filiformes (Fadenpapillen)** | in unregelmäßigen Reihen über den gesamten Zungenrücken verteilt | ▪ primäre Bindegewebsstöcke mit Aufzweigung in schlanke Sekundärpapillen ▪ dichtes Kapillar- und Nervennetz ▪ überzogen von teilverhorntem („parakeratinisiertem") Epithel | ▪ mechanisch (Zerkleinerung von Gewebsfasern) ▪ Mechanorezeption (Vergrößerungseffekt der Zunge beim Abtasten von Strukturen im Mundbereich!) |

Papillenspitzen mit verhorntem Plattenepithel

(Prometheus LernAtlas. Thieme, 3. Aufl.)

M-3.1 Zungenpapillen (Fortsetzung)

Papillentyp	Lokalisation	Aufbau	Funktion
Papilla fungiformes (pilzförmige Papillen) 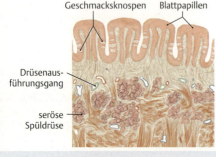 (Prometheus LernAtlas. Thieme, 3. Aufl.)	v. a. Zungenseiten- und Zungenspitzenbereich (dort als rote Pünktchen sichtbar)	▪ Primär- und Sekundärpapillen ▪ schwach verhornt ▪ gefäßreich ▪ Geschmacksknospen, werden im Alter weniger	▪ Mechanorezeption ▪ Thermorezeption ▪ Geschmack
Papillae foliatae (Blattpapillen) 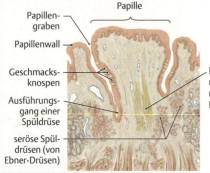 (Prometheus LernAtlas. Thieme, 3. Aufl.)	hinterer Seitenrand der Zunge	▪ parallelstehende Schleimhautfalten ▪ mit Geschmacksknospen ▪ in den Vertiefungen Mündung seröser Spüldrüsen (s. u.)	▪ Geschmack
Papillae vallatae (Wallpapillen) (Prometheus LernAtlas. Thieme, 3. Aufl.)	in einer Reihe vor dem Sulcus terminalis (7–12)	▪ „Druckknopfaspekt" durch sockelartige Bindegewebsstöcke mit umgebendem zirkulären Graben ▪ 2–5 Reihen Geschmacksknospen am Papillenrand gestaffelt (in der Wand des Wallgrabens meist und auf der Oberfläche fast immer fehlend) ▪ am Grund des Wallgrabens Mündung der serösen Ebner-Spüldrüsen ▪ kompliziertes Gefäß- und Nervennetz, z. T. mit Ganglienzellen	▪ Geschmack

▶ **Klinik.**

Drüsen: Die Zungenschleimhaut enthält
- seröse (**Gll. gustatoriae**, um die Papillae vallatae),
- gemischte (**Gl. lingualis anterior**, Zungenspitze) und
- muköse (**Gl. radicis linguae**, Zungenwurzel) Drüsen.

Geschmacksorgan (Organum gustus)

Die auf der Zunge lokalisierten **Geschmacksknospen (Caliculi gustatorii)** können (vor allem bei Kindern) auch im Gaumen, im Hypopharynx und an der Epiglottisrückseite

▶ **Klinik.** Die als **Parakeratinisierung** bezeichnete Teilverhornung der Zungenoberfläche (Papillae filiformes) kann sich bei Entzündungen im Mundbereich (pathologisch) verstärken und als „belegte Zunge" auftreten.

Drüsen: Die Zungenschleimhaut enthält zahlreiche seröse bzw. muköse Drüsen:
- Die **Glandulae gustatoriae** (Ebner-Spüldrüsen) der Papillae vallatae und foliatae (s. o.) sind rein serös. Ihre Läppchen erstrecken sich unter der Zungenaponeurose bis in die Muskulatur.
- Die **Glandula lingualis anterior** (Nuhn-Drüse) liegt als vorwiegend seröse Drüse an der Zungenspitze.
- Die **Glandulae radicis linguae** liegen im Bereich der Zungenwurzel (Tonsilla lingualis) als muköse Drüsen, die in die Krypten der Zungentonsille (S. 190) münden.

Geschmacksorgan (Organum gustus)

Zusammen mit freien Nervenendigungen bilden die in den Papillae vallatae und foliatae der Zunge, bei Kindern auch in den Papillae fungiformes, an Gaumen, Hypopharynx und Rückseite der Epiglottis vorkommenden **Geschmacksknospen (Caliculi gustatorii)** das Geschmacksorgan.

M 3.1 Mundhöhle (Cavitas oris)

Die Geschmacksknospen fallen als hellere tönnchenähnliche Gebilde im Niveau des Oberflächenepithels auf, d. h. ihr Durchmesser ist basal und apikal geringer als in der Mitte. Sie sind aus **Sinnes-, Stütz-** und **Basalzellen** aufgebaut, die zwiebelschalenartig aneinander liegen. Apikal schließen sich die Sinneszellen zu einem Grübchen (**Porus gustatorius**) zusammen, in das Mikrovilli hineinragen. Die ihrer Plasmamembran zugeordneten Signaltransduktionssysteme (S. 1242) sind für die unterschiedlichen Geschmacksempfindungen zuständig.

Die vier **Hauptgeschmacksqualitäten** sind nicht an einzelne Papillen gebunden, jedoch bestehen (subjektiv) lokale Unterschiede in der Empfindlichkeit der Zunge für bestimmte Qualitäten:
- Zungenspitze – **süß**
- Seitenrand – **sauer** und **salzig**
- Zungenwurzel und Bereich der Papillae vallatae – **bitter**
- Zungenmitte – **umami** (fleischig, herzhaft). Bei Nagern ist noch die Geschmacksqualität „**fettig**" nachgewiesen.

Subepithelial gelegene Drüsen, d. h. seröse Ebner-Spüldrüsen (S. 1012), reinigen mit speziellen Bindungsproteinen die Oberfläche der Geschmackszellen.

vorkommen. Die tönnchenförmigen Zellverbände bestehen aus **Sinnes-, Stütz-** und **Basalzellen,** die apikal einen engen **Porus gustatorius** bilden, in den Mikrovilli mit Rezeptorproteinen hineinragen.
Die **Geschmacksqualitäten** verteilen sich auf der Zungenoberfläche: vorn – süß, seitlich – sauer und salzig, hinten – bitter. Subepithelial gelegene Ebner-Spüldrüsen (S. 1012) reinigen die Oberfläche der Geschmackszellen.

Gefäßversorgung und Innervation der Zunge

Gefäßversorgung

Arterielle Versorgung: Sie erfolgt über die **Arteria lingualis** (S. 974) aus der Arteria carotis externa. Sie tritt medial unter dem M. hyoglossus in die Zunge ein und verläuft dort als paarige **Arteria profunda linguae** bis zur Zungenspitze. Kleinere Äste ziehen als **Rami dorsales linguae** bis zu den Gaumenmandeln (S. 190). Die **Arteria sublingualis**, die ebenfalls ein Ast der A. lingualis ist, versorgt die Unterzungenregion.

Venöser Abfluss: Das venöse Blut wird über die lateral des M. hyoglossus liegende **Vena lingualis** zur **Vena jugularis interna** geleitet.

Lymphabfluss: Die regionalen Lymphknoten der Zunge sind die **Nodi lymphoidei submandibulares** und die **Nodi lymphoidei submentales**, die in die Nodi lymphoidei cervicales profundi (Abb. L-1.11) drainieren.

Innervation

Die Innervation der Zunge ist entsprechend ihren vielfältigen Funktionen komplex, da vier Faserqualitäten beteiligt sind.

Efferente Fasern: Hier muss zwischen motorischen Fasern des somatischen Nervensystems für die Zungenmuskeln und den parasympathischen Efferenzen zu den Zungendrüsen unterschieden werden:
- Die **motorische Innervation** der Zungenmuskulatur erfolgt (entsprechend ihrer Herkunft aus dem kopfnahen Rumpfbereich) aus dem **Nervus hypoglossus** (XII).
- **Parasympathisch** werden die vorderen ⅔ der Zunge über die **Chorda tympani** (Fasern des **Nervus facialis**, VII) das hintere Drittel durch den **Nervus glossopharyngeus** (IX) innerviert. Der sich der Zungenwurzel anschließende Bereich der Valleculae (S. 916) und die Vorderseite der Epiglottis wird vom **Nervus vagus** (X) innerviert.

Gefäßversorgung und Innervation der Zunge
Gefäßversorgung

Arterien: Die **A. lingualis** (aus der A. carotis externa) teilt sich in der Zunge in die paarige **A. profunda linguae** und **Rr. dorsales linguae** auf. Die Unterzungenregion versorgt die **A. sublingualis**.

Venen: Die **V. lingualis** führt das Blut der Zunge in die V. jugularis interna.

Lymphabfluss: Über die **Nll. submandibulares** und **submentales** in die Nll. cervicales profundi (Abb. L-1.11).

Innervation

Efferente Fasern:
- Die **motorische Innervation** der Zunge übernimmt der N. hypoglossus (**XII**);
- die **parasympathische** Innervation erfolgt durch die **Chorda tympani** des N. intermediofacialis (**VII** → vordere ⅔), den N. glossopharyngeus (**IX** → hinteres ⅓) und den N. vagus (**X** → Valleculae und Vorderfläche der Epiglottis).

▶ **Klinik.** Eine **Läsion des N. hypoglossus** (z. B. durch Operationen an der A. carotis interna), der die gesamte Zungenmuskulatur innerviert, fällt auf, wenn man den Patienten bittet, die Zunge herauszustrecken: Insbesondere durch den gleichseitigen Ausfall des M. genioglossus, der die Zunge nach vorne-unten zieht und damit maßgeblich für ihr Vorstrecken verantwortlich ist, überwiegt die Muskelkraft der gesunden Gegenseite, sodass die **Zunge zur Seite der Lähmung** abweicht. Dieser Effekt wird durch die Verkürzung der Muskulatur (Atrophie) auf der betroffenen Seite noch verstärkt.

⊙ **M-3.12 Linksseitige Hypoglossusparese**
(Prometheus LernAtlas, Thieme, 3. Aufl.)
a Wirkung des M. genioglossus beim Herausstrecken der Zunge
b und Abweichen der Zunge zur erkrankten Seite bei Läsion des hier linken N. hypoglossus.

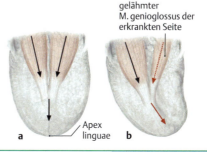

Afferente Fasern: Die sensible Innervation der Zunge erfolgt über den **N. lingualis** (V₃; vordere ⅔), dem sich auch Geschmacksfasern der Chorda tympani (aus N. VII) anlagern.
Der **N. glossopharyngeus** (IX) führt sensible und Geschmacksfasern aus dem hinteren Zungendrittel bzw. Papillae vallatae und foliatae).
Die Valleculae und die Vorderfläche der Epiglottis werden vom **N. vagus** (X.) innerviert (Abb. **M-3.13**).

⊙ M-3.13

▶ Merke.

Entwicklung der Zunge

Die Zunge entwickelt sich am Mundboden aus den paarigen **Tubercula lingualia lateralia** und einem **Tuberculum impar**, die zu den **vorderen** ⅔ der Zunge verschmelzen. Hinter dem Tuberculum impar senkt sich ein Epithelspross nach kaudal, der zum **Ductus thyroglossalis**, der ersten Anlage der Schilddrüse wird. Das Verbindungsstück der anschließenden Schlundbögen (**Copula**) wächst zur Zungenwurzel heran. Die **Zungenmuskulatur** stammt aus den 4 Okzipitalsomiten.

M 3 Mundhöhle und Kauapparat

Afferente Fasern: Bei den Afferenzen sind die sensiblen Fasern zur Leitung von mechanorezeptiven Informationen von den Geschmacksfasern zu unterscheiden. Wichtig ist, dass sie zwar z. T. durch Anlagerung über gleiche Nerven verlaufen, jedoch unterschiedliche Informationen leiten: Die **sensible Innervation** der vorderen ⅔ der Zunge erfolgt über den **Nervus lingualis** (aus V₃; Perikaryen im Ganglion trigeminale), der durch die **Chorda tympani** (des N. facialis, VII; Perikaryen im Ggl. geniculi) auch **Geschmacksfasern** (aus den Papillae fungiformes des gleichen Bereichs) erhält. Aus dem **hinteren Drittel** der Zunge mit Papillae vallatae und foliatae werden sowohl somatosensible als auch gustatorische Fasern im **Nervus glossopharyngeus** (IX, Perikaryen im Ggl. inferius) geleitet.
Die Innervation des Hypopharynxbereichs und der Epiglottis erfolgt durch den **Nervus vagus** (X, Perikaryen im Ggl. inferius), der ebenfalls beide Faserqualitäten führt (Abb. **M-3.13**).

⊙ M-3.13 **Afferente Innervation der Zunge**

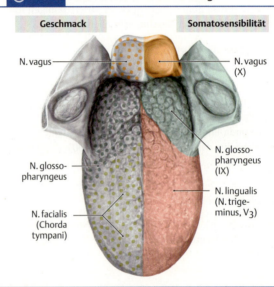

Ansicht der Zungenoberseite mit Darstellung der Innervation durch Geschmacksfasern (rechte Zungenhälfte) und somatosensible Fasern (linke Zungenhälfte).
(Prometheus LernAtlas. Thieme, 3. Aufl.)

▶ Merke. Im **hinteren Zungendrittel** und **Zungengrund** erfolgt die Innervation über den N. glossopharyngeus (**IX**), die Innervation für die Valleculae und Epiglottis liefert der N. vagus (**X**), die beide **parasympathische**, **sensible** und **Geschmacksfasern** leiten. Im **vorderen Drittel** entstammen nur **parasympathische** und **Geschmacksfasern** dem gleichen Hirnnerv (**VII**) und bilden zusammen die **Chorda tympani**, während für die Leitung **sensibler Informationen** Fasern aus dem N. mandibularis (**V₃**) zuständig sind. Letztere verlaufen im **N. lingualis**, dem sich die Chorda tympani anlagert.

Entwicklung der Zunge

Die Zungenentwicklung beginnt in der 4. Woche mit einer Proliferation von Mesenchym und Ektoderm auf dem Boden der Mundhöhle. Aus dem Mandibularbogen sprossen zwei paarige seitliche Zungenwülste (**Tubercula lingualia lateralia**) und dahinter ein **Tuberculum impar**, die zu den **vorderen zwei Dritteln** der späteren Zunge verschmelzen.
Unmittelbar kaudal von Tuberculum impar sprosst der **Ductus thyroglossalis** als mediale Schilddrüsenanlage in den Halsbereich hinein. Seine Ursprungsstelle kann als Foramen caecum erhalten bleiben.
Das **hintere Drittel**, die Zungenwurzel, entwickelt sich aus dem Verbindungsstück der beiden 2. Schlundbögen, der **Copula**. Sie wird durch Material aus dem 3. und 4. Schlundbogen ergänzt.
Die **Zungenmuskulatur** stammt aus den 4 Okzipitalsomiten, die in die Schädelbasis integriert werden und dabei den N. hypoglossus als motorischen Zungennerven mit in den Schädel verlagern.
Die vielfältige Innervation der Zunge lässt sich aufgrund ihrer komplexen Entwicklungsgeschichte besser verstehen.

3.1.5 Mundboden mit Unterzungenregion

▶ **Definition.** Als **Mundboden** bezeichnet man die Gesamtheit der dem sog. Diaphragma oris (M. mylohyoideus) oben und unten angelagerten Muskeln und die von ihnen begrenzten Räume.
Der Bereich zwischen Zunge, Mundschleimhaut und muskulärem Mundboden ist die **Unterzungenregion**, die seitlich von der Mandibula begrenzt wird.

Muskulatur des Mundbodens

Der Mundboden wird von folgenden Muskeln der suprahyoidalen Gruppe (Abb. **L-1.4**) verspannt (Abb. **M-3.14**):
- **Musculus mylohyoideus** (sog. **Diaphragma oris**): Die durch eine mediane Raphe zusammengehaltene Muskelplatte mit freiem Hinterrand zieht von der Linea mylohyoidea der Mandibula zum Zungenbein. Sie unterteilt den Bereich in eine obere Etage mit der Unterzungendrüse = Gl. sublingualis (S. 1021) und eine untere Etage für die Unterkieferdrüse = Gl. submandibularis (S. 1020), die am Hinterrand des Muskels miteinander in Verbindung stehen. Ein Teil der Gl. submandibularis biegt hakenförmig von unten nach oben um diesen Rand.

▶ **Klinik.** Durch die Verbindung der beiden Etagen am Hinterrand des M. mylohyoideus ist der Ausbreitungsweg einer bei Absenkung in den Hals- und Mediastinalbereich u. U. lebensgefährlichen **Mundbodenphlegmone** vorgegeben. Klinisch äußert sich eine solche, meist durch Streptokokken verursachte Entzündung durch die palpatorisch feststellbare bretthartе und schmerzhafte Schwellung des Mundbodens in Verbindung mit einem reduzierten Allgemeinzustand und erfordert eine antibiotische Therapie.

M-3.14 Muskulatur des Mundbodens

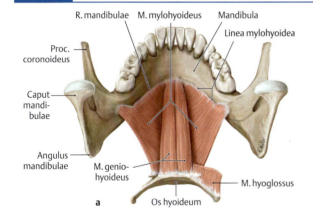

(Prometheus LernAtlas. Thieme, 3. Aufl.)
a Mundbodenmuskulatur in der Ansicht von kranial
b und links-lateral.

Dem Diaphragma oris liegt neben dem M. genioglossus (Abb. **M-3.11**) der M. geniohyoideus innen auf. Unter dem Diaphragma oris verläuft der Venter anterior des M. digastricus, der sich nach dorsal hinter einer Zwischensehne in einen Venter posterior fortsetzt. Die Zwischensehne wird vom M. stylohyoideus gabelartig umfasst.
- **Musculus geniohyoideus:** Er entspringt oberhalb des M. mylohyoideus an der Spina mentalis und zieht ebenfalls zum Zungenbein.
- **Musculus digastricus:** Der zweibäuchige Muskel zieht über eine am Zungenbein fixierte Zwischensehne mit seinem vorderen Bauch (**Venter anterior**) unterhalb des Diaphragma oris zur Fossa digastrica. Der hintere Bauch (**Venter posterior**) setzt sich bis zur Incisura mastoidea an die Schädelbasis fort.
- **Musculus stylohyoideus:** Er entspringt am Processus styloideus und setzt am Zungenbein an, wo er die Zwischensehne des M. digastricus übergreift und fixiert.

Gefäßversorgung und Innervation des Mundbodens

Gefäßversorgung

Arterien: Die **A. sublingualis** und die **A. submentalis** versorgen anastomosierend den Mundboden.

Venen: Begleitvenen der Arterien ziehen in die V. jugularis interna.

Lymphabfluss: Er erfolgt über die **Nll. submandibulares** und **submentales**.

Innervation

Motorisch: innerviert der **N. mylohyoideus** (V$_3$) den gleichnamigen Muskel und den vorderen Bauch des M. digastricus. Der hintere Bauch des M. digastricus wird wie der M. stylohyoideus vom **R. colli** des **N. facialis** innerviert. **Äste aus C1** (am N. hypoglossus) versorgen den M. geniohyoideus (Abb. **M-3.15**).

Die **sensible Innervation** liefert der **N. lingualis** (V$_3$).

Gefäßversorgung und Innervation des Mundbodens

Gefäßversorgung

Arterielle Versorgung: Der Mundboden wird arteriell durch die **Arteria sublingualis** (Ast der A. lingualis) und die **Arteria submentalis** (Ast der A. facialis) versorgt, die miteinander anastomosieren.

Venöser Abfluss: Das venöse Blut fließt über die **Vena comitans nervi hypoglossi** sowie die **Venae sublingualis** und **submentalis** in die Vena jugularis interna.

Lymphabfluss: Die regionalen Lymphknoten sind die **Nodi lymphoidei submandibulares** und **submentales**.

Innervation

Motorische Innervation (Abb. M-3.15): Die unterschiedliche Herkunft bestimmt die uneinheitliche Innervation der Mundbodenmuskulatur:
- Der **Nervus mylohyoideus** (aus V$_3$) ist teilweise dem N. alveolaris inferior angelagert und versorgt den M. mylohyoideus und Venter anterior des M. digastricus.
- Der **Ramus colli** des **Nervus facialis** (VII) versorgt den M. stylohyoideus und den Venter posterior des M. digastricus.
- **Äste des 1. Zervikalsegments**, die mit dem N. hypoglossus verlaufen, innervieren den M. geniohyoideus.

Sensible Innervation: Die Schleimhaut der Unterzungenregion wird sensibel vom **Nervus sublingualis** (Ast des N. lingualis, V$_3$) versorgt.

M-3.15 Innervation der Mundbodenmuskulatur

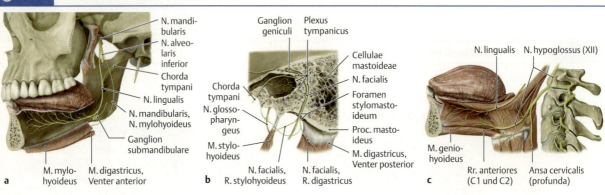

(Prometheus LernAtlas. Thieme, 3. Aufl.)

a Innervation des M. mylohyoideus und Venter anterior musculi digastrici über den N. mylohyoideus (aus V$_3$) in der Ansicht von links-lateral nach Entfernung der linken Mandibulahälfte und Durchtrennung des M. mylohyoideus.
b Der hintere Digastrikusbauch wird wie der M. stylohyoideus von Ästen des N. facialis (VII) versorgt. Darstellung ihres Abgangs nach Austritt der Nerven aus dem rechten Felsenbein (Sagittalschnitt in Höhe des Processus mastoideus).
c Anders als die anderen Muskeln des Mundbodens ist der M. geniohyoideus kein Schlundbogenderivat und wird daher nicht von branchiogenen Fasern aus Hirnnerven, sondern durch Rr. anteriores der Spinalnerven aus C1 und C2 (Plexus cervicalis) innerviert. Sie erreichen den Muskel, indem sie sich dem N. hypoglossus anlagern.

Topografische Beziehungen in der Unterzungenregion

Auf dem Mundboden liegt als Schleimhautfalte die **Plica sublingualis**, unter der der **Ductus submandibularis** und die **Gl. sublingualis** mit ihren zahlreichen Ausführungsgängen verläuft. Der größte ihrer Ausführungsgänge mündet mit dem Ductus submandibularis auf der **Caruncula sublingualis**. Der Gang wird von der A. sublingualis und dem N. sublingualis begleitet sowie vom N. lingualis unterkreuzt. Weiter unterhalb liegt der N. hypoglossus (Abb. **M-3.15**).

Topografische Beziehungen in der Unterzungenregion

Die Unterseite der Zunge setzt sich mit ihrer Schleimhaut auf den Mundboden fort. Dort findet sich die **Plica sublingualis** mit den Mündungen der kleinen Ausführungsgänge (Ductus sublinguales minores) der Unterzungendrüse (Gl. sublingualis). Vorne geht die Plica sublingualis in die gemeinsame Mündungsstelle (**Caruncula sublingualis**) der Ausführungsgänge von Unterkiefer- und Unterzungendrüse über (S. 1021). Aufgeworfen wird die Plica sublingualis durch den **Ductus submandibularis** (Ausführungsgang der Unterkieferdrüse), der teilweise von Drüsenläppchen umgeben ist, die bis zur Gl. sublingualis reichen. Begleitet wird er von der **A. sublingualis** und dem **N. sublingualis**, der **N. lingualis** unterkreuzt ihn. Noch tiefer liegt der **N. hypoglossus** mit einer Begleitvene (Abb. **M-3.15**).

M-3.16 Unterzungenregion

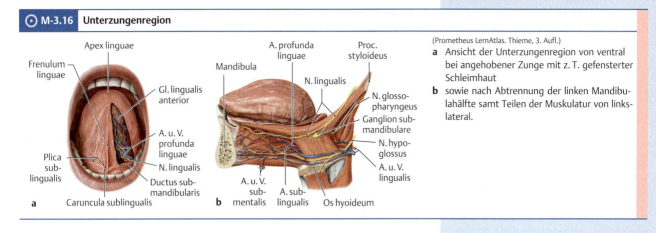

(Prometheus LernAtlas. Thieme, 3. Aufl.)
a Ansicht der Unterzungenregion von ventral bei angehobener Zunge mit z. T. gefensterter Schleimhaut
b sowie nach Abtrennung der linken Mandibulahälfte samt Teilen der Muskulatur von linkslateral.

Lateral des Ductus submandibularis liegt die **Glandula sublingualis** (S. 1021), die seitlich an die Mandibula grenzt. Sie ist mit einer Faszie umhüllt, die nach dorsal eine offene Verbindung zum Trigonum submandibulare (Tab. **L-1.5**) besitzt.

▶ Klinik. Die dünne Schleimhaut des Unterzungenbereichs ist besonders für die Resorption von Medikamenten geeignet (sublinguale Applikation, z. B. als „Lutschtabletten").

▶ Klinik.

3.1.6 Speicheldrüsen (Glandulae salivariae)

Funktion Bauprinzip und Einteilung der Speicheldrüsen

Funktion: Der von den im Mundbereich lokalisierten Drüsen sezernierte sog. „Mundspeichel" dient nicht nur der **Mischung trockener Nahrung**, um sie besser schlucken zu können, sondern beginnt durch das in ihm enthaltene Enzym α-Amylase bereits mit dem **Nahrungsaufschluss**, der im Darm durch Zugabe des „Bauchspeichels" aus dem Pankreas (S. 748) fortgesetzt wird. Darüber hinaus ist die ausreichende Speichelproduktion für den **Schutz** (Befeuchtung, Reinigung, Wundheilung) **der Mundschleimhaut** und für den **Erhalt der Zahnsubstanz** wichtig.

▶ Klinik. Eine verminderte Produktion von Speichel, wie sie z. B. als Folge von Bestrahlungen des Kopfbereichs oder als Nebenwirkung einer Reihe von Medikamenten auftreten kann, erhöht das Risiko für die Entstehung von Karies (S. 1024).

Die im Mundspeichel enthaltenen Immunglobuline dienen der **Abwehr pathologischer Keime** im Mundhöhlenbereich.

Bauprinzip: Allen Speicheldrüsen gemeinsam ist ein Läppchenbau mit Trennung durch gefäß- und nervenführende Bindegewebssepten und die Anlage als **tubuloazinöse Drüsen** (S. 64), d. h. ein Ausführungsgangsystem mit spezialisierten Abschnitten zur Modifikation des Sekrets geht in einen sekretorischen Azinusbereich über. Je nach Innervation (sympathisch, parasympathisch) wird ein eher zäher oder eher dünnflüssiger Speichel produziert. Der Bau der Acini und des Ausführungsgangsystems variiert in den einzelnen Drüsen.

Einteilung: Man unterscheidet mehrere kleine, in der Schleimhaut der Mundhöhle gelegene Speicheldrüsen (**Glandulae salivariae minores**) und drei große, außerhalb der Mundhöhlenschleimhaut gelegene Speicheldrüsen (**Glandulae salivariae majores**). Zu den **Glandulae salivariae minores** zählen mehrere kleine Drüsen, wobei die zum Mundeingang hin gelegenen Drüsen eher serös, die zum Schlund hin gelegenen eher mukös sind:
- **Glandulae labiales** (seromukös) in den Lippen,
- **Glandulae buccales** (seromukös) in den Wangen und die
- **Glandulae palatinae** (überwiegend mukös) im Gaumen.

Daneben gibt es verschiedene Glandulae linguales (S. 1012).

3.1.6 Speicheldrüsen (Glandulae salivariae)

Funktion Bauprinzip und Einteilung der Speicheldrüsen

Funktion: Mit der **Einspeichelung** der Nahrung wird sie besser schluckbar und es beginnt bereits ihr **enzymatischer Aufschluss**. Daneben **schützt** der „Mundspeichel" Zähne und Mundschleimhaut.

▶ Klinik.

Immunglobuline dienen der **Keimabwehr**.

Bauprinzip: Alle Speicheldrüsen sind **tubuloazinöse Drüsen**, die durch gefäß- und nervenführende Bindegewebssepten in Lappen und Läppchen gegliedert sind. Die serösen Acini der Drüsen sind ebenso wie die Gangabschnitte in den einzelnen Drüsen unterschiedlich ausgebildet.

Einteilung: Man unterscheidet mehrere kleine (**Gll. salivariae minores**) von den 3 großen Speicheldrüsen (**Gll. salivariae majores**).

Es gibt mehrere nach ihrer Lokalisation benannte kleine Speicheldrüsen in der Schleimhaut der Mundhöhle, z. B. Gll. labiales, buccales, palatinae, gustatoriae sowie die verschiedenen Gll. linguales (S. 1012).

Im Vestibulum oris mündet die **Glandula parotidea**, im Cavum oris die **Glandula submandibularis** und die **Glandula sublingualis**.

▶ Klinik.

Die außerhalb der Mundhöhlenschleimhaut gelegenen **Glandulae salivariae majores** entleeren ihr Sekret über längere Ausführungsgänge in den Mundbereich:

- **Glandula parotidea** (**Ohrspeicheldrüse**): Die rein seröse Ohrspeicheldrüse mündet im Vestibulum oris.
- **Glandula submandibularis** (**Unterkieferdrüse**): Die seromuköse Unterkieferdrüse hat ihre Mündung in der Cavitas oris propria.
- **Glandula sublingualis** (**Unterzungendrüse**): Die mukoseröse Unterzungendrüse mündet ebenfalls in der Cavitas oris propria.

▶ Klinik. An den Mündungsstellen der Ausführungsgänge der großen Speicheldrüsen können sich ausgefällte Kalksalze des Speichels als **Konkremente** (sog. **Speichelsteine**) festsetzen, die dann den Ausführungsgang verlegen und einen sehr schmerzhaften Rückstau des Speichels bedingen. Der Ausführungsgang muss dann operativ geschlitzt werden.

Das Gangsytem der Speicheldrüsen kann durch Einbringen von Kontrastmitteln in den Mündungsteil auf der Papille dargestellt werden („**Sialografie**").

Große Kopfspeicheldrüsen

⊙ M-3.17 Große Kopfspeicheldrüsen mit Mündung ihrer Ausführungsgänge in die Mundhöhle

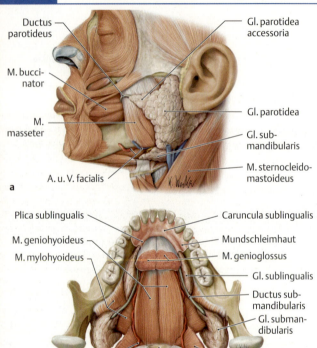

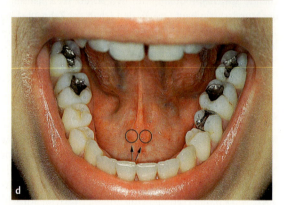

(a, b: Prometheus LernAtlas. Thieme, 3. Aufl.)
a In der Ansicht von lateral ist neben der prominenten Gl. parotidea auch ein Teil der Gl. submandibularis sichtbar.
b Ihr oberhalb des Diaphragma oris gelegener Anteil ist zusammen mit der Gl. sublingualis in der Ansicht des Mundbodens von kranial dargestellt.
c Die Ausführungsgänge der großen Kopfspeicheldrüsen münden teils in das Vestibulum oris (Ductus parotideus),
d teils in die Cavitas oris propria (Ductus submandibularis und sublingualis).

Ohrspeicheldrüse (Glandula parotidea)

▶ Synonym.

Abschnitte, Form und Lage: Die Parotis schmiegt sich den Außen- und Innenbereichen des Ramus mandibulae an und ist über die **Fascia parotidea** fest an den M. masseter angeheftet. Außen lässt sich ein tiefer Abschnitt von einem oberflächlichen Teil abgrenzen; zwischen beiden treten die Äste des

Ohrspeicheldrüse (Glandula parotidea)

▶ Synonym. Parotis

Abschnitte, Form und Lage: Die Ohrspeicheldrüse erstreckt sich vom Angulus mandibulae bis zum Arcus zygomaticus und vorn bis zum Vorderrand des M. masseter. Sie zieht dorsal um den Ramus mandibulae herum in die Innenseite des Unterkieferrastes (früher **Fossa retromandibularis**), wo sie sich bis zum Processus styloideus mit den drei „Stylo-Muskeln" erstreckt. Sie wird größtenteils von der **Fascia parotidea** (S. 1038) überzogen.

M 3.1 Mundhöhle (Cavitas oris)

In dem durch Bindegewebssepten in zwei Portionen (Pars superficialis, Pars profunda) und Läppchen gegliederten Drüsenparenchym treten die Aufzweigungen des N. facialis für das Gesicht („Pes anserinus") an die Oberfläche. Die tiefe Portion reicht in den retromandibulären Bereich und dorsal bis an den M. sternocleidomastoideus; in ihr teilt sich die A. carotis externa in die A. temporalis superficialis und A. maxillaris auf. Außer dem N. facialis ziehen auch der mit ihm über dünne Fasern verbundene N. auriculotemporalis und die V. retromandibularis durch das Drüsengewebe der Ohrspeicheldrüse.

Durch die Kontraktionen des M. masseter beim Kauen wird die Drüse gleichsam ausgequetscht. Das Sekret fließt über den ca. 3–5 cm langen dünnen **Ductus parotideus** ab. Er überkreuzt den M. masseter und verläuft etwa parallel zum Jochbogen bzw. der A. transversa faciei, wird manchmal von Nebendrüsen (Gl. parotidea accessoria) begleitet und mündet, nachdem er den M. buccinator (Abb. **M-1.15**) durchbohrt hat, auf der (**Papilla parotidea**) gegenüber dem 2. Oberkiefermolaren (S. 1022) in das Vestibulum oris.

Nahe der Mündungsstelle des Ausführungsgangs liegt das vermutlich sensorische sog. **juxtaorale Organ** als dicht innervierter Epithelstrang am M. buccinator.

N. facialis aus. Dessen Stamm liegt wie der N. auriculotemporalis und die V. retromandibularis im Drüsenparenchym. Auch teilt sich hier die A. carotis externa in die Aa. maxillaris und temporalis superficialis auf. Im retromandibulären Bereich erstreckt sich die Drüse bis zum Proc. styloideus und M. sternocleidomastoideus.

Im Vestibulum oris mündet die Gl. parotidea über ihren unterhalb des Jochbogens verlaufenden, den M. buccinator durchbohrenden **Ductus parotideus** gegenüber dem 2. Oberkiefermolaren auf der **Papilla parotidea**.

▶ **Klinik.** Bei Infektion mit dem Mumpsvirus kommt es meist zu einer Entzündung der Gl. parotidea mit starkem, meist zunächst einseitigem Anschwellen der Drüse (**Mumps** bzw. **Parotitis epidemica**, „Ziegenpeter"). Durch die Schwellung wird die Fascia parotidea angespannt und damit ein (starker) Kapselschmerz erzeugt. Neben der Parotis können auch andere Mundspeicheldrüsen sowie das Pankreas befallen sein. Gefürchtete Komplikationen sind u. a. die Beteiligung des Hodens (**Orchitis** mit Gefahr der Infertilität) und des ZNS (**Meningoenzephalitis**), weshalb eine Impfung allgemein empfohlen wird.

⊙ M-3.18 Parotisschwellung bei Mumps

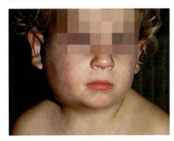

Feinbau: Die Drüsenläppchen der Parotis sind häufig (bei älteren Menschen) stark mit Fettgewebe durchsetzt. Sie bestehen aus typischen **serösen Endstücken**. Ihnen sitzen Myoepithelzellen (S. 65) auf, die sich bis auf die Schaltstücke fortsetzen. Eine unterschiedliche Ausstattung mit Kotransportern und Ionenpumpen bzw. -kanälen an der apikalen und basalen Plasmamembran der Acinuszellen und die teilweise durchlässigen apikalen Junktionskomplexe sorgen für einen unterschiedlichen Wassergehalt des Drüsensekrets, das vorwiegend aus Glykoproteinen mit Enzymcharakter (z. B. Amylase) besteht (**isoosmotischer Primärspeichel**).

Die Acini gehen in relativ lange, **sehr dünne Schaltstücke** mit einschichtigem flachem Epithel, dichten Junktionskomplexen und engen Lumen über, die durch ihren Gehalt an Karbonathydratase Bikarbonat-Ionen bereitstellen und damit den pH-Wert des Sekrets verändern können. Mehrere Schaltstücke münden dann in auffällige, **weitlumige Streifenstücke** aus einschichtigem kubischem bis hochprismatischem Epithel, deren basale Membraneinfaltungen Mitochondrienaggregate enthalten. Sie verursachen das basale Streifungsmuster der auch als „Sekretrohre" bezeichneten Gangabschnitte. Die Mitochondrien liefern die Energie für die in der Basalmembran liegenden Ionenpumpen (Na$^+$, K$^+$-ATPasen), die über einen elektrochemischen Gradienten der Wasserrückresorption und damit der Viskositätssteuerung/Proteinkonzentrierung des Sekrets dienen.

Intra- und interlobuläre **Ausführungsgänge** mit einen mehrreihigen Platten- bis kubischen Epithel leiten das Sekret in den Ductus parotideus.

Feinbau: Die Drüse ist rein serös, d. h. ihre Acini bestehen aus **serösen Drüsenzellen**, die außen von Myoepithelzellen umgeben sind, welche sich bis auf die anschließenden schlanken **dünnen Schaltzellen** fortsetzen. Der isoosmotische Primärspeichel mit enzymatischen Glykoproteinen wird in den Schaltstücken pH-reguliert und in den mit Mitochondrienaggregaten versehenen NaCl-resorptiven **Streifenstücken** hypoton gehalten. Mehrere Streifenstücke mit ihrer typischen Basalstreifung schließen sich zu intralobulären **Ausführungsgängen** zusammen, die nach Vereinigung den mit einem mehrreihigen prismatischen Epithel ausgekleideten Ductus parotideus bilden.

▶ **Klinik.** In der Parotis treten gelegentlich „**Mischtumoren**" (so genannt wegen ihres heterogenen histologischen Aufbaus) auf, die wegen ihres invasiven Wachstums besonders gefürchtet sind. Ihre chirurgische Entfernung erfordert wegen der zahlreichen durch das Drüsenparenchym ziehenden Äste des N. facialis eine besondere operative Sorgfalt. Es besteht die Gefahr der peripheren Fazialislähmung (S. 993) beim Durchtrennen von Ästen.

▶ **Klinik.**

Differenzialdiagnostisch ist die seröse Gl. parotis von der ebenfalls serösen Tränendrüse durch die Weite der eher alveolär gebauten Drüsenazini, die besonders zahlreichen Plasmazellen und das Fehlen von Schalt- und Streifenstücken in der Gl. lacrimalis zu unterscheiden.

Durch Vorkommen von Streifenstücken und Enge der Acini unterscheidet sich die Parotis eindeutig von der ebenfalls rein serösen Tränendrüse (die weite Acini und zellreiches

M 3 Mundhöhle und Kauapparat

Stroma besitzt) und dem Pankreas (mit zentroazinären Zellen anstelle der Schaltstücke und Langerhans-Inseln als endokrinem Anteil).

Auch das seröse exokrine Pankreas besitzt keine typischen Streifenstücke und nur zu zentroazinären Zellen modifizierte Schaltstücke. Das Vorkommen der endokrinen Langerhans-Inseln im Pankreas erleichtert die Differenzialdiagnose.

Gefäßversorgung: Die **Arterien** entstammen der A. carotis externa, maxillaris, temporalis superficialis und transversa faciei.

Gefäßversorgung: Die arterielle Versorgung der Glandula parotidea erfolgt über direkte kleine Äste aus der **Arteria carotis externa**, der **Arteria maxillaris**, der **Arteria temporalis superficialis** und **Arteria transversa faciei**.

Der venöse Abfluss erfolgt über die **V. retromandibularis**.

Der **venöse Abfluss** gelangt über die **Vena retromandibularis** in die V. jugularis interna.

In der Drüse liegen **Nll. parotidei superficiales** und **profundi** mit Ableitung zu den Halslymphknoten (Abb. **L-1.11**).

Lymphkollektoren des Drüsenparenchyms münden in kleine Lymphknoten innerhalb der Drüse (**Nodi lymphoidei parotidei superficiales** und **profundi**). Deren Drainage läuft über die oberflächlichen und tiefen Halslymphknoten (Abb. **L-1.11**).

Innervation: Die sekretorische Innervation übernehmen **parasympathische** Fasern aus dem Ncl. salivatorius inf. des **N. glossopharyngeus (IX)** nach Umschaltung im Ggl. oticum. Sie erreichen die Drüse über den N. auriculotemporalis und benachbarte Facialisäste (**Jacobson-Anastomose**).

Innervation: Die sekretorische Innervation liefern **parasympathische** Anteile des **Nervus glossopharyngeus** (IX), dessen präganglionäre Fasern dem Nucleus salivatorius inferior (S. 1107) entstammen und im Ganglion oticum (S. 995) umgeschaltet werden. Die postganglionären Fasern **lagern sich dem Nervus auriculotemporalis an** und gelangen durch dünne Verbindungsäste zum Nervus facialis (**Jacobson-Anastomose**), mit dessen sich radiär in der Ohrspeicheldrüse ausbreitenden Ästen die parasympathischen Fasern des N. glossopharyngeus die Drüsenläppchen erreichen.

▶ **Merke.**

▶ **Merke.** Die parasympathische Innervation der Ohrspeicheldrüse (Parotis) erfolgt über Fasern des N. glossopharyngeus (IX), die im Ggl. oticum umgeschaltet werden. Die sich innerhalb der Drüse aufzweigenden motorischen Äste des N. facialis (VII) sind – wie der N. auriculotemporalis – lediglich topografisch von Bedeutung, indem sich die Fasern des N. glossopharyngeus anlagern und über sie „verteilt" werden können.

Auch die sympathischen Fasern aus dem Halssympathikus nutzten die Anlagerung an den N. auriculotemporalis.

Die vasokonstriktorischen **sympathischen** Fasern entstammen dem Ganglion cervicale superius des Halssympathikus und lagern sich nach Verlauf in den Plexus um die Aa. carotis externa, maxillaris und meningea media ebenfalls dem N. auriculotemporalis an.

Unterkieferdrüse (Glandula submandibularis)

Abschnitte, Form und Lage: Sie liegt im **Trigonum submandibulare** zwischen den Digastrikusbäuchen mit enger Lagebeziehung zu A., V. und einem Ast des N. facialis. Mit einem hakenartigen Fortsatz erstreckt sie sich um das Hinterende des M. mylohyoideus bis in den Unterzungenbereich. Der **Ductus submandibularis** mündet auf der **Caruncula sublingualis**.

Unterkieferdrüse (Glandula submandibularis)

Abschnitte, Form und Lage: Die gut abgegrenzte Unterkieferdrüse liegt unter dem Mundboden im **Trigonum submandibulare** (zwischen beiden Bäuchen des M. digastricus) in unmittelbarer Nachbarschaft zu A. und Vena facialis sowie dem R. marginalis mandibulae des N. facialis. Dorsal setzt sie sich mit einem hakenförmig den M. mylohyoideus umschlingenden Fortsatz und ihrem Ausführungsgang (**Ductus submandibularis**) in die Etage oberhalb des Diaphragma oris gelegenen Sublingualraums fort. Dort kann sie sich mit der Gl. sublingualis (s. u.) verbinden.
Der Ductus submandibularis mündet gemeinsam mit dem Ductus sublingualis major auf der **Caruncula sublingualis**.

▶ **Merke.**

▶ **Merke.** Die Gl. submandibularis liefert die größte Speichelmenge von allen drei großen Speicheldrüsen.

Feinbau: Vorwiegend seröse Abschnitte mit wenigen mukösen Tubuli wechseln mit überwiegend mukösen Tubuli und spärlichen serösen „Halbmonden" ab. Die Streifenstücke sind gut ausgebildet und weitlumig.

Feinbau: Die einzelnen Abschnitte der Drüse sind etwas unterschiedlich gebaut. Ihr überwiegender Anteil ist gemischt, d. h. Abschnitte mit einem typisch serösen Azinussystem, Schalt- und Streifenstücken wechseln mit mukösen Arealen ab, in denen Azinusreste als „seröse Halbmonde" den mukösen Tubuli aufsitzen und Schaltstücke eher spärlich sind. Die Streifenstücke sind hingegen gut ausgebildet und relativ weitlumig. In den der Gld. sublingualis zugewandten Drüsenabschnitten herrschen die mukösen Elemente mit wenigen serösen Halbmonden, Schalt- und Streifenstücken vor.

Gefäßversorgung: Die arterielle Versorgung übernehmen Äste der **A. facialis**, der venöse Abstrom verläuft über die **V. submentalis**. Der Lymphabfluss erfolgt über **Nll. submandibulares**.

Gefäßversorgung: Die Drüse wird von direkten Ästen (**Rami glandulares**) aus der **Arteria facialis** versorgt.
Der venöse Abfluss erfolgt über die **Vena submentalis** in die V. facialis und weiter in die V. jugularis interna.
Die regionären Lymphknoten sind die vor der Drüse gelegenen **Nodi lymphoidei submandibulares**.

Innervation: Die parasympathische Innervation erfolgt über sekretomotorische Fasern aus der **Chorda tympani** des **Nervus facialis** (**VII**).
Sie entspringen im Nucleus salivatorius superior und werden im **Ganglion submandibulare** umgeschaltet.

Innervation: Parasympathische Fasern der **Chorda tympani** stammen aus dem Ncl. salivatorius sup. des N. VII und werden im Ggl. submandibulare umgeschaltet.

Unterzungendrüse (Glandula sublingualis)

Abschnitte, Form und Lage: Die Glandula sublingualis liegt als länglicher gut abgrenzbarer Drüsenkörper auf der Faszie des M. mylohyoideus. Seitlich wird sie vom Unterkiefer begrenzt, medial von ihr verlaufen der **Ductus submandibularis** und der **N. lingualis**. Ihr größerer Ausführungsgang (**Ductus sublingualis major, Bartholin-Gang**) mündet zusammen mit dem Ductus submandibularis auf der entsprechenden **Caruncula sublingualis** im Unterzungenbereich. Die kleineren Ausführungsgänge der bis zu 50 Einzeldrüschen münden als **Ductus sublinguales minores** einzeln auf der durch die Drüse aufgeworfenen Plica sublingualis.

Feinbau: Die Drüsenläppchen der Gl. sublingualis sind durch das Vorherrschen **muköser Zellen** im Bereich der (modifizierten „verschleimten") Schaltstücke gekennzeichnet, denen spärlich verteilte seröse Acinuselemente als „Halbmonde" aufsitzen. Die Myoepithelzellen um die mukösen Tubulusbereiche sind schraubig und oft parallel angeordnet (gerichteter Transport des zähflüssigen Sekrets). Die Streifenstücke sind weit und nicht sehr zahlreich.

Gefäßversorgung: Die Blutversorgung erfolgt über die **Arteria sublingualis** (Ast der A. lingualis) und wird über die **Vena sublingualis** in die V. jugularis interna abgeleitet.
Die regionären Lymphknoten sind die **Nodi lymphoidei submandibulares**, die zu den oberflächlichen und tiefen Halslymphknoten führen.

Innervation: Die Innervation erfolgt wie bei der Gl. submandibularis über parasympathische Fasern (Chorda tympani, VII) aus dem Ggl. submandibulare.

Unterzungendrüse (Glandula sublingualis)

Abschnitte, Form und Lage: Sie liegt auf dem M. mylohyoideus, medial von ihr verlaufen der **Ductus submandibularis** und der **N. lingualis**. Neben zahlreichen **Ductus sublinguales minores** zur Plica sublingualis mündet sie mit dem **Ductus sublingualis major** auf der **Caruncula sublingualis**.

Feinbau: Neben wenigen, meist zu sog. „Halbmonden" reduzierten, serösen Acini finden sich zahlreiche **muköse Tubuli**. Sie gehen aus Schaltstücken hervor, deren Zellen mukös modifiziert sind und von Myoepithelzellen überzogen werden. Die Streifenstücke sind spärlich.

Gefäßversorgung: Die Blutversorgung erfolgt über die **A.** und **V. sublingualis**. Regionäre Lymphknoten sind die **Nll. submandibulares** (zu den Halslymphknoten ableitend).

Innervation: Die Innervation entspricht der der Gl. submandibularis.

3.1.7 Zähne (Dentes)

Die in der Mundhöhle lokalisierten Zähne, die durch Bewegungen im Kiefergelenk zum Einsatz kommen, dienen der Zerkleinerung fester Nahrung. In ihrer Gesamtheit werden sie als **Gebiss** bezeichnet, das beim Menschen durch drei Charakteristika gekennzeichnet ist:

- **Heterodontie** oder **Anisodontie** (unterschiedliche Form der Zähne je nach ihrer Aufgabe und Stellung im Gebiss),
- **Thekodontie** (Verankerung der Zähne in Zahngruben: **Gomphosis**) und
- **Diphydontie** (doppelte Zahnung), was bedeutet, dass man durch den einmaligen Zahnwechsel zwei Zahngenerationen unterscheiden kann: Das vorübergehende Milchgebiss besteht aus **Dentes decidui**, das bleibende Gebiss aus **Dentes permanentes**.

3.1.7 Zähne (Dentes)

Die Zähne dienen der Zerkleinerung fester Nahrung und werden in ihrer Gesamtheit als **Gebiss** bezeichnet. Beim Menschen weist es 3 Charakteristika auf:

- **Heterodontie**,
- **Thekodontie** und
- **Diphydontie**, die 2 Zahngenerationen bedingen (**Dentes decidui** und **Dentes permanentes**).

Einteilung, Abschnitte, Form und Lage der Zähne

Die Zähne des bleibenden menschlichen Gebisses lassen sich in vier, die des Milchgebisses in drei verschiedene Zahnformen einteilen (Tab. **M-3.2**).

Einteilung, Abschnitte, Form und Lage der Zähne

Zähne des bleibenden menschlichen Gebisses: 4 Zahnformen, im Milchgebiss: 3 Zahnformen (Tab. **M-3.2**).

≡ M-3.2	Form und Funktion der einzelnen Zahntypen			
Zahntyp	**Corona dentis**	**Radix dentis**	**Funktion**	**Anzahl**
Dens incisivus (Schneidezahn)	meißelförmig	1 einfache Wurzel	Abbeißen	8
Dens caninus (Eckzahn)	spitz	1 einfache lange Wurzel	Abbeißen und Halten, Abreißen zäher Bissen	4
Dens premolaris (Backenzahn)	zylindrisch	1 Wurzel (linker oberer 2) mit 2 Wurzelkanälen	Kauen und Zermahlen	8
Dens molaris (Mahlzahn)	platt mit mehreren Kauhöckern	die oberen Molaren haben stets 3 Wurzeln, die unteren 2	Kauen und Zermahlen	12 (nur im bleibenden Gebiss)

Alle bestehen aus (Abb. **M-3.19**):
- Zahnkrone (**Corona dentis**),
- Zahnhals (**Cervix dentis**) und
- Zahnwurzel (**Radix dentis**).

Begriffe zur Orientierung am Zahn s. Tab. **M-3.3**.

Bei allen unterscheidet man folgende Abschnitte (Abb. **M-3.19**):
- Zahnkrone (**Corona dentis**),
- Zahnhals (**Cervix dentis**) und
- Zahnwurzel (**Radix dentis**).

Innerhalb der von außen sichtbaren Hartsubstanz liegt die Zahn- oder Pulpahöhle, die **Cavitas dentis** (S. 1024).

Zur Orientierung am Zahn werden die in Tab. **M-3.3** aufgeführten Bezeichnungen verwendet.

M-3.19 Abschnitte und Einteilung der Zähne

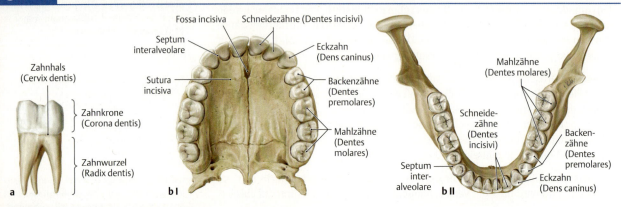

a Zahnkrone, -hals und -wurzel, dargestellt an einem Dens molaris.
b Zähne des Ober- (I) und Unterkiefers (II) eines Erwachsenen.
(Prometheus LernAtlas. Thieme, 3. Aufl.)

M-3.3 Lagebezeichnung an den Zähnen

Lagebezeichnung an den Zähnen	Lage
vestibulär	dem Mundvorhof zugewandt
▪ bukkal	der Wange zugewandt
▪ labial	den Lippen zugewandt
oral	der Mundhöhle zugewandt
▪ lingual	der Zunge zugewandt (am Unterkiefer)
▪ palatinal	dem Gaumen zugekehrt (am Oberkiefer)
mesial	dem Scheitelpunkt des Zahnbogens zugekehrt
distal	dem hinteren Ende des Zahnbogens zugekehrt
apikal	auf die Wurzelspitze bezogen
zervikal	am Zahnhals
okklusal	an der Kaufläche

(Prometheus LernAtlas. Thieme, 3. Aufl.)

Anordnung der Zähne: Das Gebiss wird in **4 Quadranten** mit jeweils identischer Anzahl an Zähnen:
- 2 Schneidezähne,
- 1 Eckzahn,
- 2 Prämolaren und
- 3 Molaren, von denen der 3. als sog. **Weisheitszahn** (Dens serotinus) oft nicht voll durchbricht.

Anordnung der Zähne: Das Gebiss wird in **vier Quadranten** eingeteilt, wobei die Grenze jeweils zwischen den Schneidezähnen verläuft. Jeder Quadrant setzt sich beim bleibenden Gebiss des Menschen zusammen aus:
- 2 Schneidezähnen (Dentes incisivi),
- 1 Eckzahn (Dens caninus),
- 2 Backenzähnen (Dentes premolares) und
- 3 Mahlzähnen (Dentes molares).

Der 3. Molar ist der so genannte **Weisheitszahn** (Dens serotinus), der oft nicht voll ausgebildet ist oder wegen Platzmangels nur fehlerhaft durchbricht.

Die sog. **Zahnformel** gibt – ausgehend von den Schneidezähnen – den Aufbau jeweils eines Quadranten aus Ober- und Unterkiefer wieder.

M 3.1 Mundhöhle (Cavitas oris)

▶ Merke. Die Zahnformel für das Milchgebiss unterscheidet sich von der des bleibenden Gebisses des Menschen durch das Fehlen der Molaren und ergibt daher nur 20 statt 32 Zähne:
Zahnformel für das **bleibende Gebiss**: 2-1-2-3/2-1-2-3 (×2) = 32
Zahnformel für das **Milchgebiss**: 2-1-2/2-1-2 (×2) = 20

▶ Merke.

Bezeichnung der Zähne: Zur Bezeichnung der einzelnen Zähne erhält jeder Quadrant eine Kennziffer (1–4), die Zähne des jeweiligen Quadranten werden, ausgehend vom ersten Schneidezahn (1) bis zum 3. Molaren (8), durchnummeriert. Daraus ergeben sich die in Abb. **M-3.20** dargestellten Bezeichnungen, bei denen nicht die Zahl insgesamt, sondern jede Ziffer einzeln ausgesprochen wird (eins-eins, eins-zwei usw.). Die Zähne des Milchgebisses sind durch die Kennziffern 5–8 der Quadranten gekennzeichnet.

Bezeichnung der Zähne: Die Zähne werden wie in Abb. **M-3.20** dargestellt benannt. Jeder Quadrant erhält eine Kennziffer (1–4 beim bleibenden, 5–8 beim Milchgebiss). Innerhalb der Quadranten werden die einzelnen Zähne, ausgehend von den Schneidezähnen, beziffert.

⊙ M-3.20 Bezeichnung der Zähne

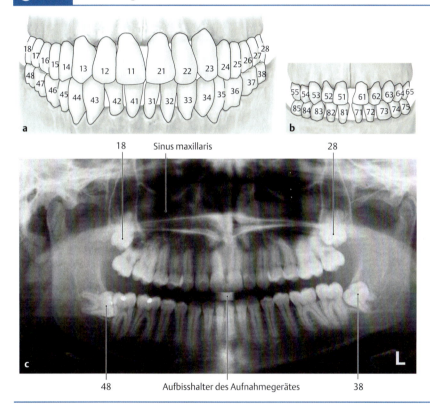

Bezeichnung der Zähne am bleibenden (**a**) und Milchgebiss (**b**). Die genaue Kennzeichnung einzelner Zähne mit Hilfe festgelegter Ziffern erleichtert die Dokumentation bei Erhebung des Zahnstatus, Sanierung einzelner Zähne und Befundbeschreibung im Röntgenbild (**c**). Bei dem in **c** dargestellten Gebiss sind drei (18, 28 und 31) der vier Weisheitszähne nicht vollständig durchgebrochen und einer querverlagert (48), weshalb ihre Entfernung angezeigt ist. Gelesen 18 = eins acht etc.
(Prometheus LernAtlas. Thieme, 3. Aufl.)

▶ Klinik. Bei **Zahnstein** (**Calculus**) handelt es sich um eine verkalkte Ablagerung, die durch Mineralisierung des Zahnbelags entsteht. Supragingivaler Zahnstein ist oberhalb des Zahnfleischs zur Zahnkrone hin sichtbar, subgingivaler Zahnstein ist auf der Zahnwurzel (in der Zahnfleischtasche) nicht sichtbar.

▶ Klinik.

▶ **Exkurs: Okklusion.** Die Stellung der Zähne in einem Zahnbogen ist in Ober- und Unterkiefer verschieden und bewirkt die Verzahnung beim Schlussbiss (**Okklusion**): Der Zahnbogen des **Oberkiefers** hat die ungefähre Gestalt einer **halben Ellipse**, die des **Unterkiefers** die einer **Parabel** (2. Grades). Deshalb greift in Okklusionsstellung die Kaukante der oberen Frontzähne vor die der unteren (die Kontaktstelle ist der sog. Inzisalpunkt). Gleichzeitig überdeckt die Außenhöckerreihe der oberen Seitenzähne die entsprechende untere Höckerreihe, d. h. es liegt maximale Interkuspidation, eine allseitige und gleichmäßige **Höcker-Fissuren-Verzahnung** vor.
Eine Regelverzahnung der Seitenzähne, so genannte **Neutralbisslage**, liegt vor, wenn die Spitze des oberen Eckzahns zwischen den unteren Eckzahn und den folgenden unteren Prämolaren gerichtet ist. Damit trifft jeweils ein Zahn auf zwei Antagonisten der Gegenseite: einer wirkt als Haupt-, der andere als Nebenantagonist (Ausnahmen: 1. Schneidezahn oben und 3. Molar oben). Die Kontaktfläche bei Okklusion bildet die sagittale Okklusionsebene, die nicht plan, sondern von mesial nach distal einen nach unten konvexen Bogen bildet (**Spee-Kurve**). Die Höckerverbindungslinie der Unterkieferseitenzähne in transversaler Richtung ist die transversale Okklusionskurve (**Wilson-Kurve**). Als **Kauebene** schließlich bezeichnet man die vom Inzisalpunkt zum disto-bukkalen Höcker des zweiten Unterkiefermolaren beiderseits verlaufende Ebene; sie entspricht etwa der Höhe der **Lippenschlusslinie**.
Der **Bewegungsbiss** der Zähne ergibt sich durch die Artikulation im Kiefergelenk: Das Gleiten der Gelenkflächen im Kiefergelenk bedingt einen Schleifkontakt der Kauflächen der Zähne.
Fehlfunktionen des Kiefergelenks (bei Arthrose bzw. muskulärer Fehlfunktionen) einerseits oder der Zahnstellung bzw. Zahnbesatz (Zahnausfall bzw. schlecht angepasster Zahnersatz) andererseits führen damit immer zu Beeinträchtigungen des jeweiligen Funktionspartners und damit zu einer Beeinträchtigung der gesamten Kaufunktion.

Aufbau der Zähne und des Zahnhalteapparats

Hartsubstanzen des Zahns und Zahnpulpa

Die verschiedenen **Hartsubstanzen** umgeben die **Pulpa dentis**, die sich in der Zahn- oder Pulpahöhle (**Cavitas dentis/pulparis**) befindet (Abb. **M-3.21**). Letztere besteht aus einem innerhalb der Zahnkrone gelegenen Anteil (**Cavitas coronae**), der sich in den Wurzelkanal (**Canalis radicis dentis**) fortsetzt und nach unten geöffnet ist (**Foramen apicis dentis**).

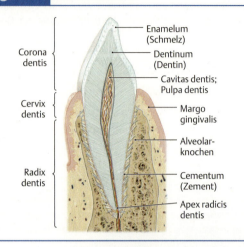

M-3.21 Aufbau der Zähne

Schnitt durch einen Schneidezahn des Unterkiefers.
(Prometheus LernAtlas. Thieme, 3. Aufl.)

Hartsubstanzen des Zahns: Man unterscheidet folgende mineralisierte Anteile:
- Das **Zahnbein** (**Dentin**) macht den **Hauptanteil** des Zahns aus. Es umgibt die Pulpahöhle und den Wurzelkanal. Die größte Dicke besitzt es an der Krone. Dentin besteht u. a. aus anorganischen Substanzen (Hydroxylapatit-Kristallen) und Kollagenfasern.
- Der **Schmelz** (**Enamelum**) überzieht die Zahnkrone mantelartig und ist für die **Farbe** der Zähne verantwortlich. Die nur ca. 0,16 cm dicke Schmelzschicht ist die **härteste Substanz** im menschlichen Körper.
- Das **Zement** (**Cementum**) bedeckt als eine dem Geflechtknochen (S. 76) ähnliche Substanz das Dentin der Wurzelkanals und ist nur an der Wurzelspitze (Apex radicis) stärker ausgebildet.

Tab. **M-3.4** zeigt einen Vergleich der Zusammensetzung verschiedener Hartsubstanzen des menschlichen Körpers.

M-3.4 Substanzverteilung in den harten Körperstubstanzen

In %	Zahnschmelz	Dentin	Zement	Knochen
anorganisch	95	70	61	55
organisch	1	20	27	30
Wasser	4	10	12	15

▶ **Klinik.** Eine der häufigsten Zahnerkrankungen ist die **Karies** (Zahnfäule). Sie entsteht auf der Basis von Speiseresten (fehlende Mundhygiene), die zur Ansiedelung von Bakterien führt, deren Stoffwechselprodukte den **Schmelz zersetzen**.

Pulpa (Zahnmark): Die Pulpa füllt die Pulpahöhle aus und besteht hauptsächlich aus gallertigem **Bindegewebe** (S. 70).
Sie enthält dünne Gefäße und marklose Nerven. Die Aufgaben der Pulpa sind:
- Ernährung des Zahnes,
- Abwehr von Erregern,
- Innervation des Zahnes und
- Dentinbildung.

M 3.1 Mundhöhle (Cavitas oris)

Zahnhalteapparat (Periodontium)

▶ Synonym. Parodontium (üblich in der Zahnmedizin)

▶ Definition. Das Periodontium (Abb. **M-3.22**) ist eine strukturelle und funktionelle Einheit zur Verankerung der Zähne im Kiefer.

M-3.22 Zahnhalteapparat

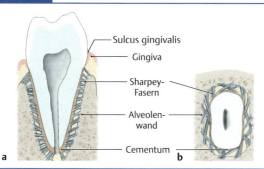

Einbau eines Zahnes in den Kieferknochen im Längs- (**a**) und Querschnitt (**b**).
(Prometheus LernAtlas. Thieme, 3. Aufl.)

Labels: Sulcus gingivalis, Gingiva, Sharpey-Fasern, Alveolenwand, Cementum

Neben dem
- **Cementum** (Zement, s. o.) als Teil des Zahnhalteapparats zählen dazu auch
- **Alveoli dentales** (Alveolarknochen),
- **Desmodontium** (Wurzelhaut oder Ligamentum periodontale als Summe der kollagenen Sharpey-Fasern) und
- sog. **Saumepithel** der Gingiva (Zahnfleisch; Periodontium protectionis).

Das Periodontium erfüllt unterschiedliche **Aufgaben**:
- Durch seine Kollagenfasern (Sharpey-Fasern, s. u.) dient es der **Verzapfung des Zahnes im Kieferknochen** (Gomphosis (S. 227)),
- über afferente Nervenfasern fungiert es als sensorisches Organ zur **Regulation des Kaudrucks** und
- durch die zahlreichen immunkompetenten Zellen steht es im Dienste der **Infektionsabwehr**.
- Zudem ist es beteiligt am belastungsabhängig kontinuierlichen **Umbau des Kieferknochens**.

▶ Klinik. Unter **Parodontose** versteht man eine primär nicht entzündliche Erkrankung des marginalen Zahnhalteapparats, der zu einer schlechteren Verankerung des Zahnes im Kiefer und damit zu Zahnausfall führen kann. Vom Aspekt her gewinnt man den Eindruck, dass das Zahnfleisch sich zurückzieht, so dass die Zähne länger erscheinen. Therapeutisch kann eine sog. Parodontoseschiene zum Einsatz kommen.

Wurzelhaut (Desmodontium): Die auch als **Ligamentum periodontale** bezeichnete Wurzelhaut liegt zwischen Zement und Alveolarwand. Sie verankert den Zahn mittels Kollagenfasern (**Sharpey-Fasern**) federnd im Alveolarknochen. Hiermit wird der Kaudruck aufgefangen, so dass der Alveolarknochen nicht langsam resorbiert wird. Man unterscheidet zahnmedizinisch nach dem Verlauf: Fibrae dentoalveolares, dentogingivales, alveologingivales und circulares. Die von der Alveolenwand schräg zur Wurzelspitze verlaufenden Fasern werden beim Kauen vorwiegend **zugbelastet**.

▶ Klinik. Die Kollagenfasern des Periodontiums unterliegen einem ständigen Auf- und Abbau, der die Gegenwart von **Vitamin C** (S. 68) erfordert. Aufgrund der hohen Umsatzrate äußert sich ein Mangel an diesem Vitamin charakteristischerweise durch Zahnausfall. Daneben sind im Rahmen dieser als **Skorbut** bekannten Erkrankung meist andere Symptome vorhanden, die zum Großteil ebenfalls auf die gestörte Kollagensynthese zurückzuführen sind: Infolge der Brüchigkeit der Gefäßwand kommt es allgemein zu Blutungen, die sich auch am Zahnfleisch äußern, sowie zur schlechten Wundheilung. Daneben besteht eine generell erhöhte Infektanfälligkeit. Diese in früheren Zeiten gefürchtete Krankheit tritt heute in der westlichen Welt kaum noch auf. Dazu müsste die Vitamin-C-Aufnahme über einen längeren Zeitraum unter 10 mg pro Tag sinken.

Zahnhalteapparat (Periodontium)

▶ Synonym.

▶ Definition.

M-3.22

Seine Bestandteile sind **Cementum** (s. o.), Alveoli dentales, **Desmodontium** (Wurzelhaut oder Lig. periodontale als Summe der kollagenen **Sharpey-Fasern**) und **Saumepithel der Gingiva**.

Aufgaben des Periodontiums:
- Gomphosis (**Verzapfung**) durch Sharpey-Fasern,
- sensorisches Organ (**Regulation des Kaudrucks**),
- **Abwehr** von Keimen und
- kontinuierlicher **Umbau** des Kieferknochens.

▶ Klinik.

Wurzelhaut (Desmodontium): Das **Lig. periodontale** verankert Zahn mittels Kollagenfasern (**Sharpey-Fasern**) federnd im Alveolarknochen. Die von der Alveolenwand schräg zur Wurzelspitze verlaufenden Fasern werden beim Kauen vorwiegend **zugbelastet**.

▶ Klinik.

Das **Zahnfleisch (Gingiva)** überzieht als Teil der Mundschleimhaut die Alveolarfortsätze der Kiefer und besteht aus mehrschichtigem Plattenepithel. Die Kontaktschicht mit dem Zahnhals ist das **„Saumepithel"**. Wird es reduziert, bilden sich „Zahntaschen".

Gefäßversorgung und Innervation von Zähnen und Zahnfleisch

Gefäßversorgung

▶ Merke.

Arterien (Abb. M-3.23): Sie entstammen alle der **A. maxillaris** (S. 974) (Endast der A. carotis externa).

- Die **A. alveolaris inferior** dient der Gefäßversorgung des Unterkiefers.

- **Aa. alveolares superiores** aus der A. maxillaris bzw. infraorbitalis dienen der arteriellen Gefäßversorgung des Oberkiefers. Sie bilden den **Plexus dentalis superior**.

⊙ M-3.23

Zahnfleisch (Gingiva): Die Gingiva bedeckt als Teil der Mundschleimhaut die Alveolarfortsätze der Kieferknochen und die Zahnhälse. Sie besteht aus einem **mehrschichtigen Plattenepithel** und ist durch straffe Kollagenfaserzüge in der Lamina propria fest mit dem Zement und dem Periost des Alveolarknochens verwachsen (syndesmotische Zahnverankerung, **Gomphosis**). Die Kontaktschicht mit dem Zahnhals ist das **„Saumepithel"**. Wird es reduziert, bilden sich „Zahntaschen".

Gefäßversorgung und Innervation von Zähnen und Zahnfleisch

Gefäßversorgung

▶ Merke. Nur der innere Teil des Zahns, die Pulpa, wird mit Blutgefäßen versorgt. Zahnbein, Zahnschmelz und Zahnzement sind nicht durchblutet.

Arterielle Versorgung (Abb. M-3.23): Die zum Ober- und Unterkiefer führenden Arterien stammen aus der **Arteria maxillaris** (S. 974), dem stärkeren Endast der Arteria carotis externa, der in der Fossa retromandibularis aus seinem Ursprungsgefäß hervorgeht und über die Fossa infratemporalis (S. 1034) zur Fossa pterygopalatina (S. 1035) zieht. Rami dentales versorgen das Zahninnere, Rami peridentales den Zahnhalteapparat und den Kieferknochen.

- **Zähne des Unterkiefers:** Die **Arteria alveolaris inferior** entspringt in der Fossa infratemporalis aus der A. maxillaris, tritt mit dem N. alveolaris inferior und einer Begleitvene durch das Foramen mandibulae in den Canalis mandibulae ein und zweigt sich in **Rami dentales** zu allen Zähnen des Unterkiefers auf. Ihr Endast verlässt den Unterkiefer am Foramen mentale und versorgt als **Ramus mentalis** (S. 974) Kinn und Unterlippe.
- **Zähne des Oberkiefers:** Nach Abgabe der A. alveolaris inferior setzt sich die A. maxillaris in der Fossa infratemporalis fort. Kurz vor der Fossa pterygopalatina entspringt die **Arteria alveolaris superior posterior**, die über das Tuber maxillae nach unten zieht. In der Wand des Sinus maxillaris (S. 1042) gibt sie **Rami dentales** an die hinteren oberen Molaren ab. In der Fossa pterygopalatina (S. 1035) gibt die A. maxillaris dann noch die A. infraorbitalis ab, aus der mehrere **Arteriae alveolares superiores anteriores** entspringen, die über feine Knochenkanälchen in den Sinus maxillaris eindringen und die vorderen Zähne des Oberkiefers versorgen. Die A. alveolaris superior posterior und die Aa. alveolares superiores anteriores bilden im Sinus maxillaris arkadenförmige Verbindungen, den **Plexus dentalis superior**.

⊙ M-3.23 Arterielle Versorgung der Zähne

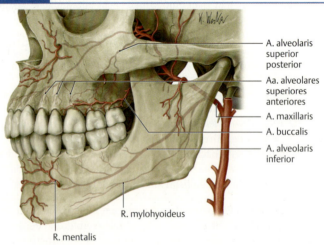

- A. alveolaris superior posterior
- Aa. alveolares superiores anteriores
- A. maxillaris
- A. buccalis
- A. alveolaris inferior
- R. mylohyoideus
- R. mentalis

Die versorgenden Arterien entstammen der A. maxillaris und ihren Ästen.
(Prometheus LernAtlas. Thieme, 3. Aufl.)

Venen: Sammelgefäß des venösen Blutes ist die **V. jugularis interna**.

- Der venöse Abfluss des Blutes erfolgt im Bereich des **Unterkiefers** über die **V. alveolaris inferior**.

Venöser Abfluss: Die Venen verlaufen parallel zu den Arterien und leiten das Blut in die **Vena jugularis interna**.

- **Zähne des Unterkiefers:** Der venöse Abfluss des Blutes erfolgt im Bereich des Unterkiefers über die **Vena alveolaris inferior**, die mit der gleichnamigen Arterie verläuft. Sie zieht durch das Foramen mandibulae in den **Plexus venosus pterygoideus**.

M 3.1 Mundhöhle (Cavitas oris)

- **Zähne des Oberkiefers:** Im Bereich des Oberkiefers erfolgt der venöse Abfluss über feine Venen in den **Plexus venosus pterygoideus**. Über die **Vena infraorbitalis** besteht aber auch eine venöse Verbindung zur **Vena facialis** und damit zur **Vena angularis**.

Lymphabfluss: Die Zahnpulpa enthält Lymphgefäße. Lymphknoten liegen im Mundboden am Unterrand der Mandibula (**Nodi lymphoidei submentales** und **Nodi lymphoidei submandibulares**).
- **Zähne des Oberkiefers:** Die Lymphe aus dem Bereich des Oberkiefers fließt in den Canales alveolares superiores über den Canalis infraorbitalis zu den **Nodi lymphoidei submandibulares**.
- **Zähne des Unterkiefers:** Die Lymphe aus dem Bereich des Unterkiefers fließt über den Canalis mandibulae zu den **Nodi lymphoidei submentales** und **submandibulares**. Alle Lymphknoten haben ihren Hauptabfluss in die tiefen seitlichen Lymphknoten des Halses (**Nodi lymphoidei cervicales laterales profundi**) und von dort in den **Truncus jugularis** (S. 899).

Innervation

▶ **Merke.** Zähne und Zahnfleisch werden vom **N. trigeminus** (V) sensibel innerviert (Abb. **M-2.12**): im **Unterkiefer** vom N. alveolaris inferior (aus $V_3 = $ **N. mandibularis**, im **Oberkiefer** durch Nn. alveolares superiores (aus $V_2 = $ **N. maxillaris**).

Zähne des Unterkiefers: Der **Nervus alveolaris inferior** zur Innervation im Unterkieferbereich verläuft im **Canalis mandibulae** gemeinsam mit A. und V. alveolaris inferior und gibt über die **Rami dentales inferiores** sensible Fasern zu den Zähnen und dem Desmodont ab (**Plexus dentalis inferior**). Sein Endast, der **N. mentalis**, verlässt den Unterkiefer durch das Foramen mentale und innerviert sensibel die Haut am Kinn.

▶ **Klinik.** Zur **Leitungsanästhesie** der Zähne des **Unterkiefers** sticht man die Kanüle oberhalb des 3. Molaren (Weisheitszahn) in die Schleimhaut vor dem Ramus mandibulae ein und schiebt sie medial ca. 2 cm in Richtung Lingula mandibulae vor, die man mit dem Zeigefinger ertastet. Dabei wird der **N. alveolaris inferior** kurz vor seinem Eintritt in den Alveolarkanal durch das Foramen mandibulae betäubt. Zusätzlich wird dabei auch der benachbarte N. lingualis anästhesiert, der das Zahnfleisch innerviert.

Zähne des Oberkiefers: Der **Nervus maxillaris** setzt sich nach seinem Durchtritt durch das Foramen rotundum (Abb. **M-1.6**) als **Nervus infraorbitalis** fort. Er gibt vor seinem Eintritt in die Fissura orbitalis inferior die **Nervi alveolares superiores posteriores** zur Versorgung der oberen Molaren und in seinem weiteren Verlauf den **Ramus alveolaris superior medius** sowie **Rami alveolares superiores anteriores** für die Prämolaren bzw. für die Eck- und Schneidezähne ab. Diese können Fasern (Nn. nasales laterales) aus dem N. ethmoidalis anterior (aus dem N. nasociliaris, V_1) enthalten.
Die **Rami dentales** aller Rami alveolares superiores stehen über den **Plexus dentalis superior** miteinander in Verbindung.

▶ **Klinik.** Bei der **Lokalanästhesie** der Zähne des **Oberkiefers** wird der Bereich des zu betäubenden Zahns umspritzt, weil die Zähne mit der Gingiva und dem Desmodont meist von mehreren Nerven versorgt werden (s. u.).

Zahnfleisch: Alle Nerven der Zahnversorgung beteiligen sich an der Innervation des Zahnfleischs, sind jedoch nicht alleine dafür zuständig. Die **Gingiva** wird überwiegend nicht vom Plexus dentalis, sondern von Nerven der Nachbarbereiche der Mundschleimhaut (z. B. N. palatinus major, N. lingualis, N. buccalis) innerviert.
- Das **Zahnfleisch des Unterkiefers** wird an der zur Mundhöhle gewandten Innenseite der Zähne von **Nervus lingualis**, an der Außenseite im Bereich des Eckzahns und der Schneidezähne vom **Nervus mentalis**, im Bereich des 2. Prämolaren und 1. Molaren vom **Nervus buccalis** und im Bereich des 2.–3. Molaren vom **Nervus alveolaris inferior** innerviert.
- Das **Zahnfleisch des Oberkiefers** wird im Bereich der Prämolaren und Molaren vom **Nervus palatinus major** und **Nervus buccalis**, im Bereich des Eckzahns und der oberen Schneidezähne vom **Nervus nasopalatinus** innerviert.
Der Verlauf der Nerven entspricht dem Verlauf der gleichnamigen Arterien.

- Am **Oberkiefer** erfolgt der venöse Abfluss über kleine Venen in den **Plexus pterygoideus**.

Lymphabfluss: Lymphknoten liegen im Mundboden am Unterrand der Mandibula.
- Die Lymphe aus dem Bereich des **Oberkiefers** fließt zu den **Nll. submandibulares**,
- die aus dem Bereich des Unterkiefers zu den **Nll. submentales** u. **-mandibulares**.
- Alle drainieren in die **Nll. cervicales laterales profundi**.

Innervation

▶ **Merke.**

Die **Zähne im Unterkiefer** werden von Rr. dentales inferiores aus dem **N. alveolaris inferior** innerviert.

▶ **Klinik.**

Der **N. maxillaris** gibt in seinem Verlauf die **Nn. alveolares superiores** zur Innervation der Zähne des Oberkiefers ab.

Die Rr. dentales der Nn. alveolares superiores sind über den **Plexus dentalis superior** verbunden.

▶ **Klinik.**

Zahnfleisch: Alle Nerven zur Innervation der Zähne beteiligen sich an der des Zahnfleischs, jedoch sind auch Nerven aus dem Nachbarbereich beteiligt
- Das **Zahnfleisch im Unterkiefer** wird von **N. lingualis, N. mentalis, N. buccalis** und vom **N. alveolaris inferior** innerviert.
- Das **Zahnfleisch des Oberkiefers** wird vom **N. palatinus major, N. buccalis** und vom **N. nasopalatinus** innerviert.

Zahnentwicklung

Typisch für das menschliche Gebiss ist der einmalige Zahnwechsel:
Milchzähne → bleibende Zähne.

Zahnentwicklung

Typisch für das menschliche Gebiss ist die Diphyodontie, der einmalige Zahnwechsel, bei dem die Milchzähne (**Dentes decidui**, s. u.) von den bleibenden Zähnen, den **Dentes permanentes** (S. 1029), abgelöst werden (vgl. Abb. **M-3.20 a** und **b**).

M-3.24 Zahnentwicklung

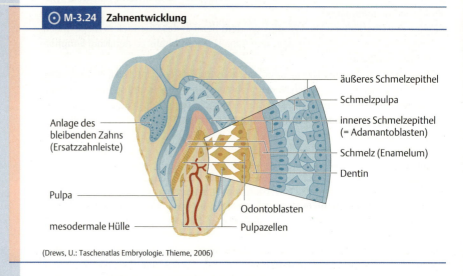

(Drews, U.: Taschenatlas Embryologie. Thieme, 2006)

1. Dentition – Entwicklung der Dentes decidui

Sie beginnt in der 5.–6. Entwicklungswoche. Das **Mundbuchtepithel** liefert den Zahnschmelz, das **Kopfmesenchym** aus der Neuralleiste bildet alle übrigen Strukturen (Tab. **M-3.5**).

1. Dentition – Entwicklung der Dentes decidui

Die Entwicklung der Milchzähne beginnt in der 5.–6. Entwicklungswoche als Interaktion zwischen dem ektodermalen Epithel der **Mundbucht** (liefert den Zahnschmelz) und dem **Kopfmesenchym** aus der Neuralleiste (bildet alle übrigen Strukturen, Tab. **M-3.5**). Sie stellt einen kontinuierlichen Prozess dar, bei dem mehrere Stadien unterschieden werden können. Die Vorgänge in den Geweben verschiedener Herkunft beeinflussen sich dabei gegenseitig, werden jedoch hier zum besseren Verständnis getrennt dargestellt.

M-3.5 Zahnentwicklung

Ursprungsgewebe	Zahnsubstanz	Zelle	Fasern	Gefäße/Nerven
ektodermales Epithel der Mundbucht	Schmelz	Adamantoblasten	fehlen	fehlen
Mesenchym aus der Neuralleiste	Dentin	Odontoblasten	kollagene Fasern	Nervenfasern
	Zement	Zementoblasten	kollagene Fasern	fehlen
	Zahnpulpa	Mesenchymzellen	Gitterfasern	Gefäße und Nervenfasern

Entwicklung des Schmelzorgans: Etwa in der **6. Embryonalwoche** bildet sich die **Zahnleiste** (dentogingivale Leiste). Daraus entwickeln sich etwa in der **8. Embryonalwoche** die **Zahnknospen**, die im Verlauf erst eine **Kappen-**, dann **Glockenform** annehmen. An der äußeren Wand der Glocke bildet sich das **äußere**, an der inneren das **innere Schmelzepithel**, aus dem die schmelzbildenden **Amelo-** oder **Adamantoblasten** hervorgehen. Dazwischen liegt die **Schmelzpulpa**. Die **Adamantoblasten** bilden – induziert durch das anliegende Dentin (s. u.) – den **Zahnschmelz** und das **Schmelzoberhäutchen** (**Cuticula dentis**).

Entwicklung des Schmelzorgans: Etwa in der **6. Embryonalwoche** proliferiert das Stratum basale des **ektodermalen Mundhöhlenepithels** in das umliegende Mesenchym und bildet über dem Ober- und Unterkiefer eine bandförmige **Zahnleiste** (dentogingivale Leiste). Von dieser sondern sich etwa in der **8. Embryonalwoche** in jedem Kiefer 10 **Zahnknospen** ab. Durch Vergrößerung der Zellen und ihre Einstülpung von unten, die durch das umliegende Mesenchym (s. u.) mitbedingt werden, entsteht zunächst das sog. **Kappenstadium**, bevor im weiteren Verlauf der Entwicklung eine Glockenform erreicht wird (**Glockenstadium**).
An der Außenwand der Glocke bildet sich das isoprismatische **äußere Schmelzepithel**, die innere Wand wird zum hochprismatischen **inneren Schmelzepithel**, aus dem die schmelzbildenden **Amelo-** oder **Adamantoblasten** hervorgehen. Zwischen den beiden Epithelschichten liegt die **Schmelzpulpa** (**Schmelzretikulum**), ein mesenchymähnliches Gewebe epithelialer Herkunft.
Die **Schmelzbildung** der **Adamantoblasten** wird durch die Dentinbildung (s. u.) induziert. Sie erzeugen über dem Dentin Schmelzprismen, die aus **Kalziumapatitkristallen** ($Ca_{10}[PO_4]6[OH]_2$) bestehen, und abschließend bilden sie dann noch ein besonders hartes **Schmelzoberhäutchen** (**Cuticula dentis**).

Entwicklung der Zahnpapille: Das vom inneren Schmelzepithel der Zahnglocke (s. o.) umgebene, aus der Neuralleiste stammende Mesenchym verdichtet sich und wird als **Zahnpapille**, später (nach Umhüllung durch das Dentin und Einwachsen von Blutgefäßen und Nerven) als **Zahnpulpa** bezeichnet.

Aus diesem kondensierten mesenchymalen Gewebe bilden sich nahe dem inneren Schmelzepithel (s. o.) die **Odontoblasten** (**Dentinbildner**), die etwa im **4. Embryonalmonat** mit der Bildung von **Kollagenfasern** und **Prädentin** beginnen. Mit der Zeit verkalkt das Prädentin und wird zu **Dentin**. Die Odontoblasten ziehen sich dabei aus der dicker werdenden Dentinschicht zurück. Sie lassen nur einen Zytoplasmafortsatz, die sog. **Tomes-Faser**, zur Versorgung des Prädentins mit Mineralstoffen zurück.

Entwicklung des Zahnsäckchens: Schmelzglocke und Zahnpulpa werden von einem zellreichen Bindegewebe, dem **Zahnsäckchen** umgeben.

Die an der Außenseite gelegenen Mesenchymzellen des Zahnsäckchens differenzieren zu **Zementoblasten**, die im Zahnwurzelbereich das **Zement** bilden. Darüber entwickelt sich das bindegewebige **Desmodont**. Seine Fasern sind auf der einen Seite im Zement und auf der anderen Seite im Alveolarknochen verankert.

Bildung einzelner Zahnabschnitte und Zahndurchbruch: Durch gegenseitige Beeinflussung der von Ameloblasten und Odontoblasten gebildeten Substanzen (Schmelz und Dentin) bildet sich zunächst die **Zahnkrone**.

Erst anschließend setzt die Bildung der Zahnwurzel ein. Der Rand der Schmelzglocke mit dem äußeren und inneren Schmelzepithel senkt sich ein und bildet die **epitheliale Wurzelscheide** (Hertwig-Wurzelscheide). Sie bewirkt, dass sich die benachbarten Zellen zu **Odontoblasten** umwandeln und das **Wurzeldentin** bilden und löst sich danach wieder auf.

Dem Wurzeldentin lagert sich die oben beschriebene durch Zementoblasten gebildete dünne Zementschicht auf.

Die Verlängerung der Wurzel führt durch Druck gegen den Kieferknochen zum **Zahndurchbruch** im **ersten** oder **zweiten Jahr** nach der Geburt.

▶ **Merke.** Während die Odontoblasten zeitlebens neues Dentin bilden können, werden die über der Zahnkrone liegenden Adamantoblasten nach dem Zahndurchbruch durch Kauen abgerieben. Daher ist der **Zahnschmelz nicht regenerierbar**.

▶ **Klinik.** Antibiotika aus der Gruppe der **Tetracycline** werden in sich entwickelnden Zähnen in Form von Kalziumkomplexen gespeichert und die Zahnhartsubstanz, vor allem den Schmelz, eingebaut. Sie sollten daher **nicht nach der 16. Schwangerschaftswoche** oder während der Kindheit eingenommen werden, weil dies zu einer irreversiblen **bräunlich-gelben Verfärbung** der Zähne und zu einer erhöhten Kariesanfälligkeit führen kann.

2. Dentition – Entwicklung der Dentes permanentes

▶ **Merke.** Die ersten bleibenden Zähne, die in die Mundhöhle durchbrechen, sind die 1. Molaren.

Die Anlagen der bleibenden Zähne gehen ca. in der **10. Entwicklungswoche** als Zahnknospen aus der rückgebildeten Zahnleiste hervor, die jetzt **Ersatzzahnleiste** genannt wird. Ihre Entstehung verläuft genauso wie die der Milchzähne, nur über einen längeren Zeitraum hinweg. Nach Durchbruch der ersten Molaren hinter den Prämolaren werden im Laufe der nächsten sechs Jahre die Milchzähne nach und nach durch bleibende Zähne ersetzt. Mit 18–25 Jahren kann noch ein Weisheitszahn (Dens serotinus) hinzukommen.

▶ **Klinik.** Reste der Zahnleiste können als **Serres-Epithelkörper** („**Perlen**") im Paradontium erhalten bleiben, aus denen sich dann radikuläre **Kieferzysten** bilden können. Dies sind mit Epithel ausgekleidete Hohlräume, aus denen sich ein invasiv wachsender Kiefertumor, ein **Ameloblastom**, entwickeln kann.

Entwicklung der Zahnpapille: Das vom inneren Schmelzepithel umgebene Mesenchym wird erst als **Zahnpapille**, später nach Umhüllung durch das Dentin als **Zahnpulpa** bezeichnet. Im 4. Embryonalmonat entstehen **Prädentin** und **Kollagenfasern** durch die **Odontoblasten**, die sich dann aus der Prädentinschicht unter Zurücklassung eines Zytoplasmafortsatzes (**Tomes-Faser**) wieder in die Zahnpapille zurückziehen. Das Prädentin verkalkt zu **Dentin**.

Entwicklung des Zahnsäckchens: Schmelzglocke und Zahnpulpa werden vom **Zahnsäckchen** umgeben. Seine äußeren Zellen differenzieren sich zu **Zementoblasten**. Über der von ihnen gebildeten **Zementschicht** entwickelt sich das bindegewebige **Desmodont**.

Bildung einzelner Zahnabschnitte und Zahndurchbruch: Nach der Bildung der **Zahnkrone** durch Schmelz- und Dentinproduktion entsteht die **Zahnwurzel**. Sie besteht aus **Dentin** und wird ebenfalls von den **Odontoblasten** gebildet. Ihr ist die oben beschriebene dünne Schmelzschicht aufgelagert. Durch Verlängerung der Wurzel kommt es im 1.–2. Lebensjahr zum **Zahndurchbruch**.

▶ **Merke.**

▶ **Klinik.**

2. Dentition – Entwicklung der Dentes permanentes

▶ **Merke.**

Die Anlagen der bleibenden Zähne gehen etwa in der **10. Entwicklungswoche** als Zahnknospen aus der rückgebildeten Zahnleiste (S. 1028) hervor, die jetzt **Ersatzzahnleiste** genannt wird. Ihre Entstehung verläuft genauso wie die der Milchzähne, nur über einen längeren Zeitraum hinweg.

▶ **Klinik.**

3.2 Kiefergelenk und Kaumuskulatur

3.2.1 Kiefergelenk (Articulatio temporomandibularis)

Durch Artikulation der Mandibula mit dem Os temporale ermöglicht das Kiefergelenk die Bewegungen des Unterkiefers gegenüber dem übrigen Schädel (z. B. beim Kauen und Sprechen).

Gelenktyp und Gelenkkörper

Gelenktyp: Das Kiefergelenk ist ein als Drehscharniergelenk (**Trochoginglymus**) wirkendes **Doppelgelenk**, in dem das Caput mandibulae des Processus condylaris (S. 955) und die Facies articularis fossae mandibularis des Schläfenbeins (S. 943) artikulieren. Ein **Discus articularis** unterteilt das Gelenk in eine
- obere **diskotemporale** und eine
- untere **diskomandibuläre Kammer**.

Gelenkkörper: Die Strukturen des Kiefergelenks sind im einzelnen folgendermaßen beschaffen:
- **Gelenkkopf:** Das walzenförmige **Caput mandibulae** besitzt eine stark gekrümmte anterior-posteriore und eine leicht gebogene medio-laterale Fläche (ca. 7×20 mm), die mit Faserknorpel bedeckt ist.
- **Gelenkpfanne:** Die **Fossa mandibularis** ist mit ca. 11×21 mm deutlich größer als der Condylus und in beiden Ebenen weniger gekrümmt. Sie ist ventral mit Faserknorpel überzogen, der dorsal in Bindegewebe (zur Fixierung des Diskus) übergeht. Vor der Dentition (S. 1028) ist die Pfanne sehr flach, da das Tuberculum articulare noch nicht ausgebildet ist.
- **Diskus:** Der Diskus besteht ebenfalls aus Faserknorpel; seine Oberfläche ist je nach Stellung gebogen oder S-förmig gewellt, seine Unterfläche ausgekehlt. Er ist mit der weiten Kapsel, dem Vorderrand und besonders dem bindegewebigen Hinterbereich der Fossa mandibularis verwachsen. Dort spaltet er sich bindegewebig auf (sog. „bilaminäre Zone").

> ▶ Klinik. Bei **Gewalteinwirkung auf das Kinn** kann durch die Winkelhebelwirkung der Mandibula entweder das Gelenkköpfchen abbrechen oder es wird durch die dünne Hinterwand in den äußeren Gehörgang gepresst. Folge davon können Verletzungen der Chorda tympani (parasympathischer und sensorischer Ast des N. facialis, Abb. **M-2.18**) und u. U. das Zerreißen von Ästen der A. maxillaris (S. 974) bzw. des N. auriculotemporalis (Abb. **M-2.14**) sein.

Gelenkkapsel und Bänder im Bereich des Kiefergelenks

Gelenkkapsel: Die Kapsel ist mit dem Diskus verwachsen; sie ist kräftig und besitzt Reservefalten, die je nach Bewegung ausgeglichen werden. In der Pfanne entspringt sie dorsal vor der Fissura petrotympanica und setzt vor dem Tuberculum articulare an. Sie umschließt das Köpfchen oberhalb der Fovea pterygoidea.

Bänder: Dem Kiefergelenk werden funktionell vier Bandstrukturen zugeordnet (Abb. **M-3.25**):
- **Ligamentum laterale:** Verbindet seitlich als Kapselverstärkung den Arcus zygomaticus mit dem Collum mandibulae und hemmt so die Seitwärtsbewegung.

Nur indirekten Bezug zum Kiefergelenk haben die extrakapsulär gelegenen Bänder:
- **Ligamentum stylomandibulare:** Streifenförmiger Faserzug vom Processus styloideus zum Hinterrand des Angulus mandibulae.
- **Ligamentum sphenomandibulare:** Dieses Band verläuft von der Spina des Keilbeins (neben dem Foramen spinosum) zur Lingula an der Innenfläche des Ramus mandibulae und markiert so den Eingang des Alveolarkanals.
- **Raphe pterygomandibularis:** Dies ist ein Sehnenstreifen vom Processus pterygoideus zum Ramus mandibulae, der die Ansatzstelle des M. buccinator (Abb. **M-1.15**) und der M. constrictor pharyngis superior (Abb. **L-2.2**) trennt. Hinter ihr beginnt das Spatium lateropharyngeum (S. 912).

M-3.25 Kiefergelenk

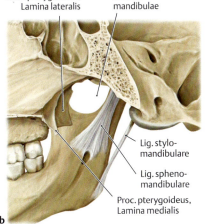
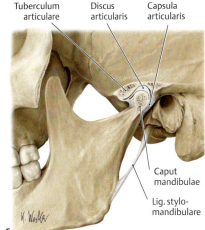

(Prometheus LernAtlas. Thieme, 3. Aufl.)
a Linkes Kiefergelenk in der Ansicht von lateral
b und rechtes Kiefergelenk von medial.
c Nach Eröffnung des (hier linken) Kiefergelenks wird der Discus articularis sichtbar.

Mechanik des Kiefergelenks

Die **diskotemporale Kammer** kann entweder isoliert als **Schiebe-** oder **Translationsgelenk** benutzt werden oder in Verbindung mit der **diskomandibulären Kammer**, die ein **Scharniergelenk** darstellt.
Die Längsachsen der Gelenkköpfchen konvergieren in Richtung Vorderrand des Foramen magnum. Als **Interkondylarachse** wird die Verbindungslinie beider Kondylenmittelpunkte bezeichnet; funktionell bilden die Kondylen, ähnlich wie beim oberen Kopfgelenk (S.266), eine mechanisch gekoppelte Einheit und machen das Kiefergelenk zu einem **Drehscharniergelenk** (**Trochoginglymus**).
Außerdem besteht ein enger funktioneller Zusammenhang zwischen Gelenkstellung und Okklusion der Zähne (kondylo-okklusales System).
Man unterscheidet **freie Unterkieferbewegungen** und dynamische **Okklusionsbewegungen** (Bewegungen des Unterkiefers in Zahnkontakt von einer Okklusionsstellung in die andere). Zumeist handelt es sich um **kombinierte Bewegungen**. Als Trochoginglymus ermöglicht das Kiefergelenk:

- **Scharnierbewegungen**, d. h. Kieferöffnung und -schluss durch Senken (Abduktion) und Heben (Adduktion) der Mandibula. Bei der Öffnungsbewegung gleiten beide Kondylen mit dem Diskus durch Zug des M. pterygoideus lateralis (s. u.) nach ventrokaudal zum Tuberculum articulare. Anfangs überwiegt die Rotation der Köpfchen um die quer durch das Caput mandibulae verlaufende und damit annähernd transversale Rotationsachse, gegen Ende die Gleitbewegung.
- **Translations- oder Schiebebewegungen** geschehen nur in der diskotemporalen Kammer bei erhaltenem Zahnkontakt durch Vorwärts- oder Rückwärtsverlagerung des Diskus („Protrusion", „Retrusion"). Dabei steht das Gelenkköpfchen etwas tiefer als in Ruhestellung.
- **Mahlbewegungen** führen zu einer Verlagerung der Köpfchen nach lateral auf der Seite, zu der der Kiefer bewegt wird (Arbeitsseite) und entsprechend nach medialventral auf der Gegenseite (Balanceseite). Das nach seitlich ausgelenkte Köpfchen macht dabei eine leichte Rotation (senkrecht zur transversalen Rotationsachse) aus der Pfanne heraus.

Die diskotemporale Kammer ist ventral durch das **Tuberculum articulare** (S.943) des Os temporale verriegelt.

▶ Klinik. Eine zu schwache Ausbildung des Tuberculum articulare kann der Grund für eine sog. **habituelle Kiefergelenksluxation** mit auftretender „Maulsperre" sein (Überspringen beider Gelenkköpfchen über das Tuberculum articulare und Einrasten in dieser Stellung). Durch einen einfachen Handgriff (Umfassen der Mandibula mit beiden Händen, Druck mit dem Daumen auf die Molarenregion nach hinten unten) kann der luxierte Kiefer wieder reponiert werden.

Mechanik des Kiefergelenks

Die **diskotemporale Kammer** wirkt isoliert als **Schiebegelenk**. Die diskomandibuläre Kammer ist aufgrund der leicht schräg gestellten walzenförmigen Kondylen ein **Scharniergelenk**, in dem durch das Zusammenspiel beider Seiten und beider Gelenkabschnitte auch Drehbewegungen (Drehscharniergelenk, **Trochoginglymus**) möglich sind.

Man unterscheidet dynamische **Okklusionsbewegungen** (der Kiefer bei Zahnkontakt) von **freien Unterkieferbewegungen**. Sie können ablaufen als
- reine **Scharnierbewegungen** (Öffnen und Schließen der Kiefer, Ab- und Adduktion der Zahnreihen) durch Gleiten der Kondylen mit dem Diskus ventrokaudal in Richtung Tuberculum articulare,
- **Translations-** bzw. **Schiebebewegungen** (nur in der diskotemporalen Kammer) und
- **Mahlbewegungen** mit gleichzeitiger seitlicher Verlagerung und Kippung der Köpfchen.

Zumeist handelt es sich um **kombinierte Bewegungen**.

Das **Tuberculum articulare** (S.943) grenzt die diskotemporale Kammer nach vorn ab.

▶ Klinik.

M-3.26 Bewegungen im Kiefergelenk

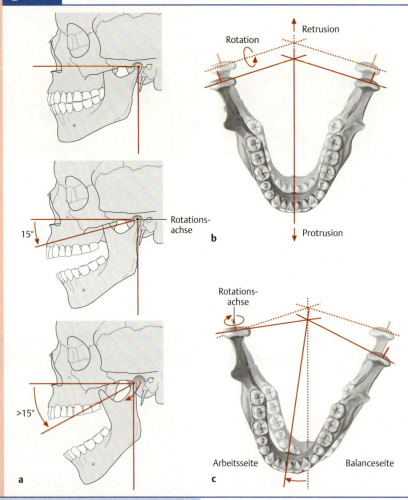

(Prometheus LernAtlas. Thieme, 3. Aufl.)

a Die Scharnierbewegung im Kiefergelenk (hier von links-lateral dargestellt) ist Voraussetzung für die Mundöffnung (Abduktion der Mandibula). Zunächst überwiegt die Rotation um eine quer durch das Caput mandibulae laufende, annähernd transversale Achse (von kranial sichtbar in **b**). Bei stärkerer Mundöffnung verlagert sich das Caput mandibulae und damit auch die quer hindurchlaufende Achse nach ventral, sodass eine Gleitbewegung vorherrscht.

b In der Aufsicht von kranial ist die Translations- oder Schiebebewegung der Mandibula bei Protrusion und Retrusion eingezeichnet. Dabei verschiebt sich die o. g. im Rahmen der Scharnierbewegung bedeutsame Rotationsachse nach ventral oder dorsal.

c Bei der Mahlbewegung im rechten Kiefergelenk rotiert das Caput mandibulae der Arbeitsseite aus seiner Pfanne heraus. Diese Bewegung erfolgt um eine zweite Rotationsachse, die senkrecht zu der für die Scharnierbewegung steht.

3.2.2 Kaumuskulatur (Musculi masticatorii)

Von den **vier Kaumuskeln** (Abb. **M-3.27**, Tab. **M-3.6**) sind die **Mm. masseter, temporalis** und **pterygoideus** Adduktoren (Schließer des Gelenks). Nur der **M. pterygoideus lateralis** ist im funktionellen Zusammenspiel mit der suprahyoidalen Muskulatur (Abb. **L-1.4**) ein Abduktor (Öffner des Gelenks).
Die komplizierte Binnenstruktur der Muskeln ermöglicht eine große Kraftentfaltung und sehr unterschiedliche Zugrichtungen.

▶ Merke.

3.2.2 Kaumuskulatur (Musculi masticatorii)

Der Mensch besitzt **vier Kaumuskeln** (Abb. **M-3.27**, Tab. **M-3.6**):

- Der fächerförmig verlaufende **Musculus temporalis** hat einen kräftigen retroorbitalen Faserzug, der nahezu senkrecht orientiert ist und teilweise in das Ansatzgebiet des M. masseter einstrahlt. Der breitflächige Ursprung des Muskels gibt ihm einen besonders großen physiologischen Querschnitt (S. 240).
- Der **Musculus masseter** besitzt eine oberflächliche schräge und eine tiefe vertikale Portion und ist durch Binnensehnen kompliziert aufgebaut.
- Der **Musculus pterygoideus medialis** setzt innen am Ramus mandibulae an und bildet mit dem M. masseter eine Muskelschlinge, die bei den Seitwärtsbewegungen der Mandibula wirksam wird.
- Der **Musculus pterygoideus lateralis** wird aufgrund seiner versteckten Lage oft bezüglich seine Größe unterschätzt. Es ist im funktionellen Zusammenspiel mit der suprahyoidalen Muskulatur (Abb. L-1.4) der **einzige Kaumuskel für die Öffnungsbewegung in den Kiefergelenken** (Abduktion) und muss schon deshalb besonders kräftig sein. Sein oberer Kopf setzt am Diskus an, der untere in der Fossa pterygoidea. Beide Anteile haben daher etwas unterschiedliche Funktionen. Nervale Fehlsteuerungen in der Kaumuskulatur können zu schmerzhaften Kontrakturen dieses Muskels führen.

▶ Merke. Bis auf den M. pterygoideus lateralis dienen alle Kaumuskeln dem Kieferschluss.

M 3.2 Kiefergelenk und Kaumuskulatur **1033**

⊙ **M-3.27** **Kaumuskulatur**

Schematischer Verlauf des M. temporalis (**a**) und M. masseter (**b**) in der Ansicht von links-lateral. In der Darstellung von dorsal (**c**) sieht man die Mm. pterygoidei, von denen der mediale mit dem M. masseter eine Muskelschlinge für die Mandibula bildet (hier nur rechtsseitig eingezeichnet). Zur Ausdehnung der Kaumuskeln vgl. auch Abb. **M-3.28**, Abb. **M-3.29 und** Abb. **M-3.31**.
(Prometheus LernAtlas. Thieme, 3. Aufl.)

≡ **M-3.6** **Kaumuskulatur**

Muskel	Ursprung	Ansatz	Innervation	Funktion
M. temporalis	Linea temporalis der Squama ossis temporalis u. des Os parietale	Proc. coronoideus mandibulae	Nn. temporales profundi (aus V_3)	Kieferschluss (Heben des Unterkiefers, Adduktion) Zug der Mandibula nach dorsal (durch hintere Fasern)
M. masseter	Arcus zygomaticus	Tuberositas masseterica des Angulus mandibulae	N. massetericus (aus V_3)	Kieferschluss (Heben des Unterkiefers, Adduktion); beide Muskeln sind Synergisten u. bilden eine Muskelschlinge für die Seitwärtsbewegung der Mandibula.
M. pterygoideus medialis	Fossa pterygoidea	Tuberositas pterygoidea am Angulus mandibulae	N. pterygoideus medialis (aus V_3)	
M. pterygoideus lateralis				
▪ **Caput superius**	Crista infratemporalis des Os sphenoidale	Discus articularis	N. pterygoideus lateralis (aus V_3)	Einleitung der Kieferöffnung durch Zug des Discus articularis nach vorn
▪ **Caput inferius**	Lamina lateralis des Processus pterygoidei	Proc. condylaris mandibulae	N. pterygoideus lateralis (aus V_3)	Einseitig: Verschieben des Unterkiefers zur Gegenseite Doppelseitig: Vorschieben (Protrusion) des Unterkiefers

---

3.2.3 Gefäßversorgung und Innervation von Kiefergelenk und Kaumuskulatur

Arterielle Versorgung: Kiefergelenk und Kaumuskulatur werden durch Äste der **Arteria maxillaris** versorgt (Tab. **M-2.1**): Die zum Kiefergelenk ziehende **Arteria auricularis profunda** geht als erster Ast aus ihr hervor, die nach den Kaumuskeln benannten **Muskeläste** (A. masseterica, Aa. temporales profundae, Rr. pterygoidei) entstammen der Pars pterygoidea der A. maxillaris.

Venöser Abfluss: Gleichnamige Begleitvenen zu den Muskelarterien ziehen zur **Vena retromandibularis** und weiter zur Vena jugularis interna.

Lymphabfluss: Die benachbarten Lymphknoten (**Nodi lymphoidei parotidei superficiales** und **profundi**, **buccales** sowie **jugulodigastricus**) drainieren in die **Nodi lymphoidei submandibulares** bzw. **cervicales profundi**.

Innervation: Die Bezeichnungen der Nerven entsprechen denen der Muskeln, die sie innervieren (Tab. **M-3.6**).
Das Kiefergelenk wird von drei Ästen des **N. mandibularis** (V_3) versorgt: **Nervus auriculotemporalis**, **Nervus temporalis profundus** und **Nervus massetericus** (Abb. **M-3.28**).

3.2.3 Gefäßversorgung und Innervation von Kiefergelenk und Kaumuskulatur

Arterien: Die nach den zu versorgenden Muskeln benannten Arterien und kleine Zweige zum Kiefergelenk sind Äste der **A. maxillaris** (Tab. **M-2.1**).

Venen: Abfluss der Begleitvenen über die **V. retromandibularis**.

Lymphabfluss: Regionale **Nll. parotidei**, **buccales** und **jugulodigastricus** mit Abfluss in Richtung **Nll. cervicales profundi**.

Innervation: Zur Innervation der Kaumuskulatur s. Tab. **M-3.6**. Das Kiefergelenk wird von **Nn. auriculotemporalis**, **temporalis prof.** und **massetericus** (aus V_3) versorgt (Abb. **M-3.28**).

M 3 Mundhöhle und Kauapparat

M-3.28 Innervation von Kaumuskulatur und Kiefergelenk

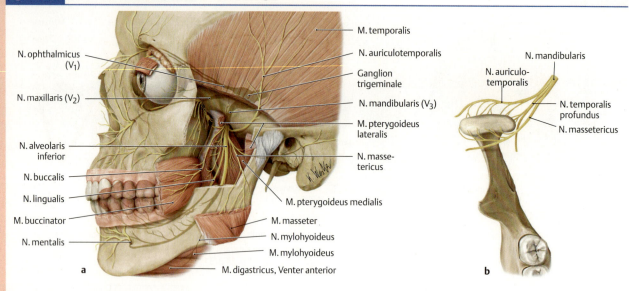

a Sowohl die Kaumuskulatur (Prometheus LernAtlas. Thieme, 3. Aufl.)
b als auch das Kiefergelenk werden durch Äste des N. mandibularis (V₃) versorgt.
In a sind einige rein sensible Äste des N. mandibularis mit dargestellt: Nn. auriculotemporalis, lingualis und buccalis, von denen Letzterer den zur mimischen Muskulatur zählenden und somit vom N. facialis innervierten M. buccinator lediglich durchzieht, um zur Schleimhaut der Wange und bukkalem Zahnfleisch zu gelangen. (Prometheus LernAtlas. Thieme, 2. Aufl., nach Schmidt)

▶ Merke. Die motorische Innervation aller Kaumuskeln erfolgt durch die Äste der Radix motoria (Portio minor) nervi trigemini; sie verlaufen wie die sensiblen Äste zum Kiefergelenk im **N. mandibularis** (**V₃**, Abb. **M-2.14**).

3.2.4 Topografische Anatomie des Bereichs um Kiefergelenk und Kaumuskulatur

In diesem Bereich liegt die topografisch bedeutsame tiefe seitliche Gesichtsregion mit wichtigen Leitungsbahnen.
Eine Untergliederung erfolgt u. a. durch Faszien der Kaumuskeln und der Ohrspeicheldrüse.

Im Bereich des Kiefergelenks und seiner Muskeln liegt die topografisch bedeutsame **tiefe seitliche Gesichtsregion**, in der Leitungsbahnen verlaufen und von hier aus Zugang zu verschiedenen „Höhlen" des Schädels haben. Sie werden vom Jochbogen (S. 959) überspannt.
Zusätzlich wird diese Region durch die Faszien der Kaumuskeln und der ebenfalls hier liegenden Ohrspeicheldrüse untergliedert. Die hierdurch gebildeten Räume stehen untereinander und z. T. mit den Bindegewebsspatien des Halses in Verbindung (S. 911).

Schläfen- und Unterschläfengrube (Fossae temporalis und infratemporalis)

Fossa temporalis: In ihr liegt der M. temporalis.

Fossa infratemporalis (Abb. M-3.29): Dieser Raum ist mit den Mm. pterygoidei ausgefüllt und enthält die A. maxillaris, den Plexus pterygoideus, die Aufzweigungsstelle des N. mandibularis und das Ganglion oticum (S. 995). Er steht mit den Fossae temporalis und pterygopalatina sowie über Letztere mit Orbita und direkt mit der Schädelhöhle in Verbindung (Abb. M-1.7).

Fossa temporalis (Schläfengrube): Sie liegt zwischen Linea temporalis (oben) und Crista infratemporalis (unten), nimmt den M. temporalis auf und geht nach unten in die Fossa infratemporalis über.

Fossa infratemporalis (Unterschläfengrube, Abb. M-3.29): Raum unterhalb der Crista infratemporalis zwischen dem Ramus mandibulae (lateral) und dem Processus pterygoideus (medial). Er steht sowohl mit der Fossa temporalis (s. o.) als auch – über die Fissura pterygomaxillaris – mit der Fossa pterygopalatina (s. u.) in Verbindung. Daneben existieren Zugangswege bzw. Öffnungen zur Orbita (Fissura orbitalis inferior, über die Fossa pterygopalatina) sowie zur Schädelhöhle (Foramina ovale und spinosum, Abb. M-1.7).

M-3.29 Fossa infratemporalis

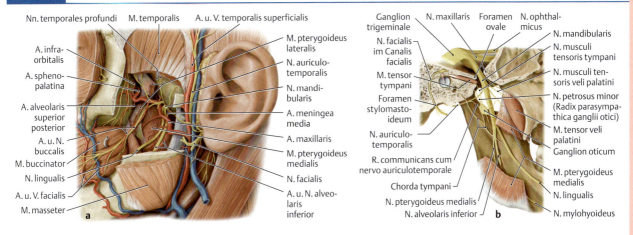

(Prometheus LernAtlas. Thieme, 3. Aufl.)

a Linke Fossa infratemporalis in der Ansicht von lateral nach Entfernen des Arcus zygomaticus und Teilen des Ramus mandibulae sowie Durchtrennung beider Köpfe des M. pterygoideus lateralis. Der venöse Plexus pterygoideus ist nicht mit dargestellt, um die Verzweigung der A. maxillaris und des N. mandibularis besser sichtbar zu machen.

b In der Ansicht von medial ist das in der Tiefe der Fossa infratemporalis gelegene Ganglion oticum unter dem Foramen ovale sichtbar. Nur die parasympathischen Fasern des N. glossopharyngeus zur Innervation der Glandula parotidea werden hier umgeschaltet, während sympathische und sensible Fasern lediglich hindurchziehen. Lateral des Ganglion oticum verläuft der N. mandibularis (V₃), der sich ebenfalls in der Fossa infratemporalis in seine Äste aufteilt (Abb. **M-3.28a**).

Hier liegen neben den Mm. pterygoideus lateralis und medialis (Tab. **M-3.6**) einige wichtige Leitungsbahnen:

- **A. maxillaris** mit ihren Ästen vor Eintritt in die Fossa pterygopalatina,
- der größte Anteil des venösen **Plexus pterygoideus**, der sich bis in die Fossa pterygopalatina erstreckt und zahlreiche Zuflüsse erhält (u. a. Vv. meningeae mediae, Vv. temporales profundae, Vv. auriculares anteriores, Vv. tympanicae, Vv. parotideae, V. stylomastoidea),
- die Aufzweigungsstelle des **N. mandibularis** (V₃, Abb. **M-2.14**) und
- das **Ganglion oticum** (S. 995).

Flügelgaumengrube (Fossa pterygopalatina)

▶ **Merke.** Die Fossa pterygopalatina ist eine besonders wichtige topografische Region („Knotenpunkt für Leitungsbahnen") mit zahlreichen Verbindungen zu verschiedenen Räumen/Regionen des Kopfes: Hier liegt zum einen das **Ganglion pterygopalatinum** als Umschaltstelle für parasympathische Fasern des N. facialis, VII (S. 990), denen sich postganglionäre sympathische Fasern anlagern. Weiterhin teilen sich hier der durch das Foramen rotundum aus dem Schädel tretende **N. maxillaris** (V₂, Abb. **M-2.13**) sowie die aus der Fossa infratemporalis über die Fissura pterygomaxillaris eintretende **A. maxillaris** (S. 974) auf. Die meisten der in Tab. **M-3.8** aufgeführten Leitungsbahnen haben daher eine dieser wichtigen Strukturen als „Ziel- oder Herkunftsort".

Weiterhin liegen hier Anteile des Plexus pterygoideus, die von seiner größten Ausdehnung in der Fossa infratemporalis z. T. bis in die Flügelgaumengrube erstrecken.

M-3.7 Begrenzungen der Fossa pterygopalatina

Wand	angrenzender Knochen bzw. Raum
kranial	Os sphenoidale (Corpus)
ventral	Maxilla (Corpus) Os palatinum (Processus orbitalis)
dorsal	Os sphenoidale ■ Ala major (Facies maxillaris) ■ Proc. pterygoideus
medial	Os palatinum (Lamina perpendicularis)
lateral	Verbindung zur Fossa infratemporalis
kaudal	Übergang zum Spatium retropharyngeum (S. 912)

M-3.8 Verbindungen der Fossa pterygopalatina

Kommunikation mit	über	ein-/austretende Leitungsbahnen
Fossa infratemporalis	Fissura pterygomaxillaris	■ A. maxillaris
Schädelbasis:		
■ innen (mittlere) Schädelgrube	Foramen rotundum	■ N. maxillaris (V_2)

■ außen	Canalis pterygoideus	■ N. canalis pterygoidei mit:
		  – parasympathischen Fasern ← N. petrosus major und
		  – sympathischen Fasern ← N. petrosus profundus
		■ A. canalis pterygoidei

Augenhöhle	Fissura orbitalis inferior	■ N. zygomaticus (aus V_2) mit R. communicans zum N. lacrimalis ■ N. infraorbitalis (aus V_2) ■ A. infraorbitalis ■ V. ophthalmica inferior
Nasenhöhle	Foramen sphenopalatinum	■ Rr. nasales posteriores superiores (aus V_2) ■ A. sphenopalatina (aus A. maxillaris)
Mundhöhle	Canalis palatinus und Foramen palatinum majus	■ N. palatinus major ■ A. palatina descendens ■ A. palatina major
	Canales palatini minores und Foramina palatina minora	■ Nn. palatini minores ■ Aa. palatinae minores (aus A. palatina descendens)

M 3.2 Kiefergelenk und Kaumuskulatur

M-3.30 Begrenzungen, Verbindungen und Leitungsbahnen der Fossa pterygopalatina

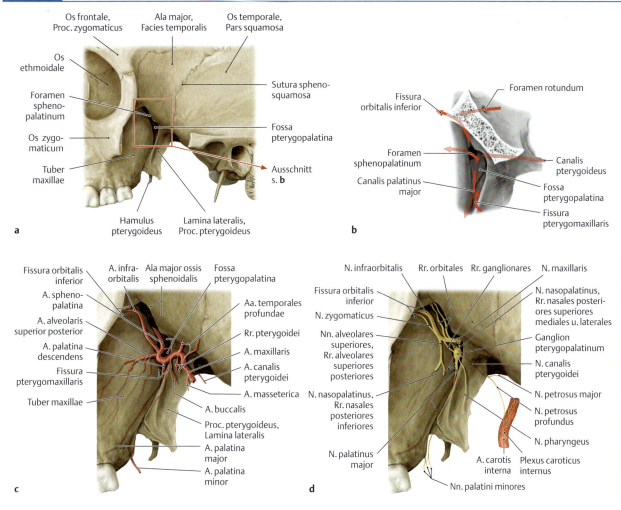

(Prometheus LernAtlas. Thieme, 3. Aufl.)

a Lage der linken Fossa pterygopalatina mit umgebenden Knochen in der Ansicht von lateral.
b Öffnungen in den knöchernen Wänden der Flügelgaumengrube in der Ansicht von lateral bei angeschnittenem Keilbeinkörper.
c Aufzweigung der über die Fissura pterygomaxillaris eintretenden A. maxillaris in ihre Äste.
d Aufzweigung des über das Foramen rotundum eintretenden sensiblen N. maxillaris (V₂) in seine Äste. Das vegetative Ganglion pterygopalatinum ist Umschaltstelle für parasympathische Fasern des N. facialis zur Tränendrüse, Drüsen der Nase und des Gaumens, das auch von postganglionären sympathischen Fasern aus dem Plexus caroticus internus durchzogen wird. Durch seine Anlagerung an den N. maxillaris können die vegetativen Fasern zusammen mit dessen sensiblen Ästen zur Augen-, Nasen- und Mundhöhle ziehen.

Faszienverhältnisse in der seitlichen Gesichtsregion

Die oberflächliche seitliche Gesichtsregion wird von zweilagigen Faszien bedeckt, die an der Innen- und Außenfläche des Jochbogens befestigt sind. Die obere ist die **Fascia temporalis**, zwischen deren **Lamina superficialis** und **profunda** sich die A. temporalis media verzweigt. Unter dem tiefen Blatt liegt zum M. buccinator hin der Wangenfettkörper, **Corpus adiposum buccae** (Bichat-Fettpfropf). Die Faszienblätter vom Unterrand des Jochbogens bilden eine oberflächliche **Fascia parotidea** (S. 1018) und ein oberflächliches und tiefes Blatt der **Fascia masseterica**. Letztere setzt sich an die Innenfläche des Ramus mandibulae bis zum M. pterygoideus medialis fort (Abb. **M-3.31**).

Faszienverhältnisse in der seitlichen Gesichtsregion

In der Schläfenregion ist der M. temporalis oberflächlich von der kräftigen **Fascia temporalis** überdeckt, die sich oberhalb des Jochbogens in zwei Blätter (Lamina superficialis und profunda) aufspaltet und so eine fettgefüllte Tasche bildet. Darin verzweigen sich die A. und V. temporalis media. Medial der Lamina profunda und mit ihr über faszienartige Züge verbunden liegt das **Corpus adiposum buccae** (sog. **Bichat-Fettpfropf**), das ein Widerlager zur Wangenmuskulatur (M. buccinator, Abb. **M-1.14**) bildet. Vom M. buccinator über die **Raphe pterygomandibularis** verlaufende Faserzüge ziehen als **Fascia buccopharyngea** nach medial und dorsal bis auf den Pharynx.

Unterhalb des Jochbogens findet sich ebenfalls eine in mehrere Schichten aufgespaltene Faszie: Ihr oberflächlicher Anteil überdeckt kapselartig den größten Teil der Gl. parotidea als **Fascia parotidea** und setzt sich nach kaudal in die Lamina superficialis der Fascia cervicalis (S. 891) fort. Die tiefere Faszienschicht umhüllt den M. masseter als Lamina superficialis der **Fascia masseterica**. Sie setzt sich um den dorsalen Rand des Ramus mandibulae bzw. den unteren Rand des Angulus mandibulae nach medial als Lamina profunda fort und überdeckt die mediale Fläche des M. pterygoideus medialis. Sie zieht nach kranial bis an die Schädelbasis (Abb. **M-3.31**).

M-3.31 Faszien der seitlichen Gesichtsregion

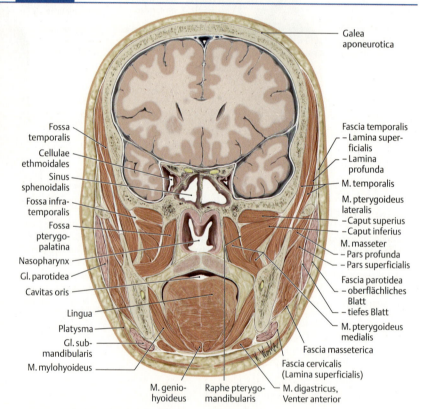

Frontalschnitt durch den Kopf in Höhe der Keilbeinhöhle in der Ansicht von dorsal. Gut sichtbar sind die Faszien der Kaumuskulatur und der Gl. parotidea.
(Prometheus LernAtlas. Thieme, 3. Aufl.)

4 Nase und Nasennebenhöhlen

4.1 Funktion der Nase und der Nasennebenhöhlen 1039
4.2 Aufbau von Nase und Nasennebenhöhlen. 1039
4.3 Gefäßversorgung und Innervation von Nase und Nasennebenhöhlen . 1046
4.4 Entwicklung von Nase und Nasennebenhöhlen 1048

G. Aumüller, G. Wennemuth

4.1 Funktion der Nase und der Nasennebenhöhlen

Die Nase mit der Nasenhöhle gehört wie die Nasennebenhöhlen zu den **oberen** (luftleitenden) **Atemwegen**.
Ihr Eingangsbereich mit den Nasenlöchern (**Nares**) hält durch den Besatz mit borstenartige Terminalhaaren (**Vibrissae**) reusenartig gröbere Partikel zurück. Durch die Abgabe von Drüsensekreten und Schleimprodukten mit **antibakteriellen Komponenten** an der Oberfläche der Nasenhöhle, die subepithelial reichlich vorhandenen Immunzellen und die polsterartig verdichteten Gefäßplexus wird die verwirbelte **Atemluft** nicht nur **angewärmt** und **angefeuchtet**, sondern es werden auch **Schadstoffe** und **Bakterien** gebunden, um sie **unschädlich** zu machen.
In Verbindung mit den Resonanzräumen der Nebenhöhlen ist die Nasenhöhle an der **Sprachbildung** (Nasale, wie z. B. „m" und „n") beteiligt.
Die relativ eng umgrenzte **Riechschleimhaut** (Regio olfactoria) hat zudem die Aufgabe der chemischen Kontrolle der Atemluft. Das auch beim Menschen im Bereich des Nasenseptums vorhandene **Vomeronasalorgan** nimmt **Pheromone** (Duftstoffe) wahr. Damit ist die Riechfunktion der Nase auch in die nonverbale Kommunikation bzw. Situationsbewertung integriert.

4.2 Aufbau von Nase und Nasennebenhöhlen

4.2.1 Äußere Nase (Nasus externus)

Die äußere Nase (Abb. M-4.1) besteht aus der knöchernen Nasenwurzel (**Radix nasi**) aus Os nasale und Processus frontalis maxillae, dem knorpeligen Nasenrücken (**Dorsum nasi**) und den ebenfalls knorpeligen Nasenflügeln (**Alae nasi**). Die hyalinen Nasenknorpel sind der knöchernen **Apertura piriformis** prominent angefügt und umgrenzen den Eingang in die paarige Nasenhöhle:
- Außen umfasst die **Cartilago alaris major** mit einem nach innen gewendeten **Crus mediale** und einem nach außen ziehenden **Crus laterale** die Nasenlöcher und bildet so die Grundlage für die Nasenflügel.
- Zwischen beiden Nasenhöhlen befindet sich eine **Cartilago septi nasi** mit einem nach außen weisenden **Processus lateralis**; dieses knorpelige Nasenseptum steht mit dem knöchernen Nasenseptum (s. u.) in Verbindung.
- Kleinere **Cartilagines alares minores** sind in die Nasenflügel eingelassen.

4.1 Funktion der Nase und der Nasennebenhöhlen

Nase mit Nasenhöhle und Nasennebenhöhlen gehören zu den **oberen Atemwegen**. Sie **reinigen**, **befeuchten** und **erwärmen** die Atemluft. Darüber hinaus wird Letztere über den **Geruch** chemisch sowie über **antibakterielle** Komponenten des Schleims an ihrer Oberfläche biologisch kontrolliert.
Nasenhöhle und Nasennebenhöhlen sind an der Sprachbildung durch die Bildung der Nasale (z. B. „m", „n") und durch das rudimentäre **Vomeronasalorgan** auch übergeordnet an der zwischenmenschlichen Kommunikation beteiligt.

4.2 Aufbau von Nase und Nasennebenhöhlen

4.2.1 Äußere Nase (Nasus externus)

Abschnitte: Die äußere Nase (Abb. M-4.1) besteht aus den Nasenknorpeln: **Cartilago alaris major** mit Crus mediale und laterale und **Cartilagines alares minores** in den Nasenflügeln.
Die **Cartilago septi nasi** mit einem Processus lateralis bildet das knorpelige Nasenseptum, das sich nach innen an das knöcherne Nasenseptum anschließt.

M-4.1 Äußere Nase

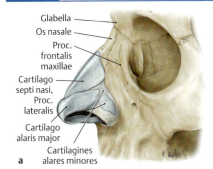
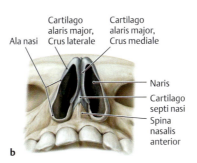

(Prometheus LernAtlas. Thieme, 3. Aufl.)
a Nasenskelett in der Ansicht von links-lateral
b und Ansicht der Nasenknorpel von unten.

4.2.2 Nasen- und Nasennebenhöhlen

Nasenhöhle (Cavitas nasi)

Zugänge zur Nasenhöhle

Den äußeren Zugang zu den Nasenhöhlen bildet die äußere Nase mit den Nasenlöchern (**Nares**, s. o.), die beiderseits in den Nasenvorhof (**Vestibulum nasi**) führen. Er setzt sich durch einen bogenförmigen Rand (**Limen nasi**) gegen die eigentliche Nasenhöhle (**Cavitas nasi propria**) ab.

Die paarigen Nasenhöhlen haben in der **Apertura piriformis** einen gemeinsamen Zugang, der durch die Maxilla und die Ossa nasalia lateral und medial durch das Septum nasi begrenzt wird. Die hinteren Öffnungen (**Choanae**), die zum Epipharynx führen (**Meatus nasopharyngeus**), sind ebenfalls durch das Nasenseptum getrennt.

▶ **Klinik.** Die **Nasenhöhle** kann durch Einführen einer schnabelförmig geformten Zange von ventral eingesehen werden (sog. **Rhinoscopia anterior**). Als **Rhinoscopia posterior** wird die Untersuchung der Choanen durch einen hinter das Gaumensegel eingeführten, nach kranial gerichteten abgewinkelten kleinen Spiegel bezeichnet. Dabei muss der Kontakt mit der Pharynxwand sorgsam vermieden werden (Würgereflex)!

Wände und Verbindungen der Nasenhöhle

Die knöchernen Wände der Nasenhöhle (Cavitas nasi) sind in Abb. **M-4.2** sichtbar und in Tab. **M-4.1** aufgeführt.

Nasenscheidewand: Die Nasenhöhle wird durch die Nasenscheidewand (**Septum nasi**) in einen rechten und linken Abschnitt unterteilt. Je nach Ausbiegung des Septum nasi (Septumdeviation) bestehen Größenunterschiede zwischen beiden Seiten.

Das Septum nasi besteht **vorne aus Knorpel** und **hinten aus Knochen** (Vomer, Lamina perpendicularis ossis ethmoidalis). Das Vomer steht unten mit der Crista nasalis des Processus palatinus der Maxilla bzw. der Lamina horizontalis des Os palatinum in Verbindung (Abb. **M-4.2a**).

M-4.1 Wände und Öffnungen der Nasenhöhle

Wände	Bestandteile	Öffnungen/Kanäle	
Dach	- Lamina cribrosa des Os ethmoidale - Corpus ossis sphenoidalis - Os nasale - Pars nasalis des Os frontale	am Recessus sphenoethmoidalis 2 Öffnungen: - Foramen sphenopalatinum - Öffnung des Sinus sphenoidalis	
Boden	- Processus palatinus maxillae - Os incisivum - Lamina horizontalis ossis palatini	- Canalis incisivus	
laterale Wand	- Os ethmoidale mit Concha nasalis superior und media und Processus uncinatus - Processus frontalis und Facies nasalis der Maxilla - Lamina perpendicularis des Os palatinum - Concha nasalis inferior - Os lacrimale	- im **Meatus nasi superior** (unter Concha nasalis sup.)	→ Öffnungen der - Cellulae ethmoidales posteriores
		- im **Meatus nasi medius** (unter Concha nasalis media) mit Hiatus semilunaris (zwischen Processus uncinatus und Bulla ethmoidalis)	→ Öffnungen von - Sinus frontalis, - Sinus maxillaris - Cellulae ethmoidales anteriores und mediae
		- im **Meatus nasi inferior** (unter Concha nasalis inferior)	→ Mündung des - Canalis nasolacrimalis
mediale Wand (Septum nasi)	- Crista nasalis des Processus palatinus der Maxilla - Crista nasalis der Lamina horizontalis des Os palatinum - Lamina perpendicularis des Os ethmoidale - Vomer	–	

M-4.2 Wände der Nasenhöhle

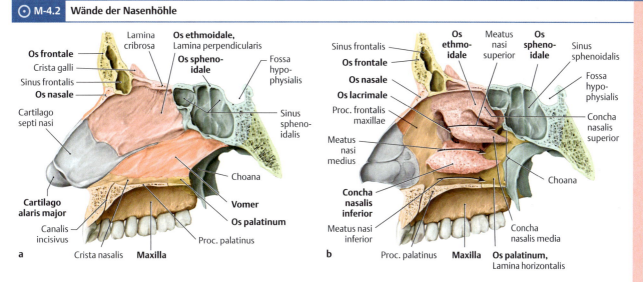

(Prometheus LernAtlas. Thieme, 3. Aufl.)
a Das Nasenseptum bildet die mediale Wand und ist hier am Paramedianschnitt in der Ansicht von links-lateral dargestellt.
b In der Sicht auf die laterale Wand der rechten Nasenhöhle sind die Nasenmuscheln sichtbar, unter denen jeweils einer der drei Nasengänge (Pfeile) liegt.

▶ **Klinik.** Durch Abweichung des knöchernen Nasenseptums (**Septumdeviation**) kann eine Hälfte der Nasenhöhle so stark eingeengt sein, dass die Atmung bzw. Luftzirkulation behindert wird. Dies führt häufig zu Entzündungen der Nebenhöhlen der betroffenen Seite (**Sinusitiden**). Sie können chronisch werden und müssen dann meist operativ behandelt werden.

Nasenmuscheln und -gänge: Die laterale Nasenwand ist durch die mit einem schwellkörperartigen Gewebe überzogenen Nasenmuscheln (**Conchae nasalis inferior**, **media** und **superior**) aufgegliedert, die von unten nach oben jeweils um etwa 1 cm nach dorsal versetzt sind. Unter ihnen befindet sich jeweils ein Nasengang (**Meatus nasi inferior**, **medius** und **superior**). Sie münden dorsal im Bereich des Meatus nasopharyngeus durch zwei trichterförmige Choanae in den Pharynx.
Vor der mittleren Nasenmuschel liegt ein Knochenwulst (Agger nasi), das Überbleibsel einer weiteren Muschel („Nasoturbinale"). Im Bereich des mittleren Nasengangs wird lateral durch einen vorne gelegenen hakenförmigen Knochenfortsatz (**Processus uncinatus** als verkümmerte Nasenmuschel) und eine dahinter gelegene große Siebbeinzelle (**Bulla ethmoidalis**) ein halbmondförmiger Spalt abgegrenzt (**Hiatus semilunaris**).

Nasenmuscheln und -gänge: An der lateralen Wand befinden sich versetzt untereinander die Nasenmuscheln (**Conchae nasalis inferior**, **media** und **superior**) mit den darunter gelegenen Nasengängen (**Meatus nasi inferior**, **medius** und **superior**). Sie münden in die Choanen.
Vor der Concha nasalis media wölbt sich der Agger nasi vor. Im mittleren Nasengang bilden der **Proc. uncinatus** (verkümmerte Nasenmuschel) und die **Bulla ethmoidalis** (eine große Siebbeinzelle) den **Hiatus semilunaris**.

▶ **Klinik.** Bei starkem **Nasenbluten** aus verletztem Schwellkörpergewebe auf den Muscheln kann es notwendig werden, durch Verstopfen (Tamponade) des Nasenlochs und der gleichseitigen Choane einen zu großen Blutverlust zu verhindern.

Verbindungen zu Nasennebenhöhlen und Ductus nasolacrimalis: Die Nasenhöhle steht in Verbindung zu den Nasennebenhöhlen (s. u.), die sich in die unterschiedlichen Nasengänge bzw. den Recessus sphenoethmoidalis öffnen (s. a. Tab. **M-4.1**):

- Der aus der Siebbeinplatte und dem Vorderteil des Keilbeinkörpers gebildete **Recessus sphenoethmoidalis** bildet die Kuppel der Nasenhöhle. Vorne schließt sich die Regio olfactoria auf der oberen Muschel und einer kleinen Fläche auf dem Septum (S. 1040) an. Hinten münden in ihn die beiden Hälften der Keilbeinhöhle (**Sinus sphenoidalis**).
- In den flachen **oberen Nasengang** münden die hinteren Siebbeinzellen (**Cellulae ethmoidales posteriores**).
- Im mittleren Nasengang liegt im oberen Abschnitt des Hiatus semilunaris das **Infundibulum ethmoidale** des Sinus maxillaris, die Öffnung der Kieferhöhle. Etwas weiter dorsal schließt sich die Öffnung der Stirnhöhle (**Sinus frontalis**) und der vorderen und mittleren Siebbeinzellen (**Cellulae ethmoidales anteriores** und **mediae**) an.
- Unter der unteren Nasenmuschel (im unteren Nasengang) mündet der **Ductus nasolacrimalis**, der Tränennasengang (S. 1058), mit einer zarten Schleimhautfalte (**Hasner-Klappe**).

Verbindungen zu Nasennebenhöhlen und Ductus nasolacrimalis:
- Im obersten Kuppelraum (**Recessus sphenoethmoidalis**) münden dorsal die Keilbeinhöhlen (**Sinus sphenoidales**).
- Unter der oberen Muschel münden die **Cellulae ethmoidales posteriores**.
- Unter der mittleren Muschel öffnen sich der **Sinus maxillaris**, **frontalis** und die **Cellulae ethmoidales anteriores** im Hiatus semilunaris.
- Unter der Concha nasalis inferior mündet der **Ductus nasolacrimalis** mit der Hasner-Klappe.

M-4.3 Verbindungen der Nasenhöhle zu Nasennebenhöhlen und Tränenwegen

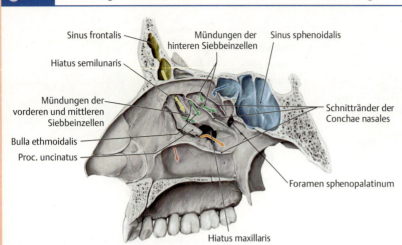

Ansicht von links auf die laterale Wand der rechten Nasenhöhle nach Entfernung der Nasenmuscheln. Durch farbige Pfeile sind die Mündungen der Nasennebenhöhlen (gelb: Sinus frontalis, blau: Sinus sphenoidalis, grün: Cellulae ethmoidales, orange: Sinus maxilaris) und des Ductus nasolacrimalis (rot) verdeutlicht (vgl. Abb. **M-4.4**).
(Prometheus LernAtlas. Thieme, 3. Aufl.)

▶ Klinik.

▶ Klinik. Durch ihre topografische Nähe zu den Nasennebenhöhlen und Schädelgruben dient die Nasenhöhle auch als **operativer Zugangsweg** zu extranasalen Strukturen. Dies kommt z. B. zum Einsatz bei der operativen Eröffnung/Ausräumung entzündeter Nebenhöhlen (chronische Sinusitis mit Proliferation der Schleimhaut) oder chirurgischer Deckung von Duradefekten im Bereich der vorderen Schädelgrube. Ein transnasaler (oder transpalatinaler), transsphenoidaler Zugang wird von Neurochirurgen bei sonst schwer zugänglichen Tumoren im Keilbeinbereich angewendet.

▶ Exkurs: Ostiomeataler Komplex.

▶ Exkurs: Ostiomeataler Komplex. Die Mündungsstellen insbesondere der Kiefer- und der Stirnhöhle im Bereich des Infundibulum ethmoidale können je nach Stellung des Processus uncinatus, der Enge der Stirnhöhlenöffnung (sog. Stirnnasengang, Meatus frontonasalis), der Lage der Öffnung der Kieferhöhle und dem Vorhandensein von Knochenzellen in diesem Bereich sehr unterschiedlich gestaltet sein und damit anatomische Hindernisse bei der Belüftung und dem Sekretabstrom der Nasennebenhöhlen darstellen. HNO-Ärzte bezeichnen diesen klinisch wichtigen Bereich daher als ostiomeatalen Komplex.

Nasennebenhöhlen (Sinus paranasales)

Sie entstehen erst postnatal als seitliche Aussackungen der Schleimhaut der Nasenhöhle, die in die benachbarten Knochen einwächst.

Nasennebenhöhlen (Sinus paranasales)

Die Nasennebenhöhlen (Sinus paranasales) sind seitliche und dorsale Aussackungen beider Nasenhöhlen, die sich erst postnatal bis zum Jugendalter durch Einwachsen der Nasenhöhlenschleimhaut in die benachbarten Knochen ausbilden. Entsprechend variabel ist ihre Form und Größe.

▶ Merke.

▶ Merke. Die Nasennebenhöhlen vermindern das Gewicht der beteiligten Knochen und bilden Resonanzräume.

Man unterscheidet nach den umgebenden Knochen (Abb. **M-4.4** und Tab. **M-4.2**):
- Der **Sinus maxillaris** (Kieferhöhle) ist die größte Nebenhöhle. Seine Öffnung liegt relativ weit oben (Abb. **M-4.4b**) am Hiatus semilunaris. Der tiefste Punkt liegt über dem 2. Prämolaren bzw. 1. Molaren.

Nach dem sie umgebenden Knochen unterscheidet man (Abb. **M-4.4** und Tab. **M-4.2**):
- **Sinus maxillaris** (**Kieferhöhle**): Der Sinus maxillaris ist die größte Nebenhöhle. Oft ist der Maxillarknochen durch kleine Defekte durchlöchert (**Fonticuli maxillares**). Die Öffnungsstelle liegt weit kranial (Abb. **M-4.4b**) im Hiatus semilunaris (S. 1041), sodass Ergüsse oft erst in Seitenlage abfließen können. Der tiefste Punkt liegt noch unter der Ebene des Nasenbodens über dem 2. Prämolaren bzw. 1. Molaren (S. 1022).

▶ Klinik.

▶ Klinik. Die **ungünstig hoch gelegene Öffnung des Sinus maxillaris** im Bereich des Hiatus semilunaris kann zum **Aufstau von Entzündungsmaterial** (eitrigen Ergüssen) führen, die u. U. auch von den Zahnwurzeln ausgehen können. Fließt beim Schlaf in Seitenlage dann der Erguss ab, kann er bis in die Bronchien aspiriert werden und zu einer Bronchosinusitis führen.

M-4.4 Nasennebenhöhlen

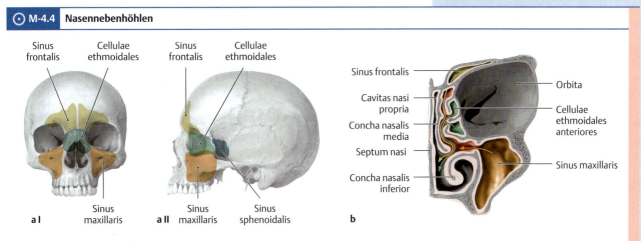

(Prometheus LernAtlas. Thieme, 3. Aufl.)
a Lage der Nasennebenhöhlen in Projektion auf den Schädel in der Ansicht von frontal (I) und links-lateral (II).
b Sekretabfluss aus den Nasennebenhöhlen in die Nasenhöhle im Frontalschnitt. Der Sinus sphenoidalis ist in dieser Ebene nicht sichtbar.

M-4.2 Kontaktfelder der Nasennebenhöhlen

Nasennebenhöhle	oben	vorn	unten	seitlich
Sinus maxillaris	Orbita	Facies anterior maxillae	Palatum durum bzw. die Wurzeln der Oberkieferzähne	medial: Nasenhöhlenwand
Sinus sphenoidalis	Fossa hypophysialis	Meatus nasopharyngeus im Epipharynx, hintere Siebbeinzellen, Canalis opticus (den er ggf. durch eine Knochenzelle einscheiden kann)	Meatus nasopharyngeus bzw. Epipharynx, hintere Siebbeinzellen, Fissura orbitalis superior, Canalis opticus	Sinus cavernosus mit den darin gelegenen Hirnnerven (III, IV, V_1, VI), Canalis caroticus
Sinus frontalis	Fossa cranii anterior	Margo supraorbitalis	Orbita	medial liegt das enge Ostium, das in den oberen Abschnitt des Hiatus semilunaris mündet (vgl. oben: „ostiomeataler Komplex")
Sinus ethmoidales	Fossa cranii anterior	Canalis nasolacrimalis	Sinus maxillaris	medial: Nasenhöhle bzw. Recessus sphenoethmoidalis, lateral: Orbita (mit je einer Öffnung: Foramen ethmoidale anterius und posterius)

- **Sinus frontalis** (Stirnhöhle): Der Sinus frontalis ist besonders variabel in seiner Ausdehnung und kann einen knöchernen Arcus superciliaris (Überaugenwulst) bedingen. Die Trennwand beider Seiten liegt meist paramedian.
- **Sinus sphenoidalis** (**Keilbeinhöhle**): Der Sinus sphenoidalis ist ebenfalls durch ein oft paramedian orientiertes Septum in zwei ungleiche Abschnitte unterteilt, die sich in den Recessus sphenoethmoidalis öffnen (Tab. **M-4.1**). Gelegentlich kann eine Knochenzelle den Sehnerv einscheiden (sog. Onodi-Zelle). Die Keilbeinhöhle hat besonders neurochirurgisch wichtige Lagebeziehungen (S. 1042).
- **Sinus ethmoidales** mit **Cellulae ethmoidales anteriores, mediae** und **posteriores**: Die Siebbeinzellen (Cellulae ethmoidales) sind in zahlreiche, unterschiedlich große Knochenzellen mit teilweise papierdünnen Wänden gekammert, die sich bis zum Keilbein ausdehnen können. Man unterscheidet eine vordere Gruppe (Cellulae ethmoidales anteriores und mediae), die sich vor dem Ansatz der mittleren Nasenmuschel öffnen und eine hintere Gruppe, die unter der oberen Nasenmuschel münden (s. a. Tab. **M-4.1**). Wenn sich eine Siebbeinzelle in die mittlere Nasenmuschel fortsetzt, spricht man von **Concha bullosa**.

- Der paarige **Sinus frontalis** (Stirnhöhle) ist besonders seitenvariabel und weist häufig ein nicht mittig gelegenes Septum auf.
- Der **Sinus sphenoidalis** ist ebenfalls paarig, meist ungleichseitig unterteilt und führt mit seinen Öffnungen in den Recessus sphenoethmoidalis (Tab. **M-4.1**).

- Die **Cellulae ethmoidales** (Siebbeinzellen) werden in eine vor der mittleren Nasenmuschel mündende und eine hintere, unter der oberen Nasenmuschel mündende Gruppe unterteilt (s. a. Tab. **M-4.1**). Sie sind durch sehr dünne Wände voneinander getrennt und können sich bis zur Stirnhöhle hinziehen.

Feinbau der Nasen- und Nasennebenhöhlen

Innerhalb der **Nasenhöhle** lassen sich topografisch-histologisch drei Bereiche unterscheiden:
- Das **Vestibulum nasi** (Eingangsbereich) ist durch die Auskleidung mit Epidermis der Außenfläche der Nasenflügel sehr ähnlich und wird daher zuweilen als **Regio cutanea** der Nasenhöhle bezeichnet.

Feinbau der Nasen- und Nasennebenhöhlen

Topografisch-histologisch lassen sich 3 Bereiche unterscheiden:
- **Vestibulum nasi** als **Regio cutanea** der Nasenhöhle,

- von der sich die anderen beiden Gebiete durch ihre Auskleidung mit **Schleimhaut** (**Tunica mucosa**) abheben. Deren
- **Pars respiratoria** ist durch ein Flimmerepithel gekennzeichnet (im größten Teil der Nasenhöhle und in den Nasennebenhöhlen), während ihre
- **Pars olfactoria** die Riechschleimhaut ist (**Regio olfactoria**).

Die beiden anderen Regionen sind mit **Schleimhaut** (**Tunica mucosa**) überzogen, die entsprechend ihrer unterschiedlichen Funktion grundsätzlich verschieden aufgebaut sind:

- Die **Pars respiratoria tunicae mucosae** ist durch ein Flimmerepithel gekennzeichnet und kleidet den größten Anteil der Nasenhöhle aus, den man auch als **Regio respiratoria** bezeichnet. Auch die **Nasennebenhöhlen** sind durch ein solches Flimmerepithel bedeckt.
- Die **Pars olfactoria tunicae mucosae** ist die Riechschleimhaut zur Auskleidung der **Regio olfactoria**.

Regio cutanea im Vestibulum nasi

Vestibulum nasi: Dem hyalinen Knorpel des Nasenseptums bzw. Nasenflügels sitzt im Vestibulum nasi eine an Talg- und Schweißdrüsen reiche Epidermis auf, in der sich Borstenhaare (Vibrissae) finden. Sie geht in die äußere Haut über. Zur Nasenhöhle hin nimmt die Verhornung ab.

Regio cutanea im Vestibulum nasi

Das Vestibulum nasi hat im Bereich der Nasenflügel und des knorpeligen Nasenseptums eine **hyaline Knorpelplatte** als Grundlage. Die **talg- und schweißdrüsenreiche Epidermis**, die an der Außenfläche der Nasenflügel über ein **sehr dünnes Corium** fest mit dem **Perichondrium** verwachsen ist, setzt sich in gleicher Weise auf die Innenseite fort. Dort finden sich zahlreiche borstenartige Haare (**Vibrissae**). Zum Limen nasi hin wird die Verhornung der Epidermis deutlich dünner, die Haare fehlen und es treten **weitlumige Venen** nahe an die Subkutis. Sie können leicht verletzt werden und sind häufig die Quelle für das Nasenbluten (sog. **Locus Kiesselbachi**). Zur Nasenhöhle hin geht dieser Bereich in die Regio respiratoria über.

Regio respiratoria der Nasenhöhle (mit Nasennebenhöhlen)

In der Cavitas nasi findet sich typisches **Respirationsepithel** (Becher-, Flimmer- und Basalzellen, Abb. **M-4.5**), das meist von Lymphozyten durchsetzt ist. Es sitzt einer dicken Lamina propria mit darunter gelegenen tubuloazinösen gemischten Drüsen auf. Vorwiegend im Bereich der Muscheln sind subepitheliale schwellkörperartige Venenpolster vorhanden.

Regio respiratoria der Nasenhöhle (mit Nasennebenhöhlen)

Die Regio respiratoria besitzt eine charakteristische **Tunica mucosa**, die einer kräftigen **Lamina propria** aufsitzt. Die Mucosa besteht aus sog. **respiratorischem Epithel** (Abb. **M-4.5**), das für den überwiegenden Teil der Atemleitungswege typisch ist.
Es enthält **Flimmerzellen** (die Schlagrichtung der Kinozilien ist dabei rachenwärts gerichtet), **Becherzellen**, **Intermediär-** und **Basalzellen** sowie in wechselnder Zahl **intraepitheliale Lymphozyten**.
Subepithelial sind tubuloazinöse gemischte, überwiegend **muköse Drüsen** eingelagert, die von einem weiten **Venenplexus** umgeben sind. Im Bereich der unteren und mittleren Muschel ist dieser Venenplexus zu (pseudo)kavernösem Gewebe erweitert, d. h. die weitlumigen Venen sind nicht nur über Kapillaren, sondern auch direkt über lange Arteriolen mit der arteriellen Strombahn verbunden. Die Blutfüllung der Venen wird über glattmuskelige Sphinkteren reguliert.

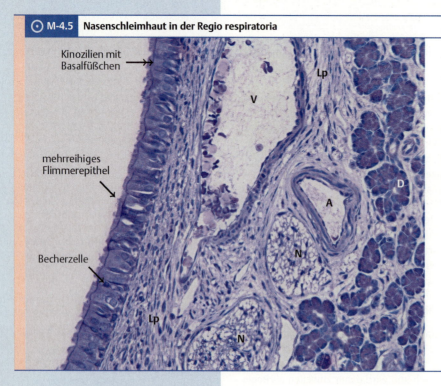

M-4.5 Nasenschleimhaut in der Regio respiratoria

Das Respirationsepithel, das den Großteil der Nasenschleimhaut bedeckt, besitzt Flimmerzellen mit Kinozilien, die durch Basalfüßchen in der Zelle verankert sind und daneben auch Becherzellen. Nahe der Basalmembran finden sich Intermediär- und Basalzellen, die dem Zellersatz dienen. In der bindegewebigen Lamina propria (Lp) liegen weitlumige Venen (V), Arterien (A), markarme Nervenfasern (N) und gemischte, hier rein seröse Drüsenazini (D). (Nasenhöhle einer neugeborenen Ratte, Semidünnschnitt, Methylenblau-Fuchsin-Färbung)

M 4.2 Aufbau von Nase und Nasennebenhöhlen

▶ Klinik. Entzündungen der Nasenschleimhaut (**Rhinitis** oder „Schnupfen") bedingen vermehrte Schleimabsonderung und Drüsensekretion mit Anschwellen der Venenplexus. Dadurch wird meist die Nasenatmung behindert („verstopfte Nase"). Durch lokale Applikation von vasokonstriktorisch („sympathomimetisch") wirkenden Nasentropfen kann die Nasenatmung wieder erleichtert werden. Hierbei ist zu beachten, dass solche Präparate nicht längerfristig eingesetzt werden sollten, da sonst die Gefahr einer Schädigung der Schleimhaut sowie der Gewöhnung mit reaktiv stärkerer Anschwellung nach Absetzen besteht.

⊙ M-4.6 **Schwellung der Nasenschleimhaut.** In der Ansicht eines Frontalschnitts von vorne ist in der linken Nasenhöhle die Schleimhaut in geschwollenem, in der rechten zum Vergleich in abgeschwollenem Zustand dargestellt. Die starke Einengung der Nasenhöhle bei Anschwellung der Schleimhaut führt zur Behinderung der Nasenatmung.
(Prometheus LernAtlas. Thieme, 3. Aufl.)

Die Schleimhaut der **Nasennebenhöhlen** ist ganz ähnlich aufgebaut; es fehlen allerdings die Venenplexus, die subepithelialen Drüsen sind deutlich geringer ausgeprägt und die Lamina propria ist eng mit der Knochenoberfläche verbunden (sog. „Mukendost").

In den **Nebenhöhlen** fehlen diese Polster, sie sind von einem dünnen respiratorischen Epithel ausgekleidet, das dem Knochen eng anliegt.

Regio olfactoria – Riechorgan

Einen völlig abweichenden Bau weist die gut daumennagelgroße Regio olfactoria auf der oberen Nasenmuschel, am Nasendach und einer kleinen Fläche am Nasenseptum auf (s. Abb. **M-4.8** und Abb. **M-2.7**), die aufgrund des Lipofuscingehalts des Epithels stärker bräunlich gefärbt ist als die Umgebung.

Das Epithel ist wesentlich dicker als das Respirationsepithel und besteht aus flaschenförmig gebauchten **Riechzellen** (primären bipolaren Sinneszellen), zylindrischen **Stützzellen** und kegelförmigen **Basalzellen** (S. 1238), die als Vorläufer der Stützzellen und der Sinneszellen angesehen werden. In der **Lamina propria** liegen die **dünnen Neuriten** der Sinneszellen, die sich zu **Fila olfactoria** zusammenschließen und durch die Lamina cribrosa des Siebbeins zum Bulbus olfactorius (S. 1239) ziehen. Dazwischen finden sich die verzweigt tubuloazinösen **Glandulae olfactoriae** (**Bowman-** oder **Spüldrüsen**). Ihr Sekret benetzt die Oberfläche der mit **Mikrovilli** besetzten Stützzellen und der mit 10 Sinnesgeißeln versehenen Riechkolben der Sinneszellen, die sich dort emporwölben. Die Sinnesgeißeln flottieren in dem Sekret der Bowman-Drüsen, die als Spüldrüsen durch Bindungsproteine (Odorant-Bindungsprotein, OBP) die Bindungsstellen an den Membranen für Riechstoffe freihalten. Sinnes- und Stützzellen sind durch apikale Schlussleistenkomplexe (S. 59) miteinander verbunden.

Regio olfactoria – Riechorgan

Das Epithel der Regio olfactoria (auf der oberen Nasenmuschel, am Nasendach und einer kleinen Fläche am Nasenseptum) besteht aus hohen flaschenartig ausgebauchten Zylinderzellen (**Riechzellen**) mit einem charakteristischen kolbenartigen Fortsatz, aus dem 10 lange Kinozilien herausragen. Daneben gibt es zylindrische **Stützzellen** und kegelförmige **basale Ersatzzellen**. Subepithelial liegen die tubuloazinösen **Bowman-** oder **Spüldrüsen** (**Gll. olfactoriae**). Die Sinneszellen durchsetzen mit ihrem basalen Neuriten die Basalmembran und bilden die **Fila olfactoria**, die durch die Lamina cribrosa des Siebbeins zum Bulbus olfactorius (S. 1239) ziehen.

▶ Exkurs: Jacobson-Organ (Organum vomeronasale). Das Vomeronasalorgan (VNO) wird als „soziales Rezeptororgan" angesehen, da es auf individualtypische Duftstoffe anspricht. Es ist ein Rudiment im Bereich des knorpeligen Nasenseptums unmittelbar hinter dem Eingang zum Canalis incisivus und hat seine größte Ausdehnung bei Amphibien. Es besteht aus einem von einem hohen Epithel ausgekleideten Blindsack, der von Drüsen umgeben und von einem Ast (N. terminalis) des Olfaktoriussytems innerviert wird. Beim Menschen wird ihm die Wahrnehmung bestimmter Steroidhormone und verwandter „Pheromone" zugeschrieben, wie sie z. T. in Parfüms angereichert werden. So hat man kürzlich die psychologische Wirkung von (Körper-)Gerüchen in Bezug auf bestimmte Merkmale des Immunsystems, insbesondere des Haupthistoverträglichkeitskomplexes (MHC) untersucht. Dabei fiel auf, dass Frauen normalerweise Gerüche von Männern als angenehm empfinden, deren Immunmerkmale möglichst von ihren eigenen abweichen. Dagegen bevorzugen Frauen, die steroidale Kontrazeptiva einnehmen, die Gerüche von Duftspendern mit ähnlichen Immunmerkmalen. Die am VNO beteiligten Neuronen gehören zu den empfindlichsten Chemorezeptoren bei Säugern, die Wahrnehmungsgrenze liegt im Femtomol-Bereich (d. h. bis zu 10^{-11} M Pheromon kann ein einzelnes VNO-Neuron noch erkennen und auch verarbeiten)!

▶ Exkurs: Jacobson-Organ (Organum vomeronasale).

4.3 Gefäßversorgung und Innervation von Nase und Nasennebenhöhlen

Vorderer und hinterer Nasenabschnitt haben getrennte Versorgungsbereiche.

Mediale und laterale Wand der **Nasenhöhle** lassen sich grundsätzlich in jeweils eine kleinere vordere und eine größere hintere Versorgungszone einteilen.

4.3.1 Gefäßversorgung

Arterien: Die äußere Nase wird über die **A. facialis**, **A. infraorbitalis** und **A. dorsalis nasi** (Ast der A. ophthalmica) versorgt.

Die **A. ethmoidalis anterior** (aus der A. ophthalmica) versorgt den Vorderabschnitt der Nasenhöhle; der Hinterabschnitt wird über **Aa. posteriores laterales** und **septi** der A. sphenopalatina und von der **A. ethmoidalis posterior** versorgt (Abb. **M-4.7**).

Arterielle Versorgung: Die Blutversorgung der **äußeren Nase** wird im Bereich des unteren Nasenseptums sowie der Nasenflügel durch die **Arteria facialis**, ein Ast der A. carotis externa (S. 973), im Gebiet von seitlicher Nasenwand und Nasenrücken durch die **Arteria infraorbitalis** (aus der A. maxillaris) und über dem Nasenrücken durch die **Arteria dorsalis nasi** als Ast der A. ophthalmica gewährleistet.

Der vordere Teil der **Nasenhöhle** mit den benachbarten **Siebbeinzellen** und dem **Sinus frontalis** wird oben von der **Arteria ethmoidalis anterior** (Ast der A. ophthalmica aus der A. carotis interna), unten von Ästen der A. carotis externa versorgt. Der hintere Nasenhöhlenabschnitt mit dem Sinus maxillaris und den hinteren Siebbeinzellen erhält unten Blut über die **Arteriae nasales posteriores laterales** und **septi** der A. sphenopalatina (Ast der A. maxillaris) sowie oben aus der **Arteria ethmoidalis posterior** (Ast der A. ophthalmica). Im gefäßreichen „Locus Kiesselbachi" am vorderen knorpeligen Nasenseptum sind somit Endäste aus dem Stromgebiet der A. carotis interna (A. ethmoidalis anterior) und der A. carotis externa (A. sphenopalatina, A. facialis) beteiligt (Abb. **M-4.7**).

⊙ M-4.7 Arterielle Versorgung der Nasenhöhle

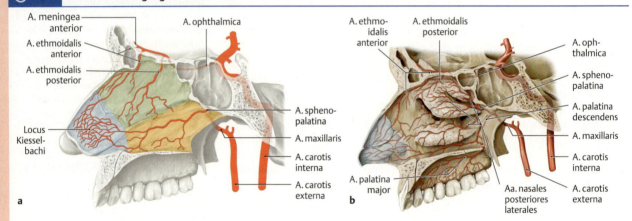

Die unterschiedliche Herkunft aus dem Stromgebiet der A. carotis interna (grün) und A. carotis externa (gelb) ist in **a** angedeutet. Der Locus Kiesselbachi wird aus Ästen beider Hauptarterien gespeist (blau).
a Arterien zur Versorgung der Nasenscheidewand und (nach Prometheus LernAtlas. Thieme, 3. Aufl.)
b der lateralen Wand der Nasenhöhle. (Prometheus LernAtlas. Thieme, 3. Aufl.)

Venen: Der Blutabfluss der **äußeren Nase** erfolgt über die **V. facialis**. In den **Nasenhöhlen** führen die geflechtartigen Venen das Blut in den **Plexus venosus pterygoideus** ab.

Venöser Abfluss: Der Blutabfluss erfolgt aus dem Gebiet der **äußeren Nase** über die **Vena facialis**.

Die Venen der **Nasenhöhlen** bilden ein Geflecht, das mit dem **Plexus pterygoideus**, den Gesichtsvenen (und beim Kind über ein Emissarium mit dem Sinus sagittalis superior) in Verbindung steht.

Lymphabfluss: Die regionären Lymphknoten sind die **Nll. submandibulares** und die **tiefen Halslymphknoten** einschließlich der **Nll. retropharyngeales**.

Lymphabfluss: Die Lymphe der äußeren Nase und des Vorderabschnitts der Nasenhöhle fließt in die **Nodi lymphoidei submandibulares** ab.
Aus dem Hinterabschnitt erfolgt der Abfluss in die **Nodi lymphoidei retropharyngeales** und die **tiefen Halslymphknoten**.

4.3.2 Innervation

Äußere Nase: Sie wird vom **R. nasalis externus** (N. ethmoidalis anterior), **N. infraorbitalis** (aus V_2), **N. infratrochlearis** und **N. nasociliaris** (beide aus V_1) innerviert (vgl. Abb. **M-2.12**).

Äußere Nase: Die sensible Innervation der Haut im Bereich der äußeren Nase erfolgt über den **Ramus nasalis externus** aus dem **Nervus ethmoidalis anterior** und weitere Äste, die teils dem **Nervus infraorbitalis** des N. maxillaris (V_2), und teils den **Nervi infratrochlearis** und **nasociliaris** (beide aus dem N. ophthalmicus, V_1) entstammen (vgl. Abb. **M-2.12**).

M 4.3 Gefäßversorgung und Innervation von Nase und Nasennebenhöhlen

Nasenhöhle: Während die **Somatoafferenzen** aus dem Bereich der Nasenhöhle über Fasern der **Trigeminusäste** geleitet werden, lagern sich die vegetativen Fasern ihnen lediglich an, um darüber ihr Zielgebiet zu erreichen. Die **parasympathische Innervation** für die Gll. nasales erfolgt über Fasern des **N. petrosus major** aus dem **N. facialis** (VII) nach Umschaltung im Ganglion pterygopalatinum. Die **sympathischen**, durch das Ganglion hindurchziehenden Fasern (aus dem Plexus caroticus internus über den **N. petrosus profundus**) versorgen die Gefäße des Nasenraums.

Im Bereich der Nasenhöhle gibt es wieder zwei Versorgungsbereiche:

- Der **Vorderbereich** wird vom **Nervus ethmoidalis anterior** (Ast des N. nasociliaris aus V₁) versorgt, der zusammen mit der gleichnamigen Arterie durch das Foramen ethmoidale anterius des Siebbeins in die vordere Schädelgrube tritt und von hier extradural durch die Siebbeinplatte zur Nasenhöhle gelangt. Er entlässt **Rami nasales mediales** bzw. **laterales** für den Vorderbereich.
- Der **Hinterbereich** wird von Ästen des N. maxillaris mit angelagerten parasympathischen Fasern aus dem Ganglion pterygopalatinum (Umschaltungsstelle für die parasympathischen Fasern, Abb. **M-2.18**) versorgt, die durch das Foramen sphenopalatinum in die Nasenhöhle eintreten: **Rami nasales posteriores superiores laterales** (ca. 10 dünne Ästchen) ziehen zur oberen und mittleren Nasenmuschel und die hinteren Siebbeinzellen, **Rami nasales posteriores inferiores** zum hinteren Teil der unteren Nasenmuschel und **Rami nasales posteriores mediales** zum Nasenseptum. Als besonders langer Nerv zieht der **Nervus nasopalatinus** (incisivus) mit der A. nasalis posterior septi durch den Canalis incisivus zur Gaumenschleimhaut (Abb. **M-4.8**).

Die **Geruchsinformation** aus der Regio olfactoria wird über die ca. **20 Fila olfactoria** weitergeleitet. Dies sind Bündel von marklosen Neuriten der Sinneszellen („Riechzellen") in der olfaktorischen Schleimhaut (S. 1045), die in ihrer Gesamtheit als **N. olfactorius** (I) bezeichnet werden und durch die Lamina cribrosa in den Bulbus olfactorius eintreten. Näheres s. Kap. Fila olfactoria, Nervus, Bulbus und Tractus olfactorius (S. 1239).

Nasennebenhöhlen: Die Schleimhaut der Nasennebenhöhlen wird sensibel aus jeweils benachbarten Ästen des N. trigeminus sowie ihnen angelagerten parasympathischen Fasern aus dem Ganglion pterygopalatinum versorgt: Der Sinus frontalis über den N. supraorbitalis, die Cellulae ethmoidales über den N. ethmoidalis anterior und posterior, der Sinus sphenoidalis über den N. ethmoidalis posterior und der Sinus maxillaris über den N. infraorbitalis bzw. Plexus dentalis superior.

Nasenhöhle: Den somatoafferenten **Trigeminusästen** lagern sich parasympathische Fasern (über den **N. petrosus major** aus N. VII nach Umschaltung im Ggl. pterygopalatinum) für die Gll. nasales und sympathische Anteile aus dem Plexus caroticus internus (über **N. petrosus prof.**) an.

- Der **vordere Abschnitt** der **Nasenhöhle** wird innerviert vom **N. ethmoidalis anterior** (Ast des N. nasociliaris aus V₁) mit Rr. nasales mediales und laterales.
- Der **hintere Nasenabschnitt** erhält Äste aus dem **Ggl. pterygopalatinum** (Umschaltung der parasympath. Fasern, Abb. **M-2.18**): **Rr. nasales posteriores superiores** laterales und mediales, **Rr. nasales posteriores inferiores** sowie dem **N. nasopalatinus**, der durch den Canalis incisivus zur Gaumenschleimhaut zieht (Abb. **M-4.8**).

Die Weiterleitung der Geruchsinformation aus der Regio olfactoria erfolgt über **Fila olfactoria** (gemeinsam als N. olfactorius bezeichnet). Sie treten durch die Lamina cribrosa zum Bulbus olfactorius. Näheres s. Kap. Fila olfactoria, Nervus, Bulbus und Tractus olfactorius (S. 1239).

Nasennebenhöhlen: Die Schleimhaut der Nasennebenhöhlen wird sensibel aus jeweils benachbarten Ästen des N. trigeminus und parasympathisch durch Fasern aus dem Ganglion pterygopalatinum versorgt.

M-4.8 Innervation der Nasenhöhle

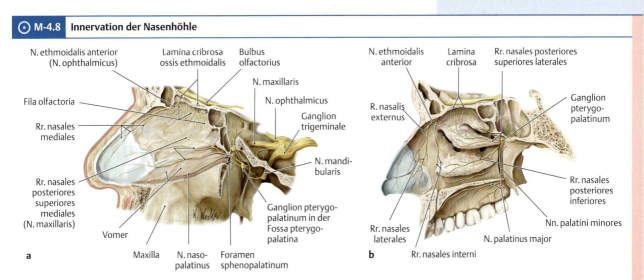

Das Gebiet der Fila olfactoria entspricht der Ausdehnung der Regio olfactoria (vgl. Abb. **M-2.7**).
(Prometheus LernAtlas. Thieme, 3. Aufl.)
a Nerven des Nasenseptums
b und der lateralen Nasenwand.

4.4 Entwicklung von Nase und Nasennebenhöhlen

Zur Ausbildung der Nase aus medialem und lateralem Nasenwulst (S. 970).

Entwicklung der Nasenhöhle: Die Nasenhöhle entsteht durch eine Tiefenverlagerung der Riechsäckchen bis an das Dach der primären Mundhöhle.
Das Epithel des medialen und lateralen Nasenwulstes (S. 971) verklebt und bildet eine Abgrenzung zur Mundhöhle (**Membrana oronasalis**), die später einreißt. Diese hinten oberhalb des primären Gaumens (S. 1008) gelegenen Bereiche des Riechsäckchens sind damit zu **primären Choanen** geworden. Mit der Entwicklung des sekundären Gaumens wird der Bereich weiter nach dorsal und kaudal verlagert und bildet die hintere Öffnung (**Choana**) der nunmehr paarigen Nasenhöhle.
Der kranialste Teil des Riechsäckchens differenziert sich zur **Regio olfactoria**. An den darunter gelegenen Seitenflächen beider Nasenhöhle treten drei Verdickungen auf, deren unterste bald verknorpelt und damit zur **unteren Nasenmuschel** wird.

Entwicklung der Nasennebenhöhlen: Die Nasennebenhöhlen entwickeln sich erst postnatal (Abb. **M-4.9**) durch Schleimhautdivertikel, die in die Maxilla, das Stirnbein, das Siebbein und das Keilbein einsprossen. Postpubertär entstehen daraus die Nebenhöhlen.

M-4.9 Pneumatisation der Kiefer- und Stirnhöhle

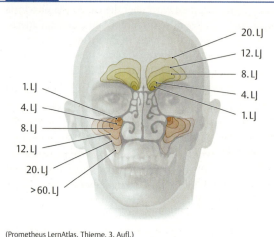

(Prometheus LernAtlas. Thieme, 3. Aufl.)

5 Auge – Sehorgan

5.1	Funktion und Einteilung des Auges	1049
5.2	Orbita (Augenhöhle)	1049
5.3	Hilfsapparat des Auges	1052
5.4	Augapfel (Bulbus oculi) – Orientierungslinien und Schichtenfolge	1058
5.5	Augapfel (Bulbus oculi) – Linse und Augenkammern	1068
5.6	Entwicklung des Auges	1072

© Digital Vision

J. Kirsch

5.1 Funktion und Einteilung des Auges

Das Auge als Sehorgan setzt sich zusammen aus
- einem **optischen Apparat**, der ein reelles Bild auf die Netzhaut projiziert, und
- einem **Hilfsapparat**, der Schutzfunktionen hat und der Ausrichtung der Augen dient.

Optischer Apparat: Elektromagnetische Strahlung von etwa 350–750 nm Wellenlänge generiert in den Sinneszellen des Auges elektrische Impulse, die im Gehirn verarbeitet und bewusst als Hell-Dunkel bzw. Farberscheinungen wahrgenommen werden. Am Wirbeltierauge unterscheidet man einen **lichtbrechenden (dioptrischen)** und einen **informationsverarbeitenden** Teil. Der lichtbrechende Teil des Auges funktioniert wie eine Filmkamera. Er produziert auf einer lichtempfindlichen Projektionsfläche, der **Retina** (Netzhaut), ein reelles Bild, das durch die entsprechenden Sinneszellen (Photorezeptoren) in elektrische Signale umgesetzt (kodiert) wird. Während ein Film jedoch das Abgebildete statisch (Pixel für Pixel) wiedergibt, findet in den Nervenzellschichten der Retina, dem informationsverarbeitenden Teil, bereits eine Analyse der optischen Informationen statt. Diese voranalysierten Informationen werden dann in Form von Nervenimpulsen über den Sehnerven (N. opticus) den folgenden Umschaltstationen der Sehbahn zugeleitet und dort weiter verarbeitet (S. 1221). Eine gute Abbildungsqualität erfordert zusätzlich stufenlose Variationsmöglichkeiten zwischen Nah- und Ferneinstellung (**Akkommodation**) und eine dynamische Anpassung an sich ändernde Beleuchtungsverhältnisse (**Adaption**). Diese Funktionen werden durch die sog. **inneren Augenmuskeln** vermittelt.

Hilfsapparat: Um „sinnvolle" Informationen aus der Außenwelt aufzunehmen, muss das Auge auf „interessierende" Objekte ausgerichtet werden können. Hierzu verfügt es über einen eigenen Bewegungsapparat (äußere Augenmuskeln). Weitere Hilfseinrichtungen mit vorwiegender Schutzfunktion sind Augenlider, Bindehaut und Tränenapparat.
Große Teile des Sehapparates befinden sich in der nur nach vorne geöffneten Augenhöhle (**Orbita**). Sie enthält zahlreiche wichtige Leitungsbahnen und beherbergt einen Großteil der Hilfseinrichtungen. Nach deren Besprechung wird der Schichtenbau des Augapfels (**Bulbus oculi**) behandelt. Die innerste Schicht des Augapfels entspricht dem ersten Teil des informationsverarbeitenden Systems, Teile der äußeren Schicht (**Hornhaut**) bilden einen wesentlichen Anteil der lichtbrechenden Komponente des Sehapparates. Der Bulbusinnenraum kann in drei Kammern untergliedert werden, die weitere lichtbrechende Anteile des Sehapparates beinhalten.

5.2 Orbita (Augenhöhle)

5.2.1 Form und Aufbau der Orbita

Die Orbita ist ein etwa kegelförmiger knöchern begrenzter Raum. Zum Aufbau der Wände dieses Kegels (s. Tab. **M-5.1** und Abb. **M-5.1**).
Die Basis des Kegels bildet die vordere Öffnung, den **Aditus orbitalis**. An der Spitze des Orbitakegels befindet sich der **Anulus tendineus communis**, ein Sehnenring, der den Ursprung der meisten äußeren Augenmuskeln (Tab. **M-5.2**) bildet. Durch seine zentrale Öffnung laufen der N. opticus (II), N. oculomotorius (III), N. abducens (VI), N. nasociliaris (aus V₁) sowie die A. ophthalmica.

5.1 Funktion und Einteilung des Auges

Das Sehorgan setzt sich aus dem **optischen Apparat** und dem **Hilfsapparat** zusammen.

Optischer Apparat: Am Säugetierauge kann man einen lichtbrechenden und einen informationsverarbeitenden Teil unterscheiden. Der **lichtbrechende (dioptrische) Teil** funktioniert wie eine Filmkamera. Im **informationsverarbeitenden Teil** werden die Signale analysiert. Die voranalysierten Informationen werden im N. opticus den folgenden Stationen der Sehbahn zugeleitet.
Nah- und Ferneinstellung (**Akkommodation**) sowie eine Anpassung an sich ändernde Beleuchtungsverhältnisse (**Adaption**) durch die inneren Augenmuskeln optimieren die Abbildung.

Hilfsapparat: Zu den Hilfseinrichtungen des Auges zählen die äußeren Augenmuskeln, die der genauen Ausrichtung des lichtbrechenden Apparates dienen, sowie Augenlider, Bindehaut und Tränenapparat mit vorwiegender Schutzfunktion.

5.2 Orbita (Augenhöhle)

5.2.1 Form und Aufbau der Orbita

Die Basis der kegelförmigen Orbita (Tab. **M-5.1** und Abb. **M-5.1**) bildet der **Aditus orbitalis**, während an der Spitze der **Anulus tendineus communis** (Tab. **M-5.2**) liegt, durch der der N. nasociliaris, der N. opticus (II), Nerven zur Augenmuskulatur (III, VI) und die A. ophthalmica verlaufen.

M-5.1 Knöcherne Wände und Öffnungen der Orbita

Orbitawand mit beteiligten Knochen	Öffnung	Inhalt
Dach • Os frontale	Incisura frontalis → Gesicht	• N. supraorbitalis, R. medialis
	Foramen supraorbitale → Gesicht	• N. supraorbitalis, R. lateralis
Boden • Maxilla • Os zygomaticum • Os palatinum	Canalis infraorbitalis und Foramen infraorbitale → Gesicht	• N. infraorbitalis • A. infraorbitalis

laterale Wand
• Os zygomaticum
• Ala major des Os sphenoidale (Facies orbitalis)
	Fissura orbitalis superior → mittlere Schädelgrube	• N. oculomotorius (III)
		• N. trochlearis (IV)
		• N. abducens (VI)
		• N. ophthalmicus (V_1), der in der Orbita drei Äste bildet
		  – N. lacrimalis
		  – N. frontalis
		  – N. nasociliaris
		• V. ophthalmica superior

	Fissura orbitalis inferior → Fossa pterygopalatina	• N. zygomaticus (aus V_2) • N. infraorbitalis (aus V_2) • A. infraorbitalis • V. ophthalmica inferior Über der Fissura orbitalis inferior liegt der M. orbitalis (Müller), der den venösen Rückfluss reguliert
	Foramen zygomaticoorbitale	• N. zygomaticus (aus V_2) mit Aufteilung in
	→ über Foramen zygomaticotemporale zum Gesicht	– R. zygomaticotemporalis des N. zygomaticus (aus V_2)
	→ über Foramen zygomaticofacialis zum Gesicht	– R. zygomaticofacialis des N. zygomaticus (aus V_2)
mediale Wand • Ala minor des Os sphenoidale • Processus frontalis der Maxilla • Os lacrimale • Os ethmoidale • Os frontale	Canalis opticus → mittlere Schädelgrube	• N. opticus • A. ophthalmica
	Foramen ethmoidale anterius → vordere Siebbeinzellen	• A. und N. ethmoidalis anterior (aus V_1)
	Foramen ethmoidale posterius → hintere Siebbeinzellen	• A. und N. ethmoidalis posterior (aus V_1) • Vv. ethmoidales
	Canalis nasolacrimalis → Nasenhöhle	• Ductus nasolacrimalis

M-5.1 Wände der Orbita

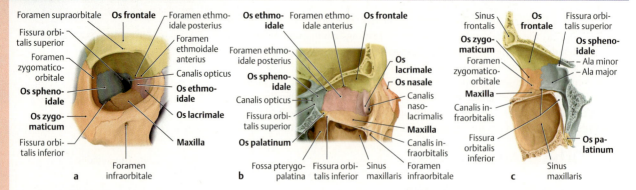

(Prometheus LernAtlas. Thieme, 3. Aufl.)
a Ansicht der rechten Orbita von frontal,
b lateral
c und medial mit farblicher Hervorhebung der sieben an ihrer Bildung beteiligten Knochen.

M 5.2 Orbita (Augenhöhle)

Der knöcherne Orbitakegel wird von Periost überzogen, das wegen seiner besonderen Zusammensetzung aus kollagenen und elastischen Fasern im Bereich der Orbita als **Periorbita** bezeichnet wird. Als **Membrana orbitalis** überbrückt die Periorbita die Fissura orbitalis inferior.

In diese Membran sind die glatten Muskelfaserzüge des **Musculus orbitalis** eingelassen. Dieser Muskel reguliert den venösen Blutrückfluss in der V. ophthalmica inferior. Er wird durch den N. petrosus profundus innerviert, der sympathische Fasern führt.

Die knöchernen Wände zwischen der Orbita und den benachbarten Nasennebenhöhlen (insbesondere Sinus maxillaris und Cellulae ethmoidales) sind nur ca. 0,5 mm dick. Daher können nach entsprechenden Traumata an diesen Stellen sehr leicht Frakturen auftreten oder bei Infektionen entzündliche Prozesse übertreten.

Die Orbita ist durch zahlreiche Öffnungen und Kanäle mit unmittelbar und mittelbar benachbarten Strukturen und Räumen verbunden (Tab. **M-5.1**).

Das Periost der Orbita wird als Periorbita bezeichnet. Sie wird über der Fissura orbitalis inferior als **Membrana orbitalis** bezeichnet. Zur Regulation des venösen Rückflusses enthält die Membran glatte Muskelfasern (**M. orbitalis**), die vom N. petrosus profundus innerviert werden.

Da die Wände zwischen der Orbita und den benachbarten Nasennebenhöhlen sehr dünn sind, können leicht Frakturen auftreten oder entzündliche Prozesse übergreifen.

Die Orbitawände enthalten zahlreiche Öffnungen (Tab. **M-5.1**).

5.2.2 Inhalt der Orbita mit Leitungsbahnen

Die Orbita enthält
- den Augapfel, sog. **Bulbus oculi** (S. 1068),
- Muskeln (6 äußere Augenmuskeln, s. u. sowie den **M. levator palpebrae superioris** (S. 1054) und
- umgebendes Fettgewebe (**Corpus adiposum orbitae**), das um den Bulbus oculi herum als derbe bindegewebige Kapsel (**Vagina bulbi**, **Tenon-Kapsel**) ausgebildet ist.
- Zahlreiche **Leitungsbahnen** zur Versorgung des Augapfels und seiner Hilfsstrukturen ziehen durch die Orbita (Abb. **M-5.2**). Sie werden hier kurz im Zusammenhang dargestellt, damit ihre Herkunft bei Besprechung der von ihnen versorgten Strukturen bereits bekannt ist.

Arterien: Die **Arteria ophthalmica** (aus der A. carotis interna) bildet im Bereich der Orbita zahlreiche Äste, deren Versorgungsgebiet teilweise auch außerhalb der Orbita liegt:
Arteria lacrimalis (Tränendrüse und über Aa. palpebrales laterales auch den lateralen Lidbereich), **Arteriae ciliares posteriores longae** und **breves** (Bulbus hinter dem Äquator bzw. N. opticus im Bereich des Discus), **Arteria centralis retinae**, die im

5.2.2 Inhalt der Orbita mit Leitungsbahnen
- Augapfel (**Bulbus oculi**),
- **Muskeln** (6 äußere Augenmuskeln, s. u. und M. levator palpebrae superioris),
- Fettgewebe (Corpus adiposum orbitae; um den Bulbus oculi als **Vagina bulbi** = **Tenon-Kapsel** bezeichnet) und
- Leitungsbahnen (Abb. **M-5.2**).

Blutgefäße: A. und V. ophthalmica und deren Äste. Über die Vv. ophthalmicae superior und inferior besteht ein Anschluss an die Gesichtsvenen (S. 976).

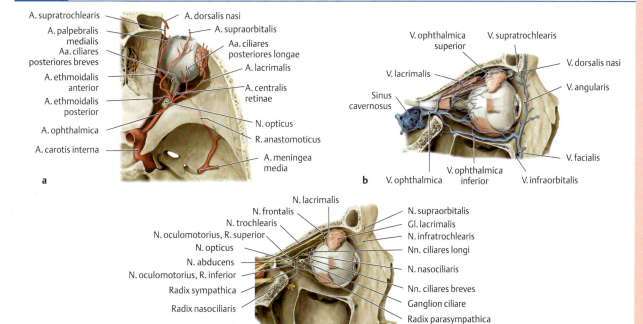

M-5.2 Leitungsbahnen der Orbita

Rechtes Auge in der Orbita, **a** Ansicht von kranial, **b** und **c** Ansicht von lateral
Zur Verdeutlichung wurden die jeweils umliegenden Strukturen weitgehend entfernt.
(Prometheus LernAtlas. Thieme, 3. Aufl.)

a Äste der A. ophthalmica in der rechten Orbita nach Entfernung des Orbitadachs und Fensterung des Canalis opticus
b Venen in der rechten Orbita nach Entfernung ihrer lateralen Wand und Fensterung des Sinus maxillaris.
c Nerven in der rechten Orbita in der gleichen Darstellung wie in b.

N. opticus zur Retina zieht, **Arteriae ethmoidales anterior** und **posterior** (Hirnhaut vordere Schädelgrube und mediale Nasenschleimhaut), **Arteria supraorbitalis** (Bulbus vor dem Äquator, Endast zur Stirn), **Arteriae palpebrales mediales** (mediales Augenlid). Ihre Endäste (Arteria supratrochlearis und Arteria dorsalis nasi) enden in der Gegend des medialen Augenwinkels bzw. Nasenrückens, wo sie eine Anastomose zum Stromgebiet der A. carotis externa (Arteria angularis) bilden. Ein Ramus anastomoticus mit der A. meningea media (ebenfalls Stromgebiet der A. carotis externa) kann ausgebildet sein.

Venen: Die **Vena ophthalmica** nimmt das Blut aus den **Venae ophthalmicae superiores** und **inferiores**, der **Vena lacrimalis**, der **Vena supratrochlearis** und den **Venae ethmoidales** auf und leitet es dem Sinus cavernosus zu. Über die Venae ophthalmica superior und inferior besteht ein Anschluss an die Gesichtsvenen (S. 976) V. angularis und V. facialis.

Nerven: Neben dem die optische Information leitenden **Nervus opticus** (**II**) verlaufen die Nerven zu den Augenmuskeln durch die Orbita:
- **Nervus oculomotorius** (**III**),
- **Nervus trochlearis** (**IV**) und
- **Nervus abducens** (**VI**).

Ebenfalls verzweigen sich die Äste des ersten Trigeminushauptstamms (**Nervus ophthalmicus**, **V₁**) innerhalb der Augenhöhle: **Nervus nasociliaris**, **Nervus lacrimalis** und **Nervus frontalis**.

Das **Ganglion ciliare** liegt lateral des N. opticus. Es hat drei Wurzeln, jedoch werden wie in den anderen Kopfganglien (S. 980) nur die aus dem Ramus inferior nervi oculomotorii stammenden parasympathischen Fasern (**Radix parasympathica** oder **oculomotoria**) hier umgeschaltet. Die Fasern der **Radix sensoria** (aus dem N. nasociliaris) und **Radix sympathica** aus dem periarteriellen Plexus um die A. ophthalmica ziehen ohne Umschaltung durch das Ganglion ciliare hindurch und schließen sich mit den postganglionären parasympathischen Fasern zu **Nervi ciliares breves** zusammen. Die parasympathischen und sympathischen Fasern der Nn. ciliares breves innervieren die inneren Augenmuskeln. Der M. ciliaris und der M. sphincter pupillae werden dabei von parasympathischen, der M. dilatator pupillae von sympathischen Fasern innerviert.

Vom N. nasociliaris kommt auch die sensorische Komponente der **Nervi ciliares longi**, denen sich sympathische Fasern aus dem periarteriellen Plexus um die A. ophthalmica anschließen.

Nerven: Neben dem N. opticus (**II**) zur Weiterleitung der visuellen Information verlaufen die Augenmuskelnerven (**III, IV** und **VI**) durch die Orbita.
Der N. ophthalmicus (**V₁**) verzweigt sich in die Nn. nasociliaris, lacrimalis und frontalis. Aus dem N. nasociliaris stammen die sensorischen Fasern für die **Nn. ciliares longi** und **breves**.
Im **Ganglion ciliare** werden die parasympathischen Okulomotoriusfasern umgeschaltet und ziehen zusammen mit sensiblen (aus dem N. ophthalmicus) und sympathischen Fasern zu den inneren Augenmuskeln (M. ciliaris und Mm. sphincter und dilatator pupillae).

5.3 Hilfsapparat des Auges

5.3.1 Bewegungen des Augapfels durch äußere Augenmuskeln

Die Bewegungen des Augapfels vollziehen sich im Spaltraum zwischen Capsula bulbi und Sclera (S. 1061), dem **Spatium circumbulbare**. Die Beweglichkeit beider Bulbi ist Voraussetzung für die Einstellung einer einheitlichen Blickrichtung. Beide Bulbi sind zu einem System zusammengeschlossen, das konjugierte Augenbewegungen ermöglicht. Die Schaltzentrale dieses Systems liegt in den Kerngebieten der Augenmuskelnerven im Mittelhirn (Tab. **N-1.1**) und im Colliculus superior (S. 1226). Stellglieder dieses Regelsystems sind die äußeren Augenmuskeln.

Der Augapfel bewegt sich im **Spatium circumbulbare**. Um konjugierte Augenbewegungen zu ermöglichen, sind beide Bulbi zu einem System zusammengeschlossen, dessen Schaltzentrale in den Kerngebieten der Augenmuskelnerven im Mittelhirn liegt (Tab. **N-1.1**).

▶ **Merke.** An jedem Auge gibt es **vier gerade** (Mm. rectus lateralis, medialis, superior, inferior) sowie **2 schräge** Augenmuskeln (Mm. obliquus superior und inferior), die jeweils eine **Hauptfunktion** mit Ausnahme der Mm. rectus lateralis und medialis sowie **Nebenfunktionen** aufweisen (Tab. **M-5.2**).

Welche Funktion ein Augenmuskel ausführt, hängt von der Abweichung der aktuellen Blickstellung von der Normalstellung ab, bei der die Sehachse um etwa 23° von der Orbitaachse abweicht (Abb. **M-5.3**).

Die Bewegungen des Bulbus können dabei als **Drehbewegungen um drei Achsen** aufgefasst werden, deren gemeinsamer Drehpunkt etwa 14 mm hinter der Hornhaut liegt. Die sagittale Achse entspricht der Blickachse und ermöglicht Innenrotation und Außenrotation des Bulbus. Um die vertikale Achse erfolgen Abduktion (Blick

▶ **Merke.**

Die jeweilige Muskelfunktion hängt von der Abweichung der aktuellen Blickstellung von der Normalstellung ab (Abb. **M-5.3**).

Die Bewegungen des Bulbus sind Drehungen um eine sagittale, vertikale und transversale Achse, die einen gemeinsamen Drehpunkt etwa 14 mm hinter der Hornhaut haben.

nach außen) und Adduktion (Blick nach innen). Elevation (Blick nach oben) und Depression (Blick nach unten) erfolgen um die transversale Achse.
Zu Details bezüglich Ursprung, Ansatz, Innervation s. Tab. **M-5.2**.

M-5.3 Seh- und Orbitaachse

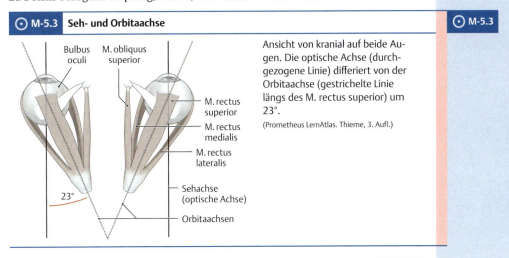

Ansicht von kranial auf beide Augen. Die optische Achse (durchgezogene Linie) differiert von der Orbitaachse (gestrichelte Linie längs des M. rectus superior) um 23°.
(Prometheus LernAtlas. Thieme, 3. Aufl.)

M-5.2 Augenmuskeln

Muskel	Ursprung	Ansatz	Innervation	Funktion*	
M. rectus superior	Anulus tendineus communis	Bulbusäquator	N. oculomotorius (III)	**Elevation** (Hebung) geringe Adduktion und Innenrotation	a
M. rectus inferior	Anulus tendineus communis	Bulbusäquator	N. oculomotorius (III)	**Depression** (Senkung) geringe Adduktion und Außenrotation	b
M. rectus lateralis	Anulus tendineus communis	Bulbusäquator	N. abducens (VI)	**Abduktion**	c
M. rectus medialis	Anulus tendineus communis	Bulbusäquator	N. oculomotorius (III)	**Adduktion**	d
M. obliquus superior	Corpus ossis sphenoidalis Verlauf durch Trochlea (Hypomochlion am medialen Orbitarand)	hinter dem Bulbusäquator	N. trochlearis (IV)	**Innenrotation** Abduktion und geringe Depression	e
M. obliquus inferior	Crista lacrimalis posterior der Maxilla	hinter dem Bulbusäquator	N. oculomotorius (III)	**Außenrotation** Abduktion und geringe Elevation	f

* Die jeweilige Hauptfunktion ist durch Fettdruck und roten Pfeil in der zugehörigen Abbildung gekennzeichnet. Abbildungen aus Prometheus LernAtlas. Thieme, 3. Aufl.

M-5.4 Hauptblickrichtungen

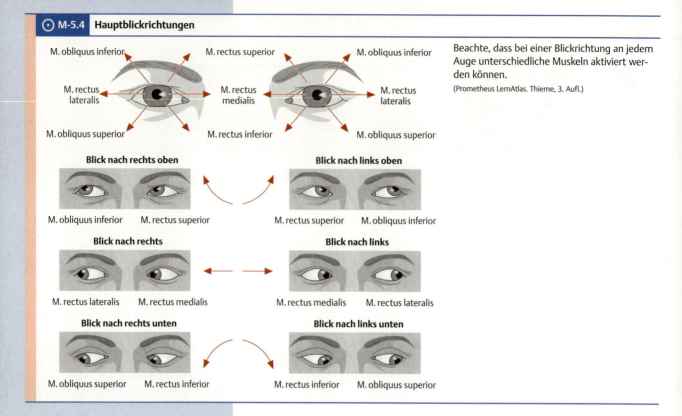

Beachte, dass bei einer Blickrichtung an jedem Auge unterschiedliche Muskeln aktiviert werden können.
(Prometheus LernAtlas. Thieme, 3. Aufl.)

▶ Klinik.

▶ Klinik. Bei Störungen der konjugierten Blickmotorik (z. B. **Schielen = Strabismus**) berichten die Betroffenen über **Doppelbilder** (**Diplopie**). Man untersucht den Patienten, indem man ihn nach rechts, links und in beide Richtungen diagonal schräg blicken lässt und verfolgt dabei die Bewegungen beider Bulbi. Die Stellung des zurückbleibenden Bulbus gibt Aufschluss über die gelähmten Augenmuskeln und damit u. U. auch über die Funktion der betroffenen Augenmuskelnerven bzw. deren Kerne.

5.3.2 Augenlider und Bindehaut

Augenlider (Palpebrae)

Funktion: Die Augenlider (Abb. **M-5.5**) schützen die Hornhaut vor mechanischen Schäden und bilden einen inkompletten Blendschutz.

Aufbau: Sie bestehen aus einer oberflächlichen (M. orbicularis oculi, Septum orbitalis) und einer tiefen Schicht (Lidheber, Tarsus).

Tarsus

Der Kern der Lider besteht aus den bindegewebigen **Tarsus superior** und **inferior**. Am Orbitarand ist der Tarsus durch die **Ligg. palpebrale mediale** und **laterale** befestigt, die gleichzeitig Sehnen des **M. orbicularis oculi** sind. Dieser Muskel ist für den Lidschluss zuständig. Das Oberlid wird durch den **M. levator palpebrae** superioris gehoben. Die aus glatten Muskelzellen bestehenden **Mm. tarsalis superior** und **inferior** regulieren die Weite der Lidspalte. In der Klinik wird der M. tarsalis superior als Müller-Lidheber bezeichnet.

5.3.2 Augenlider und Bindehaut

Augenlider (Palpebrae)

Funktion: Aufgrund ihrer mechanische Festigkeit schützen die Lider die darunter liegende empfindliche Hornhaut vor mechanischen Schäden. Darüber hinaus sind sie ein relativer (weil nicht komplett lichtundurchlässig) Licht- und Blendschutz.

Aufbau: Man unterscheidet eine oberflächliche Schicht, zu der der M. orbicularis oculi und das bindegewebige Septum orbitalis zu rechnen ist, von einer tiefen Schicht, der die Lidheber und der Tarsus mit Begleitstrukturen zugeordnet werden (Abb. **M-5.5**).

Tarsus

Form und Festigkeit der Lider werden durch halbovale bindegewebige Platten, **Tarsus superior** und **Tarsus inferior**, hergestellt. Diese Tarsi werden durch bindegewebige Bänder, **Ligamenta palpebralia mediale** und **laterale**, am medialen bzw. lateralen Orbitarand befestigt. Diese Bänder sind gleichzeitig Sehnen des **Musculus orbicularis oculi**, einem quergestreifen mimischen Muskel (Abb. **M-1.14**), der für den Lidschluss zuständig ist. Die Tarsi sind über das Septum orbitale am Periost der Orbita verankert. Als Heber des Oberlids wirkt der quergestreifte **Musculus levator palpebrae superioris**, der von der Ala minor des Os sphenoidale entspringt, über dem M. rectus superior durch die Orbita zieht und über eine Aponeurose im Bindegewebe des Tarsus superior inseriert. Dieser Aponeurose liegen die glatten Muskelzellen des **Musculus tarsalis superior** (in der Klinik Müller-Lidheber genannt und nicht zu verwechseln mit dem Müller-Muskel, der Teil des M. ciliaris ist) von innen an. Der **Musculus tarsalis inferior** besteht ebenfalls aus glatten Muskelzellen und befindet sich

M 5.3 Hilfsapparat des Auges

M-5.5 Augenlid

(Prometheus LernAtlas. Thieme, 3. Aufl.)
a Augenlid im Sagittalschnitt
b und tiefe Schicht nach Entfernung eines Großteils des Septum orbitale in der Ansicht von ventral.

im Unterlid zwischen Tarsus inferior und Fornix inferior. Beide Mm. tarsales regulieren zusammen mit dem M. orbicularis oculi die Weite der Lidspalte (**Rima palpebrarum**).

Limbus palpebrae mit Drüsen

Der Lidrand (Limbus palpebrae) weist einen stumpfen, vorderen (**Limbus anterior palpebrae**) und einen scharfkantigen hinteren Rand (**Limbus posterior palpebrae**) auf.
Der Limbus anterior palpebrae ist mit **Wimpern** (Cilia) besetzt, in deren Haartrichter die Ausführungsgänge großer Talgdrüsen, der **Glandulae sebaceae** (**Zeis-Drüsen**) münden. In der Nähe der Haarwurzeln liegen einzelne Schweißdrüsen, **Glandulae ciliares** (**Moll-Drüsen**), die apokrin sezernieren.
In den Limbus palpebrae posterior münden die Ausführungsgänge der großen holokrinen, Talg produzierenden **Glandulae tarsales** (**Meibom-Drüsen**), deren Drüsenbäumchen in der Tunica propria tarsi liegen und deren Inhalt durch Kontraktion einzelner Fasern des M. orbicularis oculi ausgepresst wird. Diese Muskelfasern werden als **Riolan-Muskel** bezeichnet. Der Talg der Glandulae tarsales bildet die äußere von drei Schichten des präkornealen Flüssigkeitsfilms (S. 1057).

Limbus palpebrae mit Drüsen

Der vordere Lidrand (**Limbus anterior palpebrae**) ist stumpf und mit Wimpern besetzt. In die Haartrichter münden die **Zeis-Drüsen** (Talgdrüsen). In der Nähe der Haarwurzeln liegen die apokrinen **Moll-Drüsen** (Glandulae ciliares).
Der hintere Lidrand ist scharfrandig. Hier münden die Ausführungsgänge der Talg produzierenden **Meibom-Drüsen** (Glandulae tarsales). Ihr Inhalt wird durch einzelne Fasern des M. orbicularis oculi (**Riolan-Muskel**) ausgepresst und bildet eine Schicht des Tränenfilms (S. 1057).

▶ **Klinik.** Eine bakterielle Infektion (Staphylokokken) der Lidranddrüsen (Zeis- oder Moll-Drüsen) nennt man **Hordeolum externum** (**Gerstenkorn**). Sind die Gll. tarsales betroffen, spricht man von einem **Hordeolum internum**. Es handelt sich um eine schmerzhafte Entzündung mit Rötung des Lidrandes, Ödem und ggf. Eiteransammlung.
Hiervon zu unterscheiden ist die schmerzfreie Schwellung eines **Chalazions** (**Hagelkorn**), das durch einen Sekretstau der Meibom-Drüsen mit nachfolgender nicht bakterieller Entzündung hervorgerufen wird. Beide Erkrankungen werden normalerweise durch lauwarme Kompressen behandelt und heilen dann nach wenigen Tagen ab.

M-5.6 Liddrüsenentzündungen

(Sachsenweger, M.: Duale Reihe Augenheilkunde. Thieme, 2003)
a Hordeolum internum
b und Chalazion.

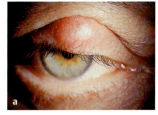 

Gefäßversorgung: In dieser Region überschneiden sich die Versorgungsgebiete von A. carotis interna und externa. Aus der A. carotis interna stammen die **Arteria supraorbitalis** und von lateral Äste der **Arteria lacrimalis** (beides Äste der A. ophthalmica). Aus dem Stromgebiet der A. carotis externa kommen von lateral Äste der **Arteria temporalis superficialis**. Die mediale Versorgung stammt von Ästen der **Arteria angularis** (aus der A. facialis) bzw. der **Arteria dorsalis nasi**, die mit der Arteria supratrochlearis (aus der A. ophthalmica) anastomosiert.
Die Venen tragen den gleichen Namen und begleiten die Arterien (Abb. **M-5.5b**).

Gefäßversorgung: Sie erfolgt aus dem
- Stromgebiet der A. carotis interna über die A. supraorbitalis und A. lacrimalis (beide aus A. ophthalmica), aus dem
- Stromgebiet der A. carotis externa über die A. temporalis superficialis, A. angularis, A. dorsalis nasi.

Sie werden von gleichnamigen Venen begleitet (Abb. **M-5.5b**).

Innervation:

- **Motorisch:** N. oculomotorius (M. levator palpebrae superioris) und sympathisch (Mm. tarsales superior und inferior).
- **Sensibel:** über Rr. palpebrales des N. supraorbitalis (aus V_1) und des N. infraorbitalis (aus V_2).

Bindehaut (Tunica conjunctiva)

Sie kleidet die Rückseite der Lider und die vorderen Teile der Sclera aus (Abb. **M-5.7**) und bildet eine Tasche, die in der Klinik **Konjunktivalsack** genannt wird. Es handelt sich um eine Schleimhaut, deren Sekret die innere Schicht des präkornealen Flüssigkeitsfilm (S. 1057) ausmacht. Am Übergang von Lidern und Bulbus bildet die **Fornix conjunctivae** eine Reservefalte. Im medialen Augenwinkel ist die Plica semilunaris conjunctivae sichtbar.

▶ Klinik.

Gefäßversorgung: Sie erfolgt über die Aa. palpebrales und ciliares anteriores, der venöse Abfluss über die gleichnamigen Venen in die Vv. ophthalmicae superior und inferior.

Innervation: Nn. ciliares longi aus dem N. nasociliaris, einem Ast des N. ophthalmicus (V_1).

5.3.3 Tränenapparat

Tränendrüse (Glandula lacrimalis)

Funktion: Sie dient v. a. der Sekretion der **Tränenflüssigkeit**. Diese bildet die mittlere Schicht des **präkornealen Flüssigkeitsfilms** (Abb. **M-5.8b**), der Unebenheiten der Hornhaut ausgleicht und deren Austrocknung verhindert. Die beiden anderen Schichten werden von den Becherzellen der Konjunktiven bzw. den Meibom-Drüsen gebildet.

Innervation:

- **Motorisch:** Der **M. levator palpebrae superioris** wird vom **N. oculomotorius** (**III**) innerviert, die glatte Muskulatur des **M. tarsalis superior** (Müller-Lidheber) und der **M. tarsalis inferior** aus postganglionären Fasern aus dem Ganglion cervicale superius des **Sympathikus**, die sich dem N. oculomotorius anlagern.
- **Sensibel:** Die sensible Innervation erfolgt über **Rami palpebrales nervi supraorbitalis** des N. ophthalmicus (V_1) bzw. über **Rami palpebrales nervi infraorbitalis** des N. maxillaris (V_2).

Bindehaut (Tunica conjunctiva)

Eine gefäßreiche Schleimhaut, die **Tunica conjunctiva** (Bindehaut), kleidet als **Conjunctiva tarsi** die Rückfläche der Lider und als **Conjunciva bulbi** die vorderen Anteile der Sclera aus (Abb. **M-5.7**). Somit bildet sie eine Tasche, die in der Klinik als **Konjunktivalsack** bezeichnet wird. Charakteristischerweise weist die Bindehaut ein mehrschichtiges hochprismatisches Epithel auf, in das Becherzellen eingelagert sind. Das Sekret der Becherzellen bildet die innere Schicht des präkornealen Flüssigkeitsfilm (S. 1057). Am oberen und unteren Übergang von Lid und Bulbus befindet sich die **Fornix conjunctivae superior** bzw. **inferior** mit zahlreichen Reservefalten (Conjunctiva fornicis) zur Kompensation extremer Augenbewegungen. Im medialen Augenwinkel bildet die Bindehaut eine äußerlich sichtbare **Plica semilunaris conjunctivae**.

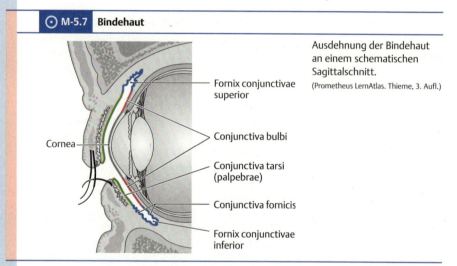

M-5.7 Bindehaut

Ausdehnung der Bindehaut an einem schematischen Sagittalschnitt.
(Prometheus LernAtlas. Thieme, 3. Aufl.)

▶ Klinik. Durch leichtes Ziehen am Unterlid kann die Bindehaut inspiziert werden. Aufgrund ihrer guten Kapillarisierung kann der erfahrene Arzt am Grad der Rötung den Hämoglobingehalt des Blutes abschätzen.

Gefäßversorgung: Die Bindehaut wird von den **Arteriae palpebrales laterales** und **mediales** und den vorderen Ziliararterien (**Arteriae ciliares anteriores**) versorgt. Der venöse Abfluss erfolgt über die gleichnamigen Venen in die **Venae ophthalmicae superior** und **inferior**.

Innervation: Die Bindehaut ist reich innerviert von sensiblen Ästen der Nervi ciliares longi aus dem N. nasociliaris, der seinerseits ausdem **N. ophthalmicus** (V_1) stammt.

5.3.3 Tränenapparat

Tränendrüse (Glandula lacrimalis)

Funktion: Die Hauptfunktion der Glandula lacrimalis besteht in der **Sekretion der Tränenflüssigkeit**. Diese bildet die mittlere von drei Schichten des **präkornealen Flüssigkeitsfilms** (Abb. **M-5.8b**). Dieser Flüssigkeitsfilm gleicht geringfügige Unebenheiten der Hornhaut aus und verhindert deren Austrocknung. Die innere Schicht des präkornealen Flüssigkeitsfilms ist viskös und wirkt dadurch stabilisierend auf den Film. Sie wird von den Becherzellen des Konjunktivalepithels gebildet. Die äußere Schicht ist lipophil und verhindert das rasche Verdunsten. Sie stammt vom Talg der Glandulae tarsales, sog. Meibom-Drüsen (S. 1055).

M 5.3 Hilfsapparat des Auges

M-5.8 Tränenapparat und Aufbau des präkornealen Flüssigkeitsfilms

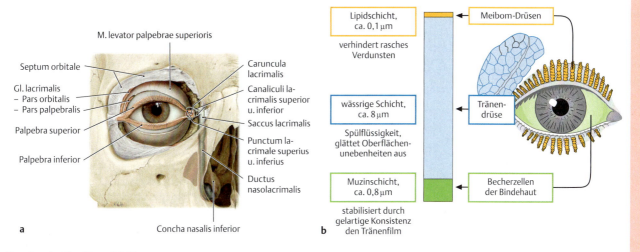

(Prometheus LernAtlas. Thieme, 3. Aufl.)
a Rechtes Auge von frontal, Septum orbitale teilweise entfernt. Die Ansatzsehne des M. levator palpebrae superioris wurde teilweise durchtrennt, um die beiden Teile der Tränendrüse sichtbar zu machen.
b Der präkorneale Flüssigkeitsfilm besteht aus drei definierten Schichten mit unterschiedlichen Eigenschaften. (nach Lang)

▶ Exkurs: Zusammensetzung und Funktionen der Tränenflüssigkeit. Täglich werden etwa 500 ml Tränenflüssigkeit (lat. lacrima) gebildet, die Sekretion sistiert während des Schlafes. Die Tränenflüssigkeit besteht aus einer isotonen Salzlösung (Na$^+$, K$^+$, Cl$^-$, Bikarbonat) und enthält sezernierte Proteine (Lysozym, Lactoferrin, α- und β-Defensine) mit antibakterieller (bakteriozider und bakeriostatischer) Wirkung. Weitere Komponenten sind Epidermal Growth Factor (EGF) zur Förderung der Heilung kleiner Wunden und IgA, das durch Transzytose in die Tränenflüssigkeit gelangt.

▶ Exkurs: Zusammensetzung und Funktionen der Tränenflüssigkeit.

Aufbau und Lage: Die Glandula lacrimalis ist eine seröse, tubuloalveoläre Drüse ähnlich wie die Glandula parotis (S. 1018) bzw. der exokrine Teil des Pankreas (S. 750). Schalt- und Streifenstücke fehlen.
Sie liegt oberhalb des temporalen Lidwinkels in der Fossa glandulae lacrimalis des Os frontale. Die 8–12 Ausführungsgänge münden lateral in der Fornix conjunctivae superior.
Die aponeurotische Sehne des M. levator palpebrae superioris teilt die Drüse in eine **Pars palpebralis** und eine **Pars orbitalis** (Abb. **M-5.8a**). Beide Teile sind jedoch über eine Parenchymbrücke miteinander verbunden.

Gefäßversorgung: Sie erfolgt über die **Arteria lacrimalis** aus A. ophthalmica. Über die **Vena ophthalmica superior** fließt das Blut ab.

Innervation: Die Tränensekretion wird durch **parasympathische** Fasern angeregt, deren 1. Neuron im Nucleus salivatorius superior im Hirnstamm liegt. Diese präganglionären Fasern gelangen über den Intermediusanteil des **N. facialis** (VII) als **Nervus petrosus major** zum **Ganglion pterygopalatinum**, wo sie auf das 2. Neuron umgeschaltet werden.
Mit dem **N. zygomaticus** (aus N. maxillaris = V$_2$) gelangen die postganglionären Fasern über eine Anastomose (Ramus communicans cum nervo lacrimale) mit dem **N. lacrimalis** (aus N. ophthalmicus = V$_1$) zur Drüse.
Die **sympathischen** Nervenfasern aus dem Halsgrenzstrang erreichen die Drüse über die Nervengeflechte um die A. lacrimalis.

Aufbau und Lage: Die Glandula lacrimalis ist eine seröse, tubuloalveoläre Drüse. Sie liegt oberhalb des temporalen Lidwinkels. Die 8–12 Ausführungsgänge münden lateral oben in der Fornix conjunctivae superior. Die Sehne des M. levator palpebrae superioris teilt die Drüse in **Partes palpebralis** und **orbitalis** (Abb. **M-5.8a**).

Gefäßversorgung: A. lacrimalis; V. ophthalmica superior.

Innervation: parasympathische Fasern aus Intermediusanteil des **N. facialis** (VII), die mit dem **N. petrosus major** zum **Ganglion pterygopalatinum** verlaufen. Die postganglionären Fasern gelangen über eine Anastomose zwischen N. zygomaticus und N. lacrimalis zur Drüse.
Die **sympathische** Innervation aus dem Halsgrenzstrang erreicht die Drüse über periarterielle Plexus um die A. lacrimalis.

Tränenwege

Durch den Lidschlag gelangt die Tränenflüssigkeit in den medialen Augenwinkel und reinigt dabei den Konjunktivalsack von kleineren Fremdkörpern.
Die Flüssigkeit sammelt sich im Tränensee (**Lacus lacrimalis**), und wird durch die beiden Tränenpunkte (**Puncta lacrimalia**) im Ober- und Unterlid über die jeweiligen Tränenkanälchen (**Canaliculi lacrimales**) dem Tränensack (**Saccus lacrimalis**) zugeleitet (Abb. **M-5.8a**). Dieser liegt, bedeckt von der medialen Periorbita, in der Fossa lacrimalis des Os lacrimale. Durch die Verwachsung der dünnen Wand des Saccus la-

Tränenwege

Die Tränenflüssigkeit sammelt sich im **Lacus lacrimalis** und gelangt über den oberen und unteren Tränenpunkt am medialen Augenwinkel in den **Saccus lacrimalis** (Abb. **M-5.8a**). Dieser setzt sich in den **Ductus nasolacrimalis** fort, der mit einem mehrreihigen Zylinderepithel ausgekleidet ist.

M 5 Auge – Sehorgan

crimalis mit dem Periost des Os lacrimale und der Periorbita bleibt das Lumen stets geöffnet.

▶ **Merke.**

▶ **Merke.** Der Tränenfluss wird durch den Lidschluss (M. orbicularis oculi) von temporal nach nasal in Richtung der ableitenden Tränenwege gesteuert.

▶ **Klinik.**

▶ **Klinik.** Da eine Läsion des **N. facialis**, d. h. eine **Fazialisparese** (S. 1185), zu einer Lähmung des M. orbicularis oculi führt, funktioniert der Lidschluss nicht mehr. Es ist nur ein unvollständiger Augenschluss möglich (**Lagophthalmus**). Wegen des fehlenden Lidschlusses wird die Tränendrüse nicht mehr „ausgedrückt" und kann die Tränenflüssigkeit nicht mehr über Cornea und Sclera verteilt werden, sodass in dieser Situation die Gefahr einer Hornhautschädigung durch Austrocknung besteht. Versucht ein Patient mit Fazialisparese, die Augen zu schließen, kann die physiologische konjugierte Bulbusbewegung nach oben (Schutzstellung) durch die offene Lidspalte beobachtet werden. Dies wird als **Bell-Phänomen** bezeichnet.

Der **Ductus nasolacrimalis** mündet im **Meatus nasalis inferior** (S. 1041). Hier befindet sich eine Schleimhautklappe (**Plica lacrimalis**, Hasner-Klappe), die Ventilfunktion hat. Der Tränenabfluss wird durch Kapillarkräfte unterstützt. Die Lidöffnung verstärkt die Sogwirkung.

Der **Saccus lacrimalis** (Tränensack) setzt sich in den **Ductus nasolacrimalis** fort, der mit einem hohen, mehrreihigen **Zylinderpithel** mit **Becherzellen** ausgekleidet und über eine kräftige Lamina propria in den Knochenkanal eingebaut ist. Er mündet im **Meatus nasalis inferior** (S. 1041), dem unteren Nasengang. An dieser Mündung befindet sich eine Schleimhautfalte (**Plica lacrimalis**, Hasner-Klappe), die wie ein Ventil funktioniert, sodass etwa beim Niesen keine Luft in den Ductus nasolacrimalis gepresst werden kann.

Dabei wird der Tränenabfluss durch die Kapillarkräfte in den Canaliculi lacrimales unterstützt. Darüber hinaus führt die Lidöffnung zu einer Erweiterung der vertikalen Abschnitte und verstärkt die **Sogwirkung**. Nur im letzten Abschnitt der Tränenwege erfolgt der Flüssigkeitstransport passiv.

5.4 Augapfel (Bulbus oculi) – Orientierungslinien und Schichtenfolge

Der Augapfel ist lateral stärker gekrümmt als dorsal. Der **Äquator** teilt den Bulbus in eine vordere und eine hintere Hälfte. Die **Augenachse** zieht vom Zentrum der Cornea (**vorderer Augenpol**) zum Ansatzpunkt des Sehnervs (**hinterer Augenpol**).
Die **Sehachse** verläuft senkrecht durch die Krümmungsmittelpunkte des lichtbrechenden Systems.

Der Durchmesser des Bulbus oculi beträgt etwa 24 mm, er ist jedoch lateral stärker gekrümmt als dorsal. In den vorderen Pol ist die stark gekrümmte Cornea eingelassen. Die Linie des größten Umfangs nennt man **Äquator**. Er teilt den Bulbus in eine annähernd gleich große vordere und hintere Hälfte. Senkrecht hierzu verlaufen die **Meridiane**. Die **Augenachse** (**Axis bulbi**) zieht vom Zentrum der Cornea (**vorderer Augenpol**) zum Ansatzpunkt des Sehnervs am **hinteren Augenpol**.
Die **Sehachse** (**Axis opticus**) verläuft senkrecht durch die Krümmungsmittelpunkte des dioptrischen Systems zur Fovea centralis.

▶ **Merke.**

▶ **Merke.** Augen- und Sehachse sind nicht identisch.

Der Bulbus besteht aus drei Schichten (Abb. **M-5.10**–Abb. **M-5.12**):
■ **Tunica fibrosa**,
■ **Tunica vasculosa (Uvea)** und
■ **Tunica interna bulbi = Retina** (Netzhaut).

Am **Bulbus oculi** (Augapfel) können drei Schichten unterschieden werden (Abb. **M-5.10**–Abb. **M-5.12**):
■ eine mechanisch stabile, äußere Schicht (**Tunica fibrosa bulbi**),
■ eine gefäßführende mittlere (**Tunica vasculosa bulbi, Uvea**) und
■ eine innere Schicht aus Nervenzellen, d. h. **Tunica interna bulbi = Retina**, Netzhaut (S. 1064).
Die drei Schichten des Bulbus lassen sich sowohl dem lichtbrechenden als auch dem informationsverarbeitenden Teil des Auges zuordnen. Im Anschluss an die Beschreibung der Schichten werden die Augenkammern mit den weiteren an der Lichtbrechung beteiligten Strukturen separat besprochen.

M 5.4 Augapfel (Bulbus oculi) – Orientierungslinien und Schichtenfolge

M-5.9 Bulbus oculi

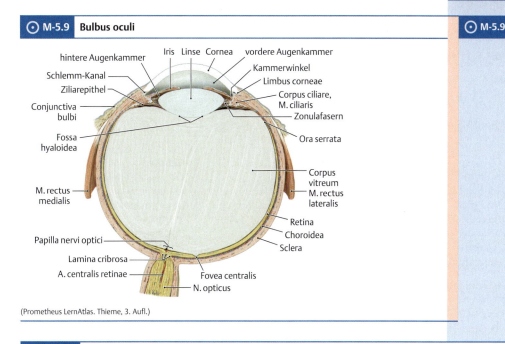

(Prometheus LernAtlas. Thieme, 3. Aufl.)

M-5.10 Schichten des Bulbus oculi (Teil I)

Anteile/Schichten	Aufbau	Gefäße und Nerven
Tunica fibrosa bulbi		
Cornea (Hornhaut)		**keine Gefäße** (Ernährung beruht auf der Versorgung über ein Randschlingennetz skleraler und episkleraler Blutgefäße im Bereich des Limbus sowie auf aerober Glykolyse. Das Epithel ist zur Sauerstoffaufnahme aus dem **Tränenfilm** und das Endothel zur Glukoseaufnahme aus dem Kammerwasser befähigt). **Nerven:** Nn. ciliares longi (aus N. nasociliaris aus N. V1) ziehen durch die Sclera und treten am Limbus in die Cornea über
▪ Lamina epithelialis	5–6-schichtiges unverhorntes Plattenepithel (Dicke 70 μm) mitotisch aktive zylindrische Basalzellen (Erneuerung etwa alle 7 Tage) Korneaepithelzellen können sich amöboid bewegen und damit Defekte in der Schicht aktiv abdecken.	
▪ Lamina limitans anterior (Bowman-Membran)	Schicht (8–14 μm) ungewöhnlich dünner (140–270 Å) Kollagenfibrillen (Kollagen Typ I und V)	
▪ Substantia propria	Schicht (500 μm) aus dicht gepackten, parallel angeordneten Kollagenfasern (Typ I, III, V und VII, 200–250 Lamellen), Keratozyten (Fibroblasten)	
▪ Lamina limitans posterior (Descemet-Membran)	2 Schichten, deren Komponenten von den Endothelzellen gebildet werden: – Kollagen(VIII-)fasern und – Glykoproteine	
▪ Endothel	eine Lage platter, hexagonaler, durch Zonulae occludentes (Diffusionsbarriere) miteinander verbundener Zellen	
Sclera (Lederhaut)		**Gefäße:** Aa. ciliares anteriores (aus den Aa. musculares der A. ophthalmica) 4 Venae vorticosae (Austritt aus der Sclera durch vier Kanäle) mit Zufluss aus: – Vv. ciliares anteriores (vor dem Äquator) – Vv. ciliares posteriores longae und breves (hinter dem Äquator) **Nerven:** wie Cornea (s. o.)
▪ Lamina episcleralis	Schicht aus lockerem Bindegewebe, in das Gefäße und Nerven eingebettet sind.	
▪ Lamina propria (Stroma sclerale)	Schicht aus straffem kollagenen Bindegewebe (hoher Anteil von Hydroxyprolin im Kollagen, 45 % Dermatansulfat als Proteoglykan).	
▪ Lamina fusca	pigmentierte (Melanozyten) Schicht aus lockerem Bindegewebe an der Grenze zur Uvea	

1060 M 5 Auge – Sehorgan

⊙ M-5.11   Schichten des Bulbus oculi (Teil II)

Anteile/Schichten	Aufbau	Gefäße und Nerven
Tunica vasculosa bulbi (Uvea)		
Iris (Regenbogenhaut)		
▪ Lamina epithelialis iridis an der Vorderfläche	unregelmäßiges, lückenhaftes Netz von platten Epithelzellen gebildet, die wegen ihrer Fortsätze eher Fibroblasten ähnlich sehen.	**Gefäße:** Circulus arteriosus iridis major (an der Irisbasis) und minor (am Pupillenrand) im Stroma iridis
▪ Stroma iridis	Netze aus radiär angeordneten Kollagenfasern (gebildet von eingelagerten Fibroblasten) weitere Zellen: Melanozyten (Augenfarbe), Mastzellen und sog. „clump cells" (Typ 1: Makrophagen; Typ 2: pigmentierte Zellen neuroektodermaler Herkunft) Muskeln – **M. sphincter pupillae** (zirkulär) – **M. dilatator pupillae** (radiär)	Beide werden aus Aa ciliares posteriores longae und Aa. ciliares anteriores gespeist. **Nerven:** Nn. ciliares breves aus dem Ganglion ciliare mit sensiblen, parasympathischen und sympathischen Faserqualitäten. Zusätzlich sensible Innervation aus den Nn. ciliares longi
▪ Myoepithelium pigmentosum (Pigmentepithel) an der Rückfläche	zweischichtiges Zylinderepithel mit Verbindung der einzelnen Zellen durch Zonulae occludentes → Verhinderung des Übertritts von Kammerwasser in das Stroma iridis – Myoepithel (auf der dem Stroma zugewandten Facies posterior) **M. dilatator pupillae**; in der Nähe der Pupille **M. sphincter pupillae** – kubisches Epithel (in Richtung der hinteren Augenkammer von Basallamina umgeben). Diese Schicht weist zahlreiche radiale und (in Abhängigkeit vom Öffnungsgrad der Pupille) zirkuläre Falten auf.	
Corpus ciliare (Strahlenkörper)		
▪ Ziliarepithel	zweischichtige Epithelschicht (auf **beiden** Seiten von einer Basallamina umgeben!): – **unpigmentierte** Ziliarepithelzellen → Sekretion von Kammerwasser und Hyaluronsäure zur Erhaltung des Glaskörpers – **pigmentierte** Zellen	**Gefäße:** – Aa. ciliares posteriores longae – Aa. ciliares anteriores **Nerven:** – parasympathische Fasern der Nn. ciliares breves
▪ Stroma corporis ciliaris (Stratum vasculosum)	lockeres kollagenes Bindegewebe mit den hierfür charakteristischenZellen (Fibroblasten, Melanozyten, Mastzellen, Makrophagen). Blutkapillaren in dieser Schicht besitzen ein fenestrierte Endothel zur Erleichterung des Stoffaustauschs zwischen Blut, Epithel undKammerwasser	
▪ M. ciliaris	glatter Muskel mit 3 Anteilen	
Choroidea (Aderhaut)		
▪ Lamina suprachoroidea (Haller-Schicht)	scherengitterartig angeordnete Bindegewebsschicht mit nebenstehend genannten aus der A. ophthalmica kommenden Arterien und den in die Vv. orbitales abfließenden Venen.	**Gefäße:** – Aa. ciliares post. longae und breves, Aa. ciliares anteriores (Äste der A. ophthalmica) – Vv. vorticosae mit Abfluss in die Vv. orbitalis sup. und inf.
▪ Lamina vasculosa	Übergang der nebenstehend genannten Gefäße in weitlumige Arteriolen Umschaltung parasympathischer Fasern	**Nerven:** Nn. ciliares longi und breves (Letztere enthalten u. a. parasympathische Fasern aus dem Ggl. ciliare, die z. T. in etwa 2000 nicht zu einem Ganglion zusammengefassten multipolaren Nervenzellen umgeschaltet werden)
▪ Lamina choroidocapillaris	Kapillarläppchen, die aus jeweils einer Arteriole der Lamina vasculosa gespeist werden Basallamina des stark fenestrierten Endothels steht in Kontakt mit der Bruch-Membran	

Vergleiche auch Glaskörper (S. 1071). Details zu Musculus ciliaris siehe Tab. **M-5.4**.

M 5.4 Augapfel (Bulbus oculi) – Orientierungslinien und Schichtenfolge

⊙ M-5.12 Schichten des Bulbus oculi (Teil III)

Anteile/Schichten	Aufbau	Gefäße und Nerven
▪ Bruch-Membran (Complexus basalis, Lamina vitrea)	dreischichtig (2 µm) – Stratum elasticum (vorwiegend elastische Fasern, außen) → wichtig für die **Desakkommodation** – Stratum fibrosum (vorwiegend kollagene Fasern) – Basallamina der pigmentierten Schicht des Ziliarepithels Netz aus elastischen Fasern (→ Desakkommodation = Abflachung der Linse) zwischen Lamina choroidocapillaris und Retina, das außen und innen von Kollagenfibrillen begrenzt wird. Zu ihr gehören die Basallaminae der choroidalen Kapillaren und des retinalen Pigmentepithels.	keine Blutgefäße und Nerven

Tunica interna bulbi – Retina (Netzhaut)

Pars optica retinae

Anteile/Schichten	Aufbau	Gefäße und Nerven
▪ Stratum pigmentosum	einschichtiges isoprismatisches Epithel Pigmentepitelzellen: – im oberen Teil der lateralen Plasmamembran durch Zonulae occludentes und adhaerentes miteinander verbunden – basal (der Bruch-Membran zugewandt): zahlreiche Mitochondrien sowie glattes endoplasmatisches Retikulum (ER) mit stark gefalteter Plasmamembran – apikalen (den Photorezeptoren zugewandt): zahlreiche Mikrovilli und Taschen, die bis zu 7 µm lang werden können und sich zwischen die Außensegmente der Stäbchenzellen drängen.	A. und V. centralis retinae nicht sensibel bzw. autonom innerviert
▪ Stratum nervosum	Photorezeptoren, Nerven- und Gliazellen	

Pars caeca retinae

Anteile/Schichten	Aufbau	Gefäße und Nerven
▪ Stratum pigmentosum	prinzipiell ähnlich wie in der Pars optica retinae	Aa. ciliares anteriores nicht sensibel bzw. autonom innerviert
▪ Stratum epitheliale	einschichtiges Epithel ausgebildet, das im Bereich des Corpus ciliare nicht, über der Iris jedoch stärker pigmentiert ist. Die Pars caeca besteht demnach aus einem zweischichtigen pigmentierten Epithel.	

Details zum Stratum nervosum siehe auch Tab. **M-5.5**

5.4.1 Tunica fibrosa bulbi (äußere Augenhaut)

Die Tunica fibrosa bulbi verleiht dem Auge die mechanische Stabilität, die unter Berücksichtigung des Augeninnendrucks von 15 mmHg und dem Zug der äußeren Augenmuskeln erforderlich ist, damit auf der Netzhaut ein reelles Bild erzeugt werden kann. Sie ist annähernd kugelförmig mit einem Radius von ca. 12 mm und besteht aus zwei Anteilen:

▪ Die **Sclera** (**Lederhaut**) ist der undurchsichtige, weißlich durch die Bindehaut des Auges durchschimmernde Teil der Tunica fibrosa bulbi. Am Übergang der Sclera zur Cornea befindet sich der **Sulcus sclerae**, der durch die unterschiedliche Krümmung von Sclera und Cornea zustande kommt. Diese Region, an der Sclera und Cornea miteinander verbunden sind, wird **Limbus** genannt. Hier ist mit 0,8 mm die dickste Stelle der Sclera, während ihre dünnste Stelle mit nur 0,3 mm im Bereich der Ansatzsehnen der äußeren Augenmuskeln liegt.

▪ Der vordere durchsichtige, lichtbrechende Teil der Tunica fibrosa bulbi wird **Cornea** (**Hornhaut**) genannt und hat die Form eines Uhrglases. Mit einer **Brechkraft von 40 Dioptrien** stellt die Cornea den Hauptanteil am lichtbrechenden Apparat des Auges (65 Dioptrien) dar. Sie ist äußerst widerstandsfähig gegen mechanische Deformationen und (bakterielle) Infektionen. Ihre Transparenz verdankt sie dem regelmäßigen Aufbau des (dünnen) Epithels, dem Fehlen von Blutgefäßen und der regelmäßigen Anordnung der Komponenten des Stroma corneae. Die Cornea ist mit einem Krümmungsradius von 7–8 mm stärker gekrümmt als die Sclera. Ihre Dicke variiert von 0,7 mm am Rand bis zu 0,5 mm in der Mitte. In der vertikal verlaufenden Ebene ist die Hornhaut stärker gekrümmt als in der horizontal verlaufenden.

5.4.1 Tunica fibrosa bulbi (äußere Augenhaut)

Die Tunica fibrosa besteht aus zwei Anteilen:
▪ Die **Sclera** (**Lederhaut**) ist undurchsichtig weiß. Durch die unterschiedliche Krümmung gegenüber der Cornea entsteht der **Sulcus sclerae**. Diese dickste Stelle der Sclera wird **Limbus** genannt.
▪ Die **Cornea** (**Hornhaut**) ist der durchsichtige, lichtbrechende Teil und hat die Form eines Uhrglases. Mit einer Brechkraft von 40 dpt stellt sie den Hauptanteil am lichtbrechenden System dar. Ihre Transparenz verdankt sie dem regelmäßigen Aufbau des (dünnen) Epithels und des Stroma corneae sowie dem Fehlen von Blutgefäßen. Die Cornea ist stärker gekrümmt als die Sclera.

5.4.2 Tunica vasculosa bulbi (Uvea, Gefäßhaut)

▶ **Definition.** Unter dem vor allem in der Klinik für die mittlere Bulbus-Schicht gebräuchlichen Begriff **Uvea** werden **Iris** (Regenbogenhaut), **Corpus ciliare** (Strahlenkörper) und **Choroidea** (Aderhaut) zusammengefasst.

Iris (Regenbogenhaut, Abb. M-5.13): Die Iris regelt den Lichtdurchtritt durch die **Pupille** (normalerweise kreisförmige Öffnung in der Mitte der Iris) und optimiert dadurch auch die Abbildungseigenschaften (Tiefenschärfe!) des lichtbrechenden Apparates. Die Pupillenweite schwankt abhängig vom Lichteinfall und der autonomen Innervation zwischen 1,5 mm (enge Pupille = **Miosis**) und 12 mm (weite Pupille = **Mydriasis**). Der Öffnungsgrad wird durch den Antagonismus der beiden im Stroma iridis gelegenen Muskeln (Musculi sphincter und dilatator pupillae, Tab. **M-5.3**) reguliert.

Durch Anordnung und Anzahl Melanozyten in der Iris wird auch die **Augenfarbe** bestimmt: Während eine braune Augenfarbe durch die Einlagerung zahlreicher Melanozyten unmittelbar unter der Epithelschicht zustande kommt, ist deren Zahl bei helläugigen stark reduziert. Eine blaue bzw. graue Augenfarbe entsteht dadurch, dass nur die längerwelligen Lichtanteile das Pigmentepithel durchdringen können, während die blauen Lichtanteile reflektiert werden. Bei einer grünen Farbe der Iris sind die eingelagerten Melanozyten etwas zahlreicher.

Corpus ciliare (Strahlenkörper): Der Ziliarkörper reicht von der Ora serrata (S. 1064) bis zur Irisbasis und besteht aus dem posterior gelegenen **Orbiculus ciliaris** sowie der sich nach anterior anschließenden **Corona ciliaris**. Während der Orbiculus in Fortsetzung der Ora serrata nur geringe Falten aufweist und daher auch als **Pars plana** bezeichnet wird, wird die Corona infolge der starken meridionalen (senkrecht zum Äquator verlaufenden) Fältelung auch als **Pars plicata** bezeichnet. Diese faltenförmigen Fortsätze werden als **Processus ciliares** bezeichnet, die ihrerseits nochmals kleinere Falten (**Plicae ciliares**) aufweisen.

≡ **M-5.3** M. sphincter pupillae und M. dilatator pupillae

Muskel	Aufbau	Innervation	Funktion
M. sphincter pupillae	Einige glatte Muskelzellen sind über Gap Junctions miteinander verbunden und von einer Basalmembran umhüllt.	Parasympathische Fasern aus dem Ncl. oculomotorius accessorius (Edinger-Westphal) verlaufen mit dem N. oculomotorius. Als **Radix brevis** erreichen sie das **Ganglion ciliare**, wo sie auf das 2. Neuron umgeschaltet werden. In den **Nn. ciliares breves** gelangen die postganglionären parasympathischen Fasern zum Bulbus.	Verengung der Pupillen (**Miosis**)
M. dilatator pupillae	Eine Lage glatter Muskelzellen ist mit den darunter liegenden Zellen des Pigmentepithels durch Desmosomen und untereinander durch Gap Junctions verbunden.	Sympathische Fasern aus dem Ganglion cervicale superius des Grenzstrangs gelangen als **Radix sympathica** zum **Ganglion ciliare** und ziehen ohne Umschaltung in den **Nn. ciliares breves** zum Bulbus.	Erweiterung der Pupille (**Mydriasis**)

⊙ **M-5.13** Iris und Corpus ciliare

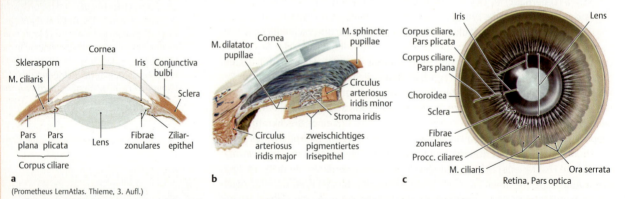

(Prometheus LernAtlas. Thieme, 3. Aufl.)

a Übersicht über den anterioren Teil des Bulbus im Horizontalschnitt. Neben Iris und Corpus ciliare als Anteile der Uvea sind auch Hornhaut und Linse mit den in das Corpus ciliare einstrahlenden Zonulafasern dargestellt. Details zu den ebenfalls sichtbaren Augenkammern (S. 1070).
b Aufbau der Iris mit den Mm. sphincter und dilatator puillae an einem Ausschnitt des vorderen Augenabschnitts.
c Ziliarkörper in der Ansicht von dorsal.

M 5.4 Augapfel (Bulbus oculi) – Orientierungslinien und Schichtenfolge

M-5.14 Blutgefäße des Bulbus oculi und ihre Verzweigung in der Choroidea

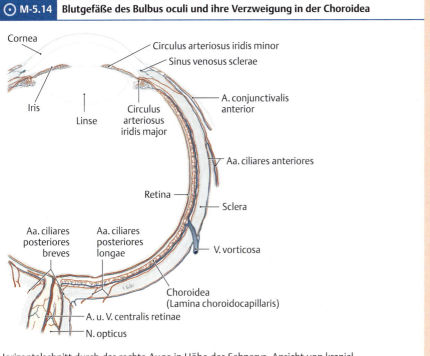

Horizontalschnitt durch das rechte Auge in Höhe des Sehnervs. Ansicht von kranial.
(Prometheus LernAtlas. Thieme, 3. Aufl.)

M-5.4 Musculus ciliaris

Anteil	Funktion	Innervation
äußerer, meridionaler Muskel (Brücke-Muskel, Fibrae meridionales)	verhindert das Kollabieren des Schlemm-Kanals → **Abfluss des Kammerwassers** möglich	über parasympathische Fasern aus dem N. oculomotorius, die nach Umschaltung im Ganglion ciliare als **Nn. ciliares breves** zum Bulbus gelangen (Abb. **M-2.8**)
mittlere, radiale Pars obliqua (Fibrae radiales)	beide Muskeln wirken als Funktionseinheit zur Verkleinerung des Umfangs des Ziliarmuskels und Verlagerung des Ziliarkörpers nach außen → Erschlaffung der Zonulafasern → **Naheinstellung der Linse (Akkommodation)**	
innerer, zirkulär angeordneter Muskel ([Müller-]Muskel, Fibrae circulares)		

Auf seiner Innenseite ist das Corpus ciliare von der Pars ciliaris retinae, einem Teil der Pars caeca retinae, bedeckt.
Das charakteristische **Ziliarepithel** (Abb. **M-5.11**) produziert **Kammerwasser**, seine elastische Bruch-Membran dient der **Desakkommodation** der Linse.
Der **Musculus ciliaris** (Tab. **M-5.4**) ermöglicht die **Akkommodation** der Linse über die ebenfalls durch das Ziliarepithel gebildeten Zonulafasern (S. 1069) und unterstützt den **Kammerwasserabfluss**.

Das **Ziliarepithel** produziert **Kammerwasser**, seine elastische Bruch-Membran dient der **Desakkommodation**; der **M. ciliaris** (Tab. **M-5.4**) ist wichtig für die **Akkommodation** der Linse sowie für den **Kammerwasserabfluss**.

▶ **Merke.** Sowohl die kammerwärtige Seite dieses Ziliarepithels (unpigmentierten Zellen) als auch die dem Stroma zugewandte Seite (pigmentierten Zellen) sind von einer Basallamina umgeben.

▶ **Merke.**

Daher sind bei diesem Epithel die apikalen Zellpole einander zugewandt und durch Desmosomen und Nexus miteinander verbunden. Die Basallamina des pigmentierten Epithels setzt sich mit einer fibroretikulären Schicht und elastischen Fasern in die Bruch-Membran fort. In die Basallamina des unpigmentierten Epithels strahlen die Zonulafasern (elastische Fibrillin-Mikrofibrillen) ein, die wie auch Bestandteile des Glaskörpers (S. 1071) vom Ziliarepithel synthetisiert werden.
Den durch die unpigmentierten Zellen des Ziliarepithels aktiv sezernierten Na^+- und Cl^--Ionen folgt isoosmotisch Wasser nach (Kammerwasserproduktion).

Die Basallamina des pigmentierten Epithels setzt sich mit einer fibroretikulären Schicht und elastischen Fasern in die Bruch-Membran fort. In die Basallamina des unpigmentierten Epithels strahlen die (durch Ziliarepithelzellen produzierte) Zonulafasern ein. Der Kammerwasserproduktion liegt die Sekretion von Na^+ und Cl^- durch Ziliarepithelzellen zugrunde.

▶ **Klinik.** Wie in anderen Epithelien wird auch im Ziliarepithel Cl^- gegen Bikarbonat ausgetauscht, das intrazellulär durch die Carboanhydrase erzeugt wurde. Daher werden bei erhöhtem Augeninnendruck (**Glaukom**) Carboanhydrasehemmer therapeutisch eingesetzt.

▶ **Klinik.**

Choroidea (Aderhaut): Sie liegt zwischen der Lamina fusca sclerae und der Pars optica retinae.

Die Choroidea ist für die **Ernährung** des Pigmentepithels und der Photorezeptoren verantwortlich. Die Bruch-Membran (Abb. **M-5.11**) ist Teil der **Blut-Retina-Schranke** und an der Aufrechterhaltung des **intraokulären Drucks** beteiligt. Zudem wirkt sie der Akommodation entgegen (**Desakkommodation**).

5.4.3 Tunica interna bulbi (Retina, Netzhaut)

Man unterscheidet eine lichtempfindliche **Pars optica** von einer nicht lichtempfindlichen **Pars caeca** retinae. Die Pars caeca wird weiter unterteilt in eine **Pars ciliaris** und eine **Pars iridica** (Abb. **M-5.15**).

Pars optica und Pars caeca sind aus je zwei Blättern aufgebaut. Das **äußere Blatt** besteht jeweils aus einer Lage von Pigmentzellen (**Stratum pigmentosum retinae**).

Der abrupte Übergang von Pars optica und Pars caeca im vorderen Bulbusbereich (nach anterior bis an den Ziliarkörper reichend) wird **Ora serrata** genannt. Die Pars optica ist nur an der Ora serrata und am Discus nervi optici befestigt, sodass es leicht zu einer Netzhautablösung kommen kann.

Choroidea (Aderhaut): Die Choroidea liegt zwischen der Lamina fusca der Sclera und der Pars optica der Retina (Netzhaut). Sie ist hinten am Canalis nervi optici und vorne am Skleralsporn angeheftet.

Durch die Aderhaut fließen 85 % der das Auge erreichenden Blutmenge. Sie ist verantwortlich für die **Ernährung des Pigmentepithels und der Photorezeptoren** der Retina. Die zum Pigmentepithel der Retina hin gelegene Bruch-Membran (Abb. **M-5.11**) ist an der **Aufrechterhaltung des intraokulären Drucks** beteiligt. Zusammen mit den Basalmembranen von Lamina choroidocapillaris und Pigmentepithel bildet sie die **Blut-Retina-Schranke**. Ihre elastischen Fasern wirken der Akkommodation entgegen (**Desakkommodation**).

5.4.3 Tunica interna bulbi (Retina, Netzhaut)

Man unterscheidet
- die lichtempfindliche **Pars optica retinae**, die den Augenhintergrund (Fundus oculi) auskleidet und von innen der Choroidea anliegt, sowie
- die nicht lichtempfindliche („blinde") **Pars caeca retinae**. Die Pars caeca retinae kann in eine **Pars ciliaris retinae** an der Rückseite des Corpus ciliare und eine **Pars iridica retinae** an der Hinterfläche der Iris unterteilt werden (Abb. **M-5.15**).

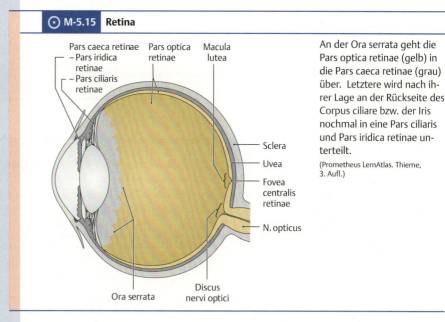

M-5.15 Retina

An der Ora serrata geht die Pars optica retinae (gelb) in die Pars caeca retinae (grau) über. Letztere wird nach ihrer Lage an der Rückseite des Corpus ciliare bzw. der Iris nochmal in eine Pars ciliaris und Pars iridica retinae unterteilt.

(Prometheus LernAtlas. Thieme, 3. Aufl.)

Pars optica und Pars caeca retinae sind aus je zwei Blättern aufgebaut. In beiden Teilen besteht das **äußere Blatt** aus einer einschichtigen Lage von Pigmentzellen, dem **Stratum pigmentosum retinae** (S. 1065). Beide Teile der Retina unterscheiden sich also vorwiegend durch das innere Blatt.

Der abrupte Übergang von lichtempfindlichem und blindem Teil der Retina wird wegen ihres gezackten Randes als **Ora serrata** bezeichnet. Sie liegt in der vorderen Hälfte des Bulbus und reicht nach anterior bis an das Corpus cilliare. An der Ora serrata und im Bereich des Sehnervenaustritts (Discus nervi optici) ist die Pars optica retinae mit dem Pigmentepithel verwachsen, während der gesamte übrige Teil nur lose mit dem Pigmentepithel verbunden bleibt. Daher kann es relativ leicht zu partiellen Netzhautablösungen kommen.

▶ **Klinik.** Eine lokale **Netzhautablösung** (z. B. durch mechanischen Stoß oder Blutung bei Diabetikern) erfolgt zwischen der Schicht der Photorezeptoren und dem Pigmentepithel. Symptome sind die Wahrnehmung von monokulären Lichtblitzen, schwarzen Punkten, Vorhang und Schatten. Während der Entwicklung befand sich zwischen beiden Schichten das Lumen des Sehventrikel also ein Hohlraum zwischen innerem und äußerem Blatt des Augenbechers und im weiteren Verlauf der Entwicklung gelangen beide Schichten in näheren Kontakt zueinander, werden aber nicht mechanisch miteinander verzahnt. Da auch die geringste Vergrößerung der Diffusionsstrecke für O_2 zwischen Photorezeptoren und Kapillaren der Choroidea zu Funktionsausfällen der energieabhängigen Rezeptoren führt, ist die Ablösung mit einem kompletten Funktionsausfall an dieser Stelle verbunden. Die lokale Erblindung wird oft nicht wahrgenommen, da die fehlende Information durch neuronale Mechanismen höherer Zentren der Sehbahn „ergänzt" wird. Die Behandlung erfolgt operativ, wobei unterschiedliche Verfahren zum Einsatz kommen.

Stratum pigmentosum retinae

Das Stratum pigmentosum retinae (**Pigmentepithel**) umschließt sowohl die Pars optica als auch die Pars caeca der Retina von außen. Im Bereich der Pars optica reicht das Pigmentepithel interdigitierend bis zwischen die Außensegmente der Photorezeptoren.

Funktionen: Die Pigmentepithelzellen im Bereich der Pars optica retinae haben folgende Aufgaben:
- Stoffaustausch zwischen der reich durchbluteten Choroidea und den Photorezeptoren und Nervenzellen des Stratum nervosum.
- Regeneration des Lichtsensors 11-cis-Retinal (S. 1067), vgl. Photorezeptorzellen (S. 1216).
- Abschirmung der Außensegmente der Photorezeptoren gegen Photooxidation.
- Phagozytose der kontinuierlich anfallenden Membranteile der Außensegmente der Photorezeptoren (vor allem der Stäbchen).

Stratum nervosum retinae

Funktion: Die Pars nervosa retinae ist zunächst eine Projektionsfläche für das von den lichtbrechenden Teilen des Auges produzierte reelle Bild. Die optischen Signale werden dort von den Photorezeptoren in elektrische und dann chemische Signale umgewandelt und bereits an der ersten nachfolgenden wie auch an allen weiteren Synapsen verarbeitet.

Aufbau: In der Pars nervosa retinae liegen die ersten drei Neurone der Sehbahn (Abb. **M-5.16a**):
- Photorezeptoren,
- Bipolarzellen und
- Ganglienzellen.

Horizontal- und amakrine Zellen modulieren die Informationsweitergabe in der Retina. Außerdem kommt hier ein Sonderform der Glia, die Müller-Glia oder Müller-Stützzellen, vor. Lichtmikroskopisch lassen sich im Stratum nervosum der Pars optica retinae 9 Schichten unterscheiden (Tab. **M-5.5** und Abb. **M-5.16b**).

Stratum pigmentosum retinae

Das **Pigmentepithel** bildet das äußere Blatt der Retina. Es ragt im Bereich der Pars optica zwischen die Außensegmente der Photorezeptoren.
Funktionen:
- Stoffaustausch zwischen Choroidea und Stratum nervosum.
- Regeneration von 11-cis-Retinal (Lichtsensor).
- Abschirmung der Außensegmente gegen Photooxidation.
- Phagozytose der kontinuierlich anfallenden Membranfragmente der Außensegmente.

Stratum nervosum retinae

Funktion: Umwandlung von Licht in elektrische Signale. Bereits in den Nervenzellen der Retina wird die Information verarbeitet.

Aufbau: Das Stratum nervosum beherbergt die ersten drei Neurone der Sehbahn und besteht aus 9 Schichten (Tab. **M-5.5** und Abb. **M-5.16**).

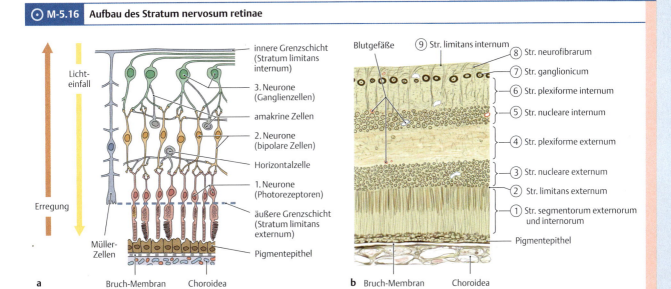

M-5.16 Aufbau des Stratum nervosum retinae

(Prometheus LernAtlas. Thieme, 3. Aufl.)
a Schematische Darstellung der retinalen Zellen: Neben den ersten 3 Neuronen der Sehbahn (Photorezeptoren, Bipolarzellen und Ganglienzellen) sind amakrine, Horizontal- und Müller-Zellen von Bedeutung.
b Schichten des Stratum nervosum retinae. Gelegentlich wird das der Bruch-Membran anliegende Pigmentepithel als zehnte Schicht angesehen.

M-5.5	Aufbau des Stratum nervosum der Pars optica der Retina
Schicht	**Aufbau**
Stratum segmentorum externorum et internorum (Schicht der Photorezeptorfortsätze)	▪ enthält die **innerern und äußeren Segmente der Photorezeptorzellen**, die teils in die Zellen des Pigmentepithels hineinragen
Stratum limitans externum (äußere Grenzmembran)	▪ wird von Fortsätzen der retinalen Gliazellen (**Müller-Stützzellen**) gebildet ▪ siebartig durchbrochen von den Photorezeptorzellen
Stratum nucleare externum (äußere Körnerschicht)	▪ enthält die **Somata der Photorezeptorzellen** (erkennbar an den Zellkernen) ▪ zwischen den Rezeptorzellen bestehen teilweise elektrische Synapsen
Stratum plexiforme externum (äußere plexiforme Schicht)	▪ enthält die **Synapsen** und gap Junctions zwischen Bipolarzellen, Horizontalzellen und Photorezeptorzellen
Stratum nucleare internum (innere Körnerschicht)	▪ enthält die **Kerne** der **Bipolarzellen** (diese stellen den Kontakt zwischen Ganglienzellen und Photorezeptoren her) ▪ außerdem auch die **Somata** der **Horizontalzellen** und **amakrinen Zellen** (Nervenzellen mit stark verzweigten Fortsätzen ohne Axon, dienen über dendro-dendritische Synapsen der Modifikation der visuellen Information)
Stratum plexiforme internum (innere plexiforme Schicht)	▪ enthält viele **Zellfortsätze** und **Synapsen** zwischen Bipolarzellen, Horizontalzellen und Amakrinzellen und Ganglienzellen ▪ Region mit außerordentlich hoher Synapsendichte ($4 \times 10^8/mm^3$)
Stratum ganglionicum (retinale Ganglienzellschicht)	▪ enthält die **Somata der Ganglienzellen** des dritten Neurons
Stratum neurofibrarum (Nervenfaserschicht)	▪ enthält die markhaltigen **Axonen der Ganglienzellen** des dritten Neurons (ziehen im weiteren Verlauf radial zum Discus nervi optici und von dort als myelinisierte Axone im N. opticus zum Corpus geniculatum laterale)
Stratum limitans internum (innere Grenzmembran)	▪ bildet die Grenze zum Corpus vitreum ▪ besteht aus den Endfortsätzen der **Müller-Stützzellen** und einer 0,5 µm dicken Basalmembran

Photorezeptoren

▶ **Definition.**

Lage: Die Photorezeptoren erstrecken sich über mehrere Schichten des Stratum nervosum.

▶ **Merke.**

Morphologie: Beim Menschen unterscheidet man die helligkeitsempfindlichen Stäbchen und die farbempfindlichen Zapfen.

Die **Außensegmente** der Stäbchen sind zylindrisch, die der Zapfen etwas kürzer und kegelförmig. Sie enthalten den Lichtsensor (**Sehpigment**), der bei den Stäbchen in intrazelluläre Membranstapel eingelassen ist, während er bei den Zapfen in regelmäßige Invaginationen der Plasmamembran eingelassen ist.

Die **Verbindung** zwischen Außen- und Innensegment erfolgt über ein **Zilium**.

Photorezeptoren

▶ **Definition.** Die Photorezeptoren sind bipolare, lang gestreckte Nervenzellen, deren reizaufnehmender Anteil (Dendriten) zur Absorption von Lichtquanten spezialisiert ist.

Lage: Sie erstrecken sich von außen nach innen über das Stratum segmentorum externorum und internorum, das Stratum nucleare externum und das Stratum plexiforme externum, wobei sie durch das Stratum limitans externum ziehen (vgl. Tab. **M-5.5**).

▶ **Merke.** Die lichtempfindlichen Abschnitte der Photorezeptoren liegen außen und sind damit dem Lichteinfall abgewandt!

Morphologie: Beim Menschen kommen zwei Arten von Photorezeptoren vor: die **helligkeitsempfindlichen Stäbchen**, die das skotopische Sehen (Nachtsehen) vermitteln sowie drei Arten von **farbempfindlichen Zapfen** für das photopische Sehen (Tages- und Farbensehen). Beim Dämmerungssehen (mesopisches Sehen) sind beide Systeme aktiv.

Der Grundbauplan von Zapfen und Stäbchen ist identisch. Das **Außensegment** enthält den **Lichtsensor** (**Sehpigment**) und ist bei den Stäbchen zylindrisch, bei den Zapfen etwas kürzer und kegelförmig. Bei den Stäbchen ist der Lichtsensor in intrazelluläre Membranstapel eingelassen, die ähnlich wie die Münzen einer Geldrolle übereinander gestapelt sind. Bei den Zapfen sind die Lichtsensoren in regelmäßige Einstülpungen der Plasmamembran eingelassen, die sich in Richtung auf das Pigmentepithel verjüngen. Die Außensegmente werden durchschnittlich alle 10 Tage erneuert, die abgestoßenen Anteile werden vom Pigmentepithel phagozytiert.

Die **Verbindung** von Außen- und Innensegment erfolgt über eine Einschnürung des Zellkörpers, die ein unbewegliches **Zilium** („9 + 2-Muster" ohne die beiden zentralen Mikrotubuli!) enthält.

M 5.4 Augapfel (Bulbus oculi) – Orientierungslinien und Schichtenfolge

Das **Innensegment** gliedert sich in ein distales **Ellipsoid** (Mitochondrien) und ein proximales **Myoid** (ER, freie Ribosomen, Golgi-Apparat). Hier finden die Proteinbiosynthese unter anderem der Opsine (Rezeptorprotein für den Lichtsensor) und die Bildung der photosensiblen Membranen statt. Auf das Innensegment folgt eine Einschnürung des Zytoplamas, die bei den Stäbchen **Außenfaser** genannt wird.

In Höhe des Übergangs von Stäbchenmyoid und Außenfaser bzw. Zapfenmyoid und -soma liegt das **Stratum limitans externum**. In diesem Bereich bilden die Müller-Gliazellen (Stützzellen) sowohl untereinander als auch mit den Innensegmenten von Zapfen und Stäbchen Zonulae adhaerentes aus.

Die **Perikaryen** von Zapfen und Stäbchen bilden das **Stratum nucleare externum.** Beide Zelltypen bilden ein kurzes Axon aus, dessen Endknöpfchen (Terminalien) im **Stratum plexiforme externum** liegen, wo sie Synapsen mit Bipolar- und Horizontalzellen bilden. Manche Terminalien der Stäbchen sind zusätzlich über Gap Junctions elektrisch gekoppelt.

Signaltransfer in der Retina – ein Überblick

1. Neuron – Phototransduktion: Der eigentliche **Lichtsensor** (**Chromophor**) ist in allen Fällen das **11-cis-Retinal**, das an Rezeptorproteine (**Opsine**) gebunden wird. Unterschiede in der (spektralen) Empfindlichkeit der Zapfen bzw. Stäbchen sind auf unterschiedliche Opsine zurückzuführen.Trifft ein Photon auf das 11-cis-Retinal, kommt es zu einer Isomerisierung des Sensors und über eine Signalkaskade zum Schließen von Na⁺-Kanälen; die Photorezeptoren hyperpolarisieren, d. h. die Neurotransmitterfreisetzung und der Dunkelstrom werden beendet.

2. Neuron – Bipolarzellen: Die Hyperpolarisation von Zapfen und Stäbchen führt zum Sistieren der Neurotransmitterfreisetzung. Diese Signale werden im Stratum plexifome externum über **Synapsen und Gap Junctions** an die nachfolgenden Nervenzellen weitergegeben, deren Zellkörper im **Stratum nucleare internum** liegen. Dabei handelt es sich um **Bipolarzellen**. Zusätzlich wird die Erregung auch an **Horizontalzellen** und **amakrine Zellen** weitergegeben, deren Synapsen sich zusammen mit denen von Ganglienzellen im **Stratum plexiforme internum** befinden (vgl. Tab. **M-5.5**). Horizontal- und amakrine Zellen sind bereits modulierend an der Informationsverarbeitung im optischen System, aber nicht hauptsächlich an der Signalweitergabe beteiligt.

3. Neuron – Ganglienzellen: Das 3. Neuron der Sehbahn wird durch die Ganglienzellen im **Stratum ganglionicum** repräsentiert. Es besteht aus zahlreichen, zum Teil übereinander liegenden, großen, multipolaren Ganglienzellen, deren noch unmyelinisierte Axone im **Stratum neurofibrarum** radial zum Discus nervi optici und von dort als myelinisierte Axone im **N. opticus** zum Corpus geniculatum laterale ziehen. Die weitere, abschließende Verarbeitung der Information findet im visuellen Kortex statt. Zur detaillierten Beschreibung der Sehbahn (S. 1221).

5.4.4 Fundus oculi (Augenhintergrund)

Die menschliche Retina erscheint aufgrund ihrer guten Durchblutung durch die **Vasa centralis retinae** und wegen der rötlichen Farbe des Chromophor 11-cis-Retinal nahezu gleichmäßig rötlich, sie ist aber nicht an allen Stellen gleichmäßig strukturiert. Bei einer Augenspiegelung (Fundoskopie, Ophthalmoskopie) erkennt man den **Discus nervi optici** (klinisch: **Papilla nervi optici** = „Sehnervenpapille") mit einem Durchmesser von 1,6 mm. Bei einer Gesichtsfeldprüfung projiziert sich der Discus auf eine als **„blinder Fleck"** bezeichnete Stelle.

Da sich am Discus die Axone der Ganglienzellen sammeln und als myelinisierter **Nervus opticus** (II) den Bulbus verlassen, gibt es hier keine Photorezeptoren. Informationen aus dem entsprechenden Bereich des Gesichtsfeldes werden nicht wahrgenommen, daher der Name „blinder Fleck". Durch den Discus nervi optici tritt die **Arteria centralis retinae** (Ast der A. ophthalmica) zur Versorgung der Pars optica retinae, in die Netzhaut ein bzw. die **Vena centralis retinae** aus. Zahlreiche kleine Endäste der A. centralis retinae konvergieren an der **Macula lutea** (**gelber Fleck**, 3 mm Durchmesser), die selbst aber frei von Blutgefäßen ist. In ihrem Zentrum befindet sich die **Fovea centralis** (S. 1218), die Stelle des schärfsten Sehens, eine trichterförmige Einsenkung von etwa 1,5 mm Durchmesser. Am Grund der Fovea befinden sich ausschließlich Zapfen in dichter Anordnung die 1 : 1 mit Ganglienzellen verschaltet sind.

Das **Innensegment** gliedert sich in ein distales **Ellipsoid** und ein proximales **Myoid**. Hier erfolgt die Proteinbiosynthese. Die folgende Einschnürung des Zytoplasmas heißt bei Stäbchen **Außenfaser**. Sie (bzw. der Übergang von Zapfenmyoid und –soma) liegt auf Höhe des **Stratum limitans externum**. Hier bilden die Müller-Gliazellen untereinander und mit den Innensegmenten von Zapfen und Stäbchen Zonulae adhaerentes aus. Die **Perikaryen** der Photorezeptoren bilden das **Stratum nucleare externum**. Ihre Axone enden mit Synapsen (an Bipolar- und Horizontalzellen) im **Stratum plexiforme externum**.

Signaltransfer in der Retina – ein Überblick

1. Neuron – Phototransduktion: Die Isomerisierung des Lichtsensors führt über eine Signalkaskade zur Hyperpolarisation der Zelle.

2. Neuron – Bipolarzellen: Über Synapsen und Gap Junctions im Stratum plexiforme externum werden die Signale an Bipolar-, Horizontal- und amakrine Zellen weitergegeben, deren Somata im Stratum nucleare internum liegen. Letztere modulieren die Signale lediglich. Bipolarzellen bilden im Stratum plexiforme externum Synapsen mit den Ganglienzellen aus.

3. Neuron – Ganglienzellen: Die Ganglienzellen im **Stratum ganglionicum** senden noch unmyelinisierte Axone im **Stratum neurofibrarum** radial zum Discus nervi optici. Von dort gelangen sie als myelinisierte Axone im N. opticus zum Gehirn (S. 1221).

5.4.4 Fundus oculi (Augenhintergrund)

Die menschliche Retina ist gleichmäßig rötlich gefärbt (11-cis-Retinal, Vasa centralis retinae).

Bei der Augenspiegelung (Fundoskopie) erkennt man den **Discus n. optici** (**Papilla n. optici** = Sehnervenpapille), an dem sich die Axone der Ganglienzellen zum N. opticus sammeln. Da es hier keine Photorezeptoren gibt, entsteht an dieser Stelle des Gesichtsfeldes der **blinde Fleck**. Die A. und V. centralis retinae treten durch den Discus ein bzw. aus. Zahlreiche Endäste der A. centralis retinae konvergieren am gelben Fleck (**Macula lutea**), der selbst jedoch frei ist von Blutgefäßen. Hier befindet sich die **Fovea centralis**, die Stelle des schärfsten Sehens. Am Grund der trichterförmigen Einsenkung befinden sich ausschließlich dicht gestellte Zapfen.

▶ Klinik. Eine **Fundoskopie** ist auch bei nicht medikamentös geweiteter Pupille möglich und gehört zu jeder körperlichen Untersuchung. Sie ist der einzige Ort des menschlichen Körpers, an dem das Kapillarbett direkt inspiziert werden kann und somit Veränderungen, die z. B. auf eine **Hypertonie** zurückzuführen sind, direkt beobachtet werden können. An der Papille kann der erfahrene Arzt außerdem Zeichen **erhöhten Hirndrucks** ablesen (**Stauungspapille**). Bei **Multipler Sklerose** (S. 1221) kommt es häufig zu einer temporalen Abblassung der Papille.

◉ M-5.17 **Fundoskopie**

a Normalbefund des Augenhintergrunds in der Übersicht (Füeßl, F.S., Middeke, M.: Duale Reihe Anamnese und Klinische Untersuchung. Thieme, 2014)
b und im Bereich des scharf abgegrenzten Discus nervi optici, der zentral leicht eingebuchtet ist (Exkavation). (Lang, G.K.: Augenheilkunde. Thieme, 2008)
c Bei einer Stauungspapille infolge erhöhten Hirndrucks erscheint die Begrenzung des Discus unscharf. (Burk, A., Burk, R.: Checkliste Augenheilkunde. Thieme, 2010)

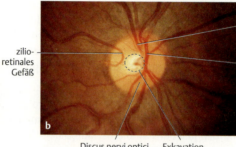

5.5 Augapfel (Bulbus oculi) – Linse und Augenkammern

Der **lichtbrechende (dioprische) Apparat** besteht aus Cornea, Kammerwasser, Linse und Glaskörper. Die Brechkraft wird einzig durch eine Änderung der Krümmungsradien der Linse variiert.

Linse und Augenkammern mit ihrem Inhalt sind zentrale Bestandteile des **lichtbrechenden (dioptrischen) Apparates**. Er besteht aus der Cornea mit Tränenfilm, Kammerwasser, Linse und Glaskörper. Die Brechkraft des dioptrischen Systems wird einzig durch eine Änderung der Krümmungsradien der Linse variiert, wodurch eine stufenlose Scharfeinstellung naher und ferner Objekte (**Akkommodation**) möglich wird. Ziliarmuskel, Zonulafasern und die elastischen Eigenschaften der Linse spielen bei diesem Vorgang zusammen.

5.5.1 Linse (Lens)

Form und Lage: Die Hinterfläche der bikonvexen Linse ist stärker gekrümmt als die Vorderfläche. Der Rand wird **Linsenäquator** genannt. Der **vordere Linsenpol** liegt direkt hinter der Pupille, der **hintere Linsenpol** ruht in der **Fossa hyaloidea**, einer Vertiefung des Glaskörpers.

Form und Lage: Die Linse ist bikonvex, ihre Hinterfläche ist stärker gekrümmt (Radius: 6 mm) als die Vorderfläche (Radius: 10–11 mm). An ihrem Rand (**Linsenäquator**) hat sie einen Durchmesser von etwa 9 mm. Die Verbindungslinie zwischen zwei gegenüber liegenden Punkten des Linsenäquators durch den Linsenmittelpunkt wird **Axis** genannt. Der vordere Linsenpol (**Polus anterior**) liegt direkt hinter der Pupille (S. 1062). Der hintere Linsenpol (**Polus posterior**) ruht in einer Vertiefung des Glaskörpers (**Fossa hyaloidea**), bleibt von diesem aber durch einen mit Kammerwasser gefüllten Spalt (Berger-Raum) getrennt. Die Linse ist somit allseits von Kammerwasser umgeben.

Aufbau: Die Linse setzt sich aus Linsenkapsel, Linsenepithel und Linsenfasern zusammen. Bei der Linsenkapsel (**Capsula lentis**) handelt es sich um eine kohlenhydratreiche Basalmembran, die auf der Vorderseite dicker ist als auf der Hinterseite.

Aufbau: Die Linse besteht aus drei Komponenten:
- Capsula lentis (Linsenkapsel),
- Epithelium lentis (Linsenepithel) und
- Fibrae lentis (Linsenfasern).

Die **Linsenkapsel** (**Capsula lentis**) ist eine mechanisch sehr robuste Basalmembran mit kohlenhydratreicher, amorpher Grundsubstanz. Sie ist an der Vorderseite 10–19 μm, an der Hinterseite jedoch nur 5 μm dick.

M 5.5 Augapfel (Bulbus oculi) – Linse und Augenkammern

Das einschichtige **Linsenepithel** (Epithelium lentis) der **Vorderfläche** der Linse ist isoprismatisch. Bei den Epithelzellen der **Hinterfläche** wird zwischen einer polnahen, ruhenden Zone und einer äquatornahen, germinativen Zone unterschieden. Dort geht das Linsenepithel durch bipolares Wachstum der Epithelzellen in 7–10 mm lange **Linsenfasern** über, deren Zellkerne zunächst bogenförmig nach vorne aufgereiht sind. Ältere, mehr zentral liegende Fasern haben keinen Zellkern mehr. Die zentral gelegenen Fasern werden mit der Zeit durch Wasserverlust dünner und bilden den **Linsenkern**, an den sich von außen jüngere Fasern anlagern (Abb. **M-5.18**).

Unter der Kapsel liegt auf der **Vorderseite** ein einschichtiges, isoprismatisches **Linsenepithel**. Bei dem **rückseitigen** Epithel unterscheidet man eine polnahe ruhende von einer äquatornahen, germinativen Zone, wo die Epithelzellen in **Linsenfasern** übergehen (Abb. **M-5.18**).

M-5.18 Wachstum und Zonierung der Linse

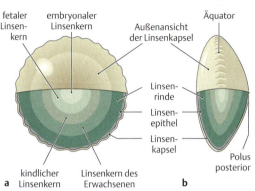

Die Linse wächst zeitlebens von außen nach innen, sodass sich die ältesten Anteile in der Mitte der Linse (Linsenkern) befinden.
(Prometheus LernAtlas. Thieme, 3. Aufl., nach Lang)
a Frontalschnitt
b und Sagittalschnitt durch die Linse eines Erwachsenen.

▶ **Klinik.** Durch den fortlaufenden Wasserverlust verliert der Linsenkern im Laufe des Lebens seine Elastizität. Dies hat verminderte Krümmungsradien der Linse und damit eine erniedrigte Brechkraft zur Folge. Es resultiert eine „Altersweitsichtigkeit" (**Presbyopie**). Schreitet der Wasserverlust weiter fort, kann eine **Katarakt** (Linsentrübung, auch als „grauer Star" bekannt) entstehen.

▶ **Klinik.**

M-5.19 Katarakt
(Sachsenweger, M.: Duale Reihe Augenheilkunde. Thieme, 2003)
a Längs- und Querschnitt durch eine Linse mit einer Kernkatarakt.
b Auge mit deutlich sichtbarer Katarakt im Zentrum der Linse.

Die vorderen und hinteren Enden der Fasern stoßen beim Neugeborenen in je einer dreistrahligen Naht, dem **Linsenstern**, zusammen. Die Strahlen der Linsensterne sind um 60° gegeneinander verdreht. Da die Linse zeitlebens wächst, entstehen im Laufe des Lebens fortlaufend weitere komplexere Nahtfiguren.

Blutversorgung und Innervation: Die Linse ist nicht innerviert und frei von Blutgefäßen. Sie wird vom Kammerwasser (S. 1070) ernährt.

Aufhängeapparat: Der Halteapparat der Linse wird von den **Fibrae zonulares** (Zonulafasern) gebildet, die am Ziliarepithel entspringen, durch die hintere Augenkammer ziehen und dann nahe dem Linsenäquator auf der Vorder- und Rückseite der Linsenkapsel inserieren. Die Zonulafasern bestehen aus Mikrofibrillen mit einem Durchmesser von 8–12 nm.

Akkommodation: Beim **Blick in die Nähe** (**Akkommodation**) **kontrahieren** sich die meridionalen Fasern des **M. ciliaris** (Tab. **M-5.4**) und verschieben die Processus ciliares in Richtung Linsenäquator. Dadurch erschlaffen die Zonulafasern und dank ihrer **Eigenelastizität** nimmt die Linse eine mehr kugelförmige Gestalt an → ihre **Brechkraft nimmt zu** (Abb. **M-5.20**).

Die vorderen und hinteren Enden der Fasern stoßen in **Linsensternen** zusammen, deren Strahlen um 60° gegeneinander verdreht sind.

Blutversorgung und Innervation: Die Linse besitzt weder Nerven noch Blutgefäße.

Aufhängeapparat: Die **Fibrae zonulares** (Zonulafasern) bilden den Halteapparat der Linse. Sie entspringen am Ziliarepithel, und inserieren nahe dem Linsenäquator auf der Vorder- und Rückseite der Linsenkapsel.

Akkommodation: Beim Nahblick kontrahiert sich der M. ciliaris (Tab. **M-5.4**). Dadurch erschlaffen die Zonulafasern und die Linse nimmt aufgrund ihrer Eigenelastizität eine mehr kugelförmige Gestalt an → ihre Brechkraft nimmt zu (Abb. **M-5.20**).

M-5.20

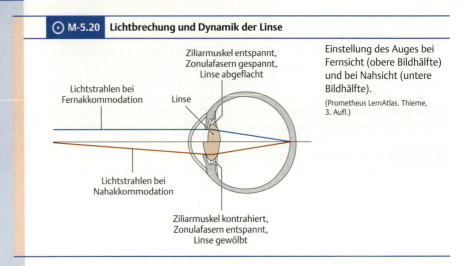

M-5.20 Lichtbrechung und Dynamik der Linse

Einstellung des Auges bei Fernsicht (obere Bildhälfte) und bei Nahsicht (untere Bildhälfte).
(Prometheus LernAtlas. Thieme, 3. Aufl.)

Beim Fernblick erschlafft der M. ciliaris. Hierdurch werden die Zonulafasern angespannt, die ihrerseits an der Linse ziehen und diese abflachen → ihre **Brechkraft nimmt ab** (Abb. **M-5.1**).

Desakkommodation: Beim **Blick in die Ferne** (**Desakkommodation**) **erschlafft** der **M. ciliaris** (Tab. **M-5.4**), wodurch die passiv gespannten Anteile der **Bruch-Membran** (Abb. **M-5.11**) sich wieder zusammen ziehen. Dadurch bewegen sich die Ziliarfortsätze vom Linsenäquator weg. Dies spannt die Zonulafasern an, die ihrerseits an der Linse ziehen und diese abflachen → ihre **Brechkraft nimmt ab** (Abb. **M-5.20**).

5.5.2 Augenkammern – Begrenzungen und Inhalt

Siehe Abb. **M-5.21**.

5.5.2 Augenkammern – Begrenzungen und Inhalt

Man unterscheidet drei Räume (Kammern) des Auges (Abb. **M-5.21**). Sie gliedern sich von ventral nach dorsal in: vordere Augenkammer (Camera anterior), hintere Augenkammer (Camera posterior) und Glaskörperraum (Camera postrema, Camera vitrea).

M-5.21 Begrenzungen und Inhalt der Augenkammern

Kammer (Volumen)	Begrenzungen	Inhalt
Camera anterior – vordere Augenkammer (200 µl)	• ventral: Cornea • dorsal: Vorderseite der Iris und Region um den vorderen Linsenpol • peripher: Angulus iridocornealis	Kammerwasser (Humor aquosus)
Camera posterior – hintere Augenkammer (100 µl)	• ventral: Rückseite der Iris • medial: seitliche Ränder der Linse (Äquatorregion) • dorsal: Glaskörpergrenzmembran • peripher: Corpus ciliare	
Camera vitrea/postrema – Glaskörperraum (4 ml)	• ventral: Region um den hinteren Linsenpol, Corpus ciliare • peripher und dorsal: Retina	Glaskörper (Corpus vitreum)

Kammerwasser mit Abfluss über den Kammerwinkel

Kammerwasser (Humor aquosus)

Produktion: Das nichtpigmentierte Epithel der Processus ciliares sezerniert das Kammerwasser, das den Innendruck des Auges bestimmt. Der Inhalt der Augenkammern wird etwa alle 2–3 h ausgetauscht.

Funktion und Zusammensetzung: Das Kammerwasser (Zusammensetzung ähnlich wie Blutplasma) ernährt die Linse und Teile der Cornea und erhält den **intraokulären Druck** von etwa 2 kPa (15 mmHg) aufrecht.

Kammerwasser mit Abfluss über den Kammerwinkel

Kammerwasser (Humor aquosus)

Produktion und Menge: Das Kammerwasser wird vom nichtpigmentierten Epithel der Processus ciliares des Corpus ciliare im Bereich der hinteren Augenkammer sezerniert und bestimmt den Innendruck des Auges. Die Gesamtmenge beträgt etwa 300 µl. Zufluss (2 µl/min) und Abfluss stehen normalerweise im Gleichgewicht, sodass etwa alle 2–3 h der Inhalt der Augenkammern ausgetauscht wird.

Funktion und Zusammensetzung: Aufgaben des Kammerwassers sind
- die **Ernährung** von Linse und von Teilen der Cornea sowie
- die Aufrechterhaltung des **intraokulären Drucks** von etwa 2 kPa (15 mmHg).

Die Zusammensetzung des Kammerwassers ist ähnlich der des Blutplasmas.

Kammerwinkel (Angulus iridocornealis)

Funktion: Über den Kammerwinkel in der vorderen Augenkammer fließt das Kammerwasser durch ein Trabekelwerk, den Schlemm-Kanal und die Kammerwasservenen in die episkleralen und von dort in die subkonjunktivalen Venen ab.
Der Abfluss erfolgt entlang eines Druckgradienten (15 mmHg = Augeninnendruck; 8 mmHg in den episkleralen Venen).

Lage und Aufbau: Der Kammerwinkel ist ein Teil der vorderen Augenkammer, der im spitzen Winkel begrenzt wird von der Cornea (am Übergang zur Sclera) sowie von der Iris (am Übergang zum Ziliarkörper).
Hinter der Winkelspitze liegt der **Schlemm-Kanal (Sinus venosus sclerae)**, der ringförmig um den Kornearand in der Sclera verläuft und über zahlreiche Kanälchen mit den Kammerwasservenen und den Vv. ciliares breves in Verbindung steht (jedoch kein Blut führt!). Vor dem Schlemm-Kanal liegt das **korneosklerale Trabelwerk (Trabeculum corneosclerale)**. Der Raum zwischen den Trabekeln wird als **Fontana-Raum** bezeichnet (Abb. **M-5.22**).

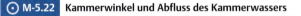

M-5.22 Kammerwinkel und Abfluss des Kammerwassers

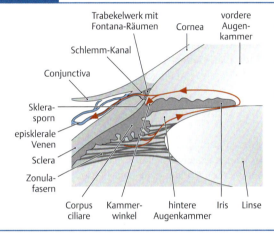

Horizontalschnitt durch den vorderen Teil des Auges mit Ansicht von kranial auf die vordere und hintere Augenkammer. Der Abflussweg des Kammerwassers ist durch rote Pfeile dargestellt.
(Prometheus LernAtlas. Thieme, 3. Aufl.)

Funktionsweise: Die Kontraktion des M. ciliaris (Tab. **M-5.4**) führt zu einer Erweiterung des Fontana-Raums – evtl. auch des Schlemm-Kanals – und damit zu einer Erleichterung des Kammerwasser-Abflusses.

▶ **Klinik.** Eine Verminderung der Abflussrate des Kammerwassers führt zu einer **Erhöhung des Augeninnendrucks**. Dieser pathologische Zustand wird **Glaukom** („grüner Star") genannt. Er kann sich über Jahre nahezu unbemerkt entwickeln (**Glaucoma chronicum simplex**) oder bei einer akuten Durcksteigerung auf 80 mmHg als **Glaukomanfall** auftreten. Letzterer kann mit starken Augen- und Kopfschmerzen, Erbrechen, Stauung der episkleralen Venen und Hornhautödem einhergehen. Eine Erhöhung des intraokulären Drucks führt zu einer Abscherung von Nervenfasern im Bereich der Papilla nervi optici und schließlich zur Atrophie des N. opticus und Erblindung.
Die Therapie zielt auf eine Senkung der Kammerwasserproduktion und auf eine Verbesserung des trabekulären Abflusses. Letzteres wird durch Miotika (Substanzen, welche die M. sphincter pupillae und M. ciliaris kontrahieren) erreicht.

Glaskörper (Corpus vitreum)

Der Glaskörper besteht zu 99% aus Wasser, das durch den hohen Gehalt an Hyaluronsäure gebunden wird. Hierdurch erhält die Masse ihre hohe Viskosität. Diese wässrige Phase (**Humor vitrei**) wird von einem Netz aus kollagenen Mikrofibrillen durchzogen, welche an der Außenseite zur Glaskörpergrenzmembran (**Membrana vitrea**) verdichtet sind. Von der Linsenrückfläche bis zum Discus nervi optici wird das Corpus vitreum vom **Canalis hyaloideus** (Cloquet-Kanal) durchzogen, durch den in der Embryonalzeit bis zum Abschluss der Linsenentwicklung die A. hyaloidea zog. Da sich diese Arterie jedoch vollständig zurückbildet, ist der Kanal später optisch leer.

5.6 Entwicklung des Auges

Die Entwicklung der Augen vollzieht sich (auch bei Invertebraten) unter der Kontrolle des Master-Kontrollgens Pax 6. Das Protein bleibt auch nach der Augenentwicklung in der Linse und bestimmten Nervenzellen der Retina sowie in regenerierenden Korneaepithelzellen exprimiert.

Beim 22 Tage alten Embryo treten auf beiden Seiten des noch nicht geschlossenen Vorderhirns zwei **Augenfurchen** auf. Diese weiten sich mit dem Schluss des Neuralrohrs zu **Augenbläschen** aus, deren Wände dem Oberflächenektoderm anliegen und deren Innenraum vom **Sehventrikel** (**Cavitas optica**) gebildet werden. Über den **Augenbecherstiel** bleiben die Augen mit dem sich entwickelnden Diencephalon verbunden. Durch den engen Kontakt mit dem Oberflächenektoderm induziert das Augenbläschen eine Verdickung des Oberflächenektoderms, die **Linsenplakode** genannt wird. Beide, Augenbläschen und Linsenplakode, stülpen sich daraufhin ein und werden zu **Augenbecher** und **Linsenbläschen**. Durch die Einstülpung verkleinert sich der Sehventrikel zu einem kapillaren Spalt zwischen der sich einwickelnden Retina und dem Pigmentepithel.

Mm. sphincter und dilatator pupillae, M. ciliaris: Der Raum zwischen der äußeren Augenbecherwand und dem Oberflächenepithel ist mit lockerem Mesenchym angefüllt. In diesem Mesenchym entwickeln sich aus ektodermalen Epithelzellen des Augenbechers der **M. sphincter** und **M. dilatator pupillae**. Auf ähnliche Weise bildet sich im Mesenchym über der Pars ciliaris retinae der **Ziliarmuskel** aus. Zur Linse hin wird die Pars ciliaris ebenfalls von Mesenchym umgeben, in dem sich die Zonulafasern differenzieren.

Linse: Das Linsenbläschen schnürt sich in der 5. Entwicklungswoche vom Oberflächenektoderm ab.

Die Zellen an der Hinterwand des Linsenbläschens verlängern sich und werden zu **Linsenfasern**, die schließlich das Lumen des Bläschens ausfüllen. Ausgehend von den **Epithelzellen der Äquatorialzone** werden ständig neue Linsenfasern an diesen Linsenkern angelagert. Ernährt wird die entstehende Linse aus der **A. hyaloidea**, die von der Papilla nervi optici durch den Glaskörper zieht und sich im weiteren Verlauf der Entwicklung vollständig zurückbildet.

Choroidea, Sclera und Cornea: Die Augenanlage ist gegen Ende der 5. Woche von allen Seiten von lockerem **Mesenchym** umgeben, in dem bald eine **innere** (vergleichbar der Pia mater) und eine **äußere Schicht** (vergleichbar der Dura mater) unterschieden werden können. Die **innere Schicht** entwickelt sich zur **pigmentierten Choroidea**, aus dem hinteren Anteil der **äußeren Schicht** wird die **Sclera**, die sich als Dura mater auf dem N. opticus fortsetzt.

Im Mesenchym des vorderen Anteils entsteht ein **Spaltraum**, die spätere **vordere Augenkammer**. Die dünne Mesenchymschicht, die unmittelbar vor der Iris bzw. der Linse liegt, wird **Membrana iridopupillaris** genannt, die vordere, dickere Schicht wird zum **Stroma corneae** (Substantia propria) und geht am Rand in die Sclera über. Die vordere Augenkammer wird ihrerseits von abgeflachten Mesenchymzellen ausgekleidet. Diese bilden somit den hinteren Überzug der Cornea und die vordere Schicht der Membrana iridopupillaris, die bis zur Geburt normalerweise vollständig zurückgebildet wird.

Glaskörper: Durch die **Augenbecherspalte** dringt von außen Mesenchym ins innere der Augenanlage ein und beteiligt sich an der Bildung der **Vasa hyaloidea**. Diese ernähren einerseits die sich entwickelnde Linse, bilden aber auch ein oberflächliches Gefäßnetz an der inneren Oberfläche der Retina. Während sich die A. hyaloidea vollständig zurückbildet, persistiert das retinale Gefäßnetz als **A. centralis retinae** weiter. Die eingewanderten Mesenchymzellen bilden ein zartes Fasernetz aus, in das später Hyaluronsäure und Wasser eingelagert wird. Als Überbleibsel der Vasa hyaloidea ist in dieser gallertigen Substanz **Canalis hyaloideus** (**Cloquet-Kanal**) zu finden.

M 5.6 Entwicklung des Auges

N. opticus: Die Augenbecherspalte an der Ventralseite des Augenbecherstiels schließt sich in der 7. Woche, wodurch ein zentral liegender Kanal entsteht. Dieser beherbergt die **Vasa hyaloidea** bzw. nach Rückbildung der peripheren, den Glaskörper durchziehenden Anteile die **Vasa centralis retinae**. Durch die wachsende Anzahl von Axonen in der Innenschicht kommt es schließlich zu einer Verschmelzung von Innen- und Außenschicht des Augenbecherstiels, sodass der spätere N. opticus von den aus der Außenschicht hervorgehenden Teilen von Choroidea und Sclera (entsprechend Pia und Dura mater) umhüllt ist.

Lider: Vor der 7. Woche erscheint die embryonale Augenanlage zunächst weit geöffnet. Dann beginnen von oben und unten Hautfalten über die Augenanlage zu wachsen. Mit der 10. Woche verkleben diese beiden Hautfalten miteinander, sodass das Auge ab diesem Zeitpunkt vollständig geschlossen ist. Bei vielen Säugetieren bleiben die Augen auch nach der Geburt noch geschlossen. Beim Menschen löst sich die Verklebung im 7. Monat der Schwangerschaft.

N. opticus: Die Augenbecherspalte schließt sich in der 7. Woche unter Bildung eines zentralen Kanals, der die **Vasa hyaloidea** bzw. die **Vasa centralis retinae** beherbergt. Nach der Verschmelzung von Innen- und Außenschicht des Augenbecherstiels ist der spätere **N. opticus** von Anteilen der Außenschicht umhüllt.

Lider: Die embryonale Augenanlage ist zunächst unverschlossen. Dann beginnen Hautfalten über die Augenanlage zu wachsen, die mit der 10. Woche verkleben. Beim Menschen löst sich die Verklebung im 7. Monat der Schwangerschaft.

6 Ohr – Hör- und Gleichgewichtsorgan

6.1	Funktion und Einteilung des Ohres	1074
6.2	Äußeres Ohr (Auris externa)	1075
6.3	Mittelohr (Auris media)	1078
6.4	Innenohr (Labyrinth)	1083
6.5	Hörvorgang und Gleichgewicht	1089
6.6	Entwicklung des Ohres	1092

J. Kirsch

6.1 Funktion und Einteilung des Ohres

6.1 Funktion und Einteilung des Ohres

Hör- und **Gleichgewichtsorgan** leiten sich von einem Organ zur **Detektion** und **Umwandlung mechanischer Reize in elektrische Signale** her. Beide Organe bilden zusammen mit den Hilfseinrichtungen das **Ohr (Auris)**.

Man unterscheidet drei Abschnitte (Abb. **M-6.1**):
- äußeres Ohr,
- Mittelohr und
- Innenohr.

Hör- und Gleichgewichtsorgan leiten sich von einem stammesgeschichtlich „alten" Organ zur Detektion und Umwandlung mechanischer Reize in elektrische Signale her, das sich im Laufe der Zeit weiter spezialisiert hat. Das **Hörorgan** dient der Aufnahme und Analyse akustischer Reize, das **Gleichgewichtsorgan** der Aufnahme von Reizen, die über die Bewegung und Lage des Kopfes im Raum informieren.

Die Strukturen von Hör- und Gleichgewichtsorgan zusammen mit den Hilfseinrichtungen zur Verbesserung der Schallleitung und Transformation bilden zusammen das **Ohr (Auris)**.

Das Ohr wird in drei verschiedene Abschnitte unterteilt (Abb. **M-6.1**):
- äußeres Ohr,
- Mittelohr und
- Innenohr.

⊙ M-6.1 Abschnitte des Ohres

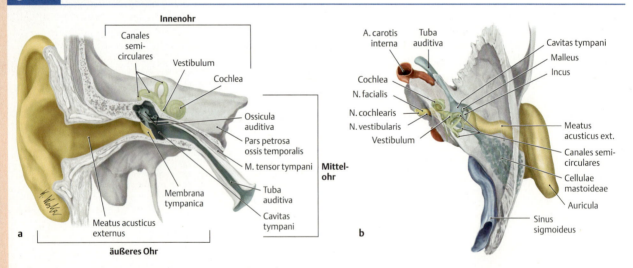

Darstellung der drei Abschnitte eines rechten Ohres: äußeres Ohr = gelb, Mittelohr = türkis und Innenohr = hellgrün.
(Prometheus LernAtlas. Thieme, 3. Aufl.)
a Ansicht von ventral (Frontalschnitt) und
b von kranial.

Die Beteiligung der einzelnen Abschnitte am jeweiligen Organsystem ist in Abb. **M-6.2** dargestellt.

⊙ M-6.2 Übersicht Hör- und Gleichgewichtsorgan

Organ	Funktion	beteiligter Ohrabschnitt
Hörorgan	▪ Schallleitung und Verbesserung der Richtungsortung	äußeres Ohr
	▪ Schallumwandlung, Impedanzanpassung	Mittelohr
	▪ Erregung von Sinneszellen	
Gleichgewichtsorgan	▪ Sensoren zur Detektion der Lage des Kopfes	Innenohr
	▪ Sensoren zur Detektion von Bewegungen des Kopfes	

6.2 Äußeres Ohr (Auris externa)

In erster Linie dient das äußere Ohr der Schallleitung und der Verbesserung der Richtungsortung. Es besteht aus
- **Ohrmuschel** (**Auricula**) und
- **äußerem Gehörgang** (**Meatus acusticus externus**).

Das **Trommelfell** (**Membrana tympanica**) bildet die Grenze zum Mittelohr (S. 1078).

6.2.1 Ohrmuschel (Auricula)

Form: Regelmäßig anzutreffende Strukturen sind **Helix** und **Antihelix**, zwei bogenförmige Wülste, die oberhalb des Porus acusticus externus eine Art Trichter bilden sowie der **Tragus**, ein Höcker ventral des Porus acusticus externus. Die Ohrmuschel steht in einem Winkel von 25°–45° vom Schädel ab. Ihre Form ist genetisch bestimmt und unterliegt großen Variationsmöglichkeiten, z. B. kann das Ohrläppchen (Lobulus) fehlen oder am oberen Helixrand ein Tuberculum auriculae (Darwin-Höckerchen) ausgebildet sein.

Aufbau: Die Ohrmuschel besitzt ein Skelett aus **elastischem Knorpel**, der von Haut überzogen ist. Die Haut ist auf der Innenseite der Ohrmuschel locker, auf der Außenseite jedoch straff mit der Knorpelunterlage verbunden.
Die **Stellmuskeln** der Ohrmuschel gehören zur mimischen Muskulatur. Sie sind beim Menschen nur schwach ausgeprägt, daher ist die Beweglichkeit der menschlichen Ohrmuschel verglichen mit anderen Säugetieren gering (vgl. Abb. **M-1.14**).

Gefäßversorgung: An der Blutversorgung sind Äste der Arteria temporalis superficialis und meist mehrere **Rami auriculares anteriores** sowie die **Arteria auricularis posterior** aus der A. carotis externa beteiligt.

Innervation: Sensibel (Abb. **M-6.3**) wird der
- vordere Teil der Ohrmuschelvorderseite vom **Nervus auriculotemporalis** (aus dem N. mandibularis, V_3),
- der hintere Teil der Vorderseite sowie die Hinterseite werden von den **Nervi auricularis magnus** und **occipitalis minor** des Plexus cervicalis (S. 901) sensibel innerviert.
- Im Bereich um den Meatus acusticus externus (Concha auriculae) sind mit dem **Ramus auricularis** auch der **Nervus vagus** sowie der **Nervus glossopharyngeus** beteiligt.
- Im Nervus facialis verlaufen sensible Trigeminusfasern, die sich an der sensiblen Versorgung der Ohrmuschel (Hautareal nicht klar) beteiligen.

Die **motorische** Innervation der Ohrmuskeln erfolgt wie die der gesamten mimischen Muskeln durch den **N. facialis**.

▶ **Klinik.** Bei einer Spülung des äußeren Gehörganges mit körperwarmem Wasser (z. B. wegen eines Zerumenpfropfes, s. u.) kann es zu einer Vagusreizung kommen, die sich dann in Husten und/oder Brechreiz äußert.

6.2 Äußeres Ohr (Auris externa)

Das äußere Ohr dient der Schallleitung und der Verbesserung der Richtungsortung. Es besteht aus **Ohrmuschel** und **äußerem Gehörgang**. Das **Trommelfell** bildet die Grenze zum Mittelohr.

6.2.1 Ohrmuschel (Auricula)

Form: An der Ohrmuschel lassen sich **Helix** und **Antihelix** sowie der **Tragus**, ein Höcker vor dem Porus acusticus externus, unterscheiden.

Aufbau: Das Skelett der Ohrmuschel besteht aus **elastischem Knorpel**, der von Haut überzogen ist.
Beim Menschen sind die **Stellmuskeln** der Ohrmuschel, die zur mimischen Muskulatur (Abb. **M-1.14**) gehören, nur schwach ausgeprägt.

Gefäßversorgung: Aa. auriculares postt. aus der A. carotis ext. und Rr. auriculares antt. aus der A. temporalis superficialis.

Innervation: Sie erfolgt **sensibel** durch verschiedene Nerven (Abb. **M-6.3**):
- Vorderseite: **N. auriculotemporalis** (aus V_3),
- Rückseite: **N. auricularis magnus** und **N. occipitalis minor** aus Plexus cervicalis (S. 901).
- Meatus acusticus externus: **N. vagus, N. glossopharyngeus**.
- Das Hautareal des N. facialis, der sensible Trigeminusfasern mitführt, ist unklar.

Motorisch: Äste des N. facialis.

▶ **Klinik.**

M 6 Ohr – Hör- und Gleichgewichtsorgan

M-6.3 Sensible Innervation der Ohrmuschel

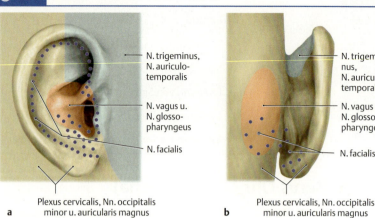

(Prometheus LernAtlas. Thieme, 3. Aufl.)
a Rechtes Ohr in der Ansicht von lateral und
b dorsal mit farblicher Unterscheidung der einzelnen Innervationsgebiete.

6.2.2 Äußerer Gehörgang und Trommelfell

Äußerer Gehörgang (Meatus acusticus externus)

Abschnitte, Form und Lage: Der äußere Gehörgang ist ein mit Haut ausgekleidetes Rohr, dessen Wände durch elastischen Knorpel bzw. Knochen verstärkt sind (Abb. **M-6.4a**). Er beginnt am **Porus acusticus externus** und endet am **Trommelfell**. Der Gang verläuft annähernd horizontal, seine Länge beträgt 3–4 cm, seine Weite etwa 5–10 mm. Je nach Wandbeschaffenheit werden zwei Abschnitte unterschieden:
- äußerer, knorpeliger Anteil und
- innerer, knöcherner Anteil.

Der knorpelige Anteil macht ⅔ des Ganges aus und bildet mit dem knöchernen Anteil einen nach unten gerichteten stumpfen Winkel. Die engste Stelle des Meatus acusticus externus befindet sich am Übergang vom knorpeligen zum knöchernen Anteil.

M-6.4 Äußerer Gehörgang und Trommelfell als Grenze zur Paukenhöhle

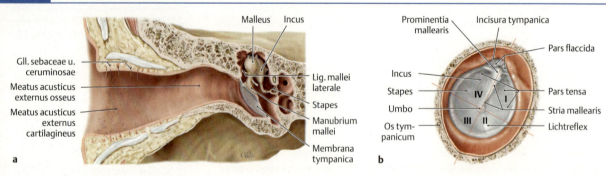

(Prometheus LernAtlas. Thieme, 3. Aufl.)
a Frontalschnitt durch das rechte Ohr in der Ansicht von ventral mit Darstellung des knorpeligen und knöchernen Anteils des Meatus acusticus externus.
b Rechtes Trommelfell in der Ansicht von außen mit Einteilung in Quadranten.

6.2.2 Äußerer Gehörgang und Trommelfell

Äußerer Gehörgang (Meatus acusticus externus)

Abschnitte, Form und Lage: Der Gang verläuft horizontal vom **Porus acusticus externus** bis zum **Trommelfell**. Man unterscheidet einen
- äußeren **knorpeligen**
  (etwa ⅔ des Ganges) und einen
- inneren, **knöchernen** Anteil,

an deren Übergang sich die engste Stelle befindet (Abb. **M-6.4a**). Beide Teile bilden einen nach unten gerichteten stumpfen Winkel.

▶ **Klinik.** Bei einer Inspektion des Trommelfells mit Hilfe eines Otoskops versucht man die Biegung des Meatus acusticus externus durch nach oben und hinten gerichteten Zug an der Auricula auszugleichen.

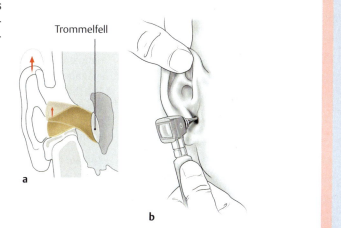

M-6.5 Krümmung des äußeren Gehörgangs und Ausgleich bei der Otoskopie

(Prometheus LernAtlas. Thieme, 3. Aufl.)
a Rechtes Ohr in der Ansicht von frontal mit Andeutung der Zugrichtung durch Pfeile
b beim Einführen des Otoskoptrichters.

Aufbau: Der knorpelige Anteil des Meatus acusticus externus erhält seine Form durch die U-förmige **Cartilago meatus acustici**. Den Abschluss zum vollständigen Rohr bildet eine bindegewebige Platte. Der knöcherne Anteil verläuft in der Pars tympanica des Os temporale, dessen Pars squamosa auch das Dach bildet.
Die Lederhaut ist unverschieblich mit dem Knorpel bzw. Knochen verbunden, eine Subkutis fehlt.
Am Porus acusticus externus befinden sich Terminalhaare (**Tragi**). Eingelassen in die Haut sind **Talgdrüsen** und apokrin sezernierende, tubulös geknäuelte **Glandulae ceruminosae**. Während der abgesonderte Talg und abgeschilferte Epithelzellen den Hauptanteil des Ohrenschmalzes (**Cerumen**) ausmachen, sorgt das Sekret der Glandulae ceruminosae für dessen weiche Konsistenz und gelbliche Farbe. Cerumen wirkt antibakteriell sowie antimykotisch und soll durch seinen ranzigen Geruch das Eindringen von Insekten in den Meatus acusticus externus verhindern.

Aufbau: Der knorpelige Anteil wird durch die U-förmige **Cartilago meatus acustici** und eine bindegewebige Platte zu einem vollständigen Rohr. Der knöcherne Teil liegt in der Pars tympanica des Os temporale. In die unverschiebliche Haut sind im Bereich des Porus acusticus externus Terminalhaare (**Tragi**), **Talgdrüsen** und apokrine **Glandulae ceruminosae** eingelassen. Das antibakteriell wirkende Ohrenschmalz (**Cerumen**) besteht aus dem Sekret dieser Drüsen sowie abgeschilferten Epithelzellen.

▶ **Klinik.** Zerumen ist zunächst dickflüssig und kann innerhalb einiger Tage deutlich härter (und dunkler) werden. Die täglich produzierte Menge variiert stark. Durch falsche Reinigungsmethoden (z. B. mit Wattestäbchen) ist die Entstehung eines **Zerumenpfropfes** möglich, der den Meatus acusticus externus komplett verlegt und die Schallleitung empfindlich behindert. Nach Einweichen sind solche Pfropfen durch eine Spülung unter otoskopischer Kontrolle in der Regel leicht entfernbar.

▶ **Klinik.**

Gefäßversorgung: An der Blutversorgung des äußeren Gehörganges ist neben den die Ohrmuschel versorgenden Gefäßen (S. 1075) noch die **Arteria auricularis profunda** (Ast der A. maxillaris) beteiligt.

Gefäßversorgung: Neben den Gefäßen zur Versorgung der Ohrmuschel ist auch die **A. auricularis profunda** beteiligt.

Innervation: Wie auch die Ohrmuschel wird der Meatus acusticus externus vom **Nervus auriculotemporalis** und dem **Nervus auricularis magnus** sensibel innerviert. Für die Unter- und Hinterwand tritt noch der **Ramus auricularis** des **Nervus vagus** (X) sowie Fasern aus dem **Nervus glossopharyngeus** (IX) hinzu.

Innervation: N. auriculotemporalis, N. occipitalis magnus, R. auricularis des N. vagus und Fasern des N. glossopharyngeus.

Trommelfell (Membrana tympanica)

Trommelfell (Membrana tympanica)

Funktion: Die durch den Meatus acusticus externus eintreffenden Schallwellen (periodische Luftdruckschwankungen) bringen das Trommelfell zum Schwingen. Diese Schwingungen werden auf die nachfolgende Gehörknöchelchenkette übertragen.

Form und Lage: Das Trommelfell (Durchmesser von 8–10 mm) bildet die Grenze des Meatus acusticus externus zur Paukenhöhle des Mittelohrs. Es ist im **Sulcus tympanicus** des Os tympanicum bzw. der Pars squamosa des Os temporale über einen Faserknorpelring, **Anulus fibrocartilagineus**, befestigt. Durch den in das Trommelfell eingelassenen Anteil des ersten Gehörknöchelchens, dem Hammergriff = Manubrium mallei (S. 1080), entsteht eine nach innen gerichtete, trichterförmige Struktur, deren Spitze **Umbo** genannt wird.

Funktion: Das Trommelfell wird durch Schallwellen zum Schwingen gebracht und überträgt diese auf die Gehörknöchelchenkette.

Form und Lage: Es bildet die Grenze zum Mittelohr und ist im **Sulcus tympanicus** des Os temporale über einen Ring aus Faserknorpel, den **Anulus fibrocartilagineus** befestigt. Durch die Befestigung am Hammergriff entsteht eine trichterförmige Struktur, deren Spitze **Umbo** genannt wird.

▶ **Merke.** Die Membran ist etwa 45° von außen-oben-hinten nach innen-unten-vorne geneigt, wodurch das Dach des Meatus acusticus externus kürzer als sein Boden ist (Abb. **M-6.4a**).

▶ **Merke.**

Man unterschiedet die oberhalb des Hammergriffs gelegene spannungslose **Pars flaccida** (Shrapnell-Membran) von der gespannten **Pars tensa**.
Mit Hilfe zweier senkrecht aufeinander stehender Linien, kann das Trommelfell in **Quadranten** eingeteilt werden. Beide Linien kreuzen sich im Umbo (Abb. **M-6.4b**).

Man unterscheidet eine kleinere, oberhalb des Hammergriffs gelegene spannungslose **Pars flaccida** (Shrapnell-Membran), auf deren Innenseite (in einer Schleimhautfalte geschützt) die **Chorda tympani** verläuft. Diese Schleimhautfalte grenzt zusammen mit dem Ligamentum mallei laterale unvollständig den Recessus membranae tympani superior als Subraum der Paukenhöhle (S. 1078) ab. Der größere und gespannte Teil des Trommelfells wird **Pars tensa** genannt.
Mit Hilfe zweier senkrecht aufeinander stehender Linien, kann das Trommelfell in **Quadranten** eingeteilt werden. Die von oben nach unten verlaufende Linie wird Stria mallearis genannt und folgt der Verwachsungslinie mit dem Hammergriff. Die senkrecht hierzu verlaufende Linie kreuzt die **Stria mallearis** im Umbo (Abb. **M-6.4b**).

Aufbau: Das Trommelfell setzt sich aus dem äußeren **Stratum cutaneum**, einer vaskularisierten **Lamina propria** (fehlend in der Pars flaccida) und einem zur Paukenhöhle gerichteten **Stratum mucosum** zusammen.

Aufbau: Das Trommelfell ist perlmuttfarben und etwa 0,1 mm dick. Es setzt sich aus einem äußeren **Stratum cutaneum**, das von der Haut des Meatus acusticus externus gebildet wird, einer vaskularisierten **Lamina propria** aus Kollagenfasern und einem zur Paukenhöhle gerichteten **Stratum mucosum** zusammen. Letzteres wird von der die Paukenhöhle auskleidenden Schleimhaut gebildet. In der Pars flaccida fehlt die Lamina propria.

Gefäßversorgung: Sie erfolgt aus Ästen der Aa. auricularis profunda, temporalis superficialis und auricularis posterior.
Innervation: Außenseite:
N. auriculotemporalis, N. vagus; Innenseite: N. glossopharyngeus.

Gefäßversorgung: Die arterielle Versorgung erfolgt aus Ästen der **Arteriae auricularis profunda**, **temporalis superficialis** und **auricularis posterior**.

Innervation: Die Außenseite des Trommelfells wird vom **Nervus auriculotemporalis** (aus dem N. mandibularis, V₃) und dem **Ramus auricularis** des N. vagus (X), die zur Paukenhöhle gerichtete Seite aus dem **Plexus tympanicus** des N. glossopharyngeus (IX) sensibel innerviert.

6.3 Mittelohr (Auris media)

▶ Definition.

▶ **Definition.** Unter dem Begriff Mittelohr versteht man mit Schleimhaut ausgekleidete, Luft gefüllte (pneumatisierte) Räume im Os temporale, welche sich medial an das Trommelfell anschließen. Hierzu zählen
- die **Paukenhöhle** (**Cavitas tympani**) mit der Gehörknöchelchenkette,
- das **Antrum mastoideum** und die **Cellulae mastoideae** (Paukennebenhöhlen) sowie
- die **Tuba auditiva** (Eustachi-Röhre).

6.3.1 Paukenhöhle (Cavitas tympani)

Wände und Etagen: s. Tab. **M-6.1** und Abb. **M-6.6**.

6.3.1 Paukenhöhle (Cavitas tympani)

Wände und Etagen: Der etwa 20 mm hohe Raum der Cavitas tympani zwischen Trommelfell und Labyrinth ist nur etwa 2 mm schmal und wird von **sechs Wänden** (Paries) begrenzt und in **drei Etagen** eingeteilt (Tab. **M-6.1** und Abb. **M-6.6**).

⊙ M-6.6 Wände und Etagen der Paukenhöhle

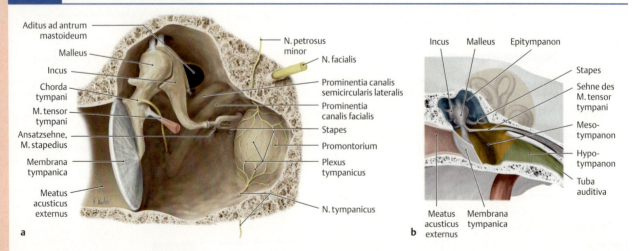

(Prometheus LernAtlas. Thieme, 3. Aufl.)
a Paukenhöhle in der Ansicht von ventral nach Entfernung der Vorderwand (Paries caroticus).
b Die drei Etagen der Paukenhöhle sind mit unterschiedlichen Farben unterlegt.

M 6.3 Mittelohr (Auris media)

M-6.1 Wände und Etagen der Paukenhöhle

Wand bzw. Etage	Lage	Besonderheiten
Wände:		
Paries membranaceus	lateral (Seitenwand)	Innenseite des **Trommelfells**
Paries labyrinthicus	medial (Innenwand)	**Fenestrae vestibuli** und **cochleae, Promontorium** (basale Windung der Helix), **Prominentia nervi facialis** mit N. facialis im **Canalis facialis, Prominentia canalis semicircularis lateralis** mit lateralem Bogengang
Paries mastoideus	dorsal (Hinterwand)	Zugang zum **Antrum mastoideum** (S. 1082) und den Mastoidzellen
Paries caroticus	ventral (Vorderwand)	grenzt an den **Canalis caroticus** der A. carotis interna, Eingangsöffnung der **Tuba auditiva**, Eintritt des **M. tensor tympani** in die Paukenhöhle
Paries jugularis	kaudal (Boden)	durch eine dünne Knochenplatte in der gleichnamigen Fossa vom **Bulbus sup. v. jugularis internae** getrennt
Paries tegmentalis	kranial (Decke)	gebildet vom **Tegmen tympani** (dünne Knochenlamelle der mittleren Schädelgrube)
Etagen:		
Epitympanon (Kuppelraum)	oberhalb des Trommelfells	**Hammerkopf** und das **Corpus incudis** liegen hier. Vom Aditus ad antrum mastoideum gelangt man ins **Antrum mastoideum** und die **Cellulae mastoideae**.
Mesotympanon (Hauptraum)	zwischen Trommelfell und Promontorium, rundem und ovalem Fenster	ventral: Öffnung zur **Tuba auditiva**, die eine Verbindung zum Pharynx herstellt
Hypotympanon (Paukenkeller)	unterhalb des Trommelfells	im Bereich der Öffnung zur Tuba auditiva

Aufbau: Die Paukenhöhle und ihre Nebenräume sowie die darin befindlichen Strukturen sind mit einer dünnen drüsenfreien Schleimhaut (**Mukoperiost**) überzogen, die zahlreiche Falten und Einbuchtungen aufweist und so die Paukenhöhle weiter unterteilt. Der **Recessus membranae tympani superior** liegt unmittelbar hinter der Pars flaccida des Trommelfells.
Das Epithel ist ähnlich aufgebaut, wie das der Nasennebenhöhlen. Die unter dem Epithel liegende dünne Bindegewebsschicht liegt dem Periost unmittelbar auf.

Inhalt: Die Paukenhöhle beinhaltet (Abb. **M-6.7**)
- die **drei Gehörknöchelchen** Malleus (Hammer), Incus (Amboss) und Stapes (Steigbügel),
- die beiden **Mittelohrmuskeln** (M. stapedius und M. tensor tympani),
- die **Chorda tympani** und den **Plexus tympanicus** des N. glossopharyngeus (IX) sowie
- vier **Arteriae tympanicae**.

Aufbau: Die Paukenhöhle und ihre Nebenräume werden von zahlreichen Schleimhautfalten weiter unterteilt. Der **Recessus membranae tympani superior** liegt unmittelbar hinter der Pars flaccida des Trommelfells.
Das Epithel entspricht dem der Nasennebenhöhlen.

Inhalt: Die Paukenhöhle beinhaltet (Abb. **M-6.7**):
- drei Gehörknöchelchen,
- zwei Mittelohrmuskeln (M. stapedius und M. tensor tympani),
- **Chorda tympani, Plexus tympanicus,**
- vier **Aa. tympanicae**.

M-6.7 Inhalt und Schleimhautüberzug der Paukenhöhle

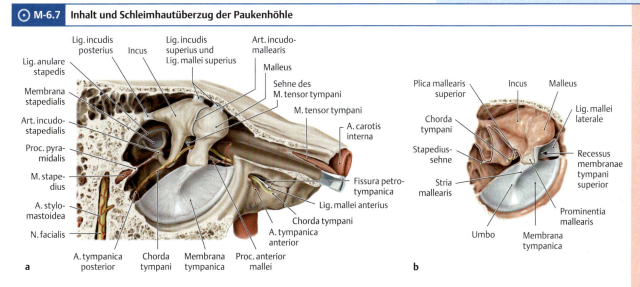

Ansicht von hinten außen bei teilweiser Entfernung des Trommelfells.
(Prometheus LernAtlas. Thieme, 3. Aufl.)

a Die gesamte Paukenhöhle mit den darin enthaltenen Strukturen
b ist von Schleimhaut überzogen.

Gehörknöchelchen (Ossicula auditoria)

Funktion: Die drei Gehörknöchelchen (Abb. **M-6.8**) dienen der Weitergabe und Verstärkung (Hebelwirkung) von Auslenkungen des Trommelfells auf das ovale Fenster und somit auf den Perilymphraum des Innenohrs (S. 1085).

M-6.8 **Gehörknöchelchenkette**

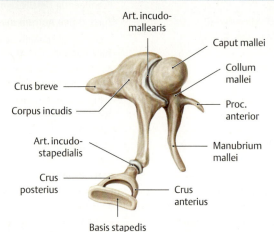

Ansicht der Gehörknöchelchen des linken Ohres von medial.
(Prometheus LernAtlas. Thieme, 3. Aufl.)

Abschnitte, Form und Lage:

- **Malleus (Hammer):** Der Malleus gliedert sich in den Hammergriff (**Manubrium mallei**), Hammerhals (**Collum mallei**) Hammerkopf (**Caput mallei**) und zwei Fortsätze (**Processus lateralis** und **Processus anterior**). Das Manubrium mallei ist mit der Innenseite des Trommelfells (S. 1077) verwachsen, während das Caput mallei mit dem ebenfalls im Epitympanon gelegenen Ambosskörper (Corpus incudis) ein Sattelgelenk, die **Articulatio incudomallearis**, bildet. Der Malleus ist durch **drei Bänder** in der Paukenhöhle befestigt: vom Collum mallei aus zieht das **Ligamentum mallei laterale** zur lateralen Wand der Paukenhöhle. Am Processus anterior ist die Ansatzstelle des **Ligamentum mallei anterius** zur Vorderwand). Vom Hammerkopf aus zieht das **Ligamentum mallei superius** zum Dach der Paukenhöhle.
- **Incus (Amboss):** Der Ambosskörper (**Corpus incudis**) setzt sich in zwei Schenkeln (Crura) fort. Das kurze **Crus breve incudis** zieht nahezu horizontal nach hinten, während das längere **Crus longum incudis** senkrecht nach hinten unten verläuft. Es bildet über einen kleinen Fortsatz (**Processus lenticularis**) mit dem Steigbügelkopf ein Gelenk, die **Articulatio incudostapedialis**. Das Crus breve ist über das **Ligamentum incudis posterius** mit der lateralen Wand und über das **Ligamentum incudis superius** mit dem Dach der Paukenhöhle verbunden.
- **Stapes (Steigbügel):** Der Steigbügelkopf (**Caput stapedis**) ist über zwei Schenkel (**Crus anterius** und **posterius**) mit der Steigbügelplatte (**Basis stapedis**) verbunden. Die Basis stapedis ist mit dem **Ligamentum anulare stapediale** beweglich im Fenestra vestibuli (S. 1084) aufgehängt. Zwischen den beiden Schenkeln des Steigbügels spannt sich die Membrana stapedialis.

Mittelohrmuskeln

Funktion: Zusammen dienen die beiden quergestreiften Mittelohrmuskeln **Musculus tensor tympani** und **Musculus stapedius** (Tab. **M-6.2**) einer **Reduktion** hoher Schallintensitäten, einer dynamischen Anpassung des Lautstärkebereichs und einer **Abschwächung** der Übertragung der eigenen Stimme.

▶ Klinik. Bei einer peripheren Fazialisparese (S. 993) kann der N. stapedius betroffen sein. Dies führt dann zu einer Lähmung des M. stapedius, die sich in einer gesteigerten Empfindlichkeit für laute Geräusche (**Hyperakusis**) manifestiert. Neben einer Fazialisparese kommt auch eine akustische Überlastung des auditorischen Systems als Ursache für eine Hyperakusis infrage.

M 6.3 Mittelohr (Auris media)

M-6.2 Mittelohrmuskeln

Muskel	Ursprung	Verlauf	Ansatz	Innervation	Funktion
M. tensor tympani	Semicanalis musculi tensoris tympani der Pars petrosa ossis temporale	Umlenkung am Processus cochleariformis nach lateral	Manubrium mallei	Ast des N. pterygoideus aus dem N. mandibularis (V₃)	**Spannung des Trommelfells** durch Zug am Hammergriff und **Versteifung** der Gehörknöchelchenkette
M. stapedius	Cavum musculi stapedii	In gerader Linie zum Caput stapedis	Caput stapedis	N. stapedius aus dem N. facialis (VII)	**Reduzierung der Kraftübertragung** durch Verkantung der Basis stapedis im ovalen Fenster

Nerven mit Bezug zur Paukenhöhle

Neben dem **Plexus tympanicus** (S. 1083), der die Schleimhaut der Paukenhöhle innerviert, haben v. a. Äste des Nervus facialis topografischen Bezug zur Paukenhöhle. Der **Nervus facialis** verläuft innerhalb des **Canalis nervi facialis** in der medialen Wand der Paukenhöhle, wo er eine Wölbung hervorruft (Prominentia canalis facialis). Am **Geniculum canalis facialis**, im Bereich des äußeren Fazialisknies, liegt das sensible **Ganglion geniculi**.

Dort trennen sich präganglionäre parasympathische Fasern aus dem Intermediusanteil des N. facialis als **Nervus petrosus major** vom Hauptstamm (Abb. **M-2.18**). Als nächster Nerv spaltet sich der motorische **Nervus stapedius** im Fazialiskanal vom Nervenstamm ab. Kurz vor dem Ende des Fazialiskanals trennt sich ein weiterer Intermediusanteil als **Chorda tympani** vom Fazialistamm und zieht rückläufig zwischen Hammer und Amboss durch die Paukenhöhle (Abb. **M-6.9**).

Der **Nervus petrosus major** führt präganglionäre parasympathische Fasern. Er zieht durch den Hiatus nervi petrosi majoris zur Vorderseite der Felsenbeinpyramide und von dort durch das Foramen lacerum. Nach Zusammenlagerung mit dem **Nervus petrosus profundus**, der sympathische Fasern führt, zieht der Verbund beider Nerven als **Nervus canalis pterygoidei** durch den Canalis pterygoideus ossis sphenoidalis in die Fossa pterygopalatina. Im hier gelegenen **Ganglion pterygopalatinum** erfolgt die Umschaltung der parasympathischen Fasern auf das zweite Neuron.

Die Fasern erreichen mit Ästen des N. maxillaris (V₂) ihre Zielorgane (Tränendrüse, Drüsen im Nasen- und Rachenraum).

Der **Nervus stapedius** führt motorische Fasern zur Innervation des M. stapedius und verlässt den Fazialisstamm im Bereich des (äußeren) Fazialisknies.

Die **Chorda tympani** führt sensorische und präganglionäre parasympathische Fasern aus dem Intermediusanteil des N. facialis.

Sie verlässt den Fazialiskanal kurz vor dem Foramen stylomastoideum und läuft zurück zur Paukenhöhle, wo sie sich durch eine Schleimhautfalte (Plica mallearis superior) geschützt zusammen mit der A. tympanica posterior um das Collum mallei schlingt. Durch die Fissura petrotympanica verlässt sie die Paukenhöhle und legt sich dann dem N. lingualis (aus V₃) an. Sie führt Geschmacksfasern für die vorderen zwei Drittel der Zunge.

Nerven mit Bezug zur Paukenhöhle

Neben dem **Plexus tympanicus** (S. 1083) sind Äste des N. facialis topografisch wichtig. In der medialen Wand der Paukenhöhle verläuft der **N. facialis**. Am Ganglion geniculi trennen sich präganglionäre parasympathische Fasern aus dem Intermediusanteil des N. facialis als **N. petrosus major** ab. Als nächstes spaltet sich der **N. stapedius** ab. Ein weiterer Intermediusanteil zweigt vor dem Ende des Fazialiskanals als **Chorda tympani** ab und zieht zwischen Hammer und Amboss zur Paukenhöhle (Abb. **M-6.9**).

Der **N. petrosus major** führt präganglionäre parasympathische Fasern. Er verbindet sich mit dem sympathischen **N. petrosus profundus** zum Nervus canalis pterygoidei und zieht zum **Ganglion pterygoideum**. Hier erfolgt die Umschaltung auf das zweite Neuron. Die autonomen Fasern erreichen mit Ästen des N. maxillaris ihre Zielorgane.

Der **N. stapedius** führt motorische Fasern zu Innervation des gleichnamigen Muskels.

Die **Chorda tympani** führt sensible Fasern aus dem Ganglion geniculi und sensorische Fasern. Sie verlässt den Fazialiskanal und zieht zur Paukenhöhle, wo sie in der Plica mallearis superior verläuft. Durch die Fissura petrotympanica verlässt sie die Paukenhöhle und legt sich dem N. lingualis an. Sie führt Geschmacksfasern und sensible Fasern für die vorderen ⅔ der Zunge.

M-6.9 Verlauf des N. facialis durch die Wand der Paukenhöhle

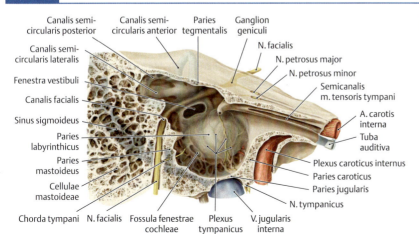

Ansicht von lateral auf die Innenwand (Paries labyrinthicus) der Paukenhöhle am Sagittalschnitt.

(Prometheus LernAtlas. Thieme, 3. Aufl.)

Ihre präganglionären parasympathischen Fasern werden im Ganglion submandibulare umgeschaltet und innervieren dann die Gll. sublingualis und submandibularis (S. 1020).

6.3.2 Antrum mastoideum, Cellulae mastoideae und Tuba auditiva

Antrum mastoideum und Cellulae mastoideae

Durch Pneumatisierung des Processus mastoideus innerhalb der ersten 6 Lebensjahre entsteht ein großer mit Schleimhaut ausgekleideter und luftgefüllter Raum (**Antrum mastoideum**) und zahlreiche kleinere, ebenfalls mit Schleimhaut ausgekleidete **Cellulae mastoideae**.

Von der Paukenhöhle aus liegt der Zugang zum Antrum mastoideum im Paries mastoideus (Hinterwand). Die Cellulae mastoideae sind untereinander und mit dem Antrum verbunden (Abb. **M-6.1b**) und stehen in enger topografischer Nachbarschaft zum Sinus sigmoideus und N. facialis.

Ohrtrompete (Tuba auditiva)

Funktion: Die Tuba auditiva (Abb. **M-6.10**) dient dem **Druckausgleich** zwischen dem Nasenrachenraum und der Paukenhöhle. Unter Normalbedingungen wird dieser Druckausgleich durch Schlucken erzielt.

Tuba auditiva

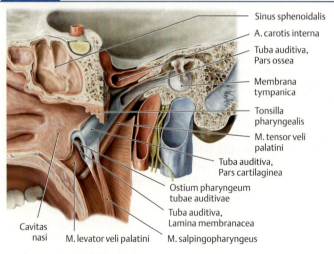

Ansicht von medial auf einen Sagittalschnitt. Vgl. auch Abb. **M-6.1**.
(Prometheus LernAtlas. Thieme, 3. Aufl.)

▶ **Klinik.** Entzündungen des Nasen- und Rachenraumes können sich über die Tuba auditiva leicht bis in die Paukenhöhle fortpflanzen und zu einer kompletten Verlegung der Tube (**Tubenkatarrh**) oder einer Entzündung der Schleimhaut des Mittelohres (**Otitis media**, Mittelohrentzündung) führen. Beide Krankheitsbilder kann man durch eine Otoskopie leicht unterscheiden.
Bei einem Tubenkatarrh kann kein Druckausgleich zwischen Mittelohr und Nasenrachenraum erfolgen. In der Paukenhöhle entsteht ein Unterdruck, der das Trommelfell nach innen drückt und seine Schwingungsfähigkeit dadurch stark einschränkt.
Bei einer Otitis media ist das Trommelfell stark gerötet und in Richtung Meatus acusticus externus vorgewölbt. Auch hierdurch wird seine Schwingungsfähigkeit stark eingeschränkt.
In beiden Fällen entsteht also eine (reversible) **Schallleitungsschwerhörigkeit**.

Form und Lage: Das Verbindungsrohr zwischen Paukenhöhle und Nasopharynx ist etwa 4 cm lang und verläuft von oben-außen-hinten nach unten-innen-vorn.
Seine Eingangsöffnung (**Ostium tympanicum tubae auditivae**) liegt in der Vorderwand der Paukenhöhle, die Mündung (**Ostium pharyngeum tubae auditivae**) in der Seitenwand des Nasopharynx (Pars nasalis des Rachens) etwa 4 cm hinter der unte-

M 6.4 Innenohr (Labyrinth)

ren Nasenmuschel (S. 1041). Das der Paukenhöhle nahe Drittel der Wand ist knöchern (**Canalis musculotubarius** der Pars petrosa ossis temporalis), die rachennahen ⅔ sind knorpelig-membranös (**Cartilago tubae auditivae**) ausgebildet. Dieser Teil erweitert sich trichterförmig in Richtung Rachen. Am Übergang der beiden Teile befindet sich die engste Stelle (**Isthmus tubae auditivae**). Der Canalis musculotubarius wird durch eine Knochenlamelle in den **Semicanalis musculi tensoris tympani** für den gleichnamigen Muskel und den **Semicanalis tubae auditivae** getrennt.

Die Cartilago tubae auditivae bildet die mediale und kraniale Wand des rachennahen Teils der Tube, während die laterale und kaudale Begrenzung von der bindegewebigen **Lamina membranacea** gebildet wird. Von ihr entspringen die Musculi levator und tensor veli palatini sowie der Musculus salpingopharyngeus, durch deren Kontraktion das Lumen der Tuba auditiva erweitert werden kann.

▶ **Merke.** Beim **Schlucken** (S. 920) wird das Gaumensegel durch den **M. tensor veli palatini** gespannt. Hierdurch wird zugleich ein Zug auf die Lamina membranacea ausgeübt und so das Lumen der Tuba auditiva erweitert.

Feinbau: Die Tuba auditiva ist mit einer Schleimhaut ausgekleidet, die in den oberen Abschnitten der Paukenhöhle ähnelt und Richtung Rachen in ein respiratorisches Epithel (Flimmerepithel mit Becherzellen) übergeht.

Gefäßversorgung und Innervation des Mittelohres

▶ **Merke.** Mit **Ausnahme der Aa. caroticotympanicae**, die aus der A. carotis interna stammen, wird das Mittelohr aus dem Stromgebiet der **A. carotis externa** versorgt.

Gefäßversorgung: Im Einzelnen ziehen folgende Arterien aus den in Klammern angegebenen Ästen der A. carotis externa zum Mittelohr: **Arteria tympanica anterior** (A. maxillaris), **Arteria tympanica superior** (A. meningea media), **Arteria tympanica posterior** (A. stylomastoidea), **Arteria tympanica inferior** (A. pharyngea ascendens) sowie die **Arteria stylomastoidea** (A. auricularis posterior).

Das venöse Blut fließt über den **Plexus pterygoideus** bzw. den **Plexus pharyngeus** ab. Auch Verbindungen zu den **Sinus durae matris** können bestehen.

Innervation: Die Schleimhaut von Paukenhöhle, Tuba auditiva und Cellulae mastoideae wird durch den **Nervus tympanicus**, einem Ast des N. glossopharyngeus (IX), sensibel innerviert. Er bildet zusammen mit den sympathischen Nn. caroticotympanici den **Plexus tympanicus**, der die Blutgefäße vasomotorisch innerviert. Die **parasympathischen Anteile** des N. tympanicus verlassen als **N. petrosus minor** durch einen kleinen Kanal (Hiatus canalis nervi petrosi minoris) die Paukenhöhle.

6.4 Innenohr (Labyrinth)

Wegen des komplexen Kanalsystems im Innern des Felsenbeins (Pars petrosa ossis temporalis, Abb. **M-6.11**) bezeichnet man das Innenohr auch als **knöchernes Labyrinth** (**Labyrinthus osseus**). Das knöcherne Labyrinth bildet zusammen mit dem analog geformten **häutigen** oder **membranösen Labyrinth** (**Labyrinthus membranaceus**) ein „Gehäuse" für das Hör- und Gleichgewichtsorgan (Tab. **M-6.3**).

Durch die unterschiedliche Größe von knöchernem und häutigem Labyrinth bedingt, befindet sich zwischen beiden ein Spalt. Dieser **perilymphatische Raum** ist mit Perilymphe gefüllt und kommuniziert über den Ductus perilymphaticus mit dem Subarachnoidalraum.

Das häutige Labyrinth gliedert sich wie folgt:

- **Labyrinthus cochlearis:** Er bildet mit seinem Sinnesepithel im **Ductus cochlearis** den **akustischen Teil** des Innenohres.
- **Labyrinthus vestibularis:** Er enthält das **Gleichgewichtsorgan** (**Vestibularorgan**) und besteht aus **Sacculus**, **Utriculus** und den Ampullae membranaceae der **drei Bogengänge** (**Ductus semicirculares**).

Während die Bogengänge in den jeweiligen knöchernen Canales semicirculares (posterior, lateralis und anterior) liegen, teilen sich Sacculus und Utriculus eine knöcherne Kapsel, die als Vestibulum bezeichnet wird.

Die drei Bogengänge sind in einem Winkel von 45° zur Sagittalebene angeordnet. Der laterale (horizontale) Bogengang ist um 30° nach ventral und kranial gekippt. Die beiden anderen Bogengänge stehen senkrecht dazu (Abb. **M-6.11**).

---

knorpelig-membranösen Teil (**Cartilago tubae auditivae**) zusammen. Am Übergang der beiden Teile befindet sich die engste Stelle (**Isthmus**). Der Canalis musculotubarius wird durch eine Knochenlamelle in die **Semicanales musculi tensoris tympani** und den **tubae auditivae** unterteilt. Die Cartilago tubae auditivae wird durch eine bindegewebige **Lamina membranacea**, von der die Mm. levator und tensor veli palatini sowie der M. salpingopharyngeus entspringen, zu einem Rohr ergänzt.

Feinbau: Das Schleimhautepithel ähnelt oben dem der Paukenhöhle und unten einem respiratorischen Epithel.

Gefäßversorgung und Innervation des Mittelohres

▶ **Merke.**

Gefäßversorgung: Aus dem Stromgebiet der A. carotis externa stammen die **Aa. tympanica anterior**, **superior**, **posterior**, **inferior** sowie die **A. stylomastoidea**.

Das venöse Blut fließt über den **Plexus pterygoideus** bzw. den **Plexus pharyngeus** ab.

Innervation: Die Schleimhaut des Mittelohres wird vom **N. tympanicus** (aus IX) sensibel innerviert. Er bildet mit den sympathischen Nn. caroticotympanici den **Plexus tympanicus** für die Vasomotorik.

6.4 Innenohr (Labyrinth)

Das komplexe Kanalsystem in der Pars petrosa Abb. **M-6.11** wird **knöchernes Labyrinth** genannt. Zusammen mit dem analog geformten **häutigen** (membranösen) **Labyrinth** bildet es ein „Gehäuse" für das Hör- und Gleichgewichtsorgan (Tab. **M-6.3**). Dazwischen befindet sich der **perilymphatische Raum**, der mit dem Subarachnoidalraum kommuniziert.

Im häutigen Labyrinth unterscheidet man den

- **Labyrinthus cochlearis** für den akustischen Teil des Innenohres und den
- **Labyrinthus vestibularis**. Er enthält das Gleichgewichtsorgan (Vestibularorgan), das aus Sacculus, Utriculus (im knöchernen Vestibulum) und den drei Bogengängen (Ductus semicirculares) besteht. Sie sind in einem Winkel von 45° zur Sagittalebene angeordnet (Abb. **M-6.11**).

M-6.11 Lage des Innenohrs

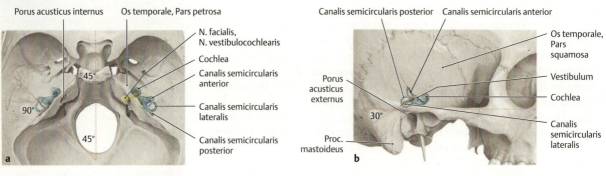

(Prometheus LernAtlas. Thieme, 3. Aufl.)
a Projektion des Innenohrs auf die Felsenbeinpyramide (Ansicht von kranial)
b und die Pars squamosa des Os temporale (Ansicht von lateral).

M-6.3 Knöchernes und häutiges Labyrinth

knöchernes Labyrinth	häutiges Labyrinth
„Gehäuse" des Hörorgans	
Die knöcherne Schnecke (**Cochlea**) bildet den vorderen Abschnitt des Labyrinths und besteht aus folgenden Strukturen • Die **Basis cochleae** (**Schneckenbasis**) ist zum inneren Gehörgang gerichtet. Hier liegt das runde Fenster (Fenestra cochleae) als Verbindung zur Paukenhöhle. • Die Spitze der Schnecke zeigt nach vorne, seitlich und unten. Sie wird als **Schneckenkuppel** (**Cupula cochleae**) bezeichnet. • Der spiralige **Schneckenkanal** (**Canalis spiralis cochleae**) weist auf 35 mm Länge 2,5 Windungen auf (Durchmesser an der Basis ca. 9 mm, Höhe ca. 5 mm) und beginnt am Vorhof. • Der **Modiolus** dient als knöcherne Achse der Schnecke, von der aus zwei Knochenlamellen, die Lamina spiralis ossea und das Septum cochleae entspringen. Die **Lamina spiralis ossea** springt wie die Lamellen einer Schraube in den Canalis spiralis cochleae vor. Das **Septum cochleae** dient als dünne Trennwand zwischen den Kanalgängen. • Von der Lamina spiralis ossea entspringt die Basilarmembran (s. häutiges Labyrinth) und zieht zur seitlichen Wand des Schneckengangs. Dadurch wird der Canalis spiralis cochlea in eine obere Etage = **Scala vestibuli** und eine untere Etage = **Scala tympani** unterteilt, die an der Schneckenspitze über das **Helicotrema** miteinander verbunden sind. Beide Scalae sind mit **Perilymphe** gefüllt. • Die Scala vestibuli steht mit dem Vestibulum über das **ovale Fenster** (**Fenestra vestibuli**) in Verbindung. • Die Scala tympani beginnt/endet am **runden Fenster** (**Fenestra cochleae**, das von der Membrana tympanica secundaria verschlossen ist. • Über den **Ductus perilymphaticus**, der durch den **Canaliculus cochleae** verläuft, kommunizieren Scala tympani und Subarachnoidalraum.	Der häutige Schneckengang (**Ductus cochlearis**) beinhaltet das **Sinnesepithel** des auditorischen Systems und liegt im Canalis spiralis cochleae. Er schiebt sich im Querschnitt keilförmig zwischen Scala vestibuli und Scala tympani und ist mit **Endolymphe** gefüllt. Dadurch ist sein Querschnitt dreieckig: • **Paries externus**: äußerer Wandabschnitt • **Paries vestibularis**: der Scala vestibuli benachbarter Wandabschnitt = **Reissner-Membran** • **Paries tympanicus**: der Scala tympani benachbarter Wandabschnitt mit Lamina spiralis ossea und **Basilarmembran** (Lamina basilaris). Auf Letzterer liegt das auditorische Sinnesorgan, s. Corti-Organ (S. 1086). An seinem basalen Ende ist der Ductus cochlearis durch den **Ductus reuniens** mit dem Sacculus verbunden. Er endet blind in der Schneckenkuppel.
„Gehäuse" des Gleichgewichtsorgans	
Canales semicirculares anterior, **posterior** und **lateralis** (knöcherne Bogengänge), die senkrecht zueinander stehen • Durchmesser ca. 1 mm, Länge ca. 20 mm • vorderer und hinterer Bogengang weichen von der Median- bzw. der Frontalebene um 45° ab, der laterale Bogengang ist gegen die Horizontalebene um 30° nach hinten gekippt (Abb. **M-6.11**). • Nahe dem Vorhof (s. u.) ist jeweils ein Schenkel der Gänge zu Ampullen (**Ampullae osseae**) erweitert. Die nicht erweiterten Schenkel des vorderen und hinteren Bogenganges vereinigen sich zu einem kurzen gemeinsamen Schenkel (**Crus osseum commune**).	**Ductus semicirculares** anterior, **posterior** und **lateralis** (häutige Bogengänge) mit **Ampullae membranaceae** Sie stehen über ihre Schenkel mit dem Utriculus in Verbindung und sind mit **Endolymphe** gefüllt.
Vestibulum (Vorhof): Mit **Perilymphe** gefüllter Hohlraum von ca. 5 mm Durchmesser, der mit folgenden Räumen in Verbindung steht: • nach vorne mit der Schnecke, • nach hinten mit den drei Bogengängen • über die Basis stapedis im **ovalen Fenster** mit der Paukenhöhle.	**Sacculus** und **Utriculus**: vorderes und hinteres Vorhofsäckchen stehen über den **Ductus utriculosaccularis** miteinander in Verbindung **Ductus endolymphaticus**: zweigt vom Ductus utricosaccularis ab und endet an einer epiduralen Aussackung (**Saccus endolymphaticus**) an der Hinterfläche des Felsenbeins

M-6.12 Knöchernes und membranöses Labyrinth

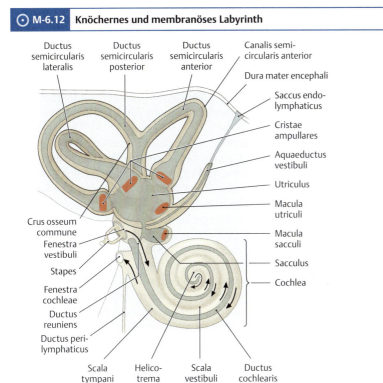

Schematische Darstellung von knöchernem und häutigem Labyrinth mit perilymphathischem (beige) und endolymphatischem (grau-grün) Raum.
(Prometheus LernAtlas. Thieme, 3. Aufl.)

Das membranöse Labyrinth ist von einem platten bis isoprismatischen Epithel ausgekleidet, das an den jeweiligen Rezeptorarealen verdickt ist. Es ist mit **Endolymphe** gefüllt und über spärliche Bindegewebsfasern im Bereich der Sinnesepithelien des Vestibularapparats mit dem knöchernen Labyrinth verbunden.

▶ **Merke.** **Sacculus**, **Utriculus**, die drei **Ductus semicirculares** (anterior, posterior und lateralis), sowie **Ductus** und **Saccus endolymphaticus** werden zum **Vestibularorgan** gezählt, während der **Ductus cochlearis** Bestandteil des **Hörorgans** ist.

Gefäße und Nerven erreichen beide Organe über den **Meatus acusticus internus**. Dieser etwa 10 mm lange und 5 mm weite Gang verläuft in der Felsenbeinpyramide und nimmt den N. vestibulocochlearis (VIII) mit dem Ganglion vestibulare sowie die A. und V. labyrinthi auf.
Auch der N. facialis (VII) mit seinem Intermediusanteil tritt hier in das Felsenbein ein.
Tab. **M-6.3** gibt eine Übersicht über die einzelnen Strukturen von knöchernem und häutigem Labyrinth.

Perilymphe: Die im **perilymphatischen Raum** zwischen knöchernem und häutigem Labyrinth befindliche Perilymphe ist eine **extrazelluläre Flüssigkeit**, deren Zusammensetzung bis auf den etwas höheren Proteingehalt in etwa der des Liquor cerebrospinalis entspricht.
Verbindungen zu den Liquorräumen bestehen über das Perineurium des N. vestibulocochlearis und über den Ductus perilymphaticus mit dem Subarachnoidalraum.

Endolymphe: Die kaliumreiche und natriumarme Endolymphe hat eine ähnliche Zusammensetzung wie die **Intrazellularflüssigkeit** und füllt die Hohlräume (ca. 70 µl/Seite) des **häutigen** Labyrinths. Sie wird von spezialisierten Epithelzellen der Stria vascularis cochleae (S. 1087), der Cristae ampullares und Epithelanteilen von Sacculus und Utriculus gebildet. Die Resorption der Endolymphe erfolgt im **Saccus endolymphaticus**.

M-6.12

Das membranöse Labyrinth ist im Bereich der Sinnesepithelien des Vestibularapparates verdickt und mit dem knöchernen Labyrinth verbunden. Es enthält **Endolymphe**.

▶ **Merke.**

Leitungsbahnen erreichen das Labyrinth über den **Meatus acusticus internus**. Er enthält den N. vestibulocochlearis (VIII) mit dem Ganglion vestibulare, A. und V. labyrinthi sowie den N. facialis (VII).

Perilymphe: Ihre Zusammensetzung entspricht in etwa dem des Liquor cerebrospinalis. Der perilymphatische Raum ist über das Perineurium des N. vestibulocochlearis und den Ductus perilymphaticus mit den Liquorräumen verbunden.

Endolymphe: Sie füllt die Hohlräume des **häutigen** Labyrinths. In ihrer Zusammensetzung ähnelt sie der intrazellulären Flüssigkeit, wird von spezialisierten Epithelzellen produziert und im **Saccus endolymphaticus** resorbiert.

6.4.1 Labyrinthus cochlearis mit Hörorgan

Ductus cochlearis

Der **Ductus cochlearis** hat drei Wände (Abb. **M-6.13**):

- **Paries vestibularis:** Diese Wand wird von der **Membrana vestibularis** gebildet und stellt die Abgrenzung zur Scala vestibuli dar.
- **Paries externus:** Die seitliche Begrenzung bildet das **Ligamentum spirale**. Es wird zur Endolymphe hin durch die **Stria vascularis** abgegrenzt, deren Epithelzellen **nicht** auf einer Basallamina ruhen. Die Stria vascularis produziert die Endolymphe und ist als einziges Epithel des Körpers gut kapillarisiert.
- **Paries tympanicus:** Er wird von der **Membrana basilaris** gebildet und stellt die Abgrenzung des Ductus cochlearis zur Scala tymani dar. Auf der Basilarmembran sitzt das Hörorgan (Corti-Organ, Organum spirale).

6.4.1 Labyrinthus cochlearis mit Hörorgan

Ductus cochlearis

Der **Ductus cochlearis** innerhalb des Canalis spiralis cochleae ist im Querschnitt dreieckig (Abb. **M-6.13**). Die drei ihn begrenzenden Strukturen sind:

- **Paries vestibularis:** Die **Membrana vestibularis** bildet sein Dach und somit die Abgrenzung zur Scala vestibuli. Die Membran besteht aus einer Basallamina mit einem beidseitigen Plattenepithel.
- **Paries externus:** Das **Ligamentum spirale** begrenzt den Ductus cochlearis zur Seite hin. Es besteht aus einem lockeren Netz aus Bindegewebszellen und Fasern, seine extrazellulären Räume stehen mit den perilymphatischen Räumen in Verbindung. Zur Endolymphe des Ductus cochlearis hin wird das Ligamentum spirale von der **Stria vascularis** abgegrenzt, deren Epithelzellen **nicht** von einer Basallamina getragen werden. Als einziges Epithel des Körpers ist die Stria vascularis reich kapillarisiert. Wichtigste Aufgabe dieses Epithels ist die Produktion der Endolymphe (wahrscheinlich aus Perilymphe). Hierzu müssen Kaliumionen unter Energieverbrauch in die Endolymphe transportiert werden.
- **Paries tympanicus:** Die **Membrana basilaris** bildet den Boden des Ductus cochlearis und grenzt ihn zur Scala tympani hin ab. Sie ist der für die Erregung der Sinneszellen wichtigste Teil des Ductus, da auf ihr das eigentliche Hörorgan (Corti-Organ, Organum spirale) sitzt. Die Membrana basilaris ist ca. 34 mm lang und an der Basis der Cochlea ca. 200 µm, an der Kuppel ca. 360 µm breit.

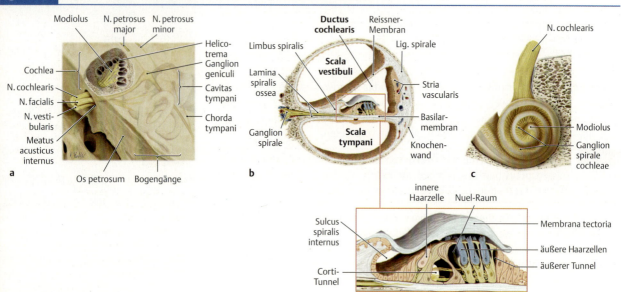

M-6.13 Lage und Aufbau des Ductus cochlearis in der knöchernen Schnecke

(Prometheus LernAtlas. Thieme, 3. Aufl.)
a Querschnitt durch die Cochlea im Felsenbein.
b Lage und Aufbau des Ductus cochlearis im Canalis spiralis cochleae. Der Basilarmembran liegt das von drei tunnelartigen Hohlräumen durchzogene Corti-Organ auf.
c Ganglion spirale cochleae.

Corti-Organ

Funktion: Die Sinneszellen des Corti-Organs wandeln mechanische Reize in elektrische Signale um.

Aufbau: Die Epithelzellen sitzen der Basilarmembran auf. Zwischen ihnen liegen **drei** mit Corti-Lymphe gefüllte **Hohlräume**. Über ihrem zentralen Teil wölbt sich die gallertige Membrana tectoria.

Corti-Organ

Funktion: Das Corti-Organ enthält die Sinneszellen zur Umwandlung mechanischer Reize in elektrische Signale und ist somit als eigentliches Hörorgan zu betrachten.

Aufbau: Das Corti-Organ besteht aus wallartig der Membrana basilaris aufsitzenden Epithelzellen. Über seinem zentralen Anteil wölbt sich die gallertige **Membrana tectoria** (**Tektorialmembran**). Innerhalb des Epithelhügels bestehen drei mit Perilymphe (hier Corti-Lymphe genannt) gefüllte Hohlräume, der **innere Corti-Tunnel**, der **mittlere Nuel-Raum** und der **äußere Tunnel**.

M 6.4 Innenohr (Labyrinth)

Das Epithel enthält eine Vielzahl unterschiedlich benannter **Stützzellen** sowie **Grenzzellen** und Stereozilien tragende **Haarzellen** (S. 1230). Die Haarzellen sind die eigentlichen Sinneszellen. Sie sind in zwei Reihen angeordnet. Man unterscheidet **eine** Reihe **innerer Haarzellen** (insgesamt etwa 3 500), von denen jede einzelne mit einer Nervenfaser verbunden ist und **drei-** (basal) **bis fünf** Reihen (Spitze der Cochlea) von **äußeren Haarzellen** (insgesamt ca. 15 000), die jeweils als Gruppe synaptisch mit einer Nervenfaser verbunden sind. Im Bereich der Schneckenbasis sind die Stereozilien der Haarzellen kurz (4 µm) und nehmen in Richtung Cupula cochleae an Länge (8 µm) zu. Sie haben an der Spitze einen Durchmesser von 0,5 µm und verjüngen sich Richtung Basis auf 0,1–0,2 µm. Eine Haarzelle trägt durchschnittlich 75 Stereozilien, die bei den inneren Haarzellen C-förmig, bei den äußeren Haarzellen W-förmig angeordnet sind. Mit ihren Spitzen ragen die Stereozilien der äußeren Haarzellen in die Membrana tectoria. Von dem ursprünglich angelegten Kinozilium bleibt oft nur das Basalkörperchen zurück.

Die **inneren Haarzellen** werden von **inneren Phalangenzellen** gestützt. Die **äußeren Haarzellen** sitzen den **äußeren Phalangenzellen** (Deiters-Stützzellen) auf. Zwischen inneren und äußeren Haarzellen liegen **Pfeilerzellen**, die den inneren Tunnel bilden. Durch die verbreiterten apikalen Enden der Deiters-Zellen stoßen die Stereozilien der Sinneszellen in den Endolymphraum der Scala media vor. Tight Junctions zwischen Stereozilien und Deiters-Zellen schließen den Endolymphraum komplett gegen die Corti-Lymphe ab. Die inneren und äußeren Grenzzellen begrenzen den Sulcus spiralis medialis bzw. lateralis.

Innervation: Das **Ganglion spirale cochleae** (Abb. **M-6.13c**) liegt innerhalb der Cochlea (Canalis spiralis modioli). Von den 30 000–40 000 bipolaren Ganglienzellen sind etwa 95 % den inneren Haarzellen zugeordnet, die verbleibenden 5 % erhalten Signale von den äußeren Haarzellen. Die afferenten Schenkel der bipolaren Neurone bilden mehrfache Synapsen mit den inneren Haarzellen, während eine periphere Faser mit einer Gruppe von äußeren Haarzellen Synapsen bildet. Die zentralen Fortsätze der bipolaren Ganglienzellen bilden am Grund des Meatus acusticus internus den **Nervus cochlearis** (S. 995).

Gefäßversorgung: Die **Arteria labyrinthi** (S. 1159) gibt die **Arteria vestibularis anterior** und die **Arteria cochlearis communis** ab. Letztere teilt sich in die **Arteria cochlearis propria** zur Versorgung der Cochlea und die **Arteria vestibulocochlearis** zum Vestibularapparat. Die **Arteria cochlearis propria** steigt im Canalis spiralis modioli aufwärts. Ihre Äste bilden in der Lamina spiralis ossea in Höhe der Scala vestibuli das **Vas spirale** in der Basilarmembran und ein dichtes Kapillarbett in der **Stria vascularis**.
Der venöse Abfluss erfolgt im Bereich der Scala tympani über die Venae canaliculi cochleae bzw. vestibuli in die **Venae labyrinthi**.

6.4.2 Labyrinthus vestibularis mit Gleichgewichtsorgan

Funktion: Über das im Labyrinthus vestibularis liegende Gleichgewichts- oder Vestibularorgan werden sowohl lineare als auch radiale Beschleunigungen und Lageveränderungen des Kopfes wahrgenommen. Es dient somit der Orientierung im Raum.

▶ **Merke.** Der Wahrnehmung **linearer Beschleunigungen bzw. Verzögerungen** dienen die nahezu senkrecht bzw. horizontal angeordneten Sinneszellen des **Sacculus** bzw. **Utriculus**, die Wahrnehmung von **Winkelbeschleunigung** erfolgt über die **drei Bogengänge**. Der **Ductus endolymphaticus** verbindet die Ductus des Vestibularorgans mit dem Saccus endolymphaticus in der Dura mater und dient als „Überlaufgefäß".

Aufbau: Die sekundären Sinneszellen (Mechanorezeptoren) befinden sich zusammen mit Stützzellen im Epithel der **Maculae** des Sacculus und Utriculus. Zusammen werden die beiden Maculae auch **Macula statica** genannt. Bei den Bogengängen befindet sich das Sinnesepithel in Erweiterungen, die **Cristae ampullares** genannt werden. Die Sinnesfelder sind jeweils 2–3 mm² groß (Abb. **M-6.14**).

Das Epithel besteht aus verschiedenen **Stützzellen**, **Grenzzellen** und Stereozilien tragende **Haarzellen**, den eigentlichen Sinneszellen. Da sie in zwei Reihen angeordnet sind, unterscheidet man **innere** und **äußere Haarzellen**. Die Stereozilien haben in den unterschiedlichen Abschnitten des Ductus cochlearis unterschiedliche Dimensionen, reichen aber mit ihren Spitzen immer in die Membrana tectoria.
Die Stützzellen der inneren bzw. äußeren Haarzellen werden innere bzw. äußere **Phalangenzellen** genannt. Dazwischen liegen die inneren bzw. äußeren **Pfeilerzellen**. Die inneren bzw. äußeren Grenzzellen bilden den Abschluss zum Sulcus spiralis medialis bzw. lateralis.

Innervation: Das **Ganglion spirale cochleae** (Abb. **M-6.13c**) liegt innerhalb des Canalis spiralis modioli. 95 % der bipolaren Ganglienzellen sind mit den inneren Haarzellen, 5 % mit den äußeren Haarzellen verschaltet. Die efferenten Fortsätze der bipolaren Ganglienzellen bilden den **N. cochlearis**.

Gefäßversorgung: Die **A. labyrinthi** (S. 1159) bildet drei Äste (**A. vestibularis anterior, A. cochlearis propria, A. vestibulocochlearis**) zur Versorgung von Cochlea und Vestibularorgan.
Das **Vas spirale** (aus der A. cochlearis propria) versorgt die Stria vascularis.
Der venöse Abfluss erfolgt über die **Vv. labyrinthi**.

6.4.2 Labyrinthus vestibularis mit Gleichgewichtsorgan
Funktion: Das im Labyrinthus vestibularis liegende Organ detektiert lineare und radiale Beschleunigungen.

▶ **Merke.**

Aufbau: Die sekundären Sinneszellen sitzen in den **Maculae** von Sacculus und Utriculus (zusammen **Macula statica**). Die Sinneszellen der Bogengänge sitzen in den **Cristae ampullares** (Abb. **M-6.14**).

⊙ M-6.14 Aufbau des Vestibularorgans

Halbtransparente Ansicht der Sinnesfelder des Vestibularorgans im Labyrinthus vestibularis, das von den entsprechenden Anteilen des knöchernen Labyrinths umgeben ist.

(Prometheus LernAtlas. Thieme, 3. Aufl.)

Labels:
- Canalis semicircularis anterior
- Ductus semicircularis anterior
- Ganglion vestibulare – Pars superior – Pars inferior
- Cristae ampullares
- Saccus endolymphaticus
- Ductus semicircularis lateralis
- Ductus semicircularis posterior
- Ductus endolymphaticus
- Ductus reuniens
- Utriculus
- Macula utriculi
- Macula sacculi
- Sacculus

≡ M-6.4 Aufbau der Sinnesfelder von Sacculus, Utriculus und der Bogengänge

Anteil des Vestibularsystems	Lokalisation und Lage der Sinneszellen	Aufbau der gallertigen Deckschicht	Mechanismus der Reizübertragung	registrierte Bewegung
Sacculus	Macula sacculi (vertikal zur Körperachse)	**Statokonien-/Otolithenmembran** ■ flach ■ enthält **Kalziumkarbonat-Kristalle** (Statokonien, Otolithen) ■ Dichte höher als die der Endolymphe	Kopfbewegung ↓ Otolithenmembran bleibt aufgrund ihrer Trägheit zurück ↓ Abscherung der Stereozilien	**lineare Beschleunigungen** ■ nach Größe und Richtung ■ Abweichungen der Kopfhaltung von der Senkrechten
Utriculus	Macula utriculi (horizonzal zur Körperachse)			
Bogengänge	Cristae ampullares	**Cupula** ■ kuppelförmig ■ enthält **keine Kristalle** ■ Dichte gleich der der Endolymphe ■ von feinen Kanälchen durchzogen	Kopfdrehung ↓ Endolymphe bleibt aufgrund ihrer Trägheit gegenüber den Bogengängen zurück ↓ Auslenkung der beweglichen Cupula ↓ Abscherung der Stereozilien	**radiale Beschleunigungen** ■ entsprechend dem Ausmaß der Ablenkung der Cupula ■ die Drehrichtung wird aus der Auslenkung aller sechs Cupulae im Gehirn "errechnet"

Das Sinnesepithel besteht aus zwei unterschiedlich gebauten Haar- und dazwischen liegenden Stützzellen. Beide Typen tragen an ihrer apikalen Seite 80–100 **Stereozilien** und eine **Kinozilie**, die in eine **gallertige Deckschicht** ragen. Letztere ist in den Maculae und Cristae unterschiedlich aufgebaut (Tab. **M-6.4**).

Gefäßversorgung und Innervation: Aa. vestibularis anterior und vestibulocochlearis aus der **A. labyrinthi** (S. 1159).
Der venöse Abfluss erfolgt über die **Vv. labyrinthi**, die Innervation durch den **N. vestibularis**.

Das Sinnesepithel besteht aus flaschenförmigen („bauchigen") Haarzellen (Typ I) und zylindrischen („schlanken") Haarzellen (Typ II) mit dazwischen liegenden Stützzellen. Beide Typen von Sinneszellen tragen an ihrer apikalen Seite 80–100 **Stereozilien** und eine **Kinozilie**. Letztere scheint für die Erregbarkeit der Sinneszelle nicht erforderlich zu sein. Die Zilien ragen in eine **gallertige Deckschicht**, welche den Zellen an ihrer apikalen Seite aufgelagert ist. Die Deckschichten von Maculae und Cristae sind unterschiedlich aufgebaut (Tab. **M-6.4**).

Gefäßversorgung und Innervation: Der Vestibularapparat wird von der **Arteria vestibularis anterior** und der **Arteria vestibulocochlearis** versorgt. Sie entstammen beide der **Arteria labyrinthi** (S. 1159).
Der venöse Abfluss erfolgt über die **Venae labyrinthi** als Sammelgefäße.
Das Gleichgewichtsorgan wird vom **N. vestibularis** innerviert.

▶ **Klinik.** **Schwindelgefühl** entspricht einer räumlichen Orientierungsstörung. Es entsteht, wenn es zu einer Diskrepanz der Raumwahrnehmungen der verschiedenen hierzu beitragenden Sinnessysteme (Auge, Vestibularapparat, Propriozeption) kommt. Man unterscheidet einen unspezifischen **Schwankschwindel**, der bei zahlreichen Erkrankungen als Begleitsymptom auftreten kann, von einem spezifischen **Drehschwindel**, bei dem die Patienten oft sogar die Drehrichtung angeben können. Anfälle von Drehschwindel ist eines der Kardinalsymptome des **Morbus Ménière**, bei dem zusätzlich noch ein Hörverlust im tiefen Frequenzbereich, Ohrgeräusche (Tinnitus) und Druckgefühl im Ohr auftreten. Die Ursache der Erkrankung ist unklar, jedoch führt eine Anästhesie des Labyrinths oder eine Entfernung der knöchernen Begrenzung des Saccus endolymphaticus („Überlaufgefäß") zu einer Verbesserung der Symptomatik. Die Anfallshäufigkeit nimmt auch ohne Behandlung im Verlauf mehrerer Jahre ab, die Schwerhörigkeit für tiefe Töne bleibt jedoch weiterhin bestehen.

6.5 Hörvorgang und Gleichgewicht

6.5.1 Umwandlung akustischer Reize in elektrische Signale

Die über den äußeren Gehörgang gelangten periodischen Luftdruckschwankungen (Schall) versetzen das Trommelfell in (mechanische) Schwingungen. Diese werden über die Gehörknöchelchenkette und das ovale Fenster auf die Perilymphe der Scala vestibuli übertragen. Da Scala vestibuli und Scala tympani am Helicotrema miteinander verbunden sind, gelangen die Schwingungen bis zum Fenestra cochleae.

▶ **Merke.** Die Transformation des Schalls in elektrische Impulse erfolgt über mehrere „Stationen":
- **äußeres Ohr** (Meatus acusticus externus → Trommelfell)
- **Mittelohr** (Malleus → Incus → Stapes)
- **Innenohr/Cochlea** (Fenestra vestibuli = ovales Fenster → Perilymphe über Scala vestibuli → Helicotrema → Scala tympani → Fenestra cochleae = rundes Fenster; Übertragung auf Basilarmembran → Entstehung einer Wanderwelle → Reizung der Haarzellen).

▶ **Klinik.** Bei der **Otosklerose** kommt es zu einer Knochenbildung im Bereich des ovalen Fensters, was zu einer zunehmenden Fixation der Steigbügelplatte führt. Die durch die Schallwellen am Trommelfell erzeugten Druckstöße können dadurch nur noch eingeschränkt auf die Perilymphe übertragen werden, es resultiert eine durch diese **Schallleitungsstörung** bedingte **Schwerhörigkeit**.

Impedanzanpassung: Da der Wellenwiderstand (Impedanz) von Flüssigkeit wesentlich größer als der von Luft ist, würde eine direkte Übertragung von Schall auf die Perilymphe zu einer nahezu vollständigen (ca. 98%) Reflexion der Schallenergie führen. Dies wird im Ohr durch zwei Mechanismen verhindert:
- Die „Schall-Sammelfläche" des Trommelfells ist mit 55 mm^2 etwa 17-mal größer als die Fläche des ovalen Fensters an der Basis stapedis mit 3 mm^2.
- Durch die unterschiedlich langen Hebelarme von Hammer und Amboss wird nochmals eine Kraftverstärkung im Verhältnis von etwa 1 : 3 erreicht.

Beides zusammen führt zu einer etwa 22-fachen Verstärkung der eingehenden Schallsignale, nur etwa 40% der Schallenergie werden reflektiert. Die Anpassung des Eingangswiderstandes wird auch als **Impedanzanpassung** bezeichnet. Dieser Mechanismus ist abhängig von der Tonfrequenz und funktioniert am besten im Bereich der Resonanzfrequenz des Trommelfells zwischen 1000 und 2000 Hz.

⊙ M-6.15 Schallübertragung vom Mittel- zum Innenohr

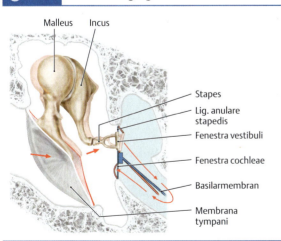

Die Auslenkungen des Trommelfells werden durch die Gehörknöchelchenkette auf das Fenestra vestibuli übertragen (rote Pfeile). Da Flüssigkeiten nicht komprimiert werden können, werden die Schwingungen auf die Perilymphe übertragen. Das runde Fenster dient dem Druckausgleich.
(Prometheus LernAtlas. Thieme, 3. Aufl.)

▶ Klinik. Der komplette Ausfall von Trommelfell und Gehörknöchelchenkette führt nicht zur völligen Taubheit, da auch ohne Impedanzanpassung der Schall nicht vollständig reflektiert wird. Außerdem kann der Schall auch über die Knochen weitergeleitet werden (Knochenleitung).
Eine solche **Schallleitungsschwerhörigkeit** kann durch Erhöhung des Schalldrucks (u. U. für spezielle Frequenzen) durch ein Hörgerät zumindest teilweise kompensiert werden.

Hydraulische Wellen: Die Druckstöße des Stapes führen in der Scala vestibuli zu periodischen Schwankungen des hydraulischen Drucks, der über die Membrana tympanica secundaria des runden Fensters ausgeglichen wird.

Hydraulische Wellen: Die durch die Gehörknöchelchenkette am ovalen Fenster erzeugten hydraulischen Druckstöße werden auf die Perilymphe der Scala vestibuli (und über das Helicotrema auch auf die Scala tympani) übertragen. Da Flüssigkeiten jedoch nicht komprimiert werden können, wird der dadurch bedingte periodische Anstieg des hydraulischen Drucks im perilymphatischen Raum über die Membrana tympanica secundaria des runden Fensters ausgeglichen.

Wanderwelle: Diese Druckschwankungen bringen die Basilarmembran in Form einer Wanderwelle zum Schwingen. Die maximale Amplitude wird in Abhängigkeit von der Frequenz an unterschiedlichen Stellen der Basilarmembran erreicht. Durch die Auslenkung der Basilarmembran kommt es zu einer Abscherung der Stereozilien und damit zu einer Erregung der Haarzellen (Abb. **M-6.16**).

Wanderwelle: Die Druckwellen werden auf den Endolymphraum übertragen und führen zu einer Auslenkung der Basilarmembran. Diese Auslenkung nimmt die Form einer Wanderwelle an. In Abhängigkeit von der Frequenz der Stapesoszillation (äquivalent zur Schallfrequenz) wird die maximale Amplitude der Wanderwelle an jeweils unterschiedlichen Stellen der Basilarmembran erreicht, nämlich bei hohen Frequenzen in der Nähe der Basis und bei tiefen Frequenzen in der Nähe der Cupola. Durch die Auslenkung der Basilarmembran kommt es infolge einer Verschiebung der äußeren Haarzellen des Corti-Organs gegenüber der Tektorialmembran, zu einer Abscherung der Stereozilien und damit zu einer Erregung dieser Sinneszellen (Abb. **M-6.16**).

▶ Merke.

▶ Merke. In der Cochlea erfolgt demnach eine mechanische Frequenzanalyse der eintreffenden Schallinformation. Diese Frequenzanalyse setzt sich auch in den folgenden Bereichen des auditorischen Systems fort.

▶ Klinik.

▶ Klinik. Eine **Innenohrschwerhörigkeit** entsteht z. B. dann, wenn die Sinneszellen des Corti-Organs geschädigt werden. Dies kann insbesondere durch laute Geräusche (z. B. Feuerwerkskörper, laute Musik, Maschinenlärm) geschehen. Bei Innenohrschwerhörigkeit hilft ein Hörgerät nicht mehr. In jüngster Zeit versucht man diese Erkrankung durch Kochleaimplantate zu heilen.

⊙ M-6.16

⊙ M-6.16 **Wanderwelle und ihre Auswirkung**

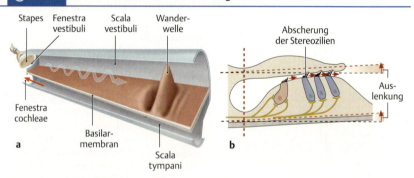

(Prometheus LernAtlas. Thieme, 3. Aufl.)
a Entstehung einer Wanderwelle in der Cochlea. Zum besseren Verständnis wurde die Cochlea entrollt. Die durch die Bewegung des Stapes am ovalen Fenster erzeugte perilymphatische Druckwelle läuft Richtung Helicotrema und führt zu einer Auslenkung der Basilarmembran. In Abhängigkeit von der Frequenz der Stapesoszillation (äquivalent zur Schallfrequenz) wird die maximale Auslenkung an unterschiedlichen Stellen der Basilarmembran erreicht.
b Abscherung der Stereozilien während des Ausschlags der Wanderwelle. Durch die Wanderwelle kommt es zu einer Scherbewegung zwischen Basilar- und Tektorialmebran, durch welche die Stereozilien nach außen gebogen werden.

M 6.5 Hörvorgang und Gleichgewicht

▶ **Exkurs: Signalverstärkung durch äußere Haarzellen.** Schon geringfügige Auslenkungen (10^{-10}–10^{-12} m) der Stereozilien führen zur Öffnung von dehnungsabhängigen Kationen-(K^+)kanälen. Bei den zusätzlich efferent innervierten **äußeren Haarzellen** kommt es bei der Erregung zu einer Verkürzung. Für die Frequenz abhängigen Längenveränderungen der äußeren Haarzellen ist das (ATP-unabhängige) „Motorprotein" **Prestin** in der lateralen Zellmembran verantwortlich, das die elektrische Aktivität der äußeren Haarzelle direkt mit einer hochfrequenten mechanischen Kontraktion der gesamten Zelle koppelt. Die Längenveränderungen der äußeren Haarzellen verstärken die Bewegungen der Endolymphe und erst hierdurch kommen die Stereozilien der **inneren Haarzellen** in Kontakt mit der Tektorialmembran, was zu ihrer Abscherung mit nachfolgender Erregung führt. Die **äußeren Haarzellen** sind daher als **Signalverstärker** aufzufassen.

Die Erregung infolge des Abscherens der Stereozilien der inneren Haarzellen führt zur Ausschüttung des Neurotransmitters Glutamat und zur Erregung der afferenten Schenkels der Nervenzellen der Pars cochlearis des N. vestibulocochlearis. Zum genauen Mechanismus der Reizumwandlung und zu den Stationen der Hörbahn (S. 1230).

6.5.2 Umwandlung von Beschleunigungen in elektrische Signale

Wie Lageveränderungen des Kopfes zu einer Abscherung der Stereozilien führen, ist in Tab. **M-6.4** für die einzelnen Sinnesfelder detailliert erklärt. Entscheidend ist, in welcher Richtung die Stereozilien relativ zum Zellkörper abgeschert werden. Erfolgt diese Abscherung zum Kinozilium hin, wird die Zellmembran erregt, die Abscherung vom Kinozilium weg führt zu einer Inhibition (Hemmung).

Die jeweils resultierende Potenzialänderung der Sinneszelle führt zur Freisetzung von mehr oder weniger Glutamat aus dem basalen Pol der Sinneszellen. Über elektrische und chemische Synapsen (Typ I) oder ausschließlich über chemische Synapsen (Typ II), wird die Erregung an die afferenten Nervenendigungen der bipolaren Nervenzellen des **Ganglion vestibulare** weitergegeben. Dieses Ganglion liegt im Fundus des Meatus acusticus internus. Zu den weiteren Stationen der Gleichgewichtsbahn (S. 1235).

Da das Gleichgewichtsorgan bilateral symmetrisch angelegt ist, werden die entsprechenden Bogengänge bei einer Kopfdrehung gegensätzlich stimuliert. Durch diesen Mechanismus wird die Möglichkeit einer Diskriminierung von Rotationsbewegungen („Kontrastverstärkung") verbessert.

⊙ **M-6.17** Orientierung der Stereozilien im Vestibularapparat und Zusammenwirken kontralateraler Bogengänge bei der Kopfdrehung

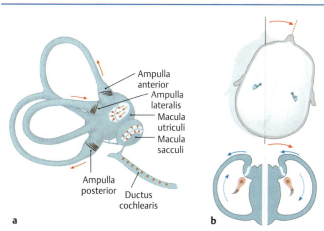

(Prometheus LernAtlas. Thieme, 3. Aufl.)
a Die Anordnung der Stereozilien gewährleistet, die Zuordnung der unterschiedlichen Raumrichtungen zu maximal empfindlichen Rezeptorfeldern.
b Bei einer Kopfdrehung wirken die kontralateralen Bogengänge synergistisch.

6.6 Entwicklung des Ohres

6.6.1 Entwicklung des äußeren Ohres

Meatus acusticus externus: Die **1. Schlundfurche** (S.968) wächst als trichterförmige Röhre nach innen, bis sie die entodermale Auskleidung der primitiven Paukenhöhle (1. Schlundtasche) erreicht. Ab dem 3. Monat beginnen die Epithelzellen am Boden der Schlundtasche zu proliferieren. Sie bilden die **Gehörgangsplatte**, die sich im 7. Monat jedoch wieder auflöst.

▶ Klinik. Ein Persistieren der Gehörgangsplatte führt zu angeborener Taubheit.

Trommelfell: Die 1. Schlundfurche (S.968) und 1. Schlundtasche wachsen im Verlauf der Entwicklung aufeinander zu. An der Entwicklung des Trommelfells wirken das Bodenepithel der **1. Schlundfurche** (Ektoderm), sowie das Epithel (Entoderm) der **1. Schlundtasche** (**primitive Paukenhöhle**) mit. Zwischen beiden bildet sich eine Schicht aus lockerem Bindegewebe aus.

6.6.2 Entwicklung des Mittelohres

Paukenhöhle und Tuba auditiva: Beide entstehen aus dem Entoderm der 1. Schlundtasche (S.968), einer Ausstülpung des Schlunddarmes. Sie wächst auf das Ektoderm der 1. Schlundfurche zu und bildet dann mit ihrem distalen Anteil den **Recessus tubotympanicus**. Dessen distaler Teil erweitert sich zur primitive Paukenhöhle, während der proximale Teil zur Tuba auditiva wird.

Antrum mastoideum: Gegen Ende der Schwangerschaft dehnt sich die Paukenhöhle auch nach dorsal aus und bildet das Antrum mastoideum. Erst nach der Geburt bildet sich der Processus mastoideus, der in den folgenden Monaten pneumatisiert wird. Diese Hohlräume kleidet ebenfalls ein Epithel entodermaler Herkunft aus.

Gehörknöchelchen: Malleus und **Incus** entstehen eingebettet in lockeres Mesenchym aus dem Knorpel des **1. Schlundbogens**. Der **Stapes** leitet sich aus dem Knorpel des **2. Schlundbogens** ab. Sie werden bereits in der ersten Schwangerschaftshälfte angelegt, bleiben jedoch bis zum 8. Monat in Mesenchym eingebettet. Mit der Rückbildung dieses Mesenchyms geht die Ausweitung der primitiven Paukenhöhle einher, deren Epithel entodermaler Herkunft die Gehörknöchelchen später als Schleimhaut überzieht und in einer Art „Meso" (S.524) mit der Wand der Paukenhöhle verbindet.

6.6.3 Entwicklung des Innenohres

Übersicht: Am 22. Entwicklungstag lässt sich eine Verdickung des Oberflächenektoderms auf der Höhe des Rautenhirns beobachten. Diese Verdickungen werden **Ohrplakoden** genannt. Sie stülpen sich ein und bilden zunächst ein **Ohrgrübchen**, das nach Abschnürung von der Oberfläche zum **Ohrbläschen** wird.
Im weiteren Verlauf der Entwicklung teilt sich das Ohrbläschen in einen ventralen Anteil, aus dem sich der Sacculus und die Cochlea entwickeln. Aus den dorsalen Anteilen werden der Utriculus, die Bogengänge und der Ductus endolymphaticus.

Sacculus, Cochlea und Corti-Organ: Cochlea: In der 6. Woche bildet sich am unteren Pol des Sacculus-Anteils des Ohrbläschens eine Ausstülpung. Diese dringt spiralig in das umgebende Bindegewebe ein und bildet bis zum 8. Monat 2,5 Windungen. Mit dem Sacculus bleibt der Ductus cochlearis durch den Ductus reuniens verbunden. Das den Ductus cochlearis umgebende Mesenchym wird zu einer Knorpelkapsel, in der in der 10. Entwicklungswoche die Hohlräume der Scala vestibuli und Scala tympani sichtbar werden. Sie bleiben durch die Reissner-Membran bzw. die Basilarmembran vom Ductus cochlearis getrennt. An der Seitenwand bildet sich das Ligamentum spirale. Die spitzwinkelige mediale „Wand" ist der knorpelige Vorläufer des Mediolus. Aus den ursprünglich gleichartigen Epithelzellen des Ductus cochlearis entwickelt sich eine innere Leiste (**Limbus spiralis**). Aus der äußeren Leiste entwickeln sich die inneren und äußeren Haarzellen, die Sinneszellen des Corti-Organs.

Utriculus und Bogengänge: Die Bogengänge treten in der 6. Entwicklungswoche als abgeflachte, kreisförmige Ausstülpungen des Utriculus-Anteils des Ohrbläschen auf. Die zentralen Wandabschnitte legen sich aneinander, verschmelzen und verschwinden. An jedem der so entstandenen Bögen erweitert sich ein Ende zum Crus ampullare. Von den nicht erweiterterten Crura nonampullaria verschmelzen zwei und münden mit dem dritten in den Utriculus. In den Ampullae bilden sich die Maculae staticae mit den Sinneszellen.

Ganglion vestibulare und Ganglion spirale cochleae: Bereits während der Bildung des Ohrbläschens wandern Zellen aus der Plakode nach medial und bilden das Ganglion vestibulocochleare.
In diesem lassen sich topografisch der Vorläufer des Ganglion spirale cochlea (Gehör) und des Ganglion vestibulare (Gleichgewicht) unterscheiden. Die bipolaren Neurone senden einen peripheren Fortsatz zu den Sinneszellen im häutigen Labyrinth. Der zentrale Fortsatz wächst zum Rautenhirn.

Utriculus und Bogengänge: Die Bogengänge werden als flache kreisförmige Ausstülpungen des Utriculus-Anteils der Ohrbläschen sichtbar, deren zentralen Anteile verschmelzen. Ein Ende der Bögen erweitert sich zum Crus ampullare, in dem die Sinneszellen entstehen.

Ganglion vestibulare und Ganglion spirale cochleae: Während der Bildung des Ohrbläschens wandern Zellen aus der Plakode nach medial und bilden das Ganglion vestibulocochleare, in dem sich dann die Ganglia spirale und vestibulare differenzieren.

ZNS

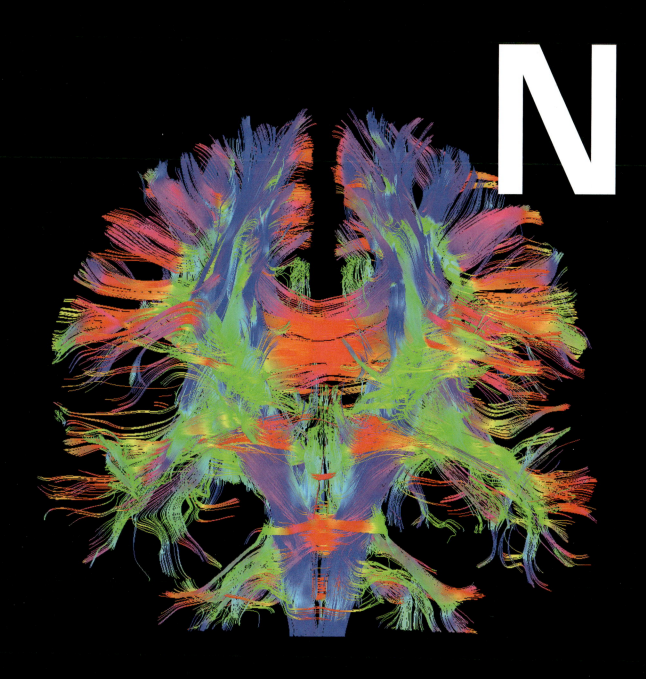

Spezialaufnahme des Gehirns im MRT („fibre-tracking"). Hierbei wird der Verlauf einzelner Faserbündel im Gehirn dargestellt. Vor Hirntumoroperationen kann man so beispielsweise den schonendsten Zugangsweg herausfinden.

© www.siemens.com/presse

1 **ZNS – Aufbau und Organisation** 1097

2 **ZNS – funktionelle Systeme** 1181

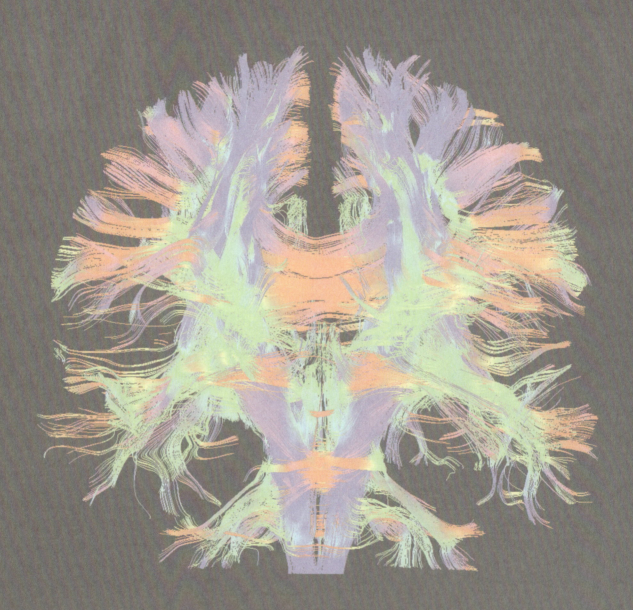

1 ZNS – Aufbau und Organisation

1.1	Einführung	1097
1.2	Rückenmark (Medulla spinalis)	1097
1.3	Gehirn (Encephalon)	1103
1.4	Hüllen des ZNS (Meningen) und Liquorsystem	1149
1.5	Gefäßversorgung von Gehirn, Rückenmark und Meningen	1157
1.6	Entwicklung des ZNS	1170
1.7	Darstellung des ZNS mit bildgebenden Verfahren	1175

© WestPic – fotolia.com

S. Mense

1.1 Einführung

▶ **Definition.** ZNS (zentrales Nervensystem) = Gehirn (Encephalon, Cerebrum) + Rückenmark (Medulla spinalis). Vgl. auch Kap. Zentrales Nervensystem (S. 201). Anmerkung: Der Begriff Cerebrum wird manchmal auch für Großhirn (Telencephalon) benutzt.

1.2 Rückenmark (Medulla spinalis)

1.2.1 Lage, Form und Abschnitte des Rückenmarks

Lage des Rückenmarks: Das Rückenmark (Medulla spinalis) und Cauda equina liegen dorsal von den Wirbelkörpern und ventral von den Wirbelbögen (Laminae) im **Spinalkanal** (Canalis spinalis) bzw. im Canalis sacralis des Os sacrum (S. 251). Das Rückenmark ist an Bändern (**Ligamenta denticulata**) in der Mitte des Spinalkanals aufgehängt und wird von Rückenmarkflüssigkeit, dem **Liquor cerebrospinalis** (S. 1152), umspült. Ein weiterer Schutz gegenüber mechanischen Belastungen wird durch **Venenpolster** erreicht, die den Spinalkanal ventral und dorsal auskleiden (Plexus venosus vertebralis internus anterior und posterior, Abb. **C-1.39**). Das Ende des Rückenmarks wird vom **Conus medullaris** gebildet, der sich über das bindegewebige Filum terminale bis ins Os coccygis fortsetzt, wo das Filum befestigt ist.

Das Rückenmark beginnt am **Foramen magnum** des Os occipitale und reicht je nach Alter unterschiedlich weit nach kaudal. Beim Fötus füllt es den Spinalkanal vollständig aus und ist deshalb noch im Os sacrum vorhanden. Mit zunehmendem Alter bleibt das Wachstum des Rückenmarks immer mehr hinter dem des Spinalkanals zurück und reicht beim Erwachsenen nur noch bis zur Höhe der Lendenwirbelkörper I/II. Kaudal davon schließt sich die **Cauda equina** an, die aus Hinter- und Vorderwurzeln besteht. Die Cauda equina ist ebenfalls von Liquor cerebrospinalis umgeben.

▶ **Merke.** Das eigentliche Rückenmark endet mit dem **Conus medullaris** etwa in Höhe von **LWK I/II** (Abb. **N-1.1**).

▶ **Klinik.** Die unterschiedliche Länge von Rückenmark und Spinalkanal sind für die Wahl des Ortes für eine **Lumbalpunktion** (S. 1153) zur Entnahme von Liquor cerebrospinalis bedeutsam. Die Punktion erfolgt üblicherweise zwischen LWK IV und V bzw. zwischen LWK III und IV, wo kein Rückenmark mehr vorhanden ist. Die Filamente der Cauda equina weichen der Punktionsnadel aus.

Intumeszenzien: In Abb. **N-1.1** fällt auf, dass das Rückenmark zwei sog. Intumeszenzien (Anschwellungen) besitzt:
- **Intumescentia cervicalis** (Höhe HWK IV bis BWK I) am Abgang der Nerven für die obere Extremität und
- **Intumescentia lumbosacralis** (Höhe BWK X–XII) am Abgang der Nerven zum Bein.

1.1 Einführung

▶ **Definition.**

1.2 Rückenmark (Medulla spinalis)

1.2.1 Lage, Form und Abschnitte des Rückenmarks

Lage: Beim Fötus füllt das Rückenmark den **Spinalkanal** vollständig aus. Beim Erwachsenen ist es im Wachstum zurückgeblieben und endet mit dem **Conus medullaris** in Höhe von LWK I/II. Kaudal davon ziehen die Hinter- und Vorderwurzeln als **Cauda equina** bis zum sakralen Ende des Spinalkanals bzw. bis zu ihrem Austrittsort. Das Rückenmark ist von einem mehrfachen Schutz gegen mechanische Kompression geschützt durch:
- den knöchernen und ligamentären Spinalkanal,
- Venenpolster (Abb. **C-1.39**) und
- den Liquor cerebrospinalis.

▶ **Merke.**

▶ **Klinik.**

Intumeszenzien: Am Abgang der Nerven für die Extremitäten liegen 2 Anschwellungen (Abb. **N-1.1**): **Intumescentia cervicalis** (Höhe HWK IV bis BWK I) und **lumbosacralis** (Höhe BWK X–XII).

N-1.1

N-1.1 Lage des Rückenmarks

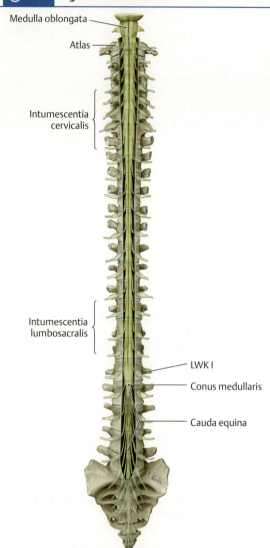

Um in der Ansicht von ventral die Lage des Rückenmarks darzustellen, wurden der umgebende Durasack und die Wirbelkörper gefenstert.
(Prometheus LernAtlas. Thieme, 3. Aufl.)

▶ Exkurs: Grundlage der Intumeszenzien.

▶ Exkurs: Grundlage der Intumeszenzien. Eigentlich ist der Begriff „Anschwellung" nicht richtig gewählt, denn es handelt sich im Gegenteil um die ursprüngliche Dicke des Rückenmarks, während die anderen Teile während der Embryonalentwicklung geschrumpft sind. Der Grund dafür ist, dass Nervenzellen zunächst im Überschuss angelegt werden, aber nur diejenigen erhalten bleiben, die Gewebe als Innervationsziel finden. Neurone, deren aussprossende Axone kein oder nur bereits innerviertes Gewebe finden, gehen durch **Apoptose** zugrunde, d.h sie aktivieren ein zelleigenes Programm, das zur Auflösung der Zelle führt (der Vorgang der Apoptose wird auch als **programmierter Zelltod** bezeichnet). Bei den Nervenzellen, die Gewebe als Innervationspartner finden, werden Substanzen aus dem Gewebe über die Axone an das Soma zurücktransportiert (u. a. Nerve growth factor = NGF), die die Apoptose verhindern.

Segmente: Das Rückenmark besitzt 31–33 Segmente (Abb. **B-3.9**):
- 8 Zervikalsegmente,
- 12 Thorakalsegmente,
- 5 Lumbalsegmente,
- 5 Sakralsegmente und
- 1–3 (teils rudimentäre) Kokzygealsegmente.

Zur Höhenzuordnung der Rückenmarkssegmente mit den austretenden Spinalnerven relativ zur Wirbelsäule s. Abb. **B-3.9**. Prinzipiell gilt, dass die Spinalnerven kaudal des zugehörigen WK austreten. Die Ausnahme von dieser Regel ist das Halsmark.

Rückenmarksegmente: In Längsrichtung wird das Rückenmark in **Segmente** eingeteilt, wobei ein Segment der Rückenmarkabschnitt ist, der zu einem Spinalnerv (S. 206) gehört. Insgesamt besitzt das Rückenmark 31–33 Segmente (s. a. Abb. **B-3.9**):
- 8 Zervikalsegmente,
- 12 Thorakalsegmente,
- 5 Lumbalsegmente,
- 5 Sakralsegmente und
- 1–3 (teils rudimentäre) Kokzygealsegmente.

Die Höhenzuordnung der Rückenmarkssegmente und austretenden Spinalnerven in Bezug zur Wirbelsäule ist in Abb. **B-3.9** (Kapitel B3: Nervensystem – Grundlagen) dargestellt. Prinzipiell treten die Spinalnerven kaudal des zugehörigen WK aus (z. B. Spinalnerv L 3 kaudal vom WK LIII). Eine Ausnahme ist das Halsmark: C 1 tritt zwischen Okziput und Atlas aus, C 8 kaudal von WK CVII.

1.2.2 Aufbau des Rückenmarks – graue und weiße Substanz

An einem Querschnitt durch das ungefärbte Rückenmark kann man schon makroskopisch in der Mitte die
- schmetterlingsförmige **graue Substanz** (**Substantia grisea**) erkennen, die von
- einem Saum **weißer Substanz** (**Substantia alba**) umgeben ist (Abb. **N-1.2a**).

▶ **Merke.** Die **graue Substanz** (bestehend vorwiegend aus Zellkörpern von Neuronen und Gliazellen) liegt innerhalb des **Gehirns** in Form von **Kernen** sowie im Groß- und Kleinhirn zusätzlich als äußere **Rinde** vor. Im **Rückenmark** bildet sie dagegen eine innenliegende Schmetterlingsform mit **Vorder-**, **Hinter-** und (thorakal) **Seitenhorn**.
Die **weiße Substanz** (bestehend aus gebündelten Nervenfasern) liegt im **Rückenmark außen**, wohingegen sie im **Groß- und Kleinhirn** als **Marklager** innen liegt und von der grauen (Rinden-)Substanz umgeben wird.

Graue Substanz (Substantia grisea) des Rückenmarks

Bestandteile: In der **grauen Substanz** befinden sich die Somata von Nerven- und Gliazellen zusammen mit dem Neuropil, das sind Fortsätze von Nerven und Gliazellen, sowie Gefäße.

Graue Substanz im Rückenmarkquerschnitt: Ein Rückenmarkquerschnitt lässt in der grauen Substanz folgende Strukturen erkennen (Abb. **N-1.2b**):
- Im **Hinterhorn** (**Cornu posterius** oder **Columna posterior**) werden viele über die Hinterwurzel einlaufende sensorische Fasern synaptisch umgeschaltet. **Glutamat** ist hier der häufigste Neurotransmitter. Ein wichtiger **Kern** oder **Nucleus** – eine Ansammlung von funktionell zusammengehörenden Neuronen – im Hinterhorn ist der **Nucleus proprius**. Hier wird vorwiegend Information von den Mechanorezeptoren der Haut verarbeitet.
- Das **Vorderhorn** (**Cornu anterius** oder **Columna anterior**) enthält die Motoneurone für die quergestreifte Muskulatur. Hier entspringen die motorischen Fasern der Vorderwurzel und in einigen Segmenten die autonomen Fasern. Die Motoneurone benutzen **Acetylcholin** als Transmitter.
- In den Segmenten **C 8 bis L 1–3** findet sich zwischen Hinter- und Vorderhorn noch ein **Seitenhorn** (**Cornu laterale** oder **Columna lateralis**), in dem die präganglionären autonomen Neurone des **Sympathikus** (S. 214) liegen. Sie bilden den **Nucleus intermediolateralis**. Anmerkung: Der Ncl. **intermediomedialis** findet sich in der Substantia intermedia (s. u.) zwischen Hinter- und Vorderhorn im Sakralmark und ist der Ursprung von parasympathischen Efferenzen. Bei beiden autonomen Systemen ist der Transmitter an der ersten Synapse (Übergang vom präganglionären auf das postganglionäre Neuron) **Acetylcholin**.

1.2.2 Aufbau des Rückenmarks – graue und weiße Substanz

Bereits makroskopisch lassen sich im Querschnitt **Substantia grisea** (innen liegend, schmetterlingsförmig) und Substantia alba (außen die Substantia grisea umgebend) unterscheiden (Abb. **N-1.2a**).

▶ **Merke.**

Graue Substanz (Substantia grisea) des Rückenmarks

Bestandteile: Somata von Nerven- und Gliazellen sowie Neuropil und Gefäße.

Graue Substanz im Rückenmarkquerschnitt: Die graue Substanz des Rückenmarks hat folgende Hauptbestandteile (Abb. **N-1.2b**):
- **Hinterhorn** (**Cornu posterius**): Umschaltstation für sensorische Information
- **Vorderhorn** (**Cornu anterius**): Ursprung der motorischen und autonomen Fasern
- **Seitenhorn** (**Cornu laterale**): Ein Seitenhorn kommt nur in den Segmenten **C 8 bis L 1–3** vor; hier liegen die präganglionären Neurone des **Sympathikus** (S. 214).

N-1.2 Aufbau des Rückenmarks aus grauer und weißer Substanz

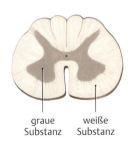
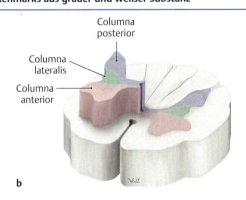
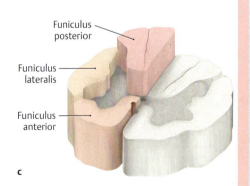

a b c

(Prometheus LernAtlas. Thieme, 3. Aufl.)
a Grundsätzliche Verteilung von grauer und weißer Substanz des Rückenmarks in der Ansicht eines Rückenmarkquerschnitts von kranial.
b Dreidimensionale Darstellung in der Ansicht von schräg links kranial und ventral: Die graue Substanz (Substantia grisea) ordnet sich in hier farbig hervorgehobenen Säulen (Columnae) an, die im zweidimensionalen Querschnitt als Hörner (Cornua) imponieren (vgl. Abb. **N-1.5**).
c In der weißen Substanz (Substantia alba) dominieren die zu Strängen (Funiculi) angeordneten Nervenfasern (farbig hervorgehoben in einer mit b vergleichbaren Ansicht).

▶ Merke. Im **Hinterhorn** (**Cornu posterius**) erfolgt die Umschaltung vieler sensorischer Nervenfasern, die aus der Körperperipherie über die **Hinterwurzel = Radix posterior** (S. 204) dorsal in das Rückenmark eintreten.
Im **Vorderhorn** (**Cornu anterius**) liegen die Motoneurone für die quergestreifte Muskulatur, deren Fasern als **Vorderwurzel = Radix anterior** (S. 204) ventral aus dem Rückenmark austreten (Abb. **N-1.2**).
Da sich die Hörner der grauen Substanz über große Teile des Rückenmarks erstrecken, werden sie oft auch „Säulen" (**Columnae**) genannt. Ein **Seitenhorn** (**Cornu laterale**) als Ursprung von sympathischen Efferenzen kommt nur in den Segmenten C 8 bis L 1–3 vor.

Hinter- und Vorderwurzeln zusammen bilden direkt distal vom **Spinalganglion** den Spinalnerv. Das Spinalganglion liegt im **Foramen intervertebrale**.

Mit dem Austritt aus dem Spinalkanal vereinigen sich beide Wurzeln, direkt distal vom **Spinalganglion**, das im **Foramen intervertebrale** liegt. Das Spinalganglion enthält die Somata (Zellkörper) der afferenten Fasern der Hinterwurzel. Die Nervenfasern beider Wurzeln zusammen bilden den **Spinalnerv** (S. 206), der sich nach dem Austritt aus dem Foramen intervertebrale in die beiden Hauptäste Ramus posterior und anterior teilt.

Feinbau der grauen Substanz: Für die **innere Einteilung** der grauen Substanz des Rückenmarks sind zwei Systeme gebräuchlich (Abb. **N-1.3**), nämlich 1. die **Rexed-Laminierung**, gekennzeichnet mit **römischen Zahlen**, und 2. die Einteilung in Schichten und Kerne, gekennzeichnet mit **lateinischen Wörtern**. Beide Systeme stimmen nur teilweise überein.

Feinbau der grauen Substanz: Die innere Einteilung der grauen **Substanz** erfolgt nach zwei Systemen (Abb. **N-1.3**):
- **Rexed-Laminierung:** Die Rexed-Laminierung ist eine **zytoarchitektonische** Einteilung, bei der vorwiegend Unterschiede in der Größe und Dichte der Neurone verwendet werden. So ergeben sich von dorsal nach ventral **9 Laminae** (Schichten), wobei im Hinterhorn die Schichten I–V (oder in einigen Segmenten VI) vorhanden sind, im Vorderhorn die Laminae VII und VIII, in denen sich die von den Motoneuronen gebildeten Kerne (Lamina IX) befinden. Lamina X ist die Region um den Zentralkanal. Seitlich der Lamina X erstreckt sich die Lamina VII, die bis ins anterolaterale Vorderhorn reicht.
- **Lateinische Bezeichnung:** Einigen Rexed-Laminae lassen sich direkt lateinisch bezeichnete Schichten oder Kerne zuordnen: Lamina 1 entspricht der **Zona marginalis** oder Apex cornus posterius, Lamina II der **Substantia gelatinosa**, und Lamina III und IV dem **Nucleus proprius**. Der Name Substantia gelatinosa rührt daher, dass diese Schicht praktisch keine großen Zellen oder markhaltige Fasern enthält. Die Schicht hat daher ein glasiges Aussehen. Die Lamina VII heißt auch **Substantia intermedia lateralis** (Zona intermedia); sie läuft lateral in das Seitenhorn aus (falls vorhanden). Hier liegt der Ncl. intermediolateralis.

⊙ **N-1.3** Feinbau der grauen Substanz

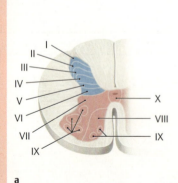

(Prometheus LernAtlas. Thieme, 3. Aufl.)
a Laminierung nach Rexed
b und schematische Darstellung von Zellgruppen an Querschnitten durch das Lumbalmark.

Weiße Substanz (Substantia alba) des Rückenmarks

Bestandteile: In der weißen Substanz liegen markhaltige und marklose **Nervenfasern** (S. 94), die zu Strängen (**Funiculi**), Bündeln (**Fasciculi**) oder Trakten (**Tractus**) zusammengelagert sind und teils einen **aszendierenden** (aufsteigenden), teils einen **deszendierenden** (absteigenden) Verlauf haben.
Auch in der weißen Substanz kommen **Gliazellen** (S. 93) vor (vorwiegend faserige Astrozyten und Oligodendrogliazellen).

Weiße Substanz im Rückenmarkquerschnitt: In der Mitte zwischen beiden Vorderhörnern (s. o.) liegt als tiefer Einschnitt ventral die **Fissura mediana anterior**, der dorsal ein flacher **Sulcus medianus posterior** entspricht (Abb. **N-1.4a**). Der Sulcus setzt sich als dünnes bindegewebiges Septum in Richtung auf den Zentralkanal fort. Eine Übersicht über die Teile der weißen Substanz findet sich in Abb. **N-1.2c** (s. o.). Die einzelnen aszendierenden (aufsteigenden) und deszendierenden (absteigenden) Trakte werden später im Rahmen ihrer funktionellen Bedeutung detailliert besprochen; hier sollen nur einige Hauptstrukturen erwähnt werden:

- Als **Hinterstrang** (**Funiculus posterior**) wird die weiße Substanz zwischen beiden Hinterhörnern bezeichnet. Sie besteht zum größten Teil aus **aszendierenden** Fasern.
- Der **Vorderseitenstrang** (**Funiculus anterolateralis**), unter dem man häufig **Funiculus anterior** und **Funiculus lateralis** zusammenfasst, befindet sich zwischen Hinterhorn auf der einen und Fissura mediana anterior auf der anderen Seite und enthält eine Vielzahl von **aszendierenden und deszendierenden** Trakten. Besonders wichtig ist hier der **Tractus corticospinalis lateralis**, der Hauptteil der **Pyramidenbahn** (S. 1183), die die Motoneurone im Vorderhorn ansteuert.
Die Trennlinie zwischen Seiten- und Vorderstrang wird durch die austretenden Vorderwurzeln gebildet.
- Die **Grundbündel** (**Fasciculi proprii**) liegen als dünne Faserschicht vorwiegend direkt an der grauen Substanz. Im Gegensatz zu den Hinter- und Vorderseitensträngen, die eine Verbindung mit dem Gehirn herstellen, ziehen in den Grundbündeln Fasern, die benachbarte und weiter auseinander liegende Rückenmarksegmente miteinander verknüpfen. Diese auch als **propriospinale Bahnen** bezeichneten Bahnen sind Teil des sog. **Eigenapparats des Rückenmarks**. Hierüber werden **intersegmentale motorische Reflexe** vermittelt (u. a. die Synchronisierung von Arm- und Beinbewegungen wie z. B. Armpendeln beim Gehen oder der sich ausbreitende Flexorreflex bei starken Schmerzreizen). Zu diesem Eigenapparat des Rückenmarks werden auch die deszendierenden Kollateralen (Seitenäste) der primär afferenten Axone im Hinterstrang gerechnet: Fasciculus interfascicularis, Fasciculus septomarginalis und Philippe-Gombault-Triangel (Abb. **N-1.4**). Direkt ventral der

Weiße Substanz (Substantia alba) des Rückenmarks

Bestandteile: In der weißen Substanz liegen funktionell zusammengehörende **Nervenfaserbündel** (**Funiculi, Fasciculi** und **Tractus**) mit auf- oder absteigendem Verlauf sowie **Gliazellen** (S. 93).

Weiße Substanz im Rückenmarkquerschnitt: Zwischen den Vorderhörnern liegt die **Fissura mediana anterior**, an der Dorsalseite entsprechend der **Sulcus medianus posterior** (Abb. **N-1.4a**). Die Hauptstrukturen sind (Abb. **N-1.2c**):

- Der **Hinterstrang** (**Funiculus posterior**) zwischen den Hinterhörnern beider Seiten mit aszendierenden Fasern und
- der **Vorderseitenstrang** (**Funiculus anterolateralis**) zwischen Hinterhorn und Fissura mediana anterior mit auf- und absteigenden Fasern. Besonders wichtig ist der **Tractus corticospinalis** als Hauptteil der **Pyramidenbahn** (S. 1183).
- Die direkt der grauen Substanz anliegenden **Grundbündel** (**Fasciculi proprii**) verknüpfen Segmente miteinander. Diese propriospinalen Bahnen bilden den sog. Eigenapparat des Rückenmarks. Ventral der Substantia intermedia befindet sich die **Commissura alba anterior**, in der Fasern zur anderen Seite des Rückenmarks wechseln.

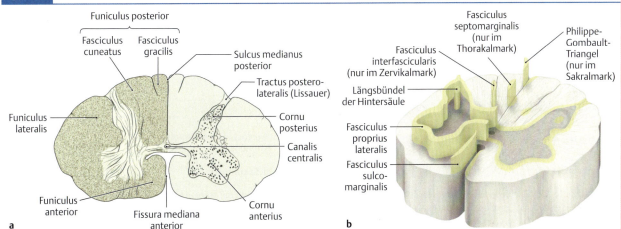

N-1.4 Strukturen der weißen Substanz

(Prometheus LernAtlas. Thieme, 3. Aufl.)

a Die in Abb. **N-1.2** dreidimensional dargestellten Funiculi sind hier in einem Querschnitt durch das Zervikalmark sichtbar, wo der Funiculus posterior aus zwei Anteilen besteht (Fasciculus gracilis und cuneatus).
b Grundbündel des Rückenmarks in der Schrägansicht von links kranial und ventral. Sie gehören zum sog. Eigenapparat des Rückenmarks und werden von Axonen gebildet, die vorwiegend von Interneuronen stammen. Axonkollateralen der im Hinter- oder Vorderseitenstrang verlaufenden Fasern bilden ebenfalls einen Teil des propriospinalen Systems.

Substantia intermedia und Lamina X anliegend befindet sich die **Commissura alba anterior**, die z. T. von Fasern gebildet wird, die zur anderen Seite des Rückenmarks wechseln, z. B. Axone des Tractus spinothalamicus (S. 1200). Zwischen Lamina I des Hinterhorns und Oberfläche des Rückenmarks befindet sich der **Tractus posterolateralis** (Lissauer), in dem Kollateralen der dünnen Hinterwurzelfasern nach kranial und kaudal laufen.

Die Prinzipien der Verschaltung im Rückenmark und die wichtigen Rückenmarkreflexe sind im Kap. Rückenmark (S. 204) dargestellt. Die einzelnen im Rückenmark verlaufenden Bahnen werden als Teil des jeweiligen sensorischen oder motorischen Systems (S. 1181) besprochen.

Zu den Prinzipien der Verschaltung im Rückenmark (S. 204), zu den einzelnen Bahnen s. jeweiliges System (S. 1181).

▶ Exkurs: Mengenverhältnis von grauer zu weißer Substanz im Rückenmarkquerschnitt.

▶ **Exkurs: Mengenverhältnis von grauer zu weißer Substanz im Rückenmarkquerschnitt.** An dem Mengenverhältnis von grauer zu weißer Substanz (vgl. Abb. **N-1.5**) kann man die Entnahmestelle eines Rückenmarkschnitts erkennen:
- Ein Schnitt aus dem **Zervikalmark** hat – besonders im kaudalen Bereich – eine **querovale Form**. Die Vorderhörner sind wegen der großen Zahl von Motoneuronen für die obere Extremität deutlich ausgeprägt und die weiße Substanz nimmt eine große Fläche ein, weil alle zwischen Gehirn und Rückenmark deszendierenden und aszendierenden Fasern das Zervikalmark passieren müssen.
- Das **Thorakalmark** ist durch ein **Seitenhorn** gekennzeichnet; dafür ist das Vorderhorn relativ klein, da die Muskulatur des Thorax nicht viele Motoneurone benötigt.
- Das kaudale **Lumbalmark** ähnelt wegen des ausgeprägten Vorderhorns mit vielen Motoneuronen für die untere Extremität auf den ersten Blick dem Zervikalmark, aber die Masse der weißen Substanz ist deutlich geringer, da viele aszendierende Fasern erst weiter kranial in das Rückenmark einlaufen und viele deszendierende Fasern das Rückenmark bereits verlassen haben.
- Im **Sakralmark** setzt sich aus demselben Grund die Abnahme der weißen Substanz weiter fort.

⊙ **N-1.5** Unterschiede von Rückenmarkquerschnitten in Abhängigkeit von der jeweiligen Höhe

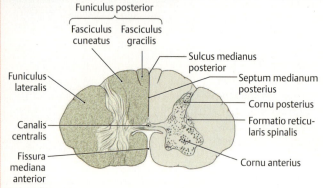

a **Zervikalmark**

b **Thorakalmark**

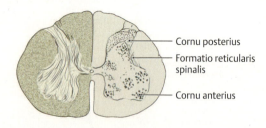

c **Lumbalmark**

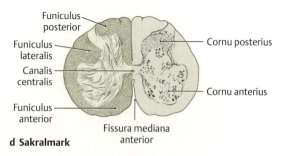

d **Sakralmark**

Querschnitte auf verschiedenen Höhen des Rückenmarks mit histologischer Darstellung der Nervenzellkörper (jeweils rechts im Bild) und nach Markscheidenfärbung (jeweils links). Die in allen Schnitten sichtbare Formatio reticularis spinalis erstreckt sich praktisch über die gesamte Länge des ZNS und ist u. a. an Alarmreaktionen beteiligt.
(Prometheus LernAtlas. Thieme, 3. Aufl.)
a Zervikalmark,
b Thorakalmark,
c Lumbalmark und
d Sakralmark

1.3 Gehirn (Encephalon)

▶ **Definition.** Das menschliche Gehirn umfasst 3 große Teile (Abb. **N-1.6a**). Die Teile werden von kaudal nach rostral besprochen:
1. **Rhombencephalon** (Rautenhirn) bestehend aus
   - **Metencephalon** (Hinterhirn) = **Pons** (Brücke) und **Cerebellum** (Kleinhirn) sowie
   - **Myelencephalon** = **Medulla oblongata** (verlängertes Mark, Nachhirn),
2. **Mesencephalon** (Mittelhirn)
3. **Prosencephalon** (Vorderhirn) bestehend aus
   - **Telencephalon** (Endhirn) bzw. **Cerebrum** (Großhirn) sowie
   - **Diencephalon** (Zwischenhirn).

Zum Hirnstamm (**Truncus encephali**) werden Medulla oblongata, Pons und Mesencephalon zusammengefasst.

Die zahlreichen Überschneidungen von Begriffen erklären sich meist durch die komplizierte Entwicklungsgeschichte des ZNS (S. 1172). Die hier gewählte Einteilung richtet sich nach der Terminologia anatomica, jedoch stößt man oft noch auf eine andere Verwendung derselben Begriffe.

Die zur Lagebeschreibung von Hirnstrukturen verwendeten Richtungsbezeichnungen sind Abb. **N-1.6b** zu entnehmen.

Das Gewicht des menschlichen Gehirns beträgt 1200–1500 g, wobei das Gehirn von Frauen signifikant leichter ist als das der Männer. Der Intelligenzquotient ist bei beiden Geschlechtern gleich hoch, aber auf Teilgebiete der Intelligenz unterschiedlich verteilt. Der Unterschied in der Gehirngröße wird mit dem etwa gleich großen mittleren Unterschied im Körpergewicht erklärt, sodass relativ zum Körpergewicht beide Geschlechter gleich große Gehirne haben.

▶ **Definition.**

Das Gewicht des menschlichen Gehirns beträgt 1200–1500 g, bei Frauen ist es signifikant leichter als bei Männern. Bei gleich hohem Intelligenzquotient beider Geschlechter verteilt sich die Intelligenz unterschiedlich auf verschiedene Teilgebiete der Intelligenz.

⊙ **N-1.6** Gliederung und Richtungsbezeichnungen des Gehirns

⊙ **N-1.6**

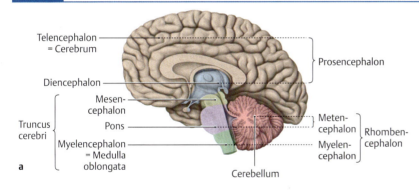

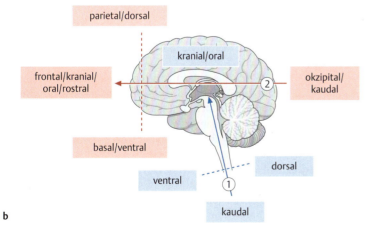

(Prometheus LernAtlas. Thieme, 3. Aufl.)
a Ansicht von medial auf die rechte Hälfte eines mediansagittal geschnittenen Gehirns.
b Richtungsbezeichnungen des Gehirns anhand eines Mediansagittalschnitts mit gleicher Ansicht wie in a. Zur Lagebeschreibung von Hirnstrukturen dienen die beiden eingezeichneten Achsen (① = Meynert-Achse durch den Hirnstamm; ② = Forel-Achse mit horizontalem Verlauf durch Groß- und Zwischenhirn).

▶ Exkurs: Unterschiede in der Gehirngröße. Die Gehirngröße ist aber nicht allein für die Entwicklung von höheren integrativen Leistungen entscheidend, denn Elefanten und Wale besitzen ein größeres Gehirn (5000–7000 g). So war z. B. das Gehirn von Einstein nicht größer als der Durchschnitt, es enthielt aber pro Volumeneinheit signifikant weniger Neurone. Dieser Befund lässt sich dahingehend interpretieren, dass in Einsteins Gehirn die neuronale Verschaltung komplexer war als beim Durchschnitt. Durch die höhere Anzahl der Synapsen pro Volumen müssen die Neurone weiter auseinander rücken.

1.3.1 Hirnstamm (Truncus encephali)

▶ Definition. Anatomisch zählen **Medulla oblongata**, **Pons** und **Mesencephalon** zum Hirnstamm (Abb. **N-1.7**).

Manchmal werden in der Klinik auch das Diencephalon und einige der Basalganglien (s. u.) zum Hirnstamm gerechnet.

N-1.7 Hirnstamm

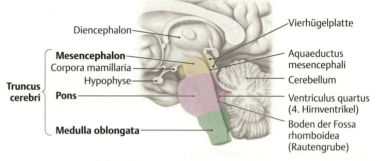

Anteile des Hirnstamms (farblich unterschiedlich hervorgehoben) an einem Mediansagittalschnitt in der Ansicht von links. Die nicht zum Hirnstamm zählenden, sondern ihn lediglich umgebenden Strukturen sind grau dargestellt.
(Prometheus LernAtlas. Thieme, 3. Aufl.)

Die Ventralfläche des Hirnstamms liegt auf dem **Clivus** des Os occipitale ventral vom Foramen occipitale magnum.

▶ Merke. Sämtliche Teile des Hirnstamms liegen innerhalb des Schädels, auch die Medulla oblongata.

In der **Ventralansicht** (Abb. **N-1.8a**) befindet sich der Übergang zwischen Rückenmark und dem kaudalsten Abschnitt des Hirnstamms (Medulla oblongata) in Höhe der **Pyramidenkreuzung** (**Decussatio pyramidum**). Hier kreuzen die meisten deszendierenden Fasern der Pyramidenbahn (S. 1183) auf die Gegenseite. In Richtung Diencephalon erstreckt sich der Hirnstamm mit seinem kranialen Abschnitt (Mesencephalon) bis zu den **Corpora mamillaria** (S. 1129), die aber bereits zum Hypothalamus gehören (Abb. **N-1.7**).

In der **Dorsalansicht** (Abb. **N-1.8b**) liegt der Übergang zwischen Rückenmark und Hirnstamm am Kaudalrand des **Tuberculum cuneatum** und **gracile** der Medulla oblongata, die neben und kaudal der unteren „Ecke" der **Rautengrube** (Fossa rhomboidea) angeordnet sind. Letztere ist der rhombusförmige Boden des IV. Ventrikels. Der größte Teil des Ventrikeldachs wird vom Kleinhirn mit seinen Stielen gebildet. Das Kleinhirn zählt nicht zum Hirnstamm, wird aber zusammen mit Pons und Medulla oblongata als Rautenhirn (Rhombencephalon) zusammengefasst. Die größte Masse des Rhombenzephalons liegt ventral vom IV. Ventrikel als **Haube** (**Tegmentum**), die sich in das Mesenzephalon fortsetzt.

Der Hirnstamm endet rostral-dorsal am oberen Rand der Vierhügelplatte.

▶ Merke. Die Dorsalfläche des Hirnstamms wird in ganzer Ausdehnung erst nach Abtrennung des Kleinhirns sichtbar.

N 1.3 Gehirn (Encephalon)

N-1.8 Oberflächenstrukturen des Hirnstamms

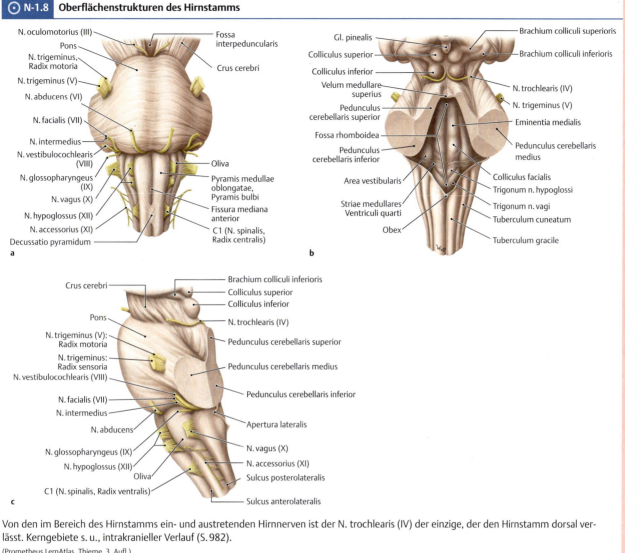

Von den im Bereich des Hirnstamms ein- und austretenden Hirnnerven ist der N. trochlearis (IV) der einzige, der den Hirnstamm dorsal verlässt. Kerngebiete s. u., intrakranieller Verlauf (S. 982).
(Prometheus LernAtlas. Thieme, 3. Aufl.)
a Ansicht von ventral,
b dorsal und
c lateral.

Da innerhalb des Hirnstamms die Kerngebiete der meisten Hirnnerven liegen (s. u.), sind an seiner Oberfläche die hier ein- und austretenden Hirnnerven sichtbar. Sie sind mit den römischen Ziffern I–XII gekennzeichnet.

Ebenfalls an der Oberfläche sichtbar sind die hier ein- und austretenden Hirnnerven (s. u.).

Hirnnervenkerne des Hirnstamms

▶ Merke. Bis auf die Hirnnerven I und II, die streng genommen Teile des Telenzephalons (Bulbus olfactorius) bzw. Dienzephalons (N. opticus) sind, haben alle ihre (n) Ursprungs- oder Endkern(e) im Hirnstamm bzw. Zervikalmark.

Anordnung und Faserqualitäten: Die mediolaterale Anordnung der Hirnnervenkerne folgt weitgehend einem System, das man sich aus dem Aufbau eines Rückenmarkquerschnitts ableiten kann.
Wenn man das Rückenmark durch einen Medianschnitt von dorsal bis zum Zentralkanal auftrennt und aufklappt, so liegen die Motoneurone des Vorderhorns am weitesten medial, nach lateral folgen dann die Ursprungsneurone des autonomen viszeroefferenten Nervensystems (im Thorakalmark im Seitenhorn), und am weitesten lateral liegen die sensorischen Neurone des Hinterhorns. Abb. **N-1.9** zeigt die Übertragung dieses entwicklungsgeschichtlich bedingten Prinzips auf die Anordnung der Hirnnervenkerne im Hirnstamm. Zu beachten ist, dass die viszeroefferenten Neurone im Hirnstamm und sakralen Rückenmark **parasympathisch** sind, während sie im thorakalen Rückenmark zum **Sympathikus** gehören.

Hirnnervenkerne des Hirnstamms

▶ Merke.

Anordnung und Faserqualitäten: Die Anordnung der Kerne unter dem Boden der Rautengrube folgt weitgehend dem Aufbau eines von dorsal bis zum Zentralkanal aufgeschnittenen und dann aufgeklappten Rückenmarks: Die motorischen Kerne liegen am weitesten medial, die sensorischen am weitesten lateral und die viszeroefferenten dazwischen (Abb. **N-1.9**).

⊙ N-1.9 Anordnungsprinzip der Hirnnervenkerne im Hirnstamm

a (links):
- Deckplatte
- Flügelplatte
- Zentralkanal
- Grundplatte
- Bodenplatte
- dorsal
- Somatosensibilität
- Viszerosensibilität
- Viszeromotorik
- Somatomotorik
- ventral

b (rechts):
- Boden des IV. Ventrikels (Rautengrube)
- somatoefferente Kernsäule
- somatoafferente Kernsäule
- viszeroafferente Kernsäule
- viszeroefferente Kernsäule
- medial
- lateral

c:
- Nucleus tractus solitarii, Pars superior (spez. viszeroafferent/Geschmacksfasern)
- Nucleus dorsalis n. vagi (allg. viszeroefferent/parasympathisch)
- Nucleus n. hypoglossi (allg. somatoefferent)
- Nucleus ambiguus (spez. viszeroefferent/branchiogenefferent)
- Olive
- Nucleus tractus solitarii, Pars inferior (allg. viszeroafferent)
- Nucleus vestibularis u. cochlearis (spez. somatoafferent)
- Nucleus spinalis n. trigemini (allg. somatoafferent)
- N. vagus
- N. hypoglossus

Darstellung des entwicklungsgeschichtlich bedingten Prinzips mit Hilfe der beschriebenen Situation im Rückenmark (S. 1172), die sich auf das kraniale Neuralrohr übertragen lässt. Bedingt durch die Wanderungsbewegung von Neuronenpopulationen (angedeutet durch Pfeile) ändert sich die vormals dorso-ventrale (**a**) Ausrichtung der Faserqualitäten im frühembryonalen Stadium der Hirnstammentwicklung zu einer latero-medialen (**b**), die bereits die Anordung wie im adulten Gehirn (**c**) zeigt.

(Prometheus LernAtlas. Thieme, 3. Aufl., nach Herrick)

▶ Merke.

▶ Merke. Die **Anordnung** der Hirnnervenkerne im Hirnstamm folgt einem einfachen entwicklungsgeschichtlich bedingten Prinzip. Würde das Rückenmark nach einem Medianschnitt von dorsal bis zum Zentralkanal – ähnlich wie ein Buch – „aufgeklappt", wird die dorsoventrale Ausrichtung zu einer latero-medialen: Die **afferenten** Anteile verlagern sich von dorsal nach **lateral**, die **efferenten** von ventral nach **medial**.

Es kommen jedoch zusätzliche Typen von Kerngebieten vor, die sich durch die höhere Anzahl an möglichen **Faserqualitäten** der Hirnnerven erklärt: Neben den vier Faserqualitäten, die in einem Spinalnerv verlaufen, kommen bei den Hirnnerven drei spezielle Qualitäten hinzu, die durch die spezifischen Sinnesorgane und die Kiemenbogenmotorik (**Branchialmotorik**) im Kopfbereich bedingt sind.

Man unterscheidet folgende funktionellen Kerntypen (Tab. **N-1.1** und Abb. **N-1.10**):

- **allgemein somatoefferente** Kerne für die motorische Versorgung der Skelettmuskeln,
- **allgemein viszeroefferente** Kerne für die parasympathische Innervation glatter Muskeln und Drüsen,
- **speziell viszeroefferente** Kerne für die Kiemenbogenmotorik,
- **speziell viszeroafferente** Kerne als Endkerne für die Information von Rezeptoren der Geschmacksknospen,
- **allgemein viszeroafferente** Kerne, die Information von Eingeweiderezeptoren erhalten, **allgemein somatoafferente** Kerne, bes. als Endkerne von Mechanorezeptoren des Gesichts, und
- **speziell somatoafferente** Kerne als Endkerne für auditorische und vestibuläre Information.

Es werden folgende funktionelle Kerntypen unterschieden, in denen Hirnnerven entspringen (**Nuclei originis**) oder enden (**Nuclei terminationis**, Tab. **N-1.1** und Abb. **N-1.10**):

- Am weitesten medial liegen **allgemein somatoefferente Kerne,** d. h. Kerne zur motorischen Versorgung von Skelettmuskulatur.
- Nach lateral schließen sich **allgemein viszeroefferente Kerne** an, d. h. Kerne zur parasympathischen Versorgung von glatter Muskulatur und Drüsen.
- Etwas ventrolateral von den allgemein viszeroefferenten Kernen liegen **speziell viszeroefferente Kerne,** d. h. motorische Kerne, deren Fasern die ehemaligen Kopfdarmmuskeln im Kopf-Hals-Bereich innervieren, die sich zu quergestreiften Muskeln entwickelt haben (z. B. mimische Muskeln, Kaumuskeln, Pharynx, Ösophagus).
- Noch weiter lateral folgen sensorische Kerne. Zunächst mit dem **Nucleus tractus solitarii** der wichtigste **speziell viszeroafferente Kern**, dessen kranialer Teil Informationen von gustatorischen Rezeptoren der Geschmacksknospen erhält.
- Der kaudale Nucleus tractus solitarii verarbeitet auch Signale von Eingeweiderezeptoren, erfüllt also neben der speziell viszeroafferenten (s. o.) auch eine **allgemein viszeroafferente** Funktion.
- Am weitesten lateral unter dem Boden der Rautengrube befinden sich **allgemein somatoafferente** (besonders als Endkerne von Mechanorezeptoren des Gesichts) und
- **speziell somatoafferente Kerne,** d. h. Kerne, die Informationen von den spezialisierten Sinnesorganen des Vestibularapparats (Gleichgewicht) und der Cochlea (Hören) verarbeiten.

N 1.3 Gehirn (Encephalon)

Kiemenbogennerven: Die neben anderen Hirnnerven im Hirnstamm entspringenden Kiemenbogennerven versorgen Strukturen, die ursprünglich als sog. **Kiemen- oder Schlundbögen** zum Kopfdarm gehörten (also Eingeweideabschnitte darstellten), aber später in den Kopf-Hals-Bereich einbezogen wurden. Sie sind beim Menschen frühembryonal angelegte Mesenchymwülste, die initial glattmuskulär sind und sich später zur Skelettmuskulatur von Hals und Kopf differenzieren. Ein Beispiel ist die motorische Versorgung der Kaumuskulatur durch den **Nervus trigeminus** (sog. **Branchialmotorik**, von lat. branchialis = die Kiemenbogen betreffend). Neben dem N. trigeminus werden zu den Kiemenbogennerven **Nervus facialis** (**VII**), **glossopharyngeus** (**IX**), **vagus** (**X**) und **accessorius** (**XI**, nur Radix cranialis) gerechnet.

Kiemenbogennerven: Sie versorgen Muskeln der Kiemen-/Schlundbögen, die während der frühen Entwicklung glattmuskulär waren und sich später zur Skelettmuskulatur des Kopfes und Halses differenzierten. Zu den Kiemenbogennerven gehören die Hirnnerven **V** (motorischer Teil) **VII**, **IX**, **X** und **XI** (Radix cranialis).

▶ **Klinik.** Neben einer Kompression des N. trigeminus durch Blutgefäße kann einer **Trigeminusneuralgie** (anfallsweise auftretende, plötzlich einschießende Schmerzen im Versorgungsgebiet eines Trigeminusastes) auch eine Übererregbarkeit der Neurone im Ncl. spinalis nervi trigemini zugrunde liegen; vgl. Klinik (S. 990).

▶ **Klinik.**

☰ N-1.1 Hirnnervenkerne des Hirnstamms*

Funktionelle Kategorie	Kern	Lokalisation	zugehörige Nerven**	Funktion/Innervationsgebiet der Fasern
Nuclei originis (Ursprungskerne)				
allgemein somato-efferente (somatomotorische) Kerne	**Ncl. spinalis nervi accessorii**	Zervikalmark	N. accessorius (XI, **Radix spinalis**)	→ M. sternocleidomastoideus (Abb. **L-1.4**) → M. trapezius (Abb. **E-1.9**)
	Ncl. nervi hypoglossi	Medulla oblongata	N. hypoglossus (XII)	→ innere und äußere Zungenmuskulatur (S. 1010)
	Ncl. nervi abducentis	Pons	N. abducens (VI)	→ M. rectus lateralis des Auges (Tab. **M-5.2**)
	Ncl. nervi trochlearis	kaudales Mesenzephalon (Höhe der Colliculi inferiores)	N. trochlearis (IV)	→ M. obliquus superior des Auges (Tab. **M-5.2**)
	Ncl. nervi oculomotorii	Substantia grisea des Mesenzephalons	N. oculomotorius (III)	→ M. rectus medialis → M. rectus sup. → M. rectus inf. → M. obliquus inferior des Auges (äußere Augenmuskeln, Tab. **M-5.2**)
allgemein viszero-efferente (viszeromotorische) Kerne	**Ncl. dorsalis nervi vagi**	Trigonum nervi vagi, Rautengrube, Medulla oblongata	N. vagus (X)	→ parasympathische Innervation der Brust- und Bauchorgane bis zum Cannon-Böhm-Punkt
	Ncl. salivatorius inferior	kraniale Medulla oblongata	N. glossopharyngeus (IX)	→ Gl. parotidea
	Ncl. salivatorius superior	kaudaler Pons	N. facialis (VII)	→ Gl. lacrimalis → Gll. nasales → Gll. palatinae → Gl. submandibularis → Gl. sublingualis → Gll. linguales antt.
	Ncl. accessorius nervi oculomotorii (Edinger-Westphal)	Substantia grisea des Mesenzephalons	N. oculomotorius (III)	→ M. ciliaris (S. 1063) → M. sphincter pupillae (Tab. **M-5.3**)
speziell viszero-efferente (viszeromotorische) Kerne	**Ncl. ambiguus**	Medulla oblongata	N. accessorius (XI, **Radix cranialis**; Fasern ziehen mit dem N. vagus)	→ innere Kehlkopf- (Abb. **L-2.11**) und teilweise Schlundmuskulatur
			N. vagus (X) = Nerv des 4.–6. Kiemenbogens	→ Kehlkopf- und teilweise Schlundmuskulatur (z. T. über Fasern aus der Radix cranialis n. accessorii, s. o.)
			N. glossopharyngeus (IX) = Nerv des 3. Kiemenbogens	→ Schlundmuskulatur (Abb. **L-2.2**)
	Ncl. nervi facialis	Pons	N. facialis (VII) = Nerv des 2. Kiemenbogens	→ mimische Muskulatur (S. 959)
	Ncl. motorius nervi trigemini	Pons	N. mandibularis n. trigemini (V_3) = Nerv des 1. Kiemenbogens	→ Kaumuskulatur (Tab. **M-3.6**)

N-1.1 Hirnnervenkerne des Hirnstamms* (Fortsetzung)

Funktionelle Kategorie	Kern	Lokalisation	zugehörige Nerven**	Funktion/Innervationsgebiet der Fasern
Nuclei terminationis (Endkerne)				
speziell viszero-afferenter (viszerosensibler) Kern (rostraler Teil) Dieser Kern erhält über die gleichen Nerven auch **allgemein viszero- (viszerosensible) afferente** Informationen von viszeralen Rezeptoren (kaudaler Teil).	**Ncl. tractus solitarii**	Medulla oblongata	N. vagus (X) N. glossopharyngeus (IX) N. facialis (VII)	← gustatorische Informationen (Geschmack)
allgemein somato-afferente (somato-sensible) Kerne	**Ncl. spinalis nervi trigemini** ■ Pars caudalis	Zervikalmark, Medulla oblongata	N. trigeminus (V)	← Gesichtshaut: ■ nozizeptive und thermorezeptive Infomationen
	■ Pars interpolaris	Medulla oblongata		■ Informationen von den Mechano-rezeptoren und Nozizeptoren (Mechanosensible und nozizeptive Afferenzen von der Zunge errei-chen ebenfalls den Ncl. spinalis, allerdings über den N. IX!)
	■ Subnucleus oralis	Pons		■ Information von den Mechano-rezeptoren
	Ncl. principalis nervi trigemini	mittlerer Pons		
	Ncl. mesencephalicus nervi trigemini (Der Kern enthält Somata der Muskelspindelafferenzen, d. h. entspricht einem Spinalganglion, **ohne Synapsen!**)	Pons, Mesenzephalon		← Information aus Muskelspindeln der Kaumuskeln Anmerkung: **Der Kern ist kein Endkern, sondern ein in das ZNS verlagertes Spinal-ganglion.**
speziell somato-afferente (somatosensible) Kerne	**Ncll. vestibulares** mit 4 Unterkernen	medial der Ncll. cochleares an der breitesten Stelle der Rautengrube	N. vestibulocochlearis (VIII), N. vestibularis	← vestibuläre Informationen, Gleich-gewicht (S. 1235)
	Ncll. cochleares anterior und **posterior**	am weitesten lateral in der Rautengrube an der Grenze zwischen Medulla oblongata und Pons	N. vestibulocochlearis (VIII), N. cochlearis	← auditorische Informationen, Gehör (S. 1230)

* Ein Teil der Kerne reicht bis in das Zervikalmark. Die Aufzählung der Kerne erfolgt in jeder funktionellen Kategorie von kaudal nach rostral/kranial (s. auch Abb. **N-1.10**). **N. olfactorius (I)** und **N. opticus (II)** sind oben nicht aufgeführt, da die Liste nur Hirnstammkerne mit ihren Nerven enthält. Die obige Einteilung und Zuordnung zu Faserqualitäten wird nicht von allen Autoren gleich gehandhabt.

** s. Hirnnerven (S. 979).

N 1.3 Gehirn (Encephalon)

N-1.10 Hirnnervenkerne des Hirnstamms*

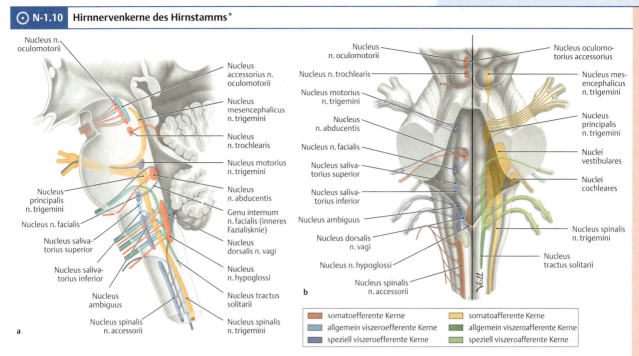

Schematische Darstellung der Kerngebiete mit Ausnahme der Nuclei vestibularis und cochlearis (S. 1108), die in **a** der Übersichtlichkeit halber weggelassen wurden und der Verlauf der Bahnen von bzw. zu diesen Kerngebieten. Sichtbar ist hier das sog. **innere Knie (Genu internum) des N. facialis** (VII): Es wird dadurch gebildet, dass die Fasern des N. facialis eine Schleife um den Ursprungskern des N. abducens beschreiben. Es ist nicht zu verwechseln mit dem äußeren Knie (Genu externum) des N. facialis in der Pars petrosa des Os temporale, d. h. im Verlauf des N. facialis (S. 990) nach dem Austritt aus dem Hirnstamm.
* Ein Teil der Kerne reicht bis in das Zervikalmark.
(Prometheus LernAtlas. Thieme, 3. Aufl.)
a Blick von links auf die Hirnnervenkerne der rechten Seite.
b Blick von dorsal auf die Rautengrube nach Entfernung des Kleinhirns mit getrennter Darstellung von Ursprungskernen (links), in denen die efferenten Hirnnervenfasern entspringen und Endkernen (rechts), zu denen die afferenten Fasern der Hirnnerven ziehen.

Formatio reticularis und Fasciculus longitudinalis medialis

Die Formatio reticularis und der Fasciculus longitudinalis medialis liegen mit ihren Hauptbestandteilen im gesamten Hirnstamm. Ihre Merkmale werden an dieser Stelle kurz im Überblick dargestellt.

Formatio reticularis (FR)

Der Name deutet an, dass es sich um ein netzartig strukturiertes System von Neuronen und Faserbündeln handelt. Innerhalb des Netzwerkes können einzelne Kerne abgegrenzt werden, aber im Allgemeinen überwiegt die netzartige Natur des Systems.

Funktionelle Bedeutung: Die Formatio reticularis ist an vielen basalen Funktionen des Organismus beteiligt, besonders an der Steuerung der Aufmerksamkeit und des Wachheitszustandes. Sie erhält Informationen aus praktisch allen Sinneskanälen (z. B. visuell, auditorisch, somatosensorisch und olfaktorisch) und projiziert auf den gesamten Kortex. Auch Atmung und Kreislauf werden von der Formatio reticularis kontrolliert. Details zu den Funktionskreisen der FR (S. 1254).

Lage: Die Formatio reticularis erstreckt sich über den gesamten Hirnstamm, vom Mesenzephalon bis zur Medulla oblongata (Abb. **N-1.11**): Im Mesenzephalon liegt sie im Tegmentum dorsolateral vom Ncl. ruber (S. 1115). Der Nucleus caeruleus liegt dicht unter dem Boden der Rautengrube und ist als bläulicher Fleck, sog. **Locus caeruleus** (S. 1113) = „himmelblauer Ort", makroskopisch zu erkennen.
Auch über diese Grenzen hinaus werden noch Gebiete zur Formatio reticularis gerechnet, so z. B. der Nucleus reticularis des Thalamus (S. 1125) und der netzartige Bereich im Rückenmark lateral des Halses des Hinterhorns (Lamina IV–VI; Abb. **N-1.4a**).

Formatio reticularis und Fasciculus longitudinalis medialis

Beide Strukturen kommen im gesamten Hirnstamm vor. Die Hauptmerkmale werden hier kurz dargestellt.

Formatio reticularis (FR)

Es handelt sich um ein netzartiges System von Neuronen und Faserbündeln mit nur wenigen abgrenzbaren Kernen.

Funktionelle Bedeutung: Die FR ist an vielen basalen Funktionen des Organismus beteiligt, besonders an der Steuerung des Wachheitszustandes; zu ihren Funktionskreisen (S. 1254).

Lage: Sie erstreckt sich über den gesamten Hirnstamm, vom Mesenzephalon, wo sie im Tegmentum liegt, bis zur Medulla oblongata (Abb. **N-1.11**). Auch im Thalamus und Rückenmark ist die FR vorhanden.

N-1.11 Lage der Formatio reticularis mit Darstellung einiger funktionell bedeutsamer Gebiete ihrer medialen Zone

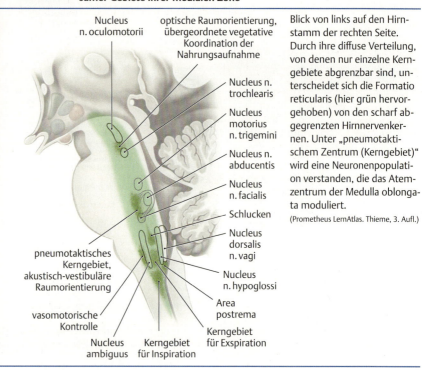

Blick von links auf den Hirnstamm der rechten Seite. Durch ihre diffuse Verteilung, von denen nur einzelne Kerngebiete abgrenzbar sind, unterscheidet sich die Formatio reticularis (hier grün hervorgehoben) von den scharf abgegrenzten Hirnnervenkernen. Unter „pneumotaktischem Zentrum (Kerngebiet)" wird eine Neuronenpopulation verstanden, die das Atemzentrum der Medulla oblongata moduliert.
(Prometheus LernAtlas. Thieme, 3. Aufl.)

Abschnitte: Man unterscheidet eine **mediale großzellige** (Ursprung langer des- und aszendierender Bahnen) von einer **lateralen kleinzelligen** Zone für lokale integrierende Funktionen.

Afferenzen: Die FR erhält Afferenzen aus fast allen Bereichen des ZNS (Rückenmark, Hirnnerven, Kortex, Basalganglien, Zerebellum und Hypothalamus).

Efferenzen: Die Efferenzen der FR erreichen **aszendierend** das Großhirn und **deszendierend** das Rückenmark.

Fasciculus longitudinalis medialis

Funktionelle Bedeutung: Er verbindet die motorischen Hirnnervenkerne III, IV und VI untereinander und sorgt so unter Einbindung der Vestibulariskerne für eine sinnvolle Synchronisation dieser Muskeln bei Kopfbewegungen.

▶ Merke.

Lage: Der Faszikel reicht vom Mesenzephalon (Ncl. interstitialis) bis zum Zervikalmark (Abb. **N-2.43**).

Abschnitte: Man kann zwei retikuläre Zonen unterscheiden:
- **Mediale großzellige** retikuläre Zone: Die großen Zellen sind der Ursprung von langen deszendierenden und aszendierenden Bahnen.
- **Laterale kleinzellige** retikuläre Zone: Die kleinen Zellen nehmen wohl eher lokale integrierende Funktionen wahr.

Afferenzen: Die Formatio reticularis erhält Afferenzen aus praktisch allen Bereichen des ZNS, so auch aus dem Rückenmark über den **Tractus spinoreticularis** und aus den sensorischen Anteilen der **Hirnnerven**. Aber auch Kortex, Basalganglien, Zerebellum und Hypothalamus projizieren in die Formatio reticularis.

Efferenzen: Die Efferenzen der Formatio reticularis erreichen aszendierend das Großhirn und deszendierend das Rückenmark (u. a. über den **Tractus reticulospinalis lateralis** und **anterior**).

Fasciculus longitudinalis medialis

Funktionelle Bedeutung: Der Fasciculus longitudinalis medialis verknüpft die motorischen Hirnnervenkerne III, IV und VI untereinander und sorgt so für eine Synchronisation der Hals-, Kopf- und Augenmuskelbewegungen. Die Vestibulariskerne sind ebenfalls in diese Steuerung eingebunden. Ein Beispiel für eine solche Synchronisation sind die Kopfbewegungen von Zuschauern eines Tennisspiels: Theoretisch könnte man dem Ball auf seinem Weg über das Netz allein durch Augenbewegungen folgen. Sobald aber eine relativ starke Abduktion der Sehachse nach temporal erfolgt, wird automatisch der Kopf in Richtung der Augen mitbewegt. Dies führt zu der ständigen Hin- und Herbewegung der Köpfe der Zuschauer.

▶ Merke. Besonders wichtig ist der Fasciculus longitudinalis medialis für die **vestibulookulären Reflexe**: Bei Kopfbewegungen werden über diesen Weg die äußeren Augenmuskeln von den Vestibulariskernen reflektorisch (S. 1224) so angesteuert, dass der Fixationspunkt konstant bleibt (S. 1238).

Lage: Der Faszikel ist im gesamten Hirnstamm bis etwas weiter kaudal davon zu finden: Kranial beginnt er im Mesenzephalon in Höhe der Commissura posterior bei zwei Kernen, die Fasern in den Faszikel schicken: Nucleus commissurae posterioris (Darkschewitsch) und Nucleus interstitialis (Cajal). Er endet kaudal im Zervikalmark, besteht aus zwei Strängen nahe der Mittellinie (Abb. **N-2.43**) und verbindet die wichtigsten Augenmuskelkerne untereinander und mit den Kernen der Halsmuskeln. Darüber hinaus bestehen Verbindungen zwischen dem Faszikel und dem Tr. vestibulospinalis medialis und lateralis, die von den gleichnamigen Vestibulariskernen ausgehen.

Verlängertes Mark (Medulla oblongata)

▶ Synonym. Myelenzephalon; Bulbus

▶ Klinik. In der Neurologie stößt man auf den Begriff „Bulbus" bei dem Krankheitsbild **„Bulbärparalyse"**, unter dem man eine Störung (durch Blutung, Degeneration, amyotrophe Lateralklerose u. ä.) **motorischer Hirnnervenkerne** in der Medulla oblongata versteht (N. IX, X, XII). Durch Paresen (Lähmungen) der Zungen-, Kehlkopf-, Schluck- und Kaumuskulatur leiden die Patienten unter Schluck- und Sprachstörungen. Charakteristische Hinweise bei der klinischen Untersuchung sind an der Zunge zu sehen: Dort kommt es zu einer **Atrophie** (Abb. N-1.12) und zu **Fibrillationen** (zarte, „wurmförmige" Zuckungen von Muskelfasern durch spontane Entladung von motorischen Einheiten).

Verlängertes Mark (Medulla oblongata)

▶ Synonym.

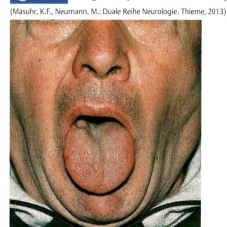

⊙ N-1.12 Zungenatrophie rechts bei Bulbärparalyse
(Masuhr, K.F., Neumann, M.: Duale Reihe Neurologie. Thieme, 2013)

Funktionelle Bedeutung, Kerngebiete und Bahnen der Medulla oblongata

Eine eigenständige Funktion der Medulla oblongata ist die Kontrolle von Kreislauf und Atmung; hier befinden sich schlecht abgrenzbare **Kreislauf- und Atmungszentren**. In der kaudalen Rautengrube ist in der Medulla oblongata die **Area postrema** lokalisiert. Sie wird auch als **Brechzentrum** bezeichnet, weil sie Übelkeit und Erbrechen steuert.

▶ Klinik. Die Funktion der Area postrema ist u. a. bei der Krebstherapie mit **Zytostatika** von Bedeutung. Man versucht bei diesen Patienten die Brechneigung durch die Zugabe von Medikamenten zu reduzieren, die die Erregbarkeit der Area postrema hemmen.

Weiterhin besitzt die Medulla oblongata funktionelle Bedeutung durch die zahlreichen dort gelegenen Hirnnervenkerne (Abb. N-1.13 und Tab. N-1.1) und weitere Kerngebiete, die an der Verarbeitung auditorischer und propriozeptiver Information beteiligt sind (Abb. N-1.14).

Funktionelle Bedeutung, Kerngebiete und Bahnen der Medulla oblongata

Die Medulla oblongata ist Ort der Kontrolle von **Kreislauf und Atmung**. Weiterhin liegt hier (in der kaudalen Rautengrube) die **Area postrema** (**Brechzentrum**).

▶ Klinik.

Die Medulla oblongata ist Ursprung und Endpunkt von mehreren **Hirnnerven** (Abb. N-1.13 und Tab. N-1.1) und enthält zusätzlich weitere Kerngebiete (Abb. N-1.14).

⊙ N-1.13 Kerne und Bahnen der Medulla oblongata

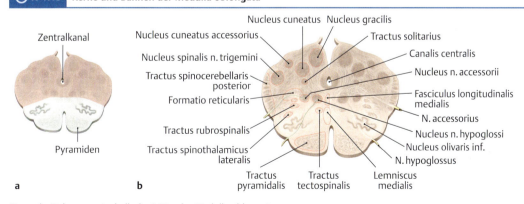

Querschnitt knapp unterhalb der Mitte der Medulla oblongata.
(Prometheus LernAtlas. Thieme, 3. Aufl.)

a Der dorsale Bereich, der sich nach kranial in das pontine Tegmentum fortsetzt, ist rosa eingefärbt. Hier liegt ein Großteil der Kerne der Medulla oblongata, während

b im ventralen Bereich vorwiegend die durchziehenden Bahnen liegen (detaillierte Darstellung). Von diesen ist der Tractus pyramidalis der dominanteste und bildet die an der Oberfläche sichtbare Pyramide. Dorsal davon ist in dieser Schnitthöhe der Ncl. olivaris inferior sichtbar. Näheres zu den durchlaufenden Bahnen s. Kap. N2.

N 1 ZNS – Aufbau und Organisation

⊙ N-1.14 — Wichtige Kerne der Medulla oblongata – ohne Hirnnervenkerne*

Kern	Funktion
Ncl. olivaris superior	Ursprung efferenter Fasern zu den Haarzellen der Cochlea
Ncl. olivaris inferior	Verarbeitung propriozeptiver Information für das Kleinhirn Ursprung der Kletterfasern zum Kleinhirn
Ncl. gracilis	Umschaltung der mechanorezeptiven Axone der Funiculi posteriores (Fasciculus gracilis von der unteren Körperhälfte und Fasciculus cuneatus von der oberen Körperhälfte) auf die Lemnisci mediales (sensorische Informationen zum Thalamus)
Ncl. cuneatus	

* Die Hirnnervenkerne der Medulla oblongata sind gemeinsam mit den anderen Hirnnervenkernen des Hirnstamms in Tab. **N-1.1** aufgeführt.
Details zum Corti-Organ siehe Abb. **N-2.38**, Kletterfasern (S. 1122), Fasciculus gracilis und cuneatus (S. 1198).

Sie ist **Durchgangsort** verschiedener aszendierender (z. B. Lemniscus med.) und deszendierender (z. B. Pyramidenbahn) Trakte.

Die Medulla oblongata ist auch Durchgangsort für mehrere **aszendierende Bahnen** (z. B. **Lemniscus medialis** und **Tractus spinothalamici**) sowie **deszendierende Trakte**, z. B. **Pyramidenbahn** (S. 1183) und **Tractus rubrospinalis** (S. 1190).

▶ **Merke.**

▶ **Merke.** Der **Lemniscus medialis** (S. 1199) ist die Fortsetzung der Hinterstrangbahn des Rückenmarks nach Umschaltung im Ncl. cuneatus bzw. gracilis. Der **Tractus spinothalamicus lateralis** ist die direkte Fortsetzung des nozizeptiven Teils der Vorderseitenstrangbahn (S. 1210).

Oberflächenstrukturen der Medulla oblongata

Dorsalansicht: In der kaudalen Spitze der Rautengrube befinden sich das **Trigonum nervi vagi** und **Trigonum nervi hypoglossi**, die von den zugehörigen Hirnnervenkernen aufgeworfen werden. Die **Ncll. gracilis** und **cuneatus** werfen kaudal davon die gleichnamigen Tubercula (s. o.) auf (Abb. **N-1.8b**). Den kaudalen Rand der Rautengrube bildet der **Riegel** (**Obex**).

Oberflächenstrukturen der Medulla oblongata

Dorsalansicht: Von dorsal (Abb. **N-1.8b**) fallen direkt unterhalb und neben dem kaudalen Ende der Rautengrube die **Tubercula gracilia** und **cuneata** auf, die von den gleichnamigen Hinterstrangkernen (**Nucleus gracilis und Nucleus cuneatus**) vorgewölbt werden und die Grenze zum Rückenmark darstellen (s. o.). Sie erhalten synaptischen Antrieb vom **Fasciculus gracilis** und **cuneatus**. Innerhalb der Rautengrube befindet sich am weitesten kaudal das **Trigonum nervi vagi**, unter dem der **Nucleus dorsalis nervi vagi** (Tab. **N-1.1**) liegt. Nach kranial schließt sich das durch den motorischen Kern des Nervus hypoglossus (**Nucleus nervi hypoglossi**) verursachte **Trigonum nervi hypoglossi** an. Ein wichtiger topografischer Bezugspunkt ist der **Riegel** (**Obex**) am kaudalen Ende der Rautengrube. Der Obex markiert den engen Übergang von der Rautengrube in den Canalis centralis.

Ventralansicht: An der ventralen Oberfläche der Medulla oblongata (Abb. **N-1.8a**) fallen medial die beiden Wülste der **Pyramiden** und lateral von ihnen die **Olive** als von den Ncll. olivares verursachte Vorwölbung auf.

Ventralansicht: Hier sind die auffallendsten Strukturen beidseits der Mittellinie die **Pyramiden** (Abb. **N-1.8a**). Zwar verlaufen unter den Pyramiden die Pyramidenbahnen, aber der Name ist älter als die Entdeckung der Bahnen und rührt von dem etwa dreieckigen Querschnitt der Fasermassen her. Direkt lateral der Pyramiden entspringt der Nervus hypoglossus (**XII**); noch weiter lateral – bereits an der Seitenfläche der Medulla oblongata – bildet die **Olive** eine deutliche von den Nuclei olivares verursachte Vorwölbung. Sie trennt den medial gelegenen Nervus hypoglossus von den lateralen Nervi glossopharyngeus (**IX**) und vagus (**X**). Kaudal der Nervi hypoglossus und vagus befinden sich die Radices craniales und spinales des Nervus accessorius (**XI**).

Brücke (Pons)

Brücke (Pons)

Funktionelle Bedeutung, Kerne und Bahnen des Pons

Funktionelle Bedeutung, Kerne und Bahnen des Pons

Die Brücke enthält wie die Medulla oblongata viele **Kerne von Hirnnerven** (Nn. V, VI, VII, z. T. VIII, Abb. **N-1.15**).

Die Brücke ist wie die Medulla oblongata **Ursprung** bzw. **Endpunkt von Hirnnerven** (Abb. **N-1.15**): Nervus trigeminus (**V**), abducens (**VI**), facialis (**VII**) und Nervus vestibularis des Nervus vestibulocochlearis (**VIII**).

N-1.15 Kerne und Bahnen des Pons

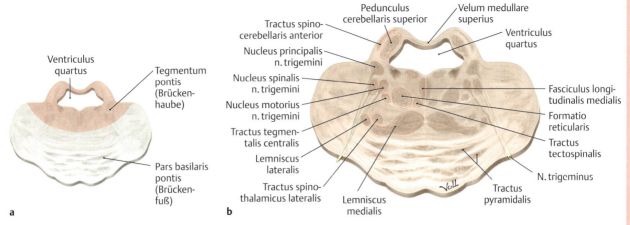

Querschnitt durch den mittleren Abschnitt des Pons. Wie in Abb. **N-1.13** ist das Tegmentum rosa eingefärbt (**a**). In Höhe dieses Schnittes (Details in **b**) dominieren innerhalb des pontinen Tegmentums die verschiedenen Kerngebiete des N. trigeminus (V); die weiter kaudal liegenden Kerne der Hirnnerven VI, VII und VIII sind nicht angeschnitten. Durch den ventral gelegenen Brückenfuß (Pars basilaris pontis) ziehen Fasern, in die – als Besonderheit des Pons – kleine (daher hier nicht sichtbare) Gruppen der Nuclei pontis „eingestreut" sind. Die Verbindungen der Nuclei pontis mit dem dorsal aufliegenden, hier jedoch nicht dargestellten Kleinhirn werden von Fasern in den Kleinhirnstielen, den Pedunculi cerebellares (S. 1120) gebildet.
Näheres zu den durchlaufenden Bahnen s. Kap. 2.
(Prometheus LernAtlas. Thieme, 3. Aufl.)

Eine Besonderheit sind die über den ganzen Pons verstreuten **Nuclei pontis**, die motorische Information von den kortikopontinen Bahnen erhalten und über die **Fibrae pontis transversae** an das Zerebellum weitergeben.
Weiterhin ist der Pons **Durchgangsstation** für deszendierende und aszendierende Bahnen. In Bezug auf durchlaufende Trakte gilt für die **Pyramidenbahn** (S. 1183), dass sie im Pons in viele Faserbündel aufgesplittert ist. Dies ist die einzige Stelle im ZNS, wo die Pyramidenbahn kein massives Faserbündel bildet. Der **Lemniscus medialis** (S. 1199) hat seine größte Ausdehnung nicht mehr in dorsoventraler Richtung wie in der Medulla oblongata, sondern ist quer (mediolateral) orientiert.

Eine Besonderheit des Pons sind die **Ncll. pontis**, an denen Fasern der kortikopontinen Trakte enden und die mit ihren Axonen (**Fibrae pontis transversae**) in das Zerebellum projizieren.
Die **Pyramidenbahn** (S. 1183) ist im Pons in viele Einzelbündel aufgesplittert. Auch für weitere deszendierende und aszendierende Bahnen ist der Pons **Durchgangsstation**.

Oberflächenstrukturen des Pons

Ventralansicht: Die Grenze zwischen Medulla oblongata und Pons ist ventral klar durch den kaudalen Rand des queren Wulstes der Brücke und den Austritt des **Nervus abducens** (VI) markiert. Ventral (Abb. **N-1.8a**) ist der Pons durch die typischen **querverlaufenden Rillen** gekennzeichnet, die durch Faserbündel (**Fibrae pontis transversae**) verursacht werden, die von den **Brückenkernen** (**Ncll. pontis**) kommen und über den mittleren Kleinhirnstiel (S. 1120) in das Zerebellum ziehen. In rostrokaudaler Richtung verläuft in der Medianebene eine leichte Senke über die Brücke, die durch die A. basilaris verursacht ist.
Am seitlichen Rand der Brücke ist der Eintritt der sensorischen Fasern des **N. trigeminus** (**Radix sensoria**) bzw. der Austritt der motorischen Trigeminusfasern (**Radix motoria**) nicht zu übersehen (s. a. Abb. **N-1.15**).

Dorsalansicht: Wie für andere Teile des Hirnstamms gilt auch für den Pons, dass seine Dorsalfläche erst nach Entfernung des Zerebellums sichtbar ist. In der Dorsalansicht (Abb. **N-1.8b**) erstreckt sich der Pons von den querverlaufenden Fasersträngen des IV. Ventrikels an seiner größten Breite (**Striae medullares ventriculi quarti**) bis zum kaudalen Ende der mesenzephalen Vierhügelplatte (Tectum, s. u.) bzw. bis zum Austritt des **Nervus trochlearis**.
In diesem Abschnitt der Rautengrube lassen sich der Colliculus facialis und der Locus caeruleus erkennen. Der **Colliculus facialis** wird von dem schleifenförmigen Verlauf der Fazialisfasern um den Kern des N. abducens (Ncl. nervi abducentis) – dem sog. inneren Knie des N. facialis – verursacht. Der **Locus caeruleus** (himmelblaue Ort) hat seinen Namen von den hier liegenden neuromelaninhaltigen Zellen der **Formatio reticularis** (S. 1109), die zusammen einen wichtigen Kern des **noradrenergen (monaminergen) Systems** (S. 1257) bilden und bläulich durch den Boden der Rautengrube schimmern. Hier befindet sich die größte Ansammlung noradrenerger Zellen im ZNS.

Oberflächenstrukturen des Pons

Ventralansicht: Für die Ventralfläche des Pons (Abb. **N-1.8a**) sind quer verlaufende Faserbündel (**Fibrae pontis transversae**) typisch, deren Fasern von den Ncll. pontis kommen und zum Zerebellum ziehen. An der Grenze zur Medulla oblongata tritt der **N. abducens** aus.

Seitlich treten die Fasern des **N. trigeminus** (Radix sensoria und motoria) ein bzw. aus (Abb. **N-1.15**).

Dorsalansicht: Von dorsal gesehen nimmt der Pons die obere Hälfte der Rautengrube ein (Abb. **N-1.8b**). Er erstreckt sich von den Striae medullares ventriculi quarti bis zum Kaudalrand der Vierhügelplatte des Mesenzephalons, wo der N. trochlearis austritt. Im Boden der Rautengrube liegen der **Colliculus facialis** (der vom inneren Knie des N. facialis vorgewölbt wird) und der **Locus caeruleus**, der die größte Ansammlung noradrenerger Neurone im ZNS enthält.

Lateralansicht: Besonders gut erkennbar ist hier der Austritt der Nn. VII und VIII im sog. **Kleinhirnbrückenwinkel**.

Lateralansicht: In der Lateralansicht besonders gut zu erkennen ist der Austritt der Nervi intermedius und facialis (**VII**), die zusammen auch als **Nervus intermediofacialis** bezeichnet werden, und vestibulocochlearis (**VIII**) im sog. **Kleinhirnbrückenwinkel**. Hier, direkt kaudal des mittleren Kleinhirnstiels (S. 1120), stoßen dieser Kleinhirnstiel, Pons und Medulla oblongata aneinander.

Mittelhirn (Mesencephalon)

Funktionelle Bedeutung, Kerne und Bahnen des Mittelhirns

Gliederung: An einem Querschnitt durch das Mittelhirn erkennt man
- **Tectum mesencephali** (dorsal) mit der Vierhügelplatte
- **Tegmentum mesencephali** (Haube, in der Mitte gelegen) und den
- **Crura cerebri** (Hirnschenkel, ventral), in denen motorische Bahnen nach kaudal ziehen.

Letztere bilden zusammen mit dem Tegmentum die Hirnstiele (**Pedunculi cerebri**). Der von **Substantia grisea centralis** umgebene **Aqueductus mesencephali** liegt zwischen Tectum und Tegmentum. Neben den oben erwähnten Strukturen sieht man wichtige Kerngebiete (Abb. **N-1.16**):
An der dorsalen Grenze der Hirnschenkel ist die **Substantia nigra** erkennbar. Ein großes Gebiet des Tegmentums wird von dem runden **Ncl. ruber** eingenommen.

▶ Merke.

Graue Substanz und Kerne: Unter der Vierhügelplatte liegen die schichtartig aufgebauten **Strata grisea colliculi sup.** u. inf. der Ncll. colliculi sup. und inf.

Mittelhirn (Mesencephalon)

Funktionelle Bedeutung, Kerne und Bahnen des Mittelhirns

Gliederung: Das Mittelhirn besteht aus
- dem dorsal gelegenen **Tectum mesencephali** mit der **Lamina tecti** oder **quadrigemina** (Vierhügelplatte), die von den Colliculi superiores und inferiores gebildet wird,
- dem in der Mitte (ventral vom Tectum) gelegenen **Tegmentum mesencephali** (der Haube, die als rostrokaudal über weite Strecken ausgedehnte Struktur auch in Pons und Medulla oblongata anzutreffen ist), und den
- am weitesten ventral liegenden **Hirnschenkeln** (**Crura cerebri**) mit motorischen Bahnen, die vom Kortex nach kaudal ziehen.

Zusammen mit der sich auf dem Querschnitt dorsal anschließenden **Haube** (**Tegmentum**) bilden die Hirnschenkel die **Hirnstiele** (**Pedunculi cerebri**).

Wenn man auf einem Querschnitt (Abb. **N-1.16**) eine Linie etwa in der Frontalebene durch den **Aqueductus mesencephali** zieht, so liegen **dorsal** von der Linie das **Tectum** mit der Vierhügelplatte und **ventral** die **Pedunculi cerebri**.

Der **Aqueductus mesencephali** (Aqueductus cerebri) stellt die dünne kanalartige Verbindung zwischen III. und IV. Ventrikel her. Zusammen mit der ihn umgebenden grauen Substanz, der **Substantia grisea centralis** (sog. **periaquäduktales Grau** = PAG) befindet er sich an der Grenze zwischen Tectum und Tegmentum.

An der dorsalen Grenze der Hirnschenkel ist die **Substantia nigra** erkennbar, die durch Melaninpigment schwarz gefärbt ist. Die Substantia nigra ist demnach ein Teil des Crus cerebri. Ein großes Gebiet des Tegmentums wird von dem runden **Nucleus ruber** eingenommen, dessen rötliche Farbe von Eiseneinlagerungen herrührt.

▶ Merke. Das Querschnittsbild des Mesenzephalons ist durch Substantia nigra, Ncl. ruber, Substantia grisea centralis und Aqueductus cerebri charakterisiert.

Graue Substanz und Kerne: Direkt unter der Vierhügelplatte liegen die Kerne, die die Colliculi superiores und inferiores (s. u.) aufwerfen. Ihre Bezeichnung als **Strata grisea colliculi superioris** und **inferioris** rührt von ihrem schichtartigen Aufbau her (Abb. **N-1.16**).

⊙ N-1.16 Mittelhirn

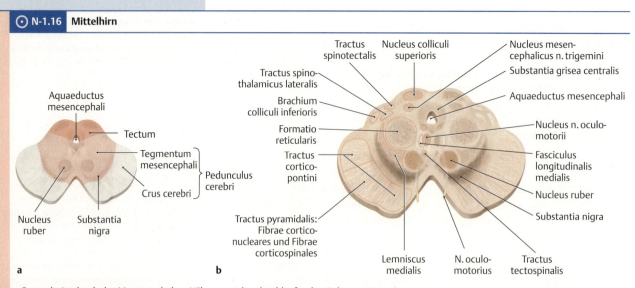

Querschnitt durch das Mesenzephalon. Näheres zu den durchlaufenden Bahnen s. Kap. 2.
(Prometheus LernAtlas. Thieme, 3. Aufl.)

a In der schematischen Übersicht sind die einzelnen Anteile farblich gegeneinander abgehoben: Anders als im Pons und in der Medulla oblongata, wo dem Tegmentum dorsal das Kleinhirn aufliegt (vgl. Abb. **N-1.13** und Abb. **N-1.15**), ist die mesenzephale Haube vom Tectum bedeckt.

b In der Detaildarstellung sind neben den auf dieser Höhe liegenden Hirnnervenkernen der Nucleus ruber und die Substantia nigra unverkennbar.

N 1.3 Gehirn (Encephalon)

> ▶ **Merke.** Die **oberen** Colliculi sind Teil des **visuellen**, die **unteren** Teil des **auditorischen** Systems.

Die **Substantia grisea centralis mesencephali** umgibt den Aquädukt, sie enthält Zellen des monoaminergen Systems (S. 1257) und ist Ursprung von aszendierenden und deszendierenden Bahnen. Die deszendierenden Bahnen können Schmerzempfindungen modulieren (abschwächen oder verstärken).

Ventral der grauen Substanz liegt der Kern des N. oculomotorius (**Nucleus nervi oculomotorii**), der einige der äußeren Augenmuskeln motorisch versorgt, sowie die **Nuclei accessorii nervi oculomotorii** (**Edinger-Westphal**), die für die parasympathische Innervation des M. ciliaris und M. sphincter pupillae verantwortlich sind. Diese Kerne steuern die Akkommodation und Hellanpassung des Auges.

Im kaudalen Mesenzephalon liegt auch der **Nucleus nervi trochlearis**, der den M. obliquus superior, einen der äußeren Augenmuskeln (Tab. **M-5.2**) versorgt. Seine Fasern treten als einzige Hirnnervenfasern **dorsal** an der Grenze zwischen Mesenzephalon und Pons aus.

> ▶ **Merke.** Im Mesenzephalon entspringen die Hirnnerven **III** und **IV**, wobei der **N. trochlearis** (**IV**) als einziger Hirnnerv **dorsal** aus dem Hirnstamm austritt.

Ein weiterer wichtiger Kern des Mesenzephalons ist der im Tegmentum gelegene **Nucleus ruber**.

Er erhält Informationen vom Zerebellum über den oberen Kleinhirnstiel und ist der Ursprung des deszendierenden motorischen Tractus rubrospinalis (S. 1190).

Die makroskopisch gut sichtbare **Substantia nigra** enthält dopaminerge Zellen, die Verbindungen zum Corpus striatum des Telenzephalons (S. 1144) besitzen. Die Substantia nigra besteht aus zwei Anteilen, nämlich der dem Tegmentum benachbarten (dorsalen) **Pars compacta** und der den Crura cerebri zugewandten (ventralen) **Pars reticularis**. Die massive Pars compacta enthält Zellen mit schwarzem Neuromelaninpigment, während die netzartigen Zellen der Pars reticularis wegen ihres Eisengehalts eher rötlich sind.

Bahnen: Die Faserbündel des **Lemniscus medialis** sind im Mesenzephalon – wie auch im Pons – eher quer orientiert. Ihre Lage dorsolateral vom Nucleus ruber im Querschnittsbild wird oft mit einem „Stierhorn" verglichen, das dem Nucleus ruber aufsitzt.

In kompakter Form finden sich absteigende motorische Fasern in den Crura cerebri:

- Die **Pyramidenbahn** mit dem Untersystem der **Fibrae corticonucleares** (S. 1185) ist in der Mitte der Hirnschenkel angeordnet. Die Pyramidenbahnfasern ziehen zu den Motoneuronen des Rückenmarks, während die Fibrae corticonucleares an den motorischen Hirnnervenkernen in Pons und Medulla oblongata enden.
- Die **kortikopontinen Bahnen** (S. 1185) werden in den Ncll. pontis umgeschaltet und liefern motorische Information an das Zerebellum. Der relativ kompakte **Tractus frontopontinus** verläuft medial in den Hirnschenkeln, der diffus im Kortex entspringende **Tr. parieto-occipito-temporo-pontinus** lateral von der Pyramidenbahn.

Oberflächenstrukturen des Mesenzephalons

In der **Dorsalansicht** (Abb. **N-1.8b**) ist die Vierhügelplatte mit jeweils zwei **Colliculi inferiores** und **superiores** die beherrschende Struktur.

Auf der **Ventralseite** sind die **Hirnschenkel** (**Crura cerebri**) besonders auffallend (Abb. **N-1.8a**). Sie zeigen rostrokaudal verlaufende Rillen und Bündel, die von **motorischen Bahnen** herrühren, die durch die Hirnschenkel nach kaudal laufen.

Zwischen beiden Hirnschenkeln befindet sich die **Fossa interpeduncularis**, aus der der **Nervus oculomotorius** austritt. Genau genommen verläuft der Nerv zunächst in der **Cisterna interpeduncularis**, die durch Überbrückung der gleichnamigen Fossa durch Arachnoidea entsteht und mit Liquor cerebrospinalis (S. 1152) gefüllt ist. In der Tiefe der Fossa sind viele punktförmige Öffnungen (**Substantia perforata posterior**) als Durchtrittsorte für Hirngefäße, z. B. Aa. centrales posteromediales, Äste der A. cerebri posterior (S. 1158), sichtbar.

> ▶ **Merke.**

Die periaquäduktale graue Substanz (**Substantia grisea centralis mesencephali**) beeinflusst u. a. über deszendierende Bahnen Schmerzempfindungen. Ventral von ihr befindet sich auf beiden Seiten je ein Ncl. nervi oculomotorii und die Ncll. accessorii nervi oculomotorii (**Edinger-Westphal**). Weiter kaudal liegt der **Ncl. nervi trochlearis**.

> ▶ **Merke.**

Der **Ncl. ruber** erhält Information vom Zerebellum und ist Ursprung deszendierender motorischer Bahnen (S. 1190).

Die **Substantia nigra** enthält dopaminerge Zellen, die das Corpus striatum des Telenzephalons (S. 1144) kontrollieren. Sie besteht aus einer dorsalen **Pars compacta** und einer ventralen **Pars reticularis**.

Bahnen: Der **Lemniscus medialis** liegt im Querschnitt dorsolateral auf dem Ncl. ruber.

In den Hirnschenkeln laufen:

- **Pyramidenbahn** mit **Fibrae corticonucleares** (letztere enden an den motorischen Hirnnervenkernen).
- **Kortikopontine Bahnen** (Tractus frontopontinus sowie Tr. parieto-occipito-temporo-pontinus) liefern über die Ncll. pontis motorische Information an das Zerebellum.

Oberflächenstrukturen des Mesenzephalons

Dorsal (Abb. **N-1.8b**) liegt die Vierhügelplatte mit je zwei **Colliculi superiores** und **inferiores**.

Zwischen den **ventral** gelegenen **Hirnschenkeln** (Abb. **N-1.8a**), in denen motorische Bahnen nach kaudal ziehen, liegt die **Fossa interpeduncularis**. Aus der Fossa tritt der **N. oculomotorius** aus.

Das Mesenzephalon (Abb. **N-1.8c**) reicht ventral vom Oberrand des Pons bis zu den Corpora mammillaria (S. 1129), dorsal vom Kaudalrand der Colliculi inff. bis zur Epiphyse (S. 1127).

In der **Seitansicht** (Abb. **N-1.8c**) wird die geringe rostrokaudale Ausdehnung des Mesenzephalons deutlich: Die **kaudale Grenze** wird ventral vom Oberrand des Pons, dorsal vom Kaudalrand der Colliculi inferiores gebildet. Die **kraniale Grenze** liegt dorsal bei der Zirbeldrüse bzw. Epiphyse, lat. Glandula pinealis oder Epiphysis cerebri (S. 1127), die bereits zum Dienzephalon gehört und ventral bei den Corpora mammillaria (S. 1129).

1.3.2 Kleinhirn (Cerebellum)

Funktionelle Bedeutung des Kleinhirns

Das Kleinhirn ist wichtig für die **Feinabstimmung von Bewegungen** und für die **Aufrechterhaltung** von **Gleichgewicht** und **Muskeltonus**.

Das Kleinhirn spielt eine zentrale Rolle bei der **Feinabstimmung von Bewegungen** und wirkt koordinierend bei der **Aufrechterhaltung des Gleichgewichts sowie des Muskeltonus** in Ruhe und Bewegung. Für die Erfüllung dieser Funktionen muss es Informationen über die derzeitige Lage des Körpers im Schwerefeld der Erde, die Stellung der Gelenke und die Planung von Bewegungen im Motorkortex erhalten. Gleichzeitig muss das Kleinhirn in Bewegungsabläufe eingreifen können, um Willkürbewegungen zu beeinflussen und bei plötzlichen Lageänderungen den Kontraktionszustand der Muskulatur anzupassen. Die afferenten und efferenten Verbindungen des Kleinhirns dienen diesen Zwecken. Unter **Muskeltonus** wird in der Klinik der unwillkürliche basale Kontraktionszustand der Muskeln verstanden, der u. a. für die aufrechte Körperhaltung notwendig ist.

Lage, Abschnitte und Oberflächenstrukturen des Kleinhirns

Lage: Das Kleinhirn bildet große Teile des Dachs vom IV. Ventrikel.

Lage: Das Zerebellum bildet zusammen mit dem Pons das **Metenzephalon**. Es liegt dorsal vom IV. Hirnventrikel, dessen Dach größtenteils aus dem Kleinhirn und den Kleinhirnstielen besteht.

Abschnitte und Oberfläche: Die Gliederung erfolgt in **2 Hemisphären** und den dazwischenliegenden **Wurm** (Vermis, Abb. **N-1.17**). Die Oberfläche ist durch schmale Blätter (sog. **Folia cerebelli**, s. u.) horizontal strukturiert.

Abschnitte und Oberflächenstrukturen: Beim Blick von **kaudal** (Abb. **N-1.17a**) kann man **zwei Kleinhirnhemisphären** (**Hemispheria cerebelli**) und zwischen ihnen den **Kleinhirnwurm** (**Vermis cerebelli**) erkennen. Der Vermis wird in verschiedene Abschnitte unterteilt (z. B. Culmen, Folium, Uvula, s. Abb. **N-1.17**).
Die Oberfläche des Kleinhirns ist durch annähernd parallel verlaufende sog. **Blätter** (**Folia cerebelli**, s. u.) horizontal strukturiert.

▶ Merke.

▶ Merke. Die den Gyri des Großhirns entsprechenden Oberflächenstrukturen heißen beim Kleinhirn **Folia (Blätter)**, die gerade verlaufen und eng aneinanderliegen.

Die deutlichste Furche ist die **Fissura horizontalis**. Die **Fissura prima** trennt den Lobus anterior vom Lobus posterior, dessen kaudalster Teil **Kleinhirntonsille** genannt wird.

Die deutlichste Furche (Fissura) an der dorsalen Oberfläche ist die **Fissura horizontalis**. Die **Fissura prima** ist meist weniger deutlich, sie trennt den **Lobus anterior** vom **Lobus posterior**. Der kaudalste Teil des Lobus posterior ist die **Kleinhirntonsille** (Abb. **N-1.17c**). Die Unterteilung der Lobi ergibt kleinere **Lobuli**. So bildet die Fissura horizontalis innerhalb des Lobus posterior die Grenze zwischen Lobulus semilunaris superior und Lobulus semilunaris inferior.

▶ Klinik.

▶ Klinik. Die Kleinhirntonsille wird bei Patienten mit starkem **Hirnödem** – das relativ häufig präfinal auftritt – in das Foramen occipitale magnum gepresst. Bei den Leichen im Präparierkurs ist dann ein ringförmiger Abdruck der Foramenöffnung auf der Unterfläche des Kleinhirns zu erkennen. Der Druck der Kleinhirntonsille auf die ventral von ihr liegende Medulla oblongata führt zu Funktionsstörungen des dort liegenden Kreislauf- und Atemzentrums.

Der **Lobus flocculonodularis** ist nur von ventral nach Abtrennung des Kleinhirns vom Hirnstamm sichtbar (Abb. **N-1.17c**).

Nach Abtrennen des Kleinhirns vom Hirnstamm sieht man in der Ansicht von **ventral** (Abb. **N-1.17**) als weitere Strukturen die durchtrennten Kleinhirnstiele (s. u.) und den **Lobus flocculonodularis**, der aus dem **Nodulus** (**Knötchen**) und dem **Flocculus** (**Flöckchen**) besteht. Der Lobus flocculonodularis gehört entwicklungsgeschichtlich zu den ältesten Kleinhirnteilen (Archizerebellum). Insgesamt sind der Vermis und die anliegenden Hemisphärengebiete wie der Buchstabe C gekrümmt, wobei Lobus anterior und Lobus flocculonodularis ventral dicht am Dach des IV. Ventrikels liegen. Erst wenn man sich das „C" in der Ebene ausgebreitet vorstellt, werden alle Teile des Wurms und der Hemisphären von dorsal sichtbar.

N 1.3 Gehirn (Encephalon)

⊙ N-1.17 Oberflächenstrukturen des Kleinhirns

(Prometheus LernAtlas. Thieme, 3. Aufl.)
a Ansicht des vom Hirnstamm abgetrennten Kleinhirns von kaudal,
b kranial
c und ventral.

a (Labels: Vallecula cerebelli, Pyramis vermis, Vermis cerebelli, Hemispherium cerebelli, Uvula vermis, Flocculus)

b (Labels: Lobulus quadrangularis, Lobulus simplex, Lobulus semilunaris – superior – inferior, Fissura prima, **Lobus cerebelli anterior**, Culmen, Fissura horizontalis, Vermis cerebelli, **Lobus cerebelli posterior**, Folium vermis)

c (Labels: Lobulus centralis, Velum medullare superius, Lingula cerebelli, Pedunculus cerebellaris superior, Pedunculus cerebellaris medius, IV. Ventrikel (angeschnitten), Pedunculus cerebellaris inferior, Nodulus, **Lobus flocculonodularis**, Flocculus, Fissura horizontalis, Uvula vermis, Pyramis vermis, Vallecula cerebelli, Tonsilla cerebelli, Pedunculus flocculi)

Innerer Aufbau des Kleinhirns

Im Sagittalschnitt (Abb. **N-1.18**) ist die sog. **Lebensbaumstruktur** sichtbar, die durch weitere Einsenkungen der Foliae cerebelli (s. o.) zustande kommen. Weiterhin fällt auf, dass das Kleinhirn nur ein relativ gering ausgeprägtes **Marklager** aus weißer Fasersubstanz besitzt, das von einer deutlichen **Rinde** (**Cortex cerebelli**) aus grauer Substanz umgeben ist (s. a. Abb. **N-1.21a**).
In das Marklager eingebettet liegen die Kleinhirnkerne (S. 1119).

Feinbau der Kleinhirnrinde (Cortex cerebelli)

Der neuronale Bau der Folia cerebelli der Hemisphären ist sehr gleichförmig, d. h. im Gegensatz zum Großhirn lassen sich keine morphologischen Unterschiede zwischen verschiedenen Regionen des Kleinhirns definieren. Die drei Schichten des zerebellären Kortex sind (Abb. **N-1.19**):

Innerer Aufbau des Kleinhirns

Das **Marklager** ist gegenüber der **Rinde** nur gering ausgeprägt (Abb. **N-1.18** und Abb. **N-1.21a**). Innerhalb des Marklagers liegen die Kleinhirnkerne (S. 1119).

Feinbau der Kleinhirnrinde (Cortex cerebelli)
Der Kleinhirnkortex besitzt **3 Schichten** (Abb. **N-1.19**):

N-1.18 Innerer Aufbau des Kleinhirns

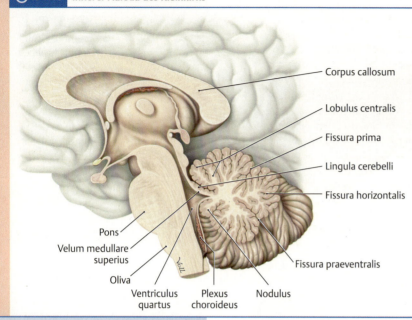

Sagittalschnitt durch das Kleinhirn, das hier zusammen mit dem Hirnstamm, Zwischenhirn und angrenzenden Teilen des Großhirns dargestellt ist.
(Prometheus LernAtlas. Thieme, 3. Aufl.)

N-1.19 Aufbau der Kleinhirnrinde

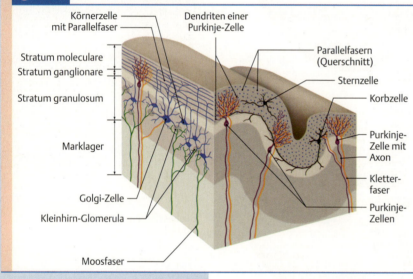

Schematische Darstellung der drei Schichten innerhalb der Kleinhirnrinde mit angrenzendem Marklager. Die in unterschiedlichen Rindenschichten endenden Kletter- und Moosfasern sind im Kap. Afferenzen und Efferenzen des Kleinhirns (S. 1121) im funktionellen Zusammenhang beschrieben.
(nach Prometheus LernAtlas. Thieme, 3. Aufl.)

- **Stratum moleculare** (außen) mit **Korb-** und **Sternzellen**, Dendriten von **Purkinje-(P-)Zellen** und Axonen von Körnerzellen (s. u.), die **Parallelfasern bilden,**
- **Stratum ganglionare** mit den **P-Zellen** (einschichtig), deren Axone den einzigen Ausgang des Kleinhirnkortex darstellen, und
- **Stratum granulosum** (an das Marklager grenzend) mit einer massiven Schicht von Körnerzellen.

- Das **Stratum moleculare** (**Molekularschicht**) ist die oberflächlichste zellkörperarme Schicht. In die Molekularschicht ragen Fortsätze von in tieferen Schichten gelegenen Zellkörpern:
  - Die **Dendriten der Purkinje-(P-)Zellen** (s. u.) liegen alle in einer Ebene **quer** zur Längsrichtung der Kleinhirnblätter, d. h. der Dendritenbaum ist praktisch 2-dimensional.
  - Die **Axone der Körnerzellen** steigen bis zum Stratum moleculare auf, verzweigen sich hier T-förmig, und beide Äste verlaufen danach als **Parallelfasern** in Längsrichtung der Blätter. Die Parallelfasern durchsetzen die Dendriten der P-Zellen und bilden hier erregende Synapsen.
  - Weiterhin enthält das Stratum moleculare Korb- und Sternzellen. Die **Korbzellen** liegen in der Nähe der P-Zellen und haben ihren Namen aufgrund der hemmenden axonalen Geflechte (Körbe), die sie um die Somata der P-Zellen legen.
  - Die **Sternzellen** bleiben mit ihren Fortsätzen im Stratum moleculare. Sie bilden Synapsen auf den Dendriten der P-Zellen und fassen mit ihren Axonen mehrere P-Zellen zusammen.

- Im **Stratum ganglionare** oder **purkinjense** liegen die für das Kleinhirn typischen **Purkinje-(P-)Zellen**, die eine einschichtige Zelllage zwischen Stratum moleculare und granulosum bilden. Ihre Axone ziehen zu den Kleinhirnkernen (s. u.) und bilden den **einzigen Ausgang** des Kleinhirnkortex.
- Das **Stratum granulosum** (**Körnerschicht**) liegt innen (an der Grenze zum Marklager) und enthält eine riesige Zahl (wahrscheinlich mehrere Milliarden) von dichtgepackten Körnerzellen. Die sog. **Kleinhirn-Glomerula** sind synaptische Komplexe, in deren Zentrum sich die verbreiterten präsynaptischen Boutons der Moosfasern (s. u.) befinden, die Synapsen mit den Dendriten der Körnerzellen sowie mit den Dendriten und Axonen der Golgi-Zellen ausbilden. Die **Körnerzellen** bilden erregende Synapsen auf den Dendriten der P-Zellen, während die **Golgi-Zellen** hemmende Interneurone darstellen (näheres zur Funktion der Neurone, s. u.). Die Axone der Körnerzellen steigen senkrecht zur Oberfläche auf und verzweigen sich im Stratum moleculare, um die Parallelfasern zu bilden.

▶ **Merke.** Die **Körnerzellen** sind die **einzigen erregenden Zellen des Kleinhirnkortex**, alle anderen Neurone haben eine hemmende Wirkung. Die Körnerzellen verwenden Glutamat als Transmitter, die Kletterfasern Aspartat. Bei den hemmenden Neuronen ist γ-Aminobuttersäure (GABA) der Transmitter.

Kleinhirnkerne (Nuclei cerebelli)

In den in das Marklager eingebetteten Kleinhirnkernen (Nuclei cerebelli) werden die das Zerebellum verlassenden Efferenzen (Axone der P-Zellen) umgeschaltet (Abb. **N-1.20** und Abb. **N-1.23**):

- **Nucleus dentatus:** Der gezähnelte Kern besitzt eine stark gefaltete Oberfläche, wobei seine Öffnung nach medial zeigt (seine dreidimensionale Form wird oft mit einem faltigen Tabaksbeutel verglichen).
- **Nucleus interpositus:** Er hat zwei Anteile (**Nucleus emboliformis** = Pfropfkern und auf jeder Seite ein oder zwei **Nuclei globosi** = Kugelkerne). Diese Kerne liegen quasi vor der Öffnung des Ncl. dentatus.
- **Nucleus fastigii**: Der First- oder Giebelkern hat seinen Namen von der Lage im First des Daches des IV. Ventrikels.

Sie liegen in Bezug auf die Informationsverarbeitung im **Ausgang des Kleinhirns** (S. 1123).

Kleinhirnkerne (Nuclei cerebelli)

Die Kleinhirnkerne sind (Abb. **N-1.20** und Abb. **N-1.23**):
- **Ncl. dentatus**,
- **Ncl. interpositus** mit 2 Anteilen (**Ncll. emboliformis** und **globosi**) und
- **Ncl. fastigii**.

Sie liegen in Bezug auf die Informationsverarbeitung im **Ausgang des Kleinhirns** (S. 1123).

N-1.20 Kleinhirnkerne

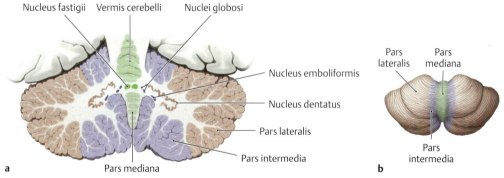

(Prometheus LernAtlas. Thieme, 3. Aufl.)

a Auf dem Schnitt entlang der oberen Kleinhirnstiele in der Ansicht von kranial-dorsal sind die Kleinhirnkerne erkennbar. An den Kernen enden die Axone von Purkinjefasern aus unterschiedlichen Rindenregionen, die funktionelle Teile des Kleinhirns bilden (Partes mediana, intermedia und lateralis).

b Diese Partes decken sich nicht mit den morphologischen Lappengrenzen in Abb. **N-1.17**.

Verbindungen des Kleinhirns

Um eine modulierende Wirkung bei Bewegungsprozessen ausüben zu können, ist das Kleinhirn auf einen hohen „Informationsfluss" angewiesen und muss mit vielen anderen Teilen des ZNS sowohl afferent als auch efferent verbunden sein. Das Kleinhirn weist eine funktionelle Dreiteilung auf:

Verbindungen des Kleinhirns

Seine Funktion erfordert vielfache sensorische und motorische Verbindungen mit anderen Teilen des ZNS. Am besten macht man sich die Verbindungen über die **drei funktionellen Abschnitte** des Kleinhirns klar:

Cerebrocerebellum (oder **Pontocerebellum**) mit Verbindungen zum motorischen Kortex, **Spinocerebellum** mit motorischen Verbindungen zum Rückenmark und **Vestibulocerebellum** mit Verbindungen zum Innenohr und den Ncll. vestibulares.

Kleinhirnstiele

Es sind drei **Pedunculi cerebellares** (**Kleinhirnstiele**; Abb. **N-1.21a**) vorhanden:

- **Der Pedunculus superior** verbindet das Kleinhirn mit dem Ncl. ruber und Thalamus und enthält hauptsächlich Efferenzen (Ausnahme: Afferenzen aus dem Tr. spinocerebellaris ant.).
- **Der Pedunculus medius** enthält **nur Afferenzen**, und zwar von den Ncll. pontis.
- **Der Pedunculus inferior** leitet v. a. Afferenzen aus dem Tractus spinocerebellaris post. (S. 1201) und cuneocerebellaris (S. 1202) sowie aus der unteren Olive und den Vestibulariskernen.

1. **Cerebrocerebellum** (größter Teil der Kleinhirnhemisphären, auch **Pontocerebellum** genannt) mit Efferenzen zum motorischen Kortex (über Ncl. ruber und Thalamus). Auf diesem Weg beeinflusst das Kleinhirn Willkürbewegungen (Thalamus) und extrapyramidale unwillkürliche Bewegungen (Ncl. ruber).
2. **Spinocerebellum** (ein schmaler Streifen in den Hemisphären parallel zum Wurm) mit Verbindungen zum Rückenmark (afferent über die Trr. spinocerebellares, efferent über Vestibulariskerne zu den Trr. vestibulospinales). Diese Verbindung dient der Kontrolle von Arm- und Beinbewegungen.
3. **Vestibulocerebellum** (bestehend aus Lobus flocculonodularis und hirnstammnahen Teilen des Wurms) mit Afferenzen vom Innenohr und den Ncll. vestibulares sowie Efferenzen zu den Vestibulariskernen. Auf diesem Weg steuert das Kleinhirn reflektorisch die Aufrechterhaltung des Gleichgewichts. Alle Verbindungen ziehen durch die **Kleinhirnstiele**.

Kleinhirnstiele

Das Zerebellum ist über die drei **Kleinhirnstiele** (**Pedunculi cerebellares**, Abb. **N-1.21a**) mit anderen Gehirnteilen verbunden:

- Der **Pedunculus cerebellaris superior** stellt eine hauptsächlich efferente Verbindung zum Nucleus ruber im Mesenzephalon und zum Thalamus im Dienzephalon her. Darüber hinaus enthält er Afferenzen des Tractus spinocerebellaris **anterior** und superior.
- Der **Pedunculus cerebellaris medius** enthält **nur afferente Verbindungen**, und zwar von den Nuclei pontis als Fortsetzung der corticopontinen Trakte (S. 1113). Besonders wichtig sind der Tr. frontopontinus und temporopontinus.
- Über den **Pedunculus cerebellaris inferior** erreichen u. a. die afferenten Fasern des Tractus spinocerebellaris posterior (S. 1201) und cuneocerebellaris (S. 1202) sowie die **Kletterfasern** aus der unteren Olive das Kleinhirn.
  Eine der wichtigsten Informationsquellen für das Kleinhirn – die Afferenzen aus den Vestibulariskernen – erreicht ebenfalls über den unteren Kleinhirnstiel das Zerebellum.

⊙ N-1.21   Kleinhirnstiele

Die im Bereich des Hirnstamms austretenden Hirnnerven sind hier der Übersichtlichkeit halber nicht alle dargestellt.

(Prometheus LernAtlas. Thieme, 3. Aufl.)

a In dieser Darstellung, bei der Teile des rostralen Kleinhirns sowie laterale Teile der Brücke entfernt sind, wird der Faserverlauf in den Pedunculi cerebellares deutlich. Der Tractus tegmentalis centralis (zentrale Haubenbahn) verläuft longitudinal durch den Hirnstamm und ist hier freigelegt.

b Nach Abtrennung des Kleinhirns sind in der Ansicht von dorsal (**I**) bzw. von links (**II**) die komplementären Schnittflächen der Kleinhirnstiele am Hirnstamm (hier farblich hervorgehoben) sichtbar.

N 1.3 Gehirn (Encephalon)

▶ **Merke.** Die Verbindungen der Kleinhirnstiele lassen sich nach folgender Faustregel einteilen:
- Der **mittlere** enthält nur Afferenzen aus dem Pons,
- der **obere** entlässt vorwiegend Efferenzen zu Strukturen, die rostral des Metenzephalons gelegen sind (Ncl. ruber und Thalamus),
- der **untere** stellt die Verbindungen zu kaudal gelegenen Strukturen (Rückenmark, untere Olive) und zu den Vestibulariskernen her.

Ausnahme von diesem Schema ist der **Tractus spinocerebellaris anterior** (S. 1201), dessen Fasern nicht über den unteren, sondern über den oberen Kleinhirnstiel zum Zerebellum ziehen. Die Afferenzen aus der unteren Olive heißen **Kletterfasern**, alle anderen Afferenzen werden **Moosfasern** genannt.

▶ **Merke.**

Afferenzen und Efferenzen des Kleinhirns

Einen Überblick über die Hauptverbindungen des Kleinhirns geben Abb. **N-1.22**, Abb. **N-1.23** und Abb. **N-1.24**.

Afferenzen und Efferenzen des Kleinhirns

Verbindungen des Kleinhirns: siehe Abb. **N-1.22**, Abb. **N-1.23** und Abb. **N-1.24**.

⊙ **N-1.22 Wichtige Verbindungen des Kleinhirns (Auswahl)**

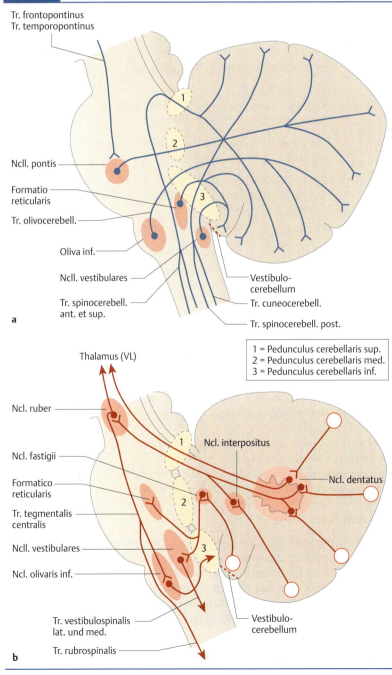

a **Afferenzen des Kleinhirns und ihr Verlauf in den Hirnstielen.** Oberer Kleinhirnstiel (1): Tr. spinocerebellaris ant. und sup. mit propriozeptiven Afferenzen (unbewusste Propriozeption aus unterer und oberer Körperhälfte). Mittlerer Kleinhirnstiel (2): Enthält nur Afferenzen. Durch ihn ziehen Fasern von den Ncll. pontis als Fortsetzung der Trr. corticopontini. Unterer Kleinhirnstiel (3): Tr. spinocerebellaris post. (unbewusste Propriozeption aus unterer Körperhälfte), Tr. cuneocerebellaris (unbewusste Propriozeption aus oberer Körperhälfte), Tr. vestibulocerebellaris mit direkten Afferenzen vom vestibulären Innenohr und Tr. olivocerebellaris mit Afferenzen aus unterer Olive, die Kletterfasern heißen. Alle anderen Afferenzen werden Moosfasern genannt. Nicht dargestellt ist der Tr. trigeminocerebellaris von den taktilen Rezeptoren des Gesichts.

b **Efferenzen des Kleinhirns.** Die Fasern vom Ncl. dentatus verlassen das Kleinhirn über den Pedunculus cerebellaris sup. und enden entweder direkt im Ncl. ventralis lateralis (VL) des Thalamus oder nach Umschaltung im Ncl. ruber. Vom Ncl. interpositus zieht eine wichtige Efferenz ebenfalls über den oberen Kleinhirnstiel zum Ncl. ruber. Hier besteht eine Verbindung zum Tr. rubrospinalis und damit zum unwillkürlichen extrapyramidalen motorischen System (EPMS). Der Ncl. fastigii schickt Efferenzen zu den Vestibulariskernen, in denen über die Trr. vestibulospinales ebenfalls eine Verbindung zum EPMS besteht. Die Efferenz zur Formatio reticularis kann reflektorisch motorische Ausgleichsreaktionen bei plötzlicher Lageveränderung des Körpers einleiten (über die Trr. reticulospinales, nicht gezeigt). Bitte beachten: Der Tr. tegmentalis centralis (die zentrale Haubenbahn) als Verbindung zwischen Ncl. ruber und unterer Olive ist die Basis für den folgenden Rückkopplungskreis: Ncl. ruber – Ncl. olivaris inf. – Cortex cerebelli – Kleinhirnkerne (Ncl. dentatus und Ncl. interpositus) – Ncl. ruber. Über diesen Kreis kann die motorische Aktivität des Kortex (über den Thalamus) und die des Rückenmarks (Tr. rubrospinalis) kontrolliert werden.

N-1.23 Verschaltung innerhalb des Zerebellums

Ein- (links) und Ausgänge (rechts) des Kleinhirns mit schematischer Darstellung ihrer komplexen Verschaltungen. Die erregenden und hemmenden Wirkungen werden durch exzitatorische (Glu = Glutamat, Asp = Aspartat) oder inhibitorische (GABA = Gamma-Amino-Butter-Säure) Transmitter (S. 1181) erreicht. Während die Afferenzen (aus anderen Teilen des ZNS) und Efferenzen (aus den Kleinhirnkernen) erregende Transmitter freisetzen, wirkt das von den Purkinje-Zellen der Kleinhirnrinde freigesetzte GABA hemmend. Ihre Wirkung auf die Kleinhirnkerne wird jedoch wiederum durch andere Zellen der Kleinhirnrinde, von denen nur die Körnerzellen erregend sind, moduliert. Die Axonkollateralen von den Moos- und Kletterfasern erregen ebenfalls die Kleinhirnkerne und können so die Hemmung durch die P-Zellen dämpfen.

(Prometheus LernAtlas. Thieme, 3. Aufl.)

N-1.24 Zerebellum – Verbindungen

Eingänge	Kletterfasern		← kontralateraler Ncl. olivaris inferior (propriozeptiver und kortikaler Antrieb)
	Moosfasern (alle Eingänge außer den Kletterfasern)		← Vestibulariskerne ← Rückenmark (kutane und propriozeptive Information) ← Motorkortex über Tr. corticopontini
Ausgänge	Axone der Purkinje-Zellen	Ncl. dentatus	→ Ncl. ruber → Thalamus - hauptsächlich Ncl. ventralis lateralis (VL) → prämotorischer Kortex
		Ncl. fastigii	→ Tractus vestibulospinalis lateralis → Tractus corticospinalis anterior (ungekreuzter Teil der Pyramidenbahn } (mediales System) → Mesenzephalon → untere Olive
		Ncl. interpositus	→ Tractus corticospinalis lateralis (gekreuzter Teil der Pyramidenbahn) → Tractus rubrospinalis } (laterales System)

- **Afferenzen:** Das Kleinhirn besitzt **zwei Eingänge:**
  - **Kletterfasern** mit Ursprung in der unteren Olive, die sich an den Dendriten der P-Zellen emporranken, und
  - **Moosfasern**, die unterschiedliche Ursprünge haben und an den Körnerzellen enden.
- **Efferenzen:** Den einzigen Ausgang bilden die Axone der P-Zellen mit Kontakten zu den Kleinhirnkernen (s. o.).

Informationsfluss

Der Kleinhirnkortex bildet – stark vereinfacht – eine **hemmende Schleife** für die Kleinhirnkerne (Abb. **N-1.23**). Die Hauptfunktionen des Zerebellums sind die **Aufrechterhaltung des Gleichgewichts** und die Beteiligung an der **Planung und Durchführung von Bewegungen**. Um diese Aufgaben erfüllen zu können, benötigt das Kleinhirn Informationen von drei Quellen:

Man unterscheidet Ein- und Ausgänge (bzw. Afferenzen und Efferenzen):

- **Afferenzen :** Zwei Fasersysteme bilden die Eingänge zum Kleinhirnkortex:
  - die **Kletterfasern**, die aus der unteren Olive (Ncl. olivaris inferior) kommen und sich an den Dendriten der P-Zellen (s. o.) emporranken, und
  - die **Moosfasern**, (alle anderen Eingänge), die an den Körnerzellen enden und unterschiedliche Ursprünge haben (z. B. in der Brücke und den verschiedenen spinozerebellären Trakten).
  - Vor Erreichen der P- bzw. Körnerzellen geben die Afferenzen erregende Kollateralen zu den Kleinhirnkernen ab.
- **Efferenzen:** Der zerebelläre Kortex hat nur **einen Ausgang**, nämlich die Axone der Purkinje-Zellen, die synaptische Kontakte mit den **Kleinhirnkernen** (s. o.) eingehen.

Informationsfluss

Stark vereinfacht kann man den Kleinhirnkortex als **hemmende Schleife für die Kleinhirnkerne** ansehen, die ihrerseits durch Kollateralen der Moos- und Kletterfasern erregt werden. Durch diese hemmende Schleife wird die Aktivität der Kleinhirnkerne moduliert (Abb. **N-1.23**). Damit das Kleinhirn seine Funktionen erfüllen kann, die u. a. darin bestehen, das **Gleichgewicht in Ruhe und Bewegung** aufrechtzuerhalten und bei der **Planung von Bewegungen** mitzuwirken, benötigt es Informationen aus unterschiedlichen Quellen:

- **Vestibularapparat:** Information über die Stellung des Kopfes im Raum erhält das Kleinhirn vom Gleichgewichtsorgan.

- **Muskel- und Gelenkrezeptoren:** Da der Kopf seine Stellung relativ zum Rumpf verändern kann, werden der Winkel zwischen Kopf- und Rumpfwirbelsäule sowie die Stellung der Extremitäten zum Rumpf benötigt. Diese Information wird von den Muskel- und Gelenkrezeptoren geliefert und erreicht das Kleinhirn über die **spino-** und **kuneozerebellären Trakte** (S. 1201). Erst jetzt kann das Kleinhirn die Anordnung des Gesamtkörpers im Raum berechnen. Diese Information ist erforderlich, um die Ausgangssituation für die Aufrechterhaltung des Gleichgewichts und für die Planung und Durchführung von Bewegungen zu „erkennen".
- **Zerebraler Kortex:** Das Kleinhirn muss wissen, welche Bewegungen derzeit ablaufen und/oder vom Motorkortex des Endhirns (S. 1182) geplant sind, um notfalls zur Aufrechterhaltung des Gleichgewichts in den Bewegungsablauf eingreifen zu können. Diese Informationen laufen über die **kortikopontinen Trakte** und die **Brückenkerne** durch den **mittleren Kleinhirnstiel** zum Kleinhirn.

Die **Verarbeitung** dieser von drei Informationsquellen kommenden Signale erfolgt im Kleinhirn in **drei verschiedenen Regionen**, die teilweise in Streifen parallel zum Wurm angelegt sind (Abb. **N-1.25**) und die funktionelle Gliederung in Vestibulo-, Spino- und Pontozerebellum erklären:
- Der Antrieb vom **Vestibularapparat** erreicht die phylogenetisch alten Teile des Kleinhirns, nämlich den kaudalen und kranialen Vermis (in geringem Ausmaß auch den mittleren Teil) und den Lobus flocculonodularis (sog. **Vestibulozerebellum**).
- Die Information von den **spinozerebellären Trakten** wird im gesamten Wurm und zusätzlich in einem streifenförmigen Gebiet der Hemisphären nahe dem Vermis verarbeitet (sog. **Spinozerebellum**).
- Die restlichen Anteile der Hemisphären verarbeiten die **kortikopontinen Signale** (sog. **Ponto-, Cerebro-** oder **Neozerebellum**).

Der **Ausgang** über die Kerne des Zerebellums ist wiederum dreigeteilt (Abb. **N-1.25**):
- Über den **Nucleus fastigii** wird die Information aus dem Vermis an die **deszendierenden motorischen Bahnen** des Rückenmarks weitergegeben (u. a. Tractus vestibulospinalis lateralis vom Ncl. vestibularis lateralis sowie Tractus corticospinalis anterior; sog. **mediales System**). Der Kern hat vorwiegend eine Funktion bei der Durchführung von Bewegungen der Rumpf- und proximalen Extremitätenmuskulatur.
- Der **Nucleus interpositus** vermittelt die Informationen aus den vermisnahen Hemisphären ebenfalls an die **deszendierenden motorischen Bahnen** (u. a. Tractus rubrospinalis und corticospinalis lateralis; sog. **laterales System**). Er steuert hauptsächlich Bewegungen der distalen Extremitätenmuskeln.
- Über den **Nucleus dentatus** läuft die Information vom Pontozerebellum zurück zu den motorischen und prämotorischen kortikalen Arealen. Der Kern ist an der Planung von Bewegungen beteiligt und **kontrolliert den Motorkortex** (S. 1182). Dieser Weg ist zusammen mit dem Ncl. interpositus für die **Zielmotorik** von Bedeutung.

- vom **Vestibularapparat** (Information über die Stellung des Kopfes im Schwerefeld der Erde),
- von den **Rezeptoren der Muskeln und Gelenke** (Information über die Stellung des Restkörpers zum Kopf und der Körperteile zueinander) und
- vom zerebralen **Kortex** (Information über ablaufende und geplante Bewegungen).

Die **Informationsverarbeitung** (Abb. **N-1.25**) erfolgt in folgenden Strukturen:
- **Vestibulozerebellum** (kaudaler und rostraler Vermis, Lobus flocculonodularis): Information vom Vestibularapparat,
- **Spinozerebellum** (Vermis, Hemisphärenstreifen parallel zum und nahe am Vermis): Information von den Muskel- und Gelenkrezeptoren und
- **Pontozerebellum** (restliche Hemisphärengebiete) Information vom cerebralen Kortex.

Die **Kleinhirnkerne** sind an der **Kontrolle** der motorischen spinalen Bahnen für die Durchführung von Bewegungen (Ncl. fastigii und Ncl. interpositus) bzw. an der **Planung und Durchführung von Willkürbewegungen** (Ncl. dentatus) beteiligt (Abb. **N-1.25**). Neben der Stützmotorik, die zum großen Teil über Afferenzen vom Vestibularapparat gesteuert wird, läuft noch die **Zielmotorik** ab, die vorwiegend von den Ncll. dentatus und interpositus kontrolliert wird.

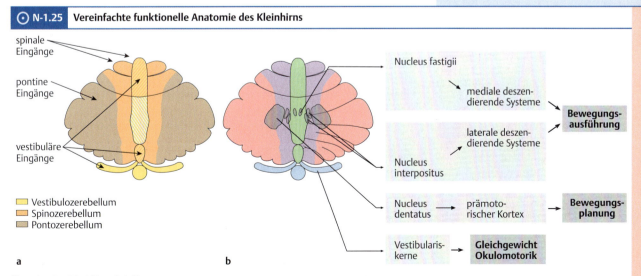

N-1.25 Vereinfachte funktionelle Anatomie des Kleinhirns

(Prometheus LernAtlas. Thieme, 3. Aufl.)

a Wichtige Eingänge zu den verschiedenen Teilen des Zerebellums. Die beige-gelbe Streifung in der Mitte des Vermis kennzeichnet Bereiche mit visuellem und auditorischem Antrieb.
b Ausgänge des Zerebellums über die Kleinhirnkerne zu den verschiedenen motorischen Funktionskreisen. Die funktionelle Dreiteilung des Zerebellums spiegelt sich in beiden Abbildungen wider.

Der **Lobus flocculonodularis** und Teile des Wurms haben Verbindungen mit den vestibulären Kernen und steuern **Ausgleichsbewegungen** des Gesamtorganismus zur **Aufrechterhaltung des Gleichgewichts** (**Stützmotorik**) sowie **Augenbewegungen**. Für die erstere Funktion erhält der Lobus Afferenzen aus dem Vestibularapparat, für die letztere Fasern u. a. aus den Ncll. pretectales (ventral von den Colliculi superiores).

▶ Klinik. Bei **Kleinhirnstörungen** treten je nach befallenem Gebiet oder Kern ganz bestimmte Ausfälle auf:
- Bei Störungen des **Ncl. dentatus** bzw. des **Pontozerebellums** können keine schnell aufeinanderfolgenden Pro- und Supinationsbewegungen der Hand mehr durchgeführt werden (sog. **Adiadochokinese** als Zeichen einer Störung der schnellen Zielmotorik). Man testet dies, indem man den Patienten bittet, die Bewegungen beim schnellen Eindrehen einer Glühbirne zu imitieren.
- Ist der **Ncl. interpositus** bzw. das **Spinozerebellum** gestört, tritt oft eine **Ataxie** auf, d. h. ein „abgehackter", unkoordinierter Gang.
- Ausfälle im Bereich des **Ncl. fastigii** bzw. des **Vestibulozerebellums** können wegen der gestörten Stützmotorik zu einer **Fallneigung** führen. Ein weiteres Symptom ist der **vestibuläre Nystagmus** (schnelle unwillkürliche Augenbewegungen). Dem Nystagmus liegen Verbindungen zwischen Ncl. fastigii, Vestibulariskernen und den Augenmuskelkernen zugrunde.

Für Kleinhirnstörungen ist auch der sog. **Intentionstremor** kennzeichnend, der darin besteht, dass in der Endphase der Bewegung ein deutliches Zittern auftritt (z. B. beim Finger-Nase-Versuch, s. Abb. **N-1.26**). Hier besteht ein Unterschied zum Ruhetremor der Parkinson-Patienten (S. 1193), der meist mit Beginn einer Bewegung aufhört.

⊙ N-1.26 **Finger-Nase-Versuch.** Man bittet den Patienten, bei geschlossenen Augen den Zeigefinger in einer weit ausholenden Bewegung auf die Nasenspitze zu setzen. Während die Bewegung normalerweise ohne große Probleme möglich ist, kann man bei einer Kleinhirnläsion den zunehmenden Tremor beobachten, je näher der Finger der Nase kommt (**Intentionstremor**). Aufgrund der gestörten Zielmotorik landet der Finger meist schließlich deutlich neben der Nasenspitze (**Dysmetrie**).
(Prometheus LernAtlas. Thieme, 3. Aufl.)

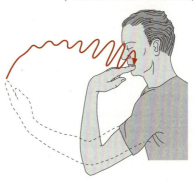

1.3.3 Zwischenhirn (Diencephalon)

▶ Definition. **Dienzephalon** = Thalamus (incl. Metathalamus, Epithalamus, Subthalamus) + Hypothalamus (der Globus pallidus gehört zwar entwicklungsgeschichtlich zum Dienzephalon, wird später aber ins Telenzephalon verlagert).

Zu den Anteilen des Dienzephalons s. Tab. **N-1.2** und Abb. **N-1.27**.

Die Anteile des Dienzephalons sind in Tab. **N-1.2** und Abb. **N-1.27** aufgeführt. Seine Hauptbestandteile sind **Hypothalamus** und **Thalamus**; beide zusammen begrenzen den vertikalen Spalt des **III. Hirnventrikels**.

≡ N-1.2 **Teile des Dienzephalons**

Abschnitt	zugehörige Strukturen (Auswahl)
Thalamus (dorsalis)	Hauptkerngruppen: Ncll. ventrolaterales, mediales und anteriores.
Metathalamus	Corpora geniculata: Corpus geniculatum mediale (CGM) und Corpus geniculatum laterale (CGL)
Epithalamus	Glandula pinealis (Epiphyse) Habenula (Zügel)
Hypothalamus	markarmer Hypothalamus: besteht vorwiegend aus Kernen (S. 1129), z. B. Ncll. preopticus, paraventricularis, supraopticus, dorso- und ventromedialis
	markreicher Hypothalamus: besteht vorwiegend aus Trakten (S. 1131), z. B. Fornix, Fasciculi mamillothalamicus und mamillotegmentalis
	Neurohypophyse
Subthalamus	Ncl. subthalamicus (Corpus Luysi)

N-1.27 Zwischenhirn

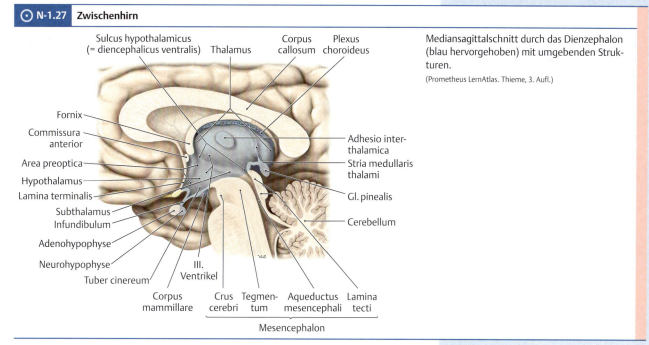

Mediansagittalschnitt durch das Dienzephalon (blau hervorgehoben) mit umgebenden Strukturen.
(Prometheus LernAtlas. Thieme, 3. Aufl.)

Thalamus

▶ Synonym. Thalamus dorsalis

▶ Definition. Als **Thalamus** (**dorsalis**) wird der Teil des Dienzephalons bezeichnet, der aus der dorsalen Dienzephalon-Anlage hervorgegangen ist (S. 1173). Er entspricht dem, was meist allgemein nur mit Thalamus benannt wird. Der Hypothalamus (S. 1128) wäre dementsprechend als Thalamus ventralis anzusprechen.

Funktionelle Bedeutung und Lage des Thalamus

Funktionelle Bedeutung: Die drei wichtigsten Aufgaben, die der Thalamus – eingebunden in Funktionssysteme – übernimmt, sind folgende:
- Er bildet die letzte Station vor Erreichen des Kortex für somatosensorische Informationen und – wenn man den Metathalamus mit einbezieht – auch für das visuelle und auditorische System. (Das Riechsystem scheint dagegen im Thalamus keine Schaltstationen zu besitzen).
- Er kontrolliert den Motorkortex und ist
- Teil des limbischen Systems.

Lage: Der Thalamus grenzt medial von beiden Seiten an den **III. Ventrikel** und lateral an die **Capsula interna** (S. 1146), einem Fasersystem des Großhirnmarks. Auf Frontalschnitten sind lateral von ihm oft der zum Großhirn zählende Globus pallidus und das ebenfalls zum Telenzephalon gehörende Putamen – zusammen Ncl. lentiformis genannt – zu erkennen (Abb. **N-1.28a**).

▶ Merke. Für das Auffinden des Thalamus auf Hirnschnitten ist zu beachten, dass der Thalamus relativ weit okzipital liegt. Dies bedeutet, dass auf Frontalschnitten des Gehirns (von rostral beginnend) zunächst nur der **Ncl. caudatus** und evtl. das **Putamen** (S. 1144) lateral der Seitenventrikel zu sehen sind. Beide Kerne werden in Prüfungen oft als Thalamus fehldiagnostiziert.

Thalamuskerne und ihre Verbindungen

Kerngruppen: Die Kerne des Thalamus werden durch die aus einer Marklamelle, d. h. aus einer Schicht markhaltiger Fasern bestehende **Lamina medullaris** (**medialis**) **interna** in drei große Gruppen (s. u.) unterteilt. In diese Marklamelle sind die **intralaminären Kerne** eingelassen; einer der wichtigsten von ihnen ist der **Nucleus centromedianus** (Abb. **N-1.28**).

Thalamus

▶ Synonym.

▶ Definition.

Funktionelle Bedeutung und Lage des Thalamus
Funktionelle Bedeutung: Der Thalamus ist in 3 wichtige Funktionskreise eingebunden:
- sensorisches,
- motorisches und
- limbisches System.

Lage: Er grenzt mit seinen Medialflächen an den III. Ventrikel (Abb. **N-1.28a**).

▶ Merke.

Thalamuskerne und ihre Verbindungen
Kerngruppen: Durch die **Lamina medullaris** (**medialis**) **interna**, in der sich die intralaminären Kerne befinden (z. B. der **Ncl. centromedianus**), werden die 3 großen Kerngruppen des Thalamus (Abb. **N-1.28**) voneinander getrennt:

N-1.28 Kerngruppen des Thalamus

Seitenventrikel (Pars centralis) · Nuclei anteriores thalami · Nuclei mediales thalami · Nuclei ventro-laterales thalami

Nucleus caudatus

Nuclei basales (Telen-cephalon)

Putamen

Globus pallidus

Corpus mammillare

Nucleus reticularis thalami

Lamina medullaris lateralis

Lamina medullaris medialis

Capsula interna

Adhesio interthalamica

(Prometheus LernAtlas. Thieme, 3. Aufl.)

a Im Frontalschnitt auf Höhe der Corpora mamil-laria ist die Gliederung in drei Hauptkerngrup-pen erkennbar.

b Räumliche Darstellung der thalamischen Kern-gruppen und ihrer Anordnung in der Ansicht eines linken Thalamus von schräg lateral, okzi-pital und kranial. Anmerkung: Die Abbildung ist stark schematisiert; es gibt deutliche Unter-schiede zwischen verschiedenen Autoren.

Nucleus dorsalis lateralis · Nucleus medialis dorsalis

Nuclei anteriores thalami

Nucleus lateralis posterior

Nucleus ventralis anterior

Nucleus ventralis lateralis

Nucleus ventralis intermedius

Nucleus ventralis posterolateralis (VPL)

Nucleus ventralis posteromedialis (VPM)

Nuclei intralaminares

Nucleus centromedianus

Pulvinar thalami

Corpus geni-culatum laterale

Corpus geni-culatum mediale

- **Ncll. ventrolaterales,**
- **Ncll. mediales** und
- **Ncll. anteriores.**

Zu diesen Gruppen kommen noch die Ncll. mediani, der Ncl. reticularis und das okzi-pitale **Pulvinar** hinzu.

Verbindungen des Thalamus: Über seine Verbindungen lässt sich der Thalamus funk-tionell in 2 Anteile gliedern:

- Einige Thalamuskerne haben Verbindungen mit dem **Kortex** und werden zusammen als **Palliothalamus** bezeichnet.
- Andere Kerne kommunizieren vorwiegend mit dem **Hirnstamm** und werden als **Trun-kothalamus** zusammengefasst.

Die Bezeichnungen „spezifische und unspezi-fische Kerne" werden nicht einheitlich ge-handhabt.

Wenn man die Nuclei intralaminares, mediani und reticularis nicht berücksichtigt – der Ncl. reticularis stellt eine rostrale Fortsetzung der Formatio reticularis des Hirn-stamms dar – so bleiben **3 große thalamische Kerngruppen**:

- ventrolaterale Gruppe (**Nuclei ventrolaterales**),
- mediale Gruppe (**Nuclei mediales**) und
- anteriore Gruppe (**Nuclei anteriores**).

Hinzu kommt noch das okzipital gelegene **Pulvinar**.

Schon aus der bereits vereinfachten Abb. **N-1.28** ist ersichtlich, dass die verschiede-nen Gruppen noch in einzelne Kerngebiete unterteilt werden können; insgesamt werden mehr als 50 Thalamuskerne unterschieden.

Die **Adhesio interthalamica** (Abb. **N-1.28a** und Abb. **N-1.27**) ist keine echte Kommis-sur, d. h. hier kreuzen meist keine Fasern die Mittellinie, sondern während der Ent-wicklung haben sich die Thalami beider Seiten an dieser Stelle aneinandergelegt.

Verbindungen des Thalamus: Nach den wichtigsten Verbindungen der Kerngebiete im Einzelnen (s. u.) lassen sich zwei funktionelle Anteile des Thalamus unterscheiden:

- **Palliothalamus** (von Pallium für Hirnmantel): Dieser Teil des Thalamus hat Verbin-dungen mit dem **Kortex**. Die palliothalamischen Kerne entsprechen weitgehend der früheren Bezeichnung **„spezifische" Kerne**, in dem Sinne, dass sie gut organi-sierte direkte (oligosynaptische und somatotopische) Afferenzen erhalten und mit spezialisierten Kortexarealen kommunizieren. Zu diesen spezifischen Kernen ge-hören u. a. Kerne der ventrolateralen Gruppe und die Ncll. anteriores.
- **Trunkothalamus:** Dieser Anteil kommuniziert mit den **Basalganglien** und dem **Hirnstamm**. „Trunkothalamisch" entspräche dann der Bedeutung **„unspezifisch"** im Sinne von Kernen mit diffusen polysynaptischen afferenten Verbindungen und Projektionen in Richtung auf Basalganglien und Hirnstamm. Zu den unspezi-fischen Kernen werden u. a. der Ncl. centromedianus und einige andere intralami-näre Kerne gerechnet.

Die Nomenklatur ist in den verschiedenen Quellen allerdings nicht einheitlich.

Die wichtigsten **somatosensorischen** (spezifischen) Kerne sind der **Nucleus ventralis posterolateralis** (**VPL**) und der **Nucleus ventralis posteromedialis** (**VPM**):

- **VPL** (S. 1199): Hier enden die spinothalamischen und bulbothalamischen somatosensorischen Bahnen des Körpers (unter bulbothalamisch versteht man die Fortsetzung des aszendierenden Hinterstrangsystems im medialen Lemniscus).
- **VPM** (S. 1204): Er ist der entsprechende Endkern für die Fasern aus dem Kopfbereich (hauptsächlich Trigeminusafferenzen).

Beide Kerne projizieren auf den **primären somatosensorischen Kortex** (S1, Brodmann-Areae 1, 3, 2), wobei die aufsteigenden Fasern den Thalamus nach lateral verlassen und in die **Capsula interna** (S. 1146) eintreten, um dann ihren Weg zwischen den Basalganglien Putamen und Nucleus caudatus in Richtung Kortex fortzusetzen. Sie bilden den sog. oberen Thalamusstiel oder die **obere** (zentrale) **Thalamusstrahlung**.

Zu den wichtigsten **somatomotorischen** Thalamuskernen gehören der **Nucleus ventralis lateralis** (**VL**) und der **Nucleus ventralis anterior** (**VA**). Der okzipitale Teil des VL wird oft auch als **VI** (ventralis intermedius) bezeichnet.

Die motorischen Kerne des Thalamus erhalten Informationen von den Basalganglien und aus dem Zerebellum und projizieren auf den **primären motorischen Kortex** (M1, Tab. N-2.2) sowie den prämotorischen Kortex.

Die **Nuclei anteriores** erhalten einen Großteil der Afferenzen aus dem Tractus (Fasciculus) mamillothalamicus (S. 1245) des **limbischen Systems** und haben ihrerseits wichtige Verbindungen mit dem Cingulum im Gyrus cinguli, der ebenfalls zum limbischen System gehört.

Die **Nuclei mediales** (**M**) und **Nucleus medialis dorsalis** (**MD**) der medialen Kerngruppe projizieren massiv auf den **präfrontalen Kortex** des Lobus frontalis. Es wird angenommen, dass sie eine Funktion bei der affektiven Bewertung von Sinneseindrücken haben (z. B. „unangenehm schrille" Töne, „schreiende" Farben usw.).

Das **Pulvinar**, das viele indirekte (polysynaptische) Informationen aus dem visuellen System erhält und verarbeitet, projiziert auf die assoziativen visuellen Kortexareale V2 (S. 1141) und AV.

Meta- und Epithalamus

Metathalamus: Er liegt an der Unterseite des Pulvinars und besteht aus den beiden Corpora geniculata:

- Das **Corpus geniculatum mediale** (**CGM**) ist ein Teil der Hörbahn (S. 1232),
- das **Corpus geniculatum laterale** (**CGL**) ein Teil der Sehbahn (S. 1221).

Epithalamus: Der Epithalamus schließt sich parietal am okzipital-medialen Ende dem Thalamus an (Abb. N-1.27 und Abb. N-1.29). Zum Epithalamus werden u. a. die **Epiphyse** (**Glandula pinealis** oder **Corpus pineale**), die sog. Zügelkerne (**Nuclei habenulares**) und zwei Markstreifen, die Zügel (**Habenula**) gerechnet. Die Zügel laufen nach rostral in die **Striae medullares thalami** aus. Letztere Striae leiten olfaktorische Information aus den Septumkernen und der Regio preoptica zur Habenula, die wiederum Efferenzen an das Mesenzephalon und an salivatorische und motorische Kerne des Hirnstamms sendet (z. B. Auslösung von Speichelsekretion durch Geruch).

▶ **Klinik.** Die Epiphyse liegt direkt rostral der V. basalis und magna cerebri (S. 1166). Die Venen können daher durch einen Epiphysentumor komprimiert werden.

Zu den wichtigsten **somatosensorischen** Thalamuskernen gehören:

- **Ncl. ventralis posterolateralis** (**VPL**) als Endgebiet für die Fasern des Hinterstrangs-medialer Lemniscus und des spinothalamischen Systems des Körpers (S. 1199) sowie
- **Ncl. ventralis posteromedialis** (**VPM**) als entsprechender Kern für den Kopf (S. 1204).

Ihre aszendierenden Efferenzen ziehen durch die **Capsula int.**, bilden die **obere Thalamusstrahlung** und enden im **primären somatosensorischen Kortex**.

Die wichtigsten **somatomotorischen** Thalamuskerne sind die **Ncll. ventralis lat.** (**VL**) und **ventralis ant.** (**VA**). Sie erhalten Afferenzen aus Basalganglien und Zerebellum und projizieren auf den **primären motorischen Kortex** und den prämotorischen Kortex.

Die **Ncll. anteriores** haben reziproke Verbindungen mit dem **limbischen System**, dem sie auch zugerechnet werden.

Die Kerne der **medialen Gruppe** projizieren auf den Lobus frontalis und sind evtl. an der Vermittlung der affektiven Färbung von Sinneseindrücken beteiligt.

Das **Pulvinar** spielt eine Rolle bei der Verarbeitung von visuellen Informationen.

Meta- und Epithalamus

Metathalamus: Er besteht aus **Corpus geniculatum mediale**, CGM als Teil der Hörbahn (S. 1232) und **laterale**, CGL als Teil der Sehbahn (S. 1221).

Epithalamus: Der **Epithalamus** befindet sich dorsal am medialen Thalamus (Abb. N-1.27 und Abb. N-1.29). Zu ihm zählen die **Epiphyse**, Zügel (**Habenula**) und Zügelkerne (**Ncll. habenulares**).

▶ **Klinik.**

⊙ **N-1.29** | Lage von Meta- und Epithalamus im Dienzephalon

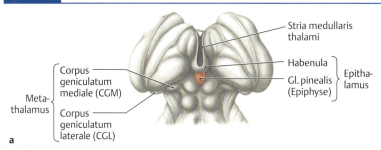
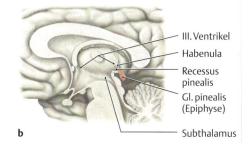

(Prometheus LernAtlas. Thieme, 3. Aufl.)
a Strukturen von Meta- und Epithalamus in der Ansicht von dorsal
b und im Mediansagittalschnitt von rechts lateral. Die Epiphyse (Glandula pinealis) als wichtiger Teil des Epithalamus ist rot hervorgehoben.

Hypothalamus

▶ Synonym. Thalamus ventralis

Funktionelle Bedeutung des Hypothalamus

Der Hypothalamus ist ein Steuer- und Integrationszentrum, das dem **hormonellen** und **autonomen System** übergeordnet ist. Er benutzt beide Untersysteme als Werkzeuge zur **Steuerung des Gesamtorganismus**. Die Einzelaufgaben können drei Funktionskreisen zugeordnet werden (Tab. **N**-1.3):

- **Homöostase:** Hierunter versteht man die Konstanthaltung aller Aspekte des inneren Milieus des Körpers (z. B. Ionen- und Glukosekonzentration des Blutes, Hormonhaushalt, Körpergewicht).
- **Sympathikus und Parasympathikus:** Der Sympathikus wird z. B. eingesetzt, um durch Vasokonstriktion der Hautgefäße in einer kalten Umgebung die Wärmeabgabe zu drosseln und so die Kerntemperatur konstant zu halten.
- **Sozialverhalten:** Hierzu gehören u. a. die Kontrolle der **Emotionen** (das Zeigen von Affekten wie Freude, Aggression und Angst gegenüber der Umwelt) und das **Sexualverhalten**. Diese Funktion wird manchmal auch als „soziale Homöostase" bezeichnet.

Die in Tab. **N**-1.3 erfolgte Zuordnung einzelner Funktionen zu bestimmten Kerngebieten ist für viele Kerne noch nicht gesichert bzw. sind wahrscheinlich immer mehrere der genannten Kerne zusammen aktiv.

N-1.3 Allgemeine Funktionen des Hypothalamus

Funktion		Kerne/Bahnen
Homöostase	Steuerung von: ■ Körperkerntemperatur ■ osmotischem Druck der intra- und extravasalen Flüssigkeiten ■ Hormonhaushalt ■ Nahrungsaufnahme	z. B. Ncll. preoptici, Ncl. paraventricularis, Ncl. supraopticus, Ncl. ventromedialis
vegetatives Zentrum	Steuerung von: ■ Sympathikus und ■ Parasympathikus	über deszendierende Bahnen, die nicht im Detail bekannt sind, evtl. Fasciculus longitudinalis posterior (Schütz)
Sozialverhalten	Entstehung von: ■ Affekten (Aggression, Furcht) ■ Sexualverhalten	z. B. Ncl. ventromedialis, Ncl. dorsomedialis

Lage und Anteile des Hypothalamus

Lage: Der Hypothalamus befindet sich als zweiter großer Teil des Dienzephalons kaudal des Thalamus (dorsalis). Auf einem Frontalschnitt (Abb. **N**-1.30) ist zu erkennen, dass er medial an den **III. Hirnventrikel** grenzt, lateral befindet sich die **Capsula interna** und parietal der **Thalamus**.

Die kaudalen Grenzen sind von rostral nach okzipital (Abb. **N**-1.31) die Sehnervkreuzung, das sog. **Chiasma opticum** (S. 1221), das Infundibulum der **Hypophyse** und die **Corpora mamillaria** (s. u.). Okzipital-kaudal geht der Hypothalamus in den **Subthalamus** über, der zwischen Thalamus dorsalis und Mesenzephalon liegt. Rostral grenzt der Hypothalamus an die **Lamina terminalis** (der entwicklungsgeschichtlich rostralste Teil des Prosenzephalonbläschens) mit der **Commissura anterior** (S. 1146).

N-1.30 Lage des Hypothalamus

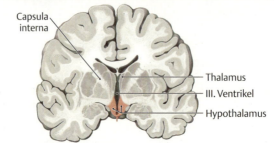

Auf dem Frontalschnitt ist der unterhalb des Thalamus gelegene Hypothalamus farblich hervorgehoben.
(Prometheus LernAtlas. Thieme, 3. Aufl.)

N 1.3 Gehirn (Encephalon)

Anteile: Allgemein wird ein rostral der Corpora mamillaria gelegener **markarmer Hypothalamus** – in dem die meisten Kerne liegen – von einem okzipital gelegenen **markreichen Hypothalamus** mit relativ großen Faseranteilen unterschieden. **Hypophysiotrop** werden solche Bereiche genannt, die entweder neuronal-hormonell oder rein neuronal mit der Hypophyse in Verbindung stehen.

Anteile: Als **markarmer Hypothalamus** wird der rostrale Hypothalamus mit zahlreichen Kernen dem okzipitalen **markreichen Hypothalamus** mit vielen Faserbündeln gegenübergestellt.

Kerne und Areale des Hypothalamus

▶ **Definition.** Als **Areale** (**Areae**) werden Ansammlungen funktionell zusammengehörender Neurone bezeichnet, die im Vergleich zu Kernen weniger gut abgegrenzt sind (z. B. Area hypothalamica post.).

Kerne und Areale des Hypothalamus

▶ **Definition.**

Topografische Einteilung: Die Kerne können in der **rostro-okzipitalen** Richtung auf einem Sagittalschnitt in drei Gruppen eingeteilt werden (Abb. **N-1.31a**):

- **Chiasmatische (anteriore) Region** mit (u. a.) Nucleus preopticus, Nucleus paraventricularis, Nucleus supraopticus und Nucleus suprachiasmaticus.
- **Intermediäre (tuberale) Region** mit Nucleus arcuatus (infundibularis), Nucleus ventromedialis und Nucleus dorsomedialis („tuberal" kommt von Tuber cinereum (grauer Höcker, eine Verdickung in der Wand des Bodens des III. Ventrikels), Abb. **N-1.27**).
- **Posteriore Region** mit Area hypothalamica posterior (Nucleus posterior) und Nuclei mammillares. Letztere werfen die **Corpora mammillaria** auf, die oft auch zum limbischen System (Abb. **N-2.49**) gerechnet werden.

Auf einem **Frontalschnitt** des Hypothalamus (Abb. **N-1.31b**) lassen sich die Hypothalamus-Kerne in drei Gruppen **von medial nach lateral** anordnen (wegen ihrer geringen rostro-okzipitalen Ausdehnung sind auf dem Frontalschnitt nicht alle oben erwähnten Kerne enthalten):

- **Mediale** Gruppe: Am weitesten **medial** liegt der Nucleus **peri**ventricularis (nicht mit dem Ncl. **para**ventricularis zu verwechseln), der die Auskleidung des 3. Hirnventrikels mit grauer Substanz darstellt. Er setzt sich nach kaudal ins Mesenzephalon als **Substantia grisea centralis** fort, sog. periaquäduktales Grau (S. 1114). Nach lateral schließt sich der Nucleus paraventricularis an.
- Die **mittlere** Gruppe (Area medialis) wird von den Nuclei ventromedialis und dorsomedialis gebildet.
- In der **lateralen** Gruppe liegen u. a. der Nucleus lateralis (oder Area lateralis), der Nucleus supraopticus und die Nuclei tuberales.

Topografische Einteilung: In rostro-okzipitaler Richtung (Abb. **N-1.31a**) unterscheidet man 3 Gruppen:

- **Chiasmatische (anteriore) Region** (Ncl. preopticus, paraventricularis, supraopticus und suprachiasmaticus),
- **Intermediäre (tuberale) Region** (Ncl. arcuatus, ventro- und dorsomedialis) und
- **Posteriore Region** (Ncl. post. und mammillares).

Auf einem **Frontalschnitt** lassen sich die Hypothalamuskerne in **medio-lateraler** Richtung (Abb. **N-1.31b**) in 3 Gruppen einteilen, von denen die Ncll. **peri**- und **para**ventricularis am weitesten **medial** liegen (**mediale Gruppe**). Der Ncl. periventricularis bildet die innere Auskleidung der Wand des 3. Ventrikels. Die **mittlere Gruppe** besteht u. a. aus den Ncll. ventro- und dorsomedialis. Als **laterale Gruppe** schließen sich die Area lateralis und der Ncl. supraopticus an.

⊙ **N-1.31** | **Kerngebiete des Hypothalamus**

(Prometheus LernAtlas. Thieme, 3. Aufl.)

a Einteilung der hypothalamischen Kerngebiete in rostrookzipitaler Richtung auf einem Mediansagittalschnitt mit Ansicht einer rechten Hirnhälfte: Die Kerne der anterioren Region (grün) liegen nahe des Chiasma opticum („chiasmatisch"), die der intermediären („tuberalen") Region (blau) direkt dahinter und am weitesten okzipital die posteriore Kerngruppe (rot).

b Auf den beiden Frontalschnitten (**b I**, **b II**) durch den Hypothalamus (Schnittebenen siehe a) sind die Farben aus a beibehalten, jedoch wird sichtbar, dass die einzelnen o. g. Kerne unterschiedlich weit vom III. Ventrikel entfernt liegen.

Es folgt lediglich die Beschreibung einiger Kerne, deren Funktion gut bekannt und/oder besonders wichtig ist.

Neuroendokrine Kerne

Funktionelle Einteilung: Die Kerne werden 2 Systemen zugeordnet:

- Die Kerne des **magnozellulären neuroendokrinen Systems** (S. 1250) synthetisieren **Adiuretin** und **Oxytozin**, die durch neuronalen Transport in den **Hypophysenhinterlappen** (HHL) gelangen und dort freigesetzt werden. Zu ihnen zählen die großzelligen Anteile vom **Ncl. paraventricularis** und der gesamte **Ncl. supraopticus**. Ihre Efferenzen bilden den **Tractus hypothalamohypophysialis** (Abb. **N-1.33b**).
- Durch „Hormonpakete" hervorgerufene Verdickungen der Axone bezeichnet man als **Herring-Körperchen**, Abb. **N-1.32**).

- Die Kerne des **parvozellulären endokrinen Systems** setzen Hormone zur Steuerung des **Hypophysenvorderlappens** (HVL) frei. Diese erreichen die Hypophyse über den hypophysären Portalkreislauf (S. 1251) und bewirken dort eine Freisetzung der HVL-Hormone (Liberine) oder eine Hemmung der Freisetzung (Statine). Zu diesen Kernen zählen u. a. der **Ncl. periventricularis**, der **Ncl. arcuatus** und Anteile der **Ncll. paraventricularis** und **suprachiasmaticus**.

▶ Exkurs: Steuerungshormone für die Sekretion des Hypophysenvorderlappens (HVL).

Neuroendokrine Kerne

Funktionelle Einteilung: Nach ihrer Wirkung in hormonellen Regelkreisen, werden die einzelnen Kerne zwei verschiedenen Systemen zugeordnet, die sich in Zellart bzw. -größe und Zielorgan unterscheiden:

- Zum **magnozellulären neuroendokrinen Systems** (S. 1250) zählen die Kerne, die im Hypothalamus liegen und Hormone des **Hypophysenhinterlappens** (HHL) synthetisieren, nämlich das **Adiuretin** (Vasopressin oder antidiuretisches Hormon [ADH]) und **Oxytozin**. Die Hormone werden über die Axone der magnozellulären Neurone zum HHL transportiert (s. u.). Dort werden sie erst gespeichert und dann in das Blut freigesetzt, vgl. Neurosekretion (S. 200). Dies ist möglich, da im HHL eine Blut-Hirn-Schranke (S. 1169) fehlt. Zum magnozellulären System zählen u. a.:
  – **Ncl. paraventricularis** (großzelliger Anteil) und
  – **Ncl. supraopticus (alle Teile)**.

Die efferenten Axone dieser Kerne bilden einen Trakt, der durch den Hypothalamus zieht (**Tractus hypothalamohypophysialis**, (Abb. **N-1.33b**) und im **Hypophysenhinterlappen** (Abb. **N-2.55**) endet.

Während des Transports der Hormone sind kleine „Hormonpakete" als Verdickungen der Axone des Trakts zu erkennen (sog. **Herring-Körperchen**, Abb. **N-1.32**).

- Das **parvozelluläre neuroendokrine System** setzt sich aus Kernen zusammen, die Steuerungshormone (releasing oder inhibiting hormones = **Liberine** oder **Statine**) für die Sekretion des **Hypophysenvorderlappens**, HVL (S. 1251), synthetisieren. Die hypothalamischen Hormone werden über die Axone der Kerne im Beginn des Hypophysenstiels (Infundibulum und Eminentia mediana) in den **Portalkreislauf** (S. 1251) der Hypophyse freigesetzt; hier fehlt ebenfalls eine Blut-Hirn-Schranke. Die Hormone erreichen den HVL über hypophysäre Venen und bewirken dort die **Freisetzung der HVL-Hormone** ins Blut (Liberine) oder eine verminderte Freisetzung (Statine). Zum parvozellulären System zählen u. a.:
  – **Ncl. periventricularis**,
  – **Ncl. paraventricularis** (kleinzelliger Anteil),
  – **Ncl. arcuatus**,
  – **Ncl. suprachiasmaticus**,
  – **Ncl. ventromedialis** und
  – **Ncl. dorsomedialis**.

▶ Exkurs: Steuerungshormone für die Sekretion des Hypophysenvorderlappens (HVL). Wichtige Steuerhormone des parvozellulären Systems sind (vgl. Abb. **N-2.56**):

- Corticotropin releasing hormone (CRH, **Corticoliberin**), das über den HVL die Nebennierenrindenfunktion beeinflusst,
- Thyrotropin releasing hormone (TRH, **Thyroliberin**), mit den Zielorganen HVL-Schilddrüse,
- Gonadotropin releasing hormone (GnRH, **Gonadoliberin**, Luliberin) mit den Zielorganen HVL-Ovar bzw. Hoden, und
- Growth hormone releasing hormone (GHRH, **Somatoliberin**) mit den Zielorganen HVL-Wachstumsfuge der Knochen.
- Somatotropin release inhibiting hormone (SRIH, **Somatostatin**), auch growth hormone release inhibiting hormone (GHRIH) genannt.

N-1.32 Neurosekretorisches Neuron des magnozellulären endokrinen Systems

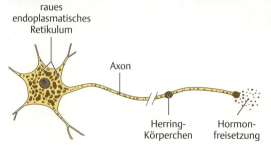

Exemplarische Darstellung eines neurosekretorischen Neurons, dessen Soma im Ncl. supraopticus oder paraventricularis liegt und die neuronal gebildeten Hormone über axonalen Transport in die Neurohypophyse befördert. Die in Vesikel verpackten Hormone können im Mikroskop als Herring-Körperchen (Verdickungen der Axone) erkannt werden.

(Prometheus LernAtlas. Thieme, 3. Aufl.)

N   1.3 Gehirn (Encephalon)

Die verschiedenen vom parvozellulären System sezernierten Hormone, die durch sie beeinflussten HVL-Hormone und deren periphere Zielorgane im Sinne hormoneller Regelkreise werden im Kap. Adenohypophyse (S. 1251) besprochen.

Zu hormonellen Regelkreisen, an denen das parvozelluläre System beteiligt ist, s. Adenohypophyse (S. 1251).

▶ Merke. Trotz der engen funktionellen Koppelung zwischen Hypothalamus und Hypophysenvorderlappen ist zu betonen, dass Letzterer entwicklungsgeschichtlich **kein** Teil des ZNS ist, sondern seinen Ursprung im Rachendach (S. 1175) hat.

▶ Merke.

Die Zellen des **Ncl. suprachiasmaticus**, der praktisch auf dem Chiasma opticum liegt, synthetisieren neben ADH und TRH noch weitere Substanzen wie z. B. vasoaktives intestinales Polypeptid (VIP), das als Kotransmitter im parasympathischen Nervensystem eine Rolle spielt und Neuropeptid Y (NPY), das für die Sympathikusfunktion von Bedeutung ist. Bekannt geworden ist der Kern als **Zielorgan für das Melatonin** der Epiphyse = Glandula pinealis (S. 1127). Er besitzt Bindungsstellen für Melatonin, das die Zellen des Kerns hemmt. Der Kern erhält auch optische Informationen direkt aus der Retina über den Tractus opticus und aus visuellen Kernen wie z. B. den Ncll. pretectales, die ventral von der Vierhügelplatte im Mesenzephalon (S. 1114) liegen. Über diese Verbindungen wird der Kern über den **Tag-Nacht-Zyklus** informiert; seine Zellen werden in ihrer Aktivität mit dem Tagesrhythmus synchronisiert.

Der **Ncl. suprachiasmaticus**. erhält Information über den Tag-Nacht-Rhythmus über Verbindungen mit der Retina und aus anderen nichtkortikalen visuellen Zentren.

▶ Merke. Offensichtlich ist der Ncl. suprachiasmaticus Teil der sog. **inneren Uhr**, die den Tag-Nacht-Rhythmus des Gesamtorganismus steuert und dabei dem Einfluss des von der Epiphyse sezernierten **Melatonins** unterliegt.

▶ Merke.

Bahnen des Hypothalamus

Der **markreiche Hypothalamus** hat einen hohen Faseranteil; er befindet sich mit seinen Bahnen in Höhe und etwas okzipital von den Corpora mammillaria. Die Zuordnung der einzelnen Bahnen zum Hypothalamus oder zu anderen Hirngebieten wird unterschiedlich gehandhabt.
- **Fornix:** Er zieht schräg zwischen der mittleren und lateralen Kerngruppe des Hypothalamus hindurch (s. Abb. **N-1.31b** und Abb. **N-1.33**), verbindet den Hippocampus (S. 1246) bogenförmig mit den Corpora mammillaria und gibt kurze Äste an Hypothalamuskerne ab. Der Fornix (S. 1245) stellt zusätzlich einen wichtigen Teil des limbischen Systems dar.
- **Fasciculus mammillothalamicus:** Auch er könnte dem limbischen System zugeordnet werden, da er eine Verbindung zwischen den Corpora mammillaria und den Ncll. anteriores des Thalamus dorsalis herstellt.
- **Fasciculus mammillotegmentalis:** Er zieht von den Corpora mammillaria zur Haube (Tegmentum) des Hirnstamms.
- **Fasciculus medialis telencephali:** Das **mediale Vorderhirnbündel** hat engere Beziehungen zum Hypothalamus. Es verbindet Assoziationsareale des Frontalhirns mit

Bahnen des Hypothalamus

Der **markreiche Hypothalamus** liegt okzipital vom markarmen; zu ihm gehören mehrere Bahnen, die teilweise eine Funktion im **limbischen** und **autonomen System** haben oder Verbindungen zu diesen Systemen herstellen. Zu den Bahnen gehören:
- **Fornix** (s. Abb. **N-1.31b** und Abb. **N-1.33**) als Verbindung zwischen Hippocampus und Corpora mammillaria. Der Fornix ist gleichzeitig ein wichtiger Teil des limbischen Systems.
- **Fasciculus mammillothalamicus**,
- **Fasciculus mammillotegmentalis**,
- **Fasciculus medialis telencephali** (mediales Vorderhirnbündel),
- **Fasciculus longitudinalis posterior** (Schütz-Bündel) und
- **Pedunculus corporis mammillaris**.

⊙ N-1.33   Afferente und efferente Verbindungen des Hypothalamus

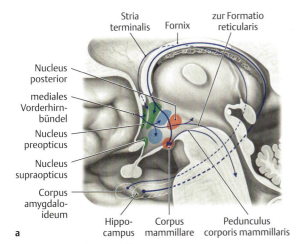
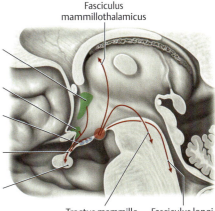

(Prometheus LernAtlas. Thieme, 3. Aufl.)
a Wichtige afferente
b und efferente Verbindungen des Hypothalamus.

dem Hirnstamm und gibt auf seinem Verlauf durch den Hypothalamus viele Äste an die hypothalamischen Kerne ab.

- **Fasciculus longitudinalis posterior:** Das sog. **Schütz-Bündel** stellt eine Verbindung zwischen den medialen Hypothalamuskernen und dem Hirnstamm her. Eine Fortsetzung dieses Stranges nach kaudal wird als Signalweg für die **Steuerung des Ncl. intermediolateralis des Sympathikus** im Seitenhorn des Rückenmarks und der **parasympathischen präganglionären Kerne** im sakralen Rückenmark diskutiert. Damit wäre diese Bahn eine direkte Verbindung zwischen dem Hypothalamus und dem **autonomen Nervensystem**. Die Fasciculi werden oft auch Tractus genannt.
- **Pedunculus corporis mammillaris:** Weg für viszerale Afferenzen, besonders aus den erogenen Zonen (Brustwarze, Genitalien).

Subthalamus

Subthalamus

Der **Subthalamus** liegt zwischen Thalamus und Hypothalamus auf der einen und Mesenzephalon auf der anderen Seite (Abb. **N-1.31a**). Klinisch bedeutsam ist ein Ausfall des **Ncl. subthalamicus** (S. 1187), der zum **Hemiballismus** führen kann.

Wie der Name andeutet, liegt der Subthalamus kaudal vom Thalamus und schließt sich okzipital an den Hypothalamus an (Abb. **N-1.31a**). Er bildet praktisch eine Brücke zwischen Thalamus und Hypothalamus auf der einen und Mesenzephalon auf der anderen Seite. Eine der wenigen auffallenden Kerne in diesem Gebiet ist der **Nucleus subthalamicus** (S. 1187), der in die Planung und Durchführung von Bewegungen eingebunden ist.

▶ Klinik.

▶ Klinik. Bei einseitigem Ausfall dieses Kerns kommt es zu plötzlichen nicht kontrollierbaren Schleuderbewegungen des kontralateralen Arms oder Beins (**Hemiballismus**). Ursache ist meist eine Einblutung in den Kern.

Der Ncl. subthalamicus ist auch an der Entstehung der Bewegungsstörungen des **Morbus Parkinson** (S. 1188) beteiligt und deswegen ein Ziel von therapeutischen Eingriffen (elektrische Stimulation mit implantierten Elektroden, um die Zellen des überaktiven Kerns zu hemmen).

1.3.4 Großhirn (Cerebrum)

1.3.4 Großhirn (Cerebrum)

▶ Synonym.

▶ Synonym. Endhirn (Telencephalon)

▶ Definition.

▶ Definition. Das Großhirn bzw. Telenzephalon besteht aus den Hemisphären (Kortex und weiße Substanz) und den basalen Kernen (Nuclei basales = „Basalganglien").

Funktionelle Bedeutung des Großhirns

Funktionelle Bedeutung des Großhirns

Aufgrund der Vielfalt an Funktionen werden hier nur die wichtigsten genannt:
- Sitz des persönlichen **Bewusstseins und Ort der bewussten Sinnesempfindungen**
- Grundlage für **höhere intellektuelle Fähigkeiten**
- Entstehung und Kontrolle von **Emotionen**
- **Sprache** und **Kommunikation**
- Planung und Durchführung von **Bewegungen**
- Sitz des **Gedächtnisses**

Das Groß- bzw. Endhirn hat eine **enorme Vielfalt von Funktionen**, daher können hier nur einige angegeben werden, die für den Menschen besonders wichtig sind:
- Sitz des persönlichen **Bewusstseins** (Beeinträchtigung z. B. durch Alzheimer-Demenz) und der bewussten Sinnesempfindungen (Ausschaltung durch Narkose).
- Grundlage für **höhere intellektuelle Fähigkeiten** (Erkennung und Bewertung der Umwelt, Verständnis von kulturellen, sozialen und spirituellen Zusammenhängen). Für diese Funktionen ist besonders der assoziative Kortex von Bedeutung, der nicht direkt vom Antrieb durch Sinnesbahnen abhängig ist.
- Entstehung und Kontrolle von **Emotionen**
- **Sprache** und **Kommunikation** (verbal und nonverbal)
- Planung und Durchführung von **Bewegungen**
- Sitz des **Gedächtnisses** (Anlage der Gedächtnisspuren im Hippocampus, Speicherung in verschiedenen Gebieten des assoziativen Kortex).

Abschnitte und Form des Großhirns

Abschnitte und Form des Großhirns

Abschnitte: Die beiden **Hemisphären** (Abb. **N-1.34**) werden durch die **Fissura longitudinalis cerebri** voneinander getrennt. Die Konvexität der Hemisphären geht an der sog. **Mantelkante** in die sagittal-vertikal gestellte mediale Fläche über. Die weitere grobe Gliederung richtet sich nach den großen **Furchen** (**Sulci**) zwischen den **Lappen** (**Lobi**):

Abschnitte: Bei makroskopischer Betrachtung der Oberfläche des Endhirns (Abb. **N-1.34**) erkennt man die beiden **Hemisphären**, die durch die **Fissura longitudinalis cerebri** voneinander getrennt werden. In die Fissur ragt in situ die Falx cerebri (S. 1151) als stützende Bindegewebsplatte hinein. Die Konvexität der Hemisphären geht an der sog. **Mantelkante** in die sagittal-vertikal gestellte mediale Fläche der Hemisphären über. Die weitere grobe Gliederung richtet sich nach den großen **Furchen** (**Sulci**) zwischen den **Lappen** (**Lobi**). Auf der **Konvexität** der Hemisphären sind dies folgende:

N-1.34 Großhirnhemisphären mit Unterteilung in Lappen

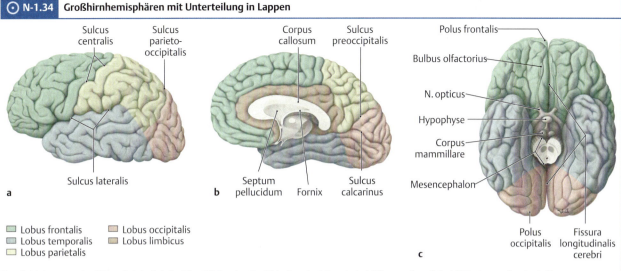

Durch kleinere und größere Sulci wird die Oberfläche der Großhirnhemisphären in Lobi (Lappen) und Gyri (Windungen) unterteilt.
(Prometheus LernAtlas. Thieme, 3. Aufl.)
a Ansicht von lateral (linke Hemisphäre),
b medial (rechte Hemisphäre)
c und basal (= kaudal, mit Anteilen weiter kaudal gelegener Hirnstrukturen (Hypophyse, Corpora mamillaria, Mesencephalon) in Grau).

- Der **Sulcus centralis** (**Rolandi**) trennt den Frontallappen (**Lobus frontalis**) vom Scheitellappen (**Lobus parietalis**) und damit auch den **Gyrus precentralis** vom **Gyrus postcentralis**. Man erkennt den Sulcus centralis am Leichengehirn daran, dass er auf beiden Seiten über die ganze Länge der Konvexität von den beiden parallelen Gyri pre- und postcentralis begleitet ist und zusätzlich die Mantelkante erreicht (Abb. **N-1.35a**).
- Der **Sulcus lateralis** (**Sylvii**) bildet die Trennlinie zwischen Lobus frontalis bzw. parietalis und Schläfenlappen (**Lobus temporalis**).
- Am weitesten okzipital befindet sich der **Lobus occipitalis**, der nicht durch deutliche Sulci abgegrenzt ist. Er bildet den hinteren Pol des Großhirns.

▶ Klinik. Der Lobus temporalis ist bevorzugt bei einer Entzündung des Gehirns durch das Herpes-simplex-Virus betroffen. Die Symptome einer solchen **Herpes-simplex-Enzephalitis** reichen von Verwirrtheitszuständen über Halluzinationen bis hin zu motorischen epileptischen Anfällen. Bereits sehr früh können im MRT typische Temporallappenläsionen nachgewiesen werden. Da die Infektion unbehandelt meist tödlich ist, sollte bereits bei Verdacht auf eine Herpes-Enzephalitis mit der medikamentösen Therapie (z. B. Aciclovir, Ganciclovir i. v.) begonnen werden.

- Die Grenze zwischen Hinterhauptslappen (**Lobus occipitalis**) auf der einen und Lobus parietalis bzw. temporalis auf der anderen Seite wird meist vom schwach ausgeprägten **Sulcus parietooccipitalis** zur **Impressio petrosa** (bedingt durch den First des Os petrosum, auf dem die Basis des Großhirns aufliegt) gezogen. Manchmal wird als Grenze auch der **Sulcus preoccipitalis** herangezogen (Abb. **N-1.34b**).

In der Medialansicht (Abb. **N-1.34b**) kommt noch der **Sulcus calcarinus** (Fissura calcarina) hinzu, der den Lobus occipitalis etwa horizontal in zwei Hälften teilt.
Die Medialansicht zeigt auch den **Lobus limbicus**, dessen größter Teil vom Gyrus cinguli gebildet wird. Er bildet den sog. äußeren Ring des limbischen Kortex und befindet sich direkt über dem Corpus callosum. Der innere Ring des limbischen Kortex besteht u. a. aus Hippocampus, Gyrus fasciolaris und Indusium griseum mit den Striae longitudinales (s. Tab. **N-2.7**).
Abb. **N-1.35a** zeigt die weitere Unterteilung der Lappen in **Windungen** (**Gyri**). Die in den meisten Abbildungen angegebene schematische Anordnung der Gyri findet sich an den Leichengehirnen nicht wieder; diese Angaben sollen nur als grobe Orientierung auf der Oberfläche des Endhirns dienen. Bei genauerer Betrachtung wird man auch feststellen, dass die Anordnung der Gyri auf beiden Hemisphären desselben Gehirns nicht identisch ist.

- Der **Sulcus centralis** (**Rolandi**) trennt den Frontallappen (**Lobus frontalis**) vom Scheitellappen (**Lobus parietalis**),
- der **Sulcus lateralis** (**Sylvii**) trennt den Lobus frontalis bzw. parietalis vom Schläfenlappen (**Lobus temporalis**).
- Am weitesten okzipital befindet sich der **Lobus occipitalis**, der nicht durch deutliche Sulci abgegrenzt ist.

▶ Klinik.

- Der schwach ausgeprägte **Sulcus parietooccipitalis** ist die parietale Grenze zwischen dem Lobus temporalis und dem Hinterhauptslappen (**Lobus occipitalis**).
- In der Medialansicht (Abb. **N-1.34b**) wird der Lobus occipitalis durch den **Sulcus calcarinus** unterteilt.
Auch ist in dieser Ansicht der **Lobus limbicus** sichtbar, dessen größter Teil vom Gyrus cinguli gebildet wird.

Die Lappen werden in sich durch **Windungen** (**Gyri**) unterteilt (Abb. **N-1.35a**).

N-1.35 Großhirn

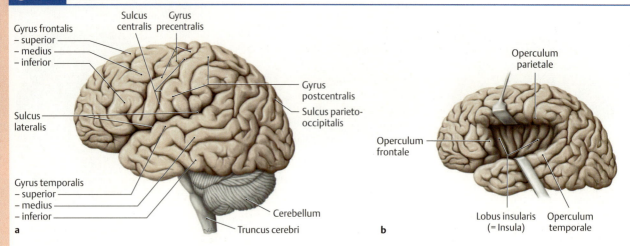

a Seitliche Ansicht der linken Hemisphäre mit Kennzeichnung der wichtigsten Sulci und Gyri. Die Gyri sind in ihrem Verlauf stark schematisiert. (Prometheus LernAtlas. Thieme, 2.Aufl.)

b Seitliche Ansicht auf den linken Lobus insularis (=Insula). Die Insula ist normalerweise von der Opercula verdeckt. Hier wird sie durch das Auseinanderziehen des Sulcus lateralis sichtbar. Die Gyri der Insula zeigen einen teils parallelen und fast vertikalen Verlauf. (Prometheus LernAtlas. Thieme, 3. Aufl.)

Form: Die Telenzephalon-Anlage wächst in der Entwicklung (S. 1173) nach rostrokaudal und dorsokaudal, gewissermaßen **um das Dienzephalon herum**. Deswegen haben viele Strukturen innerhalb des Telenzephalons einen bogenförmigen **Verlauf** (z. B. Ncl. caudatus und Fornix). Durch starkes Wachstum des Kortex in der Gegend der Sulci centralis und lateralis wird ein Teil der Kortex in die Tiefe verlagert und ist damit von lateral nicht mehr sichtbar (**Insula** oder **Lobus insularis**). Die die Insula bedeckenden Kortexanteile werden **Opercula** (Deckel) genannt.

Die **Gyri** und **Sulci** des Kortex kommen durch starke Teilungen der Neurone vor der Geburt zustande, wobei die darunterliegende weiße (Faser-)Substanz nicht im gleichen Maße mitwächst. Die Oberfläche legt sich daher in Falten.

Form: Für das Verständnis der Form des adulten Gehirns ist wichtig, dass das Telenzephalon – besonders die **Rinde** (**Cortex cerebri**, s. u.) – während der Entwicklung (S. 1173) ein starkes Wachstum in rostrokaudaler und dorsokaudaler Richtung zeigt. Die dorsokaudal wachsenden Anteile entwickeln sich dann in ventrokaudaler Richtung weiter und bilden den **Lobus temporalis**. Im Endeffekt wächst der Kortex in allen Richtungen über das Dienzephalon hinaus, er „überwuchert" auf diese Weise auch den lateralen Kortex, der als **Insularegion (Lobus insularis)** in die Tiefe verlagert wird (Abb. **N-1.35b**). Die Kortexabschnitte, die die Insula bedecken, werden **Deckel** (**Opercula**) genannt (Abb. **N-1.35b**). Das zunächst dorsokaudale und dann ventrokaudale Wachstum erklärt die fast vollständige Kreisform einiger Strukturen im adulten Gehirn, wie z. B. die des Ncl. caudatus oder des Fornix.

Die ausgeprägte Bildung von Windungen (**Gyri**) und Furchen (**Sulci**) des menschlichen Kortex beginnt erst kurz vor der Geburt. Die Gyrierung ist dadurch bedingt, dass sich die kortikalen Neurone vor der Geburt stark teilen, ohne dass die Fasersubstanz im gleichen Maße zunimmt. Dadurch wird an der Oberfläche mehr Platz benötigt, der durch die Einfaltungen der Sulci entsteht. Es wird geschätzt, dass von der gesamten Kortexfläche nur ca. ⅓ sichtbar ist, der Rest befindet sich in den Sulci. Bei der Geburt hat das Gehirn bereits 25 % des Endgewichts, am Ende des 1. Lebensjahres schon 75 %. Dieses starke Wachstum nach der Geburt kommt nicht durch Teilung von Neuronen zustande, sondern durch Zunahme der Komplexität der Verschaltungen zwischen den Neuronen.

Aufbau des Großhirns

Das Telenzephalon besteht aus (Abb. **N-1.36**):
- End-/Großhirnrinde (s. u.),
- Basalganglien (S. 1142) und
- End-/Großhirnmark (S. 1144).

Aufbau des Großhirns

Im Wesentlichen besteht das Telenzephalon aus 3 Anteilen (Abb. **N-1.36**):
- der **End-** bzw. **Großhirnrinde** (**Cortex cerebri**, Substantia grisea, s. u.),
- den **basalen Kernen**, sog. **Nuclei basales** = Basalganglien (S. 1142) und
- dem **Endhirn-** bzw. **Großhirnmark** (S. 1144), sog. Substantia alba.

N-1.36 Aufbau des Großhirns aus Rinde, Mark und basalen Kernen

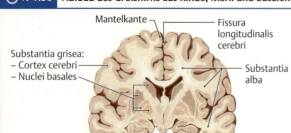

Auf dem Frontalschnitt durch das Groß- bzw. Endhirn sieht man die graue Substanz (Substantia grisea), die hier durch den Kortex sowie die basalen Kerne (häufig als Basalganglien bezeichnet) repräsentiert wird. Letztere sind umgeben von der weißen Substanz, dem Mark. (Prometheus LernAtlas. Thieme, 3. Aufl.)

Großhirnrinde (Cortex cerebri)

Feinbau des Kortex

Anteile: Das menschliche Gehirn ist histologisch durch einen großen Anteil an **Isokortex** gekennzeichnet, der phylogenetisch dem **Neokortex** entspricht. Er weist den typischen 6-Schichtenbau (s. u.) auf und ist in dieser großen Ausdehnung nur beim Menschen zu finden.

Die anderen Kortexareale, die nur 3–4 Schichten besitzen und damit dem Kortex von weniger entwickelten Wirbeltieren (z. B. Vögeln) ähneln, machen lediglich einen kleinen Teil aus und werden als phylogenetisch älterer **Allokortex** zusammengefasst. Hierzu gehören der **Archikortex**, der hauptsächlich aus der Hippocampusformation (einem Teil des limbischen Systems) besteht, und der **Paläokortex**, der die kortikalen Regionen des Geruchssinns (Riechhirn) umfasst.

> ▶ **Merke.** Bis auf den phylogenetisch älteren **Allokortex** (Anteile des limbischen Systems und Riechhirn), der lediglich **3–4 Schichten** besitzt, ist der Großteil des menschlichen Gehirns als **Isokortex** durch einen **6-schichtigen Bau** gekennzeichnet.

Schichten des Isokortex: Ausgehend von der Oberfläche finden sich folgende sechs Schichten (Abb. **N-1.37a**):
- **Lamina molecularis** (Lamina I, Molekularschicht), die vorwiegend aus parallel zur Oberfläche verlaufenden Fasern (Tangentialfasern) und wenigen Zellen besteht.
- **Lamina granularis externa** (Lamina II, äußere Körnerschicht) mit vielen kleinen Zellen (Pyramiden- und Sternzellen) und wenig Fasern.
- **Lamina pyramidalis externa** (Lamina III, äußere Pyramidenzellschicht) aus dichtgepackten kleinen Pyramidenzellen.

> ▶ **Merke.** Die kleinen Pyramidenzellen der Lamina III haben **keine** Beziehung zur Pyramidenbahn. Ihre Funktion ist nicht motorisch sondern **assoziativ**, d. h. ihre Axone verbinden Kortexareale, die funktionell zusammenarbeiten (S. 1145).

- **Lamina granularis interna** (Lamina IV, innere Körnerzellschicht) mit vielen kleinen multipolaren Sternzellen oder Pyramidenzellen. Kortexgebiete, in denen Sinnesbahnen enden, haben eine besonders dicke innere Körnerschicht und werden daher auch „granulärer Kortex" genannt. Dieses Merkmal ist z. B. im primären somatosensorischen (S. 1140) und im visuellen Kortex (S. 1141) vorhanden (Abb. **N-1.37c**).

> ▶ **Merke.** Im **primären somatosensorischen** und **visuellen** Kortex (S. 1140) ist die **Lamina IV** besonders stark entwickelt, weshalb er auch als **granulärer Kortex** bezeichnet wird.

- **Lamina pyramidalis interna** (Lamina V, innere Pyramidenzellschicht): Diese Schicht hat in den meisten Kortexgebieten assoziative Aufgaben (s. Lamina III). Im primären motorischen Kortex liegen hier die großen (100 µm Länge) **Betz-Riesenzellen**, die mit ihren Axonen in die Pyramidenbahn projizieren. Im primären Motorkortex ist Lamina IV zugunsten der Lamina V zurückgebildet; dieses Gebiet heißt daher auch „agranulärer Kortex" (vgl. Abb. **N-1.37d**).

> ▶ **Merke.** In der Lamina V des **primären Motorkortex** (S. 1140) entspringt mit den Axonen der Betz-Riesenzellen ein Teil der Pyramidenbahn. Die Lamina IV ist hier zugunsten von Lamina V zurückgebildet (sog. **agranulärer Kortex**, Abb. **N-1.37d**).

- **Lamina multiformis** (Lamina VI, multiforme oder polymorphe Zellschicht) mit vielen unterschiedlich gestalteten Zellen (z. B. multiplare, bipolare und spindelförmige Zellen).

Eine vereinfachte Skizze der **Verschaltung** der Kortexneurone zeigt Abb. **N-1.37e**. Die kleinste funktionelle Einheit des Kortex ist eine Zellsäule, die senkrecht zur Kortexoberfläche steht und Zellen aus allen Laminae beinhaltet.

Der häufigste Zelltyp ist die **Pyramidenzelle**, die in Lamina III **assoziative Funktion** besitzt (kleine Pyramidenzelle), in Lamina V des primär motorischen Kortex aber **motorische Funktionen** wahrnimmt. Außerhalb des primären motorischen Kortex haben die großen Pyramidenzellen in Lamina V ebenfalls assoziative Funktionen.

Großhirnrinde (Cortex cerebri)

Feinbau des Kortex

Anteile: Der menschliche Kortex besteht größtenteils aus dem sog. **Iso-** oder **Neokortex** mit **6 Schichten**
Dem Isokortex wird der **Allokortex** (Archi- und Paläokortex) mit nur 3–4 Schichten gegenübergestellt. Zum Archikortex gehört u. a. der Hippocampus, zum Paläokortex das Riechhirn.

> ▶ **Merke.**

Schichten des Isokortex: von außen nach innen (Abb. **N-1.37a**):
- **Lamina molecularis** (I, Molekularschicht),
- **Lamina granularis externa** (II, äußere Körnerschicht),
- **Lamina pyramidalis externa** (III, äußere Pyramidenzellschicht) mit kleinen Pyramidenzellen.

> ▶ **Merke.**

- Die **Lamina granularis interna** (IV, innere Körnerzellschicht) ist in Kortexarealen, in denen Sinnesbahnen enden, besonders dick (Abb. **N-1.37c**).

> ▶ **Merke.**

- **Lamina pyramidalis interna** (V, innere Pyramidenzellschicht), die **Betz-Riesenzellen** als Ursprung der motorischen Pyramidenbahn nur innerhalb des primären motorischen Kortex enthält (s. u.).

> ▶ **Merke.**

- **Lamina multiformis** (VI, multiforme bzw. polymorphe Zellschicht). Sie enthält unterschiedliche morphologische Zelltypen.

Der häufigste kortikale Zelltyp ist die assoziative Pyramidenzelle, die nur in Lamina V des Motorkortex motorisch ist. Lamina IV ist der wichtigste Endpunkt für sensorische (außer olfaktorischen) Afferenzen aus spezialisierten Sinnesorganen und Thalamus (Abb. **N-1.37e**).

N-1.37 Aufbau des Isokortex

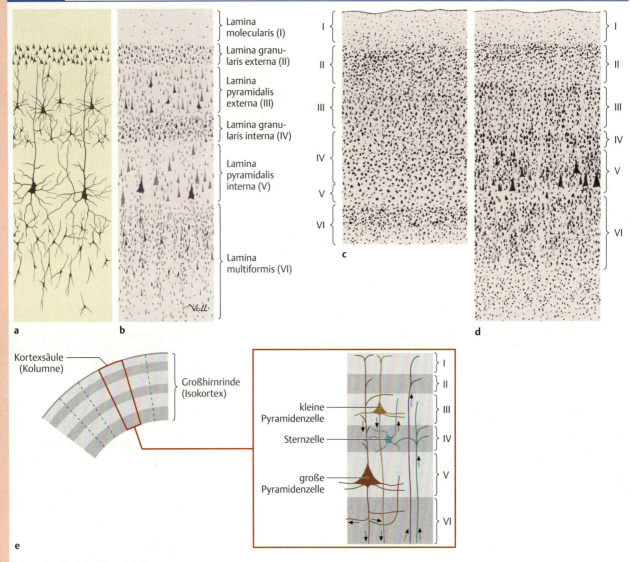

(Prometheus LernAtlas. Thieme, 3. Aufl.)
a Schichten der Großhirnrinde, dargestellt mit Hilfe einer Silberimprägnationsmethode
b und einer Zelldarstellung nach Nissl.
c Gegenüberstellung des primär somatosensorischen (granulären) und
d des primär somatomotorischen (agranulären) Kortex.
e Kolumnenorganisation des Kortex: Der zerebrale Kortex ist funktionell in Säulen (Kolumnen) gegliedert, die senkrecht zur Oberfläche des Großhirns angeordnet sind. Eine dieser Säulen ist exemplarisch vergrößert und in die Breite gezogen und zeigt die Lage der wichtigsten Neurontypen: kleine Pyramidenzellen in Lamina III, Sternzellen in Lamina IV und große Pyramidenzellen in Lamina V. Die meisten Pyramidenzellen sind assoziativ, ihre Axone verbinden Kortexregionen ähnlicher Funktion. Nur die großen Pyramidenzellen in Lamina V des **primären Motorkortex** sind motorisch. Die Afferenzen enden hauptsächlich in Lamina IV an den Sternzellen. Horizontale Faserverbindungen innerhalb der Laminae sind nicht dargestellt. (nach Klinke und Silbernagl)

Der Kortex enthält auch Faserbündel, die parallel zur Oberfläche verlaufen. Ein Beispiel ist der **Gennari-Streifen** in Lamina IV des primären visuellen Kortex (S. 1141). Die Kortexregion heißt daher „**Area striata**" (gestreiftes Gebiet).

Lamina IV ist die wichtigste Endstation für die **Afferenzen** vom Thalamus und von den spezialisierten Sinnesorganen. Eine Ausnahme bilden olfaktorische Afferenzen (S. 1239), die in der Lamina I enden.
Einige der Fasern des sich dem Kortex nach innen anschließenden Marklagers (s. u.) laufen als radiäre Bündel in den Kortex hinein in Richtung auf die Oberfläche.
Außer in Lamina I finden sich auch in anderen Schichten parallel zur Oberfläche laufende Faserbündel. Eines davon ist der **Gennari-Streifen** in Lamina IV des visuellen Kortex (S. 1141), der an einem fixierten Gehirn mit bloßem Auge erkennbar ist. Dieser Streifen teilt die graue Substanz des visuellen Kortex in zwei Schichten und ist der Grund dafür, warum diese Region den Namen „**Area striata**" (gestreiftes Gebiet) erhalten hat.

N-1.38 Brodmann-Areae

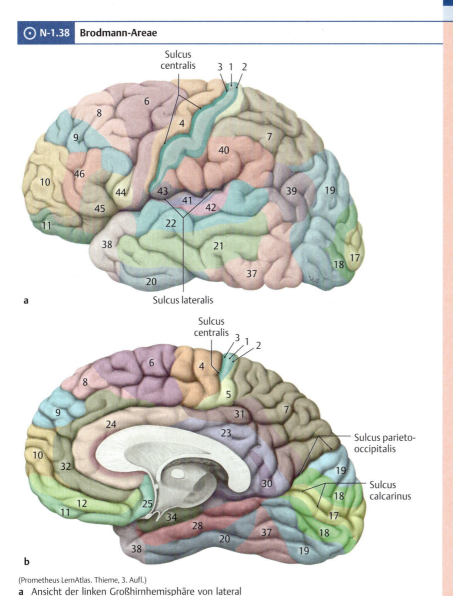

(Prometheus LernAtlas. Thieme, 3. Aufl.)
a Ansicht der linken Großhirnhemisphäre von lateral
b und der rechten Hemisphäre im Mediansagittalschnitt von medial.

Einteilung in Brodmann-Areae: Geringe Unterschiede im histologischen Aufbau des Kortex sind die Grundlage der Einteilung des Kortex in **Brodmann-Areae**. Die Einteilung nach Brodmann basiert auf **zytoarchitektonischen Kriterien**, d. h. ihr liegen Unterschiede in der Größe, Form und Anordnung der Neurone in den verschiedenen Kortexgebieten zugrunde. Brodmann hat 52 Areae unterschieden, inzwischen ist die Zahl durch weitere Unterteilungen auf über 200 gewachsen. Abb. **N-1.38** zeigt einige dieser Areae, die sich nicht immer mit funktionellen Einteilungen decken. An dieser Stelle sollen nur die **Area 4** (**der primäre motorische Kortex**) und die **Area 17** (**der primäre visuelle Kortex**) hervorgehoben werden.

Spezialisierte Kortexareale

Im Folgenden werden bestimmte Funktionen definierten Gebieten des Kortex zugeordnet. Diese Sichtweise darf nicht zu wörtlich genommen werden, weil je nach Aufgabe benachbarte andere (u. U. weit entfernte) Gebiete in die Verarbeitung der neuronalen Information mit einbezogen werden.

Einteilung in Brodmann-Areae: Die Unterteilung des Kortex in ca. 50 Brodmann-Areae basiert auf geringen Unterschieden im Aufbau (Abb. **N-1.38**). Es handelt sich um eine zytoarchitektonische Einteilung, die Größe, Form und Anordnung von Neuronen verwertet. Die Brodmann-Areae decken sich nicht immer mit funktionellen Eigenschaften.

Spezialisierte Kortexareale

N-1.39 Motorischer und sensorischer Homunculus

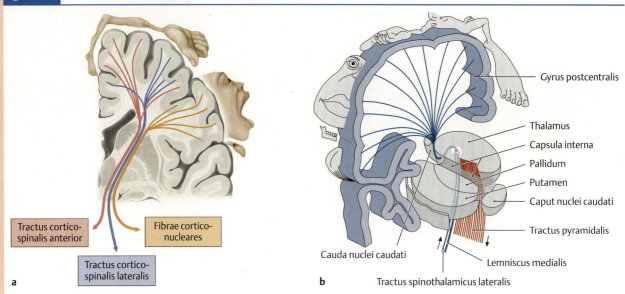

Zu beachten ist, dass die Repräsentation der Strukturen des Kopfes entgegengesetzt der des Rumpfes angeordnet ist.
(Prometheus LernAtlas. Thieme, 3. Aufl.)

a Motorischer Homunculus: Somatotopische Repräsentation der Skelettmuskulatur im Gyrus precentralis an einem Frontalschnitt. Die vorwiegende Innervation der distalen Extremitäten durch den Tractus corticospinalis lateralis und der rumpfnahen Muskeln durch den Tractus corticospinalis anterior ist angedeutet.

b Sensorischer Homunculus: Die verschiedenen Körperregionen sind entsprechend ihrer Innervationsdichte im (hier rechten) Gyrus postcentralis somatotopisch repräsentiert. Das äußere Genitale erhält eine dichte sensorische, aber nur eine geringe motorische Innervation (z. B. für den M. ischiocavernosus und bulbospongiosus).

In Kortexgebieten, die für die Verarbeitung von Sinnesinformation oder als Ursprung motorischer Bahnen spezialisiert sind, liegt eine **Somatotopie** vor, d. h. eine verzerrte Abbildung des Körpers auf Neuronenpopulationen (Abb. **N-1.39**). Im primären sensorischen und motorischen Kortex sind das **Gesicht** und die **Hand** überrepräsentiert, d. h. für ihre Versorgung steht eine besonders große Zahl von Neuronen zur Verfügung.

In einigen funktionell gut definierten Kortexbereichen liegt eine **Somatotopie** vor, d. h. eine (verzerrte) Abbildung des Körpers auf Neuronenpopulationen. Besonders gut untersucht ist dies beidseits des Sulcus centralis (S. 1133) im primären motorischen (Area 4) und somatosensorischen Kortex (Areae 3, 1, 2; Abb. **N-1.39**). Die somatotopische Abbildung ergibt hier den sog. **motorischen** bzw. **sensorischen Homunculus**.

Aus Abb. **N-1.39** geht hervor, dass im menschlichen Kortex zwei Bereiche überrepräsentiert sind, d. h. sie nehmen in der Homunculus-Darstellung überproportional große Flächen ein:

- **Gesicht:** Das Gesicht mit Mund und Lippen benötigt wegen der komplizierten Artikulationsbewegungen während des Sprechens eine große Zahl von motorischen und sensorischen Neuronen (während der Säuglingszeit ist dies wegen des Saugvorgangs nötig). Die sensorische Überrepräsentation des Gesichtsbereichs ist für die Sprachformung nicht weniger wichtig als die motorische, da ohne sensorische Rückkopplung keine exakte Artikulation möglich ist. Ein Beispiel ist die verwaschene Sprache nach einer zahnärztlichen Anästhesie des N. alveolaris inf. (Ast des N. mandibularis, V_3), die eine einseitige Taubheit der Unterlippe hervorruft.
- **Hände:** Die Überrepräsentation der Hände ist die Grundlage der ausgeprägten manuellen Fähigkeiten des Menschen, sowohl motorisch als auch taktil

▶ **Merke.**

▶ **Merke.** Für die Motorik und Sensorik der Hand ist etwa die gleiche Anzahl von Neuronen vorhanden wie für den restlichen Körper ohne Gesicht.

Die **kleinste funktionelle Einheit** des Kortex ist eine Zellsäule (Abb. **N-1.37e**), deren Längsachse senkrecht zur Kortexoberfläche ausgerichtet ist. Eine Säule im primären somatosensorischen Kortex erhält Information **nur von einem Rezeptortyp** aus einem kleinen Gebiet des Körpers.

Registrierungen der Entladungen von Einzelzellen des sensorischen Kortex haben ergeben, dass die **kleinste funktionelle Einheit des Kortex** aus einer Säule von Zellen besteht (Abb. **N-1.37e**), deren Längsachse senkrecht zur Kortexoberfläche steht und die ausschließlich Information von einem Rezeptortyp in einer kleinen Region des Körpers erhält (z. B. von schnell adaptierenden Mechanorezeptoren der Fingerbeere des 2. Fingers). Den gesamten sensorischen Homunculus muss man sich aus einer Vielzahl solcher Säulen zusammengesetzt denken.

N-1.40 Spezialisierte Kortexareale von lateral

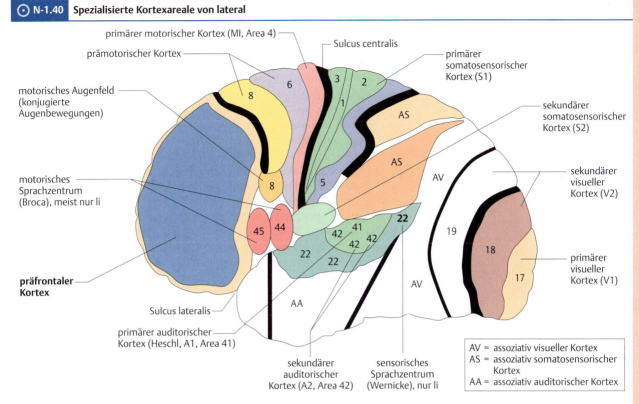

In der Ansicht von lateral auf eine linke Großhirnhemisphäre sind die funktionellen Zentren farbig markiert. Die Kortexgebiete mit assoziativer Funktion, die für die Erkennung und Bewertung von Sinnesinformation wichtig sind, sind wie folgt gekennzeichnet: AS, assoziativ somatosensorisch; AV, assoziativ visuell; AA, assoziativ auditorisch. Die Grenzen zwischen den assoziativen Gebieten sind nicht so scharf wie angegeben und oft arbeiten mehrere assoziative Areale für die Erkennung eines Reizes zusammen. In manchen Fällen wird für diesen Zweck zusätzlich der limbische assoziative Kortex und/oder das Gedächtnis herangezogen (z. B. unangenehme Erinnerung an denselben Reiz). Anmerkung: Der primäre auditorische Kortex (A1) und der sekundäre somatosensorische Kortex (S 2) sind von lateral kaum sichtbar; sie liegen in der Tiefe des Sulcus lateralis.

Die verschiedenen funktionellen Zentren des Kortex sind in Abb. **N-1.40** dargestellt und werden nachfolgend beschrieben. Die Begriffe primär und sekundär lassen sich am Besten anhand eines visuellen Zentrums verdeutlichen: **Primär** ist ein sensorischer Kortexbereich, in dem die von außen kommende Information nur abgebildet, aber nicht weiter verarbeitet wird. So erfolgt im primären visuellen Zentrum (V1 = visuell primär) eine (verzerrte) Abbildung des Gesichtsfeldes beider Augen. Für die Erkennung und Interpretation der Gegenstände werden **sekundäre** und **tertiäre** Zentren benötigt (V2–V5), die auch besondere Merkmale extrahieren, wie z. B. Bewegungen des Gegenstandes und Farben. Entsprechend benötigt das motorische primäre Zentrum (M1) für die Vorbereitung von Bewegungen weitere Zentren, die in diesem Fall dem primären Zentrum vorgeschaltet sind.

Die höheren Zentren zur weiteren Verarbeitung der sensorischen Information gehören zum assoziativen Kortex, in dem oft Impulse aus mehreren Sinnesbahnen verglichen werden (multimodaler assoziativer Kortex).

Zu verschiedenen funktionellen Zentren s. Abb. **N-1.40**. In den primären Zentren erfolgt nur eine „Abbildung" des Sinnesreizes. Für eine höherwertige Verarbeitung (Erkennung und Interpretation) sind sekundäre und tertiäre Zentren erforderlich.

Spezialisierte Kortexareale des Lobus frontalis – kognitive und motorische Zentren

Siehe Abb. **N-1.40**.

Präfrontaler Kortex: Unter dem präfrontalen Kortex werden üblicherweise die Teile des Lobus frontalis verstanden, die rostral der motorischen Zentren liegen (z. B. Areae 46 + 9, Abb. **N-1.38**). Diese Kortexbereiche sind für höhere **kognitive Funktionen** sowie die Kontrolle von Emotionen und des Sozialverhaltens von Bedeutung (d. h. hier wird „entschieden", ob man Affekte wie Wut oder Angst öffentlich zeigt).

Spezialisierte Kortexareale des Lobus frontalis – kognitive und motorische Zentren
Siehe Abb. **N-1.40**.

Präfrontaler Kortex: Rostral der motorischen Zentren sind höhere **kognitive Funktionen** lokalisiert.

Motorische Zentren:

- Der **primäre motorische Kortex** (**M1**) liegt in Area 4.
- Das **frontale Augenfeld** (**Area 8**) liefert das Programm für parallele Bewegungen der Sehachsen beider Augen (konjugierte Bewegungen) an die Augenregion von M1.
- Das **motorische Sprachzentrum** (**Broca-Zentrum**) liegt in **Area 45** und . **44**und ist Programmgeber für die Artikulationsbewegungen von Mund- und Zungenmuskulatur.

▶ Klinik.

Spezialisierte Kortexareale des Lobus parietalis – somatosensorische und visuelle Zentren
Siehe Abb. **N-1.40**.

- Im **primären somatosensorischen Kortex** (**S 1**, **Areae 3, 1, 2, Gyrus postcentralis**) wird der Reiz nur für die weitere Verarbeitung „abgebildet". Die Erkennung des Reizes erfolgt in nachgeschalteten Kortexarealen.
- Der **sekundäre somatosensorische Kortex** (**S 2**) liegt im Gyrus postcentralis dicht am Sulcus lateralis. Im Unterschied zu S 1 erhält er Information von **beiden Körperseiten**.
- Der dorsale Lobus parietalis ist an der Verarbeitung **visueller** Informationen beteiligt.

▶ Exkurs: Neuroplastische Veränderungen in spezialisierten Kortexarealen bei häufiger Benutzung.

Motorische Zentren: Prinzip der Verschaltung:

- Der **primäre motorische Kortex** (**M1, Brodmann-Area 4 des Gyrus precentralis**) ist das letzte Glied in einer Kette von zentralnervösen Prozessen bei der Ausführung einer Bewegung. Er benötigt für seine motorischen Funktionen neuronale Programmgeber, die die komplizierte Abfolge der Aktivierung von verschiedenen Muskeln mit unterschiedlicher Kraft und zu unterschiedlichen Zeitpunkten vorgeben. Elektrische Reizung von M1 löst Bewegungen in einem **Gelenk** aus und nicht in einem Muskel, d. h. in M1 sind Bewegungen von **Gelenken** repräsentiert, nicht die Kontraktionen von einzelnen **Muskeln**.
- Der **prämotorische Kortex** (**Areae 6** und **8**) dient der Planung und Steuerung komplizierter Bewegungen, die von Area 4 ausgeführt werden. Elektrische Reizung dieser Areale bewirkt Bewegungen in **mehreren** Gelenken.
- Das **frontale** (**motorische**) **Augenfeld** (latero-kaudale **Area 8**) liefert das Programm für konjugierte Augenbewegungen (parallele Bewegungen beider Blickachsen).
- Das **motorische Sprachzentrum** (**Broca**) ist ein **Programmgeber für die Artikulationsbewegungen** der Mund- und Zungenmuskeln. Das Zentrum befindet sich bei den meisten Menschen auf der **linken Seite**, bei Linkshändern soll es bei ca. der Hälfte rechts lokalisiert sein. Von einigen Autoren wird nur die Area 45 als Broca-Zentrum angegeben, von anderen die **Areae 44** und **45**.

▶ Klinik. Ein Ausfall des Broca-Zentrums erzeugt die **motorische Aphasie**: Trotz motorisch völlig intakter Mund- und Zungenmuskulatur ist die Sprachformung (Artikulation) nicht mehr möglich. Die Patienten sprechen meist im sog. Telegramm-Stil (eingeschränkte Sprachproduktion), verwechseln Laute und Buchstaben innerhalb eines Wortes (z. B. „Akfel" statt „Apfel") und machen Fehler im Satzbau. Das Sprachverständnis dagegen ist vollkommen unbeeinträchtigt. Aufgrund der erhaltenen Funktionstüchtigkeit der Mund- und Zungenmuskulatur können die Betroffenen auch normal essen und trinken.

Spezialisierte Kortexareale des Lobus parietalis – somatosensorische und visuelle Zentren

Siehe Abb. **N-1.40**.

Prinzip der Verschaltung:

- Im **primären somatosensorischen Kortex** (**S 1**, **Areae 3, 1, 2 des Gyrus postcentralis**) kommt der Impulseinstrom ausschließlich von der **kontralateralen** Körperhälfte. Hier erfolgt die erste somatotopisch korrekte „Abbildung" des einwirkenden Reizes und des gereizten Körpergebiets. Die **Erkennung** des Reizes (bei mechanischen Reizen Intensität, Richtung, Geschwindigkeit, Dauer usw.) wird durch nachgeschaltete Kortexareale bewerkstelligt wie Area 5 und somatosensorisch dominierte Kortexbereiche (assoziativ somatosensorisch = AS).
- Der **sekundäre somatosensorische Kortex** (**S 2**) liegt im kaudalen Gyrus postcentralis dicht am Sulcus lateralis, er erhält im Gegensatz zu S 1 einen **bilateralen** Impulseinstrom.
- Der dorsale Lobus parietalis dient der höheren Verarbeitung von somatosensorischen und visuellen Reizen (assoziativ somatosensorisch = AS und assoziativ visuell = AV).

▶ Exkurs: Neuroplastische Veränderungen in spezialisierten Kortexarealen bei häufiger Benutzung. Im primären somatosensorischen Kortex (S 1) kann man nach relativ kurzer Zeit ausgeprägte **neuroplastische Veränderungen** nachweisen, wenn bestimmte Gebiete häufig erregt werden. Wird z. B. ein Affe trainiert, eine Stunde lang eine Scheibe mit den Spitzen des 2.–4. Fingers zu drehen, und nach drei Monaten das kortikale sensorische Repräsentationsgebiet der Finger mit bildgebenden Verfahren kartiert, zeigen sich die Repräsentationsgebiete der benutzten Finger **auf Kosten der nicht benutzten** vergrößert. Unter der Voraussetzung, dass man die Ergebnisse auf den Menschen übertragen kann, hat die sensorisch-motorische Spezialisierung in vielen Berufen (Sportler, Musiker) ein neuroplastisch-morphologisches Korrelat, d. h. die häufig benutzten Kortexareale werden größer.

Spezialisierte Kortexareale des Lobus occipitalis – visuelle Zentren

Siehe Abb. **N-1.40**.

Der gesamte Lobus occipitalis und benachbarte Bereiche des Parietal- und Temporallappens werden vom **visuellen Kortex** eingenommen. Der Mensch wird oft als „Augentier" bezeichnet – im Gegensatz z.B. zur Ratte, die sich vorwiegend mit dem Geruchssinn orientiert.

- Der **primäre visuelle Kortex** (**V1, Area 17**) bildet den dorsalen Pol des Lobus und erstreckt sich auf der Medialseite der Hemisphären beiderseits der **Fissura calcarina**. Hier erfolgt die erste Abbildung des visuellen Reizes.

> **▶ Klinik.** Läsionen des primären visuellen Kortex führen zur sog. **Rindenblindheit**: Der Betroffene hat keinerlei visuelle Sinneseindrücke mehr, jedoch ist der Pupillenreflex auf Licht (S.1226) normal, da dieser Reflexbogen nicht über den Kortex verläuft.

- Im **sekundären visuellen Kortex** (**V2, Areae 18** und **19**) sowie den assoziativ **visuellen Kortexbereichen** (**AV**) findet die höhere Verarbeitung der Sinnesinformation statt (**Erkennung** und Bewertung des visuellen Reizes).

> **▶ Klinik.** Läsionen im sekundären visuellen Kortex führen zur sog. **Seelenblindheit**: Die Patienten können alles genau sehen, aber die gesehenen Dinge nicht erkennen. Ein Stuhl z.B wird genau beschrieben, aber der Name und Zweck des gesehenen Objektes kann nicht angegeben werden.

Spezialisierte Kortexareale des Lobus temporalis – auditorische Zentren

Siehe Abb. **N-1.40**.

Die wichtigsten Areae des Lobus temporalis sind die **auditorischen Zentren**:

- Der **primäre auditorische Kortex** (**A1, Area 41 + 42/Teil**) ist das **primäre Hörzentrum**. Morphologisch ist er an den **Gyri transversi** zu erkennen, die den oberen (parietalen) Rand des Gyrus temporalis superior bzw. die kaudale Begrenzung des Sulcus lateralis bilden. Sie sind nur nach Aufweitung des dorsalen Sulcus lateralis oder Abtragung des kaudalen Lobus parietalis zu erkennen. Ihr Name deutet an, dass sie quer zur Längsrichtung des Sulcus verlaufen (**Heschl-Querwindungen**).
- Zum **sekundären auditorischen Kortex** werden meist Teile der Area 42 und 22 gerechnet, wobei die **linke dorsale Area 22** das **sensorische Sprachzentrum** (**Wernicke-Zentrum**) beinhaltet. Das dem Wernicke-Zentrum entsprechende **Planum temporale** dorsal der Heschl-Querwindungen (S.1232) liegt auf der linken Seite und ist bei Tieren bisher nicht nachgewiesen worden. Die Zuordnung der auditorischen Zentren zu Brodmann-Areae wird unterschiedlich gehandhabt.
- Broca- und Wernicke-Zentrum sind über den **Fasciculus arcuatus** direkt miteinander verbunden.

> **▶ Klinik.** Ein Ausfall des Wernicke-Zentrums führt zur **sensorischen Aphasie**: Bei den Betroffenen besteht eine erhebliche Störung des Sprachverständnisses (Muttersprache wird als solche erkannt, klingt jedoch unbekannt wie eine nicht beherrschte Fremdsprache). Da auch die eigenen Formulierungen nicht verstanden werden, kommt es zu Verwechslungen bzw. fehlerhafter Anordnung von Wörtern innerhalb eines Satzes bis hin zu Wortneuschöpfungen (Neologismen).

Spracherkennung: Der Vorgang der Spracherkennung läuft demnach vereinfacht dargestellt über folgende Stufen:
- A1 vermittelt den Sinneseindruck der Tonhöhen,
- A2 erkennt die Art der Töne oder Geräusche (z.B. ob es sich um Musik oder Sprache handelt),
- das Wernicke-Zentrum ist nötig für das Verstehen von Sprache.

Bei der letzten Funktion helfen die assoziativ auditorischen Kortexareale (AA) mit, die große Teile des Temporallappens einnehmen.

Spezialisierte Kortexareale des Lobus occipitalis – visuelle Zentren
Siehe Abb. **N-1.40**.
Der Lobus occipitalis wird fast vollständig von visuellen Zentren eingenommen.
- Im **primären visuellen Kortex** (**V1, Area 17**) erfolgt die erste Abbildung des visuellen Reizes.

▶ Klinik.

- Im **sekundären visuellen Kortex** (**V2, Areae 18** und **19**) und den assoziativ visuellen Kortexgebieten wird der Reiz erkannt.

▶ Klinik.

Spezialisierte Kortexareale des Lobus temporalis – auditorische Zentren
Siehe Abb. **N-1.40**.
Im Lobus temporalis liegen die auditorischen Zentren:
- Der **primäre auditorische Kortex** (**A1, Area 41 + 42**) liegt im Sulcus lateralis, auf dem Oberrand des Gyrus temporalis superior.
- Der **sekundäre auditorische Kortex** (**A2**) ist u.a. in der **Area 22** lokalisiert. In der dorsalen **Area 22** liegt das **sensorische Sprachzentrum** (**Wernicke**). NB: Hier gibt es große Unterschiede zwischen den Autoren.

▶ Klinik.

N 1 ZNS – Aufbau und Organisation

Übersicht spezialisierter Kortexareale mit möglichen Schädigungen
Siehe Tab. **N-1.4**.

Übersicht spezialisierter Kortexareale mit möglichen Schädigungen

Die Funktionen einzelner Kortexbereiche und die Folgen ihrer Ausfälle sind in Tab. **N-1.4** zusammengestellt.

N-1.4 Funktionelle Bedeutung spezialisierter Kortexareale und Folgen kortikaler Läsionen

Kortexareal		funktionelle Bedeutung	Folgen einer kortikalen Läsion
motorische Zentren			
Area 44 + 45	motorisches Sprachzentrum (Broca)	Programmgeber für Artikulationsbewegungen	Motorische Aphasie*
M1	primärer motorischer Kortex	letztes zentralnervöses Glied bei der Ausführung einer Bewegung	Lähmung von Muskelgruppen
somatosensorische Zentren			
S 1, Areae 1, 2, 3	primärer somatosensorischer Kortex	erste somatotopisch korrekte „Abbildung" des einwirkenden Reizes aus dem kontralateralen Körpergebiet	Ausfall taktiler Empfindungen wird beschrieben
S 2, Area 43	sekundärer somatosensorischer Kortex	Beteiligung an der Erkennung von taktilen Reizen (?)	Stereognosie (Unfähigkeit, durch Betasten einen Gegenstand zu erkennen)
auditorische Zentren			
A1, Area 41 + 42	primärer auditorischer Kortex	Vermittlung des Sinneseindrucks von Tonhöhen	Rindentaubheit
A2, Area 22	sekundärer auditorischer Kortex	Erkennung der Art von Tönen oder Geräuschen (z. B. ob es sich um Musik oder Sprache handelt)	Musik oder Sprache werden nicht erkannt, ohne Vorliegen von Taubheit
Area 22 (dorsaler Anteil)	sensorisches Sprachzentrum (Wernicke)	Vermittlung des Sprachverständnisses	Sensorische Aphasie*
visuelle Zentren			
V1, Area 17	primärer visueller Kortex	erste Abbildung des visuellen Reizes	Rindenblindheit
V2, Areae 18, 19	sekundärer visueller Kortex	höhere Verarbeitung der Sinnesinformation mit Erkennung des optischen Reizes	Seelenblindheit

* Aphasie = zentrale Sprachstörung bei erhaltener Funktion der Mund- und Zungenmuskeln

Basalganglien – basale Kerne des Großhirns (Nuclei basales)
Der Begriff „Basalganglien" (anders als andere Ganglien liegen sie innerhalb des ZNS!) wird hier aufgrund seiner klinischen Verwendung beibehalten.

Funktionelle Bedeutung der Basalganglien

Die Basalganglien sind wichtig im Rahmen der Motorik: Sie haben 2 Grundfunktionen in der Planung und Durchführung von Bewegungen:
- **Kontrolle des Motorkortex** über aszendierende Bahnen.
- **Beeinflussung der spinalen Motorik** über deszendierende Verbindungen zum Hirnstamm.
Im klinischen Sprachgebrauch werden sie als zentrale Strukturen des EPMS (S. 1190) angesehen.

Basalganglien – basale Kerne des Großhirns (Nuclei basales)

Bei Verwendung des Begriffs „Basalganglien" ist zu bedenken, dass unter Ganglien eigentlich Ansammlungen von Nervenzellkörpern außerhalb des ZNS verstanden werden. Der Begriff wird aber klinisch oft verwendet und daher hier beibehalten.

Funktionelle Bedeutung der Basalganglien

Die Basalganglien spielen eine bedeutende Rolle im Rahmen der **Motorik**: Sie sind entscheidend an der **Stützmotorik** beteiligt, d. h. an der motorischen Ausgangssituation für Bewegungen, und liefern zusammen mit dem Kleinhirn die Programme für **Willkürbewegungen** an den primären Motorkortex. Die Basalganglien bilden eine Kontrollschleife für den Motorkortex, d. h. sie erhalten Information vom Kortex und kontrollieren die Aktivität des Kortex. Ihre Verschaltung (s. u.) zeigt, dass sie im Rahmen der Motorik zwei wichtige Funktionen übernehmen:
- **Kontrolle des Motorkortex** über aszendierende Bahnen und
- **Beeinflussung der spinalen Motorik** über deszendierende Verbindungen zum Hirnstamm, z. B. über den Tractus rubrospinalis (S. 1190).
Da es sich besonders im klinischen Sprachgebrauch eingebürgert hat, die Basalganglien als wichtige Strukturen im sog. **extrapyramidalmotorischen Systems** (**EPMS**) anzusehen, wird dieser Begriff hier noch erwähnt (S. 1190), obwohl er heute aus mehreren Gründen **nicht** mehr allgemein akzeptiert ist.

▶ Klinik.

▶ Klinik. Bei einer Störung der Basalganglien treten keine motorischen Lähmungen auf, sondern Veränderungen der **Art und Weise**, wie Bewegungen durchgeführt werden (z. B. überschießend, abgehackt oder kleinschrittig). Ein prominentes Beispiel für eine solche Bewegungsstörung ist die **Parkinson-Krankheit** (S. 1188).

N 1.3 Gehirn (Encephalon)

Einteilung der Basalganglien

Die Zuordnung der einzelnen Kerne des Telenzephalons zu den Basalganglien wird unterschiedlich gehandhabt. Meist werden **Corpus striatum** (Nucleus caudatus und Putamen, kurz auch Striatum genannt, s. u.) sowie **Nucleus lentiformis** (Globus pallidus und Putamen, s. u.) zu den Basalganglien gerechnet. Allerdings gibt es große Unterschiede zwischen Klinik und vorklinischer Literatur.

▶ **Merke.** Das **Putamen** wird mit dem Nucleus caudatus zum **Corpus striatum** zusammengefasst, mit dem Globus pallidus zum **Nucleus lentiformis** (Abb. **N-1.41**).

Einteilung der Basalganglien

Zu den **Basalganglien** werden meist **Corpus striatum** (Ncl. caudatus und Putamen) **und Ncl. lentiformis** (Globus pallidus und Putamen) gerechnet, allerdings gibt es große Unterschiede in der Zuordnung je nach Quelle.

▶ **Merke.**

Lage, Form und Aufbau der Basalganglien

Wie der Name andeutet, liegen die telenzephalen Kerne oder Basalganglien in der **Basis des Endhirns**, eingebettet in die weiße Fasersubstanz, das Marklager. Auf Schnitten des Großhirns (Abb. **N-1.41**) erkennt man die Kerne an ihrer dunklen Farbe, da sie aus neuronalen Somata (graue Substanz) mit geringen Faseranteilen bestehen.

Der **Nucleus caudatus** (Schweifkern) hat die markanteste Form: Aufgrund seiner bogenförmigen Ausdehnung erscheint dieser Kern sowohl auf Horizontal- als auch auf Frontalschnitten zweimal: In der Abb. **N-1.41a** (Horizontalschnitt) ist die Cauda nuclei caudati direkt rostral des Hinterhorns (Cornu posterius) der Seitenventrikel zu erkennen; auf einem Frontalschnitt liegt er im Dach des Unterhorns. Am weitesten

Lage, Form und Aufbau der Basalganglien

Die telenzephalen Kerne liegen im basalen Endhirn und bestehen aus neuronalen Somata (graue Substanz) mit geringen Faseranteilen. Der **Nucleus caudatus** ist aufgrund seiner bogenförmigen Ausdehnung sowohl auf Frontal- als auch auf Horizontalschnitten (Abb. **N-1.41a**) jeweils zweifach getroffen. Vor dem rostralen Ende der Cauda nuclei caudati liegt das **Corpus amygdaloideum** (Mandelkern).

⊙ **N-1.41** Lage der Basalganglien

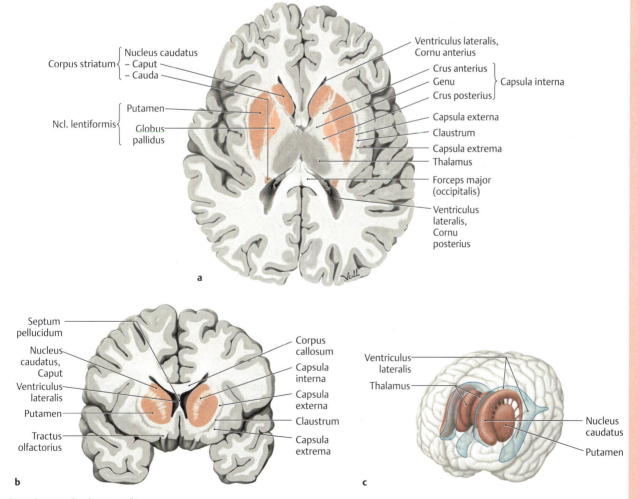

(Prometheus LernAtlas. Thieme, 3. Aufl.)
a Basalganglien im Horizontal- (Ansicht von parietal) und
b Frontalschnitt (Ansicht von rostral) sowie
c die Lagebeziehung zwischen Nucleus caudatus und Putamen zu Thalamus und Seitenventrikeln (Ansicht von schräg vorne links).

rostral befindet sich sein Kopf, der durch streifenförmige Brücken grauer Substanz mit dem **Putamen** (Schale) verbunden ist. Diese Streifen grauer Substanz haben zu der Bezeichnung **Corpus striatum** (Streifenkörper) für Ncl. caudatus samt Putamen geführt. Als **Nucleus accumbens** wird die basal gelegene Verbindung zwischen Caput nuclei caudati und Putamen bezeichnet.

Der heller aussehende **Globus pallidus** („blasse Kugel"), der aus einem lateralen und medialen Anteil (Globus pallidus lateralis und medialis) besteht, liegt medial vom Putamen und bildet zusammen mit diesem den **Nucleus lentiformis** (Linsenkern). Die hellere Färbung des Globus pallidus im Vergleich zum danebenliegenden Putamen und Ncl. caudatus weist noch im adulten Gehirn auf den unterschiedlichen Ursprung von Globus pallidus (dienzephal) und Striatum (telenzephal) hin. Der Globus pallidus hat eine ähnliche Farbe wie das Dienzephalon.

Das **Corpus amygdaloideum** (Mandelkernkomplex) befindet sich vor dem rostralen Ende der Cauda nuclei caudati im Lobus temporalis.

Verschaltung der Basalganglien

Afferenzen: In Bezug auf die Beteiligung der Basalganglien an der Planung und Durchführung von Bewegungen sind folgende Punkte beachtenswert (vgl. Abb. **N-2.5**):
- Die Information über geplante Bewegungen erreicht das Striatum diffus von großen Bereichen des Kortex.
- Das Striatum steht zusätzlich unter dem Einfluss von **dopaminergen Bahnen aus der Substantia nigra** (Pars compacta) des Mesenzephalons (S. 1115).

▶ Klinik. Die Degeneration der dopaminsynthetisierenden Zellen in der Substantia nigra (Pars compacta) erzeugt einen **Dopaminmangel im Striatum**, weil die von der Substantia nigra kommenden Axone im Striatum Dopamin als Transmitter benutzen. Der Dopaminmangel im Striatum ist die eigentliche Ursache für die Bewegungsstörungen der **Parkinson-Krankheit** (S. 1188).

Efferenzen: Die Impulse verlassen das **Striatum** über den **Globus pallidus** (oft kurz als Pallidum bezeichnet). Vom Globus pallidus zieht eine faserreiche Verbindung (**Ansa lenticularis**) zu den motorischen Kernen des Thalamus, nämlich zu den Ncll. ventralis lateralis (**VL**), centromedianus (**CM**) und evtl. auch ventralis anterior (**VA**). Die Basalganglien (S. 1186) greifen über diese Verbindungen in die vom prämotorischen und anderen motorischen Kortexgebieten (S. 1190) initiierten Willkürbewegungen ein.

Der **Ncl. subthalamicus** (S. 1132) liegt im Nebenschluss zum Pallidum. Er erhält Afferenzen aus dem externen (lateralen) Pallidum und projiziert auf das interne (mediale) Pallidum (S. 1186) zurück.

Großhirnmark mit Fasersystemen

Die größte Masse des Großhirns macht das unter dem wenige Millimeter dicken Kortex gelegene Mark aus, in das der Thalamus und die Basalganglien eingebettet sind. Das Mark besteht zum größten Teil aus **markhaltigen Fasern** (S. 94), die wegen ihres hohen Myelingehalts eine gelblich-weiße Farbe haben und je nach Verlauf als **Assoziations-**, **Kommissuren-** oder **Projektionsfasern** bezeichnet werden (Tab. **N-1.5**).

≡ N-1.5 Fasersysteme des Großhirnmarks

System	verbundene Strukturen
Assoziationsfasern	funktionell zusammengehörende Kortexareale innerhalb einer Hemisphäre
Kommissurenfasern	funktionell zusammengehörende Kortexareale der rechten und linken Hemisphäre: • homotopisch bei symmetrischen Arealen • heterotopisch bei asymmetrischen Arealen
Projektionsfasern	Kortex mit kaudaler gelegenen Strukturen (z. B. Pyramidenbahn)

Assoziationsfasern

▶ **Definition.** Diese Fasern bilden Faserbündel zwischen funktionell zusammengehörenden Kortexarealen derselben Hemisphäre (Abb. **N-1.42**).

Die kürzesten Fasern sind die U-förmigen **Fibrae arcuatae cerebri**, die zwei benachbarte Kortexwindungen miteinander verbinden (Abb. **N-1.42a**). Bekannt sind die Fibrae arcuatae breves zwischen dem **Gyrus post-** und **precentralis**, die dafür sorgen, dass vom Motorkortex initiierte Bewegungen rückgekoppelt mit sensorischer Information verlaufen. Besonders wichtig ist dies z. B. bei Tastbewegungen, die immer mit einem ganz bestimmten Andruck der Fingerkuppen erfolgen, um optimale Bedingungen für die Tastrezeptoren herzustellen (s. u.).

Weitere Assoziationsfasern sind die **Fibrae associationis telencephali** (breves und longae), die weiter auseinander liegende Kortexareale miteinander verknüpfen (Abb. **N-1.42a**).

Das **Cingulum** ist ein im Gyrus cinguli verlaufendes Faserbündel, das Funktionen im limbischen System erfüllt und eine Verbindung von Frontalhirn und Ncll. anteriores des Thalamus mit dem Hippocampus herstellt.

Ein weiteres bekanntes Assoziationssystem ist der **Fasciculus arcuatus,** der das sensorische Sprachzentrum (Wernicke) im dorsalen Temporallappen mit dem motorischen Sprachzentrum (Broca) im Frontallappen verbindet. Beide Zentren arbeiten funktionell eng zusammen. Dieser Faszikel wird oft als kaudaler Teil des **Fasciculus longitudinalis superior** angesehen.

Andere bekannte Assoziationsbahnen sind in Abb. **N-1.42b** dargestellt.

Assoziationsfasern

▶ **Definition.**

Assoziationsfasern können sehr kurz sein, wie die **Fibrae arcuatae cerebri** zwischen dem Gyrus post- und precentralis.

Weitere Assoziationsfasern sind die **Fibrae associationis telencephali** (breves und longae), die weiter auseinander liegende Kortexareale miteinander verknüpfen.
Zu den langen Assoziationsbahnen gehört das **Cingulum**, das im limbischen System eine Verbindung zwischen Frontalhirn und Ncll. antt. des Thalamus mit dem Hippocampus herstellt. Der **Fasciculus arcuatus** ist eine wichtige Verbindung zwischen dem sensorischen und motorischen Sprachzentrum.

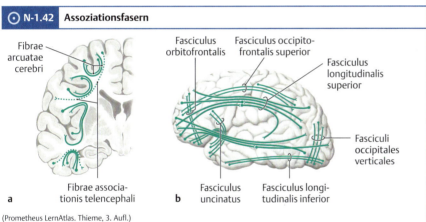

⊙ N-1.42   Assoziationsfasern

⊙ N-1.42

(Prometheus LernAtlas. Thieme, 3. Aufl.)
a Fibrae arcuatae cerebri als kürzeste Assoziationsfasern und Fibrae associationis telencephali (gestrichelt) an einem Frontalschnitt.
b Verlauf bekannter Assoziationsfasern in der Lateralansicht auf das Großhirn projiziert.

Kommissurenfasern

▶ **Definition.** Unter Kommissurenfasern (Abb. **N-1.43**) werden Fasern verstanden, die die Mittellinie des Großhirns kreuzen und funktionell zusammengehörende (nicht notwendigerweise zueinander symmetrisch angeordnete) Kortexareale der rechten und linken Hemisphäre miteinander verbinden. Verbindungen zwischen symmetrischen Arealen heißen **homotopisch**, die anderen **heterotopisch**.

Das größte dieser Systeme ist der **Balken** (**Corpus callosum**), eine dicke Platte von vielen Millionen Fasern, die die Hauptverbindung zwischen beiden Hemisphären herstellt. Von rostral nach okzipital besteht er aus den Teilen
- **Rostrum** (Schiffsschnabel, Bug),
- **Genu** (Knie),
- **Truncus** (Stamm) und
- **Splenium** (Binde).

Die zangenförmig die vorderen und hinteren Teile der Fissura longitudinalis cerebri umgreifenden Fasern des Balkens werden als **Forceps minor** (rostral) und **Forceps major** (okzipital) bezeichnet.

Kommissurenfasern

▶ **Definition.**

Die größten dieser Fasersysteme sind der **Balken (Corpus callosum)**, die **Commissura anterior**, die sich in der Lamina terminalis befindet, und die **Commissura fornicis** (**hippocampi**).

N-1.43 Kommisurenfasern

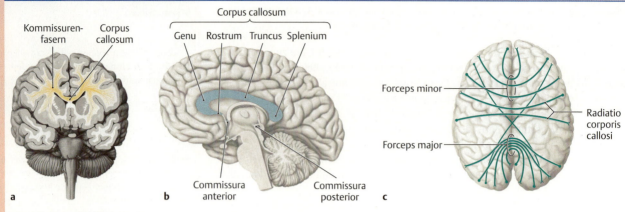

(Prometheus LernAtlas. Thieme, 3. Aufl.)
a Darstellung der Kommissurenfasern im Frontalschnitt,
b im Mediansagittalschnitt mit farblicher Hervorhebung der prominentesten ihrer Strukturen
c und am durchscheinenden Gehirn in der Ansicht von oben bzw. dorsal.

Der Balken ist bei Rechtshändern dünner als bei Beidhändern, was auf die Tatsache zurückgeführt wird, dass bei Rechtshändern der notwendige Datenaustausch zwischen den Hemisphären geringere Ausmaße hat. Dies ist einer der Vorteile der **Lateralisation** des Kortex, d.h. der Spezialisierung der beiden Hemisphären auf bestimmte Aufgaben.

Andere Kommissuren sind die

- **Commissura anterior** in der Lamina terminalis (der rostralen Wand des 3. Hirnventrikels), die u. a. Fasern der Riechbahn enthält, und
- **Commissura fornicis** (**hippocampi**), die dorsal den rechten und den linken Fornix miteinander verbindet.

Die sog. **Commissura posterior** (epithalamica) unterhalb der Epiphyse ist keine echte Kommissur, weil sie keine Kortexareale, sondern Kerne verbindet, die für die Steuerung von Lichtreflexen von Bedeutung sind. In diesem Sinn ist auch die **Commissura habenularum** oberhalb der Epiphyse keine echte Kommissur, weil sie eine Verbindung zwischen den Ncll. habenulares auf beiden Seiten herstellt.

Projektionsfasern

Projektionsfasern

▶ Definition.

▶ **Definition.** Projektionsfasern sind Fasern, die den Kortex und weiter kaudal gelegene Zentren miteinander verbinden (Abb. **N-1.44**).

Sie können vom Kortex nach kaudal projizieren oder von kaudal kommen und kortikal enden.

Sie können entweder vom Kortex ausgehen wie z. B. die Pyramidenbahn (S. 1183) oder ihn von kaudalen Zentren aus erreichen (z. B. somatosensorische Bahnen vom Thalamus/Thalamusstrahlung).

▶ Merke.

▶ **Merke.** Die größte Ansammlung von Projektionsfasern findet sich in der **Capsula interna** (Abb. **N-1.45**) zwischen Globus pallidus bzw. Putamen auf der lateralen und Thalamus mit Ncl. caudatus auf der medialen Seite. Hier verlaufen sensorische und motorische Fasersysteme, wobei insbesondere die Pyramidenbahn eine ausgeprägte **Somatotopie** zeigt. Der motorische Teil der Capsula interna setzt sich nach kaudal in die Crura cerebri (S. 1114) fort.

Auf einem Horizontalschnitt unterscheidet man bei der Capsula interna **Crus anterius** und **posterius** sowie das Genu.
Die Anordnung der in ihr nach kaudal verlaufenden motorischen Fasersysteme (z. B. Pyramidenbahn) und der nach kortikal ziehenden sensorischen Systeme (z. B. Thalamusefferenzen) ist Abb. **N-1.45** zu entnehmen.

Die Capsula interna bildet auf einem Horizontalschnitt einen nach lateral offenen Winkel; man unterscheidet einen vorderen und hinteren Schenkel (**Crus anterius** und **posterius**), die im Knie (**Genu**) zusammenstoßen. Innerhalb dieser Anteile sind die nach kaudal projizierenden Fasern der Pyramidenbahn wie folgt angeordnet:

- Im Bereich des **Knies** findet sich der **Tractus corticonuclearis**, der zu den motorischen Hirnnervenkernen im Hirnstamm zieht. Im Knie befinden sich somit Faserbündel für die motorische Innervation des **Kopfes**.
- Im **hinteren Schenkel** schließen sich die motorischen Fasern zunächst für die **obere** und dann für die **untere Körperhälfte** an.

- Die aszendierenden Fasern von den somatosensorischen Kernen des Thalamus laufen im **vorderen** und **hinteren Schenkel** lateral bzw. medial von den motorischen Bahnen zum Kortex. Sie bilden im Crus posterius den oberen (zentralen) Thalamusstiel, der zusammen mit anderen Fasern in der Corona radiata der Abb. **N-1.44** enthalten ist.

N-1.44 Projektionsfasern

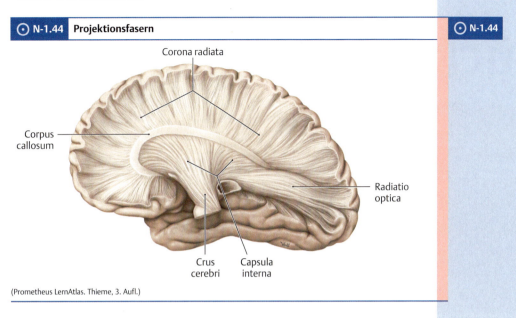

(Prometheus LernAtlas. Thieme, 3. Aufl.)

N-1.45 Capsula interna

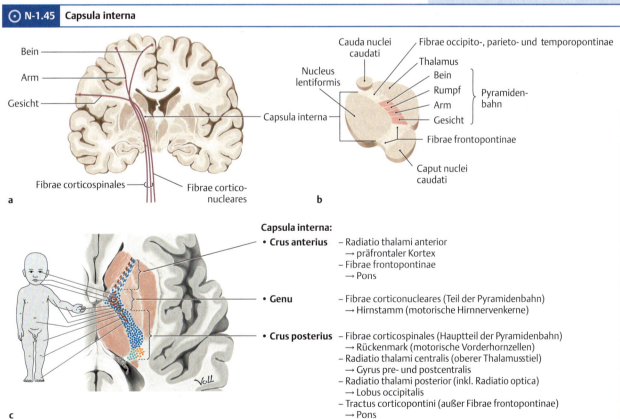

(Prometheus LernAtlas. Thieme, 3. Aufl.)
a Verlauf der Pyramidenbahn mit ihren Teilen (Fibrae corticospinales und corticonucleares) durch die Capsula interna im Frontalschnitt.
b Lage der Capsula interna im Horizontalschnitt. Der vordere Schenkel liegt zwischen Nucleus lentiformis und Caput nuclei caudati, der hintere Schenkel wird lateral ebenfalls vom Nucleus lentiformis, medial jedoch vom Thalamus begrenzt. Von den Fasersystemen innerhalb der Capsula interna zeigt die Pyramidenbahn (rot hervorgehoben) eine besonders ausgeprägte Somatotopie.
c Horizontalschnitt: Dargestellt sind die durchziehenden Fasern mit somatotopischer Anordnung der Pyramidenbahn (Fibrae corticonucleares und corticospinales, rote Punkte) und weitere absteigende sowie aufsteigende Bahnen: frontopontine Bahnen (rote Striche); Tractus temporopontinus (orange Punkte); vorderer (blaue Striche), oberer/zentraler (blaue Punkte) und hinterer (hellblaue Punkte) Thalamusstiel.

Verrückte Welt

Mitten in der Nacht reißt mich die schnarrende Computerstimme des Notfallpiepers aus dem Schlaf: „Schockraum besetzen! … bzrpf … Schockraum besetzen!" Also hat unser Notarzt schon wieder irgendwas aufgegabelt, was nicht einfach „über die Zentrale Notaufnahme zu fahren" ist. Und kaum zwei Minuten später trifft sich schon die müde Mannschaft im grellen Neonlicht des weiß gekachelten „Raums der ungewissen Verläufe".

Die Rettungsmannschaft kommt im Laufschritt und bringt einen ziemlich verwahrlosten bewusstlosen Mann mit katastrophalem Zahnstatus und fürchterlichem Mundgeruch. Letzterer lässt aber wenigstens vermuten, dass er atmet!

Blutdruck 110/70 mmHg, Herzfrequenz 90/min, Sauerstoffsättigung 92 % und Blutzucker 98 mg/dl (5,4 mmol/l) – das alles bietet keinen Hinweis auf die Ursache der andauernden Bewusstlosigkeit. Der Patient sei nicht gestürzt, dafür aber Alkoholiker und wohl im Entzug … und schon muss der Notarzt wieder los.

Neurologisch kann ich nur den 3. und den 5. Hirnnerven testen: Pupillen gleich groß (isokor) und lichtreagibel, deutliches Grimassieren bei einem Tropfen Schleimhautantiseptikum in die Nase. Ein weiterer „Schnupperer" an seinem Foetor ex ore widerlegt die Vermutung eines Entzugsdelirs eindeutig – in seiner Ausatemluft rieche ich mindestens 3 ‰!

Als ich ihn kneife, jammert er und will meine ihn quälende Hand recht gezielt entfernen. Das ergibt auf der Glasgow-Coma-Scale (GCS) einen Score von ungefähr 8. Mist! Intubieren! Ich habe das nicht zu Ende gedacht, als plötzlich der rechte Arm des Patienten rhythmisch zu zucken beginnt.

Die Krankenschwester, die mit mir zusammen beim Patienten ist, achtet geistesgegenwärtig darauf, dass er sich nicht verletzt. Ich verabreiche rasch ein Benzodiazepin. Doch leider wandelt sich der fokale Anfall in einen generalisierten tonisch-klonischen und kann schließlich nur durch die Einleitung einer Thiopental-Narkose durchbrochen werden.

Auf der Intensivstation erlaubt das EEG zusammen mit dem zwischenzeitlich durchgeführten zerebralen CT dann folgende Rekonstruktion: durch Alkoholmissbrauch generalisierte Hirnatrophie mit schmalen Gyri und tiefen Sulci der gesamten Großhirnrinde. Epileptische Herdaktivität im linken Parietallappen (Gyrus precentralis) mit Ausbreitung auf den gesamten Isokortex – daher also der Bewusstseinverlust.

Trotzdem: Da passt irgendetwas nicht. Alkohol ist doch eine zentral dämpfende Substanz. Krampfen beim Entzug ist mir bekannt. Aber wie kann dann in der Intoxikation ein Krampf entstehen? Die Antwort finden wir in der Jackentasche des Patienten: Sein Hausarzt hat einen länger bestehenden Harnwegsinfekt antibiotisch mit einem Gyrasehemmer behandelt – und *der* senkt die Krampfschwelle … Verrückte Welt!

Text: Arne Conrad Foto: leszekglasner/Fotolia.com

1.4 Hüllen des ZNS (Meningen) und Liquorsystem

1.4.1 Meningen

Die Häute, die Gehirn und Rückenmark umgeben, zeigen einen prinzipiell gleichartigen Aufbau, unterscheiden sich jedoch in ihrer Anordnung.

Allgemeiner Aufbau und Innervation der Meningen

Die Häute des ZNS (**Meningen**) werden unterteilt in
- **harte Hirn- bzw. Rückenmarkshaut** (Pachymeninx = Dura mater encephali bzw. spinalis) und
- **weiche Hirn- bzw. Rückenmarkshaut** (Leptomeninx aus Arachnoidea mater und Pia mater encephali bzw. spinalis).

Harte Hirn- bzw. Rückenmarkshaut (Pachymeninx): Die **Dura mater** ist die äußerste Hülle und besteht aus straffem faserreichen Bindegewebe. Im Bereich des Großhirns liegt sie dem Schädelknochen dicht an oder ist mit ihm verwachsen.

▶ **Merke.** Bei der Dura mater können zwei Schichten („**Durablätter**": Stratum periostale und meningeale) unterschieden werden, die im **Gehirn** mit Ausnahme der Bereiche venöser Sinus (s. u.) miteinander **verwachsen** sind. Im **Spinalkanal** hingegen liegt zwischen ihnen der **Epiduralraum**, der von Fettgewebe und vertebralen Venenplexus ausgefüllt ist (s. u.). Hier wird das Stratum periostale oft nur als Periost bezeichnet.

Weiche Hirn- bzw. Rückenmarkshaut (Leptomeninx): Sie setzt sich aus folgenden, deutlich voneinander abgrenzbaren Anteilen zusammen:
- **Arachnoidea mater** (Spinnwebhaut): Sie liegt der Innenseite der Dura direkt an. Zwischen Dura und Arachnoidea befindet sich nur ein flüssigkeitsgefüllter kapillarer Spalt, ein **Subduralraum** im engeren Sinne ist nicht vorhanden. Die Arachnoidea ist auch im Operationsmikroskop nur als zarter Schleier aus lockerem Bindegewebe zu erkennen. Sie ist praktisch durchsichtig und gibt nach Öffnung der Dura den Blick auf die Oberfläche des ZNS frei. Im **Subarachnoidalraum** zwischen Arachnoidea und Pia mater liegen die zahlreichen oberflächlichen Arterien und Venen des Gehirns und Rückenmarks. Eine Ausnahme stellen die Brückenvenen (S. 1165) dar, die vom Subarachnoidalraum durch Arachnoidea und Dura in die Sinus durae matris ziehen (Abb. **N-1.46**).
- **Pia mater:** Sie ist mit der Oberfläche des ZNS verwachsen und von ihr nicht mit der Pinzette abhebbar. Die Pia mater sitzt der **Membrana gliae limitans superficialis** (Gliagrenzmembran) auf, die als eigentliche Außengrenze des Hirngewebes von den breiten Füßchen der Astrozytenfortsätze gebildet wird.

Allgemeiner Aufbau und Innervation der Meningen
Bei den Meningen unterscheidet man:
- Pachymeninx und
- Leptomeninx.

Harte Hirn- bzw. Rückenmarkshaut (Pachymeninx): Sie wird gebildet von der Dura mater und besteht aus straffem faserreichem Bindegewebe.

▶ **Merke.**

Weiche Hirn- bzw. Rückenmarkshaut (Leptomeninx): Hier unterscheidet man:
- **Arachnoidea mater**, die von der Dura durch einen kapillaren Spalt getrennt ist, und
- **Pia mater**, die fest mit der Oberfläche des Gehirns (gebildet von der Membrana gliae limitans superficialis) verwachsen ist und allen Sulci in die Tiefe folgt.

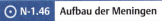

⊙ N-1.46 Aufbau der Meningen

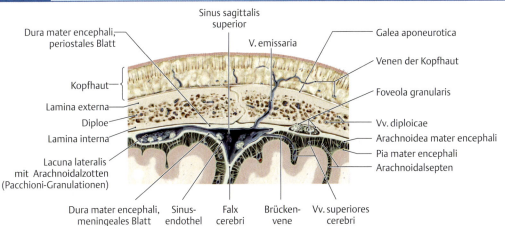

Hier ist exemplarisch der Aufbau an den Häuten des Gehirns samt ihrer Verbindung mit der Schädelkalotte im Frontalschnitt gezeigt. Im Gegensatz zur Anordnung im Rückenmark (Abb. **N-1.47**) fehlt hier ein Epiduralraum. (Prometheus LernAtlas. Thieme, 3. Aufl.)

Die Pia mater folgt allen Sulci und Fissuren des Gehirns in die Tiefe, was Arachnoidea und Dura nicht tun. Auch die in das ZNS eintretenden Gefäße werden für eine gewisse Strecke noch von Pia mater umgeben; auf diese Weise bilden sich um die eintretenden Gefäße trichterförmige Hohlräume, die sog. **Virchow-Robin-Räume**.

▶ **Merke.**

▶ **Merke.** Zwischen der Pia mater und der Arachnoidea befindet sich der **Subarachnoidalraum** (**Spatium subarachnoideum**), der mit **Liquor cerebrospinalis** (S. 1152) gefüllt ist und von Bindegewebstrabekeln sowie von arteriellen und venösen Blutgefäßen durchzogen wird.

Zur grundsätzlichen Anordnung der Meningen s. Abb. **N-1.46**.

Die grundsätzliche Anordnung der Meningen ist in Abb. **N-1.46** am Beispiel der Häute des Gehirns dargestellt.

Innervation der Meningen: Sie erfolgt in der Schädelhöhle frontoparietal durch Äste des **N. V**, okzipital durch **N. X** (evtl. N. IX), im Spinalkanal durch die **Rr. meningei** der Spinalnerven.
Nervenfasern finden sich vorwiegend in der Nähe der Duragefäße.

Innervation der Meningen: Sie erfolgt innerhalb der Schädelhöhle frontal und parietal aus den drei Ästen des **Nervus trigeminus** (**V**), okzipital durch den **N. vagus** (**X**) und evtl. auch Nervus glossopharyngeus (IX). Nervenfasern finden sich vorwiegend in der Nähe der Duragefäße. Die Pia scheint nicht sensorisch innerviert zu sein; zumindest wird ein Stich in das Zerebrum durch die Pia nicht als schmerzhaft empfunden.
Die Dura des Rückenmarks wird sensorisch durch die **Rami meningei** der Spinalnerven (S. 206) versorgt.

▶ **Klinik.**

▶ **Klinik.** Die sensorische Versorgung der Dura durch den N. vagus erklärt das Erbrechen als eines der Hauptsymptome bei einer **Meningitis** (Hirnhautentzündung). Das Erbrechen kann auch schon bei einer meningealen Reizung durch starke Sonneneinstrahlung auf den Kopf oder Nacken („Sonnenstich") auftreten.

Zur Blutversorgung der Meningen (S. 1164).

Die Blutversorgung der Meningen (S. 1164) wird zusammen mit der des Gehirns und Rückenmarks besprochen.

Häute des Rückenmarks

Zwischen den beiden Durablättern befindet sich ein von Fettgewebe umgebener **Venenplexus** im **Spatium epi-/peridurale** (Abb. **N-1.47**).

Häute des Rückenmarks

Die Besonderheit der **Dura mater** im Bereich des Spinalkanals besteht in dem mit Fettgewebe ausgefüllten Raum zwischen beiden Durablättern, in dem sich der **Plexus venosus vertebralis internus anterior** und **posterior** befindet (**Spatium epidurale/peridurale = Epi-** oder **Periduralraum**; Abb. **N-1.47**). Das äußere Blatt der Dura liegt als Periost der Wand des Spinalkanals direkt an, das innere hat Kontakt mit der Arachnoidea.

▶ **Klinik.**

▶ **Klinik.** Die Injektion eines Lokalanästhetikums in den Epi- bzw. Periduralraum ist ein häufig genutztes Verfahren, das z. B. zur Schmerzlinderung unter der Geburt (bekannt als **PDA = Periduralanästhesie**) oder bei chronischen Schmerzen durch Anlage eines **Periduralkatheters** genutzt wird. Die Dura (bzw. ihr inneres Blatt) wird nicht durchstochen, die neuronalen Strukturen werden vom Epiduralraum aus durch Diffusionsvorgänge erreicht. Durch Wahl des Punktionsortes (meist lumbal), der Menge und spezifischen Gewichts des applizierten Anästhetikums kann seine Ausbreitung im Epiduralraum beeinflusst werden. Bitte beachten: Bei der Spinalanästhesie wird das Lokalanästhetikum nach Durchstechen der Dura in den lumbalen **Subarachnoidalraum** injiziert.

Während das Rückenmark in Höhe des Wirbelkörpers LI–LII aufhört, setzt sich der Duraschlauch und somit auch das Spatium subarachnoideum noch weiter nach kaudal fort, vgl. Lumbalpunktion (S. 1153). In dem Duraschlauch befindet sich die **Cauda equina**, die aus Hinter- und Vorderwurzeln besteht.

Distal der Spinalganglien vereinigt sich die Dura mit dem Epineurium der peripheren Nerven. Die Fortsetzung des Subarachnoidalraums auf den Beginn der Spinalnerven ist für die Resorption des Liquors wichtig.

Zu beachten ist, dass Dura mater und Arachnoidea den Spinalkanal nach kaudal fast völlig ausfüllen, während die Pia mater mit dem kaudalen Ende des Rückenmarks (dem Conus medullaris) in Höhe des Wirbelkörpers LI–LII aufhört. Dadurch ergibt sich ein **ausgedehnter Subarachnoidalraum** kaudal des Conus medullaris, der für die Entnahme von Liquor cerebrospinalis genutzt werden kann, vgl. Lumbalpunktion (S. 1153). In diesem Raum befindet sich die **Cauda equina**, die aus lumbosakralen Hinter- und Vorderwurzeln besteht
Die Dura mater des Rückenmarks vereinigt sich mit dem Perineurium und Epineurium (S. 95) der peripheren Nerven distal der Spinalganglien. Auf diese Weise setzt sich der Subarachnoidalraum noch für eine geringe Strecke auf Spinalganglion und Spinalnerv fort. Diese Tatsache ist für die Resorption des Liquor cerebrospinalis (S. 1156) von Bedeutung.

N-1.47 Darstellung der Rückenmarkshäute

Zervikalmark mit umgebenden Rückenmarkshäuten in der Ansicht von kranial.
(Prometheus LernAtlas. Thieme, 3. Aufl.)

Häute des Gehirns

Die beiden Blätter der Dura mater sind im Bereich des Schädels fast überall fest miteinander verwachsen und nur dort sichtbar voneinander getrennt, wo **Hirnsinus**, d. h. venöse Blutleiter (S. 1167) des Gehirns, vorhanden sind. Die äußere Schicht (Stratum periostale) der Dura ist mit der Innenseite der Schädelkalotte bzw. -basis verwachsen und übernimmt die Rolle des Periosts. Die innere Schicht (Stratum meningeale) der Dura bildet die dem Gehirn anliegende Wand der Sinus und setzt sich dann in Großhirnsichel (**Falx cerebri**), Kleinhirnsichel (**Falx cerebelli**) und das Kleinhirnzelt (**Tentorium cerebelli**) fort (Abb. **N-1.48** und Abb. **N-1.46**), die alle **Duraduplikaturen** sind:

- Die **Falx cerebri** ist eine feste Bindegewebsplatte, die in die Fissura longitudinalis zwischen beide Hemisphären hineinragt. Sie ist ein wichtiger Teil des sog. **Hirnskeletts**, ist rostral an der Crista frontalis und Crista galli (S. 949) befestigt und geht okzipital in das Tentorium cerebelli über.
- Das **Tentorium cerebelli** bildet eine ähnliche Platte zwischen Gehirn und Kleinhirn: Es hat in der Medianebene eine wie ein Dach geformte Ausziehung, die etwas zwischen die Okzipitallappen des Gehirns reicht. Durch seine mediale Öffnung (**Incisura tentorii**) tritt der Hirnstamm hindurch.
- Zwischen den beiden Hemisphären des Kleinhirns befindet sich die **Falx cerebelli**.

Das Hirnskelett ist deswegen nötig, weil das Gehirn eine fast flüssige Konsistenz hat (Wassergehalt ca. 80 %), und zu große Bewegungen innerhalb des Schädels verhindert werden müssen.

Häute des Gehirns

Im Bereich des Schädels hat die Dura mater ebenfalls 2 Schichten, die allerdings fast überall miteinander verwachsen sind. Ausnahmen von dieser Regel sind die **Hirnsinus**, venöse Blutleiter, die sich zwischen den beiden Durablättern befinden und von Endothel ausgekleidet sind. Von einigen dieser Sinus gehen **Duraduplikaturen** aus (**Falx cerebri**, die an den Cristae frontalis und galli befestigt ist, und **Tentorium cerebelli**), die den Schädelinnenraum unterteilen (Abb. **N-1.48**) und so die Bewegungen des fast flüssigen Gehirns dämpfen.

N-1.48 Septen der Dura mater encephali

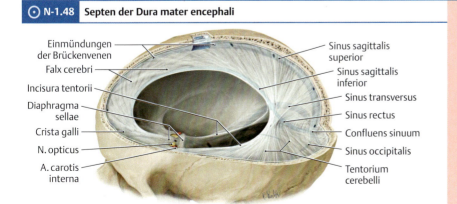

Dura nach Entfernung des Gehirns in der Ansicht von links lateral.
(Prometheus LernAtlas. Thieme, 3. Aufl.)

▶ **Klinik.** Bei einer **Gehirnquetschung** (**Contusio cerebri**), die durch Prellung des Kopfes verursacht werden kann, findet sich häufig nicht nur eine Verletzung auf der Seite des Aufpralls („Coup"), sondern auch auf der Gegenseite („Contre-coup"): Beispielsweise wird bei einem Sturz auf die Stirn zusätzlich zur Schädigung im Frontallappen auch der gegenüberliegende Okzipitallappen verletzt, weil sich im Gehirngewebe beim Aufprall eine Welle bildet, die im Hinterhaupt an die Kalotte stößt.

1.4.2 Liquorsystem

Liquor cerebrospinalis

Zusammensetzung: Der Liquor cerebrospinalis ist eine wasserklare Flüssigkeit, deren Zusammensetzung weitgehend der der Interstitialflüssigkeit entspricht.

Zusammensetzung: Der Liquor cerebrospinalis ist eine normalerweise wasserklare Flüssigkeit mit einer Zusammensetzung, die weitgehend der Interstitialflüssigkeit anderer Gewebe entspricht: Ähnliche Ionenkonzentration, kaum Eiweiß (ca. 1 % des Blutwertes), wenige Zellen, meist Lymphozyten (max. 5 Zellen/µl).

▶ **Klinik.**

▶ **Klinik.** Bei Entzündungen der Meningen (**Meningitis**) oder des Gehirngewebes (**Enzephalitis**) steigt der Zell- und Eiweißgehalt im Liquor, was diagnostisch verwertet wird. Bei Hirnblutungen können sich Erythrozyten im Liquor befinden, was normalerweise nicht der Fall ist.

Funktion: Er wirkt bei der **Konstanthaltung des chemischen Milieus** im ZNS mit und erfüllt die Funktion einer **mechanischen Schutzschicht**.

Funktion: Das Gehirn besitzt keine Lymphe im engeren Sinne und auch keine Lymphgefäße, der Liquor und die Liquorräume erfüllen diese Funktionen. Der Liquor im Subarachnoidalraum steht im Austausch mit der Gewebsflüssigkeit zwischen den Nervenzellen und trägt zur **Konstanz des chemischen Milieus** bei. Die Liquor-Hirn-Schranke ist durchlässiger als die Blut-Hirn-Schranke und erlaubt z. B. den Abtransport von Metaboliten aus dem Gehirn. Darüber hinaus dient der Liquor im Subarachnoidalraum als **Schutz gegen mechanische Belastungen**.

Liquorräume

Man unterscheidet **äußere** von **inneren** Liquorräumen (Abb. **N-1.49**).

Bei den Liquorräumen werden **äußere** und **innere** unterschieden (Abb. **N-1.49**), die miteinander in Verbindung stehen.

⊙ N-1.49

⊙ N-1.49 Äußere und innere Liquorräume

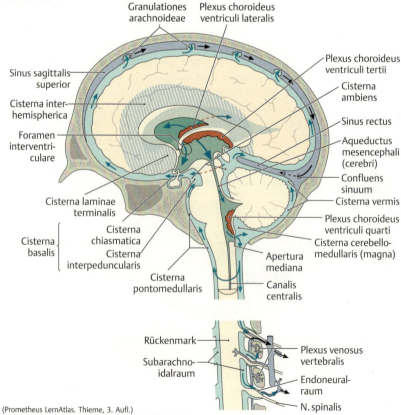

(Prometheus LernAtlas. Thieme, 3. Aufl.)

Äußere Liquorräume

Der größte zusammenhängende äußere Liqorraum ist der **Subarachnoidalraum** (**Spatium subarachnoideum**). Aus der Tatsache, dass die Arachnoidea die Sulci und Fissuren des Großhirns überspannt, ergeben sich liquorgefüllte Erweiterungen des Subarachnoidalraums, die **Zisternen**. Von klinischer Bedeutung ist besonders die **Cisterna lumbalis** kaudal des lumbalen Endes des Rückenmarks. Die **Cisterna cerebellomedullaris** befindet sich zwischen der Kaudalfläche des Kleinhirns und der Dorsalfläche der Medulla oblongata. Weitere Zisternen sind in Abb. **N-1.50** dargestellt.

Äußere Liquorräume

Der Subarachnoidalraum bildet den äußeren Liquorraum. Erweiterungen dieses Raums werden als **Zisternen** bezeichnet (Abb. **N-1.50**). Klinisch wichtig sind die **Cisterna lumbalis** kaudal des Conus medullaris und die **Cisterna cerebellomedullaris**.

⊙ N-1.50 Äußere Liquorräume an der Hirnbasis

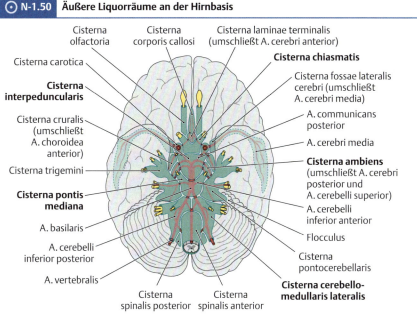

Der mit Liquor gefüllte Subarachnoidalraum weist mehrere Erweiterungen (Zisternen) auf. An der hier dargestellten Hirnbasis umgeben sie die im Bereich des Hirnstamms ein- bzw. austretenden Hirnnerven sowie die Hirnbasisarterien (S. 1157) und -venen (S. 1165). Besonders wichtige Zisternen sind fett gedruckt.
(Prometheus LernAtlas. Thieme, 3. Aufl., nach Rauber/Kopsch)

▶ **Klinik.** Zur Gewinnung von Liquor zu diagnostischen Zwecken wird eine **Liquorpunktion** durchgeführt:
Die vorwiegend benutzte Stelle für die Liquorentnahme befindet sich im Bereich der Cauda equina, d. h. kaudal des sakralen Endes des Rückenmarks (**Lumbalpunktion**, Entnahme aus der **Cisterna lumbalis** des Subarachnoidalraums). Man geht meist mit der Nadel zwischen den Laminae der Wirbelkörper LIII und LIV oder LIV und LV ein. Der Bereich um die Cauda equina ist liquorgefüllt, denn der Spinalkanal mit Dura mater und Arachnoidea ist länger als das Rückenmark, das bei LWK I/II endet (S. 1097). Bei Punktion in Höhe LWK III/IV ist daher keine Verletzungsgefahr für das Rückenmark vorhanden. Die Einzelteile der Cauda equina (Vorder- und Hinterwurzeln der lumbosakralen Segmente) weichen der Nadel aus.

▶ **Klinik.**

N 1 ZNS – Aufbau und Organisation

⊙ N-1.51 Lumbalpunktion

(Faller, A., Schünke, M.: Der Körper des Menschen. Thieme, 2012)
a Bevorzugte Einstichstelle in Projektion auf die Wirbelsäule (Ansicht von dorsal).
b Strukturen, die bei einer Lumbalpunktion durchstochen werden müssen (Mediansagittalschnitt in der Ansicht von rechts lateral). Hier sind die in a nicht dargestellten Nervenwurzeln (Cauda equina) angedeutet.

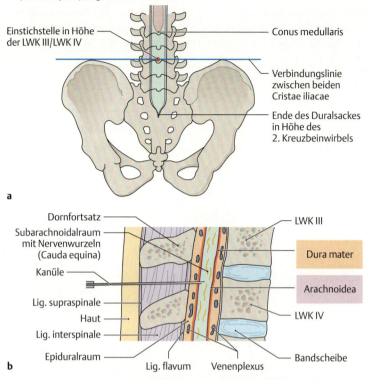

Bei kleinen Kindern reicht das Rückenmark im Spinalkanal weiter nach kaudal. Hier kommt – wegen der Verletzungsgefahr der Medulla oblongata jedoch nur in Ausnahmefällen – evtl. eine **Subokzipitalpunktion** in Frage: Aus der **Cisterna cerebellomedullaris** kann Liquor entnommen werden (Subokzipitalpunktion, weil man mit der Punktionsnadel direkt kaudal vom Hinterhaupt = Os occipitale einsticht). Für die Liquorentnahme muss man nach der Nackenmuskulatur die Membrana atlantooccipitalis, die Dura mater und die Arachnoidea in parietal-rostraler Richtung durchstechen.

Innere Liquorräume

Die inneren Liquorräume werden von den **4 Hirnventrikeln**, dem **Aqueductus mesencephali** (zwischen III. und IV. Ventrikel) und dem **Zentralkanal** des Rückenmarks gebildet.

Zwischen jedem der beiden **Seitenventrikel** (**Ventriculi laterales I und II**) im Telenzephalon und dem **III. Ventrikel** im Dienzephalon besteht eine Verbindung über je ein **Foramen interventriculare** (Monro, Abb. **N-1.52**).

Innere Liquorräume

Zu den inneren Liquorräumen gehören
- die **vier Hirnventrikel** (**Ventriculi encephali**),
- der **Aqueductus mesencephali** (**cerebri**) zwischen III. und IV. Ventrikel sowie
- der **Zentralkanal** (**Canalis centralis**) des Rückenmarks.

Diese Räume sind von **Ependymzellen** – einem speziellen Typ von Gliazellen - ausgekleidet, die aber für die meisten Moleküle kein Diffusionshindernis darstellen, da sie nicht durch Tight Junctions (S. 56) verbunden sind. Bestandteile des Liquors können daher relativ frei in die Hirnsubstanz und zurück diffundieren. Die Ependymzellen besitzen apikal Kinozilien (S. 54), mit denen sie einen **Liquorfluss** erzeugen (s. u.).

Hirnventrikel: Die **beiden Seitenventrikel** (**Ventriculus lateralis primus** und **secundus**, I. und II. Ventrikel) befinden sich in den Hemisphären des **Telenzephalons**. Welcher Seitenventrikel als I oder II bezeichnet wird, ist in den Nomina anatomica nicht festgelegt. Man unterscheidet die folgenden Teile (Abb. **N-1.52**):
- Cornu frontale oder anterius (Vorderhorn),
- Pars centralis,
- Cornu occipitale oder posterius (Hinterhorn) und
- Cornu temporale (Unterhorn).

N 1.4 Hüllen des ZNS (Meningen) und Liquorsystem

⊙ N-1.52 Innere Liquorräume

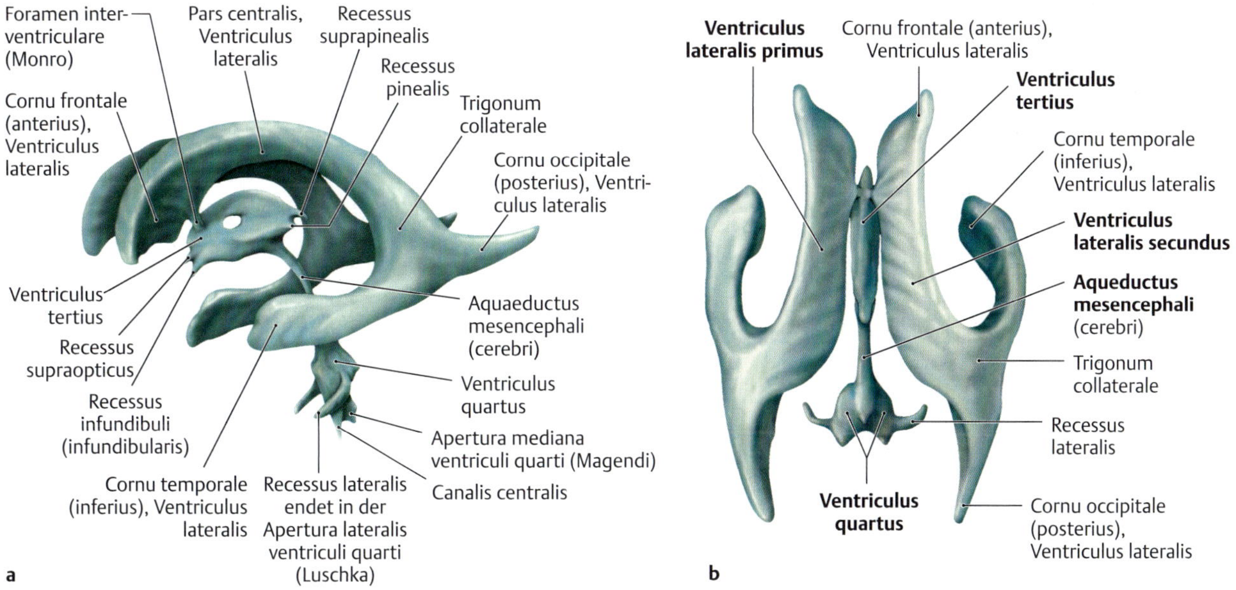

a (Labels, left figure):
Foramen interventriculare (Monro) · Pars centralis, Ventriculus lateralis · Recessus suprapinealis · Recessus pinealis · Trigonum collaterale · Cornu frontale (anterius), Ventriculus lateralis · Cornu occipitale (posterius), Ventriculus lateralis · Ventriculus tertius · Recessus supraopticus · Aqueductus mesencephali (cerebri) · Recessus infundibuli (infundibularis) · Ventriculus quartus · Cornu temporale (inferius), Ventriculus lateralis · Recessus lateralis endet in der Apertura lateralis ventriculi quarti (Luschka) · Apertura mediana ventriculi quarti (Magendi) · Canalis centralis

b (Labels, right figure):
Ventriculus lateralis primus · Cornu frontale (anterius), Ventriculus lateralis · Ventriculus tertius · Cornu temporale (inferius), Ventriculus lateralis · Ventriculus lateralis secundus · Aqueductus mesencephali (cerebri) · Trigonum collaterale · Recessus lateralis · Ventriculus quartus · Cornu occipitale (posterius), Ventriculus lateralis

(Prometheus LernAtlas. Thieme, 3. Aufl.)
a Ausgusspräparate des Ventrikelsystems in der Ansicht von links
b und von oben.

Durch das starke Wachstum des Großhirns um das Dienzephalon herum während der Entwicklung ist das ursprüngliche telenzephale Bläschen in Form des Unterhorns ebenfalls bogenförmig ausgezogen. Das Cornu occipitale ist nicht immer vorhanden.

Die beiden **Foramina interventricularia** (**Monro**) stellen jeweils eine Verbindung zwischen einem Seitenventrikel und dem III. Ventrikel (s. u.) her (Abb. **N-1.52**).

Die Begrenzungen der Seitenventrikel sind wie folgt:

- **Pars centralis des Seitenventrikels**: Den Boden bildet der Thalamus, lateral liegt der Ncl. caudatus, der Balken bildet das Dach, Abb. **N-1.28a**).
- Das **Vorderhorn des Seitenventrikels** wird medial vom Septum pellucidum begrenzt, lateral vom Caput nuclei caudati, das Dach wird vom Balken gebildet, insbesondere vom Truncus corporis callosi (Abb. **N-1.41b**). Vorne unten grenzt das Vorderhorn an das Rostrum corporis callosi.
- Das vordere **Unterhorn** des Seitenventrikels grenzt medial an den Hippocampus, lateral an das Marklager des Lobus temporalis. Im Dach liegt die Cauda des Ncl. caudatus.

Der **III. Ventrikel** befindet sich im **Dienzephalon** und bildet einen vertikal gestellten spaltförmigen Hohlraum zwischen den beiden Thalamushälften, der sich nach kaudal in den Hypothalamus fortsetzt (Abb. **N-1.52** und Abb. **N-1.30**). Er besitzt mehrere Recessus, die in bildgebenden Verfahren sichtbar sind, und daher eine Bedeutung für die Lokalisation pathologischer Prozesse haben. Im **Boden** des III. Ventrikels befinden sich der

- **Recessus supraopticus** und **infundibuli**, die das Chiasma opticum einrahmen, wobei dorsal des Recessus infundibuli das Tuber cinereum liegt.

Die **dorsale Wand** enthält den

- **Recessus suprapinealis. Er** befindet sich oberhalb (parietal) der Glandula pinealis (Zirbeldrüse), der **Recessus pinealis** ragt von rostral in den Stiel der Drüse hinein.

Die **Vorderwand** wird von der Lamina terminalis gebildet, in der sich die Commissura anterior befindet.

Der **IV. Ventrikel**, der über den Aqueductus mesencephali mit dem III. Ventrikel in Verbindung steht, liegt dorsal von **Pons** und **Medulla oblongata**. Er besitzt den Boden des Rhombenzephalons als Vorderwand und das Zerebellum mit seinen Kleinhirnstielen als Seiten- und Hinterwand. Seine dachfirstähnliche Ausziehung (**Fastigium**) reicht nach dorsal in das Kleinhirn hinein.

Die Begrenzungen der Seitenventrikel sind folgende:

- **Pars centralis:** Thalamus, Ncl. caudatus und Balken (corpus callosum),
- **Vorderhorn:** Septum pellucidum, Caput nuclei caudati, Truncus und Rostrum corporis callosi,
- **Unterhorn:** Hippocampus, Lobus temporalis, Cauda nuclei caudati.

Der **III. Ventrikel** ist ein vertikal gestellter Spalt zwischen beiden Hälften des Thalamus und Hypothalamus mit mehreren **Recessus** (Abb. **N-1.52**).

Dorsal des Recessus infundibuli liegt das Tuber cinereum, die vordere Begrenzung bildet die Lamina terminalis.

Der **IV. Ventrikel** besitzt den Boden des Rhombenzephalons als Vorderwand und das Zerebellum mit seinen Kleinhirnstielen als Seiten- und Hinterwand.

▶ **Merke.** Im IV. Ventrikel befinden sich mit den Aperturae laterales ventriculi quarti und der Apertura mediana ventriculi quarti die **einzigen Verbindungen zwischen inneren und äußeren Liquorräumen**.

Verbindungen zu äußeren Liquorräumen: Die beiden **Aperturae laterales** münden in die **Cisterna pontomedullaris** und die **Apertura mediana** in die **Cisterna cerebellomedullaris** (Abb. N-1.52 und Abb. N-1.49).

Verbindungen zu äußeren Liquorräumen: Die paarigen **Aperturae laterales ventriculi quarti** (**Luschka**) greifen beidseits etwas um den kaudalen Pons nach ventral herum, um dann in die **Cisterna pontomedullaris** zu münden. Die unpaare **Apertura mediana ventriculi quarti** (**Magendi**) stellt nach kaudal-dorsal eine Verbindung zur **Cisterna cerebellomedullaris** her (Abb. N-1.52 und Abb. N-1.49).

Liquorzirkulation

100–160 ml Liquor befinden sich in den Liquorräumen und werden ca. dreimal/Tag ausgetauscht.

Liquorzirkulation

Beim Menschen befinden sich 100–160 ml Liquor cerebrospinalis in den Liquorräumen. In 6–8 Stunden werden ca. 150 ml ausgetauscht, d. h. gebildet und rückresorbiert. Dies bedeutet, dass der Liquor pro Tag etwa dreimal ausgetauscht wird.

Liquorsekretion: Die Sekretion des Liquor cerebrospinalis ist ein aktiver Transportprozess und erfolgt im Epithel der **Plexus choroidei** (Abb. N-1.53). Diese kommen in folgenden Anteilen der inneren Liquorräume vor:
- **Seitenventrikel:** Pars centralis und Cornu temporale.

Liquorsekretion: Der Liquor wird in den **Plexus choroidei** sezerniert. Die Plexus sind eine Ausstülpung von gefäßreichem Pia-Gewebe durch das Ependym in die inneren Liquorräume hinein. Das Ependym ist an dieser Stelle in ein einschichtig kubisches Epithel transformiert (**Lamina choroidea epithelialis**), das dem Pia-Gewebe mit seinen fenestrierten Kapillaren aufsitzt (Abb. N-1.53). Diese beiden Gewebsschichten stellen in einem aktiven Transportprozess aus dem Blutplasma Liquor her, wobei die Na^+-Sekretion durch die Epithelzellen besonders wichtig ist. Plexus choroidei kommen nur an einigen Stellen der inneren Liquorräume vor:
- **Seitenventrikel:** Pars centralis und Cornu temporale (Abb. N-1.53a).

▶ **Merke.**
- Der Plexus im Dach des **III. Ventrikels** steht mit denen der Seitenventrikel in Verbindung.
- In der Dorsalwand des **IV. Ventrikels** kaudal des Kleinhirns liegt ein Plexus, von dem Anteile über die Aperturae laterales hinausragen (**Bochdalek-Blumenkörbchen**).

▶ **Merke.** Vorder- und Hinterhorn der Seitenventrikel sind frei von Plexusgewebe.

- **III. Ventrikel:** Im Dach, das sich zwischen den Oberflächen beider Thalami ausspannt. Dieser Plexus steht über die **Foramina interventricularia** mit dem Plexus in der Pars centralis der Ventrikel I und II in Verbindung (Abb. N-1.49).
- **IV. Ventrikel:** Im kaudalen Teil des Ventrikeldachs, wobei Teile dieses Plexus über die **Aperturae laterales** aus dem Ventrikel herausragen (sog. **Bochdalek-Blumenkörbchen**). Von dorsal gesehen hat der Plexus des vierten Ventrikels etwa die Form eines deformierten M (Abb. N-1.53b).

⊙ N-1.53 Plexus chorioidei

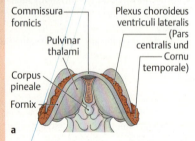
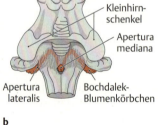
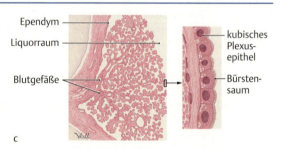

a b c

(Prometheus LernAtlas. Thieme, 3. Aufl.)

a Ansicht des Plexus choroideus in den Seitenventrikeln von okzipital nach Entfernung großer Anteile der umgebenden Hirnsubstanz.
b Ansicht des Plexus choroideus im IV. Ventrikel von dorsal nach Entfernung des Kleinhirns.
c Feinbau des Plexus choroideus mit Ausschnittsvergrößerung zur Darstellung des einschichtigen kubischen Plexusepithels.

Liquorfluss: Der Liquor verlässt den IV. Ventrikel über die Aperturae laterales und mediana und teilt sich in 3 Ströme: Einer umspült das Rückenmark, der zweite fließt an die ventrale Oberfläche des Gehirns, der dritte an die dorsale Gehirnoberfläche.

Liquorfluss: Durch den Sekretionsdruck der Plexus und die Kinozilien der Ependymzellen außerhalb der Plexus bewegt sich der Liquor aus den Öffnungen im IV. Ventrikel in die Cisterna pontomedullaris bzw. Cisterna cerebellomedullaris. Es besteht eine Liquorströmung um das Rückenmark und den Hirnstamm herum, um dann nach parietal aufzusteigen und so den Hauptort der Resorption zu erreichen (Abb. N-1.49).

Liquorresorption: Die Resorption des Liquors erfolgt im Bereich des **Sinus sagittalis superior** (S. 1167) über die **Granulationes arachnoidales** (**Pacchioni**), die teils in den Sinus, teils in die Diploevenen der Schädelkalotte (S. 978) hineinragen.

Liquorresorption: Die Resorption des Liquor cerebrospinalis erfolgt hauptsächlich im Bereich des **Sinus sagittalis superior** (S. 1167). Er verläuft auf der Innenseite der Schädelkalotte in der Medianebene (Abb. N-1.46, Abb. N-1.48). In den Sinus und in seitliche Ausläufer des Sinus (Lacunae laterales) wölben sich pilzförmige **gefäßfreie** Aussackungen der Arachnoidea hinein (**Granulationes arachnoideales** oder **Pacchio-**

ni-Granulationen). Manchmal reichen sie durch die Dura hindurch bis zu den Diploevenen der Schädelkalotte (S.978) und bilden hier kleine Grübchen im Knochen, die auch am Leichenschädel gut zu sehen sind (**Foveolae granulares**, Abb. **N-1.46**). Im Endeffekt wird somit der Liquor in das Venensystem der Hirnsinus oder in die Diploe-Venen des Schädelknochens resorbiert. (Der Liquordruck ist höher als der Druck in den Venen).

Neben den Pacchioni-Granulationen gibt es aber noch eine **weitere Resorptionsstelle für den Liquor**, nämlich die Aussackungen des Subarachnoidalraums am Beginn der Spinalnerven, bis deren Epi- und Perineurium miteinander verschmelzen.

Ein weiterer Resorptionsort sind Aussackungen des Subarachnoidalraums des Rückenmarks um den Beginn der **Spinalnerven**.

> ▶ **Klinik.** Eine Stauung des Liquor cerebrospinalis führt zum Krankheitsbild des **Hydrozephalus**. Beim Hydrocephalus **internus** (Anstauung des Liquors in den inneren Liquorräumen) ist die Ursache meist eine Abflussstörung im Aqueductus mesencephali oder in den Aperturae des IV. Ventrikels. Liegt diese Störung bereits vor der Geburt vor, kann sie zu einem massiven Untergang von Hirngewebe führen und wegen der Zunahme des Kopfumfangs ein Geburtshindernis darstellen. Beim Hydrocephalus **externus** (Ansammlung von Liquor im Subarachnoidalraum und in den Zisternen) wird eine Resorptionsstörung oder ein Abflusshindernis in den drainierenden Venen (z. B. durch Sinusvenenthrombose) vermutet. Als Therapie des Hydrocephalus internus kann der Liquor über einen Katheter mit einem zwischengeschalteten Ventil in den Peritonealraum des Abdomens (**ventrikuloperitonealer Shunt**) oder in das rechte Herz (**ventrikuloatrialer Shunt**) abgeleitet werden. Geringere Anstiege des Liquordrucks (normal bis 15 cm H$_2$O) führen zu einem **gesteigerten Hirndruck** mit den Hauptsymptomen Kopfschmerzen und Erbrechen. Beim Augenspiegeln kann u. U. eine Stauungspapille (wegen venöser Abflussstörung) festgestellt werden.

> ▶ **Klinik.**

1.5 Gefäßversorgung von Gehirn, Rückenmark und Meningen

1.5 Gefäßversorgung von Gehirn, Rückenmark und Meningen

Die Gefäßversorgung des ZNS ist von großer klinischer Bedeutung, da Störungen der Durchblutung Schäden extremen Ausmaßes nach sich ziehen können, auch wenn das betroffene Areal u. U. flächenmäßig relativ klein ist. Dies liegt an der großen Dichte von Neuronen bzw. Somata und Nervenfasern im ZNS mit z. T. sehr spezifischen Funktionen.

Die klinische Relevanz von Durchblutungsstörungen des ZNS ist hoch, da sie auch bei geringer Ausprägung schwerwiegende Schäden für den Patienten nach sich ziehen können.

> ▶ **Klinik.** Das klinische Bild eines **Schlaganfalls** (**Apoplex = zerebraler Insult**) weist lediglich auf eine akute Durchblutungsstörung im Gehirn hin, sagt jedoch nichts über die genaue Ursache der Symptomatik aus: Dem Insult kann sowohl eine **Ischämie** (verminderte/unterbrochene Blutzufuhr) als auch eine **Blutung** und damit Zerstörung von Hirngewebe zugrunde liegen.
>
> Je nach Ort der Schädigung kann es zu motorischen Ausfällen (sog. **zentralen Lähmungen**, Sensibilitätsstörungen und/oder – wie bei Läsionen spezialisierter Kortexareale (S.1137) – zu spezifischen Symptomen kommen.
>
> Eine vorübergehende ischämische Störung wird als **transiente ischämische Attacke (TIA)** bezeichnet. Sie dauert nicht länger als 24 h; die Symptome können sich je nach betroffenem Hirngebiet in reversiblen Lähmungen, Sehstörungen, Sprachstörungen oder Bewusstseinsstörungen äußern.

> ▶ **Klinik.**

1.5.1 Arterielle Versorgung

Arterielle Versorgung des Gehirns

Das Großhirn benötigt für seine Funktion Sauerstoff und Glukose, die beide gut die Blut-Hirn-Schranke (s. u.) passieren können. Sauerstoff gelangt per Diffusion in das Hirngewebe, während für Glukose ein spezielles Transportsystem vorhanden ist.

1.5.1 Arterielle Versorgung

Arterielle Versorgung des Gehirns

Die Funktion des Großhirns ist gegenüber Unterbrechungen der Blutversorgung extrem empfindlich.

> ▶ **Klinik.** Unterbrechungen der Blutversorgung von wenigen Sekunden Dauer führen bereits zu (reversiblen) Funktionsausfällen; nach wenigen Minuten ist das Gehirn **irreversibel** geschädigt.

> ▶ **Klinik.**

Ursprungsarterien und Circulus arteriosus cerebri

▶ Synonym. Circulus arteriosus cerebri = Circulus arteriosus Willisi

Die großen Arterien des Gehirns entspringen aus zwei jeweils paarig angelegten arteriellen Gefäßen:
- **Arteria carotis interna** sinistra und dextra: Jede von ihnen erreicht das Schädelinnere über den knöchernen Canalis caroticus und setzt sich als **Arteria cerebri media** fort. Diese gibt ihrerseits um das Chiasma opticum (S. 1221) herum die beiden **Arteriae cerebri anteriores** ab. Zwischen Letzteren wird durch die **Arteria communicans anterior** eine Verbindung hergestellt.
Eine wichtige Struktur im Verlauf der A. carotis interna ist der **Karotissiphon**. Er besteht aus einer scharfen, nach ventral konvexen Biegung der Arterie im und ventral vom Sinus cavernosus. Der Sinus cavernosus seinerseits liegt auf beiden Seiten des Keilbeinkörpers und umgibt die Hypophyse. Innerhalb des Sinus wird der Karotissiphon von den Augenmuskelnerven III, IV und VI sowie vom N. ophthalmicus begleitet. Von kaudal berührt der vordere-obere Teil des Siphons das Chiasma opticum.
- **Arteria vertebralis** sinistra und dextra: Sie ziehen beidseits durch die Foramina transversaria der kranialen sechs Halswirbel und dann durch das Foramen occipitale magnum. Die Arteriae liegen den Halswirbelkörpern lateral an, wenden sich auf der Oberfläche des Atlas nach medial und ziehen dorsal um die Massa lateralis des Atlas herum. Danach erreichen sie das Schädelinnere. Dort vereinigen sie sich zur **Arteria basilaris**, die auf der Ventralseite des Pons nach rostral verläuft (Abb. **N-1.54**) und an dieser Stelle eine flache Senke auf der Oberfläche des Pons hervorruft. Die A. basilaris teilt sich wiederum in die beiden **Arteriae cerebri posteriores**, die jeweils über eine **Arteria communicans posterior** mit der gleichseitigen Arteria cerebri media verbunden sind.

▶ Klinik. Bei einem akuten Verschluss einer der großen Hirnarterien (**Hirninfarkt**) sind die Verbindungen über die Aa. communicantes meist nicht ausreichend, um die Funktion im Versorgungsgebiet des verschlossenen Gefäßes aufrechtzuerhalten.

▶ Merke. Über **Aa. communicantes** bilden die **Aa. cerebri anterior**, **media** und **posterior** beider Seiten einen vollständigen Kreis an der Hirnbasis um den Hypophysenstiel herum (**Circulus arteriosus cerebri**, Abb. **N-1.54**).

N-1.54 Ursprung der großen Hirnarterien an der Hirnbasis und ihre Verbindung zum Circulus arteriosus cerebri

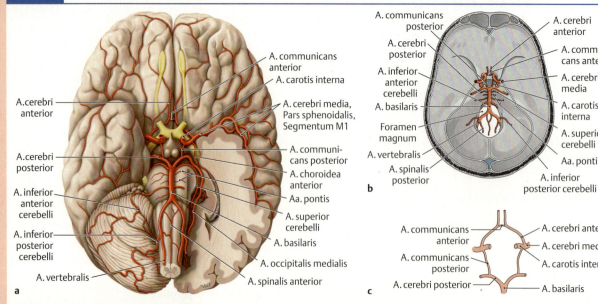

(Prometheus LernAtlas. Thieme, 3. Aufl.)
a Darstellung der Arterien an der Hirnbasis nach Entfernung von Kleinhirn und Temporallappen auf der linken Seite.
b Hirnbasisarterien mit Circulus arteriosus cerebri (Willisi) in Projektion auf die innere Schädelbasis.
c Häufigste Ausprägung des Circulus arteriosus cerebri (Willisi). Varianten mit Hypoplasie eines Gefäßabschnittes sind relativ häufig, jedoch funktionell meist unerheblich.

▶ Klinik. An den Arterien des Circulus arteriosus cerebri bilden sich häufig **Aneurysmen** (Abb. **N-1.55a**). Da Aneurysmen auch bei jungen Personen zum Platzen neigen, kann es auf diese Weise zu **Subarachnoidalblutungen** kommen (Abb. **N-1.55b**). Plötzlich auftretende heftige Kopfschmerzen sind ein charakteristisches Symptom. Der Nachweis von Blut im Liquor cerebrospinalis bestätigt die Verdachtsdiagnose.

N-1.55 Aneurysmen im Bereich des Circulus arteriosus

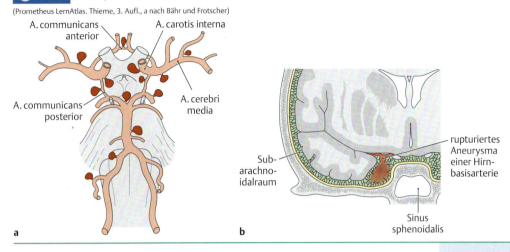

(Prometheus LernAtlas. Thieme, 3. Aufl., a nach Bähr und Frotscher)

Arterielle Versorgung von Kleinhirn und Pons

Das **Kleinhirn** hat **drei paarige Hauptarterien** (Abb. **N-1.56**). Von kaudal nach rostral sind dies:
- **Arteria inferior posterior cerebelli:** Sie entspringt meist aus den Endstrecken der Aa. vertebrales kurz vor deren Vereinigung zur A. basilaris.
- **Arteria inferior anterior cerebelli:** Sie ist einer der ersten Äste der A. basilaris. Manchmal ist sie der Ursprung für die A. inferior posterior cerebelli.
- **Arteria superior cerebelli:** Sie verlässt die A. basilaris kurz vor deren Aufteilung in ihre Endäste (Aa. cerebri posteriores).

Der **Pons** erhält eine Vielzahl von Ästen (**Arteriae pontis** oder **Rami ad pontem**) aus der **A. basilaris**.

Direkt aus der A. basilaris, einer der Aa. pontis oder der A. inferior anterior cerebelli entspringt eine sehr lange und dünne Arterie, die **Arteria labyrinthi**. Sie stellt die Hauptversorgung des Innenohrs (S. 1083) dar.

▶ Klinik. Eine Arteriosklerose oder ein Spasmus der Muskulatur der A. labyrinthi kann zu starken **Gleichgewichtsstörungen** mit Erbrechen oder Störungen des Gehörs mit oder ohne **Tinnitus** (anhaltenden Ohrgeräuschen) führen.

Arterielle Versorgung von Kleinhirn und Pons

Das **Kleinhirn** wird über 3 paarige Arterien versorgt (Abb. **N-1.56**). Von kaudal nach rostral sind dies:
- **A. inferior posterior cerebelli**,
- **A. inferior anterior cerebelli** und
- **A. superior cerebelli**.

Die Versorgung des **Pons** erfolgt über Äste der **A. basilaris**.

Die **A. labyrinthi** entspringt aus der A. basilaris oder einer der Aa. pontis.

▶ Klinik.

N-1.56 Arterien zum Kleinhirn und Hirnstamm

N-1.56

Ansicht der arteriellen Versorgung von Kleinhirn und Hirnstamm von links-lateral.
(Prometheus LernAtlas. Thieme, 3. Aufl.)

Arterielle Versorgung des zerebralen Kortex

▶ Merke. Der zerebrale Kortex wird von den drei großen Hirnarterien versorgt (Abb. **N-1.57**):
- **A. cerebri media** → größter Teil der Konvexität,
- **A. cerebri anterior** → Hauptanteil der medialen Hemisphären sowie schmale Bereiche der Konvexität nahe der Mantelkante,
- **A. cerebri posterior** → Okzipitalpol und untere Anteile des Temporallappens.

N-1.57 Versorgungsgebiete der drei großen Hirnarterien

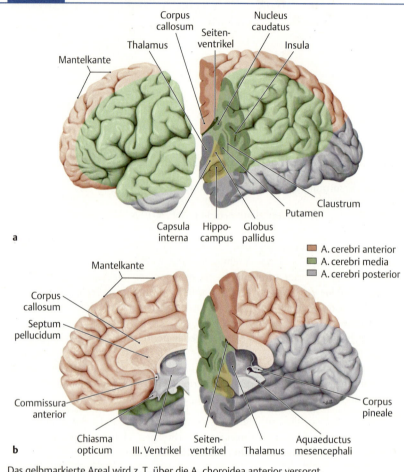

Das gelbmarkierte Areal wird z. T. über die A. choroidea anterior versorgt.
(Prometheus LernAtlas. Thieme, 3. Aufl.)
a Ansicht von lateral auf die linke Hirnhälfte.
b Ansicht von medial auf die rechte Hirnhälfte.

Konvexität der Hemisphären: Das Hauptgefäß der konvexen Hemisphären ist die **Arteria cerebri media** (s. o.). Sie verläuft im Sulcus lateralis (S. 1133) nach okzipital und gibt dabei mehrere Äste an die umliegenden Kortexgebiete ab (Abb. **N-1.58**).
Bereiche nahe der **Mantelkante** (Übergang von der parietalen Konvexität zur Medialfläche des Großhirns) werden von den Ästen der A. cerebri media nicht erreicht, sondern von Ästen der **A. cerebri anterior** (s. u.) versorgt, die von medial 1–3 cm auf die Konvexität übergreifen.

▶ Klinik. Nach einem isolierten Verschluss der A. cerebri **media** (**Mediainfarkt**) kommt es auf der kontralateralen Körperhälfte zu sensorischen und motorischen Ausfällen, s. a. Hirninfarkt (S. 1180). Die Ausfälle betreffen jedoch oft die Beine nicht, weil die somatotopisch zur unteren Extremität gehörenden Kortexgebiete nahe der Mantelkante und auf der Medialfläche des Gehirns liegen und von der A. cerebri **anterior** versorgt werden.

1.5 Gefäßversorgung von Gehirn, Rückenmark und Meningen

N-1.58 Verlauf der A. cerebri media

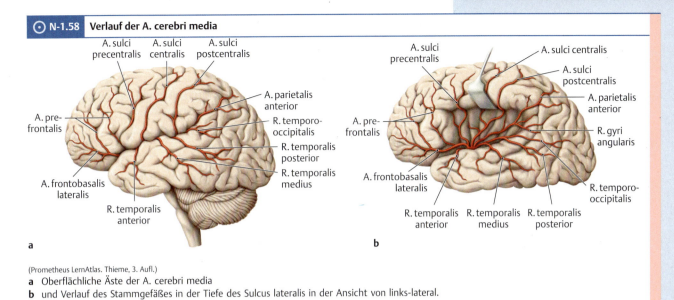

(Prometheus LernAtlas. Thieme, 3. Aufl.)
a Oberflächliche Äste der A. cerebri media
b und Verlauf des Stammgefäßes in der Tiefe des Sulcus lateralis in der Ansicht von links-lateral.

N-1.59 Verlauf der A. cerebri anterior und posterior

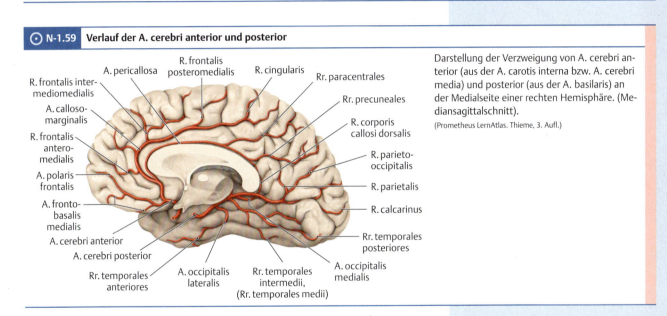

Darstellung der Verzweigung von A. cerebri anterior (aus der A. carotis interna bzw. A. cerebri media) und posterior (aus der A. basilaris) an der Medialseite einer rechten Hemisphäre. (Mediansagittalschnitt).

(Prometheus LernAtlas. Thieme, 3. Aufl.)

Der größte Teil der basalen Konvexität wird von der **Arteria cerebri posterior** (Abb. **N-1.59**) versorgt.

Medialfläche der Hemisphären: Neben der Versorgung der Konvexität nahe der Mantelkante (s. o.) ist die **Arteria cerebri anterior** v. a. die Hauptarterie der Medialfläche des Kortex (Abb. **N-1.59**). Nur der Okzipitallappen dorsal vom Sulcus parietooccipitalis und die Basalfläche des Kortex werden nicht von ihr versorgt. Ein besonders auffälliger Ast ist die **Arteria pericallosa**, die auf der Parietalfläche des Corpus callosum nach okzipital verläuft und bei Arteriografien als topografisches Merkmal wichtig ist. Der eigentliche Hauptast der A. cerebri anterior zieht als Arteria callosomarginalis auf dem Gyrus cinguli nach dorsal und versorgt ihn zum größten Teil. Der Rest der Medialfläche wird wie die basale Konvexität von der **A. cerebri posterior** versorgt (Abb. **N-1.59**). Ein funktionell wichtiger Ast der A. cerebri posterior ist der R. calcarinus, der im Sulcus calcarinus verläuft und die primäre Sehrinde versorgt.

Die **A. cerebri post.** versorgt den Großteil der basalen Konvexität.

Medialfläche der Hemisphären: Die Hauptarterie der Medialfläche des Großhirns ist die **A. cerebri anterior** (Abb. **N-1.59**). Der Rest wird von der **A. cerebri posterior** versorgt (Abb. **N-1.59**).

Arterielle Versorgung der Basalganglien und Capsula interna

Die **Arteriae centrales anterolaterales** (Arteriae lenticulostriatae) sind Äste der A. cerebri media. Sie steigen durch die Substantia perforata anterior von der Hirnbasis fast vertikal zu den Basalganglien auf und versorgen u. a. die telenzephalen Kerne (Striatum und Globus pallidus) sowie die Capsula interna, besonders das Crus anterius (Abb. **N-1.60**). Das Crus anterius kann aber auch von Ästen der A. cerebri ante-

Arterielle Versorgung der Basalganglien und Capsula interna

Die Basalganglien sowie die Capsula interna mit ihren deszendierenden und aszendierenden Bahnen werden hauptsächlich durch die **Aa. centrales anterolaterales** aus der A. cerebri media versorgt (Abb. **N-1.60**).

rior versorgt werden. Der hintere Schenkel der Capsula interna erhält seine arterielle Versorgung eher aus der **Arteria choroidea anterior** (Abb. **N-1.54a** und Abb. **N-1.60a**). Diese Arterie geht aus der A. carotis interna dicht am Übergang zur A. cerebri media hervor und versorgt auch den Plexus choroideus in den Unterhörnern der Seitenventrikel, womit sie für die Liquorsekretion von Bedeutung ist.

Die Substantia perforata anterior liegt zu beiden Seiten des Chiasma opticum. Sie weist zahlreiche Löcher für den Durchtritt der Arterienäste auf.

⊙ N-1.60 Arterielle Versorgung der Basalganglien und der Capsula interna

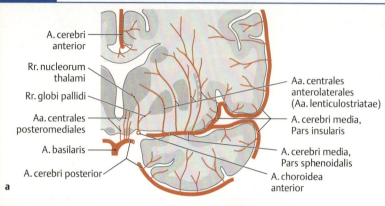
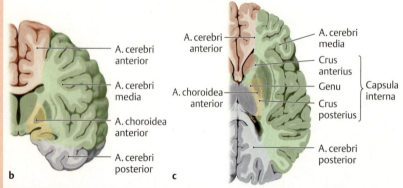

(Prometheus LernAtlas. Thieme, 3. Aufl.)

a Arterienäste zu Basalganglien und Capsula interna im Frontalschnitt auf Höhe der Corpora mamillaria.
b Stromgebiete der großen Hirnarterien im Bereich der Basalganglien und der Capsula interna im Frontal-
c und Horizontalschnitt.

▶ Klinik. Eine **arterielle Massenblutung**, die neben dem häufigeren **Verschluss** einer Hirnarterie auch Ursache für einen Schlaganfall = Apoplex (S. 1157) sein kann, erfolgt häufig aus den Aa. centrales anterolaterales (= Aa. lenticulostriatae, Abb. **N-1.61**). Die Blutung schädigt nicht nur Basalganglien und Thalamus, sondern unterbricht auch die Leitung in den motorischen Bahnen, die in der Capsula interna nach kaudal laufen, d. h. die Pyramidenbahn (S. 1183) und Fibrae corticonucleares (S. 1185) für die Hirnnerven, sowie in den sensorischen Fasern zwischen Thalamus und Kortex. Die Folgen sind motorische Lähmungen (S. 1191) und sensorische Ausfälle der kontralateralen Extremität(en) und/oder der mimischen Gesichtsmuskeln, d. h. zentrale Fazialisparese (S. 1185).

⊙ N-1.61 Massenblutung im Bereich der Basalganglien

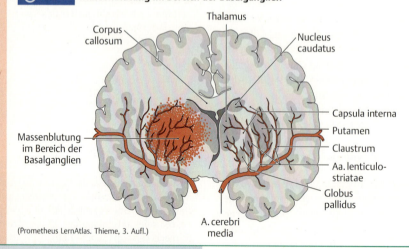

(Prometheus LernAtlas. Thieme, 3. Aufl.)

Arterielle Versorgung des Rückenmarks

Das Rückenmark wird hauptsächlich von drei Arterien versorgt, die aus den **Aa. vertebrales** entspringen und das Rückenmark nach kaudal begleiten:

- Die unpaare **Arteria spinalis anterior** in der Fissura mediana anterior des Rückenmarks (S. 1101) und
- zwei **Arteriae spinales posteriores** dicht neben (ventral von) dem Eintritt der Hinterwurzel.

Von diesen Arterien ziehen dünne Äste **radiär** in das Rückenmark. Diese Äste sind **Endarterien**, d. h. bei einem Verschluss stirbt das von diesem Gefäß versorgte Gewebe ab. Zusätzlich gibt die Aorta für das Thorakal- und Lumbalmark **Rami spinales** ab. Diese Rr. spinales entspringen im Thorakalbereich aus den Aa. intercostales posteriores, im Lumbalbereich aus den Aa. lumbales (Abb. **N-1.62**)

Arterielle Versorgung des Rückenmarks

Das **Rückenmark** besitzt drei Arterien, die aus den **Aa. vertebrales** entspringen und auf der spinalen Oberfläche nach kaudal laufen: Eine **A. spinalis anterior** und zwei **Aa. spinales posteriores**. Die Aorta gibt zusätzlich **Rr. spinales** ab, von denen die **A. radicularis magna** der größte ist (Abb. **N-1.62**).

N-1.62 Arterielle Versorgung des Rückenmarks

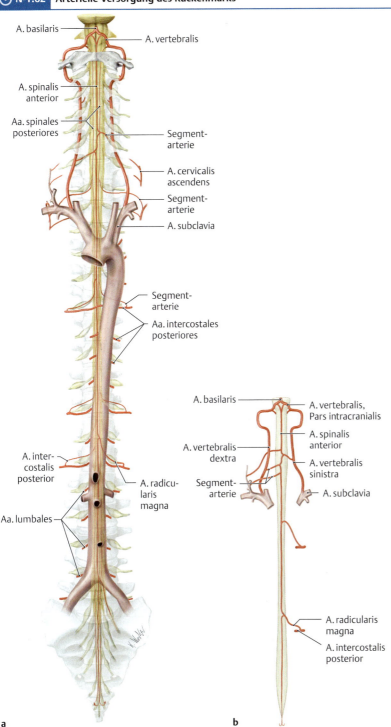

Lage und Äste zur arteriellen Versorgung des Rückenmarks in der Ansicht von ventral.
(Prometheus LernAtlas. Thieme, 3. Aufl., nach Nieuwenhuys)

a Die Aa. spinales posteriores sind der Systematik halber durch das Rückenmark durchscheinend dargestellt, jedoch von ventral eigentlich nicht sichtbar.
b Zuflüsse zum vertikalen Versorgungssystem.

Der größte dieser Rami ist die **Arteria radicularis magna** (**Adamkiewicz**), die das Rückenmark im Bereich der Intumescentia lumbalis (S. 1097) versorgt.

▶ **Merke.** Im Gegensatz zu den radiär (horizontal) in das Rückenmark eintretenden Gefäßen sind die vertikal verlaufenden langen Arterien keine Endarterien. Sie bilden ausgeprägte Anastomosen untereinander aus, sodass ischämische Versorgungsstörungen im Rückenmark seltener sind als im Gehirn.

Arterielle Versorgung der Meningen

Arterielle Versorgung der cerebralen Meningen

Die folgenden Angaben beziehen sich auf die Dura mater; die Arachnoidea umgibt mit ihren Trabekeln zwar die oberflächlichen Venen und Arterien, hat aber kein eigenes Gefäßsystem. Die Pia mater dagegen besitzt eigene Gefäße, die aus den Zerebralarterien gespeist werden.

▶ **Merke.** Die Arterien zur Versorgung der cerebralen Dura entspringen dem Stromgebiet der Aa. carotis interna und externa.

Arteriell wird die Dura der vorderen Schädelgrube (jeweils inkl. Kalotte) vom **Ramus meningeus anterior** aus der A. ethmoidalis anterior, einem Ast der A. carotis int. (S. 1158), versorgt, in der mittleren Schädelgrube von der **Arteria meningea media** aus der A. maxillaris (S. 974) und in der hinteren Schädelgrube von der **Arteria meningea posterior** aus der A. pharyngea ascendens (S. 974) versorgt. Die **A. meningea media** tritt durch das Foramen spinosum und teilt sich in die Hauptäste R. frontalis, parietalis und petrosus. Die Äste liegen zwischen dem periostalen und meningealen Blatt der Dura.

▶ **Klinik.** Die Ursache eines **epiduralen Hämatoms** ist häufig ein Schädelbruch, dessen Bruchlinie durch die **A. meningea media** läuft. Die arterielle Blutung hebt die Dura von der Kalotte ab und schafft so einen Epiduralraum (S. 1149), der normalerweise nicht vorhanden ist. Da das Hämatom (größere Ansammlung von Blut außerhalb der Gefäße) schon nach relativ leichten Traumen auftreten kann, kommt es oft nicht direkt nach dem Unfall zum Bewusstseinsverlust, sondern u. U. erst, wenn der durch das wachsende Hämatom verursachte Druck steigt. Dieser Verlauf bedingt oft ein sog. **freies Intervall**, d. h. ein ungetrübtes Bewusstsein zwischen Trauma (ggf. mit initialer Bewusstlosigkeit) und (erneuter) Eintrübung. Letztere tritt meist mit anderen neurologischen Symptomen zusammen auf, die durch den erhöhten intrakraniellen Druck entstehen. In Abb. **N-1.63** erkennt man das Hämatom, das bei größeren Blutungen eine Verschiebung der Mittellinie des Großhirns zur Gegenseite verursacht.

N-1.63 Epidurales Hämatom

a Schematische Darstellung im Frontalschnitt.
b Das linksseitige Epiduralhämatom führt zu einer im MRT deutlich sichtbaren Mittellinienverlagerung nach rechts. (Bähr, M., Frotscher, M.: Duus´ Neurologisch-topische Diagnostik. Thieme, 2003)

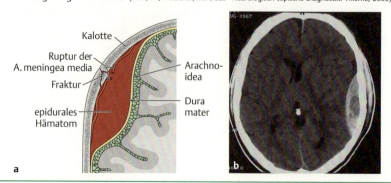

Arterielle Versorgung der Meningen

Arterielle Versorgung der cerebralen Meningen

Während die Pia mater über die Zerebralarterien gespeist wird und die Arachnoidea kein eigenes Gefäßsystem besitzt, gilt für die Dura folgendes:

▶ Merke.

Die **Dura** des Großhirns wird in Abhängigkeit von ihrer Lokalisation innerhalb der Schädelgruben durch den R. meningeus ant. der **A. ethmoidalis ant.** sowie die **A. meningea media** und **posterior** versorgt.

▶ Klinik.

Arterielle Versorgung der spinalen Meningen

Die arterielle Versorgung der Rückenmarkshäute folgt dem gleichen Prinzip wie die der kranialen Meningen: Die **Dura** erhält ihre Gefäße aus den segmentalen **Rami spinales** der Aa. intercostales und lumbales. Die Arachnoidea ist frei von Gefäßen, während die Pia mater ihre Blutversorgung ebenfalls aus Ästen der Rr. spinales erhält.

1.5.2 Venöser Abfluss

Hirnvenen

▶ **Merke.** Die Hirnvenen besitzen keine Klappen.

Oberflächliche Venen des Gehirns

Die oberflächlichen Hirnvenen (Venae superficiales cerebri) drainieren den **Kortex** sowie die oberflächennahen Teile der weißen Substanz und leiten das Blut in die Hirnsinus (s. u.). Die Sinus wiederum haben über die **Diploevenen** der Schädelkalotte Kontakt mit den **Venae emissariae** (S. 978), die von der Kopfschwarte kommen.
Wird im Präparierkurs dem Schädel einer Leiche das Gehirn entnommen, so ist meist noch die Arachnoidea auf der Oberfläche vorhanden (die Dura verbleibt im Schädel). Direkt unter der Arachnoidea befindet sich ein Netzwerk von Venen, die auf den arteriellen Ästen liegen. Auf der scheitelnahen Konvexität heißen sie **Venae superiores cerebri**, nahe der Basis **Venae inferiores cerebri** (Abb. **N-1.64**). Im oder in der Nähe des Sulcus lateralis des Großhirns zieht die **Vena media superficialis cerebri**. Zwischen diesem Gefäß und den oberflächlichen Venen und von da aus zum Sinus sagittalis superior besteht eine Anastomose: **Vena anastomotica superior** (Trolard). Die Verbindung zu den inferioren Venen bzw. Sinus transversus wird über die **Vena anastomotica inferior** (Labbé) hergestellt.

▶ **Merke.** Die Vv. superiores cerebri münden scheitelwärts in den Sinus sagittalis superior, die Vv. inferiores in den Sinus transversus.

Um in den Sinus sagittalis superior (S. 1167) zu münden, durchbrechen die Vv. superiores cerebri die der Arachnoidea aufliegende Dura und werden hier als **Brückenvenen** bezeichnet.

Arterielle Versorgung der spinalen Meningen

Die **Dura** erhält ihr Kapillarsystem aus den segmentalen **Rr. spinales** der Aa. intercostales und lumbales.

1.5.2 Venöser Abfluss

Hirnvenen

▶ **Merke.**

Oberflächliche Venen des Gehirns

Sie drainieren v. a. den **Kortex** und leiten das Blut in die Hirnsinus (s. u.). Die Sinus haben über die **Diploevenen** der Schädelkalotte Verbindung mit den **Vv. emissariae** der Kopfschwarte.
Die oberflächlichen Hirnvenen liegen direkt unter der Arachnoidea, drainieren den Kortex der Hemisphären und leiten das Blut in die Hirnsinus (s. u.). Man unterscheidet **Vv. superiores cerebri** und **Vv. inferiores cerebri**, die in der **V. media superficialis cerebri** im Sulcus lateralis zusammenlaufen (Abb. **N-1.64**).

▶ **Merke.**

⊙ N-1.64 Oberflächliche Hirnvenen

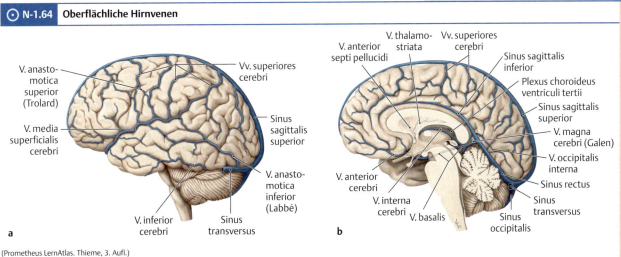

(Prometheus LernAtlas. Thieme, 3. Aufl.)
a Ansicht von lateral auf eine linke
b und von medial auf eine rechte Gehirnhälfte.

▶ Klinik. Bei **Verletzung der Brückenvenen** kommt es zur Einblutung zwischen Dura und Arachnoidea, die physiologischerweise dicht aneinander liegen (**subdurales Hämatom = SDH**). Besonderer Beachtung bedarf das chronische Subduralhämatom, das aufgrund des schleichenden Verlaufs der venösen Blutung und des oft für den Patienten nicht erinnerbaren (Bagatell-)Traumas leicht übersehen wird. Besonders bei älteren Menschen, bei denen aufgrund altersbedingter Hirnatrophie die Brückenvenen „freiliegen" sollte man an die Möglichkeit eines chronischen Subduralhämatoms denken. Die Symptomatik reicht von unspezifischen psychopathologischen Veränderungen über Kopfschmerzen bis hin zu schwerwiegenden neurologischen Ausfällen. Im Vergleich zum epiduralen Hämatom (S. 1164) ist das subdurale meist ausgedehnter und nicht so scharf begrenzt (Abb. N-1.65).

N-1.65 Subdurales Hämatom

(Prometheus LernAtlas. Thieme, 3. Aufl.)

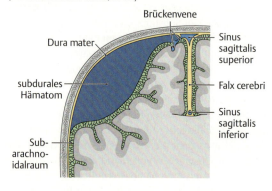

Die meist nicht rechtwinklig, sondern in rostraler Richtung erfolgende Einmündung in den Sinus sagittalis superior ist hämodynamisch ungünstig, da der Blutstrom im Sinus nach okzipital fließt. Als Erklärung kann das starke Wachstum des Großhirns mit dem Sinus sagittalis nach rostral während der Entwicklung herangezogen werden.

Tiefe Venen des Gehirns

Das venöse Blut aus dem Innern des Großhirns (Marklager, Basalganglien und Dienzephalon) wird zum großen Teil über die **Vena magna cerebri** (Galen) drainiert, die in den Sinus rectus (s. u.) mündet. Sie erhält Zustrom über die **Vena interna cerebri** mit ihren Ästen (u. a. **Vena thalamostriata superior**, Abb. N-1.64b und Abb. N-1.66).
Die V. thalamostriata sup. hat ihren Namen von ihrem Verlauf zwischen der Oberfläche des Thalamus und dem Ncl. caudatus. Sie drainiert in die Vena interna cerebri, die auf der oberen Medialfläche des Thalamus verläuft. Die V. interna cerebri mündet in die Vena magna cerebri. Die **Vena thalamostriata inferior** verläuft im Unterhorn des Seitenventrikels und drainiert in die Vena basalis. Kurz vor dem Übergang der V. magna cerebri in den Sinus rectus erhält sie Zufluss aus der **Vena basalis**. Diese umgreift von dorsal das Mesenzephalon und führt venöses Blut aus großen Teilen der Hirnbasis.

Zerebellum: Das venöse Blut des Zerebellums kann verschiedene Wege nehmen, nämlich über Vv. cerebelli bzw. vermis in die V. magna cerebri, den Sinus rectus und Sinus transversus.
Die Venen der kaudolateralen Oberfläche münden über die V. petrosa meist in den Sinus petrosus sup. (Abb. N-1.66b).

Medulla oblongata: Der größte Teil des venösen Bluts wird ebenfalls über die V. petrosa in den Sinus petrosus superior drainiert.

▶ Klinik.

Tiefe Venen des Gehirns

Die wichtigste der tiefen Hirnvenen ist die **V. magna cerebri** (Galen), die Blut aus der **V. thalamostriata sup.** über die **V. cerebri interna** aufnimmt und so Teile der Basalganglien und der weißen Substanz drainiert. Sie mündet in den Sinus rectus (Abb. **N-1.64b** und Abb. **N-1.66**).

Zerebellum: Der Abfluss erfolgt über Vv. cerebelli und V. magna cerebri in den Sinus rectus und transversus oder über die V. petrosa in den Sinus petrosus sup. (Abb. **N-1.66b**).

Medulla oblongata: Abfluss meist über die V. petrosa in den Sinus petrosus superior.

N-1.66 Tiefe Hirnvenen und Venen des Zerebellums

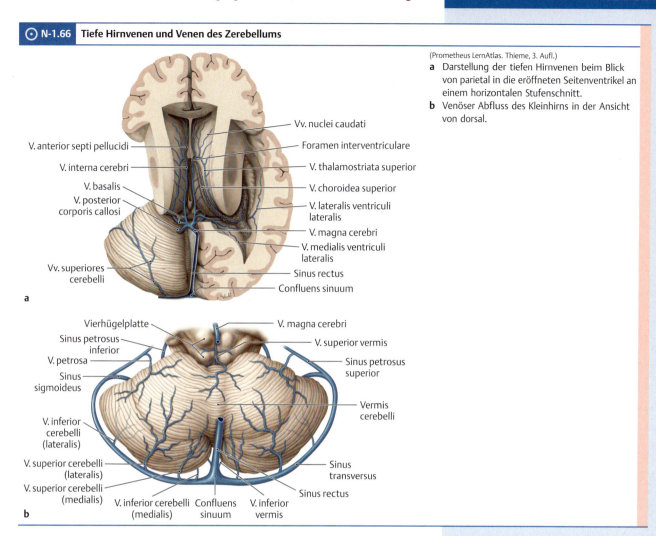

(Prometheus LernAtlas. Thieme, 3. Aufl.)
a Darstellung der tiefen Hirnvenen beim Blick von parietal in die eröffneten Seitenventrikel an einem horizontalen Stufenschnitt.
b Venöser Abfluss des Kleinhirns in der Ansicht von dorsal.

Venöse Blutleiter – Sinus durae matris

▶ Synonym. Hirnsinus

▶ Merke. Die Hirnsinus drainieren das venöse Blut aus den oberflächlichen und tiefen Hirnvenen in die extrakraniellen Venen. Hauptabfluss: V. jugularis interna (S. 899), s. a. Jugularvenen (S. 976).

Die Wände der Sinus bestehen aus Dura mater, d. h. es sind **venöse Blutleiter ohne Muskulatur**, aber mit einer Endothel-Auskleidung. Venenklappen kommen ebenfalls nicht vor, daher ist eine Blutströmung in beide Richtungen möglich.
Die Sinus befinden sich teilweise am Ursprung des bindegewebigen Hirnskeletts (Abb. N-1.67a). So liegt der **Sinus sagittalis superior** an der Basis der Falx cerebri und der **Sinus transversus** am Ursprung des Tentoriums.
Der **Sinus sagittalis inferior** befindet sich am kaudalen freien Ende der Falx cerebri.
Der **Sinus rectus** verbindet das okzipitale Ende der beiden sagittalen Sinus; er wurde bereits als Mündung der V. magna cerebri erwähnt.
Weitere Sinus sind in Abb. **N-1.67** gezeigt. Zu beachten ist der Venenplexus um die Sella turcica des Os sphenoidale (**Sinus cavernosus**), der Verbindung mit den Venen der Orbita und darüber mit den Gesichtsvenen (S. 976) besitzt. Der **Sinus petrosus superior** hat einen typischen Verlauf auf dem First der Pars petrosa des Os temporale.

Venöse Blutleiter – Sinus durae matris

▶ Synonym.

▶ Merke.

Die Sinus sind venöse Blutleiter mit einer Wand aus Duragewebe mit Endothelauskleidung, aber ohne Muskulatur und Klappen. Sie befinden sich teilweise am Ursprung des Hirnskeletts (Falx cerebri und Tentorium, Abb. **N-1.67a**).

Ein klinisch wichtiger Sinus ist der **Sinus cavernosus**, der Verbindung mit den Gesichtsvenen (S. 976) hat.

▶ Merke. Der endgültige Abfluss des venösen Blutes aus den Sinus durae matris erfolgt über die **V. jugularis interna** im Foramen jugulare.

▶ Merke.

N-1.67 Venöse Sinus des Gehirns

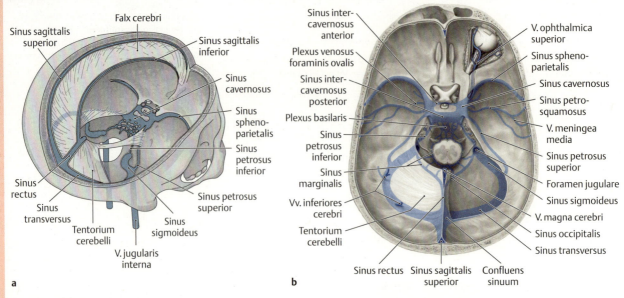

(Prometheus LernAtlas. Thieme, 3. Aufl.)
a Darstellung der wichtigsten Sinus durae matris in der Ansicht von rechts dorsal
b sowie von kranial auf die innere Schädelbasis (b) nach Fensterung des Tentorium cerebelli rechts und Entfernung des Gehirns.

▶ Klinik.

▶ Klinik. Einem Verschluss zerebraler venöser Blutleiter (**Sinusvenenthrombose**) kann neben entzündlichen Ursachen, z. B. durch eindringende Keime bei Infektionen im Kopfbereich mit nachfolgender Sinus-cavernosus-Thrombose (S. 977), auch eine Gerinnungsstörung zugrunde liegen. Durch den gestörten Abfluss kommt es zu einem Rückstau des Blutes mit Übertritt der intravasalen Flüssigkeit in das umliegende Hirngewebe (**Hirnödem**) und ggf. Einblutungen (**Stauungsblutung**). Neben den allmählich zunehmenden Kopfschmerzen und Übelkeit als Zeichen des erhöhten Hirndrucks ist die Symptomatik abhängig von dem Hirnareal, das durch die gestauten Venen drainiert wird. Beim relativ häufig betroffenen Sinus sagittalis superior (Abb. **N-1.68**) kommt es zum Rückstau in den Venae superiores cerebri und damit in beide Hemisphären mit weitreichenden kortikalen Schäden. Therapeutisch wichtig ist die Senkung des Hirndrucks durch entwässernde Maßnahmen (z. B. hypertone Lösungen (Mannitol) und Diuretika).

N-1.68 Angiografische Darstellung einer Thrombose im Sinus sagittalis superior

(Grehl, H., Reinhardt, F.: Checkliste Neurologie. Thieme, 2012)

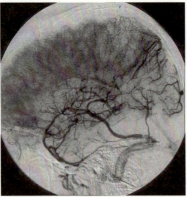

Venen des Rückenmarks

Nach Sammlung des venösen Blutes im Venennetz der Pia mater fließt es über segmentale Venen (S. 278) ab. Letztere stehen mit den Plexus venosi vertebrales (S. 1150) in Verbindung.

Venen des Rückenmarks

Das venöse Blut sammelt sich zunächst in einem Venennetz der Pia mater, um dann über segmentale Venen (S. 278) abzufließen (z. B. Vv. intercostales, lumbales, sacralis lateralis). Diese Venen stehen mit venösen Geflechten (Plexus) in Verbindung, die das gesamte Rückenmark begleiten: Der Plexus venosus vertebralis **internus** (S. 1150) liegt im Epiduralraum und bildet ein Polster um das Rückenmark (Abb. **N-1.47**).

▶ Klinik. Drucksteigerungen im Abdomen durch Husten und Bauchpresse können durch Volumenzunahme des Plexus vertebralis internus Hinterwurzeln irritieren und Schmerzen auslösen.

Der Plexus venosus vertebralis **externus** (S. 278) hat zwei Teile (ant. und post.). Der vordere Teil verläuft entlang der Ventralseite der Wirbelkörper, der hintere zu beiden Seiten der Dornfortsätze.

Venen der Meningen

Die Pia mater ist von einem Venennetz durchzogen, während die Arachnoidea keine eigenen Gefäße besitzt. Wie auf der Oberfläche des Gehirns umgibt die Arachnoidea mit ihren Trabekeln die Gefäße des Rückenmarks im Subarachnoidalraum.
Die Venen der Dura mater verlaufen mit den Arterien (s. o.) und drainieren oft direkt in die Hirnsinus.

1.5.3 Blut-Hirn-Schranke (BHS)

Fast das gesamte Hirngewebe ist durch die BHS von Substanzen getrennt, die mit dem Blut transportiert werden (Toxine, Bakterien und Stoffe, die die Homöostase im Gehirn stören wie z. B. K^+, das nach dem Passieren der BHS das Membranpotenzial der Neurone depolarisieren würde). Im Bereich der Kapillaren werden diese Substanzen durch **Tight Junctions** (Fasciae occludentes) zwischen den Endothelzellen der Hirngefäße zurückgehalten. Früher wurden die Pseudopodien der Astrozyten, die eine geschlossene Schicht um die Kapillarwand der Hirngefäße (Lamina limitans gliae perivascularis) bilden, als strukturelles Korrelat der BHS angesehen; heute ist diese Ansicht überholt. Allerdings besteht eine Beziehung zwischen den Astrozyten und der BHS:

▶ Merke. Die Pseudopodien der Astrozyten induzieren die Bildung der Tight Junctions in den Endothelzellen der Hirngefäße.

Die für die Funktion des Gehirns unbedingt notwendige **Glukosezufuhr** erfolgt über den Glukosetransporter-1 der Endothelzellen.
Nur an einigen Stellen um den III. und IV. Hirnventrikel (den sog. **zirkumventrikulären Organen** = ZVO) gibt es kleine Gebiete, die fenestrierte Kapillaren und somit keine BHS besitzen (Abb. **N-1.69**). Dies sind die sog. „Fenster des Gehirns". Dazu gehören u. a.:

- **Area postrema:** Sie liegt im Boden des IV. Ventrikels unter dem kaudalen Ende der Rautengrube. Die Area postrema (S. 1111) erhält u. a. Informationen aus dem Ncl. solitarius, der Beziehungen zur Geschmacksbahn hat, und ist an der Auslösung von Erbrechen beteiligt.
- **Eminentia mediana:** Die Eminentia mediana liegt im proximalen dorsalen Hypophysenstiel und ist der Ort der Freisetzung von hypothalamischen Steuerhormonen in die Portalgefäße des Hypophysenvorderlappens (S. 1251), weshalb sie keine BHS haben darf. An diesen Stellen sind die Kapillaren der Hirngefäße fenestriert.

⊙ N-1.69 **Zirkumventrikuläre Organe**

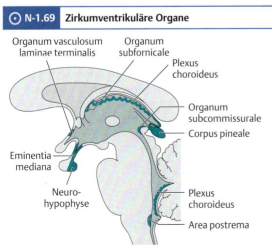

Darstellung der zirkumventrikulären Organe in der Ansicht eines Mediansagittalschnitts von links. Mit Ausnahme des Subkommissuralorgans ist in diesen Bereichen die Blut-Hirn-Schranke meist unterbrochen.
(Prometheus LernAtlas. Thieme, 3. Aufl.)

N 1 ZNS – Aufbau und Organisation

■ **Neurohypophyse** (S. 1250)**:** Hier befinden sich großlumige (sinusoidale) Kapillaren mit fenestriertem Endothel, an denen die Axone der Ncll. supraopticus und paraventricularis enden. Die Neurone geben hier per Neurosekretion die Hormone Oxytozin und ADH in das Blut ab.

Eine BHS fehlt außerdem

■ im **Subfornikalorgan**, das zwischen den Foramina interventricularia unter dem Fornix liegt,
■ im **Corpus pineale** = Epiphyse (S. 1127) und
■ in den **Plexus choroidei**.

In allen diesen Gebieten können Substanzen aus dem Blut in das Hirngewebe austreten.

▶ **Klinik.**

▶ **Klinik.** Anders als beispielsweise **Alkohol**, der die BHS fast ohne Einschränkung passiert, können dies andere Stoffe nicht. Ein wichtiges Beispiel ist das Dopamin, das man gern als Therapie der Parkinson-Krankheit einsetzen würde, die durch einen Mangel an Dopamin im Striatum (S. 1188) verursacht wird. Man behilft sich dadurch, dass man die Vorstufe von Dopamin, das **L-DOPA** (Dihydroxyphenylalanin) appliziert. Diese Substanz tritt durch die BHS, wird von den Zellen der Substantia nigra in Dopamin umgebaut und als Neurotransmitter im Striatum freigesetzt.

Zu den zirkumventrikulären Organen wird auch das Organum subcommissurale gezählt das direkt kaudal der Epiphyse liegt. Das Organ, dessen Funktion beim Menschen ungeklärt ist, besitzt eine intakte Blut-Hirn-Schranke.

1.6 Entwicklung des ZNS

1.6 Entwicklung des ZNS

Zunächst werden allgemeine Vorgänge beschrieben, die sowohl für die Entwicklung von Strukturen des Rückenmarks als auch des Gehirns von Bedeutung sind. Neben den pränatalen Prozessen zählt hierzu auch die Bildung von Markscheiden (Myelinisierung), die bei bestimmten Axonen noch postnatal fortgesetzt wird.

Bildung des Neuralrohrs (Abb. N-1.70): Im Ektoderm der Keimscheibe bildet sich das Neuroektoderm. Über **Neuralplatte** und **Neuralrinne** verläuft die Entwicklung zum **Neuralrohr** (S. 111). Dieses schließt sich zunächst in der Mitte, der Verschluss setzt sich dann nach rostral und kaudal fort. In diesem Stadium hat das Neuralrohr an seinen Enden zwei Öffnungen, den kranialen und kaudalen **Neuroporus**.

Bildung des Neuralrohrs (Abb. N-1.70): In der 3. Entwicklungswoche bildet sich im Zentrum des Ektoderms der Keimscheibe unter dem induzierenden Einfluss des mesodermalen Chordafortsatzes das **Neuroektoderm** in Form der **Neuralplatte**. Die Induktion erfolgt durch Proteine (Chordin und Noggin), die vom Chordafortsatz sezerniert werden. Die Neuralplatte bildet die Grundlage für das gesamte zukünftige Nervensystem und faltet sich zur **Neuralrinne** ein, die sich später zum **Neuralrohr** (S. 111) schließt (Neurulation). Der Verschluss zum Neuralrohr beginnt in der Mitte der Neuralrinne und schreitet dann in kranialer und kaudaler Richtung fort. Das Lumen des Neuralrohrs wird später zum **Zentralkanal**. Wenn das Neuralrohr fast völlig geschlossen ist, bleiben nur zwei Öffnungen am kranialen und kaudalen Ende, der kraniale und kaudale **Neuroporus**.

▶ **Klinik.**

▶ **Klinik.** Der ausbleibende Verschluss des kranialen bzw. kaudalen Neuroporus mit oft gleichzeitig auftretendem mangelndem Verschluss des Wirbelkanals ist mit bekannten klinischen Fehlbildungen verbunden: Unterbleibt der Verschluss des kranialen Neuroporus bilden sich im Extremfall große Teile des Gehirns nicht aus (**Anenzephalus**). Das knöcherne Schädeldach wird ebenfalls nicht angelegt, da seine Bildung vom Gehirn induziert wird. Statt der Schädelkalotte findet sich nur eine bindegewebige Platte direkt oberhalb der Augen. In den letzten Schwangerschaftswochen tritt ein **Hydramnion** (Zunahme des Fruchtwassers in der Amnionhöhle) auf, da die Schluckreflexe des Fetus nicht funktionieren (normalerweise schluckt er ständig Fruchtwasser). Die Fehlbildung führt i. d. R. bereits wenige Tage nach der Geburt zum Tod. Als wirksame Prävention hat sich die **Gabe von Folsäure** erwiesen, mit der möglichst bereits einige Monate vor der geplanten Konzeption begonnen werden sollte.

Bildung der Neuralleiste (Abb. N-1.70): An der Grenze zwischen Hautektoderm und Neuroektoderm entsteht die **Neuralleiste** (S. 111), aus der sich u. a. die **Spinalganglien, Schwannzellen, autonomen Ganglien** und **Gliazelltypen** des ZNS und PNS entwickeln.

Bildung der Neuralleiste (Abb. N-1.70): In der Übergangszone zwischen Neuroektoderm und Hautektoderm findet sich zum Zeitpunkt des Verschlusses der Neuralrinne die **Neuralleiste** (S. 111). Aus dem Material der Neuralleiste bilden sich später alle Nervenzellen der **Ganglien** des somatischen und autonomen peripheren Nervensystems inkl. des **Nebennierenmarks** sowie einige **Gliazelltypen** des ZNS, und Schwann-Zellen als Hüllzellen des peripheren Nervensystems.

⊙ N-1.70 Entwicklung von Neuralrohr und Neuralleiste

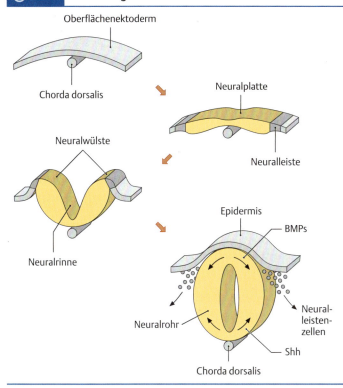

Die mesodermale Chorda dorsalis induziert im Oberflächenektoderm die Entwicklung der Neuralplatte, die auf beiden Seiten durch die Neuralleiste begrenzt wird. Durch Einsenkung des Zentrums der Neuralplatte bildet sich die Neuralrinne, die sich später zum Neuralrohr schließt.

Das Sonic hedgehog(SHH)-Molekül wird von der Chorda dorsalis sezerniert und ist für die Entwicklung der Motoneurone des Vorderhorns wichtig, während die Bone morphogenetic proteins (BMPs) u. a. von den Zellen der Deckplatte (Dach des Neuralrohrs) gebildet werden und die Entwicklung des dorsalen Neuralrohrs steuern.

(Prometheus LernAtlas. Thieme, 3. Aufl., nach Wolpert)

Myelinisierung der Axone: In der ersten Entwicklungsphase sind noch alle Axone marklos; die Myelinisierung erfolgt erst deutlich später (ca. 15. Woche). Als phylogenetisch neue Erwerbung wird die **Pyramidenbahn** (S. 1183) erst sehr spät myelinisiert. Diese sog. Reifung der Pyramidenbahn ist erst im 2. Lebensjahr beendet. Vor diesem Zeitpunkt sind beim Neugeborenen die „Pyramidenzeichen" vorhanden, zu denen als bekanntestes der **Babinski-Reflex** gehört.

Myelinisierung der Axone: Die Myelinisierung erfolgt ab der 15. Entwicklungswoche. Die Reifung der **Pyramidenbahn** ist sogar erst im 2. Lebensjahr beendet. Daher ist bei Neugeborenen der **Babinski-Reflex** noch auslösbar, bei Erwachsenen ist das Auftreten des Reflexes pathologisch.

▶ Klinik. Der **Babinski-Reflex** tritt als physiologischer Reflex nur bei Neugeborenen und Säuglingen auf. Er besteht aus einer Dorsalextension der Großzehe mit gleichzeitiger Spreizung der Zehen bei kräftigem Bestreichen des lateralen Fußrandes. Tritt dieser Reflex beim Erwachsenen anstatt der hier physiologischen Beugung aller Zehen auf, wird das (in diesem Fall pathologische) **„positive Babinski-Zeichen"** als Anhalt für eine Schädigung der Pyramidenbahn gewertet. Typisch ist dies nicht nur bei direkter Schädigung der Neurone wie z. B. beim Hirninfarkt, sondern auch bei Schädigung der Markscheide (sog. demyelinisierende Erkrankungen, zu denen die Multiple Sklerose = MS gehört).

▶ Klinik.

1.6.1 Entwicklung des Rückenmarks

Histogenese des Rückenmarks: Zunächst besteht die Wand des Neuralrohrs nur aus einer mehrreihigen Lage von **Neuroepithelzellen**. Die Teilung der Zellen erfolgt vorwiegend in einer Richtung quer zur Wandung; dies bewirkt ein Dickenwachstum der Wand.

Hierbei bleiben die sich teilenden Neuroepithelzellen an der inneren (ventrikulären) Oberfläche liegen, während die Teilungspartner an die äußere (piale) Oberfläche wandern. In diesem Stadium lassen sich innerhalb der Neuroepithelzellen bereits **Neuroblasten** (oder besser Proneurone, da sie nicht mehr teilungsfähig sind) als Vorläufer von Nervenzellen und **Glioblasten** als Vorläufer von Gliazellen unterscheiden. Für die Wanderung der Neurone zur pialen Oberfläche sind die **Radialgliazellen** von entscheidender Bedeutung, die auch für die laminäre Anordnung der Zellen sorgen.

1.6.1 Entwicklung des Rückenmarks

Histogenese des Rückenmarks: Die Wand des Neuralrohrs besteht ursprünglich nur aus einer mehrreihigen Lage von **Neuroepithelzellen**. Die Neuroepithelzellen wandeln sich später in **Neuroblasten** (Vorläufer von Nervenzellen) und **Glioblasten** (Vorläufer von Gliazellen) um.

Von innen nach außen bestehen folgende Zonen:

- **Ventrikulärzone** (späteres Ependym = Auskleidung des Canalis centralis),
- **Intermediärzone** (spätere graue Substanz) und
- **Marginalzone** (spätere weiße Substanz).

Schon während der 4. Woche ist im Inneren des Neuralrohrs ein längsverlaufender **Sulcus limitans** zu erkennen, der die Grenze zwischen späterem sensorischen Hinterhorn und motorischem Vorderhorn markiert (Abb. **N-1.71**).

▶ Merke.

N 1 ZNS – Aufbau und Organisation

Von innen nach außen bestehen nun im Rückenmark folgende Zonen:
- **Ventrikulärzone** (das spätere Ependym als Auskleidung des Zentralkanals bzw. der Ventrikel),
- **Intermediärzone** (die spätere graue Substanz) mit Flügelplatte dorsal und Grundplatte ventral sowie
- **Marginalzone** (die spätere weiße Substanz).

Im Lumen des Neuralrohrs entwickelt sich in der 3.–4. Woche eine längsverlaufende Furche (**Sulcus limitans**), der die dorsolateral gelegene **Flügelplatte** (das spätere sensorische Hinterhorn) von einer ventrolateral gelegenen **Grundplatte** (dem späteren motorischen Vorderhorn) abgrenzt (Abb. **N-1.71**). In diesem Stadium wird der spätere Zentralkanal dorsal und ventral von der Deck- bzw. Bodenplatte verschlossen. Diese Platten bestehen aus nicht weiter differenzierten Zellen, die keine Neurone bilden.

▶ **Merke.** Aus der **dorsalen Flügelplatte** bildet sich das spätere **Hinterhorn** mit afferenten (sensorischen) Nervenzellen, aus der **ventralen Grundplatte** entwickelt sich das **Vorderhorn** mit efferenten (motorischen) Neuronen.

Ein für die Entwicklung des ventralen Neuralrohrs wichtiges Molekül ist das **sonic hedgehog** (**SHH**), das von **mesodermalen** Chordazellen und der Bodenplatte gebildet wird. Eine hohe Konzentration an SHH führt zur Bildung von Motoneuronen, eine niedrige zur Entstehung von Interneuronen. Die Entwicklung der Neurone des dorsalen Neuralrohres hängt dagegen von Proteinen (bone morphogenetic proteins = BMPs) ab, die u. a. von den Zellen der Neuralleiste und der Deckplatte sezerniert werden.

N-1.71 Entwicklung des Rückenmarks

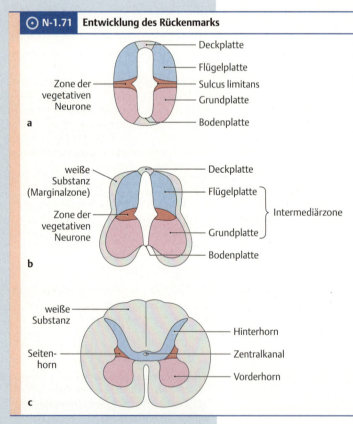

(Prometheus LernAtlas. Thieme, 3. Aufl.)
a Unterschiedliche Stadien während der Differenzierung des Neuralrohrs im Bereich des Rückenmarks: frühembryonal,
b intermediär
c und postnatal.

1.6.2 Entwicklung des Gehirns und der Ventrikel

Allgemeine Entwicklungsvorgänge

Hirnbläschen und Hohlraumsystem: Am rostralen Ende des Neuralrohrs entwickelt sich eine Erweiterung, die zunächst aus **3 Hirnbläschen** besteht. Später teilen sich zwei dieser Bläschen in je 2 Bläschen, sodass dann ein **5-Bläschenstadium** vorliegt (Tab. **N-1.6** und Abb. **N-1.72**).

1.6.2 Entwicklung des Gehirns und der Ventrikel

Allgemeine Entwicklungsvorgänge

Hirnbläschen und Hohlraumsystem: Zwischen der 4. und 5. Entwicklungswoche entwickeln sich am rostralen Ende des Neuralrohrs Erweiterungen, die sog. **Hirnbläschen**.

Man kann zunächst ein **3-Bläschenstadium** unterscheiden, das dann durch Teilung von zwei dieser Bläschen vom **5-Bläschenstadium** abgelöst wird (Tab. **N-1.6** und Abb. **N-1.72**).

N-1.6 Entwicklung des Gehirns und seines Hohlraumsystems

3-Bläschenstadium	5-Bläschenstadium	wichtige reife Strukturen	zugehöriger Hohlraum
Prosenzephalon- oder Vorderhirnbläschen	Telenzephalon- oder Endhirnbläschen	Großhirnrinde, Basalganglien	Seitenventrikel (I. und II. Ventrikel)
	Dienzephalon- oder Zwischenhirnbläschen	Thalamus, Hypothalamus	III. Ventrikel
Mesenzephalon- oder Mittelhirnbläschen	Das Mesenzephalonbläschen bleibt ungeteilt.	Mittelhirn	Aquädukt
Rhombenzephalon- oder Rautenhirnbläschen	Metenzephalon- oder Hinterhirnbläschen	Brücke (Pons) und Kleinhirn (Cerebellum)	IV. Ventrikel
	Myelenzephalon- oder Nachhirnbläschen	verlängertes Mark (Medulla oblongata)	IV. Ventrikel

N-1.72 Anlage und Entwicklung der Hirnbläschen

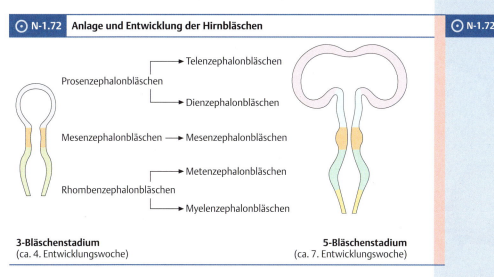

3-Bläschenstadium (ca. 4. Entwicklungswoche)

5-Bläschenstadium (ca. 7. Entwicklungswoche)

Die Wand der Bläschen ist zunächst etwa gleich dick wie die des kaudalen Neuralrohrs und umgibt den Hohlraum, der die Anlage der Hirnventrikel (s. u.) darstellt. Jedem Bläschen kann ein Hohlraumabschnitt zugeordnet werden, aus dem sich durch Einengung als Folge des Dickenwachstums der Wand jeweils ein Anteil des späteren Systems innerer Liquorräume bildet (Tab. **N-1.6**).

Längenwachstum mit Ausbildung der Krümmungen: Durch starkes Wachstum in Längsrichtung bei gleichzeitiger Anheftung der Hirnstamm-Anlage an die Anlage der Schädelbasis kommt es zu einer zweimaligen Abknickung des rostralen ZNS nach ventral, wobei die sog. **Nackenbeuge** (Flexura cervicalis) nahe dem Ursprung des N. vagus entsteht und die **Scheitelbeuge** (Flexura mesencephalica) mehr kranial im Bereich des Mesenzephalons (Abb. **N-1.73**).

Dickenwachstum mit Bildung der Ventrikel: Nach starkem Dickenwachstum der Hirnbläschenwand, das prinzipiell in der gleichen Weise wie im Rückenmark abläuft (s. o.), bleibt von dem Lumen der Bläschen nur noch ein schmaler Raum, der die **Hirnventrikel** darstellt. Die Hirnventrikel bilden den sog. **inneren Liquorraum**, d. h. mit Liquor cerebrospinalis gefüllte Räume innerhalb des Gehirns:

- Das **Telenzephalonbläschen** besteht zunächst nur aus einem Hohlraum, der danach durch das von kranial (parietal) einwachsende Septum der späteren Falx cerebri in die zwei **Seitenventrikel** (I. und II. Ventrikel) geteilt wird. Den Boden dieser Seitenventrikel bilden die Ganglienhügel (s. u.).
- Das **Dienzephalonbläschen** wird durch das zunehmende Wachstum der Seitenwände (Thalamus und Hypothalamus) immer schmäler und stellt im Endzustand einen vertikal gestellten Spaltraum zwischen diesen beiden Strukturen dar (**III. Ventrikel**). Der initial breite Übergang zwischen Telenzephalon- und Dienzephalonbläschen wird immer mehr eingeengt; im adulten Gehirn gibt es nur noch auf jeder Seite eine dünne Verbindung zwischen den beiden Seitenventrikeln und dem III. Ventrikel, nämlich das **Foramen interventriculare** (Monro). Vom dorsalen Ende des III. Ventrikels zieht ein dünner Kanal nach kaudal, der **Aqueductus cerebri** als Rest des Mesenzephalonbläschens. Er verläuft im Mesenzephalon und stellt eine Verbindung mit dem IV. Ventrikel her.

Der Hohlraum eines jeden Bläschens entspricht dem sich daraus entwickelnden Anteil der inneren Liquorräume (Tab. **N-1.6**).

Längenwachstum mit Krümmungen: Die Abknickung des rostralen ZNS nach ventral geschieht durch Anheftung an die Anlage der Schädelbasis und führt zur Bildung der **Nacken-** und **Scheitelbeuge** (Abb. **N-1.73**).

Dickenwachstum mit Bildung der Ventrikel: Durch das starke Dickenwachstum der Wände der Hirnbläschen werden die Innenräume der Bläschen immer mehr eingeengt. Aus dem Telenzephalon-Bläschen bilden sich die beiden **Seitenventrikel** (I. und II. Ventrikel), aus dem Dienzephalon-Bläschen der **III. Ventrikel**. Zwischen Seiten- und drittem Ventrikel besteht im adulten Gehirn noch auf beiden Seiten je eine englumige Verbindung, das **For. interventriculare**. Vom III. Ventrikel läuft in Form des **Aqueductus cerebri** eine dünne Verbindung zum **IV. Ventrikel**, der sich im kaudalen Rautenhirn befindet.

- Der **IV. Ventrikel** liegt im Rautenhirn; sein Boden wird von der Rautengrube gebildet. Das Dach des IV. Ventrikels besteht aus dem Kleinhirn, das mit seinen Kleinhirnstielen den Ventrikel zur Seite hin abschließt. Der IV. Ventrikel ist der einzige Ort der inneren Liquorräume, wo in Form von zwei seitlichen Foramina und einem dorsal-medialen Foramen Verbindungen zum äußeren Liquorraum, dem Subarachnoidalraum (S. 1150), bestehen. Am kaudalen Ende des IV. Ventrikels befindet sich der Übergang zum **Zentralkanal**, der das gesamte Rückenmark durchzieht. Der Zentralkanal ist der Rest des ursprünglichen Lumens des Neuralrohrs außerhalb der Hirnbläschen.

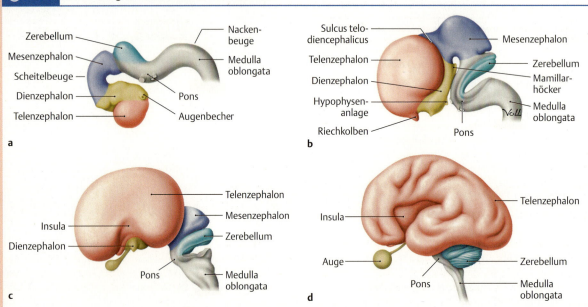

N-1.73 Entwicklung des Gehirns und seiner Abschnitte

Im Bereich des kranialen Neuralrohrs ist bereits im 2. Entwicklungsmonat (**a**) die definitive Gliederung des Gehirns in seine einzelnen Abschnitte angelegt. Durch das Längenwachstum kommt es zur Ausbildung von Nacken- und Scheitelbeuge. Im weiteren Verlauf wächst das Telenzephalonbläschen im Vergleich zu den anderen überproportional stark (**b–d**). Aus ihm bildet sich auch der Riechkolben, während aus dem Dienzephalon die Anlage der Neurohypophyse und der Augen hervorgehen.
Da die Grenze zwischen Pons und Medulla oblongata aufgrund der schnellen Wachstumsprozesse schwer festzulegen ist, entsprechen die hier gewählten Farben nicht den o. g. Hirnbläschen.
(Prometheus LernAtlas. Thieme, 3. Aufl.)

Spezielle Entwicklungsvorgänge

Innerhalb der Dienzephalon-Anlage finden wesentliche Entwicklungsschritte statt, die z. T. durch das ausgeprägte Wachstum des Telenzephalons und seiner Afferenzen und Efferenzen (S. 1144) bedingt sind.

Verlagerung des Globus pallidus: Aus der kaudalen Dienzephalon-Anlage – dem Thalamus ventralis – wird durch einwachsende Faserbündel zwischen Kortexanlage, **Ganglienhügel** und kaudaleren Teilen des ZNS der spätere **Globus pallidus** abgespalten, der somit dienzephalen Ursprungs ist, aber später im Telenzephalon liegt. Die Faserverbindungen bilden später die **Capsula interna** (Abb. **N-1.74**). Aus dem Ganglienhügel entstehen die Basalganglien.

Augenbecher: Als wichtiger Teil des **Dienzephalons** entwickelt sich auf beiden Seiten ein **Augenbecher** mit Stiel (S. 1072).

Spezielle Entwicklungsvorgänge

Das besonders ausgeprägte Wachstum des Telenzephalons ist nicht nur für seine eigene Form bestimmend, sondern bedingt auch Umlagerungsvorgänge in der angrenzenden Dienzephalon-Anlage, die fast vollständig von den Großhirnhemisphären überlagert und von kortikalen Afferenzen und Efferenzen durchzogen (S. 1144) wird.

Verlagerung des Globus pallidus: Auf beiden Seiten der Dienzephalon-Anlage, die ursprünglich Epithalamus, Thalamus dorsalis, Thalamus ventralis und Hypothalamus umfasst, liegt je eine Verdickung des kaudalen Bodens vom telenzephalen Hirnbläschen, der sog. **Ganglienhügel** (Eminentia ventricularis). Durch die sich bildenden Faserverbindungen des Ganglienhügels mit der Kortexanlage, dem Pons und Rückenmark wird ein Teil des Thalamus ventralis abgespalten und in das Telenzephalon verlagert. Dieser Teil bildet später den zum Telenzephalon zählenden **Globus pallidus** (S. 1144), der somit dienzephalen Ursprungs ist. Die Fasern, die die Abspaltung bewirken, bilden später einen Teil der **Capsula interna** (Abb. **N-1.74**). Aus dem Ganglienhügel selbst bilden sich die Basalganglien. Anmerkung: Einige Autoren verwenden „Subthalamus" und „Thalamus ventralis" als Synonyme.

Augenbecher: Aus dem lateralen **Dienzephalon** stülpt sich auf beiden Seiten je ein **Augenbecher** an einem **Augenbecherstiel** (S. 1072) nach ventral. Der Augenbecher bildet später die **Retina** (**Netzhaut**) und das Pigmentepithel.

| ⊙ N-1.74 | Abspaltung des Globus pallidus aus dem Dienzephalon |

Epithalamus

Ganglienhügel
(Eminentia ventricularis)

Thalamus (dorsalis)

Thalamus ventralis

Hypothalamus

Capsula
interna

Globus
pallidus

Darstellung der entwicklungsgeschichtlich zum Dienzephalon zählenden Hirnstrukturen im schematisierten Frontalschnitt: In der linken Bildhälfte ist die Untergliederung eines embryonalen Gehirns gezeigt, in der rechten dagegen die adulte Situation nach Abspaltung des Globus pallidus vom Thalamus ventralis (der medial verbleibende definitive Subthalamus mit Ncl. subthalamicus ist in dieser Ebene nicht sichtbar). Somit erklärt sich, dass der Globus pallidus entwicklungsgeschichtlich dem Dienzephalon zugerechnet wird, jedoch im reifen Gehirn lateral der eingewachsenen Fasern der Capsula interna und damit topografisch innerhalb des Telenzephalons liegt.
(Prometheus LernAtlas. Thieme, 3. Aufl.)

▶ **Merke.** Retina und N. opticus sind demnach **Hirnteile**. Der N. opticus ist kein Nerv im Sinne von Spinal- oder Hirnnerven, sondern entwicklungsgeschichtlich ein Trakt, der ein zentralnervöses Kerngebiet (die Retina) mit einem anderen Kerngebiet (Corpus geniculatum laterale) verbindet. Das Gleiche gilt für den Bulbus olfactorius, der als Teil des Telenzephalons über den Tractus olfactorius mit den Riechzentren verbunden ist.

▶ Merke.

Hypothalamus und Hypophysenanlage: Vom Boden des III. Ventrikels senkt sich die aus dem Material des Hypothalamus entstehende Anlage der **Neurohypophyse** in die Tiefe. Von kaudal wächst ihr die sog. **Rathke-Tasche** aus dem Epithel des Mundbuchtdaches entgegen und bildet später die **Adenohypophyse**.

Hypophysenanlage: Die **Hyophyse** entwickelt sich aus zwei Teilen unterschiedlichen Ursprungs.

▶ **Merke.** Entwicklungsgeschichtlich gehört nur die **Neurohypophyse** (= **Hypopysenhinterlappen**) zum ZNS, die **Adenohypophyse** (= **Hypophysenvorderlappen**) entsteht aus dem Epithel des Daches der Mundbucht (Rathke-Tasche) und lagert sich ventral der Neurohyphophyse an.

▶ Merke.

Das periaquäduktale Grau (PAG) setzt sich als Auskleidung der Wand des Aqueductus mesencephali in den III. Ventrikel fort und bildet hier später den hypothalamischen Ncl. **peri**ventricularis, der nicht mit dem Ncl. **para**ventricularis verwechselt werden darf.

1.7 Darstellung des ZNS mit bildgebenden Verfahren

1.7.1 Konventionelle Röntgendiagnostik

Ohne Kontrastmittel: Aussagen über Strukturen des Nervensystems sind mit konventionellen Röntgenaufnahmen nur indirekt möglich. Über pathologische Veränderungen des Skeletts kann – im Zusammenhang mit passenden klinischen Symptomen – auf eine Beteiligung neuronaler Strukturen geschlossen werden; diese sind auf der Röntgenaufnahme aber nicht direkt sichtbar. Ein in der Praxis wichtiges Beispiel hierfür ist die **Röntgenaufnahme der Wirbelsäule:** bei degenerativen Erkrankungen kann es beispielsweise zu einer Verengung der Foramina intervertebralia kommen. Eine radikuläre Symptomatik (S. 264), d. h. Ausfälle im Versorgungsgebiet eines Spinalnervs des Patienten (peripheres Nervensystem) kann damit unter Umständen ausreichend erklärt sein.

1.7 Darstellung des ZNS mit bildgebenden Verfahren

1.7.1 Konventionelle Röntgendiagnostik

Ohne Kontrastmittel: Strukturen des Nervensystems sind bei konventionellen Röntgenbildern nicht direkt erkennbar. Über pathologische Veränderungen des Skeletts kann indirekt – im Zusammenhang mit passenden klinischen Symptomen – auf eine Beteiligung neuronaler Strukturen geschlossen werden. Beispiel: degenerative Erkrankungen der Wirbelsäule können eine radikuläre Symptomatik (S. 264) erklären.

N-1.75 Myelografie

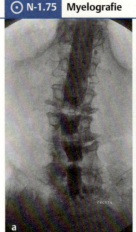
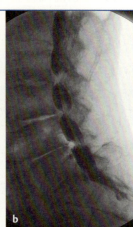

Lumbale Myelografie mit mehreren Stenosen des Spinalkanals in verschiedenen Etagen, erkennbar an der weißen Unterbrechung der Kontrastmittelfärbung (schwarz).
a Sagittaler Strahlengang,
b seitlicher Strahlengang.

Mit Kontrastmittel (Myelografie): Nach Injektion von (jodhaltigem) Kontrastmittel in den äußeren Liquorraum werden Röntgenaufnahmen angefertigt und die Verteilung des Kontrastmittels beurteilt, z. B. bezüglich der Frage nach einer Stenose des Spinalkanals (Abb. **N-1.75**). Schnittbildverfahren (v. a. die MRT) sind hierfür meist besser geeignet und v. a. weniger invasiv. Die Myelografie kommt aber nach wie vor zur Anwendung, wenn Schnittbildverfahren nicht anwendbar sind (z. B. weil nicht verfügbar, ferromagnetische Metallimplantate im Patienten) oder durch diese keine genügende Aussage möglich ist, z. B. bei Skoliose (S. 249).

Klinik: Die Stenose des Spinalkanals ist eine degenerative Erkrankung des höheren Lebensalters und meist bedingt durch Exostosen der Wirbelkörper und/oder Facettengelenke als Reaktion auf eine Höhenabnahme der Bandscheiben. Eine lumbale Stenose komprimiert die Cauda equina und ist oft mit Schmerzen im Gesäß oder Schmerzen beim Gehen verbunden.

1.7.2 Schnittbildverfahren

Computertomografie (CT)

Die CT (S. 134) ermöglicht die Schnittbilduntersuchung knöcherner wie neuronaler Strukturen unter Einsatz von Röntgenstrahlen und Auswertung durch eine Computer. Häufige **Indikationen** für eine CT sind akute Traumata (Schädel-Hirn-Trauma, spinales Trauma), der Verdacht auf eine intrakranielle oder spinale Blutung sowie der Verdacht auf einen ischämischen Hirninfarkt (Abb. **N-1.76**). Darüber hinaus können Aussagen über Atrophien oder Verkalkungen innerhalb des ZNS getroffen werden. Eine Weiterentwicklung des CT ist das Spiral-CT, bei dem sich die Röntgenröhre in wenigen Sekunden spiralförmig um den gesamten Patienten bewegt.

N-1.76 Typische Befunde in der kranialen Computertomografie (CCT)

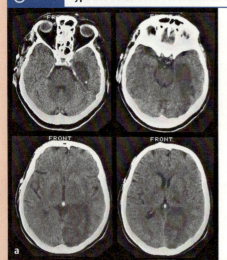
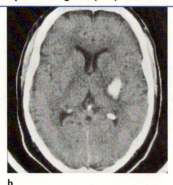

(Grehl, H., Reinhardt, F.: Checkliste Neurologie. Thieme, 2012)
a Hirninfarkt im Versorgungsgebiet der A. cerebri posterior links. Die Infarktzone ist als etwas dunklerer Bezirk erkennbar.
b Blutung im Bereich des Ncl. lentiformis und Crus posterius der Capsula interna links. Im Unterschied zum Hirninfarkt stellt sich die Blutung als weißer Bezirk dar.

Mit Kontrastmittel (Myelografie): Nach Injektion von Kontrastmittel in den Liquorraum werden Röntgenaufnahmen angefertigt und die Verteilung des Kontrastmittels beurteilt, z. B. bezüglich der Frage nach einer Stenose des Spinalkanals (Abb. **N-1.75**).

1.7.2 Schnittbildverfahren

Computertomografie (CT)

Häufige **Indikationen** für eine CT im klinischen Alltag sind akute Traumata (z. B. Schädel-Hirn-Trauma), der Verdacht auf eine Blutung oder einen Hirninfarkt (Abb. **N-1.76**). Auch Atrophien oder Verkalkungen innerhalb des ZNS sind erkennbar. Ein Nachteil ist die Belastung durch Röntgenstrahlen. Mit **Kontrastmittel** werden zuvor nicht erkennbare Veränderungen u. U. sichtbar (z. B. Tumoren, Entzündungen).

Nach Verabreichung von (jodhaltigem) **Kontrastmittel** werden zuvor nicht erkennbare Veränderungen u. U. (besser) sichtbar, z. B. Gefäßveränderungen, Tumoren, Metastasen, Entzündungen.
Anmerkung: Die Bilder werden immer in der Ansicht von kaudal dargestellt.

Magnetresonanztomografie (MRT)

Die MRT (S. 136) ist bei der Darstellung neuronaler Strukturen der CT in den meisten Fällen klar überlegen; die **Detailerkennbarkeit** ist deutlich besser. Ein weiterer Vorteil ist die **fehlende Strahlenbelastung** sowie die Möglichkeit, **beliebige Schnittebenen** wählen zu können.
Wichtige Indikationen für eine MRT sind der Verdacht auf einen Tumor, auf Entzündungsherde sowie auf einen Bandscheibenvorfall (Abb. **N-1.77**). Aufgrund der besseren Auflösung und damit Detailerkennbarkeit können auch kleine Infarktareale und/oder Blutungen sicherer nachgewiesen werden. Bei diesen Indikationen ist die MRT – insbesondere nach Verabreichung von Kontrastmittel – klar besser als die CT. Vor allem bei spinalen Prozessen ist die MRT wegen der frei wählbaren Schnittebenen im Vorteil.

Magnetresonanztomografie (MRT)

Vorteile gegenüber der CT: bessere Detailerkennbarkeit, fehlende Strahlenbelastung, beliebige Schnittebenen.

Wichtige Indikationen: Verdacht auf Tumor, Entzündungsherde, Bandscheibenvorfall (Abb. **N-1.77**). Auch kleine Infarktareale und/oder Blutungen können nachgewiesen werden. Vor allem bei spinalen Prozessen ist die MRT wegen der frei wählbaren Schnittebenen im Vorteil.

N-1.77 Magnetresonanztomografie

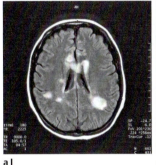 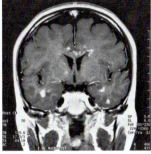 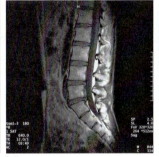 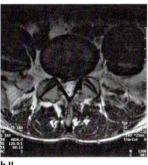

a I a II b I b II

a MRT eines Patienten mit Multipler Sklerose als Beispiel für eine Entzündung des Hirngewebes (Enzephalitis). Die Entzündungsherde sind vor allem periventrikulär und im Bereich des Balkens lokalisiert. Horizontal- (**I**) und Frontalschnitt (**II**). (Grehl, H., Reinhardt, F.: Checkliste Neurologie. Thieme, 2012)
b MRT eines Patienten mit Bandscheibenvorfällen: Im Sagittalschnitt (**I**) sind diese deutlich sichtbar im Bereich zwischen LWK V und SWK I, geringer ausgeprägt zwischen LWK IV und LWK V. Der Transversalschnitt (**II**) zeigt den rechtsbetonten Bandscheibenvorfall mit mäßiger Impression des Durasacks und Kompression der Wurzel S 1 rechts. (Reutern, G.-M., Kaps, M., Büdingen, H.J.: Ultraschalldiagnostik der hirnversorgenden Arterien. Thieme 2000)

1.7.3 Angiografie

Die Angiografie (S. 139) ist eine wichtige diagnostische Methode, um Erkrankungen der Gefäße objektivieren zu können: Beispiele hierfür sind arterielle Gefäßstenosen und -verschlüsse, Sinus- oder Hirnvenenthrombosen, Gefäßmissbildungen, Gefäßentzündungen (Vaskulitis), Tumoren (Frage der Gefäßversorgung). Darüber hinaus ist eine Angiografie Voraussetzung für einen sog. interventionell-radiologischen Eingriff, d. h. beispielsweise das Einbringen von Metallfäden in Aneurysmen (sackförmige Erweiterungen von Meningeal-Arterien) über den Angiografiekatheter, um die von den Aneurysmen ausgehende Gefahr einer Subarachnoidalblutung zu reduzieren.

1.7.3 Angiografie

Mit der Angiografie können arterielle Gefäßstenosen und -verschlüsse, Sinus- oder Hirnvenenthrombosen, Gefäßmissbildungen, Gefäßentzündungen (Vaskulitis), Tumoren (Frage der Gefäßversorgung) nachgewiesen werden.
Eine Angiografie ist Voraussetzung für sog. interventionell-radiologische Eingriffe.

1.7.4 Neurosonografie

Die Ultraschalluntersuchung (S. 138) der hirnversorgenden Arterien ist eine wichtige Routineuntersuchung zur Beurteilung der Durchblutungssituation des Gehirns. Gefäßstenosen der extrakraniellen hirnversorgenden Arterien können bereits mit der einfachen **cw-Dopplersonografie** (cw = continuous wave; Aussagen über Flussgeschwindigkeit möglich, jedoch nicht über Tiefe und Morphologie des Gefäßes) sicher nachgewiesen werden. Möchte man das Gefäß und eventuelle krankhafte Veränderungen aber wirklich „sehen" bzw. beurteilen können, so muss man die (**Farb-**) **Duplexsonografie** anwenden. Mit ihr sind Aussagen über den Gefäßverlauf, die Blutströmungsrichtung, eventuelle Auflagerungen auf der Gefäßwand (z. B. Thrombosen) oder Verkalkungen der Gefäße (sog. Plaques) möglich (Abb. **N-1.78a**).

1.7.4 Neurosonografie

Die Ultraschalluntersuchung der hirnversorgenden Arterien ist eine wichtige Routineuntersuchung zur Beurteilung der Durchblutungssituation des Gehirns.
- **Extrakranielle Arterien:** cw-(continuous wave-)Dopplersonografie oder Farbduplexsonografie.
- **Intrakranielle Arterien:** Transkranielle Doppler- bzw. Farbduplexsonografie (TCD). Voraussetzung ist ein sog. Schallfenster, damit die Schallwellen in das Schädelinnere dringen können (Abb. **N-1.78**).

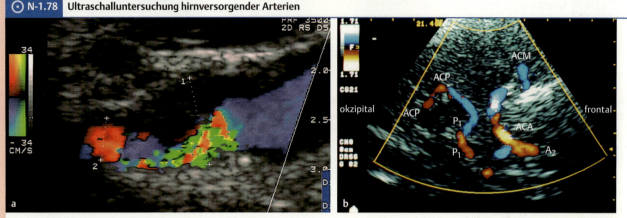

N-1.78 Ultraschalluntersuchung hirnversorgender Arterien

a Farbdoppler-Untersuchung der A. carotis mit hochgradiger exzentrischer Stenose: Farbaliasphänomen im Stenosebereich (blau-rot-Umschlag), zusätzlich deutliche Varianzkodierung (grün) bei turbulenter Strömung. Im Bereich der Stenoseöffnung sind retrograde systolische Strömungsanteile (rot) zu erkennen (vgl. Normalbefund in Abb. **B-4.12**). (Kopp, H., Ludwig, M.: Checkliste Doppler- und Duplexsonografie. Thieme, 2012)
b Transkranielle Farbdoppler-Untersuchung des Circulus arteriosus (ACA = A. cerebri anterior, ACM = A. cerebri media, ACP = A. cerebri posterior).

In beiden Regionen sind Aussagen zu Stenosen und Gefäßveränderungen (z. B. arteriosklerotische Plaques) möglich.

Mit der **transkraniellen Doppler- bzw. Farbduplexsonografie** (**TCD**) können auch intrakranielle Arterien untersucht und dargestellt werden (Abb. **N-1.78b**). Voraussetzung hierfür ist ein sog. Schallfenster des Schädels (meist temporal), damit die Schallwellen in das Schädelinnere dringen können. Mit der transkraniellen Farbduplexsonografie kann bei guten Schallbedingungen der gesamte Circulus arteriosus cerebri (Willisi) dargestellt werden, Aussagen über Gefäßstenosen und die Strömungsrichtung des Blutes sind möglich.

1.7.5 Nuklearmedizinische Verfahren

Prinzip: Radionuklide werden in Form von sog. „Tracern" in den Körper injiziert und reichern sich in bestimmten Organen (z. B. Schilddrüse) an. Die von den Anreicherungsgebieten ausgehende Strahlung wird zu einem Bild umgerechnet.

▶ Merke.

SPECT (Single-Photon-Emissions-Computer-Tomografie): Mögliche Anwendungen sind **Durchblutungsstörungen**, sowie die Suche nach Liquorleckagen oder -zirkulationsstörungen (**Liquorszintigrafie**).

PET (Positronenemissionstomografie): Nur an größeren klinischen Zentren verfügbare Methode, v. a. zur Untersuchung des Glukosestoffwechsels (z. B. bei Basalganglienerkrankungen, Demenz, malignen Tumoren). PET hat eine deutlich höhere Auflösung als SPECT.

1.7.5 Nuklearmedizinische Verfahren

Prinzip: Radionuklide (instabile Nuklide, die unter Emission radioaktiver Strahlung in ihren Grundzustand übergehen) werden – an unterschiedliche Substanzen gebunden – in den Körper injiziert und reichern sich in einem bestimmten Organ oder einer Organregion an (z. B. Schilddrüse). Die Stärke der von diesen sog. „Tracern" ausgesendeten Strahlung wird gemessen und zu einem Bild umgerechnet.

▶ Merke. Nuklearmedizinische Verfahren sind keine Routine-Diagnostik und eignen sich vor allem zur Funktionsdiagnostik; eine genaue anatomische Darstellung ist nicht möglich.

SPECT (Single-Photon-Emissions-Computer-Tomografie): In der Neurologie werden verschiedene radioaktiv markierte Tracer bei speziellen Indikationen eingesetzt – unter anderem zur:
- Messung der **regionalen Hirndurchblutung** (z. B. bei Durchblutungsstörungen, Entzündungen, Epilepsie), Abschätzung des **Malignitätsgrades** bösartiger Hirntumoren.
- Suche nach Liquorleckagen oder Liquorzirkulationsstörungen (**Liquorszintigrafie**). Das Verfahren basiert auf der Anreicherung der Tracer in besonders stoffwechselaktiven oder gefäßreichen Organen. Die Organe werden mittels Szintigrafie dargestellt.

PET (Positronenemissionstomografie): Das Verfahren ähnelt SPECT insofern als radioaktiv markierte Tracer injiziert werden müssen. Die Auflösung der PET ist deutlich höher als bei SPECT. Ein Großteil der Untersuchungen betrifft den Glukosestoffwechsel. Mögliche Indikationen sind Basalganglienerkrankungen und demenzielle Syndrome, Epilepsie, maligne Hirntumoren.

⊙ N-1.79 SPECT

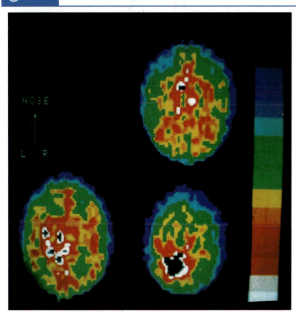

Patient mit einem arteriovenösen Angiom. Aufgrund der vermehrten Durchblutung im Bereich des Angioms reichert sich dort auch der radioaktiv markierte Tracer vermehrt an. Diese Mehranreicherung ist im SPECT links parieto-okzipital, der Lokalisation des Angioms, erkennbar.
(Masuhr, K.F., Neumann, M.: Duale Reihe Neurologie. Thieme, 2013)

Klinischer Fall: Akut aufgetretene Lähmung und Sprachstörung

09:34
Rosemarie Wehmeier findet ihren allein lebenden Bruder hilflos in seinem Badezimmer am Boden liegend. Sie ruft sofort den Notarzt.

09:42
Manfred Wehmeier kann sich dem Notarzt gegenüber nicht klar äußern; er gibt lediglich unverständliche Laute von sich. Den rechten Arm kann er auf Aufforderung nicht anheben. Außerdem bemerkt der Notarzt beim Patienten einen hängenden Mundwinkel rechts (Zeichen einer Fazialisparese).

09:44 Fremdanamnese Notarzt
R.W.: Also, gestern haben wir noch telefoniert, da war alles noch ok. Hat ganz normal gesprochen, der Manni. Auf Nachfrage berichtet Frau Wehmeier, dass ihr Bruder seit Jahren zuckerkrank sei. Er habe Bluthochdruck und mit 16 angefangen zu rauchen.
Der Notarzt vermutet einen Hirninfarkt und veranlasst den sofortigen Transport in eine Klinik mit Schlaganfallstation („stroke unit").

10:10 Körperliche Untersuchung Notaufnahme
Ich stelle eine fehlende Kraft im rechten Arm und rechten Bein fest. Die linke Körperhälfte hingegen ist normal kräftig. Der rechte Mundwinkel hängt. Als ich mit dem Stiel des Reflexhammers den Rand der rechten Fußsohle bestreiche, bewegt sich die große Zehe nach dorsal, was ich als positives Babinski-Phänomen erkenne.

Vitalparameter (Normwerte in Klammern):
- Blutdruck 170/90 mmHg (normal < 130/85 mmHg).
- Puls 112/min (50–100). Deutliches Pulsdefizit: die am Handgelenk getastete Pulsfrequenz ist niedriger als die über dem Herz auskultierte.

10:18 Anruf in der Radiologie
Ich bitte die Kollegen der Radiologie um eine Computertomografie des Schädels, um eine intrakranielle Blutung auszuschließen.

10:20 Blutabnahme und EKG
Die Wartezeit bis zur Computertomografie nutzen wir für eine Blutabnahme. Eine Venenverweilkanüle lege ich an den nicht gelähmten Arm. Dann wird noch ein EKG geschrieben. Hier zeigt sich ein Vorhofflimmern mit einer Kammerfrequenz von etwa 115/min.

10:33 CT Schädel
Mittels Computertomografie des Schädels kann eine intrakranielle Blutung ausgeschlossen werden. Als Ursache für die Symptome des Patienten zeigt sich jedoch ein Infarkt im Versorgungsgebiet der Arteria cerebri media links.

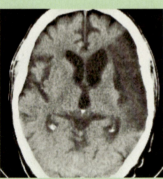

Infarkt im Versorgungsgebiet der A. cerebri media links (dunkler Bereich am rechten Bildrand).

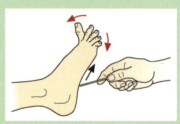

Positives Babinski-Phänomen

11:00 Die Blutwerte sind da
(Normwerte in Klammern)
- Blutzucker 270 mg/dl (60–99 mg/dl)
- HbA$_{1c}$ 9,3 % (4–6 %)

Der schlecht eingestellte Diabetes ist ein Risikofaktor für einen Schlaganfall. Die übrigen Blutwerte sind im Normbereich.

11:05 Therapiebeginn
Nachdem nun eine intrakranielle Blutung ausgeschlossen ist, gebe ich dem Patienten 300 mg Acetylsalicysäure (ASS) i.v. Der erhöhte Blutzucker wird gesenkt. Den Blutdruck darf ich zunächst nicht oder nur sehr moderat senken, da er häufig aufgrund der mangelnden Hirndurchblutung reaktiv erhöht ist.

12:00 Verlegung auf die Überwachungsstation
Die Kollegen auf der Überwachungsstation kontrollieren die Vitalparameter (Atmung, Kreislauf, Wasser-/Elektrolythaushalt, Hirndruck). Die Behandlung mit ASS wird fortgesetzt. Eine intensive Physiotherapie und Logopädie wird begonnen.

Nach 4 Tagen Verlegung auf die Normalstation
Der Zustand von Herrn W. war auf der Überwachungsstation durchgehend stabil. Unter ASS und Physio-/Logopädie sind die Symptome bereits etwas rückläufig. Der Diabetes, seine erhöhten Blutfettwerte und sein Bluthochdruck werden medikamentös eingestellt.

Nach weiteren 10 Tagen Verlegung in die Reha-Klinik
Als Herr W. in die neurologische Rehabilitationsklinik verlegt wird, bestehen noch eine deutliche Schwäche der rechten Körperhälfte und Wortfindungsstörungen.

Fragen mit anatomischem Schwerpunkt

1. Welche Hirnregion ist bei dem Patienten wahrscheinlich geschädigt?
2. Welches Blutgefäß könnte verschlossen sein?
3. Woher kann das verschließende Gerinnsel (Embolus) stammen?

Antwortkommentare im Anhang

2 ZNS – funktionelle Systeme

2.1	Einführung	1181
2.2	Motorisches System	1182
2.3	Sensorische Systeme	1194
2.4	Limbisches System	1243
2.5	Neuroendokrines System	1249
2.6	Funktionskreise der Formatio reticularis	1254
2.7	Cholinerges und monaminerges System	1255
2.8	Höhere integrative Funktionen	1258

© Andreas Keudel – Shotshop

S. Mense

2.1 Einführung

2.1 Einführung

▶ **Definition.** Unter einem funktionellen System im ZNS versteht man mehrere Gebiete grauer Substanz, die durch Nervenfaserbündel oder Trakte miteinander verbunden sind und zusammen eine gemeinsame Aufgabe erfüllen.

▶ **Definition.**

Die Besprechung der funktionellen Systeme erfolgt innerhalb dieses ZNS-Kapitels, obwohl viele von ihnen auch periphere Anteile haben: So gehören z. B. die Rezeptoren der sensorischen Systeme und die α-Motoaxone der motorischen Systeme zum PNS, bilden jedoch mit den zentralen Anteilen eine funktionelle Einheit, die hier zusammenhängend dargestellt werden soll.

Viele der funktionellen Systeme haben auch periphere Anteile, die hier zusammen mit den zentralen dargestellt werden, da sie eine funktionelle Einheit bilden.

Allgemeine Begriffe und Prinzipien der funktionellen Systeme: In diesem Kapitel werden nach alter Tradition die Hauptverbindungen im Rückenmark als fest „verdrahtete" Bahnen beschrieben und in Abbildungen gezeigt. Jedoch gilt für sie stets folgender Grundsatz:

Begriffe und Prinzipien: Auch wenn traditionell die Hauptverbindungen im Rückenmark als fest „verdrahtete" Bahnen beschrieben werden, gilt Folgendes:

▶ **Merke.** Synaptische Verbindungen und Trakte im ZNS sind nicht unveränderlich, sondern können in ihrer Effektivität und auch in ihrer Morphologie durch häufige Benutzung modifiziert werden. Dies ist Ausdruck einer allgemein vorhandenen **Neuroplastizität** (S. 205) im ZNS.
Die Begriffe **afferent/efferent** (S. 197) werden auch für Verbindungen zu bzw. von höheren Zentren innerhalb des ZNS verwendet.

▶ **Merke.**

Die Neurone des Nervensystems kommunizieren untereinander über die Freisetzung von Substanzen, die an Rezeptormoleküle in der postsynaptischen Membran (S. 195) binden und hier entweder Ionenkanäle öffnen oder über sekundäre Botenstoffe (z. B. cAMP) den Stoffwechsel und im Endeffekt auch die Genexpression in der postsynaptischen Zelle verändern (**Neurotransmitter**, Tab. **N-2.1**). Eine Ausnahme von dieser Regel ist Stickstoffmonoxid (NO), das als kleines Molekül direkt durch die postsynaptische Membran hindurch diffundiert.

Die Kommunikation der Neurone untereinander erfolgt über die Freisetzung von **Neurotransmittern** (Tab. **N-2.1**) an Synapsen (S. 195).

▶ **Merke.** Obwohl die Transmitter in erregende und hemmende eingeteilt werden, hängt die endgültige Wirkung von den Rezeptoren der postsynaptischen Membran ab.

▶ **Merke.**

N-2.1 Neurotransmitter des ZNS (Auswahl)

Wirkung	Neurotransmitter	Bemerkungen
erregend	Glutamat	einer der häufigsten Transmitter des ZNS
	Aspartat	eher selten; Verwendung im Kleinhirn wahrscheinlich (Abb. N-1.23)
	Katecholamine (Adrenalin, Noradrenalin, Dopamin)	
hemmend	Gammaaminobuttersäure (GABA)	präsynaptisch und postsynaptisch
	Glycin	postsynaptisch
hemmend und erregend*	Serotonin	Wach-Schlaf-Rhythmus, limbische Funktionen, Schmerz
Neuromodulatoren**	Endorphin, Enkephalin	analgetisch
	Substanz P (SP)	
	Kalzitoningenverwandtes Peptid (CGRP)	
	Stickstoffmonoxid (NO)	
	Kohlenmonoxid (CO)	Vorkommen beim Mensch noch nicht gesichert

* je nach Wirkung des Rezeptormoleküls in der postsynaptischen Membran.

** Als Neuromodulatoren sind hier Substanzen zusammengefasst, die nicht alle Anforderungen an einen Neurotransmitter erfüllen (z. B. Bindung an einen spezifischen Rezeptor, Wiederaufnahme in die präsynaptische Endigung). Sie fördern oder hemmen die Wirkung der Neurotransmitter auf Synapsen.

2.2 Motorisches System

Im Zentrum des motorischen Systems stehen **deszendierende Bahnen**, die Signale von **motorischen Kortexarealen** zu den **Motoneuronen** im Hirnstamm und Rückenmark leiten.

In die Planung und Ausführung von Bewegungen sind die Basalganglien und das Kleinhirn eingebunden.

Im Zentrum des motorischen Systems stehen **deszendierende Bahnen**, die Signale von **motorischen Kortexarealen** zu den **Motoneuronen** im Hirnstamm und Rückenmark leiten. Die Fasern der Motoneurone verlassen das ZNS, um zur Muskulatur zu ziehen, die sie innervieren. Neben den Strukturen, die direkt an der Ausführung einer Willkürbewegung beteiligt sind, gibt es verschiedene eingebundene **Rückkopplungskreise** und **modulierend wirkende Anteile**, die für den physiologischen Ablauf einer Bewegung unabdingbar sind. Zu diesen Anteilen gehören z. B. die Basalganglien (S. 1142) und das Kleinhirn, vgl. auch Basalganglien mit motorischer Funktion (S. 1186). Letzteres wacht bei allen Bewegungen über den gleichmäßigen Ablauf und über die Aufrechterhaltung des Gleichgewichts. Zur Erfüllung dieser Funktion erhält es Informationen vom Kortex, vom Rückenmark (Propriozeption) und vom Vestibularapparat (S. 1087).

2.2.1 Motorische Kortexareale

Die motorischen Kortexareale (S. 1140) sind in Tab. N-2.2 sowie Abb. N-2.1 und Abb. N-1.40 dargestellt.

Motorische Kortexareale gehören histologisch zum **agranulären Kortex**, d. h. das Stratum granulare internum (Lamina IV) ist zugunsten des Stratum pyramidale internum (Lamina V) stark reduziert.

Neben dem **primären motorischen Kortex**, dem wichtigsten Ursprung der **Pyramidenbahn**, gibt es noch weitere motorische Areale (Tab. N-2.2 und Abb. N-2.1 sowie Abb. N-1.40). Auch von diesen Arealen gehen motorische Verbindungen deszendierend aus, die in den Ablauf von Willkürbewegungen eingreifen. Allerdings erreichen sie meist die spinalen Motoneurone nicht direkt, sondern über die **Formatio reticularis** und andere Kerne im Hirnstamm (S. 1254).

Das gemeinsame histologische Merkmal der motorischen Kortexareale ist der sog. **agranuläre Kortex** (S. 1135), d. h. das Stratum granulare internum (Lamina IV) ist sehr schmal. Stattdessen ist das Stratum pyramidale internum (Lamina V) stark verbreitet. Im **primären motorischen Kortex** liegen hier die großen Somata der **Betz-Riesenzellen** (Pyramidenzellen mit einer Somagröße bis 100 µm) als einer der Ursprünge der Pyramidenbahn. Aber: Die Betz-Zellen machen nur ca. 3 % der zu den spinalen Motoneuronen projizierenden Neurone aus.

N-2.2 Motorische Kortexareale

Kortexareal	Brodmann-Area	Aufgabe
primärer motorischer Kortex (M1)	Area 4	wichtigster Ursprung der Pyramidenbahn, Willkürmotorik
Prämotorisches Areal	Area 6 auf der Konvexität	Planung von Bewegungen, ebenfalls Ursprung von Pyramidenbahnfasern
Frontales Augenfeld	Area 8	konjugierte Augenbewegungen
Broca-Region	Area 44 und Teil von 45	motorisches Sprachzentrum
Supplementär motorischer Kortex	Area 6 medial und auf Medialfläche nahe der Mantelkante	beeinflusst die Muskulatur der Hände auf beiden Körperseiten bes. bei komplizierten Bewegungsabläufen
Parietaler Assoziationskortex (posteriorer parietaler Kortex)	Area 5 und 7 okzipital von S 1	Vorbereitung von Bewegungen im Zusammenhang mit somatosensorischen Reizen, z. B. Greifen

N-2.1 Motorische Kortexareale

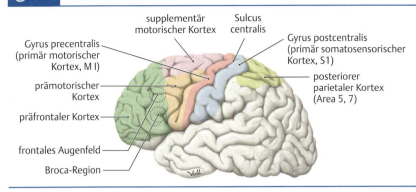

Darstellung motorischer Kortexareale an einer linken Hemisphäre in der Ansicht von lateral. Der supplementär motorische Kortex erstreckt sich über die Mantelkante (S. 1132) hinweg auf die Medialseite der Hemisphäre.

(Prometheus LernAtlas. Thieme, 3. Aufl.)

2.2.2 Motorische Bahnen und Kerngebiete

Eine der wichtigsten **motorischen Bahnen** ist die **Pyramidenbahn**, die Fasern aus verschiedenen motorischen Kortexarealen führt. Weiterhin sind Bahnen von Bedeutung, die eine Verbindung zwischen Kortex und „Kontrollstationen" des motorischen Systems herstellen.

Wichtige **Kerngebiete** sind die motorischen **Basalganglien** (u. a. Striatum und Globus pallidus), die über die motorischen Kerne des Thalamus (VL und evtl. VA) den Kortex kontrollieren. Diese bilden nicht nur eine „Rückkopplungsschleife" zum Kortex, sondern stehen auch in Verbindung mit deszendierenden Bahnen, die einen unwillkürlichen Einfluss auf die Motorik haben.

2.2.2 Motorische Bahnen und Kerngebiete

Die Pyramidenbahn ist die wichtigste **Bahn** für Willkürbewegungen. Zu den motorischen **Kernen** gehören verschiedene Basalganglien und einige Nuclei des Thalamus.

Pyramidenbahn (Tractus pyramidalis)

▶ **Definition.** Die Pyramidenbahn besteht rostral der Decussatio pyramidum aus den **Fibrae corticospinales**, die nach der Kreuzung als **Tractus corticospinales lateralis** und **anterior** zu den spinalen Motoneuronen ziehen, sowie den **Fibrae corticonucleares**, die an den im Hirnstamm gelegenen motorischen Hirnnervenkernen enden.

Einer der Ursprünge der Pyramidenbahn (Abb. **N-2.2**) ist der **primäre motorische Kortex** (**M1**, **Area 4**), aber auch andere motorische Kortexareale schicken ihre Fasern in den Trakt (z. B. Area 6 und 5). In M1 liegt eine grobe **Somatotopie** vor, die annähernd der von S 1 entspricht (s. Abb. **N-1.39**): Auch in M1 ist die Hand und die Mundregion **überrepräsentiert**. In M1 sind keine einzelnen Muskeln, sondern ganze Muskelgruppen repräsentiert. Die starke Repräsentation der Hand ist für die manuellen Fähigkeiten des Menschen von entscheidender Bedeutung. Die **Opponierbarkeit des Daumens** ist ein wichtiger Teilaspekt dieser Fähigkeiten. Auch die Tatsache, dass die Augen beim Menschen nebeneinander liegen (und nicht gegenüber wie beim Huhn) und daher ein **binokulares 3D-Gesichtsfeld** vorhanden ist, ist für die vielseitige Einsetzbarkeit der Hand als Greiforgan entscheidend. In der Überrepräsentation der Mundregion drücken sich zwei Funktionen aus, nämlich die Herkunft des Menschen als Säugetier und die sprachlichen Fähigkeiten der Artikulation (S. 1261).

Pyramidenbahn (Tractus pyramidalis)

▶ **Definition.**

Die Pyramidenbahn (Abb. **N-2.2**) entspringt im **primären motorischen Kortex** (**M1**, **Area 4**), aber auch z. B. in Area 6. In M1 besteht eine Somatotopie ähnlich der in S 1 mit einer **Überrepräsentation** der Hand und des Gesichts (s. Abb. **N-1.39**).

Fibrae corticospinales und Tractus corticospinalis

Verlauf: Die Fasern der Pyramidenbahn zwischen Kortex und Pyramidenkreuzung werden als **Fibrae corticospinales** bezeichnet. Der Verlauf der Fibrae ist in Abb. **N-2.2** gezeigt: Sie ziehen zunächst durch den hinteren Schenkel der **Capsula interna** zum Mesenzephalon. Hier laufen die Fasern in den Pedunculi cerebri, und zwar ventral in der Mitte der **Crura cerebri** zum **Pons**. Der Pons ist die einzige Stelle der Pyramidenbahn, wo der Trakt keine solide Bahn bildet, sondern in einzelne Faserbündel aufgesplittert ist. Direkt kaudal des Pons liegt der Trakt als kompakte Bahn an der ventralen Oberfläche und hat hier im Querschnitt eine dreieckige Form. Von dieser Form rührt der Name Pyramidenbahn (und nicht von der Tatsache, dass große Teile von ihr in den Betz-Pyramidenzellen entspringen). An der ventralen Grenze zwischen Rückenmark und **Medulla oblongata** teilt sich die Bahn; der größte Teil (80 %) kreuzt, sog. **Decussatio pyramidum** (S. 1104), und bildet den **Tractus corticospinalis**

Fibrae corticospinales und Tractus corticospinalis

Verlauf (Abb. N-2.2): Die Fibrae corticospinales reichen vom Kortex bis zur Pyramidenkreuzung. Ihr Verlauf ist: Hinterer Schenkel der Capsula interna → Crus cerebri → Pons → Medulla oblongata ventral (hier bildet sie die sog. **Pyramiden**). Kaudal der Pyramiden kreuzt der größere Teil der Bahn in der **Decussatio pyramidum** (S. 1104) und bildet den **Tractus corticospinalis lateralis**, der Rest läuft ungekreuzt als **Tractus corticospinalis anterior** weiter, um weiter kaudal doch noch zu kreuzen.

lateralis, der Rest läuft ungekreuzt als **Tractus corticospinalis anterior** weiter. Der Tractus corticospinalis anterior kreuzt aber weiter kaudal, sodass im Endeffekt alle Fibrae corticospinales gekreuzt sind.

▶ **Klinik.**

▶ **Klinik.** Wegen der vollständigen Kreuzung der Pyramidenbahn sind Verletzungen rostral der Kreuzung (z. B. in der Capsula interna oder im Crus cerebri) mit **kontralateralen Lähmungen** der Muskulatur verbunden. Bei solchen Verletzungen des 1. motorischen Neurons kommt es nur vorübergehend zu schlaffen Lähmungen, die später spastisch werden (mögliche zugrunde liegende Mechanismen (S. 1191)). **Spastische Lähmung** bedeutet, dass die Erregbarkeit der α-Motoneurone (S. 1191) erhöht ist, was sich in gesteigerten Dehnungsreflexen (S. 198) äußert. Daneben kommt es zu sog. **Pyramidenbahnzeichen**. Das bekannteste dieser Zeichen ist der **Babinski-Reflex** (S. 1171), der in einer Streckung der Zehen (besonders der Großzehe) bei Bestreichen des lateralen Fußrandes besteht (normal ist ab dem 2. Lebensjahr eine Flexion der Zehen).

Ziel: Die Bahn endet an den spinalen α-Motoneuronen und zwar meist über Interneurone.

Ziel: Die Bahn endet an den **spinalen α-Motoneuronen**, die für die Innervation der quergestreiften Skelettmuskulatur (mit Ausnahme der Kopf-, Halsmuskeln) zuständig sind, jedoch meist nicht direkt, sondern über Interneurone (Schaltzellen).

N-2.2 Verlauf der Pyramidenbahn

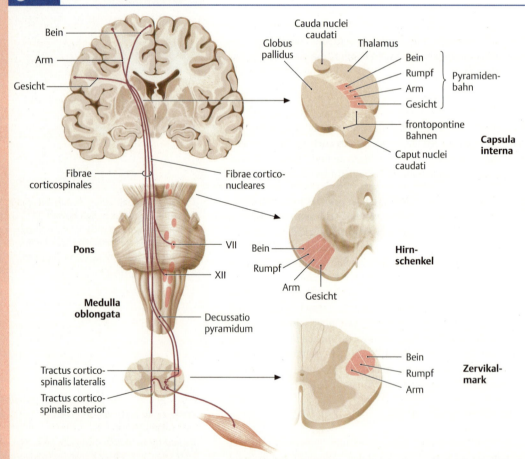

Linke Seite: Somatotopisch organisierter Ursprung des Tractus pyramidalis im Gyrus precentralis und sein weiterer deszendierender Verlauf. Die Decussatio pyramidum markiert ventral die Grenze zwischen Medulla oblongata und Rückenmark. Rechte Seite: Horizontalschnitte durch Capsula interna (oben), Mesenzephalon (Mitte) und Rückenmark (unten). Die Somatotopie der Fasern der Fibrae corticospinales bleibt über Capsula interna und Hirnschenkel bis zum Rückenmark erhalten.
(Prometheus LernAtlas. Thieme, 3. Aufl.)

Fibrae corticonucleares

Dieser **Teil der Pyramidenbahn** steuert die **motorischen Hirnnervenkerne** im Hirnstamm an (Nn. III–VII und IX–XII, Abb. **N-2.2**) und ist somit zuständig für die Willkürmotorik des Kopfes und Halses. Er zieht durch das **Knie der Capsula interna**, liegt in den **Crura cerebri** im ventralen Teil der Pyramidenbahn und endet auf der kontralateralen Seite an den **Motoneuronen** der Hirnnerven.

Die Fasern zum **Ncl. nervi facialis** (**VII**) haben zwei Teile mit unterschiedlichen Projektionen: Die Kerne der mimischen Stirnmuskulatur erhalten eine **bilaterale Innervation** durch die Fibrae corticonucleares, während die Kerne der restlichen mimischen Gesichtsmuskeln nur **unilateral** durch gekreuzte Fasern der kontralateralen Seite versorgt werden.

▶ **Klinik.** Bei einer Verletzung der Fibrae corticonucleares zu einem der beiden Ncll. nervi facialis (z. B. in der Capsula interna durch eine Blutung, **zentrale Fazialisparese**) sind die **kontralateralen** mimischen Muskeln periorbital und kaudal der Stirn gelähmt, der Patient kann aber die Stirn runzeln.
Bei einer **peripheren Fazialisparese** (S.993) (z.B. als Geburtsschaden durch Quetschung des Nervs beim Austritt aus dem Foramen stylomastoideum) ist dagegen die **gesamte Mimik** auf der **ipsilateralen Seite** gelähmt (Abb. **N-2.3**).

Fibrae corticonucleares

Die Fibrae corticonucleares steuern die **motorischen Hirnnervenkerne** für die Muskeln des Kopfes und des Halses an (Nn. III–VII und IX–XII) (Abb. **N-2.2**).

Die motorischen Kerngebiete des **N. facialis** für die Stirnmuskulatur werden **bilateral** innerviert, die restliche mimische Muskulatur nur **unilateral** durch Fasern der kontralateralen Seite.

▶ Klinik.

⊙ **N-2.3** Fazialisparese und ihre anatomische Grundlage
(Prometheus LernAtlas. Thieme, 3. Aufl.)

a Liegt die Läsion rostral vom Ncl. nervi facialis, ist die Innervation der kontralateralen Stirnmuskulatur intakt, da der betreffende Anteil des Fazialiskerns von Fibrae corticonucleares beider Seiten angesteuert wird. Hierfür hat sich als Gegenüberstellung zur peripheren Läsion des Nervs der Begriff „**zentrale Fazialisparese**" eingebürgert, obwohl dies streng genommen nicht ganz korrekt ist. Der N. facialis selbst ist ja nicht geschädigt, sondern die Fibrae corticonucleares. Dargestellt ist eine zentrale Parese der rechten Gesichtshälfte.
b Bei einer **peripheren Fazialisparese** ist die gesamte ipsilaterale mimische Muskulatur gelähmt.
c Anatomische Grundlage für die unterschiedliche Symptomatik bei Schädigung zentral und peripher vom Ncl. nervi facialis.

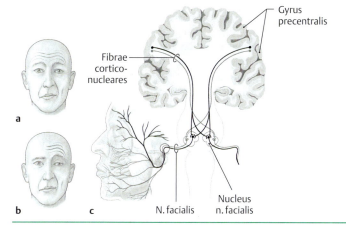

Tractus corticopontini

Ursprung und Verlauf: Zu den Tractus corticopontini gehören mehrere Bahnen, die diffus vom Kortex kommen (Abb. **N-2.4**):
- Der **Tractus frontopontinus** stammt aus den motorischen Arealen des **Lobus frontalis**, zieht durch den vorderen Schenkel der inneren Kapsel und verläuft am weitesten ventral durch die Crura cerebri. Er ist der wichtigste corticopontine Trakt.
- Der **Tractus parietotemporopontinus** entspringt im Lobus parietalis und temporalis und zieht durch den hinteren Schenkel der Capsula interna (S.1146) dorsal von der Pyramidenbahn durch die Crura cerebri.
- Der **Tractus occipitopontinus** hat seinen Ursprung im **Lobus occipitalis** und zieht mit dem Tractus parietotemporopontinus nach kaudal.

Ziel: Diese Trakte enden an den **Ncll. pontis** im Pons, wo sie synaptisch umgeschaltet werden. Die Axone der Ncll. pontis laufen als **Fibrae pontis transversae** über den mittleren Kleinhirnstiel in das kontralaterale **Zerebellum**, wo sie einen Teil der Moosfasern (S.1122) bilden (Abb. **N-2.4**). Die Fibrae pontis transversae verursachen die charakteristische Querstreifung auf der ventralen Oberfläche des Pons. Die Trak-

Tractus corticopontini

Ursprung und Verlauf: Die **Tractus corticopontini** (Tractus frontopontinus, parietotemporopontinus und occipitopontinus) entspringen diffus in großen Bereichen des Kortex, ziehen durch die innere Kapsel und Crus cerebri, um an den **Ncll. pontis** zu enden (Abb. **N-2.4**).

Ziel: Die Axone der Ncll. pontis projizieren als **Fibrae pontis transversae** über den mittleren Kleinhirnstiel zum kontralateralen Zerebellum (Abb. **N-2.4**). Die Bahnen informieren das Zerebellum u. a. über **geplante Bewegungen**.

N-2.4 Tractus corticopontini

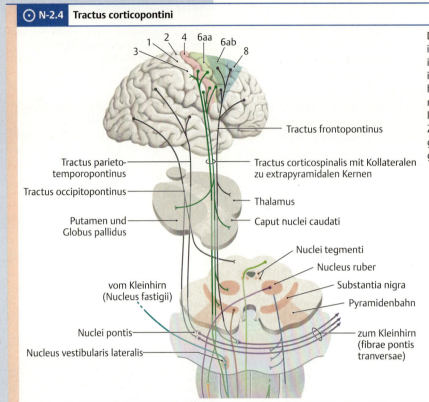

Die Tractus corticopontini haben ihren Ursprung in jedem der Großhirnlappen. Am wichtigsten ist der frontopontine Trakt, der seinen Ursprung in den motorischen Arealen des Lobus frontalis hat. Sie enden an den Nuclei pontis, deren Axone zur Gegenseite kreuzen und über den mittleren Kleinhirnstiel das Zerebellum erreichen. Zusätzlich ist der Tractus corticospinalis mit einigen Kollateralen zu Kernen des Hirnstamms dargestellt. (Prometheus LernAtlas. Thieme, 3. Aufl.)

te informieren das Zerebellum u. a. über die **Planung von Bewegungen**, an der große Bereiche des Kortex beteiligt sind.

Einbindung der Basalganglien in das motorische System

Einbindung der Basalganglien in das motorische System

Zu den **Basalganglien mit motorischer Funktion** zählen hauptsächlich Striatum und Globus pallidus. Motorischer Thalamus, Ncl. subthalamicus und Substantia nigra können als Basalganglien im weiteren Sinne angesehen werden.

Projektion Kortex → Basalganglien: Über den **Tractus corticostriatalis** erreichen kortikale Fasern das Striatum. Die glutamatergen Afferenzen führen zur Erregung der hemmenden striatalen Neurone.

Projektion Basalganglien → Kortex: Das **Corpus striatum** projiziert über Globus pallidus, Substantia nigra und motorischen Thalamus auf den motorischen Kortex, der auf diese Weise durch die Basalganglien kontrolliert wird (Abb. **N-2.5**).

Zu den **Basalganglien mit motorischer Funktion** werden neben dem aus Putamen und Ncl. caudatus bestehenden **Corpus striatum** der **Globus pallidus** gerechnet. Einige Autoren zählen auch die motorischen Kerne des Thalamus (**VL, VA**), **Ncl. subthalamicus** und **Substantia nigra** hinzu, die Einteilung wird aber sehr unterschiedlich gehandhabt.
Zur Verdeutlichung der folgenden Ausführungen dient die Abb. **N-2.5**.

Projektion Kortex → Basalganglien: Der **Tractus corticostriatalis**, der im Striatum endet, ist eine der Hauptverbindungen des Kortex mit den Basalganglien. Das Striatum erhält über ihn eine diffuse **erregende** Projektion mit Glutamat als Transmitter von großen Bereichen des somatosensorischen und motorischen Kortex (besonders von Area 4 und 6). Der Trakt erregt die Neurone des Striatum, die wiederum die Zellen des Globus pallidus hemmen.

Projektion Basalganglien → Kortex: Das Striatum projiziert über **Globus pallidus** und **motorischen Thalamus** wieder zurück auf den motorischen Kortex, den es auf diese Weise kontrolliert (Abb. **N-2.5**). Die Kontrolle des Kortex durch die Basalganglien ist besonders für die Planung und Durchführung von Bewegungen von Bedeutung. Die Verbindungen zwischen Globus pallidus und Thalamus sind als **Ansa lenticularis** bzw. **Fasciculus thalamicus** bekannt. Die striatalen Projektionen auf den Thalamus sind hemmend mit GABA als Transmitter. Für die Signale vom Striatum (bzw. Putamen) zum Thalamus und danach zum Kortex gibt es zwei Wege, einen direkten und einen indirekten:

- **Direkter Weg**: Die Axone der Neurone des Putamens ziehen auf parallelen Wegen sowohl zum **Globus pallidus internus** (medialis) als auch zur **Substantia nigra** (Pars reticularis). Von diesen Zwischenzielen projizieren die Neurone dann über den Thalamus zum Kortex. Die Fasern vom Globus pallidus internus zum Thalamus (VL) bilden die **Ansa lenticularis**. Die **Pars reticularis** der Substantia nigra (**SNr**) projiziert mit hemmenden (GABAergen) Neuronen auf den motorischen Thalamus. Auf dem direkten Weg wird der Thalamus enthemmt (erregt), weil die Hemmung durch das mediale Pallidum bzw. die SNr reduziert wird (Abb. **N-2.5** und

N 2.2 Motorisches System

N-2.5 Verbindungen zwischen motorischen Kortexarealen und Basalganglien

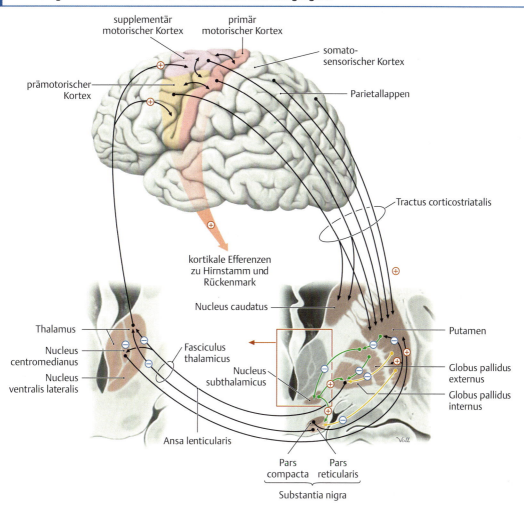

Nach Integration und Verarbeitung kortikaler und subkortikaler Informationen werden diese über den Thalamus zu motorischen Kortexarealen (zurück)geleitet. Die beiden möglichen Wege zur Informationsweiterleitung aus dem Putamen sind durch unterschiedliche Farben gekennzeichnet (direkter Weg = gelb, indirekter = grün). (Prometheus LernAtlas. Thieme, 3. Aufl.)

Abb. **N-2.6a**). Die Folge ist eine **Erregung des Motorkortex** durch den Thalamus und damit eine **Förderung von Bewegungen** durch den direkten Weg.
- **Indirekter Weg**: Die Efferenzen des Putamens ziehen zuerst zum **Globus pallidus externus** (lateralis), um dann über die Neurone des **Ncl. subthalamicus** wieder den **Globus pallidus internus** und die Substantia nigra (Pars reticularis) zu erreichen. Auf diesem Weg wird der Ncl. subthalamicus enthemmt, der nun seinerseits das mediale Pallidum erregt und so die Hemmung des Thalamus steigert. Über den indirekten Weg werden **Bewegungen gehemmt** (Abb. **N-2.5** und Abb. **N-2.6a**).

Beeinflussung des Schaltkreises: Die **Pars compacta** der **Substantia nigra** (**SNc**) übt retrograd eine erregende Wirkung auf das **Striatum** aus. Diese Erregung des Striatums wird durch die Freisetzung von **Dopamin** durch die Fasern der SNc im Striatum und nachfolgende Bindung des Neurotransmitters an **D 1-Rezeptoren** verursacht. In den Somata der SNc-Zellen kommt auch **Melanin** vor, das die dunkle Färbung der Substantia nigra verursacht und der Struktur ihren Namen gegeben hat. Die D 1-positiven Neurone liegen am Beginn des direkten Weges.
Allerdings kommen auf den Zellen des Striatums auch **D 2-Rezeptoren** vor, über die Dopamin gleichzeitig eine hemmende Wirkung besitzt. Es wird daher angenommen, dass im Striatum zwei Wege zum Globus pallidus beginnen, von denen der eine (der direkte) durch Freisetzung von Dopamin erregt und der andere (indirekte) gehemmt wird.
Da das Striatum den Globus pallidus und die Substantia nigra hemmt, die wiederum eine hemmende Wirkung auf VL und VA besitzen, kommt es bei Aktivierung des Striatums durch den Kortex zu einer **Disinhibition des motorischen Thalamus**.

Beeinflussung des Schaltkreises: Eine wichtige Verbindung ist die erregende Projektion der Substantia nigra (Pars compacta) auf das Striatum bzw. Putamen. Der Transmitter in diesem Weg ist **Dopamin**, das auf **D 1-Rezeptoren** wirkt.

Vereinfacht liegt folgende Verschaltung vor: Das Striatum **hemmt** auf dem **direkten Weg** den Globus pallidus und die Substantia nigra, die wiederum den motorischen Thalamus (VA, VL) **hemmen**. Eine Aktivierung des Striatum durch den Kortex führt deswegen zu einer **Disinhibition (Erregung)** des motorischen Thalamus. Der Thalamus erregt dann über Glutamat den motorischen Kortex und fördert so Bewegungen. Umgekehrt kann es bei einer Läsion der Basalganglien auch zu einer **gesteigerten Hemmung** des Thalamus und damit zu einer **Bewegungsarmut** kommen. Diese Situation liegt beim **Morbus Parkinson** vor.

Der Thalamus erregt dann über Glutamat den motorischen Kortex und **fördert so Bewegungen**. Umgekehrt kann es bei einer Läsion in einer der oben skizzierten Stationen der Basalganglien zu einer verminderten Enthemmung des Thalamus und damit zu einer **Bewegungsarmut** kommen. Insgesamt sind jedoch wegen der komplexen Verschaltung der Basalganglien die motorischen Folgen des Ausfalls eines Kerns nur schwer vorhersagbar. Dies liegt auch daran, dass neben den erwähnten Kernen noch andere in die Schaltkreise eingebunden sind, wie z. B. der Ncl. centromedianus und Ncl. medialis dorsalis thalami. Auch das Zerebellum ist hier nicht berücksichtigt.

▶ **Klinik.** Die **Parkinson-Erkrankung** („Schüttellähmung") ist primär durch eine Degeneration der dopaminergen Zellen der Substantia nigra, pars compacta (SNc) verursacht. (Im Präparierkurs sollte deshalb auf Schnitten durch das Mesenzephalon gezielt nach einer Verkleinerung der schwarzgefärbten SN gesucht werden). Die Degeneration der SNc-Zellen bewirkt einen **Dopaminmangel im Striatum.** Die normalerweise vorhandene Erregung des Striatum durch die SNc über D 1-Rezeptoren ist deswegen vermindert. Dies führt zu einer Enthemmung des Globus pallidus, Pars internum, der wiederum den motorischen Thalamus verstärkt hemmt (Abb. N-2.6b). Der erregende Einfluss des Thalamus auf den Motorkortex ist dadurch vermindert.
Gleichzeitig fehlt im Striatum die Hemmung der Neurone über D 2-Rezeptoren am Beginn des indirekten Weges, der Bewegungen hemmt. So kommt es beim Morbus Parkinson zu einer Enthemmung der Bewegungshemmung (= **verstärkte Bewegungshemmung**) kombiniert mit der obigen **Hemmung der Bewegungsförderung**. Insgesamt resultiert aus diesen Störungen Bewegungsarmut (**Hypo-** bis **Akinese**). Darüber hinaus besteht bei den Patienten **Ruhetremor** und ein erhöhter Muskeltonus (**Rigor**).
Als Therapie bietet sich u. a. die Zufuhr von Dopamin an, das man in seiner Vorstufe (L-DOPA) verabreicht. Im Gegensatz zu Dopamin kann L-DOPA die Blut-Hirn-Schranke (S. 1169) überwinden. Die Vorstufe wird dann in den Basalganglien in Dopamin umgewandelt. Alternativ kann eine Dauerstimulation der überaktiven Zellen im **Ncl. subthalamicus** eingesetzt werden (Abb. N-2.6b). Die Stimulation wird über Drahtelektroden appliziert und blockiert die Zellen. Dadurch wird die Hemmung des Thalamus vermindert und Bewegung gefördert.

⊙ N-2.6 **Funktionelle Verschaltung zwischen den Basalganglien**

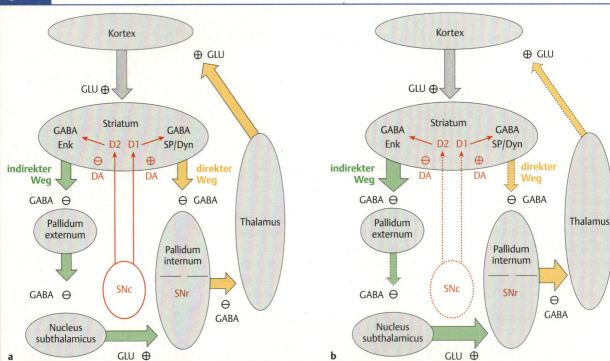

a Normale Funktion der kortikalen Bewegungskontrolle durch die Basalganglien. Das Striatum wird über den Tr. corticostriatalis vom Kortex erregt. Im Striatum beginnt der **bewegungsfördernde direkte Weg** und der **bewegungshemmende indirekte Weg**. Beide stehen unter dem Einfluss des Dopamins, das von den Fasern der Substantia nigra, Pars compacta, freigesetzt wird. Dopamin fördert über D 1-Rezeptoren die Aktivität im direkten Weg, während es über D 2-Rezeptoren den indirekten Weg hemmt. Im Striatum sind neben dem Haupttransmitter GABA die Kotransmitter Enkephalin (Enk) bzw. Substanz P (SP) und Dynorphin (Dyn) angegeben. Die D 2- und D 1-positiven Neurone verwenden unterschiedliche Kombinationen der Transmitter.
b Beim Morbus Parkinson ist die **SNc degeneriert** und produziert vermindert Dopamin. Daher fehlt die Förderung des direkten Wegs und damit insgesamt die Bewegungsförderung. Gleichzeitig ist der indirekte Weg enthemmt, der **Ncl. subthalamicus** ist überaktiv und verstärkt die Hemmung des Thalamus. Dadurch wird die Bewegungsförderung des Kortex vermindert. Anmerkung: Pallidum internum und SNr verhalten sich gleich und sind daher als eine Struktur zusammengefasst. SNr = Substantia nigra, Pars reticularis; SNc = Substantia nigra, Pars compacta, DA = Dopamin. NB: Es gibt mehrere Formen von Morbus Parkinson.

N 2.2 Motorisches System

Deszendierende Bahnen mit Ursprung in motorischen Kernen des Hirnstamms

Deszendierende Trakte: Die motorischen Kerne des Hirnstamms sind der Ursprung von deszendierenden Trakten, die nicht zum Pyramidenbahnsystem gerechnet werden, aber oft Kollateralen von der Pyramidenbahn erhalten (s. u.). Zu diesen Trakten gehören folgende (Abb. **N-2.7a**):

- **Tractus reticulospinales** (Ursprung in der Formatio reticularis des Hirnstamms),
- **Tractus rubrospinalis** (Ursprung im Ncl. ruber),
- **Tractus tectospinalis** (Ursprung im Tectum, den Colliculi superiores der Vierhügelplatte) und
- **Tractus vestibulospinales** (Ursprung in den Ncll. vestibulares lateralis und medialis).

Von den Basalganglien hat die **Substantia nigra, Pars reticularis**, Verbindungen mit den Colliculi superiores und der Formatio reticularis. Die SNr kann daher die deszendierenden Trakte beeinflussen. Die Trakte sind an Willkürbewegungen nicht direkt beteiligt, sondern steuern den Ablauf von Bewegungen **reflektorisch**. Ein Beispiel ist das Zusammenzucken bei einem plötzlichen Geräusch; dieses Zusammenzucken wird über den Tractus reticulospinalis vermittelt. Die Ursprungskerne werden von diffus verteilten kortikalen Neuronen angesteuert. Die Trakte sind insgesamt für die

Deszendierende Bahnen mit Ursprung in motorischen Kernen des Hirnstamms

Deszendierende Trakte: Die motorischen Kerne des Hirnstamms sind der Ursprung von deszendierenden Trakten, die nicht zum Pyramidenbahnsystem gerechnet werden. Zu diesen Trakten gehören u. a. die Folgenden (Abb. **N-2.7a**):

- **Tractus reticulospinales**,
- **Tractus rubrospinalis**,
- **Tractus tectospinalis** und
- **Tractus vestibulospinales**.
- Sie beeinflussen die Motorik auf **reflektorischem** Wege.

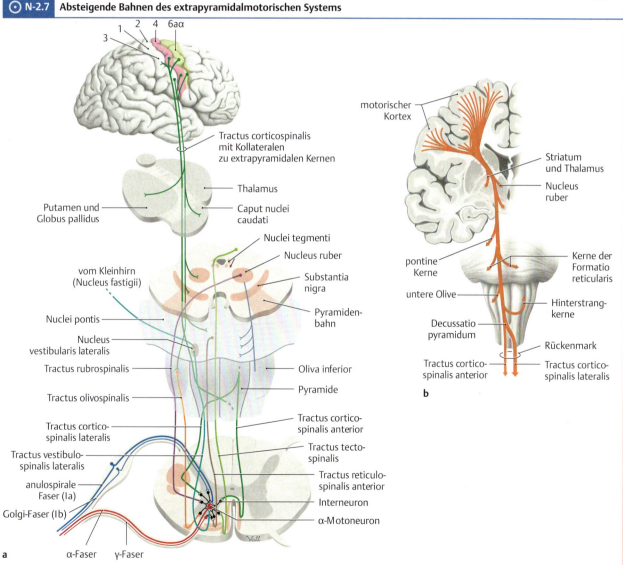

N-2.7 Absteigende Bahnen des extrapyramidalmotorischen Systems

(Prometheus LernAtlas. Thieme, 3. Aufl.)

a Die Haupttrakte des deszendierenden extrapyramidalmotorischen Systems sind die Tractus rubrospinalis, tectospinalis, olivospinalis, vestibulospinales und reticulospinales, von denen einige noch in Untertrakte gegliedert werden (z. B. Tractus vestibulospinalis medialis und lateralis). Der Tractus reticulospinalis anterior (oder medialis) entspringt von der Formatio reticularis des Pons.
b Die Übersicht über kortikale motorische Efferenzen macht deutlich, dass die Pyramidenbahn eine Vielzahl von Kollateralen an Kerngebiete des Hirnstamms abgibt, von denen einige zum extrapyramidalmotorischen System gerechnet werden.

Die motorischen Kerne des Hirnstamms und deren Verbindungen werden auch als **extrapyramidalmotorisches System** (**EPMS**) bezeichnet. Allerdings ist eine scharfe Trennung zwischen Pyramidensystem und EPMS aus vielen Gründen nicht sinnvoll (Abb. **N-2.7b**).

▶ Klinik.

2.2.3 Motorische Endstrecke

▶ Definition.

Die wichtigsten motorischen Trakte des Rückenmarks sind der **Tractus corticospinalis lateralis** und **anterior**, beides Teile der Pyramidenbahn. Der extrapyramidale **Tractus rubrospinalis** liegt direkt ventral vom Tractus corticospinalis lateralis (Abb. **N-2.8**). Er leitet zerebelläre Information vom Ncl. ruber des Mesenzephalons (S. 1115) nach kaudal zu den spinalen Motoneuronen.
Die γ-Motoneurone zu **intrafusalen** Muskelfasern der Muskelspindeln (S. 1198) werden wahrscheinlich v. a. von den extrapyramidalen Bahnen (EPMS) kontaktiert.

Art und Weise verantwortlich, in der Bewegungen ausgeführt werden. Über die Pyramidenbahn wird dagegen entschieden, **ob** Bewegungen eingeleitet werden.

Extrapyramidalmotorisches System (EPMS): Für die motorischen Kerne des Hirnstamms und die von ihnen ausgehenden deszendierenden motorischen Bahnen wird auch der Begriff extrapyramidalmotorisches System (EPMS) verwendet, besonders im klinischen Sprachgebrauch.
Allerdings ist eine scharfe Trennung zwischen Pyramidenbahn und EPMS aus mehreren Gründen nicht sinnvoll:
- Die kortikalen Ursprungsneurone, deren Axone in die Pyramidenbahn bzw. auf die Kerne des EPMS projizieren, sind meist identisch (Abb. **N-2.7b**).
- Pyramidenbahn und EPMS werden immer zusammen aktiviert.
- Ein Teil der Kerne, die zum EPMS gerechnet werden, haben auch nicht-motorische Funktionen (z. B. bei der Verarbeitung von Affekten).

▶ Klinik. In der Klinik hat sich die Unterscheidung zwischen Pyramidenbahn und EPMS eingebürgert, weil sich die motorische Symptomatik nach Ausfällen in den Basalganglien und den motorischen Kernen des Hirnstamms von der nach pyramidalen Schädigungen unterscheidet. So kommt es bei **Läsionen des Pyramidensystems** zu **Lähmungen**, die bei Ausfällen im EPMS fehlen. **Störungen des EPMS** äußern sich eher in der Art und Weise, **wie** die Bewegungen durchgeführt werden. Der kleinschrittige Gang von Parkinson-Patienten ist ein Beispiel für eine solche Bewegungsstörung.

2.2.3 Motorische Endstrecke

▶ Definition. Unter der motorischen Endstrecke wird die synaptische Anbindung der deszendierenden pyramidalen und anderen motorischen Trakte an die α- und γ-Motoneurone des Hirnstamms und Rückenmarks verstanden.

Abb. **N-2.8** zeigt einen Querschnitt durch das Rückenmark mit den deszendierenden motorischen Trakten. Es wird angenommen, dass der **Tractus corticospinalis lateralis** und **anterior** die Motoneurone über Interneurone erreichen, aber wahrscheinlich gibt es auch direkte Kontakte. Von den extrapyramidalen Bahnen ist der **Tractus rubrospinalis** besonders auffällig; er liegt direkt ventral vor dem Tractus corticospinalis lateralis. Der Ursprung des Trakts ist der Ncl. ruber im Mesenzephalon (S. 1115). Der Kern erhält seinen Hauptantrieb aus dem Zerebellum über den oberen Kleinhirnstiel. Die **γ-Motoneurone** werden wahrscheinlich vorwiegend von den extrapyramidalen Bahnen (EPMS) kontaktiert. Diese Motoneurone erregen die **intrafusalen** Muskelfasern der Muskelspindeln und erhöhen so die Empfindlichkeit dieser Rezeptoren gegen Dehnung des Muskels (S. 1198).

⊙ N-2.8 Deszendierende motorische Trakte des Rückenmarks

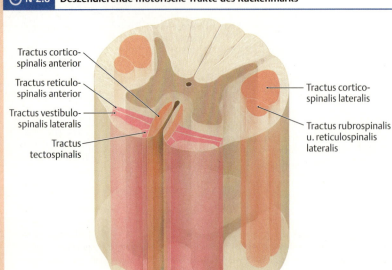

Anordnung der deszendierenden Bahnen in einem Abschnitt des Rückenmarks. Typisch ist z. B. die Lage des Tractus rubrospinalis im Seitenstrang ventral vom Tractus corticospinalis lateralis.
(Prometheus LernAtlas. Thieme, 3. Aufl.)

N 2.2 Motorisches System

▶ **Klinik.** Die Unterbrechung des **1. motorischen Neurons** (zwischen Motorkortex und α-Motoneuron = **zentrale** Läsion) führt zunächst zur **schlaffen Lähmung**, die jedoch nach einiger Zeit in eine **spastische Lähmung** übergeht. Eine mögliche Erklärung für die spastische Symptomatik ist die, dass der hemmende Einfluss der mitverletzten extrapyramidalen Bahnen (bes. des Tr. rubrospinalis und reticulospinalis) auf die γ-Motoneurone weggefallen ist. Dadurch werden die Muskelspindeln überaktiv, die dann über den monosynaptischen Reflexbogen die α-Motoneurone erregen. Eine Verletzung des **2. motorischen Neurons** (des α-Motoneurons = **periphere** Läsion) verursacht dagegen eine **rein schlaffe Lähmung**, bei der im Gegensatz zur Läsion des 1. Neurons die Dehnungsreflexe (in der Klinik häufig mit MER = Muskeleigenreflexe abgekürzt) abgeschwächt sind und Pyramidenbahnzeichen (S. 1171) fehlen. So ist klinisch eine **zentrale** von einer **peripheren Lähmung** zu unterscheiden. Unabhängig vom Schädigungsort wird eine inkomplette Lähmung als **Parese** (Kraftminderung) bezeichnet, eine komplette als **Plegie**.

▶ **Klinik.**

Die **Erregbarkeit** der α-Motoneurone hängt nicht nur von der Aktivität in den deszendierenden Bahnen, sondern auch von **segmentalen Afferenzen** der Haut und der tiefen Gewebe ab, die über Interneurone teils aktivierend, teils hemmend wirken. Daher bestimmt die Balance zwischen diesen vielfältigen synaptischen Einflüssen, ob ein Motoneuron aktiviert oder gehemmt wird.
Das α-Motoneuron unterliegt weiterhin einer rekurrenten Hemmung durch die sog. **Renshaw-Zelle**. Sie wird von einer Kollaterale des α-Motoaxons erregt (Transmitter ist Acetylcholin) und hemmt das α-Motoneuron durch Glyzin und GABA.

Die **Erregbarkeit** der α-Motoneurone ist nicht nur von der Aktivität der deszendierenden Bahnen, sondern auch von segmentalen Afferenzen der Haut und der tiefen Gewebe abhängig.
Die **Renshaw-Hemmung** ist eine rekurrente Hemmung, die das α-Motoneuron durch Freisetzung von Glyzin und GABA hemmt.

▶ **Klinik.** Der **Wundstarrkrampf** (**Tetanus**), der durch Infektion erdverschmutzter und schlecht durchbluteter Wunden mit dem Bakterium Clostridium tetani hervorgerufen wird, führt durch Übererregbarkeit der α-Motoneurone zu Krämpfen. Der zugrunde liegende Mechanismus ist folgender: Das von den Bakterien gebildete **Tetanustoxin** wird per Endozytose vom präsynaptischen Teil der neuromuskulären Endplatte (S. 84) aufgenommen und im Axon des α-Motoneurons retrograd zum zugehörigen Soma transportiert. Hier verlässt das Toxin die Zelle und dringt in die Renshaw-Zellen ein, die normalerweise das α-Motoneuron über Freisetzung des Transmitters **GABA** und **Glyzin** hemmen. Dies wird durch das Toxin verhindert, das Synaptobrevin spaltet und so die Exozytose der Transmitter verhindert. Dadurch kommt es zum Wegfall der Hemmung und folglich zur Übererregbarkeit des α-Motoneurons.

▶ **Klinik.**

Zu jedem Muskel gehört eine Population von α-Motoneuronen im Vorderhorn, die sich meist über mehr als ein Rückenmarksegment erstreckt, d. h. die Motoneurone bilden **Säulen** (Abb. **N-2.9**). Die Säulen zeigen eine angedeutete **Somatotopie**: Im Vorderhorn des Zervikalmarks liegen die Flexor-Motoneurone mehr dorsal, die Extensor-Motoneurone mehr ventral. Die Motoneurone der Stamm- und proximalen Muskeln sind eher medial, die der distalen Muskeln eher lateral im Vorderhorn angeordnet.

Die α-Motoneurone sind im spinalen Vorderhorn in Form von **Säulen** mit angedeuteter Somatotopie angeordnet (Abb. **N-2.9**): Extensor-Motoneurone → ventral, Flexor-Motoneurone → dorsal. Motoneurone der proximalen Muskeln → medial, die der distalen Muskeln → lateral.

⊙ N-2.9 Durch Motoneurone gebildete Säulen im Rückenmark

(Prometheus LernAtlas. Thieme, 3. Aufl.)

a In der dreidimensionalen Darstellung ist das Anordnungsprinzip der säulenartigen Kerngebiete innerhalb der Columna anterior erkennbar.

b Am Beispiel des Zervikalmarks ist die Somatotopie der Kernsäulen innerhalb des Vorderhorns dargestellt.

(nach Bossy)

Beschriftungen Abbildung a: Kernsäule, Radix anterior, Plexus, peripherer Nerv, plurisegmental innervierter Muskel

Beschriftungen Abbildung b: Neurone der Beugemuskulatur, Nucleus retroposterolateralis, Nucleus posterolateralis, Nucleus anterolateralis, Neurone der Streckmuskulatur, mediale Kerngruppe

2.2.4 Entstehung von Willkürbewegungen

Der **Entschluss** eine Bewegung auszuführen, entsteht hauptsächlich im **präfrontalen Kortex** (Abb. **N-2.10**), der auf den prämotorischen und supplementärmotorischen Kortex projiziert (Tab. **N-2.2**). Der **primäre motorische Kortex** führt die (Gelenk-)Bewegung aus. Parallel dazu werden **Basalganglien** und **Zerebellum** aktiviert, die über den **motorischen Thalamus** zurück zum Kortex projizieren.

Der Entschluss, eine bestimmte Bewegung durchzuführen, entsteht in Neuronenpopulationen ausgedehnter Bereiche des **präfrontalen Kortex** (Abb. **N-2.10**). Die Erregung erreicht dann den **prämotorischen** und **supplementärmotorischen** Kortex (Tab. **N-2.2**), die beide eine gewisse Somatotopie besitzen. Andere Kortexareale sind ebenfalls an dem Entschluss beteiligt. In diesen Gebieten wird das **Bewegungsprogramm** entworfen (die zeitliche Reihenfolge der Kontraktionen verschiedener Muskeln mit unterschiedlicher Kraft). Im Kortex sind nicht die Bewegungen einzelner Muskeln repräsentiert, sondern Kontraktionen ganzer Muskelgruppen, die zu Gelenkbewegungen führen. Die Bewegung wird dann durch den **primären motorischen Kortex** ausgeführt. Parallel zu den kortikalen Vorgängen werden **Basalganglien** und **Zerebellum** aktiviert, um den Ablauf der Bewegung zu kontrollieren. Beide letztgenannten Gebiete projizieren über den **motorischen Thalamus** zum Kortex zurück.

▶ Exkurs: Bereitschaftspotenzial im EEG als Ausdruck für Entschluss und Programmentwicklung einer Willkürbewegung.

▶ Exkurs: Bereitschaftspotenzial im EEG als Ausdruck für Entschluss und Programmentwicklung einer Willkürbewegung. Etwa 500 ms **vor dem Beginn** einer Willkürbewegung kann bei einer Ableitung der elektrischen Hirnströme im **Elektroenzephalogramm** (**EEG**) von großen Gebieten des Lobus frontalis und parietalis eine Negativität registriert werden, die als Ausdruck des Entschlusses zu einer Bewegung und der Programmentwicklung interpretiert wird (sog. **Bereitschaftspotenzial**). Die Registrierung des Potenzials ist aufwändig, da die Probanden willkürliche Bewegungen durchführen müssen, d. h. ein Startsignal darf nicht gegeben werden. Das EEG muss vom Beginn der Bewegung ausgehend **rückwärts** ausgewertet und über viele Abläufe gemittelt werden.

N-2.10 Stationen der Willkürmotorik

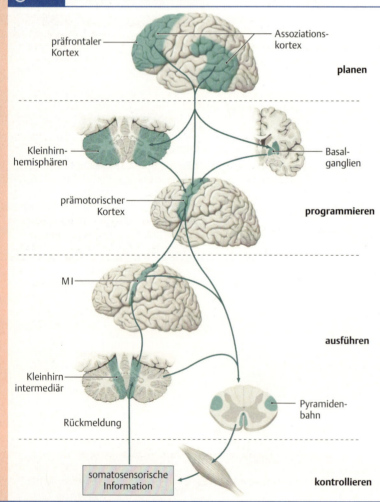

Vereinfachte Darstellung der an einer Willkürbewegung beteiligten Strukturen. Zu beachten ist, dass der primäre motorische Kortex nicht die erste, sondern zusammen mit dem prämotorischen Kortex die letzte Station vor der Durchführung der Bewegung ist. Bei der Bewegungsausführung werden neben der Pyramidenbahn auch extrapyramidale Bahnen aktiviert, die in der Abb. nicht dargestellt sind.

(Prometheus LernAtlas. Thieme, 3. Aufl., nach Klinke und Silbernagl)

Klinischer Fall: Älterer Mann mit Bewegungsstörung

09:45

Herr Hans Keller, 79 Jahre, kommt zu einem seiner regelmäßigen Hausarztbesuche.

10:15

H.K.: Ich jammer ja nur ungern, aber langsam hab ich das Gefühl, ich werde echt alt. Wenn ich eine Weile in meinem Sessel saß, komme ich nur ganz schwer wieder hoch. Aber dann so, dass ich mein, ich kipp gleich vornüber. Außerdem zittern meine Hände in letzter Zeit öfter. Meine Schrift ist auch nicht mehr die Alte: früher war ich ein richtiger Schönschreiber, aber nun wird die Schrift am Ende der Zeile immer kleiner und so krakelig. Muss wohl auch bald auf e-Mails umsteigen...

Aus Herrn Kellers Vorgeschichte weiß ich, dass er bis auf einen kleinen Schlaganfall im Versorgungsgebiet der linken A. cerebri media vor einigen Jahren keine relevanten Erkrankungen hat.
Die vom Patienten geschilderten Symptome sind typisch für ein Morbus Parkinson. Daher überweise ich Herrn Keller in die Neurologie.

2 Wochen später
Körperliche Untersuchung

Bei der körperlichen Untersuchung fallen der Ambulanzärztin mehrere typische Symptome des Morbus Parkinson auf: Die Mimik des Patienten wirkt gemindert. Herr Keller kann sich nur mühsam vom Stuhl erheben. Beim Gehen trippelt er zunächst einige Schritte, bis er richtig „in Schwung" kommt („Starthemmung"). An Armen und Beinen besteht ein sog. „Zahnradphänomen".

„Starthemmung". Für das Parkinson-Syndrom typisch ist außerdem die gebeugte Körperhaltung. (aus Masuhr, KF., Masuhr F., Neumann M. Duale Reihe Neurologie, 7. Auflage, Stuttgart, Thieme 2013)

„Zahnradphänomen": Bei passiver Gelenkbewegung fällt eine rhythmische Unterbrechung des Dehnungswiderstandes auf. (aus Masuhr, KF., Masuhr F., Neumann M. Duale Reihe Neurologie, 7. Auflage, Stuttgart, Thieme 2013)

3 Tage später
Dopamin-Test

Um die Verdachtsdiagnose zu erhärten, führt die Ärztin einen L-Dopa-Test durch. Dabei erhält der Patient nüchtern oral Dopamin. Beim Morbus Parkinson bessern sich daraufhin typischerweise die Symptome – so auch bei Herrn Keller.

Beginn der Therapie

Anhand der klinischen Untersuchung und des positiven L-Dopa-Tests wird die Diagnose Morbus Parkinson endgültig gestellt. Herr Keller erhält als Therapie L-Dopa (Dopamin) und Benserazid (verhindert die Metabolisierung von L-DOPA) oral. Seine Beschwerden bessern sich deutlich.

Nach 3 Jahren
Erhöhung der L-DOPA-Dosis

Nach 3 Jahren muss ich die Dosis des L-DOPA bei Verschlimmerung der Beschwerden verdoppeln. Herr K. benötigt nun bei schlechter Beweglichkeit immer mehr Hilfe im Alltag.

1 Jahr später

Nach einer Lungenentzündung verschlechtert sich der Allgemeinzustand von Herrn K. drastisch. Er erleidet kurz darauf einen großen Schlaganfall (Mediainfarkt links), an dem er stirbt.

Fragen mit anatomischem Schwerpunkt

1. Können Sie sich erklären, warum es bei Degeneration dopaminerger Zellen in der Pars compacta der Substantia nigra zu einer Hypokinesie („Bewegungsarmut") kommt?
2. Wie erklären Sie sich das Entstehen von Hyperkinesien (pathologisch gesteigerte Motorik) bei Ausfall des Ncl. subthalamicus?
3. Welche Form der Bewegungsstörung entsteht, wenn im Striatum die motorikfördernden Anteile ausfallen?

! Antwortkommentare im Anhang

2.3 Sensorische Systeme

▶ Definition. Unter dem Begriff „Sensorik", der lange Zeit im deutschen Sprachgebrauch den afferenten (zentripetalen) Verbindungen von den speziellen Sinnesorganen (Auge, Ohr, Geschmacks- und Geruchsorgan) vorbehalten war, werden heute zunehmend alle afferenten Verbindungen zusammengefasst. Damit folgt man der Verwendung des Begriffs „sensory" im angloamerikanischen Sprachgebiet. Auch wenn im Deutschen die früher übliche Unterscheidung zwischen „sensorischen" Afferenzen spezieller Sinnesorgane und allen anderen Afferenzen – die als „sensibel" bezeichnet werden – weiterhin verwendet wird, folgt dieses Kapitel dem internationalen Gebrauch. Somit ist eine zusammenhängende Darstellung aller afferent zum ZNS und innerhalb des ZNS geleiteten Informationen möglich.

Bei der Darstellung des visuellen, auditorischen, vestibulären olfaktorischen und gustatorischen Systems wird hier der Schwerpunkt auf die primär afferenten und zentralnervösen Vorgänge gelegt. Der Aufbau der Sinnesorgane ist in den Kapiteln Auge (S. 1049), Ohr (S. 1074), Nase und Nasennebenhöhlen (S. 1039) und Geschmacksorgan (S. 1012) beschrieben.

Innerhalb der sensorischen Systeme unterscheidet man zwei Typen von Sinneszellen:

Primäre Sinneszelle: Der periphere Fortsatz des primär afferenten Neurons geht direkt in die rezeptive Nervenendigung über, d. h. die erste Synapse befindet sich erst im ZNS (Abb. **N-2.11a**).
Beispiele sind die Sinneszellen des olfaktorischen Epithels (S. 1045) bzw. Riechepithels (S. 1238) und die freien Nervenendigungen der Somato- und Viszerosensorik.

Sekundäre Sinneszelle: Die Rezeptorzelle selbst bildet keine Aktionspotenziale (S. 195), sondern ist über eine Synapse mit der afferenten Faser des PNS verbunden (Abb. **N-2.11b**).
Beispiele sind die Sinneszellen der Geschmacksknospen (S. 1241) und die Haarzellen des Innenohrs (S. 1229).

N-2.11 Primäre und sekundäre Sinneszelle

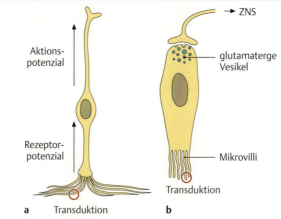

Transduktion = Entstehung eines Rezeptorpotenzials durch Einwirkung eines Reizes.
(Prometheus LernAtlas. Thieme, 2. Aufl.)

a Bei der primären Sinneszelle wie z. B. den Zellen des olfaktorischen Epithels hat das primär afferente Neuron neben der Weiterleitung des Reizes auch Rezeptorfunktion.
b Bei sekundären Sinneszellen dagegen liegt zwischen der Rezeptorzelle und der afferenten Faser eine Synapse wie z. B. bei Zellen der Geschmacksknospen.

2.3.1 Somatosensorik und Viszerosensorik

▶ Definition. Unter **Somatosensorik** fasst man die über Somatoafferenzen geleitete Information aus Haut, Skelettmuskulatur und Gelenken zusammen. **Viszerosensorik** umfasst die über Viszeroafferenzen geleitete Information aus inneren Organen und Blutgefäßen.

Einteilung und Aufbau somatosensorischer Bahnen

Einteilung: Die Somatosensorik wird unterschiedlich eingeteilt; ein Beispiel zeigt Tab. **N-2.3**. Propriozeptive Vorgänge bleiben oft unbemerkt. Dies bedeutet, dass die Informationen nicht bewusst werden, sondern für die automatisch ablaufende Kon-

N 2.3 Sensorische Systeme

N-2.3	Somatosensorik	
Sinnesmodalität		**beteiligte Trakte**
Mechanorezeption	Tast-, Berührungs- und Vibrationssinn	■ Hinterstrangsystem ■ Tractus spinothalamicus anterior
Schmerz- und Temperatursinn		■ Tractus spinothalamicus lateralis ■ Tractus spinoreticularis
Propriozeption	bewusste Tiefensensibilität (Stellungs-, Bewegungs- und Kraftsinn)	■ Hinterstrangsystem
	unbewusste Propriozeption für motorische Kontrolle	■ u. a. Tractus spinocerebellaris anterior und posterior

trolle der Motorik und des Gleichgewichts verwendet werden. Diese Informationen erreichen nicht den Kortex, sondern laufen vorwiegend über die spinozerebellären Trakte (S. 1201). Die bewusste Propriozeption, die den Stellungs- und Bewegungssinn vermittelt, verläuft dagegen über das Hinterstrangssystem.

Man stößt des Öfteren auf die Unterscheidung zwischen epikritischer und protopathischer Sensibilität, die sich auch im klinischen Alltag wiederfindet (s. u.). Dabei versteht man unter **„epikritischer Sensibilität"** eine sensorische Information mit hoher zeitlich-räumlicher Auflösung und Erkennbarkeit wie z. B. Berührungsempfindungen von der Haut. Die **„protopathische Sensibilität"** bezeichnet Sinnesempfindungen mit geringer Auflösung wie z. B. Schmerzempfindungen. Da in den Begriffen eine Wertung der Sinnesinformation enthalten ist, die in dieser scharfen Abgrenzung nicht korrekt ist, wird in diesem Kapitel eine solche Unterscheidung nicht mehr gemacht.

Der Begriff **„epikritische Sensibilität"** kennzeichnet Sinnessysteme mit hoher räumlicher und zeitlicher Auflösung (z. B. Tastsinn), die der **„protopathischen Sensibilität"** fehlt (z. B. Temperatursinn). Diese Unterteilung enthält eine Wertung und ist umstritten; sie wird aber noch von einigen Autoren verwendet.

▶ **Klinik.** Bei der neurologischen Untersuchung kann die sog. epikritische Sensibilität z. B. mit einem Zirkel geprüft werden. Dabei wird untersucht, bis zu welchem minimalen Abstand der Zirkelspitzen der Patient noch zwei separate Punkte spürt (sog. **Zwei-Punkt-Diskrimination**, gemessen als simultane Raumschwelle). Dabei gibt es Normbereiche, die je nach Körperregion unterschiedlich sind.

▶ **Klinik.**

Allgemeiner Aufbau: Alle **somatosensorischen Bahnen** bestehen aus einer Kette von Neuronen, die über Synapsen miteinander verbunden sind. Die Bahnen für die Mechanorezeption sowie Thermo- und Nozizeption enthalten nur **drei Neurone** (S. 213):

- Das **erste Neuron** reicht von der rezeptiven Nervenendigung in der Peripherie bis zur ersten Synapse im Rückenmark oder der Medulla oblongata. Das erste Neuron ist histologisch eine pseudounipolare Zelle (S. 92), dessen Zellkörper (Soma, Perikaryon) sich im **Spinalganglion** befindet. Das Soma mit seinem peripheren und zentralen Fortsatz wird auch **primär afferentes Neuron** genannt.
- Das **zweite Neuron** liegt in Rückenmark oder Medulla oblongata, ist meist vom multipolaren Typ und projiziert mit seinem Axon zum **Thalamus** oder – im Fall der unbewussten Propriozeption (s. u.) – zum Zerebellum.
- Das **dritte Neuron** verbindet den Thalamus mit den somatosensorischen Anteilen des **Kortex** (Gyrus postcentralis), in dem nach allgemeiner Auffassung die bewussten Sinnesempfindungen entstehen.

Allgemeiner Aufbau: Alle aszendierenden Bahnen bestehen aus einer **Kette von Neuronen**, die über Synapsen miteinander verbunden sind. Die Bahnen für die Mechanorezeption sowie Thermo- und Nozizeption enthalten **drei Neurone**:
- Das **erste Neuron** reicht vom Rezeptor bis zum Rückenmark bzw. Medulla oblongata (**primär afferentes Neuron**),
- das **zweite** vom Rückenmark oder Medulla oblongata bis zum Thalamus, und
- das **dritte** vom Thalamus zum Kortex.

▶ **Merke.** Allgemein gilt, dass der Thalamus für fast alle bewussten Sinnesmodalitäten (Somatosensorik, Hören, Sehen) die letzte Station vor Erreichen des Kortex ist. Eine Ausnahme bildet die Riechbahn, die nicht über den Thalamus verläuft.

▶ **Merke.**

Die genannte vereinfachte Darstellung der Bahnen berücksichtigt nicht die Tatsache, dass in den sensorischen Kerngebieten durchaus noch Interneurone zwischengeschaltet sein können. Darüber hinaus geben die Neurone auf fast allen Stationen Kollateralen an andere Zentren ab. Deshalb ist auch die Trennung zwischen bewusster und unbewusster Tiefen- oder Viszerosensibilität nicht so scharf wie hier dargestellt.

Im Folgenden werden die Bahnsysteme nach funktionellen Gesichtspunkten abgehandelt. Dabei erfolgt jeweils zunächst die Darstellung der Bahnen für den Körper ohne den Kopf und im Anschluss die der entsprechenden trigeminalen Bahnen.

Die folgende Darstellung erfolgt nach funktionellen Gesichtspunkten und zunächst für den Körper ohne Kopf.

Mechanorezeption und Propriozeption

Hinterstrangsystem und Tractus spinothalamicus anterior

▶ Synonym.

Funktion: Die **Mechanorezeption** (besonders von der Haut) sowie die (bewusste) **Tiefensensibilität** werden durch zwei Bahnen vermittelt, nämlich das Hinterstrangsystem und den Tractus spinothalamicus anterior.

Mechanorezeption und Propriozeption

Hinterstrangsystem und Tractus spinothalamicus anterior

▶ Synonym. Spino-bulbo-thalamo-kortikales System

Funktion: Hinterstrangsystem und Tractus spinothalamicus anterior, ein Teil des Vorderseitenstrangs (S. 1101), dienen der **Mechanorezeption** und der **Propriozeption**, sodass funktionell zwei Anteile unterschieden werden:

- **Sinnesmodalität Mechanorezeption:** Informationswege, die Sinnesempfindungen von den Mechanorezeptoren der Haut vermitteln (Sinnesqualitäten: **Tast-**, **Berührungs-**, **Druck-** und **Vibrationssinn**). Unter Tastsinn wird meist das aktive Betasten von Gegenständen verstanden (haptische Wahrnehmung), Berührungssinn ist eher die passive Wahrnehmung von äußeren Reizen (taktile Wahrnehmung). Als **Sinnesqualität** wird ein Aspekt einer Sinnesmodalität verstanden, wobei üblicherweise für jede Sinnesqualität ein eigener Rezeptor vorhanden ist. Allerdings werden durch einen Reiz (z. B. Berührung) oft mehrere Rezeptortypen erregt.
- **Bewusste Propriozeption:** Informationswege für die **Tiefensensibilität**, die Sinnesempfindungen von den Rezeptoren der Muskeln und Gelenke vermitteln. Die Tiefensensibilität hat die Sinnesqualitäten **Stellungs-**, **Bewegungs-** und **Kraftsinn**.

Rezeptoren der Mechanorezeption: Hierbei handelt es sich um verschiedene **Hautrezeptoren** (Abb. N-2.12):

- **Merkel-Zellen** für den Berührungs- und empfindlichen Drucksinn.

Rezeptoren der Mechanorezeption: Bei den Rezeptoren der Mechanorezeption handelt es sich um verschiedene **Hautrezeptoren** (Abb. N-2.12) mit relativ dicken markhaltigen afferenten Nervenfasern (Aβ-Fasern). Sie vermitteln unterschiedliche Sinnesqualitäten:

- Der **Berührungs-** und **empfindliche Drucksinn** wird über langsam adaptierende **Merkel-Zellen** oder **Merkel-Zell-Komplexe** (Merkel-Zelle plus afferente Endigung) vermittelt. Langsam adaptierend – slowly adapting, daher **SA-Rezeptoren** genannt – bedeutet, dass die Endigungen bei einem länger anhaltenden Reiz Entladungen für die gesamte Dauer des Reizes zeigen. Diese Rezeptoren kommen (vorwiegend bei Tieren) in der behaarten Haut als Tastscheibe mit mehreren Merkel-Zellen vor. Sie liegen im Stratum basale der Epidermis (S. 1267). Wegen ihrer anhaltenden Erregung bei langdauernden Reizen sind diese Rezeptoren in der Lage, Informationen über ständig vorhandene Umweltreize zu vermitteln (z. B. Druck der Kleidung). Ihre Entladungsfrequenz ist hauptsächlich von der Intensität (Stärke) des mechanischen Reizes abhängig; daher werden sie auch **Proportionalitäts-** (P-) oder **Intensitätsrezeptoren** genannt.

⊙ N-2.12 Rezeptoren der Haut

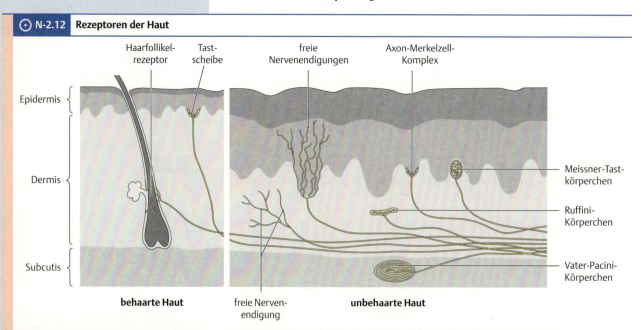

Schematische Darstellung der Rezeptoren in behaarter und unbehaarter Haut. Zu beachten ist, dass die freien Nervenendigungen als einzige Rezeptoren weit in die Epidermis hineinreichen. In der behaarten Haut kommen Meissner-Korpuskel nicht vor – hier wird der Tast- und Berührungssinn u. a. über Haarfollikelrezeptoren vermittelt. Ansonsten kommen die anderen Rezeptoren der unbehaarten Haut auch in der behaarten Haut vor (hier nicht dargestellt). (Prometheus LernAtlas. Thieme, 3. Aufl.)

N 2.3 Sensorische Systeme

- Der **Tast-** und **Berührungssinn** wird über mittelschnell adaptierende **Meissner-Körperchen** (in unbehaarter Haut) und **Haarfollikelrezeptoren** (in behaarter Haut) vermittelt. Mittelschnell adaptierend bedeutet, dass die Endigungen bei konstanter Reizstärke eine schnell abfallende Entladungsfrequenz zeigen (rapidly adapting, **RA-Rezeptoren**). Sie liegen im Stratum papillare (S. 1271) des Coriums (Dermis). Die Meissner-Körperchen werden aktiv zur taktilen Erkennung von Gegenständen eingesetzt (Rezeptoren des Tastsinns). Beide Rezeptoren sind in ihrer Entladungsrate primär von der Geschwindigkeit der Reizänderung abhängig, daher der Name **Differenzial-** (D-) oder **Geschwindigkeitsrezeptoren**. Mischformen, die sowohl auf die Intensität als auch Geschwindigkeit der Reizänderung ansprechen, heißen entsprechend Proportional-Differenzial- oder PD-Rezeptoren.
- Der **Vibrationssinn** wird über sehr schnell adaptierende **Pacini-Korpuskel** (PC-Rezeptoren nach Pacini) vermittelt. Wichtig ist die von diesen Rezeptoren kommende Information u. a. für das Erkennen von rauen Oberflächen beim Betasten und die Feststellung, dass ein festgehaltener Gegenstand in der Hand rutscht. Sie liegen in der Subcutis der Haut (S. 1272). Pacini-Korpuskel reagieren auf die Änderung der Reizgeschwindigkeit pro Zeit, d. h. auf die Beschleunigung des mechanischen Reizes (**Beschleunigungsrezeptoren**). Die effektivsten Reize sind daher mechanische Schwingungen, bei denen sich die Geschwindigkeit des Reizes ständig ändert (z. B. Vibrationen eines Lenkrads, Schwingungen einer Stimmgabel).
- Der **Drucksinn** wird über langsam adaptierende **Ruffini-Korpuskel** vermittelt. Sie liegen im Corium und in der Subcutis und benötigen wegen ihrer tiefen Lage stärkere Druckreize für ihre Erregung als Merkel-Zellen.

Rezeptoren der bewussten Propriozeption: Die bewusste Propriozeption wird über **Muskelrezeptoren** (**Muskelspindeln**), **Sehnenrezeptoren** (**Golgi-Organe**) und Rezeptoren der Gelenkkapsel vermittelt (Abb. **N-2.13**):

Die **Muskelspindeln** (S. 85) sind parallel zu den Muskelfasern angeordnet und werden daher bei Dehnung des Muskels gedehnt und bei Kontraktion entlastet. Die eigentlichen rezeptiven Endigungen sind spiralige (anulospirale) Endverzweigungen, die sich als terminale Äste um die Mitte der **intrafusalen** Muskelfasern wickeln (**primäre Muskelspindelafferenzen**). Weitere Muskelspindelafferenzen sind die sog. Blütendolden-(flower spray-)Endigungen (**sekundäre Muskelspindelafferenzen**), die seitlich von der Mitte der intrafusalen Fasern liegen. Die Fasern der primären Muskelspindelafferenzen werden als **Gruppe-Ia-Fasern** bezeichnet und gehören zu den dicksten markhaltigen Nervenfasern des Körpers (entsprechend den efferenten Aα-Fasern zum Muskel, s. Tab. **A-2.14**). Die Afferenzen der sekundären Endigungen gehören zu den weniger dicken markhaltigen **Gruppe-II-Fasern** (entsprechen den Aβ-Fasern der Haut, s. Tab. **A-2.14**).

Der adäquate Reiz für die Erregung der Muskelspindelrezeptoren ist eine **Dehnung** des Muskels, die über eine Dehnung des zentralen Teils der intrafusalen Muskelfasern zu einer Verformung der rezeptiven Endigungen führt. Eine solche Dehnung

- **Meissner-Körperchen** für den Tast- und Berührungssinn und **Haarfollikelrezeptoren**. Letztere kommen (natürlich) nur in der behaarten Haut vor und dienen ebenfalls dem Berührungssinn.

- **Pacini-Korpuskel** für den Vibrationssinn.

- **Ruffini-Korpuskel** vermitteln Druckempfindungen.

Rezeptoren der bewussten Propriozeption: siehe Abb. **N-2.13**.

Muskelspindeln (S. 85) messen die Muskellänge und die Geschwindigkeit der Längenänderung. Sie vermitteln unmittelbar die subjektive Empfindung von Gelenkstellung und -bewegung als Teil der bewussten Tiefensensibilität. Die primären Endigungen der Muskelspindeln sind über Ia-Fasern mit dem ZNS verbunden.

Muskelspindeln haben eine **efferente Verstellung** der Empfindlichkeit, die über γ-Motoaxone bewirkt wird.

N-2.13 Rezeptoren in Muskel und Sehne

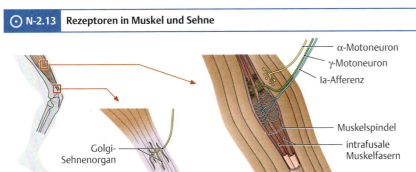

Muskelspindeln (rechts im Bild) sind PD-Rezeptoren, die die Muskellänge und Änderungen der Länge messen. Sie finden sich im gesamten Muskel. Zentraler Bestandteil sind intrafusale Muskelfasern, deren periphere Anteile über efferente γ-Motoneurone zur Kontraktion gebracht werden. Dies dehnt die zentralen Anteile mit den Rezeptoren und erhöht die Empfindlichkeit der Spindel. Die wichtigste afferente Faser ist die Ia-Faser, die von den primären Endigungen der Spindel kommt. Die sekundären Endigungen sind in der Abbildung nicht dargestellt, sie liegen zwischen γ-Endplatte und Ia-Endigung.

Sehnenorgane (links im Bild) haben keine efferenten Fasern, die Afferenz ist die Ib-Faser. Diese Organe messen die Spannung des Muskels. (Prometheus LernAtlas. Thieme, 3. Aufl.)

des zentralen Teils der intrafusalen Muskelfasern kann auch durch eine Kontraktion der Enden der intrafusalen Muskelfasern erreicht werden. Diese Kontraktion wird über die Aktivierung von motorischen γ-Fasern (S. 198), deren Somata im Vorderhorn des Rückenmarks liegen, ausgelöst. Die durch die γ-Motoneurone bewirkte Kontraktion dehnt die zentralen Anteile der intrafusalen Muskelfasern vor und **erhöht** so die **Empfindlichkeit der Spindeln gegenüber Muskeldehnung**.

▶ **Merke.**

▶ **Merke.** Die Aktivität der Muskelspindeln wird subjektiv nicht als Muskeldehnung empfunden, sondern unmittelbar in die Empfindung der **Gelenkstellung oder -bewegung** umgesetzt. Die Muskelspindeln sind somit die wichtigsten Rezeptoren der bewussten Tiefensensibilität, die über die Stellung und Bewegung der Gelenke informieren.

Die frühere Annahme, dass die Information über die Gelenkstellung von Dehnungsrezeptoren in der Gelenkkapsel ausgeht, muss als überholt angesehen werden. Diese Rezeptoren sind hauptsächlich am Ende der physiologischen Gelenkstellung aktiv und können daher keine Information über mittlere Gelenkstellungen liefern. Derzeit wird angenommen, dass die Stellung eines Gelenks zentralnervös über die afferente Aktivität einer Vielzahl von Muskelspindeln errechnet wird.

Sehnen-Organe messen die Kraft in Längsrichtung des Muskels und werden durch **Dehnung und Kontraktion** des Muskels erregt. Die afferenten Nervenfasern der Golgi-Organe werden als **Ib-Fasern** bezeichnet (ihre Dicke entspricht den Ia- und Aα-Fasern, s. Tab. **A-2.14**).

Die **Sehnen-** bzw. **Golgi-Organe** sind in Reihe zu den **extrafusalen** Muskelfasern angeordnet (d. h. Rezeptoren und Muskelfasern liegen hintereinander) und befinden sich meist am Muskel-Sehnen-Übergang. Hier liegen sie zwischen Muskelfasern auf der einen und Faserbündeln der Sehne auf der anderen Seite. Sie werden daher sowohl durch **Dehnung** als auch durch **Kontraktion** des Muskels erregt. Die rezeptiven Endigungen der Sehnenorgane sind einfache Endverzweigungen der afferenten Nervenfasern (der **Ib-Fasern**, deren Dicke den Aα-Fasern entspricht, s. Tab. **A-2.14**). Die Endigungen verzweigen sich zwischen dünnen Bündeln der Kollagenfasern der Sehne.

Ob die Aktivität in den afferenten Nervenfasern der Sehnenorgane zu subjektiven Empfindungen führt, ist nicht gesichert. Wahrscheinlich erfüllen sie eher eine Funktion im Rahmen der **unbewussten Tiefensensibilität**. Eine Rolle bei der Vermittlung des Kraftsinns wird diskutiert.

▶ **Merke.**

▶ **Merke.** Aktivität in Ib-Fasern hemmt die α-Motoneurone des Muskels, in dem sie liegen.

Die frühere Annahme, dass die Sehnenorgane durch Hemmung der α-Motoneurone eine Überlastung des Muskels verhindern, gilt als überholt. Die Sehnen-Organe sind mechanisch sehr empfindlich und sprechen weit vor Erreichen der Belastungsgrenze des Muskels an.

Im Gegensatz zu früheren Annahmen erfüllen die Sehnenorgane jedoch keine Schutzfunktion bei einer Überlastung des Muskels durch zu starke Kontraktionen. Neuere Untersuchungen haben gezeigt, dass die Sehnenorgane sehr empfindlich sind und bereits durch die Kontraktion von wenigen Muskelfasern erregt werden. Wahrscheinlich sind sie bei der Durchführung von **Gehbewegungen** beteiligt (Hemmung des Agonisten und Förderung des Antagonisten).

▶ **Merke.**

▶ **Merke.** Alle genannten Rezeptoren und Afferenzen schicken ihre Information auch in die Tractus spinocerebellares und dienen damit auch der unbewussten Propriozeption (S. 1201).

Aufbau des Hinterstrangsystems

Funktion: Vermittlung von Tast- und Berührungssinn sowie bewusster Tiefensensibilität.

Erstes Neuron: Die **erste Synapse** des Systems befindet sich in den **Hinterstrangkernen** in der Medulla oblongata (**Ncl. gracilis** für die untere Körperhälfte und **Ncl. cuneatus** für die obere, Abb. **N-2.14a**). Die zugehörigen aszendierenden Nervenfasern (**Fasciculus gracilis** und **cuneatus**) bestehen aus den zentralen Fortsätzen der Spinalganglienzellen und bilden zusammen den **Hinterstrang** (**Funiculus posterior**) des Rückenmarks (S. 1101).

Aufbau des Hinterstrangsystems

Funktion: Das Hinterstrangsystem vermittelt den **Tast-** und **Berührungssinn** sowie die **bewusste Tiefensensibilität**.

Erstes Neuron: Das primär afferente Neuron reicht vom Rezeptor in der Körperperipherie bis zur ersten Synapse in der dorsalen Medulla oblongata in den **Hinterstrangkernen** (Ncll. gracilis und cuneatus; Abb. **N-2.14a**) lateral vom kaudalen Ende der Rautengrube. Die aszendierenden Kollateralen der zentralen Fortsätze der Spinalganglienzelle bilden im Rückenmark zwei Nervenfaserstränge (Fasciculi), die zusammen den **Hinterstrang = Funiculus posterior** (S. 1101), ergeben:

- Der **Fasciculus gracilis** (Goll) befindet sich medial. Er leitet Informationen von der unteren Körperhälfte und endet im **Ncl. gracilis**.
- Der **Fasciculus cuneatus** (Burdach) liegt lateral. Er vermittelt Informationen von der oberen Körperhälfte und endet im **Ncl. cuneatus**.

Hier sei bereits erwähnt, dass es noch einen **Ncl. cuneatus accessorius** gibt, der lateral vom Ncl. cuneatus liegt und Teil des propriozeptiven Tractus cuneocerebellaris (S. 1202) ist.

N 2.3 Sensorische Systeme

▶ **Merke.** Das erste Neuron des Hinterstrangsystems kann sehr lang sein. Es reicht z. B. von den kutanen Mechanorezeptoren der Zehen ohne Umschaltung bis zur Medulla oblongata innerhalb des Schädels.

▶ **Merke.**

Zweites Neuron: Das zweite Neuron hat sein Soma in den Hinterstrangkernen und projiziert mit seinem Axon bis zum **Ncl. ventralis posterolateralis = VPL** (S. 1127) des Thalamus (Abb. **N-2.14a**). Die Axone der zweiten Neurone **kreuzen** sofort nach den Hinterstrangkernen auf die Gegenseite und bilden zusammen den **Lemniscus medialis**, die mediale Schleife. Die Schleife steht in der Medulla oblongata (direkt nach der Kreuzung) wie eine schmale Platte in sagittaler Richtung, um sich dann weiter rostral (im Pons und Mesenzephalon) mehr frontal zu orientieren. Die Fasern der medialen Schleife enden im Ncl. ventralis posterolateralis (VPL) des Thalamus.

Zweites Neuron: Die Axone des zweiten Neurons **kreuzen** direkt nach Verlassen der Hinterstrangkerne auf die Gegenseite und bilden den **Lemniscus medialis**, die mediale Schleife. Sie enden im Ncl. ventralis posterolateralis = VPL (S. 1199) des **Thalamus** (Abb. **N-2.14a**).

▶ **Klinik.** Da das Hinterstrangsystem erst kranial von den Hinterstrangkernen kreuzt, sind Verletzungen des Systems kaudal der Kerne mit einem ipsilateralen (gleichseitigen) Ausfall der kutanen Mechanorezeption und bewussten Propriozeption verbunden.

▶ **Klinik.**

Drittes Neuron: Das Soma des dritten Neurons liegt im Thalamus und projiziert mit seinem Axon durch die Capsula interna hauptsächlich auf den **primären somatosensorischen Kortex (S 1)** im Gyrus Gyrus postcentralis (S. 1133), s. auch Abb. **N-2.14a**. Die Verarbeitung der Hinterstranginformation erfolgt in den Brodmann-Areae 1–3, wobei die Muskelrezeptoren eher Neurone in den Areae 3a und 3b beeinflussen. Besonders in Area 2 und 1 besteht eine ausgesprochene Somatopie, s. sensorischer Homunculus (S. 1138). Alle Neurone des Hinterstrangsystems benutzen Glutamat als Haupttransmitter.

Drittes Neuron: Die Axone des dritten Neurons (Soma im Thalamus) projizieren durch die Capsula interna zum **primären somatosensorischen Kortex (S 1)** im Gyrus postcentralis (S. 1133), die Brodmann-Areae 1–3 (Abb. **N-2.14a**).

⊙ **N-2.14** | **Hinterstrangsystem**

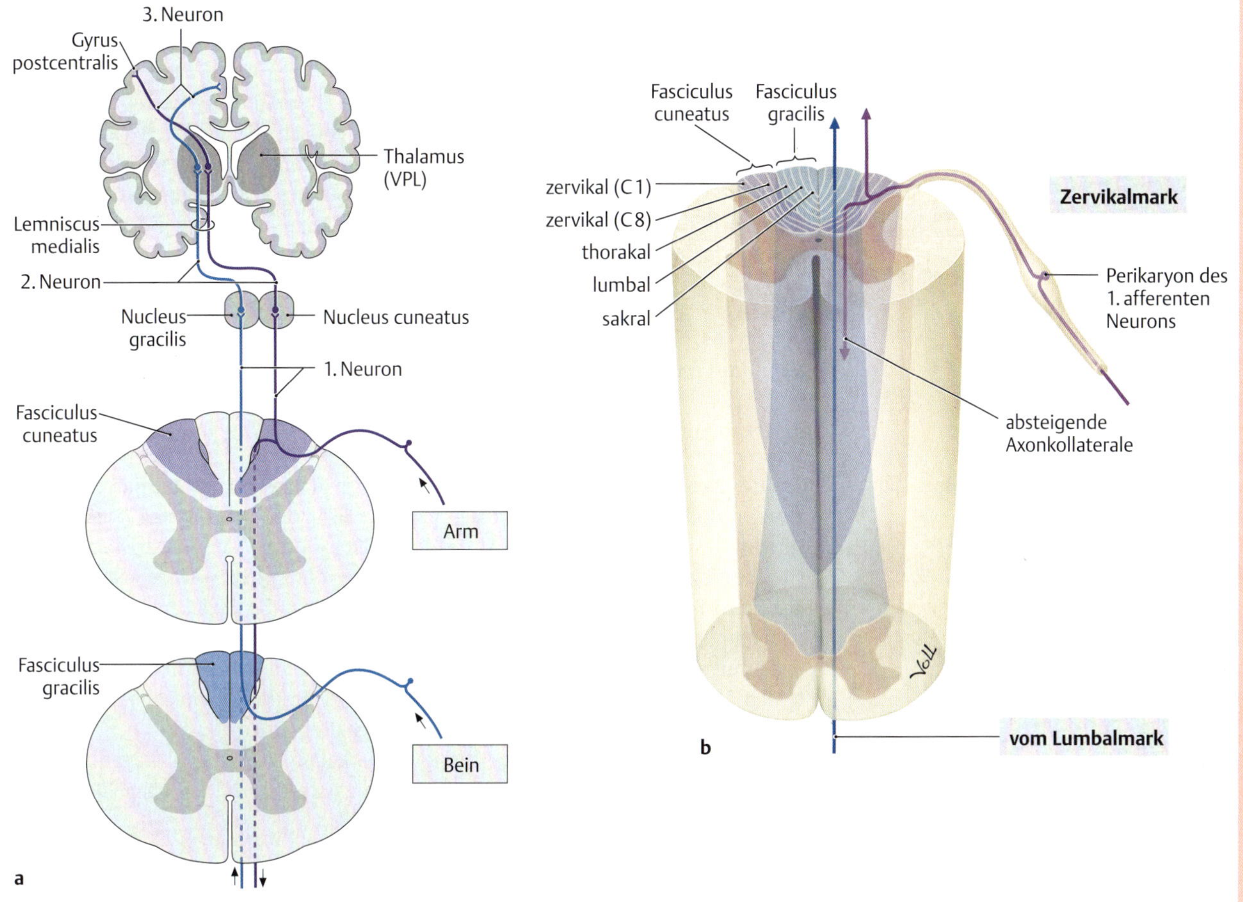

(Prometheus LernAtlas. Thieme, 3. Aufl.)

a Schematische Darstellung der Hinterstrangbahnen mit ihren Umschaltstationen: Ncl. gracilis (für Afferenzen aus der unteren Körperhälfte) bzw. Ncl. cuneatus (für Afferenzen aus der oberen Körperhälfte). Nach Kreuzung der Fasern im Lemniscus medialis bildet der Thalamus die nächste Umschaltstation, vgl. VPL (S. 1127).

b Somatotopie der Faserbündel in den Hintersträngen. Die am weitesten kaudal eintretenden Fasern liegen im Hinterstrang am weitesten medial. Weiter kranial eintretende Fasern legen sich von lateral an die vorhandenen Hinterstrangbündel an.

Somatotopie: Innerhalb des Hinterstrangs ist eine deutliche Somatopie vorhanden, d. h. benachbarte Faserbündel enthalten Nervenfasern, die von benachbarten Körperregionen kommen.

▶ Merke.

▶ Klinik.

Aufbau des Tractus spinothalamicus anterior

Funktion: Vermittlung von groben Druckempfindungen.

▶ Klinik.

Erstes Neuron: Die peripheren Mechanorezeptoren und die Afferenzen des 1. Neurons sind z. T. identisch mit denen des Hinterstrangsystems. Die Umschaltung der Information erfolgt allerdings im Hinterhorn des Rückenmarks.

▶ Merke.

Zweites Neuron: Das Axon des zweiten Neurons **kreuzt** auf die Gegenseite und bildet den **Tractus spinothalamicus anterior**. Die 2. Synapse befindet sich im **Thalamus**, s. VPL (S. 1199).

Drittes Neuron: s. Hinterstrangsystem.

Somatotopie: Die eintretenden Fasern legen sich von kontralateral kommend medial an die Bündel des Tractus spinothalamicus ant. an.

N   2   ZNS – funktionelle Systeme

Somatotopie: Die Nervenfasern innerhalb des Funiculus posterior zeigen eine deutliche Somatopie, d. h. benachbarte Faserbündel im Hinterstrang kommen von benachbarten Körpergebieten der Peripherie. Wenn man den Faserbündeln von kaudal nach rostral folgt, so legen sich die rostral einlaufenden Bündel lateral an die von kaudal kommenden Bündel im Hinterstrang an.

▶ Merke. Fasern, die von sakralen Segmenten kommen, liegen am weitesten medial im Hinterstrang, solche zervikalen Ursprungs am weitesten lateral (Abb. **N-2.14b**). Erst kranial des thorakalen Rückenmarks gibt es beide Fasciculi, kaudal davon ist nur der Fasciculus gracilis vorhanden.

▶ Klinik. Ein wichtiges Symptom bei Schädigung der Hinterstränge (z. B. bei **Tabes dorsalis** als Spätfolge der Syphilis) ist die sog. **sensorische** (Hinterstrang-)**Ataxie**, d. h. es liegt eine Koordinationsstörung der Muskulatur vor, die zu einem automatenhaften, eckigen Gang führt. Ursache ist der teilweise Ausfall der Information von den Rezeptoren der Tiefensensibilität (Muskelspindeln und Sehnenorganen), die für die Durchführung koordinierter Bewegungen nötig ist.

Aufbau des Tractus spinothalamicus anterior

Funktion: Im Gegensatz zum Hinterstrangsystem, das mechanische Reize mit hoher räumlicher und zeitlicher Auflösung detektiert, kann der Tractus spinothalamicus anterior nur relativ **grobe Druckempfindungen** vermitteln.

▶ Klinik. Die Annahme, dass der Tractus spinothalamius anterior an der Vermittlung von relativ **groben Druckempfindungen** beteiligt ist, rührt von der klinischen Beobachtung her, dass nach einer vollständigen Zerstörung der Hinterstränge die Patienten noch in der Lage sind grobe Druckreize wahrzunehmen.

Erstes Neuron: Die Mechanorezeptoren und die afferenten Fasern der primär afferenten Neurone sind in den meisten Fällen identisch mit denen, deren zentraler Fortsatz in den Hintersträngen aufsteigt (z. B. afferente Fasern von Merkel-Axon-Komplexen und Ruffini-Korpuskeln). Die Umschaltung der Information erfolgt aber nicht in den Hinterstrangkernen, sondern über kurze Kollateralen in den Hinterhornneuronen (s. Abb. **N-2.15**).

▶ Merke. Der zentrale Fortsatz des primär afferenten Neurons teilt sich nach dem Eintritt ins Rückenmark in eine lange aufsteigende Kollaterale für die Hinterstränge (s. o.) und eine **kurze Kollaterale**, die in die graue Substanz des spinalen Hinterhorns zieht. Hier befindet sich die **erste Synapse** im Verlauf des Tractus spinothalamicus anterior (Abb. **N-2.15**).

Zweites Neuron: Die Umschaltung auf das zweite Neuron erfolgt im Hinterhorn, und zwar im **Ncl. proprius**, der etwa den Laminae III und IV nach Rexed (S. 1100) entspricht. Es sind aber auch Umschaltstellen in den Laminae V–VII beschrieben worden. Hier liegen multipolare Neurone, deren Axone in der **Commissura alba anterior** (in der weißen Substanz ventral vom Zentralkanal) auf die Gegenseite **kreuzen**, um dann im Tractus spinothalamicus anterior aufzusteigen und im **VPL** (S. 1199) des Thalamus zu enden. Relativ zum Eintrittsort der afferenten Faser in das Rückenmark erfolgt die Kreuzung meist 1 oder 2 Segmente weiter kranial, wo auch die Information vom ersten auf das zweite Neuron umgeschaltet wird.

Die aszendierenden Fasern des Tractus spinothalamicus anterior liegen im Hirnstamm lateral von den Fasern des Hinterstrangsystems; im Mesenzephalon bilden sie den **dorsolateralen Teil des Lemniscus medialis**.

Drittes Neuron: Der weitere Verlauf entspricht dem des Hinterstrangsystems mit Projektion auf den Gyrus postcentralis.

Somatotopie: Auch im Tractus spinothalamicus anterior besteht eine somatotopische Anordnung der Faserbündel, allerdings kommen sie in diesem Fall von der kontralateralen Seite des Rückenmarks und legen sich daher von medial an die bereits vorhandenen Bündel des Tractus spinothalamicus anterior an.

N-2.15 Tractus spinothalamicus anterior

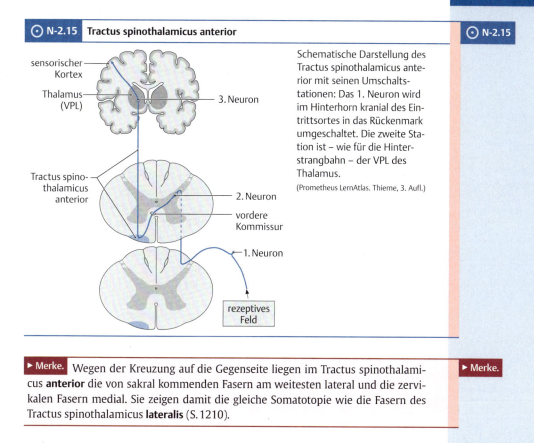

Schematische Darstellung des Tractus spinothalamicus anterior mit seinen Umschaltstationen: Das 1. Neuron wird im Hinterhorn kranial des Eintrittsortes in das Rückenmark umgeschaltet. Die zweite Station ist – wie für die Hinterstrangbahn – der VPL des Thalamus.
(Prometheus LernAtlas. Thieme, 3. Aufl.)

▶ **Merke.** Wegen der Kreuzung auf die Gegenseite liegen im Tractus spinothalamicus **anterior** die von sakral kommenden Fasern am weitesten lateral und die zervikalen Fasern medial. Sie zeigen damit die gleiche Somatotopie wie die Fasern des Tractus spinothalamicus **lateralis** (S. 1210).

Weitere propriozeptive Bahnen des Rückenmarks

Neben den Hintersträngen gibt es vier weitere Trakte für die **Tiefensensibilität**. Die Trakte erhalten wie der Hinterstrang Informationen von Muskelspindeln, Sehnenorganen und Gelenkrezeptoren.

Auch die Aktivität der Mechanorezeptoren der Haut erreicht die Trakte. Dies ist sinnvoll, denn für die Tiefensensibilität und die Steuerung von Bewegungen sind die Kontakte des Körpers mit der Unterlage (z. B. Vierfüßerstand, Sitzen, Anlehnen an eine Wand) von entscheidender Bedeutung. Aus der Tatsache, dass die vier Trakte **nicht im Kortex**, sondern im **Zerebellum** enden, kann abgeleitet werden, dass die in ihnen geleiteten Signale **keine bewussten Empfindungen** hervorrufen.

Die Trennung in bewusste und unbewusste Propriozeption ist wahrscheinlich nicht so scharf wie hier aus didaktischen Gründen dargestellt, denn über **Kollateralen zum Thalamus und danach zum Gyrus postcentralis** sind die drei Bahnen wohl auch an der bewussten Propriozeption beteiligt. Dies gilt z. B. für den Tractus spinocerebellaris posterior und cuneocerebellaris.

Für die Propriozeption von der **unteren Körperhälfte** sind die beiden folgenden Trakte zuständig (Abb. N-2.16):

- **Tractus spinocerebellaris anterior** (Gower): Er entspringt in Neuronen in der medialen Lamina V bis VII des Rückenmarks. Die meisten Axone der Ursprungszellen **kreuzen** im selben Segment auf die andere Seite und steigen ventral von den Fasern des Tractus spinocerebellaris posterior auf. Sie ziehen über den **oberen** Kleinhirnstiel (S. 1120) in das Zerebellum und **kreuzen** in der Decussatio pedunculorum superiorum (der oberen Kleinhirnstielkreuzung) **nochmals**, bevor sie vorwiegend in der Kleinhirnrinde enden. Damit liegen Beginn und Ende des Tractus auf derselben Körperseite. Ein Teil der Axone des zweiten Neurons scheint auch ipsilateral (ohne Kreuzung) im Rückenmark aufzusteigen.
NB: Der Trakt verläuft im Pons am unteren und mittleren Kleinhirnstiel vorbei, um dann über den oberen Kleinhirnstiel zum Zerebellum zu ziehen.

- **Tractus spinocerebellaris posterior** (Flechsig): Die Ursprungszellen dieses Trakts liegen im **Ncl. thoracicus posterior** oder **dorsalis** (**Stilling-Clarke Säule**) in der medialen Lamina VII des Rückenmarks (Perikaryon des 2. Neurons). Der Name thoracicus deutet an, dass der Kern hauptsächlich im thorakalen Rückenmark vor-

---

Weitere propriozeptive Bahnen des Rückenmarks

Die **propriozeptive Information** wird (außer in den Hintersträngen) hauptsächlich in **4 Trakten** nach kranial ins Zerebellum geleitet. Die **Hauptfunktion** der Trakte besteht in der **unbewussten Steuerung von Gleichgewicht und motorischer Aktivität**, aber über kollaterale Verbindungen zum sensorischen Kortex können die Trakte evtl. auch zur bewussten Tiefensensibilität beitragen.

Zwei Trakte sind für die Propriozeption von der **unteren Körperhälfte** zuständig (Abb. N-2.16):

- Der **Tractus spinocerebellaris anterior** hat seinen Ursprung in spinalen Neuronen der Lamina V–VII, **kreuzt** zum größten Teil auf die andere Seite und zieht über den **oberen** Kleinhirnstiel in das Zerebellum, wo er vor Erreichen der Kleinhirnrinde **nochmals kreuzt**.
- Der **Tractus spinocerebellaris posterior** entspringt im **Ncl. thoracicus** (Stilling-Clarke-Säule) und erreicht das Zerebellum **ungekreuzt** über den **unteren** Kleinhirnstiel.

Für die **obere Körperhälfte**:
- Die **Fibrae cuneocerebellares** entspringen im **Ncl. cuneatus accessorius** und erreichen das Zerebellum über den unteren Kleinhirnstiel.
- Der **Tr. spinocerebellaris sup.** (bisher hauptsächlich bei Tieren nachgewiesen) hat seinen Ursprung im unteren Halsmark und zieht über den oberen und unteren Kleinhirnstiel ins Zerebellum.

▶ Klinik.

kommt (Th 1–L 2). Die Axone des Kerns steigen im **ipsilateralen** (gleichseitigen) dorsalen Teil des Funiculus lateralis lateral der Hinterwurzeleintrittszone auf. Sie erreichen u. a. als Teil des Moosfasersystems das **ipsilaterale** Zerebellum über den **unteren** Kleinhirnstiel. Auch dieser Trakt beginnt und endet demnach auf derselben Körperseite.

Die folgenden beiden Trakte leiten propriozeptive Signale aus der **oberen Körperhälfte** zum Zerebellum:
- **Fibrae cuneocerebellares** (**Tractus cuneocerebellaris**): Der Ursprungskern für diesen Trakt ist der **Nucleus cuneatus accessorius**, der lateral vom eigentlichen Ncl. cuneatus (Abb. **N-2.17**) in der Medulla oblongata liegt. Die afferenten Fasern des ersten Neurons erreichen den Kern ungekreuzt und ohne Umschaltung als Kollateralen des Fasciculus cuneatus. Nach Umschaltung ziehen die Axone des zweiten Neurons ungekreuzt über den unteren Kleinhirnstiel zum Zerebellum.
- **Tr. spinocerebellaris superior** wird als Äquivalent des Tr. spinocerebellaris ant. für die obere Körperhälfte angesehen, ist bisher aber hauptsächlich bei Tieren nachgewiesen worden. Sein Ursprung liegt im unteren Halsmark, er erreicht über den oberen und unteren Kleinhirnstiel das Zerebellum.
- Alle genannten propriozeptiven Trakte enden im Spinozerebellum.

▶ Klinik. Wegen der doppelten oder fehlenden Kreuzung der spinozerebellären Bahnen kommt es bei einer Läsion in einer Hemisphäre des Zerebellums zum Ausfall der unbewussten Propriozeption auf der ipsilateralen Körperseite.

N-2.16 Tractus spinocerebellares anterior und posterior

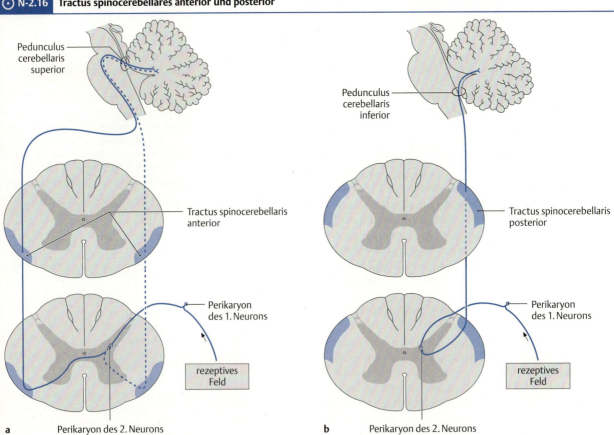

(nach Prometheus LernAtlas. Thieme, 3. Aufl.)
a Tractus spinocerebellaris anterior. Meist wird auf Rückenmarksebene ein gekreuzter (kontralateral aufsteigender) Verlauf angenommen, aber eventuell existiert auch ein ungekreuzter Trakt (gestrichelt).
b Tractus spinocerebellaris posterior.

N 2.3 Sensorische Systeme

⊙ N-2.17 Sensorische Bahnen im Rückenmark

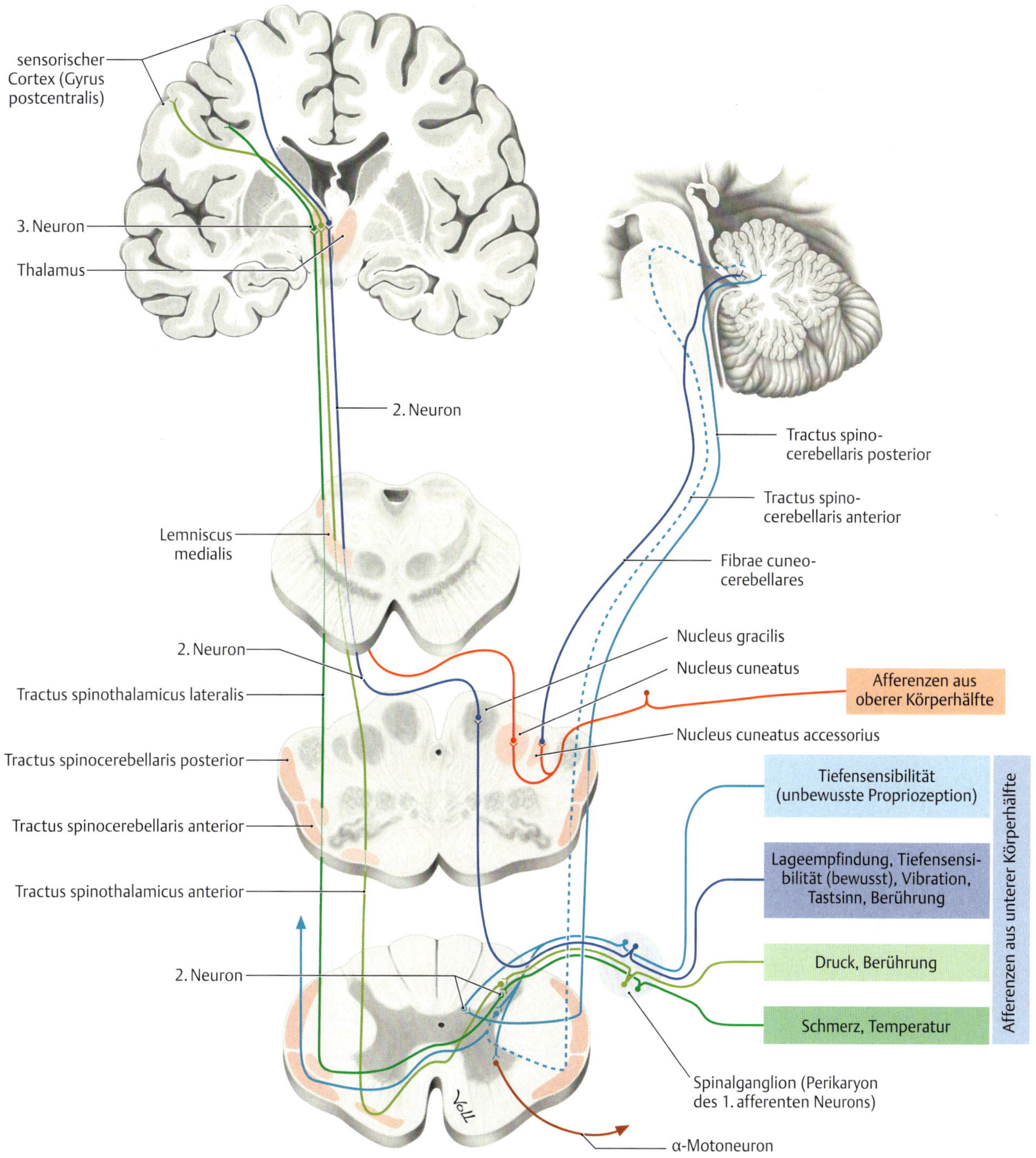

Synopsis aszendierender Bahnen. Beachte: Die Information von den Propriozeptoren, die zu bewussten Sinnesempfindungen führt, wird nicht in den spinozerebellären Bahnen, sondern im Hinterstrangsystem nach kranial geleitet. Die Umschaltstellen im Thalamus sind hier nur schematisch (nicht topografisch korrekt) wiedergegeben.
(nach Prometheus LernAtlas. Thieme, 3. Aufl.)

Mechanorezeption und Propriozeption im Kopfbereich

Trigeminale Mechanorezeption:

Erstes Neuron: Die Mechanorezeptoren des Kopfes sind identisch mit denen des restlichen Körpers. Die Somata des primären afferenten Neurons liegen im **Ganglion trigeminale** bzw. semilunare (klinisch: **Gasseri**), das in seiner Funktion einem Spinalganglion entspricht (s. auch Abb. **M-2.12**). Die zentralen Fortsätze der pseudounipolaren Zellen im Ggl. trigeminale ziehen in den Hirnstamm und bilden hier den **Tractus spinalis nervi trigemini**.

Mechanorezeption und Propriozeption im Kopfbereich

Trigeminale Mechanorezeption:

Erstes Neuron: Das Soma liegt im **Ganglion trigeminale**, seine peripheren Fortsätze kommen von den Mechanorezeptoren des Kopfes, die zentralen Fortsätze ziehen als **Tractus spinalis nervi trigemini** zu den Trigeminuskernen.

▶ Merke.

Zweites Neuron: Die erste Synapse liegt im **Ncl. spinalis n. trigemini** (Subnucleus oralis am rostralen Ende des Ncl. spinalis) und **Ncl. principalis n. trigemini** (Abb. **N-2.18**). Die Axone des 2. Neurons kreuzen größtenteils vor ihrem Aufstieg zum Thalamus auf die Gegenseite.

Drittes Neuron: Es befindet sich im **Ncl. ventralis posteromedialis** des Thalamus. Die Bahn endet im Repräsentationsgebiet des Kopfes in **S 1**.

▶ Merke.

▶ Merke. Im Ggl. trigeminale findet **keine** synaptische Umschaltung statt.

Zweites Neuron: Die erste synaptische Umschaltung für diese Afferenzen findet in zwei der drei afferenten Trigeminuskerne, dem **Ncl. spinalis nervi trigemini** (Subnucleus oralis am rostralen Ende des Ncl. spinalis) und dem **Ncl. principalis nervi trigemini** statt, die ipsilateral zum Eintritt der afferenten Fasern liegen (Abb. **N-2.18**, der dritte afferente Trigeminuskern ist der Ncl. mesencephalicus nervi trigemini).
Die Axone des zweiten Neurons im Ncl. principalis bzw. spinalis nervi trigemini kreuzen auf die Gegenseite und bilden den Lemniscus trigeminalis, um dann zum Thalamus aufzusteigen. Vom Ncl. principalis gibt es aber auch eine ungekreuzte trigeminothalamische Verbindung.

Drittes Neuron: Der weitere Weg der Mechanorezeption vom Kopf entspricht dem des Hinterstrangsystems, allerdings liegt das 3. (thalamische) Neuron im **Ncl. ventralis posteromedialis** (**VPM**) und die Bahn endet im Repräsentationsgebiet des Kopfes im primären sensorischen Kortex (**S 1**).

▶ Merke. Die Fortleitung der mechanorezeptiven Information aus dem Kopfbereich unterscheidet sich von der aus dem restlichen Körper durch den Ort der Umschaltung auf das 3. Neuron: Zwar liegt sie in beiden Fällen im **Thalamus**, jedoch für die Bahnen aus dem **Kopfbereich** im **VPM** (S. 1204), für die Fasern aus dem Hinterstrangsystem im **VPL** (S. 1199).

⊙ **N-2.18** Mechanorezeption und Propriozeption im Kopfbereich

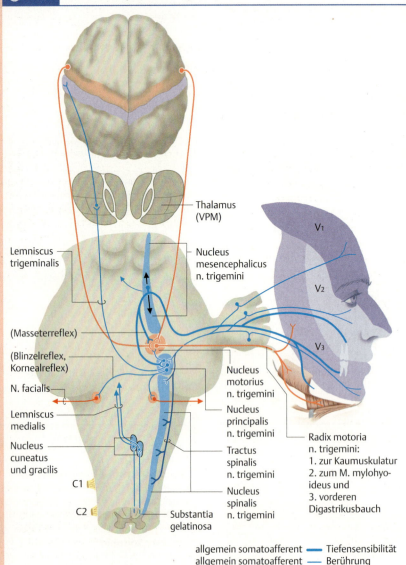

Übersicht über den Verlauf der Trigeminusfasern und ihre zentrale Verschaltung. Für die Mechanorezeption sind besonders der Ncl. principalis und der kraniale Teil des Ncl. spinalis nervi trigemini von Bedeutung. Der Ncl. mesencephalicus dient der Propriozeption und enthält die Somata der primär afferenten Neurone der Tiefensensibilität (pseudounipolare Zellen ohne Synapsen).
(Bähr, M., Frotscher, M.: Duus' Neurologisch-topische Diagnostik. Thieme, 2003)

Besonderheiten der trigeminalen Propriozeption:

> ▶ **Merke.** Der propriozeptive **Ncl. mesencephalicus nervi trigemini** (Abb. **N-2.18**) ist keine synaptische Umschaltstelle, sondern enthält die pseudounipolaren Somata der **Muskelspindelafferenzen** ipsilateraler Kaumuskeln. Somit stellt er eine Ausnahme dar, indem er die Funktion eines Spinalganglions erfüllt, aber im ZNS liegt.

Die zentralen Fortsätze der Neurone im Ncl. mesencephalicus nervi trigemini haben monosynaptische Kontakte mit den α-Motoneuronen des Ncl. motorius nervi trigemini, die die Kaumuskeln versorgen. Diese monosynaptische Verbindung ist die Grundlage für die Dehnungsreflexe der Kaumuskeln.

> ▶ **Klinik.** Durch Beklopfen des Unterkiefers in kaudaler Richtung bei leicht geöffnetem Mund kann man einen monosynaptischen Dehnungsreflex (**Masseterreflex**) auslösen. Er benutzt als afferenten Schenkel die Ia-Fasern des Muskels, als efferenten Schenkel die Motoneurone des Ncl. motorius nervi trigemini zum M. masseter (S. 1032). Eine zu starke Kontraktion des Muskels bei Beklopfen kann ein Zeichen für eine Schädigung der Verbindung vom Motorkortex zum motorischen Masseterkern im Pons sein.

Viszerosensorik

Funktion: Unter den Rezeptoren der Eingeweide sind Mechanorezeptoren, Chemorezeptoren und Nozizeptoren bekannt. Die afferenten Impulse von den Mechano- und Chemorezeptoren lösen vorwiegend **unbewusste reflektorische Regulationsprozesse** aus, wie z. B. die **Blutdruckregulation** über Pressorezeptoren des Sinus caroticus der A. carotis (S. 896) oder die Darmperistaltik. Es gibt aber auch Beispiele für **bewusste Empfindungen**, wie z. B. **Harndrang** (über Dehnungsrezeptoren der Blasenwand vermittelt) und **Hungergefühl** (über Mechanorezeptoren der Magenwand, die Kontraktionen des leeren Magens registrieren, sowie über Chemorezeptoren, die den Glukosespiegel messen). Viszerozeptoren steuern dabei über lokale Netzwerke die Motoneurone der glatten Muskeln (in autonomen Ganglien und dem Pl. myentericus) an.

Bahnen und Kerne: Über die zentralen Verbindungen der Viszerozeption ist bisher wenig bekannt. Die Somata der afferenten Fasern liegen in den **Ganglien des somatischen Nervensystems** (z. B. Spinalnerven, N. vagus, N. glossopharyngeus); die afferente Aktivität erreicht danach die **kaudalen** Teile des **Ncl. tractus solitarii** (S. 1108) im Hirnstamm. Der Ncl. tractus solitarii ist besonders als Teilgebiet der Afferenzen von Pressorezeptoren im Aortenbogen bekannt. Im Rückenmark sind in **Lamina X** (um den Zentralkanal) Neurone gefunden worden, die Information von viszeralen Rezeptoren verarbeiten. Für Eingeweideschmerzen scheinen auch die Tractus spinothalamicus lateralis und spinoreticularis von Bedeutung zu sein; evtl. gibt es aber noch weitere aszendierende Bahnen.

In welchen Gebieten des **Kortex** die Aktivität der Viszerozeptoren zu bewussten Empfindungen führt, muss derzeit noch offen bleiben. Es gibt Hinweise auf den **Lobus frontalis** und das benachbarte Vorderhirn als Entstehungsort dieser Empfindungen, aber auch andere Hirngebiete (Hypothalamus, limbisches System) erhalten viszerosensorische Information.

Nozizeption und Schmerz

> ▶ **Definition.** Unter **Nozizeption** werden alle **subkortikalen Vorgänge** verstanden, die der Aufnahme, Verarbeitung und Weiterleitung der Information über gewebsschädliche Reize dienen.
> **Schmerz** ist subjektiv und entsteht als **bewusste Sinnesempfindung** im **Kortex**.
> Nozizeptive Vorgänge laufen auch unter Narkose ab, die die Schmerzen ausschaltet.

Schmerzformen: „Den" Schmerz im allgemeinen Sinn gibt es nicht, sondern je nach Ursprung muss zwischen **Hautschmerz**, **somatischem Tiefenschmerz** und **Eingeweideschmerz** unterschieden werden (Abb. **N-2.19**). Der somatische Tiefenschmerz beinhaltet Schmerzen in Muskeln, Faszien, Bändern, Sehnen und Gelenken. Der **neuro-**

Trigeminale Propriozeption:

▶ **Merke.**

Die monosynaptische Verbindung des Kerns mit den α-Motoneuronen des Ncl. motorius nervi trigemini ist die Grundlage für Dehnungsreflexe der Kaumuskeln.

▶ **Klinik.**

Viszerosensorik

Funktion: Die Viszerozeption läuft meist ohne bewusste Empfindungen ab und dient der **reflektorischen Steuerung** innerer Organe (z. B. Blutdruckregulation, Darmperistaltik). **Bewusste Sinnesempfindungen** von Eingeweiden sind z. B. **Harndrang** und **Hunger**.

Bahnen und Kerne: Ein wichtiger Kern für die Vermittlung der Empfindungen ist der **Ncl. tractus solitarii** (z. B. als Zielort von Afferenzen der Pressorezeptoren im Aortenbogen); die Empfindungen von den Eingeweiden werden wahrscheinlich im **Lobus frontalis** bewusst. Eingeweideschmerzen werden u. U. von den Tractus spinothalamicus lat. und spinoreticularis vermittelt.

Nozizeption und Schmerz

▶ **Definition.**

Schmerzformen: Je nach Ursprung werden **Hautschmerz**, **somatischer Tiefenschmerz** und **Eingeweideschmerz** unterschieden (Abb. **N-2.19**). Der **neuropathische Schmerz**

N-2.19 Schmerzformen

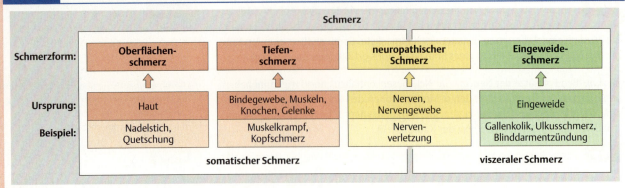

Unterscheidung von somatischem und viszeralem Schmerz anhand ihres Ursprungs. (Prometheus LernAtlas. Thieme, 3. Aufl.)

hat eine direkte Verletzung eines Nervs, einer Hinterwurzel oder zentralnervöser Strukturen als Ursache und kann zu allen Schmerzformen führen.
Beim Hautschmerz kann ein **erster** von einem **zweiten** Schmerz unterschieden werden, der beim Muskelschmerz fehlt.

▶ Klinik.

Schmerzkomponenten: Die wichtigsten Schmerzkomponenten (Abb. **N-2.20**) sind
- sensorisch-diskriminativ,
- affektiv-emotional,
- vegetativ-autonom,
- motorisch (Reflexe),
- psychomotorisch (Mimik) und
- kognitiv.

pathische Schmerz hat eine direkte Verletzung eines Nervs, einer Hinterwurzel oder zentralnervöser Strukturen als Ursache. Je nach Ursprung der verletzten Nervenfasern können somatische oder Eingeweideschmerzen die Folge sein.
Diese Unterscheidungen sind wichtig, da die zugrunde liegenden Mechanismen für die verschiedenen Schmerzformen nicht identisch sind. So tritt bei plötzlicher elektrischer Reizung eines Hautnervs ein sofort einsetzender **erster Schmerz** auf, der von einem verzögert auftretenden **zweiten Schmerz** gefolgt ist. Dieses Phänomen fehlt beim Muskel- und Eingeweideschmerz. Es ist dadurch bedingt, dass die Nozizeptoren der Haut teils über relativ schnell leitende Aδ-Fasern, teils über langsam leitende C-Fasern (Tab. **A-2.14**) mit dem ZNS verbunden sind.

▶ Klinik. Üblicherweise geht dem Schmerz eine Reizung von Nozizeptoren voraus. Es gibt aber Patienten mit **chronischen Schmerzen**, bei denen sich keine Gewebsverletzung nachweisen lässt, bzw. bei denen die Verletzung lange verheilt ist. Der Grund dafür wird in neuroplastischen Umschalt- und Umbauprozessen des zentralen nozizeptiven Systems gesehen, die die Schmerzen perpetuieren.

Schmerzkomponenten: Jede Schmerzempfindung hat verschiedene Komponenten (Abb. **N-2.20**) in unterschiedlich starker Ausprägung:
- Die **sensorisch-diskriminative** Komponente dient der **Reizidentifizierung** (Ort, Intensität, Zeitverlauf).
- Die **affektiv-emotionale** Komponente bedingt die **Schmerzhaftigkeit** eines Schadreizes. Diese Komponente ist beim somatischen Tiefenschmerz und Eingeweideschmerz ausgeprägter als beim Hautschmerz.
- Die **vegetativ-autonome** Komponente führt u. a. zu Puls- und **Blutdrucksteigerungen**.
- Die **motorische** Komponente drückt sich in **Reflexen** aus (z. B. Wegziehen der Hand bei Kontakt mit heißem Gegenstand).
- Die **psychomotorische** Komponente ist z. B. durch **mimische Reaktionen** gekennzeichnet.
- Die **kognitive** Komponente beinhaltet eine **bewusste Bewertung** der Schmerzen. Wenn ein Schmerzpatient die Ursache seiner Schmerzen als lebensgefährlich ansieht, kann dies die Schmerzen verstärken.

N-2.20 Schmerzkomponenten

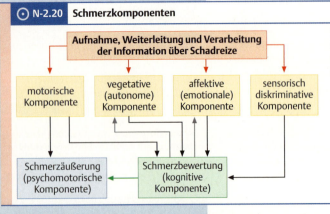

Die Pfeile kennzeichnen Verbindungen zwischen den verschiedenen Komponenten. Es wird allgemein davon ausgegangen, dass höhere Tiere alle Schmerzkomponenten besitzen, mit Ausnahme der kognitiven.

Leitung noziptiver Signale aus der Peripherie zum Rückenmark

Nozizeptor: Ein Nozizeptor ist eine rezeptive Nervenendigung, die darauf spezialisiert ist, **objektiv schädliche**, **subjektiv schmerzhafte Reize** aufzunehmen und in elektrische Potenziale umzusetzen. Der Begriff „Schmerzrezeptor" sollte nicht verwendet werden, da Rezeptoren allgemein nach dem von ihnen gemessenen Reiz benannt werden, Schmerzen jedoch erst kortikal entstehen.
Morphologisch ist der Nozizeptor eine **freie Nervenendigung**, d. h. im Lichtmikroskop erkennt man nur eine einfache Verzweigung des afferenten Axons ohne erkennbare strukturelle Spezialisierung (Abb. **N-2.21**).

▶ **Merke.** Nicht alle freien Nervenendigungen sind noziptiv, denn auch viele empfindliche Mechanorezeptoren und Thermorezeptoren gehören zu diesem Typ von Nervenendigung.

Die noziptive Endigung enthält Substanzen in gespeicherter Form wie z. B. das Neuropeptid **Substanz P** (SP). Bei jeder Erregung des Nozizeptors werden die gespeicherten Substanzen in die Umgebung freigesetzt. Dies geschieht auch aus Ästen der Endigung, die primär nicht erregt waren (**Axonreflex**). Die Rötung der Haut um eine Verletzung ist durch den Axonreflex bedingt. Substanz P hat eine starke Wirkung auf Blutgefäße (dilatierend und permeabilitätssteigernd) und beeinflusst so die **Mikrozirkulation** in der Umgebung des Nozizeptors. Die Freisetzung der Neuropeptide aus noziptiven Nervenendigungen kann im Extremfall zu einer **neurogenen Entzündung** führen.
Die peptidhaltigen (peptidergen) Nozizeptoren sind in ihrer Entwicklung vom Nerve growth factor (NGF) abhängig. Es gibt aber auch peptidfreie (nicht peptiderge) Nozizeptoren, deren Entwicklung vom Glial cell-derived neurotrophic Factor (GDNF) gesteuert wird.

▶ **Klinik.** Bei der **Einklemmung** eines peripheren Nervs oder einer Hinterwurzel z. B. durch einen Bandscheibenvorfall, sog. Diskusprolaps (S. 262), können an der Verletzungsstelle in afferenten Fasern Aktionspotenziale ausgelöst werden, die nicht nur ins ZNS laufen, sondern auch **antidrom** (gegen die normale Ausbreitungsrichtung) in die Peripherie. Diese Aktionspotenziale setzen aus Nozizeptoren Peptide frei, die eine sterile neurogene Entzündung auslösen und dadurch die Schmerzen verstärken. Die neurogene Entzündung ist durch lokale Vasodilatation, Gewebsödem und sensibilisierte Nozizeptoren gekennzeichnet.

Es werden unterschiedliche Typen von Nozizeptoren unterschieden, die allerdings keine morphologischen Unterschiede erkennen lassen. Die Ursache für die Präferenz bestimmter Reize liegt wahrscheinlich in der Ausstattung der jeweiligen Endigung mit unterschiedlichen Rezeptormolekülen (s. u.).
- **Mechanonozizeptoren**, die z. B durch Kneifen erregt werden,
- **Thermonozizeptoren**, die auf Hitze ansprechen, und

Leitung nozizeptiver Signale aus der Peripherie zum Rückenmark

Nozizeptor: Der Nozizeptor ist eine **freie Nervenendigung**, die auf die Aufnahme von Schadreizen spezialisiert ist (Abb. **N-2.21**).

▶ **Merke.**

Nozizeptoren setzen bei Erregung Substanzen frei (z. B. Substanz P), die die Mikrozirkulation im Reizgebiet beeinflussen.

▶ **Klinik.**

Es gibt 3 Haupttypen von Nozizeptoren:
- **Mechanonozizeptoren**,
- **Thermonozizeptoren** und
- **polymodale Nozizeptoren**, die durch alle Schmerzreize aktiviert werden

⊙ N-2.21 Morphologie des Nozizeptors

Besonders wichtig für die Funktion einer nozizeptiven freien Nervenendigung scheinen die exponierten Axonbereiche zu sein, auf die z. B. entzündliche Substanzen direkt einwirken können.

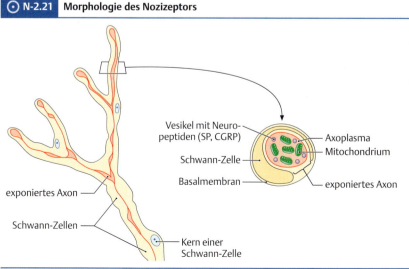

- **polymodale Nozizeptoren**, die durch alle – auch chemische – Schmerzreize aktiviert werden.
- Wichtige Rezeptormoleküle in der Membran der nozizeptiven freien Nervenendigung sind der Transient Receptor Potential V1 (TRPV1), der durch Hitze, Protonen (H^+) und Capsaicin erregt wird sowie verschiedene Acid-sensing-receptors (ASICs = acid sensing ion channels), die auf unterschiedliche Grade von Gewebsazidose ansprechen.

Die afferenten Fasern der Nozizeptoren sind entweder marklos oder dünn markhaltig (Tab. A-2.14).

Die **afferenten Fasern** der Nozizeptoren sind entweder marklos oder dünn markhaltig (Tab. **A-2.14**). Auch die marklosen Fasern haben noch eine einfache Hülle aus Schwann-Zellen (S. 94). Ihre Leitungsgeschwindigkeit liegt typischerweise bei 1 m/s. Nozizeptive marklose Fasern haben eine **besondere Art von Natrium-Kanälen**, nämlich Tetrodotoxin-(TTX-)resistente Natriumkanäle. Diese Kanäle lassen sich im Gegensatz zu anderen Na^+-Kanälen durch TTX (das Gift des Kugelfisches) nicht blockieren.

Nozizeptoren werden durch endogene Stoffe wie z. B. Prostaglandine **sensibilisiert** und damit überempfindlich.

Ein Nozizeptor hat eine im Vergleich zu anderen rezeptiven Endigungen hohe Reizschwelle. Seine Erregung durch **mechanische Reize** erfordert Kräfte, die im gewebsbedrohlichen Bereich liegen. Er kann auch durch **chemische Reize** aktiviert werden, die bei endogener Freisetzung Schmerzen verursachen wie z. B. Bradykinin, Serotonin und Prostaglandine. Werden diese Substanzen in geringer Konzentration im entzündeten Gewebe freigesetzt, führen sie zu einer **Sensibilisierung** des Nozizeptors, d. h. der Rezeptor wird überempfindlich.

▶ Klinik.

▶ Klinik. Ein sensibilisierter Nozizeptor hat eine gesenkte Reizschwelle und reagiert auf schwache, normalerweise nicht schmerzhafte Reize. Die Überempfindlichkeit der **sonnenverbrannten Haut** und die Bewegungsschmerzen bei **Muskelkater** sind Beispiele für die Wirkung einer Nozizeptorsensibilisierung.

Erregende und sensibilisierende Substanzen wirken über die Bindung an **spezifische Rezeptormoleküle**, die in die Membran des Nozizeptors eingebaut sind und die Endigung entweder depolarisieren oder über G-Proteine ihren Stoffwechsel verändern.

Die chemische Sensibilisierung und Erregung einer nozizeptiven Endigung (z. B. bei Gewebstrauma oder Entzündung) erfolgt durch Bindung der Substanzen an **spezifische Rezeptormoleküle**, die in die Membran der Endigung eingebaut sind und die Endigung entweder über Ionenströme depolarisieren oder über G-Proteine ihren Stoffwechsel verändern. Zu diesen Reizstoffen gehören neben den schon lange bekannten Entzündungsmediatoren wie z. B. Bradykinin, Prostaglandinen und Serotonin auch Adenosintriphosphat (ATP) und H^+-Ionen (Protonen). ATP und Protonen sind deswegen als Reiz für Nozizeptoren von Bedeutung, weil viele pathologische Zustände mit einer **ATP-Freisetzung und/oder pH-Senkung** verbunden sind (Trauma, Entzündung, Ischämie).

In letzter Zeit hat sich auch **NGF** als sensibilisierender Faktor herausgestellt, der wahrscheinlich bei allen Schmerzzuständen eine Rolle spielt.

▶ Klinik.

▶ Klinik. Die sensibilisierende Wirkung des Prostaglandins E2 (PGE2) auf Nozizeptoren kann über eine Hemmung der Prostaglandinsynthese durch Acetylsalicylsäure (Aspirin) beseitigt werden.

Erstes Neuron: Das **Soma** des nozizeptiven primär afferenten Neurons befindet sich im Spinal- oder Hirnnervenganglion.

Erstes Neuron: Das primär afferente Neuron erstreckt sich von der freien Nervenendigung in der Körperperipherie bis zur ersten Synapse im Rückenmark, bei Hirnnerven im Hirnstamm (S. 1106). Das Soma der pseudounipolaren Zelle befindet sich im **Spinalganglion**, bei Hirnnerven in den **sensorischen Hirnnervenganglien**. Alle Syntheseprozesse finden im Soma statt, wie z. B. der Ersatz von Zellmaterial nach einer Nervenverletzung. Auch Neuropeptide werden hier synthetisiert und dann mit dem axonalen Plasmafluss in die freie Nervenendigung transportiert.

Die afferenten Impulse von den Nozizeptoren der Spinalnerven laufen über die Hinterwurzel in das **Hinterhorn** der grauen Substanz des Rückenmarks ein (Abb. **N-2.22**).

▶ Klinik.

▶ Klinik. **Projizierte Schmerzen** werden durch eine Läsion eines peripheren Nerven oder einer Hinterwurzel verursacht; sie werden im Innervationsgebiet des Nerven/ der Hinterwurzel empfunden. Klassische Beispiele sind die Missempfindungen im ulnaren Unterarm und Kleinfinger beim harten Anschlagen des N. ulnaris im Bereich des Ellenbogens („Musikantenknochen") und Schmerzen an der Dorsalseite des Beins bei Druck eines Discus intervertebralis/Nucleus pulposus auf Hinterwurzeln des N. ischiadicus.

N-2.22 Verlauf noziszeptiver Afferenzen

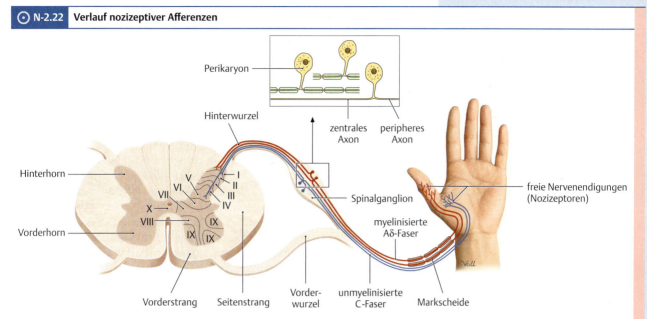

Die Leitung nozizeptiver Information erfolgt über myelinisierte (Aδ oder Gruppe III, im Teilbild oben) oder unmyelinisierte (C- oder Gruppe IV, im Teilbild unten) Axone. Nach Umschaltung (v. a. in den Rexed-Laminae I, II, IV, V und VI) wird die Information über verschiedene Bahnen (z. B. Tractus spinothalamicus lateralis, Abb. N-2.23) geleitet. Ein großer Teil der dünn markhaltigen (Aδ-) Fasern (rot) endet in den oberflächlichen Schichten des Hinterhorns, während viele marklose (C-) Fasern (blau) bis ins ventrale Hinterhorn ziehen.
(Prometheus LernAtlas. Thieme, 3. Aufl., nach Lorke)

Zweites Neuron: Die Umschaltung markloser Fasern auf das zweite nozizeptive Neuron erfolgt im Hinterhorn des Rückenmarks (oberflächliches Hinterhorn: Lamina I und II oder im Hals des Hinterhorns: Lamina IV–VI). Ausnahme: Fasern aus dem Kopfbereich (S. 1213). Dünne markhaltige Fasern haben die erste Synapse oft in Lamina I, der am weitesten dorsal gelegenen Schicht des Hinterhorns.
Meist steigt der zentrale Fortsatz der Spinalganglienzelle im Rückenmark 1–2 Segmente auf, ehe er ins Hinterhorn eintritt und auf das 2. Neuron umgeschaltet wird.
In Lamina I–II finden sich **nozizeptiv-spezifische Neurone**, die ausschließlich auf Schmerzreize reagieren. Dagegen liegen im Hals des Hinterhorns vorwiegend **konvergente Neurone**, die Antrieb sowohl von nozizeptiven als auch nicht nozizeptiven Rezeptoren erhalten. Wegen ihrer Antwort auf eine Vielzahl von Reizen werden diese Zellen auch als Wide-dynamic-Range(WDR)-Neurone bezeichnet. Die meisten WDR-Zellen sind ebenfalls nozizeptiv.

Zweites Neuron: Die **erste Synapse** befindet sich im Hinterhorn des Rückenmarks oder in entsprechenden Kernen im Hirnstamm (S. 1213). Die **spinalen Umschaltstellen** für nozizeptive Fasern liegen in den Laminae I und II sowie im Hals des Hinterhorns (Laminae IV–VI) (Abb. **N-2.22**).

▶ **Exkurs: Nozizeptive Synapsen.** Eine nozizeptive Synapse im Hinterhorn des Rückenmarks ist wie folgt aufgebaut:
- Auf der **präsynaptischen** Seite befindet sich die Endverzweigung der afferenten nozizeptiven Faser mit Vesikeln für den nozizeptiven Neurotransmitter **Glutamat** sowie den **Neuromodulator SP** (Substanz P, s. o.). SP wird meist als Neuromodulator bezeichnet, da er die durch Glutamat hervorgerufene Erregung verstärkt.
- Auf der **postsynaptischen** Seite befinden sich Rezeptormoleküle für SP (**Neurokinin-1**- bzw. NK1-Rezeptoren) sowie eine Vielzahl von Rezeptoren für Glutamat.

Die beiden wichtigsten Typen der **ionotropen Glutamatrezeptoren** sind:
- **NMDA-Rezeptor** (N-Methyl-D-Aspartat-Rezeptor), der einen Kalzium-Kanal kontrolliert, und
- **nicht-NMDA-Rezeptoren,** die einen Kationen-(Na^+/K^+-)Kanal steuern und auch als **AMPA/KA-Rezeptoren** (AMPA: α-Amino-3-Hydroxy-5-Methyl-4-Isoxazolpropionat; KA: Kainat) bezeichnet werden.

Im Gegensatz zu den ionotropen Glutamat-Rezeptoren, die nach Bindung von Glutamat für Ionen durchlässig(er) werden, löst der **metabotrope NK1-Rezeptor** über ein G-Protein intrazelluläre Stoffwechselvorgänge aus, die die Eigenschaften der postsynaptischen Zelle verändern. Vor allem können sie die Ionenkanäle durchlässiger machen und Proteinkinasen aktivieren.

▶ **Exkurs: Nozizeptive Synapsen.**

Offensichtlich besitzen nicht alle spinalen Synapsen den durch AMPA/KA-Rezeptoren kontrollierten Kationenkanal (s. Exkurs). Dies bedeutet, dass diese Synapsen im Normalfall (bei geringer afferenter Aktivität) nicht aktiviert werden bzw. nur unterschwellige postsynaptische Potenziale auslösen. Diese Synapsen sind meist aber mit NMDA-Kanälen ausgestattet, die für ihre Öffnung einen hochfrequenten oder lang anhaltenden Impulseinstrom benötigen. Es handelt sich um sog. **stumme** oder **schla-**

Im ZNS gibt es viele **ineffektive** oder **stumme (schlafende) Synapsen**, die normalerweise keine Information weiterleiten. Bei chronischem nozizeptiven Impulseinstrom können diese Synapsen aber effektiv werden.

N 2 ZNS – funktionelle Systeme

fende Synapsen. Die Bedeutung der stummen Synapsen liegt darin, dass sie unter pathologischen Umständen geöffnet werden können. Dies geschieht u. a. durch Neusynthese von AMPA/KA-Kanälen nach erfolgter Aktivierung der Kinasen und Änderung der Genexpression im Kern des Neurons. Diese Vorgänge können subjektiv zur Ausbreitung und Chronifizierung von Schmerzen führen.

▶ **Klinik.** Die Öffnung von ursprünglich stummen Synapsen im ZNS wird als eine der Ursachen für die **Ausbreitung und Chronifizierung von Schmerzen** gesehen. Unter Ausbreitung wird allgemein eine kontinuierliche Vergrößerung der schmerzhaften Körperareale verstanden. Die Chronifizierung beruht meist auf einer Sensibilisierung der zentralnervösen Neurone. Im typischen Fall persistieren chronische Schmerzen, obwohl keine periphere Schmerzquelle vorliegt.

Übertragener Schmerz, der wahrscheinlich ebenfalls auf die Öffnung von stummen Synapsen zurückgeht, ist oft diskontinuierlich. Man spricht davon, wenn in der Peripherie durch eine Läsion Nozizeptoren erregt werden, der Schmerz aber subjektiv **nicht am Ort der Läsion** empfunden wird. Dies bedeutet, dass zwischen Ort der Läsion und Ort des übertragenen Schmerzes schmerzfreie Gebiete liegen. Dieses Phänomen ist bei Tiefenschmerzen besonders häufig und führt zu einer Fehllokalisation der Schmerzquelle durch den Patienten. Im Unterschied zu den Head-Zonen (überempfindliche Hautgebiete, die von demselben Rückenmarkssegment innerviert werden wie ein erkranktes inneres Organ) überschreitet die Schmerzübertragung oft die Segmentgrenzen des Rückenmarks oder des Hirnstamms (z. B. übertragene Kopfschmerzen im Versorgungsgebiet des N. trigeminus bei Schädigung des M. sternocleidomastoideus), vgl. Head-Zone (S. 210).

Aszendierende nozizeptive Bahnen im Rückenmark

▶ **Merke.** Die nachfolgend für die Nozizeption beschriebenen Bahnen gelten allgemein auch für die Vermittlung von Thermorezeption (S. 1215).

Tractus spinothalamicus lateralis: Der Tractus spinothalamicus lateralis (Abb. **N-2.23**) ist der **Hauptweg** für die nozizeptive Information zu höheren Zentren (Thalamus und Kortex).

▶ **Merke.** Der Tractus spinothalamicus **lateralis** leitet nozizeptive und damit grundlegend andere Information als der Tractus spinothalamicus **anterior**, der grobe Druckempfindungen vermittelt (s. o.).

Die **Ursprungsneurone** des Tractus spinothalamicus lateralis liegen im Hinterhorn des Rückenmarks (Lamina I, II sowie Lamina IV–VI; vgl. Abb. **N-2.22**).

Ihre Axone kreuzen im selben oder nächst höheren Segment auf die Gegenseite und steigen im **kontralateralen Vorderseitenstrang** zum Thalamus auf. Die aszendierenden Fasern zeigen dieselbe Somatotopie wie für den Tractus spinothalamicus anterior (S. 1200) angegeben.

Im Thalamus besitzt der Trakt **zwei hauptsächliche Endgebiete** (s. u.), eines im lateralen Thalamus (**Ncl. ventralis posterolateralis = VPL**) und eines im medialen Thalamus (u. a. **Ncll. intralaminares und centromedianus**):

- **Lateraler Weg:** Der Weg über den VPL wird auch als Tractus neospinothalamicus bezeichnet, weil er phylogenetisch jung ist. Er projiziert im Kortex hauptsächlich auf den **Gyrus postcentralis** und vermittelt offensichtlich die **sensorisch-diskriminative Komponente** einer Schmerzempfindung.
- **Medialer Weg:** Der Weg über den medialen Thalamus heißt auch Tractus palaeospinothalamicus. Er hat diffuse kortikale Projektionen und ist eher für die **affektiv-emotionale Komponente** verantwortlich.

Tractus spinoreticularis: Der Tractus spinoreticularis (Abb. **N-2.23**) hat dieselben Ursprungsneurone im Hinterhorn wie der Tractus spinothalamicus lateralis und steigt nach der Kreuzung des Axons ebenfalls im kontralateralen Vorderseitenstrang auf.

▶ **Merke.** Im Gegensatz zum Tractus spinothalamicus lateralis ist der Tractus spinoreticularis auf seinem Weg zum Thalamus durch Synapsen unterbrochen und hat Zwischenstationen in der Formatio reticularis der Medulla oblongata (z. B. Ncll. gigantocellularis und raphes magnus) sowie des Pons.

N 2.3 Sensorische Systeme

N-2.23 Aufsteigende nozizeptive Bahnen aus Rumpf und Extremitäten

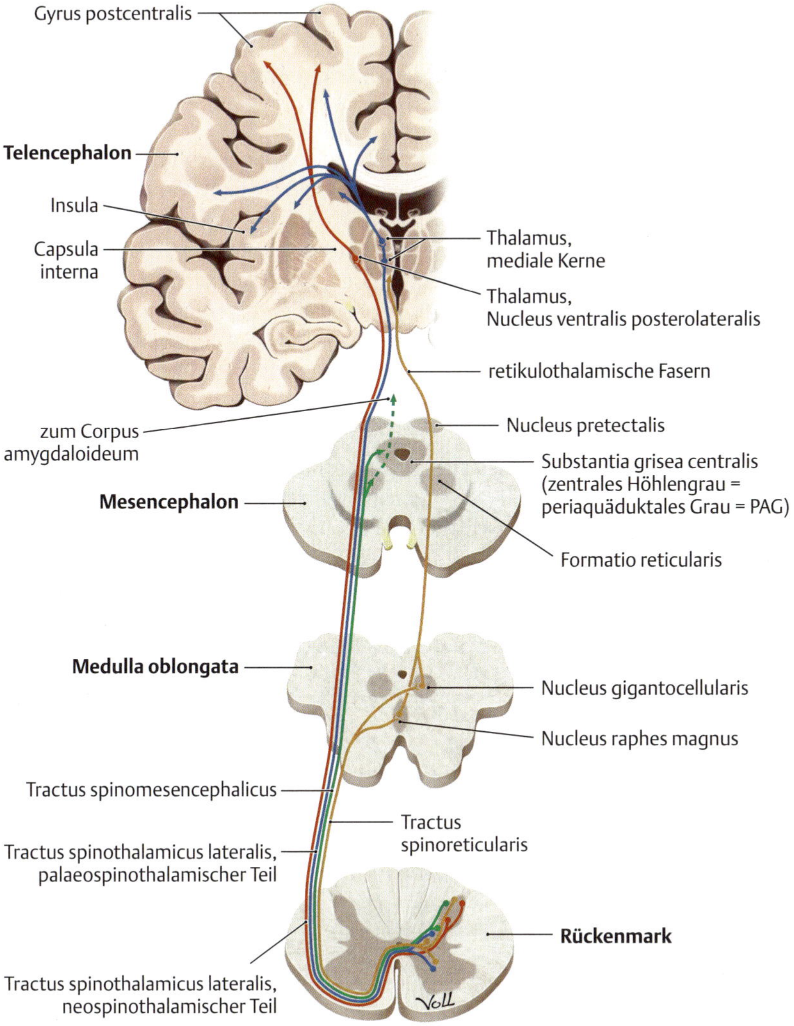

Labels in figure:
- Gyrus postcentralis
- Telencephalon
- Insula
- Capsula interna
- zum Corpus amygdaloideum
- Mesencephalon
- Medulla oblongata
- Tractus spinomesencephalicus
- Tractus spinothalamicus lateralis, palaeospinothalamischer Teil
- Tractus spinothalamicus lateralis, neospinothalamischer Teil
- Thalamus, mediale Kerne
- Thalamus, Nucleus ventralis posterolateralis
- retikulothalamische Fasern
- Nucleus pretectalis
- Substantia grisea centralis (zentrales Höhlengrau = periaquäduktales Grau = PAG)
- Formatio reticularis
- Nucleus gigantocellularis
- Nucleus raphes magnus
- Tractus spinoreticularis
- Rückenmark

Darstellung der verschiedenen Trakte im Rückenmark, die nozizeptive Information leiten: Der Tractus spinothalamicus lateralis wird je nach genauem (thalamischen) Ort der Umschaltung vom 2. auf das 3. Neuron (VPL oder VPM) und anschließendem Zielgebiet unterteilt: Der neospinothalamische Anteil (rot) zieht nach Umschaltung im lateralen Thalamus (VPL und VPM) vorwiegend in den Gyrus postcentralis, S 1 (S. 1133), wohingegen der paläospinothalamische Anteil (blau) in den medialen Thalamuskernen (Ncll. intralaminares und Ncl. centromedianus) umgeschaltet wird und in verschiedene, nicht nur kortikale Hirnregionen zieht.
(Prometheus LernAtlas. Thieme, 3. Aufl.)

Von hier ziehen Verbindungen zum **medialen Thalamus** (s. u.). Der Trakt ist wahrscheinlich an der Vermittlung der **vegetativ-autonomen** (und **affektiv-emotionalen**) **Schmerzkomponente** beteiligt. Von vielen Autoren wird er als Teil des Tractus palaeospinothalamicus angesehen.

▶ Klinik. Der Tractus spinoreticularis besitzt evtl. zusätzlich **ipsilateral aszendierende Anteile**. Dies könnte eine Erklärung für die Rückkehr der Schmerzen bei Patienten nach einer Durchtrennung des kontralateralen Vorderseitenstrangs (**anterolaterale Chordotomie**) bieten. Dieser Eingriff wird zur Ausschaltung therapieresistenter Schmerzen (v. a. bei Uterus-, Prostata-, Rektumkarzinom) im äußersten Notfall durchgeführt. Meist sind die Schmerzen nach dem Eingriff für einige Wochen beseitigt, treten danach aber oft wieder auf. Eine mögliche Ursache ist, dass nach der Durchtrennung des Vorderseitenstrangs die normalerweise vorhandenen aber **stummen ipsilateralen Verbindungen** des Tractus spinoreticularis zum Hirnstamm und Thalamus geöffnet werden und daher die Schmerzen wieder auftreten.

Tractus spinomesencephalicus und spinoparabrachialis: Wie die Namen andeuten, leiten diese Bahnen die nozizeptive Information **nicht** zum Thalamus und danach zum Kortex, sondern zum **Mesenzephalon**, und zwar zur dort gelegenen **Formatio reticularis** in der Nähe der periaquäduktalen grauen Substanz (PAG) und dem parabrachialen Areal neben dem oberen Kleinhirnstiel (Abb. **N-2.23**). Inwieweit beide Trakte als getrennt angesehen werden können, ist noch unklar; zumindest unterscheiden sich die Endgebiete. Von diesen Kerngebieten gibt es eine Projektion zum **Corpus amygdaloideum**, einem Teil des limbischen Systems (Tab. **N-2.7**), das für die Entstehung von Affekten (z. B. Angst und Panik) und für Gedächtnisprozesse von Be-

Er steigt ebenfalls im kontralateralen Vorderseitenstrang auf und erreicht den (medialen) **Thalamus**.

▶ Klinik.

Tractus spinomesencephalicus und spinoparabrachialis: Sie enden im **Mesenzephalon** und zwar in der periaquäduktalen **grauen Substanz** und der **Formatio reticularis**. Der Endpunkt ist wahrscheinlich das **limbische System** (Abb. **N-2.23**).

deutung ist. Aufgrund dieser Eigenschaften der Zielgebiete könnte der Tractus spinomesencephalicus zur Vermittlung der **affektiv-emotionalen Schmerzkomponente** beitragen.

Der Thalamus als letzte Station der Verarbeitung noziceptiver Information vor Erreichen des Kortex

Zum **medialen nozizeptiven Thalamus** (S. 1125) gehören die Ncll. intralaminares und centromedianus, zum **lateralen** der VPL und VPM (Abb. **N-2.24**). Allerdings scheinen nur die kaudalen kleinzelligen Anteile der letzteren Kerne die eigentliche nozizeptive Schaltstation darzustellen.

Der Thalamus als letzte Station der Verarbeitung nozizeptiver Information vor Erreichen des Kortex

Der nozizeptive Thalamus (S. 1125) unterteilt sich in zwei Abschnitte (Abb. **N-2.24**):
- Zum **medialen nozizeptiven Thalamus** gehören die Ncll. intralaminares und centromedianus.
- Die **lateralen nozizeptiven Kerne** bestehen aus den kaudalen Teilen des VPL für den Körper und des VPM für das Gesicht (s. u.). Diese kaudalen Teile bilden **kleinzellige Unterkerne** (**Ncl. ventrocaudalis parvocellularis externus** und **internus**). Neben den parvozellulären Kernen am Kaudalrand des Thalamus gibt es aber wahrscheinlich noch zusätzliche nozizeptive Umschaltstellen im VPL und VPM selbst.

▶ Klinik.

▶ Klinik. Es wird angenommen, dass die lateralen nozizeptiven Thalamuskerne eine hemmende Wirkung auf die medialen Kerne ausüben. Da die medialen Kerne eher die **affektiv-emotionale Schmerzkomponente** vermitteln, führt die Enthemmung dieser Kerne (z. B. durch Blutung in die lateralen Kerne) zu quälenden, nicht identifizierbaren Schmerzen in der gesamten kontralateralen Körper- oder Gesichtshälfte (**Thalamusschmerzen**).

⊙ **N-2.24** Nozizeptive Kerne des Thalamus

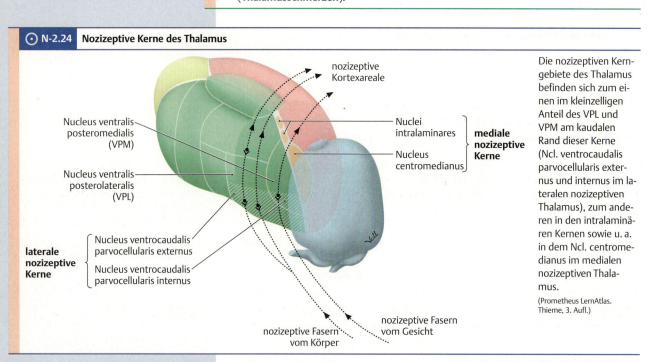

Die nozizeptiven Kerngebiete des Thalamus befinden sich zum einen im kleinzelligen Anteil des VPL und VPM am kaudalen Rand dieser Kerne (Ncl. ventrocaudalis parvocellularis externus und internus im lateralen nozizeptiven Thalamus), zum anderen in den intralaminären Kernen sowie u. a. in dem Ncl. centromedianus im medialen nozizeptiven Thalamus.
(Prometheus LernAtlas. Thieme, 3. Aufl.)

Der Kortex als Entstehungsort bewusster Schmerzempfindungen

Der Kortex als Entstehungsort bewusster Schmerzempfindungen

Erst im Kortex entsteht die Sinnesempfindung Schmerz als Ergebnis der Verarbeitung in untergeordneten nozizeptiven Strukturen.

▶ Merke.

▶ Merke. Im Gegensatz zu den anderen Sinnesmodalitäten besitzt der Schmerz **kein** eng umschriebenes **spezialisiertes Zentrum** auf der Kortexoberfläche.

Schmerzvermittelnde Kortexareale befinden sich u. a. in S 1, S 2, Gyrus cinguli (zingulärer Kortex - Area 24), Insula und präfrontalem Kortex (Abb. **N-2.25**).

Die derzeit bekannten Kortexareale mit nozizeptiver Funktion sind in Abb. **N-2.25** dargestellt. Zu diesen Arealen werden u. a. S 1, S 2, Gyrus cinguli (zingulärer Kortex – Area 24), Insula und präfrontaler Kortex gerechnet. Die Zuordnung der verschiedenen Areale zu bestimmten Schmerzkomponenten ist noch nicht für alle Gebiete endgültig gesichert, jedoch spricht vieles für den **Gyrus postcentralis** als Vermittler der sensorisch-diskriminativen Komponente. Der **präfrontale Kortex** ist wahrscheinlich für die kognitive, der Gyrus cinguli für die affektive Komponente der Schmerzen wichtig.

N-2.25 Nozizeptive Kortexareale

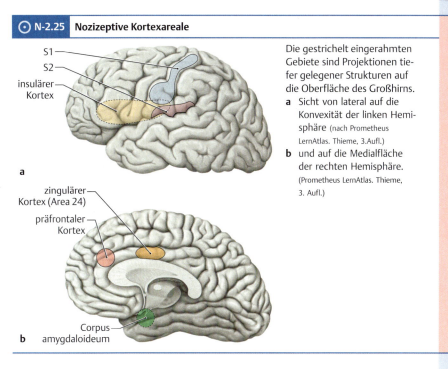

Die gestrichelt eingerahmten Gebiete sind Projektionen tiefer gelegener Strukturen auf die Oberfläche des Großhirns.
a Sicht von lateral auf die Konvexität der linken Hemisphäre (nach Prometheus LernAtlas. Thieme, 3.Aufl.)
b und auf die Medialfläche der rechten Hemisphäre. (Prometheus LernAtlas. Thieme, 3. Aufl.)

Besonderheiten der Nozizeption aus dem Kopfbereich

Der wichtigste Unterschied in der Verschaltung der nozizeptiven Afferenzen des Kopfes besteht auf Hirnstammebene (Abb. **N-2.26**).

▶ **Merke.** Die erste Synapse befindet sich in der **Pars caudalis**, der **Pars interpolaris** und im **Subnucleus oralis** des **Ncl. spinalis nervi trigemini** (S. 1108). Er ist einer der bekanntesten nozizeptiven Kerne im Hirnstamm und übernimmt hier die Rolle des spinalen Hinterhorns.

Die von hier ausgehenden Axone steigen im kontralateralen **Tractus trigeminothalamicus** auf, der sich dem Tractus spinothalamicus lateralis anlegt. Die nächste Station ist der kleinzellige Anteil des **VPM** im Thalamus. Von dort projiziert die Bahn auf das Repräsentationsgebiet des Kopfes in **S 1** (vgl. Abb. **N-2.26**).

Schmerzhemmende Verbindungen

Ob subjektiv Schmerz empfunden wird, hängt von der Balance zwischen schmerzfördernden und schmerzhemmenden Vorgängen ab. So kann **Schmerz ohne Erregung von Nozizeptoren** auftreten, z. B. als Thalamusschmerz (S. 1212), oder es kann **trotz Reizung von Nozizeptoren jede Schmerzempfindung fehlen** (z. B. durch starke Schmerzhemmung bei Soldaten in einer Kampfsituation).

Segmentale Hemmung: Die Verschaltung von nozizeptiven Afferenzen im Rückenmark ist derart, dass die Durchschaltung der nozizeptiven Aktivität in den dünnen Fasern durch gleichzeitige Aktivierung der dicken afferenten Fasern gehemmt wird. Die Hemmung ist meist präsynaptisch, d. h. die dicken Afferenzen erregen Interneurone mit hemmenden Synapsen auf den präsynaptischen Endigungen der dünnen Fasern. Der Transmitter ist meist GABA.
Dieser Effekt wird in alltäglichen Situationen von jedem genutzt: Stößt man sich das Schienbein an einem harten Gegenstand, so reibt man automatisch die Haut um die verletzte Stelle. Die dadurch ausgelöste Aktivität in dicken mechanorezeptiven Afferenzen hemmt die schmerzauslösende Aktivität in den nozizeptiven Fasern.

▶ **Klinik.** Die segmentale Hemmung wird in der Schmerztherapie in Form der **transkutanen elektrischen Nervenstimulation** (transcutaneous electrical nerve stimulation = **TENS**) eingesetzt. Hierbei werden auf der Haut oder über einem Nerv Reizelektroden angebracht, mit denen die dicken afferenten Fasern gereizt werden können.

N-2.26 Verschaltung der nozizeptiven Afferenzen aus dem Kopfbereich

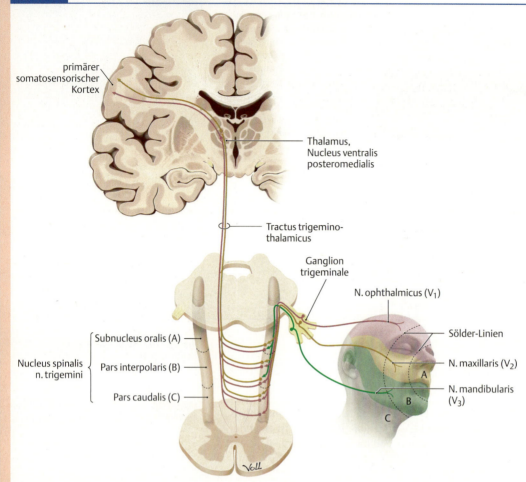

Die farblich hervorgehobenen Innervationsgebiete der Trigeminusäste (V₁–V₃) kennzeichnen die **periphere** Organisation der Hautinnervation. Die Sölder-Linien grenzen dagegen Gebiete ab, die von je einem Anteil des Ncl. spinalis nervi trigemini versorgt werden und sind daher Ausdruck der **zentralen** Organisation der Kopfinnervation. Somit können sie einen Anhalt für die Lokalisation zentraler Läsionen innerhalb des Ncl. spinalis nervi trigemini geben. Eine besonders wichtige Umschaltstation für nozizeptive Afferenzen ist die Pars caudalis des Ncl. spinalis nervi trigemini.
(Prometheus LernAtlas. Thieme, 3. Aufl., nach Lorke)

Deszendierende Schmerzmodulation: Das deszendierende schmerzmodulierende System hat seinen Ursprung im Mesenzephalon und beeinflusst die nozizeptiven Neurone am Ursprung des Tractus spinothalamicus lateralis (Abb. **N-2.27**). Es kann durch starken Stress in seiner Aktivität verändert werden. Die Folge kann **Schmerzverminderung** oder **Schmerzverstärkung** sein.

Deszendierende Schmerzmodulation: Das System besteht aus den zwei folgenden funktionellen Hauptbestandteilen:

1. **Deszendierende Schmerzhemmung:** Ein Teil seiner Ursprungsneurone liegt im **periaquäduktalen Grau** = PAG (S. 1114) des Mesenzephalons – nahe dem Endpunkt des Tractus spinomesencephalicus und spinoparabrachialis (Abb. **N-2.27**). Die Neurone der Schmerzhemmung projizieren über die rostrale und laterale Medulla oblongata, wo der wichtige serotonerge **Nucleus raphes magnus** und der noradrenerge **Nucleus** (**Locus**) **caeruleus** liegen, nach kaudal zu allen Segmenten des Rückenmarks und hemmen hier die nozizeptiven Neurone am Ursprung des Tractus spinothalamicus lateralis. Eine weitere Station des Systems ist der **Ncl. reticularis gigantocellularis** in der Medulla oblongata. Die Haupttransmitter des deszendierenden Systems sind **Enkephalin** (ein endogenes Molekül mit Morphinwirkung), **Serotonin** und **Noradrenalin** (S. 1257). Die endgültige Schmerzhemmung auf spinaler Ebene wird meist durch Serotonin erreicht, das auf Rückenmarksneuronen eine Vielzahl von Rezeptormolekülen besitzt.

Das System der deszendierenden Hemmung ist tonisch aktiv, d. h. die nozizeptiven spinalen Neurone unterliegen einer ständigen Hemmung. Die Aktivität des Systems kann deszendierend u. a. vom Hypothalamus und dem Corpus amygdaloideum moduliert werden. Bei einigen chronisch schmerzhaften Krankheiten scheint das System auf Stress mit einer Abnahme der Aktivität zu reagieren, was die Schmerzen verstärkt. Umgekehrt aktiviert beim Gesunden starker Stress das System. Dies kann bei Soldaten in einer Kampfsituation und bei Leistungssportlern im Wettkampf zur Schmerzlosigkeit führen.

2. **Deszendierende Schmerzförderung:** Über dieses System ist weniger bekannt als über die Schmerzhemmung. Ein wichtiges Kerngebiet befindet sich in der rostralen ventralen Medulla (RVM), in der auch Zellen des schmerzhemmenden Systems liegen. Die Neurone mit schmerzfördernder Wirkung können durch lokale Cholecystokinin-(CCK-)Injektionen erregt werden.

▶ **Klinik.** Die analgetische Wirkung von **Morphin** ist zumindest teilweise durch die Aktivierung des deszendierenden schmerzhemmenden Systems bedingt (Morphin wirkt wie Enkephalin auf die μ-Opioidrezeptoren des deszendierenden Systems).

▶ **Klinik.**

N-2.27 Deszendierendes schmerzhemmendes System

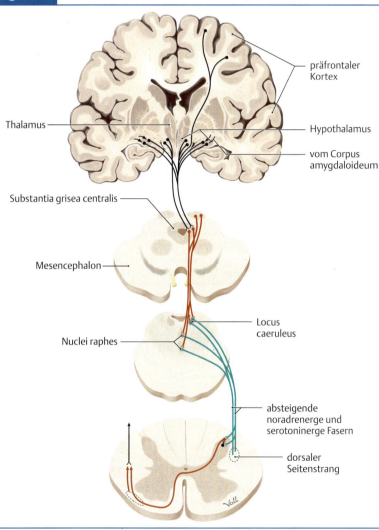

Wichtige Stationen des deszendierenden Systems zur Hemmung nozizeptiver spinaler Neurone im Hinterhorn: periaquäduktales Grau (Substantia grisea centralis), das selbst Afferenzen (schwarz) aus kortikalen und subkortikalen Gebieten erhält, und in serotoninerge (Ncll. raphes) und noradrenerge (Locus caeruleus) Kerne projiziert (rot). Deren Efferenzen (türkis) hemmen die spinalen nozizeptiven Neurone am Ursprung des Tractus spinothalamicus lateralis. An jeder Schaltstelle des deszendierenden Hemmsystems sind Interneurone vorhanden, die Endorphin bzw. Enkephalin als Transmitter benutzen (nicht dargestellt). In der Abb. ist die deszendierende Schmerzförderung nicht enthalten.

(Prometheus LernAtlas. Thieme, 3. Aufl., nach Lorke)

Temperatursinn

Von den Thermorezeptoren in der Peripherie ist bekannt, dass sie wie die Nozizeptoren morphologisch **freie Nervenendigungen** darstellen. Offensichtlich besitzen sie andere Rezeptormoleküle in ihrer Membran als nozizeptive Endigungen. Die primär afferenten Fasern sind marklos oder dünn markhaltig. Die **zentralen Bahnen** des Temperatursinns scheinen weitgehend **mit denen der Nozizeption identisch** zu sein. Diese Annahme wird dadurch gestützt, dass bei der anterolateralen Chordotomie (S. 1211) neben der Schmerzempfindung auch die Temperaturempfindung ausfällt.

Temperatursinn

Auch die Thermorezeptoren stellen freie Nervenendigungen dar. Wahrscheinlich besitzen sie andere Rezeptormoleküle als die Nozizeptoren. Die Bahnen scheinen mit denen der Nozizeption identisch zu sein.

2.3.2 Visuelles System

Gesichtsfeld

Das Gesichtsfeld jedes Auges reicht beim Blick nach vorn ca. 90° nach temporal und 60° nach nasal zur kontralateralen Seite. Bei Fixierung eines Punktes mit beiden Augen (Abb. **N-2.28**) ergeben sich rechts vom Fixierpunkt die rechte Gesichtsfeldhälfte

2.3.2 Visuelles System

Gesichtsfeld

Beim Blick nach vorn reicht das **Gesichtsfeld** jedes Auges 90° nach temporal und 60° nach nasal. Im nasalen Teil des Gesichtsfelds ist

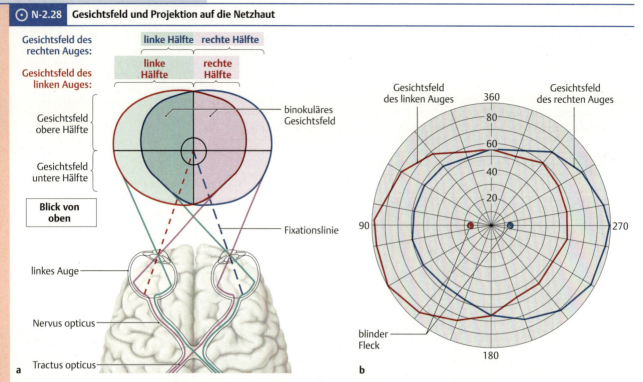

N-2.28 Gesichtsfeld und Projektion auf die Netzhaut

a Die Information von der rechten Gesichtsfeldhälfte (sowohl des linken als auch des rechten Auges) gelangt in den linken Tractus opticus (S. 1221) und damit in den linken visuellen Kortex (hier nicht dargestellt, s. Abb. **N-2.32**). Die abgebildeten Strukturen des visuellen Systems liegen basal und sind somit in dieser Ansicht von oben nur am durchscheinend gedachten Gehirn sichtbar.
b Gesichtsfeld nach Bestimmung mit dem Perimeter: Hierbei wird jeweils der Ort registriert, an dem eine von außen in das Gesichtsfeld hereingeführte Lichtquelle erstmals wahrgenommen wird. Erkennbar sind das nach lateral weiter reichende Gesichtsfeld und der blinde Fleck beider Augen.

binokuläres und damit **dreidimensionales** Sehen möglich (Abb. **N-2.28**).

Die **Papilla nervi optici** (**Discus**) auf der nasalen Seite der Retina ist durch den Austritt der Axone der retinalen Ganglienzellen bedingt; an dieser Stelle fehlen Photorezeptoren. Im temporalen Gesichtsfeld entspricht ihr der **blinde Fleck** (Abb. **N-2.28b** und Abb. **N-2.33b**).

▶ Merke.

Photorezeptorzellen

Lage der Photorezeptorzellen: In der visuell aktiven Pars optica retinae besteht die Retina aus dem Stratum nervosum retinae (Tab. **M-5.5**) und dem Stratum pigmentosum. Die **Pigmentepithelzellen** sind für die **Phagozytose** der ständig abgestoßenen Teile der Außenglieder der Rezeptorzellen und für die **Umformung des belichteten Rhodopsins** von Bedeutung.

und links davon die linke Gesichtsfeldhälfte, die jeweils etwa 90° nach lateral reichen. Die äußersten temporalen 30° auf beiden Seiten werden nur vom ipsilateralen Auge gesehen, hier ist nur **monokuläres Sehen** möglich. Die zentralen 60° auf beiden Seiten werden mit beiden Augen gesehen (**binokulär**). In diesem Bereich kann dreidimensional gesehen werden.

In der nasalen Retina liegt die **Papilla nervi optici** (Sehnervenpapille, **Discus nervi optici**). Sie wird durch die Axone der retinalen Ganglienzellen verursacht, die hier als Nervus opticus den Augapfel verlassen. An dieser Stelle fehlen Photorezeptoren. Da sich die Papille auf der nasalen Seite der Retina befindet, projiziert sie sich in das temporale Gesichtsfeld und verursacht hier den **blinden Fleck** (ca. 15° lateral vom Fixierpunkt, Abb. **N-2.28b** und Abb. **N-2.33b**).

▶ Merke. Vom blinden Fleck kommt keinerlei visuelle Information, daher müsste er als **Skotom** (lokaler Ausfall im Gesichtsfeld) erscheinen. Dies wird durch zentralnervöse Verarbeitung verhindert, indem die in der Umgebung des blinden Flecks vorhandene Information in das Gebiet des blinden Flecks extrapoliert wird.

Photorezeptorzellen

Lage der Photorezeptorzellen: Zum Aufbau des Auges s. Abb. **M-5.10**–Abb. **M-5.12**. In der visuell aktiven **Pars optica retinae** ist das **Stratum nervosum retinae** aus neun Schichten aufgebaut. An das Stratum nervosum retinae schließt sich nach außen das Stratum pigmentosum (Pigmentepithel) und nachfolgend die Choroidea (S. 1064) an. Die Schichten des Stratum nervosum sind detailliert in Tab. **M-5.5**–Abb. **M-5.12** dargestellt. Die Photorezeptorzellen (Abb. **N-2.29** und Abb. **N-2.30**) ragen z. T. in das Stratum pigmentosum, ihre inneren und äußeren Segmente (s. u.) liegen im **Stratum segmentorum externorum** und **internorum**, ihr Soma im **Stratum nucleare externum** und der synaptische Fortsatz im **Stratum plexiforme externum**, wo er Synapsen mit den Bipolar- und Horizontalzellen (s. u.) bildet. Die **Pigmentepithelzellen** sind für die **Phagozytose** der ständig abgestoßenen Teile der Außenglieder der Rezeptorzellen und für die **Umformung des belichteten Sehfarbstoffs Rhodopsin** (s. u.) von Bedeutung.

N-2.29 Aufbau der Photorezeptorzellen

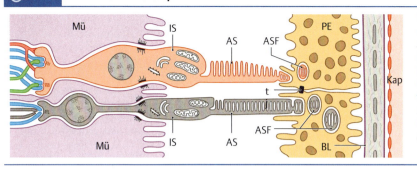

Schematische Darstellung eines Zapfens (oben) und Stäbchens (unten). IS = Innensegment; AS = Außensegment; ASF = vom Pigmentepithel (PE) phagozytierte Außensegment-Teile; Mü = Fortsätze der Müller-Stützzellen (S. 1066); BL = Basallamina; Kap = Kapillare mit gefenstertem Endothel in der Choroidea (S. 1064). Zwischen den Kapillaren und dem Pigmentepithel liegt die Bruch-Membran (grau).
(Rassow, J. et al.: Duale Reihe Biochemie. Thieme, 2012)

▶ **Merke.** Als Gehirnteil enthält die Retina auch **Gliazellen**, so z. B. Astrozyten und Mikroglia. Der prominenteste Gliazelltyp der Retina ist die **Müller-Zelle**, die sich im Gegensatz zu den anderen Gliazellen über alle Schichten der Pars nervosa erstreckt und mit ihren Fortsätzen horizontale Grenzmembranen (Stratum limitans internum und externum, Tab. **M-5.5**) bildet.

Im menschlichen Auge müssen die Lichtstrahlen alle Schichten der Retina durchlaufen, bevor sie die Photorezeptoren erreichen (sog. **inverse Retina**). Diese Anordnung hat den Vorteil, dass die energiebedürftigen Photorezeptoren dicht an der sie versorgenden Gefäßschicht (der Lamina choroidocapillaris der **Choroidea**) liegen. Allerdings erfolgt die arterielle Versorgung der meisten Retinaschichten über die **Arteria centralis retinae**, die mit ihren Ästen zwischen Glaskörper und Ganglienzellschicht verläuft. Dies bedeutet, dass die Gefäße einen Schatten auf die Retina werfen. Der Schatten wird subjektiv nicht wahrgenommen, weil er über zentralnervöse Mechanismen maskiert wird.

Die **arterielle Versorgung** der Retina erfolgt für die meisten Schichten über die **A. centralis retinae**, für die Photorezeptorzellen vorwiegend über die gefäßreiche **Choroidea**.

Photorezeptorzelltypen: Die Photorezeptorzellen kommen in zwei Typen vor: helligkeitsempfindliche **Stäbchen** (ca. 100 Millionen) und farbempfindliche **Zapfen** (ca. 6 Millionen).

Photorezeptorzelltypen: Man unterscheidet zwei Typen: **Stäbchen** und **Zapfen**.

▶ **Merke.** Die **Stäbchen** dienen dem Sehen in der Dämmerung, d. h. unter schlechten Lichtverhältnissen (skotopisches Sehen). Sie sind **nicht farbtüchtig** aber **lichtempfindlicher** als die Zapfen. Sie vermitteln subjektiv nur Grautöne.
Die **Zapfen** benötigen größere Lichtstärken um anzusprechen, haben aber eine differenzielle Empfindlichkeit für bestimmte Bereiche des Spektrums des sichtbaren Lichts. Sie vermitteln **Farbeindrücke**.
→ „Nachts sind alle Katzen grau", weil bei schlechten Lichtverhältnissen die farbtüchtigen Zapfen nicht ansprechen und daher keine Farben erkannt werden können.

Der prinzipielle Grundbauplan der Photorezeptorzellen ist bei Stäbchen und Zapfen gleich (Abb. **N-2.29**, vgl. auch Photorezeptoren (S. 1066):
- Die **Außensegmente** sind die lichtempfindlichen Teile der Zelle und enthalten auf ihren Membranscheiben (Disci membranacei) das Sehpigment (Tab. **N-2.4**). Die äußersten Scheiben werden ständig von den Pigmentepithelzellen phagozytiert und müssen daher fortlaufend neu synthetisiert werden.
- In den **Innensegmenten** wird das Material für die Membranscheiben der Außensegmente und das Sehpigment synthetisiert.

Der lichtempfindliche Teil der Photorezeptorzellen (Abb. **N-2.29**) sind die **Außensegmente** (Tab. **N-2.4**); in den **Innensegmenten** werden Membranmaterial und Sehpigment synthetisiert.

▶ **Exkurs: Theorien des Farbensehens. Trichromatische Theorie des Farbensehens:** Man unterscheidet **3 Zapfentypen** mit bevorzugter Empfindlichkeit für die Spektralbereiche **blau**, **grün** und **rot**. Die Antwortkurven der 3 Typen bei Belichtung mit verschiedenen Wellenlängen überlappen sich stark, d. h. eine bestimmte Wellenlänge (besonders im blau-grünen Bereich) erregt alle Zapfentypen, aber in unterschiedlichem Ausmaß. Die vielen Millionen Farbtöne, die ein Mensch unterscheiden kann, kommen demnach durch unterschiedlich starkes Ansprechen der 3 Zapfentypen bei einer bestimmten Wellenlänge zustande (**trichromatische Theorie** des Farbensehens).
Gegenfarbentheorie des Farbensehens: Auf höheren Stationen des Farbensehens (s. u.) ist eine andere physikalische Theorie des Farbensehens verwirklicht, nämlich die **Gegenfarbentheorie**. Gegenfarben bilden Paare wie z. B. rot-grün oder gelb-blau. Die Gegenfarbentheorie kann das Phänomen der **farbigen Nachbilder** erklären: Blickt man längere Zeit auf eine roten Gegenstand und danach auf eine graue Fläche, so erscheinen die Umrisse des roten Gegenstands grün.

▶ **Exkurs: Theorien des Farbensehens.**

☰ N-2.4	Aufbau der Außensegmente		
Photo-rezeptor	Außen-segment	Disci membranacei	Sehpigment
Stäbchen	zylinder-förmig	allseitig von Zytoplasma umgebene, abgeplattete, in sich geschlossene Membransäckchen	**Rhodopsin** bestehend aus einem Molekül 11-cis-Retinal (Aldehyd des Vitamins A) und einem Eiweißanteil (Opsin)
Zapfen	konisch	Einfaltungen der Zellmembran der Außensegmente, die außen von Inter-stitialflüssigkeit umgeben sind	**Jodopsine** (auch Zapfenopsine genannt) unterscheiden sich geringfügig von Rhodopsin durch eine andere Zusammensetzung des Opsins. Jeder Zapfentyp (rot, grün, blau) hat einen anderen Opsin-Aufbau. Anmerkung: Ein Teil der retinalen **Ganglienzellen** enthält ein drittes Opsin, das **Melanopsin**. Diese Zellen sind nicht am Sehvorgang beteiligt, sondern wahrscheinlich an der Steuerung des Tagesrhythmus.

▶ **Klinik.**

▶ **Klinik.** Völlige **Farbenblindheit** durch das genetisch bedingte Fehlen aller Zapfen ist extrem selten. Völliges Fehlen des Sehpigments **eines** Zapfentyps kommt häufiger vor, z. B. bei der **Grünblindheit** (**Deuteranopie**) bei ca. 5 % der Bevölkerung. Noch häufiger – und oft unbemerkt – liegt eine **Grün-** oder **Rotschwäche** vor, d. h. eine ver-minderte Empfindlichkeit für Licht der Wellenlängen Grün oder Rot. Diese Störung kann zum Verwechseln von schwachen Rot- und Grünfarbtönen bei schlechten Lichtverhältnissen führen (z. B. Verkehrsampel bei Nebel).

Verteilung der Photorezeptorzellen: Sie ist innerhalb der Retina sehr unterschiedlich.

Verteilung der Photorezeptoren: Die Verteilung der Stäbchen und Zapfen ist in ver-schiedenen Bereichen der Retina sehr unterschiedlich.

▶ **Merke.**

▶ **Merke.** Die **Zapfen** sind in der **Fovea centralis** – der Stelle des schärfsten Sehens – am höchsten konzentriert. Die **Stäbchen** fehlen hier, die Stäbchendichte ist all-gemein in der **Peripherie** der Retina deutlich höher als die der Zapfen.

In der **Fovea centralis** ist die Sehschärfe am höchsten, weil hier die Rezeptorzellen nicht von anderen Retinaschichten überlagert wer-den und die Zellen 1 : 1 mit den Ganglienzel-len verschaltet sind.

Die Zapfendichte fällt zur Netzhautperipherie immer mehr ab. In der **Fovea centralis** ist die Sehschärfe (die räumliche Auflösung) auch deswegen am höchsten, weil hier die vor den Rezeptorzellen liegenden Schichten zur Seite verlagert sind und eine 1 : 1-Verschaltung zwischen Rezeptorzellen und Ganglienzellen besteht. Die unter-schiedliche Verteilung von Stäbchen und Zapfen in der Retina erklärt, warum man einen lichtschwachen Stern gerade dann nicht erkennen kann, wenn man ihn genau fixiert, d. h. auf der Fovea centralis abbildet. In der Fovea sind nur die relativ licht-unempfindlichen Zapfen vorhanden. Um den Stern zu sehen, muss man eine Stelle dicht neben dem Stern fixieren. Dadurch wird das Bild des Sterns auf eine Retina-stelle neben der Fovea centralis projiziert, wo die Stäbchendichte hoch ist.

Signaltransfer in der Retina

Signaltransfer in der Retina

Erstes Neuron – Photorezeptor

Erstes Neuron – Photorezeptor

Die Sehpigmente absorbieren „sichtbares" Licht" (Wellenlänge 400–700 nm). Dadurch werden Prozesse in der Membran in Gang ge-setzt, die zu einem Rezeptorpotenzial führen (**Phototransduktion**).

Die Absorption der Energie eines Photons der Wellenlänge 400–700 nm („sicht-bares" Licht) findet mittels **Sehpigmenten** auf den Membranscheiben der **Außenseg-mente** statt (Tab. **N-2.4** und Abb. **N-2.29**). Durch nachfolgende Prozesse in der Au-ßenmembran der Rezeptorzelle entsteht das Rezeptorpotenzial (s. u.). Diese Vorgän-ge werden als **Phototransduktion** bezeichnet.

Durch die Belichtung kommt es zur Konfor-mationsänderung des Rhodopsins mit nach-folgender Entstehung eines **hyperpolarisie-renden Rezeptorpotenzials**. Dadurch wird die Transmitterfreisetzung an der Synapse der Photorezeptorzelle mit der Bipolarzelle herab-gesetzt.

Durch die Belichtung (Auftreffen eines Photons) kommt es zu einer Konformations-änderung des Rhodopsins, was über mehrere Zwischenschritte (s. Exkurs) zum Ver-schluss von Na$^+$-/K$^+$-Kanälen in der Außenmembran des Photorezeptor-Außenglieds führt. Dadurch wird der bei Dunkelheit stattfindende Ioneneinstrom in die Photo-rezeptorzelle unterbrochen und über ein **hyperpolarisierendes Rezeptorpotenzial** die Freisetzung des Neurotransmitters **Glutamat** an der Synapse mit der Bipolarzelle herabgesetzt.

▶ **Klinik.**

▶ **Klinik.** Bei einem alimentären Mangel an Vitamin A kann es wegen der gestörten Synthese von Rhodopsin und dadurch bedingter Funktionsstörung der Stäbchen zur **Nachtblindheit** (**Hemeralopie**) kommen.

N 2.3 Sensorische Systeme

⊙ N-2.30 Aufbau der Retina

⊙ N-2.30

Stark vereinfachte Übersicht über die Informationskette von drei Neuronen innerhalb der Retina. Die Horizontalzellen liegen in Höhe der Synapsen zwischen Rezeptorzellen und Bipolaren, die amakrinen Zellen in Höhe der Synapsen zwischen den Bipolaren und Ganglienzellen (beide nicht dargestellt).

(Prometheus LernAtlas. Thieme, 3. Aufl.)

Abbildungsbeschriftung: Sehnerv · Lichteinfall · Signalfortleitung · 3. Neuron: Ganglienzellen · 2. Neuron: bipolare Zellen · 1. Neuron: Stäbchen und Zapfen

---

Zweites Neuron – Bipolarzellen

Die verminderte Menge freigesetzten Transmitters an der Synapse führt zu einer **Hyper-** oder **Depolarisierung** der **Bipolarzelle**, je nachdem um welchen Typ von Bipolarzelle es sich handelt:

- **An-Zentrum-Bipolarzellen**, die Verbindungen mit An-Zentrum-Ganglionzellen haben (s. u.), werden depolarisiert,
- **Aus-Zentrum-Bipolarzellen** hyperpolarisiert.

▶ **Exkurs: Struktur der retinalen Synapsen.** Die Kontakte zwischen Rezeptorzellen auf der einen und **Bipolarzellen** bzw. **Horizontalzellen** auf der anderen Seite sind **Ribbon-Synapsen** (**Band-Synapsen**). Im EM sind sie durch eine elektronendichte strichförmige Struktur (das Band) gekennzeichnet, die auf der präsynaptischen Seite senkrecht zum synaptischen Spalt angeordnet ist und neben der synaptische Vesikel konzentriert sind. Die Vesikel enthalten Glutamat.

Drittes Neuron – Ganglienzellen

Erst in den Ganglienzellen, die man funktionell in verschiedene Typen einteilen kann, werden durch Belichtung der Photorezeptoren Aktionspotenziale gebildet. In den Bipolarzellen und Photorezeptoren entstehen nur unterschwellige synaptische bzw. Rezeptorpotenziale.

Rezeptives Feld der Ganglienzellen: Das **rezeptive Feld** (**RF**) ist der Bereich der Retina, von dem aus die Ganglienzelle Afferenzen erhält (d. h. von dem aus die Aktivität der Zelle beeinflusst werden kann). Das RF der Ganglienzellen ist meist rund und zweigeteilt: Es besteht aus einem Zentrum, das konzentrisch von der Peripherie umgeben ist. Ganglienzellen der Fovea centralis haben die kleinsten RFs. Dies ist ein weiterer Grund für die hohe Sehschärfe an dieser Stelle.

An-Zentrum- und Aus-Zentrum-Zellen: Unter den retinalen **Ganglienzellen** lassen sich zwei funktionelle Gruppen unterscheiden, die bei punktförmiger Belichtung ihres rezeptiven Feldes unterschiedlich reagieren:

- **An-Zentrum-Zellen:** Sie werden bei Belichtung des Zentrums ihres RF erregt, bei Belichtung der Peripherie des RF gehemmt. Dies geschieht über eine laterale Hemmung, die durch **Horizontalzellen** verursacht wird.
- **Aus-Zentrum-Zellen:** Sie verhalten sich gegensätzlich, d. h. Hemmung bei Belichtung des Zentrums, Erregung bei Belichtung der Peripherie des RF.

Beide Typen haben eine Ruheaktivität; bei diffuser Beleuchtung des gesamten RF zeigen sie keine Reaktion.

Zweites Neuron – Bipolarzellen

Die Verminderung der ständig freigesetzten Glutamatmenge führt in der nachgeschalteten **Bipolarzelle** (An- oder Aus-Zentrum-Bipolarzelle) zu einer De- oder Hyperpolarisation.

▶ **Exkurs: Struktur der retinalen Synapsen.**

Drittes Neuron – Ganglienzellen

In den Ganglienzellen entstehen bei Belichtung der Photorezeptoren Aktionspotenziale. Bipolarzellen und Photorezeptoren bilden nur synaptische bzw. Rezeptorpotenziale.

Rezeptives Feld der Ganglienzellen: Das rezeptive Feld (**RF**) der retinalen Ganglienzellen ist rund mit einem Zentrum, das konzentrisch von der Peripherie umgeben ist.

An-Zentrum- und Aus-Zentrum-Zellen: Es gibt zwei funktionelle Typen der retinalen Ganglienzellen:

- **An-Zentrum-Zellen** werden bei Belichtung des Zentrums ihres RF erregt und bei Belichtung der Peripherie gehemmt.
- **Aus- Zentrum-Zellen** verhalten sich invers (Hemmung bei Belichtung des Zentrums, Erregung bei Belichtung der Peripherie).

Ganglienzellsysteme: Innerhalb der An- und Aus-Zentrum-Zellen können nach ihrer Somagröße **magnozelluläre und parvozelluläre Ganglienzellen** unterschieden werden. Die ersteren leiten Informationen über **Bewegungen**, die letzteren über **Form und Farbe** des fixierten Gegenstandes.

Magno- und parvozelluläres Ganglienzellsystem: Nach Morphologie und Art der vermittelten Information können die Ganglienzellen der Retina in zwei Typen eingeteilt werden, unter denen jeweils sowohl An-Zentrum- als auch Aus-Zentrum-Neurone vorkommen:

- Die **magnozellulären** (**M-**) **Ganglienzellen** besitzen große Somata mit einem ausgedehnten Dendritenbaum. Sie kontaktieren viele Bipolarzellen und haben daher große RFs. Sie stehen am Anfang des sog. **M-Kanals**, der hauptsächlich **Bewegungen** verarbeitet. Sie sind nicht farbempfindlich.
- Die **parvozellulären** (**P-**) **Ganglienzellen** sind klein und haben kleine RFs. Sie sind der Beginn eines visuellen **P-Kanals**, der vorwiegend Informationen über die **Form** und **Farbe** eines Objekts vermittelt.
- Daneben werden **Ganglienzellen** beschrieben, die selbst **lichtempfindlich** sind (ohne Kontakt zu Photorezeptoren zu haben) und **Melanopsin** enthalten. Diese scheinen auch bei Blinden den Tag-Nacht-Rhythmus zu steuern. Die Axone dieser Ganglienzellen haben direkte Verbindungen mit dem Ncl. suprachiasmaticus.

Weitere Zelltypen der Retina: Die **Horizontalzellen** (S. 1066) verbinden die Endfüßchen der Photorezeptoren miteinander.

▶ Merke.

Weitere Zelltypen der Retina: Die **Horizontalzellen** (S. 1066) – von denen es mehrere Typen gibt – liegen dicht an den verbreiterten Endfüßchen der Photorezeptoren und verbinden die Endfüßchen miteinander.

▶ Merke. Die durch Horizontalzellen (S. 1067) bewirkte laterale Hemmung erklärt das Phänomen des **schwarz-weißen Simultankontrasts**. Neben einer weißen Fläche erscheint eine graue dunkler. Solche Kontrastphänomene sind eine Leistung der visuellen Informationsverarbeitung, die bereits in der **Retina** abläuft.

Die **amakrinen Zellen** modulieren den Informationsfluss von den Bipolarzellen zu den Ganglienzellen.

Von den **amakrinen Zellen** sind mehr als 30 Typen bekannt; sie haben teilweise keine Axone, sondern nur Dendriten. Sie enthalten eine Vielzahl unterschiedlicher Transmitter und modulieren den Informationsfluss von den Bipolarzellen zu den Ganglienzellen. Die mit Stäbchen verbundenen Bipolarzellen kontaktieren die nachgeschalteten Ganglienzellen nicht direkt, sondern über amakrine Zellen.

Weitere Stationen der Sehbahn

▶ Definition.

Weitere Stationen der Sehbahn

▶ Definition. Die Sehbahn beginnt mit den Photorezeptoren der Retina (s. o.) und endet mit den visuellen Arealen des Kortex. Alle Abschnitte der Sehbahn (inklusive Retina und N. opticus) sind entwicklungsgeschichtlich Hirnteile (Abb. **N-2.31**).

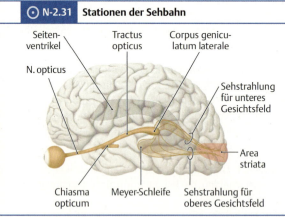

N-2.31 **Stationen der Sehbahn**

Schematischer Überblick über den Verlauf der Sehbahn in der Ansicht von links. Die Meyer-Schleife ist der Teil der Sehstrahlung, der um das Unterhorn des Seitenventrikels zur Sehrinde zieht.
(Prometheus LernAtlas. Thieme, 3. Aufl.)

Auf allen Stationen der Sehbahn besteht eine **Retinotopie**, d. h. ein bestimmtes Gebiet der Retina wird auf eine ganz bestimmte Neuronenpopulation abgebildet.
Man unterscheidet einen sog. **genikulären Anteil** der Sehbahn zur Vermittlung bewusster Seheindrücke von einem **extragenikulären Teil** mit unbewusst ablaufender Aktivität, z. B. im Rahmen optischer Reflexe (S. 1225). Der letztere Teil zweigt vor dem Corpus geniculatum laterale vom Tr. opticus ab und zieht zu den Colliculi supp. und der Area pretectalis.

Auf allen Stationen der Sehbahn besteht eine **Retinotopie**, d. h. ein bestimmtes Gebiet der Retina wird auf eine ganz bestimmte Neuronenpopulation abgebildet. Dies geschieht allerdings in verzerrter Form: Im primären visuellen Kortex ist die Repräsentation der Fovea centralis größer als die eines gleich großen Gebietes der Netzhautperipherie.
Zunächst wird der sog. **genikuläre Teil der Sehbahn** besprochen, der über das Corpus geniculatum laterale zum primären visuellen Kortex führt. Er vermittelt bewusste Seheindrücke. Daneben gibt es den **extragenikulären Teil der Sehbahn**, dessen Fasern vom Tractus opticus vor Erreichen des Corpus geniculatum laterale zu den Colliculi superiores der Vierhügelplatte (S. 1114) und der Area pretectalis abzweigen, und hauptsächlich für optische Reflexe (S. 1225) verantwortlich sind. Die Aktivität in diesem Teil der Sehbahn läuft unbewusst ab.

Nervus opticus, Chiasma opticum und Tractus opticus

Die Axone der Ganglienzellen – des 3. Neurons der Sehbahn – bilden den **Nervus opticus** (II. Hirnnerv), der nur Fasern von einem Auge enthält.

▶ **Klinik.** Aus der Tatsache, dass der N. opticus entwicklungsgeschichtlich ein Hirnteil ist, erklärt sich der Befund, dass der Nerv bei **Multipler Sklerose** (**MS**) häufig betroffen ist. Die MS ist eine Erkrankung, die durch eine Demyelinisierung von Nervenfasern des ZNS gekennzeichnet ist.

Nach der Sehnervenkreuzung (**Chiasma opticum**) beginnt der Tractus opticus. Das Chiasma opticum liegt direkt rostral vom Hypophysenstiel auf dem Corpus ossis sphenoidalis bzw. dem Sinus sphenoidalis. Im **Tractus opticus** ziehen Fasern von der temporalen Retina des ipsilateralen Auges und der nasalen Retina des kontralateralen Auges nach okzipital (Abb. **N-2.32**).

▶ **Merke.** Die Ganglienzellaxone von der nasalen Netzhaut kreuzen im Chiasma, die von der temporalen Netzhaut nicht.

▶ **Klinik.** Bei Ausfällen des Gesichtsfeldes (Abb. **N-2.32**) kann von dem jeweils ausgefallenen Gesichtsfeldanteil auf den Ort der Läsion geschlossen werden: Die **bitemporale** (**heteronyme**) **Hemianopsie** ist durch den Ausfall der temporalen Gesichtsfelder beider Augen gekennzeichnet (sog. Scheuklappenphänomen oder Tunnelgesichtsfeld). Heteronym bedeutet „ungleichnamig": Im linken Gesichtsfeld ist die **linke**, im rechten Gesichtsfeld die **rechte** Gesichtsfeldhälfte ausgefallen. Ein solcher Ausfall kommt z. B. bei einem Tumor der Hypophyse (S. 1249) vor. Der Druck des Tumors verletzt primär die im Chiasma kreuzenden Fasern, die von den nasalen Netzhautanteilen stammen, auf die sich die temporalen Gesichtsfelder (S. 1216) projizieren. Eine **homonyme Hemianopsie** ergibt sich als Folge der völligen Durchtrennung eines Tractus opticus: In diesem Fall ist in den Gesichtsfeldern beider Augen dieselbe Seite ausgefallen (Abb. **N-2.32**).

Nervus opticus, Chiasma opticum und Tractus opticus

Der **N. opticus** enthält nur Fasern von einem Auge.

▶ Klinik.

Jeder nach dem **Chiasma opticum** beginnende **Tractus opticus** enthält Fasern von der temporalen Retina des ipsilateralen und der nasalen Retina des kontralateralen Auges (Abb. **N-2.32**).

▶ Merke.

▶ Klinik.

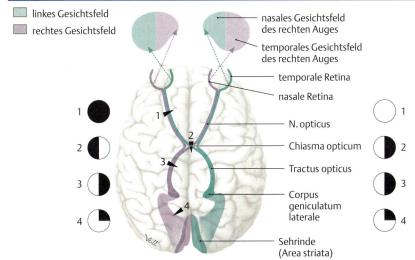

⊙ N-2.32 Sehbahn und Ort der Schädigung bei Gesichtsfeldausfällen (Skotomen)

Sicht von oben (parietal, vgl. Abb. **N-2.28**) auf die Sehbahn mit der Aufteilung der visuellen Information auf den rechten und linken visuellen Kortex. Je nach Verletzungsort (nummerierte Pfeilspitzen) entlang der Sehbahn resultieren daraus unterschiedliche Gesichtsfeldausfälle. Besonders typisch sind die Amaurose (vollständige Erblindung eines Auges) bei einseitiger Schädigung des N. opticus (**1**), bitemporale Hemianopsie bei Läsion des Chiasma opticum (**2**), homonyme Hemianopsie bei Durchtrennung eines Tractus opticus (**3**) und obere Quadrantenanopsie bei einseitiger Schädigung der unteren Anteile der medialen (gekreuzten) Sehstrahlung (**4**).
(Prometheus LernAtlas. Thieme, 3. Aufl.)

Corpus geniculatum laterale (CGL)

Die nächste Station der genikulären Sehbahn mit synaptischer Umschaltung auf das **vierte Neuron** ist der laterale Kniehöcker des Metathalamus, das **Corpus geniculatum laterale = CGL** (S. 1127).
Wegen der Anordnung der Ganglienzellaxone im Chiasma erhält jedes CGL Information von beiden Augen, und zwar das rechte CGL von der temporalen Netzhaut des rechten Auges und der nasalen Netzhaut des linken Auges. Auf diese Weise erreicht die gesamte Information von der linken Gesichtsfeldhälfte das rechte CGL (im linken CGL ist die Anordnung entsprechend für die rechte Gesichtsfeldhälfte).

Corpus geniculatum laterale (CGL)

Im **Corpus geniculatum laterale** (**CGL**) beginnt das **4. Neuron** des genikulären Anteils der Sehbahn. Das **rechte CGL** (S. 1127) erhält Information von der **linken Gesichtsfeldhälfte**, das linke entsprechend von der rechten.

N 2 ZNS – funktionelle Systeme

Das CGL hat **6 Schichten** (4 klein- und 2 großzellige). Die kleinzelligen Schichten sind mit den P-Ganglienzellen der Retina verbunden, die großzelligen mit den M-Zellen.

Das CGL besitzt **6 Schichten**, die abwechselnd Signale des ipsi- und kontralateralen Auges verarbeiten. Zwei dieser Schichten sind großzellig und die restlichen vier kleinzellig:

- Die **kleinzelligen** Schichten haben synaptische Kontakte mit den **P-Ganglienzellen** (S. 1220) der Retina.
- Die **großzelligen** Schichten haben Kontakte mit den retinalen **M-Ganglienzelle** (S. 1220).

▶ Merke.

▶ **Merke.** Auf diese Weise setzt sich der retinale P- und M-Kanal auf die klein- bzw. großzelligen Schichten des CGL fort.

▶ Klinik.

▶ **Klinik.** Ein Ausfall des nasalen Gesichtsfeldes eines Auges (**nasale ipsilaterale Hemianopsie**, Abb. **N-2.32**) bedeutet, dass der Weg von der temporalen Retina betroffen sein muss. Dieser Weg kreuzt nicht, also ist die Läsion auf der ipsilateralen Seite zu suchen. In Frage kommt eine Druckschädigung der lateralen Anteile des Chiasma opticum durch ein Aneurysma der A. carotis interna oder eine Verletzung der lateralen (ungekreuzten) Fasern im Verlauf der Sehstrahlung (s. u.) zwischen CGL und visuellem Kortex.

Primärer visueller Kortex – Abbildung des Sehobjekts

Die Efferenzen des CGL projizieren auf den **primären visuellen Kortex** derselben Hemisphäre.

Die Efferenzen des CGL bilden die **Sehstrahlung** (**Radiatio optica**) und projizieren auf den **primären visuellen Kortex** (**V1** oder Brodmann **Area 17**) derselben Hemisphäre.

▶ Merke.

▶ **Merke.** Im Endeffekt wird die linke Gesichtsfeldhälfte beider Augen im rechten visuellen Kortex abgebildet und umgekehrt.

In der Medialansicht ist dies die Region um den **Sulcus calcarinus**. Die linke untere Gesichtsfeldhälfte ist in der rechten Hemisphäre oberhalb des Sulcus calcarinus repräsentiert, die obere Gesichtsfeldhälfte unterhalb des Sulcus (Abb. **N-2.33b**). Das Zentrum des Gesichtsfeldes ist am weitesten okzipital abgebildet und überrepräsentiert.

Anatomisch liegt die Area 17 am äußersten okzipitalen Pol des **Lobus occipitalis**. Medial ist das Gebiet durch den nach oben leicht konvexen **Sulcus calcarinus** (oder Fissura calcarina) gekennzeichnet. Die Abbildung ist derart, dass die linke untere Gesichtsfeldhälfte in der rechten Hemisphäre oberhalb des Sulcus calcarinus repräsentiert ist, und die obere Gesichtsfeldhälfte unterhalb des Sulcus (Abb. **N-2.33b**). Das Zentrum des Gesichtsfeldes bzw. die Fovea centralis ist am weitesten okzipital abgebildet, die Peripherie weiter frontal. Diese feste Beziehung zwischen Gesichtsfeld, Retina und V1 wird als **Retinotopie** bezeichnet. Wie an anderen Stellen des Kortex auch ist die Abbildung verzerrt und reflektiert die Wichtigkeit der einzelnen Teile des Gesichtsfeldes: Das Gebiet der **Fovea centralis**, auf der der Fixationspunkt und das Zentrum des Gesichtsfeldes abgebildet werden, ist im visuellen Kortex deutlich **überrepräsentiert**.

▶ Klinik.

▶ **Klinik.** Verletzungen eines Teils der Sehstrahlung oder des primären visuellen Kortex selbst führen oft zur **Quadranten-Anopsie**, d. h. es besteht z. B. Blindheit im oberen rechten Quadranten des Gesichtsfelds, wenn in der linken Sehstrahlung bzw. im linken primär visuellen Kortex unterhalb des Sulcus calcarinus eine Läsion vorliegt (Abb. **N-2.32**). Bei kleinen kortikalen Verletzungen bleibt das Zentrum des Gesichtsfelds oft ausgespart, weil es im visuellen Kortex großflächig repräsentiert ist. Vollständige Zerstörung des primären visuellen Kortex hat völlige Blindheit (S. 1141) zur Folge (**Rindenblindheit**). Dabei sind die **Pupillenreflexe auf Licht** aber noch erhalten, da sie den visuellen Kortex nicht benötigen (s. u.). Die Patienten sind auch oft noch in der Lage, Lichtblitze zu lokalisieren, wahrscheinlich über die Colliculi superiores (S. 1114).

Morphologischer Aufbau: Histologisch fällt V1 durch ein besonders **breites Stratum granulosum internum** (Schicht IV) auf. Hier enden die Fasern vom CGL. Durch die Schicht IV zieht sich oberflächenparallel der **Gennari-Streifen** (Abb. **N-2.33a**). Der Name „Area striata" für den primären visuellen Kortex bezieht sich auf diesen Streifen.

Morphologischer Aufbau: Der **primäre visuelle Kortex** (V1 bzw. Area 17) weist schon makroskopisch ein Merkmal auf, das den anderen visuellen Kortexarealen fehlt: den **Gennari-Streifen** (Abb. **N-2.33a**). Es handelt sich um ein oberflächenparalleles Bündel markhaltiger Fasern, das mit bloßem Auge zu erkennen ist. Es teilt den Kortex praktisch in zwei Schichten und hat zu dem Namen **Area striata** für den primären visuellen Kortex geführt. Mikroskopisch hat die Area 17 eine ungewöhnlich hohe Zelldichte und komplexe Verschaltung. Das Stratum granulosum internum (**Schicht IV**) ist sehr breit und kann in 3 Unterschichten aufgeteilt werden (IVa, IVb und IVc).

Die Schicht IVb enthält den Gennari-Streifen, der aus markhaltigen Axonen der **M-Zellen aus Schicht IVc** besteht und die Signale im visuellen Kortex außerhalb der Area striata verteilt. Die Afferenzen vom CGL enden hauptsächlich in Schicht IVa und IVc.

Funktioneller Aufbau: In V1 sind Zellen lokalisiert, die bestimmte einfache Struktureigenschaften aus einem gesehenen Objekt extrahieren. So gibt es Zellen, die auf einen Lichtreiz nur dann mit maximaler Entladung reagieren, wenn der Reiz eine bestimmte **Länge**, **Orientierung** oder **Bewegungsrichtung** besitzt. Ursprünglich wurde angenommen, dass die Grundstruktur des primären visuellen Kortex aus **okulären Dominanzsäulen** besteht, die senkrecht zur Oberfläche angeordnet sind. Okuläre Dominanz bedeutet, dass eine Säule nur Signale von einem Auge verarbeitet, wobei die Dominanzsäulen für das rechte und linke Auge abwechselnd nebeneinander liegen. Die „Säulen" sind wohl eher flächige Streifen in Schicht IV. In Schicht II und III befinden sich als rundliche Flecken (**Blobs**) angeordnete **farbtüchtige Zellen des P-Systems**; zwischen den Flecken befinden sich P-Zellen mit ausgeprägter Orientierungs- und Strukturempfindlichkeit für die **Formerkennung** (**Interblobs**). Das **M-System** für das **Bewegungssehen** wird in Schicht IV umgeschaltet.

▶ Merke. Die Information über Form, Farbe und Bewegung ist schon auf der Ebene von V1 vorhanden, eine höherwertige Verarbeitung der Signale im Sinne einer Erkennung geschieht aber erst in nachgeschalteten Stationen (V2–V5, s. u.).

Funktioneller Aufbau: Der primäre visuelle Kortex besteht funktionell aus kleinen Zellpopulationen, die eine **okuläre Dominanz** aufweisen, d. h. sie erhalten nur Informationen von einem Auge. In Schicht II und III liegen fleckförmige Ansammlungen (**Blobs**) von **farbtüchtigen Zellen** des P-Systems, dazwischen Zellen für die **Formerkennung**. Die Information des M-Systems für die **Bewegungserkennung** wird in Schicht IV verarbeitet.

▶ Merke.

N-2.33 Primärer visueller Kortex und Retinotopie entlang der Sehbahn

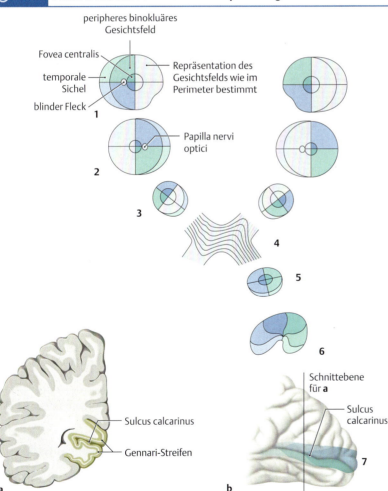

(Prometheus LernAtlas. Thieme, 3. Aufl.)

a Der helle **Gennari-Streifen** verläuft parallel zur Oberfläche des primären visuellen Kortex (s. **7** in **b**) und teilt die graue Substanz in zwei makroskopisch erkennbare Schichten (Frontalschnitt).

b **Retinotopie**: Gezeigt ist der Weg der visuellen Information vom Gesichtsfeld des linken Auges bei Blick von oben (parietal). Die Abbildung der verschiedenen Teile des Gesichtsfelds auf Faser- und Neuronenpopulationen sind mit denselben Farben markiert. **1** = Gesichtsfeld des linken Auges; **2** = Abbildung des Gesichtsfelds auf die Retina; **3** und **5** = Verteilung der Information im Nervus bzw. Tractus opticus, zwischen denen das Chiasma opticum (**4**) liegt; **6** = Abbildung auf Corpus geniculatum laterale (grob schematisch; tatsächlich besteht das CGL, wie im Haupttext beschrieben, aus sechs oberflächenparallelen Schichten). Im Endeffekt wird die visuelle Information vom linken unteren Gesichtsfeld auf die Sehrinde (**7**) der rechten Hemisphäre oberhalb des Sulcus calcarinus (verzerrt) abgebildet.

Sekundärer und höherer visueller Kortex – Erkennung von Bewegung, Farbe und Struktur

In **V1** wird das fixierte Objekt nur **abgebildet**, die weitere Verarbeitung der visuellen Information erfolgt in nachgeordneten visuellen Arealen (**V2–V5**).

Die **Bewegungserkennung** (die die Information des M-Systems benötigt) findet über **V5** im **parietal-frontalen Weg** statt, die **Form- und Farberkennung** (P-System) über **V4** im **temporalen Weg** (Abb. **N-2.34**).

Neurone des temporalen Wegs benötigen **komplexe Muster** (z. B. Kreuze, Sterne) für eine maximale Erregung, d. h. sie lassen sich durch einfache Striche nicht aktivieren.

Sekundärer und höherer visueller Kortex – Erkennung von Bewegung, Farbe und Struktur

Neben dem primären visuellen Kortex, in dem zunächst nur eine Abbildung des Sehobjekts erfolgt, sind noch weitere visuelle Kortexareale vorhanden, in denen eine weitergehende Verarbeitung der visuellen Information stattfindet. Es handelt sich hierbei um den **sekundären visuellen Kortex** (**V2**) sowie die nachgeordneten visuellen Areale **V3**, **V4** und **V5**. Die Stationen V1–V3 werden von allen visuellen Informationen durchlaufen, danach teilt sich der Verarbeitungsweg in einen **parietal-frontalen** und einen **temporalen** Zweig (Abb. **N-2.34**):

- **Parietal-frontaler Weg:** Wie bereits erwähnt, ist das **M-System** für die **Erkennung von Bewegung** zuständig. Es bildet über **V5** den parietal-frontalen Weg der visuellen Informationsverarbeitung und endet in Area 8, dem frontalen Augenfeld. Area 8 ist für die Steuerung von **konjugierten Augenbewegungen** zuständig (s. u.). Das frontale Augenfeld ist als motorischer Programmgeber für die visuelle Verfolgung von bewegten Objekten wichtig und erhält über das M-System eine sensorische Rückkopplung.
- **Temporaler Weg:** Über das **P-System** erfolgt die Erkennung von **Struktur und Farbe**. Es bildet über **V4** den temporalen Weg der visuellen Informationsverarbeitung. Hier finden sich Neurone, die komplexe Strukturen für eine maximale Entladung benötigen. Natürlich erhebt sich die Frage, wie weit eine solche Formselektivität gehen kann. Gibt es z. B. im Kortex Neurone, die nur beim Anblick eines nahen Angehörigen feuern?

⊙ **N-2.34** **Weg der visuellen Information im parvo- und magnozellulären System**

Bis V3 inklusive (tertiärer visueller Kortex) sind beide Systeme noch nicht deutlich getrennt. Danach verläuft über den grün gekennzeichneten Weg vorwiegend die Information für die Erkennung von Bewegungen (magnozelluläres oder M-System), über den rot hervorgehobenen Weg vorwiegend die Information zur Erkennung von Struktur und Farbe (parvozelluläres oder P-System).

(Prometheus LernAtlas. Thieme, 3. Aufl.)

▶ Klinik.

▶ Klinik. Kortikale Läsionen, die höhere Stationen der visuellen Informationsverarbeitung betreffen, führen oft zu einem Zustand, der **Seelenblindheit** (S. 1141) genannt wird.

Läsionen in V5 und dem weiteren Weg für Bewegungsdetektion sind mit einer **Bewegungsagnosie** verbunden, d. h. die Patienten sehen kontinuierliche Bewegungen als eine unterbrochene Folge von Einzelbildern.

Ist **V4** und der kaudale temporale Kortex verletzt, kommt es zu Ausfällen der Farb- und Formerkennung. Eine eindrucksvolle Störung dieser Art ist die **Prosopagnosie**, d. h. die Unfähigkeit, Gesichter zu erkennen.

Der bisher beschriebene Weg der visuellen Information gehört zum retino-genikulo-kortikalen System (Tab. **N-2.5**).

Willkürliche und reflektorische Augenbewegungen (Okulomotorik)

Tab. **N-2.5** zeigt die zahlreichen visuellen Untersysteme.

Willkürliche und reflektorische Augenbewegungen (Okulomotorik)

Die Tab. **N-2.5** soll verdeutlichen, dass das visuelle System neben der Vermittlung von bewussten Sehwahrnehmungen noch viele andere Funktionen hat, die oft unbewusst ablaufen.

N 2.3 Sensorische Systeme

☰ N-2.5 Visuelle Teilsysteme

System	Strukturen	Funktionen
retino-genikulo-kortikales System	Retina – N. und Tr. opticus – Corpus geniculatum laterale – Radiatio optica – Area 17 (V1) – Area 18 (V2), Area 19 (V3, V4, V5) – parietaler und unterer temporaler Assoziationskortex	bewusster Seheindruck und weitergehende Verarbeitung
retino-tektales System	Retina – N. und Tr. opticus – Colliculus superior weitere **Afferenzen** aus dem Hirnstamm und Rückenmark (Tr. spinotectalis), Hinterstrangkernen, Ncll. cochleares, visuellem Kortex **Efferenzen** u. a. zu Augenmuskelkernen, Ncll. pontis, Rückenmark, Formatio reticularis	reflexartige Steuerung von Augen- und Kopfbewegung
retino-prätektales System	**Pupillenreflex**: Retina – N. und Tr. opticus – Area pretectalis – Ncl. accessorius n. oculomotorii (Edinger-Westphal) – M. sphincter pupillae (Tab. **M-5.3**) **Akkommodationsreflex**: Retina – N. und Tr. opticus – Corpus geniculatum laterale – V1 – V2 – Area pretectalis – Edinger-Westphal – M. ciliaris (Tab. **M-5.4**) **Konvergenzreaktion**: wie Akkomodationsreflex, jedoch zum Ncl. n. oculomotorii zur Innervation der Mm. recti mediales beidseits	Pupillen- und Akkommodationsreflexe/Konvergenzreaktion (konsensuell)
retino-hypothalamo-pineales System	Retina – N. und Tr. opticus – Ncll. suprachiasmaticus und paraventricularis, zentrale Sympathikusbahn – Ggl. cervicale superius – Corpus pineale	Synchronisierung lichtabhängiger zirkadianer Rhythmik neuroendokriner Systeme
akzessorisches optisches System	Retina – N. und Tr. opticus – Tegmentum mesencephali – Interaktion mit Vestibularissystem	Steuerung des optokinetischen Nystagmus

Beachte: Außer dem ersten System, dem Akkommodationsreflex und der Konvergenzreaktion sind alle anderen Wege **extragenikulär**, d. h. die visuelle Information läuft nicht über das CGL.

Willkürliche Augenbewegungen

Willkürliche Augenbewegungen werden normalerweise in Form von **konjugierten Bewegungen** ausgeführt, d. h. die Blickachsen beider Augen bewegen sich in dieselbe Richtung. Bei horizontalen Blickbewegungen zur Abtastung des Gesichtsfeldes muss dafür der in Blickrichtung liegende M. rectus lateralis aktiviert und der kontralaterale M. rectus lateralis gehemmt werden. Gleichzeitig kommt es zu einer Hemmung des ipsilateralen und Aktivierung des kontralateralen M. rectus medialis (S. 1053).

Die Ansteuerung der beteiligten Hirnnervenkerne (in diesem Fall N. III und VI) erfolgt vom **frontalen Augenfeld** (Area 8), wobei wahrscheinlich auch Aktivität von Area 17–19 zum Augenfeld eine Rolle spielt. Das Koordinationszentrum befindet sich in der **paramedianen pontinen Formatio reticularis** (PPRF), das die Kerne des N. III und VI synchronisiert und primär **horizontale** Augenbewegungen steuert. Diese Kerne werden durch den **Fasciculus longitudinalis med.** (S. 1110) verbunden, der sich vom Mesenzephalon bis zur Medulla oblongata erstreckt und die Hirnnervenkerne untereinander verknüpft (Abb. **N-2.35a**). Am kranialen Ende des Fasciculus befindet sich der **rostrale interstitielle Kern des Fasciculus longitudinalis medialis** (**riFLM**; Abb. **N-2.35b**). Er liegt direkt kranial des **Ncl. interstitialis Cajal**, der mit dem riFLM bei der Steuerung **vertikaler** Blickbewegungen zusammenarbeitet. Die willkürliche Abtastung des Gesichtsfelds erfolgt in ruckartigen Bewegungen (**Sakkaden**), d. h. eine langsame Einstellung des neuen Fixationspunktes ist willkürlich nicht möglich.

Willkürliche Augenbewegungen

Willkürliche Augenbewegungen erfolgen meist als **konjugierte Bewegungen**, bei denen sich beide Blickachsen in dieselbe Richtung bewegen. Ein wichtiges Zentrum für die Steuerung der Augenmuskeln ist die **paramediane pontine Formatio reticularis** (**PPRF**), die über den **Fasciculus longitudinalis med.** (S. 1110) die verschiedenen Augenmuskelkerne erreicht und primär **horizontale** Augenbewegungen steuert. Der **rostrale interstitielle Kern des Fasciculus longitudinalis medialis** (**riFLM**) arbeitet mit dem Ncl. interstitialis Cajal bei der Steuerung **vertikaler** Blickbewegungen zusammen. Die willkürlichen Augenbewegungen dienen der Abtastung des Gesichtsfeldes und laufen als ruckartige **Sakkaden** ab.

Folgebewegungen und Fixationsreflex

Wenn sich ein Gegenstand durch das Gesichtsfeld bewegt, kann das Objekt willkürlich und in gleichmäßiger Bewegung mit den Augen verfolgt werden, wobei allerdings diese **Folgebewegungen** reflektorisch gesteuert werden, um den Gegenstand immer auf der Fovea centralis abzubilden (sog. **Fixationsreflex**). Der Weg des Reflexes verläuft afferent über Retina und Sehbahn zur **Area 17**; nach Umschaltung in Area 18 und 19 erreicht die efferente Information über den Fasciculus longitudinalis medialis und die PPRF die Augenmuskelkerne.

Folgebewegungen und Fixationsreflex

Folgebewegungen zur Fixierung eines Objekts im Gesichtsfeld sind gleichmäßige Augenbewegungen, die willkürlich eingeleitet werden, dann aber reflektorisch ablaufen (**Fixationsreflex**).

▶ Merke. Im Gegensatz zu den sakkadischen Abtastbewegungen und dem Pupillenreflex (s. u.) erfordert der Fixationsreflex einen intakten **visuellen Kortex**.

▶ Merke.

N-2.35 Anordnung und Verschaltung blickmotorischer Kerne im Hirnstamm

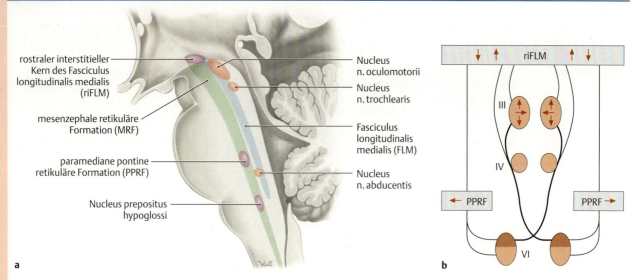

(Prometheus LernAtlas. Thieme, 3. Aufl.)

a Schematische Anordnung der für die Blickmotorik relevanten Hirnnervenkerne (Kerne der Hirnnerven III, IV und VI) und ihre Verbindung untereinanderer über den Fasciculus longitudinalis medialis (hellblau) und Anteile der Formatio reticularis (hellgrün). Der Ncl. prepositus hypoglossi ist ein okulomotorisches Zentrum, das auch vestibuläre und auditorische Informationen integriert. Er liegt in der Medulla oblongata in der Nähe des rostralen Teils des Ncl. n. hypoglossi.

b Bedeutung des paramedianen Anteils der pontinen Formatio reticularis (PPRF = paramediane pontine retikuläre Formation) und des rostralen interstitiellen Kerns des Fasciculus longitudinalis medialis, riFLM) für die Koordination der vertikalen (↑/↓) und horizontalen (←/→) Augenbewegungen. Diese erfolgt über beidseits bestehende Verbindungen zu allen Kernen (S. 982) der äußeren Augenmuskeln (Tab. M-5.2).

Der **Colliculus superior** des Mesenzephalons ist ein wichtiges Koordinationszentrum für diesen Reflex.

Neben diesen Strukturen spielt auch der **Colliculus superior** eine wichtige Rolle für den Reflex. Allerdings ist er Teil eines anderen Reflexsystems, nämlich des **retinotektalen Systems**. Bei ausgedehnten Folgebewegungen arbeiten der Fixationsreflex und das retinotektale System zusammen:

Vom Tractus opticus zweigen Fasern **vor Erreichen des CGL** in Richtung auf den **Colliculus superior** des Mesenzephalons ab. Diese Fasern sind Teil des retinalen bewegungsempfindlichen M-Systems. Die Zellen des Colliculus superior steuern zusammen mit der PPRF **Folgebewegungen der Augen und des Kopfes** bei Fixierung eines bewegten Objektes (Tab. **N-2.5**).

▶ Merke.

▶ Merke. Kontinuierliche Folgebewegungen der Augen sind nur reflektorisch möglich. Willkürliche Augenbewegungen sind immer **Sakkaden**, d.h. sprungartige Bewegungen des Fixierungspunktes von einem Ort zum nächsten. Es ist aber möglich, den eigenen und selbst bewegten Zeigefinger in Form einer Folgebewegung mit den Augen zu fixieren.

Retinoprätektale Reflexe

Pupillenreflexe auf Licht: Sie verlaufen vom **Tractus opticus ohne** Umschaltung im CGL zur **Area pretectalis**, die vor den Colliculi superiores liegt. Die Efferenzen der Area pretectalis aktivieren Zellen des **Ncl. accessorius nervi oculomotorii** (S. 1107), dessen Aktivität den M. sphincter pupillae zur Kontraktion bringt (**Miosis**, Abb. **N-2.36**).

Retinoprätektale Reflexe

Pupillenreflexe auf Licht: Vom **Tractus opticus** laufen Fasern **ohne** Umschaltung im CGL zur **Area pretectalis**, einem Reflexzentrum ventral von den Colliculi superiores. Die Axone der hier gelegenen Zellen ziehen zum parasympathischen **Ncl. accessorius nervi oculomotorii** (S. 1107) beider Seiten (Edinger-Westphal), der über seine Efferenzen im N. oculomotorius (III) und nach Umschaltung im Ggl. ciliare den M. sphincter pupillae zur Kontraktion bringt (**Miosis**, Abb. **N-2.36**). Da der Reflex beidseitig verläuft, verengt sich die Pupille auch bei Belichtung des anderen Auges (**konsensuelle Lichtreaktion**).

▶ Klinik.

▶ Klinik. Da der Lichtreflex nicht über den Kortex verläuft, kann ein Patient auch nach Schädigung des gesamten visuellen Kortex noch einen normalen Pupillenreflex auf Licht aufweisen.

N-2.36 Pupillenreflex auf Licht

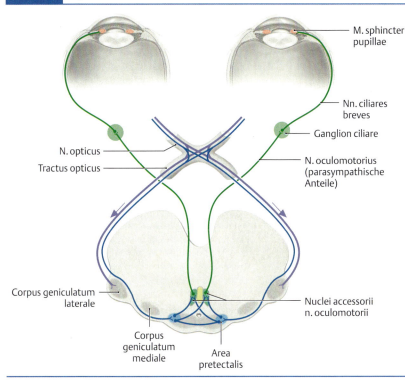

Darstellung des Verlaufs der für den Lichtreflex verantwortlichen afferenten (blau) und efferenten (grün) Fasern mit ihren Schaltstationen: Die hier entscheidenden Afferenzen des nicht genikulären Anteils (blau) der Sehbahn ziehen zunächst mit denen des genikulären Anteils (violett), zweigen jedoch vor dem Corpus geniculatum laterale ab und werden in der Area pretectalis umgeschaltet. Von hier projizieren Neurone doppelseitig (entscheidend für die konsensuelle Lichtreaktion!) auf die Ncll. oculomotorii accessorii. Diese sog. Edinger-Westphal-Kerne entsenden Axone zum Ggl. ciliare (S. 1052), in dem die Umschaltung der parasympathischen Fasern zur Innervation des M. sphincter pupillae (Tab. **M-5.3**) erfolgt.

(Prometheus LernAtlas. Thieme, 3. Aufl.)

Die bei Dunkelheit reflektorisch auftretende Erweiterung der Pupille (**Mydriasis**) läuft ebenfalls über die Stationen Retina und Area pretectalis. Danach erreicht die Information über die **Substantia grisea centralis** (graue Substanz um den Aquädukt) und deszendierende sympathische Steuerungssysteme das sympathische **Centrum ciliospinale** im Seitenhorn der Rückenmarksegmente C 8–Th 3.
Die sympathischen Fasern steigen im Halsgrenzstrang auf und werden im Ggl. cervicale superius (S. 904) umgeschaltet. Die postganglionären Fasern laufen ohne Umschaltung durch das Ggl. ciliare und erweitern über den M. dilatator pupillae (Tab. **M-5.3**) die Pupille.

Akkommodationsreflex: Dieser Reflex benötigt im Gegensatz zu den beiden erstgenannten einen intakten primären und sekundären **visuellen Kortex** (Abb. **N-2.37**). Von der **Area 17–19** ziehen Fasern über die Area pretectalis und **Ncl. perlia** (s. u.) zum **Ncl. accessorius nervi oculomotorii** (Edinger-Westphal) beider Seiten (Tab. **N-2.5**).
Die Efferenzen dieses Kerns werden im **Ggl. ciliare** (S. 1052) umgeschaltet und kontrahieren den **M. ciliaris** (S. 1063). Dadurch lässt der seitliche Zug auf die Linse nach und die Krümmung ihrer Vorderfläche wird aufgrund der Eigenelastizität des Linsenmaterials größer (der Krümmungsradius kleiner). Die Brechkraft der Linse steigt, und die Abbildung von nahen Objekten auf der Retina wird scharf (**Nahakkommodation**). Der Reiz für die Auslösung des Reflexes ist die unscharfe Abbildung eines Gegenstandes auf der Retina. Die von der Area 17–19 kommenden Fasern konvergieren in der Area pretectalis auf dieselben Neurone, die auch die Miosis bei Lichteinfall steuern. Daher ist die Nahakkommodation immer mit einer Miosis verbunden (sinnvoll wegen Verbesserung der Tiefenschärfe).
Der **Ncl. Perlia** liegt zwischen beiden Edinger-Westphal-Kernen und verteilt die ankommende Information über die unscharfe Abbildung auf 2 Ziele:
- auf die Edinger-Westphal-Kerne für die Nahakkommodation und Miosis und
- auf den somatomotorischen Okulomotoriuskern für die Aktivierung des M. rectus medialis (S. 1053) beider Augen. Als Folge konvergieren die Sehachsen bei Fixierung eines nahen Gegenstandes.

Die reflektorische Erweiterung der Pupille (**Mydriasis**) bei Dunkelheit läuft über die Area pretectalis und Substantia grisea centralis zum sympathischen **Centrum ciliospinale**.

Nach Aufsteigen im Halsgrenzstrang werden sie im Ggl. cervicale sup. umgeschaltet und erreichen den durch sie innervierten M. dilatator pupillae (Tab. **M-5.3**).

Akkommodationsreflex: Er benötigt einen intakten primären und sekundären **visuellen Kortex** (Abb. **N-2.37**). Der Reflex verläuft von V1–V2 zur Area pretectalis und dann zum **Ncl. accessorius nervi oculomotorii** (Edinger-Westphal). Als Folge wird der **M. ciliaris** (S. 1063) zur Kontraktion gebracht. Die daraus resultierende Erschlaffung der Zonulafasern bewirkt eine Erhöhung der Brechkraft der Linse, die aufgrund ihrer Eigenelastizität eine stärkere Krümmung annimmt.

N-2.37 Akkommodationsreflex und Konvergenz

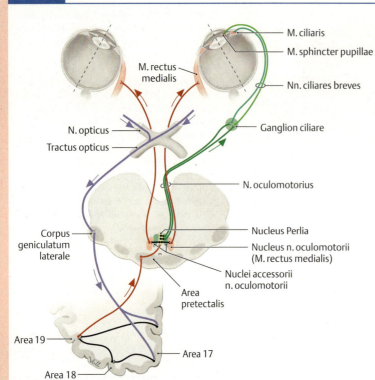

Die Afferenzen für beide Reflexe (violett) verlaufen im N. opticus über das Corpus geniculatum laterale (CGL). Nach dortiger Umschaltung erreichen die Axone der im CGL liegenden Neurone die primäre Sehrinde (Area 17). Über Interneurone (schwarz) werden zunächst die Areae 17–19 und von dort aus über die Area pretectalis der Ncl. Perlia angesteuert. Die hier liegenden funktionell unterschiedlichen Neurone bewirken je nach Zielgebiet unterschiedliche Reaktionen: Die einen schicken Axone zum Ncl. nervi oculomotorii, durch den der M. rectus medialis innerviert wird (rot → Konvergenzreaktion), die anderen Efferenzen ziehen zum Edinger-Westphal-Kern, deren parasympathische Neurone (grün, nur für das rechte Auge dargestellt) über Kontraktion des M. sphincter pupillae zu einer Verengung der Pupillen, sog. Miosis (S. 1062), führt. Gleichzeitig lösen die postganglionären parasympathischen Fasern eine Kontraktion des M. ciliaris aus und erhöhen so die Brechkraft der Linse (Nahakkommodation).
(Prometheus LernAtlas. Thieme, 3. Aufl.)

Retino-hypothalamo-pineales System und zirkadiane Rhythmik

Tagesrhythmische Abläufe (z. B. Wach-Schlaf-Rhythmus) haben bei allen Menschen eine ungefähre Dauer von 24 h (**zirkadian**).

Die Anpassung an den Tag-Nacht-Wechsel erfolgt durch das Tageslicht über folgende Strukturen:
Retina → Ncl. suprachiasmaticus → Ncl. paraventricularis (beide Kerne liegen im Hypothalamus) → Seitenhorn des Rückenmarks → Ggl. cervicale superius → Epiphyse.
Die Epiphyse sezerniert das Hormon **Melatonin**, das wiederum hypothalamische Funktionen beeinflusst.

Retino-hypothalamo-pineales System und zirkadiane Rhythmik

Tagesrhythmische Lebensabläufe müssen an den Wechsel von Tag und Nacht angepasst werden. Der Rhythmus wird **zirkadian** genannt, da sein Zyklus ungefähr 24 h beträgt. Er wird durch äußere Einflüsse – besonders das Tageslicht – auf 24 h synchronisiert. Ohne äußeren Zeitgeber (z. B. im Schlaflabor) hat jeder Mensch seine eigene Rhythmusdauer, die kürzer (Frühaufsteher) oder länger (Spätaufsteher) als 24 h sein kann.
Zu den tagesrhythmischen Abläufen gehören u. a. Wach-Schlaf-Rhythmus, Körpertemperatur und Hormonhaushalt. Bei der Anpassung an 24 h wirken mehrere Strukturen zusammen, die neuronal miteinander verbunden sind:
- **Retina:** Die Retina dient als Reizaufnehmer für das Tageslicht.
- **Hypothalamus** mit **Ncl. suprachiasmaticus** und **Ncl. paraventricularis:** Der Ncl. suprachiasmaticus erhält direkte Fasern vom Tractus opticus vor Erreichen des CGL. Von diesem Kern bestehen Verbindungen zum Ncl. paraventricularis, der an der Bildung von Steuerhormonen für die Hypophyse beteiligt ist.
- **Seitenhorn des Rückenmarks** und **Ggl. cervicale superius:** Vom Hypothalamus laufen – evtl. in Fortsetzung des Fasciculus longitudinalis posterior – Fasern zum Seitenhorn der Rückenmarkssegmente C 8/Th 1, die zum Ggl. cervicale superius projizieren.
- **Epiphyse:** Die Epiphyse wird über die sympathischen postganglionären Fasern des Ggl. cervicale superius angesteuert und sezerniert **Melatonin**. Das Melatonin wirkt wiederum auf den Ncl. suprachiasmaticus zurück und scheint auch direkt in den Hormonhaushalt und limbische Funktionen einzugreifen (Tab. **N-2.5**). Insgesamt wirkt es schlafinduzierend.

2.3.3 Auditorisches System

Der junge Mensch hört Frequenzen von ca. 15 Hz bis 18 000 Hz; die **Empfindlichkeit** des Gehörs ist im Bereich von ca. 250–4 000 Hz am größten. Hier liegt der **Hauptsprachbereich**.

2.3.3 Auditorisches System

Schallwellen sind **Longitudinalschwingungen** der Luftmoleküle, d. h. in Ausbreitungsrichtung des Schalls treten abwechselnd Bereiche höheren und geringeren Drucks auf. Der Abstand zwischen zwei Druckmaxima oder -minima ist die Wellenlänge. Das auditorische System von jungen Menschen ist in der Lage, Schallwellen im Frequenzbereich von ca. **15 Hz bis 18 000 Hz** zu erfassen. Die größte Empfindlichkeit besitzt das Gehör bei ca. 4 000 Hz; hier ist der zur Erzielung eines Höreindrucks benötigte Schalldruck am geringsten. Der **Hauptsprachbereich** liegt im Frequenzbereich zwischen ca. 250 und 4 000 Hz; dies sind die während des Sprechens eingesetzten Frequenzen.

Reizaufnahme

Sinneszellen des Corti-Organs

Die Sinneszellen liegen im **Corti-Organ** (S. 1086), das neben den Sinneszellen noch verschiedene Stützzellen enthält. Zu den Stützzellen gehören die **Phalangenzellen**, die die Sinneszellen tragen, und die **Pfeilerzellen**, die einen mit Perilymphe gefüllten Tunnel umgeben. Die Sinneszellen (**Haarzellen**, s. u.) sind **sekundäre Sinneszellen**, d. h. sie sind über Synapsen mit dem primär afferenten Neuron verbunden. Das Soma dieses Neurons befindet sich im **Ganglion spirale cochleae**, das an der Basis der Lamina spiralis ossea liegt. Die von den inneren Haarzellen kommenden Axone des Ggl. spirale gehören zu **bipolaren Zellen** (Typ-I-Ganglienzellen), deren Somata als Ausnahme eine **Markhülle** besitzen können. Die von den äußeren Haarzellen kommenden Axone des Ggl. spirale gehören dagegen zu **pseudo-unipolaren Zellen** (Typ-II-Ganglienzellen). Der zentrale Fortsatz der Ganglienzellen zieht zu den **Nuclei cochleares** der Medulla oblongata. Die **Sinneszellen** des Corti-Organs (Abb. **N-2.38**) sind apikal mit Sinneshaaren (Mikrovilli) ausgestattet, die **Stereozilien** heißen.

Die längsten Stereozilien der äußeren Haarzellen sind mit der Innenseite der **Membrana tectoria** (Tektorialmembran) verbunden, einer gallertigen Membran, die von der Medialseite der Scala media (Limbus spiralis) ausgeht und dem Corti-Organ locker aufliegt. Eine Scherbewegung der Mikrovilli in Richtung auf die längsten Stereozilien ist der erregende Reiz für die Zellen. Die Sinneszellen bilden 1 Reihe von **inneren** und 3 Reihen von **äußeren Haarzellen**:

- Die **inneren** Zellen sind flaschenförmig und besitzen vorwiegend Synapsen mit **afferenten** Fasern, wobei die Synapsen oft als Band-(Ribbon-)Synapsen ausgebildet sind. Der Transmitter ist Glutamat. Diese (relativ wenigen, ca. 3 500 pro Seite) inneren Haarzellen sind der Beginn der Hörbahn.
- Die **äußeren Sinneszellen** (ca. 20 000 pro Seite) sind zylinderförmig und besitzen vorwiegend Synapsen mit **efferenten** Fasern, die aus der oberen Olive (Ncl. olivaris superior) stammen (s. u.). Das Zytoplasma der äußeren Haarzellen enthält ein Netzwerk von Aktinfilamenten (S. 51) und Zisternen des glatten endoplasmatischen Retikulums. Die apikale Zellmembran der Sinneszellen ist zu der **Kutikularmembran** umgestaltet. Sie ist durch Aktinfilamente besonders verstärkt. Die seitlichen Membranabschnitte enthalten das Protein **Prestin**, das sich bei K^+-Einstrom verkürzt. Die äußeren Haarzellen vermitteln keine direkten Höreindrücke, sondern verstärken die Erregung der inneren Sinneszellen (s. u.). Sie können sich über Konformationsänderungen des Prestinmoleküls in Längsrichtung **kontrahieren** und dadurch die Tektorialmembran bewegen. Hohe Frequenzen erregen besonders die Haarzellen am Beginn des Ductus cochlearis (nahe am ovalen Fenster), tiefe Frequenzen aktivieren die Zellen nahe dem Helicotrema (der Schneckenspitze).

Reizaufnahme

Sinneszellen des Corti-Organs

Die **Haarzellen** des Corti-Organs sind **sekundäre Sinneszellen**, d. h. sie sind über Synapsen mit dem primären afferenten Neuron verbunden. Das Soma dieses Neurons befindet sich im **Ggl. spirale**, dessen zentrale Fortsätze zu den **Ncll. cochleares** ziehen.

Die **Sinneszellen** (Abb. **N-2.38**) besitzen Sinneshaare (Stereozilien), von denen die längsten die Unterseite der **Tektorialmembran** kontaktieren.

Im Corti-Organ befinden sich:
- **1 Reihe innere Haarzellen,** die meist **afferente** Synapsen besitzen und den Beginn der Hörbahn darstellen.
- **3 Reihen äußere Sinneszellen**, die **kontraktil** sind und die Tektorialmembran bewegen können. Über diesen Mechanismus erregen sie die inneren Haarzellen oder modulieren ihre Aktivität.

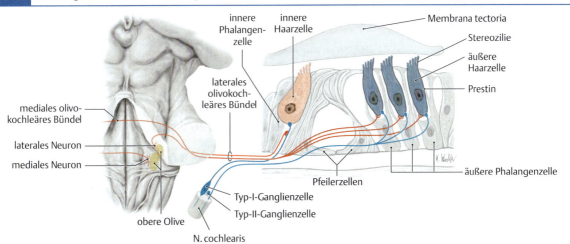

N-2.38 Corti-Organ und seine Verschaltung

Afferente Fasern (blau) ziehen durch den N. cochlearis zu den Ncll. cochleares. Die efferenten Fasern (rot) zu den inneren Haarzellen kommen vom lateralen oberen Olivenkomplex und verlaufen meist ungekreuzt. Efferente Fasern zu den äußeren Haarzellen kommen vom medialen oberen Olivenkomplex und ziehen vorwiegend gekreuzt zum kontralateralen Corti-Organ. Diese Fasern sind wahrscheinlich an der Kontraktion der äußeren Haarzellen beteiligt. (Prometheus LernAtlas. Thieme, 3. Aufl.)

▶ Merke.

Entstehung des Rezeptorpotenzials

Depolarisation der Haarzellen: Bei einer Verformung des Endolymphschlauchs kommt es zu einer **Relativbewegung** zwischen Basilarmembran (S. 1086) und Tektorialmembran. Die dadurch erzeugte Scherbewegung der Sinneshaare in Richtung auf die längsten Stereozilien öffnet über Proteinfäden (**tip links**) K⁺-Kanäle in den Sinneshaaren. Die äußeren Haarzellen **kontrahieren sich** und lösen über die Bewegung der Tektorialmembran eine Flüssigkeitsströmung aus. Dadurch werden die Haare der inneren Sinneszellen abgeschert, was ebenfalls über einen Tip-link-Mechanismus zu einer Depolarisation der Zellen führt.

▶ Merke.

▶ Exkurs: Ionengradient als treibende Kraft für die Umsetzung mechanischer Bewegung in ein Rezeptorpotenzial.

Funktion der efferenten Innervation: Die efferente Innervation der äußeren Haarzellen kann Kontraktionen der Zellen auslösen und so das System insgesamt und für bestimmte Frequenzen besonders empfindlich machen.

Stationen der Hörbahn

Erstes und zweites Neuron: Das 1. Neuron (dessen Soma im **Ggl. spirale cochleae** liegt) endet mit seinen zentralen Fortsätzen (Pars cochlearis n. vestibulocochlearis) in den **Ncll. cochleares anterior** und **posterior** in der Medulla oblongata (2. Neuron). Die meisten der hier terminierenden Fasern kommen von den inneren Haarzellen.

▶ Merke.

N 2 ZNS – funktionelle Systeme

▶ Merke. Die **äußeren** Haarzellen dienen lediglich der Erregungsverstärkung der **inneren** Haarzellen, die für die Fortleitung auditorischer Signale zuständig sind.

Entstehung des Rezeptorpotenzials

Depolarisation der Haarzellen: Bei einer Verformung des Endolymphschlauchs kommt es zu einer **Relativbewegung** zwischen Basilarmembran und Tektorialmembran. Dies führt zu einer Scherbewegung der Stereozilien der **äußeren Haarzellen**, die Kontakt mit der Tektorialmembran haben. Zwischen den Spitzen der Stereozilien sind dünne Proteinfäden ausgespannt (**tip links**), die bei einer Bewegung der Mikrovilli in Richtung auf die längsten Stereozilien angespannt werden und so einen Ionenkanal in der Spitze der Mikrovilli öffnen. Über den Ionenkanal strömen K⁺- und Ca^{2+}-Ionen in die äußere Haarzelle ein. Die damit verbundene Depolarisation bewirkt rhythmische **Kontraktionen** der Zelle, die die Tektorialmembran bewegen und so eine Flüssigkeitsströmung zwischen Tektorialmembran und Corti-Organ erzeugen. Diese Flüssigkeitsströmung führt zu einer Scherbewegung der Sinneshaare der **inneren Haarzellen**, die ebenfalls über den Tip-link-Mechanismus depolarisiert werden. Die Depolarisation bewirkt in den inneren Haarzellen keine Kontraktion, sondern eine **Öffnung von Ca^{2+}-Kanälen**. Die Ca^{2+}-Ionen setzen dann Transmitter (Glutamat) an Band-Synapsen frei und lösen über die Erregung der afferenten Neurone den subjektiven Höreindruck aus.

▶ Merke. Die inneren Haarzellen könnten zwar theoretisch auch ohne Kontraktion der äußeren Haarzellen durch die Endolymphströmung zwischen Tektorialmembran und Corti-Organ erregt werden, aber die durch die äußeren Haarzellen bewirkte Verstärkung der Endolymphströmung ist für subjektive Höreindrücke unabdingbar, da sie die Erregung der inneren Haarzellen um ein Vielfaches steigert (bis zu 1000fach).

▶ Exkurs: Ionengradient als treibende Kraft für die Umsetzung mechanischer Bewegung in ein Rezeptorpotenzial. Die Grundlage der Umsetzung der mechanischen Bewegung des Endolymphschlauchs in ein Rezeptorpotenzial ist die **unterschiedliche Zusammensetzung** von Peri- und Endolymphe (S. 1085) sowie des Intrazellulärraums:
Die **Endolymphe** in der Scala media enthält eine hohe Konzentration an K⁺-Ionen (140 mval/l) und wenig Na⁺-Ionen (5 mval/l), die **Perilymphe** in der Scala tympani und vestibuli entspricht dagegen eher der Interstitialflüssigkeit (140 mval/l Na⁺, 10 mval/l K⁺). Auch das Zytoplasma der Sinneszellen enthält weniger K⁺ als die Endolymphe der Scala media, sodass sich ein **Ionengradient** als treibende Kraft für K⁺ zwischen Endolymphe und Zytoplasma ergibt.

Funktion der efferenten Innervation: Die Funktion der umfangreichen efferenten Innervation der äußeren Haarzellen besteht wahrscheinlich auch darin, durch Kontraktion der äußeren Haarzellen an einer definierten Stelle der Basilarmembran (die über Freisetzung von Acetylcholin an den efferenten Synapsen erregt werden) das System für bestimmte Frequenzen besonders empfindlich zu machen. Auf diese Weise ist es möglich, sich auf bestimmte Töne oder Geräusche zu konzentrieren.

Stationen der Hörbahn

Die Haarzellen werden bei der Aufzählung der Stationen nicht mitgerechnet.

Erstes und zweites Neuron: Die zentralen Axone der Zellen des Ggl. spirale cochleae (1. Neuron) laufen in der **Pars cochlearis des N. vestibulocochlearis** (**VIII**) zur Medulla oblongata, wo sie mit den Zellen der **Ncll. cochleares anterior** und **posterior** (2. Neuron) synaptische Kontakte eingehen.
Von den afferenten Fasern in der Pars cochlearis stammen ca. 90 % von den relativ wenigen inneren Haarzellen. Dieser Befund stützt die Annahme, dass die äußeren Haarzellen nur indirekt an subjektiven Höreindrücken beteiligt sind.
In den Ncll. cochleares sind Neurone vorhanden, die nicht auf reine Töne reagieren, sondern nur auf kompliziertere Klänge oder Geräusche. Daneben kommen Zellen vor, die bestimmte Merkmale eines Schallereignisses extrahieren (z. B. Dauer, Frequenzabfolge und Intensität).

▶ Merke. Auf der Ebene der Ncll. cochleares findet bereits eine basale Informationsverarbeitung statt.

N-2.39 Hörbahn

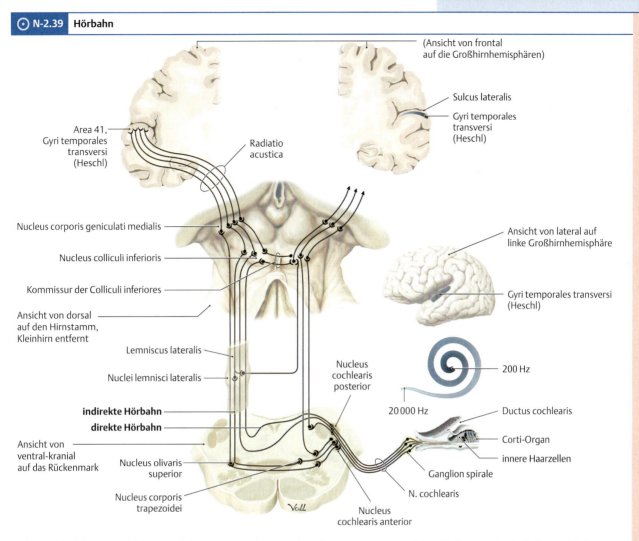

Auf Grund der kleineren Zahl der Umschalt-Stationen in der Kette der afferenten Neurone wird eine direkte von einer indirekten Hörbahn unterschieden. (nach Prometheus LernAtlas. Thieme, 3. Aufl.)

Direkte Hörbahn: Die meisten der vom **Ncl. cochlearis posterior** ausgehenden Axone **kreuzen** auf die Gegenseite und steigen ohne weitere Umschaltung im **Lemniscus lateralis** bis zu den **Colliculi inferiores** des Mesenzephalons auf und bilden die sog. **direkte Hörbahn** (Abb. **N-2.39**). Die Bahn wird „direkt" genannt, weil sie zwischen Ncl. cochlearis und Colliculi inferiores keine Synapsen besitzt.

Indirekte Hörbahn: Der Weg vom **Ncl. cochlearis anterior** (die indirekte Hörbahn) führt zum **Ncl. olivaris superior** und anderen Kernen im sog. **periolivären Feld** auf beiden Seiten der Medulla oblongata, deren aszendierende Fasern ebenfalls im Lemniscus lateralis verlaufen. Die Ncll. olivares sup. beider Seiten sind über schleifenförmige Bahnen miteinander verbunden, die den **Trapezkörper** (**Corpus trapezoideum**) bilden.

▶ **Merke.** Jeder Ncl. olivaris und damit auch alle höheren Stationen der Hörbahn erhalten Signale von beiden Innenohren, was für das **Richtungshören** von Bedeutung ist.

Direkte Hörbahn: Die meisten Axone aus dem Ncl. cochlearis **posterior kreuzen** auf die Gegenseite und steigen ohne Umschaltung (daher direkt) im **Lemniscus lateralis** bis zu den **Colliculi inferiores** auf (Abb. **N-2.39**).

Indirekte Hörbahn: Die Axone aus dem Ncl. cochlearis **anterior** bilden die indirekte Hörbahn; sie werden im Ncl. olivaris superior **beider Seiten** umgeschaltet.

▶ **Merke.**

▶ **Exkurs: Mechanismen des Richtungshörens.** Das **Richtungshören** erfordert den Vergleich der Information von beiden Ohren. Für die Feststellung der Richtung, in der sich eine Schallquelle befindet, können zwei Mechanismen verwendet werden:
1. **Vergleich der Intensität** eines Schallereignisses (des Schalldrucks) in beiden Cochleae. Dieser Mechanismus ist bei hohen Frequenzen verwertbar.
2. **Vergleich der Laufzeiten** des Schalls zwischen beiden Ohren (kommt der Schall von einer Quelle rechts der Medianebene, erreicht er das rechte Ohr eher als das linke). Hierbei ergeben sich kurze Laufzeitunterschiede von wenigen 100 μs, die für ihre Erkennung eine aufwendige neuronale Verarbeitung erfordern. Das Prinzip der Verarbeitung besteht darin, dass die vom Ncl. cochlearis ankommenden Axone praktisch an vielen Neuronen des kontralateralen Ncl. olivaris superior „vorbeilaufen" und diese Zellen mit immer größerer Verzögerung erregen. Die Neurone des Ncl. olivaris superior erhalten auch Informationen über dasselbe Schallereignis vom kontralateralen Ohr. Bei dieser Anordnung gibt es immer einige Neurone, die **gleichzeitig** von beiden Ohren erregt werden. Jede Neuronenpopulation kodiert dabei einen anderen Laufzeitunterschied zwischen links und rechts und damit eine andere Richtung des Schalls. Zusätzlich können bei tiefen Frequenzen Phasenunterschiede zwischen den Tonschwingungen links und rechts ausgewertet werden.

Das äußere Ohr (Ohrmuschel und Gehörgang) spielt wahrscheinlich für die Unterscheidung zwischen Schallquelle hinten–Schallquelle vorn eine Rolle.

Die ventrale (**indirekte**) Bahn kann vor den **Colliculi inferiores** bereits im **Ncl. lemnisci lateralis** umgeschaltet werden, der im Verlauf des Lemniscus lateralis liegt.

Die direkte und die indirekte Bahn laufen zum **Corpus geniculatum mediale** (CGM) und enden danach im **primären auditorischen Kortex** (A1, Area 41) in den **Heschl-Querwindungen** auf der Oberfläche des Gyrus temporalis sup. des Lobus temporalis (Abb. **N-2.39**).

Die **Tonotopie** der Kochlea bleibt bis zum Kortex erhalten: In den **medialen** Teilen der Heschl-Querwindungen sind **hohe Frequenzen**, in den **lateralen tiefe Frequenzen** repräsentiert.
Um den primären auditorischen Kortex liegt der **sekundäre auditorische Kortex (A2, Area 42)**. Hier erfolgt die weitere Verarbeitung auditorischer Information (Identifizierung von Klängen, Geräuschen, Sprache).

Okzipital an A1 und A2 anschließend befindet sich das **Wernicke-Zentrum** (S. 1141), das entscheidend für das **Sprachverständnis** ist. Anatomisch entspricht ihm eine gyrusfreie Ebene (**Planum temporale**) auf der Oberfläche des Gyrus temporalis superior. Vom Wernicke-Zentrum zum Broca-Sprachzentrum zieht der Fasciculus arcuatus, über den eine sensorische Rückkopplung für die Artikulation läuft.

Ein Teil der Fasern aus dem **perioliviären Feld** bzw. Ncll. olivares superiores zieht als **efferentes Bündel** zur Schnecke zurück und innerviert die **inneren** und besonders die **äußeren Haarzellen**. Über diese Fasern ist eine efferente Kontrolle der Funktion des auditorischen Systems möglich.

Die nächste Umschaltstation für die direkte und indirekte Hörbahn ist der **Colliculus inferior** des Mesenzephalons, der ebenfalls Verbindungen zur Gegenseite besitzt. Allerdings können die aszendierenden Fasern auch schon im **Nucleus lemnisci lateralis** umgeschaltet werden, der in den Verlauf des Lemniscus lateralis eingeschaltet ist. Dies gilt nur für Fasern der indirekten Bahn, die von den oberen Oliven kommen.

Über das **Corpus geniculatum mediale** (**CGM**) verläuft die Bahn dann zum **primären auditorischen Kortex** (S. 1141), d. h. zu **A1**(**Area 41**) im Gyrus temporalis superior des Schläfenlappens. Hier befinden sich die **Heschl-Querwindungen** als morphologisches Korrelat von A1.

Die Heschl-Windungen sind von der Seite nicht sichtbar, weil sie auf der Oberfläche des Gyrus temporalis superior in die Tiefe des Sulcus lateralis (Sylvius) ziehen (Abb. **N-2.39**).

Die **Tonotopie** des Corti-Organs (Abbildung bestimmter Frequenzen an bestimmten Stellen der Basilarmembran der Schnecke) wird über spezielle Kerngebiete im Colliculus inferior und Corpus geniculatum mediale bis zur Area 41 beibehalten. So sind **hohe Frequenzen** in den Heschl-Querwindungen **medial** (in der Tiefe des Sulcus lateralis), **tiefe Frequenzen lateral** repräsentiert. Die Afferenzen aus den nicht tonotopisch organisierten Teilen des Colliculus inferior und des Corpus geniculatum mediale enden eher im **sekundären auditorischen Kortex** (**A2, Area 42**), der den primären von allen Seiten umgibt. Eine einfache Zuordnung von A1 und A2 zu verschiedenen Teilfunktionen des Hörens ist nicht möglich; parallel zu den Überlegungen zum visuellen System kann diskutiert werden, dass in A1 primär die Frequenzanalyse stattfindet, d. h. das Erkennen einer Frequenz. A2 wäre entsprechend für die Erkennung von Frequenzgemischen zuständig, d. h. ob es sich um Töne, Geräusche oder Sprache handelt.

Am okzipitalen Ende des Sulcus lateralis und dorsal an A1 und A2 anschließend befindet sich das **Wernicke-Zentrum** (S. 1141), das entscheidend für das **Sprachverständnis** ist. Anatomisch entspricht ihm eine gyrusfreie Ebene auf der Oberfläche des Gyrus temporalis superior, das **Planum temporale**.

Das Planum temporale befindet sich fast immer auf der **linken Hemisphärenseite** (auch bei den meisten Linkshändern) und ist bisher bei Tieren nicht gefunden worden. Vom Wernicke-Zentrum zieht eine Assoziationsbahn (**Fasciculus arcuatus**) zum motorischen **Sprachzentrum** (**Broca**). Über die Bahn erhält die Sprachmotorik eine sensorische Rückkopplung. Zu Ausfällen des Broca- (S. 1140) und Wernicke-Zentrums (S. 1141).

2.3.4 Vestibuläres System

2.3.4 Vestibuläres System

▶ Synonym.

▶ Synonym. Gleichgewichtssystem

▶ Definition.

▶ Definition. Das vestibuläre System (S. 1087) besteht aus dem **Utriculus** und **Sacculus** sowie den **Bogengängen**, mit den zugehörigen Sinnesepithelien bzw. -zellen samt ihrer Innervation.

Funktion des vestibulären Systems

Es dient der Erkennung der **Körperlage**, der Aufrechterhaltung des **Gleichgewichts** und der Steuerung von **Augenbewegungen**. Seine plötzliche Erregung löst eine **Alarmreaktion** aus, die nicht nur in motorischen Ausgleichsbewegungen besteht, sondern auch in Steigerungen von Puls und Blutdruck sowie des **Wachheitsgrades**.

Funktion des vestibulären Systems

Das vestibuläre System dient der **Erkennung der Lage** des eigenen Körpers im Schwerefeld der Erde, der **Aufrechterhaltung des Gleichgewichts** in Ruhe und der **Steuerung der Augenbewegungen**.
Eine Nebenfunktion des vestibulären Systems besteht in der Auslösung einer **Alarmreaktion** bei plötzlicher Störung des Gleichgewichts. Dies geschieht z. B. beim Stolpern über ein unerwartetes Hindernis. Die Alarmreaktion besteht nicht nur in reflektorischen Ausgleichsbewegungen, um das Fallen zu verhindern, sondern auch in einem Blutdruck- und Pulsanstieg sowie einer **Weckreaktion** (Steigerung des Wachheitsgrades).

Reizaufnahme

> **Merke.** Die Reizaufnahme findet in den vestibulären Sinneszellen statt, wobei die Maculae von Utriculus und Sacculus durch Linearbeschleunigungen erregt werden, während die Bogengänge auf Dreh- bzw. Winkelbeschleunigungen ansprechen.

Rezeption der Linearbeschleunigung

Wie auch in den Ausführungen zum Aufbau des Vestibularorgans (S. 1087) beschrieben, wird der Reiz einer linearen Beschleunigung bzw. Verzögerung von den Sinnesepithelien des Utriculus und Sacculus (**Maculae utriculi** und **sacculi**) aufgenommen. Die Sinnesepithelfläche des Utriculus ist annähernd horizontal, die des Sacculus eher vertikal angeordnet. Diese Unterschiede besitzen eine praktisch-funktionelle Bedeutung.

Sinnesepithel der Maculae: Die Sinnesepithelzellen der Maculae utriculi und sacculi besitzen Sinneshaare, die in eine gallertige Deckmembran hineinragen. In die gallertige Membran sind Kalziumkarbonat-Kristalle (**Otokonien**, **Statolithen**) eingelagert, die spezifisch schwerer als die Endolymphe sind. Ein Kippen der Sinnesfläche führt daher zu einer Relativbewegung zwischen Gallertmembran und Sinneszellen und damit zu einer Scherbewegung der Sinneshaare. Die Sinneshaare sind in der Länge abgestuft; die kürzeren sind **Stereozilien**, das längste ist das **Kinozilium**. Die Zellen sind ohne Reizung **ruheaktiv**; eine Scherbewegung in Richtung auf das Kinozilium bedeutet Depolarisation und Erregung, eine Bewegung in Gegenrichtung Hyperpolarisation und Hemmung.
Die Schwerkraft übt eine **vertikale Linearbeschleunigung** auf das Sinnesepithel aus; die **Maculae sacculi** messen diese Beschleunigung. Die Information über die Lage und Lageveränderungen des Kopfes ist daher ständig präsent. Die Macula sacculi vermittelt wegen der annähernd vertikalen Anordnung der Sinnesfläche auch das Fahrstuhlgefühl beim Anfahren und Halten eines Lifts. Die Maculae sacculi beeinflussen vorwiegend die **Stützmotorik**.
Die **Maculae utriculi** kann wegen ihrer vorwiegend horizontalen Lage eher die Empfindung der positiven und negativen **horizontalen Linearbeschleunigung** z. B. beim Anfahren und Bremsen eines Autos auslösen. Diese Maculae steuern auch die **Augenbewegungen**.

> **Merke.** Bei konstanter Geschwindigkeit kehrt die Gallertmembran der Macula utriculi wieder in die Ruhelage zurück. Der Mensch hat kein Sinnesorgan für Geschwindigkeit.

> **Klinik.** Die Ursache der **Weltraumkrankheit** (Übelkeit bis hin zum Erbrechen), wie sie in einer erdumkreisenden Station auftritt, ist das Fehlen jeder Information vom Makulasystem in der Schwerelosigkeit. Auf der Erde ist immer zumindest die Macula sacculi aktiv. Die Krankheit kann nichts mit einem Ausfall der Bogengänge zu tun haben, da sie bei Schwerelosigkeit normal funktionieren.

Entstehung des Rezeptorpotenzials: Die Sinneszellen der Maculae sind sekundäre Sinneszellen und bestehen aus 2 Typen (Abb. **N-2.40b**):
- **Flaschenförmige Sinneszellen des Typs II:** Sie sind von einem **Kelch** (**Calix**) umgeben, der von der afferenten Nervenzelle gebildet wird und den postsynaptischen Teil der Verbindung zwischen Rezeptorzelle und afferenter Faser darstellt. Das Soma dieser Zelle liegt im **Ggl. vestibulare**, das in den Verlauf der **Pars vestibularis des N. vestibulocochlearis** (**VIII**) eingeschaltet ist. Zwischen Calix und der Sinneszelle befinden sich zahlreiche chemische und elektrische Synapsen. Außen auf der Calix sitzen **hemmende Synapsen**, deren Fasern aus dem **Ncl. vestibularis lateralis** (s. u.) kommen.
- **Zylinderförmige Sinneszellen des Typs I:** Sie besitzen keinen Kelch, aber meist mehrere afferente und wenige efferente Synapsen; das Soma liegt ebenfalls im Ggl. vestibulare. Die afferenten Synapsen beider Zelltypen haben oft synaptische Bänder.

Das Rezeptorpotenzial kommt dadurch zustande, dass bei einer Scherbewegung auf das Kinozilium über einen Proteinfaden ein K^+-Ionenkanal geöffnet wird, der die Haarzelle depolarisiert, sog. **Tip-link-Mechanismus** (S. 1230).

Reizaufnahme

> **Merke.**

Rezeption der Linearbeschleunigung

Lineare Beschleunigungen werden von den **Maculae utriculi** und **sacculi** (S. 1087) als Reiz aufgenommen.

Sinnesepithel der Maculae: Die Sinneszellen der Maculae besitzen apikale Sinneshaare, die in eine **gallertige Deckmembran** hineinragen. Die Membran enthält Kalziumkarbonat-Kristalle (**Otokonien**, **Statolithen**) und ist damit spezifisch schwerer als die Endolymphe. Eine Kippung der Macula führt zum Absinken der Deckmembran in der Endolymphe und damit zu einer Abscherung der Sinneshaare.

Die Sinneszellen sind **ruheaktiv**, eine Scherbewegung der Sinneshaare auf das Kinozilium zu bewirkt eine Erregung, in die Gegenrichtung eine Hemmung der Aktivität.
Das Makulasystem misst **Linearbeschleunigungen**, gleichbleibende Geschwindigkeiten werden subjektiv nicht wahrgenommen.

> **Merke.**

> **Klinik.**

Entstehung des Rezeptorpotenzials: In den Maculae kommen 2 Typen von Sinneszellen vor, deren Somata im Ggl. vestibulare liegen (Abb. **N-2.40b**):
- **Flaschenförmige Zellen (Typ II):** Sie werden von einem Kelch umgeben, der von der afferenten Nervenfaser gebildet wird.
- **Zylinderförmige Zellen (Typ I):** ohne Kelch.

Beide Typen haben afferente und efferente Synapsen.

Das Rezeptorpotenzial entsteht durch die Öffnung eines Kaliumkanals über den **Tip-link-Mechanismus** (S. 1230).

Rezeption der Winkel- bzw. Drehbeschleunigung

Die Winkel- bzw. Drehbeschleunigung wird mittels der drei häutigen **Bogengänge** (**Ductus** oder **Canales semicirculares**) wahrgenommen. Sie liegen in der Pars petrosa des Os temporale okzipital der Cochlea und sind in den 3 Ebenen des Raums angeordnet. Alle Bogengänge gehen vom **Utriculus** aus. Der **vordere** und **hintere Bogengang** stehen annähernd senkrecht und bilden zwischen sich einen nach lateral offenen Winkel von ca. 90°. Sie sind medial miteinander verschmolzen (Crus commune). Der **laterale** (**horizontale**) **Bogengang** liegt nicht genau in der Horizontalebene, sondern sein vorderes Ende ist um ca. 20° angehoben. Jeder Bogengang hat eine Sinnesepithelfläche, sie liegt in der **Ampulla** dicht am Utriculus. Die Epithelfläche befindet sich auf einer Leiste (Crista), die quer zur Längsrichtung der Bogengänge angeordnet ist.

Sinnesepithel der Bogengänge: Die Sinnesepithelzellen besitzen apikal Sinneshaare, die in die gallertige **Cupula** (s. Tab. M-6.4) hineinragen. Die Cupula füllt das Lumen der Ampulle vollständig aus (Abb. N-2.40a). Jede Drehbewegung in der Ebene eines Bogenganges löst eine **Endolymphströmung** aus, die die Cupula mit den Sinneshaaren auslenkt. Je nach der Strömungsrichtung – vom Utriculus weg (utriculofugal) oder zu ihm hin (utriculopetal) – kommt es zu einer Erregung oder Hemmung der Sinneszellen.
Die Sinneszellen der Bogengänge haben ebenfalls eine **Ruheaktivität**. Gleiche Aktivität auf beiden Seiten bedeutet subjektiv das Fehlen einer Drehempfindung. Bei Drehung des Kopfes in der Horizontalebene wird ein lateraler Bogengang aktiviert, der andere gehemmt. Dieser Aktivitätsunterschied wird als Drehung empfunden.
Bei gleichmäßiger Drehung mit konstanter Geschwindigkeit (z. B. auf einem Drehstuhl) hört die Endolymphströmung nach einer gewissen Zeit wegen der Reibung zwischen Wand der Bogengänge und der Endolymphe auf. Die Cupula kehrt in die Ruhelage zurück und die subjektive Drehempfindung verschwindet.

▶ **Merke.** Das System kann gleichmäßige Drehgeschwindigkeiten nicht messen, sondern registriert nur **Drehbeschleunigungen** (Veränderungen der Drehgeschwindigkeit).

Postrotatorischer Nystagmus: Zu Beginn einer Kopfdrehung werden über eine Verbindung zu den Neuronen der Augenmuskeln reflektorisch sprunghafte (**sakkadische**) **Augenbewegungen** (S. 1225) in Drehrichtung ausgeführt. Nach dem plötzlichen Abstoppen der gleichmäßigen Drehung kommt es wegen der durch die Trägheit der Flüssigkeit bedingten Umkehrung des Endolymphstroms zu einem Drehgefühl in die entgegengesetzte Richtung und zu sakkadischen Augenbewegungen entgegen der alten Drehrichtung (sog. **postrotatorischer Nystagmus**).

N-2.40 Aufbau des Sinnesepithels der Bogengänge und Maculae

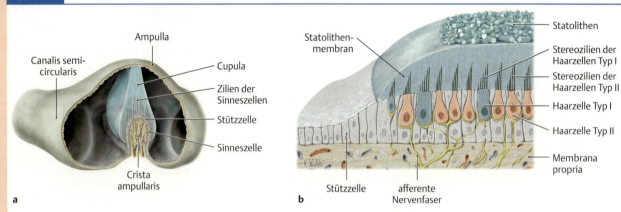

(Prometheus LernAtlas. Thieme, 3. Aufl.)

a Die Zilien der Sinneszellen der Crista ampullaris ragen in eine gallertige Cupula, die sich mit der Endolymphströmung in den Bogengängen bewegt und die Sinneshaare verbiegt. Je nach Richtung der Verbiegung (auf den Utriculus zu oder von ihm weg) werden die Sinneszellen erregt oder gehemmt.
b Das Sinnesepithel der Maculae ist ähnlich aufgebaut, jedoch sind an der Oberfläche der Gallertschicht Statolithen eingelagert. Diese führen über die Gallertschicht bei Linearbeschleunigung zu einer Scherbewegung der Sinneshaare.

▶ **Klinik.** Eine einseitige **Durchblutungsstörung des Innenohrs** kann auf der kranken Seite zu einer Veränderung der **Spontanaktivität der Bogengangszellen** führen. Die dadurch bedingte unterschiedliche Aktivität der Bogengangssysteme auf beiden Seiten löst bei den Patienten auch in körperlicher Ruhe ein ständiges Drehgefühl aus. Das Drehgefühl kann mit anhaltender Übelkeit bis hin zum Erbrechen und unsicherem Gang verbunden sein. Das **Menière-Syndrom** kann ähnliche Symptome aufweisen, hat aber eine andere Ursache, nämlich eine Schwellung des Endolymphschlauches. Meist ist die Schwellung durch eine zu geringe Resorption der Endolymphe im **Saccus endolymphaticus** bedingt. Auch die **Cochlea** (Schwellung der Scala media) ist betroffen, wodurch Hörsturz und Tinnitus auftreten können.

▶ **Klinik.**

Stationen der Gleichgewichtsbahn

Wie beim auditorischen System zählen die Sinneszellen nicht als Teil der Gleichgewichtsbahn.

Erstes Neuron: Die Afferenzen der Sinneszellen des Makula- und Bogengangssystems sind die peripheren Fortsätze der Zellen im Ggl. vestibulare. Die zentralen Fortsätze der bipolaren Zellen des **Ggl. vestibulare** bilden die **Pars vestibularis** des **N. vestibulocochlearis** und enden an den vier **vestibulären Kernen** des Hirnstamms (Abb. N-2.41): **Ncl. vestibularis medialis** (Schwalbe), **lateralis** (Deiters), **superior** (Bechterew) und **inferior** (Roller). Darüberhinaus erhalten die Kerne Afferenzen aus dem Rückenmark (besonders von den Propriozeptoren der Halsmuskeln), dem visuellen System und dem Kleinhirn. Die Kerne liegen medial von den Ncll. cochleares an der breitesten Stelle der Rautengrube.

Der **Ncl. vestibularis lateralis** (Deiters) erhält nur wenige Afferenzen aus dem Ggl. vestibulare (meist aus der Macula sacculi), die meisten Afferenzen kommen aus dem Tractus spinocerebellaris posterior (S. 1201). Der laterale Vestibulariskern verhält sich in dieser Hinsicht eher wie ein Kleinhirnkern.

Einige Afferenzen (besonders solche vom Bogengangssystem) ziehen über den **unteren Kleinhirnstiel** direkt zum Zerebellum, und zwar zum phylogenetisch alten Lobus flocculonodularis und der Lingula des Vermis, dem sog. **Vestibulozerebellum** (S. 1123). Sie bilden die sog. **direkte sensorische Kleinhirnbahn** (Abb. N-2.43).

Zweites Neuron: Die weiteren Verbindungen der Ncll. vestibulares machen die drei Hauptfunktionen des vestibulären Systems deutlich, nämlich die
- Aufrechterhaltung des Gleichgewichts,
- Auslösung bewusster Lage- und Bewegungsempfindungen und
- Steuerung der Augenbewegungen.

Stationen der Gleichgewichtsbahn

Erstes Neuron: Die zentralen Fortsätze des **Ggl. vestibulare** enden vorwiegend an den vier vestibulären Kernen (**Ncll. vestibulares medialis, lateralis, superior** und **inferior**, Abb. N-2.41).

Der **Ncl. vestibularis lateralis** erhält nur wenige vestibuläre Afferenzen, die meisten kommen aus dem Tractus spinocerebellaris posterior.

Einige Afferenzen ziehen **direkt** vom Vestibularorgan über den **unteren Kleinhirnstiel** zum Vestibulozerebellum (S. 1123): dies ist die direkte sensorische Kleinhirnbahn (Abb. N-2.43).

Zweites Neuron: Die weiteren Verbindungen des Vestibularissystems verdeutlichen seine Hauptfunktionen: Gleichgewicht, Lage- u. Bewegungsempfindungen, Augenbewegungen.

⊙ **N-2.41 Vestibulariskerne**

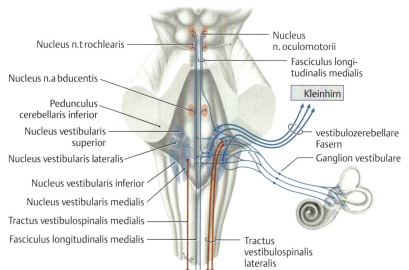

Die Afferenzen in der Pars vestibularis des N. vestibulocochlearis werden in den vier Vestibulariskernen umgeschaltet. Anschließend zieht die Information von den Vestibulariskernen zu folgenden Zielgebieten: 1. Kleinhirn (vestibulozerebelläre Fasern zum Lobus noduloflocccularis), 2. Augenmuskelkerne (über den Fasciculus longitudinalis medialis) für vestibulookuläre Reflexe und 3. Tractus vestibulospinalis lateralis und medialis für die Steuerung der aufrechten Körperhaltung im Schwerefeld der Erde.

(nach Prometheus LernAtlas. Thieme, 3. Aufl.)

Motorische Mechanismen zur Aufrechterhaltung des Gleichgewichts

Eine Funktion der Vestibulariskerne besteht darin, über die **Tractus vestibulospinales** die spinalen Motoneurone anzusteuern (Abb. N-2.41 u. Abb. N-2.42).

Die vestibulären Kerne schicken (mit Ausnahme des lat. Kerns) ihre Information auch in das Kleinhirn; diese Fasern bilden einen Teil der **Moosfasern**.

Motorische Mechanismen zur Aufrechterhaltung des Gleichgewichts

Von den Ncll. vestibulares gehen deszendierende Bahnen aus, die die **spinalen Motoneurone** beeinflussen:

- Der **Ncl. vestibularis medialis** steuert die **Halsmuskeln** an und ist für die Koordination von Kopf- und Augenbewegungen zuständig. Er benutzt mit seinen Efferenzen sowohl den **Fasciculus longitudinalis medialis** (das mediale Längsbündel) als auch den **Tractus vestibulospinalis medialis** (Abb. N-2.41), der nach kaudal bis zum Thorakalmark reicht.
- Der **Ncl. vestibularis lateralis** ist der Ursprung des **Tractus vestibulospinalis lateralis**, der die **Extensorenmuskeln** des Körpers aktiviert und so reflektorisch eine im Schwerefeld der Erde aufrechte Haltung sicherstellt. Um diese Funktion zu erfüllen, benötigt der Kern die Information über die Stellung der Teile der Extremitäten zueinander, die er über den Tractus spinocerebellaris posterior (S. 1201) erhält. Er zieht nach kaudal bis zu lumbosakralen Segmenten.
- Teile der **Ncll. vestibulares medialis** und **inferior** sind ebenfalls an der aufrechten Haltung beteiligt; sie bilden den **Tractus vestibulospinalis inferior**, der praktisch den Tractus vestibulospinalis medialis nach kaudal fortsetzt und lumbale Motoneurone ansteuert (Abb. N-2.42).
- Der **Ncl. vestibularis superior** beeinflusst über den Fasciculus longitudinalis medialis die äußeren Augenmuskeln (s. u.).

Die vestibulären Kerne – mit Ausnahme des Ncl. vestibularis lateralis – stellen auch eine wichtige Informationsquelle für das **Kleinhirn** dar. Neben den oben erwähnten direkten Fasern vom Innenohr bilden die Efferenzen der vestibulären Kerne einen Teil der **Moosfasern**, die an den Körnerzellen des Kleinhirns enden. Andere Efferenzen der Vestibulariskerne ziehen zur unteren Olive; sie geben ihre Information synaptisch an die **Kletterfasern** (S. 1122) weiter, die erregende Synapsen auf den Dendriten der Purkinje-Zellen besitzen.

N-2.42 Aufrechterhaltung des Gleichgewichts

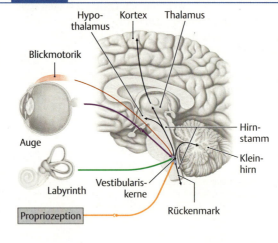

Die Vestibulariskerne sind im Rahmen der Aufrechterhaltung des Gleichgewichts von zentraler Bedeutung: Neben den vestibulären Afferenzen (grün) erhalten sie visuelle (violett) und propriozeptive (orange) Informationen. Ihre Efferenzen (schwarz) ziehen zum Kleinhirn, Hirnstamm und Rückenmark sowie zum Kortex, Thalamus und Hypothalamus, die an der Aufrechterhaltung des Gleichgewichts beteiligt sind. Die rot dargestellten Efferenzen beeinflussen die Blickmotorik reflektorisch.

(Prometheus LernAtlas. Thieme, 3. Aufl.)

Bewusste Lage- und Bewegungsempfindungen

Da das Vestibularissystem nur Information über die Lage des **Kopfes** liefert, sind Zusatzinformationen von den Propriozeptoren der Muskulatur nötig, um ein Gesamtbild über die Lage des Körpers zu bekommen.

Bewusste Lage- und Bewegungsempfindungen

Zu ihnen gehören die Empfindungen für „oben und unten" sowie für positiv und negativ beschleunigte Bewegungen (z. B. Anfahren und Bremsen, Drehbeschleunigungen). Da im Endeffekt jeder Verstibulariskern Information über vestibuläre Afferenzen erhält, sind auch alle Kerne – wenn auch in unterschiedlichem Ausmaß – an diesen Funktionen beteiligt. Da das vestibuläre System nur Informationen über die Lage und Bewegung des **Kopfes** liefert, aber nicht über die Stellung des Gesamtkörpers, sind Zusatzinformationen von den **Propriozeptoren der Muskulatur** (S. 1123) nötig, um ein bewusstes Gesamtbild über die Lage des Körpers zu bekommen. In diesem Zusammenhang sind die Propriozeptoren der **Halsmuskulatur** von besonderer Bedeutung, weil sie über den Winkel zwischen Hals- und Rumpfwirbelsäule informieren (der Kopf kann auch im Liegen senkrecht stehen).

N-2.43 Bahnen des vestibulären Systems

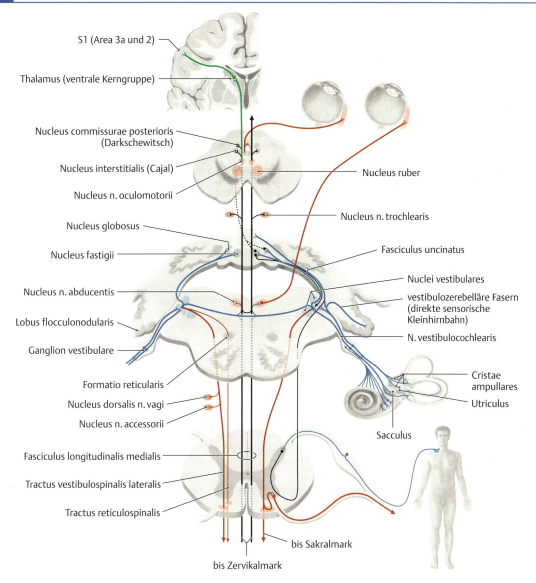

Afferenzen (blau) und Efferenzen (rot) des vestibulären Systems. Der Teil des Systems, der bewusste Empfindungen über die Lage des Körpers im Schwerefeld der Erde vermittelt, verläuft wahrscheinlich über die ventrale Kerngruppe des Thalamus zum Kortex. Ob der Fasciculus longitudinalis medialis ein Teil dieser Verbindung ist, muss derzeit offen bleiben. Die Efferenzen zu den äußeren Augenmuskeln steuern die vestibulo-okulären Reflexe bei Erregung des Vestibularapparats. Anmerkung: Der Begriff „vestibulozerebelläre Fasern" wird verwendet
1. für Fasern, die den N. vestibulocochlearis Pars vestibularis direkt mit dem Kleinhirn verbinden (Abb. **N-2.43**) und
2. für Fasern, die von den Ncll. vestibulares zum Kleinhirn ziehen (Abb. **N-2.41**).
(Prometheus LernAtlas. Thieme, 3. Aufl.)

Der Weg der bewussten Lage- und Bewegungsempfindung (Gleichgewichtsbahn) verläuft von den Vestibulariskernen über noch ungeklärte Bahnen bilateral zum Thalamus. Der wichtigste Thalamuskern scheint in diesem Zusammenhang der **Ncl. posterior ventrolateralis** (VLp, ein Kern der ventralen Gruppe) zu sein. Von hier ziehen Verbindungen zum **Gyrus postcentralis** (**Area 3a** und **2**) des Kortex, wo die Sinnesempfindungen entstehen (Abb. **N-2.43**). Auch Areale dorsal der Insula in der Tiefe des Sulcus lateralis sollen an diesen Empfindungen beteiligt sein. Als Verbindung zwischen den Vestibulariskernen und dem Thalamus kommt der Fasciculus longitudinalis medialis bis zum Mesenzephalon infrage. Genaueres ist nicht bekannt.

Der Weg der bewussten Lageempfindung verläuft von den Vestibulariskernen über den **Thalamus** (hauptsächlich Ncl. posterior ventrolateralis [VLp], einen Kern der ventralen Gruppe) zum **Gyrus postcentralis** (**Area 3a und 2**, Abb. **N-2.43**). Die Verbindung zwischen den Vestibulariskernen und dem Thalamus ist noch ungeklärt.

Steuerung der Augenbewegungen

Bei Drehungen und linearen Bewegungen des Kopfes steuert das vestibuläre System die **äußeren Augenmuskeln** derart, dass sich das auf die Retina projizierte Bild des fixierten Gegenstandes möglichst nicht bewegt. Die wichtigsten Kerne für diese Funktion sind die Ncll. vestibulares superior und medialis.

Die für die Funktionen im Rahmen der Okulomotorik erforderliche Ansteuerung der **Augenmuskelkerne** (N. III, N. IV und N. VI) erfolgt v. a. über **Efferenzen** der **superioren** und **medialen vestibulären Kerne**, die in den **Fasciculus longitudinalis medialis** (S. 1110) projizieren.

2.3.5 Olfaktorisches System

Folgende Basisgerüche werden von den meisten Autoren unterschieden:
Blumig, ätherisch, Pfefferminz, Moschus, Kampfer, faulig, stechend.

Riechschleimhaut mit olfaktorischen Sinneszellen

Lage der Riechschleimhaut: Das Riechepithel (**Pars olfactoria tunicae mucosae nasi** oder **Regio olfactoria**) liegt im Dach der Nasenhöhle, bedeckt die Lamina cribrosa des Os ethmoidale (S. 945) und erstreckt sich auf die benachbarten Abschnitte der Concha nasalis superior und des Nasenseptums (S. 1045).

Aufbau der Riechschleimhaut: Die **primären Sinneszellen** (olfaktorische Rezeptorzellen) sind bipolar und werden nach wenigen Wochen durch die **Basalzellen** des Riechepithels ersetzt (Abb. **N-2.44**).

▶ **Merke.**

Geruchsreize werden zunächst in den von Bowman-Drüsen gebildeten **Schleimfilm** aufgenommen, der die gesamte Riechschleimhaut überzieht. Die Sinneshaare der Rezeptorzellen ragen in den Schleimfilm hinein.

Steuerung der Augenbewegungen

Wie oben erwähnt, besteht ein Teilaspekt dieser Funktion darin, bei Kopfdrehungen die Augen über Ansteuerung der äußeren Augenmuskeln so zu bewegen, dass ein fixierter Gegenstand unverändert auf der Fovea centralis abgebildet wird.

Dasselbe geschieht auch beim Laufen: Bei jeder Kopfbewegung nach oben erfolgt eine reflektorische Augenbewegung nach unten. Beide Reflexe stabilisieren das auf die Retina projizierte Bild des fixierten Gegenstandes. Zu diesen reflektorischen Funktionen gehört auch der sog. **optokinetische Nystagmus**: Beim Blick aus dem Fenster eines fahrenden Zuges folgen die Augen einem Gegenstand in der Landschaft, bis er aus dem Fensterausschnitt verschwindet. Dann springen die Augen in Fahrtrichtung auf einen neuen Fixierungspunkt und der Vorgang beginnt von Neuem (Tab. **N-2.5**).

Eine weitere visuelle Funktion des Vestibularapparates ist die reflektorische Drehung der Augen um die Sehachse bei Kopfneigung zur Seite. Der Zweck dieses Reflexes ist es, ständig auf der Retina ein vertikales (wenn auch umgekehrtes) Abbild der Umwelt zu erhalten. Besonders gut ist dies bei Katzen mit ihren schlitzförmigen Pupillen zu sehen.

Alle diese Funktionen im Rahmen des visuellen Systems erfordern das Ansteuern der **Augenmuskelkerne** (N. oculomotorius, N. trochlearis, N. abducens). Die Ansteuerung geschieht hauptsächlich über **Efferenzen der superioren** und **medialen vestibulären Kerne**, die in den **Fasciculus longitudinalis medialis** (S. 1110) projizieren. Dieser Faszikel wurde bereits als wichtiger Verbindungsweg zwischen den motorischen Kernen für Augenmuskeln und Halsmuskulatur angesprochen.

2.3.5 Olfaktorisches System

Der Mensch gehört zu den **mikrosmatischen** Lebewesen, d. h. im Vergleich mit vielen Tieren besitzt er nur ein gering ausgeprägtes Riechvermögen. Die meisten Autoren unterscheiden sieben Basisgerüche: **Blumig, ätherisch, Pfefferminz, Moschus, Kampfer, faulig, stechend.** Die erheblich größere Zahl aller erkennbaren Gerüche (ca. 10 000) kommt wahrscheinlich durch eine Kombination dieser Basisgerüche zustande.

Riechschleimhaut mit olfaktorischen Sinneszellen

Lage der Riechschleimhaut: Die früher als **Regio olfactoria** bezeichnete **Pars olfactoria tunicae mucosae nasi** liegt im Dach der Nasenhöhle (S. 1040). Das Epithel bedeckt die Nasenfläche der Lamina cribrosa des Os ethmoidale und erstreckt sich auf die benachbarten Abschnitte der Concha nasalis superior und des Nasenseptums (S. 1045).

Von der Nasenöffnung führt eine direkte Luftstromverbindung ventral der Nasenmuscheln zu dieser Region; beim Schnüffeln wird die Atemluft vorwiegend über diesen Weg geleitet (sog. Schnüffelrinne).

Aufbau der Riechschleimhaut: Die Riechschleimhaut (Abb. **N-2.44**) unterscheidet sich in ihrem Aufbau von der sie umgebenden Nasenschleimhaut: Ihre **olfaktorischen Rezeptorzellen** gehören zum bipolaren Zelltyp und erstrecken sich über die gesamte Dicke der Schleimhaut. Es handelt sich um **primäre Sinneszellen**, d. h. die Zellen mit ihren Axonen sind die primär afferenten Neurone der Geruchsbahn. Die Lebensdauer von olfaktorischen Sinneszellen beträgt wenige Wochen. Nach dieser Zeit werden sie durch **Basalzellen** ersetzt, die sich in Sinneszellen umwandeln.

▶ **Merke.** Die Riechschleimhaut mit ihren Rezeptorzellen ist einer der wenigen Orte des Nervensystems, wo auch im adulten Organismus **ständig neue Neurone gebildet** werden.

Daneben kommen **Stützzellen** mit apikalen Mikrovilli vor.

Geruchsreize werden zunächst an Rezeptormolekülen in den Sinneshaaren der olfaktorischen Zellen adsorbiert, die in einen **Schleimfilm** hineinragen, der die gesamte Riechschleimhaut überzieht. Der Schleimfilm wird von **Bowman-Drüsen** gebildet, deren Endstücke direkt im oder unter dem Epithel liegen. Die Sinneshaare (**Ciliae**) der Rezeptorzellen ragen in diesen Schleimfilm hinein.

N-2.44 Riechschleimhaut in der Nasenhöhle

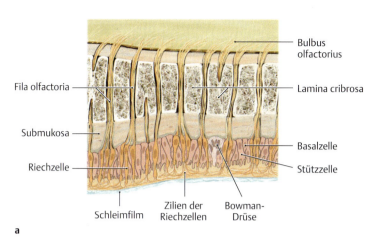
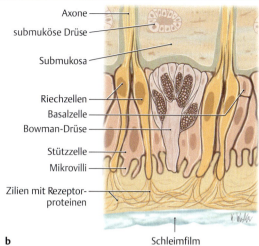

(Prometheus LernAtlas. Thieme, 3. Aufl.)

a Innerhalb des olfaktorischen Bereichs der Nasenschleimhaut, sog. Regio olfactoria (S. 1045), werden Geruchsreize über einen die Schleimhaut überziehenden Schleim adsorbiert, der von sog. Bowman-Drüsen gebildet wird. Die Aufnahme der Geruchsreize erfolgt über die Zilien primärer Sinneszellen (Riechzellen), die durch Basalzellen ersetzt werden.
b Die zentralen Axone der Riechzellen leiten Information weiter, indem sie – als Fila olfactoria gebündelt – durch die Lamina cribrosa des Siebbeins zum Bulbus olfactorius (Abb. N-2.45) ziehen.

▶ Exkurs: Entstehung des olfaktorischen Rezeptorpotenzials. Durch die Bindung der Duftstoffe an die **Rezeptormoleküle** wird ein G-Protein aktiviert, das die Aktivierung von cAMP auslöst. **cAMP öffnet einen Na^+/Ca^{2+}-Kanal**, und als Folge davon wird ein Cl^--Kanal permeabel. Cl^- strömt aus der Zelle aus. Alle Ionenströme zusammen führen zur Depolarisation. Ist sie groß genug, werden im Axon der Sinneszelle Aktionspotenziale gebildet. Die Rezeptorproteine sind nicht sehr spezifisch; es wird angenommen, dass jedes Protein auf eine ganze Klasse von Geruchsmolekülen anspricht.

▶ Exkurs: Entstehung des olfaktorischen Rezeptorpotenzials.

Stationen der Riechbahn

Fila olfactoria, Nervus, Bulbus und Tractus olfactorius

Mehrere der **marklosen Axone** von Rezeptorzellen (**erstes Neuron**) werden von einer modifizierten Glia-Zelle zu Faserbündeln (**Fila olfactoria**) zusammengefasst, die in ihrer Gesamtheit den **Nervus olfactorius** (**I. Hirnnerv**) bilden.
Die Fila olfactoria treten durch die Lamina cribrosa aus der Nasenhöhle in die Fossa cerebri anterior und in den hier liegenden **Bulbus olfactorius** ein.

▶ Merke. Der **Bulbus olfactorius** ist die erste Station der synaptischen Verarbeitung der olfaktorischen Information.

Hier befinden sich zwei projizierende Zellen (**Mitral- und Büschelzellen, zweites Neuron** der Riechbahn) sowie Interneurone (**periglomeruläre Zellen** und **Körnerzellen**), die zum Teil hemmende Einflüsse aus dem Großhirn auf die Mitralzellen umschalten (Abb. **N-2.45**).
Als Teil des **Paläokortex** ist der Bulbus olfactorius einfacher gebaut als der Neokortex, lässt aber einige Schichten erkennen, von denen hier nur zwei genannt werden:
- **Stratum glomerulosum:** Die Fila olfactoria bilden mit den Dendriten der Mitralzellen **synaptische Glomerula**, an denen auch die Dendriten von nichtprojizierenden Zellen beteiligt sind.
- **Stratum mitrale:** Die von Mitralzellen gebildete Schicht ist die einzige mit größeren, einzeln liegenden Neuronen.

Bis auf die Mitral- und Büschelzellen, deren Axone vom Bulbus in den Tractus olfactorius (s. u.) ziehen, sind alle anderen Zellen als hemmende Interneurone aufzufassen, die teilweise über Kollateralen der Büschel- und Mitralzellen erregt werden. Auf diese Weise ergeben sich innerhalb des Bulbus olfactorius Schaltkreise mit **negativer Rückkopplung**.

Stationen der Riechbahn

Fila olfactoria, Nervus, Bulbus und Tractus olfactorius

Die marklosen Axone der Sinneszellen (**erstes Neuron**) bilden die **Fila olfactoria**, die zusammen als **N. olfactorius** bezeichnet werden. Sie treten durch die Lamina cribrosa in den **Bulbus olfactorius** ein.

▶ Merke.

Er enthält projizierende **Mitral-** und **Büschelzellen** sowie hemmende Interneurone (Abb. **N-2.45**).

Der Bulbus olfactorius weist als Teil des **Paläokortex** einen einfachen Schichtenbau auf. Er enthält **synaptische Glomerula**, an denen u. a. die Fila olfactoria und Mitralzellen beteiligt sind.

Durch die hemmenden Interneurone ist im Bulbus olfactorius eine starke **negative Rückkopplung** vorhanden. Ein elektronenmikroskopisches Merkmal des Bulbus sind **reziproke (dendrodendritische) Synapsen**, die in beiden Richtungen durchgängig sind.

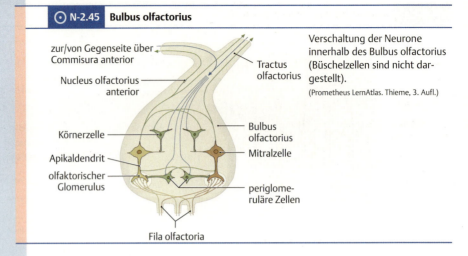

N-2.45 Bulbus olfactorius

Verschaltung der Neurone innerhalb des Bulbus olfactorius (Büschelzellen sind nicht dargestellt).
(Prometheus LernAtlas. Thieme, 3. Aufl.)

Der Bulbus olfactorius ist wegen des Vorkommens von **reziproken** (**dendrodendritischen**) **Synapsen** bekannt, die sich u. a. zwischen den Dendriten von Körnerzellen und Mitralzellen befinden. Sie leiten Informationen in beiden Richtungen, da zwei synaptische Flächen mit gegensätzlicher Leitungsrichtung nebeneinander in derselben Synapse liegen.

Die Axone der Mitral- und Büschelzellen verteilen ihre Information über den **Tractus olfactorius** in große Gebiete des Paläo- und Neokortex, von denen im Folgenden nur einige Stationen genannt werden.

Noch im Tractus olfactorius liegt der **Nucleus olfactorius anterior** (Regio retrobulbaris) als mögliche Umschaltstation. Seine Axone verlaufen über die **Commissura anterior** zum kontralateralen Bulbus olfactorius und bilden hier einen Teil der hemmenden Efferenzen für die Mitral- und Büschelzellen.

Hauptwege der weiteren olfaktorischen Informationsverarbeitung

Die olfaktorische Information teilt sich anschließend in zwei Hauptwege, den medialen und lateralen Weg (Abb. **N-2.46**):

- **Medialer Weg:** Er verläuft über das Tuberculum olfactorium am Ende des Tractus olfactorius und über die **Stria olfactoria medialis** zur Septumregion und ist wahrscheinlich nicht an der bewussten Wahrnehmung von Gerüchen beteiligt. Die **Septumregion** befindet sich an der kaudalen Medialseite der Hemisphären direkt rostral vom III. Hirnventrikel. Von hier aus gibt es eine Verbindung über die Habenula des Epithalamus zur **Formatio reticularis** (S. 1109). Die Verbindung ist wahrscheinlich für die Weckreaktionen verantwortlich, die starke Gerüche auslösen. Diese Wirkung wurde früher oft in Form von Geruchsfläschchen als Mittel gegen Ohnmacht bei Frauen ausgenutzt.
Eine weitere Verbindung vom Septum erreicht den **Hippocampus** (S. 1246), einen Teil des limbischen Systems, der u. a. mit der Anlage von Gedächtnisspuren befasst ist. Über diesen Weg könnte erklärt werden, dass besonders abstoßende Gerüche lange im Gedächtnis bleiben.
- **Lateraler Weg:** Er benutzt die **Stria olfactoria lateralis** und erreicht hauptsächlich die **Area prepiriformis**, einen Teil des Paläokortex mit einem 3-schichtigen Bau. Die Regio prepiriformis wird von einigen Autoren als die **primäre Riechrinde** angesehen. Sie projiziert auf die entorhinale Rinde, die wiederum den Haupteingang für den Hippocampus darstellt.
Ein Nebenweg der olfaktorischen Afferenzen der Stria olfactoria lateralis führt zum **Corpus amygdaloideum**. Amygdala und Hippocampus haben enge Beziehungen zum **Hypothalamus** und **limbischen System**. Diese Verbindungen sind besonders für Tiere wichtig, deren Hormonhaushalt und Sexualverhalten stark von Gerüchen abhängt.

Die **bewusste Wahrnehmung** von Gerüchen erfolgt wahrscheinlich im **orbitofrontalen Kortex**, dem kaudalsten Teil des Frontallappens. Er wird manchmal auch als sekundär olfaktorischer Kortex bezeichnet. Zum sekundär olfaktorischen Kortex wird auch der sog. periamygdaloide Kortex mit Teilen des Gyrus ambiens und Gyrus semilunaris gerechnet. Die Geruchsinformation erreicht ihn über viele Zwischensta-

N-2.46 Zentrale Verarbeitung der Geruchsinformation

(Prometheus LernAtlas. Thieme, 3. Aufl.)
a Strukturen des medialen und lateralen Weges innerhalb der Riechbahn im Mediansagittalschnitt
b und in der Ansicht von basal. Die Stria olfactoria lateralis gehört zum lateralen Weg, die Stria olfactoria medialis zum medialen.

tionen (z. B. Thalamus, Hypothalamus und Hirnstamm). Auch der insuläre Kortex scheint an der Wahrnehmung von Gerüchen beteiligt zu sein. Insgesamt sind die Angaben über den Weg der olfaktorischen Information nicht einheitlich.

2.3.6 Gustatorisches System

Geschmacksrezeptoren

Die Rezeptorzellen befinden sich in den **Geschmacksknospen** der Zungenpapillen, vgl. auch Geschmacksorgan (S. 1012):

- **Papillae vallatae** direkt ventral des Sulcus terminalis am Übergang zwischen Zungenkörper und Zungenwurzel,
- **Papillae foliatae** am seitlichen Zungenrand und
- **Papillae fungiformes** auf dem vorderen Zungenrücken.

Die Geschmacksknospen bilden ein zwiebelförmiges Gebilde, das neben den **Rezeptorzellen Stütz-** und **Basalzellen** enthält. Apikal besitzen alle Zellen **Mikrovilli**, die in den **Geschmacksporus** hineinragen (Abb. **N-2.47**). Aufgrund der unterschiedlichen optischen Dichte im Elektronenmikroskop werden helle von dunklen Sinneszellen unterschieden. Die Marginalzellen liegen als Stützzellen am Übergang zum Zungenepithel. Die Rezeptorzellen sind **sekundäre Sinneszellen**: Sie besitzen an der Zellbasis Synapsen mit den primär afferenten Neuronen. Wie die Sinneszellen des olfaktorischen Systems werden auch die Geschmacksrezeptorzellen nach kurzer Zeit (7–14 Tagen) ersetzt.

Die verschiedenen **Geschmacksqualitäten** (**süß**, **sauer**, **bitter**, **salzig** und **umami**, d. h. japanisch für schmackhaft) sind nicht an die verschiedenen Papillen gebunden. Auf der anderen Seite ist die Zunge nicht überall in gleichem Maße für die Geschmacksqualitäten empfindlich: Süß wird besonders an der Zungenspitze empfunden, bitter in der Gegend der Papillae vallatae, allerdings sind die Grenzen nicht so scharf wie früher angenommen. Offensichtlich ist die Bevorzugung des süßen Geschmacks angeboren und wird nicht erst durch Umwelteinflüsse erzeugt.

2.3.6 Gustatorisches System

Geschmacksrezeptoren

Sinneszellen mit Geschmacksrezeptoren befinden sich vorwiegend in den Geschmacksknospen der Zungenpapillen: **Papillae vallatae, foliatae** und **fungiformes**, vgl. auch Geschmacksorgan (S. 1012).

Die **sekundären Sinneszellen** der Geschmacksknospen besitzen apikal Mikrovilli als Sinneshaare (Abb. **N-2.47**).

Die Empfindlichkeit für die Geschmacksqualitäten **süß, sauer, bitter, salzig** (und neuerdings **umami**; japanisch für schmackhaft) ist nicht gleichmäßig über die Zunge verteilt, lässt sich aber nicht direkt einem Papillentyp zuordnen.

N-2.47 Geschmacksknospe

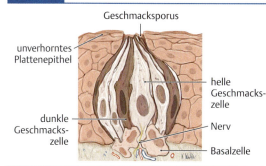

Darstellung des Aufbaus einer Geschmacksknospe innerhalb des Zungenepithels. Die apikalen Sinneshaare, die in den Geschmacksporus hineinragen, sind nicht dargestellt.
(Prometheus LernAtlas. Thieme, 2. Aufl.)

N-2.47

Entstehung des Rezeptorpotenzials

Jede Geschmacksqualität besitzt einen **eigenen Mechanismus** für die Erzeugung des Rezeptorpotenzials, das immer depolarisierend ist. Während es für **Bitter-** und **Süß**empfindungen spezielle **Rezeptormoleküle** auf den Sinneshaaren (Mikrovilli) gibt, existieren solche für **sauren** und **salzigen** Geschmack nicht. Für den Geschmack **umami** ist die Bindung von Glutamat an den metabotropen Glutamatrezeptor mGluR4 wichtig.

Offensichtlich können in jeder Rezeptorzelle mehrere Geschmacksstoffe ein Rezeptorpotenzial auslösen. Zumindest haben Registrierungen der Impulsaktivität von einzelnen Rezeptorzellen gezeigt, dass jede Zelle durch die fünf Basisgeschmacksreize erregt wird, wenn auch in unterschiedlichem Ausmaß. Jeder Geschmacksreiz erzeugt daher in den Zellen unterschiedliche Erregungsmuster, die offensichtlich in den nachgeschalteten Stationen der Geschmacksbahn zur Erkennung der Reize verwendet werden. Die früher aufgrund morphologischer Kriterien unterschiedenen Typen von Sinneszellen scheinen nur verschiedene Entwicklungsstadien derselben Zelle zu sein. An der Basis der Sinneszellen der Geschmacksknospen erfolgt die synaptische **Umschaltung** auf das erste Neuron der Geschmacksbahn.

Stationen der Geschmacksbahn

Erstes Neuron: Aus der oben genannten Lokalisation der Geschmacksknospen ergeben sich bereits die Hirnnerven, in denen Geschmacksafferenzen verlaufen (Abb. **N-2.48**), s. a. afferente Fasern (S. 1014):

- **N. facialis** (**VII**): Fasern vom seitlichen Zungenrücken, die über N. lingualis und Chorda tympani ziehen und ihre Somata im Ggl. geniculi (Abb. **M-2.18**) haben. Das Ganglion geniculi entspricht einem Spinalganglion, daher gibt es hier keine Synapsen.
- **N. glossopharyngeus** (**IX**) : Fasern von der Zungenwurzel, Somata im Ggl. inferius bzw. petrosum (Abb. **M-2.23**) und
- **N. vagus** (**X**): Fasern vom Larynx, Somata im Ggl. inferius bzw. nodosum (Abb. **M-2.29**).

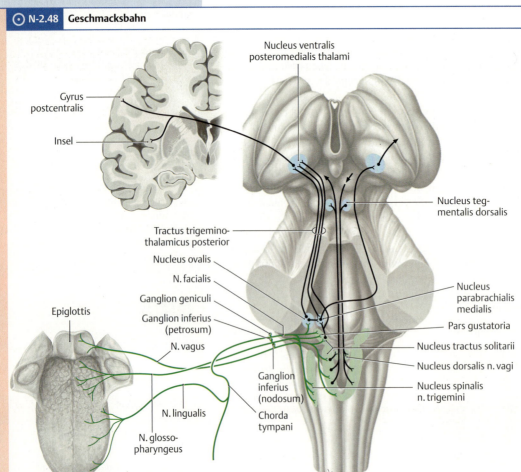

N-2.48 Geschmacksbahn

Geschmacksafferenzen, die in den Hirnnerven VII, IX und X verlaufen, und ihre zentrale Verschaltung. Neben diesen speziell viszeroafferenten Fasern können auch allgemein viszeroafferente Trigeminusfasern gereizt werden, die zum Ncl. spinalis n. trigemini ziehen und zum Geschmackseindruck beitragen. Die letzteren Fasern kommen von den Nozizeptoren der Zungenschleimhaut und werden durch scharf gewürzte Speisen erregt.
(Prometheus LernAtlas. Thieme, 3. Aufl.)

▶ Merke. In allen genannten Ganglien erfolgt **keine** synaptische Umschaltung; sie enthalten die Somata der gustatorischen Afferenzen.

▶ Merke.

Zweites Neuron: Die nächste Station ist der **Nucleus tractus solitarii** im Hirnstamm, dessen kranialer Teil auch „**Geschmackskern**" genannt wird (der kaudale Kern verarbeitet allgemein viszerosensorische Information). Hier beginnt das zweite Neuron der Geschmacksbahn. Von den Axonen der Neurone im Ncl. tractus solitarii ziehen Kollateralen zu den **Nuclei salivatorii inferior** und **superior** für die reflektorische Speichelsekretion. Die Hauptverbindung nach rostral besteht wahrscheinlich im Tractus trigeminothalamicus posterior zum Thalamus (VPM). Schon vor Erreichen des VPM gehen Kollateralen zum Corpus amygdaloideum ab, die evtl. die „hedonistische Komponente" einer Geschmacksempfindung vermitteln.

Zwischenstationen im Ncl. parabrachialis medialis oder Ncl. ovalis, der praktisch den Ncl. tractus solitarii nach kranial fortsetzt, sind möglich (Abb. **N-2.48**), ebenso ipsilateral und kontralateral aufsteigende Projektionen.

Zweites Neuron: Die Geschmacksbahn verläuft über den **Ncl. tractus solitarii**, wo die Umschaltung auf das zweite Neuron erfolgt. Kollateralen ziehen zu den **Ncll. salivatorii sup.** und **inf.** für die reflektorische Speichelsekretion.

Drittes Neuron: Die letzte Umschaltung vor Erreichen des Kortex erfolgt im Thalamus (**VPM**).

Bewusste Geschmacksempfindungen entstehen im **Gyrus postcentralis**, und zwar im Bereich der Zungenrepräsentation. Auch die **Insularinde** scheint an diesen Empfindungen beteiligt zu sein.

Drittes Neuron: Dies liegt im Thalamus (**VPM**). Von hier geht der Weg weiter zum **Gyrus postcentralis** und zur Insularinde, wo bewusste Geschmacksempfindungen entstehen.

2.4 Limbisches System

2.4 Limbisches System

▶ Definition. Das limbische System ist ein funktionelles System des ZNS, das sich aus einer Vielzahl von Kortexarealen, Kerngebieten und Fasersystemen zusammensetzt, die z.T. phylogenetisch ältere Anteile, d.h. von Archi- und Paläokortex (S. 1135), enthalten. Die Teile des Systems sind ring- oder saumförmig um das Dienzephalon angeordnet. Daher rührt auch der Name (lat. Limbus = Saum).

▶ Definition.

2.4.1 Funktion des limbischen Systems

2.4.1 Funktion des limbischen Systems

Entsprechend seinen zahlreichen Anteilen ist das limbische System an vielfältigen und komplexen Aufgaben beteiligt (Tab. **N-2.6**) und erhält Informationen aus praktisch allen Sinnessystemen. Das limbische System verarbeitet diese Information nicht weiter, sondern erstellt ein „affektives Gesamtbild" der Umwelt nach Kriterien wie z.B. „angenehm – unangenehm" oder „gefährlich – ungefährlich".

Die Funktionen sind vielfältig (Tab. **N-2.6**) und werden durch Informationen aus praktisch allen Sinnesbahnen beeinflusst.

≡ N-2.6	Funktionen des limbischen Systems
allgemein	Steuerung des Hypothalamus → darüber Beeinflussung vom ■ autonomen Nervensystem ■ Hormonhaushalt (Liberine, Statine)
speziell	Nahrungsaufnahme spezies-spezifisches Sozialverhalten (Sexualität, Aufzucht von Kindern, Emotionen) Engrammbildung (Gedächtnis*)

≡ N-2.6

* Beachte, dass Speicherung der Gedächtnisspur (S. 1258) diffus im assoziativen Kortex stattfindet.

▶ Merke. Allgemein ist das limbische System dem Hypothalamus übergeordnet und greift in dessen Funktion ein (Kontrolle des autonomen Nervensystems und des Hormonhaushalts).

▶ Merke.

Neben dieser **Steuerung des vegetativen Systems** und des **Hormonhaushalts** über den Hypothalamus werden über das limbische System auch **komplexe Verhaltensweisen** wie Nahrungsaufnahme, Sozialverhalten, Sexualverhalten, Lernprozesse und Gedächtnis beeinflusst.

Für den Menschen besonders wichtig ist die Funktion im Rahmen des **Sozialverhaltens**: Hier stehen Verhaltensweisen im Vordergrund, bei denen **Affekte** eine große Rolle spielen. Unter Affekten werden hier Stimmungen (Freude, Trauer, Wut, Angst etc.) verstanden. Die Rolle des **Corpus amygdaloideum** für Angstreaktionen ist gut etabliert.

Daneben spielt das System für komplexe Verhaltensweisen eine Rolle: Neben Aufgaben bei **Lernprozessen** hat das limbische System die Funktion, das **Sozialverhalten** zu steuern. Hierzu gehört auch die Entstehung und Kontrolle von Affekten (z.B. Freude, Angst).

▶ Klinik. Verletzungen des Corpus amygdaloideum können zu Aggressivität und sexueller Überaktivität führen, oft kombiniert mit sozial unverträglichem Verhalten. Das Verhalten von Patienten mit Amygdala-Läsion ist oft dadurch gekennzeichnet, dass sie die Mimik und Affekte ihrer Mitmenschen nicht richtig einschätzen und/oder ignorieren. Dies gilt auch für einen ängstlichen Gesichtsausdruck von Gesprächspartnern oder Angehörigen.

Anders als Tiere, die ihre Affekte meist deutlich der Umwelt zeigen, kann der Mensch diesen Vorgang kontrollieren. Wenn ein Affekt den Mitmenschen als Signal gezeigt wird, kann er als **Emotion** bezeichnet werden (von lat. emovere = herausbewegen). Die Kontrolle darüber, ob ein Affekt zur Emotion wird, findet wahrscheinlich im **präfrontalen Kortex** statt.

Auch Sinnesempfindungen haben eine affektive Komponente (z. B. grelle Farben, schrille Töne, unangenehme Temperatur). Wahrscheinlich gibt es in diesem Sinne keine völlig neutrale Sinnesempfindung.

2.4.2 Strukturen des limbischen Systems

Die wichtigsten **Kortexgebiete**, **Kerne** und **Bahnen** sind in Tab. **N-2.7** und Abb. **N-2.49** dargestellt.

Die Kortexgebiete mit limbischer Funktion, die um das Dienzephalon und die Basalkerne herum angeordnet sind, werden als **Lobus limbicus** (S. 1133) zusammengefasst.

Je nach Autor werden unterschiedliche Strukturen zum limbischen System gerechnet. Die wichtigsten **Kortexgebiete**, **Kerne** und **Bahnen** sind in Tab. **N-2.7** zusammengestellt und in der Medialansicht (Abb. **N-2.49**) zu erkennen, die die saumartige Anordnung des Systems um das Dienzephalon und die Basalkerne herum demonstriert. Kortexgebiete mit limbischer Funktion werden als eigenständiger Lappen, d. h. als Lobus limbicus (S. 1133) zusammengefasst.

Inwieweit der **Fasciculus medialis telencephali** = mediales Vorderhirnbündel und der **Fasciculus longitudinalis dorsalis** = hinteres Längsbündel (S. 1132) dem limbischen System oder dem Hypothalamus zugerechnet werden müssen, ist offen.

⊙ N-2.49 Strukturen des limbischen Systems

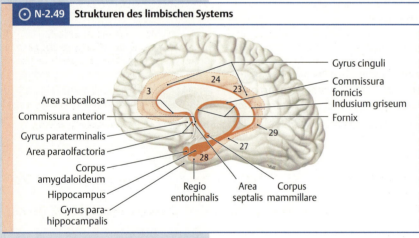

Lage der zum limbischen System gehörenden Strukturen am teilweise durchscheinend dargestellten Großhirn. Ansicht einer rechten Hemisphäre von medial. Man kann einen **äußeren Bogen** (Gyrus parahippocampalis, Gyrus cinguli, Area subcallosa/parolfactoria) von einem **inneren** (Hippokampusformation, Fornix, Area septalis, Gyrus paraterminalis und Indusium griseum) unterscheiden. Ebenfalls sichtbar sind die zum limbischen System zählenden Corpora amygdaloideum und mammillare. Die Nuclei anteriores thalami und habenulares dagegen sind nicht dargestellt. Die Zahlen in der Abbildung kennzeichnen die jeweiligen Brodmann-Areale.

(Prometheus LernAtlas. Thieme, 3. Aufl.)

Papez-Kreis

▶ Definition.

▶ **Definition.** Die Verbindung von der Hippokampusformation über die Fimbria hippocampi, den Fornix, das Corpus mammillare, den Tractus mammillothalamicus, den Nuclei anteriores des Thalamus, das Cingulum in den Gyrus parahippocampalis (Regio entorhinalis) und über Präsubiculum/Subiculum zurück zum Hippocampus wurde historisch mit dem Namen „**Papez-Kreis**" belegt (Abb. **N-2.50**).

Die vielfältigen Faserverbindungen zwischen allen Teilen des limbischen Systems legen rückgekoppelte Verschaltungen nahe. Ob diese funktionell tatsächlich Rückkoppelungen darstellen, ist unklar.

Man nahm an, dass in ihm Erregungen kreisen würden, die z. B. das verzögerte Abklingen von Affekten wie Ärger und Wut erklären könnten. Diese Sicht muss heute als überholt gelten. Die Verbindungen und Stationen des Papez-Kreises sind sicher vorhanden, allerdings sind sie wohl hauptsächlich an der Verarbeitung von Gedächtnisinhalten beteiligt.

N-2.7 Strukturen des limbischen Systems (Auswahl)

Struktur	Lokalisation bzw. Verlauf
Kortexgebiete des limbischen Systems	
Gyrus cinguli	• auf Medialseite des Großhirns oberhalb des Balkens
Indusium griseum	• dünner Belag von grauer Substanz auf dem Corpus callosum
Hippokampusformation (Gyrus dentatus, Cornu ammonis plus Subiculum)	• medialer Teil des Lobus temporalis (bildet mediale Wand des Unterhorns der Seitenventrikel)
Gyrus parahippocampalis (inkl. Uncus)	• basal und lateral vom Hippocampus gelegene Windung • inkl. Regio entorhinalis (Teil des Gyrus parahippocampalis), an Hippocampus angrenzend
Kerne des limbischen Systems	
Corpus amygdaloideum	• besteht aus vielen Einzelkernen im dorsomedialen Pol des Temporallappens vor dem Unterhorn der Seitenventrikel (Telenzephalon)
Ncll. habenulares	• Epithalamus (Dienzephalon)
Ncll. anteriores thalami	• Thalamus (Dienzephalon)
Septumkerne (Ncll. septales)	• bilden die Area septalis rostral der Commissura anterior und am Übergang zwischen Septum pellucidum und Commissura anterior
Corpus mammillare	• Hypothalamus (Dienzephalon)
Ncl. accumbens	• bildet im rostrocaudalen Striatum die Verbindung zwischen Putamen und Ncl. caudatus. Hat Verbindungen zum Tegmentum des Mesenzephalons, daher Teil des mesolimbischen Systems, sog. „Belohnungszentrum".
Trakte und Faserbündel des limbischen Systems	
Cingulum	• wichtiger Informationsweg vom rostralen Gyrus cinguli im Frontallappen zum Gyrus parahippocampalis und weiter zum Hippocampus im Temporallappen. • verläuft als Faserbündel unter der grauen Substanz des Gyrus cinguli
Fornix	• verläuft im Bogen zwischen dem im Dach des III. Ventrikels gelegenen Plexus choroideus und dem Corpus callosum • enthält die meisten Efferenzen vom Hippocampus und endet in den Corpora mammillaria sowie Septumkernen (Fornixverbindungen zu den Septumkernen verlaufen teilweise rostral der Commissura anterior und werden daher als präkommissurale Fasern bezeichnet; entsprechend gibt es in Bezug auf die Commissura anterior auch postkommisurale Fasern.*) • ist auch Verbindung für Hippokampusafferenzen von den Septumkernen
Striae longitudinales medialis und lateralis	• liegen im Indusium griseum (s. o.) auf dem Corpus callosum • bestehen aus Bündeln markhaltiger Fasern als Verbindung zwischen verschiedenen Teilen des Indusium griseum
Tractus mammillothalamicus	• verbindet die Corpora mammillaria mit den Ncll. anteriores thalami
Tractus mammillotegmentalis	• verbindet Corpora mammillaria mit der Haube des Mesenzephalons (bes. dem Ncl. tegmentalis posterior)

* Auch in Bezug auf den Hippocampus wird manchmal die Angabe „prä- und postkommissural" gebraucht, allerdings ist dann das Corpus callosum (S. 1145) als größte Kommissur gemeint.

N-2.50 Papez-Kreis

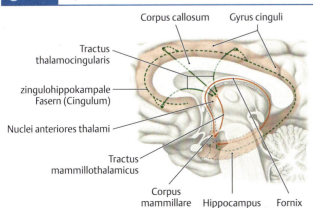

Verbindungen zwischen Kerngebieten und Bahnen des limbischen Systems, die in ihrer Gesamtheit von Papez als Neuronenkreis postuliert wurden. Ansicht eines Mediansagittalschnitts (rechte Hirnhälfte) von medial. Der Tr. thalamocingularis ist kein massiver Trakt und wird auch als Radiatio thalamocingularis bezeichnet.
(Prometheus LernAtlas. Thieme, 3. Aufl.)

Hippocampus

▶ **Definition.** Der als Teil des Lobus temporalis paarig vorliegende Hippocampus bildet den medial basalen Abschluss der Großhirnhemisphären. Er stellt den Hauptteil des Archikortex (S. 1135) dar.

Der Name Hippocampus ist von einer Sagengestalt des Altertums abgeleitet, deren vordere Hälfte das Aussehen eines Pferdes hatte, während die hintere einer eingerollten Schlange mit Fischflosse glich.

Zum sog. Hippocampus gehören funktionell mehrere Strukturen, weshalb es korrekter wäre, von der **Hippokampusformation** zu sprechen. In einigen Quellen wird unter Hippokampusformation der eigentliche Hippocampus plus Regio entorhinalis als Haupteingang zum Hippocampus verstanden. Eine andere Definition findet sich in der Abb. **N-2.51**: Eigentlicher Hippocampus (Cornu ammonis) plus Gyrus dentatus plus Subiculum.

Hier wird entsprechend der Terminologia anatomica stets der Begriff „Hippocampus" verwendet.

Funktion des Hippocampus

Durch eine im Hippocampus vorliegende Verschaltung mit positiver Rückkopplung (s. u.) ist die Grundlage für das im Hippocampus besonders ausgeprägte Phänomen der **Langzeitpotenzierung** (S. 1261) geschaffen. Diese wird als Voraussetzung für **Lernprozesse** angesehen, für die der Hippocampus eine wichtige Rolle spielt: Man nimmt an, dass im Hippocampus zwar die **Gedächtnisspur** (das Engramm) **entsteht**, die Speicherung der gelernten Inhalte jedoch in anderen kortikalen Arealen erfolgt (S. 1259).

Die Tatsache, dass solche Sachverhalte oder Situationen besonders gut behalten werden, die stark affektiv gefärbt sind (z. B. Beleidigungen) ist durch die engen Verbindungen des Hippocampus mit anderen Teilen des limbischen Systems zu erklären.

▶ **Klinik.** Verletzungen oder Narben im Hippocampus können zu einer besonderen Form der Epilepsie führen, den sog. psychomotorischen Anfällen (**Temporallappenepilepsie**). Sie sind gekennzeichnet durch vegetative Automatismen (Schmatzen, Kauen, Schlucken, Speichelfluss). Oft sind (retrograde) Amnesien die Folge.

Abschnitte und Lage des Hippocampus

Der Hippocampus wird – je nach seiner Lage zum Corpus callosum – in verschiedene Abschnitte eingeteilt:

- Der **Hippocampus retrocommissuralis** wird als **wichtigster Abschnitt** im Folgenden als Hippocampus besprochen. Er liegt versteckt an der Medialseite des kaudalen **Lobus temporalis** und bildet die **mediale Wand des Unterhorns** der Seitenventrikel. Der Begriff „retrocommissuralis" bezieht sich auf das Corpus callosum als größte Kommissur („hinter der Kommissur gelegen").
- Der **Hippocampus supracommissuralis** liegt auf dem Corpus callosum (hierzu wird das Indusium griseum gerechnet).
- Der **Hippocampus precommissuralis** befindet sich unter dem rostralsten Abschnitt des Corpus callosum. Er setzt die Richtung des Indusium griseum und des Gyrus cinguli nach rostral-kaudal fort.

Bei Sicht von lateral-oben in das eröffnete Unterhorn sieht man den Wulst der Hippokampusformation als **Pes hippocampi** (Fuß) mit den **Digitationes hippocampi** (fingerähnlichen Vorwölbungen, Abb. **N-2.52**).

Auf einem frontalen Schnitt durch den Pes hippocampi erkennt man in Querrichtung:

- **Gyrus parahippocampalis:** Der einzige zum Hippocampus gehörende Abschnitt des Gyrus parahippocampalis ist das **Subiculum**. Es liegt direkt unter dem Gyrus dentatus (s. u.) und setzt sich in den entorhinalen Kortex fort (Abb. **N-2.53a**).
- **Gyrus dentatus** (Fascia dentata): Er besitzt eine angedeutete Zähnelung (daher der Name) und ist am stärksten aufgerollt. Gyrus parahippocampalis und Gyrus dentatus sind durch einen Einschnitt getrennt (**Sulcus hippocampalis** oder Fissura hippocampi).
- **Cornu ammonis** (CA, Hippocampus proprius, Ammons- oder Widderhorn): Es liegt dem Gyrus dentatus gegenüber auf der lateralen Seite des Pes hippocampi.
- **Fimbria hippocampi**: Sie geht in okzipitaler Richtung in den Fornix über und ist der wichtigste Ausgang aus dem Hippocampus.

N-2.51 Lage des Hippocampus

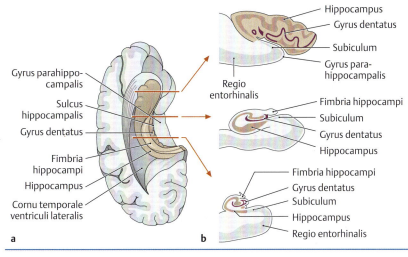

a Anordnung des Hippocampus und weiterer Teile des limbischen Systems (Indusium griseum, Fornix, Corpus mammillare) am durchscheinend dargestellten Großhirn. (Prometheus LernAtlas. Thieme, 3. Aufl.)
b Dreidimensionale Darstellung des linken Hippocampus und Fornix bei Blick von lateral-rostral-parietal nach Entfernung von Teilen des Lobus temporalis und Eröffnung des Seitenventrikels. (Prometheus LernAtlas. Thieme, 2. Aufl.)

N-2.52 Abschnitte des Hippocampus

(Prometheus LernAtlas. Thieme, 3. Aufl.)

a Horizontalschnitt durch den linken Temporallappen mit freigelegtem Unterhorn des Seitenventrikels, in dessen medialer Wand sich der Hippocampus befindet. Ansicht von parietal-dorsal.
b Frontalschnitte duch den linken Hippocampus, auf denen ersichtlich wird, woher die Bezeichnung „Ammonshorn = Cornu ammonis" stammt. Die aufgerollte Struktur wird mit einem Ammons- oder Widderhorn vergleichen. Den Übergang zur Regio entorhinalis im Gyrus parahippocampalis bildet das Subiculum.

Aufbau und Verbindungen des Hippocampus

Von der äußersten Spitze des Cornu ammonis (der Endplatte oder CA 4), die von den multipolaren Körnerzellen des Gyrus dentatus umfasst wird, sind in Richtung auf das Subiculum die Bereiche CA 3, 2 und 1 abgeteilt (Abb. **N-2.53a**). Sie enthalten vorwiegend Pyramidenzellen.

Feinbau des Hippocampus: Der Hippocampus als phylogenetisch alter Hirnteil, sog. Archikortex (S. 1135), hat einen **einfachen 3–4 Schichtenbau** (Abb. **N-2.53b**).
Vom Gyrus dentatus ausgehend sind die Hauptschichten im **Cornu ammonis**:
- **Stratum moleculare:** Es enthält afferente Axone aus der Regio entorhinalis und die apikalen Dendriten der Pyramidenzellen des Stratum pyramidale sowie wenige kleine Zellen. Vor der Einfaltung des Hippocampus während der Entwicklung lag die Schicht an der medialen (äußeren) Oberfläche des Temporallappens.
- **Stratum radiatum:** Hier enden die Schaffer-Kollateralen (s. u.) an den Dendriten der Pyramidenzellen.
- **Stratum pyramidale:** Es enthält die Somata der Pyramidenzellen.
- **Stratum oriens:** Es enthält die basalen Dendriten der Pyramidenzellen und wenige polymorphe Zellen.

Aufbau und Verbindungen des Hippocampus

Feinbau des Hippocampus: Die Hauptschichten des **Cornu ammonis** sind (Abb. **N-2.53b**):
- Stratum moleculare,
- Stratum radiatum,
- Stratum pyramidale und
- Stratum oriens.

▶ Merke. Das Cornu ammonis ist stark eingerollt; das Stratum oriens als innerste Schicht grenzt **lateral** an das Unterhorn des Seitenventrikels.

Die Axone der Pyramidenzellen verlaufen im **Alveus hippocampi** und verlassen den Hippocampus über die **Fimbria hippocampi**. Der Alveus entspricht dem Marklager des Großhirns und wird nicht als Schicht gerechnet.

Der **Gyrus dentatus** enthält nur drei Schichten (Abb. N-2.53b):
- **Stratum moleculare** mit den entorhinalen Afferenzen,
- **Stratum granulare** mit den Somata der multipolaren Körnerzellen,
- **Stratum multiforme** mit polymorphen kleinen Zellen und den Axonen der Körnerzellen als Verbindung zu den Zellen von CA 4/3.

Afferenzen: Die wichtigste Afferenz erreicht den Hippocampus über den **Tractus perforans**, der aus den Axonen der Stern- und Pyramidenzellen der **Regio entorhinalis** (entorhinaler Kortex) besteht.

Die Axone verteilen sich im Stratum moleculare, in das die Dendriten der Pyramidenzellen (innerhalb des CA) und der Körnerzellen der Fascia dentata (im Gyrus dentatus) hineinragen (Abb. N-2.53b).

Efferenzen: Die Efferenzen bestehen aus den **Axonen der Pyramidenzellen** des **Cornu ammonis**, sie verlassen den Hippocampus über Alveus und Fimbria hippocampi sowie den Fornix (Abb. N-2.53b).

Eine Besonderheit des Hippocampus sind die **Schaffer-Kollateralen**. Es handelt sich um Kollateralen der Pyramidenzellaxone des Cornu ammonis, die durch das Stratum pyramidale zurück in das Stratum moleculare zu den Dendriten anderer Pyramidenzellen ziehen. Auf diese Weise ergibt sich eine **positive Rückkopplung**, denn die Signale der Pyramidenzellen in CA3 laufen zurück nach CA1 und können so das Cornu ammonis von CA1 bis CA3 erneut oder mehrfach durchlaufen. Die Vorgänge der positiven Rückkopplung und des mehrfachen Durchlaufens der Schaltkreise werden mit der Bildung von Gedächtnisspuren in Zusammenhang gebracht.

Die multipolaren Körnerzellen des Stratum granulare erregen über ihre Axone (Moosfasern) die Pyramidenzellen von CA3.

Weitere Verbindungen bestehen zwischen dem limbischen System und dem **Ncl. accumbens** am rostralen ventrokaudalen Ende des Striatums. Der Kern wird als **Belohnungszentrum** des Gehirns angesehen und steht unter dem Einfluss des Tegmentums im Mesenzephalon. Die Afferenzen vom Tegmentum setzen **Dopamin** frei, das über Bindung an D 2-Rezeptoren die Neurone des Ncl. accumbens beeinflusst. Diese Verbindung ist Teil des **mesolimbischen Systems**.

Merke-Randspalte

▶ Merke.

Der **Gyrus dentatus** besitzt nur 3 Schichten (Abb. N-2.53b):
- Stratum moleculare,
- Stratum granulare mit den Somata der Körnerzellen und
- Stratum multiforme.

Afferenzen: Den Hauptantrieb erhält der Hippocampus über den **Tractus perforans** aus der Regio entorhinalis (Abb. N-2.53b).

Efferenzen: Die Efferenzen bestehen aus den Axonen der Pyramidenzellen, die den Hippocampus über Fimbria und Fornix verlassen (Abb. N-2.53b).

Bei den **Schaffer-Kollateralen** handelt es sich um Kollateralen der Pyramidenzellaxone, die durch das Stratum pyramidale zurück in das Stratum moleculare ziehen, um dort wieder Pyramidenzellen zu erregen. So ergibt sich eine **positive Rückkopplung**.

N-2.53 Aufbau und Verbindungen des Hippocampus

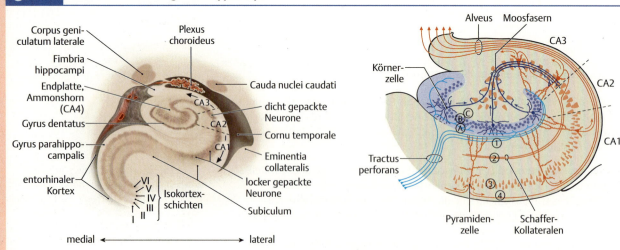

a Ansicht des linken Hippocampus von frontal, auf der links unten im Bild die vom sechsschichtigen Isokortex abweichende dreischichtige Struktur des Allokortex ersichtlich ist. (Prometheus LernAtlas. Thieme, 3. Aufl., nach Bähr und Frotscher)
b Die Hauptschichten des Hippocampus sind im Bereich des Ammonshorns (CA) mit arabischen Zahlen, im Bereich des Gyrus dentatus mit Großbuchstaben gekennzeichnet: (1) = Stratum moleculare, (2) = Stratum radiatum, (3) = Stratum pyramidale, (4) = Stratum oriens; (A) = Stratum moleculare, (B) = Stratum granulare, (C) = Stratum multiforme. Der Tractus perforans als Haupteingang zum Hippocampus entspringt in der Regio entorhinalis. Die Fasern im Alveus verlassen den Hippocampus über Fimbria hippocampi und Fornix (Hauptausgang).

2.5 Neuroendokrines System

Der Name für das System rührt daher, dass die in ihm entstehende Information von **Neuronen** in Form von **Hormonen** an das Blut weitergegeben wird, sog. **Neurosekretion** (S. 200).

Zu dem System werden **Hypophyse** und **Epiphyse** gerechnet. Die Epiphyse und ihre Einbindung in die Steuerung des Tag-Nacht-Rhythmus (S. 1131) wurden bereits besprochen.

Vom Hypothalamus ziehen zwei axonale Trakte in den Hypophysenstiel (Abb. **N-2.54**):
- **Tractus hypothalamo-hypophysialis**, der in der Neurohypophyse endet. Er besteht aus zwei Teilen, die nach dem Ursprung der Fasern benannt sind: Fibrae paraventriculo-hypophysiales und supraoptico-hypophysiales.
- **Tractus tuberoinfundibularis**, der nur bis zur Eminentia mediana im dorsalen Infundibulum (sog. Trichter, noch zum Hypothalamus gehörend) des Hypophysenstiels reicht. Zur Lage der Eminentia mediana, s. Abb. **N-2.55a**.

▶ **Merke.** Die Freisetzung der hypothalamischen Hormone (Neurosekretion) erfolgt in Bereichen, in denen eine Blut-Hirn-Schranke fehlt, sog. **zirkumventrikuläre Organe** (S. 1169). Sowohl die Neurohypophyse (Sekretion der Hypophysen**hinter**lappenhormone) als auch die Eminentia mediana (Abgabe der auf den Hypophysen**vorder**lappen wirkenden Steuerhormone) gehören zu den zirkumventrikulären Organen: Das Endothel der Kapillaren ist hier fenestriert, sodass die Hormone in die Blutbahn übertreten können.

Vom Hypothalamus ziehen zwei axonale Trakte in den Hypophysenstiel (Abb. **N-2.54**):
- Der **Tractus hypothalamo-hypophysialis** endet in der Neurohypophyse.
- Der **Tractus tuberoinfundibularis** reicht nur bis zur Eminentia mediana (Abb. **N-2.55**) am Beginn des Hypophysenstiels.

▶ **Merke.**

N-2.54 Verbindungen der hypothalamischen Kerngebiete zur Neuro- und Adenohypophyse

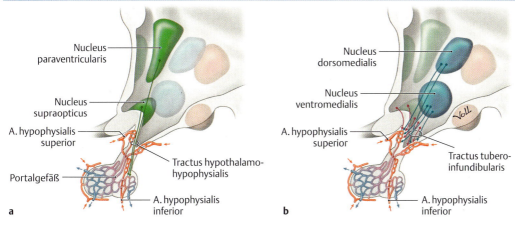

(Prometheus LernAtlas. Thieme, 3. Aufl.)

a Tractus hypothalamo-hypophysialis (aus Fibrae paraventriculo-hypophysiales und supraoptico-hypophysiales bestehend), dessen Neurone direkt in die Neurohypophyse (Hypophysenhinterlappen) projizieren.
b Tractus tuberoinfundibularis, über den die hypothalamischen Steuerhormone für den Hypophysenvorderlappen in den hypophysären Portalkreislauf gelangen und auf dem Blutweg die Adenohypophyse erreichen.

2.5.1 Hypophyse

▶ **Synonym.** Glandula pituitaria, Hirnanhangsdrüse

Funktion und Gliederung: Funktionell und entwicklungsgeschichtlich gesehen besteht die Hypophyse aus zwei grundsätzlich unterschiedlichen Anteilen (Abb. **N-2.55**):
- Nur die **Neurohypophyse** (Lobus posterior = **Hypophysenhinterlappen**, **HHL**) gehört zum ZNS, während die
- ihr ventral angelagerte **Adenohypophyse** (Lobus anterior = **Hypophysenvorderlappen**, **HVL**) einen entwicklungsgeschichtlich anderen Ursprung im Rachendach (S. 1175) hat. Sie besteht aus der **Pars tuberalis** am Übergang zum Hypophysenstiel, **Pars intermedia** („Mittellappen") an der Grenze zum Hinterlappen und **Pars distalis**, der Hauptmasse der Adenohypophyse.

2.5.1 Hypophyse

▶ **Synonym.**

Funktion und Gliederung: Funktionell und entwicklungsgeschichtlich (S. 1175) gesehen unterscheidet man (Abb. **N-2.55**):
- **Neurohypophyse** (Hypophysenhinterlappen, **HHL**), die zum ZNS gehört, und
- **Adenohypophyse** (Hypophysenvorderlappen, **HVL**), die sich aus dem Rachendach bildet.

N-2.55 Gliederung der Hypophyse

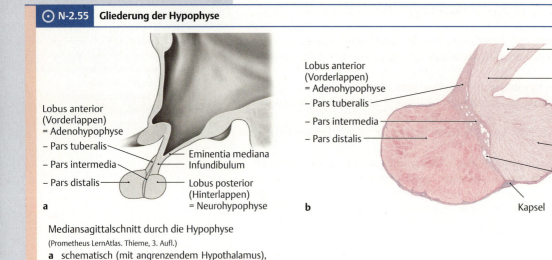

Mediansagittalschnitt durch die Hypophyse
(Prometheus LernAtlas. Thieme, 3. Aufl.)
a schematisch (mit angrenzendem Hypothalamus),
b histologisch.

Dementsprechend unterscheiden sich auch die durch sie freigesetzten Hormone in ihrer Herkunft und Funktion.

Ein Unterschied besteht auch zwischen den vom Hypophysenhinter- und -vorderlappen sezernierten Hormonen:
Während die **HHL-Hormone im Hypothalamus produziert** und über axonalen Transport zu ihrem Freisetzungsort (Neurohypophyse) gelangen, werden die **HVL-Hormone in der Adenohypophyse produziert und freigesetzt** (endokrine Drüse). Lediglich die hypothalamischen **Steuerhormone**, die ihre Freisetzung beeinflussen, werden von Neuronen in Hypothalamuskernen synthetisiert und in die Gefäße der Eminentia mediana (S. 1169) sezerniert. Von diesem noch dienzephal gelegenen Ort erreichen sie über das **hypophysäre Pfortadersystem** ihren Zielort Adenohypophyse.

▶ Merke.

▶ **Merke.** In der **Neurohypophyse** (= Hypopysenhinterlappen) werden lediglich die hypothalamisch produzierten Hormone **freigesetzt**, wohingegen die **Adenohypophyse** (= Hypophysenvorderlappen) ihre Hormone (unter dem Einfluss hypothalamischer Steuerhormone) selbst **produziert**.

Lage: die Hypophyse befindet sich in der Fossa hypophysialis ossis sphenoidalis, was für operative Zugangswege von Bedeutung ist.

Lage: Die Hypophyse befindet sich in der Fossa hypophysialis, einem Teil der Sella turcica des Os sphenoidale. Operativ zugänglich ist die Hypophyse über den Sinus sphenoidalis, der direkt ventro-kaudal von ihr liegt (transnasaler, transsphenoidaler Zugang).

Neurohypophyse

Neurohypophyse

▶ Synonym.

▶ Synonym. Hypophysenhinterlappen (HHL)

▶ Merke.

▶ **Merke.** Die Verbindungen vom Hypothalamus zur Neurohypophyse sind **neuronal** und kommen von den großzelligen Anteilen des **Ncl. paraventricularis** und **Ncl. supraopticus**, s. auch neuroendokrine Kerne (S. 1130).

Die in hypothalamischen Neuronen beginnenden Axone erreichen über den Tractus hypothalamo-hypophysialis den HHL und setzen in das dortige Gefäßsystem die Hormone **Oxytozin** und **Adiuretin** (ADH) frei (Abb. **N-2.54**).

Die Axone der hypothalamischen Zellen erreichen den Hypophysenhinterlappen (HHL) über den **Tractus hypothalamohypophysialis** (Abb. N-2.54). Die in den betreffenden Hypothalamuskernen gebildeten Hormone **Oxytozin** und **Adiuretin** (antidiuretisches Hormon = **ADH** oder Vasopressin) werden also axonal in den HHL transportiert, hier gespeichert und bei Bedarf in das Gefäßsystem freigesetzt.

▶ Merke.

▶ **Merke.** In der Neurohypophyse befinden sich weder Somata von Neuronen noch hormonproduzierende Zellen, sondern nur die Axone der (hypothalamischen) Zellen. Über diese werden die HHL-Hormone in besondere perikapilläre Spalträume freigesetzt. Die hier gelegenen, im Mikroskop sichtbaren Zellen gehören entweder zu Gefäßen oder sind sog. **Pituizyten**, spezialisierte Gliazellen, die über Nexus in Verbindung stehen.

Die zuführende Arterie ist die **Arteria hypophysialis inferior**, ein Ast der A. carotis interna. Sie nimmt die Hormone über ihre **fenestrierten Kapillaren** auf. Oxytozin beeinflusst den Uterus und die Endstücke der Brustdrüse, während Adiuretin (S. 771) auf die Sammelrohre der Niere wirkt. Bei diesen Hormonen handelt es sich um sog. **Effektorhormone**, die direkt (ohne Zwischenschaltung eines weiteren Hormons) auf das Zielorgan wirken.

Die **A. hypophysialis inf.** nimmt die **Effektorhormone**, die direkt auf das Zielorgan wirken, über ihre fenestrierten Kapillaren auf.

▶ Exkurs: Bedeutung von Oxytozin und Adiuretin (ADH). **Oxytozin** löst Wehen am Ende einer Schwangerschaft aus und kontrahiert die Endstücke der Brustdrüse, Glandula mammaria (S. 1277), mit Hilfe von Myoepithelzellen, wenn der Säugling beim Saugakt die Mamille mechanisch reizt. Dies bedeutet, dass die Mechanorezeptoren der Mamille die hypothalamischen Kerne neuronal aktivieren, die daraufhin Oxytozin in das Blut freisetzen. Das Hormon erreicht auf dem Blutweg die Myoepithelzellen der Glandula mammaria, die ihrerseits die Milch aus den Drüsenendstücken pressen.
Das **Adiuretin** (S. 771) oder **antidiuretische Hormon** (**ADH**) wirkt auf die Niere und vergrößert in den Sammelrohren die Wasserpermeabilität. Dadurch wird mehr Wasser aus den Sammelrohren in das hypertone Niereninterstitium rückresorbiert und nur ein geringe Menge hochkonzentrierten Urins gebildet (**Antidiurese**, z. B. bei Durstzuständen).

▶ Exkurs: Bedeutung von Oxytozin und Adiuretin (ADH).

▶ Klinik. Fehlt z. B. bei einem **Hypophysentumor** das Adiuretin durch Zerstörung des HHL oder der Freisetzungswege tritt das Gegenteil einer Antidiurese, nämlich die **gesteigerte Diurese** ein: Wie beim renal bedingten Diabetes insipidus (S. 771) renalis produziert auch beim **Diabetes insipidus centralis** die Niere große Mengen gering konzentrierten Urins (**Polyurie**). „Insipidus" bedeutet „nichtschmeckend"; der Begriff soll den Unterschied zwischen dieser Form von Diabetes und dem zuckerhaltigen Urin bei Diabetes mellitus (der Zuckerkrankheit) andeuten.

▶ Klinik.

Adenohypophyse

Adenohypophyse

▶ Synonym. Hypophysenvorderlappen (HVL)

▶ Synonym.

▶ Merke. Die Ansteuerung der Adenohypophyse durch den Hypothalamus erfolgt **nur zunächst neuronal** durch die **kleinzelligen** Anteile der hypothalamischen Kerne, die Steuerhormone produzieren, **danach humoral** über das Pfortadersystem der Hypophyse.

▶ Merke.

Die im Hypothalamus gebildeteten **Steuerhormone** (S. 1130), z. B. **Liberine**, **Statine**, werden hauptsächlich in den kleinen Zellen des **Ncl. periventricularis** synthetisiert, die diffus unter dem Ependym des III. Hirnventrikels verteilt sind, sowie im kleinzelligen Anteil des **Ncl. paraventricularis** und den kleinen Zellen des **Ncl. arcuatus** (S. 1130). Weitere Syntheseorte sind die Ncll. ventromedialis, dorsomedialis und suprachiasmaticus.
Die Hormone erreichen dann über den axonalen Transport in den Axonen der Neurone das **Infundibulum** des Hypopyhsenstiels mit der **Eminentia mediana**.
In der Eminentia mediana (S. 1169) beginnt das **Pfortadersystem** der Hypophyse, das von der **Arteria hypophysialis superior** (ebenfalls ein Ast der A. carotis interna) gespeist wird. Die Steuerhormone werden in die Kapillaren der Eminentia mediana (**erstes Kapillarbett**) aufgenommen und auf venösem Weg in den HVL transportiert. Dort liegt das **zweite Kapillarbett des Pfortadersystems**; die Steuerhormone treten hier durch die Kapillarwand und beeinflussen die Synthese der HVL-Hormone.
Eine Aufstellung der wichtigsten Hormone von Hypothalamus und HVL findet sich in Abb. **N-2.56**. Unter den Hormonen des HVL gibt es **Effektorhormone** wie das Wachstumshormon (somatotropes Hormon = STH bzw. growth hormone = GH), Prolaktin und Melanotropin (melanozytenstimulierendes Hormon = α-MSH), wobei das Letztere auch in der Pars intermedia adenohypophysis, einem schmalen, dem Hypophysenhinterlappen anliegenden Anteil des Hypophysenvorderlappens produziert wird. Die anderen Hormone wirken wiederum auf endokrine Organe und steigern in ihnen die Synthese von Hormonen (sog. **glandotrope Hormone**).
Der Syntheseort des Wachstumshormons und des Prolaktins sind die **azidophilen Zellen** der Adenohypophyse, während die anderen Hormone von **basophilen Zellen** gebildet werden. Die **chromophoben Zellen** werden als Vorstufe der beiden anderen Zelltypen angesehen.

Die **Steuerhormone (Liberine, Statine)** für die **Adenohypophyse** (HVL) werden vorwiegend in Zellen der Ncll. dorso- und ventromedialis, **peri**ventricularis, **para**ventricularis und arcuatus gebildet. Die Hormone erreichen per axonalen Transport den Beginn des Hypopyhsenstiels mit der **Eminentia mediana**.

Dort beginnt mit der A. hypophysialis sup. das **Pfortadersystem** der Hypophyse. Die Steuerhormone werden mit dem Blut in den HVL transportiert, dort freigesetzt und beeinflussen die Synthese und Freisetzung der Hormone im HVL.

Im HVL werden neben **Effektorhormonen**, die direkt auf das Zielorgan wirken (z. B. Wachstumshormon und Prolaktin) auch **glandotrope Hormone** gebildet, die in anderen endokrinen Drüsen die Hormonsynthese steigern (z. B. adrenokortikotropes Hormon und thyroideastimulierendes Hormon, Abb. **N-2.56**).

Die meisten HVL-Hormone werden in **basophilen** Zellen produziert, nur Prolaktin und Wachstumshormon in **azidophilen**.

N-2.56 Hormone von Hypothalamus und Hypophysenvorderlappen

Hormon des Hypothalamus	Hormon des HVL	Zielorgan und Wirkung des HVL-Hormons
TRH (Thyreotropin releasing hormone, **Thyroliberin**) →	**TSH** (Thyroid stimulating hormone, thyreotropes Hormon, Thyreotropin)	**Schilddrüse:** • Regulation der Schilddrüsenfunktion (Hormonbiosynthese und -sekretion, Jodeinbau) • Stimulation des Wachstums der Schilddrüsenfollikel • Förderung der Gehirnentwicklung
GnRH (Gonadotropin releasing hormone, **Gonadoliberin**). Mehrere Typen: Luliberin für LH, Folliliberin für FSH →	gonadotrope Hormone: • **LH** (luteinisierendes Hormon, **Lutropin**) • **FSH** (follikelstimulierendes Hormon, **Follitropin**)	**Ovar bzw. Hoden:** • Wachstumstimulation der Keimdrüsen und Steuerung ihrer endokrinen Funktionen • LH: bei der Frau Ovulation und Gelbkörperbildung, beim Mann Stimulation der Hodenzwischenzellen (→Testosteronbildung), bei beiden Progesteronbildung. Wegen der Wirkung beim Mann früher „interstitial cell stimulating hormone" (ICSH) genannt. • FSH: bei der Frau Follikelreifung und Östrogenbildung, beim Mann Spermatogenese
CRH (Corticotropin releasing hormone, **Kortikoliberin**) →	**ACTH** (adrenokortikotropes Hormon, Kortikotropin)	**Nebenniere:** • Synthese und Ausschüttung der Nebennierenrindenhormone (Mineralokortikosteroide, Glukokortikoide, Androgene)
→	Melanozytenstimulierendes Hormon* (α-MSH, α-Melanotropin)	**Melanozyten der Haut:** • Synthese von Melanin
→	β-Endorphin*	**Nervenzellen:** • bindet an Opioid-Rezeptoren
GHRH (Growth hormone releasing hormone, **Somatoliberin**) →	**STH** (somatotropes Hormon, Somatotropin oder **GH** = growth hormone)	**Wachstumsfuge der Knochen:** • Längenwachstum des Knochens
PIH (Prolactin release-inhibiting hormone (Prolaktostatin; als Molekül identisch mit **Dopamin**) →	**PRL** (Prolaktin)	**Brustdrüse:** • PRL stimuliert Wachstum der Gl. mammaria und die Milchsekretion

*MSH und Endorphin werden zu den adrenokortikotropen Hormonen gerechnet, weil sie aus einem gemeinsamen Vorläufermolekül entstehen, dem Pro-Opio-Melanocortin (POMC).

Details zur Schilddrüse siehe Aufbau der Schilddrüse (S. 932).

▶ **Merke.**

▶ **Merke.** In den verschiedenen hormonproduzierenden Zelltypen des HVL sind mit speziellen Färbemethoden Hormongranula nachweisbar, die unter Einfluss der hypothalamischen Steuerhormone in die Kapillaren der Adenohypophyse freigesetzt (oder zurückgehalten) werden.

▶ **Klinik.** Es gibt Hypophysentumoren, die nur die STH produzierenden Zellen betreffen und mit vermehrter Synthese von STH verbunden sind. Das gesteigerte Längenwachstum führt beim Jugendlichen (wenn die Wachstumsfugen noch offen sind) zum Riesenwuchs. Tritt der Tumor bei Erwachsenen auf, ist die **Akromegalie** (S. 1252) die Folge: Ein verstärktes Wachstum der Akren, das sich z. B. in vergrößerter Nase, Kinn, Supraorbitalwulst und Jochbeinen äußert.

N-2.57 Patient mit Akromegalie

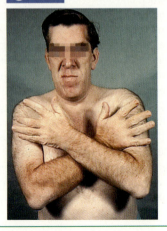

Klinischer Fall: Gewichtszunahme und Erschöpfung

14:30

Annemarie Hartmann, 45 Jahre, kommt zum Hausarzt.
A.H.: Ich weiß gar nicht mehr genau, wann das angefangen hat, also ein halbes Jahr geht das jetzt bestimmt schon so: Ich hab total zugenommen, 8 Kilo insgesamt. Hab einfach immer Hunger. Besonders mein Bauch ist richtig dick geworden. Und dann diese Streifen, schlimmer als nach einer Schwangerschaft... Mein Gesicht ist auch ganz rund geworden. Außerdem bin ich immer so erschöpft und schlafen kann ich auch nicht mehr richtig. Bin langsam richtig down...

14:45
Körperliche Untersuchung
Ich untersuche die Patientin. Sie ist übergewichtig (162 cm, 74 kg). Ihr Gesicht wirkt aufgedunsen, auf der Oberlippe erkenne ich den Ansatz eines Schnurrbarts. Die Gesichtshaut ist unrein. Am kräftigen Bauch fallen violette Striae distensae auf. Im Vergleich zum Rumpf scheinen Arme und Beine recht dünn.
Der Blutdruck beträgt 165/100 mmHg (normal < 130/85), Herzfrequenz und Temperatur sind normal.

14:55
Blutabnahme und Terminvereinbarung
Ich denke an ein Cushing-Syndrom und ordne eine 24h-Blutdruckmessung an. Am nächsten Morgen soll Frau H. nüchtern zur Blutabnahme kommen.

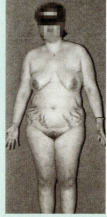

Patientin mit Cushing-Syndrom (aus Hellmich, B.: Fallbuch Innere Medizin. 2. Aufl., Thieme, 2005)

Nach 3 Tagen, 15:00
Die Laborwerte sind da
(Normwerte in Klammern)
• Nüchternblutzucker 128 mg/dl (60–100 mg/dl)
• Cholesterin 289 mg/dl (< 200 mg/dl), Triglyzeride 179 mg/dl (normal < 150 mg/dl)

15:10
24h-Blutdruckmessung
Die 24h-Blutdruckmessung zeigt eine Hypertonie mit Spitzenwerten von 190/110 mmHg. Auch die erhöhten Blutfettwerte und der erhöhte Blutzucker erhärten meinen Verdacht auf ein Cushing-Syndrom. Daher weise ich Frau H. ins Krankenhaus ein.

Einige Tage später
Weitere Laboruntersuchungen im Krankenhaus
Im 24-Stunden-Urin ist das freie Kortisol deutlich erhöht. Da das ACTH im Plasma bei 96 ng/l (normal 9–52 ng/l) liegt, veranlassen die Kollegen eine Kernspintomografie (MRT) des Gehirns.

Nach 2 Tagen
Der Befund des MRT ist da
Die Kollegen der Radiologie haben die Ursache der Beschwerden gefunden: im Hypophysenvorderlappen befindet sich eine etwa 1 cm große, glatt abgrenzbare, homogene Raumforderung. Der Befund passt zu einem Mikroadenom. Der übrige Befund des Gehirns ist unauffällig.

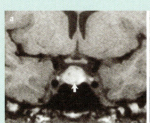

ACTH-produzierendes Mikroadenom der Hypophyse im MRT coronar (a) und sagittal (b) (aus Reiser, M., Kuhn, F.P., Debus, J.: Duale Reihe Radiologie. 2. Aufl., Thieme, 2006)

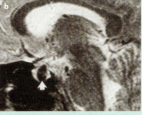

Nach weiteren 2 Tagen
Frau H. wird operiert
Über einen transsphenoidalen Zugang wird das Mikroadenom entfernt. Die Operation verläuft ohne Komplikationen.

Am gleichen Tag
Befundbesprechung und Verlegung auf die Neurochirurgie
Nachdem Frau H. über die Befunde informiert wurde, entschließt sie sich zur Operation.

Nach 6 Tagen
Frau H. wird entlassen
Nach 6 Tagen auf der Neurochirurgie wird Frau H. nach Hause entlassen. Sämtliche Symptome bilden sich in den nächsten Wochen zurück.

Fragen mit anatomischem Schwerpunkt

1. Aus welchem Grund entscheiden sich die Chirurgen bei Frau Hartmann für die transsphenoidale Adenomentfernung?
2. Wie erklären Sie sich folgende Symptome einer Patientin kurz nach transsphenoidaler Adenomektomie: häufiges Wasserlassen (Polyurie) von bis zu 12 Liter/Tag, starker Durst mit häufigem Trinken (Polydipsie) und fehlende Konzentrationsfähigkeit des Urins (Asthenurie).
3. Wie kann man zwischen zentralem und renalem Diabetes insipidus unterscheiden?
4. Ca. 15 % der ACTH-produzierenden Hypophysenadenome sind Makroadenome mit einem Durchmesser > 10 mm, die auch nach suprasellär wachsen können. Zu welchen Komplikationen kann es dabei aufgrund der anatomischen Gegebenheiten kommen?

ⓘ Antwortkommentare im Anhang

2.6 Funktionskreise der Formatio reticularis

Die Formatio reticularis = FR (S. 1109) ist ein bedeutendes **Integrationszentrum**, das für eine Reihe von teils lebenswichtigen Vorgängen (z. B. Wachheitsgrad, Atmung, Kreislauf, Schlaf-Wach-Zyklus) verantwortlich ist, die die gleichzeitige Verarbeitung von Informationen aus vielen unterschiedlichen sensorischen und vegetativen Systemen erfordern. Es besteht aus einem Netzwerk von Kernen und Bahnen, das sich hauptsächlich vom Mesenzephalon bis zur Medulla oblongata erstreckt (vgl. Abb. N-1.11). Auch im Rückenmark findet sich lateral der Lamina V des Hinterhorns ein Teil dieses Systems.

▶ Merke. Die Formatio reticularis ist besonders bei komplizierten übergeordneten Funktionen des ZNS (Wachheitsgrad, Atmung, Kreislauf, Schlaf-Wach-Zyklus) beteiligt, die **unwillkürlich** ablaufen.

2.6.1 Beeinflussung der Bewusstseinslage

Die Aktivität in den aszendierenden Wegen von der FR zum Großhirn ist für den **Wachheitsgrad** (**Vigilanz**) entscheidend. Dementsprechend kann durch experimentelle Reizung der FR eine **Weckreaktion** ausgelöst werden. Dieser Teil der FR wird daher auch „**aszendierendes retikuläres aktivierendes System** (**ARAS**)" genannt.
Der noradrenerge **Ncl. (locus)caeruleus** (S. 1113) ist einer der Kerne, die an dieser Funktion beteiligt sind. Auch an der Steuerung des **Schlaf-Wach-Rhythmus** ist dieses Teilsystem beteiligt.

▶ Klinik. Eine Schädigung des aszendierenden aktivierenden Teils der Formatio reticularis (ARAS), z. B. durch einen Tumor oder eine zentralnervöse Blutung, führt zu Störungen des Bewusstseins bis zur Bewusstlosigkeit.

2.6.2 Beeinflussung motorischer Funktionen

Beeinflussung der Spinal- und Hirnnervenmotorik: Über den **Tractus reticulospinalis lateralis** und **anterior** werden vorwiegend die spinalen γ-Motoneurone angesteuert, wobei die Einflüsse hemmend oder erregend sein können. Die erregenden Effekte sind wahrscheinlich an der Erhaltung einer aufrechten **Körperhaltung** und des **Gleichgewichts** beteiligt.

▶ Klinik. Die Ausschaltung der hemmenden Einflüsse der Tractus reticulospinales ist wahrscheinlich für die **spastische Natur** der motorischen Lähmung nach einer Verletzung des 1. motorischen Neurons verantwortlich. Pyramidenbahn und Tractus reticulospinales sind teils so eng benachbart, dass eine Verletzung der Pyramidenbahn meist auch die Tractus reticulospinales betrifft.

Die Koordination der Aktivität der Augenmuskeln mit denen der Kopf- und Halsmuskeln erfolgt mit Hilfe der FR über den **Fasciculus longitudinalis medialis**, der alle diese Kerne miteinander verbindet. Am rostralen Ursprung der Bahn liegt der **Nucleus interstitialis** (**Cajal**).

Beeinflussung motorischer Funktionen bei der Nahrungsaufnahme: Die über Geruchs- oder Geschmackssignale ausgelöste **reflektorische Speichelsekretion** wird über die FR vermittelt und verläuft über den vagalen **Ncl. salivatorius superior** und **inferior**. Da die FR auch Kollateralen aus dem Sympathikus erhält, kann man die unter Stress auftretende Mundtrockenheit ebenfalls über diese Verbindungen erklären. Auch andere Funktionen, die mit der Nahrungsaufnahme zusammenhängen (z. B. Kauen, Lecken, Saugen), werden von der FR kontrolliert. Darüber hinaus lässt sich ein **Schluckzentrum** abgrenzen, das den komplizieren Vorgang des Schluckens steuert.

2.6.3 Beeinflussung von Kreislauf und Atmung

Diese Funktionen werden von den kaudalen Bereichen der FR in der Medulla oblongata wahrgenommen (vgl. Abb. **N-1.11**). Hier liegen Neuronenpopulationen, die Afferenzen von den Pressorezeptoren über den IX. und X. Hirnnerv erhalten und über den N. vagus eine Pulsverlangsamung bewirken können (sog. **Kreislaufzentrum**). In derselben Region ist ein **Inspirationszentrum** und davon getrennt ein **Exspirationszentrum** identifizierbar (Abb. **N-2.58**). Das sog. **pneumotaktische Zentrum** liegt rostral von diesen Zentren und integriert Kreislauf- mit Atmungsfunktionen.

2.6.3 Beeinflussung von Kreislauf und Atmung

Die Steuerung von Atmung und Kreislauf wird von den kaudalen Bereichen der FR in der dorsalen Medulla oblongata wahrgenommen (Abb. **N-1.11**). Hier sind **Inspirations-**, **Exspirations-** und **Kreislaufzentrum** lokalisiert (Abb. **N-2.58**).

N-2.58 Atem- und Kreislaufzentrum in der Formatio reticularis

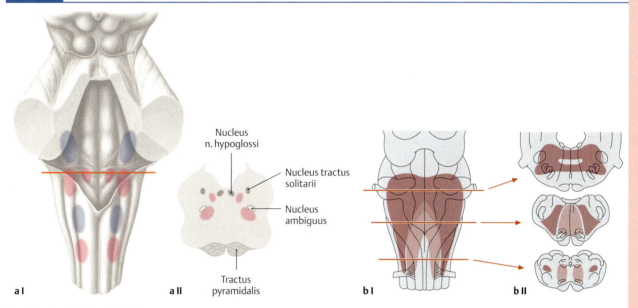

(Prometheus LernAtlas. Thieme, 2. Aufl.)

a Atemzentrum der FR in der Ansicht von dorsal nach Entfernung des Kleinhirns (**I**) sowie im Querschnitt (**II**, Höhe aus **I** ersichtlich) mit farblicher Unterscheidung der inspiratorischen (rot) und exspiratorischen (blau) Neuronengruppe.

b Kreislaufzentrum in der Formatio reticularis der Katze in der Ansicht von dorsal (**I**) und auf drei Querschnitten (**II**, Höhe aus **I** ersichtlich). Bei elektrischer Reizung der dunkelrot dargestellten Bereiche erfolgt ein Blutdruckanstieg, bei Reizung der hellroten Gebiete ein Blutdruckabfall (sog. Depressorzentrum). (nach Kahle)

2.7 Cholinerges und monaminerges System

▶ **Definition.** In diesen Systemen werden verschiedene Neuronengruppen zusammengefasst, von denen jede einen **bestimmten Transmitter**, z. B. Acetylcholin oder ein Monoamin (S. 1257), verwenden.

Diese Einteilung deckt sich nur teilweise mit funktionellen oder morphologischen Merkmalen (z. B. Vorkommen in bestimmten Kernen). Eine allgemeine Funktion für die einzelnen Zellgruppen lässt sich daher nicht angeben.
Die meisten der genannten Zellgruppen liegen im **Tegmentum** des Hirnstamms, nur die dopaminergen finden sich auch im **Hypothalamus** und **Telenzephalon**.
Viele der hierher gehörenden Kerne sind gleichzeitig Teil der Formatio reticularis (S. 1109), s. auch Abb. **N-2.59**.

2.7 Cholinerges und monaminerges System

▶ **Definition.**

Die Zellen liegen v. a. im **Tegmentum** des Hirnstamms, nur dopaminerge finden sich auch im Hypothalamus und Telenzephalon.

2.7.1 Cholinerge Gruppen

Die zu diesen Gruppen (**Ch1–Ch6**) gehörenden Zellen lassen sich histochemisch dadurch identifizieren, dass ihre Somata das Enzym **Cholinacetyltransferase** (**ChAT**) aufweisen. Im Gebiet des Hirnstamms kommen cholinerge Zellen in den **somatomotorischen** und **viszeromotorischen Hirnnervenkernen** vor, die ja bekanntermaßen Acetylcholin (ACh) als Transmitter verwenden.
Viele cholinerge Gruppen finden sich im basalen Telenzephalon. Besonders wichtig ist der **Nucleus basalis** (**Meynert, Ch4**), der umfangreiche Projektionen in das **limbische System** und den **gesamten Kortex** schickt. Er liegt im rostral-basalen Telenzephalon zwischen Globus pallidus und Corpus amygdaloideum.

2.7.1 Cholinerge Gruppen

Ihre Somata besitzen das Enzym Cholinacetyltransferase (**ChAT**). Der **Ncl. basalis** (Meynert) im basalen Telenzephalon ist eine wichtige Quelle für die cholinerge Innervation des gesamten Kortex.

N-2.59 Cholinerge und monaminerge Zellgruppen innerhalb der Formatio reticularis

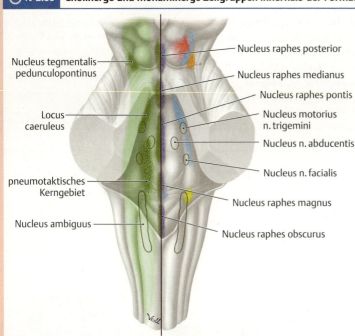

Exemplarische Darstellung einiger Kerngebiete (linke Bildseite) und Neurotransmitter (rechte Bildseite) der Formatio reticularis. Ansicht des Hirnstamms von dorsal nach Entfernung des Kleinhirns.
Rot = Acetylcholin, dunkelblau = Serotonin, hellblau = Noradrenalin, orange = Dopamin, gelb = Adrenalin.
Nicht immer deckt sich die funktionelle Bedeutung von Kerngebieten mit deren Zusammenfassung als Gruppe wegen Verwendung des gleichen Transmitters. So spielen z. B. sowohl der noradrenerge Locus caeruleus als auch die serotonergen Nuclei raphes u. a. eine Rolle im Rahmen des deszendierenden schmerzhemmenden Systems (S. 1214).
(Prometheus LernAtlas. Thieme, 3. Aufl.)

▶ Klinik. Degeneration des **Ncl. basalis** (Meynert) und der daraus resultierende Mangel an Acetylcholin im Vorderhirn wird als eine der Ursachen der **Alzheimer-Demenz** angesehen. Dabei handelt es sich um eine neurodegenerative Erkrankung, die zu einer makroskopisch erkennbaren Hirnatrophie mit schmalen Gyri und breiten Sulci führt (s. **Abb. K236**). Bei der Symptomatik stehen Störungen des Gedächtnisses und der Orientierung, später auch Persönlichkeitsveränderungen im Vordergrund. Zur Therapie werden u. a. Acetylcholinesterase-Hemmer eingesetzt um die ACh-Konzentration im synaptischen Spalt zu erhöhen.

Weitere Ursachen für die Alzheimer-Demenz sind Ansammlungen von Amyloid-Peptiden und τ-Proteinen, die zum Untergang von Neuronen führen.

N-2.60 Kortikale Veränderungen bei Morbus Alzheimer

a Im pathologischen Präparat sieht man deutlich die atrophischen Gyri mit Verbreiterung der Sulci.
b Hervorgerufen durch die meist im medialen Temporallappen beginnende Atrophie erscheinen im MRT-Bild eines Alzheimer-Patienten die äußeren und inneren Liquorräume erweitert (**I**), wenn man sie mit der Aufnahme eines Gesunden vergleicht (**II**). Der Hippocampus zeigt ebenfalls eine deutliche Atrophie (**I**), durch die die Gedächtnisstörung erklärt werden kann. (Braus, D.F.: Ein Blick ins Gehirn. Thieme, 2010)

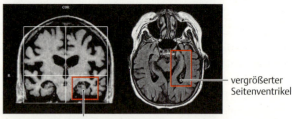

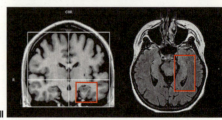

2.7.2 Monaminerge Gruppen

▶ **Definition.** **Katecholamine** (Noradrenalin, Adrenalin und Dopamin) und **Serotonin** bilden zusammen die Monoamine.

Neurone, die Noradrenalin oder Dopamin synthetisieren, bilden gleichzeitig **Neuromelanin** und sind daher an ihrer **dunklen Färbung** zu erkennen. Beispiele sind die **Substantia nigra** (Dopamin) und der **Locus caeruleus** (Noradrenalin).
Die meisten der genannten Zellgruppen liegen im **Tegmentum** des Hirnstamms, nur die dopaminergen finden sich auch im **Hypothalamus** und **Telenzephalon**.
Die monoaminergen Zellgruppen sind mit Buchstaben benannt und von kaudal nach kranial nummeriert:

- **A1–A7:** noradrenerge Gruppen,
- **A8–A15:** dopaminerge Gruppen,
- **B1–B9:** serotonerge Gruppen und
- **C1–C3:** adrenerge Gruppen.

Aus Platzgründen werden von allen Gruppen nur einige Beispiele besprochen.

Noradrenerge Gruppen

Der bedeutendste Kern dieser Gruppe ist **A6,** der als **Locus caeruleus** bläulich durch den rostro-lateralen Boden der Rautengrube (S. 1104) hindurchschimmert. Die **Efferenzen** dieses Kerns erreichen u. a. den gesamten Neokortex, das limbische System und das Zerebellum. Die absteigenden noradrenergen Efferenzen des Locus caeruleus sind u. a. Teil des deszendierenden schmerzhemmenden Systems.
Neben diesen eher **diffusen Projektionen** gibt es auch **spezifische**: So erreichen die Efferenzen der Gruppe **A1** nur die magnozellulären Anteile der Ncll. paraventricularis und supraopticus.
Die noradrenergen Projektionen zum **Kortex** ziehen durch den **Tractus tegmentalis centralis** (zentrale Haubenbahn) in den **Fasciculus telencephalicus medialis** (mediales Vorderhirnbündel) und erhöhen die Erregbarkeit der kortikalen Neurone, was zu einer Steigerung der **Aufmerksamkeit** führt.

▶ **Klinik.** Neben der Degeneration des Ncl. basalis (Meynert, s. o.) ist auch der Untergang von Zellen im Locus caeruleus mit nachfolgendem Noradrenalinmangel im Kortex an der Entstehung der **Alzheimer-Demenz** beteiligt.

Dopaminerge Gruppen

Die **Hauptfunktion** der dopaminergen Gruppen scheint die **Steuerung der Motorik** zu sein, aber auch kognitive Leistungen des präfrontalen Kortex werden durch diese Zellen beeinflusst. Zu den kortikalen Effekten gehört auch das Erzeugen von **Wohlgefühl**, sodass Reize und Situationen, die im Kortex Dopamin freisetzen, gezielt herbeigeführt werden, sog. Belohnungssystem; s. Ncl. accumbens (S. 1248). Dazu gehören auch **Drogen**, von denen viele die Konzentration von Dopamin in Synapsen des präfrontalen Kortex erhöhen (Dopamin als **Suchtfaktor**).
Die Gruppe **A9** ist identisch mit der **Pars compacta der Substantia nigra** (S. 1115), die das Striatum mit dopaminergen Fasern innerviert. A11–A14 liegen im **Hypothalamus**, die Gruppe **A12** im Ncl. arcuatus. Auch andere Gruppen decken sich mit hypothalamischen Kernen: **A14** ist Teil der Ncll. periventricularis, paraventricularis und supraopticus (S. 1130). In Bezug auf die Lokalisation ist die Gruppe **A15** eine Ausnahme, sie liegt in den periglomerulären Zellen des **Bulbus olfactorius**.
Die dopaminergen Zellen von **A12** im Ncl. arcuatus projizieren wie die hormonbildenden in den Tractus hypothalamo-infundibularis zur Eminentia mediana (S. 1169) und sollen die prolaktinsezernierenden Zellen des HVL hemmen.

Serotonerge Gruppen

Die wichtigste Lokalisation der Zellen sind die **Raphekerne** des Hirnstamms, die ihren Namen von ihrer Lage dicht an der Mittellinie (Naht oder Raphe) von Mesenzephalon, Pons und Medulla oblongata haben. Teilweise stehen sie in enger Beziehung zur Formatio reticularis (Abb. **N-2.59**).

2.7.2 Monaminerge Gruppen

▶ **Definition.**

Das zur dunklen Färbung führende **Neuromelanin** wird gleichzeitig mit Dopamin (z. B. in der **Substantia nigra**) und Noradrenalin (z. B. **Locus caeruleus**) gebildet. Die Zellen liegen v. a. in der Haube des Hirnstamms, nur dopaminerge finden sich auch im Hypothalamus und Telenzephalon.
Monoaminerge Zellgruppen sind mit Buchstaben benannt und von kaudal nach kranial nummeriert.

Noradrenerge Gruppen

Der wichtigste Kern dieser Gruppe ist der **Locus caeruleus**. Er projiziert diffus auf den Neokortex, das limbische System und das Zerebellum.
Die kortikalen Projektionen erhöhen wahrscheinlich die Aufmerksamkeit.

▶ **Klinik.**

Dopaminerge Gruppen

Die **Hauptfunktion** der dopaminergen Gruppen scheint die **Steuerung der Motorik** zu sein. Eine weitere Funktion im präfrontalen Kortex ist die Auslösung von Wohlgefühl („Belohnungssystem").

Die Gruppe A9 ist identisch mit der Pars compacta der Substantia nigra. A11–A14 liegen im Hypothalamus und sind oft Teile der hier liegenden Kerne. A15 ist die einzige Gruppe mit Lokalisation im Telenzephalon (Bulbus olfactorius).

Serotonerge Gruppen

Die wichtigste Lokalisation der Zellen sind die **Raphekerne** des Hirnstamms, die dicht an der Mittellinie (Raphe) liegen (Abb. **N-2.59**).

Die Gruppe B3 im **Ncl. raphes magnus** enthält einen großen Teil der serotonergen Neurone des **deszendierenden schmerzhemmenden Systems**.

Hervorzuheben ist die **Gruppe B3** im **Ncl. raphes magnus**, die einen großen Teil der serotonergen Neurone des **deszendierenden schmerzhemmenden Systems** (S. 1214) stellen. Die Efferenzen ziehen im Hinterseitenstrang über die gesamte Länge des Rückenmarks nach kaudal und hemmen die nozizeptiven spinothalamischen Neurone durch Freisetzung von Serotonin.

Adrenerge Gruppe

Die deszendierenden Efferenzen dieser Gruppe haben eine wichtige Funktion bei der **Kontrolle der sympathischen Aktivität**.

Adrenerge Gruppe

Die Gruppe C 2 liegt im Ncl. solitarius und Ncl. dorsalis nervi vagi. Die deszendierenden Efferenzen dieser Gruppe haben eine **wichtige Funktion bei der Kontrolle der sympathischen Aktivität**; sie projizieren auf die präganglionären Zellen des thorakolumbalen Ursprungskerns des Sympathikus (Ncl. intermediolateralis).

2.8 Höhere integrative Funktionen

2.8.1 Lernen und Gedächtnis

2.8 Höhere integrative Funktionen

2.8.1 Lernen und Gedächtnis

▶ **Definition.**

▶ **Definition.** **Lernen** in seiner allgemeinen neurobiologischen Definition bedeutet, dass durch Benutzung die Funktion von Neuronen verändert wird.
Das Ergebnis eines Lernvorgangs ist das **Speichern eines Gedächtnisinhalts**, d. h. das Speichern von Information in einer Form, die bei Bedarf abrufbar ist. Das Abrufen entspricht dem **Erinnern**.

▶ **Merke.**

▶ **Merke.** Jedem Lernvorgang liegen **neuroplastische Eigenschaften** (S. 205) zugrunde, die jede Nervenzelle besitzt.

Das **Anlegen** einer vorläufigen Gedächtnisspur erfolgt wahrscheinlich im **Hippocampus**, die **Speicherung** in großen Gebieten des Großhirns außerhalb des Hippocampus.

Das **Anlegen** einer vorläufigen Gedächtnisspur (**Enkodierung**) erfolgt wahrscheinlich im **Hippocampus** (S. 1246), die **Speicherung** in großen Gebieten des Großhirns außerhalb des Hippocampus.
Der Überlebenswert eines Gedächtnisses besteht darin, dass erlebte Erfolge wiederholt und Misserfolge vermieden werden können. Dies gilt natürlich besonders in einer lebensfeindlichen Umwelt.

Formen des Gedächtnisses

Nach der **Dauer der Speicherung** werden folgende Gedächtnisformen unterschieden (Abb. **N-2.61**):
- sensorisches,
- Kurzzeit- und
- Langzeitgedächtnis mit
  - deklarativem (explizitem) und
  - nicht deklarativem (implizitem) Gedächtnis.

Formen des Gedächtnisses

Ständig strömt eine enorme Informationsmenge auf den Menschen ein. Nimmt man an, dass das visuelle System bei einmaligem Umherblicken etwa 10 hochaufgelöste farbige Bilder aufnimmt, so kommt man allein für die visuelle Information auf einen Datenfluss von grob geschätzt 200 MB/sec. Es ist unmöglich und für den Organismus unsinnig, solche Datenmengen zu speichern.
Nach der **Dauer der Speicherung** können folgende Gedächtnisformen unterschieden werden (Abb. **N-2.61**):
- sensorisches Gedächtnis,
- Kurzzeitgedächtnis und
- Langzeitgedächtnis, innerhalb dessen nach **Art der gespeicherten Information** wiederum das
  - deklarative (explizite) dem
  - nicht deklarativen (impliziten) Gedächtnis gegenübergestellt werden kann.

⊙ **N-2.61** Gedächtnisformen

Einteilung der Gedächtnisformen nach Dauer der Speicherung.

Sensorisches Gedächtnis

Vor dem Anlegen einer Gedächtnisspur muss eine **Selektion** der relevanten Sinnesinformation vorgenommen werden. Für diesen Zweck bleibt die Information für eine kurze Zeit (weniger als 1 Sekunde) nach dem Ende des Sinnesreizes in einem großen Speicher präsent. Diese erste Form des Gedächtnisses ist das **sensorische Gedächtnis**. Wichtige Informationen werden selektiert und in das Kurzzeitgedächtnis transferiert (Vorgang der **Enkodierung**). Nicht selektierte Informationen erreichen die für Gedächtnisprozesse wichtigen Stationen nicht und werden durch neu eintreffende sensorische Informationen überschrieben.

Kurzzeitgedächtnis

Die extrahierte Information wird in das sekundäre oder **Kurzzeitgedächtnis** transferiert, in dem die Daten für einige Sekunden abrufbar sind.
Dies ist das Gedächtnis, in dem z. B. eine eben gehörte Telefonnummer gespeichert wird, bevor man einen Zettel findet, um sie aufzuschreiben. Wird man allerdings in dieser Zeit abgelenkt, ist die Nummer aus dem Gedächtnis verschwunden.

Langzeitgedächtnis

Wiederholen ist der wichtigste Aspekt eines jeden Lernvorgangs. Durch Wiederholen können die Daten aus dem Kurzzeitgedächtnis in das Langzeitgedächtnis überführt werden. Darüber hinaus werden durch Wiederholung („Üben") Gedächtnisinhalte innerhalb des Langzeitgedächtnisses **konsolidiert** und für Tage bis Jahre gespeichert. Das **Langzeitgedächtnis** ist der Ort, in dem man nach Daten sucht, die man neu gelernt hat. Die Speicherdauer ist für einen Teil der Daten permanent. Dies betrifft besonders wichtige persönliche Informationen, wie z. B. die Namen der nächsten Angehörigen. Sie werden normalerweise nie vergessen. Die Speicherung von Daten im Langzeitgedächtnis ist mit langdauernden **metabolischen** und **strukturellen Veränderungen** der Neurone am Speicherort verbunden (veränderte Genexpression, Synthese von neuen Proteinen und Synapsen; s. u.).

▶ **Klinik.** Unter **retrograder Amnesie** wird der Verlust von noch nicht konsolidierten neuen Informationen verstanden bzw. die Unfähigkeit, diese Daten abzurufen. Ein Beispiel ist die fehlende Erinnerung an die Vorgänge kurz vor dem Unfall bei Patienten mit einer **Gehirnerschütterung**.
Anterograde Amnesie bedeutet, dass keine neuen Daten gespeichert werden können, d. h. eine Überführung der Informationen aus dem Kurzzeit- in das Langzeitgedächtnis findet nicht statt. Dieses Symptom äußert sich z. B. darin, dass Patienten die alte Zeitung immer wieder als neu ansehen und auch das sie betreuende Personal nicht wiedererkennen. Solche Störungen sind nach Verletzungen des medialen Temporallappens (Hippocampus und Umgebung) häufig.

Aus den Läsionen, die zur anterograden Amnesie führen, müsste man eigentlich schließen, dass das sensorische und Kurzzeitgedächtnis im Hippocampus lokalisiert sind. Eine genaue Zuordnung von Gedächtnisfunktionen zu Hirnstrukturen wird allerdings erst beim Langzeitgedächtnis vorgenommen (s. u.). Wegen der starken Vernetzung aller beteiligten Strukturen darf man die Zuordnung aber nicht absolut sehen.
Innerhalb des Langzeitgedächtnisses ergeben sich nach **Art** der gespeicherten Information folgende Gedächtnisformen, denen man bestimmte Strukturen des Großhirns zuordnen kann (Abb. **N-2.62**).

Deklaratives (explizites) Gedächtnis: Diese Gedächtnisform betrifft Fakten über Sachen, Vorgänge, Orte usw. Diese Fakten werden in einem **bewussten Prozess** aufgenommen und reproduziert.
- Das **semantische Gedächtnis** als Unterform speichert Gedächtnisinhalte, die gelesene oder gehörte Fakten betreffen,
- das **episodische Gedächtnis** Personen oder erlebte Situationen.

Als Speicherort für diese Informationen wird der **assoziative Kortex** des Temporallappens sowie Hippocampus und Zwischenhirn angenommen. Für das Speichern visueller Information z. B. ergibt sich damit folgender Weg: Visueller Kortex → Hippocam-

---

Sensorisches Gedächtnis

In diesem Gedächtnis bleibt die Information für eine kurze Zeit (weniger als 1 sec) präsent.

Kurzzeitgedächtnis

Nur wichtige oder interessante Daten werden per Selektion aus dem sensorischen in das Kurzzeitgedächtnis transferiert. Hier verbleibt die Information für einige Sekunden.

Langzeitgedächtnis

Durch Wiederholung werden die Inhalte im Langzeitgedächtnis **konsolidiert** (gefestigt), um dann dauerhaft gespeichert zu werden. Die Speicherung beinhaltet **metabolische** und **strukturelle Veränderungen** an den beteiligten Neuronen.

▶ **Klinik.**

Nach **Art** der gespeicherten Information werden innerhalb des Langzeitgedächtnisses folgende Formen unterschieden (Abb. **N-2.62**).

Deklaratives (explizites) Gedächtnis: Diese Gedächtnisform betrifft Fakten über Sachen, Vorgänge, Orte. Diese Fakten werden in einem **bewussten Prozess** aufgenommen und wiedergegeben.

N-2.62 Langzeitgedächtnis

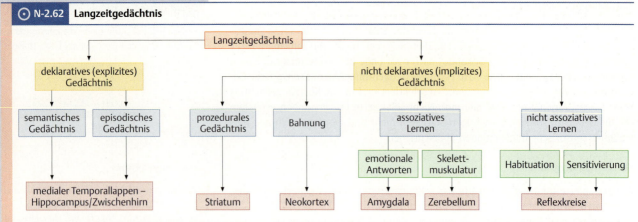

Einteilung des Langzeitgedächtnisses nach Inhalt der gespeicherten Information. Zu beachten ist, dass die meisten Lernvorgänge unbewusst ablaufen, d. h. man gewinnt Kenntnisse und Fähigkeiten, ohne sich bewusst mit dem Gegenstand oder der Tätigkeit befasst zu haben (nicht deklaratives, implizites Gedächtnis).

Nicht deklaratives (implizites) Gedächtnis: Hier sind Gedächtnisinhalte gespeichert, die auf **unbewusste Lernprozesse** zurückgehen wie z. B. motorische Fähigkeiten, Erkennen von und Verhalten in bestimmten Situationen. Man unterscheidet **assoziatives** und **nicht assoziatives** Lernen.
Unter **Bahnung** (**priming**) wird verstanden, dass die Erinnerung an Wörter oder Gegenstände besser ist, wenn man sie vorher schon einmal gesehen hat – auch wenn man sich nicht daran erinnert.

Lernmechanismen

Die **Wiederholung** von zu lernender Information benutzt neuronale Schaltkreise unter Einbeziehung des **Hippocampus** (z. B. Hippocampus, Gyrus parahippocampalis, Regio entorhinalis, Tractus perforans zurück zum Hippocampus). Die Schaffer-Kollateralen sind Teile dieses Kreises.

Allgemein ist die Speicherung von **affektiv gefärbten Inhalten** – Dinge, Sachverhalte oder Situationen, die man eindrucksvoll oder interessant findet – deutlich schneller und nachhaltiger.

pus → assoziativer Kortex. Das Übertragen der Information vom Hippocampus in den Kortex benötigt Zeit, deswegen ist nach Verletzungen des Hippocampus oft auch eine retrograde Amnesie (s. o.) für einen kurzen Zeitraum **vor** dem Trauma vorhanden.

Nicht deklaratives (implizites) Gedächtnis: Hier sind Gedächtnisinhalte gespeichert, die auf **unbewusste Lernprozesse** zurückgehen wie z. B. motorische Fähigkeiten, Erkennen von und Verhalten in bestimmten Situationen. Dies bedeutet, dass man Fähigkeiten erwerben kann, ohne dass ein bewusster Lernvorgang vorausgeht.
- Das **assoziative Lernen** betrifft die Beziehung zwischen mehreren Reizen oder einem Reiz und dem Verhalten (z. B. Bremsen vor einer roten Ampel),
- das **nicht assoziative Lernen** die Reaktion auf einen isolierten Reiz;
- die **Sensitivierung** (verbesserte Durchschaltung von Reflexkreisen) spielt wahrscheinlich beim Erlernen bestimmter Bewegungsformen eine Rolle (bessere Koordination der Muskulatur). **Habituation** bedeutet dagegen u. a., dass in bestimmten Situationen motorische Reflexe immer schwächer werden (z. B. Gewöhnung an sehr heißes oder sehr kaltes Wasser).

Ein interessanter Aspekt dieser Gedächtnisform ist die **Bahnung** (**priming**). Darunter wird verstanden, dass die Erinnerung an Wörter oder Gegenstände besser ist, wenn man sie vorher schon einmal gesehen hat. Die Bahnung funktioniert auch, wenn man sich nicht an den vorhergehenden Anblick des Wortes oder Gegenstandes erinnert.

Lernmechanismen

Wie oben erwähnt, scheint das mehrfache Aktivieren desselben neuronalen Netzwerks durch den Lernprozess – also die Wiederholung – für das Anlegen einer Gedächtnisspur wichtig zu sein. Die an Gedächtnisprozessen beteiligten Hirnstrukturen bieten vielfache Möglichkeiten für das mehrfache Durchlaufen in sich geschlossener Neuronenkreise.

Ein Kreis dieser Art verläuft z. B. zwischen Hippocampus, Gyrus parahippocampalis, Regio (Cortex) entorhinalis, Tractus perforans zurück zum Hippocampus. Die Schaffer-Kollateralen des Hippocampus mit ihrer positiven Rückkopplung zwischen den Pyramiden-Zellen des Cornu ammonis sind Teil dieses Neuronenkreises.

Theoretisch könnte auch der sog. **Papez-Kreis** (S. 1244) im limbischen System eine solche Funktion übernehmen, allerdings wird die Bedeutung dieses Kreises für diese Funktion derzeit als gering eingeschätzt.

Allgemein ist die Speicherung von **affektiv gefärbten Inhalten** deutlich schneller und nachhaltiger. Beispiele sind eine öffentliche Blamage oder die erste Liebesbeziehung, die nie vergessen werden. Für das praktische Lernen im Alltag bedeutet dies, dass man Sachverhalte, die man interessant findet, schneller lernt.

Eine weitere Schleife verläuft vom Hippocampus zum basalen Vorderhirn und weiter über den assoziativen und entorhinalen Kortex zurück zum Hippocampus. Diese Verbindungen werden evtl. für das Abrufen von Gedächtnisinhalten mit Hilfe von Assoziationen benutzt, indem man sich an Situationen oder Personen erinnert, die mit dem Inhalt in Verbindung stehen.

N 2.8 Höhere integrative Funktionen

▶ Exkurs: Langzeitpotenzierung als neuronale Grundlage von Lernprozessen. Unter **Langzeitpotenzierung** (engl.: long term potentiation = **LTP**) versteht man die anhaltende Steigerung der synaptischen Effektivität nach häufiger Benutzung der Synapse. Das Phänomen wird im Hippocampus an den Pyramidenzellen von CA1 (S. 1248) in besonders ausgeprägter Form beobachtet und als Grundlage für **Lernprozesse** angesehen.

Der Vorgang wird durch **Glutamat** als Neurotransmitter nach Bindung an **NMDA-Rezeptoren** ausgelöst.

Mechanismen, die von dem Einstrom von Ca^{2+}-Ionen durch die aktivierten NMDA-Kanäle ausgelöst werden, sind:
- **schnelle Steigerung der Erregbarkeit** durch Aktivierung von Proteinkinasen und dadurch bewirkte Phosphorylierung der AMPA- und anderer Ionen-Kanäle sowie
- **langfristige Änderungen der Erregbarkeit** durch Änderung der Genexpression, Neusynthese von Kanalproteinen und Bildung neuer Synapsen.

Umgekehrt kommt es bei längerem Fehlen von sensorischen Signalen nicht nur zu einer Abnahme der Erregbarkeit, sondern auch zum strukturellen Abbau. So wird bei **sensorischer Deprivation** (z. B. Aufzucht von Tieren im Dunkeln) eine Verminderung der Zahl der Synapsen im visuellen Kortex festgestellt.

LTP kommt auch an anderen Stellen des ZNS wie z. B. an spinalen Zellen der Nozizeption (S. 1209) vor, jedoch nicht so ausgeprägt wie im Hippocampus.

> ▶ Exkurs: Langzeitpotenzierung als neuronale Grundlage von Lernprozessen.

2.8.2 Sprache

Die Sprache ist eine der wenigen Funktionen, durch die sich Mensch und Tier **qualitativ** unterscheiden (neben der Entwicklung einer Kultur und einer technisierten Zivilisation). Die bisher bei höheren Tieren festgestellten Arten der Kommunikation sind zwar geeignet, bestimmte Informationen wie Revieransprüche oder Annäherung eines Raubtiers an die anderen Mitglieder der Gruppe zu vermitteln, aber komplexere abstrakte Zusammenhänge können auf diese Weise nicht ausgedrückt werden.

Zwei Aspekte der Sprachbildung werden meist unterschieden:
- **Phonation:** Darunter wird die Erzeugung eines Grundgeräusches im Larynx verstanden – ein **Geräusch** ist ein regelloses Gemisch von vielen Frequenzen, ein **Klang** besteht aus Grund- und Obertönen in gesetzmäßigem Frequenzverhältnis (z. B. durch ein Musikinstrument erzeugt), ein **Ton** besitzt nur eine Frequenz. Auch ausgebildete Sänger produzieren im physikalischen Sinne Geräusche.
- **Artikulation:** Im sog. **Ansatzrohr** (Rachen und Mundhöhle) wird durch komplexe Bewegungen von Zunge, Lippen und Wangen das im Larynx erzeugte Grundgeräusch modifiziert und in Worte umgesetzt.

Beim Summen einer Melodie liegt reine Phonation vor, beim Flüstern reine Artikulation.

Säuglinge könnten selbst bei vorzeitiger Entwicklung der kortikalen Sprachzentren (s. u.) nicht sprechen, weil ihr Kehlkopf – wie beim Menschenaffen – zu hoch steht. Die Luft aus dem Larynx strömt hauptsächlich in die Nasenhöhle, weil die Epiglottis sich von dorsal an den weichen Gaumen legt. Die Nasenhöhle ist jedoch für eine verständliche Artikulation nicht ausreichend. Die Mundhöhle und die Lippen stehen wegen des Larynxhochstandes für die Artikulation nicht zur Verfügung.

> **2.8.2 Sprache**
>
> Die **Sprache** ist eine der wenigen Funktionen, durch die sich Mensch und Tier **qualitativ** unterscheiden.
>
> Die Sprache hat zwei Grundkomponenten:
> - **Phonation:** Darunter wird die Erzeugung eines Grundgeräusches im Larynx verstanden.
> - **Artikulation:** In Rachen und Mundhöhle wird durch Bewegungen von Zunge, Lippen und Wangen das im Larynx erzeugte Grundgeräusch in Worte umgesetzt.

▶ Klinik. Nach operativer Entfernung des Kehlkopfes, z. B. wegen Larynxkarzinom (S. 925), ist nur noch Artikulation möglich. So können die Patienten mit einem Schallgeber, der außen auf den Mundboden aufgesetzt wird, ein Grundgeräusch erzeugen, das ähnlich wie beim Flüstern durch reine Artikulation in Sprache umgeformt wird.

Eine andere Methode besteht darin, Luft zu schlucken und dann kontrolliert stoßweise aus dem Mund zu entlassen. Die ausströmende Luft kann für die Artikulation verwendet werden (sog. **Ösophagussprache**).

> ▶ Klinik.

Motorisches Sprachzentrum: Das **Broca-Zentrum** (S. 1140) ist der motorische Programmgeber für den primären Motorkortex und unerlässlich für die Koordination der Mundmuskeln während der Artikulation. Auch ohne Broca-Zentrum ist über den Motorkortex allein eine komplizierte Mimik möglich (s. Menschenaffen), aber Sprache kann ohne das Zentrum nicht gebildet werden.

> Das **Broca-Zentrum** (S. 1140) ist der motorische Programmgeber für den primären Motorkortex und unerlässlich für die Koordination der Mundmuskeln während der Artikulation.

Das Broca-Zentrum liegt bei fast allen Menschen auf der linken Seite (sog. **Sprachdominanz** der linken Hemisphäre).

Das Broca-Zentrum liegt bei fast allen Menschen auf der linken Seite (sog. **Sprachdominanz** der linken Hemisphäre). Kommt es vor Abschluss der sog. **Hirnreifung**, d. h. vor der endgültigen Verschaltung der wichtigsten neuronalen Verbindungen im Pubertätsalter, zu einer Verletzung des Broca-Zentrums, so tritt zunächst eine **motorische Aphasie** (S. 1140) ein. Nach einiger Zeit fangen viele Patienten aber wieder an zu sprechen. Die kortikale Bildgebung zeigt das Broca-Zentrum nun auf der rechten Seite. Diese Verlagerung des Broca-Zentrums ist im höheren Lebensalter nicht mehr möglich, da sie weit über die normale Neuroplastizität des adulten Gehirns hinausgeht.

Ohne **Wernicke-Zentrum** (S. 1141) ist ein Sprachverständnis nicht möglich, und als Folge davon ist auch die Artikulation gestört, vgl. auch Wernicke-Zentrum (S. 1232). Die neuronale Verbindung zwischen dem Broca- und Wernicke-Zentrum verläuft über den **Fasciculus arcuatus**, der sich von kaudal dem **Fasciculus longitudinalis superior** anlagert (Abb. **N-2.63**).

Sensorisches Sprachzentrum: Eine verständliche Sprache erfordert nicht nur spezialisierte motorische, sondern auch sensorische Zentren. Ohne **Wernicke-Zentrum** (S. 1232) (sensorisches Sprachzentrum) ist Sprachverständnis nicht möglich und als Folge davon ist auch die Artikulation gestört, denn die eigene Artikulation benötigt eine sensorische Rückkopplung, s. sensorische Aphasie (S. 1141).

Die gegenläufige Verbindung zwischen dem Broca- und Wernicke-Zentrum verläuft über den **Fasciculus arcuatus** der sich von kaudal dem **Fasciculus longitudinalis superior** anlagert (Abb. **N-2.63**).

▶ Klinik.

▶ Klinik. Eine Unterbrechung des Fasciculus arcuatus bewirkt eine **Leitungsaphasie**. Die Patienten können Wörter formulieren und verstehen Sprache, haben aber Defizite bei der spontanen Sprache und beim Wiederholen gesprochener Worte.

Neben den genannten Zentren gibt es noch andere Kortexareale, die an der Sprache beteiligt sind (Abb. **N-2.63**).

Neben den genannten Zentren gibt es noch eine ganze Reihe von anderen Kortexarealen, die an der Sprache beteiligt sind, so z. B. der Gyrus angularis, der für den Entwurf eines komplexen Sprachkonzepts wichtig ist (Abb. **N-2.63**).

N-2.63

N-2.63 Kortikale Sprachzentren

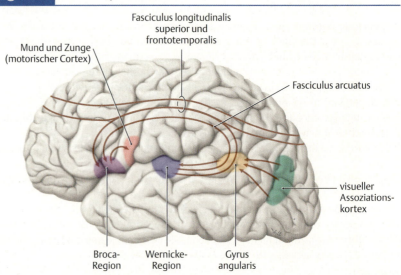

Darstellung der kortikalen Zentren, die direkt oder indirekt für die Sprache von Bedeutung sind und ihre Verbindungen untereinander. Ansicht der normalerweise sprachdominanten linken Hemisphäre von lateral.
(nach Prometheus LernAtlas. Thieme, 3. Aufl.)

Haut und Hautanhangsgebilde

O

Makroskopischer Blick auf die Felderhaut mit Darstellung eines malignomverdächtigen Nävus.

© Australis Photography – fotolia.com

1   **Haut (Integumentum commune)**   1265

2   **Hautanhangsgebilde**   1274

1 Haut (Integumentum commune)

1.1 Definition 1265
1.2 Funktion, Größe und Gewicht der Haut 1265
1.3 Aufbau der Haut 1266
1.4 Gefäßversorgung und Innervation der Haut 1273

D. Reißig, J. Salvetter

1.1 Definition

▶ **Definition.** Die Haut ist eine **dynamische Grenzfläche** zwischen den wechselnden äußeren Bedingungen und dem inneren Zustand des Körpergleichgewichtes, den sie aufrechterhält. Die Haut wird als **Organ** betrachtet, weil sie aus verschiedenen Geweben zusammengesetzt ist, die eine gemeinsame Funktion ausüben. Zusammen mit den Hautanhangsgebilden Haare, Drüsen und Nägel (S. 1274) bildet sie das **Hautsystem**.

1.2 Funktion, Größe und Gewicht der Haut

Funktion: Durch die in der Haut liegenden Rezeptoren, von denen Reize aufgenommen und zum zentralen Nervensystem weitergeleitet werden, spielt sie eine Rolle im Rahmen der **Sinneswahrnehmung**. Daneben werden von der Haut viele Funktionen übernommen, die überwiegend **protektiv** sind. Ihre Hauptfunktionen sind:
- Aufnahme von Sinnesreizen, die im Kortex zur Wahrnehmung von Druck-, Vibrations-, Berührungs-, Schmerz- und Temperaturempfindung führen.
- mechanischer Schutz vor Stößen, Kratzern und Schnitten,
- Schutz vor gefährlichen Chemikalien,
- Schutz vor eindringenden Bakterien,
- wasserdichte Barriere zum Schutz vor Wasserverlust durch die Körperoberfläche,
- Schutz vor gefährlichen Strahlen (z. B. UV-Strahlen, Röntgen-Strahlen, Gamma-Strahlen),
- Isolation gegen Hitze und Kälte, Wärmeregulation,
- Sekretion verschiedener Substanzen, vgl. Hautanhangsgebilde (S. 1274),
- Energiespeicher (Unterhautfettgewebe).

Darüber hinaus bestimmen die Haut und ihre Anhangsgebilde in hohem Maße den ersten Eindruck und somit die soziale Akzeptanz eines Menschen. Durch sie erhält das Gegenüber Informationen über Alter, Gesundheitszustand und Stimmung. Die Haut ist in Einheit mit der mimischen Muskulatur Trägerin der Mimik.
Im ärztlichen Alltag sind u. a. Farbe und Konsistenz der Gesichtshaut für die Diagnose des Allgemeinzustands bedeutsam.
Wie viel „Haut" gezeigt werden kann, bestimmen Klima, Kultur (Religion und Tradition) sowie die ständig wechselnde Mode. Make-up, Tatoos und künstliche Bräunung beeinflussen diesen ersten subjektiven Eindruck entscheidend.

Größe und Gewicht: Die Haut ist das größte Organ des menschlichen Körpers. Beim Erwachsenen nimmt sie eine **Fläche** von 1,4 bis 2,0 m^2 ein, ihr **Gewicht** von 3–4 kg, mit Fettgewebe 10–20 kg, entspricht etwa 15 % des Körpergewichts.
Die **Dicke** der Haut schwankt je nach Körperregion zwischen 1,0 und 2,0 mm.

1.3 Aufbau der Haut

1.3.1 Felder- und Leistenhaut

Die Haut ist für die verschiedenen Körperregionen jeweils spezifisch angepasst, wobei man generell zwischen Felder- und Leistenhaut unterscheidet:

- Die mit Drüsen und Haaren ausgestattete **Felderhaut** bedeckt den größten Teil des Körpers.
- Hand- und Fußflächen tragen dagegen **Leistenhaut**, auf der ein genetisch festgelegtes und für jeden Menschen charakteristisches individuelles Leistenmuster aus Schleifen, Bögen und Wirbeln zu erkennen ist (Fingerabdruck). Die Leistenhaut enthält das Stratum lucidum der Epidermis (S. 1267).

Neben diesen grundsätzlichen Unterschieden kommen aber auch auf relativ engem Raum verschiedene Varianten vor, wie z. B. bei der Gesichtshaut: Unterschiedliche Hautdicke und -verhornung, Behaarungsformen und Nachbarschaftsbezüge bedingen hier große Unterschiede in der Reaktion gegenüber physiologischen und pathologischen Reizen bzw. Belastungen. Zudem ist sie altersabhängig unterschiedlich gut durchblutet und elastisch.

1.3.2 Hautschichten

Die Haut (Integumentum commune) wird in folgende Schichten unterteilt (Tab. **O-1.1** und Abb. **O-1.1**):

- Oberhaut, Syn. **Epidermis** (S. 1267),
- Lederhaut, Syn. **Dermis** (S. 1271) oder **Corium**, bei der unterschieden werden kann zwischen
  - **Stratum papillare**, das zapfenförmig mit der Epidermis verzahnt ist und einem
  - **Stratum reticulare**, eine der Festigkeit dienende Faserschicht.

Epidermis und Dermis werden auch als **Cutis** zusammengefasst und sind durch die Basalmembran (S. 69), sog. **Membrana basalis**, voneinander getrennt. Letztere ist Verankerungspunkt für die Zellen der Epidermis.

- Die Unterhaut (S. 1272), Syn. **Tela subcutanea**, Hypodermis oder **Subcutis**, liegt – wie ihr Name bereits sagt – unterhalb der Cutis und bildet mit ihr eine Funktionseinheit.

▶ **Klinik.** Bei Frühgeborenen ist noch kein isolierendes Unterhautfettgewebe vorhanden, weshalb die Kinder anfälliger sind für eine Unterkühlung (**Hypothermie**). Die Kinder müssen deshalb in temperierten Inkubatoren (sog. Brutkästen) versorgt werden.

☰ O-1.1	Aufbau der Haut in Schichten (von außen nach innen)		
Schichten			**Entwicklung (Embryologie)**
Cutis	**Epidermis** (Oberhaut) ■ Stratum corneum ■ Stratum lucidum ■ Stratum granulosum ■ Stratum spinosum ■ Stratum basale	enthält *keine* Gefäße, aber (freie) Nervenendigungen und Merkel-Zellen!	aus dem **Ektoderm** hervorgehend Zunahme der Dicke während des 2. und 3. Trimenons der Schwangerschaft mit Bildung eines mehrschichtigen verhornenden Plattenepithels
	Membrana basalis (Basalmembran)		
	■ **Dermis** (Lederhaut) ■ Stratum papillare ■ Stratum reticulare	enthält Gefäße und Nerven (s. Tab. **O-1.2**)!	aus dem an das Ektoderm angrenzenden **Mesoderm** hervorgehend
Tela subcutanea (Subcutis) = **Hypodermis**, (Unterhaut)			Entwicklung erst während der letzten Wochen der Schwangerschaft aus dem Mesoderm

O 1.3 Aufbau der Haut

O-1.1 Hautschichten

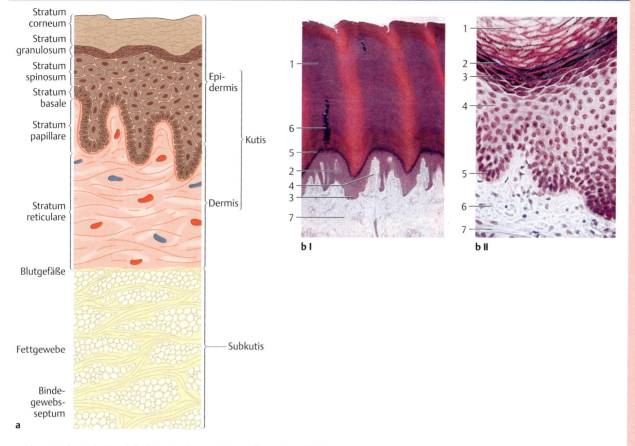

a Schematischer Schnitt durch die Leistenhaut mit Darstellung ihrer Schichten. (Moll, I.: Duale Reihe Dermatologie. Thieme, 2010)
b Histologischer Schnitt durch die Cutis der Leistenhaut in der Übersicht (I = Vergrößerung 12fach, Fußsohle) und stärkerer Vergrößerung (II = 300fach, Finger).
In I: Stratum corneum (1), Stratum germinativum = Stratum basale und Stratum spinosum (2), Epithelzapfen (3), dermale Papillen (4), Stratum granulosum (5), intraepidermaler Ausführungsgang einer Schweißdrüse (6), Stratum papillare der Dermis (7).
In II: Stratum corneum (1), Stratum lucidum (2), Stratum granulosum (3), Stratum spinosum (4), Stratum basale (5), Stratum papillare (6), Stratum reticulare (7). (Kühnel, W.: Taschenatlas Histologie. Thieme, 2014)

Epidermis (Oberhaut)

Die menschliche Epidermis ist ihrer Struktur nach ein **mehrschichtiges verhornendes Plattenepithel** (S. 61). Abhängig von der Dicke der Keratinschicht wird eine dicke und dünne Haut unterschieden.

Keratinozyten und ihre Differenzierung innerhalb der Epidermis

Vorherrschend in der Epidermis sind die epidermalen **Keratinoblasten/Keratinozyten**, die ein proliferierendes und differenzierendes Stammzellsystem bilden. Nach funktionellen und morphologischen Unterschieden dieses Zelltyps unterteilt man die Epidermis in **mehrere Schichten** (Tab. O-1.1 und Abb. O-1.2).

Stratum basale (Basalschicht): Die Keratinozyten dieser untersten, in direktem Kontakt zur Basalmembran stehenden Schicht sind gleichmäßig geformte Zellen mit einer Kern-Plasma-Relation zugunsten des Zellkerns. Sie sind für die Ausbildung der Kontaktstrukturen (Hemidesmosomen) zur Dermis verantwortlich, vgl. Adhäsionskontakte (S. 57). Diese Funktion ist an der Expression von Adhäsionsmolekülen erkennbar. Die Proliferation ist unter physiologischen Bedingungen auf einige undifferenzierte Keratinoblasten (adulte Stammzellen) in der Basalschicht begrenzt. Adulte Stammzellen aus der menschlichen Haut werden für die Herstellung künstlicher Hautäquivalente genutzt. Durch die sog. Reprogrammierung lassen sich aus diesen Stammzellen auch andere Zelltypen gewinnen.

Epidermis (Oberhaut)

Es handelt sich um ein **mehrschichtiges verhornendes Plattenepithel** (S. 61).

Keratinozyten und ihre Differenzierung innerhalb der Epidermis

Die Epidermis besteht aus **mehreren Schichten** (Tab. O-1.1 und Abb. O-1.2).

Stratum basale (Basalschicht): Unterste, in direktem Kontakt zur Basalmembran stehende Zellschicht.

O-1.2 Schichten der Epidermis

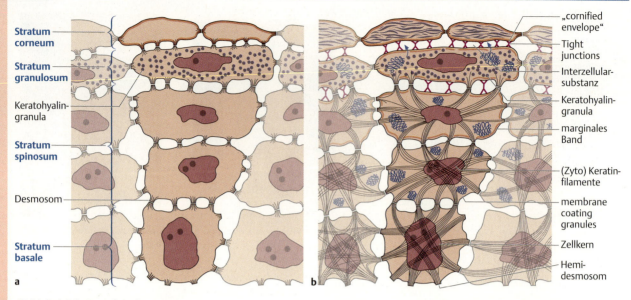

(Moll, I.: Duale Reihe Dermatologie. Thieme, 2010)
a Schematische Darstellung des licht-
b und elektronenmikroskopischen Aspekts der Differenzierungsstufen von Keratinozyten innerhalb der epidermalen Schichten.

▶ Klinik.

▶ Klinik. Nur im Rahmen pathophysiologischer Vorgänge, wie sie bei der Wundheilung oder bei sog. hyperproliferativen Hauterkrankungen wie z. B. der **Psoriasis** (Schuppenflechte) auftreten, finden sich auch in den suprabasalen Schichten undifferenzierte Keratinoblasten (Übergangsstammzellen).

O-1.3 Inspektionsbefund bei Psoriasis
(Sterry, W., Paus, R.: Checkliste Dermatologie. Thieme, 2010)

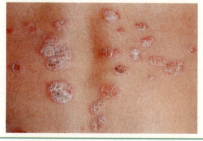

Stratum spinosum (Stachelzellschicht): Die polygonale Form der Zellen entsteht durch ihre vielfältige Verzahnung mittels interzellulärer Adhäsionsstrukturen, sog. Desmosomen (S. 57).

Stratum spinosum (Stachelzellschicht): Die aufgrund der polygonalen Form der Keratinozyten als Stachelzellschicht bezeichnete suprabasale Schicht enthält in der terminalen Differenzierung fortgeschrittene Keratinozyten. Die polygonale Form der Zellen entsteht durch ihre vielfältige Verzahnung mittels interzellulärer Adhäsionsstrukturen, sog. Desmosomen (S. 57). Diese Adhäsionsstrukturen bestehen aus transmembranösen Glykoproteinen und sind direkt mit den Zytokeratin-Intermediärfilamenten des Zytoskeletts der Epithelzellen verbunden.

▶ Merke.

▶ Merke. Stratum basale und Stratum spinosum werden zusammenfassend auch als **Stratum germinativum** bezeichnet.

Stratum granulosum (Körnerzellschicht): Hier sind Zeichen einer beginnenden Verhornung sichtbar.

Stratum granulosum (Körnerzellschicht): Die Zellen dieser an das Stratum spinosum angrenzenden Schicht sind gekennzeichnet durch eine deutliche Abflachung und durch das Auftreten basophiler Keratohyalingranula als Zeichen einer **beginnenden Verhornung** (Keratinisierung).

Stratum lucidum (helle Schicht): Dies tritt nur in vielschichtigen Epithelien auf.

Stratum lucidum (helle Schicht): Diese an das Stratum granulosum angrenzende Schicht tritt nur in sehr vielschichtigen Epithelien (Handteller und Fußsohle) auf. Hier sind Zellen und Kerne nicht mehr abgrenzbar.

Stratum corneum (Hornschicht): Letzte Schicht, die aus ganz abgeflachten Hornzellen ohne Zellkern und Organellen besteht. Das Plasma der Hornzellen ist von dicht vernetzten Filamenten (Keratin) und einer amorphen Matrix ausgefüllt. Die Desmosomen lösen sich in den obersten Zelllagen der Hornschicht. Abgestorbene Hornschuppen schilfern ab. Die Hornschuppen sind gemeinsam mit im Interzellularspalt abgelagerten Lipiden für die Ausbildung der epidermalen Permeabilitätsbarriere verantwortlich.

Stratum corneum (Hornschicht): Die oberste Schicht besteht aus abgeflachten Hornzellen ohne Zellkern.

▶ **Merke.** Die Schichtengliederung der Epidermis ist ein dynamischer Prozess, der auf der Veränderung der zellulären Funktion Keratinoblasten/Keratinozyten im Rahmen eines irreversiblen Differenzierungsprozesses beruht. Von besonderer Bedeutung für den epithelialen Zellverband ist dabei die selektive Expression von Adhäsionsmolekülen auf der Zelloberfläche in Abhängigkeit vom Differenzierungszustand des Keratinoblasten/Keratinozyten-Stammzellsystems.

▶ **Merke.**

▶ **Klinik.** Das **Basaliom** ist ein vom Stratum basale ausgehender Tumor, der invasiv und destruierend wächst. Eine Besonderheit der Basaliome besteht darin, dass sie nicht metastasieren, sondern nur lokal destruierend wachsen. Die Prognose ist deshalb bei rechtzeitiger kompletter Exzision gut.

Das **Spinaliom** (**Plattenepithelkarzinom**) ist ein vom Stratum spinosum ausgehender Tumor und besitzt eine deutlich schlechtere Prognose als das Basaliom, weil es lymphogen und hämatogen metastasiert. Das Spinaliom ist der häufigste maligne Tumor im Bereich der Schleimhäute, Übergangsschleimhäute und in Bereichen sonnenexponierter Haut (z. B. Gesicht, Hände, Unterarme).

⊙ **O-1.4** Basaliom
(Moll, I.: Duale Reihe Dermatologie. Thieme, 2010)

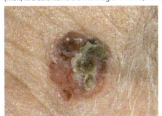

⊙ **O-1.5** Spinaliom
(Moll, I.: Duale Reihe Dermatologie. Thieme, 2005)

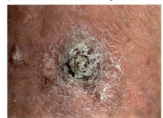

Weitere Zelltypen innerhalb der Epidermis

Über die für den Schichtenaufbau verantwortlichen Keratinozyten/Keratinoblasten hinaus gibt es noch andere Zelltypen innerhalb der Epidermis:
- Melanozyten,
- Langerhans-Zellen und
- Merkel-Zellen.

Melanozyten: Diese spinnenförmigen Zellen kommen im **Stratum basale** vor. Sie sitzen der Basalmembran direkt auf und besitzen keine Desmosomen bzw. Hemidesmosomen. Sie sind verantwortlich für die **Melaninsynthese**. Die Melaninkörperchen (Melanosomen) werden über die Zellfortsätze der Melanozyten in die Keratinozyten injiziert. Dieser Prozess wird als zytokrine Sekretion bezeichnet. Intrazellulär nehmen die Melaninkörperchen eine schildförmige supranukleäre Position ein. Damit werden die Zellkerne von Keratinoblasten, die in die Mitose eintreten, vor ultravioletten Strahlen geschützt. Die basalen Keratinozyten enthalten mehr Melanin als die Melanozyten.

Weitere Zelltypen innerhalb der Epidermis

Neben den Keratinozyten gibt es folgende Zelltypen in der Epidermis:
- Melanozyten,
- Langerhans-Zellen und
- Merkel-Zellen.

Melanozyten: Sie kommen im **Stratum basale** vor und sind verantwortlich für die **Melaninsynthese**. Die Melaninkörperchen werden über die Zellfortsätze der Melanozyten in die Keratinozyten injiziert und schützen deren Zellkerne vor UV-Strahlung.

▶ **Merke.** Durch Sonnenexposition kann die Melaninbildung gesteigert werden, wohingegen die Anzahl der Melanozyten gleich bleibt.

▶ **Merke.**

▶ **Exkurs: Bedeutung des Melanins für die Hautfarbe.** Die Hautfarbe eines Menschen hängt von vielen Faktoren ab; der Melaningehalt ist dabei das wichtigste Kriterium. Ein hoher Melaningehalt verhindert bei Sonneneinstrahlung die Bildung von Erythemen (Sonnenbrand). Bei Kaukasiern wird das Melanin durch Lysosomen in den suprabasalen Schichten wieder abgebaut, zudem sind die Melanosomen in „Pakete" zusammengefasst, die somit die Dispersion und Absorption des Lichtes verringern. In der farbigen Haut gibt es keinen solchen Abbau. Melanin kommt hier in allen Schichten vor, die Zahl der Melanozyten ist aber in beiden Hauttypen gleich. Die Melanosomen sind verstreut und erhöhen Dispersion und Absorption des Lichtes.

▶ **Exkurs: Bedeutung des Melanins für die Hautfarbe.**

▶ Klinik.

▶ Klinik. Das **maligne Melanom** ist ein hochgradig maligner Tumor, der von den Melanozyten ausgeht. Es kommt zu einer frühzeitig einsetzenden lymphogenen und hämatogenen Metastasierung, weil Melanozyten nicht im Zellverband wachsen und keine Interzellularbrücken bilden. Die Ätiologie des malignen Melanoms ist unbekannt. Als pathogenetischer Faktor wird die Induktion durch UV-Strahlung angenommen. Ein häufig zunächst als sog. Muttermal angesehener Fleck beginnt langsam zu wachsen. Der Tumor ist meist von tiefbrauner bis blauschwarzer Farbe. Mitunter finden sich im Tumor pigmentfreie Areale, selten ist ein malignes Melanom komplett pigmentfrei.

O-1.6 **Malignes Melanom**

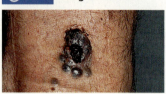

Langerhans-Zellen (LC): Abstammend aus dem Knochenmark wandern sie in das Stratum spinosum ein. Durch ihre Fähigkeit zur Antigenpräsentation (S. 175) gehören sie zum Immunsystem der Haut.

Langerhans-Zellen (LC): Diese makrophagenähnlichen dendritischen Zellen kommen im **Stratum spinosum** vor. Sie stammen vom Knochenmark ab und wandern in die Haut ein. LC gehören zum Immunsystem der Haut und nehmen durch rezeptorvermittelte Endozytose Fremdproteine (Antigene) auf, die in die Epidermis eingedrungen sind. Die baumartigen Ausläufer des Cytoplasmas suchen dabei sehr effektiv größere Flächen nach Fremd-Antigenen ab. Nach der Antigenaufnahme wandern die LCs in den nächsten Lymphknoten ein und präsentieren dort das Antigen (S. 175) für die Immunzellen (z. B. Killer-T-Lymphozyten).

Merkel-Zellen: Dies sind **mechanorezeptive Zellen** im Stratum basale.

Merkel-Zellen: Diese **mechanorezeptiven Zellen** befinden sich zwischen den Keratinozyten im **Stratum basale**. Ihr Ursprung ist unbekannt. Besonders häufig kommen sie in den Fingerspitzen vor. Jede Merkel-Zelle ist mit einer scheibenförmigen sensiblen Nervenendigung verbunden. Es gibt Befunde, die auf eine neurosekretorische Funktion hindeuten.

O-1.7 **Epidermale Zelltypen**

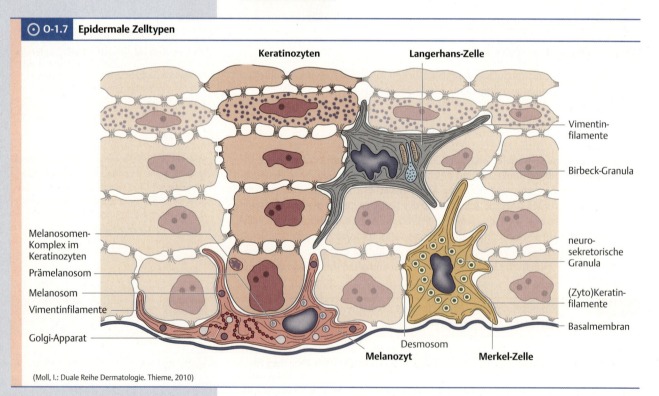

(Moll, I.: Duale Reihe Dermatologie. Thieme, 2010)

Dermis (Lederhaut)

▶ Synonym. Corium

▶ Definition. Die Dermis ist ein Bindegewebe mit gut entwickelten elastischen und Kollagenfasern (Typ-I-Kollagen, Tab. **A-2.8**).

Sie besteht aus **zwei Schichten**:
- **Papillarschicht** (Stratum papillare, 20 % der Dermis) und die
- tiefer gelegene **Geflechtschicht** (Stratum reticulare, 80 % der Dermis).

Stratum papillare (Papillarschicht): Sie grenzt unmittelbar an die Epidermis und ist gekennzeichnet durch Bindegewebspapillen. In diese Papillen ziehen kollagene Fasern hinein und wirken so einer Abscherung entgegen. Das lockere Bindegewebe, das die kollagenen Fasern begleitet, enthält Kapillarschlingen, Lymphkapillaren, Nervenendaufzweigungen und Sinnesorgane (**Meissner-Tastkörperchen**) sowie Bindegewebszellen (Fibroblasten/Fibrozyten und Zellen des Immunsystems).

Stratum reticulare (Geflechtschicht): Sie beginnt ohne Übergang zur Papillarschicht. Hier kommen starke kollagene Faserbündel in verschiedenen Winkelstellungen vor, welche die **Dehnbarkeit** der Haut ermöglichen.

▶ Klinik. Bei starker Überdehnung der Haut, z. B. der Bauchhaut bei starker Fettsucht oder in der Schwangerschaft, entstehen Einrisse im Gefüge der Dermis, die als helle silbrige oder rötliche Streifen (**Striae distensae**) sichtbar werden.

⊙ O-1.8 Striae distensae
(Füeßl, F.S., Middeke, M.: Duale Reihe Anamnese und Klinische Untersuchung. Thieme, 2014)

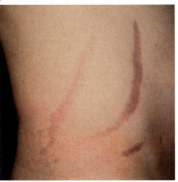

Das Kollagenfasergeflecht ist regional unterschiedlich ausgerichtet und hat neben Faserbündeln auch weniger dichte Stellen.

▶ Merke. Durch die Anordnung und Struktur der dermalen Bindegewebsfasern entstehen die klinisch relevanten **Hautspaltlinien** (Abb. **O-1.9**), die mit Spannungsunterschieden in der Haut einhergehen.

▶ Klinik. Chirurgische Hautschnitte sollen möglichst in Richtung der Spaltlinien erfolgen, um eine bessere Wundheilung zu ermöglichen; bei Schnittführung quer zu den Spaltlinien besteht die Gefahr, dass die Wunde vermehrt klafft.

Zwischen den Kollagenfasern befinden sich elastische Netze, durch die eine Rückordnung bewirkt wird. Lässt die Elastizität im Alter nach, erscheint die Haut schlaff und faltig.
Auch für die Beugelinien an den Gelenken ist das Stratum reticulare verantwortlich. Die Dermis ist auch der Ort für Tattoos (Einlagerung von Farbstoffen, die nicht abgebaut werden).
Folgende **Bindegewebeszellen** liegen zwischen den Fasern beider Schichten der Dermis:
- Fibroblasten/Fibrozyten in verschiedenen Differenzierungsstadien
- Elastoblasten/Elastozyten
- Makrophagen, Histiozyten, Mastzellen und Lymphozyten. Im Stratum papillare befindet sich die größte Konzentration an Mastzellen.

Dermis (Lederhaut)

▶ Synonym.

▶ Definition.

Sie besteht aus **2 Schichten:**
- Stratum papillare.
- Stratum reticulare.

Stratum papillare (Papillarschicht): Mit 20 % macht sie den geringeren Anteil der Dermis aus. Hier liegen **Meissner-Tastkörperchen**.

Stratum reticulare (Geflechtschicht): Die verschieden ausgerichteten kollagenen Faserbündel ermöglichen die Dehnbarkeit der Haut.

▶ Klinik.

▶ Merke.

▶ Klinik.

Zwischen den Kollagenfasern liegen elastische Netze.

Zwischen den Fasern liegen neben Fibro- und Elastozyten auch Makrophagen, Histiozyten, Mastzellen (diese v. a. im Stratum papillare) und Lymphozyten.

O-1.9 Verlauf der Hautspaltlinien

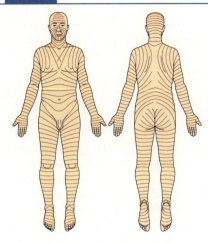

(Moll, I.: Duale Reihe Dermatologie. Thieme, 2010)

Tela subcutanea (Unterhaut)

▶ Synonym. Hypodermis; Subcutis

Funktion: Die Unterhaut stellt die Verbindung zwischen Haut und oberflächlicher Körperfaszie her und ermöglicht die Verschieblichkeit der Haut. Diese Verschieblichkeit ist je nach Lokalisation sehr unterschiedlich ausgeprägt (besonders stark z. B. bei Augenlidern, Penis und Scrotum).

Aufbau: Die Tela subcutanea besteht aus einem lockeren Binde- und Fettgewebe, wobei das Fettgewebe dominiert. Sie ist mit straffen Bindegewebszügen (**Retinacula cutis**) durchsetzt, welche die Dermis mit den Faszien bzw. Periost verbinden. Die Dicke der Subkutis ist abhängig von Körperregion, Geschlecht (hormonale Einflüsse!) und Körpergewicht. Bei der Frau wird bevorzugt die Haut von Brust, Hüften und Gesäß von subkutanem Fett unterlagert, beim Mann die Bauchhaut („Bierbauch"). Neben diesem Depotfett, kommt das Fettgewebe auch als Baufett vor (z. B. an der Fußsohle).

1.3.3 Hautrezeptoren

In der Haut bzw. Unterhaut liegen verschiedene Rezeptoren (S. 1196), die unterschiedliche Sinnesqualitäten vermitteln (Tab. **O-1.2**).

O-1.2 Hautrezeptoren

Rezeptor	vermittelte Sinnesqualität	vorwiegende Lage
freie Nervenendigungen	mechanische, thermische und Schmerzempfindungen	Epidermis und Dermis
Merkel-Zellen (S. 1270)	Druck	Epidermis (Stratum basale)
Meissner-Tastkörperchen	Berührung	Dermis (Stratum papillare)
Ruffini-Körperchen	Dehnung	Dermis (Stratum reticulare)
Vater-Pacini-Körperchen	Vibration	Tela subcutanea

1.4 Gefäßversorgung und Innervation der Haut

▶ **Merke.** Während die Epidermis keine Blutgefäße und Nerven enthält, ist die Dermis außerordentlich gut versorgt. Die Epidermis wird durch Diffusion aus der Dermis versorgt.

Blutgefäße: Die menschliche Dermis besitzt mehr Blutgefäße als die aller anderen Wirbeltiere. Neben der Versorgung mit Nährstoffen spielen sie auch eine bedeutende Rolle bei der **Wärmeregulation**. Daher sind sie überproportional gut entwickelt, sodass sie 5 % des gesamten Blutes aufnehmen können. Wenn die inneren Organe mehr Blut benötigen, wird die entsprechende Menge aus der Haut der Blutzirkulation zugeführt.

Das Blutgefäßsystem besteht aus **zwei Gefäßplexus** (Abb. O-1.10), einem tief gelegenen an der Grenzfläche zwischen Dermis und Subcutis (**Plexus profundus**) und einem höher angeordnetem (**Plexus superficialis**). Beide Netze sind durch vertikale Gefäße miteinander verbunden.

Lymphabfluss: Das System der Lymphgefäße dient dem Stofftransport aus der extrazellulären Matrix heraus. Es besteht aus sehr dünnwandigen Gefäßen, die mit einer blasenartigen Struktur in den dermalen Papillen enden.

Nerven: Zur Vermittlung der über die Hautrezeptoren (S. 1196) aufgenommenen Sinnesreize nach zentral dienen somatoafferente Fasern, deren Zellkörper im Spinalganglion liegt. Innervationsgebiete peripherer Nerven und Dermatome (S. 207). Darüber hinaus ziehen in die Haut efferente Fasern zur Innervation der Drüsen und Mm. arrectores pilorum (S. 1274).

 O-1.10 Gefäßplexus der Haut

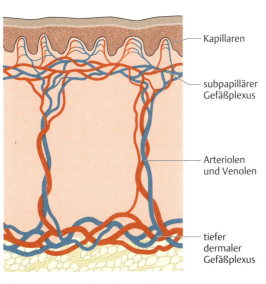

- Kapillaren
- subpapillärer Gefäßplexus
- Arteriolen und Venolen
- tiefer dermaler Gefäßplexus

(Moll, I.: Duale Reihe Dermatologie. Thieme, 2010)

2 Hautanhangsgebilde

2.1 Definition 1274
2.2 Haare und Nägel 1274
2.3 Drüsen der Haut (Glandulae cutis) 1276

D. Reißig, J. Salvetter

2.1 Definition

▶ **Definition.** Haare, Nägel und Drüsen (Talg-, Schweiß- und Brustdrüsen) werden als epitheliale Anhangsgebilde der Haut (Hautanhangsgebilde) oder Hautanhangsorgane bezeichnet. Sie sind ausdifferenzierte Epithelknospen des Ektoderms, die in das darunter liegende Mesoderm eingesprossen sind.

2.2 Haare und Nägel

2.2.1 Haare (Pili)

Funktion: Die Haare haben beim Menschen keine entscheidende biologische Funktion, sie spielen aber eine wichtige **ästhetische Rolle**. Die **Musculi arrectores pilorum**, kleine Bündel glatter Muskulatur, die am Haarbalg und der Epidermis verankert sind, können bei Erregung die Haare aufrichten (**Gänsehaut, Cutis anserina**). Dies geschieht auch reflektorisch bei Kälte. Darüber hinaus führen sie dazu, dass Talgdrüsen ausgepresst werden.

Haartypen: Das Haarkleid des Menschen besteht zunächst primär (perinatal) aus dem feinen **Lanugohaar** (Wollhaar), welches durch das **Velushaar** ersetzt wird. Nach der Pubertät entsteht das **Terminalhaar** durch den hormonellen Einfluss, man unterscheidet hierbei Kurzhaar (Borstenhaar der Wimpern, Augenbrauen etc.) und Langhaar (Kopf- und Bartbehaarung, Schamhaar, Achselhaar etc.). Die **genetische Prädisposition** spielt hierbei eine große Rolle.

Haarfarbe: Melanozyten in der Haarpapille geben Melaningranula an die am Haaraufbau beteiligten Epithelzellen ab. Die Melaninmenge bestimmt die Haarfarbe.

Entwicklung, Aufbau und Wachstum: In der 9. bis 12. Entwicklungswoche sprossen Epidermiszapfen in das angrenzende Mesenchym. Das Ende dieser Zapfen verdickt sich zum **Haarkolben**, dessen äußere Zelllage zur **Haarmatrix** wird. Proliferierendes Mesenchym aus der Umgebung führt zur Ausbildung der **Haarpapille**, aus der sich die Haarzwiebel (**Bulbus pili**) bildet (Abb. O-2.1). Aus ihr wächst der **Haarschaft** empor, der die Oberfläche der Haut durchstößt.
Das Haar (Haarschaft) besteht aus dem Haarmark (im Inneren), umkleidet von der Haarrinde. Im untersten Teil ist das Haar von der Wurzelscheide umgeben.
Das Einstellen der mitotischen Aktivitäten an der Haarpapille führt zum **Haarwechsel**, da der Haarschaft den Kontakt zur Papille verliert (wird als **Kolbenhaar** bezeichnet) und im Haarkanal zur Oberfläche wandert. Ein Ersatzhaar wird aus der Haarpapille gebildet, welches bei seinem Längenwachstum das Kolbenhaar vor sich herschiebt und zum Ausfallen bringt.

Innervation: Die Mm. arrectores pilorum werden sympathisch innerviert (Transmitter: Acetylcholin).

⊙ O-2.1 Aufbau des Haares und Haarwechsel

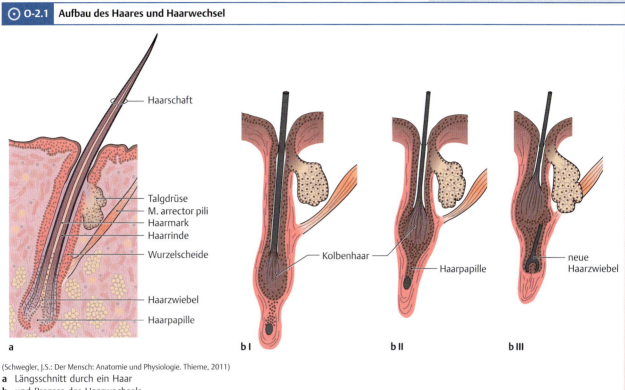

(Schwegler, J.S.: Der Mensch: Anatomie und Physiologie. Thieme, 2011)
a Längsschnitt durch ein Haar
b und Prozess des Haarwechsels.

2.2.2 Finger- und Zehennägel (Ungues)

Funktion: Die Nagelplatte hat die Funktion eines Widerlagers für die Fingerbeere; sie ermöglicht somit die differenzierte Tastsinneswahrnehmung.

Aufbau und Wachstum: Der Nagel (Unguis) ist ca. 0,5 mm dick und entsteht durch Einstülpung der Epidermis. Das Wachstum geht von der **Nagelmatrix** aus, über das **Nagelbett** wird der Nagel mit einer Wachstumsgeschwindigkeit von 0,1 mm pro Tag nach distal geschoben.
Proximal ist die halbmondförmige **Lunula** sichtbar; sie stellt das distale Ende der Nagelmatrix dar.

▶ **Klinik.** Angeborene irreversible Nagelveränderungen und Proliferationsstörungen der Nagelmatrix sowie Infektionen im Bereich der Nagelplatte können zu erheblichen Beeinträchtigungen der Funktion führen.

⊙ O-2.2 Nagelveränderungen
(Moll, I.: Duale Reihe Dermatologie. Thieme, 2010)
a Wachstumsstörungen der Nagelmatrix mit Querrille in der Nagelplatte.
b Spaltung der Nagellamellen (Onychochisis).
c Sich ausbreitende Entzündung des Nagelwalls.

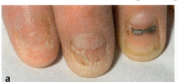  

2.2.2 Finger- und Zehennägel (Ungues)

Funktion: Das Widerlager für die Fingerbeere trägt zur verbesserten Wahrnehmung des Tastsinns bei.
Aufbau und Wachstum: Der Nagel entsteht durch Einstülpung der Epidermis. Er wächst von der **Nagelmatrix**, deren distales Ende als **Lunula** sichtbar ist, aus und wird über das **Nagelbett** nach distal geschoben.

▶ **Klinik.**

O-2.3 Aufbau eines Nagels

(Faller, A., Schünke, M.: Der Körper des Menschen. Thieme, 2012)
a Aufsicht auf einen Nagel
b sowie Längs-
c und Querschnitt durch das Nagelbett.

2.3 Drüsen der Haut (Glandulae cutis)

2.3.1 Talgdrüsen (Glandulae sebaceae holocrinae)

Funktion: Die **holokrin** gebildete **Talgsubstanz** dient der Einfettung der Haut (Schutzfunktionen) und der Haare.

Aufbau: Talgdrüsen entstehen aus epithelialen Zellbereichen an der äußeren Wurzelscheide der Haare. Sie breiten sich im umgebenden Mesenchym aus. Die **alveolären Endstücke** sezernieren die Talgsubstanz (**Sebum**). Durch absterbende Zellbereiche entstehen Ausführungsgänge, durch die der Talg in den Haarkanal transportiert wird.
Im Bereich der Übergänge von Haut und den Schleimhäuten sind **freie Talgdrüsen** ausgebildet, die nicht an einen Haarfollikel gebunden sind (Lippen, Augenlider, Preputium, Glans penis etc.).

Einflussfaktoren auf die Talgproduktion und -sekretion: Die Talgproduktion wird hormonell beeinflusst:
- Testosteron steigert die Produktion und Viskosität des Talgs,
- Östrogene hemmen die Produktion und reduzieren die Viskosität.

Durch Kontraktion der Mm. arrectores pilorum werden die Talgdrüsen ausgepresst und damit der Talg sezerniert.

▶ Klinik. Der Verschluss der Ausführungsgänge führt zum Sekretrückstau (Entwicklung von Retentionszysten) und Mitessern (Komedonen). Letztere kennzeichnen das klinische Bild einer Acne comedonica (Abb. **O-2.4a**). Entstehen daraus entzündliche Papeln und Pusteln, spricht man von einer Acne papulopustulosa (Abb. **O-2.4b**).

O-2.4 Acne comedonica und papulopustulosa
(Moll, I.: Duale Reihe Dermatologie. Thieme, 2010)

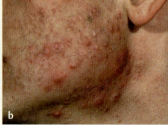

O **2.3 Drüsen der Haut (Glandulae cutis)**

2.3.2 Kleine und große Schweißdrüsen (Glandulae sudoriferae eccrinae und apocrinae)

Die beiden verschiedenen Typen der Schweißdrüsen erfüllen verschiedene Funktionen, unterscheiden sich morphologisch und in ihrer Verteilung am menschlichen Körper.

Typen und Funktion:
- Die **ekkrinen kleinen Schweißdrüsen** sind über den gesamten Körper verteilt (größte Dichte im Handteller mit 300/cm^2, niedrigste Dichte im Rückenbereich mit 50/cm^2), ihre Ausführungsgänge münden an einer erhöhten Stelle der Epidermis. Die kleinen Schweißdrüsen dienen der **Thermoregulation** des Körpers. In 24 Stunden werden bei mittlerer Umgebungstemperatur und Luftfeuchtigkeit ca. 500 ml Schweiß sezerniert, dessen Verdunstung zur Abkühlung des Körpers führt. Diese Menge ist erheblich größer bei hohen Temperaturen und geringer Luftfeuchtigkeit (ca. das Zwanzigfache). Da im Schweiß Kochsalz vorhanden ist, bedeutet dieses erhöhte Schwitzen einen leistungsvermindernden Kochsalzverlust.

> ▶ **Klinik.** Bei regelmäßigem/häufigem Schwitzen (z. B. bei regelmäßigem Sport) nimmt die Elektrolytkonzentration im Schweiß ab und die Schweißmenge nimmt zu.

- Die **apokrinen großen Schweißdrüsen** (Duftdrüsen) befinden sich nur an einigen bevorzugten Stellen des Körpers, aus ihrer Benennung ist die Lage zu entnehmen: Gll. ciliares, ceruminosae, vestibulares nasi, axillares etc., ihre Ausführungsgänge münden stets höher als die Talgdrüsen in den Haarkanal. Mit der Pubertät erreichen die **Duftdrüsen** ihre volle Funktionsfähigkeit. Die Gll. axillares sind die am stärksten entwickelten Duftdrüsen. Das Sekret der großen Schweißdrüsen enthält sehr reichlich organische Bestandteile, die bei Zersetzung den Körpergeruch der jeweiligen Person mitbestimmen (Buttersäure und ihre Derivate).

Entwicklung und Aufbau: Ein massiver Zellstrang wächst aus der Epidermis in die Dermis hinein und bildet durch Verdickung an der Grenze Dermis/Subkutis Drüsenendbereiche aus sezernierenden und myoepithelialen Zellen aus. Der Zellstrang zerfällt im Zentrum und bildet so den Ausführungsgang.

Innervation: Die Schweißdrüsen werden cholinerg innerviert.

2.3.3 Brustdrüse (Glandulae mammariae)

Funktion und Aufbau: Die Brust ist bei beiden Geschlechtern vorhanden und ein sekundäres Geschlechtsmerkmal. Die männliche Brustdrüse wächst während der Pubertät nur sehr geringfügig und geht danach in einen Ruhezustand. Die weibliche Brustdrüse dagegen unterliegt ausgeprägten sexualzyklischen Veränderungen. Sie entwickelt sich mit dem Einsetzen der durch den Einfluss der Sexualhormone unter Zunahme des Gewebes und des Drüsenapparates. Während Gravidität (Schwangerschaft) werden die Voraussetzungen für die Milchproduktion und -sekretion (**Laktation**) nach der Geburt des Kindes geschaffen. Die Muttermilch als Sekret der weiblichen Brustdrüse ist eine Emulsion von Lipiden in Wasser, die aber auch andere Stoffe enthält (Kohlenhydrate, Immunglobuline, Salze, Vitamine etc.).
Die Brustdrüse ist Teil der Epidermis, sie entsteht aus Epithelfortsätzen, die in das angrenzende Bindegewebe einwachsen. Sie besteht aus 12 bis 15 Einzeldrüsen (Milchdrüsen, Lobi glandulae mammariae), die jeweils über einen **Ductus lactiferi** (**Milchgang**) unabhängig voneinander mit je einer spindelförmigen Erweiterung (**Sinus lactiferi**) auf der Brustwarze münden. Brustdrüse und der zugehörige Bindegewebsapparat bilden die **Mamma, ein sich halbkuglig vorwölbendes Organ.** Die Brustform wird durch die altersabhängige Spannung des Bindegewebsapparates bestimmt. Brustwarze (**Papilla mammaria**) und Warzenhof (**Areola mammae**) sind stark pigmentierte Bereiche in der Brustmitte.

2.3.2 Kleine und große Schweißdrüsen (Glandulae sudoriferae eccrinae und apocrinae)

Man unterscheidet funktionell und morphologisch zwei Typen von Schweißdrüsen

Typen und Funktion:
- Die **ekkrinen kleinen Schweißdrüsen** sind mit unterschiedlicher Dichte über den gesamten Körper verteilt und dienen der **Thermoregulation**.

▶ **Klinik.**

- Die **apokrinen großen Schweißdrüsen**, die nur an speziellen Körperstellen vorkommen sind **Duftdrüsen**, die den individuellen Körpergeruch mitbestimmen.

Entwicklung und Aufbau: Ein massiver Zellstrang wächst aus der Epidermis in die Dermis hinein und bildet Drüsenendbereiche.

Innervation: Cholinerg.

2.3.3 Brustdrüse (Glandulae mammariae)

Funktion und Aufbau: Die Brust ist ein sekundäres Geschlechtsmerkmal. Die weibliche Brustdrüse entwickelt sich erst mit der Pubertät. In der **Laktationsphase** produziert und sezerniert sie Muttermilch.

Die Brustdrüse ist Teil der Epidermis. Sie besteht aus mehreren **Lobi glandulae mammariae**), die jeweils über einen **Milchgang** unabhängig voneinander auf der **Papilla mammaria** münden. Brustdrüse und zugehöriges Bindegewebe bilden die **Mamma**.

2 Hautanhangsgebilde

▶ Klinik. Beim Mann führt ein gestörtes Verhältnis von Androgenen zu Östrogenen in der Entwicklungsphase zur gesteigerten Entwicklung von Brust und Brustdrüsen, was als **Gynäkomastie** bezeichnet wird.
Auch Männer können an Brustkrebs erkranken, wenn auch sehr selten, da auch sie über blind endende funktionslose Lobi glandulae mammariae verfügen

▶ Klinik.

Entwicklung: Die Brustdrüsen entstehen aus einer Epidermisleiste (**Milchleiste**).

Entwicklung: Eine Epidermisleiste (**Milchleiste**), die sich bei beiden Geschlechtern von der Axilla zur Leistenbeuge zieht, bildet die Anlage der Brustdrüsen. Nur das thorakale Paar auf dieser Milchleiste entwickelt sich zu Brustdrüsen.

Gefäßversorgung und Innervation: Siehe Gefäßversorgung (S. 299) und Innervation der Thoraxwand (S. 302).

Gefäßversorgung und Innervation: Die arterielle Versorgung der Brustdrüse erfolgt über Blutgefäße der Brustwand (A. thoracica lateralis und A. thoracica interna bzw. deren R. mammarii). Die Venen sind netzförmig und weitmaschig verzweigt und liegen sowohl oberflächlich als auch tief in der Mamma. Die Lymphgefäße bilden ein ähnliches Netzsystem im Organ. Von klinischer Bedeutung (Mammakarziom) ist insbesondere der Lymphabfluss der Mamma, der mit den anderen Gefäßen im Rahmen der Brustwand (S. 299) abgehandelt ist. Die Komplexität der Abflußmöglichkeiten im Lymphsystem erhöht die Gefahr der Metastasierung bei Karzinomen beträchtlich. Die Innervation (S. 302) erfolgt segmental über die Interkostalnerven bzw. deren R. mammarii.

⊙ O-2.5

⊙ O-2.5 **Aufbau der Mamma**

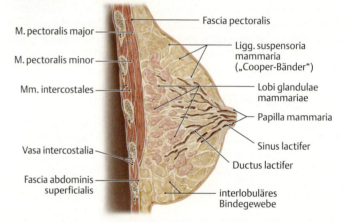

Die aus Lobi glandulae mammariae und umgebendem Bindegewebe bestehende Mamma liegt verschieblich auf der Fascia pectoralis. Mit ihr ist sie über Bindegewebszüge aus der Brusthaut (Ligamenta suspensoria mammaria = Cooper-Bänder) locker verbunden.
(Prometheus LernAtlas. Thieme, 3. Aufl.)

Antwortkommentare klinische Fälle

1 Antwortkommentare klinische Fälle

1 Antwortkommentare klinische Fälle

1.1	Lungenembolie	1281
1.2	Muskeldystrophie Typ Duchenne	1282
1.3	Infektexazerbierte COPD	1283
1.4	Myokardinfarkt	1284
1.5	Metastasiertes Karzinoid	1285
1.6	Diabetes mellitus	1286
1.7	Akutes prärenales Nierenversagen	1286
1.8	Ösophagusvarizenblutung bei Leberzirrhose	1287
1.9	Hyperthyreose bei Struma	1288
1.10	Schlaganfall	1289
1.11	Morbus Parkinson	1289
1.12	Morbus Cushing	1291

1.1 Lungenembolie

Fallbeschreibung siehe „Akute Atemnot" (S. 164).

Zu 1. Eine Thrombose (S. 145) der tiefen Venen ist gefährlich, weil sich der Thrombus ablösen und direkt in die untere Hohlvene gelangen kann. Das Risiko ist besonders groß bei Thrombosen in der **V. iliaca externa** und der **V. femoralis**, geringer bei Thrombosen in der **V. poplitea** und sehr gering bei reinen Unterschenkelvenenthrombosen (**V. tibialis**, **V. fibularis**, **Muskelvenen**). Die epifaszialen (oberflächlichen) Venen des Beines haben für die Entwicklung von Embolien keine große Bedeutung, da die Gefäßlumina zu klein sind. Hier entstehen in der Regel nur lokale Probleme, wie z. B. eine Thrombophlebitis (Entzündung einer oberflächlichen Vene).
Wesentliche oberflächliche Venen (S. 429) sind die **V. saphena parva**, die an der Außenseite des Unterschenkels verläuft und in der Kniekehle durch die Faszie tritt, wo sie in die V. poplitea einmündet. Die **V. saphena magna**, die an der Innenseite des Unter- und Oberschenkels verläuft, durchquert die Faszie im Bereich der „Krosse" unterhalb des Leistenbandes. Beide großen oberflächlichen Venen sind über sog. „**Perforans-Venen**" in ihrem Verlauf mit dem tiefen Venensystem verbunden. Dies kann bedeutsam werden, wenn die Klappen der Vv. perforantes nicht mehr korrekt schließen und bei erhöhtem Druck im tiefen Venensystem (z. B. bei postthrombotischem Syndrom) ein Rückfluss von Blut in die oberflächlichen Venen stattfindet, die sich dann als **Krampfadern** erweitern.

Zu 2. Über die V. iliaca externa und communis gelangt der Thrombus in die **V. cava inferior**, von dort in den rechten Herzvorhof, durch die Trikuspidalklappe in die rechte Herzkammer und dann durch die Pulmonalklappe über den Truncus pulmonalis in die **Arteria pulmonalis** (Abb. **P-1.1a**). Hinter der Pulmonalklappe wird der Gefäßdurchmesser wieder kontinuierlich kleiner, so dass der Thrombus je nach Größe in einem Ast der A. pulmonalis steckenbleibt (S. 559). Da das Lungengewebe distal des thrombembolischen Verschlusses kein Blut mehr über die A. pulmonalis (Vasa publica (S. 558)) erhält, ist dort auch kein Gasaustausch mehr möglich. Dies führt zu der Atemnot der Patientin. Die Beschwerden sind umso schwerwiegender, je größer das nicht perfundierte Gebiet ist, d. h. je weiter proximal der Gefäßverschluss liegt.

Zu 3. Bei persistierendem **Foramen ovale** (Abb. **P-1.1 b**) kann ein gelöster Thrombus vom rechten Vorhof aus das Septum interatriale **in den linken Vorhof** passieren (statt in den rechten Ventrikel weiterzuschwimmen). So gelangt er nicht in den kleinen, sondern unter Umgehung der Lunge in den großen Kreislauf. Dabei nimmt er vom linken Vorhof aus den Weg durch die Mitralklappe in den linken Ventrikel und von dort durch die Aortenklappe in die Aorta ascendens. Im Aortenbogen schwimmt der Thrombus besonders häufig in die oberen Äste (z. B. Truncus brachiocephalicus, A. carotis communis sinistra). Wenn er beispielsweise einen Ast der **A. carotis interna** verschließt, kann ein **Schlaganfall** ausgelöst werden.

P-1.1 Direktnachweis von Thromben in Lunge und Herz

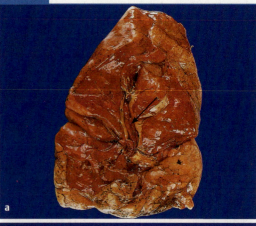
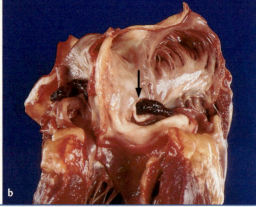

Thrombus in der A. pulmonalis (a) und im Foramen ovale (b).
(Riede, U.-N., Werner, M., Schäfer, H.-S.: Allgemeine und spezielle Pathologie. Thieme, 2004)

1.2 Muskeldystrophie Typ Duchenne

Fallbeschreibung siehe „Junge mit Muskelschwäche" (S. 395).

Zu 1. Für beide Bewegungen sind vor allem die **Hüftstrecker** von Bedeutung. Die wichtigste Rolle spielt dabei der **M. gluteus maximus**. Beim Treppensteigen müssen die Hüftbeuger lediglich die Schwerkraft des Beines überwinden, die Hüftstrecker jedoch die des gesamten Körpers. Ebenso stark belastet werden beim Treppensteigen die Kniestrecker, hier in erster Linie der **M. quadriceps femoris** (S. 377). Die Beckengürtelmuskulatur ist von Sebastians Erkrankung besonders stark betroffen.

Zu 2. Da auch die Mm. glutei medius und minimus von Sebastians Krankheit betroffen sind, wird beim Einbeinstand durch geschwächte Abduktion auf der Standbeinseite das Becken zur Spielbeinseite abkippen (**Trendelenburg-Zeichen** (S. 356)). Auf Grund des i. d. R. symmetrischen Befalls der Muskulatur wird dies eintreten, unabhängig davon, auf welchem Bein Sebastian steht, wohingegen dies z. B. nach einer Läsion des N. gluteus superior bei intramuskulärer Injektion nur einseitig der Fall wäre (beim Einbeinstand auf der Seite der Nervenläsion).

Zu 3. Der Watschelgang resultiert aus der beschriebenen Schwäche der Hüftgelenkabduktoren: Durch überproportionale Verlagerung des Oberkörpers auf die Standbeinseite wird versucht, das Absinken des Beckens zur Spielbeinseite zu kompensieren. Der ständige Wechsel von Stand- und Spielbein beim Gehen führt zu einer starken Rechts-Links-Bewegung des Oberkörpers, was dem Gangbild einen schwankend-watschelnden Aspekt verleiht.

Zu 4. Die verstärkte Lendenlordose ist bei der kinderärztlichen Untersuchung aufgefallen, ebenso die Atrophie der Muskeln im Schultergürtelbereich, die auch abstehende Schulterblätter bedingt (Scapulae alatae, Abb. **P-1.2**).

P-1.2 Manifestation der Duchenne-Muskeldytrophie

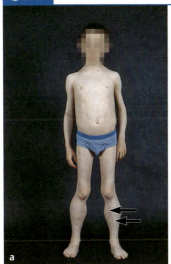 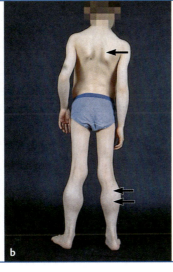

Bei diesem 10-jährigen Jungen ist die Atrophie der proximalen Muskulatur deutlich ausgeprägt. Im Schultergürtelbereich kommt es dadurch zu abstehenden Schulterblättern (Scapulae alatae, →). Sichtbar sind weiterhin die verstärkte Lendenlordose und die auch bei Sebastian vorhandene Pseudohypertrophie der Wadenmuskulatur (Doppelpfeil).
(Sitzmann, C. F.: Duale Reihe Pädiatrie. Thieme 2012)

P-1.3 Fortgeschrittene Duchenne-Muskeldystrophie

Dieser 16-jährige Junge mit ausgeprägter Muskelatrophie und starker Skoliose ist seit drei Jahren gehunfähig.
(Sitzmann, C. F.: Duale Reihe Pädiatrie. Thieme 2012)

Bei weiterer Atrophie der autochthonen Rückenmuskulatur droht durch fehlende Stabilisierung der Wirbelsäule (S. 271) eine **Skoliose** (S. 249). Die betroffenen Kinder verlieren meist im Alter zwischen 12 und 15 Jahren ihre Gehfähigkeit und sind auf den Rollstuhl angewiesen (Abb. **P-1.3**). Besonders gefährlich ist der Befall der Atemmuskeln sowie der Herzmuskulatur, was zum frühen Tod der Patienten führt (meist um das 20. – 30. Lebensjahr herum).

1.3 Infektexazerbierte COPD

Fallbeschreibung siehe „Luftnot bei bekannter Lungenerkrankung" (S. 577).

Zu 1. Die glatte Muskulatur der Bronchien wird von den efferenten Fasern des Parasympathikus und Sympathikus versorgt. Eine Aktivierung des **Sympathikus** führt über **Beta-2-Rezeptoren** zu einer **Bronchodilatation**. Betablocker würden hingegen zu einer Engstellung der Bronchialmuskulatur führen und die Atemnot von Herrn Brennschmidt verstärken. Deshalb sind Betablocker bei COPD – genau wie bei Asthma bronchiale – kontraindiziert. Sinnvoll ist hingegen die Gabe des **Beta-2-Mimetikums** (Sultanol-Spray) und des **Parasympatholytikums** (Ipratropiumbromid), weil beide zu einer Erweiterung der Bronchien führen und Herrn Brennschmidt die Atmung erleichtern.

Zu 2. Die obstruktive Ventilationsstörung führt zu einer verminderten Belüftung der Alveolen. Um einen Shunteffekt (= Perfusion kaum belüfteter Areale) zu vermeiden, kommt es durch Autoregulation zu einer **Konstriktion der kleinen Lungenarterien** in den unterbelüfteten Bereichen (= alveolokapillärer Reflex, Euler-Liljestrand; s. a. Lehrbücher der Physiologie). Der Preis für den verminderten Shuntfluss ist ein **Anstieg des Gefäßwiderstands** im kleinen Kreislauf mit Entwicklung einer **pulmonal-arteriellen Hypertonie**. Folge der pulmonalen Hypertonie ist eine Druckbelastung des rechten Herzens mit Ausbildung eines sog. Cor pulmonale, da das Herz gegen einen erhöhten Widerstand im Lungenkreislauf anarbeiten muss. Die Zeichen der pulmonalen Hypertonie sind im Röntgenbild oft früher sichtbar als Veränderungen der Herzkontur.

P-1.4 Typisches Röntgenbild bei pulmonalarterieller Hypertonie

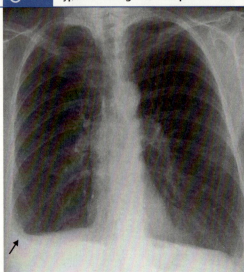

Der prominente Pulmonalisbogen sowie erweiterte proximale Lungengefäße mit Kalibersprung zur Peripherie hin sind Zeichen eines erhöhten Drucks im kleinen Kreislauf. Ebenfalls für die COPD typisch ist die "Lungenüberblähung" mit erhöhter Strahlentransparenz und abgeflachten Zwerchfellen. Zusätzlich erkennbar ist ein kleiner Pleuraerguss rechts (Pfeil).
(Oestmann, J.-W.: Radiologie. Thieme, 2014)

1.4 Myokardinfarkt

Fallbeschreibung siehe „Plötzliche Schmerzen auf der Brust" (S. 626).

Zu 1. Da die **A. coronaria dextra** (S. 602) meistens den Großteil der **Herzhinterwand** versorgt ist bei ihrem Verschluss mit dem Untergang von Herzmuskelgewebe in diesem Areal zu rechnen (Abb. **P-1.5**). Man spricht dann von einem Hinterwandinfarkt, der bei Herrn Oberhuber bereits im EKG erkennbar ist. Lediglich im Bereich der Herzspitze (Apex) erhält ein Teil der Hinterwand beim Normalversorgungstyp Blut über den R. interventricularis anterior (RIVA) der A. coronaria sinistra.

P-1.5 Infarktareal im Bereich der Hinterwand bei Verschluss der A. coronaria dextra

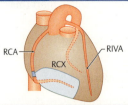

Das dargestellte Infarktareal (hellblau) entspricht der Ausdehnung im Falle der dunkelblau markierten Lokalisation des Gefäßverschlusses. Liegt die Stenose weiter proximal, ist die Ischämiezone entsprechend größer.
(Hamm, C.W., Willems, S.: Checkliste EKG. Thieme, 2001)

Zu 2. Neben der Herzhinterwand werden **Sinus- und AV-Knoten** als die beiden für den Herzrhythmus entscheidenden Strukturen in der Regel von der **A. coronaria dextra** versorgt. Wenn es zu einer Mangeldurchblutung dieser Gebiete kommt, kann es z. B. zu AV-Blockierungen oder anderen bradykarden Herzrhythmusstörungen (gekennzeichnet durch zu langsamen Herzschlag) kommen.

Zu 3. Die Ausdehnung des geschädigten Gewebes unterscheidet sich in Abhängigkeit vom vorliegenden **Versorgungstyp** (S. 604). Aufgrund des kleineren betroffenen Areals werden die durch Verschluss der A. coronaria dextra entstehenden Schäden bei einem Linksversorgungstyp kleiner sein als bei einem ausgeglichenen bzw. erst recht bei einem Rechtsversorgungstyp. Je ausgedehnter der Infarkt ist, desto schlechter ist die zu erwartende Pumpfunktion des Herzens nach dem Infarkt. Allerdings hängt natürlich das Ausmaß der Schädigung neben der Größe der Infarktausdehnung auch von anderen Faktoren wie z. B. der Dauer der Minderperfusion ab, weshalb in jedem Fall eine schnellstmögliche Beseitigung der Stenose durch Dilatation erfolgen sollte.

1.5 Metastasiertes Karzinoid

Fallbeschreibung siehe „Bluthochdruck und flush" (S. 733).

Zu 1. Karzinoide sind **maligne Tumore**, die vorwiegend von den **neuroendokrinen Zellen des Gastrointestinaltrakts** ausgehen. Sie treten am häufigsten in der Appendix (45 %), im unteren Dünndarm (28 %, Abb. **P-1.6**), Rektum (16 %) und Magen (5–10 %) auf. Extraintestinale Lokalisationen sind selten. Da neuroendokrine Zellen aber auch in den Schleimhäuten des Respirationstraktes vorkommen, können Karzinoide in der Lunge entstehen (Bronchuskarzinoid). Da das Karzinoid hier meist in der Nähe des Lungenhilums wächst, verursacht es häufig eine Stenose des Hauptbronchus.

Zu 2. Eine wesentliche Funktion des **Ileums** ist die **Gallensäurerückresorption** mit Einschleusung der Gallensäuren in den **enterohepatischen Kreislauf**. Fällt diese Rückresorption durch Ileumresektion weg, gelangen die Gallensäuren in den Dickdarm. Dort werden sie von Bakterien dekonjugiert und hemmen die Wasser- und Natriumresorption, so dass es zu wässrigen Stühlen kommt, der so genannten „**chologenen Diarrhö**". Die Leber reagiert auf den Gallensäureverlust mit einer Mehrsekretion von Gallensäuren, so dass die gallensäureabhängige Resorption von Fettsäuren und fettlöslichen Vitaminen in der Regel nicht gestört ist. Dies wäre erst bei einer Resektion von > 100 cm des Ileums der Fall und kann folglich zu Fettstühlen (**Steatorrhö**) und **Mangelerscheinungen** der fettlöslichen Vitamine (A, D, E und K) führen. Auch die Vitamin-B_{12}-Resorption ist erst bei einer Ileumresektion von > 50 cm gestört, was sich klinisch durch eine **Vitamin-B_{12}-Mangelanämie** manifestieren kann.

Durch Wegfall der Ileozäkalklappe als Barriere zwischen Dünn- und Dickdarm kommt es zu einer Verkürzung der Verweildauer des Darminhalts im Darmlumen und zu einem Reflux von Dickdarminhalt in den Dünndarm. Eine darüber ermöglichte Besiedlung des Dünndarms mit Bakterien des Kolons begünstigt die bakterielle Dekonjugation der Gallensäuren bereits im Ileum und verstärkt die chologene Diarrhö.

P-1.6 Dünndarmkarzinoid

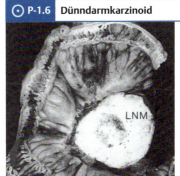

Das Ileumresektat zeigt den kleinen Primärtumor, der in der Submukosa liegt (Pfeil) und eine große Lymphknotenmetastase (LNM).

(Riede, U.-N., Schäfer, H.-S.: Allgemeine und spezielle Pathologie. Thieme, 1999)

1.6 Diabetes mellitus

Fallbeschreibung siehe „Leistungsabfall und Polyurie" (S. 760).

Zu 1. Das Pankreas enthält eine Vielzahl von sog. β-Zellen in den endokrinen Anteilen, den Langerhans-Inseln. Die **funktionelle Reserve** ist groß, so dass es erst bei einer **Verminderung um ca. 80 %** zur klinischen Manifestation eines **Diabetes mellitus** kommt.

Zu 2. Das Pankreas hat endokrine und Funktionen. Neben der Insulinproduktion gibt es noch weitere Hormone, die im Pankreas gebildet werden: **Glukagon** und **Somatostatin** (letzteres dient eher der „internen Regulation" der Hormonausschüttung). Außerdem wird im Pankreas der „**Bauchspeichel**" gebildet, der über das Pankreasgangsystem in das Duodenum abgegeben wird, wo er der Verdauung von Kohlenhydraten, Eiweiß und Fetten dient. Alle diese Substrate müssen nach Pankreasresektion ganz oder teilweise medikamentös ersetzt werden.

1.7 Akutes prärenales Nierenversagen

Fallbeschreibung siehe „Akute Verwirrtheit" (S. 789).

Zu 1. Für die Filtrationsfunktion der Niere ist die ausreichende Durchblutung des Organs unerlässlich. Ist sie herabgesetzt, kann dies – neben vermehrter Freisetzung von ADH – auch über renale Regulationsmechanismen (z. B. Aktivierung des RAAS (S. 772), Steigerung der Salz- und Wasserrückresorption) kompensiert werden. Die renale Autoregulation ist jedoch nur innerhalb gewisser Grenzen möglich. Bei länger anhaltender Minderperfusion mit erniedrigtem Druck kann die Filtrationsfunktion der Niere nicht aufrechterhalten werden. Da diesem sog. **prärenalen akuten Nierenversagen** (ANV) zunächst **keine strukturellen Schäden** des Organs zugrunde liegen, kann die Niere ihre Funktion nach Wiederherstellung der physiologischen Perfusionsverhältnisse wieder aufnehmen. Dauert die Phase der Minderdurchblutung zu lange an, kann es jedoch auch zur Schädigung des Tubulusepithels und damit zu manifesten Funktionseinbußen der Niere kommen (intrarenales ANV). Eine gewisse Vorschädigung der Niere durch die übermäßige Einnahme von Diclofenac könnte bei Frau Walter dazu geführt haben, dass sich die Auswirkungen des Volumenmangels schneller manifestiert haben, als es bei einer gesunden Niere der Fall gewesen wäre.

Zu 2. Da die Niere unter Gabe von Flüssigkeit erst langsam wieder ihre Funktion aufnimmt, kommt es bei Frau Walter zunächst zu einer **Überwässerung** mit Herabsetzung des onkotischen Drucks im Intravasalraum. Dies führt zu einem Austritt von Flüssigkeit aus den Lungenkapillaren in das Interstitium und den Alveolarraum. Außerdem kommt es durch die Überwässerung zu einer **akuten Überlastung ihres Herzens** mit Rückstau des Blutes in den kleinen Kreislauf und Austritt in das Lungenparenchym. Durch die Diuretikagabe normalisiert sich Frau Walters Nierenfunktion und das Lungenödem wird rasch ausgeschwemmt, so dass es bereits am 4. Tag nicht mehr nachweisbar ist.

Zu 3. Als Nierenersatztherapie gibt es verschiedene **Dialyseverfahren**, bei denen das Blut mit Hilfe des **Einsatzes von Membranen** „gereinigt" wird. Dies kann entweder außerhalb des Körpers (extrakorporal) über eine künstliche Membran erfolgen (S. 651) oder innerhalb des Körpers, indem das gut durchblutete Peritoneum als Austauschfläche dient (Peritonealdialyse = PD). Die **Peritonealdialyse** (S. 527) hat den Vorteil, dass sie durch den geschulten Patienten selbst als „**Heimdialyse**" durchgeführt werden kann. Da jedoch über einen dauerhaft liegenden Katheter die Dialysatflüssigkeit in die Bauchhöhle eingebracht wird, ist hier stets auch die Gefahr einer Peritonitis (S. 651) durch bakterielle Kontamination gegeben. Die Alternative ist eine **Nierentransplantation**.

Zu 4. Die **Implantation der Transplantatniere** erfolgt nicht in ihre anatomische Position (retroperitoneal in die Fossa lumbalis), sondern in den Unterbauch **extraperitoneal in die Fossa iliaca** (Abb. **P-1.7**), so dass die eigene Niere i. d. R. in situ belassen werden kann (Ausnahmen sind z. B. Pyelonephritiden (S. 778)). Für die heterotope Lage

P-1.7 Nierentransplantation mit Ureterneozystostomie

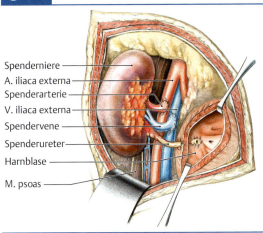

Die Transplantatniere wird in die Fossa iliaca implantiert, die A. und V. renalis der Spenderniere mit der A. und V. iliaca des Empfängers anastomosiert. Anschließend erfolgt die Implantation des Spenderharnleiters in die Blase des Empfängers (Ureterneozystostomie). Um einen Reflux von Urin in die Niere und damit eine Infektion des Transplantats zu vermeiden, wird dabei ein submuköser Tunnel gebildet (= Anti-Reflux-Plastik).

(Henne-Bruns, D., Düring, M., Kremer, B.: Duale Reihe Chirurgie. Thieme, 2003)

Bildbeschriftungen: Spenderniere, A. iliaca externa, Spenderarterie, V. iliaca externa, Spendervene, Spenderureter, Harnblase, M. psoas

in der Fossa iliaca spricht auch, dass die Niere in dieser Position **direkt zu palpieren** ist. So können z. B. Zeichen einer Transplantatabstoßung (Größenzunahme des Organs und Druckschmerz) leicht erkannt und per Nierenpunktion verifiziert werden.

1.8 Ösophagusvarizenblutung bei Leberzirrhose

Fallbeschreibung siehe „Kaffeesatzerbrechen" (S. 878).

Zu 1. Die **Leberzirrhose** ist die eigentliche Ursache einer Blutung, wie sie bei Herrn Gerber aufgetreten ist: Durch **Vernarbungsprozesse** in der Leber ist der intrahepatische Blutfluss behindert. Es kommt gewissermaßen zu einem Rückstau des Blutes in die Vena portae hepatis, in der infolgedessen ein sog. **Pfortaderhochdruck** entsteht. Das normalerweise über die V. portae hepatis abfließende Blut muss also über andere Gefäße in die V. cava gelangen. Einer der möglichen Leberumgehungskreisläufe nimmt seinen Weg dabei über die Vena gastrica sinistra zu den Vv. gastricae und Vv. oesophageae am gastroösophagealen Übergang. Dadurch bilden sich, wie bei Herrn Gerber, die häufigen **Ösophagusvarizen** und/oder etwas seltener **Fundusvarizen** (benannt nach dem Magenfundus). Die Blutungsneigung aus diesen pathologisch ausgeprägten Gefäßen wird begünstigt durch den Mangel an in der Leber synthetisierten **Gerinnungsfaktoren**, der durch die eingeschränkte Leberfunktion ebenfalls auf die Zirrhose zurückzuführen ist.

Zu 2. Auch die bei Herrn Gerber sichtbaren sternförmig auf den Bauchnabel zulaufenden Varizen sind eine, wenn auch seltene, Manifestationsform der Leberzirrhose mit Pfortaderhochdruck. Man nennt dieses klinische Bild **Caput medusae** (Abb. **C-3.22**). Dabei fließt das Blut über Venae paraumbilicales im Ligamentum teres hepatis Richtung Bauchnabel, um sich dort auf Venen der Bauchdecke zu verteilen.

Zu 3. Zu weiteren möglichen portokavalen Anastomosen s. Tab. **K-1.1**.

Zu 4. Kommt frisches Blut mit der im Magen gebildeten **Säure** in Berührung, bildet sich **Hämatin**, das wie Kaffeesatz aussieht. Daher kann bei derartigem Aspekt des Erbrochenen von einer Blutung im Ösophagus bzw. Magen ausgegangen werden. Bei Blutungen aus dem Nasen-Rachen-Raum hingegen kommt es aufgrund fehlenden Kontakts mit Magensäure nicht zur Hämatinbildung (es sei denn, das Blut wird verschluckt).

Zu 5. Zu einer Blutung kann es außer dem hier beschriebenen Beispiel prall gefüllter Varizen auch kommen, wenn Blutgefäße in der Wand gastrointestinaler Hohlorgane arrodiert („angenagt") werden: Dies kann durch Entzündungen (Refluxösophagitis (S. 683); Gastritis (S. 698)), Ulzera (Magen- oder Zwölffingerdarmgeschwüre (S. 698)) oder Magenkrebs bedingt sein. Auch eine leicht verletzliche Gefäßwand im Rahmen einer Gefäßfehlbildung (Angiodysplasie) kann eine Blutungsquelle darstellen.

1.9 Hyperthyreose bei Struma

Fallbeschreibung siehe „Gewichtsabnahme und Nervosität" (S. 937).

Zu 1. Durch die topografischen Beziehungen zur Trachea und zum Ösophagus kann ein starkes Wachstum Auswirkungen auf diese Nachbarorgane haben. So ist z. B. bei asymmetrischem Wachstum eine **Verlagerung der Trachea** möglich (Abb. **P-1.8**). Wird sie stark eingeengt, kann es zu einem **inspiratorischen Pfeifen** (Stridor) und bei länger bestehender Kompression zu einem Stabilitätsverlust durch Erweichung ihrer Knorpelspangen (**Tracheomalazie**) kommen. Seltener werden die Speiseröhre mit der Folge von Schluckbeschwerden (**Dysphagie**) oder Gefäße mit dem Bild einer **oberen Einflussstauung** (bei retrosternaler Struma) komprimiert. Letztere stellt eine absolute Indikation zur Schilddrüsen-Operation dar.

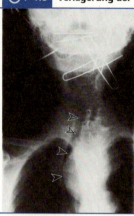

P-1.8 Verlagerung der Trachea

Die Röntgenaufnahme (p.-a.) zeigt eine große Struma links mit retrosternaler Ausdehnung. Hierdurch bogige Verlagerung der Trachea nach rechts (Pfeile). Die länglichen Fremdkörper am oberen Bildrand entsprechen Haarnadeln.
(Hirner, A., Weise, K.: Chirurgie Schnitt für Schnitt. Thieme, 2004)

Zu 2. Durch die variable Lage der (zumeist) vier Nebenschilddrüsen (Epithelkörperchen) innerhalb der Capsula fibrosa der Glandula thyroidea kann es bei jeder Schilddrüsenoperation zur versehentlichen Mitentfernung oder Läsion der Epithelkörperchen bzw. einer Zerstörung ihrer Gefäßversorgung kommen. In diesem Fall würde es bei Frau Wohlmeier zu den typischen Symptomen eines sog. **parathyreopriven Hypoparathyreodismus** kommen, die auf einen Kalziummangel mit Übererregbarkeit des neuromuskulären Systems zurückgeführt werden können: gesteigerte Reflexe, Krämpfe der Extremitäten- und Gesichtsmuskulatur und Kribbelparästhesien der Extremitäten. Typisch sind die Pfötchenstellung der Hände, die Equinovarusstellung der Füße und das Tetaniegesicht mit gespitzten Lippen. Kommt es zu einer Beteiligung der glatten Muskulatur, leiden die Patienten unter einem Stimmlippenkrampf (**Laryngospasmus**), abdominellen Spasmen und Blasenkoliken. Wichtig ist, dass die Symptome der akuten Hypokalzämie postoperativ schnell erkannt werden, da die Patienten durch einen eventuellen Laryngospasmus akut gefährdet sind. Therapie der Wahl ist die intravenöse Injektion von Kalziumglukonat. Langfristig erhalten die Patienten eine lebenslange Substitution mit Kalzium und Vitamin D. Da im Rahmen einer subtotalen Schilddrüsenresektion die Kapsel nicht mit entfernt wird, tritt diese Komplikation seltener auf als bei einer sog. totalen Thyreoidektomie, die beim Vorliegen eines Schilddrüsenkarzinoms durchgeführt wird.

Zu 3. Aufgrund der engen topografischen Beziehung zwischen Schilddrüse und **N. laryngeus recurrens** kann es intraoperativ zu einer Verletzung des Nervs kommen. Durch eine Laryngoskopie wird die Stellung der Stimmbänder untersucht und dokumentiert, so dass eine Aussage über die präoperative Funktion des N. laryngeus recurrens gemacht werden und ggf. mit postoperativen Veränderungen verglichen werden kann.

Zu 4. Eine einseitige Verletzung (< 1 %) führt zu einer **Stimmbandparese** mit **Heiserkeit** (Abb. **P-1.9**). Bilden sich die Symptome nicht – wie bei den meisten Patienten – innerhalb der ersten 3 Monate zurück, ist eine logopädische Therapie angezeigt. Eine **beidseitige Verletzung** der N. laryngeus recurrens (Stimmbänder stehen in Paramedianstellung (S. 924)) stellt eine **absolute Notfallsituation** dar! Das Hauptsymptom ist

P 1.11 Morbus Parkinson

P-1.9 Rekurrensparese rechts bei einem Patienten nach operativer Entfernung einer Struma

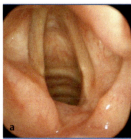
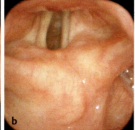

a Stellung der Stimmbänder während der Respiration
b und während der Phonation. Normalerweise müsste die Stimmritze jetzt geschlossen sein.

eine **starke Atemnot**, die direkt postoperativ auftritt. Therapeutisch können Steroide zur Abschwellung des Schleimhautödems und Sauerstoff verabreicht werden, evtl. muss der Patient reintubiert oder im Extremfall ein Luftröhrenschnitt (Tracheotomie (S. 930)) durchgeführt werden. Das Risiko kann durch eine kontinuierliche intraoperative Kontrolle des Nervs (sog. „**Neuromonitoring**") reduziert werden.

Zu 5. Durch die Verbindung der Capsula fibrosa der Schilddrüse mit den Faszien der umliegenden Organe bzw. dem Gefäß-Nerven-Strang des Halses gleitet die Schilddrüse beim Schlucken nach unten. Im Rahmen eines **Schilddrüsenkarzinoms** kann es zu einer tumorösen Infiltration des parathyreoidalen Fasziengewebes kommen, so dass es zu einer **Verwachsen der Schilddrüse mit ihrer Umgebung** kommt. Eine Schluckverschieblichkeit ist nicht mehr gegeben. Weitere Symptome bzw. Komplikationen des Schilddrüsenkarzinoms sind ein **nicht schmerzhafter Strumaknoten** von harter Konsistenz (= Struma maligna) und eine **Vergrößerung zervikaler Lymphknoten** sowie eine **Verdrängung benachbarter Organe**.

1.10 Schlaganfall

Fallbeschreibung siehe „Akut aufgetretene Lähmung und Sprachstörung" (S. 1180).

Zu 1. Die Lähmungserscheinungen hängen am ehesten mit einer Schädigung im **linken Gyrus precentralis** (Brodmann-Area 4) zusammen. Durch die Kreuzung motorischer Bahnen kommt es dann zu einer Lähmung der rechten Körperseite. Außerdem scheint das **motorische Sprachzentrum** (Broca, Area 45 und 44) betroffen zu sein.

Zu 2. Aufgrund der Symptome des Patienten kann man annehmen, dass es sich um die **linke A. cerebri media** handelt. Die Computertomografie bestätigte diesen klinischen Befund. Die A. cerebri media ist das von einem Hirninfarkt am häufigsten betroffene Gefäß.

Zu 3. Bei nachgewiesenem **Vorhofflimmern** ist es am wahrscheinlichsten, dass der **Embolus aus dem linken Vorhof** stammt und von dort aus über den linken Ventrikel in das Gehirn abgegangen ist. Eine andere Möglichkeit wäre eine arterio-arterielle Embolie, z. B. aus der linken A. carotis interna in die A. cerebri media. Diese Art der Embolie entsteht häufig bei einer vorbestehenden Verengung der Halsgefäße durch arteriosklerotische Plaques.

1.11 Morbus Parkinson

Fallbeschreibung siehe „Älterer Mann mit Bewegungsstörung" (S. 1193).

Zu 1: Schädigungen in den **Basalganglien** führen zu klinischen Bildern, die mit Störungen der Motorik in Form von **Hypo- bzw. Hyperkinesien** einhergehen (s. u.). Um diese nachvollziehen zu können, ist es wichtig, sich den Weg der Bewegungsimpulse zu verdeutlichen. Die Informationen für motorische Abläufe können auf ihrem Weg vom Kortex über die Basalganglien und den Thalamus zurück zum motorischen Kortex abhängig von der Aktivität der Basalganglien (Striatum, Pallidum, Ncl. subthalamicus, Substantia nigra) zwei unterschiedliche Wege durchlaufen. Über den direkten Weg (gelb in Abb. **N-2.5** und Abb. **N-2.6a**) hemmt das Striatum durch Freisetzung von GABA das Pallidum internum und die Pars reticularis der Substantia nigra. Diese beiden Kerne haben eigentlich eine motorikhemmende Funktion, da sie den Thalamus inhibieren und somit die Aktivität im motorischen Kortex mindern. Im End-effekt wirkt das Striatum aber über den direkten Weg motorikfördernd, weil die doppelte Hemmung zu einer Enthemmung der thalamischen Neurone führt. Beim indirekten Weg (grün in Abb. **N-2.5**, und Abb. **N-2.6b**) projizieren Neurone des Stria-tums hemmend (GABA) in das laterale Pallidum. Von diesem (motorikfördernden) Kern verlaufen inhibitorische Efferenzen (GABA) zum Ncl. subthalamicus, der wie-derum erregende Afferenzen (Glutamat) in das motorikhemmende interne Palli-dum und die Pars reticularis der Substantia nigra schickt. Damit wirkt das Striatum über den indirekten Weg motorikhemmend, weil der Ncl. subthalamicus enthemmt wird, der wiederum die hemmenden Zellen im internen Pallidum stärker erregt. Die Folge ist eine starke Hemmung des an sich bewegungsfördernden Thalamus. Kontrolliert werden die beiden Wege über Verbindungen zwischen der Pars com-pacta der Substantia nigra und dem Striatum. Die nigralen Efferenzen (Dopamin) hemmen über D2-Rezeptoren den motorikhemmenden Anteil und fördern über D1-Rezeptoren die motorikfördernden Anteile des Striatums. Die Pars compacta der Substantia nigra wirkt also motorikfördernd! Bei Ausfall dieser dopaminergen Projektion der Pars compacta der Substantia nigra in das Striatum (Abb. **N-2.6b**) kommt es zu einer Enthemmung des motorikhemmenden Striatumanteils (indirek-ter Weg, s. o.) und gleichzeitig zu einer Hemmung der motorikfördernden striatalen Anteile (direkter Weg, s. o.).

Klinisch manifestiert sich das typische Bild des **Morbus Parkinson** mit **Hypo-** bis **Aki-nesie**, **Ruhetremor** und **erhöhtem Muskeltonus** (Rigor).

Zu 2: Der Ncl. subthalamicus ist in den indirekten Weg zwischen Striatum und Tha-lamus integriert (Abb. **N-2.5** und Abb. **N-2.6a**). Er besitzt eine **hemmende Funktion für motorische Impulse**, da er das interne Pallidum und die Pars reticularis der Sub-stantia nigra über glutamaterge Afferenzen erregt, welche wiederum hemmend (GABAerg) auf die Thalamuskerne projizieren. Wenn der Einfluss des Ncl. subthala-micus auf das interne Pallidum und die Pars reticularis der Substantia nigra wegfällt, kommt es über eine Erregung der Thalamuskerne zu einer Aktivierung des motori-schen Kortex. Da die Pyramidenbahnen auf die Gegenseite kreuzen, entwickeln die Patienten bei einseitiger Schädigung des Ncl. subthalamicus (meistens durch eine Blutung oder einen Tumor) auf der kontralateralen Seite eine hyperkinetische Bewe-gungsstörung, den sog. **Hemiballismus**. Die Patienten leiden unter plötzlich ein-schießenden, rasch ablaufenden Schleuderbewegungen, die vorwiegend im Schul-ter- und Beckenbereich lokalisiert sind. Häufig tritt gleichzeitig ein Grimassieren auf. Zuwendung und Aufregung verstärken die Hyperkinesien. Ähnliche Symptome entstehen bei Schädigung der Verbindungen zwischen dem Ncl. subthalamicus und dem internen Pallidum.

Zu 3: Die motorikfördernden Anteile des Striatums hemmen über den direkten Weg (GABAerg) das interne Pallidum und die Pars reticularis der Substantia nigra, die ih-rerseits die Thalamuskerne und damit den motorischen Kortex inhibieren. Ein Aus-fall von Zellen im Bereich des motorikfördernden Striatums führt zum Krankheits-bild der **Chorea Huntington**. Die Chorea wird **autosomal-dominant** vererbt, d. h. Kin-der von Trägern der Huntington-Erbanlage haben ein 50%-iges Erkrankungsrisiko. Die Erkrankung manifestiert sich im mittleren Lebensalter. Die Patienten leiden an einer Bewegungsstörung mit plötzlich einschießenden Bewegungsimpulsen, die von den Patienten nicht kontrolliert werden können. Der Muskeltonus ist herab-gesetzt, was den Hyperkinesien das schleudernde Ausfahren verleiht. Im Gegensatz zum Hemiballismus sind bei der Chorea v. a. die distalen Extremitätenmuskeln be-troffen. Besonders auffällig sind die Hyperkinesien der mimischen Muskulatur, die als Grimassieren imponieren. Typischerweise kommt es zu einer Zunahme der Be-wegungsstörung bei seelischer Erregung. Zusätzlich leiden die Patienten regelmäßig an psychischen Veränderungen, wie z. B. Aggressivität, paranoiden Psychosen und schwerer Demenz.

1.12 Morbus Cushing

Fallbeschreibung siehe „Gewichtszunahme und Erschöpfung" (S. 1253).

Zu 1. 95 % aller Hypophysenadenome werden heute über den **transsphenoidalen Zugangsweg** mikroinvasiv entfernt. Dies ist möglich, da die Hypophyse eingebettet in der **Sella turcica** des Keilbeins (Os sphenoidale) liegt und daher leicht über den **Sinus sphenoidalis** erreicht werden kann. Bei diesem Eingriff führt der Chirurg die Instrumente **durch die Nase** in die Keilbeinhöhle ein. Dann wird der Boden der Sella turcica eröffnet, die Dura mater inzidiert und das Hypophysenadenom entfernt.

Zu 2. Beschrieben ist die typische klinische Trias des **Diabetes insipidus**. Im Rahmen einer transsphenoidalen Adenomresektion kann es zu einer Zerstörung des Hypophysenhinterlappens mit einem **Ausfall der Produktion des antidiuretischen Hormons** (ADH) kommen. Folge ist die vermehrte Ausscheidung eines verdünnten Urins. Hiervon abgegrenzt werden muss die renale Form des Diabetes insipidus. Bei diesem spricht die Niere durch einen Defekt des ADH-Rezeptors am distalen Tubulus nicht auf das Hormon an.

Zu 3. Die Unterscheidung zwischen zentralem und renalem Diabetes insipidus ist durch einen einfachen **klinischen Test** möglich: Die Gabe einer **Testdosis ADH** führt beim zentralen Diabetes insipidus zu einer Erhöhung der **Urinosmolarität**, bleibt beim renalen Diabetes insipidus aber ohne Wirkung. Die Therapie des zentralen Diabetes insipidus besteht in der Gabe von Desmopressin, einem Vasopressinanalogon.

Zu 4. Oberhalb der Hypophyse liegt die Sehnervenkreuzung (**Chiasma opticum**). Bei Druck auf das Chiasma opticum (Abb. **P-1.10**) kommt es zu **Gesichtsfeldausfällen**, am häufigsten in Form einer bitemporalen Hemianopsie (S. 1221). Selten kommt es über eine Atrophie des N. opticus zu einer einseitigen Erblindung.

Lateral der Hypophyse liegt der Sinus cavernosus mit den in ihm verlaufenen **Augenmuskelnerven** (Hirnnerven III, IV, VI (S. 982)). Druck auf diese Struktur kann demnach zu Augenmuskelparesen führen. Durch Verdrängung des übrigen Hypophysengewebes kann sich eine **hypophysäre Insuffizienz** entwickeln. Wird auch der Hypophysenhinterlappen in den Prozess einbezogen, resultiert ein **Diabetes insipidus**. Sehr große Hypophysenadenome können den III. Ventrikel erreichen und über eine Kompression des Foramen interventriculare (S. 1155) zu einem **Verschlusshydrozephalus** mit erhöhtem Hirndruck führen. Allgemein leiden Patienten mit Makroadenomen der Hypophyse an Kopfschmerzen.

P-1.10 Makroadenom der Hypophyse

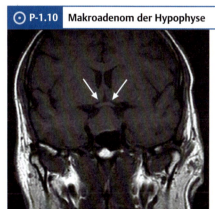

Die Pfeile zeigen auf das im MRT deutlich sichtbare Chiasma opticum, das durch den kaudal davon wachsenden Hypophysentumor (*) bogig angehoben ist.

(Forsting, M., Jansen, O.: MRT des Zentralnervensystems. Thieme, 2005)

Sachverzeichnis

Halbfette Seitenzahl: Sind mehrere Seitenzahlen unter einem Stichwort angegeben, wird das Stichwort auf der halbfett markierten Seite ausführlicher besprochen.

A

AB0-System 168
Abdomen, akutes 647
Abdomenübersichtsaufnahme 131
Abdominalhöhle, Entwicklung 117
Abduktion 42
Abduktionshemmung 362
Aberrante Nierenarterien 774
Abfaltung, Embryo 114
Ableitende Harnwege
  s. Harnwege 776
Abspreizen (Abduzieren) der
  Finger 491
Abstillen 821
Abstrich, Zervix 803
AC(Acetabulum)-Winkel 362
AC-Band = Ligamentum coracoa-
  cromiale 440
ACE = Angiotensin-Converting-
  Enzyme 772
ACE (= Angiotensin Converting
  Enzyme)-Hemmer 160
Acetabulum 327, 345
Acetylcholin = ACh 219
Acetylcholin-Rezeptor, Autoanti-
  körper 84
AC-Gelenk = Akromioklavikular-
  gelenk 440
ACh = Acetylcholin 219
Achillessehne 413
– Ruptur 413
Achillessehnenreflex 413
Achselfalte 451
– hintere 474
– vordere 474
Achselhöhle, Leitungsbahnen
  464
Achsellücken 474
Achsen 38
– obere Extremität 476
Achsenorgane 281
Achsenskelett 248
Aciclovir 1133
Acromion 440
ACTH = adrenokortikotropes
  Hormon 791, 1252
Adamantoblast 1028
Adamkiewicz-Arterie (Arteria
  radicularis magna) 1164
Adamsapfel s. Prominentia
  laryngea 921
Adaption 1049
Addison, Morbus 792
Adduktion 42
Adduktoren 358
Adduktorenkanal (Canalis
  adductorius) 381
Adenohypophyse 1249, **1251**
– Entwicklung 1175
– Hormone 1252
Adenoide Vegetationen 916
Adenosintriphosphat = ATP 219
Adenotomie 916
Aderhaut s. Choroidea 1064

ADH = antidiuretisches Hormon
  = Vasopressin 200, 771, 1250,
  1289
– Mangel 200
Adhärenskontakt 57
Adhäsion, Blastozyste 105
Adhäsionskontakt (Haftkontakt)
  57
Adhäsive Glykoproteine 69
Adhesio interthalamica 1126
Adiadochokinese 1124
Adipositas 43, 71
Adipozyt 71
– plurivakuolär 72
– univakuolär 71
Aditus
– laryngis 917, 921, 923
– orbitalis 959, 965, 1049
Adiuretin s. Antidiuretisches
  Hormon 1250
Adnexitis 797
Adrenalin 790, **792**, 1182, 1257
Adrenarche 824
Adrenokortikotropes Hormon =
  ACTH 791, 1252
Adrenorezeptoren-Blocker 160
Adventitia s. Tunica adventitia
  677
Aδ-Faser 1206
Affekte 1243
Affenhand 510
Afferenz 197, 205
– Informationsleitung 212
Agger nasi 1041
Aggrecan 69
Agranulärer Kortex 1135
AIDS = aquired immuno-
  deficiency syndrome 177
Akinese 1188
Akkommodation 1049, 1069
Akkommodationsreflex 1227
Akromegalie 1009, 1252
Akromioklavikulargelenk (Articu-
  latio acromioclavicularis) 440
Akrosin 848
Akrosom 844
Akrosomenreaktion 103, 848
Aktinfilament 51
– Muskulatur 81
Aktin-Monomer 51
Aktinnetz, kortikales 51
Aktionspotenzial 195
Aktive Insuffizienz 496
Aktivität, neuronale 196
Akutes Abdomen 647
Akutes Nierenversagen = ANV
  1285
Akzeleration 45
Akzessorische Geschlechts-
  drüsen, Mann 832
Akzessorische Nierenarterien
  774
Akzessorisches optisches System
  1225
Ala(-ae)
– major 945
– minor 945
– nasi 1039
– ossis ilii 328

Albumin 165
Alcianblau 101
Alcock-Kanal (Canalis puden-
  dalis) 341, 884
Aldosteron 790
– Sekretion 772
Allantois 114, 851
Allergie 173
allergische Reaktion, Soforttyp
  (Typ-I-Reaktion) 174
allgemeine Bedeutung,
  Anatomie 31
Allokortex 1135
Alter, Einfluss auf Körperbau 47
Altersatrophie 825
Altersrundrücken 250
Altersweitsichtigkeit 1069
Alveolarmakrophagen 557
Alveole 550, **557**, 569
Alveolus(-i) dentalis 955, 1025
Alveus hippocampi 1248
Alzheimer-Demenz 1256
Amakrine Zelle 1065, 1067, 1220
Amboss 1080
Amboss (Incus) 1080
Ameloblast 1028
Ameloblastom 1029
Amine 704
Aminopeptidasen 748
Ammonshorn s. Cornu ammonis
  1246
Amnesie
– anterograde 1259
– retrograde 1259
Amnionhöhle 107
Amniozentese 124
AMPA/KA-Rezeptor 1209
Amphiarthrosis (straffes Gelenk)
  232, 410, 423, 490
Ampulla(-ae)
– duodeni 705
– epiphrenica 682
– membranaceae 1083
– osseae 1084
– recti 719
– tubae uterinae 797
– urethrae 839
Ampullärer Beckentyp 777
Amputationsneurom 96
α-Amylase 748
Analabszess 720
Analatresie 728
Analfalten 728, 858
Analfissur 721
Analfistel 720
Analkanal (Canalis analis) 719-
  720
– Gefäße 724
– Nerven 727
Analmembran 728
Anämie 169
anaphylaktischer Schock 174
Anastomose (Gefäßzusammen-
  schluss) 148
– arterielle
– – Bauchraum 867
– – Kopf 975
– arteriovenöse 158
– kavokavale 633, **870**

– Lunge 559
– portokavale 322, **870**
Anatomie am Lebenden s. Ober-
  flächenanatomie 35
Anatomische Fachsprache 33
Anatomische Normalposition
  232
Anatomische Richtungsbezeich-
  nung 41
Androgene 790, 827, 845, 855
– systemische Wirkung 846
Anenzephalus 284, 1170
Aneurysma 69, 614
– dissecans 628
– Hirnbasisarterien 1159
Angina 191
– pectoris 592, 600
Angiogenese 155
Angiografie 139
– zerebrale 1177
Angiokardiografie 621
Angiom, arteriovenöses 1179
Angioödem 174
Angiotensin I 772
Angiotensin II 772
Angiotensin-Converting-Enzyme
  = ACE 772
Angiotensinogen 772
Angulus(-i)
– costae 288
– infrasternalis 289
– iridocornealis 1071
– iridocornealis (Kammerwin-
  kel) 1071
– mandibulae 955
– sterni, Rippenzählung 304
– subpubicus 329
– venosus (Venenwinkel) 632,
  634
Anheftungsplatten/
  Verdichtungsplatten,
  glatte Muskulatur 89
Anisodontie 1021
Anorganische Matrix = Knochen-
  grundsubstanz 76
ANP = atriales natriuretisches
  Peptid = Cardiodilatin 88, 595
Ansa
– cervicalis
– – profunda 902
– – superficialis 902, 904
– lenticularis 1144, 1186
– nephroni (Henle-Schleife)
  772
– subclavia 905
Ansatz, Muskel 241
Ansatzsehne (Insertio) 234
Anspannungsphase 609
Antagonisten 240
Anteflexio, Uterus 800
anterior, -us 41
anterior-posterior (a. p.)
  s. Röntgendiagnostik 130
Anteriore Zone, Prostata 834
Anterolaterale Chordotomie
  1211
Antetarsus (Vorfuß) 403
Antetorsion, Femur 348, 398
Anteversio, Uterus 800

Anteversion 42
Antibiogramm 783
Anticus (M. cricothyroideus) 926
Antidiuretisches Hormon = ADH = Vasopressin 771, 1250
– Mangel s. ADH 200
Antigen, prostataspezifisches = PSA 834
Antigenpräsentation 174
Antihelix 1075
Antikörper 177
– IgA 189
Anti-Müller-Hormon 855
Antrum
– cardiacum 682
– folliculi 810
– mastoideum 1079, **1082**
– pyloricum 693
Antwortkommentare 1281
Anulus
– femoralis 315
– fibrocartilagineus 1077
– fibrosus 258, 587
– inguinalis
– – profundus (innerer Leistenring) 317
– – superficialis (äußerer Leistenring) 317
– tendineus communis 1049
– umbilicalis 313
Anus praeternaturalis 728
ANV = Akutes Nierenversagen 1285
An-Zentrum-Bipolarzelle 1219
An-Zentrum-Ganglienzellen 1219
Aorta 146, **627**
– abdominalis 863
– – Äste 864
– – Übersicht der unpaaren Äste 866
– ascendens = Pars ascendens aortae 579, 627, **629**
– descendens = Pars descendens aortae 627, **631**
– mediastinal 627
– – Abschnitte 628
– paarige 642
– reitende 624
– thoracica (Brustaorta) = Pars thoracica aortae 627, 631
Aortae dorsales 877
Aortenaneurysma 628
Aortenbogen (Arcus aortae) 627, 629, 642
Aortendissektion 628
Aortenenge, Ösophagus 681
Aortenisthmus (Isthmus aortae) 629
– Stenose 321, 629
Aortenklappe s. Valva aortae 592
– Insuffizienz 593
– Stenose 592, 619
Aortenruptur 628
a. p. = anterior-posterior s. Röntgendiagnostik 130
Apertura(-ae)
– canaliculi, vestibuli 950
– externa canaliculi cochleae 951
– laterales ventriculi quarti 1156
– mediana ventriculi quarti 1156
– pelvis
– – inferior (Beckenausgang) 329
– – superior (Beckeneingangs-ebene) 328

– piriformis 959, 965, **1039**
– sinus frontalis 943
– thoracis
– – inferior 288
– – superior 288
Apex
– cordis (Herzspitze) 579
– dentis 265
– linguae 1009
– ossis sacri 258
– patellae 364
– pulmonis 548
– vesicae 780
Aphasie
– Leitungs- 1262
– motorische 1140, 1262
– sensorische 1141
apikale Zellmembran 54
apikales Netz s. Aktinnetz, kortikales 51
apokrine Drüse s. Drüse 65
Apokrine Schweißdrüsen 1277
apokrine Sekretion s. Drüse, exokrine 64
Aponeurose 234
Aponeurosis
– bicipitalis 460
– linguae 1010
– musculi bicipitis 475
– brachii 460
– palmaris (Palmaraponeurose) 503
– plantaris 423
– stylopharyngea 912
Apophyse 223
Apoplex 625, 1157
Apoptose 180
– Nervenzellen im Rückenmark 1098
Apozytose 64
Apparat, juxtaglomerulärer 772
Appendix(-ices)
– epididymidis 856
– epiploicae 715
– fibrosa hepatis 736
– testis 856
– vermiformis (Wurmfortsatz) **192**, 713, 716
Appendizitis 192, **714**
Apposition, Blastozyste 105
appositionelles Wachstum
– Knochen 79
– Knorpel 72
APUD-Zellen 704
Äquator s. Bulbus oculi 1058
Aqueductus
– cerebri 1114
– cochleae 951
– mesencephali 1114, 1154
Arachnoidea mater 1149
ARAS = aszendierendes retikulä-res aktivierendes System 1254
Arbeitsmuskulatur 594
Arbor bronchialis (Bronchial-baum) 554
Archikortex 1135
Arcus
– anterior 264
– aortae (Aortenbogen) 627, **629**, 638
– axis 265
– costalis 289
– iliopectineus 314
– palatoglossus 916, 1005
– palatopharyngeus 916, 1005
– palmaris
– – profundus (tiefer Hohlhand-bogen) 506
– – superficialis (oberflächlicher Hohlhandbogen) 506

– plantaris 427
– posterior 264
– pubicus 329
– subpubicus 328
– superciliaris 943, **959**, 965
– tendineus musculi solei 431
– venosus
– – dorsalis pedis 429
– – jugularis 898
– – plantaris 429
– vertebrae (Wirbelbogen) 251
– zygomaticus 959, 965
Area(-ae)
– cribrosa 768
– gastricae 696
– hypothalamica posterior 1129
– intercondylares 364
– nuda 736
– postrema 1111, 1169
– prepiriformis 1240
– pretectalis 1226
– septalis 1245
– striata 1136
Areola mammae 1277
argyrophil 101
Arkadenbildung, Mesenterial-arterien 867
Arm s. obere Extremität 437
Armvenen 467
Artefakt 99
Arteria(-ae)
– alveolaris
– – inferior 956, 974, **1026**
– – superior
– – – anterior 974, 1026
– – – posterior 974, 1026
– angularis 962, 974, **975**, 1052, 1055
– appendicularis 665, 716, 866
– arcuata(-ae) 427, 775
– auricularis
– – anterior 1075
– – posterior 974, 1075, 1078
– – profunda 974, 1033, 1077
– axillaris 463
– – Topografie 470
– basilaris 1158
– brachialis 465
– – Puls 465
– – Topografie 469
– bronchiales s. Rami bronchia-les 545
– buccalis 974
– bulbi
– – penis 837, 880
– – vestibuli 808, 880
– caecalis 866
– – anterior 716
– – posterior 716
– canalis pterygoidei 974, 1036
– caroticotympanicae 1083
– carotis
– – communis 912
– – – dextra 629
– – – sinistra 629
– – externa **973**, 975, 1019
– – – am Hals 897
– – interna 912, 950, **975**, 1158
– – – extrazerebrale Äste 975
– – caudae pancreatis 866
– – centrales anterolaterales 1161
– – centralis retinae 1061, 1067
– – cerebri
– – – anterior 1158, **1160**
– – – media 1158, 1160
– – – – Infarkt 1288
– – – – Verlauf 1160
– – – posterior 1158, 1160
– – cervicalis

– – ascendens 898
– – profunda 278, 898
– – superficialis = R. ascendens, A. transversa cervicis 278, 898
– – suprema 898
– choroidea anterior 1162
– ciliares
– – anteriores 1056, 1059
– – breves 1051
– – longae 1051
– circumflexa
– – femoris
– – – lateralis 382
– – – medialis 382
– – humeri
– – – anterior 463
– – – posterior 463
– – ilium
– – – profunda 321, 380, 879
– – – superficialis 321, 381
– – scapulae 463
– cochlearis
– – communis 1087
– – propria 1087
– colica
– – dextra 717, 866
– – media 665, **717**, 866
– – sinistra 717, 866
– collateralis
– – media 465
– – radialis 465
– – ulnaris
– – – inferior 465
– – – superior 465
– communicans
– – anterior 1158
– – posterior 1158
– coronaria (Koronararterie) 599
– dextra 629
– sinistra 629
– corticalis radiata 775
– cystica 746, 866
– digitales
– – dorsales 427, 507
– – palmares
– – – communes 507
– – – propriae 507
– – – – pollicis 506
– – plantares 427
– dorsalis
– – clitoridis 808, 880
– – nasi 975, **1046**, 1052
– – pedis 427
– – penis 837, 880
– – scapulae = R. profundus, Arteria transversa colli 278, 463, 898
– ductus deferentis 831, 833, 879
– epigastrica
– – inferior 317, **321**, 879
– – superficialis 321, 381
– – superior 321, 629
– ethmoidalis
– – anterior 949, **1046**, 1050, 1052
– – posterior 1046, 1050, 1052
– facialis 897, 962, **974**, 1005, 1020, 1046
– femoralis 314, **391**, 808
– – Äste 381
– – Beginn 380
– fibularis 427
– gastrica(-ae) 665
– – breves 665, **700**, 866
– – dextra 700, 866
– – psterior 700
– – sinistra 686, **700**, 865
– gastroduodenalis 866

- gastroomentalis 665
– dextra 866
– sinistra 700, 866
- genus descendens 381
- glutea
– inferior 880
– superior 380, 880
- helicinae 804, 847
- hepatica
– communis 865
– propria 665, **738**, 746, 866
- hyaloidea 1071
- hypophysialis
– inferior 1251
– superior 1251
- ileales **710**, 716, 866
- ileocolica 716, 866
- iliaca(-ae)
– communes 879
– externa 380, **879**
– interna 380, **879**
– – parietale Äste 880
– – viszerale Äste 879
- iliolumbalis 341, 880
- inferior
– anterior cerebelli 1159
– lateralis genus 383
– medialis genus 383
– posterior cerebelli 1159
- infraorbitalis 951, 956, **962**, 974, 1005, 1036, 1046, 1050
- intercostalis(es) 686
– anteriores 631
– posteriores **277**, 299, 320, 631
– suprema 277
- interlobares 775
- interossea
– anterior 505, 508
– communis 505
– posterior 505, 508
– recurrens 505
- jejunales 710, 866
- labiales 962, **974**, 1005
- labyrinthi 1085, 1087, **1159**
- lacrimalis **1051**, 1055, 1057
- laryngea
– inferior 898, 927
– superior 897, 927, 974
- lenticulostriatae 1161
- lienalis s. Arteria splenica 865
- lingualis 974, 1013
- lumbales 277, **320**, 865
- mammaria interna
  s. A. thoracica interna 299
- masseterica 974, 1033
- maxillaris 956, **974**, 1019, 1026, 1035
- media genus 383
- meningea
– media 949, 974, **1164**
– posterior 950, 974
- mentalis 962
- mesenterica
– inferior 717, **867**
– superior 665, 705, 710, 717, **867**
- metacarpales
– dorsales 507
– palmares 506
- metatarsales
– dorsales 427
– plantares 427
- musculophrenica 299
- nasales posteriores
– laterales 1046
– septi 1046
- nutricia(-ae)
– fibulae 427
– humeri 465
– radii 506

– – tibiae 427
– – ulnae 506
- obturatoria 380, 881
- occipitalis 278, 974
- ophthalmica 949, 962, 975, 1049, **1051**
- ovarica 796, 865
- palatina(-ae)
– ascendens 897, 919, 974, 1007
– descendens 191, 919, 956, 974, 1007, 1036
– major 1036
– minores 1036
- palpebrales 1056
– mediales 1052
- pancreatica
– dorsalis 753, 866
– inferior 753
– magna 753, 866
- pancreaticoduodenalis 707
– inferior 707, 753, 866
– superior 753
– – anterior 707, 866
– – posterior 707, 866
- perforantes 382
- pericallosa 1161
- pericardiacophrenica 615, 629
- perinealis 808, 880
- pharyngea ascendens 919, **974**, 1007
- phrenica
– inferior 320, 865
– superior 631
- plantaris
– lateralis 427
– medialis 427
- pontis 1159
- poplitea 393
– Äste 383
– Beginn 381
– Verletzung 393
- princeps pollicis 506
- profunda
– brachii 465
– – Topografie 469
– clitoridis 808
– femoris
– – Äste 382
– – Beginn 381
– linguae 974, 1013
– penis 837, 880
- pudenda(-ae)
– externa 381, 841
– interna **341**, 808, 835, 837, 841, **880**
- pulmonales = Lungenarterien 559, 568, 631
- radialis 466, 495, 505, **506**,
– indicis 506
– Puls 506
- radicularis magna 1164
- rectae 710
- rectalis
– inferior **724**, 880
– media **724**, 835, 880
– superior 717, **724**, 866
– recurrens
– radialis 505
– ulnaris 505
- recurrentes tibiales 427
- renalis 773, 865
- retroduodenales 707, 866
- sacrales laterales
- sacralis(-es)
– laterales 278, 341, 380, 880
– mediana 278
– segmentales laterales 877
– sigmoideae 665, 717, 866
– sphenopalatina 974, 1036

- spinalis(-es)
– anterior 950, 1163
– posteriores 950, 1163
- splenica (lienalis) 188, 665, 865
- stylomastoidea 951, **974**, 1083
- subclavia 463, **897**
– dextra 629
– sinistra 629
- subcostalis 277, **299**, 320
- sublingualis 974, 1013, 1016, 1021
- submentalis 897, 974, 1016
- subscapularis 463
- superior
– cerebelli 1159
– lateralis genus 383
– medialis genus 383
– supraorbitalis 975, 1052, 1055
- suprarenalis
– inferior 773, 793, 865
– media 793, 865
– superior 793, 865
- suprascapularis 463, 898
- supratrochlearis 1052, 1055
- surales 383, 427
- temporalis(-es)
– media 974
– profunda 974, 1033
– superficialis 962, **974**, 1019, 1078
- testicularis 828, 865
- thoracica
– interna 299, 629
– – Ursprung 898
– lateralis 299, 463
– superior 463
- thoracoacromialis 463
- thoracodorsalis 299, 463
- thyroidea
– inferior 686, 898, 919, **934**
– superior **897**, 919, 934, 974
- tibialis
– anterior 427
– posterior 427
- transversa
– cervicis (colli) 278, 463, 898
– faciei **962**, 974, 1005, 1020
- tympanica
– anterior 951, 974, 1083
– inferior 974, 1083
– posterior 974, 1083
– superior 950, 1083
- ulnaris 466, 495, 505, **506**, 508
– Puls 506
- umbilicalis 123, 150, 317, 877, 879
- urethralis 840, 880
- uterina 804, 880
- vaginalis 806, 880
- vertebralis 278, 950, **1158**, 1163
– Ursprung 898
- vesicalis
– inferior **783**, 833, 835, 880
– superior **783**, 879
- vestibularis anterior 1088
- vestibulocochlearis 1088
- vitellina(-ae) 877
– superior 670
- zygomaticoorbitalis 962
Arterie 147
- elastischer Typ 153, 629
- muskulärer Typ 154
- Wandbau 153
Arterielle Anastomosen, Bauchraum 867

Arterielle Hypertonie (Bluthochdruck) 160, 600
Arterielle Massenblutung 1162
Arteriola(-ae)
- glomerularis
– afferens 769, 772, 775
– efferens 769, 775
- rectae 775
Arteriole 154
Arteriosklerose 154
- Bein 396
- koronare 600
Arteriovenöse Kopplung 159
Arteriovenöses Angiom 1179
Arthrose 74, 131, 228
- Hüfte s. Coxarthrose 345
- Kniegelenk s. Gonarthrose 363
- Sprunggelenke 396
Articulatio(-nes)
- acromioclavicularis (Akromio-klavikulargelenk = AC-Gelenk = Schultereckgelenk) 440
- atlantoaxialis 265
– lateralis 266
– mediana 266
- atlantooccipitalis 265
- bicondylaris (Kondylengelenk) 231
- calcaneocuboidea 409
- capitis costae (Rippenkopf-gelenk) 290
- carpometacarpalis(-es) (Kar-pometakarpalgelenke) 489
– – II–V 490
– – pollicis (Daumensattelge-lenk) 489
- costotransversaria (Rippen-querfortsatzgelenk) 290
- costovertebrales (Kostover-tebralgelenk) 290
- coxae s. Hüftgelenk 345
- cricoarytenoidea 923
- cricothyroidea 922
- cubiti (Ellenbogengelenk) 455
– – Röntgenbild 457
- cylindrica (Walzengelenk) 231
- Diarthrose 228
- ellipsoidea (Eigelenk) 231
- genus s. Kniegelenk 363
- glenohumeralis (Schulter-gelenk) 445
– – Röntgenbild 438
- humeroradialis (Humero-radialgelenk) 455, 459
- humeroulnaris (Humero-ulnargelenk) 455, 459
- incudomallearis 1080
- incudostapedialis 1080
- interchondrales 291
- intermetacarpales (Karpo-metakarpalgelenke) 491
- intermetatarsales (Intermeta-tarsalgelenke) 411
- interphalangeales (Interphalangealgelenke) 492
– – pedis (Interphalangealgelen-ke des Fußes) 411
- mediocarpalis (distales Hand-gelenk) 484-485
- metacarpophalangea pollicis (Daumengrundgelenk) 491
- metacarpophalangeales (Fingergrundgelenke) 491
– – II–V 491
- metatarsophalangeae (Zehengrundgelenke) 411
- plana (ebenes Gelenk) 231
- radiocarpalis (proximales Handgelenk) 484

1296 Sachverzeichnis

– radioulnaris
– – distalis (distales Radioulnargelenk) 479
– – proximalis (proximales
Radioulnargelenk) 455, 459
– sacroiliaca (Iliosakralgelenk)
331
– sellaris (Sattelgelenk) 231
– sphaeroidea (Kugelgelenk)
232
– sternoclavicularis
(Sternoklavikulargelenk) 440
– – Bewegungsausmaß 442
– sternocostales
(Sternokostalgelenke) 291
– subtalaris 407
– talocalcaneonavicularis 407
– talocruralis (oberes Sprunggelenk = OSG) s. Sprunggelenke 404
– talonavicularis 409
– talotarsalis (unteres Sprunggelenk = USG) s. Sprunggelenke 407
– tarsi transversa (Chopart-
Gelenk) 409
– tarsometatarsales 410
– temporomandibularis
s. Kiefergelenk 1030
– tibiofibularis 399
– trochoidea (Rad-/Zapfen-
gelenk) 231
– zygapophysealis (Wirbel-
bogengelenk) 251
Artikulation 1261
Asbestfasern, Knorpel 74
Aschoff-Tawara-Knoten
s. AV-Knoten 597
Ascorbinsäure (Vitamin C)-
Mangel 68
Aseptische Nekrose 360
Aspartat 1182
A-Spermatogonien 843
Aspiration 545, 918
Assimilation 284
Assoziationsfasern 1145
Assoziationskortex, parietaler
1182
Assoziatives Lernen 1260
Astheniker 46
Asthma
– bronchiale 90
– – Atmung, forcierte 294
– – Eosinophilie 173
– cardiale 591
A-Streifen s. Muskulatur,
Querstreifung
Astrozyt (Gliazelle) 93
Astrozytom 93
Aszendierendes retikuläres
aktivierendes System = ARAS
1254
Aszensus, Niere 851
Aszites 526
Ataxie
– sensorische 1200
– spinale 1200
– zerebelläre 1124
Atelektase 558
Atemarbeit 293
Atemmechanik 292
Atemmechanismen 567
Atemminutenvolumen 294
Atemmuskeln, Übersicht 568
Atemphasen 566
Atemverschieblichkeit
– Leber 736
– Lunge 572
Atemwege, untere 541
Atemwegsobstruktion 294
Atemwegswiderstand 561

Atemzentrum 1111, 1255
Atherosklerose 154
Athletischer Typ 46
Atlas 264
Atlasassimilation 284
Atmung 565
– äußere 547, 556, **565**
– diaphragmale 567
– forcierte 294
– innere 565
– kostale 567
– laterale 567
– sternokostale (Brust-/Rippen-
atmung) 293, 567
Atmungsorgane 541
– Entwicklung 575
Atmungsstörungen 569
Atonie 90
Atopische Dermatitis (Neuro-
dermitis) 173
ATP = Adenosintriphosphat 219
Atresia ani (Analatresie) 728
Atriales natriuretisches Peptid =
ANP = Cardiodilatin 88, 595
Atrioventrikularkanal (Canalis
atrioventricularis) 623
Atrioventrikularklappen = AV-
Klappen s. Valvae cuspidales
589
Atrium(-a)
– cordis (Herzvorhof) 578
– – dextrum (rechter Vorhof)
580, 582
– – Lage 581
– – sinistrum (linker Vorhof)
580, 583
– primitivum/commune 622
Atrophie
– Hypothenar 499
– Zunge 1111
Auditorischer Kortex 1141,
1232
– sekundärer 1232
Auditorisches System 1228
Auerbach-Plexus (Plexus
myentericus) 219, 679
Auffahrunall 267
Aufhellung 130
Aufhellung s. Röntgendiagnostik
130
Auflagepunkte, Fuß 421
Augapfel 1058
Auge 1049
– Entwicklung 1072
– Hilfsapparat 1052
Augenbecher 1072, 1174
Augenbecherspalte 1072
Augenbewegungen
– Steuerung über Vestibularis-
kerne 1238
– willkürliche 1225
Augenbläschen 1072
Augenfarbe 1062
Augenfeld, frontales 1140
Augenfurchen 1072
Augenhintergrund 1067
Augenhöhle s. Orbita 1049
Augeninnendruck 1061, 1070
Augenkammern 1070
Augenlid, Drüsen 1055
Augenlid (Palpebra) 1054
Augenmuskeln, äußere 1052
Augenmuskelnerven 982
– im Sinus cavernosus 1289
Augenmuskelparese 1289
Augenspiegelung 1067
Auricula (Ohrmuschel) 1075
– dextra (rechtes Herzohr) 580,
582
– sinistra (linkes Herzohr) 580,
583

Auris s. Ohr 1074
– externa 1075
– media s. Mittelohr 1078
Ausatmung s. Exspiration 566
Ausdauermuskeln s. Muskulatur,
Skelettmuskulatur 87
Außenfaser 1067
Außenknöchel (Malleolus latera-
lis) 398, 404
Außenmeniskus s. Meniscus(-i)
lateralis 369
Außenrotation 42
Außensegment (Photorezep-
torzelle) 1066, 1217
Außenstreifen (Nierenmark)
768
Außenzone (Nierenmark) 768
Äußere Augenmuskeln 1052
Äußere Haarzellen 1087, 1229
Äußeres Genitale
– männliches 835
– weibliches 807
Äußeres Ohr 1075
– Entwicklung 1092
Äußeres Schmelzepithel 1028
Ausführungsgang s. Drüse,
exokrine 65
Auskultation 35
Ausscheidungsfunktion, Niere
763
Ausstrombahn
– linker Ventrikel 586
– rechter Ventrikel 585
Austreibungsperiode 819
Austreibungsphase 609
Aus-Zentrum-Bipolarzelle 1219
Aus-Zentrum-Ganglienzellen
1219
Autochthone Rückenmuskeln
s. Rückenmuskulatur, autoch-
thone 271
Autokrinie 63
Autoregulation
– Lungenkreislauf 569
– Niere 772
AV-Bündel (Fasciculus atrioven-
tricularis) s. His-Bündel 598
AV-Klappen = Atrioventrikular-
klappen s. Valva cuspidalis
589
AV-Knoten (Nodus atrioventri-
cularis) 597
Axilla s. Fossa axillaris 474
Axillarlinie
– hintere = HAL (Linea axillaris
posterior) 303
– mittlere = MAL (Linea axillaris
media) 303
– vordere = VAL (Linea axillaris
anterior) 303
Axis 265
– bulbi 1058
Axolemm 92
Axon 92
axonaler Transport 92, 200
Axonema 53
Axonhügel (Ursprungskegel) 91
Axonreflex 1207
Axoplasma 92
Azan s. Färbung, histologische
100
A-Zellen
– Nebennierenmark 792
– Pankreas 752
Azetylsalizylsäure 1208
Azidophilie (Eosinophilie) 100
azinöse Drüse 64
Azinus 550, 553
– Pankreas 750
Azygos-System 633

B

Babinski-Reflex **1171**, 1184
Babinski-Zeichen 1171
Bachmann-Bündel 597
Backenzahn (Dens premolaris)
1021
Bahnen
– motorische 1183
– – Rückenmark 1190
– – Ursprung im Hirnstamm
1189
– somatosensorische 1194
Bahnung 1260
Balken 1145
Balken (Corpus callosum) 1145
Balkenarterie (Trabekelarterie)
185
Balkenblase 785
Ballonkatheter 605
BALT = bronchial associated
lymphoid tissue 189
Band s. Ligamentum 230
Bänderriss, Sprunggelenke 406
Bandhemmung 233
– Iliosakralgelenk 333
Bandscheibe s. Discus interverte-
bralis 258
Bandscheibenvorfall = Diskuspro-
laps = Diskushernie 262, 1207
Baro-/Pressorezeptoren 160
Barrett-Ösophagus 684
Barrierekontakt 56
Bartholin-Drüsen s. Glandulae
vestibulares majores 807
Bartholin-Gang s. Ductus sublin-
gualis major 1021
Bartholinitis 808
basal 41
Basale Kerne s. Basalganglien
1142
Basale Zellmembran 54
Basales Labyrinth 771
Basalganglien **1142**, 1192
– Arterien 1161
– Schädigung 1288
– Verschaltung 1144, 1186
Basaliom 1269
Basalis (Stratum basale) 802
Basalkörperchen 53
Basalmembran 69
– Niere 769
Basalplatte 121, 966
– Plazenta 121
Basalringe 557
Basalschicht (Stratum basale)
1267
– Vagina 806
Basaltemperaturmessung 815
Basalzelle 1238, 1241
Basilarmembran 1084, 1086
– Auslenkung 1090
Basis
– cochleae 1084
– cordis (Herzbasis) 579
– cranii (Schädelbasis) 947
– – externa 952
– – interna 947
– ossis sacri 257
– patellae 364
– pulmonis 548
basolaterale Einfaltung 54
basolaterale Zellmembran 54
Basophilie 100
Bathmotropie 607
Bauch, Leitungsbahnen 863
Bauch-Becken-Raum, Einteilung
648
– durch das Peritoneum 648
– in frontale Schichten 649
– in transversale Stockwerke
649

Sachverzeichnis

Bauchatmung = Zwerchfellatmung = Atmung, diaphragmale 295, 567
Bauchfell s. Peritoneum 651
Bauchhöhle/-raum (Cavitas abdominalis) 521
Bauchmuskeln, Entwicklung 324
Bauchmuskulatur 308
Bauchnabel (Umbilicus) 864
Bauchpresse 306, 311
Bauchraum
– Arterien 863
– Gefäße 863
– Lymphabfluss 872
– Lymphgefäße und -knoten 872
– Nerven 873
– Venen 867
Bauchspeicheldrüse s. Pankreas 748
Bauchtrauma, stumpfes 188, 654
Bauchwand 306
– Gefäßversorgung 320
– Innervation 322
– Schichten, Analogie zu Hoden-/Samenstranghüllen 325
– Topografie 323
Baufett 71
Bauhin-Klappe s. Ostium ileale 713
Becherzelle 716
– Dünndarm 704
Bechterew, Morbus (Spondylitis ankylosans) 262, 331
Bechterew-Kern s. Nucleus vestibularis superior 1235
Becken (Pelvis) 326
– Bandapparat 332
– Form 328
– Geschlechtsunterschiede 329
– großes 328
– kleines = Beckenkanal (Canalis pelvis) 328
– Mechanik 332
Beckenarterien 879
Beckenausgang (Apertura pelvis inferior) 329, 818
Beckenboden 334
Beckenbodengymnastik 337
Beckenbodenmuskulatur, Innervation 342
Beckeneingang 818
Beckeneingangsconjugata 332
Beckeneingangsebene (Apertura pelvis superior) 328
Beckenfaszien 662
Beckenhöhle = Beckenraum (Cavitas pelvis) 521, 662
– Gefäße 879
– Leitungsbahnen 879
– Nerven 883
Beckenmaße 330
Beckenringfraktur 331
Beckenspiegelung (Pelviskopie) 797
Beckenvenen 881
Beckenvenenthrombose 881
Befruchtung (Konzeption) 103, 816
Behaarungstyp, männlicher 846
Beinvenen 384
Belastungsangina 600
Belegzellen = Parietalzellen 697
Bell-Phänomen 1058
Belüftungsgradient 293
Bennett-Fraktur 489
Bereitschaftspotential 1192
Berger-Raum 1068
Berstungsbruch 947
– Atlas 267

Berührungssinn 1196
Beschleunigungsrezeptor 1197
Beschwielung, Fuß 422
Betablocker 1282
Betz-Riesenzellen 1135, 1182
Beugesehnenverletzung, Hand 500
Bewegungen
– Daumensattelgelenk 489
– Fingergrundgelenke 491
– Interphalangealgelenke 492
Bewegungsagnosie 1224
Bewegungsapparat
– aktiver 221
– passiver 221
Bewegungsbiss 1023
Bewegungsempfindung 1236
Bewegungsfunktion, Muskel 241
Bewegungsmuskulatur s. Muskulatur, Skelettmuskulatur 87
Bewegungsprogramm 1192
Bewegungsrichtungen 42
Bewegungssegment, Wirbelsäule 268
Bewegungssinn 1196
Bewegungsstörung, EPMS-Läsion 1190
Bewegungssystem 221
Bewusste Propriozeption s. Propriozeption 1196
Bewusstseinslage 1254
Bezeichnung, anatomische 41
BHS = Blut-Hirn-Schranke 1169
Bichat-Fettpfropf 1038
Bifurcatio tracheae 543
Bifurkationslymphknoten s. Nll. tracheobronchiales 560
Bikuspidalklappe (Valva bicuspidalis) s. Valva atrioventricularis sinistra 591
Bilaterale Symmetrie 33
Bildgebung 129
– Angiografie 139
– CT = Computertomografie 134
– Herz 617
– Kontrastmittel 139
– koventionelle Röntgendiagnostik 129
– Lunge und Pleura 574
– MRT = Magnetresonanztomografie 136
– nuklearmedizinische Techniken 129
– Schnittbildverfahren 134
– Sonografie 138
Bilirubin 744
Billings-Methode 814
Bindegewebe 58, **66**, 71
– elastisches 70
– embryonales 70
– gallertiges 70
– interstitielles 528
– kollagenes 70
– – locker 70
– – straff 70
– mesenchymales 70
– retikuläres 70
Bindegewebshüllen, Skelettmuskulatur s. Muskulatur, Skelettmuskulatur 86
Bindegewebsknorpel (Faserknorpel) 74
Bindegewebsräume 523
Bindegewebszellen 67
– Dermis 1271
Bindehaut 1056
binokuläres Sehen 1216
biologische Plastizität 78
Bipolarzelle 1065, 1067
– Retina 1219

Bitemporale heteronyme Hemianopsie 1221
Bläschendrüse (Glandula vesiculosa) 832
Blasenentleerungsstörung 781
Blasenentzündung s. Zystitis 783
Blasenkatheter
– suprapubischer 781
– transurethraler 781, 839
Blasenknorpel 80
Blasenpunktion 781
Blasensprung, rechtzeitiger 819
Blastem 304
– matanephrogenes 850
– mesonephrogenes 850
Blastocoel (Blastozystenhöhle) 105
Blastomere 104
Blastozyste 105
Blastozystenhöhle (Blastocoel) 105
Blattpapillen 1012
Bleibende Zähne 1029
Blickbewegungen
– horizontale 1225
– vertikale 1225
Blickmotorik 1224
Blickrichtungen 1054
Blinddarm s. Zäkum 712
Blinddarmentzündung s. Appendizitis 714
Blinder Fleck 1067, 1216
Blobs 1223
Blockwirbel 285
Blut 165
– Gerinnung 169
– Plasma 165
– Serum 166
– Zellen 166
– Zusammensetzung 165
Blut-Hirn-Schranke = BHS 1169
Blut-Hoden-Schranke 845
Blut-Luft-Schranke 569
Blut-Retina-Schranke 1064
Blutbildung (Hämatopoese) 166
Blutdruck 154, 763, 772
Blutdruckdifferenz, bei Aortenisthmusstenose 629
Blutentnahme
– arterielle 380
– intravenöse 467
Blutfluss 149
Blutgefäße
– Bauch- und Beckenraum, Entwicklung 877
– Wandbau 152
Blutgefäßsystem 146
Blutgefäßversorgung, Bauch- und Beckenraum (Übersicht) 864
Blutgruppenantigene 168
Bluthochdruck (arterielle Hypertonie) 160
Bluthusten 769
Blutkreislauf 148
Blutstillung (Hämostase) 165
Blutung
– Gehirn 1157
– intraabdominell 654, 735
– intrazerebral 1162
– nach arterieller Punktion 380
Blutvergiftung 468
B-Lymphoblast 182
B-Lymphozyt 177
BMI = Body-Mass-Index 43
BNP = Brain Natriuretic Peptide 595
Bochdalek-Blumenkörbchen 1156
Bochdalek-Hernie 116, 539

Body-Mass-Index = BMI) 43
Bogenband s. Ligamentum carpi arcuatum 486
Bogengänge 1083, 1088, 1232, 1234
– Sinneszellen 1234
Bogenwurzel (Pediculus arcus vertebrae) 251
bone-lining-cells s. Osteoblasten 75
Botulinustoxin 84
Bouin-Fixans 99
Boutons 92
Bowman-Drüsen 1045, 1238
Bowman-Kapsel = Capsula glomerularis 769
Bowman-Membran 1059
Boxerstellung 619
Boyd-Venen 429
Bradykardie 597
Brain Natriuretic Peptide = BNP 595
Branchialbogen s. Schlundbogen 968
Braunes Fettgewebe 72
Breccienbau, Lamellenknochen 78
Brechkraftveränderung, Linse 1069
Brechzentrum 1111
Breischluck, Ösophagus 582
Breitenwachstum, Knochen 81
Bries s. Thymus 180
Brillenhämatom 958
Broca-Region 1182
Broca-Zentrum 1140, 1261
Brodmann-Area 1137
Bronchialbaum (Arbor bronchialis) 554
– Entwicklung 575
– Lymphabfluss 544
Bronchialkarzinom 556
Bronchiektasie 111
Bronchiolus(-i) 555
– lobularis 550, 555
– respiratorius 550, 556
– terminalis 550, 555
Bronchodilatation 561
Bronchokonstriktion 561
Bronchosinusitis 1042
Bronchoskopie 556, 574
Bronchus(-i)
– lobaris (Lappenbronchus) 550, 555
– principalis (Hauptbronchus) 541, **544**
– segmentalis (Segmentbronchus) 550, 555
– tertiärer s. Segmentbronchus 555
– Topografie 640
Bronchuskarzinoid 1285
Bruchinhalt, Hernie 307
Bruchmembran 1060, 1064
Bruchpforte, Hernie 307
Bruchsack, Hernie 307
Brücke s. Pons 1112
Brücke-Muskel 1063
Brückenkerne s. Nuclei pontis 1113
Brückenvene 1165
Brunner-Drüsen (Glandulae duodenales) 677, 707
Brustatmung = Rippenatmung s. Atmung, kostale 567
Brustbein (Sternum) 289
Brustdrüse 1277
Brustfell s. Pleura 561
Brusthöhle (Cavitas thoracis) 521, 533
– Einteilung 536

Brustknospenbildung 824
Brustkorb s. Thorax 286
Brustkrebs s. Mammakarzinom 825
Brustsitus (Situs thoracis) 533, Brustwand 286
– Muskulatur 294
Brustwirbelsäule
– Bewegungsausmaß 268
– Röntgenbild 256
Bryant-Dreieck 392
B-Spermatogonien 843
Bucca (Wange) 1004
Buccopharyngealmembran (Rachenmembran) 109, 118
Bülau-Drainage 564
Bülau-Punktion 564
Bulbärparalyse 1111
Bulbus(-i) 1111
– aortae 579, 629
– cordis = Conus arteriosus 622
– duodeni 693
– oculi 1058
– – Bewegungen 1052
– – Blutgefäße 1063
– olfactorius 982, 1239
– penis 837
– pili 1274
– vestibuli 808
Bulla(-ae) ethmoidalis 1041
Bündel, internodale 597
Bursa(-ae)
– musculi coracobrachialis (subcoracoidea) 448
– olecrani 458
– omentalis 655
– – Entwicklung 669-670
– subacromialis 448
– subdeltoidea 448
– subtendinea musculi subscapularis 448
– suprapatellaris = Recessus suprapatellaris* 375-376
– synovialis (Schleimbeutel) 230
Bursektomie 449
Bursitis
– olecrani 458
– Schulter 449
Bürstensaum 54, 771
– Dünndarm 704
Bürstenzelle 704
Büschelzelle 1239
Bypass-Operation 605
B-Zellen, Pankreas 752
B-Zellrezeptor 177
B-Zentrozyt 182

C

Caecum (Blinddarm) s. Zäkum 712
Cajal-Kern s. Nucleus interstitialis 1110
Cajal-Zellen 679
Calcaneus (Fersenbein) 400, 402, 407, 409
Calcitriol 934
Calculus 1023
Caliculus(-i) gustatorius 1012
Calix(-ices) renales 776
Calvaria (Schädeldach) 946
Camera
– anterior 1070
– posterior 1070
– vitrea (postrema) 1070
Canaliculus(-i)
– biliferi (Gallenkanälchen) 740, 742
– caroticotympanici 950
– cochleae 1084

– mastoideus 951
– osseae 75
– tympanicus 951, 996
Canalis(-es)
– adductorius s. Adduktorenkanal 382
– analis s. Analkanal 719
– atrioventricularis (Atrioventrikularkanal) 623
– caroticus 950, 1079
– carpi (Karpaltunnel) 480
– centralis 1154
– cervicis 799
– condylaris 951
– hyaloideus 1071
– incisivus 956, 971, 1047
– infraorbitalis 956, 987, 1050
– inguinalis (Leistenkanal) 315
– isthmi 800
– mandibulae 956, 1026
– musculotubarius 951, 1083
– nasolacrimalis 956, 1050
– nervi
– – facialis 992
– – hypoglossi 950, 1001
– – obturatorius 331
– – Leitungsbahnen 885
– opticus 949, 982, 1050
– palatini minores 956
– palatinus major 956
– pelvis (Beckenkanal = kleines Becken) 328
– pericardioperitonealis 115
– pterygoideus 951, 992, 1036, 1081
– pudendalis (Alcock-Kanal) 341, 884
– pyloricus 693
– radicis, dentis 1024
– semicirculares 1084
– spiralis
– – cochleae 1084
– – modioli 1087
– uterovaginalis 856
– vertebralis (Wirbelkanal) 251
Cannon-Böhm-Punkt 217, 718, **875**
Capitulum humeri 446, 456
Capsula(-ae)
– adiposa 765
– articularis (Gelenkkapsel) 228
– fibrosa
– – glandulae thyroideae 932
– – renis 767
– glomerularis = Bowman-Kapsel 769
– interna 1146
– – Arterien 1161
– – Läsion 1184
– lentis 1068
– otica 966
– subfibrosa, (renis) 767
– tonsillaris 189
Caput (Kopf) 34, 941
– articulare (Gelenkkopf) 228
– breve, M. biceps femoris 378
– costae 288
– femoris (Femurkopf/Hüftkopf) 346
– humeri 446
– longum, M. biceps femoris 378
– mandibulae 1030
– medusae **322**, 871, 1286
– pancreatis (Pankreaskopf) 749
– radii 457
– ulnae 479
Carboxypeptidase 748
Cardiodilatin s. ANP 595

Carina
– tracheae 543
– urethralis vaginae 805
Carpus (Handwurzel) 480
– Knochenkerne 515
– Säulen 482, 488
Cartilago(-ines)
– alaris(-es)
– – major 1039
– – minor 1039
– corniculata 923
– costalis 288
– cricoidea (Ringknorpel) 922
– cuneiformis 923
– hypophysealis 966
– meatus acustici 1077
– parachordalis 966
– septi nasi 1039
– thyroidea (Schildknorpel) 921
– trabecularis 966
– triticea 923
– tubae auditivae 1083
Caruncula(-ae)
– – hymenales 807
– – sublingualis 1016, 1020
Cauda
– equina 1097
– pancreatis (Pankreasschwanz) 749
Caveolae s. Muskulatur, glatte 89
Cavitas(-ates)
– abdominalis 647
– coronae 1024
– dentis 1024
– glenoidalis 440, 445
– infraglottica 923
– laryngis intermedia 923
– nasi s. Nasenhöhle 1040
– – propria 1040
– oris (Mundhöhle) 1003
– – propria 1003, 1005
– pelvis 647
– pericardiaca (Perikardhöhle) 522, 613
– peritonealis (Peritonealhöhle) 521, 648
– – Entwicklung 664
– – Mesos 652
– – Recessus 653, 655
– pleuralis (Pleurahöhle) 522, 540, 561
– pulparis 1024
– thoracis (Brusthöhle) 533
– tympani s. Paukenhöhle 1078
– uteri 800
Cavum
– articulare (Gelenkhöhle) 228
– medullare (Markhöhle) 223
– serosum
– – scroti 325
– – testis 827
– trigeminale 986
CCD(= Caput-Collum-Diaphysen)-Winkel = Kollodiaphysenwinkel 347, 360
CCT + kraniale Computertomografie 1176
CD4 + -T-Zellen s. Lymphozyt 177
CD8 + -T-Zellen s. Lymphozyt 177
CE(Centrum-Erker)-Winkel 362
Cellulae
– ethmoidales 1043
– – anteriores, Öffnung 1040
– – mediae, Öffnungen 1040
– – posteriores, Öffnung 1040
– mastoideae 1082
Cementum 1024

Centriculus(-i), primitivus/communis 622
Centrum
– ciliospinale 1227
– (tendineum) perinei = Corpus perineale 340, 336
– tendineum
– – Projektion 641
– – Zwerchfell 296
Cerclage 799
Cerebellum s. Kleinhirn 1116
Cerebrum s. Telenzephalon 1103
Cerumen 1077
Cervix (Hals) 891
– dentis 1022
– uteri 799
– – zyklische Veränderungen 814
C-Faser 1206
CFTR = Cystic fibrosis transmembrane conductance regulator 65, 751
CGL = Corpus geniculatum laterale 1127, 1221
CGM = Corpus geniculatum mediale 1127, 1232
CGRP = Kalzitonin-Genverwandtes Peptid 1182
Chalazion 1055
Chassaignac s. Luxation, perianuläre 459
Cheilognathopalatoschisis 972
Cheiloschisis 972
Chemorezeptor 160, **213**, 631
Chemotaxis 70, 171
Chiasma
– crurale 413
– opticum 982, **1221**
– – Schädigung 1289
– plantare 413
Choana(-ae) 916, 952, 1040
Cholecystokinin 746
Cholelithiasis (Gallensteine) 745
Cholesterolesterase 748
Cholesterolsynthese 734
Cholezystitis (Gallenblasenentzündung) 745
Cholezystokinin 743
Cholinerges System 1255
Chologene Diarrhö 1285
Chondrale Osteogenese 79
Chondroblast 73
Chondrodystrophie 80
Chondroitinsulfat 69
Chondrokranium 966
Chondron 73
Chondrozyt 73
Chopart-Gelenk (Articulatio tarsi transversa) 409
Chopart-Linie 410
Chorda(-ae)
– dorsalis 283, 966
– tendineae (Sehnenfäden) 590
– – spuriae 599
– tympani 951, 992, **1013**, 1021, 1078, 1081
– – Läsion 1030
Chordafortsatz 109
Chordaplatte 109
Chordom 966
Chordotomie, anterolaterale 1211
Chorea Hungtington 1289
Chorion 119
Chorionhöhle 108
Chorionplatte 121
Chorionzottenbiopsie 124
Choroidea 1060, 1064
– Entwicklung 1072
Chromophor 1067

Sachverzeichnis

Chronisch entzündliche Darm-
erkrankung 708
Chronische Schmerzen 1206
Chronotropie 607
Chylus 161
Chymotrypsin 748
Chymus (Speisebrei) 693, 705
– Bildung 702
Cingulum 1145, 1245
Circulus arteriosus
– cerebri 1158
– iridis
– – major 1060
– – minor 1060
Circumferentia articularis 457,
479
Cis-Region, Golgi-Apparat 51
Cisterna
– cerebellomedullaris 1153
– chyli **163**, 634, 872
– interpeduncularis 1115
– lumbalis 1153
Clara-Zellen 555
Claudin 57
Clavicula (Schlüsselbein) 439
Climacterium virile 846
Clitoris (Kitzler) 808
Clivus 952
Cloquet-Kanal 1071
CO = Kohlenmonoxid 1182
Cochlea 1084, 1086
Cockett-Venen 429
Cohnheim-Felderung 90
Colchizin 53
Colitis ulcerosa 716
Colles-Fraktur s. Radiusfraktur
479
Colliculus(-i)
– facialis 1113
– inferiores **1115**, 1231
– seminalis (Samenhügel) 833,
839
– superior **1115**, 1226
Collum (Hals) 34, 891
– anatomicum; Humeruskopf
446
– chirurgicum; Humeruskopf
446
– costae 288
– femoris (Schenkelhals) 346
– glandis 836
– humeri 446
– radii 457
– scapulae 440
Colon(Grimmdarm) s. auch
Kolon 712
– ascendens 715
– descendens 715
– sigmoideum 715
– transversum 715
Columna(-ae)
– anales 720
– anterior s. Cornu anterius
1100
– lateralis s. Cornu laterale
1100
– posterior s. Cornu posterius
1100
– renales 768
– rugarum 805
Commissura(-ae)
– alba, anterior 1102, 1200
– anterior 1146, 1240
– epithalamica 1146
– fornicis 1146
– habenularum 1146
– hippocampi 1146
– labiorum
– – anterior 808
– – posterior 808
– posterior 1146

Compartimentum cruris
– anterius (Extensorenloge,
Unterschenkel) 426
– laterale (Fibularis-/Peroneus-
loge) 426
– posterius (Flexorenloge,
Unterschenkel) 426
Complexus basalis siehe Bruch-
membran 1060
Computertomografie = CT 134
Concha(-ae)
– bullosa 1043
– nasalis
– – inferior 954, 1041
– – media 956, 1041
– – superior 956, 1041
Condylus(-i)
– femoris (Femurkondyle[n])
346
– lateralis
– – Femur 364
– – Tibia 364
– medialis
– – Femur 364
– – Tibia 364
– occipitalis 264, 944
Conjugata(-ae) 330
– diagonalis 330
– vera/obstetrica 330
Conjunctiva(-ae)
– bulbi 1056
– tarsi 1056
Connexin 56
Connexon 56
Connexus intertendinei 503
Constrictio(-nes)
– bronchoaortica 681
– cricoidea (Constrictio pharyngooesophagealis) 680
– diaphragmatica 681
– partis thoracicae 681
– pharyngooesophagealis 680,
917
– phrenica 681
Contusio cerebri 1152
Conus
– arteriosus = Bulbus cordis
585, 622
– elasticus 925
– medullaris 1097
Copula 1014
Cor (Herz) 578
– pulmonale 1282
Cordozentese 124
Corium s. Dermis 1271
Cornea
Cornea 1059, 1061
Cornu(-a)
– ammonis (Ammonshorn) 1245
– – Schichten 1247
– anterius (Vorderhorn)
s. Rückenmark
204, 1099
– – Entwicklung 1172
– coccygeum 258
– inferius 921
– laterale (Seitenhorn) s. Rückenmark 204, 1099-1100
– majora, ossis hyoideum 893
– minora, ossis hyoideum 893
– posterius (Hinterhorn)
s. Rückenmark 204, 1099
– – Entwicklung 1172
– sacrale 258
– superius 921
Corona(-ae)
– ciliaris 1062
– dentis 1022
– glandis 836
– mortis 398
– radiata s. auch Konzeption
103, 810

Corpus(-ora)
– adiposum
– – buccae 1038
– – infrapatellare = Hoffa-
Fettkörper 376
– – orbitae 1051
– albicans 812
– amygdaloideum 1144, 1211,
1214, 1240, **1243**, 1245
– – Läsion 1244
– callosum (Balken) 1145
– cavernosum 724
– – clitoridis 808
– – penis 836
– – recti 721, 727
– ciliare 1060, 1062, 1070
– costae 288
– femoris (Femurschaft/-
diaphyse) 346
– gastricum 693
– geniculatum
– – laterale = CGL 1127, 1221
– – mediale = CGM 1127, 1232
– humeri 446
– linguae 1009
– luteum 811
– – graviditatis 812
– – menstruationis/cyclicum
812
– mammillare 1104, 1129,
1245
– ossis
– – ilii 328
– – ischii 328
– – pubis 328
– pancreatis (Pankreaskörper)
749
– penis 835
– perineale s. Centrum (tendineum) perinei 336
– pineale s. Epiphyse 1127
– radii 457, 479
– rubrum 811
– sterni 289
– striatum 1143, 1186
– tibiae 398
– trapezoideum 1231
– ulnae 479
– uteri 800
– vesicae 780
– vitreum s. Glaskörper 1071
Corpusculum renale (Nierenkörperchen) 768
Cortex
– cerebelli 1117
– cerebri s. Großhirnrinde 1135
– ovarii 796
– renalis (Nierenrinde) 768
Corti-Organ 1086
– Sinneszellen 1229
Corti-Tunnel 1086
Costa(-ae) 288
– spuriae 289
– verae 289
Courvoisier-Zeichen 743
Cowper-Drüsen 835
Cowper-Drüsen (Glandulae
bulbourethrales) 835
Coxa
– valga 347, 361
– vara 347
Coxarthrose 345, 348, 360
Cranium (Schädel) 941
CRH 1252
Crista(-ae)
– ampullares 1087
– frontalis 943, 949
– galli 949
– iliaca 328, 390
– intertrochanterica 347

– sacralis
– – lateralis 258
– – medialis 258
– – mediana 258
– supraventricularis 584
– terminalis 582
– tuberculi
– – majoris 446
– – minoris 446
– urethralis 809, 839
Crohn, Morbus 708
Crosse 383
Crura(-ae) clitoridis 808
Crus(-ra) s. Unterschenkel 396
– cerebri(Hirnschenkel) 1114
– dextrum 297, 599
– laterale, Externusaponeurose
308
– mediale, Externusaponeurose
308
– osseum commune 1084
– penis 836
– sinistrum 297, 599
Crusta 62, 778
Crustazellen 62
CT = Computertomografie 134
– Herz 620
– kranial (= CCT) 1176
Cubitus valgus 476
Culmen 1116
Cumulus oophorus 810
Cupula 1088, 1234
– cochleae 1084
– pleurae (Pleurakuppel) 562,
570
Curvatura(-ae)
– gastrica
– – major 693
– – minor 693
– infrapubica 839
– prepubica 839
Cushing-Syndrom 792
Cuspis
– anterior
– – (valvae atrioventricularis
dextra) 590
– – (valvae atrioventricularis
sinistra) 591
– posterior
– – (valvae atrioventricularis
dextra) 590
– – (valvae atrioventricularis
sinistra) 591
– septalis 590
Cuticula dentis 1028
Cutis 1266
– anserina 1274
C-Zellen 932

D

Damm (Perineum) 340
Dämmerungssehen 1066
Dammräume 339
Dammregion (Regio perinealis)
338
– Innervation 342
Dammriss 341
Dammschnitt (Episiotomie) 341
Darkschewitsch-Kern 1110
Darmbakterien 712
Darmbein (Os ilium) 328
Darmbucht 117
– hintere (Kloake) 118
– vordere (Mundbucht) 118
Darmdrehung 670
Darmerkrankung, chronisch
entzündliche 708
Darmrohr
– Anlage 664
– Entwicklung 664

Darmtonsille s. Appendix vermiformis 192
Darmverschluss (Ileus) 90, 651, 705
Darmwandnervensystem, enterisches s. Plexus entericus 679
Darmzotten, Dünndarm 704
Darwin-Höckerchen 1075
Daumen(Pollex) 482
– Bewegung **489**, 493, 498
– Muskeln 493, 498
Daumenballen (Thenar) 499
Daumengrundgelenk (Articulatio metacarpophalangea pollicis) 491
Daumensattelgelenk (Articulatio carpometacarpalis pollicis) 489
– Bewegungen 489
Deckknochen 966
Deckplatte, Wirbelkörper 252
Deckzellen 62
Decussatio pyramidum (Pyramidenkreuzung) 1104, 1183
Defäkation 719, **727**
Defloration 807
Degenerative Erkrankungen 247
Dehnung, Muskel 1197
Dehnungsreflex, monosynaptischer 198
Dehydroepiandrosteron = DHEAS 791
Deiters-Kern s. Nucleus vestibularis lateralis 1235
Deiters-Stützzellen 1087
Dekompensation, kardiale 595
Dekorin 69
Demaskierte Fibrillen, Knorpel 74
Demyelinisierung, ZNS 1221
Dendriten 91
Dendritische Zellen 175
Dendritischer Beckentyp 777
Dens(-tes) 1021
– axis 265
– caninus (Eckzahn) 1021
– decidui (Milchzähne) 1028
– incisivus (Schneidezahn) 1021
– molaris (Mahlzahn) 1021
– permanentes 1029
– premolaris (Backenzahn) 1021
– serotinus 1029
Dense bodies s. Muskulatur, glatte 89
Dentin 1024, 1029
Depolarisation 195
Depolymerisierung, Zytoskelett 51
Deprivation, sensorische 1261
Dermatansulfat 69
Dermatom 207, 282
– Überlappung 208
Dermis 1266, 1271
Dermomyotom 113
Desakkommodation 1063, 1070
Descemet-Membran 1059
Descensus
– ovarii 854
– testis 324
Deskriptive Anatomie 31
Desmale Osteogenese 79
Desminfilament 52
Desmodontium 1025, 1029
Desmokranium 966
Desmosom 57
Desoxyribonuklease 748
Desoxyribonukleinsäure = DNS s. DNA = desoxyribonucleic acid 50
Desquamationsphase 813
Deszendierende motorische Bahnen 1189

Deszensus
– Beckenorgane 337
– Zwerchfell 116
Detritus 189
Deuteranopie (Grünblindheit) 1218
dexter 41
Dezidua 119
– Zellen 813
DHEAS = Dehydroepiandrosteron 791
Diabetes
– insipidus
– – centralis 200, 1251
– – renalis 771
– mellitus (Zuckerkrankheit) 600
Diagnostik, neurologisch-topische 210
Dialyse 851, 1286
Diameter 330
– transversa 331
Diaphragma s. Zwerchfell 295, 537
– fenestrierte Kapillare 157
– oris s. Musculus mylohyoideus 894, 1015
– pelvis 335
– urogenitale 336
Diaphyse (Knochenschaft) 223
Diarrhö, chologene 1285
Diarthrose/Articulatio 228
Diarthrose (Articulatio) s. Gelenk 228
Diastole 146, 609
Dickdarm (Intestinum crassum) 711
– Wandbau 677
Didymis s. Hoden 827
Dienzephalon 1124
Dienzephalonbläschen 1173
Differenzialrezeptor 1197
Differenzierung, Epithelgewebe 61
Diffusion, Lunge 569
Diffusionsstörung 569
DiGeorge-Syndrom 182
Digestive Phase 702
Digitale Subtraktionsangiografie = DSA 139
Digitationes hippocampi 1246
Digitus(-i)
– manus (Finger) 482
– pedis (Zehen) 403
Dihydrotestosteron 827
Diktyosome, Golgi-Apparat 51
Diktyotän 810
DIP-Gelenke = distale Interphalangeal- = Fingerendgelenke (Articulationes interphalangeales) 492
Diphydontie 1021
Diploë 224
Diploevenen (Venae diploicae) 978
Diplopie 1054
Direkte Höhrbahn 1231
Discus(-i)
– articularis 229, 485
– – Akromioklavikulargelenk 440
– – Kiefergelenk 1030
– – Radioulnargelenk 479
– – Sternoklavikulargelenk 440
– intercalares (Glanzstreifen) s. Muskulatur, Herzmuskulatur 87
– interpubicus 331
– intervertebralis(Zwischenwirbelscheibe) 258
– nervi optici 1067, 1216

Diskushernie = Diskusprolaps = Bandscheibenvorfall 262, 1207
Disse-Raum (Spatium perisinusoideum) 740
Disseminierte Drüse 62
Dissimilation 284
distal 41
Distale Interphalangealgelenke = DIP- = Fingerendgelenke (Articulationes interphalangeales distales) 492
Distaler Tubulus s. Tubulus 771
Distales Handgelenk (Articulatio mediocarpalis) s. Handgelenk 485
Distorsion, HWS (Schleudertrauma) 267
Divertikel
– Darm 715
– Ösophagus 686
Divertikulitis 715
Divertikulose 715
DNA = desoxyribonucleic acid 50
DNES 704
Dodd-Venen 429
Döderlein-Bakterien 806
Dom 191
Donders-Unterdruck 523, 566
Dopamin 1182, **1252**, 1257
– Mangel 1188
Doppelbilder 1054
Dopplersonografie 141
Dornfortsatz (Processus spinosus) 251
dorsal 41
Dorsalaponeurose 492, 502
– Durchtrennung 502
Dorsale Pankreasanlage 755
Dorsalextension, Hand 487
Dorsum
– linguae 1009
– manus (Handrücken) 513
– nasi 1039
– penis 836
– sellae 945, 952
Dottergang (Ductus vitellinus, Ductus omphaloentericus) 117
Dottersack 107
– Blutbildung 168
– Kreislauf 641
Douglas-Raum = Excavatio rectouterina 659
Drainageräume (Peritonealhöhle) 653
Drehbeschleunigungen 1234
Drehscharniergelenk (Trochoginglymus) 364
Drehschwindel 1088
Dreiecke, pleurafreie 563, **564**
Dreiecksbein (Os triquetrum) 480
Dreiecksschädel (Trigonocephalus) 967
D-Rezeptor 1197
Drittelregel, Gesichtsproportionen 964
Dromotropie 607
Drosselvene 158
Druck
– intraabdomineller 306
– intraokulärer 1064, 1070
Druckbelastung 588
– Fuß 422
Druckempfindung, grobe 1200
Druckgradient
– Lunge und Umgebung 566
– Thorax – Abdomen 682
Druckkammern, Fußsohle 422
Drucksinn 1196
Drucktrabekel, Wirbelkörper 252

Drumstick 172
Drüse 62
– Augenlid 1055
– azinöse 64
– disseminierte 62
– einfache 64
– endokrine 63
– exokrine 63
– – apokrine 65
– – Ausführungsgang 65
– – Charakteristika 63
– – ekkrine 65
– – Endstück 66
– – holokrine 65
– – Schaltstück 65
– – Sekrettransport 65
– – Streifenstück 65
– gemischte 64
– muköse 64
– seromuköse (gemischte) 64
– seröse 64
– tubuloalveoläre 64
– tubuloazinöse 64
– tubulöse 64
– zusammengesetzte 64
Drüsenepithel 62
DSA = digitale Subtraktionsangiografie 139
Duchenne, Muskeldystrophie 84
Duchenne-Hinken 356
Ductulus(-i)
– biliferi interlobulares 743
– efferentes testis 828, 830
– prostatici 835
Ductus
– allantoicus s. Urachus 114
– alveolaris 550, 557
– arteriosus (Botalli) 150
– choledochus 665, 743
– cochlearis 1083, **1086**
– cysticus 743
– deferens (Samenleiter) 831
– ejaculatorius 832
– endolymphaticus 1084
– epididymidis 830
– excretorius 832
– hepaticus
– – communis 738, 743
– – dexter 738, 743
– – sinister 738, 743
– lactiferi 1277
– lymphaticus dexter 163, 635
– mesonephridicus 854
– nasolacrimalis 956, 1041, 1050, **1058**
– – Entwicklung 971
– omphaloentericus (Dottergang) 117, 664, 670
– pancreaticus (Wirsung-Gang) 749, 756
– – accessorius 749, 756
– papillares 768
– paramesonephridicus 855
– paraurethralis 809
– parotideus 1004, 1019
– perilymphaticus 1084
– reuniens 1084
– semicirculares (Bogengang) 1083, 1234
– sublinguales
– – minores 1016, 1021
– – major 1021
– submandibularis 1016, 1020
– thoracicus 163, 634, 872
– thyroglossalis 935, 1010, 1014
– utriculosaccularis 1084
– venosus (Arantii) **150**, 667, 747
– vitelinus (Dottergang) 117, 664, 670
Duftdrüsen 1277

Sachverzeichnis | **1301**

Dünndarm (Intestinum tenue) 703
- Wandbau 677, 703
Dünndarmkonvolut 708
Dünndarmschleimhaut 703, 709
Dünnschliffpräparat 76
Duodenum (Zwölffingerdarm) 705
- Gefäße 707
- Nerven 708
- Retroperitonealisierung 668
Duplexsonografie 141
- transkraniell 1177
Dupuytren-Kontraktur 504
Dura mater 1149
Duraduplikaturen 1151
Durchblutung, kapilläre 158
Durchblutungsstörung, Innenohr 1235
Durchleuchtungsbild 130
Durchtrittsstellen, Zwerchfell 537
Dyade (Herzmuskulatur) 87
Dymenorrhö 856
Dynein 92
Dyneinarme 53
Dysmetrie 1124
Dysostosis cleidocranialis 442
Dysphagie 680, 918, 1287
Dysplasie 803
Dyspnoe, bei Mitralvitium 591
Dystrophin 51, 84
Dysurie 783
D-Zellen 697
- Pankreas 752

E

Ebenen (Körperebenen) 38
- transthorakale 534, 641
Ebner-Spüldrüsen (Glandulae gustatoriae) 1012
EC-Zellen 697
Echodichte, Sonografie 138
Echokardiografie 621
- transösophageale = TEE 621
- transösophageale = TEE 582
- transthorakale = TTE 621
Eckzahn (Dens caninus) 1021
ECL-Zellen 697
Edinger-Westphal-Kern (Nucleus accessorius nervi oculomotorii) 1107
EEG = Elektroenzephalogramm 1192
e-face = exoplasmatische Seite, Zellmembran 54
Effektorhormon 1251
Efferenz 197, 205
- Informationsleitung 214
Ehlers-Danlos-Syndrom 68
Eiballen 854
Eichel (Glans penis) 836
Eierstock s. Ovarium 795
Eigenreflex 198
Eihäute 119, 124
- Zwillinge, eineiige 125
- Zwillinge, zweieiige 125
Eileiter s. Tuba uterina 797
Eileiterschwangerschaft (Tubargravidität) 818
Einatmung s. Inspiration 566
Einbeinstand 355
Eindeckmedium 100
Einfache Drüse 64
Einfaches Oberflächenepithel 61
Einflussstauung 536, 567, 614
Eingeweide = Innere Organe 528
Eingeweidemotorik 530
Eingeweideschmerz 1205
Einheit, motorische 84

Einheitsmembran, trilamelläre biologische 53
Einstrombahn
- linker Ventrikel 586
- rechter Ventrikel 585
Einzelfaszie 236
Eisenhämatoxylin, Färbung, histologische 100
Eisprung 810
Eisprung (Ovulation) 810
Eiter (Pus) 172
Eizelle (Oozyte) 103, 810
Ejakulat 848
Ejakulation 217, **847**
EKG = Elektrokardiogramm 605, 612
Ekkrine Drüse 65
Ekkrine Schweißdrüsen 1277
Ekkrine Sekretion 64
Ektoderm 109
- Oberflächenektoderm 111
Ektomeninx 965
Elastase 748
Elastika-Färbung 100
Elastin 69
Elastische Fasern 69
Elastischer Knorpel 74
Elastisches Bindegewebe 70
Elektroenzephalogramm = EEG 1192
Elektrokardiogramm = EKG 605, 612
Elektrokardiografie, transösophageale = Ösophagus-EKG 582, 605
Elektrokardiogramm = EKG 605, 612
Elephantiasis 163
Elevation 42, 442
Elle (Ulna) 479
Ellenbeuge (Fossa cubitalis) 475
Ellenbogen
- Gefäße 463
- Nerven 468
- Topografie 473
Ellenbogengelenk (Articulatio cubiti) **455**, 476
- Bandapparat 459
- Bewegung 459, 493
- Kapsel-Band-Apparat 458
- Muskeln **460**, 493
- Röntgenbild 457
- Teilgelenke 455
Ellipsoidgelenk (Articulatio atlantooccipitalis) 266
Embolus 145
Embryo, Abfaltung 114
Embryoblast 105
Embryologie 102
- Definition 33
Embryonales Bindegewebe 70
Embryonalperiode 102
Emesis gravidarum 106
Eminentia(-ae)
- carpalis
- - radialis 480
- - ulnaris 480
- iliopubica 328
- intercondylaris 364
- mediana **1169**, 1251
Emissarienvenen s. Vena(-ae) emissariae 978
Emotion 1244
Enamelum (Schmelz) 1024
Enarthrosis (Nussgelenk) 232
Enchondrale Ossifikation 80
Endarterie 148
Endharn 763
Endhirn s. Großhirn 1132
Endhirnbläschen 1173

Endkern(e) s. Nucleus(-i) terminationis 1108
Endokard 594
- valvuläres 589
Endokarditis 589
- Trikuspidalklappe 591
Endokardkissen 623
Endokrine Drüse 63
Endolymphe 1084, 1230
Endolymphraum 1085
Endomeninx 965
Endometriose 802
Endometrium 802
- postpartal 820
- zyklische Veränderungen 813
Endomurales System, Herzvenen 607
Endomysium, Skelettmuskulatur 86, 89
Endoneurium 95
Endoneurium, Nerv, peripherer 95
Endoplasmatisches Retikulum = ER 51
Endorphin 1182
Endost 75, 221
Endothel 58, 152
- fenestriertes 769
Endotoxine 651
Endphalanx 403
Endplatte, motorische 84
Endstrecke, motorische 1190
Endstrombahn (terminale Strohmbahn) 150
Endstück 66
Engramm 1246
Enkephalin 1182, 1214
Enkodierung 1259
Enophthalmus 216
Enterisches Nervensystem (Plexus entericus) 679
Enteroendokrine Zellen 697, 716
- Dünndarm 704
Enterohepatischer Kreislauf 708
Enterokinase 748
Enterothorax 116
Enterozyt 704, 716
Entgiftung, Leber 734
Entoderm 109
Entparaffinierung 99
Entspannungsphase 609
Entzündung 70
- neurogene 1207
- Wirkung auf Kapillarwand 156
Entzündungsmediatoren 70
Enzephalitis 1152
- Herpes simplex 1133
Enzephalon s. Gehirn 1103
Enzephalopathie, hepatische 734
Enzymhistochemie 101
Eosinophilie (Azidophilie) 100, 173
Ependym 1172
Ependymzelle 93
Epiblast 106
Epicondylus(-i)
- lateralis
- - Femur 364
- - humeri 456
- medialis
- - Femur 364
- - humeri 456, 493
Epidermis 1266
Epididymis (Nebenhoden) 829
Epidurales Hämatom 1164
Epiduralraum 1149
Epiglottis (Kehldeckel) 917, 921
Epikard 595

Epikritische Sensibilität 1195
Epimer 282
Epimysium, Skelettmuskulatur 86
Epineurium. Nerv, peripherer 95
Epiorchium 827
Epipharynx 916
Epiphyse 223, **1127**, 1170, 1228
Epiphysenfuge 80
Epiphysentumor 1127
Epiphyseolysis capitis femoris 360
Episiotomie (Dammschnitt) 341
Epithalamus 1127
Epithel
- Follikel-assoziiertes 189
- - Peyer-Plaques 191
- mehrschichtiges 61
- respiratorisches 1044
Epitheldysplasien 684
Epithelgewebe 58
Epithelium
- lentis 1069
- mucosae (Lamina epithelialis mucosae) 677
Epithelkörperchen 933
Epithelkörperchen s. Nebenschilddrüsen 933
Epithelmetaplasie 684
Epitympanon 1079
EPMS = extrapyramidalmotorisches System 1142, **1190**
- Störung 1190
Epoophoron 857
EPSP = erregendes postsynaptisches Potenzial 196
ER = Endoplasmatisches Retikulum 51
Eradikationstheapie 698
Erb-Punkt 617
Erbsenbein (Os pisiforme) 480
Erektion 847
Erguss 526
- Ellenbogengelenk 458
- Kniegelenk 375
- Sprunggelenk 405
Erkrankungen
- degenerative 247
- rheumatische 477
Eröffnungsperiode 819
Eröffnungszone 81
Erregungsleitung 195
- kontinuierliche 94
- saltatorische 94
Erregungsphase
- Frau 816
- Mann 847
Ersatzzahnleiste 1029
Erster Schmerz 1206
Erythroblast 168
Erythropoese 168
Erythropoetin 166, 168, 763
Erythrozyt 168
Eversion 409
Excavatio(-nes)
- rectouterina (Douglas-Raum) **658**, 722, 801, 805
- rectovesicalis **658**, 722, 780
- vesicouterina **658**, 780, 801
Exokrine Drüse 63
Exophthalmus 932
Exostosen 263
Exozytose 64
Exspiration (Ausatmung) 566
- Thoraxbewegungen 293
Extension 42
Extensoren
- Oberarm 462
- Unterarm 496
- Unterschenkel 415

1302 Sachverzeichnis

Extensorenloge, Unterschenkel (Compartimentum cruris anterius) 426
Externa 152
externus 41
Externusaponeurose 308, **313**
Extraembryonale Hohlräume 107
Extraembryonales Zölom (Chorionhöhle) 108
Extragenikulärer Teil, Sehbahn 1220
Extraglomeruläre Mesangiumzellen (Goormaghtigh-Zellen) 772
extraperitoneal 652
Extraperitonealraum, vegetativer Plexus 873
Extrapyramidalmotorisches System s. EPMS 1190
Extratöne 617
Extrauteringravidität 818
Extrazelluläre Matrix s. Matrix, extrazelluläre 67
Extremitas
– acromialis 439
– sternalis 439
– tubaria 795
– uterina 795
Extremität, obere s. Obere Extremität 437
Extremitätenknospe 360

F

Fabella 376
Facies
– anterior cordis (Facies sternocostalis) 580
– articularis (Gelenkfläche) 228
– – anterior, Dens axis 265
– – capitis costae 288
– – carpalis 479, 485
– – inferior, Atlas 264
– – posterior, Dens axis 265
– – superior, Atlas 264
– – tuberculi costae 288
– auricularis 258, 331
– costalis, (pulmonis) 548
– diaphragmatica
– – cordis 581
– – pulmonis 548
– – hepatis 735
– dorsalis, Kreuzbein 258
– lunata 345
– mediastinalis pulmonis) 548
– patellaris 364
– pelvica 258
– poplitea 364
– pulmonales 581
– sternocostalis 580
– symphysealis 328
– visceralis hepatis 735
Fadenpapillen 1011
Faeces 712
F-Aktin (Aktinfilament) 51
Fallhand 470, 508
Fallot-Tetralogie 624
Falx
– cerebri 1151
– inguinalis 317
Familienanamnese, positive 600
Farbduplexsonografie, transkranielle 1177
Farbenblindheit 1218
Farbensehen 1066, 1217
Färbung, histologische 99
Farnkraut-Muster 814
Fascia(-ae)
– abdominalis superficialis 325
– adhaerens 57, 87

– antebrachii 503
– axillaris 474
– brachii 460
– buccopharyngea 912, 1038
– cervicalis (Halsfaszie) 892
– clavipectoralis 466
– clitoridis 808
– colli (Fascia cervicalis) 892
– cruris 411
– – Spaltung 414
– diaphragmatica inferior 539
– diaphragmatis
– – pelvis
– – – inferior 335
– – – superior 335
– – urogenitalis
– – – inferior = Membrana perinei 337
– – – superior 337
– dorsalis manus 503
– endothoracica 295, 562
– lata 357
– masseterica 912, 1038
– occludentes 1169
– parotidea 912, 1018, 1038
– pelvis 662
– – visceralis 722, 780
– penis
– – profunda 837
– – superficialis 837
– – superficialis s. Tela subcutanea penis 837
– perinei (superficialis) 338
– pharyngobasilaris 918
– phrenicopleuralis 539, 562
– poplitea 393
– presacralis 662
– rectoprostatica 662
– rectovaginalis 722
– renalis (Nierenfaszie) 767
– spermatica
– – externa 325
– – interna 325
– superficialis abdominis 314
– temporalis 1038
– thoracica externa 295
– thoracolumbalis 273
– transversalis 314, 325
– vesicalis 780
Fasciculus(-i) 1101
– arcuatus 1145, 1232, 1262
– cuneatus 1112, 1198
– gracilis 1112, 1198
– interfascicularis 1101
– lateralis 468
– longitudinales 266
– longitudinalis
– – medialis **1110**, 1225, 1236, 1254
– – – rostraler interstitieller Kern = riFLM 1225
– – posterior 1132
– – superior 1145, 1262
– – mamillotegmentalis 1131
– – mamillothalamicus 1131
– – medialis 468
– – telencephali 1131
– – posterior 468
– proprii (Grundbündel) 1101
– septomarginalis 1101
– telencephalicus medialis 1257
– thalamicus 1186
Faserknorpel (Bindegewebsknorpel) 74
Faser
– elastische 69
– retikuläre 68
Faserqualitäten, Spinalnerven 206
Fasersysteme, Großhirn 1144

Fasertypen, Skelettmuskulatur 86
Fast-Faser, Skelettmuskulatur 86
Faszie (Muskelbinde) 86, 236
Faszikulationen 1111
Fazialisknie, äußeres 992
Fazialisparese 1058, 1080
– periphere 992, 1185
– zentrale 1185
Fechterstellung 619
Fehlbildungen
– Thoraxwand 305
– Wirbelsäule 283
Fehlintubation 545
Felderhaut 1266
Felsenbein (Pars petrosa) 943
– Fraktur 958
Femoral-/Schenkelhernie 315
Femoralispuls 315, 380
Femoropatellargelenk 364
Femorotibialgelenk 364, 366
Femorotibialwinkel 394
Femur (Oberschenkelknochen) 346, 364
Femurantetorsion 348, 398
Femurepikondylen 391
Femurkondylen 364, 391
Femurkopf, Blutversorgung 349, 382
Fenestra(-ae)
– cochleae (rundes Fenster) 1079, **1084**, 1089
– vestibuli (ovales Fenster) 1079, **1084**, 1089
Fenster
– ovales s. Fenestra vestibuli 1084
– rundes s. Fenestra cochleae 1084
Fenstertechnik 135
Fersenbein (Calcaneus) 400, 402, 407, 409
Fertilität, Mann 843
Fetalperiode 102
Feto-plazentarer Kreislauf 120
Fettgewebe 71
– braunes 72
– weißes 71
Fettsäuresynthese 734
Fettstühle (Steatorrhö) 751
Fibra(-ae)
– arcuatae cerebri 1145
– assotiationis telencephali 1145
– corticonucleares 1185
– corticospinales 1183
– cuneocerebellares 1202
– obliquae 699
– paraventriculohypophysiales 1249
– pontis transversae 1113, 1185
– supraopticohypophysiales 1249
– zonulares 1069
Fibrillen
– Anordnung in hyalinem Knorpel 73
– Knorpel, demaskierter 74
Fibrillin, elastische Fasern 69
Fibrillogenese, Kollagenfasern 67
Fibrin 169
Fibrinogen 166, 169
Fibroblast 67
Fibronektin 69
Fibrozyt 67
Fibula (Wadenbein) 397, 413
Fibulaköpfchen 391
fibular 41

Fibularisgruppe (Peroneusgruppe) 415
Fibularisloge (Peroneusloge = Compartimentum cruris laterale) 426
Fiederungswinkel, Muskel 235
Fila olfactoria 949, 982, 1045, 1047, **1239**
Filament-Gleit-Theorie, Skelettmuskulatur 86
Filamente
– Muskulatur 83
– Zytoskelett 51
Filamin 51
Fimbria(-ae)
– ovarica 797
– hippocampi 1246, 1248
– tubae 797
Fimbrin 51
Finger (Digiti manus)
– Bandapparat 501
– Bewegungen 491
– – Grundgelenke 491
– Gefäße 507
– Hautinnervation 513
– Knochen 482
Finger-Boden-Abstand 270
Fingergelenke
– Bewegung 493, 498
– Grundgelenke (Articulationes metacarpophalangeales) 491
– Muskeln 493, 498
Firstkern (Nucleus fastigii) 1119
Fischwirbel 252
Fissura(-ae)
– calcarina (Sulcus calcarinus) 1133, 1222
– horizontalis 551, 572, 1116
– interlobares 550
– ligamenti
– – teretis 736
– – venosi 736
– longitudinalis cerebri 1132
– mediana anterior 1101
– obliqua 551, 572
– orbitalis
– – inferior **951**, 987, 1027, 1036, 1050
– – superior **951**, 983, 986, 1050
– petrotympanica **949**, 951, 992, 1081
– prima 1116
– pterygomaxillaris 956, 959, 1036
– sphenopetrosa 949, 996
– sterni congenita 305
Fistelbildung 708
Fixationsreflex 1225
Fixierung 99
Flagellum (Geißel) 53
– Spermatozoon 844
Flail Chest = instabiler Thorax 286
Flankenatmung 293
Flechsig-Trakt 1201
Flechsig-Trakt (Tractus spinocerebellaris posterior) 1201
Fleck, blinder 1216
Flexio, Uterus 800
Flexion 42
Flexoren
– Oberarm 460
– Unterarm 495
– Unterschenkel 412
Flexorenloge, Unterschenkel (Compartimentum cruris posterius) 426
Flexorreflex 200
– polysynaptischer 199

Sachverzeichnis

Flexura(-ae)
- anorectalis 335
- cervicalis 1173
- coli
- - dextra 715
- - sinistra 715, 875
- duodeni, superior 705
- duodenojejunalis 705, 708
- laterales 719
- mesencephalica 1173
- perinealis 719
- sacralis 719
Flimmerepithel 1044
Flimmerzellen 798
Flügelgaumengrube s. Fossa pterygopalatina 1035
Flügelplatte 1172
Flüssigkeit, seröse 525
Flüssigkeitsfilm, präkornealer 1056
Flüstersprache (Stimmritze) 924
Foetor
- ex ore 918
- hepaticus 734
Fokalkontakt 57
Folgebewegungen 1225
Folium(-a) cerebelli 1116
Folliculus(-i)
- lymphatici aggregati = Noduli lymphoidei aggregati s. Peyer-Plaques 709
- ovarii 796
Follikel
- Entwicklungsstadien (Übersicht) 810
- primäre r182
- sekundärer 183
Follikel-assoziiertes Epithel 189, 191
Follikelatresie 810
Follikelepithel 810
Follikelphase s. Proliferationsphase 813
Follikelreifung 810
- hormonelle Steuerung 812
Follikelstimulierendes Hormon (FSH) 812845, 1252
Follitropin s. FSH 812
Folsäure, Gabe in der Schwangerschaft 284, 1170
Fontana-Raum 1071
Fontanelle(n) 967
Fonticulus
- anterior 967
- mastoideus 967
- posterior 967
- sphenoidalis 967
Foramen(-ina)
- apicis, dentis 1024
- caecum 935, 1009
- ethmoidale
- - anterius 1050
- - posterius 987, 1050
- frontale 943
- infraorbitale **956**, 965, 987, 990, 1050
- infrapiriforme 358, 380, 388, 392
- interventriculare 624, 1155
- ischiadicum
- - majus, druchtretende Leitungsbahnen 358, 885
- - minus, durchtretende Leitungsbahnen 885
- jugulare **950**, 996, 998, 1001
- lacerum 950, 992, 1081
- magnum 950, 1001
- mandibulae 988, 1026
- mastoideum 951
- mentale **956**, 965, 988, 990

- nutritium 225
- - Wirbelkörper 252
- obturatum **327**, 358
- - Form 329
- omentale 655
- ovale 150, 625, 949, 988
- - persistierendes 625
- palatinum
- - majus 956, 1036
- - minus 956, 1036
- papillaria 768
- primum 625
- rotundum 949, 987, 1036
- sacralia anteriora 258
- sacralia posteriora 258
- sphenopalatinum 956, 1036
- spinosum 949, 988
- stylomastoideum 951, 992
- supraorbitale 943, **959**, 965, 990, 1050
- suprapiriforme 358, 380, 392
- transversarium 253
- - Atlas 264
- venae cavae 539
- vertebrale (Wirbelloch) 251
- zygomaticofaciale 1050
- zygomaticoorbitale 1050
- zygomaticotemporale 1050
Forceps
- major 1145
- minor 1145
Formatio
- reticularis **1109**, 1182, 1189, 1210, 1240
- - Funktionskreise 1254
- - paramediane pontine = PPRF 1225
- - Zellgruppen 1256
Fornix(-ices) 1131, 1245
- conjunctivae 1056
- pharyngis 916
- vaginae 805
- vestibuli 1004
Fossa(-ae)
- acetabuli 345
- articularis (Gelenkpfanne) 228
- axillaris (Achselhöhle) 474
- canina 965
- coronoidea 456
- cranii
- - anterior 948
- - media 949
- - posterior 950
- cubitalis (Ellenbeuge) 475
- glandulae lacrimalis 1057
- hypophysialis 945, 949
- iliaca 328
- incisiva 956
- infratemporalis 959, 1034
- inguinalis
- - lateralis 317
- - medialis 317
- intercondylaris 364
- interpeduncularis 1115
- ischioanalis 339
- jugularis 906
- lacrimalis 1057
- lumbalis 764
- mandibularis 1030
- navicularis urethrae 839
- olecrani 456
- ovalis 583
- ovarica 795
- paravesicalis 780
- poplitea (Kniekehle) 393
- pterygopalatina 959, **1035**, 1037
- radialis 456
- retromandibularis 1018

- rhomboidea (Rautengrube) 1104
- supravesicalis 317
- temporalis 959, 1034
- tonsillaris 190
- trochanterica 347
- vesicae biliaris 736, 745
Fossula(-ae) hyaloidea 1068
Fovea(-ae)
- articularis 457
- capitis femoris 346
- centralis 1067, 1218
- - kortikale Represäntation 1222
- costalis
- - inferior 254
- - processus transversi 254
- - superior 254
- dentis 264
- radialis (Tabatière) 514
Foveola(-ae)
- gastricae 696
- granulares 1157
FR = Formatio reticularis 1109
Fraktur (Knochenbruch) 77
- Acetabulum 334
- Atlas 267
- Beckenringfraktur 331
- Bennett 489
- Calcaneus 401
- Clavicula 471
- Dens axis 267
- Felsenbein 958
- Femur 348
- - suprakondylar 393
- Humerus
- - distal 470
- - subkapital 453
- Malleolarfraktur 406
- Malleolus medialis 433
- Mechanismus 226
- Oberarm 470
- offene 398
- Os scaphoideum 480
- Radius 479
- Rippenserienfraktur 286
- Schenkelhals 348, 355
- Sinterungsfraktur 252
- Tibia 398
- Ulna 479
- Wirbelkörper 251
Frankenhäuser-Ganglion (Plexus uterovaginalis) 216, 796
Freie Bindegewebszellen s. Bindegewebszellen 67
Freie Nervenendigung 1207
Fremdreflex 199
Frenulum
- clitoridis 807
- labii
- - inferioris 1004
- - superioris 1004
- labiorum pudendi 808
- linguae 1009
- preputii 836
Fromment-Zeichen 511
frontal 41
Frontalebene 38
Frontales Augenfeld 1140, 1182
Frontallappen 1133
Fruchtblase 819
Fruchtwalze 819
Frühentwicklung 102
Frühgeburt, Lungenreifung 558
Frühschwangerschaft 817
Fruktose 832
- Ejakulat 848
FSH (Follikelstimulierendes Hormon) **812**, 845, 1252
Führungsband s. Ligamentum 230

Führungslinie 818
Füllungsphase 609, 611
Fundoskopie 1067
Fundus
- gastricus 693
- oculi 1067
- uteri 800
- vesicae 780
Fundusvarizen 1286
Funiculus(-i) 1101
- anterior 1101
- anterolateralis (Vorderseitenstrang) 1101
- lateralis 1101
- posterior s. Hinterstrang 1101, 1198
- spermaticus (Samenstrang) 315
- - Hüllen 325
Funktionalis (Stratum functionale) 802
Funktionelle Anatomie 31
Funktionelle Herzgeräusche 617
Funktionelle Systeme, ZNS 1181
Funktionelles Synzytium 56
Funktionsprüfungen 35
Furosemid 771
Fuß (Pes) 396
- Bandapparat 405
- Arterien 428
- Gefäßversorgung 427
- Gewölbekonstruktion 421
- Innervation 431
- Lastübertragung 421
- Muskulatur 417
Fußabdruck (Podogramm) 422
Fußgewölbe 423
- Aufbau 423
- Bandsicherung 423
- Muskelsicherung 424
Fußknochen (Ossa pedis) 399
Fußmuskeln 417
- dorsale (Übersicht) 417
- plantare 418
- plantare (Übersicht) 419
Fußpuls, Palpation 428
Fußskelett 400
Fußwurzel (Tarsus) 399, 402
Fußwurzelgelenke 410

G

GABA = Gamma-Amino-Buttersäure 202, 1182, 1191
Gabelrippen 305
Gaenslen-Zeichen 492
GAG = Glykosaminoglykan 69
G-Aktin = globuläres Aktin-Monomer 51
Galea aponeurotica 960
Galen-Vene s. Vena magna cerebri 1166
Galle
- Abfluss 743
- Konzentration 745
- Rückstau 743
- Zusammensetzung 744
- - Veränderung 745
Gallenblase (Vesica biliaris, Vesica fellea) 742, 744
- Entwicklung 747
- Gefäße 746
- Nerven 746
- Wandbau 746
Gallenblasenentzündung (Cholezystitis) 745
Gallenfarbstoffe 744
Gallengangsteine (Cholangiolithiasis) 743
Gallenkolik 743

Gallensäuren 744
- Resorption 708
Gallensteine (cholelithiasis) 745
Gallenwege 742
- Entwicklung 747
- intrahepatisch 742
Gallertiges Bindegewebe 70
Gallesekretionsstörung 734
GALT = gut associated lymphoid tissue 189
Gamma-Amino-Buttersäure = GABA 202, 1182, 1191
Gamma-Globuline (Immunglobuline) 177
Gang 355, 413
Ganglien
- Grenzstrang 214
- Hirnnerven 211, 980
- parasympathische, Kopf 217
- paravertebrale (Grenzstrangganglien) 215, 874
- prävertebrale 215, 874
- Spinalganglien 206
- vegetative, Extraperitonealraum 873
Ganglienhügel 1174
Ganglienzelle 1065
- Retina 1067, 1219
Ganglion(-a) 98
- aorticorenalia 776, 779, 829, **875**
- cervicale
- - inferius 215, 905
- - medium 215, 905
- - superius 215, 904, 1228
- cervicothoracicum = Ganglion stellatum 905
- ciliare 217, 980, 1052, 1062
- cochleare s. Ganglion spirale cochleae 995
- coeliaca 793, 829, **875**
- coeliacum 216, 755
- geniculi 980, **1081**
- impar 215
- inferius
- - N. glossopharyngeus 980, **996**, 1014
- - N. vagus 980, **999**, 1014
- intramurales 98
- jugulare s. Ganglion superius nervi vagi 980
- lumbalia 215, 874
- mesentericum
- - inferius 216, 717, **875**
- - superius 216, 717, **875**
- nodosum s. Ganglion inferius nervi vagi 980
- oticum 217, 988, **995**, 1035
- pelvica 883
- pelvicum (Plexus uterovaginalis) 804
- pterygopalatinum 217, **992**, 1035, 1081
- sacralia 215, 883
- spinales (Spinalganglion) 98, 206
- spirale cochleae 980, 995, **1087**, 1229
- stellatum = Ganglion cervicothoracicum 215, 905
- submandibulare 217, 1021
- superius 998
- - nervi glossopharyngei 980, 996
- - nervi vagi 980
- thoracica 215
- trigeminale 980, 986, 1203
- tympanicum 980
- vestibulare 980, **1085**, 1091, 1233, 1235
Gangrän, Darmwand 308

Gänsehaut 1274
Gap Junction (Kommunikationskontakt) 56
Gartner-Gang 857
Gasaustausch 547, 569
Gasser-Ganglion 980, **986**, 1203
Gasser-Ganglion(Ganglion trigeminale) 980, 986, 1203
Gaster s. Magen 693
Gastrale Phase 703
Gastritis 698
Gastrointestinaltrakt
- oberer 705
- unterer 708
Gastrulation s. Keimscheibe, dreiblättrige 109
Gaumen (Palatum) 1004
- Entwicklung 1008
- Gefäße 1007
- harter (Palatum durum) 1006
- Innervation 1008
- Muskulatur 1007
- Nerven 1007
- weicher (Palatum molle) 1006
Gaumenanlage 971
Gaumenbein (Os palatinum) 955
Gaumenbögen 916
Gaumenmandeln (Tonsillae palatinae) 190
Gaumensegel (Velum palatinum) 916, 1006
Gaumenspalte 1008
Gaumenwülste 1008
Gebärmutter s. Uterus 799
Gebiss 1021
Geburt 818
- Kreislaufumstellung 151
Geburtsbeginn 819
Geburtsunmöglichkeit 819
Gedächtnis 1258
- deklaratives (explizites) 1259
- episodisches 1259
- nicht deklaratives (implizites) 1260
- semantisches 1259
- sensorisches 1259
Gedächtnisformen 1258
Gedächtnisspur 1246
Gedächtniszelle 176
Gefäße, Wandbau 153
Gefäß-Nerven-Staße(n), Unterschenkel 426
Gefäß-Nerven-Strang, Hals 912
Gefäß-Nerven-Straße(n)
- Becken (Übersicht) 885
- dorsale interossäre 508
- Oberarm 469, 471
- palmare ossäre 509
- radiale 508
- ulnare 510
- Unterarm (Übersicht) 508
- Unterschenkel 411
- - Übersicht 426
Gefäßplexus, Haut 1273
Gefäßsystem 146
Gefäßzusammenschluss (Anastomose) 148
Geflechtartiges (kollagenes) Bindegewebe 70
Geflechtknochen(Knochen, primärer) 76, 222
Geflechtschicht (Stratum reticulare) 1271
Gegenfarbentheorie, Farbensehen 1217
Gegenstromprinzip 772, 775
Gehirn 202, **1103**
- Entwicklung 1172, 1174
- Gefäße 1157
- Venen 1165

Gehirngröße 1104
Gehörgang, äußerer 1076
Gehörgangsplatte 1092
Gehörgangsspülung 1075
Gehörknöchelchen 1080, 1089
Geißel (Flagellum) 54
- Spermatozoon 844
Gelber Fleck (Macula lutea) 1067
Gelbkörper s. Corpus luteum 811
Gelbkörperhormon s. Progesteron 811
Gelenk 228
- Bewegungsmöglichkeiten 232
- dreiachsiges 232
- ebenes (Articulatio plana) 231
- echtes (Articulatio/Diarthrose) 228
- Eigelenk (Articulatio ellipsoidea) 231
- einachsiges 231
- Hilfsstrukturen 229
- Kondylengelenk (Articulatio bicondylaris) 231
- Kugelgelenk (Articulatio sphaeroidea) 232
- Nussgelenk (Enarthrosis) 232
- Rad-/Zapfengelenk (Articulatio trochoidea) 231
- Sattelgelenk (Articulatio sellaris) 231
- Scharniergelenk (Ginglymus) 231
- straffes (Amphiarthrosis) 232
- Walzengelenk (Articulatio cylindrica) 231
- zweiachsiges 231
Gelenkbewegung 1198
Gelenkerguss 229
Gelenkfläche (Facies articularis) 228
Gelenkformen 231
Gelenkfortsatz (Processus articularis) 251
Gelenkhemmung 233
- oberes Srunggelenk 406
Gelenkhöhle (Cavum articulare) 228
Gelenkkapsel, Capsula articularis 228
Gelenkknorpel 73, 228
Gelenkkopf (Caput articulare) 228
Gelenkmaus 378
Gelenkpfanne (Fossa articularis) 228
Gelenkspalt 228
- radiologischer 131
Gelenkstellung 1198
Gemischte Drüse 64
Generallamelle 77, 223
Geniculum canalis facialis 1081
Genikulärer Teil, Sehbahn 1220
Genitale
- äußeres, Entwicklung 858
- Entwicklung 852, 859
- männliches 826
- - äußeres 835
- - inneres 826
- weibliches 794
- - äußeres 807
- - inneres 794
- - Kindheit 823
- - postnatale Entwicklung 823
- - Pubertät 823
Genitalfalten 859
Genitalhöcker 858
Genitalleiste 850, 852

Genitalwege, Entwicklung 854
Genitalwülste 858
Gennari-Streifen 1136, 1222
Genu
- recurvatum 377
- valgum (X-Bein) 394
- varum (O-Bein) 394
gER = glattes Endoplasmatisches Retikulum 51
Gerinnungskaskade 169
Gerstenkorn 1055
Geruch, bewusste Wahrnehmung 1240
Geschlechtsdimorphismus 47
Geschlechtsdrüsen, akzessorische
- Entwicklung 857
- Mann 832
Geschmacksbahn 1242
Geschmackskern 1243
Geschmacksknospe 1012, 1241
Geschmacksorgan (Organum gustus) 1012
Geschmacksqualität 1013, 1241
Geschmacksrezeptoren 1241
Geschwindigkeitsrezeptor 1197
Gesicht
- Entwicklung 971
- Gefäße 963
- knöcherne Grundlage 959
- Nerven 963
- Proportionen 964
- Region 964
- - tiefe seitliche 1034
Gesichtsfeld 1215
Gesichtsfeldausfall 1289
Gesichtsfraktur 958
Gesichtshaut, Spaltlinien 963
Gesichtsschädel (Viscerocranium) 954
- Verstärkungspfeiler 958
Gesichtsstrahlung s. N. facialis 963, 992
Gesichtswülste 970
Gestalt, allgemeine Bedeutung 31
Gewebe 58
- bradytrophes 155
Gewölbekonstruktion, Fuß 421
GFAP = Glial fibrillary acidic protein 52, 93
GH = Growth Hormone 1252
GHRH = Growth Hormone Releasing Hormone 1252
Gibson-Faszie = Membrana suprapleuralis 562
Giebelkern s. Nucleus fastigii 1119
Gieson, van, Färbung 100
Gingiva (Zahnfleisch) 1004, 1025
- Nerven 1027
Ginglymus (Scharniergelenk) 231
Glabella 943, 959, 965
Glandotropes Hormon 1251
Glandula(-ae)
- anales (Proktodealdrüsen) 720
- buccales 1004, 1017
- bulbourethrales (Cowper-Drüsen) 835
- cardiacae (Kardiadrüsen) 697
- ceruminosae 1077
- cervicales uteri 802
- ciliares 1055
- cutis 1276
- duodenales (Brunner-Drüsen) 677
- gastricae 677
- gustatoriae 1012

Sachverzeichnis **1305**

– labiales 1004, 1017
– lacrimalis 1056
– lingualis anterior 1012
– mammariae 1277
– mucosae intestinales 677
– nasales 1044
– oesophageae 677, 684
– olfactoriae 1045
– palatinae 1006, 1017
– parathyroideae s. Nebenschilddrüsen 933
– parotidea 1018
– – accessoria 1019
– pinealis s. Epiphyse 1127
– pituitaria 1249
– preputiales 836
– pyloricae (Pylorusdrüsen)
697
– radicis linguae 1012
– salivariae 1017
– – majores 1018
– – minores 1017
– sebaceae 1055
– – holocrinae 1276
– seminalis (Glandula vesiculosa) 832
– sublingualis 1017, 1021
– submandibularis 1018, 1020
– submucosae duodeni
s. Brunner-Drüsen 707
– sudoriferae 1277
– suprarenalis s. Nebenniere
790
– tarsales 1055
– thyroidea s. Schilddrüse 931
– urethrales 809, 840
– uterinae 802
– vesiculosa (Bläschendrüse)
832
– vestibulares
– – majores = Bartholin-Drüsen
807
– – minores 807
Glans
– clitoridis 808
– penis (Eichel) 836
Glanzstreifen (Disci intercalares), Herzmuskulatur 87
Glaser-Spalte s. Fissura petrotympanica 951
Glasknochenkrankheit (Osteo-
genesis imperfecta) 68
Glaskörper 1070
Glaskörperraum 1070
Glatte Muskulatur 89
glattes Endoplasmatisches
Retikulum = gER/sER 51
Glaukom 1071
Gleichgewicht 1091
– Aufrechterhaltung 1236
Gleichgewichtsbahn 1235
Gleichgewichtsorgan 1074,
1087
Gleichgewichtssystem 1232
Gleitsehne 234
Glia, Retina 1217
Gliafilament 52
Gliagrenzmembran 1149
Gliascheide s. Nervenfasern,
myelinisierte 94
Gliazelle (Supportzelle) 93
Glied s. Penis 835
Gliedertaxe 477
Gliederung, segmentale 113
Glioblast 1171
Glioblastom 93
Glisson-Kapsel (Tunica fibrosa)
737
Glisson-Trias 739, 743
Globuline 166

Globus pallidus 1143, 1186
– Entwicklung 1174
– externus 1187
– internus 1187
Glockenstadium 1028
Glomerulonephritis 769
Glomerulus(-i) 769
Glomus(-era)
– aortica 631
– caroticum 896
Glottis 923
Glottisödem 924
Glukagon 752
Glukokortikoide 790
Glutamat 202, 1182, 1218, 1261
Glycin 1182
Glykogeneinlagerung, Vagina
806
Glykogengehalt, Vaginalepithel
814
Glykogensynthese 734
Glykokalyx 53, 770
Glykoproteine, adhäsive 69
Glykosaminoglykane = GAGs 69
Glyzin 202, 1191
– Mutation 68
GnRH (Gonadotropin releasing
Hormon, Gonadoliberin) 812,
845, 1252
Goldenhar-Syndrom 970
Goldner-Färbung 100
Golgi-Apparat 51
Golgi-Organ 1197
Golgi-Zelle 92, 1119
Gomori, Silberimprägnation 101
Gomphosis (Einzapfung) 227,
1021
Gonadenanlage 852
Gonadoliberin s. Gonadotropin
releasing Hormon
Gonadotropin releasing Hormon
(GnRH, Gonadoliberin) 812
845, 1252
Gonadotropine 812, 824
Gonarthrose 363, 367
Goodpasture-Syndrom 769
Goormaghtigh-Zellen 772
Goormaghtigh-Zellen (Mesangi-
um, extraglomeruläres) 772
Gower-Trakt (Tractus spinocere-
bellaris anterior) 1201
Graaf-Follikel 810
Granula
– basophiler Granulozyt 174
– eosinophiler Granulozyt 173
– Monozyt 174
– neutrophiler Granulozyt 172
– Thrombozyt 170
Granulärer Kortex 1135
Granulationes arachnoideales
1156
Granulationsgewebe 70
Granulosaluteinzellen 811
Granulosazellen 810
Granulozyt 171
– basophiler 173
– eosinophiler 173
– neutrophiler 171
– segmentkerniger 172
– stabkerniger 172
Graue Substanz (Susbstantia
grisea) 202
– Rückenmark 1099
Grauer Star 1069
Graviditas s. Schwangerschaft
817
GRAY-I/II-Synapse 97
Greiffunktion 477, 491
– Füße 396
Greifhand 477, 489, 500

Grenzlinie (tide mark), Gelenk-
knorpel 74
Grenzstrang (Truncus sympathi-
cus) 215, 636
– Bauchraum 874
Grenzstrangganglion 98, 214,
636
Griffelfortsatz s. Processus
styloideus 943
Grimassieren 1289
Grimmdarm s. Kolon 712
Großes Netz s. Omentum majus
657
Großhirn 1132
– Fasersysteme 1144
– Lappen 1133
Großhirnrinde (Cortex cerebri)
1135
Großzehe (Hallux) 403
Großzehenloge 419
Grünblindheit (Deuteranopie)
1218
Grundbündel (Fasciculi proprii)
1101
Grundphalanx 403
Grundplatte 1172
Grüner Star (Glaukom) 1071
Grünholzfraktur 457
Gruppe-Ia-Faser 1197
Gruppe-II-Faser 1197
Gruppenfaszie 236
Gubernaculum 324, 859
– testis 827, 853
Gustatorisches System 1241
Guyon-Loge 510
Gynäkomastie 1278
Gyrus(-i)
– cinguli 1245
– dentatus 1245
– – Schichten 1248
– parahippocampalis 1246
– postcentralis 1133
– precentralis 1133
– transversi 1141
G-Zellen 697

H

Haare (Pili) 1274
Haarfollikelrezeptoren 1197
Haarkolben 1274
Haarmatrix 1274
Haarpapille 1274
Haarschaft 1274
Haarwechsel 1274
Haarzellen
– äußere 1091, 1229
– – effente Innervation 1230
– Corti-Organ 1229
– Innenohr 1087
– innere 1229
– Rezeptorpotenzial 1230
Haarzwiebel 1274
Habenula 1127
Habituation 1260
Hackenfußstellung 431
Haftkomplex (Schlussleisten-
komplex) 59
Haftkontakt (Adhäsionskontakt)
57
Haftstiel 108
Haftzotte 121
Hagelkorn 1055
Hagen-Poiseuille-Gesetz 154
Hakenbein (Os hamatum) 480
Hakenmagen 694
HAL = hintere Axillarlinie (Linea
axillaris posterior) 303
Halbwirbel 285
Haller-Dreifuß s. Truncus coelia-
cus 865

Haller-Schicht 1060
Hallux (Großzehe) 403
Hallux valgus 425
Hals (Collum, Cervix) 34, **891**,
906
– Begrenzungen 891
– Faszienräume 911
– Faszienverhältnisse 892
– Gefäße 896
– Muskulatur 893
– Nerven 901
Halsdreiecke 907
Halsfaszie s. Fascia cervicalis
892
Halsfistel, laterale 970
Halslymphknoten 901
Halsmuskulatur 895
Halsregionen 907
Halsrippe 285, 305
Halswirbelsäule
– Bewegungsausmaß 268
– Röntgenbild 254
Halszyste, laterale 970
Haltefunktion, Muskel 241
Haltemuskulatur, Skelettmusku-
latur 87
Hämarthros 229
Hämatin 1286
Hämatokrit = Hkt 166
Hämatom
– epidurales 1164
– retroplazentares 819
– subdurales = SDH 1166
Hämatopoese (Blutbildung) 166
Hämatotympanon 958
Hämaturie 782
Hammer (Malleus) 1080
Hammerfinger 502
Hämoccult-Test 712
Hämoglobin = Hb 168
– fetales = HbF 150
Hämoptysen 556, 769
Hämorrhoidalleiden 725
Hämorrhoiden 725
– innere 871
Hämostase (Blutstillung) 165,
169
Hand 477
– Bandapparat 486
– Bauprinzip 477
– Entwicklung 515
– Gefäße **505**, 507
– Gelenke 484
– Hautinnervation 512
– Knochen 480
– Muskulatur 498
– Nerven 508
– Röntgenbild 481
– Sehnenscheiden 500
– Topografie 513
– Wachstumsfugen 515
Handchirurgie 477
Handfläche (Palma manus) 513
Handflächenregel, Körperober-
fläche 44
Handgelenk(e) 485
– Bandapparat 485
– Bewegungen 487, 493
– distales (Articulatio medio-
carpalis) 485
– Muskeln 492
– – Extensoren (Übersicht) 494
– – Flexoren (Übersicht) 493
– proximales (Articulatio radio-
carpalis) 485
Handrücken (Dorsum manus)
513
Handskelett 480
Handwurzel (Carpus) 480
– Säulen 482
Harnapparat, Entwicklung 849

Harnblase (Vesica urinaria) **779**, 781
- Entwicklung 851
- Kontinenz 784
- Mechanismen für Verschluss und Entleerung 785
- Nerven 784
- Wandbau 782
Harnblasenaktivität 784
Harnblasenkarzinom 782
Harnblasenpunktion 781
Harndrang 784
Harnfiltersystem 770
Harninkontinenz 784
Harnkonzentrierung 770, 772
Harnleiter s. Ureter 777
Harnröhre
- männliche s. Urethra masculina 838
- weibliche s. Urethra feminina 809
Harnsamenröhre s. Urethra masculina 838
Harnstau 778, 851
Harnverhalt 781
Harnwege, ableitende 776
- Entwicklung 851
Harnwegsinfekt = HWI 783
Harter Gaumen 1006
Hartsubstanzen, Zahn 1024
Hasenscharte (Lippenspalte) 972
Hasner-Klappe 1041, 1058
Hassall-Körperchen 180
Haube s. Tegmentum 1104
Hauptblickrichtungen 1054
Hauptbronchus (Bronchus principalis) 541, **544**
Hauptdrüsen (Glandulae gastricae) 697
Hauptebenen (Körperebenen) 38
Hauptsprachbereich 1228
Hauptstück 771
Hauptstück, Tubulus, proximaler 771
Hauptzellen 697, 771
- Glandula parathyroidea 933
Haustren 715
Haut 1265, 1267
- Gefäße 1273
- Nerven 1273
- Schichten 1266
Hautanhangsgebilde 1274
Hautfaltenasymmetrie 362
Hautfarbe 1269
Hautrezeptor(en) 1196, 1272
Hautschmerz 1205
Hautschnitt 1271
Hautspaltlinien 1271
Hautvenen
- Arm 466
- Bein 429
Havers-Blutgefäß 77
Havers-Kanal 77
Havers-System (Osteon) 77
Hb = Hämoglobin 168
HbF = fetales Hämoglobin 150
HCG = humanes Choriongonadotropin **106**, 812, 817
HE = Hounsfield-Einheit 134
H. E. = Hämatoxylin, Eisen, Färbung 100
Head-Zone 210
Hebelarm, virtueller, Kraftentfaltung 239
Heister-Klappe 743
Helicotrema 1084
Helix 1075
Hemeralopie (Nachtblindheit) 1218

Hemianopsie
- bitemporale, heteronyme 1221
- homonyme 1221
- nasale ipsilaterale 1222
Hemiarthrose 331
Hemiballismus 1132, 1289
Hemisphäre
- Großhirn 1132
- Kleinhirn 1116
Hemmung, laterale 196
Hemmungsband s. Ligamentum 230
Henle-Schleife (Ansa nephroni) 772
Hepar s. Leber 734
Heparansulfat 69
Heparin 174
Hepatische Enzephalopathie 734
Hepatobiliäres System 734
Hepatopankreatischer Ring 666, 747, 755
Hepatozyt 740
Hering-Breuer-Reflex 561
Hering-Kanälchen 742
Hernie
- Bochdalek 116
- epigastrische 313
- innere 653
- Leistenhernie 318
- Nabelhernie 313
- Narbenhernie 311
Hernienbildung, Pathophysiologie 307
Hernienchirurgie 308
Herpes-simplex-Enzephalitis 1133
Herring-Körperchen 1130
Hertwig-Wurzelscheide 1029
Herz (Cor) 578
- Aufbau, allgemein 145
- Bildgebung 617
- Binnenräume 581
- - Entwicklung 623
- endokrine Funktion 595
- Entwicklung 622
- Erregungsbildung und -leitung (Reizleitungssystem) 596
- Flächen 580
- Gefäße 599
- Größe und Gewicht 578
- Lage 579
- Längsachse 578
- linkes 578
- Nerven 607
- Projektion auf die Thoraxwand 615
- rechtes 578
- Röntgenbild 618
- Ventilebene 580
- Versorgungstypen 602, 604
- Wandbau 594
Herzaktion 609
Herzbasis (Basis cordis) 579
Herzbeutel s. Pericardium 613
Herzbeutelhöhle s. Cavitas pericardiaca 613
Herzbeutelpunktion (Perikardpunktion) 564
Herzbeuteltamponade 564, 614
Herzdämpfung 616
Herzdreieck (Trigonum cardiacum) 564
Herzdurchmesser, Röntgenbild 619
Herzerkrankung, koronare (KHK) 600, 621
Herzfehler 151
Herzfehlerzellen 557
Herzfrequenz 609

Herzgeräusche 588, 617
- Fortleitung 617
Herzgewicht, kritisches 579
Herzinfarkt 87, **600**, 614
- Diagnostik 605
Herzinsuffizienz 595
- bei Aortenisthmusstenose 630
Herzkammern s. Ventriculus(-i) cordis 584
Herzkatheter 622
Herzklappen (Valvae cordis) 587
- Auskultation 616
- Projektion 616
- während der Herzaktion 609, 611
Herzklappenersatz 588
Herzklappenfehler 588
Herzkranzgefäße (Vasa coronaria) 599
Herz-Kreislauf-System 145
- frühembryonal 641
- Hochdrucksystem 149
- Niederdrucksystem 149
Herzleistung 607
Herzmaße, Röntgenbild 619
Herzmuskelzelle (Kardiomyozyt) 87
- modifizierte 88
Herzmuskulatur 87
Herzohr
- linkes (Auricula sinistra) 580, 583
- rechtes (Auricula dextra) 580, 582
Herzperkussion 616
Herzschlagvolumen 609
Herzschlauch 622
Herzschleife 622
Herzschrittmacher 597
Herzsepten (Septa cordis) 586
Herzskelett 587
Herzspitze (Apex cordis) 579
Herz-Thorax-Index = kardiothorakaler Quotient 619
Herztiefendurchmesser, Röntgenbild 618
Herztöne 611
Herzvorhöfe s. Atrium(-a) cordis 582
Herzwand, Ruptur 614
Herzzyklus 609
Heschl-Querwindungen 1141, 1232
HET = Hormonersatztherapie 825
Heterodontie 1021
Heuser-Membran 107
HEV = hoch-endotheliale Venolen 182
- Lymphknoten 184
- Peyer-Plaques 192
Hexenmilch 823
Hexenschuss = Lumbago 247, 264
HHL = Hypophysenhinterlappen s. Neurohypophyse 1249
Hiatus
- adductorius 381
- analis 337
- aorticus 538
- axillaris
- - lateralis (laterale Achsellücke) 474
- - medialis (mediale Achsellücke) 474
- canalis nervi petrosi
- - majoris **950**, 992, 1081
- - minoris **950**, 996, 1083

- levatorius (Levatortor) 335
- oesophageus 538
- pleuropericardialis 117, 527
- pleuroperitonealis 115
- sacralis 258
- saphenus 381, 383
- semilunaris 1041
- urogenitalis 337
Hiatushernie 539
Hilfsapparat, Auge 1049, **1052**
Hilgenreiner-Linie 362
Hilum 524
- ovarii 796
- pulmonis (Lungenhilum) 548
- renale 763
Hilumlymphknoten s. Nll. bronchopulmonales 560
Hinterdarm 118
Hinterhauptsbein (Os occipitale) 264, 944
Hinterhauptslage, vordere 819
Hinterhauptslappen 1133
Hinterhirn s. Metenzephalon 1103
Hinterhirnbläschen 1173
Hinterhorn (Cornu posterius) 204, 1099
- Entwicklung 1172
Hinterstrang (Funiculus posterior) 1101, **1198**
- Läsion 1199
- Somatotopie 1200
- System 1196
- - Aufbau 1198
Hinterwandinfarkt 1284
Hinterwurzel (Radix posterior/sensoria) 204
Hippocampus 1240, 1246
- Afferenzen 1248
- Efferenzen 1248
Hippokampusformation 1245
Hirnanhangsdrüse s. Hypophyse 1249
Hirnarterien 1157
- Hirnbasis 1158
Hirnbläschen 1172
Hirnblutung 1162, 1176
Hirndruck 1068
Hirndruckerhöhung 1290
Hirndurchblutung 1178
Hirnhaut
- harte (Pachymeninx) 1149
- weiche (Leptomeninx) 1149
Hirninfarkt 625, **1158**, 1176
- A. cerebri media 1160
Hirnnerv (N. cranialis) 211, **979**
- I s. Nervus olfactorius 949
- II s. Nervus opticus 949
- III s. Nervus oculomotorius 949
- IV s. Nervus trochlearis 949
- IX s. Nervus glossopharyngeus 950
- V s. Nervus trigeminus 985
- VI s. Nervus abducens 949
- VII s. Nervus facialis 950
- VIII s. Nervus vestibulocochlearis 950
- X s. Nervus vagus 950
- XI s. Nervus accessorius 950
- XII s. Nervus hypoglossus 950
- Faserqualitäten 212 **979**
- Ganglien 211, 980
- Halsäste (Übersicht) 904
- Kerne 1105, **1107**, 1109
- Übersicht 981
Hirnödem 1116, 1168
Hirnrinde (Kortex) 202
Hirnschädel (Neurocranium) 946

Sachverzeichnis

Hirnschenkel (Crus cerebri) 1114
Hirnsinus (Sinus durae matris) 1167
Hirnstamm (Truncus encephali) 1104
– Arterien 1159
– Hirnnervenkerne 1105
– motorische Kerngebiete 1189
Hirnstiel(Pedunculus cerebri) 1114
Hirnvenen 1165
Hirnventrikel 1154
– Entwicklung 1173
Hirschsprung-Krankheit 679
His-Bündel (Fasciculus atrioven-tricularis) 598
His-Winkel = Incisura cardialis 682, 693
Histamin 174
Histiozyten 67
Histochemische Färbung 100
Histologie 58
– Definition 49
– Techniken 99
HIV = Human Immunodeficiency-Virus (HIV) 177
Hkt = Hämatokrit 166
HLA = Human Leucocyte Antigen System 172
Hochdrucksystem 149
Höcker-Fissuren-Verzahnung 1023
Hoden (Testis) 827
– Entwicklung 853
– Gefäße 828
– Nerven 829
– Spermatogenese 843
Hodenhüllen 827
Hodensack (Skrotum) 841
Hodenstränge 853
Hodgkin, Morbus 899
Hoffa-Fettkörper = Corpus adipo-sum infrapatellare 376
Hohlhand (Palma manus) 513
– Vertiefung 499
Hohlhandbogen
– oberflächlicher (Arcus palma-ris superficialis) 506
– tiefer (Arcus palmaris profun-dus) 506
Hohlorgane 528
– Muskulatur 530
– Schleimhaut 530
Hohlräume, extraembryonale 107, 124
Hohlvene (Vena cava) 146
Hohlvenen (Venae cavae) 632
– Mündung 579, 582
Holokrine Drüse 65
Holokrine Sekretion 64
Holzknecht-Raum = Retrokar-dialraum 618
Homonyme Hemianopsie 1221
Homunculus 1138
Hörbahn 1230
Hordeolum 1055
Hörgerät 1090
Horizontalzelle 1065, 1067
– Retina 1220
Hormonale Kontrazeptiva 813
Hormone
– Adenohypophyse 1252
– glandotrope 1251
– Hypopyse 1250
– Hypothalamus 1252
Hormonelle Steuerung
– Follikelreifung 812
– Spermatongenese 845
Hormonentzugsblutung 813

Hormonersatztherapie = HET 825
Hormonhaushalt, Steuerung 1243
Horner-Syndrom 216, 570
Hornhaut(Kornea) 1059, 1061
Hornschicht (Stratum corneum) 62, **1269**
Hörorgan **1074**, 1085
Hortega-Zelle(Gliazelle) 93
Hörvorgang 1089
Hörzentrum, primäres 1141
Hounsfield-Einheit = HE 134
Howship-Lakunen 75
HPL = Human Placental Lactogen 817
HRT = Hormonersatztherapie (HET) 825
H-Streifen, Querstreifung 83
Hueter-Dreieck 476
Hueter-Linie 476
Hufeisenniere 851
Hüftbein (Os coxae) 327
Hüftdysplasie 345, 361
Hüftgelenk (Articulatio coxae) 345
– Bandapparat 349
– Bewegungsumfang 351
– Entwicklung 360
– Gelenkkapsel 348
– Hüftmuskulatur 351
– Röntgenbild 361
Hüftluxation
– kongenitale 345, 361
– traumatisch 350
Hüftmuskulatur, äußere 354, 357
Hülsenkapillare 186
Human Placental Lactogen = HPL 817
Humanes Choriongonadotropin = HCG 106
Humeroradialgelenk (Articulatio humeroradialis) 459
Humerus (Oberarmknochen) 446
– anliegende Nerven 470
– Frakturen, distale 470
– Torsionswinkel 447
Humor
– aquosus s. Kammerwasser 1070
– vitrei 1071
Humorale Immunität 165
Hustenstoß 297
HVL = Hypopysenvorderlappen s. Adenohypophyse 1249
HWI = Harnwegsinfekt 783
HWS-Distorsion (Schleuder-trauma) 267
Hyalbogen 969
Hyaliner Knorpel 73
Hyaluronan (Hyaluronsäure) 69
Hydramnion 1170
Hydroxylapatit 76
Hydrozele 828
Hydrozephalus **1157**, 1290
– als Geburtshindernis 819
Hymen 807, 857
Hypästhesie 210, 264
Hyperakusis 1080
hyperdens, CT 134
Hyperhidrosis 905
hyperintens, MRT 137
Hyperkinesie 1289
Hyperparathyroidismus 934
Hyperplasie 87
– Prostata 834
Hyperthyreose 932

Hypertonie 1068
– arterielle (Bluthochdruck) 160, 600
– bei Aortenisthmusstenose 629
– pulmonal arterielle 1282
– renovaskuläre 774
Hypertrophie 87
– Herz 588
Hypoblast 106
hypodens, CT 134
Hypodermis 1266, 1272
Hypoglossusparese 1013
hypointens, MRT 137
Hypokalzämie 1287
Hypokinese 1188
Hypomer 282
Hypomochlion 234
Hypoparathyreodismus 1287
Hypopharynx s. Pharynx 917
Hypophyse 1249
– Entwicklung 1175
Hypophysenhinterlappen = HHL s. Neurohypophyse 1249
Hypophysentumor 1251
Hypopysenvorderlappen = HVL s. Adenohypophyse 1249
Hypospadie 858
Hypothalamus **1128**, 1214
– Bahnen 1131
– Hormone 1252
– Kerne 1129
– Verbindungen zur Hypophyse 1249
Hypothenar (Kleinfingerballen) **499**, 513
– Atrophie 499, 511
– Muskulatur 498
Hypothermie 1266
Hypothyreose 932
Hypotympanon 1079
Hypoxie, unter der Geburt 341

I

Ib-Faser 1198
ICC = interstitial cells of Cajal 679
IDC = interdigitierende dendri-tische Zellen 182
Ikterus 734, **744**
Ileitis terminalis 708
Ileozäkalklappe, Bedeutung 1285
Ileum (Krummdarm) 708
– Gefäße 710
Ileus (Darmverschluss) 90, 651, 705
– mechanischer 653
Iliosakralgelenk (Articulatio sacroiliaca) 331
Immersionsfixierung 99
Immunantwort, spezifische 176
Immunglobulin
– Gamma-Globuline 177
– IgA, sekretorisches 189
– pathologisches 177
Immunhistochemie/Immun-histologie 101
Immunität
– humorale 177
– zelluläre 177
Immunsystem 165
Impedanzanpassung 1089
Impfung, bei Splenektomie 185
Impingement-Syndrom 454
Implantation (Nidation) 105
Impotentia
– coeundi 848
– generandi 848

Impressio(-nes)
– cardiaca 548
– colica 737
– duodenalis 737
– gastrica 737
– oesophageale 737
– renalis 737
Impressionsfraktur, Schädel 947, 958
Impuls-Echo-Verfahren, Sonografie 138
Incisura(-ae)
– acetabuli 346
– angularis 693
– cardiaca 548
– cardialis = His-Winkel 682, 693
– clavicularis 289
– costalis 289
– ethmoidalis 943
– frontalis 943, 1050
– ischiadica
– – major 328
– – minor 328
– jugularis 289, 304
– mandibulae 955, 988
– pancreatis 749
– radialis 457
– scapulae 440
– supraorbitalis 943, 959, 965
– tentorii 1151
– ulnaris radii 479
– vertebralis
– – inferior 251
– – superior 251
Incus (Amboss) 1080
Indirekte Höhrbahn 1231
Indirekte Laryngoskopie 924
Indusium griseum 1245
Infarkt
– A. cerebri media 1288
– Gehirn 1158
Infarktdiagnostik 605
Infektion
– bakterielle 173
– Knochen (Osteomyelitis) 398
– opportunistische 177
– parasitäre 173
inferior, -us 41
Infertilität, bei Kyptorchismus 325
Informationsverarbeitender Teil, Auge 1049
Infrahyoidale Muskulatur 893
Infundibulum 1251
– ethmoidale 956
– tubae uterinae 797
Inguinalregion, Innenrelief 318
Inhibin 845
Injektion
– intramuskuläre 354, 356, **392**
– intravenöse 467
Inkarzeration 308
Inkontinenz (Harninkontinenz) 784
Innenband (Ligamentum collate-rale tibiale) 371
Innenknöchel (Malleolus media-lis) 398, 404, 433
Innenmeniskus (Meniscus medialis) 368
Innenohr 1083, 1085
– Durchblutungsstörung 1235
– Entwicklung 1092
– Schwerhörigkeit 1090
Innenrotation 42
Innensegment, Photorezep-torzellen **1067**, 1217
Innenstreifen, Nierenmark 768
Innenzone, Nierenmark 768
Innere Haarzellen 1087, 1229

Innere Hämorrhoiden 871
Innere Hernie 653
Innere Organe = Eingeweide 528
Inneres Genitale
– männliches 826
– weibliches 794
Inneres Schmelzepithel 1028
Innervation
– periphere
– – Nerven 209
– – untere Extremität 389
– segmentale (radikuläre) **207**, 209
– – untere Extremität 389
– sensible
– – Arm 472
– – Hand 512
Inotropie 607
Inselorgan 748
Insertionstendopathie 455, 493
Inspektion 35
Inspiration (Einatmung) 566
– Muskulatur 294
– Thoraxbewegungen 292
Insuffizienz
– aktive 496
– Aortenklappe 593
– Herzklappe 588
– respiratorische 286
Insula(-ae) 1134, 1243
– pancreaticae s. Langerhans-Inseln 751
Insulin 752
Insult 1157
Integrin 69
Integumentum commune 1265
Intensitätsrezeptoren 1196
Intentionstremor 1124
Interblobs 1223
Interkarpalgelenke (Articulationes intercarpales) 489
Interkavale Anastomosen s. Anastomosen, kavokavale 870
Interkostalmuskeln
– Entwicklung 304
– Wirkungsweise 294
Intermediärer Tubulus 771
Intermediäres Mesoderm 113
Intermediärfilamente 52
Intermediärschicht (Stratum intermedium, Vagina) 806
Intermediärzone 1172
Intermediärzotte 121
Intermetatarsalgelenke (Articulationes intermetatarsales) 411
Interneuron 92, 199
Internodale Bündel 597
Internodium 94
Internodium, Nervenfaser, myelinisierte 94
internus 41
Internusaponeurose 313
Internushochstand 316
Interometakarpalgelenke (Articulationes intermetacarpales) 491
Interphalangealgelenke (Articulationes interphalangeales) 492
– Bewegungen 492
– Fuß (Articulationes interphalangeae pedis) 411
Intersectiones tendineae 308
Interspinallinie 331, 641
Interstitielles Wachstum, Knorpel 72
Interterritorium, Knorpel 73
Intertitielle Zellen von Cajal 679
Interzellularraum 58
Interzellularsubstanz, Knorpel 73

Intestinale Phase 703
Intestinum
– crassum s. Dickdarm 711
– tenue s. Dünndarm 703
Intima 152
Intraembryonales Zölom 114
Intrafusale Muskelfasern, Skelettmuskulatur 85
Intrahepatische Gefäße, Entwicklung 747
Intrahepatischer Ikterus 744
Intramurales Ganglion 98
Intraokulärer Druck 1070
intraperitoneal 652
Intrazerebrale Massenblutung 1162
Intrinsic factor 697
Intumescentia
– cervicalis 1097
– lumbosacralis 1097
Invasion, Blastozyste 105
Invasiver Tumor 69
Inversion 409
Involution, Thymus 181
Iod-Peroxidase 932
IPSP = inhibitorisches postsynaptisches Potenzial 196
Iris 1060, 1062
Ischämie
– Gehirn 1157
– Myokard 600
Ischämische Phase 813
Ischialgie 264
Ischiokrurale Muskeln 377
isodens, CT 134
Isogene Gruppe, Knorpel 73
isointens, MRT 135
Isokortex 1135
Isolierfett 71
Isometrische Kontraktion 240
Isotonische Kontraktion 240
Isthmus
– aortae (Aortenisthmus) 629
– faucium (Schlundenge) 916, **1007**
– glandulae thyroideae 931
– prostatae 833
– tubae
– – auditivae 1083
– – uterinae 797
– uteri 800
I-Streifen, Muskulatur, Querstreifung 83

J

Jacobson-Anastomose 1020
Jacobson-Organ 1045
Jacoby-Linie 255
James-Bündel 598
Jejunum (Leerdarm) 708
– Gefäße 710
Jochbein (Os zygomaticum) 954
Jochbogen (Arcus zygomaticus) 959, 965
Jochpfeiler 958
Jodmangel 932
Jodopsine 1218
Jodprobe nach Schiller 803
Junctio anorectalis 719, 721
Junctura (Knochenverbindung) 226
– cartilaginea 227
– fibrosa 227
– synovialis (Diarthrose, Articulatio) 228
Junktionaler Komplex (Schlussleistenkomplex) 59
Juxtaglomerulärer Apparat 772
Juxtamedulläres Nephron 769
Juxtaorales Organ 1019

K

Kachexie 71
Kahnbein
– Fuß (Os naviculare) 401
– Hand (Os scaphoideum) 480
Kahnschädel (Scaphocephalus) 967
Kaiserschnitt (Sectio caesarea) 819
Kalkzone, Knorpel 74
Kallus 77
Kalzitonin 933
Kalzitonin-Gen-verwandtes Peptid = CGRP 1182
Kalziumhaushalt 763
Kalziumkanalblocker 160
Kalziummangel 1287
Kalziumspiegel, Regulation 934
Kambiumschicht 75
Kambiumschicht, Stratum osteogenicum, Periost 75
Kammer
– Herz s. Ventriculus(-i) cordis 584
– primitive (Ventriculus primitivus/communis) 622
Kammerflimmern 598
Kammerschenkel = Tawara-Schenkel 599
Kammerwasser 1063, 1070
– Abfluss 1071
– Produktion 1063
Kammerwinkel 1071
Kanalbecken 284
Kapazitation 816
Kapazitätsgefäß 159
Kapillaradhäsion (seröse Höhlen) 524
Kapillare 155
– Typen 156
Kaposi-Sarkom 177
Kappenstadium 1028
Kardia (Mageneingang) 693
Kardiadrüsen (Glandulae cardiacae) 697
Kardiasphinkter 682
Kardinalvenen (Venae cardinales) 643
Kardiogene Zone 622
Kardiomyozyt (Herzmuskelzelle) 87
Kardiopulmonales System 533
Kardiothorakaler Quotient = Herz-Thorax-Index 619
Karies 1024
Karotissinus 253
Karotissinusreflex 897
Karotissiphon 1158
Karpaltunnel (Canalis carpi) 480, 509
Karpaltunnelsyndrom 510
Karpometakarpalgelenke (Articulationes carpometacarpales) 489
Kartagener-Syndrom 53, 110
Karyoplasma (Nukleoplasma) 50
Karzinom 69
– kolorektales 712
– Prostata 834
– Schilddrüse 906
Katalase 51
Katarakt 1069
Katecholamine 1182, 1257
Katheter
– suprapubischer 781
– transurethraler 781
Katheterablation 598
kaudal 41

Kaumuskulatur (Musculi masticatorii) 1032
– Gefäße 1033
– Nerven 1033
Kaumuskulatur
Kavokavale Anastomosen 633, 870
Kehldeckel 921
Kehlkopf s. Larynx 920
Kehlkopfspiegelung (Laryngoskopie) 924
Keilbein (Os sphenoidale) 945
Keilbeinhöhle s. Sinus sphenoidalis 1043
Keilwirbel 252
Keimblätter, Differenzierung 111
Keimdrüsen, Entwicklung 852
Keimepithel 796
Keimscheibe
– dreiblättrige 109
– zweiblättrige 106
Keimstränge, primäre 853
Keimzellen, männliche 828
Keimzentrum 183
Keith-Flack-Knoten (Sinusknoten) 597
Kennmuskel
– C5 453, 473
– C6 497
– C7 473
– L5 415
– S1 413
Kent-Bündel 598
Kephale Phase 703
Keratansulfat 69
Keratin 1269
Keratinisierung 1268
Keratinozyt 61, 1267
Kerckring-Falten (Plicae circulares) 704
Kern- und Organellenfeld, Osteoklast 75
Kerne
– basale s. Basalganglien 1142
– vestibuläre 1235
Kerngebiete, motorische 1183
– Hirnstamm 1189
Kernkettenfaser, Skelettmuskulatur 85
Kernkörperchen (Nucleolus) 50
Kernmembran 50
Kernsackfaser, Skelettmuskulatur 85
Kernspintomografie, MRT 136
KHK = Koronare Herzerkrankung 600, 621
Kiefergelenk (Articulatio temporomandibularis) 1030
– Bewegungen 1031
– Gefäße 1033
– Nerven 1033
Kiefergelenksluxation 1031
Kieferhöhle s. Sinus maxillaris 1042
Kieferöffnung 1033
Kieferschluss 1033
Kieferzyste 1029
Kielbrust 305
Kiemenbogen s. Schlundbogen 968
– Nerven 1107
Killian-Dreieck 918
Killian-Schleudermuskel 918
Kindbettfieber 821
Kinesin 92
Kinetosom 53
Kinozilium **53**, 1088
Kittlinie (Linea cementalis) 77
Kitzler (Clitoris) 808
Klappen, Beinvenen 429

Sachverzeichnis

Klappenersatz 588
Klappenfehler 588
Klappeninsuffizienz 588
Klappenstenose 588
Klaviertastenphänomen 443
Klavikulafraktur 437, **443**
Kleines Netz s. Omentum minus 657
Kleinfingerballen (Hypothenar) 499
Kleinhirn **1116**, 1182, 1192, 1236
– Arterien 1159
– Ausfall 1124
– funktionelle Anatomie 1123
– Informationsfluss 1122
– Läsion 1202
– Venen 1166
– Verschaltung 1122
Kleinhirn-Glomerula 1119
Kleinhirnbrückenwinkel 995, 1114
Kleinhirnhemisphären 1116
Kleinhirnkerne 1119
Kleinhirnrinde 1117
Kleinhirnstiele (Pedunculi cerebellares) 1120
Kleinhirntonsille 1116
Kleinhirnwurm (Vermis cerebelli) 1116
Kleinzehenloge 419
Kletterfaser **1122**, 1236
Klimakterium 824
Klinische Untersuchungs-methoden 35
Kloake 728
Kloake (hintere Darmbucht) 118
Kloakenfalten 858
Kloakenmembran 109, 118, 728
Klopfschall, sonorer 572
Klumpfuß (Pes equinovarus) 425
Kniegelenk (Articulatio genus) 363
– Bewegungsumfang 377
– Bänder 370
– Gelenkhöhle und -kapsel 375
– Gelenkknorpel 364
– Gelenkspalt 391
– Kollateralbänder 371
– Kreuzbänder 373
– Menisci 366
– Muskulatur 377, 379
– Röntgenbild 365
– Teilgelenke 364
– Trauma 363
– Untersuchung 372
Kniegelenkerguss 375
Kniekehle (Fossa poplitea) 393
Kniescheibe s. Patella 364
Knochen (Os, Ossa) 75, **221**
– Breitenwachstum 81
– Entwicklung 78
– kurze (Ossa brevia) 224
– Längenwachstum 81
– Leichtbauweise 225
– lufthaltige (Ossa pneumatica) 224
– platte (Ossa plana) 224
– primärer (Geflecht-/Faserkno-chen) 76, 222
– Röhrenknochen (Ossa longa) 223
– sekundärer (Lamellenkno-chen) 77, 223
– Umbau 78
– unregelmäßige (Ossa irregula-ria) 224
– Unterarm 478
– Vaskularisierung 78
Knochenalter 283

Knochenbruch (Fraktur) 77, 222
Knochenführung, oberes Sprunggelenk 406
Knochengewebe 75
– mazeriertes 76
Knochengrundsubstanz 76
Knochenhemmung 233, 459
Knochenkern(e)
– Carpus 515
– Femurkof 360
– primärer 80
– sekundärer s. 80
Knochenmark (Medulla ossium) 221, **224**
– Biopsie 328
– Blutbildung 168, 179
– Punktion 168
Knochenpunkte, tastbare 35
– Kopf 965
– obere Extremität 475, 514
– untere Extremität 390, 433
Knochenverbindung (Junctura) 226
Knochenzellen 75
Knorpel 72
– elastischer 72, 74
– Faserknorpel (Bindegewebs-knorpel) 74
– Gelenkknorpel 228
– hyaliner 72
– – Gelenkknorpel 73
– isogene Gruppe 73
– Regeneration 72
Knorpelgewebe 72
Knorpelhof 73
Knorpelhöhle 73
Knorpelkapsel 73
Knorpelzellen 73
Koch-Dreieck 597
Kohabitarche 807
Kohlenmonoxid = CO 1182
Kohlrausch-Falte (Plica transver-sa media) 719
Kohn-Poren (Porus septi) 558
Kolbenhaar 1274
Kollagenase 69
Kollagenes Bindegewebe 70
Kollagenfasern 67
– Fibrillogenese 67
Kollagenfibrillen 67
Kollateralbänder 391
– Kniegelenk 371
Kollateralen 148
Kollateralkreislauf, bei Aorten-isthmusstenose 630
Kollodiaphysenwinkel(CCD-Win-kel = Caput-Collum-Diaphy-sen-Winkel) 347, 360
Kolloid, Schilddrüse 932
Kolon 712, **715**
– Abschnitte, Retroperitoneali-sierung 671
– Gefäße 716
– Nerven 717
Kolonflexur, primäre 670
Kolonrahmen 713
Kolorektales Karzinom 712
Koloskopie 712
Kolpitis 814
Kolpos s. Vagina 805
Kommissurenfasern 1145
Kommunikationskontakt (Nexus, Gap Junction) 56
Kompakta (Substantia compacta) 75
Kompartimente, Hoden 845
Kompartmentsyndrom 237, 414
Komplement (System) 171
Kompressionsfraktur, Wirbelkör-per 251
Kompressionsstrümpfe 430

Konditionierung, Atemluft 541
Kondylengelenk 491
Koniotomie 924
Konjunktivalsack 1056
Konsensuelle Lichtreaktion 1226
Konservierung, Leichen 48
Konstitution 45
Konstitutionstypen 45
– Kretschmer 46
Konstitutive Sekretion 64
Kontinenz 727
Kontinenzorgan, Übersicht be-teiligter Strukturen 727
Kontinuierliche Erregungslei-tung 94, 196
Kontraktion, Skelettmuskelfaser 85
Kontrastmittel 139
Kontrastphänomen 1220
Kontrazeptiva, hormonale 813
Konturen, Oberarm 473
Konuswülste 624
Konvergenzreaktion 1227
Konzeption (Befruchtung) 103, 797, 810, **816**
Kopf (Caput) 34, **941**
– Arterien 973
– Leitungsbahnen 973
– Lymphabfluss 978
– Proportionen 964
– Regionen 964
– tastbare Knochenpunkte 965
– Venen 976
Kopfbein (Os capitatum) 480
Kopfdarm 675
Kopfdrehung 1091
Kopfgelenke 264
– Bänder 266
Kopfmesenchym 1028
Kopfschwarte 960
Kopplung, arteriovenöse 159
Korbhenkelriss 369
Korbzelle 1118
Kornea (Hornhaut) **1059**, 1061
Körnerschicht 1119
Körnerzelle 1118, 1239
Körnerzellschicht s. Stratum gra-nulosum 1268
Koronarangiografie 621
Koronararterien (Arteriae coro-nariae) 599
Koronare Herzerkrankung = KHK 600, 621
Körper, Gliederung 33
Körperachsen 38
– obere Extremität 476
Körperebenen 38
– transthorakale 534, 641
Körperfaszie 236
Körpergewicht 43
– Übertragung im OSG 404, 406
Körpergröße 43
Körperhaltung, aufrechte, Mus-kelbeteiligung 312
Körperhöhle 521
– Bildung 114
Körperkreislauf (Kreislauf, großer) 148
Körpermaße 43
Körperoberfläche 44
Körperproportionen 45
Körperregionen 35
Körperspende 48
Körpertemperatur, zyklische Veränderungen 814
Kortex (Hirnrinde) 202, **1135**
– agranulärer 1135, 1182
– Arterien 1160
– assoziativer 1259
– granulärer 1135

– olfaktorischer 1240
– präfrontaler **1139**, 1192, 1244
– prämotorischer 1192
– primärer
– – auditorischer 1232
– – motorischer 1183, 1192
– – visueller 1222-1223
– sekundärer, auditorischer 1232
– Sprachzentren 1262
– supplementärmotorischer 1192
– visueller 1225
Kortexareale
– auditorische 1141
– motorische 1140, 1182
– nozizeptive 1212
– somatosensorische 1140
– spezialisierte 1137
– visuelle 1141, 1224
Kortikales Aktinnetz 51
Kortikalis (Substantia corticalis) 75, 223
Kortikoliberin 1252
Kortikotropin 1252
Kortisol 791
Kostovertebralgelenke (Articula-tiones costovertebrales) 290
– Bewegungsachsen 292
Kotyledonen 121
Kraftlinie, Bein 347
Kraftsinn 1196
Krallenhand 499
Krampfadern (Varizen) 160, 396, 430
kranial 41
Kraniofaziales System 970
Kraniosynostose 967
Kranznaht (Sutura coronalis) 947
Kreislauf 148
– enterohepatischer 708
– fetaler 150
– feto-plazentarer 120
– geschlossener, Milz 186
– großer (= Körperkreislauf) **148**, 578
– kleiner (= Lungenkreislauf) **148**, 558, 578
– – Autoregulation 569
– – Blutmenge 568
– offener, Milz 185
– utero-plazentarer 120
Kreislaufumstellung bei Geburt 151
Kreislaufzentrum 1111, 1255
Kretinismus (Zwergwuchs) 43, 932
Kreuzbänder (Ligamenta crucia-ta) 373
– Gefäßversorgung 375
– Verlauf bei Rotation 374
Kreuzbandplastik 375, 377
Kreuzbandruptur 375
Kreuzbein (Os sacrum) 257
Kreuzschmerzen bei M. Bechterew 331
Kreuzung, Tractus corticospinalis 1183
Kropf s. Struma 932
Krummdarm s. Ileum 708
Krypte,
Krypten
– Dickdarm 716
– Dünndarm 704
– Ileum 709
– Tonsillen 189
Kryptorchismus 325
Kugel-Arterie (Ramus atrialis anastomoticus) 601

Kugelgelenk **232**, 409, 411, 445, 491
Kugelkerne 1119
Kugelkerne (Nuclei globosi) 1119
Kugelzellanämie (Sphärozytose) 169
Kulturorgan 477
Kupffer-Zelle 740
Kurvatur
– große (Curvatura gastrica major) 693
– kleine (Curvatura gastrica minor) 693
Kurze Handmuskeln 498
Kurzschlussverbindungen, Kreislauf, fetaler 151
Kurzzeitgedächtnis 1259
Kutikularmembran 1229
Kyphose 248

L

Labbé-Vene 1165
Labbé-Vene (Vena anastomotica inferior) 1165
Labium(-a)
– externum 328
– inferius 1004
– internum 328
– laterale 346
– majora pudendi (große Schamlippen) 808
– mediale 346
– minora pudendi (kleine Schamlippen) 807
– superius 1004
Labrum
– acetabulare 346
– articulare (Pfannenlippe) 229
– glenoidale 445
Labyrinth, basales 771
Labyrinthus
– cochlearis 1083, 1086
– corticis (Rindenlabyrinth) 768
– ethmoidalis 956
– membranaceus 1083
– osseus 1083
– vestibularis 1083, 1087
Lacertus fibrosus 460
Lactobacillus acidophilus (Döderlein-Bakterien) 806
Lacuna(-ae)
– musculorum 314
– osseae 75
– urethrales 840
– vasorum 314, 885
Lacus lacrimalis 1057
LAD = left anterior descendent = RIVA 601
Ladewig-Färbung 100
Lagebezeichnungen, anatomische 41
Lagebeziehungen zum Peritoneum (Übersicht) 652
Lageempfindung 1236
Lagophthalmus 1058
Lähmung
– kontralaterale 1184
– M. gluteus maximus 354
– Mm. gluteus medius und minimus = 356
– Musculus quadriceps femoris 377
– periphere 1191
– schlaffe 1191
– spastische 1184, 1191
– zentrale 1157, 1191
Laimer-Membran s. Ligamentum phrenicooesophageale 539

Laktation 1277
Lakunäre Periode, Plazenta 120
Lambdanaht (Sutura lambdoidea) 947
Lamellenknochen (sekundärer Knochen) 76, 223
Lamina
Lamina(-ae)
– arcus vertebrae 251
– basilaris 1084
– choroidocapillaris 1060
– cribrosa 474, 945, **949**, 982
– episclerale 1059
– epithelialis
– – mucosae (Schleimhautepithel) 530, 677
– – serosae (Serosaepithel) 526
– externa 224
– fusca 1059
– granularis
– – externa 1135
– – interna 1135
– horizontalis ossis palatinum 1040
– interna 224
– limitans
– – anterior 1059
– – gliae perivascularis 1169
– – posterior 1059
– medullaris interna 1125
– membranacea 1083
– mesothelialis (Serosaepithel) 58, 526, 677
– molecularis 1135
– muscularis mucosae (Schleimhautmuskelschicht) 530, 677
– perpendicularis 955
– – ossis ethmoidalis 1040
– pretrachaelis, Fasciae cervicalis **892**, 912
– prevertebralis, Fasciae cervicalis **892**, 912
– profunda, Fascia thoracolumbalis 273
– propria
– – mucosae (Schleimhautbindegewebe) 530, 677
– – serosae (Serosabindegewebe) 526, 677
– pyramidalis
– – externa 1135
– – interna 1135
– quadrigemina (Vierhügelplatte) 1114
– spiralis, ossea 1084
– superficialis
– – Fasciae cervicalis **892**, 912
– – Fascia thoracolumbalis 273
– suprachoroidea 1060
– tecti 1114
– vitrea s. Bruchmembran 1060
Laminin 69
Längenwachstum, Knochen 81
Langerhans-Inseln (Insulae pancreaticae) 748, 751
Langerhans-Zelle 1270
Langhans-Zellen, Plazenta 122
Langmagen 694
Längsachse (Longitudinalachse) 38
Längsgewölbe, Fuß
– Aufbau 423
– Bandsicherung 423
– Verlust 422
Längsmuskelschicht 677
Längsmuskelschicht (Stratum longitudinale) 677
Langzeitgedächtnis 1259
Langzeitpotenzierung 1246, 1261
Lanugohaar 1274
Laparochisis 118

Laparotomie 311, 819
Lappenarterien 559
Lappenbronchus (Bronchus lobaris) 550, 555
Laryngektomie 925
Laryngopharynx s. Pharynx 917
Laryngoskopie (Kehlkopfspiegelung) **924**, 1287
Laryngospasmus 1287
Laryngotrachealrinne 575
Larynx (Kehlkopf) s. 920
– Entwicklung 929
– Etagen 923
– Feinbau 925
– Gefäße 927, 929
– Lage 921
– Muskulatur 926
– Nerven 928
– Skelett 921
Larynxkarzinom 925
Läsion
– Corpus amygdaloideum 1244
– EPMS 1190
– Hinterstrang (Funiculus posterior) 1199
– motorische Neurone 1191
– Pyramidenbahn 1190
Lastübertragung, Fuß 421
Latenzverkürzung 199
lateral 41
L-DOPA 1170
Leber (Hepar) 734
– Baueinheiten 739
– Durchflussstörung 870
– Entwicklung 747
– Gefäße 741
– Peritonealverhältnisse, Entwicklung 667
– Zelltypen 740
Leberazinus 740
Leberläppchen (Lobuli hepatis) 739
Leberlappen (Lobi hepatis) 736
Leberpalpation 736
Leberpforte s. Porta hepatis 736
Leberruptur 735
Lebersegmente (Segmenta hepatis) 737
Lebersinusoide 739
Leberversagen 734
Leberzellbälkchen 739
Leberzirrhose 870
Lederhaut
– s. Dermis 1271
– s. Sklera 1059
Leerdarm s. Jejunum 708
Leichenkonservierung 48
Leichtbauweise 225
Leiomyom 82
Leiste
– Schmerz bei Nierenerkrankungen 765
– weiche 316
Leistenband (Ligamentum inguinale) 314
Leistenfurche 324, 391
Leistenhaut 1266
Leistenhernie 318
– direkte 318
– indirekte 318
Leistenkanal (Canalis inguinalis) 315, 317
– Entwicklung 324
Leistenring
– äußerer (Anulus inguinalis superficialis) 317
– innerer (Anulus inguinalis profundus) 317
Leistenzerrung 358
Leistungsminderung 592

Leitungsanästhesie
– nach Oberst 513
– Unterkiefer 1027
Leitungsaphasie 1262
Leitungsbahnen
– Kopf 973
– Orbita 1051
– Schädelbasis 953
– Unterschenkel 426
Lemniscus
– lateralis 1231
– medialis 1112, 1115, **1199**
– trigeminalis 1204
Lendenrippe 285, 305
Lendenwirbelsäule, Bewegungsausmaß 269
Lens s. Linse 1068
Leonardoband = Moderatorband = Trabecula septomarginalis 585
Leptin 71
Leptomeninx (weiche Hirnhaut) 1149
Leptosomer Typ 46
Lernen 1258
– assoziatives 1260
– nicht-assoziatives 1260
Lernmechanismen 1260
LES = lower esophageal sphincter s. Ösophagussphinkter 682
Leukämie 167
Leukozyten 67, **170**
– Verteilung im peripheren Blut 171
Levatortor (Hiatus levatorius) 335
Leydig-Zellen 828, **845**, 853, 855
LH = luteinisierendes Hormon **812**, 845, 1252
Liberine 1251
Lichtbrechender Teil, Auge 1049
Lichtbrechung 1070
Lichtreaktion, konsensuelle 1226
Lid 1054
Lidschluss 1058
Lidspalte 1055
Lidwinkel 964
Lieberkühn-Krypten 704
Lien s. Milz 184
Ligamentum(-a) **230**, 524
– acromioclaviculare 440
– alaria 266
– anulare
– – radii 459
– – stapediale 1080
– anularia 501, 543
– apicis dentis 266
– arcuatum, medianum 539
– arcuatum laterale (Quadratusarkade, Zwerchfell) 298
– arcuatum mediale (Psoasarkade, Zwerchfell) 298
– arteriosum Botalli 151, 627
– bifurcatum 408
– calcaneocuboideum 408
– calcaneofibulare 406, 408
– calcaneonaviculare 408
– – plantare (Pfannenband) 407, 409, **423**
– capitis costae
– – intraarticulare 290
– – radiatum 290
– capitis femoris 349
– cardinale = Ligamentum transversum cervicis 801
– carpi
– – arcuatum (Bogenband) 486
– – radiatum 486

Sachverzeichnis

– carpometacarpalia
– – dorsalia 487
– – interossea 487
– – palmaria 487
– collaterale
– – carpi
– – – radiale 486
– – – ulnare 486
– – fibulare (Außenband) 370
– – radiale 459
– – tibiale (Innenband) 370
– – ulnare 459
– collateralia 491
– conicum = Ligamentum cricothyroideum medianum 922, 924
– coracoacromiale = AC-Band 440
– coracoclaviculare 440
– coracohumerale 448
– coronarium hepatis 736
– costoclaviculare 440
– costotransversarium
– – laterale 290
– – superius 290
– cricoarytenoideum 923
– cricothyroideum medianum = Ligamentum conicum 922, 925
– cruciatum
– – anterius (vorderes Kreuzband) 370, **373**
– – posterius (hinteres Kreuzband) 370, **373**
– cruciforme atlantis 266
– cuboideonaviculare plantare 424
– deltoideum 406, 408
– denticulata 1097
– falciforme hepatis 665, 667, 736
– flava 261
– fundiforme penis 836
– gastrocolicum 657, 665, 668
– gastrophrenicum 657, 665
– gastrosplenicum 657, 665
– glenohumeralia 448
– hepatoduodenale 657, 665, 736
– hepatogastricum 657, 665, 736
– iliofemorale 349
– iliolumbale 331
– incudis
– – posterius 1080
– – superius 1080
– inguinale (Leistenband) 314
– intercarpalia
– – dorsalia 486
– – interossea 486
– – palmaria 486
– interclaviculare 440
– interfoveolare 317
– interspinalia 261
– intertransversaria 261
– ischiofemorale 349
– lacunare 315
– laterale 1030
– latum uteri 801
– longitudinale anterius 261
– longitudinale posterius 261
– mallei
– – anterius 1080
– – laterale 1078, 1080
– – superius 1080
– meniscofemorale posterius = Wrisberg-Ligament 369
– metacarpalia
– – dorsalia 487, 491
– – interossea 491
– – palmaria 487, 491

– – transversa
– – – profunda 491, 503
– – – superficialia 491
– metatarsale transversum profundum 424
– nuchae 261
– obliqua 501
– ovarii proprium 795
– palmare 492
– palpebralia 1054
– patellae 370, 391
– periodontale 1025
– phrenicooesophageale = Laimer-Membran 539, 681
– phrenicopericardiaca 614
– plantare longum 423
– popliteum
– – arcuatum 370, 373
– – obliquum 370, 373
– pubicum
– – inferius 331
– – superius 331
– pubofemorale 349
– puboprostaticum 663, 782, 833
– pubovesicale 663, 782
– pulmonale 548
– radiocarpalia
– – dorsale 485
– – palmare 485
– rectouterinum 663, 802
– rotundum s. Lig. teres uteri 315
– sacroiliaca 331
– sacrospinale 331
– sacrotuberale 331
– sphenomandibulare 1030
– spirale 1086
– splenorenale 657, 665
– sternoclavicularia 440
– sternocostale intraarticulare 291
– sternocostalia radiata 291
– sternopericardiaca 614
– stylomandibulare 1030
– supraspinale 261
– suspensorium
– – clitoridis 808
– – ovarii 795
– – penis 836
– talocalcaneum
– – interosseum 408
– – laterale 408
– talofibulare
– – anterius 406
– – posterius 406
– tarsi 410
– teres
– – hepatis 151, 737, 665
– – uteri = Lig. rotundum 315, 324, **801**
– thyroepiglotticum 921
– tibiofibulare
– – anterius 405
– – posterius 405
– transversum
– – acetabuli 346
– – atlantis 266
– – cervicis = Ligamentum cardinale 801
– – genus 368
– – scapulae 469
– trapeziometacarpale palmare 489
– triangularia 667, **736**
– umbilicale medianum 114
– venosum 151, 667, 737
Limbisches System 1243
Limbus(-i) 1061
– acetabuli 346
– fossae ovalis 583

– palpebrae 1055
– spiralis 1092
Limen nasi 1040
Linea(-ae)
– alba 313
– anocutanea 721
– anorectalis s. Junctio anorectalis 719
– arcuata 313, 328
– aspera 346
– axillaris
– – anterior (vordere Axillarlinie = VAL) 303
– – media (mittlere Axillarlinie = MAL) 303
– – posterior (hintere Axillarlinie = HAL) 303
– cementalis (Kittlinie) 77
– dentata (Linea anocutanea) 721
– glutea
– – anterior 328
– – inferior 328
– – posterior 328
– intermedia 328
– intertrochanterica 347
– mediana
– – anterior (vordere Medianlinie) 303
– – posterior (hintere Medianlinie) 303
– medioclavicularis (Medioklavicularlinie = MCL) 303
– nuchalis
– – inferior 944
– – superior 944
– – suprema 944
– parasternalis (Parasternallinie) 303
– paravertebralis (Paravertebrallinie) 303
– pectinata 721
– scapularis (Skapularlinie) 303
– semilunaris 309
– sternalis (Sternallinie) 303
– temporalis 943
– – inferior 944
– – superior 944
– terminalis **328**, 521, 647
– transversa, Kreuzbein 258
Linearbeschleunigung 1087, 1233
Lingua (Zunge) 1009
Lingula pulmonis 548
Links-Rechts-Shunt 151, 586
Linksherzkatheter 621
Linksverbreiterung, Herz 619
Linse (Lens) 1068
– Entwicklung 1072
Linsenäquator 1068
Linsenbläschen 1072
Linsenepithel 1069
Linsenfasern 1069
Linsenkapsel 1068
Linsenkern 1069
Linsenplakode 1072
Linsenstern 1069
Lipase 748
Lipogenese (Aufbau von Fettgewebe) 71
Lipolyse (Abbau von Fettgewebe) 71
Lipome 72
Liposarkome 72
Lippe 1004
Lippenkiefergaumenspalte 972
Lippenrot 1004
Lippenschlusslinie 1023
Lippenspalte (Hasenscharte) 972

Liquor
– cerebrospinalis 1152
– folliculi 810
Liquorpunktion 1153
Liquorräume 1152
– äußere 1153
– innere 1154
Liquorresorption 1156
Liquorsekretion 1156
Liquorszintigrafie 1178
Lisfranc-Linie 410
Lissauer-Trakt 1102
Lobärpneumonie 551
Lobulus(-i)
– corticalis (Nierenläppchen) 768
– hepatis (Leberläppchen) 739
– primärer s. Azinus 553
– pulmonalis (Lungenläppchen) 550, 553
– sekundärer s. Lungenläppchen 553
– testis 828
Lobus(-i)
– cardiacus 551
– caudatus 736
– flocculonodularis 1116
– frontalis 1133
– – spezialisierte Kortexareale 1139
– hepatis
– – dexter 736
– – sinister 736
– – insularis 1134
– limbicus 1133, 1244
– occipitalis 1133
– – spezialisierte Kortexareale 1141
– parietalis 1133
– – spezialisierte Kortexareale 1140
– pulmonalis (Lungenlappen) 550
– pyramidalis 931
– quadratus 736
– renalis (Nierenlappen) 768
– temporalis 1133
– – spezialisierte Kortexareale 1141
Lochien (Wochenfluss) 821
Lockeres Bindegewebe 70
Locus
– caeruleus 1109, 1113, 1214, 1254, **1257**
– Kiesselbachi 1044
Loge, osteofibröse 411
Lokalanästhesie, Zähne 1027
Longitudinalachse (Längsachse) 38
Lordose 248
L-System, Skelettmuskulatur 84
Lubrikation 816
Luftembolie 935
Luftröhre (Trachea) 541
Lumbago = Hexenschuss 264
Lumbalisation 284
Lumballordose 248
Lumbalmark 1102
Lumbalpunktion 1153
Lumbosakraler Übergang 263
Lumbosakralwinkel 258
Lunatummalazie 480
Lunge (Pulmo) **547**, 549
– Alveolen 569
– Atemverschieblichkeit 572
– Bildgebung 574
– Diffusion 569
– Eigenelastizität 566
– Entwicklung 575
– Gasaustausch 569
– Gefäße 558

1312 Sachverzeichnis

– Kapillarnetz 569
– Lymphabfluss 544, 560
– Nerven 561
– Perfusion 568
– Perkussion 572
– Rückstellkraft 568
– Rückstellkräfte 566
– Ventilation 566
Lungenarterien (Arteriae pulmonales) 631
Lungenatmung (Respiration) 566
Lungenazinus 553
Lungenembolie 160, 559
Lungenemphysem 553
Lungenentzündung (Pneumonie) 551
Lungenfell s. Pleura visceralis 561
Lungenfenster 574
Lungenfibrose 286
Lungengewebe 550
Lungengrenzen 570
Lungenhilum (Hilum pulmonis) 548
Lungenkreislauf s. Kreislauf, kleiner 148
Lungenläppchen (Lobulus bronchopulmonalis) 550, **553**
Lungenlappen (Lobus pulmonalis) 550
– Grenzen 572
Lungenödem 1286
Lungenreifung, Frühgeburt 558
Lungensegment (Segmentum bronchopulmonale) 550, 552
Lungenstiel 548
Lungenstiel 548
Lungenwurzel (Radix pulmonis) 548
Lunula(-ae) 1275
– valvarum semilunarium 591
Luschka-Apertur 1156
Luschka-Apertur (Apertura lateralis ventriculis quarti) 1156
Lutealphase 813
Luteinisierendes Hormon (LH) **812**, 845, 1252
Luteolyse 812
Lutropin (LH) **812**, 845, 1252
Luxatio
– iliaca 350
– suprapubica 350
Luxation
– Kiefergelenk 1031
– perianuläre = Chassaignac 459
– Schultereckgelenk 443
– Schultergelenk 447, **449**
Lymphabfluss
– Bronchialbaum und Lungen 544
– Lunge 560
– untere Extremität 385
Lymphangitis 468
Lymphatische Organe 179
– primäre 179
– sekundäre 182
Lymphatischer Rachenring 914
lymphatisches Gewebe, Mukosa-assoziiertes = MALT 188
Lymphatisches System 179
Lymphe 161, 183
Lymphfluss 163
Lymphgefäßsystem 145, **161**
Lymphkapillaren 161
Lymphknoten 183
– regionäre 184
– Rosenmüller 315
– Schulterregion 468
Lymphödem 163
– Mammakarzinom 184

Lymphom 899
Lymphopoese 176
Lymphozyt 176
– B-Zellen 177
– NK(= Natürliche Killer)-Zelle 176
– Rezirkulation 182
– T-Zelle 177, 183
Lymphozytenscheide, periarterioläre = PALS 185
Lymphstämme 162
Lysetherapie 605
Lysosom 51

M

Macula(-ae)
– densa 772
– lactea (Milchflecken) 526
– lutea (Gelber Fleck) 1067
– sacculi 1088
– – Sinnesepithel 1233
– statica 1087
– utriculi 1088
– – Sinnesepithel 1233
Magen (Gaster, Ventriculus) 693
– Abschnitte 694
– Beziehungen zu Nachbarorganen 695
– Blutgefäße 700
– Gefäße 699
– Lage 694
– Nerven 701
– Säurebildung 698
– Schrittmacherzentrum 702
– Wandbau 695
Magenarkade 699
Magenblase 693
Magendi-Foramen (Apertura mediana ventriculi quarti) 1156
Magendrehung 666
Mageneingang (Kardia) 693
Magenfundus (Fundus gastricus) 693
Magengeschwür (Ulcus ventriculi) 698
Magenkarzinom 634
Magenkuppel (Fundus gastricus) 693
Magenmotorik 702
Magenmuskulatur 699
Magenpförtner (Pylorus) 693
Magensaft 693
– Sekretion 702
Magenschleimhaut 695
– Flachrelief 696
– Hochrelief 695
Magenstraße 695
Magnetresonanztomografie = MRT 136
Magnozelluläre Ganglienzelle 1220
Magnozelluläres neuroendokrines System 1130
Mahaim-Faser 598
Mahlzahn (Dens molaris) 1021
Major Basic Protein = MBP 173
Makroglossie 1009
Makrophage 67, 174
Makroskopische Anatomie, Definition 31
MAL = mittlere Axillarlinie mittlere = MAL (Linea axillaris media) 303
Malleolarfraktur 433
Malleolengabel 399, 404
Malleolus
– lateralis (Außenknöchel) 398, **404**
– medialis (Innenknöchel) 398, **404**, 433

Malleus (Hammer) 1080
MALT = Mukosa-assoziiertes lymphatisches Gewebe 188
Mamma 1277
– Gefäßversorgung 300
– Lymphabfluss 301
Mammakarzinom (Brustkrebs) 184, 825
– unter Hormonersatztherapie 825
Mammaria-Bypass 605
Mandibula (Unterkiefer) 955, 965
Mandibularbogen 969
Männliche Harnröhre s. Urethra masculina 838
Männliches Genitale 826
Manschette, orgastische 816
Mantelkante 1132
– Gefäßversorgung 1160
Mantelzelle 93, 98
Mantelzone 183
Manubrium
– mallei 1080
– sterni 289
MAPs = Mikrotubuli-assoziierte Proteine 53
Marfan-Syndrom 69
Marginalzone 1172
– Milz 185
Margo
– acutus = Margo dexter 580
– obtusus 580
– sphenoidalis 943
– supraorbitalis 943
Markhöhle (Cavum medullare) 223
– primäre 80
– sekundäre 80
Marklager 202
Marksinus 184
Markstrahlen (Radii medullares) 768
Markstränge, Ovar 854
Marschfraktur 403
Massa lateralis 264
Massenhemmung 459
Masseterreflex 1205
Mastdarm s. Rektum 719
Mastzelle 67, 174
Materno-fetale Durchdringungszone 121
Matrix
– anorganische (Knochengrundsubstanz) 76
– extrazelluläre 67
– – geformt e67
– – ungeformte 69
– organische (Knochengrundsubstanz) 76
Matrix-Metalloproteinasen 69
Maxilla (Oberkiefer) 954
MBP = Major Basic Protein 173
MCL = Medioklavikularlinie (Linea medioclavicularis) 303
Meatus
– acusticus
– – externus 1076
– – internus 995, 1085
– nasi
– – inferior 1040
– – medius 1040
– – superior 1040
– nasopharyngeus 1040
Mechanonozizeptor 1207
Mechanorezeption 1196
– Ausfall 1199
– Kopf 1203
Mechanorezeptor 213
Meckel-Divertikel 118, 670
Meckel-Knorpel 969

Media 152
Mediainfarkt **1160**, 1288
medial 41
median 41
Median(sagittal)ebene 38
Medianebene 38
Medianlinie
– hintere (Linea mediana prosterior) 303
– vordere (Linea mediana anterior) 303
Medianstellung (Stimmritze) 924
Medianus-Straße 509
Medianusgabel 470
Mediastinalemphysem 536
Mediastinalflattern 536
Mediastinum 523, **534**
– anterius 535
– Einteilung 536
– Gefäße 627
– inferius 534
– medius 535
– Nerven 636
– posterius 535
– superius 534
– testis 827
– Topografie 627
– Venen 632
Medioklavikularlinie = MCL (Linea medioclavicularis) 303
Medulla(-ae)
– oblongata (verlängertes Mark) 1111
– – Kerne 1112
– ossium (Knochenmark) 224
– ovarii 796
– renalis (Nierenmark) 768
– spinalis s. Rückenmark 1097
Megakaryoblast 170
Megakaryozyt 170
Megakolon 679
Mehrreihiges Oberflächenepithel 61
Mehrschichtiges Epithel 61
Meibom-Drüsen 1055
Meissner-Körperchen 1197
Meissner-Plexus (Plexus submucosus) 219, 679
Meissner-Tastkörperchen 1272
Melaninsynthese 1269
Melanom 1270
Melanosom 1269
Melanotropin 1252
Melanozyt 1269
Melatonin 1131, 1228
Membrana(-ae)
– atlantooccipitalis
– – anterior 266
– – posterior 266
– basilaris 1086
– bronchopericardiaca 545, 614
– elastica
– – externa 152
– – interna 152
– fibroelastica laryngis 925
– fibrosa, Gelenkkapsel 228
– glia limitans superficialis 1149
– interossea 508
– – antebrachii 480
– – cruris 399, **413**
– iridopupillaris 1072
– obturatoria 331
– orbitalis 1051
– oronasalis 1048
– oropharyngea 970
– perinei = Fascia diaphragmatis urogenitalis inf. 337
– pleuropericardialis 117
– quadrangularis 925
– sterni 291

Sachverzeichnis

– suprapleuralis = Gibson-Faszie 562
– synovialis, Gelenkkapsel 229
– tectoria 266, 1086, 1229
– thyrohyoidea 893, 921
– tympanica s. Trommelfell 1077
– – secundaria 1090
– vestibularis 1086
Membrum
– inferius s. Extremität, untere 34
– superius s. Extremität, obere 34
Menarche 824
Menard-Shenton-Linie 362
Ménière-Erkrankung 1088
Meningen 1149
– Arterien 1164
– Nerven 1150
– Venen 1169
Meningitis 977, 1152
Meningoenzephalitis 1019
Meningomyelozele 284
Meninx primitiva 965
Meniscus(-i) **368**, 391
– articularis 229
– Blutversorgung 369
– Kniegelenk 366
– Lageveränderung 367
– lateralis (Außenmeniskus) 369
– medialis (Innenmeniskus) 368
Meniskusläsion, Therapieprinzip 367
Menopause 824
Menstruation 813
– erste (Menarche) 824
– letzte (Menopause) 824
Meridiane 1058
Merkel-Zellen 1196, **1270**, 1272
Merokrine Sekretion 64
Meromyosin 52
Mesangium
– extraglomeruläres 772
– intraglomeruläres 770
Mesangiumzellen 770
Mesenchym 70
– primäres s. Mesoderm, intraembryonales 109
Mesenchymales Bindegewebe 70
Mesenchymzellen 70
Mesenterialwurzel 652
Mesenterialwurzel (Radix mesenterii) 652
Mesenterium 665, 709
– Entwicklung 118
– primitivum 665
– urogenitale 850, 853
Mesenterokolischer Spalt 654
Mesenzephalon 1114
Mesenzephalonbläschen 1173
mesial 1022
Meso(s) 524, 652
– Entwicklung 665
Mesoblast s. Mesoderm, intraembryonales 109
Mesocardiacum 614
Mesocolon 665
– sigmoideum 715
– transversum 665
Mesoderm
– extraembryonales 107
– intermediäres 113
– intraembryonales = Mesoblast, primäres Mesenchym **109**, 527
– – Somatopleura 114
– paraxiales 113
– Seitenplattenmesoderm 113

Mesogastrium 665
– dorsale 665, 668
– ventrale 665, 667
Mesohepaticum 665
– dorsale 665, 667
– ventrale 665, 667
Mesometrium 801
Mesonephrogenes Blastem 850
Mesonephros (Urniere) 850
Mesopharynx s. Pharynx 916
Mesopneumonium 548
Mesorchium 853
Mesorektum 662, 722
Mesosalpinx 797, 801
Mesosigmoideum 665
Mesotendineum 237
Mesothel 58, 526, 677
Mesotympanon 1079
Mesovarium 795, 801
Metabolisierung, Leber 734
Metacarpus (Mittelhand) 482
– Knochenkerne 515
Metakarpalia = Mittelhandknochen (Ossa metacarpi) 482
Metamerie 34, **281**
– Verschiebung 282
Metanephrogenes Blastem 850
Metanephros (Nachniere) 850
Metaphyse 223
Metaplasie 60, 684
Metarteriole 154
Metastasen, lymphogene, Mammakarzinom 301
Metastasierung, lymphogene 184
Metatarsalia/Mittelfußknochen 402
Metatarsalia (Mittelfußknochen, Ossa metatarsi) 402
Metatarsus (Mittelfuß) 402
Metathalamus 1127
Metenzephalonbläschen 1173
Metopismus 967
Meynert-Kern 1255
Meynert-Kern s. Nucleus basalis 1255
MHC (= major histocompatibility complex)-Moleküle 172
Mikrofibrille, Kollagen 67
Mikrofilamente s. Aktinfilamente 51
Mikrogliazelle 93
Mikrotom 99
Mikrotubulus 52
Mikrotubulus-Organisations-Zentrum = MTOC 53
Mikrovillus 54
Miktion 785
Miktionsreflex 785
Milchbrustgang s. Ductus thoracicus 634
Milchdrüsen 1277
Milchflecken (Maculae lacteae) 526
Milchgang 1277
Milchleiste 1278
Milchzähne (Dentes decidui) 1028
Milz (Splen, Lien) **184**, 186
Milzentfernung (Splenektomie) 169
Milzruptur 188
Mimische Muskulatur **959**, 962
Mineralokortikoide 790
Minipille 813
Miosis 216, **1062**, 1226
Miotika 1071
Mitochondrium 51
Mitose-Hemmstoffe 53
Mitosespindel, Mikrotubuli 53

Mitralklappe (Valva bicuspidalis) 590
Mitralvitium 591
Mitralzelle 1239
Mitteldarm 118
Mittelfuß
– klinisch 399
– Metatarsus 402
Mittelfußknochen (Metatarsalia, Ossa metatarsi) 402
Mittelhand (Metacarpus) 482
Mittelhandmuskulatur 498
Mittelhirn 1114
Mittelhirn (Mesenzephalon) 1114
Mittelhirnbläschen 1173
Mittelloge 420
Mittelohr 1078
– Entwicklung 1092
– Entzündung 1082
– Gefäße 1083
– Muskeln 1080
Mittelphalanx 403
Moderatorband = Leonardoband = Trabecula septomarginalis 585
Modiolus 1084
Molar 1021
Molekulare Anatomie 32
Molekularschicht, Kleinhirnrinde 1118
Moll-Drüsen 1055
Monaldi-Punktion 567
Monaminerges System 1255
Mondbein (Os lunatum) 480
Monoamine 1257
Monokelhämatom 958
Monokuläres Sehen 1216
Mononukleäre Phase, Entzündung 70
Mononukleäres Phagozytensystem = MPS 174
Monopoese 175
Monosynaptischer Dehnungsreflex 198
Monozyt 174
Monro-Foramen s. Foramen interventriculare 1155
Mons pubis (Schamberg) 808
Moosfaser **1122**, 1236
Morbus
– Addison 792
– Alzheimer 1256
– Basedow 932
– Crohn 708
– Hirschsprung 679
– Hodgkin 899
– Ménière 1088
– Parkinson(Parkinson-Erkrankung) 1188
Morgagni-Taschen (Sinus anales) 720
Morphin 1215
Morrison Pouch (Recessus hepatorenalis) 654
Morula 104
Motoneuron 198, **1190**
– γ- 1198
– Hirnnerven 1185
– homonymes 198
– Säulen 211
– spinales 1184
Motorische Aphasie 1140, 1262
Motorische Bahnen 1183
Motorische Einheit 84
Motorische Endplatte 84
Motorische Endstrecke 1190
Motorische Kerngebiete 1183
Motorische Kortexareale 1182
Motorischer Kortex s. Kortex 1182

Motorisches Sprachzentrum 1140
Motorisches System 1182
MPS = Mononukleäres Phagozytensystem 174
mRNA = messengerRNA 50
MRT = Magnetresonanztomografie 136
– Herz 620
MS = Multiple Sklerose 94, 1221
M-Streifen, Muskulatur, Querstreifung 84
MTOC = Mikrotubulus-Organisations-Zentrum 53
Mukendost 1045
Mukosa (Schleimhaut) s. Tunica mucosa 530, 677
Muköse Drüse 64
Mukoviszidose (zystische Fibrose) 65, 751
Müller-Gang **855**, 859
Müller-Hügel 855
Müller-Lidheber 1054
Müller-Muskel (Musculus orbitalis) 1050, 1063
Müller-Muskel s. 1050
Müller-Zelle 1065, 1217
Multiple Sklerose = MS 94, 1068, 1177, 1221
Multiples Myelom (Plasmozytom) 177
Mumps 1019
Mundboden 1015
– Gefäße 1016
– Nerven 1016
Mundbodenphlegmone 1015
Mundbucht (vordere Darmbucht) 118, **970**, 1028
Mundhöhle (Cavitas oris) 1003
Mundspeichel 1017
Mundspeicheldrüsen 1003
Murphy-Zeichen 746
Musculus(-i)
– abductor
– – digiti minimi 419, 498
– – hallucis 419
– – pollicis
– – brevis 498
– – – longus 494, 503
– adductor
– – brevis 352
– – hallucis 419
– – longus 352
– – magnus 352
– – pollicis 498
– anconeus 461
– arrectores pilorum 1274
– aryepiglotticus 921, 926
– arythenoideus
– – obliquus 926
– – transversus 926
– auriculares 961
– biceps
– – brachii 452, **461**, 475
– – – Caput breve 455
– – – Caput longum 449
– – femoris 377, 393
– bipennatus 235
– biventer (zweibäuchiger Muskel) 236
– brachialis 461, 475
– brachioradialis 475, **494**, 497, 508
– buccinator 961, 1004
– bulbospongiosus 336, 837
– canalis ani 723
– ciliaris 1060, **1063**, 1069, 1227
– – Entwicklung 1072
– constrictores pharyngis (Schlundschnürer) 917

Sachverzeichnis

- coracobrachialis 452, 455
- corrugator
- - ani 723
- - supercilii 960
- cremaster 309, 847
- - Innervation 841
- cricoarytenoideus
- - lateralis 926
- - posterior (Posticus) 926
- cricothyroideus (Anticus) 926
- deltoideus 241, **451**, 473
- depressor
- - anguli oris 961
- - labii inferioris 961
- detrusor vesicae 782, 785
- digastricus 894, 1015
- dilatator pupillae 1060, **1062**, 1072
- - Entwicklung 1072
- epicranii 960
- erector spinae s. Rückenmuskulatur, autochthone 271
- extensor
- - carpi
- - - radialis brevis 494, 503
- - - radialis longus 494, 503
- - - ulnaris 494, 503
- - digiti minimi 494, 503
- - digitorum 494, 503, 508
- - - brevis 417
- - - longus 414, 416
- - hallucis
- - - brevis 417
- - - longus 414
- - indicis 494, 503
- - pollicis
- - - brevis 494, 503
- - - longus 494, 503
- fibularis (peroneus)
- - brevis 416
- - longus 416
- - tertius 414
- flexor
- - carpi
- - - radialis **493**, 501, 508
- - - ulnaris **493**, 508
- - digiti minimi brevis 419, 498
- - digitorum
- - - brevis 420
- - - longus 413, 416
- - - profundus 493
- - - superficialis 493, 496
- - hallucis
- - - brevis 419
- - - longus 413, 416
- - pollicis
- - - brevis 498
- - - longus 501
- fusiformis (spindelförmiger Muskel) 235
- gastrocnemius 378, 393, **412**, 416
- genioglossus 1010
- geniohyoideus 1015
- gluteus
- - maximus **352**, 354, 357
- - - Lähmung 354
- - medius 352, 355
- - - Funktion 356
- - minimus 352, 355
- - - Funktion 356
- gracilis 352, 377
- hyoglossus 1010
- iliacus 352
- iliococcygeus 335
- iliocostalis 274
- iliopsoas 314, **351**, 353
- infrahyoidei 893
- infraspinatus 452
- intercartilaginei 294

- intercostales
- - externi 294
- - interni 294
- - intimi 295
- interossei 502
- - dorsales 420, 498
- - palmares 498
- - plantares 420
- interspinales 272
- intertransversarii 274
- ischiocavernosi 336, 836
- ischiococcygeus 335
- latissimus dorsi 451, 474
- levator
- - anguli oris 961
- - ani 335, 724
- - labii superioris 960
- - - alaeque nasi 960
- - palpebrae 1054
- - scapulae 444
- - veli palatini 1006
- levatores
- - costarum 274
- - pharyngis (Schlundheber) 917
- linguae 1010
- longissimus 274
- longitudinalis
- - inferior 1010
- - superior 1010
- longus
- - capitis 895
- - colli 895
- lumbricales **420**, **498**, 500, 502
- masseter 1032
- masticatorii s. Kaumuskulatur 1032
- mentalis 961
- multifidus 272
- mylohyoideus 894, 1015
- nasalis 960
- obliquus
- - capitis
- - - inferior 276
- - - superior 276
- - externus abdominis 308, 310
- - inferior 1053
- - internus abdominis 308, 310
- - superior 1053
- obturatorius
- - externus 352
- - internus 352
- occipitofrontalis 960
- omohyoideus 894
- opponens
- - digiti minimi 498, 500
- - pollicis 498
- orbicularis (ringförmiger Muskel) 236
- - oculi **960**, 1054, 1058
- - oris 960
- orbitalis 1050, 1063
- palatoglossus 1006
- palatopharyngeus 917, 1006
- palmaris
- - brevis 498
- - longus 493, 495
- - - Sehne 513
- papillares (Papillarmuskeln) 584, 590
- pectinati 582
- pectineus 352
- pectoralis
- - major 451, **452**, 474
- - minor 444
- perforans s. Musculus flexor digitorum profundus 496

- perforatus s. Musculus flexor digitorum superficialis 496
- piriformis 358
- plantaris 413, 416
- planus (platter Muskel) 235
- popliteus 378
- procerus 960
- pronator
- - quadratus 493
- - teres 475, 493, **495**
- psoas major 352
- pterygoideus
- - lateralis 1032, 1035
- - medialis 1032, 1035
- pubococcygeus 335
- puboprostaticus 663, 782, 833
- puborectalis 335, **724**, 727
- pubovesicalis 663, 782, 785
- quadratus plantae 420
- quadriceps femoris 377
- rectococcygeus 723
- rectourethralis 723, 782
- rectouterinus 802
- rectovesicalis 723, 785
- rectus
- - abdominis 308
- - capitis
- - - anterior 276
- - - lateralis 276
- - - posterior
- - - - major 276
- - - - minor 276
- - femoris 351, 378
- - inferior 1053
- - lateralis 1053
- - medialis 1053
- - superior 1053
- retractor uvulae 782, 785
- rhomboideus
- - major 444
- - minor 444
- risorius 961
- rotatores
- - breves 272
- - longi 272
- salpingopharyngeus 916
- sartorius 352, **377**
- scalenus
- - anterior 638, 894
- - medius 894
- - posterior 894
- semimembranosus **377**, 393
- semispinalis 272
- semitendinosus **377**, 393
- serratus
- - anterior 444
- - posterior
- - - inferior 276
- - - superior 276
- soleus 412, 416
- sphincter
- - ampullae hepatopancreaticae (Oddi) 743
- - ani
- - - externus 336, **724n;**, 727
- - - internus **724n;**, 727
- - ductus choledochi 743
- - pupillae 1060, **1062**
- - - Entwicklung 1072
- - pylori 693, 699
- - urethrae 809
- - - externus 336, **784**, 839
- - - internus **783**
- spinalis 272
- splenius 274
- stapedius 1081
- sternocleidomastoideus 894
- sternohyoideus 894
- styloglossus 1010
- stylohyoideus **894**, 1015

- stylopharyngeus 917
- subclavius 444
- subcostales 294
- suboccipitales (kurze Nackenmuskeln) 275
- subscapularis 452
- superficialis 496
- supinator 494
- suprahyoidei 893
- supraspinatus 452, 454
- suspensorius duodeni (Treitz-Muskel) 707
- tarsalis
- - inferior 1054
- - superior 1054
- temporalis 1032
- temporoparietalis 960
- tensor
- - fasciae latae 352, 357
- - tympani 951, 1081
- - uvulae 1006
- - veli palatini 1006
- teres
- - major **452**, 474
- - minor **452**, 474
- thyroarytenoideus 926
- thyrohyoideus 894
- tibialis
- - anterior 414, **416**
- - tibialis posterior 413, **416**
- trachealis 543
- transversus
- - abdominis 309
- - linguae 1010
- - mentis 961
- - perinei
- - - profundus 336
- - - superficialis 336
- - thoracis 294
- trapezius 444, 895
- triceps
- - brachii 452, **461**, 474
- - - Caput longum 455
- - surae 412, **416**
- unipennatus 235
- uvulae 1006
- vastus
- - intermedius 378
- - lateralis **378**, 391
- - medialis **378**, 391
- verticalis 1010
- vesicoprostaticus 782, 833
- vesicovaginalis 782
- vocalis 926
- zygomaticus
- - major 961
- - minor 961
- Musikantenknochen 470
- Muskel
- - Ansatz 241
- - Bewegungsabläufe 240
- - eingelenkiger 236
- - Faserverlauf 235
- - Faszie (Muskelbinde) 236
- - Form 235
- - gefiederter 235
- - Hubhöhe 238
- - Kontraktionsformen 240
- - Kraftentfaltung 239
- - mechanische Eigenschaften 238
- - mehrbäuchiger 236
- - mehrgelenkiger 236
- - mehrköpfiger 235
- - Muskelfunktion 241
- - parallelfasriger 235
- - platter (Musculus planus) 235
- - Querschnitt 240
- - ringförmiger (Musculus orbicularis) 236

Sachverzeichnis

- Selbststeuerung, mechanische 238
- spindelförmiger (Musculus fusiformis) 235
- Ursprung 241
- Zugrichtung 239
- Zusatzeinrichtungen 236
- zweibäuchiger (Musculus biventer) 236
Muskelrelaxanzien 84
Muskelbauch (Venter musculi) 234
Muskeldehnung 1197
Muskeldystrophie 271
Muskeleigenreflex
- Bizepssehnenreflex 473
- Trizepssehnenreflex 473
Muskelfaser/Muskelzelle 81
Muskelfaszie s. Muskulatur, Skelettmuskulatur 86
Muskelgewebe 58, 81
Muskelhemmung 233
Muskelinsuffizienz, passive 377
Muskelkater 1208
Muskelketten 241
Muskellogen 237
- Unterschenkel 411
Muskelpumpe 159
Muskelquerschnitt 240
- anatomischer 240
- physiologischer 235, 240
Muskelschlingen
- Rumpfbewegungen 311
- Schultergürtel 443
Muskelsicherung, oberes Sprunggelenk 406
Muskelspindel 85, 1197
Muskelspindelafferenz
- primäre 1197
- sekundäre 1197
Muskelzelle/Muskelfaser 81
Muskuläre Hohlorgane 530
Muskularis s. Tunica muscularis 677
Muskulatur 81
- Fuß 417
- glatte 89
- Herzmuskulatur 87
- Hilfstrukturen, Hand 500
- infrahyoidale 893
- mimische 959
- prävertebrale 896
- Querstreifung 82, **83**
- rote Haltemuskulatur 87
- Sarkomer 83
- Skelettmuskulatur 82, 85
- suprahyoidale 893
- weiße Bewegungsmuskulatur 87
Mutterkuchen s. Plazenta 817
Muttermilch 821
Muttermund
- äußerer (Ostium uteri externum) 799, 819
- innerer (Ostium anatomicum uteri internum) 799
Myasthenia gravis 84, 180
Mydriasis 1062, 1227
Myelenzephalon s. Medulla oblongata 1111
Myelenzephalonbläschen 1173
Myelinisierung 1171
Myelinscheide 94, 196
Myelografie 1176
Myelogramm 168
myoendokrine Zellen 595
- Herzmuskulatur 88
Myoepithelium pigmentosum 1060
Myoepithelzellen 65
- juxtaglomeruläre 772

Myofibrille 81
Myofibroblasten 89
Myofilamente 81
Myoid 1067
Myokard 594
Myokardinfarkt s. Herzinfarkt 600
Myokardischämie 600
Myokardperfusionsszintigrafie 621
Myom 82, 803
Myometrium 803
Myopathie 84
Myosarkom 82
Myosinfilament 52
Myosinfilamente, Muskulatur 81
Myotom 210, 282
- Entwicklung 113
Myxödem 932
M-Zellen 191, 709

N

Nabel (Umbilicus) 313
Nabelarterie s. Arteria umbilicalis 150
Nabelbruch, physiologischer 670
Nabelhernie 313
Nabelring 122
Nabelschleife 670
Nabelschnur (Funiculus umbilicalis) 119, 122
Nabelvene 150
Nabelvene s. Vena umbilicalis 150
Nachgeburtsperiode 819
Nachhirnbläschen 1173
Nachniere (Metanephros) 850
Nachtblindheit (Hemeralopie) 1218
Nackenbeuge 1173
Nackenmuskeln, kurze (Mm. suboccipitales) 275
Nagel 1275
Nagelbett 1275
Nagelmatrix 1275
Nahakkommodation 1227
NANC = nicht-adrenerge, nicht-cholinerge Übertragung 220
NAP = Nervenaustrittspunkt(e), Trigeminus-Hauptstämme 990
Napfzelle 704
Narbe 70
Narbenhernie 311
Nares 1039
nasal 41
Nase 1039
- äußere 1039
- Entwicklung 971
- Gefäße 1046
- Nerven 1046
Nasenbein s. Os nasale 954
Nasenbluten 1041
- bei Aortenisthmusstenose 629
Nasenflügel 1039
Nasengänge 1041
Nasenhöhle (Cavitas nasi) 1040
- Entwicklung 1048
- Feinbau 1043
- Gefäße 1046
- Verbindungen 1042
Nasenknorpel 1039
Nasenmuschel s. Concha nasalis 954
Nasennebenhöhlen **1039**, 1042
- Entwicklung 1048
- Feinbau 1045

- Gefäße 1046
- Nerven 1047
Nasenscheidewand 1040
Nasenseptum 1041
Nasenskelett 1039
Nasenspiegelung 1040
Nasentropfen 1045
Nasenwulst
- lateraler 971
- medialer 971
Nasenwurzel 1039
Nasofazialwinkel 964
Nasolabialwinkel 964
Nasopharynx s. Pharynx 916
Nasoturbinale 1041
Nasus externus 1039
Natriumkonzentration 772
Navikularefraktur 480
Nebenhoden (Epididymis) 829
Nebenhodengang s. Ductus epididymidis 830
Nebenniere (Glandula suprarenalis) 790
- Entwicklung 793
- Gefäße 793
- Nerven 793
Nebennierenmark 792
Nebennierenrinde 791
Nebennierenrindenhormone 790
Nebennierenrindeninsuffizienz 792
Nebenschilddrüsen (Glandulae parathyroideae) 933
- Entwicklung 936
- Gefäße 934
- Nerven 935
Nebenzellen 697
Neck dissection 925
Nekrose
- aseptische 360
- Darmwand 308, 653
- Myokard 600
Neokortex 1135
Neologismen 1141
Neozerebellum s. Pontozerebellum 1123
Nephritis 767
Nephrogener Strang 850
Nephron 768
- juxtamedulläres 769
Nephros s. Niere 763
Nerv, peripherer 95
Nervenaustrittspunkte = NAP, Trigeminus-Hauptstämme 990
Nervenfaser(n) 197
- afferente/sensible/sensorische 197
- efferente 198
- Erregungsleitung 195
- motorische 198
- myelinisierte 94
- somatoafferente 205
- somatoefferente 198, 205
- sympathische 215
- viszeroafferente 205
- viszeroefferente 198, 205
Nervenfaserbündel 95
Nervengewebe 58, **91**
Nervenläsion
- N. axillaris 453
- N. hypoglossus 1013
- N. laryngeus recurrens 928
- N. medianus 510
- N. phrenicus 639
- N. radialis 470, 508
- N. thoracicus longus 445
- N. ulnaris 499, 511
Nervenplexus, Spinalnerv 211
Nervensystem 194
- autonomes (vegetatives) 218
- - Reflex 220

- enterisches (intramurales) 219, 679
- somatisches (animalisches) 212
Nervenverletzung, bei intramuskulärer Injektion 354, 356
Nervenzelle s. Neuron 91
Nervus(-i)
- abducens (VI) 949, **983**, 1049, 1052
- accessorius (XI) 444, 950, **1000**, 1002
- - am Hals 903
- alveolares
- - superiores
- - - anteriores 1027
- - - posteriores 1027
- - inferiores 956, 988, 1027
- anococcygei 342
- auricularis
- - magnus **902**, 1075, 1077
- - posterior 992
- auriculotemporalis 988, 1019, 1033, 1075, 1077
- axillaris 452, **469**, 474
- - Läsion 453
- buccalis 988, 1027
- canalis
- - pterygoidei 992, 1036, 1081
- cardiaci thoracici 637
- cardiacus cervicalis
- - inferior 905
- - medius 905
- - superior 904
- caroticotympanici 950, 1083
- caroticus
- - externus 904
- - internus 904
- ciliares
- - breves 983, **1052**, 1060, 1062
- - longi **1052**, 1059
- clunium
- - inferiores 342, 388
- - medii 388
- - superiores 388
- cochlearis 995
- craniales s. Hirnnerven 979
- cutanei dorsales, Fuß 432
- cutaneus
- - antebrachii
- - - lateralis 471, 512
- - - medialis 471, 512
- - - posterior 512
- - brachii
- - - lateralis
- - - - inferior 471
- - - - superior 471
- - - medialis 471
- - - posterior 471
- - femoris
- - - lateralis 388
- - - posterior 342, 884
- - surae lateralis 432
- digitales
- - dorsales 512
- - palmares
- - - communes 513
- - - proprii 513
- dorsalis
- - clitoridis 809
- - penis 838
- - scapulae 444, 468
- ethmoidalis
- - anterior 949, 987, **1047**, 1050
- - posterior 987, 1050
- facialis (VII) 950, 963, 990, **993**, 1013, 1016, 1020, 1075, 1081, 1242
- - am Hals 904

- femoralis 314, **387**
- – Läsion 387
- fibularis 387, 391
- – communis 393, **431**
- – Läsion 391
- – profundus 391, **431**
- – – Läsion 414
- – superficialis 391, **431**
- – Verletzung 431
- frontalis 986, 1050
- genitofemoralis 322, 809
- glossopharyngeus
- glossopharyngeus (IX) 919, 950, **995**, 997, 1013, 1020, 1075, 1077, 1242
- – am Hals 904
- gluteus
- – inferior 387, 392, 884
- – – Läsion 354
- – superior 387, 392, 884
- – – Läsion 356
- hypogastrici 216, 883
- hypoglossus (XII) 950, **1000**, 1002, 1013, 1016
- – am Hals 904
- – – Läsion 1013
- iliohypogastricus 322, 388
- ilioinguinalis 322, 342, 388, 841
- infraorbitalis 951, 956, **987**, 1027, 1036, 1046, 1050
- infratrochlearis 987, 1046
- intercostales 302, 322, 565
- intermedius 991
- interosseus
- – antebrachii
- – – anterior 509
- – – posterior 508
- ischiadicus **387**, 392, 884
- – Einklemmung im Foramen infrapiriforme 358
- – Läsion 388
- jugularis 904
- labiales
- – anteriores 809
- – posteriores 809
- lacrimalis 987, 1050
- laryngeus
- – recurrens **638**, 689, **904**, 928, 935, 999
- – – Läsion 928
- – superior **904**, 928, 935, 999
- lingualis 988, 1014, 1016, 1021, 1027
- mandibularis (V₃) 949, **988**, 1027, 1033, 1035
- massetericus 988, 1033
- maxillaris (V₂) 949, **987**, 1027, 1035
- medianus 470, 493, 498, 508, **511**
- – Autonomgebiet 513
- – Läsion 510
- mentalis 956, **988**, 1027
- musculocutaneus 452, 470
- mylohyoideus 988, 1016
- nasociliaris **987**, 1046, 1049
- nasopalatinus 956, **987**, 1007, 1027, 1047
- obturatorius 331, 387
- occipitalis
- – major 279, 903
- – minor 902, 1075
- – tertius 903
- oculomotorius (III) 949, **983**, 1049, 1052
- – Austritt 1115
- olfactorius (I) 949, **982**, 1047, 1239
- ophthalmicus (V₁) 949, **986**, 1050

- opticus (II) 949, **982**, 1049, 1052, 1067, 1221
- – Atrophie 1071
- – Entwicklung 1073
- palatinus(-i)
- – major 956, 987, 1007, 1027, 1036
- – minor 956, 987, 1007, 1036
- pectoralis
- – lateralis 444, 452, **469**
- – medialis 444, 452, **469**
- perineales 809, 841
- petrosus
- – major 950, **992**, 1047, 1057, 1081
- – minor 949, 996, 1083
- – profundus 950, 1047, 1051, 1081
- phrenicus 298, 565, **638**, 747902
- – Innervationsgebiete 639
- – Läsion 639
- plantaris
- – lateralis 431
- – medialis 431
- pterygoideus 988
- – lateralis 1033
- – medialis 1033
- pudendus 342, 807, 809, 840, **884**
- radialis 452, 469, 494, **508**, 511
- – Autonomgebiet 508, 512
- – Läsion 470, 508
- saphenus 387, 432
- scrotales 841
- – anteriores, N. ilioinguinalis 388
- spinalis (Spinalnerv) 206
- splanchnicus(-i)
- – imus 875
- – lumbales 727, **875**
- – major 215, 637, **875**
- – minor 215, 637, **875**
- – pelvici 217, 727, 779, 784, 798, 838, **883**
- – sacrales 727, 838, **883**
- stapedius 992, 1081
- statoacusticus s. Nervus vestibulocochlearis 995
- subclavius 444, 469
- sublingualis 988
- suboccipitalis 279, 903
- subscapulares 452, 469
- supraclaviculares 302, 471, 902
- supraorbitalis 986, 1050
- suprascapularis 452, 469
- supratrochlearis 986
- suralis 432
- temporales profundi 988, 1033
- thoracicus longus 444, 469
- – Läsion 445
- thoracodorsalis 452, 469
- tibialis 387, 393, **431**
- – Läsion 391, 413
- – Verletzung 431
- transversus colli 902
- trigeminus (V) **985**, 989, 1027
- trochlearis (IV) 949, **983**, 1050, 1052
- tympanicus 996, 1083
- ulnaris 470, 493, 498, 508, **510**
- – Autonomgebiet 513
- – Läsion 499, 511
- vagus (X) 638, 689, 779, 912, 919, 950, **998**, 1013, 1075, 1077, 1242

- – am Hals 904
- – Larynx 928
- – vertebralis 905
- vestibularis 995, 1088
- vestibulocochlearis (VIII) 950, **995**, 1085
- – Pars cochlearis 1230
- – Pars vestibularis 1233, 1235
- zygomaticus 951, 987, 1036, 1050
Nesselsucht (Urtikaria) 174
Netz
- apikales s. Aktinnetz, kortikales 51
- großes s. Omentum majus 657
- kleines s. Omentum minus 657
Netzhaut siehe Retina 1061, **1064**
Netzhautablösung 1064
Neunerregel 44
- Körperoberfläche 44
Neuralgie 264
Neuralleiste 111, 1170
- Derivat 792
Neuralplatte 111, 1170
Neuralrinne 111, 1170
Neuralrohr 111, 1170
Neuralwülste 111
Neurinom (Schwannom) 93
Neuroblast 1171
Neurocranium s. Hirnschädel 946
Neurodermitis (atopische Dermatitis) 173
Neuroendokrine Zelle 92
Neuroendokrines System 1249
Neurofibromatose 93
Neurofilament 52, 92
Neurogene Entzündung 1207
Neurohypophyse 1249, **1250**
- Entwicklung 1175
Neurom 96
Neuromelanin 1257
Neuromodulation 98
Neuromodulator 1182
Neuron (Nervernzelle) 91
- afferentes
- – primär 213
- – Rückenmark 213
- motorisches 1191
- postganglionäres 215
- präganglionäres 215
Neuropathischer Schmerz 1206
Neuropeptid Y = NPY 219
Neuroplastizität 205, 1181
Neuroporus 111, 1170
Neurosekretion 200
Neurosonografie 1177
Neurotransmitter 196, 201
- autonomes Nervensystem 219
- ZNS 202, 1182
Neurotubuli 92
Neurulation 111
Neutral-Null-Methode 232
Neutral-Null-Stellung 232
Neutralbisslage 1023
Neutralisation, Magen 698
Neutrophile Phase, Entzündung 70
Nexus s. Kommunikationskontakt 56
Nicht-assoziatives Lernen 1260
Nidation (Implantation) 105
Niederdrucksystem 149
Niere (Ren) 763
- Autoregulation 772
- Entwicklung 849

- Gefäße 773
- – intrarenale 775
- Harnfiltersystem 770
- Nerven 776
Nierenagenesie 850
Nierenarterie 773
- aberrante 774
- akzessorische 774
- Varianten 774
Nierenarterienstenose 774
Nierenaszensus 851
Nierenbecken (Pelvis renalis) 776
- Entwicklung 851
Nierenbläschen 851
Nierendurchblutung, Regulation 772
Nierenersatztherapie 1286
Nierenfaszie (Fascia renalis) 767
Nierengenerationen 849
Nierenkanälchen (Tubulus renalis) 768, **770**
Nierenkelche, Entwicklung 851
Nierenkolik 768
Nierenkörperchen (Corpusculum renale) 768
Nierenlager 311, 766
Nierenläppchen (Lobulus corticalis) 768
Nierenlappen (Lobus renalis, Renculus) 768
Nierenleiste 850
Nierenmark (Medulla renalis) 768
Nierenrinde (Cortex renalis) 768
Nierentransplantation 1286
Nierenvenen 776
Nikotinabusus 600
Nissl-Schollen 91
NK(natürliche Killer)-Zellen 176
NMDA-Rezeptor 1209, 1261
NMR = nuclear magnetic resonance s. Bildgebung, MRT 136
NO = Stickstoffmonoxid 1182
Nodulus(-i)
- lymphoidei
- – aggregati (Folliculi lymphatici aggregati) 183, 709
- – solitarii 183
- valvae semilunaris 591
Nodus(-i)
- atrioventricularis (AV-Knoten) 597
- lymphoidei
- – aortici laterales 779, 793
- – axillares 467
- – brachiales 467
- – bronchobronchiales 545
- – bronchopulmonales = Hilumlymphknoten 560, 565
- – buccales 963, **978**, 1033
- – cavales laterales 779, 793
- – cervicales
- – – anteriores 900
- – – laterales 279, 467, 900
- – – – profundi 688, 978
- – – supraclaviculares 900
- – coeliaci 701, 746, 754, **872**
- – colici
- – – dextri 717
- – – medii 717
- – – sigmoidei 717
- – – sinistri 717
- – cubitales 467
- – deltoideopectorales 467
- – faciales 978
- – fibulares 430
- – gastrici 701
- – – sinistri 688
- – gastroomentales 701
- – hepatici 701, 746, 754

Sachverzeichnis

– – iliaci
– – – communes 341, 779, 872, **881**
– – – externi 341, 384, 726, 872, **881**
– – – interni 341, 726, 779, 798, 804, 807, 831, 833, 835, 837, 840, 872, **881**
– – infrahyoidei 900
– – inguinales
– – inferiores 384
– – – profundi 384, 809, 835, **883**
– – – superficiales 384, 726, 804, 807, 837, **883**
– – – superolaterales 384
– – – superomediales 384
– – intercostales 279, 300, 565
– – interpectorales 301
– – intrapulmonales 560, 565
– – jugulodigastricus 900
– – juguloomohyoideus 900
– – juxtaintestinales 710
– – juxtaoesophageales 560, 688
– – linguales 978
– – lumbales 341, 779, 796, 798, 804, 829, 831, **872**, 881
– – – intermedii 872
– – – laterales 872
– – malaris 978
– – mandibulares 978
– – mastoidei 978
– – medialstinales 565
– – – anteriores 615
– – mesenterici
– – – inferiores 717, 726, **872**
– – – superiores 717, 754, **872**
– – nasolabialis 978
– – occipitales 279, 978
– – pancreatici 701
– – pancreaticoduodenales 754
– – paramammarii 301
– – parasternales 300, 565, 615
– – paratracheales 544, 565, 688, 900
– – parauterini 804
– – parotidei 963, 978, 1020, 1033
– – pectorales 301
– – phrenici 565
– – – superiores 615
– – poplitei 430
– – prarectales 726
– – prepericardiaci 615
– – pretracheales 544, 565, **900**
– – prevertebrales 565
– – prevesicales 783
– – pylorici 701
– – rectales superiores 726
– – retroauriculares 978
– – retropharyngeales 900, 919, 1046
– – retrovesicales 783
– – sacrales 804, 835, 840, 726, 881
– – singuinales superficiales 840
– – splenici 701
– – submandibulares **900**, 963, 978, 1005, 1007, 1013, 1016, 1020, 1027, 1046
– – submentales **900**, 963, 978, 1013, 1016, 1027
– – subscapulares 467
– – supraclaviculares 467
– – thyroidei 900
– – tibiales anteriores 430
– – tracheobronchiales = Bifurkationslymphknoten 544, 560, **565**, 615, 688
– – vesicales laterales 783
– – sinuatrialis (Sinusknoten) 597

Noradrenalin 219, 790, 792, 1182, 1214, 1257
Norm 47
Norma frontalis 959
Normalposition, anatomische 232
Nozizeption 1205
– Kopf 1213
Nozizeptor 199, 213, 1207
– Sensibilisierung 1208
NPY = Neuropeptid Y 219
Nucleolus (Kernkörperchen) 50
Nucleus s. Zellkern 50
Nucleus(-i)
– accessorii nervi oculomotorii 983, **1107**, 1226
– accumbens 1245
– ambiguus 996, 998, 1001, **1107**
– anteriores 1126
– – thalami 1245
– arcuatus 1129
– basales s. Basalganglien 1142
– basalis 1255
– caudatus 1143, 1186
– centromedianus 1125, 1188, 1210
– cerebelli 1119
– cochlearis 995, 1108, **1229**
– – anterior 1230
– – posterior 1230
– commissurae posterioris 1110
– cuneatus 1112
– – accessorius 1202
– – medialis 1198
– dentatus 1119, 1122
– dorsalis nervi vagi 998, 1107, 1201
– dorsomedialis 1129
– emboliformis (Pfropfkern) 1119
– fastigii (First-/Giebelkern) 1119, 1122
– globosi (Kugelkerne) 1119
– gracilis 1112, 1198
– habenulares 1127, 1245
– intermediolateralis 1099
– intermediomedialis 1099
– interpositus 1119, 1122
– interstitialis 1110, 1225, 1254
– intralaminares 1210
– lemnisci lateralis 1232
– lentiformis 1143
– mediales 1126
– medialis dorsalis 1127, 1188
– mesencephalicus nervi trigemini 986, 1108, 1205
– motorius nervi trigemini 986, 1107
– nervi
– – abducentis 983, 1107
– – facialis 991, 1107
– – – Innervation durch Fibrae corticonucleares 1185
– – hypoglossi 1001, 1107
– – oculomotorii 983, 1107
– – trochlearis 983, 1107
– olfactorius anterior 1240
– olivaris
– – cuneatus 1112
– – inferior 1112
– – superior 1112, 1231
– originis 1106
– paraventricularis 1129, 1228, 1250
– parcuatus 1251
– periventricularis 1130, 1251
– Perlia 1227
– pontis 1113, 1185
– preopticus 1129

– principalis nervi trigemini 986, 1108, 1204
– proprius 1100, 1200
– pulposus 258
– raphes magnus 1214, 1258
– ruber 1114, 1189
– salivatorius
– – inferior 996, 1107, **1243**
– – superior 991, 1021, 1107, **1243**
– septales 1245
– spinalis
– – nervi
– – – accessorii 1001
– – – trigemini 986, 996, 998, **1108**, 1213, 1204
– subthalamicus 1132, 1144, 1186, 1289
– suprachiasmaticus 1129, 1228
– supraopticus 1129, 1250
– terminationis 1106, 1108
– thoracicus posterior 1201
– tractus solitarii **1108**, 1205, 1243
– – Pars inferior 996, 998
– – Pars superior 991, 996, 998
– ventralis
– – anterior 1127
– – lateralis 1127
– – posterolateralis = VPL 1127, 1210
– – posteromedialis = VPM 1127, 1213
– ventrolaterales 1126
– ventromedialis 1129
– vestibulares 995, 1108
– vestibularis
– – inferior 1235
– – lateralis 1233, 1235
– – medialis 1235
– – superior 1235
Nuel-Raum 1086
Nuhn-Drüse (Glandula lingualis anterior) 1012
Nukleoplasma (Karyoplasma) 50
Nykturie 771
Nystagmus
– optokinetischer 1238
– postrotatorischer 1234
N-Zellen, Nebennierenmark 792

O

O-Bein (Genu varum) 394
Oberarm
– Gefäße 463
– Konturen 473
– Muskeln 460, 462
– Nerven 468
– Topografie 473
Oberarmknochen (Humerus) 446
Oberbauchsitus, Entwicklung 666
Obere Extremität (Membrum superius) 34
– Achsen 476
– Entwicklung 515
– Gefäße 463, 505
– Nerven 468, 508
– Topografie 473, 513
Oberer Ösophagussphinkter = OÖS 680
Oberflächendifferenzierung 54
Oberflächen-Ektoderm 111
Oberflächenepithel
– einfaches 61
– mehrreihiges 61
Oberhaut (Epidermis) 1267

Oberkiefer (Maxilla) 954
Oberkieferwulst 971
Oberlippe 1004
Oberschenkelknochen (Os femoris) 347
Oberst, Leitungsanästhesie 513
Obex 1112
OBP = Odorant-Bindungsprotein 1045
Obstipation 721
Occludin 57
Oddi-Sphinkter (Musculus sphincter ampullae hepatopancraticae) 743
Ödem 156, 769
– bei Entzündung 70
Odontoblast 1029
Odorant-Bindungsprotein = OBP 1045
Odynophagie 680
Offenes Foramen ovale 625
ÖGD = Ösophagogastroduodenoskopie 680
Ohr 1074
– äußeres 1075
– Entwicklung 1092
– Stellmuskeln 1075
Ohrbläschen 1092
Ohrenschmalz 1077
Ohrgrübchen 1092
Ohrmuschel, Innervation 1076
Ohrmuschel (Auricula) 1075
Ohrplakode 1092
Ohrspeicheldrüse 1018
Ohrspeicheldrüse s. Glandula parotidea 1018
Ohrtrompete s. Tuba auditiva 1082
okklusal 1022
Okklusion 1023
Okklusionsbewegung 1031
Okuläre Dominanzsäule 1223
Okulomotorik 1224
okzipital 41
Olecranon 457
Olfaktorisches System 1238
Oligodendrogliom 93
Oligodendrozyt s. Gliazelle 93
Olive 1112
Ombrédanne-Linie 362
Omentum
– majus (großes Netz) 657, 665
– – Entwicklung 668
– minus (kleines Netz) 657, 665
– – Entwicklung 668
Omphalozele 118
Onkozyten 933
Onodi-Zelle 1043
Oogonie 810
OÖS = Oberer Ösophagussphinkter 680
Oozyte (Eizelle) s. Konzeption 103
Operation, radikale 804
Operculum(-a) 1134
Ophthalmoskopie 1067
Opposition 489
Opsin 1067
Opsonierung 171
Optischer Apparat 1049
Optokinetischer Nystagmus 1238
Ora serrata = Z-Linie 695, **1064**
Orbiculus ciliaris 1062
Orbita (Augenhöhle) 1049
– Leitungsbahnen 1051
Orbitaachse 1053
Orchidopexie 325
Orchis s. Hoden 827
Orchitis 1019
Organ(e) 528
– lymphatisches 179

Organbindegewebe 528
Organellen (Zellorganellen) 51
Organische Matrix (Knochen-
grundsubstanz) 76
Organogenese 103
Organsystem 528
Organum(-a)
- genitalia
- - feminina 794
- - masculina 826
- gustus (Geschmacksorgan)
1012
- vomeronasale 1045
Orgasmusphase
- Frau 816
- Mann 847
Orgastische Manschette 816
Orientierungslinien
- Arm 476
- Glutealregion 391
Oropharynx s. Pharynx 916
Ortsständige Bindegewebszellen
s. Bindegewebszellen 67
Os(-sa) (Knochen) s. Knochen
221
- capitatum (Kopfbein) 480, 490
- carpi 485
- coccygis (Steißbein) 258
- coxae (Hüftbein) 327
- cruris (Unterschenkelknochen) 397
- cuboideum (Würfelbein) 402,
409
- cuneiformia (Würfelbeine)
402, 423
- ethmoidale (Siebbein) 945,
956
- femoris (Oberschenkelknochen) 346
- frontale (Stirnbein) 943
- hamatum 490
- hamatum (Hakenbein) 480
- hyoideum (Zungenbein) 893
- ilium (Darmbein) 328
- ischii (Sitzbein) 328
- lacrimale (Tränenbein) 954
- lunatum (Mondbein) 480,
485
- metacarpi (Mittelhandknochen = Metakarpale(-ia) 482,
513
- - I 489
- - II-V 490
- metatarsi (Mittelfußknochen,
Metatarsalia) 402, 421, 423
- nasale (Nasenbein) 954
- naviculare (Kahnbein) 401,
407, 409
- occipitale (Hinterhauptsbein)
264, 944
- palatinum (Gaumenbein) 955
- parietale (Scheitelbein) 944
- pedis (Fußknochen) 399
- pisiforme (Erbsenbein) 480
- pubis (Schambein) 328
- sacrum (Kreuzbein) 257
- scaphoideum (Kahnbein)
480, 485, 488
- - Druckschmerz 489
- sesamoidea (Sesambeine)
482
- - Fuß 402
- sphenoidale (Keilbein) 945
- temporale (Schläfenbein) 943
- trapezium (großes Vielecksbein) 480, 489
- trapezoideum (kleines Vielecksbein) 480, 490
- triquetrum (Dreiecksbein)
480, 485
- zygomaticum (Jochbein) 954

OSG = oberes Sprunggelenk
(Articulatio talocruralis)
s. Sprunggelenke 404
Ösophagitis 683
Ösophagogastroduodenoskopie =
ÖGD 680
Ösophagogramm 619
Ösophagokardiofundale Über-
gangszone 682
Ösophagotrachealfistel 691
Ösophagus (Speiseröhre) 679,
681
- Blutgefäße 687
- Engstellen 680
- Entwicklung 691
- Gefäße 686
- Krümmungen 680
- Lymphabfluss 688
- Nerven 688
- Topografie 640
- Wandbau 677, 683
Ösophagusatresie 691
Ösophagus-Breischluck 582
Ösophagus-EKG = transösopha-
geale Elektrokardiografie 582
Ösophagusengen 681
Ösophagusmund 680
Ösophagusmuskulatur 685
Ösophagusperistaltik 690
Ösophagusschleimhaut 683
Ösophagussphinkter
- oberer (OÖS) 680
- unterer (UÖS) 682
Ösophagussprache 1261
Ösophagusvarizen **687**, 871
Blutung 870
Ossicula auditoria (Gehör-
knöchelchen) 1080
Ossifikation 78
- enchondrale 80
- perichondrale 80
Ossifikationszentrum
- primäres 80
- sekundäres 80
Ossifikationszone 81
Osteoblast 75, 80
Osteofibröse Loge 411
Osteogenese 78
- chondrale 79
- desmale 79
Osteogenesis imperfecta (Glasknochenkrankheit) 68
Osteoklast 75, 80
Osteomalazie 78
Osteomyelitis 398
Osteon (Havers-System) 77
Osteophyten 262
Osteoporose 78
- Wirbelsäule 252
Osteozyten 75
Ostiomeataler Komplex 1042
Ostium(-a)
- abdominale tubae uterinae
797
- anatomicum uteri internum
(innerer Muttermund) 799
- aortae 585
- atrioventriculare 590
- - dextrum 584, 590
- - sinistrum 585
- cardiacum 693
- ileale (Bauhin-Klappe) 708,
713
- pharyngeum tubae auditivae
916, 1082
- pyloricum 693
- sinus coronarii 583
- trunci pulmonalis 584
- tympanicum tubae 1082
- ureterum 780

- urethrae
- - externum 807, **809**
- - - Mann 839
- - internum 780
- - - Mann 839
- - - Öffnung 785
- uteri externum (äußerer Mut-
termund) 799
- uterinum tubae uterinae 797
- vaginae 805, 807
- venae cavae superioris 583
Östrogen 812, 816, 823
- postpartal 821
Östrogenmangelsituation 814
Otitis media 1082
Otokonien 1233
Otolithen 1088
Otosklerose 1089
Otoskopie 1082
Ott-Maß 270
Ovales Fenster s. Fenestra vesti-
buli 1084
Ovalzellen 741
Ovarium (Eierstock) 795
- Entwicklung 854
Ovula Nabothi 803
Ovulation(Eisprung) 810
Ovulationshemmung 813
Oxycephalus (Spitzschädel) 967
Oxyphile Zellen 933
Oxytozin 821, 1250

P

Pacchioni-Granulationen (Gra-
nulationes arachnoidales)
1157
Pachymeninx (harte Hirnhaut)
1149
Pacini-Korpuskel 1197
PAG = Periaquäduktales Grau
1114
Painful arc 454
Paläokortex 1135
Palatoschisis 1008
Palatum s. Gaumen 1005
Palliothalamus 1126
Palma manus (Hohlhand, Hand-
fläche) 513
palmar 41
Palmaraponeurose (Aponeurosis
palmaris) 503
Palmarflexion 486
Palpation 35
- Leistenhernie 319
Palpebra (Augenlid) 1054
PALS = periarterioläre Lympho-
zytenscheide 185
Pancoast-Tumor 570
Paneth-Zelle 704, 716
Pankreas 749
- endokrines
- - Feinbau 751
- - Funktion 748
- - Zelltypen 752
- Entwicklung 755
- exokrines
- - Feinbau 750
- - Funktion 748
- - Transportprozesse 751
- Gefäße 753
- Nerven 755
- Retroperitonealisierung 668
Pankreaskopf (Caput pancreatis)
749
Pankreaskörper (Corpus pan-
creatis) 749
Pankreasschwanz (Cauda pan-
creatis) 749
Pankreatisches Peptid 752
Pankreatitis 749

Panzerherz 614
Papanicolaou-Färbung 803
Papez-Kreis 1244
Papilla(-ae)
- duodeni
- - major (Vater-Papille) 705,
749
- - minor (Santorini-Papille)
705, 749
- filiformes 1011
- foliatae 1012
- fungiformes 1012
- mammaria 1277
- nervi optici 1216
- parotidea 1019
- renales 768
- Santorini s. Papilla duodeni
minor 705
- vallatae 1012
- Vateri s. Papilla duodeni major
705
Papillarmuskeln (Musculi papillares) 584
Papillarschicht (Stratum papillare) 1271
Parabasalschicht, Vagina (Stra-
tum parabasale) 806
Parafollikuläre Zellen (C-Zellen)
932
Parakeratinisierung 1012
Parakolpium 663, 801, 805
Parakrinie 63
Parallelfaser 1118
Parallelfasriges Bindegewebe 70
Paramediane pontine Formatio
reticularis = PPRF 1225
Parametrium 663, 801
Parapharyngealraum s. Spatium
peripharyngeum 912
Paraphimose 836
Paraproktium 662, 722
Parasternallinie (Linea paraster-
nalis) 303
Parasympathikus 216
- Bauchraum 875
- kranialer Anteil 217
- sakraler Anteil 217
- Wirkung 217
Parathormon = PTH 933
Parathyreoprive Tetanie 934
Parathyreopriver Hypoparathy-
reodismus 1287
Parathyrin (PTH = Parathormon)
933
Paraurethraldrüsen 809
Paravertebrale Ganglien 874
Paravertebrallinie (Linea para-
vertebralis) 303
Paraxiales Mesoderm s. Meso-
derm 113
Parazervix 663, 801
Parazystium 662
Parenchym 528
Parenchymatöse Organe 528
Parese 264, 1191
Parierfraktur 479
Paries
- caroticus 1079
- externus 1086
- jugularis 1079
- labyrinthicus 1079
- mastoideus 1079
- membranaceus 543, 1079
- tegmentalis 1079
- vestibularis 1086
Parietaler Assoziationskortex
1182
Parietalzellen = Belegzellen 697
Parietokolischer Spalt 654
Parkinson-Erkrankung 1188
Parodontium 1025

Sachverzeichnis

Parodontose 1025
Paroophoron 857
Parotis s. Glandula parotidea 1018
Parotistumor 1019
Parotitis epidemica 1019
Pars(-tes)
– abdominalis, Ureter 777
– affixa, Penis 835
– ascendens 771
– – aortae = Aorta ascendens 627, 629
– – duodeni 705
– – Tubulus, intermediärer 771
– caeca retinae 1064
– cardiaca (Kardia, Mageneingang) 693
– caudalis s. Nucleus spinalis nervi trigemini 1108
– cavernosa, Urethra feminina 809
– cervicalis 543
– – tracheae 930
– ciliaris retinae 1064
– compacta 1115
– compacta s. Substantia nigra 1115
– convoluta
– – distalis 771
– – proximalis 771
– costalis
– – pleurae parietalis 562
– – Zwerchfell 297
– descendens 771
– – aortae = Aorta descendens 627, **631**
– – duodeni 705, 707
– – Tubulus, intermediärer 771
– diaphragmatica, Pleurae parietalis 562
– flaccida 1078
– horizontalis duodeni 705, 707
– infraclavicularis s. Plexus brachialis 469
– infrapiriformis, durchtretende Leitungsbahnen 885
– intercartilaginea 924
– intercartilaginea s. Stimmritze 924
– intermembranacea 924
– intermembranacea (Stimmritze) 924
– interpolaris s. Nucleus spinalis nervi trigemini 1108
– intramuralis 839
– – Urethra feminina 809
– – Urethra masculina 839
– iridica retinae 1064
– laryngea pharyngis = Laryngopharynx = Hypopharynx s. Pharynx 917
– lumbalis, Zwerchfell 297
– mediastinalis, Pleurae parietalis 562
– membranacea (Urethra masculina) 839
– – septi interventricularis 586
– muscularis septi interventricularis 586
– nasalis pharyngis = Nasopharynx = Epipharynx s. Pharynx 916
– optica retinae 1061, 1064
– oralis pharyngis = Oropharynx = Mesopharynx s. Pharynx 916
– pelvica, Ureter 777
– pendulans, Penis 835
– petrosa s. Felsenbein 943

– prostatica (Urethra masculina) 838
– pylorica 693
– recta
– – distalis 771
– – proximalis 771
– reticularis 1115
– reticularis s. Substantia nigra 1115
– spongiosa (Urethra masculina) 839
– sternalis, Zwerchfell 297
– superior duodeni 705, 707
– supraclavicularis s. Plexus brachialis 468
– suprapiriformis, durchtretende Leitungsbahnen 885
– tensa 1078
– thoracica 543
– – aortae = Aorta thoracica (Brustaorta) 627, 631
– – tracheae 930
– tympanica 944
– uterina tubae uterinae 797
Parvozelluläre Ganglienzelle 1220
Parvozelluläres neuroendokrines System 1130
PAS = Periodic Acid Schiff 101
Passavant-Wulst 917, 920
Patella (Kniescheibe) 238, **364**, 391
– tanzende 375
Patellaöffnungswinkel 364
Patellarsehnenreflex = PSR 198, 377
Paukenhöhle (Cavitas tympani) 1078
– Etagen 1078
– primitive 1092
– Wände 1078
p. c. = post conceptionem 102
PC-Rezeptor 1197
PD-Rezeptor 1197
PDA = Periduralanästhesie 1150
Pecten
– analis 721
– ossis pubis 328
Pediculus(-i) arcus vertebrae (Bogenwurzel) 251
Pedunculus(-i)
– cerebellares (Kleinhirnstiele) 1120
– cerebri (Hirnstiel) 1114
– corporis mamillaris 1132
Peitschenhiebverletzung 267
Pelvis (Becken) 326
– renalis (Nierenbecken) 763, 776
Pelviskopie (Beckenspiegelung) 797
Pelvitrochantere Muskeln 357
Pendelbewegungen 705
Pendelhoden 325
Penis (Glied) 835
– Entwicklung 858
– Faszien 837
Perfusion, Lunge 568
Perfusionsfixierung 99
Perfusionsstörung 569
Perfusionsszintigrafie 575
Periaquäduktales Grau = PAG 1114
Pericardium
– fibrosum 614
– serosum 595, 614
– – Lamina parietalis 524
– – Lamina visceralis = Epicardium 524
Perichondrale Ossifikation 80
Perichondrium (Knorpelhaut) 72

Periduralanästhesie = PDA 1150
Periduralkatheter 1150
Periduralraum 1150
Perikard s. Pericardium 613
Perikarderguss 614
Perikardhöhle (Cavitas pericardiaca) 522, 613
– Entwicklung 116
Perikarditis 614
Perikardpunktion (Herzbeutelpunktion) 564, **614**
Perikaryon s. Neuron 91
Perilymphatischer Raum 1083
Perilymphe 1084, **1085**, 1230
Perimetrium 804
Perimysium 86
Perimysium s. Muskulatur, Skelettmuskulatur 86
Perineum (Damm) 340
Perineuralzelle 95
Perineurium s. Nerv, peripherer 95
Periodontium 1025
Perioliväres Feld 1231
Periorbita 1051
Periorchium 827
Periost 75, 221
Periphere Fazialisparese 1185
Periphere Lähmung s. Lähmung 1191
Periphere Zone, Prostata 834
Peripherer Nerv 95
Peripheres Nervensystem = PNS 206
Periportales Feld 739
Peritonealdialyse 527, 1286
Peritonealduplikatur 652
Peritonealflüssigkeit 651
Peritonealhöhle (Cavitas peritonealis) 521, 648
– Entwicklung 115
Peritonealverhältnisse
– Becken 659
– Entwicklung 664, 666
Peritoneum (Bauchfell) 651
– Innervation 651
– parietale 524, **651**, 780
– urogenitale 658
– viscerale 524, **651**
Peritonitis 308, **651**
Peritubuläre Zellen 846
– Hoden 845
Periurethralzone, Prostata 834
Perizyt 155
Perkussion 35
– Lunge 572
Perkutane transluminale coronare Angioplastie = PTCA 605
Perlecan 57
Permeabilitätsbarriere, epidermale 1269
Peroneusgruppe (Fibularisgruppe) 416
Peroxidase 51
Peroxysom 51
Persistierendes Foramen ovale 625
Perthes, Morbus 360
Perzentilenkurve 43
Pes s. Fuß 396
– anserinus
– – profundus 377
– – superficialis 377
– equinovarus (Klumpfuß) 425
– hippocampi 1246
– planus (Platt-, Senkfuß) 422, 425
– transversoplanus (Spreizfuß) 422, 425
– valgus (Knickfuß) 425

PET = Positronenemissionstomografie 129, 1178
Petechien 170
Petiolus 921
Peyer-Plaques 191, 709
Pfannenband (Ligamentum calcaneonaviculare plantare) 407, 409, 423
Pfanneneingangsebene 346
Pfannenerker 346
Pfeilachse (Sagittalachse) 38
Pfeilerzellen 1087, 1229
Pfeilnaht (Sutura sagittalis) 947
Pflugscharbein (Vomer) 954
Pfortader s. Vena portae hepatis 869
Pfortaderhochdruck 1286
Pfortadersystem 147
– Hypophyse 1251
Phagosom 171
Phagozytose
– Granulozyt, neutrophiler 171
– MPS = Mononukleäres Phagozytensystem 174
Phalangenzellen 1087, 1229
Phalanx(-ges)
– Knochenkerne 515
– manus 482
– pedis 403
Phäochromozytom 792
Pharyngealbogen s. Schlundbogen 968
Pharynx (Schlund) 914, 916
– Gefäße 919
– Gliederung 915
– Muskulatur 917
– Nerven 919
Pheromone 1045
Philippe-Gombault-Triangel 1101
Philtrum 959, 1004
Phimose 836
Phonation 1261
Phonationsstellung (Stimmritze) 924
Phospholipase A 748
Photopisches Sehen 1066
Photorezeptor 1065
Photorezeptorzellen 1216
Phototransduktion 1067, 1218
Physiologischer Nabelbruch 670
Pia mater 1149
Pigmentepithel
– Iris 1060
– Retina 1061, 1065
PIH 1252
Pille (hormonale Kontrazeptiva) 813
Pinselarteriole 186
PIP-Gelenke = proximale Interphalangeal- = Fingermittelgelenke s. Articulationes interphalangeales 492
Pituizyten 1250
Pit-Zelle 740
Plagiocephalus (Schiefschädel) 967
Plakode 111
Planta pedis (Fußsohle), Leitungsbahnen 431
plantar 41
Planum temporale 1232
Plaque, Atherosklerose 154
Plaque-Proteine 57
Plasma 165
Plasmalemm s. Zellmembran 53
Plasmamembran s. Zellmembran 53
Plasmaproteine 734
Plasmazelle 177, 182
Plasminogen-Aktivator 846

Plasminogen-Inhibitor 846
Plasmozytom (multiples Myelom) 177
Plastizität, biologische, Knochen 78
Plateauphase
– Frau 816
– Mann 847
Plattenepithelkarzinom 1269
– Hypopharynx 917
– Larynx 925
Plattfuß (Pes planus) 422, 425
Platysma 894
Plazenta (Mutterkuchen) **119**, 817
– Basalplatte 121
– Chorionplatte 121
– Kotyledonen 121
– Zottenbaum 121
Plazentabett 121
Plazentakreislauf 641
Plazentaschranke 121
Plazentasepten 121
Plegie 1191
Pleura 540, **561**
– Bildgebung 574
– Entwicklung 116
– parietalis 524, 561
– – Umschlagfalten 563
– Verletzung 567
– visceralis 524, 562
Pleuraerguss 563
– Sonografie 575
Pleurafreie Dreiecke 563
Pleuragrenzen 570
Pleurahöhle (Cavitas pleuralis) 522, **540**, 561
– Entwicklung 115, **116**
Pleurakuppel (Cupula pleurae) 562, 570
Pleurapunktion 564
Pleuritis 565
Pleuroperikardialfalten s. Plicae pleuropericardiales 527
Pleuroperitonealfalten s. Plicae pleuroperitoneales 527
Plexus
– aorticus 637
– – abdominalis 875
– brachialis 468
– – Läsion 570
– cardiacus 637
– caroticus internus 950
– cervicalis **901**
– choroideus 1156, 1170
– coccygeus 342, 386
– coeliacus 875
– dentalis
– – inferior 1027
– – superior 1026
– entericus 679
– gastricus
– – anterior 701
– – posterior 701
– hepaticus 746
– hypogastricus
– – inferior 216, 779, 784, 796, 798, 804, 831, 833, 835, 838, 840, **883**
– – superior 216
– intraparotideus 992
– lumbalis 386, 884
– lumbosacralis **385**, 877
– mesentericus
– – inferior 717, 804, **875**
– – superior 717, 796, **875**
– myentericus (Auerbach-Plexus) 219, 679
– Nervenplexus s. Nervenplexus 211
– oesophageus 638, 689, 999

– ovaricus 796
– pampiniformis 829
– parotideus 963
– pharyngeus 904, **919**, 996, 999, 1083
– profundus 1273
– pterygoideus **976**, 1007, 1026, 1035, 1046, 1083
– pulmonalis **545**, 561, 638
– rectales 727
– renalis 793, 796, 798, 829
– sacralis 386, 807, **884**
– solaris 216, 219
– submucosus (Meissner-Plexus) 219, 679
– superficialis 1273
– suprarenalis 793
– Sympathikus und Parasympatikus 217
– testicularis 829
– thyroideus impar 544
– tympanicus 996, **1078**, 1083
– uterovaginalis = Frankenhäuser-Ganglion 216, **796**, 804, 807
– vegetative, Extraperitonealraum 873
– venosi
– – Beckenraum 881
– – vertebrales 278
– venosus
– – canalis nervi hypoglossi 950
– – foraminis ovalis 949
– – pharyngeus 191, 919
– – prostaticus 831, 833, 835, 837, 840, 881
– – rectalis 726, 881
– – sacralis 881
– – thyroideus impar 934
– – uterinus 798, 804, 806, 881
– – vaginalis 806, 881
– – vertebralis
– – – externus 278, 1169
– – – internus 278, 1168
– – vesicalis 783, 809, 831, 833, 835, 837, 840, 881
– – vesicoprostaticus 783
Plica(-ae)
– alares (Corpus adiposum infrapatellare) 376
– aryepiglottica 917, 921, 923
– cardiaca 693
– ciliares 1062
– circulares (Kerckring-Falten) **704**, 709
– fimbriata 1009
– gastricae 695
– glossoepiglotticae 916
– interureterica 780
– lacrimalis 1058
– longitudinalis duodeni **705**, 743
– mallearis superior 1081
– nervi laryngei superioris 917
– palmatae 802
– pleuropericadiales (Pleuroperikardialfalte) 527
– pleuroperitoneales (Pleuroperitonealfalten) 115, 527
– rectouterina 802
– rectovesicalis 780
– salpingopharyngea
– salpingopharyngea (Seitenstrang) 190, 916
– semilunares 715
– sublingualis 1016, 1021
– synovialis infrapatellaris 376
– transversa, vesicae 780
– transversae, recti 719
– tubariae 798
– umbilicalis lateralis 317

– umbilicalis medialis 151, 317
– umbilicalis mediana 317
– vestibulares 923
– vestibulares (Taschenfalten) 924
– vocales 923
– vocales (Stimmfalten) 924
Pluripotente Stammzellen 70
Plurivakuolärer Adipozyt 72
p. m. = post menstruationem 102
Pneumatisation
– Nasennebenhöhlen 1048
– Processus mastoideus 1082
Pneumonie (Lungenentzündung) 551
Pneumothorax 286, **567**
– Mediastinalflattern 536
Pneumozyten 557
PNS = Peripheres Nervensystem 206
Podogramm (Fußabdruck) 422
Podozyten 770
Polare Organisation, Epithelzellen 54
Polkissen 772
Pollakisurie 783
Pollex (Daumen) 482
Polyarthritis 492
Polydipsie 200
Polyhydramnion 691
Polymerisierung, Zytoskelett 51
Polymodaler Nozizeptor 1208
Polyribosomen 50
Polysynaptischer Flexorreflex 199
Polytrauma, Bildgebung 135
Polyurie 200, 771
Pons 1103, **1112**
– Arterien 1159
Pontozerebellum 1123
Popliteapuls 393
Porta(-ae)
– arteriosa 579, 623
– hepatis (Leberpforte) 736, **738**
– venosa 579
Portalkreislauf 869
Portalvenenläppchen = Periportal- oder Portalläppchen 739
Portio
– supravaginalis uteri 799
– vaginalis uteri 799
Portokavale Anastomosen 322, 870
Porus
– acusticus
– – externus 1076
– – internus 950, 992, 995
– gustatorius 1013
– septi (Kohn-Poren) 558
Positio, Uterus 800
Positive Rheotaxis 798
Positronenemissionstomografie = PET 129, 1178
post conceptionem = p. c. 102
post menstruationem = p. m. 102
Postduktale Aortenisthmusstenose 630
posterior, -us 41
Posthepatischer Ikterus s. Ikterus 744
Postikus (M. cricoarytenoideus posterior) 926
Postklimakterium 824
Postmenopause 824
Potenzial
– postsynaptisches 196
– Rezeptorpotenzial 213

PPRF = paramediane pontine Formatio reticularis 1225
PP-Zellen, Pankreas 752
Präadipozyt 71
Prächordalplatte 109
Prädentin 1029
Prädeziduazellen 813
Präduktale Aortenisthmusstenose 630
Präexzitationssyndrome 598
Präfrontaler Kortex 1139, 1244
Prähepatischer Ikterus s. Ikterus 744
Präkornealer Flüssigkeitsfilm 1056
Prälakunäre Periode s. Plazenta 120
Prämenopause 824
Prämolar 1021
Prämotorischer Kortex 1140
Prämotorisches Areal s. Kortexareale 1182
Pränataldiagnostik 124
Präparierkurs 48
Prävertebrale Ganglien 874
Prävertebrale Muskeln 896
Preputium
– clitoridis 808
– penis (Vorhaut) 836
Presbyopie 1069
Pressorezeptoren (Barorezeptoren) 160, 631
Prestin 1229
P-Rezeptor (Proportionalitätsrezeptor) 1196
Primärbündel 86
Primäre Keimstränge 853
Primäre Markhöhle 80
Primäre Muskelspindelafferenz 1197
Primäre Oozyte 810
Primäre Riechrinde 1240
Primäre Sinneszelle 1194
Primäre Spermatozyte 843
Primärer auditorischer Kortex 1141, 1232
Primärer Hyperparathyroidismus 934
Primärer Knochen (Geflechtknochen) 76
Primärer Knochenkern (Ossifikationszentrum, primäres) 80
Primärer motorischer Kortex 1140, 1182
Primärer somatosensorischer Kortex 1140
Primärer visueller Kortex 1141, 1222
Primäres Geschlechtsmerkmal 47
Primäres Hörzentrum 1141
Primäres Ossifikationszentrum 80
Primärfollikel 810
Primärharn 763, 769
– Konzentration 770
– Rückresorption 771
Primärspeichel 1019
Primärzotten s. Plazenta 120
Primitivknoten 109
Primitivrinne 109
Primitivstreifen 109
Primordialfollikel 810
Proatlas 283
Processus
– accessorius 256
– arcus vertebrae (Wirbelbogenfortsatz) 251
– articularis (Gelenkfortsatz) 251
– – superior, Kreuzbein 258

- ciliares 1062
- clinoideus
  - - anterior 945
  - - medii 945
  - - posterior 945
- condylaris 955
- coracoideus 440
- coronoideus 457, 955
- costalis 256
- mammillaris 256
- mastoideus (Warzenfortsatz) 943, 965
  - - Pneumatisierung 1082
- muscularis 922
- palatinus, Maxillae 1040
- pterygoideus 945
- spinosus (Dornfortsatz) 251
- styloideus (Griffelfortsatz) 943
  - - radii 479, 513
  - - ulnae 479, 513
- transversus (Querfortsatz) 251
  - - Atlas 264
- uncinatus (Hakenfortsatz) 253, 956, 1041
- vaginalis peritonei 324
- vocalis 922
- xiphoideus (Schwertfortsatz) 289
- zygomaticus
  - - ossis frontalis 943
  - - ossis temporalis 943
Proctodeum 728
profundus, -a, -um 41
Progenitorzelle, Knochen 75
Progesteron 811, 816
- postpartal 821
Projektionsfasern 1146
Projektionsneuron 92
Projizierter Schmerz 1208
Prokollagen 67
Proktodealdrüsen (Glandulae anales) 720
Prolaktin 821, 1252
Prolaktostatin 1252
Prolaps, Uterus 337
Proliferationsknoten (Synzytialknoten) 122
Proliferationsphase 813
Proliferationszone 81
Prominentia laryngea 906, 921
Promontorium 257
Pronatio dolorosa 459
Pronation 409, 460
- Fuß 409
- Hand 487
Pronephros (Vorniere) 850
Propfkern (Nucleus emboliformis) 1119
Prophase 810
Proportional-Differenzial-Rezeptor 1197
Proportionalitätsrezeptor 1196
Proportionen 45
Propriospinale Bahnen 1101
Propriozeption 1196
- bewusste 1196
  - - Ausfall 1199
  - - Rezeptoren 1197
  - - Kopf 1205
- unbewusste 1201
  - - Ausfall 1202
  - - Rezeptor(en) 1198
Prosenzephalon 1103
Prosenzephalonbläschen 1173
Prosopagnosie 1224
Prospermatogonien 853
Prostaglandinsynthese-Hemmung 1208

Prostata (Vorsteherdrüse) 833
- Tastbefund 663
- Zonen 834
Prostatahyperplasie 834
Prostatakarzinom 834
Prostataspezifisches Antigen (PSA) 834
Prostatasteine 835
Proteinsynthese 734
Proteoglykane 69
Protopathische Sensibilität 1195
Protrusion 1031, 1033
Protuberantia(-ae)
- mentalis 965
- occipitalis
  - - externa 944, 965
  - - interna 944
proximal 41
Proximale Interphalangealgelenke = PIP- = Fingermittelgelenke (Articulationes interphalangeales proximales) 492
Proximaler Tubulus 771
Proximales Handgelenk (Articulatio radiocarpalis) s. Handgelenk 485
PSA = Prostataspezifisches Antigen 834
Pseudoarthrose 77, 334
Pseudolobus venae azygos 551
Pseudometamerie 308
Psoasarkade, Zwerchfell s. Lig. arcuatum mediale 298
Psoriasis 1268
PSR = Patellarsehnenreflex 198
Psychomotorischer Anfall 1246
PTCA = perkutane transluminale coronare Angioplastie 605
PTH = Parathormon 933
Ptosis 84, 216
Pubarche 824
Pubertät, weibliches Genitale 823
Pudendum 807
Pudendusblock 390
Puerperium (Wochenbett) 820
Pulmo (Lunge) s. Lunge 547
Pulmonal arterielle Hypertonie 1282
Pulmonal(klappen)stenose 619
Pulmonalarterien s. Arteriae pulmonales 631
Pulmonales (= peribronchiales) Lymphsystem 560
Pulmonalklappe s. Valva trunci pulmonalis 592
Pulpa 1024
- dentis 1024
- rote 185
- weiße 185
Puls
- A. brachialis 465
- A. femoralis 315, 380
- A. poplitea 393
- A. radialis 506
- A. ulnaris 506
- bei Aortenisthmusstenose 629
Pulsamplitude, hohe 593
Pulsionsdivertikel 686
Pulvinar 1126
Punctum
- fixum 241
- lacrimale 1057
- maximum 617
- mobile 241
- nervosum 901
Punktion
- arterielle 380
- Ellenbogengelenk 458
- Harnblase 781
- suprapubische 781

Pupille 1062
Pupillenreflex 1226
Purkinje-Fasern (Rami subendocardiales) 599
Purkinje-Zellen, Kleinhirnrinde 1119
Pus (Eiter) 172
Putamen 1143, 1186
Pyelitis 778
Pyelonephritis 778
Pyknischer Typ 46
Pylorus (Magenpförtner) 693, 702
Pylorusdrüsen (Glandulae pyloricae) 697
Pyramide 1112
Pyramidenbahn (Tractus pyramidalis) 1183
- Läsion 1190
- Somatotopie in der Capsula interna 1147
Pyramidenbahn
Pyramidenbahnzeichen 1184
Pyramidenkreuzung s. Decussatio pyramidum 1104
Pyramidenzelle, Großhirnrinde 1135
Pyramides renales 768

Q

Quadranten-Anopsie 1222
Quadratusarkade, Zwerchfell s. Lig. arcuatum laterale 298
Quadrizepssehne 391
Querachse (Transversalachse) 38
Querfortsatz (Processus transversus) 251
Querfraktur 226
Quergestreifte Muskulatur 82, **83**
Quergewölbe, Fuß
- Aufbau 423
- Bandsicherung 424
- Verlust 422
Querschnittlähmung 251
- hohe 267
Querstreifung
- Kollagen 67
- Muskulatur 82
Querwölbung, Fuß 402
Quetelet-Index 43
Quotient, kardiothorakaler = Herz-Thorax-Index 619

R

RAAS = Renin-Angiotensin-Aldosteron-System 772
Rachenmandel (Tonsilla pharyngealis) s. Tonsillen 190
Rachenmembran (Buccopharyngealmembran) 109
Rachenring, lymphatischer = Waldeyer 190, 914
Rachischisis 284
Rachitis 78
Radgelenk 455
radial 41
Radialabduktion 487
Radialgliazelle 1171
Radialisgruppe 496
Radiärzone, Knorpel 74
Radiatio(-nes) optica (Sehstrahlung) 1222
Radii medullares (Markstrahlen) 768
Radikaloperation 804
Radikuläre Symptomatik 264

Radiologischer Gelenkspalt 131
Radioulnargelenk
- distales (Articulatio radioulnaris distalis) 479
- proximales (Articulatio radioulnaris proximalis) 455, 459
Radius (Speiche) 479
Radiusfraktur in loco typico = Colles-Fraktur 479
Radiusperiostreflex 497
Radix(-ces) 524
- anterior/motoria (Vorderwurzel) 204
- cranialis nervi accessorii 1001
- dentis 1022
- linguae 1009
- mesenterii (Mesenterialwurzel) 652, 709
- motoria, nervi trigemini 986
- nasi 1039
- penis 835
- posterior/sensoria (Hinterwurzel) 204, 213
- pulmonis (Lungenwurzel) 548
- sensoria nervi trigemini 986
- spinalis nervi accessorii 950, 1001
Ramus(-i)
- acetabulares 349
- acromialis 463
- ad ganglion ciliare 983
- ad pontem 1159
- alveolaris superior medius 1027
- anterior, Spinalnerv 206, 279
- atrialis(-es) 602
- anastomoticus (Kugel-Arterie) 601
  - - anterior 601
  - - intermedius sinister = RAS 601
- atrioventriculares 601
- auricularis, Nervus vagus 951, 998, 1075, 1077
- bronchiales 545, 999
  - - Aortae 631
- N. vagus 561
- buccales 963, 992
- calcanei 432
- capsulares 773
- cardiaci
- cervicales 999
  - - Nervus vagus 638
  - - thoracici 999
- carpalis dorsalis
  - - arteriae radialis 506
  - - arteriae ulnaris 506
- circumflexus = RCX 601
- colli 992
- communicans s. Spinalnerv 207
  - - albus 214, 637
  - - cum ganglio ciliari 987
  - - cum nervo zygomatico 987
  - - griseus 214, 637
- coni arteriosi 602
- cricothyroideus 897
- cutaneus(-i)
  - - anterior(-es)
    - - - N. femoralis 388
    - - - pectorales, Interkostalnerven 302
  - - laterales 471
    - - - Interkostalnerven 302
  - - lateralis, N. iliohypogastricus 388
  - - N. obturatorius 388
- deltoideus 465
- dentales 1026
  - - inferiores 1027

– descendens, A. circumflexa femoris lateralis 382
– digastricus 992
– dorsalis(es)
– – linguae 1013
– – N. ulnaris 510
– – duodenales 707
– externus
– – N. accessorius 1001
– – N. laryngeus superior 928
– femoralis, N. genitofemoralis 314, 322, 388
– frontalis, A. temporalis superficialis 974
– ganglionares, N. maxillaris 987
– genitalis, N. genitofemoralis 322, 342, 809
– inferior
– – N. oculomotorius 983
– – Os pubis 328
– infrahyoideus 897
– infrapatellaris, N. saphenus 388
– intercostales anteriores 299
– interganglionares 637, 874
– internus
– – N. accessorius 1001
– – N. laryngeus superior 928
– interventricularis(-es) 602
– – anterior = RIVA 601
– – septalis 598
– labiales
– – anteriores 808
– – posteriores 808
– laryngopharyngeales 904
– lateralis, Spinalnerv 279
– linguales 996
– mammarii
– – laterales 300
– – mediales 300
– mandibulae 955
– marginalis
– – dexter 602
– – mandibulae 963, 992
– – sinister 601
– medialis, Spinalnerv 279
– mediastinales (aortae) 631
– meningeus s. Spinalnerv 207, 949
– – anterior 1164
– – arteriae occipitalis 974
– – arteriae vertebralis 950
– – nervi ethmoidalis post. 987
– – nervi mandibularis 988
– – nervi vagi 998
– – recurrens/tentorius, nervi ophthalmici 986
– mentalis 956, 1026
– – arteriae maxillaris 974
– musculi, stylopharyngei 904, 996
– mylohyoideus, arteriae maxillaris 974
– nasales posteriores
– – inferiores 956, 1047
– – mediales 1047
– – superiores 956, 1036
– – superiores laterales 1047
– nasalis externus 1046
– nodi
– – atrioventricularis 597, 602
– – sinuatrialis 597, 602
– oesophageales 866
– oesophagei
– – aortae 631
– – nervi vagi 904
– ossis ischii 328
– ovaricus 796
– palmaris
– – (n. medianus) 509, 512
– – (n. ulnaris) 510, 512

– – profundus 506
– – superficialis 506
– palpebrales 1056
– pancreatici 753, 866
– pectorales 463
– perforantes, Intercostalarterien 299
– pericardiaci 615
– – (aortae) 631
– – nervi phrenici 639
– peridentales 1026
– pharyngeales 191
– pharyngei 919
– – nervi glossopharyngei 904
– – nervi vagi 904
– phrenicoabdominales 876
– plantaris profundus 427
– posterior Spinalnerv 279
– – dorsalis 206
– – segmentale Rumpfwandarterien 277
– – ventriculi sinistri 601
– posterolateralis,
– – dexter 602
– – sinister = RPLS s. Ramus posterior ventriculi sinistri 601
– profundus
– – art. transv. cerv. = A. dorsalis scapulae 278
– – nervi radialis 508
– – n. ulnaris 511
– – prostatici 835, 840
– – pterygoidei arteriae maxillaris 974
– pulmobronchiales 559
– pulmonales 637
– – (tr. symp.) 561
– pylorici 701
– scrotales 841
– sinus carotici 904, 996
– spinales 1163, 1165
– spinales
– – A. sacralis lat. 278
– – A. vertebralis 278
– – segmentale Rumpfwandarterien 277
– splenici 188
– sternales, A. thoracica int. 299
– sternocleidomastoideus 897, 902
– stylohyoideus 992
– subendocardiales (Purkinje-Fasern) 599
– subscapulares 463
– superficialis
– – art. transv. cerv. = A. cervicalis superficialis 278
– – nervi radialis 508, 512
– – n. ulnaris 511, 513
– superior
– – nervi oculomotorii 983
– – Os pubis 328
– temporales 963, 992
– thymici 181
– tonsillae palatinae 976
– tonsillaris(es) 191, 996
– tracheales
– – (arteriae thyroidea inf.) 544
– – (nervi laryngeus recurrens) 544
– – (nervi vagus) 544, 904
– trapezius 902
– tubarius 798, 996
– tympanicus, nervi glossopharyngeus 951
– ureterici 773, 779
– vaginales 806
– ventricularis dexter 602
– zygomatici 963
– zygomaticofacialis 1050
– zygomaticotemporalis 1050

Randbogen, vorderer 107
Randsinus (Marginalsinus) 184
Ranvier-Knoten 94
Ranvier-Schnürring 94, 196
Raphe
– pterygomandibularis 912, 1004, 1030, 1038
– scroti 841
Raphekerne 1257
RA-Rezeptor 1197
Rascetta 514
Rathke-Tasche 1175
Raucherbein 396
Raues Endoplasmatisches Retikulum = rER 51
Rautengrube (Fossa rhomboidea) 1104
Rautenhirn (Rhombenzephalon) 1103
Rautenhirnbläschen 1173
RCX = Ramus circumflexus 601
Receptaculum seminis 816
Recessus
– axillaris 447
– bursae omentalis 655
– costodiaphragmaticus 563
– costomediastinalis 563
– der Peritonalhöhle 653
– duodenalis 654
– – inferior 705
– – superior 705
– hepatorenalis 654
– ileocaecales 654
– intersigmoideus 654
– membranae tympani superior 1078
– pharyngeus 916
– piriformis 917
– pleurales 563
– sacciformis 458, 479
– sphenoethmoidalis 1041
– subhepaticus 654
– subphrenici 654
– subpopliteus 378
– suprapatellaris = Bursa suprapatellaris 375
– tubotympanicus 1092
– vertebromediastinalis 563
Rechtsherzkatheterunter 621
Rechts-Links-Asymmetrie 110
Rechtsverbreiterung, Herz 619
Recklinghausen, Morbus 93
Rectum
– fixum 722
– mobile 722
Reduktion 489
Reflektorische Steuerung, Willkürbewegungen 1189
Reflex 198
– Abschwächung 198
– autonomes Nervensystem 220
– bisynaptischer 198
– Dehnungsreflex, monosynaptisch 198
– Eigenreflex 198
– Flexorreflex, polysynaptisch 199
– Fremdreflex 199
– monosynaptischer 198
– polysynaptischer 198
– Seitenvergleich 198
– Steigerung 198
Reflexbogen 198
Reflux 683
– vesicoureteraler 784
Regelblutung s. Menstruation 824
Regenbogenhaut (Iris) 1060, 1062
Regeneration, Epithelgewebe 61

Regio(-nes)
– analis 338
– antebrachii
– – anterior 513
– – posterior 513
– axillaris 473
– brachialis
– – anterior 473
– – posterior 473
– buccalis 964
– calcanea 433
– carpalis
– – anterior 513
– – posterior 513
– cervicalis
– – anterior 907, 909
– – lateralis 473, 909
– – posterior 911
– cruralis
– – anterior 433
– – posterior 433
– cubitalis anterior 473
– cutanea, Nasenhöhle 1043
– deltoidea 473
– dorsalis pedis 433
– entorhinalis 1248
– femoris
– – anterior 389
– – posterior 389
– frontalis 964
– genus
– – anterior 390
– – posterior 390
– glutealis 389
– infraorbitalis 964
– infrascapularis 280
– interscapularis 280
– lumbalis 280
– malleolaris 433
– mentalis 964
– nasalis 964
– nuchalis 280
– occipitalis 964
– olfactoria 1045, 1238
– orbitalis 964
– parietalis 964
– parotideomasseterica 964
– pectoralis 473
– perinealis (Dammregion) 338
– plantaris pedis 433
– poplitea 389
– respiratoria, Nasenhöhle 1044
– sacralis 280
– scapularis 280, 473
– sternocleidomastoidea 909
– suprascapularis 280, 473
– surae 433
– temporalis 964
– urogenitalis 338
– vertebralis 280
– zygomatica 964
Regionen 35
– Bauchwand 323
– untere Extremität 390
Regulierte Sekretion 64
Regurgitation 918
Reichert-Knorpel 969
Reifeteilung, Oozyte 810
Reihenknorpel 81
Reihigkeit, Oberflächenepithel 60
Reissner-Membran 1084
Reitende Aorta 624
Reiz 195
– adäquater 213
– inadäquater 213
Reizleitungssystem 595
Rektale Untersuchung, Prostata 663
Rektoskopie 712

Sachverzeichnis

Rektum 719
- Arterien 725
- Gefäße 724
- Lymphabfluss 726
- Nerven 727
- Wandbau 722
Rektusdiastase 314
Rektusscheide (Vagina musculi recti abdominis) 313
Rekurrens s. N. laryngeus recurrens 928
Rekurrensparese 928, 935, 1287
Relaxation, MRT 136
Relaxin 332
Ren s. Niere 763
Renculus (Lobus renalis, Nierenlappen) 768
Renin 772, 774
Renin-Angiotensin-Aldosteron-System = RAAS 772
Renovaskuläre Hypertonie 774
Renshaw-Zelle 1191
Replikation 50
rER = raues Endoplasmatisches Retikulum 51
Resorptionszone 81
Respiration (Lungenatmung) s. Atmung, innere 566
Respirationsepithel, Larynx 925
Respiratory burst s. Granulozyt, neutrophiler 171
Restharnmenge 785
Restricta 514
Rete
- acromiale 463
- arteriosum ovarii 796
- articulare
- - cubiti 465, 505
- - genus 381, 383, 427
- calcaneum 427
- carpale dorsale 507
- malleolare
- laterale 427
- - mediale 427
- testis 828
- venosum dorsale manus 466, 507
Retentionszyste 803
Retikuläre Fasern 68
Retikuläres Bindegewebe 70
Retikulozyt 169
Retikulozytenzählung 169
Retina 1061, **1064**
- Bipolarzelle 1219
- Ganglienzelle 1219
- Neurone 1216
- Signaltransfer 1067
Retinaculum(-a) (Halteband) 234, **238**
- cutis 1272
- Fuß 414
- musculorum
- - extensorum 415, 487, 503
- - fibularium 415
- - flexorum 480, 487, 503
- patellae
- - laterale 371
- - mediale 370
Retino-genikulo-kortikales System 1225
Retino-hypothalamo-pineales System 1225, 1228
Retino-prätektales System 1225
Retinotektales System 1225
Retinotopie 1220, 1222
Retroflexio uteri 801
Retrokardialraum = Holzknecht-Raum, Einengung 618
retroperitoneal 652
- primär 652
- sekundär 652

Retroperitonealraum s. Spatium retroperitoneale 648
Retroplazentares Hämatom 819
Retrosternalraum, Einengung 618
Retrotorsion, Humeruskopf 446
Retroversio uteri 801
Retroversion 42
Retrusion 1031
Retzius-Raum s. Spatium retropubicum 780
Rexed-Laminierung 1100
Rezeptives Feld, retinale Ganglienzelle 1219
Rezeptor(en) 212
- Haut 1196
- Muskel s. Muskelspindel 1197
- Propriozeption 1197
- Sehne s. Golgi-Organe 1198
Rezeptormolekül 196
Rezeptorpotenzial 213
Rezeptorzelle 195, 1194
Rezirkulation, Lymphozyten 182
Rhabdomyosarkom 82
Rheotaxis 798
Rhesusfaktor-System 168
Rheumatische Erkrankungen 477
Rheumatisches Fieber 589
Rhinitis 1045
Rhinoliquorrhoe 958
Rhinoskopie 1040
Rhizarthrose 490
Rhodopsin 1218
Rhombenzephalon (Rautenhirn) 1103
Rhombenzephalonbläschen 1173
Rhythmusstörungen 602
Ribonuklease 748
Ribonukleinsäuren = RNS (RNA) = ribonucleic acid 50
ribosomale RNA = rRNA s50
Richtungsbezeichnungen, anatomische 41
Richtungshören 1231
Riechbahn 1239
Riechgrübchen 971
Riechorgan 1045
Riechplakode 971
Riechrinde, primäre 1240
Riechsäckchen 971, 1048
Riechschleimhaut 1238
Riechzelle 1045
Riesenwuchs 43
Riesenzelle, vielkernige
- Osteoklast 75
- Skelettmuskelfaser 82
riFLM = rostraler interstitieller Kern des Fasciculus longitudinalis medialis 1225
Rigor 1188
Rima
- glottidis (Stimmritze) 924
- oris 1004
- palpebrarum 1055
- pudendi 808
- vestibularis 923
Rinden-Reaktion, Oozyte 104
Rindenblindheit 1141
Rindenlabyrinth (Labyrinthus corticis) 768
Rindenstränge, Ovar 854
Ring, hepatopankreatischer 666, 747, 755
Ringknorpel (Cartilago cricoidea) 922
Ringmuskel, Gesicht 959
Ringmuskelschicht (Stratum circulare) 677
Riolan-Anastomose 717

Riolan-Muskel 1055
Rippen (Costae) 288
- Entwicklung 304
Rippenatmung = Brustatmung (Atmung, kostale) 567
Rippenfell s. Pleura parietalis 561
Rippenrudiment 256
Rippenserienfraktur 286
- Zwerchfell-/Bauchatmung 296
Rippenusuren 630
Rippenzählung 304
RIVA = Ramus interventricularis anterior 601
RNA = ribonucleic acid 50
RNS = Ribonukleinsäuren = ribonucleic acid 50
Röhrenknochen (Ossa longa) 223
Rokitanski-Aschoff-Krypten 746
Rolandi-Furche s. Sulcus centralis 1133
Roller-Kern s. Nucleus vestibularis inferior 1235
Röntgenbild
- Brustwirbelsäule 256
- Ellenbogengelenk 457
- Fuß 401
- Halswirbelsäule 254
- Hand 481
- Herz 618
- Hüftgelenk 361
- Kniegelenk 365
- Schultergelenk (Articulatio glenohumeralis) 438
- Thorax 574
Röntgendarstellung, Skelett, Prinzip 131
Röntgendiagnostik, konventionelle 129
Röntgenthorax 287
- Herzdarstellung 618
Rosenmüller-Lymphknoten 315
rostral 41, 202
Rostraler interstitieller Kern des Fasciculus longitudinalis medialis = riFLM 1225
Rot-Grün-Schwäche 1218
Rotatorenmanschette 454
- Übersicht 452
RPLS = Ramus posterolateralis sinister 601
rRNA = ribosomale RNA 50
Rückbildungsphase
- Frau 816
- Mann 847
Rücken 247
- Topografie 280
Rückenmark (Medulla spinalis) **204**, 950, 1097
- Arterien 1163
- Bahnen/Trakte (Tractus) 204
- - Kreuzung 205
- Eigenapparat 1101
- Entwicklung 1171
- graue Substanz (Substantia grisea) 1099
- Informationsverarbeitung 205
- Lage 1098
- motorische Bahnen 1189
- Querschnitt 1102
- Segmente 205, 1098
- Stränge (Funiculi) 204
- Venen 1168
- weiße Substanz (Substantia alba) 1101
Rückenmarkshäute 1150

Rückenmuskulatur 270
- autochthone 271, 279
- - lateraler Trakt 274
- - medialer Trakt 273
- - plurisegmentale 271
- - unisegmentale 271
- Entwicklung 281
- nicht autochthone 276
- spinohumerale 276
- - spinoskapuläre 276
Rückfuß 399
Rückresorption
- Primärharn 771
- Wasser 772
Rückstellkräfte, Lunge 566
Rückstrom, venöser 159
Ruffini-Körperchen 1197, 1272
Ruga(-ae)
- transversae 1006
- vaginales 805
Ruhedruck, Unterer Ösophagussphinkter 682
Ruhetonus
- Gefäße 160
- Skelettmuskel 240
Ruhetremor 1188
Rumpf (Truncus) 34
Rumpfbewegungen 312
Rumpfdarm 675
- Wandschichten 676
Rumpfwand, Lymphabfluss 322
Rundes Fenster s. Fenestra cochleae 1084
Ruptur
- Herzwand 614
- Kollateralband 372

S

Sacculus 1083, **1088**, 1232
- alveolaris 550, 557
- laryngis 923
Saccus
- arteriosus 642
- endolymphaticus 950, **1084**
Sägeblattstruktur 813
Sagittalachse (Pfeilachse) 38
Sagittalebene 38
Sakkaden 1225
Sakralisation 284
Sakralkyphose 248
Sakralmark 1102
Salpingitis 797
Salpinx s. Tuba uterina 797
Saltatorische Erregungsleitung 94, 196
Salzhaushalt 763
Salzsäureproduktion, Magen 698
Samenbläschen s. Glandula vesiculosa 832
Samenflüssigkeit 848
Samenhügel s. Colliculus seminalis 839
Samenleiter s. Ductus deferens 831
Samenstrang (Funiculus spermaticus), Hüllen 325
Samenzellbildung s. Spermatogenese 843
Samenzelle 843
Sammelrohr 771
Santorini-Papille (Papilla duodeni minor) 749
SA-Rezeptor 1196
Sarkolemm 81
Sarkom 69
Sarkomer 83
Sarkosomen 81
Satellitenzellen 82
Sattelgelenk 231
Säuglingshüfte, Diagnostik 362

Säulenknorpel 81
Saumepithel 1025
Säure-Basen-Haushalt 763
Säurebildung, Magen 698
Scala
– tympani 1084
– vestibuli 1084
Scaphocephalus (Kahnschädel) 967
Scapula (Schulterblatt) 439
– Bewegungen am Thorax 442
Scapula alata 445
Schädel (Cranium) 941
– Entwicklung 965
– Pfeiler-Kuppel-Konstruktion 957
Schädelbasis (Basis cranii) 947
– äußere 952
– Entwicklung 966
– innere 947
– Öffnungen mit durchtretenden Strukturen 949, 953
– Schwachstellen 957
– Verstärkungspfeiler 957
Schädelbasisbruch 947, 958
Schädeldach (Calvaria) 946
Schädelgrube(n)
– hintere 950
– mittlere 949
– vordere 948
Schädelkalotte 946
Schädelknochen 224
– Feinbau 947
Schädelnaht 227, 947
– Verknöcherung 967
Schaffer-Kollaterale 1247
Schaffer-Kollateralen 1248
Schallleitungsschwerhörigkeit 1082, 1090
Schallleitungsstörung 1089
Schallschatten 138
Schallübertragung 1089
Schaltlamelle 78, 223
Schaltstück 65, 1019
Schaltzelle 771
Schambein (Os pubis) 328
Schamberg (Mons pubis) 808
Schamhaarbildung 824
Schamlippen
– große (Labia majora pudendi) 808
– kleine (Labia minora pudendi) 807
Scharniergelenk 231, 404, 407, 455, 492
– verzahntes 485
Scheide s. Vagina 805
Scheidenvorhof s. Vestibulum vaginae 807
Scheitelbein s. Os parietale 944
Scheitelbeuge 1173
Scheitellappen 1133
Schenkelhernie (Femoralhernie) 315
Schenkelhalsfraktur 348, 355
Schenkelhalswinkel 348
Schenkelhalswinkel s. auch CCD-Winkel 348
Schichtigkeit, Oberflächenepithel 60
Schiefhals (Torticollis) 895
Schiefschädel (Plagiocephalus) 967
Schielen 1054
Schienbein s. Tibia 397
Schiffreagenz 101
Schilddrüse (Glandula thyroidea) 931
– Entwicklung 935
– Gefäße 934
– Nerven 935

Schilddrüsenkarzinom 906
Schildknorpel (Cartilago thyroidea) 921
Schiller-Jodprobe 803
Schindylesis (Nutennaht) 227
Schläfenbein s. Os temporale 943
Schläfengrube s. Fossa temporalis 1034
Schläfenlappen 1133
Schlaffe Lähmung 1191
Schlaganfall (Apoplex) 625, 1157
– bei Aortenisthmusstenose 629
Schlagvolumen 609
Schleimhaut (Mukosa) 530
Schleimhautbindegewebe 677
Schleimhautbindegewebe (Lamina propria mucosae) 530, 677
Schleimhautepithel (Lamina epithelialis mucosae) 530, 677
Schleimhautmuskelschicht (Lamina muscularis mucosae) 530, 677
Schlemm-Kanal 1071
Schleudertrauma s. HWS-Distorsion 267
Schließen (Adduktion) der Finger 491
Schlitzmembran 770
Schluckakt 690
Schluckauf 639
Schluckauf (Singultus) 639
Schluckreflex 919
Schluckstörung 680
Schluckzentrum 1254
Schlund s. Pharynx 914
Schlundbogen 968, 1107
– Derivate 969
Schlundenge (Isthmus faucium) 916, 1007
Schlundfurchen 968
Schlundheber (Musculi levatores pharyngis) 917
Schlundschnürer (Musculi constrictores pharyngis) 917
Schlundtaschen 936, 968
– Derivate 969
Schlüsselband s. Ligamentum trapeziometacarpale palmare 489
Schlüsselbein (Clavicula) 439
Schlussrotation 377
Schmelz (Enamelum) 1024
Schmelzepithel 1028
Schmelzoberhäutchen 1028
Schmelzorgan 1028
Schmelzpulpa 1028
Schmelzretikulum 1028
Schmerz 1205
– Ausbreitung 1210
– Chronifizierung 1210
– chronischer 1206
– erster 1206
– neuropathischer 1206
– projizierter 1208
– übertragener 1210
– zweiter 1206
Schmerzempfindung 1206
Schmerzformen 1205
Schmerzhemmung 1213
– deszendierendes System 1215
Schmerzkomponenten 1206
Schnecke (Cochlea) 1084, 1086
Schneidezahn (Dens incisivus) 1021
Schnellkraftmuskeln 87
Schnittbild (Tomogramm) 134
Schnittbildverfahren 134

Schnittpräparat 99
Schnittverletzung, Handgelenkbereich 510
Schnupfen 1045
Schober-Maß 270
Schock 614
– anaphylaktischer 174
– hypovolämischer 750
Schrägfraktur 226
Schrittmacheraktivität, Herz 596, 599
Schrittmacherzelle
– Herzmuskulatur 88
– Darm 679
Schulter 437
– Bauprinzip 437
– Bewegungen 450, 461
– Bewegungsumfang 437
– Gefäße 463
– Gelenke im Überblick 438
– Kapsel-Band-Apparat 449
– Lymphknotenstationen 468
– Muskeln 462
– Nerven 468
– Topografie 473
Schulter-Arm-Syndrom 264
Schulterblatt (Scapula) 439
– Bewegungen am Thorax 442
Schulterblattanastomose 463
Schulterblatt-Thorax-Gelenk 438, 441
Schulterenge 448, 454
Schultergelenk
Schultergelenk (Articulatio glenohumeralis) 445
– Bandapparat 447
– Beweglichkeit 450
– Bewegungen 450, 461
– Immobilisation 448
– Luxation 447, 449
– – kaudale 453
– – Schutz 454
– Muskeln 451
– Röntgenbild 438
Schultergürtel 438, 441
– Bandapparat 440
– Bewegungen 441
– Muskeln 443
– Muskelschlingen 443
Schulterkontur 451
Schulterschmerzen 437
Schuppenflechte 1268
Schürzenbindegriff 445
Schütz-Bündel (Fasciculus longitudinalis posterior) 1132
Schwalbe-Kern (Nucleus vestibularis medialis) 1235
Schwanenhalsdeformität 502
Schwangerschaft (Graviditas) 817
Schwankschwindel 1088
Schwann-Zelle s. Gliazelle 93
Schwannom (Neurinom) 93
Schwanzknospe 283
Schweifkern s. Nucleus caudatus 1143
Schweißdrüse 1277
– Innervation 219
Schweißtest 65
Schwellkörper
– Erektion 847
– Penis 836
Schwellkörpermuskulatur, Beckenboden 337
Schwerhörigkeit 1089
Schwimmprobe 548
Schwindel 1088
– vertebragener 278
Schwurhand 510
Sclera 1061
– Entwicklung 1072

Screening (Suchtest) 138
SDH = Subdurales Hämatom 1166
Sebum 1276
Sectio caesarea (Kaiserschnitt) 819
Seelenblindheit 1141, 1224
Segelklappen (Valvae cuspidales) 589
Segment, Rückenmark 204
Segmentale Gliederung 113
Segmentale Innervation s. Innervation, segmentale 207
Segmentarterien 559
– Niere 774
Segmentationsbewegungen 705
Segmentbronchus (Bronchus segmentalis) 550, 552, 555
Segmentsprung
– oberer 302
– unterer 342
Segmentum(-a)
– hepatis (Lebersegmente) 737
– bronchopulmonale (bronchopulmonales Segment = Lungensegment) 550, 552
Sehachse 1053, 1058
Sehbahn 1220
Sehen
– binokuläres 1216
– monokuläres 1216
Sehne (Tendo) 234
Sehnenfäden (Chordae tendineae) 590
Sehnenorgan 1197
Sehnenscheide (Vagina tendinis) 237
– Fuß 414
– Hand
– – dorsal 502
– – palmar 500
– Infektion 501
– Reizung 501
Sehnenscheidenentzündung (Tendovaginitis) 237
Sehnenscheidenfächer 503
Sehnentransplantat 495
Sehnervenkreuzung s. Chiasma opticum 1221
Sehpigment 1066
Sehstrahlung (Radiatio optica) 1222
Seitaufnahme s. Röntgendiagnostik 130
Seitenhorn (Cornu laterale) 204, 1099, 1102
Seitenplattenmesoderm 113, 527
Seitenstrang (Plica salpingopharyngea) 190
Seitenventrikel 1154
Sekretin 743
Sekretion
– apokrine 64
– ekkrine/merokrine 64
– holokrine 64
– konstitutive 64
– regulierte 64
– zytokrine 1269
Sekretionsphase 813
– Magensaft 703
Sekrettransport, exokrine Drüse 65
Sekundär auditorischer Kortex 1141
Sekundär somatosensorischer Kortex 1140
Sekundär visueller Kortex 1141
Sekundärbündel 86
Sekundäre Markhöhle 80

Sachverzeichnis

Sekundäre Muskelspindel-
afferenz 1197
Sekundäre Oozyte 810
Sekundäre Sinneszelle 1194
Sekundäre Spermatozyte 843
Sekundärer Knochenkern 80
Sekundäres Geschlechtsmerkmal
47
Sekundäres Ossifikations-
zentrum 80
Sekundärfollikel 810
Sekundärzotten s. Plazenta 120
Selektion, positive/negative,
Thymus 180
Sella(-ae) turcica 945, 949
Semicanalis(-es)
– musculi tensoris tympani
1083
– tubae auditivae 1083
Semidünnschnitt 99
Semilunarklappen (Taschenklap-
pen) s. Valvae semilunares 591
Senium 825
Senkfuß (Pes planus) 422, **425**
Senkniere 765
Senkungsabszess 913
Sensibilisierung 199
Sensibilisierung s. Reflex 199
Sensibilität 1194
– epikritische 1195
– protopathische 1195
Sensitivierung 1260
Sensorik 1194
Sensorische Aphasie 1141
Sensorische Deprivation 1261
Sensorische Systeme 1194
Sensorisches Gedächtnis 1259
Sensorisches Sprachzentrum
1141, 1262
Sepsis, bei Splenektomie 185
Septula testis 828
Septum(-a)
– aorticopulmonale = Conus-
Truncus-Septum 624
– atrioventriculare 583
– cochleae 1084
– cordis 586
– femorale 315
– interatriale (Vorhofseptum)
583
– intermusculare(-ia)
– – brachii
– – – lateralis 460
– – – medialis 460
– – cruris 411, 414
– – vastoadductorium 381, 387
– interventriculare, Entwicklung 624
– linguae 1010
– nasi 1040
– oesophagotracheale 691
– penis 836
– pleuropericardiale 615, 629
– primum 625
– rectovaginale 805
– rectovesicale 722
– sagittale 912
– scroti 841
– secundum 583, 625
– transversum 114, 527
– urorectale 728, 852
– vesicovaginale 805
Septumdeviation 1041
Septumkerne 1245
Septumregion 1240
Seromuköse Drüse 64
Serosa (Tunica serosa) 523, 677
– Feinbau 526
– Innervation 527
– parietalis 523
– visceralis 523

Serosabindegewebe (Lamina
propria serosae) 526, 677
Serosaduplikatur 524
Serosaepithel (Lamina epithelia-
lis serosae) 526
Serosamakrophagen 526
Serosaverhältnisse 524, 526
Seröse Drüse 64
Seröse Flüssigkeit 525
Seröse Haut s. Serosa 523
Seröse Höhlen 521, 523
– Entwicklung 527
Serotonin 704, 1182, **1214**, 1257
Serre-Epithelkörper 1029
Sertoli-Zellen 828, **845**, 853, 855
Serum 166
Sesambein (Os sesamoideum)
238, 402, 480
Sexuelle Reaktion
– der Frau 816
– des Mannes 847
Sharpey-Fasern 221, 234, 1025
shh = sonic hedgehog 1172
Shoemaker-Linien 392
Shrapnell-Membran 1078
Shunt
– ventrikuloatrialer 1157
– ventrikuloperitonealer 1157
Sialografie 1018
Sichelfuß 425
Siebbein (Os ethmoidale) 945,
956
Siebbeinzellen s. Cellulae
ethmoidales 1043
Silberimprägnation 101
Sildenafil 847
Single-Photon-Emission-Compu-
tertomografie = SPECT 1178
Singultus (Schluckauf) 639
sinister 41
Sinneszelle 1194
– Bogengänge 1234
– Corti-Organ 1229
– gustatorische 1241
– Maculae utriculi und sacculi
1233
– olfaktorische 1238
– primäre 195, 212
– sekundäre 195, 212
Sinovaginalhöcker 857
Sinterungsfraktur, Wirbelkörper
252
Sinus
– anales (Morgagni-Taschen)
720
– aortae 629
– caroticus 896
– cavernosus 983, **986**, 1167
– – Augenmuskelnerven 1289
– – Verbindungen 976
– cervicalis 968
– coronarius 606
– – Mündung 582
– durae matris 1167
– ethmoidales 1043
– frontalis 943, 1040, **1043**
– lactiferi 1277
– Lymphknoten 184
– maxillaris 1040, **1042**
– Milz 185
– obliquus pericardii 614
– paranasales s. Nasennebenhöhlen 1042
– pericardii 614
– petrosus
– – inferior 950
– – superior 1167
– prostaticus 839
– rectus 1167
– renalis 763

– sagittalis
– – inferior 1167
– – superior 1165, 1167
– – sphenoidalis 1041, **1043**
– tarsi 400
– transversus 1165, 1167
– – pericardii 614
– trunci pulmonales 592
– urogenitalis 728, **851**, 859
– venarum cavarum 579, **582**
– venosus 622
– – sclerae (Schlemm-Kanal)
1071
Sinus-cavernosus-Thrombose
977
Sinus-coronarius-System 606
Sinusitis 111, 1041
– maxillaris 1042
Sinusknoten (Nodus sinuatrialis)
597
– Lage 583
Sinusoid/Sinus s. Kapillare 157
Sinusvenenthrombose 1168
Situs 528
– inversus 110
– thoracis (Brustsitus) 533
Sitzbein (Os ischii) 328
Skalenuslücke
– hintere 463
– vordere 466
Skalenusmuskeln 896
Skapularlinie (Linea scapularis)
303
Skelettmuskel 234
Skelettmuskelfaser 82
Skelettmuskulatur 82
Skelettreife 515
Sklera 1059
Sklerotom 210, 282
Sklerotomzellen 113
Skoliose 249, 252
Skorbut 68, 1025
Skotom 1216
Skotopisches Sehen 1066
Skrotalwülste 859
Skrotum (Hodensack) 841
Slow-Faser 86
SMAS = superfizielles muskuloa-
poneurotisches System 961
Smegma clitoridis 808
Snowboarder's ankle 400
Sodbrennen 683
Somatisches Nervensystem s.
Nervensystem 212
Somatoafferenzen 979
Somatoefferenzen 198
Somatoliberin 1252
Somatopleura (Mesoderm, intra-
embryonales) 114, 527
Somatosensorik 1194
Somatosensorischer Kortex
1140
Somatostatin 752
Somatotopie
– Hinterstrang 1200
– Motoneuron-Säulen im Rü-
ckenmark 1191
– Pyramidenbahn 1183
– Tractus spinothalamicus ante-
rior 1200
Somatotropes Hormon 1252
Somiten (Ursegmente) 281
– Bildung 113
sonic hedgehog = shh 1172
Sonnengeflecht s. Plexus solaris
216
Sonografie (Ultraschalldiagnos-
tik) 138
Sonorer Klopfschall 572
Sozialverhalten 1243
SP = Substanz P 1182, 1207

Spalt
– mesenterokolischer 654
– parietokolischer 654
Spaltbildungen, Wirbelsäule
283
Spannungspneumothorax 567
Spastische Lähmung 1184, 1191
Spatium(-a)
– circumbulbare 1052
– epi-/peridurale (Epiduralraum) 1150
– extraperitoneale = Extraperitonealraum 523, 648
– lateropharyngeum 912
– peripharyngeum 912
– perisinusoideum = Disse-
Raum 740
– presacrale 662
– prevesicale 663
– profundum perinei 338
– retroinguinale 648, 662
– retroperitoneale = Retroperitonealraum 648, 765
– retropharyngeum 912
– retropubicum = Retzius-Raum
648, 663, 780
– subarachnoideum (Subarachnoidalraum) 1149, 1153
– subperitoneale = Subperitonealraum 523, 648
– superficiale perinei 338
– suprasternale 912
SPECT = Single-Photon-Emission-
Computertomografie 1178
Spee-Kurve 1023
Speiche (Radius) 479
Speicheldrüsen (Glandulae sali-
variae) 1017
Speichelsekretion 1254
Speichelsteine 1018
Speicherfett 71
Speiseröhre s. Ösophagus 679
Spektrin 51
Spermatide 844
Spermatogenese (Samenzell-
bildung) 843
– Dauer 844
– Regelmechanismen 845
Spermatogonie 843
Spermatozoon (Spermium) 844
Spermatozyte 843
Spermiation 844
Spermienwanderung 816
Spermiogenese 843
Spermiogramm 848
Spermium 844
Spermium (Spermatozoon) 844
Sperrarterie 158
Spezialisierte Kortexareale 1137
Speziallamellen 77
Sphärozytose (Kugelzellanämie)
169
Sphinkter
– Oddi (Musculus sphincter am-
pullae hepatopancraticae)
743
– präkapillärer 158
Sphinktermuskulatur, Beckenbo-
den 337
Sphinktersystem, Rektum und
Anus 723
Spielbein 355
Spina(-ae)
– bifida 284
– iliaca
– – anterior
– – – inferior 328
– – – superior 328, 390
– – posterior
– – – inferior 328
– – – superior 328, 390

– ischiadica 328
– – bei vaginaler Palpation 390
– nasalis
– – anterior 965
– – ossis frontalis 943
– scapulae 440
Spina-Trochanter-Linie 392
Spina-Tuber-Linie 392
Spinales System 273
Spinales α-Motoneuron 1184
Spinales System s. Rückenmuskulatur, autochthone 273
Spinalganglion 98, 206
Spinaliom 1269
Spinalkanalstenose 262
Spinalnerv (N. spinalis) 204, **205**, 207
– Faserqualitäten 206
– segmentale Innervationsgebiete 207
– zervikale 901
Spines s. Neuron 91
Spinnbarkeit, Zervixschleim 814
Spinohumerale Muskeln s. Rückenmuskulatur, nicht autochthone 276
Spinokostale Muskeln s. Rückenmuskulatur, nicht autochthone 276
Spinoskapuläre Muskeln s. Rückenmuskulatur, nicht autochthone 276
Spinozerebellum 1123
Spiralarterien 813
Spitzfuß 425
Spitzfußstellung 431
Spitzschädel (Oxycephalus) 967
Splanchnopleura 527
Splanchnopleura s. Mesoderm, intraembryonales 527
Splen s. Milz 184
Splenektomie (Milzentfernung) 169, 185
Splenomegalie 187
Spondylarthrose 262
Spondylitis ankylosans (Morbus Bechterew) 262, 331
Spondylolisthese 284
Spondylolyse 284
Spondylose 262
Spongiosa (Substantia spongiosa) 75, 223
– Lamellenanordnung 223
– Trabekel 225
Spongiosaarchitektur
– Femur 348
– Fußknochen 421
– Wirbelkörper 252
Spongiosabälkchen 226
– trajektorielle Anordnung 225
Sprachbildung 1039
Sprachdominanz 1262
Sprache 1261
Spracherkennung 1141
Sprachzentrum
– motorisches 1140, 1261
– sensorisches 1141, 1262
Spreizfuß (Pes transversoplanus) 422, 425
Spritzschluck 690
Sprungbein s. Talus 399
Sprunggelenk(e) 403
– Achsen 404
– oberes = OSG (Articulatio talocruralis) 403
– – Bewegungsumfang 407
– – Gelenkkapsel und Bandapparat 405
– – Gelenktyp und -körper 404
– – Mechanik 406

– Supinations-Inversionstrauma 406
– unteres = USG (Articulatio talotarsalis) 407
– – Bandapparat 408
– – Gelenkflächen 408
– – Gelenktyp und -körper 407
– – Mechanik 409
Spüldrüsen 1012
– Glandulae gustatoriae 1012
– Regio olfactoria 1045
Squama(-ae) occipitalis 944
Stäbchen 1066, 1217
Stachelzellschicht (Stratum spinosum) 62, 1268
Stammzelle
– hämatopoetische 166
– lymphatische 176
– pluripotente 70
Stammzotte 121
Stand 350, 396, 413, 421
Standbein 355
Standfuß 396
Stapes 1080
Star
– grauer 1069
– grüner (Glaukom) 1071
Statine 1251
Statokonienmembran 1088
Statolithen 1233
Stauchungsfurchen, Handgelenke 514
Stauungsblutung 1168
Stauungspapille 1068
Steatorrhö (Fettstühle) 751, 1285
Steigbügel 1080
Steigbügel (Stapes) 1080
Steißbein (Os coccygis) 258
Stellatumblockade 905
Stellmuskeln, Ohr 1075
Stellungssinn 1196
Stenose
– Aortenklappe 592
– Herzklappe 588
– Koronararterie 605
Stent-Implantation 605
Steppergang 431
Stereozilie **54**, 1087
Sterilisation 797
Stern(Ito)-Zelle 741
Sternalleisten 304
Sternallinie (Linea sternalis) 303
Sternoklavikulargelenk (Articulatio sternoclavicularis) 440
Sternokostalgelenke (Articulationes sternocostales) 291
Sternum (Brustbein) 289-290
– Entwicklung 304
Sternzelle 1118
Steuerungshormone, hypothalamische 1130, 1251
STH (somatotropes Hormon) 1252
Stickstoffmonoxid = NO 1182
Stieldrehung, Ovar 795
Stierhornmagen 694
Stiftchenzellen 798
Stilling-Clarke Säule 1201
Stimmfalten (Plicae vocales) 924
Stimmritze (Rima glottidis) 924
– Stellungen 924
Stirnbein (Os frontale) 943
Stirnhöhle s. Sinus frontalis 1043
Stirnnasenpfeiler 958
Stirnnasenwulst 970
Stoffaustausch, kapillärer 156
Stofftransport, Epithelgewebe 59
Stomata 526

Stomatodeum 970
Strabismus 1054
Straffes Bindegewebe 70
Strahlenkörper s. Corpus ciliare 1060
Strangulationsileus 653
Stratum(-a)
– basale (Basalis) 802, 1267
– – mehrschichtige Epithelien 61
– – Vagina 806
– cellulare, Perichondrium 72
– circulare (Ringmuskelschicht) 677
– compactum 813
– corneum 62, **1269**
– fibrosum
– – Perichondrium 72
– – Periost 75, 221
– – Sehnenscheide 237
– functionale (Funktionalis) 802
– ganglionare/purkinjense 1119
– germinativum 1268
– glomerulosum 1239
– granulare 1248
– granulosum 62, 1119, 1268
– – Follikel 810
– grisea colliculi 1114
– intermedium = Intermediärschicht
– – mehrschichtige Epithelien 61
– – Vagina 806
– longitudinale (Längsmuskelschicht) 677
– lucidum 62, 1268
– mitrale 1239
– moleculare 1247
– – Kleinhirnrinde 1118
– multiforme 1248
– nervosum retinae 1061, 1065
– oriens 1247
– papillare 1271
– parabasale = Parabasalschicht, Vagina 806
– pigmentosum retinae 1061, 1065
– pyramidale 1247
– radiatum 1247
– reticulare 1271
– spinosum 62, 1268
– spongiosum 813
– subendotheliale, Blutgefäße 152
– submucosum, Myometrium 803
– subserosum, Myometrium 803
– superficiale = Superfizialschicht
– – mehrschichtige Epithelien 61
– – Vagina 806
– supravasculosum 803
– supravasculosum, Myometrium 803
– synoviale, Sehnenscheide 237
– vasculosum, Myometrium 803
Streifenkörper (Corpus striatum) 1144, 1186
Streifenstück 65, 1019
Streptokokkeninfekt 589
Stressinkontinenz 784
Stria(-ae)
– distensae 1271
– longitudinales 1245

– mallearis 1078
– medullaris(es)
– – thalami 1127
– – ventriculi quarti 1113
– olfactoria
– – lateralis 1240
– – medialis 1240
– vascularis 1086
Striatum (Corpus striatum) 1143, 1186
Stridor 1287
Stroma 528
– Entzündung 70
– ovarii 796
– uteri 802
Struktur, allgemeine Bedeutung 31
Strukturelle Herzgeräuschen 617
Struma 906, 932
– maligna 1288
Stumme Synapse 1210
Stumpfes Bauchtrauma 654, 735
Stützgewebe 58
Stützstrahlen, Fuß 399, 409, 421
Stützzelle 1238, 1241
Stylomuskeln 912
Subakromiales Nebengelenk 448, 450
Subarachnoidalblutung 1159
Subarachnoidalraum 1149, 1153
Subcutis 1266, **1272**
Subdurales Hämatom = SDH 1166
Subduralraum 1149
Subfornikalorgan 1170
Subglottis 923
Subiculum 1245
Subkardinalvenen 877
Subklaviakatheter 466
Submukosa 677
Submukosa (Tela submucosa) 677, **678**, 684
Subnucleus oralis (Nucleus spinalis nervi trigemini) 1108, 1204
Subokzipitalpunktion 1154
subperitoneal 652
Subperitonealraum (Spatium subperitoneale) 523, 648
Subpleurales Lymphsystem 561
Subserosa (Tela subserosa) 526, 677
Substantia
– alba (Rückenmark, Weiße Substanz) **202**, 1099, 1101
– compacta (Kompakta) 75
– corticalis (Kortikalis) 75, 223
– gelatinosa 1100
– grisea (Rückenmark, Graue Substanz) **202**, 1099, 1114, 1214, 1227
– intermedia 1100
– nigra **1114**, 1144, 1186, 1257
– perforata posterior 1115
– spongiosa (Spongiosa) 75, 223
Substanz
– graue s. Substantia grisea 1099
– weiße s. Substantia alba 1101
Substanz P = SP 1182, 1207
Substratfärbungen 101
Substrathistochemie 101
Subthalamus 1132
Sulcus(-i)
– arteriae vertebralis 264
– bicipitalis 465, 475
– – lateralis 460
– – medialis 460, 466

– calcarinus 1133, 1222
– carpi 480
– centralis 1133
– coronarius 580
– costae 288
– – Leitungsbahnen 299
– gluteus 389
– hippocampalis 1246
– intertubercularis 446
– interventricularis
– – anterior 580
– – posterior 581
– lacrimalis 956
– lateralis 1133
– limitans 1172
– medianus
– – linguae 1009
– – posterior 1101
– mentolabialis 959
– nasolabialis 959
– nervi
– – radialis 446, 469
– – spinalis 253
– – ulnaris 456, 470
– oesophageotrachealis 638
– parietooccipitalis 1133
– posterolateralis 1001
– pulmonis 288
– retroolivaris 996, 998
– sclerae 1061
– tali 400
– terminalis 583
– – cordis)579
– – linguae 1009
– tympanicus 1077
– venae cavae inferioris 736
superficialis, -e 41
Superfizialschicht, Vagina s. Stratum superficiale 806
Superfizielles muskuloaponeurotisches System = SMAS 961
superior, -us 41
Supination 409, 460
– Fuß 409
– Hand 487
Supinations-Inversionstrauma, Sprunggelenke 406
Supinatorkanal 508
Supplementär motorischer Kortex 1182
Supportgewebe 58
Supportzelle (Gliazelle) 93
Supraglottis 923
Suprahyoidale Muskulatur 893
Suprakondyläre Femurfraktur 393
Suprapubische Punktion 781
Suprapubischer Katheter 781
Supraspinatussehne, Ruptur 454
Sura (Wade) 433
Surfactant 557
Sustentaculum tali 400
Sutura(-ae) (Naht) 227
– coronalis (Kranznaht) 947
– lambdoidea (Lambdanaht) 947
– palatina mediana 1006
– plana (Glattnaht) 227
– sagittalis (Pfeilnaht) 947
– serrata (Zackennaht) 227
– squamosa (Schuppennaht) 227
– Verknöcherung 967
Sydesmosis (Bandhaft) 227
Sylvii-Furche (Sulcus lateralis) 1133
Sympathikus 214
– Bauch- und Beckenraum 874
– Wirkung 217
Symphysis (Verwachsung) 227
– pubica 331, 390

Synapse 97, 196
– en passant à distance 90
– nozizeptive 1209
– retinale 1219
– stumme 1210
Synaptobrevin 1191
Synarthrose 227
Synchondrosis (Knorpelhaft) 227
– sphenooccipitalis 966
– sphenopetrosa 966
Syndesmosis tibiofibularis 399, 405
Syndrom, thoracic outlet 285
Synergisten 240
Synkope 592
Synovia (Synovialflüssigkeit) 229
Synovialzotten 229
Synoviozyt 229
Synzytialknoten 122
Synzytiotrophoblast 105
Synzytium
– funktionelles 56
– – glatte Muskulatur 90
– – Herzmuskulatur 87
– – Skelettmuskulatur 82
Syphilis 1200
System(e)
– auditorisches 1228
– cholinerges 1255
– des menschlichen Körpers, Einteilung 32
– extrapyramidalmotorisches = EPMS 1142
– funktionelles, ZNS 1181
– gustatorisches 1241
– hepatobiliäres 734
– limbisches 1243
– monaminerges 1255
– motorisches 1182
– neuroendokrines 1249
– olfaktorisches 1238
– retino-hypothalamo-pineales 1228
– retinotektales 1226
– sensorisches 1194
– vestibuläres 1232
– visuelles 1215
Systematische Anatomie 32
Systole 146, 609
Szintigrafie 129

T

Tabatière (Fovea radialis) 514
Tabes dorsalis 1200
Tachykardie 598
– bei Hyperthyreose 932
Taenia(en) 678, 715
– libera 715
– mesocolica 715
– omentalis 715
Tag-Nacht-Zyklus 1131
Talgdrüsen 1276
Talus (Sprungbein) 399, **407**, 409
Tangentialzone, Knorpel 74
Tanzende Patella 375
Tarsaltunnelsyndrom 433
Tarsometatarsalgelenke (Articulationes tarsometatarsales) 410
Tarsus (Fußwurzel) 399, 402, 1054
Taschenfalten (Plicae vestibulares) 924
Taschenklappen (Semilunarklappen) s. Valvae semilunares 591
Tastbare Knochenpunkte 35

Tastfunktion 477
Tastsinn 1196
Tawara-Schenkel (Kammerschenkel) 599
Taxol 53
TCD = transkranielle Doppleruntersuchung 1178
Techniken, histologische 99
Tectum 1189
– mesencephali 1114
TEE = transösophageale Echokardiografie 582, **621**
Teerstuhl 698
Tegmen tympani 1079
Tegmentum (Haube) 1104
– mesencephali 1114
Teilgebiete, Anatomie 31
Tektorialmembran 1086, 1229
Tela
– subcutanea 1272
– – penis = Fascia penis superficialis 837
– submucosa (Submukosa) 677, 684
– subserosa (Subserosa) 526, 677
Telenzephalon s. Großhirn 1132
Telenzephalonbläschen 1173
Temperatursinn 1215
– Bahnen 1210
Temporallappenepilepsie 1246
Temporallappenläsionen 1133
Tendo valvulae venae cavae inferioris = Todaro-Sehne 583
Tendovaginitis (Sehnenscheidenentzündung) 237
Tennisellenbogen 455, 493
Tenon-Kapsel 1051
TENS = transkutane elektrische Nervenstimulation 1213
Tentorium cerebelli 1151
TEP = Totalendoprothesen 345
Teratogen 102
Terminale Zisterne s. Muskulatur, Skelettmuskulatur 84
Terminaler Ösophagus 682
Terminalhaar 1274
Terminalzotte 121
Territorium, Knorpel 73
Tertiärbündel s. Muskulatur, Skelettmuskulatur 86
Tertiärfollikel 810
Tertiärzotten s. Plazenta 120
Testis s. Hoden 827
Testosteron 827
Tetanus 1191
Tetracyclin 1029
Tetrodotoxin = TTX 1208
Thalamus **1125**, 1195
– Kerne 1125
– motorischer 1192
– nozizeptive Kerne 1212
– ventralis s. Hypothalamus 1128
Thalamusschmerz 1212
Thalamusstrahlung, zentrale/obere 1127
Thebesius-Venen (Venae cardiacae minimae) 607
Theca
– externa 810
– folliculi 810
– interna 810
Thekaluteinzellen 811
Thekaorgan 810
Thekodontie 1021
Thelarche 824
Thenar (Daumenballen) 499, 513
– Atrophie 510
Thenarmuskulatur 498

Thermonozizeptor 1207
Thermoregulation 158
Thermorezeption, Bahnen 1210
Thermorezeptor 213
Thoracic outlet syndrome 285
Thorakalkyphose 248
Thorakalmark 1102
Thorax (Brustkorb) 286
– Entwicklung 304
– Gefäßversorgung 299
– instabiler = flail chest 286
– Orientierungslinien 303
– Topografie 303
Thoraxapertur
– obere 288
– untere 288
Thoraxaufnahme 131
Thoraxwand s. Thorax
Thorell-Bündel 597
Thrombin 169
Thrombokinase 169
Thrombophlebitis 160
Thrombopoese 170
Thrombose 145
– Sinus cavernosus 977
Thrombozyt 169
Thrombozytopenie 170
Thrombus 145
Thymektomie 180
Thymozyt 180
Thymus (Bries) 180
Thymusaplasie 182
Thymusdreieck (Trigonum thymicum) 564
Thyreoglobulin 932
Thyreotropin-releasing Hormon = TRH 932
Thyreozyt 932
Thyroidea-stimulierenden Hormon = TSH 932
Thyroliberin 1252
Thyroxin (T4) 932
Tibia (Schienbein) **397**, 413
Tibiakondylen 391, 397
Tibiakopf 364
tibial 41
Tibialis-anterior-Syndroms 414
Tibiaplateau 364
Tibiatorsion 398
Tiefenschmerz, somatischer 1205
Tiefensensibilität 1196
– unbewusste 1198, 1201
Tight Junction (Zonula occludens) s. Barrierekontakt **56**, 1169
Tinnitus 1159
Tip links 1230
Tip-link-Mechanismus 1233
T-Lymphozyt 177
Todaro-Sehne = Tendo valvulae venae cavae inferioris 583
Tokolyse 799
Tomes-Faser 1029
Tomogramm (Schnittbild) 134
Tonotopie 1232
Tonsilla(-ae) 189
– cerebelli 1116189, 1012
– palatinae (Gaumenmandeln) 189
– pharyngealis (Rachenmandel) **189**, 916
– tubariae 190
Tonsillektomie 191
Tonsillitis 191
Toporaphische Anatomie 32
Torsion, Tibia 398
Torticollis 895
Torus tubarius 916
Tossy-Klassifikation 443
Totalendoprothesen = TEP 345

Totraum 554, 561
Trabecula(-ae)
- carneae 584
- septomarginalis (Leonardo-band = Moderatorband) 584
Trabeculum(-a) corneosclerale 1071
Trabekelarterie (Balkenarterie) 185
Trabekelvene 186
Trachea (Luftröhre) **541**, 930
- Entwicklung 575
- Pars cervicalis 930
- Topografie 640
- Verlagerung 1287
- Wandbau 543
Tracheobronchialdivertikel 691
Tracheomalazie 932, 1287
Tracheotomie 930
Tractus 1101
- corticopontini 1185
- corticospinalis 1183
- - anterior **1184**, 1190
- - lateralis **1101**, 1184, 1190
- corticostriatalis 1186
- cuneocerebellaris (Fibrae cuneocerebellares) 1202
- frontopontinus 1185
- hypothalamo-hypophysialis 1130, **1249**
- iliotibialis 357
- intermedius 502
- lateralis 502
- mammillotegmentalis 1245
- mammillothalamicus 1245
- neospinothalamicus 1210
- occipitopontinus 1185
- olfactorius 1240
- opticus 982, 1221
- palaeospinothalamicus 1210
- parietotemporopontinus 1185
- perforans 1248
- posterolateralis 1102
- pyramidalis s. Pyramidenbahn 1183
- reticulospinales 1189
- reticulospinalis
- - anterior 1110, 1254
- - lateralis 1110, 1254
- rubrospinalis 1189
- spinalis nervi trigemini 1203
- spinocerebellaris
- - anterior 1201
- - posterior 1201
- spinomesencephalicus 1211
- spinoparabrachialis 1211
- spinoreticularis 1110, 1210
- spinothalamicus
- - anterior 1196, **1200**
- - - Somatotopie 1200
- - lateralis 1210
- tectospinalis 1189
- tegmentalis centralis 1257
- trigeminothalamicus 1213
- tuberoinfundibularis 1249
- vestibulospinalis 1189
- - inferior 1236
- - lateralis 1236
- - medialis 1236
Tragi 1077
Traglinie 394
- Bein 394
Tragus 1075
Trajektorien 225
Trakte
- motorische s. Bahnen, motorische 1183
Traktionsdivertikel 686
Tränenapparat 1056
Tränenbein (Os lacrimale) 954

Tränendrüse (Glandula lacrimalis) 1056
Tränenfluss 1058
Tränenflüssigkeit 1057
Tränenkanälchen 1057
Tränensack 1057
Tränensee 1057
Tränenwege 1057
Trans-Region, Golgi-Apparat 51
Transformationszone, Zervix 803
Transitionszone, Prostata 834
Transkription 50
Transkutane elektrische Nervenstimulation = TENS 1213
Transmembranproteine 53
- Adhäsions-/Haftkontakt 57
Transmitter 196
- ZNS 1182
Transmurales System, Herzvenen 607
Transösophageale Echokardiografie = TEE 582
Transösophageale Elektrokardiografie = Ösophagus-EKG 582
Transplantation, Niere 1286
Transport, axonaler 92, 200
Transposition der großen Gefäße 624
Transsphenoidale Adenomentfernung 1289
Transsphenoidaler Zugang 1042
Transthorakale Ebene 534, 641
Transversalachse (Querachse) 38
Transversalebene 38
Transversospinales System s. Rückenmuskulatur, autochthone 273
Transzytose 156
Trapezkörper 1231
Treitz-Hernie 653, 705
Treitz-Muskel (Musculus suspensorius duodeni) 707
Trendelenburg-Zeichen 356
TRH = Thyreotropin-releasing Hormon 932, 1252
Triade s. Muskulatur, Skelettmuskulatur 84
Trichromatische Theorie, Farbensehen 1217
Trichterbrust 305
Trigeminus-Druckpunkte 990
Trigeminusneuralgie 990, 1107
Trigonocephalus (Dreiecksschädel) 967
Trigonum(-a)
- cardiacum (Herzdreieck) 564
- caroticum 908, 910
- clavipectorale 466, **474**
- deltoideopectorale 474
- deltoideopectorale s. Tigonum clavipectorale 474
- femorale 389
- femoris 389
- fibrosum
- - dextrum 587
- - sinistrum 587
- lumbocostale 539
- nervi
- - hypoglossi 1112
- - vagi 1112
- omoclaviculare 909
- sternocostale 538
- submandibulare 907, 1020
- submentale 907
- thymicum (Thymusdreieck) 564
- vesicae 780
Trijodthyronin (T3) 932

Trikuspidalklappe (Valva tricuspidalis, Valva atrioventricularis dextra 590
Trilamelläre biologische Einheitsmembran 53
Trimenon 817
Tripus Halleri s. Truncus coeliacus 865
Trisomie 21 1009
Trochanter
- major 346, 390
- - Lagebestimmung 392
- minor 346
Trochlea
- humeri 446, 456
- tali 400, 404
Trochoginglymus (Drehscharniergelenk) 364, 1030
Trolard-Vene (Vena anastomotica superior) 1165
Trommelfell 1076, 1089
- bei Otitis media 1082
- bei Tubenkatarrh 1082
Trophoblast 105
Tropokollagen 67
Tropomyosin 51
Truncus (Rumpf) 34
Truncus(-i)
- arteriosus 622
- brachiocephalicus 629
- bronchomediastinalis 162, 635
- - dexter 635
- - sinister 634
- coeliacus 699, **865**
- costocervicalis 898
- encephali s. Hirnstamm 1104
- inferior 468
- intestinalis 162, 717, **872**
- jugularis 162, 899
- - dexter 635
- - sinister 634
- lumbalis(es) 162, 341, **872**, 881
- - sinister 717
- medius 468
- pulmonalis 559, 579, 627, 631
- - Entwicklung 624
- subclavius 162, 467
- - dexter 635
- - sinister 634
- superior 468
- sympathicus (Grenzstrang) 215, 1246
- - Bauchraum 874
- thyrocervicalis 898
- vagales 689
- vagalis
- - anterior 638, 875, 999
- - posterior 638, 875, 999
Trunkothalamus 1126
Trunkuswülste 624
Trypsin 748
T-System s. Muskulatur, Skelettmuskulatur 84
TTE = transthorakale Echokardiografie 621
TTX = Tetrodotoxin 1208
Tuba(-ae)
- auditiva 951, 1079, 1082
- - Entwicklung 1092
- uterina
- - Entwicklung 856
- - zyklische Veränderungen 813
Tubargravidität (Eileiterschwangerschaft) 818
Tubenkatarrh 1082
Tuber(-a)
- calcanei 400, 421
- frontale 943, 965
- ischiadicum 328, 390

- maxillae 954
- omentale 749
- parietale 944
Tuber-Trochanter-Linie 392
Tuberculum(-a)
- anterius 253
- articulare 1031
- auriculae 1075
- caroticum 253
- costae 288
- cuneatum 1104, 1112
- gracile 1104, 1112
- impar 1014
- infraglenoidale 445
- intercondylaria 364
- intervenosum 583
- lingualia lateralia 1014
- majus 446
- mentale 965
- minus 446
- posterius 253
- pubicum 328
- sellae 945
- supraglenoidale 445
Tuberositas
- deltoidea 446
- ossis metatarsalis V 403
- phalangis distalis 482
- radii 457
- tibiae 391, 397
- ulnae 479
Tubuloalveoläre Drüse 64
Tubuloazinöse Drüse 64
Tubulöse Drüse 64
Tubulin, Mikotubuli 53
Tubulus(-i)
- distaler 771
- intermediärer 771
- proximaler 771
- renalis (Nierenkanälchen) 768, 770
- reuniens (Verbindungstubulus) 771
- seminiferi
- - contorti 828, 843
- - recti 828
Tubulussystem, Entwicklung 851
Tumor, invasiver 69
Tumormarker 834
Tunica
- adventitia (Adventitia) 677
- - Ösophagus 686
- - Ureter 779
- - Vagina 806
- albuginea
- - corporum cavernosorum 836
- - corporum spongiosi 837
- - Hoden 827
- - Ovar 796
- conjunctiva 1056
- externa 152
- fibromusculocartilaginea 542
- fibrosa
- - bulbi 1059, 1061
- - Leber (Glisson-Kapsel) 737
- - interna bulbi s. Retina 1061, 1064
- intima 152
- media 152
- mucosa (Mukosa) 530, 677
- - Dünndarm 703
- - Harnblase 782
- - Magen 696
- - Ösophagus 683
- - Tuba uterina 798
- - Ureter 778
- - Urethra 809
- - Uterus (Endometrium) 802
- - Vagina 806

Sachverzeichnis

– muscularis (Muskularis) 677
– – Dünndarm 705
– – Harnblase 782
– – Magen 699
– – Ösophagus 684
– – Tuba uterina 798
– – Ureter 779
– – Urethra 809
– – Uterus 803
– – Uterus s. Myometrium 803
– – Vagina 806
– serosa (Serosa) 523, 677
– – Harnblase 783
– – Tuba uterina 798
– – Uterus 804
– vaginalis testis 325, 827
– vasculosa bulbi (Uvea) 1059, 1062
Turmschädel (Turricephalus) 967
TVT = Tiefe Venenthrombose 160
Typ-I-Pneumozyten 557, 569
Typ-II-Pneumozyten 557
T-Zellrezeptor 177, 180

U

Überbein 403
Übergangsepithel (Urothel) 62, 776
Übergangszone, Knorpel 74
Überleitungsstück (Tubulus, intermediärer) 771
Übersichtsfärbung 100
Übertragener Schmerz 1210
UES = upper esophageal sphincter 680
UES = upper esophageal sphincter s. Ösophagussphinkter 680
Ulcus
– duodeni (Zwölffingerdarmgeschwür) 698
– ventriculi (Magengeschwür) 698
Ulkusblutung 698
Ulna (Elle) 479
ulnar 41
Ultimobranchialkörper 935, 969
Ultradünnschnitt 99
Ultraschalldiagnostik (Sonografie) 138
Umbilicus (Nabel) 313
Umbo 1077
Umgehungskreislauf, portokavaler 871
Umschlagfalten, Pleura parietalis 563
Umwendebewegung (Hand) 460
Uncus(-i) corporum 253
Unguis 1275
Unhappy Triad 375
Univakuolärer Adipozyt 71
Unterarm 477
– Gefäße 505
– Hautinnervation 512
– Knochen 478
– Muskeln
– – Extensoren 496
– – Flexoren 495
– Muskulatur 492
– Nerven 508
– Topografie 513
Unterbauchsitus, Entwicklung 670
Untere Extremität (Membrum inferius) 34
Unterer Ösophagussphinkter = UÖS 682

Unteres Uterinsegment 800
Unterhaut 1272
Unterkiefer (Mandibula) 955, 965
Unterkieferdrüse (Glandula submandibularis) 1020
Unterkieferwulst 971
Unterkühlung 1266
Unterlippe 1004
Unterschenkel (Crus) 396
– Arterien 428
– Gefäßversorgung 427
– Innervation 431
– Knochen (Ossa cruris) 397
– Lymphsystem 430
– Muskulatur 411
– Venen 429
Unterschenkelgips 391
Unterschläfengrube s. Fossa infratemporalis 1034
Untersuchung, rektale (Prostata) 663
Untersuchungsmethoden, klinische 35
Unterzungendrüse (Glandula sublingualis) 1021
Unterzungenregion 1015
UÖS = Unterer Ösophagussphinkter 682
Urachus (Ductus allantoicus) 114, 317, 851
Urachusfistel 114
Urämie 851
Uranoschisis 1008
Ureter (Harnleiter) 777
– Kreuzungen 777
– Wandbau 778
Ureterknospe 850
Ureterstein 778
Urethra 833
– Entwicklung 851
– feminina (weibliche Harnröhre) s. 809
– masculina (männliche Harnröhre) 838
Urethralfalten 858
Urethralplatte 858
Urethritis 840
Urinkultur 781, **783**
Urin-Stix 783
Urkeimzellen 852
Urniere (Mesonephros) 850
Urnierengang s. Wolff-Gang 850
Urnierenkanälchen 859
Urogenitalfalte 850
Urogenitalmembran 728
Urogenitalrinne 858
Urogenitalsystem, Entwicklung 849
Urothel (Übergangsepithel) 62, 776, 778, 782, 809
Ursegmente = Somiten 113, 281
Ursprung 241
Ursprungskegel (Axonhügel) s. Neuron 91
Ursprungskerne (Nuclei originis) 1107
Ursprungssehne (Origo) 234
Urtikaria (Nesselsucht) 174
USG = unteres Sprunggelenk (Articulatio talotarsalis) s. Sprunggelenke 407
Uterinsegment, unteres 800, 817
utero-plazentarer Kreislauf 120
Uterotomie 819
Uterus 799
– Entwicklung 856
– Kammerung 856
– zyklische Veränderungen 813
Uterusprolaps 337

Uteruswachstum, Schwangerschaft 817
Utriculus 1083, 1088, 1232
– prostaticus 839
Uvea 1059, **1062**
Uvula
– bifida 1008
– palatina 1006
– vermis s. Kleinhirn 1116
– vesicae 780, 784

V

Vagina
– Entwicklung 857
– zyklische Veränderungen 814
Vagina(-ae)
– bulbi 1051
– carotica 912
– musculi recti abdominis (Rektusscheide) 313
– tendinis (Sehnenscheide) 237
Vaginalplatte 857
VAL = vordere Axillarlinie (Linea axillaris anterior) 303
Valgusstellung 347
Vallecula(-ae) epiglotticae 916
Valleix-Druckpunkte 990
Valsalva-Manöver 916
Valva(-ae)
– aortae (Aortenklappe) 592
– atrioventricularis
– – dextra = Valva tricuspidalis (Trikuspidalklappe) 590
– – sinistra = Valva bicuspidalis (Bikuspidalklappe) 591
– bicuspidalis (Bikuspidalklappe, Valva atrioventricularis sinistra) 591
– cordis (Herzklappen) 587
– cuspidales (Segelklappen) 589
– semilunares (Semilunarklappen = Taschenklappen) 591
– tricuspidalis (Trikuspidalklappe, Valva atrioventricularis dextra) 590
– trunci pulmonalis (Pulmonalklappe) 592
Valvula(-ae)
– anales 720
– Eustachii 583
– Eustachii (Valvula venae cavae inferioris) 583
– foraminis ovalis 584
– semilunares 591
– sinus coronarii = Valvula Thebesii 583
– Thebesii (Valvula sinus coronarii) 583
– venae cavae inferioris = Valvula Eustachii 583
Varianten
– Nierenarterien 774
– Nierenbeckenform 777
– Thoraxwand 305
Variation/Variabilität 47
Varikosität 220
Varikozele 829
Varizen (Krampfadern) 160, 396, 430
Varusstellung 347
– Hüfte 347
Vas(-a)
– afferens, Lymphknoten 184
– circumflexae
– – humeri, posteriores 474
– – scapulae 474
– efferens, Lymphknoten 184
– nutritia 225

– privata 149
– – Lunge 559
– – Niere 773
– publica 149
– – Lunge 558
– – Niere 773
– – Penis 837
– spirale 1087
– vasorum 152
Vasoaktives intestinales Polypeptid = VIP 219
Vasodilatation 160
– bei Entzündung 70
Vasokonstriktion 160, 772
Vasomotorik 160
Vasopressin 1250
Vasopressin s. ADH = Antidiuretisches Hormon 771
Vater-Pacini-Körperchen 1272
Vater-Papille (Papilla duodeni major) 749
Vegetationen, adenoide 916
Vegetatives Ganglion 98
Vegetatives System, Steuerung 1243
Velum palatinum (Gaumensegel) 916, 1006
Velushaar 1274
Vena(-ae)
– alveolaris, inferior 956, 1026
– anastomotica
– – inferior 1165
– – superior 1165
– angularis 976, 1027
– appendicularis 869
– arcuata 775
– atriales 607
– auriculares anteriores 1035
– axillaris 466
– – lateralis 300
– azygos **633**, 686
– basalis 1166
– basilica 466, 507
– brachialis 466
– brachiocephalica 300, **632**
– – dextra 632
– – sinistra 632
– bronchiales 559
– bulbi vestibuli 809
– caecales 869
– cardiaca(-ae)
– – magna 606
– – media 606
– – minimae 607
– – parva 606
– cardinales (Kardinalvenen) 643
– – posteriores 877
– cava
– – inferior -868
– – inferior (untere Hohlvene) 146, **633, 867**
– – Mündung 579, 582
– – superior (obere Hohlvene) 146, 632
– centralis retinae 1061, 1067
– cephalica 466, 507
– cervicalis profunda 278, 899
– ciliares
– – anteriores 1059
– – posteriores 1059
– circumflexa
– – humeri anterior 466
– – ilium
– – – profunda 321
– – – superficialis 322, 383
– colica
– – dextra 869
– – media 869
– – portokavale Anastomose 871
– – sinistra 869

– comitans nervi hypoglossi
1016
– condylaris 951
– corticalis radiata 775
– cysticae 746
– diploicae 978
– dorsalis(-es)
– – clitoridis profunda 809
– – penis profunda 837
– – scapulae 466
– – superficiales
– – – clitoridis 881
– – – penis 837, 881
– efferentes 747
– emissaria(-ae) 951, **978**
– epigastrica
– – inferior 317, 321
– – superficialis 322, 383
– – superior 321
– ethmoidales 1050, 1052
– facialis 963, 976, 1027, 1046
– femoralis **314**, 383, 809
– gastrica
– – breves 700, 869
– – cystica 869
– – dextra 700, 869
– – sinistra 869
– gastroomentalis
– – dextra 700, 869
– – sinistra 700, 869
– hemiazygos 633, 686
– – accessoria 633
– hepaticae 738, 747
– ileales 869
– ileocolica 869
– iliaca
– – communis 881
– – interna 881
– inferiores cerebri 1165
– infraorbitalis 1027
– intercapitulares 429
– intercostalis(-es)
– – anteriores 300, 632
– – posteriores 278, 300, 633
– – superior
– – – dextra 300
– – – sinistra 300
– – – suprema 300
– interlobaris 775
– interna cerebri 1166
– interossea
– – anterior 508
– – posterior 508
– interventricularis
– – anterior 607
– – posterior (Vena cardiaca media) 606
– jejunales 869
– jugularis
– – anterior 898
– – externa 898
– – – Zufluss Kopfbereich 976
– – interna **899**, 912, 927, 950,
976
– – – Zufluss Kopfbereich 976
– labiales 963
– – posteriores 809
– labyrinthi 950, 1085, 1087
– lacrimalis 1052
– lienalis (splenica) 869
– lingualis 1009, 1013
– lumbales 278, 321, 868
– – ascendentes 868
– lumbales ascendentes 321
– magna cerebri 1166
– marginalis
– – dextra 606
– – lateralis 429
– – medialis 429
– – sinistra 607
– maxillaris 963

– mediana cubiti 466
– meningeae mediae 1035
– mesenterica
– – inferior 717, **869**
– – superior 710, 717, 747, **869**
– musculophrenica 632
– nasales externae 963
– obliqua atrii sinistri 606
– occipitalis 976, 978
– oesophageales 686
– – portokavale Anastomose
871
– ophthalmica 1052
– – inferior 951, 976, 1036,
1050, 1052
– – superior 949, 976, 1050,
1052
– ovarica 796, 798, **868**
– – sinistra 776
– palpebrales 963
– pancreaticae 753, 869
– pancreaticoduodenales 869
– paraumbilicales 322
– – portokavale Anastomose
871
– – sinistra 869
– parotideae 1035
– pectorales 466
– perforantes 429
– pericardiacophrenica 615
– phrenica inferior 868
– poplitea 383, 393
– portae hepatis 665, 700, 738,
863, 869
– – Entwicklung 747
– prepylorica 869
– profunda clitoridis 809
– pudenda
– – externa 383, 809, 837, 841,
881
– – interna 809, 835, 837, 841,
881
– pulmonales 559
– – Mündung 579, 583
– radialis 508
– rectalis(-es)
– – inferiores 726
– – mediae 726
– – portokavale Anastomose 871
– – superior 726, 869
– renalis 776, 868
– retromandibularis **963**, 976,
1019, 1033
– saphena
– – accessoria 383
– – magna 383, 429
– – parva 384, 429
– scrotales 841
– sigmoideae 869
– splenica (lienalis) 188, 869
– stylomastoidea 1035
– subcardinales 877
– subclavia 466, 899
– subcostalis 300
– – sinistra 633
– sublingualis 1016, 1021
– submentalis 1016, 1020
– subscapularis 466
– superficialis cerebri 1165
– superiores cerebri 1165
– supracardinales 877
– supraorbitalis 978
– suprarenalis 793, 868
– – sinistra 776
– suprascapularis 466
– supratrochlearis 1052
– temporales
– temporalis(es)
– – profunda(-e) 1035
– – – anterior 978
– – superficialis 963, 976

– testicularis 829, 868
– – sinistra 776
– thalamostriata superior 1166
– thoracica
– – interna 300
– – lateralis 466
– thoracoacromialis 466
– thoracoepigastrica 300, 322,
466
– thymicae 181
– thyroidea
– – inferior 544
– – media 934
– – superior 934
– transversa faciei 963
– tympanicae 1035
– ulnaris 508
– umbilicalis 123, **150**, 747, 877
– uterina 798, 804
– ventriculi
– – dextri anteriores 607
– – sinistri posterioris 607
– vertebralis 278, 300, 899
– vesicales 783, 833, 835
– vitellina 747, 877
– vorticosae 1059
Vene 147, **158**
– Arm 467
– untere Extremität 384
– Wandbau 153
Venenkatheter, zentraler = ZVK
466
Venenklappe 159
– Bein 429
Venenkreuz 579, 631
Venenstern 383
Venensystem
– oberflächliches
– – Arm 466
– – untere Extremität 383
– tiefes
– – Arm 466
– – untere Extremität 383
Venenthrombose 160
Venenwinkel (Angulus venosus)
163, 632, 634
Venolen 158
– hoch-endotheliale = HEV s.
HEV 182
Ventilation 566
Ventilations-Perfusions-Szinti-
grafie 575
Ventilationsstörungen 569
Ventilationsszintigrafie 575
Ventilebene 587
– während der Herzaktion 609
ventral 41
Ventrale Pankreasanlage 755
Ventriculus(-i) s. Magen 693
– cordis (Herzkammer) 578
– – dextrum (rechte Kammer)
584
– – Lage 581
– – sinistrum (linke Kammer)
585
– encephali 1154
– laryngis 923
– laterales 1154
– quartus 1155
– tertius 1155
Ventrikel (Gehirn), Entwicklung
1173
Ventrikel, Herz s. Ventriculus(-i)
cordis 584
Ventrikelseptierung 624
Ventrikelseptum 586
Ventrikelseptum (Septum interventriculare) 586
Ventrikelseptumdefekt 586
Ventrikelsystem 1154
Ventrikulärzone 1172

Ventrikuloatrialer Shunt 1157
Ventrikulografie 621
Ventrikuloperitonealer Shunt
1157
Venula(-ae) rectae 775
Verbindungstubulus (Tubulus
reuniens) 771
Verdauungskanal 675
– Wandschichten des Rumpf-
darms 676
Verdauungssystem 675
Verdichtungsplatten/Anhef-
tungsplatten 89
Vergleichende Anatomie 31
Verhornung 1268
Verknöcherungszeitpunkt,
Schädelnähte 947
– vorzeitiger 967
Verlängertes Mark s. Medulla
oblongata 1111
Vermis cerebelli (Kleinhirn-
wurm) 1116
Verschaltung, konvergente 210
Verschattung 130
Verschattung, Röntgendiagnostik
130
Verschlusshydrozephalus 1290
Verschlussikterus 743
Verschlusskontakt (Barriere-
kontakt) 56
Versecan 69
Versilberung, retikuläre Fasern
68
Versio, Uterus 800
Versorgungstypen, Herz 602,
604
Verstärkungsband s. Ligamen-
tum 230
Vertebra(-ae) s. Wirbel 250
– prominens 253
Vesica(-ae)
– biliaris/fellea (Gallenblase)
744
– urinaria s. Harnblase 779
Vesicula(-ae) seminalis
s. Glandula vesiculosa 832
Vestibuläres System 1232, 1237
Vestibulariskerne 1235
Vestibularorgan 1085, 1087
Vestibulozerebellum 1123
Vestibulum(-a) 1083
– bursae omentalis 655
– cardiacum 682
– laryngis 923
– nasi 1040, 1043
– oris 1003
– vaginae (Scheidenvorhof) 807
Viagra 847
Vibrationssinn 1196
Vibrissae 1039, 1044
Vieleckbein
– großes (Os trapezium) 480
– kleines (Os trapezoideum)
480
Vielkernige Riesenzelle, Osteo-
klast 75
Vierhügelplatte (Lamina quadri-
gemina) 1114
Vigilanz 1254
Villin 51
Villi intestinales 704
Vimentin 52
Vincristin 53
Vincula tendinum 237
VIP = vasoaktives intestinales
Polypeptid 219
Virchow-Lymphknoten 634
Virchow-Robin-Räume 1150
Visuelle Kortexareale 1141
Visuelles System 1215
Viszeroafferenzen 979

Sachverzeichnis

Viszeroefferenzen 198
Viszerokranium s. Gesichtsschädel 954
Viszerosensorik 1194, 1205
Vitalkapazität 286
Vitamin B_{12}-Resorption 708
Vitamin C (Ascorbinsäure)-Mangel 68, 1025
Vitium 588
VNO = Vomeronasalorgan 1045
Volkmann-Gefäß 78
Volkmann-Kanal (Canalis perforantis) 78
Volumenbelastung 588
Vomer (Pflugscharbein) 954, 1040
Vomeronasalorgan = VNO 1045
Vorderdarm 118
Vordere Hinterhauptslage 819
Vorderhirn s. Prosenzephalon 1103
Vorderhirnbläschen 1173
Vorderhorn (Cornu anterius) 204, 1099
– Entwicklung 1172
Vorderseitenstrang (Funiculus anterolateralis) 1101, 1210
– Durchtrennung 1211
Vorderwurzel (Radix anterior/motoria) 204
Vorfuß (Antetarsus) 403
– Beweglichkeit 409
Vorhaut (Preputium penis) 836
Vorhautverengung (Phimose) 836
Vorhof
– Herz s. Atrium(-a) cordis 582
– primitiver (Atrium primitivum/commune), 622
Vorhofdrüsen
– große (Glandulae vestibulares majores) 807
– kleine (Glandulae vestibulares minores) 807
Vorhofflimmern 1288
Vorhofseptierung 625
Vorhofseptum (Septum intratriale) 586
Vorniere (Pronephros) 850
Vornierengang 850
Vorspannung, Muskel 241
Vorsteherdrüse s. Prostata 833
V-Phlegmone 501
VPL = Nucleus ventralis posterolateralis **1127**, 1199
VPM = Nucleus ventralis posteromedialis **1127**, 1204, 1243
Vulva 807

W

Wachstum
– appositionelles
– – Knochen 79
– – Knorpel 72
– interstitielles
– – Knochen 80
– – Knorpel 72
Wachstumsfaktoren, hämatopoetische 166
Wachstumsfugen, Hand 515
Wächterlymphknoten 184
Wade (Sura) 433
Wadenbein (Fibula) 398
Waldeyer-Rachenring 190, 914
Waller-Degeneration 96
Wallpapillen 1012
Wandbau, Blutgefäße 152, 155
Wanderwelle 1090
Wandschichten, Rumpfdarm 676

Wange (Bucca) 1004
Ward-Dreieck 225
Wärmeregulation 1273
Warzenfortsatz 943
Warzenfortsatz s. Processus mastoideus 943
Wasserhaushalt 763
Wasserpermeabilität 771
Wasserschöpfbewegung 500
Wechseljahre (Klimakterium) 824
Wechselschnitt 311
Weckreaktion 1254
Wehenhemmung 799
Wehentätigkeit 819
Weibliche Harnröhre s. Urethra feminina 809
Weibliches Genitale 794
Weiche Leiste 316
Weicher Gaumen 1006
Weichteilhemmung 233, 459
Weiße Substanz (Substantia alba) 202
– Rückenmark 1099, **1101**
Weißes Fettgewebe 71
Weisheitszahn 1029
Weltraumkrankheit 1233
Wenckebach-Bündel 597
Wernicke-Sprachzentrum 1141, 1232, 1262
Wharton-Sulze 70
Whiplash injury 267
Widerstand, peripherer 154
Willis s. Circulus arteriosus cerebri 1158
Willkürbewegung 1192
– reflektorische Steuerung 1189
Wilson-Kurve 1023
Windkesselfunktion 153, 629
Winkelbeschleunigung 1087
Wirbel (Vertebra, -ae) 250
– Bauelemente 251
– Entwicklung 283
Wirbelbogen (Arcus vertebrae) 251
Wirbelbogenbänder 261
Wirbelbogenfortsatz (Processus arcus vertebrae) 251
Wirbelbogengelenk (Articulatio zygapophysealis) 251
– Stellung 268
Wirbelkanal (Canalis vertebralis) 251
Wirbelkörper (Corpus vertebrae) 250
Wirbelkörperbänder 261
Wirbelkörperfraktur 251, 267
Wirbelloch (Foramen vertebrale) 251
Wirbelsäule 247, 249
– Bänder 260
– Bewegung 268
– – Untersuchung 270
– Entwicklung 281
– Fehlbildungen 283
– Stabilisierung 271
– Varianten 283
Wirbelsäulenkrümmung, Entwicklung 250
Wirbelsäulenveränderungen, degenerative 262
Wirsung-Gang (Ductus pancreaticus) 749
Wochenbett (Puerperium) 820
Wochenfluss (Lochien) 821
Wolff-Gang = Urnierengang 850, 854, 859
Wrisberg-Ligament = Ligamentum meniscofemorale posterius 369

Wundstarrkrampf 1191
Würfelbein (Os cuboideum) 402, 409
Würgereflex 919
Wurmfortsatz s. Appendix vermiformis 192, 713
Wurzelhaut 1025
Wurzelkanal 1024
Wurzelscheide 1029

X

X-Bein (Genu valgum) 394
Xylolreihe, Entparaffinierung 99

Y

Y-Fuge, Hüftbein 327

Z

Zahn (Dens) 1021
– Aufbau 1024
– Gefäße 1026
– Hartsubstanzen 1024
Zahnbein 1024
Zahnbein (Dentin) 1024, 1029
Zahndurchbruch 1029
Zahnentwicklung 1028
Zahnfleisch s. Gingiva 1004, 1026
Zahnformel 1022
Zahnhalteapparat 1025
Zahnknospen 1028
Zahnleiste 1028
Zahnpapille 1029
Zahnpulpa 1029
Zahnsäckchen 1029
Zahnstein 1023
Zahntasche 1026
Zäkum **712**, 716
– Gefäße 716
– Nerven 717
Zäpfchen s. Uvula 1006
Zapfen 1066, 1217
Zapfengelenk 409
– Articulatio atlantoaxialis 266
Zehen (Digiti pedis) 403
– Funktion 411
Zehengangrän 396
Zehengrundgelenke (Articulationes metatarsophalangeae) 411
Zeis-Drüsen 1055
Zell-Matrix-Kontakt 57
Zell-Zell-Kontakt 57
Zellatmung 565
Zelldifferenzierung, Epithelgewebe 61
Zelle 49
– APUD 704
– dendritische 175
Zellkern (Nucleus) 50
Zellkontakt 56
Zellmembran 53
– apikale 54
– basale 54
– basolaterale 54
Zellorganellen 51
Zellregeneration, Epithelgewebe 61
Zelluläre Immunität 165
Zement 1024
Zementoblast 1029
Zenker-Divertikel 918
Zentralarterie 185
Zentrale Fazialisparese s. Fazialisparese 1185

Zentrale Lähmung s. Lähmung 1191
Zentrale Zone, Prostata 834
Zentraler Venenkatheter = ZVK 466
Zentrales Nervensystem = ZNS s. ZNS 201
Zentralkanal 1154, 1170
Zentralvenenläppchen 739
Zentriol, Mikrotubulus 53
Zentriolenpaar, Mikrotubulus 53
Zentroazinäre (Schaltstück-) Zellen 750
Zentrosom, Mikrotubulus 53
Zerebellum s. Kleinhirn 1116
Zerebraler Insult 1157
Zerumenpfropf 1077
Zervikalkanal, präovulatorische Öffnung 814
Zervikallordose 248
Zervikalmark 1102
Zervikothorakaler Übergang 263
Zervixabstrich 803
Zervixinsuffizienz 799
Zervixkarzinom 803
Zervixschleim 814
Zervixschleimhaut 802
Ziliarepithel 1060, 1063
Ziliarkörper, s. Corpus ciliare
Zirkadiane Rhythmik 1228
Zirkumduktion 42
Zirkumventrikuläre Organe = ZVO 1169, 1249
Z-Linie = Ora serrata 695
ZNS = Zentrales Nervensystem 201, **1097**
– Bildgebung 1175
– Entwicklung 1170
– Funktionelle Systeme 1181
– Neurotransmitter 1182
Zölom
– extraembryonales (Chorionhöhle) 108
– intraembryonales (Zölomhöhle) **114**, 527, 664
Zona (-ae)
– alba (Pecten analis) 721
– columnalis 721
– cutanea 721
– fasciculata 791
– glomerulosa 791
– intermedia (Substantia intermedia) 1100
– marginalis 1100
– orbicularis 349
– pellucida 103, 810
– – Auflösung 105
– reticularis 791
– transitionalis analis 721
Zonula
– adhaerens 57
– occludens (Tight Junction, Barrierekontakt) 56
Zonula occludens-Proteine 57
Zonulafasern 1069
Zotten
– Dünndarm 704
– Jejunum 709
Zottenbaum 121
Zottenbaum s. Plazenta 121
Zottenpumpe 678, 704
Z-Streifen 83
Zugsehne 234
Zugtrabekel, Wirbelkörper 252
Zunge (Lingua) 1009
– Entwicklung 1014
– Gefäße 1013
– Muskulatur 1010
– Nerven 1013
– Schleimhaut 1011

Zungenbändchen 1009
Zungenbein (Os hyoideum) 893
Zungenbeinmuskulatur 893
Zungengrundstruma 1010
Zusammengesetzte Drüse 65
ZVK = zentraler Venenkatheter 466
ZVO = zirkumventrikuläre Organen 1169
Zwei-Punkt-Diskrimination 1195
Zweiter Schmerz 1206
Zwerchfell (Diaphragma) 295, 298
– atemmechanische Funktion 296
– Deszensus 116

– Durchtrittsstellen 537
– – Übersicht 538
– Entwicklung 115
– Projektion auf die Thorax-wand 571
Zwerchfellatmung = Bauch-atmung 295, 567
Zwerchfellenge 681
Zwerchfellhernie 116, 539
Zwerchfellhochstand 639
Zwergwuchs
Zwergwuchs (Kretinismus) 43
– disproportionierter (Chondrodystrophie) 80
Zwillinge
– eineiige, Eihautverhältnisse 125
– zweieiige, Eihautverhältnisse 125

Zwischenhirn (Dienzephalon) 1124
Zwischenhirnbläschen 1173
Zwischenkiefersegment 971
Zwischenwirbelscheibe (Discus intervertebralis) 258
Zwischenzellen s. Leydig-Zellen 853
Zwölffingerdarm s. Duodenum 705
Zwölffingerdarmgeschwür s. Ulcus duodeni 698
Zyanose 1004
Zygote 104
Zymogen 64
Zystenniere 851
Zystische Fibrose (Mukoviszi-dose)

Zystische Fibrose = Mukoviszi-dose 65, 751
Zystitis 783
Zystoskopie 780
Zytokeratinfilament 52
Zytokrine Sekretion 1269
Zytologie 49
Zytoplasma 50
Zytoskelett 51
Zytosol 50
Zytostatika-Therapie, Brechreiz 1111
Zytotrophoblast 105

PROMETHEUS – LernAtlas der Anatomie

Details erkennen – Die Bilder.
Über 5.000 Farbillustrationen zeigen Dir die Anatomie in herausragender Qualität und Detailtreue.

Prüfungen bestehen – Relevantes erkennen.
Die Autoren haben auf anatomisches Spezialwissen verzichtet und den Schwerpunkt auf prüfungsrelevante Inhalte gelegt.

Zusammenhänge begreifen – Kompakte Lerneinheiten.
In aufeinander aufbauenden Lerneinheiten vermittelt **PROMETHEUS** Dir nicht nur anatomisches Wissen, sondern erläutert anatomische Zusammenhänge, zeigt klinische Aspekte auf und erklärt Funktionen.

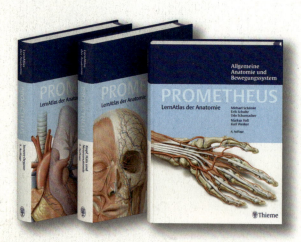

LernAtlas der Anatomie
Schünke / Schulte / Schumacher
Illustrationen von Voll / Wesker

Allgemeine Anatomie und Bewegungssystem
4. Aufl. 2014
630 S., 2074 Abb., 281 Lerneinheiten, geb.
79,99 € [D] / 82,30 € [A] / 112,00 CHF

Innere Organe
3. überarb. u. erweit. Aufl. 2012
600 S., 1.770 Abb., geb.
54,99 € [D] / 56,60 € [A] / 77,70 CHF

Kopf, Hals und Neuroanatomie
3. überarb. u. erweit. Aufl. 2012
600 S., 1.734 Abb., geb.
59,99 € [D] / 61,70 € [A] / 84,– CHF

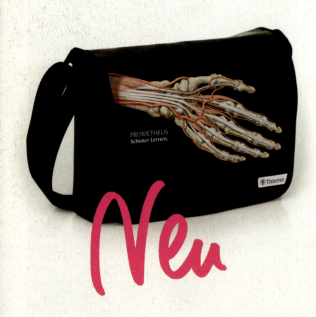

Das einzigartige PROMETHEUS LernPaket Anatomie enthält:

- Alle drei aktuellen Bände des PROMETHEUS LernAtlas der Anatomie
- Limitierte **PROMETHEUS** Tasche aus Original-LKW-Plane

179,– € [D] / 184,10 € [A] / 251,– CHF

Plus Muskelkarten inkl. Ursprung, Ansatz, Funktion und Innervation der Muskulatur

PROMETHEUS to go!

LernKarten der Anatomie
Schünke/Schulte/Schumacher
4. Aufl. 2014
Box mit 460 LernKarten
39,99 € [D]/41,20 € [A]/56,– CHF